Dornier

USAF
U.S.

# Flugzeuge von A bis Z

## Band 2: Consolidated PBY - Koolhoven FK 55

Bernard & Graefe Verlag

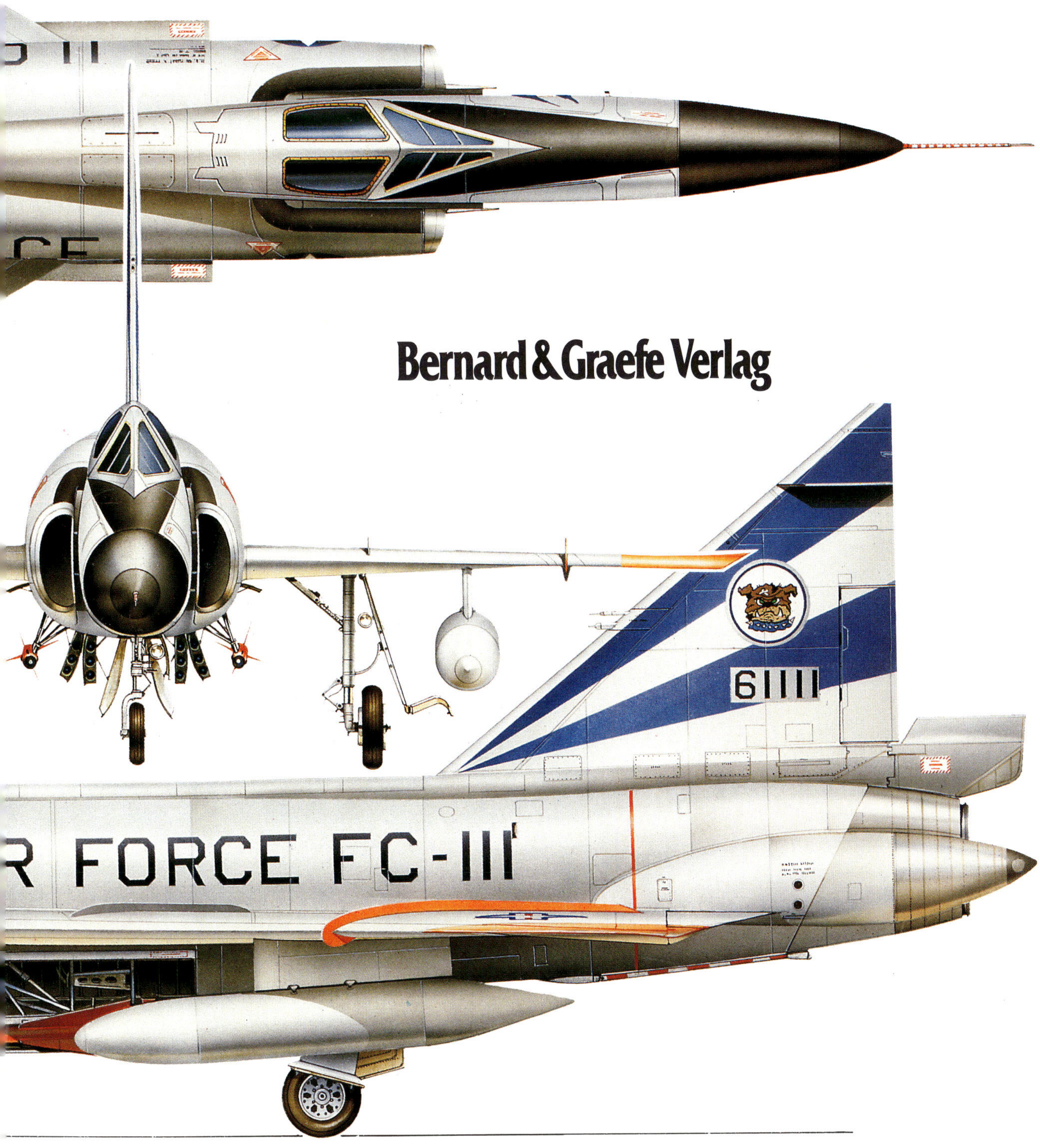

Herausgeber: Peter Alles-Fernandez



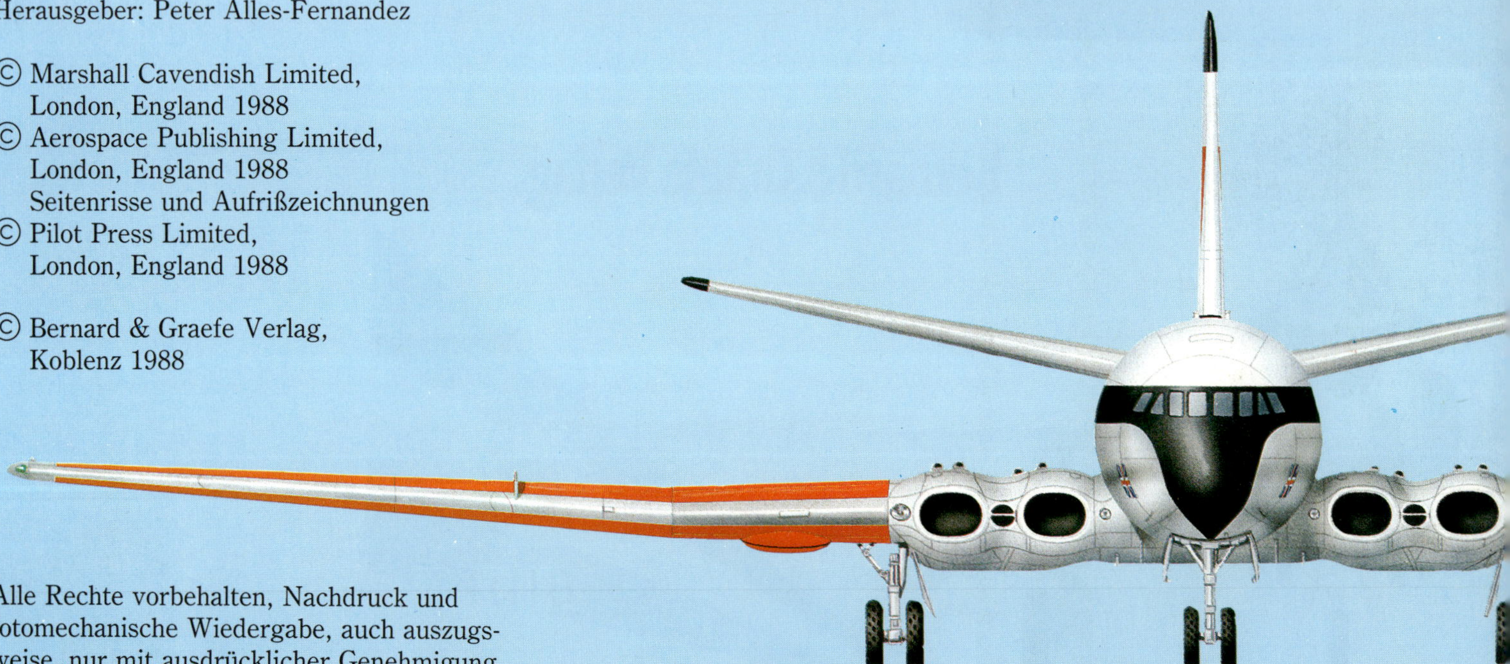



Printed in Spain

ISBN 3-7637-5905-0

G-APME
BEA
BEA
BEA
BEA

# Band 2: Consolidated PBY - Koolhoven FK 55

# Consolidated (Model 28) PBY Catalina

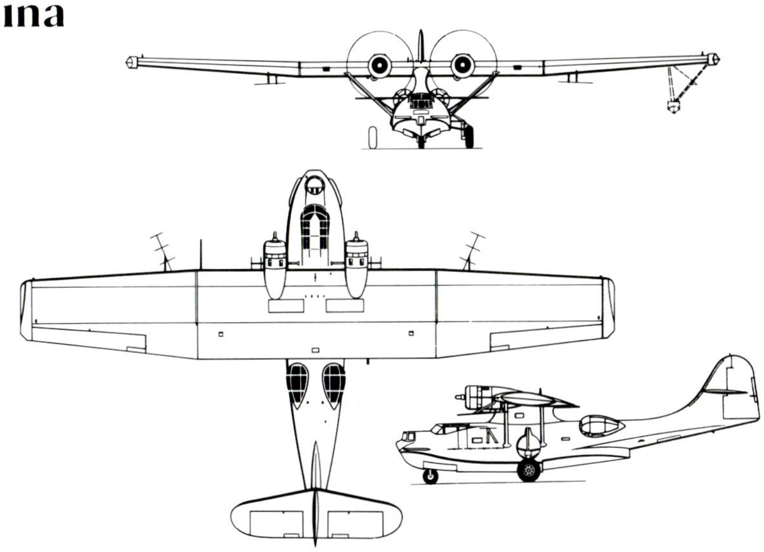

Consolidated PBY-5A Catalina

## Entwicklungsgeschichte

Im Rahmen der Anforderung eines Patrouillen-Flugboots, das eine größere Reichweite und Nutzlast haben sollte als die Consolidated P2Y oder die Martin P3M, die Anfang der dreißiger Jahre in Dienst standen, beauftragte die US Navy Consolidated und Douglas im Oktober 1933 damit, miteinander konkurrierende Prototypen zu bauen, die **Consolidated XP3Y-1** und Douglas XP3D-1 genannt wurden. Nur ein einziger Prototyp der Douglas-Konstruktion wurde gebaut. Die XP3Y-1 von Consolidated wurde jedoch weiterentwickelt und wurde schließlich zum meist gebauten Flugboot in der Geschichte der Luftfahrt.

Consolidated bezeichnete die Konstruktion, die entsprechend der US Navy-Anforderung entstanden war, **Consolidated Model 28**, und dieses war, genau wie das Vormodell, die P2Y, ein Hochdecker in einer Art Baldachin-Konfiguration. In der neuen Konstruktion waren jedoch interne Verstärkungen vorgesehen, durch die der Flügel, abgesehen von zwei kleinen Streben, die auf jeder Seite den Rumpf mit dem Flügel-Mittelteil verbanden, praktisch selbsttragend wurde. Der Model 28 fehlten also die vielen bremsenden Streben und Spanndrähte, die die Leistung früherer Modelle eingeschränkt hatten. Eine weitere Innovation, die zur aerodynamischen Effizienz beitrug, waren die Stützschwimmer, die beim Einziehen während des Fluges stromlinienförmige Flügelspitzen bildeten.

Die zweistufige Rumpfkonstruktion war der der P2Y sehr ähnlich, die Model 28 hatte jedoch ein sauber konstruiertes, selbsttragendes Leitwerk. Als Triebwerk des Prototypen dienten zwei 825 PS (615 kW) Pratt & Whitney R-1830-54 Twin Wasp Motoren, die an den Flügelvorderkanten montiert waren. Die Bewaffnung bestand aus vier 7,62 mm Maschinengewehren und bis zu 907 kg Bomben.

Nach ihrem Erstflug am 28. März 1935 wurde die XP3Y-1 bald zur Erprobung an die US Navy übergeben, die eine wesentliche Leistungsverbesserung gegenüber den in Dienst stehenden Patrouillen-Flugbooten bestätigte. Die ausgedehnte Reichweite und die vergrößerte Nutzlast führten die US Navy dazu, eine Weiterentwicklung zu verlangen, mit der dieses neue Flugzeug in die Kategorie eines Patrouillenbombers gebracht werden sollte, und im Oktober 1935 ging der Prototyp zur Ausführung der erforderlichen Arbeiten an Consolidated zurück. Hierzu gehörte auch der Einbau der 900 PS (671 kW) R-1830-64 Motoren, die für die 60 Exemplare der **PBY-1** (eine Patrouillenbomber-Bezeichnung) vorgeschrieben worden waren, die am 29. Juni 1935 bestellt wurden. Gleichzeitig wurden umkonstruierte vertikale Leitwerksflächen eingeführt und die **XPBY-1**, wie dieser Prototyp jetzt genannt wurde, flog erstmals am 19. Mai 1936. Nach Abschluß der Erprobung wurde das Flugzeug im Oktober 1936 an die US Navy Squadron VP-11F ausgeliefert, dem gleichen Monat, in dem die ersten PBY-1 bei der Squadron ankamen.

Aus minimalen Ausstattungsänderungen entstand die **PBY-2**, für die der zweite Produktionsauftrag am 25. Juli 1936 erteilt wurde, während die am 27. November 1936 bestellten **PBY-3** und die **PBY-4** mit Auftragsdatum 18. Dezember 1937 1.000 PS (746 kW) R-1830-66 bzw. 1.050 PS (783 kW) R-1830-72 Twin Wasp Motoren hatten. Außer den ersten Exemplaren hatten alle PBY-4 nunmehr große transparente Kuppeln über den seitlichen MG-Positionen, die die Schiebeluken ersetzten, und diese wurden zur charakteristischen Eigenschaft aller sich anschließenden Serienmaschinen.

Im April 1939 wurde die erste der PBY-4 Serienmaschinen zum Einbau eines Räderfahrwerks an das Unternehmen zurückgegeben, damit diese Flugzeuge als Amphibienmaschinen verwendet werden konnten, was sie wesentlich vielseitiger machte. Dieses Flugzeug wurde unter der Bezeichnung **XPBY-5A** im November 1939 fertiggestellt. Tests bestätigten die sehr beachtlichen Vorteile der Amphibienlosung, und die 33 Flugzeuge, die noch aus US Navy Verträgen über die Variante **PBY-5** offen standen, wurden als **PBY-5A** Amphibienmaschinen fertiggestellt, und weitere 134 PBY-5A wurden am 25. November 1940 in Auftrag gegeben.

In dem umfassenden Einsatz der PBY ergab sich, daß der Rumpf eine

**Die PBY Catalina wurde von der US Navy (Foto), RAF und von der Sowjetunion eingesetzt.**

TRH

hydrodynamische Verbesserung brauchen könnte. Die Naval Aircraft Factory führte die erforderlichen Forschungs- und Entwicklungsarbeiten durch, um dieses Ziel zu erreichen, und erhielt einen Auftrag über 156 dieser Flugzeugumbauten mit der Bezeichnung **PBN-1 Nomad**. Man entschied sich für diese Vorgehensweise, um die Hauptproduktion bei Consolidated nicht durch Konstruktionsänderungen zu stören. Als jedoch die letztendliche Serienversion zwischen April 1944 und April 1945 bei Consolidated gebaut wurde, wurden neben anderen die Verbesserungen der NAF in einem Modell integriert, das die Bezeichnung **PBY-6A** trug.

Ab Mitte 1937 kamen die PBY schnell bei der US Navy zum Einsatz, und zu dem Zeitpunkt, an dem die USA in den Zweiten Weltkrieg eintraten, waren etwa 21 Squadron ausgerüstet — 16 mit PBY-5, zwei mit PBY-4 und drei mit PBY-3.

Zuvor führte jedoch das Interesse, das die Sowjetunion zeigte, zu einem Auftrag über drei Flugzeuge und zur Vereinbarung einer Lizenzfertigung dieses Typs in Rußland. Als diese drei Maschinen ausgeliefert wurden, begleitete sie ein Team von Consolidated-Ingenieuren, die bei der Einrichtung der russischen Produktionsstätten halfen. Unter der Bezeichnung **GST** wurden diese Serienmaschinen von Mikulin M-62 Sternmotoren angetrieben, die aus dem M-25 (eines in Lizenz gebauten Wright Cyclone) weiterentwickelt worden waren und die eine Nennleistung von 900-1.000 PS (671-746 kW) hatten. Die ersten GST erschienen Ende 1939, und eine nicht genannte Anzahl, die jedoch bestimmt mehrere Hundert betrug, wurden während des Krieges für den Einsatz bei der sowjetischen Marine gebaut.

Das europäische Interesse begann mit dem Ankauf eines einzigen Flugzeugs durch das British Air Ministry zur Bewertung und wurde von Consolidated als **Model 28-5** identifiziert. Nach dem Flug über den Atlantik wurde die Maschine im Juli 1939 an das Marine Aircraft Experimental Establishment in Felixstowe, Suffolk, übergeben. Der Kriegsausbruch beendete die Erprobung, da jedoch über die Qualität der Konstruktion kaum Zweifel bestanden, wurde unter der Bezeichnung **Catalina Mk I** eine erste Serie von 50 Maschinen geordert.

Die ersten Auslieferungen der RAF-Catalina begannen Anfang 1941, und diese gingen bei den No. 209 und 240 Squadron des Coastal Command in Dienst. Später gehörten Catalina zur Ausrüstung von neun Coastal Command-Squadron sowie von 12 Squadron im Auslandseinsatz. Die RAF erhielt etwa 700 dieser Flugzeuge, die, mit Ausnahme der elf PBY-5A, die aus dem US Navy-Auftrag nach Großbritannien umgeleitet wurden, alle reine Flugboote waren. Sie setzten sich zusammen aus 100 **Catalina Mk I**, die der PBY-5 der US Navy entsprachen, 225 **Catalina Mk IB** (PBY-5B), 36 **Catalina Mk IIA** (PBY-5), 11 **Catalina Mk III** (PBY-5A), 97 **Catalina Mk IVA** (PBY-5), 193 **Catalina Mk IVB**, die unter der Kennung **PB2B-1** von der Boeing Aircraft of Canada gebaut wurde und im großen und ganzen der PBY-5 entsprach, sowie 50 der **Catalina Mk VI**, also die von Boeing gebaute PB2B-2, die die höheren vertikalen Leitwerksflächen hatte, die erstmals bei der NAF PBN-1 eingeführt wurden. Von den Catalina Mk V kam keine bei der RAF zum Einsatz, da diese Bezeichnung für eventuelle Lieferungen der NAF PBN-1 vorbehalten war, von denen keine nach Großbritannien geschickt wurden.

Bald nach dem Eingang der ersten Serienmaschinen-Bestellung aus Großbritannien empfing Consolidated eine französische Einkaufsmission, die Anfang 1940 30 Flugzeuge bestellte. Diese erhielten die Unternehmensbezeichnung **Model 28-5MF** und keines dieser Flugzeuge wurde vor dem Zusammenbruch des französischen Widerstandes ausgeliefert. Andere Auslandsaufträge, die etwa gleichzeitig eingingen, umfaßten 18 Flugzeuge für die Royal Australian Air Force und 48 Maschinen, die von der niederländischen Regierung für den Einsatz auf den Niederländisch-Ostindischen Inseln verwendet werden sollten.

General Dynamics

**Die Consolidated PBY-5 hatte die großen Seitenkuppeln, die mit der PBY-4 eingeführt worden waren, sowie weitere Änderungen an der Form der Seitenleitwerksflächen und die dringend benötigte Leistung der R-1830-92 Sternmotoren.**

Kanada hatte sowohl als Hersteller als auch als Abnehmer eigene, enge Verbindungen zur Catalina. Im Rahmen eines Regierungsabkommens zwischen den USA und Kanada wurden von Boeing Aircraft of Canada in Vancouver und von Canadian Vickers in Cartierville Fertigungsstraßen eingerichtet.

Die Boeing-Produktion belief sich auf insgesamt 362 Flugzeuge, und diese setzten sich zusammen aus 240 PB2B-1, die nach Australien, Neuseeland und Großbritannien geliefert wurden; 50 PB2B-2 für Großbritannien; 17 nicht-amphibische Catalina für die RCAF und 55 Amphibien-Flugzeuge, die mit dem Namen **Canso** bei der Royal Canadian Air Force im Einsatz waren. Canadian Vickers produzierte insgesamt 379 Maschinen entsprechend der PBY-5A, von denen 149 an die RCAF geliefert wurden. Von den restlichen 230 Maschinen sollte planmäßig die US Navy 183 Flugzeuge unter der Bezeichnung **PBV-1A** erwerben, erhielt diese allerdings nicht, da alle Maschinen an die USAAF geliefert wurden, die zuvor als Direktüberstellung 56 PBY-5A von der US Navy erworben hatte, die die Bezeichnung **OA-10** trugen. Diese wurden während des gesamten Zweiten Weltkriegs für Such- und Rettungseinsätze verwendet, und einige von ihnen trugen unter jedem Flügel ein abwerfbares Rettungsboot. Die 230 von Vickers gebauten Flugzeuge hießen im USAAF-Dienst **OA-10A** und die letzten Serienmaschinen, die von Consolidated gebaut wurden, waren 75 PBY-6A, die mit **OA-10B** bezeichnet wurden.

### Technische Daten
**Consolidated PBY-5A**

**Typ:** sieben/neunsitziger Seeaufklärer/Bomber als Flugboot oder Amphibienflugzeug.
**Triebwerk:** zwei 1.200 PS (895 kW) Pratt & Whitney R-1830-92 Twin Wasp Sternmotoren.
**Leistung:** Höchstgeschwindigkeit 288 km/h in 2.135 m; Langstrecken-Einsatzgeschwindigkeit 188 km/h; Dienstgipfelhöhe 4.480 m; maximale Reichweite 4.096 km.
**Gewicht:** Leergewicht 9.485 kg; max. Startgewicht 16.066 kg.
**Abmessungen:** Spannweite 31,70 m; Länge 19,47 m; Höhe 6,15 m; Tragflügelfläche 130,06 $m^2$.
**Bewaffnung:** zwei 7,62 mm Maschinengewehre im Bug, ein durch einen Tunnel hinter der Rumpfstufe nach hinten feuerndes 7,62 mm Maschinengewehr und zwei 12,7 mm Maschinengewehre (jeweils eines in beiden Seitenpositionen) plus bis zu 1.814 kg Bomben oder Wasserbomben.

# Consolidated (Model 29) PB2Y Coronado

### Entwicklungsgeschichte

Bald nach dem Erstflug des Prototyps der Catalina XP3Y-1 plante die US Navy ein größeres See-Patrouillen/Bombenflugzeug. Angestrebt wurde ein Patrouillenflugboot mit besserer Leistung und guter Waffenkapazität, und Consolidated und Sikorsky erhielten jeweils den Auftrag für einen Prototyp zur Erprobung. Sikorskys XPBS-1 flog erstmals am 13. August 1937, aber trotz mehreren Neuerungen erhielt die **Consolidated Model 29** den Zuschlag. Sie wurde unter der Bezeichnung XPB2Y-1 erprobt, der Erstflug fand am 17. Dezember 1937 statt und sie wurde als die für Serienproduktion geeignetere Maschine angesehen.

Da die US Navy sich zu dieser Zeit die Anschaffung eines dieser beiden Modelle nicht leisten konnte, hatte Consolidated 15 Monate Zeit, die während der ersten Flugtests festgestellten Fehler zu beseitigen.

Am schwerwiegendsten war das Problem der mangelnden Querstabilität, das die Firma durch den Anbau von zwei ovalen Flossen zu beiden Seiten der Höhenflosse zu lösen suchte. Das war ein richtiger erster Schritt, aber die Stabilität reichte immer noch nicht aus, bis ein neues Leitwerk mit Endplattenrudern und -flossen wie etwa bei der B-24 Liberator entworfen wurde. Ein anderes Problem war die aerodynamische Leistung des Bootsrumpfes: glücklicherweise bot die Verzögerung die Zeit für eine Neukonstruktion, und der neue Bootsrumpf war breiter als der des Prototyps und hatte ein weitgehend verändertes Bugprofil.

Am 31. März 1939 konnte die US Navy endlich sechs Maschinen unter der Bezeichnung **PB2Y-2** und mit dem Namen **Coronado** bestellen; die Auslieferung an die US Navy Squadron VP-13 begann am 31. De-

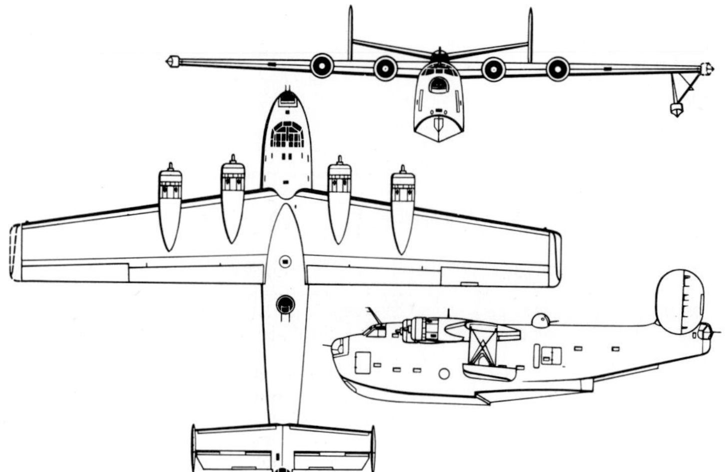

**Consolidated PB2Y-3 (gestrichelte Linie: Stützschwimmer in eingezogener Position)**

zember 1940. Das Modell mit seinen vier Sternmotoren über den freitragenden Schulterdeckerflügeln war ein beeindruckendes Flugzeug. Die Konstruktion war aus Ganzmetall, und zu den interessantesten Kennzeichen gehörten Stützschwimmer, die im eingezogenen Zustand die Flügelspitzen im Flug bildeten, und die Bombenkästen in den Tragflächen. Die Maschine bot Platz für neun Mann Besatzung.

Diese PB2Y-2 wurden für Einsatzversuche benutzt und führten zur Anschaffung der PB2Y-3 Coronado nach dem Umbau einer der beiden PB2Y-2 in den Prototyp **XPB2Y-3**. Diese Variante unterschied sich von dem vorigen Modell durch eine erweiterte Bewaffnung und selbstversiegelnde Tanks und durch Panzerung. Insgesamt wurden 210 Exemplare gebaut, spätere Serienmaschinen mit ASV-Radar (Air-to-Surface Vessel) zum Aufspüren von Überwasserschiffen ausgerüstet. Zehn Maschinen mit der Bezeichnung **PB2Y-3B** wurden an die RAF geliefert und dem Coastal Command unterstellt. Ihr Aufenthalt dort war nur kurz, denn sie wurden zur No. 231 Squadron des Transport Command verlegt und ab Juni 1944 für Frachttransporte eingesetzt.

Varianten im amerikanischen Einsatz, die auf der PB2Y-3 basierten, waren 31 **PB2Y-3R** Transporter mit R-1830-92 Ladermotoren, eine durch den versuchsweisen Einbau von Wright R-2600 Cyclone Motoren umgebaute **XPB2Y-4**, die auf einer PB2Y-3 basierende **PB2Y-5** mit erhöhter Treibstoffkapazität und R-1830-92 Motoren und mehrere **PB2Y-5H** Flugzeuge zum Verletztentransport, die über dem Pazifik eingesetzt wurden und 25 Tragen fassen konnten.

### Technische Daten
**Consolidated PB2Y-3**

**Typ:** ein Langstrecken-Bombenflugboot.

**Triebwerk:** vier 1.200 PS (895 kW) Pratt & Whitney R-1830-88 Twin Wasp Sternmotoren.

**Leistung:** Höchstgeschwindigkeit 359 km/h in 6.095 m Höhe; Reisegeschwindigkeit 227 km/h in 460 m Höhe; Dienstgipfelhöhe 6.250 m; Reichweite mit 3.629 kg Bombenladung 2.205 km; max. Reichweite 3.814 km.

**Gewicht:** Leergewicht 18.568 kg; max. Startgewicht 30.844 kg.

**Abmessungen:** Spannweite 35,05 m; Länge 24,16 m; Höhe 8,38 m; Tragflügelfläche 165,36 m$^2$.

**Bewaffnung:** acht 12,7 mm MG plus bis zu 5.443 kg Bomben, Wasserbomben und Torpedos in Bombenkästen.

**Eine Consolidated PB2Y-3 Coronado der US Navy im Flug. Besonders auffällig ist der breite Bootsrumpf, der schon in der Version PB2Y-2 vorweggenommen wurde. Viele dieser Maschinen erhielten später ASV Radar in einem großen Turmradom hinter dem Flugdeck.**

# Consolidated TBY-2 Sea Wolf

### Entwicklungsgeschichte
Im April 1940 erhielt die amerikanische Firma American Chance Vought von der US Navy einen Auftrag für den Prototyp eines dreisitzigen Torpedobombers. Die **XTBU-1** war ein Mitteldecker mit freitragenden Flügeln, Heckradfahrwerk und einem Pratt & Whitney R-2800-22 Sternmotor; die dreiköpfige Besatzung saß hintereinander unter einem 'Gewächshaus'-Dach. Die Tests verliefen erfolgreich, und die Marine bestellte bei Chance Vought Serienmodelle, die aber mangels geeigneter Produktionsstätten von Consolidated nach einem Chance Vought Entwurf gebaut werden sollten.

Im September wurden bei Consolidated 1.100 Exemplare der **TBY-2** mit Namen **Sea Wolf** bestellt. Sie unterschieden sich von der nicht produzierten **TBY-1** durch eine Radaranlage unter dem rechten Flügel. Nach nur 180 Exemplaren wurde die Produktion eingestellt, und keine dieser Maschinen kamen zum Einsatz, sie wurden später für Schulungszwecke benutzt. Eine verbesserte **TBY-3** war in 600 Exemplaren bestellt worden, aber auch diese Bestellung wurde zurückgenommen.

### Technische Daten
**Typ:** dreisitziger Torpedobomber.

**Triebwerk:** ein 2.000 PS (1.491 kW) Pratt & Whitney R-2800-22 Sternmotor.

**Leistung:** Höchstgeschwindigkeit 501 km/h in 4.480 m Höhe.

**Gewicht:** maximales Startgewicht 7.370 kg.

**Abmessungen:** Spannweite 17,42 m; Länge 11,89 m.

**Bewaffnung:** zwei 12,7 mm und ein 7,62 mm MG, ein Torpedo und Bomben an Außenstationen.

**Die Sea Wolf, als Vought TBU entworfen und als TBY-2 von Convair gebaut, war der Grumman TBF Avenger in mancher Hinsicht überlegen, kam aber nicht zum Einsatz.**

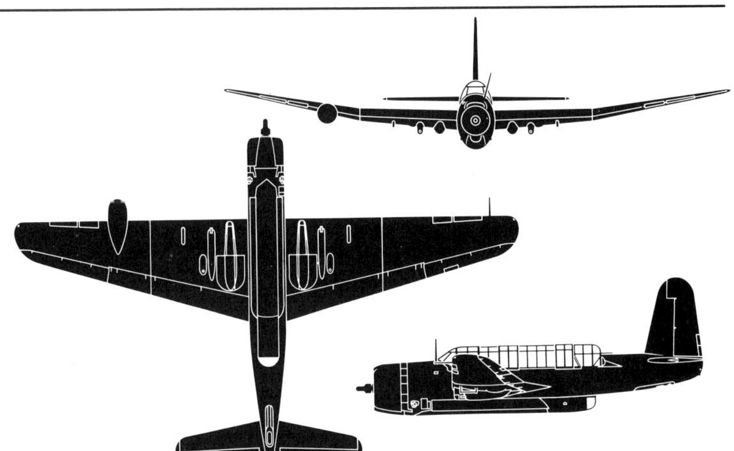

**Consolidated TBY-2 Sea Wolf**

# Consolidated (Model 31) XP4Y

### Entwicklungsgeschichte
1938 entwarf Consolidated ein neues Flugboot mit der Bezeichnung **Consolidated Model 31**. Dieses Modell hatte Tragflächen mit hohe Streckung; David R. Davis hatte diese von den Wurzeln bis zu den Spitzen durchgehenden Trapezflügel entworfen, um den Luftwiderstand bei hohen und niedrigen Geschwindigkeiten zu verringern. Daher konnten Triebwerke in Verbindung mit diesen Tragflächen eine höhere Leistung erbringen als mit konventionellen Flugzeugkonstruktionen. Consolidated verwendete diese Flügel für die Model 31, weil die Langstreckenqualität als wichtiges Kennzeichen so-

**Die Produktion des zweimotorigen Flugboots XP4Y-1 wurde nicht in großem Maßstab durchgeführt, nicht etwa wegen mangelhaften Flugeigenschaften oder unzureichendem Treibstoff-Fassungsvermögen, sondern weil das gewählte Triebwerk schwer erhältlich war.**

wohl der zivilen als auch der militärischen Ausführung angesehen wurde.

Ein Prototyp wurde im Mai 1939 fertiggestellt und bald darauf geflogen, aber noch vor dem Ende der Flugtests brach in Europa der Zweite Weltkrieg aus. Consolidated konzentrierte sich daher auf die Produktion des Militärflugzeugs und erhielt den Auftrag, einen Prototyp für die US Navy herzustellen. Die **XP4Y-1** mit dem inoffiziellen Namen **Corregidor** wurde erst nach drei Jahre dauernden Tests für Versuchseinsätze zugänglich; der Prototyp hatte die Kennziffer 27852. Die Konstruktion war aus Ganzmetall mit glatter Senknietenbeschichtung; die Leitflächen hatten eine gemeinsame Grundstruktur aus Metall mit Stoffbespannung. Die freitragenden Eindeckerflügel waren hoch auf dem Bootsrumpf angesetzt, und das oben auf dem aufwärts geschwungenen Rumpfhinterteil installierte Leitwerk hatte große Endplattenflossen und -ruder. Einziehbare Stützschwimmer waren unter beiden Flügelspitzen angebracht, und Attrappen von Bug-, Unterrumpf- und Turmkanzeln wurden für die Flugtests benutzt.

Die Einsatztests verliefen zufriedenstellend, aber da nicht genug Wright R-3350 Cyclone Motoren erhältlich waren, wurde der Vertrag mit der US Navy über 200 Serienmaschinen vom Typ **P4Y-1** im Sommer 1943 rückgängig gemacht. Die in New Orleans, Louisiana, eingerichtete Fabrik wurde statt dessen für die Produktion der Catalina benutzt.

### Technische Daten

**Typ:** Langstrecken-Seepatrouillen-Flugboot.
**Triebwerk:** zwei 2.300 PS (1.715 kW) Wright R-3350-8 Cyclone 8 Doppelsternmotoren.
**Leistung:** Höchstgeschwindigkeit 398 km/h in 4.145 m Höhe; Reisegeschwindigkeit 219 km/h; Dienstgipfelhöhe 6.520 m; max. Patrouillenreichweite 5.279 km.
**Gewicht:** Leergewicht 13.306 kg; max. Startgewicht 21.772 kg.
**Abmessungen:** Spannweite 33,53 m; Länge 22,58 m; Höhe 7,67 m; Tragflügelfläche 97,36 m².
**Bewaffnung:** (geplant) eine 37 mm Kanone in der Bugkanzel und zwei 12,7 mm MG in Unterrumpf- und Heckstand plus bis zu 1.814 kg außen transportierte Waffen.

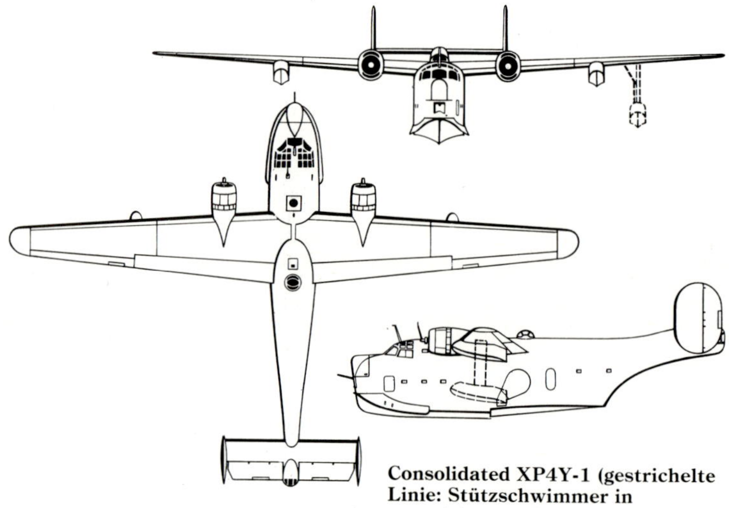

**Consolidated XP4Y-1 (gestrichelte Linie: Stützschwimmer in ausgefahrener Position).**

12,7 mm MG in Unterrumpf- und Heckstand plus bis zu 1.814 kg außen transportierte Waffen.

# Convair (Model 36) B-36

### Entwicklungsgeschichte

Die **Convair B-36**, das erste interkontinentale Bombenflugzeug, basierte auf einer am 11. April 1941 herausgegebenen Spezifikation für ein Modell mit einer Bombenkapazität von max. 32.659 kg, das außerdem, was zu der damaligen Zeit noch wichtiger erschien, von einer Basis in den USA aus 4.536 kg Bomben zu Zielen in Europa bringen konnte. Eine der wichtigsten Voraussetzungen war die ohne Auftanken erreichte Reichweite von 16.093 km, dazu eine Höchstgeschwindigkeit von 386-483 km/h und eine Dienstgipfelhöhe von 10.670 m. Von den vier konkurrierenden Entwürfen hatte die **Consolidated Model 36** einen Rumpf mit Luftdruckausgleich, eine Spannweite von 70,10 m und eine Wurzeldicke von 1,83 m für den während des Flugs ggf. nötigen Zugang zu den sechs Motoren mit Druckpropellern. Das Modell war ursprünglich mit doppelten Flossen und Rudern gedacht, aber als der Prototyp **XB-36** am 8. September 1945 bei Fort Worth ausgerollt wurde, waren statt dessen einzelne Seitenleitwerke eingesetzt worden.

Beim Erstflug am 8. August 1946 hatte die XB-36 einzelne Haupträder mit einem Durchmesser von 2,79 m; dies war auch ein Kennzeichen des zweiten Prototyps **YB-36**, der aber später die auch für das Serienmodell übernommenen zweirädrigen Radschwingen erhielt. In dieser Form erhielt das Modell die Bezeichnung **YB-36A**, und im Gegensatz zur ersten Maschine hatte es außerdem ein erhöhtes Dach für das Cockpit. Am 23. Juli 1943 wurden 100 Maschinen bestellt, aber erst mehr als vier Jahre später unternahm der erste der 22 unbewaffneten Besatzungstrainer **B-36A** seinen Erstflug (am 28. August 1947). Die Produktion der B-36 erstreckte sich über fast sieben Jahre, und das letzte Exemplar wurde am 14. August 1954 an das Strategic Command ausgeliefert. Der Typ wurde schließlich am 12. Februar 1959 aus dem Verkehr gezogen; das Jet-Zeitalter hatte begonnen.

### Varianten

**B-36B:** 73 Flugzeuge mit je sechs 3.500 PS (2.610 kW) Pratt & Whitney R-4360 Motoren und einem max. Startgewicht von 148.778 kg; die Bewaffnung enthielt sechs einziehbare und ferngesteuerte Waffenstände mit je zwei 20 mm Kanonen und zwei gleichen Waffen in Bug- und Heckkanzeln; das erste Exemplar flog am 8. Juli 1948.
**YB-36C:** geplante Ausführung mit R-4360-51 Motoren mit Zugpropellern.
**B-36D:** erstmals am 26. März 1949 als umgebaute B-36B geflogen; das max. Einsatzgewicht betrug 162.386 kg und ermöglichte dadurch eine max. Bombenzuladung von 38.102 kg; außerdem war die Höchstgeschwindigkeit auf 700 km/h erhöht worden und die Gipfelhöhe auf über 13.715 m; die Triebkraft der 22 Serienmaschinen B-36D und die 64 B-36B wurde durch zwei Paare von General Electric J47-GE-19 Strahltriebwerken in Gehäusen außerhalb der Hauptmotoren erhöht; das erste Exemplar hatte vier Allison J35 Strahltriebwerke; die Auslieferungen der B-36D begann am 19. August 1950, und der Typ wurde erstmals beim 7th Bomb Wing bei Carswell AFB eingesetzt.
**RB-36D:** 17 neue RB-36D und sieben umgebaute B-36B wurden für strategische Aufklärungsflüge geliefert (ab 3. Juni 1950); die RB-36D hatten eine 22köpfige Besatzung und 14 Kameras in dem Raum, der in der Bombenausführung normalerweise für Bombenkästen vorgesehen ist.
**RB-36E:** die YB-36A und 21 B-36A wurden auf einen ähnlichen Standard wie die RS-36D gebracht; das erste Exemplar flog am 18.12.1949.
**B-36F:** ähnlich wie die B-36B, aber mit stärkeren 3.800 PS (2.834 kW) R-4360-53 Motoren; Erstflug am 5. November 1950; insgesamt wurden 58 Maschinen gebaut, darunter 24 vom Typ **RB-36F** mit erhöhter Treibstoffkapazität.
**GRB-36F:** das USAF FICON (Fighter in Convair) Programm für 'Parasiten-Kampfflugzeuge' (die unter dem Rumpf des Bombers an einem Trapez hingen, sie lösten sich erst über feindlichem Gebiet, um den Schutz des Bombers zu übernehmen) verwendete ursprünglich die McDonnell XF-85 und wurde mit der Republic GRF-84F fortgesetzt; nach erfolgreichen Tests, darunter Abwurfversuche von einer mit einem Trapez ausgerüsteten GRB-36F im Mai 1953, wurden mindestens zwölf Maschinen auf diesen Standard gebracht; sie wurden auch als Kontrollflugzeuge bei der Entwicklung von Lenkraketen benutzt.
**B-36H:** dieser erstmals am 5. April 1952 geflogene Typ hatte ein verbessertes Flugdeck und wurde in 156 Exemplaren gebaut, darunter 73 vom Typ **RB-36H**; eine Maschine mit der Bezeichnung **NB-36H** hatte einen Atomreaktor zur Erprobung von Strahlenschutzmethoden und zur Untersuchung der Auswirkungen von Strahlung auf Flugwerk und Ausrüstung an Bord; der Erstflug fand am 17. September 1955 statt.
**B-36J:** Ausführungen mit zusätzlichen Außenflügeltanks und verstärktem Fahrwerk für ein Startgewicht von 185.973 kg; 33 Exemplare wurden gebaut, von denen das erste am 3. September 1953 flog; einige Maschinen wurden später durch das Weglassen der Bewaffnung bis auf die Waffen in der Heckkanzel modifiziert, wobei die Zahl der Besatzungsmitglieder auf neun verringert wurde.
**XC-99:** Bezeichnung für eine Transportvariante (Model 37) der B-36 mit dem gleichen Triebwerk, Leitwerk und den Flügeln, aber einem neuen Rumpf mit zwei Decks für 400 Solda-

**Eine der ungewöhnlichsten Ideen im Bereich der Kampfflugzeuge war das Konzept eines FICON-Modells, ein B-36 Langstrecken-Bomber mit seinem eigenen Begleitflugzeug, das unter den Rumpf bis in den feindlichen Luftraum getragen und dann von einem speziellen Trapez abgeworfen wurde, um die Verteidigung des Bombers zu übernehmen. Der ursprünglich für diese Rolle entworfene Typ war die wenig erfolgreiche McDonnell X-85 Convair Goblin; hier abgebildet ist eine von zwölf nach diesem Konzept umgebauten Convair GRB-36F.**

US Air Force

ten mit Ausrüstung oder 300 Tragen oder bis zu 45.813 kg Fracht; Erstflug am 23. November 1947; später erhielt das Modell Radschwingen und Wetterradar; es wurde für spezielle Transporteinsätze eingesetzt und 1957 aus dem Verkehr gezogen.

**YB-60:** unter der Bezeichnung **XB-36G** wurde eine Ausführung der B-36 mit Strahltriebwerken vorgeschlagen; am 15. März 1951 unterzeichnete die US Navy einen Vertrag über zwei Prototypen, die dann die Bezeichnung YB-60 erhielten; sie hatten den gleichen Rumpf wie die B-36, aber einen modifizierten Bug und weitgehend ähnliches Flügelmittelstück und Fahrwerk; neu waren die gepfeilten äußeren Flügel, das Leitwerk und das Triebwerk (acht Pratt & Whitney J57 Strahltriebwerke an Pylonen paarweise vor der Tragflächenvorderkante angebracht) das erste Exemplar flog am 18. April 1952, aber der Typ erhielt keinen Produktionsauftrag, da die USAF statt dessen die Boeing B-52 bestellte.

**X-6:** geplante atombetriebene Version.

### Technische Daten

**Convair B-36J**

**Typ:** ein strategischer Aufklärer/Langstreckenbomber.

**Triebwerk:** sechs 3.800 PS (2.834 kW) Pratt & Whitney R-4360-53 Sternmotoren und vier General Electric J47-GE-19 Strahltriebwerke von 2.359 kp Schub.

**Leistung:** Höchstgeschwindigkeit 661 km/h in 11.095 m Höhe; Reisegeschwindigkeit 629 km/h; Dienstgipfelhöhe 12.160 m; Reichweite 10.944 km mit einer Bombenladung von 4.536 kg.

**Gewicht:** Leergewicht 77.580 kg; max. Startgewicht 185.973 kg.

**Abmessungen:** Spannweite 70,10 m; Länge 49,40 m; Höhe 14,22 m; Tragflügelfläche 443,32 m².

**Bewaffnung:** sechs einziehbare und ferngesteuerte Waffenstände mit je zwei 20 mm M24A1 Kanonen und ähnlichen Waffen in Bug und Heck, plus max. 39.009 kg Bomben mit Gewichtseinschränkungen, normalerweise jedoch bis zu 32.659 kg.

## Convair XB-46

### Entwicklungsgeschichte

Sehr bald nach dem Ende des Zweiten Weltkriegs begann Convair mit dem Entwurf eines mittleren Bombers mit Strahltriebwerk und erhielt von der US Air Force einen Auftrag für den Bau von drei **XB-46** Prototypen. Das Modell war ein Hochdecker mit freitragenden Flügeln, einer Ganzmetallkonstruktion, einem schlanken Rumpf mit ovalem Querschnitt, konventionellem Leitwerk und einziehbarem Dreibeinfahrwerk; die Besatzung bestand aus drei Mann. Das Triebwerk war eine Anlage mit vier Strahltriebwerken, die paarweise in Unterflügelgondeln angebracht waren.

Die XB-46 flog erstmals am 3. April 1947 und wurde gegen Ende des folgenden Jahres an die neu gebildete US Air Force übergeben, wo sie eine Durchschnittsgeschwindigkeit von 858 km/h bei ihrem ersten Flug nach Wright Fields bei Dayton erreichte. Trotz dieser Leistung blieb die Maschine der einzige Prototyp, da die USAF statt ihrer die Boeing B-47 Stratojet in Auftrag gab.

### Technische Daten

**Typ:** mittlerer Bomber-Prototyp.

**Triebwerk:** vier von Allison gebaute General Electric TG-180 (J35) Strahltriebwerke von 1.814 kp Schub.

**Leistung:** (geschätzte Werte) Höchstgeschwindigkeit 909 km/h; Dienstgipfelhöhe 13.105 m; Reichweite mit 3.629 kg Bombenlast 4.023 km.

**Gewicht:** maximales Startgewicht 41.277 kg.

**Abmessungen:** Spannweite 34,44 m; Länge 32,31 m; Höhe 8,53 m.

**Bewaffnung:** (geplant) max. Bombenlast 9.072 kg.

US Air Force

**Im April 1947 flog Convair den XB-46 Bomber, ein traditionelles Flugwerk mit vier neuen General Electric TG-180 Triebwerken.**

## Convair (Model 4) B-58 Hustler

### Entwicklungsgeschichte

Im März 1949 forderte das Air Research and Development Command (ARDC) der US Air Force Vorschläge für ein Überschall-Bombenflugzeug an, und von den beiden Entwürfen der Firmen Boeing und Consolidated-Vultee (Fort Worth Division) wurde im August 1952 der zuletzt genannte Typ gewählt und im Rahmen des Vertrags MX-1964 als **Convair Model 4** gebaut. Am 10. Dezember 1952 erhielt die Maschine den Namen **B-58**, und noch im selben Jahr erhielt Convair eine Bestellung über 18 Exemplare, die den neuen General Electric J79 Motor erhalten sollten, für den diese Firma zur gleichen Zeit einen Entwicklungsauftrag erhielt. Die Leistungsansprüche sahen beträchtliche Fortschritte in den Bereichen der Aerodynamik, der Struktur und des Materials vor. Das Ergebnis, einer der ersten Entwürfe, der die von der NACA/Whitworth entwickelte Flächenregel in der Praxis anwandte, war eine Maschine mit Deltaflügeln mit vier Motoren in unten angebrachten Gondeln, einem schlanken Rumpf und — ein besonders ungewöhnliches Kennzeichen — einem 18,90 m langen Unterrumpfbehälter für Treibstoff und Atomwaffen. Die dreiköpfige Besatzung saß in individuellen Cockpits und verfügte über abwerfbare Kuppeln.

Im Juni 1958 wurde die Bestellung von 18 auf zwei Prototypen des Typs **XB-58** und elf **YB-58A** Vorserienmodelle mit insgesamt 31 Unterrumpfbehältern reduziert. Das erste Exemplar wurde am 31. August 1956 in Fort Worth ausgerollt und unternahm mit dem Piloten B. A. Erickson am 11. November seinen Erstflug. Am 30. Dezember wurde die XB-58 (noch immer ohne Unterrumpfbehälter) das erste Bombenflugzeug, das eine Geschwindigkeit von mehr als Mach 1 erreichte. Weitere 17 YB-58A wurden am 14. Februar 1958 zusammen mit 35 MB-1 Bombenbehältern bestellt. Damit standen für das Testprogramm der Herstellerfirma und die ARDC Truppenerprobung bei der 6592nd Test Squadron und der 3958th Operational Evaluation and Training Squadron in Carswell AFB 30 Maschinen zur Verfügung.

Zwischen September 1958 und 1960 wurden insgesamt 86 Serienmaschinen vom Typ **B-58A Hustler** bestellt, ergänzt durch zehn YB-58A, die für die 43rd Bomb Wing auf den neuen Standard gebracht und zunächst bei Carswell und später bei der Little Rock AFB, Arkansas, und der 305th Bomb Wing bei der Bunker Hill AFB, Indiana, stationiert wurden. Das erste Exemplar wurde am 1. Dezember 1959 an die 65th Combat Crew Training Squadron bei Carswell übergeben, und die 43rd Bomb Wing, am 15. März 1959 in die erste B-58 Einheit umgebildet, erhielt ihr erstes Modell am 1. August 1960. Die 116. und letzte B-58A wurde am 26. Oktober 1962 ausgeliefert, und der Typ wurde am 31. Januar 1970 aus dem Einsatz beim Strategic Air Command gezogen.

Angesichts der außerordentlichen Leistung war klar, daß die B-58A das Potential hatte, alle Rekorde zu brechen. Am 12. Januar 1961 stellten Major Henry Deutschendorf und seine Besatzung mit 1.708,8 km/h den Weltrekord über einen 2.000 km geschlossenen Rundkurs auf, und am 14. Januar flog Major Harold E. Confer den Rekord über 1.000 km mit 2.067,57 km/h. Am 10. Mai gewann Major Elmer Murphy die 1930 von Louis Blériot für den ersten Piloten, der mehr als 30 Minuten lang eine Geschwindigkeit von über 2.000 km/h erreichen konnte, gestiftete Trophäe. 16 Tage später flogen Major William Payne und seine Besatzung von Carsden nach Paris und stellten unterwegs Rekorde von 3 Stunden 39 Minuten 49 Sekunden ab Washington und 3 Stunden 19 Minuten 51 Sekunden ab New York auf; die Hustler stürzte am 3. Juni bei der Pariser Air Show ab, wobei die Besatzung ums Leben kam. Bei anderen Flügen wurde u.a. ein Überschall-Flugdauerrekord von 8 Stunden 35 Minuten aufgestellt (bei einem Flug von Haneda, Tokio, nach London am 16. Oktober 1963).

US Air Force

**Die B-58 Hustler, ein weiteres erfolgreiches Werk der abenteuerlustigen Convair-Konstrukteure, war ein strategischer Kurzstreckenbomber, der seinen Treibstoff und die Atomwaffenladung in einem Unterrumpfbehälter transportierte, der über dem Ziel abgeworfen wurde, um eine hohe Überschall-Fluchtgeschwindigkeit zu ermöglichen.**

### Varianten

**TB-58A:** acht Serienmaschinen des Typs YB-58A, umgebaut mit Doppelsteuerung, einem erhöhten Sitz im zweiten Cockpit und erweiterter Glaskuppel für bessere Sicht für den Fluglehrer; die Auftankvorrichtung während des Flugs wurde beibehalten, aber das ASQ-42V Bombennavigations-, das ECM- und die Verteidigungssysteme fehlten; die erste TB-58A flog am 10. Mai 1968 und wurde am 13. August ausgeliefert.

**NB-58A:** eine als Teststand für den J93 Motor umgebaute Maschine, zunächst vorgesehen für die B-70 Valkyrie, und in einer Gondel unter dem Rumpf getragen.

### Technische Daten

**Typ:** dreisitziger mittlerer Überschallbomber.

**Triebwerk:** vier General Electric J79-GE-5A Strahltriebwerke mit 7.076 kp Schub mit Nachbrenner.

**Leistung:** Höchstgeschwindigkeit 2.229 km/h oder Mach 2,1 in 12.190 m Höhe; Dienstgipfelhöhe 18.290 m; Reichweite ohne Auftanken 3.219 km.

**Gewicht:** maximales Startgewicht 73.936 kg.

**Abmessungen:** Spannweite 17,32 m; Länge 29,49 m; Höhe 9,58 m; Tragflügelfläche 143,25 m².

**Bewaffnung:** eine 20 mm T171 Vulcan Kanone in Heckstation mit Zielradar plus Atomwaffen oder konventionelle Waffen in abnehmbarem Unterrumpfbehälter.

# Convair CV-240, 340 und 440/C-131 Samaritan/T-29/R4Y

**Convair CV-440 der American Inter-Island (Virgin Islands)**

## Entwicklungsgeschichte

Ein Nachfolgemodell für die so erfolgreiche DC-3 zu finden, erwies sich als ausgesprochen schwer, aber versprach gute Gewinnaussichten. Auch die Consolidated-Vultee Aircraft Corporation in den USA wollte sich an diesem Wettstreit beteiligen und begann in den frühen 50er Jahren, ihre Modelle als Convair Typen zu bezeichnen, und 1954 wurde die Firma zur Convair Division der General Dynamics Corporation. Diese Abteilung ist auch heute noch zuständig für Ersatzteillieferungen für Convair Passagierflugzeuge mit Kolbenmotoren und der auf diesen Modellen basierenden Typen.

1945 gab American Airlines eine Spezifikation für ein Passagierflugzeug heraus, das die Aufgaben der DC-3 effektiver erfüllen sollte. Bald darauf wurde der Prototyp **Convair Model 110** gebaut und am 8. Juli 1946 geflogen. Es war ein zweimotoriges Modell mit zwei 2.100 PS (1.566 kW) Pratt & Whitney R-2800-S1C3-G Sternmotoren und bot Platz für 30 Passagiere. Noch vor dem Flug hatte American Airlines jedoch beschlossen, daß eine größere Kapazität wünschenswert sei, und die **Convair Model 240** mit dem späteren Namen **Convairliner** wurde entwickelt. Es wurde kein eigentlicher Prototyp gebaut, und alle Maschinen hatten den Standard der Serienmodelle; das erste Exemplar flog am 16. März 1947. Es hatte das gleiche Triebwerk und die gleiche allgemeine Konfiguration wie die Model 110, der Rumpf war jedoch 1,12 m länger, um eine Standardkapazität von 40 Passagieren zu ermöglichen. Die Convair 240 nahm am 1. Juni 1948 ihren Einsatz bei American Airlines auf, und von den gebauten Maschinen (allein 176 für zivile Firmen) wurden viele auch zu militärischen Zwecken eingesetzt.

Als ein größeres 'fliegendes Klassenzimmer' für die Ausbildung von Navigatoren und Radaroperateuren nötig wurde, bestellte die USAF zwei **XAT-29** Prototypen bei Convair, die auf der Model 240 basierten. Die erste XAT-29 unternahm ihren Jungfernflug am 22. September 1949, und nach der Erprobung durch die USAF wurden die ersten Serienmaschinen **T-29A** bestellt; 49 Exemplare wurden gebaut, die sich von der Convair 240 durch fehlenden Luftdruckausgleich unterschieden. Die meisten der für die US Air Force und die US Navy erstandenen T-29 waren dagegen bis auf veränderte Inneneinrichtung mit ihren zivilen Gegenstücken identisch. Die T-29A hatte Positionen für Navigatorenschüler und vier Astrokuppeln im Rumpfoberteil; die **T-29B** verfügte über Luftdruckausgleich und konnte gleichzeitig für zehn Navigatoren und vier Radaroperateure eingesetzt werden; die weitgehend ähnliche **T-29C** hatte stärkere Motoren. Die **T-29D** war ein fortgeschrittenes Navigations- und Bomberschulungsflugzeug mit 'K'-Bombenabwurfzielgerät und Kamerazieleinrichtung.

Im Frühjahr 1951 begann die Entwicklung einer verbesserten Zivilausführung mit der Bezeichnung **Convair Model 340**, das sich von seinen Vorgängern durch R-2800-CB16 oder -CB17 Motoren mit 2.500 PS (1.864 kW) und eine größere Spannweite für höheres Gesamtgewicht unterscheidet. Eine Erweiterung des Rumpfs um 1,37 m führte zu einer Standard-Kapazität von 44 Passagieren. Das erste Exemplar dieser Ausführung flog am 5. Oktober 1951, und die erste Maschine wurde am 28. März 1952 an United Air Lines geliefert.

Eine weitere Verfeinerung dieses Entwurfs führte zu der weitgehend ähnlichen **Convair Model 440**, die aerodynamische und Komfort-Verbesserungen enthielt und in einer dichten Sitzanordnung 52 Passagiere fassen konnte. Die erste Convair 440 wurde durch den Umbau einer Convair 340 produziert und unternahm ihren Jungfernflug am 6. Oktober 1955; die weiteren 155 zivilen Passagierflugzeuge wurden neu gebaut.

Die erste der Transportervarianten für die USAF war die für Verwundetentransport gedachte **C-131A Samaritan**, ein auf der Convair 240 basierendes Modell mit großen Ladetüren für Tragen oder Fracht, das 27 Tragen oder 37 sitzende Verwundete unterbringen konnte. Es folgten 36 Transporter/elektronische Testflugzeuge **C-131B**, 33 **C-131D/VC-131D** Transporter (27 mit dem Standard der Convair 330 und sechs mit dem Standard der 440) und schließlich 15 **C-131E** ECM-Schulflugzeuge, die 1956 und 1957 ausgeliefert wurden. Die Bezeichnung **RC-131F** wurde auf eine Reihe von zur Fotovermessung umgebauten C-131E angewendet, und eine ähnlich hergestellte **RC-131G** war für die Überprüfung von Navigationshilfen eingerichtet. Zwei mit Propellerturbinen ausgerüstete Maschinen, die dieses Triebwerk untersuchen sollten, und vier ähnlich modifizierte C-131D wurden unter der Bezeichnung **VC-131H** für VIP-Transport benutzt.

Die US Navy erhielt 36 **R4Y-1** (C-131F) Fracht- und Personentransporter, einen **R4Y-1Z** (VC-131F) VIP-Transporter und zwei **R4Y-2** (C-131G) Transporterversionen der Convair 440 und verwendete außerdem eine kleinere Anzahl von T-29B Transportern der USAF. Die kanadische Armee erhielt acht **CC-109 Metropolitan**, die den VC-131H der USAF ähnlich waren. Einige ehemals zivile Convair 440 wurden von Luftwaffeneinheiten Boliviens, Deutschlands und Spaniens eingesetzt.

**Für Regionalgesellschaften wie die mexikanische Gesellschaft Aero Leon ist die Convair 440 wegen ihrer geringen Kosten, einfachen Wartung und angesichts des wirtschaftlichen Treibstoffverbrauchs noch immer ein attraktives Modell.**

Aviation Letter Photo Service

**Die Convair 110 war ein früher Versuch der Nachkriegszeit, in den Markt für Passagierflugzeuge vorzustoßen, der so lange von der DC-3 und ihren Varianten beherrscht war. Die Nutzlast des Modells war jedoch zu gering, und es wurde nicht produziert.**

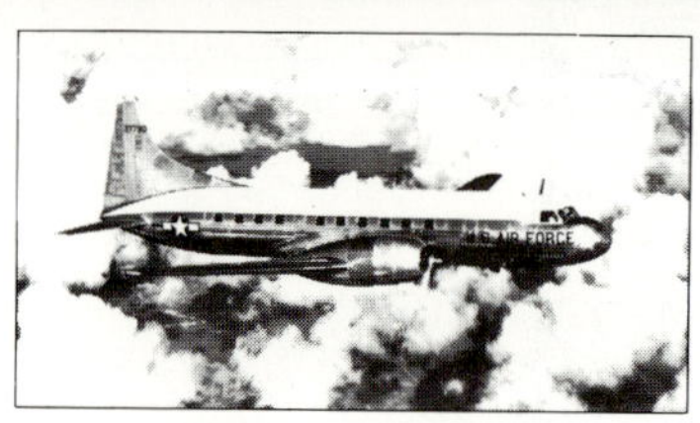

**Exemplare dieses zweimotorigen Convair Passagierflugzeugs wurden in großen Mengen von der amerikanischen Armee gekauft und zu den verschiedensten Zwecken eingesetzt. Hier abgebildet ist eine C-131B der USAF, die auf der CV-340 basierte.**

**Die Convair T-29B, eine Variante der CV-240, hatte eine Kabine mit Luftdruckausgleich und konnte 14 Flugschüler aufnehmen (vier Radaroperateure und zehn Navigatoren). Dieses Exemplar gehörte zur VY-29 Training Squadron der US Navy in Texas.**

### Technische Daten
**Convair 440**
**Typ:** Mittelstreckentransporter.
**Triebwerk:** zwei 2.500 PS (1.854 kW) Pratt & Whitney R-2800-CB16 oder -CB17 Sternmotoren.
**Leistung:** max. Reisegeschwindigkeit 483 km/h in 3.960 m Höhe; wirtschaftliche Reisegeschwindigkeit 465 km/h in 6.095 m Höhe; Dienstgipfelhöhe 7.590 m; Reichweite bei max. Nutzlast 756 km; Reichweite mit max. Treibstoffvorrat 3.106 km.
**Gewicht:** Leergewicht 15.111 kg; max. Startgewicht 22.226 kg.
**Abmessungen:** Spannweite 32,11 m; Länge 24,13 m; Länge mit Wetterradar 24,84 m; Höhe 8,59 m; Tragflügelfläche 85,47 m².

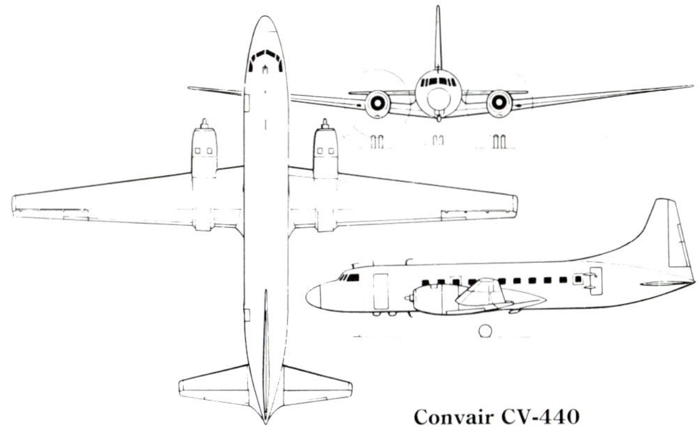

**Convair CV-440**

# Convair 540, 580, 600 und 640

## Entwicklungsgeschichte

Viele Flugzeuge haben ihre Triebwerke ausgewechselt, um somit eine höhere Leistung und/oder bessere Wirtschaftlichkeit zu erreichen, und die Baureihe der Convair Modelle 240/340/440 bildet keine Ausnahme. Die Propellerturbine, bei der sich das geringe Gewicht, der unproblematische Antrieb und die Verläßlichkeit der Turbine mit dem Getriebe und dem Propeller des Kolbenmotors verbanden, bot einen guten Ersatz an. Doch nicht immer glückte am Anfang der Austausch von Kolbenmotoren durch Turboprops. Im Fall der Convairliner traf das genaue Gegenteil zu, denn die robuste, gut durchdachte Struktur dieser Modelle war schon eher imstande, die sehr viel stärkeren Propellerturbinen zu verkraften, ohne daß dem Flugwerk Schaden zugefügt wurde, daher erhielt diese Baureihe noch einmal neuen Auftrieb.

Die ersten Umbauten fanden 1954 statt, als D. Napier & Sons in England zwei ihrer 3.060 WPS (2.282 kW) Eland NE1.1 Propellerturbinen in eine Convair 340 einbauten und sie erstmals am 9. Februar 1955 flogen. Diese Maschine nahm mit fünf ähnlichen Exemplaren unter der Bezeichnung **Convair 540** den Einsatz bei Allegheny Airlines in Amerika auf. Als die Produktion der Eland 1962 auslief, erhielten diese Maschinen wieder Kolbenmotoren. Canadair, die kanadische Firma, baute drei Convair 440 mit Eland Propellerturbinen um und gab ihnen die Bezeichnung **Canadair 540**; später entstanden zehn neue Maschinen mit diesem Triebwerk für die Royal Canadian Air Force unter der Bezeichnung **CL-66 Cosmopolitan**. Danach erhielten sie Allison Model 501 Propellerturbinen.

In den USA regte die PacAero Engineering Corporation aus Santa Monica in Kalifornien ein Umbauprogramm für Convair 340 und 440 Flugzeuge an. Dazu gehörten der Einbau von 3.750 WPS (2.796 kW) Allison 501-D13 Propellerturbinen und eine Erweiterung der Leitflächen. Das Modell erhielt die Bezeichnung **Convair 580** und wurde gelegentlich als **Super Convair** betitelt; die Kabine hatte Platz für 52 Passagiere, da in einer dichten Anordnung weitere acht Sitze aufgenommen werden konnten. PacAeros erste Model 580 unternahm ihren Erstflug am 19. Januar 1960, aber erst im Juni 1964 nahm der Typ bei Frontier Airlines den Einsatz im Passagiertransport auf.

**Convair CV-580 der Aspen Airways (USA)**

Das letzte dieser Umbauprogramme wurde vom ursprünglichen Hersteller angeregt, der 3.025 WPS (2.256 kW) Rolls-Royce RDa.10/1 Dart 542 Propellerturbinen für die Modelle 240, 340 und 440 vorsah. Außerdem erhielt die Model 240 ein verstärktes Flugwerk und auf Wunsch eine Einrichtung für 48 Passagiere, während die 340 und 440 56 Sitze enthielten. In dieser neuen Form lauteten die Bezeichnungen **Convair 240D**, **340D** und **440D**; die 240D hieß später **Convair 600**, und die beiden anderen wurden zur **Convair 640**. Die erste Model 600 nahm am 30. November 1965 bei Central Airlines den Einsatz auf, gefolgt von der **Model 640** bei Caribair am 22. Dezember 1965.

Unter den Bezeichnungen Convair 580, 600 und 640 wurden etwa 240 Maschinen umgebaut, von denen 1986 noch über 190 flogen.

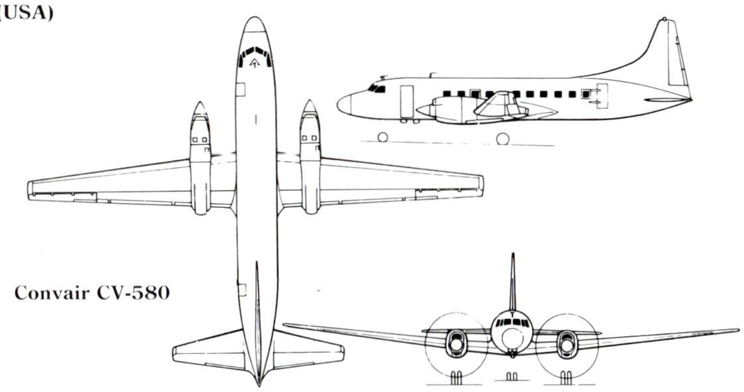

**Convair CV-580**

### Technische Daten
**Convair 640**
**Typ:** ein Mittelstrecken-Transportflugzeug.
**Triebwerk:** zwei 3.025 WPS (2.256 kW) Rolls-Royce RDa.10/1 Dart Propellerturbinen.
**Leistung:** Reisegeschwindigkeit 483 km/h; Reichweite mit max. Nutzlast 1.979 km; Reichweite mit max. Treibstoffvorrat 3.138 km.
**Gewicht:** Einsatz-Leergewicht 13.733 kg; maximales Startgewicht 25.855 kg.
**Abmessungen:** Spannweite 32,11 m; Länge 24,84 m; Höhe 8,59 m; Tragflügelfläche 85,47 m².

Aspen Airways

**Die Convair-Modelle mit zwei Kolbenmotoren waren erfolgreiche Mittelstrecken-Passagierflugzeuge und bildeten zugleich die Ausgangsbasis für die ebenso erfolgreichen Propellerturbinen-Modelle wie die hier abgebildete CV-580 der Aspen Airways, die zehn Maschinen dieser Art benutzte.**

# Convair CV-880 und 990

## Entwicklungsgeschichte

Die Nachricht, daß Boeing und Douglas eine neue Generation von Passagierflugzeugen mit Strahltriebwerken bauten, war für Convair eine Herausforderung. Die Firma begann sofort mit ihren Bemühungen, sich auch auf diesem Markt zu etablieren: nach entsprechenden Marktforschungen wurde ein Entwurf für ein Modell erstellt, das weniger Passagiere als die Boeing 707 und Douglas DC-8 faßte, das aber eine höhere Geschwindigkeit und bessere Leistung erbrachte.

Im April 1956 gab Convair seine Absicht bekannt, diesen neuen Typ zu produzieren; zugleich wurde ver-

**Convair CV-990A der Spantax Transportes Aereos (Spanien)**

kündet, daß Delta Air Lines und TWA zehn bzw. 30 Exemplare bestellt hatten. Nur wenige Modelle dürften so viele verschiedene Bezeichnungen gehabt haben, von **Convair Skylark** über **Golden Arrow** und **Convair 600** bis hin zur ersten Ausführung **Convair 880**; der Prototyp flog erstmals am 27. Januar 1957. Das Modell war allgemein der Boeing 707 ähnlich und hatte Tiefdeckerflügel mit 35° Pfeilstellung, konventionelle gepfeilte Heckleitflächen und ein Dreibeinfahrwerk mit jeweils vierrädrigen Radschwingen. Das Triebwerk bestand aus vier General Electric CJ805-3 Strahltriebwerken mit 5.080 kp Schub, die ähnlich angebracht waren wie bei der Boeing 707. Die Sitzanordnung war in Reihen mit je fünf Plätzen angelegt; insgesamt war Raum für 88-110 Passagiere.

Diese erste Ausführung der Convair 880 hatte die Firmenbezeichnung Model 22 und war für den Inlandverkehr vorgesehen. Die Flugzulassung wurde am 1. Mai 1960 ausgestellt, und Delta begann den Einsatz mit diesem Modell genau zwei Wochen später. Trotz einer hohen Reisegeschwindigkeit und einer Reichweite von fast 4.828 km mit voller Nutzlast war die Convair 880 angesichts der beschränkten Kapazität im Vergleich zu den Boeing und Douglas Jet-Maschinen kein sehr attraktives Modell für potentielle Betreiber. Selbst die Einführung der **Model 31** nach der Produktion von nur 48 Exemplaren der 880 brachte keinen Erfolg, obwohl die Treibstoffkapazität erhöht und für Interkontinentalflüge noch andere Verbesserungen vorgenommen worden waren. Nur 17 Exemplare der **Convair 880-M** wurden hergestellt.

Noch vor dem Erstflug des Prototyps der Convair 880 hatte die Firma den Bau einer leistungsfähigeren Ausführung mit größerer Kapazität und der Bezeichnung **Model 30** geplant. Eine frühe Bestellung der American Airlines führte zur Entwicklung dieses Modells — ein voreiliger Schritt, wie sich bald herausstellte. Bei mehr Zeit für die Einschätzung der Kundenreaktion auf diesen Typ wäre eine umfassende Neukonstruktion des Rumpfes möglich gewesen. Statt dessen wurde der Rumpf der Model 30 verlängert, um die Kapazität zu erhöhen, aber die alte Sitzanordnung wurde beibehalten.

Auch andere Verbesserungen wurden bei dieser als **Convair 990** bezeichneten Ausführung vorgenommen. Es wurde kein Prototyp hergestellt, und am 24. Januar 1961 flog eines der für American Airlines bestimmten Exemplare. Die FAA Bescheinigung wurde erst im Dezember desselben Jahres ausgestellt, und American Airlines erhielt die erste Maschine am 7. Januar 1962, etwa gleichzeitig mit Swissair, wo das Modell den Namen **Colorado** erhielt und etwa einen Monat später den Dienst aufnahm.

Während des Flugprogramms vor der Zulassung wurden mehrere aerodynamische Nachteile entdeckt, die die geplante Leistung des Modells beeinträchtigten. Die zu diesem Zweck entwickelten aerodynamischen Verbesserungen wurden später bei allen 37 produzierten Maschinen des Typs nachgeholt; die Bezeichnung lautete später **Convair 990A**.

Das Entwicklungsprogramm der Model 880 und 990 erwies sich als ausgesprochen kostspielig, und seitdem beschränkte sich die Flugzeugabteilung der General Dynamics Corporation auf die Entwicklung von militärischen Modellen.

### Technische Daten
**Convair 990A**

**Typ:** ein Mittelstrecken-Passagierflugzeug.

**Triebwerk:** vier General Electric CJ805-23B Turbofan-Triebwerke von 7.280 kp Schub.

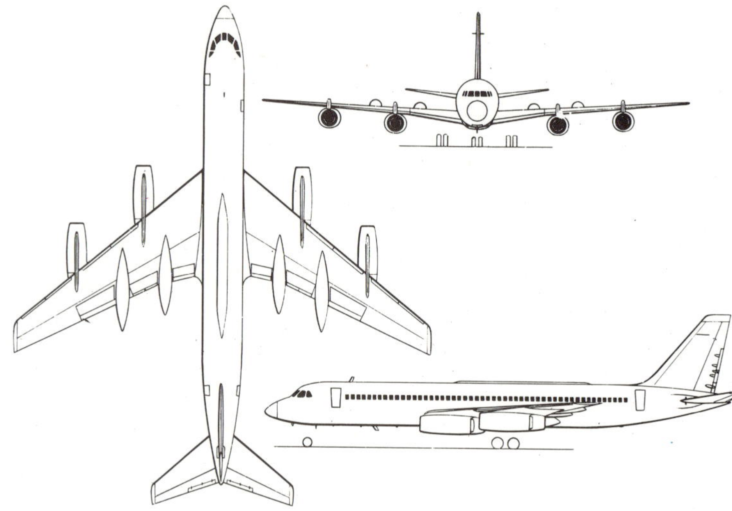

**Convair CV-990**

**Leistung:** Höchstgeschwindigkeit 990 km/h in 6.095 m Höhe; Reisegeschwindigkeit 895 km/h in 10.670 m Höhe; Dienstgipfelhöhe 12.495 m; Reichweite mit max. Nutzlast 6.116 km; Reichweite mit max. Treibstoffvorrat 8.690 m.

**Gewicht:** Leergewicht 54.839 kg; max. Startgewicht 114.759 kg.

**Abmessungen:** Spannweite 36,58 m; Länge 42,43 m; Höhe 12,04 m; Tragflügelfläche 209,03 m².

**Die Convair CV-990 hatte eine unzureichende Nutzlast, eine unattraktive Passagierkabine und andere Nachteile für den Benutzer und war eine Katastrophe für die Herstellerfirma, indem dieses Projekt entscheidend zu ihrem Zusammenbruch beitrug. Die spanische Spantax hatte 1986 noch elf Convair 990A im Einsatz.**

Spantax

## Convair (Model 8) F-102 Delta Dagger

### Entwicklungsgeschichte

Die **Convair F-102** basierte auf der **XF-92A (Convair Model 7-002)**, einem Deltaflügel-Forschungsflugzeug, das im Rahmen eines Vertrags mit der USAF vom 16. Mai 1949 gebaut worden war. Der deutsche Flugzeugbauer Dr. Alexander Lippisch beriet die Firma beim Entwurf dieses Modells, das erstmals am 18. September 1949 flog. Nur ein einziges Exemplar wurde gebaut, obwohl der ursprüngliche Vertrag drei Maschinen vorsah, und 1952 übergab die USAF ihre XF-92A der NACA (dem Vorgänger der NASA), nachdem das Modell eine Geschwindigkeit von 1.014 km/h mit einem Allison J33-A-29 Zweistromtriebwerk erreicht hatte.

Noch bevor die XF-92A in Auftrag gegeben wurde, hatte die USAF eine Advanced Development Objective (ADO) für einen Abfangjäger erstellt, der den russischen Interkontinental-Bombern erheblich überlegen sein sollte. Diese ADO war vielleicht eines der revolutionärsten Vorhaben in der Geschichte der US Air Force, weil hier zum erstenmal ein Abfangjäger als Waffensystem betrachtet wurde. Man erkannte, daß man viel zu lange Flugwerk und Bewaffnung getrennt entwickelt hatte; jetzt war die Zeit gekommen, das umfassende Konzept eines Waffensystems mit verschiede-

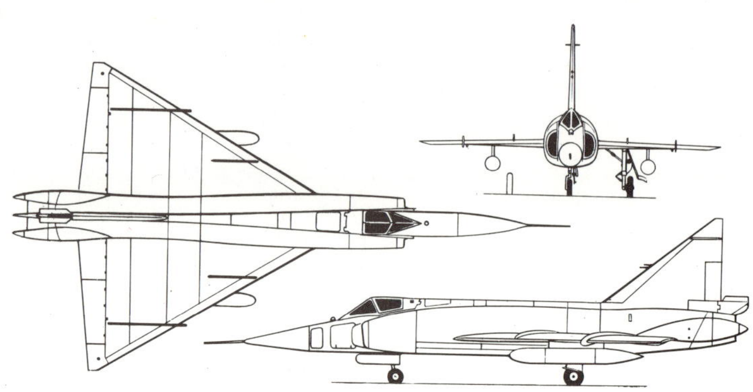

Convair F-102A Delta Dagger

nen integralen Bestandteilen zu untersuchen.

In diesem Zusammenhang stand der am 18. Juni 1950 vorgelegte Entwurf eines neuen Abfangjägers mit der Bezeichnung Projekt MX-1554. Vier Monate später wurde die Hughes Aircraft Company mit der Entwicklung des Projekts MX-1179 beauftragt, dem Electronic Control System (ECS), das dem Flugwerk der MX-1554 eingepaßt werden sollte. Trotz einer langen Produktionszeit kam es nicht zum Bau eines solchen Systems innerhalb der vorgegebenen Zeit, und der Plan wurde fallengelassen. Statt dessen übernahm man das Hughes E-9 Feuerleitsystem (später MG-3), das schließlich durch das MG-10 System ersetzt wurde.

Im Januar 1951 legten sechs Firmen ihre Vorschläge für das Flugwerk vor; Convair, Lockheed und Republic wurden ausgewählt, um ihre Entwürfe als Modelle zu bauen. Aber die US Air Force erkannte bald, daß sie sich drei Projekte nicht leisten konnte und schloß am 11. September 1951 mit Convair einen Vertrag über die Benutzung eines Westinghouse J40 Strahltriebwerks, bevor das stärkere Wright J67 erhältlich war. Am 24. November 1951 wurde beschlossen, die **Convair Model 8-80** zu bauen, die als zwischenzeitliches Projekt vor der Entwicklung eines 'idealen' Abfangjägers gedacht war. Der erste Prototyp **YF-102** unternahm seinen Jungfernflug am 24. Oktober 1953, wurde aber nur neun Tage später bei einem Unfall zerstört. In der Zwischenzeit hatte das Modell jedoch gezeigt, daß seine Leistung die Erwartungen nicht erfüllte; das bestätigte sich beim Erstflug der zweiten YF-102A im Januar 1954.

Erst nach einer umfassenden Neukonstruktion unter Einbeziehung der Flächenregel (von Richard Whitcomb von der NACA entwickelt) wurde ein neuer Prototyp mit Wespentaille am 19. Dezember 1954 geflogen. Der Prototyp **YF-102A (Model 8-90)** hatte eine moderne Ausführung des Pratt & Whitney J57-P-23 Strahltriebwerks und erreichte eine Geschwindigkeit von Mach 1,22 in einer Höhe von 16.155 m — schon bei seinem Erstflug. Die **F-102A (Model 8-10)** nahm im April 1956 bei der 327th Fighter-Interceptor Squadron des Air Defense Command bei George AFB den Einsatz auf; insgesamt wurden 889 Exemplare übernommen. Außerdem wurden für die USAF 111 Maschinen des zweisitzigen Schulungsflugzeugs **TF-102A (Model 8-12)** mit nebeneinanderliegenden Sitzen gebaut, die eine volle Einsatzbewaffnung und -ausrüstung erhielten. Sechs F-102A wurden für das Kampftraining zu 'Feindflugzeugen', die die MiG-12 darstellten, umgebaut (im Rahmen eines Vertrags mit der USAF vom April 1973) und wurden zu zwei **QF-102A** mit Pilot und vier **PQM-102A** Zieldrohnen ohne Piloten für das 'Pave Deuce' Programm; es folgten weitere PQM-102A. Eine verbesserte **F-102B** wurde geplant und später als F-106 Delta Dart gebaut.

### Technische Daten

**Typ:** Überschall/Allwetter-Kampfflugzeug und Abfangjäger.
**Triebwerk:** ein Pratt & Whitney J57-P-23 oder -25 Strahltriebwerk mit Nachbrenner und 7.802 kp Schub.
**Leistung:** Höchstgeschwindigkeit 1.328 km/h oder Mach 1,25 in 10.970 m Höhe; Anfangssteiggeschwindigkeit 66 m/sek; maximale Reichweite 2.173 km.
**Gewicht:** maximales Startgewicht mit zwei Abwurftanks von 814 l 14.187 kg.
**Abmessungen:** Spannweite 11,62 m; Länge 20,84 m; Höhe 6,46 m; Tragflügelfläche 61,45 m$^2$.
**Bewaffnung:** u.a. zwei AIM-26/26A Falcon Raketen oder ein AIM-26/26A plus zwei AIM-4A Falcon, oder ein AIM-26/26A plus zwei AIM-4C/D, oder sechs AIM-4A, oder sechs AIM-4C/D; Flugzeuge, die nicht für den alternativen Gebrauch von AIM-26 oder AIM-4 Geschossen modifiziert waren, konnten außerdem 12 69,85 mm Raketen mit faltbaren Flossen aufnehmen.

USAF

**Die Convair XF-92A war ein aerodynamisches Forschungsflugzeug, das Daten für das vorgeschlagene F-92 Deltaflügel-Kampfflugzeug ermitteln sollte. Dies war ein Mach 1,5 Modell, für dessen Konstruktion Dr. Alexander Lippisch ausgiebig zu Rate gezogen wurde.**

**Die Leistung der Convair F-102A Delta Dagger war enttäuschend, aber das Modell war ein wichtiger Bestandteil des USAF Aerospace Defense Command, das in den 50er und 60er Jahren mehr als 25 Squadron damit ausrüstete. Es wurde bis 1969 in Alaska und bis 1970 bei USAFE-Einheiten eingesetzt.**

USAF

# Convair (Model 8-24) F-106 Delta Dart

### Entwicklungsgeschichte

In den frühen 50er Jahren wurde deutlich, daß der von Convair geplante 'ideale' Abfangjäger nicht bis 1954 fertig sein würde. Daher beschloß die US Air Force, von Convair ein weniger komplexes Modell für die Übergangszeit zu übernehmen. Es handelte sich um die F-102A Delta Dagger, und das Projekt des 'idealen' Modells (MX-1554) hatte damals die Bezeichnung **F-102B**, aus der später das Modell **Convair F-106 Delta Dart** wurde.

Diese Entscheidung der USAF erwies sich als richtig, denn die F-102A hatte schwerwiegende Entwicklungsprobleme, und das erste Serienexemplar nahm erst im April 1956 den Einsatz auf. Während dieser Zeit stand die Entwicklung der F-102B quasi still, da das Modell sowohl auf Geldmittel, Triebwerke und Klimatisierungssysteme warten mußte. Als sich ein Erfolg der Tests mit der F-102A abzeichnete, bestellte die US Air Force 749 Exemplare und zugleich 17 Maschinen vom Typ F-102B. Das war im November 1955, und in der Zwischenzeit hatte das MX-1179 ECS einen Schöpfer gefunden, die Hughes Aircraft Company, die das System unter der Bezeichnung Hughes MA-1 entwickelte. Ein Modell des umfassend neu ausgerüsteten geplanten Cockpits lag im Dezember 1955 zur Einschätzung vor.

Am 17. Juni 1956 wurde die F-102B offiziell in F-106 umbenannt, da die ursprüngliche Spezifikation inzwischen vollständig verändert war. Als am 28. September 1956 Details bekannt wurden, erkannte man, daß die USAF ihre Meinung geändert hatte. Convair wurde nun mit der Produktion eines Modells beauftragt, das feindliche Flugzeuge bei allen Wetterverhältnissen und in einer Höhe bis zu 21.335 m sowie einem Umkreis von 692 km abfangen sollte. Neben Lenkraketen bzw. Raketen mit Atomsprengköpfen sollte die F-106 außerdem unter der automatischen Führung von SAGE (semi-automatic ground environment) Anlagen als Teil des MA-1 Feuerleitsystems in einer maximalen Höhe von 10.670 m und bei einer Geschwindigkeit von bis zu Mach 2,0 eingesetzt werden können.

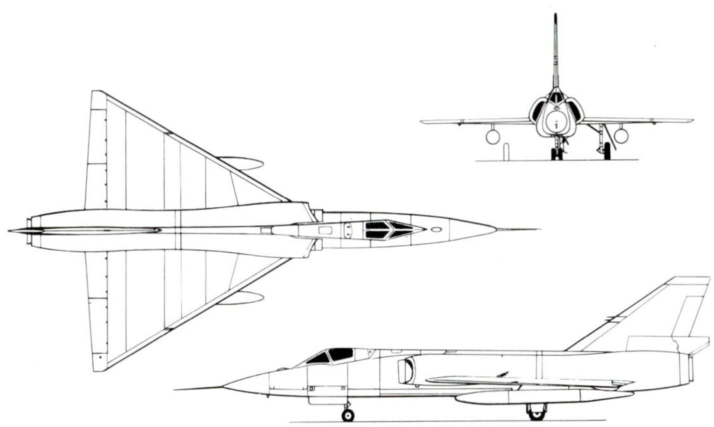

**Convair F-106A Delta Dart**

Zwei **YF-106A (Convair Model 8-24)** Prototypen unternahmen ihren Erstflug am 26. Dezember 1956 und am 26. Februar 1957. Die Flugtests verliefen enttäuschend und zeigten zahlreiche Nachteile auf. Die Höchstgeschwindigkeit lag etwa 15 Prozent unter den Erwartungen, aber weitaus besorgniserregender war die geringe Beschleunigung; keines dieser beiden Probleme wurde durch den Einbau des Pratt & Whitney J57-P-9 Strahltriebwerks anstelle des ursprünglich vorgesehenen Wright J67 gelöst. Um es noch schlimmer zu machen, erbrachte auch das MA-1 ECS keine gute Leistung, und angesichts unzureichender Geldmittel brach die USAF schließlich das gesamte Programm ab.

Um noch etwas aus dieser Situation zu retten, beschloß die USAF, die geplante Übernahme von 1.000 F-106 auf 350 Exemplare zu reduzieren. Das Programm hatte schon soviel Geld gekostet, daß eine Weiterentwicklung sinnvoll erschien, so daß die USAF schließlich eine zwar kleine, aber effektive Gruppe von Abfangjägern erhielt. Modifikationen am Triebwerkeinlaß und Beseitigung kleinerer Probleme im Triebwerk und der Avionik ermöglichten die erste Lieferung von einsatzfähigen Maschinen an die 498th Fighter Interceptor Squadron bei Geiger AFB, Washington, im Oktober 1959. Die Produktion belief sich auf 277 einsitzige Kampfflugzeuge vom Typ **F-106A** und 63 zweisitzige Kampftrainer mit der Bezeichnung **F-106B** (Model **8-27**); im Dezember 1960 wurde der Bau eingestellt. Verbesserte Versionen **F-106C**, **F-106D** und **F-106X** waren geplant, wurden aber nicht hergestellt.

Spätere Serienmaschinen vom Typ F-106A unterschieden sich von den Exemplaren aus dem Jahre 1959, so daß Modifikationsprogramme mit Neuproduktionen parallel liefen, um alle Maschinen auf einen gemeinsamen Standard zu bringen (**Model 8-31** für Einsitzer und **Model 8-32** für Zweisitzer). Besondere Umstände führten dazu, daß die F-106 länger als ursprünglich vorgesehen im aktiven Einsatz blieben; daher gab es seitdem fast ununterbrochene Modernisierungsprogramme. 1987 war die Delta Dart noch bei der Air National Guard und 49th FIS der USAF im Einsatz.

### Technische Daten

**Typ:** ein Überschall/Allwetter-Abfangjäger.
**Triebwerk:** ein Pratt & Whitney J75-P-17 Strahltriebwerk mit Nachbrenner und 11.113 kp Schub.
**Leistung:** Höchstgeschwindigkeit 2.454 km/h oder Mach 2,31 in 12.190 m Höhe; Dienstgipfelhöhe 17.375 m; Einsatzradius mit äußeren Treibstofftanks 1.173 km.
**Gewicht:** Leergewicht 10.728 kg; max. Startgewicht 18.975 kg.
**Abmessungen:** Spannweite 11,67 m; Länge 21,56 m; Höhe 6,18 m; Tragflügelfläche 58,65 m$^2$.
**Bewaffnung:** eine Douglas AIR-2A Genie oder AIR-2B Super Genie Rakete und vier Hughes AIM-4F oder AIM-4G Super Falcon Luft-Luft-Raketen in einem inneren Waffenschacht; viele Maschinen haben außerdem ein 20 mm M61 Vulcan anstelle der Genie.

USAF

**Die F-106A Delta Dart konnte mit verschiedenen Waffenausrüstungen eingesetzt werden, darunter auch mit der Rakete mit Nuklear-Sprengkopf AIR-2 Genie. Dieses Exemplar wurde vom Air Defense Weapons Center benutzt.**

# Convair L-13

## Entwicklungsgeschichte

Gegen Ende des Zweiten Weltkriegs entwickelte Convair einen zwei-/dreisitzigen Mehrzweck-Eindecker, der als Krankentransport-, Verbindungs-, Beobachtungs- und Luftbild-Flugzeug geeignet war. 1945 wurden zwei Prototypen der **XL-13** bestellt und umfangreiche Tests führten zu einem Auftrag über 300 Exemplare der **L-13A** (48 davon für den Einsatz bei der Air National Guard), die ab 1947 ausgeliefert wurden.

Die L-13 war ein abgestrebter Hochdecker in Ganzmetallbauweise, mit klappbaren Flügeln mit Auftriebshilfen, zu denen Vorflügel und geschlitzte Klappen gehörten. Das Höhenleitwerk war halbhoch an der Seitenleitwerksflosse verstrebt und das starre Heckradfahrwerk konnte auf Wunsch auch mit Schwimmern oder Skiern ausgerüstet werden. Für den Antrieb sorgte ein Franklin Sechszylinder-Boxermotor, und in der geschlossenen Kabine, die für drei Personen gedacht war, konnten auch zwei Besatzungsmitglieder und zwei bzw. im Notfall bis zu sechs Personen untergebracht werden. Achtundzwanzig der L-13A wurden für den arktischen Einsatz umgebaut und erhielten mit Abschluß der Arbeiten, darunter die Ausrüstung mit einer Benzin-Zusatzheizung, die neue Bezeichnung **L-13B.**

**Die Convair L13-B, von der 28 durch Umbau produziert wurden, war eine winterfeste Version der L-13A und konnte mit Rädern, Skiern oder Schwimmern ausgerüstet werden.**

### Technische Daten

**Typ:** ein zwei/dreisitziges Mehrzweckflugzeug.
**Triebwerk:** ein 245 PS (183 kW) Franklin O-425-9 Sechszylinder-Boxermotor.
**Leistung:** Höchstgeschwindigkeit 185 km/h; Reisegeschwindigkeit 148 km/h; Dienstgipfelhöhe 4.570 m; Reichweite mit normalem Tankinhalt 592 km.
**Gewicht:** Leergewicht 939 kg; max. Startgewicht 1.315 kg.
**Abmessungen:** Spannweite 12,33 m; Länge 9,68 m; Höhe 2,57 m; Tragflügelfläche 25,08 m$^2$.

# Convair R3Y Tradewind

## Entwicklungsgeschichte

Im März 1943 verkaufte Reuben Fleet seine Anteile an der Consolidated Aircraft Corporation und das Unternehmen wurde als Consolidated-Vultee (Convair) umstrukturiert. Kurz danach brachte die US Navy ihr Interesse an einem neuen Langstrecken-Mehrzweckflugboot zum Ausdruck und Convairs Vorschlag für ein Flugzeug, das von vier Propellerturbinen angetrieben werden sollte, brachte am 27. Mai 1946 den Auftrag über zwei Prototypen ein. Die Maschine trug die Bezeichnung **XP5Y-1** und hatte mit einem Länge:Breite-Verhältnis von 10:1 einen für ein Flugzeug dieser Klasse ungewöhnlich schlanken Rumpf. Als Triebwerk dienten vier Allison

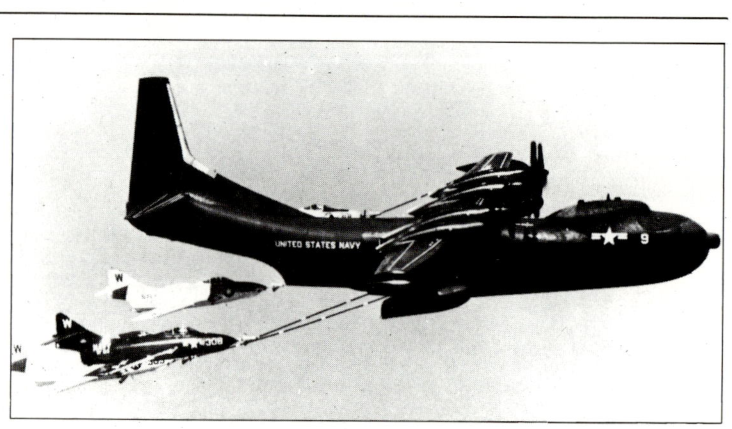


**Die ursprünglich als Patrouillen-Flugboot konzipierte Convair P5Y ging schließlich als R3Y Transportflugzeug in Dienst, und die einzige R3Y-2 wurde später zum Tankflugzeug umgebaut, das hier dabei zu sehen ist, wie es vier Grumman F9F-8 Jagdflugzeuge der VF-123 gleichzeitig betankt.**

T40-A-4 Propellerturbinen, die jede über ein gemeinsames Getriebe zwei gegenläufige Propeller antrieben. Die Hauptrolle dieser Maschine war die U-Bootbekämpfung, und sie sollte neben der schweren Bomben-, Minen-, Raketen- und Torpedolast auch mit fortschrittlichen ECM und MAD-Geräten (für elektronische Gegenmaßnahmen bzw. zum Aufdecken magnetischer Anomalien) ausgerüstet werden. Die erste Maschine startete am 18. April 1950 in San Diego, und im August stellte dieser Typ einen Propellerturbinen-Dauerflugrekord von 8 Stunden und 6 Minuten auf. Der August wurde für die XP5Y-1 zu einem ereignisreichen Monat, da die US Navy entschied, ihre Entwicklung als Seepatrouillenflugzeug abzubrechen, ihre Grundkonstruktion aber als Passagier- und Frachtflugzeug fortzusetzen.

Die Arbeiten gingen weiter, obwohl am 15. Juli 1953 eine XP5Y-1 bei einem Unfall ohne Todesfälle vor San Diego verlorenging, und die erste **R3Y-1 Tradewind** flog am 25. Februar 1955. Die wesentlichen Änderungen umfaßten den Wegfall jeglicher Bewaffnung und der Leitwerks-V-Stellung, der Einbau einer 3,05 m breiten Ladeklappe links hinter dem Flügel und die Ausrüstung mit neu konstruierten Motorgondeln, in denen die verbesserten T40-A-10 Motoren Platz fanden. Die Kabine erhielt Geräuschdämmung, eine Klimaanlage, ein Drucksystem und Platz für bis zu 103 Passagiere bzw. als Krankentransportflugzeug für bis zu 92 liegende Passagiere und 12 Betreuer. Die Nutzlast als Frachtflugzeug betrug 24,4 Tonnen.

Die Leistungsfähigkeit der R3Y-1 zeigte sich am 24. Februar 1955, als eines der fünf gebauten Flugzeuge auf seinem Auslieferungsflug an das Navy Test Center am Patuxent River, Maryland, mit einer Durchschnittsgeschwindigkeit von 649 km/h von einer US-Küste zur anderen flog; ähnlich war auch der 6 Stunden 45 Minuten lange Rekordflug mit 579 km/h Durchschnittsgeschwindigkeit, der am 18. Oktober zwischen Honolulu und Alameda NAS, Kalifornien, stattfand. Die US Navy-Transportsquadron VR-2 erhielt die ersten Maschinen ihrer aus R3Y-1 und **R3Y-2** Flugbooten zusammengesetzten Flotte am 31. März 1956. Finanzielle Überlegungen und anhaltende Probleme mit der Motoren-/Propellerkombination, die ihren Höhepunkt in zwei Fällen hatten, bei denen sich (am 10. Mai 1957 und am 2. Januar 1958) im Flug der Propeller mit Getriebe vom Motor löste, führten jedoch zur Einschränkung der Tradewind-Einsätze. Die Stärke der Squadron wurde zunächst auf je zwei R3Y-1 und R3Y-2 reduziert, und am 16. April 1958 wurde die Einheit ganz aufgelöst.

### Varianten

**R3Y-2:** Sechs Exemplare dieser Angriffs-Transportversion wurden gebaut, bei der die Bugpartie nach oben weggeklappt werden konnte und wodurch sich eine 2,03 m hohe und 2,54 m breite Öffnung ergab, aus der Mannschaften und Gerät über die in das Flugzeug eingebaute Laderampe direkt am Strand angelandet werden konnten. Die R3Y-2 absolvierte am 22. Dezember 1954 ihren Jungfernflug und im September 1956 machte ein Exemplar, als Tankflugzeug ausgerüstet, Geschichte, indem es vier Grumman F9F-8 Cougar-Jagdflugzeuge gleichzeitig in der Luft betankte.

### Technische Daten

**Convair R3Y-1**
**Typ:** schweres Transportflugboot.
**Triebwerk:** vier 5.850 PS (4.362 kW) Allison T40-A-10 Propellerturbinen.
**Leistung:** Höchstgeschwindigkeit über 579 km/h; Einsatzgeschwindigkeit 483 km/h; maximale Reichweite 6.437 km.
**Gewicht:** normales Startgewicht 74.843 kg; maximales Startgewicht 79.379 kg.
**Abmessungen:** Spannweite 44,42 m; Länge 42,57 m; Höhe 13,67 m.

# Convair (Model 90) XA-41

### Entwicklungsgeschichte

Im Jahre 1943 konstruierte Convair ein einsitziges Flugzeug zur Luftnahunterstützung in Ganzmetallbauweise mit der Bezeichnung **Convair Model 90.** Die Maschine sollte einer US Army Air Force-Anforderung entsprechen, und unter der USAAF-Bezeichnung **XA-41** wurde ein einzelner Prototyp geordert, der erstmals am 11. Februar 1944 flog.

Der selbsttragende Mitteldecker hatte einen Rumpf mit ovalem Querschnitt, ein konventionelles Leitwerk und ein einziehbares Heckradfahrwerk. Als Triebwerk diente ein Pratt & Whitney R-4360-9 Sternmotor. Obwohl sowohl die USAAF als auch die US Navy die Maschine testeten, wurden keine Serienmaschinen bestellt.

### Technische Daten

**Typ:** einsitziges Flugzeug zur Luftnahunterstützung.
**Triebwerk:** ein 3.000 PS (2.237 kW) Pratt & Whitney R-4360-9 Wasp Major Sternmotor.
**Leistung:** Höchstgeschwindigkeit 584 km/h in 4.725 m Höhe; Einsatzgeschwindigkeit 476 km/h in 3.660 m; Dienstgipfelhöhe 8.930 m; Kampfradius 1.287 km.
**Gewicht:** Leergewicht 6.049 kg; max. Startgewicht 10.971 kg.
**Abmessungen:** Spannweite 16,46 m; Länge 14,83 m; Höhe 4,24 m; Tragflügelfläche 50,54 m$^2$.

**Vom Erscheinungsbild her ganz für ihren Zweck geeignet, gelang es der Convair XA-41 doch nicht, in Produktion zu gehen — trotz ihrer Leistung und ihrer vielseitigen Bestückungsmöglichkeit mit Waffen.**

# Convair XP-81

### Entwicklungsgeschichte

Die frühen, turbinengetriebenen Jagdflugzeuge, die während des Zweiten Weltkriegs entstanden, hatten nur eine sehr begrenzte Reichweite und als die USAAF eine Anforderung für einen Hochleistungsjäger für den pazifischen Kriegsschauplatz herausgab, machte sich Convair im Januar 1944 an die Konstruktion eines Flugzeuges mit Mischantrieb, das sowohl die Fähigkeit zum Jagdeinsatz als auch eine große Reichweite haben sollte.

Das Flugwerk hatte eine recht konventionelle Auslegung, tief angesetzte, selbsttragende Flügel, ein einziehbares Bugradfahrwerk und Platz für einen Piloten unter einem strömungsgünstigen Kabinendach. Das Tandem-Mischtriebwerk bestand aus einer Propellerturbine mit Zugpropeller im Bug und einer Strahlturbine im hinteren Rumpfbereich. Es war vorgesehen, daß beide Motoren beim Start, beim Flug mit Hochgeschwindigkeit und beim Kampfeinsatz verwendet werden sollten, daß aber für Langstreckenflüge die wirtschaftlichere Propellerturbine benutzt werden sollte.

Als das Flugwerk des **XP-81** Prototypen fertiggestellt war, war die Propellerturbine noch nicht einsatzbereit und, um unverzüglich mit den Flugtests beginnen zu können, wurde ein Packard/Rolls-Royce V-1650-7 Merlin Motor eingebaut. Damit und mit einem Allison J33 Strahltriebwerk flog die XP-81 zum ersten Mal am 11. Februar 1945. Als dann wesentlich später im gleichen Jahr die General Electric XT-31 Propellerturbine verfügbar war und eingebaut wurde, flog die XP-81 am 21. Dezember 1945 erstmals in ihrer vorgesehenen Form. Leider entwickelte die Propellerturbine nur 60 Prozent ihrer Nominalleistung und war damit, was die Leistung anging, auch nicht besser als die Merlin-Turbine. Dem Erstflug des Prototypen folgten nur begrenzte Tests, und mit Ende des Zweiten Weltkriegs wurde das Projekt eingestellt. Von der YP-81 waren Nullserienmaschinen bestellt, aber bald wieder storniert worden.

### Technische Daten

**Typ:** einsitziger Langstrecken-Begleitschutzjäger.
**Triebwerk:** eine 2.300 WPS (1.715 kW) General Electric XT31-GE-1 Propellerturbine und ein Allison J33-GE-5 Strahltriebwerk mit 1.701 kp Schub.
**Leistung:** (für vorgenanntes Triebwerk, geschätzt) Höchstgeschwindigkeit auf Seehöhe 769 km/h; Einsatzgeschwindigkeit 443 km/h; Dienstgipfelhöhe 10.820 m; Reichw. 4.023 km.
**Gewicht:** Leergewicht 5.786 kg; maximales Startgewicht 11.181 kg.
**Abmessungen:** Spannweite 15,39 m; Länge 13,67 m; Höhe 4,27 m; Tragflügelfläche 39,48 m$^2$.
**Bewaffnung:** (vorgesehen) sechs 12,7 mm Maschinengewehre oder sechs 20 mm Kanonen.

US Navy

**Einer der vielen Versuche Mitte der vierziger Jahre, die Reichweitenprobleme des Strahltriebwerks durch die Kombination mit einem Propellertriebwerk zu lösen, war die Convair XP-81. Sie hatte im Bug eine Propellerturbine und im Heck eine Strahlturbine, die durch Lufteintrittsöffnungen im Rücken, oberhalb der Flügel, versorgt wurden.**

# Convair XFY-1

### Entwicklungsgeschichte

Als Zeitgenosse der Lockheed XFV-1 war die **Convair XFY-1** für den gleichen US Navy-Ausschreibungswettbewerb vorgesehen, mit dem das Potential für einen kleinen, senkrecht stehenden VTOL-Senkrechtstarter erprobt werden sollte, der von einer kleinen Plattform aus auf einer Vielzahl von Schiffen eingesetzt werden konnte. Im Rumpf waren das Cockpit des Piloten und die Propellerturbine untergebracht und außen waren daran die Eindecker-Tragflügel in modifizierter Delta-Planform sowie große Bauch- und Rückenflossen kreuzförmig montiert. Am Boden stand die XFY-1 auf kleinen Lenkrollen, die an den Spitzen der Horizontal- und Vertikalflächen angebracht waren.

Ausgedehnte Fesselflugtests wurden in einer speziellen Halterung durchgeführt, denen am 1. August 1954 ein erster vertikaler Start/Landevorgang folgte. Die Erprobung setzte sich mit einer Reihe weiterer Vertikalflüge fort, bevor die erste Umstellung vom Vertikal- in den Horizontalflug und zurück am 2. November 1954 gelang. Obwohl dieser Experimental-Jäger insgesamt rund 40 Flugstunden absolvierte, wurde seine Entwicklung wegen erheblicher Steuerungsprobleme eingestellt.

### Technische Daten

**Typ:** Experimentelles VTOL-Jagdflugzeug.
**Triebwerk:** eine 5.850 WPS (4.362 kW) Allison YT40-A-6 Propellerturbine, die großdimensionierte, gegenläufige Koaxialpropeller antrieb.
**Leistung:** Höchstgeschwindigkeit 982 km/h in 4.570 m; Anfangssteiggeschwindigkeit 53,3 m/sek; Dienstgipfelhöhe 13.320 m.
**Gewicht:** Leergewicht 5.345 kg; max. Startgewicht 7.371 kg.

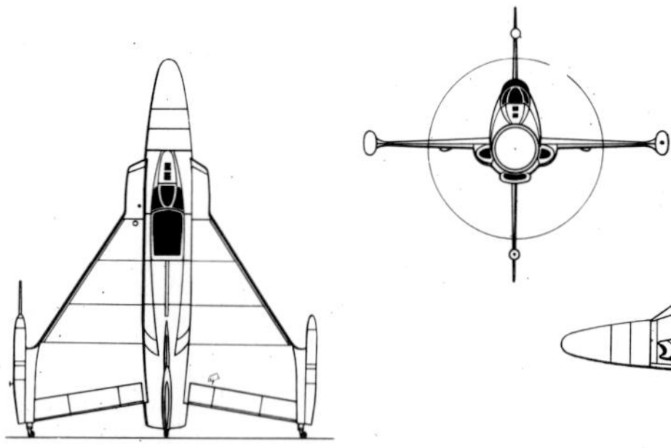

Convair XFY-1

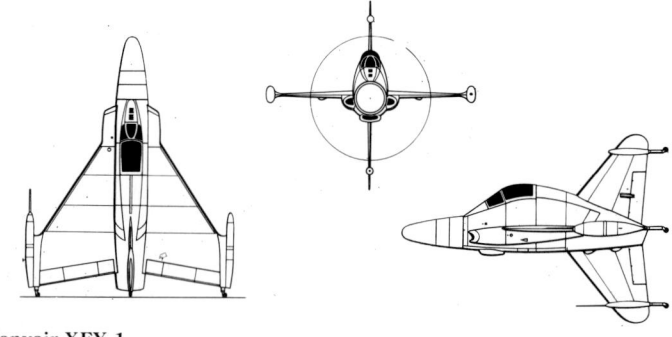

**Abmessungen:** Flügelspannweite 8,43 m; Leitwerksspannweite 6,98 m; Länge 10,66 m; Tragflügelfläche 32,98 $m^2$.
**Bewaffnung:** (vorgeschlagen) vier 20 mm Kanonen in Flügelspitzengondeln oder 46 ungelenkte 69,85 mm (2,75 in) Raketen.

US Navy

Die Convair XFY-1 war ein vertikal stehendes Senkrechtstarter-Jagdflugzeug, das eine sehr gute Motorleistung hatte, aber nicht zu steuern war.

# Convair (Model 2) XF2Y-1 Sea Dart

### Entwicklungsgeschichte

Eines der ungewöhnlichsten einsitzigen Jagdflugzeuge, die in den ersten Jahren nach dem Zweiten Weltkrieg entwickelt wurden, war die wassergestützte **Convair Sea Dart**, mit ihren in den Rumpf übergehenden Deltaflügeln und dem großen Seitenleitwerk. Für Starts und Landungen hatte die Maschine ausfahrbare Wasserskier, die beim Start so viel hydrodynamischen Auftrieb erzeugten, daß der Rumpf ganz aus dem Wasser gehoben wurde. Die Sea Dart glitt dann solange auf ihren Skiern, bis sie Fluggeschwindigkeit erreicht hatte.

Das Konzept nahm in der **Convair Model 2-2** Gestalt an, und dieser Vorschlag war für die US Navy interessant genug, um einen **XF2Y-1** Prototypen am 19. Januar 1951 in Auftrag zu geben, dem am 28. August 1952 eine Bestellung über zwölf **F2Y-1** Serienmaschinen folgte. Später kamen noch vier **YF2Y-1** Nullserienmaschinen hinzu. Der Prototyp, der erstmals am 9. April 1953 flog, lag in seiner Leistung wesentlich unter den in ihn gesetzten Erwartungen und dieser Faktor führte, neben ernsten Vibrationsproblemen der Wasserskier dazu, daß die XF2Y-1 und die Serien **F2Y-1** storniert wurden, da das Flugzeug mehr Leistung brauchte als die beiden Westinghouse J34-WE-32 Strahlturbinen zu je 1.542 kp Schub liefern konnten, die in dem Prototyp und in der ersten YF2Y-1 eingebaut waren. Das letztere Flugzeug wurde mit zwei J46-WE-2 ummotorisiert und der hintere Rumpf umgebaut, um die Nachbrenner unterzubringen, und auch die verbliebenen drei YF2Y-1 erhielten das gleiche Triebwerk. Am 3. August 1954 überschritt die YF2Y-1 im leichten Sinkflug die Geschwindigkeit von Mach 1 und war damit das erste Überschall-Wasserflugzeug. Trotzdem kamen nur zwei dieser Maschinen in ein begrenztes Testprogramm, das jedoch 1956 endgültig abgebrochen wurde.

### Technische Daten
**Convair YF2Y-1**

**Typ:** Experimental-Wasserflugzeug.
**Triebwerk:** zwei Westinghouse J46-WE-2 Strahltriebwerke mit Nachbrennern und je 2.722 kp Schub.
**Leistung:** (geschätzt) Höchstgeschwindigkeit 1118 km/h in 2.440 m Höhe; Anfangssteiggeschwindigkeit 166,08 m/sek; Dienstgipfelhöhe 16.705 m; Reichweite 826 km.
**Gewicht:** Leergewicht 5.739 kg; max. Startgewicht 7.495 kg.
**Abmessungen:** Spannweite 10,26 m; Länge 16,03 m; Höhe auf Wasserskiern 6,32 m; Tragflügelfläche 52,30 $m^2$.

Ein hochinteressantes Projekt, das auf sehr fortschrittlichen aerodynamischen und hydrodynamischen Forschungen beruhte, war die Convair XF2Y-1, die ausgezeichnete Leistungen bot. Das gesamte Projekt scheiterte jedoch daran, daß sich bei den Wasserskiern schwere Vibrationsprobleme ergaben und der ausgewählte Motor zu schwach war.

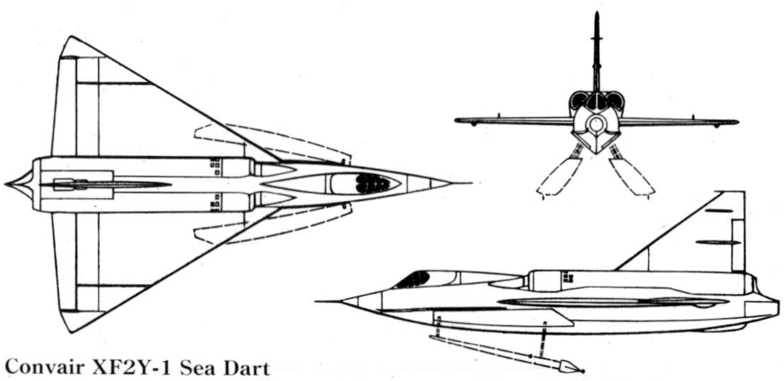

Convair XF2Y-1 Sea Dart
(unterbrochene Linien: Wasserskier in ausgefahrener Position)

US Navy

# Couzinet Transporter

### Entwicklungsgeschichte

Die Société des Avions René Couzinet wurde Ende der zwanziger Jahre für den Bau des **Couzinet 10 Arc-en-Ciel** (Regenbogen) Prototyps, eines dreimotorigen Eindeckers, der den Atlantik überqueren sollte, gegründet. Leider ging diese Maschine bei einem Unfall verloren, aus einer verbesserten **Couzinet 30** wurde eine zweite Arc-en-Ciel als **Couzinet 70** für den Südamerika-Postdienst der Aéropostale-Südatlantikstrecke entwickelt.

Typisch für Couzinet-Konstruktionen war die Couzinet 70 (F-AMBV), deren selbsttragende Tiefdeckerflügel an einem Rumpf mit rechtwinkligem Querschnitt montiert waren, der sich zum Heck hin bis auf eine scharfe Kante verjüngte, an der das Ruder direkt befestigt war. Beide Haupträder des starren Heckradfahrwerks hatten stromlinienförmige Verkleidungen, und die vierköpfige Besatzung war in einer geschlossenen Kabine untergebracht. Für den Antrieb sorgten drei Hispano-Suiza 12Nb Reihenmotoren, wobei die beiden flügelmontierten Motoren im Flug durch Flügeltunnels erreichbar waren. Nach Streckenerprobungen 1933 wurden eine Reihe von Modifikationen durchgeführt, durch die sich

US Navy

Das Couzinet 70 Arc-en-Ciel Transportflugzeug war eine ansprechende, sehr stromlinienförmige Konstruktion, die aus einem Langstrecken-Rekordflugzeug abgeleitet worden war. Mit Jean Mermoz am Steuer machte das Flugzeug 1933 eine klassische Überquerung des Südatlantiks von St. Louis (Senegal) nach Natal (Brasilien) und brauchte dazu 14 Stunden 27 Minuten bei einer Durchschnittsgeschwindigkeit von 225 Stundenkilometer.

die geänderte Bezeichnung **Couzinet 71** ergab. Das Flugzeug ging im Mai 1934 in den regulären Dienst der Aéropostale, weitere Exemplare wurden jedoch nicht mehr gebaut.

Couzinet baute noch zwei weitere Passagierflugzeuge von generell ähnlicher Konstruktion. Es waren die **Couzinet 101**, die von drei 85 PS (63 kW) Pobjoy R Sternmotoren angetrieben wurde und die neben einem Piloten zwei Passagiere aufnehmen konnte, sowie die **Couzinet 110** mit Platz für Piloten, Copiloten/Passagier plus vier weitere Passagiere in einer getrennten Kabine. Diese Version hatte als Triebwerk drei 135 PS (101 kW) Salmson Sternmotoren. Von diesen Maschinen wurden jedoch nur Einzelexemplare gebaut.

### Technische Daten

**Couzinet 70/71**

**Typ:** ein ziviler Langstrecken-Eindecker.

**Triebwerk:** drei 650 PS (485 kW) Hispano-Suiza 12Nb Reihenmotoren.

**Leistung:** Höchstgeschwindigkeit 280 km/h; Reisegeschwindigkeit 236 km/h; Reichweite 6.800 km.

**Gewicht:** Leergewicht 7.310 kg; max. Startgewicht 16.790 kg.

**Abmessungen:** Spannweite 30,00 m; Länge 16,15 m; Höhe 4,00 m; Tragflügelfläche 90,00 m².

# Curtiss Druckpropellerflugzeuge

### Entwicklungsgeschichte

Der Amerikaner Glenn Curtiss stammte, genau wie die Gebrüder Wright, aus der Fahrradindustrie. Es dauerte jedoch nicht lange, bis er einen Motor konstruierte und baute, mit dem seine Fahrräder angetrieben werden konnten, wodurch er Zugang zur Motorradindustrie gewann. Die Leistungsfähigkeit seiner leichten Benzinmotoren führte dazu, daß sie bei einer Reihe früher Luftschiffe als Triebwerk ausgewählt wurden, was Curtiss eine Einladung des Erfinders Alexander Graham Bell eintrug, Mitglied seiner Aerial Experiment Association zu werden, die formell am 1. Oktober 1907 gegründet wurde. Dort leistete er wesentliche Beiträge zur Entwicklung von vier Flugzeugen mit den Bezeichnungen Aerodrome Nr.1, 2, 3 und 4 und mit den jeweiligen Namen Red Wing, White Wing, June Bug und Silver Dart.

1909 produzierte Curtiss sein erstes Flugzeug aus unabhängiger Fertigung, die **Curtiss No. 1**, genannt Golden Bug bzw. Golden Flyer. Diesem folgte die **Reims Racer**, eine etwas größere Version der Golden Bug, mit der Curtiss 1909 im französischen Reims den Gordon Bennet-Cup gewann. In einer Bemühung um einen $10.000-Preis zwischen Albany und New York City, der über den River Hudson führte, modifizierte er eines seiner Standardmodelle so, daß er im Grunde mit der **Hudson Flyer** ein Amphibienflugzeug hatte, das mit Fahrwerk und Schwimmern für den Notfall ausgerüstet war. Die Maschine hielt den 251 km-Flug durch und errang den Preis.

Lieutenant Theodore G. Ellyson, Naval Aviator No. 1, bereitet sich auf einen Flug in einem Curtiss-Druckpropellerflugzeug vor, das zu den acht Maschinen gehörte, die zwischen 1911 und 1913 für die US Navy beschafft worden waren. Dies war unter den acht Maschinen das einzige Landflugzeug und wurde ebenfalls bald darauf umgebaut.

Nach dem Bau einer einzelnen **Beachey Special** für den Schauflieger Lincoln Beachey machte sich die am 1. Dezember 1910 gegründete Curtiss Aeroplane Company ernsthaft daran, Flugzeuge zu konstruieren, zu bauen und zu verkaufen. Die Produktion umfaßte die einsitzige **Model D**, die es mit 40, 60 oder 75 PS (30, 45 oder 56 kW) Curtiss-Motoren gab, die Zweiblatt-Druckpropeller antrieben. Hinzu kam der Zweisitzer **Model E** mit einem sehr ähnlichen Motorenangebot.

Curtiss widmete auch viel seiner Energie der Entwicklung von Wasserflugzeugen sowohl mit Zug- als auch mit Druckpropeller, die gesondert behandelt werden.

Die Curtiss Model D des Jahres 1911 war typisch für die relativ veralteten Landflugzeugtypen, die damals in den USA produziert wurden und die vordere Höhenleitwerke und zwischen den Flügeln montierte Querruder hatten.

# Curtiss - frühe Wasserflugzeuge

### Entwicklungsgeschichte

Glenn Curtiss war vor dem Ersten Weltkrieg der weltweit führende Pionier für Flugbootkonstruktionen und spielte auch bei Wasserflugzeugen eine wichtige Rolle. Das erste Mal, daß Curtiss mit Wasserflugzeugen zu tun hatte, war 1908, als die Aerial Experiment Association, deren Mitglied Curtiss war, versuchte, ihre Loon (die Aerodrome No. 3 June Bug, die mit stoffbespannten Schwimmern versehen war) von einem See aus zu starten. Dieser Versuch blieb zwar erfolglos, aber bis Juni 1910 war doch einiger Fortschritt erzielt worden, als Curtiss mit seinem Curtiss Type III-Druckpropeller-Doppeldecker, den er mit einem Kanu ausgerüstet hatte, auf dem Lake Keuka erfolgreich landete. Allerdings war diese Kombination nicht startfähig.

1911 erzielte Curtiss schließlich bedingt erfolgreiche Wasserflugzeugkonstruktionen. Die erste hatte keinen Namen und Curtiss sprach dabei stets von dem '**Hydroaeroplane**' oder '**Hydro**': es war ein Druckpropeller-Doppeldecker mit vorderen und rückwärtigen Höhenleitwerken und einem einzelnen Hauptschwimmer unter den Flügeln, der 1,82 m lang und 1,52 m breit war, sowie mit einem kleineren vorderen Schwimmer und einer Gleitfläche unter dem vorderen Höhenleitwerk. In dieser Form flog die 'Hydro' erstmals am 26. Januar 1911, aber der Typ wurde bald auf nur einen Schwimmer umgestellt. Dieser eine große Schwimmer war 3,65 m lang, 61 cm breit und 30,5 cm hoch; unter den Flügelspitzen waren kleine Stabilisierungsschwimmer angebracht.

Als nächstes erschien die **Tractor Hydro**, eine modifizierte Type III mit einem einzelnen Hauptschwimmer. Curtiss mochte diesen Typ jedoch nicht, weil er im Luftstrom und in den Abgasen des Motors sitzen mußte. Er wandte sich daher anderen Maschinen zu: die **Triad** vom Februar 1911 war das erste erfolgreiche Amphibienflugzeug der Welt und hatte unter der Vorderseite eines 'Hydro'-Schwimmers ein starres Bugrad sowie einziehbare Hauptträder unter den unteren Flügeln. Ihr folgten mehrere weitere Schwimmerflugzeuge und Flugboote. Im Juni 1911 übergab Curtiss der US Navy ein Exemplar seiner Model E, die umgebaut worden war und die als Land-, Wasser- oder Amphibienflugzeug die Marine-Bezeichnung **A-1** (später **AH-1**) trug. In den nächsten drei Jahren kaufte die US Navy weitere 13 Curtiss-Druckpropellerflugzeuge, die mit Schwimmern verwendet werden konnten.

Curtiss wandte sich dann dem Flugboot als Grundkonstruktion zu und begann logischerweise mit der **Flying Boat No. 1**, einem erfolglosen Typ, bei dem ein großer Schwimmkörper direkt an den unte-

Zwischen 1911 und 1914 kaufte die US Navy 14 Curtiss Druckpropeller-Wasserflugzeuge, darunter auch diese AH-8, die von der US Army während des gesamten Ersten Weltkriegs verwendet und anschließend von der US Navy von 1919 bis 1928 eingelagert wurde, als sie im Washington Navy Yard für einen kurzen Flug im Februar des gleichen Jahres restauriert wurde.

ren Flügeln befestigt war und in dem auch der 60 PS (44,7 kW) Motor untergebracht war, der zwei tragflächenmontierte Zugpropeller über Ketten antrieb.

Die Grundkonzeption dieser kleinen, einmotorigen Doppeldecker-Flugboote entwickelte Curtiss im Jahre 1912, und sie blieb grundsätzlich die nächsten 40 Jahre unverändert. Die **Curtiss Flying Boat No. 2** hatte erstmals die lebenswichtige hydrodynamische Stufe an der Rumpfunterseite, die das Geheimnis des erfolgreichen Wasserstarts bildete. Sie erhielt den Namen **The Flying Fish**.

### Technische Daten
**Curtiss Model F (1917er Version)**

**Triebwerk:** ein 100 PS (75 kW) Curtiss OXX-3 Reihenmotor.

**Leistung:** Höchstgeschwindigkeit 110 km/h; Dienstgipfelhöhe 1.370 m; max. Flugdauer 5 Stunden 30 Minuten.

**Gewicht:** Leergewicht 855 kg; maximales Startgewicht 1.116 kg.

**Abmessungen:** Spannweite 13,75 m; Länge 8,48 m; Höhe 3,42 m; Tragflügelfläche 35,95 m².

**Die Curtiss Flying Boat No. 2 wurde oft als 'The Flying Fish' bezeichnet und war das erste erfolgreiche Flugboot. Auffällig ist das tief angesetzte Bug-Höhenruder, die einteiligen Flügelflächen und die Flügelspitzen-Verlängerungen. Sie flog im Juli 1912 erstmals.**

# Curtiss NC

### Entwicklungsgeschichte
Im Laufe des Jahres 1917 arbeitete das US Navy Bureau of Construction and Repair mit Glenn Curtiss zusammen, um ein Flugboot zu produzieren, das den Atlantik problemlos überqueren könnte. Die Überlegung war, daß derartige Flugzeuge sofort im Anschluß an ihre Ankunft im Kampfgebiet eingesetzt werden könnten.

Die ersten Zeichnungen, die von einem Marineteam, an dem Commander Jerome Hunsaker beteiligt war, stammten, wurden von Curtiss und seinen Ingenieuren weiterentwickelt. Die Konstruktion, für die man sich entschied, war ein Doppeldecker von großer Spannweite mit drei Zugpropeller-Motoren, einem kurzen Rumpf für die fünfköpfige Besatzung und einem Doppeldecker-Leitwerk, das von Streben gestützt wurde, die von der oberen Tragfläche und dem hinteren Rumpf ausgingen. Die Curtiss-Mitarbeiter fertigten, außer von dem Rumpf, für den der US Navy Commander Holden Richardson zuständig war, Detailkonstruktionen an. Bald darauf erhielt Curtiss einen Auftrag zum Bau des **NC**-Flugboots, wie es dann hieß (NC stand für Navy-Curtiss). Curtiss sollte vier Flugzeuge bauen und man entschied, daß die Naval Aircraft Factory sechs weitere Maschinen bauen sollte.

Zur Produktion der NC wurde das vorhandene Fabrikgelände in Curtiss Garden City, New York, mit Unterstützung durch die US Navy wesentlich erweitert. Die Flugzeuge sollten per Straße in Einzelteilen zur Endmontage zur Rockway Naval Air Station gebracht werden. Mit Ende des Ersten Weltkriegs war nur die **NC-1** fertiggestellt worden und der ursprüngliche Zweck dieser Konstruktion bestand nicht mehr. Und, obwohl die NAF-NC storniert wurden, entschied sich die US Navy dafür, den Bau der vier Curtiss-Flugboote fortzusetzen, die im Transatlantikverkehr mit Großbritannien verwendet werden sollten, denn man war der Meinung, daß das durch einen solchen Flug erregte öffentliche Interesse für die US Navy von großem Wert sein würde.

Drei NC-Flugboote (NC-1), **NC-3** und **NC-4**) verließen am 16. Mai

**Curtiss NC-4 von Lieutenant Commander A.C. Read, US Navy, 1919**

1919 die Trepassey Bay in Neufundland, NC-2 war bereits ausgefallen. Sowohl die NC-1 als auch die NC-3 wasserten kurz vor Erreichen der ersten Etappe in Horta auf den Azoren. Keines der beiden Flugzeuge konnte wieder starten, die NC-1 wurde aufgegeben und ihre Besatzung von einem Schiff übernommen, die NC-3 war jedoch in der Lage, Horta schwimmend zu erreichen. Nur die NC-4 schloß den Flug nach Plymouth erfolgreich ab und kam, nach Zwischenlandungen in Horta, Ponta Delgada, Lissabon und Ferrol del Caudillo am 31. Mai an. Die Gesamt-Flugstrecke ab dem Start in Rockway, New York, am 8. Mai betrug 6.317 km und wurde in einer Gesamtflugzeit von 57 Stunden und 16 Minuten zurückgelegt.

### Varianten
**NC-1**: als Antrieb dienten drei 360 PS (268 kW) Liberty Motoren mit Zugpropeller; Erstflug am 4. Oktober 1918 mit Commander Richardson am Steuer; hob im November 1918 eine Rekordlast von 51 Passagieren plus Besatzung; erwies sich als unfähig, ausreichend Treibstoff für den Transatlantik-Überquerungsversuch zu laden und wurde für einen weiteren Liberty-Motor umgebaut: der mittlere Motor wurde dazu angehoben, und eine zusätzliche Gondel mit Druckpropeller-Motor wurde an seiner Rückseite befestigt.

**NC-2**: erschien im Februar 1919; der mittlere der drei Motoren hatte einen Druckpropeller, und die Piloten wurden in der vorderen Verlängerung der Druckpropeller-Motorgondel untergebracht; der erste Umbau umfaßte eine Neuplazierung der Motoren, und vier Motoren wurden in den seitlichen Gondeln als Tandempaare montiert. Schließlich wurden noch die Cockpits der Piloten auf herkömmliche Weise in den Rumpf verlegt und so entstand die **Type NC-T**; kurz darauf wurde die NC-2 in einem Sturm zerstört, und ihre verwertbaren Teile dienten als Ersatzteile für

**Die NC-4 war das einzige Curtiss NC-Flugboot, das im Mai 1919 den ersten Transatlantikflug absolvierte. Die Abbildung zeigt die Maschine, wie sie gerade am 27. Mai nach Lissabon einfährt. Die NC-4 war mit der NC-3 fast identisch, lediglich ihr Rumpf war von der Herrescholl Company of Rhode Island gebaut worden und nicht von Lawley & Sons, Boston, Massachusetts.**

die anderen Flugboote.
**NC-3**: Erstflug im April 1919, hatte von Anfang an die viermotorige Konstruktion der NC-1 und wurde mit **NC-TA** bezeichnet; sie war das Flaggschiff des Kommandeurs der Seaplane Division One, die unter Captain John H. Towers einen Transatlantik-Überquerungsversuch machte.
**NC-4**: erschien im April 1919; hatte ebenfalls die viermotorige, überarbeitete NC-1 (NC-TA)-Konstruktion; nach dem erfolgreichen Transatlantikflug wurde der Rumpf ausgestellt; 1969 wurde die gesamte Maschine rekonstruiert und zum 50. Jahrestag des Fluges in Washington DC ausgestellt; NC-4 wird jetzt im US Naval Aviation Museum in Pensacola, Florida, aufbewahrt.

### Technische Daten

**Curtiss NC-4**
**Typ:** Langstrecken-Flugboot.
**Triebwerk:** vier 400 PS (298 kW) Liberty 12A Reihenmotoren.
**Leistung:** Höchstgeschwindigkeit 137 km/h; Dienstgipfelhöhe 760 m; max. Flugdauer 14 Stunden 45 Minuten bei Reisegeschwindigkeit.
**Gewicht:** Leergewicht 7.257 kg; max. Startgewicht 12.701 kg.
**Abmessungen:** Spannweite 38,40 m; Länge 20,80 m; Höhe 7,44 m; Tragflügelfläche 226,77 $m^2$.

# Curtiss JN-2

### Entwicklungsgeschichte

Die **Curtiss J** wurde von B. Douglas Thomas konstruiert, der früher für die British Sopwith Company arbeitete. Es war ein Doppeldecker von einheitlicher Spannweite mit Zugpropeller und einem 90 PS (67 kW) starken, wassergekühlten Curtiss O Motor mit Frontkühler. Eine der beiden gebauten Model J wurde mit einem einzelnen Schwimmer als Wasserflugzeug erprobt, und Ende 1914 kaufte der United States Army Air Service beide Maschinen. Zu diesem Zeitpunkt war die Spannweite des oberen Flügels erweitert und die Querruder von dem unteren Flügel entfernt worden. Die Model J erreichte respektable 113 km/h, hatte aber als Nachteil ihre altmodische Schulterjoch-Querrudersteuerung. Als Parallelentwicklung zur Model J hatte die **Curtiss N** einen 100 PS (75 kW) Curtiss OXX Motor. Trotz der höheren Gewichtsbelastung erreichte die Maschine mit 132 km/h eine höhere Höchstgeschwindigkeit als die Model J. Trotzdem wurde nur ein Exemplar gebaut, das kurzzeitig von der US Army verwendet wurde, bevor es Curtiss zurückkaufte.

Aus den Model J und N entwickelte sich die **Curtiss JN**. Im Januar 1915 bestellte die US Army acht Exemplare einer **Model J Modified,** und als die Flugzeuge im Frühjahr 1915 ankamen, waren sie inzwischen in **JN-2** umbenannt worden. Ende Juli 1915 wurden sie nach Fort Sill, Oklahoma, abgestellt, um dort die 1st Aero Squadron der US Army auszurüsten. Von hier aus wurden zwei Maschinen Anfang 1916 zur mexikanischen Grenze entsandt, wo sie Einsätze gegen mexikanische Guerilleros flogen, die von dem furchterregenden Pancho Villa angeführt wurden. Die Maschinen wurden dadurch zu den ersten amerikanischen Militärflugzeugen, die in Kampfeinsätzen flogen.

Die JN-2 war ein Doppeldecker einheitlicher Spannweite, mit Querrudern in beiden Flügeln und mit einem auffälligen Seitenruder, jedoch ohne starre Seitenleitwerksflosse. Die nicht zufriedenstellende Schulterjoch-Querrudersteuerung wurde beibehalten. Dieser Typ blieb erfolglos, wurde aber in die JN-3 und schließlich in die berühmte JN-4 weiterentwickelt.

### Technische Daten

**Typ:** zweisitziges Beobachtungs- und Schulflugzeug.
**Triebwerk:** ein 90 PS (67 kW) Curtiss OX Reihenmotor.
**Leistung:** Höchstgeschwindigkeit 121 km/h; max. Flugdauer (nur mit Piloten) 4 Stunden.
**Gewicht:** Leergewicht 576 kg; max. Startgewicht 760 kg.
**Abmessungen:** Spannweite 12,24 m; Länge 8,13 m; Tragflügelfläche 31,59 $m^2$.

# Curtiss JN-4

Curtiss JN-4 Can Canuck (gebaut von Canadian Aeroplanes Ltd.) der School of Aerial Fighting, 1918

### Entwicklungsgeschichte

Der zweisitzige Doppeldecker **Curtiss JN-4** erhielt bald den Spitznamen 'Jenny' und war in den Jahren zwischen den Kriegen weit verbreitet. Es war eines der bedeutendsten amerikanischen Flugzeuge seiner Zeit, und ab April 1917, als die USA in den Ersten Weltkrieg eintraten, wurde es in großen Stückzahlen gebaut und zur Schulung von 95 Prozent aller amerikanischen und kanadischen Piloten benutzt. Weiteren Ruhm errang die Maschine ab 1919 bis Ende der zwanziger Jahre, als sie auf Provinztourneen Tausende begeisterte und bei fliegenden Festzügen und Wandervorstellungen überall in den Vereinigten Staaten Aufsehen erregte.

Die JN-4 wurde aus der JN-2 entwickelt und hatte als Zwischenstufe die **JN-3**, die unterschiedliche Spannweiten mit Querrudern nur an den oberen Flügeln hatte und bei der ein Rad zur Steuerung der Querruder eingeführt wurde. Das umkonstruierte Seitenleitwerk hatte eine Flosse mit Ruder, deren Formen bei der JN-4 weitgehend beibehalten wurden. Großbritannien erwarb 91 JN-3 und die US Army zwei dieser Maschinen. Mehrere JN-2 wurden später auf JN-3 Standard umgerüstet, indem die Trag- und Seitenleitwerksflächen der JN-3 angebaut und indem ein 100 PS (75 kW) Curtiss OXX Motor eingebaut wurde. Die Gesamtproduktion lag bei knapp 100 Maschinen, von denen zwölf in einem neuen Werk in Toronto gebaut wurden.

Die ursprüngliche Form der JN-4 glich der der JN-3 und hatte die gleichen unterschiedlich weit gespannten, zweistieligen Flügel und das Fahrwerk mit Querachse. Erstmals erschien die Maschine im Juli 1916, als 105 nach Großbritannien und 21 an die US Army verkauft wurden. Weitere Maschinen gingen an private Eigner, und eine Reihe von ihnen flog in den Flugschulen des Unternehmens Curtiss. Als Resultat der britischen Erfahrungen mit der JN-3 und der JN-4 entwickelte das Haus Curtiss die **JN-4A** (1935 nachträglich umbenannt in **Model 1**) mit einer Anzahl von Verbesserungen (größeres Leitwerk und abwärtsgerichteter Motorschub). Insgesamt wurden 781 Maschinen fertiggestellt, 87 davon im kanadischen Curtiss-Werk. Die US Army kaufte 601, die US Navy fünf, und die restlichen Exemplare wurden nach Großbritannien exportiert. Die **JN-4B** (**Model 1A**) kam 1916, kurz vor der JN-4A, auf den Markt. Sie unterschied sich in einigen Konstruktionsdetails (sie brachte das größere Leitwerk und verwendete den OX-2 Motor) und fand eine Reihe von privaten Käufern und Flugschulen als Abnehmer, und außerdem erwarb die US Army 76 und die US Navy neun Maschinen.

Den zwei Exemplaren der experimentellen JN-4C folgten die sehr erfolgreichen **JN-4 Can** und die **JN-4D** (**Model 1C**). Erstere war vom kanadischen Curtiss-Partner, der Canadian Aeroplanes Limited, aus der JN-3 entwickelt worden und erhielt bald den Namen **Canuck**. Die Produktion belief sich auf insgesamt 1.260 Maschinen, von denen 680 an die US Army gingen, während der Rest zum kanadischen Standard-Anfängerschulflugzeug wurde. Die JN-4 Can diente bei der Royal Canadian Air Force bis 1924, während private Flugzeuge bis in die dreißiger Jahre benutzt wurden. John Ericson, Chefingenieur der Canadian Aeroplanes Ltd., baute 1927 127 Flugzeuge aus Teilen zusammen, die weitgehend am Lager waren. Einige dieser

**Die US Army Serien-Nr. 2900 war eines von 1.400 Curtiss-JD-4D Schulflugzeugen, die von der Curtiss Aeroplane & Motor Corporation im Rahmen eines Vertrages über $4.417.337 gebaut wurden. Viele dieser ausgezeichneten Maschinen überlebten die Schulungseinsätze des Ersten Weltkriegs und wurden zum wichtigsten Element der Luftzirkus-Unternehmen in ländlichen Gegenden.**

Maschinen hatten ein drittes Cockpit und wurden unter der Bezeichnung **Ericson Special Three** bekannt.

Die JN-4D erschien im Juni 1917 und ging in die Massenfertigung, wobei zwischen November 1917 und Januar 1919 2.812 Maschinen gebaut wurden. In Anbetracht des in Kriegszeiten herrschenden, dringenden Bedarfs nach leistungsfähigen Schulflugzeugen waren sechs weitere US-Hersteller an dem Produktionsprogramm beteiligt. Neben mehreren neuen Einrichtungen kombinierte die JN-4D die erfolgreicheren Elemente der JN-4 Can und der JN-4A (Knüppelsteuerung der erstgenannten Maschine ersetzte das Deperdussin-System, und die zweite Maschine trug die Konturen und den Abwärtsschub des Motors bei). Das Ende des Ersten Weltkriegs führte zur Stornierung von Aufträgen über 1.100 Exemplare einer **JN-4D-2** Version, die auf Wunsch der US Army eine Reihe von Modifikation hatte. Tatsächlich aber wurde nur der Prototyp an die Militärdienststellen übergeben, allerdings wurden 1919 mehrere Exemplare an zivile Verwender verkauft.

Bei der Bemühung, ein Fortgeschrittenenen-Schulflugzeug für den dringenden Kriegsbedarf zu liefern, wurde die JN-4D mit einem stärkeren 150 PS (112 kW) Hispano-Suiza ummotorisiert, der von der Wright Company gebaut wurde. Die sich daraus ergebende **JN-4H (Model 1E)** war von Ende 1917 bis zum Waffenstillstand vom November 1918 in Produktion, und es wurden 929 Maschinen an die US Army ausgeliefert. Die JN-4H gab es auch mit Doppelsteuerung (**JN-4HT**) sowie als Bomber (**JN-4HB**) und als Kanonier-Schulversionen (**JN-4HG**).

Das Forgeschrittenen-Schulflugzeug **JN-5H** wurde als Einzelstück aufgrund einer US Army-Anforderung gebaut, wurde aber zugunsten der Vought VE-7 abgelehnt. Die Maschine wurde zur **JN-6H (Model 1F)** weiterentwickelt, die ein verstärktes Querruder-Steuersystem hatte. Die US Army kaufte 1.035 JN-6H.

### Technische Daten
**Curtiss JN-4D**

**Typ:** ein zweisitziges Anfänger-Schulflugzeug.

**Triebwerk:** ein 90 PS (67 kW) Curtiss OX-5 Reihenmotor.

**Leistung:** Höchstgeschwindigkeit 121 km/h; Reisegeschwindigkeit 97 km/h; Dienstgipfelhöhe 1.980 m.

**Gewicht:** Leergewicht 630 kg; max. Startgewicht 871 kg.

**Abmessungen:** Spannweite 13,30 m; Länge 8,33 m; Höhe 3,01 m; Tragflügelfläche 32,70 m².

# Curtiss Model 2 (R-2)

### Entwicklungsgeschichte
Anfang 1915 kam der Prototyp der **Curtiss Model R** heraus, der 1935 die nachträgliche Bezeichnung **Model 2** erhielt, der eine vergrößerte Version der Model N war und der versetzte Flügel gleicher Spannweite hatte. Geflogen wurde die Maschine als Land- und als Wasserflugzeug mit Schwimmern. Pilot und Beobachter dieses Militär-Doppeldeckeraufklärers saßen in einem langen, offenen Cockpit.

Die beiden Curtiss R-3 Wasserflugzeuge der US Navy wurden 1916 ausgeliefert und waren eigentlich R-2 mit Schwimmern und vergrößerter Spannweite, um das zusätzliche Gewicht der Schwimmer auszugleichen. Der Anker unter den Flügeln war das erste Symbol der US Navy.

Mit der R-2 wurden Flügel unterschiedlicher Spannweite, bei denen die Querruder am oberen Flügel montiert waren, ein Seitenleitwerk mit einer starren Flosse und ein Höhenruder mit Hornausgleich eingeführt. Die beiden Besatzungsmitglieder fanden Platz in getrennten und großzügig dimensionerten Cockpits. Der Curtiss V-X Motor des Prototyps wurde beibehalten. Die R-2 ging Ende 1915 in Produktion und wurde in erheblichen Stückzahlen gebaut. Zwölf gingen an die US Army und 100 an das Royal Flying Corps, das jedoch nur bedingt Gebrauch von diesem Typ machte. Die Exemplare der US Army flogen als Unterstützung der Expedition gegen den mexikanische Guerillaführer Pancho Villa und obwohl sie unzuverlässig waren, flogen sie doch eine Reihe von Aufklärungs- und Verbindungseinsätzen.

Das Einzelexemplar R-2A war eine Variante mit einheitlicher Spannweite und stellte im August 1915 einen amerikanischen Landes-Höhenrekord von 2.740 m auf, wobei die Maschine den Piloten und drei Passagiere trug. Zwei **R-3** Wasserflugzeuge, die der R-2 glichen, aber eine vergrößerte Spannweite hatten, wurden 1916 von der US Navy gekauft.

### Varianten
**R-7**: langflügelige Ableitung der R-3, mit dem gleichen Motor wie die R-4; das einzige Exemplar wurde von der New York Times für einen Rekordversuchsflug von Chicago nach New York gekauft; der Versuch schlug im November 1916 wegen Treibstofflecks fehl, es wurde aber mit 727 km ein amerikanischer Langstreckenrekord aufgestellt.

**Twin R**: zweimotorige Experimentalversion der R-2, das einzige Exemplar flog 1916.

**Pusher R**: dies war der Versuch von Curtiss, neues Interesse an der überholten Druckpropeller-Version zu wecken; mit zentraler Gondel für zwei Besatzungsmitglieder und den Druckpropellermotor, neuem Leitwerk und den Flügeln der Model R (bald ersetzt durch Model R-2).

### Technische Daten
**Curtiss R-2**

**Typ:** Aufklärungs-Doppeldecker.

**Triebwerk:** ein 160 PS (119 kW) Curtiss V-X Reihenmotor.

**Leistung:** Höchstgeschwindigkeit 138 km/h; maximale Flugdauer 6 Stunden 42 Minuten.

**Gewicht:** Rüstgewicht 826 kg; max. Startgewicht 1.403 kg.

**Abmessungen:** Spannweite 14,00 m; Länge 11,70 m; Tragflügelfläche 46,90 m².

# Curtiss Model 2A (R-6)

### Entwicklungsgeschichte
Die **Curtiss R-6** (Firmenbezeichnung **Model 2A**) war ein dreizelliger Doppeldecker mit ungleicher Spannweite und zwei Schwimmern, der sowohl für die US Army als auch die US Navy gebaut wurde. 1917 erhielt die Marine insgesamt 76 Maschinen dieses Typs, von denen eine mit einem einzelnen Hauptschwimmer und zusätzlichen Stützschwimmern unter den Flügelspitzen getestet wurde. Die Armee bestellte 18 Exemplare, einige mit Radfahrwerk, aber ihre Wasserflugzeuge wurden später, ohne daß sie jemals von der Armee eingesetzt wurden, der US Navy übergeben. Die R-6 war eine natürliche Weiterentwicklung der R-4 und wurde noch im letzten Jahr des Ersten Weltkriegs von der US Navy eingesetzt; eine entsprechend ausgerüstete Squadron unternahm von den Azoren aus See-Aufklärungsflüge.

Die **R-6L** stammt aus dem Jahre 1918 und ist eine R-6 mit dem Liberty Motor anstelle des 200 PS (149 kW) Curtiss V-2-3. Vierzig R-6 der US Navy wurden entsprechend modifiziert. Sie flogen nach dem Krieg als Torpedobomber-Schwimmerflugzeuge mit max. 470 kg Torpedos; die letzten Exemplare wurden 1926 verschrottet. Die **R-9** war eine Bomber-Variante der R-6L mit vertauschten Cockpitplätzen für Pilot und Beobachter, der jetzt hinten saß. Von den 112 für die US Navy gebauten R-9

Maschinen vom Typ Curtiss R-6 wurden in Ausführungen als Land- und Seeflugzeug an die US Army und US Navy geliefert; die Flugboot-Version entstand in größeren Stückzahlen.

gingen zehn 1918 an die US Army, und 14 Maschinen der US Navy wurden in R-6L umgebaut.

**Technische Daten**
**Curtiss R-6L**
**Typ:** ein zweisitziges Torpedobomber/Aufklärer-Schwimmerflugzeug.
**Triebwerk:** ein 360 PS (268 kW) Liberty Reihenmotor.
**Leistung:** Höchstgeschwindigkeit 161 km/h; Dienstgipfelhöhe 3.720 m; Reichweite 909 km.
**Gewicht:** Leergewicht 1.593 kg; max. Startgewicht 2.102 kg.
**Abmessungen:** Spannweite 17,41 m; Länge 10,19 m; Höhe 4,32 m Tragflügelfläche 56,95 m².

# Curtiss Model 5 (N-9)

## Entwicklungsgeschichte

Das Schulungs-Seeflugzeug **N-9 (Curtiss Model 5)** flog Ende 1916. Es war eine Entwicklung des Landflugzeugs JN-4B 'Jenny' und hatte einen großen mittleren Schwimmer und zusätzliche Stützschwimmer an den Flügelspitzen.

Der Pilot der N-9 hatte ein Steuerrad und einen Ruderknüppel, eine Abkehr von dem üblichen 'Schulterjoch'-System der Seitensteuerung. Die Spannweite war größer als bei der JN-4B und das Flügelmittelstück länger; die unteren Tragflächen hatten ebenfalls eine beträchtlich erweiterte Spannweite, und auch die Querruder der oberen Flügel waren vergrößert.

1917 wurden 560 Anfänger-Schulflugzeuge für die US Navy und 14 für die US Army bestellt. Flugtests mit dem Prototyp zeigten Probleme mit der Richtungsstabilität auf, so daß die Serienmaschinem erweiterte Seitenleitflächen erhielten. 1917 erwiesen sich die Curtiss-Fabriken als völlig überfordert, daher wurden 460 der US Navy N-9 von Marblehead Burgess gebaut, die bereits Erfahrungen mit der Produktion von Seeflugzeugen gesammelt hatte.

Mit dem Auftreten der N-9H wurde die urspüngliche N-9 mit einem 100 PS (75 kW) Motor in **N-9C** umbenannt. Die N-9C und N-9H wurden von der US Navy häufig bei Schulungseinrichtungen in den USA und im Ausland benutzt; die letzten Exemplare wurden erst 1927 aus dem Verkehr gezogen.

## Varianten

**N-9H:** diese Version hatte einen 150 PS (112 kW) Wright A Motor, ein von Wright unter Lizenz gebautes Hispano-Suiza Triebwerk für einen Propeller mit großer Haube; anstelle des vorderen Kühlers des ursprünglichen Serienmodells zeichnete die N-9H sich durch die glatten Bugkonturen und den großen 'Ofenrohr'-Kühler aus, der über die Motorenhaube hinausragte; die N-9H war 30,5 cm länger als die N-9C, wog leer 971 kg und hatte ein max. Startgewicht von 1.247 kg; die Höchstgeschwindigkeit lag um 12 km/h höher, und die Dienstgipfelhöhe betrug 2.010 m.

**Technische Daten**
**Curtiss N-9C**
**Typ:** einmotoriges Schulflugzeug mit Schwimmern.
**Triebwerk:** ein 100 PS (75 kW) Curtiss OXX-3 Reihenmotor.
**Leistung:** Höchstgeschwindigkeit 113 km/h; Reichweite 322 km.
**Gewicht:** Leergewicht 844 kg; max. Startgewicht 1.093 kg.
**Abmessungen:** Spannweite 16,26 m; Länge 9,09 m; Höhe 3,31 m; Tragflügelfläche 46,08 m².

# Curtiss Model 6 (H-16)

## Entwicklungsgeschichte

Die **Curtiss H-16** (Firmenbezeichnung **Model 6C**) basierte auf der H-12 und hatte Tragflächen von etwas größerer Spannweite, aber leicht verringerter Fläche. Der Bootsrumpf war überarbeitet und strukturell verstärkt worden, und alle an die US Navy gelieferten H-16 hatten 360 PS (268 kW) Liberty Motoren. Die US Naval Aircraft Factory baute insgesamt 150 Exemplare und Curtiss weitere 184; von den Curtiss-Maschinen wurden 60 verpackt und nach England geschickt, wo man sie mit 345 PS (257 kW) Rolls-Royce Eagle IV Motoren zusammenbaute. Die übrigen H-16 gingen an die US Navy, und einige kamen gerade rechtzeitig bei Stützpunkten in Großbritannien an, um vor dem Friedensschluß im November 1918 neben den britischen H-16 noch eingesetzt zu werden. Das war eine beachtliche Leistung, da das erste fertiggestellte Exemplar erst im Juni 1918 von der Philadelphia Naval Aircraft Factory abflog.

Nach dem Krieg erhielten die noch erhaltenen US Navy Maschinen dieses Typs neuere 400 PS (298 kW) Liberty 12A Motoren; einige wurden außerdem mit Komponenten des erfolgreichen Flugboots F-5L umgebaut. Zwei mit Druckpropellern getestete H-16 erhielten die Bezeichnungen **H-16-1** und **H-16-2**, das letztere Exemplar hatte außerdem gepfeilte Flügel mit größerer Spannweite. Keines der beiden Modelle war erfolgreich.

US Navy

**Die N4060 war die erste von 125 für England bestellten Curtiss H-16. Sie wurden ohne Triebwerke geliefert und in Großbritannien mit 345 PS (257 kW) Rolls-Royce Eagle VIII Reihenmotoren ausgerüstet.**

**Technische Daten**
**Typ:** ein Seeaufklärungs/Bombenflugboot.
**Triebwerk:** zwei 400 PS (298 kW) Liberty 12A Reihenmotoren.
**Leistung:** Höchstgeschwindigkeit 153 km/h in Meereshöhe; Dienstgipfelhöhe 3.030 m; Reichweite 608 km.
**Gewicht:** Rüstgewicht 3.357 kg; max. Startgewicht 4.944 kg.
**Abmessungen:** Spannweite 28,97 m; Länge 14,05 m; Höhe 5,40 m; Tragflügelfläche 108,14 m².
**Bewaffnung:** sechs 7,7 mm Lewis MG plus bis zu 417 kg Bomben.

US Navy

**Die Curtiss H-16 wurde auch von der Naval Aircraft Factory gebaut, und diese Maschine (Seriennr. A1076) war eines von 150 bei der NAF bestellten Exemplaren mit der ursprünglichen Bezeichnung Navy Model C (der dritte von einer Marine-Produktionseinrichtung hergestellte Typ).**

# Curtiss Model 8 (HS-1)

## Entwicklungsgeschichte

Der eigentliche Prototyp der **Curtiss HS (Curtiss Model 8)** Baureihe war die **H-14**, ein Doppeldecker-Flugboot mit ungleicher Spannweite und zwei 100 PS (75 kW) Curtiss OXX-2 Motoren mit Druckpropellern, also der gleichen Struktur wie bei der Model H America. Die US Army bestellte 16 H-14, nahm den Auftrag aber wieder zurück, nachdem die Tests mit dem ersten Exemplar die unzureichende Leistung des Modells erwiesen hatten. Die Curtiss-Ingenieure bauten die H-14 daraufhin für den stärkeren 200 PS (149 kW) Curtiss VX-3 um.

1917 erhielt die US Navy 16 dreisitzige **HS-1**, darunter die umgebaute H-14, und benutzte mehrere für die restlichen H-14 gedachte Bootsrümpfe. Die **HS-1L** und **HS-2L** mit Liberty Motoren folgten, und bald schlossen sich fünf weitere Herstellerfirmen Curtiss in einem ehrgeizigen Kriegsproduktionsprogramm an. Als man die Feindseligkeiten im November 1918 einstellte, wurden alle noch laufen Verträge 'eingefroren'. Curtiss hatte 675 Exemplare gebaut,

**Die HS-1L, das Serienmodell der HS-Entwicklungsreihe, hatte einen Liberty Reihenmotor, wie durch das L angedeutet wurde. Zahlreiche Exemplare wurden für die US Navy als Patrouillenboote gebaut.**

die anderen Betriebe 417.

Die HS-1 hatte einen einstufigen Bootsrumpf mit einer breiten Unterseite und Stummelflügel sowie Flügel mit ungleicher Spannweite mit je drei verstrebten Zellen. Die Besatzung bestand aus einem Schützen/Beobachter im Bugcockpit für die beiden 7,7 mm MG auf Ringsockeln, und dem Piloten in einem offenen Cockpit vor der Flügelvorderkante.

Vor Ende des Ersten Weltkriegs hatten 182 HS Flugboote die amerikanischen Einheiten, die in französischen Marinestützpunkten stationiert waren, erreicht; sie wurden häufig bei Küstenpatrouillen und Begleitflügen eingesetzt. Nach dem Krieg wurden die Maschinen zur Schulung verwendet, bis das letzte Exemplar 1928 verschrottet wurde. Mehrere Maschinen wurden an einzelne Kunden und Transportfirmen in den USA und Kanada verkauft, einige flogen noch in den frühen 30er Jahren.

### Technische Daten

**Curtiss HS-1L**

**Typ:** ein einmotoriges Küstenpatrouillen-Flugboot.

**Triebwerk:** ein 360 PS (268 kW) Liberty 12 Reihenmotor.

**Leistung:** Höchstgeschwindigkeit 140 km/h; Dienstgipfelhöhe 525 m; Flugdauer 4 Stunden 30 Minuten.

**Gewicht:** Rüstgewicht 1.846 m; max. Startgewicht 2.681 kg.

**Abmessungen:** Spannweite 18,92 m; Länge 11,73 m; Höhe 4,44 m; Tragflügelfläche 60,66 m².

**Bewaffnung:** zwei 7,7 mm Lewis MG plus 163 kg Bomben oder Wasserbomben.

# Curtiss Rennflugzeuge

**Die Curtiss R-6, die mit dem Piloten Lieutenant Lester J. Maitland vom US Army Air Corps beim Rennen um die Pulitzer Trophäe 1922 den 2. Platz belegte.**

### Entwicklungsgeschichte

Curtiss beschäftigte sich erstmals im Frühjahr 1920 mit dem Entwurf und Bau von Rennflugzeugen, als der Millionär S. Cox die Firma mit der Produktion von zwei Flugzeugen beauftragte, die im September desselben Jahres in Frankreich am Rennen um die James Gordon Bennett Trophäe teilnehmen sollten. Die beiden **Curtiss Model 22 Cox Racer** mit den Namen Texas Wildcat und Cactus Kitten waren ursprünglich Hochdecker mit 427 PS (318 kW) Curtiss C-12 Reihenmotoren. Nur die Texas Cat wurde vor dem Flug nach Frankreich getestet und später mit einem speziellen dünnen Rennflügel untersucht, wobei sie sich als nicht stabil genug erwies. Ein neuer Doppeldeckerflügel wurde in aller Eile entworfen und angebaut, so daß die Maschine am Rennen teilnehmen konnte; sie wurde allerdings bei einer Bruchlandung zerstört. Die Cactus Kitten wurde, ohne zu fliegen, in die USA zurückgebracht und erhielt Dreideckertragflächen mit kurzer Spannweite, die der Maschine beim Rennen um die Pulitzer Trophäe von 1921 den 2. Platz einbrachten.

Der Sieger bei diesem Rennen war ein anderes Curtiss Flugzeug, einer der Doppeldecker vom Typ **Model 23**, die unter den Bezeichnungen **CR-1** (zeitgenössische Bezeichnung **L-17-1**) und CR-2 (**L-17-2**) für die US Navy gebaut wurden. Die US Navy wollte am Rennen teilnehmen, zog sich aber zurück, und Curtiss borgte die CR-2, die dann mit dem Testpiloten Bet Acosta siegte. Sowohl die CR-1 als auch die CR-2 waren Doppeldecker mit Heckspornfahrwerk und Curtiss CD-12 Reihenmotoren, die sich aber in geringfügigen Einzelheiten voneinander unterschieden. Später wurden sie in Seeflugzeuge umgebaut (**Model 23A/L-17-3**), um am englischen Rennen um die Schneider Trophäe von 1928 teilzunehmen (unter der Bezeichnung **CR-3**). Sie hatten ein neues Fahrwerk und 465 PS (347 kW) Curtiss D-12 Motoren mit Curtiss-Read Metallpropellern, eine bedeutsame Kombination, die den beiden Maschinen den 1. und 2. Platz einbrachte.

Angesichts der üblichen Rivalität zwischen US Army und US Navy beschloß die US Army, daß sie ihr eigenes Rennflugzeug brauchte. Curtiss baute dafür zwei Exemplare der auf der CR der US Navy basierenden **R-6**. Sie waren sehr viel einfacher strukturiert als ihre Vorgänger, und die installierten Flügelkühler reduzierten den Luftwiderstand beträchtlich. Mit diesen Maschinen errang die US Army den 1. und 2. Preis beim Pulitzer Rennen von 1922 und übertraf zweimal den Weltrekord, beim zweiten Mal mit 380,74 km/h. 1923 bemühte sich die US Navy mit allen Kräften, ihre Verluste vom Vorjahr aufzuholen und bestellte bei Curtiss zwei Exemplare der neuen **R2C-1 (Model 32)**. Es handelte sich um Weiterentwicklungen der CR/R-6 Baureihe mit stärkeren 507 PS (378 kW) Curtiss D-12A Motoren. Sie erreichten für die US Navy beim Pulitzer Rennen von 1923 den 1. und 2. Platz. Eines dieser beiden Flugzeuge stellte einen neuen Weltrekord von 429,02 km/h auf und wurde später an die US Army verkauft, wo es die Bezeichnung **R-8** erhielt; die Maschine wurde am 2. September 1924 bei einem Unfall zerstört. Die US Navy ließ die andere Maschine mit Schwimmern ausrüsten und änderte die Bezeichnung in **R2C-2 (Model 32A)**. Sie wurde als Schulflugzeug für das Schneider Rennen von 1925 benutzt und 1926 bei einem Unfall zerstört.

Die Zusammenarbeit zwischen der US Army und der US Navy im Jahre 1925 führte zur Bestellung von drei neuen Rennflugzeugen, den letzten Curtiss Rennmodellen: alle drei Exemplare der **Model 42** erhielten die Bezeichnung **R3C-1** und waren im allgemeinen der R2C-1 ähnlich, abgesehen von dem veränderten Flügelprofil und den stärkeren Curtiss V-1400 Motoren. Zwei von ihnen nahmen 1925 am Pulitzer Rennen teil, und die US Army belegte den 1. Platz, gefolgt vom US Navy Modell. Alle drei erhielten daraufhin für das Schneider Rennen von 1925 Schwimmer und die neue Bezeichnung **R3C-2 (Model 42A)**, aber die US Navy zog ihre Maschine zurück und der Sieger wurde der US Army Lieutenant James H. Doolittle in seiner R3C-2 A6979. Angesichts von zwei Siegen in diesem Wettbewerb brauchten die USA nur noch einen dritten, um 1926 die Trophäe für immer gewinnen zu können. Natürlich waren umfassende Anstrengungen notwendig, aber da es keine ausreichenden Gelder für den Bau von neuen Modellen gab, erhielt eine der R3C-2 einen neuen 700 PS (522 kW) Packard 2A-1500 Reihenmotor von der Naval Aircraft Factory. Damit erreichte die **R3C-3** eine Geschwindigkeit von 410 km/h. Das war vielversprechend, da der Sieger des Jahres 1925 durchschnittlich 374,28 km/h erreicht hatte. Leider stürzte die Maschine während der folgenden Testflüge ab. Curtiss überarbeitete eine zweite R3C-2 und wählte die Bezeichnung **R3C-4**, nachdem u.a. ein neuer 708 PS (528 kW) Curtiss V-1550 Motor eingebaut worden war. Dieses Exemplar hatte nicht viel mehr Glück: es nahm zwar am Rennen teil, mußte aber während der letzten Etappe wegen Treibstoffmangels ausscheiden. Lieutenant Christian Schilt vom US Marine Corps belegte mit dem dritten Reservemodell R3C-2 bei einer Geschwindigkeit von 372,34 km/h den 2. Platz.

**Lester Maitland neben seiner Curtiss R-6. Das Foto entstand etwa zur Zeit des Pulitzer Rennens von 1922.**

**Die Curtiss Cactus Kitten hatte die verkleinerten Dreideckerflügel der Model 18-T und belegte beim Pulitzer Rennen von 1921 den 2. Platz. 1922 wurde die Maschine für 1 Dollar an die US Army verkauft, wo sie zum Training der Teilnehmer des Rennens im folgenden Jahr verwendet wurde.**

**Den ersten Platz belegte die Curtiss CR-2 mit dem Curtiss Piloten Bert Acosta beim Pulitzer Rennen von 1921. Die Konstruktion war in mancher Hinsicht den Curtiss Cox Rennflugzeugen ähnlich, hatte aber konventionelle Doppeldeckerflügel, den neuen Curtiss C-12 Motor und Lamblin Kühler.**

**Die R2C-1 (Seriennr. A6691) der US Navy wurde 1923 für 1 Dollar von der US Army gekauft und erhielt die Bezeichnung Curtiss R-8 (Seriennr. 23-1235). Die Maschine stürzte im September 1924 ab.**

### Technische Daten
**Curtiss R3C-2**
**Typ:** einsitziges Rennflugzeug mit Schwimmern.
**Triebwerk:** ein 565 PS (421 kW) Curtiss V-1400 Reihenmotor.
**Leistung:** Höchstgeschwindigkeit 394 km/h; Reichweite bei Höchstgeschwindigkeit 467 km.
**Gewicht:** Leergewicht 968 kg; max. Startgewicht 1.242 kg.
**Abmessungen:** Spannweite und Länge 6,71 m; Höhe 3,15 m; Tragflügelfläche 13,38 m².

**Die drei Rennflugzeuge Curtiss R3C-1 wurden für das Rennen um die Pulitzer Trophäe von 1925 gebaut. Hier abgebildet ist das einzige Exemplar des USAAC, das mit dem Piloten Lieutenant Cyrus Bettis die beiden gleichen Modelle der US Navy schlug und das Rennen gewann; alle drei Modelle besaßen Curtiss V-1400 Motoren.**

**1923 wurden die beiden Curtiss CR Landflugzeuge für das Rennen um die Schneider Trophäe in CR-3 Flugboote umgebaut. Die A6080 (die letzte Zahl hier auf dieser Abbildung durch ein Klebeband über dem Flossen/Ruder-Scharnier verdeckt) hatte die Nummer 3 und belegte den 2. Platz hinter der A6081 (Nr. 4).**

**Die drei R3C-1 Land-Rennflugzeuge wurden nach dem Pulitzer Rennen von 1925 in R3C-2 Flugboote umgebaut. Alle drei nahmen im gleichen Jahr am Rennen um die Schneider Trophäe teil, bei dem James H. Doolittle von der US Army siegte, während die beiden Maschinen der US Navy nicht ihr Ziel erreichten.**

# Curtiss Model 17 Oriole

### Entwicklungsgeschichte
William Gilmore war der Schöpfer der **Curtiss L-72** (Firmenbezeichnung **Model 17**), die später die Tradition der Firma begründete, den Modellen Vogelnamen zu geben, indem sie den Namen **Oriole** (Goldamsel) erhielt. Das Model wurde 1919 fertiggestellt und war ein früher Versuch, in den amerikanischen Markt für Privatflugzeuge einzudringen. Allerdings erhielt es angesichts der Flut von Kriegsmodellen wie etwa der JN-4 Jennie nur wenige Produktionsaufträge. Genaue Zahlen liegen nicht vor, aber die Produktion überstieg wahrscheinlich nicht 500 Exemplare.

Die Oriole hatte ein vorderes Cockpit für den Piloten und dahinter ein großes Cockpit für zwei Passagiere unmittelbar hinter dem mittleren Ausschnitt der oberen Tragflächen. Die Passagiersitze waren gestaffelt, um mehr Raum zu schaffen, und durch eine kleine Seitentür im Rumpf leicht zugänglich. Der Rumpf war sehr sorgfältig konstruiert worden und hatte attraktive, gerundete Konturen und eine beschichtete Sperrholzhaut. Die frühen Oriole hatten 90 PS (67 kW) Curtiss OX-5 Motoren mit einer max. Geschwindigkeit von 138 km/h; spätere Maschinen erhielten den Curtiss C-6 und eine um 1,22 m verlängerte Spannweite.

Zahlreiche Oriole nahmen in den 20er Jahren mit Erfolg an mehreren Flugrennen teil. Besonders bekannt war eine der Firma gehörende, häufig umgebaute Oriole mit dem Curtiss-Piloten 'Casey' Jones. Mehrere unvollendete Oriole wurden verkauft und als Ausgangsbasis für neue Entwürfe von kleineren Firmen benutzt, die in der rivalisierenden amerikanischen Flugzeugindustrie Fuß fassen wollten. Dazu gehörte die **Curtiss-Ireland Comet**, ein Oriole-Rumpf mit neuen einstieligen Tragflächen. die **Pitcairn Orowing** hatte Oriole Tragflächen mit kurzer Spannweite, das Leit- und Fahrwerk desselben Modells und einen leichten, von Pitcairn entworfenen Rumpf mit einer Stahlröhrenkonstruktion.

### Technische Daten
**Curtiss Oriole** (mit großer Spannweite).
**Typ:** ein dreisitziger Mehrzweck-Doppeldecker.
**Triebwerk:** ein 160 PS (119 kW) Curtiss C-6 Reihenmotor.
**Leistung:** Höchstgeschwindigkeit 156 km/h; Reisegeschwindigkeit 124 km/h; Dienstgipfelhöhe 3.915 m; Reichweite 624 km.
**Gewicht:** Leergewicht 786 kg; max. Startgewicht 1.154 kg.
**Abmessungen:** Spannweite 12,19 m; Länge 7,95 m; Höhe 3,12 m; Tragflügelfläche 37,07 m².

**Die Curtiss Oriole der späten Serie hatte schräge Innenstreben und runde Flügelspitzen sowie 75 Prozent mehr Triebkraft durch den Curtiss C-6 Reihenmotor, dessen ungewöhnlicher senkrechter Kühler über das obere Flügelmittelstück hinausragte.**

# Curtiss Model 34 (F6C Hawk)

### Entwicklungsgeschichte
1925 bestellte die US Navy neun Exemplare des **Curtiss Model 34C** Kampfflugzeugs unter der Bezeichnung **F6C-1 Hawk**. Diese Maschinen waren weitgehend identisch mit der US Army P-1 Baureihe und waren ursprünglich für Küsteneinsätze des US Marine Corps gedacht. Nur fünf Maschinen wurden als F6C-1 geliefert, die anderen vier erhielten Fanghaken und wurden für Flugzeugträgereinsätze verstärkt; die neue Bezeichnung lautetet **F6C-2 (Model 34D)**.

1927 erhielt die US Navy 35 **F6C-3** (Model 34E), eine modifizierte Ausführung der F6C-2. Es folgten 31 **F6C-4 (Model 34H)**, nachdem die erste F6C-1 für den 420 PS (313 kW) Pratt & Whitney Wasp Sternmotor umgebaut worden war und als Prototyp der **XF6C-4** diente. Alle früheren F6C Kampfflugzeuge der US Navy erhielten den Curtiss D-12 Motor.

Die F6C-1 gehörte zur Ausrüstung der Marine Squadron VF-9M, während die F6C-2 an Bord der *USS Langley* dienten. Seit 1928 wurde die F6C-3 von der VF-5S geflogen (im Juli desselben Jahres wurde daraus in Anspielung auf die ursprüngliche Bomberrolle der Hawk die VB-1B) und sie diente an Bord des Trägers *USS Lexington*. Für eine kurze Zeit betrieb die VB-1B ihre F6C-3 als Seeflugzeuge mit zwei Schwimmern. Andere F6C-3 wurden von der küstenstationierten Marine Squadron VF-8M eingesetzt.

Die US Navy beschloß, daß die Wartung von wassergekühlten Motoren an Bord eines Flugzeugträgers unlösbare Probleme aufgab, so daß die F6C-4 mit Sternmotoren bis 1930 an Bord der *USS Langley* bei der Einheit VF-2B eingesetzt wurden. Die Maschinen gingen später an Einheiten des Marine Corps.

### Technische Daten
**Curtiss F6C-4**
**Typ:** einsitziges trägergestütztes Kampfflugzeug.
**Triebwerk:** ein 410 PS (306 kW) Pratt & Whitney R-1340 Wasp Sternmotor.
**Leistung:** Höchstgeschwindigkeit 249 km/h in Meereshöhe; Steigzeit auf 1.525 m 2 Minuten 30 Sekunden; Dienstgipfelhöhe 6.980 m; Reichweite 547 km.
**Gewicht:** Rüstgewicht 898 kg; max. Startgewicht 1.438 kg.
**Abmessungen:** Spannweite 11,43 m; Länge 6,86 m; Höhe 3,33 m; Tragflügelfläche 23,41 m².

US Navy

**Eine Curtiss F6C-3 der Utility Squadron VJ-4 im Jahre 1932.**

# Curtiss Model 34/35 (P-1 und P-6 Hawk)

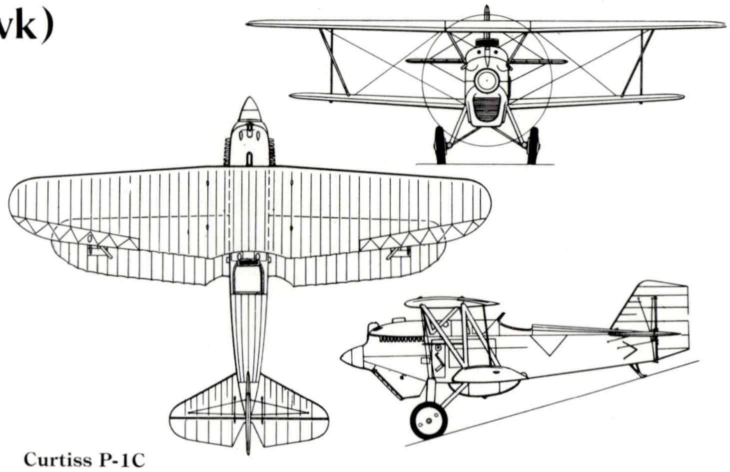

Curtiss P-1C

### Entwicklungsgeschichte

Nach erfolgreichen Versuchen mit der experimentellen XPW-8B, einem Modell mit neuen, trapezförmigen Tragflächen und verschiedenen anderen Modifikationen, wurden 15 Serienmaschinen bestellt. Die Bezeichnung lautete nach einem neuen Identifikationssystem der US Army P-1, und zehn Exemplare dieses neuen einsitzigen Kampfflugzeugs **Curtiss Model 34A** wurden bei der 27th und 94th Pursuit Squadron eingesetzt. Eine dritte Einheit (Nr. 17) erhielt die Hawk in Form von 25 Exemplaren der **P-1A (Model 34G)**, welche die neuen Tragflächen und das veränderte Leitwerk beibehielt, aber dafür in anderen Einzelheiten verbesserte wurde. Eine Exportversion der P-1A wurde in acht Exemplaren von China gekauft; eine weitere Maschine ging nach Japan.

Ende 1926 erhielt die US Army 25 Maschinen vom verbesserten Typ **P-1B (Model 34I)** mit dem 435 PS (324 kW) Curtiss V-1150-3 Motor anstelle des Curtiss D-12 Standard-Triebwerks. Die P-1B hatte Räder mit größerem Durchmesser und einen stärker gerundeten Kühler. Chile kaufte acht Exemplare dieses Typs. Die **P-1C (Model 34O)** hatte Radbremsen und eine neue Ausrüstung, die das Gesamtgewicht erhöhte; bis zum April 1926 wurden 33 Maschinen an die US Army geliefert.

Die erste Hawk mit der Bezeichnung **P-6** wurde durch Modifizierung einer originalen P-1 gebaut. Mit einem Curtiss V-1570 Conqueror Motor belegte die **XP-6 (Model 34P)** den 2. Platz bei den US National Air Races von 1927. Ein weiteres umgebautes Modell, das an diesem Rennen teilnahm, war die **XP-6A (Model 34K)**, ebenfalls mit einem Conqueror Motor, aber mit Tragflächen ohne Trapezform, ähnlich wie die der PW-8, sowie mit Oberflächenkühlern für einen reduzierten Luftwiderstand. Die XP-6A belegte den 1. Platz mit einer damals bemerkenswerten Geschwindigkeit von 323 Stundenkilometern.

Die US Army war von der XP-6 so beeindruckt, daß sie 18 Exemplare der P-6 zur Erprobung bestellte, wobei sich die beiden Typen hauptsächlich durch bessere Rumpfkonturen und einen breiteren, stärker gerundeten Bug des Serienmodells unterschieden. Neun der 18 Maschinen erhielten Prestone-gekühlte V-1570 Motoren und die Bezeichnung **P-6A**. Die **XP-6B**, die einen bemerkenswerten Flug vom Osten der USA nach Alaska unternahm, war eine umgebaute P-1C mit einem V-1570 Motor. Eine P-6A wurde das einzige Exemplar der **XP-6D**, nachdem sie für den Einbau eines Conqueror Turbolader-Motors umgebaut worden war. Alle P-6A bis auf eine und sämtliche P-6 erhielten im Frühjahr 1932 Curtiss V-1570-C Conqueror Turboladermotoren und wurden daraufhin in **P-6D** umbenannt.

46 Exemplare der P-6E wurden im Juli 1931 unter der Bezeichnung **Y1P-22** bestellt und im Winter 1931/32 ausgeliefert. Das berühmteste und eindrucksvollste Mitglied der Hawk-Familie der US Army, die **P-6E (Model 35)**, wies eine ausgezeichnete Manövrierfähigkeit auf und gehörte zur Ausrüstung der Pursuit Squadron Nr. 17 und 33. Dieses Modell unterschied sich von der P-6D durch einen schlankeren Rumpfvorderteil mit einem Motorenkühler direkt vor dem Fahrwerk, das einstrebige Hauptbeine mit Gamaschen-Hauben besaß. Eine P-6E wurde mit einem einfachen V-1570 Motor ausgestattet und erhielt die Bezeichnung **XP-6G**; ein Standardexemplar wurde unter der Bezeichnung **XP-6H** mit vier 7,62 mm MG auf den Tragflächen getestet.

### Technische Daten
**Curtiss P-6E**

**Typ:** einsitziger Doppeldecker-Jäger.

**Triebwerk:** ein 700 PS (522 kW) Curtiss V-1750C Conqueror Reihenmotor.

**Leistung:** Höchstgeschwindigkeit 319 km/h; Anfangssteiggeschwindigkeit 12,6 m/sek; Dienstgipfelhöhe 7.530 m; Reichweite 459 km.

**Gewicht:** Rüstgewicht 1.224 kg; max. Startgewicht 1.559 kg.

**Abmessungen:** Spannweite 9,60 m; Länge 7,06 m; Höhe 2,72 m; Tragflügelfläche 23,42 m².

**Bewaffnung:** zwei synchronisierte, am Rumpf angebrachte 7,62 mm Maschinengewehre.

# Curtiss Model 35/47 Hawk II, Model 64/67 (F11C) und Model 68 Hawk III

### Entwicklungsgeschichte

Die **Curtiss Model 35 Hawk II**, ein einsitziges Kampfflugzeug, war ein weitgehend aus Holz konstruierter Doppeldecker mit ungleicher Spannweite und betont gestaffelten Tragflächen. Das Modell basierte auf der ursprünglichen P-6E und hatte einen Wright Cyclone Sternmotor; die Hauptteile des Heckradfahrwerks hatten einzelne Stützen mit von stromlinienförmigen Hauben teilweise bedeckten Rädern.

Firmeneigene Demonstrationsexemplare der Hawk II wurden in alle Welt geschickt und brachten Curtiss beträchtliche Exportaufträge ein. Eine Maschine **(Model 64A)** wurde von der US Navy als **XF11C-2** gekauft und im Vergleich mit der **Model 64 (XF11C-1)** getestet: diese Maschine war im September 1932 geliefert worden und unterschied sich von der 64A vor allem durch den 600 PS (447 kW) Wright R-1510 Whirlwind Sternmotor. Die US Navy bestellte im Oktober 1932 28 **F11C-2** Serienmaschinen; sie waren als Kampf- und Bomberflugzeuge vorgesehen und daher mit einer speziellen Anlage unter dem Rumpf zum Abwurf einer 227 kg Bombe im Sturzflug ausgerüstet. Seit 1933 war der Typ bei der VF-1B auf dem Flugzeugträger *USS Saratoga* stationiert. Im März 1934 wurden einige Modifikationen vorgenommen, darunter der Einbau eines halb geschlossenen Cockpits, und die Maschinen erhielten die neue Bezeichnung **BFC-2**, um die Kampf- und Bomberrolle anzudeuten. Die BFC-2 flogen mit der zunächst als VB-2B und später VB-3B umbenannten Einheit VF-1B bis zum Frühjahr 1938. Gelegentlich wurde auf sie der Name **Goldhawk** angewendet, der sich aber nicht durchsetzte.

Die Hawk II wurde in zahlreichen Exemplaren exportiert. Zu den Kunden gehörten Bolivien (neun Maschinen), Chile (vier; eine unbekannte Anzahl wurde unter Lizenz produziert), China (50 Exemplare, wurden gegen die Japaner eingesetzt), Kolumbien (26 Exemplare einer Ausführung mit zwei Schwimmern und zusätzlicher Unterrumpfflosse), Deutschland (zwei Maschinen wurden im Auftrag von Ernst Udet für die Untersuchung von Sturzflugtechniken angeschafft), Norwegen (ein einziges, leicht modifiziertes Exemplar), Siam, das heutige Thailand (zwölf Maschinen) und die Türkei (19 Exemplare).

**Curtiss Hawk II des Kampfbataillons des 3. Fliegerregiments der türkischen Luftstreitkräfte, 1940 in Izmir (Smyrna) stationiert.**

Insgesamt wurden 127 Maschinen exportiert, alles Varianten der Model 35, abgesehen von der norwegischen Maschine, der einzigen vom Typ **Model 47**.

### Varianten

**BF2C-1:** eine Maschine aus der US Navy Bestellung für F11C-2 wurde als **XF11C-3** und dann **XBF2C-1 (Curtiss Model 67)** fertiggestellt; sie unterschied sich von den anderen hauptsächlich durch ein handbetriebenes einziehbares Fahrwerk, dessen Räder in den Rumpfvorderteil einge-

zogen wurden; der Rumpf wurde zu diesem Zweck modifiziert und verbreitert; die 27 Exemplare des Serienmodells **BF2C-1 (Model 67A)** wurden ab Oktober 1934 an die Navy Squadron VB-5B ausgeliefert, dann aber alle innerhalb eines Jahres zurückgezogen, weil Probleme mit dem Fahrwerk und vibrierenden Tragflächen nicht zu lösen waren.
**Hawk 1:** vielleicht das berühmteste Einzelexemplar der Hawk; 1929 als Langstrecken-Demonstrationsflugzeug gebaut und mit einem Curtiss Conqueror Reihenmotor und zusätzlichen Treibstofftanks ausgerüstet; nach einem Absturz als **Hawk 1A** neu gebaut und zunächst an die Gulf Oil Company und dann Alford J. Williams verkauft; der Reihe nach mit verschiedenen Sternmotoren ausgestattet: 575 PS (429 kW) Wright Cyclone, 575 PS (429 kW) Bliss Jupiter, 710 PS (530 kW) Wright R-1820F-3 Cyclone und schließlich 600 PS (448 kW) Pratt & Whitney Wasp; von Williams auf den Namen Gulfhawk getauft und 1936 einer Fachschule übergeben, aus der Frank Tallmann das Modell 1958 rettete; das letzte noch fliegende Exemplar der ganzen Hawk-Baureihe befand sich 1982 im Besitz des US Marine Corps Museum in Quantico, Virginia.
**Hawk III:** Bezeichnung für die Exportversion der BF2C-1 mit den hölzernen Flügeln der Hawk II; die Vibrationsprobleme der US Navy Maschinen traten nicht auf; neben einer einzelnen Maschine vom Typ **Model 68A** wurden 137 Hawk II exportiert: Siam (Thailand) erhielt 1935/36 24 Maschinen vom Typ **Model 68B**, Argentinien kaufte 1936 zehn Hawk III, die Türkei im Jahre 1935 ein einzelnes Exemplar, und der beste Kunde war China, das zwischen März 1935 und Juni 1938 102 Maschinen vom Typ **Model 68C** für die Verteidigung gegen Japan übernahm.
**Hawk IV:** das einzige Exemplar der **Curtiss Model 79**, das sich von der Hawk III vor allem durch ein völlig geschlossenes Cockpit unterschied; nach seinem Einsatz als Demonstrationsflugzeug wurde es im Juli 1936 an die argentinische Regierung verkauft.

*Oben:* **Curtiss Hawk II der Punta de Escuadron, Corpo de Aviacion Boliviano, in den frühen 30er Jahren.**

*Unten:* **Curtiss BF2C-1 der US Navy Bombing Squadron VB-5B, 1934/35 an Bord der USS Ranger stationiert.**

### Technische Daten
**Curtiss F11C-2**
**Typ:** ein einsitziges Kampf- und Bombenflugzeug.
**Triebwerk:** ein 600 PS (447 kW) Wright SR-1820F-2 Cyclone Sternmotor.
**Leistung:** Höchstgeschwindigkeit 325 km/h; Anfangssteiggeschwindigkeit 11,68 m/sek; Dienstgipfelhöhe 7.650 m; Reichweite 840 km.
**Gewicht:** Rüstgewicht 1.378 kg; max. Startgewicht 1.874 kg.
**Abmessungen:** Spannweite 9,60 m; Länge 6,88 m; Höhe 2,96 m; Tragflügelfläche 24,34 m$^2$.
**Bewaffnung:** zwei am Rumpf angebrachte synchronisierte, vorwärtsfeuernde 7,62 mm MG, plus eine 227 kg Bombe unter dem Rumpf oder vier 51 kg Bomben an Unterflügelstationen.

# Curtiss Model 37/38/44 (O-1/F8C Falcon Baureihe)

**Curtiss O-39 der HQ Section, 9th Observation Group, USAAC, im Jahre 1933.**

### Entwicklungsgeschichte
Der erste Curtiss Doppeldecker mit dem Namen **Falcon** war die **Curtiss L-113 (Model 37)** mit einem Liberty Motor, die 1924 fertiggestellt wurde. Die Erprobung unter der Bezeichnung **XO-1** (im Wettkampf gegen die Douglas XO-2) brachte dem Modell keinen Erfolg, aber es wurde im folgenden Jahr mit einem neuen 510 PS (380 kW) Packard 1A-1500 Motor in die Produktion gegeben. Das Modell war ein konventioneller Doppeldecker mit hölzernen Flügeln von ungleicher Spannweite und auffälliger Pfeilstellung der Außenplatten der oberen Tragflächen. Der Rumpf war neu und war aus Aluminiumröhren mit Stahldrähten verspannt gebaut; das Leitwerk hatte ein ausgeglichenes Ruder, und das robuste, feste, geteilte Fahrwerk war eine Heckspornanlage.

Der neue Doppeldecker wurde als **O-1 (Model 37A)** produziert und diente bei der US Army als Beobachtungsflugzeug. Zunächst wurden zehn Maschinen mit Curtiss D-12 Motoren bestellt, von denen eine später als **O-1A** einen Liberty Motor erhielt, während die erste O-1 auf die Konfiguration **O-1 Special** gebracht und als VIP-Transporter eingesetzt wurde. 1927 wurden 45 Maschinen vom Typ **O-1B (Model 37B)** bestellt; dieses erste bedeutende Serienmodell hatte verschiedene Verfeinerungen wie etwa Radbremsen und Unterrumpf-Zusatztanks, die sich während des Flugs abwerfen ließen. Es folgten vier Maschinen vom Typ **O-1C**, ein Teil der O-1B Bestellung, die durch eine Vergrößerung des hinteren Cockpits und zusätzlichen Gepäckraum auf VIP-Transport abgestimmt wurden. Die Bezeichnung O-1D wurde nicht verwendet.

1929 bestellte die US Army 41 **O-1E (Model 37I)** mit dem auf dem Curtiss D-12 basierenden V-1150E Motor. Zu weiteren Verbesserungen gehörte der Einbau von Ölstoßdämpfern und ausgeglichenen Höhenrudern. Eine O-1E wurde später für

VIP-Transport modifiziert und erhielt die neue Bezeichnung **O-1F (Model 37J)**. Die **XO-1G (Model 38)** ersetzte die beiden Lewis Gewehre auf Scarff Sockeln der früheren Ausführungen durch ein einziges Gewehr. Außerdem wurden neue Höhenleitwerke und ein steuerbares Heckrad eingebaut. Die XO-1G war ursprünglich eine O-1E, die zuvor als neuer Anfangstrainer der US Army umgebaut worden war und die Bezeichnung **XBT-4 (Model 46)** erhielt. Nach erfolgreichen Tests wurden 30 Serienmaschinen der O-1G gebaut und brachten die Produktion der O-1 für die US Army auf 127 Exemplare.

Die O-1 Falcon und ihre Varianten wurden ein Jahrzehnt lang vom US Army Air Corps eingesetzt und dienten schließlich bei Reserveeinheiten der National Guard. Der Entwurf wurde auch für das A-3 Kampfflugzeug verwendet, das vielfach eingesetzt wurde. Außerdem gab es mehrere Exportversionen und zahlreiche zivile Falcon. Die Konstruktion erwies sich als robust und handwerklich sauber, aber angesichts der Vielzahl von weniger angesehenen militärischen und zivilen Einsatzgebieten erreichte das Grundmodell nicht die Berühmtheit der zeitgenössischen Hawk Baureihe.

**Curtiss O-1G der 1st Observation Squadron, USAAC, Mitte der dreißiger Jahre.**

### Varianten

**A-3:** eine als Kampfflugzeug (leichter Bomber) umgebaute O-1B; 66 Exemplare dieser **Model 44** wurden für die US Army gebaut; die Bewaffnung wurde durch zwei zusätzliche 7,62 mm MG im unteren Flügel sowie Unterflügelstationen für bis zu 91 kg Bomben erweitert; sechs Maschinen wurden als **A-3A** Übergangsschulflugzeuge mit Doppelsteuerung umgebaut.
**A-3B:** diese Variante hatte das gleiche Flugwerk wie das O-1E Beobachtungsflugzeug; insgesamt entstanden 78 Exemplare dieser **Model 37H**, von denen einige noch bis 1937 flogen.
**XA-4:** eine umgebaute A-3 mit einem 440 PS (328 kW) Pratt & Whitney R-1340-1 Wasp Sternmotor.
**O-11:** eine für Reserveeinheiten der National Guard gedachte Version **(Model 37C)** der O-1 mit Liberty Motoren aus Restbeständen der Regierung; die **XO-11** war eine umgebaute O-1, gefolgt von 66 Serienmaschinen; eine für Tests verwendete O-11 wurde die zweite XO-11; eine andere erhielt modifizierte Leitwerke, Doppelsteuerung und andere Neuerungen und wurde als **O-11A** bezeichnet; das letzte Serienexemplar wurde mit dem neuen Pratt & Whitney R-1340 Wasp Motor zur **XO-12**.
**Civil Falcon:** 20 Zivilmaschinen wurden gebaut; zu ihnen gehörten die **Conqueror Mailplane** und die **D-12 Mailplane**, eine **Lindbergh Special** Maschine, die an Colonel Charles Lindbergh verkauft wurde sowie 14 der einsitzigen **Liberty Mailplane** Postflugzeuge mit Liberty-Motoren, die von National Air Transport für Nachtpostflüge verwendet wurden; von den überlebenden Maschinen, die später verkauft wurden, wurden während der Prohibitionszeit mindestens zwei zum Alkoholschmuggel in den USA benutzt.
**Export Falcon:** 16 Exemplare einer Version mit zwei Schwimmern der D-12 getriebenen O-1B wurden unter der Bezeichnung **Model 37F** an Kolumbien verkauft und zehn ähnliche Landflugzeuge wurden nach Peru exportiert; der damalige Name dieses Flugzeug war **South American D-12 Falcon**; Kolumbien kaufte später 100 der **Columbia Cyclone Falcon** mit 712 PS (531 kW) Wright Cyclone Sternmotoren; einige davon wurden als Landflugzeuge eingesetzt; die meisten fanden jedoch im Krieg, der 1932 mit Peru begann, als Zwei-Schwimmer-Wasserflugzeug Verwendung; beide Cockpits wurden durch zusätzliche Verglasung geschützt und die Haupträder des Fahrwerks der Landflugzeuge hatten seitlich offene Stromlinienverkleidungen; eine kleine Serie von Falcon des Typs O-1E **(Chilean Falcon)** wurde in Lizenz in Chile gebaut und zehn Maschinen wurden später an Brasilien verkauft, wo sie 1932 gegen Separatisten verwendet wurden.

US Navy

**Die hier abgebildete Curtiss O-39 unterschied sich von der früheren O-1G lediglich durch den Curtiss V-1570-25 Conqueror Motor in einer Haube, die der des Modells P-6E ähnlich sah. Beim Einsatz erhielten die zehn O-39 das hier abgebildete geschlossene Cockpit.**

### Technische Daten
**Curtiss O-1E**
**Typ:** zweisitziger Beobachtungs-Doppeldecker.
**Triebwerk:** ein 435 PS (324 kW) Curtiss V-1150E Reihenmotor.
**Leistung:** Höchstgeschwindigkeit 227 km/h; Dienstgipfelhöhe 4.655 m; Reichweite 1.014 km.
**Gewicht:** Rüstgewicht 1.325 kg; max. Startgewicht 1.972 kg.
**Abmessungen:** Spannweite 11,58 m; Länge 8,28 m; Höhe 3,20 m; Tragflügelfläche 32,79 m$^2$.
**Bewaffnung:** ein synchronisiertes, starres, vorwärtsfeuerndes 7,62 mm Browning Maschinengewehr und ein 7,7 mm Lewis Zwillings-MG auf einer Scarff-Halterung.

# Curtiss Model 49 (O2C-1 Helldiver)

### Entwicklungsgeschichte
Gleichzeitig mit den beiden XF8C-1 Falcon-Doppeldeckern bestellte die US Navy die **Curtiss XF8C-2**, die eigentlich eine völlige Neukonstruktion **(Model 49)** war, die speziell als Sturzbomber produziert wurde. Äußerlich unterschied sie sich von den Falcon der US Navy dadurch, daß die beiden vorwärtsfeuernden Maschinengewehre von dem unteren in den oberen Flügel verlegt wurden und daß der obere Flügel eine verringerte Flügelfläche und Spannweite hatte. Die erste XF8C-2 wurde zerstört, als sie im Dezember 1928 bei einem Probe-Sturzflug abstürzte. Sie wurde von Curtiss schnell ersetzt und ihr folgte ein weiterer Prototyp, die **XF8C-4 (Model 49A)**. Die zweite XF8C-2 und die XF8C-4 hatten verkleidete Wasp Motoren und konnten eine 227 kg Bombe an einer speziellen Halterung mitführen, von der die Bombe während des Sturzfluges außerhalb des Propellerdrehkreises abgeworfen werden konnte.

Der Rumpf der neuen Maschine mit dem Namen Helldiver bestand aus verschweißtem Stahlrohr und die Flügel waren aus Holz gefertigt. Insgesamt wurden 25 **F8C-4 (Model 49B)** Exemplare gebaut, die 1930 in den Flugzeugträgerdienst gingen. Die Helldiver standen oft im Blickpunkt des Interesses und wurden dazu verwendet, für die US-Marineflieger Aufmerksamkeit zu wecken. Obwohl robust und haltbar, war ihre Leistung doch nicht beeindruckend und die letzten Maschinen wurden kurz vor dem Zweiten Weltkrieg aus dem Reservedienst gezogen.

### Varianten
**F8C-5:** 63 Maschinen dieser Version wurden ab 1931 an die landgestützten US Marine Corps-Beobachtungseinheiten geliefert; zu diesem Zeitpunkt waren Sturzbomber nicht

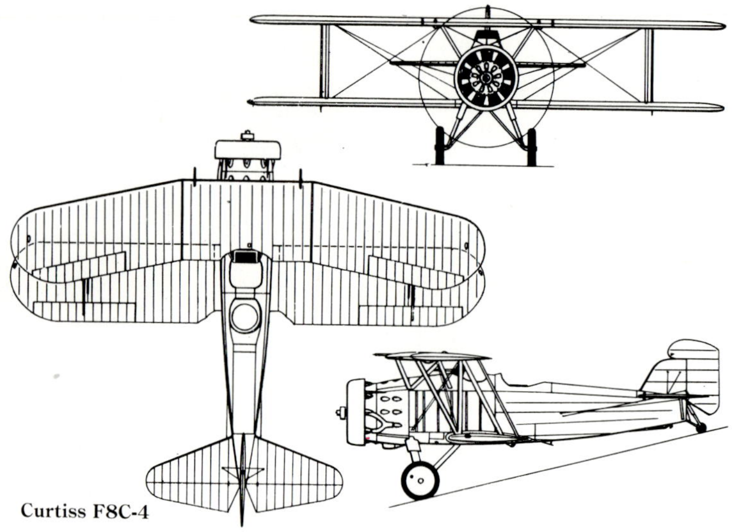

**Curtiss F8C-4**

mehr so wichtig, und die F-8C-5 wurden bald darauf in **O2C-1** umbenannt; genau wie die F8C-4 wurden viele dieser Maschinen 1934 zu Reserveeinheiten verbannt; zwei F8C-5 wurden zweitweise mit Vorderkantenschlitzen und Flügelklappen ausgerüstet und in **XF8C-6** umbenannt; die US Navy erwarb später weitere 30 Flugzeuge, die von Anfang an schon 02C-1 hießen.

**Der Curtiss XF8C-4 Prototyp verwendete Bauteile aus der Falcon-Serie und von der F7C-1. Dieser Prototyp unterschied sich von seinem Vorgänger XF8C-2 nur durch einen Öldruck-Hecksporn, hatte aber genau wie das Vorgängermodell die Treibstofftanks in ungewöhnlicher Weise wie Satteltaschen neben dem Cockpit des Piloten seitlich am Rumpf befestigt.**

### Technische Daten
**Curtiss F8C-5 (02C-1)**
**Typ:** Beobachtungsflugzeug und Sturzbomber.
**Triebwerk:** ein 450 PS (336 kW) Pratt & Whitney R-1340-4 Sternmotor.
**Leistung:** Höchstgeschwindigkeit 235 km/h in Meereshöhe; Dienstgipfelhöhe 4.955 m; Reichweite 1.159 km.
**Gewicht:** Rüstgewicht 1.143 kg; max. Startgewicht 1.823 kg.
**Abmessungen:** Spannweite 9,75 m; Länge 7,82 m; Höhe 3,12 m; Tragflügelfläche 28,61 m$^2$.
**Bewaffnung:** eine 227 kg Bombe oder zwei 52,6 kg Bomben unter den Flügeln plus zwei starre und ein oder zwei beweglich montierte 7,62 mm Maschinengewehre.

# Curtiss Model 50 Robin

### Entwicklungsgeschichte
Die **Curtiss Model 50 Robin** war ein robust aussehender, verstrebter Kabinenhochdecker, den Curtiss für den amerikanischen Privatfliegermarkt baute. Sie war in Mischbauweise gefertigt, hatte hölzerne Flügel und einen Rumpf aus Stahlrohr. Die Kabine bot Platz für drei Personen und die beiden Passagiere saßen nebeneinander hinter dem Piloten. Der erste von vier Prototypen absolvierte am siebten. August 1928 seinen Jungfernflug.

Die ersten Serienmaschinen wurden, um die Kosten niedrig zu halten und um den Absatz zu fördern, von Curtiss OX-5 Motoren aus Kriegsrestbeständen angetrieben. Die ersten Robin hoben sich außerdem durch große flache Verkleidungen über den parallel diagonal verlaufenden Flügelstreben hervor — obwohl zunächst behauptet wurde, daß diese Verkleidungen mehr Auftrieb verleihen würden, erwiesen sie sich als wirkungslos und fielen bei späteren Maschinen weg. Das ursprüngliche Fahrwerk hatte charakteristische, kantige Gehäuse für die Bungee-Gummiseilstoßdämpfer, die an jedem der beiden Hauptfahrwerkseinheiten montiert waren. Spätere Serien hatten ölpneumatische Stoßdämpfer und eine Reihe von Robin wurden zu Schwimmerflugzeugen umgebaut.

Insgesamt wurden 769 Robin produziert und die Produktion erreichte 1929 ihren größten Ausstoß. Die Robin war zweifellos eine der beliebtesten zivilen Reisemaschinen ihrer Zeit und wäre bestimmt in größeren Stückzahlen verkauft worden, wenn es nicht die Wirtschaftsdepression der frühen dreißiger Jahre gegeben hätte. Die vermutlich berühmteste Robin war eine Model J-1, die von einem 165 PS (123 kW) Whirlwind-Motor angetrieben wurde und in die ihr junger, irisch-amerikanischer Pilot Douglas Corrigan Zusatztanks einbauen ließ. Nachdem er im Juli 1938 einen West-Ost Flugversuch von New York nach Los Angeles angekündigt hatte, überquerte er in aller Ruhe mit Erfolg den Atlantik und flog von New York bis in die Nähe von Dublin in Irland, weshalb ihn die amerikanische Presse 'Wrong Way' — (falsche Richtung) Corrigan nannte.

Eine Anzahl Robin fliegt noch heute und die meisten werden mit Continental- oder Ranger-Motoren aus Restbeständen des Zweiten Weltkriegs angetrieben. Einige weitere Maschinen sind in Museen in den USA zu sehen.

### Varianten
**Challenger Robin:** frühe Robin-Variante (**Model 50A**) mit 165 PS (123 kW) Curtiss Challenger Motor.
**Comet Robin:** Eigen-Umbau des Besitzers im Jahre 1937 mit 150 PS (112 kW) Comet Sternmotor im Robin J-1 Flugwerk.
**Robin B:** diese Version hatte gebremste Räder und, anstelle des früheren Hecksporns, ein lenkbares Heckrad; die Gesamptproduktion belief sich vermutlich auf 325 Maschinen.
**Robin B-2:** angetrieben von Wright Motoren der 150 PS (112 kW) bis 180 PS (134 kW) Klasse; Produktion lief von Ende 1929 bis Ende 1930.
**Robin C:** modifizierte Version mit 185 PS (138 kW) Curtiss Challenger Motor; ca. 50 Maschinen gebaut.
**Robin C-1:** diese Variante (**Model 50C**) behielt den Challenger Motor bei und hatte Detailverbesserungen; von dieser beliebten Version wurden über 200 Maschinen gebaut.
**Robin C-2:** Langstreckenversion (**Model 50D**) mit Zusatztank und 170 PS (127 kW) Curtiss Challenger Motor; sechs gebaut.
**Robin 4C:** von dieser viersitzigen Version wurde nur ein Exemplar gebaut (**Model 50E**), das einen Challenger-Motor hatte.
**Robin 4C-1:** obwohl diese Version einen vergrößerten vorderen Rumpfbereich hatte, in dem ein Pilot und drei Passagiere untergebracht werden sollten, wurden die drei gebauten Flugzeuge als großzügige Dreisitzer ausgelegt.
**Robin 4C-1A:** dies war die echte viersitzige Version (**Model 50G**); elf Maschinen wurden gebaut, die den vergrößerten vorderen Rumpf der Robin 4C-1 hatten und bei denen der zusätzliche Passagier etwas nach hinten versetzt neben dem Piloten saß.
**Robin CR:** Experimentalmodell mit einem 120 PS (89 kW) Curtiss Crusader Triebwerk; dies erwies sich als Fehlschlag und die Robin CR ging nicht in Serie.
**Robin J-1:** über 40 neu gebaute J-1 wurden von einem 165 PS (123 kW) Wright J-6-5 Whirlwind angetrieben; andere, frühere Versionen, wurden auf Robin J-1 Standard umgerüstet (**Model 50H**).
**Robin J-2:** Langstreckenversion (**Model 50I**) der J-1 mit Zusatztank; nur zwei gebaut.
**Robin M:** die Milwaukee Tank Company konstruierte den alten Curtiss OX-5 Motor aus der Kriegszeit als luftgekühlten V-502 um, der 115 PS (86 kW) entwickelte; einige wenige Robin B mit diesem neuen Motor erhielten die neue Bezeichnung Robin M.
**Robin W:** 1930 wurden einige Robin mit dem 110 PS (82 kW) Warner Scarab Motor gebaut (**Model 50J**); sie waren nicht besonders erfolgreich, weil der Scarab für ein Flugzeug von der Größe und dem Gewicht der Robin nicht ausreichte; eine Robin W mit stärkerer V-Stellung der Flügel und einem vergrößerten Seitenleitwerk wurde als **XC-10** an die US Army verkauft; sie wurde gelegentlich für pilotenlose Funkfernsteuerungstests eingesetzt.

US Navy

**Die Curtiss Robin B war die meistverkaufte Maschine aus der Robin-Serie und während der Depression zu Anfang der dreißiger Jahre sank ihr Preis bis auf $2.495, weil sich Curtiss bemühte, die unverkauften Flugzeuge abzustoßen.**

### Technische Daten
**Curtiss Robin C-1**
**Typ:** dreisitziges Reiseflugzeug.
**Triebwerk:** ein 185 PS (138 kW) Curtiss Challenger Sternmotor.
**Leistung:** Höchstgeschwindigkeit 193 km/h; Reisegeschwindigkeit 164 km/h; Dienstgipfelhöhe 3.870 m; Reichweite 483 km.
**Gewicht:** Leergewicht 771 kg; max. Startgewicht 1.179 kg.
**Abmessungen:** Spannweite 12,50 m; Länge 7,65 m; Höhe 2,44 m; Tragflügelfläche 20,72 m$^2$.

# Curtiss Model 52 (B-2 Condor)

### Entwicklungsgeschichte
Die Grundkonstruktion der **Curtiss Model 52**, eines konventionellen, dreistieligen Doppeldecker-Bombers mit einheitlicher Spannweite, entstand aus der älteren Experimentalversion **Curtiss Model 36 (NBS-4)**, die 1924 zum ersten Mal flog. Das einzig Außergewöhnliche an der Model 52 war auch von ihrer Vorgängerin übernommen worden — die Motorgondeln reichten bis über die Flügelenden hinaus und an ihrem äußersten hinteren Ende befand sich je ein Schützen-Cockpit.

Der Prototyp **XB-2** wurde 1926 für die US Army bestellt und flog im Juli 1927 zum ersten Mal. Er hatte ein Doppeldecker-Leitwerk, dicke Flügel und Pilot und Copilot der fünfköpfigen Besatzung saßen in einem offenen Cockpit vor den Flügeln nebeneinander. Hinzu kamen drei Schützenpositionen: zwei in den Motorgondeln und eine im Bug des Flugzeugs, unmittelbar über der Bombenzielposition. Oben auf den Motorgondeln waren die vertikalen Kühler der Curtiss GV-1570-Motoren montiert.

Obwohl der Prototyp im Dezember 1927 verloren ging, erwarb die US Army zwölf Exemplare der B-2 Condor-Serienversion. Diese unterschied sich in Details von der XB-2, der einzige äußerlich erkennbare Unterschied bestand jedoch in kleineren Kühlern. Die Auslieferung begann im Juni 1929, die B-2 bildeten die Ausrüstung der 11th Bombardement Squadron, die damals die einzige Schwere-Bomber-Einheit der US Army war. Die B-2 erwies sich als zuverlässig, jedoch nur von begrenztem praktischen Wert. Eine dieser Maschinen wurde 1930 für Experimente mit einer frühen Art von automatischem Piloten benutzt.

### Varianten

**Curtiss B-2A:** zeitweilige Bezeichnung einer B-2, die mit Doppelsteuerung ausgerüstet war.
**Curtiss Model 53 Condor 18:** diese Zivilversion der B-2 hatte einen umkonstruierten, gestreckten Rumpf, bei dem Pilot und Copilot nebeneinander in einer geschlossenen Kabine im modifizierten Bug saßen; die Flügel waren denen der B-2 ähnlich, nur die unteren hatte V-Stellung und 18 Passagiere fanden in relativem Komfort Platz; nach dem Bau von drei Condor 18 erschien eine zweite Serie von drei dieser Flugzeuge, die sich in verschiedenen Punkten unterschieden: sowohl der obere als auch der untere Flügel hatte V-Stellung, die Motorgondeln waren kleiner und stromlinienförmiger, die Seiten- und Höhenleitwerksflächen waren größer und der Rumpf war kürzer geworden; die erste Condor 18 flog im Juni 1929, zu diesem Zeitpunkt hatten jedoch Ford und Fokker den Markt mit ihren Produkten schon weitgehend erobert, deren dreimotorige Hochdecker eine bessere Leistung bieten konnten als die 201 km/h Reisegeschwindigkeit der Condor 18; schließlich wurden die Condor 18 im Jahre 1931 nahezu zum Einstandspreis an die Eastern Airlines verkauft, die sie einige Jahre lang flog; Ende der dreißiger Jahre wurden vier Maschinen mit zusätzlichen Sitzplätzen ausgerüstet und auf Provinztourneen zu Rundflügen eingesetzt.

### Technische Daten
**Curtiss B-2 Condor**

**Typ:** zweimotoriger schwerer Bomber-Doppeldecker.
**Triebwerk:** zwei 600 PS (447 kW) Curtiss GV-1570 Reihenmotoren.
**Leistung:** Höchstgeschwindigkeit 212 km/h; Dienstgipfelhöhe 5.210 m; Reichweite 1.296 km.
**Gewicht:** Rüstgewicht 4.218 kg; max. Startgewicht 7.526 kg.
**Abmessungen:** Spannweite 27,43 m; Länge 14,43 m; Höhe 4,95 m; Tragflügelfläche 138,97 m².
**Bewaffnung:** sechs 7,62 mm Maschinengewehre plus eine maximale Bombenlast von 1.138 kg.

US Navy

**Eine verfeinerte Version der XNBS-4, die Curtiss B-2 Condor, wurde in geringen Stückzahlen hergestellt und war von 1929 bis Anfang der dreißiger Jahre der einzige schwere Bomber der US Army. Die zwei augenfälligen Eigenschaften waren die hohen Kühler über den Motorgondeln und die Schützenposition im rückwärtigen Teil jeder Gondel.**

# Curtiss Model 58 (F9C Sparrowhawk)

### Entwicklungsgeschichte

1930 verlangte die US Navy ein neues, einsitziges Jagdflugzeug zum Einsatz von Flugzeugträgern aus, und um die Zahl der mitgeführten Flugzeuge zu vergrößern, ohne daß Faltflügel eingeführt werden mußten, schrieb die US Navy-Anforderung Flugzeuge mit sehr geringen Abmessungen vor. Nachdem die drei Wettbewerber, die Atlantic-Fokker XFA-1, die Berliner-Joyce XFJ-1 und die Curtiss **XF9C-1** (unternehmenseigene Bezeichnung **Model 58**) getestet worden waren, zeigte sich die US Navy mit keiner der drei Maschinen zufrieden. Alle wären in der Versenkung verschwunden, hätte nicht gleichzeitig noch ein anderes Problem auf seine Lösung gewartet: wie konnte man innerhalb kürzester Zeit einen einsitzigen Jäger produzieren, der von Bord des riesigen neuen, starren Luftschiffs *Akron* operieren konnte? Die *Akron* hatte innerhalb ihrer Hülle einen Hangar für vier Jagdflugzeuge, die über ein Trapez abgesetzt und wieder aufgefangen wurden, das durch Klappen im Bauch des Luftschiffs heruntergelassen werden konnte. Ein Haken, der oberhalb des Jagdflugzeugrumpfes montiert war, konnte in das Trapez einrasten und der Jäger so in das Mutterschiff hineingezogen werden. Die Flügel der XF9C-1 waren klein genug, um durch die Hangartore der *Akron* zu passen, und so wurde sie von der US Navy entsprechend umgebaut. Erprobt wurde sie im Herbst 1931 mit einem Trapez, das an das Luftschiff *USS Los Angeles* angebaut war. Ein zweiter Prototyp, der von dem Unternehmen als **Model 58A** finanziert und als **XF9C-2** erprobt worden war, flog mit einem vereinfachten Fahrwerk, das einstrebige Hauptfahrwerksbeine und innere Radverkleidungen hatte.

Sechs Exemplare der Serienversion **F9C-2 Sparrowhawk** wurden 1932 ausgeliefert. Sie unterschieden sich vom Prototyp durch einen oberen Knickflügel, der den flachen Flügel ersetzte, der bei der XF9C-1 und XF9C-2 direkt an den oberen Rumpf angesetzt war. Obwohl vorgesehen war, daß die Maschinen das Fahrwerk der XF9C-2 haben sollten, gingen sie im September 1932 mit dem Standardfahrwerk der XF9C-1 an Bord der *Akron* in Dienst.

Als die *Akron* 1933 auf See niederging, waren keine Sparrowhawk an Bord, sie flogen auf dem Schwesterschiff, der *USS Macon* (ZRS-5), weiter. Als auch die *Macon* 1935 verloren ging, nahm sie vier F9C-2 mit. Während ihres Einsatzes auf dem letztgenannten Luftschiff wurden die Jäger ohne ihr Fahrwerk gestartet und wieder aufgefangen, an dessen Stelle ein stromlinienförmiger 114 l-Zusatztank befestigt worden war.

Während ihrer relativ kurzen Karriere weckten die schnittigen Sparrowhawk mit ihrer bunten Bemalung und ihren fröhlichen Einheitskennzeichen die Phantasie der Amerikaner. Sie wurden im Verhältnis zu ihrer Anzahl über alle Maßen bekannt, was auf das einzigartige Schauspiel zurückzuführen war, in dem die einsitzigen Jäger von ihrem riesigen, schwebenden Mutterschiff aus operierten. Eine Sparrowhawk wurde erhalten und ist im Besitz der Smithsonian Institution, Washington.

### Technische Daten
**Curtiss F9C-2 Sparrowhawk**

**Typ:** luftschiffgestütztes, einsitziges Jagdflugzeug.
**Triebwerk:** ein 438 PS (327 kW) Wright R-975-E Whirlwind Sternmotor.
**Leistung:** Höchstgeschwindigkeit 283 km/h in 1.220 m Höhe; Anfangssteiggeschwindigkeit 8,58 m/sek; Dienstgipfelhöhe 5.850 m; Reichweite 478 km.
**Gewicht:** Rüstgewicht 948 kg; max. Startgewicht 1.261 kg.
**Abmessungen:** Spannweite 7,77 m; Länge 6,13 m; Höhe (mit Auffanghaken) 3,23 m; Tragflügelfläche 16,05 m².
**Bewaffnung:** zwei starre, synchronisierte, im Rumpf montierte 7,62 mm Maschinengewehre.

**Die zweite Serien-Curtiss F9C-1 klinkt sich in das Trapez des Luftschiffs USS Macon ein. 1934 wurden die Sparrowhawk der Macon oft ohne Fahrwerk eingesetzt und hatten statt dessen einen kleinen Zusatztank.**

**Curtiss F-9C-2 Sparrowhawk**

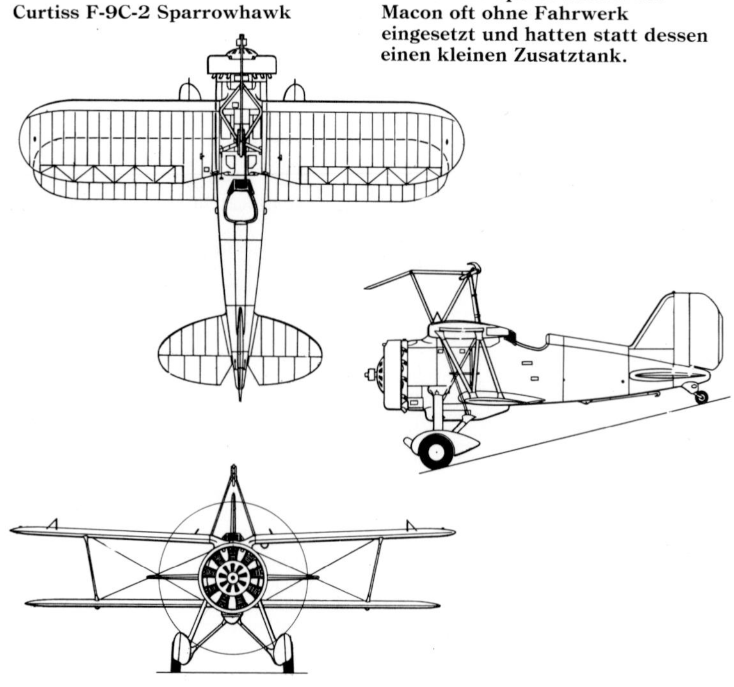

# Curtiss Model 59/60 (A-8/A-10/A-12 Strike)

## Entwicklungsgeschichte

Das Streben nach höheren Geschwindigkeiten führte zur Produktion von zwei Eindecker-Wettbewerbsmodellen, die sich an einer Anforderung der US Army für einen Kampfbomber orientierten, die 1929 erstellt worden war. Die Atlantic-Fokker XA-7 blieb nur ein Prototyp, die **Curtiss XA-8 Shrike (Model 59)**, die ihren Jungfernflug im Juni 1931 absolvierte, hatte jedoch einen erheblichen Einfluß auf das US Army Air Corps. Dieser erste Ganzmetall-Tiefdecker von Curtiss war in der Tat ein eindrucksvolles Flugzeug und hatte so fortschrittliche Einrichtungen wie automatische Flügelvorderkantenschlitze und Landeklappen. Die Tragfläche war mit Streben und Draht verspannt und das Hauptfahrwerk bestand aus zwei bis zum Ansatz komplett ummantelten Einheiten, in deren Verkleidungen auch zwei 7,62 mm Maschinengewehre untergebracht waren. Pilot und Beobachter/Schütze waren in weit auseinanderliegenden Cockpits untergebracht, der Pilot unter einem vollverglasten Cockpitdach und der Beobachter geschützt durch eine verlängerte Windschutzscheibe. Als Triebwerk diente ein 600 PS (447 kW) Curtiss V-1570C Reihenmotor mit einem Kühler, der unter dem Bug, kurz vor der Flügelvorderkante, montiert war.

Curtiss errang am 29. September 1931 einen Auftrag über fünf Maschinen **YA-8 (Model 59A)**, und diesen folgten acht **Y1A-8** Maschinen im anschließenden Jahr. Sowohl die YA-8 als auch die Y1A-8 hatten offene Piloten-Cockpits. Alle Maschinen wurden später in A-8 umbenannt, ausgenommen war lediglich eine YA-8, die als experimentelle **YA-10 (Model 59B)** umgearbeitet wurde und einen 625 PS (466 kW) Sternmotor erhielt, und eine **Y1A-8**, die mit einem 675 PS (503 kW) V-1570-57 Getriebemotor und einem umkonstruierten Flügel zur **Y1A-8A** wurde. Die A-8 wurden von V-1570-31 Motoren mit Prestone-Kühlern angetrieben, die je 600 PS (447 kW) entwickelten und verursachten in amerikanischen Fliegerkreisen eine ziemliche Sensation, als sie im April 1932 bei der 3rd Attack Group in Fort Crockett, Texas, in Dienst gingen. Zu diesem Zeitpunkt waren alle anderen Flugzeuge der Standardausrüstung Doppeldecker, und der erste Tiefdecker-Jäger der US Army, die Boeing P-26A 'Peashooter', ging erst acht Monate später in den Dienst der Geschwader.

Unter der Bezeichnung **A-8B** hatte die US Army weitere 46 Shrike bestellt, Produktionsprobleme mit der flüssigkeitsgekühlten Motoren der A-8 führten dazu, daß die neuen Flugzeuge von Wright R-1820-21 Sternmotoren mit Luftkühlung und 670 PS (500 kW) angetrieben wurden und die neue Bezeichnung **A-12 (Model 60)** erhielten. Diese Flugzeuge behielten die offenen Pilotencockpits mit verkleideter Kopfstütze bei, die bei der A-8 Serienversion eingeführt worden waren und trugen die gleiche Maschinengewehr-Bewaffnung und die gleiche Bombenlast. Um die Zusammenarbeit zwischen Piloten und Beobachter möglichst zu verbessern, wurde als wesentliche Änderung das hintere Cockpit mit seiner verglasten Abdeckung so weit nach vorn verlegt, daß es unmittelbar hinter dem Cockpit des Piloten zu einer Verlängerung der Rumpfverkleidung wurde.

Nach einer langen Dienstzeit bei den Kampfgruppen der US Army wurden die Shrike 1939 in die zweite Linie zurückgestellt, aber neun A-12 waren noch immer auf Hawaii in Dienst, als im Dezember 1941 Pearl Harbor angegriffen wurde. Die nationalchinesische Regierung kaufte 1936 20 Exemplare einer Exportversion der A-12, die 1937/38 gegen die Japaner im Kampfeinsatz waren.

**Die Curtiss A-8 verlieh dem Kampfpotential der USAAC eine neue Dimension, obwohl die Leistungen der Shrike damals erheblich übertrieben wurden. Ein vom Unternehmen inspiriertes Dokument behauptete, daß eine Squadron mit A-8 die gleiche Feuerkraft habe wie eine 30.000 Mann starke Infanteriedivision.**

## Technische Daten

**Curtiss A-12**

**Typ:** zweisitziges Kampfflugzeug (leichter Bomber).
**Triebwerk:** ein 690 PS (515 kW) Wright R-1820-21 Cyclone Sternmotor.
**Leistung:** Höchstgeschwindigkeit 285 km/h in Seehöhe; Dienstgipfelhöhe 4.620 m; Reichweite 821 km.
**Gewicht:** Rüstgewicht 1.768 kg; max. Startgewicht 2.611 kg.
**Abmessungen:** Spannweite 13,41 m; Länge 9,83 m; Höhe 2,84 m; Tragflügelfläche 26,38 m$^2$.
**Bewaffnung:** fünf 7,62 mm Maschinengewehre, vier begrenzt beweglich in den Fahrwerksverkleidungen und eines auf einem Drehkranz zur Bedienung durch den Beobachter/Schützen plus Platz für vier 55 kg oder zehn 13,6 kg-Bomben unter den Flügeln.

**Der Austausch des Curtiss Conqueror Reihenmotors gegen den Wright R-1820-21 Cyclone Sternmotor schuf die Curtiss A-12. Die Nutzlast wurde nicht erhöht, jedoch wurden sowohl die Zuverlässigkeit als auch die fortgesetzte Funktion unter Flugabwehrbeschuß deutlich verbessert.**

# Curtiss Model T-32 Condor II

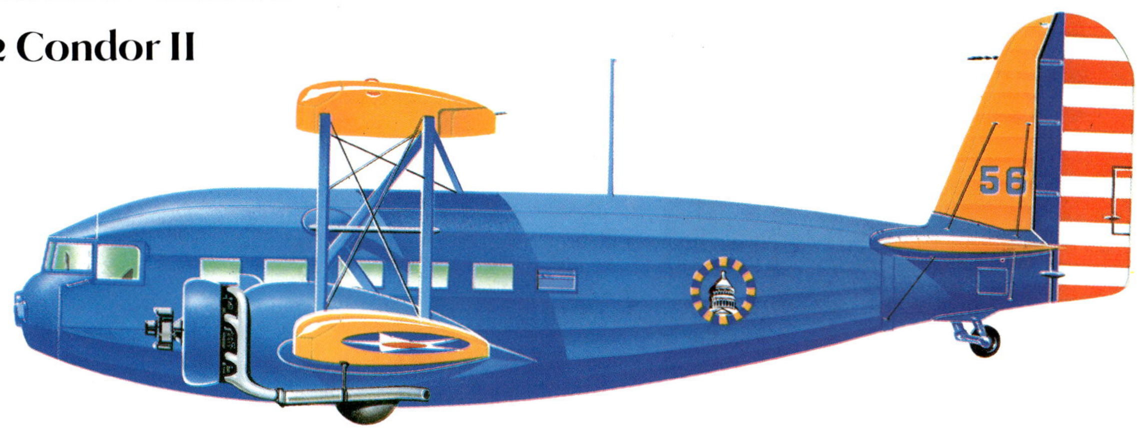


**Curtiss YC-30 des US Army Bolling Field Detachment Mitte der dreißiger Jahre**

## Entwicklungsgeschichte

Der **Curtiss T-32 Condor II (Curtiss-Wright CW-4)** Doppeldecker-Transporter des Jahres 1933 war ein noch größerer Anachronismus als seine Vorgängerin, die vier Jahre ältere Condor 18. Sein einziges Zugeständnis an die moderne Konstruktion von damals war das Fahrwerk, dessen Haupteinheiten sich in die Motorgondeln einziehen ließen. Die T-32 war ein zweistieliger Doppeldecker in Mischbauweise, mit einer verstrebten Seitenruderflosse/Höhenruderbaugruppe, der erstmals am 30. Januar 1933 flog. Die Ausstattung, die für die meisten der sich anschließenden Serie von 21 Flugzeugen galt, war eine Luxus-Passagiermaschine mit Schlafmöglichkeiten für zwölf Passagiere, und in den nächsten drei Jahren flogen einige T-32 einen regelmäßigen Nacht-Liniendienst bei Eastern Air Transport und American Airways. Zwei modifizierte T-32 wurden als Transportflugzeuge für die US Army gekauft und waren bis 1938 unter der Bezeichnung **YC-30** im Dienst. Eine Condor wurde mit Zusatztanks versehen und bei der Byrd Antarctic Expedition des Jahres 1933 eingesetzt. Mit einer Ausstattung für entweder Zwillingsschwimmer oder Skier (entsprechend dem Einsatzgebiet) war dies das einzige dieser Flugzeuge mit starrem Fahrwerk.

Insgesamt wurden zehn T-32 auf den AT-32 Standard (siehe unten) umgerüstet und in **T-32C** umbenannt. Vier T-32 waren bei Ausbruch des Zweiten Weltkriegs als britische Zivilflugzeuge zugelassen und wurden von der RAF geflogen.

## Varianten

**Curtiss AT-32:** diese Version unterschied sich von der Original-T-32 in Details und ihre Wright Cyclone Motoren waren mit Verstellpropellern ausgerüstet; die Motoren hatten im Gegensatz zu den Townend-Ringen der T-32 komplette NACA-Verkleidungen; die drei Untervarianten **AT-32A** hatten 710 PS (529 kW) Wright SCR-1820-F3 Cyclone Motoren, die drei **AT-32B** Maschinen hatten 720 PS (537 kW) SCR-1820-F2, das Einzelexemplar **AT-32C** war mit SCR-1820-F2 Motoren ausgestattet und auch die vier **AT-32D** hatten SCR-1820-F3 Triebwerke; alle konnten von Nachtversionen mit Liegen in komfortable Tagesflugzeuge für 15 Passagiere umgebaut werden; die beiden **AT-32E** Flugzeuge wurden für die US Navy gebaut und flogen unter der Bezeichnung **R4C-1** bei der US Navy und bei den

US Marines als 12-sitzige Luxus-Passagiermaschinen; beide wurden für die US Antarctic Survey eingesetzt und schließlich 1941 in der Antarktis aufgegeben.
**BT-32:** acht Exemplare dieser Bomber-Version der AT-32 wurden fertiggestellt; die Defensivbewaffnung bestand aus fünf Maschinengewehren, wobei einzelne MG in manuell betätigten MG-Ständen im Bug und über dem hinteren Rumpf montiert waren und die restlichen MG durch seitliche Luken und durch eine aufwendig verglaste Bauchposition gezielt wurden; der Prototyp BT-32 wurde an China verkauft, drei mit Schwimmern ausgestattete Flugzeuge wurden nach Kolumbien exportiert und vier Landflugzeuge gingen nach Peru.
**CT-32:** dies war eine Militär-Frachtversion mit einer großen Ladeluke in der rechten Rumpfseite; alle drei gebauten Maschinen gingen an Argentinien.

### Technische Daten
**Curtiss BT-32**
**Typ:** schwerer Bomber.
**Triebwerk:** zwei 710 PS (529 kW) Wright SCR-1820-F3 Cyclone Sternmotoren.
**Leistung:** Höchstgeschwindigkeit 283 km/h; Dienstgipfelhöhe 6.705 m; Reichweite 1.352 km.
**Gewicht:** Rüstgewicht 5.095 kg; max. Startgewicht 7.938 kg.
**Abmessungen:** Spannweite 24,99 m; Länge 15,09 m; Höhe 4,98 m; Tragflügelfläche 118,54 m$^2$.
**Bewaffnung:** fünf beweglich montierte 7,62 mm Maschinengewehre plus bis zu 762 kg Bomben.

# Curtiss Model 71 (SOC Seagull)

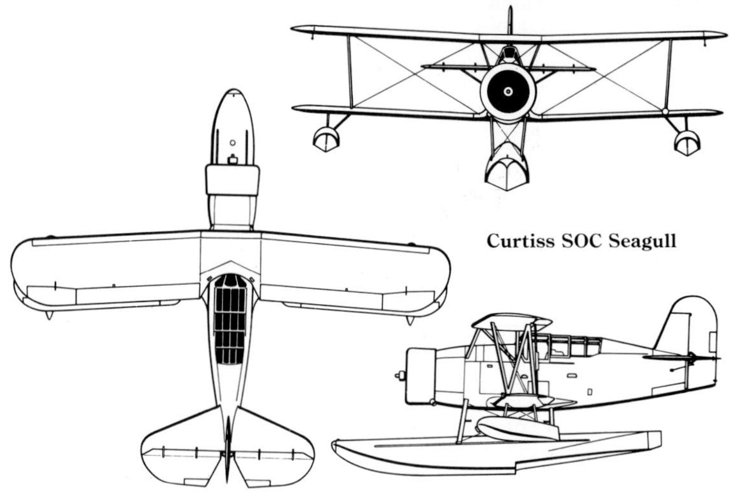

Curtiss SOC Seagull

US Navy

**Eine Curtiss SOC-3 Seagull der Observation Squadron Vo-2 der US Navy im Flug kurz nach ihrer Auslieferung im Jahre 1938. Die über die gesamte Spannweite reichenden Flügelvorderkantenschlitze sind hier in der geöffneten Stellung zu erkennen.**

### Entwicklungsgeschichte
Der letzte Curtiss-Doppeldecker, der von der US Navy eingesetzt wurde, die **SOC Seagull**, hat eine Einsatzgeschichte, die fast hundertprozentig mit der des Fairey Swordfish Torpedobombers der Royal Navy identisch ist. Beide stammen aus dem Jahre 1933, beide hätten während der ersten Phase des Zweiten Weltkriegs als veraltet gelten müssen und beide blieben bis zum Kriegsende im Einsatz und überlebten mit Leichtigkeit spätere Konstruktionen, die sie hätten ersetzen sollen.

Die Anforderung der US Navy nach einem neuen Pfadfinder/Beobachtungsflugzeug wurde Anfang 1933 an die US-Hersteller weitergereicht und führte zu Vorschlägen von Curtiss, Douglas und Vought. Es war jedoch der Prototyp **XO3C-1** mit der Firmenbezeichnung **Curtiss Model 71**, der am 19. Juni 1933 bestellt und im April 1934 erstmals geflogen wurde und der als **SOC-1 (Model 71A)** in Serie gegeben wurde. Diese veränderte offizielle Bezeichnung reflektierte die Kombination von Pfadfinder- und Beobachtungsaufgaben.

Bei seinem ersten Flug war der Prototyp mit Amphibienfahrwerk ausgerüstet, wobei die Haupträder in den zentralen Schwimmer integriert waren. Die Standard-Serienmaschinen waren jedoch als Wasserflugzeuge gebaut, für die es auf Wunsch ein starres Heckradfahrwerk gab, und in jedem Fall waren die Flugzeuge leicht von einer Version in die andere umzubauen. Die Bauweise war gemischt, die klappbaren Flügel und das Leitwerk bestanden aus Leichtmetall und der Rumpf aus verschweißtem Stahlrohr mit einer Kombination von Leichtmetall- und Stoffverkleidung. Der Pilot und der Schütze/Beobachter waren in hintereinander liegenden Cockpits mit durchgehendem Dach untergebracht, das zum Einsteigen teilweise zur Seite geschoben werden konnte. Um für das beweglich montierte MG ein möglichst weites Schußfeld zu schaffen, konnte der hintere Teil des Kabinendachs eingezogen werden.

Die Auslieferung der ersten SOC-1 Serienmaschinen begann am 12. November 1935. Diese wurden von Pratt & Whitney R-1340-18 Wasp Motoren angetrieben und die ersten Squadron, die komplett mit diesem Typ ausgestattet wurden, waren die Scouting Squadron VS-5B/-6B/-9S/-10S/-11S und -12S. Der Produktion von 135 SOC-1 folgten 40 SOC-2 **(Model 71B)** mit Räderfahrwerk, Detailverbesserungen und R-1340-22 Wasp Motoren. Insgesamt wurden 83 Exemplare der **SOC-3 (Model 71E)** gebaut, die den SOC-1, SOC-2 und SOC-3 glich, und nachdem 1942 Auffanghaken angebaut worden waren, wurden die Maschinen in **SOC-2A** bzw. **SOC-3A** umbenannt. Curtiss baute auch drei Flugzeuge, die praktisch der SOC-3 entsprachen, für den Einsatz bei der US Coast Guard: diese **SOC-4 (Model 71F)** Flugzeuge wurden 1942 von der US Navy erworben und mit Auffanghaken auf SOC-3A Standard gebracht. Zusätzlich zu den SOC Seagull, die Curtiss baute, produzierte die Naval Aircraft Factory in Philadelphia, Pennsylvania, 44 Maschinen. Diese waren den von Curtiss gebauten SOC-3 im Grunde gleich und trugen die Bezeichnung **SON-1** oder, mit montierten Auffanghaken **SON-1A**.

Nachdem Anfang 1938 die Produktion der SOC auslief, befaßte sich Curtiss mit der Entwicklung und Herstellung eines Nachfolgemodells namens **SO3C Seamew**. Im Einsatz erwies sich die Leistung der Seamew jedoch als nicht zufriedenstellend und die Maschine wurde vom Fronteinsatz zurückgezogen. Alle verfügbaren SOC erhielten wieder Einsatzstatus und erfüllten weiter die ihnen zugedachte Rolle bis zum Kriegsende.

### Varianten
**XSO2C-1:** unter dieser Bezeichnung wurde eine einzelne **Model 71C** als verbesserte SOC erprobt, erlangte aber keine Produktionsaufträge.

### Technische Daten
**Curtiss SOC-1** (Schwimmerflugzeug)
**Typ:** zweisitziges Pfadfinder-Beobachtungsflugzeug.
**Triebwerk:** ein 600 PS (447 kW) Pratt & Whitney R-1340 Wasp Sternmotor.
**Leistung:** Höchstgeschwindigkeit 266 km/h in 1.525 m Höhe; Einsatzgeschwindigkeit 214 km/h; Dienstgipfelhöhe 4.540 m; Reichw. 1.086 km.
**Gewicht:** Leergewicht 1.718 kg; max. Startgewicht 2.466 kg.
**Abmessungen:** Spannweite 10,97 m; Länge 8,08 m; Höhe 4,50 m; Tragflügelfläche 31,77 m$^2$.
**Bewaffnung:** zwei 7,62 mm Maschinengewehre, eines nach vorn feuernd und eines beweglich montiert, plus Außenaufhängungen für bis zu 295 kg Bomben.

# Curtiss Model 75 (P-36)

### Entwicklungsgeschichte
1934 entschied Curtiss, aus eigener Initiative ein neues Eindecker-Jagdflugzeug zu konstruieren und zu entwickeln. Die als **Curtiss Model 75** bekannte Maschine hatte so fortschrittliche Einrichtungen wie ein einziehbares Fahrwerk und eine geschlossene Kabine für den Piloten, und das Unternehmen glaubte, daß die US Army bereit wäre, sie als Ersatz für die Boeing P-26 mit schwächerer Leistung in Betracht zu ziehen.

Der Prototyp der Model 75, der von einem 900 PS (671 kW) Wright XR-1670-5 Sternmotor angetrieben wurde, wurde im Rahmen eines Konstruktionswettbewerbs um ein einsitziges Jagdflugzeug im Mai 1935 an das US Army Air Corps zur Erprobung übergeben. Der Wettbewerb fand jedoch nicht statt, da die Konkurrenzkonstruktionen fehlten, und begann statt dessen erst im April 1936. Bis zu diesem Zeitpunkt war die Model 75 mit einem 850 PS (634 kW) Wright R-1820 Sternmotor ummotorisiert worden und hieß mit diesem Triebwerk **Model 75B**.

Die Seversky Aircraft Corporation siegte in diesem USAAC-Wettbewerb mit einem nicht allzu unterschiedlichen Entwurf, und Curtiss erhielt als kleine Entschädigung einen Auftrag über nur drei Exemplare seiner Konstruktion. Die Flugzeuge, die mit einer gedrosselten Version des 1.050 PS (783 kW) Pratt & Whitney R-1830-13 Twin Wasp Sternmotors ausgerüstet waren, wurden unter der Bezeichnung **Y1P-36 (Model 75E)** erprobt. Im Vergleich zur Originalversion hatten diese Maschinen Cockpitmodifikationen zur Verbesserung der Sicht nach vorn und hinten

Curtiss P-36C der US Army Air Force Anfang 1942

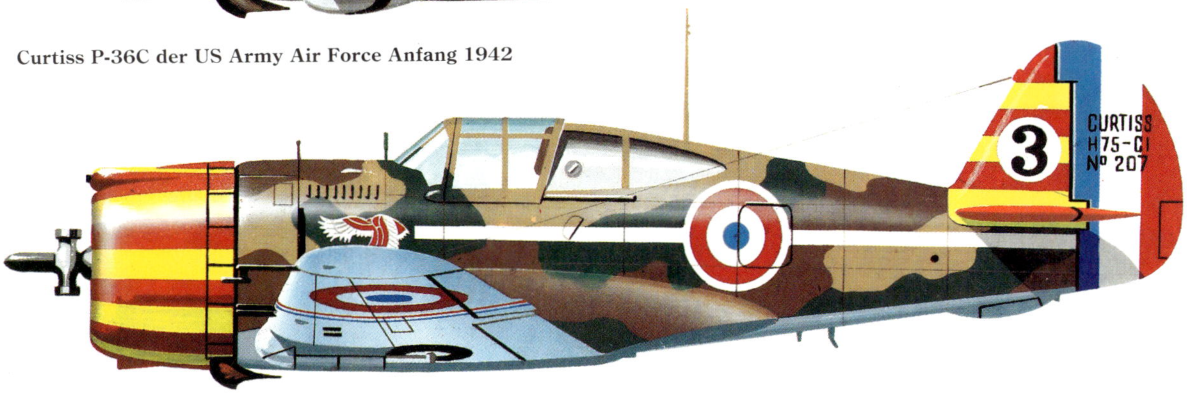


Curtiss Hawk 75-A3 der 2e Escadrille, Groupe de Chasse I/4, französische Vichy-Luftwaffe, im Sommer 1942 stationiert in Dakar (Senegal)

sowie als Neuerung ein einziehbares Heckrad.

Die Truppenerprobung der Y1P-36 verlief so erfolgreich, daß am 7. Juli 1937 ein Auftrag über 210 Jäger der Serienversion **P-36A (Model 75L)** erteilt wurde, was damals der größte Jagdflugzeug-Auftrag der US Army in Friedenszeiten war. Die Auslieferung der Maschinen begann im April 1938, als die Vereinigten Staaten jedoch Ende 1941 in den Zweiten Weltkrieg eintraten, galten sie bereits als veraltet. Die Umstände erzwangen einen begrenzten Einsatz der P-36A in der Eröffnungsphase der Feindseligkeiten gegenüber Japan, die Maschinen wurden jedoch schon bald zu Schulflugzeugen degradiert.

Zu den Varianten gehörte eine einzelne **P-36B** mit einem 1.000 PS (746 kW) Pratt & Whitney R-1830-25 Motor, und die letzten 31 der Originalserie wurden als **P-36C** Jagdflugzeuge mit einem stärkeren Twin Wasp Motor und zwei flügelmontierten MG fertiggestellt. Die Bezeichnungen **XP-36D, PX-36E** und **XP-36F** wurden an Experimentalversionen mit unterschiedlicher Bewaffnung vergeben.

Exemplare der **H75A** Exportversion wurden als **H75-A1/-A2/-A3** und **-A4** Jagdflugzeuge mit verschiedenen Motoren und Waffen an die französische Armée de l'Air geliefert, die meisten davon wurden allerdings nach Großbritannien umgeleitet, nachdem Frankreich kapituliert hatte. Hier erhielten sie die Bezeichnungen **Mohawks Mks I/II/III/IV. H75A-5** war die Bezeichnung eines Modells, das in China von der Central Aircraft Manufacturing Company montiert werden sollte. Nachdem einige Flugzeuge in China gebaut worden waren, wurde das Unternehmen als Hindustan Aircraft Ltd. nach Indien verlegt und ihre H75A-5 wurden von der RAF als Mohawk Mk IV übernommen. Der Typ wurde nach Norwegen geliefert, von wo zunächst 24 **H75A-6** und später noch 36 **H75A-8** bestellt wurden. Die letzteren wurden nicht nach Norwegen ausgeliefert, sondern sechs Maschinen gingen an die Freie Norwegische Streitmacht in Kanada, nachdem Norwegen von Deutschland besetzt wurde, und der Rest wurde unter der Bezeichnung **P-36G** für den Dienst bei dem USAAC requiriert. Die Niederlande orderten 20 Exemplare der **H75A-7**, die nach Niederländisch-Ostindien geliefert wurden und auch Persien (jetzt Iran) bestellte zehn Exemplare der **H75A-9**. Hawk waren indirekt auch bei den Luftstreitkräften von Finnland, Indien, Peru, Portugal, Südafrika und der französischen Vichy-Regierung im Einsatz.

**Eine am 1. September 1939 anläßlich der Cleveland National Air Races ausgestellte Curtiss P-36C. Die Maschinen der 27th Pursuit Squadron, 1st Pursuit Group, hatten alle unterschiedliche Tarnlackierungen.**

US Navy

## Varianten

**Model 75J:** Bezeichnung einer Model 75A-Vorführmaschine, die mit einem mechanischen Kompressor für ihren R—1830 Motor ausgestattet war.

**Model 75K:** nicht realisiertes Projekt für eine Version mit dem Pratt & Whitney R-2180 Twin Hornet, die letztlich als **Model 75R** als Umbau der Vorführmaschine Model 75A produziert wurde.

## Technische Daten

### Curtiss P-36G

**Typ:** einsitziges Jagdflugzeug.

**Triebwerk:** ein 1.200 PS (895 kW) Wright R-1820-G205A Cyclone Sternmotor.

**Leistung:** Höchstgeschwindigkeit 518 km/h in 4.635 m Höhe; Einsatzgeschwindigkeit 420 km/h; Steigflugdauer auf 4.570 m 6 Minuten; Dienstgipfelhöhe 9.860 m; max. Reichweite 1.046 km.

**Gewicht:** Leergewicht 2.121 kg; max. Startgewicht 2.667 kg.

**Abmessungen:** Spannweite 11,28 m; Länge 8,69 m; Höhe 2,82 m; Tragflügelfläche 21,92 $m^2$.

**Bewaffnung:** vier tragflächenmontierte 7,62 mm MG und zwei rumpfmontierte 12,7 mm MG.

# Curtiss Model 75 (Hawk 75)

Curtiss Hawk 75A-5 der nationalchinesischen Luftwaffe, Kunming, 1942

## Entwicklungsgeschichte

Die Ansicht, daß für eine weniger ausgefeilte Exportversion der Curtiss Model 75 ein Markt bestünde, führte 1937 zur Entwicklung einer derartigen Version, die als **Curtiss Hawk 75** bekannt wurde. Es wurden zwei **Hawk 75H** Vorführmaschinen gebaut und diese glichen vom Bau her im allgemeinen der Y1P-36, hatten aber einen schwächeren Wright Sternmotor und ein starres Heckradfahrwerk.

Die Original-Vorführmaschine wurde 1937 von der chinesischen Nationalregierung gekauft und es folgte 1938 ein Auftrag über weitere 112 Flugzeuge unter der Bezeichnung **Hawk 75M**, die die neu wiederaufgestellte chinesische Luftwaffe ausrüsten sollten. Im Jahre 1938 begann die Auslieferung von zwölf ähnlichen Flugzeugen an die Royal Siamese Air Force. Diese **Hawk 75N** unterschieden sich durch ihre Bewaffnung mit zwei zusätzlichen Maschinengewehren und kamen 1941 kurzzeitig bei Auseinandersetzungen zum Einsatz. Die Produktion der **Hawk 750** für Argentinien, wohin die zweite Vorführmaschine verkauft worden war, betrug insgesamt 29 Flugzeuge. Diese Nation vereinbarte mit Curtiss auch eine Lizenz, unter der dieser Typ gefertigt werden sollte, und ab 1940 wurden 20 Flugzeuge in einem staatseigenen Flugzeugwerk in Cordoba hergestellt. Die **Hawk 75Q**, von der zwei gebaut wurden, war ein weiteres Vorführmodell: eine Maschine, mit einziehbarem Fahrwerk, wurde von Madame Tschiang Kaischek an Claire Chennault übergeben und die zweite Maschine, die ein starres Fahrwerk hatte, stürzte 1939 in China ab.

**Technische Daten**
**Curtiss Hawk 75M**
**Typ:** einsitziges Jagdflugzeug.
**Triebwerk:** ein 875 PS (652 kW) Wright GR-1820-G3 Sternmotor.
**Leistung:** Höchstgeschwindigkeit 451 km/h in 3.050 m Höhe; Einsatzgeschwindigkeit 386 km/h; Dienstgipfelhöhe 9.690 m; max. Reichweite 877 km.
**Gewicht:** Leergewicht 1.803 kg; max. Startgewicht 2.406 kg.
**Abmessungen:** Spannweite 11,28 m; Länge 8,71 m; Höhe 2,82 m; Tragflügelfläche 21,92 $m^2$.
**Bewaffnung:** zwei tragflächenmontierte 7,62 mm-MG und zwei rumpfmontierte 7,62 mm oder 12,7 mm MG.

# Curtiss Model 77 (SBC Helldiver)

## Entwicklungsgeschichte

Die US Navy, die einen neuen zweisitzigen Jäger brauchte, bestellte 1932 bei Curtiss einen Prototyp unter der Bezeichnung **XF12C-1**. Diese **Curtiss Model 73** flog als zweisitziger Hochdecker mit Baldachinkonstruktion erstmals im Jahre 1933, hatte ein einziehbares Fahrwerk und wurde von einem 625 PS (466 kW) Wright R-1510-92 Whirlwind 14 Motor angetrieben. Als man sich Ende des gleichen Jahres dafür entschied, dieses Flugzeug zu Erkundungsflügen einzusetzen, änderte sich seine Bezeichnung in **XS4C-1**. Nach einer weiteren Meinungsänderung erhielt die Maschine im Januar 1934 die Rolle eines Bombers und Pfadfinderflugzeugs und es wurde ein Wright R-1820 Cyclone-Motor eingebaut. Es schlossen sich umfangreiche Tests an, und während eines Sturzflugtests im September 1934 gab die Struktur des Flügels nach und die damals **SXBC-1** genannte Maschine wurde in erheblichem Maße beschädigt.

Für den Sturzbombereinsatz war die Baldachin-Konfiguration eindeutig ungeeignet und es wurde als **XSBC-2 (Model 77)** ein neuer Prototyp bestellt, der Doppeldeckerflügel und einen 700 PS (522 kW) Wright R-1510-12 Whirlwind 14 Motor hatte. Im März 1936, als dieser Motor durch einen 700 PS (522 kW) Pratt & Whitney R-1535-82 Twin Wasp Junior Motor ersetzt wurde, änderte sich die Bezeichnung noch einmal in **XSBC-3**. Die Serienmaschine **SBC-3 (Model 77A)**, von der die US Navy am 29. August 1936 83 Exemplare bestellte, entsprach dieser weitgehend, und die ersten Auslieferungen gingen am 17. Juli 1937 an die Navy Squadron VS-5.

Eine SBC-3 aus dem Ende der Serie wurde als Prototyp für eine verbesserte **XSBC-4 (Model 77B)** mit einem stärkeren Wright R-1820-22 Motor verwendet. Nach einem ersten Vertrag über fünf Maschinen im Januar 1938 wurden die ersten der 174 Serien **SBC-4** für die US Navy im März 1939 ausgeliefert. Aufgrund der dramatischen Situation Anfang 1940 in Europa leitete die US Navy 50 ihrer SBC-4 nach Frankreich um, die jedoch zu spät eintrafen, um noch in die Kampfhandlungen eingreifen zu können. Fünf Maschinen wurden für die RAF zurückgewonnen und diese gingen unter der Bezeichnung **Cleveland** als Boden-Trainer an RAF Little Rissington. Die fehlenden 50 Maschinen der US Navy wurden durch die Lieferung von 50 Maschinen kompensiert, die von den 90 Flugzeugen abgezogen wurden, die für Frankreich in der Produktion waren. Diese behielten die Bezeichnung SBC-4 bei, unterschieden sich jedoch von der Standardversion durch ihre selbstversiegelnden Treibstofftanks.

**Curtiss SBC-3 Helldiver der VS-5, US Navy, 1937 stationiert an Bord der USS Yorktown**

**Neun sauber ausgerichtete Curtiss SBC-3 Helldiver der Scouting Squadron VS-3 im Juli 1938. Drei Geschwader (VS-3, VS-5 und VS-6) erhielten ihre SBC-3 ab Juli 1937, spätestens 1941 waren die Flugzeuge jedoch völlig überholt.**

**Technische Daten**
**Curtiss SBC-4**
**Typ:** zweisitziger, trägergestützter Bomber.
**Triebwerk:** ein 900 PS (671 kW) Wright R-1820-34 Cyclone 9 Sternmotor.
**Leistung:** Höchstgeschwindigkeit 377 km/h in 4.635 m Höhe; Einsatzgeschwindigkeit 282 km/h; Dienstgipfelhöhe 7.315 m; Reichweite mit 227 kg Bomben 652 km.
**Gewicht:** Leergewicht 2.065 kg; max. Startgewicht 3.211 kg.
**Abmessungen:** Spannweite 10,36 m; Länge 8,57 m; Höhe 3,17 m; Tragflügelfläche 29,45 $m^2$.
**Bewaffnung:** zwei 7,62 mm Maschinengewehre, eines davon vorwärtsfeuernd und eines beweglich montiert plus 227 kg Bomben.

# Curtiss Model 81/87 (P-40 Warhawk)

## Entwicklungsgeschichte

Die letzte Maschine in der Hawk Baureihe, die **Curtiss P-40 Warhawk**, gibt zahlreiche Rätsel auf. Man kann sie kaum zu den 'großen' Kampfflugzeugen des Zweiten Weltkriegs zählen, aber mit Ausnahme der Republic P-47 und der North American P-51 wurden von diesem Modell die meisten Exemplare gebaut. Es war das am zahlreichsten vertretene Kampfflugzeug der USA, das bis zum Dezember 1944 in fast 14.000 Exemplaren ausgeliefert wurde.

Die Entwicklung des Modells (Firmenbezeichnung **Model 81**) begann 1937, als das Flugwerk des Prototyps Model 75 für einen 1.150 PS (858 kW) Allison V-1710-11 Reihenmotor modifiziert wurde. In dieser Form wurde die **Model 75I** das erste amerikanische Kampfflugzeug, das mehr als 483 km/h erreichte. Es wurde von USAAC als **XP-37** erprobt und erwies seine potentiellen Fähigkeiten trotz der Motoren- und Laderprobleme, so daß 13 Exemplare der **YP-37** für die Truppenerprobung mit einem verbesserten V-1720-21 Motor und einem etwas längeren Rumpf bestellt wurden. Außerdem wurde der neue B-2 Lader eingesetzt, aber auch mit diesem Triebwerk litten die YP-37 an den gleichen Problemen.

Etwas später erhielt die zehnte P-36A einen 1.160 PS (865 kW) Allison V-1710-19 Motor anstelle des Standardtriebwerks, ein 1.050 PS (783 kW) Pratt & Whitney R-1830-13 Sternmotor. Im übrigen unterschied sich diese Maschine wenig von der P-36A, als sie erstmals am 14. Oktober 1938 geflogen wurde. Im Mai 1939 wurde die inzwischen als **XP-40** bezeichnete **Model 75P** im Wettbewerb mit anderen Jägerprototypen geflogen und zur Produktion ausgewählt, weil es den Ausprüchen des US Army Air Corps am meisten entsprach. Am 27. April 1939 wurden insgesamt 524 **P-40 (Model 81)** Serienmodelle bestellt, damals die bisher größte Bestellung eines Kampfflugzeugs durch die US Army. Etwas über ein Jahr später verließen die ersten P-40 im Mai 1940 die Fabrik; die ersten drei wurden für Einsatztests verwendet. Sie unterschieden sich von der ursprünglichen XP-40 durch einen weniger starken Allison V-1710-33 Ladermotor und

**Curtiss Hawk 81-A2, 2nd Squadron, American Volunteer Group, im Februar 1942 in Toungoo (Burma) stationiert**

zwei weitere 7,62 mm MG in den Tragflächen (zusätzlich zu den beiden 12,7 mm MG im Bug). Bis zum September 1940 wurden insgesamt 200 Maschinen dieses Typs an das USAAC geliefert.

Im April 1940 wurde das Schwergewicht bei der Produktion auf die Lieferung von 185 ähnlichen **Hawk 81-A1** Kampfflugzeugen für Frankreich gelegt. Allerdings war keine dieser Maschinen vor der Kapitulation Frankreichs fertig, und die Flugzeuge gingen statt dessen nach England, wo sie die Bezeichnung **Tomahawk Mk I** erhielten. Lieferungen nach England und nach Takoradi in Westafrika begannen gegen Ende 1940, aber die Tomahawk erwies sich als ungeeignet für den Einsatz in Europa, und die meisten Maschinen wurden zur Schulung eingesetzt.

Die nächste Version für die RAF war die **Tomahawk Mk IIA (Model 81-A2)**, weitgehend identisch mit der **P-40B (Model 81-B)** des USAAC, mit selbstversiegelnden Treibstofftanks, Waffenzuladung und zwei 7,7 mm MG in den Tragflächen. Das erhöhte Gewicht führte zu einer reduzierten Leistung, was sich bei der P-40C mit verbesserten selbstversiegelnden Tanks und zwei weiteren Flügel-MG noch verschlimmerte. 930 Exemplare des Serienmodells **Hawk 81-A3** wurden für die RAF gebaut; die eingesetzten Maschinen erhielten die Bezeichnung **Tomahawk Mk IIB**. Sie hatten eine amerikanische Funkanlage und sechs 7,7 mm MG. 100 der RAF Maschinen gingen nach China, 90 davon dienten in Kunming und Mingaladon mit der AVG (American Volunteer Group); 40 Maschinen, direkt von den USA verschifft, und 146 über England gelieferte Exemplare gingen in die Sowjetunion, und eine kleine Anzahl diente bei der türkischen Luftwaffe.

Einige amerikanische P-40 wurden 1941 modifiziert, um als Aufklärungsflugzeuge unter der Bezeichnung **RP-40** eingesetzt werden zu können, aber Curtiss hatte bereits mit dem Neuentwurf der Hawk 81-A begonnen, um die Leistung und Effektivität dieses Modells zu steigern. Zu den Änderungen gehörte der Einbau eines 1.150 PS (858 kW) Allison V-1710-39 Motors, der diese Triebkraft bis zu einer Höhe von 3.565 m aufrechthalten konnte, und die Erweiterung der Bewaffnung durch vier 12,7 mm MG in den Tragflächen und einen Unterrumpfkasten für eine 227 kg Bombe oder einen 197 l Abwurftank. Das Modell flog erstmals am 22. Mai 1941 als **Kittyhawk Mk I**, eine Bezeichnung, unter der es von England bestellt worden war; Curtiss nannte es **Hawk 87-A2** und das USAAC, das diesen Typ im September 1940 bestellte, wählte die Bezeichnung **P-40D**. Nur die ersten 22 an die USAAF gelieferten Maschinen hatten vier Gewehre in den Tragflächen, die späteren Serienmaschinen erhielten sechs MG und die Bezeichnung **P-40E (Model 87-B-2)**.Insgesamt wurden 1.500 Exemplare dieser als **P-40E-1(Hawk 87-A3 und -A4)** bezeichneten Version von der USAAF übernommen und dann leihweise an Großbritannien weitergeleitet, wo die RAF dem Modell den Namen **Kittyhawk Mk IA** gab. Außerdem gingen zahlreiche Maschinen dieses Typs an die Einheiten des British Commonwealth. Weitere P-40E gingen an Brigadier General Claire Chennaults AVG in China, wo sie zahlreiche Siege über die Japaner errangen. Einige P-40E wurden als zweisitzige Schulflugzeuge umgebaut, der Rumpftank wurde zugunsten eines zweiten Cockpits weggelassen.

Während der nächsten drei Jahre unternahm Curtiss große Anstrengungen, um die Kapazität der P-40 zu verbessern; die daraus resultierenden Varianten sind im folgenden aufgeführt. Trotz der erreichten beträchtlichen Verbesserungen lag die Leistung der Warhawk noch immer unter der ihrer Zeitgenossen, der Allied und Axis Kampfflugzeuge, und die Produktion lief schließlich im Dezember 1944 aus.

US Air Force

**Das letzte Modell in der P-40 Baureihe war die XP-400, deren zweites Exemplar hier abgebildet ist. Es wurde als P-40K gebaut und mit verkleinertem Rumpfhinterteil, blasenförmiger Kuppel, Vierblatt-Propeller und Wassereinspritzungsmotor mit Flügelkühlern modifiziert.**

## Varianten

**P-40A:** nachträgliche Bezeichnung für eine P-40 mit Kamera-Ausrüstung (Seriennr. 40-326).
**XP-40F:** Bezeichnung für eine experimentelle Maschine (**Model 87-B3**) mit einem P-40D Flugwerk und einem Rolls-Royce Merlin 28 Reihenmotor.
**P-40F:** Serienausführung des oben beschriebenen Modells, mit einem von Packard gebauten 1.300 PS (969 kW) V-1650-1; in mehr als 1.300 Exemplaren gebaut.
**XP-40G:** ein einzelner Prototyp (Model 81-AG) mit veränderter Bewaffnung und modifizierten Tanks.
**P-40G:** 43 P-40 wurden nachträglich mit Tragflächen der Tomahawk Mk IIA ausgestattet; 16 gingen gegen Ende 1941 in die Sowjetunion, und die im amerikanischen Dienst verbliebenen Maschinen erhielten im Oktober 1942 die neue Bezeichnung **RP-40G**.
**P-40J:** Bezeichnung für eine geplante Ausführung mit einem Allison Turboladermotor; nicht gebaut.
**P-40K:** eigentlich eine verbesserte Ausführung der P-40E mit einem Allison V-1710-73 Motor; 1.300 Exemplare wurden gebaut, von denen 21 an die RAF gingen und als Kittyhawk Mk III bezeichnet wurden.
**P-40L:** im allgemeinen ähnlich wie die P-40F, aber mit veränderter Ausrüstung; 700 Exemplare gebaut.
**P-40M:** im allgemeinen ähnlich wie die P-40K, aber mit einem Allison V-1710-71 Motor und einzelnen Verbesserungen; fast 400 Exemplare gingen an die RAF, wo sie als **Kittyhawk Mk III** bezeichnet wurden.
**P-40N:** wichtigste und zugleich letzte Serienausführung, in 5.220 Exemplaren gebaut (**Model 87V** und **Model 87W**); die Leistung wurde durch ein verringertes Gewicht und die Benutzung eines Allison V-1710-81 Motors (später ähnliche -99 und -115 Ausführungen dieses Triebwerks) erhöht; während der Produktion wurde das geringere Gewicht und eine verbesserte Ausrüstung übernommen; das Modell wurde außerdem nach Australien, China, Südafrika und an die RAF (mit der Bezeichnung **Kittyhawk Mk IV**) sowie an die Sowjetunion verkauft.
**P-40P:** ursprüngliche Bezeichnung für die 1.500 mit V-1650-1 Motoren bestellten Maschinen, die als P-40N mit V-1710-81 Triebwerken gebaut wurden.
**XP-40Q:** Bezeichnung für zwei P-40K und eine P-40N, die als **Model 87X** weitgehend modifiziert wurden; dazu gehörte der Einbau von zweistufigen Ladern und blasenförmigen Cockpithauben für eine verbesserte Leistung.
**P-40R:** Bezeichnung für P-40F und

**Curtiss YP-37**

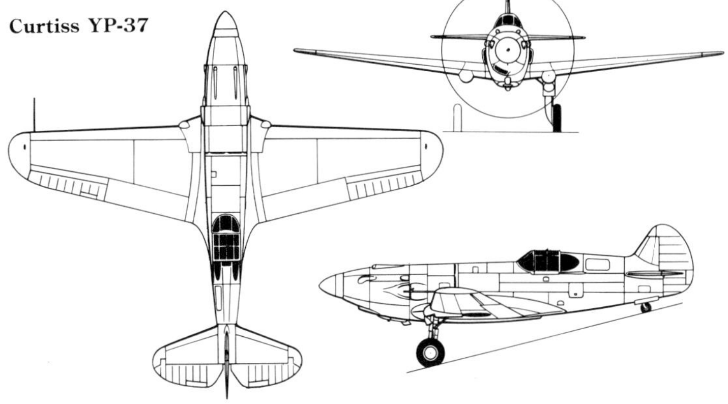

**Curtiss P-40C**

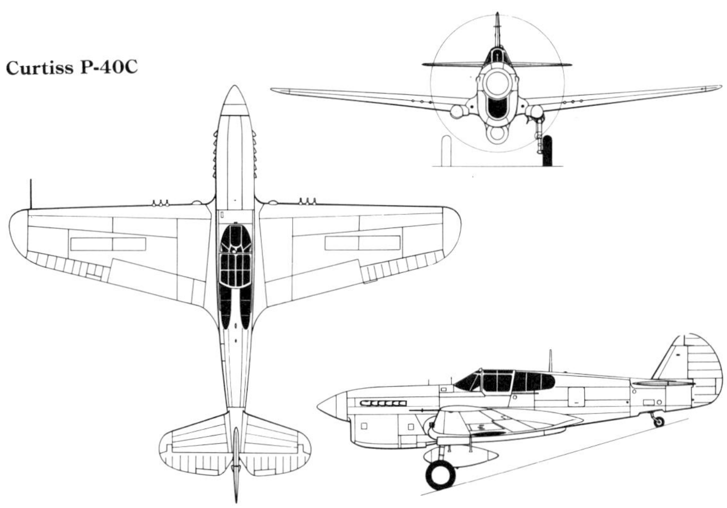

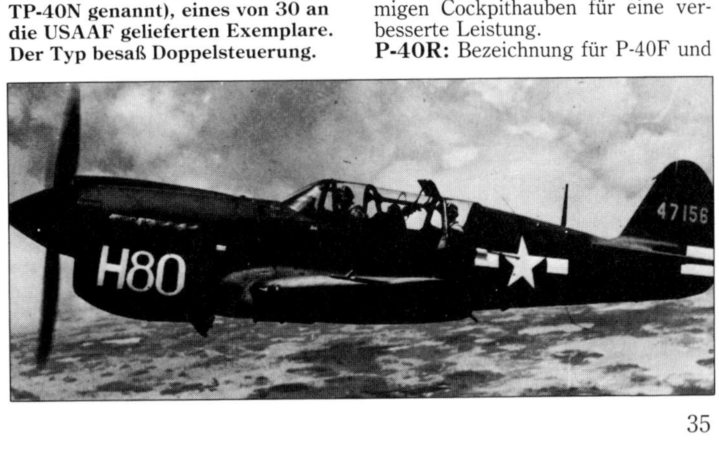


US Air Force

**Curtiss P-40N Schulflugzeug (auch TP-40N genannt), eines von 30 an die USAAF gelieferten Exemplare. Der Typ besaß Doppelsteuerung.**

P-40L nach Umbau zu Schulflugzeugen im Jahre 1944, mit Allison Motoren anstelle der Packard Merlin Triebwerke.
**TP-40:** Bezeichnung für einige P-40N nach dem Umbau in zweisitzige Umschulungstrainer.
**Twin-England P-40:** geplante Variante aus dem Jahre 1942; eine P-40C, die im Modell mit zwei Merlin Triebwerken (von den Modellen P-40F/Kittyhawk Mk II) auf den Tragflächen oberhalb des Hauptfahrwerks ausgestattet wurden.
**Kittyhawk Mk II:** RAF Bezeichnung für 330 P-40F und P-40L, die als Leihgabe benutzt wurden; die ersten 230 wurden gelegentlich als **Kittyhawk Mk IIA** bezeichnet.
**Model 81-AC:** 40 nach einer britischen Spezifikation umgebaute P-40C.
**Model 81-AG:** 44 in P-40G umgebaute P-40 plus ein XP-40G Prototyp.
**Model 87:** erste Serie von P-40D.
**Model 87-A1:** eine unbekannte Anzahl, von Frankreich bestellt, aber nicht ausgeliefert.
**Model 87-A5:** Untervariante der bestellten Modelle 87-A4.

**Technische Daten**
**Curtiss P-40N**
**Typ:** ein einsitziges Kampf/Bombenflugzeug.
**Triebwerk:** ein 1.200 PS (895 kW) Allison V-1710-81 Reihenmotor.
**Leistung:** Höchstgeschwindigkeit 552 km/h in 4.570 m Höhe; Steigdauer auf 4.265 m 6 Minuten 42 Sekunden; Dienstgipfelhöhe 9.450 m; Reichweite 1.738 m.
**Gewicht:** Leergewicht 2.812 kg; max. Startgewicht 4.014 kg.
**Abmessungen:** Spannweite 11,38 m; Länge 10,16 m; Höhe 3,76 m; Tragflügelfläche 21,92 m².
**Bewaffnung:** sechs 12,7 mm MG plus bis zu 680 kg Bomben.

**Curtiss Kittyhawk Mk III (P-40K) der No. 250 (Sudan) Squadron der RAF, gegen Ende 1943 in Süditalien stationiert**

# Curtiss Model 82 (SO3C)

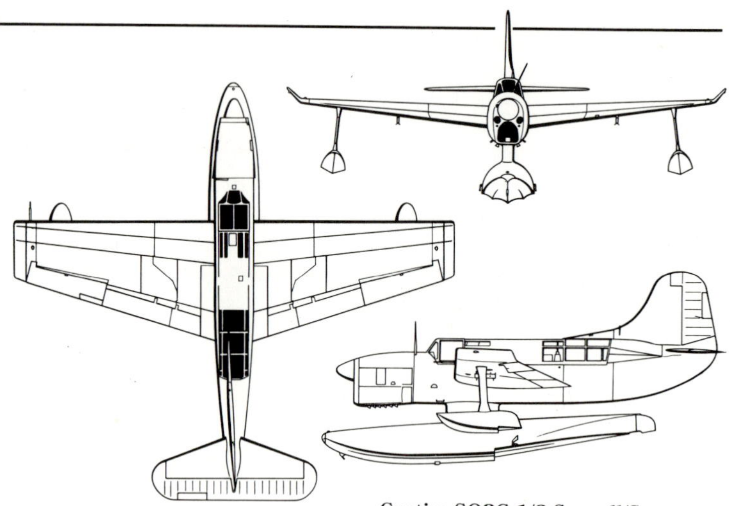

**Curtiss SO3C-1/2 Seagull/Seamew**

## Entwicklungsgeschichte

1937 forderte die US Navy Vorschläge für den Entwurf eines Eindeckers für die Pfadfinderrolle an, der eine bessere Leistung erbringen sollte als die zu dieser Zeit benutzte Curtiss SOC Seagull. Das Modell sollte auf hoher See von Schiffen aus oder auf Landstationen eingesetzt werden, daher waren leicht auswechselbare Schwimmer- bzw. Radfahrwerkanlagen erforderlich. Aus den eingegangenen Vorschlägen wurden sowohl Curtiss als auch Vought im Mai 1938 für Produktionsaufträge ausgewählt; die vorgeschlagenen Modelle erhielten die Bezeichnungen **XS03C-1** bzw. ZSO2U-1. Der zuletzt genannte Prototyp (1400) hatte einen 550 PS (410 kW) Ranger XV-770-4 Motor und wurde im Wettbewerb geflogen, aber schließlich erhielt die Curtiss Model 82 einen Produktionsauftrag. Allerdings hatte die XSO3C-1 ernsthafte Probleme mit der Stabilität, die dadurch gelöst wurden, daß aufwärts geschwungene Flügelspitzen und größere Leitflächen angebaut wurden. Das Resultat war zumindest in der Landflugzeugausführung zweifellos das bisher häßlichste Curtiss Modell. Die XSO3C-1 war bis auf die stoffbespannten Steuerflächen eine Metallkonstruktion und hatte Tandemcockpits für zwei Mann Besatzung. Das Wasserfahrwerk bestand aus einem großen, einstufigen Mittelschwimmer und verstrebten Stützschwimmern unter den Tragflächen; das Radfahrwerk zeichnete sich durch große, stromlinienförmige Verkleidungen aus. Der Prototyp XSO3C-1 flog erstmals am 6. Oktober 1939 und war ebenso wie das Serienmodell **82A (SOC3-1**, anfangs **Seagull**, 'Möwe', genannt) mit einem 520 PS (388 kW) Ranger V-770-6 Motor ausgerüstet.

Serienmaschinen vom Typ SO3C-1 wurden ab Juli 1942 an Bord des *USS Cleveland* eingesetzt, und 300 Maschinen entstanden, bevor die Produktion sich auf die **SO3C-2** konzentrierte. Diese **Model 82B** unterschied sich von ihrer Vorgängerin durch veränderte Ausrüstung, darunter ein Fanghaken, und durch einen Unterrumpfkasten für eine 227 kg Bombe in der Landflugzeugausführung. Insgesamt wurden 456 Exemplare gebaut. Diese ursprünglich für die Royal Navy gedachte Ausführung wurde **SO3C-1B (Model 82C)** genannt, aber die ausgelieferten Maschinen gehörten zu der Variante **SOC3C-2C** mit einem stärkeren Motor, hydraulischen Bremsen für die Flugzeuge mit Radfahrwerk und anderen Verfeinerungen. Im britischen Dienst trugen diese Maschinen den Namen **Seamew**, ein Name, der später auch von der US Navy übernommen wurde, aber kein einziges Exemplar wurde in Großbritannien selbst eingesetzt. Statt dessen gingen sie an die Training Squadron No. 744 und 745, die in Yarmouth (Kanada) und Worthy Down (Großbritannien) stationiert waren. Dort wurden sie bei der Ausbildung von Flugzeugschützen und Funkern verwendet.

Die unzureichende Leistung der SO3C-1 bei der US Navy führte dazu, daß das Model aus dem Fronteinsatz zurückgezogen wurde. Viele wurden für den Einsatz als ferngesteuerte Zielflugzeuge unter der Bezeichnung **SO3C-1K** umgebaut; 30 gingen nach England, wo sie den Namen **Queen Seamew** erhielten und die Flotte der de Havilland Queen Bee Zielflugzeuge verstärkten.

Bei einem Versuch, die Situation zu retten, führte Curtiss gegen Ende 1943 eine leichtere Variante mit dem stärkeren SGV-770-8 Motor ein; von dieser **Model 82C (SOC3C-3)** wurden nur 39 Maschinen gebaut, bevor die Produktion im Januar 1944 auslief. Pläne über die Einführung einer SO3C-3 Variante mit Fanghaken und die Produktion der SO3C-1 unter der Bezeichnung **SOR-1** wurden nicht verwirklicht.

**Technische Daten**
**Curtiss SO3C-2C** (Flugboot)
**Typ:** zweisitziges Beobachtungs- und Pfadfinder-Flugzeug.
**Triebwerk:** ein 600 PS (447 kW) Ranger SVG-770-8 Reihenmotor.
**Leistung:** Höchstgeschwindigkeit 277 km/h in 2.470 m Höhe; Reisegeschwindigkeit 201 km/h; Dienstgipfelh. 4.815 m; Reichweite 1.851 km.
**Gewicht:** Leergewicht 1.943 kg; max. Startgewicht 2.599 kg.
**Abmessungen:** Spannweite 11,58 m; Länge 11,23 m; Höhe 4,57 m; Tragflügelfläche 26,94 m².
**Bewaffnung:** ein vorwärts zielendes 7,62 mm MG und ein 12,7 mm MG auf beweglichem Sockel plus zwei 45 kg Bomben oder 147 kg Wasserbomben unter den Tragflächen.

**Die aufwärts geschwungenen Flügelspitzen der Curtiss SO3C-1 waren ein Versuch, die Stabilitätsprobleme zu lösen; die Seitenflossenwurzel ging in die verschiebbare Haube des hinteren Cockpits über.**

US Navy

# Curtiss Model 84 (SB2C Helldiver)

## Entwicklungsgeschichte

Das erste von Curtiss für die US Navy gebaute Modell mit dem Namen Helldiver war der F8C/2C Doppeldecker aus den frühen 30er Jahren, der letzte für die amerikanische Armee gebaute Kampfdoppeldecker. Der letzte und zugleich berühmteste Vertreter dieser Familie war die **SB2C Helldiver** aus den frühen 40er Jahren; dies war das letzte Kampfflugzeug, das Curtiss für das US Marine Corps und die US Navy bauen sollte, sowie der zahlenmäßig erfolgreichste Sturzbomber der US Navy.

1938 begann die Marine, die damals noch laufend produzierte SBC Helldiver durch einen neuen Bomber zu ersetzen. Aus den gesammelten Entwürfen erhielten Brewster und Curtiss Produktionsaufträge für ihre Modelle; der Brewster Prototyp hatte die Bezeichnung XSB2A-1 und ging als SB2A Buccaneer in die Produktion. Der Prototyp des **Curtiss Model 84, XSB2C-1**, (1758) flog erstmals am 18. Dezember 1940, wurde aber Anfang Januar 1941 bei einem Flugunfall zerstört. Glücklicherweise hatte die US Navy genug Vertrauen in den Entwurf (die Massenproduktion war bereits am 29. November 1940 autorisiert worden), aber erst 18 Monate später, im Juni 1942, flog das Serienmodell **SB2C-1**. Die ausgedehnte Entwicklungszeit ging auf eine Bestellung des US Army Air Corps über 900 Exemplare des Typs **A-25A Shrike** zurück, die im April 1941 aufgegeben wurde. Diese **Model S84** verursachte eine Verzögerung, weil Entwurf und Ausrüstung zur Zufriedenheit der US Army und US Navy in Übereinstimmung gebracht werden mußten. Schließlich nahmen nur einige wenige A-25A den Dienst bei der US Army auf, die meisten wurden unter der Bezeichnung **SB2C-1A** dem US Marine Corps übergeben.

Die Serienmaschinen begannen ihren Einsatz bei US Marine Squadron VS-9 im Dezember 1942, aber eine weitere Verzögerung bei der Festlegung der optimalen Bomber- und Kampffiguration verhinderte den Kriegseinsatz vor Ende 1943.

Die SB2C war ein Tiefdecker mit freitragenden Tragflächen, die weitgehend aus Metall waren und faltbare Außenflächen hatten, damit sie sich leichter auf Trägern unterbringen ließen. Die Klappen waren perforiert und geschlitzt, damit sie auch als Sturzflugbremsen verwendet werden konnten, und die Vorderkantenschlitze der Flügelspitzen hatten etwa die gleiche Spannweite wie die Querruder und wurden automatisch betätigt, wenn das Fahrwerk ausgelassen wurde, um die Effektivität der Querruder auch bei niedrigen Geschwindigkeiten zu erhalten. Das einziehbare breite Fahrwerk hatte ein halb einziehbares, gesteuertes Heckrad. Fanghaken und Katapultbefestigung gehörten zur Standardausrüstung, wurden aber ebenso wie die Faltflügel bei der für die US Army produzierten A-25A weggelassen. Das Triebwerk des Prototyps und der SB2C-1 war ein 1.700 PS (1.268 kW) Wright R-2600-8 Cyclone 14 Doppelsternmotor. Die Bewaffnung enthielt vier 12,7 mm MG in den Tragflächen, zwei 7,62 mm Gewehre im hinteren Cockpit und bis zu 454 kg Bomben in einem Unterrumpfbombenkasten.

Es überrascht nicht, daß es bei mehr als 7.000 Serienexemplaren eine Reihe von Varianten gab, die hier im einzelnen dargestellt werden. Nur 26 der insgesamt gebauten Maschinen wurden von anderen Waffengattungen im Zweiten Weltkrieg benutzt, da das Modell im Pazifik für die US Navy von so großer Bedeutung war, daß die Marine fast die gesamte Produktion übernahm. Viele wurden von der US Navy auch nach dem Krieg noch geflogen, und einige wurden an andere Staaten verkauft.

**SB2C-4:** wichtigstes Serienmodell (**Model 84F**), in 1.985 Exemplaren gebaut; gekennzeichnet durch Unterflügelkästen für vier 127 mm Raketen oder eine 227 kg Bombe unter beiden Flügeln.
**SB2C-4E:** Bezeichnung für eine unbekannte Anzahl von SB2C-4 mit Radaranlage für Nachtflüge.

US Navy

**Eine Curtiss SB2C-3 von einem US Navy Flugzeugträger der Task Force 58 bei einer Patrouille in der Nähe von Saipan in den Marianen vor der großen Invasion im August 1944.**

## Varianten

**SB2C-1:** viele SB2C-1 hatten zwei 20 mm Kanonen anstelle der vier MG in den Tragflächen; der Buchstabe C verwies auf die Kanonen-Ausrüstung; die Firmenbezeichnung war **Model 84A**.
**XSB2C-2:** experimentelles Langstrecken-Seeflugzeug (Prototyp), eine umgebaute Serienmaschine (**Model 84C**) vom Typ SB2C-1 mit zwei Schwimmern und Spezialausrüstung.
**SB2C-3:** zweites Serienmodell (**Model 84E**), in 1.112 Exemplaren gebaut; mit einem stärkeren R-2600-20 Motor und Detailverbesserungen.
**SB2C-5:** letzte Curtiss Serienausführung (**Model 84G**) mit erhöhter Treibstoffkapazität; 970 Exemplare gebaut.
**XSB2C-6:** zwei Prototypen der **Model 84H** mit 2.100 PS (1.566 kW) R-2600-22 Motoren, verlängertem Rumpf, eckigen Flügelspitzen und erhöhter Treibstoffkapazität; nicht produziert.
**SBF-1:** mit SBF Bezeichnungen ergänzte die Fairchild Aircraft Corporation in ihrer kanadischen Abteilung die Curtiss Produktion für die US Navy; entspricht der SB2C-1C; 50 Exemplare gebaut.
**SBF-3:** entspricht der SB2C-3; 150 Exemplare gebaut.
**SBF-4E:** entspricht der SB2C-4E; 100 Exemplare gebaut.
**SBW-1:** mit SBW Bezeichnungen ergänzte die Canadian Car & Foundry Company die Curtiss Produktion; entspricht der SB2C-1; 40 Exemplare gebaut.
**SBW-1B:** Bezeichnung für 450 SBW-1 für die Royal Navy; das B steht für 'British'; nur 26 Exemplare wurden gebaut und der Royal Navy als **Helldiver Mk I** geliefert; nicht eingesetzt.
**SBW-3:** entspricht der SB2C-3; 413 Exemplare gebaut.
**SBW-4:** entspricht der SB2C-4E; 96 Exemplare gebaut; weitere 174 Maschinen der SBW-1B Bestellung wurden in dieser Konfiguration fertiggestellt.
**SBW-5:** entspricht der SB2C-5; 86 Exemplare gebaut.

**Curtiss SB2C-5 Helldiver des Centro de Aviacao de Aveiro, Aviacao Maritima, Portugal, 1950 in Sao Jacinto stationiert**

## Technische Daten

### Curtiss SB2C-4

**Typ:** zweisitziges Pfadfinder/Bombenflugzeug für Flugzeugträger.
**Triebwerk:** ein 1.900 PS (1.417 kW) Wright R-2600-20 Cyclone 14 Sternmotor.
**Leistung:** Höchstgeschwindigkeit 475 km/h in 5.090 m Höhe; Reisegeschwindigkeit 254 km/h; Dienstgipfelhöhe 8.870 m; max. Reichweite 1.875 km.
**Gewicht:** Leergewicht 4.784 kg; max. Startgewicht 7.537 kg.
**Abmessungen:** Spannweite 15,16 m; Länge 11,18 m; Höhe 4,01 m; Tragflügelfläche 39,20 m².
**Bewaffnung:** zwei in den Tragflächen montierte 20 mm Kanonen und zwei 7,62 mm MG im hinteren Cockpit, plus bis zu 907 kg Bomben im Rumpf und in Unterflügelkästen.

**Canadian Car & Foundry SBW-1B Helldiver Mk I (Curtiss SB2C-1)**

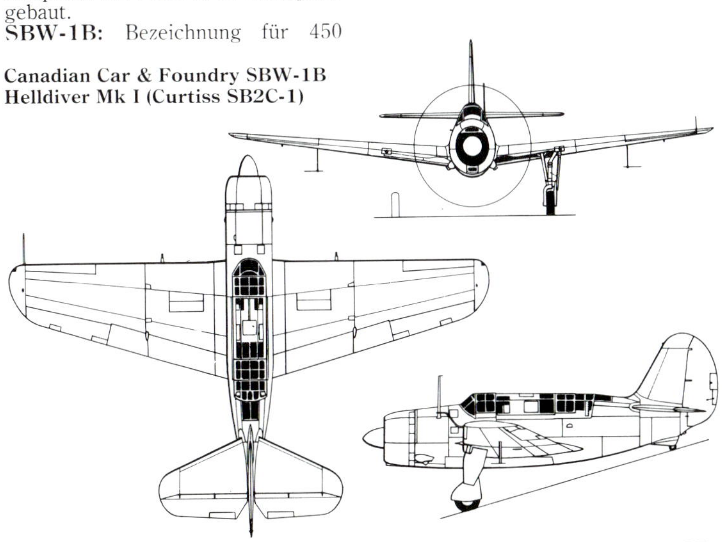

# Curtiss Model 85 (O-52 Owl)

### Entwicklungsgeschichte

Das **Curtiss Model 85**, ein Aufklärungs- und Beobachtungsflugzeug in einer ähnlichen Kategorie wie die frühere britische Westland Lysander und die deutsche Henschel Hs 126, war ein Kabinen-Hochdecker mit einzelnen Streben zu beiden Seiten und Fahrwerkhaupträdern, die sich parallel in den Rumpf einziehen ließen. Der Entwurf entstand 1939, und das US Army Air Corps bestellte 203 Exemplare, ohne zuvor einen Prototyp getestet zu haben, unter der Bezeichnung **O-52 Owl** (Eule). Die Auslieferung begann im Februar 1941, und als die Japaner im Dezember 1941 Pearl Harbor angriffen, wurden einige dieser Maschinen im Pazifik eingesetzt; andere gingen angeblich an die Sowjetunion. Inzwischen waren aber die meisten O-52 in den USA für Schulungszwecke abkommandiert worden.

### Technische Daten

**Typ:** zweisitziger Beobachtungs- und Aufklärungseindecker.
**Triebwerk:** ein 600 PS (447 kW) Pratt & Whitney R-1340-51 Wasp Sternmotor.
**Leistung:** Höchstgeschwindigkeit 354 km/h; Reisegeschwindigkeit 309 km/h; Dienstgipfelhöhe 6.400 m; Reichweite 1.127 km.
**Gewicht:** Rüstgewicht 1.919 kg; max. Startgewicht 2.433 kg.
**Abmessungen:** Spannweite 12,42 m; Länge 8,05 m; Höhe 3,03 m; Tragflügelfläche 19,50 m².
**Bewaffnung:** ein festes, vorwärts zielendes 7,62 mm MG und eine gleiche Waffe auf flexiblem Sockel, vom Beobachter bedient.

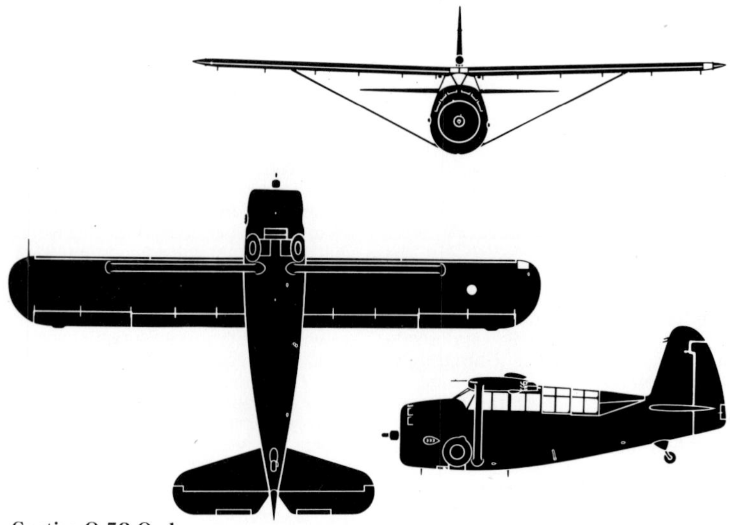

Curtiss O-52 Owl

# Curtiss Model 97 (SC Seahawk)

### Entwicklungsgeschichte

Die Entwicklung der **Curtiss SC Seahawk** begann im Juni 1942, als die US Navy von der Firma Vorschläge für ein modernes Pfadfinder-Flugzeug mit Fahrwerk/Schwimmern anforderte. Eine leicht austauschbare Fahrwerkkonfiguration war erforderlich, so daß die Maschine von Flugzeugträgern und Landstützpunkten aus eingesetzt oder von Bord eines Schlachtschiffs katapultiert werden konnte; der Typ sollte die ähnlich strukturierte Curtiss Seamew und die Vought Kingfisher aus dem Jahre 1937 in einer ebenfalls ähnlichen Rolle ersetzen. Der Entwurf des **Curtiss Model 97** wurde am 1. August 1942 vorgelegt, aber erst am 31. März 1943 ging der Auftrag für zwei Prototypen der **XSC-1 (Model 97A)** ein.

Die SC Seahawk war ein Tiefdecker mit freitragenden Flügeln aus Ganzmetall, die umklappbaren Tragflächen hatten eine ausgeprägte V-Stellung und verstrebte Flügelspitzen-Stützschwimmer. Der mittlere Schwimmer, der außerdem zusätzlichen Treibstoff fassen konnte, und die Hauptfahrwerkteile mit Rädern waren an den gleichen Stellen an den Rumpf montiert. Das Triebwerk war ein Wright R-1820-62 Cyclone 9 Sternmotor.

Der erste Prototyp unternahm seinen Jungfernflug am 16. Februar 1944, gefolgt von 500 Serienmaschinen vom Typ **SC-1 (Model 97B)**, die im Juni 1943 in Auftrag gegeben worden waren. Alle wurden als Landflugzeuge ausgeliefert; die Stützschwimmer und der mittlere Edo Schwimmer konnten von der US Navy selbst auf Wunsch angebracht werden. Die Auslieferung der Serienmaschinen begann im Oktober 1944, und die ersten Exemplare gingen an Bord der *USS Guam*. Eine zweite Serie von 450 SC-1 wurde ebenfalls bestellt, aber erst 66 waren bei Ende des Krieges fertig.

Eine verbesserte Ausführung erhielt einen 1.425 PS (1.063 kW) R-1820-76 Motor, eine Vorrichtung für eine durchsichtige Cockpitkuppel und einen Notsitz hinter dem Piloten. Der modifizierte Prototyp erhielt zunächst die Bezeichnung **XSC-1A**, dann **XSC-2 (Model 97C)** und brachte einen Vertrag für das ähnliche Serienmodell **SC-2 (Model 97D)** ein; bei Kriegsende waren aber erst zehn Exemplare gebaut worden.

### Technische Daten

**Curtiss SC-1**
**Typ:** einsitziges Pfadfindflugzeug, auch zur Bekämpfung von Überwasserzielen.
**Triebwerk:** ein 1.350 PS (1.007 kW) Wright R-1820-62 Cyclone 9 Sternmotor.
**Leistung:** Höchstgeschwindigkeit 504 km/h in 8.715 m Höhe; Reisegeschwindigkeit 201 km/h; Dienstgipfelhöhe 11.370 m; Reichw. 1.006 km.
**Gewicht:** Leergewicht 2.867 kg; max. Startgewicht 4.082 kg.
**Abmessungen:** Spannweite 12,50 m; Länge 11,09 m; Höhe 3,89 m; Tragflügelfläche 26,01 m².
**Bewaffnung:** zwei 12,7 mm MG, plus Unterflügelkästen für insgesamt 295 kg Bomben.

US Navy

**Die Seriennr. 32599 identifiziert diese Maschine als zweites Exemplar der ersten 500 Serienmaschinen der Seahawk; die ersten drei Flugzeuge dieser Serie wurden übrigens als XSC-1 bezeichnet, die restlichen trugen die Bezeichnung SC-1.**

Curtiss SC-1 Seahawk

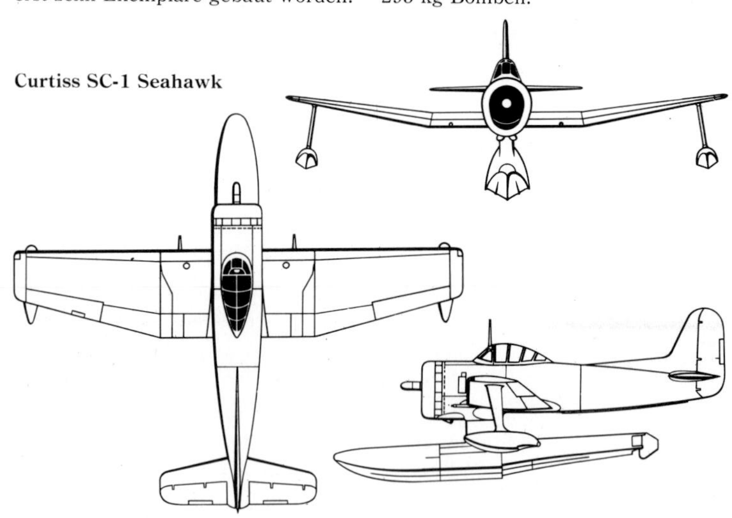

# Curtiss-Wright (Verschiedene Typen)

### Entwicklungsgeschichte

Curtiss begann mit seiner Arbeit 1928 in St. Louis, Missouri, als die Firma dort die Robertson Airlines aufkaufte und dann die Curtiss-Robertson Aircraft Corporation gründete. Die Flugzeuge dieser Firma wurden zunächst in verschiedenen Zweigwerken entworfen, aber bald wurden auch in St. Louis und in Wichita (der Heimatstadt der 1929 von Curtiss übernommenen Gesellschaft Home Travel) Maschinen konstruiert. 1930 wurden Curtiss-Robertson und Travel Air zu der Curtiss-Wright Airplane Company verbunden, deren Modelle durch das Präfix CW identifiziert wurden.

Die Produktion in St. Louis erbrachte auch einige gemeinsame Entwürfe: die **Curtiss-Wright CA-1** war ein ausgesprochen attraktiver Amphibien-Doppeldecker, der durch sein einfach strukturiertes Amphibien-Dreibeinfahrwerk auffiel; der sorgfältig verdeckte 365 PS (272 kW) Wright R-975E-1 Sternmotor in der Vorderkante der oberen Tragflächen betrieb einen Zweiblatt-Druckpropeller, der durch eine verlängerte Welle betrieben wurde. Der Entwurf stammte von dem britischen

Testpiloten Frank Courtney, und die drei gebauten Maschinen wurden an Japan verkauft.

Curtiss-Robertson produzierte zwei Entwürfe, die **CR-1 Skeeter** und die **CR-2 Coupe**; das erste Modell war ein ultraleichtes Sportflugzeug, das auf dem Snyder MG-1 Buzzard Motorsegler basierte und Baldachin-Flügel sowie einen 24 PS (17,9 kW) A.B.C. Scorpion Sternmotor hatte; die CR-2 war ein zweisitziger Kabinen-Eindecker. Beide Modelle stammen aus dem Jahre 1930; von der CR-1 wurde ein, von der CR-2 zwei Exemplare gebaut.

Curtiss-Wright kam mit dem nächsten Modell erst richtig in Gang: die **CW-1 Junior** war eine verbesserte Ausführung der CR-1 Skeeter und leicht zu produzieren; das Triebwerk war ein 45 PS (33,6 kW) Szekely SR-3 Motor. Der ursprüngliche Preis war erstaunlich niedrig, er betrug nur knapp 1.490 Dollar. Verhältnismäßig viele Exemplare wurden gebaut (261), außerdem eine **CW-1A** mit einem 40 PS (29,8 kW) Augustine Umlaufmotor und zwei CW-1S mit einem 40 PS (29,8 kW) Salmson AD9 Sternmotor. Eine andere Entwicklung der CW-1 war die **CW-3 Duckling**, eine Amphibienausführung mit einem 60 PS (44,8 kW) Velie M-5 Sternmotor, der bei der **CW-3W** und **CW-3L** durch 90 PS (67,1 kW) Warner bzw. Lambert Motoren ersetzt wurde. Die Bezeichnung **CW-2** wurde auf das Projekt eines nicht gebauten zweisitzigen Eindeckers angewendet; **CW-4** war die Bezeichnung für die T-32 Condor und auch für die Travel Air 4000; **CW-5** hieß ein geplanter, nicht gebauter Frachter; die Bezeichnungen **CW-6** bis **CW-11** wurden für frühere Travel Air Modelle (6000, 7000, 8000, 9000, 10 bzw. 11) verwendet.

Die **CW-12 Sport Trainer** aus dem Jahre 1930 war ein zweisitziger Doppeldecker, der in verschiedenen Ausführungen entwickelt wurde. Die **CW-12K** war ein besonders leistungsstarkes Modell, das in zwei Exemplaren mit 125 PS (93 kW) Kinner B-5 Motoren gebaut wurde; die **CW-12Q** war die populärste Ausführung und wurde in 27 Exemplaren mit 90 PS (67,1 kW) Curtiss-Wright Gypsy Reihenmotoren produziert; die **CW-12W** brachte es mit 110 PS (82,1 kW) auf zwölf Maschinen. Die Bezeichnung CW-13 wurde nicht verwendet, daher war das nächste Modell die **CW-14**, eine Entwicklung der Travel Air 4000/4, zunächst mit dem Namen **Speedwing** nach dem Air Travel Entwurf. Spätere Namen waren **Sportsman** und **Osprey** (für die zweisitzige militärische Exportausführung). Der Prototyp war die **CW-14C** mit dem 185 PS (138 kW) Curtiss Challenger; es folgten die **CW-A14D**, ein Dreisitzer, der in fünf Exemplaren mit 240 PS (179 kW) Wright J-6-7 (R-760E Whirlwind) Motoren produziert wurde; dann kam die **CW-B14B Speedwing Deluxe** mit zwei Maschinen mit 300 PS (224 kW) Wright J-6-9 (R975E Whirlwind) Motoren. Die nächsten Ausführungen waren: die **CW-B14R**, die **CW-B14R Special Speedwing Deluxe**, ein einzelnes Exemplar eines Einsitzers mit einem 420 PS (313 kW) Wright SR-975E Sternmotor mit Turbolader; die **CW-C14B Osprey**, eine militärische Version mit einem 300 PS (224 kW) Wright R-975E Motor und zwei MG (ein festes und ein flexibles) sowie einer leichten Bombenzuladung; und schließlich die **CW-C14R**. Der nächste Entwurf, die **CW-15 Sedan**, war das Werk eines ehemaligen Angestellten der Travel Air und daher ähnlich dem Travel Air Model 10. Die Produktion belief sich auf 15 Maschinen: neun **CW-15C** mit einem 185 PS (138 kW) Curtiss Challenger Sternmotor, drei **CW-15D** mit einem 240 PS (179 kW) Wright J-6-7 Motor und drei **CW-15N** mit einem 210 PS (157 kW) Kinner C-5 Sternmotor.

Die **CW-17 Light Sport** war eine dreisitzige Ausführung der CW-12 und in drei Varianten erhältlich: die **CW-16E** (10 Exemplare) mit einem 165 PS (123 kW) Wright J-6-5, die **CW-16K** (11) mit einem 125 PS (93 kW) Kinner B-5 und die **CW-16W** (ein Exemplar) mit einem 110 PS (82 kW) Warner Scarab. Die **CW-17R Pursuit Osprey** war eine Version der CW-B14B mit einem stärkeren 420 PS (313 kW) Wright J-6-9 Sternmotor, aber es läßt sich nicht mehr feststellen, ob ein Prototyp überhaupt gebaut wurde. Die **CW-18** war ein geplantes Schulflugzeug für das US Army Air Corps.

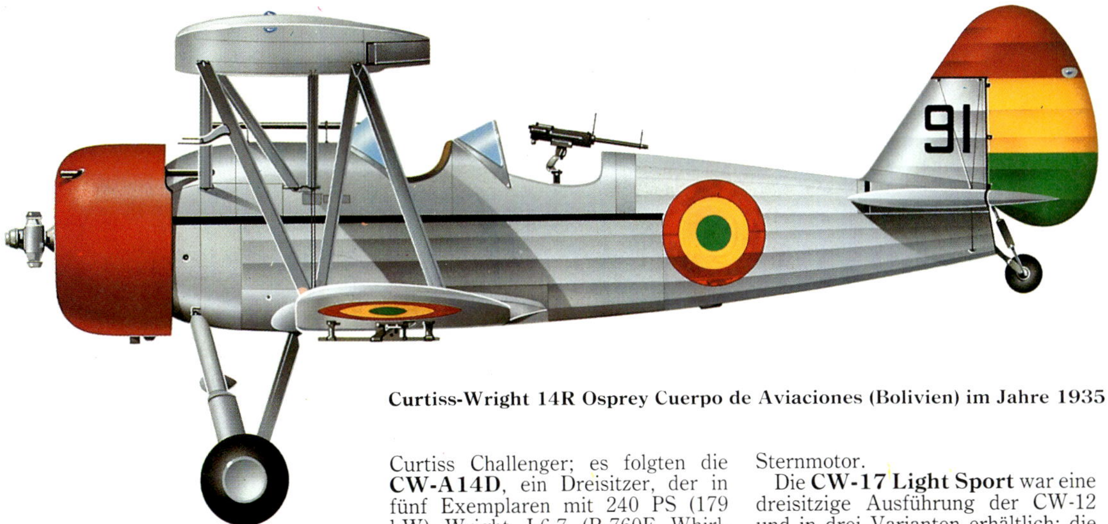


**Curtiss-Wright 14R Osprey Cuerpo de Aviaciones (Bolivien) im Jahre 1935**

**Die CW-1 Junior war das letzte Curtiss-Wright Modell aus der Zeit der amerikanischen Depression und zielte auf den Absatzmarkt für Leichtflugzeuge ab. Zum Glück waren die Sitze vor dem Öl verspritzenden Motor angebracht.**

### Technische Daten

**Curtiss-Wright CW-1 Junior**

**Typ:** zweisitziges Leichtflugzeug.
**Triebwerk:** ein 45 PS (33,6 kW) Szekely SR-3 Sternmotor.
**Leistung:** Höchstgeschwindigkeit 129 km/h; Dienstgipfelhöhe 3.660 m; Reichweite 322 km.
**Gewicht:** Leergewicht 259 kg; max. Startgewicht 442 kg.
**Abmessungen:** Spannweite 12,03 m; Länge 6,47 m; Höhe 2,23 m; Tragflügelfläche 16,35 m$^2$.

Mike Hooks

# Curtiss-Wright CW-19/23

### Entwicklungsgeschichte

Die **CW-19L Coupe** wurde von George Page als moderner, zweisitziger Ganzmetall-Tiefdecker mit freitragenden Flügeln für private Interessenten entworfen. Das Modell wurde 1935 gebaut und erhielt einen 90 PS (67 kW) Lambert Motor; bei den Tests erwies es sich als manövrierfähig, aber zu schwach. Die **CW-19W** behielt die Kabine mit den nebeneinanderliegenden Sitzen des früheren Modells, ersetzte aber den Lambert Motor durch einen 145 PS (108 kW) Warner Super Scarab. Allen Versionen der CW-19 gemeinsam war die stromlinienförmige Verkleidung der Hauptteile des festen Fahrwerks.

Die Militärausführung **CW-19R** war ein radikal veränderter Neuentwurf für den Exportmarkt. Die zwei Mann Besatzung saßen hintereinander unter einer langen Schiebekuppel, und die Maschine hatte Vorkehrungen für eines vorwärts zielendes, synchronisiertes MG sowie ein anderes Gewehr auf flexiblem Sockel, das der Beobachter bediente. An Unterflügelstationen konnten leichte Bomben transportiert werden, und an den Fahrwerkverkleidungen ließen sich weitere Gewehre für Bodenangriffe anbringen.

Die Curtiss-Wright Direktion glaubte, daß die CW-19R die Ansprüche an ein Mehrzweck-Kampf- und Aufklärungsflugzeug befriedigen würde. Allerdings wurden nur wenige Exemplare verkauft: 20 an China und drei an Kuba. Die Antriebskraft wurde daraufhin erheblich erhöht: die CW19R hatte einen 350 PS (261 kW) Wright R-760E2 (J-6-7) und einen 450 PS (336 kW) Wright R-975E3 (J-6-9) zur Auswahl, und das Modell erwies seine guten Flugeigenschaften ebenso wie die außergewöhnliche Steiggeschwindigkeit.

Eine unbewaffnete Anfangsschulungsversion der CW-19R wurde mit der Bezeichnung **CW-A19R** gebaut. Das Modell flog im Februar 1937 und wurde von der US Army getestet, aber nicht bestellt. Drei Maschinen wurden fertiggestellt, von denen eine später in eine CW-22 umgebaut wurde. Das einzige Exemplar der **CW-23** basierte auf der CW-19R. Es hatte einen 600 PS (447 kW) Pratt & Whitney R-1340 Wasp Motor und ein nach innen einziehbares Fahrwerk und war als Anfänger-Kampftrainer für die US Army gedacht. Der Erstflug fand 1939 statt, aber nach offiziellen Tests wurde keine Bestellung aufgegeben.

### Varianten

**CW-B19R:** geplante zivile Ausführung der CW-A19R; nicht gebaut.

### Technische Daten

**Curtiss-Wright CW-19R**

**Typ:** ein zweisitziges leichtes Kampfflugzeug.

**Triebwerk:** ein 350 PS (261 kW) Wright R-760E2 Whirlwind Sternmotor.

**Leistung:** Höchstgeschwindigkeit 298 km/h; Anfangssteiggeschwindigkeit 9,45 m/sek.

**Gewicht:** Rüstgewicht 904 kg; max. Startgewicht 1.588 kg.

**Abmessungen:** Spannweite 10,67 m; Länge 8,03 m; Höhe 2,49 m; Tragflügelfläche 16,16 $m^2$.

**Bewaffnung:** zwei 7,7 mm MG und Vorrichtungen für zwei zusätzliche Gewehre an den Außenseiten der Fahrwerkverkleidungen, plus leichte Bomben an Flügelstationen.

**Ein Curtiss-Wright CW-19R Mehrzweck-Militärflugzeug der Luftwaffe von Equador. Im Rumpf konnte ein kleines synchronisiertes MG untergebracht werden, und an der Außenseite der Fahrwerkverkleidung ließen sich zwei weitere Gewehre anbringen.**

RAF Museum, Hendon

# Curtiss-Wright CW-20 (C-46 Commando)

### Entwicklungsgeschichte

Am 26. März 1940 flog Curtiss-Wright den Prototyp eines zivilen Linienflugzeugs mit 36 Sitzplätzen, der die Unternehmensbezeichnung **CW-20** trug. Der Großraumrumpf dieser Maschine weckte das Interesse der US Army als Fracht-, Transport- und Ambulanzflugzeug, und unter der Bezeichnung **C-46** und dem Namen **Commando** wurde die Herstellung einer Militärversion mit 2.000 PS (1.491 kW) Pratt & Whitney R-2800-43 Motoren in Auftrag gegeben. Als das erste dieser **CW-20B** Modelle im Juli 1942 in Dienst gestellt wurde, war es das größte und schwerste zweimotorige Flugzeug, das bei der USAAF verwendet wurde. Es bewährte sich auf dem Pazifik-Kriegsschauplatz als ein so guter Transporter, daß bis zum Auslaufen der Produktion über 3.000 Stück gebaut worden waren.

Abgesehen von anderen Motoren und weniger Kabinenfenstern glichen die Original C-46 im allgemeinen dem CW-20 Prototyp. Die **C-46A**, die sich anschloß, hatte an der linken hinteren Rumpfseite eine große Frachtluke, einen verstärkten Frachtraumboden und Klappsitze für 40 Soldaten. Gleichstarke Pratt & Whitney R-2800-51 Motoren ersetzten die R-2800-43 der C-46, da sie im Höhenflug eine bessere Leistung brachten. Dies erwies sich als besonders wichtig und die C-46A, die nach dem Verlust der 'Burma Road' die lebenswichtigen Versorgungsgüter über den Himalaya trugen, zeigten eine bessere Leistung als die C-47, wenn es dort in große Höhen ging. Zum Erfolg der Luftbrücke, über die China mit lebenswichtigem Kriegsgut versorgt wurde, leisteten sie einen entscheidenden Beitrag.

Im Pazifikraum spielte die Commando eine entscheidende Rolle bei dem Einsatz von Insel zu Insel, der schließlich in der japanischen Kapitulation endete, und auch 160 **R5C-1** Maschinen (ähnlich den C-46A der USAAF), die an das US Marine Corps geliefert worden waren, waren entschiedend beteiligt. Zu den späteren USAAF-Versionen gehörten der **C-46D (CW-20B-2)** Mannschaftstransporter mit einer Zusatztür auf der rechten Seite (1.610 gebaut), die **C-46E (CW-20B-3)** Mehrzweckversion mit Türen wie die C-46A und der abgestuften Windschutzscheibe der XC-46B (17 gebaut), die **C-46F (CW-20B-4)** Frachtversion mit Luken an beiden Seiten und geraden Flügelspitzen sowie eine einzelne **C-46G (CW-20B-5)**, die sowohl eine abgestufte Windschutzscheibe als auch gerade Flügelspitzen hatte. Die Commando blieben sowohl bei der USAAF/USAF als auch bei dem USMC über den Zweiten Weltkrieg hinaus im Einsatz. Die USAAF setzte C-46 im Koreakrieg sowie bei den ersten Kampfhandlungen in Vietnam ein und auch Mitte der achtziger Jahre war noch eine geringe Zahl dieser Maschinen bei kleineren Fluggesellschaften und Luftstreitkräften in Verwendung.

### Varianten

**CW-20T:** Original-Prototyp mit V-förmigem Höhen- und Endplatten-Seitenleitwerk und 1.700 PS (1.268 kW) Wright R-2600 Twin Cyclone Sternmotoren.

**CW-20A:** Modifikation des Original-Prototyps mit geradem Höhenleitwerk, einer Seitenleitwerksflosse und Detailverbesserungen; von der US Army als **C-55** erprobt wurde die Maschine anschließend an Curtiss zurückgegeben und von dort an BOAC verkauft.

**CW-20B-1:** einzelne Umbauversion einer C-46A zur Bewertung einer Konstruktion mit abgestufter Wind-

Curtiss C-46F Commando der Rich International Airways (USA)

schutzscheibe; angetrieben von 2.100 PS (1.567 kW) R-2800-34W Sternmotoren; Militärbezeichnung **XC-46B**.
**CW-20E-2:** Projekt für eine **XC-46K** Version mit 2.500 PS (1.865 kW) Wright-R-3350-BD Sternmotoren.
**CW-20G:** Bezeichnung der einzigen C-46G, die als Teststand für die General Electric TG-100 Propellerturbine in der rechten Motorgondel umgebaut wurde; in der linken Gondel verblieb der urspüngliche R-2800-34W Sternmotor; die Bezeichnung war zunächst **XC-46C**, wurde aber dann in **XC-113** geändert.
**CW-20H:** Bezeichnung von drei Exemplaren mit Wright R-3350 Sternmotoren, 1945 unter der Militärbezeichnung **XC-46L** geliefert.

### Technische Daten
**C-46A Commando**
**Typ:** ein Truppen- und Frachttransporter.
**Triebwerk:** zwei 2.000 PS (1.492 kW) Pratt & Whitney R-2800-51 Sternmotoren.
**Leistung:** Höchstgeschwindigkeit 435 km/h in 4.570 m Höhe; Reisegeschwindigkeit 278 km/h; Dienstgipfelhöhe 7.470 m; Reichweite bei 278 km/h 5.069 km.
**Gewicht:** Leergewicht 13.608 kg; max. Startgewicht 20.412 kg.
**Abmessungen:** Spannweite 32,91 m; Länge 23,26 m; Höhe 6,62 m; Tragflügelfläche 126,34 m$^2$.

Austin J Brown

**Immer noch populär ist die Curtiss Commando bei den Fluglinien von Entwicklungsländern wie Haiti, zu deren Flotte, bestehend aus vier Maschinen, zwei C-46A gehören.**

# Curtiss-Wright CW-21

### Entwicklungsgeschichte
Die **Curtiss-Wright CW-21** war eine leichte Abfangjäger-Weiterentwicklung des Zweisitzers CW-19. Sie war ein selbsttragender Ganzmetall Eindecker mit einem Heckradfahrwerk, dessen Haupträder in Verkleidungen unter den Flügeln eingezogen werden konnten. Als Triebwerk diente ein 1.000 PS (746 kW) Wright R-1820-G5 Cyclone Sternmotor, und die Bewaffnung bestand aus zwei synchronisierten Maschinengewehren.

Der Prototyp absolvierte am 22. September 1938 seinen Jungfernflug, wurde im folgenden März in China vorgeführt und blieb anschließend im chinesischen Dienst. Nach längeren Verhandlungen kauften die Chinesen drei Serien CW-21 und diesen folgten weitere 27 Maschinen, die in Loiwing in China aus von Curtiss-Wright gelieferten Bauteilen montiert wurden. Alle drei in Amerika gebauten CW-21 stürzten während ihres Auslieferungsflugs von Burma nach Kunming ab und die verfügbaren Informationen weisen darauf hin, daß keines der übrigen 27 Flugzeuge, die in China gebaut werden sollten, je fertiggestellt wurde.

Bei der **CB-21B** verwendete Curtiss-Wright das Heckradfahrwerk mit nach hinten klappenden Haupträdern, das für das einzelne Testexemplar CW-23 entwickelt worden war. Die Niederlande kauften 24 CW-21B, die jedoch erst lieferbereit waren, als die Niederlande schon von den Deutschen überrannt worden waren. Daraufhin wurden sie auf die niederländischen Ostindien-Inseln geliefert, wo sie im Oktober und Dezember 1940 ankamen und bei der 2. Jagdstaffel der Niederländisch-Ostindischen Heeresfliegerabteilung in Dienst gestellt wurden. Die Maschinen, die in den ersten Monaten des Jahres 1942 intensiv mit der Bekämpfung angreifender Jäger und Bomber der kaiserlich-japanischen Marine beschäftigt waren, waren wegen ihrer nicht selbstversiegelnden Tanks und der nicht kugelsicheren Windschutzscheiben sehr verwundbar. Darüber hinaus wurden sie oft in Luftkämpfe verwickelt, für die sie in der Rolle als Abfangjäger, der nach einem schnellen Steigflug einen raschen Angriff durchführt und dann sofort das Weite sucht, nicht vorgesehen waren. Die meisten der CW-21B wurden abgeschossen, einige fielen jedoch in verwendbarem Zustand in japanische Hände.

### Technische Daten
**Curtiss-Wright CW-21B**
**Typ:** einsitziger Abfangjäger.
**Triebwerk:** ein 1.000 PS (746 kW) Wright R-1820-G5 Cyclone Sternmotor.
**Leistung:** Höchstgeschwindigkeit 505 km/h; Steiggeschwindigkeit auf 4.000 m in 4 Minuten; Dienstgipfelhöhe 10.455 m; Reichweite 1.014 km.
**Gewicht:** Rüstgewicht 1.534 kg; max. Startgewicht 2.041 kg.
**Abmessungen:** Spannweite 10,67 m; Länge 8,03 m; Höhe 2,64 m; Tragflügelfläche 16,19 m$^2$.
**Bewaffnung:** vier synchronisierte Maschinengewehre im Bug.

**Curtiss-Wright CW-21 (unterbrochene Linie: eingezogene Fahrwerksposition)**

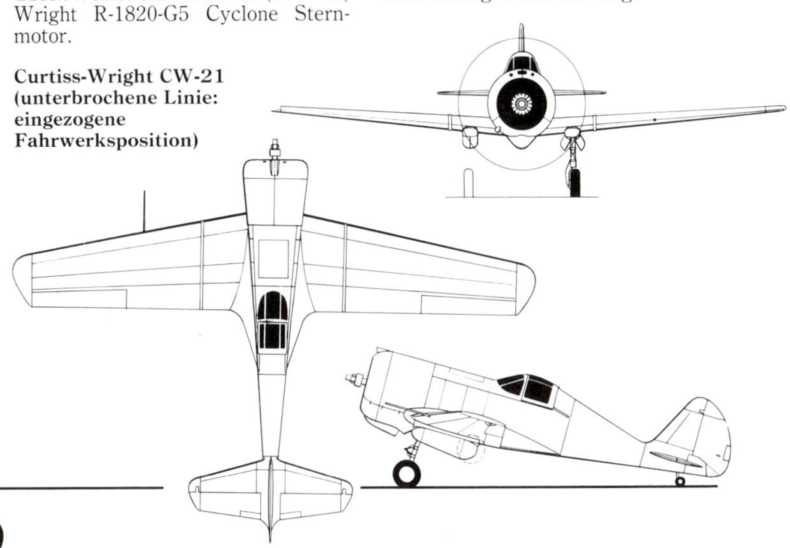

# Curtiss-Wright CW-22 (SNC Falcon)

### Entwicklungsgeschichte
Der Prototyp des zweisitzigen Tiefdeckers **Curtiss-Wright CW-22**, der als Mehrzweck- und Anfänger-Schulflugzeug gedacht war, wurde 1940 im Curtiss-Wright Werk in St. Louis entwickelt. Die beiden Besatzungsmitglieder waren unter einem durchgehend verglasten Kabinendach untergebracht, und die ganz aus Metall gebaute CW-22 zeigte ihre Abstammung deutlich durch das Fahrwerk, dessen Haupträder, wie bei dem CW-21 Abfangjäger, nach hinten in Verkleidungen unter den Flügeln einklappten. Von den CW-22, die von einem 420 PS (313 kW) Wright R-975 Whirlwind Sternmotor angetrieben wurden, wurden 36 Maschinen auf die Inseln Niederländisch-Ostindiens exportiert, wurden aber wegen des japanischen Vormarsches in dieser Region im März 1942 an die Niederländer in Nordaustralien ausgeliefert.

Eine weiterentwickelte **CW-22B** Version wurde an die Türkei (50), an Niederländisch-Ostindien (25) und an verschiedene lateinamerikanische Länder (insgesamt etwa 25) verkauft. Mehrere niederländische Maschinen wurde später von den Japanern erobert und geflogen. Sowohl die CW-22 als auch die CW-22B war mit zwei Maschinengewehren bewaffnet, von denen eines starr und das andere beweglich montiert waren.

Nachdem ein Vorführmodell als **CW-22N** von der US Navy als Fortgeschrittenen-Schulversion getestet worden war, ging diese in Serie. Die US Navy gab diesem Typ die Bezeichnung **SNC-1 Falcon** und in Gruppen von 150, 150 und 155 wurden insgesamt 455 Maschinen gekauft. Die Flugzeuge der letzten Gruppe hatten ein modifiziertes, höheres Kabinendach. Nach dem Zweiten Weltkrieg wurden viele SNC-1 in den USA an Privatbesitzer verkauft.

### Technische Daten

**Curtiss-Wright SNC-1**

**Typ:** zweisitziges Fortgeschrittenen-Schulflugzeug.

**Triebwerk:** ein 420 PS (313 kW) Wright R-975-28 Whirlwind Sternmotor.

**Leistung:** Höchstgeschwindigkeit 319 km/h; Dienstgipfelhöhe 6.645 m; Reichweite 1.255 km.

**Gewicht:** Rüstgewicht 1.241 kg; max. Startgewicht 1.718 kg.

**Abmessungen:** Spannweite 10,67 m; Länge 8,23 m; Höhe 3,02 m; Tragflügelfläche 16,14 m$^2$.

**Bewaffnung:** zwei 7,62 mm Maschinengewehre.

# Curtiss-Wright CW-24 (XP-55)

### Entwicklungsgeschichte

Am 27. November 1939 gab das US Army Corps an interessierte Hersteller seine Spezifikation für einen einsitzigen Abfangjäger heraus, der von einem neu entwickelten Pratt & Whitney-Motor mit der Bezeichnung X-1800-A3G angetrieben werden sollte. Das USAAC ließ auch durchsickern, daß unkonventionelle Konstruktionen vorgeschlagen werden konnten, solange sie die drei Wunschkriterien von geringem Luftwiderstand, außergewöhnlich guter Sicht für den Piloten und hoher Feuerkraft erfüllten.

Anfang 1940 legten drei Hersteller Konstruktionsvorschläge vor und alle drei erhielten Verträge zur Entwicklung ihrer Konstruktionen, mit Optionen auf den Bau von Prototypen. Die **Curtiss-Wright CW-24** war allerdings so fortschrittlich, daß die US Army bald das Interesse verlor. Als Antwort darauf entschied das Unternehmen, auf eigene Rechnung ein flugfähiges Modell in Originalgröße zu bauen, das als **CW-24B** bezeichnet wurde.

Dieses Flugzeug hatte ganz aus Holz gefertigte Flügel, eine aus Stahlrohr geschweißte Rumpfstruktur und wurde von einem 275 PS (205 kW) Menasco C-68 Reihenmotor angetrieben. Die Flugtests wiesen auf einige Stabilitätsprobleme hin, die jedoch im Laufe von über 160 Flügen durch eine Reihe von Modifikationen behoben wurden. Am 10. Juli 1942 erhielt Curtiss-Wright den USAAF-Vertrag zum Bau von drei **XP-55** Prototypen, die von Allison V-1710 Motoren angetrieben werden sollten, da es den Pratt & Whitney X-1800 zu der Zeit noch nicht gab.

Die XP-55 war ein leitwerksloses Flugzeug mit stark gepfeilten, tief hinten angesetzten, selbsttragenden Flügeln, an denen Querruder, Landeklappen und, kurz vor den Flügelspitzen, Seitenleitwerksflossen und -ruder montiert waren, die sich über und unter dem Flügel fortsetzten. Der Rumpf mit ovalem Querschnitt war ganz aus Metall gefertigt und eine kleine, starre Horizontalfläche, an deren Hinterkante Höhenruder montiert waren, war vorn am Rumpf angebracht. Die XP-55 war auch das erste Modell, bei dem das Unternehmen ein einziehbares Bugradfahrwerk verwendete.

Der erste Prototyp absolvierte seinen Jungfernflug im Juli 1943, wurde jedoch vier Monate später, am 15. November, während Überziehungstests bei einem Unfall zerstört. Der zweite Prototyp machte am 9. Januar 1944 seinen Erstflug, und in seinem Testprogramm wurden überzogene Fluglagen sorgfältig vermieden, bis der dritte Prototyp, dessen Modifikationen diesen Fehler behoben, fertiggestellt und geflogen war. Dies geschah am 25. April 1944, und nachdem der zweite Prototyp auf ähnliche Weise modifiziert worden war, wurden im September 1944 beide Maschinen der USAAF zur Erprobung übergeben. Diese zeigten, daß die Langsamflugeigenschaften schlecht waren, und wenngleich diese Flugzeuge im Geradeausflug zufriedenstellend waren, so war ihre Leistung doch schlechter als die zeitgenössischer Jagdflugzeuge, und ihre Entwicklung wurde eingestellt.

### Technische Daten

**Typ:** einsitziger Abfangjäger.

**Triebwerk:** ein 1.275 PS (951 kW) Allison V-1710-95 Reihenmotor mit Druckpropeller.

**Leistung:** Höchstgeschwindigkeit 628 km/h in 5.885 m Höhe; Reisegeschwindigkeit 476 km/h; Steigflugdauer auf 6.095 m 7 Minuten 6 Sekunden; Dienstgipfelhöhe 10.545 m; Reichweite 1.022 km.

**Gewicht:** Leergewicht 2.882 kg; max. Startgewicht 3.579 kg.

**Abmessungen:** Spannweite 12,36 m; Länge 9,02 m; Höhe 3,53 m; Tragflügelfläche 19,41 m$^2$.

**Bewaffnung:** vier im Bug montierte 12,7 mm Maschinengewehre.

**Eine radikale Konstruktion zur Schaffung eines schwerbewaffneten Abfangjägers mit hoher Steigfluggeschwindigkeit war die Curtiss-Wright XP-55 Ascender, bei der sich jedoch besonders in überzogener Fluglage ausgesprochen schwierige Steuerungsprobleme ergaben. Die 'Augenbrauen' am Bug dieses zweiten Prototyps sind die Mündungsklappen des oberen 12,7 mm Zwillings-MG.**

# Curtiss-Wright CW-25 (AT-9 Jeep)

### Entwicklungsgeschichte

Als 1940 in Europa bereits der Krieg tobte, wußte das US Army Air Corps, daß die Vorbereitungen für den Fall lebenswichtig waren, daß die Vereinigten Staaten in nicht allzuferner Zukunft hineingezogen werden würden. Als Teil dieser allgemeinen Überlegung hatte die US Army bereits mit der Erprobung der Cessna T-50 als fertig vorhandenem, zweimotorigen Schulflugzeug begonnen, das sich für Piloten eignete, die bereits für einmotorige Maschinen qualifiziert waren und die auf zweimotorige Flugzeuge und deren sehr unterschiedliche Flugtechnik umgeschult werden sollten. Die Cessna T-50, die als AT-8 beschafft wurde, wurde in großen Stückzahlen gebaut.

Für die spezialisiertere Umstellung auf einen zweimotorigen 'Hochleistungs'-Bomber war man der Meinung, daß etwas weniger Stabiles als die T-50 gebraucht würde. Allerdings hatte Curtiss-Wright mit der Konstruktion der **Curtiss-Wright CW-25**, eines zweimotorigen Umschulungstrainers, der die Start- und Landeeigenschaften eines leichten Bombers hatte, diesen Bedarf bereits vorausgesehen. Die CW-25 war ein selbsttragender Tiefdecker mit einziehbarem Heckradfahrwerk und zwei Lycoming R-680-9 Sternmotoren als Triebwerk. Der einzige Prototyp, der zur Erprobung gekauft wurde, hatte eine verschweißte Stahlrohr-Rumpfstruktur, und Flügel, Rumpf und Leitwerk waren mit Stoff bespannt.

Die Erprobung verlief erfolgreich, und der Typ wurde unter der Bezeichnung **AT-9** und dem Namen **Jeep** in Produktion gegeben. Die Serienmaschinen unterschieden sich von dem Prototyp durch ihre Ganzmetallbauweise. Insgesamt wurden 491 AT-9 gebaut, und ihnen folgten 300 im allgemeinen ähnliche **AT-9A** Maschinen. Sie blieben nur relativ kurze Zeit im Einsatz, da 1941 der Eintritt der USA in den Zweiten Weltkrieg zu der frühzeitigen Entwicklung eines wesentlich effektiveren Schulflugzeuges führte.

### Technische Daten

**Typ:** zweimotoriges Fortgeschrittenen-Schulflugzeug.

**Triebwerk:** zwei 295 PS (220 kW) Avco Lycoming R-680-9 Sternmotoren.

**Leistung:** Höchstgeschwindigkeit 317 km/h; Reisegeschwindigkeit 283 km/h; Reichweite 1.207 km.

**Gewicht:** Leergewicht 2.087 kg; max. Startgewicht 2.722 kg.

**Abmessungen:** Spannweite 12,29 m; Länge 9,65 m; Höhe 3,00 m; Tragflügelfläche 21,65 m$^2$.

**Curtiss-Wright AT-9 Jeep**

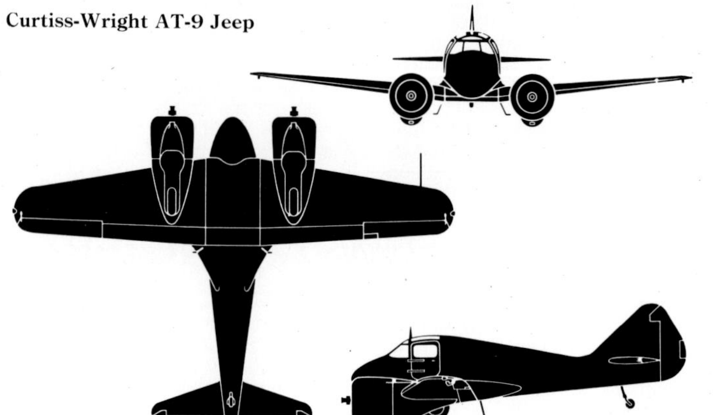

# Curtiss-Wright CW-27 (C-76 Caravan)

### Entwicklungsgeschichte

1941 erhielt Curtiss einen Auftrag der US Army, der die Konstruktion und den Bau eines ganz aus Holz gefertigten Militärtransportflugzeugs umfaßte. So wie eine Reihe von Flugzeugen, die in diesem Zeitraum in den USA gebaut wurden, war auch dieses Teil einer Serie, die als Prototypen gebaut worden waren, um Produktionstechniken für eine neue Generation von Ganzholz-Flugzeugen zu entwickeln, für den Fall, daß es zu einem ernsthaften Mangel an Leichtmetallen kommen sollte, der jedoch nicht eintrat.

Der ursprüngliche Vertrag lautete über elf **YC-76** Nullserien-Maschinen, die entsprechend der **Curtiss-Wright CW-27** Originalkonstruktion gebaut werden sollten, und dieses mittelgroße, zweimotorige Transportflugzeug erinnerte in manchen Teilen an die ältere, größere C-46 Commando. Die auffälligste Änderung ergab sich an dem Eindecker-Flügel, denn im Gegensatz zu dem Tiefdecker Commando war die Caravan ein Hochdecker. Die Maschine hatte ein einziehbares Bugradfahrwerk, und das aus zwei Pratt & Whitney R-1830 Twin Wasp Motoren bestehende Triebwerk war in flügelmontierten Gondeln untergebracht. Einschließlich der Flugbesatzung bot die Maschine für insgesamt 23 Personen Platz.

Die erste YC-76 absolvierte am 1. Januar 1943 ihren Jungfernflug, und zusätzlich zu dem Erstauftrag gingen Anschlußaufträge über fünf C-76 Serienmaschinen sowie über neun überarbeitete Testflugzeuge vom Typ **YC-76A** ein, die alle 1943 ausgeliefert wurden. Als deutlich wurde, daß eine ernste Knappheit an Leichtmetallen nicht zu erwarten war, wurde die Produktion eingestellt und die dann bestellten 175 C-76A wurden storniert.

### Technische Daten

**Typ:** ein mittelschweres Militär-Transportflugzeug.

**Triebwerk:** zwei 1.200 PS (895 kW) Pratt & Whitney R-1830-92 Twin Wasp Sternmotoren.

**Leistung:** Höchstgeschwindigkeit 309 km/h; Dienstgipfelhöhe 6.890 m; Reichweite 1.207 km.

**Gewicht:** Leergewicht 8.301 kg; max. Startgewicht 12.701 kg.

**Abmessungen:** Spannweite 32,97 m; Länge 20,83 m; Höhe 8,31 m; Tragflügelfläche 144,92 m$^2$.

USAF

**Die Curtiss-Wright C-76 Caravan wurde als einfaches Transportflugzeug aus strategisch unwichtigen Werkstoffen gebaut. Die Serien-Nr. 42-86917 war die letzte Serienmaschine (es wurden nur fünf gebaut), und um ihren veralteten Status deutlich zu machen, wurde sie bald in ZC-76 umbenannt.**

# Curtiss-Wright Experimentalflugzeuge

### Entwicklungsgeschichte

Mit Ende des Zweiten Weltkriegs wurde Curtiss-Wright genau wie die meisten anderen Flugzeughersteller von den massiven Auftragsstornierungen schwer getroffen. Während aber einige Hersteller eine Reihe von Maschinen bauten, die leicht als zivile Transportflugzeuge umgebaut werden konnten und während andere an der technologischen Revolution der Strahltriebwerke beteiligt waren, verpaßte Curtiss-Wright den Anschluß. Deshalb schloß das Unternehmen 1946 mit Ausnahme des Werkes in Columbus, Ohio, alle Fertigungsstätten. Später wurde das Werk Columbus zusammen mit allen Rechten an den Curtiss und Curtiss-Wright-Konstruktion an North American Aviation verkauft.

Curtiss-Wright produzierte später eine Reihe von Experimental-Konstruktionen, von denen hier zwei gezeigt sind. Die **Curtiss-Wright Model 200** war ein experimenteller sechssitziger Senkrechtstarter, bei dem zwei Avco Lycoming T55-L-5 Motoren vier Propeller antrieben. Diese Maschine flog erstmals am 26. Juni 1964 und wurde unter der Bezeichnung **X-19** von der USAF als Testflugzeug für den von Curtiss-Wright vorgeschlagenen senkrechtstartenden Transporter LT-1 erworben. Es wurden nur begrenzte Flugversuche durchgeführt. Eine weitere Experimentalkonstruktion war die **Curtiss-Wright VZ-7**, eine leichte Transportplattform, die im Rahmen der Untersuchungen gebaut wurde, die seitens der US Army über derartige 'Flugzeuge' durchgeführt wurden. Die VZ-7 wurde von einer Turboméca Artouste IIB Wellenturbine angetrieben, die vier kleine Horizontalpropeller bewegte. Die Steuerung erfolgte über ein Ruder im Auspuffstrom des Motors. Die Flugversuche wurden Ende der fünfziger Jahre durchgeführt.

USAF

**Die Curtiss-Wright Model 200 war ein Flugzeug mit schwenkbaren Propellern, wobei die vier Einheiten ihre Achse für den Senkrechtflug vertikal und für den Geradeausflug horizontal stellten.**

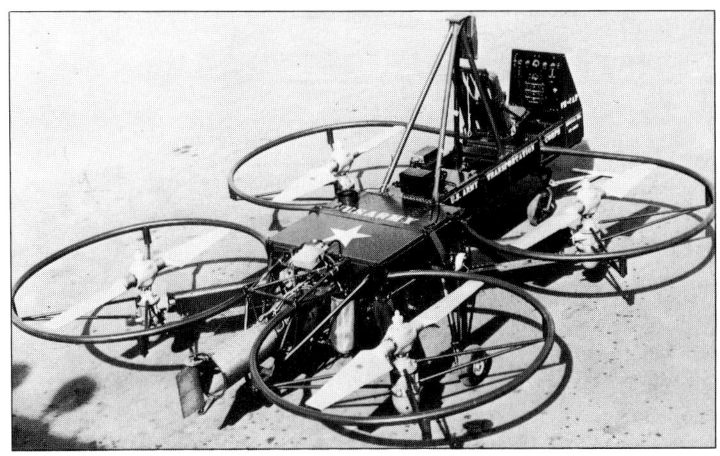


USAF

**Ein Großteil der amerikanischen Forschung der 50er und 60er Jahre beschäftigte sich mit Senkrechtstartern unter dem Aspekt, Soldaten und Versorgungsgüter schnell über jedes Terrain befördern zu können. Teil dieses Programms war die Curtiss-Wright VZ-7.**

# DAR Flugzeuge

### Entwicklungsgeschichte

Um trotz der Einschränkungen durch den Versailler Vertrag eine nationale Flugzeugindustrie aufzubauen, gründete 1924 die bulgarische Regierung die Drjavna Aeroplane Robotilnitsa (DAR), also das staatliche Flugzeugwerk, in Bojourishtye.

Neben der Reparatur von im Ausland gebauten Flugzeugen baute DAR Ende der zwanziger Jahre eine Reihe von Schulflugzeug- und Aufklärungs-Doppeldeckern. Als erstes wurden fünf DFW C.IV Doppeldecker aus deutscher Konstruktion gebaut; sie wurden in der geheimen bulgarischen Luftwaffe unter der damaligen Bezeichnung U-1 als Schulflugzeuge eingesetzt.

Der Typ, der während der Zeit zwischen den Kriegen am häufigsten gebaut wurde, war das deutsche Anfänger-Schulflugzeug Focke-Wulf FW 44 Stieglitz, das einen 150 PS (112 kW) Siemens Sh.14A Sternmotor als Triebwerk hatte. Unter der Bezeichnung **DAR 9** wurde dieser Typ in vier Serien gebaut. Die erste bestand aus sechs Maschinen und wurde in Bojourishtye gebaut, die zweite, dritte und vierte Serie jedoch wurden in einem neuen staatseigenen Betrieb namens DSF gebaut, der 1939 in Lovеč gegründet wurde.

Die letzte DAR-Konstruktion war der einsitzige Jäger **DAR 11**, der jedoch nicht über die Prototyp-Stufe hinauskam.

### Andere DAR-Flugzeuge

**DAR 1:** zweisitziger, einstieliger Doppeldecker des Jahres 1926, der als Reise- und Anfängerschulflugzeug gedacht war; zwölf gebaut, mit 60 PS (45 kW) Walter NZ Sternmotor; zwölf der **DAR 1A** Variante schlossen sich an, jeweils mit einem 85 PS (63 kW) Walter Vega-Motor; Konstrukteur war Hermann Winter, bei der DAR-Modifizierung unterstützt von Ing. Zwetan Lazarow.

**DAR 2:** Adaption des deutschen, aus der Kriegszeit stammenden Aufklärungs-Doppeldeckers Albatros C.III; zwölf gebaut mit je einem 160 PS (120 kW) Mercedes Motor.

**DAR 3 Garwan** (Krähe): dieser Aufklärungs-Doppeldecker wurde als Prototyp zunächst mit einem 420 PS (313 kW) Gnome-Rhône Jupiter

Sternmotor und anschließend mit einem 400 PS (298 kW) Lorraine Dietrich Motor erprobt; es folgten sechs Flugzeuge **DAR 3 Serie 1** mit Lorraine-Motor; sechs **DAR 3 Serie 2** Maschinen kamen 1932 heraus; die letzteren stammten von Winter und Lazarow und waren praktisch Neukonstruktionen mit neu konturierten Seitenleitwerksflächen, umkonstruiertem Fahrwerk, runden Flügelspitzen und einem 630 PS (470 kW) Wright Cyclone Sternmotor mit Townend-Ring als Triebwerk; die **DAR 3 Serie 3** des Jahres 1936 (auch bekannt als **LAZ-3-3**) war das alleinige Werk von Zwetan Lazarow, und zu den Neuerungen gehörten ein verglastes Kabinendach für die zwei Besatzungsmitglieder, verkleidete Fahrwerksstreben mit Rad-Halbverkleidungen und ein 750 PS (559 kW) Alfa Romeo 126 RC 34 Sternmotor mit langgezogener Verkleidung; zwölf gingen in den Truppeneinsatz und flogen dort neben importierten deutschen Heinkel He 45 Doppeldeckern.

**DAR 4:** nur ein einzelnes Exemplar dieses von Winter und Lazarow konstruierten leichten Passagierflugzeugs wurde gebaut; als Triebwerk dienten drei 145 PS (108 kW) Walter Mars Sternmotoren und die Maschine bot zwei Besatzungsmitgliedern und vier Passagieren Platz; ihr schmalspuriges Fahrwerk verursachte erhebliche Probleme, und die Gesamtleistung war enttäuschend.

**DAR 5:** die erste Konstruktion von Kiril Petkhow war dieser nur einmal gebaute, einsitzige Kunstflug-Doppeldecker mit einem 145 PS (108 kW) Gnome-Rhône Titan-Motor.

**DAR 6:** der von Lazarow konstruierte, zweisitzige Schulungsdoppeldecker war mit einem 85 PS (63 kW) Walter Vega Motor als Anfängerschulflugzeug und mit 145 PS (108 kW) Walter Mars Motor als Fortgeschrittenen-Schulflugzeug vorgesehen; die **DAR 6a** des Jahres 1937 hatte ein umkonstruiertes Einzelradfahrwerk mit verkleideten Streben, überarbeitete Seitenleitwerksflächen und mit dem 150 PS (112 kW) Siemens Sh. 14 Sternmotor ein neues Triebwerk.

**DAR 8:** Kiril Petkhow konstruierte diesen einstieligen Sport- und Schulungsdoppeldecker mit zwei Sitzen und einem Walter Minor 4 Reihenmotor; 12 Maschinen wurden gebaut; das Einzelexemplar **DAR 8a** hatte einen 145 PS (108 kW) Walter Mars Sternmotor.

**DAR 10:** das von Zwetan Lazarow konstruierte, zweisitzige Mehrzweck-Flugzeug DAR 10 war für Angriffe auf Bodenziele, als leichter Bomber und als Aufklärungsflugzeug geeignet und war ein eindrucksvoller, selbsttragender Tiefdecker mit verglastem Kabinendach und Einzel-Hauptfahrwerksbeinen und Rad-Halbverkleidungen; die Flügel waren aus Holz gebaut und mit Sperrholz verkleidet, während der Rumpf aus einer haltbaren Rohrstruktur bestand, die vorn mit Blech und hinten mit Stoff verkleidet war; trotz gegenteiliger Berichte ist es wahrscheinlich, daß nur zwei Prototypen gebaut wurden; schwere Bewaffnung war ebenfalls vorgesehen, darunter zwei flügelmontierte deutsche 20 mm MG FF Kanonen, die durch zwei 7,92 mm MG 17 Maschinengewehre in Gondeln unter den Flügeln unterstützt wurden; der Beobachter/Kanonier bediente ein 7,92 mm MG 17 mit beweglicher Halterung; die Offensivbewaffnung bestand entweder aus einer 250 kg Bombe an einer Halterung unter dem Rumpf, ergänzt durch vier 50 kg Bomben an Halterungen unter den Flügeln oder aus einer einzelnen 500 kg Bombe; der erste Prototyp, der im Werk Bojourishtye gebaut wurde, war die **DAR 10F**, die von einem 960 PS (716 kW) A.74 RC 38 Sternmotor mit langer Verkleidung angetrieben wurde; ihr folgte die **DAR 10A**, die im Werk Loveć gebaut wurde und die mit einem 950 PS (708 kW) Alfa Romeo 128 RC 21 Motor ausgerüstet war; trotz dieser vielversprechenden Prototypen entschieden sich die bulgarischen Behörden dafür, eine Reihe von Junkers Ju 87D zu kaufen, die schneller direkt aus Deutschland geliefert werden konnten.

### Technische Daten
**DAR 6**

**Typ:** zweisitziges Anfänger-Schulflugzeug.
**Triebwerk:** ein 145 PS (108 kW) Walter Mars Sternmotor.
**Leistung:** Höchstgeschwindigkeit 180 km/h; Reisegeschwindigkeit 155 km/h; Reichweite 715 km.
**Gewicht:** Leergewicht 510 kg; max. Startgewicht 770 kg.
**Abmessungen:** Spannweite 9,05 m; Länge 6,85 m; Höhe 2,85 m; Tragflügelfläche 19,30 m².

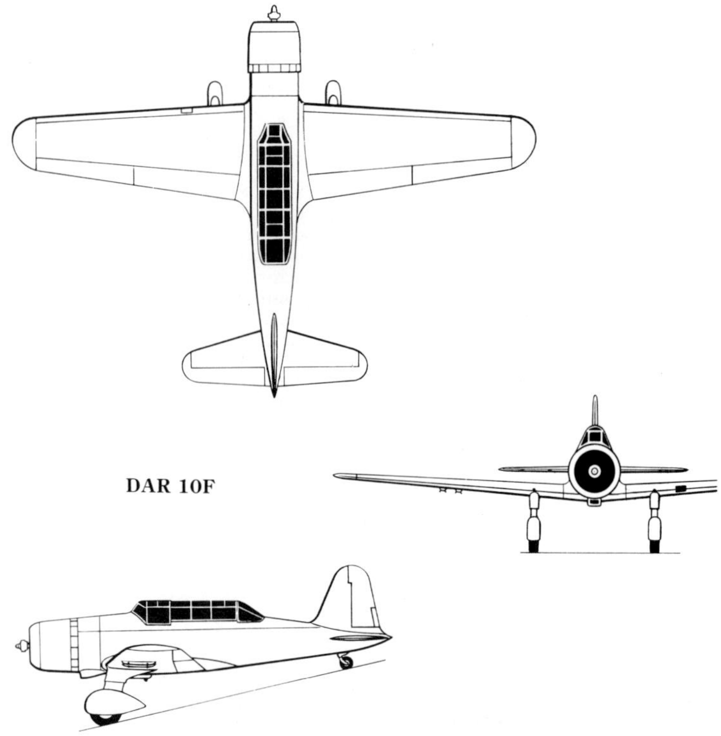

DAR 10F

**Die DAR 1 wurde in geringen Stückzahlen für bulgarische Fliegerclubs und private Eigner gebaut, die sie als Anfänger-Schulflugzeug bzw. als leichtes Reiseflugzeug verwendeten.**

**Die DAR 3 Serie 2 war eine Stufe zwischen der schwachmotorisierten Serie 1 mit offenem Cockpit und der kräftig motorisierten Serie 3 mit geschlossenem Cockpit.**

**Die DAR 6a trug die Alternativbezeichnung LAZ-2, aus der hervorging, daß sie von Zwetan Lazorow konstruiert worden war.**

**Anfang 1941 flog die DAR 10 zum ersten Mal, ging aber trotz guter Leistungsdaten nicht in Serie, da die Ju 87D bevorzugt wurde.**

# DFS 228

## Entwicklungsgeschichte

Das Deutsche Forschungsinstitut für Segelflug (DFS) nahm 1925 seine Arbeit auf und beschäftigte sich bei Kriegsausbruch mit weiter fortgeschrittenen Programmen. Man hatte erkannt, daß Segelflug in großen Höhen möglicherweise mit Raketenantrieben in Verbindung gebracht werden konnte, was zur Entwicklung eines Hochleistungs-Aufklärungsflugzeuges führte.

Unter der Bezeichnung **DFS 228** begannen die Arbeiten zur Realisierung eines solchen Flugzeugs, einem selbsttragenden Mitteldecker mit Landekufen. Das Flugzeug war überwiegend aus Holz gebaut, und die Konstruktion berücksichtigte auch eine Druckkabine aus Metall, die es dem Piloten ermöglichte, in einer Höhe von bis zu 25.000 m zu operieren. Im Notfall hätte der Pilot sich vom Flugzeug befreit, indem er den gesamten Bug mit Sprengkapseln abgetrennt hätte, der dann per Fallschirm auf eine Höhe gebracht worden wäre, von wo aus er zu einem normalen Fallschirmabsprung aus der Kabine aussteigen konnte. Als Triebwerk war ein steuerbarer Walter-Raketenmotor mit 300 bis 1.500 kp Schub vorgesehen.

Bei Probeflügen ohne Antrieb, bei denen die DFS 228 auf dem Rücken einer Dornier Do 217K getragen wurde, erwies sich die Druckkabine je-

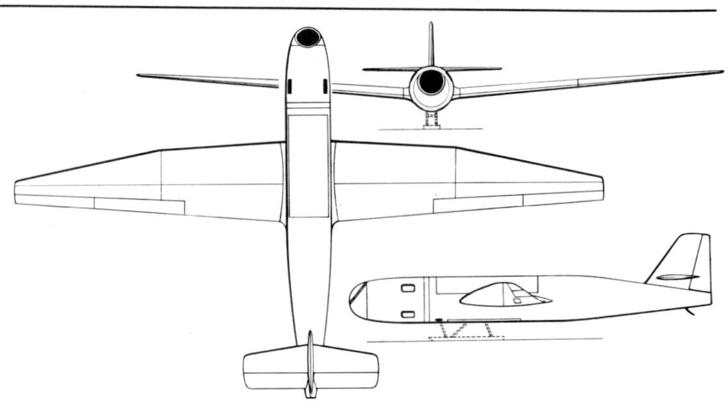

**DFS 228 (unterbrochene Linie: einziehbare Landekufe in ausgefahrener Stellung)**

doch als ungeeignet, und im Gleitflug zeigten sich die Grenzen des Flugsteuerungssystems. Das Projekt wurde eingestellt, ohne daß es je mit Raketenantrieb flog.

### Technische Daten
**Typ:** raketengetriebenes Aufklärungsflugzeug.
**Triebwerk:** (vorgesehen) ein Walter 109-509A-1 Raketenmotor mit 1.500 kp Schub.
**Leistung:** (geschätzt) Höchstgeschwindigkeit 900 km/h in 10.000 m; Dienstgipfelhöhe 25.000 m; Reichweite 1.050 km.
**Gewicht:** Leergewicht 1.650 kg; max. Startgewicht 4.200 kg.
**Abmessungen:** Spannweite 17,56 m; Länge 10,58 m; Tragflügelfläche 30,00 m$^2$.

**Die DFS 228 V1 wurde etwa vierzig Mal für Experimente vom Rücken einer Dornier Do 217K V3 abgesetzt. Der regelbare Raketenmotor wurde jedoch nie dazu benutzt, um die Flugdauer der DFS 118 zu verlängern.**

# DFS 230

### Entwicklungsgeschichte
Als Ergebnis des militärischen Interesses an einem Segelflugzeug, das vom DFS entwickelt wurde, erhielt das Unternehmen den Auftrag zum Bau eines Prototypen, der 1937 mit Erfolg vorgeführt wurde und der als **DFS 230A** in begrenzte Serienproduktion ging. Von dieser und anschließenden Versionen wurden von der Gothaer Waggonfabrik insgesamt über 1.000 Flugzeuge gebaut. Die DFS 230 war ein verstrebter Hochdecker in Mischbauweise und bot Platz für eine zweiköpfige Besatzung und acht voll ausgerüstete Soldaten. Die DFS 230, die von einer Reihe von Luftwaffenflugzeugen geschleppt werden konnte, verwendete zum Start ein abwerfbares Fahrwerk und landete auf einer zentralen Kufe unter dem Rumpf.

Mit der DFS 230 erfolgte der erste Einsatz von Soldaten, die mit Lastenseglern eingeflogen wurden, als die belgische Festung Eben-Emael am 10. Mai 1940 erobert wurde. DFS 230 wurden außerdem bei der Kreta-Invasion, bei der überraschenden Befreiung Benito Mussolinis nach dessen Gefangennahme und in erheblichem Umfang bei Nachschubeinsätzen an der Ostfront eingesetzt.

### Varianten
**DFS-230A-2:** Version der DFS 230A-1 mit Doppelsteuerung.
**DFS 230B-1:** im allgemeinen der DFS 230A ähnlich, jedoch mit Bremsschirm.
**DFS 230B-2:** DFS 230B-1 mit Doppelsteuerung.
**DFS 230C-1:** im allgemeinen der DFS 230B-1 ähnlich, jedoch mit umkonstruiertem Bug mit drei Bremsraketen.
**DFS 230D-1:** Bezeichnung eines Prototyps, der auf DFS 230C-1 Standard umgerüstet wurde.
**DFS 230 V7:** Umbauprototyp zum Transport von 15 Soldaten.

### Technische Daten
**Typ:** Lastensegler.
**Leistung:** maximale Segelfluggeschwindigkeit 290 km/h; normale Schleppgeschwindigkeit 180 km/h.
**Gewicht:** Leergewicht 860 kg; max. Startgewicht 2.100 kg.
**Abmessungen:** Spannweite 21,98 m; Länge 11,24 m; Höhe 2,74 m; Tragflügelfläche 41,30 m$^2$.

**Die Konstruktion DFS 230 begann ihre Existenz als meteorologisches Segelflugzeug, das eine Anzahl Instrumente tragen konnte. Bekannt wurde der Typ als Truppentransporter und Lastensegler, dessen erste Serienversion, die DFS 230A-1, hier abgebildet ist.**

# DFS 346

### Entwicklungsgeschichte
Nach den Arbeiten an der DFS 228 begann das DFS mit einem neuen, zweiteiligen Forschungsprogramm, das verschiedene Flügelformen testen und zu einem raketengetriebenen Überschallflugzeug führen sollte. Der erste Teil dieses Programms kam nicht zustande und das im Bau befindliche Flugzeug wurde bei einem Werksbrand zerstört. Allerdings wurde die Konstruktion für ein Flugzeug abgeschlossen, das die Schlußstufe des Programms bilden und das von den Siebelwerken-ATG in Halle gebaut werden sollte. Es war ein selbsttragender Mitteldecker in Ganzmetallbauweise, dessen Flügel um 45° gepfeilt waren. Im Rumpf mit rundem Querschnitt saß der Pilot in einer Druckkabine im Bug, außerdem befanden sich im Rumpf zwei Walter-Raketenmotor und am Heck war das Leitwerk mit gepfeilten Höhenruder montiert; ein einziehbares Fahrwerk war vorgesehen.

Die **DFS 346** war bis zum Kriegsende nicht fertiggestellt, jedoch übernahm Rußland das Projekt und die Ingenieure, die daran arbeiteten. Nach antriebslosen Tests im Schlepptau flog die Maschine schließlich ab Anfang 1947 mit eigener Kraft, nachdem sie von einem 'Mutterflugzeug' in rund 10.000 m abgesetzt worden war. Es wird berichtet, daß die Maschine in diesem Flug eine Geschwindigkeit von 1.100 km/h erreichte, bevor sie erfolgreich landete. Eine direkte Weiterentwicklung durch die Russen führte allem Anschein nach zu keinem Erfolg.

### Technische Daten
**Typ:** ein Überschall-Forschungsflugzeug.
**Triebwerk:** zwei Walter 109-509 Raketenmotoren mit 2.000 kp Schub.
**Leistung:** (geschätzt) Höchstgeschwindigkeit 2.125 km/h; Dienstgipfelhöhe 35.000 m.
**Gewicht:** keine Daten verfügbar.
**Abmessungen:** Spannweite 8,90 m; Länge 11,65 m; Höhe 3,50 m; Tragflügelfläche 20,00 m$^2$.

**In der Zeichnung eines Grafikers gewinnt das anspruchsvolle Projekt DFS 346 Gestalt. Die Maschine war als Überschall-Forschungsflugzeug mit einem Bündel Walter-Raketenmotoren im Heck vorgesehen und war bei Siebel im Bau, als das Gebiet von den Russen eingenommen wurde. Der erste motorisierte Flug erfolgte durch Absetzen von einem eroberten Boeing B-29 Bomber mit Wolfgang Ziese am Steuer.**

# DFW Flugzeuge

### Entwicklungsgeschichte
Unter der Kurzbezeichnung DFW baute das Unternehmen Deutsche Flugzeugwerke GmbH, das 1910 von Bernhard Meyer in Lindenthal bei Leipzig gegründet wurde, eine Reihe interessanter Flugzeuge. Genau wie viele andere Hersteller begann DFW damit, Flugzeuge aus französischer Konstruktion, in diesem Fall die Maurice Farman-Doppeldecker, in Lizenz zu bauen.

Die erste eigene Konstruktion des Unternehmens trug die Bezeichnung **DFW Mars** und wurde sowohl als Ein- als auch als Doppeldecker gebaut. Beide Versionen hatten den Rumpf (mit Platz für zwei in offenen Tandemcockpits), das Leitwerk und das Heckspornfahrwerk gemeinsam. Der Flügel des Mars-Eindeckers war zu den Fahrwerkshalterungen und zu einem Zentralmast vor dem vorderen Cockpit drahtverspannt. Als Triebwerk diente ein 95 PS (71 kW) NAG-Reihenmotor. Der Mars-Doppeldecker mit uneinheitlicher Spannweite war auf konventionelle Weise mit Streben und Drähten verspannt, und an den Flügelspitzen waren große Querruder mit abgerundeten Hinterkanten montiert. Diese Version wurde von einem Mercedes-Daimler Reihenmotor von 90 PS (67 kW) angetrieben. Zur Vorkriegsproduktion gehörten auch die Eindecker Etrich Taube und Jeannin Taube.

Mit Ausbruch des Ersten Weltkriegs begann DFW mit der Konstruktion einer Reihe von Flugzeugen, von denen nur eines ein auffälliger Erfolg war. Hierzu gehörten zweisitzige Flugzeuge der Kategorie B (unbewaffnet) und C (bewaffnet), einsitzige Jäger der Kategorie D

(Doppeldecker) oder Dr (Dreifachdecker) sowie mehrmotorige Bomber der R-Klasse. Erste Maschine war die **DFW B.I,** ein Aufklärungs-/Schulflugzeug-Doppeldecker mit einheitlicher Spannweite und einem Leitwerk, das die Familienzugehörigkeit zu den früheren Mars-Modellen verriet. Als Triebwerk diente ein 100 PS (75 kW) Mercedes D. I. Reihenmotor. Die im allgemeinen ähnliche, jedoch mit geringerer Spannweite ausgestattete **DFW B.II** des Jahres 1915 war viel mehr als Schulflugzeug gedacht und wurde von einem Mercedes D. I. mit 100 PS (75 kW) oder einem D.II Reihenmotor mit 120 PS (89 kW) angetrieben. 1916 entstand das Experimentalmodell **DFW C**, das sich durch einstielige I-Streben zwischen den Flügeln hervorhob. Ihm folgten im gleichen Jahr die bewaffneten Mehrzweck **DFW C.I** und **DFW C.II**. Beide Maschinen waren als konventionelle Doppeldecker gebaut und hatten 150 PS (112 kW) Benz III Reihenmotoren. Sie unterschieden sich durch ausgetauschte Positionen der Besatzung, wobei der Pilot in der C.I hinten und in der C.II vorn saß. Ebenfalls eine Entwicklung des Jahres 1916 war die **DFW C.IV** mit einstieligen Doppeldeckerflügeln und einem verfeinerten Rumpf. Dies führte zur erfolgreichen **C.V.** Die letzte der DFW C-Serie war 1918 die **DFW C.VI,** ein schwerer, weiter entwickelter Doppeldecker mit einem 220 PS (164 kW) Benz IVa Motor, von dem jedoch nur dieses eine Exemplar gebaut wurde.

Es scheint, als wäre DFW mit seinen Jagdflugzeug-Typen kaum erfolgreich gewesen. Zunächst war da der erfolglose **DFW Floh** des Jahres 1915. Diese Maschine wurde von einem 100 PS (74,6 kW) Mercedes D.I. Reihenmotor angetrieben, und die Spannweite dieses winzigen Prototyps, der schon frühzeitig in seinem Flugerprobungsprogramm abstürzte, betrug ganze 6,20 m. Anschließend kam 1917 der Doppeldecker-Prototyp **DFW D.I.** Die Maschine hatte einstielige Flügel einheitlicher Spannweite, Querruder an beiden Flügeln, und der Pilot saß in einem offenen Cockpit unter dem Flügel, der in der Hinterkante einen großen Ausschnitt aufwies. Für den Antrieb sorgte ein 160 PS (119 kW) Mercedes D.III Reihenmotor, und die Bewaffnung bestand aus zwei synchronisierten, vorwärtsfeuernden LMG 08/15 Maschinengewehren. Die D.I. gab es in zwei modifizierten Versionen, die erste mit einem überarbeiteten Seitenruder und später mit einem weiter geänderten Leitwerk sowie mit Querrudern nur noch am oberen Flügel. Ein im großen und ganzen ähnlicher Dreifachdecker wurde als **DFW Dr. I** bezeichnet, keiner dieser Prototypen erreichte jedoch je das Produktionsstadium.

Ein Exemplar des mehrmotorigen Bombers **DFW R.I** wurde 1915/16 gebaut. Es war ein Doppeldecker von 29,50 m Spannweite mit Doppeldecker-Leitwerk, Heckspornfahrwerk mit zwei Zusatzrädern vor den Zwillings-Haupträdern, die das Vorwärtskippen vermieden, und einem Triebwerk, das aus vier 200 PS (164 kW) Mercedes D.IV Reihenmotoren bestand, die im Rumpf montiert waren. Diese waren über ein Wellen- und Zahnradsystem für den Antrieb von zwei Zug- und zwei Druckpropellern gekoppelt. Von der größeren **DFW R.II** wurden zwei Exemplare gebaut, die jeweils 35,00 m Spannweite hatten. In ihrer Gesamtkonstruktion glichen sie der R.I, hatten jedoch stärkere Motoren, die am Rumpf montiert waren und die ebenfalls über Wellen und Zahnräder zwei Zug- und zwei Druckpropeller bewegten. Das zweite Flugzeug hatte einen 120 PS (90 kW) Mercedes D.II Reihenmotor, der den Brown-Boveri-Kompressor betrieb.

## Weitere DFW-Typen

**F-34:** dies könnte die alternative Firmenbezeichnung für den 1918er Prototyp des einsitzigen Jäger-Prototyps **DFW D.II** gewesen sein, der von einem 160 PS (119 kW) Mercedes D.III Reihenmotor angetrieben wurde; die die F-34 zeichnete sich durch eine konventionelle und schon überholte Konstruktion aus, hatte eine Spannweite von 9,08 m und eine Höchstgeschwindigkeit von 177 km/h; am oberen Flügel waren überhängende Querruder mit Ruderausgleich montiert.

**F 37:** dies könnte die alternative Firmenbezeichnung des 1918er **DFW C.VII** Prototyps gewesen sein; die F 37 hatte eine Spannweite von 13,60 m; ein max. Startgewicht von 1.230 kg und wurde von einem 260 PS (194 kW) BMW IV Reihenmotor angetrieben; nach dem Ersten Weltkrieg stellte sie einen Höhenrekord von 7.700 m auf.

## Technische Daten

**DFW R.II** (1. Flugzeug)
**Typ:** mehrmotoriger Kurzstreckenbomber.
**Triebwerk:** vier 260 PS (194 kW) Mercedes D.IVa Reihenmotoren.
**Leistung:** Höchstgeschwindigkeit 135 km/h; max. Flugdauer 6 Stunden.
**Gewicht:** Leergewicht 8.634 kg; max. Startgewicht 11.693 kg.
**Abmessungen:** Spannweite 35,00 m; Länge 21,00 m; Höhe 6,50 m; Tragflügelfläche 364,00 m².
**Bewaffnung:** drei 7,92 mm Parabellum-Maschinengewehre in Bug-, Rücken- und Bauchposition plus bis zu 2.100 kg Bomben.

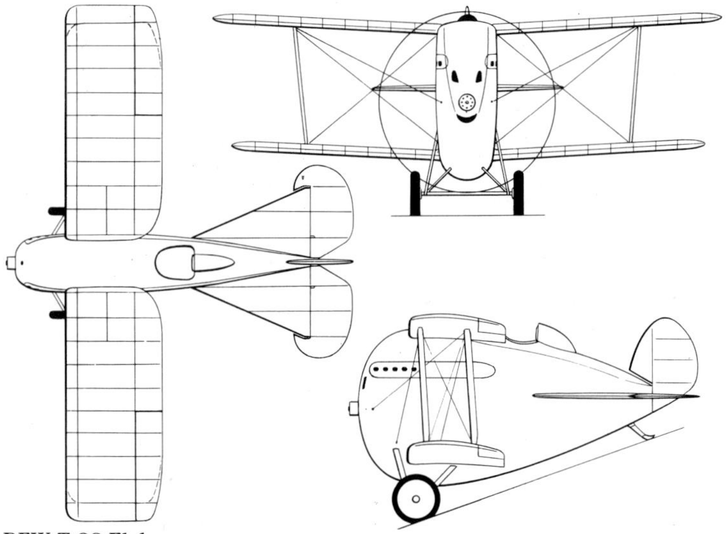

**DFW T.28 Floh**

**Die DFW T.28 Floh war ohne Zweifel eines der seltsamsten Flugzeuge, die es je gab. Sie hatte einen extrem hohen aber schlanken Rumpf, der noch über den Raum zwischen den Flügeln hinausragte.**

**Die Leitwerksflächen der DFW D.1 wurden zweimal geändert und erschienen im Januar 1918 beim D-Klasse-Wettbewerb in Adlershof in ihrer endgültigen Form. Die unternehmenseigene Bezeichnung für das Flugzeug war DFW T.34/I.**

**Deutschland produzierte im Ersten Weltkrieg eine fast unglaubliche Zahl von Riesenflugzeugen, darunter auch die DFW R.I mit einer Spannweite von 29,50 m und einem Höchstgewicht von 8.382 kg. Die beiden Zugpropeller waren an den oberen Enden der am weitesten innen liegenden vorderen Streben montiert, während sich die Druckpropeller an den unteren Enden der rückwärtigen innersten Flügelstreben befanden. Jeder Propeller hatte einen eigenen Motor, eine eigene Antriebswelle und ein eigenes Getriebe.**

# DFW CV

## Entwicklungsgeschichte

Die **DFW C.V** bildete den einzigen wirklichen Unternehmenserfolg in der Konstruktion und Entwicklung eines bewaffneten Zweisitzers, der ab Ende 1916 von Schlachtstaffeln der deutschen Luftwaffe verwendet wurde. Nach mindestens einem Jahr Fronteinsatz verblieben bei anderen Einheiten bis zum Ende des Ersten Weltkriegs erhebliche Stückzahlen im Dienst. Die Nachfrage nach der C.V war so groß, daß sie neben der Produktion bei DFW außerdem noch bei den Subunternehmen Automobil und Aviatik AG, Halberstädter Flugzeug GmbH und Luft-Verkehrs-Gesellschaft GmbH gebaut wurde.

Als Weiterentwicklung der C.IV, die die gleiche Allgemeinkonstruktion beibehielt, waren die Flügel gleicher Spannweite und der Rumpf hauptsächlich aus Holz gebaut, wobei Querruder und Leitwerk aus stoffbespannten Rohrstrukturen bestanden. Das Heckspornleitwerk war für die damalige Zeit völlig konventionell, und in der Mitte der Hauptfahrwerksachse war eine Klauenbremse montiert. In den beiden offenen Cockpits saß der Pilot vorn unter dem oberen Flügel und der Beobachter hinter ihm. Das normale Triebwerk war ein Benz Bz. IV Reihenmotor, der einen Zweiblatt-Propeller mit Nabe bewegte, einige Maschinen hatten jedoch einen 185 PS (138 kW) Conrad C.III Reihenmotor, der von NAG in Lizenz gebaut wurde. Eine verläßliche Aufzeichnung der von diesem Flugzeug gebauten Stückzahlen blieb leider nicht erhalten.

### Varianten

**Aviatik C.VI:** dies war die in Lizenz gebaute DFW C.V, die richtigerweise DFW C.V(Av.) heißen sollte; sie entsprach im allgemeinen der DFW C.V, hatte jedoch ein Leer- bzw. max. Startgewicht von 990 kg bzw. 1.470 kg.

### Technische Daten

**Typ:** zweisitziges Mehrzweckflugzeug.
**Triebwerk:** ein 200 PS (149 kW) Benz Bz. IV Reihenmotor.
**Leistung:** Höchstgeschwindigkeit 155 km/h; Dienstgipfelhöhe 5.000 m; max. Flugdauer 3 Stunden 30 Minuten.
**Gewicht:** Leergewicht 970 kg; max. Startgewicht 1.430 kg.
**Abmessungen:** Spannweite 13,27 m; Länge 7,88 m; Höhe 3,25 m.
**Bewaffnung:** ein vorwärtsfeuerndes, synchronisiertes LMG 08/15 7,92 mm Maschinengewehr und ein beweglich montiertes Parabellum 7,92 mm Maschinengewehr.

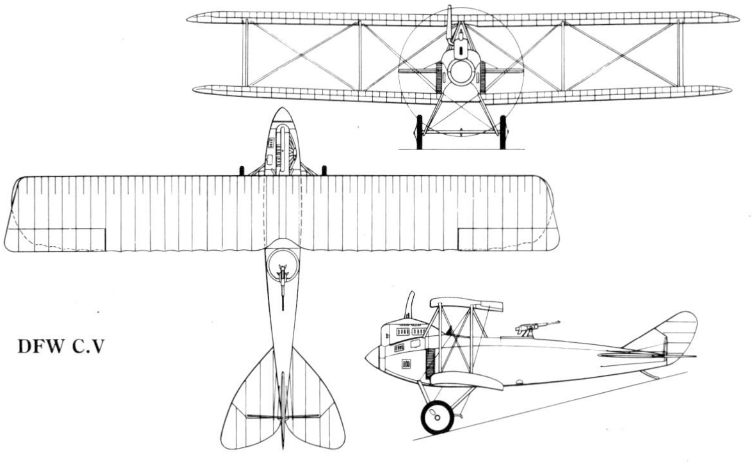

DFW C.V

# DINFIA IA 35 Huanquero

### Entwicklungsgeschichte

Die argentinische Organisation für Luftfahrtforschung und -produktion, Dirección Nacional de Fabricaciones e Investigaciónes Aeronáuticas (DINFIA) wurde 1957 gegründet. Sie entstand aus der früheren Fabrica Militar de Aviones des Jahres 1927, des 1943 gegründeten Instituto Aerotécnico und der 1953 gegründeten Industrias Aeronáuticas y Mecánicas. Die **DINFIA IA 35 Huanquero** war die erste Konstruktion des Unternehmens, die in Serie ging. Sie war ein zweimotoriges Mehrzweckflugzeug, das, abgesehen von seinen stoffbespannten Querrudern, ganz aus Metall gebaut war. Der selbsttragende Tiefdecker IA 35 hatte ein hoch angesetztes Höhenleitwerk mit Zwillingsflossen und -rudern, ein einziehbares Bugradfahrwerk und als Triebwerk zwei IA 19R El Indio Sternmotoren, die ebenfalls vom Instituto Aerotécnico konstruiert und entwickelt worden waren.

Der IA 35 Prototyp absolvierte am 21. September 1953 seinen Erstflug, und nach Tests und Erprobung war geplant, eine Anfangsserie von 100 Maschinen zu bauen. Das erste dieser Flugzeuge flog am 29. März 1957, die Herstellung der Maschinen wurde jedoch Mitte der sechziger Jahre beendet, nachdem weniger als die Hälfte der geplanten Stückzahl gebaut worden waren. Während die Serie lief, war die IA 35 in mehreren Varianten lieferbar (s. unten).

### Varianten

**IA 35 Typ IA:** mit IA 19R El Indio Motoren als Triebwerk und als Instrumenten- und Navigationsschulflugzeug für Fortgeschrittene ausgerüstet.
**IA 35 Typ IU:** von 750 PS (559 kW) IA 19SR1 El Indio Motoren angetrieben und zum Einsatz als Waffentrainer ausgerüstet.
**IA 35 Typ II:** leichte Transportversion mit IA 19R El Indio Motoren, Platz für drei Besatzungsmitglieder und sieben Passagiere.
**IA 35 Typ III:** Krankentransportversion mit IA 19R El Indio-Motoren, Platz für drei Besatzungsmitglieder, vier Krankentragen und einen medizinischen Begleiter.
**IA 35 Typ IV:** Fotoaufklärer-Version mit IA 19R El Indio Motoren, dreiköpfiger Besatzung plus Fotograf und Beobachtungskameras.
**Constancia II:** geplante Version mit Turboméca Bastan Propellerturbinen.
**Pandora:** zivile Transportversion mit IA 19SR1 El Indio-Motoren und Platz für zehn Passagiere.

**Die DINFIA IA 35 Huanquero im Flug. Die drei Maschinen mit dem verglasten Bug sind die Schulflugzeuge Huanquero Type IA, während die vierte Maschine entweder ein Huanquero Typ II Transporter oder ein Typ III Ambulanzflugzeug ist.**

### Technische Daten

**DINFIA IA 35 Type IA**
**Typ:** ein Fortgeschrittenen-Schulflugzeug.
**Triebwerk:** zwei 620 PS (462 kW) IA 19R El Indio Sternmotoren.
**Leistung:** Höchstgeschwindigkeit 361 km/h in 3.000 m; wirtschaftliche Reisegeschwindigkeit 320 km/h in 3.000 m; Dienstgipfelhöhe 6.400 m; max. Reichweite 1.570 km.
**Gewicht:** Rüstgewicht 3.500 kg; max. Startgewicht 5.700 kg.
**Abmessungen:** Spannweite 19,60 m; Länge 13,98 m; Tragflügelfläche 42,00 m².

# DINFIA IA 38

### Entwicklungsgeschichte

Das leitwerklose Experimental-Frachttransportflugzeug **DINFIA IA 38** beruhte auf dem deutschen Horten Ho VIII-Projekt aus dem Zweiten Weltkrieg und wurde unter der Leitung von Dr. Reimar Horten bei DINFIA gebaut. Der gepfeilte Ganzmetall-Schulterdecker hatte einen Rumpf, der in die Tragflügelstruktur eingearbeitet war. Die Maschine hatte kein konventionelles Leitwerk: Seitenleitwerksflossen sowie die Höhenruder waren jeweils kurz vor den Flügelspitzen montiert, und die langen Höhenquerruder wirkten entweder gemeinsam als Höhen- oder einzeln als Querruder. Das einziehbare Bugradfahrwerk hatte in Tandem montierte Haupträder auf beiden Seiten, und als Triebwerk dienten vier in den Flügeln montierte IS 16 El Gaucho Sternmotoren, die unmittelbar an die Flügelhinterkante anschließende Druckpropeller antrieben. Über der Flügelvorderkante war ein Flugdeck für zwei Besatzungsmitglieder plaziert, und das Frachtabteil (innerhalb und unterhalb des Flügels) war auf 6.100 kg Fracht ausgelegt und hatte eine rückwärtige Ladeklappe. Der Prototyp wurde 1959 fertiggestellt, Probleme mit der Motorkühlung hielten den Erstflug jedoch bis 9. Dezember 1960 auf. Kurz nach diesem Termin wurde das Projekt aufgegeben.

**Mit eindeutigen Kennzeichen der Abstammung aus der Horten-Konstruktion in Gesamtauslegung und Fahrwerkskonstruktion ist die DINFIA IA 38 hier bei einem ihrer wenigen Flüge abgebildet.**

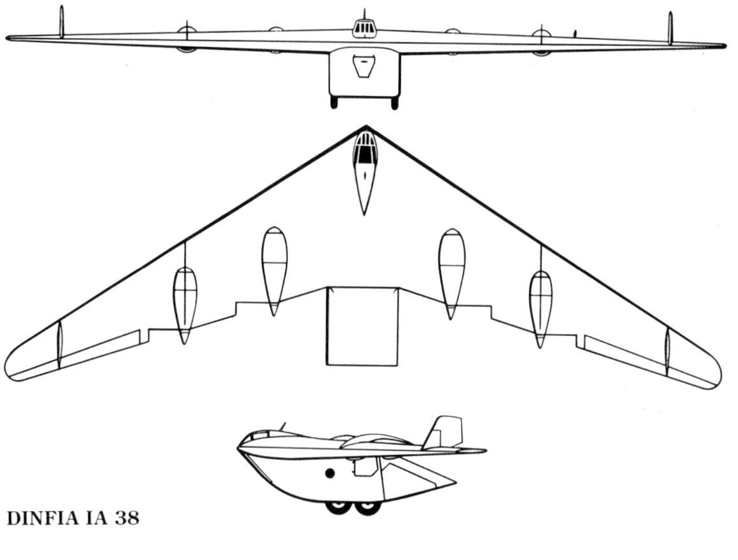

DINFIA IA 38

### Technische Daten

**Typ:** Experimental-Nurflügel-Transportflugzeug.
**Triebwerk:** vier 450 PS (336 kW) IA 16 El Gaucho Sternmotoren.
**Leistung:** (geschätzt) Höchstgeschwindigkeit 250 km/h; Dienstgipfelhöhe 4.500 m; Reichweite 1.250 km.
**Gewicht:** 8.500 kg; max. Startgewicht 16.000 kg.
**Abmessungen:** Spannweite 32,00 m; Länge 13,50 m; Höhe 4,60 m; Tragflügelfläche 133,00 m².

# DINFIA IA 45 Querandi

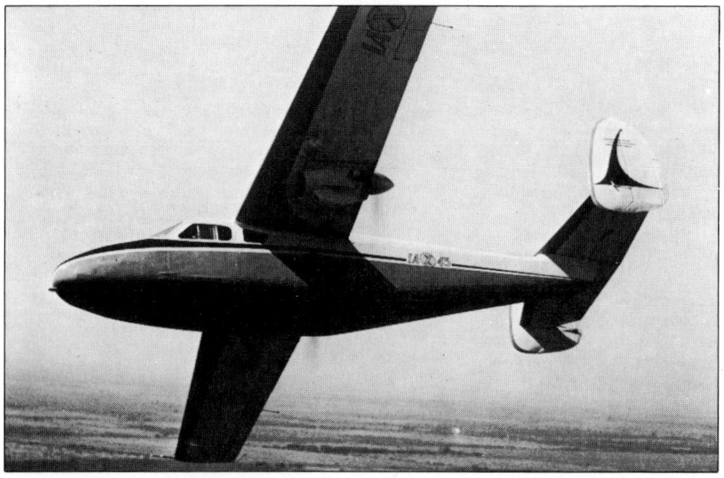

Der 150 PS (112 kW) Avco Lycoming O-320 Motor des DINFIA IA 35A Prototyps (Foto) mußte in der IA 35B Serienversion den stärkeren O-360 Motoren Platz machen. Die Haupträder des Bugradfahrwerks waren so angelegt, daß sie in offene Aussparungen in den Rumpfseiten eingezogen wurden.

### Entwicklungsgeschichte

Unter der Bezeichnung **DINFIA IA 45** konstruierte und baute das Unternehmen den Prototyp eines zweimotorigen Geschäftsflugzeugs, das später **Querandi** getauft wurde. Abgesehen von den stoffbespannten Steuerflächen am Leitwerk war die IA 45 ein ganz aus Metall gebauter, selbsttragender Hochdecker mit einem hochgezogenen hinteren Rumpfbereich, an dem das Leitwerk mit Endscheibenflossen und Seitenrudern angebracht war. Die Maschine hatte ein einziehbares Bugradfahrwerk, und als Triebwerk dienten zwei, jeweils unter einen Flügel montierte 150 PS (112 kW) Avco Lycoming O-320 Motoren, die unmittelbar nach der Flügelhinterkante montierte Druckpropeller bewegten. Die geschlossene Kabine bot Platz für maximal einen Piloten und vier Passagiere. Ein Prototyp der IA 45 flog am 23. September 1957 zum ersten Mal. Später wurde eine verbesserte **IA 45B** Version vorgestellt, die stärkere Motoren und sechs Sitzplätze hatte.

### Technische Daten
**DINFIA IA 45B**

**Typ:** leichtes Transportflugzeug.
**Triebwerk:** zwei 180 PS (134 kW) Avco Lycoming O-360 Vierzylinder-Boxermotoren.
**Leistung:** Höchstgeschwindigkeit in Seehöhe 275 km/h; Reisegeschwindigkeit 245 km/h; maximale Flughöhe 7.500 m; Reichweite mit Reserven 1.100 km.
**Gewicht:** Leergewicht 1.170 kg; max. Startgewicht 1.800 kg.
**Abmessungen:** Spannweite 13,75 m; Länge 8,92 m; Höhe 2,80 m; Tragflügelfläche 19,30 m².

# DINFIA IA 46 Ranquel

Die DINFIA IA 46 Ranquel war hauptsächlich als landwirtschaftliches Flugzeug für die riesigen Besitzungen Argentiniens konstruiert worden. Unter Rumpf und Flügeln wurden Sprühdüsen montiert, und hinter dem Piloten wurde ein unter Staudruck stehender Tank eingebaut.

### Entwicklungsgeschichte

Die **DINFIA IA 46 Ranquel** wurde konstruiert und entwickelt, um ein Vielzweck-Leichtflugzeug zu bieten, das sich für eine Vielzahl von Einsatzzwecken eignete, einschließlich der Verwendung in der Landwirtschaft. Die Auslegung als abgestrebter Hochdecker war der Piper Cub ähnlich. Die Maschine trug über ihrer Metall-Grundstruktur eine Stoffbespannung und hatte ein starres Heckradfahrwerk. Die Leistung stammte von einem Avco Lycoming O-320 Motor. Zusätzlich zu dem Piloten konnten durch einfachen Umbau hinter ihm zwei Passagiere auf einer Bank sitzen. Einrichtungen für landwirtschaftliche Bestäubungs- oder Sprüheinsätze waren vorgesehen, darunter ein 500 l Chemikalientank. Darüberhinaus konnte die Ranquel als Segelflug-Schleppflugzeug verwendet werden.

Der Prototyp der IA 46 flog am 23. Dezember 1957 zum ersten Mal, und das Interesse an diesem Flugzeug führte zur Entwicklung einer verbesserten **IA 46 Super Ranquel** mit einem stärkeren Motor. Dieser Plan wurde jedoch zugunsten einer weiterentwickelten Ranquel verworfen. die Ganzmetallflügel (jedoch stoffbespannte Querruder und Klappen) und ein verstellbares Leitwerk sowie einen 180 PS (134 kW) Avco Lycoming O-360-A1A Vierzylinder-Boxermotor hatte. Der Prototyp dieser Version wurde **IA 51** gennant.

### Technische Daten
**DINFIA IA 46**

**Typ:** Mehrzweck-Leichtflugzeug.
**Triebwerk:** ein 150 PS (112 kW) Avco Lycoming O-320 Vierzylinder-Boxermotor.
**Leistung:** Höchstgeschwindigkeit 180 km/h; Reisegeschwindigkeit 160 km/h; Dienstgipfelhöhe 4.000 m; max. Reichweite 650 km.
**Gewicht:** (Landwirtschaftsversion) Rüstgewicht 690 kg; max. Startgewicht 1.160 kg.
**Abmessungen:** Spannweite 11,60 m; Länge 7,45 m; Höhe 2,15 m; Tragflügelfläche 18,00 m².

# DINFIA IA 50 Guarani II

Die DINFIA IA 50 Guarani II stammte von der gleichen Grundkonstruktion ab wie die IA 35 Huanquero und brachte als Neuerung die Leistung von Propellerturbinen sowie eine gepfeilte Seitenleitwerksfläche. 1981 waren rund 24 Maschinen noch im Einsatz, und die 22 Exemplare der I Brigada Aerea wurden als Transportmaschinen verwendet.

### Entwicklungsgeschichte

Das zweimotorige leichte Transportflugzeug mit dem Namen **DINFIA Guarani I** wurde aus der IA 35 Huanquero entwickelt und flog am 6. Februar 1962 zum ersten Mal. Von der Struktur des Transportflugzeug-Vorgängers wurden rund 20 Prozent beibehalten, und so war die Guarani I im Grunde eine verfeinerte Version mit Ganzmetallflügel, Platz für 15 Passagiere und zwei 850 WPS (634 kW) Turboméca Bastan IIA Propellerturbinen.

Am 23. April 1963 flog bei DINFIA der Prototyp einer weiterentwickelten Version dieser leichten Transportmaschine unter der Bezeichnung **IA 50 Guarani II**. Diese sah völlig anders aus, weil sie eine gepfeilte Leitwerksflosse mit Ruder und einen im Heck verkürzten Rumpf hatte. Neu waren außerdem die Enteisungsanlage und die stärkeren Bastan VIA Propellerturbinen.

### Technische Daten
**DINFIA IA 50 Guarani II**

**Typ:** leichtes Transportflugzeug.
**Triebwerk:** zwei 930 WPS (694 kW) Turboméca Bastan VIA Propellerturbinen.
**Leistung:** Höchstgeschwindigkeit 500 km/h; wirtschaftliche Reisegeschwindigkeit 450 km/h; Dienstgipfelhöhe 12.500 m; Reichweite bei größter Nutzlast 1.995 km.
**Gewicht:** Rüstgewicht 3.924 kg; max. Startgewicht 7.120 kg.
**Abmessungen:** Spannweite 19,53 m; Länge 14,86 m; Höhe 5,81 m; Tragflügelfläche 41,80 m².

# DINFIA IA 53

### Entwicklungsgeschichte

Unter der Bezeichnung **DINFIA IA 53** begann DINFIA Ende 1964 mit der Konstruktion und Entwicklung eines Landwirtschaftsflugzeuges. Zwei Prototypen wurden gebaut und der zweite flog am 10. November 1966 zum ersten Mal, jedoch ging trotz des umfangreichen Flugerprobungsprogramms keine Maschine in Serienproduktion.

Der selbsttragende Tiefdecker IA 53 war ganz aus Metall gebaut und nur einige Rumpfpartien waren mit glasfaserverstärktem Polyester verkleidet. In die Konstruktion integriert waren ein starres Heckradfahrwerk, ein Leitwerk mit gepfeilter Seitenflosse und eine geschlossene Kabine für den Piloten. Auf Überführungsflügen zu einem Arbeitsplatz konnte eine zweite Person hinter dem Piloten sitzend mitfliegen. Als Triebwerk diente ein Avco Lycoming O-540 Motor. Es war vorgesehen, daß bei Serienmaschinen auf Wunsch auch ein 260 PS (194 kW) Continental IO-470-D Motor zur Verfügung stehen würde.

### Technische Daten

**Typ:** landwirtschaftliches Flugzeug.
**Triebwerk:** ein 235 PS (175 kW) Avco Lycoming O-540-B2B5 Sechszylinder-Boxermotor.
**Leistung:** (geschätzt) Höchstgeschwindigkeit in Seehöhe 215 km/h; Reisegeschwindigkeit 185 km/h; Dienstgipfelhöhe 3.600 m; max. Reichweite 650 km.
**Gewicht:** Leergewicht 844 kg; max. Startgewicht 1.525 kg.
**Abmessungen:** Spannweite 11,60 m; Länge 8,20 m; Höhe 3,30 m; Tragflügelfläche 21,50 m².

**Als Tiefdecker mit moderneren Konstruktionskonzepten als die, die sich in der Ranquel fanden, war die DINFIA IA 53 doch nicht erfolgreich und ging nicht in Serie.**

# Daimler Flugzeuge

### Entwicklungsgeschichte

Genau wie die britische Daimler Company befaßten sich auch die deutschen Daimler Motorengesellschaft-Werke mit dem Bau von Flugzeugen, in erster Linie als Zulieferer von großen Herstellern. Gegen Ende des Ersten Weltkriegs begann das deutsche Unternehmen jedoch damit, mehrere Jagdflugzeuge zu konstruieren und zu bauen, von denen jedoch keines einen Produktionsauftrag erhielt.

Die erste Maschine war ein einsitziger Jäger mit der Unternehmensbezeichnung **Daimler L6**, ein einstieliger Doppeldecker mit klaren Linien, einem robusten Heckspornfahrwerk und einem 185 PS (138 kW) Daimler IIb Reihenmotor. Der Pilot saß in einem offenen Cockpit unmittelbar hinter der oberen Tragfläche und hatte als Waffen zwei LMG 08/15 Maschinengewehre zur Verfügung. Die L6 erwies sich mit sechs Exemplaren als das am häufigsten gebaute Flugzeug des Unternehmens, von denen mindestens ein Exemplar (mit der Bezeichnung **Daimler D.I**) an offiziellen Tests für einsitzige Jagdflugzeuge teilnahm, die 1918 durchgeführt wurden.

1918 wurde ein sehr ähnlicher Jäger ausschließlich als Prototyp gebaut, der die Bezeichnung **L8** (offizielle Bezeichnung **CL.I**) trug. Dieses und alle sich anschließenden Flugzeuge hatten als Triebwerk einen Daimler IIIb Motor. Die Bewaffnung bestand aus einem Parabellum und einem LMG 08/15 Maschinengewehr. Die gleiche L6-Grundkonstruktion wurde noch einmal zur Produktion eines verbesserten Jagdeinsitzer-Prototypen verwendet, der als **L9 (D.II)** bezeichnet wurde. Von seinem Vorgängermodell unterschied er sich durch einzelne, stromlinienförmige Streben zwischen den Tragflächen, überarbeitete Leitwerksflächen und eine Achsverkleidung zwischen den Fahrwerksbeinen, die gleichzeitig als Auftriebsfläche diente.

Bei den letzten beiden Prototypen, die von dem Unternehmen gebaut wurden, waren Rumpfstruktur, Fahrwerk, Leitwerk und Triebwerk identisch, und neu war die Bauweise als Hochdecker mit Baldachin. Als erste wurde die einsitzige **L11** fertiggestellt, die zweisitzige **L14** wurde jedoch erst nach Kriegsende fertiggestellt und geflogen.

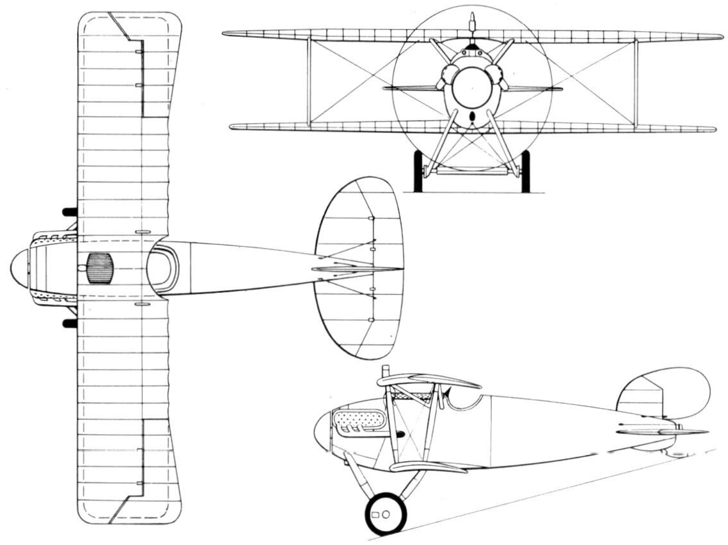

**Daimler L6 (D.I)**

**Die ungewöhnlichste Einrichtung des Hochdecker-Jagdflugzeugs Daimler L11 war das Querrudersystem, wobei die Betätigung der konventionellen Querruder durch unabhängige Steuerflächen unterstützt wurde, die sich an den Flügelspitzen nach vorn bis in die Nähe der Vorderkante erstreckten.**

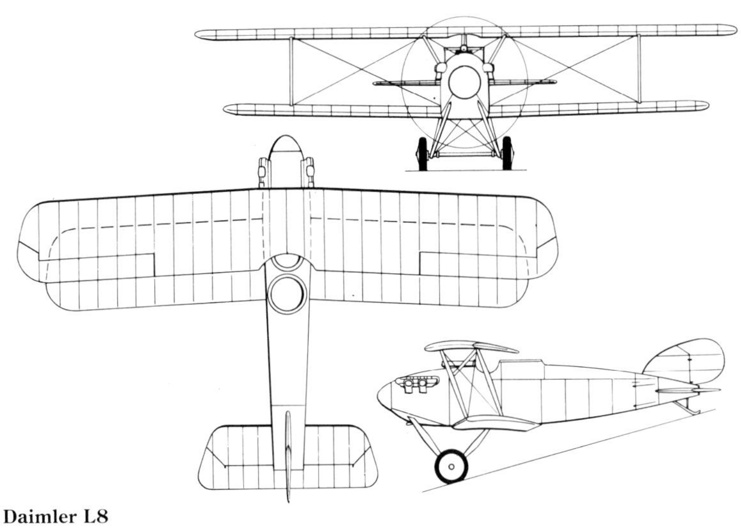

**Daimler L8**

# Dalotel Club

### Entwicklungsgeschichte

In den späten sechziger Jahren konstruierte der Franzose Michel Dalotel ein kunstflugtaugliches Schulflugzeug mit zwei hintereinander montierten Sitzen, das er **Dalotel DM-165** nannte. Der Prototyp, der mit Unterstützung durch die Société Poulet in Colombes, in der Nähe von Paris gebaut wurde, war ein Tiefdecker in Mischbauweise mit einziehbarem Heckradfahrwerk. Die zwei Sitzplätze hatten einzeln aufgehängte Dächer, und die Leistung stammte von einem Continental IO-346A Vierzylinder-Boxermotor. Der Prototyp (F-PPZE) flog erstmals im April 1969 und wurde Ende 1970 und Anfang 1971 mit Erfolg beim Centre d'Essais en Vol in Istres erprobt, was auf eine Produktion in lohnenden Stückzahlen hoffen ließ. Es gab Pläne für den Bau von drei Versionen: einer **DM-125 Club** Grundversion mit 125 PS (93 kW) Motor und starrem Fahrwerk, einer im allgemeinen ähnlichen, jedoch stärkeren **DM-160 Club** mit einem 160 PS (119 kW) Motor und einer **DM-160 Professional**, die sich von der DM-160 Club durch ihr einziehbares Fahrwerk und einen Reglerpropeller unterschied. Trotz aufwendiger Bemühungen gingen keine Aufträge ein, und nur der Prototyp wurde gebaut.

### Technische Daten

**Dalotel DM-165**
**Typ:** eine zweisitzige Schul-/Kunstflugmaschine.
**Triebwerk:** ein 165 PS (123 kW) Continental IO-346A Vierzylinder-Boxermotor.
**Leistung:** Höchstgeschwindigkeit 300 km/h.
**Gewicht:** keine Daten verfügbar.
**Abmessungen:** Spannweite 8,40 m; Länge 6,96 m; Höhe 1,76 m; Tragflügelfläche 12,30 m².

# Darmstadt D-18-D-29

### Entwicklungsgeschichte

1921 wurde an der Technischen Hochschule Darmstadt eine Akademische Fliegergruppe (Akaflieg) gegründet. In den frühen Jahren war diese Gruppe aktiv mit dem Entwurf und dem Bau einer äußerst erfolgreichen Baureihe von Segelflugzeugen beschäftigt, aber erst 1924 begannen die Studenten mit Entwurf und Konstruktion von motorbetriebenen Flugzeugen. Zu den erfolgreicheren Modellen gehörte das zweisitzige Sport- und Schulflugzeug **Darmstadt D-18** aus dem Jahre 1928. Es war ein ungewöhnlicher Doppeldecker mit freitragenden Flügeln, festem Heckspornfahrwerk und einem 110 PS (82 kW) Armstrong Siddeley Genet Major Sternmotor. Dieses Modell errang 1929 mehrere Erfolge in verschiedenen europäischen Wettbewerben und stellte außerdem einen Geschwindigkeitsweltrekord für seine Klasse auf.

In den frühen 30er Jahren folgte der äußerst einfach strukturierte zweisitzige leichte Doppeldecker **D-22**, der ebenfalls die freitragenden Flügel der D-18 benutzte. Die beiden Besatzungsmitglieder saßen hintereinander in offenen Cockpits, und das Triebwerk war ein 150 PS (112 kW) Argus As 8R Reihenmotor. Das bekannteste Flugzeug der Gesellschaft war die 1936 entworfene und konstruierte **D-29**, ein Tiefdecker mit freitragenden Flügeln, der unter anderem über NACA-Vorderkantenschlitze, hydraulisch betriebene Klappen, ein verstrebtes T-Heck, eine geschlossene Kabine für zwei hintereinander sitzende Personen und über einen Siemens Sh.14A Sternmotor verfügte.

### Technische Daten
**Darmstadt D-29**

**Typ:** ein zweisitziger Kabinen-Eindecker.
**Triebwerk:** ein 150 PS (112 kW) Siemens Sh.14A Sternmotor.
**Leistung:** Höchstgeschwindigkeit 245 km/h; Reichweite 675 km.
**Gewicht:** Leergewicht 560 kg; max. Startgewicht 850 kg.
**Abmessungen:** Spannweite 8,80 m; Länge 7,10 m; Höhe 2,75 m; Tragflügelfläche 10 $m^2$.

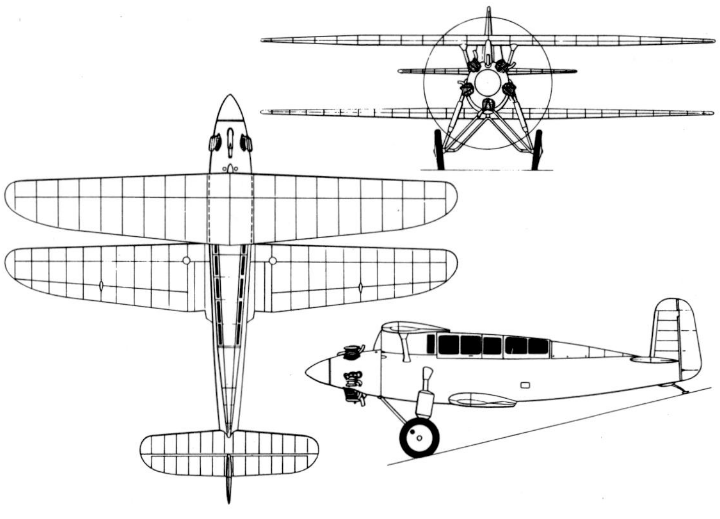

**Darmstadt D-18**

# Dart Pup

### Entwicklungsgeschichte

Die Dart Aircraft Ltd., nach ihren beiden Begründern A. R. Weyl und E. P. Zander ursprünglich als Zander & Weyl bekannt, war in Dunstable (Großbritannien) ansässig. Die Firma konzentrierte sich vor allem auf Gleitflugzeuge (Zogling, Cambridge und Totternhoe-Typen), baute aber auch einige Repliken historischer Flugzeuge und warb mit ihrer Fähigkeit, als Zulieferant für Holz- und Metallflugzeugteile arbeiten zu können.

Das erste motorbetriebene Modell der Firma war die **Dart Pup**, ein leichter einsitziger Eindecker mit einem 27 PS (20 kW) Ava 4a Vierzylindermotor im Flügelmittelstück für einen Druckpropeller.

Zur Zeit des Erstflugs dieses Modells im Juli 1936 wurde die Firma in Dunstable umbenannt, die Maschine erhielt daher die Bezeichnung **Dunstable Dart**. Als der Name Dart Aircraft eingeführt wurde, wurde auch dieses Modell in Dart Pup umgetauft. Im folgenden Jahr erhielt die erste und zugleich einzige Pup (G-AELR) einen 36 PS (27 kW) Bristol Cherub Motor sowie ein größeres Fahrwerk und ein modifiziertes Ruder; die Maschine stürzte im August 1938 bei einem Startversuch ab.

### Technische Daten

**Typ:** ein einsitziger ultraleichter Eindecker.
**Triebwerk:** ein 27 PS (20 kW) Ava 4a Vierzylinder-Boxermotor.
**Leistung:** Höchstgeschwindigkeit 121 km/h; Reisegeschw. 100 km/h.
**Gewicht:** Leergewicht 220 kg; max. Startgewicht 320 kg.
**Abmessungen:** Spannweite 9,03 m; Länge 6,01 m; Tragflügelfläche 10,59 $m^2$.

# Dart Flittermouse

### Entwicklungsgeschichte

Unmittelbar nach der Pup kam ein anderer von A. R. Weyl entworfener einsitziger ultraleichter Eindecker, die **Dart Flittermouse**. Der Pilot saß in einem kleinen Rumpf, an dessen hinterem Ende ein Scott Squirrel Motorradmotor mit einem Druckpropeller angebracht war. Die eckige Flosse und das Ruder waren an Streben vom Flügelmittelstück aus angebracht.

Die Flittermouse wurde 1936 an Dr. H. N. Brooke ausgeliefert, der sie in Whitney flog, bevor er die Maschine im Mai 1938 verkaufte. Der neue Besitzer nahm einige Modifikationen vor, darunter den Anbau eines Dreibeinfahrwerks. Die Flüge waren auf einige Hüpfer beschränkt, und weiter weiß man von diesem Modell nur, daß es 1951 in Blackbush verschrottet wurde.

### Technische Daten

**Typ:** ein einsitziger ultraleichter Eindecker.
**Triebwerk:** ein 25 PS (19 kW) Scott Squirrel Kolbenmotor.
**Leistung:** Höchstgeschwindigkeit 103 km/h.
**Gewicht:** max. Startgewicht 290 kg.
**Abmessungen:** Spannweite 12,34 m; Länge 6,86 m.

# Dart Kitten

### Entwicklungsgeschichte

Nach der Flittermouse baute Dart 1937 für die International Horseless Carriage Corporation in Brooklands eine fliegende Kopie von Blériots Flugzeug, mit dem dieser den Ärmelkanal überquert hatte: die Maschine erhielt den ursprünglichen 25 PS (19 kW) Anzani Motor und wurde bei einigen Demonstrationsflügen eingesetzt. Der nächste und schließlich auch letzte Typ dieser Firma war dann die **Dart Kitten**, ein weiterer einsitziger ultraleichter Eindecker, diesmal aber ein Tiefdecker ohne äußere Verstrebung und mit einem 27 PS (20 kW) Ava 4a-00 Vierzylinder-Boxermotor.

Der Konstrukteur war A. R. Weyl, der Kunde wiederum Dr. Bradbrooke aus Whitney. Die **Kitten 1** (G-AERP) flog erstmals am 15. Januar 1937, im November 1952 wurde sie bei einem Absturz zerstört.

Eine zweite Maschine, die **Kitten II** (G-AEXT), wurde mit einem J.A.P. J-99 gebaut und flog im Frühjahr 1937. Sie überlebte ebenfalls den Krieg und tauchte in Southend wieder auf, gefolgt von der **Kitten III** (G-AMJP), einem Nachkriegsmodell aus dem Jahre 1951, das über Radbremsen verfügte.

### Technische Daten
**Dart Kitten I/III**

**Typ:** einsitziger leichter Eindecker.
**Triebwerk:** ein 36 PS (25 kW) Aeronica J.A.P. J-99 Zweizylinder-Boxermotor.
**Leistung:** Höchstgeschwindigkeit 153 km/h; Reisegeschwindigkeit 134 km/h in 610 m Höhe; Gipfelhöhe 6.005 m; Reichweite 547 km.
**Gewicht:** Leergewicht 231 kg; max. Startgewicht 341 kg.
**Abmessungen:** Spannweite 9,68 m; Länge 6,50 m; Höhe 2,41 m; Tragflügelfläche 11,98 $m^2$.

**Die G-AEXT war die einzige Dart Kitten II, 1937 gebaut und nach dreimaligem Besitzerwechsel am 29. November 1964 abgestürzt.**

# Dassault Etendard/Super Etendard

**Dassault Super Etendard der Aéronautique Navale (französische Marineflieger), in den späten 70er Jahren in Landivisiau stationiert**

## Entwicklungsgeschichte

Mitte der 50er Jahre, als Kampfflugzeuge immer komplexer, teurer und schwerer wurden, war die Idee eines leichten, billigen Modells besonders erfolgversprechend. Dassault begann mit Entwurf und Entwicklung zweier finanzierter und eines privaten Prototyps unter der Bezeichnung **Dassault Etendard** (Standard).

Die **Etendard II** war das erste geflogene Exemplar (am 23. Juli 1956), das ganz offensichtlich auf den Modellen der früheren Mystère basierte und über gepfeilte Trag- und Leitflächen sowie ein Dreibeinfahrwerk verfügte. Es war allerdings auch kleiner und hatte zwei Turboméca Gabizo Strahltriebwerke mit je 1.100 kp Schub, aber Probleme mit diesem Triebwerk führten dazu, daß die Etendard II nach nur begrenzten Flugtests aufgegeben wurde. Der zweite Prototyp war die **Etendard VI**, die der Etendard II weitgehend ähnlich sah und ein Bristol Siddeley Orpheus BOr. 3 Triebwerk von 2.200 kp Schub hatte. Der Erstflug fand am 16. März 1957 statt. Ein Serienmodell war mit dem Orpheus BOr. 12 mit 3.706 kp und Nachbrenner geplant, aber als die Fiat G.91 Sieger im NATO Wettbewerb für ein leichtes taktisches Kampfflugzeug wurde, wurde die Weiterentwicklung der Etendard VI abgebrochen.

Die privat finanzierte **Etendard IV** hatte mehr Glück, denn Dassault war der Meinung, daß die Etendard II und VI durch die NATO Spezifikation eher eingeschränkt seien. Die Firma entschied sich von Anfang an für ein großes Flugzeug mit mehr Treibstoffkapazität und stärkerem Triebwerk, das daher für die verschiedenen Rollen, darunter auch die eines trägergestützten Mehrzweckkampfflugzeugs besser geeignet sein würde. Dassaults Vermutungen erwiesen sich als richtig, und nach dem Erstflug am 24. Juli 1956 zeigte die Aéronavale sich interessiert. Es kam zu einer Bestellung für eine weitergehende Entwicklung dieses Modells unter der Bezeichnung **Etendard IVM** durch die französische Marine.

Der erste Vertrag betraf die Lieferung von einem Prototyp und sechs für die Marine ausgerüsteten Vorserienmaschinen vom Typ Etendard IVM. Die sechs Maschinen hatten vergrößerte Tragflächen und umklappbare Flügelspitzen, ein vergrößertes Ruder, verstärktes Fahrwerk, Katapultbefestigung und Fanghaken, eine ausfahrbare Heckradanlage und zum Antrieb ein SNECMA Atar O8B Strahltriebwerk von 4.400 kp Schub. 69 Etendard IVM wurden produziert und ab Janaur 1962 bei der Aéronavale auf den französischen Flugzeugträgern Clemenceau und Foch eingesetzt.

Nach erfolgreichen Tests durch die Aéronavale erhielt Dassault in den frühen 70er Jahren den Auftrag, eine modernisierte Version mit der Bezeichnung **Super Etendard** zu entwickeln. Zwei Prototypen wurden durch Modifikation von IVM Flugwerken hergestellt; der erste flog am 28. Oktober 1974 und wurde für Triebwerkentwicklung und Feuertests der Exocet Luft-Boden-Rakete benutzt, mit der das Modell bewaffnet werden sollte. Der zweite Prototyp flog am 25. März 1975 und wurde bei der Entwicklung von Navigationssystemen und der Erprobung der Waffensysteme eingesetzt. Ein erfolgreicher Abschluß des Entwicklungsprogramms führte zu einer Bestellung von 100 Super Etendards, die später auf 71 Exemplare reduziert wurde. Die Auslieferungen begannen am 28. Juni 1978, fünf dieser Maschinen wurden 1983 dem Irak leihweise überlassen, der sie bis 1985 gegen den Iran einsetzte.

Zusätzlich zu den Maschinen für die Aéronavale erhielt die Firma 1979 eine Bestellung über 14 Exemplare für die argentinische Marine. Die Effektivität dieser Maschinen und der Exocet-Flugkörper erwies sich im Frühsommer 1982 beim Einsatz gegen die britischen Seestreitkräfte vor den Falkland-Inseln.

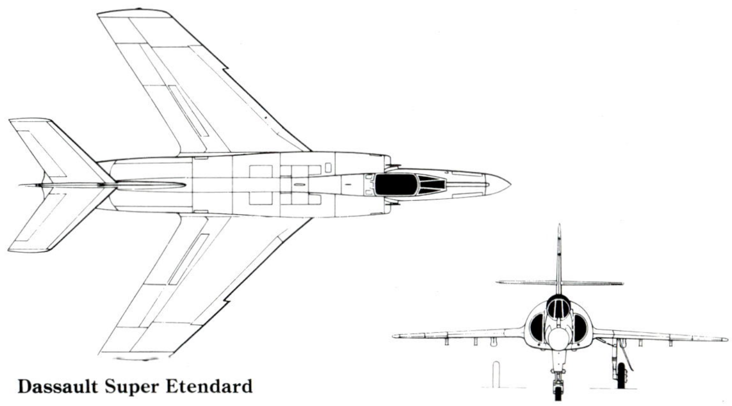

**Dassault Super Etendard**

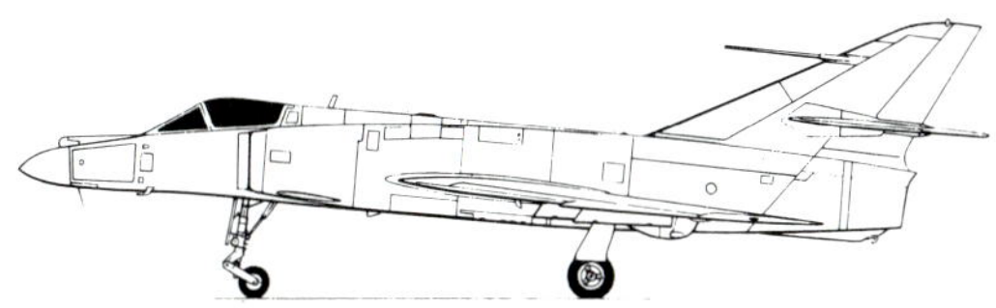

## Varianten

**Etendard IVB:** Bezeichnung für einen Prototyp mit einem Avon 51 Triebwerk und angeblasenen Klappen.

**Etendard IVP:** nach dem Umbau des letzten Vorserienexemplars der Etendard IVM als Prototyp einer

**Die Dassault IVP ist unbewaffnet, hat dafür aber Kameras im Bug und im Rumpfunterteil. Am Bug verfügte sie über ein Flugbetankungsrohr, kann aber selbst auch als Tanker fungieren.**

Dassault

**Die Dassault Super Etendard ist mit der Exocet-Rakete ausgerüstet, die gegen Schiffsziele mit Hilfe der Thomson-CSF/EMO Agave Multimode-Radaranlage eingesetzt wird.**

Dassault

Aufklärungs/Tankerversion wurden 21 Maschinen als Etendard IVP bestellt, die sich von der IVM vor allem durch drei bzw. zwei Aufklärungskameras in Bug- und Unterrumpfpositionen unterschieden und eine Auftankvorrichtung während des Flugs hatten; neben einer Bugsonde hat die Etendard IVP eine von der Douglas Aircraft Corporation speziell entwickelte 'buddy pack' Schlauchanlage, durch die das Modell auch als Tanker während des Flugs eingesetzt werden kann.

### Technische Daten

**Dassault Super Etendard IVM**
**Typ:** einsitziges trägergestütztes Kampfflugzeug.
**Triebwerk:** ein SNECMA Atar 8K-50 Strahltriebwerk mit 5.000 kp Schub.
**Leistung:** Höchstgeschwindigkeit ca. Mach 1, im Tiefflug 1.205 km/h; Anfangssteiggeschwindigkeit 100 m/sek; Dienstgipfelhöhe 13.700 m; Einsatzradius mit Exocet Raketen 650 km.
**Gewicht:** Leergewicht 6.450 kg; max. Startgewicht 11.500 kg.
**Abmessungen:** Spannweite 9,60 m; Länge 14,31 m; Höhe 3,86 m; Tragflügelfläche 28,40 m$^2$.
**Bewaffnung:** zwei 30 mm DEFA Kanonen plus Unterrumpf- und Flügelstationen für verschiedene Lasten, u.a. eine AM39 Exocet Luft-Boden-Rakete; 50 Etendard sind 1984-88 mit atomaren ASMP Marschflugkörpern ausgerüstet worden.

# Dassault M.D.315 Flamant

### Entwicklungsgeschichte

Die behäbig aussehende **Dassault M.D.315 Flamant** (Flamingo) kann auf eine lange Karriere als Mehrzwecktransporter und Besatzungstrainer zurückblicken, seit der Prototyp am 10. Februar 1947 seinen Erstflug unternahm. Dieser hatte die Bezeichnung **M.D.303** und wurde später im selben Jahr erfolgreich durch das Centre d'Essais en Vol in Brétigny getestet. Die Serienmaschinen der Flamant (die erste flog im Januar 1949) waren für den Einsatz bei der Armée de l'Air in den französischen Territorien in Übersee gedacht, und die Auslieferungen an die der AOF (Afrique Occidentale Française) begannen im Oktober 1950. Es gab drei Grundausführungen: die erste, die **M.D.311**, war ein Trainer für die Bomber-, Navigations- und Photovermessungsschulung und wurde in 39 Exemplaren gebaut; zahlreicher und länger im Einsatz waren das sechssitzige militärische Verbindungsflugzeug **M.D.312** und der zehnsitzige leichte Mehrzwecktransporter **M.D.315**. Beide (in 142 bzw. 137 Exemplaren gebaut) wurden für lange Zeit von der Armée de l'Air und (im Falle der M.D.312) der Aéronavale benutzt. Mitte der 60er Jahre waren über 200 Maschinen noch im Einsatz, heute werden von den französischen Streitkräften jedoch keine mehr verwendet. Einige von der Passagier- auf Fracht- oder Krankentransportkonfiguration umzubauende Maschinen wurden an ausländische Luftwaffen verkauft, so an Kambodscha (das heutige Kampuchea), Madagaskar, Tunesien und Vietnam, als sie in Frankreich aus dem Verkehr gezogen wurden. Ende 1981 waren nur noch etwa drei Exemplare im Verkehr.

Eine M.D.315 wurde als **M.D.316** mit 820 PS (611 kW) SNECMA 14X Super Mars Sternmotoren umgebaut und flog am 17. Juli 1952. Ein zweiter Prototyp mit einer einzelnen Flosse, die **M.D.316T**, hatte 800 PS (597 kW) Wright R-1300-CB7A1 Cyclone Sternmotoren. Diese neuen Modelle waren zur Besatzungsschulung und als zivile Transporter gedacht, gingen allerdings nicht in Produktion.

Dassault

**Die äußerlich der M.D.312 ähnliche Dassault M.D.315 war innen als Mehrzweckflugzeug eingerichtet.**

Austin J Brown

**Die Dassault M.D.312 basierte auf der M.D.303 Baureihe und war für den Passagiertransport einigermaßen bequem eingerichtet.**

### Technische Daten

**Dassault M.D.315**
**Typ:** Mehrzwecktransporter.
**Triebwerk:** zwei 580 PS (433 kW) SNECMA-Renault 12S O2-201 Reihenmotoren.
**Leistung:** Höchstgeschwindigkeit 380 km/h in 1.000 m Höhe; Reisegeschwindigkeit 300 km/h; Dienstgipfelhöhe 8.000 m; max. Reichweite 1.215 km.
**Gewicht:** Leergewicht 4.250 kg; max. Startgewicht 5.800 kg.
**Abmessungen:** Spannweite 20,70 m; Länge 12,50 m; Höhe 4,50 m; Tragflügelfläche 47,20 m$^2$.

**Dassault M.D.315 Flamant**

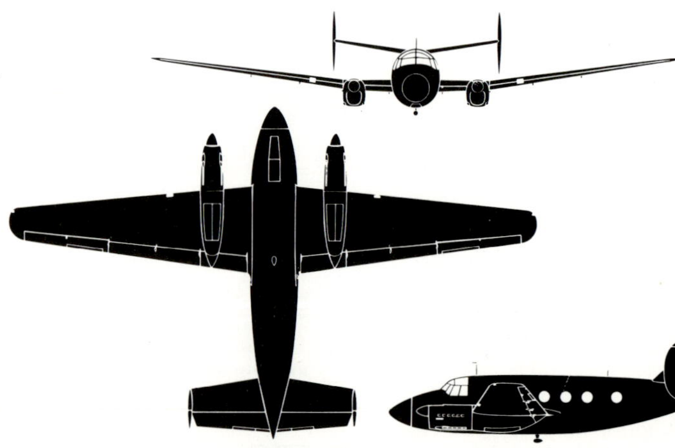

# Dassault M.D.320 Hirondelle

### Entwicklungsgeschichte

Der später als **Hirondelle** (Schwalbe) bezeichnete Mehrzwecktransporter-Prototyp **Dassault M.D.320** hatte eine auffallende Ähnlichkeit mit der früheren M.D.415 Communauté, war aber ein ganz neuer Entwurf. Dieser Tiefdecker aus Ganzmetall mit freitragenden Flügeln hatte gepfeilte Leitflächen, einen Rumpf mit rundem Querschnitt für zwei Mann Besatzung und max. 14 Passagiere in einer dichten Sitzanordnung, sowie ein Dreibeinfahrwerk. Das Triebwerk des Prototyps bestand aus zwei Turboméca Astazou XIVD Propellerturbinen in Flügelgondeln, aber das endgültige Serienmodell sollte Astazou XVI Motoren von je 1.088 WPS (811 kW) erhalten.

Der Hirondelle Prototyp (F-WPXB) flog erstmals am 11. September 1968, fand aber ebenso wie zuvor die

**Die Dassault M.D.320 Hirondelle konnte sich gegen die harte Konkurrenz nicht durchsetzen und erhielt keine Produktionsaufträge.**

Dassault

Communauté und Spirale kein kommerzielles Interesse und wurde daher nicht produziert.

### Technische Daten
**Typ:** ein Mehrzwecktransporter-Prototyp.
**Triebwerk:** zwei 920 WPS (686 kW) Turboméca Anstazou XIVD Propellerturbinen.
**Leistung:** max. Reisegeschwindigkeit 500 km/h; Dienstgipfelhöhe 5.000 m; max. Reichweite mit Reserven 3.000 km.
**Gewicht:** Leergewicht 3.500 kg; max. Startgewicht 5.400 kg.
**Abmessungen:** Spannweite 14,55 m; Länge 12,25 m; Tragflügelfläche 27 m².

# Dassault M.D.410 Spirale/M.D.415

Dassault

Der zivile Transporter M.D.415 Communauté, hier in Form des Prototyps im Juni 1959, konnte Passagiere, vier Tragen oder Fracht transportieren. Der Typ wurde ebenso wie die Spirale und Spirale III nicht produziert.

### Entwicklungsgeschichte
Unter der Bezeichnung **Dassault M.D.415** entwarf und baute die Firma einen Prototyp eines leichten zivilen Transporters, der später **Communauté** (Gemeinschaft) genannt wurde. Er war ein Tiefdecker aus Ganzmetall mit freitragenden, 12° gepfeilten Flügeln, gepfeilten Leitflächen, einziehbarem Dreibeinfahrwerk und Raum für zwei Mann Besatzung und acht Passagiere. Das Triebwerk bestand aus zwei Turboméca Bastan Propellerturbinen in Flügelgondeln. Auf der Basis dieses Prototyps (F-WJDN; Erstflug am 10. Mai 1959) baute Dassault die **M.D.410 Spirale**, die eigens für militärische Zwecke wie Aufklärung, Schulung und Transport gedacht war. Der Prototyp war weitgehend identisch mit der Communauté, hatte aber einen neu entworfenen Rumpf, bei dem die meisten Kabinenfenster weggelassen wurden, und verfügte über durchsichtige Bugwände und Vorkehrungen für eine Kanonen- oder MG-Bewaffnung. Außerdem gab es Flügelstationen für Bomben, Lenkgeschosse oder Raketen. Keines dieser beiden Modelle wurde produziert, und das Projekt eines militärischen Transporters **Spirale III** wurde abgebrochen.

### Technische Daten
**Dassault M.D.415 Communauté**
**Typ:** leichter Ziviltransporter.
**Triebwerk:** zwei 1.000 WPS (746 kW) Turboméca Bastan Propellerturbinen.
**Leistung:** (geschätzt) max. Reisegeschwindigkeit 500 km/h; Dienstgipfelhöhe 11.000 m; max. Reichweite 2.500 km.
**Gewicht:** Leergewicht 3.610 kg; max. Startgewicht 5.900 kg.
**Abmessungen:** Spannweite 16,45 m; Länge 13 m; Höhe 4,30 m; Tragflügelfläche 36 m².

# Dassault M.D.450 Ouragan

Dassault M.D.450 Ouragan bei der indischen Luftwaffe (unter dem Namen Toofani), Mitte bis Ende der 60er Jahre

### Entwicklungsgeschichte
Frankreich hat vielleicht mehr Jet-Kampfflugzeuge produziert als alle anderen Länder mit Ausnahme der USA und UdSSR. Die **Dassault M.D.450 Ouragan** (Hurrikan) war das erste Jet-Kampfflugzeug Frankreichs der Nachkriegszeit, von dem 1984 noch etwa ein halbes Dutzend in El Salvador flogen. Der privat entwickelte Prototyp flog erstmals am 28. Februar 1949 und hatte keine Bewaffnung, aber dafür ein Cockpit mit Luftdruckausgleich und die bei den Serienmaschinen standardisierten Flügelspitzentanks. Auf drei Prototypen und zwölf Vorserienmaschinen folgte eine Bestellung für 150 Serienexemplare, die später auf 350 erhöht wurde. Das erste Serienexemplar der Ouragan flog am 5. Dezember 1951, das letzte wurde Mitte 1954 fertiggestellt. Auslieferungen an die Armée de l'Air begannen 1952; drei Escadre wurden damit ausgerüstet, ersetzten das Modell ab Mai 1955 jedoch durch seinen verbesserten Nachfolger, die Mystére IVA. Die letzte Ouragan wurde allerdings erst sechs Jahre später aus dem Einsatz genommen, und Mitte der 60er Jahre dienten noch etwa 50 als Fortgeschrittenen-Schulflugzeuge. Vier Maschinen vom Typ **Barougan** wurden mit zweirädrigen 'Diabolo' Fahrwerkhauptteilen und mit einem Bremsschirm ausgerüstet; zwischen 1954 und 1957 wurde diese Ausführung für den eventuellen Einsatz in der algerischen Wüste getestet, aber nicht übernommen.

**Die Dassault M.D.450 Ouragan war Frankreichs erstes Jet-Kampfflugzeug der Nachkriegszeit; der Prototyp war an den fehlenden Flügelspitzentanks und der fehlenden Bewaffnung zu erkennen.**

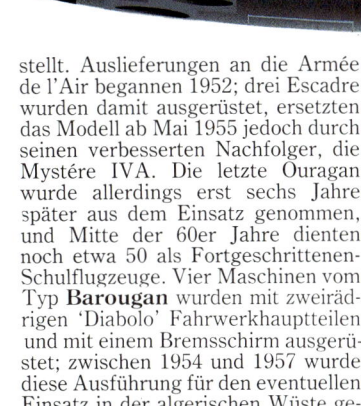

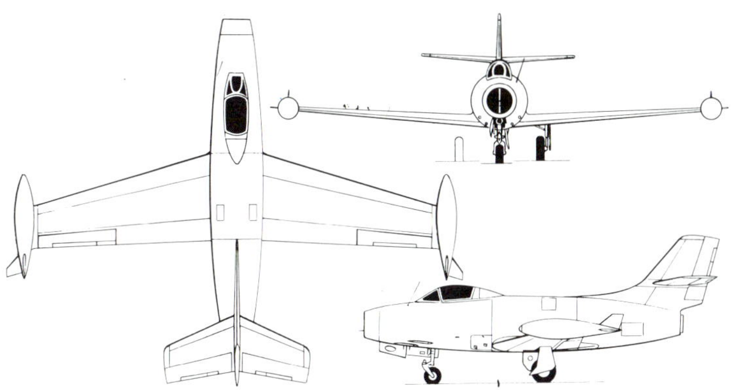
Dassault M.D.450 Ouragan

Dassault

Die israelische Luftwaffe kaufte ab 1955 71 Ouragans (24 neue und 51 ehemalige Maschinen der Armée de l'Air), in den siebziger Jahren verkaufte sie zwölf Maschinen an El Salvador. Ein früher Kunde war die indische Luftwaffe, die 104 **Toofani** (indisch für Hurrikan) erhielt, die ab 1953 ausgeliefert wurden.

### Varianten
**M.D.450R:** einziges Exemplar einer Aufklärungsvariante.
**M.D.450-30L:** einziges Exemplar mit einem Atar 101B Strahltriebwerk mit seitlichen Lufteinläufen und zwei 30 mm DEFA Kanonen.

### Technische Daten
**Typ:** einsitziges Kampfflugzeug.
**Triebwerk:** ein von Hispano gebautes Rolls-Royce Nene Mk 104B Strahltriebwerk von 2.270 kp Schub.
**Leistung:** Höchstgeschwindigkeit 940 km/h in Meereshöhe und 830 km/h in 12.000 m Höhe; Anfangssteiggeschwindigkeit 40 m/sek; Dienstgipfelhöhe 1.300 m; Einsatzradius (Abfangjäger, ohne Außenlasten) 450 km; max. Reichw. 920 km.
**Gewicht:** Leergewicht 4.142 kg; max. Startgewicht 7.900 kg.
**Abmessungen:** Spannweite (mit Flügelspitzentanks) 13,16 m; Länge 10,74 m; Höhe 4,14 m; Tragflügelfläche 23,80 m².
**Bewaffnung:** vier 20 mm Hispano Kanonen plus Flügelstationen für zwei 434 kg Bomben oder 16 105 mm Raketen oder acht Raketen und zwei 458 l Napalmtanks.

# Dassault M.D.452 Mystère IVA

Dassault M.D.452 Mystère IV der indischen Luftwaffe

## Entwicklungsgeschichte

Zwei Jahre nach seiner Befreiung aus dem Konzentrationslager Buchenwald begann Marcel Dassault mit dem Entwurf von Jet-Kampfflugzeugen. Das erste Modell war die Ouragan mit geraden Flügeln, auf der die gepfeilte **Dassault M.D.452** basierte, die später den Namen **Mystère** (Geheimnis) erhielt. Der Prototyp (Erstflug am 23. Februar 1951) trug die Bezeichnung **Mystère I**; während der folgenden zwei Jahre entstanden weitere acht Prototypen, zwei weitere **Mystère I**, zwei **Mystère IIA** und vier **Mystère IIB**. Der ursprüngliche Prototyp hatte wie die Ouragan eine Version des Rolls-Royce Nene Triebwerks, aber die acht weiteren Maschinen erhielten ein von Hispano gebautes Rolls-Royce Tay.

Auf die Prototypen folgten elf Exemplare des Vorserienmodells **Mystère IIC** mit dem französischen SNECMA Atar 101 Strahltriebwerk mit 3.000 kp Schub, dem Vorläufer des gleichnamigen Serienmodells. Auf der Mystère II Baureihe basierte der Prototyp **Mystère IV** (zunächst als **Super Mystère** bezeichnet), der sich durch dünnere Tragflächen mit ausgeprägterer Pfeilstellung, einen längeren Rumpf mit ovalem Querschnitt, modifizierte Leitflächen und ein von Hispano gebautes Rolls-Royce Tay Triebwerk von seinen Vorgängern unterschied. Nach dem Erstflug am 28. September 1952 folgten neun Exemplare des Vorserienmodells **Mystère IVA** und nach ausgiebigen Tests über 480 Serienmaschinen. Von diesen behielten die ersten 50 das Tay Triebwerk, die restlichen hatten Hispano-Suiza Verdon 350 Motoren. Zusätzlich zu den Maschinen, die 1955 ihren Dienst bei der Armée de l'Air aufnahmen, gingen Exportmaschinen an Indien und Israel, und einige Mystère IV blieben bis Anfang der achtziger Jahre als Trainer im französischen Dienst. Das Modell diente auch mehrere Jahre lang bei der Kunstflugstaffel Patrouille de France.

## Varianten

**M.D.453 Mystère III:** diese Variante wurde neben der Mystère II als zweisitziges Nachtkampfflugzeug mit neuem Bug (mit Radar und Bewaffnung bei der geplanten Serienausführung) und Seiteneinlaß für das Tay 250 Strahltriebwerk entwickelt; der einzige Prototyp wurde später bei Schleudersitztests verwendet.
**Mystère IVB:** Ausführung mit Radaranlage in einem modifizierten Rumpf, als Serienmodell mit Strahltriebwerk und Nachbrenner geplant; drei Prototypen und sechs Vorserienmaschinen wurden gebaut, aber eine Weiterentwicklung fand nicht statt, weil die Super Mystère B-2 im Vergleich mit der Mystère IVB eine höhere Leistung versprach.
**Mystère IVN:** ein zweisitziges Allwetter-Kampfflugzeug (Prototyp); Erstflug am 19. Juli 1954.

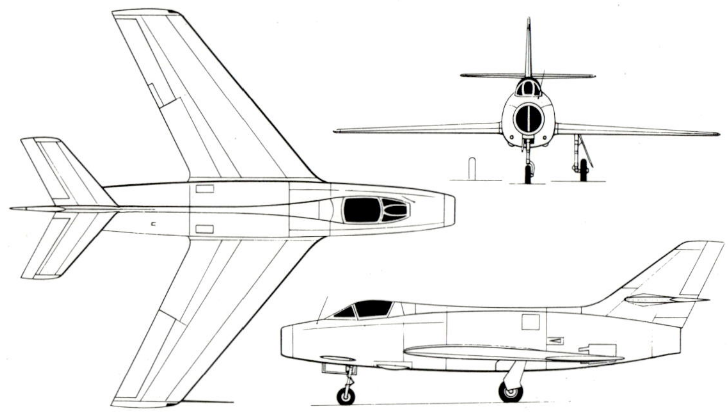

Dassault M.D.452 Mystère IVA

## Technische Daten

**Dassault Mystère IVA**
**Typ:** einsitziger Kampfbomber.
**Triebwerk:** ein Hispano-Suiza Verdon 350 Strahltriebwerk mit 3.500 kp Schub.
**Leistung:** Höchstgeschwindigkeit 1.120 km/h in Meereshöhe und 990 km/h in 12.000 m Höhe; Anfangssteiggeschwindigkeit 45 m/sek; Dienstgipfelhöhe 15.000 m; Reichweite (ohne Außenlasten) 915 km.
**Gewicht:** Rüstgewicht 5.870 kg; max. Startgewicht 9.500 kg.
**Abmessungen:** Spannweite 11,12 m; Länge 12,85 m; Höhe 4,60 m; Tragflügelfläche 32 m².
**Bewaffnung:** zwei 30 mm DEFA Kanonen, plus Raketen an einer Unterrumpfstation und verschiedene Waffenlasten an Flügelstationen.

**Die Dassault Mystère IV mit einem Tay Triebwerk im Flug. Am vordersten Flugzeug befindet sich die Luftbremse in ausgefahrener Position, die Wölbung unter dem Cockpit ist die Radaranlage.**

Dassault

# Dassault M.D.550 Mirage

## Entwicklungsgeschichte

Die Dassault M.D.550 Mirage war auf eine Spezifikation der Armée de l'Air aus dem Jahre 1954 für ein kleines Allwetter-Abfang- und Kampfflugzeug mit einer Höchstgeschwindigkeit von mehr als Mach 1 abgestimmt und flog erstmals am 25. Juni 1955. Zunächst hatte dieser Einsitzer tief am Rumpf angesetzte Deltaflügel, ebensolche Seitenleitflächen und ein einziehbares Dreibeinfahrwerk sowie zwei M.D. 30R (Armstrong Siddeley) Viper Strahltriebwerke. Das Modell erhielt später gepfeilte Seitenleitwerke und flog am 17. Dezember 1956 mit Nachbrenner und einem zusätzlichen SEPR 66 Raketenmotor mit einer Geschwindigkeit von Mach 1,3 im Horizontalflug.

Eine spätere Untersuchung dieses Prototyps führte zu der Erkenntnis, daß diese erste Mirage zu klein für den Transport einer effektiven militärischen Ladung war, so daß eine größere **Mirage II** mit stärkerem Triebwerk erwogen wurde. Sowohl die Mirage als auch die Mirage II wurden jedoch zu Gunsten der interessanteren Mirage III nicht realisiert.

### Technische Daten

**Dassault M.D.550 Mirage**

**Typ:** einsitziger Abfangjäger-Prototyp.

**Triebwerk:** zwei M.D. 30R (Armstrong Siddeley) Viper Turbojets mit Nachbrenner und 980 kp Schub plus ein SEPR 66 Raketenmotor mit 1.500 kp Schub.

**Leistung:** Höchstgeschwindigkeit 1.380 km/h in 11.000 m Höhe.

**Gewicht:** Leergewicht 3.330 kg ; max. Startgewicht 5.070 kg.

**Abmessungen:** Spannweite 7,03 m; Länge 11,50 m.

Dassault

**Mit zusätzlichem Raketenantrieb für die von Dassault gebauten Armstrong Siddeley Viper Strahltriebwerke brachte es die Dassault M.D.550 Mirage mit dem Piloten Kommandant Glavani auf Mach 1,3. Aber schon eine oberflächliche Untersuchung ergab, daß die Maschine zu klein war, um eine effektive militärische Ladung aufzunehmen.**

# Dassault Mercure

### Entwicklungsgeschichte

Angesichts des frühen Absatzerfolgs der Mystère/Falcon 20 Baureihe untersuchte Dassault die Marktchancen eines neuen Kurzstrecken-Passagierflugzeugs in etwa der gleichen Klasse wie die Boeing 737. Die Verkaufszahlen dieses zuletzt genannten Modells bestätigen die Ergebnisse der Marktforschung, aber Dassault konnte für die neue **Dassault Mercure** nur einen einzigen Abnehmer finden.

Das neue Modell war der Boeing 737 weitgehend ähnlich, was die Größe und äußere Konfiguration betraf; es war ein Tiefdecker mit rundem Rumpfquerschnitt, Druckkabine und Platz für 120-150 Passagiere oder max. 162 in einer dichten Sitzanordnung. Das Heck war völlig konventionell, und das Dreibeinfahrwerk hatte an den Hauptteilen je zwei Räder. Wie die 737 hatte auch die Mercure zwei Pratt & Whitney JT8D Zweistromtriebwerke (aus der Dash-15 Serie, eine der Alternativen für den Antrieb der Boeing 737).

Die Kosten dieses Projekts waren erheblich und gingen über Dassaults Möglichkeiten hinaus, aber die Firma erhielt die Unterstützung der französischen Regierung, die einen Kredit für 50 Prozent der geschätzten Produktionskosten von 1 Mrd. Francs zur Verfügung stellte. Dassault übernahm 14 Prozent, der Rest wurde von verschiedenen Partnern aufgebracht, die auch das Risiko des Unternehmens teilten.

Der erste Prototyp der Mercure (F-WTCC) flog erstmals am 28. Mai 1971 — die letzten drei Buchstaben dieser eigens gewählten Bezeichnung stehen für Transport Court-Courrier (Kurzstreckentransportflugzeug). Die Maschine hatte zwei Pratt & Whitney JT8D-11 Motoren mit je 6.804 kp Schub; der am 7. September 1972 geflogene zweite Prototyp war mit den stärkeren JT8D-15 ausgerüstet.

Es war zunächst beabsichtigt, die Produktion nach Eingang von Bestellungen von mindestens 50 Maschinen in Gang zu bringen. Die Firma war jedoch unvorsichtig genug, nach einem Auftrag der innerfranzösischen Fluggesellschaft Air Inter vom 29. Januar 1972 über nur zehn Exemplare mit dem Bau zu beginnen. Diese Firma erhielt die ersten Maschinen am 16. Mai 1974 und ist bis heute der einzige Abnehmer für dieses Modell geblieben. Die Mercure waren noch 1987 im Einsatz, sollen aber von Airbus A320 abgelöst werden.

Air Inter

**Rückblickend sieht man, daß Dassault sich bei der Mercure 100 stark verrechnet hatte: angesichts der Konkurrenz vor allem durch die Boeing 737 hatten die Konstrukteure den Fehler begangen, eine allzu begrenzte Treibstoffkapazität vorzusehen, die mehrere Kurzstreckenflüge nicht ohne zeitraubendes Auftanken möglich machte.**

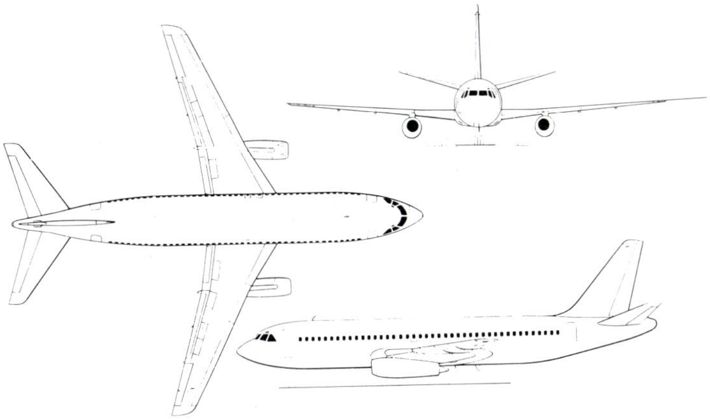

**Dassault Mercure 100**

### Technische Daten

**Typ:** Kurzstreckentransportflugzeug.

**Triebwerk:** zwei Pratt & Whitney JT8D-15 Zweistromtriebwerke mit 7.031 kp Schub.

**Leistung:** max. Reisegeschwindigkeit 925 km/h in 6.095 m Höhe; wirtschaftliche Reisegeschwindigkeit 858 km/h in 9.145 m Höhe; Reichweite bei max. Nutzlast 756 km.

**Gewicht:** Leergewicht 31.800 kg; max. Startgewicht 56.500 kg.

**Abmessungen:** Spannweite 30,56 m; Länge 34,84 m; Höhe 11,37 m; Tragflügelfläche 116 m².

# Dassault Mirage III/5

### Entwicklungsgeschichte

Die Dassault M.D.550 Mirage und die geplante Mirage II hatten keinen Erfolg, weil, so nahm Dassault an, ein kombiniertes Triebwerk verwendet wurde. Daher beschloß die Firma Ende 1955, in privater Initiative einen Prototyp eines neuen Entwurfs zu bauen, der die Deltaflügel beibehielt

**Dassault Mirage 5SDE des Luftverteidigungskommandos der ägyptischen Luftwaffe im Jahre 1975**

und einen größeren Rumpf für ein SNECMA Atar 101G1 Strahltriebwerk verwendete. Das Ergebnis, die **Dassault Mirage III-001**, flog erstmals am 18. November 1956 und hatte nach etwas über zwei Monaten eine Geschwindigkeit von Mach 1,52 erreicht. Die Verwendung handbetriebener Schock-Kegel in den nicht veränderbaren Lufteinlässen sowie der Einbau eines Atar 101G2 mit 4.490 kp Schub führten zu einer erhöhten Maximalgeschwindigkeit von Mach 1,65, die später durch einen SEPR Raketenhilfsmotor auf Mach 1,8 gebracht wurde. Dies fand das Interesse der französischen Luftwaffe, die zehn Exemplare der verbesserten Vorserienausführung **Mirage IIIA** bestellte. Diese Maschinen hatten Atar 9B Strahltriebwerke mit 6.000 kp Schub (mit Nachbrenner), und um diese Anlage voll ausnutzen zu können, modifizierte Dassault die Tragflächen. Die Mirage IIIA flog erstmals am 12. Mai 1958 und erreichte mit Hilfe eines Raketenhilfsmotors eine Geschwindigkeit von Mach 2,2; die Serienmodelle waren der Tandem-Zweisitzer **Mirage IIIB**, ein Schulflugzeug, und der einsitzige Allwetter-Abfangjäger **Mirage III-C**. Letzterer hatte Cyrano AI Radar; die grundlegende Bewaffnung von zwei 30 mm Kanonen konnte durch Matra R.530 und Sidewinder Luft-Luft-Flugkörper erweitert werden.

Die nächste bedeutende Ausführung war der Langstrecken-Jagdbomber **Mirage IIIE** mit einem Atar 9C Strahltriebwerk in einem verlängerten Rumpf. Das Modell hatte eine Cyrano II Radaranlage, die gemeinsam mit dem Doppler Radar und dem Tacan Navigationssystem Tiefflugoperationen bei allen Wetterverhältnissen ermöglichte und dem Typ die Fähigkeit zu Blindangriffen gab, allerdings ohne die Verfolgerkapazität. Auf der Mirage IIIE basierte ein weniger komplexer Erdkampfjäger für Einsätze unter VFR-Bedingungen (Sichtflug), der zum Export bestimmt war. Er trug die Bezeichnung **Mirage 5** und wurde in erster Linie im Hinblick auf israelische Anforderungen entworfen; der Erstflug dieses Modells fand am 19. Mai 1967 statt.

Die jüngste Entwicklung der Mirage III/5 Familie flog erstmals in Prototyp-Form am 15. April 1979: die **Mirage 50**, ein Mehrzweck-Kampfflugzeug. Der Typ hat ein SNECMA Atar 9K-50 Strahltriebwerk und kann die gesamte für die Mirage III/5 Baureihe entwickelte Bewaffnung und Ausrüstung und außerdem eine mordernere Radaranlage und Head-up Display aufnehmen. Das erste Exemplar der Mirage 50, die auch als Aufklärer und zweisitziges Schulflugzeug lieferbar ist, ging an Chile. Zusätzlich zu einer beträchtlichen Anzahl von Mirage III/5 für die Armée de l'Air dient das Modell bei etwa 20 ausländischen Luftstreitkräften. Insgesamt waren bis Anfang 1984 über 1.410 Maschinen von der Mirage 50 bestellt.

**Dassault Mirage 5PA der Luftwaffe Pakistans (Einsatzgruppe Süd), in den frühen 80er Jahren in Masroor stationiert.**

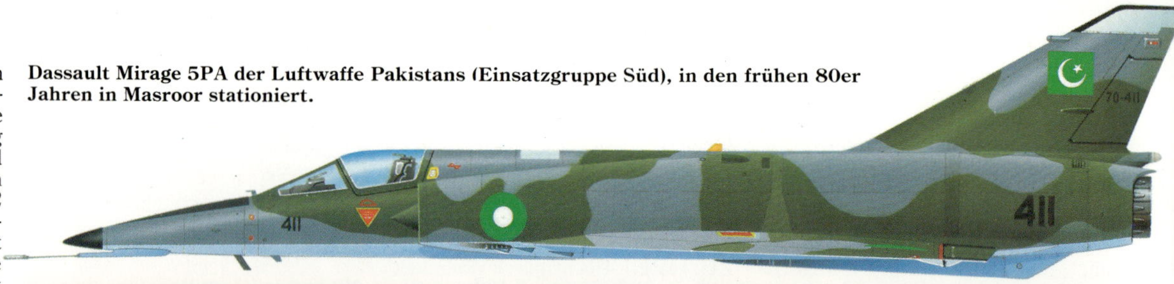

Dassault

**Das Aufklärungsmodell der Mirage III Familie ist die Dassault Mirage IIIR, ausgestattet mit fünf OMERA Typ 31 Kameras oder einer SAT Cyclope Anlage für visuelle oder Infrarot-Aufklärung.**

### Varianten

**Mirage IIID:** zweisitziger Trainer.
**Mirage IIIO:** australische Ausführung, unter Lizenz gebaut.
**Mirage IIIR:** Aufklärungsausführung mit fünf Kameras oder Infrarot-Anlage.
**Mirage IIIS:** Schweizer Ausführung, unter Lizenz gebaut.
**Mirage IIIT:** Bezeichnung für diejenigen Maschinen, die als Teststand für das SNECMA TF-106 Zweistromtriebwerk mit 9.000 kp Schub verwendet wurden.
**Mirage IIING:** ein 1982 bekanntgegebenes Projekt einer Ausrüstung, die den Typ neben etwa der F-20 Tigershark und IAI Kfir wettbewerbsfähig erhalten soll; zu den Modifikationen gehören Vorderflügel (Canard-Typ) am Lufteinlauf, 'Fly-by-wire' (elektronische) Flugsteuerung, ein Atar 9K-50 Triebwerk und modernisierte Elektronik, Cyrano IV oder Agave-Radar.
**Balzac V-001:** ein umgebautes Mirage III Flugwerk mit acht Rolls-Royce RB.162 Hubstrahltriebwerken und einem SNECMA TF-104 Zweistromtriebwerk für den Einsatz als VTOL Forschungsflugzeug zur Entwicklung eines Steuersystems für die Mirage IIIV Prototypen.
**Mirage IIIV:** Bezeichnung für zwei Maschinen mit je acht Rolls-Royce RB.162 Hubstrahltriebwerken zur Erprobung von VTOL-Techniken bei Kampfflugzeugen.
**Mirage 5D:** zweisitziger Trainerversion der Mirage 5.
**Mirage 5R:** Aufklärerversion der Mirage 5.
**Mirage Milan:** ein auf der Grundlage einer Mirage IIIE modifizierter Prototyp mit einem Atar 9K-50 Zweistromtriebwerk und einziehbaren Vorderflügeln im Rumpfbug; als Lösung für die Probleme mit der hecklosen Deltaversion gedacht; die Entwicklung wurde später abgebrochen.

### Technische Daten
**Dassault Mirage 50**
**Typ:** einsitziges Mehrzweck-Kampfflugzeug.
**Triebwerk:** ein SNECMA Atar 9K-50 Strahltriebwerk mit 7.200 kp Schub.
**Leistung:** Höchstgeschwindigkeit Mach 2,2; Dienstgipfelhöhe (bei Mach 2,2) 18.000 m; Kampfradius mit zwei 400 kg Bomben 630 km.
**Gewicht:** Rüstgewicht 7.150 kg; max. Startgewicht 13,700 kg.
**Abmessungen:** Spannweite 8,22 m; Länge 15,56 m; Höhe 4,50 m; Tragflügelfläche 35 m².
**Bewaffnung:** Grundbewaffnung von zwei 30 mm DEFA Kanonen im Rumpf, plus unterschiedliche Waffenlasten an sieben Außenstationen.

**Für Schulungszwecke produzierte Dassault die Mirage IIIB. Hier abgebildet ist eines von zwei Exemplaren, die bei der 17. Staffel der Schweizer Fliegertruppe in Pyerne dienen.**

Dassault

# Dassault Mirage IV

### Entwicklungsgeschichte

Die Franzosen waren ausgesprochen nationalbewußt, als sie 1954 beschlossen, ihre eigene atomare Verteidigung zu entwickeln. Vorrang hatte vor allem ein von Dassault und mehreren anderen Firmen angeführtes Projekt über die Abschußvorrichtungen der betreffenden Waffen. Für die erforderlichen Langstreckenflüge bei hoher Geschwindigkeit untersuchte Dassault zunächst Entwicklungen der Datour, entschied sich dann aber für einen zweimotorigen Entwurf eines Nachtkampfflugzeugs aus dem Jahre 1956. Es war eigentlich eine vergrößerte Mirage III, deren Umbau viele Veränderungen in der Größe und im Triebwerk sowie bei der Nutzlast und Reichweite vorsah. Die Lösung all dieser Probleme rückte näher, als man sich für eine

Auftankvorrichtung während des Flugs entschied.

Der erste Prototyp der **Dassault Mirage IVA** flog erstmals am 17. Juni 1959, damals noch mit zwei SNECMA Atar 09 Strahltriebwerken mit verstärkter Schubkraft von 6.000 kp. Bei seinem 14. Testflug im Juli 1959 erreichte das Modell Mach 1,9 und kam beim 33. Flug auf Mach 2. Es folgten drei Vorserienprototypen, von denen der erste am 12. Oktober 1961 flog. Diese Maschine hatte zwei Atar 9C Triebwerke mit 6.400 kp Schub und war nicht nur größer, sondern auch typischer für das Serienmodell Mirage IVA; unter dem Rumpfmittelstück war vor der halb eingezogenen freifallenden Atombombe ein großes rundes Radom angebracht. Das erste Vorserienexemplar wurde für Bombentests und die Entwicklung in Colomb-Béchar verwendet; die zweite, ähnliche Maschine diente bei der Entwicklung des Navigations- und Auftanksystems während des Flugs; und die dritte, ein voll einsatzfähiges Flugzeug mit Atar 9K Triebwerken, vollständiger Ausrüstung (darunter eine Bugsonde für das Auftanken) und Bewaffnung, flog erstmals am 23. Januar 1963. Die französische Luftwaffe war mit den Testergebnissen zufrieden und bestellte 50 Serienmaschinen zur Auslieferung in den Jahren 1964 und 1965; später wurden weitere 12 in Auftrag gegeben. Die Mirage IVA werden beständig hochgerüstet, um auch in den 90er Jahren weiter einsatzbereit zu bleiben. In Bordeaux sind zwölf Mirage IVR Aufklärer stationiert, die auch für die Elektronische Kriegsführung ausgerüstet sind. 18 Mirage IVP (P = Pénetration) wurden 1986 hochgerüstet und können ASMP Marschlugkörper für große Reichweiten mitführen, die über Nuklearsprengköpfe verfügen. Obwohl Mirage IVA nicht gerade unkompliziert im Betrieb sind, hält die französische Luftwaffe ihre Maschinen bemerkenswert schnell abrufbereit. Sie können aus ihren Bunkern direkt starten und wurden sogar von kurzen und unbefestigten Rollbahnen aus eingesetzt (mit Hilfe von zusätzlichen Startraketen), wobei die Oberfläche mit schnell trocknenden Chemikalien bearbeitet wurde.

Dassault

**Die Dassault Mirage IVA gab Frankreich die Möglichkeit, seine neu entwickelte Atomwaffe einzusetzen (hinter dem Radom halb in den Rumpf eingezogen).**

### Technische Daten
**Dassault Mirage IVA**

**Typ:** zweisitziger strategischer Überschall-Bomber.

**Triebwerk:** zwei SNECMA Atar 9K Strahltriebwerke mit je 7.000 kp Schub und Nachbrenner.

**Leistung:** Höchstgeschwindigkeit 2.340 km/h oder Mach 2,2 in 13.125 m Höhe; max. Dauergeschwindigkeit 1.966 km/h oder Mach 1,7 in 19.685 m Höhe; taktischer Aktionsradius (Höchstgeschwindigkeit bis zum Ziel, Überschallflug zurück) 1.240 km; Aktionsradius 4.000 km

**Gewicht:** Rüstgewicht 14.500 kg; max. Startgewicht 33.475 kg.

**Abmessungen:** Spannweite 11,85 m; Länge 23,49 m; Höhe 5,40 m; Tragflügelfläche 78 m².

**Bewaffnung:** eine freifallende atomare 60 Kilotonnen-Bombe im Rumpf oder bis zu 7.260 kg Waffen plus elektronische Abwehranlage.

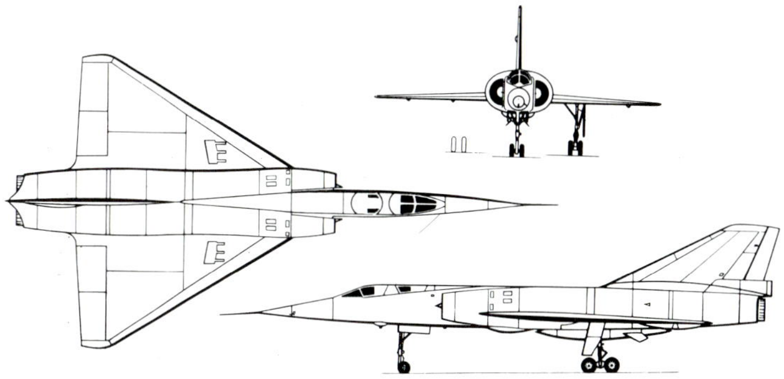

**Dassault Mirage IVA**

# Dassault Mirage F.1

## Entwicklungsgeschichte

Die **Dassault Mirage F.1** ist eigentlich ein Nachfolger der äußerst erfolgreichen Mirage III/5 Baureihe, unterschied sich aber beträchtlich von den ursprünglichen Entwürfen für die Ersatzmodelle dieser Familie. 1964 wurde Dassault von der französischen Regierung beauftragt, einen Prototyp des zweisitzigen Kampfflugzeugs Mirage F.2 zu bauen, eine Maschine mit konventionellen Tragflächen und Leitwerk sowie einem SNECMA/Pratt & Whitney TF306 Zweistromtriebwerk. Das Modell flog erstmals im Juni 1966, im Dezember des gleichen Jahres gefolgt von der ersten Mirage F.1, einem kleineren einsitzigen Kampfflugzeug, das Dassault in privater Initiative mit einem Atar Strahltriebwerk entwickelt hatte.

Der Prototyp der Mirage F.1 stürzte ab, wurde aber als durchaus interessantes Modell angesehen, und im September 1967 bestellte die französische Regierung drei Vorserienmaschinen vom Typ Mirage F.1 sowie ein Flugwerk für Strukturtests. Das erste der drei neuen Flugzeuge unternahm seinen Jungfernflug im März 1969 und schloß drei Monate später seine erste Flugtestreihe ab. Trotz des SNECMA Atar 9K-31 Triebwerks, das schwächer war als das später übernommene Atar 9K-50, erbrachte das erste Vorserienexemplar der F.1 eine Reihe von beeindruckenden Leistungen in seiner Frühzeit. Die besten Geschwindigkeiten lagen bei Mach 2,12 bzw. 2.260 km/h in 11.000 m Höhe und 1.300 km/h im Tiefflug.

Die Mirage F.1 hat sich als würdiger Nachfolger der Mirage III Mehrzweck-Kampfflugzeuge erwiesen, vor allem angesichts der hohen Nutzlast, der leichten Manövrierbarkeit beim Tiefflug und der hohen Steiggeschwindigkeit. Das Auftriebssystem mit seinen Vorderkantenklappen und den großen Klappen an den ausgeprägten Pfeilflügeln ermöglichte ausgezeichnete Kurzstarts und -landungen. Mit durchschnittlichem Einsatzgewicht kann die Mirage F.1 innerhalb von 500 bis 800 m starten und landen. Obwohl die Mirage III und die F.1 praktisch die gleichen Abmessungen haben, hat die F.1 etwa 40 Prozent mehr Treibstoffkapazität, weil die Blasentanks durch integrale Treibstoffbehälter ersetzt wurden.

Ein Abfangjäger braucht eine schnelle Reaktionsfähigkeit, ebenso wie ein Angriffsflugzeug, und die F.1 ist für beide Aufgaben geeignet. Die Bodenausrüstung ist auf ein Minimum beschränkt und für den Lufttransport geeignet. Das Modell hat eine Selbststartanlage, und die inneren Tanks können mit der Hochdruck-Tankanlage in etwa sechs Minuten aufgefüllt werden; das ermöglicht eine Zeitspanne von nur 15 Minuten zwischen einzelnen Einsätzen, bei denen es auf die Identifikation von Eindringlingen anstatt auf Abfangaufgaben ankommt.

Die Thomson-CSF Cyrano IV Monopuls-Radaranlage hat einen um 80 Prozent größeren Radius als die Cyrano II bei der Mirage III und ermöglicht es, Eindringlinge in allen Flughöhen aufzuspüren, selbst wenn sie im Tiefflug den Terrainkonturen folgen. Sobald das Zielobjekt vom Piloten ausgewählt wurde, verfolgt die Radaranlage es automatisch. Die Waffen werden ebenfalls automatisch (durch Computer) abgefeuert; bei manuellem Abfeuern deutet der Computer dem Piloten den passenden Zeitpunkt an.

Dank der selbstfahrenden GAMO Bodengeneratoren kann die Mirage F.1 innerhalb von zwei Minuten startbereit gemacht werden. Mit dem erzeugten Strom wird das Navigations- und Waffensystem gespeist, die Kühlflüssigkeit für die Radaranlage in Umlauf gebracht und die Klimaanlage des Cockpits betrieben; außerdem ist auf einem Teleskop-Arm ein Sonnenschirm angebracht, so daß der Pilot während der langen Wartezeiten im Schatten sitzen kann. Wenn der Befehl zum Start kommt und der Pilot die Triebwerke anläßt, wird der Sonnenschirm automatisch zurückgezogen, die Klimaanlage und das Radarkühlsystem werden abgeschaltet, und sobald das Triebwerk schnell genug läuft, um die Wechselstromerzeuger mit ausreichend Energie zu versorgen, wird die GAMO-Verbindung automatisch abgebrochen, und der Pilot kann die Maschine zum Start rollen.

Die zur Zeit bei der französischen Luftwaffe eingesetzte Variante ist der Abfangjäger Mirage F.1C. Das erste Serienexemplar dieses Typs flog erstmals am 15. Februar 1973 und wurde am 14. März ausgeliefert. Von den bislang über 700 bestellten Maschinen des Typs Mirage F.1 waren 231 für die französische Luftwaffe bestimmt; die restlichen Exemplare gingen an Luftwaffeneinheiten in Ecuador, Griechenland, Irak, Südafrika, Jordanien, Kuwait, Libyen, Marokko, Qatar und Spanien.

**Dassault Mirage F.1CG der 114e Perighe der Elleniki Aeroporia (griechische Luftwaffe) in den späten 70er Jahren in Tanagra stationiert**

## Varianten

**Mirage F.1C-200:** Bezeichnung für 25 F.1C der französischen Luftwaffe nach Einbau von Flugbetankungssonden.

**Mirage F.1A:** Erdkampfjäger mit vereinfachter Avionik und erhöhter Treibstoffkapazität; ebenfalls unter Lizenz von Atlas Aircraft gebaut.

**Mirage F.1B:** Bezeichnung für ein zweisitziges Schulflugzeug, das mit einem zweiten Radarschirm und Head-up Display im hinteren Cockpit als voll einsatzfähiger Trainer benutzt werden kann.
**Mirage F.1E:** im allgemeinen ähnlich wie die F.1C, aber mit einem umfassenden Navigations- und Angriffssystem für Allwettereinsätze; eine F.1E wurde mit einem SNECMA M53 Zweistromtriebwerk fertiggestellt, aber die Entwicklung wurde später abgebrochen.
**Mirage F.1CR:** Bezeichnung für eine Aufklärungsversion mit konventionellen Kameras sowie elektromagnetischen, Infrarot- und optischen Sensoren, außerdem mit modernen Trägheits- und Radar-Navigationssystemen ausgerüstet. 64 Maschinen von Frankreich bestellt.

### Technische Daten
**Dassault Mirage F.1C**
**Typ:** einsitziges Mehrzweck-Kampfflugzeug.
**Triebwerk:** ein SNECMA Atar 9K-50 Turbofan-Triebwerk von 7.200 kp Schub mit Nachbrenner.
**Leistung:** Höchstgeschwindigkeit in 11.000 m Höhe 2.323 km/h oder Mach 2,2; in geringer Höhe Mach 1,2 oder 1.460 km/h; Anfangssteiggeschwindigkeit 213 m/sek; Dienstgipfelhöhe 16.000 m; max. Reichweite 1.385 km.
**Gewicht:** Leergewicht 7.400 kg; max. Startgewicht 15.200 kg.
**Abmessungen:** Spannweite 8,40 m; Länge 15 m; Höhe 4,50 m; Tragflügelfläche 25 $m^2$.
**Bewaffnung:** zwei 30 mm DEFA Kanonen plus äußere Lasten bis max. 3.630 kg.

# Dassault Mirage F.2

### Entwicklungsgeschichte
Die **Dassault Mirage F.2** war ursprünglich als fliegender Prüfstand für das SNECMA TF 306 Mantelstromtriebwerk vorgesehen. Obwohl sie einige Eigenschaften der Mirage III beibehielt, gab es wesentliche konstruktive Unterschiede, und die Deltaflügel wurden abgeschafft. Der Hochdecker mit gepfeiltem Flügel und gepfeiltem Leitwerk mit im ganzen beweglichen Höhenleitwerksflächen wurde von einem Pratt & Whitney TF30 Mantelstromtriebwerk angetrieben, als er am 12. Juni 1966 zum ersten Mal flog. Von der Mirage F.2 wurde nur ein Prototyp gebaut, jedoch erhielt die Mirage F.1 eine verkleinerte Version der für dieses Flugzeug entwickelten Flügel.

Die Mirage F.2 spielte auch bei der Entwicklung des **Mirage G** Prototyps eine Rolle, dem Experimental-Jagdflugzeug mit beweglichen Flügeln, dessen Rumpf dem der F.2 im wesentlichen glich. Dieser Prototyp flog erstmals am 18. November 1967; innerhalb einer Woche war er mit der maximalen Flügelpfeilung von 70° geflogen worden und erzielte im Januar 1968, von seinem Nachbrenner-Mantelstromtriebwerk SNECMA TF306E mit 9.300 kp Schub angetrieben, eine Geschwindigkeit von Mach 2,1. Im Anschluß daran bestellte die französische Regierung zwei Prototypen einer zweimotorigen Version der Mirage G, die als Experimental-Kampfflugzeuge mit verstellbaren Flügeln dienen sollten. Beide Flugzeuge erhielten die Bezeichnung **Mirage G8,** und das erste, das am 8. Mai 1971 flog, hatte zwei hintereinanderliegende Sitze. Die einsitzige Version flog erst am 13. Juli 1972. Die Mirage G8, die insgesamt der Mirage G glich, unterschied sich in der Hauptsache dadurch, daß sie zwei SNECMA Atar 9K-50 Einkreisstrahltriebwerke mit Nachbrenner hatte, die je 7.200 kp Schub entwickelten. Diese beiden Maschinen, die in einem umfangreichen Testprogramm geflogen wurden, lieferten wertvolle Informationen, und am 13. Juli 1973 erreichte die einsitzige Version in einer Flughöhe von 15.000 m eine Geschwindigkeit von Mach 2,34.

Im Anschluß an diese Forschung wurde unter der anfänglichen Bezeichnung **Mirage G8A** (später: **Super Mirage**) eine Version projektiert, die der Anforderung der französischen Luftwaffe nach einem sogenannten ACF (Avion de Combat Futur bzw. Kampfflugzeug der Zukunft) entsprach. Dies glich der einsitzigen Version der Mirage G8, hätte aber einen starren, um 55° gepfeilten Flügel gehabt, der in Tests die beste Leistung erbracht hatte. Diese letztgenannte Maschine wurde jedoch nicht gebaut, aber die Programme der Mirage F.2 und der Mirage G hatten einen erheblichen Einfluß auf die Entwicklung der Mirage 2000 und der Super Mirage 4000.

### Technische Daten
**Dassault Mirage F.2**
**Typ:** zweisitziger Kampfflugzeug-Prototyp.
**Triebwerk:** ein Pratt & Whitney TF30 Mantelstromtriebwerk mit 9.072 kp Schub.
**Leistung:** Höchstgeschwindigkeit 2.333 km/h bzw. Mach 2,2 im Höhenflug; Dienstgipfelhöhe 20.000 m.
**Gewicht:** Leergewicht 9.500 kg; max. Startgewicht 18.000 kg.
**Abmessungen:** Spannweite 10,50 m; Länge 17,60 m; Höhe 5,80 m.

**1964 wurde ein Prototyp der Dassault Mirage F.2 bestellt, die im Tiefflug in feindlichen Luftraum eindringen sollte. Die Mirage F.2 wurde zugunsten der einfacheren Mirage F.1 gestrichen.**

Dassault

**Die Dassault Mirage G verließ sich weitgehend auf das Flugwerk der Mirage F.2, wurde jedoch zur Erforschung der Möglichkeiten gebaut, die verstellbare Flügel für einen Mehrzweckjäger bieten. Hier gezeigt ist einer der beiden Mirage G8 Prototypen, der von einem Paar Atar 9K-50 Mantelstromtriebwerke angetrieben wurde und dessen Flügel in der vollen Pfeilstellung von 70° stehen.**

Dassault

# Dassault Mystère/Falcon 10

### Entwicklungsgeschichte
Die **Dassault Falcon 10** wurde zunächst als **Minifalcon** bekannt, als sie Ende der sechziger Jahre vorgestellt wurde. So wie der Rest der Familie hat auch sie hinten montierte Mantelstromtriebwerke und ist im Grunde eine verkleinerte Version der Mystère/Falcon 20, die zwei Besatzungsmitgliedern und bis zu sieben Passagieren Platz bietet. Ein Prototyp (F-WFAL), der ursprünglich von General Electric CJ610 Mantelstromtriebwerken angetrieben wurde, flog erstmals am 1. Dezember 1970. Sechs Monate später stellte der Prototyp auf einem 1.000 km Rundkurs mit 930,4 km/h einen Geschwindigkeitsrekord in seiner Klasse auf. Ein dritter Prototyp schaffte im Mai 1973, einen Monat, nachdem die erste Serienmaschine geflogen war, einen ähnlichen Rekord auf einem 2.000 km Rundkurs auf. Bis Mitte 1982 waren gut über 200 Maschinen dieses Typs verkauft worden.

Über die normale Rolle eines Geschäftsflugzeugs hinaus kann die Mystère/Falcon 10 für Luftfotografie, Krankentransport, Verbindungsfunktionen, Navigations/Angriffssystemschulung und zur Eichung von Funknavigationshilfen eingerichtet werden. Die Aéronavale fliegt neben fünf dieser Flugzeuge weitere fünf unter der Bezeichnung **Falcon 10MER**. Sie werden als allgemeine Kommunikations- und Verbindungsflugzeuge eingesetzt, aber auch zur Schulung von Piloten der trägergestützten Dassault Super Etandard Jagdflugzeuge verwendet. In dieser Rolle erwies sich die Falcon 10MER als guter Schein-Angreifer, mit dem

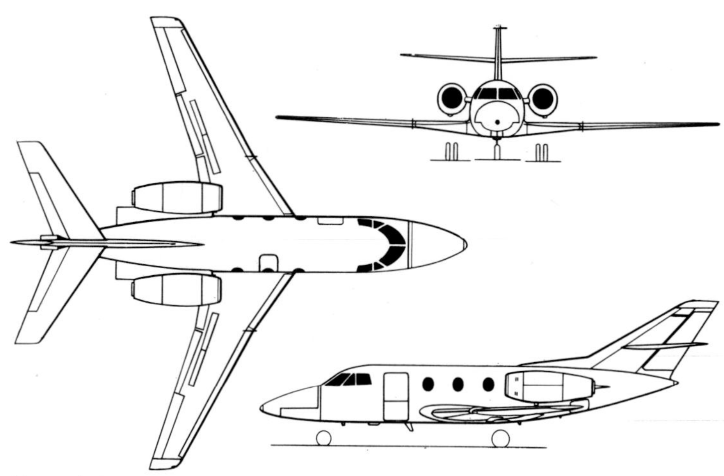

**Dassault Mystère/Falcon 10**

Abfangjägerpiloten und auch die Besatzungen der Radar-Bodenkontrolle geschult werden können.

Das neueste Mitglied in der Baureihe der Mystère/Falcon 10 ist die **Mystère/Falcon 100,** die ihre Vorgängerin in der Produktion abgelöst hat. Äußerlich unterscheidet sie sich durch ein viertes Kabinenfenster auf der rechten Seite, außerdem verfügt sie über ein um 225 kg höheres

**Das kleinste Mitglied der Dassault Mystère/Falcon-Familie, die Mystère 10 (außerhalb Frankreichs als Falcon 10 bekannt), war für den komfortablen und schnellen Transport von bis zu sieben Passagieren gedacht, das Nachfolgemodell ist die Mystère/Falcon 100, die an einem vierten Kabinenfenster an der rechten Seite des Rumpfs erkennbar ist.**

### Technische Daten
**Mystère/Falcon 100**

**Typ:** Geschäftsreiseflugzeug.
**Triebwerk:** zwei Garrett TFE731-2 Mantelstromtriebwerke mit 1.465 kp Schub.
**Leistung:** Höchstgeschwindigkeit 912 km/h in 7.620 m; Reichweite mit vier Passagieren und Reservetreibstoff 3.560 km.
**Gewicht:** Rüstgewicht 4.880 kg; max. Startgewicht 8.500 kg.
**Abmessungen:** Spannweite 13,08 m; Länge 13,86 m; Höhe 4,61 m; Tragflügelfläche 24,10 m².

# Dassault Mystère/Falcon 20

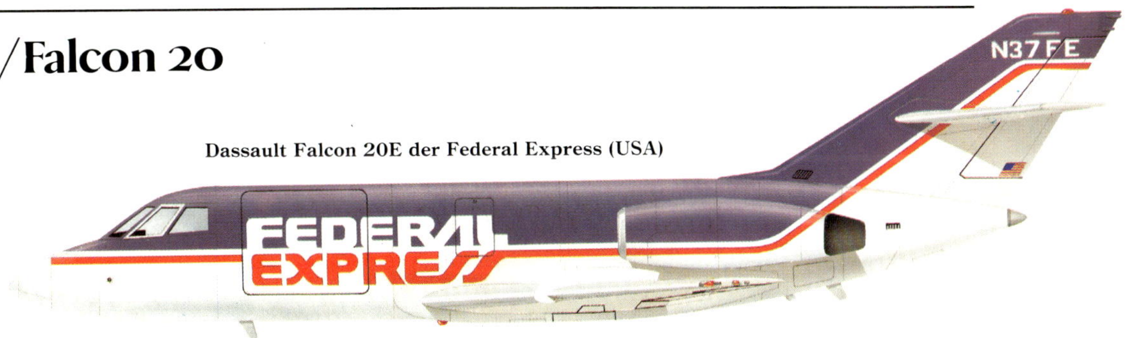


**Dassault Falcon 20E der Federal Express (USA)**

### Entwicklungsgeschichte
Auf Veranlassung von Dassault wurde in Zusammenarbeit mit Aérospatiale (damals noch Sud-Aviation) die Entwicklung eines leichten Geschäftsreiseflugzeugs mit zwei Mantelstromtriebwerken in Angriff genommen, dessen Prototyp ab Januar 1962 gebaut wurde. Es war ein selbsttragender Tiefdecker mit gepfeilten Flügeln und Leitwerk, einem runden Rumpf und einem einziebaren Bugradfahrwerk, dessen Rumpf von Dassault und dessen Flügel und Leitwerk von Sud-Aviation gebaut wurden. Für die Serienmaschinen baut allerdings Dassault die Flügel und Aérospatiale den Rumpf und das Leitwerk.

Das neue Flugzeug, das am 4. Mai 1963 zum ersten Mal flog und dabei von zwei Pratt & Whitney JTF12A-8 Mantelstromtriebwerken mit 1.497 kp Schub angetrieben wurde, die in Gondeln am rückwärtigen Rumpf montiert waren, erhielt die Bezeichnung **Dassault Mystère/Falcon 20** (Mystère in Frankreich und Falcon für Exportmärkte). Es wurde später mit General Electric CF700 Mantelstromtriebwerken ummotorisiert.

Nach Zulassung des Flugzeugs zeigte sich die Business Jets Division der Pan American World Airways (jetzt als Falcon Jet Corporation bekannt) an dem Verkauf dieses Flugzeugs in Nordamerika interessiert, wo es als **Fan Jet Falcon** angeboten wird. Varianten der Mystère/Falcon 20 befanden sich bis 1984 in Produktion und fanden in der Zwischenzeit Verwendung als Zivil- und Militärflugzeuge, wobei insgesamt fast 500 Maschinen in Auftrag gegeben wurden.

Die erste Serienmaschine absolvierte am 1. Januar 1965 ihren Jungfernflug, und diese Anfangsserie erhielt die Bezeichnung **Standard Falcon 20**. Hieraus wurde eine Version mit vergrößerten Tanks entwickelt, die als **Falcon 20C** mit dem gleichen General Electric CF700-2C Triebwerk mit 1.871 kp Schub ausgestattet ist wie die Standard Falcon oder die als **Falcon 20D** das stärkere CF700-2D Triebwerk hat, das 1.928 kp Schub entwickelt. Die Einführung der CF700-2D-2 Motoren mit 2.041 kp Schub führte zu einer Version namens **Falcon 20E,** und die Montage von Auftriebshilfen zur Verbesserung der Start- und Landeleistung sowie eine weitere Steigerung der Tankkapazität waren die Eigenschaften, die die Falcon 20F bot.

Die Entwicklung einer verbesserten **Falcon 20G** wurde in Angriff genommen, die von der Falcon Jet Corporation angeboten wurde, um einer Anforderung der US-Küstenwache nach einem Mittelstrecken-Patrouillenflugzeug zu entsprechen. 1977 wurde ein Auftrag über 41 Flugzeuge erteilt, die als **HU-25A Guardian** bezeichnet wurden und eine Falcon 20F erhielt zur Bewertung mit den geplanten zwei Garrett ATF 3-6-2C Mantelstromtriebwerken neue Motoren und flog damit am 28. November 1977 zum ersten Mal. Die Maschinen, die im Grunde der Falcon 20F gleichen, unterscheiden sich einerseits dadurch, daß am Flugwerk die Veränderungen durchgeführt wurden, die für die spezifische Aufgabe und die dazugehörigen Geräte erforderlich sind, und andererseits durch die Garrett ATF 3-6-2C Mantelstromtriebwerke, die montiert wurden.

Die neueste Entwicklung dieser bewährten Konstruktion trägt die Bezeichnung **Mystère/Falcon 200**. Sie kombiniert die Struktur des Hauptflugwerks der Falcon 20F mit dem Garrett ATF 3-6-2C Triebwerk, das auch die HU-25A der US Coast Guard antreibt und kann, dank der Einführung eines Tanks in der hinteren Rumpfstruktur, der für die Mystère/Falcon 50 entwickelt wurde, mehr Treibstoff mitführen. Von der französischen Marine wurden fünf dieser Flugzeuge bestellt, die als Guardian zur Seeaufklärung verwendet werden sollen. Außerdem wurde dieser Typ auch von der Japan Maritime Safety Agency bestellt.

### Varianten
**Falcon CC:** ein Flugzeug gebaut, im Grunde der Standard Falcon, jedoch mit Niederdruckreifen zum Betrieb auf Graspisten.
**Falcon ST:** Bezeichnung für zwei Falcon, die von der französischen Luftwaffe zur Systemschulung verwendet werden und die mit dem Kampfradar sowie mit den Naviga-

**Die Falcon 20G wurde von Dassault entwickelt, um das Garrett AiResearch ATF3-6 Mantelstromtriebwerk voll auszunützen und wurde bald zur Falcon Guardian weiterentwickelt, um der Anforderung der US Coast Guard zu entsprechen, die einen Mittelstrecken-Seeaufklärer suchte.**

Dassault

tionssystemen ausgestattet sind, die auch in dem Modell Mirage IIIE installiert sind.
**Falcon 20FH:** Bezeichnung eines Entwicklungsmodells für das Falcon 200H Programm, mit Falcon 20F Rumpf- und Triebwerk-Grundversion plus dem neuen Treibstofftank in der Rumpfstruktur; diese Maschine wurde später mit Garrett ATF 3 Mantelstromtriebwerken ummotorisiert und zur Zulassung der Falcon 200 verwendet.

**Technische Daten**
**Dassault Mystère/Falcon 20F**

**Typ:** Transportflugzeug für Zivil- und Militäreinsatz.
**Triebwerk:** zwei General Electric CF700-2D-2 Mantelstromtriebwerke mit 2.041 kp Schub.
**Leistung:** Höchstgeschwindigkeit 863 km/h in 7.620 m; wirtschaftliche Reisegeschwindigkeit 750 km/h in 12.190 m; Dienstgipfelhöhe 12.800 m; Reichweite mit acht Passagieren 3.330 km.
**Gewicht:** Rüstgewicht 7.530 kg; max. Startgewicht 13.000 kg.
**Abmessungen:** Spannweite 16,30 m; Länge 17,15 m; Höhe 5,32 m; Tragflügelfläche 41,00 m².

# Dassault Mystère/Falcon 50

Dassault Falcon 50 eines amerikanischen Betreibers

## Entwicklungsgeschichte

Die Forderung nach einem Geschäftsreiseflugzeug mit Transkontinental- bzw. Transatlantikreichweite führte bei Dassault zu Studien darüber, wie sich die Reichweite der Mystère/Falcon 20 am günstigsten steigern ließe. Das Problem wurde durch die Einführung eines superkritischen Flügels, durch den Einsatz von drei Motoren, die schwächer waren als die der Vorserien, und durch die Konstruktion eines Tanks in der Rumpfstruktur, durch den sich eine maximale interne Tankkapazität von 8.765 Litern ergab, gelöst. So entstand die **Dassault Mystère/Falcon 50**, bei der viele Grundelemente der Falcon 20 verwendet wurden, für die jedoch drei Garrett TFE731 Mantelstromtriebwerke eingeführt wurden, zwei in Gondeln am hinteren Rumpf montiert und eines an zwei Rückenhalterungen am oberen hinteren Rumpf vor der Seitenleitwerksflosse befestigt. Es wurden viele elementare Teile der Falcon 20 verwendet und auch der gleiche Rumpfquerschnitt beibehalten, worin im Normalfall 8 Passagiere, bei besonders dichter Sitzanordnung jedoch bis zu 12 Passagiere Platz fanden.

Der erste Prototyp der Falcon 50 (F-WAMD) flog erstmals am 7. November 1976, und ihm folgte im Februar 1978 der zweite sowie im Juni 1978 das Nullserienmodell. Im Februar 1979 wurde die französische Zulassung erteilt, und auch die FAA in den USA schloß sich im nächsten Monat an. Das vierte Flugzeug, das im März 1979 flog, wurde zur Vorführmaschine des US-Vertriebsunternehmens Falcon Jet Corporation, das 70 der 100 Aufträge eingebracht hatte, die bis Ende 1979 verzeichnet wurden. Sechs Monate später standen 123 Maschinen im Auftragsbuch, von denen 13 ausgeliefert waren. Die erste Maschine erhielt ein ehemaliger Falcon 20 Besitzer im Juli 1979. Die zweite ging an GLAM, die Einheit der französischen Luftwaffe, die für den Transport des Präsidenten und anderer hochrangiger französischer Offizieller sorgt. Bis Anfang 1982 waren nahezu 200 Maschinen bestellt und über 50 ausgeliefert. 1980 wurde eine Ambulanzversion herausgebracht, in der drei liegende Patienten und zwei medizinische Begleiter Platz fanden.

Am 27. Mai 1983 wurde auf dem Pariser Luftfahrtsalon eine vergrößerte Version mit der Bezeichnung **Mystère/Falcon 900** vorgestellt. Der Prototyp startete zu seinem Erstflug am 21. September 1984. Die zweite Vorserienmaschine unternahm am 30. August 1985 einen Nonstop-Flug von Paris nach Little Rock in Arkansas und legte dabei 7.973 km zurück. Der Typ besitzt eine Länge von 20,21 m.

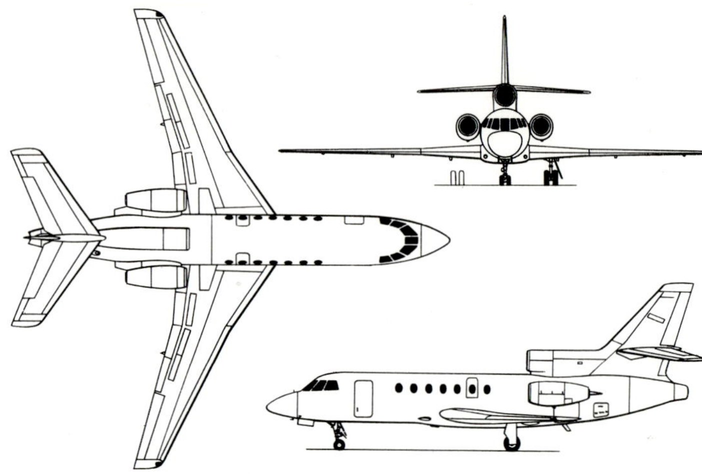
Dassault Mystère/Falcon 50

## Technische Daten

**Typ:** Langstrecken-Geschäftsreiseflugzeug.
**Triebwerk:** drei Garrett TFE731-3 Mantelstromtriebwerke mit 1.678 kp Schub.
**Leistung:** Höchstgeschwindigkeit 880 km/h; Dienstgipfelhöhe 13.800 m; Reichweite 6.300 km.
**Gewicht:** Leergewicht 9.000 kg; max. Startgewicht 17.600 kg.
**Abmessungen:** Spannweite 18,86 m; Länge 18,50 m; Höhe 6,97 m; Tragflügelfläche 46,83 m².

# Dassault Super Mystère B-2

## Entwicklungsgeschichte

Der Prototyp der **Dassault Super Mystère B-1**, der erstmals am 2. März 1955 geflogen wurde, überschritt kurz darauf im Geradeausflug die Schallgrenze und wurde anschließend zum ersten europäischen Überschallflugzeug, das umfassend zum Einsatz kam. Die Super Mystère, die aus der früheren Dassault Mystère IVA über die von Rolls-Royce Avon Motoren angetriebene Zwischenversion Mystère IVB entwickelt worden war, unterschied sich von diesen hauptsächlich durch einen neuen, flacheren Flügel mit deutlicher Pfeilung, eine flache, ovale Lufteintrittsöffnung und ein größeres, stärker gepfeiltes Höhen- und Seitenleitwerk.

Die Produktion lief 1956 an, die erste in Serie gebaute **Super Mystère B-2** flog am 26. Februar 1957 zum ersten Mal und die Auslieferung an die Armée de l'Air begann zu einem späteren Zeitpunkt des gleichen Jahres. Einhundertachtzig Maschinen (plus fünf Nullserienflugzeuge) wurden in den anschließenden zwei Jahren produziert, darunter auch 24 für die israelische Luftwaffe. Die Maschinen im französischen Einsatz konnten neben der angegebenen Bewaffnung AIM-9 Sidewinder Luft-Luft-Raketen mitführen. Im Februar 1958 flog Dassault einen Prototyp der **Super Mystère B-4**, der von einem Atar 9 Nachbrenner-Mantelstromtriebwerk mit 6.000 kp Schub angetrieben wurde, dieses Programm wurde jedoch von der vielversprechenden Mirage III überschattet, und die Super Mystère B-4 ging nicht in Serie.

Bis Ende der siebziger Jahre verblieben nur noch wenige Mystère B-2 im französischen Dienst, da die meisten durch Mirage F.1 ersetzt worden waren. Der Typ flog dann jedoch noch weiter bei der israelischen Luftwaffe, und Israel hatte zwölf Exemplare einer Version nach Honduras geliefert, die von den Israel Aircraft Industries so umgebaut worden waren, daß sie ein Pratt & Whitney J52-P-8A Einkreisstrahltriebwerk ohne Nachbrenner mit 4.218 kp Schub aufnehmen konnten. Trotz des fehlenden Nachbrenners hat diese Version einen im Vergleich zur Super Mystère Standardversion wesentlich längeren rückwärtigen Rumpf und kann eine breitere Palette externer Lasten mitführen; erstmals erschien

Dassault

Die Dassault Super Mystère war das erste europäische Flugzeug in Serienproduktion, das eine Höchstgeschwindigkeit von mehr als Mach 1 hatte, eine Verbesserung gegenüber der im Grunde ähnlichen Mystère IVA, die durch eine verstärkte Pfeilung der Trag- und Leitwerksflächen und durch eine verbesserte Lufteintrittsgeometrie erreicht wurde.

sie Anfang der siebziger Jahre und wurde im Oktober 1973 mit Erfolg im Jom Kippur Krieg eingesetzt.

### Technische Daten

**Dassault Super Mystère B-2**
**Typ:** einsitziges Jagdflugzeug/Jagdbomber.
**Triebwerk:** ein SNECMA Atar 101G-2/-3 Turbojet-Triebwerk mit Nachbrenner und 4.460 kp Schub.
**Leistung:** Höstgeschwindigkeit 1.040 km/h in Seehöhe und 1.195 km/h in 12.000 m; Anfangssteiggeschwindigkeit 88,9 m/sek; Dienstgipfelhöhe 17.000 m; normale Reichweite 870 km.
**Gewicht:** Rüstgewicht 6.932 kg; max. Startgewicht 10.000 kg.
**Abmessungen:** Spannweite 10,52 m; Länge 14,13 m; Höhe 4,55 m; Tragflügelfläche 35,00 m².
**Bewaffnung:** zwei 30 mm DEFA Kanonen plus Raketen in einem einziehbaren Rumpfbehälter sowie 1.000 kg Waffen an Stationen unter den Flügeln.

---

# Dassault-Breguet Atlantic

**Dassault-Breguet Br.1150 Atlantic der Aéronautique Navale (französische Marineflieger)**

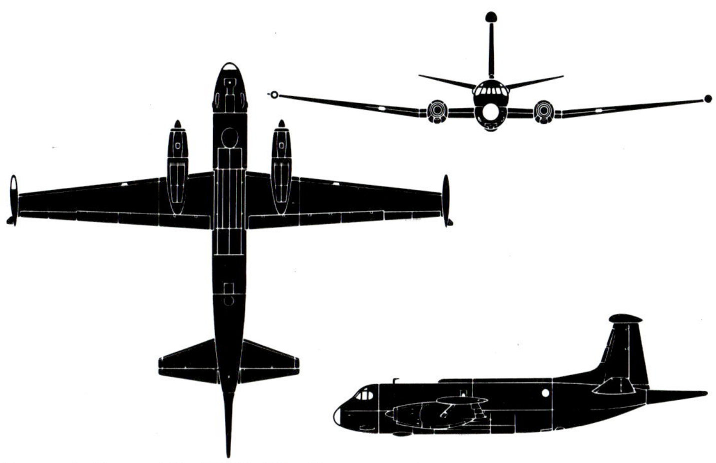

**Dassault-Breguet Br.1150 Atlantic**

Dassault

**Die Dassault-Breguet Atlantic Nouvelle Génération (ANG) wurde mit minimalen Veränderungen am Flugwerk, aber maximalen Verbesserungen an der Avionik entwickelt, um die Aéronavale mit einem wesentlich schlagkräftigeren U-Bootjäger auszustatten.**

## Entwicklungsgeschichte

Entsprechend einer NATO-Anforderung Anfang 1958 nach einem Langstrecken-Seepatrouillenflugzeug wurden von Flugzeugherstellern aus neun Ländern 24 Entwürfe eingereicht. Aus diesen wurde Ende 1958 die Designstudie der **Breguet Br.1150** zur Produktion ausgewählt und später **Atlantic** genannt. Die Verantwortung für die Produktion wurde der SECBAT (Société d'Etudes et de Construction du Breguet Atlantic) übertragen. Die ursprünglichen Mitglieder des von Breguet (später Dassault-Breguet) geführten Konsortiums waren Sud-Aviation (später Teil von Aérospatiale), die belgische ABAP-Gruppe (Fairey, FN und SABCA), Dornier in Deutschland und Fokker in den Niederlanden. Italien beteiligte sich ab 1968 an dem Programm, und ein Teil der Aufgaben wurde an Aeritalia übertragen. Eine ähnliche multinationale Organisation wurde eingerichtet, um die Tyne Propellerturbinen zu bauen, die von Rolls-Royce konstruiert worden waren; weiterhin beteiligt waren FN in Belgien, MTU in Deutschland und SNECMA in Frankreich, und so hob sich die Dassault-Breguet Atlantic als das erste Kampfflugzeug hervor, das als ein völlig multinationales Projekt konstruiert und gebaut wurde.

Der selbsttragend konstruierte Ganzmetall-Mitteldecker verfügt über eine Druckkabine auf dem oberen Deck, einen MAD-Heckausleger zum Aufspüren magnetischer Anomalien, ein konventionelles Leitwerk mit einer ECM-Gondel an der oberen Spitze der Seitenleitwerksflosse, ein einziehbares Bugradfahrwerk mit Zwillingsrädern an allen drei Positionen und zwei Tyne Propellerturbinen, die in flügelmontierten Gondeln angebracht sind. Die Atlantic, die sich für eine Vielzahl von Einsätzen eignet, darunter zur Schiffsbekämpfung, als Küstenaufklärer, als Leitflugzeug bei Seenotrettung aus der Luft, als Flotteneskorte, als Logistik-Unterstützung sowie als Fracht-, Passagier- und Minenlegeflugzeug, wurde in der Hauptsache für den Einsatz als U-Bootjäger entwickelt. In dieser Funktion ist die Maschine mit Sonarbojen und dem Thomson-CSF Suchradar ausgestattet, das das Periskop eines U-Boots auf 75 km Entfernung aufspüren kann. Für Offensiveinsätze führte die Atlantic in ihrem 3,00 m Waffenschacht im nicht druckgeregelten unteren Rumpf Bomben, Wasserbomben und selbstlenkende Torpedos mit; Luft-Boden-Geschosse oder Raketen können an Befestigungspunkten unter den Flügeln montiert werden. Zur zwölfköpfigen Besatzung der Atlantic gehören sieben Spezialisten, die die Systeme im Flugzeug überwachen.

Am 21. Oktober 1961 absolvierte der erste Prototyp seinen Jungfernflug, und das erste von 30 Flugzeugen für die französische Marine wurde im Juli 1965 geliefert, gefolgt von 20 Maschinen für die deutsche Marine, davon fünf speziell für elektronische Gegenmaßnahmen ausgelegt. Eine zweite Produktionsserie umfaßte 6 Maschinen für die Marine der Niederlande und 18 für die italienische Luftwaffe.

Es wurden mehrere weiterentwickelte Versionen der Atlantic vorgeschlagen, aber erst im Juli 1977 gab die französische Regierung die Konstruktionsvorgaben für eine verbesserte Version frei, die im Zeitraum 1988/96 in Dienst gehen soll. Die Maschine mit der Bezeichnung Atlantic ATL2 stammt direkt von der vorhergehenden Version ab. Im September 1978 gab es grünes Licht für die Entwicklungsphase des Programms, und im Januar 1979 begann die Arbeit an zwei vorhandenen Atlantic Flugwerken, die zu den ersten Prototypen umgebaut wurden. Der erste von diesen flog am 8. Mai 1981 und der zweite am 26. März 1982.

Für die französische Marine sind insgesamt 42 Atlantic ATL2 geplant, wobei die Arbeit auf SECBAT und das Motorenbau-Konsortium verteilt wird, das bereits die frühere Version produzierte. Die neuen Maschinen werden sich durch verbesserte Strukturen zur vereinfachten Wartung und zur Verlängerung der Lebensdauer unterscheiden, die sich aus verbesserten Flugzeugbautechniken ergeben. Das neue ausfahrbare Radarsystem Iguane stammt von Thomson-CSF, die Infrarot-Sensoren sind vom Typ SAT/TRT, außerdem befinden sich verschiedene Kamerasysteme an Bord. Der Bau der ATL2 verzögerte sich und begann erst 1984.

### Technische Daten

**Dassault-Breguet Atlantic ATL2**
**Typ:** Seepatrouillenflugzeug.
**Triebwerk:** zwei Rolls-Royce Tyne RTy 20 Mk 21 Propellerturbinen mit 6.220 WPS (4.638 kW).
**Leistung:** Höchstgeschwindigkeit bei optimaler Flughöhe 657 km/h; Patrouillengeschwindigkeit 315 km/h; Dienstgipfelhöhe 9.150 m; max. Flugdauer 18 Stunden.
**Gewicht:** Rüstgewicht 25.300 kg; max. Startgewicht 46.200 kg.
**Abmessungen:** Spannweite 37,30 m; Länge 32,62 m; Höhe 11,35 m; Tragflügelfläche 120,34 m².
**Bewaffnung:** kann bestehen aus Bomben, Wasserbomben, Torpedos, Luft-Boden-Geschossen (einschließlich AM39 Exocet).

# Dassault-Breguet Mirage 2000

### Entwicklungsgeschichte

Die Anforderung der französischen Luftwaffe aus den frühen siebziger Jahren nach einem Avion de Combat Futur (ACF oder Kampfflugzeug der Zukunft), führte zu dem ACF-Programm, das später von der französischen Regierung eingestellt wurde. Dies geschah 1975, etwa sechs Monate bevor der Dassault Prototyp für diese Anforderung fliegen sollte, nachdem das Projekt ständig durch die Armée de l'Air begutachtet wurde. Sie kam zu der Entscheidung, daß ein zweimotoriges Flugzeug auf der Basis des SNECMA M53-3 Mantelstromtriebwerks zu groß wäre und wünschte ein kleineres Flugzeug, das in etwa die Leistung der leichten General Dynamics F-15 haben sollte.

Am 18. Dezember 1975 erteilte die französische Regierung die Freigabe für ein neues **Dassault Mirage 2000** Programm, ein Flugzeug, das Dassault so klein und so leicht wie möglich gemacht hatte, um ein Schub/Gewicht-Verhältnis von 1:1 zu erreichen, wobei ein einzelnes SNECMA M53-5 Mantelstromtriebwerk die Leistung liefern sollte. Die Mirage 2000 kehrte zu den Deltaflügeln der Mirage III zurück und erhielt zur Verbesserung der Manövrierfähigkeit eine Fly-by-Wire (elektronische) Flugsteuerung, durch die der Schwerpunkt des Flugzeugs weiter nach hinten gelegt werden konnte, als dies bei konventionellen Maschinen der Fall ist. Dies führt zu einer gewissen Instabilität und ist ein Konzept, das zuletzt bei der General Dynamics F-16 angewandt wurde. Die Mängel, die sich bei den Deltaflügeln der Mirage III ergaben, resultierten in einer größeren Flügelfläche bei der Mirage 2000, wodurch die Flügelbelastung reduziert wird und bessere Langsamflugeigenschaften entstehen. Außerdem ergeben sich bessere Wendewerte in großen Höhen. Darüber hinaus verändern automatische Vorflügelklappen, die zusammen mit den Höhenquerrudern verwendet werden, die Profilform, wodurch die Langsamflugleistung und die Steuermöglichkeit bei solchen Geschwindigkeiten weiter verbessert werden. In anderer Beziehung ist die Mirage 2000 in der Gesamtkonstruktion der Mirage III ähnlich.

Fünf Prototypen wurden gebaut, vier davon im Auftrag der französischen Luftwaffe und einer auf Kosten des Unternehmens. Letztere wird zur Entwicklung neuer Ideen für zukünftige Varianten und für Exportmodelle verwendet. Der erste der fünf Prototypen absolvierte am 10. März 1978 seinen Jungfernflug und die zweisitzige Schulversion **Mirage 2000B** flog am 11. Oktober 1980 als letzte. Insgesamt wird damit gerechnet, daß für die Armée de l'Air 200 Flugzeuge benötigt werden. Das Unternehmen geht davon aus, daß die französische Luftwaffe noch weitere 200 Maschinen für Aufklärungs- und Angriffsrollen braucht. Die beiden Versionen werden sich hauptsächlich durch die Avionik unterscheiden, wobei die erste mit RDM-Mehrzweckradar und die zweite mit RDI Impuls-Doppler Abfangradar ausgestattet sein wird. Die ersten Auslieferungen von Serienmaschinen an die französische Luftwaffe begannen 1983. Dassault-Breguet konnte bereits einen ersten Exporterfolg mit der Mirage 2000 verzeichnen, denn aus Ägypten und Indien gingen bereits Aufträge ein und die ersten Lieferungen an diese Nationen erfolgen im Jahre 1986. Der Zusammenbau der Maschinen erfolgt in den jeweiligen Ländern; auch Abu Dhabi und Peru haben Mirage 2000 bestellt.

### Varianten

**Mirage 2000N:** Bezeichnung einer zweisitzigen Tieffliegerversion zum Eindringen in fremden Luftraum, von der zwei Prototypen gebaut werden; Erstflug Anfang 1983. Die Mirage 2000N, die als Träger von atomaren Waffen vorgesehen ist, wird über eine fortgeschrittene Avionik verfügen, zu der das ESD Antelope V Terrainfolge-Radar, Trägheitsnavigation und spezielle ECM-Ausrüstungen gehören, die im Tiefflug ein erfolgreiches Eindringen in den feindlichen Luftraum möglich machen.

### Technische Daten
**Dassault-Breguet Mirage 2000**

**Typ:** einsitziger Abfangjäger.

**Triebwerk:** ein SNECMA M53-5 Mantelstromtriebwerk mit Nachbrenner und 9.000 kp Schub; allerdings wurde es bei den späteren Serienmaschinen durch das M53-P2 mit 9.700 kp Schub ersetzt.

**Leistung:** Höchstgeschwindigkeit über 2.333 km/h bzw. Mach 2,2 in großer Flughöhe und 1.110 km/h im Tiefflug; Dienstgipfelhöhe 20.000 m; Reichweite mit Zusatztanks über 1.800 km.

**Gewicht:** Leergewicht 7.400 kg; max. Startgewicht 16.500 kg.

**Abmessungen:** Spannweite 9,00 m; Länge 14,35 m; Tragflügelfläche 41,00 m².

**Bewaffnung:** zwei 30 mm DEFA Kanonen plus fünf Außenstationen unter dem Rumpf und vier unter den Flügeln für Waffenlasten bis 5.000 kg.

**Dassault-Breguet Mirage 2000, der erste Prototyp der französischen Luftwaffe**

Dassault

**Obwohl sie von ihrer Auslegung her an die Mirage III/5/50 Serie erinnert, hat die Dassault-Breguet Mirage 2000 einen gewölbteren Rumpf und ist dank ihrer Instabilität besser manövrierbar.**

# Dassault-Breguet Super Mirage 4000/Rafale

### Entwicklungsgeschichte

Nach der Einstellung des Avion de Combat Futur (ACF) Programms setzte Dassault die Entwicklung einer vergrößerten Version der Mirage 2000 fort, die das Unternehmen zunächst als **Dassault Super Mirage Delta** bezeichnete. Ein Prototyp der Maschine, die jetzt als **Dassault-Breguet Super Mirage 4000** bekannt ist, wurde fertiggestellt und flog am 9. März 1979 zum ersten Mal. Die Maschine ist erheblich größer als die Mirage 2000, ist ihr von der Konstruktion her ähnlich und unterscheidet sich in der Hauptsache durch kleine, in ihrem Anstellwinkel verstellbare Vorderflügel, die jeweils am vorderen Ende der Lufteintrittsschächte der Triebwerke montiert sind, sowie durch zwei SNECMA M53 Motoren in der 10.000 kp Schub-Klasse, die nebeneinander im hinteren Rumpf montiert sind.

Der Prototyp, der als Abfangjäger oder zum Eindringen in feindlichen Luftraum im Tiefflug vorgesehen ist, verfügt über das Mehrzweckradar und das Waffensystem des Mirage 2000 Abfangjägers. Er hat auch ein ähnliches, computerisiertes Elektroniksystem zur aktiven Flugsteuerung.

Da für die Mirage 4000 keinerlei Aufträge eingingen, wurde der Prototyp ab 1986 für das Rafale-Forschungsprogramm verwendet. Die **Dassault-Breguet Rafale** (Sturmbö) ist das französische Technologie-Vorführflugzeug für einen Mehrzweckjäger der nächsten Generation. Es soll die Grundlage für die neuen Kampfflugzeuge der Armée de l'Air und der Aéronavale bilden. Deltaflügel, große Canardflügel, zwei SNECMA M88 Turbofan-Triebwerke und Fly-by-wire Flugsteuerungssystem sind die wesentlichen Merkmale dieser Maschine. Zur modernen Instrumentierung für die Piloten gehört ein holografisches Weitwinkel Head-up Display, und Thompson-CSF entwickelt ein neues Impuls-Doppler-Radar für die als Bewaffnung vorgesehenen Matra MICA Luft-Luft-Flugkörper. Die Bedarfsforderungen sehen 280 **ACT** (Avion de Combat Tactique), taktische Kampfflugzeuge, und 80 **ACM** (Avion de Combat Marine) für die Marineflieger vor. Die ACM sollen von zwei bereits bestellten nuklear angetriebenen Flugzeugträgern aus operieren. Beide Waffengattungen beabsichtigen die Indienststellung im Jahre 1995, die Serienmaschinen **Rafale B** werden aber rund zehn Prozent kleiner und leichter sein als die Vorführmaschine, deren Erstflug am 4. Juli 1986 stattgefunden hat. Mach 1,8 wurde beim sechsten Probeflug überschritten.

### Technische Daten
**Dassault-Breguet Rafale B**
**Typ:** einsitziges Kampfflugzeug.
**Triebwerk:** zwei SNECMA M88 Turbofan-Triebwerke mit je 8.645 kp Schub.
**Leistung:** Höchstgeschwindigkeit im Geradeausflug Mach 2 (2.125 km/h); Kampfradius mit einer Waffenlast von 3.500 kg rund 650 km.
**Gewicht:** Leergewicht 8.500 kg; max. Startgewicht 20.000 kg.
**Abmessungen:** (Rafale A) Spannweite 10,60 m; Länge 15,50 m; Tragflügelfläche 47,00 m$^2$.
**Bewaffnung:** Bordkanone und Waffenlast bis zu 3.500 kg an zwölf Außenstationen.

Dassault

**Die vergrößerte Entenflügel-Version der Mirage 2000, die Dassault-Breguet Super Mirage 4000, bietet eine große Flexibilität und hohe Leistung, allerdings nur zu gigantischen Kosten. In ihrer ausgefahrenen Position sind hier die sich über die ganze Spannweite erstreckenden Vorderkantenklappen zu sehen, die gemeinsam mit den Höhenquerrudern arbeiten und dadurch einen in seiner Profilform veränderbaren Flügel erzielen, der die Einsatzmanövrierfähigkeit und die Start- und Landeleistung verbessert.**

# Dassault-Breguet/Dornier Alpha Jet

### Entwicklungsgeschichte
Eines aus der Reihe der internationalen Programme zur Entwicklung und Produktion von Flugzeugen, die seit Ende des Zweiten Weltkriegs ins Leben gerufen wurden, ist der **Dassault-Breguet/Dornier Alpha Jet**, der als Konstruktions- und Entwicklungsprogramm am 22. Juli 1969 angekündigt wurde. Sowohl Frankreich als auch die Bundesrepublik Deutschland benötigten ein neues Unterschallflugzeug zur Anfänger-/Fortgeschrittenenschulung und als leichtes Kampfflugzeug, das die im Dienst befindlichen Lockheed T-33A, Fouga Magister und Dassault Mystère IVA Schulflugzeuge sowie den Aeritalia (Fiat) G91 Jagdbomber ersetzen sollten. Nachdem Dassault-Breguet und Dornier die Konstruktion zur Erfüllung dieser Anforderung eingereicht hatten, wurde am 24. Juli 1970 mitgeteilt, daß der Alpha Jet ausgewählt worden war, und Ende 1972 wurden von der französischen sowie von der bundesdeutschen Regierung die Freigabe für den Programmbeginn erteilt. Nach der Erprobung der Prototypen wurde die Genehmigung zur Serienproduktion am 26. März 1975 erteilt.

Der Alpha Jet ist ein selbsttragender Schulterdecker in Ganzmetallbauweise, mit gepfeiltem Flügel und Leitwerk, einziehbarem Bugradfahrwerk, Platz für zwei hintereinandersitzende Piloten auf Schleudersitzen und einem Antrieb, der aus zwei SNECMA/Turboméca Mantelstromtriebwerken besteht. Es gibt ihn in drei Versionen: als **Alpha Jet E** (Ecole) Schulflugzeug, als **Alpha Jet A** (Appui) Angriffsflugzeug und als **Alpha Jet B** für den Export nach Belgien. Der **Alpha Jet NGEA** (Nouvelle Génération pour l'Ecole et l'Appui) machte seinen Erstflug 1982. Er kann zwei Magic 2 Luft-Luft-Raketen und Zusatztanks tragen. Außerdem wurden zwei Prototypen **Alpha Jet TST** mit transsonischen Tragflächen und **Alpha Jet DSFC** mit 'Direkter Seitenkraftsteuerung' in der Bundesrepublik von Dornier entwickelt.

Der erste von vier Prototypen absolvierte am 26. Oktober 1973 seinen Jungfernflug. Die Auslieferung des Alpha Jet E für die französische Armée de l'Air begann im Sommer 1978 und des Alpha Jet A für die bundesdeutsche Luftwaffe im März 1979. Der Anfangsbedarf für diese beiden Streitkräfte, 200 bzw. 175 Maschinen, war Anfang 1982 fast fertiggestellt und die Aufträge für alle Versionen des Alpha Jet näherten sich 500 Stück, von denen fast 80 Prozent ausgeliefert worden waren. Neben der französischen und deutschen Anforderung gehören dazu Exemplare für Belgien (33), Ägypten (Lizenzproduktion) (45), Elfenbeinküste (6), Marokko (24), Nigeria (24), Kamerun (6), Katar (6) und Togo (5).

### Technische Daten
**Dassault-Breguet Alpha Jet E**
**Typ:** zweisitziger Anfänger-/Fortgeschrittenen-Düsentrainer.
**Triebwerk:** zwei SNECMA/Turboméca Larzac 04-C5 Mantelstromtriebwerke mit 1.350 kp Schub.
**Leistung:** Höchstgeschwindigkeit 920 km/h bzw. Mach 0,85 in 10.000 m und 1.000 km/h in Seehöhe; Dienstgipfelhöhe 14.630 m; max. Reichweite 1.230 km.
**Gewicht:** Rüstgewicht 3.345 kg; max. Startgewicht 7.500 kg.
**Abmessungen:** Spannweite 9,11 m; Länge 12,29 m; Höhe 4,19 m; Tragflügelfläche 17,50 m$^2$.
**Bewaffnung:** eine abnehmbare Gondel unter dem Rumpf mit einer DEFA 30 mm Kanone plus zwei Außenstationen unter jedem Flügel, die sich für eine Vielzahl von Lasten eignen, darunter Raketen und Luft-Luft- bzw. Luft-Boden-Flugkörper.

**Der Alpha Jet wird in zwei Grundversionen hergestellt: in Frankreich, bei Dassault-Breguet, als Alpha Jet E Schulflugzeug mit einem abgerundeten Bug (s. Abbildung) und in Deutschland als Alpha Jet A Kampfbomber mit spitzem Bug.**

Dassault

**Dassault-Breguet/Dornier Alpha Jet A**

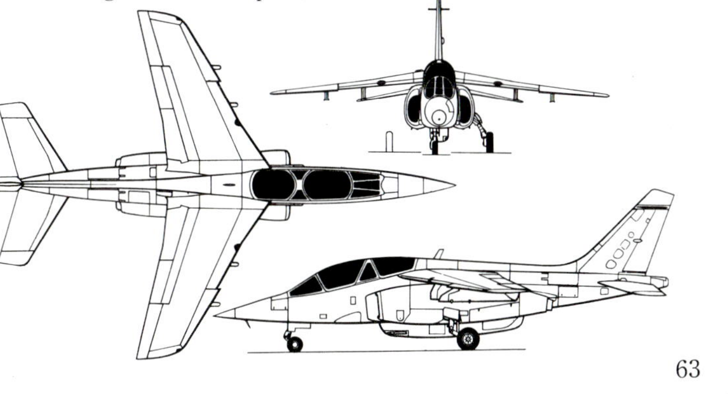

# Datwyler 1038 MDC Trailer

**Entwicklungsgeschichte**
Nach dem Zweiten Weltkrieg waren viele Überschuß-Piper Cub der US Army auf dem europäischen Markt verfügbar: die Schweiz erhielt davon eine Reihe und das Unternehmen Max Datwyler & Co. mit Sitz in Langenthal, spezialisierte sich darauf, Cub für den Zivileinsatz umzurüsten.

Und da das Segelfliegen in der Schweiz sehr beliebt ist, ist es kein Wunder, daß Datwyler der Herstellung einer Schleppversion der Nachkriegs-PA-18 Super Cub besondere Aufmerksamkeit schenkte. Unter Verwendung der Flügel, des Leitwerks und des Fahrwerks der Standardversion produzierten die Konstrukteure Kirschsieper und Vögeli einen modifizierten, einsitzigen Rumpf, der mit einem Franklin-Motor kombiniert wurde. Das Ergebnis war die **Datwyler 1038 MDC Trailer**, die 1962 geflogen und zugelassen und von der nur ein einziges Exemplar gebaut wurde.

**Technische Daten**
**Typ:** ein einsitziges Segelflieger-Schleppflugzeug.
**Triebwerk:** ein 165 PS (123 kW) Franklin 6A4-165-B3 Sechszylinder Boxermotor.
**Leistung:** Höchstgeschwindigkeit 200 km/h in Seehöhe; Reisegeschwindigkeit 160 km/h.
**Gewicht:** Leergewicht 505 kg; max. Startgewicht 650 kg.
**Abmessungen:** Spannweite 10,69 m²; Länge 7,01 m; Höhe 2,04 m; Tragflügelfläche 16,58 m².

# Dayton-Wright FP.2

**Entwicklungsgeschichte**
Der **Dayton-Wright FP** (Forest Patrol) Wasserflugzeug-Doppeldecker wurde speziell entsprechend den Erfordernissen der Forstüberwachung in Kanada konstruiert. Das Hauptgewicht lag auf Zuverlässigkeit und einfacher Wartung sowie darauf, daß die vierköpfige Besatzung bequem untergebracht war.

Die Doppeldeckerflügel waren aus Holz gefertigt und mit Stoff bespannt und der Rumpf bestand ganz aus Holz. Er lief in einem Leitwerk aus, das drei Seitenleitwerksflossen und Ruder hatte. Das Flugwerk war auf großen, breiten Doppelschwimmern montiert, um im Wasser eine gute Stabilität zu bieten. Als Triebwerk dienten zwei Liberty Motoren, die am unteren Flügel, auf beiden Seiten des Rumpfes montiert waren. Die geschlossene Kabine hatte Fenster in den Seiten und im Boden, um einen optimalen Blick über die riesigen Wälder zu bieten, über denen die **FP.2** fliegen sollte.

**Technische Daten**
**Typ:** ein Schwimmerflugzeug zur Forstüberwachung.
**Triebwerk:** zwei 420 PS (313 kW) Liberty Reihenmotoren.
**Leistung:** Höchstgeschwindigkeit 193 km/h; wirtschaftliche Reisegeschwindigkeit 101 km/h; Reichweite 523 km.
**Gewicht:** Leergewicht 2.597 kg; max. Startgewicht 3.442 kg.
**Abmessungen:** Spannweite 15,67 m; Länge 11,23 m; Höhe 4,32 m; Tragflügelfläche 62,06 m².

M.B. Passingham

**Das Dayton-Wright FP.2 Wasserflugzeug war eine interessante Erscheinung. Am auffälligsten ist das komplett geschlossene Cockpit mit seinen umfassenden Sichtfeld ganz vorne im Bug. Von Interesse waren außerdem die nach unten gezogenen Kühler und das Dreifach-Seitenleitwerk.**

# Dayton-Wright KT Cabin Cruiser

**Entwicklungsgeschichte**
Das Unternehmen Dayton-Wright wurde 1916 in Dayton, Ohio, gegründet — der Name des Unternehmens spiegelt dabei die Tatsache wider, daß Orville Wright zum beratenden Ingenieur gemacht wurde. 1917 wurde das Unternehmen in Dayton-Wright Airplane Company umbenannt und erhielt kurz darauf den Auftrag, die Triebwerksaufhängung der ersten de Havilland D.H.4 umzubauen, die aus Großbritannien eingetroffen war. Dazu gehörte der Einbau des neuen amerikanischen Liberty-Motors und die erfolgreichen Tests dieses so entstandenen Flugzeugs brachten Dayton-Wright einen Auftrag über die Produktion von 5.000 Exemplaren der DH-4 (sic) ein, von denen bis zur Auftragsstornierung mit Ende des Ersten Weltkriegs 3.106 gebaut waren.

Es war keine Überraschung, daß das Unternehmen, nachdem es so umfassende Erfahrungen mit der DH-4 gesammelt hatte, sich in den ersten Jahren nach dem Krieg daran machte, auf der Basis des Militärflugzeugs eine zivile Transportmaschine zu entwickeln. Unter der Bezeichnung **Dayton-Wright KT Cabin Cruiser** war dies im Grunde eine normale Serien-DH-4 mit einer verglasten Kabine, in der der Pilot und zwei Passagiere hintereinander saßen. Eine noch einfachere Umbauversion mit erhöhtem Treibstoffvorrat wurde als die **Ninehour Cruiser** bekannt, bei der der Pilot noch sein normales offenes Cockpit vorn behielt und die beiden Passagiere unter einem teilweise verglasten Kabinendach hinter ihm saßen.

**Technische Daten**
**Dayton-Wright KT Cabin Cruiser**

M.B. Passingham

**Die forschrittlichste Einrichtung an der Dayton-Wright Model KT war das geschlossene Cockpit; interessant war aber auch der im Mittelteil des oberen Flügels plazierte Kühler. Obwohl dadurch eine stabile 'Verrohrung' erforderlich wurde, ergab sich jedoch die Möglichkeit zur Schaffung von relativ sauberen Bugkonturen.**

**Typ:** dreisitziges Reiseflugzeug.
**Triebwerk:** ein 420 PS (313 kW) Liberty 12 Reihenmotor.
**Leistung:** Höchstgeschwindigkeit 193 km/h; wirtschaftliche Reisegeschwindigkeit 89 km/h; max. Flugdauer 6 Stunden.
**Gewicht:** Leergewicht 1.218 kg; max. Startgewicht 1.872 kg.
**Abmessungen:** Spannweite 13,30 m; Länge 9,18 m; Höhe 3,42 m; Tragflügelfläche 40,98 m².

# Dayton-Wright OW.1 Aerial Coupe

**Entwicklungsgeschichte**
Die Konstruktion der **Dayton-Wright OW.1 Aerial Coupe**, eines dreisitzigen Kabinendoppeldeckers, der den Berichten nach von Orville Wright, dem beratenden Ingenieur des Unternehmens, geschaffen worden sein soll. Ob dies nun zutraf oder nicht — der Entwurf verließ sich weitgehend auf die DH-4 Konstruktion; Flügel, Leitwerk und Fahrwerk wurden weitgehend in leichterer Version beibehalten. Völlig neu war der Rumpf, der so aufgebaut worden war, daß der verfügbare Platz zwischen den Flügeln (1,70 m) für eine geschlossene Kabine ausgenutzt wurde, in der ein Pilot und zwei Passagiere Platz fanden. Als Triebwerk diente ein im Bug montierter Wright-Hispano Reihenmotor.

**Technische Daten**
**Typ:** dreisitziges Reiseflugzeug.
**Triebwerk:** ein 180 PS (134 kW) Wright-Hispano Reihenmotor.
**Leistung:** Höchstgeschwindigkeit 153 km/h; Reichweite 805 km.
**Gewicht:** Leergewicht 658 kg; max. Startgewicht 1.130 kg.
**Abmessungen:** Spannweite 14,02 m; Länge 8,69 m; Höhe 2,74 m; Tragflügelfläche 49,61 m².

# Dayton-Wright PS-1

**Entwicklungsgeschichte**
1919 schuf der US Air Service seine PS-Flugzeugklasse, zu der Abfangjäger mit hoher Steigfluggeschwindigkeit gehören sollten, die als Alert Pursuit (Special) Flugzeuge bekannt waren. Es gab diese Klasse nur kurze Zeit und nur ein einziges Flugzeug wurde geflogen, ehe die Klasse 1924 wieder abgeschafft wurde. Diese Maschine war die **Dayton Wright PS-1**, ein fortschrittlicher Baldachin-Hochdecker in Mischbauweise: Trag- und Leitwerksflächen waren aus Holz und der Rumpf hatte eine Stahlrohr-Grundstruktur. Das interessanteste Detail des Flugzeugs war sein Heckspornfahrwerk, dessen

Haupteinheiten so ausgelegt waren, daß sie in die unteren Seiten des dicklichen Rumpfes eingezogen werden konnten. Pionier für dieses System war das Dayton-Wright RB Rennflugzeug, bei dem mittels einer Handkurbel ein Kettensystem in Bewegung gesetzt wurde, mit dem die Hauptfahrwerksbeine in 10 Sekunden eingezogen und in 6 Sekunden ausgefahren werden konnten.

Von der PS-1 wurden drei Exemplare bestellt (eines für statische Tests und zwei zur Flugerprobung). Die PS-1, die als erste flog, wurde 1923 erprobt, aber die Manövrierbarkeit und die allgemeine Flugleistung waren so schlecht, daß das US Army Air Corps sich weigerte, auch nur eine der PS-1 abzunehmen.

### Technische Daten

**Typ:** Abfangjäger-Prototyp.
**Triebwerk:** ein 200 PS (149 kW) Lawrance J-1 Sternmotor.
**Leistung:** Höchstgeschwindigkeit 235 km/h in 4.570 m Höhe.
**Gewicht:** max. Startgewicht 778 kg.
**Abmessungen:** Spannweite 9,14 m; Länge 5,84 m; Tragfl. 13,28 m$^2$.

M.B. Passingham

**Die Dayton-Wright PS-1 'Alert Pursuit (Special)' Maschine wurde nur in drei Exemplaren gebaut. Die einziehbaren Hauptfahrwerkseinheiten waren dem System nachempfunden, das am Dayton-Wright RB Rennflugzeug verwendet wurde, und im Bug war ein Lawrance J-1 Sternmotor untergebracht.**

# Dayton-Wright RB

### Entwicklungsgeschichte

Als Teilnehmerflugzeug für das 1920er Rennen um den Gordon Bennett International Aviation Cup gebaut, das in Frankreich ausgetragen werden sollte, erhielt die **Dayton-Wright RB** ihre Bezeichnung von den Nachnamen ihrer Hauptkonstrukteure Howard Rinehart und Milton Baumann. Der Hochdecker RB wurde zunächst als Prototyp mit verstrebten Flügeln geflogen, erhielt aber im Zuge der Vorbereitungen auf das Rennen selbsttragende Flügel. Der tiefe, ovale Rumpf der RB war aus Holz gebaut und beherbergte einen Hall-Scott Reihenmotor mit großem Frontkühler sowie einen Piloten in einer geschlossenen Kabine. Zum Glück war der Pilot Howard Rinehart, einer der Konstrukteure, denn es ist nicht sehr wahrscheinlich, daß ein anderer Pilot dazu bereit gewesen wäre, ein Flugzeug zu fliegen, in dem er nach oben und unten keinerlei Sicht hatte und bei dem er nach vorne nur dann etwas sehen konnte, indem er sich hinter den Celluloid-Frontscheiben seitlich aus dem Rumpf nach außen lehnte.

Die fortschrittlichsten Einrichtungen der Konstruktion waren das einteilige, einziehbare Heckspornfahrwerk und der Flügel mit verstellbarem Winkel. Der Flügel hatte mit Scharnieren befestigte Vorder- und Hinterkantenklappen, die gleichzeitig mit dem Ausfahren des Fahrwerks herunterklappten und so für optimale Langsamflugeigenschaften sorgten. Wurden die Beine des Hauptfahrwerks eingezogen, bewegten sich die Klappen nach oben und schufen so einen sauberen Hochgeschwindigkeitsflügel. Ein Fehler im Betätigungsmechanismus von Fahrwerk und Klappen veranlaßte Rinehart zwar, seine Teilnahme am Gordon Bennett Rennen aufzugeben, nachdem er weniger als 30 Minuten in der Luft gewesen war, die hochentwickelte RB überlebte jedoch die Jahre und wird heute im Ford Museum in der Nähe von Detroit, Michigan, ausgestellt.

### Technische Daten

**Typ:** einsitziges Flugzeug.
**Triebwerk:** ein 250 PS (186 kW) Hall-Scott 'Special' Reihenmotor.
**Leistung:** Höchstgeschwindigkeit (geschätzt) 306 km/h; Dienstgipfelhöhe 4.570 m; max. Flugdauer 1 Stunde 30 Minuten.
**Gewicht:** Leergewicht 635 kg; max. Startgewicht 839 kg.
**Abmessungen:** Spannweite 6,45 m; Länge 6,91 m; Höhe 2,44 m; Tragflügelfläche 9,54 m$^2$.

# Dayton-Wright TA-3

### Entwicklungsgeschichte

1920 produzierte Dayton-Wright ein zweisitziges Schulflugzeug für den Zivilmarkt, das vom Unternehmen als **Dayton-Wright Chummy** bezeichnet wurde. Dieser Name hatte insofern Bedeutung, als er darauf hinweisen sollte, daß die beiden Sitze in dem offenen Cockpit nebeneinander lagen, was das Unternehmen als ideale Anordnung für ein Schulflugzeug ansah. Die Chummy, die von Colonel V.E. Clark konstruiert worden war, war ein kleiner Doppeldecker in konventioneller Bauweise, mit starrem Heckradfahrwerk und einem Umlaufmotor als Triebwerk.

Die Leistung der Chummy war so gut, daß eine weiterentwickelte Version 1921 zur Zulassung an die US Army eingereicht wurde, was zu einem Auftrag über drei Testflugzeuge mit der Bezeichnung **Dayton-Wright TA-3** führte. Die Konstruktion entsprach im allgemeinen der der Chummy, war aber soweit vereinfacht, als daß die oberen und unteren Flügel sowie die drei Leitwerks-Steuerflächen (Seiten- und beide Höhenruder) untereinander austauschbar waren. Die Grundstruktur war aus verschiedenen Werkstoffen gefertigt, wobei die Flügel aus Holz und der Rumpf und das Leitwerk aus Stahlrohr bestanden und das Flugzeug insgesamt mit Stoff bespannt war. Die nebeneinanderliegenden Sitze wurden beibehalten, jedoch diente als Triebwerk ein Le Rhône Sternmotor.

Die erfolgreichen Tests der TA-3 führten dazu, daß Dayton-Wright einen Serienauftrag für zehn weitere Exemplare erhielt. Um jedoch die Leistung zu verbessern, unterschieden sie sich dadurch, daß sie stärkere Le Rhône Motoren mit 110 PS (82 kW) hatten. Als diese TA-3 mit ihrem aufgewerteten Triebwerk in Dienst gingen, führten anfängliche Tests zu der Entscheidung, daß für die Funktion als Anfänger-Schulflugzeug noch mehr Leistung gebraucht würde. Daraufhin erhielt Dayton-Wright den Auftrag zum Bau einer Version mit einem 200 PS (149 kW) Lawrance J-1 Sternmotor. Dieses Einzelexemplar mit der Bezeichnung **TA-5** war etwas größer als sein Vorgänger und hatte für Testzwecke ein umgewöhnliches Fahrwerk, das aus einem einzelnen Hauptrad unter dem Rumpf, kleinen Ausgleichsrädern an den Flügelspitzen unter den Flügeln und einem Hecksporn bestand.

### Technische Daten

**Dayton-Wright TA-3**
**Typ:** ein zweisitziges Militär-Schulflugzeug.
**Triebwerk:** ein 80 PS (60 kW) Le Rhône Umlaufmotor.
**Leistung:** Höchstgeschwindigkeit 135 km/h.
**Gewicht:** max. Startgewicht 795 kg.
**Abmessungen:** Spannweite 9,42 m; Länge 6,88 m; Tragfl. 21,83 m$^2$.

**Das Dayton-Wright TA-3 Schulflugzeug hatte die Linien eines Jagdflugzeugs aus dem Ersten Weltkrieg und wurde von einem 110 PS (82 kW) Le Rhône Umlaufmotor angetrieben.**

**Die Dayton-Wright Chummy war das Zivilflugzeug, das als Basis für das TA-3 Schulflugzeug des Unternehmens diente.**

**Die TW-3 war im Grunde die TA-3 mit einem wassergekühlten Wright E-Reihenmotor anstelle des ursprünglichen Umlaufmotors. Es wurden nur zwei Dayton-Wright TW-3 fertiggestellt, bevor General Motors Dayton-Wright schloß, dessen Flugzeug-Werk von Consolidated erworben wurde. Die letzten 18 Flugzeuge wurden daher als Consolidated TW-3 ausgeliefert, von denen dies ein Exemplar ist.**

**Eine vergrößerte Version der TA-3, die einen stärkeren Motor aufnehmen konnte, war die Dayton-Wright TA-5, eigentlich eine TW-3 mit Sternmotor. Dieses einzige Flugzeug wurde für Experimente verwendet, darunter die abgebildete, ungewöhnliche Fahrwerkslösung.**

# de Bruyne Snark

Die de Bruyne Snark war zwar von unauffälliger Erscheinung, aber doch einer der Pioniere der Verbundbauweise: die Flügel und der Rumpf waren mit selbsttragender Sperrholzhaut verkleidet, deren Stärke und Haltbarkeit durch das aufgetragene Bakelit wesentlich verbessert wurden.

### Entwicklungsgeschichte

Im Jahre 1934 gründete Dr. N.A. de Bruyne in Duxford bei Cambridge die Aero Research Ltd., die Forschung auf dem Gebiet der aeronautischen Strukturen und Werkstoffe durchführen und sich dabei auf mit Bakelit beschichtetes Sperrholz und selbsttragende Haut konzentrieren sollte. Um diese Arbeit zu unterstützen, wurde ein viersitziger Experimental-Eindecker, der **de Bruyne Snark** (G-ADDL) hieß, im gleichen Jahr gebaut und von seinem Konstrukteur am 16. Dezember in Cambridge zum ersten Mal geflogen.

Im April 1935 wurde eine Flugzulassung erteilt, und 13 Monate später erhielt die Snark eine Militär-Seriennummer (L6103), bevor sie für weitere Forschungsarbeiten nach RAE Farnborough verlegt wurde. Ihr anschließendes Schicksal wurde nicht aufgezeichnet.

### Technische Daten

**Typ:** viersitziger Experimental-Eindecker.
**Triebwerk:** ein 130 PS (97 kW) de Havilland Gipsy Major Reihenmotor.
**Leistung:** Höchstgeschwindigkeit 198 km/h; Reisegeschwindigkeit 177 km/h; Reichweite 724 km.
**Gewicht:** Leergewicht 544 kg; max. Startgewicht 998 kg.
**Abmessungen:** Spannweite 12,95 m; Länge 7,49 m.

# de Bruyne/Maas Ladybird

Als schwächer motorisiertes Leichtflugzeug hob sich die de Bruyne/Maas Ladybird durch ihren Schalenrumpf und das Bugradfahrwerk hervor, dessen Haupteinheiten mit großen Verkleidungen versehen waren. Wie zu sehen ist, brauchte der montierte Motor im Bug nur wenig Platz und hatte aus aerodynamischen Gründen eine große Verkleidung.

### Entwicklungsgeschichte

Im Anschluß an die Snark integrierte Dr. de Bruyne einige der gemachten Konstruktionserfahrungen in die Konstruktion des einsitzigen **de Bruyne Ladybird** Eindeckers, der einen hölzernen Schalenrumpf hatte. Aero Research begann 1936 damit, dieses Flugzeug in Duxford zu bauen; aus irgend einem Grund wurde es jedoch halbfertig an J.N. Maas verkauft, der es im nächsten Jahr in Cambridge fertigstellte, wo es auch zum ersten Mal flog. Der Original-Scott Squirrel Motor mit 25 PS (19 kW) wurde 1938 durch einen Bristol Cherub ersetzt. In dieser Form überlebte das Flugzeug den Krieg und soll 1960 noch eingelagert gewesen sein.

### Technische Daten

**Typ:** einsitziges Ultraleichtflugzeug.
**Triebwerk:** ein 36 PS (27 kW) Bristol Cherub Zweizylinder-Boxermotor.
**Leistung:** Höchstgeschwindigkeit 153 km/h; Reisegeschwindigkeit 121 km/h.
**Gewicht:** Leergewicht 191 kg; max. Startgewicht 363 kg.
**Abmessungen:** Spannweite 9,75 m; Länge 6,10 m; Tragflügelfläche 9,87 m$^2$.

# de Havilland D.H.11 Oxford

Wie viele ihrer Zeitgenossen hatte auch die de Havilland D.H.11 schwere Probleme mit ihrem Triebwerk: man hatte auf den A.B.C. Dragonfly große Hoffnungen gesetzt, aber da dieser Motor zu unzuverlässig war, wurden die D.H.11 und andere Modelle für den Siddeley Puma Reihenmotor modifiziert. Die einzige hier abgebildete Oxford trägt zwei Dragonfly Motoren.

### Entwicklungsgeschichte

Die **de Havilland D.H.11 Oxford** sollte die D.H.10 als Langstrecken-Tagbomber ersetzen, kam aber über das Stadium eines Prototyps nicht hinaus. Obwohl drei Maschinen bestellt wurden, wurde nur eine fertiggebaut.

Die D.H.11 hatte einen besonders hohen Rumpf, der den Raum zwischen den Tragflächen ganz ausfüllte, und angesichts der mit der D.H.10 gesammelten Erfahrungen wurden die Triebwerke auf den unteren Flügeln installiert. Gewählt wurde der neue A.B.C. Dragonfly Sternmotor, ein bisher noch nicht erprobtes Modell, das sich als reichlich unberechenbar erwies. Aus diesem Grund sowie wegen erwarteter Schwierigkeiten mit der Versorgung durch Dragonfly Motoren wurde eine alternative **D.H.11 Mk II** Ausführung mit 290 PS (216 kW) Siddeley Puma Motoren in neuen Gondeln vorgeschlagen, aber nicht gebaut. Die Bezeichnung **D.H.12** wurde auf eine modifizierte D.H.11 mit Dragonfly Motor und neuer Schützenposition angewendet, aber auch dieses Modell blieb nur ein Entwurf.

### Technische Daten

**Typ:** dreisitziger Langstrecken-Tagbomber.
**Triebwerk:** zwei 320 PS (239 kW) A.B.C. Dragonfly Sternmotoren.
**Leistung:** Höchstgeschwindigkeit 188 km/h in 5.180 m Höhe und 185 km/h in 3.050 m Höhe; Flugdauer 3 Stunden 15 Minuten.
**Gewicht:** Leergewicht 1.721 kg; max. Startgewicht 3.175 kg.
**Abmessungen:** Spannweite 18,34 m; Länge 13,78 m; Höhe 4,11 m; Tragflügelfläche 66,80 m$^2$.
**Bewaffnung:** zwei schwenkbare 7,7 mm Lewis Gewehre (je eins in Bug- und Rückenposition) plus bis zu 454 kg Bomben.

# de Havilland D.H.14 Okapi

### Entwicklungsgeschichte

Auf den ersten Blick ist die **de Havilland D.H.14 Okapi** wenig mehr als eine vergrößerte Ausführung der D.H.9 mit einem größeren Triebwerk, und angesichts des Erfolgs seines Vorgängers hätte auch dieses Modell sicher eine bedeutende Rolle im Ersten Weltkrieg gespielt, wenn es nicht im November 1918 zum Waffenstillstand gekommen wäre. Die D.H.14 verwendete den neuen Rolls-Royce Condor Motor, eines der ersten Flugzeuge, das dieses für die Handley Page V/1500 entwickelte Triebwerk übernahm.

Drei Flugwerke wurden in Angriff genommen. Aber angesichts der Einstellung aller Feindseligkeiten hatte die RAF keine besondere Eile, die Maschinen zu übernehmen. Das dritte Exemplar flog als erstes. Es wurde als D.H.14A im Herbst 1919 fertiggestellt, ein zweisitziges Langstrecken-Postflugzeug mit einem 450 PS (336 kW) Napier Lion Motor. F. S. Cotton, der damit den von der australischen Regierung ausgesetzten Preis von 10.000 Pfund Sterling für den ersten Flug zwischen England und Australien gewinnen wollte, kaufte die Maschine. Die Gebrüder Ross und Keith Smith besiegten ihn, als sie von England nach Darwin flogen, bevor Cotton überhaupt flugbereit war. Statt dessen erhielt die D.H.14 nun einen zusätzlichen Benzintank für den Versuch, im Februar 1920 erstmals von England nach Kapstadt zu fliegen. Die Maschine wurde bei einer Notlandung in Italien beschädigt; nach der Reparatur kam es zu einer weiteren Notlandung am 24. Juli 1920, und die Maschine wurde abgeschrieben. Die beiden anderen Exemplare wurden 1920/21 fertiggestellt und zur Untersuchung nach Martlesham gebracht, wo sie offenbar lediglich zu Testzwecken verwendet wurden.

Obwohl die **D.H.15 Gazelle** mit der D.H.14 nicht direkt verwandt ist, soll sie hier der Vollständigkeit halber aufgeführt werden. Diese Maschine war ein D.H.9A Flugwerk mit einem 500 PS (373 kW) B.H.P. Atlantic Reihenmotor; das einzige Exemplar wurde 1919 gebaut und geflogen.

### Technische Daten
**de Havilland D.H. 14 Okapi**
**Typ:** zweisitziger Tagbomber.
**Triebwerk:** ein 600 PS (447 kW) Rolls-Royce Condor Reihenmotor.
**Leistung:** Höchstgeschwindigkeit 196 km/h in 3.050 m Höhe.
**Gewicht:** Leergewicht 2.034 kg; max. Startgewicht 3.209 kg.
**Abmessungen:** Spannweite 15,37 m; Länge 10,35 m; Höhe 4,27 m; Tragflügelfläche 57,32 m$^2$.
**Bewaffnung:** ein festes, synchronisiertes, vorwärts zielendes 7,7 mm Vickers MG und ein schwenkbares 7,7 mm Lewis Gewehr, plus bis zu sechs 51 kg Bomben.

**Für ein einmotoriges Flugzeug war die de Havilland D.H.14 Okapi ungewöhnlich groß. Von den drei gebauten Maschinen wurde die letzte als das einzige Exemplar der kommerziellen D.H.14A fertiggestellt und für verschiedene Versuche benutzt, Rekorde aufzustellen oder zu brechen.**

# de Havilland D.H.16

### Entwicklungsgeschichte
Das Ende des Ersten Weltkriegs und der riesige Überschuß an Militärflugzeugen begünstigten nicht eben den Entwurf von neuen zivilen Modellen. Statt dessen wurden zahlreiche militärische Versionen umgebaut. Die **de Havilland D.H.16** allerdings war eine umgebaute D.H.9A mit einem breiteren Rumpf für vier Passagiere. Nach dem Erstflug im März 1919 in Hendon (Großbritannien) ging das Modell an die Aircraft Transport and Travel Ltd. (AT&T), wo es bei Rundflügen verwendet wurde, bevor es am 25. August desselben Jahres die Strecke London — Paris einweihte.

Insgesamt wurden neun D.H.16 hergestellt, die alle bis auf eine von der AT&T benutzt wurden. Dieses eine Exemplar wurde an einen Kunden in Buenos Aires verkauft, der es für einen Service nach Montevideo einsetzte. Die ersten sechs D.H.16 hatten 320 PS (239 kW) Rolls-Royce Eagle Motoren, die letzten drei hatten Napier Lion Triebwerke.

AT&T wurde im Dezember 1920 aufgelöst; die sieben noch erhaltenen D.H.16 (eine war bei einem Absturz verlorengegangen) wurden magaziniert. 1922 wurden sie bis auf zwei Exemplare auseinandergenommen, die verkauft und zum Vertrieb von Zeitungen verwendet wurden; eine dieser beiden Maschinen wurde 1923 bei einem Absturz zerstört, und das letzte Flugzeug wurde bald darauf aus dem Verkehr gezogen und verschrottet.

### Technische Daten
**Typ:** ein viersitziger kommerzieller Doppeldecker.
**Triebwerk:** ein 450 PS (336 kW) Napier Lion Reihenmotor.
**Leistung:** Höchstgeschwindigkeit 219 km/h; Reisegeschwindigkeit 161 km/h; Dienstgipfelhöhe 6.400 m; Reichweite 684 km.
**Gewicht:** Leergewicht 1.431 kg; max. Startgewicht 2.155 kg.
**Abmessungen:** Spannweite 14,17 m; Länge 9,68 m; Höhe 3,45 m; Tragflügelfläche 45,50 m$^2$.

**Daß die de Havilland D.H.16 auf das Kriegsmodell D.H.9A zurückgeht, ist nicht zu übersehen. Neu ist vor allem der breitere Rumpfhinterteil für eine verglaste Kabine.**

# de Havilland D.H.18

### Entwicklungsgeschichte
Die Bezeichnung D.H.17 wurde auf einen geplanten zweimotorigen 16-sitzigen Doppeldecker angewendet, der allerdings nicht gebaut wurde. Die nächste Typennummer, **de Havilland D.H.18**, bezeichnete einen großen einmotorigen Doppeldecker für acht Passagiere in einer geschlossenen Kabine; der Pilot saß in einem offenen Cockpit hinter den Tragflächen. Die D.H.18 wurde in Hendon gebaut und flog im Frühjahr 1920; die Maschine wurde für die Verwendung auf der Strecke Croydon — Paris an die Aircraft Transport & Travel Ltd. geliefert. Die D.H.18 hatte jedoch nur eine kurze Karriere, die durch eine Notlandung bei Croydon im August des gleichen Jahres beendet wurde.

1920 wurde die Aircraft Manufacturing Company, die de Havilland Entwürfe gebaut hatte, als de Havilland Aircraft Company Ltd. neu strukturiert. Die Firma produzierte zwei modifizierte Flugzeuge mit der Bezeichnung **D.H.18A** für die Instone Airline, gefolgt von einem dritten Exemplar. Diese Maschinen dienten auf verschiedenen Strecken zwischen England und dem europäischen Festland, bis sie im September 1921 aus dem Verkehr gezogen wurden; ein weiteres Exemplar wurde nur zwei Monate nach der Auslieferung bei einem Absturz zerstört. Das dritte Serienexemplar wurde im Juni 1921 an Instone geliefert und im April 1922 an die Daimler Hire Ltd. weitergegeben, wurde aber bei einem Zusammenstoß in der Luft mit einer Farman Goliath zerstört.

Die letzten beiden Maschinen trugen die Bezeichnung **D.H.18B** und hatten mit Sperrholz beschichtete Rümpfe und ein erhöhtes Gewicht; sie dienten für kurze Zeit bei Instone, bevor sie 1923 auseinandergenommen wurden. Das erste Exemplar diente bei Schwimmtests des Luftfahrtministeriums und wurde absichtlich im Mai 1924 bei Felixstowe auf der Wasseroberfläche zur Landung gebracht. Die letzte erhaltene D.H.18 wurde nach der Verwendung bei Inline im Jahre 1921 zu Testzwecken an die RAE Farnborough übergeben und 1927 verschrottet.

### Technische Daten
**de Havilland D.H.18A**
**Typ:** achtsitziger kommerzieller Doppeldecker.
**Triebwerk:** ein 450 PS (336 kW) Napier Lion Reihenmotor.
**Leistung:** Höchstgeschwindigkeit 206 km/h; Reisegeschwindigkeit 161 km/h; Dienstgipfelhöhe 4.875 m; Reichweite 644 km.
**Gewicht:** Leergewicht 1.833 kg; max. Startgewicht 2.956 kg.
**Abmessungen:** Spannweite 15,62 m; Länge 11,89 m; Höhe 3,96 m; Tragflügelfläche 57,71 m$^2$.

**Die G-AERO war das zweite de Havilland D.H.18 Passagierflugzeug.**

# de Havilland D.H.27 Derby

### Entwicklungsgeschichte
Das erste de Havilland Militärflugzeug nach der Bildung der neuen Firma folgte der Spezifikation 2/20 des Luftfahrtministeriums für einen Langstreckenbomber. Zwei **de Havilland D.H.27 Derby** Prototypen wurden gebaut, aber der Typ unterlag im Wettbewerb um einen Produktionsauftrag der Avro Aldershot.

Die erste **D.H.27** flog im September 1922 mit einem Rolls-Royce Condor Motor, der auch bei den Serienmaschinen der Aldershot verwendet wurde; da die D.H.27 um einiges schwerer war als das Avro Modell, erbrachte sie eine geringere Leistung. Die beiden Prototypen wurden für kurze Zeit zu Testzwecken verwendet und dann verschrottet.

Technische Daten
**Typ:** ein dreisitziger Langstrecken-Tagbomber.
**Triebwerk:** ein 650 PS (485 kW) Rolls-Royce Condor III Reihenmotor.
**Leistung:** Höchstgeschwindigkeit 169 km/h.
**Gewicht:** Leergewicht 3.056 kg; max. Startgewicht 5.237 kg.
**Abmessungen:** Spannweite 19,66 m; Länge 14,43 m; Höhe 5,13 m; Tragflügelfläche 104,05 m².
**Bewaffnung:** ein schwenkbares 7,7 mm Lewis Gewehr, plus bis zu 907 kg Bomben.

**J6894 war der erste von zwei Prototypen des de Havilland D.H.27 Derby Bombers, der sich vor allem durch die ungewöhnliche Pylonstruktur anstelle der normalen Stütze für das obere Flügelmittelstück auszeichnete. Die normale Bombenlast bestand aus zwei 249 kg Bomben, die außen unter dem Rumpf getragen wurden.**

# de Havilland D.H.29 Doncaster

### Entwicklungsgeschichte

Nach dem zwar geplanten, aber nicht gebauten Truppentransport-Doppeldecker mit der Bezeichnung **D.H.28** konzentrierte sich die Firma auf die **de Havilland D.H.29 Doncaster**, einen Langstrecken-Eindecker, von dem 1920/21 zwei Exemplare für das Luftfahrtminsterium gebaut wurden. Frühe Tests mit dem ersten Flugzeug führten zu einem Neuentwurf der Triebwerkanlage, und weitere Modifikationen wurden nach entsprechenden Versuchen in Martlesham Heath durchgeführt.

Die zweite D.H.29 wurde als zehnsitziges ziviles Flugzeug gebaut, aber Probleme mit der Steuerung am Boden und in der Luft sowie die Nachfrage der Fluggesellschaften nach neuen Modellen führten dazu, daß das Projekt zu Gunsten der D.H.34 aufgegeben wurde, die wieder zu einer Doppeldecker-Konfiguration zurückkehrte. Die beiden D.H.29 blieben in Martlesham Heath, wo sie zur Untersuchung der Eigenschaften von freitragenden Flügeln mit dickem Profil benutzt wurden. Die beiden Doncaster waren die ersten britischen Eindecker-Transportflugzeuge mit entsprechenden Tragflächen.

### Technische Daten

**de Havilland D.H.29 Doncaster**
(Militärausführung)
**Typ:** experimenteller Langstrecken-Eindecker.
**Triebwerk:** ein 450 PS (336 kW) Napier Lion IB Reihenmotor.
**Leistung:** Höchstgeschwindigkeit 187 km/h in 3.050 m Höhe; Reisegeschwindigkeit 161 km/h.
**Gewicht:** Leergewicht 1.982 kg; max. Startgewicht 3.402 kg.
**Abmessungen:** Spannweite 16,46 m; Länge 13,11 m; Höhe 5,03 m; Tragflügelfläche 40,88 m².
**Bewaffnung:** Vorrichtungen für ein flexibles 7,7 mm Lewis Gewehr.

**Obwohl die de Havilland D.H.29 Doncaster ein 7,7 mm Lewis MG hatte, war das Modell eigentlich ein Forschungsflugzeug, das die Eigenschaften und Reichweite von freitragenden Flügeln mit einem dicken Mittelstück untersuchen sollte.**

# de Havilland D.H.34

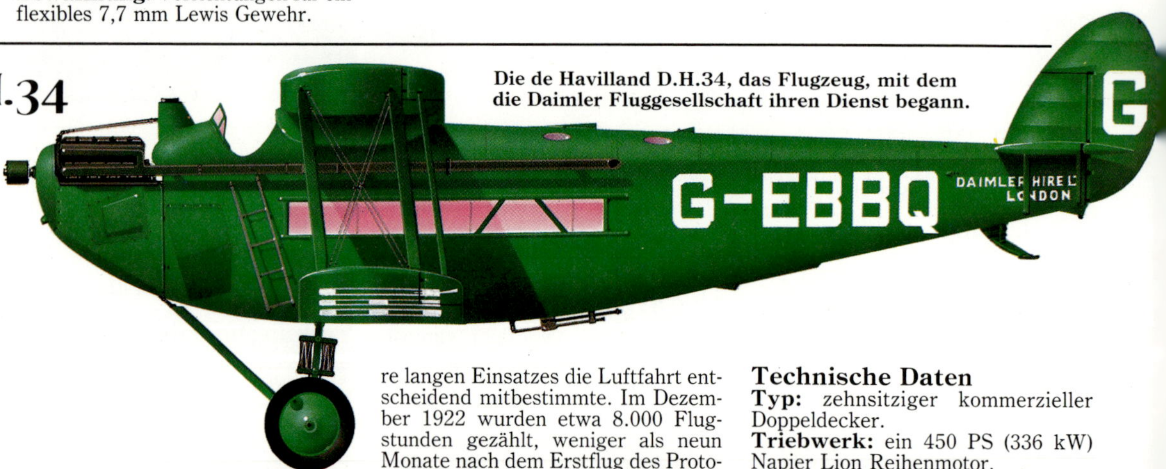


**Die de Havilland D.H.34, das Flugzeug, mit dem die Daimler Fluggesellschaft ihren Dienst begann.**

### Entwicklungsgeschichte

De Havilland verließ sich auf die kommerziellen Erfahrungen, die man mit der D.H.18 gesammelt hatte, und orientierte sich an der Struktur der D.H.29, als die Firma 1921 mit dem Entwurf eines neuen Modells begann, der **de Havilland D.H.32**. Der Typ war bereits weit fortgeschritten, und der Bau eines ersten Exemplars mit dem 360 PS (268 kW) Rolls-Royce Eagle Motor war bekanntgegeben worden. Der neue Entwurf war vielversprechend, aber da Instone und Daimler Hire voraussichtlich die Hauptbetreiber sein würden, folgte de Havilland deren Wunsch und baute den bereits von diesen beiden Gesellschaften bei der D.H.18 verwendeten Napier Lion als Triebwerk ein. Das Ergebnis war die **de Havilland D.H.34**, das erfolgreichste Modell dieser Firma in der unmittelbaren Nachkriegszeit.

Das erste von elf Exemplaren flog im März 1922 und unternahm am 2. April seinen ersten Flug von Croydon nach Paris. Daimler Hire benutzte sechs Maschinen dieses Typs und Instone vier; eine weitere wurde an die russische Fluggesellschaft Dobrolet verkauft. Als Imperial Airways 1924 gegründet wurde, übernahm diese Gesellschaft sieben D.H.34 und flog sie während der nächsten zwei Jahre, bevor größere Modelle übernommen wurden.

Es besteht kein Zweifel, daß die D.H.34 während ihres etwa vier Jahre langen Einsatzes die Luftfahrt entscheidend mitbestimmte. Im Dezember 1922 wurden etwa 8.000 Flugstunden gezählt, weniger als neun Monate nach dem Erstflug des Prototyps, und die zweite Daimler Maschine legte, ohne daß sie zwischendurch überholt wurde, mehr als 160.000 km zurück. Allerdings wurden auch nicht weniger als sechs Exemplare dieses Typs bei Unfällen mit Todesopfern zerstört. Nach einem frühen Absturz wurde die obere Tragflügelfläche vergrößert, was die neue Bezeichnung **D.H.34B** zur Folge hatte. Die vier letzten in England eingesetzten D.H.34 wurden 1926 verschrottet.

### Technische Daten

**Typ:** zehnsitziger kommerzieller Doppeldecker.
**Triebwerk:** ein 450 PS (336 kW) Napier Lion Reihenmotor.
**Leistung:** Höchstgeschwindigkeit 206 km/h; Reisegeschwindigkeit 169 km/h; Reichweite 587 km.
**Gewicht:** Leergewicht 2.075 kg; max. Startgewicht 3.266 kg.
**Abmessungen:** Spannweite 15,65 m; Länge 11,89 m; Höhe 3,66 m; Tragflügelfläche 54,81 m².

# de Havilland D.H.37

### Entwicklungsgeschichte

De Havillands erster Versuch, sich auf dem Absatzmarkt für Privatflugzeuge zu etablieren, war die **de Havilland D.H.37**, ein zweisitziger Doppeldecker, der nach den Angaben des bekannten Piloten und DH-Direktors Alan Butlers entworfen wurde. Die erste von zwei Maschinen dieses Typs flog im Juni 1922, gefolgt von einer zweiten, die nach ihrem Erstflug im Jahre 1924 nach Australien verkauft wurde. Butlers Maschine wurde während der nächsten fünf Jahre häufig eingesetzt, und 1927 wurde der Rolls-Royce Falcon III Motor gegen einen 300 PS (224 kW) A.D.C. Nimbus ausgetauscht; die Maschine wurde außerdem in ein einsitziges Rennflugzeug umgebaut und erhielt die Bezeichnung **D.H.37A**. Im Juni desselben Jahres stürzte sie ab, als sie trotzdem als Zweisitzer geflogen wurde; der Pilot kam ums Leben, der Passagier wurde verletzt.

Die australische D.H.37 hielt länger: sie wurde zunächst vom Controller of Civil Aviation und dann von der Guinea Gold Company in Neu-Guinea geflogen (sie war das erste Flugzeug in diesem Land). Im März 1932 stürzte die Maschine in Australien über New South Wales ab.

**Technische Daten**
**de Havilland D.H.37**
**Typ:** ein zweisitziger Reise-Doppeldecker.
**Triebwerk:** ein 275 PS (205 kW) Rolls-Royce Falcon III Reihenmotor.
**Leistung:** Höchstgeschwindigkeit 196 km/h; Dienstgipfelhöhe 6.400 m.
**Gewicht:** Leergewicht 961 kg; max. Startgewicht 1.505 kg.
**Abmessungen:** Spannweite 11,28 m; Länge 8,53 m; Tragflügelfläche 36,97 m².

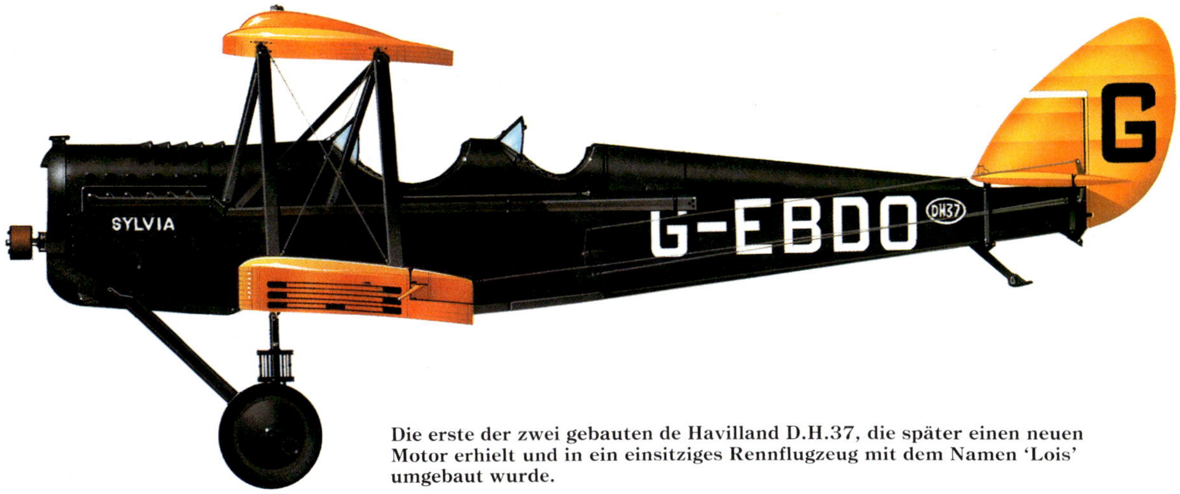

**Die erste der zwei gebauten de Havilland D.H.37, die später einen neuen Motor erhielt und in ein einsitziges Rennflugzeug mit dem Namen 'Lois' umgebaut wurde.**

# de Havilland D.H.42

**Entwicklungsgeschichte**
Für eine Spezifikation des Luftfahrtministeriums aus dem Jahre 1922, die ein zweisitziges Kampf- und Aufklärungsflugzeug vorsah, baute de Havilland einen typischen Doppeldecker mit ungleicher Spannweite unter der Bezeichnung **de Havilland D.H.42 Dormouse**. Die Dormouse war eine Holz- und Stoffkonstruktion mit offenen Tandem-Cockpits für zwei Mann Besatzung, festem Heckspornfahrwerk, zwei stromlinienförmigen Treibstofftanks auf der Oberseite der oberen Tragflächen für den Armstrong Siddeley Jaguar Sternmotor.

Später wurde eine Version für Armee-Verbindungsflüge unter der Bezeichnung **D.H.42A Dingo I** gebaut, die sich von ihrer Vorgängerin durch einen 410 PS (306 kW) Bristol Jupiter III Sternmotor unterschied. Dieser Motor war breiter als der Jaguar, so daß der Rumpf der Dingo modifiziert werden mußte, was zum Einbau der beiden vorwärts zielenden Gewehre oberhalb statt innerhalb des Rumpfs führte. 1926 flog ein dritter Prototyp mit der Bezeichnung **D.H.42B Dingo II** und einem 436 PS (325 kW) Bristol Jupiter IV. Die grundsätzliche Rumpfstruktur war aus Stahl, auf den oberen Tragflächen waren größere Treibstofftanks angebracht, und im Rumpfunterteil war eine Vorrichtung zum Auffangen von Nachrichten eingebaut.

Die D.H.42, D.H.42A und D.H.42B flogen erstmals jeweils am 25. Juli 1923, am 12. März 1924 und am 29. September 1926. Keine dieser Maschinen erhielt einen Produktionsauftrag.

**Technische Daten**
**de Havilland D.H.42**
**Typ:** zweisitziges Kampf- und Aufklärungsflugzeug.
**Triebwerk:** ein 360 PS (268 kW) Armstrong Siddeley Jaguar II Sternmotor.
**Leistung:** Höchstgeschwindigkeit 201 km/h; Dienstgipfelhöhe 4.875 m.
**Gewicht:** Leergewicht 1.140 kg; max. Startgewicht 1.768 kg.
**Abmessungen:** Spannweite 12,50 m; Länge 12,04 m; Tragflügelfläche 36,14 m².
**Bewaffnung:** zwei feste, vorwärtsfeuernde 7,7 mm Vickers MG und ein schwenkbares 7,7 mm Lewis MG

# de Havilland D.H.50

**Entwicklungsgeschichte**
1922 erwies sich, daß die aus dem Kriegsbestand übriggebliebenen D.H.9C nicht mehr lange fliegen konnten, und de Havilland nutzte die mit diesem Modell gesammelten Erfahrungen für den Entwurf eines neuen Typs, der **de Havilland D.H.50**, die vier Passagiere in einer geschlossenen Kabine zwischen den Tragflächen transportieren konnte; der Pilot saß dahinter in einem offenen Cockpit. Der Siddeley Puma Motor der D.H.9C wurde beibehalten, und das Ergebnis war ein ebenso verläßliches wie wirtschaftliches und leichtes Transportflugzeug.

Die D.H.50 flog erstmals im August 1923 und begann ihre Karriere mit Erfolg, als Alan Cobham mit dem Modell den 1. Preis bei den Verläßlichkeits-Wettbewerbsflügen gewann, die vom 7. bis 12. August regelmäßig zwischen Kopenhagen und Göteborg stattfanden. Cobham unternahm mehrere Langstreckenflüge mit dem Prototyp, bevor er das zweite Exemplar benutzte, das einen 385 PS (287 kW) Armstrong Siddeley Jaguar Sternmotor hatte und die Bezeichnung **D.H.50J** trug. Diese Maschine flog er zwischen dem 16. November 1925 und dem 17. Februar 1926 auf einem 25.479 km langen Flug zwischen Croydon und Kapstadt und später im Jahre 1926 auch bei einem Erkundungsflug nach Australien und zurück (hierfür wurden zwei Schwimmer angebracht).

Verschiedene Bestellungen für die D.H.50 gingen ein, und de Havilland baute 16 Serienmaschinen. Die australische Lizenzproduktion übernahmen QANTAS (vier D.H.50A und drei D.H.50J), West Australian Airways (drei D.H.50A) und die Larkin Aircraft Supply Company (eine D.H.50A). Die europäische Lizenz ging an SABCA in Brüssel (drei D.H.50) und Aero in Prag (sieben). Die SABCA Maschinen wurden im Belgisch-Kongo eingesetzt.

Von der de Havilland Gesamtproduktion (17) waren nur vier Maschinen in England stationiert, zwei davon bei Imperial Airways. Eine ging an die tschechische Regierung, zehn nach Australien und eine nach Neuseeland. Die dauerhafteste Maschine war das 15. britische Serienexemplar, das 1928 an den australischen Controller of Civil Aviation geliefert und 1942 in Neu-Guinea von gegnerischen Truppen abgeschossen wurde.

In der D.H.50 Familie wurden die verschiedensten Triebwerke benutzt: neben den bereits erwähnten Motoren waren es der 300 PS (224 kW) A.D.C. Nimbus, der 420 PS (313 kW) Bristol Jupiter IV, der 450 PS (336 kW) Jupiter VI, der 515 PS (384 kW) Jupiter XI, der 450 PS (336 kW) Pratt & Whitney Wasp C und (bei den tschechischen Versionen) der 240 PS (179 kW) Walter W-4.

**Die de Havilland D.H.50 wurde 1923 als Ersatz für die inzwischen veraltete D.H.9C entworfen, die beim de Havilland Hire Service verwendet wurde. An den damaligen Verhältnissen gemessen, war die D.H.50 Bauserie recht erfolgreich; die Produktion belief sich auf 38 Exemplare.**

**Technische Daten**
**de Havilland D.H.50**
**Typ:** Kabinen-Doppeldecker für vier Passagiere.
**Triebwerk:** ein 230 PS (172 kW) Siddeley Puma Reihenmotor.
**Leistung:** Höchstgeschwindigkeit 180 km/h; Reisegeschwindigkeit 153 km/h; Dienstgipfelhöhe 4.450 m; Reichweite 612 km.
**Gewicht:** Leergewicht 1.022 kg; max. Startgewicht 1.769 kg.
**Abmessungen:** Spannweite 13,03 m; Länge 9,07 m; Höhe 3,35 m; Tragflügelfläche 40,32 m².

# de Havilland D.H.51

**Entwicklungsgeschichte**
Auf das zweisitzige Reiseflugzeug D.H.37 aus dem Jahre 1937 folgte in dieser Kategorie die **de Havilland D.H.51**. In diesem Fall war die Wirtschaftlichkeit des Modells ein wichtiges Kriterium, und der Entwurf wurde auf den 90 PS (67 kW) R.A.F.1A Motor abgestimmt, der billig aus Kriegsbestand zu haben war.

Die D.H.51 erwies sich bei ihrem Erstflug im Juli 1924 mit dem Piloten Geoffrey de Havilland als durchaus zufriedenstellend, aber da der Motor keine Doppelzündung hatte, wurde kein Flugtüchtigkeitszeugnis ausgestellt. Mit dem R.A.F.1A waren zehn ununterbrochene Flugstunden die Voraussetzung, aber de Havilland war der Meinung, daß sich die damit verbundenen Kosten nicht lohnten.

Man beschloß, die D.H.51 mit einem Airdisco Motor auszurüsten. Dadurch wurde zwar eine erheblich verbesserte Leistung erreicht, aber das Modell überschritt nun auch die

Preisgrenze, für die es ursprünglich entworfen worden war. Daher wurden nur drei Maschinen gebaut: die ersten beiden dienten für eine relativ lange Zeit und wurden 1931 abgeschrieben bzw. 1933 verschrottet. Aber das 1925 gebaute und nach Kenia verschiffte zweite Exemplar wurde das erste Flugzeug dieser Firma, das ins Zivilregister dieses Landes aufgenommen wurde. Während des Kriegs wurde es auseinandergenommen, flog aber wieder und ist heute nach verschiedenen Umbauten in seinem Ursprungsland, wo es vom Shuttleworth Trust in Old Warden als ältestes flugtüchtiges Modell der de Havilland Aircraft Company instandgehalten wird.

### Technische Daten

**Typ:** ein dreisitziger Reisedoppeldecker.
**Triebwerk:** ein 120 PS (89 kW) Airdisco Reihenmotor.
**Leistung:** Höchstgeschwindigkeit 174 km/h; Dienstgipfelhöhe 4.570 m.
**Gewicht:** Leergewicht 609 kg; max. Startgewicht 1.016 kg.
**Abmessungen:** Spannweite 11,28 m; Länge 8,08 m; Höhe 2,97 m; Tragflügelfläche 30,19 $m^2$.

Austin J. Brown

**Die G-EBIR ist eine de Havilland D.H.51. Diese Maschine ist das älteste noch existierende de Havilland Modell, das seit seiner Rückgabe aus Kenia im Jahre 1965 vom Shuttleworth Trust betreut wird.**

# de Havilland D.H.53 Humming Bird

### Entwicklungsgeschichte

De Havilland betrat das Gebiet der Ultraleichtflugzeuge mit der **de Havilland D.H.53 Humming Bird**, die für die Leichtflugzeug-Wettbewerbe der Daily Mail gebaut wurde, welche im Oktober 1923 bei Lympne in Kent stattfanden.

Zwei Exemplare dieses kleinen Eindeckers wurden gebaut, beide mit 750 ccm Douglas Motorradmotoren, und trotz beträchtlicher Probleme mit diesem Triebwerk schnitten beide Maschinen recht gut ab.

Um den Typ verläßlicher zu gestalten, wurde ein Blackburne Tomtit Motor eingebaut, und nach einzelnen Veränderungen flog die Humming Bird 1923 bei der Luftfahrtshow in Brüssel. Später nahm sie an verschiedenen Rennen teil, zusammen mit der zweiten Maschine, die inzwischen mit einem 35 PS (26 kW) A.B.C. Scorpion Motor ausgestattet war, der sich allerdings als unzuverlässig erwies.

Wegen seiner wirtschaftlichen Leistung hatte das erste Exemplar der Humming Bird eine Bestellung des Luftfahrtministeriums für acht Maschinen eingebracht. Fünf weitere wurden für zivile Kunden gebaut; drei davon gingen nach Australien, eine nach Rußland und eine in die Tschechoslowakei.

Die letzten beiden Humming Birds der RAF wurden bei Experimenten benutzt und u.a. vom Luftschiff R-33 gestartet und in der Luft wieder aufgefangen. Nachdem die RAF 1927 alle acht Maschinen aufgegeben hatte, wurden sechs davon zivil registriert und mehrere Jahre lang geflogen. Eine existiert noch heute beim Shuttleworth Trust in Old Warden, ist aber nicht mehr flugtüchtig und wird ausgestellt.

### Technische Daten

**Typ:** einsitziger ultraleichter Eindecker.
**Triebwerk:** ein 26 PS (19 kW) Blackburne Tomtit Zweizylinder V-Motor.
**Leistung:** Höchstgeschwindigkeit 117 km/h; Reisegeschwindigkeit 97 km/h; Dienstgipfelhöhe 4.570 m; Reichweite 241 km.
**Gewicht:** Leergewicht 148 kg; max. Startgewicht 256 kg.
**Abmessungen:** Spannweite 9,17 m; Länge 5,99 m; Höhe 2,21 m; Tragflügelfläche 11,61 $m^2$.

**Die Replika der de Havilland D.H.53 Humming Bird, Mitte der 60er Jahre von S. N. Green in Kanada gebaut, unterscheidet sich kaum vom Original, bis auf den neuen 40 PS (29,8 kW) Continental A-40 Zweizylinder-Motor.**

# de Havilland D.H.60 Moth

Austin J. Brown

**Die D.H.60 Moth, sicher einer der beliebtesten, erfolgreichsten und historisch bedeutsamsten Typen aus der de Havilland Konstruktion, wurde in großer Anzahl produziert und lag in mehreren Versionen vor. Hier abgebildet ist die ausgezeichnet erhaltene D.H.60G Gipsy Moth, die erstmals am 3. Mai 1930 registriert wurde.**

### Entwicklungsgeschichte

Während der Geschichte der Luftfahrt haben sich Flugzeugbauer immer wieder für die Idee eines billigen Flugzeugs begeistert. Eines der frühesten Beispiele für einen solchen Typ ist die **de Havilland D.H.60 Moth**, die erste einer langen Familie mit diesem Namen, die in den 20er und 30er Jahren in der englischen Luftfahrt eine wahre Revolution bewirkten.

Der Prototyp der D.H.60 flog erstmals im Februar 1925 mit einem 60 PS (45 kW) Cirrus I Motor, einem neuen Triebwerk, das eigentlich ein halbierter 120 PS (90 kW) Airdisco Motor mit einem neuen Gehäuse und einem Gewicht von nur 132 kg war. Der Typ war erfolgreich, so daß das Luftfahrtministerium sich überreden ließ, fünf mit der Moth ausgestattete Fliegerclubs finanziell zu unterstützen. Die ersten dieser Maschinen wurden im Juli 1925 an den Lancashire Aero Club ausgeliefert, nur fünf Monate nach dem Jungfernflug des Prototyps; in diesem Jahr wurden insgesamt 20 Exemplare gebaut. Die Firma wurde mit Aufträgen geradezu überschüttet, und 1926 belief sich die Produktion auf 35 Exemplare; zu den inländischen Abnehmern kamen andere in Australien und Japan, und zu den militärischen Interessenten gehörten das Luftfahrtministerium und das Irish Air Corps. Nachdem Alan Cobham eine Schwimmflugzeugausführung der Moth in den USA auslieferte, wurde ein Vertrag über die Produktion des Modells in den Vereinigten Staaten getroffen. 1926 wurde der Cirrus Motor auf 85 PS (63 kW) gebracht und hieß nun Cirrus II. Dies wurde das neue Triebwerk. 1927 erhielt das Modell weitere Verbesserungen, darunter eine um 30 cm erhöhte Spannweite; die später wieder abgelegte offizielle Bezeichnung lautete **D.H.60X**, aber schließlich bürgerte sich der Name **Cirrus II Moth** ein.

Nach verschiedenen Rekorden und Langstreckenflügen trafen immer mehr Aufträge ein. Die Central Flying School der RAF kaufte sechs Maschinen mit Genet Motoren, das Irish Air Corps übernahm zwei Exemplare. Das Modell ging außerdem an Argentinien, Kanada, Finnland, Deutschland, Indien, Italien, Neuseeland, Singapur, Südafrika, Spanien, Schweden und die USA.

Für die nächste Variante mit einem 90 PS (67 kW) A.D.C. Cirrus III Motor wurde 1928 die Bezeichnung D.H.60X wieder eingeführt. Dieses Modell hatte außerdem ein Fahrwerk mit geteilter Achse. Gegen Ende des Jahres waren insgesamt 403 Moth gebaut worden. Außerdem waren Produktionslizenzvereinbarungen mit der General Aircraft Company in Australien und zwei Firmen in Finnland (der regierungseigenen Flugzeugfabrik und Veljekset Karhumäki) abgeschlossen worden. 22 Cirrus II Moth gingen an die finnische Luftwaffe, einige davon erhielten später 105 PS (78 kW) Hermes Motoren. Die Serienproduktion der D.H.60X endete im September 1928, als neuere Modelle eingeführt wurden, aber einige wenige wurden auch weiterhin auf besondere Bestellung hin gebaut. Ein Exemplar ist noch heute flugtüchtig und wird vom Shuttleworth Trust in Old Warden verwahrt.

Obwohl das Triebwerk der D.H.60 von den ursprünglichen 60 PS (45 kW) um 50 Prozent auf 90 PS (67 kW) erhöht worden war, war auch das Gewicht gestiegen, allerdings nicht im gleichen Maße. Um diese Erhöhung besser verkraften zu können, und um dem immer geringer werdenden Vorrat an Cirrus II Motoren zu begegnen, beschloß de Havilland, einen eigenen Motor zu bauen. Major Frank Halford, der den Cirrus Motor für A.D.C. entworfen hatte, wurde 1927 mit dem Entwurf für einen Ersatz beauftragt. Er legte den 100 PS (75 kW) Gipsy vor, einen Entwurf, der später in einer ganzen Reihe von Modellen mit diesem Namen verwirklicht wurde, von denen eines den Weg für die gesamte Baureihe der Moth bereitete.

Der neue Motor war im Juni 1928 lieferbar und wurde erstmals beim Flug einer D.H.60X benutzt und verbesserte die bereits beachtliche Leistung der Moth noch weiter. Mit dem neuen Triebwerk hieß das Modell **D.H.60G**, wurde aber natürlich später **Gipsy Moth** genannt. Ein Prototyp des Gipsy Motors wurde in eine D.H.71 eingebaut, die dann beim King's Cup Rennen von 1927 mit-

wirkte, aber zuvor ausschied und später bei Rekordflügen benutzt wurde.
Das erste Serienexemplar der D.H.60G gewann mit dem Piloten W. L. Hope den King's Cup von 1928 und stellte dabei neben anderen Rekorden eine Geschwindigkeit von 169 km/h auf. Im Juli 1928 stellte Geoffrey de Havilland einen Höhenrekord von 6.090 m auf, und im folgenden Monat blieb Hubert Broad mit einer D.H.60G mit Zusatztanks 24 Stunden lang in der Luft. Im Dezember erreichten A. S. Butler und seine Frau mit 192,86 km/h einen neuen Rekord für zweisitzige Maschinen über einen Rundkurs von 62,1 km. Bei einem Zuverlässigkeitstest, der ab Ende Dezember 1928 neun Monate lang durchgeführt wurde, flog eine D.H.60G 600 Stunden mit nur zwei Routinewartungen; die Maschine flog 82.076 km ohne Schwierigkeiten.
Unter diesen Umständen wurde die D.H.60G eines der populärsten Modelle für Langstreckenflüge. Amy Johnsons 20tägiger Solo-Flug zwischen Croydon und Darwin im Mai 1930 (in der im Londoner Science Museum aufbewahrten, berühmten D.H.60G Jason) und Francis Chichesters Flug auf einer ähnlichen Route im Januar des gleichen Jahres sowie seine späteren Reisen im pazifischen Raum sind heute Geschichte, aber es gab viele andere Flüge. Die unzähligen Varianten lassen sich hier nicht alle aufführen.
De Havilland baute insgesamt 595 D.H.60G, bevor die Produktion 1934 eingestellt wurde. 40 Maschinen entstanden in Frankreich, wo Morane-Saulnier das Modell unter der Bezeichnung Morane Moth baute, 18 wurden von der Moth Aircraft Corporation in den USA und 32 von der Larkin Aircraft Supply Company Ltd in Australien gebaut.
Die Holzstruktur der D.H.60G war für die meisten Absatzländer geeignet, aber in anderen, wo die Maschinen etwa in abgelegenen Gebieten eingesetzt werden mußten, war eine stärkere und leichter zu reparierende Ausführung nötig. Aus diesem Grund entwickelte de Havilland 1928 die **D.H.60M** mit einer Rumpfkonstruktion aus geschweißtem Stahlrohr, aber mit dem gleichen Triebwerk wie bei der D.H.60G. In England wurden 535 Exemplare gebaut; die de Havilland Aircraft Company baute in Kanada 40 Maschinen zusammen, in Norwegen entstanden zehn und in den USA montierte die Moth Aircraft Corporation 161 Maschinen. Zahlreiche D.H.60M gingen an militärische Abnehmer, vor allem an die RAF und Luftwaffeneinheiten in Kanada, dem Irak und in Schweden, außerdem an die norwegische Armee und die dänische Marine.
Da de Havilland inzwischen eigene Motoren baute, wurden Triebwerke und Flugwerke gleichzeitig entwickelt. Als 1931 der 120 PS (89 kW) Gipsy II fertig wurde, der auch im Rückenflug benutzt werden konnte, wurde daraus nach inneren Modifikationen die Gipsy III, die dem Piloten eine bessere Sicht und eine bessere Stromlinienformung des Rumpfvorderteils gab. Im März 1932 flog die **D.H.60GIII** erstmals ein neues Flugwerk für diesen Motor, was auf weltweites Interesse stieß und zahlreiche Bestellungen einbrachte. 30 Maschinen wurden gebaut, bevor der 133 PS (99 kW) Gipsy Major IIIA Motor in das Flugwerk eingebaut wurde, was zu dem Modell **Moth Major** führte; 87 Exemplare dieses Typs wurden produziert.
Die letzte Entwicklungsstufe der D.H.60 war eine modifizierte D.H.60M, die unter der Bezeichnung **D.H.60T Moth Trainer** mit einem Gipsy II Motor für militärische Einsätze gedacht war. Damit begann die Entwicklung der berühmtesten Moth, der D.H.82 Tiger Moth. Alle Bestellungen kamen von ausländischen Interessenten: aus Brasilien (40), China (1), Ägypten (16), dem Irak (5) und Schweden (10). das waren insgesamt 72.

### Technische Daten
#### de Havilland D.H.60G Gipsy Moth

**Typ:** zweisitziges leichtes Reiseflugzeug.
**Triebwerk:** ein 100 PS (74,6 kW) de Havilland Gipsy I Reihenmotor.
**Leistung:** Höchstgeschwindigkeit 164 km/h; Reisegeschwindigkeit 137 km/h; Dienstgipfelhöhe 4.420 m; Reichweite 515 km.
**Gewicht:** Leergewicht 417 kg; max. Startgewicht 748 kg.
**Abmessungen:** Spannweite 9,14 m; Länge 7,29 m; Höhe 2,68 m; Tragflügelfläche 22,57 m$^2$.

# de Havilland D.H.61 Giant Moth

Der Name Geraldine am hinteren Teil des Triebwerks identifizierte diese de Havilland D.H.61 Giant Moth als die 1928 für Associated Newspapers gebaute G-AAN. Die Maschine wurde von der Daily Mail verwendet und enthielt eine Dunkelkammer sowie ein kleines Redaktionsbüro und ein Motorrad, mit dem der Reporter oder Fotograf schnell an den Schauplatz einer 'Story' gelangen konnte, wenn das Flugzeug auf einem nahegelegenen Flugplatz gelandet war. Fotos wurden auf dem Weg zurück nach London an Bord des Flugzeugs entwickelt, wo auch die Artikel zusammengestellt wurden.

### Entwicklungsgeschichte

Nach dem Erfolg der D.H.50 in Australien wurde de Havilland mit dem Entwurf eines größeren Nachfolgemodells mit einem 450 PS (336 kW) Bristol Jupiter Motor, einer Passagierkabine mit bis zu acht Sitzplätzen und einem offenen Pilotencockpit hinter den Tragflächen beauftragt.
Der Entwurf wurde innerhalb von nur zehn Wochen erstellt, und der Prototyp der **de Havilland D.H.61 Giant Moth** flog erstmals im Dezember 1927. Nach Testflügen in England wurde die Maschine an die de Havilland Aircraft Pty in Melbourne verschifft, dort neu zusammengesetzt und am 2. März 1928 nochmals geflogen. Kurz darauf setzte die MacRobertson Miller Aviation das Flugzeug für den Linienflug zwischen Adelaide und Broken Hill ein.
Obwohl das Triebwerk für den Prototyp noch nicht erhältlich war, wurden die Serienmaschinen mit einem Jupiter IV Motor ausgerüstet; zwei für Kanada gebaute Exemplare hatten von Short gebaute Schwimmer. Insgesamt entstanden zehn Maschinen, darunter ein in Kanada zusammengesetztes Exemplar, das für einen 525 PS (391 kW) Pratt & Whitney Hornet Motor modifiziert wurde, fünf kamen nach Australien, drei waren in England registriert.

### Technische Daten

**Typ:** acht/zehnsitziger Kabinen-Doppeldecker.
**Triebwerk:** ein 500 PS (373 kW) Bristol Jupiter XI Sternmotor.
**Leistung:** Höchstgeschwindigkeit 212 km/h; Reisegeschwindigkeit 177 km/h; Dienstgipfelhöhe 5.485 m; Reichweite 724 km.
**Gewicht:** Leergewicht 1.656 kg; max. Startgewicht 3.175 kg.
**Abmessungen:** Spannweite 15,85 m; Länge 11,89 m; Höhe 3,99 m; Tragflügelfläche 56,95 m$^2$.

# de Havilland D.H.66 Hercules

Die de Havilland D.H.66 Transportflugzeuge wurden für Einsätze über den Wüstengebieten des Nahen Ostens entworfen. Die wenigen gebauten Maschinen waren langsam, leisteten aber mehrere Jahre lang gute Dienste. Dieses Exemplar ist eine von vier für West Australian Airways gebauten Maschinen.

### Entwicklungsgeschichte

Die RAF brauchte auf ihrer Luftpoststrecke zwischen Kairo und Bagdad einen Ersatz für ihre D.H.10 und übergab deshalb den Luftpostdienst 1925 an Imperial Airways. Somit kam es zu einer Bestellung für ein neues Modell, die **de Havilland D.H.66 Hercules**, ein dreimotoriger Doppeldecker mit 4,39 m$^3$ Gepäckraum, Platz für sieben Passagiere und 13,17 m$^3$ Post sowie drei Mann Besatzung.
Der Prototyp flog am 30. September 1926, nachdem Imperial Aircraft fünf Maschinen bestellt hatte, und wurde Mitte Dezember in Kairo ausgeliefert. Der erste Flug von Croydon nach Indien begann in England am 27. Dezember; die Maschine landete am 8. Januar 1927 in Delhi.
Die fünfte Maschine wurde im März 1927 in Kairo ausgeliefert. Die Leistung dieser Maschine beeindruckte West Australian Airways, die damals noch die D.H.50 benutzte. Vier Exemplare der Hercules wurden bestellt, von denen das erste im März 1929 flog; der Typ nahm am 2. Juni auf der Strecke Perth — Adelaide seinen Einsatz bei WAA auf. In der Zwischenzeit hatte Imperial ein sechstes Flugzeug bestellt, gefolgt von der siebten und letzten Maschine im Februar 1930.
Imperials sechste Hercules hatte eine geschlossene Pilotenkabine, eine Modifikation, die später zur Standardausrüstung gehörte. Die Fluggesellschaft brauchte die letzten beiden Maschinen, nachdem drei Hercules zwischen September 1929 und August 1931 zerstört worden waren; nur beim ersten dieser drei Unfälle kamen Menschen ums Leben. 1930/31 kaufte Imperial die beiden WAA Hercules; eine davon stürzte im November 1935 in Südrhodesien ab, und Imperial zog die letzte Maschine im Dezember 1935 aus dem Verkehr, nachdem drei Hercules an die südafrikanische Luftwaffe verkauft worden waren.

### Technische Daten

**Typ:** siebensitziges Passagiertransportflugzeug.
**Triebwerk:** drei 420 PS (313 kW) Bristol Jupiter VI Sternmotoren.
**Leistung:** Höchstgeschwindigkeit 206 km/h; Reisegeschwindigkeit 177 km/h; Dienstgipfelhöhe 3.960 m; Reichweite 845 km.
**Gewicht:** Leergewicht 4.110 kg; max. Startgewicht 7.076 kg.
**Abmessungen:** Spannweite 24,23 m; Länge 16,92 m; Höhe 5,56 m; Tragflügelfläche 143,72 m$^2$.

# de Havilland D.H. 71 Tiger Moth

## Entwicklungsgeschichte

Um Flüge bei hohen Geschwindigkeiten zu erforschen und mögliche Ersatztriebwerke anstelle des Cirrus Motors zu erproben, baute de Havilland 1927 zwei kleine, einsitzige Eindecker mit der Bezeichnung **de Havilland D.H.71 Tiger Moth**. Das Modell sollte eine ausgeprägte Stromlinienform erhalten. Die beiden ersten Maschinen sollten am Rennen um den King's Cup teilnehmen, da ein Leichtflugzeug sich zu jener Zeit so zu bewähren hatte. Aber eines der beiden Flugzeuge wurde vor dem Rennen beschädigt, und das andere (ausgestattet mit einem A.D.C. Cirrus II Motor), mußte wegen schlechter Wetterverhältnisse aus dem Rennen ausscheiden.

Im August 1927 flog der Testpilot Hubert Broad die erste D.H.71 mit alternativen Tragflächen von nur 5,69 m Spannweite und einem neuen 135 PS (101 kW) Gipsy Motor bei einem neuen 100 km Rundflugrekord in dieser Klasse, wobei er 300,09 km/h erreichte. Fünf Tage später versuchte er, den Höhenweltrekord für diese Klasse zu brechen, aber der Sauerstoffmangel ging über die Kräfte des Piloten hinaus. Er erreichte 5.849 m und gab dann auf, obwohl das Flugzeug noch immer um mehr als 5 m/sek anstieg.

1930 ging die erste D.H.71 nach Australien, stürzte aber bei den Vorbereitungen für ein Flugrennen ab, als das Triebwerk ausfiel; der Pilot kam dabei ums Leben. Das zweite Flugwerk (ohne Triebwerk) wurde bei einem Luftangriff der deutschen Luftwaffe im Oktober 1940 bei Hatfield (England) zerstört.

**Die de Havilland D.H.71 Tiger Moth, ein schnittiges Renn- und Testflugzeug, wurde für den Piloten H. S. Broad maßgeschneidert.**

### Technische Daten
**de Havilland D.H.71 Tiger Moth**

**Typ:** einsitziges Testflugzeug für hohe Geschwindigkeiten.
**Triebwerk:** ein 85 PS (63 kW) A.D.C. Cirrus II Reihenmotor.
**Leistung:** Höchstgeschwindigkeit 267 km/h.
**Gewicht:** Leergewicht 280 kg; max. Startgewicht 411 kg.
**Abmessungen:** Spannweite 6,86 m; Länge 5,66 m; Höhe 2,13 m; Tragflügelfläche 7,11 m².

# de Havilland D.H.75 Hawk Moth

## Entwicklungsgeschichte

Die **de Havilland D.H.75 Hawk Moth**, die erste der Schulterdeckerausführungen dieses Typs, hatte einen Stahlrohrrumpf mit Stoffbespannung und Platz für vier Personen. Der Prototyp flog mit dem Piloten Hubert Broad erstmals am 7. Dezember 1928 in Stag Lane, Edgware, und hatte den 200 PS (149 kW) de Havilland Ghost V-8 Motor. Dieses Triebwerk war von Major F.B. Halford entwickelt worden, der zwei Gipsy I Vierzylinder-Motoren in einem gemeinsamen Gehäuse verband. Das Flugzeug hatte jedoch nicht genug Kraft, und um die Leistung zu verbessern, wurde der 240 PS (179 kW) Armstrong Siddeley Lynx VIA Sternmotor bei den folgenden Exemplaren eingebaut. Zu den strukturellen Änderungen zählte der Anbau von Tragflächen mit größerer Spannweite und größerem Profil, und in dieser Form erhielt das Modell die Bezeichnung **D.H.75A**.

Im Dezember 1929 wurde die erste D.H.75A in Kanada vorgeführt (mit Räder- und Skifahrwerk), und nach Versuchen mit dem zweiten Exemplar mit Short-Schwimmern in Rochester bestellte die kanadische Regierung drei Maschinen für den zivilen Einsatz. Die erste davon (das ursprüngliche Demonstrationsflugzeug) hatte keine Türen auf der linken Seite und durfte nicht als Seeflugzeug fliegen; diese Einschränkung traf bei den beiden anderen, mit Verstellpropellern ausgerüsteten Exemplaren, nicht zu. Leigh Capreol, der Testpilot von de Havilland Canada, führte am 4. Oktober 1930 in Rockliffe weitere Tests durch, aber obwohl der Einsatz mit Schwimmern erlaubt war; wurde die Nutzlast begrenzt, und die Hawk Moth wurde später mit Rädern oder Skiern geflogen. Drei weitere Maschinen dieses Typs wurden gebaut.

### Variante

**D.H.75B:** Bezeichnung für das achte und letzte Flugwerk der Hawk Moth, das im Mai 1930 mit einem 300 PS (224 kW) Wright R-975 Sternmotor fertiggestellt wurde.

**Vom ästhetischen Gesichtspunkt aus war die ursprüngliche de Havilland D.H.75 Hawk Moth eine Katastrophe, bedingt vor allem durch den DH Ghost Motor. Das Modell wurde durch einen Sternmotor entscheidend verbessert: ein Armstrong Siddeley Lynx VIA ist beispielsweise das Triebwerk für diese D.H.75A mit Schwimmern.**

### Technische Daten
**de Havilland D.H.75A Hawk Moth (Landflugzeug).**

**Typ:** ein viersitziger Kabinen-Eindecker.
**Triebwerk:** ein 240 PS (179 kW) Armstrong Siddeley Lynx VIA Sternmotor.
**Leistung:** Höchstgeschwindigkeit 204 km/h; Reisegeschwindigkeit 169 km/h; Dienstgipfelhöhe 4.420 m; Reichweite 901 km.
**Gewicht:** Leergewicht 1.080 kg; max. Startgewicht 1.656 kg.
**Abmessungen:** Spannweite 14,33 m; Länge 8,79 m; Höhe 2,84 m; Tragflügelfläche 31,03 m².

# de Havilland D.H.80 Puss Moth

## Entwicklungsgeschichte

Die **de Havilland D.H.80** wurde entwickelt, um den immer zahlreicher werdenden wohlhabenden Privatpiloten eine Kabine mit größerem Komfort zu bieten. Der Prototyp flog erstmals am 9. September 1929 in Stag Lane. Diese Maschine hatte den hängenden de Havilland Gipsy II Motor, der dem Piloten eine bessere Sicht über den Bug hinweg gab, und außerdem einen mit Sperrholz bedeckten Rumpf mit flachen Seiten. Der Pilot saß vorne, nebeneinander hinter ihm die beiden Passagiere. An der rechten Seite waren zwei Türen eingebaut. Die Serienmodelle entstanden ab März 1930; sie trugen die Bezeichnung **D.H.80A Puss Moth** und hatten einen neuen, geschweißten Stahlrohrrumpf und Stoffbespannung. Bemerkenswert waren die drehbaren Stoßdämpfer-Hauben für die Fahrwerkhauptteile, die während des Flugs als Luftbremsen eingestellt werden konnten. Zu den anderen Neuerungen gehörten die einzelnen Türen an beiden Rumpfseiten und der Einbau des verbesserten 120 PS (89 kW) Gipsy III Motors; spätere Serienmaschinen hatten den 130 PS (97 kW) Gipsy Major. In England wurden 29 Exemplare gebaut, von denen das letzte im März 1933 Stag Lane verließ; viele wurden bei Pionierflügen verwendet. Die de Havilland Aircraft of Canada Ltd produzierte weitere 25 Maschinen.

Im Juli 1931 benutzte Amy Johnson die 'Jason II', um in 8 Tagen, 22 Stunden und 35 Minuten von Lympne nach Tokio zu fliegen; 1932 legte Jim Mollison die Strecke von Lympne nach Kapstadt in 4 Tagen, 17 Stunden und 19 Minuten zurück. Mollisons zweite Puss mit dem Namen 'The Heart's Content' (Herzenslust) hatte vor der Kabine einen Tank für 727 l Treibstoff, und die dadurch erzielte Reichweite von 5.794 km ermöglichte den ersten Soloflug über den Nordatlantik von Ost nach West; er verließ Portmarnock Strand bei Dublin am 18. August 1932 und erreichte 31 Stunden und 20 Minuten später Penfield Ridge in New Brunswick. Am 6. Februar 1933 startete Mollison von Lympne zu seinem Flug nach Natal in Brasilien und wurde der erste Pilot, der im Alleinflug den Südatlantik überquerte.

Austin J. Brown

**Die Betreiber von Reiseflugzeugen erwarteten mehr Komfort, als die frühe Generation von Doppeldecker-Leichtflugzeugen bieten konnte, so daß de Havilland für die eleganten Maschinen der D.H.80 Puss Moth Baureihe die Schulterdeckerkonfiguration wählte. Hier abgebildet ist eine erstklassig erhaltene D.H.80A, die erstmals im Juni 1930 registriert wurde.**

### Technische Daten

**Typ:** zwei/dreisitziger Kabinen-Hochdecker.
**Triebwerk:** ein 120 PS (89 kW) de Havilland Gipsy III Reihenmotor.
**Leistung:** Höchstgeschwindigkeit 206 km/h; Reisegeschwindigkeit 174 km/h; Dienstgipfelhöhe 5.335 m; Reichweite 483 km.
**Gewicht:** Leergewicht 574 kg; max. Startgewicht 930 kg.
**Abmessungen:** Spannweite 11,20 m; Länge 7,62 m; Höhe 2,13 m; Tragflügelfläche 20,62 m².

# de Havilland D.H.82 Tiger Moth

de Havilland D.H.82 Tiger Moth

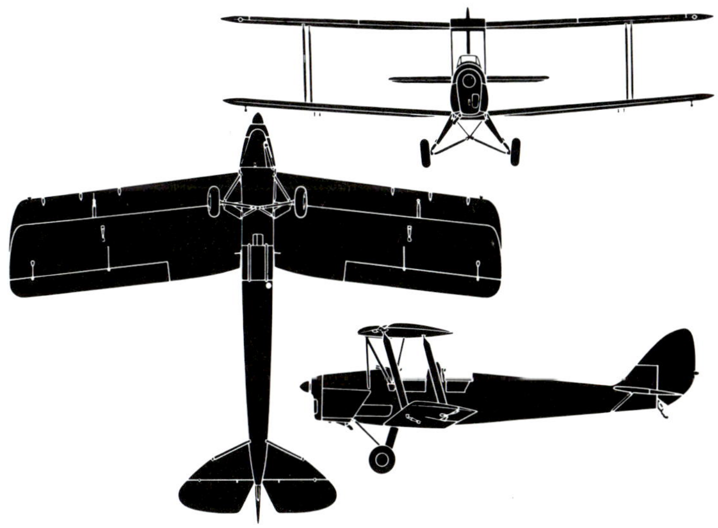

## Entwicklungsgeschichte

Der Erfolg der de Havilland Moth als ziviles Schulflugzeug führte zur unvermeidlichen Entwicklung einer militärischen Ausführung, der D.H.60T Moth Trainer. Im Vergleich mit den frühesten zivilen Ausführungen war die D.H.60T strukturell verstärkt worden, um ein höheres Gesamtgewicht zu ermöglichen, und konnte außerdem vier 9 kg Übungsbomben unter dem Rumpf tragen. Das Modell konnte darüber hinaus mit einem Kameragewehr oder Aufklärungskameras ausgestattet werden und eignete sich deshalb für verschiedene Schulungsaufgaben. Um einen Notausstieg aus dem vorderen Cockpit einzubauen, wurden die hinteren Spanndrähte an den vorderen Flügelwurzeln befestigt und die Cockpittüren verbreitert. Der Cockpit war jedoch noch immer von den mittleren Streben umgeben, und bei einem neuen, nach Spezifikation 15/31 entworfenen Schulflugzeug wurden sie nach vorne versetzt. Um nun die durch die Staffelung der Flügel entstehenden Schwerpunktverlagerungen auszugleichen, wurden die Haupttragflächen leicht gepfeilt. Das Modell erhielt einen hängenden 120 PS (89 kW) Gipsy III Reihenmotor, wobei die schräg absteigende Motorenhaube die Sicht aus dem Cockpit verbesserte.

Acht Vorserienmaschinen wurden noch mit der Bezeichnung D.H.60T und dem Namen **Tiger Moth** gebaut. Es folgte eine Maschine mit ausgeprägterer V-Stellung der unteren Tragflächen und stärkerer Pfeilung. Dieses Modell, die **de Havilland D.H.82**, flog erstmals am 26. Oktober 1931 in Stag Land. 35 Maschinen wurden nach Spezifikation T.23/31 bestellt, von denen die ersten im November 1931 an die 3. Flying Training School in Grantham ausgeliefert wurden. Ähnliche Maschinen gingen an Luftwaffeneinheiten in Brasilien, Dänemark, Persien, Portugal und Schweden; zwei Maschinen mit Short-Schwimmern wurden nach Spezifikation T.6/33 zur Erprobung durch die RAF in Rochester und Felixstowe gebaut.

De Havilland entwickelte daraufhin eine verbesserte Ausführung mit einem 130 PS (97 kW) Gipsy Major Motor und Sperrholzbeschichtung für den Rumpfhinterteil anstelle der Stoffbespannung des ursprünglichen Serienmodells. Dieser Typ erhielt die Bezeichnung **D.H.82A** und wurde von der RAF auf den Namen **Tiger Moth II** getauft, die 50 Exemplare nach Spezifikation T.26/33 bestellte.

**Der Erfolg der de Havilland D.H.82 beruhte auf ihrer Vielseitigkeit und ihrer leichten Handhabung.**

Bob Munro

Die Vorkriegs-Lizenzfertigung der Tiger Moth umfaßte Flugzeuge, die in Norwegen, Portugal, Schweden sowie bei der de Havilland Aircraft of Canada gebaut wurden, wo in der Vorkriegszeit unter anderem 227 D.H.82A gebaut wurden. Das Unternehmen baute später 1.520 Maschinen einer winterfesten Version mit der Bezeichnung **D.H.82C**, die einen 145 PS (108 kW) Gipsy Major Motor sowie eine geänderte Motorverkleidung, Cockpit-Schiebedächer, Cockpitheizung, Fahrwerksbremsen und anstelle des normalen Hecksporns ein Heckrad hatten. Bei Bedarf konnten Skier oder Schwimmer montiert werden und einige Exemplare erhielten einen Menasco Pirate Motor, als die Gipsy Major knapp wurden. Unter der Bezeichnung **PT-24** wurde eine Serie von 200 D.H.82C von der US Army Air Force bestellt, dann aber zum Einsatz an die Royal Canadian Air Force umgeleitet.

Mit Kriegsausbruch wurden Zivilflugzeuge für Kommunikations- und Schulungszwecke von der RAF eingezogen und es wurden größere Aufträge erteilt. In Hatfield wurden weitere 795 Maschinen gebaut, ehe das Werk auf die Produktion der de Havilland Mosquito umgestellt wurde. Die Tiger Moth-Produktion zog um in das Werk Cowley der Morris Motors Ltd., wo rund 3.500 Exemplare gebaut wurden. De Havilland Aircraft of New Zealand baute weitere 345, und in Australien produzierte de Havilland Aircraft Pty insgesamt 1.085 dieser Flugzeuge.

Im Winter 1939 und im folgenden Frühling waren die Tiger Moth in Nordfrankreich als Verbindungsflugzeuge im Einsatz.

Es wurden auch Vorbereitungen getroffen, um die Tiger Moth in einer offensiven Rolle einzusetzen, um so die drohende deutsche Invasion zu bekämpfen. Unter dem hinteren Cockpit bzw. unter den Flügeln wurden Aufhängungen montiert, an denen acht 9 kg Bomben mitgeführt werden konnten. Obwohl rund 1.500 Sätze dieser Aufhängungen hergestellt und verteilt wurden, kamen sie doch nie zum Einsatz. Einige Zeit zuvor, im Dezember 1939, waren sechs Küstenpatrouillen-Squadron gebildet worden, von denen fünf mit Tiger Moth ausgerüstet waren. Trotz der fehlenden Kampfkraft der Maschine bestand die Überlegung darin, daß das Geräusch eines Flugzeugmotors einen U-Boot-Kommandanten davon abhalten könnte, aufgetaucht zu fahren, wodurch seine Möglichkeiten zum Angriff auf die Schiffahrt eingeschränkt würden.

In Fernost wurde eine Reihe von Tiger Moth zur Verwendung als Krankentransportflugzeuge umgerüstet, wobei die Luke der Gepäckkabine vergrößert und ein Klappdeckel an der hinteren Rumpfverkleidung angebracht wurde. So entstand ein 1,83 m langes Abteil, in dem ein Verletzter untergebracht werden konnte.

Ihren größten Beitrag leistete die Tiger Moth jedoch als Kriegs-Schulflugzeug. Dieser Typ gehörte bei 28 Ausbildungsstätten in Großbritannien, 25 in Kanada (plus eine Funkschule), zwölf in Australien, vier in Rhodesien (plus vier Fluglehrerschulen), sieben in Südafrika und zwei in Indien zur Ausstattung. Nach dem Krieg flogen 22 Reserve-Flugschulen und 18 Universitäts-Fluggeschwader die Tiger Moth, die bei den meisten zwischen 1950 und 1953 durch die de Havilland Chipmunk ersetzt wurde.

Außerdem erwähnt werden sollte die **D.H.82B Queen Bee**, ein funkferngesteuertes Zielflugzeug, das im Grunde eine Version der Tiger Moth mit einer hölzernen Grundstruktur war: es hatte den Moth Major Rumpf, Tiger Moth Flügel, den Gipsy Major Motor, einen windgetriebenen Generator zur Stromversorgung und einen vergrößerten Treibstofftank. Der Prototyp wurde am 5. Januar 1935 manuell geflogen und es wurden anschließend 380 Exemplare gebaut.

Bis zum Kriegsende waren über 8.000 Tiger Moth gebaut worden und wie man sich denken kann, waren große Stückzahlen nach dem Krieg als Überschußmaterial abzusetzen. Die RAF verlegte viele Maschinen zum Zivil- und Militäreinsatz nach

Belgien, Frankreich und in die Niederlande, jedoch standen diese Flugzeuge in Großbritannien und in anderen Ländern in großer Stückzahl auf dem Zivilmarkt zum Angebot. Neben ihrer offensichtlichen Verwendung als Schulflugzeuge oder für Sport und Freizeit erhielten diese Flugzeuge nach unerwartete Aufgabengebiete: viele erwiesen sich in der Landwirtschaft als nützliche Bestäubungs-/Sprühflugzeuge, eine Rolle, die besonders in Neuseeland große Bedeutung erlangte.

Eine Reihe von Maschinen wurde Umbauten unterzogen, wobei meistens geschlossene Kabinen entstanden. Den aufwendigsten Umbau gab es von dem britischen Unternehmen Jackaroo Aircraft Ltd., bei dem der Rumpf erweitert wurde, so daß vier Passagiere in nebeneinandersitzenden Paaren untergebracht werden konnten. Weiterhin umfaßten die 19 **Thruxton Jackaroo** Umbauten, die in der Zeit von 1957-59 von dem Unternehmen ausgeführt wurden, andere Varianten mit offenen und geschlossenen Cockpits. Auch in den 80er Jahren sind noch erhebliche Stückzahlen weltweit im Einsatz und gelten als Sammlerstücke.

### Technische Daten de Havilland D.H.82C

**Typ:** zweisitziges Schul- und Sportflugzeug.
**Triebwerk:** ein 145 PS (108 kW) de Havilland Gipsy Major 1C Reihenmotor.
**Leistung:** Höchstgeschwindigkeit 172 km/h; Reisegeschwindigkeit 145 km/h; Dienstgipfelhöhe 4.450 m; Reichweite 443 km.
**Gewicht:** Leergewicht 506 kg; max. Startgewicht 828 kg.
**Abmessungen:** Spannweite 8,94 m; Länge 7,29 m; Höhe 2,69 m; Tragflügelfläche 22,20 m$^2$.

Austin J. Brown

**Unter Sammlern ein ausgesprochen beliebtes Flugzeug ist die de Havilland D.H.82 Tiger Moth. Da von diesem Trainer bis zum Ende des Zweiten Weltkriegs insgesamt über 8.000 Stück gebaut worden waren, gibt es heute noch zahlreiche Maschinen in flugfähigem Zustand.**

# de Havilland D.H.83 Fox Moth

### Entwicklungsgeschichte

Der de Havilland-Konstrukteur A.E. Hagg entwickelte 1932 die **de Havilland Fox Moth** als Antwort auf einen abzusehenden Bedarf für ein leichtes Transportflugzeug mit guter Leistung, wirtschaftlichen Betriebskosten und geringem Anschaffungspreis. So ergänzte er Tiger Moth Standardelemente (darunter Flügel, Leitwerk, Fahrwerk und Motoraufhängung) um einen neuen Holzrumpf mit Sperrholzverkleidung und setzte den Piloten in ein offenes Cockpit hinter eine geschlossene Kabine mit Platz für bis zu vier Passagiere. Der Prototyp, der von einem 120 PS (89 kW) de Havilland Gipsy III Motor angetrieben wurde, flog im März 1932 von Stag Lane aus. Er wurde später für die in Zusammenarbeit mit der Canadian Airways Ltd. durchgeführte Erprobung mit Schwimmern und Skiern nach Kanada verfrachtet. Acht der 98 in Großbritannien gebauten Fox Moth wurden zwischen 1932 und 1935 nach Kanada exportiert und zwei weitere Exemplare wurden von de Havilland Aircraft of Australia gebaut. Viele von diesen wurden von dem Gipsy Major Motor angetrieben und einige hatten Cockpits mit Schiebedach. Ein einzelnes, in Japan gebautes Exemplar mit einem 150 PS (112 kW) Sternmotor, das **Chidorigo** genannt wurde, flog für die Japanese Aerial Transport Company. Nach dem Krieg, im Jahre 1946, baute de Havilland Canada 52 Exemplare der **D.H.83C**, die eine Reihe kleiner Verbesserungen aufwiesen, darunter Trimmklappen an den Höhenrudern, ein vergrößertes Cockpitdach ohne Sichtbehinderung und den 145 PS (108 kW) Gipsy Major 1C Motor. Ein weiteres Exemplar der D.H.83C (die Varianten D.H.83A oder D.H.83B gab es nicht) wurde von Leavens Bros. Ltd. im Jahre 1948 fertiggestellt.

### Technische Daten

**Typ:** leichtes Transportflugzeug.
**Triebwerk:** ein 130 PS (97 kW) de Havilland Gipsy Major Reihenmotor.
**Leistung:** Höchstgeschwindigkeit 182 km/h; Reisegeschwindigkeit 154 km/h; Dienstgipfelhöhe 3.870 m; Reichweite 579 km.
**Gewicht:** Leergewicht 499 kg; max. Startgewicht 939 kg.
**Abmessungen:** Spannweite 9,41 m; Länge 7,85 m; Höhe 2,68 m; Tragflügelfläche 24,25 m$^2$.

**Die CF-BNV war eine Maschine aus der ersten Serie von 10 de Havilland D.H.83 Fox Moth, die nach dem Zweiten Weltkrieg als D.H.83C von de Havilland Aircraft of Canada Ltd. gebaut wurden. Die Änderungen umfaßten eine größere Ladeluke, den Gipsy Major 1C Motor und ein geschlossenes Cockpit.**

# de Havilland D.H.84 Dragon

**de Havilland D.H.84M der irakischen Luftstreitkräfte in den dreißiger Jahren**

### Entwicklungsgeschichte

Die **de Havilland D.H.84 Dragon** wurde von Arthur Hagg als Reaktion auf einen von Fox Moth Betreiber Edward Hillmann geäußerten Wunsch hin konstruiert, der ein zweimotoriges Flugzeug brauchte, das auf der vorgeschlagenen Strecke von Südengland nach Paris fliegen sollte. Die Sperrholzstruktur mit geraden Seitenwänden, die erfolgreich in der Fox Moth verwendet worden war, wurde für den Rumpf der neuen Konstruktion umgebaut und so entstand ein zweistieliger Doppeldecker mit Flügeln, die außerhalb der beiden de Havilland Gipsy Major Motoren hochgeklappt werden konnten. Der Pilot hatte sein eigenes Abteil ganz vorne im Bug und die Hauptkabine bot sechs Passagieren Platz. Der Prototyp absolvierte am 12. November 1932 von Stag Lane, Edgware, aus seinen Jungfernflug. Er wurde später, gemeinsam mit drei Exemplaren der Serien **Dragon 1** an Hillman's Airways in Marylands, Essex, ausgeliefert, was im April 1933 die Eröffnung der Paris-Strecke ermöglichte. Die britische Produktion umfaßte insgesamt 115 Flugzeuge, die in Stag Lane und, ab 1934, in Hatfield gebaut wurden. Während des Zweiten Weltkriegs wurden weitere 87 Exemplare in Australien gebaut, da das australische Werk von de Havilland in Bankstown, Sydney, Navigations-Schulflugzeuge für die Royal Australian Air Force herstellte, von denen das erste am 29. September 1942 flog.

### Varianten

**Dragon 2:** das 63. Flugzeug war das erste einer verbesserten Version, bei der die Glashaus-Kabinenfenster durch einzeln gerahmte Transparentscheiben ersetzt wurden und bei der das Hauptfahrwerk verkleidet war.
**D.H.84M:** Militärversion mit MG-

Drehkranz im Rücken und einer Übergangsverkleidung zur Heckflosse; geliefert an Dänemark, Irak und Portugal.

### Technische Daten

**Typ:** mittelschweres Transportflugzeug.
**Triebwerk:** zwei 130 PS (97 kW) de Havilland Gipsy Major Reihenmotoren.
**Leistung:** Höchstgeschwindigkeit 216 km/h; Reisegeschwindigkeit 183 km/h; Dienstgipfelhöhe 4.420 m; Reichweite 877 km.
**Gewicht:** Leergewicht 1.060 kg; max. Startgewicht 2.041 kg.
**Abmessungen:** Spannweite 14,43 m; Länge 10,52 m; Höhe 3,30 m; Tragflügelfläche 34,93 m².

**Der D.H.84 Dragon Prototyp wurde am 12.11.1932 an Hillman's Airways ausgeliefert.**

## de Havilland D.H.85 Leopard Moth

### Entwicklungsgeschichte

Die **de Havilland D.H.85 Leopard Moth**, die 1933 als Nachfolgerin der Puss Moth vorgestellt wurde, war ihrer Vorgängerin etwas ähnlich, bot aber eine Reihe wichtiger Veränderungen, vor allem eine andere Rumpfbauweise. Die Stahlrohrkonstruktion der Puss Moth wurde durch einen Fichten-/Sperrholzrumpf ersetzt, der zum de Havilland-Standard geworden war und in dem neben dem Piloten im hinteren Teil der Kabine Platz für zwei nebeneinander sitzende Passagiere vorhanden war. Es wurden neue trapezförmige, klappbare Flügel mit gepfeilten Vorderkanten montiert und die Befestigungspunkte der oberen Stoßdämpfer am Hauptfahrwerk wurden verlegt. Der Prototyp flog am 27. Mai 1933 zum ersten Mal von Stag Lane aus und gewann nur zwei Wochen später in Hatfield das King's Cup Race dieses Jahres. Zwei ähnliche Flugzeuge errangen den dritten und sechsten Platz. Dieser vielversprechende Start sicherte den kommerziellen Erfolg und die Produktion erreichte während der nächsten drei Jahre 132 Exemplare.

### Technische Daten

**Typ:** dreisitziges Reiseflugzeug.
**Triebwerk:** ein 130 PS (97 kW) de Havilland Gipsy Major Reihenmotor.
**Leistung:** Höchstgeschwindigkeit 220 km/h; Reisegeschwindigkeit 192 km/h; Dienstgipfelhöhe 6.555 m; Reichweite 1.151 km.
**Gewicht:** Leergewicht 637 kg; max. Startgewicht 1.009 kg.
**Abmessungen:** Spannweite 11,43 m; Länge 7,47 m; Höhe 2,67 m; Tragflügelfläche 19,14 m².

## de Havilland D.H.86

### Entwicklungsgeschichte

Als Reaktion auf die Anforderung der australischen Regierung nach einem mehrmotorigen Flugzeug, das von QANTAS im Dienst über der Timorsee zwischen Singapur und Australien eingesetzt werden sollte, wurde die **de Havilland D.H.86** konstruiert und gebaut und erhielt am 30. Januar 1934, nur vier Monate nach Beginn der Arbeit an diesem Projekt, ihre Flugbetriebserlaubnis. Das Flugzeug war aus Holz mit Stoffbespannung gebaut und hatte als Triebwerk vier de Havilland Gipsy Six Motoren. Der erste Flug erfolgte, mit Hubert Broad am Steuer, am 14. Januar 1934. Der Prototyp und zwei identische Maschinen wurden für den Betrieb durch einen Piloten ausgelegt. Letztere Maschinen wurden ab dem 21. August 1934 von Railway Air Services auf einer neuen Croydon — Birmingham — Manchester — Belfast — Glasgow Strecke eingesetzt. Ein zweites Besatzungsmitglied (Navigator/Funker) flog mit und saß hinter dem Piloten. QANTAS und Imperial Airways allerdings verlangten, daß zwei Piloten nebeneinander sitzen sollten, und im August 1934 erschien der Prototyp wieder im Werk Stag Lane mit einem längeren und breiteren Bug, in dem der erforderliche Platz vorhanden war. Die erste von 29 Serienmaschinen flog für Holyman Airways in Australien, und zu den weiteren Verwendern gehörten QANTAS (sechs), Imperial Airways (fünf), Jersey Airways (sechs), Misr Airwork, Ägypten (vier), Hillman's Airways (drei) und Wrightways (eine).

**De Havilland D.H.86A, eine von drei Maschinen, die für die No. 1 Air Ambulance Unit, RAAF, im Jahre 1941 in Nahost flog.**

### Varianten

**D.H.86A:** vorgestellt Ende 1935; diese Version hatte eine geänderte Windschutzscheibe, Metallruder, pneumatische Fahrwerkbeine, größere Bremsen und ein Heckrad; 20 Maschinen wurde gebaut und die meisten davon 1937 auf D.H.86B Standard umgerüstet; zur Produktion gehörten auch vier RAF-Maschinen.
**D.H.86B:** Umbauversionen der D.H.86A mit zusätzlichen Endplatten, die nach einem Unfall im September 1936 angebracht wurden, der zu einer Untersuchung in Martlesham und einem anschließenden Bericht führte, in dem die Ruder- und Querruderbetätigung kritisiert wurde; die neu gebauten D.H.86B verfügten außerdem über Leitwerke, die an den Spitzen eine größere Profiltiefe hatten und das Übersetzungsverhältnis der Querruderbetätigung wurde erhöht.

**Die 'Danae' hatte die Zulassung G-ADUG und wurde 1936 als D.H.86A an die Imperial Airways ausgeliefert. Sie wurde 1937 auf D.H.86B Standard umgerüstet und im Afrikadienst eingesetzt. Das Flugzeug wurde als HK831 im November 1941 konfisziert und wurde später ausgeschlachtet, um andere D.H.86 flugfähig zu halten.**

### Technische Daten
**de Havilland D.H.86B**

**Typ:** mittelschweres Transportflugzeug.
**Triebwerk:** vier 200 PS (149 kW) de Havilland Gipsy Six Reihenmotoren.
**Leistung:** Höchstgeschwindigkeit 267 km/h; Reisegeschwindigkeit 229 km/h; Dienstgipfelhöhe 5.305 m; Reichweite 1.287 km.
**Gewicht:** Leergewicht 2.943 kg; max. Startgewicht 4.649 kg.
**Abmessungen:** Spannweite 19,66 m; Länge 14,05 m; Höhe 3,96 m; Tragflügelfläche 59,55 m².

## de Havilland D.H.87 Hornet Moth

### Entwicklungsgeschichte

Für Doppeldeckerfreunde mit einem Sinn für zusätzlichen Komfort entwickelte das Unternehmen die **de Havilland Hornet Moth**, bei der sich in der geschlossenen Kabine beide Sitze nebeneinander befanden und die von der Struktur her der D.H.86 ähnlich war. Die Maschine hatte Trapezflügel und einen Fichten-/Sperrholz-Kastenrumpf mit externen Rumpfholmen, Längsversteifungen und Stoffbespannung. Der Prototyp, der am 9. Mai 1934 erstmals in Hatfield geflogen wurde, ging als Vorbereitung auf die Serienauslieferungen, die im August 1935 unter der Bezeichnung **D.H.87A** begannen, gemeinsam mit zwei ähnlichen Flugzeugen in ein ganzjähriges Testprogramm. Es wurden weit über 60 Flugzeuge gemäß diesem Standard mit neuen, mehr abgeschrägten Flügeln größerer Spannweite (9,93 m) gebaut, aber 1936 wurde noch ein weiterer Satz Flügel eingeführt, der zunächst nachträglich an die zweite Serien-Hornet Moth montiert wurde. Diese neuen Hauptflügel waren praktisch nicht mehr trapezförmig, hatten fast rechtwinkelige Flügelspitzen und wurden den jeweiligen Eignern auf Austauschbasis angeboten. Auch die nahezu 100 neuen Flugzeuge mit der Bezeichnung **D.H.87B** erhielten diese Flügel. Nach der Entwicklung einer Wasserflugzeugversion durch de Havilland Aircraft of Canada Ltd. wurden 1937 vier Exemplare vom Air Ministry angeschafft. Die Produktion der Hornet Moth umfaßte, einschließlich des Prototyps, 165 Exemplare.

### Technische Daten

**de Havilland D.H.87B Hornet Moth** (Landflugzeug)
**Typ:** zweisitziges Reiseflugzeug.
**Triebwerk:** ein 130 PS (97 kW) de Havilland Gipsy Moth Reihenmotor.
**Leistung:** Höchstgeschwindigkeit 200 km/h; Reisegeschwindigkeit 169 km/h; Dienstgipfelhöhe 4.510 m; Reichweite 998 km.
**Gewicht:** Leergewicht 563 kg; max. Startgewicht 885 kg.
**Abmessungen:** Spannweite 9,73 m; Länge 7,61 m; Höhe 2,01 m; Tragflügelfläche 20,44 $m^2$.

**Die Variante D.H.87B der de Havilland Hornet Moth führte Flügel mit veränderter Planform ein.**

# de Havilland D.H.88 Comet

### Entwicklungsgeschichte

Die **de Havilland D.H.88 Comet** war eine Spezialkonstruktion für das Victorian Centenary Air Race von Mildenhall nach Melbourne des Jahres 1934, für das Sir MacPherson Robertson den Preis ausgesetzt hatte. Vor dem Schlußtermin im Februar 1934, den sich der Hersteller dafür gesetzt hatte, daß die Auslieferung vor dem Rennen im Oktober garantiert war, gingen drei Bestellungen ein. Die Comet war ganz aus Holz gebaut, im vorderen Rumpfbereich befanden sich drei große Treibstofftanks und hinter diesen hintereinander die Sitze für Piloten und Copiloten. Die Maschine war mit zwei hoch verdichteten de Havilland Gipsy Six R Motoren ausgerüstet, die verstellbare Ratier-Propeller antrieben, die vor jedem Flug für den Steigflug eingestellt wurden. Bei rund 240 km/h schalteten sie sich automatisch auf Reiseflug. Zu den weiteren bemerkenswerten Einrichtungen gehörte das manuell einziehbare Fahrwerk und die geschlitzten Landeklappen. Hubert Broad flog die erste Comet am 8. September 1934 in Hatfield zum ersten Mal. Die Musterzulassung wurde am 9. Oktober ausgestellt, während die anderen beiden Maschinen am 12. Oktober, ganze acht Tage vor dem Rennen ihre Bescheinigung erhielten. Im Morgengrauen des 20. Oktober starteten die ersten Wettbewerber, darunter auch die 'Black Magic' der Mollisons, Owen Cathcart-Jones und Ken Wallers G-ACSR (Eigner: Rubin) sowie C.W.A. Scott und T. Campbell Black in 'Grosvenor House'. 'Black Magic' schaffte mit Erfolg die Nonstop-Strecke London-Bagdad, mußte aber dann in Allahabad mit Motorenschaden aufgeben. Cathcart-Jones und Waller mußten in Persien notlanden, nachdem sie sich verflogen hatten, kämpften sich dann weiter bis nach Melbourne durch und wurden vierte in der Geschwindigkeitswertung. Mit Post und Filmmaterial an Bord flogen sie direkt zurück und stellten für Hin- und Rückflug einen Rekord von 13 1/2 Tagen auf. Scott und Black waren die Sieger der Geschwindigkeitswertung und hatten die Strecke in 70 Stunden 54 Minuten geflogen. Die 'Grosvenor House' wird jetzt vom Shuttleworth Trust in Old Warden, Bedfordshire, erhalten. Zwei weitere Comet wurden gebaut, eine davon als Postflugzeug für die französische Regierung und die andere für Mr. Cyril Nicholson, der als Sponsor für zwei erfolglose Bemühungen um den London-Kapstadt Rekord auftrat. Während des zweiten Versuchs sprang die Besatzung ab.

**Die drei D.H.88 waren Spezialkonstruktionen für das 'MacRobertson' Flugrennen des Jahres 1934 von England nach Südaustralien, und die im Rennen gestarteten Maschinen wurden deutlich unter ihren Produktionskosten verkauft. Der Erfolg der G-ACSS Grosvenor House rechtfertigte jedoch de Havillands Entscheidung und brachte dem Unternehmen viel Publizität.**

### Technische Daten

**Typ:** ein zweisitziges Renn-/Postflugzeug.
**Triebwerk:** zwei 230 PS (172 kW) de Havilland Gipsy Six R Reihenmotoren.
**Leistung:** Höchstgeschwindigkeit 381 km/h; Reisegeschwindigkeit 354 km/h; Dienstgipfelhöhe 5.790 m; Reichweite 4.707 km.
**Gewicht:** Leergewicht 1.288 kg; max. Startgewicht 2.413 kg.
**Abmessungen:** Spannweite 13,41 m; Länge 8,84 m; Höhe 3,05 m; Tragflügelfläche 19,69 $m^2$.

# de Havilland D.H.89 Dragon Rapide/Dominie

### Entwicklungsgeschichte

Der Prototyp **de Havilland D.H.89 Dragon Six**, der von zwei 200 PS (149 kW) de Havilland Gipsy Six Motoren angetrieben wurde und von den Erfahrungen mit den leichten Transportmaschinen de Havilland D.H.84 Dragon und D.H.86 profitierte, wurde erstmals von Hubert Broad am 17. April 1934 in Stag Lane geflogen. Die Serienmaschinen wurden unter dem Namen **Dragon Rapide** ab Juli 1934 ausgeliefert, und zu den ersten Kunden gehörten Hillman's Airways Ltd., Railway Air Services und Olley Air Service Ltd. Ab März 1937 wurden kleine Landeklappen an den unteren Flügeln außerhalb der Motorgondeln montiert, und der Typ erhielt dann die Bezeichnung **D.H.89A**. Die Zivilversion der Rapide war bald danach bei vielen Betreibern in allen Teilen der Welt im Einsatz, und einige der Maschinen flogen sogar in Kanada mit Schwimmern oder Skiern.

Ihre Zuverlässigkeit und Wirtschaftlichkeit sorgte in den mittleren bis späten dreißiger Jahren für gute Verkaufszahlen und bei Kriegsausbruch waren fast 200 Exemplare an zivile Eigner ausgeliefert worden.

Als **D.H.89M** wurde eine Militärversion entwickelt, die der Air Ministry-Spezifikation G18/35 entsprechen sollte, in der ein allgemeines Aufklärungsflugzeug für den Einsatz beim Coastal Command verlangt wurde.

Von den 728 Rapide, die bis zum Auslaufen der Produktion im Juli 1946 gebaut wurden, fielen 521 unter britische Militärverträge. Die meisten davon waren **D.H.89B** Trainer, die speziell zur Schulung von Funkern eingesetzt wurden, sie trugen die Bezeichnung **Dominie Mk 1**, Verbindungsflugzeuge die Bezeichnung **Dominie Mk II**. Die Zahl der Militär-D.H.89 beträgt 65 Flugzeuge, die zwischen 1940 und 1958, als das letzte aus dem Verkehr gezogen wurde, von der Royal Navy geflogen wurden — einige davon waren konfiszierte Zivilmaschinen, einige Neulieferungen und wieder andere waren von der RAF überstellt worden.

Bald nach Einstellung der Kampfhandlungen wurden mehrere Hundert aus Kriegsüberschußmaterial an ausländische Luftstreitkräfte, wie beispielsweise die von Belgien und den Niederlanden, abgegeben oder die Militärausrüstung wurde ausgebaut und die Maschinen an zivile Abnehmer verkauft. So wurden sie in

Austin J. Brown

**G-AGSH ist eine de Havilland D.H.89A Dragon Rapide Mk 6, wurde jedoch in der Endphase des Zweiten Weltkriegs mit der Seriennummer NR808 im RAF-Auftrag als D.H.89B Dominie gebaut.**

fast jedem Land der westlichen Welt geflogen. Hinzu kamen noch 100 Serienmaschinen, die von Brush Coachworks gebaut worden waren, die jedoch wegen des Kriegsendes nicht ausgeliefert wurden. Diese Maschinen wurden im de Havilland Reparaturwerk in Whitney entsprechend den Wünschen ziviler Betreiber komplettiert und stellten die erste Nachkriegsausstattung von Fluggesellschaften, darunter Iraqi Airways, Jersey Airways und KLM dar. In den fünfziger Jahren flog British European Airways zeitweise mit einer großen Flotte von Rapide auf den Strecken zu den Inseln vor der britischen Küste.

Die Dragon Rapide hat sich nicht nur als zuverlässig, sondern auch als dauerhaft erwiesen, denn Mitte der 80er Jahre waren noch einige Exemplare im Einsatz.

### Varianten

**D.H.89A Mk 4:** Umbauversion mit Gipsy Queen 2 Motoren und Reglerpropellern; ein Prototyp wurde 1953 umgebaut und anschließend wurden viele Maschinen auf diesen Standard umgerüstet, der ein erhöhtes Startgewicht bei verbesserter Leistung ermöglichte.

**D.H.89A Mk 5:** Einzelumbau durch das Unternehmen an einem firmeneigenen Flugzeug, der die Montage von Gipsy Queen 3 Spezialmotoren mit manuell verstellbaren Propellern umfaßte.

**D.H.89A Mk 6:** Bezeichnung für ein Flugzeug mit Standardmotoren mit Fairey X5 Metallfestpropellern.

### Technische Daten
**de Havilland D.H.89A Mk 4**

**Typ:** acht-/zehnsitziges leichtes Transportflugzeug.
**Triebwerk:** zwei 200 PS (149 kW) de Havilland Gipsy Queen 2 Reihenmotoren.
**Leistung:** Höchstgeschwindigkeit 241 km/h; Reisegeschwindigkeit 225 km/h; Dienstgipfelhöhe 4.875 m; Reichweite 837 km.
**Gewicht:** Leergewicht 1.465 kg; max. Startgewicht 2.722 kg.
**Abmessungen:** Spannweite 14,63 m; Länge 10,52 m; Höhe 3,12 m; Tragflügelfläche 31,21 m$^2$.

# de Havilland D.H.90 Dragonfly

### Entwicklungsgeschichte

Die äußerliche Ähnlichkeit der **de Havilland D.H.90 Dragonfly** mit der D.H.89 Dragon Rapide verheimlicht ihre sehr unterschiedliche innere Struktur, bei der der Fichten-/Sperrholz-Kastenrumpf durch eine vorgeformte, selbsttragende Sperrholzschale ersetzt wurde, die mit Fichtenholz-Längsversteifungen versehen wurde. Der Mittelteil des unteren Flügels war verstärkt, wodurch die Verstrebungen für die Gondel/Flügelwurzel sowie die Spanndrähte des inneren Stiels wegfallen konnten, was problemlosen Zugang zur Kabine mit Platz für einen Piloten und vier Passagiere bot. Als Antrieb dienten zwei de Havilland Gipsy Major Motoren, der Prototyp flog erstmals am 12. August 1935 in Hatfield und die erste D.H.90A Serienmaschine mit Gipsy Major II Motoren flog im Februar 1936. Insgesamt wurden 66 Dragonfly produziert, und der Typ war zunächst bei den britischen und ausländischen prominenten Privateignern dieser Zeit beliebt, die meisten wurden jedoch letztlich für kommerzielle Zwecke verwendet.

### Technische Daten

**Typ:** leichtes Transportflugzeug.
**Triebwerk:** zwei 130 PS (97 kW) de Havilland Gipsy Motor Motoren.
**Leistung:** Höchstgeschwindigkeit 232 km/h; Reisegeschwindigkeit 201 km/h; Dienstgipfelhöhe 5.515 m; Reichweite 1.006 km.
**Gewicht:** Leergewicht 1.134 kg; max. Startgewicht 1.814 kg.
**Abmessungen:** Spannweite 13,11 m; Länge 9,65 m; Höhe 2,79 m; Tragflügelfläche 23,78 m$^2$.

**Als verkleinerte Version der Dragon Rapide, die als Luxus-Reiseflugzeug gedacht war, fand die D.H.90 Dragonfly wegen ihres hohen Anschaffungspreises (1935 2.650 Pfund Sterling) nur einen begrenzten Markt. Das abgebildete Exemplar wurde an einen neuseeländischen Betreiber verkauft.**

# de Havilland D.H.91 Albatross

### Entwicklungsgeschichte

Als Konstruktion von A.E. Hagg entsprechend einer Air Ministry Spezifikation für ein Transatlantik-Postflugzeug war die **de Havilland D.H.91 Albatross** in aerodynamischer und ästhetischer Beziehung eines der hervorragendsten kommerziellen Flugzeuge der Vorkriegszeit. Bei der Holzbauweise wurde erstmals die Sperrholz/Balsa/Sperrholz-Sandwichstruktur für den Rumpf angewandt, die später bei der Mosquito so erfolgreich verwendet werden sollte. Die Maschine hatte einen einteiligen Flügel wie die Comet. Das Triebwerk bestand aus vier de Havilland Gipsy Twelve Motoren mit Reglerpropellern, und die Hauptfahrwerksbeine konnten elektrisch eingezogen werden. Der Prototyp, der ursprünglich Zwillingsflossen hatte, die auf halber Leitwerksspannweite montiert waren, flog erstmals am 20. Mai 1937 in Hatfield. Die Flugtests zeigten, daß die Seitenleitwerksflächen nicht zufriedenstellend funktionierten und das überarbeitete Leitwerk hatte Endplattenflossen mit Seitenrudern ohne Ausgleich und Trimmklappen.

Die Probleme mit dem Einfahrsystem des Fahrwerks führten am 31. März 1938 zu einer Bauchlandung des ersten Prototyps, und ein struktureller Schwachpunkt des Rumpfs wurde offenbar, als einige Monate später der zweite Prototyp während Überlast-Tests bei der Landung auseinanderbrach. Bald wurden wirkungsvolle Modifikationen durchgeführt; die beiden Prototypen wurden repariert und probeweise von Imperial Airways benutzt. Durch ihre 5.359 km Reichweite waren sie besonders geeignet für den Pendelverkehr zwischen Großbritannien und Island, aber sie wurden im September 1940 für den Einsatz bei der RAF No. 271 Squadron konfisziert. Fünf Albatross mit verringerter Kapazität, zusätzlichen Kabinenfenstern und geschlitzten Klappen, die die geteilten Landeklappen ersetzten, wurden zwischen Oktober 1938 und Juni 1939 an Imperial Airways ausgeliefert. Sie boten Platz für 22 Passagiere und eine vierköpfige Besatzung und waren so lange im Einsatz, bis aufgrund von Feindeinwirkung oder Unfällen nur noch zwei Maschinen übrig waren.

**Diese D.H.91 Albatross ging am 20. Dezember 1940 bei einem deutschen Angriff auf Whitchurch bei Bristol verloren.**

### Technische Daten
**de Havilland D.H.91 Albatross**
(Passagierversion)

**Typ:** Passagierflugzeug.
**Triebwerk:** vier 525 PS (391 kW) de Havilland Gipsy Twelve Kolbenmotoren.
**Leistung:** Höchstgeschwindigkeit 362 km/h; Reisegeschwindigkeit 338 km/h; Dienstgipfelhöhe 5.455 m; Reichweite 1.674 km.
**Gewicht:** Leergewicht 9.630 kg; max. Startgewicht 13.381 kg.
**Abmessungen:** Spannweite 32 m; Länge 21,79 m; Höhe 6,78 m; Tragflügelfläche 100,15 m$^2$.

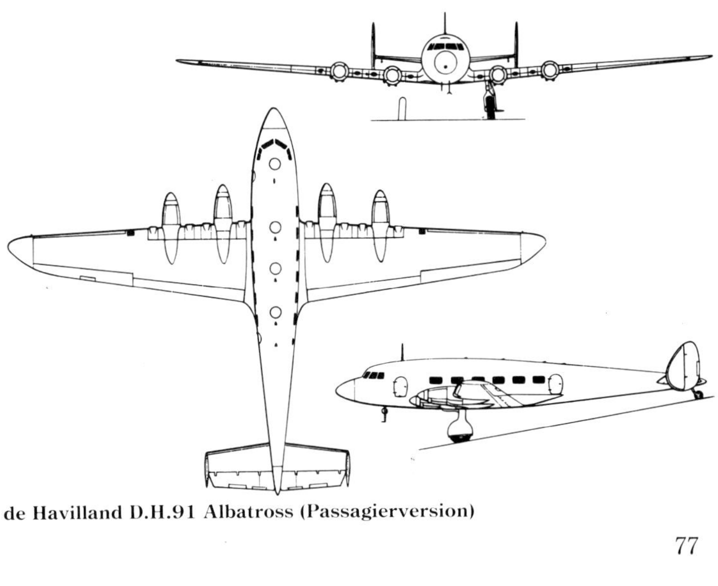

**de Havilland D.H.91 Albatross (Passagierversion)**

# de Havilland D.H.93 Don

### Entwicklungsgeschichte

Der de Havilland Gipsy Twelve Motor, der ursprünglich in der D.H.91 Albatross installiert war, wurde für den Militäreinsatz in Gipsy King umbenannt und als Antrieb für ein Mehrzweck-Schulflugzeug ausgewählt, das entsprechend der Air Ministry-Spezifikation T.6/36 konstruiert worden war. Diese **de Havilland D.H.93 Don** war aus Holz gebaut, hatte eine selbsttragende Haut und sollte zur Schulung von Piloten, Funkern und Kanonieren dienen. Der Prototyp wurde am 18. Juni 1937 erstmals geflogen und nach den anfänglichen Erprobungen durch den Hersteller, in deren Verlauf unter dem Höhenleitwerk kleine Flossen angebracht wurden, ging das Flugzeug nach Martlesham Heath zur offiziellen Erprobung. Die gewünschten Umbauten führten zu einem erhöhten Gewicht, und schwerere Ausrüstungsgegenstände mußten wieder ausgebaut werden. Von den ursprünglich bestellten 250 Don wurden nur 50 Flugwerke fertiggestellt, und von diesen wurden 20 als motorenlose Flugwerke ausgeliefert. Der Rest wurde zu Verbindungsflugzeugen umgebaut und flog bei der No. 24 Squadron.

### Technische Daten

**Typ:** Verbindungflugzeug.
**Triebwerk:** ein 525 PS (391 kW) de Havilland Gipsy King I Reihenmotor.
**Leistung:** Höchstgeschwindigkeit 304 km/h in 2.665 m; Dienstgipfelhöhe 7.100 m; Reichweite 1.432 km.
**Gewicht:** Leergewicht 2.291 kg; max. Startgewicht 3.112 kg.
**Abmesungen:** Spannweite 14,48 m; Länge 11,38 m; Höhe 2,87 m; Tragflügelfläche 28,24 $m^2$.

**Bemerkenswerte Eigenschaften des de Havilland D.H.93 Don Prototyps, der entsprechend einer Anforderung nach einem dreisitzigen Mehrzweck-Schulflugzeug konstruiert wurde, waren die Bewaffnung und die außergewöhnlich saubere Linienführung von sowohl Triebwerk als auch Cockpit.**

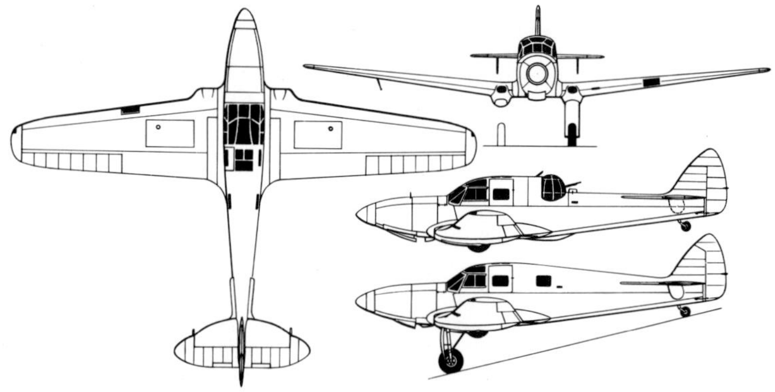

**de Havilland D.H.93 Don (obere Seitenansicht: D.H.93 Prototyp)**

# de Havilland D.H.94 Moth Minor

### Entwicklungsgeschichte

Am 24. August flog das Unternehmen erstmals das einzige Exemplar der **de Havilland D.H.81 Swallow Moth**, eines zweisitzigen Tiefdeckers mit offenem Cockpit und einem 80 PS (60 kW) Gipsy IV Motor. Da die Produktionskapazität mit verschiedenen Modellen der Moth ausgelastet war, wurde dieses Projekt eingestellt und erst einige Jahre später wieder ins Leben gerufen, als man sich einige strukturelle Techniken zunutze machen konnte, die bei der Comet und der Albatross verwendet wurden. Der komplett aus Holz gebaute Prototyp **D.H.94 Moth Minor** wurde von Captain Geoffrey de Havilland am 22. Juni 1937 in Hatfield zum ersten Mal geflogen. Die Produktion schloß sich an und bei Ausbruch des Zweiten Weltkriegs waren 71 Maschinen fertig, darunter auch neun **Moth Minor Coupé** mit erhöhtem hinterem Rumpf und klappbarem Kabinendach. Anfang 1940, als die Fertigungskapazität des Werkes Hatfield dringend für Flugzeuge benötigt wurde, die für den Kriegseinsatz wichtiger waren, wurden die Zeichnungen, Werkzeuge, Bauteile und komplettierte, noch nicht ausgelieferte Flugwerke an die de Havilland Aircraft Pty in Banksdown, Sydney, verfrachtet. Über 40 Maschinen wurden an die Royal Australian Air Force geliefert.

### Technische Daten

**Typ:** ein zweisitziges Reise-/Schulflugzeug.
**Triebwerk:** ein 90 PS (67 kW) de Havilland Gipsy Minor Reihenmotor.
**Leistung:** Höchstgeschwindigkeit 190 km/h; Reisegeschwindigkeit 161 km/h; Dienstgipfelhöhe 5.030 m; Reichweite 483 km.
**Gewicht:** Leergewicht 446 kg; max. Startgewicht 703 kg.
**Abmesungen:** Spannweite 11,15 m; Länge 7,44 m; Höhe 1,93 m; Tragflügelfläche 15,05 $m^2$.

**Die de Havilland D.H.94 Moth Minor war als einfachere Nachfolgerin der D.H.60 Moth Serie konstruiert worden und dieser Typ hatte nur wegen des Zweiten Weltkriegs keinen vergleichbaren kommerziellen Erfolg. Dieses Exemplar wurde an einen Flugzeugliebhaber in Südafrika verkauft.**

# de Havilland D.H.95 Flamingo

### Entwicklungsgeschichte

Das erste Ganzmetallflugzeug mit selbsttragender Haut des Unternehmens war die **de Havilland D.H.95 Flamingo** und wurde von R.E. Bishop als Mittelstreckenflugzeug für 12-17 Passagiere und drei Besatzungsmitglieder konstruiert. Es hatte ein hydraulisch einziehbares Fahrwerk, geschlitzte Landeklappen und als Triebwerk zunächst zwei 890 PS (664 kW) Bristol Perseus XIIc Sternmotoren. Der Prototyp wurde erstmals am 28. Dezember 1938 von de Havillands Chef-Testpiloten Geoffrey de Havilland Jr. in Hatfield geflogen, und während der sich anschließenden Testflugreihe wurde zeitweilig eine dritte, zentrale Heckflosse montiert. Im Mai 1939 wurde die Maschine zur Erprobung auf Linienflügen an die Guernsey & Jersey

**Die D.H.95 Flamingo war das erste 'moderne' Design von de Havilland. Die erste Maschine mit der Registrierung G-AFUE wurde zur Streckenerprobung von der Guernsey & Jersey Airways verwendet. Sie ging am 4. Oktober 1940 bei einem Flugunfall verloren.**

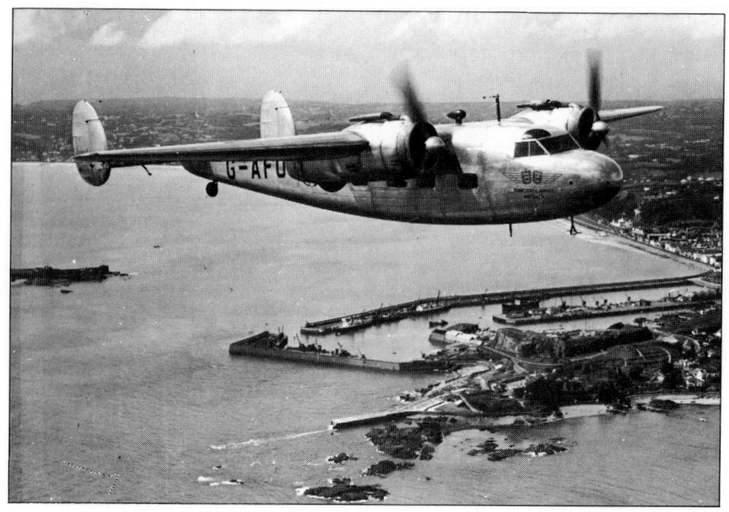

Airways Ltd. übergeben und verband Hestons und Southamptons Flughafen Eastleigh mit den beiden wichtigsten Kanalinseln.

Der Kriegsausbruch verhinderte den kommerziellen Einsatz auf diesen Strecken, jedoch hatte die Royal Air Force zwei Flamingo als Verbindungsflugzeuge bestellt.

Bristol Perseus XVI Sternmotoren wurden in allen sich anschließenden Exemplaren verwendet, darunter auch bei den acht Flugzeugen, die von der BOAC von Kairo aus im Nahostbereich geflogen wurden. Von der Flamingo wurden insgesamt 16 Flugzeuge gebaut.

### Varianten

**Hertfordshire:** dies hätte entsprechend der Spezifikation 19/39 eine ganz auf den Militärbedarf abgestimmte Version werden sollen, die 22 Fallschirmjäger tragen konnte. Nur der Prototyp wurde fertiggestellt, aber der Auftrag über 40 Exemplare wurde storniert.

### Technische Daten

**Typ:** ein mittelschweres Transportflugzeug.
**Triebwerk:** zwei 930 PS (694 kW) Bristol Perseus XVI Sternmotoren.
**Leistung:** Höchstgeschwindigkeit 385 km/h; Reisegeschwindigkeit 296 km/h; Dienstgipfelhöhe 6.370 m; Reichweite 1.947 km.
**Gewicht:** Leergewicht 5.137 kg; max. Startgewicht 7.983 kg.
**Abmessungen:** Spannweite 21,34 m; Länge 15,72 m; Höhe 4,65 m; Tragflügelfläche 59,36 $m^2$.

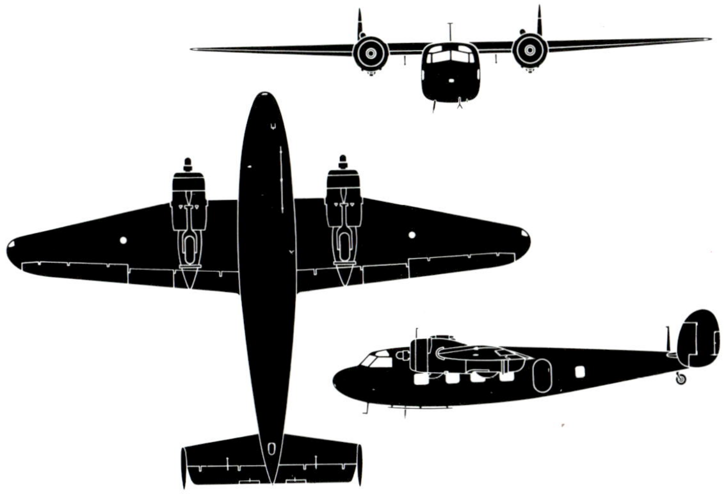

de Havilland D.H.95 Flamingo

# de Havilland D.H.98 Mosquito

de Havilland Mosquito B.Mk IV der No. 139 Sqn., 1942/43

## Entwicklungsgeschichte

Die **de Havilland D.H.98 Mosquito** wurde im Herbst 1938 auf Initiative des Unternehmens de Havilland hin konstruiert und geplant und war als unbewaffneter Bomber oder Aufklärer gedacht, dessen Geschwindigkeit und Flughöhe Verteidigungsbewaffnung überflüssig machen würde. Das Triebwerk sollte aus zwei Rolls-Royce Merlin bestehen, und zur Einsparung von strategischen Werkstoffen entschied man sich für eine komplette Holzbauweise. Obwohl die geplante Maschine heutzutage nicht als besonders fortschrittlich gelten würde, war sie für das Air Ministry damals doch noch zu modern und wurde zu den Akten gelegt.

Erst nach Ausbruch des Zweiten Weltkriegs befaßte sich das Air Ministry ernsthaft mit der Möglichkeit, daß Leichtmetalle knapp werden könnten, und in einem solchen Fall wäre ein ganz aus Holz gebautes Flugzeug eventuell ein brauchbares As in der Hinterhand. Selbst dann wurden lediglich Detailkonstruktionen freigegeben und das Konstruktionsteam von de Havilland machte sich Ende Dezember 1939 an die Arbeit, was am 1. März 1940 zu einem Auftrag über 50 Flugzeuge entsprechend der Air Ministry Spezifikation B.1/40 führte. Selbst dann war der zukünftige Weg noch nicht klar, denn in der Hektik nach Dünkirchen konzentrierte man sich darauf, die Bestände der bereits in Produktion befindlichen Flugzeuge aufzubauen, und der Bau neuer Bomber von de Havilland wurde zeitweise vertagt.

Später wurde das Programm wieder aktiviert und schließlich, am 25. November 1949, flog der Prototyp **Mosquito Mk I** zum ersten Mal. Von den Werkstests her bestanden kaum Zweifel daran, daß dieser neue Bomber ein ausbaufähiges Potential hatte und die Leistungsgrenzen der Spezifikation mit Leichtigkeit überschritt. Als die Maschine kurz darauf den Offizieren und Beamten von Militär und Regierung vorgeführt wurde, entdeckten diese skeptischen Herren, daß der neue Bomber die Manövrierbarkeit eines Jägers hatte und eine Geschwindigkeit von fast 644 km/h erreichte. Sie sahen auch mit Verblüffung, wie die Maschine mit der Leistung eines Motors gut steigen konnte, wobei der Propeller des zweiten Motors in Segelstellung stand, um ein Mitdrehen zu vermeiden und den Luftwiderstand auf ein Minimum zu senken.

Offizielle Erprobungen schlossen sich unmittelbar am 19. Februar 1941 an und führten dazu, daß im Juli des gleichen Jahres die Produktion vorrangig anlief. Es wurden drei Prototypen gebaut und der, der als letzter am 10. Juni 1941 geflogen wurde, war ein Fotoaufklärer (PR-Version). Die zugesagte Kombination von hoher Geschwindigkeit und großer Flughöhe gab der Mosquito eine natürliche Eignung für eine solche Rolle und die PR-Version war die erste, in der die Flugzeuge in Dienst gestellt wurden. Der erste Aufklärereinsatz bei Tag über Brest, La Pallice und Bordeaux erfolgte am 20. September 1941 und bestätigte sofort die Richtigkeit des Konzepts einer unbewaffneten, schnellfliegenden Maschine, denn bei diesem ersten Einsatz war die einzeln fliegende **Mosquito PR. Mk I** in der Lage, drei Messerschmitt Bf 109 davonzufliegen, die sie abfangen wollten.

Als nächste wurde die Bomberversion in Dienst gestellt, die anfangs als **Mosquito B.Mk IV** bezeichnet wurde. Die Auslieferung begann im November 1941 an die No. 105 Squadron der No. 2 Group der RAF. Die Wintermonate wurden dazu benutzt, sich mit der Maschine vertraut zu machen und zu üben, denn die Mosquito unterschied sich doch sehr von der Bristol Blenheim, die sie ersetzte. Diese erste Squadron mußte nicht nur lernen, wie man ein sehr viel schnelleres und manövrierfähiges

**Diese de Havilland Mosquito FB.Mk VI gehörte zu einer Mosquito-Serie von 300 Exemplaren, die 1943 für eine Vielzahl von Rollen in Hatfield bestellt wurden.**

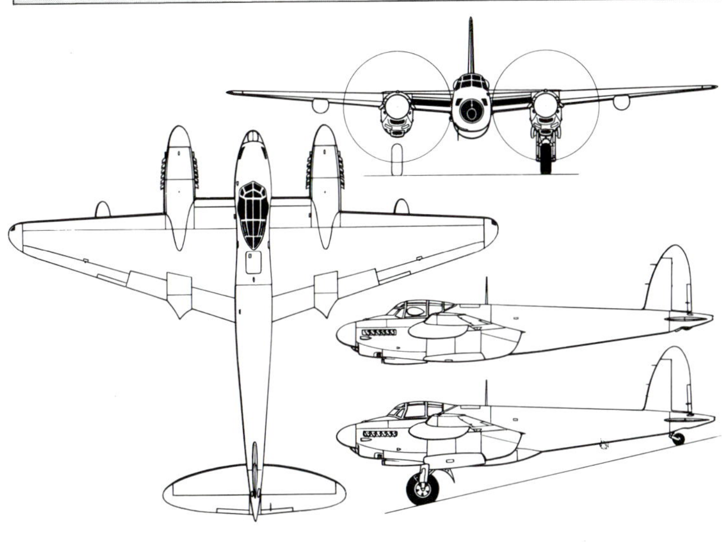

de Havilland Mosquito B.Mk XVI (obere Seitenansicht: Mosquito B.Mk IX)

Flugzeug verwendet, sondern auch, wie man es am besten bei Angriffen auf den Feind einsetzt, und es muß damals bei den Besatzungen, die diese Flugzeuge fliegen sollten, einige Zweifel gegeben haben, wie denn dieser 'Sperrholzbomber' der feindlichen Flugabwehr widerstehen würde. Sie erfuhren bald, daß die Mosquito eine enorme Menge Prügel einstecken konnte. Sie bestand keineswegs nur aus Sperrholz, obwohl bei ihrem Bau die Stärke und Flexibilität dieses Materials in vollem Umfange ausgenutzt wurde. Der in mittlerer Höhe angesetzte, selbsttragende Flügel war eine komplette Baugruppe, bei der die Holmstruktur und die Haut aus Sperrholz bestanden. Die Leitwerksstruktur war ähnlich, der Rumpf jedoch völlig anders. Er bestand aus einer Sperrholz/Balsa/Sperrholz-Sandwichstruktur, die auf Fichtenholzträger aufgesetzt wurde.

Er wurde in zwei Hälften gebaut, die jeweils komplett mit ihren Steuerstangen und Verkabelungen ausgerüstet wurden, ehe man sie zusammenmontierte. Das einziehbare Fahrwerk war insofern mit seiner Stoßdämpfung ungewöhnlich, als in der Herstellung teure Ölstoßdämpfer durch eine Gummifederung ersetzt wurden. Alle gebauten Versionen boten zwei nebeneinandersitzenden Besatzungsmitgliedern Platz.

Wie zuvor schon gesagt, war der erste der Mosquito-Prototypen eine Bomberversion, und der letzte zur Fotoaufklärung vorgesehen. Der zweite Prototyp, der erstmals am 15. Mai 1941 geflogen wurde, war als Nachtjäger ausgestattet und führte anfangs AI Mk IV Radar sowie vier 20 mm Kanonen und vier 7,7 mm Maschinengewehre im Bug mit. Dieser Typ ging unter der Bezeichnung **Mosquito NF.Mk II** als erstes bei der No. 157 Squadron in Dienst, die ihn in der Nacht vom 27. auf den 28. April 1942 erstmals zum Einsatz brachte. Kurz darauf gehörte diese Maschine auch bei der No. 23 Squadron zur Ausrüstung und dies war die erste Einheit, die diesen Flugzeugtyp auf dem Mittelmeer-Kriegsschauplatz verwendete, wo er ab Dezember 1942 in Luqa auf Malta stationiert war. Diese Maschinen flogen nicht nur als Nachtjäger, sondern auch als Tages- oder Nachtstörflugzeuge, die am 30./31. Dezember 1942 den ersten Störeinsatz hatten.

Bisher noch nicht erläutert wurde die **Mosquito T.Mk III**, ein Schulflugzeug mit Doppelsteuerung, das zur Umschulung auf diesen Typ verwendet wurde und von dem 343 Exemplare gebaut wurden. Die nachstehende Variantenliste gibt einen Überblick über die vielfältigen Rollen, die die Mosquito im Zweiten Weltkrieg spielte. Sie wurde nicht nur in Großbritannien gebaut, sondern auch in den de Havilland-Werken in Australien und Kanada und mit Auslaufen der Produktion waren 7.781 Exemplare gebaut worden.

Viele Mosquito lieferten auch noch in den unmittelbaren Jahren nach dem Krieg der RAF wertvolle Dienste. Mosquito-Fotoaufklärer wurden umfassend in Nah- und Fernost eingesetzt und die No. 1 Squadron in Malaya war 1955 die letzte Einheit, bei der dieser Typ im Einsatz verwendet wurde. Die Bomber-Versionen wurden 1952/53 durch English Electric Canberra ersetzt und wurden dann teilweise zu Schulflugzeugen, während andere zur Fotoaufklärung oder als Ziel-Schleppflugzeuge umgebaut wurden. In dieser Rolle blieben einige bis 1961 im Dienst. Die Jägerversionen verschwanden jedoch Anfang der fünfziger Jahre völlig, weil sie in dieser Funktion durch die neue Generation der düsengetriebenen Jäger ersetzt wurden.

## Varianten

**Mosquito PR.Mk IV:** Aufklärerumbau der B.Mk IV mit Montagemöglichkeit für bis zu vier Kameras.
**Mosquito B.Mk V:** Entwicklung der B.Mk VI mit Befestigungspunkten unter den Flügeln; nur ein Prototyp.
**Mosquito FB.Mk VI:** die am häufigsten gebaute Version — ein Jagdbomber, der aus dem F.Mk II Jäger-Prototypen entwickelt wurde, mit Bombenschacht und Außenstationen zum Mitführen von Bomben und, ab 1944, von Raketenprojektilen.
**Mosquito B.Mk VII:** in Kanada gebaute Version, die auf dem B.Mk V Prototypen beruhte.
**Mosquito PR.Mk VIII:** Aufklärerversion, ähnlich der B.Mk IV, jedoch von zwei Merlin-Motoren mit zweistufigen Kompressoren angetrieben.
**Mosquito PR.Mk IX:** Aufklärerversion mit zweistufigen Motoren und größeren Treibstofftanks.
**Mosquito B.Mk IX:** Höhenbomber, der der PR.Mk IX entsprach; ab 1944 umgebaut zum Mitführen einer 1.814 kg 'Blockbuster'-Bombe.
**Mosquito NF.Mk X:** Nachtjäger mit zweistufigem Lader, nicht gebaut.
**Mosquito FB.Mk XI:** vorgeschlagener Jagdbomber mit zweistufigem Lader, nicht gebaut.
**Mosquito NF.Mk XII:** Umbenennung der NF.Mk II Umbauten nach Einbau des AI Mk VIII Radar, das im Zentimeter-Bereich arbeitete.
**Mosquito NF.Mk XIII:** Nachtjäger aus neuer Produktion, entsprechend den NF.Mk XII Umbauten.
**Mosquito NF.Mk XIV:** vorgeschlagene Version der NF.Mk XIII mit zweistufigem Lader, nicht gebaut.
**Mosquito NF.Mk XV:** Höhen-Nachtjäger mit größerer Spannweite, Druckkabine, AI Mk VIII Radar und zweistufigem Lader, Umbauten von B.Mk IV.
**Mosquito B.Mk XVI:** Weiterentwicklung der B.Mk IX mit Druckkabine und größtenteils mit Aufhängung für eine 1.814 kg Bombe.
**Mosquito PR.Mk XVI:** Aufklärerversion der B.Mk XVI mit neuer, kleiner Astrokuppel; erste PR-Version mit Druckkabine.
**Mosquito NF.Mk XVII:** Umbenennung der NF.Mk II Umbauten nach Einbau des in Amerika entwickelten AI Mk X Radars.
**Mosquito FB.Mk XVIII:** Weiterentwicklung der FB.Mk VI, mit einer 57 mm Molins Panzerabwehrkanone, Raketenprojektilen und zusätzlicher Panzerung ausgestattet; überwiegend im Einsatz gegen feindliche U-Boote und Schiffe.
**Mosquito NF.Mk XIX:** Nachtjäger-Weiterentwicklung der NF.Mk XIII mit 'Universalbug', in dem das amerikanische oder das britische AI-Radar untergebracht werden konnte.

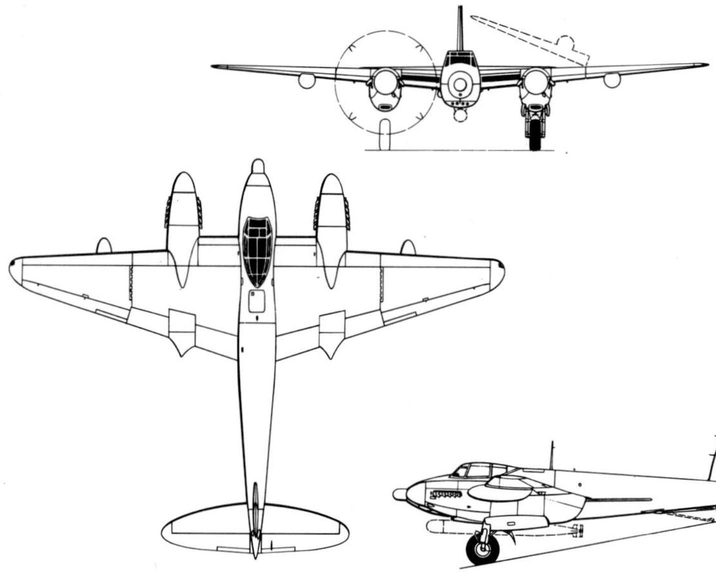

**de Havilland Sea Mosquito TR.33**

**Mosquito B.Mk XX:** in Kanada gebauter Bomber entsprechend der B.Mk IV.
**Mosquito FB.Mk 21:** in Kanada gebautes Gegenstück zur F.B.Mk VI.
**Mosquito T.Mk 22:** in Kanada gebautes Gegenstück zur T.Mk III.
**Mosquito B.Mk 23:** der kanadischen Version der B.Mk IX zugeordnete Bezeichnung; nicht gebaut.
**Mosquito FB.Mk 24:** einem kanadischen Jagdbomber mit Zweistufenlader zugeordnete Bezeichnung; nicht gebaut.
**Mosquito B.Mk 25:** in Kanada gebaute Weiterentwicklung der B.Mk XX mit Packard-Merlin Motoren.
**Mosquito FB.Mk 26:** in Kanada gebaute Weiterentwicklung der FB.Mk 21 mit Packard-Merlin Motoren.
**Mosquito T.Mk 27:** in Kanada gebaute Weiterentwicklung der T.Mk 22 mit Packard-Merlin Motoren (die Bezeichnung Nr. 28 wurde nicht verwendet).
**Mosquito T.Mk 29:** Bezeichnung für einige in Schulflugzeuge umgebaute FB.Mk 26.
**Mosquito NF.Mk 30:** Höhen-Nachtjäger mit Merlin Motoren und einigen frühen ECM-Geräten.
**Mosquito NF.Mk 31:** einer vorgeschlagenen Version der NF.Mk 30 zugeordnete Bezeichnung mit Packard-Merlin Motoren; nicht gebaut.
**Mosquito PR.Mk 32:** Höhen-Aufklärerversion, ähnlich der NF.Mk XV.
**Mosquito TR.Mk 33:** Torpedoaufklärer (Sea Mosquito) für trägergestützten Einsatz; der FB.Mk VI ähnlich, jedoch mit Klappflügeln, Auffangeinrichtung und Detailänderungen.
**Mosquito PR.Mk 34:** Langstreckenaufklärer mit Zusatztanks in dem erweiterten Bombenschacht; wichtigster PR-Typ im RAF-Nachkriegsdienst.
**Mosquito B.Mk 35:** Langstrecken-Höhenaufklärer-Version der B.Mk XVI mit Druckkabine; nur im Nachkriegseinsatz.
**Mosquito NF.Mk 36:** generell der NF.Mk 30 ähnlich, jedoch mit Merlin Motoren, die für größere Flughöhen ausgelegt waren.
**Mosquito TR.Mk 37:** Variante der TR.Mk 33 mit in Großbritannien gebautem Radar ausgerüstet.
**Mosquito TR.Mk 38:** der NF.Mk 30 ähnlich, jedoch mit in Großbritannien gebautem Radar ausgerüstet.
**Mosquito TT.Mk 39:** Umbenennung der B.Mk XVI nach deren Umbau in Zielschleppflugzeuge für die Verwendung bei der Royal Navy.
**Mosquito FB.Mk 40:** in Australien gebaute Version der FB.Mk VI.
**Mosquito PR.Mk 40:** Bezeichnung der australischen Aufklärer-Umbauten der FB.Mk 40.
**Mosquito FB.Mk 41:** Bezeichnung für einen in Australien gebauten Jagdbomber-Prototypen; ähnlich der FB.Mk 40, jedoch mit zweistufigem Lader.
**Mosquito PR.Mk 41:** in Australien gebauter Aufklärer; eine Weiterentwicklung der PR.Mk 40, jedoch mit zweistufigem Lader.
**Mosquito FB.Mk 42:** Bezeichnung einer einzelnen australischen Umbauversion der FB.Mk 40 mit Merlin 69 Motoren.
**Mosquito T.Mk 43:** in Australien gebautes Schulflugzeug-Gegenstück zur T.Mk III.

## Technische Daten
### de Havilland Mosquito FB.Mk VI.

**Typ:** zweisitziger Jagdbomber.
**Triebwerk:** zwei 1.620 PS (1.208 kW) Rolls-Royce Merlin 25 Kolbenmotoren.
**Leistung:** Höchstgeschwindigkeit 583 km/h in 1.675 m; maximale Einsatzgeschwindigkeit 523 km/h in 4.570 m; Dienstgipfelhöhe 10.060 m; Reichweite mit interner Bombenlast 2.655 km.
**Gewicht:** Leergewicht 6.486 kg; max. Startgewicht 10.115 kg.
**Abmessungen:** Spannweite 16,51 m; Länge 12,47 m; Höhe 4,65 m; Tragflügelfläche 42,18 m$^2$.
**Bewaffnung:** vier 20 mm Kanonen und vier 7,7 mm Maschinengewehre im Bug plus 908 kg Bomben oder 454 kg Bomben und acht Raketenprojektile.

# de Havilland D.H.100/113/115 Vampire

### Entwicklungsgeschichte

Die **de Havilland D.H.100 Vampire** war der erste einstrahlige Düsenjäger Großbritanniens, dessen Prototyp am 20. September 1943 mit Geoffrey de Havilland am Steuer in Hatfield flog — nur 16 Monate nach Beginn der Detailkonstruktion. Der Typ ging 1946 als **Vampire F.Mk 1** in Dienst, und eine Reihe dieser frühen Variante wurde für Experimente verwendet.

Die Entwicklung führte zur **Vampire F.Mk 3**, die schließlich die im RAF-Dienst befindlichen Vampire F.Mk 1 ersetzte, und die Vampire F.Mk 3 war die Basis für eine Reihe von Export-Vampire, von denen vier nach Norwegen und 85 nach Kanada gingen. In Australien wurden Vorkehrungen für den Bau der Vampire getroffen, und die de Havilland Aircraft Pty Ltd. baute 80 Maschinen, die von in Australien gebauten Rolls-Royce Nene Motoren angetrieben wurden und die die Bezeichnung **Vampire FB.Mk 30** trugen. (Drei Vampire F.Mk 1, die in Großbritannien mit Nene Motoren ausgerüstet wurden, waren als Prototypen für die vorgeschlagene Serie der **Vampire F.Mk 2** gedacht.)

Eine Erdkampfversion der Vampire F.Mk 3 mit verstärktem Flügel und reduzierter Spannweite ging als **Vampire FB.Mk 5** in Serie und brachte eine Reihe von Exportaufträgen ein. Maschinen gingen nach Ägypten, Finnland, Frankreich, Irak, Libanon, Neuseeland, Norwegen, Schweden und Venezuela. Einige Vampire FB.Mk 5 wurden an die indische und südafrikanische Luftwaffe geliefert, und mit einer Reihe von Ländern wurden erfolgreich Lizenzbauverträge abgeschlossen. In Italien baute Macchi 80 **Vampire FB.Mk 52A**, während die Schweiz 178 **Vampire F.Mk 6** und Frankreich 67 Vampire FB.Mk 5 produzierte. Die letztgenannten wurden von SNCASE aus britischen Bauteilen montiert, im Anschluß daran baute SNCASE 183 Vampire FB.Mk 5 mit Goblin Motor und 250 **Vampire FB.Mk 53** Maschinen mit in Frankreich gebauten Rolls-Royce Nene Motoren, die in dieser Form als **Sud-Est SE 535 Mistral** bezeichnet wurden. Die Marineversion der Vampire FB.Mk 5 war die **Sea Vampire F.Mk 20**, von der 30 an den Fleet Air Arm ausgeliefert wurden. Die **Sea Vampire F.Mk 21**, von der sechs durch Umbau von Vampire F.Mk 21 entstanden, hatte eine verstärkte Bauchpartie für Landungsversuche auf flexiblen Decks.

Die letzte einsitzige Vampire Variante, die bei der RAF in Dienst kam, war die **Vampire FB.Mk 9**, eine Version der Vampire FB.Mk 5 mit klimatisiertem Cockpit. Vampire FB.Mk 9 wurden außerdem geliefert an Ceylon (Sri Lanka), Jordanien und Rhodesien (Zimbabwe). Die gesamte britische Produktion der einsitzigen Vampire summierte sich auf über 1.900 Maschinen, als die Fertigung im Dezember 1953 eingestellt wurde. Als die einzigen Einsitzer, die Anfang der achtziger Jahre noch immer im Militärdienst stehen, gilt die Handvoll Vampire FB.Mk 50 der Dominikanischen Republik, die ca. 20 Vampire FB.Mk 6 in der Schweiz und eventuell noch eine geringe Anzahl Vampire Fb.Mk 9 in Zimbabwe.

Kurz erwähnt werden muß auch noch die **D.H.113 Vampire NF.Mk 10**, eine zweisitzige Nachtjäger-Weiterentwicklung, von der 95 Maschinen, die meisten für die RAF, gebaut wurden. Einige wurden unter der Bezeichnung **Vampire NF.Mk 54** nach Italien geliefert, und 29 ehemalige RAF-Maschinen wurden zwischen 1954 und 1958 an die indische Luftwaffe verkauft. In den achtziger Jahren sind keine Vampire Nachtjäger mehr im Dienst.

Die Erfahrungen, die mit der breiten, nebeneinanderliegenden Sitzanordnung (Mosquito-Typ) der Vampire NF.Mk 10 gemacht wurden, erwiesen sich für die Entwicklung der **D.H.115 Vampire Trainer** als von unschätzbarem Wert, die am 15. November 1950 mit Martin-Baker Schleudersitzen zum ersten Mal geflogen wurde. Die Voraussicht von de Havilland wurde durch Produktionsaufträge von der RAF und der Royal Navy belohnt. Die ersten Lieferungen an die RAF erfolgten 1952, während die RN-Version, die im allgemeinen ähnlich war, ab 1954 geliefert wurde. Die jeweiligen Bezeichnungen waren **Vampire T.Mk 11** und **Sea Vampire T.Mk 22**. Über 530 Maschinen der gesamten britischen, 1958 fertiggestellten Produktion von 804 Exemplaren gingen an die RAF und 73 an die RN. Exportlieferungen mit der Bezeichnung **Vampire T.Mk 55** gingen nach Österreich (5), Burma (8), Ceylon/Sri Lanka (5), Chile (5), Ägypten (12), Republik Irland (6), Finnland (5), Indien (5), Indonesien (8), Irak (6), Libanon (3), Neuseeland (12), Norwegen (4), Portugal (2), Südafrika (21), Schweden (57), Schweiz (39), Syrien (2) und Venezuela (6). Ehemalige RAF Vampire T.Mk 11 wurden an Jordanien (2) und Rhodesien/Zimbabwe (4) geliefert. Weitere 109 Maschinen wurden in Australien unter den Bezeichnungen **Vampire T.Mk 33**, **34** und **35** gebaut und 50 Flugzeuge wurden in Indien montiert.

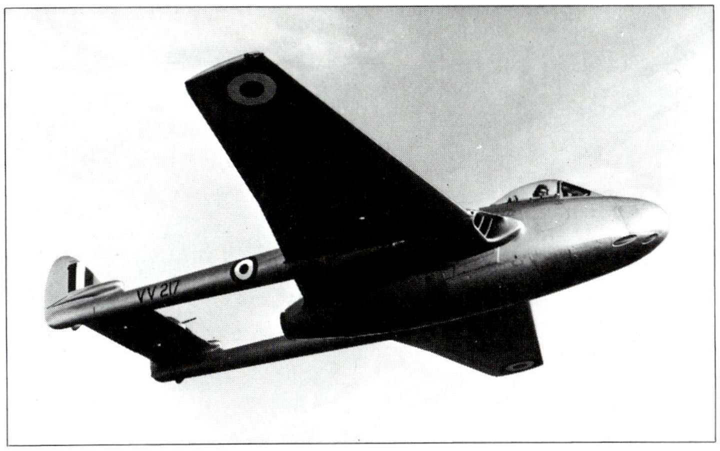


British Aerospace

**Bis 1949 waren die Vampire der letzten Kriegsjahre als Jäger veraltet, und die Produktion wurde auf die Jagdbomber-Version umgestellt. VV217 war eine Vampire FB.Mk 5, die Bomben und Raketen mitführen konnte.**

### Technische Daten

**D.H.100 Vampire FB.Mk 6**

**Typ:** einsitziger Jagdbomber.

**Triebwerk:** ein D.H. Goblin 3 Strahltriebwerk mit 1.520 kp Schub.

**Leistung:** Höchstgeschwindigkeit 882 km/h in 9.145 m; Dienstgipfelhöhe 13.045 m; Reichweite 1.963 km.

**Gewicht:** Leergewicht 3.304 kg; max. Startgewicht 5.620 kg.

**Abmessungen:** Spannweite 11,58 m; Länge 9,37 m; Höhe 2,69 m; Tragflügelfläche 24,34 m$^2$.

**Bewaffnung:** vier 20 mm Kanonen im Bug plus Unterflügel-Aufhängungen für Lasten, darunter acht 2,7 kg Raketen oder zwei 454 kg Bomben bzw. zwei Abwurftanks.

**de Havilland Vampire T.Mk 11 der No. 5 Flying Training School, 1955**

# de Havilland D.H.103 Hornet/Sea Hornet

### Entwicklungsgeschichte

Konstruktiv eine verkleinerte Version der Mosquito, bei der die Sperrholz/Balsa/Sperrholz-Rumpfbauweise beibehalten, jedoch durch einen neuen Holz-/Metallflügel ergänzt wurde, entstand die **de Havilland D.H.103 Hornet** als Langstreckenjäger, der hauptsächlich gegen die Japaner verwendet werden sollte. Die Spezifikation F.12/43 wurde entsprechend der ursprünglich als Privatinitiative entstandenen Konstruktion erstellt, und die Arbeit begann im Juni 1943. Der Prototyp flog erstmals, mit Geoffrey de Havilland Jr. am Steuer, am 28. Juli 1944 in Hatfield und hatte als Triebwerk zwei Merlin 130/131 Motoren mit verringerter Frontfläche, die je einen de Havilland Vierblatt-Hydromatic-Propeller drehten, der nach innen lief, um der natürlichen Tendenz der Maschine, beim Start oder bei der Landung zu schwingen, entgegenzuwirken. Die ersten Lieferungen an die Royal Air Force erfolgten im April 1945, und als erste Squadron wurde die No. 64 im Mai 1946 in RAF Horsham St. Faith gegründet. Obwohl die Maschine für den aktiven Einsatz im Zweiten Weltkrieg zu spät kam, wurde die Hornet bei der Terroristenbekämpfung in Malaysia als Erdkampfflugzeug eingesetzt, nachdem sie im März 1951 bei der No. 33 Squadron in Dienst gestellt wurde. Die letzte Hornet-Einheit der RAF, die No. 45 Squadron, wurde im Juni 1955 auf Vampire umgerüstet.

In den frühen Planungsstadien des Projekts war eine Marineversion der Hornet eingeschlossen, und dies wurde der erste britische zweisitzige, trägergestützte Jäger. Drei Hornet F.Mk 1 Flugwerke wurden zu **Sea Hornet** Prototypen umgebaut, von denen der erste am 19. April 1945 seinen Jungfernflug absolvierte. Der erste ganz auf Marinebedarf abgestellte Prototyp (der letzte dieser drei) wurde von der Heston Aircraft Company Ltd. entsprechend der Spezifikation N.5/44 ausgestattet und hatte Klappflügel, Auffanghaken, Ausrüstung für Starts mit großem Anstellwinkel sowie Marinefunk und -radar. Es wurden überarbeitete Fahrwerksbeine montiert, um die hohe Aufsetzgeschwindigkeit bei Deckslandungen zu überstehen. Die Einsatzerprobung erfolgte bei der No. 703 Squadron, und die erste Frontsquadron war No. 801, die an Bord RNAS Ford am 1. Juni 1947 gebildet wurde. Sea Hornets blieben bis 1955 bei Fleet Requirements Units im Einsatz.

### Varianten

**Hornet F.Mk 1:** ursprüngliche Serienversion; 60 gebaut, die erste Ma-

RAF Museum, Hendon

**Die Serienversion der Sea Hornet FR.Mk 20 im Einsatz bei der No. 801 Sqn. Später erhielt die Fleet Air Arm den zweisitzigen Nachtjäger NF.Mk 21, der bedeutend langsamer war.**

schine am 28. Februar 1945 an Boscombe Down ausgeliefert.
**Hornet PR.Mk 2:** Umbauversion einer Mk 1, bei der im hinteren Rumpf vier Kameras montiert waren.
**Hornet F.Mk 3:** die häufigste der landgestützten Hornet mit einem neuen Übergangstück zwischen Leitwerk und Rumpf (später noch nachträglich an älteren Typen montiert) und vergrößerten internen Treibstofftanks; unter jedem Flügel befand sich ein Befestigungspunkt für einen Abwurftank, und als alternative Lasten konnten eine 454 kg Bombe oder Flugkörper mitgeführt werden; 120 gebaut, zunächst in Hatfield, ab Ende 1948 jedoch in Chester.
**Hornet FR.Mk 4:** die letzten Hornet F.Mk 3 wurden entsprechend diesem Standard fertiggestellt: bei ihnen war der Treibstofftank im hinteren Rumpf ausgebaut, um dort eine F.52 Kamera unterzubringen.
**Sea Hornet F.Mk 20:** 78 Serienmaschinen mit einer Bewaffnung, die der der Hornet F.Mk 3 ähnlich war; die erste Maschine flog am 13. August 1946, und die letzte Lieferung erfolgte am 12. Juni 1951.
**Sea Hornet NF.Mk 21:** zweisitzige Nachtjägerversion, die auch als Führungsflugzeug von Kampfformationen eingesetzt wurde; der erste Prototyp der Maschine, die von der Heston Aircraft Company entwickelt worden war, war eine Hornet F.Mk 1 Umbauversion mit starren Flügeln aber mit ASH-Radarnase und flammengedämpften Auspuffanlagen; Erstflug am 9. Juli 1946; 79 gebaut, die letzte im November 1950.
**Sea Hornet PR.Mk 22:** 43 Flugzeuge ähnlich der Sea Hornet F.Mk 20, jedoch mit zwei F.52 Kameras oder einer Fairchild K.19B Kamera, letztere für Nachtaufnahmen.

### Technische Daten
**de Havilland Hornet F.Mk 3**
**Typ:** einsitziges Jagdflugzeug.
**Triebwerk:** zwei 2.070 PS (1.544 kW) Rolls-Royce Merlin 130/131 Kolbenmotoren.
**Leistung:** Höchstgeschwindigkeit 760 km/h in 6.705 m; Anfangssteiggeschwindigkeit 23,6 m/sek; Dienstgipfelhöhe 10.670 m; Reichweite 4.828 km.
**Gewicht:** Leergewicht 5.842 kg; max. Startgewicht 9.480 kg.
**Abmessungen:** Spannweite 13,72 m; Länge 11,18 m; Höhe 4,32 m; Tragflügelfläche 33,54 m².
**Bewaffnung:** vier 20 mm MGs im Bug plus bis zu 907 kg Bomben oder Raketen unter den Flügeln.

**de Havilland Sea Hornet NF.Mk 21**

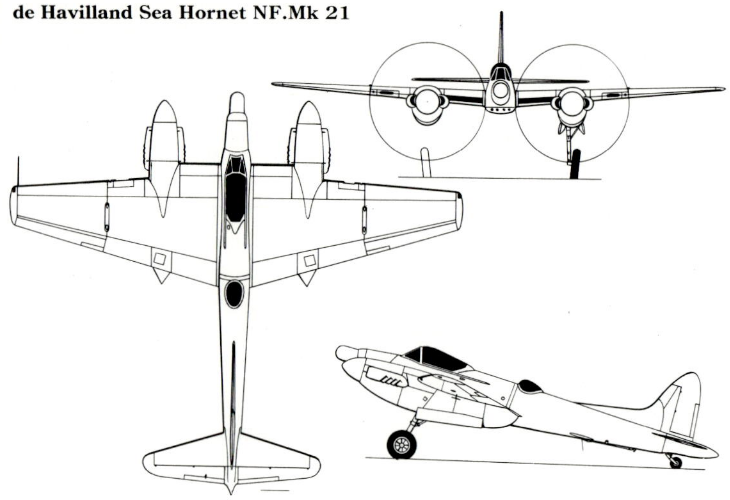

# de Havilland D.H.104 Dove

### Entwicklungsgeschichte
Um nach dem Krieg einen Ersatz für den Doppeldecker D.H.89 Dragon Rapide (der bei der Royal Air Force und der Royal Navy als Dominie häufig eingesetzt worden war) zu haben, entwarfen die de Havilland Konstrukteure unter Anleitung von R. E. Bishop 1944 einen neuen Tiefdecker aus Metall, abgesehen von der Stoffbespannung für Höhenruder und Ruder. Das Triebwerk bestand aus zwei de Havilland Gipsy Queen Motoren, und die **de Havilland D.H.104 Dove** war der erste britische Transporter mit voll verstellbaren Propellern. In der Standardausführung war Platz für acht bis elf Passagiere.

Der Prototyp flog erstmals am 25. September 1945 und zeigte, daß das Modell grundsätzlich keine Fehler aufwies. Das Serienmodell war mit dem Prototyp weitgehend identisch, abgesehen vom Einbau einer zusätzlichen Rückenflosse für eine verbesserte Stabilität bei Ausfall eines der beiden Triebwerke sowie einer späteren Modifikation der Höhenruder und dem Anbau eines Kuppeldachs, um dem Piloten im Flugdeck mehr Kopfraum zu geben.

Die Serienvarianten der Dove entstanden durch verschiedene Gipsy Queen Triebwerke, darunter die Modelle Gipsy Queen 71 und 70-3 mit 330 PS (246 kW) für den Prototyp bzw. die Dove 1/2, der 340 PS (254 kW) Gipsy Queen 70-4 für die Dove 1B/2B, der 380 PS (283 kW) Gipsy Queen 70-2 für die Dove 5/6 und der 400 PS (298 kW) Gipsy Queen 70-3 für die Dove 7/8. Verschiedene umgebaute Dove Maschinen, die in den USA von der Riley Aircraft als **Riley Turbo Executive 400** auf den Markt gebracht wurden, hatten 400 PS (298 kW) Avco Lycoming IO-720-A1A Achtzylinder-Motoren. Ein weitaus komplexeres umgebautes Modell der Carstedt Inc. aus Long Beach (Kalifornien) hatte zwei 605 WPS (451 WkW) Garrett Air Research TPE331 Propellerturbinen und einen verlängerten Rumpf für 18 Passagiere im Nahverkehrsbetrieb. Der Typ erhielt die Bezeichnung **Carstedt Jet Liner 600** und diente vor allem bei Apache Airlines in Phoenix (Arizona).

Wie die Rapide, deren Nachfolger sie wurde (obwohl das ältere Modell weiterhin flog), war die Dove ebenso verläßlich wie populär, und bis zum Auslaufen der Produktion im Jahre 1968 waren 542 Exemplare gebaut worden. Davon gingen etwas mehr als 100 Maschinen mit dem Namen Dove an verschiedene Luftwaffeneinheiten, darunter auch die RAF; einige wenige wurden an die Royal Navy geliefert und erhielten den Namen **Sea Devon**. Neben den ursprünglich vorgesehenen leichten Transportaufgaben übernahm das Modell auch Aufgaben als Geschäfts- und VIP-Flugzeug.

### Varianten
**Dove 1:** ursprüngliches Serienmodell für max. 11 Passagiere.
**Dove 2:** erste Geschäftsausführung für sechs Passagiere.
**Dove 1B** und **2B:** Mk 1 und 2 mit verstärkten Triebwerken.
**Dove 3:** geplante Ausführung für Vermessungsflüge in großer Höhe.
**Dove 4:** Firmenbezeichnung für 39 Exemplare der RAF Devon C. Mk 1, für 13 Exemplare der RN Sea Devon und andere Exportmaschinen.
**Dove 5:** Gegenstück zur Mk 1 mit stärkerem Triebwerk und einem auf

**de Havilland D.H.104 Dove 6**

**de Havilland Devon C.Mk 2 der No. 207 Squadron, in Northolt stationiert**

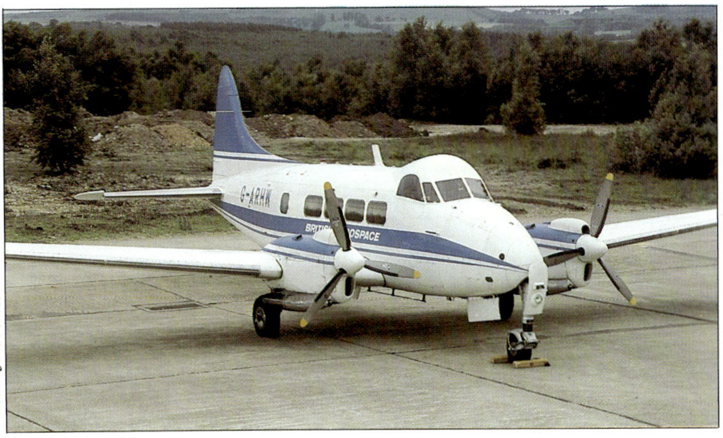

Austin J. Brown

Die de Havilland Dove wird noch heute in geringer Zahl als Geschäftsflugzeug verwendet. Diese Mk 8 fliegt für British Aerospace in England.

3.992 kg erhöhten max. Startgewicht sowie einer auf Strecken über 80 km um 20 Prozent verbesserten Nutzlast.
**Dove 6:** Gegenstück zur Mk 2 mit stärkerem Triebwerk und der gleichen verbesserten Leistung wie bei der Mk 5.
**Dove 6B:** Ausführung der Mk 6 für max. 3.856 kg.
**Dove 7:** Version der Mk 1 Baureihe mit stärkerem Triebwerk.
**Dove 8:** Version der Mk 2 Baureihe mit stärkerem Triebwerk.
**Dove 8A:** Version der Mk 8 für den amerikanischen Markt, wo sie die Bezeichnung **Custom Dove 600** erhielt.

### Technische Daten
**de Havilland Dove 7 und 8**
**Typ:** leichtes Transportflugzeug.
**Triebwerk:** zwei 400 PS (298 kW) de Havilland Gipsy Queen 70-3 Reihenmotoren.
**Leistung:** Höchstgeschwindigkeit 378 km/h; Reisegeschwindigkeit 261 km/h; Dienstgipfelhöhe 6.615 m; Reichweite 1.891 km.
**Gewicht:** Leergewicht 2.985 kg; max. Startgewicht 4.060 kg.
**Abmessungen:** Spannweite 17,37 m; Länge 11,99 m; Höhe 4,06 m; Tragflügelfläche 31,12 m$^2$.

# de Havilland D.H.106 Comet

### Entwicklungsgeschichte
Die Spezifikation IV des Brabazon-Komitees sah einen Jet-Transporter für die Nachkriegsjahre vor; de Havilland legte schon 1944 einen Entwurf dafür vor, aber erst am 27. Juli 1949 flog John Cunningham den ersten Prototyp der **de Havilland D.H.106 Comet** in Hatfield auf ihrem 31 Minuten langen Jungfernflug. Die Maschine war aus Metall und hatte vier soeben freigegebene de Havilland Ghost 50 Strahltriebwerke, mit denen sie ein ausführliches Testprogramm begann, das auch mehrere Flüge ins Ausland beinhaltete. Dazu gehörten Flüge von London nach Castel Benito (am 25. Oktober 1949) nach Rom, nach Kopenhagen und im Frühjahr 1950 nach Kairo. In Khartoum fanden Tropentests statt, und in Nairobi wurde die Maschine im Höhenflug getestet. Der zweite Prototyp flog am 27. Juli 1950 und wurde im April 1951 an die BOAC Comet-Abteilung in Hurn geliefert, von wo aus sie Flüge nach Johannesburg, Delhi und Singapur unternahm; insgesamt brachte sie es auf 500 Flugstunden für Testflüge und Besatzungsschulung. Die neun Maschinen der BOAC waren vom Typ **Comet 1** mit mehrrädrigen Radschwingen anstelle der einzelnen Hauptträder des Prototyps; die Exemplare wurden zwischen Januar 1951 und September 1952 ausgeliefert. Nach Linienflügen (im Frachtverkehr) nach Südafrika, die nach der Ausstellung der Musterzulassung am 22. Januar 1952 noch im gleichen Monat begannen, wurde am 2. Mai 1952 der erste Jet-Passagierservice der Welt auf der Strecke zwischen London und Johannesburg eingerichtet. Ab 3. April 1953 flogen Comet Flugzeuge die Route London-Tokio.

Nur einen Monat später stürzte eine Comet am 2. Mai 1953 unter ungeklärten Umständen kurz nach dem Start in Kalkutta ab. Nach zwei weiteren ähnlichen Zwischenfällen (am 10. Januar bzw. 8. April 1954), bei denen die Maschinen ins Mittelmeer stürzten, wurde die gesamte Flotte aus dem Verkehr gezogen. Eine Untersuchung ergab als Ursache einen Strukturfehler in der Druckkabine, hervorgerufen durch Materialermüdung, und obwohl die für die BOAC gebauten Comet 2 für die RAF modifiziert wurden, vergingen mehr als vier Jahre, bevor der Typ wieder bei zivilen Flügen eingesetzt wurde.

### Varianten
**Comet 1A:** eigentlich eine Comet 1 mit erhöhter Treibstoffkapazität und Vorkehrungen für Wasser-Methanol-Einspritzung; 10 Maschinen wurden gebaut, je zwei für Canadian Pacific Airlines und die Royal Canadian Air Force, je drei für Air France und Union Aeromaritime de Transport.

Die Kennziffer G-ALZK identifiziert dieses Flugzeug als den zweiten Prototyp der de Havilland Comet 1, der erstmals mit der Markierung G-5-2 am 27. Juli 1950 flog und am 21. März 1951 zugelassen wurde. BOAC flog die Maschine von März bis Oktober 1951 und verschrottete sie im März 1957 in Hatfield.

Dan Air

Diese de Havilland D.H.106 Comet 4B wurde in Hatfield gebaut, am 3. September 1959 zugelassen und von 1959 bis 1970 von der BEA geflogen; danach diente sie zwei Jahre bei Channel Airways und ging im Mai 1972 an die Dan Air Services Ltd.

**Comet 2X:** eine einzelne Maschine mit einem Mk 1 Flugwerk und Rolls-Royce Avon 502 Motoren; als Testflugzeug für die Comet 2 geflogen; Erstflug am 16. Februar 1952.
**Comet 2:** Modell mit 44 Sitzen, einem um 0,91 m verlängerten Rumpf und erhöhter Treibstoffkapazität für eine um ca. 563 km erweiterte Reichweite; bestückt mit vier Rolls-Royce Avon 503 Triebwerken von 2.948 kp Schub; die erste von zwölf von der BOAC bestellten Maschinen flog am 27. August 1953, aber nach den Abstürzen der Mk 1 wurden die fertigen Flugwerke mit runden Kabinenfenstern und festerer Beschichtung fertiggestellt; zehn Maschinen gingen an das RAF Transport Command, darunter zwei **Comet T.Mk 2** für Besatzungstraining und acht **Comet C.Mk 2** Transporter; drei weitere erhielten Spezialelektronik und dienten bei den Squadron Nr. 51 und 192 der No. 90 Group; die RAF Comet 2 wurden im April 1967 aus dem Verkehr gezogen.
**Comet 2E:** zwei Maschinen mit Avon 504 Triebwerken in den inneren und Avon 524 in den äußeren Positionen; von der BOAC 1957/58 bei Testflügen vor der Zulassung und Auslieferung der Comet 4 geflogen.
**Comet 3:** eine einzelne Maschine mit Avon 523 Triebwerken; Erstflug am 19. Juli 1954; durch eine Verlängerung des Rumpfs um 5,64 m wurde Platz für 78 Passagiere geschaffen; zusätzlicher Treibstoff wurde in Tragflächentanks gespeichert; die Maschine wurde später bei der Entwicklung der Comet mit Tragflächen geringerer Spannweite verwendet.
**Comet 4:** Serienausführung der Mk 3 für den Einsatz über dem Nordatlantik; bestückt mit Avon 524 Triebwerken von 4.763 kp Schub und vorgesehen für max. 78 Passagiere; 19 Comet 4 wurden von der BOAC bestellt, von denen die erste am 27. April 1958 flog; Flüge zwischen London und New York wurden in beiden Richtungen gleichzeitig am 4. Oktober 1958 eingeweiht; insgesamt wurden 27 Maschinen gebaut, darunter sechs für Aerolineas Argentinas und zwei für East African Airways.
**Comet 4B:** für Einsätze auf kürzeren Abschnitten gedacht; mit einem längeren Rumpf (35,97 m) und Tragflächen mit 32,87 m Spannweite und ohne Tragflächentanks; die Comet 4B wurde für British European Airways (14) und Olympic Airways (vier) gebaut; das erste Exemplar flog am 27. Juni 1959.

de Havilland D.H.106 Comet 4C

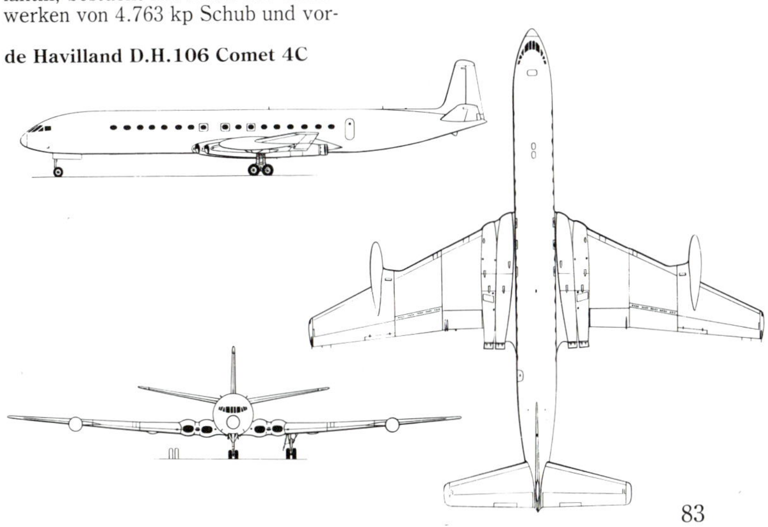

**Comet 4C:** endgültige Serienversion mit dem verlängerten Rumpf der Comet 4B und den Tragflächen der Comet 4; die erste von drei für Mexicana gebauten Maschinen wurde für Zulassungs- und Testflüge verwendet und flog erstmals am 31. Oktober 1959; andere Kunden waren Aerolineas Argentinas (1), East African Airlines (1), König Ibn Saud (1), Kuwait Airlines (2), Middle East Airlines (4), Misrair (9), Royal Air Force (5) und Sudan Airways (2); zwei weitere Maschinen wurden als Prototypen für das Seepatrouillenflugzeug Nimrod umgebaut.

### Technische Daten
**de Havilland Comet 4**
**Typ:** Langstrecken-Passagierflugzeug.
**Triebwerk:** vier Rolls-Royce Avon 425 Strahltriebwerke mit 5.216 kp Schub.
**Leistung:** Reisegeschwindigkeit 809 km/h; Reisehöhe 12.800 m; Reichweite bei maximaler Nutzlast 5.190 km.
**Gewicht:** Leergewicht 34.212 kg; max. Startgewicht 73.482 kg.
**Abmessungen:** Spannweite 35 m; Länge 33,99 m; Höhe 8,99 m; Tragflügelfläche 197,04 m$^2$.

# de Havilland D.H.108

RAF Museum, Hendon

**Die dritte de Havilland D.H.108 unterschied sich von ihren Vorgängern vor allem durch den spitzeren Bug und die bessere Stromlinienform des Cockpits; sie war das erste britische Flugzeug, das die Schallmauer durchbrach.**

### Entwicklungsgeschichte
Die **de Havilland D.H.108** wurde nach der Spezifikation E.18/45 des Luftfahrtministeriums gebaut und sollte bei der Erforschung der Flugeigenschaften von gepfeilten Tragflächen im Rahmen der Testprogramme der D.H.106 Comet und D.H.110 verwendet werden. Der erste Prototyp, ein Vampire Standard-Flugwerk mit um 43° gepfeilten Mitteldeckerflügeln und Höhenquerrudern, war ein Testflugzeug für niedrige Geschwindigkeiten bis zu 451 km/h. Die Maschine hatte Trudelfallschirme in Flügelspitzenbehältern und feste Handley Page Vorderkantenschlitze; beides waren Sicherheitsvorkehrungen, um die Querstabilität bei geringen Geschwindigkeiten zu verbessern. Der Prototyp wurde am 15. Mai 1946 von Geoffrey de Havilland in Woolbridge (Suffolk) geflogen. Der zweite Prototyp erhielt modifizierte Tragflächen (45°) mit motorenbetriebenen Rudern und automatischen Vorflügeln; diese Maschine flog erstmals im Juni 1946 und war als Testflugzeug für die Untersuchung bei transsonischen Geschwindigkeiten gedacht. Unglücklicherweise brach die Maschine am 27. September während des Flugs auseinander; Geoffrey de Havilland jr. kam dabei ums Leben. Eine dritte D.H.108 hatte ein Goblin 4 Triebwerk von 1.701 kp Schub und machte ihren Erstflug am 24. Juli 1947 in Hatfield, geflogen von de Havillands neuem Testpiloten John Cunningham. Dieses Flugzeug zeichnete sich durch seinen längeren, spitzeren Bug und eine ausgeprägtere Stromlinienform der Cockpit-Kuppel aus und war die erste britische Maschine, die mit Überschallgeschwindigkeit flog (am 9. September 1948 mit John Derry). Der gleiche Pilot hatte am 12. April 1948 erfolgreich einen Geschwindigkeitsrekord für den 100 km Rundflug aufgestellt und 974,02 km/h erreicht. Die Maschine wurde am 15. Februar 1950 bei einem Absturz zerstört, ebenso wie der erste Prototyp am 1. Mai.

### Technische Daten
**de Havilland D.H.108 (zweiter Prototyp)**
**Typ:** ein einsitziges Forschungsflugzeug.
**Triebwerk:** ein de Havilland Goblin 3 Strahltriebwerk mit 1.497 kp Schub.
**Leistung:** Höchstgeschwindigkeit 1.030 km/h.
**Gewicht:** maximales Startgewicht 4.064 kg.
**Abmessungen:** Spannweite 11,89 m; Länge 7,47 m; Tragflügelfläche 30,47 m$^2$.

# de Havilland D.H.110 Sea Vixen

### Entwicklungsgeschichte
Die **de Havilland D.H.110** wurde ursprünglich als landgestütztes Allwetter-Kampfflugzeug entworfen und konkurrierte mit der Gloster Javellin um einen Auftrag der Royal Air Force. Der Prototyp flog erstmals am 26. September 1951, gefolgt von einer zweiten Maschine am 25. Juli 1952. Im Herbst 1954 unternahm das zweite Flugzeug eine Reihe von Teststarts von Bord der *HMS Albion*, und die Marine reichte ihre erste Bestellung im Januar 1955 ein. Die de Havilland Fabrik in Christchurch übernahm die Produktion der **Sea Vixen**, und ein für den Einsatz auf Schiffen vorgesehener Prototyp flog erstmals am 20. Juni 1955. Diese Maschine unternahm ihre erste Landung mit Auffanghaken an Bord der *HMS Ark Royal* am 5. April 1956. Die erste Maschine der anfänglichen Produktionsserie von 145 **Sea Vixen FAW.Mk 1** hatte ein schwenkbares, spitzes Radom, motorgesteuerte Faltflügel und ein hydraulisch gesteuertes Bugrad; dieses Flugzeug flog erstmals am 20. März 1957. Nach Einsatztests mit dem Y Flight der No. 700 Squadron im November 1958 an Bord der *HMS Victorious* und *HMS Centaur* wurde der Typ bei der No. 892 Squadron eingesetzt, die am 2. Juli 1959 in Yeovilton gegründet worden war; das Modell stach im März 1960 an Bord der *HMS Ark Royal* in See.

### Variante
**Sea Vixen FAW.Mk 2:** Version mit zusätzlicher Treibstoffkapazität in den vorderen Teilen der Heckausleger, die vorne über die Tragflächen hinaus erweitert wurden, sowie mit vier Red Top Flugkörpern anstelle der Firestreaks der Mk 1; zwei als Testflugzeuge umgebaute Mk 1 wurden am 1. Juni bzw. 17. August 1962 geflogen und später in Chichester auf den Standard der Mk 2 gebracht; 14 Mk 1 wurden noch während der Produktion als Mk 2 fertiggestellt, die ersten davon flogen am 8. März 1963, und 15 Exemplare wurden neu gebaut; 67 Mk 1 wurden entsprechend umgebaut; die Sea Vixen FAW. Mk 2 nahm im Dezember 1963 den Dienst bei der No. 899 Squadron auf.

### Technische Daten
**de Havilland Sea Vixen FAW. Mk 2**
**Typ:** zweisitziges Allwetter-Kampfflugzeug.
**Triebwerk:** zwei Rolls-Royce Avon 208 Strahltriebwerke 5.094 kp Schub.
**Leistung:** Höchstgeschwindigkeit 1.110 km/h in Meereshöhe; Anfangssteiggeschwindigkeit 33,89 m/sek. Dienstgipfelhöhe 21.790 m.
**Gewicht:** maximales Startgewicht 18.858 kg.
**Abmessungen:** Spannweite 15,54 m; Länge 17,02 m; Höhe 3,28 m; Tragflügelfläche 60,20 m$^2$.
**Bewaffnung:** vier Red Top Luft-Luft-Raketen und zwei einziehbare Bugkästen mit je zwei 51 mm Raketengeschossen plus vier 227 kg Bomben an Flügelstationen.

**Die de Havilland D.H.110 ging als Sea Vixen FAW.Mk 1 für die Royal Navy in die Produktion und war zunächst ein auf dem Land stationiertes Allwetterkampfflugzeug. Die XN684 wurde als Sea Vixen FAW.Mk 1 gebaut und wurde dann als eines von 67 Exemplaren auf den Standard der Mk 2 gebracht. Das am linken Flügel über die Vorderkante hinausragende Rohr diente zum Auftanken während des Flugs.**

# de Havilland D.H.112 Venom

### Entwicklungsgeschichte
Die **de Havilland D.H.112 Venom**, ein auf der Basis der Vampire entwickelter einsitziger Kampfbomber, sollte dank der verstärkten Ausführung des de Havilland-Ghost Strahltriebwerks eine höhere Leistung erzielen. Das Modell hieß ursprünglich **Vampire FB. Mk 8** und wurde umbenannt, nachdem weitreichende Modifikationen des Entwurfs vorgenommen wurden; der Typ war von seinem Vorgänger durch ein auffälliges Kennzeichen leicht zu unterscheiden: durch die neuen Tragflächen mit einer geraden Hinterkante anstelle der schräg zulaufenden Flügel der Vampire. Außerdem hatte das neue Modell abwerfbare Flügelspitzentanks.

Der erste Venom Prototyp flog am 2. September 1949 in Hatfield, und knapp drei Jahre später diente die erste FB.Mk 1 bei der RAF (im August 1952). Der Typ wurde in der Bundesrepublik, im Nahen und Fernen Osten bei 18 verschiedenen Squadron und auch bei der Royal New Zealand Air Force eingesetzt. Zweisitzige Venom NF.Mk 2 und NF. Mk 3 Kampfflugzeuge flogen von 1953 bis 1957; die schwedische Luftwaffe benutzte den Typ bis 1960. Weitere ausländische Betreiber des Modells waren der Irak und Venezuela.

Nach erfolgreicher Herstellung und Verwendung der Vampire FB.Mk 6 erwarb die Schweiz auch für die Venom die Lizenzrechte. 1953 begann das gleiche Konsortium wie bei der Vampire (die EFW in Emmen, Pilatus in Stans und die Flug- und Fahrzeugwerke in Altenrhein) 1953 mit der Produktion von 150 Venom Mk 50 mit dem Standard der FB. Mk 1. Weitere 100 mit FB. Mk 4 Standard wurden 1957 fertiggestellt; diese insgesamt 290 Maschinen standen bis Anfang der achtziger Jahre bei der Schweizer Flugwaffe im Einsatz.

Nach Untersuchung der Venom durch die Royal Navy wurde ein zweisitziges trägergestütztes Allwetter-Kampfflugzeug entwickelt; die erste Serienausführung trug die Bezeichnung Sea Venom FAW. Mk 20. Dieses Modell war für Katapultstarts verstärkt worden und hatte motorenbetriebene Faltflügel, Fanghaken und Marineausrüstung. Der Typ wurde 1954 an die Fleet Air Arm übergeben und außerdem in der Folgezeit bei der Royal Australian Navy und der französischen Aéronavale eingesetzt.

### Varianten

**Venom FB. Mk 1:** ursprüngliches Serienmodell für die RAF mit einem de Havilland-Ghost Triebwerk von 2.200 kp Schub.
**Venom NF. Mk 2:** Nachtkampf-Version der Venom FB. Mk 1 mit einem neuen Rumpf, der für die Aufnahme eines neben dem Piloten sitzenden Radarbeobachters erweitert worden war und einen für AI Radar vergrößerten Bug hatte.
**Venom NF. Mk 2A:** neue Bezeichnung für die Venom NF. Mk 2 nach dem Einbau einer durchsichtigen Kuppel und Modifikationen des Leitwerks.
**Venom NF. Mk 3:** verbesserte Ausführung der Venom NF. Mk 2 mit motorenbetriebenen Querrudern, modifiziertem Leitwerk, Abwurfsystem für die Kuppel und einem stärkeren Ghost 104 Triebwerk mit 2.245 kp Schub.
**Venom FB. Mk 4:** verbesserte Ausführung der Venom FB. Mk 1 mit motorenbetriebenen Querrudern, neuem Leitwerk und Schleudersitz.
**Venom FB. Mk 50:** Exportausführung der Venom FB. Mk 1; an den Irak und Italien geliefert; in der Schweiz unter Lizenz in 150 Exemplaren für die Schweizer Flugwaffe gebaut.
**Venom NF. Mk 51:** Ausführung der Venom NF. Mk 2 für die schwedische Luftwaffe, die das Modell als **J33** bezeichnete; mit von Svenska Flygmotor in Schweden gebauten Ghost Triebwerken.
**Sea Venom FAW. Mk 20:** ursprüngliche Version der Sea Venom.

British Aerospace

Die WX787 war die dritte Maschine in einer Produktionsserie von 129 de Havilland D.H.112 Venom NF.Mk 3 Nachtkampfflugzeugen.

Austin J. Brown

Diese Sea Venom FAW.Mk 22, eine ehemalige Maschine der No. 819 Squadron, ist heute im Fleet Air Arm Museum der RNAS Yeovilton zu sehen.

**Sea Venom FAW. Mk 21:** verbesserte Ausführung der Sea Venom FAW. Mk 20 mit motorenbetriebenen Querrudern, abwerfbarer durchsichtiger Kuppel, verstärktem Ghost 104 Triebwerk, Schleudersitzen und breitem Fahrwerk.
**Sea Venom FAW. Mk 22:** verbesserte Ausführung der Sea Venom FAW. Mk 21 mit verstärktem Ghost 105 Motor, AAM und Schleudersitzen.
**Sea Venom Mk 52:** englische Bezeichnung für die in Frankreich für die Aéronavale gebaute Version.
**Sea Venom FAW. Mk 53:** Bezeichnung für die Sea Venom im Einsatz bei der Royal Australian Navy; meist ähnlich wie die Sea Venom FAW. Mk 21 mit Radaranlage und Ausrüstung nach RAN-Vorschriften.
**Aquilon 20:** Bezeichnung für vier Sea Venom FAW. Mk 20, die in Frankreich mit von Fiat gebauten Ghost 48 Triebwerken von 2.195 kp Schub zusammengesetzt wurden.
**Aquilon 201:** ein einzelner in Frankreich unter Lizenz gebauter Prototyp mit kurzem Fahrwerk und Schleudersitzen.
**Aquilon 202:** französische, unter Lizenz gebaute Serienversion mit breitem Fahrwerk.
**Aquilon 203:** französische, unter Lizenz gebaute Serienversion mit kurzem Fahrwerk, einsitziger Kabine und Feuerleitradar.
**Aquilon 204:** französische zweisitzige Schulausführung.

### Technische Daten
**de Havilland Sea Venom FAW. Mk 22**

**Typ:** trägergestütztes Allwetter-Kampfflugzeug.
**Triebwerk:** ein de Havilland Ghost 105 Strahltriebwerk mit 2.404 kp Schub.
**Leistung:** Höchstgeschwindigkeit 925 km/h; Anfangssteiggeschwindigkeit 29,21 m/sek; Dienstgipfelhöhe 12.190 m; Reichweite 1.135 km.
**Gewicht:** maximales Startgewicht 7.167 kg.
**Abmessungen:** Spannweite 13,08 m; Länge 11,15 m; Höhe 2,60 m; Tragflügelfläche 25,99 m$^2$.
**Bewaffnung:** vier 20 mm Kanonen und Vorkehrungen für zwei Firestreak Luft-Luft-Raketen oder zwei 454 kg Bomben oder acht Raketen.

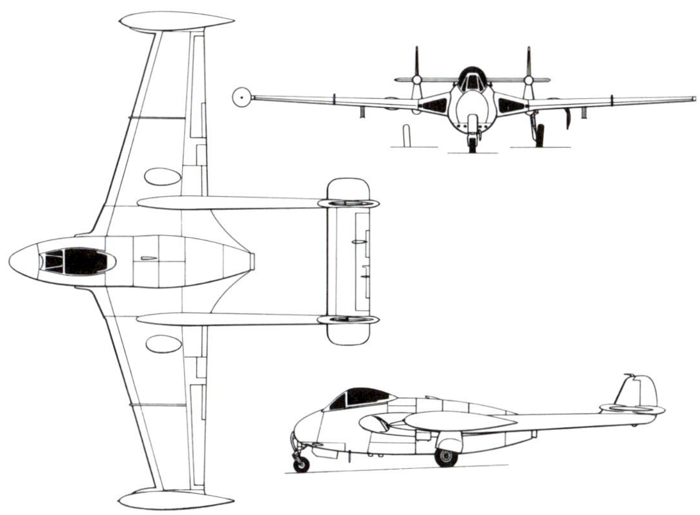

de Havilland D.H.112 Venom FB.Mk 4

# de Havilland D.H.114 Heron

### Entwicklungsgeschichte

De Havilland profitierte vom Erfolg der Dove und entwarf eine vergrößerte Ausführung mit der Bezeichnung **de Havilland D.H.114 Heron**; dabei verfolgte man die gleichen Absichten wie bei der äußerst erfolgreichen viermotorigen D.H.86B, der Nachfolgerin der D.H.84 Dragon. Einfachheit und Zuverlässigkeit waren die Schlagworte für dieses neue Flugzeug, das Platz für zwei Mann Besatzung und 14 Passagiere (17 ohne Toilette) vorsah. Das feste Dreibeinfahrwerk machte den Komplikationen einer hydraulisch betriebenen Anlage ein Ende, und die ausgezeichnete Leistung auf kurzen Rollbahnen war durch eine gute Tragflächenstruktur mit Verstellpropellern und durch die Gipsy Queen 30 Triebwerke gewährleistet, die lange Einsatzzeiten zwischen den Wartungen hatten. Der Prototyp (G-ALZL) flog erstmals am 10. Mai 1950.

Die erste Serienmaschine **Heron 1** wurde von New Zealand National Airways übernommen. Diese Maschine hatte ebenso wie alle folgenden ein Leitwerk mit ausgeprägter V-Stellung. Das siebte Serienexemplar diente als Prototyp der **Heron 2** und hatte ein einziehbares Fahrwerk, das zu erhöhter Geschwindigkeit und reduziertem Treibstoffverbrauch führte. Diese Version wurde die beliebteste; fast 70 Prozent der insgesamt 150 gebauten Heron gehörten zu dieser Ausführung. Trotz der relativ geringen Anzahl wurde die Heron in 30 verschiedenen Ländern eingesetzt, oft bei führenden Fluggesellschaften, in vielen Fällen als VIP-Transporter (darunter vier Maschinen in The Queen's Flight der RAF für das britische Königshaus); etwa 25 Exemplare dienten bei neun verschiedenen militärischen Einheiten als Verbindungsflugzeuge.

Später wurden an den Heron zahlreiche Modifikationen durchgeführt: typisch für eine mit neuen Triebwerken bestückte Ausführung ist die von der Riley Turbostream Corporation in den USA durchgeführte **Riley Turbo Skyliner**. Bei diesem Typ war das Standard-Triebwerk durch 290 PS (216 kW) Avco Lycoming IO-540 Motoren ersetzt worden (je nach Wunsch des Kunden mit oder ohne Turbolader). Sehr viel ehrgeiziger war ein umgebautes Modell der Saunders Aircraft Corporation aus Gimli (Manitoba): die als **Saunders ST-27** bezeichnete Maschine hatte einen um 2,59 m verlängerten Rumpf für max. 23 Passagiere, neue Tragflächen für einen neuen Hauptholm und zwei 750 WPS (559 kW) Pratt & Whitney Aircraft of Canada PT6A-34 Propellerturbinen anstelle der vier Gipsy Triebwerke. Insgesamt wurden zwölf Maschinen zu ST-27 umgebaut; der Prototyp einer verbesserten **ST-28** konnte fertiggestellt werden, bevor Saunders Bankrott machte.

### Varianten

**Heron 1B:** Ausführung der Heron 1, die für ein höheres Startgewicht von 5.897 kg zugelassen war.
**Heron 2A:** Bezeichnung einer in den USA verkauften Heron 2.
**Heron 2B:** Ausführung der Heron 2 mit dem gleichen Startgewicht wie die Heron 1B.
**Heron 2C:** neue Bezeichnung für die Heron 2B mit auf Wunsch eingebauten voll verstellbaren (auch Segelstellung) Propellern.
**Heron 2D:** Bezeichnung für Flugzeuge mit Luxuseinrichtung; zugelassen für ein max. Startgewicht von 6.123 kg.
**Heron 2E:** Bezeichnung für eine Sonderanfertigung mit VIP Sondereinrichtung.
**Heron 3:** zwei VIP-Flugzeuge für The Queen's Flight.
**Heron 4:** ein VIP-Flugzeug für The Queen's Flight.
**Sea Heron C.Mk 20:** Royal Navy Bezeichnung für ehemals zivile Heron 2 (3) und 2B (2); 1961 von der Royal Navy übernommen.

**de Havilland D.H.114 Heron 2**

### Technische Daten
**de Havilland Heron 2D**
**Typ:** leichter Transporter.
**Triebwerk:** vier 250 PS (186 kW) de Havilland Gipsy Queen 30-2 Reihenmotoren.
**Leistung:** Reisegeschwindigkeit 295 km/h in 2.438 m; Dienstgipfelhöhe 5.640 m; Reichweite 1.473 km.
**Gewicht:** Leergewicht 3.697 kg; max. Startgewicht 6.123 kg.
**Abmessungen:** Spannweite 21,79 m; Länge 14,78 m; Höhe 4,75 m; Tragflügelfläche 46,36 m².

**Riley Turbo Skyliner der Baja Cortez Airlines (USA)**

# de Havilland Australia DHA-3 Drover

### Entwicklungsgeschichte

Australiens berühmter Flying Doctor Service begann in den späten 20er Jahren; QANTAS benutzte für den ersten Service dieser Art auf der Welt eine D.H.50. Im ersten Jahr besuchte der fliegende Arzt 250 Patienten und legte 32.187 km zurück.

Der Service wurde mit einer Reihe anderer Standardflugzeuge fortgesetzt. Nach dem Zweiten Weltkrieg wurde ein größeres Modell nötig, und man entschied sich für das achtsitzige leichte Transportflugzeug **de Havilland Australia DHA-3 Drover**. Dieser Typ basierte auf der D.H.104 Dove, hatte aber drei 145 PS (108 kW) Gipsy Major 10 Mk 2 Motoren und ein Heckradfahrwerk. Der Prototyp der Drover flog erstmals im Januar 1948, und das Modell war in Ausführungen mit Verstell- und Festpropellern (**Drover 1** bzw. **Drover 1F**) erhältlich; die **Drover 2** hatte doppelt geschlitzte Klappen. 1949 begann eine begrenzte Produktion des Modells, und bis Ende September 1953 waren 20 Exemplare gebaut worden.

Zu den Kunden für die Drover gehörten neben Qantas auch Trans-Australia Airlines und Fiji Airways, letztere war der einzige Export-Abnehmer. Im Royal Flying Doctor Service transportierte die Drover zwei medizinische Assistenten und zwei Patienten auf Tragen. Alle sechs Maschinen wurden 1960 unter der Bezeichnung **Drover 3** für Avco Lycoming O-360 Motoren umgebaut.

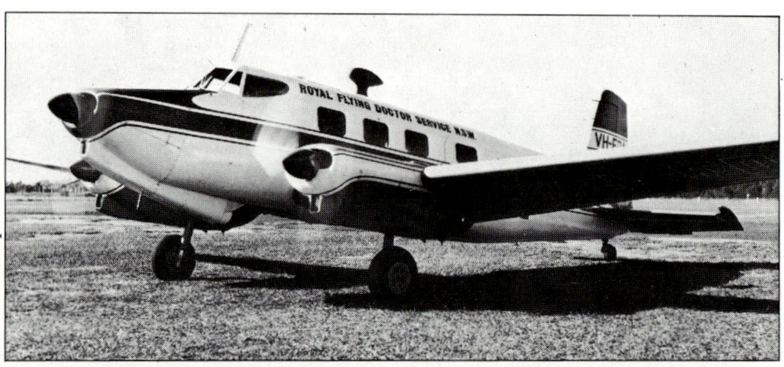


British Aerospace

**Die de Havilland Australia DHA-3 Drover 1 wurde mit Avco Lycoming Motoren zur Drover 3. Alle sechs Maschinen dieses Typs flogen beim Royal Flying Doctor Service und erwiesen sich als ausgesprochen zuverlässig unter extremen Bedingungen.**

### Technische Daten
**de Havilland Drover 3**
**Typ:** achtsitziger Mehrzweck-Transporter.
**Triebwerk:** drei 180 PS (134 kW) Avco Lycoming O-360-A1A Vierzylindermotoren.
**Leistung:** Höchstgeschwindigkeit 254 km/h; Reisegeschwindigkeit 225 km/h; Dienstgipfelhöhe 6.095 m; Reichweite 1.448 km.
**Gewicht:** Rüstgewicht 1.860 kg; max. Startgewicht 2.948 kg.
**Abmessungen:** Spannweite 17,37 m; Länge 11,13 m; Höhe 3,28 m; Tragflügelfläche 30,19 m².

# de Havilland Canada DHC-1 Chipmunk

### Entwicklungsgeschichte

Die **de Havilland Canada DHC-1 Chipmunk** wurde als Nachfolger für de Havillands klassischen Tiger Moth Schul-Doppeldecker entworfen. Der Eindecker in selbsttragender Konstruktion und Tandem-Sitzen (Erstflug am 22. Mai 1946 in Downsview, Toronto) war der erste eigene Entwurf der de Havilland Aircraft of Canada Ltd. Der Prototyp wurde von Pat Filingham von der Muttergesellschaft in Hatfield getestet und hatte einen 145 PS (108 kW) de Havilland Gipsy Major 1C Motor.

Chipmunk mit der Spezifikation des Prototyps hatten die Bezeichnung DHC-1B-1, während die mit einem Gipsy Major 10-3 Motor bestückten Maschinen die Kennung DHC-1B-2 erhielten. Die meisten in Kanada gebauten Chipmunk hatten gewölbte Cockpithauben.

Downsview baute 218 Chipmunk, die letzte davon im Jahre 1951. Zwei wurden im Aeroplane and Armament Experimental Establishment in Boscombe Down untersucht, und der Typ wurde daraufhin bei Hatfield und Chester nach der Spezifikation 8/48 als Anfangsschulflugzeug für die RAF bestellt.

Die RAF erhielt 735 Chipmunk von den insgesamt 1.014 in England produzierten Exemplaren dieses Typs. Die ersten mit dem RAF Abzeichen ausgestatteten Maschinen wurden im Februar 1950 vom Oxford University Air Squadron geflogen.

Im Rahmen einer Vereinbarung zwischen de Havilland und der OGMA (Allgemeine Flugmaterial-Werkstätten) Portugal wurden ab 1955 60 Chipmunk unter Lizenz für die portugiesische Luftwaffe gebaut; 30 dieser Maschinen dienten dort noch gegen Ende 1983. Andere Be-

**Die G-AOTF, eine T.Mk 10, wurde im Juni 1956 für den RAE Aero Club registriert. 1963 wurde die Maschine in eine Mk 23 mit einer Schädlingsbekämpfungsausrüstung umgebaut und ging 1968 an die Air Tows Ltd. in Lasham.**

Austin J. Brown

treiber waren Burma, Ceylon, Chile, Kolumbien, Dänemark, Ägypten, Irland, der Irak, Jordanien, der Libanon, Malaya, Saudi-Arabien, Syrien, Thailand und Uruguay.

### Varianten

**DHC-1A-1:** mit Gipsy Major 1C Motor in Kanada gebaut und nur teilweise für den Kunstflug geeignet; von der RCAF als **Chipmunk T.Mk 1** bezeichnet.
**DHC-1A-2:** mit Gipsy Major 10 Motor in Kanada gebaut und nur teilweise für den Kunstflug geeignet.
**DHC-1B-1:** mit Gipsy Major 1C Motor in Kanada gebaut und voll für Kunstflug geeignet.
**DHC-1B-2:** mit Gipsy Major 10 Motor in Kanada gebaut und voll für Kunstflug geeignet.
**DHC-1B-2S1:** mit Gipsy Major 10 Motor für die ägyptische Luftwaffe in Kanada gebaut.
**DHC-1B-2-S2:** mit Gipsy Major 10 Motor in Kanada für die thailändische Luftwaffe gebaut.
**DHC-1B-2-S3:** mit Gipsy Major 10 Motor in Kanada für die Royal Canadian Flying Clubs gebaut; die Einsatzbezeichnung lautete **Chipmunk T. Mk 2.**
**DHC-1B-2-S4:** in Kanada gebaute chilenische Version.
**DHC-1B-2-S5:** in Kanada mit Gipsy Major 10 Motor gebaut; von der RAF als Chipmunk T. Mk 2 bezeichnet.
**Chipmunk T. Mk 10:** in England mit Gipsy Major 8 Motor für die RAF gebaut (735 Exemplare).
**Chipmunk Mk 20:** in England gebaute Exportversion der Chipmunk T. Mk 10, aber mit Gipsy Major 10 Series 2 Motor (217 Exemplare).
**Chipmunk Mk 21:** in England als Mk 20 gebaute zivile Version (28 Exemplare).
**Chipmunk Mk 22:** auf zivilen Standard umgebaute Chipmunk T. Mk 10 mit Mk 20 Triebwerken.
**Chipmunk Mk 22A:** wie Mk 22, aber mit Zusatztanks.
**Chipmunk Mk 23:** zwei umgebaute T. Mk 10 mit Mk 20 Triebwerken und Sprühanlage für landwirtschaftliche Zwecke.
**Aerostructures Sundowner:** einzelne in Australien umgebaute Chipmunk mit einem 180 PS (134 kW) Avco Lycoming 0-360 Motor, Flügelspitzentanks, Klarsichtkuppel und metallener Tragflächenhaut; mehrere kanadische Maschinen erhielten außerdem Avco Lycoming Motoren.
**Masefield Variant:** Bristol Aircraft Variante; möglich bei den Chipmunk Modellen Mk 20, 21, 22 und 22A; mit gewölbter Kuppel, Gepäckräumen in den Tragflächen, Fahrwerkverkleidungen und größerer Treibstoffkapazität.
**Sasin SA-29 Spraymaster:** verschiedene in Australien umgebaute Maschinen, ähnlich der britischen Chipmunk Mk 23.
**Super Chipmunk:** umgebaute Kunstflugmaschine mit einem 260 PS (194 kW) Avco Lycoming GO-435, veränderten Flächen und einziehbarem Fahrwerk; das einzige Exemplar flog bei den Kunstflug-Weltmeisterschaften für die USA.

### Technische Daten
### de Havilland Chipmunk T. Mk 10

**Typ:** Anfängerschulflugzeug mit zwei Tandemsitzen.
**Triebwerk:** ein 145 PS (108 kW) de Havilland Gipsy Major 8 Reihenmotor.
**Leistung:** Höchstgeschwindigkeit in Meereshöhe 222 km/h; Reisegeschwindigkeit 187 km/h; Dienstgipfelhöhe 4.815 m; Reichweite 451 km.
**Gewicht:** Leergewicht 646 kg; max. Startgewicht 914 kg.
**Abmessungen:** Spannweite 10,46 m; Länge 7,75 m; Höhe 2,13 m; Tragflügelfläche 15,97 m$^2$.

de Havilland Chipmunk T.Mk 10 der RAF

# de Havilland Canada DHC-2 Beaver

### Entwicklungsgeschichte

Ende 1946 begann in Toronto die Konstruktion des leichten Transportflugzeugs **de Havilland DHC-2 Beaver**. Das Konzept, das hinter diesem ersten Exemplar einer Reihe von brauchbaren de Havilland Maschinen für kurze Start- und Landebahnen (STOL) steckte, wurde von den spezifischen Erfordernissen des Ontario Department of Lands and Forests beeinflußt. Das so entstandene Flugzeug eignete sich auch genau für den Bedarf von 'Buschpiloten' in Nordamerika und anderswo, die ein leistungsfähiges, robustes und zuverlässiges STOL-Mehrzweckflugzeug brauchten.

Der Prototyp flog erstmals am 16. August 1947 mit Russ Bannock am Steuer, und der Typ erhielt im März 1948 seine kanadische Zulassung. Die Großserienproduktion war bereits angelaufen, und bald kam die **Beaver I** zum Einsatz, die von dem Pratt & Whitney R-985 Sternmotor angetrieben wurde. Von den insgesamt 1.657 gebauten Beaver I gingen mindestens 980 Maschinen an die US Forces (**YL-20** für die Erprobung, **L-20A** und **L-20B** Serienmaschinen, 1962 in **U-6** umbenannt) und 46 an die British Army. Es folgte eine einzelne **Beaver II** mit einem Alvis Leonides Sternmotor, und 1964 wurden einige **Turbo-Beaver III** für zehn Passagiere gebaut, die von der 578 WPS (431 kW) starken United Aircraft of Canada Ltd. (später Pratt & Whitney Aircraft of Canada) PT6A-6 bzw. -20 Propellerturbine angetrieben wurden. Die meisten der Turbo-Beaver wurden von zivilen Eignern geflogen. In Neuseeland wurde in eine Beaver eine AiResearch TPE331 Propellerturbine eingebaut. Die Produktion wurde Mitte der sechziger Jahre eingestellt, als sich de Havilland Canada auf die Ent-

***Rechts:*** **de Havilland Canada DHC-2 Beaver**

Aviation Photo Letter Service

**Die zuverlässige und vielseitig einsetzbare de Havilland Canada DHC-2 Beaver ist für kleine Regionalgesellschaften wie Tradewinds Aviation, die zehn Maschinen dieses Typs besitzt, ideal. Die Gesellschaft fliegt zu entlegenen Orten entlang der Küste von British Columbia in Kanada.**

wicklung anspruchsvollerer Projekte und Produkte konzentrierte.

Auf dem Höhepunkt ihrer Laufbahn war die Beaver in rund 50 Ländern zu finden, wo sie für ihre Leistung, ihre dank des Breitspur-Heckfahrwerks hohe Stabilität am Boden und für ihre Vielseitigkeit überall gelobt wurde. Als Grundversion bot sie Platz für einen Piloten und sieben Passagiere bzw. 680 kg Fracht. Dank der Möglichkeit, mit Rädern, Skiern, Schwimmern oder Amphibienfahrwerk ausgerüstet zu werden, war die Beaver ausgesprochen flexibel.

**Technische Daten**
**de Havilland Canada DHC-2 Beaver I**
**Typ:** leichtes Mehrzweck-Transportflugzeug.
**Triebwerk:** ein 450 PS (336 kW) Pratt & Whitney R-985 Wasp Junior Sternmotor.
**Leistung:** Höchstgeschwindigkeit 262 km/h in 1.525 m Höhe. Reisegeschwindigkeit 230 km/h auf 1.525 m; Dienstgipfelhöhe 5.485 m; max. Reichweite 1.180 km.
**Gewicht:** Leergewicht 1.293 kg; max. Startgewicht 2.313 kg.
**Abmessungen:** Spannweite 14,63 m; Länge 9,22 m; Höhe 2,74 m; Tragflügelfläche 23,23 m².

# de Havilland Canada DHC-3 Otter

Aviation Photo Letter Service

**Eine hervorragende Konstruktion war die de Havilland Canada DHC-3 Otter, die sich seit ihrem Erstflug 1951 unter allen Bedingungen bewährt hat. Obwohl sie nur ein Triebwerk hat, kann sie unter STOL-Bedingungen 14 Passagiere befördern.**

## Entwicklungsgeschichte

Der Erfolg mit der DHC-2 Beaver überzeugte de Havilland Canada davon, daß auf dem STOL-Markt Platz für eine größere Version der Beaver sein mußte, die in ihrer Kabine rund 14 Passagiere oder 1.016 kg Fracht aufnehmen konnte. Das Unternehmen entwickelte deshalb die **de Havilland Canada DHC-3 Otter**, die im Grunde eine vergrößerte Beaver mit einem Ganzmetallflugwerk und einem 600 PS (447 kW) Pratt & Whitney R-1340 Wasp Sternmotor war und die zunächst als **King Beaver** bekannt wurde. Die Entscheidung für nur einen Motor in einem Flugzeug, das für Kanadas rauhes Klima und die dünnbesiedelten, abgelegenen Regionen konstruiert worden war, scheint auf mangelnde Voraussicht hinzudeuten, allerdings hatten die erfolgreichen Einsätze der Beaver und anderer einmotoriger Maschinen bestätigt, daß die bewährten Sternmotoren von Pratt & Whitney für die Aufgabe bestens geeignet waren.

Die Otter, die durch ihre Flügel mit einheitlicher Profiltiefe mit doppelt geschlitzten Klappen auffiel, die für eine gute STOL-Leistung sorgen, ist ein Hochdecker mit nur je einer Abstrebung pro Seite. Der Prototyp flog erstmals am 12. Dezember 1951, und die ersten Auslieferungen erfolgten 1952. Als die Produktion 1968 auslief, waren rund 460 Maschinen gebaut worden, darunter 66 für die Royal Canadian Air Force und 227 für die US Armed Forces (223 der **U-1A** für die US Army und vier der **UC-1** – 1962 in **U-1B** geändert – für die US Navy). Viele Otter trafen nach ihrer Freistellung von militärischen Eignern mit den bereits auf dem Zivilmarkt vorhandenen Maschinen zusammen, wo dieser Typ wegen seiner Vielseitigkeit ebenfalls gut aufgenommen worden war. Genau wie die Beaver kann auch die Otter mit Räder-, Ski-, Schwimmer- oder Amphibienfahrwerk ausgerüstet werden.

Trotz ihrer ohnehin schon hohen STOL-Leistung wurde die Otter als Basismodell für ein kanadisches Experiment im Zusammenhang mit fortschrittlichen STOL-Eigenschaften ausgewählt, das das Unternehmen in Zusammenarbeit mit dem Defense Research Board durchführte. Im Rahmen dieses Programms wurde eine Otter innerhalb der Streben/Flügel-Verbindungspunkte mit extrem großen Klappen versehen, wodurch auch eine Vergrößerung der Leitwerksflächen erforderlich wurde. Die Stabilität am Boden wurde dadurch sichergestellt, daß man statt des ursprünglichen Heckradfahrwerks ein Schwimmerchassis montierte, das anstelle der Schwimmer ein Vierradfahrwerk hatte. Durch die STOL-Umbauten wurde die Überziehgeschwindigkeit um etwa 16 km/h gesenkt. Die Klappen wurden dann ausgebaut und eine General Electric J85-GE-7 Strahlturbine mit 1.112 kg Schub im Rumpf hinter den Flügeln eingebaut, von der aus auf beiden Seiten je eine verstellbare Düse aus dem Rumpf gerichtet war. Diese Auslegung ermöglichte eine viel bessere Regelung der Geschwindigkeit und gestattete Punktlandungen. Schließlich wurde der einzelne Wasp Sternmotor durch zwei an den Flügeln montierte Pratt & Whitney Aircraft of Canada PT6 Propellerturbinen ersetzt, deren Propellerstrahl sich für die Lenkbarkeit des Flugzeugs als vorteilhaft erwies.

Unter der Bezeichnung **DHC-3-T Turbo-Otter** wurde von Cox Air Resources eine Maschine auf Propellerturbinenantrieb umgestellt, wobei ein 662 PS (494 kW) PT6A-27 den regulären Wasp Motor ersetzte. Das Leergewicht wurde so auf 1.861 kg gesenkt, was zu einer brauchbaren Nutzlaststeigerung führte.

**Technische Daten**
**DHC-3 Otter** (Landflugzeug)
**Typ:** STOL-Mehrzweck-Transportflugzeug.
**Triebwerk:** ein 600 PS (447 kW) Pratt & Whitney R-1340-S1H1-G Wasp Sternmotor.
**Leistung:** Höchstgeschwindigkeit Seehöhe 246 km/h; maximale Reisegeschwindigkeit 212 km/h; wirtschaftliche Reisegeschwindigkeit 195 km/h; Dienstgipfelhöhe 5.485 m; Reichweite bei 953 kg Nutzlast und Reserven 1.408 km.
**Gewicht:** Leergewicht 2.010 kg; max. Startgewicht 3.629 kg.
**Abmessungen:** Spannweite 17,68 m; Länge 12,75 m; Höhe 3,84 m; Tragflügelfläche 34,84 m².

# de Havilland Canada DHC-4 Caribou

## Entwicklungsgeschichte

Die Entscheidung zum Bau der **de Havilland Canada DHC-4 Caribou** fiel 1956, und die Zielsetzung war, ein Flugzeug zu entwickeln, das die Frachtkapazität der Douglas DC-3 mit der STOL-Leistung der Beaver und der Otter kombinierte. Die Canadian Army bestellte zwei Maschinen, und die US Army schloß sich mit fünf an, wobei der US Secretary of Defense eine Einschränkung aufhob, nach der die US Army auf Starrflügler mit einem Leergewicht von unter 2.268 kg beschränkt ist.

Der Prototyp flog im Juli 1958, und sein hoch angesetzter Flügel hatte den charakteristischen Mittelteil mit betont negativer V-Stellung. Die rückwärtige Tür war als Rampe für Lasten von bis zu 3.048 kg ausgelegt. Im Truppeneinsatz konnten bis zu 32 Soldaten untergebracht werden. Die Caribou stand bei der RCAF als **CC-108** und bei der US Army als **AC-1** (Bezeichnung 1962: **CV-2A**) im Dienst. Als Ergebnis der Bewertung der ersten fünf Flugzeuge entschied sich die US Army für die Caribou als Standardausstattung und bestellte 159 Maschinen.

Die zweite Flugzeugserie erhielt die Bezeichnung **CV-2B**. Im Anschluß an Spannungen an der Grenze zwischen China und Indien überließ die US Army der indischen Luftwaffe Anfang 1963 zwei Caribou. 1967 wurden die 134 Caribou, die noch bei der US Army im Dienst standen, als **C-7A** und **C-7B** Transportflugzeuge an die US Air Force überstellt. Das Flugzeug war ein allgemeiner Verkaufserfolg, und die Maschinen flogen nicht nur bei Luftstreitkräften in aller Welt, sondern auch für zivile Betreiber. Im kanadischen Militärdienst wurde die Caribou durch die DHC-5 Buffalo ersetzt und die Überschußexemplare wurden an eine Reihe von Nationen verkauft, darunter Kolumbien, Oman und Tansania. Viele der kanadischen Flugzeuge wurden den Vereinten Nationen leihweise überlassen und waren umfassend im internationalen Einsatz. Die Produktion

**de Havilland Canada DHC-4 Caribou der No. 5 Sqn., Royal Malaysian Air Force, 1970**

**de Havilland Canada DHC-4**

lief 1973 aus. Ab Flugzeug Nr. 24 ersetzte die DHC-4A die DHC-4 auf der Fertigungsstraße: die beiden Modelle sind einander sehr ähnlich, abgesehen von dem erhöhten Gewicht des späteren Modells; das max. Startgewicht der DHC-4 betrug 11.793 kg. Insgesamt wurden 307 Maschinen produziert.

### Technische Daten
**DHC-4A Caribou**
**Typ:** taktisches STOL-Transportflugzeug.
**Triebwerk:** zwei 1.450 PS (1.081 kW) Pratt & Whitney R-2000-7M2 Twin Wasp Sternmotoren.
**Leistung:** Höchstgeschwindigkeit 348 km/h in 1.980 m Höhe; Einsatzgeschwindigkeit 293 km/h in 2.285 m; Dienstgipfelhöhe 7.560 m; Reichweite bei maximaler Nutzlast und Reserven 389 km.
**Gewicht:** Leergewicht 8.283 kg; max. Startgewicht 12.927 kg.
**Abmessungen:** Spannweite 29,15 m; Länge 22,12 m; Höhe 9,68 m; Tragflügelfläche 84,72 m².

# de Havilland Canada DHC-5 Buffalo

Austin J. Brown

**Die zivile Ableitung der gründlich erprobten DHC-5D Buffalo, die de Havilland Canada DHC-5E Transportmaschine, zielt auf den Markt für Ölförderfirmen und Minengesellschaften, indem sie ihren Betreibern die Möglichkeit bietet, 48 Männer oder eine entsprechende Ladung Fracht unter allen klimatischen und geographischen Bedingungen zu transportieren.**

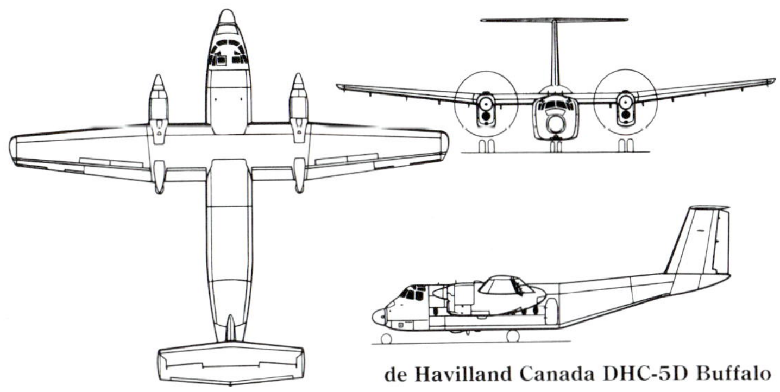

**de Havilland Canada DHC-5D Buffalo**

### Entwicklungsgeschichte
Die **de Havilland Canada DHC-5 Buffalo** war eine Weiterentwicklung der DHC-4 Caribou mit vergrößertem Rumpf und hieß zunächst **Caribou II**. Die US Army bestellte vier Maschinen zur Erprobung, und deren Entwicklungskosten wurden von der US Army, der kanadischen Regierung und von de Havilland Canada getragen. Das erste dieser Transportflugzeuge absolvierte am 9. April 1964 seinen Jungfernflug. Die DHC-5 war entwickelt worden, um den Anforderungen der US Army für ein Transportflugzeug zu entsprechen, das in der Lage sein sollte, Frachten wie die Pershing-Rakete, eine 105 mm Haubitze oder einen 3/4 Tonnen-LKW zu transportieren.

Aus der Bewertung der US Army ergaben sich für die DHC-5 (ursprüngliche Bezeichnung durch die US Army **YAC-2**, später dann **C-8A**) keine Anschlußaufträge, aber die Canadian Armed Forces erwarben 15 **DHC-5A**, die dort **CC-115** genannt wurden; sechs davon wurden anschließend zum Einsatz als Seepatrouillenflugzeuge umgebaut. Nach der Auslieferung von 24 Maschinen an die brasilianische Luftwaffe und 16 an die peruanische Luftwaffe wurde die Produktion eingestellt. 1974 erkannte das Unternehmen, daß es eine fortgesetzte Nachfrage nach der Buffalo gab, und die Produktion einer verbesserten **DHC-5D** Buffalo lief an. Diese hat stärkere Motoren, die den Betrieb bei einem höheren Bruttogewicht zulassen und die mehr Leistung erbringen. Dies ist die aktuelle Serienversion, und bis 1987 waren über 130 Flugzeuge für den Dienst in den Luftstreitkräften von Kamerun, Abu Dhabi, Ekuador, Ägypten, Kenia, Mauretanien, Mexiko, Oman, Sudan, Tansania, Togo, der Vereinigten Arabischen Emirate, Zaire und Sambia bestellt.

Da zivile Betreiber Interesse zeigten, entwickelte das Unternehmen den **DHC-5E Transporter**; diese Maschine wurde 1981 in Kanada zugelassen. Sie entspricht im großen und ganzen der Militär-Buffalo und bietet in einer Standard-Mehrzweckauslegung 44 Passagieren Platz. Sie wird aber auch mit schnell umrüstbaren Passagier/Fracht und VIP/Geschäftsflugzeugeinrichtungen angeboten.

### Varianten
**DHC-5B:** Bezeichnung einer vorgeschlagenen Version mit General Electric CT64-P4C Motoren; nicht gebaut.
**DHC-5C:** Bezeichnung einer vorgeschlagenen Version mit Rolls-Royce Dart R.Da.12 Motoren; nicht gebaut.
**NASA/DITC XC-8A:** Bezeichnung einer C-8A nach dem Umbau als Forschungsflugzeug für Tragflächen neuer Technologie; nach einem weitgehenden Umbau hat die Maschine kürzere Flügel, ein starres Fahrwerk und zwei Rolls-Royce Spey Motoren mit Vektordüsen, die den Auftrieb verstärken.
**XC-8A ACLS:** Umbenennung einer C-8A nach dem Umbau in ein Forschungsflugzeug mit Luftkissen-Landesystem; anstelle des konventionellen Fahrwerks hat die Maschine ein aufblasbares, jedoch perforiertes Gummiluftkissen, das den Einsatz von und auf praktisch jeder Oberfläche zuläßt, einschließlich Eis, weiche Böden, Schnee, Morast und natürlich auch Wasser.
**NASA/Boeing QSRA:** Umbenennung einer C-8A nach dem Umbau als leises Kurzstrecken-Forschungsflugzeug; dieses Flugzeug hat eine neue Tragfläche mit Oberflächenanblasung und Grenzschichtbeeinflussung; als Triebwerke dienen vier Avco Lycoming F102 Mantelstromtriebwerke.

### Technische Daten
**de Havilland Canada DHC-5D**
**Typ:** STOL-Mehrzweck-Transportflugzeug.
**Triebwerk:** zwei General Electric CT64-820-4 Propellerturbinen, mit je 3.133 WPS (2.336 kW).
**Leistung:** Reisegeschwindigkeit bei STOL-Transporteinsatz 420 km/h in 3.050 m; normale Einsatzhöhe 7.620 m; Reichweite bei maximaler Nutzlast 416 km; maximale Reichweite ohne Nutzlast 3.280 km.
**Gewicht:** Leergewicht 11.412 kg; max. Startgewicht 22.317 kg.
**Abmessungen:** Spannweite 29,26 m; Länge 24,08 m; Höhe 8,73 m; Tragflügelfläche 87,79 m².

# de Havilland Canada DHC-6 Twin Otter

### Entwicklungsgeschichte
1964 kündigte de Havilland die Entwicklung eines Hochdeckers mit zwei Propellerturbinen und STOL-Fähigkeit an, der 13 bis 18 Passagieren Platz bieten sollte. Die erste Maschine einer Anfangsserie von fünf Exemplaren mit der Bezeichnung **de Havilland Canada DHC-6 Twin Otter** absolvierte am 20. Mai 1965 ihren Jungfernflug.

Das Triebwerk der ersten drei Flugzeuge bestand aus zwei 579 WPS (432 kW) Pratt & Whitney Aircraft of Canada PT6A Motoren, das vierte und alle weiteren Serienexemplare dieser ersten Twin Otter Series 100 hatten jedoch PT6A-20 Motoren mit ähnlicher Leistung. Teil der Flügelkonstruktion dieses Flugzeugs waren doppelt geschlitzte Landeklappen und Querruder, die gleichzeitig gesenkt werden können, was die STOL-Leistung noch verbessert. Das starre Bugradfahrwerk kann je nach Wunsch mit Schwimmern oder Ski bzw. mit den normalen Rädern ausgerüstet werden.

Die Twin Otter, die speziell für den Pendlerverkehr und für kleine Zubringer-Fluggesellschaften vorgesehen war, fand auch bei Luftstreitkräften und Behörden relativ großen Zuspruch. Im militärischen Einsatz ist die Maschine bei den Luftwaffen von 12 Ländern in Verwendung. Dieser Abnehmerkreis führte das Unternehmen dazu, im Juli 1982 eine spezielle Militärversion, die **Twin Otter Series 300M** anzukündigen, die es in den Versionen **MR** (Seeaufklärung), **COIN** (Guerillabekämpfung) und Military Transport geben wird. Der Prototyp (C-GFJQ-X) ist als MR-Version ausgelegt, und seine Ausrüstung umfaßt Suchradar, eine umfassende Avionik und einen flügelmontierten Suchscheinwerfer. Die beiden anderen Militärversionen werden ebenfalls auf ihre jeweiligen Rollen abgestimmte Ausrüstungen mitführen.

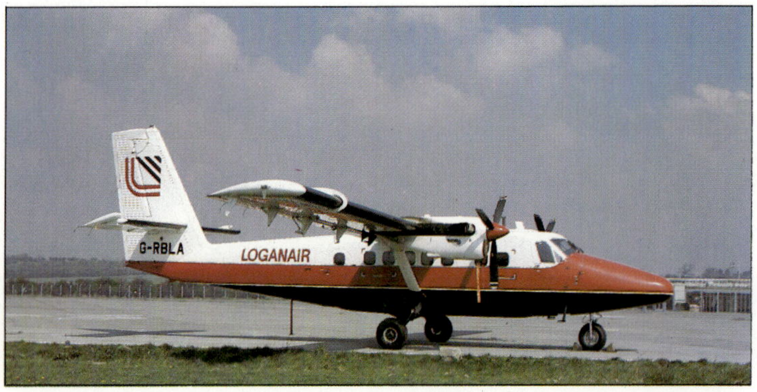


Austin J. Brown

**Einer der ansprechendsten Faktoren, den die de Havilland Twin Otter ihren Betreibern bietet, ist die wesentlich größere Bequemlichkeit für Passagiere, als sie die Beaver und die Otter bieten. Im Zusammenwirken mit der exzellenten STOL-Leistung und einer guten Wirtschaftlichkeit wird die Twin Otter Series 300 zu einer äußerst attraktiven Alternative für Unternehmen wie die britische Loganair, die in ihrer Flotte von 25 Maschinen zehn solcher Flugzeuge besitzt.**

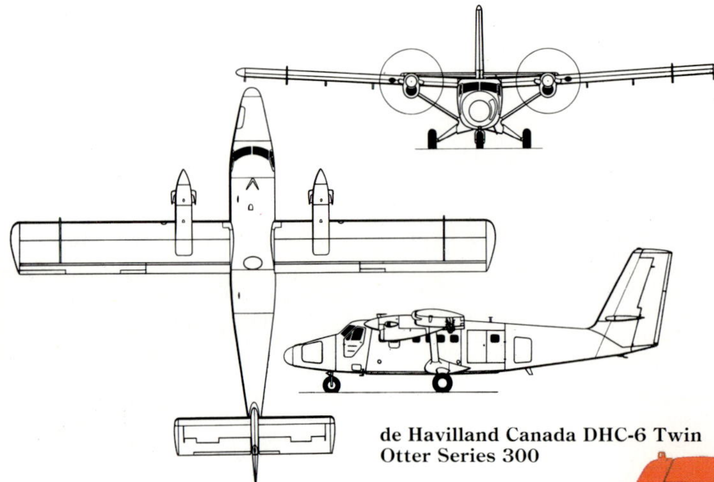

**de Havilland Canada DHC-6 Twin Otter Series 300**

**de Havilland Canada DHC-6 Twin Otter Series 300 der NorOntair (Ontario Northland Transportation Commission)**

Die erste Twin Otter Series 100 wurde 1966 in Dienst gestellt, und nachdem 115 dieser Maschinen produziert worden waren, wurde die Fertigung auf die **Twin Otter Series 200** umgestellt. Sie unterschied sich durch einen vergrößerten Gepäckraum im verlängerten Bug und war für eine höhere Nutzlast zugelassen. Nach dem Bau von 115 Maschinen ging die aktuelle **Twin Otter Series 300** in Serie, die stärkere PT6A-27 Motoren hat, die eine Steigerung des Startgewichts um fast 454 kg zulassen. Die derzeitigen Serienmaschinen haben 20 Sitzplätze als Standard und alle Wasserflugzeuge behalten, unabhängig von ihrer Baureihe, die kürzere Rumpfpartie der ursprünglichen Series 100. Zu den Sonderausstattungen, die zur Erweiterung der Fähigkeiten dieses beliebten Flugzeugs entwickelt wurden, gehört ein Behälter unter dem Rumpf, der 227 kg Fracht aufnehmen kann, und ein abwerfbarer Tank aus Textilmaterial für 1.818 l Wasser zum Einsatz als Wasserbombe bei der Brandbekämpfung. Am 25. Februar 1983 wurde die 800. Maschine vom Typ Twin Otter ausgeliefert. Sie werden in mehr als 70 Ländern geflogen.

### Varianten

**DHC-6 Twin Otter Series 300S:** Bezeichnung für sechs Flugzeuge mit elf Passagiersitzen, einem schleudersicheren Bremssystem, not- und Hochleistungsbremsen und Flügelspoilern; sie wurden für den experimentellen Dienst zwischen STOL-Flughäfen in Montreal und Ottawa entwickelt.

**DHC-6 Twin Otter Series 400:** vorgeschlagene Weiterentwicklung, die den US FAR 36 Lärmschutzbestimmungen entsprechen soll.

### Technische Daten

**DHC-6 Twin Otter Series 300** (Landflugzeug)

**Typ:** Mehrzweck-STOL-Transportflugzeug.

**Triebwerk:** zwei 652 WPS (486 kW) Pratt & Whitney Aircraft of Canada PT6A-27 Propellerturbinen.

**Leistung:** Reisegeschwindigkeit 338 km/h in 3.050 m; Dienstgipfelhöhe 8.140 m; Reichweite mit 1.134 kg Nutzlast 1.297 km; Reichweite bei maximaler Nutzlast 185 km.

**Gewicht:** Leergewicht 3.363 kg; max. Startgewicht 5.670 kg.

**Abmessungen:** Spannweite 19,81 m; Länge 15,77 m; Höhe 5,94 m; Tragflügelfläche 39,02 m$^2$.

# de Havilland Canada DHC-7 Dash 7

### Entwicklungsgeschichte

Der eindeutige Verkaufserfolg der Twin Otter veranlaßte de Havilland Canada dazu, eine Marktuntersuchung darüber anstellen zu lassen, wie groß das Interesse an einem großen STOL-Flugzeug wäre, das ebenfalls die robuste Zuverlässigkeit bieten würde, für die die anderen Produkte des Unternehmens bekannt waren. Es war vorgesehen, eine kleine Linienmaschine mit STOL-Fähigkeiten für Startstrecken von 915 m zu entwickeln, die über den gleichen Komfort wie große Linienmaschinen verfügen sollte.

Das erforderliche Interesse stellte sich ein, und Ende 1972 begann mit der Unterstützung durch die kanadische Regierung der Bau von zwei Nullserien der **de Havilland Canada DHC-7** Maschinen, von denen die erste (C-GNBX-X) am 27. März 1975 ihren Erstflug absolvierte. Der DHC-7 Hochdecker mit dem Namen **Dash 7** erhält seine grundlegende STOL-Fähigkeit von den weit gespannten, doppelt geschlitzten Klappen, die im Luftstrom der langsamlaufenden Propeller der vier flügelmontierten Propellerturbinen liegen. Hinzu kommen noch bei jedem Flügel vier Spoiler an der Flügeloberfläche. Das innenliegende Paar dient als Spoiler bzw. Lift-Dumper, während das außenliegende Paar als Luftbremse bzw. einzeln betätigt zur Verbesserung der Quersteuerung dient.

Der Rumpf ist für Druckausgleich vorgesehen, und ein sehr hohes T-Leitwerk bringt Seiten- und Höhenruder weit aus dem Propellerstrahl heraus. Das einziehbare Bugradfahrwerk hat an jeder Einheit Zwillingsräder, und als Triebwerk dienen vier Pratt & Whitney Aircraft of Canada PT6A-50 Propellerturbinen. Um das Geräuschniveau auf ein Minimum zu reduzieren, bewegt jeder Motor einen großdimensionierten langsamlaufenden Propeller von 3,42 m Durchmesser.

Die Maschine bietet Platz für 50 Passagiere, die durch eine einzige Tür mit Fluggasttreppe hinten links in die Hauptkabine gelangen. Auf Wunsch kann im gemischten Passagier/Frachtbetrieb oder nur mit Fracht geflogen werden, und am linken vorderen Ende der Kabine kann eine große Frachttür montiert werden. In der Passagierversion ist in der Kabine ausreichend Platz für eine Bordküche, Toiletten und einen oder zwei Flugbegleiter vorhanden. Die zweiköpfige Flugbesatzung ist auf einem separaten Flugdeck untergebracht; die fortschrittliche Avionik verfügt über einen Autopiloten/Flight Director, zu dem neben einem Computer auch ein Wetterradar gehört.

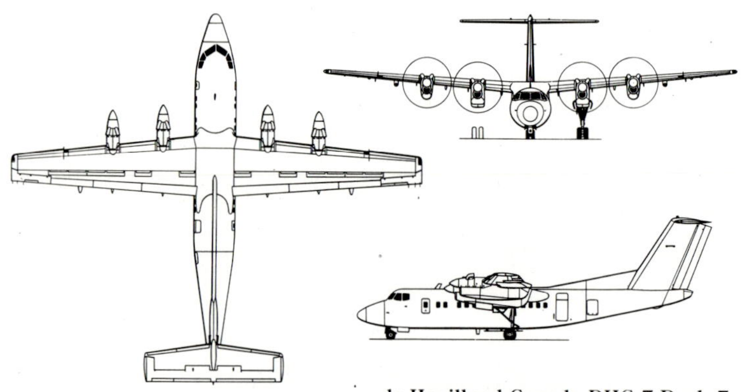

**de Havilland Canada DHC-7 Dash 7**

Der erste Betreiber, der am 3. Februar 1978 die Dash 7 erhielt, war Rocky Mountain Airways. Reine Frachtversionen mit der Bezeichnung **DHC-7 Series 101** sind ebenfalls im Dienst, und eine Seeaufklärerversion, die als **DHC-7 Ranger (DHC-7R)** bekannt ist, wurde vorgeschlagen. Dank ihrer höheren Tankkapazität können bei normaler

Patrouillengeschwindigkeit rund 10-12 Stunden max. Flugdauer erzielt werden. Die Maschine hat außerdem im Bug ein Suchradar sowie Bordavionik und Geräte, die ihr die Erfüllung einer Vielzahl von maritimen Beobachtungsrollen, einschließlich der Tages- und Nachtfotografie, ermöglicht. Ohne Ausbau dieser Geräte kann die Ranger 26 Passagiere aufnehmen, ein Umbau in eine normale 50 Passagier-Transportversion wäre einfach und schnell möglich. Bisher wurde nur eine Maschine ausgeliefert, die in Kanada zur Beobachtung von Eisbergen eingesetzt wird. Sie verfügt über ein Laser-Profilometer zum Ausmessen der Eisformationen und Seitensichtradar. Mitte 1987 waren über 100 Dash 7 ausgeliefert. Die Canadian Armed Forces besitzen zwei Dash 7, die unter der Bezeichnung **CC-132** als VIP-Transporter fliegen.

**de Havilland Canada DHC-7 Dash 7 der Air Pacific (USA)**

### Technische Daten
**Typ:** Leises Kurz-/Mittelstrecken-STOL-Transportflugzeug.
**Triebwerk:** vier Pratt & Whitney Aircraft of Canada PT6A-50 Propellerturbinen, jede mit einer Nominalleistung von 1.120 WPS (835 kW).
**Leistung:** Reisegeschwindigkeit 428 km/h mit 18.597 kg in 2.440 m; Dienstgipfelhöhe 6.400 m; Reichweite mit 50 Passagieren und IFR Reserve 1.279 km.
**Gewicht:** Leergewicht 12.542 kg; max. Startgewicht 19.958 kg.
**Abmessungen:** Spannweite 28,35 m; Länge 24,58 m; Höhe 7,98 m; Tragflügelfläche 79,89 m².

# de Havilland Canada DHC-8 Dash 8

### Entwicklungsgeschichte
Als Antwort auf die zunehmende Nachfrage nach einem leisen Kurzstreckenflugzeug der 30/40-Sitzklasse hat de Havilland Canada unter der Bezeichnung **de Havilland Canada DHC-8** und mit dem Namen **Dash 8** die Konstruktion und Entwicklung eines derartigen Flugzeugs unternommen. Der Hochdecker mit einer Frachtladeluke als Standardausstattung erhält ein einziehbares Bugradfahrwerk mit Zwillingsrädern an jeder Einheit und ein T-Leitwerk mit großer Spannweite. Außerdem hat die Dash 8 zwei wirtschaftliche Propellerturbinen vom Typ Pratt & Whitney of Canada PW 120, die großdimensionierte, langsamlaufende und voll verstellbare Hamilton Standard 14F-7 Vierblatt-Propeller bewegen, die einen sehr niedrigen Geräuschpegel haben. Diese Motoren verfügen über eine zusätzliche Sicherheitseinrichtung, die bei Ausfall eines Motors automatisch dafür sorgt, daß der zweite seine Leistung auf 2.000 Wellen-PS (1.492 kW) erhöht.

Die Dash 8 wird in zwei Versionen angeboten: als **Commuter** und als **Corporate**. Die erste Version ist die Standardausführung mit Platz für zwei Besatzungsmitglieder im Cockpit sowie für einen Flugbegleiter und maximal 36 Passagiere; Doppelsteuerung ist Standardausrüstung, das Flugzeug wird jedoch als Ein-Piloten-Maschine zugelassen. Die zweite Version wird eine vergrößerte Reichweite haben und wird im Regelfall 17 Passagiere mit Gepäck unter Einsatz aller Treibstoffreserven über 3.700 km transportieren können. Außerdem wird inzwischen eine gestreckte Version, die Series 300 angeboten, deren Rumpf um 3,43 m gestreckt ist und die mit stärkeren PW 137 Triebwerken 50 Passagiere befördert.

Der Erstflug des Prototyps der Dash 8 fand im Juni 1983 statt, und der erste Kunde, die kanadische NorOntair erhielt die erste Dash 8 im Oktober 1984. Die militärische Version trägt die Bezeichnung **Dash 8M.**

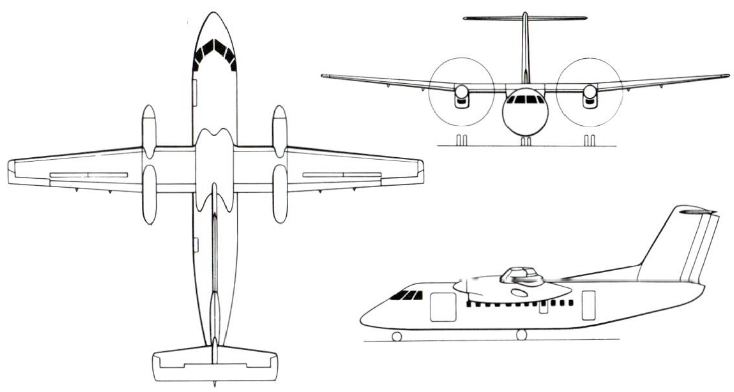

**de Havilland Canada DHC-8 Dash 8**

**de Havilland Canada DHC-8 Dash 8 der NorOntair (Ontario Northland Transportation Commission)**

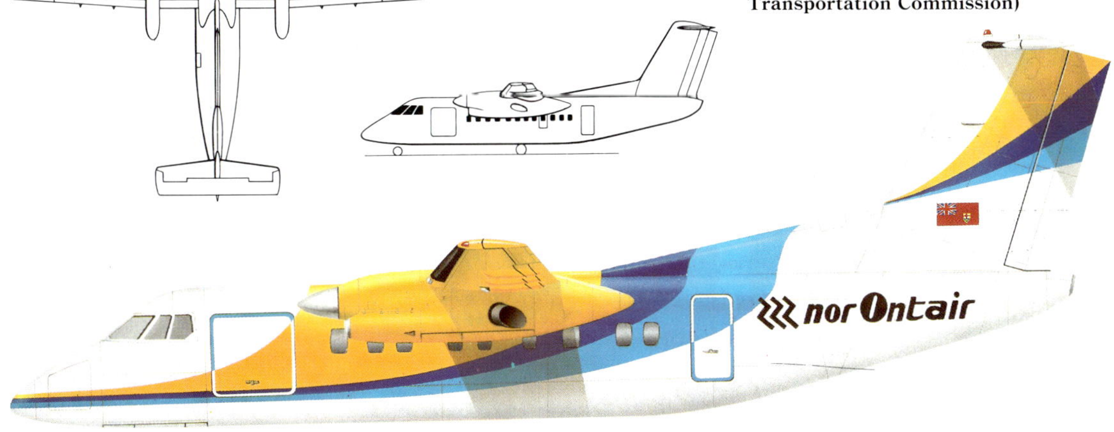


### Technische Daten
**de Havilland Canada DHC-8 Dash 8 Commuter**
**Typ:** Kurzstrecken-Transportflugzeug.
**Triebwerk:** zwei 1.800 Wellen-PS (1.342 kW) Pratt & Whitney Aircraft of Canada PW120 Propellerturbinen.
**Leistung:** Reisegeschwindigkeit 499 km/h 4.570 m; max. Einsatzhöhe 7.620 m; maximale Reichweite 2.038 km.
**Gewicht:** Leergewicht 9.151 kg; max. Startgewicht 13.834 kg.
**Abmessungen:** Spannweite 25,90 m; Länge 22,25 m; Höhe 7,44 m; Tragflügelfläche 54,35 m².

# de Havilland Technical School TK Baureihe

### Entwicklungsgeschichte
Praktische Arbeit war schon immer eine wertvolle Ergänzung für theoretische Berechnungen, und in der Luftfahrt gilt das ganz besonders. Deshalb bauten die rund 150 Studenten der de Havilland Technical School im Rahmen ihrer praktischen Übungen Flugzeuge wie die Gipsy und Tiger Moth. Der Themenkreis wurde auf die von den Studenten selbst konstruierten Flugzeuge ausgedehnt, und es wurde eine Serie von Flugzeugen mit der Bezeichnung TK gebaut.

Die **TK-1** war ein zweisitziger Doppeldecker aus Holz mit einem 120 PS (89 kW) Gipsy III Motor. Die Maschine, die 1934 gebaut wurde und die an dem King's Cup Air Race teilnahm, belegte, geflogen von Geoffrey de Havilland Jr., mit 199,94 km/h einen fünften Platz. Sie wurde später zum Einsitzer umgebaut und in dieser Version 1936 verschrottet.

Die nächste Konstruktion war die **TK-2**, ein einsitziges Eindecker-Rennflugzeug des Jahres 1935, das von einer Spezialversion des 147 PS (110 kW) Gipsy Major Motors angetrieben wurde. Die Maschine flog im August 1935 und gewann, ebenfalls mit Geoffrey de Havilland am Steuer, zwei Jahre später das Heston-Cardiff Rennen mit 259,75 km/h. 1938 gewann sie, jetzt mit einem 140 PS (104 kW) Gipsy Motor II und einer um 1,22 m verringerten Spannweite, das gleiche Rennen mit 301,75 km/h.

Im Zweiten Weltkrieg diente die TK-2 bei de Havilland als Verbindungsflugzeug, überlebte den Krieg, und am 31. August 1947 stellte Pat Fillingham mit der Maschine, die inzwischen einen 140 PS (104 kW) Gipsy Major 10 Motor hatte, einen 100 km Rundkurs Klassenrekord von 286,95 km/h auf. Leider gab es damals noch keine Vereine zur Erhaltung von Flugzeugen, und die TK-2 wurde vier Monate später

**Die Maschine hieß TK-1, weil ein niederländischer Student den Vermerk 'Tekniese Kollege No. 1' auf den Zeichnungen angebracht hatte, und die de Havilland Technical School TK-1 war ein schmucker aber anspruchsloser Doppeldecker. Mit der Bezeichnung E.3 wurde er 1935 und 1936 in Rennen geflogen.**

**In ihrer endgültigen Form brach die de Havilland Technical School TK-2 1947 den 100 km Rundkurs-Geschwindigkeitsrekord ihrer Klasse mit durchschnittlich 287 km/h. Vier Monate später, im Dezember 1947, wurde die Maschine verschrottet.**

verschrottet.

Ein Projekt, das in Hatfield nicht realisiert wurde, erhielt die Bezeichnung **TK-3**, Berichte weisen jedoch darauf hin, daß das Projekt zur Chilton D.W.1 beigetragen habe, die 1937 von zwei ehemaligen Studenten der de Havilland Technical School in Hungerford gebaut wurde.

Nach dem Rennerfolg der TK-2 wandte sich die Schule der Konstruktion des kleinsten einsitzigen Rennflugzeuges zu, das von einem 140 PS (104 kW) Gipsy Major II angetrieben werden konnte. Das Resultat war die **TK-4**, eine fortschrittliche Konstruktion mit einziehbarem Fahrwerk, Flügelschlitzen, Klappen und einem Verstellpropeller. Sie flog erstmals im Juli 1937 und nahm an dem King's Cup Luftrennen teil. Obwohl sie 370,95 km/h schnell flog, schlug sie doch nicht die Maschinen mit Handikap und wurde neunte. Mit einem Seitenblick auf den Klassenrekord über den 100 km Rundkurs startete der de Havilland Chefpilot Bob Waight am 1. Oktober 1937 mit der TK-4 zu einem Übungsflug und kam dabei um, als das Flugzeug aus geringer Flughöhe abstürzte.

Die **TK-5** war die letzte Konstruktion der Schule, die auch gebaut wurde, und sie hatte auch den geringsten Erfolg. Das Ende 1939 fertiggestellte, einsitzige Entenflugzeug TK-5 hatte einen 145 PS (108 kW) Gipsy Major 1C Motor, der hinter dem Piloten montiert war und einen Druckpropeller antrieb, aber nicht einmal Geoffrey de Havilland Jr. konnte die Maschine zum Abheben bewegen, und sie wurde später verschrottet.

**Als winziger Eindecker mit vielen hochaktuellen Einrichtungen war die de Havilland Technical School TK-4 um den 140 PS (104 kW) DH Gipsy Major II Motor herum gebaut worden, erwies sich aber in der Luft als äußerst problematisch.**

### Technische Daten
### de Havilland Technical School TK-2

**Typ:** einsitziges Rennflugzeug.
**Triebwerk:** ein 140 PS (104 kW) de Havilland Gipsy Motor II Reihenmotor.
**Leistung:** Höchstgeschwindigkeit im Geradeausflug 301 km/h.
**Gewicht:** Leergewicht 476 kg; max. Startgewicht 726 kg.
**Abmessungen:** Spannweite 9,75 m; Länge 6,83 m; Tragflügelfläche 11,61 m$^2$.

# de Lackner Aerocycle

## Entwicklungsgeschichte

Die **de Lackner Aerocycle**, die von der de Lackner Helicopter Inc., Mount Vernon, New York, entwickelt wurde, war einer von mehreren amerikanischen Versuchen zur Entwicklung eines billigen Einmannhubschraubers. Die ungewöhnliche Konstruktion bestand aus einer Rohr-Kufenstruktur, über der das Triebwerk und der Rotormast montiert war, der zwei gegenläufige, zweiflügelige Rotoren von je 4,57 m Durchmesser trug. Über den Rotoren befand sich eine Plattform, auf der der Pilot eine Steuersäule bediente (an die er leicht angegurtet war). Bei anfänglichen Tests der am weitesten entwickelten **DH-5 Aerocycle** zeigte sich, daß ein Infanterist in sehr kurzer Zeit lernen konnte, das Fluggerät zu beherrschen, die begrenzten Einsatzmöglichkeiten für einen derartigen Hubschrauber verhinderten jedoch seine weitere Entwicklung.

**Einer der Prototypen in der de Lackner Aerocycle-Serie, der DH-4 Heli-Vector, war von L.C. McCarty konstruiert worden und flog im Januar 1955 zum ersten Mal. Als Triebwerk diente ein 40 PS (29,8 kW) starker Kiekhaefer Mercury 325 Außenbord-Rennmotor, der ein Paar gegenläufiger 4,57 m Rotoren antrieb. Die DH-4 hatte ein max. Startgewicht von 181 kg, eine Geschwindigkeit von 104 km/h, eine Dienstgipfelhöhe von 1.525 m und eine Reichweite von bis zu 80 km.**

# de Schelde Flugzeuge

## Entwicklungsgeschichte

Das niederländische Unternehmen Koninklijke Maatschappij de Schelde gründete 1935 in Vlissingen in den Niederlanden eine Luftfahrtabteilung. Dies geschah im Anschluß an die Schließung der Flugzeugbauabteilung von H.Pander & Zonen (gegründet 1924), und de Schelde nutzte die Gelegenheit, deren Chefingenieur und die technischen Mitarbeiter zu übernehmen. Die erste Konstruktion, die von dem neuen Unternehmen gebaut wurde, war die **Schelde S.12**, ein viersitziger Reiseeindecker in Holzbauweise. Die sehr saubere Konstruktion war als Tiefdecker ausgelegt, hatte ein starres Heckradfahrwerk und wurde von einem 130 PS (97 kW) de Havilland Gipsy Major Reihenmotor angetrieben. Ein viel originelleres Flugzeug war die sich anschließende, einsitzige **Scheldemusch** (Scheldenspatz), ein leichter Doppeldecker. Die Maschine hatte einen verschweißten Stahlrohrrahmen, der auf einem Bugradfahrwerk saß, eine mit Stoff bespannte Pilotengondel vor den Flügeln, ein Druckpropeller-Triebwerk am hinteren Ende der Gondel und Ausleger, die ein kreuzförmiges Leitwerk trugen. Nach der erfolgreichen Erprobung der Scheldemusch wurden mehrere Exemplare von niederländischen Fliegerclubs gekauft. Es schloß sich ein einsitziges Flugboot von allgemein gleicher Konstruktion an, das als **Scheldemeeuw** (Scheldenmöwe) bekannt war. Es unterschied sich durch seinen ganz aus Holz gebauten Rumpf, kleine Stützschwimmer unter den Spitzen der unteren Flügel und durch eine modifizierte Leitwerkspartie, die durch zwei Ausleger und Drahtverspannung stabilisiert wurde. Die beiden letzten Projekte des Un-

**Die de Schelde Scheldemusch, ein Doppeldecker mit Druckpropeller, war konstruiert worden, um dem begeisterten Flugamateur eine Maschine zum 'sportlichen' Fliegen zu bieten.**

**Die viersitzige de Schelde S.20 Druckpropellermaschine sollte mit ihrer Konstruktion beweisen, daß ein Doppelleitwerk mit Druckpropeller Vorteile bei Leistung und Flugeigenschaften bot.**

ternehmens waren auch die anspruchsvollsten, die de Schelde unternahm. Beide Maschinen wurden von T.E. Slot konstruiert und hatten die gleiche Grundkonstruktion: an der Eindecker-Tragfläche war eine zentrale Gondel montiert (mit den Insassen/Besatzung vorn und dem Motor mit Druckpropeller hinten) und nach hinten erstreckten sich zwei schlanke Leitwerksträger in Schalenbauweise. Der Bau beider Prototypen begann 1939, keiner der beiden Typen trug jedoch Früchte. Die **S.20** war ein viersitziges Kabinen-Leichtflugzeug, das von einem 160 PS (119 kW) Hirth HM.506A Reihenmotor angetrieben wurde. Die **S.21** war ein einsitziges Jagdflugzeug, dessen Manövrierbarkeit nach Slots fester Ansicht exzellent sein würde, weil die massivsten Elemente in Schwerpunktnähe montiert waren. Die S.21 hätte von einem 1.050 PS (783 kW) Daimler-Benz DB 600Ga V-12 Motor mit hängenden Zylindern angetrieben werden sollen. Die Höchstgeschwindigkeit war mit 590 km/h errechnet worden, und das maximale Startgewicht hätte ungefähr 2.500 kg betragen.

### Technische Daten
**de Schelde Scheldemusch**
**Typ:** einsitziger, leichter Eindecker.
**Triebwerk:** ein 40 PS (30 kW) Praga B Zweizylinder-motor.
**Leistung:** Höchstgeschwindigkeit 125 km/h; Reisegeschwindigkeit 105 km/h; Dienstgipfelhöhe 3.500 m; Reichweite 300 km.
**Gewicht:** Leergewicht 200 kg; max. Startgewicht 300 kg.
**Abmessungen:** Spannweite 6,70 m; Länge 5,30 m; Höhe 2,50 m; Tragflügelfläche 13,20 m².

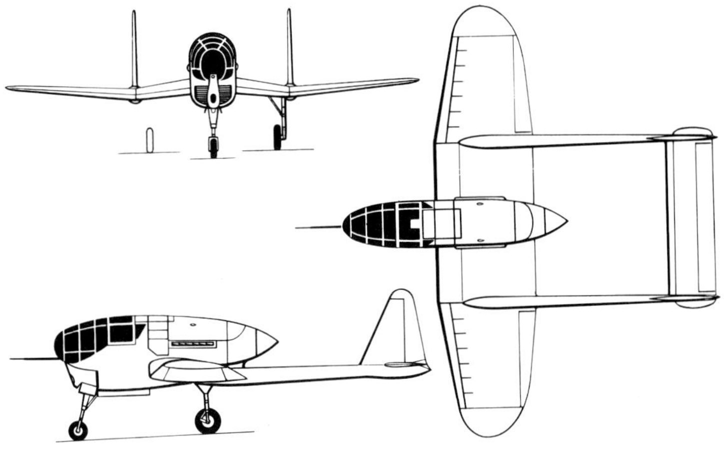
de Schelde S.21

# Deekay Knight

### Entwicklungsgeschichte
Eines der vielen Leichtflugzeug-Einzelexemplare, die zwischen den Kriegen gebaut wurden, war die **Deekay Knight**, die von S.C. Hart-Still konstruiert und 1937 in Broxbourne, Hertfordshire von der Deekay Aircraft Corporation gebaut wurde. Der Knight-Tiefdecker mit zwei nebeneinanderliegenden Sitzen kam nur als Prototyp heraus, und es heißt, daß er im Krieg verschrottet wurde. Interessant war er wegen seiner Flügelkonstruktion, bei der vier Holme verwendet wurden und die üblichen Rippen wegfielen, die von einfachen Zwischenholmen ersetzt wurden. Während Flugerprobungstests bei RAE Farnborough brach die Flügelwurzel bei dem 12,3fachen Gewicht des Flugzeugs.

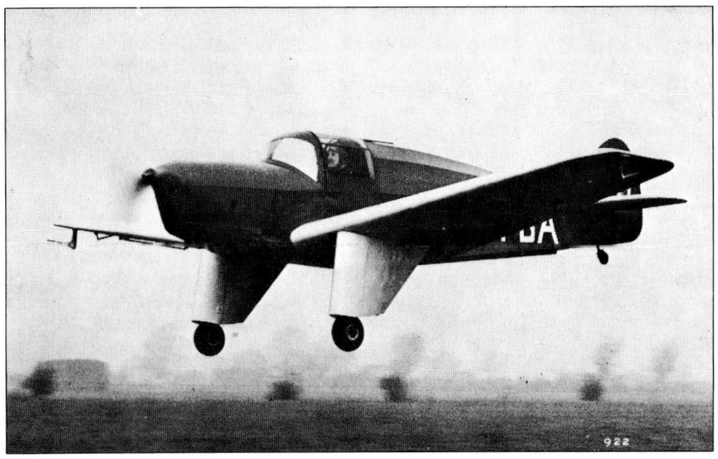
**Obwohl die Deekay Knight von außen wie ein typisches Leichtflugzeug der dreißiger Jahre aussah, hatte sie doch eine außergewöhnliche Flügelkonstruktion, die auf vier Holmen beruhte.**

### Technische Daten
**Typ:** zweisitziges Leichtflugzeug.
**Triebwerk:** ein 90 PS (67 kW) Blackburn Cirrus Minor Reihenmotor mit hängenden Zylindern.
**Leistung:** Höchstgeschwindigkeit 201 km/h; Reisegeschwindigkeit 169 km/h in 915 m Höhe.
**Gewicht:** Leergewicht 386 kg; max. Startgewicht 658 kg.
**Abmessungen:** Spannweite 9,60 m; Länge 8,48 m; Höhe 1,85 m; Tragflügelfläche 13,01 m².

# Del Mar Hubschrauber

### Entwicklungsgeschichte
Im Jahre 1940 gründete Bruce Del Mar in Los Angeles, Kalifornien, die Del Mar Engineering Laboratories, die sich auf die Konstruktion und Herstellung von Waffenträger- und Schulungssysteme konzentrierte. Sein erstes Projekt war der **Del Mar DH-1 Whirlymite** Ultraleicht-Einmannhubschrauber. Die sehr einfache Struktur bestand weitgehend aus Stahlrohr und hatte eine Welle für den Dreiblatt-Hauptrotor und einen Heckausleger, an dem sowohl das Triebwerk als auch der Heckrotor montiert waren, einen offenen Sitz für den Piloten und ein einfaches Fahrwerk. Der Hubschrauber, der in dieser Form erstmals am 15. Juni 1960 geflogen wurde, wurde anschließend zur **DH-2A Whirlymite** Scout Serienversion mit einem AiResearch GTP30-91 Wellenturbine weiterentwickelt. Eine ähnliche, preiswerte **DH-2C Whirlymite Target Drone** Version wurde zur Zieldarstellung für die US Army entwickelt.

**Der Del Mar DH-1 Whirlymite war nur einer aus einer Flut von Einmann-Mehrzweckhubschraubern, die in den fünfziger Jahren entwickelt wurden, lieferte aber das Muster für eine große Prototypenreihe.**

Die vielleicht genialste Idee war die Konstruktion der **DHT-1 Ground Effect Trainer Platform**, die für jede Version des Whirlymite-Hubschraubers geeignet war. Dabei wurde der Bodeneffekt ausgenutzt, und der Flugschüler konnte in geringer Höhe in absoluter Sicherheit üben. Eine weiterentwickelte **DHT-2** schuf eine Kabel-Sprechverbindung zwischen Flugschüler und Fluglehrer sowie die Möglichkeit für den Fluglehrer, das Übungsgerät im Notfall abzuschalten. Die spätere **DHT-2A** Version hatte ein geschlossenes Dach für den Flugschüler. Die letzte Entwicklungsstufe der Whirlymite-Familie war die **DH-20 Whirlymite Tandem**, ein Experimental-Leichthubschrauber mit Doppelrotor.

### Technische Daten
**Del Mar DH-2A Whirlymite Scout**
**Typ:** Mehrzweck-Ultraleicht-hubschrauber.
**Triebwerk:** eine 85 Wellen-PS (63 kW) AiResearch GTP30-91 Wellenturbine.
**Leistung:** Höchstgeschwindigkeit in Seehöhe 137 km/h; wirtschaftliche Reisegeschwindigkeit 80 km/h; Dienstgipfelhöhe 3.960 m; Reichweite 145 km.
**Gewicht:** Leergewicht 136 kg; max. Startgewicht 272 kg.
**Abmessungen:** Durchmesser des Hauptrotors 4,88 m; Durchmesser des Heckrotors 0,91 m; Länge 5,08 m; Höhe 2,13 m; Hauptrotorkreisfläche 18,68 m².

# Deperdussin Flugzeuge

### Entwicklungsgeschichte
Der wohlhabende französische Seidenfabrikant Armand Deperdussin gründete 1910 sein Flugzeugbauunternehmen Société Pour les Appareils Deperdussin (SPAD) in Betheney in der Nähe von Reims. Er hatte das Glück, Louis Bechereau als für die Leitung des Unternehmens Verantwortlichen einzustellen, und er stellte später noch einen jungen Ingenieur namens André Herbemont ein. Beide brachten der kurzlebigen SPAD-Organisation, die 1913 in Liquidation ging, als Deperdussin wegen Unterschlagung verhaftet wurde, unsterblichen Ruhm.

Bechereau konstruierte eine Serie von Eindeckern zunehmender Leistung und perfektionierte eine Schalenrumpfform, die einen wünschenswerten runden Querschnitt mit leichtem Gewicht und Stabilität vereinigte. In ihrer typischen Auslegung waren die Deperdussin-Maschinen verspannte Hochdecker, bei denen zwei Hauptpfosten am vorderen Rumpf eine Vielzahl von Drähten trugen, die die schlanken Flügel hielten. Die Quersteuerung erfolgte durch Verdrehen der Flügel. Ein starres Heckspornfahrwerk war Normalausstattung, die Wasserflugzeuge waren jedoch mit, für damalige Zeiten, sehr guten Schwimmern ausgestattet. Die meisten der Flugzeuge wurden von Gnome Umlaufmotoren mit verschiedenen Leistungswerten angetrieben.

Am 9. September 1912 gab es den ersten Erfolg, als ein Deperdussin-Flugzeug mit einem 160 PS (119 kW) Gnome-Motor und gesteuert von Jules Védrines das vierte James Gordon Bennett Aviation Cup Race in Chicago, Illinois, gewann. Noch größer waren die Erfolge des Jahres 1913, als Maurice Prévost am 16. April das erste Schneider Trophy-Rennen in Monaco und am 29. September den Gordon Bennett Cup in Reims in Frankreich gewann, wo er am gleichen Tag auch noch den absoluten Geschwindigkeits-Weltrekord von 203,85 km/h aufstellte. Zum Abschluß der Erfolge dieses Jahres gewann eine von Eugène Gilbert pilotierte Deperdussin am 27. Oktober das Henry Deutsch de la Meurthe Luftrennen rund um Paris. Damit hatten Bechereau und Herbemont in einigen Monaten das schnellste Vorkriegsflugzeug der Welt für Deperdussin geschaffen: nach diesem Höhepunkt des Erfolges kam der Zusammenbruch des Unternehmens Deperdussin. Es wurde von Louis Blériot übernommen und in Société Pour l'Aviation et ses Dérives (ebenfalls SPAD) umbenannt, das während des Ersten Weltkriegs für seine Produkte berühmt wurde.

**Das beste Deperdussin-Flugzeug war die zukunftsweisende Monocoque-Rennmaschine, die eine sehr saubere Linienführung hatte und deren starker zweireihiger Gnome Umlaufmotor 160 PS (119 kW) lieferte. Die verspannten Flügel waren an der Hinterkante nach innen hin verjüngt. Die Abbildung zeigt die Maschine in ihrer Rekordversion des Jahres 1913, bei der die Flügel auf 6,35 m gekürzt wurden und die am 29. September 1913 eine Geschwindigkeit von 203,85 km/h erreichte.**

### Technische Daten
**Deperdussin 'Monocoque' Rennflugzeug** (1913)
**Typ:** einsitziges Rennflugzeug.
**Triebwerk:** ein 160 PS (119 kW) Gnome Umlaufmotor.
**Leistung:** Höchstgeschwindigkeit 204 km/h.
**Gewicht:** max. Startgewicht 450 kg.
**Abmessungen:** Spannweite 6,65 m; Länge 6,10 m; Höhe 2,30 m; Tragflügelfläche 9,66 m$^2$.

# Deperdussin TT

### Entwicklungsgeschichte
Unter der Bezeichnung **Deperdussin TT** baute die Firma verschiedene Mehrzweckflugzeuge für militärischen Gebrauch. Sie wurden ab 1912 eingesetzt; zusätzlich zu den an die französische Armee gelieferten Maschinen gingen mehrere Maschinen an die Naval Wing des Royal Flying Corps. Beim Naval Wing erhielt das Modell den Namen **Deperdussin Monoplane** und wurde sowohl in Land- wie auch Wasserflugzeugkonfiguration geflogen.

Der Typ war im allgemeinen ähnlich den Deperdussin Eindecker-Rennflugzeugen und hatte einen einfach strukturierten Rumpf für zwei Personen in offenen Tandem-Cockpits. Beim Fahrwerk ging man davon aus, daß ein Militärflugzeug eventuell von unbefestigten Rollbahnen aus operieren mußte, so daß vor den Haupträdern Kufen angebracht wurden, um die Gefahr des Überschlagens zu vermeiden. Die Maschinen hatten 100 PS (75 kW) Anzani oder Gnome Motoren und erreichten eine Höchstgeschwindigkeit von ca. 115 km/h. Das Modell wurde in begrenztem Maße für Beobachtungs- und Patrouillenflüge eingesetzt, einige Exemplare dienten noch in den ersten Tagen des Ersten Weltkriegs.

**Der hier abgebildete zivile Typ B war im allgemeinen ähnlich wie die militärische Deperdussin TT. Das Modell existierte in ein- und zweisitzigen Ausführungen; letztere hatten einen längeren Bug und nach vorne gezogene Fahrwerkstützen.**

# Desoutter Flugzeuge

### Entwicklungsgeschichte
Die Desoutter Aircraft Company wurde 1929 in Croydon, Surrey, gegründet, um die Lizenzproduktion der Koolhoven F.K.41 zu übernehmen, eines Dreisitzers mit Sperrholzrumpf und stoffbespannten Holzflügeln sowie einem Cirrus III Motor. Die zweite gebaute F.K.41 wurde über dem Desoutter Gelände in Croydon geflogen; die Firma baute u.a. neue Motorenhauben an und setzte die Höhenleitflächen auf herkömmliche Weise unten am Leitwerk an. In dieser Form erschien das Modell im Juli 1929 bei der Olympia Aero Show unter der Bezeichnung **Desoutter Dolphin**; dieser Name wurde allerdings nicht für die Serienmaschinen verwendet.

Das Modell war lediglich als **Desoutter** bekannt; es hatte einen 105 PS (78 kW) Cirrus Hermes I oder 115 PS (86 kW) Hermes II Motor und wurde von den National Flying Services bestellt, die 19 der 28 gebauten Maschinen erhielten. Ein verbesserter Prototyp der **Desoutter II** flog im Juni 1930 und führte neu entworfene Leifläche, Radbremsen und einen de Havilland Gipsy Motor ein. Die ursprüngliche Desoutter wurde in **Desoutter I** umbenannt, als die Desoutter II auf den Plan trat. Von der II wurden zwölf Exemplare gebaut, darunter sechs für den Export. Eine im Juni 1931 an die dänische Gesellschaft Det Dansk Luftfartselskab verkaufte Maschine flog mit Erfolg die Strecke Mildenhall-Melbourne für das MacRobertson Victorian Centenary Air Race in 129 Stunden und 47 Minuten und belegte den 7. Platz.

**Die G-ABMW war eine Standard-Desoutter I, die vorletzte Vertreterin des Typs im britischen Zivilregister. Die Maschine wurde zunächst vom britischen Roten Kreuz geflogen und wechselte dann mehrfach den Besitzer.**

### Technische Daten
**Desoutter II**
**Typ:** dreisitziger Kabinen-Eindecker.
**Triebwerk:** ein 120 PS (89 kW) de Havilland Gipsy III Reihenmotor.
**Leistung:** Höchstgeschwindigkeit 201 km/h; Reisegeschwindigkeit 161 km/h; Dienstgipfelhöhe 5.180 m; Reichweite 805 km.
**Gewicht:** Leergewicht 535 kg; max. Startgewicht 862 kg.
**Abmessungen:** Spannweite 10,88 m; Länge 7,92 m; Höhe 2,13 m; Tragflügelfläche 17 m$^2$.

# Dewoitine D.1

### Entwicklungsgeschichte
Der erste Entwurf des Franzosen Emile Dewoitine nach Einrichtung seiner eigenen Firma im Oktober 1920 war ein einsitziger Kampf-Schulterdecker, die **Dewoitine D.1.** Dieses Modell wurde für eine Anforderung des französischen Service Technique de l'Aéronautique geschaffen. Die Entwicklung wurde wegen verschiedener Meinungsänderungen der Auftraggeber etwas verzögert, aber der erste Prototyp flog schließlich im November 1922. Die Maschine hatte ein sehr fortschrittliches Konzept mit einem Metallrumpf mit ovalem Querschnitt und metallenen, abgestrebten Baldachinflügeln; der Rumpf war mit Duraluminium, die Tragfläche mit Stoff beschichtet. Die **D.1.01** hatte einen 300 PS (224 kW) Hispano-Suiza 8Fb Motor mit zwei Lamblin Kühlern unter dem Bug. Die **D.1bis** ersetzte die verkleideten Cabane-Streben des Prototyps angesichts der Nachteile für das Sichtfeld des Piloten durch konventionelle Streben; die **D.1ter** hatte Tragflächen mit reduzierter Spannweite und größerem Profil und Kühler an den vorderen Beinen des festen Fahrwerks.

Die D.1 wurde in verschiedenen Ländern von Dewoitines Firmenpilot Marcel Doret vorgeführt, und bald begannen die Verkäufe ins Ausland: 79 Maschinen gingen nach Jugoslawien und zwei in die Schweiz; Japan kaufte ein Exemplar. Die italienische Firma Ansaldo kaufte eine D.1bis und baute dann 112 D.1ter Kampfflugzeuge für die Regia Aeronautica; sie blieben bis 1929 im Einsatz und trugen die Bezeichnung **Ansaldo A.C.2.** Obwohl das Modell von der französischen Aviation Militaire nicht für militarischen Einsatz zugelassen wurde, kaufte die Marine Nationale 30 Kampfflugzeuge vom Typ D.1ter, von denen 15 bei der Escadrille 7C1 von Bord des Flugzeugträgers *Béarn* eingesetzt wurden.

### Technische Daten

**Dewoitine D.1ter**
**Typ:** einsitziger Kampf-Eindecker.
**Triebwerk:** ein 300 PS (224 kW) Hispano-Suiza 8Fb Reihenmotor.
**Leistung:** Höchstgeschwindigkeit 255 km/h; max. Steiggeschwindigkeit 7,5 m/sek; Dienstgipfelhöhe 8.000 m; Reichweite 400 km.
**Gewicht:** Leergewicht 820 kg; max. Startgewicht 1.240 kg.
**Abmessungen:** Spannweite 11,50 m; Länge 7,50 m; Höhe 2,75 m; Tragflügelfläche 20 m².
**Bewaffnung:** zwei am Rumpf montierte synchronisierte 7,7 mm Vickers MG.

Dewoitine D.1ter

**Die Dewoitine D.1, ein für die damalige Zeit fortschrittliches Modell, erhielt im eigenen Land nur wenige Produktionsaufträge. Hier abgebildet ist eine umgebaute D.1ter mit zwei Sitzen, die von Marcel Doret als Demonstrationsflugzeug benutzt wurde.**

# Dewoitine D.7

### Entwicklungsgeschichte

In den frühen 20er Jahren fand Emile Dewoitine neben seinen Entwürfen von Kampfflugzeugen auch Zeit für den Bau eines Ultraleichtflugzeugs. Die französischen und britischen Entwürfe stellten Versuche dar, eine Maschine herzustellen, die nicht nur leicht, sondern auch einfach zusammenzusetzen war, so daß sie sich auf dem Landweg transportieren ließ, nötigenfalls auch mit der Hand von zwei Luftfahrtenthusiasten. Der echte 'Amateur' sollte eine solche Maschine in seinem eigenen Garten halten können, wenn er sie nicht benutzte. Dewoitines Entwurf war die einsitzige **Dewoitine D.7,** ein Schulterdecker mit einem Startgewicht von nur 250 kg. Der Typ hatte eine beachtliche Spannweite und einen vergleichsweise kurzen Rumpf.

Die D.7 war ein großer Erfolg und gewann 1923 den von der Zeitung Le Matin ausgesetzten Preis für einen Hin- und Rückflug über den Ärmelkanal. Mehrere Exemplare des Typs wurden gebaut, eines davon ging für experimentelle Zwecke an die japanische Armee.

### Technische Daten

**Typ:** ultraleichter einsitziger Sport-Eindecker.
**Triebwerk:** ein 12 PS (9 kW) Salmson DA3 Dreizylindermotor.
**Leistung:** Höchstgeschwindigkeit 90 km/h; Dienstgipfelhöhe 3.000 m; Flugdauer 5 Stunden.
**Gewicht:** maximales Startgewicht 250 kg.
**Abmessungen:** Spannw. 12,60 m; Länge 5,60 m; Tragflügelfl. 15 m².

**Emile Dewoitines Lösung für das Problem, ein ultraleichtes Flugzeug mit sehr schwachem Motor in die Luft zu bringen und zu fliegen, war eine leichte Struktur mit großer Flügelfläche. Das Resultat war die in geringer Zahl produzierte Dewoitine D.7.**

# Dewoitine D.9

### Entwicklungsgeschichte

Die **Dewoitine D.9,** ein einsitziges Kampfflugzeug, hatte die gleiche grundsätzliche Konfiguration wie die D.1, aber eine um 1,30 m erweiterte Spannweite der ähnlich geformten Flügel; das Triebwerk war ein Gnome-Rhône Jupiter Sternmotor anstelle des Reihenmotors der D.1.

Die D.9 flog erstmals 1924 und wurde wie die D.1 von der französischen Armee abgelehnt, war aber im Ausland erfolgreich. Belgien und Jugoslawien kauften zwei bzw. acht Maschinen, und die Schweizer EKW (Eidg. Konstruktions-Werkstätte) setzte drei Exemplare aus den von der Dewoitine Fabrik gelieferten Komponenten zusammen. Bedeutender jedoch war eine Bestellung der Regia Aeronautica für 150 Maschinen, die als **Ansaldo A.C.3** Kampfflugzeuge von der Firma Ansaldo unter Lizenz gebaut und geliefert wurden. Nach ihrem Dienst bei mehreren Squadriglie wurden die italienischen A.C.3. noch in den 30er Jahren bei dem in Ciampino stationierten, neu gegründeten 5° Stormo Assalto verwendet.

**Die Seriennummer 676 identifiziert dieses Flugzeug als eine der drei Dewoitine D.9 Kampfflugzeuge, die von der Schweizer Eidgenössischen Konstruktions-Werkstätte zusammengesetzt wurden. Wie die D.1 hatte auch die D.9 wenig Erfolg in Frankreich.**

### Technische Daten

**Dewoitine D.9**
**Typ:** einsitziges Kampfflugzeug.
**Triebwerk:** ein 420 PS (313 kW) Gnome-Rhône 9Ab Jupiter Sternmotor.
**Leistung:** Höchstgeschwindigkeit 245 km/h in Meereshöhe; max. Steiggeschwindigkeit 8,75 m/sek; Dienstgipfelhöhe 8.500 m; Reichweite 400 km.
**Gewicht:** Leergewicht 945 kg; max. Startgewicht 1.333 kg.
**Abmessungen:** Spannweite 12,80 m; Länge 7,30 m; Höhe 3 m; Tragflügelfläche 25 m².
**Bewaffnung:** zwei im Rumpf angebrachte synchronisierte 7,7 mm Vickers MG und zwei auf den Tragflächen montierte 7,7 mm Darne MG (die letzteren wurden nicht immer angebracht).

# Dewoitine D.21

### Entwicklungsgeschichte

Der Prototyp **Dewoitine D.21** flog 1925. Das Modell folgte der experimentellen **D.12** und der **D.19** (drei Exemplare in die Schweiz verkauft, zwei davon zum Zusammenbau im Land selbst), die ebenfalls Baldachinflügel hatten, sowie der **D.15**, dem einzigen Dewoitine Doppeldecker-Kampfflugzeug. Die D.21 war eine Entwicklung der D.12, die selbst wiederum auf die D.8 zurückging, von der sie sich vor allem durch den Lorraine-Dietrich 12E Reihenmotor unterschied. Das für die D.21 gewählte Triebwerk war der verläßliche Hispano-Suiza 12Gb, und mit ihrem verstärkten Antrieb konnte die D.21 beträchtliche Exporterfolge erzielen, obwohl die französische Regierung dem Modell wiederum gleichgültig gegenüberstand. Argentinien kaufte sieben D.21, die alle von der EKW in Thun zusammengesetzt wurden, wo später unter Lizenz weitere 58 Maschinen mit Lorraine-Dietrich Motoren gebaut wurden. Die türkische Regierung erwarb eine Serie von D.21, und 25 Exemplare wurden unter Lizenz von Skoda in der Tschechoslowakei für die Luftwaffe des Landes gebaut. Die Skoda Kampfflugzeuge hatten als Triebwerk den Skoda L Motor, eine lizensierte Ausführung des Hispano-Suiza 12Gb; sie hießen **Skoda-Dewoitine D.1.**

### Technische Daten

**Dewoitine D.21**
**Typ:** einsitziges Kampfflugzeug.
**Triebwerk:** ein 500 PS (373 kW) Hispano-Suiza 12Gb Reihenmotor.
**Leistung:** Höchstgeschwindigkeit 270 km/h; max. Steiggeschwindigkeit 10 m/sek; Reichweite 400 km.
**Gewicht:** Leergewicht 1.090 kg; max. Startgewicht 1.580 kg.
**Abmessungen:** Spannweite 12,80 m; Länge 7,64 m; Höhe 3 m; Tragflügelfläche 24,80 $m^2$.
**Bewaffnung:** zwei im Rumpf montierte synchronisierte 7,7 mm Vickers MG und (auf Wunsch) zwei 7,5 mm Darne MG im Flügelmittelstück.

**Die beiden von der EKW in der Schweiz zusammengesetzten Dewoitine D.19 Kampfflugzeuge hatten Chausson Frontkühler für ihre 400 PS (298 kW) Hispano-Suiza 12Jb Reihenmotoren. Der französische Prototyp hatte Kühler, die an den vorderen Fahrwerkstützen montiert waren, wie bei der D.1.**

# Dewoitine D. 26

### Entwicklungsgeschichte

Die **Dewoitine D.26,** gleichzeitig mit den D.27 Kampfflugzeugen von der Schweizer KTA bestellt, war ein einsitziges Kampf-Schulflugzeug von ähnlicher Konstruktion wie die D.27, aber mit einem schwächeren Wright 9Qa Sternmotor ohne Haube. Neun D.26 wurden 1931 ausgeliefert und sollten vor allem für die Ausbildung von Schützen und die Übung im Formationsflug verwendet werden. Kurz darauf wurden zwei weitere D.26 angeschafft, die 300 PS (224 kW) Wright 9Qa Motoren hatten; diese waren für Schulung von Luftkämpfen gedacht und mit Zielkameras an den Tragflächen ausgerüstet.

Die Flugzeuge zeichneten sich vor allem durch ihre Langlebigkeit aus; fast alle flogen bis 1948 mit verschiedenen Flugschulen und wurden dann an den Schweizer Aero Club übergeben, wo man sie viele Jahre lang als Schleppflugzeuge verwendete. Die letzte Maschine (Seriennummer U-288) wurde erst 1970 aus dem Verkehr gezogen und wird heute im Militärluftfahrt-Museum in Dübendorf ausgestellt.

**Der D.27 weitgehend entsprechend wurde die D.26 von einem Wright Sternmotor angetrieben und zum Waffentraining eingesetzt.**

### Technische Daten

**Typ:** einsitziges Kampf-Schulflugzeug.
**Triebwerk:** ein 250 PS (186 kW) Wright 9Qa Sternmotor.
**Leistung:** Höchstgeschwindigkeit 240 km/h; Dienstgipfelhöhe 7.500 m; Reichweite 500 km.
**Gewicht:** Leergewicht 763 kg; max. Startgewicht 1.068 kg.
**Abmessungen:** Spannweite 10,30 m; Länge 6,72 m; Höhe 2,78 m; Tragflügelfläche 17,55 $m^2$.
**Bewaffnung:** ein oder zwei synchronisierte 7,5 mm MG.

**Die Schweiz war der beste Kunde bei Dewoitine und kaufte zahlreiche zivile und auch Militärmaschinen wie diese D.26.**

Mike Hooks

# Dewoitine D. 27

### Entwicklungsgeschichte

Das berühmteste der Dewoitine Kampfflugzeuge mit Baldachinflügeln war die **Dewoitine D.27**, die 1926 für eine offizielle französische Anforderung entwickelt, aber die wie ihre Vorgänger von der Aviation Militaire abgelehnt wurde. Der Prototyp der D.27 wurde von der EKW in der Schweiz gebaut und flog erstmals 1928. Das Triebwerk war ein Hispano-Suiza 12Mb Motor mit Kinn-Kühler. Der Prototyp flog zunächst mit dem kantigen Leitwerk, das schon die frühen Dewoitine Kampfflugzeuge charakterisierte, aber diese Konstruktion wurde bald durch einen völlig neuen Entwurf ersetzt. Die Schweizer Fliegertruppe kaufte den Prototyp und bestellte dann fünf Vorserienmaschinen, die 1930 ausgeliefert wurden, gefolgt von zwei Serien von 15 und 45 Maschinen in den Jahren 1931 bzw. 1932. Im gleichen Jahr erhielten außerdem 15 Schweizer D.27 stärkere HS 12Mc Motoren anstelle der HS 12Mb Triebwerke. Die neuen Motoren wurden aber bald zugunsten der ursprünglichen Motoren aufgegeben. Die Schweizer D.27 blieben bis 1940 im Einsatz und gingen dann an Fliegerschulen, bevor sie 1944 verschrottet wurden.

Emile Dewoitine stellte im Januar 1927 die Flugzeugproduktion in Frankreich ein, nahm aber im März 1928 mit der Société Aéronautique Francaise-Avions Dewoitine die Arbeit wieder auf. Die neue Firma baute 20 weitere D.27; vier wurden von Jugoslawien gekauft und dort von der Zmaj Fabrik zusammengesetzt, und

**Dewoitine D.27 der Jagdfliegerkompagnie der Schweizerischen Fliegertruppe 1930**

drei gingen an Rumänien. Pläne für die Lizenzproduktion der D.27 in diesen beiden Ländern wurden bald aufgegeben. Acht D.27 wurden bei verschiedenen Experimenten verwendet, darunter Erprobungsflüge von Bord des Flugzeugträgers *Béarn*. Fünf D.27 erhielten eine verstärkte Flügelstruktur und wurden daher in **D.53** umbenannt und für Testprogramme mit verschiedenen Triebwerken verwendet: die **D.531** hatte ein Hispano-Suiza Triebwerk, die **D.532** einen Rolls-Royce Kestrel Motor und die **D.535** einen HS 12Xbrs. Die **D.534** wurde für Fallschirmabsprungtests verwendet.

### Technische Daten

**Dewoitine D.27**

**Typ:** einsitziges Kampfflugzeug.
**Triebwerk:** ein 500 PS (373 kW) Hispano-Suiza 12Mb Reihenmotor.
**Leistung:** Höchstgeschwindigkeit 298 km/h in Meereshöhe; max. Steiggeschwindigkeit 10 m/sek; Dienstgipfelhöhe 8.300 m; Reichweite 425 km.
**Gewicht:** Leergewicht 1.038 kg; max. Startgewicht 1.415 kg.
**Abmessungen:** Spannweite 10,30 m; Länge 6,56 m; Höhe 2,78 m; Tragflügelfläche 17,55 m².
**Bewaffnung:** zwei feste, im Rumpf montierte synchronisierte 7,7 mm MG.

**Der Höhepunkt in der Entwicklung von Dewoitine Kampfflugzeugen war die in großer Zahl für die Schweiz gebaute D.27: auf fünf Vorserienmaschinen folgten 60 Serienexemplare.**

# Dewoitine D.33

### Entwicklungsgeschichte

Das damals neu gegründete französische Luftfahrtministerium gab 1929 eine Ausschreibung für ein avion de grand raid (Langstreckenflugzeug) heraus und versprach einen hohen Geldpreis für ein Modell, das ohne Auftanken eine Strecke von 10.000 km zurücklegen konnte. Dewoitine produzierte die **Dewoitine D.33**, einen Tiefdecker aus Ganzmetall mit freitragenden Flügeln und festem, breitspurigem Fahrwerk. Die langen, stark zugespitzten Tragflächen enthielten nicht weniger als 16 Tanks, und die ausgeprägte V-Stellung sorgte für die Schwerkraftzuführung für die Rumpfsammeltanks, die wiederum den Hispano-Suiza 12Nb Motor speisten. Pilot und Copilot saßen nebeneinander in einer geschlossenen Kabine, direkt hinter ihnen war die Funkerposition.

Der erste Prototyp **D.33.01** flog erstmals am 21. November 1930, am Steuer saß der Firmenpilot Marcel Doret. Die Maschine erhielt den Namen Trait d'Union (Bindestrich) und stellte im Juni 1931 einen Entfernungsrekord von 10.372 km bei einer Durchschnittsgeschwindigkeit von 149 km/h auf. Am 21. Juli 1931 startete die Trait d'Union mit einer bunten Trikolore auf dem Leitwerk zu ihrem Nonstopflug über 10.000 km; das Ziel war Tokio. Die Besatzung bestand aus den Piloten Le Brix und Doret und dem Funker Masmin. Etwa 500 km nordwestlich von Irkutsk in Sibirien fiel das Triebwerk aus, und Doret unternahm eine Bruchlandung, nachdem seine beiden Begleiter sich mit Fallschirmen in Sicherheit gebracht hatten.

Die zweite Maschine, die **D.33.02**, war bereits fertiggestellt. Auch sie erhielt den Namen Trait d'Union, dafür allerdings ein rundes, rot-weiß-blaues Abzeichen auf Flosse und Ruder. Die gleiche Besatzung startete am 11. September 1931 in dieser Maschine in Richtung Tokio, aber nach etwa 24 Flugstunden gerieten sie in heftige Unwetter über den Ausläufern des Urals. Die Maschine geriet in einen unkontrollierbaren Sturzflug, Doret rettete sich durch einen Fallschirmsprung aus geringer Höhe, aber die beiden anderen Besatzungsmitglieder wurden beim folgenden Absturz getötet. Nach einer offiziellen Untersuchung erwies sich, daß Dewoitines Entwurf nicht für den Unfall verantwortlich war (die Ursache war vielmehr ein Versagen des Triebwerks), aber der Entwurf wurde aufgegeben.

**Die Dewoitine D.33, ein Langstreckenflugzeug mit nicht weniger als 16 Flügeltanks von enormer Treibstoffkapazität, hat eine auffällige Ähnlichkeit mit den Tiefdeckern derselben Firma. Hier abgebildet ist die erste der beiden Trait d'Union Maschinen.**

### Technische Daten

**Typ:** Langstrecken-Rekordflugzeug.
**Triebwerk:** ein 650 PS (485 kW) Hispano-Suiza 12Nb Reihenmotor.
**Leistung:** Höchstgeschwindigkeit 245 km/h; Reisegeschwindigkeit 175 km/h; theoretische max. Reichweite 11.000 km.
**Gewicht:** Leergewicht 3.100 kg; max. Startgewicht 9.800 kg mit 6.000 kg Treibstoff.
**Abmessungen:** Spannweite 28 m; Länge 14,40 m; Höhe 5 m; Tragflügelfläche 78 m².

# Dewoitine D.37 Baureihe

### Entwicklungsgeschichte

Die **Dewoitine D.37** wurde etwa gleichzeitig mit der D.500 entwickelt und stellt den Höhepunkt der Dewoitine Modelle mit Baldachinkonfiguration dar. Der Typ wurde im August 1932 von der Firma Lioré-et-Olivier mit einem 700 PS (522 kW) Gnome-Rhône 14Kds Motor fertiggestellt und war vielversprechend genug, um die weitere Entwicklung zu rechtfertigen. Der veränderte Prototyp **D.371** mit einem 800 PS (597 kW) Gnome-Rhône 14Kds Sternmotor unternahm seinen Jungfernflug im September 1934. Diese Maschine hatte einen Schalenrumpf aus Ganzmetall und mit Stoff bespannte Metallflügel. Die Hauptteile des breitspurigen Fahrwerks waren mit dem Rumpf und den vorderen Stützen verstrebt. Die Armée de l'Air bestellte im Frühjahr 1935 eine Serie von 28 D.371, die sich vom Prototyp durch verkleidete Gnome-Rhône 14Kfs Sternmotoren unterschieden. Die Bewaffnung bestand aus zwei an den Tragflächen montierten Darne MG und zwei im Rumpf angebrachten synchronisierten Vickers Gewehren.

Litauen bestellte 14 Exemplare der Exportversion **D.372**, übernahm später jedoch je sieben D.500 und D.501 mit Kanonenbewaffnung. Zehn D.371 wurden von der Armée de l'Air Bestellung zusammen mit den 14 D.372 1936 an die Regierung der Republik Spanien geliefert; kurz darauf gingen zwei weitere D.372 nach Barcelona, die im Namen der Regierung Saudi-Arabiens bestellt worden waren, um vor der Weltöffentlichkeit keine Sympathie Frankreichs für die republikanische Bewegung in Spanien zugeben zu müssen. Alle spanischen Maschinen wurden später mit je zwei 7,7 mm Vickers MG bewaffnet. Sie zerstörten angeblich innerhalb von zwei Monaten während der Frühzeit des spanischen Bürgerkriegs 21 Maschinen der Faschisten, wurden danach jedoch für Küstenschutz verwendet.

Im November 1934 bestellte die französische Aéronautique Maritime 40 Exemplare einer Marine-Variante, die alle mit Fanghaken und Klappen zum Einsatz von Bord des Flugzeugträgers *Béarn* ausgerüstet wurden. Die Grundausführung erhielt die Bezeichnung **D.373**, während eine in Rahmen der Bestellung der 40 Exemplare mit Faltflügeln ausgelieferte Variante die Bezeichnung **D.376** trug. Beide Ausführungen behielten die Bewaffnung der D.371 bei.

**Dewoitine D.372 der Escuadra España, Aviation Militar Republicana (Luftwaffe der Republik Spanien), 1936 in der Nähe von Madrid stationiert**

**Technische Daten**
**Dewoitine D.371**
**Typ:** einsitziges Kampfflugzeug.
**Triebwerk:** ein 930 PS (694 kW) Gnome-Rhône 14Kfs Sternmotor.
**Leistung:** Höchstgeschwindigkeit 405 km/h in 4.400 m Höhe; Steigzeit auf 4.500 m 5 Minuten 12 Sekunden; absolute Gipfelhöhe 11.000 m; Reichweite 900 km.
**Gewicht:** Rüstgewicht 1.295 kg; max. Startgewicht 1.860 kg.
**Abmessungen:** Spannweite 11,80 m; Länge 7,44 m; Höhe 3,40 m; Tragflügelfläche 17,80 $m^2$.
**Bewaffnung:** zwei im Rumpf montierte synchronisierte 7,7 mm Vickers MG und zwei auf den Tragflächen angebrachte 7,5 MAC MG.

# Dewoitine D.332

## Entwicklungsgeschichte

Die **Dewoitine D.332** war ein Tiefdecker mit freitragenden Flügeln und acht Passagiersitzen, der am 11. Juli 1933 mit dem Piloten Marcel Doret seinen Jungfernflug unternahm. Die Fahrwerkhauptteile waren verkleidet, und das einteilige Seitenleitwerk war in einer für Dewoitine typischen Anlage verstrebt. Pilot und Copilot saßen nebeneinander in einer Kabine vor der Flügelvorderkante, hinter ihnen befand sich die Funkerposition. Die Passagierkabine war geräumig, gut geheizt und belüftet und hatte Liegesitze für Nachflüge. Das Triebwerk bestand aus drei Wright Cyclone Sternmotoren, die von Hispano-Suiza gebaut worden waren.

Das neue Transportflugzeug erhielt den Namen Emeraude (Smaragd) und unternahm mehrere beeindruckende Demonstrationsflüge in verschiedene europäische Hauptstädte. Am 7. September 1933 stellte es einen Weltrekord auf, als es mit einer Last von 2.000 kg einen Rundflug von 1.000 km bei einer durchschnittlichen Geschwindigkeit von 259,56 km/h zurücklegte. Der Typ war für den regelmäßigen Service der Air France nach Saigon im damaligen Französisch-Indochina, dem heutigen Vietnam, vorgesehen, und die D.332 startete am 21. Dezember 1933 zu einem atemberaubenden Flug; am 28. Dezember erreichte sie ihr Ziel. Beim Rückflug streifte die Emeraude in einem schweren Schneesturm nur 400 km vor dem Flughafen Le Bourget einen Hügel, geriet in Brand, und alle Insassen wurden getötet.

## Varianten

**D.333:** Obwohl die D.332 zerstört wurde, bestellte Air France drei Maschinen vom Typ D.333, einer schweren und stärkeren Entwicklung für bis zu zehn Passagiere und mit einem Gesamtgewicht von zusätzlichen 1.650 kg; die Maschinen wurden mehrere Jahre lang auf dem Toulouse-Dakar Abschnitt der Südamerika-Route der Air France eingesetzt.
**D.338:** Nach dem Erstflug eines D.338 Prototyps im Jahre 1936 kaufte Air France 30 Serienmaschinen mit einziehbarem Fahrwerk, leicht vergrößerter Spannweite und einem im Vergleich mit der D.332 um 3,18 m verlängerten Rumpf; auf Kurz- und Mittelstreckenflügen waren 22 Passagiere vorgesehen, während die Maschinen im Fernost-Service zwölf Luxussitze hatte, von denen sechs in Liegen umgewandelt werden konnten; das Triebwerk bestand aus drei 650 PS (485 kW) Hispano-Suiza V16/17 Sternmotoren; das Modell erreichte eine Höchstgeschwindigkeit von 301 km/h und eine Reisegeschwindigkeit von 260 km/h und galt als ausgesprochen zuverlässig; viele Maschinen flogen während des Zweiten Weltkriegs auf Passagierrouten in die damaligen französischen Überseegebiete; neun nach wie vor flugtüchtige Maschinen dienten nach dem Krieg mehrere Monate lang auf der Strecke zwischen Paris und Nizza.
**D.342:** eine einzelne 1939 gebaute Maschine mit verbesserter Struktur und einer Kapazität für 24 Passagiere; das Triebwerk bestand aus drei 915 PS (682 kW) Gnome-Rhône 14N Sternmotoren; mit der Kennung F-ARIZ wurde das Flugzeug 1942 der Air France übergeben.
**D.620:** Entwicklung der D.33 mit drei 880 PS (656 kW) Gnome-Rhône 14 Krsd Sternmotoren und 30 Passagiersitzen; das einzige gebaute Exemplar wurde nicht ausgeliefert; über seinen Verbleib ist nichts bekannt.

**Technische Daten**
**Dewoitine D.332**
**Typ:** achtsitziger Transporter.
**Triebwerk:** drei 575 PS (429 kW) Hispano-Suiza 9V Sternmotoren (unter Lizenz gebaute Wright-Cyclone).
**Leistung:** Höchstgeschwindigkeit 300 km/h; Reisegeschwindigkeit 250 km/h; Dienstgipfelhöhe 6.300 m; Reichweite 2.000 m.
**Gewicht:** Rüstgewicht 5.280 kg; max. Startgewicht 9.350 kg.
**Abmessungen:** Spannweite 29 m; Länge 18,95 m; Tragflügelfl. 80 $m^2$.

**Ein auffälliges Kennzeichen der Dewoitine D.332.01, dem ersten Prototyp, ist die geräumige Passagierkabine mit breiten Glasfenstern zu beiden Rumpfseiten. Nicht minder auffällig sind die Fahrwerk-'Hosen'.**

**Die Dewoitine D.338, ein sehr viel befriedigenderes Modell als die D.332, hatte die gleiche Kombination von Flugwerk und Triebwerk, enthielt aber auch einige Verbesserungen wie ein einziehbares Fahrwerk und eine höhere Passagierkapazität.**

# Dewoitine D.500 Baureihe

## Entwicklungsgeschichte

Die **Dewoitine D.500** war ein sehr viel attraktiveres Modell als die Nieuport 62/622, die 1928-31 in Dienst genommen worden war und die im Rahmen einer Ausschreibung des französischen Luftfahrtministeriums nun durch ein neues einsitziges Kampfflugzeug ersetzt werden sollte. Die antiquierte Struktur eines Anderthalbdeckers hatte mit ihren zahlreichen Streben viel Luftwiderstand erzeugt, und Dewoitine wählte statt dessen einen einfachen Tiefdecker mit freitragenden Flügeln. Die Konstruktion war aus Ganzmetall, und die Struktur von Tragflächen, Rumpf und verstrebtem Leitwerk war vollkommen konventionell. Das feste Heckradfahrwerk erinnerte an die D.37 Baureihe. Das Triebwerk des Prototyps **D.500.01** (Erstflug am 19. Juni 1932) bestand aus einem 600 PS (492 kW) Hispano-Suiza 12Xbrs Reihenmotor.

Am 23. November 1933 wurden 57 Exemplare des Serienmodells **D.501** bestellt. Die D.500 erfuhr viele Variationen, vor allem in der Bewaffnung und der Wahl des Triebwerks; ca. 380 Flugzeuge wurden von Dewoitine, Loiré-Nieuport, Loiré-et-Olivier und nach der Verstaatlichung der französischen Flugzeugindustrie durch SNCASE gebaut. Die bei Ausbruch des Zweiten Weltkriegs am häufigsten eingesetzte Version war die **D.510** mit dem stärkeren 860 PS (641 kW) Hispano-Suiza 12Ycrs Motor, erweiterter Treibstoffkapazität, einem etwas verlängerten Rumpfbug und verbesserten Fahrwerk-Hauptteilen. Dieses Modell diente bei den Groupes GC I/1, und I/8 in Frankreich (September 1939), und sowohl die D.510 als auch D.501 flogen bei mehreren Übersee-

**Dewoitine D.500 der 1e Escadrille, Group de Chasse I/4, Armée de l'Air, im Frühjahr 1937 in der Nähe von Reims stationiert**

geschwadern. Von den in Frankreich eingesetzten Maschinen waren die meisten vor der deutschen Invasion im Mai 1940 aus dem Verkehr gezogen oder ins Ausland verlegt worden, denn die Höchstgeschwindigkeit von nur 400 km/h ließ dem veralteten Modell keine Chance gegen die Messerschmitt Bf 109 der Luftwaffe.

### Technische Daten

**Dewoitine D.501**
**Typ:** einsitziges Kampfflugzeug.
**Triebwerk:** ein 690 PS (515 kW) Hispano-Suiza 12Xcrs Reihenmotor.
**Leistung:** Höchstgeschwindigkeit 335 km/h in 2.000 m Höhe; Reisegeschwindigkeit 225 km/h; Steigzeit auf 1.000 m 1 Minute 20 Sekunden; Dienstgipfelhöhe 10.200 m; Reichweite 870 km.
**Gewicht:** Leergewicht 1.287 kg; Startgewicht 1.787 kg.
**Abmessungen:** Spannweite 12,09 m; Länge 7,56 m; Höhe 2,70 m; Tragflügelfläche 16,50 m$^2$.
**Bewaffnung:** eine durch die Propellerwelle feuernde 20 mm HS S7 (Oerlikon) Kanone und zwei an den Tragflächen montierte 7,5 mm Darne MG.

# Dewoitine D.503/D.511

### Entwicklungsgeschichte

Ende 1934 stellte Dewoitine beim Pariser Salon de l'Aéronautique den Prototyp eines einsitzigen Kampfflugzeugs mit der Bezeichnung **Dewoitine D.511** vor. Die Maschine basierte auf der D.500 und verband Rumpf und Heck dieses Modells mit neuen Tragflächen von reduzierter Spannweite und Fläche, einem modifizierten Fahrwerk und einem Hispano-Suiza 12Ycrs Motor. Als die Ausstellung zu Ende war, hatte man entschieden, daß die Leistung der D.511 mit diesem Triebwerk nicht ausreichen würde, und die Maschine wurde nie geflogen. Statt dessen wurde ein Hispano-Suiza 12Xcrs mit einem anderen Kühler eingebaut, und das Modell erhielt fortan die neue Bezeichnung **D.503.**

**Die Dewoitine D.503 war nur eine leicht geänderte Version der D.511, hatte aber auch freitragende Fahrwerkbeine. Nur dieses eine hier abgebildete Exemplar wurde gebaut.**

### Technische Daten

**Dewoitine D.503**
**Typ:** einsitziges Kampfflugzeug (Prototyp).
**Triebwerk:** ein 690 PS (515 kW) Hispano-Suiza 12Xcrs Reihenmotor.
**Leistung:** Höchstgeschwindigkeit 375 km/h in 5.000 m Höhe; Steigzeit auf 5.000 m Höhe 7 Minuten 30 Sekunden; Reichweite 840 km.
**Gewicht:** Leergewicht 1.378 kg; max. Startgewicht 1.823 kg.
**Abmessungen:** Spannweite 11,48 m; Länge 7,56 m; Höhe 2,70 m; Tragflügelfläche 15,00 m$^2$.
**Bewaffnung:** eine am Triebwerk montierte 20 mm Kanone und zwei auf den Tragflächen angebrachte 7,5 mm Darne MG.

# Dewoitine D.513

### Entwicklungsgeschichte

Am 6. Januar 1936 flog Dewoitine den ersten von zwei Prototypen eines neuen Kampf-Tiefdeckers mit der Bezeichnung **Dewoitine D.513**. Das Modell hatte freitragende Flügel, einen Hispano-Suiza Reihenmotor und ein einziehbares Heckradfahrwerk und schien durchaus vielversprechend. Ungewöhnlich waren die fast elliptischen Seiten- und Höhenleitflächen.

Bei Flugtests erwies sich, daß nicht nur die Höchstgeschwindigkeit nicht den Erwartungen entsprach, sondern daß auch schwerwiegende Stabilitätsprobleme auftraten. Nach einer umfassenden Veränderung des Entwurfs erhielt der erste Prototyp einen völlig neuen Rumpf, ein modifiziertes Leitwerk mit beträchtlich erweiterten Seitenleitflächen, ein neues Fahrwerk und einen veränderten Kühler. Als sich auch in dieser Ausführung die Leistung als unzureichend erwies und die Stabilität weiterhin Schwierigkeiten bereitete, wurde die Entwicklung abgebrochen, vor allem, weil zusätzliche Probleme mit der Triebwerkkühlung und dem Fahrwerk auftraten.

**Die Dewoitine D.513 wurde weitgehend modifiziert, als die Firma versuchte, ein effektives Kampfflugzeug nach einem modernen Konzept zu schaffen. Die einzige D.513 ist hier in ihrer ursprünglichen Form abgebildet, mit einem runden Kühler und ellipsenförmigen Leitflächen. Der Typ wurde später mit einem neuen Rumpf neu gebaut und hatte eine tiefe Kühlerwanne unter dem Bug, ein verändertes Fahrwerk und neue Leitflächen.**

Dewoitine D.513

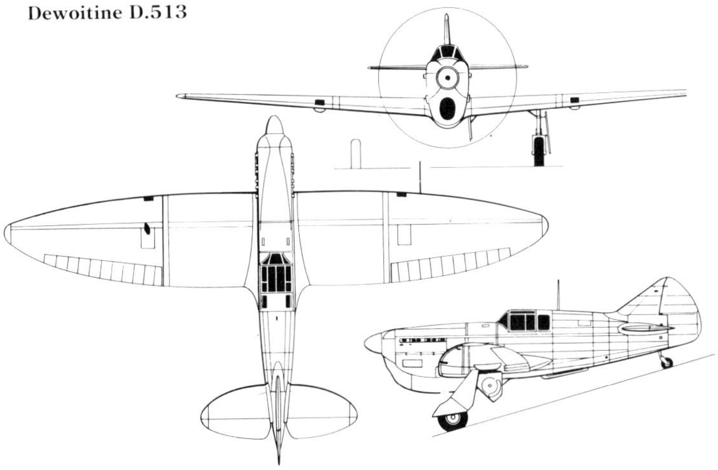

### Varianten

**D.514LP:** mit dieser Bezeichnung der zweite Prototyp der D.513, bei Versuchen mit Fallschirmabsprüngen bei hoher Geschwindigkeit benutzt; die Maschine hatte einen 930 PS (694 kW) Hispano-Suiza 12Ydrs2 Motor und den Kühler sowie das Fahrwerk der D.503.

### Technische Daten

**Dewoitine D.513** (revidierte Ausführung)
**Typ:** einsitziges Kampfflugzeug (Prototyp).
**Triebwerk:** ein 860 PS (641 kW) Hispano-Suiza 12Ycrs1 Reihenmotor.
**Leistung:** Höchstgeschwindigkeit 445 km/h in 5.100 m Höhe; Steigzeit auf 2.000 m Höhe 2 Minuten 35 Sekunden.
**Gewicht:** maximales Startgewicht 2.446 kg.
**Abmessungen:** Spannweite 12,05 m; Länge 7,45 m; Tragflügelfläche 18,32 m$^2$.

# Dewoitine D.520

### Entwicklungsgeschichte

Nach der abgebrochenen Entwicklung der D.513 hatte die Firma aus ihren Erfahrungen gelernt und wandte die beim Bau der Prototypen gesammelten Informationen bei der Entwicklung der **Dewoitine D.520** an, einem modern aussehenden Modell, von dessen beiden Prototypen der erste am 2. Oktober 1938 seinen Jungfernflug unternahm. Die D.520 war ein Tiefdecker mit freitragenden Flügeln und sah vom Cockpit aus nach hinten der D.513 auffällig ähnlich. Vorderhalb des Cockpits waren Tragflächen mit neuer Planform und verstärkter V-Stellung sowie eine einfachere Triebwerkinstallation angebaut. Bevor der letzte der drei Prototypen flog (am 5. Mai 1938), hatte Dewoitine bereits einen Auftrag für 200 Exemplare dieses Typs erhalten;

zwei Monate später war diese Zahl auf 710 gestiegen.

Inzwischen waren die letzten Details für das Serienmodell festgelegt worden, das einen Hispano-Suiza 12Y 45 Motor mit einem Szydlowski Vorverdichter erhalten sollte; das erste Exemplar flog am 31. Oktober 1939. Der Typ war zweifellos das beste Kampfflugzeug aus landeseigener Produktion, das der Armée de l'Air zu Beginn des Zweiten Weltkriegs zur Verfügung stand. Nur etwa 300 D.520 waren bis Mitte Juni 1940 ausgeliefert worden; bis zum erzwungenen Waffenstillstand mit den Nazi-Truppen am 25. Juni 1940 waren 403 Maschinen im Einsatz. Die Produktion der D.520 wurde von der Vichy-Regierung freigegeben; 478 Exemplare entstanden nach der Besetzung Frankreichs durch die Deutschen. Erbeutete Flugzeuge und Serienmaschinen wurden an Deutschlands Verbündete weitergegeben (darunter Bulgarien, Italien und Rumänien) sowie von der Luftwaffe als Schulflugzeuge verwendet.

### Varianten

**D.521:** Bezeichnung für eine D.520 nach Einbau eines 1.000 PS (768 kW) Rolls-Royce Merlin III Motors; die geplante Produktion dieser Version fand nicht statt; das schwere Merlin Triebwerk erwies sich im übrigen als unbefriedigend.
**D.524:** Bezeichnung für die D.521 nach Ausbau des Merlin Motors und Einbau eines 1.200 PS (895 kW) Hispano-Suiza 12Z; die Entwicklung wurde nach der Niederlage der französischen Truppen abgebrochen.

**Dewoitine D.520 des Adjutanten Pierre le Gloan der 5e Escadrille, Group de Chasse III/6, Armée de l'Air de l'Armistice (Luftwaffe der Vichy-Regierung), im Juni 1941 in Rayak (Syrien) stationiert**

### Technische Daten
**Dewoitine D.520**

**Typ:** einsitziges Kampfflugzeug.
**Triebwerk:** ein 935 PS (697 kW) Hispano-Suiza 12Y 45 Reihenmotor.
**Leistung:** Höchstgeschwindigkeit 534 km/h in 5.500 m Höhe; Steigzeit auf 4.000 m 5 Minuten 48 Sekunden; Dienstgipfelhöhe 10.500 m; Reichweite bei Reisegeschwindigkeit 1.530 km.
**Gewicht:** Leergewicht 2.036 kg; max. Startgewicht 2.677 kg.
**Abmessungen:** Spannweite 10,20 m; Länge 8,60 m; Höhe 2,57 m; Tragflügelfläche 15,97 m².
**Bewaffnung:** zwei am Triebwerk montierte 20 mm HS 404 Kanonen und vier auf den Tragflächen angebrachte 7,5 mm MAC 34 M39 MG.

**Dewoitine D.520**

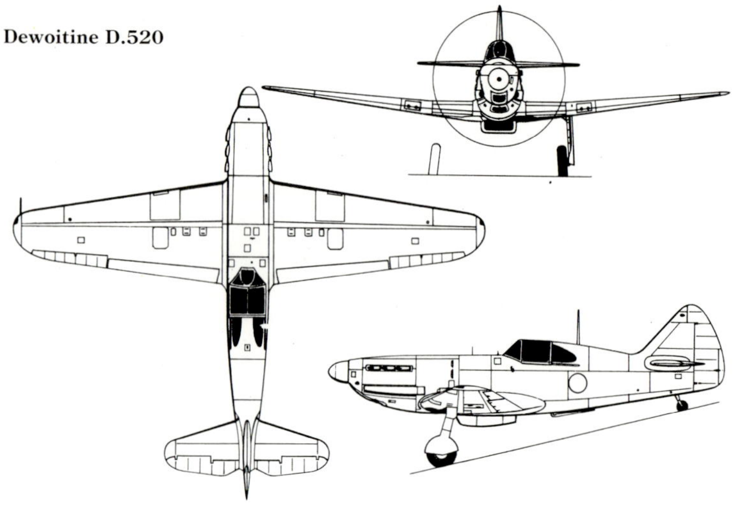

# Dewoitine D.560/D.570

### Entwicklungsgeschichte

Die **Dewoitine D.560**, die mehr oder weniger gleichzeitig mit der D.500 gebaut wurde, war im Grunde eine Abwandlung dieser Maschine. Sie wurde vermutlich entwickelt, um der französischen Generalität eine Alternative zu bieten, falls die D.500 ihren Ansprüchen nicht gerecht werden sollte. Bei dieser Konstruktion wurden die tief angesetzten Flügel der D.500 durch in Schulterhöhe montierte Knickflügel ersetzt, und das neue Fahrwerk glich dem der D.37. Bei Flugtests im Herbst 1932 zeigte sich, daß die D.560 rund zehn Prozent langsamer war als die D.500 und daß sie zu allem Überfluß auch noch Probleme mit der Flugstabilität hatte.

In dem Bestreben, diese Situation zu verbessern, wurden die Knickflügel durch eine gestielte Hochdeckerauslegung ersetzt und das so entstandene Flugzeug in D.570 umbenannt. Flugtests ergaben, daß es noch langsamer als die Knickflügelversion war, und nach einem Unfall während der Erprobung wurde die Entwicklung eingestellt.

### Technische Daten
**Dewoitine D.560**

**Typ:** einsitziger Jagdflugzeug-Prototyp.
**Triebwerk:** ein 690 PS (515 kW) Hispano-Suiza 12Xbrs Reihenmotor.
**Leistung:** Höchstgeschwindigkeit 345 km/h in 4.500 m; Dienstgipfelhöhe 10.300 m.
**Gewicht:** Leergewicht 1.270 kg; max. Startgewicht 1.698 kg.
**Abmessungen:** Spannweite 12,73 m; Länge 8,48 m; Höhe 3,43 m; Tragflügelfläche 17,30 m².

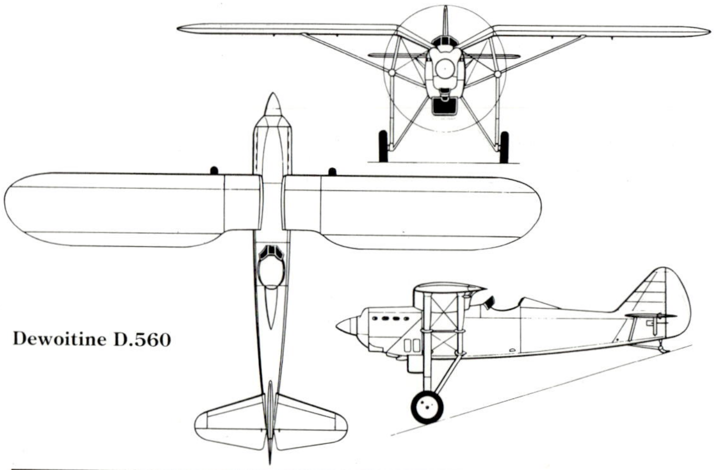

**Dewoitine D.560**

**Obwohl diese Maschine noch die Bezeichnung D.560 trägt, war es die einzige Dewoitine D.570, die als gestielter Hochdecker aus der D.560 entstanden war.**

# Dewoitine HD.730

### Entwicklungsgeschichte

Als Antwort auf eine Anforderung der französischen Marine aus dem Jahre 1937 nach einem leichten, katapultstartfähigen Beobachtungs- und Pfadfinderflugzeug konstruierte ein Team unter der Leitung von Emile Dewoitine die **Dewoitine HD.730** für die Société Nationale de Constructions Aéronautiques du Midi (SNCAM), dem Staatskonzern, der das ursprüngliche Unternehmen Dewoitine übernommen hatte.

Die HD.730 war, abgesehen von den stoffbespannten Steuerflächen, ganz aus Metall gebaut und von der Konstruktion her ein selbsttragender

Eindecker, dessen Flügel zur Lagerung an Bord von Schiffen hochgeklappt werden konnten. Sie hatte zwei Schwimmer, ein Seitenleitwerk mit Endplatten und einen Rumpf, der unter einem langen, transparenten Kabinendach zwei hintereinander sitzenden Besatzungsmitgliedern Platz bot. Im März 1938 wurden zwei Prototypen bestellt, die zunächst von je einem Renault 6Q-03 Reihenmotor angetrieben wurden und der Prototyp **HD.730.01** startete vom Berre-See erstmals im Februar 1940. Die Erprobung dieser Maschine und der **HD.730.02**, die im Mai 1940 flog, zeigte, daß mehr Leistung benötigt wurde, und so wurde für die Serienmaschinen ein 350 PS (261 kW) Bearn 6D-Motor vorgesehen. Infolge des französischen Zusammenbruchs wurde die Serienproduktion nicht aufgenommen und die Entwicklung des HD.730 Prototyps fand ein vorläufiges Ende.

Trotz der Kapitulation wurde unter der Bezeichnung **HD.731.01** eine dritte Maschine entwickelt. Sie hatte im Vergleich zur HD.730 geringere Abmessungen und den Bearn 6D Motor, der für die Serienmaschinen geplant worden war. In dieser Form flog das Flugzeug am 11. März 1941 zum ersten Mal, die Flugtests wurden jedoch so lange mit Modifikationen unterbrochen, bis man entschied, daß eine vergrößerte Tragflügelfläche unbedingt erforderlich war und die Weiterentwicklung einstellte.

Inzwischen waren die ursprünglichen Prototypen auf Bearn 6D-Motoren umgerüstet worden, aber nur die HD.730.2 wurde geflogen und dann fünf Jahre lang immer wieder umgebaut und wieder geflogen, bis das Interesse an ihrer Entwicklung verlorenging.

**Der erste Prototyp einer Dewoitine HD.730, 1940 von der französischen Marine erprobt**

### Varianten

**HD.732:** Bezeichnung für den Prototyp einer Schulversion mit einem Renault 6Q-Motor; Maschine wurde nicht fertiggestellt.

### Technische Daten

**Dewoitine HD.730.01**

**Typ:** zweisitziger Prototyp eines Beobachtungs- und Pfadfinder-Wasserflugzeugs.
**Triebwerk:** ein 220 PS (164 kW) Renault 6Q-03 Reihenmotor.
**Leistungs:** Höchstgeschwindigkeit 230 km/h in 2.000 m; Einsatzgeschwindigkeit 225 km/h 1.500 m; Dienstgipfelhöhe 5.120 m; Reichweite ohne Bombenlast 1.350 km.
**Gewicht:** Leergewicht 1.173 kg; max. Startgewicht 1.870 kg.
**Abmessungen:** Spannweite 12,60 m; Länge 9,75 m; Höhe 3,18 m; Tragflügelfläche 20,00 m².
**Bewaffnung:** zwei 7,5 mm Darne MG (eines vorwärtsfeuernd, das zweite beweglich montiert) plus bis zu acht 10 kg-Bomben.

**Das Dewoitine HD.730 Basismodell wäre eine sinnvolle Ergänzung in der französischen Flotte gewesen, doch die Entwicklung zögerte sich zu lange hinaus und die Maschine erhielt außerdem zu schwache Triebwerke.**

# Dietrich DP. II

### Entwicklungsgeschichte

Richard Dietrichs Interesse an der Luftfahrt begann 1912, als er einen kleinen Eindecker baute und, nach einer Tätigkeit bei den Fokker Flugzeugwerken, 1922 sein eigenes Unternehmen, die Richard Dietrich GmbH in Mannheim, gründete. Hier konstruierte und baute er den zweisitzigen **Dietrich DP.I** Doppeldecker, eines der ersten Leichtflugzeuge, die in Deutschland gebaut wurden. 1923 wurde das Unternehmen nach Kassel verlegt und in Dietrich-Gobiet Flugzeugwerke umbenannt, 1925 war der Name Gobiet aus dem Firmennamen aber wieder verschwunden.

In Kassel wurde der **Dietrich DP.II** Doppeldecker konstruiert und gebaut, eine verbesserte Version der DP.I, bei der die selbsttragenden Flügel unterschiedlicher Spannweite die konventionellen verstrebten und drahtverspannten Flügel der vorherigen Konstruktion ablösten. Das Flugzeug war in Mischbauweise hergestellt und hatte Flügel aus Holz, während Rumpf und Leitwerk aus einer Stahlrohr-Grundstruktur mit Stoffbespannung bestanden. Das Heckspornfahrwerk war starr und als Triebwerk diente ein Siemens-Halske Sternmotor.

### Technische Daten

**Typ:** zweisitziges Leichtflugzeug.
**Triebwerk:** ein 55 PS (41 kW) Siemens-Halske Sternmotor.
**Leistung:** Höchstgeschwindigkeit 145 km/h; Dienstgipfelhöhe 3.800 m; Reichweite 500 km.
**Gewicht:** Leergewicht 340 kg; max. Startgewicht 560 kg.
**Abmessungen:** Spannweite 7,60 m; Länge 5,97 m; Höhe 2,43 m.

# Dietrich DP. III

### Entwicklungsgeschichte

Unter der Bezeichnung **Dietrich DP.III** konstruierte das Unternehmen 1924 den Prototyp eines leichten Transportflugzeugs und begann, ihn zu bauen. Da das Unternehmen jedoch aufgrund der wirtschaftlichen Situation im Nachkriegsdeutschland in ernsten finanziellen Schwierigkeiten steckte, erscheint es sehr wahrscheinlich, daß die DP.III nicht fertiggestellt und geflogen wurde.

Der sauber konstruierte, selbsttragende Hochdecker hatte ein konventionelles Leitwerk, ein starres Heckspornfahrwerk und als Triebwerk sollte ein Reihenmotor von 230 bis 260 PS (172 bis 194 kW) dienen. Die zweiköpfige Besatzung war in einem offenen, aber abgeschirmten Cockpit im oberen Rumpfbereich, kurz vor der Tragfläche untergebracht. Unter dem Flügel befand sich eine geschlossene Kabine für sechs Passagiere.

### Technische Daten

**Typ:** leichtes Passagierflugzeug.
**Triebwerk:** ein Reihenmotor von ca. 250 PS (186 kW).
**Leistung:** (geschätzt) Höchstgeschwindigkeit 150 km/h; Dienstgipfelhöhe 3.000 m; Reichweite 950 km.
**Gewicht:** (geschätzt) Leergewicht 1.300 kg; maximales Startgewicht 2.200 kg.
**Abmessungen:** Spannweite 17,00 m; Länge 12,50 m; Höhe 3,60 m.

# Dietrich DP. VII

### Entwicklungsgeschichte

Bevor das Unternehmen in finanzielle Schwierigkeiten kam, wurde der zweisitzige, verstrebte Tiefdecker **Dietrich DP.VII** konstruiert und gebaut, der als Sport-/Reiseflugzeug gedacht war. In dieser Version wurde die Maschine von einem leichten Haacke Zweizylinder-Boxermotor angetrieben. Eine Variante war als Schulflugzeug gedacht und hatte einen stärkeren Siemens Halske Sternmotor mit 55 PS (41 kW). Diese zweite Maschine wurde 1923 in Prag ausgestellt.

### Technische Daten

**Dietrich DP.VII**

**Typ:** zweisitziges Sport-/Reiseflugzeug.
**Triebwerk:** ein Zweizylinder-Haacke Boxermotor.
**Leistung:** Höchstgeschwindigkeit 115 km/h; Dienstgipfelhöhe 2.400 m; Reichweite 350 km.
**Gewicht:** Leergewicht 180 kg; max. Startgewicht 340 kg.
**Abmessungen:** Spannweite 8,00 m; Länge 5,40 m; Höhe 1,95 m; Tragflügelfläche 10,60 m².

# Doak VZ-4DA

### Entwicklungsgeschichte

Die Doak Aircraft Company Inc., die 1940 in Torrance, Kalifornien, gegründet wurde, führte in erheblichem Umfang Untersuchungen über Senkrechtstart- und -landetechniken durch. Als Ergebnis dieser Arbeit erhielt das Unternehmen einen Auftrag des US Army Transportation Research and Engineerung Command zur Entwicklung eines Forschungsflugzeugs, das zur Erprobung eines Wandelflugzeugs (Convertiplan) mit ummantelten Propellern dienen sollte. Die einfach konstruierte **VZ-4DA (Doak Model 16)** war ein selbsttragender Schulterdecker mit Bugradfahrwerk, zwei Tandemsitzen und einer Avco Lycoming Wellenturbine als Antrieb. Der Motor war zentral im Rumpf, unmittelbar hinter dem Cockpit montiert und trieb über Wellen zwei Mantelgebläse an, die jeweils an den Flügelspitzen angebracht waren. Die Gebläse konnten um 90° gekippt werden, so daß sie bei Start oder Landung vertikal standen und dann nach und nach in eine horizontale, vorwärtsgerichtete Position gebracht wurden, um so den Übergang vom Senkrecht- zum Horizontalflug zu erreichen. Dabei sorgten dann die Tragflügel für den Auftrieb und die Mantelgebläse fungierten als normale Zugpropeller. Vertikale und horizontale Leitschaufeln im austretenden Luftstrom unterstützten die Steuerung im Langsam- und Senkrechtflug.

Nach einem ersten Flug am 25. Februar 1958 wurde die VZ-4DA zur Edwards AFB in Kalifornien überstellt, von wo sie im Anschluß an ein erfolgreiches 50stündiges Flugerprobungsprogramm in Edwards im September 1959 von der US Army akzeptiert wurde. Später wurde die Maschine von der US Army und der NASA als Forschungsflugzeug benutzt.

**In den fünfziger Jahren machte Amerika eine enorme Anstrengung zur Entwicklung von Senkrechtstartern. Eines der erfolgreicheren Modelle war die Doak Model 16, die als VZ-4 von der US Army erprobt wurde.**

### Technische Daten

**Typ:** Senkrechtstarter-Forschungsflugzeug.
**Triebwerk:** eine 840 WPS (626 kW) Avco Lycoming YT53 Wellenturbine.
**Leistung:** Höchstgeschwindigkeit Seehöhe 370 km/h; Schwebeflug-Gipfelhöhe 1.830 m; max. Reichweite 370 km.
**Gewicht:** Leergewicht 1.043 kg; max. Startgewicht 1.451 kg.
**Abmessungen:** Spannweite einschl. Mantelgebläse 7,77 m; Länge 9,75 m; Höhe 3,05 m; Tragflügelfläche 8,92 m$^2$.

# Doblhoff/WNF 342

### Entwicklungsgeschichte

Friedrich von Doblhoff begann 1942 die Arbeit an einer Konstruktion, die damals eine einzigartige Art von Hubschrauberantrieb bildete und aus der die ersten Hubschrauber der Welt mit Düsen an den Rotor-Flügelspitzen entstanden. Vier Versionen, von den Wiener-Neustädter Flugzeugwerken GmbH (WNF) in Wien unter Doblhoffs Anleitung gebaut, wurden geflogen. Jede hatte als Haupttriebwerk einen konventionellen Kolbenmotor, der einen Luftkompressor betätigte. Die Luft aus dem Kompressor wurde anschließend mit Treibstoff vermischt und in Rohren durch den Rotorkopf und die hohlen Rotorblätter geleitet, um in Verbrennungskammern an den Blattspitzen verbrannt zu werden. Auf diese Weise wurde der Rotor ohne Entstehen eines Drehmoments (Torque) bewegt, so daß ein gegenläufiger Hauptrotor oder ein Heckrotor überflüssig wurde.

Da es sich im Grunde um ein Forschungsprojekt handelte, war das Flugwerk von einfachster Bauweise, um beim Auftreten von neuen Ideen Modifikationen schnell durchführen zu können. Und so flog die **WNF 342 V-1** Anfang 1943 zum ersten Mal mit einem 60 PS (45 kW) Walter Mikron Motor. Zusätzlich zu dem Kompressor betrieb der Mikron auch noch einen kleinen Propeller, der zur Steuerung im Langsamflug für einen Luftstrom über das Leitwerk sorgte. Mit Änderungen und einem 90 PS (67 kW) Mikron wurde die V1 in **WNF 342 V2** umbenannt und mit dem Einbau eines noch stärkeren Motors sowie eines Rotors mit größerem Durchmesser änderte sich die Bezeichnung in **WNF 342 V3**. Die Endversion war die **WNF 342 V4**, die der unmittelbar vorhergehenden Version weitgehend glich, jedoch zwei Sitzpläte bot und eine neue kollektive und zyklische Blattverstellung hatte.

Die WNF 342 V4 wurde rund 25 Stunden lang im Flug erprobt, ehe sie von den US-Streitkräften erobert wurde; sie wird jetzt von der Smithsonian Institution, Washington aufbewahrt.

### Technische Daten
**Doblhoff/WNF 342 V4**

**Typ:** Forschungshubschrauber.
**Triebwerk:** ein 140 PS (104 kW) BMW-Bramo Sh.14A Sternmotor.
**Leistung:** erzielte max. Geschwindigkeit im Horizontalflug 48 km/h.
**Gewicht:** Leergewicht 430 kg; max. Startgewicht 640 kg.
**Abmessungen:** Rotordurchmesser 10,00 m; Rotorkreisflächen 78,54 m$^2$.

**Friedrich von Doblhoff ließ bei WNF in den Vororten Wiens Hubschrauber-Prototypen von äußerst genialer Konstruktion bauen. Hier abgebildet ist der WNF 342 V3, in dem ein 140 PS (104 kW) BMW-Bramo Sh.14A Kolbenmotor als Antrieb für den Argus As 411 Kompressor diente, der zum Drucklufterzeuger umgebaut worden war.**

# Doman Hubschrauber

### Entwicklungsgeschichte

Glidden J. Doman gründete 1945 in Danbury, Connecticut, das Unternehmen Doman Helicopters, um dort Drehflügler zu bauen, bei denen neue Eigenschaften aus seiner eigenen Konstruktion integriert waren. Hierzu gehörten ein gelenkloser Rotorkopf und eine voll verkapselte, selbstschmierende Nabe. Zur Erprobung seines Rotorsystems wurde ein Sikorsky R6 Hubschrauber verwendet, der in **Doman LZ-1A** umbenannt wurde. Diesem folgte Anfang der fünfziger Jahre der größere **LZ-2A Pelican**, der ein weiterer Schritt hin zum achtsitzigen **LZ-4** war, der der erste Drehflügler war, den das Unternehmen komplett konstruiert hatte. Der LZ-4 hatte einen Dreiblatt-Hauptrotor, einen Dreiblatt-Heckrotor, einen Avco Lycoming SO-580-B Motor als Triebwerk und bot zwei Besatzungsmitgliedern in einem vorderen Abteil und sechs Passagieren in der Hauptkabine Platz.

Ein insgesamt ähnlicher, jedoch verbesserter **LZ-5** wurde erstmals am 27. April 1953 geflogen und zwei Maschinen wurden zur Erprobung durch die US Army unter der Bezeichnung **YA-31** produziert, denen jedoch keine Anschlußaufträge folgten. Die Zivilversion **LZ-5-2** hatte jedoch einigen kommerziellen Erfolg und eine Maschine wurde als Prototyp der verbesserten **D-10A** weiterentwickelt. Mit Aeronautica Sicula SpA in Italien wurde eine Vereinbarung über die Herstellung von Flugwerken für Doman getroffen, in die Motor, Dynamiksystem und Instrumente in den USA eingebaut werden sollten. Dieses Vorhaben kam jedoch nicht zustande, und der Betrieb wurde nach Puerto Rico verlegt, wo das Unternehmen als Caribe Doman Helicopters firmierte und eine **Caribe Doman D-10B** baute. Auch diese Unternehmung wurde ein Fehlschlag und führte, für die letzte Phase der Doman-Geschichte, zur Rückkehr nach Toughkenamon, Pennsylvania. Das Unternehmen, das inzwischen in Berlin Doman Helicopters Inc. umbenannt worden war, versuchte die Entwicklung eines neuen, neunsitzigen

M B Passingham

**Der Hubschrauber Caribe Doman D-10B war dem bedingt erfolgreichen LZ-5-2 nachempfunden, brachte aber keine Aufträge.**

**BD-19** Transporthubschraubers, der von zwei Allison Wellenturbinen angetrieben werden sollte. Dieses Projekt wurde jedoch schließlich aufgegeben.

### Technische Daten
**Doman D-10B**
**Typ:** Mehrzweckhubschrauber.
**Triebwerk:** ein 525 PS (391 kW) Avco Lycoming THIO-720-A1A Achtzylinder-Boxermotor mit Turboaufladung mit 400 PS (298 kW).
**Leistung:** Höchstgeschwindigkeit 167 km/h in Seehöhe; Reisegeschwindigkeit 153 km/h; Dienstgipfelhöhe 6.065 m; Reichweite mit 530 kg Nutzlast 529 km.
**Gewicht:** maximales Startgewicht 2.495 kg.
**Abmessungen:** Hauptrotor-Durchmesser 14,63 m; Heckrotor-Durchmesser 3,05 m; Länge bei drehenden Rotoren 17,81 m; Höhe 4,93 m; Hauptrotor-Kreisfläche 168,15 m$^2$.

# Dominion Skytrader 800

### Entwicklungsgeschichte
Bei der Anzahl von Unternehmen, die sich in den USA mit Luftfahrt befassen, ist es überraschend, daß es bis 1975, als die **Dominion Skytrader 800** ihren Erstflug machte, keine Konkurrenz für die Britten-Norman Islander (GB), GAF Nomad (Australien) und die DHC Twin Otter (Kanada) gab. Die Dominion Aircraft Corporation war ein kleines Unternehmen, und viele der dort Beschäftigten hatten zuvor für Boeing gearbeitet. Daraus erklärt sich vermutlich auch, weshalb das Unternehmen seinen Betrieb am Rand des Renton Airport bei Seattle, wo sich eines der wichtigsten Boeing-Werke befindet, einrichtete.

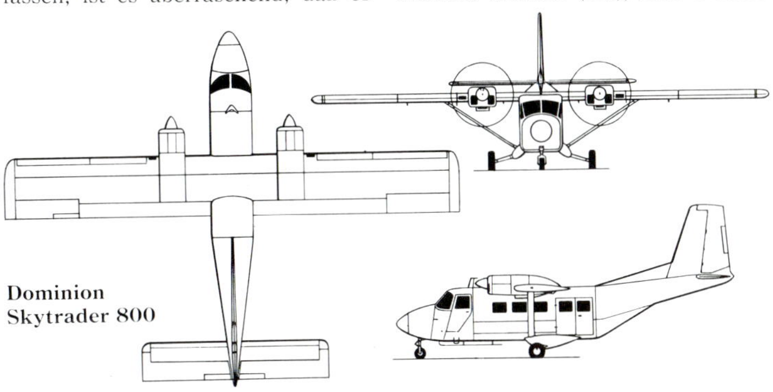

**Dominion Skytrader 800**

Die Bauteileproduktion lief Ende 1972 in Renton an, und die Skytrader bot eine nützliche Einrichtung, die sich bei keinem der Konkurrenten fand: sie hatte unter dem hochgezogenen rückwärtigen Rumpf eine Laderampe wie die Hercules. Als Wahlausstattung gab es eine reine Frachtversion oder zwölf Passagiersitze; selbst als Wasser-Bomber mit 1.325 l Wasser an Bord und als Doppelschwimmer-Amphibienflugzeug war die Maschine lieferbar, später wurde die Entwicklung jedoch eingestellt.

### Technische Daten
**Typ:** leichtes STOL-Mehrzweck-Transportflugzeug.
**Triebwerk:** zwei 400 PS (298 kW) Avco Lycoming IO-720-B1A Achtzylinder-Boxermotoren.
**Leistung:** Höchstgeschwindigkeit 338 km/h; Reisegeschwindigkeit 241 km/h; Dienstgipfelhöhe 5.335 m; Reichweite 2.301 km.
**Gewicht:** Leergewicht 2.245 kg; max. Startgewicht 3.855 kg.
**Abmessungen:** Spannweite 16,76 m; Länge 12,50 m; Höhe 5,76 m; Tragflügelfläche 35,77 m$^2$.

# Donnet-Denhaut Flugboote

### Entwicklungsgeschichte
Donnet und Denhaut (siehe Donnet Lévêque) gründeten ein neues Partnerunternehmen mit Werkstätten auf der Isle de la Jatte, und als die französische Marine bei Ausbruch des Ersten Weltkriegs mit der U-Bootgefahr konfrontiert wurde, befanden sich nur eine Handvoll verschiedener Wasserflugzeugtypen im Dienst. Die französische Admiralität wandte sich also an die vorhandenen Unternehmen, darunter auch Donnet-Denhaut, um dort Flugboote für Küstenpatrouilleneinsätze in großen Stückzahlen herstellen zu lassen. Als die ersten Donnet-Denhaut Flugboote 1916 in Dienst gingen, boten sie gegenüber den ersten FBA-Typen, die damals von den Marinebasen aus operierten, einen erheblichen Fortschritt. Als Triebwerke dienten 160 PS (119 kW) Salmson/Canton-Unné Motoren, sie hatten eine maximale Flugdauer von 4 Stunden 30 Minuten, konnten zwei 35 kg bzw. 52 kg Bomben mitführen und waren mit einem Funkgerät ausgestattet.

Die Bauweise und Auslegung war typisch für alle Donnet-Denhaut Flugboote (von denen bis 1922 über 1.100 gebaut wurden) — sie hatten Flügel unterschiedlicher Spannweite mit Stoffbespannung und einen hölzernen, sperrholzverkleideten Rumpf. Die Denhaut-Konstruktionen hoben sich von den französischen Flugbooten dieser Periode dadurch ab, daß die Heckflosse im Rumpf integriert war und daß das Ruder in zwei Teilen montiert war, weil das Höhenleitwerk in halber Höhe an der Heckflosse montiert war. Die ersten Serienmaschinen mit der Bezeichnung **HB.2** (Hydravion de Bombardement 2-Places, also zweisitziger Flugboot-Bomber) hatten die für Denhaut-Konstruktionen üblichen Flügel unterschiedlicher Spannweite, die jedoch nur einstielig ausgelegt waren. Als die Produktion auf vollen Touren lief, wurden zweistielige Flügel eingeführt. Wie bei allen zeitgenössischen, einmotorigen Flugbooten saß der Pilot in einem offenen Cockpit genau vor der Flügelvorderkante und der Beobachter/Schütze in einem Cockpit im Bug, wo er die einzige Defensivbewaffnung, ein 7,7 mm Maschinengewehr, bediente. Der Motor war zwischen den Flügeln montiert und bewegte einen Zweiblatt-Druckpropeller.

Das nächste Angebot des Unternehmens war die **DD.2** mit einem 150 PS (112 kW) Hispano-Suiza als Antrieb. Ihr folgte die **DD.8**, die im Mai 1917 in Serie ging. Diese Maschine hatte einen stärkeren Hispano-Suiza Motor und erhebliche strukturelle Verstärkungen, darunter auch als Neuerung auf jeder Seite ein Paar diagonaler Stützstreben an den äußeren Flügelbereichen. Die DD.2 und DD.8 wurden nicht nur bei der französischen Aéronautique Maritime von den Stützpunkten an der Ärmelkanal- und Atlantikküste sowie im Mittelmeerraum aus in großem Umfang eingesetzt, sondern waren auch in erheblichen Stückzahlen für die US Navy im Einsatz, die sie 1917 und 1918 von acht Stützpunkten in Frankreich aus flog. Eine Gruppe von DD.8 wurden auch von Portugal gekauft, von denen einige bis 1923 bei den Marinefliegern verwendet wurden.

Nachdem vier FBA-Flugboote mit Stützpunkt Dünkirchen im Mai 1917 von deutschen Flugbooten zur Landung gezwungen und erbeutet worden waren, wurde ein beschleunigtes Programm zur Produktion von schwerer bewaffneten französischen Flugbooten in Angriff genommen. Denhaut konstruierte die **DD.9** mit drei Besatzungsmitgliedern und Zwillings-Maschinengewehren in Cockpits im Bug und mittschiffs, von denen rund 100 Exemplare gebaut wurden. Von außen sah die DD.9 wie eine vergrößerte DD.8 aus, jedoch mit vierstieligen Flügeln und einem

**Nach dem damals gültigen Standard war die Donnet-Denhaut DD.9 mit Zwillings-Lewis-MG im Bug und in Rückenposition gut geschützt. Zwischen den beiden Schützen-Cockpits ist die stabile Trägerkonstruktion für den Hispano-Suiza Reihenmotor deutlich erkennbar.**

M B Passingham

**Die Donnet-Denhaut DD.10 war ein attraktives, vierstieliges Flugboot mit elegantem Rumpf. Auffällig sind die hintereinander montierten Zug-Druckpropellermotoren.**

vergrößerten, abgerundeten Ruder, allerdings nur mit dem gleichen 200 PS (149 kW) Motor. Die nächste Weiterentwicklung der DD.8 war ein dreistieliger Doppeldecker der dreisitzigen HB.3-Klasse mit einem 300 PS (224 kW) Hispano-Suiza 8Fd (und ähnlich starken Salmson) als Triebwerk, und diese Version wurde oft **Donnet-Denhaut 300 PS** genannt. In der französischen Marine wurden die meisten Flugboote dieser Zeit ohnehin vom Personal nur mit der Gesamt-PS-Leistung ihrer Motoren bezeichnet, denn so wurden wenigstens die Verwechslungen mit den relativ komplizierten Herstellerbezeichnungen vermieden.

Der Höhepunkt der Donnet-Denhaut-Konstruktionen war die zweimotorige **DD.10**, die 1918 herauskam. Der dreistielige Doppeldecker hatte seine beiden 300 PS (224 kW) Hispano-Suiza Motoren verstrebt zwischen dem Rumpf und dem Mittelteil des oberen Flügels montiert, die einem Zug- und einen Druckpropeller bewegten. Die Bewaffnung bestand aus vier Maschinengewehren, die in Paaren im Bug und mittschiffs montiert waren. Der Waffenstillstand vom November 1918 hinderte die DD.10 jedoch daran, zum Einsatz zu kommen und es bestehen Zweifel daran, daß alle 30 bestellten Flugzeuge ausgeliefert wurden.

Nach dem Krieg trennten sich Donnet und Denhaut, Hydravions J. Donnet eröffnete jedoch eine Reparaturwerkstatt in Tunis, die die Einrichtungen in Frankreich ergänzte und baute das 300 PS (224 kW) Modell in begrenztem Umfang weiter. 1919 wurden einige Maschinen für den Zivileinsatz umgebaut und im November 1921 wurde eine Strecke zwischen Antibes an der französischen Riviera und Ajaccio (Korsika) mit Donnet-Flugbooten eröffnet. Das Fluguternehmen Aéronavale behielt eine Reihe dieser Maschinen im Dienst, bis die letzten Exemplare 1927 verschrottet wurden.

M. B. Passingham

**Die Nachfolgerin der DD.2, die Donnet-Denhaut DD.8, war das erfolgreichste Flugboot des Unternehmens; hier eine Maschine, die zur Marinebasis Brest gehörte.**

### Technische Daten
**Donnet-Denhaut DD.8**

**Typ:** Küstenaufklärer und Patrouillenflugboot.
**Triebwerk:** ein 200 PS (149 kW) Hispano-Suiza 8A V-8 Kolbenmotor.
**Leistung:** Höchstgeschwindigkeit 130 km/h; Reichweite 500 km.
**Gewicht:** Rüstgewicht 950 kg; max. Startgewicht 1.800 kg.
**Abmessungen:** Spannweite 16,80 m; Länge 9,50 m; Höhe 3,00 m; Tragflügelfläche 61,00 m$^2$.
**Bewaffnung:** ein 7,7 mm Lewis Maschinengewehr plus bis zu 104 kg Bomben.

# Donnet-Lévêque

### Entwicklungsgeschichte

F. Denhaut war ein hervorragender Ingenieur, dessen Pionierleistung bei französischen Flugbooten der des besser bekannten Glenn Curtiss in den USA ebenbürtig war. Denhauts erstes Flugboot absolvierte am 15. März 1912 von Juvisy an der Seine aus seinen Jungfernflug, und als Ergebnis dieses Erfolges wurde am 25. Juli 1912 das Unternehmen Donnet-Lévêque gegründet, das Flugzeuge nach Denhauts Konstruktionen bauen sollte. André Beaumont wurde der Chefpilot des Unternehmens und startete am 9. August 1912 eine Werbetour zu den französischen Kanalhäfen, die ihr abruptes Ende fand, als das Flugboot beim Start in Boulogne beschädigt wurde. Im September gewann Beaumont den belgischen Coupe du Roi (Königspokal), der aus einer Serie von Zuverlässigkeitstests für Wasserflugzeuge bestand. Bis dahin war das Interesse an der Donnet-Lévêque-Konstruktion soweit angewachsen, daß mehrere private Bestellungen um einen Auftrag des RNAS, drei aus Österreich-Ungarn, zwei aus Dänemark (von denen eine Maschine in einem Museum dieses Landes erhalten ist) und einen aus Schweden erhöht wurden.

Die **Donnet-Lévêque** war ein zweisitziger Doppeldecker, der sich in mancher konstruktiver Hinsicht erheblich auf Curtiss verließ, der aber auch eine Reihe von Denhauts eigenen Ideen verkörperte. Die Unterseite des vorderen Rumpfes war konkav geformt und hinter der Stufe verjüngte sich die Struktur nach oben bis in ein einflossiges Leitwerk, das von Streben gestützt wurde. Die ersten Maschinen wurden von einem 50 PS (36 kW) Gnome Umlaufmotor angetrieben, spätere Exemplare erhielten jedoch eine 80 PS (59 kW) Version des Gnome. Die britische Donnet-Lévêque, die die Kennung Admiralty No. 18 erhielt, wurde 1912 auf der Isle of Grain erprobt. Die österreichischen Flugboote fanden meistens als Einsitzer Verwendung und kamen 1915 für einige Monate in der Adria zum Einsatz, nachdem es zu Auseinandersetzungen mit Italien gekommen war.

Ein Dehaut-Flugboot, das Ende 1912 auf dem Pariser Salon de l'Aéronautique ausgestellt worden war und das die Bezeichnung **Donnet-Lévêque Type A** trug, hatte ein Doppelrad-Fahrwerk, das zum Einsatz auf dem Wasser über die Wasserlinie gehoben werden konnte.

M. B. Passingham

### Technische Daten

**Typ:** Sport- oder Aufklärungs-Flugboot.
**Triebwerk:** ein 80 PS (60 kW) Gnome Umlaufmotor.
**Leistung:** Höchstgeschwindigkeit 120 km/h.
**Gewicht:** max. Startgewicht 650 kg.
**Abmessungen:** Spannweite 10,40 m; Länge 8,50 m; Tragflügelfläche 21,00 m$^2$.

**Mit voll nach links eingeschlagenem Ruder bewegt sich eine Donnet Lévêque vom Strand weg. Die Konstruktion dieses klassischen Flugboots trug dazu bei, die Auslegung der meisten bis Ende der zwanziger Jahre gebauten Flugboote zu bestimmen. Dabei war der Motor (der normalerweise einen Druckpropeller antrieb) hoch oben in einer Motorzelle am oberen Doppeldeckerflügel montiert, um ihn vom Wasser fernzuhalten.**

# Dorand AR.1/AR.2

### Entwicklungsgeschichte

Im Jahre 1916 entwickelte Colonel Dorand, der damals Leiter der Section Technique de l'Aéronautique der französischen Armee war, einen zweisitzigen Doppeldecker-Aufklärer, der im regierungseigenen Werk in Chalais-Meudon sowie bei Farmann und Letord als Lizenznehmer in erheblichen Stückzahlen gebaut wurde. An der Maschine, die in einer für ihre Zeit relativ konventionellen Weise gebaut worden war, war ungewöhnlich, daß sie nach hinten versetzte Flügel hatte und daß der Rumpf deutlich oberhalb der unteren Flügel montiert war. Beide Tragflächen hatten an ihren Hinterkanten große Ausschnitte. Zum Einsatz auf groben Flugfeldern war das robuste, starre Heckspornfahrwerk gedacht, und das Triebwerk der ersten Serienversion, der **Dorand AR.1,** war ein Renault 8Gdy Reihenmotor. Die zweite Serienversion mit der Bezeichnung AR.2 war im allgemeinen ähnlich, unterschied sich jedoch durch eine reduzierte Spannweite und einen 190 PS (142 kW) Renault 8Ge Motor.

Die AR.1 und **AR.2**, die in großen Stückzahlen für die Aviation Militaire gebaut wurden, die sie ab Frühjahr 1917 bis Anfang 1918 an der italienischen und der Westfront einsetzte, wurden ebenfalls von dem Air Service der American Expeditionary Force erworben. Insgesamt kauften die USA 22 AR.1 und 120 AR.2, die als Anfänger- bzw. als Fortgeschrittenen-Schulflugzeuge

**Dorand AR.1**

verwendet wurden. Dorands erste Konstruktion war vor dem Krieg die erfolglose **DO.1**.

### Technische Daten

**Dorand AR.1**
**Typ:** zweisitziges Beobachtungsflugzeug.
**Triebwerk:** ein 200 PS (149 kW) Renault 8Gdy Reihenmotor.
**Leistung:** Höchstgeschwindigkeit 148 km/h 2.000 m Höhe.
**Gewicht:** maximales Startgewicht 1.315 kg.
**Abmessungen:** Spannweite 13,30 m; Länge 9,15 m; Tragflügelfläche 50,17 $m^2$.
**Bewaffnung:** ein starres, synchronisiertes, vorwärtsfeuerndes 7,7 mm Vickers Maschinengewehr und ein oder zwei beweglich montierte 7,7 mm Lewis-Maschinengewehre.

**Ein mittelmäßiges Flugzeug war die Dorand AR.1, die hauptsächlich wegen ihrer nach hinten versetzten Flügel und ihres Rumpfes auffiel.**

# Dornier Delphin

### Entwicklungsgeschichte

In den Jahren 1920/21 entwickelte Dornier ein Zivilflugboot, das eindeutig von der Libelle abgeleitet worden war und das **Dornier Delphin I** hieß. Die allgemeine Konstruktion war die gleiche, unterschied sich aber durch einen erhöhten Rumpf, um darin eine geschlossene Kabine unterzubringen. Die Tragflügelstruktur war direkt über dem Kabinendach angebracht und darüber wiederum war das Triebwerk, ein 185 PS (138 kW) BMW IIIa Reihenmotor, in einer Gondel montiert. Die Delphin I bot an der Rumpfoberseite, hinter dem Motor, ein offenes Cockpit für den Piloten, was seine Sicht nach vorn sehr einschränkte. Unter ihm saßen, in einer geschlossenen Kabine, vier Passagiere.

Die Mängel der Delphin I wurden in der **Delphin II** korrigiert, die erstmals am 15. Februar 1924 flog. Diese wurde entweder von einem BMW-Motor mit 250 PS (186 kW) oder einem Rolls-Royce Falcon III mit 260 PS (194 kW) angetrieben und bot zwei Besatzungsmitgliedern und fünf Passagieren in einer geschlossenen Kabine Platz. Ihr kommerzieller Erfolg führte 1927/28 zur Entwicklung der größeren **Delphin III**. In dieser Version, die von einem BMW VI Motor angetrieben wurde, saßen die zwei Besatzungsmitglieder in einem Abteil vor der Kabine mit maximal zehn Sitzplätzen, die vom Flugdeck durch eine Tür getrennt war. Die Rumpfunterseite war mit Stahlplatten versehen, damit gegebenenfalls auch bei vereisten Gewässern Starts und Landungen möglich waren. Neben den zivilen Verkäufen wurde ein Exemplar der Delphin I von der US Navy erworben, damit diese die Metallkonstruktion analysieren konnte.

**Das zivile Flugboot Dornier Delphin war zwar eine bizarre Erscheinung, erwies sich aber trotzdem als nützlich und stützte die Argumente für die Metallbauweise. Hier gezeigt ist die Delphin III mit einem 360 PS (269 kW) Rolls-Royce Eagle Motor, die Ende der zwanziger Jahre zur Erprobung von der Royal Navy erworben wurde.**

### Technische Daten

**Dornier Delphin III**
**Typ:** ziviles Flugboot.
**Triebwerk:** ein 600 PS (447 kW) BMW VI Reihenmotor.
**Leistung:** Höchstgeschwindigkeit 180 km/h; Dienstgipfelhöhe circa 4.500 m.
**Gewicht:** Leergewicht 2.900 kg; max. Startgewicht 3.900 kg.
**Abmessungen:** Spannweite 19,60 m; Länge 14,35 m; Höhe 4,05 m; Tragflügelfläche 62,00 $m^2$.

# Dornier Do 17/Do 215

### Entwicklungsgeschichte

Als Antwort auf eine Lufthansa-Spezifikation des Jahres 1933 für ein Postflugzeug mit sechs Passagierplätzen konstruierte Dornier einen Ganzmetall-Schulterdecker, der von zwei 660 PS (492 kW) BMW VI Motoren angetrieben werden sollte. 1934 wurden drei Prototypen dieser **Dornier Do 17** gebaut, und alle drei gingen nach der Erprobung wieder an den Hersteller zurück, weil der schlanke Rumpf der Maschine zuwenig Platz für die Passagiere bot. Allerdings bot die Konstruktion ein miliärisches Potential und ein vierter Prototyp mit Doppelleitwerk und einem verkürzten Rumpf wurde im Sommer 1935 erstmals geflogen. Der fünfte der Prototypen wurde von 860 PS (641 kW) Hispano-Suiza 12Ybrs Motoren angetrieben, der siebte hatte in einer Rückenkuppel ein 7,92 mm MG 15 Maschinengewehr und der zehnte war mit 750 PS (559 kW) BMW VI Motoren ausgerüstet. Die ersten Serienmaschinen waren der Do 17E-1 Bomber und der Do 17F-1 Aufklärer, die beide 1937 bei der Legion Condor in Spanien zum ersten Einsatz kamen.

### Varianten

**Do 17E-1:** Weiterentwicklung des neunten Prototypen; hatte einen verglasten, kürzeren Bug und trug 500 kg Bomben.
**Do 17F-1:** Fotoaufklärungsflugzeug mit zwei Kameras und vergrößerten Tanks.
**Do 17K:** entwickelt für Jugoslawien, der Do 17M ähnlich, jedoch mit zwei 980 PS (731 kW) Gnome-Rhône 14N1/2 Motoren; dieser Typ wurde von der Drzavna Fabrika Aviona in Kraljevo in Lizenz gebaut; die drei Versionen waren der **DO 17Kb-1** Bomber sowie die **Do 17Ka-2** und **Do 17Ka-3** Aufklärungsflugzeuge, die in einer Sekundärrolle auch als Bomber verwendet werden konnten.
**Do 17L:** zwei Prototypen einer vorgeschlagenen Pfadfinderversion mit zwei 900 PS (671 kW) Bramo 323A-1-Motoren.
**Do 17M:** der dreizehnte und vierzehnte Prototyp mit Bramo 323A-1-Triebwerken, die beide zur Entwicklung der Flugwerks-/Motorenkombination für die Serienversion Do 17M-1 verwendet wurden, die 1.000 kg Bomben tragen konnte und die mit drei 7,92 mm MG 15 Maschinengewehren bewaffnet war, von denen sich je eines in Rücken- und Bauchposition befand und das dritte durch die rechte Windschutzscheibe feuerte.
**Do 17R:** zwei Maschinen zur Erprobung des 950 PS (708 kW) Daimler-Benz DB 600G und des 1.000 PS (746 kW) Daimler-Benz DB 601A.
**Do 17P:** die Fotoaufklärerversion der Do 17M, die von zwei 875 PS (652 kW) BMW 132N Motoren angetrieben wurde und die in der Do 17P-1 Produktionsserie mit Rb20/30 und Rb50/30 bzw. Rb20/8 und Rb 50/8 Kameras ausgerüstet war.
**Do 17S-0:** drei schnelle Aufklärer mit DB 600G-Triebwerken für Versuche mit einer liegenden Schützenposition im unteren vorderen Rumpfbereich, die mit einem nach hinten feuernden MG 15 Maschinengewehr ausgestattet war; der Bug war weitgehend verglast.
**Do 17U:** 15 Flugzeuge vom Typ **Do 17U-0** und **Do 17U-1** wurden nach dieser Norm als Pfadfindermaschinen gebaut; zur fünfköpfigen Besatzung gehörten zwei Funker.
**Do 17Z:** die häufigste Do 17-Version, von der zwischen 1939 und 1940 rund 1.700 Exemplare gebaut wurden. Die Do 17Z gab es in mehreren Versionen; die **Do 17Z-0** war mit zwei 900 PS (671 kW) Bramo 323A-1 Motoren und drei MG 15 als Bewaffnung der Do 17S ähnlich; die **Do 17Z-1** hatte ein zusätzliches, im Bug montiertes MG 15, war jedoch untermotorisiert und nur für 500 kg Bomben geeignet; der Einbau von 1.000 PS (746 kW) Bramo 323P Motoren in der **Do 17Z-2** brachte die Bombenlast wieder auf 1.000 kg und es wurden bis zu acht MG 15 eingebaut; für Aufklärungszwecke wurden 22 **Do 17Z-3** gebaut, die Rb50/30 oder Rb20/30 Kameras hatten; die **Do 17Z-4** war ein Umschulungstrainer mit Doppelsteuerung und die **Do 17Z-5** war im Grunde eine Do 17Z-2 mit Auftriebskörpern im Rumpf und im Bereich hinter den Motoren; als Einzelstück wurde die **Do 17Z-6 Kauz I** für die Fernnachtjagd produziert, die mit dem Bug einer Junkers Ju 88C-2 ausgerüstet war, in dem eine 20 mm MG FF-Kanone sowie drei MG 17 Maschinengewehre untergebracht waren; für die neun **Do 17Z-10 Kauz II** wurde ein neuer

**Das erste Serienmodell der Dornier Do 17 war der Do 17E-1 Bomber, von dem hier ein fabrikneues Exemplar zu sehen ist. Die typische Bombenlast (horizontal gelagert) bestand aus 10 SC50 (50 kg), vier SD100 (100 kg) oder zwei SD250 kg Bomben; die Last konnte bei Kurzstreckeneinsätzen auf 750 kg erhöht werden.**

Die Existenz der Dornier Do 215B-1 begann auf der Fertigungsstraße als Do 215A-1 Bomber für die schwedische Luftwaffe, der jedoch dann zum Einsatz bei der 3./Aufklärungsstaffel/ObdL in dieser Form als Langstreckenaufklärer fertiggestellt wurde.

Bug entwickelt, in dem vier 7,92 mm MG 17 und vier MG FF montiert waren; zum Nachtjägereinsatz wurden sie mit Lichtenstein C1-Radar und einer Spanner-II-Anlage als Infrarot-Sucheinrichtung ausgerüstet.
**Do 215:** ursprünglich als Exportversion der Do 17Z entwickelt, wurde die **Do 215A-1** (mit 1.075 PS/802kW Daimler-Benz DB 601A Motoren) 1939 von Schweden bestellt; über die 18 Maschinen wurde jedoch ein Embargo verhängt und sie gingen stattdessen als **Do 215B-0** und **Do 215B-1** an die Luftwaffe; zwei **Do 215B-3** Maschinen wurden 1940 an die Sowjetunion geliefert und die **Do 215B-4** war ein Fotoaufklärer mit Rb20/30 und Rb50/30 Kameras; ein neuer Bug, der dem der Do 17Z-10 glich und der auch ähnlich bewaffnet war, wurde an dem Nachtjäger **Do 215B-5** montiert.

### Technische Daten
**Dornier Do 17Z-2**
**Typ:** viersitziger, mittelschwerer Bomber.
**Triebwerk:** zwei 1.000 PS (746 kW) Bramo 323P Fafnir Sternmotoren.
**Leistung:** Höchstgeschwindigkeit 410 km/h auf 1.220 m; Einsatzgeschwindigkeit 300 km/h in 4.000 m; Dienstgipfelhöhe 8.200 m; Reichweite 1.160 km.
**Gewicht:** Leergewicht 5.210 kg; max. Startgewicht 8.590 kg.
**Abmessungen:** Spannweite 18,00 m; Länge 15,80 m; Höhe 4,55 m; Tragflügelfläche 55,00 m$^2$.
**Bewaffnung:** bis zu sieben 7,92 mm MG 15 plus 1.000 kg Bomben.

# Dornier Do 18

### Entwicklungsgeschichte
Als Nachfolgemodell der sehr erfolgreichen 'Wal'-Flugboote wurde 1934 für die Lufthansa als Transozean-Postflugzeug die **Dornier Do 18** entwickelt. Sie behielt die Metallrumpf-Grundstruktur sowie die stabilisierenden Stummelflügel, die für das vorangegangene Flugzeug charakteristisch waren, wurde aber aerodynamisch effizienter. Als Triebwerk dienten zwei 540 PS Junkers Jumo 5 Dieselmotoren. Der Prototyp **Dornier Do 18a** wurde erstmals am 15. März 1935 geflogen und ihm folgten vier Exemplare der Do 18E Version mit verbesserten 600 PS Jumo 205C Motoren. Das sechste Lufthansa-Flugzeug war die einzige **Do 18F**, die am 11. Juni 1937 zum ersten Mal geflogen wurde und die zwischen dem 27. und 29. März 1938 einen Nonstop-Langstreckenrekord für Wasserflugzeuge von 8.391 km aufstellte, indem sie in 43 Stunden von England nach Brasilien flog. Später wurde sie durch den Umbau mit 880 PS (656 kW) BMW 132N Motoren zur **Do 18L** und flog mit dieser Motorisierung am 21. November 1939 zum ersten Mal.

Die Do 18 wurde von der Luftwaffe bei Küstenfliegergruppen eingesetzt und ging im September 1938 in Dienst. Das erste deutsche Flugzeug, das im Zweiten Weltkrieg von britischen Streitkräften zu Boden gebracht wurde, war eine Dornier Do 18 der 2./Küstenfliegergruppe 106. Die Produktion von gut 100 Do 18 wurde 1940 abgeschlossen und nach dem Ersatz durch Blohm & Voss Ha 138 (BV138) wurde der Typ ab 1942 nur noch zur Seenotrettung verwendet.

### Varianten
**Do 18D-1:** dies war die erste Militär-Serienversion, die von Jumo 205C Motoren angetrieben wurde und die in offenen Bug- und Rückenpositionen mit einzelnen 7,92 mm MG 15 bewaffnet war; durch Ausstattungsänderungen ergaben sich 1938 die **Do 18D-2** und die **Do 18D-3**.
**Do 18G-1:** eine verbesserte Version der Do 18D mit 880 PS (656 kW) Jumo 205D Motoren sowie mit einem 13 mm MG 131 im Bug und einer 20 mm MG 151 Kanone in einem motorgetriebenen Stand in Rückenposition.
**Do 18H:** eine geringe Anzahl unbewaffneter Schulflugzeuge mit Doppelsteuerung trug diese Bezeichnung.
**Do 18N-1:** unbewaffnete Seenotrettungsmaschinen, zu denen Do 18G umgebaut wurden.

### Technische Daten
**Dornier Do 18G-1**
**Typ:** viersitziges Küstenaufklärer-Flugboot.
**Triebwerk:** zwei 880 PS (656 kW) Junkers Jumo 205D Dieselmotoren.
**Leistung:** Höchstgeschwindigkeit 260 km/h; Einsatzgeschwindigkeit 220 km/h; Dienstgipfelhöhe 4.200 m; max. Reichweite 3.500 km.
**Gewicht:** Leergewicht 5.850 kg; max. Startgewicht 10.000 kg.
**Abmessungen:** Spannweite 23,70 m; Länge 19,25 m; Höhe 5,35 m; Tragflügelfläche 98,00 m$^2$.
**Bewaffnung:** ein 13 mm MG 131 im Bug und eine 20 mm MG 151 Kanone im hinteren Stand plus zwei 50 kg-Bomben unter dem rechten Flügel.

Die Do 18, die als Postflugzeug konstruiert worden war, hatte weder die Leistung noch das Rumpfvolumen, um als Kampfflugzeug zu taugen, obwohl die Militärversion der Do 18D dank ihrer Reichweite in den Eröffnungsphasen des Zweiten Weltkriegs eine brauchbare Aufklärungsplattform war.

# Dornier Do 19

### Entwicklungsgeschichte
Generalleutnant Walter Wever war ein begeisterter Befürworter der strategischen 'Langstrecken-Großbomber' und das Technische Amt des RLM gab, hauptsächlich aufgrund seines Drängens, eine Spezifikation für einen viermotorigen schweren Bomber dieser Kategorie heraus. Sowohl Dornier als auch Junkers schlossen die Vorstudien für ein derartiges Flugzeug ab und beide erhielten Ende 1935 einen Auftrag über je drei Prototypen der Bezeichnungen **Dornier Do 19** bzw. Ju 89.

Der selbsttragend ausgelegte Mitteldecker Do 19 war fast ganz aus Metall gebaut und hatte einen rechteckigen Rumpf. Das Leitwerk hatte zwei verstrebte Seitenleitwerksflossen und -ruder, die an der Oberseite des Höhenleitwerks, jeweils etwa auf dessen halber Seitenspannweite montiert waren. Die Maschine hatte ein Heckradfahrwerk, bei dem alle drei Einheiten eingezogen werden konnten, und das Triebwerk bestand aus vier Bramo 322H-2 Sternmotoren, die an den Flügelvorderkanten in Gondeln montiert waren. Die neunköpfige Besatzung bestand aus Pilot, Copilot/Navigator, Bombenschütze, Funker und fünf Schützen.

Der Langstreckenbomber Dornier Do 19 flog nur als erster Prototyp Do 19 V1, und das Projekt wurde nach dem Tode von General Wever eingestellt.

Der Prototyp der Do 19 V1 flog am 20. Oktober 1936 zum ersten Mal, bis dahin führte jedoch ein Ereignis die Entwicklung von strategischen Langstreckenbombern zu ihrem Ende: am 3. Juni 1936 kam Generalleutnant Wever bei einem Flugzeugabsturz ums Leben und sein Nachfolger, Generalleutnant Albert Kesselring, entschied, daß die Luftwaffe viel dringender mehr Jagdflugzeuge und leistungsfähigere taktische Bomber brauchte. Die fast einsatzbereite **Do 19 V2** und die halbfertige **Do 19 V3** wurden beide verschrottet und die Do 19 V1 wurde nach einem entsprechenden Umbau 1939 als Militärtransporter eingesetzt.

**Technische Daten**
**Typ:** Langstrecken-Großbomber.
**Triebwerk:** vier 715 PS (533 kW) Bramo 322H-2 Sternmotoren.
**Leistung:** Höchstgeschwindigkeit in Seehöhe 315 km/h; Einsatzgeschwindigkeit 250 km/h in 2.000 m; Dienstgipfelhöhe 5.600 m; Reichweite 1.600 km.
**Gewicht:** Leergewicht 11.850 kg; max. Startgewicht 18.500 kg.
**Abmessungen:** Spannweite 35,00 m; Länge 25,45 m; Höhe 5,77 m; Tragflügelfläche 162,00 m².
**Bewaffnung:** (vorgesehen) zwei 7,92 mm MG 15 Maschinengewehre (je eines in Bug- und Heckposition) und zwei 20 mm Kanonen, je eine in Bauch- und Rückenkanzel mit je zwei Schützen, dazu 1.600 kg an Bomben in internen Bombenschächten.

# Dornier Do 22

## Entwicklungsgeschichte

Die Entwicklung des dreisitzigen Wasserflugzeugs **Dornier Do 22** lag im Aufgabengebiet des Dornier-Werkes Altenrhein in der Schweiz, wo zwei Prototypen gebaut wurden. Die Do 22 war, abgesehen von der Metallhaut des vorderen Rumpfes, ganz aus Metallrahmen mit Stoffbespannung konstruiert und hatte einen Hispano-Suiza 12Ybrs Motor, der einen Propeller hatte. Die Do 22 hatte drei Besatzungsmitglieder, wobei der Schütze im hinteren Cockpit untergebracht war und die Position des Funkers in der vorderen Hälfte des gleichen Cockpits durch ein verglastes Kabinendach geschützt wurde. Vier 7,92 mm Maschinengewehre waren eingebaut, eines davon im vorderen Rumpf über dem Motor, eines in Bauchposition und zwei im rückwärtigen Cockpit. Obwohl die Luftwaffe keine Maschinen bestellte, wurden in Friedrichshafen ca. 30 Flugzeuge gebaut und die erste Serienmaschine flog am 15. Juli 1938. Die Do 22 wurden an die Luftstreitkräfte von Griechenland, Jugoslawien und Lettland als **Do 22Kg, Do 22Kj** bzw. **Do 22Kl** ausgeliefert.

**Die Dornier Do 22 war in erster Linie für den Export vorgesehen und ging nach Griechenland, Lettland und Jugoslawien. Hier gezeigt ist eines von zwölf jugoslawischen Do 22Kj Wasserflugzeugen, von denen acht 1941 nach Ägypten entkamen.**

## Varianten

**Do 22L:** Bezeichnung des einzigen Do 22-Landflugzeugs mit starrem, halbverkleidetem Fahrwerk, das am 10. März 1939 erstmals flog.

## Technischen Daten

**Typ:** dreisitziges Mehrzweck-Wasserflugzeug.
**Triebwerk:** ein 860 PS (641 kW) Hispano-Suiza 12Ybrs Reihenmotor.
**Leistung:** Höchstgeschwindigkeit 350 km/h in 3.000 m; Dienstgipfelhöhe 9.000 m; Reichweite 2.300 km.
**Gewicht:** Leergewicht 2.600 kg; max. Startgewicht 4.000 kg.
**Abmessungen:** Spannweite 16,20 m; Länge 13,12 m; Höhe 4,85 m; Tragflügelfläche 45,00 m².
**Bewaffnung:** vier 7,92 mm MG 15 Maschinengewehre (im Bug, in Bauchposition und im rückwärtigen Cockpit) plus ein 800 kg Torpedo oder vier 50 kg Bomben.

# Dornier Do 24

## Entwicklungsgeschichte

Die **Dornier Do 24** entstand auf grund einer Anforderung der niederländischen Marine des Jahres 1935 als Ersatz für die Wal, die auf den niederländischen Ostindieninseln verwendet wurden. Die Do 24, ein Ganzmetall-Eindecker mit einem flachen, breiten Rumpf und Stummeln zur Stabilisierung, hatte eine von Streben getragene Tragfläche, die drei Motoren trug. Die ersten beiden Prototypen, die eventuell in Deutschland verwendet werden sollten, wurden von 600 PS (447 kW) Junkers Jumo 205C Dieselmotoren angetrieben. Der dritte Prototyp (der am 3. Juli 1937 als erster flog) hatte als Triebwerk 875 PS (652 kW) Wright R-1820-F52 Cyclone Motoren, um dem niederländischen Wunsch nach dem Einsatz der gleichen Motoren entgegenzukommen, die auch in deren Martin 139 Bombern montiert waren. Nach dem erfolgreichen Abschluß des Testprogramms wurde der restliche niederländische Auftrag in Altenrhein fertiggestellt und erhielt die Bezeichnung **Do 24K-1**. Bei Aviolanda in Holland wurden weitere 48 **Do 24K-2** Maschinen mit 1.000 PS (746 kW) R-1820-G102 Motoren gebaut, wobei die Schelde die Flügel herstellte. Bis zur deutschen Besetzung im Mai 1940 wurden jedoch nur 25 Maschinen ausgeliefert. Drei fertige Flugzeuge und eine Reihe von halbfertigen Maschinen wurden zur Erprobung als Seenotrettungsflugzeug nach Deutschland geschafft und daraufhin wurde die niederländische Fertigungsstraße unter der Kontrolle des deutschen Unternehmens Weser Flugzeugbau wieder eröffnet und insgesamt 170 Maschinen gebaut. Weitere 48 **Do 24T-1** wurden zwischen 1942 und August 1944 im SNCA du Nord Werk in Sartrouville in Frankreich für die Luftwaffe gebaut, und 40 weitere Exemplare wurden nach der Befreiung an die französische Marine geliefert. Ab Juni 1944 wurden zwölf **Do 24T-3** unter der Bezeichnung **HR.5** an Spanien geliefert, um im Mittelmeer für beide Seiten als Such- und Rettungsflugzeuge für Flugbesatzungen zu dienen. Der Typ blieb bis gut in die siebziger Jahre im spanischen Dienst und war in Pollensa auf Mallorca stationiert.

**Die Dornier Do 24T war lange erfolgreich als Such- und Seenotrettungsflugzeug eingesetzt. 1982 wurde mit der Entwicklung der Do 24TT begonnen, die zwar den alten Rumpf besitzt, aber 'Tragflächen Neuer Technologie' und Propellerturbinen erhielt.**

## Varianten

**Do 24N-1:** in den Niederlanden gebaute Do 24K-2 wurden nach dieser Norm als Seenotrettungsflugzeuge für die Luftwaffe fertiggestellt und behielten die Wright R-1820-G102 Motoren; die erste Maschine wurde im August 1941 ausgeliefert.
**Do 24T:** 159 **Do 24T-1, Do 24T-2** und **Do 24T-3** wurden, mit minimalen Ausstattungsunterschieden, während der deutschen Besatzung Hollands hergestellt; als Triebwerk dienten drei 1.000 PS (746 kW) BMW-Bramo 323R-2 Fafnir Motoren, und sie wurden hauptsächlich bei der 1., 2. und 3./Seenotgruppe eingesetzt, die in Biscarosse bei Bordeaux und in Berre bei Marseille stationiert waren.
**Do 24 TT:** Am 23. März 1983 wurde der erste Prototyp fertiggestellt. Der Rumpf des Amphibiums stammt aus den 30iger Jahren, die Flügel sind TNT, also 'Tragflächen Neuer Technologie', über denen in neuen Gondeln drei Pratt & Whitney of Canada PT6A-45B Turboprops mit je 1.125 WPS (869 kW) untergebracht sind, die Hartzell Fünfblatt-Propeller antreiben. Spannweite 30,00 m; Länge 21,95 m; Höhe (mit Fahrwerk) 6,68 m; Tragflügelfläche 100,00 m². Der Erstflug der D-CATD fand am 15. April 1983 statt.
**Do 318:** Bezeichnung eines einzelnen Prototyps, der 1944 von Weser mit einem von Arado konstruierten Grenzschicht-Steuerungssystem umgerüstet wurde; die Tests waren erfolgreich, das Flugzeug wurde jedoch 1945 im Bodensee versenkt.

## Technische Daten
### Dornier Do 24T

**Typ:** Seepatrouillen-, Such- und Rettungsflugboot.
**Triebwerk:** drei 1.000 PS (746 kW) BMW-Bramo 323R-2 Sternmotoren.
**Leistung:** Höchstgeschwindigkeit 340 km/h in 3.000 m; Einsatzgeschwindigkeit 295 km/h; Dienstgipfelhöhe 5.900 m; max. Reichweite 2.900 km.
**Gewicht:** Leergewicht 9.200 kg; max. Startgewicht 18.400 kg.
**Abmessungen:** Spannweite 27,00 m; Länge 21,95 m; Höhe 5,75 m; Tragflügelfläche 108,00 m².
**Bewaffnung:** je ein 7,92 mm MG 15 Maschinengewehr in Bug- und Heckposition und eine 20 mm MG 151 Kanone in einem motorgetriebenen Stand in mittlerer Position.

**Kernstück der sich noch im Erprobungsstadium befindlichen Do 24TT sind ihr neuen Tragflächen.**

Dornier

# Dornier Do 26

### Entwicklungsgeschichte

Das aerodynamisch am saubersten konstruierte Dornier-Flugboot, die ganz aus Metall gefertigte **Dornier Do 26,** wurde für den Transatlantik-Postdienst entwickelt und sollte zwischen Lissabon und New York vier Besatzungsmitglieder und 500 kg Post transportieren. Die Stützschwimmer auf der jeweils halben Spannweite waren komplett in die Flügel einziehbar und die beiden hinteren der in zwei Tandem-Paaren montierten Junkers Jumo 205 Dieselmotoren konnten beim Start um 10° nach oben gekippt werden, damit die Dreiblatt-Metallpropeller nicht mehr im Spritzwasserbereich des Rumpfes waren. Die Deutsche Lufthansa bestellte 1937 drei Do 26 mit Verstärkungen für Katapultstarts von Versorgungsschiffen aus, und die erste dieser Maschinen flog am 21. Mai 1938. Zwei der drei Flugzeuge wurden vor dem Ausbruch des Zweiten Weltkriegs unter der Bezeichnung **Do 26A** an die Fluggesellschaft ausgeliefert. Sie wurden nie wie vorgesehen über dem Nordatlantik eingesetzt und überquerten den Südatlantik nur 18mal.

**Radikal anders als die früheren Flugboote war die Do 26, die weder Flügelstummel hatte noch als gestielter Hochdecker ausgelegt war und die hier als Do 26 V4 abgebildet ist. Der Einstellwinkel der beiden hinteren Motoren konnte beim Start verändert werden.**

### Varianten

**Do 26B:** diese Bezeichnung erhielt ursprünglich das dritte Flugzeug, das in einer vergrößerten Kabine vier Passagier-Sitzplätze bieten sollte; es wurde als die erste Do 26D fertiggestellt.

**Do 26D:** vier Flugzeuge, die für die Luftwaffe gebaut wurden; sie hatten 700 PS (522 kW) Jumo 205Ea Motoren und waren mit drei 7,92 mm MG 15 Maschinengewehren und einer Bugkanzel mit einer 20 mm MG 151 Kanone bewaffnet; ab April 1940 wurden diese Maschinen zusammen mit denen der Lufthansa in Norwegen als Transportflugzeuge verwendet, die bis zu zwölf Soldaten mit voller Ausrüstung tragen konnten; die Do 26D flogen zunächst bei der Transozean-Staffel und später bei der Küstenfliegergruppe 406.

### Technische Daten

**Dornier Do 26A**

**Typ:** Transatlantik-Post- bzw. Küstenpatrouillen-Flugboot.

**Triebwerk:** vier 600 PS (447 kW) Junkers Jumo 205 Dieselmotoren.

**Leistung:** Höchstgeschwindigkeit 335 km/h; Langstrecken-Reisegeschwindigkeit 265 km/h; Dienstgipfelhöhe 4.800 m; max. Reichweite 9.000 km.

**Gewicht:** Leergewicht 10.700 kg; max. Startgewicht 20.000 kg.

**Abmessungen:** Spannweite 30,00 m; Länge 24,60 m; Höhe 6,85 m; Tragflügelfläche 120,00 m².

# Dornier Do 27

**Dornier Do 27A-4 der Força Aérea Portuguesa (portugiesische Luftwaffe)**

### Entwicklungsgeschichte

Die **Dornier Do 27** war das erste Flugzeug, das nach dem Zweiten Weltkrieg in Deutschland wieder in die Produktion ging. Claudius Dornier nahm seine Arbeit 1949 wieder in Spanien auf, und seine Oficinas Tecnicas Dornier arbeiteten eng mit der spanischen CASA zusammen. Das erste Ergebnis dieser Zusammenarbeit war die **Do 25,** die im Juni 1954 erstmals flog. Dieser STOL-Transporter war nach einer Ausschreibung des spanischen Luftfahrtministeriums entworfen und hatte einen 150 PS (112 kW) ENMA Tigre Motor; 50 ähnliche Maschinen wurden später unter der Bezeichnung **CASA C-127** gebaut.

Darauf basierte der am 8. April 1955 erstmals geflogene Prototyp der Do 27. Die Produktion fand in den Dornier-Werken in der Bundesrepublik statt; das erste Serienexemplar flog im Oktober 1956. Die **Do 27A** mit ihrer großen Panorama-Windschutzscheibe und der fünfsitzigen Konfiguration wurde ausgesprochen populär. Die Auslieferungen begannen zunächst mit 20 Maschinen pro Monat.

Die militärische Do 27A und die **Do 27B** mit Doppelsteuerung unterschieden sich nur geringfügig voneinander. Die unverstrebten Hochdeckerflügel erleichtern den Einstieg für Passagiere und das Beladen; die großen Klappen gaben dem Modell eine erstaunliche STOL-Kapazität. Mehr als 600 Exemplare wurden gebaut, bevor die Produktion 1965 auslief. Der wichtigste Abnehmer war die Bundesrepublik selbst, die 428 Do 27A übernahm; ein anderer früher Betreiber war die Schweizer Flugwaffe, deren sieben erste Maschinen mit Rad- und Ski-Fahrwerk ausgerüstet waren. Weitere Exemplare gingen an Belgien, den Kongo, Israel, Nigeria, Portugal, Schweden, Südafrika und die Türkei.

### Varianten

**Do 27H:** zivile oder militärische Version mit einem 340 PS (254 kW) Avco Lycoming GSO-480 Motor.

**Do 27Q-5:** zivile Version, ähnlich der 27A, aber mit Vorrichtungen für einen schnellen Umbau zu verschiedenen Einsätzen: Fortgeschrittenenschulung, Krankentransport, Schleppflugzeug und Fotovermessung.

**Do 27Q-5(R):** Version der Q-5 mit beschränkter Zulassung für den Einsatz als landwirtschaftliches Flugzeug oder in der Forstwirtschaft mit einem Piloten.

**Do 27Q-6:** weitgehend ähnlich wie die Q-5, aber nach den Zulassungsbestimmungen der US Civil Aviation Authority fertiggestellt.
**Do 27S:** Bezeichnung für eine Version mit zwei Schwimmern, von der ein Prototyp gebaut wurde.
**Do 27T:** Bezeichnung für einen Prototyp mit einem Turboméca Astazou II Propellerturbinenmotor.

### Technische Daten
**Dornier Do 27A**
**Typ:** leichter Mehrzweck-Transporter.
**Triebwerk:** ein 270 PS (201 kW) Avco Lycoming GO-480-B1A6 Sechszylindermotor.
**Leistung:** Höchstgeschwindigkeit 227 km/h in 1.000 m Höhe; wirtschaftliche Reisegeschwindigkeit 175 km/h; Dienstgipfelhöhe 3.300 m; Reichweite mit max. Treibstoffvorrat 1.100 km.
**Gewicht:** Rüstgewicht 1.130 kg; max. Startgewicht 1.850 kg.
**Abmessungen:** Spannweite 12 m; Länge 9,60 m; Höhe 2,80 m; Tragflügelfläche 19,40 m².

**Die Dornier Do 27 bietet Piloten und Passagieren ein gutes Sichtfeld und ihren Betreibern eine ebenso hohe Zuverlässigkeit wie Wirtschaftlichkeit. Sie eignet sich gut für kleinere Firmen wie den Rheingau Flugdienst, der eine Do 27B-3 verwendet.**

# Dornier Do 28

### Entwicklungsgeschichte
Nach dem Erfolg der Do 27 wurde beschlossen, eine weitgehend ähnliche zweimotorige Ausführung mit der Bezeichnung **Dornier Do 28** zu bauen, deren Prototyp erstmals am 29. April 1959 mit zwei 180 PS (134 kW) Avco Lycoming O-360-A1A Motoren flog. Obwohl die Do 28 ihrem Vorgänger sehr ähnlich sah, war sie ein völlig neues Modell: die Triebwerke waren nahe an den Spitzen der kurzen Stummelflügel angebracht. Die mit dem Prototyp gesammelten Erfahrungen führten zu einer Erweiterung der Spannweite und Tragflügelfläche, und die Motoren wurden durch 250 PS (186 kW) Avco Lycoming 0-540 Triebwerke ersetzt. In dieser Form ging das Modell als Do 28-A1 in die Produktion; 60 Exemplare wurden gebaut. Das nächste Serienmodell war die **Do 28B-1** mit Avco Lycoming IO-540 Motoren und verschiedenen Verbesserungen wie etwa Flügelspitzen-Tanks und größeren Höhenflossen sowie elektrisch betriebenen Klappen. Die Do 28B-1 ging 1963 in die Produktion und 60 Exemplare wurden gebaut, darunter einige Maschinen in der Ausführung der **Do 28B-2** mit Turbolader-motoren.

Zusätzlich zu den auf den Inlandsmarkt gelieferten Maschinen wurde die Do 28 an verschiedene Firmen überall auf der Welt verkauft, darunter Gesellschaften in England, Kanada, Dänemark, Japan, Spanien, Schweden und den USA. Auch das deutsche Verteidigungsministerium zeigte Interesse an der Do 28, was zur Entwicklung der Do 28D Skyservant führte, welche die Grundstruktur der früheren Entwürfe beibehielt, aber in allen Details ein durchaus eigenständiges Modell darstellte.

**Auf diesem Foto einer in der BRD registrierten Dornier Do 28B-1 sieht man die ungewöhnliche Triebwerkinstallation.**

### Varianten
**Do 28A-1-2:** Bezeichnung für eine als Wasserflugzeug umgebaute Do 28A-1, ausgeführt von der Jobmaster Company in Seattle, Washington.
**Do 28B-1-S:** Bezeichnung für eine geplante Wasserflugzeug-Version der Do 28B-1, die von der Jobmaster Company in den USA durchgeführt werden sollte.
**Do 28C:** Bezeichnung für eine geplante Entwicklung der Do 28B-1 mit zwei 530 WPS (395 kW) Turboméca Astazou II Propellerturbinen, Luftdruckausgleich und neuem Flugdeck.

### Technische Daten
**Dornier Do 28B-1**
**Typ:** achtsitziger Mehrzweck-Transporter.
**Triebwerk:** zwei 280 PS (216 kW) Avco Lycoming IO-540A Sechszylindermotoren.
**Leistung:** Höchstgeschwindigkeit 290 km/h; wirtschaftliche Reisegeschwindigkeit 240 km/h; Dienstgipfelhöhe 6.300 m; Reichweite bei max. Nutzlast und Standard-Treibstoffvorrat 1.235 km.
**Gewicht:** Rüstgewicht 1.730 kg; max. Startgewicht 2.720 kg.
**Abmessungen:** Spannweite 13,80 m; Länge 9 m; Höhe 2,80 m; Tragflügelfläche 22,40 m².

# Dornier Do 28D/Do 128

### Entwicklungsgeschichte
Der Vorteil der ursprünglichen Do 28 Baureihe gegenüber der Do 27 bestand in der Sicherheit durch zwei Triebwerke, aber das spätere Modell hatte keinen zusätzlichen Platz im Inneren, da die Kabine die gleichen Abmessungen hatte wie bei dem Vorgängermodell. Mit Hilfe finanzieller Unterstützung des Wirtschaftsministeriums konnte Dornier einen geräumigeren, stärkeren STOL-Transporter für bis zu 13 Passagiere bauen, der die Bezeichnung **Dornier Do 28D** und später den Namen **Skyservant** erhielt. Der neue Entwurf unterschied sich erheblich von dem der Do 28B, so daß die beiden Modelle kaum noch Gemeinsamkeiten aufwiesen. Der Prototyp flog am 23. Februar 1966 und erhielt seine Typenzulassung ein Jahr später. Das Modell wurde als **Do 28D-1** entwickelt und bekam am 19. April 1966 die FAA-Zulassung sowie die militärische Typenzulassung im Januar 1970. Die Luftwaffe und Bundesmarine bestellten zusammen 125 Exemplare; weitere Maschinen gingen nach Äthiopien, Nigeria, die Türkei und Sambia. Mehr als 220 Skyservant sind auf der ganzen Welt im Einsatz.

Eine Do 28D-1 stellte 1972 mehrere Klassenrekorde für kolbenmotorenbetriebene Geschäftsflugzeuge auf und erreichte u.a. eine Höhe von 8.624 m bei einer Nutzlast von 1.000 kg und brach außerdem mehrere

**Dornier Do 28D-2 Skyservant der Corsair (Frankreich)**

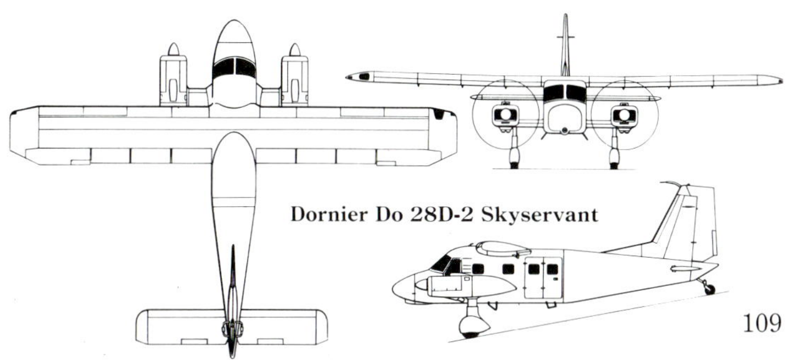

**Dornier Do 28D-2 Skyservant**

Zeit/Höhenrekorde. Es folgte die **Do 28D-2** mit mehreren Verfeinerungen, und im Jahre 1980 wurde eine Do 28D-2 der Luftwaffe mit Avco Lycoming TIGO-540 Turboladermotoren ausgerüstet; das Bundesverteidigungsministerium gab eine entsprechende Modernisierung aller militärischen Skyservant der BRD in Auftrag, die daraufhin die neue Bezeichnung **Do 28D-2T** erhielten.

Die Do 28D wird weiterhin entwickelt, allerdings unter einem anderen Namen: **Do 128 Skyservant.** Seit 1980 sind zwei Grundausführungen erhältlich: die **Do 128-2** und die **Do 128-6.** Beides sind zehnsitzige Ausführungen mit unterschiedlichen Triebwerken; je zwei Avco Lycoming IGSO-540-A1E Sechszylinder-Boxermotoren mit je 380 PS (283 kW) Leistung für die Do 128-2 bzw. Pratt & Whitney PT6A-110 Propellerturbinen mit je 400 WPS (298 kW) für die Do 128-6. Der Prototyp des zuletzt genannten Modells war die als TurboSky bezeichnete Do 28D-5X (D-IBUF) mit zwei 600 WPS (447 kW) Avco Lycoming LTP 101-600-1A Propellerturbinen, die auf 400 PS (298 kW) eingestellt waren. Die Do 128-6 hat außerdem einen neuen Treibstofftank, verstärkte Triebwerkshalterungen und andere Neuerungen. Im Herbst 1982 wurden Bestellungen und Anfragen aus Afrika bekannt. Nigeria bestellte für die Luftwaffe des Landes 18 Maschinen, und weitere Do 128-6 gingen an Lesotho Airways. Eine Variante der Do 128-6 wurde nach Kamerun verkauft, wo die Maschine für Seepatrouillen benutzt wird und mit einem 360° MEL Marec Vermessungsradar ausgerüstet ist. Eine Do 128-6 wurde mit Skiern und Spezialausrüstung als "Polar 1" auf der deutschen Antarktis-Expedition in den Jahren 1983/84 eingesetzt.

Dornier

**Die Dornier Do 28D Baureihe wurde in den frühen 80er Jahren in Do 128 umbenannt, aber der Typ fliegt noch immer als Skyservant in der Rolle eines 14sitzigen STOL Transporters.**

### Technische Daten
### Dornier Do 128-2

**Typ:** STOL-Mehrzweckflugzeug.
**Triebwerk:** zwei 380 PS (283 kW) Avco Lycoming IGSO-540-A1E Sechszylindermotoren.
**Leistung:** Höchstgeschwindigkeit 325 km/h in 3.050 m Höhe; wirtschaftliche Reisegeschwindigkeit 211 km/h in 3.050 m Höhe; Dienstgipfelhöhe 7.680 m; Reichweite bei max. Reisegeschwindigkeit 642 km.
**Gewicht:** Leergewicht 2.346 kg; max. Startgewicht 3.842 kg.
**Abmessungen:** Spannweite 15,55 m; Länge 11,41 m; Höhe 3,90 m; Tragflügelfläche 29,00 m².

# Dornier Do 29

## Entwicklungsgeschichte

Mit den beim Bau von STOL-Flugzeugen wie der Do 27 und Do 28 gesammelten Erfahrungen war Dornier bestens für ein Forschungsprogramm gerüstet, das die Deutsche Versuchsanstalt für Luftfahrt (DVL) für STOL- und VTOL-Modelle finanzierte. Die Firma baute drei experimentelle Maschinen mit der Bezeichnung **Do 29,** die weitgehend auf dem Flugwerk der Do 27 basierten und je zwei Avco Lycoming Hartzell Kolbenmotoren für Hartzell Druckpropeller hinter den Tragflächen hatten. Die Propeller konnten für V/STOL-Flüge um bis zu 90° nach unten geschwenkt und, um den Torque-Effekt zu vermeiden, auch entgegengesetzt gedreht werden. Der Pilot saß ziemlich weit vorne im Bug und hatte einen Martin-Baker Schleudersitz.

Die erste der drei Do 29 flog im Dezember 1958, und das Trio trug während dieses Programms zahlreiche nützliche Informationen zusammen. Das erste der drei Flugzeuge ist heute noch in Bückeburg ausgestellt.

### Technische Daten

**Typ:** einsitziges STOL-Versuchsflugzeug.
**Triebwerk:** zwei 270 PS (201 kW) Avco Lycoming GO-480-B1A6 Kolbenmotoren.
**Leistung:** Reisegeschwindigkeit 290 km/h; Überziehgeschwindigkeit 75 km/h; Startstrecke über 15 m-Hindernis 220 m.
**Gewicht:** maximales Startgewicht 2.500 kg.
**Abmessungen:** Spannweite 13,20 m; Länge 9,50 m; Tragflügelfläche 21,80 m².

**Die Schwenkpropeller der Dornier Do 29, ein experimentelles STOL Flugzeug, sind hier in geneigter Position zu sehen.**

# Dornier Do 31/Do 231

## Entwicklungsgeschichte

Während der 60er Jahre beschäftigte man sich ausgiebig mit den Problemen der VTOL-Konfiguration. Die englische P.1127 Baureihe war erfolgreich geflogen, und man sprach von VTOL-Transportern, die Kampfflugzeuge während des Einsatzes unterstützen sollten. Dornier flog das erste von zwei Versuchsflugzeugen mit V/STOL-Konfiguration und der Bezeichnung **Dornier Do 31E** am 10. Februar 1967. Das gewählte Triebwerk war das Rolls-Royce Bristol Pegasus Turbofan mit Vektorsteuerung, von denen je eines unter den Tragflächen angebracht werden sollte, während für den Hub ein großer Behälter mit vier Rolls-Royce

**Die Dornier Do 31E, ein äußerst ehrgeiziges Projekt, erbrachte eine erstklassige Leistung, wies aber den Nachteil von zusätzlichem Gewicht auf.**

RB.162 Strahltriebwerken an beiden Flügelspitzen angebracht war.

Die erste Do 31E flog nur mit den Pegasus Triebwerken, aber die zweite hatte bei ihrem Erstflug am 14. Juli 1967 alle zehn Triebwerke montiert und unternahm ihren ersten Übergang vom Senkrechtstart zum Horizontalflug am 16. Dezember 1967; fünf Tage später wiederholte sie den Vorgang in umgekehrter Richtung. Die Do 31 war kein besonders attraktives Flugzeug, aber dafür ein ausgesprochen tüchtiges Modell, das mehrere neue Klassenrekorde für Flugzeuge mit Jet-Auftrieb aufstellte, als es von München aus zur Pariser Air Show von 1969 flog. Ein drittes Flugzeug wurde für statische Tests gebaut. 1969 und 1970 wurde der Typ im Rahmen eines Abkommens zwischen Dornier, der Bundesregierung und der NASA in den USA einem Untersuchungsprogramm unterzogen.

Die Bundesregierung untersuchte mehrere Entwürfe für einen zivilen V/STOL-Transporter mit Strahlantrieb und wählte ein Dornier-Modell, die **Do 231**, zur genaueren Untersuchung. Der Typ basierte grundsätzlich auf der Struktur der Do 31 und sollte zwei Rolls-Royce RB.220 Zweistromtriebwerke mit 10.886 kp Schub unter den Tragflächen (für den Schub) und zwölf RB.202 Hubtriebwerke von je 5.942 kp erhalten, die im Rumpfvorder- und -hinterteil sowie in zwei großen Behältern in den äußeren Flügeln untergebracht werden sollten. Die zivile Ausführung **(Do 231C)** war für 100 Passagiere geplant, und für die militärische Version **(Do 231M)** war ein modifiziertes Fahrwerk und ein längerer Rumpfhinterteil mit Laderampe vorgesehen. Diese interessanten Projekte wurden jedoch nicht verwirklicht.

### Technische Daten
**Dornier Do 31E**
**Typ:** experimenteller V/STOL-Transporter mit Jet-Antrieb.
**Leistung:** zwei Rolls-Royce Bristol Pegasus 5-2 mit 7.031 kp Schub sowie acht Rolls-Royce RB.162-4D von je 1.996 kp Schub.
**Leistung:** Reisegeschwindigkeit 644 km/h in 6.095 m Höhe; Dienstgipfelhöhe 10.515 m.
**Gewicht:** Leergewicht 22.453 kg; max. Startgewicht 27.442 kg.
**Abmessungen:** Spannweite 18,06 m; Länge 20,88 m; Höhe 8,53 m; Tragflügelfläche 57,00 m².

# Dornier Do 217

### Entwicklungsgeschichte
Die **Dornier Do 217**, eigentlich eine vergrößerte Do 17, flog als Prototyp im August 1938 mit zwei 1.075 PS (802 kW) Daimler-Benz DB 601A Motoren. Obwohl die Maschine einige Wochen später abstürzte, wurde das Programm mit drei Prototypen mit 950 PS (708 kW) Junkers Jumo 211A Motoren fortgesetzt. Die letzte von diesen dreien **(Do 217 V4)** war auch bewaffnet und hatte größere Seitenleitflächen und modifizierte Sturzbremsen (die vier Teile bildeten in geschlossener Stellung den Heckkonus), um die Stabilität zu erhöhen. Auf weitere drei Maschinen mit Jumo-Motoren folgten zwei mit 1.550 PS (1.156 kW) BMW 139 Sternmotoren, die eine bessere Leistung erzielen sollten; der Ende 1939 eingeführte, verbesserte BMW 801 wurde für die Do 127A Serienmodelle (Aufklärungsflugzeuge) benutzt, die 1940 bei der Aufklärungsgruppe Oberbefehlshaber der Luftwaffe den Dienst aufnahmen. Die erste wichtige Serienausführung war jedoch die 1940 produzierte Do 217E mit breiterem Rumpf und einem größeren Bombenkasten, der auch größere Bomben oder einen Torpedo fassen konnte. Die Do 217E nahm mit der 3.(F)/11 Ende 1940 als Aufklärungsflugzeug und in der Bomberfunktion im Frühjahr 1941 bei der II./KG40 den Einsatz auf. Etwa 1.730 Exemplare der Do 217 wurden gebaut.

### Varianten
**Do 217A:** acht 217A-0 Aufklärungsflugzeuge wurden mit zwei Kameras und drei 7,92 mm MG 15 gebaut.
**Do 217C:** fünf Exemplare dieser Bomber-Version wurden gebaut, das erste **(Do 217C V1)** mit Jumo 211A Motoren und der Rest **(Do 217C-0)** mit DB 601A Triebwerken; alle waren mit einer 15 mm MG 151/15 Kanone und fünf MG 15 sowie einer Bombenladung von 3.000 kg bewaffnet.
**Do 217E:** die erste Produktionsvariante der Baureihe, die **Do 217E-1**, konnte 3.000 kg Bomben transportieren und war mit einer 15 mm MG 151 Kanone und fünf 7,92 mm MG 15 bewaffnet; die **Do 217E-2** führte einen Waffenstand mit einem 13 mm MG 131 ein und hatte eine ähnliche Waffe unter dem Rumpf, drei 7,92 mm MG 15 im Rumpfvorderteil sowie eine 15 mm MG 151 Kanone im Bug; die **Do 217E-3** wurde für Schiffsabwehreinsätze entwickelt und trug zum Schutz der Besatzung zusätzliche Panzerplatten, zwei Hilfstanks mit 750 l im Bombenkasten und sieben MG 15 neben einer 20 mm MG FF Kanone im Bug; die **Do 217E-4** war die 1941 gebaute Version der Do 217E-2 mit BMW 801C und Kabelschneidern in den Flügelvorderkanten; etwa 65 **Do 217E-5** wurden mit Unterflügelhaltern für zwei Henschel Hs 293 Geschosse gebaut.
**Do 217H:** Bezeichnung für die 21. Do 217E mit DB 601 Turboladermotoren für Versuchszwecke.
**Do 217J:** ab 1942 wurden 157 Flugzeuge mit dem Standard der **Do 217J-1** und **Do 217J-2** gebaut; erstere war ein Bomber mit einem Bug ähnlich der Do 17Z-10 (mit vier 7,92 mm MG 17 und vier 20 mm MG FF Kanonen zusätzlich zu den Rücken- und Unterrumpfpositionen mit je zwei 13 mm MG 131); die J-2 war ein Nachtjäger mit einer 20 mm MG 151/20 Kanone anstelle der MG FF Waffen bei der Do 217J-1 und mit FuG 212 'Lichtenstein BC' Radar.
**Do 217K:** die im Herbst 1942 vorgestellte. **Do 217K-1** hatte einen neuen verglasten Bug mit ungestaffeltem Cockpit; zwei SD 1400 X (Fritz X) Geschosse wurden unter den Tragflächen der **Do 217K-2** getragen, während der Rumpf FuG 203 und FuG 230a Funkleitgeräte enthielt; eine von einer Do 217K-2 der in Marseille stationierten II/KG 100 abgefeuerten Rakete versenkte am 14. September 1943 das italienische Schlachtschiff *Roma*, nachdem das vom Faschismus befreite Italien sich den Alliierten anschloß; dieses Geschoß, eine Hs 293 konnte auch von der **Do 217K-3** aufgenommen werden.
**Do 217L:** zwei experimentelle Entwicklungen der Do 217K mit modifiziertem Cockpit und Verteidigungswaffen.
**Do 217M:** die **Do 217M-1** war eigentlich eine Do 217K-1 mit Daimler-Benz DB 603A; die ähnliche **Do 217M-5** hatte einen Unterrumpfhalter für ein Hs 293 Geschoß; die **Do 217M-3** war das Gegenstück zur **Do 217K-3** mit DB 603A Motoren; die **Do 217M-11** war ein Raketenträger mit erweiterter Spannweite, das Gegenstück zur Do 217K-2.
**Do 217N:** ein Do 217M Flugwerk mit einem Bug ähnlich der Do 217J-2 ergab den Nachtjäger Do 217N-1, der in der Produktion bald durch die **Do 217N-2** ersetzt wurde, die sich durch den fehlenden MG-Stand im Rumpfrücken unterschied.
**Do 217P:** der erste Prototyp, die **Do 217 V1**, flog erstmals im Juni 1942 und wurde als Höhenaufklärer entwickelt; die Maschine hatte eine Kabine mit Luftdruckausgleich und zwei 1.750 PS (1.305 kW) DB 603B Motoren, die durch einen zweistufigen Lader mit einem 1.475 PS (1.100 kW) DB 605T Motor im Bombenkasten verstärkt wurden; die Bewaffnung bestand aus vier MG 81; in den drei Vorserienmaschinen **Do 217P-0** waren eine Rb20/30 und

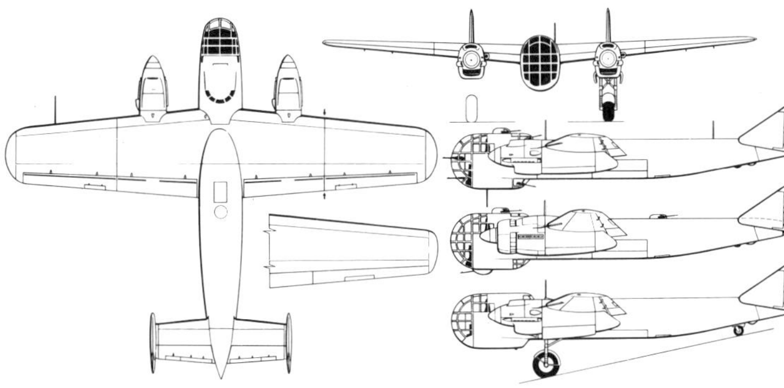

**Dornier Do 317 V1 (Teilansicht: Flügel der Do 317B; obere Seitenansicht: Do 317A; mittlere Seitenansicht: Do 317B)**

**Wie andere schnelle mittlere Bomber im deutschen Einsatz war auch die Dornier Do 217 für den Umbau als Nachtkampfflugzeug geeignet. Dieses Foto zeigt eine dieser Maschinen, eine Do 217N-2, vor dem Anbau einer (Luftwiderstand erzeugenden) Antennenanlage für das Lichtenstein BC Radar.**

**Die Dornier Do 217E-4 (oben) ersetzte die Do 217E-2 seit Ende 1941 in der Produktion und unterschied sich nur in einigen Details von dem Vorgängermodell.**

zwei Rb75/30 Kameras installiert.
**Do 217R:** fünf umgebaute Do 317 mit DB 603 Motoren und zwei Hs 293 Geschossen.
**Do 317:** 1939 ursprünglich als mittleres Bombenflugzeug mit Luftdruckausgleich und 2.660 PS (1.984 kW) DB 606 Motoren vorgeschlagen; die Entwicklung wurde unterbrochen und 1941 mit der Do 317 und DB 603 Motoren wieder aufgenommen; der erste von sechs Prototypen war ähnlich der Do 217M, hatte aber dreieckige Seitenleitflächen und flog erstmals 1943; die restlichen fünf Prototypen wurden, wie oben bereits gesagt, als Do 217R ohne Luftdruckausgleich fertiggestellt.

### Technische Daten
**Dornier 217M-1**
**Typ:** viersitziger mittlerer Bomber.
**Triebwerk:** zwei 1.750 PS (1.305 kW) Daimler-Benz DB 603A hängende V-12 Kolbenmotoren.
**Leistung:** Höchstgeschwindigkeit 560 km/h in 5.700 m Höhe; Reisegeschwindigkeit 400 km/h; Dienstgipfelhöhe 9.500 m; max. Reichweite 2.150 km.
**Gewicht:** Leergewicht 8.840 kg; max. Startgewicht 16.700 kg.
**Abmessungen:** Spannweite 19 m; Länge 16,90 m; Höhe 5 m; Tragflügelfläche 57,00 m$^2$.
**Bewaffnung:** zwei 13 mm MG 131 und bis zu sechs 7,92 mm MG 81, dazu kommen noch bis zu 4.000 kg Bomben.

**Der Dornier Do 217K-1 Bomber wurde gegenüber der Do 217 stark verändert und erhielt einen völlig neuen Bug.**

# Dornier Do 228

### Entwicklungsgeschichte
Im Juni 1979 begann Dornier mit den Flugtests einer neuen Tragflächenstruktur für eine Baureihe von Nahverkehrsflugzeugen mit der Bezeichnung **Do 228.** Davei wurde ein modifizierter Skyservant Rumpf bei einem Flugzeug mit der Bezeichnung **TNT** (Tragflächen Neuer Technologie) verwendet. Das Modell hatte die 715 WPS (533 kW) Garrett Propellerturbinen, die später auch die Do 228 ausrüsten sollte, und unternahm mehr als 250 Flüge im Laufe eines zweieinhalbjährigen Testprogramms, wobei sieben verschiedene Propellertypen untersucht wurden.

Der Prototyp **Do 228-100** (D-INFS) mit den TNT Tragflächen und einem mit der Skyservant nicht verwandten Rumpf und Leitwerk flog erstmals am 8. März 1981. Es war ein Nahverkehrstransporter für 15 Passagiere und der Prototyp einer späteren, verlängerten Ausführung, der **228-200** (D-ICDO) mit Platz für 19 Passagiere. Daneben wird inzwischen auch die **Do 228 Maritime Patrol** angeboten, die es in verschiedenen Auslegungen je nach Einsatzgebiet gibt. Sie eignen sich zur zivilen und militärischen Seeraumüberwachung.

Am 18. Dezember 1981 wurde die deutsche Zulassung ausgestellt, und die ersten Serienexemplare der Do 228-100 gingen im Frühjahr 1982 an die norwegische Inlandsfluggesellschaft A/S Norving Flyservice. Unglücklicherweise ging der Prototyp bei einem tödlichen Unfall während der Testflüge der British Aviation Authority in der BRD verloren, und die Norving Maschinen wurden für eine Fortsetzung des Testprogramms an Dornier zurückgegeben.

An der deutschen Antarktis-Expedition 1983/84 nahm als 'Polar 2' auch eine mit Skiern ausgerüstete Do 228-100 teil, die über zusätzliches Überführungs- und Notgerät verfügte.

### Technische Daten
**Dornier Do 228-100**
**Typ:** Mehrzweck-STOL-Transporter.
**Triebwerk:** zwei 715 WPS (533 kW) Garrett TPE331-5 Propellerturbinen.
**Leistung:** max. Reisegeschwindigkeit 431 km/h in 3.050 m Höhe; wirtschaftliche Reisegeschwindigkeit 332 km/h in 3.050 m Höhe; Dienstgipfelhöhe 9.020 m; Reichweite bei max. Passagierauslastung und ohne Reserven 1.970 km.
**Gewicht:** Leergewicht 2.840 kg; max. Startgewicht 5.700 kg.
**Abmessungen:** Spannweite 16,97 m; Länge 15,04 m; Höhe 4,86 m; Tragflügelfläche 32,00 m$^2$.

Dornier

**Die Dornier Do 228: der kastenförmige Rumpf ist einfach geformt, ebenso wie das Fahrwerk und die Leitflächen; dazu kommt die komplexe Aerodynamik der technologisch hochmodernen Tragflächen und das treibstoffsparende Propellerturbinentriebwerk. Das hier abgebildete Modell ist die Do 228-200.**

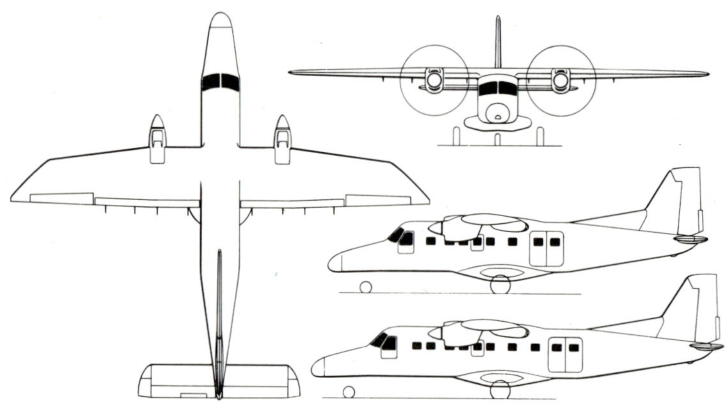

**Dornier Do 228-100 (untere Seitenansicht: Do 228-200)**

# Dornier Do 335 Pfeil

### Entwicklungsgeschichte
Nach Durchführbarkeitsberechnungen für das experimentelle Versuchsflugzeug **Göppingen Gö 9,** das von Ulrich Hötter entworfen und 1939 von Schempp-Hirth gebaut worden war, wurde die 1937 von Dr. Claudius Dornier patentierte ungewöhnliche Tandem-Anlage der Triebwerke vom Reichsluftfahrtministerium für einen Bomber mit der Projekt-Nummer **Do P.231** gewählt, obwohl Dorniers ursprünglicher Plan ein Kampfflugzeug vorsah. In einem fortgeschrittenen Stadium wurde das Projekt abgebrochen, dann aber angesichts der gestiegenen Nachfrage nach leistungsstarken Kampfflugzeugen für Hitlers Angriffskrieg wiederaufgenommen, diesmal mit Dorniers Entwurf für einen Abfangjäger. Das Modell war ganz aus Metall und hatte zwei 1.800 PS (1.342 kW) Daimler-Benz DB 603 Motoren, einen im Inneren des Rumpfhinterteils für einen Dreiblatt-Druckpropeller (angetrieben über eine verlängerte Welle). Der erste Prototyp **Dornier Do 335** unternahm seinen Jungfernflug im September 1943. Der Typ wurde in verschiedenen Versionen, aber in kleiner Auflage gebaut; zum Einsatz kamen die Maschinen allerdings nur im Frühjahr 1945, als sie beim Erprobungskommando 335 Einsatztests flogen.

Drei Varianten des Typs waren geplant, wurden aber nicht gebaut: ein zweisitziges Nachtkampfflugzeug **(Do 435),** die zusammen mit Heinkel geplante **Do 535** mit einem Heinkel Strahltriebwerk anstelle des hinteren Kolbenmotors und ein Langstrecken-Aufklärungsflugzeug

**Das Vorserienmodell des Kampfflugzeuges Do 335A-0 war mit einer von der Nabe aus feuernden 30 mm Mk 108 Kanone und zwei an der Motorenhaube befestigten 15 mm MG 151 Kanonen bewaffnet.**

**(Do 635)** mit zwei verbundenen Flugzeugrümpfen der Do 335 und neuem Flügelmittelstück.

### Technische Daten
**Dornier Do 335A-1**
**Typ:** einsitziger Jagdbomber.
**Triebwerk:** zwei 1.750 PS (1.305 kW) Daimler-Benz DB 603A-2 hängende V-12 Kolbenmotoren.
**Leistung:** Höchstgeschwindigkeit 770 km/h in 6.400 m Höhe; Reisegeschwindigkeit 685 km/h in 7.100 m Höhe; Steigzeit auf 8.000 m 14 Minuten 30 Sekunden; Dienstgipfelhöhe 11.400 m; Reichweite 1.380 km.
**Gewicht:** Leergewicht 7.400 kg; max. Startgewicht 9.600 kg.
**Abmessungen:** Spannweite 13,80 m; Länge 13,85 m; Höhe 5 m; Tragflügelfläche 38,50 m$^2$.
**Bewaffnung:** eine 30 mm MK 103 und zwei 15 mm MG 151 plus eine 500 kg oder zwei 250 kg Bomben innen und zwei 250 kg Bomben außen.

# Dornier Do F, Do 11, Do 13 und Do 23

### Entwicklungsgeschichte
Um die Bestimmungen des Versailler Vertrages zu umgehen, die den Bau von großen Flugzeugen untersagten, richtete Claudius Dornier Fabriken in Japan, Spanien und der Schweiz ein. Die Schweizer Dornier Werke bauten in Altenrhein einen metallenen Schulterdecker mit offenem Cockpit, die **Do F**, und flogen das Modell am 7. Mai 1932. Das Triebwerk bestand aus zwei Motoren. Das Modell war von Anfang an als schweres Bombenflugzeug geplant und hatte ein einziehbares Fahrwerk. 1933 wurde eine neue Version vorgestellt, die angeblich als Frachter entwickelt worden war; in Wirklichkeit handelte es sich auch hier um einen Bomber, diesmal mit festem Fahrwerk und der Bezeichnung **Do 11.** Das Serienmodell **Do 11C** hatte zwei 550 PS (410 kW) Siemens Sh.22B Sternmotoren (unter Lizenz gebaute Jupiter-Modelle); diese Maschinen wurden zunächst als Frachter an die Deutsche Reichsbahn geliefert, aber Hitler ließ damit heimlich Bomberbesatzungen ausbilden. Später wurde das Modell offen als Militärflugzeug produziert, das 1.000 kg Bomben und eine Bewaffnung von drei MG 15 aufnehmen konnte. Mehrere Modelle der **Do 11D** mit reduzierter Flügelspannweite wurden an die ersten Bombergeschwader der Luftwaffe geliefert, aber wegen struktureller Probleme und schwierigen Manövrierens frühzeitig aus der Produktion genommen.

Eine neue Version mit der Bezeichnung **Do 13** wurde 1934 gebaut und hatte ebenfalls ein festes Fahrwerk. Die **Do 13c** ging mit zwei 750 PS (559 kW) BMW VI Motoren als **Do 13C** in die Produktion; die bestellten Do 11 wurden in der neuen Ausführung gebaut. Der Typ wurde als **Do 13e** weiterentwickelt und erhielt ein verstärktes Flugwerk und Junkers Hilfsflügel. Dieses Modell erhielt später die neue Bezeichnung **Do 23F** und ging im März 1935 in die Produktion; später wurde es von der **Do 23G** mit glykolgekühltem BMW VIU Motoren überholt. Mehr als 200 Do 23 wurden für die Luftwaffe gebaut, obwohl der Typ bald durch die Entwicklung der Do 17 überholt wurde; das neue Modell ersetzte die Do 23 ab 1936.

### Technische Daten
**Dornier Do 23G**
**Typ:** viersitziger schwerer Bomber.
**Triebwerk:** zwei 750 PS (559 kW) BMW VIU V-12 Kolbenmotoren.
**Leistung:** Höchstgeschwindigkeit 260 km/h; Dienstgipfelhöhe 4.200 m, Reichweite 1.500 km.
**Gewicht:** Leergewicht 5.600 kg; max. Startgewicht 9.200 kg.
**Abmessungen:** Spannweite 25,60 m; Länge 18,80 m; Höhe 5,40 m; Tragflügelfläche 108,00 m$^2$.
**Bewaffnung:** drei 7,92 mm MG 15 MG plus bis zu 1.000 kg im Rumpf getragene Bomben.

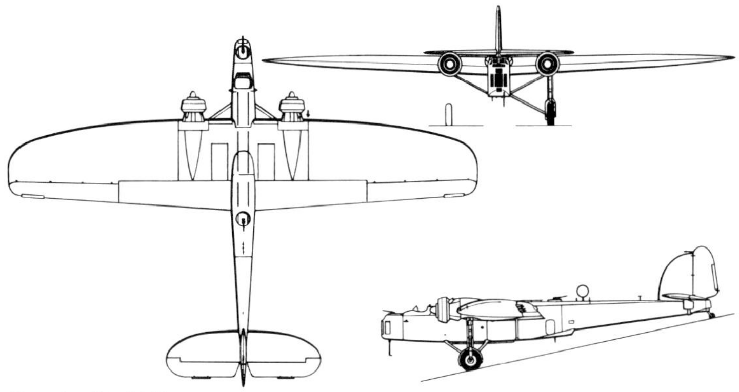

**Dornier Do 11D**

**Die letzte Entwicklung der Do F Baureihe, die Dornier Do 23G, war ein unattraktives Modell mit nur mittelmäßiger Leistung, ermöglichte der Luftwaffe jedoch die formale Entwicklung ihrer Bombentaktik in den 30er Jahren. Diese vier Maschinen gehörten zur 4./KG 253.**

# Dornier Do H Falke

### Entwicklungsgeschichte
In den frühen 20er Jahren begann Dornier mit der Produktion eines Kampfflugzeug-Prototypen, den Dr. Dornier unter der Bezeichnung **Dornier Do H Falke** entworfen hatte; das Modell hatte eine starke Ähnlichkeit mit der Zeppelin-Lindau D I aus dem Ersten Weltkrieg.

Die Falke war ganz aus Metall und bestand aus einer Grundstruktur aus Stahlkomponenten mit Duraluminiumbeschichtung und hatte freitragende Eindeckerflügel, die auf vier kurzen Stützen oberhalb des Rumpfs getragen wurden, sowie ein offenes Pilotencockpit unmittelbar hinter der Flügelhinterkante, ein festes Heckspornfahrwerk und einen Hispano-Suiza Motor. Der Typ flog erstmals am 1. November 1922, ging aber nicht in die Produktion. Ein Exemplar wurde von der Wright Aeronautical Company in die USA importiert und nahm 1923 mit einem 300 PS (224 kW) Wright H-3 Motor (unter Lizenz von Hispano-Suiza gebaut) an einem Wettbewerb für ein Kampfflugzeug für die US Navy teil. Mit der Kennung **WP-1** erhielt es trotz ausgezeichneter Leistung auch diesmal keinen Produktionsauftrag, höchstwahrscheinlich, weil die Eindecker-Konfiguration zu diesem Zeitpunkt noch immer als 'zu fortschrittlich' galt. Eine Falke in einer Seeflugzeug-Ausführung wurde 1923 in der Schweiz getestet und hatte einen 350 PS (261 kW) BMW IVa V-12 Motor.

### Technische Daten
**Dornier-Wright WP-1**
**Typ:** einsitziges Kampfflugzeug (Prototyp).
**Triebwerk:** ein 320 PS (239 kW) Wright H-3 V-8 Kolbenmotor.
**Leistung:** Höchstgeschwindigkeit 261 km/h; Steigzeit auf 3.050 m 6 Minuten 45 Sekunden; max. Reichweite 350 km.
**Gewicht:** Leergewicht 825 kg; max. Startgewicht 1.213 kg.
**Abmessungen:** Spannweite 10 m; Länge 7,43 m; Höhe 2,66 m; Tragflügelfläche 20,00 m$^2$.

**Die Dornier Do H Falke nutzte die im ersten Weltkrieg gesammelten Erfahrungen mit der Metallbauweise. Das Modell hatte eine Stahlstruktur mit einer Beschichtung aus einer Aluminiumlegierung und war seiner Zeit ungewöhnlich weit voraus.**

# Dornier Do J Wal und Do Super Wal

### Entwicklungsgeschichte
Die **Dornier Do J Wal** war das bedeutendste der in den frühen 20er Jahren von Dornier entwickelten Modelle und begründete eine Flugboot-Konfiguration, die (in verfeinerter Form) viele Jahre lang verwendet wurde. Der Typ war sicher das modernste und erfolgreichste Flugboot der 20er und frühen 30er Jahre. Der breite, zweistufige, metallene Bootsrumpf erhielt Stummelflügel, um der Maschine auf dem Wasser mehr Stabilität zu geben, und trug darüber verstrebte, geradlinige Baldachin-Flügel; der hintere Teil des Bootsrumpfs war nach oben geschwungen und trug das konventionelle, verstrebte Leitwerk. Das Triebwerk bestand aus zwei Motoren, die hintereinander über dem Flügelmittelstück montiert waren und einen Zug- und einen Druckpropeller antrieben. Der große Rumpf konnte verschiedene Einrichtungskonfigurationen fassen, je nach Einsatzgebiet der Wal im zivilen oder militärischen Dienst; Pilot und Copilot saßen nebeneinander in einem vorderen Teil, dahinter befanden sich Funk- und Navigationspositionen, und der geräumige Rest der Kabine war für Fracht, Post oder Passagiere geeignet.

Der Prototyp flog erstmals am 6. November 1922, aber wegen des Verbots der Alliierten, die eine Produktion eines Modells dieser Größe in der Weimarer Republik nicht zuließen, wurde diese Maschine ebenso wie die ersten Serienexemplare von der Società di Costruzioni Meccaniche di Pisa gebaut, die von Dornier eigens für die Produktion dieser

Flugboote in Italien eingerichtet worden war. Die Maschinen wurden bald ein großer kommerzieller Erfolg und flogen auf europäischen und internationalen zivilen Strecken; sie wurden außerdem in Japan, Holland, Spanien und der Schweiz gebaut, bevor die deutsche Produktion 1933 in Friedrichshafen begann. Die italienische Firma stellte 1924/25 mehrere Exemplare für die spanische Marine her, die mit 360 PS (268 kW) Rolls-Royce Eagle IX Motoren bestückt waren.

Die Ladekapazität der Wal/Rolls-Royce Eagle Kombination wurde im Februar 1925 demonstriert, als das Modell 20 Weltklassenrekorde aufstellte (mit Nutzlasten von 250 bis 2.000 kg). Im gleichen Jahr kaufte der norwegische Polarforscher Roald Amundsen zwei Maschinen dieses Typs für eine Expedition von Spitzbergen zum Nordpol. Eines dieser Flugzeuge (N-24) ging im Packeis verloren, aber nach Reparaturen unter denkbar schwierigen Umständen kam das zweite (N-25) im Juni 1926 nach Spitzbergen zurück. Später wurde es überholt und für einen geplanten Flug über den Atlantik (mit einem britischen Piloten) mit einem neuen Triebwerk bestückt. Als es nicht dazu kam, ging die Maschine 1928 an Wolfgang von Gronau, der sie bei der Deutschen Verkehrsflieger-Schule (DVS) benutzte. Nach einer weiteren Überholung und dem Einbau von BMW VI Motoren wurde das Flugzeug als D-1422 registriert und von der DVS bei vielen Langstrecken-Überwasserschulflügen verwendet. Am 18. August 1930 startete von Gronau mit seiner Besatzung von List auf der Insel Sylt in Richtung New York (über Island, Grönland und Labrador). Nach 44 Stunden und 25 Minuten landete die Wal erfolgreich im New Yorker Hafen.

**Dornier Do J Wal der Grupo 1-G-70, Agrupacion Espanola (Luftwaffe des faschistischen Spanien), in den späten 30er Jahren auf den Balearen stationiert**

Die Wal nahm auch 1932 an einem Flug um die Welt teil. Inzwischen hatte die Lufthansa, die einen Luftpostservice nach Südamerika einrichten wollte, sich entschlossen, die erprobte Wal von einem speziell umgebauten Katapultschiff als Auftankbasis auf hoher See einzusetzen. Das erste dieser Schiffe, die *Westfalen*, wurde dafür eingerichtet, die Wal aufzunehmen, aufzutanken und durch ein dampfbetriebenes Katapult wieder zu starten. Nach Testflügen im Jahre 1933 begann der erste Linienflug von Stuttgart nach Buenos Aires mit Zwischenlandungen in Sevilla, Bathurst/Banjul, bei der *Westfalen* und in Natal am 3. Februar 1934, und die Maschine erreichte ihr Ziel nach vier Tagen. Man kann den Erfolg dieser Operation daran erkennen, daß aus dem vierzehntägigen Service bald eine wöchentliche Einrichtung wurde.

Etwa 300 Wal wurden gebaut, bevor die Produktion Mitte der 30er Jahre auslief. Schon vorher war das Modell durch die **Do R Super Wal** überholt worden, die nach dem Jungfernflug der ersten **Do R2** (im September 1926) in Friedrichshafen produziert wurde. Die Super Wal hatte eine erweiterte Spannweite und einen längeren Bootsrumpf sowie zwei Kabinen für insgesamt 19 Passagiere und vier Mann Besatzung. Die Do R2 hatte eine ähnliche Konfiguration wie die Wal; das Triebwerk bestand aus zwei hintereinander installierten 650 PS (485 kW) Rolls-Royce Condor Motoren. Die **Do R4** aus dem Jahre 1927 hatte dagegen vier von Siemens gebaute Jupiter Motoren, die paarweise hintereinander montiert waren und ein Gesamtgewicht und eine Geschwindigkeit von zusätzlichen 33 bzw. 16 Prozent ermöglichten. Neben der Produktion von Dornier wurde die Super Wal auch unter Lizenz in vielen anderen Ländern gebaut; das Modell diente erfolgreich bei zahlreichen ausländischen Fluggesellschaften und natürlich der Deutschen Lufthansa.

### Technische Daten
**Dornier Do R4**

**Typ:** viermotoriges ziviles Flugboot.
**Triebwerk:** vier 525 PS (391 kW) Bristol Jupiter Sternmotoren (von Siemens gebaut).
**Leistung:** Höchstgeschwindigkeit 210 km/h; Reisegeschwindigkeit 180 km/h; Reichweite 2.000 km.
**Gewicht:** Rüstgewicht 9.850 kg; max. Startgewicht 14.000 kg.
**Abmessungen:** Spannweite 28,60 m; Länge 24,60 m; Höhe 6,00 m; Tragflügelfläche 137,00 m².

# Dornier Do K

### Entwicklungsgeschichte
Ende der zwanziger Jahre begann Dornier mit der Entwicklung eines zivilen Passagier- und Frachtflugzeugs mit der Bezeichnung **Do K**. Die erste Version, die die Bezeichnung **Do K1** trug, flog erstmals am 7. Mai 1929. Es war ein für die damalige Zeit relativ konventioneller Hochdecker mit starrem Hecksporn-Fahrwerk und einem von Siemens gebauten Bristol Jupiter VI Sternmotor im Bug. Der tiefe Rumpf mit quadratischem Querschnitt hatte Platz für zwei Besatzungsmitglieder in einem geschlossenen Flugdeck und konnte hinter und unter dem Flugdeck in einer geräumigen Kabine acht Passagiere aufnehmen. Die Flugtests ergaben, daß die Leistung unter den Erwartungen lag, was zum Bau der verbesserten **Do K2** führte, die im Dezember 1929 ihren Erstflug absolvierte.

Flügel und Rumpf der Do K2 waren im allgemeinen gleichgeblieben und boten den gleichen Platz wie die Do K1. Die neue Transportmaschine hatte jedoch ein überarbeitetes Fahrwerk und vier 240 PS (179 kW) Gnome-Rhône Titan Sternmotoren, die jeweils mit Streben unter den Flügeln, seitlich vom Rumpf in Tandempaaren montiert waren, wobei die Maschinenpaare je einen Zug- und einen Druckpropeller bewegten. Obwohl dieses neue Triebwerk eine Erhöhung des Bruttogewichts um 22 Prozent ermöglichte, ließen die Nutzlasterhöhung um ca. 14 Prozent (ganze zusätzliche 200 kg) und die geringe Leistungsverbesserung keinen Zweifel daran, daß tiefgreifendere Änderungen erforderlich waren. Die dann entstandene **Do K3** war eine wesentliche Verbesserung und flog erstmals am 17. August 1931.

Die Do K3, die ihren beiden Vorgängern in der Gesamtkonstruktion glich, war in Wirlichkeit ein völlig anderes Flugzeug. Die Tragfläche mit Ganzmetall-Grundstruktur, die hinter dem vorderen Holm mit Stoff bespannt war, wurde von einer verstrebten Version in eine selbsttragende umgebaut, hatte eine größere Spannweite und eine neue Planform mit parabelförmiger Vorder- und gerader Hinterkante. Der Rumpf erhielt einen ovalen Querschnitt und wurde für die Aufnahme von zwei zusätzlichen Passagieren verlängert. Bei dem überarbeiteten Fahrwerk wurde der Hecksporn durch ein Heckrad ersetzt und das Hauptfahrwerk erhielt große, stromlinienförmige Verkleidungen. Ein weiterer Leistungsschub ergab sich aus dem Einbau von vier Walter Castor Sternmotoren, die ebenfalls als Tandempaare montiert wurden, jedoch tiefer unter den Flügeln angebracht waren. In der Flugerprobung ergab sich eine erhebliche Steigerung von Nutzlast und Leistung, dem Typ gelang es jedoch ebensowenig wie vielen anderen zivilen Transportmaschinen seiner Zeit, einen wirtschaftlichen Erfolg zu erringen.

**Die Dornier Do K Serie zeigte das Engagement des Unternehmens zur Entwicklung eines landgestützten Transportflugzeugs, aber selbst die überarbeitete Do K3 konnte keine Aufträge einbringen.**

### Technische Daten
**Dornier Do K3**

**Typ:** ein ziviles Passagier-/Frachtflugzeug.
**Triebwerk:** vier 305 PS (227 kW) Walter Castor Sternmotoren.
**Leistung:** Höchstgeschwindigkeit 230 km/h; Reisegeschwindigkeit 205 km/h; Dienstgipfelhöhe 6.000 m; Reichweite 800 km.
**Gewicht:** Leergewicht 4.265 kg; max. Startgewicht 6.200 kg.
**Abmessungen:** Spannweite 25,00 m; Länge 16,65 m; Höhe 4,55 m; Tragflügelfläche 89,00 m².

# Dornier Do X

### Entwicklungsgeschichte
Das größte Flugzeug der Welt, die **Dornier Do X**, die am 25. Juli 1929 vom Bodensee aus ihren Jungfernflug absolvierte, wurde von dem Schweizer Dornier-Unternehmen in Altenrhein hergestellt. Die Arbeiten an dieser Konstruktion, die die abschließende Weiterentwicklung der Wal-Serie bildete, begannen 1927 und das Flugzeug sollte bis zu 100 Passagiere in einem Komfort über den Atlantik tragen, der dem der Ozeandampfer vergleichbar war. Die ganz aus Metall gebaute Maschine wurde zunächst von sechs Tandempaaren der 500 PS (373 kW) Siemens Jupiter Motoren angetrieben, hatte Einzel-Schlafkabinen, Aufenthaltsraum, Raucherabteil, Bad, Küche und Speiseraum, die auf den drei

Decks des 40 m langen Rumpfes untergebracht waren. Die Flugdeckbesatzung bestand aus zwei Piloten, einem Navigator und einem Funker. Für die Gashebel war jedoch der Flugingenieur zuständig, der so weit hinten im Cockpit saß, daß die Veränderung der Motorleistung jedesmal zur interessanten Kommunikationsübung wurde. Der Flugingenieur konnte die Motoren durch Tunnel in den sehr dicken Flügeln auch im Flug erreichen und inspizieren. Die Siemens-Motoren entwickelten nicht genug Leistung und wurden durch zwölf Curtiss Conqueror ersetzt, die Leistung der hinteren Motoren war jedoch wegen der Kühlungsprobleme weiterhin eingeschränkt. Trotzdem wurde die Tragfähigkeit des Flugzeugs bei einem Flug am 31. Oktober 1929 bewiesen, als die Passagierzahl durch blinde Passagiere auf 170 erhöht wurde — zehn mehr als die vorgesehene Zahl von insgesamt 160 Passagieren und Besatzungsmitgliedern.

Am 2. November 1930 verließ die Do X Friedrichshafen am Bodensee, um via Amsterdam, Calshot und Lissabon in die Vereinigten Staaten zu fliegen. Der Flug war nicht ohne Zwischenfälle. In Lissabon wurde einer der Flügel durch den Brand eines Treibstofftanks beschädigt, was zu einem einmonatigen Reparaturaufenthalt führte. Dann wurde bei einem Startversuch in Las Palmas auf den Kanarischen Inseln der Rumpf der Do X beschädigt, was weitere rund drei Monate Verspätung einbrachte. Das Flugzeug wurde dann um alle entbehrlichen Ausrüstungen und Ausstattungen erleichtert und die Besatzung für den nächsten Startversuch reduziert. Obwohl die umgebaute Do X auf dem größten Teil der Strecke die normale Flughöhe immer noch nicht erreichen konnte, absolvierte sie doch die nächste Etappe über Portugiesisch Guinea, die Kapverdischen Inseln und Fernando Noronha nach Natal in Brasilien. Die Do X flog dann weiter nach Rio de Janeiro, ehe sie sich auf den Weg in die Vereinigten Staaten machte und erreichte, mit den Westindischen Inseln und Miami als Zwischenstationen, am 27. August 1931 New York. Der Rückflug begann am 19. Mai, und die Do X kehrte am 24. Mai 1932 nach einem erfolgreichen Flug über Harbour Grace, Horta, Vigo und Calshot nach Deutschland zurück und landete auf dem Müggelsee in Berlin. Das Flugzeug gehörte zu den Maschinen, die zerstört wurden, als das Berliner Verkehrsmuseum im Zweiten Weltkrieg durch Bomber schwer beschädigt wurde. Zwei weitere Exemplare wurden gebaut, sie hatten Fiat-Motoren und wurden bis zu ihrer Verschrottung probeweise bei der italienischen Luftwaffe eingesetzt.

### Technische Daten

**Typ:** Passagier-Flugboot.
**Triebwerk:** zwölf 640 PS (477 kW) Curtiss Conqueror V-12 Motoren.
**Leistung:** Höchstgeschwindigkeit 210 km/h; Reisegeschwindigkeit 175 km/h; Dienstgipfelhöhe 1.250 m; Reichweite 2.200 km.
**Gewicht:** Rüstgewicht 32.675 kg; max. Startgewicht 56.000 kg.
**Abmessungen:** Spannweite 48,00 m; Länge 40,00 m; Höhe 10,10 m; Tragflügelfläche 450,00 m².

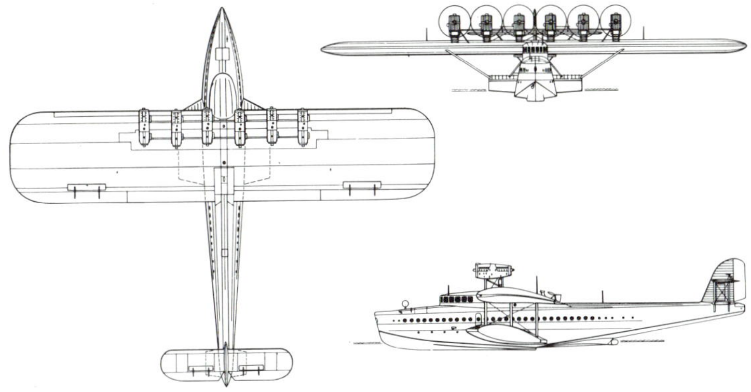

**Dornier Do X**

**Selbst dann, als das Triebwerk durch die Verwendung von Curtiss Conqueror V-12 Motoren anstelle der in Lizenz gebauten Jupiter-Sternmotoren von 6.000 auf 7.680 PS aufgewertet wurde, hatte die Do X eine sehr durchschnittliche Dienstgipfelhöhe und Reichweite.**

# Dornier Do Komet und Merkur

### Entwicklungsgeschichte

Die **Dornier Do C III Komet I**, die den früheren Mitgliedern ihrer Familie immer noch ähnlich sah, wurde erstmals im Jahre 1921 geflogen. Sie hatte einen tiefen Rumpf, ein starres Heckspornfahrwerk, ein konventionelles, verstrebtes Leitwerk und sehr große, verstrebte Tragflügel mit einheitlicher Profiltiefe. Das Triebwerk der Serien-Komet I bestand aus einem BMW III oder IIIa Motor mit 180 PS (134 kW) bzw. 185 PS (138 kW), und die vier Passagiere fanden in einer geschlossenen Kabine Platz, während der Pilot direkt an der Flügelhinterkante in einem offenen Cockpit im oberen Rumpf saß. Die verbliebenen Aufzeichnungen klären nicht eindeutig, wie viele Maschinen gebaut wurden. Zusätzliche Verwirrung stiftet die Tatsache, daß einige Exemplare später auf Merkur-Standard umgerüstet wurden, es waren jedoch Exemplare der Komet I zunächst bei der Deutschen Luft-Reederei, später beim Deutschen Aero Lloyd und schließlich auch bei der Deutschen Luft Hansa (DLH) im Einsatz, als diese 1926 gegründet wurde.

Die verbesserte **Komet II**, die erstmals am 9. Oktober 1922 geflogen wurde, wurde in größeren Stückzahlen gebaut und flog für Fluglinien in Kolumbien, Spanien, der Schweiz, der Ukraine und der UdSSR sowie für die DHL in Deutschland. Sie unterschied sich durch einen verlängerten Rumpf, hatte Platz für gleich viele Passagiere, jedoch zwei Besatzungsmitglieder und als Triebwerk diente ein 250 PS (186 kW) BMW IV Motor. Die letzte Version war die **Komet III**, die erstmals am 7. Dezember 1924 flog. Es war eine verfeinerte und vergrößerte Komet II-Version, deren verstrebter Flügel von vier kurzen Säulen über dem Rumpf gehalten wurde und der ein Rolls-Royce Eagle IX als Triebwerk diente. Sie bot sechs Passagieren und der zweiköpfigen Besatzung Platz, die immer noch in einem offenen Cockpit saß, das sich direkt unter der Flügelvorderkante befand und nach links versetzt war. Die Komet III waren bei deutschen Fluglinien sowie in Dänemark, der Schweiz und in der Ukraine im Einsatz, und eine geringe Stückzahl dieses Modells wurde in Japan in Lizenz gebaut.

Die erste der generell ähnlichen **Dornier Do B Merkur I** absolvierte am 10. Februar 1925 ihren Jungfernflug. Sie unterschied sich von der Komet III durch eine geringfügig vergrößerte Spannweite, ein unver-

**Dornier Merkur I der Luft Hansa Ende der zwanziger Jahre**

**Die Dornier Komet III war eine verfeinerte und vergrößerte Version der Komet II, hatte das für Dornier typische tiefe Fahrwerk und war das Landflugzeug-Gegenstück zum Flugboot Delphin III.**

strebtes Leitwerk mit größerem Seitenleitwerk und durch einen stärkeren BMW-Motor. Das Triebwerk war auch der bestimmende Unterschied zwischen der Merkur I und der Merkur II, wobei erstere einen 600 PS (447 kW) BMW IV ohne Untersetzungsgetriebe und die Merkur II einen 500 PS (373 kW) BMW VI mit Untersetzungsgetriebe hatte. Beide konnten sechs bis acht Passagiere und zwei Besatzungsmitglieder aufnehmen, die Merkur II war jedoch für den Betrieb mit einem höheren Gesamtfluggewicht zugelassen.

Der umfassendste Verwender der Merkur war ohne Zweifel die DLH, die zu einem Zeitpunkt einschließlich der umgebauten Komet III vermutlich mehr als 30 Maschinen im Einsatz hatte. Geflogen wurden sie aber auch in China, Japan und in der Schweiz. Weiterhin flog in Brasilien und Kolumbien je ein Merkur-Wasserflugzeug.

### Technische Daten

**Dornier Merkur II** (Landflugzeug)
**Typ:** zivile Transportmaschine.
**Triebwerk:** ein 500 PS (373 kW) BMW VI V-12 Motor.
**Leistung:** Höchstgeschwindigkeit 192 km/h; Dienstgipfelhöhe 4.000 m.
**Gewicht:** Leergewicht 2.780 kg; max. Startgewicht 4.100 kg.
**Abmessungen:** Spannweite 19,60 m; Länge 12,85 m; Höhe 3,56 m; Tragflügelfläche 62,00 m$^2$.

## Dornier Libelle

### Entwicklungsgeschichte

Während des Ersten Weltkriegs war Dr. Claudius Dornier Leiter der Konstruktions- und Bauabteilung der deutschen Zeppelin-Werke in Lindau bei Friedrichshafen. Während des Krieges wurde eine Reihe von Flugzeugen (darunter die C I, C II, CS I, D I, Rs I, RS II, Rs III, Rs IV und V 1) gebaut, deren Details unter Zeppelin-Lindau zu finden sind. Nach dem Krieg wurde das Werk nach Manzell bei Friedrichshafen verlegt und in Dornier Metallbauten GmbH umbenannt, wo Dr. Dornier Anfang der zwanziger Jahre eine Reihe interessanter Zivilflugzeuge konstruierte und entwickelte.

Das erste war die Dornier Libelle I, ein zweisitziges Sport-/Schulflugboot, das am 16. August 1921 zum ersten Mal flog. Abgesehen von einem Teil der Flügel und aller Steuerflächen war die Maschine ein ganz aus Metall gebauter, gestielter Hochdecker mit Klappflügeln einheitlicher Profiltiefe. Der Rumpf mit flacher Unterseite trug ein konventionelles Leitwerk und hatte stromlinienförmige Stummelflügel, die seitlich herausragten und die auf dem Wasser für Stabilität sorgten. Vorn fanden in einem offenen Cockpit unter dem Flügel der Pilot und ein Passagier Platz, während ein zweiter Passagier weiter hinten saß. Doppelsteuerung war Standardausrüstung. Als Triebwerk diente ein Siemens-Halske Motor von bis zu 60 PS (45 kW), der in einer sauber konstruierten Gondel an der Oberfläche der Tragflächenmitte montiert war. Die später erschienene **Libelle II** hatte größere Abmessungen, einen ähnlichen Motor von 70 bis 80 PS (52 bis 60 kW) und es wird berichtet, daß sie problemlos einen Piloten und vier Passagiere tragen konnte, obwohl sie nur als Dreisitzer gedacht war. Es gibt auch Berichte darüber, daß die Rumpfstruktur der Libelle so robust war, daß damit Starts und Landungen auf vereisten Flächen durchgeführt wurden.

### Varianten

**Dornier Spatz:** praktisch die Landflugzeug-Version der Libelle ohne Stummelflügel am Rumpf, jedoch mit starrem Hecksporn-Fahrwerk; ein 80 PS (60 kW) Siemens-Halske Motor war Standardausrüstung, auf Wunsch war jedoch ein 100 PS (75 kW) Motor und ein offenes Cockpit oder eine geschlossene Kabine lieferbar.

**In den Jahren zwischen den Weltkriegen wurde den Wasserflugzeugen eine große Zukunft vorausgesagt, was sich in der Entwicklung von Flugzeugen wie der Dornier Libelle I, einem zweisitzigen Schul- und Sport-Amphibienflugzeug widerspiegelte, das für den erwarteten Ansturm seitens zukünftiger Wasserflugzeugbesitzer vorgesehen war.**

### Technische Daten

**Dornier Libelle I**
**Typ:** Sport-/Schulflugboot.
**Triebwerk:** ein 50 bis 60 PS (37 bis 45 kW) Siemens-Halske Sternmotor.
**Leistung:** Höchstgeschwindigkeit ca. 120 km/h; Dienstgipfelh. 1.600 m.
**Gewicht:** Leergewicht 400 kg; max. Startgewicht 650 kg.
**Abmessungen:** Spannweite 8,50 m; Länge 7,18 m; Höhe 2,27 m; Tragflügelfläche 14,00 m$^2$.

## Dornier Seastar

### Entwicklungsgeschichte

Der älteste Sohn des Luftfahrtpioniers Claude Dornier, Prof. Claudius Dornier, gründete 1982 das Ingenieurbüro Dornier und löste sich von der Dornier GmbH, an der er beteiligt war. Das Ingenieurbüro begann mit der Entwicklung eines Flugbootes, das in seinen wesentlichen Konstruktionsmerkmalen auf die Dornier Wal Baureihe zurückgeht. Die Start- und Landeeigenschaften wurden mit einem funkgelenkten Modell im Maßstab 1:5 erprobt und mit dem Bau des Prototypen im Januar 1983 begonnen. Der Rumpf besteht aus Kohlenstoff-/Glasfaserkonstruktion, die Tragflächen in Baldachin-Konstruktion haben eine gleichbleibende Profiltiefe und sind abgestrebt. Zu ihren Charakteristika gehören Vorflügel und zweiteilige geschlitzte Querruder. In einer Gondel im Zentrum der Tragflächen sind zwei Tandemtriebwerke, Pratt & Whitney PT6-11 mit je 500 WPS (373 kW) untergebracht, die einen Zug- und Druckpropeller antreiben. Der Rumpf nimmt einen Piloten und neun Passagiere auf. Die Testflüge begannen im Sommer 1984, die Serienfertigung startet 1988.

### Technische Daten

**Typ:** Ziviles Flugboot.
**Triebwerk:** Zwei Pratt & Whitney Aircraft of Canada PT6A-112 Turboprops von je 500 WPS (373 kW) in Tandemanordnung.
**Leistung:** Reisegeschwindigkeit in 3.000 m Flughöhe 341 km/h; Start und Landestrecke über 15 m Hindernis (Land und Wasser) 580 m; max. Reichweite 1.600 km.
**Gewicht:** Rüstgewicht 2.400 kg; max. Startgewicht 4.200 kg.
**Abmessungen:** Spannweite 15.50 m; Länge 12,46, Höhe 4,60 m.

Claudius Dornier/Lufthansa

**Eine in der Hamburger Lufthansa-Werft endmontierte Seastar bei ihrem Erstflug im August 1984.**

## Douglas A-3 (A-3D) Skywarrior

### Entwicklungsgeschichte

Das größte und schwerste Flugzeug, das von einem Flugzeugträger aus operieren sollte, war die **Douglas A3D Skywarrior**, die 1949 als Konstruktionsprojekt des Douglas El Segundo-Unternehmensbereichs fertiggestellt wurde und die einer Anforderung der US Navy aus dem Jahre 1947 entsprach. Es sollte ein Kampfbomber mit strategischer Einsatzmöglichkeit werden, der auf die riesigen neuen Flugzeugträger zugeschnitten war, die schließlich (nach längerem Widerstand der USAF) als vier Schiffe der 'Forrestal'-Klasse realisiert werden sollten, denn man war der Ansicht, daß der Zeitpunkt gekommen war, an dem das Potential der sich schnell weiterentwickelnden Gasturbine genutzt werden sollte.

Die Douglas-Konstruktion war ein Hochdecker mit einziehbarem Bugradfahrwerk, zwei in Gondeln montierten Strahlturbinen unter den Flügeln und einem großen, integrierten Waffenschacht, der bis zu 5.443 kg der verschiedensten Waffen aufnehmen konnte. Die Flügel waren um 36° gepfeilt und hatten wegen der Reichweite eine hohe Streckung. Alle Leitwerksflächen waren gepfeilt und die äußeren Flügelteile sowie das Seitenleitwerk konnten weggeklappt werden.

Der erste von zwei Prototypen absolvierte am 28. Oktober 1952 seinen Jungfernflug und wurde dabei von

3.175 kp Westinghouse XJ40-WE-3 Motoren angetrieben. Da dieses Motorenprogramm jedoch fehlschlug, wurde die Serienversion **A3D-1** von Pratt & Whitney J57-P-6 Triebwerken mit 4.400 kp Schub ausgerüstet. Die erste A3D-1 flog am 16. September 1953, und die Auslieferungen an die VAH-1 Attack Squadron der US Navy begannen am 31. März 1956.

1962 wurde die Bezeichnung in **A-3** geändert und die ursprüngliche dreisitzige Version wurde zur **A-3A**. Fünf dieser Maschinen wurden später unter der Bezeichnung **EA-3A** für ECM-Einsätze umgebaut. Die **A-3B** (früher die **A3D-2**), die 1957 in Dienst ging, hatte die stärkeren J57-P-10 Motoren und einen Stutzen zur Luftbetankung. Eine Aufklärungsversion, bei der Kameras im Waffenschacht untergebracht waren, trug die Bezeichnung **RA-3B (A3D-2P)** und die ECM-Flugzeuge mit einer vierköpfigen Besatzung im Waffenschacht hieß **EA-3B (A3D-2Q)**. Die weiteren Bezeichnungen umfaßten zwölf **TA-3B (A3D-2T)** Schulflugzeuge für Radarbeobachter, ein **VA-3B (A3D-2Z)** Geschäftsflugzeug und die letzten Varianten, die bei der US Navy im Dienst standen, waren die **KA-3B** Luftbetankungsflugzeuge und 30 **EKA-3B** Tanker-/Kampfflugzeuge.

### Technische Daten

**Douglas A-3B**

**Typ:** trägergestützter Kampfbomber.

**Triebwerk:** zwei Pratt & Whitney J57-P-10 Strahltriebwerke mit 4.763 kp Schub.

**Leistung:** Höchstgeschwindigkeit 982 km/h in 3.050 m Höhe; Einsatzgeschwindigkeit 837 km/h; Dienstgipfelhöhe 12.495 m; normale Reichweite 1.690 km.

**Gewicht:** Leergewicht 17.876 kg; max. Startgewicht 37.195 kg.

**Abmessungen:** Spannweite 22,10 m; Länge 23,27 m; Höhe 6,95 m; Tragflügelfläche 75, 43 m$^2$.

**Bewaffnung:** zwei 20 mm Kanonen plus bis zu 5.443 kg verschiedener Waffen im internen Waffenschacht.

US Navy

**Als trägergestützter Langstrecken-Atomwaffenträger war die Douglas A-3 Skywarrior konstruiert worden, kam jedoch in ihrer Bomberfunktion nur selten zum Einsatz. Sie wurde auch als KA-3B Tanker und als EKA-3B ECM/Tankflugzeug eingesetzt.**

# Douglas A-20/DB-7/Boston/Havoc

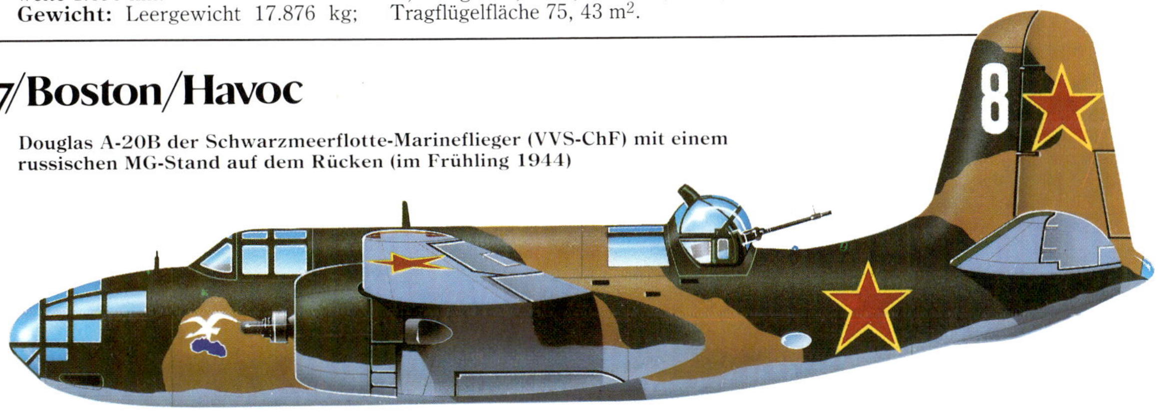


**Douglas A-20B der Schwarzmeerflotte-Marineflieger (VVS-ChF) mit einem russischen MG-Stand auf dem Rücken (im Frühling 1944)**

## Entwicklungsgeschichte

Die **Douglas A-20** (Unternehmensbezeichnung **DB-7**) war einer der am meisten gebauten leichten Bomber des Zweiten Weltkriegs. Die Maschine war überall zu finden, wurde für eine Vielzahl von Funktionen verwendet und brachte überall gute Leistungen, ganz gleich, wo es eingesetzt wurde.

Die Grundkonstruktion stammte aus dem Jahre 1936, als die Douglas Aircraft Company mit den Überlegungen für ein Kampfflugzeug begann, das ein wirkungsvoller Ersatz für die einmotorigen leichten Bomber werden sollte, die damals im Dienst standen. Im Gespräch mit dem technischen Personal des US Army Air Corps wurde es möglich, eine relativ weit fortgeschrittene Spezifikation zu umreißen, die zu dem Unternehmensprojekt führte, das den Namen **Model 7A** trug.

1938 entstand durch die Umkonstruierung die **Model 7B**, ebenfalls zweimotorig ausgelegt, die vorgeschlagenen 450 PS (336 kW) Motoren wurden jedoch durch zwei 1.100 PS (820 kW) Pratt & Whitney R-1830 Twin Wasp ersetzt. Der selbsttragende Schulterdecker hatte einen hochgezogenen hinteren Rumpfbereich mit einem konventionellen Leitwerk und ein für damalige Verhältnisse neuartiges Bugradfahrwerk, ungewöhnlich war jedoch die Einführung eines austauschbaren Bugs, womit sich auf einfache Weise entweder Angriffs- oder Bomberversionen produzieren ließen. Die Model 7B, die in dieser Form erstmals am 26. Oktober 1938 geflogen wurde, zeigte befriedigende Eigenschaften: sie war schnell, sehr wendig und konnte in der Tat als 'Flugzeug für Piloten' bezeichnet werden.

Sobald das Unternehmen das Potential der Maschine erkannte, wurde der Typ zum Export angeboten, da das USAAC damals keine Anforderung für eine solche Maschine hatte. Der erste Auftrag über 100 Maschinen kam im Februar 1939 von einer französischen Einkaufsmission. Obwohl diese von der Leistung der Model 7B beeindruckt war, verlangte die Mission Änderungen, durch die das Flugzeug für den Einsatz in Europa besser geeignet gemacht werden sollte, wo die fortschrittlichen Flugzeuge, die bei der Luftwaffe in Dienst standen, in dem kurz vorher zu Ende gegangenen spanischen Bürgerkrieg ihr Potential gezeigt hatten.

Die Modifikationen waren so umfassend, daß sogar die Grundkonstruktion der Model 7B geändert wurde. Der Rumpf wurde tiefer, um den internen Platz für Bomben und die Treibstofftanks zu vergrößern, sein Querschnitt wurde kleiner. Die Flügel wurden von Schulter- auf Mitteldeckerposition gebracht, das Bugrad erhielt ein längeres Öldruck-Fahrwerksbein, Besatzung und Treibstofftanks erhielten Schutz durch Panzerung und es wurden aufgewertete Twin Wasp Motoren mit je 1.200 PS (895 kW) installiert. In Anbetracht der durchgeführten Änderungen wurde die Maschine in **DB-7** (Douglas Bomber) umgetauft, und der Serien-Prototyp wurde am 17. August 1939 zum ersten Mal geflogen. Obwohl sich Douglas bemühte, die Produktion der ersten 100 DB-7 bis Ende 1939 abzuschließen, hatten die Franzosen doch nur knapp über 60 Maschinen im Einsatz, als sie im Mai 1940 von Deutschland angegriffen wurden, und nur zwölf Flugzeuge der 2e Groupement de Bombardement kamen am 31. Mai 1940 bei Tiefflieger-Angriffen auf deutsche gepanzerte Marschkolonnen zum Einsatz.

Während der Zeit, in der Douglas die DB-7 entwickelte, ging ein französischer Auftrag für eine verbesserte Version ein. Sie sollte mit einem um 24 Prozent höheren Fluggewicht als die DB-7 verwendet werden können, und wegen der zusätzlichen Ausstattung brauchte die Maschine die stärkeren Wright Cyclone 14 Sternmotoren mit geänderten Gondeln und geänderten Motorbefestigungen. Diese Version wurde als **DB-7A** bezeichnet. Weiterhin hatte die DB-7 gezeigt, daß die Richtungsstabilität im Grenzbereich lag, weshalb eine vergrößerte Seitenleitwerksflosse und ein größeres Seitenruder verwendet wurden, um den stärkeren Motoren gerecht zu werden.

Als klar wurde, daß der französische Zusammenbruch unmittelbar bevorstand, wurden Schritte eingeleitet, damit Großbritannien den Rest der französischen Aufträge sowie eine geringe Anzahl von Maschinen übernehmen konnte, die von Belgien bestellt worden waren. Und so kamen 15 bis 20 DB-7 in den Dienst der RAF. Sie erhielten den Namen **Boston Mk I** und wurden zur Umschulung verwendet. Die danach eingehende Lieferung von ca. 125 DB-7 Maschinen hatte zunächst die Bezeichnung **Boston Mk II**. Ihre Nutzlast und ihre hohe Geschwindigkeit bestätigten jedoch ihre Eignung für den Umbau in damals dringend benötigte Nachtjäger, und so erhielten die Maschinen im Winter 1940 AI-Radar, zusätzliche Panzerung, acht 7,7 mm Maschinengewehre im Bug, flammendämpfende Auspuffanlagen und eine komplette, mattschwarze Lackierung. Eine ungewöhnliche Einrichtung war die doppelte Auslegung der wichtigsten Flugsteuerungselemente in der Position des Schützen: da kein Mannschaftsmitglied dem Piloten im Notfall zu Hilfe kommen konnte, gab es so eine kleine Chance, daß der Schütze die Maschine eventuell heil auf den Boden bringt. Der Typ, der erstmals im Dezember 1940 unter der Bezeichnung **Havoc Mk I** an die RAF ausgeliefert wurde, kam bei der No. 85 Squadron am 7. April 1941 erstmals zum Einsatz. Eine zweite Serie von rund 100 DB-7A wurde auf ähnliche Weise umgebaut, erhielt allerdings zwölf im Bug montierte Maschinengewehre und die Bezeichnung **Havoc Mk II**. Rund 40 DB-7 wurden zu Nachtbombern umgebaut, behielten den Bombenschützen-Bug und waren in der Lage, bis zu 1.089 kg Bomben aufzunehmen. Als Bewaffnung dienten vier unter dem Bug montierte 7,7 mm Maschinengewehre. Der Typ, der offiziell **Havoc Mk I (Intruder)** genannt wurde, trug auch inoffizielle Namen wie **Moonfighter, Ranger** und **Havoc Mk IV**. Um die etwas begrenzten Fähigkeiten des AI-Radars zu verbessern, das in den Havoc Mk I installiert war, erhielten 21 Maschinen je einen Helmore/GEC Suchscheinwerfer. Die Flugzeuge mit der Bezeichnung Havoc **Mk I (Turbinlite)** wurden mit mäßigem Erfolg dazu benutzt, die deutschen Flugzeuge zu beleuchten, nachdem man sich bis in Reichweite herangearbeitet hatte, woraufhin die eskortierenden Hawker Hurricane Jäger das gutbeleuchtete Ziel angreifen und zerstören sollten. Es wurden auch 39 Exemplare der Havoc Mk II in Havoc Mk II (Turbinlite) umgebaut. Der Name Havoc wurde später von der USAAF als genereller Name für alle ihre A-20 Versionen übernommen.

Einige wenige DB-7A wurden mit der Bezeichnung **Boston Mk III** als leichte Bomber zurückbehalten. Großbritannien hatte jedoch eine verbesserte Version, die **DB-7B** bestellt, die andere Elektro- und Hydrauliksysteme hatte und deren Instrumente den Anforderungen und Plazierungswünschen der RAF entsprachen. Diese hießen ebenfalls Boston Mk III und trugen im Bug vier 7,7 mm Maschinengewehre; zwei weitere waren besonders schnell beweglich im hinteren Cockpit montiert und ein siebtes MG feuerte durch einen Bauchtunnel. Hinzu kamen bis zu 907 kg Bomben. Diese Boston Mk III wurden umfassend von den Squadron der No. 2 Group verwendet und dienten ebenfalls ab Anfang 1942 in Nordafrika, wo sie Bristol Blenheim ersetzten.

Die ersten USAAC-Aufträge über die DB-7, die im Mai 1939 erteilt wurden, führten zu 63 Flugzeugen mit der Bezeichnung **A-20**, die turboaufgeladene Wright R-2600-7 Cyclone 14 Motoren hatten. Von diesen wurden drei Exemplare als Fotoaufklärer umgebaut und der Rest teilte sich in den **XP-70** Prototyp und 59 **P-70** Serien-Nachtjäger auf. Der Prototyp hatte R-2600-11 Motoren ohne Turboaufladung und alle Maschinen waren mit in Großbritannien gebautem AI-Radar ausgestattet und mit vier 20 mm Kanonen bewaffnet, die unter dem Rumpf montiert waren. Diese Nachtjäger wurden hauptsächlich als Schulflugzeuge verwendet, damit sich die USAAC-Besatzungen mit der neuentwickelten Radar-Abfangtechnik vertraut machen konnten.

Die erste Bomberversion, die bei der USAAC zum Einsatz kam, war die **A-20A**, die im großen und ganzen der A-20 entsprach, jedoch von R-2600-3 Motoren ohne Turboaufladung und mit der DB-7B-Bewaffnung ausgestattet war, wobei die Maschinengewehre allerdings das Kaliber 7,62 mm hatten. Weiterhin wurden zwei ferngesteuerte, nach hinten feuernde MG im hinteren Teil der Motorgondeln montiert und die Bombenlast betrug 499 kg. Eine serienmäßig hergestellte A-20A wurde zum **XA-20B** Prototypen umgebaut und hatte eine geänderte Bewaffnung (3 ferngesteuerte MG-Stände). Diese Version wurde nicht für die Serien A-20B ausgewählt, die zwei im Bug montierte 12,7 mm MG hatte und die in vielen Teilen der DB-7A ähnlich war.

Die Großserienproduktion verlangte nach größerer Normierung, so daß die Boston Mk III der RAF und die **A-20C** des USAAC ein und dieselbe Maschine waren, die mit R-2600-23 Motoren ausgerüstet war. Zur Steigerung der Produktion vergab Douglas eine Lizenz an Boeing und dieses Unternehmen produzierte 140 A-20C als Boston Mk IIIA zur Lieferung im Rahmen eines langfristigen Mietpachtvertrages an die RAF: diese Flugzeuge unterschieden sich durch ihr elektrisches System und durch einige Änderungen der Motoren-Aggregate. DB-7 dieser Version wurden 1942 ebenfalls im Rahmen eines langfristigen Mietpachtvertrages an die UdSSR geliefert. Die Boston Mk III der No. 226 Squadron der RAF boten die Übungseinrichtungen für die Besatzungen der 15th Bombardment Squadron der USAAF, die im Mai 1942 als Vorhut der 8th US Air Force in Großbritannien ankam. Sechs Besatzungen dieser Squadron sowie sechs britische Besatzungen flogen am 4. Juli 1942 von England aus den ersten Einsatz der 8th US Air Force. Die nächste wichtige Serienvariante war die **A-20G**, von der bei Douglas in Santa Monica 2.850 Flugzeuge gebaut wurden. Diese hatten ebenfalls R-2600-23 Motoren und waren um 20,32 cm länger, um so im Bug eine Bewaffnung unterzubringen, die aus zwei 12,7 mm Maschinengewehren, vier 20 mm Kanonen und entweder zwei 12,7 mm MG oder ein 12,7 mm und ein 7,62 mm MG im hinteren Cockpit bestand. Die meisten der frühen Serien A-20G in dieser Auslegung wurden an die UdSSR geliefert. Bei der nächsten A-20G Variante wurde die 20 mm Kanone durch 12,7 mm Maschinengewehre ersetzt, und die letzte Variante erhielt einen um 15,24 cm breiteren Rumpf, um darin einen elektrisch betätigten MG-Stand im Rücken unterzubringen. Außerdem hatte die Maschine Halterungen für zusätzliche 907 kg Bomben unter den Flügeln, zusätzliche Treibstofftanks im Bombenschacht und die Möglichkeit zum Anbringen eines Abwurftanks unter dem Rumpf, mit dem sich eine Überführungsreichweite von 3.219 km ergab. Dies war natürlich entscheidend für den Einsatz dieses Typs auf dem pazifischen Kriegsschauplatz, wo sein Erscheinen für die 5th Air Force unter Major General George C. Kenney, die die japanische Bedrohung von Neu Guinea abzuwehren versuchte, sowohl Vor- als auch Nachteile hatte. Bei ihrer Auslieferung galten die Flugzeuge als zu leicht bewaffnet, und so wurde die Grundbewaffnung durch vier 12,7 mm Maschinengewehre aufgestockt. Und da es für ihre Rolle als Luftnahunterstützung die dazu benötigten Bomben nicht gab, schlug Kenney die Ausstattung mit 10 kg Splitterbomben mit kleinen Fallschirmen vor. Und da die A-20 je 40 dieser 'Parafrag'-Bomben tragen konnten, spielten diese Flugzeuge bei der Vertreibung des Feindes aus Buna eine wichtige Rolle.

Zu den weiteren Verbesserungen, die nach und nach bei den A-20G Havoc eingeführt wurden, gehörte eine bessere Bewaffnung, bessere Navigations- und Bombenzieleinrichtungen sowie winterfeste Ausstattungen, mit denen die Maschinen in Zonen mit niedrigen Temperaturen verwendet werden konnten. Es wurden auch 412 Exemplare des Modells **A-20H** hergestellt, das, abgesehen von den 1.700 PS (1.268 kW) R-2600-29 Motoren, nur wenige Änderungen aufwies. Bei der RAF dienten weder die Version A-20 noch die A-20H, die Bomber-Führungsflugzeuge **A-20J** und **A-20K**, die Versionen der A-20G bzw. der A-20H waren, wurden sowohl für die USAAF als auch für die RAF gebaut und trugen die Bezeichnungen **Boston Mk IV** bzw. **Boston Mk V**. Sie unterschieden sich lediglich durch eine rahmenlose, transparente Bugkuppel, in der der Bombenschütze untergebracht war.

Als die Produktion am 20. September 1944 auslief, hatte Douglas 7.385 DB-7 aller Versionen gebaut, die von der USAAF und den Alliierten in der größten denkbaren Einsatzvielfalt verwendet wurden. Lieferungen gingen auch nach Brasilien, die Niederlande und die UdSSR, und geringe Stückzahlen der an Großbritannien gelieferten Maschinen wurden zum Einsatz bei der Royal Australian Air Force, der Royal Canadian Air Force, der Royal New Zealand Air Force und der South African Air Force abgestellt. Weiterhin wurde eine A-20A unter der Bezeichnung **BD-1** zur Bewertung an die US Navy geliefert und 1942 wurden unter der Bezeichnung **BD-2** acht A-20B als Ziel-Schleppflugzeuge geordert.

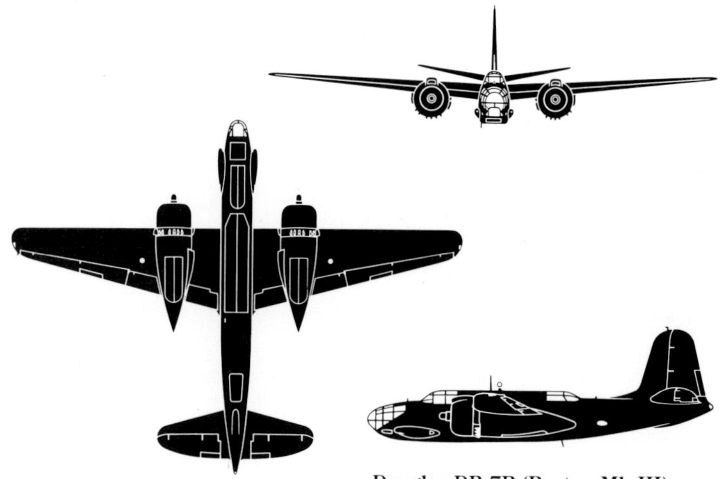

**Douglas DB-7B (Boston Mk III)**

## Varianten

**A-20D:** projektierte Leichtversion mit turboaufgeladenen R-2600-7 Sternmotoren, die aus größeren, nicht selbstabdichtenden Treibstofftanks versorgt wurden.
**A-20E:** 17 A-20A mit minimalen internen Änderungen.
**XA-20F:** eine A-20A,die zur Erprobung von zwei General Electric Waffenständen mit Zwillings-MG Kal. 12,7 cm umgebaut wurde (einer in Rücken- und einer in Bauchposition); das Flugzeug wurde später nochmals umgebaut, um eine 37 mm Kanone im Bug unterzubringen.
**XF-3:** drei Aufklärer-Prototypen, die aus A-20 umgebaut worden waren.
**YF-3:** zwei Experimental-Aufklärer, die den XF-3 glichen, jedoch R-2600-23 Sternmotoren und einen bemannten 12,7 mm MG-Stand hatten.
**F-3A:** 46 Aufklärungsmaschinen, die vom A-20J und A-20K Standard umgebaut wurden.
**O-53:** schwere Beobachtungsvariante, die der A-20B entsprach; im Oktober 1940 wurden 1.489 Maschinen bestellt, der Auftrag wurde jedoch storniert, ehe auch nur eine einzige Maschine gebaut worden war.
**P-70A-1:** 39 Nachtjäger-Umbauten der A-20C Version, die 1943 produziert wurden und die sechs 12,7 mm MG im Bug, zwei schwenkbare MG im Heck und verbessertes Radar hatten.
**P-70A-2:** 65 Nachtjäger-Umbauten der A-20G Version, die der P-70A-1 glichen, jedoch keine Heck-MG hatten.
**P-70B-1:** Einzelumbau einer A-20G mit SCR-720 Radar und sechs 12,7 mm MG in je drei seitlichen Kuppeln.
**P-70B-2:** 105 Nachtjäger-Schulflugzeuge, die aus A-20G- und A-20J-Maschinen entstanden waren und die neben SCR-720 oder SCR-729 Radar für den (nicht immer vorgenommenen) Einbau von sechs oder acht 12,7 mm MG in Bug- und Bauchpositionen vorgesehen waren.
**Havoc Mk I (Pandora):** etwa 20 Havoc Mk I (Intruder) Umbaumaschinen, die die Long Aerial Mine, eine Fallschirmwaffe gegen Bomberflotten tragen konnten.
**Havoc Mk III:** ursprüngliche Bezeichnung der Havoc Mk I (Pandora).
**Boston Mk III (Instruder):** Bezeichnung der Boston Mk III, die mit einem Paket von vier 20 mm Kanonen unter dem Rumpf für Störeinsätze umgebaut worden waren.
**Boston Mk III (Turbinlite):** drei Umbauversionen, die den Havoc Mk I und Mk II (Turbinlite) glichen.

**Diese Aufnahme zeigt eine A-20B der USAAF, bei der alle Waffen ausgebaut worden sind. Besonders zur Geltung kommt der schlanke Rumpf der DB-7 Flugzeugserie.**

USAF

**Technische Daten**
**Douglas A-20G**
**Typ:** dreisitziger leichter Bomber.
**Triebwerk:** zwei 1.600 PS (1.193 kW) Wright R-2600-23 Cyclone 14 Sternmotoren.
**Leistung:** Höchstgeschwindigkeit 510 km/h in 3.050 m Höhe; Einsatzgeschwindigkeit 370 km/h; Dienstgipfelhöhe 7.620 m; Reichweite mit 2.744 Liter Treibstoff und 907 kg Bomben 1.650 km.
**Gewicht:** Leergewicht 7.250 kg; max. Startgewicht 12.338 kg.
**Abmessungen:** Spannweite 18,69 m; Länge 14,63 m; Höhe 5,36 m; Tragflügelfläche 43,20 m$^2$.
**Bewaffnung:** sechs vorwärtsfeuernde 12,7 mm Maschinengewehre, zwei 12,7 mm im motorgetriebenen Stand und ein 12,7 mm MG, das durch einen Bauchtunnel schoß, plus bis zu 1.814 kg Bomben.

# Douglas A-26/B-26 Invader

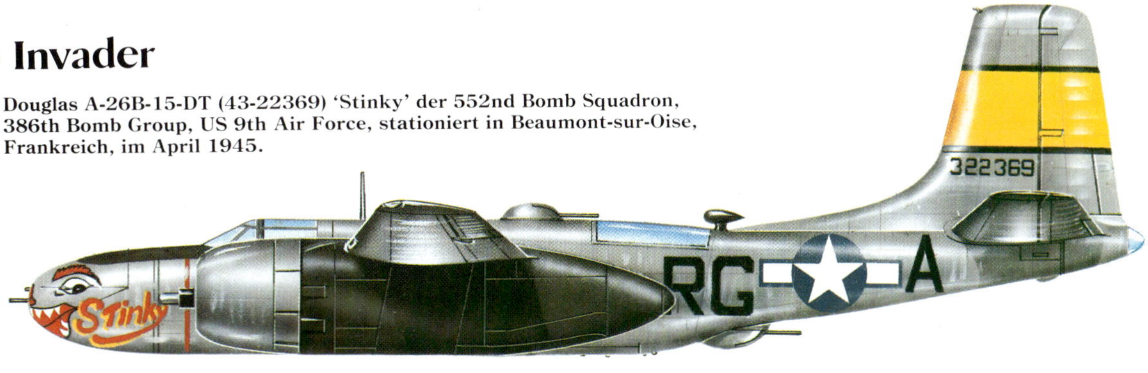

**Douglas A-26B-15-DT (43-22369) 'Stinky' der 552nd Bomb Squadron, 386th Bomb Group, US 9th Air Force, stationiert in Beaumont-sur-Oise, Frankreich, im April 1945.**

## Entwicklungsgeschichte

Bevor sie Informationen über die europäischen Kampfeinsätze für den Zweiten Weltkrieg erhielt, gab die USAAF 1940 eine Spezifikation für ein Angriffsflugzeug heraus. Im Anschluß daran wurden drei unterschiedliche Prototypen bestellt: der **Douglas XA-26** Kampfbomber mit einer Bombenschützenposition, der schwerbewaffnete **XA-26A** Nachtjäger und das **XA-26B** Angriffsflugzeug mit einer 75 mm Kanone. Nach Flugtests und einer sorgfältigen Überprüfung der Berichte aus Europa und dem Pazifikraum wurde die **A-26B Invader** in Serie gegeben und die ersten der 1.355 gebauten Maschinen wurden im April 1944 ausgeliefert.

Die A-26B hatte sechs 12,7 mm Maschinengewehre im Bug, ferngesteuerte Stände auf und unter dem Rumpf mit je zwei 12,7 mm MG sowie bis zu zehn weitere 12,7 mm MG in Behältern unter den Flügeln und unter dem Rumpf. Die schwerbewaffnete A-26B konnte auch noch bis zu 1.814 kg Bomben tragen. Weiterhin sorgten ihre zwei 2.000 PS (1.491 kW) Pratt & Whitney R-2800 Motoren für eine Höchstgeschwindigkeit von 571 km/h und machten damit die A-26 zum schnellsten US-Bomber des Zweiten Weltkriegs. Bis gut in die siebziger Jahre waren Invader bei der USAAF im Dienst.

Die europäischen Einsätze bei der 9th Air Force begannen im November 1944 und zur gleichen Zeit kam dieser Typ auch im Pazifikraum zur Verwendung. Die **A-26C** mit einer Bombenschützen-Position und nur zwei MG im Bug ging 1945 in Dienst, wurde aber bis zum Ende des Zweiten Weltkriegs nur selten eingesetzt. Die Gesamtproduktion der A-26C belief sich auf 1.091 Maschinen. Da nach menschlichem Ermessen in Zukunft nur wenig für die Flugzeuge zu tun war, wurden eine A-26B und eine A-26C zur **XJD-1** Version umgebaut, und diesem Paar folgten 150 A-26C, die unter der Bezeichnung **JD-1** als Ziel-Schleppflugzeuge für die US Navy umgebaut wurden. Einige davon wurden später als **JD-1D** zu Testraketenabschuß-, Lenk- und Zielflugzeugen umgebaut. 1962 wurden diese Bezeichnungen zu **UB-26J** und **DB-26J**.

Die A-26B und A-26C Maschinen der USAF wurden 1948 zu **B-26B** und **B-26C** und behielten diese Bezeichnung bis 1962. Beide Versionen wurden umfassend im Koreakrieg eingesetzt und wurden dann wieder in Vietnam zur Guerillabekämpfung verwendet. 1963 entwickelte On Mark Engineering eine spezielle COIN-Version, deren Prototyp die Bezeichnung **YB-26K** erhielt und **Counter Invader** getauft wurde. Anschließend wurden rund 70 B-26 auf den B-26K Standard umgerüstet und 40 später in **A-26A** umbenannt. Einige dieser Maschinen wurden in Vietnam eingesetzt und andere wurden im Rahmen des Military Assistance Program an befreundete Nationen geliefert. B-26 wurden außerdem als Schulflugzeuge (**TB-26B** und **TB-26C**), Transportflugzeuge (**CB-26B** für Fracht und **VB-26B** für Mannschaften), ferngelenkten Drohnen (**DB-26C**), Nachtaufklärer (**FA-26C**, ab 1948 umbenannt in **RB-26C**) und als Forschungsflugzeuge für Raketentests (**EB-26C**) verwendet. Nach dem Krieg wurden viele A-26 in Geschäfts-, Vermessungs-, Fotografie- und sogar Löschflugzeuge umgebaut.

USAF

**Diese Douglas UB-26JA der US Navy fliegt hier im Januar 1964 über Providence, Rhode Island. Diese Maschinen waren ursprünglich USAAF A-26C, die 1945 und 1946 von der US Navy übernommen wurden, um sie unter der Bezeichnung JD-1 als Ziel-Schleppflugzeuge zu verwenden. 1962 wurden sie in UB-26J umbenannt.**

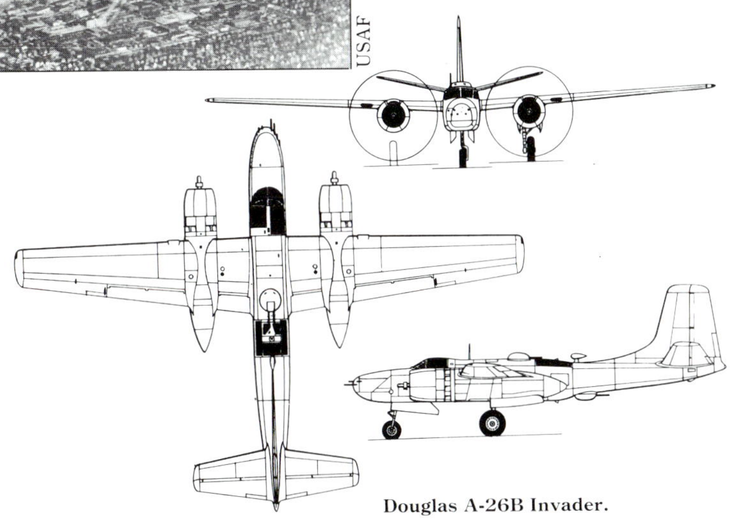
**Douglas A-26B Invader.**

## Varianten

**XA-26C:** projektierte Version mit vier 20 mm Kanonen im Bug; mit Einstellung des Projekts wurde die Zusatzbezeichnung C wieder der Invader-Version mit dem transparenten Bug verliehen.
**XA-26D:** einzelner Prototyp, der von zwei, von Chevrolet gebauten, 2.100 PS (1.567 kW) R-2800-83 Sternmotoren angetrieben wurde; es war der Vorgänger der vorgeschlagenen **A-26D** Produktionsserie, von der nach dem Sieg über Japan 750 Exemplare storniert wurden.
**XA-26E:** einzelner Prototyp, der von zwei, von Chevrolet gebauten, 2.100 PS (1.567 kW) R-2800-83 Sternmotoren angetrieben wurde; dies war der Vorgänger einer geplanten Produktionsserie von 1.250 A-26E Flugzeugen mit transparentem Bug, die nach dem Sieg über Japan storniert wurde.
**XA-26F:** einzelner Prototyp (später umbenannt in **XB-26F**) mit zwei R-2800-83 Sternmotoren und einem General Electric J31 Strahltriebwerk mit 726 kp Schub im Heck, das die Leistung steigern sollte; die Höchstgeschwindigkeit betrug 700 km/h in 4.570 m Höhe, und diese Leistungssteigerung reichte nicht aus, um eine Serie zu rechtfertigen.
**A-26Z:** Douglas-Bezeichnung für ein vorgeschlagenes Nachkriegsmodell, das als **A-26G** und **A-26H** mit unverglastem bzw. verglastem Bug hätte gebaut werden sollen; zu den Verbesserungen zählten ein höheres Kabinendach für den Piloten und Abwurftanks an den Flügelspitzen.
**Invader Mk I:** RAF-Bezeichnung für 140 A-26C, die 1944 in langfristigem Mietpachtverhältnis geliefert wurden.
**On Mark Marketeer:** Marksman C-Version ohne Druckkabine.
**On Mark Marksman A:** ein Geschäftsflugzeug mit Druckkabine, das von On Mark Engineering fast schon in Serienstückzahlen produziert wurde. Als Triebwerk dienten 2.100 PS (1.567 kW) R-2800-83 AM3 Motoren.
**On Mark Marksman B:** der Marksman A ähnlich, jedoch mit Flügelspitzentanks und R-2800-83 AM4A Sternmotoren.
**On Mark Marksman C:** der Marksman A ähnlich, jedoch mit zusätzlichen Treibstofftanks in den Flügeln und 2.500 PS (1.865 kW) R-2800-CB-16/17 Sternmotoren.
**Smith Biscayne 26:** Hochgeschwindigkeits-Transportversion, die von der L.B. Smith Company entwickelt wurde und die bis zu 15 Passagiere aufnehmen konnte.
**Smith Super 26:** normales Invader-Flugwerk, umgebaut mit Flügelspitzentanks und Executive-Inneneinrichtung.

**Smith Tempo I:** Umbau eines Geschäftsflugzeugs mit R-2800-B-Serie Motoren, ohne Druckkabine.
**Smith Tempo II:** Druckkabinen-Geschäftsversion mit neuem, um 2,93 m längerem Rumpf als die Standardmaschine.

### Technische Daten
**Douglas B-26B**
**Typ:** dreisitziger leichter Bomber.
**Triebwerk:** zwei 2.000 PS (1.491 kW) Pratt & Whitney R-2800-27 oder -79 Double Wasp Sternmotoren.
**Leistung:** Höchstgeschwindigkeit 571 km/h in 4.570 m Höhe; Einsatzgeschwindigkeit 457 km/h; Dienstgipfelhöhe 6.735 m; Reichw. 2.253 km.
**Gewicht:** Leergewicht 10.365 kg; max. Startgewicht 15.876 kg.
**Abmessungen:** Spannweite 21,34 m; Länge 15,24 m; Höhe 5,64 m; Tragflügelfläche 50,17 m².
**Bewaffnung:** zehn 12,7 mm Maschinengewehre und bis zu 1.814 kg Bomben.

# Douglas XA-42/XB-42

### Entwicklungsgeschichte
Douglas konstruierte und entwickelte im Rahmen eines Auftrages, der am 25. Juni 1943 von der US Army Air Force eingegangen war, unter der Bezeichnung **Douglas XA-42**, die später in die Bomber-Bezeichnung **XB-42** umgewandelt wurde, zwei Prototypen und einen stationären Prüfstand. Das ungewöhnliche Flugzeug, das vom Unternehmen **Mixmaster** genannt wurde, war ein selbsttragender Mitteldecker mit kreuzförmigem Leitwerk und Bugradfahrwerk, dessen Haupteinheiten nach hinten in die Rumpfseiten eingezogen wurden. Der breite und tiefe Rumpf bot einer dreiköpfigen Besatzung Platz, die sich aus einem Bombenschützen/Navigator im Bug und dem Piloten und Kopiloten zusammensetzte, die, jeder unter seinem eigenen Kabinendach, weit vorn im Rumpf saßen. Im Rumpf waren auch ein großer Bombenschacht sowie das zweimotorige Triebwerk untergebracht, das in einem Bereich montiert war, der sich unmittelbar an die Rückwand des Pilotencockpits anschloß. Die beiden Allison V-1710 Motoren trieben über Wellen und ein Reduziergetriebe im Heckkegel zwei gegenläufige Druckpropeller, die hinter dem Leitwerk saßen, an.

Trotz ihrer ungewöhnlichen Eigenschaften erfüllte die Mixmaster bei ihrem Erstflug am 6. Mai 1944 mehr als die in sie gesetzten Erwartungen. Der zweite Prototyp wurde am 1. August 1944 erstmals geflogen und bald darauf wurde er durch die Montage eines einzigen Daches über dem Piloten/Copilotencockpit geändert. Dieser Prototyp wurde bei einem Unfall im Dezember des gleichen Jahres zerstört. Zu diesem Zeitpunkt hatte die USAAF jedoch schon entschieden, die Produktion dieser Konstruktion nicht zu beginnen und stattdessen die Entwicklung der Düsenbomber mit besserer Leistung abzuwarten. Als Zwischenlösung und um die Bewertung der Turbinen-Leistung zu ermöglichen, erhielt der erste Prototyp ein Mischtriebwerk aus zwei 1.375 PS (1.025 kW) Allison V-1710-133 Kolbenmotoren, die die Propeller antrieben, sowie zwei Westinghouse 19XB-2A Strahltriebwerke mit je 726 kp Schub, die in Gondeln unter den Flügeln montiert waren. Unter der neuen Bezeichnung **XB-42A** wurde dieses Flugzeug mehrere Monate lang Leistungstests unterzogen, ehe es Ende Juni 1949 aus dem Dienst gezogen wurde.

USAF

**Die Douglas XB-42 war ein Versuch, alle Vorteile der damaligen Aerodynamik mit der Kolbenmotortechnik zu vereinen, der jedoch wegen der aufkommenden Strahltriebwerke fehlschlug.**

### Technische Daten
**Douglas XB-42**
**Typ:** dreisitziger Bomber-Prototyp.
**Triebwerk:** zwei 1.325 PS (998 kW) Allison V-1710-125 V-12 Kolbenmotoren.
**Leistung:** Höchstgeschwindigkeit 660 km/h in 8.960 m Höhe; Einsatzgeschwindigkeit 502 km/h; Dienstgipfelhöhe 8.960 m; Reichw. 2.897 km.
**Gewicht:** Leergewicht 9.475 kg; max. Startgewicht 16.193 kg.
**Abmessungen:** Spannweite 21,49 m; Länge 16,36 m; Höhe 5,74 m; Tragflügelfläche 51,56 m².
**Bewaffnung:** je zwei ferngesteuerte 12,7 mm Maschinengewehre in den Flügeln plus eine interne Bombenlast von 3.629 kg.

# Douglas A2D Skyshark

### Entwicklungsgeschichte
Das Interesse an der Leistungsfähigkeit der Propellerturbine, das nach dem Zweiten Weltkrieg bestand, führte dazu, daß Douglas einen Auftrag über eine Prototypversion der AD-1 Skyraider erhielt, deren Kolbenmotor-Triebwerk durch eine Propellerturbine ersetzt wurde. Dieser scheinbar so einfache Umbau kam nicht zustande, weil die Allison XT40 mehr als zweimal so stark war wie der Kolbenmotor, den sie ersetzen sollte, was einen erheblichen Umbau des ganzen Flugwerks erforderlich machte.

Unter der Bezeichnung **Douglas XA2D-1** wurden zwei Prototypen bestellt, von denen der erste am 26. Mai 1950 flog. Diese behielten die Konstruktion der AD-1 bei, hatten jedoch ein neues Leitwerk, ein modifiziertes und verstärktes Fahrwerk und einen Rumpf, der so geändert worden war, daß der Allison XT40 Motor darin Platz fand. Er bestand aus zwei voneinander unabhängigen Turbinen, die zwei gegenläufige Propeller über ein gemeinsames Getriebe bewegten.

**Die Douglas A2D-1 Skyshark ist natürlich der AD Skyraider sehr ähnlich, denn sie nahm ihren Anfang als Propellerturbinen-Version der XBT2D und wurde schließlich zu dieser massiven Maschine, die zu ihrer Vorgängerin zwar noch einige aerodynamische, aber keine proportionalen Ähnlichkeiten mehr hatte.**

Die ersten Tests verliefen sehr vielversprechend, und unter der Bezeichnung **A2D-1 Skyshark** wurden zehn Nullserien-Flugzeuge bestellt. Probleme mit dem Triebwerk und der Getriebeentwicklung führten jedoch zu Verzögerungen und nachdem zwei Flugzeuge durch Unfälle verloren gingen, wurde das Programm kurzfristig eingestellt.

USAF

### Technische Daten
**Typ:** einsitziges trägergestütztes Kampfflugzeug.
**Triebwerk:** eine 5.100 WPS (3.803 kW) Allison XT40-A-2 Propellerturbine, die aus zwei XT38 Turbinen bestand, die über ein gemeinsames Getriebe gekoppelt waren.
**Leistung:** Höchstgeschwindigkeit 805 km/h in 7.620 m Höhe; Einsatzgeschwindigkeit 443 km/h; Dienstgipfelhöhe 14.660 m; Reichweite bei normalem Treibstoffvorrat 1.025 km.
**Gewicht:** Leergewicht 5.871 kg; max. Startgewicht 10.417 kg.
**Abmessungen:** Spannweite 15,24 m; Länge 12,56 m; Höhe 5,20 m; Tragflügelfläche 37,16 m².
**Bewaffnung:** vier starre, vorwärtsfeuernde 20 mm Kanonen plus bis zu 2.495 kg verschiedene Waffen an Befestigungspunkten unter Rumpf und Flügeln.

# Douglas AD-1 (A-1) Skyraider

### Entwicklungsgeschichte
Ed Heinemann, Chefingenieur von Douglas El Segundo (der auch die Boston/Havoc, Invader, Skynight, Skyray, Skywarrior, Skyrocket und Skyhawk geschaffen hatte) war von seiner XBTD-1 Serie, die entsprechend einer US Navy-Spezifikation für einen trägergestützten Sturzkampfbomber/Torpedoträger gebaut worden war, so wenig beeindruckt, daß er es selbst übernahm, eine einfachere Maschine zu konstruieren, die er für nützlicher hielt. Das Flugzeug, das bei seinem Erstflug am 18. März 1945 **XBT2D-1** hieß, wurde zur **Douglas AD-1 Skyraider** und genoß eine erstaunlich lange und abwechslungsreiche Karriere.

Die nur mit einem Piloten besetzte AD-1 war in ihrer Zeit der am meisten gebaute Einsitzer. Die Tiefdecker-Konstruktion beruhte auf dem Wright R-3350 Sternmotor, der kleiner als der R-4360 anderer konkurrierender Prototypen war. Obwohl viel Innenraum zur Verfügung stand, wurde dieser nicht für Waffen verwendet. Statt dessen erhielten die Klappflügel pro Seite sieben Außenstationen, und eine robuste Struktur gab der Skyraider eine große Integrität. Aus Kriegserfahrungen ergab sich, daß es die wichtigste Eigenschaft für ein Flugzeug dieser Kategorie war, eine breite Waffenpalette verwenden zu können und Douglas stellte sicher, daß die AD dazu in der Lage war. Ihre grundlegende Vielseitigkeit war so groß, daß bei Produktionseinstellung im Jahr 1957 3.180 Maschinen gebaut worden waren.

Die AD-1, die für den Zweiten Weltkrieg gerade zu spät kam, bewies im Koreakrieg mit ihrer großen Waffenlast und maximalen Flugdauer von zehn Stunden ihre Einsatzüberlegenheit gegenüber Jets.

Die Versionen AD-1 bis AD-4 unterschieden sich nur in Details, während die AD-5 ein breiteres Cockpit hatte, in dem (nebeneinander) zwei

Besatzungsmitglieder Platz fanden. Einige frühe Versionen hatten auch APS-20A Radar und eine rückwärtige Kabine für zwei/drei Bedienungskräfte für AEW-Einsätze. Mit der AD-5 erschienen auch Umbausätze als Ambulanz-, Fracht-, Transport- und Zielschleppflugzeuge. Die AD-6 und AD-7 waren verbesserte Einsitzer. Von den einsitzigen Versionen wurden große Stückzahlen von der französischen Armée de l'Air in Algerien verwendet.

1962 wurden die Skyraider in A-1D bis A-1J umbenannt und die 1st Air Commando Group des Tactical Air Command der USAF verwendete die Versionen A-1E, A-1H und A-1J in Südvietnam und setzte sie auch noch weiter ein, als die Skyraider der US Navy von diesem Kriegsschauplatz abgezogen worden waren. Die A-1 Versionen, die 'Sandy' oder 'The Spad' genannt wurden, gehörten zu den am meisten benutzten und vielseitigsten Flugzeugen in dieser Kampfregion.

US Navy

**Die Seriennummer dieser Skyraider der US Navy Attack Squadron VA-176 macht sie als die vierte Maschine aus der vierten und letzten Produktionsserie der Douglas AD-6 Maschinen kenntlich, die 1962 in A-1H umbenannt worden war.**

## Varianten

**XBT2D-1N:** unter dieser Bezeichnung wurden zwei der 25 Prototypen und XB2D-1 zu dreisitzigen Nachtjägern umgebaut, die zwei Radarbeobachter (im Rumpf hinter dem Piloten), Radar in einer Gondel unter dem linken Flügel und einen Suchscheinwerfer in einer Gondel unter dem rechten Flügel hatten.
**XBT2D-1P:** einzelne XBT2D-1, die als Photoaufklärer-Prototyp umgebaut wurde.
**XBT2D-1Q:** einzelne XBT2D-1, die als zweisitziges Flugzeug für elektronische Gegenmaßnahmen umgebaut wurde; die Elektronik-Bedienungskraft saß im Rumpf und die Radar- und Alustreifengondeln waren unter dem linken bzw. rechten Flügel montiert.
**AD-1:** erste Serienversion mit dem 2.500 PS (1.865 kW) R-3350-24W Sternmotor und einer Bewaffnung von zwei Kanonen und 3.629 kg Bomben (242 gebaut).
**AD-1Q:** zweisitziges Flugzeug für elektronische Gegenmaßnahmen, das auf der XBT2D-1Q beruhte (35 gebaut).
**XAD-1W:** einzelne XBT2D-1, die als dreisitziger Luft-Frühwarnprototyp umgebaut wurde; er hatte zwei Radarbeobachter in der Hauptkabine hinter dem Piloten an Bord, und das Suchradar ragte unter einer dicken Verkleidung unter dem Rumpf hervor.
**XAD-2:** einzelne XBT2D, die als Prototyp eines aufgewerteten Angriffsmodells umgebaut wurde; sie hieß zunächst **BT2D-2** und wurde von dem 2.700 PS (2.014 kW) R-3350-26W Sternmotor angetrieben.
**AD-2:** verbessertes Modell, das mittels einer umgebauten AD-1 erprobt wurde; es hatte Radkastenverkleidungen, größere Treibstofftanks und weitere Detailveränderungen (156 gebaut).
**AD-2D:** inoffizielle Bezeichnung für AD-2, die als ferngelenkte Flugzeuge dazu benutzt wurden, nach Atomtests radioaktives Material aus der Luft zu sammeln.
**AD-2Q:** zweisitzige Version der AD-2 für elektronische Gegenmaßnahmen (21 gebaut).
**AD-2QU:** für das Schleppen eines Luftziels ausgerüstete AD-2Q (eine Maschine gebaut).
**AD-3:** Bezeichnung für eine vorgeschlagene Version mit Turbinentriebwerk, für die die General Electric TG-100, zwei Allison 500, zwei Westinghouse 24C, zwei Westinghouse 19XB und sogar ein empfohlenes, von Douglas selbst konstruiertes Zwillingsturbinen-Triebwerk in Betracht gezogen wurden; dieses Projekt wurde schließlich in A2D Skyshark umbenannt.
**AD-3:** diese Bezeichnung galt für ein verbessertes Modell der AD-2, nachdem die turbinengetriebene Version zur A2D geworden war; im Vergleich zur AD-2 enthielt die AD-3 verschiedene Verbesserungen: hochbeinigeres Fahrwerk, neukonstruiertes Kabinendach, verbesserter Propeller usw. (125 gebaut).
**AD-3E** und **AD-3S:** diese beiden Versionen waren Bestandteil eines fliegenden U-Bootbekämpfungsteams, in dem die AD-3E als Such- und die AD-3S als Angriffsmaschine diente; zwei AD-3W wurden in AD-3E umgebaut und zwei AD-3N wurden zu dem AD-3S-Paar; obwohl sich das System als funktionsfähig erwies, wies erst der spätere Umbau einer AD-3S in ein U-Boot-Jagdflugzeug (mit AN/APS-31 Radar in einer Kuppel unter dem linken Flügel und mit einer brauchbaren verbleibenden Kapazität für Angriffswaffen) den Weg für spätere Serienmodelle.
**AD-3N:** dreisitzige Nachtjäger-Version der AD-3 (15 gebaut).
**AD-3QU:** Zielschleppversion der AD-3, die durch den Erfolg der AD-2QU überflüssig wurde; die Maschinen wurden daher als **AD-3Q** für elektronische Gegenmaßnahmen ausgeliefert, die Vorrichtungen für das Mk 22 Schleppziel wurden jedoch beibehalten (23 gebaut).
**AD-3W:** eine dreisitzige Luft-Frühwarnversion der AD-3 mit auf der XAD-1W beruhenden Systemen (31 gebaut).
**AD-4:** Haupt-Serienmodell der Skyraider-Serie; der Typ hatte den 2.700 PS (2.014 kW) R-3350-26WA Sternmotor und einen Autopiloten, auch das Kabinendach war weiter verbessert worden (372 gebaut).
**AD-4B:** AD-4 Spezialvariante mit Einrichtungen zum Tragen einer Atomwaffe, die nach der 'über die Schulter'-Abwurfmethode eingesetzt werden sollte; die Flügelbewaffnung wurde bei dieser Version auf vier 20 mm Kanonen erhöht (28 Umbauten vom AD-4 Standard und 165 Neubauten).
**AD-4L:** AD-4 Version mit Vereisungsschutz und Enteisungsanlagen für den Wintereinsatz in Korea; die Flügelbewaffnung wurde ebenfalls auf vier 20 mm Kanonen erhöht (63 Umbauten).
**AD-4N:** dreisitzige Nachtjäger-Version der AD-4, die ab Werk oder nachträglich mit 'S'-Gerät für U-Boot-Jagdflugzeuge ausgestattet wurde (307 gebaut).
**AD-4NA:** Bezeichnung für 100 AD-4N, deren Nachtangriffsausrüstung ausgebaut wurde, um mehr Bomben für den Korea-Einsatz unterzubringen; mit vier 20 mm Kanonen bewaffnet.
**AD-4NL:** Version der AD-4N, die der AD-4L entsprach (36 Umbauten).
**AD-4Q:** zweisitzige Version der AD-4 für elektronische Gegenmaßnahmen (39 gebaut).
**AD-4W:** dreisitzige Version der AD-4 zur Frühwarnung; 50 Exemplare wurden unter der Bezeichnung **Skyraider AEW.Mk 1** zur Royal Navy abgestellt und die 118 im US Navy-Dienst verbliebenen Maschinen wurden für die 'E'-Suchversion der U-Bootbekämpfungseinheiten ausgerüstet (168 gebaut).
**AD-5:** die erste AD-5, die von Douglas vorgeschlagen wurde, war eine Entwicklung des Jahres 1948 und hatte den R-3350 Turbo-Compound Motor; da dafür jedoch der Rumpf erheblich umkonstruiert werden mußte, sperrte die US Navy die Entwicklungsgelder und die Bezeichnung AD-5 ging daher an eine Variante, bei der die Such- und Angriffsfunktion der U-Bootbekämpfung in einem Flugwerk vereinigt wurde und bei der die beiden Besatzungsmitglieder nebeneinander im vorderen Rumpfbereich saßen; gleichzeitig wurde der Rumpf um 0,58 m gestreckt, die Sturzflugbremsen am Rumpf beseitigt und die Seitenleitwerksfläche vergrößert; die Flügelbewaffnung wurde wieder auf vier 20 mm Kanonen erhöht; die Vielseitigkeit dieser Version wurde frühzeitig entdeckt und die AD-5 wurden mit Ausstattungssätzen geliefert, mit denen das Flugzeug in eine Sanitätsversion mit Platz für vier Bahren, einen Mannschaftstransporter mit 12 Sitzplätzen auf Bänken, einen Personen/VIP-Transporter mit vier nach hinten gerichteten Sitzen, als Frachtmaschine für bis zu 907 kg Fracht, als Zielschleppmaschine sowie als Fotoaufklärer umgebaut werden konnte; außerdem entwickelte Douglas 1953 einen im Flug nachtankbaren, externen Tank (212 gebaut).
**AD-5N:** viersitzige Nachtangriffsversion der AD-5 (239 gebaut).
**AD-5Q:** viersitzige Version der AD-5N für elektronische Gegenmaßnahmen (54 Umbauten).
**AD-5S:** ein Experimentalflugzeug, das mit MAD-Gerät für die U-Bootbekämpfungsrolle bewertet wurde.
**AD-5W:** viersitzige Frühwarnversion der AD-5 (218 gebaut).
**AD-6:** im Grunde genommen eine verbesserte Version des einsitzigen Angriffsflugzeugs AD-4B, die mit Spezialgerät zum präzisen Tiefflug-Bombardement ausgestattet war (713 gebaut).
**AD-7:** die letzte Serienversion der Skyraider, die AD-7, unterschied sich von der AD-6 durch einen R-3350-26WB Motor anstelle des R-3350-26WA sowie durch eine Verstärkung einiger Punkte am Fahrwerk, der Motoraufhängung und an den äußeren Flügelteilen (72 gebaut).
**A-1D:** Umbenennung der AD-4NA, 1962.
**A-1E:** Umbenennung der AD-5, 1962.
**EA-1E:** Umbenennung der AD-5W, 1962.
**UA-1E:** Umbenennung der AD-5 in einer Mehrzweckfunktion mit Umbausätzen, 1962.
**EA-1F:** Umbenennung der AD-5Q, 1962.
**A-1G:** Umbenennung der AD-5N, 1962.
**A-1H:** Umbenennung der AD-6, 1962.
**A-1J:** Umbenennung der AD-7, 1962.

## Technische Daten

**Douglas AD-7 (A-1J)**
**Typ:** einsitziger Kampfbomber.
**Triebwerk:** ein 2.800 PS (2.088 kW) Wright R-3350-26B Sternmotor.
**Leistung:** Höchstgeschwindigkeit 515 km/h in 5.640 m Höhe; Einsatzgeschwindigkeit 306 km/h in 1.830 m Höhe; Dienstgipfelhöhe 7.740 m; Reichweite 1.448 km.
**Gewicht:** Leergewicht 4.785 kg; max. Startgewicht 11.340 kg.
**Abmessungen:** Spannweite 15,47 m; Länge 11,84 m; Höhe 4,78 m; Tragflügelfläche 37,16 m$^2$.
**Bewaffnung:** vier 20 mm Kanonen plus bis zu 3.629 kg Waffen an 15 Außenstationen.

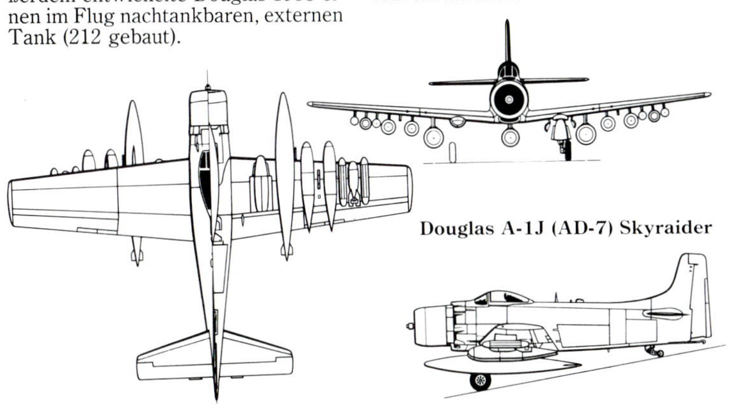

**Douglas A-1J (AD-7) Skyraider**

# Douglas B-7 und O-35

Douglas Y1B-7 der 31st Bomb Sqn, USAAC in den Markierungen für die Flugzeugabwehr-Übungen des USAAC im Jahre 1933.

## Entwicklungsgeschichte

In den späten 20er Jahren beobachtete das US Kriegsministerium die Entwicklung im Flugzeugbau, vor allem die technologische Revolution, die durch die Entstehung der metallenen Eindecker mit freitragenden Flügeln und einziehbarem Fahrwerk angeregt worden war. Die Behörden beschlossen, diese Kennzeichen zunächst für zweimotorige Maschinen zu übernehmen, die für schnelle Langstrecken-Aufklärungsflüge gedacht waren, und das Kriegsministerium bestellte zwei Fokker XO-27 Prototypen in dieser Kategorie. Douglas befürchtete den Verlust einer wichtigen Einkommensquelle und entwarf ein Modell mit den gleichen Eigenschaften. Im März 1930 ging eine Bestellung für je ein Exemplar der **Douglas XO-35** und **Douglas XO-36** ein. Der Unterschied zwischen beiden Modellen sollte ausschließlich im Triebwerk bestehen: die 35 sollte Conqueror Getriebemotoren erhalten und die 36 eine Ausführung des gleichen Triebwerks mit direktem Antrieb.

Die XO-36 wurde schließlich in **XB-7** umbenannt und als Bomber fertiggestellt. Gleichzeitig wurden die Fokker XO-27 als XB-8 Bomber gebaut; später gingen sechs YO-27 und sechs Y1O-27 an die US Army.

Die Douglas XO-35 unternahm im Frühjahr 1931 einen Testflug und erregte bei der Bevölkerung, die bisher an bedrohlich aussehende zweimotorige Doppeldecker in der US Army gewöhnt war, großes Aufsehen. Der neue Typ war ein schlanker Eindecker mit hoch oben am Rumpf angesetzten Knickflügeln und einem Fahrwerk, dessen Hauptteile in die stromlinienförmigen Motorengondeln eingezogen werden konnten, so daß nur der untere Teil der Räder sichtbar war. Die Motorengondeln waren an der Unterseite der Tragflächen befestigt und durch komplexe Streben mit den Rumpfseiten verbunden; der Rumpf selbst war mit gewellter Metallbeschichtung versehen. Die offenen Schützenpositionen befanden sich im Bug und in der Rumpfmitte; der offene Pilotencockpit lag unmittelbar vor der Flügelvorderkante, und das vierte Besatzungsmitglied, der Funker, hatte eine geschlossene Kabine hinter dem Piloten.

Die XB-7 war fast identisch, abgesehen von den Unterrumpfkästen für bis zu 544 kg Bomben. Während des amerikanischen Haushaltsjahrs 1932 wurden sieben **Y1B-7** und fünf **Y1O-35** Flugzeuge für Einsatztests bestellt, die sich von den Prototypen vor allem durch glatte Metallbeschichtung für den Rumpf und verstrebte anstelle von verdrahteten Höhenleitwerke unterschieden.

Die später als **B-7** bezeichneten Y1B-7 gingen an zwei in March Field (Kalifornien) stationierte US Army Bomberstaffeln, während die **O-35** (zuvor Y1O-35) bei Beobachtungseinheiten flogen. Im Februar 1934 wurden die fünf O-35, die sechs noch erhaltenen B-7 und der XO-35 Prototyp an den Luftpostservice zwischen Wyoming und der amerikanischen Westküste überschrieben. Einsätze bei Nacht und unter schlechten Wetterverhältnissen zeigten bald ihre Auswirkungen, und während der viermonatigen Periode, in der die US Army diesen Service übernahm, stürzten nicht weniger als vier B-7 ab. Bald darauf wurden die restlichen B-7 und O-35 für weniger bedeutende Aufgaben eingesetzt.

## Technische Daten

**Douglas B-7**

**Typ:** viersitziger mittlerer Bomber.

**Triebwerk:** zwei 675 PS (503 kW) Curtiss V-1570-53 Conqueror V-12 Kolbenmotoren.

**Leistung:** Höchstgeschwindigkeit 293 km/h; Reisegeschwindigkeit 254 km/h; Dienstgipfelhöhe 6.220 m; Reichweite 661 km.

**Gewicht:** Rüstgewicht 2.503 kg; max. Startgewicht 5.070 kg.

**Abmessungen:** Spannweite 19,81 m; Länge 14 m; Höhe 3,53 m; Tragflügelfläche 57,71 m$^2$.

**Bewaffnung:** zwei 7,62 mm MG plus bis zu 544 kg Bomben.

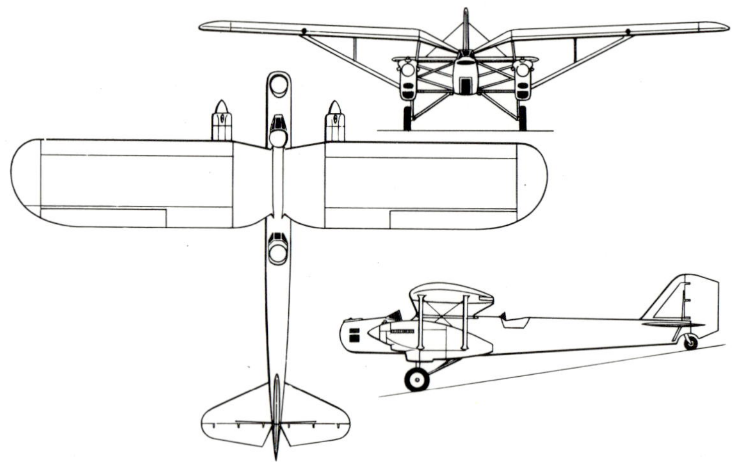

Douglas B-7

Der Prototyp des Bombers Douglas XB-7 wurde als XO-36 bestellt und mit gewellter Beschichtung fertiggestellt. Das Modell zeichnete sich durch eine Mischung aus Altem und Neuem aus: eine offene Schützenposition mit einer Eindeckerkonfiguration, stromlinienförmige Motorengondeln und einziehbare Fahrwerk-Hauptteile.

# Douglas B-18 Bolo

## Entwicklungsgeschichte

Im Frühjahr 1934 erstellte das US Army Air Corps eine Ausschreibung für einen Bomber, der quasi die doppelte Bombenladung und Reichweite der Martin B-10 aufwies, damals der Standard-Bomber der USAAC. Douglas war davon überzeugt, sich auf die technischen Erfahrungen stützen zu können, die bei der Produktion des zivilen Transporters DC-2 gesammelt wurden, der damals kurz vor seinem Erstflug stand.

Privat finanzierte Prototypen für die Ausschreibung der US Army wurden im August 1935 bei Wright Fields in Ohio untersucht, darunter die Boeing Model 299, die Douglas DB-1 und die Martin 146. Der Boeing-Typ wurde als B-17 Flying Fortress gebaut, das Martin-Modell als Exportvariante der Martin B-10/B-12 Baureihe, und im Januar 1936 wurde die **Douglas DB-1 (Douglas Bomber 1)** unmittelbar unter der Bezeichnung **B-18** in die Produktion gegeben. Der DB-1 Prototyp basierte auf der zivilen DC-2 und hatte eine weitgehend identische Flügelstruktur sowie ähnliches Leit- und Triebwerk. Die Tragflächen wiesen allerdings zwei Unterschiede auf: die Planform der DC-2 war beibehalten, aber die Spannweite war bei der DB-1 um 1,37 m erweitert worden, und die Flügel waren in mittlerer statt Tiefdeckerposition montiert. Der völlig neue Rumpf war breiter als der des zivilen Transporters, um Platz für die sechsköpfige Besatzung zu schaffen, und enthielt eine Bombenschützenposition und einen inneren Bombenkasten. Außerdem gab es

Die Douglas Digby der Royal Canadian Air Force war der B-18A des USAAC ähnlich, abgesehen von der britischen Bewaffnung und der kanadischen Ausrüstung im Innern.

eine dritte Schützenposition. Das Triebwerk bestand aus zwei 903 PS (694 kW) Wright R-1820-45 Cyclone 9 Motoren.

Der erste Vertrag betraf die Produktion von 133 B-18, darunter auch die DB-1, die als Prototyp gedient hatte. Das Serienmodell mit dem Namen **Molo** hatte eine zum Teil veränderte Ausrüstung, ein erhöhtes Ladegewicht und stärkere Wright R-1830-45 Sternmotoren. Die letzte produzierte B-18 unterschied sich von ihren Vorgängern durch eine motorbetriebene Bugkanzel und trug die Firmenkennung **DB-2**, aber diese Einrichtung gehörte bei den späteren Serienmaschinen nicht zur Standardausführung.

Die nächsten Veträge (über 217 Flugzeuge vom Typ **B-18A**) wurden im Juni 1937 (177) und Mitte 1938 (40) abgeschlossen. Die neue Ausführung hatte die Schützenposition weiter vorne und oberhalb des Bugschützen angesetzt und wurde durch stärkere Wright R-1820-53 Motoren angetrieben. Die meisten Bomberstaffeln des USAAC wurden 1940 mit B-18 oder B-18A bestückt; die meisten der 33 B-18A, die bei der 5. und 11. Bomb Group auf Hawaii dienten, wurden beim Angriff der Japaner auf Pearl Harbor zerstört.

Als die B-18 im Jahre 1942 an der Front durch B-17 ersetzt wurden, erhielten etwa 122 B-18A Suchradar und MAD-Ausrüstung für den Einsatz in der Karibik bei der U-Bootpatrouille; die neue Bezeichnung hieß **B-18B**. Die Royal Canadian Air Force übernahm 20 B-18A, die mit der Bezeichnung **Digby Mk I** bei Seepatrouillen eingesetzt wurden. Die Bezeichnung **B-18C** wurde für zwei andere, bei ASW-Patrouillen verwendete Maschinen angewendet. Zwei weitere wurden mit der Bezeichnung **C-58** für den Einsatz als Transporter umgebaut; in dieser Rolle dienten auch viele andere Maschinen, ohne daß die Bezeichnung verändert wurde.

### Varianten

**B-18AM:** 18 während des Zweiten Weltkriegs als Schulflugzeuge umgebaute B-18A ohne Bombenausrüstung.
**B-18M:** 22 ebenso wie die B-18AM im Jahre 1942 umgebaute B-18.
**B-22:** geplante Entwicklung der B-18A mit 1.600 PS (1.194 kW) Wright R-2600-3 Sternmotoren.

### Technische Daten
**Douglas B-18A**
**Typ:** mittlerer Bomber und ASW-Flugzeug.
**Triebwerk:** zwei 1.000 PS (746 kW) Wright R-1820-53 Cyclone 9 Sternmotoren.
**Leistung:** Höchstgeschwindigkeit 346 km/h in 3.050 m Höhe; Reisegeschwindigkeit 269 km/h; Dienstgipfelhöhe 7.285 km; Reichw. 1.931 km.
**Gewicht:** Leergewicht 7.403 kg; max. Startgewicht 12.552 kg.
**Abmessungen:** Spannweite 27,28 m; Länge 17,63 m; Höhe 4,62 m; Tragflügelfläche 89,65 m$^2$.
**Bewaffnung:** drei 7,62 mm MG plus bis zu 2.948 kg Bomben.

# Douglas XB-19A

### Entwicklungsgeschichte

1934 gab die Material Division des US Army Air Corps die Spezifikation für das Projekt 'A' heraus, einen Langstreckenbomber, der auch für die Versorgung von Truppen in Alaska, Hawaii oder Panama verwendet werden konnte. Vorgesehen war eine Bombenlast von 907 kg bei einer Geschwindigkeit von 322 km/h und einer Reichweite von 8.047 km. Diese Anforderungen bedeuteten eine Herausforderung an die Konstrukteure, da zu diesem Zeitpunkt noch nicht einmal ein ziviles Flugzeug geschaffen war, das den Nordatlantik überfliegen konnte.

Boeing legte die Model 294 vor, für das ein Prototyp mit der Bezeichnung XBLR-1 (Experimental Bomber Long Range-1), später XB-15, bestellt wurde. Douglas entwarf ein sehr viel größeres Modell, das als **Douglas XBLR-2** und später **XB-19** gebaut wurde. Das Flugzeug war mit seiner zehnköpfigen Besatzung und der max. Bombenlast von 16.329 kg das größte Modell seiner Zeit. Der Erstflug fand am 27. Juni 1941 statt; das Triebwerk bestand aus vier Wright R-3350-5 Cyclone 18 Motoren. Dieser Antrieb reichte für die vorgesehenen Aufgaben nicht aus, und die XB-19 mußte auf ein stärkeres Triebwerk warten. Als ein solches endlich vorlag, hatten sich die Anforderungen geändert, und das Riesenmodell erhielt vier 2.600 PS (1.939 kW) Allison V-3420 11 Doppelmotoren, mit denen es während des Zweiten Weltkriegs unter der Bezeichnung **XB-19A** als Transporter eingesetzt wurde.

### Technische Daten
**Douglas XB-19**
**Typ:** schwerer Langstreckenbomber (Prototyp).
**Triebwerk:** vier 2.000 PS (1.491 kW) Wright R-3350-5 Cyclone 18 Sternmotoren.
**Leistung:** Höchstgeschwindigkeit 336 km/h; Reisegeschwindigkeit 299 km/h; Dienstgipfelhöhe 6.705 m; max. Reichweite 12.472 km.
**Gewicht:** Leergewicht 37.309 kg; max. Startgewicht 74.389 kg.
**Abmessungen:** Spannweite 64,62 m; Länge 40,23 m; Höhe 13,03 m; Tragflügelfläche 417,31 m$^2$.
**Bewaffnung:** zwei 37 mm Kanonen, fünf 12,7 mm MG und sechs 7,62 mm Gewehre, plus bis zu 16.329 kg Bomben.

**Die Douglas XB-19 konnte aerodynamische und strukturelle Neuerungen vorweisen, hatte aber wegen der mangelnden finanziellen Ressourcen des USAAC und angesichts unzureichender Triebwerke für eine so schwere Maschine keinen Erfolg.**

# Douglas B-23 Dragon

### Entwicklungsgeschichte

Die Douglas B-18, die für eine Ausschreibung des US Army Air Corps aus dem Jahre 1934 als mittlerer Hochleistungsbomber gedacht war, hatte offenbar nicht das gleiche Niveau wie die nach den gleichen Angaben gebaute Boeing B-17 Flying Fortress. Diese Tatsache ergibt sich aus der Statistik: 350 B-18 wurden übernommen, verglichen mit 13.000 B-17. Um die Nachteile der DB-1 zu beseitigen, entwickelte Douglas 1938 eine verbesserte Ausführung, und dieser Vorschlag erschien der US Army einen Vertrag über immerhin 38 Exemplare mit der Bezeichnung **B-23** und dem Namen **Dragon** wert.

Obwohl die allgemeine Konfiguration ähnlich war wie bei dem früheren Modell, war der neue Typ bei genauerem Hinsehen eigentlich ein ganz neuer Entwurf. Die Flügelspannweite war größer, der Rumpf ganz neu und mit einer besseren aerodynamischen Form, und das Leitwerk hatte eine höhere Seitenflosse/Ruder-Anlage. Das Fahrwerk war wiederum ein einziehbarer Heckrad-Typus, aber die Motorengondeln waren verlängert worden, und wenn die Hauptteile während des Flugs ausgefahren wurden, waren sie von den Gondeln bedeckt und verursachten einen geringeren Luftwiderstand. Man erwartete von diesen Verfeinerungen eine erheblich verbesserte Leistung und außerdem 60 Prozent mehr Antrieb durch die beiden Wright R-2600-3 Cyclone 14 Motoren. Eine Neuerung war auch die Heckposition für einen zusätzlichen Schützen, die hier erstmals bei einem US Bomber eingebaut wurde.

Die B-23 flogen erstmals am 27. Juli 1939 und wurden noch im gleichen Jahr an die US Army ausgeliefert. Die ersten Untersuchungen zeigten eine eher enttäuschende Leistung und Flugeigenschaften. Die 1940 auf den europäischen Kriegsschauplätzen gesammelten Erfahrungen ließen es außerdem unwahrscheinlich erscheinen, daß Reichweite, Bombenladung und Bewaffnung mit den feindlichen Modellen oder den bereits in den USA selbst entwickelten Typen konkurrieren könnten. Daher wurden diese Maschinen nur begrenzt als Patrouillenflugzeuge an der amerikanischen Pazifikküste eingesetzt, bevor sie Schulaufgaben übernahmen. 1942 wurden etwa 15 Exemplare als Mehrzwecktransporter umgebaut und erhielten die Bezeichnung UC-67; einige der anderen Maschinen wurden für die verschiedensten Aufgaben eingesetzt, darunter als Teststand für Triebwerke, Gleit-Versuchsflugzeuge und zu Waffentests.

Nach Ende des Zweiten Weltkriegs wurden viele überschüssige B-23 und UC-67 von zivilen Benutzern übernommen und umgebaut. Die meisten wurden von der Engineeerung Division der Pan American modifiziert und mit zwei Mann Besatzung und zwölf Passagieren geflogen. Einige blieben etwa 30 Jahre lang im Einsatz.

### Technische Daten
**Douglas B-23**
**Typ:** vier/fünfsitziger mittlerer Bomber.
**Triebwerk:** zwei 1.600 PS (1.193 kW) Wright R-2600-3 Cyclone 14 Sternmotoren.
**Leistung:** Höchstgeschwindigkeit 454 km/h in 3.660 m Höhe; Reisegeschwindigkeit 338 km/h; Dienstgipfelhöhe 9.630 m; Reichweite 2.253 km.
**Gewicht:** Leergewicht 8.659 kg; max. Startgewicht 14.696 kg.
**Abmessungen:** Spannweite 28,04 m; Länge 17,80 m; Höhe 5,63 m; Tragflügelfläche 92,25 m$^2$.
**Bewaffnung:** ein 12,7 mm MG in Heckposition und drei 7,62 mm MG in Rumpfständen plus bis zu 1.996 kg Bomben.

**Die Douglas B-23 verhält sich zur DC-3 etwa wie die B-18 zur DC-2. Das Modell war als Lückenbüßer vor der Produktion der Boeing B-17 gedacht.**

# Douglas XB-43

### Entwicklungsgeschichte

Die US Army Air Force wollte so schnell wie möglich einen reinen Jet-Bomber entwickeln und beauftragte Douglas mit der Produktion von zwei **Douglas XB-43** Bomber-Prototypen mit der Grundstruktur der XB-42. Der geplante Umbau war vergleichsweise einfach, da die Allison Kolbenmotoren der XB-42 lediglich durch zwei Strahltriebwerke ersetzt und mit Lufteinlässen versehen werden mußten. Das kreuzförmige Leitwerk wurde durch eine konventionelle Anlage ersetzt, bei der allerdings die Flosse und Ruder sowohl höher als auch großflächiger als bei der XB-42 waren.

Um Zeit zu sparen, wurde beschlossen, das statische Test-Flugwerk der XB-42 umzubauen. Dieser Plan mußte notwendigerweise enttäuschend ausfallen: durch das Kriegsende kam es zu endlosen Verzögerungen, und das Strahltriebwerk war nicht rechtzeitig zugänglich. Schließlich flog die erste XB-43 erstmals am 17. Mai 1946. Trotz der beachtlichen Leistung des Modells war die USAAF inzwischen an stärkeren Jet-Bombern interessiert. Daher wurde das erste Bombenflugzeug der USAAF mit Strahltriebwerk lediglich zu Flugtests verwendet. Der zweite Prototyp war im Mai 1947 fertig und ausgeliefert und diente als Motoren-Teststand, bevor die Maschine Ende 1953 aus dem Verkehr gezogen wurde.

### Technische Daten

**Typ:** dreisitziger Bomber (Prototyp) mit Strahltriebwerk.
**Triebwerk:** zwei General Electric J35-GE-3 Strahltriebwerke mit 1.701 kp Schub.
**Leistung:** Höchstgeschwindigkeit in Meereshöhe 829 km/h; Reisegeschwindigkeit 676 km/h; Dienstgipfelhöhe 11.735 m; max. Reichweite 1.770 km.
**Gewicht:** Leergewicht 9.877 kg; max. Startgewicht 17.932 kg.
**Abmessungen:** Spannweite 21,69 m; Länge 15,60 m; Höhe 7,39 m; Tragflügelfläche 52,30 m$^2$.
**Bewaffnung:** bis zu 2.722 kg Bomben (geplante Bomberausführung) oder 16 vorwärtsfeuernde 12,7 mm MG und 16 127 mm Raketen (geplante Angriffsausführung), plus zwei 12,7 mm MG in einer ferngesteuerten Heckkanzel (beide Ausführungen).

USAF

**Die Douglas XB-43 war durch einen einfachen Umbau des statischen Testflugwerks der XB-42 entstanden: die XB-43 behielt die beiden getrennten Kuppeln ihres Vorgängers, verzichtete aber auf die Unterrumpfflosse. Da der Plexiglas-Bug des ersten Prototyps leicht brach, erhielt die zweite XB-43 einen Bugkonus aus Sperrholz; sie hatte außerdem eine einzige Kuppel für die beiden Besatzungsmitglieder.**

# Douglas B-66 Destroyer

### Entwicklungsgeschichte

Für den Korea-Krieg brauchte die US Air Force dringend einen taktischen Hochleistungs-Tag/Nachtbomber. Um ein solches Modell so bald wie möglich zu konstruieren, beschoß man, eine Landausführung der A3D Skywarrior zu verwenden, die damals für die US Navy entwickelt wurde. Douglas wurde daher mit der Produktion von fünf **Douglas RB-66A** Vorserienmaschinen für Allwetter- und Nacht-Fotoaufklärungsflüge beauftragt; die erste davon flog am 28. Juni 1954 über dem Werk in Long Beach.

Die **RB-66A Destroyer** hatte die gleiche Grundkonstruktion wie die A3D Skywarrior, aber es fehlten der Fanghaken, das verstärkte Fahrwerk und die Faltflügel der Marineausführung; neu waren aerodynamische Änderungen der Tragflächenstruktur, die Schleudersitze für die dreiköpfige Besatzung und einzelne Veränderungen in der Ausrüstung, wie mehrere Kameras und Bomben- und Navigationsradar. Diese erste Ausführung hatte zwei Allison YJ71-A-9 Strahltriebwerke mit 4.341 kp Schub. Nach erfolgreichen Tests wurden 145 Exemplare des ersten Serienmodells bestellt, der mit Allison J71-A-11 oder J71-A-13 (mit 4.627 kp Schub) bestückten **RB-66B**. Die erste Maschine flog im März 1955, und die Auslieferungen an die USAF begannen am 1. Februar 1956.

Zu den Serienmodellen gehörten die B-66B Bomberausführung (72 Exemplare) mit dem gleichen Triebwerk wie die RB-66B und einer max. Bombenladung von 6.804 kg anstelle der Aufklärungseinrichtung, das elektronische Aufklärungs- und ECM-Modell **RB-66C** (36 Exemplare) mit J71-A-11 oder J71-A-13 Strahltriebwerken und einer siebenköpfigen Besatzung (vier der fünf Spezialradarbeobachter waren im ehemaligen Bombenkasten untergebracht) und das in 36 Exemplaren gebaute **WB-66D** Wettererkundungsflugzeug für Kriegsschauplätze, das durch J71-A-13 Triebwerke angetrieben wurde und fünf Mann Besatzung (zwei Mann plus Ausrüstung im Bombenkasten) hatte.

Die ECM-Versionen der B-66 und RB-66 zeigten während des Vietnamkriegs ihre technischen Möglichkeiten, da sie feindliche Radaranlagen ausfindig machen, klassifizieren und stören konnten. Als die USA gezwungen waren, sich aus Südostasien zurückzuziehen, wurden diese Maschinen aus dem Verkehr gezogen.

### Varianten

**EB-66B:** ECM-Version; 13 umgebaute B-66B.
**NB-66B:** zwei bei beiden Waffengattungen verwendete Flugzeuge, umgebaute B-66B für Fallschirmabwurftests aus größer Höhe von beispielsweise Gemini und Apollo Raumschiffen.
**EB-66C:** neue Bezeichnung der RB-66C nach dem Einbau einer moderneren ECM-Ausrüstung.
**EB-66E:** ECM-Version; 52 umgebaute RB-66B; ähnlich ausgerüstet wie die EB-66B.
**X-21A:** mit dieser Bezeichnung wurden zwei WB-66D von der Northrop Corporation bei einem Forschungsprogramm eingesetzt; beide waren durch den Anbau von neuen laminierten Tragflächen modifiziert worden, und um die Aerodynamik der Flügel nicht zu beeinträchtigen, wurden die beiden General Electric X79-GE-13 Strahltriebwerke in Gondeln zu beiden Seiten des Rumpfhinterteils angebracht.

### Technische Daten

**Douglas RB-66B**
**Typ:** Allwetter-Tag/Nacht-Aufklärungsflugzeug.
**Triebwerk:** zwei Allison J71-A-11 oder J71-A-13 Strahltriebwerke mit 4.627 kp Schub.
**Leistung:** Höchstgeschwindigkeit 1.015 km/h in 1.830 m Höhe; Reisegeschwindigkeit 845 km/h; Dienstgipfelhöhe 11.855 m; Kampfradius 1.489 km.
**Gewicht:** Leergewicht 19.720 m; max. Startgewicht 37.648 kg.
**Abmessungen:** Spannweite 22,10 m; Länge 22,91 m; Höhe 7,19 m; Tragflügelfläche 72,46 m$^2$.
**Bewaffnung:** zwei 20 mm Kanonen in einer radargesteuerten Heckkanzel.

USAF

**Diese Aufnahme einer Douglas RB-66B im Flug zeigt die schnittige Form des Modells und die durch Radar gesteuerte Heck-Barbette, obwohl in diesem Fall die 20 mm Kanonen fehlen.**

# Douglas BT

### Entwicklungsgeschichte

Die ausgezeichneten Flugeigenschaften der Douglas O-2 Familie führten zum Umbau von 40 O-2K in Anfänger-Schulflugzeuge für die US Army im Jahre 1930. Die Bewaffnung wurde weggelassen, und alle Maschinen erhielten Doppelsteuerung und die neue Bezeichnung **Douglas BT-1**. Die einzige O-32 erhielt 1903 ebenfalls Doppelsteuerung und wurde in **BT-2** umbenannt. 30 O-32A wurden ähnlich wie die O-2K modifiziert; im Einsatz bei Einheiten der US Army und National Guard hatten sie die Bezeichnung **BT-2A** und wurden zur Anfängerschulung verwendet. 146 **BT-2B** wurden eigens gebaut; die ersten waren 1931 fertig und hatten 450 PS (336 kW) Pratt & Whitney R-1340-11 Sternmotoren. Diese Maschinen dienten viele Jahre lang bei Anfängerschulungseinheiten.

### Varianten

**BT-2BI:** 1932 erhielten 58 BT-2B eine faltbare Blindflughaube über dem hinteren Cockpit und wurden entsprechend umbenannt.
**BT-2C:** Ende 1930 erhielt Douglas einen Auftrag für 20 BT-2C, die sich von der BT-2B durch einen etwas kürzeren Rumpf und ein verändertes Fahrwerk unterschieden; 13 wurden später in Instrumentenschulflugzeuge umgebaut und erhielten die Bezeichnung **BT-2CI**; 1940 wurden sieben BT-2C als Steuerflugzeug für die Douglas A-4 Flugziele (s.u.) umgebaut und in **BT-2CR** umbenannt.
**A-4:** 1940 erhielten zwei BT-2BI und 15 BT-2B ein Dreibeinfahrwerk und wurden als funkferngesteuerte Flugabwehr-Ziele umgebaut und erhielten einen hellroten Rumpf; sie

waren ursprünglich als **BT-2BG** und **BT-2BR** geplant gewesen und wurden später als A-4 bezeichnet.

### Technische Daten

**Douglas BT-2B**

**Typ:** zweisitziges Anfänger-Schulflugzeug mit Doppelsteuerung.
**Triebwerk:** ein 450 PS (336 kW) Pratt & Whitney R-1340-11 Sternmotor.
**Leistung:** Höchstgeschwindigkeit 216 km/h; Reisegeschwindigkeit 188 km/h; Dienstgipfelhöhe 5.850 m; Reichweite 515 km.
**Gewicht:** Rüstgewicht 1.324 kg; max. Startgewicht 1.845 kg.
**Abmessungen:** Spannweite 12,19 m; Länge 9,50 m; Höhe 3,30 m; Tragflügelfläche 33,63 $m^2$.

**Die Douglas BT-2B zeichnete sich dadurch aus, daß diese Maschine als erstes Anfängerschulflugzeug vom US Army Air Corps bestellt wurde. 146 Exemplare wurden während des Finanzjahrs 1931 in Auftrag gegeben.**

# Douglas BTD Destroyer

### Entwicklungsgeschichte

Die ersten Einsätze der Douglas SBD Dauntless hatten die US Navy von den Möglichkeiten dieses Modells als Sturzbomber überzeugt; die späteren Erfahrungen mit dem Modell, u.a. bei der Schlacht über der Coral Sea (im Mai 1942) und der Schlacht bei Midway (im Juni 1942), bestätigten diesen Eindruck. Schon lange vorher regte die US Navy einen modernen Sturzbomber an, was zur Entwicklung eines zweisitzigen Modells dieser Kategorie durch Douglas führte. Die US Navy bestellte im Juni 1941 zwei Prototypen.

Mit der Bezeichnung **Douglas XSB2D-1 Destroyer** unternahm der erste Prototyp (03551) seinen Erstflug am 8. April 1943. Das Modell ging jedoch nicht in die Produktion, sondern der Prototyp wurde vielmehr als Basis eines neuen Typs verwendet, der sich als für den Krieg brauchbarer erwies. In der gegebenen Ausführung war der Prototyp ein zweckmäßiger zweisitziger Sturzbomber mit einem inneren Bombenschacht und (erstmals bei einem von Bord eines Flugzeugträgers geflogenen Modell) einem einziehbaren Dreibeinfahrwerk. Die neue Ausschreibung der US Navy sah einen einsitzigen Torpedo/Sturzbomber vor, und die XSB2D-1 wurde für diese neue Rolle durch den Einbau eines einsitzigen Cockpits, zwei zusätzlicher 20 mm Kanonen auf den Tragflächen und die Vergrößerung des Bombenkastens sowie der Treibstoffkapazität modifiziert. Zu beiden Seiten des Rumpfs wurden Luftbremsen angebaut, und die großen Wright Cyclone 18 Motoren der XSB2D-1 wurden beibehalten, um die nötige Hochleistung zu gewährleisten.

In einem Vertrag vom 31. August 1943 wurde die frühere Bestellung für dieses Modell mit der Bezeichnung **BTD-1** und nach wie vor dem Namen Destroyer auf 358 Exemplare erhöht. Die Serienmaschinen wurden ab Juni 1944 ausgeliefert, aber nach dem Sieg der Alliierten wurden die noch ausstehenden Exemplare abbestellt, nachdem erst 28 fertig waren. Die Leistung der Destroyer war enttäuschend, und offenbar wurde der Typ nicht während des Kriegs eingesetzt. Zwei Maschinen erhielten versuchsweise ein gemischtes Triebwerk mit einem Westinghouse WE-19XA Strahltriebwerk von 680 kp Schub am Rumpfhinterteil, das durch eine Unterrumpföffnung hinter dem Cockpit mit Luft versorgt wurde. Diese Maschinen erhielten die Bezeichnung **XBTD-2** und waren die ersten Jet-Flugzeuge, die Douglas der US Navy lieferte. Der Erstflug fand im Mai 1945 statt, aber bei Geschwindigkeit von mehr als 322 km/h konnte das abwärtsgerichtete Strahltriebwerk nicht eingesetzt werden. Das Projekt wurde Ende 1945 aufgegeben.

### Technische Daten

**Douglas BTD-1**

**Typ:** ein einsitziger Torpedo/Sturzbomber.
**Triebwerk:** ein 2.300 PS (1.715 kW) Wright R-3350-14 Cyclone 18 Sternmotor.
**Leistung:** Höchstgeschwindigkeit 554 km/h in 4.900 m Höhe; Dienstgipfelhöhe 7.195 m; Reichweite 2.382 km.
**Gewicht:** Leergewicht 5.244 kg; max. Startgewicht 8.618 kg.
**Abmessungen:** Spannweite 13,72 m; Länge 11,76 m; Höhe 5,05 m; Tragflügelfläche 34,65 $m^2$.
**Bewaffnung:** zwei 20 mm Kanonen in den Flügelvorderkanten, plus ein Torpedo oder bis zu 1.451 kg Bomben in einem inneren Bombenschacht.

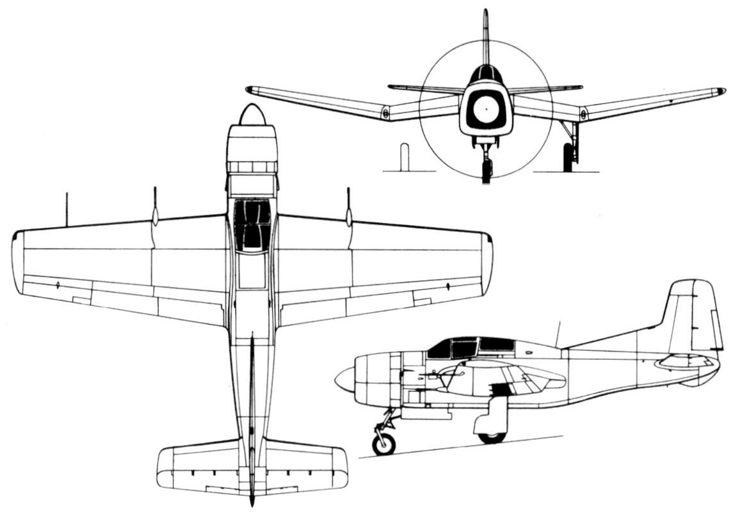

**Douglas BTD-1 Destroyer**

**Verglichen mit ihrer Vorlage, der XSB2D-1, war die Douglas BTD-1 Destroyer ein Ein- statt ein Zweisitzer und hatte eine Bewaffnung von zwei vorwärtsfeuernden 20mm Kanonen anstelle der Kombination einer 20 mm Kanone mit vier 12,7 mm MG. Die Verringerung der Schußwaffen führte zu einer Erhöhung der Treibstoffkapazität.**

# Douglas C-1

### Entwicklungsgeschichte

Der US Army Air Service versuchte erstmals Ende 1924, einen brauchbaren Transporter zu finden, und bestellte bei Douglas neun große einmotorige Maschinen mit der Bezeichnung **Douglas C-1**; das erste Exemplar flog erstmals am 2. Mai 1925. Die Konstruktion der C-1 folgte der von den Baureihen DWC und O-2 begründeten Struktur mit einem geschweißten Stahlrohr, dessen Vorderteil mit Aluminium und dessen Hinterteil ebenso wie die hölzernen Flügel mit Holz beschichtet waren. Das Triebwerk bestand aus einem Liberty V-1650-1 Motor mit Wasserkühlung, das Fahrwerk war eine Anlage mit geteilter Achse, eine typische Douglas-Konstruktion.

Die C-1 hatte eine geräumige, geschlossene Kabine mit je drei Bullaugen-Fenstern zu beiden Seiten hinter den nebeneinander angebrachten offenen Cockpits für den Piloten und Copiloten. Sechs bis acht Passagiere konnten aufgenommen werden, und anstelle der Sitze gab es Platz für Fracht in einem Laderaum von 3,05×1,17×1,27 m. Die Passagiere betraten die Kabine durch eine Tür in der rechten Seite, und sperrige Frachtgüter ließen sich durch eine Falltür im Kabinenboden einladen.

Die C-1 war auf Flughäfen und in Depots der US Army stationiert und wurden neben dem Truppentransport auch für Frachtgüter eingesetzt. Sie waren im Dienst erfolgreich, zogen aber die Aufmerksamkeit der Öffentlichkeit erst auf sich, als eine Maschine (mit der Seriennr. 25-432) 1929 während öffentlich angekündigter Versuche zur Flugbetankung als Tankflugzeug für den dreimotorigen Transporter Fokker C-2A Question Mark verwendet wurde. Spätere Bestellungen der weiterentwickelten Version brachten die Produktion auf insgesamt 26 Exemplare, von denen viele noch bis zur Verschrottung im Jahre 1936 beim US Army Service dienten.

### Varianten

**C-1A:** eine Serienmaschine der C-1 wurde mit dieser getestet und erhielt verschiedene Triebwerke und Motorenhauben; schließlich wurde sie für Experimente mit Ski-Fahrwerk eingesetzt, bevor sie wieder ihre normale C-1 Konfiguration erhielt.

**C-1C:** von der C-1B wurden keine Exemplare gebaut; 17 C-1C wurden in zwei Serien produziert, von denen die zweite bis Ende 1927 an die US Army ausgeliefert worden war; sie hatten eine höhere Zuladung, größere Abmessungen, ein neues ausgeglichenes Ruder, ein modifiziertes Fahrwerk und eine metallene Kabine.

USAF

**Die Douglas C-1C war ein nützlicher Transporter, der auch als Ambulanzflugzeug mit vier Tragbahren geflogen werden konnte. Das hier abgebildete Exemplar war in Kelly Field stationiert.**

### Technische Daten

**Douglas C-1**

**Typ:** einsitziger militärischer Passagier/Frachttransporter.

**Triebwerk:** ein 435 PS (324 kW) Liberty V-1650-1 V-12 Kolbenmotor.

**Leistung:** Höchstgeschwindigkeit 187 km/h; Reisegeschwindigkeit 137 km/h; Dienstgipfelhöhe 4.525 m; Reichweite 620 km.

**Gewicht:** Rüstgewicht 1.740 kg; max. Startgewicht 2.922 kg.

**Abmessungen:** Spannweite 17,25 m; Länge 10,77 m; Höhe 4,27 m; Tragflügelfläche 74,78 m$^2$.

# Douglas C-74 und C-124 (Globemaster I und II)

### Entwicklungsgeschichte

Unmittelbar nach dem Eingreifen der USA in den Zweiten Weltkrieg, vor allem nach Ausbruch der Feindseligkeiten zwischen den Amerikanern und Japanern im Pazifik, wurde es klar, daß die Anschaffung von Transportflugzeugen an erster Stelle stand. Angesichts der Dimensionen des Kriegsschauplatzes waren Langstrecken- und eine beträchtliche Ladekapazität erforderlich, und im Frühjahr 1942 begann Douglas mit der Entwicklung eines entsprechenden Modells.

Die erste von 50 Maschinen für die US Army Air Force trug die Bezeichnung **Douglas C-74 Globemaster I** und flog erst am 5. September 1945. Sie war ein Tiefdecker mit freitragenden Flügeln aus Metall, einem konventionellen Leitwerk, einziehbarem Dreibeinfahrwerk mit doppelten Rädern an den Hauptteilen und einem Triebwerk, das aus vier auf den Tragflächen montierten 3.000 PS (2.237 kW) Pratt & Whitney R-4360-27 Sternmotoren bestand. Der große Rumpf bot Platz für die Besatzung und 125 Passagiere oder 115 Tragbahren mit Krankenpersonal oder bis zu 21.840 kg Fracht.

Nach Kriegsende wurden die Globemaster I abbestellt, und nur 14 Exemplare waren fertig. Eine Maschine flog am 18. November 1949 mit 103 Passagieren von Amerika nach Großbritannien, das erste Flugzeug, das mit mehr als 100 Personen an Bord den Nordatlantik überflog. Die Ladekapazität der C-74 stand außer Zweifel, und Ende 1947 beschloß die neu gebildete US Air Force, einen schweren strategischen Frachttransporter zu übernehmen. Nach Verhandlungen zwischen der USAF und Douglas wurde die auf der C-74 basierende **C-124 Globemaster II** entwickelt.

Der Prototyp **YC-124** war eigentlich die fünfte C-74 mit einem neuen, breiteren Rumpf und einem stärkeren Fahrwerk. Mit 3.500 PS (2.610 kW) R-4360-49 Sternmotoren flog die Maschine erstmals am 27. November 1949. Als **C-124A** ging der Typ in die Produktion und wurde in 204 Exemplaren gebaut, von denen das erste im Mai 1950 bei der USAF den Dienst aufnahm. Die nächste und zugleich letzte Serienversion war die **C-124C** mit stärkeren R-4360 Motoren, Wetterradar in einem auffallenden Bugradom; ein mindestens ebenso deutliches Erkennungsmerkmal waren die Flügelspitzenverkleidungen für Heizgeräte zur Enteisung der Tragflächen- und Leitwerkvorderkanten und für die Heizung der Kabine. 243 C-124C wurden gebaut; die letzte Maschine wurde im Mai 1955 ausgeliefert.

Der Rumpf der Cargomaster II hatte am Bug Klapptüren mit einer eingebauten Laderampe, einer elektrischen Winde in der Mitte des Rumpfs (ein Überbleibsel der C-74) und zwei Laufkrane, die über die gesamte Länge des 23,47 m langen Laderaums fuhren. Das Flugdeck enthielt fünf Mann Besatzung und war hoch oben im Bug untergebracht, über den Ladetüren. In der Transporterausführung (mit zwei Decks) konnte die Globemaster II 200 ausgerüstete Soldaten oder 123 Tragbahren plus 45 sitzende Patienten und 15 medizinische Assistenten fassen.

Die Globemaster II diente neben der Douglas C-133 beim Air Material Command der USAF, dem Military Air Transport Service, dem Strategic Air Command und dem Tactical Air

**Die Douglas C-124 Globemaster II verbesserte in den 50er Jahren die unzureichende Lufttransportkapazität der USAF. Hier abgebildet sind Maschinen dieses Typs, die auf den Standard der C-124C mit AN/APS-42 Wetterradar in einem Bugradom gebracht wurden und dabei Verbrennungsanlagen in den Flügelspitzen zur Kabinenheizung sowie zur Enteisung der Tragflächen und des Hecks erhielten.**

USAF

**Douglas C-74 Globemaster I (Ursprüngliche Ausführung mit 'Insektenaugen'-Kuppeln)**

Command. Die Maschinen wurden 1970 durch die Lockheed C-5A Galaxy ersetzt.

### Varianten

**DC-7:** zivile Ausführung der C-74; 1944 von der Pan Am in Auftrag gegeben und später abbestellt.
**YKC-124B:** Bezeichnung für eine einzelne Maschine mit 5.550 WPS (4.139 kW) Pratt & Whitney YT34-P-1 Propellerturbinen; als Prototyp einer Tanker-Ausführung gedacht.
**YC-124B:** neue Bezeichnung der YKC-124B, nachdem die Entwicklung als Tankflugzeug abgebrochen worden war.

### Technische Daten

**Douglas C-124C Globemaster II**
**Typ:** schwerer Fracht-Transporter.
**Triebwerk:** vier 3.800 PS (2.834 kW) Pratt & Whitney R-4360-63A Sternmotoren.
**Leistung:** Höchstgeschwindigkeit in Meereshöhe 436 km/h; Reisegeschwindigkeit 370 km/h in 3.050 m Höhe; Dienstgipfelhöhe 5.610 m; Reichweite mit 11.963 kg Fracht 6.486 km.
**Gewicht:** Leergewicht 45.888 kg; max. Startgewicht 88.224 kg.
**Abmessungen:** Spannweite 53,07 m; Länge 39,75 m; Höhe 14,72 m; Tragflügelfläche 232,81 m².

## Douglas C 133 Cargomaster

### Entwicklungsgeschichte

Das Interesse der US Air Force an Modellen wie der C-74 Globemaster I und C-124 Globemaster II unterstrich die Bedeutung, die Flugzeugen dieser Kategorie beigemessen wurde. Die Berliner Luftbrücke und der Koreakrieg trugen noch zum militärischen Interesse bei, und in den frühen 50er Jahren schloß Douglas mit der USAF Verträge über die Entwicklung von zwei neuen Transportern mit Propellerturbinenantrieb ab, der **Douglas C-132** und **C-133**. Die riesige C-132 mit ihrer Flügelspannweite von 56,90 m kam über das Modellstadium nicht hinaus, aber der kleinere Typ, der für das Logistic Carrier Supporting System SS402L der USAF konzipiert worden war, erhielt einen Produktionsauftrag für zwölf Exemplare. Ein Prototyp wurde nicht gebaut, und die erste **C-133A**, die später den Namen **Cargomaster** erhielt, unternahm ihren Jungfernflug am 23. April 1956.

Die C-133A unterschied sich beträchtlich von den C-74 und C-124 Transportern und hatte hoch angesetzte Tragflächen und ein Fahrwerk dessen Hauptteile in zwei zu beiden Seiten des Rumpfs angebrachte Zellen eingezogen werden konnten, so daß der Zugang zum Laderaum und dessen Umfang nicht beeinträchtigt wurden. Der Rumpf mit rundem Querschnitt hatte einen 27,43 m langen Laderaum mit Druckbelüftung und Heizung. Beladen wurde durch eine zweiteilige hintere Tür, deren unterer Abschnitt die Laderampe bildete, oder durch eine Ladeluke auf der rechten Seite des Rumpfvorderteils. Fahrzeuge von einer Höhe bis zu 3,66 m konnten direkt über die hintere Rampe in den Laderaum gefahren werden, und die C-133 konnte jeden bei der US Army vertretenen Fahrzeugtyp aufnehmen.

Die ersten C-133A wurden im August 1957 an den Military Air Transport Service geliefert. Insgesamt wurden 35 Maschinen gebaut; frühe Modelle hatten 6.000 WPS (4.474 kW) Pratt & Whitney T34-P-3 Propellerturbinen, während die späten Serienmaschinen T34-P-7W Motoren mit Wassereinspritzung und einer max. Antriebskraft von 7.100 WPS (5.294 kW) erhielten. Die letzten drei Maschinen hatten hintere Klapptüren, die die Ladefläche um 0,91 m erweiterten, so daß vollständig zusammengesetzte Titan Raketen transportiert werden konnten. Es folgten 15 **C-133B** mit T34-P-9W Triebwerk.

Die 50 Maschinen umfassende Flotte erwies sich während des Vietnamkriegs als für die Amerikaner ausgesprochen nützlich, aber nach Abnutzungserscheinungen wurde das Modell 1971 aus dem Verkehr gezogen; die Maschinen wurden daraufhin hangarisiert.

USAF

**Die Douglas C-133A Cargomaster war ein moderner Transporter mit mehrrädrigem Fahrwerk in Seitenbehältern und einer eingebauten Rampe für das direkte Beladen von Fahrzeugen.**

### Technische Daten

**Douglas C-133B Cargomaster**
**Typ:** ein strategischer schwerer Frachter.
**Triebwerk:** vier 7.500 WPS (5.593 kW) Pratt & Whitney T34-P-9W Propellerturbinen.
**Leistung:** Höchstgeschwindigkeit 578 km/h in 2.650 m Höhe; Reisegeschwindigkeit 520 km/h; Dienstgipfelhöhe 9.130 m; Reichweite mit einer Nutzlast von 23.587 kg mehr als 6.437 km.
**Gewicht:** Leergewicht 54.550 kg; max. Startgewicht 129.727 kg.
**Abmessungen:** Spannweite 54,77 m; Länge 48,02 m; Höhe 14,71 m; Tragflügelfläche 248,32 m².

## Douglas Cloudster

### Entwicklungsgeschichte

Das einzige Exemplar der **Douglas Cloudster** war gleichzeitig das erste Produkt der Davis-Douglas Company, die im Juli 1920 in Los Angeles in Kalifornien gegründet worden war. Die Cloudster war der eigentliche Anlaß für die Einrichtung der Firma, da David R. Davis sich zur Finanzierung einer Partnerschaft mit Donald Douglas unter der Bedingung bereiterklärte, daß dieser eine Maschine entwerfen und produzieren würde, mit der er den ersten Nonstop-Flug über die USA durchführen konnte.

Die Cloudster, ein einfacher, einstieliger hölzerner Doppeldecker mit gleicher Spannweite und Stoffbespannung bis auf den Rumpfvorderteil, wurde als DT und World Cruiser entwickelt. Das Triebwerk war ein ohne Schwierigkeiten erhältlicher Liberty Motor.

Der Erstflug fand am 24. Februar 1921 statt, aber der geplante Flug über die Vereinigten Staaten wurde durch Triebwerkversagen verhindert. 1923 wurde die Cloudster als Passagierflugzeug verkauft und hatte zahlreiche Besitzer und wurde mehrfach modifiziert, bevor sie bei einer Notlandung an der kalifornischen Küste 1926 schwer beschädigt wurde, als sie vor der Flut nicht rechtzeitig an Land gezogen werden konnte.

Der Name Cloudster wurde noch einmal für den letzten Versuch der Firma mit einem Leichtflugzeug verwendet, für die **Douglas Cloudster II**. Dieser Typ flog 1947 und war ein schnittiger Fünfsitzer in Eindeckerkonfiguration mit einem einziehbaren Dreibeinfahrwerk. Das Triebwerk bestand aus zwei 250 PS (166 kW) Continental E-250 Reihenmotoren, die einen Zweiblatt-Druckpropeller hinter dem Leitwerk antrieben.

### Technische Daten

**Douglas Cloudster**
**Typ:** zweisitziger Langstrecken-Doppeldecker.
**Triebwerk:** ein 400 PS (298 kW) Liberty V-12 Kolbenmotor.
**Leistung:** Höchstgeschwindigkeit 193 km/h; Reisegeschwindigkeit 137 km/h; max. Reichweite 4.506 km.
**Gewicht:** maximales Startgewicht 4.354 kg.
**Abmessungen:** Spannweite 17,04 m; Länge 11,20 m; Höhe 3,66 m.

## Douglas D-558-1 Skystreak

### Entwicklungsgeschichte

Die **Douglas D-558-1 Skystreak** wurde 1945 für eine Ausschreibung des US Navy Bureau of Aeronautics und der NACA, dem Vorläufer der NASA, für ein Forschungsflugzeug mit hoher Geschwindigkeit entworfen. Das Modell sollte Daten bei Geschwindigkeiten zwischen Mach 0,75 und 0,85 und in einer Höhe von Meereshöhe bis zu 12.190 m sammeln, da solche Zahlen nicht durch Windkanaltests gefunden werden konnten.

Die Struktur des Flugzeugs war so einfach wie möglich: ein Tiefdecker mit freitragenden Flügeln, einem schlanken Rumpf mit rundem Quer-

**In ihrer ursprünglichen Form hatte die Douglas D-558-1 Skystreak einen runden Windschutz, aber für Flüge bei hoher Geschwindigkeit wurde die hier abgebildete V-förmige Kuppel montiert.**

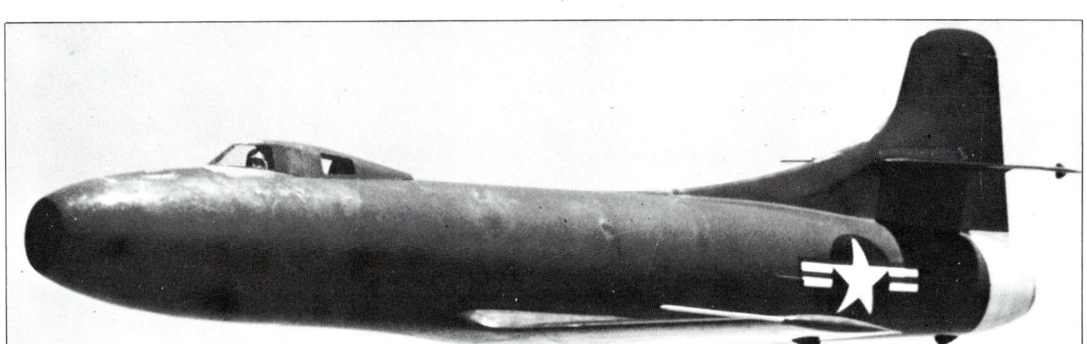

USAF

schnitt und großen Leitflächen, wobei die Höhenleitflächen etwa am oberen Drittel der Flosse angesetzt waren. Das Dreibeinfahrwerk war einziehbar, der Rumpf enthielt einen Sitz für den Piloten, und das Triebwerk im Rumpfinnern war ein Allison J35 Strahltriebwerk. Ungewöhnlich war der Notausgang für den Piloten: im Notfall konnte der gesamte Bug, vom Sitz des Piloten bis zur Bugspitze, abgeworfen werden; der Pilot sollte auf dem üblichen Wege aussteigen, nachdem die Maschine sich nach dem Abwurf entsprechend verlangsamt hatte. Zur Erstellung der gewünschten Daten wurde ein Luftdruckaufzeichnungssystem eingebaut, das an 400 Meßpunkte des Flugwerks angeschlossen war; außerdem erhielt das Modell Belastungsmesser an den Tragflächen und dem Leitwerk.

Drei D-558-1 wurden gebaut, von denen die erste im Mai 1947 erstmals flog; am 20. August 1947 stellte das Modell einen neuen Welt-Geschwindigkeitsrekord mit 1.031,04 km/h auf, eine Leistung, die fünf Tage später durch 1.047,36 km/h übertroffen wurde. Am 3. Mai 1948 wurde die zweite Skystreak bei einem Unfall zerstört, als der Kompressor kurz nach dem Start auseinanderbrach. Die dritte Maschine wurde 82mal geflogen, zuletzt am 10. Juni 1953, und profitierte während dieses Programms von Ersatzteilen und Komponenten des ersten Prototyps.

### Technische Daten

**Typ:** einsitziges Forschungsflugzeug mit Strahltriebwerk.
**Triebwerk:** ein Allison J35-A-11 Strahltriebwerk mit 2.268 kp Schub.
**Leistung:** Höchstgeschwindigkeit in Meereshöhe 1.048 km/h.
**Gewicht:** maximales Startgewicht 4.584 kg.
**Abmessungen:** Spannweite 7,62 m; Länge 10,88 m; Höhe 3,70 m; Tragflügelfläche 14,00 m².

# Douglas D-558-2 Skyrocket

### Entwicklungsgeschichte

Um die Möglichkeiten des D-558-1 Skystreak-Programms zu übertreffen, war zunächst geplant, das Triebwerk zu ändern und dabei das Strahltriebwerk durch ein kleineres Aggregat sowie einen Raketenmotor zu ersetzen. Bevor diese Stufe jedoch erreicht wurde, entschied man sich außerdem dafür, gepfeilte Flügel zu erproben, was zu Heinemanns neuem Forschungsflugzeug, der **Douglas D-558-2 Skyrocket** führte.

Um das Mischtriebwerk unterzubringen, wurde ein Rumpf mit großem Durchmesser konstruiert, der den abwerfbaren Bug und das Bugradfahrwerk der Skystreak beibehielt. Um 35° gepfeilte, in der Mitte angesetzte Flügel und das gepfeilte Höhen- und Seitenleitwerk ersetzten die konventionelleren Flächen des vorhergehenden Flugzeugs. Nachdem sowohl die US Navy als auch NACA die Konstruktion bewertet hatten, wurden drei dieser Maschinen bestellt, und die erste wurde am 4. Februar 1948 geflogen. Im Rahmen eines äußerst erfolgreichen Forschungsprogramms erreichte im August 1951 eine dieser Maschinen, nachdem sie von einem Boeing P2B-1S-Trägerflugzeug aus gestartet war, eine Geschwindigkeit von 1.992 km/h mit dem Raketenmotor als alleinigem Antrieb. Einige Tage später erzielte dasselbe Flugzeug eine Flughöhe von 24.230 m, also etwas über 24 km. Dieser Wert wurde am 31. August 1953 mit einer Höhe von 25.370 m übertroffen, und nur knapp drei Monate später wurde am 20. November eine Geschwindigkeit von Mach 2,05 verzeichnet, wodurch die Skyrocket zum ersten pilotengesteuerten Flugzeug der Welt wurde, das mit doppelter Schallgeschwindigkeit flog. Das Skyrocket-Programm lief im Juni 1953 aus.

### Varianten

**D-558-3:** vom Konstrukteur und Aerodynamiker Kermit E. Van Every entwickeltes Überschall-Projekt mit sehr dünnen, geraden Flügeln und Raketenmotor als einzigem Antrieb; die erwartete Maximalleistung war eine Geschwindigkeit von 9.735 km/h bzw. Mach 9 und eine absolute Flughöhe von 228.600 m, also 228,6 km; dieses anspruchsvolle Projekt wurde jedoch zugunsten der von den verschiedenen Behörden unterstützten North American X-15 eingestellt.

British Aerospace

**Das ursprüngliche, vollintegrierte Kabinendach der Douglas D-558-2 Skyrocket bot dem Piloten einen völlig unzureichenden Blick und wurde bald durch diese konventionellere Abdeckung ersetzt. Die geringe Tragflügelfläche und das sehr beachtliche Startgewicht machten die Skyrocket beim Start sehr schwerfällig, und dieses Problem konnte zum Teil nur durch die Montage von RATO-Einheiten an den Seiten des Rumpfes beseitigt werden.**

### Technische Daten

**Typ:** Forschungsflugzeug mit gepfeilten Flügeln.
**Triebwerk:** ein Westinghouse J34-WE-22 Strahltriebwerk mit 1.361 kp Schub sowie ein Reaction Motors XLR-8 Raketenmotor mit 2.722 kp Schub.
**Leistung:** Höchstgeschwindigkeit (nur Strahltriebwerk) 941 km/h in 6.095 m Höhe bzw. (Mischtriebwerk, konventioneller Start) 1.159 km/h in 12.190 m Höhe bzw. (nur Raketenantrieb, fliegender Start) 2.012 km/h in 20.575 m Höhe.
**Gewicht:** max. Startgewicht (nur Strahltriebwerk) 4.795 kg bzw. (Mischtriebwerk) 6.925 kg bzw. (nur Raketenantrieb) 7.171 kg.
**Abmessungen:** Spannweite 7,62 m; Länge 13,79 m; Höhe 3,51 m; Tragflügelfläche 16,26 m².

# Douglas DC-1/DC-2

### Entwicklungsgeschichte

Als die TWA, die dringend ihre Fokker-Linienmaschinen ersetzen mußte, merkte, daß sie erst nach der United Air Lines die Boeing Model 247 erhalten kann, erstellte die Fluglinie eine Spezifikation (für eine dreimotorige Ganzmetall-Linienmaschine mit Sitzplätzen für mindestens zwölf Passagiere), die sie der US-Industrie am 2. August 1932 bekanntgab.

Donald W. Douglas reagierte innerhalb von 14 Tagen auf diese Spezifikation, und der Vertrag wurde am 20. September unterzeichnet, nachdem Douglas den technischen Berater der TWA, Charles Lindbergh, davon überzeugt hatte, daß die gewünschte Leistung von zwei Motoren sicher erbracht werden konnte. Der Prototyp, der die Bezeichnung **Douglas DC-1** (Douglas Commercial) trug, rollte am 22. Juni 1933 aus der Halle und absolvierte, mit zwei Wright R-1820 Cyclone als Triebwerk, am 1. Juli seinen Jungfernflug.

Trotz anfänglicher Vergaserprobleme wurde das Testprogramm erfolgreich abgeschlossen, und das Flugzeug wurde TWA im Dezember am Los Angeles Municipal Airport übergeben. Die DC-1 ging jedoch nie in den Liniendienst und wurde statt dessen von TWA für Werbezwecke eingesetzt. Dazu gehörte in der Nacht vom 18. auf den 19. Februar 1934 ein

**Douglas DC-2 der KLM (zuvor als PH-ALE zugelassen und 'Edenvalk' genannt), während des größten Teils des Zweiten Weltkriegs in Whitchurch bei Bristol stationiert**

Herman Potgieter

**Die R2D-1 war das US Navy-Gegenstück zur Douglas DC-2 Linienmaschine und als Mannschaftstransporter ausgelegt. Insgesamt kaufte die US Navy fünf Maschinen, die alle von R-1820-12 Sternmotoren angetrieben wurden.**

Rekordflug von Küste zu Küste, der 13 Stunden und 4 Minuten dauerte. TWA unterzeichnete einen Anfangsvertrag über 25 Serienmaschinen, die sich von der DC-1 dadurch unterschieden, daß sie stärkere Motoren und einen um 0,61 m verlängerten Rumpf hatten, in dem 14 Passagiere Platz fanden. Diese strukturellen Änderungen führten zu der Umbenennung in **DC-2,** und bald übernahmen auch andere amerikanische Fluggesellschaften, darunter American Airlines, Eastern Air Lines, General Air Lines, Panagra und Pan American, diesen Typ.

Zu den europäischen Gesellschaften, die ebenfalls die DC-2 flogen, gehörten KLM, Lineas Aéreas Postales Espanolas (LAPE) und Swissair. Das berühmteste dieser Flugzeuge war die Uiver (PH-AJU) der KLM, die, mit K.D. Parmentier und J.J. Moll am Steuer, 1934 Sieger der Transportmaschinen-Sparte des 'MacRobertson'-Flugrennens von England nach Australien wurde. Ihre Flugzeit von 90 Stunden, 13 Minuten und 36 Sekunden wurde dabei nur von der Siegermaschine de Havilland D.H.88 Comet übertroffen, die, ohne Nutzlast, von C.W.A. Scott und T. Campbell Black geflogen wurde.

Ein derartiges Leistungspotential sorgte auch für militärisches Interesse, allen voran die US Navy mit einer einzelnen **R2D** Transportmaschine im Jahre 1934, der später vier des Modells **R2D-1** folgten. Das US Army Air Corps eröffnete seine Käufe im Finanzjahr 1936 mit dem Erwerb einer 16-sitzigen DC-2, die als **XC-32** erprobt wurde, was zu Aufträgen über zwei äußerlich ähnliche **YC-34** (später **C-34**) Passagiermaschinen und 18 Frachtmaschinen mit der Bezeichnung **C-33** führte. Die Frachtmaschinen hatten größere Höhenleitwerksflächen und eine Frachtluke.

1937 erhielt eine C-33 ein DC-3-Leitwerk und die neue Bezeichnung **C-33A** (später **C-38**); aus ihr wurde die **C-39** entwickelt, die weitere DC-3 Elemente enthielt, darunter der Flügel-Mittelteil, das Fahrwerk und die 975 PS (727 kW) R-1820-55 Motoren. 1939 gingen bei den Transportgruppen der US Army 35 Maschinen in Dienst.

Die vierte und fünfte C-39 wurden noch auf der Fertigungsstraße auf den **C-41** bzw. **C-42** Standard umgerüstet. Die erste Maschine erhielt 1.200 PS (895 kW) Pratt & Whitney R-1830-21 Twin Wasp und die Freigabe für ein Fluggewicht von 11.340 kg als Maschine für den Kommandeur der USAAC, während die zweite mit ähnlich starken Wright R-1820-53 Cyclone für 10.716 kg freigegeben und zur Maschine des kommandierenden Generals beim Air Force GHQ wurde. Zwei weitere C-39 wurden später als C-42 umgerüstet.

Die DC-2 wurde im Militäreinsatz in den ersten Jahren des Zweiten Weltkriegs umfassend verwendet, und Maschinen dieses Typs flogen im Dezember 1941 die US-Überlebenden von den Philippinen nach Australien.

Eine Reihe von DC-2, die von der RAF für den Kriegseinsatz erworben wurden, fanden bei der No. 31 Squadron in Indien Verwendung. Insgesamt wurden von der DC-2 193 Maschinen gebaut.

## Varianten

**DC-2A:** Bezeichnung für zwei Zivilmaschinen mit Pratt & Whitney Hornet-Motoren.

**DC-2B:** Bezeichnung für zwei Flugzeuge, die von der polnischen Fluglinie LOT gekauft wurden und die von 750 PS (559 kW) Bristol Pegasus VI Sternmotoren angetrieben wurden.

**C-32A:** Militärbezeichnung für 24 zivile DC-2, die 1942 von der USAAF konfisziert wurden.

## Technische Daten

**Douglas DC-2**

**Typ:** Zivil-Transportmaschine für 14 Passagiere.

**Triebwerk:** zwei 875 PS (652 kW) Wright SGR-1820-F52 Cyclone Sternmotoren.

**Leistung:** Höchstgeschwindigkeit 338 km/h in 2.440 m Höhe; Reisegeschwindigkeit 306 km/h in 2.440 m Höhe; Dienstgipfelhöhe 6.845 m; Reichweite 1.609 km.

**Gewicht:** Leergewicht 5.628 kg; max. Startgewicht 8.419 kg.

**Abmessungen:** Spannweite 25,91 m; Länge 18,89 m; Höhe 4,97 m; Tragflügelfläche 87,23 m².

Bob Munro

**Die Douglas DC-2-112 'City of Santa Monica' in der TWA 'Skyliner'-Lackierung.**

McDonnell Douglas

**Die Douglas DC-1 (oben) wurde speziell nach den Wünschen von TWA gebaut, flog jedoch nie im Linienverkehr; nur zu Werbezwecken wurde sie ab und zu eingesetzt. TWA bestand auf gewissen Änderungen, die schließlich zur DC-2 (unten) führten, in der zwei Passagiere mehr Platz fanden.**

McDonnell Douglas

# Douglas DC-3/C-47

## Entwicklungsgeschichte

Die **Douglas DC-3** feierte 1986 ihr 50jähriges Dienstjubiläum. In all diesen Jahren ist dieser 'Klassiker' unter den Flugzeugen permanent im Einsatz gewesen, vor allem als Passagier- und Frachtflugzeug, aber auch als Militärmaschine. Nur wenige Beteiligte werden in der Lage gewesen sein, das lange Lebenspotential dieser Konstruktion vorauszuahnen, als die Douglas Company 1934 von American Airlines aufgefordert wurde, eine größere Version der DC-2 zu entwickeln, um damit auf den transkontinentalen US-Strecken eine Maschine mit Liegeplätzen anzubieten.

Mike Hooks

**Seit mittlerweile über 50 Jahren befindet sich die Douglas DC-3 weltweit im Einsatz bei Linien- und Chartergesellschaften, daneben wird sie zu zahllosen Spezialaufgaben verwendet.**

Dies führte zur **Douglas DST** (Douglas Sleeper Transport) mit 16 Schlafkojen, die am 17. Dezember 1935 zum ersten Mal geflogen wurde. Mehr Erfolg hatte jedoch die 24sitzige Tagesversion dieser Linienmaschine mit der Bezeichnung DC-3. Bevor die USA in den Zweiten Weltkrieg eintraten, hatte sich die DC-3 bereits eine dominierende Position bei den nationalen Fluglinien erobert, und die robuste Zuverlässigkeit dieses Typs sprach auch die militärischen Planer an, sobald sich herausstellte, daß Transportmaschinen in großen Stückzahlen benötigt werden würden.

Bis Kriegsende waren 10.692 dieser Maschinen in den USA gebaut worden, und weitere rund 2.000 Maschinen wurden unter Lizenz in der UdSSR gefertigt, wo sie die Bezeichnung Lisunow Li-2 trugen. Die robuste Konstruktion der DC-3 bedeutete auch, daß sehr viele Maschinen dieses Typs den Krieg überlebten und somit als Kriegs-Überschußmaterial auf den Markt kamen und in aller Welt reißenden Absatz fanden. Im Einsatz als Passagier- und Mehrzweckflugzeuge spielten die DC-3 eine bedeutende Rolle bei der Gründung vieler neuer Fluglinien und Flugdienste.

Die DC-3 ist ein selbsttragender Tiefdecker und abgesehen von den stoffbespannten Steuerflächen ganz aus Metall gefertigt. Eine besondere Eigenschaft der Tragfläche ist die Mehrholm-Konstruktion, die von der DC-1 abgeleitet wurde und die bei der langen Einsatzdauer dieses Flugzeugs eine wichtige Rolle spielte. Der Ganzmetallrumpf hat einen fast kreisrunden Querschnitt, und das einziehbare Fahrwerk besitzt ein um 360° drehbares Heckrad. Das selbsttragende Leitwerk ist komplett aus Metall gebaut.

Die Zivilversionen der DC-3, die vor dem Zweiten Weltkrieg an US-Fluglinien geliefert wurden, hatten eine überaus wichtige Funktion bei der Entwicklung zuverlässiger nationaler Flugverbindungen. Aufzeichnungen besagen, daß die von Passagieren zurückgelegte Entfernung innerhalb der USA im Zeitraum 1936-41 um fast 600 Prozent zunahm, was weitgehend der DC-3 zu verdanken war, die das wichtigste Flugzeug der meisten damaligen US-Fluggesellschaften war und deren Sicherheit schon fast legendären Ruf genoß. Die Zivilmodelle wurden (einschließlich der DST) in fünf Serien gebaut, und als Standard-Triebwerk diente entweder der Wright SGR-1820 oder der Pratt & Whitney Twin Wasp Motor mit Leistungswerten zwischen 1.000 und 1.200 PS (746 und 895 kW) für verschiedene maximale Startgewichte.

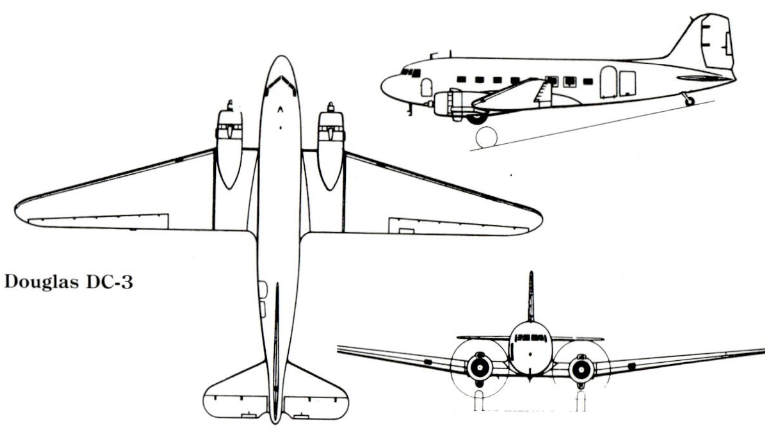

**Douglas DC-3**

Die Fähigkeiten verschiedener DC-2-Ableitungen hatten die US Army von ihrer ausgezeichneten Konstruktion und Bauweise überzeugt, und eine Studie der DC-3 ermöglichte es der US Army, Douglas die Änderungen zu umreißen, die erforderlich waren, um die DC-3 als Militärtransporter zu verwenden. Hierzu gehörten stärkere Motoren, ein verstärkter rückwärtiger Rumpf und Kabinenboden sowie die Montage großer Ladeluken. Die Fluglinien-Innenausstattung verschwand und wurde durch Mehrzweck-Sitze an den Kabinenwänden ersetzt. Das Triebwerk der ersten Serienversion bestand aus zwei 1.200 PS (895 kW) Pratt & Whitney R-1830-92 Sternmotoren. Diese Maschinen, die 1940 in großen Stückzahlen bestellt wurden, erhielten die Bezeichnung **C-47**, den Namen **Skytrain** und wurden zu den Vorfahren einer riesigen, vielseitigen Militärmaschinen-Baureihe.

Die C-47 bewährten sich sehr als Lastensegler-Schleppflugzeuge und wurden bei Kampfhandlungen in Sizilien, Burma und in der Normandie eingesetzt. Viele der im Mietpachtverfahren an Großbritannien gelieferten Maschinen waren an der Invasion in der Normandie beteiligt und trugen im britischen Dienst den Namen **Dakota**. C-47 waren auch Teil der Berliner Luftbrücke, kämpften im Koreakrieg und wurden unter der Bezeichnung **AC-47D** als gutbewaffnete Kampfmaschinen in Vietnam eingesetzt.

Auch die US Navy und das US Marine Corps verwendeten diese Maschine unter verschiedenen Bezeichnungen, die ursprüngliche und grundlegende Bezeichnung war jedoch **R4D**: 1962 erhielten die Maschinen, die noch im Dienst waren, die bei allen drei Waffengattungen einheitliche Bezeichnung C-47. Genau wie die US Army verwendeten auch die USN und das USMC die R4D zunächst hauptsächlich zum Personal- und Frachttransport. Später umfaßte das Verwendungsgebiet jedoch auch Radar-Störmaßnahmen, Seekriegsführung und, mit Skiern ausgerüstet, Antarktiseinsätze.

Während des gesamten Produktionszeitraums gab es nur wenige wichtige Änderungen in der Flugwerkkonstruktion. Anders war dies jedoch bei den Triebwerken, denn immer dann, wenn verbesserte bzw. stärkere Motoren verfügbar waren, wurden sie eingebaut, um die Leistung oder die Tragfähigkeit zu verbessern. Die Herstellerlisten zeigen 13 Varianten des Wright SGR-1820 Cyclone mit Werten von 920 bis 1.200 PS (686 bis 895 kW). Es gab außerdem auch elf zivile und militärische Pratt & Whitney Twin Wasp Motoren, die in Maschinen der Vorkriegs- und Kriegszeit eingebaut wurden und die Werte von 1.050 bis 1.200 PS (783 bis 895 kW) aufwiesen.

Als diese DC-3/C-47 Varianten nach dem Krieg auf den Markt kamen, waren die geeigneten Maschinen zur Aufnahme von den ersten Passagier- und Frachtverbindungen so rar, daß viele ohne jede Änderung der militärischen Einrichtung geflogen wurden. Die Mehrzahl wurde jedoch umgebaut und erhielt Inneneinrichtungen und Geräte von annehmbarem Standard. Einige Exemplare wurden mit Geschäfts- und VIP-

**Die Douglas DC-3/C-47 war wohl das bedeutendste Flugzeug aller Zeiten. Hier abgebildet ist die von Douglas gebaute C-47B Skytrain der US Army Air Force.**

McDonnell Douglas

Inneneinrichtung ausgestattet.

Der fortgesetzte Einsatz sowie die Beliebtheit der DC-3 und ihrer Weiterentwicklungen ermutigten Douglas zur Entwicklung eines geeigneten Nachfolgemodells. Um Zeit und Geld zu sparen, entschied man sich für die Modernisierung vorhandener Flugzeuge, und es wurden zwei gebrauchte DC-3 für diesen Zweck angeschafft. Sie erhielten einen verlängerten und verstärkten Rumpf für 30 Sitzplätze, zusätzliche Fenster und eine Kabinentür mit Einstiegstreppe. Die Flügeloberflächen wurden zur Verbesserung der Flugeigenschaften und der Stabilität etwas verändert, und die einziehbaren Haupt-Fahrwerkseinheiten erhielten sauber konstruierte Vollverkleidungen. Das Triebwerk des ersten Prototyps bestand aus zwei 1.475 PS (1.100 kW) Wright R-1820-C9HE Cyclone, und der zweite hatte zwei 1.450 PS (1.081 kW) Pratt & Whitney R-2000-D7 Sternmotoren.

Unter der Bezeichnung **DC-35** oder **Super DC-3** flogen diese überarbeiteten Flugzeuge erstmals am 23. Juni 1949. Die Tests brachten hervorragende Ergebnisse und eine gegenüber dem DC-3 Grundmodell wesentlich verbesserte Leistung. Es war jedoch zu spät, denn schnellere und bequemere Flugzeuge waren bereits im Dienst oder standen kurz vor der Indienststellung, und die Rechnung des Unternehmens ging nicht auf. 1985 waren noch über 300 der DC-3/C-47 Maschinen bei verschiedenen Fluglinien im Dienst.

## Varianten

**Douglas DST:** Originalmodell mit Platz für 28 Tages- bzw. 14 Nachtpassagiere und Wright Cyclone Sternmotoren als Triebwerk (21 gebaut).
**Douglas DST-A:** der DST ähnlich, jedoch mit Pratt & Whitney Twin Wasp Sternmotoren (19 gebaut).
**Douglas DC-3:** Tages-Passagierflugzeug-Grundmodell für 21 bis 28 Passagiere; mit Cyclone Sternmotoren (266 gebaut).
**Douglas DC-3A:** Tages-Passagierflugzeug-Grundmodell, das der DC-3 glich, jetzt aber von Twin Wasp Sternmotoren angetrieben wurde (114 gebaut).
**Douglas DC-3B:** umrüstbare Version mit Sitzen/Kojen in der vorderen Kabine und Sitzen in der hinteren Kabine – für 28 Tages- und weniger Nachtpassagiere; erkennbar an kleinen Zusatzfenstern über dem ersten und dritten Hauptfenster an beiden Seiten (10 gebaut).
**C-41A:** erste Militärversion und im Grunde eine Version der DC-3A mit Militärinstrumenten, drehbaren Sitzen und R-1830-21 Twin Wasp Sternmotoren, die als Kommandeurstransporter diente (1 gebaut).
**C-47:** erste Militär-Serienversion mit um 15,2 cm größerer Spannweite, überarbeiteten Treibstofftanks, R-1830-92 Sternmotoren, kleiner Astrokuppel und einer Ladekapazität von 2.722 kg Fracht, 28 Fallschirmjägern oder 14 Verletzten und drei Betreuern (965 gebaut).
**C-47A:** verbesserte C-47 mit 24 V anstelle der 12 V-Elektroanlage (5.253 gebaut – 2.954 in Long Beach und 2.299 in Oklahoma City).
**RC-47A:** Nachkriegsumbau, der in Korea für begrenzte Aufklärungseinsätze und zum Abwurf von Leuchtbomben als Unterstützung taktischer Kampfflugzeuge verwendet wurde.
**SC-47A:** Nachkriegs-Such- und Rettungsvariante, die 1962 in **HC-47A** umbenannt wurde.
**VC-47A:** Nachkriegsumbau in Mannschaftstransporter mit konventionellen Sitzen.
**C-47B:** Version, die fur den Einsatz zwischen Indien und China entwickelt wurde; mit besserer Heizung und R-1830-90C Sternmotoren mit Zweistufengebläse; der Typ erwies sich nur als bedingt erfolgreich und viele Exemplare wurden später auf C-47D Standard umgerüstet (3.232 gebaut – 300 in Long Beach und 2.932 in Oklahoma City).
**TC-47B:** Spezial-Navigations-Schulflugzeug (133 in Oklahoma City gebaut).
**VC-47B:** C-47B Umbauten als Mannschaftstransporter.
**XV-47C:** Experimentalmodell, das auf Edo Model 78 Amphibienschwimmern montiert war, die je ca. 1.136 Liter Treibstoff aufnehmen konnten; die Produktion wurde nicht aufgenommen, es wurden jedoch 15 Schwimmersätze zur Montage bei der Truppe ausgeliefert (1 gebaut).
**C-47D:** Bezeichnung der C-47B nach dem Ausbau des stärkeren Gebläses.
**AC-47D:** Bezeichnung von 26 Kalibrierungsmaschinen, die vom Militäry Air Transport Service von 1953 bis 1962 geflogen und dann in **EC-47D** umbenannt wurden.
**AC-47D:** Bezeichnung aus dem Jahre 1965 für Kampfflugzeug-Umbauten mit drei 7,62 mm General Electric Minigun-MG, die aus dem dritten und fünften Fenster sowie aus der offenen Tür an der linken Rumpfseite feuerten.
**RC-47D:** Aufklärungsversion.
**SC-47D:** Such- und Rettungsversion, 1962 umbenannt in **HC-47D**.
**TC-47D:** Schulflugzeug-Umbau.
**VC-47D:** Mannschaftstransport-Umbau.
**C-47E:** ursprünglich als Bezeichnung für die C-47 vorgesehen, die modernisiert und mit 1.475 PS (1.100 kW) Wright R-1820-80 Sternmotoren ausgerüstet waren, dann jedoch für acht Flugzeuge verwendet, die mit 1.290 PS (962 kW) Pratt & Whitney R-2000-4 Sternmotoren von Pan American für die USAAF als Kalibrierungsmaschinen umgebaut wurden.
**YC-47F:** eine einzelne Super DC-3, die, zunächst unter der Bezeichnung **YC-129**, von der USAF bewertet wurde.
**C-47M:** Bezeichnung von C-47H und C-47J Maschinen, die für den Vietnamkrieg mit Spezialelektronik ausgestattet wurden.
**EC-47N:** Version der C-47A, die speziell zur Elektronikaufklärung in Vietnam ausgestattet wurde.
**EC-47P:** Version der C-47D,die speziell zur Elektronikaufklärung in Vietnam ausgestattet wurde.
**EC-47Q:** Version mit R-2000-4 Motoren, die speziell zur Elektronikaufklärung in Vietnam ausgestattet wurde.
**C-48:** eine DC-3A, die während ihrer Montage von United Air Lines übernommen wurde.
**C-48A:** drei DC-3A, die während ihrer Montage übernommen wurden.
**C-48B:** 16 requirierte Flugzeuge.
**C-48C:** sieben DC-3A, die während ihrer Montage von Pan American übernommen wurden, und neun requirierte Flugzeuge.
**C-49:** sechs DC-3, die während ihrer Montage von TWA übernommen wurden.
**C-49A:** eine DC-3, die während ihrer Montage von Delta übernommen wurde.
**C-49A:** drei DC-3, die während ihrer Montage von Eastern übernommen wurden.
**C-49C:** zwei DC-3, die während ihrer Montage von Delta übernommen wurden.
**C-49D:** sechs DC-3, die während ihrer Montage von Eastern übernommen wurden und fünf requirierte Flugzeuge.
**C-49E:** 22 requirierte Flugzeuge.
**C-49F:** neun requirierte Flugzeuge.
**C-49G:** acht requirierte Flugzeuge.
**C-49H:** 19 requirierte Flugzeuge.
**C-49J:** 34 DC-3, die während ihrer Montage übernommen wurden.
**C-49K:** 23 DC-3, die während ihrer Montage übernommen wurden.
**C-50:** vier DC-3, die während ihrer Montage von American übernommen wurden.
**C-50A:** zwei DC-3, die während ihrer Montage von American übernommen wurden.
**C-50B:** drei DC-3, die während ihrer Montage von Braniff übernommen wurden.
**C-50C:** eine DC-3, die während ihrer Montage von Penn Central übernommen wurde.
**C-50D:** vier DC-3, die während ihrer Montage von Penn Central übernommen wurden.
**C-51:** eine DC-3, die während ihrer Montage von Canadian Colonial übernommen wurde.
**C-52:** eine DC-3, die während ihrer Montage von United übernommen wurde.
**C-52A:** eine DC-3A, die während ihrer Montage von Western übernommen wurde.
**C-52B:** zwei DC-3A, die während ihrer Montage von United übernommen wurden.
**C-52C:** eine DC-3A, die während ihrer Montage von Eastern übernommen wurde.
**C-52D:** ein requiriertes Flugzeug.
**C-53 Skytrooper:** eine speziell für den Transport von 28 Soldaten ausgelegte Version, mit Lastensegler-Schlepphaken, ohne Frachtluke und mit R-1830-92 Sternmotoren als Triebwerk (221 in Santa Monica gebaut).
**XC-53A:** C-53, mit Schlitzklappen über die gesamte Spannweite und Warmluft-Enteisung anstelle der pneumatischen Enteisung.
**C-53B:** acht C-53, die 1942 mit Winterausstattung und Zusatztanks für den Arktiseinsatz umgebaut wurden.
**C-53C:** 17 von Fluglinien bestellte Maschinen, die während ihrer Montage requiriert wurden.
**C-53D:** mit der C-53 identisch, lediglich die Sitze waren längs statt in

**Die zivile DC-3 war eine der besten Flugzeugkonstruktionen der Welt und eroberte den kommerziellen Flugzeugmarkt. Sie war zuverlässig, wirtschaftlich und hatte eine ausgezeichnete strukturelle Haltbarkeit, weshalb sie seit über 50 Jahren im vielfältigen Einsatz ist.**

**Die Seriennummer 12443 macht diese Maschine als eine Douglas R4D-5 der US Navy kenntlich, die für die Transport Squadron VT-29 flog. Das Flugzeug wurde als C-47A für die USAAF gebaut, gehörte jedoch zu einer Gruppe von 238 solcher Maschinen, die an die US Navy übergeben wurden.**

US Navy

Reihen quer zur Flugrichtung angeordnet (159 in Santa Monica gebaut).
**C-68:** zwei requirierte DC-3A.
**C-84:** vier requirierte Flugzeuge.
**C-117A:** Mannschaftstransporter mit 21 Sitzen, die im allgemeinen der C-47B glichen (17 in Oklahoma City gebaut).
**C-117B:** 11 C-117A Maschinen, die durch den Ausbau des Hochdruckgebläses aus ihren R-1830-90C Sternmotoren modifiziert wurden.
**C-117C:** Bezeichnung von VC-47 Modellen, die auf C-117B Standard aufgewertet wurden.
**C-117D:** ab 1962 die Bezeichnung für R4D-8 Maschinen.
**XCG-17:** Experimentalumbau als mit Soldaten besetzter Lastensegler, indem bei einer C-47 die Motoren ausgebaut und die Gondeln verkleidet wurden; überraschenderweise zeigte die XCG-17 hervorragende Segelflugeigenschaften; bis jedoch die Tests 1944 abgeschlossen waren, bestand nach Ansicht der USAAF nur noch ein begrenzter Bedarf an Seglern und es schloß sich deshalb keine Serie an.
**R4D-1:** erste Frachtversion für die US Navy, abgesehen von den verwendeten Marine-Instrumenten im allgemeinen der C-47 ähnlich (100 in Long Beach gebaut).
**R4D-2:** zwei DC-3, die während ihrer Montage von Eastern übernommen wurden und die die US Navy als Mannschaftstransporter einsetzte; die Maschinen erhielten später die Bezeichnung **R4D-2F** und **R4D-2Z.**
**R4D-3:** 20 C-53 Mannschaftstransporter, die von der USAF abgestellt wurden.
**R4D-4:** 10 DC-3, die noch während ihrer Montage von Pan American übernommen und bei der US Navy als Mannschaftstransporter verwendet wurden; einige davon wurden später unter der Bezeichnung R4D-4Q für elektronische Gegenmaßnahmen umgerüstet.
**R4D-5:** 238 C-47A, die die US Navy aus USAAF-Aufträgen erhielt; 1962 wurden die noch existierenden Maschinen in **C-47H** umbenannt.
**R4D-5E:** R4D-5 Maschinen, die für Elektronik-Spezialeinsätze umgerüstet wurden.
**R4D-5L:** R4D-5 Maschinen, die für den Einsatz in der Arktis und Antarktis umgerüstet wurden; später als **LC-47H** bezeichnet.
**R4D-5Q:** R4D-5 Maschinen, die für Radar-Störmaßnahmen umgerüstet wurden; spätere Bezeichnung **EC-47H.**
**R4D-5R:** R4D-5 Maschinen, die als Mannschaftstransporter umgerüstet wurden; spätere Bezeichnung **TC-47H.**
**R4D-5S:** R4D-5 Maschinen, die zur Luft-/Seekampfschulung umgerüstet wurden; spätere Bezeichnung **SC-47H.**
**R4D-5T:** R4D-5 Maschinen, die zur Navigationsschulung umgerüstet wurden.
**R4D-5Z:** R4D-5 Maschinen, die als Mannschaftstransporter umgerüstet wurden; spätere Bezeichnung **VC-47H.**
**R4D-6:** 150 C-47B Maschinen, die die US Navy aus USAAF Aufträgen erhielt; 1962 wurden die restlichen Maschinen in **C-47J** umbenannt; die Versionen, die verschiedenen R4D-5 Varianten entsprachen, trugen als Bezeichnung: **R4D-6E, R4D-6L (LC-47J), R4D-6Q (EC47J) R4D-6R (TC-47J) R4D-6S (SC-47J) R4D-6T** und **R4D-6Z (VC-47J).**
**R4D-7:** 47 TC-47B Maschinen, die die US Navy aus USAAF Aufträgen erhielt; 1962 wurden die Maschinen in **TC-47K** umbenannt.
**Dakota Mk I:** RAF Gegenstück zur C-47 (52 Flugzeuge in Mietpacht geliefert und eine aus Ersatzteilen gebaut).
**Dakota Mk II:** RAF Gegenstück zur C-53 (neun Maschinen in Mietpacht geliefert).
**Dakota Mk III:** RAF Gegenstück zur C-47A (12 von der USAAF und 950 in Mietpacht geliefert).
**Dakota Mk IV:** RAF Gegenstück zur C-47B (896 in Mietpacht geliefert).
**Lisunow Li-2:** russischer Lizenzbau, ursprünglich als die erste **PS-84** Version von 900 PS (671 kW) Schwetsow M-62 Sternmotoren angetrieben, später jedoch mit aufgewerteten Schwetsow ASh-62 Sternmotoren ausgerüstet; die Serie umfaßte eine Reihe von Varianten, von denen ein Teil mit MG bewaffnet war; von den Varianten sind der **Li-2G** Frachter, der **Li-2P** Mannschaftstransporter, die **Li-2PG** Mehrzweckversion und das **Li-2V** Höhenflugmodell am besten bekannt (2.000 oder mehr in Rußland gebaut, ergänzt durch 707 Maschinen in Mietpacht).
**Showa L2D:** 1938 erwarb Mitsui neben einer Lizenz zum Bau der DC-3 in Japan und Manchukuo (Mandschurei) 13 DC-3 und sieben DC-3A; Mitsui gab den Fertigungsauftrag der DC-3 an Showa weiter, wo 414 L2D-Transportmaschinen für die Kaiserliche Japanische Marine gebaut wurden – **L2D2** Mannschaftstransporter mit 1.000 PS (746 kW) Kinsei 43 Sternmotoren, **L2D3** Mannschaftstransporter mit 1.300 PS (970 kW) Kinsei 51, **L2D3a** Mannschaftstransporter mit 1.300 PS (970 kW) Kinsei 53, **L2D3-1** Frachter mit Kinsei 51, **L2D3-1a** Frachter mit Kinsei 53, **L2D4** Mannschaftstransporter mit einem 13,2 mm Maschinengewehr und Kinsei 51 als Triebwerk, **L2D4-1** Frachtversionen der L2D4 und L2D5 Mannschaftstransporter, die auf der L2D4 beruhten, jedoch teilweise aus Holz und Stahl gebaut und mit 1.560 PS (1.164 kW) Kinsei 62 motorisiert waren; Nakajima baute weitere 71 L2D2.
**Super DC-3 (DC-35):** verbesserte Nachkriegsversion, die ursprünglich als **DC-3S** bekannt war (2 gebaut).
**R4D-8X:** Bezeichnung der US Navy für den Prototypen YC-129/YC-47F, als dieser für den Marineeinsatz bewertet wurde.
**R4D-8:** Bezeichnung für 100 Maschinen der US Navy, die vom R4D-5, R4D-6 und R4D-7 auf Super DC-3 Standard umgerüstet wurden; einige Maschinen wurden für Sonderaufgaben auch als **R4D-8T (TC-117D** Schulflugzeuge, **R4D-8Z (VC-117D)** Mannschaftstransporter und **R4D-8L (LC-117D)** winterfeste Transportmaschinen umgebaut; nach 1962 erhielten alle noch existierenden R4D-8 Bezeichnungen der C-117D-Serie.

### Technische Daten

**Douglas C-47** (eine typische Nachkriegs-Umbauversion für den Zivileinsatz).
**Typ:** Kurz-/Mittelstrecken-Transportmaschine.
**Triebwerk:** zwei 1.200 PS (895 kW) Pratt & Whitney R-1830-S1C3G Twin Wasp Sternmotoren.
**Leistung:** Höchstgeschwindigkeit 370 km/h in 2.950 m Höhe; Reisegeschwindigkeit 333 km/h; Dienstgipfelhöhe 7.070 m; Reichweite mit vollen Tanks 3.420 km.
**Gewicht:** Leergewicht 7.650 kg; max. Startgewicht 11.430 kg.
**Abmessungen:** Spannweite 28,96 m; Länge 19,65 m; Höhe 5,17 m; Tragflügelfläche 91,69 m².

# Douglas DC-4/C-54 Skymaster

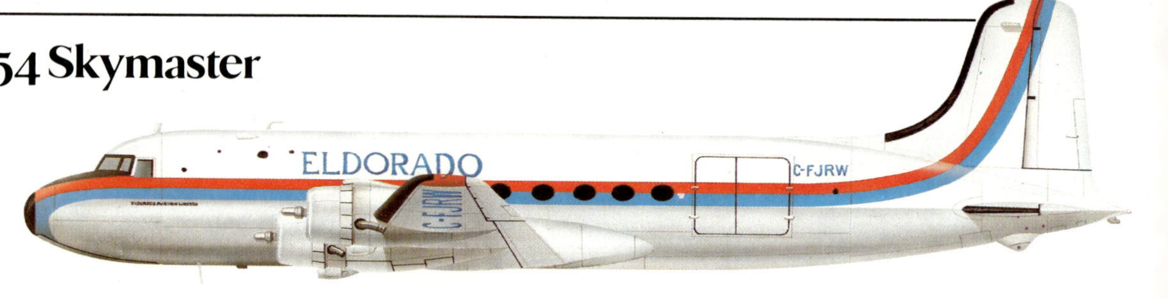

**Douglas DC-4 der Eldorado Aviation (Kanada)**

## Entwicklungsgeschichte

Schon bevor die DC-3 zum ersten Mal flog, hatten United Air Lines (UAL) und Douglas Gespräche über eine fortschrittlichere Linienmaschine mit größerer Kapazität aufgenommen und Anfang 1936 waren vier weitere Fluglinien hinzugekommen, die dabei halfen, den Bau eines Prototypen zu finanzieren. Dies war die DC-4E, ursprünglich mit der Bezeichnung DC-4.

Die neue **Douglas DC-4** des Jahres 1939 war fast eine andere Konstruktion, von erheblich leichterer Bauweise, mit einem Flügel hoher Streckung sowie einem ganz konventionellen einteiligen Leitwerk sowie auch einem einziehbaren Bugradfahrwerk, dessen Haupteinheiten mit Zwillingsrädern ausgestattet waren. Zunächst hatte man sich als Triebwerk für vier Motoren zu je 1.000 PS (746 kW) entschieden; nach der Diskussion mit anderen, interessierten Fluglinien ging der Typ jedoch (ohne den Bau eines Prototypen) mit vier 1.450 PS (1.081 kW) Pratt 8 Whitney R-200-2SD1-G Twin Wasp Sternmotoren in Serie.

Bevor das erste Flugzeug fliegen konnte, wurden die USA in den Zweiten Weltkrieg verwickelt, was bedeutete, daß die auf der Fertigungsstraße befindlichen Flugzeuge unter der Bezeichnung **C-54 Skymaster** für die USAAF fertiggestellt wurden. Der erste Flug mit Militär-Kennung fand am 14. Februar 1942 statt. Dies waren praktisch nur mit Militäranstrich versehene Zivil-Linienmaschinen, es wurden aber bald darauf Produktionsaufträge für Militärversionen erteilt, die für den Transport von Truppen, Fracht und Verletzten verwendet werden konnten. Die erste dieser Maschinen für die USAAF war die **C-54A** mit verstärktem Boden, Frachtluke und Ladeeinrichtungen, der weitere Militärversionen folgten, deren Entwicklung sich nach der maximalen Sitzkapazität (50) im Kurz-/Mittelstreckeneinsatz und einer eingeschränkten Sitzkapazität (20) im Langstreckeneinsatz richtete. Als **R5D** wurde die DC-4 auch in vielen Varianten für die US Navy gebaut, und für beide Waffengattungen betrug die Gesamtproduktion über 1.000 Flugzeuge.

Mit Auslaufen der Militärproduktion baute Douglas 79 zivile DC-4 und diese erwiesen sich neben vielen entmilitarisierten C-54 als wertvolle Flugzeuge auf Passagier- und Fracht-Langstrecken, bis die Linienmaschinen der neuen Generation zur Verfügung standen.

Zu den Spezialversionen der DC-4 gehörten 24 Flugzeuge mit 1.725 PS (1.286 kW) Rolls-Royce Merlin Motoren, die von Canadair Ltd. in Montreal für den Einsatz bei der RCAF entwickelt wurden, die das Flugzeug North Star taufte. Ihr schloß sich die Produktion der DC-4M für zivile Eigner an. Eine weitere Ableitung der DC-4 war die Aviation Traders Carvair. Beide Typen werden ausführlicher unter den Einträgen der jeweiligen Hersteller erläutert.

Das Platzangebot der verschiedenen DC-4 unterschied sich sehr. Die Grundversion hatte vier Besatzungsmitglieder und 44 Passagiere mit viel Raum zwischen den Sitzen, und einige Betreiber brachten bei dichter Sitzanordnung 86 Passagiere unter; die DC-4M trugen bis zu 62 Passagiere in der Economy-Klasse.

Abgesehen von vielen Rekordflügen erinnert man sich in der Geschichte der Luftfahrt an ihren erheblichen Beitrag zur Berliner Luftbrücke in den Jahren 1948/49. Sie verschwanden relativ schnell aus dem Dienst der wichtigen Fluggesellschaften, als fortschrittlichere Flugzeuge zur Verfügung standen. Ende 1987 waren noch 24 der insgesamt 1.242 gebauten Maschinen vom Typ DC-4 und C-54 bei Liniengesellschaften im Einsatz, hauptsächlich in Südamerika.

### Varianten

**C-54:** ursprünglich ein Truppen-Transporter mit 26 Plätzen und vier 1.350 PS (1.007 kW) Pratt & Whitney R-2000-3 Sternmotoren als Triebwerk (24 gebaut).
**C-54A:** reine Militärversion, die mit der Leistung von vier 1.350 PS (1.007 kW) R-2000-7 Sternmotoren 50 Soldaten oder 14.742 kg Fracht tragen konnte (252 gebaut — 97 in Santa Monica und 155 in Chicago).
**C-54B:** der C-54A ähnliche Version, jedoch ohne zwei Zusatztanks in der Kabine zugunsten von Flügel-Integraltanks; die ersten Maschinen hatten R-2000-3 und die späteren R-2000-7 Motoren (220 gebaut — 100 in Santa Monica und 120 in Chicago).
**VC-54C:** eine C-54A, die als persönliche Maschine für Präsident Roosevelt umgebaut und Sacred Cow (Heilige Kuh) getauft wurde.
**C-54D:** wichtigste Skymaster-Serienversion, im Grunde der C-54B ähnlich, jedoch mit vier 1.350 PS (1.007 kW) R-200-11 Sternmotoren (380 in Chicago gebaut).
**AC-54D:** eine kleine Anzahl von C-54D, die zur Überwachung von Flugstrecken mit speziellem Elektronik- und Kommunikationsgerät ausgestattet wurde.
**EC-54D:** 1962er Umbenennung der AC-54D.
**HC-54D:** 1962er Umbenennung der SC-54D.
**JC-54D:** neun C-54D, die für Einsätze beim Auffinden von Raketenspitzen umgebaut wurden.
**SC-54D:** 38 Flugzeuge, die von Convair für den Einsatz beim MATS Air Rescue Service umgebaut und mit besonderen Radar- und Beobachtungskuppeln ausgestattet wurden.
**TC-54D:** C-54D, die als Mehrmotor-Schulflugzeuge umgebaut wurden.
**VC-54D:** C-54D, als Mannschaftstransporter umgebaut.
**C-54E:** Version der C-54D, bei der die hinteren beiden Treibstofftanks in der Kabine durch Falttanks in den inneren Flügeln ersetzt wurden; die Kabine wurde speziell auf rasche Umrüstbarkeit ausgelegt (Passagierversion mit 50 Sitzen, Frachter für 14.742 kg und Mannschaftstransporter mit 44 Sitzen); zu diesem Zeitpunkt war die gesamte Tankkapazität von 13.703 Liter der C-54 bis auf 13.324 Liter bei der C-54E gesunken (125 in Santa Monica gebaut).
**XC-54F:** eine C-54B, die als Experiment und als Prototyp der vorgeschlagenen, auf dem Flugwerk der C-54D beruhenden, **C-54F** diente und mit doppelten Fallschirmjägertüren ausgestattet war.
**C-54G:** Truppentransporterversion, die auf der C-54E beruhte, mit R-2000-9 Sternmotoren (162 in Santa Monica gebaut).
**VC-54G:** als Mannschaftstransporter umgebaute C-54G.
**C-54GM:** Bezeichnung der DC-4-Ableitung, die von Canadair gebaut wurde.
**C-54H:** geplante Fallschirmjägerversion mit vier R-2000-9 Sternmotoren.
**C-54J:** auf der C-54G beruhende, geplante Transporter-Version für Stabsoffiziere, jedoch ohne Frachtraum.

USAF

**Die '0' vor der Seriennummer zeigt, daß es sich hier um ein mehr als zehn Jahre altes Flugzeug handelt. Diese Douglas C-54 wurde speziell für die Suche nach einer am 14. November 1961 im Nordatlantik schwimmenden Mercury-Raumkapsel umgebaut.**

**XC-54K:** eine C-54E, die probeweise mit vier 1.425 PS (1.063 kW) Wright R-1820-HD Cyclone Sternmotoren ausgerüstet wurde.
**C-54L:** eine C-54A mit überarbeitetem Treibstoffsystem.
**C-54M:** Bezeichnung von 38 C-54E, die von aller überflüssigen Ausrüstung befreit wurden und bei der Berliner Luftbrücke als Kohlentransporter dienten; die Nutzlast wurde um 1.134 kg erhöht.
**MC-54M:** Bezeichnung von 30 C-54E, die als Ambulanzflugzeuge Platz für 30 Tragen plus Betreuer hatten und im Koreakrieg verwendet wurden.
**EC-54U:** Bezeichnung ab 1962 für R5D-4, die mit Geräten für elektronische Gegenmaßnahmen zur Bewertung und Schulung ausgerüstet wurden.
**XC-112:** geplante Version mit Druckkabine und vier Pratt & Whitney R-2800-22W Sternmotoren als Triebwerk.
**XC-114:** auf der C-54E basierender Prototyp mit einem um 2,06 m verlängerten Rumpf und vier 1.620 PS (1.209 kW) Allison V-1710-131 V-12 Motoren als Triebwerk.
**XC-115:** vorgeschlagene, auf der XC-114 basierende Version mit vier 1.650 PS (1.231 kW) Packard V-1650-209 V-12 Motoren.
**XC-116:** ein der XC-114 ähnlicher Prototyp, jedoch mit Heizung anstelle der pneumatischen Enteisungsanlage.
**R5D-1:** Bezeichnung von 56 C-54A, die zur US Navy abgestellt wurden.
**R5C-1C:** Bezeichnung von R5D-1, die im Einsatz mit einem Treibstoffsystem umgerüstet wurden, das auf dem der C-54B beruhte.
**R5D-1F:** Truppentransportversion

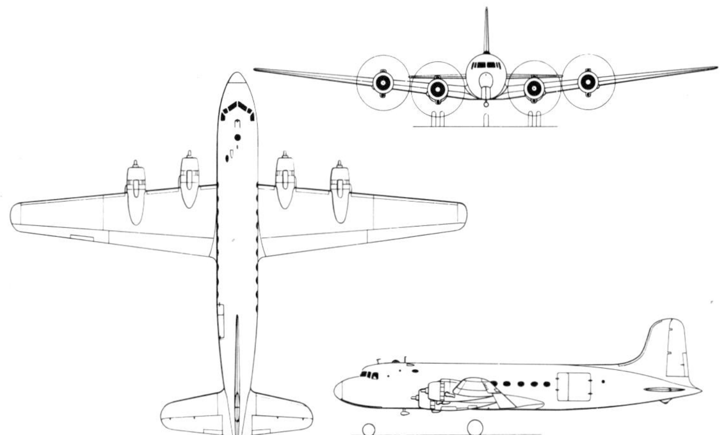
Douglas C-54A/B

der R5D-1, nach 1962 in VC-54N umbenannt.
**R5D-1Z:** Interimbezeichnung für das Modell R5D-1F/VC-54N.
**R5D-2:** Bezeichnung von 30 C-54B, die zur US Navy abgestellt wurden.
**R5D-2F:** Mannschaftstransportversion der R5D-2, nach 1962 umbenannt in VC-54P.
**R5D-2Z:** Interimbezeichnung für das Modell R5D-2F/VC54P.
**R5D-3:** Bezeichnung von 86 C-54D, die zur US Navy abgestellt wurden, nach 1962 bezeichnet als **C-54Q** (Transport-Grundversion), RC-54V (Fotoaufklärerversion) und VC-54Q (Truppentransporter), wobei die letztgenannte Version unter der Interimsbezeichnung **R5D-3Z** im Einsatz war.
**R5D-4:** Bezeichnung von 20 C-54E, die zur US Navy abgestellt wurden.
**R5D-4R:** Personaltransportversion der R5D-4, nach 1962 umbenannt in **C-54R.**
**R5D-5:** Bezeichnung von 13 Marine-Variante der C-54G, die hauptsächlich von der US Coast Guard verwendet wurden und die nach 1962 in **C-54S** umbenannt wurden.
**R5D-5R:** Personaltransportversion der R5D-5, nach 1962 umbenannt in **VC-54T.**
**R5D-5Z:** Transporter-Version für Stabsoffiziere der R5D-5, nach 1962 umbenannt in **VC-54S.**
**R5D-6:** geplantes Modell entsprechend der C-54J.
**DC-4-1009:** Nachkriegs-Zivilmodell, das für Passagiereinsatz mit Platz für maximal 44, später 86 Passagiere ausgelegt wurde.
**DC-4-1037:** ein Nachkriegs-Zivilmodell, das für Frachteinsatz vorgesehen war und deshalb die große Tür der C-54-Serie beibehielt.
**Skymaster Mk I:** RAF-Bezeichnung für eine C-54B und 22 C-54D, die in Mietpacht geliefert wurden.

### Technische Daten
**Douglas DC-4-1009**
**Typ:** ein Langstrecken-Transportflugzeug.
**Triebwerk:** vier 1.450 WPS (1.081 kW) Pratt & Whitney R-2000-2SD-13G Twin Wasp Sternmotoren.
**Leistung:** Höchstgeschwindigkeit 451 km/h in 4.265 m Höhe; Reisegeschwindigkeit 365 km/h in 3.050 m Höhe; Dienstgipfelhöhe 6.800 m; Reichweite 4.023 km mit 5.189 kg Nutzlast.
**Gewicht:** Leergewicht 19.640 kg; max. Startgewicht 33.112 kg.
**Abmessungen:** Spannweite 35,81 m; Länge 28,60 m; Höhe 8,38 m; Tragflügelfläche 135,63 m$^2$.

# Douglas DC-4E

### Entwicklungsgeschichte

Unter der ursprünglichen Bezeichnung **Douglas DC-4,** die später in **DC-4E** (DC-4 Experimental) umbenannt wurde, konstruierte und baute Douglas den Prototypen eines neuen, fortschrittlichen Ziviltransporters, der die DC-3 ersetzen sollte. Dieses teure Projekt wurde gemeinsam von Douglas und fünf US-Fluggesellschaften finanziert, die je $100.000 beisteuerten.

Die DC-4E entstand als ein Ganzmetall-Tiefdecker mit einem großen Rumpf mit rundem Querschnitt, einem Leitwerk mit zentraler Flosse und Ruder sowie Endplatten-Flossen und -Ruder am Höhenleitwerk. Das einziehbare Bugradfahrwerk hatte sehr große, nach innen in den Flügel einziehbare, einzelne

Hauptträder, und das Triebwerk bestand aus vier Pratt & Whitney R-2180 Sternmotoren in nach außen angewinkelten, flügelmontierten Gondeln. Platz für maximal 42 Passagiere war vorgesehen, es wurde jedoch eine Reihe von Alternativ-Auslegungen vorgeschlagen.

Als der Prototyp am 7. Juni 1938 zum ersten Mal geflogen wurde, hatten sich zwei der ihn finanzierenden Fluglinien (Pan American und TWA) zurückgezogen. Die Leistung und die Betriebskosten erwiesen sich als enttäuschend und führten dazu, daß Douglas und die verbliebenen drei Fluglinien (American, Eastern und United) entschieden, statt dessen ein weniger kompliziertes und billigeres Flugzeug zu entwickeln, was zu der sehr bekannten DC-4/C-54 führte. Der einzige DC-4E Prototyp wurde später nach Japan verkauft, wo er die Bezeichnung **LXD1 (Navy Experimental Type D Transport)** erhielt und von Nakajima als Grundlage für den schweren Bomber G5N verwendet wurde.

### Technische Daten

**Typ:** viermotoriger Zivil-Transportflugzeug-Prototyp.
**Triebwerk:** vier 1.450 WPS (1.081 kW) Pratt & Whitney R-2180-S1A1-G Sternmotoren.
**Leistung:** Höchstgeschwindigkeit 394 km/h in 2.135 m Höhe; Reisegeschwindigkeit 322 km/h; Dienstgipfelhöhe 6.980 m; Reichw. 3.541 km.
**Gewicht:** Leergewicht 19.307 kg; max. Startgewicht 30.164 kg.
**Abmessungen.** Spannweite 42,14 m; Länge 29,74 m; Höhe 7,48 m; Tragflügelfläche 200,20 m².

# Douglas DC-5

### Entwicklungsgeschichte

Die in El Segundo von der Douglas Aircraft Company entworfene **Douglas DC-5** wurde als ziviler Passagiertransporter mit 16 oder 22 Sitzen für Nahverkehrsflüge von kleineren Flughäfen aus entworfen. Zu einer Zeit, als sich die Tiefdecker-Konfiguration langsam durchsetzte, wurde die DC-5 interessanterweise als Hochdecker gebaut. Das Modell hatte allerdings auch das damals noch relativ neue Dreibeinfahrwerk. Das Gesamtgewicht betrug 8.391 kg, und die DC-5 war mit Pratt & Whitney R-1690 oder Wright Cyclone Sternmotoren erhältlich.

Der Prototyp mit zwei 850 PS (634 kW) Wright GR-1820-F62 Cyclone Motoren flog erstmals am 20. Februar 1939, der Pilot war Carl Cover. Bestellungen kamen von KLM (vier), Pennsylvania Central Airways (sechs) und SCADTA aus Kolumbien (zwei), aber das Produktionsprogramm wurde durch die Kriegsentwicklung überholt, so daß nur die KLM Maschinen fertiggestellt werden konnten. Obwohl sie für den Einsatz in Europa gedacht waren, gingen zwei Exemplare zunächst nach Holländisch-Westindien, um eine Flugverbindung zwischen Curaçao und Surinam herzustellen; die anderen beiden wurden in Batavia in Niederländisch-Indien eingesetzt. Alle vier wurden bei der Evakuierung von Zivilisten aus Java und Australien im Jahre 1942 eingesetzt, und eine Maschine wurde nach einer Beschädigung auf dem Flughafen von Kemajoran, Batavia, am 9. Februar 1942 von den Japanern erbeutet und auf der Luftwaffenbasis bei Tachikawa ausgiebig getestet. Die drei übrigen DC-5 wurden in Australien vom Allied Directorate of Air Transport geflogen und erhielten die USAAF-Bezeichnung **C-110.**

Die frühesten militärischen Einsätze der DC-5 fanden jedoch bei der US Navy statt, die 1939 sechs Exemplare bestellt hatte. Drei davon waren 16sitzige Truppentransporter vom Typ **R3D-1** (die erste stürzte noch vor der Auslieferung ab), und vier waren **R3D-2** für das US Marine Corps mit 1.000 PS (746 kW) R-1820-44 Motoren, einer großen verschiebbaren Ladetür und Sitzen für 22 Fallschirmspringer. Der Prototyp wurde nach der Zulassung und dem Entwicklungsflugprogramm mit einer Inneneinrichtung für 16 Passagiere an William E. Boeing verkauft und später von der US Navy als einzies Exemplar des Typs **R3D-3** eingezogen.

Die DC-5 basierte auf dem DB-7 Bomber und war der DC-3 aus Santa Monica weit überlegen. Die Produktion wurde eingestellt, als sich die Armee für die C-47 entschloß.

### Technische Daten

**Douglas DC-5**
**Typ:** Fracht- und Passagier- bzw. Fallschirmspringertransporter.
**Triebwerk:** zwei 850 PS (634 kW) Wright GR-1820-F62 Sternmotoren.
**Leistung:** Höchstgeschwindigkeit 356 km/h in 2.345 m Höhe; Reisegeschwindigkeit 325 km/h in 3.050 m Höhe; Dienstgipfelhöhe 7.225 m; Reichweite 2.575 km.
**Gewicht:** Leergewicht 6.202 kg; max. Startgewicht 9.072 kg.
**Abmessungen:** Spannweite 23,77 m; Länge 19,05 m; Höhe 6,05 m; Tragflügelfläche 76,55 m².

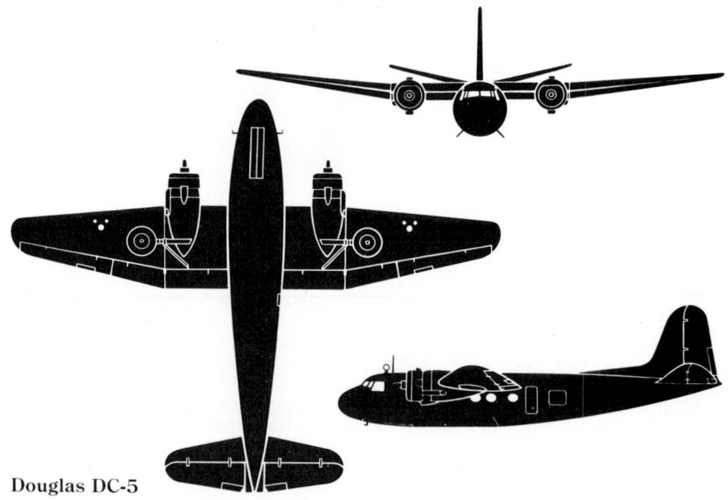

**Douglas DC-5**

US Navy

**Die dritte Douglas R3D-1 der US Navy war ein Truppentransporter und wurde vom Marinestützpunkt Anacostia aus eingesetzt.**

# Douglas DC-6/C-118 Liftmaster

### Entwicklungsgeschichte

Da die Schauplätze des Zweiten Weltkriegs nach dem Eingreifen der USA vor allem am anderen Ende des Pazifik, lagen, kann man das Interesse der USAAF an Langstrecken-Transportflugzeugen verstehen. Die DC-4/C-54 Baureihe erwies sich als nützliches Werkzeug, und die Zuverlässigkeit der Modelle wird durch die fast 80.000 Flüge über den Atlantik und Pazifik während des Kriegs bei nur drei Verlusten auf eindrucksvolle Weise demonstriert. Angesichts dieser Rekordzahlen erbat die USAAF aus der gleichen Quelle einen Transporter mit höherer Kapazität, und die erste **Douglas XC-112A** flog am 15. Februar 1946. In der Zwischenzeit war ein Kampfeinsatz natürlich nicht mehr erforderlich, und der neue Typ wurde statt dessen für den Einsatz bei Nachkriegs-Fluggesellschaften mit der Bezeichnung **DC-6** eingesetzt.

Im Vergleich zu ihrem Vorgänger hatte die DC-6 die gleichen Tragflächen, aber einen um 2,06 m längeren Rumpf mit Luftdruckausgleich für eine höhere Passagierkapazität. Die Standardausführung sah 48-52 Passagiere vor, aber bei einer höheren Dichte konnten 86 Personen untergebracht werden. Das Triebwerk der ersten DC-6 bestand aus vier 2.100 PS (1.556 kW) Pratt & Whitney R-2800-CA15 Double Wasp Motoren, und die erste der von American Airlines bestellten 50 Maschinen unternahm ihren Jungfernflug am 29. Juni 1946. Im April 1946 nahm die DC-6 den Dienst auf der Strecke von New York nach Chicago auf.

1948 begann die Firma mit der Entwicklung einer Version mit höherer Kapazität (mit einem um 1,52 m verlängerten Rumpf) und 2.400 PS (1.790 kW) Double Wasp Motoren. Das Modell wurde zunächst in einer reinen Frachterausführung als

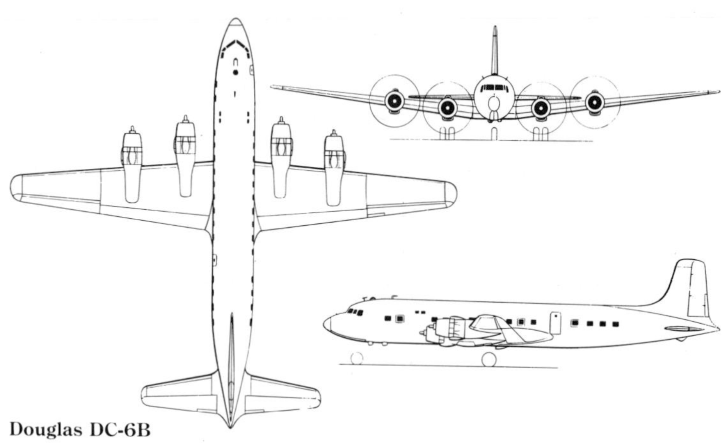

**Douglas DC-6B**

**DC-6A** gebaut und hatte zwei Ladetüren auf der rechten Seite (je eine vor und hinter den Tragflächen), keine Fenster und einen verstärkten Kabinenboden. Es folgte die weitgehend ähnliche **DC-6B** Passagierausführung. Bei den frühen Maschinen waren 54 Sitze die Standardausführung, aber später wurde auch eine dichte Sitzanordnung für bis zu 102 Passagiere eingeführt.

Zivile DC-6 wurden parallel zu 166 Maschinen für die US Air Force und US Navy gebaut, z.T. zur Unterstützung des Military Air Transport Service (MATS). Die bei der USAF eingesetzten Flugzeuge trugen die Bezeichnung **C-118A** und konnten 74 Passagiere oder 12.247 kg Fracht oder 60 Tragbahren aufnehmen. Die 29. DC-6 erhielt eine VIP-Einrichtung für Präsident Truman: die **VC-118** *The Independence* mit einer Kabine für 24 Passagiere oder Schlafkabinenausstattung für 12 Personen und einer Luxuskabine.

Die US Navy flog 61 **R6D-1** und vier **R6D-1Z**, letztere mit VIP-Ausstattung; 1962 erhielten diese Maschinen die Kennung **C-118B** bzw. **VC-118B.** Die DC-6 wurde auch von den Luftwaffen anderer Länder verwendet, meist handelte es sich dabei um ehemalige Zivilflugzeuge.

Das letzte zivile Modell war die **DC-6C,** eine umwandelbare Fracht- und Passagierausführung ähnlich wie die DC-6A, aber mit Standard-Kabinenfenstern. Von der zivilen DC-6 und den militärischen Modellen XC-112A/C-118/C-118A/R6D wurden insgesamt 704 Exemplare hergestellt. Zu den Varianten gehörten zwei von Sabena modifizierte DC-6B mit schwenkbaren Hecks, um das Einladen von sperrigen Frachtgütern zu erleichtern. Mehrere DC-6B erhielten außerdem einen 61.356 l fassenden Unterrumpftank für Chemikalien zur Feuerbekämpfung; diese Maschinen wurden häufig in Kanada und den USA während der Trockenperioden bei erhöhter Brandgefahr in den Waldgebieten benutzt.

Die DC-6 galt als ein ebenso verläßlicher wie wirksamer Vertreter der kolbenmotorgetriebenen Passagierflugzeuge, die bald darauf von der ersten Generation der kommerziellen Düsenverkehrsmaschinen abgelöst wurden. Als die DC-6 von den führenden Betreibern nicht mehr gebraucht wurden, waren sie bald sehr beliebt bei den kleineren Fluggesellschaften, die ebenfalls von der Leistungsfähigkeit des Modells profitierten; Ende 1987 waren noch rund 60 Exemplare dieses Typs im Einsatz, 537 waren gebaut worden.

McDonnell Douglas

**Die Douglas DC-6A mit der Seriennr. N96039 gehörte zur umfangreichen DC-6 Flotte der Trans Continental Airlines. Die Maschine wurde ursprünglich als C-118A (mit der Seriennr. 53-3270) für den US Military Air Transport Service mit 2.500 PS (1.865 kW) R-2800-52W Sternmotoren anstelle der 2.400 PS (1.790 kW) Double Wasp CB16 der entsprechenden Zivilausführung DC-6A gebaut.**

### Technische Daten
**Douglas DC-6B**

**Typ:** Langstrecken-Transporter.
**Triebwerk:** vier 2.500 PS (1.865 kW) Pratt & Whitney R-2800-CB17 Double Wasp Sternmotoren.
**Leistung:** Reisegeschwindigkeit 507 km/h; Dienstgipfelhöhe 7.620 m; Reichweite bei max. Nutzlast 4.836 km; Reichweite bei max. Treibstoffvorrat 7.596 km.
**Gewicht:** Leergewicht 25.110 kg; max. Startgewicht 48.534 kg.
**Abmessungen:** Spannweite 35,81 m; Länge 32,18 m; Höhe 8,74 m; Tragflügelfläche 135,91 m².

# Douglas DC-7

### Entwicklungsgeschichte

Entwurf und Entwicklung der **Douglas DC-7** wurden von American Airlines angeregt, da diese Fluggesellschaft ein Modell suchte, dessen Leistung derjenigen der von TWA geflogenen Lockheed Super Constellation überlegen war. Die Super 'Connie' profitierte von den neuen Wright Turbo-Compound Motoren, die je drei Turbolader und damit etwa 20 Prozent mehr Triebkraft als die Standardausführung hatten. Um den Anforderungen der American Airlines entsprechen zu können, wurde beschlossen, eine verbesserte Ausführung der DC-6B mit diesem neuen Triebwerk zu entwickeln.

Die erste DC-7 war eine direkte Weiterentwicklung der DC-6B; der Rumpf war für die Aufnahme einer zusätzlichen Sitzreihe um 1,02 m verlängert worden. Der Einbau der 3.250 PS (2.424 kW) R-3350 Turbo-Compound Motoren ermöglichte ein um 6.895 kg höheres Gesamtgewicht und machte zugleich eine Verstärkung der Fahrwerkanlage erforderlich. Es gab außerdem einige Modifikationen im Detail, aber rein äußerlich bestanden zwischen der DC-7 und der DC-6B nur wenig Unterschiede.

Insgesamt wurden 105 DC-7 gebaut, und die folgenden 112 **DC-7B** enthielten nur wenige Veränderungen. Die wichtigste Neuerung war eine Verlängerung der Motorengondeln nach hinten, damit Satteltanks aus dem neuen Metall Titanium eingebaut werden konnten.

Nicht alle Betreiber entschieden sich für diese erhöhte Treibstoffkapazität. Pan American richtete damit einen Nonstop-Service zwischen London und New York ein; die erste DC-7B flog am 13. Juni 1955 über den Atlantik, und die Fluggesellschaft stellte bald fest, daß der Treibstoffvorrat für eine solche Strecke nur gerade ausreichte. Bei normaler Last und den üblichen Windverhältnissen mußten die in westlicher Richtung fliegenden DC-7 häufig zwischenlanden, um aufzutanken; diese Umwege und Verzögerungen waren nicht zumutbar und potentiell gefährlich, und Douglas begann mit der Entwicklung einer Version der DC-7B mit größerer Reichweite.

Die dritte Ausführung trug die Bezeichnung **DC-7C** und hatte eine erhöhte Spannweite für eine größere Treibstoffkapazität. Das wurde durch den Einbau eines neuen Tragflächenabschnitts mit parallelen Sehnen zwischen dem Rumpf und der inneren Motorengondel erzielt; dadurch wurde außerdem der Lärm im

McDonnell Douglas

**Die Maschine war eine von sechs Douglas DC-7B, der zweiten für Delta gebauten Reihe. Nach ihrer Karriere im Dienst dieser Fluggesellschaft wurde diese Maschine als Feurlöschflugzeug mit einem Fassungsvermögen von 9.085 l Wasser umgebaut. Diese Struktur was 1953 erprobt worden, als eine Douglas Testbesatzung 4.921 l Wasser über dem Flughafen von Palm Springs abwarf und eine 61 m breite und 1,6 km lange Fläche überflutete.**

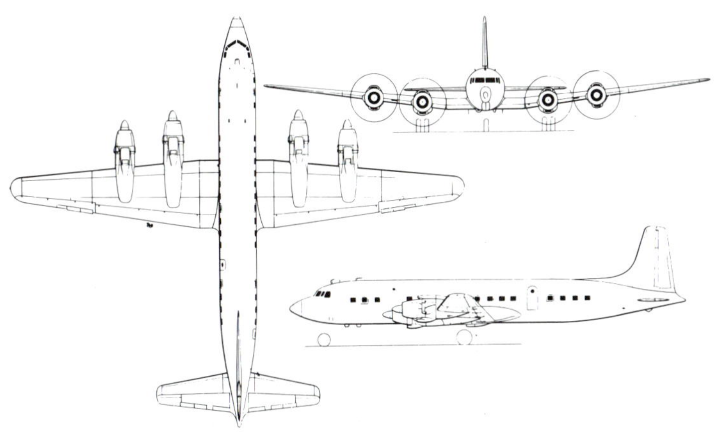

**Douglas DC-7C**

Innern der Kabine reduziert. Während der Entwicklung der DC-7C konnte Curtiss-Wright die Leistung des Triebwerks erhöhen, so daß der Rumpf um 1,02 m verlängert wurde und 105 Passagieren Platz bot.

Die DC-7C wurde in 120 Exemplaren hergestellt, und das Suffix '7C' wurde in englischer Aussprache zum Spitznamen **Seven Seas,** da dieses Modell die 'sieben Meere' tatsächlich ohne große Probleme in einem Zug überfliegen konnte. Es wurde nicht nur über dem Nordatlantik und auf den Strecken über den Pazifik eingesetzt, sondern ermöglichte auch Nonstop-Flüge quer durch die Vereinigten Staaten und diente bei der SAS für die Einrichtung einer Verbindung zwischen Europa und dem Fernen Osten über den Nordpol. Eine geplante **DC-7D** sollte vier 5.730 WPS (4.273 kW) Rolls-Royce Tyne Propellerburbinen erhalten, aber angesichts der Entwicklung der Boeing 707 und des von Douglas speziell gebauten Jetliners DC-8 wurde dieses Projekt nicht verwirklicht.

Da das Turbo-Compound-Triebwerk die Betriebskosten erhöhte, verschwanden diese erstklassigen Maschinen bald von der Szene und wurden durch die ersten Modelle mit Propellerturbinen und Strahltriebwerken ersetzt.

### Technische Daten
**Douglas DC-7C**
**Typ:** Langstrecken-Transporter.
**Triebwerk:** vier 3.400 PS (2.535 kW) Wright R-3350-18EA-1 Turbo-Compound Sternmotoren.
**Leistung:** Höchstgeschwindigkeit 653 km/h in 6.615 m Höhe; normale Reisegeschwindigkeit 571 km/h; Dienstgipfelhöhe 6.615 m; Reichweite bei max. Nutzlast 7.411 km.
**Gewicht:** Leergewicht 33.005 kg; max. Startgewicht 64.864 kg.
**Abmessungen:** Spannweite 38,86 m; Länge 34,21 m; Höhe 9,70 m; Tragflügelfläche 152,08 $m^2$.

# Douglas DC-8

### Entwicklungsgeschichte
Douglas wußte, daß Boeing mit dem Modell 707 schon bedeutende Fortschritte erzielt hatte, und um sich auf dem Absatzmarkt für zivile Passagierflugzeuge einen guten Anteil zu sichern, gab die Firma am 7. Juni 1955 ihre Absicht bekannt, einen Passagiertransporter mit Strahltriebwerk zu entwickeln, der die DC-7 ablösen sollte. Die Arbeit an der **DC-8** begann ohne weitere Verzögerungen. Ein Prototyp/Demonstrationsflugzeug wurde gebaut und am 30. Mai 1958 geflogen. Die Maschine war äußerlich der Boeing 707 durchaus ähnlich und hatte die gleiche Grundsatzkonfiguration: ein Tiefdecker mit vier an Pylonen untergebrachten Strahltriebwerken und einem Leitwerk mit gepfeilten Flächen. Das Dreibeinfahrwerk hatte einen steuerbaren Bugteil mit Doppelrad, und die Hauptteile trugen vierrädrige Radschwingen; die beiden hinteren Räder konnten für Drehungen bei kleinem Radius eingesetzt werden.

Neun Maschinen nahmen am Zulassungsprogramm teil; drei davon hatten Pratt & Whitney JT3C Strahltriebwerke, vier JT4A und zwei Rolls-Royce Conway. Eine zweifellos ungewöhnlich große Anzahl von Testmaschinen, aber angesichts des Vorsprungs des Boeing-Modells wollte Douglas für die DC-8 so schnell wie möglich die FAA Zulassung erhalten. Das geschah am 31. August 1959, und Delta Airlines und United Air Lines waren die ersten Betreiber.

Während der nächsten neun Jahre baute Douglas insgesamt 294 Exemplare der Transporter, die in fünf Baureihen mit den gleichen Abmessungen entstanden. Dazu gehörten die **DC-8 Series 10** (die ursprüngliche Ausführung für den Inlandsverkehr mit vier Pratt & Whitney JT3C-6 Motoren mit 6.123 kp Schub), die ähnliche **DC-8 Series 20** mit stärkeren Triebwerken für Einsätze auf heißen oder hoch gelegenen Rollbahnen, die interkontinentale Langstreckenversion **DC-8 Series 30** gewöhnlich mit JT4A-9 Strahltriebwerken von 7.620 kp Schub, eine ähnliche interkontinentale **DC-8 Series 40** mit Rolls-Royce Conway 509 Turbofan-Triebwerken von 7.938 kp Schub und die **DC-8 Series 50** mit Pratt & Whitney JT3D Zweistromtriebwerken und einer neuen Kabineneinrichtung für max. 189 Passagiere. Eine bedeutende Verbesserung dieser Versionen der DC-8 war die neue Vorderkante, die das Flügelprofil veränderte, den Luftwiderstand reduzierte und dabei sowohl die Geschwindigkeit als auch die Reichweite erweiterte. Sie war die Standardausrüstung bei allen späten Serienmaschinen und wurde nachträglich in zahlreiche frühere Maschinen eingebaut. Die Exemplare der Series 50 waren auch in der Ausführung **DC-8F Jet Trader** als AF (Nur-Fracht) und CF (umwandelbare Fracht/Passagierausführung) erhältlich.

1967 entstanden drei **DC-8 Super Sixty** Varianten, von denen dann 262 Maschinen gebaut wurden. Die erste war die **DC-8 Super 61** mit einem um 11,18 m längeren Rumpf für bis zu 259 Passagiere, die zweite das

**Douglas DC-8-55CF der Union de Transports Aériens (Frankreich)**

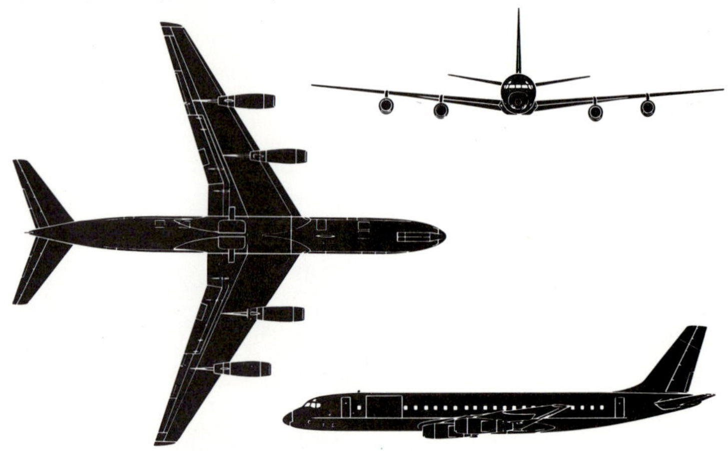
**Douglas DC-8-50CF**

**Von der Douglas DC-8-63AF, einem reinen Frachter, wurden nur sieben Exemplare gebaut, die alle an die Flying Tigers ausgeliefert wurden. Die Nutzlast von 52.027 kg ist ausgezeichnet und etwa 31 Prozent höher als die der diesem Modell entsprechenden Boeing 707-320C. Das max. Startgewicht beträgt 161.025 kg.**

McDonnell Douglas

Ultra-Langstreckenmodell **DC-8 Super 62** mit einer um 1,83 erweiterten Spannweite und einer Standardzahl von 189 Passagieren in einem um 2,03 m längeren Rumpf, und die dritte, die **DC-8 Super 63,** verband den langen Rumpf der Super 61 mit den aerodynamischen Verbesserungen der Super 62. Alle Versionen der Super Sixty Baureihe waren in reinen Fracht- oder umwandelbaren Fracht/Passagierausführungen erhältlich.

1979, als die Douglas Aircraft Company inzwischen eine Division der McDonnell Douglas Corporation geworden war, wurden Pläne bekanntgegeben, die Series 61, 62 und 63 mit sparsameren und leiseren Triebwerken auszurüsten und die Bezeichnung in **DC Super Seventy** (71, 72 und 73) zu ändern. Man wählte die moderneren General Electric/SNECMA CFM56 Turbofan-Triebwerke und die **DC-8 Super 71** erhielt in dieser Ausführung im April 1982 ihre Zulassung. Mit ähnlichen Triebwerken unternahmen die **DC-8 Super 72** und **DC-8 Super 73** ihre Erstflüge am 5. Dezember 1981 bzw. am 4. März 1982 und erhielten später ihre Zulassung. Dieses Umbauprogramm wird von Cammacorp in Los Angeles geleitet, und bis 1982 waren alle 110 bestellten Umbauten ausgeführt worden.

### Technische Daten
**Douglas DC-8-63**
**Typ:** Langstreckentransporter.
**Triebwerk:** vier Pratt & Whitney JT3D-7 Turbofan mit je 8.618 kp Schub.
**Leistung:** max. Reisegeschwindigkeit 966 km/h in 9.145 m Höhe; wirtschaftliche Reisegeschwindigkeit 842 km/h; Reichweite bei max. Nutzlast. 7.242 km.
**Gewicht:** Leergewicht 69.739 kg; max. Startgewicht 158.757 kg.
**Abmessungen:** Spannweite 45,24 m; Länge 57,12 m; Höhe 12,93 m; Tragflügelfläche 271,92 m².

# Douglas DF

## Entwicklungsgeschichte
In der 30er Jahren zeigten sich Fluggesellschaften zunehmend an Flugbooten als Langstrecken-Passagiertransporter interessiert, und Douglas entwickelte in privater Initiative den Prototyp eines zweimotorigen Modells dieser Klasse. Die **Douglas DF** war ein Schulterdecker mit freitragenden Flügeln mit einziehbaren Stützschwimmern. Das Modell hatte einen hohen, breiten Rumpf, der sich am hinteren Ende zu einem konventionellen Leitwerk aufschwang. Die Konstruktion war ganz aus Metall, abgesehen von den stoffbespannten Steuerflächen, und das Modell wurde durch zwei in Gondeln an den Flügelvorderkanten montierte Wright SGR-1820G-2 Sternmotoren angetrieben. Im Innern war Platz für vier Mann Besatzung und 32 Passagiere; bei Nachtflügen konnten 16 Personen in einer Ausführung mit Schlafkabinen transportiert werden. Die Kabine enthielt zwei Küchen, zwei Toiletten und einen Laderaum.

**Douglas DF-151 der Dai Nippon Koku KK (Japan), die versuchsweise von der japanischen Marine als HXD-1, Navy Experimental Flying-Boat Type D, geflogen wurde.**

Obwohl die Flugtests zufriedenstellend verliefen, fand Douglas in den USA keinen Käufer für den Prototyp und die noch in der Produktion befindlichen drei Serienmaschinen. Zwei davon (mit dem Standard der **DF-195**) wurden an die Sowjetunion verkauft, die anderen beiden **(DF-151)** an Japan. Angeblich waren die beiden japanischen Maschinen für die Greater Japan Air Lines bestimmt, wurden aber mit der Kennung **HXD-1** und **HXD-2** (Navy Experimental Type D Flying Boat) von der japanischen Marine benutzt. Eine ging zur Untersuchung amerikanischer Konstruktionstechnik nach Kawanishi, die andere blieb bei der Marine, bis sie 1938 abstürzte.

### Technische Daten
**Douglas DF**
**Typ:** ziviles Langstrecken-Flugboot.
**Triebwerk:** zwei 1.000 PS (746 kW) Wright SGR-1820G-2 Sternmotoren.
**Leistung:** Höchstgeschwindigkeit 286 km/h in 2.075 m Höhe; Reisegeschwindigkeit 257 km/h; Dienstgipfelhöhe 4.235 m; Reichweite mit zwölf Passagieren 5.311 km.
**Gewicht:** Leergewicht 7.854 kg; max. Startgewicht 12.927 kg.
**Abmessungen:** Spannweite 28,96 m; Länge 21.30 m; Höhe 7,47 m; Tragflügelfläche 120,31 m².

# Douglas DT

## Entwicklungsgeschichte
Nachdem es die Cloudster nicht schaffte, den Flug über die USA von Küste zu Küste zu beenden, verlor David R. Davis das Interesse an der Davis-Douglas Company und entzog seine finanzielle Unterstützung. Nach anfänglichen Schwierigkeiten gründete Donald Douglas im Juli 1921 die Douglas Company (später Douglas Aircraft Company).

Der damals wenig bekannte Flugzeugbauer und -ingenieur konne u.a. deshalb die nötige Unterstützung finden, weil er einen neuen Torpedobomber entworfen hatte, für den er im April 1931 einen Produktionsauftrag über drei Prototypen zur Untersuchung durch die US Navy erhielt. Die **Douglas DT-1** war ein Modell von historischer Bedeutung: es war das erste militärische Flugzeug der neuen Douglas Company und zugleich einer der ersten erfolgreichen amerikanischen Torpedobomber.

Durch die Tragflächen und den Rumpf blieb die Familienähnlichkeit mit der früheren Cloudster bestehen. Die einsitzige DT-1 unterschied sich von ihrem Vorgänger jedoch durch die Mischbauweise: die Faltflügel waren aus Holz mit Stoffbespannung, der Rumpf eine geschweißte Stahlröhrenkonstruktion mt leichter Legierung vorne und Stoffbezug hinten, die Seiten- und Höhenleitflächen aus Holz bzw. Stahl, in beiden Fällen mit Stoffbespannung. Das feste Heckspornfahrwerk hatte breite Hauptteile, die für Räder oder Schwimmer geeignet waren, und das Triebwerk war ein 400 PS (298 kW) Liberty Motor. Die erste DT-1 unternahm ihren Jungfernflug Anfang November 1921 und beendete ihr Testprogramm während des folgenden Monats. Die US Navy beschloß, daß ein zweisitziges Modell für ein Flugzeug dieser Kategorie angemessener sei, und beauftragte die Firma mit dem Umbau der restlichen beiden Maschinen mit der neuen **DT-2.** Schon vor der Auslieferung dieser Exemplare hatte die DT-1 ihre Überlegenheit gegenüber den anderen Entwürfen bewiesen, und Douglas erhielt weitere Aufträge für das Modell. Neben den beiden modifizierten DT-1 baute die Firma 38 DT-2; 26 weitere entstanden in der Naval Aircraft Factory (6) und bei der LWF Engineering Company (20).

Zusätzlich zu ihrer Rolle als Torpedobomber (dabei erwies sich das Modell als hilfreich für die Entwicklung von Luft-Torpedos) wurde die DT-2 auch bei der praktischen Ausbildung für Schützen, für Beobachtung und Scouting verwendet. Bevor das Modell 1926 aus dem Einsatz gezogen wurde, war 1925 eine Version mit Schwimmern bei einem frühen Katapultstart an Bord der *USS Langley* benutzt worden.

**Zwei Douglas DT-2 der Torpedo Squadron VT-2 bei der Patrouille. Diese Einheit erhielt als erste das neue Modell (im Dezember 1922) und setzte es mit Schwimmern ein. Der Typ bewies seine Fähigkeiten mit ganzen sieben Weltrekorden für die Klasse C (See- und Landflugzeuge), darunter mit einem Höhenrekord für Landflugzeuge von 3.538 m bei einer Nutzlast von 1.000 kg am 17. April 1923.**

### Varianten

**DT-3:** geplante verbesserte Version der DT-2, die nicht gebaut wurde.
**DT-4:** Bomber-Version; vier DT-2 wurden von der Naval Aircraft Factory entsprechend umgebaut und mit 650 PS (653 kW) Wright T-2 V-12 Motoren mit Direktantrieb bestückt.
**DT-5:** neue Bezeichnung für zwei DT-4 nach dem Einbau von 650 PS (523 kW) Wright T-2B V-12 Getriebemotoren.
**DT-6:** Bezeichnung für eine DT-2 mit einem 450 PS (336 kW) Wright P-1 Sternmotor.
**DT-2B:** mit dieser Bezeichnung wurde eine DT-2 mit Liberty Motor an die norwegische Regierung verkauft; sieben ähnliche Maschinen entstanden unter Lizenz in Norwegen selbst, und einige waren noch 1940 im Einsatz.
**DTB:** Bezeichnung für vier Maschinen mit 650 PS (523 kW) Wright Typhoon V-12 Motoren; für die peruanische Marine gebaut.
**SDW-1:** neue Bezeichnung für drei von der Dayton Wright Company als Langstrecken-Pfadfinder-Flugboot umgebaute DT-2 mit einem Rumpf mit breiterem Querschnitt für zusätzliche Treibstofftanks.

### Technische Daten

**Douglas DT-2** (Landflugzeug)
**Typ:** zweisitziger Torpedobomber.
**Triebwerk:** ein 450 PS (336 kW) Liberty V-12 Kolbenmotor.
**Leistung:** Höchstgeschwindigkeit 163 km/h; Dienstgipfelhöhe 2.375 m; Reichweite 472 km.
**Gewicht:** Leergewicht 1.695 kg; max. Startgewicht 2.949 kg.
**Abmessungen:** Spannweite 15,24 m; Länge 10,41 m; Höhe 4,14 m; Tragflügelfläche 65,68 m².
**Bewaffnung:** ein 832 kg Torpedo.

# Douglas DWC

Douglas DWC Nr. 3 Boston, beim Flug um die Welt im Jahre 1924 von Lieutenant Leigh Wade und Staff Sergeant Henry H. Ogden bis zu den Färöer Inseln geflogen, wo die Maschine wegen Versagens der Ölpumpe zur Landung gezwungen wurde; später kenterte sie.

### Entwicklungsgeschichte

Im Frühjahr 1923 bekundete der US Army Air Service erstmals sein Interesse an einem Flug um die Welt mit einer kleinen Formation von Maschinen. Der Plan wurde offiziell gebilligt, und als erstes mußte ein passendes Modell ausgewählt werden. Es mußte robust und zuverlässig sein, eine gute Reichweite haben und sich bequem und schnell von Rad- auf Schwimmerfahrwerk und umgekehrt umbauen lassen. Zunächst wurde die Davis-Douglas Cloudster in Erwägung gezogen, aber Douglas schlug statt dessen eine Version der DT-2 der US Navy vor, die durch verschiedene Modifikationen eine größere Reichweite erhalten sollte.

Die US Army nahm den Vorschlag an und bestellte im Spätsommer 1923 einen Prototyp der **Douglas DWC.** Es war eigentlich ein DT-2 Flugwerk und konnte daher so schnell gebaut und durch das Testprogramm (mit Rad- und Schwimmerfahrwerken) geschleust werden, daß der Flug schon am 19. November 1923 geplant werden konnte. Vier weitere DWC wurden bestellt, von denen die letzte Mitte März 1924 ausgeliefert wurde. Sie unterschieden sich von der DT-2 durch eine fast sechsfache Treibstoffkapazität (diese Ausführung ersetzte später die der US Navy Maschinen und ein neues Motorkühlsystem für einen einfachen Austausch großer oder kleiner Kühler.

Die vier Maschinen trugen die Nummern 1 bis 4 und die Namen 'Seattle', 'Chicago', 'Boston' und 'New Orleans'. Ihre Reise um die Erde begann am 4. April 1924; sie flogen in westlicher Richtung über Kanada und Alaska, wo die 'Seattle' bei einem Absturz zerstört wurde. Nach einem Triebwerkversagen sank die 'Boston' beim Abschleppen in der Nähe der Färöer Inseln, aber die 'Chicago' und 'New Orleans' beendeten ihren Flug erfolgreich am 28. September 1924, nachdem sie 46.582 km zurückgelegt hatten. Dabei unternahmen sie auch den ersten Etappenflug über den Pazifik, eine Leistung, die oft nicht genug gewürdigt wird.

McDonnell Douglas

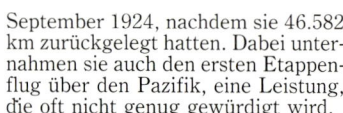

Die Douglas DWC Chicago ist hier während des historischen ersten Flugs um die Welt im Jahre 1924 über asiatischen Gewässern zu sehen. Diese Maschine war einer von zwei amerikanischen Doppeldeckern, die diesen Flug beendeten, der oft über kartographisch unerforschte Gebiete führte. Auf dem 46.582 km langen Weg gingen zwei Maschinen verloren.

### Varianten

**DOS:** ursprüngliche Bezeichnung für sechs Maschinen, die der DWC weitgehend ähnlich waren und vom USAAS als Beobachtungs-Seeflugzeuge bestellt worden waren; mit der späteren Bezeichnung **O-5** unterschieden sie sich von der DWC durch ein Standard-Treibstoffsystem und eine Bewaffnung von zwei MG im hinteren Cockpit.

### Technische Daten

**Douglas DWC**
**Typ:** Langstrecken-Flugzeug.
**Triebwerk:** ein 420 PS (313 kW) Liberty V-12 Kolbenmotor.
**Leistung** (Landflugzeug): Höchstgeschwindigkeit 166 km/h; niedrige Reisegeschwindigkeit 85 km/h; Dienstgipfelhöhe 3.050 m; Reichweite 3.541 km.
**Gewicht:** Leergewicht 1.950 kg; max. Startgewicht 3.137 kg.
**Abmessungen:** Spannweite 15,24 m; Länge 10,82 m; Höhe 4,14 m; Tragflügelfläche 65,69 m².

# Douglas Dolphin

### Entwicklungsgeschichte

Die **Douglas Dolphin,** ein Amphibienflugboot mit freitragenden Schulterdeckerflügeln, basierte auf der **Sindbad,** einem Flugboot mit zwei 300 PS (224 kW) Wright J-5C Whirlwind Motoren, das erstmals im Juni 1930 geflogen war. Das einzige Exemplar der Sindbad diente von 1931 bis 1939 bei der United States Coast Guard.

Die Dolphin und die Sindbad hatten die gleiche Triebwerkanlage: zwei Sternmotoren für Zugpropeller waren (bei der Dolphin) auf einer komplexen Strebenstruktur oberhalb der Tragflächen angebracht. Das bei der Dolphin eingeführte Fahrwerk hatte Hauptteile, die durch schwenkbare V-Streben an den Bootsrumpf und durch Ölfederbeine an den Flügelunterseiten befestigt waren. Die Sindbad hatte einen Heckspom für die Benutzung zusammen mit der abnehmbaren Strandlandeausrüstung; die Dolphin erhielt ein Heckrad am hinteren Teil des zweiten Rumpfabschnitts. Beim Flug oder beim Einsatz auf der Wasseroberfläche wurden die Haupträder über der Wasserlinie eingezogen. Pilot und Copilot saßen nebeneinander in einem

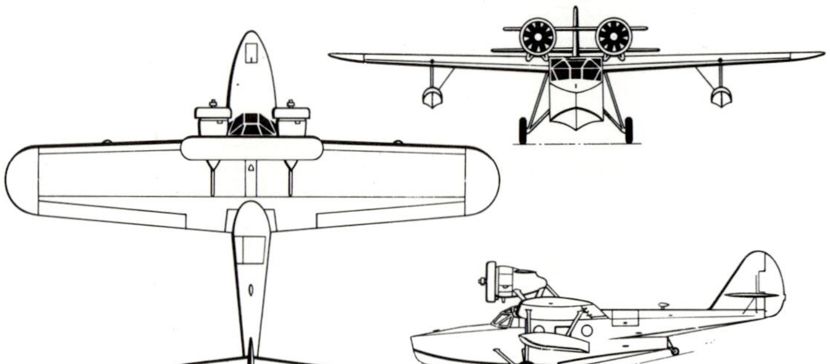

Douglas Dolphin

voll umschlossenen Cockpit vorderhalb der Tragflächenvorderkante; unmittelbar hinter ihnen befand sich die Passagierkabine.

Die Dolphin zeichnete sich durch eine zusätzliche Flügelfläche aus, die oberhalb der Motorengondeln angebracht war, um Turbulenz zu vermeiden. Frühe Maschinen dieses Typs hatten außerdem zwei zusätzliche Flossen, um die Richtungsstabilität zu verbessern. Die Konstruktion war ähnlich wie bei der Sindbad: ein Bootsrumpf aus Metall mit Sperrholzbeschichtung für die hölzernen Flügel, aber der Bug des Rumpfs der Dolphin war neu.

Von der Dolphin wurden insgesamt 58 Exemplare hergestellt. Der Typ galt als außergewöhnlich zuverlässig und wurde auch in der breiteren Öffentlichkeit durch mehrere erfolgreiche Rettungsaktionen der US Coast Guard und US Navy bekannt. Es gab nicht weniger als 17 verschiedene Ausführungen, die sich vor allem durch die Triebwerke und die Struktur der Passagierkabine voneinander unterschieden. Eine bedeutende Veränderung der Konstruktion erfolgte erst beim 14. gebauten Exemplar, als Flosse und Ruder eine größere Fläche erhielten, um die zusätzlichen Flossen überflüssig zu machen. Die Tragflügelspannweite wurde ebenfalls erweitert (um 2,79 $m^2$), und der Rumpf wurde um 0,48 m verlängert.

Die ersten beiden Dolphin wurden für die Wilmington-Catalina Airline gebaut, die Los Angeles mit der Insel Santa Catalina verband und dabei eine Strecke von 32 km zurücklegen mußte. Mit ihren 300 PS (224 kW) Wright J-5C Whirlwind Sternmotoren wurden diese Maschinen ursprünglich als **Model 1** bezeichnet und waren für Pilot, Copilot und sechs Passagiere gedacht. Später wurden sie als **Model 1 Special** umgebaut und hatten Platz für acht Passagiere.

Die Produktion der Dolphin ging bis 1935 weiter; die meisten Maschinen waren für die US Army, US Navy oder US Coast Guard bestimmt. Nur wenige überstanden den Zweiten Weltkrieg, und eines dieser Exemplare war noch 1982 an der amerikanischen Westküste zu sehen und angeblich noch flugtüchtig.

### Varianten

**Y1C-21:** acht Maschinen, die 1931 für die US Army bestellt wurden und zunächst als Begleitflugzeug für Bombengeschwader bei Überseeflügen gedacht waren, wobei sie Navigations- und ggf. Rettungsaktionen durchführen sollten; angesichts der Geschwindigkeit der Martin B-10 und B-12 Bomber, die damals den Dienst aufnahmen, war eine solche Verwendung unmöglich, und die inzwischen als **C-21** bezeichneten Maschinen wurden als Transporter in Küstengebieten benutzt; später wurden sie leihweise an das US Treasury übergeben (mit der vorübergehenden Bezeichnung **FP-1** ) und während der Prohibition beim Aufspüren von Alkoholschmugglern eingesetzt; obwohl sie später **OA-3** (Observation Amphibien) hießen, dienten die Maschinen gegen Ende ihrer Karriere bei der US Army meist als Transporter.

**Y1C-26:** zwei 1933 an die US Army ausgelieferte Maschinen, die ersten Exemplare der Dolphin mit der vergrößerten Flosse/Ruder-Anlage anstelle der zusätzlichen Flossen; später erhielten sie die Bezeichnung **OA-4** und (beim US Treasury) **FP-2;** als **OA-4C** waren sie dann mit Tragflächen aus rostfreiem Stahl und 400 PS (298 kW) Pratt & Whitney R-985-9 bestückt; acht **C-26A,** die sich nur geringfügig von der C-26 unterschieden, wurden bald darauf ausgeliefert und erhielten vorübergehend vom US Treasury die Bezeichnung **FP-2A;** vier wurden 1936 ähnlich wie die C-26 modernisiert und als OA-4C bezeichnet; 1933 wurden vier **C-26B** mit Pratt & Whitney R-985-9 ausgeliefert und später als **OA-4B** bezeichnet; ein Exemplar wurde bei Experimenten mit einem festen Dreibeinfahrwerk verwendet, ein anderes wurde später auf den Standard der OA-4C gebracht.

**C-29:** zwei 1933 für die US Army gebaute Maschinen mit 550 PS (410 kW) Pratt & Whitney R-1340-29 Sternmotoren; beim US Treasury wurden sie als **FP-2B** bezeichnet.

**XRD-1:** eine im August 1931 an die US Navy gelieferte Maschine mit zwei 435 PS (324 kW) Wright R-975E Sternmotoren; sieben Jahre lang als Transporter bei der Marine verwendet.

**RD:** eine zivile Model 1 Special, die im August 1932 von der US Coast Guard für Patrouillenflüge erworben wurde; bis 1939 eingesetzt.

**RD-2:** vier Maschinen; die erste mit 500 PS (373 kW) Pratt & Whitney R-1340-10 für die US Coast Guard mit der gleichen Grundstruktur wie die C-26, drei weitere waren eher der C-26A ähnlich; eine wurde ab Juni 1933 als fünfsitziger Luxustransporter für Präsident Roosevelt verwendet; das Triebwerk bestand ursprünglich aus 410 PS (307 kW) Pratt & Whitney R-1340-1, die später durch 500 PS (373 kW) R-1340-10 ersetzt wurden; 1939 übernahm die Maschine andere Aufgaben; zwei weitere Exemplare mit 450 PS (336 kW) R-1340-29 waren weniger luxuriös eingerichtet und wurden bis zum März 1940 als Stabtransporter bei der Marine eingesetzt.

**RD-3:** sechs 1935/36 an die US Navy gelieferte Mehrzwecktransportversionen der RD-2.

**RD-4:** zehn Maschinen, ähnlich der RD-3, aber mit 420 PS (313 kW) Pratt & Whitney Wasp C-1; alle zehn waren für die US Coast Guard bestimmt und wurden vor allem bei Such- und Rettungsaktionen eingesetzt; vier noch erhaltene Maschinen wurden bei Küstenpatrouillen benutzt, als die US Coast Guard nach Eintritt der USA in den Zweiten Weltkrieg von der US Navy übernommen wurde; alle wurden bis zum Juni 1943 aus dem Einsatz gezogen.

**Zivile Dolphin:** neben den ersten beiden ausgelieferten Maschinen wurden zehn weitere zivile Dolphin gebaut; das einzige Exemplar der **Model 3** war ein 1931 für einen amerikanischen Millionär gebautes viersitziges Luxusflugzeug; es wurde später nach Australien verkauft und dann von der Royal Australian Air Force für Verbindungsflüge in den Jahren 1942-45 benutzt; die anderen kommerziellen Maschinen waren der RD-4 der US Coast Guard ähnlich; ein Exemplar mit 550 PS (410 kW) Wasp S1D1 Motoren wurde an einen französischen Betreiber verkauft, weitere sechs entstanden auf Bestellungen amerikanischer Privatleute hin; eines davon ging an William E. Boeing, den Gründer der Boeing Company; ein weiteres wurde auf der Strecke zwischen Los Angeles und Santa Catalina geflogen. Die letzten beiden Dolphin gingen an die China National Aviation Corporation (eine Tochtergesellschaft der Pan Am) und dienten mehrere Jahre lang zwischen Shanghai und Kanton.

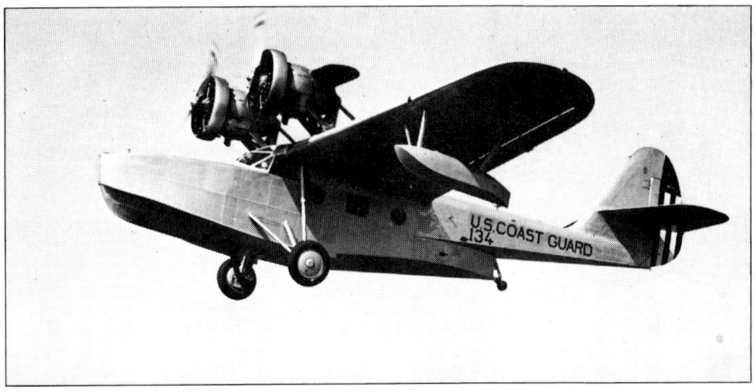


McDonnell Douglas

**Die US Coast Guard bestellte die letzte Variante der Douglas Dolphin für den militärischen Einsatz in der Form von zehn RD-4 Such- und Rettungsflugzeugen. Sie machten sich zwischen 1934 und Juni 1943 verdient. Im Vergleich zur früheren RD-3 hatte die RD-4 ein stärkeres Triebwerk und eine von 908 auf 954 l erhöhte Treibstoffkapazität.**

### Technische Daten

**Douglas C-21**

**Typ:** Transporter oder Beobachtungs-Amphibienflugzeug.

**Triebwerk:** zwei 350 PS (261 kW) Wright R-975-3 Sternmotoren.

**Leistung:** Höchstgeschwindigkeit 225 km/h; Reisegeschwindigkeit 192 km/h; Dienstgipfelhöhe 4.330 m; Reichweite 885 km.

**Gewicht:** Rüstgewicht 2.659 kg; max. Startgewicht 3.893 kg.

**Abmessungen:** Spannweite 18,29 m; Länge 13,36 m Höhe 34,29 m; Tragflügelfläche 52,21 $m^2$.

# Douglas F3D (F-10) Skyknight

### Entwicklungsgeschichte

Die US Navy brauchte ein von einem Flugzeugträger aus eingesetztes Kampfmodell mit Strahltriebwerk und beauftragte Douglas mit dem Bau von drei Prototypen in dieser Kategorie unter der Bezeichnung **Douglas XF3D-1.**

Das Modell war ein Mitteldecker aus Metall mit freitragenden, hydraulisch faltbaren Flügeln. Der Rumpf hatte einen runden Querschnitt und hydraulisch betriebene Geschwindigkeitsbremsen; Pilot und Radarbeobachter saßen nebeneinander in einem Cockpit mit Luftdruckausgleich, und das Heckleitwerk war ähnlich wie bei der D-558-1 Skystreak. Ungewöhnlich war ein tunnelartiger Notausgang für die Besatzung, der von der hinteren Kabine zum Rumpfunterteil führte. Das Fahrwerk war eine einziehbare Dreibeinanlage, und das Triebwerk der Prototypen bestand aus zwei Westinghouse J34-WE-24 Strahltriebwerken mit 1.361 kp Schub, die unten am Rumpfvorderteil angebracht waren.

Der erste Prototyp unternahm seinen Jungfernflug am 23. März 1948, aber noch während die Firma ihre Tests durchführte, lief eine erste Bestellung über 28 **F3D-1 Skynight** Serienmaschinen ein. Die erste davon flog am 13. Februar 1950, und der Typ nahm im Frühjahr 1951 den Einsatz auf. Die F3D-1 unterschied sich von den Prototypen durch verbesserte Avionik und Ausrüstung und hatte zunächst J34-WE-32 Strahltriebwerke mit 1.361 kp Schub. Diese Motoren wurden später auf 1.474 kp gebracht und erhielten die Bezeichnung J34-WE-34.

US Navy

**Eine Douglas F3D-2 Skynight der VF-14 kurz vor der Landung an Bord eines Flugzeugträgers im November 1954.**

Vor der Auslieferung der ersten F3D-1 hatte Douglas einen Vertrag über die Produktion einer verbesserten **F3D-2** abgeschlossen, die mit 237 Exemplaren die wichtigste und zugleich letzte Serienausführung wurde. Die F3D-2 sollte mit J46-WE-36 Strahltriebwerken von 2.087 kp Schub bestückt werden, aber die Entwicklung dieses Triebwerks wurde abgebrochen, und der Typ erhielt das J34-WE-36 Triebwerk. Zu den Verbesserungen gehörten Autopilot und modernisierte Systeme und Ausrüstung. Die erste F3D-2 flog am 14. Februar 1951; ein Jahr später waren alle Maschinen ausgeliefert.

Die Skynight wurde häufig in Korea eingesetzt und war an den meisten Siegen der US Navy und des US Marine Corps beteiligt. Der erste Sieg wurde am 2. November 1952 errungen, als erstmals ein Jet-Flugzeug (eine MiG-15) von einem anderen während der Nacht abgefangen und zerstört wurde. Im September 1962 wurden die F3D-1 und F3D-2 im Rahmen der dreifachen Neugliederung der amerikanischen Waffengattungen in **F-10A** bzw. **F-10B** umbenannt. Einige Skynight waren bis 1965 aus dem Verkehr gezogen, aber viele ECM-Ausführungen dienten noch bis 1969 in Vietnam.

### Varianten

**F3D-1M (MF-10A):** Bezeichnung für etwa zwölf F3D-1 nach dem Umbau als Testflugzeuge für Sparrow Lenkraketen.
**F3D-2B:** neue Bezeichnung einer F3D-2 während eines speziellen Waffentests im Jahre 1952.
**F3D-2M (MF-10B):** Bezeichnung von 16 F3D-3 nach dem Umbau zum Transport von Sparrow Raketen.
**F3D-2Q (EF-10B):** neue Bezeichnung von 35 F3D-2 nach dem Umbau für ECM-Flüge.
**F3D-2T:** mit dieser Bezeichnung wurden fünf F3D-2 als Nachtkampf-Schulflugzeuge umgebaut.
**F3D-2T2 (TF-10B):** neue Bezeichnung von 55 F3D-2, die als Schulflugzeuge für Radarbeobachter und als Plattform für elektronische Kriegsführung dienten.
**F3D-3:** geplante modernisierte Ausführung mit gepfeilten Flügeln.

### Technische Daten

**Douglas F3D-2**
**Typ:** Allwetter-Kampfflugzeug für Flugzeugträger.
**Triebwerk:** zwei Westinghouse J34-WE-36/36A Strahltriebwerke mit 1.542 kp Schub.
**Leistung:** Höchstgeschwindigkeit 909 km/h in 6.095 m Höhe; Reisegeschwindigkeit 628 km/h; Anfangssteiggeschwindigkeit 20,37 m/sek; Dienstgipfelhöhe 11.654 m; Reichweite 1.931 km.
**Gewicht:** Leergewicht 8.237 kg; max. Startgewicht 12.179 kg.
**Abmessungen:** Spannweite 15,24 m; Länge 13,97 m; Höhe 4,88 m; Tragflügelfläche 37,16 m².
**Bewaffnung:** vier starre, nach vorn feuernde 20 mm Bordkanonen.

# Douglas F4D (F-6) Skyray

### Entwicklungsgeschichte

Das Interesse der US Navy an der Erforschung der Deltaflügel-Konfiguration führte 1947 zum Douglas Entwurf eines Abfangjägers für Flugzeugträger, der eine Variation des reinen Deltaflügels darstellte. Am 16. Dezember 1948 wurde ein Vertrag über den Bau von zwei **Douglas XF4D-1** Prototypen abgeschlossen, von denen der erste am 23. Januar 1951 seinen Jungfernflug mit einem Allison J35-A-17 Triebwerk von 2.268 kp Schub unternahm. Dieses Triebwerk war eine Notlösung, da die Entwicklung des Westinghouse J40 Strahltriebwerks verzögert worden war. Beide Prototypen flogen später mit einem XJ40-WE-6 von 3.175 kp Schub und dem 5.262 kp starken XJ40-WE-8 mit Nachbrenner, aber Schwierigkeiten mit diesem Triebwerk führten zur Übernahme des Pratt & Whitney J57 Motors als Standardausrüstung.

Die **F4D Skyray** war ein Mitteldecker mit freitragenden Flügeln in modifizierter Delta-Konfiguration mit Höhenquerrudern, die gemeinsam als Höhen- oder Querruder eingesetzt wurden. Das Leitwerk hatte ausschließlich gepfeilte Leitflächen, und das Fahrwerk war eine einziehbare Dreibeinanlage. Der Pilot saß vor den Tragflächen in einem umschlossenen Cockpit mit ausgezeichneter Sicht.

Der zweite Prototyp gab eine überzeugende Demonstration des Potentials dieses Typs, als er am 3. Oktober 1953 mit dem XJ40-WE-8 Strahltriebwerk einen neuen Geschwindigkeitsweltrekord von 1.211,746 km/h aufstellte. Das erste Exemplar des Serienmodells **F4D-1** flog am 5. Juni 1954 mit einem Pratt & Whitney J57-P-2 Strahltriebwerk von 6.123 kp Schub mit Nachbrenner, aber die Auslieferungen begannen erst am 16. April 1956, zunächst an die US Navy Squadron VC-3. Das 419. und letzte Serienexemplar wurde am 22. Dezember 1958 ausgeliefert; in der Zwischenzeit war ein stärkeres J57-P-8 Triebwerk eingebaut worden. Alle Maschinen trugen die Bezeichnung F4D-1 und den Spitznamen Ford.

Auf ihrem Höhepunkt flog die Skyray bei elf US Navy und sechs US Marine sowie drei Reservestaffeln, aber keine einzige Maschine wurde im Kampf eingesetzt. Der Typ war noch in den späten 60er Jahren im Dienst; im September 1962 erhielt das Modell die neue Bezeichnung F-6A.

### Varianten

**F4D-2N:** geplante Entwicklung mit verbesserter Allwetterkapazität; schließlich als F5D-1 Skylancer Prototyp gebaut.

US Navy

**Die Douglas F4D-1 Skyray zeichnete sich durch eine ausgezeichnete Steiggeschwindigkeit aus. Dadurch war die Skyray für die Verteidigung des amerikanischen Kontinents geeignet.**

### Technische Daten

**Typ:** einsitziges trägergestütztes Kampfflugzeug.
**Triebwerk:** ein Pratt & Whitney Strahltriebwerk mit 6.577 kp Schub mit Nachbrenner.
**Leistung:** Höchstgeschwindigkeit 1.162 km/h in Meereshöhe und 1.118 km/h in 10.975 m Höhe; Anfangssteiggeschwindigkeit 93 m/sek; Dienstgipfelhöhe 16.765 m; max. Reichweite 1.931 km.
**Gewicht:** Leergewicht 7.268 kg; max. Startgewicht 11.340 kg.
**Abmessungen:** Spannweite 10,21 m; Länge 13,93 m; Höhe 3,96 m; Tragflügelfläche 51,75 m².
**Bewaffnung:** vier feste, vorwärtsfeuernde 20 mm Kanonen, plus bis zu 1.814 kg Ladung (darunter Hilfstanks, Bomben, Raketen oder Lenkwaffen) an sechs Flügelstationen.

# Douglas F5D-1 Skylancer

### Entwicklungsgeschichte

Die **Douglas F5D** war ursprünglich als verbesserte Allwetterentwicklung der F4D (F-6) Skyray geplant, und 1953 wurden zwei Prototypen mit der Bezeichnung F4D-2N bestellt. Mehrere entscheidende Veränderungen (Tragflächen mit stark reduziertem Dickenverhältnis, ein verlängerter Rumpf, veränderte Seitenleitwerke und eine neue Cockpitkanzel) führten zu der neuen Bezeichnung F5D-1 und später zu dem Namen **Skylancer,** bevor am 21. April 1956 der Erstflug stattfand.

Inzwischen waren neun Vorserienmaschinen und 51 Serienexemplare bestellt worden, aber nach frühen Flugtests wurden alle bis auf zwei Vorserienflugzeuge abbestellt. Das ging nicht auf eventuelle Nachteile des Modells zurück, sondern auf die Erkenntnis, daß sich die Leistung der F5D nur wenig von derjenigen der Chance Vought F8U-1 unterschied, die damals kurz vor der Übernahme stand. Die vier F5D-1 taten jedoch gute Dienste als fliegende Teststände der US Navy für verschiedene Ausrü-

**Die Douglas F5D-1 Skylancer, die Überschallversion der Skyray, hatte eine gute Leistung und eine passable Allwetterkapazität, wurde aber nicht in größeren Zahlen gebaut, da die vergleichbare Vought F8U Crusader bereits im Einsatz war.**

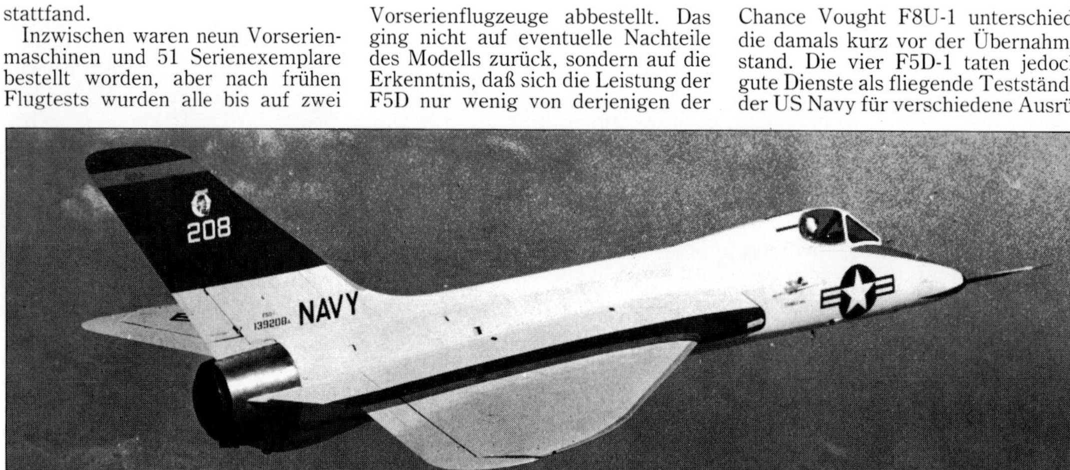


US Navy

stungen, bevor sie zu Versuchszwecken der NASA übergeben wurden.

### Technische Daten

**Typ:** einsitziges trägergestütztes Kampfflugzeug.
**Triebwerk:** ein Pratt & Whitney J57-P-8 Strahltriebwerk mit 7.257 kp Schub mit Nachbrenner.
**Leistung:** Höchstgeschwindigkeit 1.767 km/h in 3.050 m Höhe; Reisegeschwindigkeit 1.025 km/h; Dienstgipfelhöhe 17.525 m; Reichweite 2.140 km.
**Gewicht:** Leergewicht 7.912 kg; max. Startgewicht 12.733 kg.
**Abmessungen:** Spannweite 10,21 m; Länge 16,40 m; Höhe 4,52 m; Tragflügelfläche 51,75 $m^2$.
**Bewaffnung** (geplant): Sidewinder oder Sparrow Luft-Luft oder ungelenkte Raketen.

# Douglas XFD-1

### Entwicklungsgeschichte

Unter der Bezeichnung **Douglas XFD-1** entwarf und baute die Firma den Prototyp eines Kampfflugzeugs für Flugzeugträger im Rahmen eines Wettbewerbs. Der Typ war ein metallener Doppeldecker mit ungleicher Spannweite und Stoffbespannung und hatte ein festes Heckradfahrwerk und ein langes geschlossenes Cockpit für zwei hintereinander sitzende Besatzungsmitglieder. Der Erstflug fand im Frühjahr 1933 statt, aber die US Navy war mit der Leistung nicht zufrieden, und trotz der ausgezeichneten Flugeigenschaften wurden keine Serienmaschinen bestellt. Die XFD-1 diente später als Teststand bei Pratt & Whitney.

### Technische Daten

**Typ:** zweisitziges trägergestütztes Kampfflugzeug (Prototyp).
**Triebwerk:** ein 700 PS (522 kW) Pratt & Whitney R-1535-64 Sternmotor.
**Leistung:** Höchstgeschwindigkeit 335 km/h in 2.440 m Höhe; Reisegeschwindigkeit 274 km/h; Steigzeit auf 1.525 m 3 Minuten 18 Sekunden; Dienstgipfelhöhe 7.225 m; Reichweite 925 km.
**Gewicht:** Leergewicht 1.464 kg; max. Startgewicht 2.268 kg.
**Abmessungen:** Spannweite 9,60 m; Länge 7,72 m; Höhe 3,38 m; Tragflügelfläche 27,41 $m^2$.
**Bewaffnung:** zwei vorwärtsfeuernde 7,62 mm MG und eines im hinteren Cockpit.

**Die Douglas XFD-1 war der einzige Doppeldecker-Jäger der Firma mit Kolbenmotor. Die Entwicklung wurde eingestellt, als das Interesse an zweisitzigen Kampfflugzeugen nachließ.**

# Douglas M Baureihe

### Entwicklungsgeschichte

Ab 1918 war das US Post Office Department für die nationalen US-Postflugstrecken verantwortlich und bis 1925 waren die verschiedenen DH-4 Doppeldecker, die von diesem Postdienst seit seiner Gründung geflogen wurden, verbraucht. Man entschied sich daher für den Umbau des Douglas O-2 Beobachtungs-Doppeldeckers, der von der US Army in Großserie gegeben worden war.

Die **Douglas DAM-1** (Douglas Air Mail-One), bald darauf abgekürzt zu **M-1**, wurde im Frühjahr 1925 zur Probe geflogen. Sie hatte eine doppelt so hohe Nutzlast wie die DH-4, verwendete aber die gleichen, seit langem bewährten Liberty-Motoren, von denen große Stückzahlen bereits vorhanden und leicht verfügbar waren. Die M-1 war eine direkte Umbauversion der O-2, bei der das vordere Cockpit mit Aluminiumblech in ein verstärktes Postabteil verwandelt wurde, das durch zwei Rumpfluken zugänglich war. Der Pilot saß in dem hinteren (Beobachter-) Cockpit der O-2. Im Rahmen der Tests wurden erhebliche Mengen Rohre eingebaut, um die Abgase vom Piloten wegzuleiten. Die M-1 wurde erfolgreich beurteilt, Douglas erhielt jedoch keinen Produktionsauftrag.

Mit der Einführung der Contract Air Mail (CAM)-Strecken bestellte allerdings die neu gegründete Western Air Express Company (später Western Airlines) sechs Douglas Postflugzeuge. Die Maschinen, die mit **M-2** bezeichnet wurden, unterschieden sich von der M-1 hauptsächlich dadurch, daß der ursprüngliche Tunnelkühler durch einen Frontkühler ersetzt wurde. Auch wurde die Maschine so eingerichtet, daß der Frachtbereich schnell für den Transport eines Passagiers anstelle der Post umgebaut werden konnte.

Einen Monat, bevor die Western Air Express ihren Los Angeles—Salt Lake City—Dienst im April 1926 eröffnete, bestellte das US Post Office 50 Maschinen der **M-3** Version für seine Hauptstrecken. Die M-3 unterschieden sich nur in Details von der M-2 und hatten eine Aluminiumhaut, deren Rumpfseiten und die Flügelunterseite des unteren Flügels mit dem US Air Mail-Schriftzug geziert wurde. Die Western-Maschinen waren in Rot und Silber lackiert.

Der Chefingenieur der Douglas Company, J. H. 'Dutch' Kindelberger, konstruierte die M-3 dann mit dem Ziel um, die Nutzlast zu verdoppeln. Die wichtigste Änderung dieser neuen **M-3** bestand in einer völlig neuen, 'gestreckten' Tragfläche, die die 12,09 m Spannweite der früheren Modelle um 1,47 m übertraf und es fehlte der Ausschnitt in der oberen Tragflächenhinterkante, der von den O-2 der US Army stammte. Die Maschine machte auf das Post Office so viel Eindruck, daß es 40 der 50 bestellten Maschinen in M-4 Ausführung liefern ließ. Eine einzelne M-4, die von Western Air Express gekauft wurde, erhielt von Douglas den Namen **M-4A**, um sie von dem Post Office-Auftrag abzuheben.

Dadurch, daß die CAM-3-Strecke (Chicago—Dallas) im Oktober 1925 von National Air Transport (NAT) in Leasing übernommen wurde, entstand ein weiterer Bedarf für Postflugzeuge. NAT flog zunächst die Curtiss Carrier Pigeon und kaufte dann, nach Übernahme der wichtigen Chicago—New York-Strecke, dem Post Office auf einer Auktion alle zehn M-3 und acht M-4 ab, als diese Behörde im Juli 1926 alle ihre Strecken an private Betreiber übergab.

Am 1. September 1927 wurden die Douglas-Postflugzeuge bei NAT eingeführt und 1930 wurden sie zugunsten der dreimotorigen Ford Tri-Motor aus dem Dienst genommen. Während ihrer dreijährigen Dienstzeit funktionierten sie in bewundernswerter Weise bei jedem Wetter und unter den schwierigsten Flugbedingungen. NAT hatte von vielen verschiedenen Quellen weitere M-4 gekauft und einmal insgesamt 24 Douglas-Postflugzeuge im Einsatz. Hierzu gehörte auch eine Maschine aus Privatbesitz, die von der US Treasury beschlagnahmt worden war, weil sie während der Prohibition zum Alkoholschmuggel von Kuba nach Florida benutzt worden war – sie erhielt den Spitznamen 'Booze Ship' (Schnapsdampfer). Ab dem Frühjahr 1928 flogen die M-3 der NAT mit neuen Flügeln größerer Spannweite. Eine M-4 wurde von NAT so umgebaut, daß sie einen 525 PS (391 kW) Pratt & Whitney Hornet Sternmotor aufnehmen konnte.

Insgesamt wurden 57 Douglas-Postflugzeuge gebaut. Mit der Entstehung der Ford und anderer dreimotoriger Maschinen wurden sie jedoch bald aus dem Post-Flugdienst abgezogen.

**Die Douglas M-2 hielt sich eng an die O-2 Serie und hatte vor dem Pilotencockpit ein großes Postabteil. Allerdings weist die Montage von zwei Luken in der Verkleidung des Abteils darauf hin, daß zwei Passagiersitze eingebaut werden konnten. Die Bemalung an der Rumpfseite zeigt, daß die Maschine auf der Contract Air Mail Route Nr. 4 zwischen Los Angeles und Salt Lake City geflogen wurde.**

### Technische Daten

**Douglas M-4**
**Typ:** einsitziges Postflugzeug.
**Triebwerk:** ein 400 PS (298 kW) Liberty 12 V-12 Kolbenmotor.
**Leistung:** Höchstgeschwindigkeit 225 km/h, Reisegeschwindigkeit 177 km/h; Dienstgipfelhöhe 5.030 m; Reichweite 1.127 km.
**Gewicht:** Rüstgewicht 1.544 kg; max. Startgewicht 2.223 kg.
**Abmessungen:** Spannweite 13,56 m; Länge 8,81 m; Höhe 3,07 m; Tragflügelfläche 38,18 $m^2$.

# Douglas O-2 Baureihe

### Entwicklungsgeschichte

Diese wichtige Baureihe von Beobachtungsflugzeugen stammte von zwei **Douglas XO-2** Prototypen ab, von denen der erste von einem 420 PS (313 kW) Liberty V-1650-1 Motor angetriebenen und im Herbst 1924 zur Probe geflogen wurde. Die zweite XO-2 hatte als Triebwerk einen 510 PS (380 kW) Packard 1A-1500-Motor, der sich als unzuverlässig erwies. 1925 bestellte die US Army 45 Serienmaschinen vom Typ **O-2**, die den geschweißten Stahlrohrrumpf, die hölzernen Flügel und die gesamte Stoffbespannung beibehielten, bei denen jedoch im vorderen Rumpf Aluminiumbleche neu eingeführt wurden. Die XO-2 war mit kürzeren und längeren Flügeln geflogen worden, letztere boten jedoch bessere Flugeigenschaften und wurden für die Serienmaschinen vorgeschrieben. Das Fahrwerk hatte einzelne Beine, das Höhenleitwerk war verstrebt und die Motorkühlung erfolgte über einen Tunnelkühler. Die O-2 erwies sich als ein konventioneller, jedoch sehr zuverlässiger Doppeldecker, der bald Aufträge für weitere 25 Maschinen einbrachte: 18 **O-2** mit Nachtflugausrüstung, sechs **O-2B** Maschinen mit Doppelsteuerung für die US-Army und eine zivile **O-2BS**, die speziell für James McKee umgebaut worden war, der im September 1926 seinen aufsehenerregenden Solo-Transkanada-Flug durchführte. 1927 wurde die O-2BS in einen Dreisitzer mit Sternmotor umgebaut.

**Douglas O-2H der 91st Observation Squadron, USAAC, 1928**

## Varianten

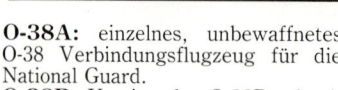

**O-2C:** der Erfolg der O-2 bei den Beobachtungs-Squadron der US Army führte 1926 zur Bestellung von 46 O-2C Maschinen; diese unterschieden sich von der O-2 durch Frontkühler für ihre Liberty-Motoren und durch modifizierte, Ölfederbeine; das US Army Air Corps (USAAC) erhielt 19 Flugzeuge, während die restlichen 27 an National-Guard-Reserveeinheiten gingen.
**O-2D:** zwei unbewaffnete Transportversionen der O-2C.
**O-2E:** Einzelexemplar, dessen Drahtverbindungen zwischen oberem und unterem Querruder am Flügel durch starre Streben ersetzt wurden.
**O-2H:** in der Erkenntnis, daß die Grundkonstruktion der O-2 sich ihrem Ende näherte, produzierten die Douglas-Ingenieure 1926 eine radikal überarbeitete Maschine namens O-2H; sie hatte einen neu konstruierten Rumpf und ein neues Leitwerk, während die unterschiedlich langen, deutlich versetzten Flügel (im Gegensatz zu den nicht versetzten Tragflächen einheitlicher Länge an den vorherigen Modellen) die starren Querruder-Verbindungsstreben übernahmen, die von der O-2E stammten; Standardausrüstung war ein verbessertes Fahrwerk mit geteilter Achse; zwischen 1928 und 1930 erhielt das USAAC 90 O-2H und die National Guard weitere 50 Maschinen.
**O-2J:** drei unbewaffnete O-2H, die als USAAC Transporter verwendet wurden.
**O-2K:** leicht modifizierte Version der O-2J für die US Army als Verbindungsflugzeug; insgesamt 57 produziert, 37 davon für das USAAC und 20 für die National Guard.
**XO-6:** fünf Ganzmetallversionen der O-2, die Mitte der zwanziger Jahre von Thomas-Morse gebaut wurden.
**XO-6B:** radikal geänderte (kleinere und leichtere) Version der XO-6, Vorläufer der Thomas-Morse O-19 Serie.
**O-7:** drei O-2 Flugwerke mit 510 PS (380 kW) Packard 1A-1500 Motoren mit Direktantrieb; später auf O-2 (zwei) und O-2C (eine) Standard umgerüstet.
**O-8:** nur ein Exemplar gebaut; es hatte bei Fertigstellung einen 400 PS (298 kW) Curtiss R-1454 Sternmotor anstelle des vorgesehenen Packard mit hängenden Ventilen; wurde später zu einer O-2A.
**O-9:** als Einzelexemplar gebaut; mit einem 500 PS (373 kW) Packard 1A-1500 Getriebemotor; sah aus wie die O-7, hatte jedoch anstelle des Zweiblatt- einen Vierblatt-Propeller; wurde später zu einer O-2A.
**XO-14:** Einzelexemplar einer O-2H in verkleinertem Maßstab und das erste Douglas-Flugzeug mit Radbremsen.
**O-22:** zwei Maschinen gebaut; sie unterschieden sich von der O-2H durch ihre N-förmigen Flügelstreben, eine gepfeilte obere Tragfläche, metallverkleidete Seitenleitwerksflächen und einen 450 PS (336 kW) Pratt & Whitney R-1340-9 Sternmotor mit Townend-Ring; der bisherige Hecksporn wurde durch ein Heckrad ersetzt.
**O-25:** eine O-2H mit einem 600 PS (447 kW) starken, flüssigkeitsgekühlten Curtiss Conqueror; neue Art der MG-Befestigung für den Beobachter; flog später als **XO-25A** mit Prestone-Kühlsystem.
**O-25A:** Serienversion der O-25, von einem 600 PS (447 kW) Curtiss V-1570-7 Conqueror Getriebemotor angetrieben; mit Heckrad ähnlich der O-22; das USAAC erhielt 50 O-25A.
**O-25B:** drei unbewaffnete Exemplare der O-25A mit Doppelsteuerung als Verbindungsflugzeug.
**O-25C:** Weiterentwicklung der XO-25A mit dem gleichen Prestone-gekühlten Curtiss Conqueror Getriebemotor; der Kühler befand sich weiter hinten, unter dem vorderen Rumpf; an das USAAC wurden 30 O-25C ausgeliefert.
**O-29:** ein Flugzeug, das der O-2K glich, jedoch einen luftgekühlten Wright R-1750 Sternmotor hatte; ursprüngliche Bezeichnung **Y1O-29A** und schließlich **O-29A.**
**O-32:** glich der Endversion des O-29 Experimentalflugzeugs, jedoch mit 450 PS (336 kW) Pratt & Whitney R-1340-3 Wasp Sternmotor.
**O-32A:** Serienversion der O-32; 30 für das USAAC gebaut.
**YO-34:** der O-22 ähnlich, jedoch mit Curtiss Conqueror Motor; nur ein Exemplar.
**O-38:** sah aus wie die O-25, hatte aber einen 525 PS (391 kW) Pratt & Whitney R-1690-3 Sternmotor mit Townend-Ring; die US National Guard erhielt alle 44 Serienmaschinen.

***Rechts:* Die Douglas O-25C beruhte auf der O-2H und der O-2K und war die Serienversion der AO-25A mit Prestone-Kühlung und Curtiss V-1570-27 Motor in einer sehr eleganten, strömungsgünstigen Verkleidung.**

**O-38A:** einzelnes, unbewaffnetes O-38 Verbindungsflugzeug für die National Guard.
**O-38B:** Version der O-38B mit einem 525 PS (391 kW) Pratt & Whitney R-1690-5 Sternmotor; insgesamt wurden 63 Maschinen produziert, 30 davon für die USAAC Beobachtungs-Squadron und 33 für die US National Guard.
**O-38C:** einzelne Maschine ähnlich der O-38B für den Einsatz bei der US Coast Guard.
**O-38E:** mit breiterem und tieferem Rumpf ähnlich der privatwirtschaftlichen O-38S, mit Schiebedach über den Cockpits; als Triebwerk diente ein 625 PS (466 kW) Pratt & Whitney R-1690-13 Sternmotor mit Metallpropeller; konnte mit Edo-Schwimmern verwendet werden; die US National Guard erhielt 37 Maschinen.
**O-38F:** 1933 wurden acht Maschinen an die US National Guard ausgeliefert; sie hatten einen R-1690-9 Sternmotor und ein überarbeitetes, komplett abgeschlossenes Kabinendach; unbewaffnete Verbindungsmaschinen.
**O-38S:** eine privatwirtschaftliche Weiterentwicklung der O-38 mit einem breiteren und tieferen Rumpf, Kabinendach für die Besatzung und einem glatt verkleideten 575 PS (429 kW) Wright R-1820-E Sternmotor; eigentlich war dies der Prototyp der O-38E.
**Exportversionen** (Beobachtungsflugzeuge): acht Exemplare der O-2C wurden von Mexiko gekauft und ihnen folgten 1929 acht Exemplare der O-2M, einer O-32A-Version, jedoch mit 525 PS (391 kW) Pratt & Whitney Hornet Sternmotor; sechs der O-39P, einer Version der O-38E, die mit Rad- oder Schwimmerfahrwerk ausgestattet werden konnte, wurden 1932 an die Marineflieger von Peru ausgeliefert; aus China kamen, mit insgesamt 82 Maschinen in sechs Jahren ab 1930, eindrucksvolle Aufträge – zehn **O-2MC** Maschinen, die der O-38 bis auf ihre Hornet-Sternmotoren sehr ähnlich waren, folgten 20 Exemplare der **O-2MC-2,** bei der die Zylinder des Hornet-Motors von einem Townend-Ring eingefaßt waren; ihnen folgten fünf **O-2MC-3** Varianten mit einem aufgewerteten 575 PS (429 kW) Hornet, zwölf **O-2MC-4,** zwölf **O-2MC-5** Maschinen hatten den schwächeren Pratt & Whitney Wasp C1 mit 420 PS (313 kW), 22 **O-2MC-6** Maschinen mit 575 PS (429 kW) Wright

**Dieses Einzelexemplar der Douglas O-38C trug ursprünglich die US Coast Guard Seriennummer CG-9, wurde vom War Department mit der USAAC Seriennummer 32-394 bestellt und fand sein Ende unter der geänderten USCG Seriennummer V-108. Die Maschine unterschied sich von den 38 O-38B nur durch ihren Motor, einen Pratt & Whitney R-1690-7 Sternmotor.**

R-1820-E Sternmotoren sowie eine einzelne **O-2MC-10** mit einem 670 PS (500 kW) Wright R-1820-F21 Sternmotor.
**XA-2:** das 46. Flugzeug des ursprünglichen O-2 Auftrages wurde als Angriffsflugzeug ausgelegt; es wurde von einem hängenden 420 PS (313 kW) Liberty V-1410 V-Motor angetrieben und hatte insgesamt acht Maschinengewehre (zwei in der Motorverkleidung, zwei im oberen Flügel, zwei im unteren Flügel sowie ein Zwillings-MG (vom Beobachter bedient) und war damit für seine Zeit bemerkenswert gut bewaffnet; die Maschine stand 1926 im Wettbewerb mit der Curtiss A-3, wurde jedoch nicht für die Serienproduktion ausgewählt.
**OD-1:** Bezeichnung für zwei O-2C, die von der US Navy bestellt wurden und die ab 1929 beim US Marine Corps flogen.

### Technische Daten
**Douglas O-2**
**Typ:** zweisitziger Beobachtungs-Doppeldecker.
**Triebwerk:** ein 420 PS (313 kW) Liberty V-1650-1 V-12 Kolbenmotor.
**Leistung:** Höchstgeschwindigkeit 206 km/h; Dienstgipfelhöhe 4.960 m; Reichweite 579 km.
**Gewicht:** Rüstgewicht 1.375 kg; max. Startgewicht 2.170 kg.
**Abmessungen:** Spannweite 12,09 m; Länge 8,76 m; Höhe 3,20 m; Tragflügelfläche 38,18 m².
**Bewaffnung:** ein synchronisiertes, im Rumpf montiertes Maschinengewehr und ein schwenkbares MG im hinteren Cockpit plus vier Aufhängungen für je eine 45 kg Bombe.

# Douglas O-31, O-43 und O-46

### Entwicklungsgeschichte
Die Douglas Company, die sich sehr darum bemühte, ihre Position als wichtigster Beobachtungsflugzeug-Lieferant für das US Army Air Corps beizubehalten, entwickelte einen Vorschlag für einen Hochdecker, der die Doppeldecker-Typen ersetzen sollte, die sich Ende der zwanziger Jahre dem Ende ihres Entwicklungspotentials näherten. Im Januar 1930 wurde ein Vertrag über zwei **Douglas XO-31** unterzeichnet und das erste dieser Flugzeuge flog im Dezember des gleichern Jahres. Der Knickflügler hatte offene Cockpits für Piloten und Beobachter, einen schlanken Rumpf mit einem 600 PS (447 kW) Curtiss Conqueror V-1570-25 V-12 Motor und ein Fahrwerk mit geteilter Achse, das für große Radverkleidungen vorgesehen war. Die Tragfläche war nach oben zu einem vierstrebigen Träger hin und nach unten zum unteren Rumpfbereich mit Draht verspannt. Das Ganzmetallflugzeug hatte eine ausgezeichnete Linienführung, die nur etwas von der gewellten Duraluminiumhaut gestört wurde, die den Rumpf ab der Motorverkleidung überzog.

Die XO-31 litt unter mangelnder Richtungsstabilität und zur Lösung dieses Problems wurde mit verschieden geformten Seitenleitwerksflossen und Höhenrudern sowie mit außen angesetzten Heckflossen experimentiert. Das zweite Flugzeug wurde als **YO-31** fertiggestellt und unterschied sich in der Hauptsache durch eine Getriebe-Version des Conqueror-Motors und durch eine vergrößerte Heckflosse. Im ersten Halbjahr 1932 wurden die vier ausgelieferten Maschinen vom Typ **YO-31A** radikal umgebaut und erhielten Ellipsenflügel, ein neues Leitwerk, einen Halbschalenrumpf mit glatter Blechverkleidung sowie ein Kabinendach über den Cockpits der Besatzung. Es gab die Maschinen mit verschiedenen Leitwerksversionen und die letzte Ausführung (mit der neuen Bezeichnung **O-31A**) hatte eine sehr hohe, spitze Heckflosse mit einem eingesetzten Ruder. Das Einzelexemplar **YO-31B** war ein unbewaffnetes Verbindungsflugzeug und die **YO-31C** hatte ein selbsttragendes Fahrwerk mit Halbverkleidung und

**Der formlos gekleidete Beobachter einer National Guard Douglas O-46A hält einen Haken zum Aufnehmen einer Nachricht während der Manöver der 44th Division im Jahre 1939. Im Vergleich zur XO-46 hatte die O-46A ihren Motor um 21,6 cm vorverlegt, und das hintere Ende des Kabinendachs ging in die Heckflossen-Vorderkante über.**

eine Bauchkuppel, durch die der Beobachter sein einläufiges 7,62 mm Maschinengewehr in stehender Stellung wirkungsvoller einsetzen konnte.

Im Sommer 1931 wurden für Einsatztests fünf Flugzeuge bestellt, die im Frühjahr 1933 unter der Bezeichnung **Y10-43** an das USAAC ausgeliefert wurden. Sie unterschieden sich erheblich von der endgültigen Version der O-31A und waren Hochdecker, deren überarbeitetes Leitwerk ein neues Seiten- und Höhenruder hatte. Sie wurden unter der Bezeichnung **O-43** in Dienst gestellt. 1934 wurde ein Auftrag über 23 **O-43A** Maschinen fertiggestellt. Diese Variante unterschied sich von den O-43 durch einen tieferen Rumpf, der die Bauchkuppel unter der Schützenposition unnötig machte, sowie durch eine vergrößerte Seitenleitwerksflosse mit eingesetztem Ruder wie die der O-31A. Das Kabinendach wurde vergrößert und schloß nun beide Cockpits voll ab. Die O-43 und O-43A waren bei den Beobachtungs-Squadron des US Army Air Corps mehrere Jahre lang im Einsatz, bevor sie zu Reserveeinheiten der National Guard abgestellt wurden.

Das 24. Flugwerk aus dem O-43A-Auftrag wurde als **XO-46** Prototyp fertiggestellt, der sich von der O-43A dadurch unterschied, daß seine Flügel an beiden Seiten durch parallel laufende, stromlinienförmige Streben gehalten wurden, wodurch die pyramidenförmige Drahtverspannung wegfiel, die allen früheren Douglas-Beobachtungs-Hochdeckern zu eigen war. Außerdem ersetzte zum ersten Mal ein Sternmotor (der Pratt & Whitney R-1535-7) den bis dahin bevorzugten V-12 Motor. Die XO-46 bestand die Prüfung mit Bravour und ein Auftrag über 71 **O-46A** Serienmaschinen wurde anschließend auf 90 Exemplare erhöht, die zwischen Mai 1936 und April 1937 ausgeliefert wurden. Die O-46A unterschied sich optisch von der XO-46, indem ihr Cockpitdach in die angehobene hintere Rumpfverkleidung überging.

Die O-46A waren bis 1940 bei den Beobachtungs-Squadron des US Army Air Corps im Einsatz, als die meisten von ihnen zu National Guard-Reserveeinheiten und schließlich 1942 als Schulflugzeuge abgestellt wurden. Die letzte Fronteinheit des USAAC, die die O-46A benutzte, war die 2nd Observation Squadron, die mehrere dieser Maschinen im Einsatz hatte, als die Japaner im Dezember 1941 ihren Stützpunkt in Nichols Field auf den Philippinen angriffen.

**Die Douglas YO-31A war die Vorgängerin einer berühmten Flugzeugreihe, die lange gebaut wurde, aber zu den Konstruktionsmerkmalen, die zum Verschwinden verurteilt waren, gehörten die Knickflügel und das Dreibein-Fahrgestell.**

### Technische Daten
**Douglas O-46A**
**Typ:** zweisitziger Beobachtungs-Eindecker.
**Triebwerk:** ein 725 PS (541 kW) Pratt & Whitney R-1535-7 Sternmotor.
**Leistung:** Höchstgeschwindigkeit 322 km/h; Einsatzgeschwindigkeit 275 km/h; Dienstgipfelhöhe 7.360 m; Reichweite 700 km.
**Gewicht:** Rüstgewicht 2.166 kg; max. Startgewicht 3.011 kg.
**Abmessungen:** Spannweite 13,94 m; Länge 10,53 m; Höhe 3,25 m; Tragflügelfläche 30,84 m².
**Bewaffnung:** ein starres, vorwärtsfeuerndes 7,62 mm Maschinengewehr in der rechten Flügelvorderkante sowie ein bewegliches MG im Beobachter-Cockpit.

# Douglas PD

### Entwicklungsgeschichte
Ende 1927 waren die alten F-5L Flugboote aus dem Ersten Weltkrieg, die rund acht Jahre lang das Rückgrat der US Navy-Patrouilleneinheiten gebildet hatten, nahezu schrottreif und es bestand ein dringender Bedarf für Ersatz. Die Naval Aircraft Factory (NAF) hatte bereits eine Reihe von Flugbooten gebaut, die aus der F-5L, einer Version der British Felixstowe F.5 mit Liberty-Motoren weiterentwickelt worden waren und die letzte Maschine dieser Experimentalserie war die NAF PN-12 mit Sternmotoren. Zwei Maschinen waren mit Erfolg gebaut und geflogen worden und daraufhin entschied sich die US Navy dafür, von verschiedenen Flugzeugbauern Weiterentwicklungen der P-12 zu ordern. Im Dezember 1927 erhielt Douglas einen Auftrag über 25 **Douglas PD-1** Flugboote.

Die PD-1, die je von zwei Wright R-1750A Sternmotoren angetrieben wurden, waren Doppeldecker unterschiedlicher Spannweite, deren untere Flügel eine deutliche V-Stellung hatten. Die Gundstruktur der Flügel bestand aus mit Stoff bespanntem Metall und der zweistufige Ganzmetallrumpf hatte konventionelle Einrichtungen für die Besatzung. Pilot und Kopilot saßen in offenen Cockpits nebeneinander kurz hinter der Position des Bugschützen. Mittschiffs befand sich eine zweite Schützenstellung und die Funkkabine war im Rumpf untergebracht. Für lange Patrouillenflüge gab es eine ziemlich enge Unterbringungsmöglichkeit für eine Mannschaftsablösung.

Die erste PD-1 flog im Mai 1929 und das letzte der 25 Flugzeuge wurde im Juni 1930 an die US Navy ausgeliefert. Die Maschinen waren bei vier Patrouillen-Squadron sechs Jahre lang im Dienst und wurden in dieser Zeit mit 575 PS (429 kW) Wright R-1820-64 Sternmotoren ummotorisiert. Die verbliebenen PD-1 wurden von 1936-1939 als Mannschafts-Schulflugzeuge verwendet.

**Abgebildet ist die erste von zwei NAF PN-12 Maschinen, die im Januar 1929 die Markierungen der VJ-1 trug. Diese erste PN-12 hatte als Triebwerk 525 PS (392 kW) Wright R-1750 Cyclone Sternmotoren, während die zweite Maschine Pratt & Whitney R-1850 Hornet Sternmotoren hatte. Beide Maschinen stellten eine Reihe von Weltrekorden auf und bestätigten voll und ganz die Verwendbarkeit der neuen Sternmotoren in Flugbooten.**

### Technische Daten

**Typ:** Seepatrouillen-Flugboot.
**Triebwerk:** zwei 525 PS (391 kW) Wright R-1750-A Sternmotoren.
**Leistung:** Höchstgeschwindigkeit 195 km/h; Einsatzgeschwindigkeit 161 km/h; Dienstgipfelhöhe 3.535 m; Reichweite 2.358 km.
**Gewicht:** Rüstgewicht 3.773 kg; max. Startgewicht 6.798 kg.
**Abmessungen:** Spannweite 22,20 m; Länge 14,99 m; Höhe 4,88 m; Tragflügelfläche 107,95 m².
**Bewaffnung:** zwei bewegliche 7,62 mm Maschinengewehre (eines im Bug-Cockpit und eines im Mittschiffs-Cockpit) plus bis zu 907 kg Bomben.

# Douglas SBD Dauntless

**Douglas SBD-5 Dauntless der Escuadron Aéro de Pelea 200, Fuerza Aérea Mexicana (mexikanische Luftwaffe), 1946 in Pie de la Cuesta stationiert.**

## Entwicklungsgeschichte

Ohne jeden Zweifel muß die **Douglas SBD Dauntless** als der erfolgreichste Sturzkampfbomber angesehen werden, der während des Zweiten Weltkriegs von der amerikanischen Luftfahrtindustrie produziert wurde. Seine Erfolge lagen sowohl im Bereich der Kampfleistungen als auch der Langlebigkeit und die Maschine reduzierte die Schlagkraft der japanischen Marine mit ihren Einsätzen in Coral Sea, Midway und während des Solomon-Feldzugs, leistete aber auch dann noch bis Ende 1944 einen wertvollen Beitrag zu den Einsätzen der US Navy und des US Marine Corps, als andere, gleich alte Maschinen längst von der Bildfäche verschwunden waren.

Die Dauntless war das Ergebnis des Einflusses, den John Northrop auf die Douglas-Konstruktionsphilosophie hatte und stammte von der Northrop BT-1 ab, die im Frühling 1938 bei der US Navy in Dienst ging. Eine der Serien-BT-1 diente als Prototyp für einen neuen Marine-Sturzkampfbomber, der die Bezeichnung **XBT-2** erhielt. Bis dieser jedoch 1940 in Produktion ging, war Northrop zu einem Unternehmensbereich der Douglas Company geworden, was zu der Bezeichnung **SBD** führte. Für das gesamte Projekt war Ed Heinemann der Chefkonstrukteur.

Es ergaben sich Veränderungen in der Struktur und in der Motorisierung und während die SBD zwar noch eine Verwandtschaft mit ihrer Vorgängerin erkennen ließ, war sie in Wirklichkeit ein völlig anderes Flugzeug. Der selbsttragend konstruierte Tiefdecker war, abgesehen von den stoffbespannten Steuerflächen ganz aus Metall gebaut. Die Rumpfkonstruktion enthielt eine Reihe wasserdichter Kammern, das Leitwerk war konventionell ausgelegt und die Haupträder des Heckradfahrwerks wurden nach innen eingezogen. Für den Schiffseinsatz waren Auffanghaken angebracht. Die beiden Besatzungsmitglieder saßen unter einem durchgehenden, transparenten Kabinendach hintereinander in Cockpits mit Doppelsteuerung. Der Prototyp hatte als Triebwerk einen 1.000 PS (746 kW) Wright XR-1820-32 Cyclone Sternmotor.

Die Tests des Prototyps ergaben nicht nur eine allgemeine Überlegenheit über die ältere Northrop BT-1, sondern die Leistung und die Flugeigenschaften hoben die Maschine sofort als ein außergewöhnliches Flugzeug hervor. Am 8. April 1939 wurden die ersten Produktionsaufträge über 57 **SBD-1** und 87 **SBD-2** Maschinen erteilt, wobei sich die SBD-2 durch eine vergrößerte Tankkapazität sowie durch eine geänderte Bewaffnung unterschied. Die SBD-1 gingen ab Ende 1940 in den Dienst des US Marine Corps und gehörten zur Ausstattung der Marine Squadron VMB-2 sowie, mit Liefertermin Anfang 1941, zur Einheit VMB-1. Die SBD-2 gingen zur US Navy und waren Ende 1941 bei den Squadron VB-6 und VS-6 an Bord der *USS Enterprise* und bei der Squadron VB-2 auf der *USS Lexington* im Einsatz.

Eine verbesserte **SBD-3** Version kam ab März 1941 in Dienst, bei der es als Neuheit selbstabdichtende Tanks (mit größerem Inhalt), Panzerung, eine kugelsichere Windschutzscheibe, einen 1.000 PS (746 kW) Wright R-1820-52 Motor sowie eine geänderte Bewaffnung gab, bei der als neuer Standard zwei 12,7 mm und zwei 7,62 mm Maschinengewehre eingeführt wurden. Der SBD-3 folgte in der Produktion die Serie **SBD-4**, die nur anstelle der elektrischen 12 Volt-Anlage eine mit 24 Volt besaß. Insgesamt wurden von diesen beiden Versionen 1.364 Exemplare gebaut, wodurch eine weitere Verbreitung dieser dringend benötigten und wichtigen Flugzeuge bei den Squadron der US Navy und des US Marine Corps ermöglicht wurde. Etwa 16 SBD-4 wurden später unter der Bezeichnung **SBD-4P** zu Aufklärungsmaschinen umgebaut.

Die am häufigsten gebaute Version war die **SBD-5**, die in einem neuen Douglas-Werk in Tulsa, Oklahoma, produziert wurde. Diese unterschied sich von den Vorversionen durch einen 1.200 PS (895 kW) R-1820-60 Motor, einen vergrößerten Munitionsvorrat sowie durch eine beleuchtete Zieleinrichtung für das starr montierte, vorwärts feuernde als auch das im hinteren Cockpit beweglich montierte Maschinengewehr. Insgesamt wurden davon 2.409 Exemplare gebaut, bevor sich Douglas der letzten Produktionsvariante, der **SBD-6** zuwandte, die einen noch stärkeren R-1820-66 Motor und größere Treibstofftanks hatte. Die US Navy erhielt auch kleinere Stückzahlen der Fotoaufklärer-Versionen der älteren Varianten, die mit Kameras und den dazu gehörenden Geräten ausgestattet waren und die die Bezeichnungen **SBD-1P**, **SBD-2P** und **SBD-3P** trugen. Neun Maschinen vom Typ SBD-5 wurden im Januar 1945 zur Verwendung beim Royal Navy's Fleet Air Arm geliefert und erhielten die Bezeichnung **Dauntless DB-Mk I**, keine von ihnen wurde jedoch im Kampf eingesetzt. Eine weitere geringe Stückzahl ging nach Mexiko. Obwohl die US Navy und das US Marine Corps Ende 1944 die Dauntless weniger verwendeten, blieben doch viele der aktuellsten Versionen auch nach Ende des Zweiten Weltkriegs für einige Jahre im Dienst.

Der Erfolg des deutschen Sturzkampfbombers Junkers Ju 87 zu dem Zeitpunkt, an dem Hitlers Marschkolonnen 1940 den größten Teil Euro-

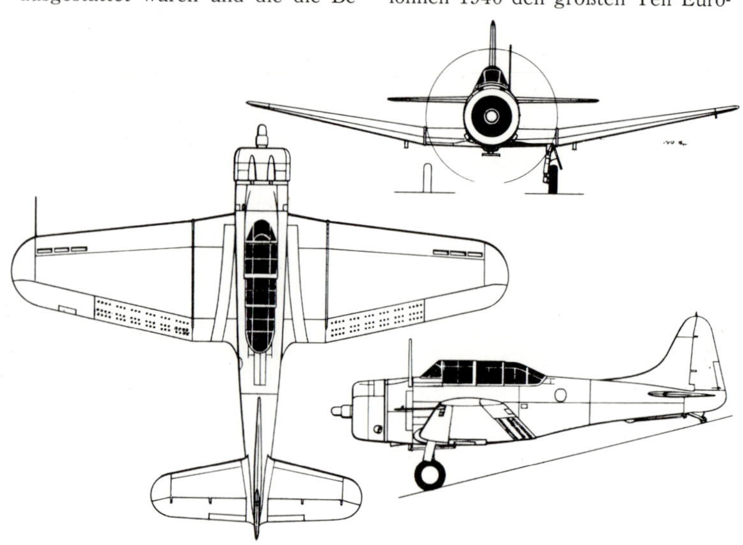

**Douglas SBD Dauntless**

pas überrollten, machte die US Army der Tatsache bewußt, daß sie in dieser Kategorie über kein bedeutendes Flugzeug verfügte. Als Ergebnis dieser Einsicht wurden 168 Maschinen der SBD-3 Version der US Navy als dringender Bedarf für die US Army bei Douglas bestellt und im Sommer 1941 unter der US Army-Bezeichnung **A-24** ausgeliefert. Sie waren mit den SBD-3 praktisch identisch (in den Verträgen wurde die Bezeichnung **SBD-3A** verwendet) und unterschieden sich nur durch den weggefallenen Auffanghaken sowie durch das pneumatische Heckrad anstelle des von der US Navy bevorzugten Vollgummirades. Etwa ein Drittel dieser Flugzeuge wurde im November 1941 zum Einsatz bei der 27th Bombardment Group der USAAF auf den Philippinen verfrachtet, da sie jedoch noch auf See waren, als Pearl Harbor angegriffen wurde, wurden sie stattdessen nach Australien umgeleitet, wo sie im Februar 1942 zur Ausstattung der 91st Bombardment Squadron und später auch der 8th Bombardment Squadron gehörten. Beide Einheiten fanden, daß die Leistung und die Reichweite der A-24 zu gering waren.

Trotz dieser Mängel kaufte die US Army weiter die A-24 und erhielt 1942 die ersten 170 **A-24A** (die der SBD-4 der US Navy entsprachen und in den Verträgen **SBD-4A** genannt wurden) sowie schließlich 615 Maschinen von dem Typ **A-24B (SBD-5A)**. Diese Flugzeuge hatten keine herausragenden Erfolge und bestätigten die mit der Ju 87 in Europa und Asien gemachten Erfahrungen, daß sie nur ein sehr begrenztes Einsatzgebiet hatten — innerhalb dessen sie allerdings tatsächlich unschlagbar waren. Ihr mangelnder Erfolg bei der US Army lag jedoch darin, daß sie keine identische Funktion einnehmen konnten. Trotzdem blieb eine Reihe dieser Maschinen auch nach dem Zweiten Weltkrieg noch im Dienst der USAAF/USAF. Eine A-24A wurde als Einzelstück in das funkferngesteuerte Zielflugzeug **A-24A** umgebaut und dieses Flugzeug erhielt 1948, als alle übriggebliebenen A-24A in **F-24A** umbenannt wurden, die Bezeichnung **QF-24A**. Gleichzeitig wurden alle A-25B in **F-24B** umbenannt und eine einzelne Zieflugzeug-Lenkmaschine erhielt den Namen **DF-24B**.

US Navy

**Unter dem Rumpf dieser beiden Douglas SBD Dauntless-Angriffsflugzeuge ist der Hebel deutlich zu erkennen, mit dem die Bombe aus dem Drehbereich des Propellers herausgehoben wurde. Ebenfalls sichtbar ist der einziehbare Haken unter dem rückwärtigen Rumpf, der bei trägergestütztem Einsatz verwendet wurde.**

### Technische Daten
**Douglas SBD-6**

**Typ:** zweisitziger Pfadfinder/Sturzkampfbomber.
**Triebwerk:** ein 1.350 PS (1.007 kW) Wright R-1820-66 Cyclone 9 Sternmotor.
**Leistung:** Höchstgeschwindigkeit 410 km/h in 4.265 m Höhe; Einsatzgeschwindigkeit 298 km/h in 4.265 m Höhe; Dienstgipfelhöhe 7.680 m; Reichweite 1.244 km.
**Gewicht:** Leergewicht 2.964 kg; max. Startgewicht 4.318 kg.
**Abmessungen:** Spannweite 12,65 m; Länge 10,06 m; Höhe 3,94 m; Tragflügelfläche 30,19 m².
**Bewaffnung:** zwei vorwärtsfeuernde 12,7 mm MG und zwei beweglich montierte 7,62 mm MG plus Befestigungspunkte für bis zu 726 kg unter dem Rumpf und bis zu insgesamt 265 kg unter den Flügeln.

# Douglas T2D

### Entwicklungsgeschichte
Im Juli 1925 bestellte das US Navy Bureau of Aeronautics drei zweimotorige Torpedobomber/Mehrzweckflugzeug-Doppeldecker vom Typ **Douglas XT2D-1**. Von ihnen wurde verlangt, daß sie sich zur Verwendung mit Rad- oder Schwimmerfahrwerk und für den Einsatz von Flugzeugträgern aus eignen sollten. Zwei Monate zuvor war bei der US Naval Aircraft Factory ein einzelnes XTN-1 Flugzeug mit ähnlichen Allgemeineigenschaften bestellt worden.

Der erste Prototyp der XT2D-1 flog am 27. Januar 1927 als Landflugzeug. Bald darauf wurden seine 500 PS (373 kW) Wright P-2 Sternmotoren durch Wright R-1750 ersetzt und auch die anderen Prototypen wurden ähnlich ummotorisiert. Die drei Flugzeuge nahmen im Frühling 1927 mit Erfolg an Erprobungen bei der US Navy Torpedo Squadron VT-2 teil und als Ergebnis wurden neun Maschinen der Serienversion **T2D-1** gekauft.

Die Grundkonstruktion der XT2D-1 Prototypen wurde beibehalten und die Flugzeuge waren an ihren platten Nasen und der angewinkelten Bomben- bzw. Torpedozieltafel, dem großen Seiten- und Höhenleitwerk, dem geteilten, leicht auf Schwimmer umrüstbaren Breitspurfahrwerk und ihren zweistieligen, gleich langen Flügeln mit abgerundeten Spitzen zu erkennen. Der Rumpf der TSD-1 war allerdings 0,90 m kürzer als der der XT2D-1 und die Motorgondeln wurden neu plaziert. Die Maschine hatte eine vierköpfige Besatzung, wobei Pilot und Kopilot in offenen Cockpits hintereinander, der Bomben-/MG-Schütze im Bug und der Funker/Schütze im vierten Cockpit mittschiffs saßen.

Die TSD-1 brachte im Einsatz zufriedenstellende Leistungen und wurde (als erstes zweimotoriges Flugzeug) 1928 bei den Flottenmanövern der US Navy von Flugzeugträgern aus eingesetzt. Ihre Größe verhinderte jedoch den Einsatz des kompletten Flugzeugbestands des Flugzeugträgers und so wurde dieser Typ an Patrouillen-Squadron umgeleitet. Im Anschluß daran flogen die T2D-1 bei den Einheiten VP-1 und VP-2 von Pearl Habor, Hawaii, aus je nach Bedarf mit Rad- oder Schwimmerfahrwerk, bis sie 1933 verschrottet wurden.

### Variante
**P2D-1:** Im Juni 1930 erhielt die Douglas Company einen Auftrag über 18 Flugzeuge auf der Basis der T2D-1, die jedoch speziell für Seepatrouillen geplant waren; diese neuen **P2D-1** Maschinen hatten doppelte Seitenflossen und -ruder, um die Flugeigenschaften speziell bei Ausfall eines Motors zu verbessern und sie erhielten als Triebwerk 575 PS (429 kW) Wright R-1820-E Sternmotoren; die Auslieferung wurde Ende 1931 abgeschlossen und die P2D-1 flog, fast nur mit Schwimmern, bei der VP-3 der US Navy, die in der Panama-Kanalzone stationiert war, bis sie 1937 vom Einsatz in vorderster Linie zurückgezogen wurde.

**Die Douglas P2D-1, die unter der Bezeichnung T2D-2 bestellt wurde, war umbenannt worden, um damit die Hauptfunktion dieses Typs als Überwasser-Aufklärer und Patrouillenmaschine wie hier bei der VP-3 Squadron deutlich zu machen.**

### Technische Daten
**Douglas T2D-1** (Landflugzeug)

**Typ:** Torpedobomber/Mehrzweck-Doppeldecker.
**Triebwerk:** zwei 525 PS (391 kW) Wright R-1750 Sternmotoren.
**Leistung:** Höchstgeschwindigkeit 201 km/h; Dienstgipfelhöhe 4.215 m; Reichweite 735 km.
**Gewicht:** Leergewicht 2.726 kg; max. Startgewicht 4.773 kg.
**Abmessungen:** Spannweite 17,37 m; Länge 12,80 m; Höhe 4,85 m; Tragflügelfläche 82,31 m².
**Bewaffnung:** zwei bewegliche 7,62 mm Maschinengewehre plus ein 734 kg Torpedo oder das entsprechende Gewicht in Bomben.

# Douglas XT3D

### Entwicklungsgeschichte
Der **Douglas XT3D-1** Prototyp wurde entsprechend einer Anforderung der US Navy nach einem dreisitzigen Torpedobomber konstruiert und gebaut und flog Anfang 1931 zum ersten Mal. Die XT3D-1 war ein großer, häßlicher Doppeldecker, weitgehend aus Metall mit Stoffbespannung gebaut, hatte Klappflügel und Auffanghaken für Trägereinsatz, ein starres Heckradfahrwerk und als Triebwerk zunächst einen Pratt & Whitney S2B1-C Hornet Sternmotor. Die drei Besatzungsmitglieder saßen in offenen Cockpits — der Bomben-/MG-Schütze vorn, der Pilot im mittleren Cockpit, kurz hinter der Flügelhinterkante und hinter ihm der zweite Schütze.

Da die XT3D-1 in ihren ersten Einsatzerprobungen nicht die Anforderungen erfüllte, wurde sie zum Umbau an Douglas zurückgegeben und erhielt einen stärkeren 800 PS (597 kW) Pratt & Whitney XR-1830-54 Sternmotor, Radverkleidungen am Hauptfahrwerk und ein geschlossenes Kabinendach für die beiden hinteren Cockpits. Unter der neuen Bezeichnung **XT3D-2** wurde sie für weitere Einsatztests ausgeliefert und erbrachte auch diesmal wieder keinen Produktionsauftrag. Die US Navy flog die Maschine rund zehn Jahre lang als Mehrzweckflugzeug, ehe sie 1941 als Schulungs-Flugwerk abgestellt wurde.

### Technische Daten
**Douglas XT3D-1**
**Typ:** dreisitziger Torpedobomber Prototyp.
**Triebwerk:** ein 575 PS (429 kW) Pratt & Whitney S2B1-G Hornet Sternmotor.
**Leistung:** Höchstgeschwindigkeit 206 km/h in 1.830 m Höhe; Dienstgipfelhöhe 4.265 m; Reichw. 893 km.
**Gewicht:** Leergewicht 1.922 kg; max. Startgewicht 3.564 kg.
**Abmessungen:** Spannweite 15,24 m; Länge 10,79 m; Höhe 4,03 m; Tragflügelfläche 57,97 m².
**Bewaffnung:** zwei 7,62 mm Maschinengewehre (beweglich montiert, im vorderen und hinteren Cockpit) plus ein 832 kg Torpedo oder das entsprechende Gewicht in Bomben.

**Die Douglas XT3D-2 war ein weitgehender Umbau der XT3D-1, durch den die Leistung verbessert werden sollte: es wurde ein aufgewertetes Triebwerk montiert, eine NACA-Vollverkleidung ersetzte den alten Townend-Ring und es wurden Rad-Halbverkleidungen angebracht. Die Besatzung bestand aus einem Bomben-/MG-Schützen vor dem Piloten sowie dem hinteren Schützen hinter der Tragfläche.**

# Douglas TBD Devastator

**Douglas TBD-1 Devastator der Torpedo Squadron VT-6, im Februar 1942 stationiert an Bord der USS Enterprise**

### Entwicklungsgeschichte
Anfang 1934 schrieb die US Navy einen Konstruktionswettbewerb für die Entwicklung eines neuen Torpedobombers aus, der an Bord der US-Flugzeugträger und speziell auf der *USS Ranger* eingesetzt werden sollte, deren Indienststellung für dieses Jahr vorgesehen war. Aus den eingegangenen Vorschlägen wurden von Douglas und der Great Lakes Aircraft Corporation Prototypen geordert: die **Douglas XTBD-1** war der erste trägergestützte Eindecker, der für die US Navy produziert wurde. Andererseits war die Great Lakes XTBG-1, von der nur ein einziger Prototyp gebaut wurde, der letzte Doppeldecker der Torpedobomber-Kategorie, den die US Navy kaufte.

Der Prototyp XTBD-1, der am 15. April 1935 zum ersten Mal flog, war von der Auslegung und der Bauweise her relativ konventionell. Der tief angesetzte, selbsttragende Flügel konnte mechanisch auf etwa halber Spannweite hochgeklappt werden. Die Maschine war fast ganz aus Metall gebaut, nur Seiten- und Höhenruder waren mit Stoff bespannt. Der tiefe Rumpf verfügte über einen internen Waffenschacht, in dem ein Torpedo oder eine panzerbrechende Bombe untergebracht werden konnte. Nur die Hauptbeine des Heckradfahrwerks waren teilweise einziehbar, so daß nur die Haupträder im eingefahrenen Zustand halb an der Flügelunterseite herausragten. Vor dem Heckrad war ein Auffanghaken montiert. Der Prototyp hatte als Triebwerk einen 800 PS (597 kW) Pratt & Whitney XR-1830-60 Sternmotor und unter dem langen, transparenten Kabinendach war Platz für drei Besatzungsmitglieder (Pilot, Bombenschütze/Navigator und MG-Schütze).

Die ersten Tests des Prototypen verliefen so gut, daß Douglas die Maschine innerhalb von neun Tagen nach ihrem Erstflug zu Einsatztests an die US Navy übergeben konnte, die sich über neun Monate erstreckten und die zu Aufträgen über insgesamt 129 Exemplare der **TBD-1 Devastator** Serienversion führten, wobei der erste Auftrag an Douglas am 3. Februar 1936 erteilt wurde. Als am 25. Juni 1937 die Auslieferung dieser Flugzeuge begann, verfügte die US Navy über ein Flugzeug, das ohne jeden Zweifel der fortschrittlichste Torpedobomber der Welt war.

Die erste US Navy Squadron, die am 5. Oktober 1937 ihre TBD-1 erhielt, war die VT-3; die Squadron VT-2, VT-5 und VT-6 wurden im folgenden Jahr ausgerüstet. Die TBD-1 blieb bis zur Battle of Midway im Fronteinsatz der US Navy. Das Hauptgefecht dieser Schlacht fand am 4. Juni 1942 statt, als 35 TBD-1 in Stücke geschossen wurden, als sie zwischen heftiges Flugabwehrfeuer und den MG der Mitsubishi A6M Zero Marinejäger gerieten.

Die verbliebenen Devastator wurden aus dem Kampfeinsatz zurückgezogen und kamen für einige Zeit als Verbindungs- und Schulflugzeuge zum Einsatz.

### Technische Daten
**Typ:** dreisitziger Torpedobomber.
**Triebwerk:** ein 900 PS (671 kW) Pratt & Whitney R-1830-64 Twin Wasp Sternmotor.
**Leistung:** Höchstgeschwindigkeit 332 km/h in 2.440 m Höhe; Einsatzgeschwindigkeit 206 km/h; Dienstgipfelhöhe 6.005 m; Reichweite mit 454 kg Bombe oder Torpedo 669 km.
**Gewicht:** Leergewicht 2.804 kg; max. Startgewicht 4.624 kg.
**Abmessungen:** Spannweite 15,24 m; Länge 10,67 m; Höhe 4,60 m; Tragflügelfläche 39,20 m².
**Bewaffnung:** ein vorwärtsfeuerndes 7,62 mm Maschinengewehr und ein beweglich montiertes 7,62 mm MG plus ein Torpedo oder eine panzerbrechende 454 kg Bombe.

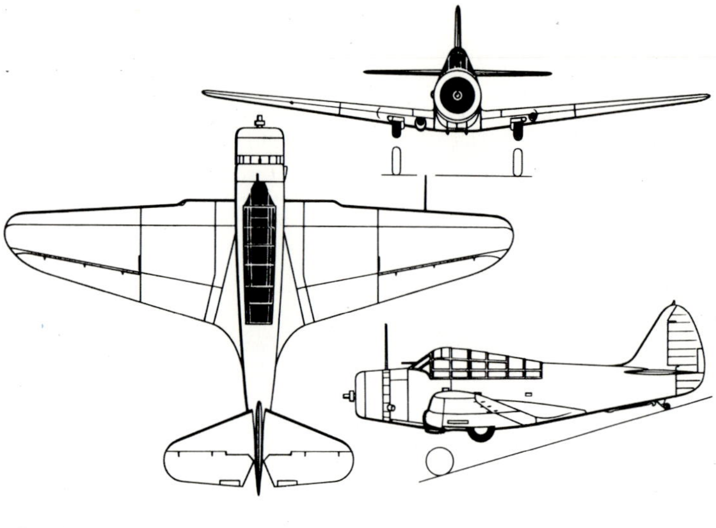
**Douglas TBD-1 Devastator**

**Eine Douglas TBD-1 Devastator der Torpedo Squadron VT-5. Die Devastator war der erste Eindecker der US Navy in Serienproduktion, der speziell für den Trägereinsatz entwickelt worden war und der damit einen wichtigen Schritt in der Entwicklung der US Marineflieger darstellte.**

# Douglas X-3 Stiletto

Optisch eines der herausragendsten Flugzeuge, das je gebaut wurde, war die Douglas X-3 Stiletto, deren Tragflügelfläche nur ein Sechstel dessen betrug, was die DC-3 hatte, obwohl ihr Startgewicht nur geringfügig darunter lag. Bei der Tragflächenbelastung der X-3 von 8,78 kg/cm² und einer zu schwachen Motorleistung ist es kein Wunder, daß sie die Erwartungen nicht erfüllte. Ihre 590 kg schweren Testinstrumente lieferten auf ihren sechs Flügen viele wertvolle Daten.

### Entwicklungsgeschichte

Unter der Leitung durch das Air Research and Development Command der US Air Force und mit gemeinsamer Unterstützung durch US Navy, USAF und NACA konstruierte und entwickelte Douglas ein Hochgeschwindigkeits-Forschungsflugzeug mit der Bezeichnung **Douglas X-3**, das später aufgrund seiner Linienführung **Stiletto** genannt wurde.

Die Maschine, die hauptsächlich für die Erforschung der Probleme von hohen Geschwindigkeiten in großen Höhen und der Auswirkungen der kinetischen Erhitzung vorgesehen war, wurde ab 1945 als X-3 konstruiert. Wie kompliziert dieses Programm war, ist daran zu erkennen, daß es mehr als drei Jahre dauerte, bis die Baugenehmigung für ein Modell im August 1948 erteilt wurde und erst Ende Juni 1949 erhielt Douglas den Auftrag über zwei flugfähige Prototypen und ein statisches Prüfstand-Flugwerk; schließlich wurde aber nur ein Prototyp gebaut.

Die X-3, die erstmals am 20. Oktober 1952 geflogen wurde, hatte einen schlanken Rumpf mit nadelscharfem Bug, tief angesetzte, selbsttragende Flügel von sehr geringer Spannweite, ein konventionelles Leitwerk, ein einziehbares Bugradfahrwerk und als Triebwerk zwei Westinghouse J34-WE-17 Strahltriebwerke, die nebeneinander im Rumpf montiert waren. Der Pilot war in einer Druckkabine untergebracht und saß auf einem nach unten gerichteten Schleudersitz, der als Zugang vom Boden aus auch als elektrischer Lift funktionierte. Die Konstruktion der X-3 war wegen der Hochgeschwindigkeits-Erfordernisse von ungeahnter Komplexität, denn es mußten eine fortschrittliche Aerodynamik sowie neue Bauweisen und Werkstoffe verwendet werden. Insbesondere gehörte dazu die Entwicklung von Produktions- und Bautechniken unter Verwendung von Titan. Darüberhinaus hatte das Flugwerk über 850 auf seiner Oberfläche verteilte kopfnadelgroße Löcher, durch die Druckmessungen vorgenommen wurden, 185 Dehnungsmesser, die die entstehenden Druckwerte aufzeichneten sowie 150 Temperatur-Meßpunkte.

Die Tests verliefen enttäuschend — die Maschine erwies sich als untermotorisiert und erreichte nur rund die Hälfte der vorgesehenen Geschwindigkeit von Mach 2,2; in einem Fall wurde im Sturzflug Mach 1,21 erreicht. Da es praktisch keine Hoffnung auf eine Leistungsverbesserung gab, stellte die USAF das Programm nach nur sechs Flügen ein und das Flugzeug wurde an die NACA weitergegeben. Die X-3 wurde jedoch nicht als Fehlschlag betrachtet, denn sie leistete einen wichtigen Beitrag zur Titan-Technologie und einige ihrer konstruktiven Elemente wurden später in der Lockheed F-104 Starfighter verwendet.

### Technische Daten

**Typ:** ein Höchgeschwindigkeits-Forschungsflugzeug für sehr große Höhen.
**Triebwerk:** zwei Westinghouse J34-WE-17 Strahltriebwerke, die mit Nachbrenner je 1.905 kp Schub entwickelten.
**Leistung:** Höchstgeschwindigkeit 1.136 km/h in 6.095 m Höhe; absolute Dienstgipfelhöhe 11.580 m; max. Flugdauer 1 Stunde.
**Gewicht:** Leergewicht 6.507 kg; max. Startgewicht 10.160 kg.
**Abmessungen:** Spannweite 6,91 m; Länge 20,35 m; Höhe 3,81 m; Tragflügelfläche 15,47 m².

# Dudakow/Konstantinow U-1

In der Sowjetunion wurde die in Lizenz gebaute Version des berühmten Avro 504K Schulflugzeugs, die sich in den Abmessungen unterschied, U-1 genannt.

### Entwicklungsgeschichte

Unter der Bezeichnung **Dudakow/Konstantinow U-1** wurde in den zwanziger Jahren eine Version der Avro 504K in Rußland gebaut. Die Produktionszahlen ergeben, daß insgesamt in der Zeit von 1923 bis 1931 664 Maschinen gebaut wurden und daß von 1924 bis 1930 weitere 74 Wasserflugzeug-Versionen unter der Bezeichnung **MU-1** hinzukamen. Beide wurden offensichtlich von einer Kopie des 110 PS (82 kW) Le Rhône Umlaufmotors angetrieben, wobei das russische Triebwerk die Bezeichnung M-2 erhielt. Vorausgesetzt, daß die aufgezeichneten Daten stimmen, würden sich die Abmessungen leicht von der Standard-Avro 504 K unterscheiden.

### Technische Daten

Im Grunde der Avro 504K ähnlich, mit folgenden Ausnahmen:
**Abmessungen:** (U-1) Spannweite 10,85 m; Länge 8,78 m; Höhe 3,21 m.
**Abmessungen:** (MU-1) Spannweite 10,85 m; Länge 9,85 m; Höhe 3,58 m.

# Dudley Watt D.W.2

### Entwicklungsgeschichte

Die **Dudley Watt D.W.2** (G-AAWK), die am 17. Mai 1930 von ihrem Besitzer in Brooklands, England, zum ersten Mal öffentlich geflogen wurde, war von Captain K.N. Pearson speziell für Dudley Watt konstruiert worden. Zielsetzung war die Produktion eines zweisitzigen Leichtflugzeuges, das extrem langsam fliegen konnte und das gleichzeitig ein ernstzunehmender Konkurrent für die de Havilland Moth-Familie war.

Die D.W.2 war ein leichter Doppeldecker aus Holz und Stoff, in dessen Rumpf weit vorn zwei offene Cockpits untergebracht waren und der ein konventionelles, verstrebtes Leitwerk, ein starres Heckspornfahrwerk und als Triebwerk einen A.D.C. Cirrus III Motor hatte. Es gibt zeitgenössische Berichte darüber, daß das Flugzeug wegen seiner außergewöhnlichen Langsamflugeigenschaften, wenn mehr als eine leichte Brise herrschte, potentiell gefährlich zu fliegen war. Ob dies nun stimmte oder nicht — weitere Maschinen wurden nicht gebaut und G-AAWK wurde Ende 1934 demontiert.

### Technische Daten

**Typ:** zweisitziger Doppeldecker.
**Triebwerk:** ein 90 PS (67 kW) A.D.C. Cirrus III Reihenmotor.
**Leistung:** Höchstgeschwindigkeit 145 km/h; Reisegeschw. 121 km/h.
**Gewicht:** Leergewicht 476 kg; max. Startgewicht 680 kg.
**Abmessungen:** Spannweite 12,09 m; Länge 7,87 m.

# Dufaux-Flugzeuge

### Entwicklungsgeschichte

Die Genfer Brüder Armand und Henri Dufaux bauten 1908 das erste Schweizer Flugzeug, einen plump aussehenden Dreifachdecker, bei dem drei Satz Dreifachflügel hintereinander montiert waren. Im folgenden Jahr produzierten sie die **Dufaux 4** (es gibt keine Berichte über die fehlenden Nummern), einen konventionelleren, einsitzigen Doppeldecker mit einem 8-Zylinder Antoinette Motor. Im Mai 1910 wurde die Maschine der Schweizer Militärkommission vorgeführt, galt jedoch als für militärische Zwecke ungeeignet. Die Maschine blieb jedoch erhalten und befindet sich jetzt im Schweizer Transport- und Verkehrsmuseum in Luzern.

Im gleichen Jahr wurde als verbesserte Version die **Dufaux 5** gebaut und die Schweizer Militärkommission charterte sie während der Herbstmanöver als Aufklärer. Es war ein Zweisitzer mit Gnome-Umlaufmotor und sein Pilot war der damals gerade achtzehnjährige E. Tailloubaz, Inhaber der Schweizer Pilotenlizenz Nr. 1 vom 10. Oktober 1910. Die Ergebnisse der Erprobungen galten trotz mehrerer Probleme mit dem Flugzeug als positiv und die gewonnene Erfahrung führte im August 1914 zur Gründung der Schweizer Luftwaffe.

### Weitere Dufaux-Typen

**Dufaux Hubschrauber:** flog 1905 im Fesselflug; eine Vierblatt-Rotorkonstruktion, über die nur wenig bekannt ist.
**Einmotoriger Dufaux-Jäger:** die Maschine, die von der Armand Dufaux Société pour la Construction et l'Entretien d'Avions in Paris konstruiert und gebaut wurde, war ein außerordentliches Flugzeug, das konstruiert wurde, um die 1915 noch nicht vorhandene MG-Synchro-

nisierung zu ersetzen; der Doppeldecker, der in seiner Gesamtauslegung wenig auffällig war, hatte (im Rumpf, hinter dem Cockpit, in dem die beiden Besatzungsmitglieder gegeneinander versetzt saßen) einen 110 PS (82 kW) Le Rhône Umlaufmotor, der einen Zweiblatt-Druckpropeller bewegte und dessen ringförmige Naben den vorderen und hinteren Rumpfteil zusammenhielten, der durch den Propeller getrennt wurde; diese ungewöhnliche Auslegung verursachte alle möglichen Probleme, machte jedoch den Bug frei für das 7,7 mm Lewis Maschinengewehr des Beobachters; bis die Maschine allerdings im Frühjahr 1916 herauskam, waren geeignete Synchronisierungsanlagen auf dem Markt und die Entwicklung wurde nicht fortgesetzt.

**Dufaux Avion-Canon:** Projekt für einen einsitzigen Jäger, der mit einer einzelnen 37 mm Hotchkiss-Kanone bewaffnet war, die durch die hohle Propellerwelle feuerte, die über Kegelräder von zwei nach innen gerichteten Umlaufmotoren angetrieben wurde; Das Flugzeug wurde nicht gebaut und Armand Dufaux schied wegen seiner schlechten Gesundheit aus der Luftfahrt aus.

### Technische Daten
**Dufaux 5**

**Typ:** zweisitziger Schulungs- und Aufklärungs-Doppeldecker.
**Triebwerk:** ein 70 PS (52 kW) Gnome Umlaufmotor.
**Leistung:** Höchstgeschwindigkeit 84 km/h; Dienstgipfelhöhe 600 m; Reichweite 60 km.
**Gewicht:** Leergewicht 340 kg; max. Startgewicht 555 kg.
**Abmessungen:** Spannweite 8,50 m; Länge 9,50 m; Höhe 2,70 m; Tragflügelfläche 24,00 m$^2$.

# Dunne-Flugzeuge

### Entwicklungsgeschichte

Nachdem er im Jahre 1900 als Invalide aus dem Burenkrieg nach England heimgekehrt war, konzentrierte sich Lieutenant John William Dunne auf sein wichtigstes Interessengebiet, den Flug von Maschinen, die schwerer als Luft waren. 1904 hatte er in einer Entwicklungsrichtung begonnen, die einer Reihe von Pionieren gefiel, nämlich die Realisierung eines von der Konstruktion her stabilen Flugzeugs. Und 1905, als er in der H.M. Balloon Factory in Farnborough, Hampshire, Drachen entwickelte, die einen Menschen tragen konnten, waren Dunnes Ideen so weit fortgeschritten, daß er sich um Rat und Hilfe an den Superintendenten des Werkes, Colonel J.E. Capper wenden konnte. Dies führte zur Genehmigung durch das War Office, daß Dunne in dem Werk sein erstes Flugzeug, die **Dunne D.1** bauen konnte. Die D.1 war im Grunde ein Doppeldecker-Drachensegler, dessen Flügel nach hinten zu einer V-Form gepfeilt waren. Die D.1, die zur Geheimhaltung von Konstruktion und Zweck dieses Flugzeugs in Blair Atholl in Perthshire getestet wurde, erzielte einige kurze Flüge, ehe sie gegen eine Mauer flog und beschädigt wurde.

Es war vorgesehen, die D.1 mit einem Triebwerk zu versehen, nachdem sie im Gleitflug erfolgreich war, und die Reparaturen an ihrer Struktur boten die Zeit zur Montage von zwei kleinen Buchet-Motoren mit einer Gesamtleistung von 15 PS (11,2 kW). Das Triebwerk erwies sich als völlig unzureichend, um die D.1 in die Luft zu bringen, und bei Flugversuchen wurde sie wiederum beschädigt. Die sich anschließenden Reparaturen lassen sich eher als Neubau beschreiben, und es wurde ein Stahlrohrrahmen installiert, an dem ein 25 PS R.E.P. Motor im Heck montiert wurde, der zwei Druckpropeller bewegte. Außerdem ersetzte ein zierliches Vierrad-Fahrwerk die ursprünglichen Kufen. Der Pilot 'saß' auf dem unteren Flügel, vor dem Motor. In dieser Form wurde die D.1 in **D.4** umbenannt, konnte Ende 1908 jedoch bei Tests kaum mehr als kurze Hopser erzielen. Daraufhin verlor das War Office den Gefallen an dem Projekt und ließ die weitere Entwicklung einstellen.

Nach Einstellung der offiziellen Unterstützung verließ Dunne die Balloon Factory und setzte seine Experimente mit der Unterstützung einer neu gegründeten Blair Atholl Aeroplane Syndicate Ltd. fort. Die erste dieser Maschinen war die **D.5**, die von Short Brothers in Leysdown auf der Isle of Sheppey gebaut wurde. Während sie die Gesamtauslegung ihrer Vorgänger beibehielt, profitierte sie doch von der Flugzeugbauerfahrung, die Short Brothers gesammelt hatte. Die D.5 war auch dahingehend weiterentwickelt worden, daß sie ein praktikableres Fahrwerk und eine verbesserte Unterbringung für den Piloten und einen Passagier erhielt. Als Triebwerk diente ein 60 PS (44,7 kW) Motor (zunächst ein E.N.V 'F', später jedoch ein Green), der zwei Druckpropeller bewegte. Die Spitzen der Doppeldeckerflügel wurden durch vertikale Flossen eingefaßt, und an den oberen Flügeln befanden sich Steuerflächen. Diese Flächen waren Querruder, die zur Regelung von Nick-, Roll- und Gierbewegungen verwendet wurden.

Bei den Tests während des ganzen Jahres 1910 auf dem Flugplatz der Short Brothers in Eastchurch zeigte die D.5 die konstruktive Stabilität, die ihr Konstrukteur angestrebt hatte, und war in der Lage, waagrecht und geradeaus zu fliegen, ohne daß die Steuerung betätigt wurde. 1911 wurde die Maschine bei einem Unfall schwer beschädigt, wesentliche Teile ihrer Struktur wurden jedoch bei der verbesserten **D.8** verwendet, die ein robusteres Fahrwerk, eine verbesserte, nach vorn über den Schnittpunkt der Flügel hinausragende Gondel (für Piloten und Passagier), einen einzelnen Druckpropeller, der von einem 50 PS (37,3 kW) Gnome Umlaufmotor direkt angetrieben wurde, sowie unabhängige Querruder an beiden Flügeln erhielt. 1912 und 1913 wurde dieses Flugzeug mit viel Erfolg geflogen und wurde 1913 in Frankreich vorgeführt. Die **D.10** war ein relativ ähnliches Flugzeug, das 1912 gebaut wurde und das neben einer etwas verringerten Spannweite und Tragflügelfläche einen 80 PS (60 kW) Gnome Motor hatte und für den Einsatz mit einem höheren Fluggewicht vorgesehen war. Da die Leistung jedoch vergleichsweise unter der des Vorgängermodells lag, wurde sie auf den D.8-Standard umgerüstet.

Dunne experimentierte auch mit Eindecker-Flugzeugen in der gleichen Grundkonstruktion,den einsitzigen **D.6** und **D.7**, sowie mit der zweisitzigen **D.7bis**. Die Flugzeuge hatten eine unkonventionelle Rahmenstruktur, die zur Anbringung des Fahrwerks und des Eindecker-Flügels diente und die auch die zentralen Masten zur Verspannung und Aufhängung der Flügel bot. Zwischen den beiden Rahmen waren die Gondel für den Piloten, bzw. bei der D.7bis für Piloten und Passagier, und der Motor mit Druckpropeller montiert. Obwohl die Maschinen in Eastchurch geflogen wurden, war ihre Leistung mit der des D.8 Doppeldeckers nicht zu vergleichen.

Das Interesse an der D.8-Konstruktion führte dazu, daß in den USA einige Exemplare von Burgess Aircraft gebaut wurden. In Europa brachte der durch die Entwicklung des Ersten Weltkriegs entstandene Druck das Ende für das leitwerkslose Flugzeug von Dunne.

**Hier auf dem Gelände der Royal Aircraft Factory in Farnborough im März 1914 zu sehen ist der leitwerkslose Doppeldecker Dunne D.8. Das Flugzeug bildete eine bemerkenswerte aerodynamische Leistung, muß aber für jeden Flugzeugmonteur ein Alptraum gewesen sein, der damit zu tun hatte.**

### Varianten

**D.2:** Bezeichnung für ein kleines Dreifachdecker-Segelflugzeug, das nicht gebaut wurde.
**D.3:** kleinere, unmotorisierte Version der D.4; 1908 als Segelflugzeug getestet, absolvierte nur wenige kurze Flüge, ehe sie abstürzte.
**D.9:** Bezeichnung für einen leitwerkslosen Anderthalbdecker; die Produktion lief an, wurde aber 1913 eingestellt.
**Burgess BD:** Einzelexemplar eines Einschwimmer-Wasserflugzeugs mit einem 100 PS (74,6 kW) Curtiss OXX-2 Motor.
**Burgess BDF:** dreisitziges Flugboot des Jahres 1916, das von einem 100 PS (74,6 kW) Curtiss OXX-2 Motor angetrieben wurde; die Maschine hatte eine Spannweite von 16,15 m und eine Höchstgeschwindigkeit von 109 km/h; ein Exemplar gebaut.
**Burgess BDH:** ein zweisitziges Einschwimmer-Wasserflugzeug mit 140 PS (104 kW) Motor; die Spannweite wurde im Vergleich zu den 14,02 m der BD um 0,15 m vergrößert und die Höchstgeschwindigkeit kletterte um 1,6 km/h auf 113 km/h; ein Exemplar gebaut.
**Burgess BDI:** ein einsitziges Einschwimmer-Wasserflugzeug, ein Exemplar gebaut.

### Technische Daten
**Dunne D.8** (Endversion)

**Typ:** zweisitziger, leitwerksloser Doppeldecker.
**Triebwerk:** ein 80 PS (60 kW) Gnome Umlaufmotor.
**Leistung:** Höchstgeschwindigkeit 88 km/h.
**Gewicht:** Leergewicht 635 kg; max. Startgewicht 862 kg.
**Abmessungen:** Spannweite 14,02 m; Länge ca. 8,08 m; Höhe ca. 3,96 m; Tragflügelfläche 50,63 m$^2$.

# EFW C3600/3605: siehe F+W

# EFW N-20 Aiguillon

### Entwicklungsgeschichte

Die Schweizer Flugwaffe bestellte Ende 1948 die de Havilland Vampire Mk 6 als Ersatz für die Messerschmitt Bf 109E und EFW D.3800 Baureihen; 75 Exemplare entstanden in England, und weitere 100 wurden unter Lizenz von EFW, Doflug und Pilatus in der Schweiz gebaut.

Das Eidgenössische Flugzeugwerk (EFW) in Emmen, dem Militärflughafen bei Luzern, hatte allerdings schon mit den Studien für die Entwicklung eines ungewöhnlichen Abfang- und Erdkampfjägers mit vier Strahltriebwerken begonnen, der **EFW N-20 Aiguillon** (Sporen). Die Triebwerke waren in den dicken, gepfeilten Tragflächen enthalten, und das Modell hatte keine Höhenleitflächen. Bei einer derart revolutionären Konstruktion war es nötig, zunächst Modelle für Flugtests in etwa 3/5 der Originalgröße zu bauen. Das erste davon flog 1950 und war ein hölzernes Segelflugzeug mit einziehbarem Dreibeinfahrwerk und einer Spannweite von 7,60 m. Neben dem Pilotencockpit gab es eine zweite, verglaste, aber etwas enge Position für einen Flugbeobachter in der Mitte der Tragflächen.

Das zweite Modell trug den Namen **Arbalète** (Bogen) und hatte vier winzige Turboméca Piméné Strahltriebwerke von je 110 kp Schub beim Start, aber nur 80 kp für den Flug. Dieses kanariengelbe Flugzeug unternahm mehrere Testflüge, um die Tauglichkeit des N-20 Konzepts zu beweisen.

Das für die N-20 gewählte Triebwerk war das Armstrong Siddeley Mamba (ursprünglich eine Propellerturbine, aber in diesem Fall ein reines Strahltriebwerk), das unter dem Bauch einer de Havilland Mosquito erprobt worden war, als diese Maschine während des Krieges in der Schweiz landete und dort einbehalten wurde. EFW arbeitete zusammen mit Armstrong Siddeley an einer Variante des Mamba mit 636 kp Schub, die als Swiss-Mamba SM-01 bezeichnet wurde; das Triebwerk hatte Nachbrenner und Schubumkehr. Die N-20 verfügte u.a. über auswechselbare Waffenbehälter und ein Cockpit mit Klimaanlage, das im Notfall durch Explosionskörper aus dem Rumpf herausgetrennt werden konnte; Pilot und Cockpit hatten Fallschirme.

1952 führte das Modell erfolgreich einige Test-'Hopser' durch, aber das Programm wurde abgebrochen, als sich herausstellte, daß die Triebwerke nicht genug Antriebskraft hatten. Sie sollten durch stärkere Strahltriebwerke ersetzt werden, aber das Schweizer Parlament weigerte sich, die nötigen finanziellen Mittel zur Verfügung zu stellen, und die Entwicklung dieses interessanten Projekts wurde abgebrochen. Das einzige Exemplar der N-20 und die Arbalète blieben jedoch erhalten und werden in der Aeronautik-Abteilung des Verkehrshauses in Luzern ausgestellt.

### Technische Daten

**Typ:** ein einsitziger Abfang- und Erdkampfjäger.
**Triebwerk:** vier Armstrong Siddeley/EFW Swiss-Mamba SM-01 Strahltriebwerke mit 635 kp Schub.
**Leistung:** (geschätzt, mit SM-05 Triebwerken von je 1.500 kp Schub) Höchstgeschwindigkeit 1.110 km/h; Dienstgipfelhöhe 16.000 m; Reichweite 1.060 km.
**Gewicht:** Leergewicht 6.550 kg; max. Startgewicht 9.000 kg.
**Abmessungen:** Spannweite 12,60 m; Länge 12,60 m; Höhe 3,67 m; Tragflügelfläche 53,85 m$^2$.

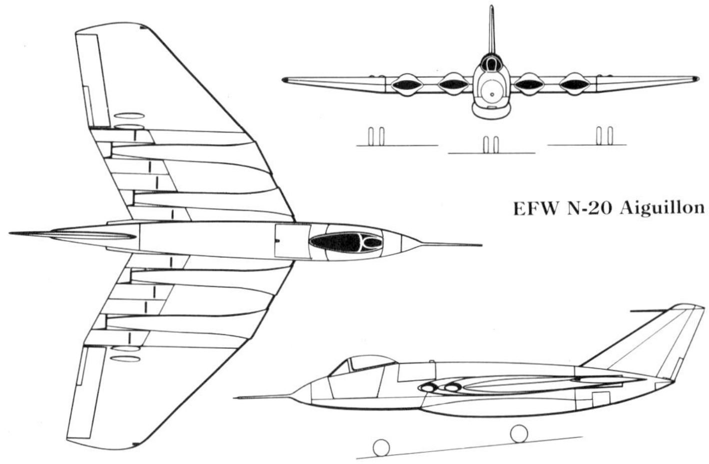

EFW N-20 Aiguillon

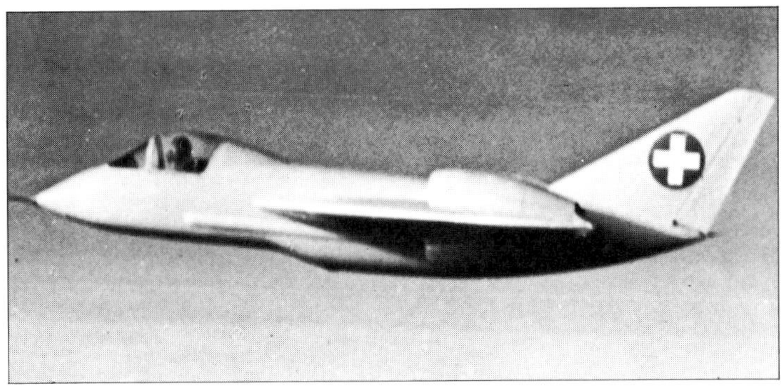

**Die Arbalète war das zweite Versuchsmodell zur Erprobung des Grundkonzepts, das gemeinsam mit dem N-20 Projekt entwickelt wurde. Die Maschine hatte je zwei kleine Strahltriebwerke unter und über jeder Tragfläche.**

# EH Industries EH 101

### Entwicklungsgeschichte

EH Industries wurde 1980 gemeinsam von Agusta in Italien und der englischen Westland Helicopters gegründet. Der Zweck dieser neuen internationalen Firma ist der Entwurf und Bau eines modernen Militärhubschraubers, der den Westland Sea King/Commando, der bei verschiedenen Luftwaffeneinheiten verwendet wird, und außerdem den bei der italienischen und britischen Marine benutzten Sea King ablösen soll.

Der **EH 101** hat einen modernen Fünfblatt-Rotor und einen Sechsblatt-Heckrotor, ein einziehbares Dreibeinfahrwerk mit doppelten Rädern an allen Teilen und Hauptteilen, die in Verkleidungen an den Rumpfseiten eingezogen werden; das Triebwerk besteht aus drei Wellenturbinen, die im Falle eines Motorversagens eine nach wie vor ausreichende Triebkraft sicherstellen sollen.

Im September 1982 (während der Luftfahrtschau in Farnborough) wurde bekanntgegeben, daß nach zufriedenstellender Einschätzung der Regierungen Italiens und Englands ein Modell entwickelt werden soll. Die Auslieferung des ersten kommerziellen Modells ist für 1990 vorgesehen, kurz danach soll die erste Marineversion folgen. Die kommerzielle Version faßt zwei Piloten, einen Steward und bis zu maximal 30 Passagiere. Eine Mehrzweckversion ist mit einer Ladetür und Rampe im aufwärts geschwungenen Rumpfhinterteil geplant, um das Einladen von schweren Frachtgegenständen oder Fahrzeugen zu vereinfachen. Der Bau von zehn Vorserienmaschinen ist geplant.

### Technische Daten
**EH Industries EH 101**
(Zivilausführung).
**Typ:** ein Passagier/Mehrzweckhubschrauber.
**Triebwerk:** drei 1.600 WPS (1.193 kW) General Electric T700-GE-401 Wellenturbinen.
**Leistung:** (geschätzt) Reisegeschwindigkeit 278 km/h; Reichweite mit 30 Passagieren und Treibstoffreserven 965 km; Reichweite mit 18 Passagieren und Treibstoffreserven 1.424 km.
**Gewicht:** (ungefähre Zahlen) Leergewicht 7.031 kg; max. Startgewicht 14.061 kg.
**Abmessungen:** Hauptrotordurchmesser 18,59 m; Länge bei drehenden Rotoren 22,80 m; Höhe 6,50 m; Hauptrotorkreisfläche 271,72 m$^2$.

**Dieses Bild zeigt ein Modell der Zivilausführung des EH-101, dessen Entwicklung 1982 von den Regierungen Italiens und Großbritanniens angeregt wurde. Der EH-101 könnte mit seiner Kapazität von 30 Passagieren einen großen Anteil auf dem Zivilmarkt erobern.**

# EKW C-35

### Entwicklungsgeschichte

Nach der Anschaffung von Fokker C.Ve Doppeldeckern für verschiedene Rollen im Jahre 1933 beauftragte die Schweizer Flugwaffe die EKW (Eidgenössische Konstruktionswerkstätte) in Thun mit dem Entwurf eines Mehrzweckflugzeugs, das die Fokker Maschinen ergänzen und schließlich ersetzen sollte.

Zwei Projekte wurden vorgeschlagen: der Doppeldecker **EKW C-35** und die C-36, ein moderner Tiefdecker mit doppelten Flossen/Rudern, der später zu einer erfolgreichen Baureihe weiterentwickelt wurde. Die Flugwaffe wählte aus anfänglichem Mißtrauen jedoch die C-35, die dem neueren Fokker Modell C.X ähnlich sah. Der konventionelle Doppeldecker C-35 gab eine bessere Leistung als die C.Ve und wurde nach erfolgreichen Versuchen mit zwei

**Der EKW C-35 Doppeldecker hatte eine auffallende Ähnlichkeit mit den von der Schweizer Flugwaffe betriebenen früheren Fokker-Modellen, war aber ein ganz eigenständiger Entwurf. Bezeichnend für diesen Typ sind die Querruder mit langer Spannweite an den oberen Tragflächen und die massiven Flügelstreben.**

Prototypen 1936 in 40 Exemplaren bestellt; die Zahl wurde bald darauf verdoppelt.

Die Auslieferungen der C-35 begannen im Mai 1937 und wurden bis zum Ende des folgenden Jahres fortgesetzt; ein Beweis, daß das Modell gute Dienste leistete, wurde 1941/42 erbracht, als acht Maschinen aus Ersatzteilen zusammengesetzt wurden.

Ab 1943 wurden die C-35 aus dem Fronteinsatz gezogen und durch die F + W C-3603 ersetzt; bis 1954 dienten sie bei Nachtflugeinheiten. Ein Exemplar wird heute im Verkehrshaus in Luzern ausgestellt.

### Technische Daten

**Typ:** zweisitziges Aufklärungs- und und Erdkampfflugzeug.

**Triebwerk:** ein 860 PS (641 kW) Hispano-Suiza HS-77 Kolbenmotor (unter Lizenz von Saurer und SLM gebaut).

**Leistung:** Höchstgeschwindigkeit 335 km/h; max. Steiggeschwindigkeit 11,5 m/sek; Dienstgipfelhöhe 8.000 m; Reichweite 750 km.

**Gewicht:** Leergewicht 2.190 kg; max. Startgewicht 3.130 kg.

**Abmessungen:** Spannweite 13,08 m; Länge 9,54 m; Höhe 3,75 m; Tragflügelfläche 32,00.

**Bewaffnung:** eine durch die Propellernabe feuernde 20 mm Kanone, zwei starre, vorwärts zielende 7,5 mm MG in den Tragflächen und ein bewegliches 7,5 mm MG im hinteren Cockpit, plus bis zu 10 kg Bomben an Flügelstationen.

# EMBRAER AT-26 Xavante: siehe Aermacchi

# EMBRAER EMB-110/111 Bandeirante

### Entwicklungsgeschichte

Um die Flugzeugindustrie Brasiliens zu beflügeln, wurde 1969 die Empresa Brasileria de Aeronáutica SA gegründet; für diese Firma bürgerte sich bald die Abkürzung EMBRAER ein. Unter diesem Namen wurde die erstmals im Januar 1970 aktiv und hat seitdem beneidenswerte Gesellschaft Fortschritte erzielt. Neben dem Entwurf und der Entwicklung eigener Modelle baut EMBRAER auch unter Lizenz Typen der US Piper Aircraft Corporation.

Zu den ausgesprochen erfolgreichen eigenen Entwürfen gehört die EMBRAER EMB-110 Bandeirante (Pionier), ein Modell mit zwei Propellerturbinen, das auf Anregung des brasilianischen Luftfahrtministeriums entwickelt wurde, das nach einem leichten Mehrzwecktransporter suchte. Unter Anleitung des bekannten französischen Flugzeugbauers Max Holste flog der erste von drei Prototypen (mit der Bezeichnung **YC-95**) am 26. Oktober 1968, und die Produktion dieses Typs gehörte zu den ersten Aufgaben der EMBRAER.

Die Bandeirante, ein weitgehend aus Metall gebauter Tiefdecker mit freitragenden Flügeln, hat einen konventionellen Rumpf und Leitwerk, ein einziehbares Dreibeinfahrwerk und zwei Pratt & Whitney Aircraft of Canada PT6A Propellerturbinen in Gondeln auf den Tragflächen. Je nach Einsatzgebiet ändert sich die Sitzzahl: die EMC-110P2 hat beispielsweise Platz für maximal 21 Passagiere.

Mehr als 460 Bandeirante waren bis 1987 ausgeliefert worden. Zu den frühen Versionen gehören die **EMB-110**, **EMB-110/C-95**, **EMB-110A/EC-95**, **EMB-110B/R-95**, **EMB-110B1**, **EMB-110C**, **EMB-110E(J)**, **EMB-110-K1/C-95A**, **EMB-110P**, **EMB-110P1K** und **EMB-110S1**. Die laufenden Serienmodelle sind Weiterentwicklungen der früheren Versionen: die **EMB-110P1** (ein schnell umwandelbarer Fracht/Passagiertransporter), die **EMB-110P2** (ein Zubringerflugzeug für 21 Passagiere) und zwei den beiden genannten Modellen entsprechende Ausführungen für ein höheres Gesamtgewicht mit den Bezeichnungen **EMP-110P1/41** und **EMB-110P2/41**. Die Entwicklung einer Version mit Luftdruckausgleich, Raum für zwei Mann Besatzung und 19 Passagiere und der Bezeichnung **EMB-110P3** wurde vorläufig auf Eis gelegt.

Zwei weitere Ausführungen wurden für spezifische militärische Zwecke produziert: die erste ist die **EMB-110P1SAR** für Such- und Rettungsaufgaben. Dieses Modell hat Platz für Beobachter und verschiedene Rettungsausrüstungsgegenstände sowie für sechs Tragbahren. Die brasilianische Luftwaffe betreibt fünf Exemplare mit der Kennung **SC-95B**. Das zweite Modell ist die **EMB-111**, ein auf dem Land stationiertes Flugzeug zur Überwachung der See, das vom brasilianischen Küstenkommando unter der Bezeichnung **P-95** geflogen wird. Weitere Exemplare wurden an die chilenische Marine und die Luftwaffe von Gabun geliefert. Die EMB-111 ist der Standardausführung der Bandeirante ähnlich, läßt sich aber durch die Flügelspitzentanks und das große Radom leicht erkennen. Zur Inneneinrichtung gehört eine Patrouillenradaranlage, ein Trägheitsnavigationssystem und ein Thomson-CSF Gerät für elektronische Gegenmaßnahmen. In den Unterflügelpylonen können Luft-Boden-Raketen, Zielmarkierer und Düppelwerfer zum Selbstschutz transportiert werden.

**Die EMBRAER EMB-110P1 hat in Europa und auf dem amerikanischen Kontinent großen Erfolg errungen. Ein typischer Betreiber ist Finnaviation.**

Flinnaviation

**EMBRAER EMB-110P1 Bandeirante (Seitenansichten, v.o.n.u.: EMB-110B1, EMB-110S1, EMB-110K1 und EMB-110P1)**

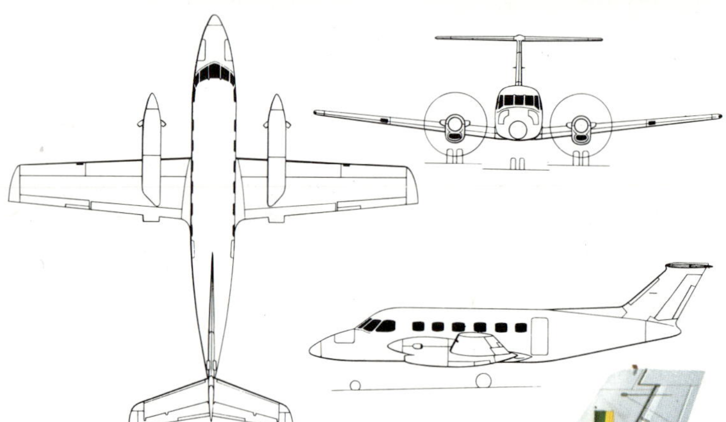

**EMBRAER EMB-110P3 Bandeirante**

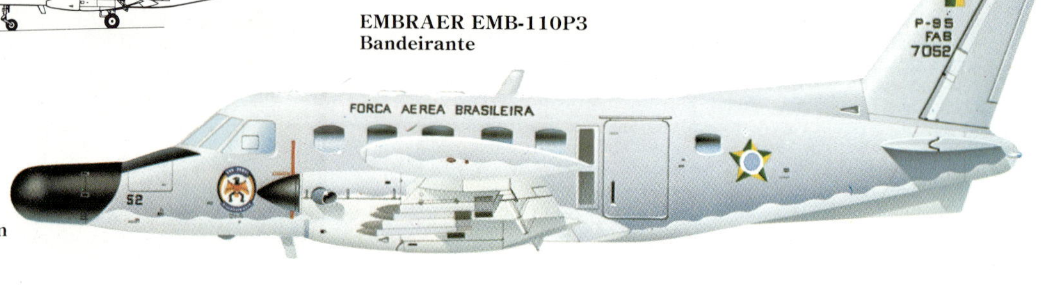


***Rechts:*** **EMBRAER P-95 (EMB-111A/A) der 7 Grupo de Aviacao, Forca Aerea Brasileira (brasilianische Luftwaffe), in den frühen 80er Jahren in Salvador stationiert.**

### Technische Daten
**EMBRAER EMB-110P2**
**Typ:** Mehrzweckstransporter.
**Triebwerk:** zwei 750 WPS (559 kW) Pratt & Whitney Aircraft of Canada PT6A-34 Wellenturbinen.
**Leistung:** Höchstgeschwindigkeit 460 km/h in 2.440 m; wirtschaftliche Reisegeschwindigkeit 335 km/h in 3.050 m; Dienstgipfelhöhe 6.860 m; max. Reichweite mit Treibstoffreserven 2.000 km.
**Gewicht:** Rüstgewicht 3.555 kg; max. Startgewicht 5.670 kg.
**Abmessungen:** Spannweite 15,33 m; Länge 15,10 m; Höhe 4,92 m; Tragflügelfläche 29,10 m².

# EMBRAER EMB-120 Brasilia

### Entwicklungsgeschichte
Durch den erfolgreichen Vertrieb der EMB-110 Bandeirante auf dem Absatzmarkt für Nahverkehrsflugzeuge ermutigt, regte EMBRAER im September 1979 Entwurfsstudien für ein völlig neues Modell mit zwei Wellenturbinen und Luftdruckausgleich für 30 Passagiere an, das die Bezeichnung **EMBRAER EMB-120 Brasilia** erhalten sollte. Der erste von sechs Prototypen unternahm seinen Erstflug an 27. Juli 1983. Die Passagierversion bietet bis zu 30 Personen Platz. Der Rumpf hat einen inneren Durchmesser von 2,15 m und eine Ganghöhe von 1,78 m; zu beiden Seiten sind Reihen von je einem oder zwei Sitzen angebracht. In der Frachterausführung ist ein max. Kabinenvolumen von 40,69 m³ vorgesehen, außerdem eine Ladetür in der rechten hinteren Rumpfseite.

Als Triebwerk wurde die moderne Pratt & Whitney Aircraft of Canada PW115 gewählt, die für den Markt für 30/40sitzige Passagierflugzeuge mit kurzem Rumpf entwickelt wird und angeblich einen um 20 Prozent verbesserten Treibstoffverbrauch gewährleistet, verglichen mit den zur Zeit erhältlichen Propellerturbinenmotoren der gleichen Klasse. Die Hamilton Standard 14RF-1 Vierblattpropeller wurden ebenfalls gewählt, aber um die Standzeit am Boden zu verkürzen, können die Triebwerke weiterlaufen, ohne daß sich dabei die Propeller bewegen. Früher mußten die Triebwerke abgestellt werden, um das Beladen bzw. die zusteigenden Passagiere nicht zu gefährden. Der rechte Motor kann als Hilfstriebwerk benutzt werden, um am Boden elektrische Energie zu liefern und die Kabine mit Wärme zu versorgen, aber auf Wunsch kann auch ein konventionelles APU eingebaut werden.

### Technische Daten
**Typ:** Mehrzweckstransporter.
**Triebwerk:** zwei Pratt & Whitney Aircraft of Canada PW115 Propellerturbinen von je 1.500 WPS (1.119 kW).
**Leistung:** (geschätzt) max. Reisegeschwindigkeit 543 km/h in 6.095 m Höhe; wirtschaftliche Reisegeschwindigkeit 467 km/h; Dienstgipfelhöhe 9.755 m; Reichweite mit 30 Passagieren und Treibstoffreserven 1.010 km.
**Gewicht:** Leergewicht 5.577 kg; max. Startgewicht 9.600 kg.
**Abmessungen:** Spannweite 19,78 m; Länge 18,72 m; Höhe 6,35 m; Tragflügelfläche 38,02 m².

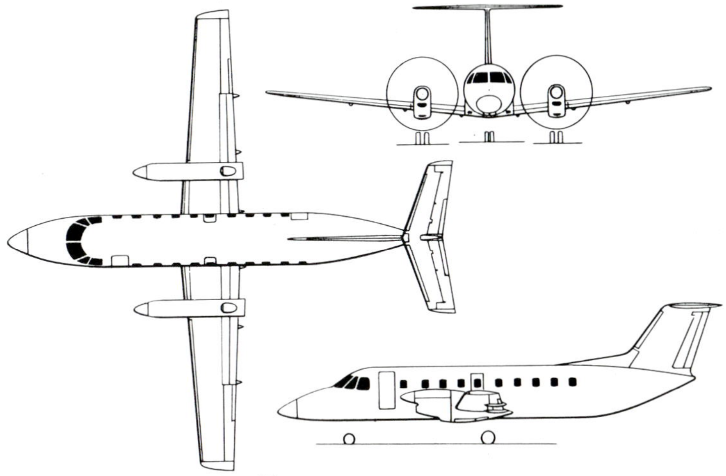
**EMBRAER EMB-120 Brasilia**

Embraer

**Die EMBRAER EMB-120 Brasilia dürfte den Erfolg der EMB-110 noch übertreffen.**

# EMBRAER EMB-121 Xingu

### Entwicklungsgeschichte
Die der EMB-110 ähnliche **EMBRAER EMB-121 Xingu** mit Luftdruckausgleich hat eine Ausführung der Tragflächen wie bei der EMB-10P2 mit reduzierter Spannweite, einen Rumpf mit rundem Querschnitt ähnlich der EMB-120 und die gleiche Grundkonfiguration mit zwei Propellerturbinen und einziehbarem Dreibeinfahrwerk; das neue Modell läßt sich jedoch leicht durch sein freitragendes T-förmiges Leitwerk identifizieren. Sie ist die kleinste Maschine dieser Serie und bietet Platz für zwei Mann Besatzung und neun Passagiere.

Der Prototyp Xingu (PP-ZXI) flog erstmals am 10. Oktober 1976, etwa sechs Monate später gefolgt vom ersten Serienexemplar. Im Frühjahr 1983 wurde die 100. Maschine ausgeliefert, sechs für die Transportstaffel der brasilianischen Luftwaffe (mit der Bezeichnung **VU-9**) bestimmt. Die ursprüngliche Xingu trägt heute

Embraer

**Die EMB-121 Xingu, das erste EMBRAER Modell mit Luftdruckausgleich, ist ein bedeutsamer Schritt vorwärts: das Modell kann neun Passagiere in großem Komfort über mittlere Strecken transportieren.**

die Bezeichnung **EMB-121A Xingu I** und hat zwei Pratt & Whitney Aircraft of Canada PT6A-28 Propellerturbinenmotoren. Auf der Xingu I basiert die **EMB-121A1 Xingu II** mit 750 WPS (559 kW) PT6A-135 Propellerturbinen, die auch nachträglich in die Xingu I eingebaut werden können. 1982 wurde die ursprünglich für 1983 geplante **EMB-121B Xingu II** entwickelt, die ihren Vorgängern weitgehend ähnlich sieht, bis auf den um 0,89 m verlängerten Rumpf und die beiden 850 WPS (634 kW) PT6A-42 Propellerturbinen. Diese Ausführung hat die gleiche Anzahl von Sitzen, bietet den Passagieren aber größeren Komfort und hat eine alternative 'Club'-Sitzanordnung für sechs Personen mit Liegesitzen.

### Technische Daten

**EMBRAER EMB-121A Xingu I**
**Typ:** Mehrzwecktransporter und Fortgeschrittenen-Schulflugzeug.
**Triebwerk:** zwei 680 WPS (507 kW) Pratt & Whitney Aircraft of Canada PT6A-28 Propellerturbinen.
**Leistung:** Höchstgeschwindigkeit 450 km/h; wirtschaftliche Reisegeschwindigkeit 365 km/h; Dienstgipfelhöhe 7.925 m; Reichweite bei 780 kg Nutzlast und Treibstoffreserven 2.270 km.
**Gewicht:** Rüstgewicht 3.620 kg; max. Startgewicht 5.670 kg.
**Abmessungen:** Spannweite 14,45 m; Länge 12,25 m; Höhe 4,74 m; Tragflügelfläche 27,50 m².

EMBRAER EMB-121 Xingu

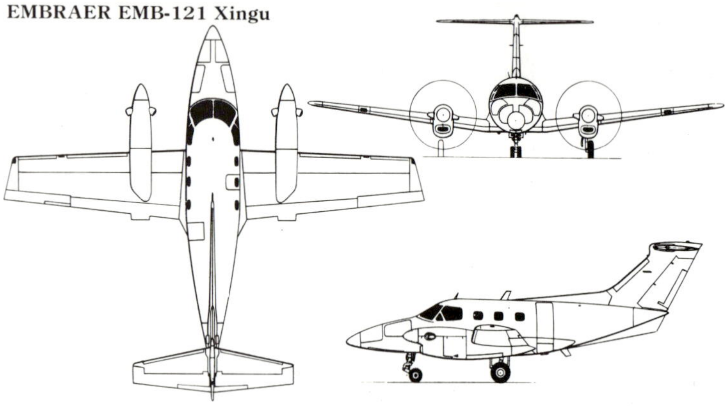

EMBRAER EMB-121B Xingu II

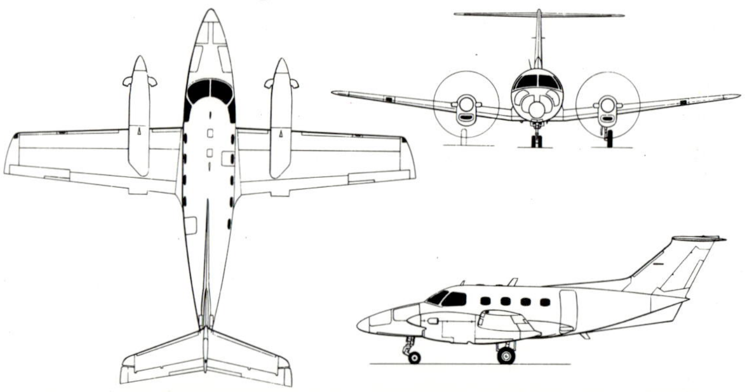

# EMBRAER EMB-200/201 Ipanema

### Entwicklungsgeschichte

Im Mai 1969 regte das Departemento de Aeronaves des brasilianischen Centro Técnico de Aeronautica den Entwurf eines landwirtschaftlichen Flugzeugs nach einer Spezifikation des Landwirtschaftsministeriums an. Nach der Einrichtung der EMBRAER am 2. Januar 1970 zur Förderung der brasilianischen Flugzeugindustrie wurde dieser Firma die Verantwortung für die Entwicklung des Modells übertragen, und der Prototyp (PP-ZIP) flog erstmals am 30. Juli 1970.

Dieser zunächst als **EMBRAER EMB-200 Ipanema** bezeichnete Typ war ein Tiefdecker aus Ganzmetall mit freitragenden Flügeln und starrem Heckradfahrwerk sowie einem 260 PS (194 kW) Avco Lycoming O-540-H2B5D Motor. Am 14. Dezember 1971 erhielt das Modell die brasilianische Typenzulassung, und die ersten Serienmodelle waren die **EMB-200** und **EMB-200A** mit Fest- bzw. Verstellpropellern. 1974 begann nach dem Bau von 73 EMB-200 die Produktion einer verbesserten Ausführung mit der Bezeichnung **EMB-201**; die Version hatte einen 300 PS (224 kW) IO-540 Motor und einen Reglerpropeller sowie einzelne Verbesserungen. Von diesem Modell wurden insgesamt 200 Exemplare hergestellt, bevor im Jahre 1977 eine noch weiter verbesserte Ausführung, die **EMB-201A**, in die Produktion ging. Dieses Modell hatte ein neues Flügelprofil, verbesserte Systeme und ein verändertes Cockpit. Es war noch Ende 1987 das laufende Serienmodell und wird seit Mitte 1981 von der Industria Aeronáutica Neiva, einer Tochtergesellschaft der EMBRAER, gebaut. Bis Ende 1985 waren 253 Maschinen bestellt worden, wodurch die Zahl aller verkauften Ipanema auf über 530 Maschinen stieg.

Embraer

**Die EMBRAER EMB-201A Ipanema ist eine verbesserte Version des landeseigenen brasilianischen Landwirtschaftsflugzeugs, das bei der Lebensmittelproduktion des Landes eine so bedeutende Rolle spielt. Auf diesem Bild erkennt man die ausgezeichnete Sicht des Piloten nach vorne und nach unten, bei Sprüheinsätzen besonders wichtig.**

### Varianten

**EMBRAER EMB-201R:** Schleppflugzeug mit reduzierter Spannweite der Tragflächen und des Leitwerks, ohne landwirtschaftliche Ausrüstung und mit zusätzlichem Schlepphaken; drei Maschinen gingen als **U-19** an den Segelfliegerclub der brasilianischen Luftwaffenakademie.

### Technische Daten

**EMBRAER EMB-201A**
**Typ:** einsitziges Landwirtschaftsflugzeug.
**Triebwerk:** ein 300 PS (224 kW) Avco Lycoming IO-540-K1J5D Sechszylinder-Boxermotor.
**Leistung** (im landwirtschaftlichen Einsatz): Höchstgeschwindigkeit 225 km/h in Meereshöhe; max. Reisegeschwindigkeit 204 km/h in 1.830 m; Dienstgipfelhöhe 3.470 m; Reichweite 877 km.
**Gewicht:** Leergewicht 1.011 kg; max. Startgewicht 1.800 kg.
**Abmessungen:** Spannweite 11,69 m; Länge 7,43 m; Höhe 2,22 m; Tragflügelfläche 19,94 m².

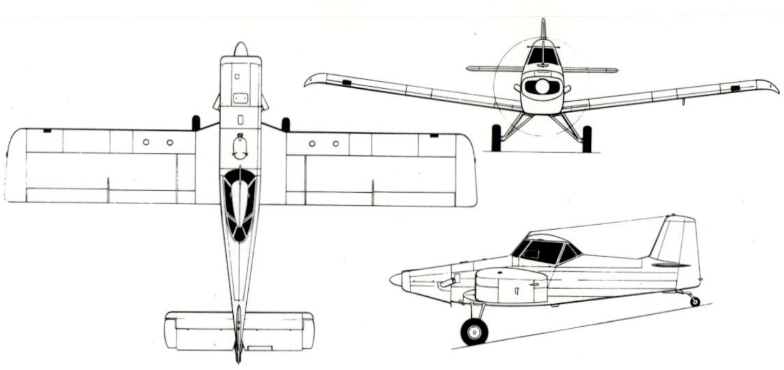

EMBRAER EMB-201A Ipanema

# EMBRAER EMB-312 Tucano

### Entwicklungsgeschichte

Die Entwicklung eines neuen Anfänger-Schulflugzeugs für die brasilianische Luftwaffe begann im Januar 1975. Der Entwurf war das Werk eines von Ing. Joseph Kovacs geleiteten Konstruktionsteams. Am 6. Dezember 1978 schloß das Luftfahrtministerium mit der Firma einen Vertrag über den Bau von zwei Prototypen und zwei Flugwerken für statische Tests ab; der Typ hatte die Firmenbezeichnung **EMBRAER EMB-312** und die Luftwaffen-

Bezeichnung **T-27** sowie den Namen **Tucano** (Pfefferfresser) und flog erstmals am 23. Oktober 1981.

Die EMB-312 ist ein konventionell aussehender Tiefdecker mit freitragenden Flügeln, einer Konstruktion aus einer Leichtmetallegierung, einem einziehbaren Dreibeinfahrwerk und einer geschlossenen Kabine. Sie hat zwei Martin-Baker Schleudersitze in Tandem-Anordnung und einen Pratt & Whitney Aircraft of Canada PT6A Propellerturbinenmotor. Die EMB ging 1982 in die Produktion und wurde zunächst in 168 Exemplaren von der brasilianischen Luftwaffe bestellt, die damit ihre Cessna T-37C ersetzen will; außerdem wurden drei Maschinen für die Oxford Air Training School in England in Auftrag gegeben. Daher braucht das Modell neben der FAA Pt 23 Zulassung auch die CAA Bescheinigung.

Ein dritter Prototyp mit den bei dem Serienmodell vorgenommenen Modifikationen und Verfeinerungen flog erstmals Ende 1982. Damals befanden sich die beiden ersten Prototypen nach durchlaufenem Testprogramm der Herstellerfirma in der Erprobung beim Centro Técnico Aerospacial in Sao Jose dos Campos. Die ersten Auslieferungen begannen Anfang 1983. Ein Jahr später schloß sich EMBRAER mit Shorts Brothers zusammen, um einen lukrativen Auftrag der RAF für einen Anfängertrainer zu gewinnen. 130 Maschinen werden von Shorts in Lizenz gebaut und 120 Maschinen in Ägypten.

### Technische Daten

**Typ:** zweisitziges Anfänger-Schulflugzeug.
**Triebwerk:** ein 750 WPS (559 kW) Pratt & Whitney Aircraft of Canada PT6A-25C Propellerturbinenmotor, auf 585 WPS (436 kW) gedrosselt.
**Leistung:** Höchstgeschwindigkeit 457 km/h in 4.115 m; wirtschaftliche Reisegeschwindigkeit 346 km/h in 3.050 m; Dienstgipfelhöhe 8.750 m; Reichweite bei vollen Tanks mit Reserven 1.915 km.
**Gewicht:** Leergewicht 1.790 kg; max. Startgewicht 3.175 kg.
**Abmessungen:** Spannweite 11,14 m; Länge 9,86 m; Höhe 2,83 m; Tragflügelfläche 19,40 m$^2$.
**Bewaffnung:** je zwei Stationen unter den Tragflächen für zwei MG oder gemischte Waffenkästen u.a. mit Übungsbomben, Mehrzweckbomben oder Raketen bis zu 1.000 kg.

**Die EMBRAER EMB-312, ein Modell mit hohem Absatzpotential, zeichnet sich durch geringe Anschaffungs- und Betriebskosten aus und fliegt sich wie ein echtes Kampfflugzeug.**

Austin J Brown

## EMBRAER Lizenz-Produktion

### Entwicklungsgeschichte

EMBRAER begann bereits im Mai 1970, mit der Lizenzproduktion von Flugzeugen. Nach einer Vereinbarung mit der italienischen Firma Aermacchi über die Produktion der Aermacchi M.B.326GB als Düsentrainer/Erdkampfjäger für die brasilianische Luftwaffe wurden 182 M.B.326GC zusammengebaut, von denen 170 mit der Bezeichnung **EMBRAER AT-26** an die brasilianische Luftwaffe gingen, neun bzw. drei Exemplare gingen an die entsprechenden Streitkräfte in Paraguay und Togo.

1974 wurde ein Lizenzabkommen mit der Piper Aircraft Corporation in den USA getroffen; zunächst nur die einmotorige PA-28 und die zweimotorigen Modelle Navajo und Seneca betreffend. Aus der PA-28-235 Cherokee Pathfinder wurde die **EMB-710C Carioca**, die im August 1980 durch die **EMB-710D** (PA-28-236 Dakota) ersetzt wurde. Die **EMB-711C** ist die PA-28-200R Cherokee Arrow, die **EMB-711T Corisco** die PA-28RT-200 Arrow II und die **EMB 711 ST Corisco** die PA-28RT-200T, eine Turboladerversion der Arrow II. Neiva, die Tochtergesellschaft der EMBRAER, begann im Oktober 1970 mit der Produktion der **EMB-712 Tupi** (PA-28-181 Cherokee Archer II) und ist auch für die **EMB-720C** und **EMB-720D Minuano** (PA-32-300 und PA-32-301 Cherokee Six) sowie die **EMB-721C** und **EMB-721D Sertanejo** (PA-32R-300 und PA-32R-301 Lance) mit einziehbarem Fahrwerk verantwortlich.

EMBRAER führt nach wie vor den Bau der **EMB-810C Seneca II** (PA-34-200T Seneca II) durch, die als **U-7** in 21 und als umgebautes Robertson STOL-Flugzeug in 11 Exemplaren als **U-7A** an die brasilianische Luftwaffe geliefert wurde. Die Firma produziert auch die **EMB-810D Seneca III** (PA-34-220T Seneca III) und die **EMB-820C Navajo** (PA-31-350 Navajo Chieftain). EMBRAER und Neiva bauten rund 1.000 dieser Piper Modelle.

Embraer

**Die EMB-810C ist die unter Lizenz gebaute brasilianische Version der Piper Seneca II. Die Força Aerea Brasileira gab 20 Exemplare in Auftrag, von denen im Laufe des Jahres 1982 zwölf als U-7 für VIP-Transport eingesetzt wurden.**

## Eagle Aircraft Eagle 220/300

### Entwicklungsgeschichte

Die Eagle Aircraft Company wurde Mitte der 70er Jahre in Boise (Idaho) gegründet, um ein modernes Landwirtschaftsflugzeug zu entwickeln. Die **EA Eagle** war ein verstrebter, einstieliger Doppeldecker mit Tragflächen, wie sie bei Hochleistungs-Segelflugzeugen verwendet werden; sie sind aus Holz mit Stoffbespannung, haben eine kurze Profilsehne sowie eine breite Spannweite. Die Hinterkanten werden von Sprührohren für flüssige Chemikalien gesäumt, und die Rollsteuerung wird von Querrudern auf den oberen und Störklappen auf den Oberflächen der unteren Flügel übernommen. Der Rest des Flugwerks ist weitgehend konventionell; der Rumpf ist eine Stahlrohrkonstruktion mit verdrahtetem Leitwerk und starrem Heckradfahrwerk. Ein Tank für 946 l Chemikalien ist im Rumpffinnern zwischen der Motorzelle und dem einsitzigen, geschlossenen Cockpit angebracht.

Die Bezeichnung richtet sich nach dem Triebwerk des Modells: die **Eagle 220** hat einen umgebauten 220 PS (164 kW) Continental W-670-6 Sternmotor, die **Eagle 300** dagegen einen 300 PS (224 kW) Avco Lycoming Sechszylinder-Boxermotor. Bis Anfang 1983 waren fast 100 Maschinen dieses Typs gebaut worden.

### Technische Daten
**Eagle 300**
**Triebwerk:** ein 300 PS (224 kW) Avco Lycoming IO-540-M1B5D Sechszylinder-Boxermotor.
**Leistung:** max. Arbeitsgeschwindigkeit 185 km/h; min. Arbeitsgeschwindigkeit 105 km/h.
**Gewicht:** Leergewicht 1.202 kg; max. Startgewicht 2.449 kg.
**Abmessungen:** Spannweite 16,76 m; Länge 8,38 m; Höhe 3,33 m; Tragflügelfläche 35,86 m².

**Die Eagle Aircraft Eagle 220 ist ein typischer landwirtschaftlicher Doppeldecker, abgesehen von der ausgeprägten Streckung der Tragflächen mit ihren schräg nach hinten zulaufenden Vorderkanten an den äußeren Enden. Auffallend ist der Windmühlenrad-Generator zwischen den Fahrwerkrädern und die Zerstäuber an den Hinterkanten der unteren Tragflächen.**

# Eastern Motors: siehe Grumman

# Eberhart XFG-1 Comanche/XF2G-1

### Entwicklungsgeschichte
Die 1918 in Buffalo (New York) gegründete Eberhart Steel Products Company stellte Flugzeugteile her und setzte in den Jahren 1922 und 1923 50 Exemplare der in England entworfenen S.E.5E Kampfflugzeuge aus Einzelteilen zusammen; die Maschinen erhielten 180 PS (134 kW) Wright-Hispano Motoren. Zwei Jahre später richtete die Firma eine Flugzeugabteilung ein, die Eberhart Aeroplane & Motor Company Inc., die 1927 ihren ersten eigenen Entwurf vorlegte. Dieses Modell wurde der Prototyp für ein einsitziges Flugzeugträger-Kampfflugzeug der US Navy mit der Bezeichnung **Eberhart XFG-1** und dem Firmennamen **Comanche**. Der Typ war ein Doppeldecker mit Heckspornfahrwerk und einem Pratt & Whitney R-1340-C Wasp Sternmotor. Ungewöhnlich und zugleich sehr auffällig waren die Doppeldeckertragflächen: die oberen waren nach hinten zu gepfeilt, und die unteren nach oben geschwungen; während der ersten Tests wurde die Spannweite der oberen Flügel vergrößert.

Nach den Einsatztests ging die XFG-1 an Eberhart zurück, um in eine Schwimmerausführung umgebaut zu werden. Als die Tests im Januar 1928 wieder aufgenommen wurden, hatte die Maschine einen mittleren Hauptschwimmer und Stützschwimmer unter den Tragflächen erhalten und war außerdem mit einem 300 PS (224 kW) R-1340-D Wasp Motor bestückt. In dieser Form erhielt das Modell die Bezeichnung **XF2G-1** und wurde bald nach Testbeginn bei einem Unfall zerstört; die Weiterentwicklung wurde abgebrochen.

### Technische Daten
**Eberhart XFG-1**
**Typ:** einsitziges trägergestütztes Kampfflugzeug (Prototyp).
**Triebwerk:** ein 425 PS (317 kW) Pratt & Whitney R-1340-C Wasp Sternmotor.
**Leistung:** Höchstgeschwindigkeit 249 km/h.
**Gewicht:** Leergewicht 973 kg; max. Startgewicht 1.333 kg.
**Abmessungen:** Spannweite 9,75 m; Länge 8,31 m; Höhe 3 m.
**Bewaffnung:** zwei feste, vorwärts feuernde, synchronisierte 7,62 mm Maschinengewehre.

**In dieser Seitenaufnahme der Eberhart XFG-1 Comanche ist die ungewöhnliche Flügelform mit den gepfeilten oberen und nach vorne geschwungenen unteren Tragflächen zu erkennen.**

# Ecklund TE-1

### Entwicklungsgeschichte
Torolf Ecklund, ein finnischer Flugzeugingenieur, entwarf ein kleines, einsitziges Amphibien-Flugboot in Holzbauweise mit der Bezeichnung **Ecklund TE-1**. Die für ihn persönlich gebaute Maschine war ein verstrebter Schulterdecker mit Faltflügeln und einem einfachen festen Dreibeinfahrwerk unterhalb des Bootsrumpfs. Das Triebwerk bestand aus einem kleinen Poinsard Zweizylinder-Boxermotor in einer Gondel vor dem Flügelmittelstück. Erstflug am 24. Februar 1949.

### Technische Daten
**Typ:** einsitziges Amphibienflugzeug.
**Triebwerk:** ein 28 PS (21 kW) Poinsard Zweizylinder-Boxermotor.
**Leistung:** Höchstgeschwindigkeit ca. 145 km/h; Reisegeschwindigkeit ca. 120 km/h; Flugdauer 4 Stunden.
**Gewicht:** Leergewicht 160 kg; max. Startgewicht 270 kg.
**Abmessungen:** Spannweite 7,50 m; Länge 5,00 m; Tragflügelfläche 5,60 m².

**Die Ecklund TE-1 mit ihrem Triebwerk mit Zugpropeller über dem Flügelmittelstück war typisch für die zahlreichen leichten Amphibienmodelle nach dem Zweiten Weltkrieg.**

# Ector L-19 Mountaineer und Super Mountaineer

### Entwicklungsgeschichte
Die in Odessa (Texas) ansässige Ector Aircraft Company entwarf eine kommerzielle Ausführung des zweisitzigen Verbindungs/Beobachtungsflugzeugs Cessna L-19/0-1 Bird Dog, das für Schleppflug-, Mehrzweck- und Patrouilleneinsätze sowie sportliche Zwecke geeignet ist. Die **Ector L-19 Mountaineer** ist der ursprünglichen Cessna Model 305 ähnlich, da sie aus neuen oder noch verwendbaren alten Einzelteilen zusammengesetzt wurde. Die Mountaineer hat einen 213 PS (159 kW) Continental O-470 Sechszylinder-Boxermotor und ist in unterschiedlichen Ausführungen mit verschiedenen Kombinationen von Propellern und Verdichtungsverhältnissen je nach Anwendungsgebiet erhältlich.

Eine verbesserte **Super Mountaineer** ist ebenfalls auf dem Markt; dieses Modell hat einen stärkeren 250 PS (186 kW) Avco Lycoming O-540-A4B5 Sechszylinder-Boxermotor und eine erweiterte Ausrüstung als Standardausführung. Bis zum Frühjahr 1983 waren insgesamt 38 Maschinen beider Varianten verkauft worden, danach gingen keine Bestellungen mehr ein.

**Technische Daten**
**Ector L-19 Mountaineer**
**Typ:** ein zweisitziger Kabinen-Eindecker.
**Triebwerk:** ein 213 PS (159 kW) Avco Lycoming O-470-11 Sechszylinder-Boxermotor.
**Leistung:** Höchstgeschwindigkeit in Meereshöhe 161 km/h; Dienstgipfelhöhe 6.980 m; Reichweite bei vollen Tanks 1.207 km.
**Gewicht:** Rüstgewicht 658 kg; max. Startgewicht 1.043 kg.
**Abmessungen:** Spannweite 10,97 m; Länge 7,86 m; Höhe 2,29 m.

# Edgar Percival E.P.9

## Entwicklungsgeschichte

Edgar Percival machte sich in den 30er Jahren einen Namen, als er die Gull Baureihe von Leichtflugzeugen entwarf. Seine Firma baute nach dem Zweiten Weltkrieg die Schulflugzeuge Prentice und Provost, bis sie von der Hunting Group übernommen wurde, die selbst wiederum in der British Aircraft Corporation aufging.

1954 gründete der in Australien geborene Konstrukteur eine neue Firma, die Edgar Percival Aircraft Ltd. Auf dem Flughafen von Staplefield baute er in privater Initiative den Mehrzweck-Schulterdecker **Edgar Percival E.P.9**, der als 'Mädchen für alles' für die Schädlingsbekämpfung bis zu leichten Transportflügen gedacht war. Der Prototyp flog am 21. Dezember 1955, und die Produktion der ersten Serie von 20 Maschinen begann bald darauf. Nach einer australischen Demonstrationsreise des dritten zugelassenen Exemplars ging ein Auftrag über vier E.P.9 für dieses Land ein; zwei wurden auf dem Luftweg im Dezember 1957 an die Super Spread Aviation (Pty) Ltd. in Melbourne geliefert, und zwei weitere gingen im folgenden Monat an die Skyspread Ltd. in Sydney.

Andere ausländische Kunden meldeten sich in Kanada, Frankreich, Neuseeland und Tasmanien, und mehrere in England registrierte E.P.9 dienten zur Schädlingsbekämpfung. Im März 1958 wurden zwei Maschinen von der britischen Armee gekauft, die mehrere Jahre lang militärisch erprobt wurden, bevor sie auf den Zivilmarkt gelangten.

Die Samlesbury Engineering Ltd. erwarb 1958 die Rechte an der E.P.9 und produzierte eigene und zusammengesetzte Maschinen. Die Firma erhielt die neue Bezeichnung Lancashire Aircraft Co. Ltd. und stellte drei Maschinen mit 295 PS (220 kW) Avco Lycoming GO-480-G1A6 Motoren her; in dieser Form erhielt das Modell die Bezeichnung **Lancashire Prospector E.P.9**.

Weitere fünf Maschinen entstanden, bevor die Produktion nach dem 27. Flugwerk eingestellt wurde. 1959 entstand die einzige **Skyspread E.P.9** mit einem 373 PS (280 kW) Armstrong Siddeley Cheetah 10 Sternmotor.

## Technische Daten
**Edgar Percival E.P.9**
**Typ:** leichtes Mehrzweckflugzeug.
**Triebwerk:** ein 270 PS (201 kW) Avco Lycoming GO-480-B1B Sechszylinder-Boxermotor.
**Leistung:** Höchstgeschwindigkeit 235 km/h; Reisegeschwindigkeit 206 km/h; Dienstgipfelhöhe 5.335 m; Reichweite 933 km.
**Gewicht:** Leergewicht 912 kg; max. Startgewicht 1.610 kg.
**Abmessungen:** Spannweite 13,26 m; Länge 8,99 m; Höhe 2,67 m; Tragflügelfläche 21,14 $m^2$.

**Die Lancashire Prospector E.P.9 wurde mit dem horizontal gelagerten Avco Lycoming GO-480 gebaut, aber die letzte von Lancashire gebaute Maschine erhielt 1959 einen Cheetah 10 Sternmotor.**

**G-APIA und G-APIB waren die Registrierungen der zwei Edgar Percival E.P.9, die 1957 auf dem Luftweg an die Skyspread Ltd. in Australien geliefert wurden.**

# Edgley EA7 Optica

## Entwicklungsgeschichte

Das ursprüngliche Konzept für die **Edgley EA7 Optica** war das eines dreisitzigen Reiseflugzeugs, das die Sichtbreite eines Hubschraubers mit einer guten Langsamflug-Kapazität verbinden sollte. Der Konstrukteur John Edgley war zu dieser Zeit Student am Londoner Imperial College of Science and Technology; er begann mit dem aerodynamischen Entwurf 1974 und konnte ein Jahr später ein Modell im Windkanal testen. 1976 begann in London der Bau eines Prototyps, und der Zusammenbau der Maschine wurde im College of Aeronautics in Cranfield vollendet. Der Erstflug fand am 14. Dezember 1979 mit einem 160 PS (119 kW) Avco Lycoming O-320 Motor statt, der aber später durch einen 180 PS (134 kW) IO-36 ersetzt wurde. Das Triebwerk betreibt ein Mantelgebläse mit einem Fünfblatt-Festpropeller. Die Optica gilt als eines der leisesten Flugzeuge der Welt.

Die Cockpitanlage ist vor dem Gebläse und dem Triebwerk angebracht, was dem Piloten und den Passagieren ein Sichtpanorama von 270° sowie eine fast senkrechte Sicht nach unten gibt. Die Konstruktion der Kuppel ermöglicht Fotoaufnahmen durch den Boden. Das Dreibeinfahrwerk ist nicht einziehbar und hat keine Verkleidungen, dafür aber eine wartungsfreie Aufhängung, und das Flugwerk ist eine Ganzmetallkonstruktion; die Kabine ist innen 1,68 m breit und faßt drei nebeneinanderstehende Sitze, dahinter und auf dem Kabinenboden vor den Passagiersitzen befindet sich der Laderaum und Platz für spezielle Beobachtungsgeräte.

Die Einsatzmöglichkeiten der Optica sind fast unbegrenzt und reichen von der einfachen Luftvermessung und Überwachungspatrouillen bis zur Verkehrsüberwachung und Frontinspektion. Das Modell kann mit Starrflügeln und einer wirtschaftlichen Reichweite auch die Rolle eines Hubschraubers übernehmen. Seit ihrer Vorstellung in der Öffentlichkeit ist die Optica auf großes Interesse gestoßen, und bei der Pariser Luftfahrtschau 1981 wurde der erste Produktionsauftrag von 25 Exemplaren für den australischen Vertreiber H.C. Sleigh Aviation Ltd. bekanntgegeben.

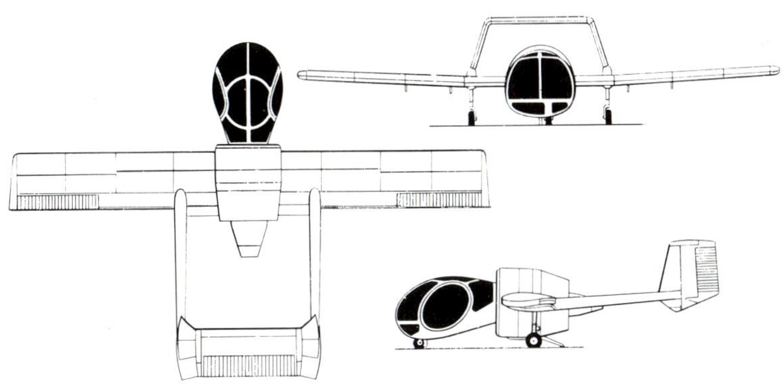
**Edgley EA7 Optica**

Austin J Brown

**Die Edgley Optica bietet ein ausgezeichnetes Sichtfeld, ein außerordentlich leises Triebwerk und eine erstklassige Leistung bei niedrigen Geschwindigkeiten.**

Mit finanzieller Unterstützung in Höhe von 2,3 Mio. Pfund Sterling durch führende Unternehmen der Londoner City konnte Edgley den Flughafen von Old Sarum bei Salisbury dem Verteidigungsministerium abkaufen und in den erhaltenen Hangars eine Produktionsfläche von 5.574 m² einrichten.

Die Produktion von vier Maschinen begann 1983, für die ersten Serienmaschinen war ein Preis von je 55.000 Pfund Sterling vorgesehen, etwa ein Drittel der Kosten für einen Hubschrauber mit einer Turbine.

Die EA7-Optica ist in der Serienversion mit einem 200 PS (149 kW) Avco Lycoming IO-360 oder einem 210 PS (156,5 kW) TIO-360 mit Turbolader ausgerüstet.

### Technische Daten
**Edgley EA7 Optica**
**Typ:** dreisitziges Beobachtungsflugzeug für Langsamflüge.
**Triebwerk:** ein 200 PS (149 kW) Avco Lycoming IO-360 oder 210 PS (156,5 kW) TIO-360 mit Turbolader.
**Leistung:** (IO-360) Höchstgeschwindigkeit 203 km/h; Reisegeschwindigkeit 174 km/h; Beobachtungsgeschwindigkeit 92 km/h; Dienstgipfelhöhe 4.265 m; Reichweite mit normalen Reserven bei 65 Prozent Triebkraft 1.046 km.
**Gewicht:** Leergewicht 850 kg; max. Startgewicht 1.236 kg.
**Abmessungen:** Spannweite 11,99 m; Länge 8,15 m; Höhe 2,31 m; Tragflügelfläche 15,84 m².

# Edo OSE-1

### Entwicklungsgeschichte
Die Edo Aircraft Corporation war lange Zeit für die Produktion von verschiedenen Schwimmern für Seeflugzeuge bekannt und baute 1946 ihr erstes eigenes Modell. Noch im gleichen Jahr flogen gleichzeitig zwei experimentelle Beobachtungs- und Pfadfinderflugzeuge mit einzelnen Schwimmern. Die **Edo XOSE-1** waren einsitzige Tiefdecker mit freitragenden Flügeln aus Ganzmetall, einem geschlossenen Pilotencockpit mit nach hinten aufschiebbarer Kuppel, einer ausgeprägten V-Stellung der Flügel und festen Stützschwimmern an den Flügelspitzen. Die Flügel konnten für den Schiffstransport umgeklappt werden. Das Triebwerk bestand aus einem Ranger V-770-8 Reihenmotor.

Die XOSE-1 war neben Beobachtungs- und Pfadfinder-Einsätzen auch für zahlreiche andere Aufgaben gedacht. An Außenstationen unter den Flügeln konnten Wasserbomben befestigt werden oder aber zwei speziell entworfene 'Rettungszellen' mitgeführt werden, die je einen Überlebenden aufnehmen konnten, wenn die XOSE-1 für SAR-Einsätze benutzt wurde.

Acht OSE-1 Serienmaschinen wurden später von der US Navy bestellt, um die beiden XOSE-1 zu ergänzen, aber keine der Maschinen wurde von der US Navy angenommen.

### Variante
**XTE-1:** geplante Schulausführung der OSE-1 mit zwei Tandemsitzen; sechs OSE-1 Flugwerke wurden umgebaut, aber es ist ungewiß, ob sie ausgeliefert wurden.

### Technische Daten
**Edo XOSE-1**
**Typ:** ein einsitziges Mehrzweck-Schwimmerflugzeug.
**Triebwerk:** ein 550 PS (410 kW) Ranger V-770-8 Reihenmotor.
**Leistung:** Höchstgeschwindigkeit 319 km/h; Dienstgipfelhöhe 6.800 m; Reichweite 1.448 km.
**Gewicht:** Rüstgewicht 1.802 kg; max. Startgewicht 2.751 kg.
**Abmessungen:** Spannweite 11,57 m; Länge 9,47 m; Höhe 4,55 m.
**Bewaffnung:** zwei feste, vorwärtsfeuernde MG Kal. 12,7 mm in den Tragflächen, plus zwei 159 kg Wasserbomben oder Rettungszellen.

**Die Edo OSE-1, ein leistungsfähiges Mehrzweckflugzeug, wurde nur in geringer Anzahl gebaut, da nach dem Zweiten Weltkrieg für diese Art von Flugzeug kaum noch eine Nachfrage bestand.**

# Eidgenössisches Flugzeugwerk: siehe EFW

# Ekin Airbuggy

### Entwicklungsgeschichte
Die W. H. Ekin (Engineering) Company wurde 1969 in Aberdeen (Schottland) gegründet, um die Produktion von sechs Exemplaren eines Autogyro-Modells mit der Bezeichnung McCandless Mk IV Gyroplane durchzuführen. Die Firma sah hier noch Raum für Verbesserungen und modifizierte den Entwurf zu der **Ekin Airbuggy**, deren Prototyp (G-AXXN) zum ersten Mal am 1. Februar 1973 flog.

Die Airbuggy ist typisch für einen leichten Autogyro und hat einen Zweiblattrotor, einen hinten angebrachten Motor mit Druckpropeller und ein Leitwerk mit Flosse, Ruder und Höhenflosse für bessere Stabilität und Steuerflächen. Das feste Dreibeinfahrwerk hat ein steuerbares Bugrad, und der Pilot sitzt in einer offenen Zelle vor dem Rotorpylon. Bis 1983 wurden sechs Maschinen fertiggestellt.

### Technische Daten
**Ekin Airbuggy**
**Typ:** leichter Autogyro.
**Triebwerk:** ein 75 PS (56 kW) modifizierter Volkswagen Vierzylinder-Automotor.
**Leistung:** Höchstgeschwindigkeit in Meereshöhe 128 km/h; wirtschaftliche Reisegeschwindigkeit 97 km/h; Reichweite bei vollen Tanks 225 km.
**Gewicht:** Leergewicht 161 kg; max. Startgewicht 295 kg.
**Abmessungen:** Rotordurchmesser 6,63 m; Länge ohne Rotor 3,51 m; Höhe 2,21 m; Rotorfläche 37,63 m².

# Elias Flugzeuge

### Entwicklungsgeschichte
Die amerikanische Firma G. Elias & Brother Inc. wurde 1881 in Buffalo gegründet. Der Bau von Flugzeugen begann erst nach dem Ersten Weltkrieg, und wie viele Flugzeugbauer wurden auch die Gebrüder Elias durch die Weltwirtschaftskrise des Jahres 1930 am Erfolg gehindert.

Einige wenige Maschinen wurden für die US Army entwickelt, darunter drei konventionell strukturierte **Elias TA-1** (Trainer, Aircooled-One), die 1921 zur Erprobung ausgeliefert wurden. Es waren zweisitzige Doppeldecker mit einer Spannweite von 9,93 m und einer Länge von 7,54 m; sie unterschieden sich voneinander durch ihre Sterntriebwerke: zwei hatten einen 140 PS (104 kW) Lawrance R-1, die dritte einen 170 PS (127 kW) ABC Wasp Motor. Das Modell erwies sich in seiner Leistung der ebenfalls erprobten Dayton-Wright TA-3 unterlegen, so daß sonst keine Exemplare gebaut wurden.

1922 bestellte die US Army ein einzelnes Exemplar des Kurzstrecken-Nachtbombers **XNBS-3** mit zwei 425 PS (317 kW) Liberty 12A Reihenmotoren, einem mit Stoff bespannten Rumpf aus Stahlrohr und hölzernen Tragflächen mit einer Spannweite von 23,62 m. Mit vier Mann Besatzung war eine Bewaffnung von fünf 7,62 mm MG und bis zu 907 kg Bomben vorgesehen, aber das Modell hatte bei den Einsatztests keinen Erfolg.

Auch die Versuche, auf den zivilen Markt zu kommen, waren vergeblich. Dazu gehörte der Baldachineindecker **EC-1 Aircoupe** mit einem 80 PS (60 kW) Anzani Sternmotor und einem offenen oder auf Wunsch geschlossenen Cockpit. Außerdem wurde ein einsitziger Doppeldecker mit gleicher Spannweite, die **AJE Air Express**, zum Posttransport geflogen; sie erhielt einen 400 PS (298 kW) Liberty Reihenmotor und hatte einen 1,84 m³ großen Laderaum aus Duraluminium. Obwohl die Firma weitsichtig genug war, dieses Modell auch als alternative Ausführung mit Vermessungskameras oder zur Schädlingsbekämpfung anzubieten, errang es keinen bedeutenden Marktanteil.

Der größte Erfolg der Firma war vielleicht der von der US Navy und US Marine erprobte Prototyp **EM-1**, der für das US Marine Corps konzipiert worden war. Dieses Modell war an vorgeschobenen Positionen für Mehrzweckaufgaben mit konventionellem Fahrwerk oder Schwimmern vorgesehen. Der Prototyp (A5905) war ein zweisitziger Doppeldecker mit ungleicher Spannweite und ei-

**Die Elias EM-2, das erfolgreichste Modell der Firma, wurde als Mehrzweckflugzeug für das US Marine Corps entworfen, das diesen Typ mit Schwimmern oder normalem Fahrwerk einsetzte.**

nem 300 PS (224 kW) Wright-Hispano H Motor; die Tragflügel wurden später mit gleicher Spannweite modifiziert, und das Modell wurde außerdem mit Schwimmern getestet. 1922 wurde das Modell an das US Marine Corps geliefert. Es folgte der Bau von sechs EM-2 mit den neuen gleichen Tragflächen und wiederum dem Liberty Motor. Ein Exemplar ging an das US Marine Corps und die anderen an die US Navy; von diesen wurde eines speziell als Beobachtungsflugzeug fertiggestellt und als EO-1 bezeichnet.

### Technische Daten

**Elias EM-2**
**Typ:** ein zweisitziger Mehrzweck-Doppeldecker.
**Triebwerk:** ein 400 PS (298 kW) Liberty 12 Reihenmotor.
**Leistung:** Höchstgeschwindigkeit 193 km/h.
**Gewicht:** maximals Startgewicht 1.920 kg.
**Abmessungen:** Spannweite 12,09 m; Länge 8,69 m; Höhe 3,28 m.

# Elliotts EoN A.P.4

### Entwicklungsgeschichte

Elliotts of Newbury, eine englische Möbelfabrik, hatte während des Zweiten Weltkriegs wertvolle Erfahrungen beim Bau von Segelflugzeugen gesammelt, die für verschiedene Flugzeugbauer hergestellt wurden. Nach dem Krieg produzierte Elliotts gemeinsam mit Chiltern Aircraft das Olympia Segelflugzeug, eine moderne Version der deutschen DFS Meise aus der Vorkriegszeit. Die erste Olympia flog 1947.

Weitere Segelflugzeugmodelle folgten, aber Elliott beschloß bald darauf, es mit motorisierten Flugzeugen zu versuchen, die auch als Schleppflugzeuge verwendet werden konnten.

Die **Elliotts A.P.4** (besser bekannt unter dem Namen **Newbury EoN**) war ein hölzerner Viersitzer mit festem Dreibeinfahrwerk, der erstmals am 8. August 1947 flog, bestückt mit einem 100 PS (76 kW) Blackburn Cirrus Minor II; in dieser Form hieß das Modell EoN 1.

Beim Serienmodell wurden verschiedene Veränderungen vorgenommen, u.a. der Einbau eines 145 PS (108 kW) de Havilland Gipsy Major Motors und eine Verlängerung des Bugradbeins; diese Modifikationen wurden auch beim Prototyp vorgenommen, der daraufhin EoN 2 hieß.

Das einzige Exemplar der EoN wurde durch Flugshows bekannt und fand ein kurioses Ende, als es am 14. April 1950 in Lympne mit einer Olympia im Schlepptau einen pilotenlosen Start versuchte, nachdem der Pilot den Propeller angeworfen hatte. Der Segelflieger verließ sein Flugzeug mit bemerkenswerter Geschicklichkeit, aber sowohl die EoN als auch die Olympia wurden bei dem Versuch, durch die Hecke des Flughafens zu fliegen, schwer beschädigt. Zu einer Serienproduktion der EoN kam es nicht, obwohl Elliotts noch bis in die 60er Jahre weiterhin Segelflugzeuge entwarf.

**Die G-AKBC war die einzige Elliotts EoN A.P.4. Die Maschine wurde von der Aviation and Engineering Prospects Ltd. für die Firma entworfen.**

### Technische Daten

**EoN A.P.4**
**Typ:** viersitziges Reise- und Schleppflugzeug.
**Triebwerk:** ein 145 PS (108 kW) de Havilland Gipsy Major 10 luftgekühlter, hängender Vierzylinder-Reihenmotor.
**Leistung:** Höchstgeschwindigkeit 219 km/h; Reisegeschwindigkeit 185 km/h; Dienstgipfelhöhe 4.085 m; Reichweite 563 km.
**Gewicht:** maximales Startgewicht 1.061 kg.
**Abmessungen:** Spannweite 11,28 m; Länge 7,62 m; Höhe 3,05 m; Tragflügelfläche 16,07 $m^2$.

# Emair MA-1/-1B Paymaster/Diablo 1200

### Entwicklungsgeschichte

Ende 1968 begann Air New Zealand mit der Konstruktion eines neu entworfenen Landwirtschaftsflugzeugs, das auf dem Flugwerk der Boeing/Stearman Model 75 Kaydet basierte. Dieses Projekt wurde im Auftrag der Murrayair Ltd. aus Hawaii durchgeführt. Im Vergleich zu seinem Vorgänger hatte das neue Modell eine vergrößerte Tragflügelfläche, einen modifizierten Rumpfvorderteil für den Piloten (bei Kurzstreckenflügen auch für einen Belader/Mechaniker) und den Chemikalientank sowie ein verstärktes Fahrwerk und einen stärkeren 600 PS (447 kW) Pratt & Whitney R-1340-AN1 Wasp Sternmotor. Der Erstflug fand am 27. Juli 1969 in Neuseeland statt, bevor die Maschine wieder auseinandergenommen und nach Honolulu geschickt wurde, wo sie am 14. April 1970 die FAA Zulassung erhielt.

Daraufhin begann in Harlingen (Texas) die Produktion des Modells Emair MA-1 Paymaster durch die Emair, eine Division der Murray Company aus Hawaii. Eine Kombination von Rollen- und Firmenbezeichnung führte zu dem Namen **Agronemair MA-1 Paymaster**, die Produktion wurde im Januar 1976 nach dem Bau von 25 Exemplaren eingestellt.

Die Paymaster wurde von der **MA-1B Diablo 1200** abgelöst, für die schon im August 1975 Tests begonnen hatten. Das neue Modell war der Paymaster weitgehend ähnlich und unterschied sich von seinem Vorgänger vor allem durch den stärkeren Wright R-1820 Sternmotor. Obwohl das max. Startgewicht unverändert war, gab dieses Triebwerk dem Modell eine größere Nutzlast in großer Höhe oder bei Einsätzen von kurzen oder nassen Rollfeldern aus. Die Diablo hatte außerdem einen langsameren Propeller mit größerem Durchmesser, was den Betriebslärm reduzierte. Ende 1980 waren 1948 Diablo ausgeliefert; daraufhin stellte die Firma angesichts der geringen Nachfrage die Produktion ein und wurde aufgelöst.

**Der Prototyp Murrayair MA-1 zeigt beim ersten Blick, wie radikal das Flugwerk der Stearman Model 75 für dieses schwerfällig wirkende, aber leistungsfähige Flugzeug modifiziert wurde.**

### Technische Daten

**Emair MA-1B Diablo 1200**
**Typ:** schweres landwirtschaftliches Flugzeug.
**Triebwerk:** ein 1.200 PS (895 kW) Wright R-1820 Sternmotor, auf 900 PS (671 kW) gedrosselt.
**Leistung:** max. Einsatzgeschwindigkeit 188 km/h.
**Gewicht:** Leergewicht 1.928 kg; max. Startgewicht 3.810 kg.
**Abmessungen:** obere Spannweite 12,70 m; untere Spannweite 10,67 m; Länge 9,14 m; Höhe 3,58 m; Tragflügelfläche 36,16 $m^2$.

# Emigh Trojan A-2

### Entwicklungsgeschichte

Die Emigh Trojan Aircraft Company wurde von Harold E. Emigh in Douglas (Arizona) gegründet, um ein zweisitziges Leichtflugzeug nach eigenem Entwurf zu bauen. Die in kleiner Anzahl produzierte **Emigh Trojan A-2** war ein Tiefdecker mit freitragenden Flügeln und einer Ganzmetallkonstruktion mit zwei nebeneinander befindlichen Sitzen im geschlossenen Cockpit. Das Modell hatte ein konventionelles Leitwerk, ein festes Dreibeinfahrwerk und einen Continental A90 Vierzylinder-Boxermotor.

### Technische Daten

**Typ:** leichter Kabinen-Eindecker.
**Triebwerk:** ein 90 PS (67 kW) Continental A90 Vierzylinder-Boxermotor.
**Leistung:** Höchstgeschwindigkeit 209 km/h; Reisegeschwindigkeit 185 km/h; Dienstgipfelhöhe 3.960 m; Reichweite 885 km.
**Gewicht:** keine Daten erhältlich.
**Abmessungen:** Spannweite 9,63 m; Länge 6,22 m; Höhe 1,96 m; Tragflügelfläche 14,57 $m^2$.

**Die äußere Rippenverstärkung der Tragflächen gab der Emigh Trojan A-2 ein ungewöhnliches Aussehen. Nur wenige Exemplare wurden gebaut.**

# Engineering Division, Bureau of Aircraft Production

## Entwicklungsgeschichte

1918 wurde, als Unterabteilung des US War Department, die Engineering Division, Bureau of Aircraft Production, gegründet, die später in Engineering Division, Air Service, und dann im Jahre 1926 in Material Division, Air Corps, umbenannt wurde.

Die Engineering Division, die die Verantwortung für die de Havilland Flugzeuge erhielt, die aus Großbritannien bestellt worden waren, wandte ihre Aufmerksamkeit als erstes der D.H.9 zu. Bei der Amerikanisierung dieses klassischen Bombers wurde neben dem Einbau eines 400 PS (311 kW) Liberty A21 Motors auch das Cockpit des Piloten nach hinten verlegt. Bevor der Waffenstillstand 1918 dieses Projekt zu seiner Einstellung führte, wurden bei der Engineering Division acht solcher Flugzeuge (zwei **UCD-9** und sechs **UCD-9A**) gebaut. Es bestanden auch Pläne zur Entwicklung und zum Bau einer großen Serie der US-Version der Bristol F-2B Fighter, es wurde jedoch nur eine einzelne **XB-1** gebaut und geflogen, die später in **XB-1A** umbenannt wurde. Allerdings entwickelte und baute die Engineering Division später die Prototypen mehrerer Flugzeuge. Zu den größeren Exemplaren gehörte die **G.A.X.** (Ground Attack Experimental), ein Dreifachdecker mit 19,96 m Spannweite, der von I.M. Laddon konstruiert worden war. Die Maschine hatte Liberty Motoren, die Druckpropeller bewegten und deren beiden Gondeln an ihrer Vorderseite eine Schützenposition besaßen. Weitere MG waren mit Schußrichtung nach unten im Rumpf montiert. Zum Schutz der Besatzung bei Bodenangriffen war ein großer Gewichtsanteil zur Panzerung in der Struktur vorgesehen. Dem Prototypen folgten zehn GA-1 Serienmaschinen, die von Boeing gebaut wurden. Der Prototyp eines weiteren Erdkampfjägers, der einmotorige Doppeldecker **GA-2**, wurde ebenfalls konstruiert und gebaut. Boeing baute, ebenfalls als GA-2, einen weiteren, umfassend geänderten Prototypen, dem jedoch keine weitere Serie folgte. Die größte Konstruktion der Engineering Division war der von Walter Barling konstruierte Bomber **XNBL-1**.

Zu den ersten Konstrukteuren, die für die Engineering Division arbeiteten, gehörte der Italiener Ottorino Pomilio, der für einen einsitzigen Jäger verantwortlich zeichnete, der von dem neuen 280 PS (209 kW) Liberty V-8 Motor angetrieben wurde. Es war ein konventioneller, einstieliger Doppeldecker einheitlicher Spannweite, der mit Vickers Zwillings-Maschinengewehren bewaffnet war und der die Bezeichnung **FVL-8** erhielt. Es wurden sechs Prototypen gebaut, denen sechs erheblich größere, jedoch ähnliche **BVL-12** Bomber folgten, die von dem 400 PS (298 kW) Liberty-Motor angetrieben wurden. Beide Maschinen hatten als außergewöhnliche Eigenschaft, daß sie ihren Rumpf im Gegensatz zu der konventionelleren Position auf der unteren Tragfläche zwischen den Tragflächen hatten.

Zwei weitere Konstrukteure der Engineering Division waren Alfred Verville und Captain V.E. Clark, die gemeinsam den einsitzigen, einstieligen Doppeldecker-Jäger **VCP-1** konstruierten. Es wurde nur einer der beiden Prototypen geflogen, der zunächst im August 1919 einen 300 PS (224 kW) Wright-Hispano Motor hatte. Die VCP-1 wurde anschließend für die Teilnahme an dem 1920er Pulitzer Trophy Race mit einem 660 PS (492 kW) Packard 1A-2025 Motor umgerüstet und erhielt die geänderte Bezeichnung **VCP-R**. Das Flugzeug, das auch 1922 am Rennen teilnahm, wurde dann mit **R-1** bezeichnet. Verville und Clark schlossen sich mit der später in **PW-1** umbenannten **VC-2** an, die einen 350 PS (261 kW) Packard 1A-1237 Motor hatte und die erstmals im November 1921 geflogen wurde. Nachdem anschließend ihre trapezförmigen Flügel durch Flügel einheitlicher Breite ersetzt worden waren, wurde sie in **PW-1A** umbenannt. Von den gleichen beiden Konstrukteuren stammte auch das Einzelexemplar des zweisitzigen Doppeldecker-Jägers **TP-1**, der von einem 423 PS (315 kW) Liberty Motor angetrieben wurde.

Mehrere CO (Corps Observation) Konstruktionen wurden ebenfalls von der Engineering Division gebaut. Zu ihnen gehörte der zweisitzige Hochdecker **CO-1** mit dem 400 PS (298 kW) Liberty Motor, der **CO-2** Doppeldecker mit einem 390 PS (291 kW) Liberty Motor sowie eine **XCO-5**, die aus einer zweiten, nicht fertiggestellten TP-1 entstanden war. Es wurden zwei **XCO-6** Flugzeuge gebaut, die je einen hängenden, luftgekühlten Liberty V-1410 Motor hatten. Eine dieser Maschinen wurde später als **XCO-6B** mit einem 435 PS (324 kW) Liberty 12A ummotorisiert. Sie wurde zur **XCO-6C**, als sie später einen Propeller mit größerem Durchmesser und ein modifiziertes Fahrwerk erhielt.

Schließlich sollten noch zwei Flugzeuge kurz erwähnt werden, die von Alfred Verville konstruiert worden waren, als er bei der Engineering Division war. Dies waren die **M-1**, ein kleiner, jedoch interessanter Doppeldecker, der als Sperry Messenger in kleinen Stückzahlen gebaut werden sollte, sowie ein Tiefdecker-Rennflugzeug, von dem als **R-3** von Sperry drei Exemplare gebaut wurden. Die R-3, die für nationale Luftrennen vorgesehen waren, hatten zwar bei dem 1922er Pulitzer Trophy Rennen keinen Erfolg, gewannen jedoch mit 348,50 km/h das 1924er Rennen, nachdem sie mit einem 500 PS (373 kW) Curtiss D-12 Motor umgerüstet worden waren.

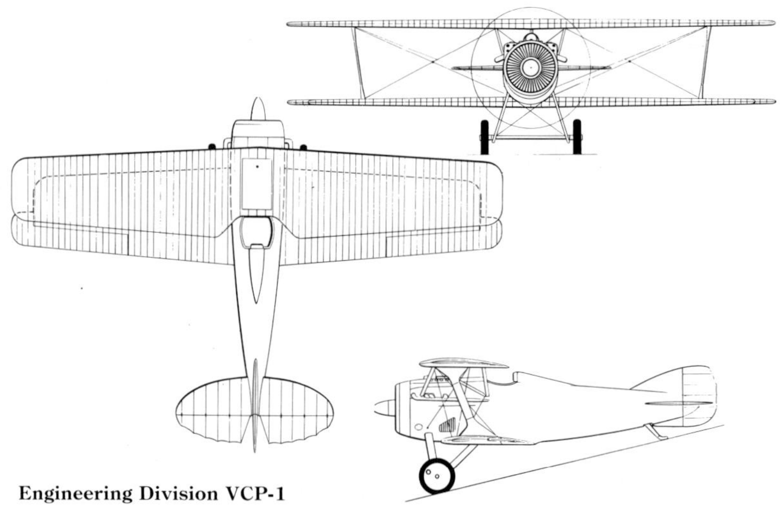

**Engineering Division VCP-1**

**Der von Verville und Clark entwickelte zweisitzige Jäger Engineering Division TP-1 wurde durch den plumpen Vorverdichter für den Liberty-Motor verunstaltet.**

## Technische Daten

### Engineering Division VCP-1 (VCP-R)

**Typ:** einsitziger Jäger-Prototyp und Rennflugzeug.
**Triebwerk:** ein 660 PS (492 kW) Packard 1A-2025 12-Zylinder V-Motor mit Wasserkühlung.
**Leistung:** Höchstgeschwindigkeit 248 km/h in Meereshöhe; Anfangssteiggeschwindigkeit 8,58 m/sek; Reichweite 480 km.
**Gewicht:** Leergewicht 913 kg; max. Startgewicht 1.211 kg.
**Abmessungen:** Spannweite 9,75 m; Länge 6,81 m; Höhe 2,54 m; Tragflügelfläche 24,99 m².
**Bewaffnung:** (Jagdversion) zwei starre, synchronisierte, vorwärtsfeuernde 7,62 mm Maschinengewehre.

**Die Seriennummer 40081 identifiziert dieses Flugzeug als den zweiten von sechs Engineering Division FVL-8 Jägern, die von Ottorino Pomilio konstruiert wurden. Der Kühler ging in den Mittelteil des unteren Flügels über.**

**Die Engineering Division XCO-5 war ein Beobachtungsflugzeug, und dieses Einzelstück entstand aus einem Umbau.**

# Engineering Research: siehe Alon

# English Electric Ayr

**Die English Electric Ayr war eine in jeder Hinsicht bemerkenswerte Konstruktion, die auf einem eleganten Linton Hope-Rumpf basierte. Die Bomben hätten unter den unteren Flügeln mitgeführt werden sollen, da diese jedoch beim Start unter Wasser gewesen wären, kann man sich nur schwer vorstellen, wie die Ayr hätte ausreichend beschleunigen können, um Abhebegeschwindigkeit zu erreichen.**

### Entwicklungsgeschichte

Während English Electric an der Kingston arbeitete, experimentierte das Unternehmen mit einem neuen Flugboottyp namens **English Electric Ayr**, der 1924 gebaut wurde.

Die Rumpfkonstruktion stammte wieder von Linton Hope, die ungewöhnlichste Eigenschaft des Flugbootes lag jedoch in seinen Stummelflügeln, die aus dem Rumpf herausragten. Sie ersetzten in der Konstruktion die Schwimmer an den Flügelspitzen, die sich immer als etwas zerbrechlich erwiesen hatten. Da die Stummel jedoch sehr tief am Rumpf angesetzt waren, war es kaum eine Überraschung, als die Ayr bei Bewertungstests nach rechts rollte, ihren Schwimmkörper abtauchte und nicht abheben wollte. Überraschend ist jedoch ein zweiter Bericht über die Ayr, in dem mitgeteilt wird, daß sich bei den Tests im Marine Aircraft Experimental Establishment in Felixstowe ergab, daß die Stummelflügel auf dem Wasser für eine ausreichende Stabilität sorgten und daß die Maschine eine ausgezeichnete Leistung brachte. Wie dies möglich war, obwohl das Flugzeug gar nicht flog, ist nicht ganz geklärt.

### Technische Daten

**Typ:** dreisitziges Küstenpatrouillen-Flugboot.
**Triebwerk:** ein 450 PS (336 kW) Napier Lion IIB 12-Zylinder Kolbenmotor.
**Leistung:** keine Aufzeichnungen.
**Gewicht:** keine Aufzeichnungen.
**Abmessungen:** Spannweite 14,02 m; Länge 11,58 m.
**Bewaffnung:** je ein 7,7 mm Lewis-MG im Bug und in den hinteren Cockpits plus Befestigungsmöglichkeiten für Bomben unter den Stummelflügeln.

# English Electric Canberra: siehe BAC

# English Electric P.5 Cork

### Entwicklungsgeschichte

1918 ging die Phoenix Dynamo Manufacturing Company an die English Electric Company über, und wenn dieses Flugboot auch richtiger als **Phoenix P.5 Cork** bezeichnet werden sollte, ist es doch hier wegen seiner offensichtlichen Verwandtschaft mit den folgenden English Electric-Konstruktionen verzeichnet.

Die Serie der Porte-Flugboote war erfolgreich, und 1917 entschied sich die britische Admiralität für die Bestellung von zwei Flugbooten zur Bewertung der neuen Schalenrumpf-Bauweise, die von Lieutenant Commander Linton Hope konstruiert worden war. Die Rümpfe wurden von einem Unternehmen in Southampton (May, Harden & May) gebaut, während Phoenix Dynamo in Bradford den Auftrag erhielt, das restliche Flugwerk zu bauen und die Endmontage durchzuführen. Die beiden Rümpfe hatten unterschiedliche Formen, und die erste Cork, die in Brough montiert wurde, war Anfang August 1918 fertiggestellt.

Noch im gleichen Monat begann die offizielle Erprobung, doch aufgrund von Problemen mit dem Klarlack der Tragflächen-Stoffbespannung mußten die Maschinen zur Neubespannung zurückgeschickt werden und es wurden statt dessen die Flügel der zweiten Cork montiert. Dabei wurde die Gelegenheit genutzt, die Schwimmleistung des zweiten Flugzeuges zu verbessern, indem der untere Flügel etwas über den Rumpf angehoben sowie das Seitenruder vergrößert wurde.

Der Waffenstillstand machte eine Serienherstellung überflüssig, die beiden Prototypen wurden jedoch noch mehrere Jahre lang für Experimente verwendet. Die zweite Cork wurde schließlich mit zwei 450 PS (336 kW) Napier Lion Motoren ausgerüstet und bildete die Grundlage für die sich anschließende Kingston.

### Technische Daten

**Typ:** Aufklärungs-Flugboot.
**Triebwerk:** 2 350 PS Rolls-Royce Eagle VIII 12 Zylinder V-Motoren.
**Leistung:** Höchstgeschwindigkeit 169 km/h in 610 m Höhe und 159 km/h in 3.050 m Höhe; Dienstgipfelhöhe 4.600 m; Reichweite 1.287 km.
**Gewicht:** Leergewicht 3.373 kg; max. Startgewicht 3.813 km.
**Abmessungen:** Spannweite 26,06 m; Länge 14,99 m; Höhe 6,45 m Tragflügelfläche 118,26 m$^2$.
**Bewaffnung:** ein 7,7 mm Lewis-MG im Bug-Cockpit sowie zwei in seitlichen Positionen (erster Prototyp); der zweite Prototyp verfügte über Einrichtungen für vier weitere Lewis-MG in zwei Gondeln über dem oberen Flügel sowie für 472 kg Bomben.

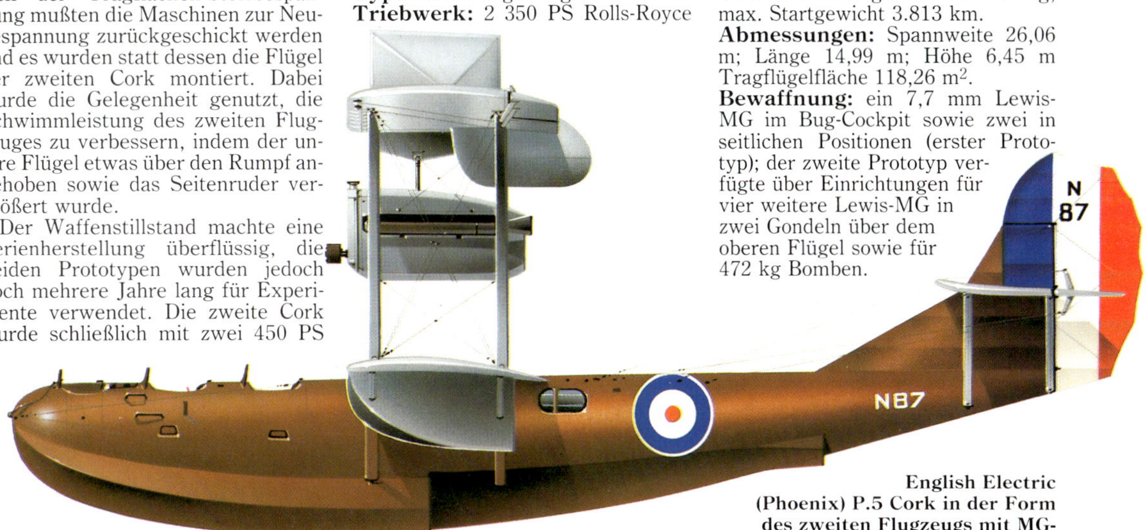


**English Electric (Phoenix) P.5 Cork in der Form des zweiten Flugzeugs mit MG-Positionen am oberen Flügel.**

# English Electric P.5 Kingston

### Entwicklungsgeschichte

Die **English Electric P.5 Kingston** trug die gleiche Bezeichnung wie die Cork und war eine Umkonstruierung des älteren Flugboots mit einer Reihe von Verbesserungen. Die erste Kingston flog 1924 mit zwei 450 PS (336 kW) Napier Lion Motoren, die in der zweiten Phoenix erprobt worden waren, und es wurde eine kleine Produktionsserie von fünf Maschinen bestellt. Diese verfügten über umkonstruierte Schwimmer an den Flügelspitzen, erweiterte Querruder an den oberen Flügeln und eine größere Heckflosse mit Seitenruder als das Vorgängermodell, dessen seitliche MG-Positionen entfernt wurden.

Die erste Serien-Kingston ging im April 1925 bei Versuchen in Felixstowe verloren, die Besatzung wurde jedoch gerettet. Die vierte Serienmaschine, die einen neuen Rumpf aus Duraluminium erhielt, wurde zur **Kingston Mk II**, während die letzte Variante, die **Kingston Mk III**, die letzte Serien-Kingston war, die wiederum einen anderen Rumpf erhielt. Bei dieser Maschine kehrte man zur Holzbauweise zurück und erzielte eine spürbare Verbesserung des Startverhaltens. Sie flog im Jahre 1926, da jedoch keine weiteren Aufträge in Aussicht standen, schloß English Electric im März des gleichen Jahres seine Flugzeugabteilung und es dauerte 23 Jahre, bis das nächste Flugzeug herauskam.

### Technische Daten

**Typ:** Aufklärungs-Flugboot.
**Triebwerk:** zwei 450 PS (336 kW) Napier Lion 12 Zylinder Kolbenmotoren.
**Leistung:** Höchstgeschwindigkeit 175 km/h in 610 m Höhe; Dienstgipfelhöhe 2.755 m; Reichweite 837 km.
**Gewicht:** max. Startgw. 6.403 kg.
**Abmessungen:** Spannweite 26,06 m; Länge 16,08 m; Höhe 6,38 m Tragflügelfläche 118,26 m$^2$.
**Bewaffnung:** fünf 7,7 mm Lewis-MG im Bug und in Gondeln auf dem oberen Flügel plus 472 kg Bomben.

# English Electric Lightning: siehe BAC

# English Electric TSR 2: siehe BAC

# English Electric Wren

**Die English Electric Wren mit der Nummer 4 war eigentlich das dritte von drei Flugzeugen und wurde unter Verwendung von Teilen des zweiten Flugzeugs in den fünfziger Jahren rekonstruiert. Die Maschine wurde 1957 von P. Hillwood geflogen und steht jetzt beim Shuttleworth Trust.**

## Entwicklungsgeschichte

Das moderne Konzept der Mini- und Ultraleichtflugzeuge und der Motorsegler ist über 60 Jahre alt, denn schon 1921, mitten in seiner Arbeit an Aufklärungsflugzeugen, wandte sich der English Electric-Mitarbeiter W.O. Manning einem völlig anderen Objekt zu — dem Leichtflugzeug.

Motoren mit niedriger Leistung standen zur Verfügung, einige davon waren umgebaute Motorradmotoren, und die von Manning konstruierte **English Electric Wren** war mit ihrem Leergewicht von nur 105 kg ein bemerkenswertes Flugzeug. In seiner ursprünglichen Form hatte es einen Zweizylinder ABC-Motorradmotor von 398 ccm, flog gut und erreichte eine Geschwindigkeit von 80 km/h.

Wegen eines damals ausgeschriebenen Preises von £500 für das wirtschaftlichste britische Einsitzer-Leichtflugzeug bauten mehrere Hersteller sehr leichte Maschinen. Im April 1921 wurde dadurch weiteres Interesse geweckt, daß die Daily Mail einen Preis von £1.000 für den längsten Flug aussetzte, der von einem Motorsegler mit einem Motor von maximal 750 ccm Hubraum absolviert würde.

Der Wettbewerb fand im Oktober 1923 in Lympne statt und die Wren bemühte sich neben der in Großbritannien gebauten ANEC um den Preis der Daily Mail, wobei beide Flugzeuge 140,8 km mit 4,5 l Benzin zurücklegten.

Eine Wren war 1921 für das Air Ministry gebaut worden und zwei weitere entstanden für den Lympne-Wettbewerb; eine dieser Maschinen existiert noch heute in der Shuttleworth-Collection.

## Technische Daten

**Typ:** ein einsitziger Ultraleicht-Eindecker.
**Triebwerk:** ein 398 ccm A.B.C. Kolbenmotor.
**Leistung:** Höchstgeschwindigkeit 80 km/h; Reisegeschwindigkeit 66 km/h.
**Gewicht:** Leergewicht 105 kg; max. Startgewicht 191 kg.
**Abmessungen:** Spannweite 11,28 m; Länge 7,39 m; Höhe 1,45 m.

# Enstrom F-28/280 Shark

Austin J. Brown

**Die Enstrom F-28A ist ein kompakter und gutaussehender Leichthubschrauber, der auch als F-28C mit Turbolader lieferbar ist. Durch den hohen Rotormast ist sichergestellt, daß Personen sicher vom und zum Hubschrauber gehen können.**

## Entwicklungsgeschichte

Der von Rudy J. Enstrom konstruierte und gebaute Leichthubschrauber **Enstrom F-28** wurde als Experimentalversion erstmals am 12. November 1960 geflogen. Es war eine zweisitzige Maschine mit Zweiblatt-Hauptrotor und einem rückwärtigen Rumpf aus einer unverkleideten Rohrkonstruktion. Ihr folgte am 26. Mai 1962 in der Luft das erste von zwei dreisitzigen Nullserien-Exemplaren und die Serienversion kam im Herbst 1963 heraus. Sie hatte als Triebwerk einen 180 PS (134 kW) Avco Lycoming O-360-A1A Motor, einen Dreiblatt-Hauptrotor und einen Kabinenbereich aus Leichtmetall und Glasfaser mit einem Ganzmetall-Heckausleger in Halbschalenbauweise.

## Varianten

**F-28A:** vorgestellt 1968; die F-28A hatte als Triebwerk einen 205 PS (153 kW) Avco Lycoming HIO-360-CIA Motor; die Produktion wurde im Februar 1970 unterbrochen, als die R. J. Enstrom Corporation ihre Geschäftstätigkeit einstellte, wurde jedoch 1971 wieder aufgenommen, als die Enstrom Helicopter Corporation neu gegründet wurde.

**280 Shark:** 1973 als eine Luxusversion der F-28A entwickelt, bot die Shark einen stromlinienförmigeren Kabinenbereich, Seitenleitwerksflächen an Bauch und Rücken und kleine Endplatten-Flossen an den Spitzen der kleinen horizontalen Leitwerksflächen; der Standard-Tankinhalt wurde auf 151 Liter erhöht und im September 1974 wurde die FAA-Zulassung erteilt.

**F-28C/280C:** verbesserte Versionen mit einem Lycoming HIO-360-E1AD Motor mit Rajay 301-E-10-2 Turbolader; der Heckrotor wurde auf die linke Rumpfseite verlegt und er lief in entgegengesetzter Richtung; mit der **F-28C-2** kamen die ungeteilte Windschutzscheibe und ein zentrales Instrumentenpult zur verbesserten Sicht nach vorn und unten.

**F-28F/280F:** die F-28F und die 280F erhielten im Januar 1981 ihre FAA-Zulassung und wurden von dem Avco Lycoming HIO-360-F1AD Motor mit Turbolader angetrieben.

**280L Hawk:** die Konstruktionsarbeiten an dieser viersitzigen Version der Enstrom 280C begannen im Januar 1978 und der Prototyp wurde am 27. Dezember 1978 zum ersten Mal geflogen; der Durchmesser des Hauptrotors wurde vergrößert und lag um 0,61 m über dem des dreisitzigen Modells, der Rumpf wurde um 0,91 m gestreckt und das Triebwerk war das der F-28F/280F-Serie, wobei der Tankinhalt auf 170 Liter gesteigert wurde.

**480 Eagle:** projektierte Weiterentwicklung der 280L Hawk mit fünf Sitzen und einer 420 WPS (313 kW) Allison 250-C20B Wellenturbine.

**Spitfire Mk 1:** Weiterentwicklung des Enstrom F-28A Grundmodells durch die Spitfire Helicopter Company Ltd.; die Spitfire Mk 1 kam 1976 heraus und wurde von einer 420 WPS (313 kW) Allison 250-C20B Wellenturbine angetrieben.

## Technische Daten

**Enstrom F-28C**
**Typ:** ein dreisitziger Leichthubschrauber.
**Triebwerk:** ein 205 PS (153 kW) Avco Lycoming HIO-360-E1BD Kolbenmotor.
**Leistung:** Höchstgeschwindigkeit 180 km/h; Reisegeschwindigkeit 172 km/h; Dienstgipfelhöhe 3.660 m; Reichweite 435 km.
**Gewicht:** Leergewicht 680 kg; max. Startgewicht 1.066 kg.
**Abmessungen:** Durchmesser des Hauptrotors 9,75 m; Länge 8,94 m; Höhe 2,79 m; Rotorkreisfläche 74,69 $m^2$.

# Entwicklungsring Süd VJ 101C

## Entwicklungsgeschichte

Im Jahre 1959 wurden die Konstruktionsteams der deutschen Unternehmen Bölkow, Heinkel und Messerschmitt unter der Bezeichnung Entwicklungsring Süd in einer Arbeitsgemeinschaft zusammengefaßt, die für das deutsche Bundesverteidigungsministerium einen Mach 2 Senkrechtstarter (VTOL) Abfangjäger entwickeln sollte. Heinkel verließ das Konsortium 1964, das im nächsten Jahr unter der Bezeichnung Entwicklungsring Süd GmbH als ein Unternehmen neu gegründet wurde, das üblicherweise als EWR bekannt war.

Von dem einsitzigen Experimental-Senkrechtstarter **EWR VJ 101C** wurden zwei Prototypen gebaut. Die sich im allgemeinen ähnelnden Maschinen waren beide Hochdecker und wurden weitgehend aus Leichtmetall gebaut. Sie hatten ein einziehbares Bugradfahrwerk und der Pilot saß in einer Druckkabine auf einem Martin-Baker Schleudersitz. Als Triebwerk dienten sechs RB.145 Strahlturbinen, die gemeinsam von Rolls-Royce und MAN-Turbomotoren entwickelt worden waren. Zwei dieser Triebwerke waren unmittelbar hinter dem Cockpit senkrecht im Rumpf montiert und je zwei befanden sich in schwenkbaren Gondeln an jeder Flügelspitze.

Die Rumpftriebwerke wurden ausschließlich für den Vertikal- und Langsamflug benutzt, während die Gondeln an den Flügelspitzen für den Senkrechtflug, Langsamflug, den Übergangsflug Vertikal/Horizontal und für den Hochgeschwindigkeitsflug verwendet wurden. Die Steuerung der Maschine im Flug war mit einem Schwebe-Prüfstand erforscht worden, der mit drei Rolls-Royce RB.108 Hubdüsen bestückt war und der bis Mai 1963 insgesamt 70 Flüge absolviert hatte.

Der Prototyp der **VJ 101C-X 1** wurde im freien Schwebeflug am 10. April 1963 zum ersten Mal geflogen. Die Maschine hatte mehrfach die Geschwindigkeit Mach 1 erreicht, bevor sie nach einem Senkrechtstart am 14. September 1964 abstürzte. Die **VJ 101C-X 2** unterschied sich durch ihre Nachbrenner-Motoren in den Flügelspitzengondeln, die für Senkrechtstarts und -landungen mehr Leistung boten. Diese Maschine absolvierte am 12. Juni 1965 ihren ersten Schwebeflug. Vier Monate später, am 22. Oktober, erzielte die X-2 die erste vollständige Transition vom Vertikalzum Horizontalflug und umgekehrt, die Entwicklung wurde nach 325 Testflügen im Mai 1971 eingestellt.

Unter der Bezeichnung **EWR VJ 101D** wurde die Produktion eines einsitzigen Abfangjägers geplant, der sich jedoch wesentlich von den Forschungs-Prototypen unterschieden hätte. Die VTOL-Hubkraft wäre weiterhin aus dem Satz der Rolls-Royce/MAN RB.162 Hubtriebwerke gekommen, als Hauptantrieb hätten jedoch zwei im hinteren Rumpf montierte Rolls-Royce/MAN RB.153 Strahltriebwerke gedient, die sich zur Steuerung auf die Schubumlenkung verlassen hätten. Allerdings wurde keines dieser Flugzeuge gebaut, da das taktische Konzept der Nato geändert wurde. Diesem neuen Konzept entsprach die **V7 101E**, die dann die Grundlage für ein bilaterales Projekt eines 'Advanced V/STOL Tactical Weapon System' (AVS) bilden sollte.

**Das Schwebeflug-Steuersystem für das Flugzeug VJ 101C wurde mit Hilfe dieses Spezialprüfstands erprobt, der von drei Rolls-Royce RB.108 Motoren angetrieben wurde, von denen einer im Rumpf und zwei in Gondeln an den Flügelspitzen montiert waren.**

### Technische Daten
**Entwicklungsring Süd VJ 101**

**Typ:** ein einsitziges VTOL-Versuchsflugzeug.
**Triebwerk:** sechs Rolls-Royce/MAN RB.145 Strahltriebwerke; die Motoren der X1 entwickelten je 1.247 kp Schub und die der X2 mit Nachbrenner 1.610 kp.
**Leistung:** Höchstgeschwindigkeit (X1) Mach 1,08; Mindest-Fluggeschwindigkeit 260 km/h.
**Gewicht:** max. Startgewicht (X1) 6.000 kg und (X2) 8.000 kg.
**Abmessungen:** Spannweite 6,61 m; Länge 15,70 m; Höhe 4,13 m.

**Der Experimental-Senkrechtstarter VJ 101C war eine interessante Entwicklung im Bereich fortschrittlicher Aerodynamik und Triebwerkstechnologie. Als Triebwerk dienten sechs Rolls-Royce RB.145 Motoren, von denen zwei im Rumpf und je zwei in den Gondeln an den Flügelspitzen montiert waren.**

# Equator Aircraft

### Entwicklungsgeschichte
Das deutsche Unternehmen Equator Aircraft war bis 1974 als Pöschel Aircraft GmbH bekannt, die nach ihrem Hauptgesellschafter Günther Pöschel benannt worden war, der den Prototypen eines Flugzeuges konstruierte und baute, das die Bezeichnung **Pöschel P-300 Equator** trug. Es war ein fünf/sechssitziges Kurzstart (STOL) Flugzeug, das von einem 290 PS (216 kW) Avco Lycoming IO-540 Sechszylinder-Boxermotor angetrieben und am 8. November 1970 zum ersten Mal geflogen wurde. Kurz darauf entwickelte das Unternehmen eine Amphibienversion mit Propellerturbinen-Triebwerk, die als **P-400 Turbo-Equator** bekannt wurde.

Seit dieser Zeit wurde die Konstruktion wesentlich geändert, damit das Standard-Flugwerk für eine ganze Serie von Flugzeugen verwendet werden konnte. Der Prototyp (D-EULM), der 1982 flog, trug die Bezeichnung **Equator P-300RG**. Dieser selbsttragende Mitteldecker ist weitgehend aus Verbundwerkstoffen gebaut und sein Triebwerk ist auf einem Pylon in der Rumpfmitte über den Tragflächen montiert; die Maschine bietet Platz für maximal zehn Personen. Die P-300RG hat ein einziehbares Bugradfahrwerk und einen Avco Lycoming TIO-540 Sechszylinder-Boxermotor, es ist jedoch geplant, daß es Versionen der P-300 geben wird, die wahlweise mit starrem Fahrwerk, STOL- oder Standard-Flügelhinterkantenklappen und -Querrudern, Landflugzeug- oder Amphibienrumpf und wahlweise auch mit Druckkabine lieferbar sein werden. Weiterhin wird es Varianten dieses Konzepts für ein geplantes Flugzeugprogramm geben, das die **P-350**, **P-400**, **P-450 Equator** (die Ziffern in der Bezeichnung nennen die Motorenleistung in PS), **P-420**, **P-550 Turbo-Equator** mit Propellerturbinen sowie die **P-420 Twin Equator** mit zwei 210 PS (157 kW) Motoren in einer Schub/-Druck-Kombination umfaßt.

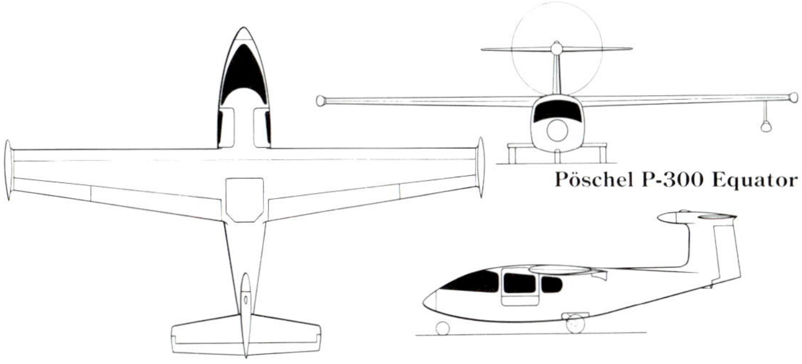

**Pöschel P-300 Equator**

### Technische Daten
**Equator P-300RG**

**Typ:** acht-/zehnsitziger Eindecker.
**Triebwerk:** ein 310 PS (231 kW) Avco Lycoming TIO-540 Sechszylinder-Boxermotor.
**Leistung:** Reisegeschwindigkeit 463 km/h; Dienstgipfelhöhe 10.170 m; Reichweite 5.552 km.
**Gewicht:** Leergewicht 1.070 kg; max. Startgewicht 1.900 kg.
**Abmessungen:** Spannweite 12,20 m; Länge 10,00 m; Höhe 3,66 m Tragflügelfläche 18,00 m².

# Erla 5

### Entwicklungsgeschichte
Das als Nestler und Breitfeld AG bekannte deutsche Unternehmen aus Erla begann 1933 mit dem Bau von Leichtflugzeugen nach Entwürfen des Konstrukteurs Mehr. 1934 war geplant, die Produktion eines einsitzigen Leicht-Eindeckers mit der Bezeichnung **Erla 5** aufzunehmen und etwa zur gleichen Zeit änderte das Unternehmen seinen Namen in Erla-Maschinenwerk GmbH.

Die Erla 5 war ein selbsttragender Tiefdecker, dessen teilweise mit Stoff und teilweise mit Holz verkleideter Flügel an einem hölzernen Rumpf mit Sperrholzhaut befestigt war. Das Leitwerk war ähnlich gebaut wie der Flügel, die Maschine hatte ein Heckspornfahrwerk und als Triebwerk diente ein D.K.W. Zweizylinder-Zweitaktmotor. Es wurde nur eine begrenzte Anzahl Maschinen hergestellt. Nachdem Erla jedoch als Flugzeughersteller etabliert war, begann das Unternehmen 1934 in großem Umfang als Unterlieferant mit dem Bau von bekannten deutschen Militärflugzeugen sowie mit den Montagearbeiten.

### Technische Daten
**Erla 5**

**Typ:** ein einsitziger Sportflugzeug-Eindecker.
**Triebwerk:** ein 20 PS (14,9 kW) D.K.W. Zweizylindermotor.
**Leistung:** Höchstgeschwindigkeit 125 km/h; Reisegeschwindigkeit 110 km/h; Dienstgipfelhöhe 3.500 m; Reichweite 400 km.
**Gewicht:** Leergewicht 220 kg; max. Startgewicht 340 kg.
**Abmessungen:** Spannweite 11,00 m; Länge 6,20 m; Höhe 1,75 m; Tragflügelfläche 13,70 m².

# Eshelman FW-5

### Entwicklungsgeschichte

Die Cheston L. Eshelman Company wurde Anfang 1942 in Dundalk, Maryland gegründet, um sich mit der Entwicklung von Flugzeugen zu befassen. Am bekanntesten wurde die **Eshelman FW-5**, die mitunter auch wegen ihrer ungewöhnlichen Flügelform 'The Wing' (Der Flügel) genannt wurde. Der selbsttragende Tiefdecker war aus einer Verbundstruktur aus Stahlrohr mit gemischter Sperrholz- und Stoffverkleidung gebaut. Seine Flügel-Mittelteile waren in den Rumpf integriert und boten eine maximale Flügel-Profilsehne von 4,57 m, wobei sowohl die Vorderals auch die Hinterkante scharf zum Befestigungspunkt der äußeren Flügelflächen hin angewinkelt waren. Die Maschine hatte ein starres Heckradfahrwerk und als Triebwerk diente ein Avco-Lycoming Sechszylinder-Boxermotor. In der geschlossenen Kabine fanden ein Pilot und drei Passagiere Platz. Etwa zur gleichen Zeit konstruierte und baute das Unternehmen einen konventionellen, dreisitzigen Kabinen-Eindecker, der als **Winglet** bekannt wurde. Seine einzige außergewöhnliche Eigenschaft war die, daß der Flügel einen Stahlrohrholm hatte, der gleichzeitig als Treibstofftank genutzt wurde.

### Technische Daten
**Eshelman FW-5**

**Typ:** ein Experimental-Kabineneindecker.
**Triebwerk:** ein 325 PS (242 kW) Avco Lycoming Sechszylinder-Boxermotor.
**Leistung:** Höchstgeschwindigkeit 290 km/h; Reisegeschwindigkeit 266 km/h; Dienstgipfelhöhe 5.485 m; Reichweite 1.127 km.
**Gewicht:** Leergewicht 684 kg; max. Startgewicht 1.202 kg.
**Abmessungen:** Spannweite 9,14 m; Länge 7,01 m; Höhe 2,31 m Tragflügelfläche 21,55 m².

# Esnault-Pelterie Flugzeuge

### Entwicklungsgeschichte

Robert Esnault-Pelterie, der zu den frühen französischen Flugpionieren gehörte, begann seine Arbeit 1904 mit dem Bau und der Erprobung eines Segelflugzeugs, das dem Modell der Gebrüder Wright aus dem Jahre 1902 in der Bauweise glich. Da er mit der Flügelverwindung nicht zufrieden war, führte er die Grundversion eines Querrudersystems ein, von dem angenommen wird, daß es in der Geschichte der Luftfahrt das erste Mal war, daß eine derartige Steuerfläche Verwendung fand. Allerdings dauerte es bis November und Dezember 1907, ehe er mit einem Flugzeug aus seiner eigenen Konstruktion einige kurze Flüge absolvierte; es war die **REP Nr. 1**, bei der seine eigenen Initialen zum Teil der Bezeichnung wurden. Bei der Maschine handelte es sich um einen Eindecker mit Trapezflügeln und einem kurzen aber eigentümlichen Rumpf, der kaum zur Richtungsstabilität beitrug. Auch das Fahrwerk war ungewöhnlich, da es aus einem an Streben befestigten Einzelrad unter dem vorderen Rumpf, einem Heckrad und Stützrädern an den Flügelspitzen bestand. Als Triebwerk diente ein 25 PS (18,6 kW) Motor, der von Esnault-Pelterie selbst konstruiert worden war. Der eigentümlichste Faktor war vermutlich, daß er für die Quersteuerung wieder zur Flügelverwindung zurückkehrte.

**Das erste Flugzeug von Esnault-Pelterie war die erfolglose REP N.1 aus dem Jahr 1907, die selbst in einer Ära des Ungewöhnlichen ein seltsames Gerät war. Das Leitwerk war viel zu nahe am Flügel montiert, und dies führte zusammen mit den völlig fehlenden Seitenleitwerksflächen zu einer unberechenbaren Instabilität. Die Maschine ist hier kurz vor einem ihrer fünf 'Hopser' gezeigt, die Ende 1907 in Buc stattfanden und von denen der längste am 16. November über 600 m reichte.**

**Später gelang Esnault-Pelterie die Konstruktion besserer Flugzeuge. Hier abgebildet ist eine Militärmaschine REP Typ D, die wegen ihrer roten Bespannung mit gummierter Baumwolle im Flug ein verblüffender Anblick gewesen sein muß.**

Eine generell ähnliche, jedoch verbesserte **REP Nr. 2** flog Anfang 1908. Sie war 'generell ähnlich', weil die meisten Pioniere dieser Zeit versuchten, ihre Flugzeuge durch experimentelle 'Verbesserungen' weiterzuentwickeln, die sie in kleinen Schritten durchführten. Die sich anschließende **REP No. 2bis** war die erfolgreichste der frühen Esnault-Pelterie-Konstruktionen. Die Maschine, die am 15. Februar 1909 um ersten Mal geflogen wurde, hatte eine 30 PS (22,4 kW) Version seines Halb-Sternmotors und im Mai des gleichen Jahres legte sie eine Flugstrecke von 8 km zurück.

Die sich anschließenden wichtigsten Entwicklungen waren ein praktisches Fahrwerk und stärkere Motoren. 1911 verhandelte das britische Unternehmen Vickers über die Lizenzrechte mit Esnault-Pelterie und baute eine geringe Anzahl Eindecker nach seiner Konstruktion. Die Produktion für REP-Eindecker wurde in Billancourt/Seine eingerichtet, lief weiter und umfaßte bis 1912 ein- und zweisitzige Zivilmaschinen (die **REP Typ D** mit einem 60 PS (44,8 kW) REP sowie die **REP Typ K** mit einem 80 PS (59,7 kW) Gnome und einen dreisitzigen Militäreindecker. Im folgenden Jahr kam ein zweisitziges Eindecker-Wasserflugeug heraus, das einen großen zentralen Schwimmer und einen Stützschwimmer am Leitwerk besaß. Einige Exemplare der REP-Eindecker (speziell der **REP Typ N** und der **REP Parasol)** wurden zu Beginn des Ersten Weltkriegs im Kampf verwendet, Esnault-Pelterie hatte jedoch bis dahin das Interesse an konventionellen Flugzeugen verloren und wandte sich stattdessen der Entwicklung von Raketen und der Raumfahrt zu.

### Technische Daten
**Esnault-Pelterie REP No. 2bis**

**Typ:** einsitziger Eindecker.
**Triebwerk:** ein 30 PS (22,4 kW) REP Siebenzylinder Halb-Sternmotor.
**Leistung:** Höchstgeschwindigkeit ca. 80 km/h.
**Gewicht:** max. Startgewicht 350 kg.
**Abmessungen:** (ca.) Spannweite 8,60 m; Länge 6,85 m; Höhe 2,50 m; Tragflügelfläche 15,75 m².

# Etrich-Wels Taube: siehe Rumpler Flugzeug-Werke

# Euler-Flugzeuge

### Entwicklungsgeschichte

August Euler, deutscher Flugpionier und Flugzeugbauer startete seine Produktionserfahrung 1908 mit dem Erwerb der deutschen Rechte zum Bau und Verkauf der französischen Voisin-Konstruktionen. Der erste erfolgreiche Eindecker aus der Euler-Konstruktion wurde 1911 gebaut und geflogen. Etwa zu diesem Zeitpunkt gründete Euler bei Frankfurt am Main das Unternehmen, das als Euler-Werke bekannt wurde, nachdem er kurz zuvor eine Maschinengewehr-Befestigung für Flugzeuge hatte patentieren lassen. Diese Einrichtung hatte ganz offensichtlich ein militärisches Potential, denn das deutsche Kriegsministerium verlangte, daß die Befestigung nicht auf der Berliner Flugschau des Jahres 1912 gezeigt werden sollte. Ihre erste Verwendung kam mit dem zweisitzigen Druckpropeller-Doppeldecker '**Gelber Hund**', der offiziell im Mai 1912 vorgeführt wurde.

Mit dem Ausbruch des Ersten Weltkriegs wandte sich Euler speziell der Konstruktion von Militärflugzeugen zu, hatte jedoch, mit einer oder zwei Ausnahmen, keinen kommerziellen Erfolg mit seinen Konstruktionen. 1915 entstand als erstes ein einsitziges Doppeldecker-Jagdflugzeug, das ebenfalls 'Gelber Hund' genannt wurde. Es hatte eine kurze Rumpfgondel, die auf dem unteren Flügel montiert war und in der der Pilot, der mit einem starren, vorwärtsfeuernden Maschinengewehr im Bug bewaffnet war, saß. Hinter ihm befand sich ein 120 PS (89 kW) Mercedes D.III Motor, der einen Druckpropeller antrieb, der sich zwischen zwei drahtverspannten Leitwerksträgern drehte. Die Leitwerkskonstruktion bestand aus zwei Seitenleitwerken und einem Höhenleitwerk.

Der 'Gelbe Hund' errang keinen Produktionsauftrag und auch ein zweiter zweisitziger Experimental-Jäger, der normalerweise als **Euler C.I** bezeichnet und gleichzeitig gebaut wurde, brachte keinen Erfolg. Diese C.I war im Grunde genommen eine größere Version des Einsitzers, die von einem 160 PS (119 kW) Mercedes D.III Motor angetrieben wurde. Die Rumpfgondel war größer und hatte zunächst unmittelbar vor dem Piloten im Bug eine Schützen-Position. Nach ersten Tests wurden die Plätze ausgetauscht, der Pilot erhielt, wie im Einsitzer, ein vorwärts-

**Der Euler Versuchszweisitzer, bei dem der Schütze hinter dem Piloten saß. Der Schütze hatte so ein verbessertes Schußfeld für sein Parabellum Maschinengewehr.**

**Trotz seiner guten Steigflugleistung stieß der Euler Dreidecker (Typ 4) bei den Frontpiloten, die ihn zur Erprobung flogen, auf Mißtrauen.**

**Der Euler Vierdecker war in Wirklichkeit ein Dreidecker denn sein oberster 'Flügel' war ein Paar großflächiger Querruder. Seine Leistung war schwach.**

**Der Euler Doppeldecker (Typ 1) entstand aus dem Dreidecker (Typ 3) und entsprach in seiner Leistung dem damals üblichen Standard.**

feuerndes Maschinengewehr und der Schütze wurde in einem aufgesetzten Schützenstand untergebracht, der ihm ein 360° großes Schußfeld über dem oberen Flügel bot. Der einsitzige Prototyp des Jagdflugzeugs **Euler D.I**, der Ende 1916 geflogen wurde, errang einen Erstauftrag über 50 Maschinen. Die D.I war ein konventioneller Doppeldecker-Jäger, der weitgehend auf der Nieuport 11 beruhte, von einem 80 PS (60 kW) Oberursel U.O. Umlaufmotor angetrieben wurde und mit einem einzelnen Maschinengewehr bewaffnet war. 1917 wurde eine zweite Serie von 50 Maschinen bestellt, ein Teil des Vertrages jedoch auf die **D.II** übertragen. Die meisten D.I wurden, genau wie die 30 generell ähnlichen D.II, als Jagd-Schulflugzeuge verwendet. Letztere unterschieden sich durch den 100 PS (75 kW) Oberursel U.I Umlaufmotor.

Im Jahre 1917 begann Julius Hromadnik, ein österreichisch-ungarischer Ingenieur, mit Euler bei der Konstruktion von einer Reihe von Flugzeugen zusammenzuarbeiten. Hierzu gehörten vier Dreifachdecker, von denen keiner in der Lage war, einen Auftrag zu erringen. In Ermangelung einer offiziellen Bezeichnung wurde der erste mit Euler **Dreidecker Typ 2** bezeichnet. (Euler hatte zuvor schon ein zweisitziges Schulflugzeug mit Dreifachdecker-Auslegung geflogen.) Dem Typ 2 mit Erstflug Mitte 1917, der von einem 160 PS (119 kW) Oberursel U.111 Motor angetrieben wurde, folgte der **Dreidecker Typ 3**, der erstmals im November 1917 geflogen wurde und der einen 160 PS (119 kW) Mercedes D.III Motor als Triebwerk hatte. Anfang 1918 flog der **Dreidecker Typ 4** mit einem 180 PS (134 kW) Goebel Goe III Umlaufmotor als Triebwerk und anschließend der **Dreidecker Typ 5**, der eine Weiterentwicklung des Euler Vierdeckers war, mit dem man sich bemühte, aus dem erfolglosen Vierfachdecker einen erfolgreichen Dreifachdecker zu machen.

Der **Euler Vierdecker** absolvierte Ende 1917 seinen Jungfernflug mit einem 100 PS (75 kW) Oberursel U.I Umlaufmotor. Genau genommen, war es ein Dreifach- und nicht ein Vierfachdecker, denn der oberste 'Flügel' bestand eigentlich aus zwei Querrudern über die gesamte Spannweite. Dem ersten Prototypen fehlte die Leistung, und die Werte des zweiten Prototypen mit einem 110 PS (82 kW) Goebel Goe II Motor wurden nicht aufgezeichnet.

Die Euler-Flugzeugserie wurde von einem erfolglosen **Doppeldecker Typ 1**, einem Doppeldecker-Umbau des Dreideckers Typ 3, und dem **Doppeldecker Typ 2** abgeschlossen. Diese zuletzt genannte Maschine, die im April 1918 zum ersten Mal geflogen wurde, war ein einsitziger Jäger, der von einem 160 PS (119 kW) starken, gegenläufigen Umlaufmotor des Typs Siemens-Halske Sh.III angetrieben wurde.

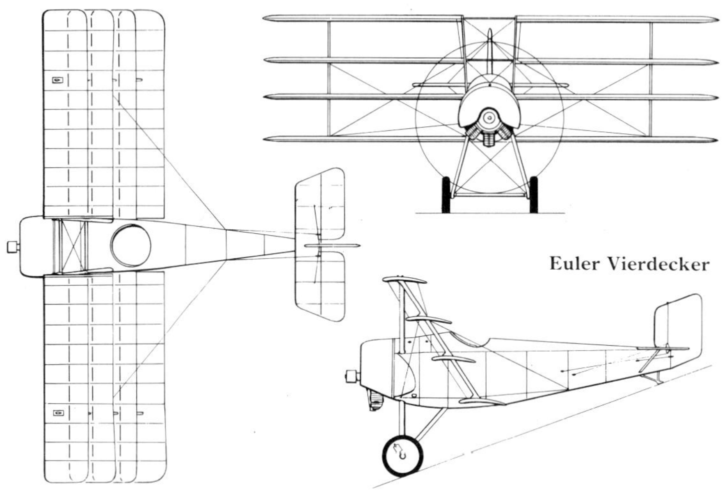

Euler Vierdecker

### Technische Daten
**Euler D.I**
**Typ:** einsitziger Jäger und Jagd-Schulflugzeug.
**Triebwerk:** ein 80 PS (60 kW) Oberursel U.O Umlaufmotor.
**Leistung:** Höchstgeschwindigkeit 140 km/h; Steigflugdauer auf 2.000 m: 12 Minuten, 30 Sekunden.
**Gewicht:** Leergewicht 380 kg; max. Startgewicht 600 kg.
**Abmessungen:** Spannweite 8,10 m; Länge 5,80 m; Höhe 2,66 m; Tragflügelfläche 13,00 m².
**Bewaffnung:** ein vorwärtsfeuerndes 7,92 mm Maschinengewehr.

# Evangel 4500-300

### Entwicklungsgeschichte
Die Evangel Aircraft Corporation wurde in Orange City, Iowa, gegründet, um ein Buschflugzeug zu entwickeln, das hauptsächlich von Missionarsgruppen, speziell in Lateinamerika eingesetzt werden sollte. Zu den Anforderungen gehörten zwei Motoren, STOL-Fähigkeit, problemlose Bedienung, sowie einfache Bauweise und Wartung. Die Konstruktionsarbeiten begannen 1962; das dabei entstandene Flugzeug mit zwei Avco Lycoming IO-540 Motoren hatte eine 1,22 m breite und 3,05 m lange Kabine und wurde im Juni 1964 zum ersten Mal geflogen. Die erste Serienmaschine flog im Januar 1969 und am 21. Juli 1970 wurde die FAA-Zulassung erteilt. Am 8. März 1973 wurde eine Ergänzungs-Zulassung erteilt, die die 4500-300-II abdeckte, die mit Rayjay-Turboladern ausgestattet war.

**Die Evangel 4500-300 ist ein außergewöhnlich robustes Buschflugzeug. Die abgeknickten Flügelspitzen sollten die Kurzstartfähigkeit verbessern; die Startstrecke über ein 15m-Hindernis beträgt 343 m.**

### Technische Daten
**Typ:** ein leichtes Passagier/Frachtflugzeug.
**Triebwerk:** zwei 300 PS (224 kW) Avco Lycoming IO-540-K1B5 Sechszylinder-Boxermotoren.
**Leistung:** Höchstgeschwindigkeit 370 km/h; Reisegeschwindigkeit 282 km/h; Dienstgipfelhöhe 6.410 m; Reichweite 1.127 km.
**Gewicht:** Leergewicht 1.601 kg; max. Startgewicht 2.495 kg.
**Abmessungen:** Spannweite 12,57 m; Länge 9,60 m; Höhe 2,90 m; Tragflügelfläche 23,32 m².

# Excalibur Queenaire 800/8800 und Excalibur 800

### Entwicklungsgeschichte
Die Swearingen Corporation, die von Ed J. Swearingen in San Antonio, Texas, gegründet wurde, befaßt sich hauptsächlich mit der Konstruktion und Entwicklung von Geschäftsflugzeugen. Im Rahmen einer Ausweitung seiner Aktivitäten entwickelte und verkaufte das Unternehmen

**Die Excalibur-Version der Beech Queen Air und Twin Bonanza war einfach gehalten und auf eine bessere Flugleistung ausgelegt, indem stärkere Motoren in Gondeln mit besserer aerodynamischer Form montiert wurden. Hier gezeigt ist ein Twin Bonanza-Umbau.**

auch verbesserte Versionen der Beech Queen Air und Twin Bonanza unter den Bezeichnungen **Swearingen 800** und **Swearingen Excalibur 800**.

Am 1. Oktober 1970 erwarb die neu gegründete Excalibur Aviation Company, die ihren Sitz ebenfalls in San Antonio hat, alle Rechte an diesem Umbauprogramm und war dann für alle Umbauten dieser Flugzeuge verantwortlich; die Swearingen 800 wurde allerdings in **Excalibur Queenaire 800** umbenannt. Der Excalibur 800-Umbau beinhaltete den Einbau von zwei 400 PS (298 kW) Avco Lycoming IO-720-A1A Achtzylinder-Boxermotoren in neuen, strömungsgünstigen Verkleidungen mit überarbeiteten Auspuffsystemen. Dieses Triebwerk, das die 295 PS (220 kW) Lycoming-Motoren ersetzte, bot eine erheblich bessere Leistung, und außerdem waren eine Reihe von Extras auf Wunsch erhältlich. Das Excalibur 800 Programm wurde 1979 eingestellt und das Unternehmen konzentrierte sich dann auf die Queenaire 800-Umbauten der Beech Air 65, A65 und 80 sowie auf ein neues **Queenaire 8800** Programm, in dem die Beech Queen Air A80 und B80 umgebaut wurden. Diese Programme, die der zuvor genannten Excalibur 800 Umbauversion generell ähnlich waren, bieten IO-720-A1B Motoren, die ganz in Segelstellung zu bringende Dreiblatt-Reglerpropeller drehen, sowie auf Wunsch eine Reihe von Extras.

### Technische Daten
**Excalibur Queenaire 8800**

**Typ:** ein sechs/elfsitziges Geschäftsreiseflugzeug.

**Triebwerk:** zwei 400 PS (298 kW) Avco Lycoming IO-720-A1B Achtzylinder-Boxermotoren.

**Leistung:** Höchstgeschwindigkeit 372 km/h in 2.530 m Höhe; wirtschaftliche Reisegeschwindigkeit 319 km/h in 3.050 m; Dienstgipfelhöhe 5.700 m; Reichweite bei vollen Tanks und Reserven 2.867 km in 3.050 m Höhe.

**Gewicht:** Rüstgewicht 2.631 kg; max. Startgewicht 3.992 kg.

**Abmessungen:** Spannweite 15,32 m; Länge 10,82 m; Höhe 4,33 m; Tragflügelfläche 27,30 m$^2$.

# F+W C-3605

### Entwicklungsgeschichte
Die Entwicklung des zweisitzigen Ziel-Schleppflugzeugs **Farner-Werke C-3605** läßt sich bis zur **Fabrique Fédérale C-3602** zurückverfolgen, von der 1939-40 zwei Prototypen zur Langstrecken-Aufklärung und für Bodenangriffe gebaut wurden. Nach der Flugerprobung wurden Änderungen durchgeführt, und eine erste Serie ging als **C-3603** in Produktion. Es wurden zehn Maschinen gebaut und nach der Einsatzerprobung schlossen sich weitere 142 an, die bei der Schweizer Flugwaffe von 1942 bis 1952 als Kampfflugzeuge im Einsatz waren. Zwei weitere Maschinen mit der Bezeichnung **C-3603-1 TR** wurden als Schul- und Fallschirmtestflugzeuge gebaut. 1945 wurde eine C-3603-1 als Ziel-Schleppflugzeug umgebaut; nach umfangreichen Flugtests wurde ein Rüstsatz entwickelt, der innerhalb eines Jahres bei 20 weiteren Flugzeugen montiert wurde.

Weitere Verbesserungen schlossen sich an und 1946 bauten die Farner-Werke in Grenchen eine C-3603-1 in ein fortschrittlicheres Ziel-Schleppflugzeug um. Vom hinteren Cockpit aus wurde ein langes Rohr montiert, durch das die Zielfahne über dem Leitwerk und zwischen den Zwillingsflossen ausgestoßen werden konnte und wobei dem Piloten eine Kabel-Kappvorrichtung zur Verfügung stand. Zwanzig C-3603 wurden auf diesen Standard umgerüstet.

Die Weiterentwicklung des grundlegenden Flugwerks war inzwischen mit der **C-3604** fortgesetzt worden, einer Version, die anstelle des 1.000 PS (746 kW) Hispano-Suiza der früheren Modelle den 1.250 PS (933 kW) Saurer YS-2 Motor verwendete. Es wurden ein Prototyp und zwölf Serien C-3604 gebaut und der Typ ging 1947-48 in Dienst. Mit Ersatzteilen, die produziert, aber nicht verwendet

**Die in besonders auffälliger Lackierung gehaltene C-3605 läßt ihre Abstammung von Kolbenmotoren an der langen Bugpartie erkennen, die erforderlich ist, um bei der leichteren Propellerturbine den Schwerpunkt beizubehalten.**

wurden, konnten 1948 weitere sechs C-3603-1 montiert werden.

In den frühen fünfziger Jahren wurde einer Anforderung nach einem Flugzeug, das nachts beleuchtete Ziele schleppen sollte, mit dem Umbau einer C-3603-1 entsprochen und diese Maschine blieb bis 1972 im Dienst, als sie von der C-3605 ersetzt wurde. Der Umbau von weiteren 40 C-3603-01 in Ziel-Schleppflugzeuge begann 1953 und gleichzeitig wurde ein weiteres Flugzeug unter einem Flügel mit einer von ML Aviation in Großbritannien gebauten Winde zum Hochgeschwindigkeits-Schleppen ausgestattet, während unter dem zweiten Flügel ein Ballasttank montiert wurde. Im gleichen Jahr wurden vom Militär in Dübendorf weitere 20 C-3603-1 mit unter den Flügeln montierten Versorgungsbehältern für die Katastrophenhilfe umgebaut.

Die letzte Entwicklungsstufe des C-3603 Flugwerkes kam, als die Hispano-Suiza Motoren der 40 C-3603-1 Umbauten Abnutzungserscheinungen zeigten. Als Einsatz wurden verschiedene ausländische Flugzeugtypen in Betracht gezogen, aber alle wurden aus verschiedenen Gründen verworfen und stattdessen wurde ein Vorschlag zur Ummotorisierung der C-3603-1 mit einer Lycoming T53-L-7A Propellerturbine akzeptiert. Es wurde ein Prototyp umgebaut und am 19. August 1968 zum ersten Mal geflogen: er wurde im Dezember 1968 der Schweizer Luftwaffe für Abnahmetests übergeben. Die Versuche verliefen erfolgreich und nach wenigen Änderungen wurde eine Serie von 23 Flugzeugen ummotorisiert und in C-3605 umbenannt. Es wurde eine dritte, zentrale Heckflosse montiert und das geringere Gewicht der Propellerturbine machte eine erhebliche Verlängerung des Bugs um 1,82 m erforderlich. Die ersten C-3605 gingen 1971 in Dienst und die letzte Maschine wurde im Januar 1973 ausgeliefert.

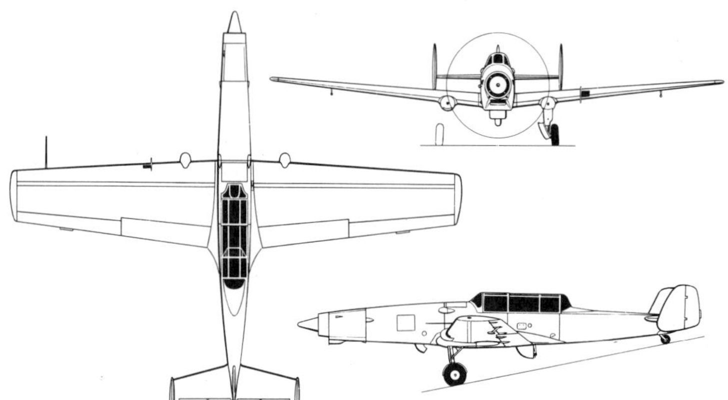

**F + W C-3605**

### Technische Daten
**F + W C-3605**

**Typ:** ein zweisitziges Ziel-Schleppflugzeug.

**Triebwerk:** eine 1.100 WPS (820 kW) Avco Lycoming T53-L-7 Propellerturbine.

**Leistung:** Höchstgeschwindigkeit 432 km/h in 3.050 m Höhe; wirtschaftliche Reisegeschwindigkeit 350 km/h in 6.095 m Höhe; Dienstgipfelhöhe 10.000 m; Reichweite bei vollen Tanks 980 km.

**Gewicht:** Leergewicht 2.634 kg; max. Startgewicht 3.716 kg.

**Abmessungen:** Spannweite 1,74 m; Länge 12,03 m; Höhe 4,05 m Tragflügelfläche 28,70 m$^2$.

# F+W D-3800/D-3801

### Entwicklungsgeschichte
Im Juli 1938 wandte sich die Schweiz an Frankreich mit dem Ersuchen um ein neues Jagdflugzeug, das die betagten Dewoitine D.27 ablösen sollte, die in Lizenz bei EKW in Thun gebaut wurden. Bei Morane-Saulnier lief gerade die vielversprechende Serie M.S.405/406 und bald darauf wurden zwei Flugzeuge zur Erprobung an die Schweiz ausgeliefert. Die Ergebnisse waren verheißungsvoll und EKW erhielt die Produktionslizenz für diesen Typ unter der Bezeichnung **D-3800**. Die Schweizer verlangten mehrere Modifikationen, die von Morane-Saulnier in einer der Vorserien M.S.405 berücksichtigt wurden und EKW baute eine erste Serie von acht D-3800, die für die weitere Bewertung verwendet wurden. Die Maschinen boten eine zufriedenstellende Leistung, einzige Ausnahme war die Propellerverstellung der in Frankreich gebauten Dreiblatt-Chauvière-Propeller, die häufig ausfiel und die deshalb durch eine Schweizer Einheit ersetzt wurde, die von Escher Wyss hergestellt wurde. In die Hauptproduktion der D-3800 teilten sich F + W in Emmen, Doflug in Altenrhein und SWS in Schlieren; die Auslieferung einer Serie von 74 Maschinen begann im Januar 1940 und war bis August des gleichen Jahres beendet. Als Triebwerk diente der 860 PS (641 kW) Hispano-Suiza HS-77 Motor, der in Lizenz von der Saurer AG und von SLM gefertigt wurde. Dieser Motor war ebenfalls in den Vorserien-Flugzeugen verwendet worden. Im Einsatz stellten sich einige Fehler am Motor heraus und auch die Hydraulik- und Pneumatiksysteme waren unzuverlässig. 1943 wurde ein Umbauprogramm eingeleitet, um diese Systeme auf den Standard der nächsten Variante, der **D-3801**, zu bringen.

Bis 1941 hatte Hispano-Suiza die Konstruktion des neuen, 1.000 PS (746 kW) starken HS-51 Motors abgeschlossen und die gleichen Schweizer Unternahmen nahmen dessen Fertigung für die D-3801 auf, die das

Gegenstück zur Morane-Saulnier M.S.506C-1 war. Obwohl der neue Motor einige Probleme verursachte, wurden diese doch schließlich ausgebügelt und es wurden 207 D-3801 gebaut, die das Rückgrat der Schweizer Jagdverteidigung in den Kriegsjahren bildeten. Zu dieser Gesamtzahl gehörten auch 17 Maschinen, die 1947-48 von F + W in Emmen aus Ersatzteilen montiert wurden.

Die D-3801 wurden 1948 von Dienst in vorderster Linie zurückgezogen, als generalüberholte North American P-51 Mustang eintrafen, viele Maschinen blieben jedoch als Schul- und Ziel-Schleppflugzeuge im Dienst. Zwei Exemplare blieben erhalten: eines in der Schweiz und eines im Musée de l'Air in Le Bourget, wo es mit französischen Hoheitszeichen versehen wurde.

### Technische Daten
**F + W D-3801**
**Typ:** einsitziges Jagdflugzeug.
**Triebwerk:** ein 1.000 PS (746 kW) Hispano-Suiza HS-51 12Y 12-Zylinder V-Motor (von der Adolf Saurer AG und SLM in Lizenz gebaut).
**Leistung:** Höchstgeschwindigkeit 535 km/h; Dienstgipfelhöhe 10.800 m; Reichweite 600 km.
**Gewicht:** Leergewicht 2.125 kg; max. Startgewicht 2.725 kg.
**Abmessungen:** Spannweite 10,62 m; Länge 8,17 m; Höhe 3,40 m; Tragflügelfläche 18,00 m².
**Bewaffnung:** eine 20 mm Kanone in der Propellerwelle und zwei 7,5 mm Maschinengewehre in den Flügeln plus Bomben oder Raketen unter den Flügeln.

# F+W D-3802/D-3803

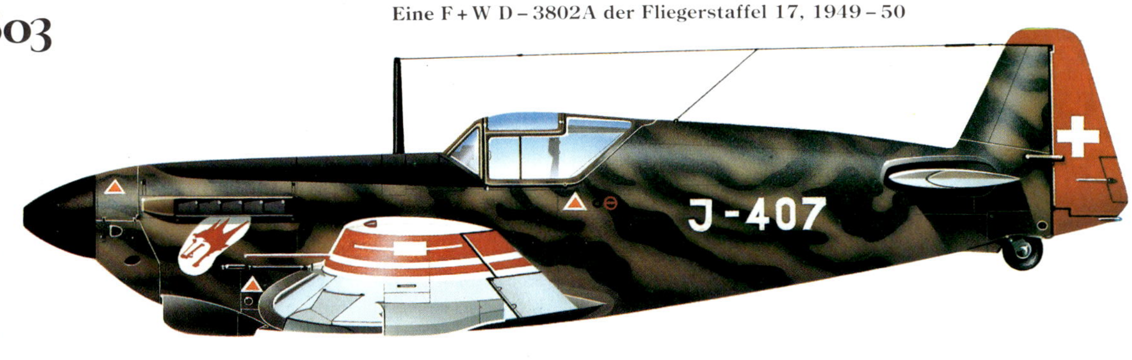

Eine F + W D – 3802A der Fliegerstaffel 17, 1949 – 50

### Entwicklungsgeschichte
In einem Versuch, die Leistung zu verbessern, die von der D-3801 geboten wurde, arbeiteten die Dornier-Werke AG (Doflug) in Altenrhein mit Morane-Saulnier bei der Konstruktion eines neuen Flugzeuges, der **D-3802,** zusammen, das auf der M.S.540 beruhte. Mit dem 1.250 PS (932 kW) Saurer YS-2 stand auch ein neuer Motor zur Verfügung und der Prototyp der D-3802 flog im Herbst 1944; für strukturelle Tests wurde ein zweites Flugwerk gebaut.

Nachdem die D-3802 von der Schweizer Luftwaffe erprobt worden war, wurde eine Serie von zwölf Maschinen bestellt, aber trotz der verschiedenen Modifikationen wurde der Typ von Problemen geplagt und ging nie in Serie. Eine der zwölf gebauten Maschinen erhielt als neuen Motor den 1.500 PS (1.119 kW) Saurer YS-3 und hatte einen abgesenkten rückwärtigen Rumpf, damit eine Kabinendach-Kuppel angebracht werden konnte, womit die Maschine **D-3803** genannt wurde. Aufgrund der Probleme wurden die Maschinen zu anderen Einsätzen abgestellt und durch North American P-51 Mustang ersetzt.

### Technische Daten
**F + W D-3803**
**Typ:** einsitziges Jagdflugzeug.
**Triebwerk:** ein 1.500 PS (1.119 kW) Saurer YS-3 12-Zylinder V-Motor.
**Leistung:** Höchstgeschwindigkeit 680 km/h in 7.000 m Höhe; Dienstgipfelhöhe 12.000 m; maximale Reichweite 650 km.
**Gewicht:** Leergewicht 2.945 kg; max. Startgewicht 3.905 kg.
**Abmessungen:** Spannweite 10,02 m; Länge 9,32 m; Höhe 3,33 m; Tragflügelfläche 17,68 m².
**Bewaffnung:** eine 20 mm Hispano Kanone in der Propellerwelle und zwei 20 mm Kanonen in den Flügeln plus 200 kg Bomben oder Raketen unter den Flügeln.

# F.B.A. Flugboote 1913-18

**Die F.B.A. Typ B kam im Frühling 1916 heraus und war im Grunde eine ummotorisierte Typ B, deren 100 PS (75 kW) Gnome durch einen 130 PS (97 kW) Clerget ersetzt wurde. Diese Maschine mit der Seriennummer N1052 war eine aus der dritten F.B.A. – Serie, die von der RNAS bestellt wurde.**

### Entwicklungsgeschichte
Die treibende Kraft hinter der Franco-British Aviation Company, die 1913 in der Charing Cross Road in London eingetragen wurde, war der Franzose Louis Schreck und die F.B.A.-Aktivitäten konzentrierten sich auch auf Frankreich. Schreck hatte 1911 den französischen Tellier-Konzern übernommen und mehrere interessante Land- und Wasserflugzeuge gebaut. Er wurde Leiter der F.B.A. Werkstätten in Argenteuil und eröffnete später neue Werkstätten im ebenfalls an der Seine gelegenen Vernon.

Die ersten **F.B.A.-Lévêque** Serienflugboote (aus der Donnet-Lévêque Model A entwickelt) wurden von Gnome Umlaufmotoren von 50-100 PS (37-75 kW) angetrieben. Sie waren von schlichter Bauweise, hatten einstufige, sperrholzverkleidete Holzrümpfe, stoffbespannte, zweistielige Holzflügel unterschiedlicher Spannweite und der Motor war zwischen den Flügeln montiert, wo er einen Druckpropeller antrieb. Die Maschinen fanden bei verschiedenen privaten Besitzern Gefallen, die französische Marine interessierte sich jedoch nicht für F.B.A., bis der Erste Weltkrieg ausbrach. Anfang 1915 wurden die ersten **F.B.A. Typ B**, eine wesentlich verbesserte Version der F.B.A Lévêque, an den British Royal Naval Air Service (RNAS) und an die französische Marine ausgeliefert. Neu bei der Typ B waren Klappflügel, die anschließend zu einer F.B.A. Standardeinrichtung wurden. Bald folgte eine ummotorisierte Typ B mit verbesserter Gesamtleistung, die als **Typ C** bekannt wurde und die nicht nur Exportaufträge brachte, sondern auch im Ausland gebaut wurde.

Die erfolgreichste Kriegs-F.B.A. war die **Typ H**, von der über 1.000 Exemplare an die französische Marine geliefert und fast genausoviele in Lizenz in Italien gebaut wurden. Die Typ H war ein Dreisitzer mit einem 150 PS (112 kW) Motor, einem verbesserten Rumpf, neukonstruierten Flügeln und einem neuen Leitwerk. Die letzte Kriegs-F.B.A., die in Dienst gestellt wurde, war die **Typ S** mit einem neukonstruierten Rumpf, 200 PS (149 kW) Motor, dreieckiger Heckflosse und einem geschwungenen Ruder mit Ausgleich. Sie blieb nach dem Krieg noch fünf Jahre lang im Dienst bei der französischen Marine.

Zu den in dieser Zeit produzierten F.B.A.-Experimentalflugzeugen gehörte eine geänderte Typ C mit zwei Umlaufmotoren, eine Typ C mit einem neu geformten, verstärkten Bug und mit einer 37 mm Kanone, die im Bug-Cockpit montiert war, sowie eine einsitzige 'avion canon', ein kanonenbewehrtes Flugzeug mit einem schiffsförmigen Rumpf und einem konventionellen Räderfahrwerk. Von allen Haupttypen wurden Amphibienversionen erprobt.

Im Ersten Weltkrieg leisteten die F.B.A. Flugboote bei den Alliierten Streitkräften einen wesentlichen Beitrag zur Bekämpfung der deutschen U-Boote.

### Varianten
**F.B.A. Typ A:** erste Serien-F.B.A. mit einem 50 PS (37 kW) Gnome N1 Umlaufmotor als Triebwerk; wie bei späteren Konstruktionen wurden die Doppeldeckerflügel oberhalb des Rumpfes von vier Streben getragen; Pilot und Passagier saßen nebeneinander in einem offenen Cockpit vor dem unteren Flügel und wurden von einer steil herausragenden Holzverkleidung direkt vor der Windschutzscheibe geschützt; die Typ A wurde auf dem Paris Salon de l'Aéronautique im Dezember 1913 gezeigt; der Schweizer Ernest Burri pilotierte eine Spezialversion mit einem 100 PS (75 kW) Gnome Motor auf den zweiten Platz des Schneider Trophy Contest vom 20. April 1914; der Typ war auch als F.B.A. Lévêque bekannt.

**F.B.A. Typ B:** im Vergleich zur Typ A mit verstärktem Rumpf; neukonstruiertes Leitwerk mit neuem Höhenruder und ohne Flosse; kam Anfang 1915 heraus; die RNAS kaufte 36 Maschinen von F.B.A., während die Unternehmen Thompson und Gosport weitere 80 Exemplare in Lizenz bauten; nur sehr wenige (britische und französische) F.B.A. waren bewaffnet, die meisten wurden als Schulflugzeuge benutzt.

**F.B.A Typ C:** einfach nur die ummotorisierte Typ B mit einem 130 PS (97 kW) Clerget 9B Umlaufmotor; Rußland importierte 30 Maschinen und baute weitere 34 im Werk Lebedew; Italien kaufte eine Reihe von Maschinen für den Kampf gegen Österreich; die Typ C war das erste F.B.A. Flugboot, das von Frankreich in großem Umfang eingesetzt wurde; die normale Bewaffnung bestand aus einem einzelnen 7,7 mm Maschinengewehr; die Typ C blieb auch nach dem Krieg beliebt; das Schweizer Unternehmen Ad Astra verwendete die Maschine auf den Schweizer Seen ebenso wie andere Passagierdienste in Schweden und Uruguay; 1923 brachte F.B.A. die **Typ 11** heraus, ein 'hydravion d'Ecole 2-places' (HE.2), also ein zweisitziges Schul-Flugboot, das mit der Typ C praktisch identisch war, jedoch speziell für die Anfängerschulung gebaut wurde; diese Maschine wurde zum zweisitzigen Schulflugzeug **Typ 14** weiterentwickelt, von dem 20 Exemplare gebaut wurden, die mehrere Jahre lang gemeinsam mit Kriegsveteranen der Typ C bei der französischen Marine als Schulflugzeuge flogen.

**F.B.A. Typ H:** der am weitesten verbreitete F.B.A Typ, sie war in Italien beliebt, wo das Unternehmen Savoia und eine Gruppe kleinerer Vertragsunternehmen wie in Frankreich 982 Maschinen bauten; von den Italienern umfassend in der Adria eingesetzt; die italienische Version hatte als Triebwerk einen 150 PS (112 kW) Isotta-Fraschini V-4-B Motor und war mit einem 7,5 mm Fiat Maschinengewehr bewaffnet; einige Maschinen waren noch 1922 in Tripolitan im Dienst; die Typ H wurde von der französischen Aeronautique Maritime von Stützpunkten an den Atlantik-, Ärmelkanal- und Mittelmeerküsten aus zur U-Bootbekämpfung eingesetzt; weitere Exemplare flogen für Belgien, die USA (US Navy von französischen und italienischen Stützpunkten aus) und Jugoslawien (Nachkriegszeit); die nebeneinanderliegenden Cockpits im Bug waren durch einen Gang mit dem Schützencockpit im Bug verbunden.

**F.B.A. Typ S:** letztes F.B.A. Serienflugboot der Kriegszeit; verbesserter Rumpf (mit umkonstruiertem Gleitboden) und neuem Leitwerk; Antrieb durch einen 200 PS (149 kW) Hispano-Suiza 8Bb Motor; kam im November 1917 heraus und wurde ausschließlich von den Franzosen benutzt.

**Das meistgebaute Flugboot des Ersten Weltkriegs war die F.B.A. Typ B mit einem Hispano-Suiza Reihenmotor. Neben der Produktion in Frankreich wurde der Typ auch in veränderter Form in Italien gebaut, wo er einen Isotta-Fraschini Motor erhielt. Die Maschine hatte drei Besatzungsmitglieder, wobei Pilot und Copilot unmittelbar hinter der Schützenposition im Bug nebeneinander saßen.**

### Technische Daten
**F.B.A. Typ H**

**Typ:** dreisitziges Küstenpatrouillen-Flugboot.

**Triebwerk:** ein 150 PS (112 kW) Hispano-Suiza 8Aa Achtzylindermotor.

**Leistung:** Höchstgeschwindigkeit 150 km/h; Dienstgipfelhöhe 4.900 m; Reichweite 450 km.

**Gewicht:** Rüstgewicht 984 kg; max. Startgewicht 1.420 kg.

**Abmessungen:** Spannweite 14,12 m; Länge 9,92 m; Höhe 3,10 m; Tragflügelfläche 40,00 m².

**Bewaffnung:** ein 7,7 mm Maschinengewehr plus zwei 35 kg Bomben.

# F.B.A. Typ 17

### Entwicklungsgeschichte
Louis Schreck gewann 1922 Emile Paumier als neuen technischen Direktor und bald darauf erschien eine Serie interessanter Experimental-Flugboote. Hierzu gehörte die **F.B.A. Typ 10**, ein 'hydravion de haute mer 2-places' (HM.2 bzw. zweisitziges Hochsee-Wasserflugzeug) Aufklärungs-Amphibienflugzeug, das von einem von Darracq gebauten 420 PS (313 kW) Sunbeam Talbot Coatalen Motor angetrieben wurde. Außerdem gehörte dazu die **F.B.A. Typ 13**, ein 'hydravion d'école 2-places' (HE.2 bzw. zweisitziges Schul-Wasserflugzeug), ein Anfänger-Schulflugzeug mit Doppelsteuerung und die **F.B.A. Typ 16**, ein HE.2 Schulflugzeug, das von einem 150 PS (112 kW) Hispano-Suiza Motor angetrieben wurde, der auf einem stromlinienförmigen hölzernen Sockel oberhalb des Rumpfes montiert war.

Der Erfolg des Unternehmens wuchs nach dem ersten Flug der **F.B.A. Typ 17** im April 1923. Die von Emile Paumier und Maurice Payonne konstruierte Typ 17 war ein einstieliger Doppeldecker mit unterschiedlicher Spannweite und einer V-Stellung des unteren Flügels. Die Flügel waren aus Holz gebaut und mit Stoff bespannt, während der Rumpf mit seiner ausgezeichneten Linienführung mit Sperrholz verkleidet war; die einzelne Heckflosse und das Höhenleitwerk waren darin integriert. Als ursprüngliches Triebwerk diente der 150 PS (112 kW) Hispano-Suiza 8Aa, die meisten Serienmaschinen hatten jedoch den 180 PS (134 kW) Hispano-Suiza 8Ac oder 8Ad.

Zunächst wurde eine zivile Tourenversion produziert, der ein Viersitzer folgte. Die Amphibien-Varianten erwiesen sich ebenfalls bei privaten Eignern als auch bei der französischen Marine als beliebt. Zu den letzten Versionen gehörten die Katapultstartmaschinen **Typ 171** und **Typ 172**, die von luftgekühlten Sternmotoren anstelle der wassergekühlten Aggregate angetrieben wurden. Die polnische Marine zeigte großes Interesse an der F.B.A. 17 und kaufte mehrere Exemplare dieses Zweisitzers, darunter mehrere Amphibienmaschinen. Einige Exemplare blieben bis 1939 im Dienst. Die französische Gesamtproduktion dieses äußerst erfolgreichen kleinen Flugboots betrug 230 Maschinen.

Viel des anfänglichen Schwungs, der den kommerziellen Erfolg der F.B.A.17 brachte, stammte von den Errungenschaften des zivilen Typ 17 HT.2 Prototyps. Im September 1923 hatte er bei der 'Luft-Kreuzfahrt' im Mittelmeer, die von dem Aéro Club de France veranstaltet wurde, den ersten Platz errungen und dabei die Konkurrenz aus zwei größeren, zweimotorigen Flugbooten auf die Plätze verwiesen und am 30. November 1923 stellte die Maschine mit 5.535 m den Höhen-Weltrekord für Wasserflugzeuge auf.

**Viking OO-1 war die Bezeichnung für die in Lizenz gebauten F.B.A. Type 17 Flugboote der US Coast Guard. Die fünf Maschinen hatten Wright J-6 Sternmotoren.**

### Varianten
**F.B.A. Typ 17 He.2:** dies war die wichtigste Serienversion, von der 141 für die französische Marine (129) und Polen (12) gebaut wurden; Verwendung als Schulflugzeug in den französischen Marinebasen Berre, Hourtin und Rochefort; andere Stützpunkte hatten einzelne Maschinen für Verbindungsaufgaben; eine Reihe F.B.A.17 HE.2 überlebten bis in die späten dreißiger Jahre.

**F.B.A. Typ 17 HT.2:** zwei Exemplare dieser zweisitzigen Tourenvariante wurden 1923 fertiggestellt.

**F.B.A. Typ 17 HMT.2:** Erstflug Anfang 1924, 37 Exemplare dieser Amphibienversion wurden gebaut; die Haupträder waren teilweise einziehbar; die Serie bestand aus 16 Zivil- und 21 Militärmaschinen; von letzteren wurden vier nach Polen exportiert und der Rest ging an die französische Marine, die sie mit einer angesetzten Bombenhalterung an der linken Rumpfseite versah und sie in **Typ 17 HMB.2** umbenannte.

**F.B.A. Typ 17 HT.4:** ab 1927 wurden 32 Maschinen dieser viersitzigen Tourenvariante gebaut; drei Zweisitzer wurden später auf Typ 17 HT.4 Standard umgerüstet; das französische Unternehmen C.A.F., ein allgemeiner Flug- und Flugschulkonzern, kaufte 20 Typ 17 HT.4 und sechs wurden an die C.A.F.C., eine kanadische Tochtergesellschaft der C.A.F., verkauft; der Rest wurde von Privatbesitzern erworben; eine F.B.A. Typ 17 HT.4 ist im Musée de l'Air in Paris erhalten.

**F.B.A. Typ 17 HMT.4:** zwei Maschinen dieser Amphibienversion der Typ 17 HT.4 wurden 1935 gebaut.

**F.B.A. Typ 14 HL.1:** zwei Umbauversionen der Typ 17 HE.2; Einsitzer mit strukturellen Verstärkungen für Katapultstarts; nach erfolgreichen Tests waren dies die ersten französischen Katapult-Wasser-

flugzeuge.
**F.B.A. Typ 17 HL.2:** 10 Maschinen für die französische Marine; Einsatz per Katapultstart von französischen Kreuzern aus als zweisitziges Verbindungs- und Aufklärungsflugzeug; das erste für solche Einsätze ausgerüstete Schiff war die *Duguay-Trouin.*
**F.B.A. Typ 171 HE.2:** eine Typ 17 HE.2, deren flüssigkeitsgekühlter Motor durch einen luftgekühlten 230 PS (172 kW) Lorraine 7Me Sternmotor ersetzt wurde.
**F.B.A. Typ 172 HE.2:** 1931 wurden drei Exemplare gebaut; jedes wurde von einem Gnome-Rhône 5Ba Sternmotor angetrieben; eine Typ 17 HT.4 wurde später auf Typ 172 HE.2 Standard umgerüstet.
**F.B.A. Typ 17 HMT.2:** Amphibienversion der F.B.A. Typ 172 HE.2; 1931 ein Exemplar gebaut.
**F.B.A. Typ 172 HT.4:** hatte ebenfalls den Gnome-Rhône Motor; viersitziges Flugboot-Einzelstück 1932 gebaut; 1934 mit Zusatztanks ausgerüstet und in F.B.A. **Typ 172/2** umbenannt; wurde wie alle Typ 172 in Saint-Chamas geflogen.
**Viking 00-1:** Bezeichnung der F.B.A. Typ 17, die in Lizenz von der Viking Flying Boat Company of New Haven, Connecticut, USA gebaut wurden; vier F.B.A. Typ 17 wurden zur Vorführung und zum späteren Verkauf in die USA geschickt; der Viking-Konzern baute dann fünf Umbauversionen der Typ 17 HT.4 mit Wright J-6 Sternmotoren; sie waren bei der US Coast Guard mit den Seriennummern V-152 bis V-156 neben einer der importierten Maschinen (V-107) im Einsatz; eine 00-1 blieb bis 1941 im Dienst.

### Technische Daten
**F.B.A. Typ 17 HE.2**
**Typ:** zweisitziges Schulflugboot.
**Triebwerk:** ein 150 PS (112 kW) Hispano-Suiza 8Aa Achtzylinder V-Motor.
**Leistung:** Höchstgeschwindigkeit 150 km/h; Dienstgipfelhöhe 3.500 m; Reichweite 350 km.
**Gewicht:** Rüstgewicht 850 kg; max. Startgewicht 1.125 kg.
**Abmessungen:** Spannweite 12,87 m; Länge 8,94 m; Höhe 3,20 m; Tragflügelfläche 36,50 m$^2$.

# F.B.A. Typ 19

**Die F.B.A. Typ 19 war ein schlankeres Flugzeug als seine Vorgänger und bot mit einem Zugpropeller-Triebwerk eine relativ gute Leistung. Hier unter ihrem Kran abgebildet ist die erste von zwei Typ 19 der französischen Marine, die die Vielseitigkeit des Modells durch die Montage eines Amphibien-Fahrwerks verbesserte.**

## Entwicklungsgeschichte
Als der Prototyp der **F.B.A. Typ 19** erstmals am 24. August 1924 abhob, stellte er eine radikale Konstruktionsänderung dar, denn er war das erste Flugzeug das Unternehmens mit einem Zugpropeller. Der 300 PS (224 kW) starke Hispano-Suiza Fb Motor hatte einen Frontkühler sowie einen Zweiblatt-Zugpropeller. Der Motor ragte weit über die Flügel hinaus und war in einer langen, stromlinienförmigen Gondel untergebracht, die von einem komplizierten Strebensystem getragen wurde. Die F.B.A. Typ 19 hatte gegenüber der Typ 17 zwei weitere wichtige Konstruktionsunterschiede: der Rumpf war schlanker mit einem spitz zulaufenden Bug und die Besatzung saß nicht mehr nebeneinander. Das Pilotencockpit befand sich vor der Flügelvorderkante und der Beobachter/Schütze war in einem Cockpit parallel mit der Hinterkante der unteren Flügels untergebracht.

Die Typ 19 gehörte in die HB.2 (hydravion de bombardement 2-places bzw. zweisitziges Bomber-Wasserflugzeug) Kategorie, wurde jedoch bald als Amphibienflugzeug für die HMB.2 Kategorie umgerüstet. Insgesamt wurden 1925 neun F.B.A. Typ 19 gebaut — sieben für China und zwei für die französische Marine. Die Möglichkeit weiterer französischer Aufträge, wuchs, als der Prototyp mit 4.755 m und einer Nutzlast von 500 kg einen Weltrekord für Wasserflugzeuge aufstellte, schwand jedoch rasch, als eine der Export-F.B.A. bei der Erprobung nach der Montage in China abstürzte und dabei der Pilot/Mechaniker des Unternehmens Lormeau umkam.

Die **F.B.A. Typ 19 HMT.3**, eine amphibische Reise-Einzelversion, holte insgesamt fünf Geschwindigkeitsrekorde für Wasserflugzeuge nach Frankreich. Die später als F-AHCY zugelassene Maschine führte für Air Union einen Demonstrationsflug durch.

### Technische Daten
**Typ:** zweisitziges Bomber- und Aufklärer-Amphibienflugboot.
**Triebwerk:** ein 300 PS (224 kW) Hispano-Suiza 8Fb Achtzylinder V-Motor.
**Leistung:** Höchstgeschwindigkeit 184 km/h; Dienstgipfelhöhe 6.000 m; Reichweite 400 km.
**Gewicht:** Rüstgewicht 1.300 kg; max. Startgewicht 1.860 kg.
**Abmessungen:** Spannweite 14,40 m; Länge 9,85 m; Höhe 3,80 m; Tragflügelfläche 45,70 m$^2$.
**Bewaffnung:** ein 7,7 mm Maschinengewehr plus leichte Bomben.

# F.B.A. Typ 21

## Entwicklungsgeschichte
Die fünfsitzige **F.B.A. Typ 21** war eine vergrößerte Zivilentwicklung der Typ 19 und wurde in sieben Exemplaren gebaut. Die ursprüngliche Typ 21, ein Amphibienflugzeug mit der offiziellen Bezeichnung HMT.5, hatte den Piloten in einem offenen Cockpit parallel zur Vorderkante der unteren Tragflächen untergebracht, und die vier Passagiere saßen in einer geschlossenen Kabine mit erhöhtem Dach, das sich entlang dem Bootsrumpfhinterteil und über die Tragflächen hinaus erstreckte. Im Juli 1925 flogen drei Exemplare dieses Typs; zwei davon waren **21/1** Flugboote mit 450 PS (336 kW) Hispano-Suiza Motoren und das dritte eine **21/2** mit einem Lorraine Triebwerk. Die Maschinen nahmen im September 1925 am bedeutenden Grand Prix des Hydravions de Transport in St. Raphael teil. Die von Paumier geflogene Typ 21 wurde zum Sieger erklärt, aber die andere Maschine mit dem Hispano-Motor stürzte auf hoher See ab; der Pilot war Laporte. Obwohl der Typ für die Firma mehrere Rekorde brach, gingen keine zivilen Bestellungen ein. Zu den weiteren gebauten Typen gehörten eine **21/1 HMT.5** mit einem Hispano-Motor; ein HT.5 Flugboot mit Gnome-Rhône Jupiter Triebwerk und die dreisitzige **21/4 HT.3**.

### Technische Daten
**F.B.A.Typ 21/1 HMT.5**
**Typ:** viersitziges ziviles Amphibienflugboot.
**Triebwerk:** ein 450 PS (336 kW) Hispano-Suiza 12Ga Zwölfzylinder V Kolbenmotor.
**Leistung:** Höchstgeschwindigkeit 190 km/h; Dienstgipfelhöhe 4.400 m; Reichweite 600 km.
**Gewicht:** Leergewicht 1.820 kg; max. Startgewicht 2.840 kg.
**Abmessungen:** Spannweite 15,40 m; Länge 10,56 m; Höhe 4,20 m; Tragflügelfläche 53,50 m$^2$.

# F.B.A. Typ 290

M. B. Passingham

**Die F.B.A. Typ 291 drehte die Sitz/Triebwerkanordnung der Typen 19 und 21 um und brachte die vier Passagiere im vorderen Teil des Bootsrumpfs unter, während der Sternmotor einen Druckpropeller antrieb.**

## Entwicklungsgeschichte
Das experimentelle Flugboot **F.B.A. Typ 270 HM.2** aus dem Jahre 1929 und das Amphibienflugzeug **Typ 271 HMT.2** von 1930 wurden als mögliche Nachfolger der Typ 17 im Einsatz als Verbindungs- und Schulflugzeug für die französische Marine gebaut. Stattdessen wurde die F.B.A. Konstrukteure Payonne und Perez jedoch mit der Produktion einer viersitzigen Entwicklung beauftragt.

Die neuen Tragflächenform, der überarbeitete Bootsrumpf und der Sternmotor mit Druckpropeller der Typen 270 und 271 wurden auch für den viersitzigen Prototyp der **F.B.A. Typ 290** beibehalten, der 1930 beim Pariser Salon de l'Aéronautique ausgestellt wurde und im April 1931 erstmals flog. Pilot und drei Passagiere waren in einer gut verglasten Kabine im Vorderteil des Bootsrumpfs untergebracht. Auf die mit einem 300 PS (224 kW) Lorraine bestückte Typ 290 mit der Registierung F-ALVU folgte eine weitere individuelle Zivilmaschine, das viersitzige Amphibienflugzeug **Typ 291** mit einem gleich starken Gnome-Rhône Triebwerk.

Die französische Marine suchte nach Modellen, die als bequeme VIP-Transporter verwendet werden konnten, und bestellte acht Amphibienausführungen der 291. Sechs **F.B.A. Typ 293** Flugboote wurden mit Lorraine 9Na Algol Sternmotoren ausgerüstet, während die beiden **F.B.A. Typ 294** Gnome-Rhône 7Kb Titan-Major Triebwerke erhielten.

### Technische Daten
**F.B.A. Typ 293**
**Typ:** viersitziges Amphibienflugboot.
**Triebwerk:** ein 300 PS (224 kW) Lorraine 9Na Algol Neunzylinder Sternmotor.
**Leistung:** Höchstgeschwindigkeit 176 km/h; Dienstgipfelhöhe 4.000 m; Reichweite 525 km.
**Gewicht:** Rüstgewicht 1.300 kg; max. Startgewicht 2.100 kg.
**Abmessungen:** Spannweite 13,10 m; Länge 9,47 m; Höhe 4,04 m; Tragflügelfläche 40,15 m$^2$.

# F.B.A. Typ 310

In der 20er und frühen 30er Jahren waren Reise-Seeflugzeuge in Mode, und die F.B.A. Typ 310 war der wichtigste Beitrag der Firma auf diesem Gebiet und zugleich auch ihr letzter Entwurf.

## Entwicklungsgeschichte

Der letzte vor der Auflösung der F.B.A. gebaute Typ war die **F.B.A. Typ 310**, der einzige Eindecker dieser Firma. Es war ein attraktives Schulterdecker-Flugboot mit Stützschwimmern an den Streben, die den Bootsrumpf mit den Tragflächen verbanden. Der 120 PS (89 kW) Lorraine 5Pc Sternmotor für den Druckpropeller war auf Stützen oberhalb des Bootsrumpfs angebracht und befand sich hinter der Kabine für den Piloten und die beiden Passagiere. Die zusätzlichen acht Streben des Fahrwerks bei der Amphibienausführung **F.B.A. Typ 310/1** schränkten die Transportmöglichkeit auf nur einen Passagier ein.

Die F.B.A. Typ 310 Nr. 1 flog erstmals gegen Ende 1930, erhielt aber keine größeren Aufträge, so daß nur sechs Typ 310 Flugboote und drei Typ 310/1 Amphibienmaschinen fertiggestellt wurden. Bis Ende 1931 war die Konstruktionsabteilung der F.B.A. aufgelöst worden, und angesichts fehlender finanzieller Mittel und ausbleibender Bestellungen wurde die Firma Ende 1934 an die Société des Avions Bernard verkauft.

## Technische Daten
**F.B.A. Typ 310**

**Typ:** dreisitziges Reise-Flugboot oder zweisitziges Reise-Amphibienflugzeug.
**Triebwerk:** ein 120 PS (89 kW) Lorraine 5Pc Fünfzylinder Sternmotor.
**Leistung:** Höchstgeschwindigkeit 145 km/h; Dienstgipfelhöhe 3.500 m; Reichweite 325 km.
**Gewicht:** Leergewicht 670 kg; max. Startgewicht 970 kg.
**Abmessungen:** Spannweite 12,00 m; Länge 7,60 m; Höhe 3,00 m; Tragflügelfläche 21 m$^2$.

# FE: siehe Royal Aircraft Factory

# FFA AS 202: siehe FWA

# FFA P-16

## Entwicklungsgeschichte

1948 gab das Hauptquartier der Schweizer Fliegertruppe eine Spezifikation für einen Abfangjäger, der auch für die Luftnahunterstützung geeignet sein sollte, heraus, der auf die spezifischen Operationen im Lande selbst abgestimmt war. Zwei Fabriken wurden mit dem Bau von Prototypen beauftragt: die FFA in Altenrhein und die EFW in Emmen (der EFW Beitrag trug die Bezeichnung EFW N-20).

Die Flug- und Fahrzeugwerke Altenrhein (FFA) legten einen Entwurf für ein einsitziges Jetflugzeug mit geraden Tragflächen vor, und der Prototyp (**FFA P-16-01** flog erstmals am 25. April 1955 mit einem Armstrong Siddeley Sapphire Strahltriebwerk mit Axialverdichter mit 3.629 kp Schub. Als das Projekt der EFW N-20 1953 abgebrochen wurde, behauptete die P-16 das Feld allein, aber die Anforderungen der Spezifikation waren hoch: Überschallgeschwindigkeit mit STOL-Kapazität für Einsätze von hoch gelegenen Rollbahnen, eine gute Manövrierfähigkeit, eine schnelle Steiggeschwindigkeit mit Kampfmittelzuladung und Einsatzmöglichkeit auf grasbewachsenen Rollbahnen. Die P-16 brauchte eine Startstrecke von weniger als 488 m und mit dem Bremsschirm eine Landestrecke von weniger als 305 m; die außerordentliche Leistung erklärt sich durch die sehr starken, dünnen Tragflächen mit hoher Streckung und Vorder- und Hinterkantenklappen; Flügelspitzentanks gehörten zur dauernden Standardausrüstung, und für den Einsatz auf Grasrollbahnen waren je zwei Haupt- und Bugräder angebracht. Zwischen dem 28. Februar und 12. März 1956 wurde diese Maschine von der Schweizer Fliegertruppe erprobt, aber den Berichten nach war die Leistung trotz vereinzelter Ausnahmen unbefriedigend. Das Programm machte Fortschritte, aber der Prototyp stürzte beim 22. Testflug nach einem durch eine beschädigte Treibstoffzufuhr verursachten Triebwerkausfall ab; der Pilot sprang rechtzeitig ab, bevor die Maschine im Bodensee unterging.

Die Arbeit am zweiten Prototyp hatte schon begonnen, aber das Programm wurde verzögert, bevor die **P-16-02** am 16. Juni 1956 erstmals flog. Bei einem Sturzflug im Rahmen des 18. Testflugs am 15. August 1956 durchbrach die Maschine erstmals die Schallmauer, nachdem ausgiebige Versuche, darunter Waffenerprobung und Trudeln, durchgeführt worden waren. Eine dritte Maschine, die **P-16-03**, flog am 4. April 1957 mit dem stärkeren Sapphire Sa.7 Triebwerk mit 4.990 kp Schub. Angesichts der verbesserten Leistung bestellt die Schweizer Regierung im März 1958 100 Maschinen vom Typ **P-16 Mk III**, aber nur eine Woche später stürzte die P-16-03 nach erfolgreichem Absprung des Piloten ebenfalls in den Bodensee. Die hydraulisch angetriebene Flugsteuerung versagte beim Anflug zur Landung und hinderte den Piloten offenbar daran, auf Handbetrieb umzuschalten, um das Flugzeug noch rechtzeitig zu retten. Der Produktionsauftrag wurde sofort gestoppt und zwei Monate später zurückgenommen. Die Schweizer Regierung hielt das Hydraulik-System für fehlerhaft und die notwendige Neustrukturierung hätte das Programm zu lange aufgehalten, aber die FFA und Experten der RAE Farnborough befanden, daß das System den britischen Anforderungen entsprach — eine entgegengesetzte Einschätzung zu der des Schweizer Untersuchungsausschusses, dessen Ergebnisse zur Zurücknahme des Auftrags geführt hatten. FAA führte die relativ einfachen Modifizierungen des Hydraulik-Systems durch, und zwei Vorserienmaschinen wurden in Eigeninitiative der Firma gebaut; die **P-16-04** flog am 8. Juli 1959 und die **P-16-05** im März 1960. Der Produktionsauftrag wurde nicht erneuert.

1965 wurde berichtet, daß General Electric und FFA an der Entwicklung eines Unterschallflugzeugs mit der Bezeichnung **AJ-7** arbeiteten, das auf der P-16 basierte, aber dieses Projekt wurde nicht verwirklicht. Die Tragflächenstruktur dieses Typs wird in einem wesentlich bekannteren Modell verwendet, der Gates Learjet, einem Modell der 1960 durch William P. Lear gegründeten Swiss American Aviation Corporation, die ein Geschäftsflugzeug mit hoher Geschwindigkeit und zwei Jet-Triebwerken produzieren sollte, das zunächst als SAAC-23, später als Lear Jet 23 bezeichnet wurde. Es war geplant, die beiden Prototypen in Altenrhein aus Ersatzteilen zusammenzubauen, die von verschiedenen europäischen Ländern übernommen werden sollten, aber die Firma konnte nicht in der Schweiz eingerichtet werden und ist heute in Wichita (Kansas) zuhause.

## Technische Daten
**FFA P-16-01**

**Typ:** einsitziges Kampfflugzeug (Prototyp).
**Triebwerk:** ein Armstrong Siddeley Sapphire Sa.6 Strahltriebwerk mit 3.629 kp Schub.
**Leistung:** Höchstgeschwindigkeit 1.120 km/h; Dienstgipfelhöhe 14.020 m; Reichweite mit 998 km.
**Gewicht:** Leergewicht 7.040 kg; max. Startgewicht 11.700 kg.
**Abmessungen:** Spannweite 11,15 m; Länge 14,25 m Höhe 4,09 m; Tragflügelfläche 29,77 m$^2$.
**Bewaffnung:** zwei 30 mm Hispano-Suiza 825 Kanonen im Bug, plus bis zu vier 500 kg Bomben oder Raketen unter den Tragflächen und 44 Flugkörper (68 mm) im Rumpf.

**Die FFA P-16 war auf die Bedürfnisse der Schweizer Fliegertruppe abgestimmt, und das hier abgebildete Exemplar, der vierte Prototyp, war die erste Maschine mit P-16 Mk III Standard. Nach einem problematischen Anfang verlief die Entwicklung vielversprechend, wurde dann aber von der Schweizer Regierung abgebrochen.**

M. B. Passingham

# FFVS J22

### Entwicklungsgeschichte

Im Oktober 1940 belegte die Regierung der USA 292 von den schwedischen Behörden bestellte Kampfflugzeuge und Kampfbomber mit einem Exportembargo. Dadurch entstand bei der schwedischen Luftwaffe, der Flygvapen, eine Krise, so daß ein Notentwicklungsprogramm angeregt wurde, das ein einsitziges Kampfflugzeug erstellen sollte, dessen Produktion von der einheimischen Industrie durchgeführt werden konnte. Das Konstruktionsteam wurde von Bo Lundberg geleitet, und eine Flygförvaltningens Verkstad (FFVS) wurde eingerichtet, um das Programm bis zur Auslieferung an die Flygvapen zu überwachen.

Das Produktionsprogramm bezog mehr als 500 Zulieferfirmen mit ein, von denen nur wenige Erfahrungen mit dem Flugzeugbau hatten. Lundbergs wichtigstes Ziel war eine einfache Herstellung, und dieses Ziel erreichte er zweifellos. Die **FFVS J22** (mit einer schwedischen Version des Pratt & Whitney Twin Wasp SC3-G Sternmotors) war ein Mitteldecker mit freitragenden Flügeln und in gemischter Stahlröhren- und Holzbauweise. Der Stahlrohrrumpf hatte eine Beschichtung aus geformten Sperrholzplatten, die auf die Tragfähigkeit der Maschine abgestimmt waren. Die Fahrwerkhauptbeine konnten in den Rumpf eingezogen werden.

Der erste der beiden J22 Prototypen flog erstmals am 21. September 1942 vom Flughafen Bromma aus, wo auch der Zusammenbau durchgeführt wurde. Schon vor dem Erstflug waren 60 J22 bestellt worden, und vom Oktober 1943 bis zum April 1946 wurden 198 Serienmaschinen ausgeliefert. Die J22 diente vor allem bei den Einheiten F3 und F9 der schwedischen Luftwaffe in Malmslätt und Göteborg. Sie waren bei den Piloten beliebt, erbrachten eine gute Leistung und waren leicht zu bedienen; der einzige Nachteil war die schlechte Sicht des Piloten am Boden.

Zwei Ausführungen der J22 wurden gebaut, die sich lediglich in der Bewaffnung unterschieden; die **J22A** hatte zwei 7,9 mm und zwei 13,2 mm MG und die **J22B** vier 13,2 mm MG. Die Erfahrungen beim Bau der J22 kamen der schwedischen Flugzeugindustrie nach dem Krieg zugute.

### Technische Daten
**FFVS J22B**

**Typ:** einsitziges Eindecker-Kampfflugzeug.
**Triebwerk:** ein 1.065 PS (794 kW) SFA STWC3-G Vierzehnzylinder Sternmotor.
**Leistung:** Höchstgeschwindigkeit 575 km/h in 3.500 m; Dienstgipfelhöhe 9.300 m; Reichweite 1.270 km.
**Gewicht:** Rüstgewicht 2.020 kg; max. Startgewicht 2.835 kg.
**Abmessungen:** Spannweite 10,00 m; Länge 2,60 m; Tragflügelfläche 16,00 $m^2$.

**Da die Amerikaner sich weigerten, eine Exportlizenz für die in großer Zahl bestellten amerikanischen Modelle auszustellen, mußten die Schweden gezwungenermaßen die FFVS J22 entwickeln, die sich durch gute Leistung und befriedigende Manövrierbarkeit auswies; schlechte Sicht nach vorne und die Handhabung am Boden beeinträchtigten jedoch den Betrieb.**

**Bewaffnung:** vier 13,2 mm M/39A Maschinengewehre.

**FFVS J22**

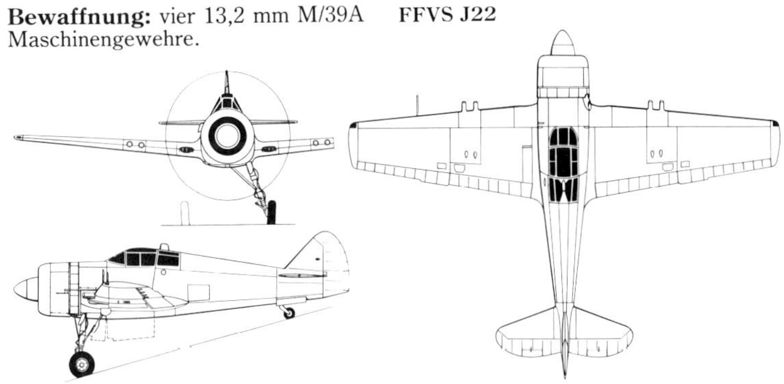

---

# FGP 227: siehe Blohm und Voss BV

---

# FLUGWAG Bremen ESS 641

### Entwicklungsgeschichte

Die deutsche Forschungsfirma FLUWAG (Flugwissenschaftliche Arbeitsgemeinschaft) Bremen entwarf und flog den Prototyp (D-EAVE) eines einsitzigen Schleppflugzeugs für den Schleppstart von Segelflugzeugen mit der Bezeichnung **ESS 641** am 17. September 1971.

Die ESS 641 war ein Tiefdecker mit freitragenden Flügeln in Gemischtbauweise und einem konventionellen Leitwerk, festem Heckrad-Fahrwerk und einem Avco Lycoming Vierzylindermotor.

### Technische Daten

**Typ:** einsitziges Schleppflugzeug.
**Triebwerk:** ein 180 PS (134 kW) Avco Lycoming O-360-A3A Vierzylinder Boxermotor.
**Leistung:** Höchstgeschwindigkeit 200 km/h in Meereshöhe; Schleppgeschwindigkeit 130 km/h; Flugdauer 3 Stunden.
**Gewicht:** Rüstgewicht 554 kg; max. Startgewicht 700 kg.
**Abmessungen:** Spannweite 10,50 m; Länge 7,30 m; Höhe 2,25 m; Tragflügelfläche 16,50 $m^2$.

---

# FMA (Fábrica Militar de Aviones)

### Entwicklungsgeschichte

Die Fábrica Militar de Aviones (FMA, Militärische Flugzeug-Fabrik) wurde 1927 in Córdoba (Argentinien) gegründet und war zunächst als nationales Organisationszentrum für Flugzeugforschung und -bau gedacht. 1943 wurde die Firma in Instituto Aerotécnico und 1952 in Industrias Aeronáuticas y Mecánicas del Estado (IAME) umbenannt; fünf Jahre später erhielt sie den neuen Titel Dirección Nacional de Fabricaciónes y Investigaciónes Aeronáuticas (DINFIA), aber 1968 kehrte man zum ursprünglichen Namen zurück. Heute ist die FMA ein Bestandteil der Abteilung Area de Material Córdoba der Fuerza Aérea Argentina. Einzelheiten über die Modelle IA 35 Huanquero, IA 38, IA 45 Querandi, IA 46 Ranquel, IA 50 Guarani II und IA 53 wurden unter dem Namen DINFIA aufgenommen, aber der Einfachheit halber folgen jetzt die Artikel über die restlichen Modelle der Firma ohne Rücksicht auf die jeweilige Bezeichnung.

---

# FMA Ae.C.1

### Entwicklungsgeschichte

Nach der Gründung der FMA am 10. Oktober 1927 wurde die Produktion während der ersten vier Jahre auf die Lizenzherstellung ausländischer Modelle beschränkt. Danach baute die FMA ihre eigenen Entwürfe, als erstes die **FMA Ae.C.1**, einen dreisitzigen Kabinen-Eindecker mit freitragenden Tiefdecker-Flügeln, einem verstrebten Leitwerk, Hecksporn-fahrwerk und einem Armstrong Siddeley Genet Major oder Mongoose Sternmotor. In der geschlossenen Kabine war vorne Platz für einen Piloten und dahinter für zwei nebeneinander sitzende Passagiere. Wahrscheinlich wurden nur wenige Exemplare des Modells für den Inlandsgebrauch gebaut.

### Technische Daten

**Typ:** dreisitziger Reise-Eindecker.
**Triebwerk:** ein 140 PS (104 kW) Armstrong Siddeley Genet Major oder 150 PS (112 kW) Mongoose Siebenzylinder Sternmotor.
**Leistung:** Höchstgeschwindigkeit 210 km/h; Reisegeschwindigkeit 175 km/h; Dienstgipfelhöhe 6.500 m; Reichweite 1.000 km.
**Gewicht:** Leergewicht 500 kg; max. Startgewicht 900 kg.
**Abmessungen:** Spannweite 12,20 m; Tragflügelfläche 20,00 $m^2$.

**Die FMA Ae.C.1, hier abgebildet zur Zeit ihres Erstflugs am 28. Oktober 1931, war ein akzeptables, aber keineswegs außerordentliches Flugzeug, dessen Erfolg vor allem darin begründet lag, daß sich die Produktion ohne allzu viele Importe aus dem Ausland durchführen ließ.**

# FMA Ae.C.2/C.3 und M.O.1

**Auf der Grundlage der FMA Baureihen Ae.C.2 und Ae.C.3 wurde das stärkere militärische Schulflugzeug M.O.1 entwickelt, das auch eine leichte Bewaffnung aufnehmen konnte.**

### Entwicklungsgeschichte

Zur Zeit des Erstflugs der Ae.C.1 gab es in Argentinien bereits 14 oder 15 Fliegerclubs, die von der Regierung durch Kredite oder das Überlassen von Flugzeugen unterstützt wurden und dringend ein leistungsfähiges zweisitziges Schulflugzeug nach landeseigenem Entwurf für die argentinische Produktion suchten. Die FMA legte dafür den Entwurf eines Tiefdeckers mit freitragenden Flügeln und der Bezeichnung **FMA Ae.C.2** vor, ein Modell in Gemischtbauweise mit einem verstrebten Leitwerk, Heckspornfahrwerk, einem offenen Cockpit mit Tandem-Sitzen für den Piloten und den Flugschüler, sowie mit Doppelsteuerung als Standardausrüstung und einem Wright Whirlwind Sternmotor. Eine ähnliche Reise/Schulausführung mit geringerer Leistung und der Bezeichnung **Ae.C3** unterschied sich von ihrem Vorgänger vor allem durch den 140 PS (104 kW) Armstrong Siddeley Genet Major Siebenzylinder Sternmotor.

Der Erfolg der Ae.C.2 bei zivilen Fliegerclubs führte zur Entwicklung einer militärischen Spezialausführung mit der Bezeichnung **Ae.M.O.1**, die sich von den beiden anderen Versionen in erster Linie durch einen stärkeren 240 PS (179 kW) Wright Whirlwind Motor unterschied. Mehrere M.O.1 wurden von Argentiniens Servicio Aeronáutico del Ejercito übernommen, und einige Ae.C.3 dienten dort als Anfangsschulflugzeuge. Etwas später erwarb das Comando de Aviación Naval Argentina die Ae.C.3 für ähnliche Zwecke.

### Technische Daten
**FMA Ae.C.2**
**Typ:** ein zweisitziges leichtes Schulflugzeug.
**Triebwerk:** ein 165 PS (123 kW) Wright Whirlwind Siebenzylinder Sternmotor.
**Leistung:** Höchstgeschwindigkeit 220 km/h; Reisegeschwindigkeit 170 km/h; Dienstgipfelhöhe 5.000 m; Reichweite 1.150 km.
**Gewicht:** Leergewicht 750 kg; max. Startgewicht 1.230 kg.
**Abmessungen:** Spannweite 12,00 m; Länge 7,90 m; Höhe 2,60 m; Tragflügelfläche 19,00 $m^2$.

# FMA Ae.T.1

### Entwicklungsgeschichte

Angesichts der wachsenden Nachfrage nach einem nationalen Lufttransport-Service entwarf und baute die FMA einen Kurzstrecken-Kabineneindecker für fünf Passagiere mit der Bezeichnung **FMA Ae.T.1**, das erste in Argentinien entworfene und hergestellte Modell. Dieser Typ wurde von Aero-Argentina bei der Einweihung eines Service zwischen Buenos Aires und Cordoba am 8. Februar 1934 benutzt.

Die Ae.T.1, für ihre Zeit ein sehr schnittig strukturiertes Modell, war ein Tiefdecker in Gemischtbauweise mit freitragenden Flügeln, einem nicht einziehbaren Heckradfahrwerk und einer unter Lizenz gebauten Version eines französischen Lorraine Motors. Im teilweise geschlossenen Cockpit hoch oben auf dem Rumpfvorderteil war Platz für zwei Mann Besatzung; unmittelbar dahinter befand sich eine geschlossene Kabine für fünf Passagiere.

### Technische Daten
**Typ:** Kurzstrecken-Kabineneindecker.
**Triebwerk:** ein 450 PS (336 kW) Lorraine Zwölfzylinder 'Pfeil' Boxermotor, von der FMA gebaut.
**Leistung:** Höchstgeschwindigkeit 225 km/h; Reisegeschwindigkeit 195 km/h; Reichweite 1.100 km.
**Gewicht:** Rüstgewicht 1.750 kg; max. Startgewicht 2.810 kg.
**Abmessungen:** Spannweite 17,30 m; Länge 9,70 m; Höhe 4,36 m; Tragflügelfläche 33,00 $m^2$.

**Die FMA Ae.T.1, nach den gleichen Richtlinien entworfen wie die Baureihen Ae.C.1 und Ae.C.2, war ein Kabinen-Transporter in Tiefdeckerkonfiguration, der auf spezifische argentinische Anforderungen abgestimmt wurde.**

# FMA El Boyero

### Entwicklungsgeschichte

Nach der Produktion der Ae.C.1/C.2/C.3/M.O.1 und T.1 baute die FMA mehrere Typen in Lizenz, darunter das einsitzige Kampfflugzeug Curtiss Hawk 75-O aus den USA und das zweisitzige deutsche Schulflugzeug Focke-Wulff FW 44. Später entwarf und produzierte die Firma den Prototyp eines zweisitzigen leichten Kabinen-Eindeckers mit der Bezeichnung FMA El Boyero. Da die Produktionskapazität voll ausgelastet war, gingen die Herstellungsrechte für diese Maschine an die Petrolini SA in Buenos Aires. Die argentinische Regierung bestellte 160 Exemplare dieses Typs, aber angesichts des Zweiten Weltkriegs und des Materialmangels wurden die ersten acht Maschinen erst am 14. Januar 1949 von Petrolini ausgeliefert.

### Technische Daten
**Petrolini El Boyero**
**Typ:** zweisitziger leichter Kabinen-Eindecker.
**Triebwerk:** ein 65 PS (48 kW) Continental A65 oder 75 PS (56 kW) A75 Vierzylinder Boxermotor.
**Leistung:** Höchstgeschwindigkeit 160 km/h; Reisegeschwindigkeit 140 km/h; Dienstgipfelhöhe 4.000 m; Reichweite 650 km.
**Gewicht:** Leergewicht 325 kg; max. Startgewicht 550 kg.
**Abmessungen:** Spannweite 11,50 m; Länge 7,10 m; Höhe 1,80 m; Tragflügelfläche 17,70 $m^2$.

**Die FMA 20 El Boyero, von FMA entworfen und von Petrolini gebaut, basierte ganz offensichtlich auf amerikanischen Leichtflugzeugen der 30er Jahre und erwies sich als populäres und zuverlässiges Modell, nachdem die Produktion nach dem Zweiten Weltkrieg in Angriff genommen wurde.**

# FMA I.Ae.D.L.22

**Wenn die Vorläufer der El Boyero die Piper Schulterdecker waren, dann ist das Vorbild der FMA I.Ae.D.L.22 ganz eindeutig die North American T-6/Harvard Baureihe, obwohl die argentinische Version in Holz ausgeführt wurde.**

### Entwicklungsgeschichte

Wie schon in dem einleitenden Artikel erwähnt, wurde die Produktion der FMA nach dem Zweiten Weltkrieg zunächst unter dem Namen Instituto Aerotécnico durchgeführt. Der erste Entwurf dieser Zeit war ein zweisitziges Fortgeschrittenen-Schulflugzeug mit der Bezeichnung **I.Ae.D.L.22**, ein Tiefdecker in Holzbauweise mit freitragenden Flügeln, einem einziehbaren Heckrad-Fahrwerk, einem konventionellen Leitwerk und einer recht langen

'Gewächshaus'-Kuppel über den Tandem-Cockpits für Fluglehrer und -schüler. Das Triebwerk war ein I.Ae.16 El Gaucho Sternmotor mit Vorverdichter landeseigener Produktion. Der Typ diente in mehreren Exemplaren bei der argentinischen Luftwaffe.

**Variante**
**I.Ae.D.L.22-C:** Bezeichnung für eine überwiegend ähnliche Version mit einem 475 PS (354 kW) Armstrong Siddeley Cheetah 25 Sternmotor.

**Technische Daten**
**Typ:** zweisitziges Fortgeschrittenen-Schulflugzeug.
**Triebwerk:** ein 450 PS (336 kW) I.Ae.16 El Gaucho Neunzylinder Sternmotor.
**Leistung:** Höchstgeschwindigkeit 290 km/h in 4.500 m; Reisegeschwindigkeit 260 km/h; Dienstgipfelhöhe 5.200 m; Reichweite 1.200 km.
**Gewicht:** Leergewicht 1.520 kg; max. Startgewicht 2.220 kg.
**Abmessungen:** Spannweite 12,60 m; Länge 9,20 m; Höhe 2,82 m; Tragflügelfläche 24,20 m².

# FMA I.Ae.24 Calquin

**Entwicklungsgeschichte**
Die **I.Ae.24 Calquin** (Königsadler), von der Erscheinung her ähnlich der de Havilland D.H.98 Mosquito, war das erste in Argentinien entworfene und gebaute zweimotorige Flugzeug. Auch die Konstruktion wies Ähnlichkeiten mit der Mosquito auf, vor allem in der Verwendung von Sperrholzbeschichtung für Rumpf und Tragflächen. Das Modell unterschied sich von der Mosquito jedoch durch luftgekühlte Sternmotoren und einer dadurch veränderten Erscheinung. Die Calquin war ein Mitteldecker in Holzbauweise mit freitragenden Flügeln, einer Schützenposition in der verglasten Bugkanzel und einem Heckradfahrwerk mit drei einziehbaren Einheiten. Der Typ flog erstmals im Juni 1946 und diente bei der argentinischen Luftwaffe als Bomber; die Besatzung bestand aus dem Piloten und einem Bombenschützen.

**Die Konstrukteure der FMA fanden in der klassischen de Havilland Mosquito einen idealen Ausgangspunkt für die Entwicklung ihrer I.Ae.24 Calquin.**

**Technische Daten**
**Typ:** zweisitziger Bomber.
**Triebwerk:** zwei 1.050 PS (783 kW) Pratt & Whitney R-1830-SC-G Twain-Wasp Vierzehnzylinder Sternmotoren.
**Leistung:** Höchstgeschwindigkeit 440 km/h; Reisegeschwindigkeit 380 km/h; Flugdauer 3 Stunden.
**Gewicht:** Leergewicht 5.340 kg; max. Startgewicht 8.165 kg.
**Abmessungen:** Spannweite 16,30 m; Länge 12,00 m; Höhe 3,40 m; Tragflügelfläche 38,00 m².
**Bewaffnung:** vier Hispano-Suiza 804 Kal. 20 mm im Bug und bis zu 800 kg Bomben intern.

# FMA I.Ae.27 Pulquí

**Entwicklungsgeschichte**
Von dem vor dem Zweiten Weltkrieg in Frankreich sehr bekannten Emile Dewoitine entworfen war die **I.Ae.27 Pulquí** (Pfeil) nicht nur der erste in Argentinien entwickelte einsitzige Jäger, sondern auch das erste dort gebaute und geflogene Düsenflugzeug. Die Pulquí war ein freitragender Tiefdecker in Ganzmetallbauweise, besaß ein konventionelles Leitwerk, ein einziehbares Bugradfahrwerk, und das Cockpit befand sich sehr weit vorne im Rumpf, mit einer absprengbaren Haube versehen. Im hinteren Teil des Rumpfs war ein Rolls-Royce Derwent Strahltriebwerk untergebracht. Nach dem Erstflug am 9. August 1947 erwiesen sich die Flugleistungen der Pulquí als unzureichend, und die weitere Entwicklung wurde abgebrochen.

**Emile Dewoitine war ein namhafter Konstrukteur von Kolbenmotoren-Kampfflugzeugen der Vorkriegszeit, stellte sich aber nicht sofort auf die neuen Turbinentriebwerke um, und die Pulquí war zu schlecht.**

**Technische Daten**
**Typ:** einsitziges Kampfflugzeug.
**Triebwerk:** ein Rolls-Royce Derwent 5 Strahltriebwerk mit 1.633 kp Schub.
**Leistung:** Höchstgeschwindigkeit 720 km/h; Dienstgipfelhöhe 15.500 m; Reichweite 900 km.
**Gewicht:** Leergewicht 2.358 kg; max. Startgewicht 3.600 kg.
**Abmessungen:** Spannweite 11,25 m; Länge 9,69 m; Höhe 3,39 m; Tragflügelfläche 19,70 m².
**Bewaffnung:** (geplant): vier im Bug montierte 20 mm Kanonen.

# FMA I.Ae.30 Namcú

**Entwicklungsgeschichte**
Die von Ing. C. Pallavicino entworfene **I.Ae.30 Namcú** (junger Adler) war als einsitziger, zweimotoriger Begleitschutzjäger für die argentinische Luftwaffe gedacht. Die Namcú war ein Tiefdecker in Ganzmetallbauweise mit freitragenden Flügeln, einem Heckradfahrwerk und zwei Rolls-Royce Merlin Motoren. Der Prototyp flog erstmals am 18. Juli 1948 und legte dann Anfang August die Strecke von Córdoba nach Buenos Aires mit einer durchschnittlichen Geschwindigkeit von 650 km/h bei etwa 60 Prozent Triebwerkslei-

**Die FMA I.Ae.30 Namcú wäre eine mächtige Waffe im Arsenal der argentinischen Luftwaffe geworden, da die Bewaffnung dem Standard der lateinamerikanischen Modelle der Nachkriegszeit durchaus entsprach, aber wegen der üblichen finanziellen Schwierigkeiten kam es nicht dazu.**

stung zurück. Angesichts dieser Leistung und der guten Manövrierbarkeit des Modells bestellte die argentinische Luftwaffe 210 Exemplare; der Auftrag wurde aber wegen der finanziellen Probleme des Landes zurückgenommen und die weitere Entwicklung abgebrochen.

### Technische Daten

**Typ:** einsitziger Begleitschutzjäger.
**Triebwerk:** zwei 2.035 PS (1.517 kW) Rolls-Royce Merlin 134/135 Zwölfzylinder V Boxermotoren.
**Leistung:** nicht ermittelt.
**Gewicht:** Leergewicht 5.585 kg; max. Startgewicht 8.755 kg.
**Abmessungen:** Spannweite 15,00 m; Länge 11,52 m; Höhe (einschließlich Heck) 5,16 m; Tragflügelfläche 35,32 m².
**Bewaffnung:** (geplant): sechs 20 mm Hispano Kanonen im Bug und eine 250 kg Bombe unter dem Rumpf.

# FMA I.Ae.31 Colibri

### Entwicklungsgeschichte

In den späten 40er Jahren wurde ein zweisitziges leichtes Schulflugzeug mit der Bezeichnung **I.Ae.31 Colibri** entworfen und gebaut, ein konventioneller Tiefdecker mit festem Heckradfahrwerk und als Triebwerk einem Blackburn Cirrus Major oder de Havilland Gipsy Major Motor. Die Tandem-Cockpits wurden von einer durchgehenden Kuppel überdacht. Der Typ ging aber schließlich nicht in die Produktion.

**Mit der I.Ae.31 Colibri aus den späten 40er Jahren hatte die FMA den Kreis zur Ae.M.O.1 fast geschlossen; das Modell erzielte mit einem ähnlichen Triebwerk eine vergleichbare Leistung.**

### Technische Daten

**Typ:** zweisitziges leichtes Schulflugzeug.
**Triebwerk:** ein 155 PS (116 kW) Blackburn Cirrus Major III oder 145 PS (108 kW) de Havilland Gipsy Major 10 Motor, in beiden Fällen zweireihig hängende Vierzylinder Boxermotoren.
**Leistung:** Höchstgeschwindigkeit 240 km/h; Reisegeschwindigkeit 210 km/h; Dienstgipfelhöhe 6.500 m.
**Gewicht:** Leergewicht 635 kg; max. Startgewicht 916 kg.
**Abmessungen:** Spannweite 10,37 m; Länge 7,95 m; Höhe 1,90 m.

# FMA I.Ae.33 Pulquí II

### Entwicklungsgeschichte

Die **I.Ae.33 Pulquí II** (Pfeil) war als Ersatz für die bei der argentinischen Luftwaffe eingesetzten Gloster Meteor F.Mk 4 gedacht und wurde von dem deutschen Flugzeugbauer Dr. Kurt Tank entworfen. Es überrascht nicht, daß das Modell Forschungsergebnisse verwertete, die von den Deutschen während des Zweiten Weltkriegs gesammelt worden waren, u.a. die Schultertragflächen mit einer Pfeilung von 40° und das T-förmige Heck mit gepfeilten Leitflächen. Das Fahrwerk war einziehbar, und ein Rolls-Royce Nene Strahltriebwerk war im Rumpfhinterteil untergebracht. Der Pilot saß auf einem Schleudersitz in einem durch Panzerung und kugelsichere Scheiben geschützten Cockpit mit Luftdruckausgleich; das verschiebbare Kuppeldach, das das Cockpit umschloß, konnte im Notfall abgeworfen werden.

Der erste von vier Prototypen unternahm seinen Erstflug am 27. Juni 1950, der letzte flog erst am 18. September 1959. In der Zwischenzeit war der erste Prototyp abgestürzt; Tank und sein Team hatten das Land verlassen. Angesichts dieser Faktoren und der finanziellen Schwierigkeiten Argentiniens wurde die Entwicklung abgebrochen.

**Die von Kurt Tank entworfene FMA I.Ae.33 Pulquí II war als Ersatz für die Gloster Meteor gedacht, aber das Projekt wurde 1960 abgebrochen.**

### Technische Daten

**Typ:** einsitziges Kampfflugzeug.
**Triebwerk:** ein Rolls-Royce Nene 2 Strahltriebwerk mit 2.268 kp Schub.
**Leistung:** Höchstgeschwindigkeit 1.050 km/h in 5.000 m; Dienstgipfelhöhe 15.000 m; Flugdauer 2 Stunden 12 Minuten.
**Gewicht:** Leergewicht 3.600 kg; max. Startgewicht 5.550 kg.
**Abmessungen:** Spannweite 10,60 m; Länge 11,68 m; Höhe 3,50 m; Tragflügelfläche 25,10 m².
**Bewaffnung:** vier 20 mm Kanonen im Bug.

# FMA IA 58 Pucará

### Entwicklungsgeschichte

Eine der letzten noch heute in der Produktion befindlichen Entwicklungen der FMA ist ein Mehrzweckflugzeug, das zur Guerillabekämpfung (COIN), zur Luftnahunterstützung und zur Aufklärung eingesetzt werden kann. Der Typ trägt die Bezeichnung **FMA IA 58 Pucará**. Der Entwurf entstand im August 1966, gefolgt von einem Flug ohne Triebwerke eines aerodynamischen Testflugzeugs am 26. Dezember 1967. Der erste motorisierte Prototyp (inzwischen mit der Bezeichnung **AX-2 Delfin**) flog am 20. August 1969 mit 904 WPS (674 kW) Garrett TPE331-U-303 Propellerturbinenmotoren. Spätere Prototypen hatten Turboméca Astazou XVI G Propellerturbinen, die auch in die laufenden Serienmaschinen eingebaut werden. Das Modell ist ein Tiefdecker mit freitragenden Flügeln in Ganzmetallbauweise und hat ein quasi T-förmiges Heck, ein einziehbares Dreibeinfahrwerk und ein Cockpit für Pilot und Copilot mit Tandem-

FMA

**Die FMA IA 58 Pucará, eines der wenigen COIN Flugzeuge, das in die Massenproduktion ging, hat eine Bewaffnung von zwei 20 mm Kanonen und vier 7,62 mm MG.**

Schleudersitzen unter einer großen durchsichtigen Kuppel.

Die ursprüngliche Serienversion trägt heute die Bezeichnung **IA 58A** Pucará; das erste Exemplar flog am 8. November 1974. Erste Auslieferungen für die 45 von der argentinischen Luftwaffe bestellten Maschinen begannen im Frühjahr 1976; der Typ wurde außerdem von der Luftwaffe Uruguays bestellt. Eine verbesserte **IA 58B Pucará Bravo** hat modernere Avionik und eine stärkere Bewaffnung (30 mm statt 20 mm Kanonen), und 1980 wurden 40 Exemplare für die argentinische Luftwaffe bestellt. Die **IA-66**, der Prototyp einer neuen Version der Pucará mit alternativen 1.000 WPS (746 kW) Garrett TPE331 Propellerturbinen, begann ihre Flugtests 1980 und flog bis Ende 1983 rund 100 Stunden.

### Technische Daten
**FMA IA 58A Pucará**
**Typ:** Mehrzweck-Kampfflugzeug.
**Triebwerk:** zwei 988 WPS (737 kW) Turboméca Astazou XVI G Propellerturbinen.
**Leistung:** Höchstgeschwindigkeit 500 km/h in 3.000 m; wirtschaftliche Reisegeschwindigkeit 430 km/h; Dienstgipfelhöhe 9.700 m; Reichweite mit vollen Tanks 3.042 km.
**Gewicht:** Rüstgewicht 3.047 kg; max. Startgewicht 6.800 kg.
**Abmessungen:** Spannweite 14,50 m; Länge 14,25 m; Höhe 5,36 m; Tragflügelfläche 30,30 m².
**Bewaffnung:** zwei 20 mm Kanonen und vier 7,62 mm MG (vorwärts zielend), plus bis zu 1.620 kg Waffen.

# FMA IA 63

### Entwicklungsgeschichte
Unter der Bezeichnung **FMA IA 63** erstellte die FMA den Entwurf eines zweisitzigen Jet-Schulflugzeugs für Anfänger und Fortgeschrittene. Im März 1981 begann der Bau des ersten von vier Prototypen und zweier statischer Testflugwerke. Der mit Unterstützung von Dornier entwickelte Trainer unternahm seinen Erstflug 1984 und ging Ende 1987 mit 64 Maschinen in Serienproduktion.

Die IA 63 ist ein Schulterdecker mit freitragenden Flügeln und ausgeprägter Pfeilung der Tragflächen und Höhenflosse. Der Typ hat ein einziehbares Dreibeinfahrwerk, ein einzelnes Zweistromtriebwerk im Rumpfinneren und ein Cockpit mit Luftdruckausgleich und Tandem-Schleudersitzen für Fluglehrer und -schüler. Die ersten drei Prototypen wurden mit einem Garrett TFE711 Zweistromtriebwerk bestückt, der vierte erhielt zum Vergleich ein Pratt & Whitney Aircraft of Canada JT15D-5 Zweistromtriebwerk. Für die Serienversion entschied man sich für das Garrett TFE 731-2-2N.

### Technische Daten
**Typ:** zweisitziger Jet-Trainer für Anfänger und Fortgeschrittene.
**Triebwerk:** ein Garrett TFE 731-2-2N Zweistromtriebwerk mit 1.588 kp Schub.
**Leistung:** (geschätzt): Höchstgeschwindigkeit 877 km/h in 9.000 m; Dienstgipfelhöhe 14.000 m; Überführungsreichweite mit Zusatztanks 2.500 km.
**Gewicht:** maximales Startgewicht 3.490 kg.
**Abmessungen:** Spannweite 9,69 m; Länge 10,93 m; Höhe 4,28 m; Tragflügelfläche 15,63 m².

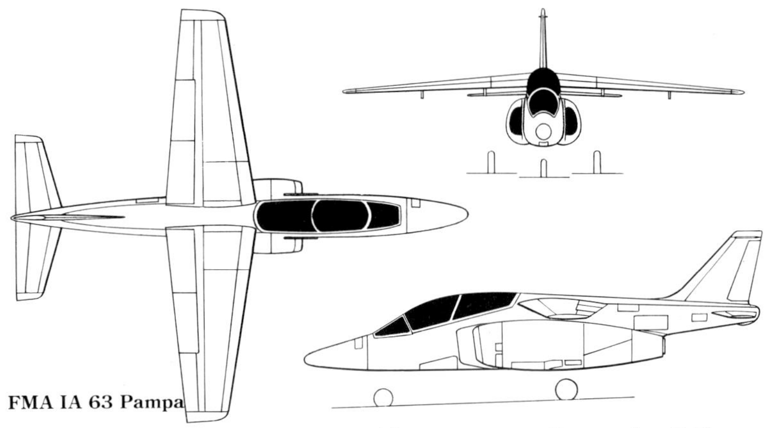

**FMA IA 63 Pampa**

# FVA 18

### Entwicklungsgeschichte
Die Flugwissenschaftliche Vereinigung Aachen der Technischen Hochschule Aachen wurde 1920 gegründet und spezialisierte sich auf die Produktion von Segelflugzeugen. Im gleichen Jahr stellte die Vereinigung ihren ersten Entwurf her, die **FVA-1**.

1959 begann der Bau des zweisitzigen Schleppflugzeuges **FVA-18**, das am 16. September 1965 erstmals flog. Der Name **Primitivkrähe** war durchaus angemessen, denn die eigenartig kantige Erscheinung des Modells erinnerte eher an ein Hochdecker-Segelflugzeug mit einem nachträglich eingebauten Trieb- und Fahrwerk. Die Tragflächen der FVA-18 waren aus Holz mit Sperrholzvorderkanten und Stoffbespannung hinter dem Flügelholm; der Rumpf war eine verdrahtete, geschweißte Stahlrohrkonstruktion.

Im September 1968 wurde eine beschränkte Zulassung ausgestellt, aber nur ein Exemplar wurde gebaut.

### Technische Daten
**FVA-18**
**Typ:** zweisitziges Segel-Schleppflugzeug.
**Triebwerk:** ein 40 PS (30 kW) VW-Automotor, von Pollman modifiziert.
**Leistung:** Höchstgeschwindigkeit in Meereshöhe 108 km/h; Dienstgipfelhöhe 3.475 m; Reichweite 250 km.
**Gewicht:** Leergewicht 250 kg; max. Startgewicht 450 kg.
**Abmessungen:** Spannweite 10,50 m; Länge 6,35 m; Höhe 2,50 m; Tragflügelfläche 15,70 m².

# FWA AS 202 Bravo und AS 32T Turbo Trainer

### Entwicklungsgeschichte
In den späten 60er Jahren beschlossen die italianische Firma SIAI-Marchetti und die Schweizer Flug- und Fahrzeugwerke AG Altenrhein (FFA), gemeinsam ein zwei/dreisitziges leichtes Reise- und Schulflugzeug zu entwickeln. Es sollte in Italien als **SA 202 Bravo** und in der Schweiz als **AS 202 Bravo** gebaut werden, aber angesichts des unzulänglichen Produktionsraums in der SIAI-Marchetti-Fabrik wurde die Produktion später ganz in die Schweiz verlagert. Seitdem wurde die Flugzeugabteilung der FFA in Flugzeugwerke Altenrhein AG (FWA) umbenannt, daher die heutige Bezeichnung des Modells.

Die Bravo ist ein recht konventionelles Leichtflugzeug, ein Tiefdecker mit freitragenden Flügeln, nichteinziehbarem Dreibeinfahrwerk und einem Avco Lycoming Kolbenmotor. In den kunstfliegerischen Versionen sind die beiden Sitze nebeneinander angeordnet; die Mehrzweckausführungen haben dahinter einen weiteren Sitz oder Gepäckraum für 100 kg Zuladung.

Der erste in der Schweiz gebaute Prototyp (HB-HEA) flog am 7. März 1969, gefolgt vom zweiten Prototyp am 7. Mai, dem einzigen von SIAI-Marchetti gebauten Exemplar. Die Serienmodelle sind die **AS 202/15** mit einem 150 PS (112 kW) O-320-E2A, die **AS 202/18A** mit Rückenflug-Ölsystem und die bisher nur in einem Exemplar produzierte **AS 202/26A** mit Treibstoff- und Ölsystemen für ununterbrochenen Rückenflug und einem 260 PS (194 kW) Avco Lycoming O-540 Motor. Über 150 Bravo sind bestellt worden, von denen schon über 130 ausgeliefert sind. Die meisten gingen an militärische Betreiber, darunter die Luftstreitkräfte von Indonesien (20), des Irak (48), von Jordanien und Marokko, sowie die Royal Air Maroc, Royal Flight of Oman und die Uganda Central Flying School.

Die Firma entwarf eine verbesserte Ausführung mit Propellerturbinenantrieb und der Bezeichnung **AS 32T Turbo Trainer**. Die Konfiguration wird ähnlich sein wie bei der Bravo, mit nur leicht veränderten Tragflä-

**Die vergleichsweise hohen Kosten und die zugleich ausgezeichnete Leistung und Beweglichkeit erklären, warum die FWA AS 202 sich besser an militärische als zivile Kunden verkauft. Hier abgebildet ist allerdings eine in der Schweiz zivil registrierte Maschine.**

FMA

**FWA AS 202/18A**

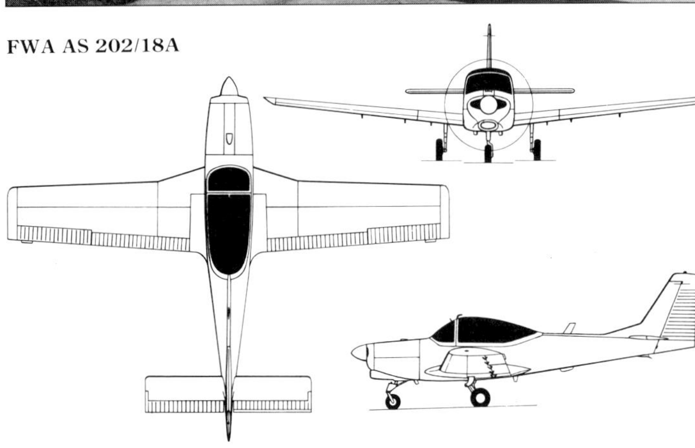

chen und Leitwerk, aber mit einem neuen Rumpf mit zwei Tandem-Sitzen, einziehbarem Dreibeinfahrwerk und einem 320 WPS (239 kW) oder 360 WPS (268 kW) Allison 250-B17C Propellerturbinenmotor für die zivile bzw. militärische Ausführung. In dieser Form wurde das Modell mit der Bezeichnung **AS 202/32** versehen und begann sein Testprogramm im August 1980, das 1983 abgeschlossen wurde.

### Technische Daten
**FWA AS 202/18A Bravo**
**Typ:** 2/3sitziges Leichtflugzeug.
**Triebwerk:** ein 180 PS (134 kW) Avco Lycoming AEIO-360-B1F Vierzylinder Boxermotor.
**Leistung:** max. Reisegeschwindigkeit 226 km/h in 2.440 m; wirtschaftliche Reisegschwindigkeit 203 km/h in 3.050 m; Dienstgipfelhöhe 5.485 m; Reichweite 965 km.
**Gewicht:** Rüstgewicht 700 kg; max. Startgewicht der Mehrzweckausführung 1.050 kg.
**Abmessungen:** Spannweite 9,75 m; Länge 7,50 m; Höhe 2,81 m; Tragflügelfläche 13,86 m².

# Fabre Hydravion

### Entwicklungsgeschichte
Der Franzose Henri Fabre entwarf, baute und flog das erste motorisierte Flugzeug der Welt, das von der Wasseroberfläche startete. Fabre wurde 1882 in Marseille geboren und stammte aus einer Reederfamilie, daher hatte er die Gelegenheit, Technik, Hydrodynamik und Wissenschaft aus erster Hand zu studieren. In seinen frühen 20ern gab es in Frankreich zahlreiche Luftfahrtpioniere, und es überrascht nicht, daß der junge Mann ein Interesse an einem Genre entwickelte, das wir heute als Wasserflugzeug bezeichnen würden. Fabres erster eigener Produktionsversuch war ein Modell, das nicht fliegen konnte, aber mit der 1909/10 gebauten **Hydravion** flog er eine Strecke von etwa 457 m in einer durchschnittlichen Höhe von 1,80 m. Der Flug fand am 28. März 1910 über dem Hafen von La Mède bei Marseille statt; an diesem Tag unternahm er drei erfolgreiche Versuche, und am folgenden Tag legte er eine Strecke von etwa 6 km zurück.

Die Konfiguration der Hydravion bestand aus zwei Balken, die als 'Rumpf' vorne Doppeldeckersteuerflächen mit ungleicher Spannweite und hinten eine Heckflosse und Eindeckertragflächen trugen. Ein Gnome Umlaufmotor betrieb einen Druckpropeller und war am hinteren Ende des oberen Rumpfbalkens montiert. Der Pilot saß in einer recht gewagten Position in der Mitte auf diesem Balken. Fabres Leistung ist noch beeindruckender, wenn man berücksichtigt, daß er keine Flugerfahrungen hatte, nicht einmal als Passagier.

Zwei Eigenschaften des Modells sind besonders interessant. Zunächst einmal die Fachwerk-Holme für die tragenden Flächen: sie waren so kräftig wie ein Kastenholm, aber dafür leichter und reduzierten den Luftwiderstand. Noch wichtiger waren die Schwimmer, die auf oder über dem Wasser und in der Luft Auftrieb geben sollten. Fabre baute später zwei Landflugzeuge mit den gleichen Holmen für Louis Paulhan und eine verbesserte Ausführung der Hydravion, fand die Entwicklungskosten für neue Entwürfe jedoch zu hoch und spezialisierte sich statt dessen in den nächsten Jahren auf die Herstellung von Schwimmern für die Modelle anderer Pioniere und Hersteller.

M. B. Passingham

**Die Fabre Hydravion war vollkommen unpraktisch und für eine Weiterentwicklung ungeeignet, aber zugleich die erste Maschine, die mit eigenem Antrieb von der Wasseroberfläche aus startete.**

### Technische Daten
**Fabre Hydravion**
**Typ:** ein experimentelles Wasserflugzeug.
**Triebwerk:** ein 50 PS (37 kW) Gnome Siebenzylinder Umlaufmotor.
**Leistung:** Höchstgeschwindigkeit 80 km/h.
**Gewicht:** max. Startgewicht 475 kg.
**Abmessungen:** Spannweite 14,00 m; Länge 8,50 m; Höhe ca. 3,70 m; Tragflügelfläche 17,00 m².

# Fabrica de Aviones: siehe SET

# Fairchild 21

### Entwicklungsgeschichte
Unter der Bezeichnung **Fairchild 21** baute die Firma 1928 nach eigenem Entwurf einen zweisitzigen, verstrebten Tiefdecker in Gemischtbauweise mit einem verstrebten Leitwerk, Heckradfahrwerk mit handbetriebenen Bremsen an den Haupträdern und einem Armstrong Siddeley Genet Sternmotor. Zur Standardausrüstung gehörten offene Tandem-Cockpits mit Doppelsteuerung.

### Technische Daten
**Typ:** ein zweisitziges Sport/Reiseflugzeug.
**Triebwerk:** ein 80 PS (60 kW) Armstrong Siddeley Genet Fünfzylinder Sternmotor.
**Leistung:** Höchstgeschwindigkeit 169 km/h; Reisegeschwindigkeit 145 km/h; Dienstgipfelhöhe 2.875 m; Reichweite 684 km.
**Gewicht:** Leergewicht 342 kg; max. Startgewicht 567 kg.
**Abmessungen:** Spannweite 8,61 m; Länge 6,55 m; Tragflügelfläche 12,91 m².

# Fairchild 22

### Entwicklungsgeschichte
Im Zuge der wachsenden Firmenzusammenschlüsse in den USA im Jahre 1929 erhielt die American Aviation Corporation einen Mehrheitsanteil an der Fairchild Aviation Corporation. Darüber war Sherman Fairchild keineswegs glücklich; 1931 trat er zurück und erwarb mit seinen Anteilen die Kreider-Reisner Tochtergesellschaft, die er später in Fairchild Aircraft Corporation umtaufte.

Während der Verhandlungsperiode begann Kreider-Reisner mit der Entwicklung eines neuen zweisitzigen Sport/Schulflugzeugs, das nach der Zulassung im März 1931 als **Fair-**

M. B. Passingham

**Die Fairchild 22, ein aus der Zeit der Übernahme von Kreider-Reisner durch Fairchild stammendes Modell, ist hier als eine spätere Model C7 mit einem Warner Sternmotor zu sehen.**

**child 22 Model C7** auf den Markt gebracht wurde. Geplant war ein Leichtflugzeug, das ebenso billig wie wirtschaftlich war, und mit dem man einen Löwenanteil des schnell schrumpfenden Absatzmarkts erringen wollte. Die Fairchild 22 war ein abgestrebter Eindecker in Gemischtbauweise mit Tragflächen in Baldachinkonstruktion, verstrebtem Leitwerk, Heckspornfahrwerk und offenen Tandem-Cockpits. Beim Erstflug hatte das Modell einen 80 PS (60 kW) Armstrong Siddeley Genet Fünfzylinder Sternmotor, aber nach ausgiebigen Flugtests erhielt das Serienmodell einen 75 PS (56 kW) zweireihig hängenden Michigan Rover Vierzylinder Reihenmotor.

Nur zwölf Serienexemplare der Model C7 wurden gebaut, höchstwahrscheinlich wegen der wirtschaftlichen Krise, aber diese wenigen Maschinen erwiesen sich als ausgezeichnetes Werbematerial, und spätere Varianten verkauften sich in größeren Zahlen.

### Technische Daten

**Fairchild 22 Model C7F**

**Typ:** ein zweisitziges Reise/Schulflugzeug.

**Triebwerk:** ein 145 PS (108 kW) Warner Super Scarab Siebenzylinder Sternmotor.

**Leistung:** Höchstgeschwindigkeit 214 km/h; Reisegeschwindigkeit 185 km/h; Dienstgipfelhöhe 6.095 m; Reichweite 563 km.

**Gewicht:** Leergewicht 500 kg; max. Startgewicht 794 kg.

**Abmessungen:** Spannweite 10,06 m; Länge 6,78 m; Höhe 2,41 m; Tragflügelfläche 16,07 m$^2$.

# Fairchild 24

## Entwicklungsgeschichte

Die steigenden Verkaufszahlen der Fairchild 22 Model C7A veranlaßten das Unternehmen, eine Maschine zu produzieren, die im Grunde eine Version dieses Flugzeugs mit geschlossener Kabine war. Um dies zu erreichen, wurde die Auslegung auf einen abgestrebten Hochdecker umgeändert, und in der so entstandenen Kabine saßen zwei Personen nebeneinander. Zu den weiteren Veränderungen gehörte die Einführung eines Heckrads, und die erste **Fairchild 24 Model C8** hatte als Triebwerk einen 95 PS (71 kW) A.C.E. Cirrus (Lizenzbau) Hi-Ace Vierzylinder-Reihenmotor mit hängenden Zylindern. Die meisten Varianten waren auf Wunsch mit Schwimmern oder Skifahrwerk lieferbar. Die Grundversion der Fairchild 24 Model C8 erhielt im April 1932 ihre Zulassung, und es wurden nur zehn Exemplare gebaut; aber diese bescheidene Stückzahl schuf, wie schon bei der des ersten Modells, der C7, bald neues Interesse und neue Aufträge.

## Varianten

**Model C8A:** generell der Model C8 ähnlich, jedoch mit einem neuen Sternmotor, der die Rumpf-Linienführung beeinflußte; der Prototyp flog mit einem 110 PS (82 kW) Warner Scarab Siebenzylinder-Motor, die Serienmaschine hatte jedoch eine 125 PS (93 kW) Version dieses Motors; etwa 25 gebaut.

**Model C8B:** nur zwei Exemplare gebaut, nahezu identisch mit der Originalversion der Model C8, jedoch mit einem 125 PS (93 kW) Menasco Pirate Vierzylinder-Reihenmotor mit hängenden Zylindern.

**Model C8C:** unter Beibehaltung der gleichen Grundkonstruktion hatte diese Version insgesamt geringfügig vergrößerte Dimensionen, um drei Sitzplätze zu schaffen; als Triebwerk diente ein 145 PS (108 kW) Warner Super Scarab Siebenzylinder-Sternmotor; Erstzulassung im April 1934; ca. 130 gebaut.

**Model C8D:** dreisitzige, der Model C8C ähnliche Version, bei der jedoch der Sternmotor durch einen 145 PS (108 kW) Ranger 6-390B Sechszylinder-Reihenmotor mit hängenden Zylindern ersetzt wurde; ca. 14 gebaut.

**Model C8E:** Version der Model C8C mit verbesserter Ausstattung und Verfeinerungen; ca. 50 gebaut.

**Model C8F:** Version der Model C8D mit verbesserter Ausstattung; ca. 40 gebaut.

**Model 24-G:** der Model C8E ähnlich, jedoch in zwei Versionen lieferbar: dreisitzige de Luxe-Version oder viersitzige Mehrzweckversion; insgesamt 100 gebaut.

**Model 24-H:** im Grunde eine de Luxe-Version der Model C8D, jedoch mit einem 150 PS (112 kW) Ranger 6-390D-3 Motor; ca. 25 gebaut.

**Model 24-J:** der Model 24-G ähnlich und als de Luxe bzw. Mehrzweckversion erhältlich, jedoch in beiden Fällen als Viersitzer; ca. 40 gebaut.

**Model 24-K:** der Model 24-H ähnlich, jedoch in de Luxe und Mehrzweckversion lieferbar, beide als Viersitzer und mit einem 150 PS (112 kW) Ranger 6-410-B Sechszylinder-Reihenmotor mit hängenden Zylindern; ca. 34 gebaut.

**Model 24R9:** verbesserte Version der Model 24-K, in de Luxe und Mehrzweckversion lieferbar, jedoch mit einem 165 PS (123 kW) Ranger 6-410-B1 Motor; ca. 35 Zivilmaschinen verkauft.

**Model 24R40:** generell der Model 24R9 ähnlich, jedoch nur auf Bestellung in de Luxe-Version lieferbar; ca. 25 gebaut.

**Model 24W9:** verbesserte Version der Model 24-J, in de Luxe und Mehrzweckversion lieferbar; ca. 40 gebaut.

**Model 24W40:** der Model 24W9 ähnlich, jedoch in Mehrzweckversion lieferbar; ca. 75 gebaut.

**Model 24W41:** der Model 24W40 ähnlich, jedoch mit Warner Super Scarab Series 50A Motor; ca. 40 gebaut.

**Model 24W41A:** der Model 24W41 ähnlich, jedoch mit 165 PS (123 kW) Warner Super Scarab 165D Motor; ca. zehn Zivilmaschinen verkauft.

**C-61** (später **UC-61**): USAAF-Bezeichnung der Militärversion der Model 24W41 mit 145 PS (108 kW) R-500-1 Super Scarab Motor; 161 gebaut, plus zwei requirierte Zivilmaschinen, die ebenfalls diese Bezeichnung erhielten.

**C-61A** (später **UC-61A**): USAAF-Bezeichnung der Militärversion der Model 24W41A mit geändertem Funkgerät; 509 gebaut, plus drei requirierte Zivilmaschinen, die ebenfalls diese Bezeichnung erhielten.

**GK-1:** US Navy-Bezeichnung für 13 Model 24W40, die für den Militäreinsatz requiriert wurden.

**JK-1:** US Navy-Bezeichnung für zwei Model 24-H, die für den Militäreinsatz requiriert wurden.

**J2K-1:** die US Coast Guard-Bezeichnung für zwei Model 24R, die für den Kriegseinsatz requiriert wurden.

**J2K-2:** die US Coast Guard-Bezeichnung für zwei weitere, jedoch leicht unterschiedliche Model 24R, die für den Kriegseinsatz requiriert wurden.

**UC-61B** bis einschl. **UC-61J:** Bezeichnungen, die an 14 Zivilmaschinen vergeben wurden, die zum Militäreinsatz requiriert wurden.

**UC-61K Forwarder:** endgültige Kriegs-Serienversion mit 200 PS (149 kW) Ranger 1-440-7 Sechszylinder-Reihenmotor als Triebwerk; 306 gebaut.

**UC-86:** USAAF-Bezeichnung für neun zivile Model 24R40, die für den Militäreinsatz requiriert wurden.

**Argus MkI:** RAF-Bezeichnung für geleaste UC-61.

**Argus MkII:** RAF-Bezeichnung für geleaste UC-61A.

**Argus MKIII:** RAF-Bezeichnung für geleaste UC-61K.

Austin J. Brown

**Die Fairchild 24 wurde sowohl mit Reihen- als auch mit Sternmotor hergestellt, um ein möglichst breites Spektrum potentieller Abnehmer anzusprechen. Hier abgebildet ist eine Argus Mk III der RAF (HB751, vormals USAAF 43-15025).**

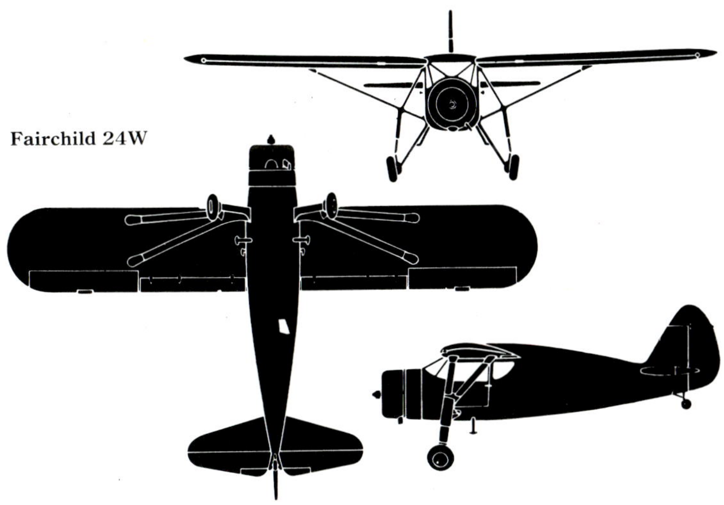

**Fairchild 24W**

### Technische Daten

**Fairchild 24-G**

**Typ:** ein drei-/viersitziger Kabineneindecker.

**Triebwerk:** ein 145 PS (108 kW) Warner Super Scarab Series 50 Siebenzylinder-Sternmotor.

**Leistung:** Höchstgeschwindigkeit 209 km/h; Reisegeschwindigkeit 190 km/h; Dienstgipfelhöhe 5.030 m; Reichweite 764 km.

**Gewicht:** Leergewicht 669 kg; max. Startgewicht 1.089 kg.

**Abmessungen:** Spannweite 11,07 m; Länge 7,26 m; Höhe 2,24 m; Tragflügelfläche 16,09 m$^2$.

# Fairchild 41/42

## Entwicklungsgeschichte

Ende 1928 stellte Fairchild ein neues Flugzeug vor, das für Lufttaxi-Unternehmen und als Geschäftsflugzeug gedacht war. Der Typ trug die Bezeichnung **Fairchild 41** und wurde, mit Bezug auf seine vier Sitzplätze, auch als **Foursome** bekannt. Der Kabineneindecker mit abgestrebten, hoch angesetzten Flügeln, verstrebtem Leitwerk und Heckradfahrwerk wurde von einem 200 PS (149 kW) Wright J-5 Whirlwind Neunzylinder-Sternmotor angetrieben. Die geräumige, geschlossene Kabine mit Platz für einen Piloten und drei Passagiere hatte Lederpolsterung, Heizung, Belüftung sowie die Möglichkeit zur Einrichtung einer kleinen Toilette. Die Einführung einiger Verfeinerungen und der Einbau eines stärkeren Wright J-6 Motors führten zunächst zur Umbenennung in **Fairchild 41-A**, die später in **Fairchild 42** geändert wurde.

Trotz der Tatsache, daß es ein für seine Zeit attraktives Flugzeug war, wurde die Fairchild 41 zum falschen Zeitpunkt entwickelt. Wegen der zunehmenden wirtschaftlichen Rezession blieb die Produktion auf rund zehn Flugzeuge beschränkt.

### Technische Daten
**Fairchild 42**
**Typ:** viersitziger Kabineneindecker.
**Triebwerk:** ein 300 PS (224 kW) Wright J-6 Whirlwhind Neunzylinder-Sternmotor.
**Leistung:** Höchstgeschwindigkeit 209 km/h; Reisegeschwindigkeit 175 km/h; Dienstgipfelhöhe 4.665 m; Reichweite 885 km.
**Gewicht:** Leergewicht 1.234 kg; max. Startgewicht 1.950 kg.
**Abmessungen:** Spannweite 13,87 m; Länge 9,45 m; Höhe 2,90 m; Tragflügelfläche 26,94 m$^2$.

# Fairchild 45

### Entwicklungsgeschichte
Im Vorausgriff auf das, was heute ein Geschäftsreiseflugzeug genannt wird, konstruierte Fairchild 1934 einen fünfsitzigen Kabinen-Eindecker, der die Bezeichnung **Fairchild 45** erhielt. In der Prototyp-Version, die als erste am 31. Mai 1935 geflogen wurde, war dies ein selbsttragender Tiefdecker in Mischbauweise mit einem selbsttragenden Leitwerk, einem einziehbaren Hauptfahrwerk, bei dem ein Teil jedes Hauptrades im Freien blieb, und einem 225 PS (168 kW) Jacobs L-4 Siebenzylinder-Sternmotor als Triebwerk. Da die Maschine für wohlhabende Privatkunden oder Unternehmen gedacht war, hatte sie standardmäßig eine fünfsitzige Luxusausstattung.

Die Tests der Fairchild 45 zeigten eine zufriedenstellende, ruhige und wirtschaftliche Leistung; weitere Überlegungen zeigten jedoch, daß diese Eigenschaften kaum den Markt interessieren würden, den das Unternehmen ansprechen wollte, und aus diesem Grund wurde nur eine Fairchild 45, nämlich der Prototyp, gebaut. Die Fairchild **45-A**, die sich anschloß, gewann die gewünschte Leistung aus dem Einbau eines stärkeren Wright R-760 Sternmotors. Dadurch wurde das ohnehin schon teure Flugzeug noch teurer und nur 16 Maschinen wurden gebaut.

**Die Fairchild 45 wich dadurch von der normalen Fairchild-Bauweise ab, daß sie als Tiefdecker mit einziehbarem Fahrwerk ausgelegt war. Wegen des hohen Preises wurde dieser Typ nicht zu einem wirtschaftlichen Erfolg.**

### Variante
**JK-1:** unter dieser Bezeichnung wurde eine Fairchild 45-A für den Militäreinsatz requiriert; es ist zu beachten, daß zwei requirierte Fairchild 24 die gleiche Bezeichnung tragen.

### Technische Daten
**Fairchild 45-A**
**Typ:** ein fünfsitziger Kabinen-Eindecker.
**Triebwerk:** ein 320 PS (239 kW) Wright R-760-E2 Siebenzylinder-Sternmotor.
**Leistung:** Höchstgeschwindigkeit 274 km/h in Meereshöhe; Reisegeschwindigkeit 264 km/h in 2.440 m Höhe; Dienstgipfelhöhe 5.700 m; Reichweite 1.046 km.
**Gewicht:** Leergewicht 1.139 kg; max. Startgewicht 1.814 kg.
**Abmessungen:** Spannweite 12,04 m; Länge 9,17 m; Höhe 2,49 m; Tragflügelfläche 23,04 m$^2$.

# Fairchild 71

### Entwicklungsgeschichte
Die **Fairchild 71** war im Grunde eine aktualisierte Version der Fairchild FC-2W2 und enthielt viele Verbesserungen, die sich aus den Erfahrungen mit der FC-2 und ihren Varianten ergeben hatten. Die Maschine, die einem Piloten und sechs Passagieren bequem Platz bot, wurde von einem 420 PS (313 kW) Pratt & Whitney Wasp Neunzylinder-Sternmotor angetrieben. Die Fairchild 71 wurde von 1928 bis 1930 in bescheidenen Stückzahlen gebaut und dann in der Serie durch die **Fairchild 71A** ersetzt, die sich hauptsächlich dadurch unterschied, daß ihre Flügel um einige Grad gepfeilt waren und daß sie eine Reihe von Verfeinerungen der Innenausstattung hatte.

Die meisten Fairchild 71 und 71A wurden zwar von zivilen Betreibern gekauft, unter der Bezeichnung **XC-8** erwarb jedoch auch die US Army eine Fairchild 71 zur Bewertung als leichtes Transportflugzeug. Die Maschine, die später für fotografische Zwecke abgestellt wurde, erhielt dann die neue Bezeichnung **XF-1**; unter der Bezeichnung **YF-1** wurden acht Maschinen für die Einsatzerprobung bestellt, und alle vorgenannten neun Maschinen wurden später in **C-8** umbenannt. Es folgten sechs Serien-Fairchild 71A mit der Bezeichnung **F-1A**, die später in **C-8A** umbenannt wurden. Die US Navy erwarb auch eine Einzelmaschine zur Erprobung unter der Bezeichnung **XJ2Q-1**, die später in **R2Q-1** geändert wurde.

1930 wurde in Longueuil, Quebec, unter dem Namen Fairchild Aircraft Ltd. eine kanadische Niederlassung des Unternehmens gegründet, die neben der Betreuung der rund 70 in Kanada fliegenden Fairchild-Flugzeuge auch noch die Produktion der Fairchild 71 für das Canadian Department of National Defense übernahm. Diese Flugzeuge unterschieden sich von der Standardversion dadurch, daß die Elemente ausgebaut waren, die dem Komfort der Passagiere dienten, und stattdessen Luftbildkameras montiert wurden. Eine kommerzielle Fairchild 71-C wurde später gebaut und verkauft, die es mit einem metallverkleideten Rumpf auch als **Fairchild 71-CM** gab.

Im Hinblick auf die Erfüllung einer kanadischen Anforderung nach einem Frachttransporter mit einer Kapazität, die die der normalen Fairchild 71 überstieg, wurde 1934 das Wasserflugzeug **Fairchild Super 71** entwickelt. Die Maschine hatte neben einer geringfügig größeren Spannweite einen längeren und komplett neuen Rumpf mit ovalem Querschnitt in Leichtmetallbauweise. Der Pilot erhielt ein Cockpit auf der Rumpfoberseite hinter der Kabine, von wo aus er, zwischen Rumpfoberseite und Flügelunterseite nur ein relativ eingeschränktes Blickfeld hatte. Die Kabine konnte acht Passagiere aufnehmen, die Sitze konnten jedoch einfach ausgebaut werden, so daß ein hindernisfreier Laderaum entstand. In die linke Kabinenseite waren große Frachttüren eingelassen, und in der rechten Seite befand sich die Passagiertür; der gesamte Kabinenraum war beheizt und belüftet. Als Triebwerk diente ein Pratt & Whitney Wasp Sternmotor, der mit einer strömungsgünstigen Verkleidung versehen war. Es wurden zwei Super 71 an das Canadian Department of National Defense ausgeliefert.

**Bedenkt man, daß Sherman Fairchild sich nur deshalb mit der Luftfahrt befaßte, damit er seine fortschrittlichen Kameras für Luftaufnahmen verwenden konnte, dann ist es völlig logisch, daß diese Fairchild 71 für das blühende Luftvermessungs-Geschäft dieses Unternehmens eingesetzt wurde.**

### Technische Daten
**Fairchild (Canada) Super 71** (Landflugzeug)
**Typ:** Maschine für acht Passagiere oder Frachtflugzeug.
**Triebwerk:** ein 520 PS (388 kW) Pratt & Whitney Wasp Neunzylinder-Sternmotor.
**Leistung:** Höchstgeschwindigkeit 249 km/h; Reisegeschwindigkeit 209 km/h; Reichweite 1.314 km.
**Gewicht:** Leergewicht 1.544 kg; max. Startgewicht 3.175 kg.
**Abmessungen:** Spannweite 17,68 m; Tragflügelfläche 36,42 m$^2$.

# Fairchild 82

### Entwicklungsgeschichte
1935/36 entwickelte die Fairchild Aircraft Ltd. in Kanada die Super 71 weiter, was zur **Fairchild 82** mit größerer Kapazität führte. Die Maschine, die die gleiche grundlegende Linienführung wie ihre Vorgängerinnen hatte, war ein abgestrebter Hochdecker in Mischbauweise mit einem abgestrebten Leitwerk, Heckradfahrwerk (auf Wunsch durch Schwimmer oder Skier zu ersetzen) und einem Pratt & Whitney Wasp Sternmotor als Triebwerk. Wie die 71 hatte auch die 82 in ihrem Rumpf eine separate Passagierkabine, in der in diesem Fall maximal zehn Personen Platz fanden. Die alternative Beladung mit Fracht wurde durch große Türen auf beiden Seiten erleichtert.

**Die CF-AXE war eine Fairchild 82-A, und dieser Typ erwies sich wegen seines zuverlässigen Motors, seiner hohen Nutzlast und seiner Flexibilität als erfolgreich.**

In der Super 71 war der Pilot in einem separaten Cockpit hinter und oberhalb der Passagierkabine untergebracht, was keineswegs eine Ideallösung war. Bei der Fairchild 82 war dieses Problem beseitigt, denn sie bot ein Flugdeck vor der Kabine, auf dem nebeneinander zwei Personen Platz fanden und dessen Windschutzscheibe sich auf dem Rumpf vor dem Flügel befand, von wo aus sich ein ausgezeichneter Blick nach vorn bot. Es wurden nur zwölf Fairchild 82 gebaut, von denen vier exportiert und acht von kanadischen Fluggesellschaften geflogen wurden.

### Technische Daten

**Typ:** ein allgemeines, leichtes Transportflugzeug.
**Triebwerk:** ein 550 PS (410 kW) Pratt & Whitney S3H1 Wasp Neunzylinder-Sternmotor.
**Leistung:** Höchstgeschwindigkeit 249 km/h in 1.525 m Höhe; Reisegeschwindigkeit 227 km/h in 1.525 m Höhe; Dienstgipfelhöhe 5.335 m; Reichweite 1.054 km.
**Gewicht:** Leergewicht 1.630 kg; max. Startgewicht 2.869 kg.
**Abmessungen:** Spannweite 15,54 m; Länge 11,25 m; Tragflügelfläche 31,86 m$^2$.

# Fairchild 91/942

**Die brasilianische Pan American-Tochtergesellschaft Panair do Brasil setzte ihre beiden zuverlässigen Fairchild A-942-A Flugboote auf der schwierigen Strecke entlang des Amazonas ein.**

### Entwicklungsgeschichte

Um der Anforderung der Pan American Airways nach einem kommerziellen Amphibien-Flugboot zu entsprechen, begann Fairchild 1934 mit der Konstruktion der **Fairchild 91**. Die Fairchild 91, die eine 1.450 km lange Strecke, den Amazonas hinauf bis ins Landesinnere von Brasilien, bedienen sollte, mußte ein robustes und zuverlässiges Flugzeug sein. Die erste Maschine flog am 5. April 1935 und trug damals die Bezeichnung **A-942-A**. Sie war ein selbsttragender Hochdecker mit einem an Streben befestigten Stützschwimmer unter jedem Flügel, einem zweistufigen Ganzmetallrumpf und einem Heckradfahrwerk, dessen drei Beine eingezogen werden konnten. Pilot und Copilot waren auf einem Flugdeck unmittelbar vor dem Flügel untergebracht, und hinter ihnen befanden sich zwei separate Kabinen mit Plätzen für je vier Passagiere.

Die A-942-A, von der Pan American sechs bestellte, wurde von einem 800 PS (597 kW) Pratt & Whitney Hornet Motor angetrieben, der in einer Gondel oberhalb des Flügels montiert war. Allerdings stornierte die Fluggesellschaft den Auftrag, nachdem zwei Maschinen ausgeliefert worden waren. Von den vier im Bau befindlichen Flugwerken wurde eines als A-942-A fertiggestellt, die restlichen drei wurden zu **A-942-B** Maschinen, die je einen 875 PS (652 kW) Wright GR-1820-F52 Cyclone Neunzylinder-Sternmotor erhielten. Die beiden von Pan American gekauften Maschinen bewährten sich ausgezeichnet auf der Amazonas-Strecke und wurden ausschließlich als Flugboote verwendet, wobei ihr Räderfahrwerk ausgebaut wurde, um die Nutzlast zu erhöhen; ihre Leistungsfähigkeit machte die anderen drei Maschinen überflüssig. Zwei der vier übrigen Maschinen wurden an private Kunden verkauft (eine Maschine flog für die RAF in Ägypten) und zwei gingen nach Japan.

### Technische Daten
**Fairchild A-942-A**

**Typ:** Amphibien-Flugboot.
**Triebwerk:** ein 800 PS (597 kW) Pratt & Whitney S2E-G Hornet Neunzylinder Sternmotor.
**Leistung:** Höchstgeschwindigkeit 269 km/h in 760 m Höhe; Reisegeschwindigkeit 220 km/h in 760 m Höhe; Dienstgipfelhöhe 5.455 m; Reichweite 1.070 km.
**Gewicht:** Leergewicht 2.992 kg; max. Startgewicht 4.763 kg.
**Abmessungen:** Spannweite 17,07 m; Länge 13,00 m; Höhe 4,47 m; Tragflügelfläche 44,87 m$^2$.

# Fairchild AT-21 Gunner

### Entwicklungsgeschichte

Die Bedeutung der schweren Verteidigungs- und Angriffsbewaffnung für seine Bomber wurden dem US Air Corps erst in der Anfangsphase des Zweiten Weltkriegs klar, als ihm Informationen über die europäischen Kampferfahrungen zugingen. Dies läßt sich an der Tatsache erkennen, daß die Boeing B-17B Fortress damals nur fünf Maschinengewehre an separaten Befestigungen mitführte. Obwohl die meisten Flugzeuge mit zusätzlichen Waffen ausgerüstet werden konnten, brauchten ihre Besatzungen jedoch erst noch Schulung in der wirkungsvollsten Verwendung dieser Waffen.

Das USAAC verlor nur wenig Zeit bis zur Bestellung von zwei speziellen Waffentrainern von Fairchild. Der erste **(XAT-13)** war zur Teamschulung einer gesamten Bomberbesatzung vorgesehen und wurde von zwei Pratt & Whitney R-1340-AN-1 Wasp Neunzylinder-Sternmotoren angetrieben. Der zweite Prototyp **(XAT-14)** war von ähnlicher Auslegung und hatte als Triebwerk zwei 520 PS (388 kW) Ranger V-770-6 Reihenmotoren. Er wurde später als Spezial-Schulflugzeug für Bombenschützen umgerüstet, wobei seine MG-Stände entfernt wurden, und erhielt die Bezeichnung **XAT-14A**. Die Tests und die Bewertung dieser Flugzeuge führten zur Beschaffung eines Waffentrainers mit der Bezeichnung **AT-21 Gunner**.

Die AT-21 war ein selbsttragender Mitteldecker in Mischbauweise, mit einem tiefen Rumpf von ovalem Querschnitt, einem Leitwerk mit Doppel-Heckflossen und Seitenrudern, einem einziehbaren Bugradfahrwerk und zwei Ranger V-770 Motoren als Triebwerk. Es gab Platz für eine fünfköpfige Besatzung, darunter Pilot, Copilot/Trainer und drei Schüler. Von den 175 gebauten AT-21 stammten 106 aus der Fertigung bei Fairchild und es wurden, zur Beschleunigung der Lieferungen an die USAAF, 39 Maschinen von der Bellanca Aircraft Corporation sowie 30 von der McDonnell Aircraft Corporation in St. Louis gebaut, die bei den neu gegründeten Schulen für Waffentraining in Dienst gingen. Die AT-21 blieben bis 1944 im Einsatz und wurden dann durch die Maschinen ersetzt, in denen die Schützen später auch eingesetzt wurden. Viele dieser Flugzeuge wurden zu Ziel-Schleppflugzeugen umgebaut.

### Variante

**Fairchild XBQ-3:** Bezeichnung einer AT-21 nach ihrem Umbau zur Erprobung als fliegende Bombe; sie wurde mit einem Funkfernsteuersystem ausgestattet und trug eine 1.814 kg schwere Explosivladung.

### Technische Daten
**Fairchild AT-21 Gunner**

**Typ:** ein Schulflugzeug für Waffentraining.
**Triebwerk:** zwei 520 PS (388 kW) Ranger (V-770-11/-15) hängende Zwölfzylinder-V-Motoren.
**Leistung:** Höchstgeschwindigkeit 362 km/h in 3.600 m Höhe; Einsatzgeschwindigkeit 315 km/h in 3.660 m Höhe; Dienstgipfelhöhe 6.750 m; Reichweite 1.464 km.
**Gewicht:** Leergewicht 3.925 kg; max. Startgewicht 5.129 kg.
**Abmessungen:** Spannweite 16,05 m; Länge 11,58 m; Höhe 4,00 m Tragflügelfläche 35,12 m$^2$.
**Bewaffnung:** ein 7,62 mm Maschinengewehr im Bug sowie zwei MG in einer zentralen Schützenposition.

**Die Fairchild XAT-14 war der XAT-13 in struktureller Hinsicht ähnlich, hatte jedoch Reihenmotoren und war hauptsächlich zum Besatzungs-Training vorgesehen.**

**Das einzige Exemplar der Fairchild XAT-13 wurde von R-1340 Sternmotoren angetrieben und war für die Schulung von Bomberbesatzungen konstruiert worden.**

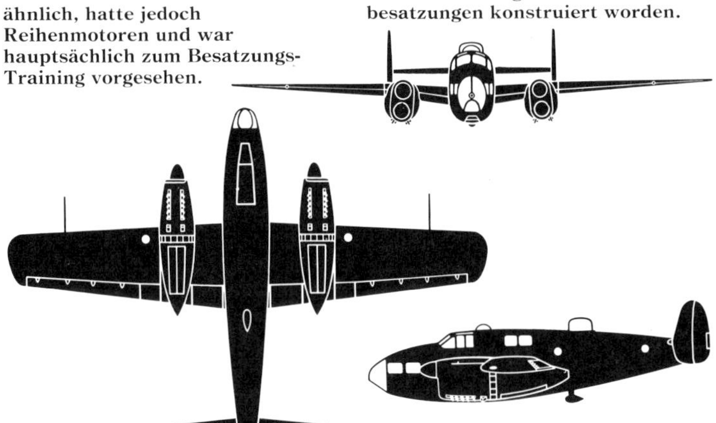

**Fairchild AT-21 Gunner**

**Hier abgebildet ist die Fairchild AT-21 Gunner, wie sie aus der Halle gerollt wurde — ohne Schützenpositionen. Das Flugwerk wurde im für das Unternehmen patentierten Duramold-Verfahren unter Verwendung von vorgeformtem Verbundfurnier hergestellt.**

# Fairchild AU-23A Peacemaker

## Entwicklungsgeschichte

Unter Lizenz der Pilatus Flugzeugwerke AG aus Stans in der Schweiz begann Fairchild (damals als Fairchild Hiller bekannt) mit der Produktion einer Serie von Pilatus Turbo Porter Mehrzweckflugzeugen. Die erste dieser Maschinen, die ursprünglich **Fairchild Hiller Heli-Porter** genannt, später aber als **Fairchild Hiller Porter** bekannt wurden, rollte in Hagerstown, Maryland, am 3. Juni 1966 aus der Halle. Die ersten Serienmaschinen hatten eine 550 WPS (410 kW) United Aircraft of Canada (Pratt & Whitney) PT6A-20 Propellerturbine.

In den späten sechziger Jahren begann Fairchild mit der Entwicklung einer Spezialmaschine zur Guerillabekämpfung (COIN), die ursprünglich als **Armed Porter** bekannt war. Sie unterschied sich von der Porter-Standardversion durch eine Außenstation unter dem Rumpf und vier unter den Flügeln, an denen insgesamt 903 kg verschiedener Lasten mitgeführt werden konnten. Außerdem hatte diese Version als Triebwerk eine 665 WPS (496 kW) Garrett TPE331-1-101F Propellerturbine und hatte Niederdruckreifen für den Einsatz auf unbefestigten Flugfeldern, ein komplettes Militär-Navigations-/Kommunikationssystem sowie ein Waffenleitsystem. Insgesamt kaufte die USAF unter der Bezeichnung **AU-23A Peacemaker** 36 Maschinen, von denen 28 und weitere fünf Exemplare an die thailändische Luftwaffe bzw. Luftpolizei geliefert wurden. Zu den Waffen, die mitgeführt werden konnten, gehörten Maschinengewehre, eine 20 mm-Kanone Luft-Boden-Raketen, Mehrzweckbomben und Leuchtraketen; außerdem konnten Aufklärungskameras und ein Lautsprechersystem in einer Gondel mit 20 Lautsprechern montiert werden.

M. B. Passingham

## Technische Daten

**Typ:** Flugzeug zur Guerillabekämpfung (COIN).
**Triebwerk:** eine 650 WPS (485 kW) Garrett TPE-331-1-101F Propellerturbine.
**Leistung:** Höchstgeschwindigkeit 280 km/h; Einsatzgeschwindigkeit 262 km/h; Dienstgipfelhöhe 6.950 m; max. Reichweite 898 km.
**Gewicht:** max. Startgew. 2.767 kg.
**Abmessungen:** Spannweite 15,14 m; Länge 11,23 m; Höhe 3,73 m; Tragflügelfläche 28,80 m$^2$.
**Bewaffnung:** eine Außenstation unter dem Rumpf und vier unter den Flügeln für eine Gesamt-Waffenlast von 907 kg.

**Die Fairchild Peacemaker, die unter der Bezeichnung Armed Porter entwickelt worden war, wurde konstruiert, um der US Air Force ein STOL-Mehrzweckflugzeug zur Verfügung zu stellen.**

# Fairchild XC-31

## Entwicklungsgeschichte

Unter der Bezeichnung **Fairchild XC-31** baute das Unternehmen 1934 den Prototyp eines Mehrzweck-Transportflugzeugs, für das Kreider-Reisner vom US Army Corps einen Vertrag erhalten hatten. Die XC-31 war ein abgestrebter Hochdecker und bestand aus einer Leichtmetall-Grundstruktur mit einer teilweisen Stoffbespannung; sie hatte ein konventionelles Leitwerk, ein Hochradfahrwerk mit einziehbaren Hauptträdern und als Triebwerk diente ein Wright R-1820 Cyclone Sternmotor. Der Pilot war in einem geschlossenen Cockpit vor den Tragflächen untergebracht und unter bzw. hinter ihm befand sich eine geräumige Kabine mit großen Luken. Für den Typ gingen jedoch keine Aufträge ein.

## Technische Daten

**Typ:** ein Mehrzweck-Transportflugzeug.
**Triebwerk:** ein 750 PS (559 kW) Wright R-1820-25 Cyclone Neunzylinder-Sternmotor.
**Leistung:** Höchstgeschwindigkeit 261 km/h; Reisegeschwindigkeit 230 km/h; Reichweite 1.239 km.
**Gewicht:** Leergewicht 3.822 kg; Startgewicht 6.713 kg.
**Abmessungen:** Spannweite 22,86 m; Länge 16,76 m; Höhe 4,83 m; Tragflügelfläche 74,51 m$^2$.

M. B. Passingham

**Die XC-31 war eine Kreider-Reisner-Konstruktion, die Fairchild erbte, als das Konstruktionsunternehmen übernommen wurde. Die XC-31 hätte eindeutig mehr Leistung erbringen können, wäre sie mit einem stärkeren Triebwerk als dem frühen Wright Cyclone Modell ausgestattet worden.**

# Fairchild C-82 Packet/C-119 Flying Boxcar

## Entwicklungsgeschichte

Als Antwort auf die Ausschreibung der US Army aus dem Jahre 1941 für ein spezielles Militär-Frachtflugzeug nahm Fairchild die Konstruktion seiner **Fairchild F-78** in Angriff. Nach Genehmigung der Konstruktion und einem 1942 gebauten Modell wurde der Auftrag über einen einzelnen Prototypen erteilt, der die Bezeichnung **XC-82** zugeteilt bekam. Die XC-82 wurde am 10. September 1944 zum ersten Mal geflogen. Sie war ein selbsttragender Hochdecker in Ganzmetallbauweise, dessen geräumiger Rumpf ein Flugdeck für fünf Besatzungsmitglieder sowie einen großen Frachtraum mit Heck-Klapptüren bot, durch die Räder- und Kettenfahrzeuge leicht geladen werden konnten. Die Hecktüren konnten zum Abwurf von schweren Lasten an Fallschirmen ganz ausgebaut werden. Die Maschine konnte zur Notevakuierung mit 78 Personen, 42 komplett ausgerüsteten Fallschirmjägern oder mit 34 Tragen beladen werden. Am Boden wurde der Rumpf von einem robusten, einziehbaren Bugradfahrwerk getragen und als Triebwerk dienten zwei in an den Flügeln montierten Gondeln untergebrachte 2.100 PS (1.566 kW) Pratt & Whitney R-2800-34 Double Wasp 18-Zylinder Sternmotoren. Von diesen Gondeln aus erstreckten sich nach hinten die doppelten Leitwerksträger, die durch das einfache Höhenleitwerk verbunden wurden.

**Fairchild C-119G Flying Boxcar 'Jet Pack' für die Indian Air Force**

Die US Army Air Force erteilte einen ersten Auftrag über 100 **C-82A** Maschinen, die den Namen **Packet** erhielten. Die ersten Flugzeuge wurden 1945 zur Erprobung ausgeliefert, und es schloß sich ein Vertrag über weitere 100 Maschinen an. Aufgrund des Kriegsbedarfs wurde von North American Aviation in Dallas, Texas, eine zweite Fertigungsstraße eingerichtet, aus einem Auftrag über 792 **C-82N** wurden jedoch nur drei Maschinen fertiggestellt, bevor die allgemeine Auftragsstornierung begann, nachdem die Japaner besiegt worden waren. Fairchild baute schließlich insgesamt 220 Maschinen, die bis 1948 ausgeliefert waren. Obwohl sie für den Einsatz im Zweiten Weltkrieg zu spät kam, lieferte die Packet doch wertvolle Dienste für das Tactical Air Command der USAF und für den Military Air Transport Service, ehe sie schließlich 1954 aus dem Dienst gezogen wurde.

1947 entwickelte Fairchild eine verbesserte Version der C-82, deren Prototyp **XC-82B** aus einer umgebauten Serien-C-82A entstand. Er unterschied sich hauptsächlich dadurch, daß das Flugdeck in den Bug des Flugzeugs verlegt wurde und daß die Maschine 2.650 PS (1.976 kW) Pratt & Whitney Rp4360-4 Wasp Major 28-Zylinder Sternmotoren erhielt. Im Anschluß an Einsatztests wurde die Maschine als **C-119B Flying Boxcar** in Auftrag gegeben (55 gebaut). Sie hatte einen um 36 cm verbreiterten Rumpf, strukturelle Verstärkungen für den Einsatz mit einem höheren Fluggewicht sowie stärkere R-4360-20 Motoren. Die C-119, die bis zu 62 Fallschirmjäger aufnehmen und mehr Fracht laden konnten, wurden in großem Umfang in Korea und Vietnam eingesetzt. Sehr oft auch im Rahmen des Military Assistance Program flogen C-119 für Belgien, Brasilien, Äthiopien, Indien, Italien, Nationalchina und Südvietnam. Darüberhinaus wurden einige überschüssige Militärmaschinen, sowohl C-82 als auch C-119, von zivilen Eignern erworben.

1961 entwickelte die Steward-Davis Inc. aus Long Beach, Kalifornien, eine **Jet-Pak** Umbauversion der C-119, die den Anbau eines Westinghouse J34-WE-36 Strahltriebwerks mit 1.542 kp Schub in einer speziell entwickelten Gondel an der Oberfläche des Tragflächen-Mittelteils umfaßte. Mindestens 26 C-119 der Indian Air Force erhielten eine stärkere, von HAL gebaute Orpheus-Turbinengondel, damit sie mit größeren Nutzlasten unter 'hoch und heiß'-Bedingungen operieren konnten.

### Varianten

**EC-82A:** Umbenennung einer C-82A mit modifiziertem Fahrwerk.
**XC-119A:** (später **C-119A**): Bezeichnung von XC-82B nach Umrüstung auf Produktionsstandard.
**EC-119A:** Umbenennung des vorgenannten Flugzeugs nach Umbau als ECM-Prüfstand.
**C-119C:** Serienversion (303 gebaut) mit überarbeitetem Leitwerk; die letzten 41 Maschinen wurden von der Kaiser Manufacturing Company montiert.
**YC-119F:** Flugzeug für Einsatzerprobung mit zwei 3.500 PS (2.610 kW) Wright R-3350 Duplex Cyclone 18-Zylinder Sternmotoren.
**C-119F:** Serienversion (212 gebaut — 141 von Fairchild und 71 von Kaiser) mit weiteren Leitwerksänderungen.
**C-119G:** Serienversion (480 gebaut — 392 von Fairchild und 88 von Kaiser) mit Änderungen an Propellern und Ausrüstung.
**AC-119G:** 26 'Gunship'-Versionen der C-119G mit vier sechsläufigen 7,62 mm Maschinengewehren, Panzerung und Leuchtraketenwerfern.
**YC-119H Skyvan:** eine umgebaute C-119C; mit größerer Spannweite an Flügeln und Leitwerk, geänderten Leitwerksflächen, Treibstofftanks unter den Flügeln und zwei R-3350 Motoren.
**C-119J:** Umbenennung von 62 C-119F/G-Maschinen nach dem Einbau einer im Flug zu öffnenden Tür im rückwärtigen Rumpf.
**EC-119J:** Umbenennung von C-119J nach deren Umbau als Satelliten-Suchflugzeuge; ca. sechs fertiggestellt.
**YC-119K:** Umbenennung einer C-119G nach Einbau von zwei 3.700 PS (2.759 kW) R-3350 Sternmotoren und zwei General Electric J85-GE-17 Strahltriebwerken mit 1.293 kp Schub unter den Flügeln.
**C-119K:** Umbenennung von fünf C-119G nach Umbau zum vorgenannten (YC-119K) Standard plus dem Einbau von Anti-Blockiersystemen.
**AC-119K:** Bezeichnung von 26 C-119G, die ursprünglich auf den AC-119G 'Gunship'-Standard umgerüstet, später jedoch um zwei 20 mm Kanonen, eine verbesserte Avionik und zwei J85-GE-17 Strahltriebwerke unter den Flügeln ergänzt wurden.
**C-119L:** Umbenennung von 22 C-119G nach Modernisierung und Montage von neuen Propellern.
**R4Q-1:** C-119C-Version für das US Marine Corps; 39 gebaut.
**R4Q-2:** C-119F-Version für das US Marine Corps; 58 gebaut.
**XC-120 Packplane:** eine umgebaute C-119B entsprechend einer Anforderung der USAF nach einem Transportflugzeug mit abnehmbarem Rumpf; bestand aus C-119B Flügeln und Leitwerksflächen und einem neuen oberen Rumpfteil mit flacher Unterseite; das Unterteil mit glatter Oberseite und dem Frachtabteil konnte mit dem Trägerflugzeug verbunden werden; das Flugdeck befand sich im oberen Teil; dieser Typ konnte mit oder ohne Frachtabteil geflogen werden, und es war vorgesehen, daß verschiedene Unterteile für unterschiedliche militärische Aufgaben bereitgestellt würden; an die militärische Erprobung schlossen sich keine Aufträge an.

USAF

**Im Vietnamkrieg wurde die C-119 in der neuen Rolle des 'Gunship' eingesetzt. Diese schwerbewaffnete AC-119G flog hauptsächlich nachts Angriffe auf gegnerische Lastwagenkonvois.**

### Technische Daten
**Fairchild C-119G Flying Boxcar**
**Typ:** ein Fracht- und Truppentransporter.
**Triebwerk:** zwei 3.500 PS (2.610 kW) Wright R-3350-85 Duplex Cyclone 18-Zylinder-Sternmotoren.
**Leistung:** Einsatzgeschwindigkeit 322 km/h; Reichweite 3.669 km.
**Gewicht:** Leergewicht 18.136 kg; max. Startgewicht 33.747 kg.
**Abmessungen:** Spannweite 33,30 m; Länge 26,37 m; Höhe 8,00 m; Tragflugelflache 134,43 m².

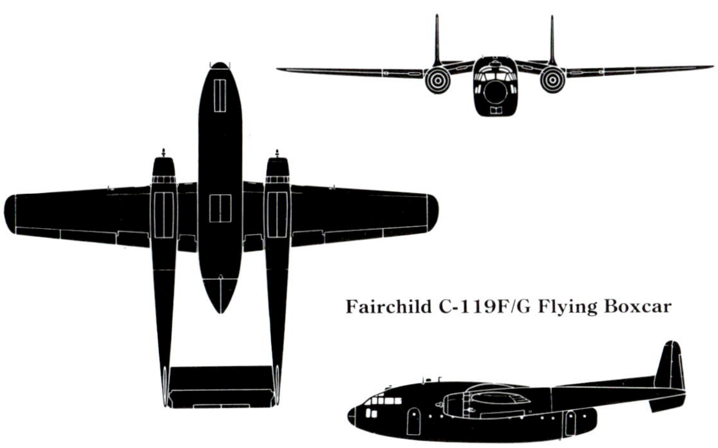
**Fairchild C-119F/G Flying Boxcar**

**Als Ableitung der C-119 Serie war das XC-120 Packplane ein Experimentalumbau einer C-119B mit einem Rumpfcontainer.**

USAF

# Fairchild C-123 Provider

### Entwicklungsgeschichte

1943 wurde die Chase Aircraft Company gegründet, um einen schweren Lastensegler für die US Army zu konstruieren. Nach der erfolgreichen Vorführung der **XCG-18A** folgten fünf **YCG-18A** Vorserienexemplare. Eines dieser Flugzeuge wurde durch Einbau von zwei flügelmontierten Sternmotoren zum leichten Kampfzonentransporter **YC-122** umgebaut, und es schlossen sich die Maschinen **YC-122A/B/C** für die Einsatzerprobung an, die zum Bau von zwei Prototypen für einen noch größeren Truppen/Frachttransporter führte. Von den als **XCG-20** (später **XG-20**) konstruierten Lastenseglern wurde ein Exemplar in **XC-123** umbenannt, als es mit zwei 2.200 PS (1.641 kW) Pratt & Whitney R-2800-23 Double Wasp 18-Zylinder Sternmotoren ausgerüstet wurde; die Maschine flog am 14. Oktober 1949 zum ersten Mal. Chase erhielt 1952 einen Auftrag über fünf C-123 Provider Vorserien-Transportmaschinen, die 1953 gebaut und geflogen wurden. Im gleichen Jahr erwarb die Kaiser-Frazer Corporation die mehrheitlichen Eigentumsanteile der Chase Aircraft Company und errang einen USAF-Produktionsauftrag über 300 V-123B. Dieser Auftrag wurde Mitte 1953 storniert und an Fairchild übertragen, und dieses Unternehmen übernahm ab dann die Verantwortung für die Weiterentwicklung und Produktion der C-123B.

Die C-123, ein freitragender Hochdecker in Ganzmetallbauweise, hatte einen großvolumigen, am Heck hochgezogenen Rumpf, der an der Unterseite eine Ladeluke hatte, die als Laderampe abgesenkt werden konnte. Weitere konstruktive Details umfaßten ein konventionelles, jedoch sehr hohes Leitwerk, ein einziehbares Bugradfahrwerk und zwei Pratt & Whitney Double Wasp Sternmotoren. Anstelle der Fracht konnten auch 60 Soldaten mit voller Ausrüstung oder 50 liegende und sechs sitzende Patienten sowie sechs medizinische Betreuer transportiert werden. Fairchild führte eine große Rückenflosse ein, die die Richtungsstabilität verbessern sollte. Die erste Serien-C-123B des Unternehmens, die von zwei Pratt & Whitney R-2800 Double Wasp Sternmotoren angetrieben wurde, absolvierte am 1. September 1954 ihren Jungfernflug. Die Gesamtproduktion bei Fairchild belief sich auf 302 Maschinen, darunter ein stationäres Test-Flugwerk und 24 Maschinen, die nach Saudi Arabien (6) und Venezuela (18) gingen. Später wurden überschüssige C-123B der USAF auch an die Philippinen, Taiwan und Südvietnam geliefert.

Die Stroukoff Aircraft Corporation, deren Präsident Michael Stroukoff bei der Chase Aircraft Company Chefingenieur gewesen war, baute drei Experimentalversionen dieser Maschine zur Erprobung durch die USAF. Hierzu gehören die **YC-123D**, die der C-123B glich, jedoch ein Grenzschicht-Steuerungssystem hatte; eine **YC-123E** mit Änderungen an Heckflosse und Seitenruder sowie einem Stroukoff-'Phantobase'-Landesystem, zu dem einziehbare Land- und Wasserski, Räder und Schwimmer an den Flügelspitzen für den Einsatz von unterschiedlichen Oberflächen aus gehörten und eine **YC-134A**, die beide Modifikationen aufwies.

### Varianten

**HC-123B:** Bezeichnung, die mitunter für elf C-123B verwendet wurde, die der US Coast Guard überstellt worden waren.
**UC-123B:** Bezeichnung einer geringen Anzahl von C-123B, die für den Einsatz als Erntevernichter-/ Entlaubungsflugzeug in Vietnam umgerüstet wurden.
**VC-123C:** fliegende Kommandostation, die von Kaiser-Frazer schließlich nicht realisiert wurde.
**YC-124H:** Prototyp mit speziellem Breitspurfahrwerk; später mit zusätzlicher Leistung ausgestattet, die von zwei unter den Flügeln montierten General Electric J85-GE-17 Strahltriebwerken mit 1.293 kp Schub stammte.
**C-123J:** Umbenennung von zehn C-123B zum Einsatz unter arktischen Bedingungen nach dem Einbau von Fairchild J44 Zusatz-Strahltriebwerken in Gondeln an den Flügelspitzen.
**C-123K:** Umbenennung von 183 C-123B nach Einbau von zwei zusätzlichen J85-GE-17 Strahltriebwerken in Gondeln unter den Flügeln, größeren Rädern und einem schleudersicheren Bremssystem.
**NC-123K:** Umbenennung von zwei C-123K nach Umbau für bewaffnete Nachtaufklärung; mitunter bekannt als **AC-123K**.
**UC-123K:** Bezeichnung für 34 C-123K, die für Waldentlaubungseinsätze in Vietnam umgerüstet wurden.
**VC-123K:** Bezeichnung für eine C-123K nach Umbau in eine VIP-Transportmaschine.

### Technische Daten
**Fairchild C-123B Provider**
**Typ:** taktisches Transportflugzeug.

USAF

**Ein weiteres Beispiel für ein Frachtflugzeug, das in Vietnam für eine neue Rolle umgerüstet wurde, war die UC-123K. Diese mit Sprüheinrichtung versehenen Flugzeuge wurden verwendet, um riesige Waldflächen zu entlauben und so den Guerrillas die Deckung zu nehmen.**

**Fairchild C-123K Provider**

**Triebwerk:** zwei 2.300 PS (1.715 kW) Pratt & Whitney R-2800-99W Double Wasp 18-Zylinder-Sternmotoren.
**Leistung:** Höchstgeschwindigkeit 394 km/h; Reisegeschwindigkeit 330 km/h; Reichweite 2.366 km.
**Gewicht:** Leergewicht 13.562 kg; max. Startgewicht 27.216 kg.
**Abmessungen:** Spannweite 33,53 m; Länge 23,09 m; Höhe 10,39 m; Tragflügelfläche 113,62 $m^2$.

# Fairchild F-11 Husky

### Entwicklungsgeschichte

Im Jahre 1945 begann Fairchild Aircraft in Kanada mit der Konstruktion eines Mehrzweckflugzeuges, von dem das Unternehmen hoffte, daß es in der frühen Nachkriegszeit auf einen umfangreichen Markt stoßen würde. Die **Fairchild F-11 Husky** war ein abgestrebter Hochdecker, der in der allgemeinen Linienführung vielen einmotorigen Flugzeugen dieser Kategorie folgte, die von dem Unternehmen und dessen amerikanischer Muttergesellschaft entwickelt worden waren. Er hob sich jedoch durch ein hochgezogenes Heck ab, das den Einbau einer großen Heckladeluke ermöglichte, die sich für das Verladen langer Frachten besonders eignete. Die zwölf Maschinen, die das Unternehmen vor seinem Zusammenbruch baute, waren, mit Ausnahme einiger Stoffbespannungen, ganz aus Metall gebaut, hatten Schwimmer- oder Skifahrwerk; ein Bugradfahrwerk war zwar vorgesehen, jedoch nicht entwickelt worden. Als Triebwerk diente ein Pratt & Whitney Wasp Junior Motor, und die Kabine bot neben dem Piloten und Copiloten sieben oder acht Passagieren auf Einzelsitzen bzw. Sitzbänken Platz. Der Prototyp absolvierte am 14. Juni 1946 seinen Jungfernflug.

Die Husky Aircraft aus Vancouver erwarb anschließend die Konstruktions- und Verkaufsrechte und entwickelte eine neue Motorbestückung, um mehr Leistung zu bieten. Sechs Flugzeuge wurden auf diesen neuen **F-11-2** Standard umgerüstet, die alle einen 550 PS (410 kW) Alvis Leonides Neunzylinder-Sternmotor hatten, der einen Dreiblatt-Propeller antrieb. Nach diesen Umbauarbeiten wurden die sechs Originalmaschinen als **F-11-1** bezeichnet.

### Technische Daten
**Fairchild F-11-1**
**Triebwerk:** ein 450 PS (336 kW) Pratt & Whitney Wasp Junior Siebenzylinder-Sternmotor.
**Leistung:** Höchstgeschwindigkeit 222 km/h in 700 m Höhe; Reisegeschwindigkeit 195 km/h in 3.050 m Höhe; Dienstgipfelhöhe 4.725 m.
**Gewicht:** Leergewicht 1.769 kg; max. Startgewicht 3.084 kg.
**Abmessungen:** Spannweite 16,69 m; Länge 11,40 m; Höhe 4,97 m; Tragflügelfläche 32,98 $m^2$.

**Der Prototyp Fairchild F-11-1 Husky erhebt sich bei der Startbeschleunigung auf die Schwimmerstufe. Dieser Typ war beliebt, es wurden jedoch nur wenige Maschinen gebaut, bevor das kanadische Fairchild-Unternehmen wegen der finanziellen Probleme seiner Tochtergesellschaft Fairchild Industries, die Fertighäuser herstellte, aufgeben mußte.**

# Fairchild F-27: siehe Fokker

# Fairchild F-105: siehe Republic

# Fairchild FC-1/FC-2

## Entwicklungsgeschichte

In den frühen zwanziger Jahren befaßte sich Sherman Fairchild aktiv mit Luftbildphotographie und Luftvermessung. Zu diesem Zweck wurde eine Vielzahl von Flugzeugen verwendet, die alle ihre Nachteile hatten, und so konstruierte er das, was er für diesen Zweck als das ideale Flugzeug hielt. Die Ausschreibungen zum Bau einer Reihe dieser Flugzeuge erwiesen sich als erheblich zu teuer, und so kam es zu der Entscheidung, sie in einem 'eigenen' Werk zu bauen. Also kaufte Fairchild ein Anwesen in Farmingdale, Long Island, wo er mit der Flugzeugherstellung beginnen wollte und wo Fairchild Republic heute seinen Firmensitz hat.

Die **Fairchild FC-1**, die Mitte 1926 zum ersten Mal geflogen wurde, war ein abgestrebter Hochdecker mit hochklappbaren Flügeln, einem verstrebten Leitwerk, Hecksporn-fahrwerk und einem 90 PS (67 kW) Curtiss OX-5 Achtzylinder V-Motor als Triebwerk. Im Rumpf war eine geschlossene Kabine untergebracht, die einen Piloten und einen oder zwei Passagiere aufnehmen konnte und die viele Fenster und Luken hatte, damit Kameras problemlos eingesetzt werden konnten. Nach umfangreichen Tests im Jahre 1926 wurde die FC-1 mit einem 200 PS (149 kW) Wright J-4 Whirlwind Neunzylinder-Sternmotor ummotorisiert und erhielt in dieser Form die neue Bezeichnung **FC-1A**. Die Tests setzten sich bis ins Jahr 1927 fort, bevor die Entscheidung getroffen wurde, mit dem Flugzeug unter der Bezeichnung **FC-2** für den allgemeinen Verkauf in Serie zu gehen. Diese Version unterschied sich durch ein vergrößertes Kabinenvolumen, in dem ein Pilot plus vier Passagiere untergebracht werden konnten, und sie hatte entweder einen neuen Wright J-5 Whirlwind Motor (Standard) oder einen Curtiss C-6 Motor (auf Wunsch). Die FC-2 gab es auch mit Schwimmer- oder Skifahrwerk anstelle der Standard-Räderausführung. In einem achtmonatigen Zeitraum ab 1. Juni 1927 wurden 56 FC-2 gebaut.

**Die Fairchild FC-2 war eines der Original-'Buschflugzeuge', hier repräsentiert von einer FC-2W2, die den Schriftzug der legendären Colonial Air Mail F.A.M.1 trägt. Das Flugzeug wurde von Virgil Kauffman aus Philadelphia an das Canadian National Aviation Museum übergeben.**

## Varianten

**Fairchild FC-2W:** der FC-2 generell ähnlich, jedoch mehr als Frachttransporter vorgesehen: geänderte Fenster, größere Flügelspannweite und Tragflügelfläche sowie ein stärkerer Pratt & Whitney Wasp Neunzylinder-Sternmotor mit 400 PS (298 kW).

**Fairchild FC-2W2:** der FC-2W ähnlich, jedoch mit um 66 cm längerem Rumpf und geänderter Innenausstattung, damit ein Pilot und bis zu sechs Passagiere Platz fanden; die Sitze waren zum Frachttransport leicht auszubauen; die berühmteste FC-2W2 war die 'Stars and Stripes', die 1928 von der Byrd Antarctic Expedition verwendet wurde.

**Fairchild FC-2C (Challenger):** Bezeichnung für eine geringe Anzahl fünfsitziger FC-2, die für den Curtiss Flying Service gebaut wurden und die vom 160 PS (119 kW) Curtiss C-6 Challenger Sechszylinder-Reihenmotor angetrieben wurden.

**C-96:** von der USAAF vergebene Bezeichnung für drei 1942 für den Militäreinsatz requirierte FC-2W2.

**XJQ-1:** unter dieser Bezeichnung erwarb die US Navy ein einzelnes Exemplar der FC-2 zur Bewertung; nach der sich anschließenden Ummotorisierung mit einem 450 PS (336 kW) Pratt & Whitney R-985 Wasp Junior Neunzylinder-Sternmotor umbenannt in **XJQ-2** und später in **XRQ-2**.

## Technische Daten

**Fairchild FC-2**

**Typ:** ein fünfsitziges Mehrzweckflugzeug.

**Triebwerk:** ein 200 PS (149 kW) Wright J-5 Whirlwind Neunzylinder-Sternmotor.

**Leistung:** Höchstgeschwindigkeit 196 km/h; Reisegeschwindigkeit 169 km/h; Dienstgipfelhöhe 3.505 m; Reichweite 1.127 km.

**Gewicht:** Leergewicht 980 kg; max. Startgewicht 1.633 kg.

**Abmessungen:** Spannweite 13,41 m; Länge 9,45 m; Höhe 2,74 m; Tragflügelfläche 26,94 m$^2$.

# Fairchild FH-227

## Entwicklungsgeschichte

Im April 1956 schloß Fokker in den Niederlanden mit Fairchild einen Vertrag über die Herstellung der F.27 Friendship, die sich damals in Holland in der Entwicklung befand. Damit übernahm Fairchild für Nordamerika die Verantwortung für Produktion und Verkauf der F-27 Flugzeugserie, die einigen der Maschinen entsprach, die vom niederländischen Unternehmen gebaut wurden. Als Fokker jedoch eine 'gestreckte' Version entwickelte, die als F.27 Mk 500 bekannt wurde, entschied sich Fairchild für die Konstruktion einer eigenen Version mit verlängertem Rumpf, die mit **Fairchild Hiller FH-227** bezeichnet wurde.

Die FH-227 unterschied sich von der Standard-F-27 durch einen um 1,83 m verlängerten Rumpf, in dem maximal 52 Passagiere untergebracht werden konnten und der mehr Platz für Gepäck und Fracht bot, sowie durch den Einbau von 2.250 WPS (1.678 kW) Rolls-Royce Dart RDa.7 Mk 532-7 Propellerturbinen. Der erste von zwei FH-227 Prototypen absolvierte am 27. Januar 1966 seinen Jungfernflug. Die Produktion der FH-227 und ihrer Varianten hatte bei ihrer Einstellung 79 Maschinen erreicht, und 1987 waren noch rund 40 FH-227 verschiedener Ausführungen im Streckendienst.

**Fairchild-Hiller FH-227B der Touraine Air Transport (Frankreich)**

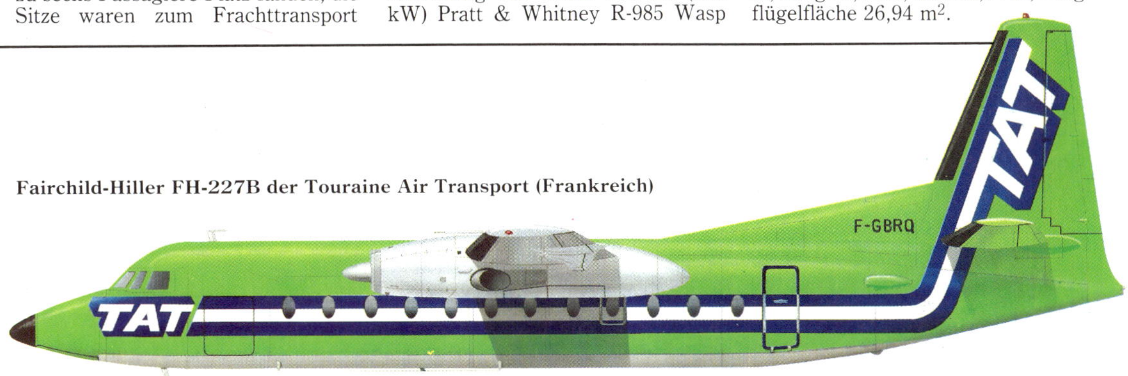


## Varianten

**FH-227B:** diese Version, die im Juni 1967 zugelassen wurde, hatte eine verstärkte Struktur zum Einsatz mit einem höheren Fluggewicht, aufgewertete Dart RDa.7 Mk 532-7L Motoren, Propeller mit größerem Durchmesser und neu konstruierte Cockpitscheiben.

**FH-227C:** eine Standard-FH-227 mit dem vergrößerten Propellerdurchmesser der FH-227B.

**FH-227D:** mit Anti-Blockiersystem

einer Klappen-Zwischenstellung für die Startphase und Dart RDa.7 Mk 532-7L Motoren.
**FH-227E:** eine FH-227C mit den Modifikationen der FH-227D.

**Technische Daten**
**Fairchild Hiller FH-227B.**
**Typ:** Passagierflugzeug.
**Triebwerk:** zwei 2.300 WPS (1.715 kW) Rolls-Royce Dart RDa.7 Mk 532-7L Propellerturbinen.
**Leistung:** Höchstgeschwindigkeit 473 km/h in 6.095 m Höhe; wirtschaftliche Reisegeschwindigkeit 453 km/h in 7.620 m Höhe; Dienstgipfelhöhe 8.535 m; Reichweite bei maximaler Nutzlast und Treibstoffreserven 975 km.
**Gewicht:** Leergewicht 10.523 kg; max. Startgewicht 20.638 kg.
**Abmessungen:** Spannweite 29,01 m; Länge 25,50 m; Höhe 8,41 m; Tragflügelfläche 70,05 m$^2$.

**Aerolineas Centrales de Colombia besaß eine FH-227B; heute besteht ihre Flotte aus 17 DHC-6 Twin Otter Series 300, Boeing 727-100 und Fokker F.28-1000.**

Austin J. Brown

# Fairchild FH-1100: siehe Hiller

# Fairchild Kreider-Reisner

## Entwicklungsgeschichte

Die Kreider-Reisner Aircraft Company wurde 1923 in Hagerstown (Maryland) gegründet und begann ihre Aktivitäten im Flugzeugbau als Zulieferfirma. 1925 unterhielt die Firma eine eigene Fluggesellschaft, und 1926 entwarf und baute sie ein Leichtflugzeug mit dem Namen **Midget** (Zwerg), das einen gewissen Erfolg errang. Dadurch fühlte sich die Firma ermutigt, einen verbesserten dreisitzigen Doppeldecker für ihren eigenen Flugservice zu entwerfen und herzustellen, da es wirtschaftlicher erschien, die Maschinen selbst zu produzieren. Damit begann die Herstellung von Kreider-Reisner Serienflugzeugen.

Das erste Zivilflugzeug war die **C-2 Challenger**, ein konventioneller Doppeldecker in Gemischtbauweise mit offenen Tandem-Cockpits für zwei Passagiere (vorne) und den Piloten (hinten), einem verstrebten Leitwerk, Heckspornfahrwerk und einem 90 PS (67 kW) Curtiss OX-5 Achtzylinder V-Motor. Das Modell entstand außerdem in den Varianten **C-3** und **C-4** mit einzelnen Veränderungen und verschiedenen Triebwerken je nach Wunsch des Kunden.

Ende 1928 stellte Kreider-Reisner einen neuen, etwas kleineren zweisitzigen Doppeldecker mit der Bezeichnung **C-6 Challenger** vor, der von einigen der bei der C-5 und C-4 eingeführten Verbesserungen profitierte. 1929 wurde die Firma von der Fairchild Airplane Manufacturing Company übernommen, die allerdings die Produktion und den Vertrieb der Challenger Modelle weiterführte. Die C-4 und C-6 wurden in **Fairchild KR-34** bzw. **KR-21** umbenannt; die ursprüngliche C-2 erhielt den Namen **Fairchild KR-31**.

Da die Firma einen Teststand für einen neuen, luftgekühlten Reihenmotor, den Fairchild 6-390 (später der bekannte Ranger) brauchte, wurde ein KR-21 Flugwerk zu diesem Zweck umgebaut. Außerdem wurde die Tragflächen- und Fahrwerkstruktur verändert. In dieser Form erhielt das Modell die Bezeichnung **KR-125**. 1931 wurde ein ähnliches Triebwerk in ein KR-21 eingebaut, ohne daß Tragflächen und Fahrwerk verändert waren. Diese Ausführung war leichter zu fliegen, und einige Exemplare wurden unter der Bezeichnung **KR-135** gebaut.

**Nachdem die Kreider-Reisner Gesellschaft von Fairchild übernommen worden war, wurde der C-6 Challenger Doppeldecker in Fairchild KR-21 umbenannt.**

**Technische Daten**
**Fairchild KR-34**
**Typ:** ein dreisitziger Mehrzweck-Doppeldecker.
**Triebwerk:** ein 165 PS (123 kW) Wright J-6 Whirlwind Fünfzylinder-Sternmotor.
**Leistung:** Höchstgeschwindigkeit 193 km/h; Reisegeschwindigkeit 164 km/h; Dienstgipfelhöhe 4.265 m; Reichweite 821 km.
**Gewicht:** Leergewicht 691 kg; max. Startgewicht 1.074 kg.
**Abmessungen:** Spannweite 9,17 m; Länge 7,06 m; Höhe 2,82 m; Tragflügelfläche 26,48 m$^2$.

# Fairchild M62

**Fairchild Cornell der norwegischen Luftwaffe, gegen Ende des Zweiten Weltkriegs in 'Little Norway', dem Flughafen von Ontario, stationiert**

## Entwicklungsgeschichte

Es war viele Jahre lang üblich gewesen, für die Anfängerausbildung leichte zweisitzige Doppeldecker einzusetzen. Dadurch begann der zukünftige Pilot seine Schulung mit einer Maschine, die allgemein als leicht zu bedienen galt, langsam war und selbst auf grobe Fehler gutmütig reagierte. Dagegen wurde eingewendet, daß Flugschüler dadurch ein verfrühtes Gefühl der Selbstsicherheit gewinnen konnten, was die nächste Etappe der Ausbildung schwieriger gestalten würde. Viele erfahrene Fluglehrer glaubten, ein Eindecker mit hoher Tragflächenbelastung, der ein sorgfältigeres Manövrieren nötig machte, würde den Übergang von der Anfänger- zur Fortgeschrittenenstufe einfacher machen.

Aus diesem Grund brach das US Army Air Corps mit seiner eigenen Tradition, und als 1939 mehr Anfängerschulflugzeuge gebraucht wurden, führte das USAAC die Erprobung des zweisitzigen Eindeckers **Fairchild M62** durch. Verglichen mit der Stearman PT-13, dem damals modernsten Doppeldecker-Schulflugzeug der US Army, waren Steiggeschwindigkeit und Dienstgipfelhöhe weitgehend identisch; dafür lag die Flächenbelastung der M62 um etwa 43 Prozent höher, daher war auch die Überziehgeschwindigkeit höher und die Manövrierbarkeit bei geringeren Geschwindigkeiten etwas komplizierter. Das Modell schien gerade richtig zu sein, und 1940 wurden die ersten Exemplare mit der Bezeichnung **PT-19** bestellt.

Die M62 war ein Tiefdecker mit freitragenden Flügeln in Gemischtbauweise mit einem konventionellen Leitwerk, Heckradfahrwerk und einem 175 PS (130 kW) Ranger L-440-1 hängenden Sechszylinder Reihenmotor. Lehrer und Schüler saßen in Tandem-Cockpits unter einer durchsichtigen, verschiebbaren Kuppel.

Die Auslieferung der PT-19 begann 1940, und das Modell bewies bald seine Eignung als Anfängertrainer. Als die Flugausbildung 1941 ausgeweitet wurde, erkannte Fairchild, daß mehr Aufträge vorlagen als Flugzeuge in den zur Verfügung stehenden Fabriken gebaut werden konnten. Die Produktionskapazität mußte verdoppelt werden, und die Firma vereinbarte mit der Aeronca Aircraft Corporation in Middletown (Ohio) und der St. Louis Aircraft Corporation in St. Louis (Missouri) eine Lizenzproduktion. Später trug auch die Howard Aircraft Corporation in St. Charles (Illinois) zur Herstellung des Modells bei.

Insgesamt 270 PT-19 wurden gebaut, bevor die neue Version **PT-19A (M62A)** eingeführt wurde. Fairchild, Aeronca und St. Louis bauten 3.182, 432 bzw. 44 Exemplare dieser Ausführung, die sich von ihrer Vorgängerin vor allem durch den etwas stärkeren Ranger L-440-3 Motor unterschied. Die PT-19A hatte, wie das erste Modell auch, nur eine einfache Instrumentenausrüstung und war daher nicht für Blindflug oder Instrumentenflugschulung geeignet. Dieser Nachteil wurde durch die folgende PT-19B beseitigt, die über eine vollständige Instrumentierung verfügte und deren vorderes Cockpit durch eine Haube verdeckt werden konnte. 744 Exemplare wurden von Fairchild gebaut, 143 von Aeronca.

Da 1942 Mangel an Ranger Motoren bestand, entwickelte die Firma den Prototyp XPT-23 (M62A) mit einem 220 PS (164 kW) Continental R-670-5 Siebenzylinder Sternmotor ohne Haube, und nach der Erprobung ging dieser Typ als **PT-23** in die Produktion. 869 Exemplare wurden von Fairchild (2), Aeronica (375), Howard (199), St. Louis (220) mit R-670-11 Motoren und 93 von der Fleet Aircraft Ltd. aus Fort Erie (Ontario) für das zusammen mit Kanada eingerichtete Commonwealth Air Training Scheme gebaut. Eine Ausführung der PT-23 mit der für die PT-19B entwickelten Blindfluganlage wurde von Howard (150) und St. Louis (106) gebaut. Dies war die letzte für die USAAF in Amerika selbst gebaute Version; fast 6.000 Exemplare wurden ausgeliefert, bevor die Produktion zu Ende ging.

Die von Fleet in Kanada gebauten PT-23 führten zur Bestellung einer moderneren Version, die wieder den Ranger L-440-3 Motor verwendete. Zu den Verbesserungen gehörte die Verdoppelung aller Steuereinrichtungen sowie der Blindflug- und Navigationsinstrumente in beiden Cockpits und der Einbau einer Cockpit-Heizung. Von der M62A-3 wurden insgesamt 1.727 Exemplare gebaut, von denen Fairchild in den USA 670 herstellte. Sie trugen die Bezeichnung **PT-26** und wurden als Leihgabe an die RCAF geliefert, die ihnen die Kennung **Cornell Mk I** gab. Fleet in Kanada produzierte 807 PT-26A mit 200 PS (149 kW) Ranger L-440-7 Motoren, die bei der RCAF **Cornell Mk II** hießen, sowie 250 weitgehend ähnliche **PT-26B (Cornell MK III** bei der RCAF).

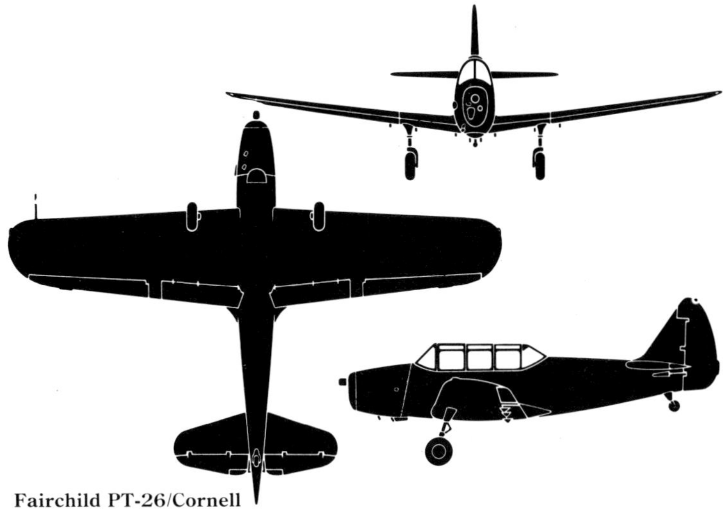

**Fairchild PT-26/Cornell**

### Technische Daten
**Fairchild PT-26A**

**Triebwerk:** ein 200 PS (149 kW) Ranger L-440-7 hängender Sechszylinder-Boxermotor.
**Leistung:** Höchstgeschwindigkeit 196 km/h; Reisegeschwindigkeit 163 km/h; Dienstgipfelhöhe 4.025 m; Reichweite 644 km.
**Gewicht:** Leergewicht 917 kg; max. Startgewicht 1.241 kg.
**Abmessungen:** Spannweite 10,97 m; Länge 8,45 m; Höhe 2,32 m; Tragflügelfläche 18,58 m².

# Fairchild Next Generation Trainer/T-46A

### Entwicklungsgeschichte
Als die US Air Force ein neues Schulflugzeug als Ersatz für die Cessna T-37 suchte, begann Fairchild Republic mit den entsprechenden Entwicklungsarbeiten. 1977 wurde der Entwurf der **Fairchild NGT** in Auftrag gegeben, und die Firma baute ein maßstabgetreues Modell, das auf den USAF Stützpunkten vorgestellt wurde. Später wurde eine Version der NGT zu 62 Prozent der Originalgröße gebaut, und die Flugdaten dieser im Herbst 1981 geflogenen Maschine wurden für Fairchilds Vorschlag an die USAF berücksichtigt. Die Firma schloß am 2. Juli 1982 einen Vertrag im Wert von 104 Mio. Dollar über Entwurf und Entwicklung dieses Schulflugzeugs ab, das inzwischen die Bezeichnung **T-46A** erhalten hatte. Der Vertrag beinhaltet die Konstruktion von zwei Prototypen und zwei statischen Test-Flugwerken sowie die Option für eine erste Serie von 54 Serienmaschinen. Insgesamt werden etwa 650 Maschinen benötigt.

Dieses zweisitzige militärische Schulflugzeug ist von der Konfiguration her ein Schulterdecker mit freitragenden Flügeln, einem Leitwerk mit zwei Endplattenflossen und Rudern, einem einziehbaren Dreibeinfahrwerk und zwei Garrett F109-GA-100 Zweistromtriebwerken in Gondeln unter den Flügelwurzeln. Fluglehrer und -schüler sitzen nebeneinander in einem geschlossenen Cockpit mit Luftdruckausgleich und Klimaanlage auf Schleudersitzen. Das Projekt wurde 1987 aus finanziellen Gründen abgebrochen.

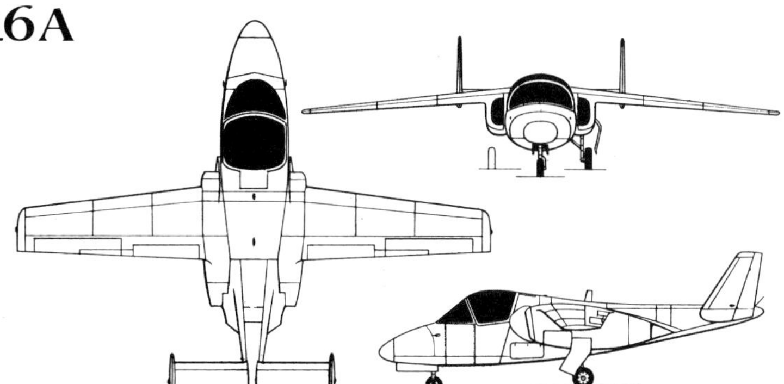

**Fairchild Republic T-46A**

### Technische Daten
**Typ:** zweisitziger Düsentrainer für die Anfängerschulung.
**Triebwerk:** zwei Garrett F109-GA-100 Zweistromtriebwerke mit 603 kp Schub.
**Leistung:** (geschätzt) Höchstgeschwindigkeit 800 km/h; in 10.670 m Höhe; wirtschaftliche Reisegeschwindigkeit 616 km/h in 13.715 m Höhe; Dienstgipfelhöhe 14.020 m; Reichweite mit vollen Treibstofftanks 2.240 km.
**Gewicht:** (geschätzt) Leergewicht 2.143 kg; max. Startgewicht 2.981 kg.
**Abmessungen:** Spannweite 11,27 m; Länge 8,99 m; Höhe 2,97 m; Tragflügelfläche 14,95 m².

# Fairchild Porter: siehe Pilatus

# Fairchild Republic A-10A Thunderbolt II

### Entwicklungsgeschichte
1967 begann die US Air Force mit ihrem A-X Programm für ein neues Flugzeug zur Luftnahunterstützung. Von den vorgelegten Entwürfen wurden die von Fairchild und Northrop ausgewählt, die Aufträge für je zwei Prototypen zur Wettbewerbserprobung erhielten. Fairchilds Entwurf erhielt die Bezeichnung **Fairchild Republic YA-10A**. Der erste Pro-

totyp (71-1369) flog am 10. Mai 1972, und am 18. Januar 1973 wurde bekanntgegeben, daß Fairchild zum Sieger im Wettbewerb gewählt worden war. Es folgte ein erster Vertrag über die Produktion von sechs **A-10A** Testflugzeugen, von denen das erste am 15. Februar 1975 flog. Der Erstflug des ersten Serienexemplars fand am 21. Oktober 1975 statt. Die USAF plante die Anschaffung von weiteren 747 Flugzeugen, aber bei den letzten 20 wurde die finanzielle Unterstützung entzogen, da diese Maschinen aus dem amerikanischen Etat für 1983 gestrichen wurden.

Die A-10A ist ein Tiefdecker mit freitragenden Flügeln in Ganzmetallbauweise. Das Modell hat ein Leitwerk mit zwei Flossen und Rudern, ein einziehbares Dreibeinfahrwerk und zwei General Electric TF34-GE-100 Zweistromtriebwerke in umschlossenen Gondeln an den Außenseiten des oberen Rumpfhinterteils. Das geschlossene Cockpit vor den Tragflächen enthält einen Zero-Zero Schleudersitz, eine kugelsichere Windschutzscheibe und eine gepanzerte 'Badewannen'-Struktur aus Titanium, die gegen Waffen bis zum Kaliber von 23 mm schützen soll.

Die A-10A kann von unbefestigten Rollbahnen aus eingesetzt werden. Die wichtigste Waffe der A-10A ist die siebenläufige 30 mm General Electric GAU-8/A Avenger Kanone mit einer Feuergeschwindigkeit von max. 4.200 Schuß pro Minute. Das Magazin enthält 1.174 panzerbrechende Geschosse, jedes 0,73 kg schwer. Außerdem haben die drei Pylone unter dem Rumpf und die acht Pylone unter den Flügeln eine Kapazität von 7.257 kg.

Die 354th Tactical Fighter Wing der USAF erhielt die ersten Serienmaschinen im März 1977 und war als erste Einheit einsatzfähig. Die erste im Ausland eingesetzte Einheit war die 81st Tactical Fighter Wing auf den britischen RAF Stützpunkten in Bentwaters und Woodbridge, deren Maschinen am 25. Januar 1979 eintrafen, und Anfang 1982 wurden die ersten A-10A in Südkorea stationiert. Ebenfalls 1982 begannen die Auslieferungen an die US Air National Guard und US Air Force Reserve. Mit der Auslieferung der 713. Maschine endete 1984 die Produktion.

Am 4. Mai 1979 flog Fairchild den Prototyp einer von der Firma selbst finanzierten zweisitzigen Allwetterausführung mit der Bezeichnung **Night/Adverse Weather A-10**, die im hinteren Cockpit Platz für Waffensystemtechniker hatte. Nach der Einsatzerprobung im Jahre 1980 wurde das Modell jedoch nicht weiterentwickelt.

### Technische Daten
**Fairchild A-10A Thunderbolt II**

**Typ:** einsitziges Flugzeug zur Luftnahunterstützung.

**Triebwerk:** zwei General Electric TF34-GE-100 mit 4.112 kp Schub.

**Leistung:** Höchstgeschwindigkeit in Meereshöhe 706 km/h; Reisegeschwindigkeit 555 km/h in Meereshöhe.

**Gewicht:** Leergewicht 11.321 kg; max. Startgewicht 22.680 kg.

**Abmessungen:** Spannweite 17,53 m; Länge 16,26 m; Höhe 4,47 m; Tragflügelfläche 47,01 m².

**Bewaffnung:** eine 30 mm General Electric GAU-8A/ Avenger, drei Pylone unter dem Rumpf und acht unter den Flügeln für eine Kampfmittelzuladung von 7.257 kg.

USAF

**Eines der bedeutendsten Modelle im Arsenal der USAF ist die Fairchild Republic A-10A Thunderbolt, ein effektives Kampfflugzeug, das selbst intensives Abwehrfeuer überstehen kann.**

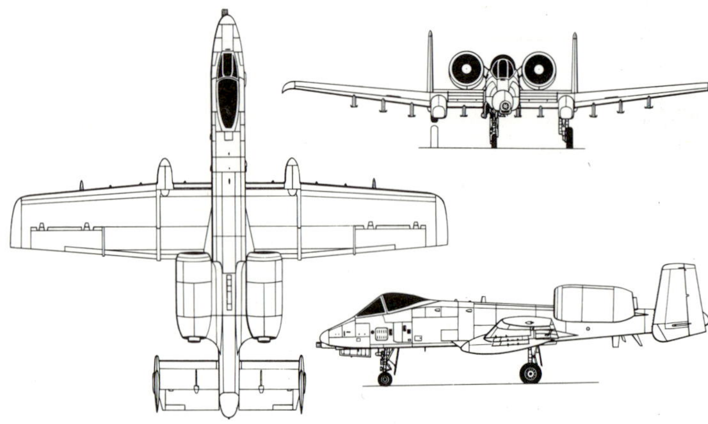

**Fairchild Republic A-10A Thunderbolt II**

# Fairchild Swearingen Merlin II/III und Metro III

## Entwicklungsgeschichte

Die Swearingen Aviation Corporation wurde 1979 der Fairchild Industries eingegliedert und hieß ab Frühjahr 1981 Fairchild Swearingen Corporation. Ed J. Swearingen begann ursprünglich mit dem Bau von Prototypen für andere Firmen und dem Entwurf und Marketing von verbesserten Ausführungen der Beech Queen Air und Twin Bonanza. 1964 begann Swearingen mit der Entwicklung der **Swearingen Merlin IIA**, einem achtsitzigen Geschäftsreiseflugzeug mit Propellerturbinenantrieb, einem neuen, von Swearingen entworfenen Rumpf und modifizierten Tragflächen und Fahrwerk der Queen Air und Twin Bonanza. Beim Erstflug am 13. April 1965 erwies sich die Merlin IIA als zufriedenstellend, und die Auslieferungen begannen im August 1966, kurz nach der Zulassung.

Die Merlin IIA hatte zwei 550 WPS (410 kW) Pratt & Whitney (damals noch United Aircraft of Canada) PT6A-20 Propellerturbinen, wurde aber im Juni 1968 von der verbesserten **Merlin IIB** mit zwei 665 WPS (496 kW) Garrett TPE 331-1-151G Propellerturbinen überholt. Kurz darauf wurde die **Merlin III** eingeführt, die einen um 62 cm verlängerten Rumpf sowie Tragflächen, Leitwerk und Fahrwerk nach einem Swearingen-Entwurf und zwei 840 WPS (626 kW) TPE 331-303G Propellerturbinen hatte. Etwa gleichzeitig wurde die **SA 226TC Metro** entwickelt, ein Nahverkehrsflugzeug für 20 Passagiere, mit dem gleichen Triebwerk und einem verlängerten Rumpf, um die nötige Anzahl von Sitzen unterzubringen. Zur gleichen Zeit wurde die **Merlin IV** vorgestellt,

Fairchild Swearingen Corp

**Die Merlin IIIB, eine modernisierte Version der Merlin III, bietet eine gute Kombination von Flugleistung und Wirtschaftlichkeit.**

eine Version der Metro mit nur zwölf Passagieren und luxuriöser Inneneinrichtung.

Die Produktion der Merlin IIB wurde 1972 eingestellt, aber die Entwicklung der Merlin und Metro wurde weitergeführt. 1984 waren von Fairchild Swearingen die 8/11sitzige **Merlin IIIC** mit 900 WPS (671 kW) TPE 331-10U-503G Propellerturbinen, die 13/16sitzige **Merlin IVC** und die weitgehend ähnliche **Metro III** für 20 Passagiere erhältlich. Eine neue Version des zuletzt genannten Modells, die **Metro IIIA** wurde 1982 entwickelt. Der neue Typ unterscheidet sich von der Metro III vor allem durch zwei Pratt & Whitney Aircraft of Canada PT6A-45R Propellerturbinen von jeweils 1.100 WPS (820 kW).

**Verglichen mit der Standard-Metro hat die Metro II mehrere Verbesserungen in der Inneneinrichtung.**

### Technische Daten
**Fairchild Swearingen Metro III**
**Typ:** Nahverkehrsflugzeug für 20 Passagiere.
**Triebwerk:** zwei 1.100 WPS (820 kW) Garrett TPE 331-11U-601G Propellerturbinen.
**Leistung:** Höchstgeschwindigkeit 515 km/h in 4.570 m Höhe; Dienstgipfelhöhe 8.380 m; Reichweite mit 19 Passagieren und Treibstoffreserven 1.611 km.
**Gewicht:** Leergewicht 3.963 kg; max. Startgewicht 6.577 kg.
**Abmessungen:** Spannweite 17,37 m; Länge 18,09 m; Höhe 5,08 m; Tragflügelfläche 28,71 m$^2$.

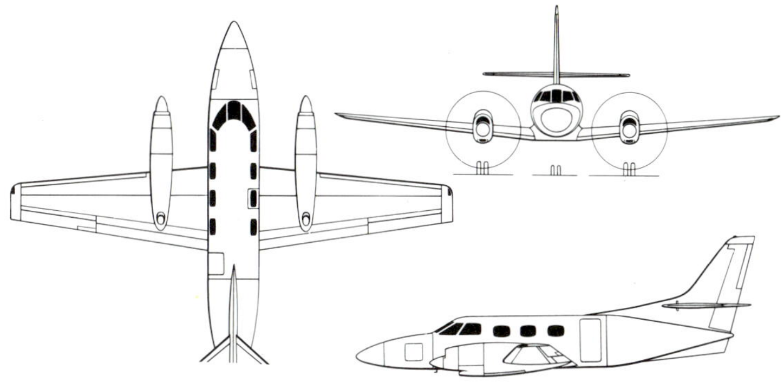

**Fairchild Swearingen Merlin III**

Fairchild Swearingen Corp

# Fairchild VZ-5

### Entwicklungsgeschichte
Unter der Bezeichnung **VZ-5** baute Fairchild ein VTOL-Versuchsflugzeug für die US Army mit der Firmenbezeichnung **Fairchild M-224-1**. Die VZ-5 war ein verstrebter Hochdecker in Ganzmetallbauweise mit etwas Stoffbezug und einem offenen vorderen Cockpit, einem T-Leitwerk und einem starren Dreibeinfahrwerk plus Hecksporn. Das Triebwerk war eine General Electric Wellenturbine für vier Propeller, die in kleinen Gondeln an den Tragflächenvorderkanten angebracht waren und durch zwei kleine Vierblatt-Heckrotoren über dem Leitwerk ergänzt wurden. Die Tragflächen waren eine sehr komplexe Konstruktion mit konventionellen Klappen und Querrudern, aber ein Teil des Flügels war beweglich und konnte über die gesamte Tragflächenspannweite als Klappe verwendet werden. Dadurch konnte der Propellerstrahl bei Senkrechtstart und -landung auf den Boden gerichtet werden. Die VZ-5 hob erstmals am 18. November 1959 in einem Prüfstand vom Boden ab, aber die Entwicklung wurde nach wenigen Tests abgebrochen.

### Technische Daten
**Typ:** VTOL-Versuchsflugzeug.
**Triebwerk:** eine 1.024 WPS (764 kW) General Electric YT58-GE-2 Wellenturbine.
**Leistung:** (geschätzt) Höchstgeschwindigkeit 296 km/h in Meereshöhe.
**Gewicht:** Leergewicht 1.534 kg; max. Gewicht für VTOL Versuche 1.803 kg.
**Abmessungen:** Spannweite 9,98 m; Länge 10,26 m; Höhe 5,13 m; Tragflügelfläche 17,74 m$^2$.

# Fairey III-Baureihe

### Entwicklungsgeschichte
Die Bedeutung des vielleicht erfolgreichsten Fairey Modells erkennt man am besten daran, daß noch 1941 eine Fairey IIIF im Einsatz war, deren ursprünglicher Entwurf aus dem Jahre 1917 stammt.

Ende 1917 wurde das Fairey N.10 Wasserflugzeug auf eine Landflugzeugkonfiguration gebracht und erhielt die Bezeichnung **Fairey IIIA**. 50 Exemplare wurden als zweisitzige Bomber für Flugzeugträger bestellt, um die RNAS Sopwith 1 1/2 Strutter zu ersetzen, und das erste Serienexemplar der Fairey IIIA flog im Juni 1918 in Northolt. Das Ende des Krieges verhinderte einen längeren Einsatz des Modells, und der Typ wurde 1919 für veraltet erklärt.

Eine andere Variante, die **Fairey IIIB**, verwendete den gleichen Rumpf und das gleiche Heck, hatte aber erweiterte Flügel-, Flossen- und Ruderflächen. Das Modell wurde in geringer Anzahl als Schwimmerflugzeug gebaut und diente bei Minensuchpatrouillen von Küstenstützpunkten aus. 25 Maschinen wurden gebaut, von denen die erste im August 1918 in Hamble flog; die IIIB hatte wie die IIIA einen 260 PS (194 kW) Sunbeam Maori Motor. Für die Produktion der IIIB waren 60 Seriennummern zugewiesen worden, und die letzten 30 plus einige Exemplare aus der früheren Serie wurden während der Produktion auf den Standard der **Fairey IIIC** gebracht.

Diese Version war der Fairey IIIB ähnlich, kehrte aber zu den Tragflächen der Fairey IIIA mit gleicher Spannweite zurück. Die Leistung wurde allerdings im Vergleich zur Fairey IIIB durch die Verwendung des 375 PS (280 kW) Rolls-Royce

Eagle VIII Motors bedeutend verbessert.

Die ersten Serienmaschinen wurden im November 1918 ausgeliefert. Das einzige Exemplar, das noch während des Krieges eingesetzt wurde, gehörte zur North Russian Expeditionary Force und war 1919 auf der *HMS Pegasus* stationiert.

Dank der Zuverlässigkeit des Eagle Motors erwarb sich die Fairey IIIC einen guten Ruf, aber nur 35 Exemplare wurden gebaut, die ab 1921 die früheren Typen bei der RAF ersetzten.

Der nächste Vertreter der Reihe war die **Fairey IIID**, eine direkte Weiterentwicklung der Fairey IIIC mit mehreren technischen und strukturellen Verbesserungen, die auf den Erfahrungen mit den früheren Modellen beruhten. In der Landkonfiguration war die Fairey IIID das erste Flugzeug mit Ölstoßdämpfern. Der Erstflug fand im August 1920 mit einem 375 PS (280 kW) Rolls-Royce Eagle VIII Motor statt. Das Luftfahrtministerium bestellte für die RAF 207 Maschinen, von denen 56 Eagle Motoren und der Rest 450 PS (336 kW) Napier Motoren in verschiedenen Ausführungen erhielten.

Die Qualität der Fairey IIID brachte mehrere Exportaufträge ein. Aus Australien wurden sechs Maschinen mit Eagle Motoren bestellt, von denen die erste am 12. August 1921 in Hamble übergeben wurde. Die dritte australische Fairey IIID flog 1924 um die Küsten ihres Bestimmungslandes und legte dabei 13.789 km zurück, was der Besatzung die Britannia Trophy einbrachte. Elf Exemplare gingen an die portugiesische Regierung, zwei Fairey IIID wurden an Schweden verkauft und vier weitere an die niederländische Marineluftwaffe für Einsätze in Niederländisch-Indien.

Die Bezeichnung Fairey IIIE wurde offenbar nicht angewendet, obwohl einige Quellen sie für die Ferret benutzen. Der letzte und zahlenmäßig erfolgreichste Vertreter der Serie war die **Fairey IIIF**, das wichtigste Flugzeug der RAF und FAA zwischen den beiden Weltkriegen. Die Fairey IIIF war als Ersatz für die IIID gedacht; als zweisitziges, landgestütztes Mehrzweckflugzeug für die RAF und als dreisitziges Aufklärungsflugzeug für die FAA. Der im März 1926 geflogene Prototyp hatte Holzflügel mit einem gemischten Holz/Metallrumpf, die Serienmaschinen hatten cinen Rumpf aus Ganzmetall, und spätere Ausführungen erhielten außerdem Ganzmetallflügel.

Die Fairey IIIF war in vier Grundausführungen erhältlich, die sich aber wieder in zahlreiche Varianten je nach Konstruktion und Ausrüstung gliederten. Nach den beiden Prototypen wurden zehn Vorserienmaschinen hergestellt, insgesamt aber an die Fleet Air Arm 352 Maschinen geliefert. Dazu gehörten 40 **Fairey IIIF Mk I**, alle mit Napier Lion VA Motoren, 33 **Fairey IIIF Mk II** und 269 **Fairey IIIF Mk III**, alle mit Lion XIA Motoren.

Die ersten für die RAF gebauten 43 Maschinen waren **Fairey IIIF Mk IVCM**, die ab Januar 1928 ausgeliefert wurden. Einige Rekordflüge wurden von den RAF-Maschinen unternommen, bis sie schließlich von Fairey Gordon ersetzt wurden, die ursprünglich die Bezeichnung **Fairey IIIF Mk V** trugen und sich durch einen Sternmotor unterschieden. Verschiedene Versuche wurden mit Fairey IIIF angestellt, drei Maschinen wurden mit Autopiloten und Funksteuerung ausgerüstet und dienten als Zielflugzeuge; sie erhielten die Bezeichnung **Queen IIIF**.

Die Fairey IIIF erhielt die verschiedensten Triebwerke, darunter der 460 PS (343 kW) Armstrong Siddeley Jaguar VI Sternmotor und der für die argentinischen Maschinen angeforderte wassergekühlte 450 PS (336 kW) Lorraine Ed12 Motor. Die zuletzt genannten Maschinen erhielten später auf Wunsch des Kunden 550 PS (410 kW) Armstrong Siddeley Panther VI Sternmotoren. Zu den anderen, versuchsweise montierten Triebwerken gehörten der 635 PS (474 kW) Rolls-Royce Kestrel II, der 525 PS (391 kW) Panther IIA, der 520 PS (388 kW) Bristol Jupiter VIII und der Napier Culverin (ein unter Lizenz gebauter Junkers Jumo V205C Dieselmotor).

**Vier holländische Fairey IIID in Wasserflugzeugkonfiguration. Die vordere Maschine hat die Fairey Patent Camber Gear Querruder, die symmetrisch gesenkt werden konnten, um den Auftrieb zu erhöhen.**

### Technische Daten
**Fairey IIIF Mk IIIM/B**

**Typ:** zwei/dreisitziger Aufklärer.
**Triebwerk:** ein 570 PS (424 kW) Napier Lion XIA 12-Zylinder V-Motor.
**Leistung:** Höchstgeschwindigkeit 209 km/h; Dienstgipfelhöhe 6.095 m; Flugdauer 3-4 Stunden.
**Gewicht:** Leergewicht 1.779 kg; max. Startgewicht 2.858 kg.
**Abmessungen:** Spannweite 13,94 m; Länge 10,82 m; Höhe 4,26 m; Tragflügelfläche 41,20 $m^2$.
**Bewaffnung:** ein festes, vorwärtsfeuerndes 7,7 mm Vickers Gewehr und ein 7,7 mm Lewis Gewehr im hinteren Cockpit, plus bis zu 227 kg Bomben.

RAF Museum, Hendon

**Fünf Fairey IIIF der 1935 in Malta stationierten No. 202 Squadron. Der neue stromlinienförmige Rumpf und das weitgehend veränderte Leitwerk sind deutlich zu sehen.**

# Fairey Albacore

## Entwicklungsgeschichte

Als Ersatz für die veraltete Fairey Swordfish schien die **Fairey Albacore** bestens geeignet: sie war ein schnittig aussehendes Modell mit einer geschlossenen Kabine und Luxuseinrichtungen wie Heizung, Scheibenwischer und automatisch ausstoßbarem Rettungsboot, aber die Albacore enttäuschte dennoch die Erwartungen. Der Typ ersetzte die Swordfish nicht, sondern ergänzte den älteren Doppeldecker, der die Albacore im Einsatz ironischerweise noch überdauerte.

Die Albacore wurde im Mai 1937 in Auftrag gegeben. Das englische Luftfahrtministerium bestellte zwei Prototypen und 98 Serienmaschinen; der erste Prototyp flog am 12. Dezember 1938 über Faireys Great West Aerodrome (heute Teil des Londoner Flughafens Heathrow), und die Produktion begann 1939. Der Prototyp wurde 1940 in Hamble mit Schwimmern getestet, aber die Ergebnisse rechtfertigten nicht die weitere Entwicklung in dieser Konfiguration.

Noch im gleichen Jahr wurden die ersten Serienmaschinen beim Aircraft and Armament Experimental Establishment in Martlesham Heath getestet, und dort wurden erste Bedenken angemeldet. Dennoch wurden die Serienmaschinen produziert, nachdem eine vorübergehende Verzögerung durch die Entwicklung des Triebwerks eingetreten war; der bei den frühen Maschinen montierte 1.065 PS (794 kW) Bristol Taurus II wurde später durch den Taurus XII Motor ersetzt.

Bis Mitte 1942 waren etwa 15 Staffeln des Fleet Air Arm mit der Albacore ausgerüstet. Ihre Einsatzgebiete befanden sich im Nördlichen Polarkreis (wo sie russischen Einheiten Geleitschutz gaben), im Mittelmeerraum und im Indischen Ozean, und im November desselben Jahres wurden Albacore während der Invasion der Alliierten in Nordafrika eingesetzt, wo sie zur U-Bootjagd eingesetzt wurden und feindliche Küstenstützpunkte bombardierten. Der Typ wurde ab 1943 von der Fairey Barracuda abgelöst.

Zwischen 1939 und 1943 wurden von der Albacore insgesamt 800 Exemplare gebaut, darunter zwei Prototypen.

### Technische Daten

**Typ:** dreisitziger Torpedobomber.
**Triebwerk:** ein 1.130 PS (843 kW) Bristol Taurus XII Vierzehnzylinder Sternmotor.
**Leistung:** Höchstgeschwindigkeit 259 km/h in 1.370 m Höhe; Reisegeschwindigkeit 187 km/h in 1.830 m Höhe; Dienstgipfelhöhe 6.310 m; Reichweite 1.497 km mit einer Waffenlast von 726 kg.
**Gewicht:** Leergewicht 3.289 kg; max. Startgewicht 4.745 kg.
**Abmessungen:** Spannweite 15,24 m; Länge 12,14 m; Höhe 4,32 m; Tragflügelfläche 57,88 $m^2$.
**Bewaffnung:** ein vorwärtsfeuerndes 7,7 mm MG im linken Tragflügel und zwei 7,7 mm Vickers 'K' Gewehre im hinteren Cockpit, plus ein 730 kg Torpedo unter dem Rumpf oder sechs 113 kg oder vier 227 kg Bomben unter den Tragflächen.

**Ein Fairey Albacore TB.Mk 1 Torpedobomber der No. 286 Squadron, Fleet Air Arm.**

**Die Albacore hatte eine nur wenig höhere Geschwindigkeit als die Swordfish und war nicht annähernd so leicht zu manövrieren.**

Fleet Air Arm Museum

# Fairey Barracuda

### Entwicklungsgeschichte

Der Torpedo- und Sturzkampfbomber **Fairey Barracuda** basierte auf der Spezifikation S.24/37, für die sechs Firmen Entwürfe vorlegten. Fairey erhielt im Juli 1937 einen Auftrag für zwei Prototypen. Ursprünglich war der 1.200 PS (895 kW) Rolls-Royce 24-Zylinder Exe Motor als Triebwerk ausgewählt worden, aber schließlich wurde für die **Barracuda Mk I** der 1.300 PS (969 kW) Merlin 30 genommen. Der erste Prototyp flog am 7. Dezember 1940 und war ein Schulterdecker in Ganzmetallbauweise mit freitragenden Faltflügeln mit Fairey-Youngman-Klappen. Im Rumpf saßen die drei Besatzungsmitglieder in Tandemcockpits, die von einer langen 'Gewächshaus'-Kuppel bedeckt waren. Die Hauptteile des Heckradfahrwerks wurden in den Rumpf eingezogen. Bei den Flugtests erwies sich, daß das tief angesetzte Leitwerk ungünstig lag, und beim dritten Prototyp wurde eine abgestrebte Höhenflosse sehr hoch am Seitenleitwerk angesetzt. Da das Schwergewicht damals auf der Massenproduktion von Kampf- und Bombenflugzeugen lag, wurde die neue Maschine erst am 29. Juni 1941 geflogen, und erst im Februar 1942 ging die Einsatzerprobung zu Ende. Dabei erwies sich die Notwendigkeit einer Verstärkung des Flugwerks, und mit zusätzlicher, in der Spezifikation nicht vorgesehener Ausrüstung wurde die Barracuda zu schwer; ein Problem, das diesem Modell immer wieder Schwierigkeiten bereitete. Nachdem etwas 30 Barracuda Mk I gebaut worden waren, erhielt das Modell nach Einbau eines neuen 1.640 PS (1.223 kW) Merlin 32 Triebwerks die Bezeichnung **Barracuda Mk II**. Dies war das eigentliche Serienmodell, das auch unter Lizenz von Blackburn, Boulton Paul and Westland gebaut wurde. Die von Blackburn und Boulton Paul gebauten Barracuda nahmen vom Frühjahr 1943 an den Einsatz auf. Insgesamt wurden 1.688 Mk II plus 30 Mk I und zwei Prototypen gebaut.

Die **Barracuda Mk III** wurde für eine neue ASV Radaranlage entworfen und hatte ein Radom unter dem Rumpfhinterteil. Der Prototyp war eine umgebaute, von Boulton Paul hergestellte Barracuda Mk II; der Erstflug fand 1943 statt. Die Produktion begann im Frühjahr 1944, und die schon im Jahr zuvor bestellten Maschinen wurden gleichzeitig mit der Mk II hergestellt. Boulton Paul und Fairey bauten insgesamt 852 Barracuda Mk III.

Die letzte Serienvariante war die **Barracuda Mk V** (das Projekt einer Mk IV wurde nicht verwirklicht), die sich stark von den anderen Modellen unterschied, was die äußere Erscheinung anging; die Struktur war grundsätzlich identisch. Als es 1941 zu wenige Merlin Motoren gab, suchten die Konstrukteure nach Alternativen und wählten den Rolls-Royce Griffon. Die Entwicklung lief zunächst nur langsam an, und die erste Mk II flog schließlich erst am 16. November 1944.

Das Serienmodell Barracuda Mk V hatte längere, eckigere Tragflächen, eine größere Flossenfläche angesichts der erhöhten Torquewirkung des 2.030 PS (1.514 kW) Griffon Motors und eine erweiterte Treibstoffkapazität. Die Entwicklung dieses Modells kam jedoch zu spät, und von den 140 bestellten Mk V wurden nur 30 ausgeliefert; die restlichen Exemplare wurden daraufhin abbestellt.

**Die Fairey Barracuda war von Anfang an zu schwer, um eine überdurchschnittliche Leistung erbringen zu können.**

RAF Museum, Hendon

### Technische Daten
**Fairey Barracuda Mk II**
**Typ:** dreisitziger Torpedo- und Sturzkampfbomber.
**Triebwerk:** ein 1.640 PS (1.223 kW) Rolls-Royce Merlin 32 Zwölfzylinder V-Boxermotor.
**Leistung:** Höchstgeschwindigkeit 367 km/h in 535 m Höhe; Reisegeschwindigkeit 311 km/h in 1.525 m Höhe; Dienstgipfelhöhe 5.060 m; Reichweite 1.101 km.
**Gewicht:** Leergewicht 4.241 kg; max. Startgewicht 6.396 kg.
**Abmessungen:** Spannweite 14,99 m; Länge 12,12 m; Höhe 4,60 m; Tragflügelfläche 34,09 m².
**Bewaffnung:** zwei 7,7 mm Browning MG im hinteren Cockpit, plus ein 735 kg Torpedo oder bis zu 726 kg Bomben oder sechs 113 kg Wasserbomben oder 744 kg Minen.

# Fairey Battle

## Entwicklungsgeschichte
Der Prototyp des **Fairey Day Bomber**, wie die Maschine damals hieß, ein zweisitziger, einmotoriger Eindecker, flog am 10. März 1936 zum ersten Mal. Dieser Bomber sollte 454 kg Bomben mit 322 km/h über eine Distanz von 1.609 km tragen können. In Wirklichkeit übertraf die Fairey-Maschine die vorgegebene Leistung und siegte im Wettbewerb gegen Konstruktionsvorschläge von Armstrong Whitworth, Bristol und Hawker. Die erste **Fairey Battle**, wie die Serienmaschinen bezeichnet wurden, wurde in Hayes, Middlesex, gebaut, die zweite und alle weiteren entstanden in einem neuen Werk in Heaton Chapel, Stockport. Rolls-Royce erhielt den Erstauftrag für den 1.030 PS (768 kW) Merlin I Motor für die Battle, der dann auch die ersten 136 von Fairey gebauten **Battle Mk I** antrieb. Die Einführung der Mk II bis Mk V Merlin-Motoren führte auch zu den entsprechenden Flugzeug-Bezeichnungen **Battle Mk II** bis hin zu **Battle Mk V**.

Die Battle war ein selbsttragender Tiefdecker und – abgesehen von den stoffbespannten Steuerflächen – ganz aus Metall gebaut. Sie hatte ein konventionelles Leitwerk, ein einziehbares Fahrwerk, dessen Hauptträder im eingefahrenen Zustand noch teilweise im Freien waren, und einen Rumpf mit hintereinanderliegenden Schützen- und Pilotencockpits, die beide von einem durchgehenden, verglasten Kabinendach überdeckt wurden. Bis Ende 1937 hatte Fairey 85 Battle fertiggestellt, und bei Ausbruch des Zweiten Weltkriegs waren über 1.000 Battle ausgeliefert. Die Flugzeuge der No. 226 Squadron waren die ersten, die als Teil einer Advanced Air Striking Force nach Frankreich entsandt wurden. Hier stellte sich auch heraus, daß die Battle nicht gegen feindliche Flugzeuge zu verteidigen war. Die mit Battle ausgerüsteten Einheiten erlitten schwere Verluste, und obwohl einige Maschinen bis Ende 1940 im Fronteinsatz blieben, wurden die noch vorhandenen Maschinen meistens in anderen Bereichen eingesetzt. Die wichtigste Funktion war dabei die des Schulflugzeugs, und 100 Exemplare wurden mit Doppelsteuerung in getrennten Cockpits gebaut und 266 wurden als Ziel-Schleppflugzeuge geliefert.

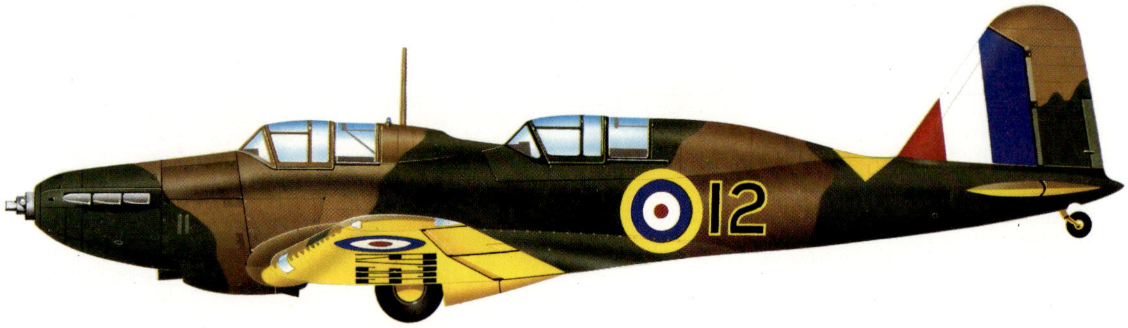


Fairey Battle Trainer im September 1940

Die letzte Serienmaschine, die von Austin gebaut wurde, war ein Battle TT.Mk I Ziel-Schleppflugzeug, das am 2. September 1940 ausgeliefert wurde. Mit ihm betrug die Battle-Gesamtproduktion 2.203 Maschinen, einschließlich des Prototypen, wobei 1.156 von Fairey und 1.029 von Austin Motors gebaut wurden.

Kanada verwendete viele Battle im Rahmen des Commonwealth Air Training Plan als Schul- und Ziel-Schleppflugzeuge, und die ersten Exemplare wurden im August 1939 an die Royal Canadian Air Force in Camp Borden ausgeliefert. Sie waren die Vorhut von 739 dieser Flugzeuge, zu denen auch sieben Flugwerke gehörten, die für den Unterricht verwendet wurden. Die Royal Australian Air Force erhielt vier in Großbritannien gebaute Battle und montierte 360 Exemplare in Australien. Zu den übrigen Abnehmern gehörten Belgien (18 in Lizenz von Avions Fairey gebaut), die Türkei (29) und Südafrika (mindestens 190).

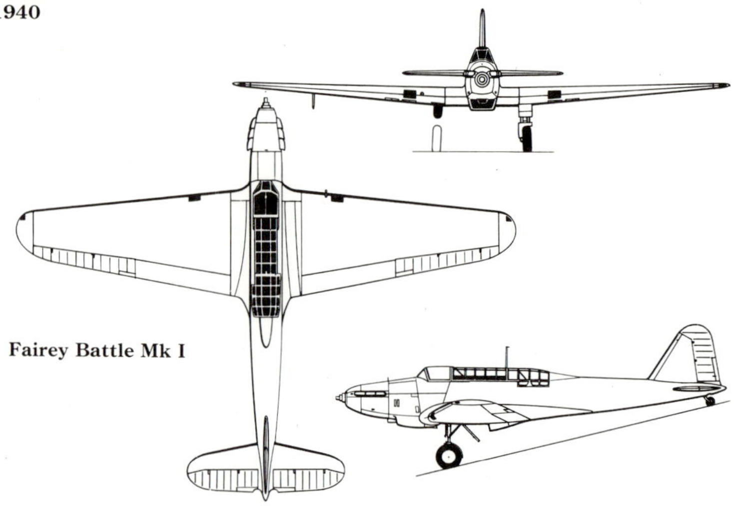

Fairey Battle Mk I

### Technische Daten
**Fairey Battle Mk I**
**Typ:** dreisitziger leichter Bomber.
**Triebwerk:** ein 1.030 PS (768 kW) Rolls-Royce Merlin I 12-Zylinder V-Motor.
**Leistung:** Höchstgeschwindigkeit 414 km/h in 6.095 m Höhe; Einsatzgeschwindigkeit 338 km/h; Dienstgipfelhöhe 7.620 m; maximale Reichweite 1.609 km.
**Gewicht:** Leergewicht 3.015 kg; max. Startgewicht 4.895 kg.
**Abmessungen:** Spannweite 16,46 m; Länge 12,90 m; Höhe 4,72 m; Tragflügelfläche 39,20 m².
**Bewaffnung:** ein 7,7 mm Maschinengewehr im rechten Flügel und ein 7,7 mm Vickers 'K' MG im hinteren Cockpit plus 454 kg Bomben.

# Fairey Campania

## Entwicklungsgeschichte
Im Oktober 1914 kaufte die britische Admiralität das frühere 20.000t Cunard-Linienschiff *Campania* und ließ es mit einem 36,60 m langen Flugdeck ausrüsten, von dem seine Wasserflugzeuge starten konnten. Sie hoben von einem Wagen ab, der nach Abheben des Flugzeugs am Flugdeck blieb und sie wurden später per Kran wieder aus dem Meer geborgen. Erste Versuche mit einer Sopwith Schneider zeigten, daß für den Betrieb größerer Wasserflugzeuge ein größeres Flugdeck notwendig war und es wurden weitere 24,40 m angebaut, bevor das Schiff im April 1916 wieder in Dienst gestellt wurde. Als Ausrüstung für die *Campania* bestellte die Admiralität bei Fairey eine erste Serie von zehn Schwimmerflugzeugen und dieser Typ wurde als **Fairey Campania** bekannt. Der erste Prototyp (**F.16 Campania**) flog im Februar 1917 mit einem 250 PS (186 kW) Rolls-Royce Mk IV (später der Eagle IV) Motor, während die zweite Maschine, die dem endgültigen Flugzeug entsprach, sich im Juni des gleichen Jahres mit einem Eagle V Motor anschloß und in dieser Version **F.17 Campania** genannt wurde. Die Leistung des Wasserflugzeugs war offensichtlich zufriedenstellend und die Produktion belief sich auf 62 Maschinen.

**Die erste Fairey Campania mit der Werksnummer F.16 wurde von einem Rolls-Royce Eagle IV (damals mit Rolls-Royce Mk IV bezeichnet) angetrieben, wobei die beiden Kühlerelemente außen an den Rumpfseiten, entlang dem Motorraum angebracht waren und die Auspuffrohre unmittelbar vor der Hauptstrebe durch den Mittelteil des oberen Flügels ragten.**

Bis zu dem Zeitpunkt, an dem die Produktion der Campania anlief, hatte die überaus hohe Nachfrage nach Rolls-Royce Motoren zur Entscheidung für eine Alternative, den 280 PS (194 kW) Sunbeam Maori II geführt, der einige Änderungen an den Kühl- und Abgaseinrichtungen erforderlich machte. Die Maori Motoren wurden in 25 von Fairey gebauten **F.22 Campania** Flugzeugen montiert, die von Küstenstützpunkten aus operierten. Zusätzlich zu dem Mutterschiff flogen die Campania auch von den leichten Flugzeugträgern *Nairana* und *Pegasus* aus und kamen auch 1919 bei der British North Russian Expeditionary Force in Archangel zum Einsatz.

Einige Maschinen wurden später mit 345 PS (257 kW) Rolls-Royce Eagle VIII oder 325 PS (242 kW) Eagle VII Motoren ausgerüstet, erzielten jedoch trotz der stärkeren und schwereren Motoren keine bessere Leistung.

### Technische Daten
**Fairey F.17 Campania**
**Typ:** zweisitziges, trägergestütztes Schwimmerflugzeug.
**Triebwerk:** ein 275 PS (205 kW) Rolls-Royce Eagle V 12-Zylinder V-Motor.
**Leistung:** Höchstgeschwindigkeit 143 km/h in Meereshöhe; Einsatzgeschwindigkeit 126 km/h in 1.980 m Höhe; Dienstgipfelhöhe 2.135 m; max. Flugdauer 5 Stunden.
**Gewicht:** Leergewicht 1.684 kg; max. Startgewicht 1.934 kg.
**Abmessungen:** Spannweite 18,77 m; Länge 13,13 m; Höhe 4,60 m; Tragflügelfläche 62,67 m$^2$.
**Bewaffnung:** ein 7,7 mm Lewis MG auf einer Scarff-Halterung im hinteren Cockpit plus Bomben an Aufhängungen unter dem Rumpf.

# Fairey F.2

## Entwicklungsgeschichte
Die 1915 von R.C. (später Sir Richard) Fairey gegründete Fairey Aviation Company begann ihre Tätigkeit im Teil einer Fabrik, der von einem Fahrzeughersteller in Hayes in Middlesex gepachtet worden war, mit der Herstellung von zwölf Short 827 Wasserflugzeugen. Damit etablierte sich das Unternehmen und errang weitere Subunternehmer-Aufträge, darunter auch eine große Order über 100 Sopwith 1 1/2-Strutter.

Die erste echte Fairey-Konstruktion, die gebaut und geflogen wurde, war die **Fairey F.2**, ein großes Doppeldecker-Jagdflugzeug, das in der Konstruktionsphase über verschiedene Motorausstattungen und -auslegungen verfügte; der einzige Prototyp hatte zwei Rolls-Royce Falcon Motoren mit Zugpropellern und wurde am 17. Mai 1917 in Northolt zum ersten Mal geflogen.

Um den Wünschen der Admiralität zu entsprechen, hatte die Maschine Klappflügel. Zum Zeitpunkt des Erstfluges hatte die Admiralität jedoch das Interesse an der F.2 verloren und sie wurde nicht weiterentwickelt.

**Das erste von Fairey konstruierte Flugzeug, das auch gebaut und geflogen wurde, war die Fairey F.2, ein Langstrecken-Jäger für Angriffe auf Bomber und Zeppeline. Diese Maschinen waren normalerweise groß, schwerfällig und langsam und die F.2 bildete keine Ausnahme.**

### Technische Daten
**Fairey F.2**
**Typ:** dreisitziges Langstrecken-Jagdflugzeug.
**Triebwerk:** zwei 190 PS (142 kW) Rolls-Royce Falcon I 12-Zylinder V-Motoren.
**Leistung:** Höchstgeschwindigkeit 148 km/h in Meereshöhe; Steigflugdauer auf 1.525 m 6 Minuten; max. Flugdauer 3 Stunden 30 Minuten.
**Gewicht:** maximales Startgewicht 2.214 kg.
**Abmessungen:** Spannweite 23,47 m; Länge 12,36 m; Höhe 4,10 m; Tragflügelfläche 66,74 m$^2$.
**Bewaffnung:** einzelne 7,7 mm Lewis-MG im vorderen und rückwärtigen Cockpit plus Bomben an externen Aufhängungen.

# Fairey F.D.1

## Entwicklungsgeschichte
Senkrechtstarter wie zum Beispiel der Harrier sind immer noch selten und es überrascht vielleicht, wenn man hört, daß das Unternehmen Fairey 1946 die Möglichkeiten eines Senkrechtstarters (VTO) erforschte und eine Reihe raketengetriebener, pilotenloser 1:2 Deltaflügel-Modelle für Experimentalstarts baute. Das Unternehmen erhielt anschließend einen Forschungsauftrag für die **Fairey F.D.1**, die von einem Rolls-Royce Derwent Strahltriebwerk angetrieben wurde und für die Montage von Zusatzraketen eingerichtet war, die jedoch nie eingebaut wurden, da keine Senkrechtstarts durchgeführt wurden. Drei F.D.1 waren geplant, es wurde jedoch nur ein Exemplar gebaut, das im Mai 1950 am Ringway Airport Rollversuche durchführte.

Der erste, 17 Minuten dauernde Flug erfolgte im März 1951 in Boscombe Down.

Der Mangel an offiziellem Interesse an der Weiterverfolgung der ursprünglichen Zielsetzung, nämlich dem Senkrechtstart von einer Rampe aus, hatte zur Einstellung der Pläne für die beiden anderen Flugzeuge geführt. Mit dem Prototypen wurden speziell die Stabilität der breiten Deltaflügel und die Verwendung von einem Bremsschirm erprobt. Die F.D.1 wurde zerstört, als das Fahrwerk bei der Landung brach und die Maschine von der Landebahn abkam.

**Das Forschungsflugzeug Fairey F.D.1 war ein Deltaflügler mit Leitwerk, der damals nur von einem einzigen kleinen Strahltriebwerk angetrieben wurde und Vorrichtungen für Raketenantriebe hatte, die ihm den Senkrechtstart ermöglicht hätten.**

### Technische Daten
**Fairey F.D.1**
**Typ:** ein einsitziges Forschungsflugzeug.
**Triebwerk:** ein Rolls-Royce Derwent 8 Strahltriebwerk mit 1.633 kp Schub.
**Leistung:** geschätzte Höchstgeschwindigkeit 1.011 km/h in einer Höhe von 3.050 m.
**Gewicht:** maximales Startgewicht 3.084 kg.
**Abmessungen:** Spannweite 5,96 m; Länge 8,00 m.

# Fairey F.D.2

## Entwicklungsgeschichte
Nach den Tests mit dem Senkrechtstarter im Jahre 1947 wurde Fairey gefragt, ob dieser auch für Überschallgeschwindigkeit ausgelegt werden könnte, und schließlich bauten Fairey und English Electric je zwei Prototypen.

Das letztere Unternehmen baute schließlich die P.1, die in ihrer späteren Version zur Lightning wurde und Fairey baute die **Fairey F.D.2**, einen sehr spitz zulaufenden Deltaflügler mit einem Strahltriebwerk. Der Vertrag wurde im Oktober 1950 unterzeichnet. Da jedoch die Gannet ein vorrangiges Programm bildete, kam der F.D.2 nur zweitrangige Bedeutung zu und die Produktion begann erst Ende 1952.

Die erste Maschine flog im Oktober 1954 in Boscombe Down und absolvierte eine Reihe von Flügen, ehe sie bei einer Landung beschädigt wurde. Die F.D.2 flog wieder im August 1955, im Oktober erstmals mit mehr als Schallgeschwindigkeit und steigerte sich nach und nach, bis im November in einer Höhe von rund 11.000 m Mach 1,56 (1.654 km/) erreicht wurde. Angesichts dieses Potentials entschied man sich für den Versuch, den absoluten Geschwindigkeits-Weltrekord zu brechen, der damals von einer North American Super Sabre mit 1.323 km/h gehalten wurde. Zwar war es viel Arbeit, bis das Flugzeug und die Kameras präzise geeicht waren, der Lohn kam aber am 10. März 1956 mit einer Durchschnittsgeschwindigkeit von 1.822 km/h über zwei Durchgänge auf einem 15,6 km langen Kurs in 11.580 m Höhe.

**Die WG774 war die erste von zwei Fairey F.D.2 Maschinen und sie war auch das Flugzeug, das mit über 1.609 km/h den absoluten Geschwindigkeits-Weltrekord aufstellte.**

RAF Museum, Hendon

Die zweite F.D.2 flog im Februar in Boscombe Down und beide Flugzeuge wurden für viele verschiedene Forschungsvorhaben eingesetzt. Die erste Maschine kam schließlich zur British Aircraft Corporation und wurde als **BAC.221** mit einem völlig neuen Deltaflügel ausgerüstet, mit dem Windkanaltests durchgeführt wurden, und der schließlich bei der Concorde verwendet wurde. Die F.D.2/BAC.221 hatte eine Rumpfspitze, die zur Sichtverbesserung bei Start und Landung abgesenkt werden konnte.

### Technische Daten
**Fairey F.D.2**
**Typ:** ein einsitziges Überschall-Forschungsflugzeug.
**Triebwerk:** ein Rolls-Royce Avon 200 Strahltriebwerk mit 4.536 kp Schub.
**Leistung:** Höchstgeschwindigkeit über 2.092 km/h in 11.580 m Höhe; Reichweite 1.336 km.
**Gewicht:** Leergewicht 4.990 kg; max. Startgewicht 6.298 kg.
**Abmessungen:** Spannweite 8,18 m; Länge 15,74 m; Höhe 3,35 m; Tragflügelfläche 33,44 m$^2$.

# Fairey Fantôme/Féroce

## Entwicklungsgeschichte

Es steht außer Zweifel, daß der einsitzige Jäger **Fairey Fantôme** das schönste Flugzeug war, das das Unternehmen produzierte und es war eines der stromlinienförmigsten Doppeldecker-Jagdflugzeuge, die es gab, sogar einschließlich der eleganten Hawker Fury.

Die Fantôme, die erstmals im Juni 1935 geflogen wurde, beteiligte sich an einer internationalen Ausschreibung in Belgien, wo ein Nachfolgemodell für die Firefly Mk II gesucht wurde. Die Fantôme wurde im Juli 1935 zum Flughafen Evère in Brüssel gebracht, wo sie am Wettbewerb teilnehmen sollte. Unglücklicherweise stürzte sie bei einer Vorführung ab und der Testpilot kam dabei um.

Fairey hatte aus Ersatzteilen Bausätze für drei weitere Fantôme hergestellt, die 1936 zum Avions Fairey-Werk in Gosselies in Belgien zur Montage verschickt wurden. Bis dahin hatte die belgische Regierung jedoch ihre Anforderungen geändert und die Flugzeuge waren nicht erwünscht. Zwei der Maschinen (in Belgien war dieser Typ als **Féroce** bekannt) wurden an die sowjetische Regierung verkauft, wohin sie in zwei Kisten verpackt verfrachtet wurden. Von Rußland wurden die Flugzeuge später nach Spanien geschickt, wo sie für die republikanische spanische Luftwaffe flogen; eine Maschine wurde abgeschossen.

**Die Fairey Fantôme war nicht nur ein sehr attraktives Flugzeug an sich, sondern auch einer der konstruktiven Höhepunkte von Doppeldecker-Jagdflugzeugen. Hier abgebildet ist die erste Fantôme, die britische Zivilmaschine G-ADIF.**

### Technische Daten

**Typ:** ein einsitziges Doppeldecker-Jagdflugzeug.
**Triebwerk:** ein 925 PS (690 kW) Hispano-Suiza 12-Zylinder V-Motor.
**Leistung:** Höchstgeschwindigkeit 435 km/h in 4.000 m Höhe; Einsatzgeschwindigkeit 350 km/h; Dienstgipfelhöhe 11.000 m; max. Flugdauer 2 Stunden.
**Gewicht:** Leergewicht 1.134 kg; max. Startgewicht 1.869 kg.
**Abmessungen:** Spannweite 10,52 m; Länge 8,41 m; Höhe 3,45 m; Tragflügelfläche 27,22 m².
**Bewaffnung:** zwei starre, vorwärtsfeuernde 7,62 mm FN-Browning MG im unteren Flügel und wahlweise eine 20 mm Oerlikon-Kanone, die durch die Propellernabe feuerte, bzw. zwei Browning MG im oberen Rumpf plus vier 10 kg Bomben.

# Fairey Fawn

## Entwicklungsgeschichte

Da nur sechs Pintail gebaut wurden, war es logisch, daß Fairey versuchte, diese Grundkonstruktion weiter zu verwenden, und es entstand ein landgestütztes Verbindungsflugzeug für das Heer, die **Fairey Fawn**. Die Konstruktion wurde schließlich zum Tagbomber umgebaut, dessen Prototyp im März 1923 flog. Bei Versuchen zeigte sich, daß ein längerer Rumpf nötig war und die nächsten beiden Fawn wurden zur **Fawn Mk II** Version gestreckt. Es schlossen sich zwei weitere Prototypen an und die erste Serien-Fawn flog im Januar des folgenden Jahres.

Als Fawn Mk II wurden fünfzig Serienmaschinen geordert und auf diese folgten zwei weitere Serien von insgesamt 20 **Fawn Mk III**, die anstelle des Lion II einen Napier Lion V-Motor hatten. Einige der späteren Fawn hatten Lion VI Kompressormotoren.

**In den zwanziger Jahren entstand eine Reihe von Flugzeugen, die durch ihre völlige Mißachtung sauberer aerodynamischer Linienführung auffielen. Zu diesen vielen Maschinen muß man auch die häßliche Fairey Fawn Mk II rechnen.**

### Technische Daten

**Fairey Fawn Mk II**
**Typ:** zweisitziger Tagbomber.
**Triebwerk:** ein 470 PS (350 kW) Napier Lion II 12-Zylinder Kolbenmotor.
**Leistung:** Höchstgeschwindigkeit 183 km/h; Einsatzgeschwindigkeit 150 km/h in 3.050 m; Dienstgipfelhöhe 4.220 m; Reichweite 1.046 km.
**Gewicht:** Leergewicht 1.579 kg; max. Startgewicht 2.646 kg.
**Abmessungen:** Spannweite 15,21 m; Länge 9,78 m; Höhe 3,63 m; Tragflügelfläche 51,10 m².
**Bewaffnung:** ein starres, vorwärtsfeuerndes 7,7 mm Vickers MG in der linken Rumpfseite und zwei 7,7 mm Lewis-MG im hinteren Cockpit plus bis zu 209 kg Bomben an Tragflächenbefestigungen.

# Fairey Ferret

## Entwicklungsgeschichte

Das erste Flugzeug des Unternehmens, das eine Ganzmetallstruktur hatte, war die **Fairey Ferret** (Frettchen), die ursprünglich nach einer Fleet Air Arm Spezifikation für ein Aufklärungsflugzeug konstruiert worden war. Mangelndes Interesse brachte das Unternehmen jedoch darauf, die Ferret bei der RAF als Mehrzweckflugzeug anzubieten.

Es wurden drei Prototypen gebaut, wobei die **Ferret Mk I** und **Ferret Mk II** entsprechend der FAA-Spezifikation als Dreisitzer ausgelegt waren. Die **Ferret Mk III** war jedoch ein Zweisitzer mit einer von Fairey konstruierten Befestigung für ein Schnellfeuer-MG im hinteren Cockpit, das, wenn es nicht verwendet wurde, abgedeckt werden konnte. Die erste Ferret flog im Juni 1925 mit einem 400 PS (298 kW) Armstrong Siddeley Jaguar IV Sternmotor und die beiden anderen Maschinen unterschieden sich durch den Bristol Jupiter Motor und eine um 23 cm vergrößerte Spannweite. Der Typ erhielt jedoch keine Aufträge.

**Typisch für die Fairey Ferret Mk II war das Seitenleitwerk mit einer fast rechtwinkligen, niedrigen Flosse, die durch ein höheres Seitenruder mit Ruderausgleich ergänzt wurde.**

### Technische Daten

**Fairey Ferret Mk III**
**Typ:** ein zweisitziger Mehrzweck-Doppeldecker.
**Triebwerk:** ein 425 PS (317 kW) Bristol Jupiter 9-Zylinder Sternmotor.
**Leistung:** Höchstgeschwindigkeit 217 km/h in 3.050 m Höhe; Dienstgipfelhöhe 4.725 m.
**Gewicht:** Leergewicht 1.172 kg; max. Startgewicht 2.161 kg.
**Abmessungen:** Spannweite 12,37 m; Länge 8,99 m; Höhe 3,12 m; Tragflügelfläche 35,30 m².
**Bewaffnung:** ein starres, vorwärtsfeuerndes 7,7 mm Vickers MG in der rechten Rumpfseite und ein bewegliches 7,7 mm Lewis MG im hinteren Cockpit plus bis zu 227 kg Bomben unter den Tragflächen.

# Fairey Firefly

## Entwicklungsgeschichte

Die **Fairey Firefly**, die entsprechend einer Admiralty-Spezifikation für einen zweisitzigen Jagdaufklärer konstruiert wurde, stellte gegenüber der älteren Fulmar des Unternehmens einen wesentlichen Fortschritt dar. Der selbsttragende Tiefdecker in Ganzmetallbauweise hatte ein konventionelles Leitwerk, ein einziehbares Heckradfahrwerk und in geschlossenen Einzelcockpits Platz für den Piloten und den Navigator/Funker. Als Triebwerk diente ein 1.730 PS (1.290 kW) Rolls-Royce Griffon IIB Motor. Die spätere Serienversion **Firefly F.Mk I** hatte jedoch den 1.990 PS (1.484 kW) starken Griffon XII Motor.

Der erste von vier Prototypen wurde am 22. Dezember 1941 geflogen und die ersten Serien-Firefly F.Mk I wurden im März 1943 ausgeliefert. Insgesamt wurden von dieser Version 459 Maschinen gebaut, 327 davon von Fairey und 132 von General Aircraft als Subunternehmer. Die Ergänzung durch ein ASH-Radar unter dem Motor brachte die Bezeichnung **Firefly FR.Mk I**, von der 236 gebaut wurden, und eine Reihe von Firefly F.Mk I, die auf Firefly FR.Mk I Standard umgerüstet wurden, trugen die Bezeichnung **Firefly F.Mk IA**. Es wurde auch eine **Firefly NF.Mk II** Nachtjägerversion entwickelt; als man jedoch erkannte, daß deren AI Mk 10 Radar genau wie das ASH Radar der Firefly FR.Mk I in einer Gondel unter dem Motor angebaut werden konnte, wurde das geplante Programm über 328 Flugzeuge gestrichen. Statt dessen wurden 140 Firefly FR.Mk I auf der Fertigungsstraße zur **Firefly NF.Mk I** Version umgebaut und die 37 Firefly NF.Mk II, die bereits gebaut worden waren, wurden wieder auf Mk I Standard gebracht. Zu den Nachkriegs-Versionen gehörte das unbewaffnete **Firefly T.Mk 1** Schulflugzeug, die mit Kanonen bewaffnete **Firefly T.Mk 2** und die Firefly T.Mk 3, die zur Schulung in der U-Bootbekämpfung (ASW) verwendet wurde. Einige Maschinen wurden auch in **Firefly TT.Mk 1** Ziel-Schleppflugzeuge umgebaut.

Von der **Firefly F.Mk III** mit dem Griffon 61 Motor wurde nur ein Prototyp gebaut und die Entwicklung konzentrierte sich statt dessen auf die **Firefly F.Mk IV**. Diese hatte einen 2.100 PS (1.566 kW) starken Griffon 74 Motor und neue Gondeln am äußeren Flügel, die sowohl nur Treibstoff oder einen ASH-Scanner (links) und Treibstoff (rechts) tragen konnten. Es wurden rund 160 Exemplare gebaut und die erste **Firefly FR.Mk 4** wurde im Juli 1946 ausgeliefert; einige davon wurden später auf den **Firefly TT.Mk 4** Standard umgerüstet. Die **Firefly Mk 5** und die **Firefly Mk 6** waren der Mk 4 äußerlich ähnlich, und die jeweils erste Maschine dieser Varianten flog im Dezember 1947 bzw. im März 1949. Von der Mk 5 wurden 352 gebaut und die Versionen hießen **Firefly FR.Mk 5**, **Firefly NF.Mk 5** und **Firefly AS.Mk 5**, wobei die letztgenannte Variante mit amerikanischen Sonarbojen und Geräten ausgestattet war, was sie von der **Firefly AS.Mk 6d** unterschied, die eine britische Ausstattung hatte und von der 133 Exemplare gebaut wurden. In Australien wurden einige Firefly AS.Mk 5 zu **Firefly T.Mk 5** Schulflugzeugen sowie zu **Firefly TT.Mk 5** und **Firefly TT.Mk 6** Ziel-Schleppflugzeugen umgebaut.

Die erste, von einem Griffon 59 angetriebene **Firefly AS.Mk 7** wurde im Oktober 1951 geflogen, und bei ihr wurde der unter dem Motor angebrachte Kühler wieder eingeführt, der bei dem Einzelexemplar der Mk III zu Problemen geführt hatte. Von der Firefly AS.Mk 7, die als ASW-Maschine mit Platz für zwei Radarbeobachter konzipiert war, wurden als solche nur wenige gebaut, und die meisten Maschinen wurden als Firefly T.Mk ASW-Schulflugzeuge komplettiert, die alle zu den 151 gebauten Mk 7 zählten. Später führte Fairey auch den Umbau in ferngelenkte Schleppflugzeuge durch. Dazu gehörten 34 **Firefly U.Mk 8**, die aus Firefly T.Mk 7 umgebaut wurden sowie 40 ähnliche Firefly **U.Mk 9** als Umbauversionen der Mk 4 und Mk 5 Maschinen. Diese Flugzeuge wurden zur Raketenentwicklung und, bei der Royal Navy, als Ziele für deren mit Firestreak bewaffneten Jäger sowie mit Seaslug ausgerüsteten Schiffe verwendet.

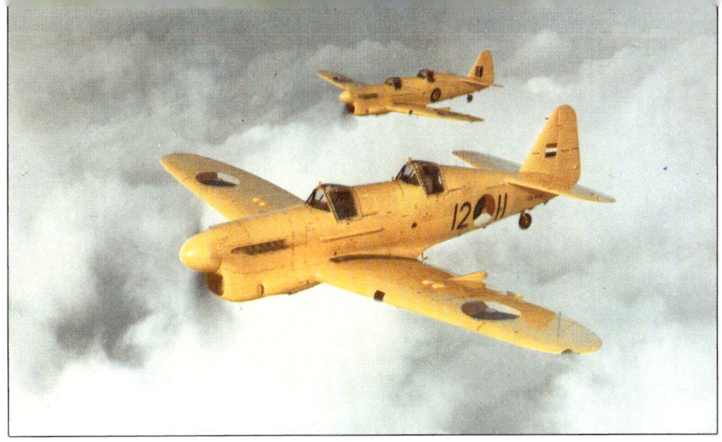

RAF Musuem, Hendon

**Zwei Fairey Firefly T.Mk II Schulflugzeuge, die von Aviolande in den Niederlanden aus F.Mk I Standardmaschinen für die königlich-niederländischen Marineflieger umgebaut worden waren.**

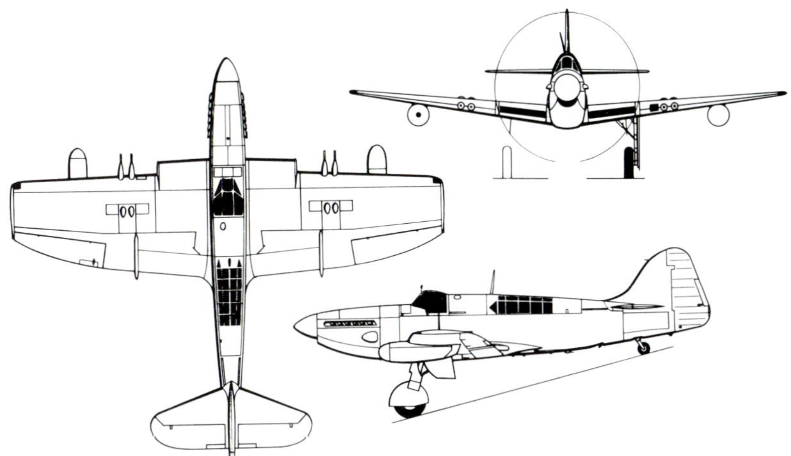

**Fairey Firefly F.Mk I**

### Technische Daten
**Fairey Firefly AS.Mk 5**

**Typ:** zweisitziges, trägergestütztes Mehrzweck-Kampfflugzeug.
**Triebwerk:** ein 2.250 PS (1.678 kW) Rolls-Royce Griffon 74 12-Zylinder V-Motor.
**Leistung:** Höchstgeschwindigkeit 621 km/h in 4.265 m Höhe; Einsatzgeschwindigkeit 354 km/h; Dienstgipfelhöhe 8.655 m; max. Reichweite 2.092 km.
**Gewicht:** Leergewicht 4.388 kg; max. Startgewicht 7.301 kg.
**Abmessungen:** Spannweite 12,55 m; Länge 8,51 m; Höhe 4,37 m; Tragflügelfläche 30,66 m².
**Bewaffnung:** vier 20 mm Kanonen in den Flügeln plus bis zu 16 27 kg Raketenprojektile oder zwei 454 kg Bomben unter den Flügeln.

---

# Fairey Firefly I/II

## Entwicklungsgeschichte

Am 9. November 1925 flog Fairey den Prototyp eines in Privatinitiative entstandenen, einsitzigen Jägers, den das Unternehmen mit **Fairey Firefly I** bezeichnete. Der hauptsächlich aus Holz gebaute konventionelle Doppeldecker war eine Konstruktion, mit der Fairey versuchte, den 430 PS (321 kW) Curtiss D-12 Motor weiter zu nutzen, der beim Fairey Fox Tagbomber eingeführt worden war. Obwohl die Firefly I eine gute Leistung zeigte, war ihr amerikanisches Triebwerk doch schuld daran, daß für die Firefly I kein Auftrag der RAF erteilt wurde. Statt dessen diente die Konstruktion als Grundlage für eine verbesserte und ziemlich veränderte **Firefly II**, die von einem 480 PS (358 kW) Rolls-Royce Kestrel Motor angetrieben wurde.

Die Firefly II, die erstmals am 5. Februar 1929 geflogen wurde, beteiligte sich an einem Jagdflugzeug-Wettbewerb des Air Ministry, bei dem sie der Hawker Fury unterlag. Sie wurde anschließend mit einer Ganzmetallstruktur umgebaut, erhielt eine geänderte Motorkühlung sowie neu konstruierte Leitwerksflächen und wurde in **Firefly IIM** umgetauft. In dieser Form erzielte die Maschine 1930 einen Auftrag über 25 Flugzeuge, die als Firefly II bei der Belgischen Luftwaffe dienen sollten, und weitere 62 Maschinen wurden für den belgischen Einsatz, sowie eine Maschine zur Lieferung an die Sowjetunion im Avions Fairey Werk in Gosselies gebaut.

**Der stromlinienförmige Doppeldecker Fairey Firefly IIM wurde nur als Einzelexemplar gebaut und war ein Umbau der Firefly III mit einer Metall-Grundstruktur.**

### Varianten

**Firefly III:** schiffsgestützte Ableitung der Firefly II mit größeren Tragflächen und einer anderen Version des Rolls-Royce Motors.
**Firefly IIIM:** Umbenennung der vorgenannten Maschine nach Neuausstattung mit einer Metallstruktur und Verstärkungen für Katapultstarts; mit Schwimmern als Schulflugzeug bei der RAF.
**Firefly IV:** Umbenennung zweier Firefly II, nachdem Avions Fairey 785 PS (585 kW) Hispano-Suiza 12Xbrs Motoren eingebaut wurden.

### Technische Daten
**Fairey Firefly II/IIM**

**Typ:** einsitziges Jagdflugzeug.
**Triebwerk:** ein 480 PS (358 kW) Rolls-Royce Kestrel IIS 12-Zylinder V-Motor.
**Leistung:** Höchstgeschwindigkeit 359 km/h in 4.000 m Höhe.
**Gewicht:** Leergewicht 1.083 kg; max. Startgewicht 1.490 kg.
**Abmessungen:** Spannweite 9,60 m; Länge 7,50 m; Höhe 2,85 m; Tragflügelfläche 22,00 m².
**Bewaffnung:** zwei vorwärtsfeuernde 7,7 mm Vickers Maschinengewehre.

# Fairey Fleetwing

## Entwicklungsgeschichte

Im Jahre 1926 entschied sich Fairey dafür, an dem Wettbewerb um die Ausschreibung einer Entwicklung eines zweisitzigen Aufklärungs-Wasser-/Landflugzeugs teilzunehmen. Daraus entstand die **Fairey Fleetwing**, die am 16. Mai 1929 in Northolt als Landflugzeug mit Holzflügeln geflogen wurde, die jedoch nach Deck-Landetests auf der *HMS Furious* durch Metallflügel ersetzt wurden.

Der Wettbewerb war sehr hart und als Konkurrenten hatte die Fleetwing die Blackburn Nautilus, die Short Gurnard und die Hawker Osprey. In der Schlußanalyse gewann die letztgenannte Maschine. Geht man jedoch nach zeitgenössischen Berichten, war es ein knappes Rennen.

**Die zweisitzige Fairey Fleetwing konnte mit Rädern oder Schwimmern geflogen werden. Das Lewis-MG des Beobachters/ Schützen konnte völlig unter der hinteren Rumpfabdeckung verschwinden, wenn es nicht benötigt wurde.**

### Technische Daten

**Fairey Fleetwing (Landflugzeug)**

**Typ:** ein zweisitziger Marine-Jagdaufklärer.

**Triebwerk:** ein 480 PS (358 kW) Rolls-Royce Kestrel IIMS 12-Zylinder V-Motor.

**Leistung:** Höchstgeschwindigkeit 272 km/h.

**Gewicht:** maximales Startgewicht 2.149 kg.

**Abmessungen:** Spannweite 11,28 m; Länge 8,94 m; Höhe 3,48 m; Tragflügelfläche 33,72 m$^2$.

**Bewaffnung:** ein starres, vorwärtsfeuerndes 7,7 mm Vickers MG an der linken Rumpfseite sowie ein 7,7 mm Lewis MG auf einer Fairey-Halterung im hinteren Cockpit plus bis zu vier 9 kg Bomben unter den Flügeln.

# Fairey Flycatcher

## Entwicklungsgeschichte

1922 verlangte das Air Ministry nach einem einsitzigen Marinejäger, der die Nieuport Nightjar im trägergestützten Dienst ersetzen sollte. Es wurden alternative Land-, Wasser- und Amphibienauslegungen verlangt und als Triebwerk waren sowohl der Bristol Jupiter als auch der Armstrong Siddeley Jaguar Motor zugelassen.

Zwei Konstruktionen wurden ausgewählt, und zwar die **Fairey Flycatcher** und die Parnall Plover, von denen je drei Prototypen bestellt wurden. Parnall baute später zehn Plover in Serie; allerdings war das Flugzeug, auch wenn es wesentlich besser aussah, in jeder anderen Hinsicht dem kantigen Flycatcher-Doppeldecker weit unterlegen und verblieb nur ein knappes Jahr im Marinedienst.

Der Prototyp der Flycatcher flog, mit einem 400 PS (298 kW) Jaguar III Motor, im November 1922 als Landflugzeug und wurde anschließend für die RAF-Flugschau des Jahres 1923 mit einem Jupiter IV ummotorisiert. Der zweite Prototyp mit Jaguar II Motor war ein Wasserflugzeug und flog im Mai 1923 erstmals von Hamble aus, während der dritte Prototyp als Amphibienflugzeug konstruiert wurde.

So wie die meisten anderen Fairey-Flugzeuge konnte auch die Flycatcher die Profilwölbung verändern und benötigte so nur einen extrem kurzen Startweg. Auch konnte die Maschine ohne Auffangdrähte auf Flugzeugträgerdecks landen. Ein weiterer Vorteil im Trägereinsatz war die geringe Spannweite des Flugzeugs, dank der es im Lift nach unten gebracht werden konnte, ohne daß die Flügel eingeklappt werden mußten. Eine außergewöhnliche Eigenschaft der Flycatcher war, daß das gesamte Flugwerk leicht auseinandergenommen werden konnte und kein Einzelteil länger als 4,11 m war.

Als erste Einheit wurde 1923 der No. 402 Flight des Fleet Air Arm mit Serien-Flycatcher ausgerüstet. Einschließlich der drei Prototypen betrug die Gesamtproduktion 196 Maschinen. Flycatcher waren bis 1934 bei der Marine im Einsatz.

### Technische Daten

**Fairey Flycatcher I (Landflugzeug)**

**Typ:** ein einsitziges Marine-Jagdflugzeug.

**Triebwerk:** ein 400 PS (298 kW) Armstrong Siddeley Jaguar III oder IV Doppelreihenmotor.

**Leistung:** Hochstgeschwindigkeit 216 km/h in Meereshöhe; Dienstgipfelhöhe 5.790 m; Reichweite 500 km.

**Gewicht:** Leergewicht 924 kg; max. Startgewicht 1.372 kg.

**Abmessungen:** Spannweite 8,84 m; Länge 7,01 m; Höhe 3,66 m; Tragflügelfläche 26,76 m$^2$.

**Bewaffnung:** starre, vorwärtsfeuernde Vickers Zwillings-MG am Rumpf plus bis zu vier 9 kg Bomben unter den Flügeln.

**Trotz ihrer unorthodoxen Erscheinung war die Fairey Flycatcher ein wendiges Flugzeug für den Schiffseinsatz. Die Leistung war schwach, der Typ war aber dank seiner Vielseitigkeit und seiner hervorragenden Flugeigenschaften sehr beliebt.**

# Fairey Fox

## Entwicklungsgeschichte

Richard Fairey ließ sich von dem 450 PS (336 kW) Curtiss D-12 12-Zylindermotor inspirieren, der den Curtiss CR-3 Navy Racer der USA im Schneider-Trophy-Wettbewerb des Jahres 1923 antrieb. Er kaufte der Firma Curtiss einen D-12 Motor ab und erwarb die Rechte, diesen Motor sowie den Curtiss-Reed Metallpropeller, die Hochleistungsflügel der CR-3 und die an der Tragflügeloberfläche montierten Kühler in Großbritannien herzustellen. Die Lizenz zur Motorenfertigung wurde nicht in Anspruch genommen, es wurden jedoch rund 50 D-12 importiert und als Fairey Felix weiterentwickelt, die in den **Fairey Fox** Tagbombern eingebaut wurden.

Der Fox Prototyp, der am 3. Januar 1925 von Hendon aus erstmals geflogen wurde, war die G-ACXO und, obwohl eine Reihe von Mängeln beseitigt werden mußten, lag die Höchstgeschwindigkeit des Flugzeugs mit 254 km/h etwa 65 km/h über der des Fairey Fawn Tagbombers; jedoch verursachte die Tatsache, daß die Maschine einen amerikanischen Motor hatte, einige Probleme bei der Beschaffung britischer Militäraufträge. Trotzdem wurde ein Erstauftrag über 18 Maschinen erteilt und die erste **Fox Mk I** flog am 10. Dezember 1925. Später im gleichen Monat erfolgten die ersten Lieferungen an die No. 12 Squadron in Andover und ersetzten dort die Fawn. Danach wurden neun weitere Fox bestellt, und als schließlich der Rolls-Royce F.XIIA Motor (später erhielt er den Namen Kestrel) verfügbar wurde, wurden die Fox nachträglich ummotorisiert und erhielten die Bezeichnung **Fox Mk IA**. Die erste dieser Maschinen flog am 29. August 1927 mit dem ersten Rolls-Royce F.XI Motor, während der erste komplett entwickelte F.XIA Motor im Dezember 1928 zum ersten Flugeinsatz kam.

Eine Weiterentwicklung, die **Fox**

Fairey Fox Mk I der No. 12 Sqn RAF

**Mk IIM** (G-ABFG) flog am 25. Oktober 1929 in Northolt — sie war aus Metall gebaut, hatte Stoffbespannung und als Triebwerk diente ein Rolls-Royce F.XIB (später Kestrel IB) mit 480 PS (358 kW).

Diese Maschine wurde der RAF angeboten. Es war allerdings schon zu spät, denn die Hawker Hart war bereits bestellt worden, um die Tagbomberrolle zu übernehmen. Daraufhin wurde die Fox Mk IIM im Ausland angeboten und von Belgien akzeptiert. Im Januar 1931 wurden zwölf Flugzeuge geordert und die ersten drei Maschinen am 10. Januar 1932 auf dem Flughafen Brüssel/Evère übergeben.

In Gosselies bei Charleroi wurde für den belgischen Unternehmenspartner Avions Fairey ein neues Werk errichtet. Das Unternehmen war gegründet worden, um die Fairey Fox in Lizenz zu bauen, und die erste in Belgien montierte Fox flog am 21. April 1933. Die offiziellen Aufzeichnungen des Unternehmens weisen aus, daß bis 1939 177 von der Fox abgeleitete Maschinen gebaut wurden, die sich aus elf verschiedenen Versionen zusammensetzten, die Motoren wie den Kestrel IIS und den Hispano-Suiza 12Y hatten. Die wichtigste in Belgien gebaute Fox war die **Fox Mk VI**, die von einem 806 PS (641 kW) Hispano-Suiza Motor angetrieben wurde; ihre Cockpithaube und ihre Fahrwerksverkleidung sorgten für eine Höchstgeschwindigkeit von über 354 km/h, für eine Startstrecke von nur 55 m und eine Steigzeit von nur 8 Minuten und 20 Sekunden auf 6.095 m. Die belgische Luftwaffe erhielt 94 Fox, die mit zwei vorwärtsfeuernden Maschinengewehren bestückt waren, von denen je eines an der rechten und linken Rumpfseite montiert war. Diese Flugzeuge wurden ab dem 10. Mai 1940 gegen die deutschen Invasionstruppen entsandt und während der 18 Tage der mutigen, jedoch erfolglosen Verteidigung des belgischen Territoriums waren die veralteten Fox ständig im Einsatz.

In Großbritannien wurden noch einige weitere Fox gebaut, darunter sechs Wasserflugzeuge für Peru, die genaue Anzahl ist jedoch nicht bekannt. Die wenigen Fox, die von der RAF gekauft worden waren, blieben im Dienst, bis sie 1931 durch Hawker Hart ersetzt wurden.

## Varianten

**Fox Mk III:** privat finanziertes Vorführmodell, das später zur einzigen **Fox Mk IV** wurde.

**Fox Mk III Trainer:** Einzelexemplar, von der Fox Mk II zum Schulflugzeug mit Doppelsteuerung umgebaut und mit dem 360 PS (269 kW) Armstrong Siddeley Serval Sternmotor ausgestattet; kam 1934 bei dem Werk Gosselies als **Fox Mk IIIS** heraus und hatte dann einen Kestrel IIMS Kompressormotor; es wurden weitere fünf Fox Mk IIIS Flugzeuge gebaut.

**Fox Mk III:** Bezeichnung für 13 in Belgien gebaute, zweisitzige Jagdaufklärer mit zusätzlichem, vorwärtsfeuerndem FN-Browning 7,62 mm Maschinengewehr.

**Fox Mk IIIC:** ein zweisitziges Aufklärungs-Verbindungsflugzeug, das auch als Bomber eingesetzt werden konnte; zur Gesamtproduktion von 48 dieser Maschinen, die alle von Kestrel IIS angetrieben wurden, gehörte auch ein **Fox Mk IIICS** Schulflugzeug mit Doppelsteuerung; alle diese Flugzeuge waren an ihrem geschlossenen Cockpit zu erkennen.

**Fox MK IV:** Bezeichnung für einen Prototypen mit 775 PS (578 kW) Hispano-Suiza.

**Fox Mk IV Floatplane:** sechs Maschinen im peruanischen Auftrag.

**Fox Mk V:** Bezeichnung der Fox Mk IV, nachdem sie von der Muttergesellschaft mit einem geschlossenen Cockpit und Rad-Halbverkleidungen versehen worden war, um sie der Rolle als Langstrecken-Jäger mit nur einem Piloten an Bord anzupassen; nach ihrer Rückkehr nach Belgien wurde die Fox Mk V mit dem 830 PS (619 kW) Hispano-Suiza 12Ydrs umFor motorisiert, ihre Rad-Halbverkleidungen wurden demontiert und die Maschine wurde als Aufklärer-Prototyp in Fairey Fox Mk VIR umbenannt.

**Fox Mk VIC:** Bezeichnung für 52 Flugzeuge, die als zweisitzige Gegenstücke zur Fox Mk VIR produziert worden waren.

**Fox Mk VIR:** Bezeichnung der Jagdaufklärer-Version der Fox Mk VI Serien-Grundversion.

**Fox Mk VII:** einsitzige Jäger-Entwicklung der Fox Mk VIR mit sechs Maschinengewehren; nur zwei gebaut, die den inoffiziellen Namen **Kangourou** trugen, der sich auf die nach hinten verlegte Kühlwanne bezog.

**Fox Mk VIII:** Bezeichnung von 15 Exemplaren einer verbesserten Version der Fox Mk VIR mit zwei 7,62 mm FN-Browning Maschinengewehren in den oberen Flügeln.

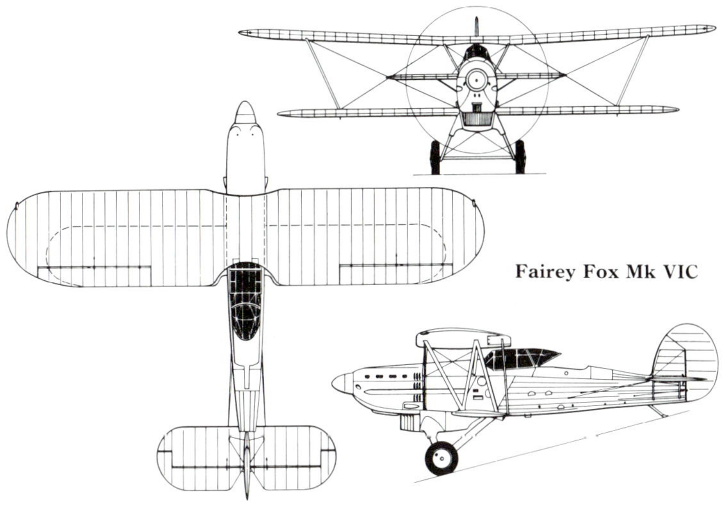

Fairey Fox Mk VIC

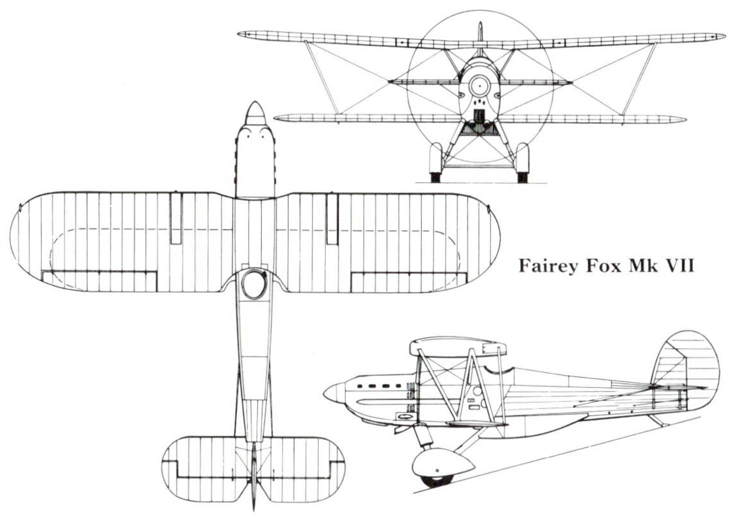

Fairey Fox Mk VII

## Technische Daten

**Fairey Fox Mk I**

**Typ:** zweisitziger Tagbomber.

**Triebwerk:** ein 480 PS (358 kW) Fairey Felix V-Motor.

**Leistung:** Höchstgeschwindigkeit 251 km/h in Meereshöhe; Dienstgipfelhöhe 5.180 m; Reichweite 1.046 km.

**Gewicht:** Leergewicht 1.183 kg; max. Startgewicht 1.867 kg.

**Abmessungen:** Spannweite 11,58 m; Länge 9,50 m; Höhe 3,25 m; Tragflügelfläche 30,10 m$^2$.

**Bewaffnung:** ein starres, vorwärtsfeuerndes 7,7 mm Maschinengewehr und ein bewegliches 7,7 mm MG im Cockpit plus bis zu 209 kg Bomben.

**Die Fairey Fox Mk III war ein zweisitziger Jagdaufklärer mit einem FN-Browning Maschinengewehr. Von diesem Modell wurden in Belgien dreizehn Exemplare gebaut.**

# Fairey Freemantle

## Entwicklungsgeschichte

Die **Fairey Fremantle**, eines der größten einmotorigen Wasserflugzeuge, wurde für einen vorgesehenen Flug rund um die Welt konstruiert und gebaut, der nie stattfand. Sie wurde entsprechend einer Air Ministry-Anforderung nach einem Langstreckenaufklärer gebaut, der eine Besatzungskabine hatte, in der man aufrecht stehen konnte. Der Pilot saß allerdings in einem offenen Cockpit vor der Kabine, und die Treibstofftanks waren außen am Rumpf angebracht.

Bis die Fremantle im November 1924 für den Beginn der Versuchsflüge bereit war, hatten die Amerikaner mit drei einmotorigen Douglas World Cruiser den ersten Flug rund um die Welt absolviert. Bei den Testflügen bestätigten sich die angenehmen Flugeigenschaften der Fremantle und auf ihrem letzten Probeflug trug sie sieben Passagiere. Ihre letzte Verwendung, über die es Aufzeichnungen gibt, war 1926 bei der RAF, wo sie im Zusammenhang mit der Funknavigation für Entwicklungsarbeiten verwendet wurde.

**Als einmotoriges Wasserflugzeug war die Fairey Fremantle eine massive Konstruktion. Der großformatige Kühler war vor dem Treibstofftank oberhalb des Mittelteils des oberen Flügels montiert.**

## Technische Daten

**Typ:** Fernaufklärer-Doppeldecker.
**Triebwerk:** ein 650 PS (485 kW) Rolls-Royce Condor III 12-Zylinder V-Motor.
**Leistung:** Höchstgeschwindigkeit 161 km/h; Reichweite 1.609 km.
**Gewicht:** maximales Startgewicht 5.693 kg.
**Abmessungen:** Spannweite 20,98 m; Länge 16,15 m; Höhe 6,17 m; Tragflügelfläche 101,73 $m^2$.

# Fairey Fulmar

## Entwicklungsgeschichte

Mitte der dreißiger Jahre benötigte der Fleet Air Arm dringend ein neues Flugzeug, das seine antiquierten Doppeldecker ersetzen sollte. Allerdings mußte das neue Kampfflugzeug Platz für zwei Besatzungsmitglieder haben, um mit den zunehmend komplizierter werdenden Navigationshilfen fertigzuwerden. Es war unvermeidlich, daß sich durch die größeren Maße und das höhere Gewicht Leistungseinbußen ergaben. Bis jedoch die Hawker Sea Hurricane und die Supermarine Seafire aufkamen, war die **Fairey Fulmar** das beste verfügbare Flugzeug.

Am 13. Januar 1937 wurde der erste von zwei Prototypen eines leichten Bombers P.4/34 geflogen und aus diesen entstand mit vergleichsweise wenig Änderungen die Fulmar. Die P.4/34 war kleiner und leichter als die zur gleichen Zeit vorhandene Fairey Battle, sah sicherlich auch besser aus und war für Sturzkampfeinsätze verstärkt. Der zweite Prototyp wurde als Modell eines Marine-Jagdflugzeugs verwendet und es wurden verschiedene Änderungen durchgeführt, um den Anforderungen der Marine zu genügen. Eine anfängliche Überlegung, nach der die Fulmar auch mit Schwimmern hätte operieren sollen, wurde fallengelassen.

Innerhalb von sieben Wochen nach Eingang der detaillierten Spezifikation am 16. März 1938 bestätigte Fairey der Admiralität, daß eine modifizierte Version der P.4/34 den Anforderungen entsprechen würde und es wurde ein Erstauftrag über 127 Flugzeuge erteilt, die Fulmar genannt werden sollten. Im September 1938 wurde diese Bestellung auf 250 erhöht, Fairey warnte jedoch davor, daß die Produktion nicht aufgenommen werden könnte, bevor das neue Werk in Heaton Chapel, Stockport, fertiggestellt sei.

**Berücksichtigt man Größe und Gewicht, so war die Fairey Fulmar Mk I ganz erheblich untermotorisiert.**

Die P.4/34 hatte den 1.030 PS (768 kW) Rolls-Royce Merlin II als Triebwerk, die erste Serien-Fulmar sollte jedoch einen Merlin VIII haben. Allerdings flog dann die erste Maschine am 4. Januar 1940 in Ringway mit einem modifizierten Merlin III und es dauerte bis zum 6. April 1940, bis die erste Maschine mit einem Merlin VIII Motor flog. Danach lief die Produktion glatt und bis Ende 1940 waren insgesamt 159 Fulmar ausgeliefert. Allerdings wurde die Fulmar bereits 1943 durch die Seafire und die Firefly ersetzt. Die letzten der 602 gebauten Fulmar waren erst im Februar 1943 ausgeliefert worden. Die ersten 250 Maschinen waren **Fulmar Mk I** und alle weiteren Flugzeuge **Fulmar Mk II** mit einem 1.300 PS (969 kW) Merlin 30 Motor, einem neuen Propeller, Tropenausrüstung und verschiedenen weiteren Änderungen. Eine Gewichtseinsparung von 159 kg war erzielt worden, und obwohl die Fulmar Mk II nur geringfügig schneller war als die Fulmar Mk I, hatte sie doch eine wesentlich bessere Steigflugleistung.

Rund 100 Fulmar Mk II wurden als Nachtjäger umgerüstet, die sich mehr oder weniger gleichmäßig auf Einsatz- und Schulungsaufgaben verteilten. Die Verfügbarkeit eines neuen, leichten Hochfrequenz-Funkgerätes machte es Anfang 1942 den Fulmar möglich, als wirkungsvoller Fernaufklärer über dem Indischen Ozean eingesetzt zu werden.

Die Fulmar tauchte kurz in der Anfangsphase der Experimente auf, in denen die Möglichkeit des Katapultstarts von Jagdflugzeugen von bewaffneten Handelsschiffen aus erprobt wurde. Diese Operationen, die als eine Art von Konvoi-Deckung gedacht waren, waren stets nur Einmal-Einsätze, denn es gab keine Möglichkeit, wieder auf dem Schiff zu landen. Nach dem Kampf mußte der Pilot aussteigen und darauf hoffen, daß er aus dem Meer gefischt würde. Ab 1943 wurden die Fulmar von den Firefly abgelöst.

Fleet Air Arm Museum

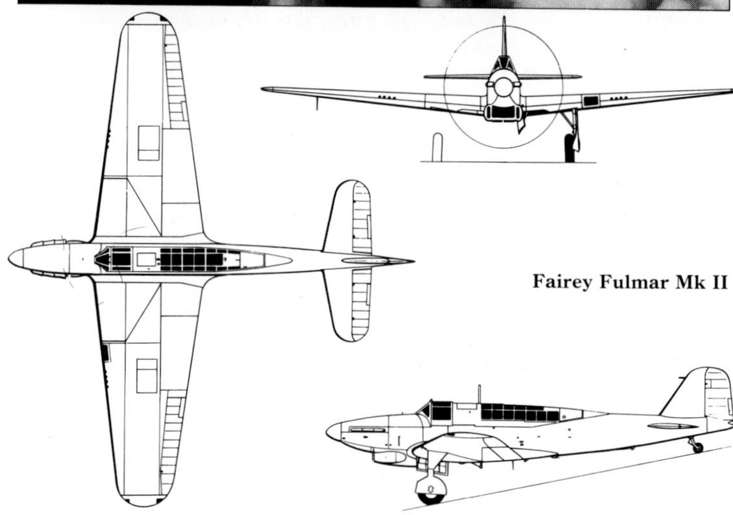

Fairey Fulmar Mk II

## Technische Daten

**Fairey Fulmar Mk I**
**Typ:** zweisitziges, trägergestütztes Jagdflugzeug.
**Triebwerk:** ein 1.080 PS (805 kW) Rolls-Royce Merlin VIII 12-Zylinder V-Motor.
**Leistung:** Höchstgeschwindigkeit 398 km/h in 2.745 m Höhe; Anfangssteiggeschwindigkeit 6,1 m/sek; Dienstgipfelhöhe 6.555 m; maximale Flugdauer im Patrouilleneinsatz 4 Stunden.
**Gewicht:** Leergewicht 3.955 kg; max. Startgewicht 4.853 kg.
**Abmessungen:** Spannweite 14,14 m; Länge 12,24 m; Höhe 4,27 m; Tragflügelfläche 31,77 $m^2$.
**Bewaffnung:** acht 7,7 mm Maschinengewehre in den Flügeln.

# Fairey G.4/31

## Entwicklungsgeschichte

Der **Fairey G.4/31** Doppeldecker sollte das Nachfolgemodell für die Fairey Gordon und die Westland Wapiti werden, erhielt jedoch keinen Auftrag. Fairey setzte allerdings den Bau des G.4/31 Doppeldeckers in Privatinitiative fort und die Maschine flog im März 1934 mit einem 635 PS (474 kW) Bristol Perseus Sternmotor zum ersten Mal. Drei Monate später flog sie als die umgebaute und überarbeitete **G.4/31 Mk II** ein weiteres Mal. Sie hatte nun einen längeren Rumpf, Rad-Halbverkleidungen und zunächst einen Armstrong Siddeley Tiger IV Motor, der jedoch später durch einen Tiger VI ersetzt wurde. Auch für dieses Modell erhielt Fairey keine Aufträge. Ohne Zweifel wurden viele Konstruktionsentwürfe später bei der Fairey — Swordfish angewandt- die Ähnlichkeiten sind nicht zu übersehen.

## Technische Daten

**Fairey G.4/31**
**Typ:** zweisitziger Doppeldecker.
**Triebwerk:** ein 750 PS (559 kW) Armstrong Siddeley Tiger IV 14-Zylinder Doppelsternmotor.
**Leistung:** Höchstgeschwindigkeit 253 km/h in 4.570 m Höhe; Dienstgipfelhöhe 7.070 m.
**Gewicht:** Leergewicht 3.169 kg; max. Startgewicht 3.987 kg.
**Abmessungen:** Spannweite 16,15 m; Länge 12,45 m; Höhe 4,78 m; Tragflügelfläche 61,13 $m^2$.
**Bewaffnung:** ein starres, vorwärtsfeuerndes 7,7 mm Vickers Maschinengewehr im linken unteren Flügel und ein 7,7 mm Lewis MG im hinteren Cockpit plus Bomben oder ein Torpedo bis zu 680 kg.

# Fairey Gannet

RAF Museum, Hendon

Die Fairey Gannet erwies sich als wirkungsvoller U-Bootjäger für trägerstützten Einsatz, wobei ihre kompakten Formen die darunter liegende Waffen- und Sensorausstattung gut verbargen. Hier abgebildet ist ein zweisitziges Gannet-Schulflugzeug ohne die Radarkuppel im Bauch, jedoch mit einem Periskop für den Fluglehrer.

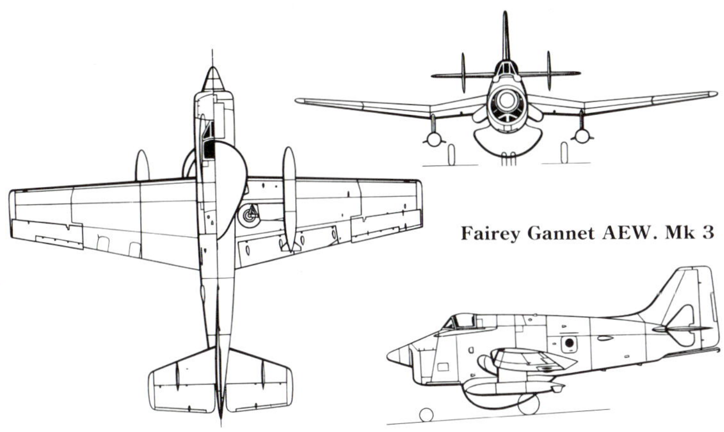
Fairey Gannet AEW. Mk 3

## Entwicklungsgeschichte

An der Ausschreibung für ein trägergestütztes Flugzeug zur U-Bootbekämpfung beteiligten sich die Firmen Fairey und Blackburn, wobei Fairey einen Vertrag über zwei Prototypen und Blackburn einen über drei solche Maschinen erhielt. Die Blackburn-Maschinen waren die Y.A.7 und die Y.A.8, beide mit Rolls-Royce Griffon Kolbenmotoren, sowie die Y.A.5, die für die projektierten gekoppelten Propellerturbinen vom Typ Napier Naiad konstruiert worden war. Die Entwicklung dieses Motors wurde eingestellt und die Y.A.5 wurde in Y.B.1 umbenannt, um die gekoppelten Armstrong Siddeley Double Mamba Propellerturbinen aufzunehmen. Dabei handelte es sich um das gleiche Triebwerk, um das herum auch die **Fairey Gannet** konstruiert werden sollte.

Gegenüber herkömmlichen Triebwerken hatte die Double Mamba eine Reihe von Vorteilen und jede Hälfte konnte unabhängig von der anderen geregelt werden, so daß die Maschine mit der einen Hälfte fliegen konnte, während die zweite Hälfte abgeschaltet war, wodurch sich die Reichweite verlängerte. Da jeder Motor einen Vierblatt-Propeller antrieb, und die Propeller sich gegenläufig drehten, fiel das Problem des asymetrischen Schubes weg, mit dem man normalerweise bei zweimotorigen Flugzeugen rechnet.

Der Gannet-Prototyp, der damals als **Fairey 17** bekannt war, flog am 19. September 1949 in Aldermaston zum ersten Mal und die zweite Maschine folgte am 6. Juli 1950. Beide waren Zweisitzer. Der dreisitzige Prototyp, um den der Auftrag später noch ergänzt wurde, flog im Mai 1951, zwei Monate, nachdem ein Produktionsauftrag erteilt worden war – die Y.B.1 war damit aus dem Rennen ausgeschieden.

Im Juni 1950 wurde der erste Prototyp zum ersten Propellerturbinen-Flugzeug, das auf einem Flugzeugträger landete, als die Erprobung auf der *HMS Illustrious* begann. Die erste Serienmaschine **Gannet AS.Mk I** flog im Juni 1953 und dieser Typ ging bei der No. 703 Squadron Service Trials Unit in Dienst, als im April 1954 vier Serienmaschinen (die Nummern 9-12) ausgeliefert wurden. Die erste Einsatz-Squadron war die No. 826 in Lee-on-Solent, die im Januar des Jahres 1955 gebildet wurde.

Die Entwicklung des Double Mamba-Motors führte mit der Mk 101 zu einer aufgewerteten Version, die 3.035 WPS (2.263 kW) lieferte und mit diesem Triebwerk sowie einigen Detailänderungen bei der Ausstattung entstand die **Gannet AS.Mk 4**, die die Gannet AS.Mk 1 auf der Fertigungsstraße ersetzte. Von beiden Varianten wurden insgesamt 255 Exemplare gebaut, von denen die Mehrzahl Fairey Gannet AS.Mk 1 waren.

Der erste Anforderung nach Schulflugzeugen führte zur **Gannet T.Mk 2** und zur **Gannet T.Mk 5**, jeweils Versionen der Gannet AS.Mk 1 und der Gannet AS.Mk 4. Die Maschinen hatten Doppelsteuerung und die einziehbare Radarkuppel fehlte. Der Prototyp Gannet T.Mk 2 war eine umgebaute Gannet AS.Mk 1 und es wurden davon 37 Serienmaschinen sowie acht Gannet T.Mk 5 gebaut.

Da die FAA ein Frühwarnflugzeug als Ersatz für die Douglas Skyraider brauchte, wurde 1957 die **Gannet AEW. Mk 3** entwickelt; der Prototyp flog im August 1958, gefolgt von 43 Serienmaschinen mit 3.875 WPS (2.890 kW) Double Mamba 112 Triebwerken. Das Modell war eine weitgehende Überarbeitung des ursprünglichen Entwurfs und hatte einen völlig neuen Rumpf und ein breiteres Fahrwerk, um Platz für das Radom zu schaffen. Die Gannet AEW. Mk 3 nahm 1960 den Dienst auf, wurde aber nur einer einzigen britischen Einheit zugeordnet; der Typ war das letzte Fairey Modell der Royal Navy. Bis zum Juli 1960 waren die Mk 1 und Mk 4 durch Wessex Hubschrauber ersetzt worden, wobei allerdings einige Mk 4 1961 mit neuer Radaranlage und Elektronik ausgerüstet wurden und in dieser Form die Bezeichnung **Gannet AS. Mk 6** erhielten. Die Marineflieger der Bundesmarine kauften 1958 15 Gannet AS. Mk 4 und eine Gannet T. Mk 5, und im folgenden Jahr bestellte die indonesische Marineluftwaffe 18 Gannet AS. Mk 4 und Gannet T. Mk 5. Zwei Staffeln der Royal Australian Navy erhielten den Typ im August 1955; die RAN hatte insgesamt 33 Gannet Mk 1 und 3 Mk 2.

Mehrere Gannet sind in Museen erhalten geblieben, und noch 1982 wurde eine Gannet AEW. Mk 3 an einen privaten Kunden in den USA verkauft.

### Technische Daten

**Fairey Gannet AS. Mk 1**

**Typ:** dreisitziger U-Bootjäger.

**Triebwerk:** eine 2.950 WPS (2.200 kW) Armstrong Siddeley Double Mamba 100 Propellerturbine.

**Leistung:** Höchstgeschwindigkeit 499 km/h; Reisegeschwindigkeit 481 km/h; Dienstgipfelhöhe 7.620 m; Reichweite 1.518 km.

**Gewicht:** Leergewicht 6.835 kg; max. Startgewicht 9.798 kg.

**Abmessungen:** Spannweite 16,56 m; Länge 13,11 m; Höhe 4,18 m; Tragflügelfläche 44,85 m$^2$.

**Bewaffnung:** bis zu ca. 907 kg Torpedos, Wasserbomben, Sonarbojen und Raketen.

# Fairey Gordon und Seal

Die Marine-Ausführung der Fairey Seal, noch zu Beginn des Zweiten Weltkriegs bei der RAF im Dienst, unterschied sich von dem ursprünglichen Modell vor allem durch die Ausrüstung.

## Entwicklungsgeschichte

Als ein Ersatz für die Fairey IIIF gebraucht wurde, entschloß man sich für den bestmöglichen Nachfolger: eine neue Fairey IIIF. Der Prototyp der später in **Fairey Gordon** umbenannten **Fairey IIIF Mk V** war daher eine umgebaute Mk IVM mit einem 525 PS (391 kW) Armstrong Siddeley Panther IIA Sternmotor anstelle des 570 PS (425 kW) Napier Lion. Das mag auf den ersten Blick wie ein Rückschritt aussehen, aber die Gordon war bei ihrem schwächeren Antrieb auch etwa 181 kg leichter und erbrachte eine bessere Leistung, vor allem beim Start. Verändert wurden außerdem die Elektro-, Treibstoff- und Ölsysteme sowie die Montierung des vorwärts zielenden Maschinengewehrs.

Der erste Gordon war als zweisitziger Tagbomber bestellt worden und flog erstmals am 3. März 1931. Die Quellen sind nicht ganz zuverlässig, was die Produktionszahlen angeht, aber offenbar wurden 185 Maschinen für die RAF gebaut, bevor die Produktion 1934 eingestellt wurde; darunter waren auch mehrere Schulflugzeuge. Später wurden etwa 90 bereits im Einsatz befindliche Fairey IIIF auf den Standard der Gordon gebracht. 20 Maschinen gingen ins Ausland (nach Brasilien und China). Die RAF erhielt ihre ersten Serienmaschinen im April 1931. Die Gordon diente noch 1938 in England und im Ausland, und viele Maschinen dieses Typs wurden bei Ausbruch des Zweiten Weltkriegs als Ziel-Schleppflugzeuge eingesetzt.

Gleichzeitig mit der Gordon war die **Fairey Seal** im Einsatz, deren Prototyp ebenfalls ein umgebautes Modell (Fairey IIIF Mk IIIB) war und die Bezeichnung **Fairey IIIF Mk VI** trug. 91 Maschinen wurden bestellt und die ersten Serienexemplare 1933 ausgeliefert; die letzten waren im März 1935 fertig, und offenbar wurden nur 90 Flugzeuge tatsächlich gebaut. Die Seal war der Gordon weitgehend ähnlich, hatte aber eine dreiköpfige Besatzung und war für die Marine ausgerüstet. Das Modell hatte Schwimmer oder Radfahrwerk, einen Fanghaken und Katapultbefestigung. Dadurch konnte der Typ sowohl auf Flugzeugträgern als auch auf Kriegsschiffen in der Konfiguration eines katapultgestarteten Wasserflugzeugs eingesetzt werden. 1933 wurden die No. 820 und No. 821 Squadron an Bord der *HMS Courageous* als erste Einheiten mit diesem Typ ausgestattet, und die Seal blieb bis zum Kriegsausbruch im Einsatz. Die letzten Maschinen waren in Ceylon stationiert war, wo sie zwischen August 1939 und April 1942 Patrouillenflüge über dem Indischen Ozean unternahmen. Exemplare dieses Typs wurden an Argentinien, Chile, Lettland und Peru verkauft.

### Technische Daten
**Fairey Gordon**
**Typ:** 2sitziges Mehrzweckflugzeug.
**Triebwerk:** ein 525 PS (391 kW) Armstrong Siddeley Panther IIA 14-Zylinder Sternmotor.
**Leistung:** Höchstgeschwindigkeit 233 km/h in 915 m Höhe; Reisegeschwindigkeit 177 km/h; Dienstgipfelhöhe 6.705 m; Reichweite 966 km.
**Gewicht:** Leergewicht 1.588 kg; max. Startgewicht 2.679 kg.
**Abmessungen:** Spannweite 13,94 m; Länge 11,20 m; Höhe 4,32 m.
**Bewaffnung:** ein vorwärtsfeuerndes 7,7 mm MG und ein 7,7 mm MG im hinteren Cockpit, plus bis zu 227 kg Bomben.

# Fairey Gyrodyne

### Entwicklungsgeschichte
Im April 1946 gab Fairey ein privat finanziertes Projekt eines Drehflügelflugzeugs bekannt, das nach einem neuen, von Dr. J. A. J. Bennet entwickelten Konzept gebaut werden sollte, der im vorhergehenden Jahr der Firma beigetreten war. Dr. Bennett hatte 1936 die Kontrolle über die Cierva Autogyro Company übernommen, nachdem Juan de la Cierva gestorben war, und seine Idee basierte auf einer Kombination zwischen einer Tragschraube und einer Luftschraube, die auf einem Stummelflügel angebracht war.

Die Regierung bestellte zwei Prototypen und die erste Fairey Gyrodyne wurde in fast vollständiger Form am 7. Dezember 1946 in White Waltham ausgestellt und unternahm mehrere Flüge, bis sie im März 1948 auseinandergenommen und gründlich untersucht wurde. Der zweite Prototyp war dem ersten weitgehend ähnlich, hatte aber, wie es oft bei Demonstrationsflugzeugen üblich ist, eine bequemere Inneneinrichtung. Diese Maschine flog im September 1948 in Farnborough.

Die erste Gyrodyne wurde wieder zusammengebaut und nach weiteren Testflügen bei einem Versuch eingesetzt, den Geschwindigkeits-Weltrekord für Hubschrauber bei geradlinigem Flug zu brechen. Am 28. Juni 1928 unternahm die Gyrodyne mit dem Testpiloten Basil Arkell zwei Flüge in beiden Richtungen über eine

**Die Fairey Gyrodyne war ein sehr fortschrittlicher Entwurf. Die an den Stummelflügeln montierten Luftschrauben wirken dem Gegendrehmoment des Rotors entgegen, so daß auf einen Heckrotor verzichtet werden konnte. Abgebildet ist der erste Prototyp.**

3 km lange Strecke in White Waltham und erreichte dabei 200 km/h, ein neuer Rekord. Im April 1949 wurde versucht, einen neuen 100 km Rundflug-Rekord aufzustellen, aber zwei Tage vor dem anberaumten Termin verursachte eine Ermüdung des Rotorkopfs den Absturz der Maschine in der Nähe von Reading; der Pilot und der Beobachter kamen dabei ums Leben. Wie zu erwarten, wurde für die zweite Gyrodyne eine ausführliche Untersuchung angeordnet, und das Modell wurde erst wieder 1953 geflogen. In der Zwischenzeit war es weitgehend verändert worden, um für das neue große Fairey Projekt, Rotodyne, Daten zu liefern.

Der in **Jet Gyrodyne** umbenannte Hubschrauber war der Gegenstand eines Forschungsauftrags des Ministry of Supply. Mit dem Modell sollte das Prinzip des Blattantriebs und Techniken für Verwandlungshubschrauber wie den Rotodyne untersucht werden. Der Jet Gyrodyne war äußerlich und in der Wahl des Triebwerks mit dem früheren Modell identisch, hatte dafür aber einen Zweiblatthauptrotor mit Düsen an den Spitzen anstelle der konventionellen Dreiblattrotoren, und an einem Ende der Stummelflügel waren zwei Fairey Verstelldruckpropeller montiert, die von dem Leonides Motor angetrieben wurden, der nun nicht mehr den Hauptrotor bediente. Dafür pumpten zwei Rolls-Royce Merlin Kompressoren Luft zu den Rotorspitzen.

Auf die Erprobung im Teststand folgte der erste freie Flug im Januar 1954, aber ein vollständiger Übergang von vertikalem zu horizontalem Flug (Transition) wurde erst im März 1955 erzielt. Die Systeme wurden weiterhin getestet, und bis zum September 1956 hatte das Modell 190 Transitionen und 140 Autorotationslandungen durchgeführt.

### Technische Daten
**Fairey Gyrodyne**
**Typ:** experimenteller Hubschrauber.
**Triebwerk:** ein 520 PS (388 kW) Alvis Leonides Neunzylinder Sternmotor.
**Leistung:** Höchstgeschwindigkeit 225 km/h.
**Gewicht:** Leergewicht 1.633 kg; max. Startgewicht 2.177 kg.
**Abmessungen:** Rotordurchmesser 15,77 m; Stummelflügelspannweite 5,08 m; Rumpflänge 7,62 m; Höhe 3,10 m; Rotorkreisfläche 195,40 m$^2$.

# Fairey Hamble Baby

### Entwicklungsgeschichte
Das ursprüngliche einsitzige Wasserflugzeug Sopwith Baby war auf der Basis der Tabloid entwickelt worden, die 1914 die Schneider Trophäe gewann und für den Royal Naval Air Service (RNAS) produziert wurde, wo sie als 'Schneider' bezeichnet wurde. Die Schneider erbrachte zunächst eine gute Leistung, aber die Notwendigkeit, sie mit zusätzlichen Anlagen auszurüsten, erwies sich bald als Nachteil, und Blackburn und Fairey wurden mit Verbesserungen beauftragt.

Fairey legte dem Entwurf der **Fairey Hamble Baby** vor, die auf einer von Sopwith gebauten Baby basierte, aber veränderte Tragflächen mit runden Spitzen und das Fairey Patent Camber Gear besaß. Diese Anlage bestand aus schwenkbaren Klappen entlang der Hinterkante der oberen und unteren Flügel, die beim normalen Flug als Querruder dienten und heruntergelassen werden konnten, um den Tragflächen mehr Auftrieb zu geben.

Bei den Flugtests ließ sich eine bedeutend verbesserte Leistung beobachten, und schließlich wurden 180 Exemplare des Modells gebaut. Fünfzig davon wurden von Fairey hergestellt, die restlichen von Parnall & Sons. Von diesen Maschinen erhielten 74 ein breites Radfahrwerk und wurden als Schulflugzeuge eingesetzt. Die ersten Serienmaschinen hatten 110 PS (82 kW) Clerget Umlaufmotoren, aber die späteren erhielten 130 PS (97 kW) Triebwerke der gleichen Herstellerfirma.

Die Hamble Baby wurde auf Küstenstützpunkten für U-Boot-

**Die Fairey Hamble Baby war eine Modifikation der Sopwith Baby. Hier abgebildet ist eine darauf basierende, von Parnall gebaute Landflugzeugausführung. Die vier breiten Querruder an den Flügelhinterkanten wurden als Fairey Patent Camber Gear bezeichnet.**

Patrouillen an der gesamten britischen Küste, im Mittelmeer und der Ägäis eingesetzt.

**Technische Daten**
**Typ:** ein einsitziges Patrouillen-Wasserflugzeug.
**Triebwerk:** ein 110 PS (82 kW) Clerget Neunzylinder Umlaufmotor.
**Leistung:** Höchstgeschwindigkeit 145 km/h in 610 m Höhe; Dienstgipfelhöhe 2.315 m; Flugdauer zwei Stunden.
**Gewicht:** Leergewicht 629 kg; max. Startgewicht 883 kg.
**Abmessungen:** Spannweite 8,46 m; Länge 7,11 m; Höhe 2,90 m; Tragflügelfläche 22,85 m$^2$.
**Bewaffnung:** ein starres, vorwärtsfeuerndes 7,7 mm Lewis Gewehr plus zwei 29 kg Bomben.

# Fairey Hendon

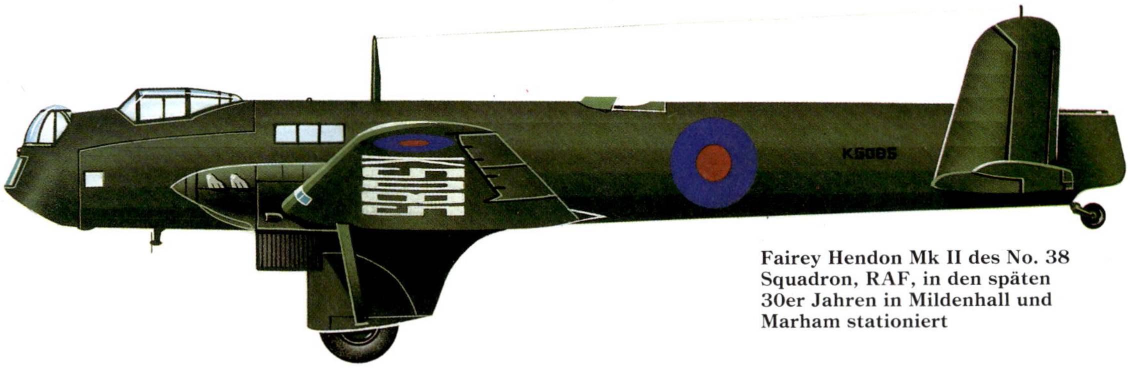


**Fairey Hendon Mk II des No. 38 Squadron, RAF, in den späten 30er Jahren in Mildenhall und Marham stationiert**

## Entwicklungsgeschichte

Für die Spezifikation B.19/27 des britischen Luftfahrtministeriums für einen schweren Nachtbomber wurden zwei Verträge über ganz unterschiedliche Typen abgeschlossen: den Handley Page Hereford Doppeldecker und den **Fairey Hendon** Metall/Stoff-Eindecker. Letzterer war ein modernerer Entwurf mit einer besseren Leistung. Aber wegen einiger während der Testflüge auftretender Probleme war eine Überarbeitung notwendig, und die Heyford erhielt die meisten Produktionsaufträge (124 Maschinen gegenüber nur 14 Hendon).

Der Prototyp der Hendon flog im November 1931 mit zwei Bristol Jupiter Motoren; über die Triebkraft liegen verschiedene Daten vor (460 PS/343 kW und 525 PS/391 kW). Die Jupiter Motoren wurden schließlich durch 480 PS (358 kW) Rolls-Royce Kestrel IIIS Motoren ersetzt, und das Serienmodell **Hendon Mk II** erhielt ein Kestrel VI Triebwerk.

Die Serienmaschinen wurden zwischen September 1936 und März 1937 hergestellt; die ersten Exemplare nahmen im November 1936 den Dienst auf. Der Entwurf hatte mehrere interessante Merkmale: Bomben und Treibstoff waren im Rumpfinnern untergebracht, und die Schützenpositionen im Heck und im Bug wurden durch einen Laufsteg miteinander verbunden; die Besatzung saß in geschlossenen Cockpits.

**Die 14 Standard-Serienmaschinen Fairey Hendon Mk II unterschieden sich von dem hier abgebildeten Prototyp durch ein stärkeres Triebwerk und ein völlige geschlossenes Cockpit für den Piloten. Der Prototyp auf diesem Bild wurde mit einem Dreiblatt-Propeller ausgestattet und erhielt die Bugkanzel der Mk II Maschinen.**

## Technische Daten
**Fairey Hendon Mk II**
**Typ:** fünfsitziger schwerer Bomber.
**Triebwerk:** zwei 600 PS (447 kW) Rolls-Royce Kestrel VI Zwölfzylinder Boxermotoren.
**Leistung:** Höchstgeschwindigkeit 249 km/h in 4.570 m Höhe; Dienstgipfelhöhe 6.525 m; maximale Reichweite 2.189 km.
**Gewicht:** Leergewicht 5.794 kg; max. Startgewicht 9.072 kg.
**Abmessungen:** Spannweite 31,01 m; Länge 18,52 m; Höhe 5,72 m; Tragflügelfläche 134,43 m$^2$.
**Bewaffnung:** 7,7 mm Lewis Gewehre in Bug-, Heck- und Turmpositionen, plus Bombenlast von bis zu 753 kg.

# Fairey Long-Range Monoplane

**Die K1991 war die zweite Fairey Long-Range Monoplane, und auf diesem Bild gewinnt man einen guten Eindruck von der riesigen Fläche der freitragenden Eindeckerflügel, die über 4.546 l Treibstoff für das Napier Lion Triebwerk fassen konnten.**

## Entwicklungsgeschichte

Zwischen den beiden Weltkriegen konnte man durch Rekordflüge viel Prestige gewinnen. Die Schneider Trophäe wurde für neue Geschwindigkeitsrekorde verliehen, und zahlreiche Flugzeuge versuchten, neue Langstrecken-Rekorde auszustellen. Darunter waren sowohl modifizierte Flugwerke von Serienmaschinen als auch speziell für diese Aufgabe entworfene Modelle.

In letztere Kategorie gehört die Fairey Long-Range Monoplane, die in zwei Exemplaren für das Luftfahrtministerium gebaut wurde. Nach Windkanaltests mit kleineren Modellen beschloß Fairey, daß eine Schulterdeckerkonfiguration mit freitragenden Flügeln optimal war, und die erste Monoplane flog am 14. November 1928 mit einem 570 PS (425 kW) Napier Lion XIA Motor. Die Spezifikation schrieb eine Reichweite von etwa 8.000 km vor, und zur Zeit des Erstflugs der Monoplane lag der Weltrekord bei 7.187 km, aufgestellt von einer Savoia S.64.

Das Triebwerk der Monoplane bereitete mehrfach Schwierigkeiten und verzögerte einen 24stündigen Flug nach Kairo bis zum Mai 1929, mehr als drei Monate nach dem ursprünglich geplanten Termin. Der eigentliche Rekordflug sollte zwischen England und Kapstadt stattfinden, wurde aber ebenfalls verschoben, da im April 1929 die Wetterverhältnisse in Südafrika nicht mehr günstig waren. Stattdessen wurde beschlossen, den Flug in Bangalore in Südindien durchzuführen. Vor dem Flug und während dessen Verlauf kam es zu zahlreichen weiteren Problemen, und die Reise endete schließlich in Karatschi, nachdem 6.647 km in 50 Stunden und 37 Minuten zurückgelegt worden waren. Der Treibstoff reichte nicht aus, um den Flug zu beenden, aber immerhin war dies der erste Nonstop-Flug von England nach Indien.

Im Dezember 1929 verließ die Monoplane England auf dem Weg nach Kapstadt, um einen von Costes und Bellonte mit einer Breguet Bre.19 zwischen Paris und der Mandschurei aufgestellten Rekord von 7.905 km zu brechen. Der Flug nahm ein tragisches Ende, da die Monoplane aus bis heute ungeklärten Gründen in der Nähe von Tunis an einem Berg zerschellte und beide Piloten dabei ums Leben kamen.

Angesichts der Erfahrungen mit der ersten Maschine wurden beim zweiten Exemplar Veränderungen vorgenommen. Es flog am 30. Juni 1931 und wurde einen Monat später der RAF übergeben. Eine von der RAE Farnborough entwickelte Autopilot-Anlage wurde zusammen mit einer beeindruckenden Instrumentenaustrüstung eingebaut.

Bei der Rückkehr von einem Erprobungsflug nach Ägypten wurde die Maschine bei einer Notlandung leicht beschädigt, dann aber repariert, und sie verließ England am 7. Februar 1933, um die 8.707 km nach Südwestafrika innerhalb von 57 Stunden 25 Minuten zurückzulegen; ein neuer Rekord. Die Großkreisentfernung betrug 8.595 km. Drei Monate später wurde dieser Rekord von Codos und Rossi in einer Blériot-Zappata 110 gebrochen, als diese eine Großkreisstrecke von 9.104 km von New York und Syrien zurücklegten.

Der Plan, die Monoplane 1934 mit einem Junkers Jumo Dieselmotor auszurüsten (eine Variante dieses Triebwerks hatte eine Reichweite von schätzungsweise 13.358 km), wurde nicht verwirklicht; über das Ende der Monoplane ist nichts weiter bekannt.

## Technische Daten
**Fairey Long-Range Monoplane II**
**Typ:** ein zweisitziger Langstrecken-Eindecker.
**Triebwerk:** ein 570 PS (425 kW) Napier Lion IXA Zwölfzylinder Kolbenmotor.
**Leistung:** Reisegeschwindigkeit 177 km/h; Reichweite 8.932 km.
**Gewicht:** maximales Startgewicht 7.938 kg.
**Abmessungen:** Spannweite 24,99 m; Länge 14,78 m; Höhe 3,66 m; Tragflügelfläche 78,97 m$^2$.

# Fairey N.4

## Entwicklungsgeschichte

Bis 1917 setzte der Royal Naval Air Service Flugboote in erheblichem Umfang ein und flog zahlreiche verschiedene Typen, die sowohl in den USA als auch in England hergestellt worden waren. Daher veröffentlichte die Admiralität 1917 eine Ausschreibung für ein sehr großes, viermotoriges Aufklärungsflugboot.

Nach einer Untersuchung der eingereichten Entwürfe wurden zwei Maschinen bei Fairey und eine bei Phoenix Dynamo bestellt. Fairey beauftragte Dick, Kerr & Co. aus Lytham St. Annes mit dem ersten Exemplar; der Bootsrumpf aus selbsttragender Haut wurde von einer Schiffbaufirma produziert. Die erste **Fairey N.4** trug den Namen *Atalanta* und flog erstmals im Sommer 1923 mit 650 PS (485 kW) Rolls-Royce Condor IA Motoren. Das Modell war seinerzeit das größte Flugboot der Welt, und die Zulieferung der unterschiedlichen Bauteile, die an verschiedenen Orten hergestellt wurden, gestaltete sich schwierig.

Die zweite Maschine, die **Fairey N.4 Mk II** mit dem Namen *Titania*, erfuhr mehrere Verbesserungen und erhielt die spätere Variante der Rolls-Royce Condor Motoren. Angeblich wurde das Flugzeug vor dem Erstflug längere Zeit hangarisiert, und der Jungfernflug soll 1925 stattgefunden haben. Die Phoenix Dynamo N.4 wurde zusammengesetzt, erlebte aber keinen Erstflug und wurde letztlich aus wirtschaftlichen Gründen verschrottet.

Die N.4 war offenbar ein zukunftsweisendes Modell, kam aber zu spät und war zu groß; als der Typ auf den Markt kam, gab es für ihn keinen Bedarf mehr.

### Technische Daten

**Fairey N.4 Mk II**
**Typ:** fünfsitziges Flugboot zur Fernaufklärung.
**Triebwerk:** vier 650 PS (485 kW) Rolls-Royce Condor III Zwölfzylinder V-Motoren.
**Leistung:** Höchstgeschwindigkeit 185 km/h in Meereshöhe; Dienstgipfelhöhe 4.300 m; max. Flugdauer 9 Stunden.
**Gewicht:** maximales Startgewicht 14.339 kg.
**Abmessungen:** Spannweite 42,37 m; Länge 20,12 m; Tragflügelfläche 269,14 m$^2$.
**Bewaffnung:** bewegliche 7,7 mm Lewis Gewehre in Bug- und Heckpositionen, plus bis zu 454 kg Bomben.

**Die Seriennummer N129 identifiziert diese Maschine als die Fairey N.4 Mk II Titania, damals das größte und schwerste Flugboot der Welt. Die Maschine war bis 1923 hangarisiert, wurde dann auseinandergenommen und 1925 auf der Isle of Grain für den Erstflug wieder zusammengesetzt.**

# Fairey N.9

## Entwicklungsgeschichte

Die britische Admiralität forderte ein zweisitziges Wasserflugzeug, das von Bord eines Wasserflugzeugträgers aus eingesetzt werden sollte. Fairey legte zwei Entwürfe vor, die **Fairey N.9** und **N.10**.

Die Fairey N.9 war ein Anderthalbdecker mit Klappflügeln, der im Juli 1917 erstmals mit einem Rolls-Royce Falcon Motor flog. Die N.9 erhielt zwar keinen Produktionsauftrag, erwies sich jedoch als ausgesprochen nützlich für die Erprobung eines Katapults, das an Bord eines speziellen Schiffes, der *HMS Slinger*, montiert war. Die Tests mit der N.9 begannen im Juni 1918; das Modell wurde dafür durch zusätzliche Streben verstärkt und war das erste in England bei Katapulttests eingesetzte Wasserflugzeug.

1919 hatte die Admiralität keine weiteren Pläne für die N.9 und verkaufte die Maschine wieder an Fairey, wo sie mit einem neuen 260 PS (194 kW) Sunbeam Maori II Motor ausgerüstet wurde. Fairey hatte keine Verwendung für die Maschine und verkaufte sie im Mai 1920 an die norwegische Marine; ein privater Kunde aus Oslo erwarb das Flugzeug 1927 und verschrottete es im Februar 1929 nach einem Unfall.

### Technische Daten

**Fairey N.9**
**Typ:** zweisitziges experimentelles Wasserflugzeug.
**Triebwerk:** ein 190 PS (142 kW) Rolls-Royce Falcon Zwölfzylinder V-Motor.
**Leistung:** Höchstgeschwindigkeit 145 km/h in Meereshöhe; Dienstgipfelhöhe 2.620 m; Flugdauer 5 Stunden 30 Minuten.
**Gewicht:** Leergewicht 1.224 kg; max. Startgewicht 1.729 kg.
**Abmessungen:** Spannweite 15,24 m; Länge 10,82 m; Höhe 3,96 m;
**Bewaffnung:** ein 7,7 mm Lewis Gewehr im hinteren Cockpit.

**Die Fairey N.9 war ein Flugboot in Anderhalbdeckerkonfiguration mit Klappflügeln und nur mäßiger Leistung.**

# Fairey N.10

## Entwicklungsgeschichte

Das zweite für die Admiralität entworfene Fairey Wasserflugzeug war die **Fairey N.10**, ebenfalls ein Einzelstück, das die Grundlage für die Fairey III bildete und somit der direkte Vorläufer dieser erfolgreichen Baureihe war.

Der Rumpf war identisch mit dem der N.9, aber die Tragflächen waren von gleicher Spannweite und durch das höhere Gewicht wurde ein stärkerer Sunbeam Maori II Motor notwendig. Der Erstflug der N.10 fand am 14. November 1917 auf der Isle of Grain statt. Wie beim Vorgängermodell wurde auch mit diesem Flugzeug experimentiert, darunter ein Umbau zu einer Landflugzeugkonfiguration gegen Ende des Jahres 1917; in dieser Form erhielt die Maschine die Bezeichnung **Fairey IIIA**. 1919 kaufte Fairey die N.10 zurück und stattete sie mit Schwimmern aus. Im September desselben Jahres nahm das Flugzeug mit einem 450 PS (336 kW) Napier Lion Motor und anderen Modifikationen, darunter einer um 4,88 m reduzierten Spannweite, am Wettkampf um die Schneider Trophäe teil, wurde aber, wie viele andere Maschinen auch, wegen der schlechten Sichtverhältnisse bei Bournemouth aus dem Rennen genommen.

Die N.10 wurde daraufhin als Amphibienflugzeug mit einziehbaren Rädern zwischen den Schwimmern modifiziert. Fairey verwendete das Modell als 'Mädchen für alles' und zog die Maschine Ende 1922 schließlich aus dem Verkehr.

**Die Fairey N.19 war ein fortschrittlicherer Entwurf als die N.10 und führte schließlich zur Fairey III Baureihe.**

**Technische Daten**
**Fairey N.10**
**Typ:** zweisitziges Patrouillen-Wasserflugzeug.
**Triebwerk:** ein 260 PS (194 kW) Sunbeam Maori II Zwölfzylinder V-Motor.
**Leistung:** Höchstgeschwindigkeit in Meereshöhe 167 km/h; Dienstgipfelhöhe 4.265 m; Flugdauer 4 Stunden 30 Minuten.
**Gewicht:** Leergewicht 1.347 kg; max. Startgewicht 1.886 kg.
**Abmessungen:** Spannweite 14,07 m; Länge 10,97 m; Höhe 3,61 m; Tragflügelfläche 44,22 m$^2$.
**Bewaffnung:** ein 7,7 mm Lewis Gewehr plus Bomben.

# Fairey Pintail

## Entwicklungsgeschichte

Eine RAF Ausschreibung vom Mai 1919 für ein zweisitziges Amphibienflugzeug, das auch von Bord eines Flugzeugträgers aus eingesetzt werden konnte, führte zu zwei Entwürfen, der Parnall Puffin und der **Fairey Pintail**; letzteres war der erste Nachkriegsentwurf der Firma.

Der erste von drei Prototypen (**Pintail Mk I**) flog am 7. Juli 1920, die beiden anderen folgten am 25. Mai (**Pintail Mk II**) und 8. November 1921 (**Pintail Mk III**). Die Länge des Rumpfes und die Amphibienausrüstung war bei allen drei Versionen unterschiedlich; letztere hatte Schwierigkeiten bereitet und wurde mehrfach modifiziert, bevor man sich für eingezogene Räder entschloß, die teilweise aus den Schwimmern hervorstehen und von Trennwänden gegen Wasser geschützt werden.

Aus England kamen keine Aufträge, aber die japanische Marine bestellte im August 1923 drei Maschinen, von denen die erste ein Jahr später flog; alle drei wurden im November 1924 ausgeliefert. Dieses Modell wurde zum Teil verändert und trug die Bezeichnung **Pintail Mk IV**.

**Technische Daten**
**Fairey Pintail Mk III**
**Typ:** zweisitziges Doppeldecker-Amphibienflugzeug.
**Triebwerk:** ein 475 PS (354 kW) Napier Lion V Zwölfzylinder V-Motor.
**Leistung:** Höchstgeschwindigkeit 201 km/h.
**Gewicht:** maximales Startgewicht 2.132 kg.
**Abmessungen:** Spannweite 12,19 m; Länge 9,83 m; Höhe 3,35 m; Tragflügelfläche 37,16 m$^2$.
**Bewaffnung:** ein starres, vorwärtsfeuerndes 7,7 mm Vickers Gewehr im Rumpf und ein bewegliches 7,7 mm Lewis Gewehr im hinteren Cockpit.

**Bei der Pintail Mk III hatte der Bordschütze ein ungehindertes Schußfeld. Hier abgebildet ist der Pintail Prototyp.**

# Fairey Rotodyne

## Entwicklungsgeschichte

Die Idee eines Senkrechtstarters hat schon immer die Phantasie von Konstrukteuren und Fluggesellschaften angeregt. Als der Jet Gyrodyne verwirklicht und in kleineren Mengen produziert worden war, erschien der 1947 vorgelegte Entwurf eines Verbundhubschraubers durchaus realistisch, und mehrere Vorschläge wurden untersucht. Im Dezember 1951 gab die British European Airways eine Spezifikation für ein 30-40 Passagiere fassendes Passagierflugzeug heraus, das Kurz- und Mittelstrecken fliegen sollte, und Fairey legte neben anderen Herstellern einen Entwurf dazu vor. Der Plan dieses Modells entsprach weitgehend Faireys Vorstellungen, und 1953 erhielt die Firma einen Auftrag für den Bau eines Prototyps.

**Der Fairey Rotodyne war ein ehrgeiziges Projekt mit guten Verkaufsaussichten. Auftretende Schwierigkeiten bei der Entwicklung und politische Probleme verhinderten die Serienproduktion.**

In White Waltham und Boscombe Down wurden Testanlagen errichtet; in Boscombe Down entstand eine Konstruktion, die die Rotoranlage, beide Triebwerke, Stummelflügel usw. mit allen Steuerinstrumenten in einen Kasten anstelle des Flugzeugbugs erhielt. Während der Produktion des Prototyps wurden ausgiebige Tests durchgeführt, und die Fairey Rotodyne unternahm ihren Erstflug als Hubschrauber am 6. November 1957; erst im April 1958 wurde der erste Übergang zum Normalflug durchgeführt.

Die Rotodyne bestand aus einem Rumpf mit eckigem Querschnitt und ungepfeilten Stummelflügeln, auf denen zwei Eland Propellerturbinen für den Antrieb der Luftschrauben angebracht waren. Die Hauptträder des Dreibeinfahrwerks konnten vorne in die Gondeln und das Bugrad unter das Cockpit eingezogen werden. Zwei Flossen/Ruder waren ebenso wie eine spätere Mittelflosse auf einer ungepfeilten Höhenflosse auf dem oberen Rumpfhinterteil montiert. Ein großer Vierblattrotor für Senkrechtstart und -landung wurde durch Blattspitzenantrieb bewegt; die Schubdüsen an den Blattspitzen wurden von den Eland Motoren über einen Kompressor mit Druckluft gespeist. Jeder Motor führte zwei entgegengesetzten Rotorblättern Druckluft zu, um im Falle eines Triebwerkversagens den Rotor gleichmäßig anzutreiben.

Nach dem Erfolg eines Geschwindigkeitsrekords mit der Gyrodyne glaubte Fairey, die Leistung der Rotodyne reiche für eine ähnliche Leistung aus, und am 5. Januar 1959 stellte das Modell tatsächlich einen neuen Rekord mit einer Geschwindigkeit von durchschnittlich 307,2 km/h bei einem 100 km Rundflug auf. Dieser Rekord wurde erst im Oktober 1961 gebrochen, als das sowjetische Modell Kamow Ka-22 die Leistung übertraf.

Der Rotodyne schien eine erfolgreiche Zukunft bevorzustehen; 1958 schloß die Kaman Aircraft Corporation mit Fairey ein Lizenzabkommen über Verkauf und Service in den USA ab und hielt sich die Möglichkeit einer amerikanischen Produktion offen. Okanagan Helicopters aus Vancouver waren an drei Maschinen interessiert, und Japan Airlines zogen den Typ für ihre Inlandsstrecken in Erwägung. Der potentiell bedeutendste Kunde war jedoch New York Airways, die zusammen mit Kaman ein Interesse an zehn Exemplaren bekundeten, die 1964 ausgeliefert werden sollten. Dabei handelte es sich um geplante Ausführungen für 54-65 Passagiere mit Rolls-Royce Tyne

Triebwerken.

Fairey brauchte etwa zehn Millionen Pfund Sterling für die Entwicklung, von denen 50 Prozent von der britischen Regierung zur Verfügung gestellt werden sollten, falls die BEA eine definitive Bestellung einreichte. Der Beitrag der Regierung war ein Kredit, der je nach Verkaufseinkommen zurückgezahlt werden sollte. 1960 wurde Fairey mit Westland vereinigt, und obwohl das Rotodyne Projekt ein sicheres Vorhaben schien, war das nicht der Fall. Im April 1960 nahm Okanagan die Bestellung zurück, da die Auslieferung zu lange auf sich warten ließ, und fünf Monate später meldete auch New York Airways Bedenken über die Verzögerung in der Produktion an. Westland war zu dieser Zeit mit der Übernahme des Bristol Hubschrauberprogramms beschäftigt und hatte noch andere Aufgaben. Diese Faktoren führten ebenso wie das zunehmende Gewicht der Rotodyne (der Eland Motor konnte nicht mehr entwickelt werden, und Rolls-Royce Tyne waren zu teuer) zum Entzug des Finanzierungsangebots; im Februar 1962 wurde das Projekt abgebrochen.

### Technische Daten

**Typ:** experimenteller Verbundhubschrauber.
**Triebwerk:** zwei 2.800 WPS (2.088 kW) Napier Eland NE1.7 Propellerturbinen.
**Leistung:** Reisegeschwindigkeit 298 km/h; Reichweite 724 km.
**Gewicht:** maximales Startgewicht 14.969 kg.
**Abmessungen:** Tragflächenspannweite 14,17 m; Rotordurchmesser 27,43 m; Länge 17,88 m; Höhe 6,76 m; Rotorkreisfläche 591 m².

# Fairey Seafox

### Entwicklungsgeschichte

In der Zeit zwischen den Weltkriegen benötigte die Fleet Air Arm Aufklärer, die von Schiffen mit einem Katapult gestartet werden konnten. Fairey entwarf ein Doppeldecker-Schwimmerflugzeug mit zwei Mann Besatzung. Ungewöhnlich war die Position des Piloten in einem offenen Cockpit, während der Beobachter/Schütze in einem geschlossenen hinteren Cockpit untergebracht war; die Anordnung sollte den Katapultstart und die spätere Anbordnahme des Flugzeugs durch einen Kran erleichtern. Das Modell war in Gemischtbauweise konstruiert; der Rumpf war eine Metall-Schalenstruktur, und die Tragflächen waren mit Stoff bespannt. Faireys Entwurf wurde angenommen, und im Januar 1936 wurden 49 Maschinen mit dem Namen **Fairey Seafox** bestellt; im September kamen weitere 15 dazu.

Ursprünglich sollte die Seafox einen 500 PS (373 kW) Bristol Aquila Sternmotor erhalten, aber aus einem unbekannten Grund wurde der luftgekühlte Napier Rapier Sechzehnzylinder 'H' Motor mit nur 395 PS (295 kW) gewählt, und die Seafox hatte daher nicht genug Antrieb. Der erste Prototyp flog am 27. Mai 1936 in Hamble, und der zweite, ausgerüstet mit einem Räderfahrwerk, folgte am 5. November 1936 (diese Maschine wurde später ebenfalls auf die Schwimmerkonfiguration umgebaut).

Die Serienmaschinen waren ab 1937 fertig und wurden erstmals am 23. April ausgeliefert. Auf Katapult-Tests der RAE mit einem der Prototypen im März 1937 folgten Versuche an Bord der *HMS Neptune* vor der Küste von Gibraltar. Bei Ausbruch des Zweiten Weltkriegs diente die Seafox auf verschiedenen Schlachtschiffen und teilte die Aufgaben mit Walrus Amphibienflugzeugen und Swordfish Wasserflugzeugen. Bald darauf wurde das Modell auch im Krieg eingesetzt.

Die Produktion der Seafox lief 1938 aus, aber der Typ wurde noch bis 1942 an der Front eingesetzt und dann durch die Vought-Sikorsky Kingfisher auf den Katapulten ersetzt. Einige Seafox wurden jedoch noch bis 1943 verwendet.

**Bei der Fairey Seafox saß der Beobachter in einem geschlossenen Cockpit.**

### Technische Daten

**Typ:** zweisitziges Aufklärungs-Wasserflugzeug.
**Triebwerk:** ein 395 PS (295 kW) Napier Rapier VI 16-Zylinder 'H'-Motor.
**Leistung:** Höchstgeschwindigkeit 200 km/h in 1.785 m Höhe; Reisegeschwindigkeit 171 km/h; Dienstgipfelhöhe 3.350 m; Reichweite 708 km.
**Gewicht:** Leergewicht 1.726 kg; max. Startgewicht 2.458 kg.
**Abmessungen:** Spannweite 12,19 m; Länge 10,81 m; Höhe 3,68 m; Tragflügelfläche 40,32 m².
**Bewaffnung:** ein nach hinten feuerndes 7,7 mm MG.

# Fairey Swordfish

### Entwicklungsgeschichte

Die Fairey Swordfish basierte auf einem in Eigeninitiative der Firma entwickelten Doppeldecker, der **T.S.R.1**, die im September 1933 bei einem Unfall zerstört wurde. Die Leistung war jedoch so vielversprechend, daß eine Weiterentwicklung gerechtfertigt schien, und als das Luftfahrtministerium eine Ausschreibung für ein Torpedo- und Aufklärungsflugzeug für Flugzeugträger herausgab, legte Fairey den Entwurf der verbesserten **T.S.R.2** vor. Daraus entstand der erste Prototyp der Swordfish (K4190), der erstmals am 17. April 1934 flog.

Die erste nach den Anforderungen des Luftfahrtministeriums gebaute **Swordfish Mk I** war ein zweistieliger Doppeldecker, die Grundstruktur aus Metallrohren und bis auf einige Platten aus leichter Legierung am Rumpfvorderteil mit Stoff bespannt. Die Tragflächen ließen sich für leichteres Hangarisieren umklappen, und der Rumpf enthielt zwei offene Cockpits für den Piloten (vorne) und ein oder zwei Besatzungsmitglieder (hinten); das Leitwerk war konventionell. Das Heckradfahrwerk gehörte zur Standardausrüstung; auf Wunsch wurden Schwimmer eingebaut. Das Triebwerk war ein 690 PS (515 kW) Bristol Pegasus IIIM Sternmotor.

Am Anfang des Zweiten Weltkriegs unterhielt die FAA 13 Staffeln mit Swordfish, zwölf davon auf See mit den Flugzeugträgern *HMS Ark Royal, Courageous, Eagle, Furious* und *Glorious*, aber diese Maschinen wurden erst im Jahre 1940 in Norwegen eingesetzt.

Fairey hatte so viele Aufträge für die Swordfish erhalten, daß er die laufende Produktion der Firma Blackburn Aircraft in Brough (Yorkshire) übertrug. 415 Maschinen baute Blackburn im Jahre 1941.

Die Erfahrungen, die bei den Einsätzen 1942 gemacht wurden, zeigten, daß die Swordfish bei Torpedo-Angriffen zu langsam war. Derartige Einsätze erforderten einen langen, präzisen Anflug, wenn die Waffen effektiv eingesetzt werden sollten, und diese lange Zeitspanne gab dem Feind auch ausgiebig Gelegenheit, die Angreifer zu zerstören. Daher wurde die Swordfish von nun an in der U-Bootjagd eingesetzt, wobei ihre Waffen gegen Unterseeboote benutzt wurden.

Das führte zur Entwicklung der **Swordfish Mk II**, die 1943 ihren Dienst aufnahm. Das Modell unterschied sich von seinem Vorgänger durch verstärkte untere Tragflächen und Metallhaut, so daß es Raketenprojektile aufnehmen und abfeuern konnte. Die frühen Serienmaschinen behielten den Pegasus IIIM Motor, aber die späteren Exemplare erhielten den stärkeren Pegasus XXX. Auf die Mk II folgte noch im gleichen Jahr die letzte Serienversion, die **Swordfish Mk III** mit einem Radom für den Scanner der ASV MkX Radaranlage zwischen den Fahrwerkhauptteilen; im übrigen war dieses Modell der Mk II grundsätzlich ähnlich. Neben den drei Hauptserienversionen gab es einige Exemplare der Swordfish **Mk IV**, umgebaute Mk II mit geschlossener Kabine.

**Eine Fairey Swordfish der No. 822 Squadron, Fleet Air Arm, 1939 an Bord der HMS Courageous**

### Technische Daten

**Fairey Swordfish Mk II**
(Landflugzeug)
**Typ:** zwei/dreisitziger Torpedobomber/Aufklärer-Doppeldecker.
**Triebwerk:** ein 750 PS (559 kW) Bristol Pegasus XXX Neunzylinder Sternmotor.
**Leistung:** Höchstgeschwindigkeit 222 km/h; Reisegeschwindigkeit 193 km/h; Dienstgipfelhöhe 3.260 m; max. Reichweite 1.658 km.
**Gewicht:** Leergewicht 2.132 kg; max. Startgewicht 3.406 kg.
**Abmessungen:** Spannweite 13,87 m; Länge 10,87 m; Höhe 3,76 m; Tragflügelfläche 56,39 m².
**Bewaffnung:** ein vorwärts synchronisiertes 7,7 mm Vickers MG im Rumpf und ein 7,7 mm Lewis oder Vickers K Gewehr im hinteren Cockpit, plus ein 730 kg schwerer Torpedo oder bis zu 680 kg Bomben oder bis zu acht Raketenprojektile unter den Flügeln.

# Fairey Ultra-light Helicopter

**Der Ultraleicht-Hubschrauber von Fairey unterschied sich von anderen Helikoptern vor allem durch seinen Blattspitzenantrieb, durch den Abmessungen und Gewicht verringert werden konnten.**

## Entwicklungsgeschichte

Der **Fairey Ultra-light Helicopter** (Ultraleicht-Hubschrauber) war eine interessante Konstruktion, die von der herkömmlichen Konzeption abwich. Fairey entschied sich für einen Zweiblatt-Rotor mit Blattspitzenantrieb, und als Triebwerk diente ein französischer Turboméca Palouste Kompressor, der von Blackburn und General Aircraft in Lizenz gebaut wurde. Die Grundstruktur des Hubschraubers war einfach gehalten und bestand aus einer fast dreieckigen Kabine, die seitlich mit großen 'verglasten' Flächen versehen war und der zweiköpfigen Besatzung ein ausgezeichnetes Sichtfeld bot. Die Austrittsöffnung der Antriebsturbine befand sich am hinteren Kabinenende unter einem einfachen Metallausleger, der in seiner ersten Version ein einfaches, nach unten gerichtetes Ruder hatte, das sich im Austrittsluftstrom des Triebwerks befand.

Der Prototyp flog im August 1955 in White Waltham und wurde im folgenden Monat bei der Luftfahrtschau in Farnborough vorgeführt, wo er mit seiner Manövrierbarkeit einen guten Eindruck hinterließ. Der dritte Ultralight wurde an das Ministry of Supply ausgeliefert; der zweite Prototyp flog im März 1956 und der vierte im August 1956; der fünfte und erste der beiden privat finanzierten Drehflügler wurde für Resonanztest verwendet und der sechste flog erstmals im April 1958.

Mitte 1956 wurde die offizielle Unterstützung aus wirtschaftlichen Gründen zurückgezogen, Fairey gab das Projekt schließlich 1959 auf.

## Technische Daten

**Typ:** Ultraleicht-Hubschrauber.
**Triebwerk:** ein Blackburn Turboméca Palouste BnPe.2 Kompressor mit einer maximalen Leistung von 1,23 kg Luft/sek.
**Leistung:** Reisegeschwindigkeit 153 km/h; Schwebeflughöhe 3.110 m; Reichweite 290 km.
**Gewicht:** Leergewicht 434 kg; max. Startgewicht 816 kg.
**Abmessungen:** Rotordurchmesser 8,62 m; Rumpflänge 4,57 m; Höhe 2,49 m; Rotorkreisfläche 58,36 m².

# Farman I/II/III

**Die Farman III des Jahres 1909 war eines der richtungsweisenden Flugzeuge in der Geschichte der Luftfahrt. Obwohl sie aus einem Voisin-Typ entstand, hatte sie mit ihrer sorgfältig durchdachten Struktur, ihren großen Tragflächen und den Querrudern die Merkmale eines richtigen Flugzeugs. Hier ist die ursprüngliche Farman III mit Querrudern an allen vier Flügeln zu sehen.**

## Entwicklungsgeschichte

Henry (bzw. Henri) Farman, der in Frankreich geborene Sohn dort lebender britischer Eltern, bestellte 1907 von den Gebrüdern Voisin ein Flugzeug, das nach seiner Vorgabe von einem 50 PS (37 kW) starken Motor angetrieben werden und 1 km weit fliegen können sollte. Farman flog das Flugzeug Ende September bzw. Anfang Oktober 1907 zum ersten Mal (ein Historiker berichtet vom 7. Oktober 1907), und von diesem Zeitpunkt an begann er mit einem Umbau- und Verbesserungsprozeß. Dabei handelte es sich um das Flugzeug mit der Bezeichnung **Farman I** bzw. richtiger **Voisin-Farman I**, eine typische frühe Voisin-Maschine mit sogenannten Seitenabschirmungen zwischen den Flügeln und dem Doppeldecker-Leitwerk, mit denen das Flugzeug wie ein Kastendrachen aussah.

Am 26. Oktober 1907 gewann Farman mit einem Flug über 771 m den Archdeacon-Preis. Bis zum Ende dieses Jahres hatte er mit der Einführung der Flügelpfeilung, eines kleineren Leitwerks und eines einzelnen, einteiligen Höhenruders wichtige Änderungen durchgeführt, und am 13. Januar 1908 absolvierte er einen Rundkurs von über 1 km in einer Minute und 28 Sekunden, womit er den mit 50.000 Franc dotierten Grand Prix d'Aviation gewann, der für den europäischen Piloten ausgesetzt war, der diese Leistung vollbringen sollte.

Im Jahre 1908 versah Farman sein Flugzeug mit einer neuen, gummierten Stoffbespannung und nannte es **Farman I-bis.** Ebenfalls in diesem Jahr bauten die Gebrüder Voisin für Farman die erfolglose **Farman II**, die schnell stillgelegt wurde. 1909 war Henry Farman ein aktiver Flugzeugbauer und gründete später gemeinsam mit seinem Bruder Maurice das Unternehmen Avions Henri et Maurice Farman in Billancourt/Seine, und noch im gleichen Jahr produzierte er die klassische **Farman III**. Diese attraktive Maschine hatte ein einzelnes, vorn montiertes Höhenruder, vier Querruder und keine Seitenabschirmungen mehr in der Flügel- und Leitwerksstruktur. Außerdem waren die Seitenruder, das leichte Vierradfahrwerk und die verlängerten Kufen neu, die die Gefahr verhinderten, daß die Maschine sich auf unebenem Boden vornüber neigte. Bei ihrem Erstflug im April 1909 hatte die Farman III einen 50 PS (37 kW) Vivinus Vierzylinder-Reihenmotor, der jedoch bald darauf durch einen der neuen 50 PS (37 kW) Gnome Siebenzylinder-Umlaufmotoren ersetzt wurde. Mit diesem Flugzeug stellte Henry Farman 1909 zwei Langstrecken-Weltrekorde auf. Den ersten erzielte er während des berühmten Flugtreffens in Reims, das 1909 nördlich von Reims auf der Ebene von Béthény stattfand und wo er in 3 Stunden 4 Minuten und 56,4 Sekunden 180 km zurücklegte. Den zweiten Rekord schaffte er in Mourmelon mit 234,21 km.

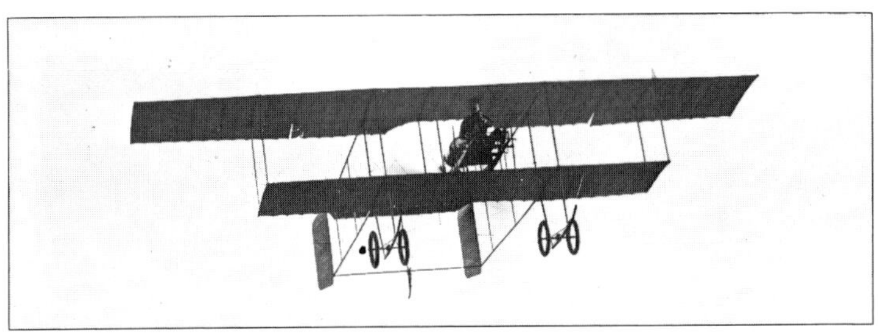

**Lieutenant Menard flog diese verbesserte Farman III bei einem Rundstreckenrennen in Frankreich. Die Aufnahme entstand kurz nach dem Start in Mourmelon.**

## Technische Daten

**Farman III** (Standardversion 1909)
**Typ:** einsitziger Druckpropeller-Doppeldecker.
**Triebwerk:** ein 50 PS (37 kW) Gnome Siebenzylinder-Umlaufmotor.
**Leistung:** Höchstgeschwindigkeit 60 km/h.
**Gewicht:** max. Startgewicht 550 kg.
**Abmessungen:** Spannweite 10,00 m; Länge 12,00 m; Höhe ca. 3,50 m; Tragflügelfläche 40,00 m².

# Farman 1924 Kabineneindecker

## Entwicklungsgeschichte

Der **Kabineneindecker Farman 1924** war ein ungewöhnlicher, selbsttragend konstruierter Tiefdecker in Holzbauweise und seiner Zeit weit voraus. Er hatte eine geschlossene Kabine für den Piloten und den Passagier, einzelne Breitspur-Fahrwerksbeine und Flügel mit großer Profiltiefe und dickem Querschnitt an der Wurzel, die sich jedoch zu den Spitzen hin rasch verjüngten. Obwohl die Maschine während ihrer Ausstellung auf dem Pariser Salon de l'Aéronautique großes Interesse weckte, verschwand sie bald nach ihrem Erscheinen aus dem Blickfeld.

## Technische Daten

**Typ:** ein zweisitziges Kabinen-Reiseflugzeug.
**Triebwerk:** ein 180 PS (134 kW) Hispano-Suiza Achtzylinder V-Motor.
**Leistung:** Höchstgeschwindigkeit 200 km/h.
**Gewicht:** Leergewicht 680 kg; max. Startgewicht 1.120 kg.
**Abmessungen:** Spannweite 10,80 m; Länge 9,50 m; Höhe 2,30 m; Tragflügelfläche 28,00 m².

# Farman A.2 Eindecker

**Entwicklungsgeschichte**
Der zweisitzige Aufklärungs- und Beobachtungshochdecker, der auf dem Pariser Salon de l'Aéronautique des Jahres 1924 gezeigt wurde, stellte mit seiner hervorragenden Stromlinienform eine ziemliche Sensation dar. Die Flügel mit großer Profiltiefe waren sorgfältig zur Rumpfoberseite hin verkleidet, und die Metallverkleidung für den Farman-Motor sowie die gesamte, stoffbespannte Rumpfstruktur waren sorgfältig geformt, um jeden zusätzlichen Luftwiderstand zu vermeiden. Pilot und Beobachter saßen in dicht beieinanderliegenden, offenen Tandemcockpits hinter der Tragflügelhinterkante. Allerdings brachte die **Farman A.2** trotz ihrer äußerlichen Vorteile bei der Erprobung keine guten Ergebnisse und wurde bald verschrottet.

**Technische Daten**
**Typ:** zweisitziger Hochdecker.
**Triebwerk:** ein 500 PS (373 kW) Farman 12-Zylinder dreireihig hängender Kolbenmotor (M-Form).
**Leistung:** Höchstgeschwindigkeit 220 km/h; Dienstgipfelhöhe 7.000 m.
**Gewicht:** Leergewicht 1.500 kg; max. Startgewicht 2.500 kg.
**Abmessungen:** Spannweite 15,00 m; Länge 10,50 m.
**Bewaffnung:** vier 7,7 mm Maschinengewehre.

# Farman B.2 Tagbomber

**Entwicklungsgeschichte**
1924 baute das Unternehmen Farman einen klobigen, zweistieligen Doppeldecker, der als Tagbomber Verwendung finden sollte. Er hatte einen tiefen, schmalen Rumpf, an dessen Oberseite die obere der verschieden langen Tragflächen angebracht war. Das Cockpit des Piloten befand sich unmittelbar vor der Tragflächenvorderkante, und das Cockpit des Beobachters/Schützen war unter einem Ausschnitt in der Flügelhinterkante plaziert. Das Fahrwerk war in konventioneller Bauweise mit Verbindungsachse ausgeführt.
Die **Farman B.2** wurde mit verschiedenen Motorkühlern erprobt, und Probleme mit der Richtungsstabilität führten zum Austausch der ursprünglichen, eckigen Heckflosse mit Seitenruder im Farman-Stil gegen eine größere Flosse mit abgerundeter Vorderkante. Trotz dieser Änderungen blieb die Leistung enttäuschend und der Typ wurde nicht produziert.

**Technische Daten**
**Typ:** zweisitziger leichter Tagbomber.
**Triebwerk:** ein 370 PS (276 kW) Lorraine-Dietrich 12-Zylinder V-Motor.
**Leistung:** Höchstgeschwindigkeit 185 km/h.
**Gewicht:** Leergewicht 1.360 kg; max. Startgewicht 2.460 kg.
**Abmessungen:** Spannweite 17,00 m; Länge 10,70 m; Höhe 3,90 m; Tragflügelfläche 63,00 m².
**Bewaffnung:** drei 7,7 mm MG plus 300 kg Bomben.

M B Passingham

**Diese Maschine war als zweisitziger leichter Bomber geplant, die ungewöhnliche Rumpfkonstruktion führte jedoch zu Stabilitätsproblemen.**

# Farman 'Blanchard'

**Entwicklungsgeschichte**
Die **Farman 'Blanchard'**, ein robuster, dreistieliger Doppeldecker mit einheitlicher Spannweite, der weitgehend aus Holz gefertigt worden war, wurde 1921 auf dem Pariser Salon de l'Aéronautique ausgestellt und Anfang 1922 erstmals geflogen. Mit seinem Namen wurde anerkannt, daß die Konstruktion größtenteils von dem Ingenieur Blanchard stammte. Die Maschine hob sich durch die unübliche Art hervor, wie das Torpedo mitgeführt wurde: die vordere Rumpfunterseite hatte eine tiefe Aussparung, in der das Torpedo montiert wurde, das dann beim Blick von der Seite nur mit seiner Spitze und der Unterseite seiner Heckflosse sichtbar war. Der Pilot saß in einem offenen Cockpit unter dem mittleren Vorderteil des oberen Flügels und der Beobachter/Schütze direkt hinter ihm in seinem Cockpit, das sich unter einem Ausschnitt in der Tragflächen-Hinterkante befand. Das Fahrwerk glich dem der Farman Goliath.
Die 'Blanchard' war für die Verwendung bei der französischen Marine vorgesehen, die konkurrierende Konstruktion von Levasseur wurde jedoch vorgezogen, und die Weiterentwicklung des Farman-Torpedobombers wurde eingestellt.

**Technische Daten**
**Typ:** land- oder trägergestützter Torpedobomber.
**Triebwerk:** ein 450 PS (335 kW) Renault 12-Zylinder V-Motor.
**Leistung:** Höchstgeschwindigkeit 145 km/h; Dienstgipfelhöhe 6.000 m.
**Gewicht:** maximales Startgewicht 2.950 kg.
**Abmessungen:** Spannweite 18,00 m; Länge 12,00 m; Höhe 4,60 m; Tragflügelfläche 100,00 m².
**Bewaffnung:** zwei 7,7 mm MG plus ein Torpedo.

# Farman David/Sport

**Entwicklungsgeschichte**
Der leichte Sport-Doppeldecker **Farman David** erschien erstmals 1919 und wurde sofort auf dem Pariser Salon ausgestellt. Die einstieligen Tragflügel mit unterschiedlicher Spannweite hatten rechtwinkelige Flügelspitzen, und nur der obere Flügel hatte Querruder. Die Originalversion wurde von einem 50 PS (37 kW) Gnome Motor angetrieben und erhielt ihren Namen als passenden Kontrast zu der riesigen Goliath, die 1919 große Berühmtheit erlangte. Die David sah wie ein Einsitzer aus, obwohl es in ihrer Beschreibung hieß, sie habe Platz für einen Piloten und einen Passagier.
Die David erregte erhebliches öffentliches Interesse und hatte auch etwas Erfolg. Ab 1920 trug sie den Namen **Farman Sport** und hatte als Triebwerk einen 60 PS (45 kW) Gnome Motor. Daß sie inzwischen eindeutig zum Zweisitzer geworden war, wird dadurch bestätigt, daß eine aus Possoutet und Pillan bestehende Besatzung im Juli 1920 mit einer Sport den Ecarte-Vitesse-Wettbewerb gewann. Der Typ wurde anschließend im Oktober des gleichen Jahres auf der großen Flugschau von Buc ausgestellt. Diese Version wurde Mitte der zwanziger Jahre in begrenzten Stückzahlen gebaut, und die ab 1923 gefertigten Maschinen waren mit einem Anzani-Motor ausgerüstet.

**Technische Daten**
**Farman Sport**
**Typ:** ein/zweisitziger leichter Doppeldecker.
**Triebwerk:** ein 70 PS (52 kW) Anzani Sechszylinder-Sternmotor.
**Leistung:** Höchstgeschwindigkeit 140 km/h; Dienstgipfelhöhe 2.000 m; max. Flugdauer 4 Stunden 20 Minuten.
**Gewicht:** Leergewicht 200 kg; max. Startgewicht 400 kg.
**Abmessungen:** Spannweite 7,11 m; Länge 6,13 m; Tragflügelfläche 26,00 m².

M B Passingham

**Von der Farman David wurden nur wenige Maschinen gebaut. Abgesehen von ihrer stabileren Konstruktion erinnerte sie an die früheren Entwürfe aus den Jahren 1910 bis 1914.**

# Farman F.30 und F.31

**Entwicklungsgeschichte**
Die **Farman F.30**, ein zweisitziges Jagdflugzeug der C.2-Klasse, war ein Versuch der Avions Henri et Maurice Farman, von ihren traditionellen Druckpropeller-Konstruktionen loszukommen, die den Höhepunkt ihres Entwicklungspotentials überschritten hatten. Die F.30, ein einstieliger Doppeldecker unterschiedlicher Spannweite mit einem Salmson 9Za Sternmotor, war fast komplett aus Holz gebaut und hatte eine gemischte Stoff-/Sperrholzverkleidung.

Bei den Tests stellten sich viele Konstruktionsschwächen heraus, Farman setzte die Entwicklung jedoch fort, indem zweistielige Tragflächen und anstelle der Sperrholzverkleidung eine Stoffbespannung am Rumpf angebracht wurde. Das in **F.30B** umbenannte, modifizierte Flugzeug wurde im Sommer 1917 zur Probe geflogen, hatte aber kaum mehr Erfolg als seine Vorgänger. Die Maschine war im Flug instabil, und es gab Klagen über die Sitzanordnung der Besatzung, bei der der Pilot vorn, gleich hinter der oberen Flügelvorderkante und der Schütze weit hinten im Rumpf, hinter der Flügelhinterkante saß. Außerdem wurde die Sicht des Schützen nach vorn durch den großen Kühler für den Salmson-Motor behindert, der genau vor ihm zwischen dem Rumpf und dem oberen Flügel montiert war.

Die **F.31** war eine Neukonstruktion entsprechend der gleichen, zweisitzigen C.2-Jägeranforderung, bei der der in den USA konstruierte Liberty 12 Motor eingeführt wurde, der direkt unter dem Bug zwei Lamblin-Kühler hatte. Der kantige Rumpf der Maschine, der sich zwischen dem oberen und dem unteren Flügel befand, lief hinter den Cockpits in einer schlanken Heckpartie aus. Die Pilotenposition befand sich unter einer Aussparung in der Hinterkante des oberen Flügels, und der Schütze saß dicht hinter ihm, was in der Auslegung gegenüber der F.30 eine wesentliche Verbesserung darstellte. Der einzige F.31 Prototyp wurde zum Kriegsende erprobt und seine Weiterentwicklung eingestellt. Weitere zweisitzige Zugpropeller-Flugzeuge sind die **F.36** und **F.45**.

M B Passingham

**Die Plazierung ihres kantigen Rumpfes mitten zwischen den rechteckigen Flügeln verlieh der Farman F.31 ein unschönes Aussehen, das nicht zu ihrer im allgemeinen guten Leistung paßte.**

### Technische Daten
**Farman F.31**

**Typ:** zweisitziges Jagdflugzeug.
**Triebwerk:** ein 400 PS (298 kW) Liberty 12 Zwölfzylinder V-Motor.
**Leistung:** Höchstgeschwindigkeit 215 km/h; Dienstgipfelhöhe 6.000 m.
**Gewicht:** Rüstgewicht 869 kg; max. Startgewicht 1.469 kg.
**Abmessungen:** Spannweite 11,76 m; Länge 7,35 m; Höhe 2,58 m.
**Bewaffnung:** zwei starre, vorwärtsfeuernde 7,7 mm Vickers-Maschinengewehre und ein 7,7 mm Lewis-MG auf einer beweglichen Halterung oberhalb des Beobachtercockpits.

# Farman F.40

### Entwicklungsgeschichte

Die **Farman F.40** war ein zweisitziger Druckpropeller-Doppeldecker mit Flügeln von unterschiedlicher Spannweite. Die Gondel für die Besatzung, die auf halber Höhe zwischen den Flügeln befestigt war, hatte eine glattere und stromlinienförmigere Linienführung als die der älteren Doppeldecker. Die oberen Leitwerksträger trugen das kantige Höhenleitwerk, und die große, einzelne Heckflosse erinnerte an die der Henry Farman-Serie.

Der neue Typ, der im allgemeinen als **'Horace' Farman** bekannt war, kam Ende 1915 heraus und ging in Großserie: ab Anfang 1916 flog die Maschine bei über 40 Corps d'Armée (Kategorie A.2) Escadrilles der französischen Aviation Militaire. Es gab unendlich viele Varianten der F.40, darunter die **F.40P**, die zum Abschuß von Le Prieur-Raketen eingerichtet war; die **F.41** mit geringerer Flügelspannweite und einer kantigeren Besatzungsgondel; die **F.56**, die der F.41 glich, jedoch einen 170 PS (127 kW) Renault-Motor hatte; die **F.60**, in der das Flugwerk der F.40 mit einem 190 PS (142 kW) Renault-Motor kombiniert wurde, und die **F.61** mit einem F.41 Flugwerk und einem 190 PS (142 kW) Motor.

Die französischen Escadrilles stellten Anfang 1917, nach nur gut einem Jahr, ihre 'Horace' Farman an der Westfront außer Dienst. Der Typ war aber nach wie vor bei französischen Einheiten in Mazedonien und Serbien im Einsatz, und einige Maschinen wurden als Nachtbomber umgebaut, obwohl sie nur wenige Bomben laden konnten.

Das italienische Unternehmen Savoia baute eine Lizenzversion der 'Horace', die normalerweise einen 100 PS (75 kW) Colombo-Motor als Triebwerk hatte. Die italienischen Farman wurden bis 1922 in Libyen bei Polizeiaktionen gegen aufständische Stämme eingesetzt.

**Eine Farman F.40 der Escadrilha Expedicionaria a Moçambique der portugiesischen Luftwaffe, 1917 in Mocimboa da Praia, Moçambique, stationiert.**

### Technische Daten
**Farman F.40**

**Typ:** zweisitziges Aufklärungs- und Beobachtungsflugzeug.
**Triebwerk:** ein 135 PS (101 kW) Renault 12-Zylinder V-Motor.
**Leistung:** Höchstgeschwindigkeit 135 km/h in 2.000 m Höhe; Dienstgipfelhöhe 4.000 m; max. Flugdauer 2 Stunden 20 Minuten.
**Gewicht:** Rüstgewicht 748 kg; max. Startgewicht 1.120 kg.
**Abmessungen:** Spannweite 17,60 m; Länge 9,25 m; Höhe 3,90 m; Tragflügelfläche 52,00 m².
**Bewaffnung:** ein oder zwei 7,7 mm Maschinengewehre im Beobachtercockpit sowie leichte Bomben oder Le Prieur Raketen.

# Farman F.50

### Entwicklungsgeschichte

Die zweimotorige **Farman F.50**, die als Ersatz für die veralteten einmotorigen Voisin-Druckpropellerflugzeuge, die 1917 die wichtigsten Maschinen der französischen Nachtbomber-Einheiten waren, konstruiert worden war, flog Anfang 1918 zum ersten Mal. Sie trug die Funktionsbezeichnung BN.2 (2sitziger Nachtbomber) der französischen Aéronautique Militaire und war als taktischer Mittelstrecken-Nachtbomber vorgesehen. Die F.50 ging rasch in Serie und wurde ab September 1918 in Dienst gestellt, denn sie war als eine der Maschinen ausgewählt worden, die bei der großen Land- und Seeoffensive eine entscheidende Rolle gespielt hätten, die die Alliierten vorgesehen hatten, falls sich der Erste Weltkrieg bis ins Jahr 1919 fortgesetzt hätte. Bis zum Zeitpunkt des Waffenstillstands vom 11. November 1918 waren rund 45 Maschinen bei drei Escadrilles (F.25, F.110 und F.114) im Einsatz, die zur 1e Groupe de Bombardement gehörten.

Die F.50 war ein schnörkelloser Doppeldecker mit unterschiedlicher Spannweite, flachen Rumpfseiten und einer großen Einzelheckflosse mit Ruder. Der Pilot war in einem offenen Cockpit parallel zur Tragflächenvorderkante untergebracht, und im Bug befand sich eine Schützenposition. Die Hauptfahrwerksteile hatten Zwillingsräder, und die beiden Lorraine 8Bd Motoren waren mit V-Streben zwischen den Flügeln montiert. Es scheint, als wären höchstens 50 Maschinen vor dem Waffenstillstand ausgeliefert worden, und es wird angenommen, daß insgesamt nur weniger als 100 F.50 gebaut wurden.

Nach dem Krieg war die F.50 beim 2e Régiment de Bombardement (Nuit) und später, bis 1922, beim 21e

M B Passingham

**Die wohlgeformten Rumpfkonturen der Farman F.50P verliehen dem Typ eine auffällige Ähnlichkeit mit der Curtiss Model 19 Eagle aus dem gleichen Jahr. Im Gegensatz zu ihr hatte die F.50P jedoch zwei Motoren.**

RAB (N) auf dem Luftwaffenstützpunkt Nancy-Malzeville im Dienst. Ein Exemplar der F.50 wurde an die japanische Armee verkauft.

1919 produzierte das Unternehmen Farman eine Passagier-Version mit der Bezeichnung **F.50P**, die in geringen Stückzahlen produziert wurde und bei der der Rumpf unmittelbar hinter dem Pilotencockpit angehoben wurde und in Form einer weitgehend verglasten Kabine bis zu fünf Passagieren Platz bot. Ab Juli 1920 flog die französische Fluggesellschaft CGEA (Compagnie des Grands Express Aériens) eine dieser Maschinen auf den Strecken von Paris nach London und Amsterdam, und 1923 flogen auch mindestens noch zwei F.50P bei der Air Union.

### Technische Daten
**Farman F.50**
**Typ:** zweimotoriger leichter taktischer Nachtbomber.
**Triebwerk:** zwei 275 PS (205 kW) Lorraine 8Bd Achtzylinder V-Motoren.
**Leistung:** Höchstgeschwindigkeit 150 km/h; Dienstgipfelhöhe 4.750 m; Reichweite 420 km.
**Gewicht:** Rüstgewicht 1.815 kg; max. Startgewicht 2.120 kg.
**Abmessungen:** Spannweite 22,85 m; Länge 10,92 m; Höhe 3,30 m; Tragflügelfläche 101, 60 m$^2$.
**Bewaffnung:** ein 7,7 mm Zwillings-MG im Bugcockpit plus bis zu 400 kg Bomben an acht Befestigungspunkten unter Rumpf und Flügeln.

# Farman F.51

### Entwicklungsgeschichte
Die **Farman F.51** war ein zweimotoriges Flugboot, das 1922 herauskam und das seine Form wesentlich den Konstruktionen von Georges Lévy verdankte, die im Ersten Weltkrieg Bedeutung erlangten. Die F.51 war ein vierstieliger Doppeldecker mit unterschiedlicher Spannweite und ursprünglich als Seeaufklärer vorgesehen, dessen vierköpfige Besatzung aus Pilot, Kopilot/Navigator, Beobachter/Schütze und einem weiteren Schützen bestand. Aufgrund der offiziellen Tests wurden von den französischen Marinebehörden keine Aufträge erteilt, und Farman erwog die Änderung in eine Zivilmaschine, bevor das Projekt aufgegeben wurde.

Die Lorraine-Dietrich-Motoren der F.51 waren für Zugpropeller ausgelegt; eine einzige Version der F.50 wurde jedoch auch mit Druckpropellern ausgestattet.

### Technische Daten
**Farman F.51**
**Typ:** Seeaufklärer-Flugboot.
**Triebwerk:** zwei 275 PS (205 kW) Lorraine-Dietrich Achtzylinder V-Motor.
**Leistung:** Höchstgeschwindigkeit auf Seehöhe 140 km/h.
**Gewicht:** Rüstgewicht 2.220 kg.
**Abmessungen:** Spannweite 23,35 m; Länge 14,85 m; Höhe 4,40 m.
**Bewaffnung:** vier 7,7 mm MG plus bis zu 400 kg Bomben.

M B Passingham

**Die Bezeichung Farman F.50 wurde auch für dieses Flugboot verwendet, das ein Vorgänger des Typs F.51 war und dessen freiliegende Motoren in der Mitte zwischen den Flügeln montiert waren und Druckpropeller antrieben.**

# Farman F.60 Goliath

### Entwicklungsgeschichte
Die **Farman F.60 Goliath** war in den zehn Jahren nach dem Ersten Weltkrieg zahlenmäßig das wichtigste zweimotorige Flugzeug der Welt. Von der als Linienmaschine gebauten Version flogen über 60 Exemplare auf europäischen und südamerikanischen Flugstrecken, und als Nachtbomber bzw. Torpedobomber wurden für Frankreich und für den Export rund 300 Militärversionen gebaut.

Die **FF.60** (FF stand für 'Farman Frères') wurde 1918 konstruiert und sollte in großen Stückzahlen bei den alliierten Einsätzen fliegen, die für 1919 vorgesehen waren. Als die Kämpfe im November 1918 eingestellt wurden, wurden die beiden sich der Fertigstellung nähernden Prototypen zu Zivilmaschinen umgerüstet, wobei sie im Bug und im mittleren Rumpf Kabinen erhielten, in denen vier bzw. acht Passagiere untergebracht werden konnten. Die erste Maschinen wurde im Januar 1919 erstmals in der Öffentlichkeit gezeigt, und ihr Jungfernflug fand später im gleichen Monat statt. Am 8. Februar 1919 flog sie Lieutenant Bossoutrot mit elf Militärpassagieren an Bord von Toussus-le-Nobel nach RAF Kenley, Surrey. Diese bemerkenswerte Leistung, die bald nach dem ersten Testflug erfolgte, wurde gelegentlich, jedoch fälschlicherweise, als der erste internationale Passagier-Linienflug bezeichnet.

Während eine Bomberversion Tests unterzogen wurde, ging die zivile F.60 in Serie und absolvierte eine Reihe eindrucksvoller Flüge, darunter, im August 1919, einen über 2.050 km von Paris nach Casablanca in Französisch-Marokko. Diese Maschine, die von einer sechsköpfigen Besatzung geflogen wurde, hatte eine maximale Flugdauer von 18 Stunden 23 Minuten. Die zivile F.60 ging am 29. März 1920 bei der Compagnie des Grands Express Aériens zwischen Le Bourget und Croydon in Dienst, und weniger als vier Monate später eröffnete Lignes Farman, ein assoziierter Partner der Farman-Flugzeugwerke, die Strecke Paris-Brüssel, die bis Ende 1921 über Amsterdam nach Berlin ausgedehnt worden war. Zu diesem Zeitpunkt verwendete auch eine zweite französische Fluggesellschaft, die Compagnie des Messageries Aériennes, die Goliath auf der Paris-London-Strecke. Als viertes französisches Unternehmen übernahm die Compagnie Aériennes Française die Goliath; die rumänische Fluggesellschaft LARES flog Goliath, die jedoch mit britischen Armstrong Siddeley Jaguar-Motoren ausgerüstet waren, und die SNETA (Vorgängerin der belgischen Fluglinie SABENA) hatte sechs Flugzeuge. Weitere Goliath wurden an südamerikanische Betreiber verkauft.

In der Tschechoslowakei bauten Avia und Letov eine Reihe von Goliath in Lizenz, von denen einige vom Unternehmen Walter in Lizenz gebaute Bristol Jupiter Sternmotoren und andere Lorraine-Dietrich Motoren hatten. Die staatliche tschechoslowakische Fluglinie CSA kaufte fünf Maschinen, und eine sechste wurde von der tschechoslowakischen Luftwaffe als VIP-Transporter verwendet. Auch wurde als Experiment eine Goliath-Krankentransportversion gebaut, die zwölf liegende Patienten, einen Arzt und eine Krankenschwester aufnehmen konnte, man nimmt jedoch an, daß diese Version nie in Dienst gestellt wurde.

1922 gingen die F.60 Bomber in Serie, und als erste kaufte sie die französische Aéronautique Militaire, die damit sechs Escadrilles ausrüstete. Später wurden noch weitere Versionen der Goliath für die französische Armee und Marine gebaut und auch in erheblichen Stückzahlen exportiert, um damit die ersten Nachtbomber-Einheiten in Polen und der UdSSR auszurüsten. Auch Italien und Japan kauften einzelne Maschinen dieses Modells.

Die Grundauslegung der Goliath erfuhr in ihrer zehnjährigen Entwicklung bemerkenswert wenige Änderungen. Alle Goliath-Versionen des für seine Zeit klassischen Doppeldeckers mit einheitlicher Spannweite waren aus Holz gebaut und mit Stoff bespannt, hatten ein drahtverspanntes Leitwerk, ein starres Breitspurfahrwerk und gerade Rumpfseiten. Allerdings wurden bei späten Serienversionen strukturelle Verstärkungen und aerodynamischere Formen eingeführt. Die Bugpartien unterschieden sich jedoch erheblich voneinander, um den unterschiedlichen Besatzungskombinationen der Militärmaschinen gerecht zu werden. Auch hatten die Goliath eine Vielzahl verschiedener Triebwerke, die normalerweise an den unteren Flügeln in Gondeln montiert waren.

Zu den besten Goliath-Kunden gehörte die französische Marine, die mehrere Varianten flog, die alle entweder mit dem charakteristischen, verkleideten Räderfahrwerk oder mit großen Doppelschwimmern und kleinen zusätzlichen Schwimmern an den Flügelspitzen ausgestattet werden konnten. Sowohl die Goliath der französischen Armee als auch die der Marine waren von 1925 bis 1927 gegen die Riff-Stämme in Marokko im Kampfeinsatz.

M B Passingham

**In den ersten Jahren der Entwicklung der Fluglinien spielte die Farman F.60 Goliath, ein stabiles, zuverlässiges und komfortables Flugzeug, eine wichtige Rolle.**

### Varianten
**FF.60:** Bezeichnung von vermutlich drei Prototypen, davon zwei Zivil- und eine Militärversion, Anfang 1919 fertiggestellt.
**F.60:** Bezeichnung der wichtigsten Zivilversion; erste Serienmaschinen mit zwei Salmson Z.9 Sternmotoren; spätere Maschinen mit 260 PS (194 kW) Salmson CM.9; mehr als 60 zivile Goliath wurden gebaut, die meisten davon F.60; eine zivile F.60 wurde von der französischen Marine für Tests mit Doppelschwimmern verwendet.
**F.60bis:** Bezeichnung der Zivilversion mit zwei 300 PS (224 kW) Salmson 9Az Motoren als Triebwerk.
**F.60 BN.2:** wichtigste erste Bomberversion mit zwei Salmson 9Az

Motoren; trotz der Zusatzbezeichnung BN.2 (zweisitziger Nachtbomber) hatte die Maschine drei Besatzungsmitglieder; Bewaffnung mit drei 7,7 mm Maschinengewehren und bis zu 1.040 kg Bomben; im Einsatz bei der französischen Armee und Marine; ein Exemplar für Experimentaleinsatz bei der Armee nach Japan exportiert.
**F.60 Torp.:** Torpedobomber-Variante mit Schwimmern, umkonstruiertem Bug, offener Schützenposition mit minimaler Verglasung und zwei Gnome Rhône Jupiter Sternmotoren; 24 gebaut.
**F.60M:** stumpfnasige Version des Jahres 1923 mit 310 PS (231 kW) Renault 12Fy Motoren; Pilot und Kopilot nebeneinander in offenen Cockpits mit gemeinsamer Windschutzscheibe; einige F.60M hatten ein verglastes Bombenzielfenster, das sich aus dem unteren Bugteil nach vorn erstreckte; Einsatz bei der Aviation Militaire ab 1926; eine Maschine an die japanische Armee geliefert.
**F.61:** Bezeichnung der Zivilversion mit 300 PS (224 kW) Renault 12Fe Motoren als Triebwerk.
**F.62: BN.4:** Exportversion mit 450 PS (336 kW) Lorraine-Dietrich V-12 Motoren; unterschied sich von der F.60M durch einen Bugbalkon für die vordere Schützenposition; von der UdSSR zur Ausrüstung von zwei Nachtbomber-Eskadrilas gekauft, jedoch kaum im Fronteinsatz und 1926 als Schulflugzeug abgestellt.
**F.63 BN.4:** glich der Exportversion F.62 BN.4, jedoch mit 450 PS (336 kW) Gnome-Rhône Jupiter Sternmotoren als Triebwerk; die Aviation Militaire kaufte 42 Maschinen, die jedoch ein defektes Flugwerk hatten.
**F.65:** Version der Aéronautique Maritime mit auswechselbarem Schwimmer-/Räderfahrwerk und stumpfer Bugpartie wie die der F.60 Torp und F.60M; aber 1925 rund 100 ausgeliefert; fünf dieser Maschinen wurden in den Jahren 1925-27 zusammen mit Goliath der französischen Armee für Bombenangriffe auf die Riff-Aufständischen in Marokko verwendet.
**F.66 BN.3:** Jupiter-getriebene Variante, die für Rumänien vorgesehen war; mindestens ein Exemplar gebaut.
**F.68 BN.4:** Bezeichnung für 32 Jupiter-getriebene Bomber für Polen; kurzfristig als Bomber verwendet, galten jedoch als wirkungslos und wurden zur Fallschirmjägerschulung abgestellt.
**F.4X:** Bezeichnung einer Spezial-Goliath mit vier Salmson Sternmotoren in Tandempaaren, die für den Grand Prix des Avions Transports gebaut wurde.
**F.140 Super Goliath:** ein superschwerer TGP (Très Gros Porteur) Bomber-Prototyp mit vier 500 PS (373 kW) Farman-Motoren in Tandempaaren an den unteren Flügeln; Maschinengewehrbewaffnung in Bug, Bauch und zentraler Position sowie bis zu 1.500 kg Bomben; sechs Serienmuster dienten bei der Aviation Militaire; der Verlust einer dieser Maschinen aufgrund struktureller Defekte führte dazu, daß alle F.60, F.63 und F.160 Maschinen der französischen Armee verschrottet wurden.
**F.160:** geringfügig weiterentwickelte Version der F.60 in der BN.4 (viersitziger strategischer Nachtbomber) Kategorie, mit zwei 500 PS (373 kW) Farman-Motoren; eine geringe Stückzahl wurde an die Aviation Militaire und je ein Exemplar an Italien und Japan geliefert; die ähnlichen F.161 und F.165 wurden nicht gebaut.
**F.166:** verstärkte Weiterentwicklung der F.60, für die Aéronautique Maritime gebaut, wahlweise mit Räderfahrwerk oder Schwimmern, mit neu konstruierter Heckflosse und zwei 500 PS (373 kW) Gnome-Rhône Jupiter Sternmotoren; Zwillings-MG im Bug und in zentraler Position plus Einrichtungen für ein Torpedo oder für Bomben an Aufhängungen unter dem Rumpf; die zeitgleiche und im allgemeinen ähnliche **F.162** wurde nicht über das Prototypen-Stadium hinaus entwickelt.
**F.168:** Torpedobomber-Wasserflugzeug mit Jupiter-Motoren, das zusammen mit der ähnlichen **F.167** von 1928 bis 1936 bei der französischen Aéronautique Maritime im Einsatz war; Rumpfumbauten zur Sichtverbesserung von Pilot/Copilot; ca. 60 gingen in Dienst.
**F.169:** verbesserte Version der Goliath Transportmaschine, die 1929 von Lignes Farman in Dienst gestellt wurde; mit aerodynamischen Verbesserungen und einzeln aufgehängten einrädrigen Hauptfahrwerksbeinen.

### Technische Daten
**Farman F.60**
**Typ:** Passagierflugzeug.
**Triebwerk:** zwei 260 PS (194 kW) Salmson CM.9 Neunzylinder-Sternmotoren.
**Leistung:** Höchstgeschwindigkeit 140 km/h; Reisegeschwindigkeit 120 km/h; Dienstgipfelhöhe 4.000 m; Reichweite 400 km.
**Gewicht:** Rüstgewicht 2.500 kg; max. Startgewicht 4.770 kg.
**Abmessungen:** Spannweite 26,50 m; Länge 14,33 m; Höhe 4,91 m; Tragflügelfläche 161,00 m².

M B Passingham

**Eine weitere Variation der F.60 war die Farman F.62 mit einer neuen Position für den Bugschützen, unter dem, nach hinten versetzt, der Bombenschütze Platz fand.**

Mike Hooks

**Die Farman F.68, die 1925 von zwei Staffeln des 1. Bomberregiments der polnischen Luftwaffe geflogen wurde, erwies sich als wirkungslos und wurde zur Fallschirmjägerschulung eingesetzt.**

M B Passingham

***Unten:*** **Der Torpedobomber Farman F.168, dessen angehobene und gewölbte obere Rumpfverkleidung dem Piloten und dem Copiloten ein wesentlich besseres Sichtfeld bot, war bei der Aéronautique Maritime im Einsatz.**

# Farman F.62

## Entwicklungsgeschichte
Die **Farman F.62**, die die gleiche Bezeichnung trug wie eine der zweimotorigen Goliath-Versionen, war jedoch ein einmotoriger Doppeldecker, der viele Konstruktionsmerkmale der Goliath aufwies. Die F.62, die für einen Langstrecken-Rekordversuch vorgesehen war, erhielt schon in der Konstruktionsphase zusätzlich Tanks und wurde von einem Farman-Motor angetrieben.

Am 16. und 17. Juli 1924 stellte die F.62 (F-ESAO), geflogen von Lucien Coupet und dem Copiloten Drouhin auf dem Rundkurs Champol — Chartres — Champol, einen Langstrecken- und Flugdauerrekord auf.

### Technische Daten
**Typ:** Langstrecken-Doppeldecker.
**Triebwerk:** ein 500 PS (373 kW) Farman 12We 12-Zylinder M-Kolbenmotor.
**Leistung:** Höchstgeschwindigkeit 160 km/h.
**Gewicht:** maximales Startgewicht 6.460 kg.
**Abmessungen:** Spannweite 25,90 m; Länge 14,37 m; Höhe 4,90 m; Tragflügelfläche 170,00 m².

M B Passingham

**Die F.62, die viele Konstruktionsmerkmale mit der F.60-Serie teilte, war eine Langstreckenmaschine mit einem sauber verkleideten, wassergekühlten Motor und wesentlich größerer Tankkapazität.**

# Farman F.70 und F.73

**Entwicklungsgeschichte**
Das erste Exemplar der **Farman F.70**, im Grunde eine verkleinerte Version der Goliath, flog 1920. Die in typischer Farman-Bauweise gehaltene Maschine hatte einen kantigen Rumpf, der ebenso wie die Tragflächen aus Holz gefertigt und mit Stoff bespannt war. Die zweistieligen Doppeldecker-Tragflächen waren von unterschiedlicher Spannweite, und als Antrieb diente ein Renault 12Fe Motor. Die gebauten Varianten umfaßten einen dreisitzigen Bomber, der nicht über die Experimentalstufe hinauskam, und die **F.73**, eine modifizierte Version der F.70 mit einem 380 PS (283 kW) Gnome-Rhône Jupiter 9Aa Sternmotor an Stelle des Renault-Aggregats. Sowohl bei der F.70 als auch bei der F.73 saß der Pilot in einem offenen Cockpit unmittelbar hinter dem im Bug montierten Motor, und hinter ihm befand sich eine Kabine, die bis zu sechs Passagiere aufnehmen konnte. Die Serienmaschinen hatten eine dreieckige Heckflosse mit Ruder ohne Ausgleich.

In den zwanziger Jahren flog das französische Lufttransportunternehmen Lignes Aériennes Latécoère mindestens vier F.70 auf seinen Passagier- und Poststrecken zwischen Casablanca und Dakar sowie von Algier nach Biskra. Zu den weiteren Betreibern gehörten die CAF und CIDNA, die beide diesen Typ hauptsächlich auf den französischen Inlandstrecken flogen. Das polnische Lufttransportunternehmen Aero erwarb 1925 mindestens fünf F.70, zwei davon von der CIDNA. Wichtigster Betreiber war die Lignes Farman, die von Paris über Brüssel nach Amsterdam mindestens fünf F.70 flog. 1927 wurden vier Maschinen durch den Einbau des Jupiter Sternmotors in F.73 umgerüstet. Es wird angenommen, daß insgesamt mindestens 20 Exemplare aller Versionen gebaut wurden.

**Technische Daten**
**Farman F.70**
**Typ:** Passagier-/Postflugzeug.
**Triebwerk:** ein 300 PS (224 kW) Renault 12Fe 12-Zylinder V-Motor.
**Leistung:** Höchstgeschwindigkeit 175 km/h; normale Reisegeschwindigkeit 150 km/h; Dienstgipfelhöhe 4.900 m; Reichweite 400 km.
**Gewicht:** Rüstgewicht 1.330 kg; max. Startgewicht 2.050 kg.
**Abmessungen:** Spannweite 14,90 m; Länge 10,10 m; Höhe 3,43 m; Tragflügelfläche 53,50 m².

# Farman F.71

**Entwicklungsgeschichte**
Die **Farman F.71**, eine Variante der F.70, war als Fortgeschrittenen-Schulflugzeug angesehen und trat erstmals 1924 in Erscheinung. Sie hatte Flügel mit einem dicken Profil und geraden Spitzen sowie die dreieckige Heckflosse mit Seitenruder, die für die damaligen Farman-Konstruktionen typisch war. Als Triebwerk diente ein Salmson CUZ.9 Sternmotor, und die Maschine hatte ein konventionelles Heckspornfahrwerk. Pilot und Flugschüler saßen in offenen Tandemcockpits mit Doppelsteuerung, wobei sich der Fluglehrer direkt hinter der Hinterkante des oberen Flügels befand.

Die F.71 hatte nur begrenzten Erfolg, es wurde jedoch auch eine **F.74** Exportversion gebaut, von der die rumänische Luftwaffe mindestens ein Exemplar kaufte.

**Technische Daten**
**Typ:** zweisitziges Fortgeschrittenen-Schulflugzeug.
**Triebwerk:** ein 260 PS (194 kW) Salmson CUZ.9 Neunzylinder-Sternmotor.
**Leistung:** Höchstgeschwindigkeit 163 km/h.
**Gewicht:** Leergewicht 1.086 kg; max. Startgewicht 1.480 kg.
**Abmessungen:** Spannweite 14,88 m; Länge 9,50 m; Höhe 3,40 m; Tragflügelfläche 53,50 m².

# Farman F.80

**Entwicklungsgeschichte**
Die als Konkurrenz für das Anfänger-Schulflugzeug Hanriot HD-14 gedachte **Farman F.80** hatte nicht den Erfolg ihrer berühmten Konkurrentin, und es wird angenommen, daß nicht mehr als zwei Exemplare gebaut wurden.

Die F.80 war ein zweistieliger Doppeldecker von einheitlicher Spannweite mit Holzstruktur und Stoffbespannung, dessen Heckflosse und Seitenruder die für die damalige Zeit typischen Farman-Merkmale aufwiesen. Die Hauptbeine des Heckspornfahrwerks trugen dünnbereifte Zwillingsräder, vor denen an einer Kufenverlängerung ein Paar Zusatzräder montiert waren, die das Vornüberkippen auf unebenem Gelände verhindern sollten. Als Triebwerk diente ein Renault-Motor, und Fluglehrer sowie Flugschüler saßen in offenen Tandemcockpits.

**Technische Daten**
**Typ:** zweisitziges Anfänger-Schulflugzeug.
**Triebwerk:** ein 190 PS (142 kW) Renault Kolbenmotor.
**Leistung:** nicht aufgezeichnet.
**Gewicht:** Leergewicht 770 kg; max. Startgewicht 1.110 kg.
**Abmessungen:** Spannweite 13,00 m; Länge 8,20 m; Tragflügelfläche 46,50 m².

M B Passingham

**Das altertümliche Fahrwerk der Farman F.80 sollte verhindern, daß die Maschine bei den oft schlechten Landungen der Flugschüler nach vorne kippte.**

# Farman F.110

**Entwicklungsgeschichte**
Der Bau der **Farman F.110** war ein Versuch des Unternehmens, Breguet als wichtigsten Lieferanten von Artillerie-Beobachtungsflugzeugen für die französische Aéronautique Militaire zu verdrängen. Die F.110 hatte jedoch einen hohen Anteil an Aluminiumlegierungen in ihrer Struktur, und die relative Unkenntnis der Farman-Ingenieure, was die Metallbauweise betraf, war der Grund für die Nachteile dieses einstieligen Doppeldeckers.

Nach erfolgreichen Tests des Prototypen im Jahre 1921 gingen zwei Produktionsaufträge über insgesamt 175 Flugzeuge ein. Die Auslieferungen an die Einheiten begannen 1922, mehrere Unfälle aufgrund struktureller Schwächen führten jedoch dazu, daß nur 50 F.110 der Kategorie A.2 (zweisitziger Beobachter) ausgeliefert wurden, nachdem an diesen Umbauten vorgenommen worden waren. Die Maschinen blieben kaum länger als zwölf Monate im Fronteinsatz.

Als Triebwerk diente ein eng verkleideter, wassergekühlter Salmson 9Z Motor, dessen Kühler unter dem Rumpf, kurz vor dem konventionellen Hauptfahrwerk montiert war. Pilot und Beobachter saßen dicht beieinander in offenen Tandemcockpits unter einer breiten Aussparung in der Hinterkante des oberen Flügels. Doppelsteuerung war Standardausrüstung, und der Einbau eines Funkempfängers und einer Kamera war vorgesehen. Verglaste Flächen in den Cockpitseiten und im Boden gaben dem Beobachter gute Sicht.

**Technische Daten**
**Typ:** zweisitziger Artillerie-Beobachtungsdoppeldecker.
**Triebwerk:** ein 260 PS (194 kW) Salmson 9Z Neunzylinder-Sternmotor.
**Leistung:** Höchstgeschwindigkeit 191 km/h in Seehöhe; Dienstgipfelhöhe 6.600 m.
**Gewicht:** Rüstgewicht 735 kg; max. Startgewicht 1.420 kg.
**Abmessungen:** Spannweite 12,00 m; Länge 9,11 m; Höhe 3,19 m; Tragflügelfläche 37,00 m².
**Bewaffnung:** ein starres, vorwärtsfeuerndes 7,7 mm Maschinengewehr und zwei schwenkbare MG im Beobachtercockpit plus Aufhängungen für leichte Bomben unter dem Rumpf.

M B Passingham

**Daß die Farman F.110 einen so seltsamen Bug hatte, verdankte sie dem Salmson-Sternmotor: während die meisten derartigen Motoren mit Luft gekühlt wurden, hatte der Salmson Wasserkühlung und brauchte deshalb den großen Kühlerkasten unter dem Bug. Durch den Kühler wurde der Luftwiderstand, der ohnehin schon durch die große Frontfläche des verkleideten Sternmotors erzeugt wurde, noch erhöht.**

# Farman F.121 Jabiru

**Entwicklungsgeschichte**
Die ungewöhnlich flachen Rumpfseiten und den riesigen, dicken Tragflügel mit langer Profilsehne, an denen dieser abgestrebte Passagier-Hochdecker zu erkennen war, verdankte er den Anforderungen des offiziellen französischen Grand Prix des Avions Transports des Jahres 1923. Der Prototyp der **Farman F.3X Jabiru** (Storch) wurde rechtzeitig fertiggestellt, um an allen Disziplinen des Wettbewerbs teilzunehmen und erwies sich als eindeutiger Sieger. Die F.3X wurde von vier im Tandem montierten Hispano-Suiza 8 Ac Motoren angetrieben, die am Ende von Stummelflügeln montiert waren. Zunächst wurden die Motoren durch auf Streben montierte Kühler gekühlt, diese nicht zufriedenstellende Lösung führte jedoch zu Produktionsverzögerungen. Eine Version mit Lorraine-Antrieb wurde getestet.

1925 kamen vier Exemplare der **F.4X** heraus, die sich von der F.3X durch drei unverkleidete 300 PS (224 kW) Salmson AZ.9 Sternmotoren unterschieden, von denen einer im oberen Rumpfbug und je einer an den seitlichen Stummelflügeln montiert war. Die seitlichen Motoren ragten nach vorn heraus und waren so eng wie nur möglich angebracht. Die dreimotorige Auslegung brachte erhebliche Nachteile bei der Passagierkapazität, denn während die F.3X zwei Passagiere im verglasten Bugbereich, einen weiteren neben dem erhöhten Pilotensitz und sechs Passagiere in der Hauptkabine aufnehmen konnte, war bei der F.4X der Platz auf die sechs Passagiere in der Hauptkabine beschränkt.

Die vier F.4X Maschinen gingen in den ersten Monaten des Jahres 1925 in Dienst, wobei eine die Lignes Farman-Route von Paris nach Zürich eröffnete. Ihre Leistung war jedoch schwach, und sie wurden, nachdem 1925 zwei Maschinen verlorengingen, bald aus dem Liniendienst zurückgezogen. Eine F.4X mit einem runden Bug und einer Kuppel für das Pilotencockpit wurde 1924 auf dem Salon de l'Aéronautique in Paris ausgestellt, von ihr wurde jedoch nach ihrem Erstflug nichts mehr gehört.

Zwischen 1924 und 1926 wurde eine Serie von sieben F.3X Passagierflugzeugen gebaut, die inzwischen vom Unternehmen Farman als **F.121** bezeichnet wurden. Der F.3X Prototyp erhielt ein überarbeitetes Kühlsystem sowie die neue Bezeichnung **F.121a**. Eine F.121 wurde von Farman für umfassende Tests an die offizielle französische S.T.Aé übergeben und später ins Ausland verkauft. Vier Flugzeuge gingen ab 1926 bei der Farman-Fluglinie in Dienst und verbanden Paris mit Brüssel und Amsterdam, während die verbliebenen zwei Exemplare an die dänische Fluglinie D.D.L. verkauft wurden. Später wurden von D.D.L. in Dänemark zwei weitere Maschinen in Lizenz gebaut, und diese Maschinen flogen auf der Strecke von Kopenhagen nach Hamburg und Köln, bis 1931 die letzten verschrottet wurden.

Das Einzelstück **F.123** war ein Bomber-Prototyp, der nach dem Jabiru Konstruktionskonzept gebaut worden war und der neben einem internen Bombenschacht Maschinengewehr-Positionen im Bug und im Rücken hatte. Dieser Maschine, die von zwei 450 PS (336 kW) Hispano-Suiza Motoren angetrieben wurde, folgte die ähnliche **F.124** mit 420 PS (313 kW) Gnome-Rhône Jupiter Motoren, die ebenfalls nicht über das Experimentalstadium hinauskam.

M B Passingham

Die Farman F.3X hatte ein seltsames Aussehen und war als Passagiermaschine nicht erfolgreich. Der Flügel war eine typische Farman-Konstruktion.

Mike Hooks

Diese Maschine hatte den rechtmäßigen Anspruch darauf, das häßlichste Flugzeug der Welt zu sein. Die Farman F.4X war eine dreimotorige Entwicklung aus der F.3X, und ihr Pilot saß in einem offenen Cockpit hinter dem mittleren Motor.

**Technische Daten**
**Farman F.121**
**Typ:** Passagierflugzeug.
**Triebwerk:** vier 180 PS (134 kW) Hispano-Suiza 8Ac Achtzylinder V-Motoren.
**Leistung:** Höchstgeschwindigkeit 225 km/h; Reisegeschwindigkeit 175 km/h; Dienstgipfelhöhe 4.000 m; Reichweite 650 km.
**Gewicht:** Rüstgewicht 3.000 kg; max. Startgewicht 5.000 kg.
**Abmessungen:** Spannweite 19,00 m; Länge 13,68 m; Höhe 4,48 m; Tragflügelfläche 81,00 m$^2$.

# Farman F.130

**Entwicklungsgeschichte**
Der dreisitzige Nachtbomber (BN.3-Kategorie) **Farman F.130** war eine einmotorige Variante des Goliath-Konzepts und kam 1925 heraus. Erkennbar als Farman-Konstruktion war die Maschine an ihrem schlanken, kantigen Rumpf, der dreieckigen Heckflosse mit rechteckigem Seitenruder und den zweistieligen Flügeln einheitlicher Spannweite mit geraden Spitzen. Als Triebwerk diente ein eng verkleideter Farman-Motor, und die Maschine hatte ein konventionelles Heckspornfahrwerk. Die drei Besatzungsmitglieder saßen hinereinander in offenen Cockpits, wobei sich das des Schützen an die Flügelhinterkante anschloß. Zusätzlich zu dem Zwillings-MG auf einem Drehkranz, das von dem Schützen in seinem Cockpit im Rumpfrücken bedient wurde, war eine vorwärts feuernde, starre Waffe und eine durch eine Bauchklappe nach unten feuernde Waffe vorgesehen.

Die F.130 wurde umfangreichen Tests unterzogen, weckte jedoch kein Interesse. Weder Inlands- noch Exportaufträge wurden verzeichnet.

**Technische Daten**
**Typ:** Langstrecken-Nachtbomber.
**Triebwerk:** ein 600 PS (447 kW) Farman dreireihig hängender Kolbenmotor (M-Form).
**Leistung:** Höchstgeschwindigkeit 195 km/h; Dienstgipfelhöhe 5.200 m.
**Gewicht:** Rüstgewicht 3.230 kg; max. Startgewicht 5.570 kg.
**Abmessungen:** Spannweite 25,30 m; Tragflügelfläche 150,00 m$^2$.
**Bewaffnung:** vier 7,7 mm MG plus bis zu 700 kg Bomben.

M B Passingham

Die Farman F.130 war eine einmotorige Version der Goliath, aber hoffnungslos untermotorisiert, um echte Leistung zu zeigen.

# Farman F.150 Marin

**Entwicklungsgeschichte**
1926 baute das Unternehmen die **Farman F.150 Marin** (Marine), einen Doppeldecker mit unterschiedlicher Spannweite, der von zwei Jupiter-Motoren angetrieben wurde und der als Tagbomber der Kategorie B.3 für die französische Marine vorgesehen war. Er bot gegenüber der Farman Goliath mehrere Verbesserungen, in Einsatztests zeigte sich jedoch, daß seine Leistung nur geringfügig höher lag, und es gingen keine Produktionsaufträge ein.

**Technische Daten**
**Farman F.150 Marin** (Landflugzeug).
**Typ:** dreisitziger Tagbomber.
**Triebwerk:** zwei 420 PS (313 kW) Gnome Rhône Sternmotoren.
**Leistung:** Höchstgeschwindigkeit 175 km/h; Dienstgipfelhöhe 4.400 m.
**Gewicht:** Rüstgewicht 2.970 kg; max. Startgewicht 5.270 kg.
**Abmessungen:** Spannweite 20,30 m; Länge 11,46 m; Tragflügelfläche 131,60 m$^2$.
**Bewaffnung:** vier 7,7 mm MG plus 1.200 kg Bomben oder ein Torpedo.

# Farman F.170 Jabiru

## Entwicklungsgeschichte

Die **Farman F.170 Jabiru** (Storch) war eine einmotorige Weiterentwicklung der ersten Jabiru und behielt die Holz- und Stoff-Bauweise ihrer Vorgängerin bei. Die Maschine war kleiner, hatte eine bessere Linienführung, und als Triebwerk diente ein Farman 12 We Motor. Der charakteristische, tiefe Rumpf mit flachen Seiten hatte eine Kabine mit Platz für acht Passagiere und der Pilot saß in einem offenen Cockpit, das sich, leicht nach links versetzt, oberhalb der Flügelvorderkante befand.

Der Prototyp (F-AIBR), der 1925 herauskam, hatte ein Seitenruder ohne Ausgleich und Stummelflügel am unteren Rumpf, an denen das Hauptfahrwerk montiert war. Es wurden mindestens zwölf F.170 in Serie gebaut, die sich vom Prototyp dadurch unterschieden, daß sie ein Seitenruder mit Gewichtsausgleich und ein umkonstruiertes Fahrwerk hatten, mit dem der Rumpf zusätzliche Bodenfreiheit gewann. Eine F.170 wurde kurzzeitig mit einem ungewöhnlichen, einzelnen Schwimmer als Wasserflugzeug erprobt, erwies sich jedoch als erfolglos.

Die F.170 wurde ab Mai 1926 von der Farman-Fluglinie geflogen und war hauptsächlich auf der Strecke von Paris nach Köln und weiter bis Berlin im Einsatz. Hinzu kamen später noch sechs Maschinen vom Typ **F.170bis** und das Einzelstück **F.171**. Mit der F.170bis wurden einige Metallteile eingeführt, sie hatte eine größere Kabine für neun Passagiere und wurde von einem 450 PS (336 kW) Gnome-Rhône Jupiter 9Ab Sternmotor angetrieben. Die F.171 war etwas schwerer als die F.170bis und hatte eine größere maximale Reichweite.

Fünf Maschinen vom Typ F.170 und F.170bis waren noch in flugfähigem Zustand, als sie 1933 zu der neu gebildeten Air France kamen, sie wurden jedoch kurze Zeit später verschrottet.

### Technische Daten
**Farman F.170**

**Typ:** Passagierflugzeug.
**Triebwerk:** ein 500 PS (373 kW) Farman 12We 12-Zylinder M-Kolbenmotor.
**Leistung:** Höchstgeschwindigkeit 200 km/h; Reisegeschwindigkeit 190 km/h; Dienstgipfelhöhe 4.500 m; Reichweite 800 km.
**Gewicht:** Leergewicht 2.000 kg; max. Startgewicht 3.320 kg.
**Abmessungen:** Spannweite 16,00 m; Länge 11,75 m; Höhe 3,20 m; Tragflügelfläche 52,50 m².

# Farman F.180 Oiseau Bleu

## Entwicklungsgeschichte

Obwohl die **F.180 Oiseau Bleu** (Blauer Vogel) in der Tradition der F.60 Goliath wieder auf die Doppeldecker-Konfiguration zurückgriff, wurden die zweistieligen Tragflächen ungleicher Spannweite mit einem relativ fortschrittlichen Rumpf verbunden. Der Rumpfvorderteil hatte einen ovalen Querschnitt und einen gerundeten Bug; hier war die geschlossene Kabine für Pilot und Copilot untergebracht.

Die F.180 war ursprünglich für einen geplanten Nonstopflug über den Nordatlantik von Paris nach New York entworfen worden. Als dieses Projekt abgebrochen wurde, baute die Firma drei Exemplare des Modells, die auf Farmans Prestige-Strecken zwischen Paris und den nahe liegenden europäischen Hauptstädten verkehrten.

Der größte Nachteil der F.180 war das engspurige Fahrwerk, und der Einsatz dieses reichlich großen Modells auf unvorbereiteten Grasfeldern bedeutete für die Passagiere weniger Bequemlichkeit bei größerem Risiko. Dieser Zustand wurde durch die Montage von Kufen an den Flügelspitzen wie bei den Aufklärungs- und Schulflugzeugen des Ersten Weltkriegs verbessert. Die beiden Farman 12We Motoren der Farman F.180 waren hintereinander unter dem oberen Flügelmittelstück angebracht und wurden oberhalb des Rumpfs von zwei kräftigen Strebenpaaren gestützt.

Die erste F.180 wurde im Frühjahr 1928 ausgeliefert, bald darauf gefolgt von anderen Exemplaren, und der Typ blieb mehrere Jahre lang im Einsatz. Mindestens eine F.180 mit Stummelflügeln zu beiden Seiten des Bugs wurde geflogen, die vermutlich die Stabilität verbessern sollten.

M B Passingham

**Die F.180 behielt viele 'traditionelle' Kennzeichen der Farman-Modelle bei, wurde aber in aerodynamischer Hinsicht durch eine Triebwerk- und Kühleranlage mit verringertem Luftwiderstand verbessert. Der schwerwiegendste Nachteil dieses Typs war das engspurige Fahrwerk, das für ein so schweres Modell nicht ausreichte.**

### Technische Daten

**Typ:** Passagierflugzeug.
**Triebwerk:** zwei 500 PS (373 kW) Farman 12We Zwölfzylinder M-Motoren.
**Leistung:** Höchstgeschwindigkeit 190 km/h; Reisegeschwindigkeit 170 km/h; Dienstgipfelhöhe 4.000 m; Reichweite 1.000 km.
**Gewicht:** Leergewicht 4.500 kg; max. Startgewicht 8.000 kg.
**Abmessungen:** Spannweite 26,00 m; Länge 18,00 m; Höhe 5,80 m; Tragflügelfläche 172,00 m².

# Farman F.190

## Entwicklungsgeschichte

Der populärste Vertreter der in den späten 20er und frühen 30er Jahren in Frankreich sehr beliebten Kabinen-Schulterdecker oder Lufttaxi-Flugzeuge war die **Farman F.190**, deren Prototyp 1928 erstmals flog. Das geschlossene Pilotencockpit lag an der Vorderkante der Tragflächen, dahinter befand sich eine Kabine für bis zu vier Passagiere; die runden 'Bullaugen'-Fenster (vier an jeder Seite) waren ein ausgezeichnetes Erkennungsmerkmal. Der Eingang zur Kabine befand sich auf der rechten Seite unmittelbar hinter dem Pilotensitz.

Das breite Fahrwerk mit seinen geteilten Beinen sicherte einen erfolgreichen Einsatz dieses robusten Modells selbst auf schlecht vorbereiteten Rollbahnen, und das einfache Leitwerk war ein typischer Farman-Entwurf. Die Grundstruktur war aus Holz mit Stoff- und Sperrholzbeschichtung. Mehr als 100 Exemplare der F.190 wurden gebaut, mehr als die Hälfte davon Vertreter der ursprünglichen Ausführung mit einem Gnome-Rhône 5Ba Motor. Eine Ausführung zum Krankentransport mit der **F.197S** (Sanitaire) konnte zwei Tragbahren und einen medizinischen Assistenten aufnehmen.

Neben privaten Betreibern und Lufttaxi-Firmen wurde die F.190 auch von mehreren französischen und ausländischen Fluggesellschaften bestellt. Unter diesen war Farman mit 14 Maschinen der wichtigste Betreiber, gefolgt von Air Union mit sieben Exemplaren. Zu den anderen französischen Firmen gehörten Air Orient und Air Afrique; im Ausland diente das Modell unter anderem bei CIDNA in Prag und LARES in Bukarest. Als 1933 die Air France gebildet wurde, übernahm die neue Gesellschaft 15 F.190 von den verschiedenen kleineren Betrieben.

Das Grundmodell wurde mit den verschiedensten Triebwerken ausgestattet und erhielt jeweils eine neue Bezeichnung: **F.192** (mit einem 230 PS/172 kW Salmson 9Ab Sternmotor), **F.193** (mit dem 230 PS/172 kW Farman 9Ea), **F.194** (mit dem 250 PS/186 kW Hispano-Suiza 6Mb), **F.197** (mit dem 240 PS/179 kW Lorraine 7Me), **F.198** (mit dem 250 PS/186 kW Renault 9A) und **F.199** (mit dem 325 PS/242 kW Lorraine 9Na. Die Produktion lief 1931 aus.

### Technische Daten
**Farman F.190**

**Typ:** fünfsitziges leichtes Transportflugzeug.
**Triebwerk:** ein 230 PS (172 kW) Gnome-Rhône 5Ba Fünfzylinder Sternmotor.
**Leistung:** Höchstgeschwindigkeit 185 km/h; Reisegeschwindigkeit 160 km/h; Dienstgipfelhöhe 5.150 m; Reichweite 850 km.
**Gewicht:** Leergewicht 926 kg; max. Startgewicht 1.800 kg.
**Abmessungen:** Spannweite 14,40 m; Länge 10,45 m; Höhe 3,00 m; Tragflügelfläche 40,20 m².

**Die Farman F.190 war ein populärer und für ihre Zeit typischer Kabineneindecker; hier abgebildet ist eine F.192 mit einem Salmson 9Ab Sternmotor.**

M B Passingham

# Farman F.200

### Entwicklungsgeschichte

Die **Farman F.200** aus dem Jahre 1930 war ein erfolgreicher Versuch der Firma, sich auf dem Markt für leichte Reiseflugzeuge zu etablieren. Das Modell war ein Eindecker mit Tragflächen in Baldachinkonstruktion und zwei Tandem-Sitzen sowie einer mit den vorderen Flügelstreben integrierten Windschutzscheibe, die der Maschine aus bestimmten Blickwinkeln das Aussehen eines Kabinen-Eindeckers gab. Wegen des breitspurigen Fahrwerks galt die F.200 als sehr zuverlässig, und mit einer Doppelsteuerung ließ sich das Modell auch als Schulflugzeug verwenden. Die Firma versuchte, die Einsatzmöglichkeiten des Typs zu erweitern und bot die F.200 der Marine an, erhielt aber dafür keine Aufträge.

### Varianten

**F.202:** diese Entwicklung der F.200 hatte die gleiche Grundstruktur, aber so viele Änderungen, daß sie wie ein neues Modell aussah; die wichtigste Neuerung war die zweifache Ausführung als Dreisitzer mit offenem Cockpit oder als Kabinenzweisitzer mit einem Cockpit, das sich nach hinten über die Flügel hinaus erstreckte; der Salmson Motor war in einem Townend Ring eingefaßt, und das Fahrwerk hatte verkleidete Räder.

### Technische Daten

**Farman F.200**

**Typ:** zweisitziges leichtes Reise- oder Schulflugzeug.

**Triebwerk:** ein 120 PS (89 kW) Salmson Sternmotor.

**Leistung:** Höchstgeschwindigkeit 157 km/h; Dienstgipfelhöhe 3.100 m.

**Gewicht:** Leergewicht 681 kg; max. Startgewicht 1.000 kg.

**Abmessungen:** Spannweite 11,00 m; Länge 9,00 m; Höhe 2,60 m; Tragflügelfläche 25,00 $m^2$.

# Farman F.211

### Entwicklungsgeschichte

Die **Farman F.211**, ein viersitziges Bombenflugzeug, war 1932 fertig und ähnelte einer verkleinerten Version der F.220, die ihren Jungfernflug einige Monate später unternahm. Das Modell hatte Schulterdeckerflügel, die mit tiefer liegenden Stummelflügeln verstrebt waren, auf deren Rändern je zwei hintereinander angebrachte 300 PS (224 kW) Gnome-Rhône Titan Sternmotoren für je einen Zug- und Druckpropeller montiert waren. Der kantige Rumpf hatte Sperrholz- und Stoffbeschichtung, das Leitwerk war eine typische Farman-Konstruktion, und das breite Fahrwerk hatte geteilte Hauptteile.

Die Kabine lag an der Vorderkante der Tragflächen; der Pilot saß links, mit einem einfach auszubauenden Sitz für den Copilot oder Ingenieur/Navigator auf der rechten Seite. Im ziemlich langen Bugteil war der Bombenschütze untergebracht; über ihm saß der vordere Schütze. Unter den Tragflächen befand sich der innere Bombenschacht, hinten ein Cockpit für einen weiteren MG-Schützen, und im Rumpfunterteil war ein durch eine Bodenluke feuerndes Gewehr montiert.

### Varianten

**F.212:** diese Entwicklung der F.211 wurde im April 1934 erstmals von der Section Technique de l'Aéronautique (S.T.Ae.) des französischen Luftfahrtministeriums testgeflogen; verglichen mit seinem Vorgänger war dieses Modell in Einzelheiten verändert und verfügte über eine größere Leistungskapazität dank der stärkeren 350 PS (261 kW) Gnome-Rhône 7Kds Sternmotoren; die Höchstgeschwindigkeit war auf 244 km/h erhöht, die Dienstgipfelhöhe auf 6.000 m erweitert; die Verteidigungswaffen waren identisch mit denen der F.211, aber die Bombenzuladung betrug bis zu 1.400 kg; weder von der F.211 noch F.212 wurden Serienexemplare gebaut.

**F.215:** zivile Passagiertransportversion der F.211 mit Platz für zwei Besatzungsmitglieder und zwölf Passagiere; keine Serienexemplare gebaut.

### Technische Daten

**Farman F.211**

**Typ:** viersitziger Tag- und Nachtbomber.

**Triebwerk:** vier 300 PS (224 kW) Gnome-Rhône Titan 7Kcrs Siebenzylinder Sternmotoren.

**Leistung:** Höchstgeschwindigkeit 220 km/h; Dienstgipfelhöhe 5.000 m; Reichweite 1.000 km.

**Gewicht:** Rüstgewicht 5.050 kg; max. Startgewicht 7.400 kg.

**Abmessungen:** Spannweite 23,00 m; Länge 15,90 m; Höhe 4,22 m; Tragflügelfläche 109,00 $m^2$.

**Bewaffnung:** fünf 7,7 mm MG plus bis zu 1.050 kg Bomben.

# Farman F.220, F.221 und F.222

### Entwicklungsgeschichte

Die **Farman F.211** und **212** Prototypen etablierten eine Konfiguration, die für eine Reihe von viermotorigen schweren Bombern in den nächsten zehn Jahren beibehalten wurde: typische Farman Schulterdeckerflügel mit beträchtlicher Profiltiefe, verbunden mit einem kantigen Rumpf mit flachen Seiten; das Triebwerk bestand aus vier paarweise hintereinander angebrachten Motoren für je zwei Druck- und Zugpropeller (die Motoren waren auf den am Rumpfunterteil montierten Stummelflügeln angebracht). Diese Prototypen wurden für eine offizielle Ausschreibung für einen Bombardier Très Gros Porteur gebaut, ein Bombenflugzeug, das schwere Angriffswaffenladungen über nach damaligem Ermessen Mittel- und Langstrecken transportieren konnte.

Aus der F.211 und F.212 wurde die **F.220.01** entwickelt, die am 26. Mai 1932 erstmals flog. Die Maschine hatte vier 600 PS (447 kW) Hispano-Suiza 12 Lbr Motoren und basierte auf dem gleichen Grundentwurf wie ihre Vorgänger. Die Konfiguration enthielt die geschlossene Pilotenkabine, die Balkonposition für den Bugschützen und das feste, breite, geteilte Fahrwerk; dazu kamen mehrere Veränderungen im Detail. Das einzige Exemplar der F.220 wurde später unter dem Namen *Le Centaure* für den zivilen Gebrauch umgebaut und als Langstrecken-Passagier/Posttransporter auf der Südatlantik-Strecke verwendet; der erste Nonstopflug von Dakar in Westafrika nach Natal in Brasilien fand am 3. Juni 1935 statt.

Im Mai 1933 startete der Prototyp der **F.221.01** zu seinem Jungfernflug. Die Maschine unterschied sich von der F.220 vor allem durch ein verändertes Leitwerk, die Gnome-Rhône Mistral Major Sternmotoren und die vollständig umschlossenen Schützenpositionen im Bug und auf dem Rumpfoberteil. Es folgte eine kleine Serie von F.221 Bombern mit veränderten Bugteilen. Bei der F.221.01 hatten nur die vorderen Motoren Hauben, bei den Serienmaschinen alle vier. Zwischen 1936 und 1938 entstanden vier zivile Varianten mit der Bezeichnung **F.2200**, die von der Air France auf den Südamerika-Strecken dieser Airline eingesetzt wurde.

Der Prototyp F.221.01 wurde in der zweiten Hälfte des Jahres 1935 zur **F.222.01** umgebaut; dabei wurden in erster Linie neue, nach vorne

**Farman F.222.1 der 2^e^ Escadrille, Groupement de Bombardement I/15, l'Armée de l'Air, im Mai 1940 bei Reims-Courcy stationiert**

M B Passingham

**_Rechts:_ Der Prototyp der F.220 war als Bomber konzipiert und hatte den Bugschützen in einer Art Balkon untergebracht, der über das Flugwerk hinausragte. Später wurde das Modell in ein Postflugzeug für die Strecke über den Südatlantik umgebaut.**

M B Passingham

**1939 war das Farman F.221 Bombenflugzeug nach europäischem Standard völlig überholt, aber Frankreich sah sich gezwungen, den Typ weiterhin im Einsatz zu behalten.**

in die Motorgondeln einziehbare Fahrwerkhauptteile montiert. Auf die F.221.1 Baureihe folgten zwei Serien der **F.222.2** Bomber mit einem neuen Bug, um dem Piloten ein besseres Sichtfeld zu geben. Ein ziviles Exemplar der F.222.1 wurde als **F.2220** *Ville de Dakar* fertiggestellt und im Oktober 1937 an die Air France übergeben.

Bis zum 1. Januar 1938 hatten 18 F.221 und F.222 den Dienst aufgenommen, und zwei Monate später begannen die Auslieferungen der F.222.2 (das letzte Exemplar dieses Typs kam im Juli 1938 an). Am 16. August 1939 waren von den Farman Bombern vier Exemplare in Indochina, acht in den französischen Afrika-Kolonien und 30 in Frankreich selbst vertreten.

### Varianten

**F.221:** zehn zwischen Juni 1936 und Januar 1937 an die Armée de l'Air ausgelieferte Serienmaschinen; neben den zahlreichen Tupolew TB-3 der Sowjetunion die einzigen effektiven viermotorigen Bomber der Welt; der Prototyp wurde im Mai 1933 gebaut und geflogen.

**F.222.1:** ursprünglich als F.222 bezeichnet, aber nach Erscheinen der F.222.2 umbenannt; erweiterte Treibstoffkapazität; Serienmaschinen wurden gebaut, die Konstruktion der ersten begann im April 1936; das letzte Exemplar war im Oktober 1937 fertig; der Prototyp war der umgebaute Prototyp der F.221.

**F.222.2:** zwei von Centre gebaute Serien (acht und 16 Exemplare); der veränderte Bugteil ergab verbesserte Rumpfkonturen im Vergleich zur F.221 und F.222.1; kein Prototyp wurde gebaut, das Flugzeug Nr. 13 war die erste fertige F.222.2.

### Technische Daten

**Farman (Centre) F.222.2**

**Typ:** schwerer Nachtbomber.

**Triebwerk:** vier 920 PS (868 kW) Gnome-Rhône 14 N 14-Zylinder Sternmotoren.

**Leistung:** Höchstgeschwindigkeit 360 km/h in 4.000 m Höhe; Dienstgipfelhöhe 8.000 m; max. Reichweite 2.200 km.

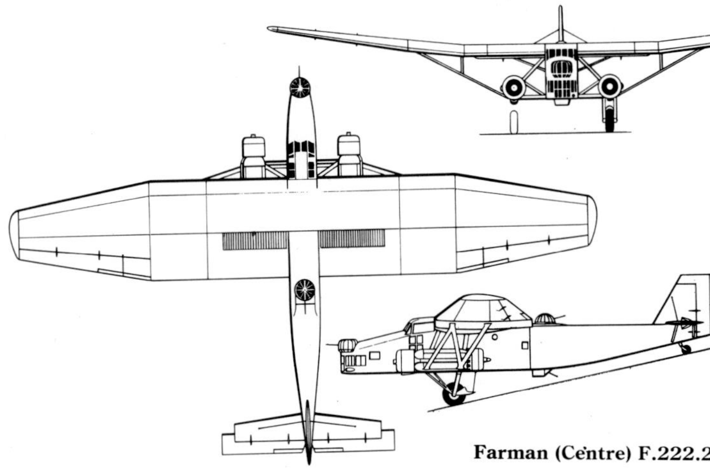

Farman (Centre) F.222.2

**Gewicht:** Rüstgewicht 10.800 kg; max. Startgewicht 18.700 kg.

**Abmessungen:** Spannweite 36,00 m; Länge 21,45 m; Höhe 5,20 m; Tragflügelfläche 186,00 m$^2$.

**Bewaffnung:** vier 7,5 mm MAC 1934 MG plus bis zu 3.900 kg Bomben; die F.221 und F.222.1 hatten Darne Gewehre vom gleichen Kaliber und die F.220.01 und F.221.01 je zwei 7,7 mm Lewis MG in den drei Positionen.

# Farman F.223: siehe Farman NC.223

# Farman F.224

### Entwicklungsgeschichte

Die **Firma F.224** basierte auf dem F.222 Bomber, hatte aber einen breiteren Rumpf für 40 Passagiere und ein Doppelleitwerk. Ein Modell dieses Typs wurde beim Pariser Salon de l'Aéronautique von 1937 ausgestellt und erhielt von seiten der Air France eine Bestellung über sechs Exemplare. Die Maschinen wurden von der SNCA du Centre gebaut, in der Farman nach der Verstaatlichung aufgegangen war.

Das erste Exemplar (F-APMA) wurde von der Air France getestet und erwies sich als unfähig, mit nur zwei Motoren in gerader Linie zu fliegen; außerdem war für Starts und Landungen eine übermäßig lange Rollbahn erforderlich. Da die Air France mit dem Ergebnis nicht zufrieden war, wurde eine Vereinbarung über die Auslieferung der ursprünglich für die Strecke London-Paris gedachten F.224 an die Armée de l'Air getroffen, wo sie die Bezeichnung **F.224TT** (Truppentransporter) erhielten. In diesem Zusammenhang wurde eine Bestellung von zehn Dewoitine D.339TT in einen Auftrag über acht D.338 dreimotorige Passagierflugzeuge für die Air France umgewandelt.

Die Armée de l'Air erhielt die F.224 im Jahre 1938, gab sie aber an Farman zurück, um sie für den Transport von 39 Fallschirmjägern mit Ausrüstung umbauen zu lassen.

**Die Farman F.224 basierte eindeutig auf dem F.222 Bombenflugzeug und hatte zwei Seitenleitflächen und Platz für 40 Passagiere.**

M B Passingham

Außerdem wurde ein Bombenschacht für bis zu 400 kg Angriffswaffen angebracht. Die F.224 nahmen ihren Dienst zwischen April und August 1939 auf. Einige flogen noch unter dem Vichy-Regime.

### Technische Daten

**Typ:** Truppentransporter mit 39 Sitzen.

**Triebwerk:** vier 815 PS (608 kW) Gnome-Rhône 14K 14-Zylinder Sternmotoren.

**Leistung:** Höchstgeschwindigkeit 310 km/h; Reichweite 1.200 km.

**Gewicht:** maximales Startgewicht 16.270 kg.

**Abmessungen:** Spannweite 36,00 m; Länge 23,35 m; Höhe 5,19 m; Tragflügelfläche 186,00 m$^2$.

**Bewaffnung:** zwei 7,5 mm MG plus bis zu 400 kg Bomben.

# Farman F.230 Baureihe

### Entwicklungsgeschichte

Die **Farman F.230**, ein leichtes Sportflugzeug aus dem Jahre 1930, war der Vorläufer für eine Baureihe von ähnlichen zweisitzigen Tiefdeckern mit offenen Tandem-Cockpits und freitragenden Flügeln, die sich durch die Triebwerke voneinander unterschieden. Sie nahmen an zahlreichen Veranstaltungen für leichte Sport- und Reiseflugzeuge im Jahrzehnt vor dem Zweiten Weltkrieg teil und waren bei privaten französischen Betreibern besonders beliebt. Äußerlich fielen sie durch die quadratischen Ruder auf.

### Varianten

**F.230:** ursprüngliches Serienmodell, zehn Exemplare wurden 1930 gebaut.

**F.230bis:** Version der F.230 mit zwei Schwimmern, eine umgebaute F.230 (Nr. 2).

**F.231:** erstmals im September 1930 mit einem 95 PS (71 kW) Renault Reihenmotor geflogen; bis 1932 wurden 48 Exemplare gebaut.

**F.231bis:** Doppelschwimmerversion der F.231 Nr. 2.

**F.232:** Version der F.230 aus dem Jahre 1932; mit einem nicht erfolgreichen 100 PS (75 kW) Michel Motor und erweiterten Abmessungen: Spannweite 10,30 m; Länge 6,25 m; Höhe 2,00 m und Tragflügelfläche 15,60 m$^2$.

**F.233:** Version mit einem 95 PS (71 kW) de Havilland Gipsy Motor.

**F.234:** ähnliche Abmessungen und Leistung wie bei der F.233 sowie ein 95 PS (71 kW) Salmson Motor; die Maschine nahm 1932 beim europäischen 'Challenge' Wettbewerb für Sportflugzeuge teil.

**F.235:** Abmessungen wie bei der F.233, außerdem ein 100 PS (75 kW) Hispano-Suiza Motor für eine Höchstgeschwindigkeit von 210 km/h.

**F.237:** ähnlich der F.235, aber mit einem 100 PS (75 kW) Renault Motor ausgestattet.

**F.238:** ähnlich der F.235, aber mit einem 120 PS (89 kW) de Havilland Gipsy Motor.

### Technische Daten

**Farman F.230**

**Typ:** zweisitziges leichtes Sportflugzeug.

**Triebwerk:** ein 40 PS (30 kW) Salmson Kolbenmotor.

**Leistung:** Höchstgeschwindigkeit 150 km/h; Dienstgipfelhöhe 3.500 m; Reichweite 450 km.

**Gewicht:** Leergewicht 275 kg; max. Startgewicht 443 kg.

**Abmessungen:** Spannweite 8,10 m; Länge 5,56 m; Höhe 1,73 m; Tragflügelfläche 10,84 m$^2$.

# Farman F.270

### Entwicklungsgeschichte

Die **Farman F.270** aus dem Jahre 1930 war eine Entwicklung der Farman Goliath und der F.150 Marin. Das Modell war ein Anderthalbdecker in Gemischtbauweise (Holz und Metall) mit Querrudern nur auf den oberen Tragflächen und hatte ein in der Form für Farman typisches, einzelnes Seitenleitwerk, ein breitspuriges Heckspornfahrwerk und zwei Gnome-Rhône 14Kbr Sternmotoren. Die Schützencockpits waren in einem balkonartigen Bug untergebracht; eine dritte Verteidigungsposition befand sich im Rumpfunterteil (das Gewehr feuerte durch eine Bodenluke).

Eine Entwicklung dieses Modells wurde 1934 unter der Bezeichnung **F.271** gebaut; dieses Modell hatte stärkere 800 PS (597 kW) Gnome-

Rhône 14K Motoren, verbesserte Bugkonturen mit zusätzlicher Verglasung für ein erweitertes Sichtfeld für den Bomben/Torpedoschützen, eine vergrößerte Navigatorenkabine mit verbessertem Glasdach und eine einziehbare Gondel mit zwei MG an der Rumpfunterseite. Weder die F.270 noch die F.271 gingen letzlich in die Produktion.

### Technische Daten
**Farman F.271**
**Typ:** Bomber/Torpedobomber (Prototyp).
**Triebwerk:** zwei 800 PS (597 kW) Gnome-Rhône 14K 14-Zylinder Sternmotoren.
**Leistung:** Höchstgeschwindigkeit 250 km/h; Dienstgipfelhöhe 7.500 m.
**Gewicht:** Leergewicht 5.830 kg; max. Startgewicht 1.160 kg.
**Abmessungen:** Spannweite 26,00 m; Länge 18,50 m; Höhe 6,00 m; Tragflügelfläche 152,00 m$^2$.
**Bewaffnung:** sechs 7,7 mm MG plus bis zu 1.000 kg Bomben oder ein Torpedo.

Mike Hooks

**Die Farman F.270 Baureihe basierte auf dem veralteten Konzept der F.60 und wies keine besonderen aerodynamischen Verbesserungen auf.**

# Farman F.300 Baureihe

Mike Hooks

### Entwicklungsgeschichte
Der Prototyp dieser Passagierflugzeug-Baureihe war die in Farmans Billancourt Fabrik gebaute **Farman F.300**. Die Maschine flog erstmals im Frühjahr 1928 mit drei 250 PS (186 kW) Gnome-Rhône Titan 5Ba Sternmotoren. Die folgende F.301 hatte drei Salmson 9Ab Sternmotoren und flog erstmals im Dezember; daraufhin entstanden fünf Serienexemplare. Alle sechs Maschinen erhielten den Namen *Etoile d'Argent* (Silberstern) und dienten bei der SGTA (oder Lignes Farman, der firmeneigenen Fluggesellschaft) auf den europäischen Strecken zwischen Paris und Kopenhagen, Brüssel, Malmö und Berlin.

Es folgten weitere Varianten, die sich meist durch die Triebwerke voneinander unterschieden; die Grundkonfiguration war die eines abgestrebten Schulterdeckers mit Kabine und festem, breitspurigen Fahrwerk. Die meisten Maschinen wurden zum Passagiertransport eingesetzt, wobei die zweiköpfige Besatzung in der Kabine vor der Flügelvorderkante saß. Die Passagierkabine enthielt acht Sitze mit Armlehnen (je vier zu beiden Seiten des mittleren Gangs), und zu jedem Sitzplatz gehörte ein großes rechteckiges Fenster, das eine ausgezeichnete Sicht ermöglichte.

Von allen Varianten wurden insgesamt 20 Maschinen hergestellt. 14 Maschinen der Baureihe wurden von der Air France bei ihrer Gründung übernommen.

### Varianten
**F.300:** ursprüngliche Version, ein Exemplar gebaut; später mit anderen Versionen von der SGTA benutzt.
**F.301:** sechs Exemplare gebaut, darunter der Prototyp; alle von der SGTA benutzt.
**F.302:** nur ein Exemplar für einen neuen Langstrecken-Rekord gebaut; das Triebwerk war ein 650 PS (485 kW) Hispano-Suiza 12Nb Motor; die Maschine verblieb bei Farman und stellte am 10. und 11. März 1931 Weltrekorde (Entfernung und Flugdauer) auf geschlossenen Rundkursen auf, wobei sie 2.678,12 km zurücklegte und 16 Stunden 59 Minuten 49 Sekunden lang in der Luft blieb; das Flugzeug stellte außerdem einen Nutzlast/Entfernungsrekord auf (2.000 kg über 2.000 km bei durchschnittlich 147,402 km/h); diese Maschine wurde später auf den Passagierstrecken von Lignes Farman eingesetzt.
**F.303:** fünf Exemplare gebaut; mit drei 240 PS (179 kW) Gnome-Rhône Titan 5Bc Sternmotoren; vier Exemplare dienten bei Air Orient, das fünfte wurde von der Compagnie Transafricaine d'Aviation für Strecken in Nordafrika gekauft; ein sechstes Flugzeug, eine umgebaute F.305, flog bei Lignes Farman.
**F.304:** ein einziges Exemplar wurde auf eine private Bestellung hin mit Zusatztanks gebaut; es unternahm im Februar 1931 einen Langstreckenflug von Frankreich nach Madagaskar; das Triebwerk bestand aus drei 300 PS (224 kW) Lorraine Algol 9Na Motoren.
**F.305:** zwei fertiggestellte Exemplare; das Triebwerk war ein 380 PS (284 kW) Gnome-Rhône Jupiter 9A Motor im Bug, verstärkt durch zwei 240 PS (179 kW) Titan; beide Maschinen flogen bei der SGTA, aber die Anordnung der Motoren erwies sich als unbefriedigend, und die Flugzeuge wurden in eine F.303 und eine F.306 umgebaut.
**F.306:** zwei Exemplare gingen an die SGTA, eines mit Algol 7Me und das andere mit Algol 7Mc Motoren; eine dritte Maschine wurde von der DVS aus Belgrad erworben (diese Firma wurde später bei der Verstaatlichung von der jugoslawischen Aeroput übernommen); eine vierte F.306, eine umgebaute F.303, diente ebenfalls bei der SGTA.
**F.310:** Doppelschwimmer-Seeflugzeug mit einem ähnlichen Triebwerk wie die F.301; nur ein Exemplar wurde gebaut und erstmals 1931 geflogen; die Maschine wurde auf der Wasseroberfläche beschädigt und sank im März 1932.

**Die Farman F.300 Baureihe stellt die französische Antwort auf die weltweite Nachfrage nach Mittelstrecken-Passagierflugzeugen mit akzeptabler Leistung und hoher Zuverlässigkeit dar.**

### Technische Daten
**Farman F.301**
**Typ:** Passagierflugzeug.
**Triebwerk:** drei 230 PS (172 kW) Salmson 9Ab Neunzylinder Sternmotoren.
**Leistung:** Höchstgeschwindigkeit 210 km/h; normale Reisegeschwindigkeit 190 km/h; Dienstgipfelhöhe 4.500 m; Reichweite 850 km.
**Gewicht:** Leergewicht 2.492 kg; max. Startgewicht 4.530 kg.
**Abmessungen:** Spannweite 19,08 m; Länge 13,35 m; Höhe 3,20 m; Tragflügelfläche 71,50 m$^2$.

# Farman F.350 Baureihe

### Entwicklungsgeschichte
Die **Farman F.350** war ein untersetzter Tiefdecker mit freitragenden Flügeln und einer typischen kantigen Farman-Höhenflosse sowie Tragflächen mit dickem Querschnitt und eckigen Spitzen. Das feste, geteilte Fahrwerk hatte große Radverkleidungen. Pilot und Passagier saßen hintereinander in offenen Cockpits, und das Triebwerk war ein de Havilland Gipsy III Motor; die F.350 war deshalb auch unter dem Namen **Farman-Gipsy** bekannt. Die Maschine nahm beim europäischen Challenge de Tourisme im Jahre 1932 teil. Die **F.351** war ähnlich wie ihr Vorgänger, hatte aber einen 95 PS (71 kW) Renault Motor; eine Version der F.351 mit einem 100 PS (75 kW) Renault Motor und einer geschlossenen Kuppel trug die Bezeichnung **F.355**.

Die berühmteste Variante war die **F.356** mit einem offenen Cockpit, die 1933 nicht weniger als 18 Weltrekorde für Flugzeuge ihrer Klasse aufstellte. Wie bei den anderen Maschinen der Baureihe ließen sich auch bei dieser die Tragflächen zum Transport oder Hangarisieren abnehmen.

M B Passingham

**Die Farman F.350 war vom Entwurf her ein ganz neuartiges Reiseflugzeug, wenn auch nicht gerade ein besonders schönes.**

### Technische Daten
**Farman F.356**
**Typ:** zweisitziger Reise-Eindecker.
**Triebwerk:** ein hängender 120 PS (89 kW) Renault Vierzylinder Reihenmotor.
**Leistung:** Höchstgeschwindigkeit 200 km/h; normale Reisegeschwindigkeit 120 km/h; Dienstgipfelhöhe 4.500 m; Reichweite 800 km.
**Gewicht:** Leergewicht 520 kg.
**Abmessungen:** Spannweite 9,11 m; Länge 6,38 m; Höhe 1,91 m; Tragflügelfläche 14,40 m$^2$.

# Farman F.360

## Entwicklungsgeschichte

Die **Farman F.360**, eines der kleinsten Farman Sport/Reisemodelle, war ein leichter Tiefdecker mit freitragenden Flügeln und Tandem-Cockpits; der Typ war im Hinblick auf wirtschaftliche Betriebs- und Wartungskosten konzipiert und hatte einen Salmson Sternmotor sowie ein festes breitspuriges Fahrwerk.

## Technische Daten
**Farman F.360**

**Typ:** ein zweisitziger leichter Eindecker.
**Triebwerk:** ein 60 PS (45 kW) Salmson Neunzylinder Sternmotor.
**Leistung:** Höchstgeschwindigkeit 180 km/h; Reisegeschwindigkeit 155 km/h; Reichweite 500 km.
**Abmessungen:** Spannweite 9,31 m; Länge 5,60 m; Höhe 1,70 m; Tragflügelfläche 13,24 m².

# Farman F.370

## Entwicklungsgeschichte

Die **Farman F.370**, ein eigens als Rennflugzeug konzipierter Tiefdecker mit freitragenden Flügeln, unternahm ihren Jungfernflug am 22. April 1933. Kennzeichnend für dieses Modell waren die niedrige Flosse, die sich an die Kopfstütze des offenen Pilotencockpits anschloß, und das in die Wasser- und Ölkühler für den Farman Motor integrierte feste einrädrige Hauptfahrwerk. Die Fahrwerkanlage wurde durch einen Hecksporn und zwei Flügelspitzensporne ergänzt.

Die F.370 nahm am Coupe Deutsch de la Meurthe Geschwindigkeitsrennen von 1933 teil und schlug sich anfangs gut mit einer Durchschnittsgeschwindigkeit von 301 km/h; beim fünften Durchgang wurde der Motor jedoch überhitzt, und die F.370 mußte demzufolge aus dem Rennen genommen werden.

## Technische Daten

**Typ:** einsitziger Renn-Eindecker.
**Triebwerk:** ein zweireihig hängender 400 PS (298 kW) Farman 8 Achtzylinder Kolbenmotor.
**Leistung:** (geschätzt) Höchstgeschwindigkeit 330 km/h.
**Gewicht:** Leergewicht 650 kg; max. Startgewicht 1.130 kg.
**Abmessungen:** Spannweite 8,10 m; Länge 6,91 m; Tragflügelfläche 9,50 m².

# Farman F.380

## Entwicklungsgeschichte

Die **Farman F.380** war wie die F.370 ein Renn-Tiefdecker mit freitragenden Flügeln und wurde ebenfalls für das Rennen um die Deutsch de la Meurthe Trophäe 1933 gebaut. Das Modell hatte mit der F.370 u.a. das Fahrwerk und die Höhenflosse gemein, war aber kleiner, kompakter und leichter und hatte ein weniger starkes Triebwerk, den Renault Bengali.

Mit dem Piloten Arnoux erlebte die F.380 gleich zu Beginn des Rennens eine Katastrophe, als sich beim Start das Einradfahrwerk löste und Arnoux den Flug abbrechen mußte. Er hatte allerdings schon mit der F.380 den Geschwindigkeits-Weltrekord für Flugzeuge dieser Klasse von 303,387 km/h über eine Strecke von 100 km aufgestellt, bevor das Rennen stattfand.

## Technische Daten

**Typ:** einsitziger Renn-Eindecker.
**Triebwerk:** ein hängender 155 PS (116 kW) Renault Bengali Vierzylinder Reihenmotor.
**Leistung:** keine Daten erhältlich.
**Gewicht:** Leergewicht 320 kg; max. Startgewicht 550 kg.
**Abmessungen:** Spannweite 5,98 m; Länge 5,50 m; Tragflügelfläche 6,00 m².

# Farman F.390

## Entwicklungsgeschichte

Die viersitzige **Farman F.390**, eine Entwicklung der F.190 mit ähnlicher Struktur und Anlage, war ein Kabinen-Hochdecker, der den Erfolg der früheren Modelle nicht erreichte.

## Technische Daten

**Typ:** viersitziger Kabinen-Eindecker.
**Triebwerk:** ein 150 PS (112 kW) Farman Siebenzylinder Sternmotor.
**Leistung:** Höchstgeschwindigkeit 175 km/h; Reisegeschwindigkeit 155 km/h; Reichweite 1.200 km.
**Abmessungen:** Spannweite 14,10 m; Länge 10,00 m; Höhe 3,00 m; Tragflügelfläche 40,00 m².

# Farman F.400

## Entwicklungsgeschichte

Die **Farman F.400**, ein dreisitziger Kabinen-Hochdecker mit freitragenden Flügeln, war im Vergleich zu den früheren Farman Reiseflugzeugen in mancher Hinsicht verbessert worden. Die Tragflächen waren an den Flügelspitzen gerundet und ließen sich mit einer für Farman neuartigen Technik abnehmen. In der Kabine war Platz für den Piloten und zwei Passagiere sowie einen geräumigen Gepäckschrank.

## Varianten

**F.402:** Ausführung der F.400 aus dem Jahre 1934 mit einem 120 PS (89 kW) Lorraine Sternmotor.

**Die Farman F.400 behielt die übliche Holzstruktur der Firma bei, war aber in aerodynamischer Hinsicht verfeinert. Das hier abgebildete Exemplar ist eine F.402, die in den 30er Jahren bei französischen Luftfahrtausstellungen gezeigt wurde.**

**F.403:** populäre Ausführung, ebenfalls aus dem Jahre 1934, mit einem 150 PS (112 kW) Farman Siebenzylinder Motor.
**F.404:** ähnlich der F.403, aber mit einem 140 PS (104 kW) Renault Motor.

## Technische Daten

**Typ:** dreisitziger Kabinen-Eindecker.
**Triebwerk:** ein hängender 120 PS (89 kW) Renault Vierzylinder Reihenmotor.
**Leistung:** Höchstgeschwindigkeit 195 km/h; Reisegeschwindigkeit 170 km/h; Reichweite 800 km.
**Abmessungen:** Spannweite 11,70 m; Länge 8,25 m; Höhe 2,70 m; Tragflügelfläche 27,50 m².

# Farman F.420

## Entwicklungsgeschichte

Die **Farman F.420** wurde im Rahmen eines Programms des französischen Luftfahrtministeriums aus dem Jahre 1933 für ein Flugzeug der BCR Kategorie gebaut. Vorgesehen war ein Modell, das gleichermaßen für die Aufgabenbereiche Bombardement, Combat und Renseignement geeignet war, also ein Bomber-, mehrsitziges Kampf- und Aufklärungsflugzeug. Die Rivalen der F.420 waren Typen wie die Amiot 144, Bloch 130, Breguet 460, Dewoitine 420, Potez 541 und SAB 80; von diesen nahm lediglich die Potez 541 den Dienst bei der Armée de l'Air auf.

Von der F.420 wurden zwei Prototypen gebaut; der erste flog im Juni 1934, fing aber bei seinem Zweitflug am 18. Juni Feuer und stürzte ab (die Besatzung kam dabei ums Leben). Der zweite Prototyp wurde modifiziert und unternahm im Frühjahr 1935 einige Testflüge.

Die F.420 war ein Hochdecker in Holzbauweise mit freitragenden Flügeln und zwei Gnome-Rhône 14Kbrs Sternmotoren; diese Motoren mit Lader leisteten 740 PS (552 kW) in 4.000 m Höhe. Die Fahrwerkhauptteile ließen sich nach hinten in die Motorgondeln einziehen, wobei die Räder während des Flugs teilweise freigelegt waren. Der Bug der F.420 war weitgehend verglast und enthielt die Position für den MG-Schützen, hinter dem sich die Kabine des Bombenschützen/Navigators befand. Pilot und Copilot saßen in einem geschlossenen Cockpit vor den Flügelvorderkanten, und weitere Schützenpositionen befanden sich in der Mitte des Rumpfes und in einer Gondel am Rumpfunterteil.

**Die Farman F.420 war ein interessantes Übergangsmodell und zeigte, daß die Firma endlich die Bedeutung der Stromlinienform zur Kenntnis nahm.**

## Technische Daten

**Typ:** militärisches Mehrzweckflugzeug.
**Triebwerk:** zwei 670 PS (550 kW) Gnome-Rhône 14Kbrs 14-Zylinder Sternmotoren.
**Leistung:** Höchstgeschwindigkeit 350 km/h in 4.000 m Höhe; Dienstgipfelhöhe 7.500 maximale Reichweite 1.400 km.
**Gewicht:** Leergewicht 3.800 kg; max. Startgewicht 6.900 kg.
**Abmessungen:** Spannweite 22,00 m; Länge 14,50 m; Höhe 3,50 m; Tragflügelfläche 69,00 m².
**Bewaffnung:** drei 7,5 mm MG plus 1.400 kg Bomben.

# Farman F.430 Baureihe

### Entwicklungsgeschichte

Der erste Vertreter dieser Baureihe von zweimotorigen Tiefdeckern mit freitragenden Flügeln war die **Farman F.430** (F-ANBY), die 1934 in Erscheinung trat. Diese Maschine hatte eine unbequeme geschlossene Kabine für den Piloten und fünf Passagiere, große Kabinenfenster und ein breites Fahrwerk. Das Triebwerk bestand aus zwei de Havilland Gipsy Major Motoren.

Die F.431, das nächste Modell, wurde beim Pariser Salon de l'Aéronautique 1934 ausgestellt. Von diesem Typ wurden zumindest zwei Exemplare gebaut, beide mit hängenden 185 PS (138 kW) Renault Bengali-Six Motoren. Eine Variante mit 180 PS (134 kW) Farman Sternmotoren erhielt die Bezeichnung **F.432**.

Nach der Verstaatlichung Farmans als Teil der SNCAC wurde eine Version mit einziehbarem Fahrwerk unter der Bezeichnung **Centre 433** hergestellt; dabei handelte es sich wohl um eine umgebaute F.431.

Der F.430 Prototyp und die beiden F.431 wurden als leichte Transporter auf der Strecke zwischen Paris und dem populären Badeort Biarritz an der spanischen Grenze eingesetzt; dieser Service wurde von Air Service, einer Schwestergesellschaft Farmans, geflogen.

### Technische Daten

**Farman F.430**

**Typ:** leichter Transporter.

M B Passingham

**Triebwerk:** zwei hängende 130 PS (97 kW) de Havilland Gipsy Major Vierzylinder Reihenmotoren.

**Leistung:** Höchstgeschwindigkeit 210 km/h; Reisegeschwindigkeit 190 km/h; Dienstgipfelhöhe 4.500 m; Reichweite 1.000 km.

**Gewicht:** Rüstgewicht 1.306 kg; max. Startgewicht 2.200 kg.

**Die Bugkonturen erinnern an die de Havilland Baureihen, und die Farman F.430 bot ihren Passagieren eine ausgezeichnete Sicht.**

**Abmessungen:** Spannweite 15,40 m; Länge 11,70 m; Höhe 2,82 m; Tragflügelfläche 36,00 $m^2$.

# Farman F.460 Alizé

### Entwicklungsgeschichte

Die **Farman F.460 Alizé** (Passatwind) wurde für eine Ausschreibung des französischen Luftfahrtministeriums für einen leichten Schul- und Sportzweisitzer entworfen, der für die von der Regierung geförderten Luftfahrtclubs bestimmt war. Das Modell wurde erst lange nach seinen Mitbewerbern fertig, der Potez 60 Cri-Cri und der Salmson Phrygane, und erhielt aus diesem Grund keinen Produktionsauftrag.

Allerdings wurden zehn Exemplare auf eine indirekte Bestellung der republikanischen spanischen Regierung unmittelbar nach Ausbruch des dortigen Bürgerkriegs im Jahre 1936 bestellt, die im November und Dezember 1936 in das französische Zivilregister aufgenommen und als Schul- und Verbindungsflugzeuge bei Fliegerschulen in der Provinz Murcia eingesetzt wurden, bis man sie wegen fehlender Ersatzteile schließlich verschrottete.

Die F.460 war ein Eindecker mit Tragflächen in Baldachinkonstruktion und ausgeprägter V-Stellung, flachen Rumpfseiten und abgerundetem Rumpfdach sowie dem vertrauten Farman-Leitwerk. Das breitspurige Fahrwerk ermöglichte Einsätze von unbearbeiteten Grasfeldern aus, und das Triebwerk war ein 110 PS (82 kW) Lorraine Sternmotor. Fluglehrer und -schüler saßen in offenen Tandem-Cockpits.

### Technische Daten

nicht erhältlich.

# Farman F.500 Monitor

### Entwicklungsgeschichte

Als die Firma Farman noch vor dem Zweiten Weltkrieg im Zuge der Verstaatlichung der französischen Flugzeugindustrie der SNCAC angegliedert wurde, verblieb nur ein geringer Anteil des Geschäfts in privaten Händen. Nach dem Krieg entstand die Société Anonyme des Usines Farman, eine Firma, die sich vor allem mit der Zulieferproduktion von Komponenten für andere Hersteller sowie der Reparatur und Wartung von Flugzeugen beschäftigte.

Vor dem Krieg hatte Farman eine Lizenz für den Bau von Stampe S.4 Schulflugzeugen erhalten, und in den frühen 50er Jahren wurde beschlossen, mit Hilfe von M. Stampe ein neues zweisitziges Schulflugzeug zu entwickeln, bei dem zahlreiche Komponenten des älteren Modells verwendet werden konnten. Die **Farman F.500** war ein Tiefdecker in Gemischtbauweise mit freitragenden Flügeln, einem konventionellen verstrebten Leitwerk, festem Heckradfahrwerk und zwei Tandem-Cockpits unter einer langen, durchgehenden Kuppel. Die erste Version flog am 11. Juli 1952 als **Monitor I** mit einem 140 PS (104 kW) SNECMA Renault 4Pei Motor. Das nächste Serienmodell war die verbesserte **Monitor II**, die erstmals am 5. August 1955 flog; diese Version hatte Ganzmetallflügel, abgesehen von der Stoffbespannung hinter dem Holm, und einen Salmson-Argus Motor. Stampe et Renard in Belgien setzten die Produktion einige Zeit später mit der Version S.R.7B Monitor IV fort.

### Varianten

**Monitor III:** Bezeichnung für den ursprünglichen Monitor I Prototyp nach Einbau eines 170 PS (127 kW) SNECMA Regnier 4 LO2; Erstflug am 15. Juni 1954.

### Technische Daten

**Farman Monitor II**

**Typ:** zweisitziges Schulflugzeug.

**Triebwerk:** ein zweireihig hängender 220 PS (164 kW) Salmson-Argus Achtzylinder Boxermotor.

**Leistung:** Höchstgeschwindigkeit 270 km/h; Reisegeschwindigkeit 240 km/h; Flugdauer 3 Stunden.

**Gewicht:** max. Startgewicht 802 kg.

**Abmessungen:** Spannweite 9,44 m; Länge 7,28 m; Höhe 2,20 m; Tragflügelfläche 14,00 $m^2$.

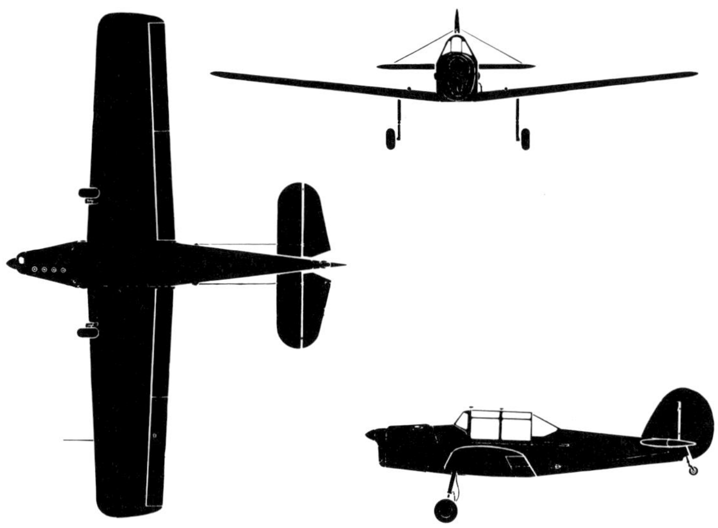

**Farman F.500 Monitor**

# Farman F.1000, F.1001 und F.1002

### Entwicklungsgeschichte

Die **Farman F.1000** wurde eigens für den Versuch entworfen, einen neuen Höhenweltrekord für Frankreich und die Firma aufzustellen; die Maschine flog erstmals am 25. Juni 1932 mit dem Firmenpiloten Lucien Coupet am Steuer.

Das Modell war ein für Farman typischer abgestrebter Hochdecker mit großflächigen Tragflächen, breitspurigem Fahrwerk und einem durch drei Rateau-Farman Kompressoren vorverdichteten Farman 8Vi Motor. Bei den ersten Tests zeigte sich, daß die unzureichende Sicht des Piloten beim Start und bei der Landung verbessert werden mußte, und das Cockpit wurde mit einem erhöhten Sitz ausgestattet, auf dem der Pilot allerdings, abgesehen von seinen geschützten Beinen, dem Propellerstrahl ausgesetzt war. Während des Flugs saß er in einer kleinen Kabine mit Luftdruckausgleich, so daß er nur durch einzelne verglaste Platten zu

M B Passingham

**Die Farman F.1001, für neue Höhenrekorde entworfen, basierte auf der erfolglosen F.1000 mit ihren riesigen Tragflächen und festem Fahrwerk.**

seinen beiden Seiten nach außen sehen konnte.

Die max. Höhe der F.1000 war während der Tests enttäuschend (nur ca. 5.000 m), aber Henry Farman produzierte dennoch die **F.1001**, die von ihrer Vorgängerin die erfolgreichsten Strukturelemente übernahm, rein äußerlich aber fast noch unglücklicher aussah als die F.1000. Die klassischen Farman-Tragflächen erhielten eine Baldachinkonstruktion und waren über dem Rumpf von komplexen Streben getragen; über dem Pilotencockpit waren sie erhöht, und vorne enthielten sie eine schwenkbare Kuppel mit drei eingesetzten Glasplatten für ein besseres Sichtfeld. Das Triebwerk war ein Farman Wirs Motor.

Der Erstflug der F.1001 fand Ende Juni 1935 statt, und zwei Monate später, am 5. August, unternahm der Pilot Marcel Cagnot einen tödlich ausgehenden Versuch, den Höhenrekord aufzustellen. Der Luftdruckschreiber der zerstörten Maschine blieb erhalten und zeigte, daß die F.1001 die bemerkenswerte Höhe von 10.000 m erreicht hatte; die folgende Untersuchung ergab, daß ein Versagen eines der Kuppelfenster zu schneller Dekompression und damit zum Tod Cagnots geführt hatte.

Eine Weiterentwicklung, die **F.1002**, wurde in aller Stille hergestellt. Das Modell soll 1936 und 1937 mehr als 8.000 m erreicht haben, wurde aber später zugunsten von anderen Centre (Farman) Experimentalflugzeugen für große Höhen wie dem NC.130 Forschungsflugzeug, dem NC.130 viermotorigen schweren Bombenflugzeug (eine Entwicklung der Farman F.223) und dem NC.150 Bomber, aufgegeben.

### Technische Daten
**Farman F.1000**
**Typ:** Höhenrekordflugzeug.
**Triebwerk:** ein 350 PS (261 kW) Farman 8Vi Achtzylinder V-Motor.
**Leistung:** Höchstgeschwindigkeit 289 km/h, geschätzte Gipfelhöhe 20.000 m.
**Gewicht:** maximales Startgewicht 2.535 kg.
**Abmessungen:** Spannweite 18,50 m; Länge 11,50 m; Höhe 3,50 m; Tragflügelfläche 72,50 m².

# Farman H.F.20

### Entwicklungsgeschichte
Die **Farman H.F.20**, ein zweisitziges Aufklärungs-, Schul- und gelegentlich auch Bombenflugzeug, war das erste Serienmodell Farmans, das die Konstruktionsideen der beiden Gebrüder Farman vereinigte. Die H.F.20, eigentlich eine verbesserte Ausführung der M.F.11 'Shorthorn', war ein Doppeldecker in Holzbauweise mit Stoffbespannung und ungleicher Spannweite, einer über den unteren Tragflächen angebrachten Rumpfzelle und zwei unbedeckten Heckauslegern für das Eindecker-Leitwerk sowie einem am Rumpfhinterteil montierten Motor für einen Druckpropeller. Das Heckspornfahrwerk war ähnlich wie das der früheren Farman Modelle, verzichtete aber auf die Sicherheitskufen vor den vier Haupträdern. Die Schwimmer wurden auf Wunsch angebaut.

Die Farman H.F.20 und ihre Ableger wurden von den Alliierten während der Anfangsphase des Ersten Weltkriegs häufig eingesetzt, und viele Exemplare wurden unter Lizenz von Arco, Graham White u.a. für die britischen Streitkräfte gebaut. Um die Leistung zu verbessern, wurde ein 80 PS (60 kW) Le Rhône Motor in die **H.F.21** eingebaut, aber diese Version erbrachte kaum Fortschritte, so daß ihre Entwicklung abgebrochen wurde. **H.F.22** Schwimmerflugzeuge wurden beim RNAS in Belgien eingesetzt, hatten aber ebenfalls nicht genug Antrieb und waren zu langsam; daher gingen sie nach Großbritannien zurück. Die **H.F.27** mit einem 140 PS (104 kW) oder 160 PS (119 kW) Canton-Unné Motor erwies sich jedoch als viel erfolgreicher und diente an mehreren Fronten. Durch das stärkere Triebwerk wurde die Ladekapazität erhöht, so daß die H.F.27 gelegentlich als Bomber gegen Zeppelin- und U-Bootstützpunkte eingesetzt wurde. Ende 1915 war der Typ jedoch nicht länger für den Fronteinsatz geeignet, und die meisten wurden als Anfänger-Schulflugzeuge verwendet. In Frankreich, England, Belgien, Italien und Rußland wurden insgesamt mehr als 3.300 Maschinen mit mindestens acht Triebwerktypen produziert.

### Technische Daten
**Farman H.F.20**
**Typ:** ein zweisitziges Aufklärungs/Schulflugzeug.
**Triebwerk:** ein 80 PS (60 kW) Gnome Siebenzylinder Umlaufmotor.
**Leistung:** Höchstgeschwindigkeit 97 km/h in Meereshöhe, Flugdauer 3 Stunden.
**Gewicht:** Leergewicht 372 kg; max. Startgewicht 653 kg.
**Abmessungen:** Spannweite 13,65 m; Länge 8,10 m; Höhe 3,65 m; Tragflügelfläche 35,00 m².

# Farman M.F.7 'Longhorn'

### Entwicklungsgeschichte
Obwohl Henry und Maurice Farman eine gemeinsame Firma gegründet hatten, arbeiteten beide auch unabhängig voneinander, was ihre Entwürfe betraf, daher die Präfixe M.F. und H.F. vor ihren Modellnummern. Maurice begann 1909 mit der Entwicklung seiner eigenen Ideen für die Modifikation und Verbesserung des Voisin Grundmodells, aber die Tests zeigten, daß seine Ideen unbrauchbar waren. Nach Versuchen im Jahre 1910 wurde jedoch 1911 ein erfolgreicher Doppeldecker gebaut, der ein Vorläufer der **Farman M.F.7** wurde, die erstmals 1913 in Erscheinung trat und deswegen oft als Type 1913 bezeichnet wurde.

M B Passingham

Die M.F.7 war ein Doppeldecker mit ungleicher Spannweite, zahlreichen Streben und Verspannungsdrähten, einer mittleren Rumpfzelle und einem offenen Cockpit für die zweiköpfige Besatzung. Direkt hinter ihnen war der Motor für den Druckpropeller angebracht, dessen Blätter sich zwischen vier schlanken Rumpfstreben drehten, die das Doppeldecker-Leitwerk trugen. Das Fahrwerk war eine Heckspornanlage, und die über die Fahrwerkhauptteile hinausragenden, mit den Tragflächen verstrebten Kufen trugen das Höhenruder weit vor dem Bug der Rumpfzelle. Diese Kufen waren ein ausgezeichnetes Erkennungszeichen und brachten dem Modell den Spitznamen '**Longhorn**' ein, der in vielen Quellen den Vorzug gegenüber der offiziellen Kennung M.F.7 erhält. Das ursprüngliche Triebwerk war ein 70 PS (52 kW) Renault Motor, aber viele Exemplare hatten später stärkere Renault Motoren, und ein Teil der zahlreichen während des Ersten Weltkriegs unter Lizenz in England gebauten Maschinen erhielt 75 PS (56 kW) Rolls-Royce Hawk Sechszylinder Reihenmotoren.

Wie viele in den Jahren 1912-14 gebaute Modelle wurde auch die M.F.7 als Verbindungs- und Patrouillenflugzeug eingesetzt, als der Erste Weltkrieg ausbrach. Aber die Longhorn ist vor allem als dauerhaftes Anfängerschulflugzeug bekannt; zahlreiche alliierte Piloten wurden mit diesem Modell in die Kunst des Fliegens eingeführt. Mehr als 350 Exemplare wurden hergestellt.

### Technische Daten
**Farman M.F.7**
**Typ:** ein zweisitziges Mehrzweckflugzeug.
**Triebwerk:** ein 70 PS (52 kW) Renault Achtzylinder V-Motor.

**Wegen der nach oben verlängerten Fahrwerkkufen erhielt die Farman M.F.7 den durchaus angebrachten Spitznamen 'Longhorn'.**

**Leistung:** Höchstgeschwindigkeit ca. 95 km/h; Dienstgipfelhöhe 4.000 m; Flugdauer 3 Stunden 15 Minuten.
**Gewicht:** Leergewicht 580 kg; max. Startgewicht 855 kg.
**Abmessungen:** Spannweite 15,50 m; Länge 12,00 m; Höhe 3,45 m; Tragflügelfläche 60,00 m².

# Farman M.F.11 'Shorthorn'

### Entwicklungsgeschichte
Während diese von Maurice Farman entwickelte Maschine in der Grundauslegung der M.F.7 glich, wies sie jedoch eine Reihe von Verbesserungen und einen entscheidenden Unterschied auf: das Bug-Höhenruder fiel weg. Stattdessen entschied man sich für eine Lösung, die heute als konventionelles Höhenruder bezeichnet wird. Die Seitenruder wurden durch sauber konstruierte Flossen mit Rudern ersetzt. Statt am unteren Flügel war die Rumpfgondel zwischen den Tragflächen angebracht, und ohne die Ausleger, die an der M.F.7 das Höhenruder gehalten hatten, machte die **Farman M.F.11** einen flugzeugähnlichen Eindruck. Sie hatte jedoch Kufen vor den Haupträdern, die die Gefahr des Vornüberkippens auf unebenem Gelände verringern sollten, und diese im Vergleich zu den Auslegern kurzen Kufen reichten aus, um dem Flugzeug den Spitznamen **Shorthorn** (Kurzhorn) zu verleihen. Als Triebwerk dienten normalerweise Renault-Motoren von 70 oder 100 PS (52 oder 75 kW), es wurde jedoch über zumindest eine Maschine berichtet, die mit einem 130 PS (97 kW) Canton-Unné flog, und es ist wahrscheinlich, daß auch noch andere Triebwerkstypen

Verwendung fanden.

Die M.F.11, die mit Rädern oder Schwimmern lieferbar war, wurde in größerem Umfang als die M.F.7 als Bomber, Aufklärer und Schulflugzeug benutzt und wurde von mehreren Herstellern in Lizenz gebaut. So erhielt beispielsweise der Royal Naval Air Service rund 90 M.F.11, von denen viele als Bomber verwendet wurden; in dieser Funktion konnten sie eine Reihe leichter Bomben an Aufhängungen unter den Flügeln tragen. Bei einem Angriff auf feindliche Geschütze bei Ostende/Belgien führte die Shorthorn am 21. Dezember 1914 den ersten Nachteinsatz des Ersten Weltkriegs durch.

### Technische Daten
**Farman M.F.11**

**Typ:** ein zweisitziges Mehrzweckflugzeug.
**Triebwerk:** ein 70 PS (52 kW) Renault Achtzylinder V-Motor.
**Leistung:** Höchstgeschwindigkeit 100 km/h; Dienstgipfelhöhe 3.800 m; maximale Flugdauer 3 Stunden 45 Minuten.
**Gewicht:** Leergewicht 550 kg; max. Startgewicht 840 kg.
**Abmessungen:** Spannweite 16,15 m; Länge 9,50 m; Höhe 3,90 m; Tragflügelfläche 57,00 $m^2$.
**Bewaffnung:** bis zu 18 7,3 kg Bomben und ein Maschinengewehr für den Beobachter.

**Die Farman M.F.11 stammte von der M.F.7 ab. Das vorn angebaute Höhenruder wurde durch ein Heckleitwerk ersetzt, und die M.F.11 war generell ein moderneres Flugzeug.**

# Farman-Flugboot

### Entwicklungsgeschichte
Farman baute 1922 ein dreimotoriges Patrouillen-Flugboot, das weitgehend auf den Konstruktionserfahrungen des Georges Lévy-Konzerns beruhte, der kurz zuvor von dem Unternehmen übernommen worden war. Der Doppeldecker mit uneinheitlicher Spannweite hatte ein typisches Lévy-Leitwerk, das am hinteren Ende eines schlanken, einstufigen Rumpfes montiert war. Die Maschine bot Platz für einen Beobachter/Schützen im Bug, für den Piloten und Copiloten in offenen Cockpits nebeneinander unmittelbar vor den Flügeln und für ein zweites Schützen-Cockpit mittschiffs. Das Flugzeug wurde von drei Panhard-Motoren angetrieben, die jeder einen Frontkühler hatten. Der mittlere Motor war mit Druckpropeller über dem Rumpf montiert, während die anderen beiden Motoren auf den unteren Flügeln jeweils seitlich befestigt waren.

Die französische Marine prüfte dieses Flugboot ausgiebig in St. Raphaël, die Nachkriegs-Budgetkürzungen verhinderten jedoch alle Aufträge. Nach Lévy-Konstruktionen baute Farman auch ein Dreidecker-Flugboot mit ähnlichen Abmessungen, das gleichzeitig getestet wurde, es scheint jedoch, daß keine Einzelheiten über dessen Weiterentwicklung aufgezeichnet wurden.

### Technische Daten
**Typ:** Seeaufklärer-Flugboot.
**Triebwerk:** drei 350 PS (261 kW) Panhard Kolbenmotoren.
**Leistung:** Höchstgeschwindigkeit 145 km/h; max. Flugdauer 8 Stunden.
**Gewicht:** Rüstgewicht 4.500 kg; max. Startgewicht 7.000 kg.
**Abmessungen:** Spannweite 33,00 m; Länge 18,00 m; Tragflügelfläche 200,00 $m^2$.
**Bewaffnung:** vier 7,7 mm Maschinengewehre plus 500 kg Bomben.

# Farman Moustique

### Entwicklungsgeschichte
Die ultraleichte **Farman Moustique** (Mücke) kam 1921 heraus und war eine Weile sehr beliebt. Sie war ein drahtverspannter Schulterdecker, der von einem A.B.C. Motorradmotor angetrieben wurde. Sie bot in einem offenen Cockpit nur für den Piloten Platz.

Im Jahre 1936, 15 Jahre nachdem die Moustique zum ersten Mal vorgestellt wurde, präsentierte Farman zwei Varianten, die zwar eine Reihe verbesserter Konstruktionsdetails boten, in ihrer Grundkonstruktion jedoch mit der Originalversion identisch waren. Die **F.451** wurde von einem 25 PS (19 kW) AVA-Vierzylindermotor angetrieben und hatte eine Spannweite von 8,00 m. Die ähnliche **F.455** wurde von einem experimentellen Mergin Typ 2.A0.1 Zweizylinder-Boxermotor mit 36 PS (27 kW) angetrieben. Es wurde behauptet, daß in ihrem offenen Cockpit zwei Personen nebeneinander sitzen konnten, aber es ist nicht bekannt, ob die Maschine je als Zweisitzer geflogen wurde.

### Technische Daten
**Farman Moustique**

**Typ:** einsitziger Ultraleicht-Sporteindecker.
**Triebwerk:** ein 20 PS (15 kW) A.B.C. Zweizylinder-Boxermotor.
**Leistung:** Höchstgeschwindigkeit 130 km/h.
**Gewicht:** Leergewicht 100 kg; max. Startgewicht 220 kg.
**Abmessungen:** Spannweite 7,00 m; Länge 5,70 m; Tragflügelfläche 8,00 $m^2$.

**Die Farman Moustique war eine schnörkellose Maschine, jedoch mit den Spanndrähten und dem stark gewölbten Flügelprofil, wie es im Ersten Weltkrieg üblich war. Sie war ein typisches Ultra-Leichtflugzeug der frühen und mittleren zwanziger Jahre.**

# Farman Nachtbomber BN.4

### Entwicklungsgeschichte
Das Unternehmen Farman sorgte beim Paris Salon de l'Aéronautique des Jahres 1921 für Aufregung, als es dort einen sehr großen, dreistieligen Doppeldecker-Bomber mit vier Motoren ausstellte. Er war nur unter seiner Militärbezeichnung **BN.4** (Bombardement de Nuit Stratégique, 4 Places, also viersitziger strategischer Nachtbomber) bekannt.

Die BN.4 hatte ein Doppeldecker-Leitwerk und ein Heckspornfahrwerk mit einzeln aufgehängten, zweirädrigen Hauptfahrwerksbeinen. Als die Maschine später im Flug erprobt wurde, wurden zwei Bugräder angebracht, die auf den damals nur verfügbaren, schlechten Flugfeldern das Vornüberkippen verhindern sollten. In der abgeschrägten Rumpfpartie sowie im mittleren Rumpf waren

**Ein für die damalige Zeit riesiges Flugzeug war der experimentelle Farman-Nachtbomber, der durch sein schweres Fahrwerk und die dicken Streben auffiel.**

Schützenpositionen vorhanden, und es gab eine Einrichtung für ein zusätzliches MG.

Nach einer Reihe von Testflügen, die in der Nachkriegszeit mit begrenzten Wehretats kein offizielles Interesse weckten, erwog Farman, den Typ für den Zivileinsatz umzurüsten, kam jedoch zu der Entscheidung, daß für ein so großes Flugzeug kein Markt bestand.

M B Passingham

### Technische Daten
**Typ:** viersitziger Langstrecken-Nachtbomber.
**Triebwerk:** vier 370 PS (276 kW) Lorraine 12-Zylinder V-Motoren.
**Leistung:** Höchstgeschwindigkeit 160 km/h; Dienstgipfelhöhe 4.500 m.
**Gewicht:** Rüstgewicht 5.500 kg; max. Startgewicht 10.500 kg.
**Abmessungen:** Spannweite 32,90 m; Länge 21,40 m; Höhe 7,35 m; Tragflügelfläche 300,00 $m^2$.
**Bewaffnung:** fünf 7,7 mm Maschinengewehre plus 2.500 kg Bomben.

# Farman NC.223

**Farman NC.223.4 'Jules Verne' in Kriegsfarben, jedoch noch als Zivilmaschine zugelassen**

## Entwicklungsgeschichte

Die **Farman F.223**, bei der die Motorauslegung des früheren viermotorigen Farman-Bombers beibehalten wurde, die jedoch einen neuen selbsttragenden bzw. Metallflügel erhielt, war als verbesserter Bomber gedacht. Sie hatte einen neuen, jedoch immer noch kantigen Rumpf und eine Heckflosse mit Seitenrudern. Das erste Exemplar, das im Juni 1937 geflogen wurde, war jedoch ein Langstrecken-Postflugzeug, das später *Laurent Guerrero* gananntt wurde und auf der Südatlantikstrecke zwischen Westafrika und Brasilien verkehrte. Die Maschine trug die Bezeichnung **NC.223.1**, weil das Unternehmen Farman im März 1937 in dem neu gebildeten Staatsunternehmen SNCAC aufgegangen war. Die NC.223.1 verschaffte sich bald einen guten Ruf, indem sie im Oktober 1937 einen neuen Weltrekord mit Nutzlast aufstellte.

Der Bomber-Prototyp **NC.223.01** flog erstmals am 18. Januar 1938. Er unterschied sich von der Zivilmaschine hauptsächlich durch sein Triebwerk, das aus vier Hispano-Suiza Motoren anstelle der Motoren der Zivilversion bestand, sowie dadurch, daß er über eine Militärausstattung und Waffen verfügte. Die vorgeschlagene **NC.223.2**, eine Maschine der Kategorie BN-5 (5-sitziger Nachtbomber) mit Gnome-Rhône 14N Sternmotoren, wurde nicht gebaut.

Es wurden acht **NC-223.3** BN.5-Bomber bestellt, die im Mai und Juni 1940 bei der Armée de l'Air in Dienst gingen. Als Triebwerk dienten vier Hispano-Suiza 12Y-29 V-12 Motoren, und die Bewaffnung umfaßte ein im Bug montiertes 7,5 mm MAC 1934 Maschinengewehr und einläufige 20 mm Hispano-Suiza 404 Kanonen in Rücken- und Bauchposition. In vier Schächten konnten maximal 4.200 kg Bomben untergebracht werden. Die NC.223.3 flogen neben den älteren Farman-Maschinen bei dem Groupement de Bombardement 15, bevor sie nach Nordafrika zurückgezogen wurden. Drei Maschinen wurden später zu Post- und Passagierflugzeugen für Langstrecken umgebaut, und die verbliebenen Maschinen flogen bei der Groupe de Transport I/15 in den französischen Nordafrika-Besitzungen.

M B Passingham

**Im Vergleich zu den früheren Farman-Bombern war die Farman NC.223.3 zwar ein Meisterwerk aerodynamischer Raffinesse, blieb aber nach wie vor eine plumpe Maschine.**

Parallel zur NC.223.3 wurde die **NC.223.4** entwickelt, die von Anfang an als schnelles Postflugzeug konzipiert war. Es wurden drei Exemplare gebaut: die *Camille Flammarion*, die *Jules Verne* und die *Le Verrier*. Genau wie der Bomber hatte auch die NC.223.4 schlanke, sich verjüngende Flügel mit hoher Streckung, und die Motoren wurden durch Streben gestützt; der Bug verfügte jedoch über erhebliche aerodynamische Verfeinerungen, und das doppelte Seitenleitwerk hatte eine größere Oberfläche.

Nur die *Jules Verne* erhielt eine militärische Ausrüstung und flog eine Reihe von Nachteinsätzen, der wichtigste davon fand in der Nacht vom 7. auf den 8. Juni 1940 statt, als Berlin angegriffen wurde. Später flogen die NC.223.4 mehrere Angriffe gegen italienische Ziele, wurden jedoch bald nach dem Waffenstillstand mit Deutschland wieder dem Passagier- und Postdienst zugeführt. Am 27. November 1940 wurde die *Le Verrier* über dem Mittelmeer abgeschossen.

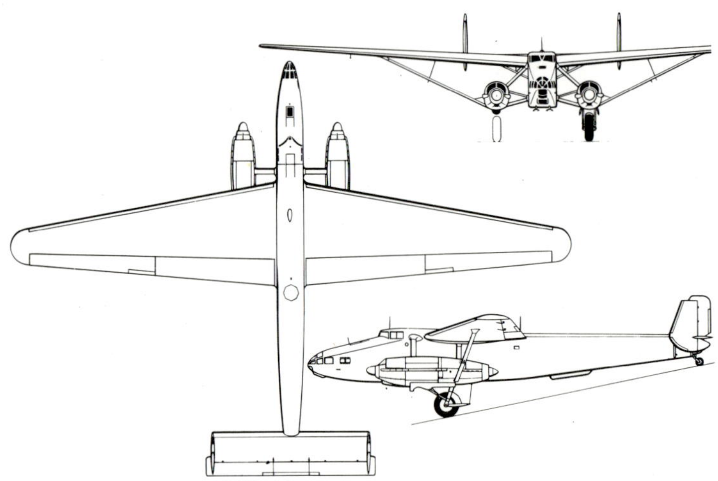

**Farman NC.223.4**

### Technische Daten
**Farman NC.223.3**

**Typ:** viermotoriger Nachtbomber.
**Triebwerk:** vier 910 PS (697 kW) Hispano-Suiza 12Y-29 12-Zylinder V-Motoren.
**Leistung:** Höchstgeschwindigkeit 400 km/h; Reisegeschwindigkeit 280 km/h; Dienstgipfelhöhe 8.000 m; Reichweite 2.400 km.
**Gewicht:** Rüstgewicht 10.550 kg; max. Startgewicht 19.200 kg.
**Abmessungen:** Spannweite 33,58 m; Länge 22,00 m; Höhe 5,08 m; Tragflügelfläche 132.40 m$^2$.
**Bewaffnung:** ein 7,5 mm MAC 1934 Maschinengewehr im Bug, zwei 20 mm HS 404 Kanonen plus max. 4.190 kg Bomben in vier Schächten.

# Farman NC.470

## Entwicklungsgeschichte

Die **Farman NC.470**,die 1936 als Projekt noch **F.470** hieß, war ein zweimotoriger Hochdecker zur Besatzungsschulung und wurde am 27. Dezember 1937 zum ersten Mal geflogen. Zu diesem Zeitpunkt hatte die Maschine ein starres Räderfahrwerk, obwohl sie später als Wasserflugzeug fliegen sollte. Im Frühjahr 1938 wurde der Prototyp, der mit den großen Doppelschwimmern der inzwischen veralteten Farman F.168 Doppeldecker ausgestattet war, als Wasserflugzeug erprobt.

Die NC.470 hatte das typisch kantige Farman-Aussehen, eine große Kabine für den Piloten und Kopiloten vor der Tragfläche, einen stumpfen Bug mit verglasten Positionen für den Navigator und den Bomben-/Torpedoschützen, niedrig angesetzte Stummelflügel, an deren Spitze die Gnome-Rhône Sternmotoren montiert waren, eine komplizierte Verstrebung von Flügeln und Motoren sowie eine große Heckflosse mit Seitenruder. An den Prototyp schlossen sich zehn Serien-NC.470 an, von denen die letzte Mitte 1939 ausgeliefert wurde. Der einzelne Prototyp NC.471 unterschied sich lediglich durch eine andere Version der (von Gnome-Rhône in Lizenz gebauten) Jupiter-Motoren.

Nach dem Ausbruch des Zweiten Weltkriegs wurden weitere NC.470 ausgeliefert, und es wird angenommen, daß 20 Maschinen bei der französischen Aéronautique Maritime in Dienst gingen.

**Die Farman NC.470 wurde zunächst als Landflugzeug geflogen, wobei die einrädrigen Hauptfahrwerksbeine an den vorgesehenen Schwimmer-Befestigunspunkten unter den Motorgondeln montiert wurden.**

M B Passingham

### Technische Daten
**Farman NC.470**

**Typ:** sechssitziger Besatzungstrainer/Küstenaufklärungs-Wasser-

flugzeug.
**Triebwerk:** zwei 500 PS (373 kW) Gnome-Rhône 9Kgr Neunzylinder-Sternmotoren.
**Leistung:** Höchstgeschwindigkeit 230 km/h; Reisegeschwindigkeit 190 km/h; Dienstgipfelhöhe 6.000 m; Reichweite 1.140 km.
**Gewicht:** Rüstgewicht 3.710 kg; max. Startgewicht 6.000 kg.
**Abmessungen:** Spannweite 24,45 m; Länge 16,10 m; Höhe 4,85 m; Tragflügelfläche 95,00 m$^2$.
**Bewaffnung:** ein 7,5 mm Darne-Maschinengewehr plus 200 kg Bomben.

M B Passingham

**Die SNCAC. 470 eignete sich sehr gut als Besatzungstrainer für Wasserflugzeuge, da sie sich einfach fliegen ließ.**

# Farner-Flugzeuge

## Entwicklungsgeschichte

Anfang der dreißiger Jahre wurde das Schweizer Unternehmen W. Farner gegründet, das ursprünglich einen Wartungs- und Reparaturdienst für eine Vielzahl von Flugzeugen bot. Im Jahre 1933 baute das Unternehmen einen leichten, zweisitzigen Doppeldecker aus Holz und Stoff, mit einem konventionellen Leitwerk, einem einfachen Heckspornfahrwerk und mit Platz für Pilot und Passagier in offenen Tandemcockpits. Die Maschine, die die Bezeichnung **Farner W.11** erhielt, wurde von einem 75 PS (56 kW) Pobjoy Sternmotor angetrieben und soll angeblich eine Höchstgeschwindigkeit von 161 km/h erreicht haben.

1935, Farner war inzwischen als Flugzeugbau Grenchen bekannt, wurde der Kabineneindecker **WF.21/C4** gebaut, der praktisch eine viersitzige Version der Comte AC-4 Gentleman war und dem ein hängender 130 PS (97 kW) Walter Major Vierzylinder-Reihenmotor als Triebwerk diente. Dies war das letzte Flugzeug, das gebaut wurde, bis 1943 unter dem Firmennamen Flugzeugbau Farner der Prototyp eines zweisitzigen Kabineneindeckers geflogen wurde, der mit **Farner WF.12** bezeichnet wurde. Die Maschine in Mischbauweise hatte ein starres Bugradfahrwerk und wurde von einem Cirrus Minor-Motor angetrieben. Ungewöhnlich an dieser Konstruktion war das hinter der Kabine montierte Triebwerk, das über Wellen oberhalb der Kabine einen Zugpropeller drehte.

## Technische Daten
**Farner WF.12**
**Typ:** ein zweisitziger Kabineneindecker.
**Triebwerk:** ein 90 PS (67 kW) starker, hängender Cirrus Minor Vierzylinder-Reihenmotor.
**Leistung:** Höchstgeschwindigkeit 175 km/h.
**Gewicht:** Leergewicht 560 kg; max. Startgewicht 800 kg.
**Abmessungen:** Spannweite 11,00 m; Länge 7,45 m; Höhe 2,60 m; Tragflügelfläche 16,00 m$^2$.

# Faucett F-19

## Entwicklungsgeschichte

Die Compania de Aviación Faucett SA wurde am 15. September 1928 in Peru gegründet; ihre Hauptverwaltung befindet sich bis heute in Lima. Die Fluglinie ist die älteste in Peru und flog seither ohne Unterbrechung. Anfang der dreißiger Jahre gründete Faucett Wartungs- und Reparaturwerkstätten für die im Land fliegenden eigenen und fremden Flugzeuge, und in den späten Jahren dieser Dekade begann die Fluglinie mit dem Bau einer Reihe von Transportmaschinen für den eigenen Bedarf. Die so entstandene **Faucett F-19** beruhte auf der Stinson Detroiter, war von dem Unternehmen jedoch so geändert worden, daß sie dessen eigenen Anforderungen entsprach. Die Maschine war ein abgestrebter Eindecker in Mischbauweise mit konventionellem Leitwerk und starrem Heckradfahrwerk oder Schwimmern. Als Landflugzeug hatte die F-19 einen Pratt & Whitney Hornet Sternmotor, das Wasserflugzeug hatte jedoch den schwächeren 600 PS (447 kW) Pratt & Whitney S1H1-G Wasp Neunzylinder-Sternmotor.

Faucett baute die F-19 für die eigene Fluggesellschaft, anschließend jedoch auch einige Maschinen für die peruanische Regierung, wobei die letzte 1947 produziert wurde.

M B Passingham

**Die Faucett F-19 wies keine Besonderheiten auf, war aber für ihren Hersteller und Hauptbetreiber eine brauchbare Maschine.**

## Technische Daten
**Faucett F-19** (Landflugzeug)
**Typ:** ein achtsitziges ziviles Transportflugzeug.
**Triebwerk:** ein 875 PS (652 kW) Pratt & Whitney S1E3-C Hornet Neunzylinder-Sternmotor.
**Leistung:** Höchstgeschwindigkeit 290 km/h in 2.440 m Höhe; Reisegeschwindigkeit 225 km/h in 3.355 m Höhe; Dienstgipfelhöhe 6.705 m.
**Gewicht:** Leergewicht 2.580 kg; max. Startgewicht 4.110 kg.
**Abmessungen:** Spannweite 17,70 m; Länge 11,80 m; Höhe 4,35 m; Tragflügelfläche 40,50 m$^2$.

# Felixstowe F.1 und F.2

## Entwicklungsgeschichte

Schon 1909 interessierte sich Squadron Commander John Porte vom Royal Naval Air Service (RNAS) für die Luftfahrt, und er tat sich Anfang 1914 mit Glenn Curtiss zusammen, um sich an der Konstruktion eines Transatlantik-Flugbootes zu beteiligen. Porte, der mit Ausbruch des Ersten Weltkriegs nach Großbritannien zurückkehrte, brachte die Admiralität dazu, von Curtiss konstruierte Flugboote zu kaufen. Im ersten Kriegsjahr sammelte Porte mit einigen dieser Boote Einsatzerfahrungen, und als er im September 1915 das Kommando des RNAS-Stützpunktes Felixstowe in Suffolk übernahm, beschloß er, Veränderungen an diesen Flugzeugen durchzuführen, die deren Einsatzmöglichkeiten steigern sollten.

Die Rumpfänderungen der im Dienst befindlichen Curtiss Flugboot-Doppeldecker hatten einen gemischten Erfolg, die gesammelte Erfahrung ermöglichte Porte jedoch die Konstruktion eines neuen, einstufigen Rumpfes, der als Porte I bekannt wurde. Mit den Flügeln und dem Leitwerk des standardmäßigen Curtiss H.4 Flugboots und mit zwei Hispano-Suiza Motoren als Triebwerk, wurde die Maschine unter der Bezeichnung **Felixstowe F.I.** geflogen. Aufgrund von Flugtests wurde der Rumpf mit zwei weiteren Stufen verändert, und in dieser Form kann die F.I als der Prototyp der 'F' Flugbootfamilie angesehen werden, die sich daran anschloß.

Die Curtiss H.4 hatte eine zu geringe Reichweite und Nutzlast für die Nordseepatrouillen, und Porte brachte Glenn Curtiss dazu, ein größeres Flugzeug zu entwickeln. Von dieser Maschine, die **H.8** bzw. **Large America** hieß, wurde das erste von 50 Exemplaren, die die Admiralität bestellt hatte, im Juli 1916 in Felixstowe ausgeliefert. Die darin eingebauten 160 PS (119 kW) Curtiss-Motoren erwiesen sich als zu schwach, und Porte ließ sie durch je zwei 250 PS (186 kW) Rolls-Royce Eagle I ersetzen; die Umbauversion wurde **H.12** genannt. Obwohl die Flugleistung dieses Typs zufriedenstellend war, stellte sich bald heraus, daß der Originalrumpf für Einsätze in der Nordsee ungeeignet war. Porte konstruierte einen neuen, zweistufigen Rumpf, der auf dem der F.I beruhte, und dieser ergab, zusammen mit einem überarbeiteten Leitwerk, den H.12-Flügeln und Rolls-Royce Eagle Motoren, ein wesentlich verbessertes Flugboot, das **Felixstowe F.2** getauft wurde. Bei Tests ergab sich, daß die Maschine mit einigen geringfügigen Korrekturen und noch stärkeren Motoren das ideale Patrouillenflugzeug werden würde, und so ging die Maschine mit Rolls-Royce Eagle VIII als **F.2A** in Serie.

Von einer Variante kam ein einzelnes Exemplar heraus, das die Bezeichnung **F.2C** trug. Die Maschine

**Die Felixstowe F.2A hatte normalerweise ein halb geschlossenes Cockpit, dieses Exemplar verfügte jedoch über offene Positionen.**

Imperial War Museum

hatte einen geänderten, leichter gebauten Rumpf und wurde zunächst von zwei 275 PS (205 kW) Rolls-Royce Eagle II angetrieben. Diese Motoren wurden später durch zwei 322 PS (240 kW) Eagle VI ersetzt, und obwohl sich bei Tests ergab, daß ihre Leistung in dieser Form geringfügig besser war als die der F.2A, ging die F.2C doch nicht in Serie. Es wurden rund 100 F.2A gebaut.

### Technische Daten

**Felixstowe F.2A**
**Typ:** Mehrzweck-Wasserflugzeug.
**Triebwerk:** zwei 345 PS (257 kW) Rolls-Royce Eagle VIII 12-Zylinder V-Motoren.
**Leistung:** Höchstgeschwindigkeit 153 km/h in 610 m Höhe, Dienstgipfelhöhe 2.925 m; Flugdauer 6 Std.
**Gewicht:** Leergewicht 3.424 kg; max. Startgewicht 4.980 kg.
**Abmessungen:** Spannweite 29.15 m; Länge 14,10 m; Höhe 5,33 m; Tragflügelfläche 105,26 m².
**Bewaffnung:** vier bis sieben frei montierte 7,7 mm Lewis MG plus zwei 104 kg Bomben unter den Flügeln.

# Felixstowe F.3

### Entwicklungsgeschichte

Im Februar 1917 wurde der Prototyp eines neuen Flugboots geflogen, das aus der F.2A entwickelt worden war. Die **Felixstowe F.3** glich in der äußeren Erscheinung ihrer Vorgängerin und unterschied sich hauptsächlich durch eine geringfügig größere Spannweite und Länge, sowie dadurch, daß sie auf eine größere Reichweite und Nutzlast ausgelegt war. Diese Vorgaben wurden erreicht; da die F.3 jedoch das gleiche Rolls-Royce Eagle VIII Triebwerk wie die F.2A hatte, hatten die Verbesserungen auch ihren Preis. So war die F.3 langsamer und weniger wendig als ihre Vorgängerin und konnte deshalb auch nicht, wie die F.2A, feindliche Wasserflugzeuge oder Zeppeline bekämpfen. Deshalb war die Maschine auch bei den Besatzungen nicht beliebt und wurde wegen ihrer begrenzten Leistungsfähigkeit hauptsächlich für Patrouillen gegen U-Boote eingesetzt.

Der Prototyp war ursprünglich mit zwei 320 PS (239 kW) Sunbeam Cossack Motoren geflogen worden, vermutlich, weil die Rolls-Royce Eagle knapp waren. In die Serien-F.3 wurden jedoch die Eagle VIII Motoren eingebaut. Insgesamt wurden von diesem Flugzeug 263 bestellt und damit wesentlich mehr als von der F.2A, die eine bessere Leistung brachte. Der Grund dafür war vermutlich, daß die F.3 die doppelte Bombenlast tragen konnte. Es wurden allerdings bis Kriegsende nur rund 100 Maschinen fertiggestellt, und einige Exemplare wurden noch nachträglich als F.5 für die Auslieferung an die Royal Air Force komplettiert. 18 Maschinen wurden von der Dockyard Constructional Unit auf Malta gebaut.

### Technische Daten

**Typ:** ein Patrouillen-Flugboot/U-Bootjäger.
**Triebwerk:** zwei 345 PS (257 kW) Rolls-Royce Eagle VIII 12-Zylinder V-Motoren.
**Leistung:** Höchstgeschwindigkeit 146 km/h in 610 m Höhe; Dienstgipfelhöhe 2.440 m; max. Flugdauer 6 Stunden.
**Gewicht:** Leergewicht 3.610 kg; max. Startgewicht 6.024 kg.
**Abmessungen:** Spannweite 31,09 m; Länge 14,99 m; Höhe 5,69 m; Tragflügelfläche 133,03 m².
**Bewaffnung:** vier 7,7 mm Lewis-MG plus vier 104 kg Bomben unter den Flügeln.

Imperial War Museum

**Die Konstruktion der Felixstowe F.3 orientierte sich an der F.2 Baureihe. Da ihre Kampfmittelzuladung höher war, die Motorleistung aber gleich blieb, verringerte sich ihre Geschwindigkeit.**

# Felixstowe F.5

### Entwicklungsgeschichte

Die **Felixstowe F.5**, die erstmals Anfang 1918 in Erscheinung trat, war als Weiterentwicklung der F.3 vorgesehen und bot alle Verbesserungen, die sich bei der Erfahrung mit der F.3 und ihrer Vorgängerin als notwendig ergeben hatten. Obwohl die F.5 der F.3 äußerlich ähnlich sah, hatte die F.5 doch einen etwas tieferen Rumpf mit offenen Cockpits für die Besatzung sowie einen völlig neuen Flügel mit größerer Spannweite. Das Triebwerk des Prototyps blieb mit den Eagle VIII Motoren, die geringfügig aufgewertet worden waren (350 PS/261 kW), unverändert. Die Flugerprobung dieses Prototyps (N90) erbrachte im Vergleich zur F.3 eine wesentlich verbesserte Leistung, man entschied sich jedoch aus wirtschaftlichen Erwägungen gegen die Einführung dieses Typs. Stattdessen hatte die Serien-F.5 einen Rumpf, der dem des Prototyps glich, die Flügel und so viele Bauteile wie nur möglich wurden jedoch von der F.3 übernommen. Die Flugtests mit Eagle VIII Motoren zeigten, daß die Leistung der Serien-F.5 unter der der F.3 lag und daß sie, was allerdings keine Überraschung war, mit 325 PS (242 kW) starken Eagle VII (wurden verwendet, wenn die Eagle VIII knapp waren) absolut enttäuschte.

Die F.5, die zu spät in Dienst gestellt wurde, als daß sie im Ersten Weltkrieg noch hätte eingesetzt werden können, wurde zum Standard Nachkriegs-Flugboot der RAF, bis sie im August 1925 durch die Supermarine Southampton ersetzt wurde.

Dieser Typ wurde mit dem neuen Liberty-Motor unter der Bezeichnung **F.5L** von Curtiss (60 Maschinen), der Canadian Aeroplanes Ltd., Toronto (30) und der US Naval Aircraft Factory (138) für das Naval Flying Corps gebaut und blieb bis in die späten zwanziger Jahre das Standard-Flugboot der US Navy.

**Felixstowe F.5 der Royal Air Force**

### Technische Daten

**Felixstowe F.5**
**Typ:** Aufklärungs-Flugboot.
**Triebwerk:** zwei 350 PS (261 kW) Rolls-Royce Eagle VIII 12-Zylinder V-Motoren.
**Leistung:** Höchstgeschwindigkeit 142 km/h; Dienstgipfelhöhe 2.075 m; max. Flugdauer 7 Stunden.
**Gewicht:** Leergewicht 4.128 kg; max. Startgewicht 5.752 kg.
**Abmessungen:** Spannweite 31,60 m; Länge 15,01 m; Höhe 5,72 m; Tragflügelfläche 130,90 m².
**Bewaffnung:** vier 7,7 mm Lewis-MG plus bis zu 417 kg Bomben unter den Flügeln.

Imperial War Museum

**Die Felixstowe F.5 wurde von fünf Flugzeugherstellern gebaut; dieses Exemplar von der Gosport Aviation Company.**

# Felixstowe Fury

### Entwicklungsgeschichte

Die letzte und anspruchsvollste Konstruktion von John Porte, die in Felixstowe entstehen sollte, war ein großer, fünfmotoriger Dreidecker, der für den Einsatz bei einem maximalen Startgewicht von 10.886 kg vorgesehen war. In einer späteren Entwicklungsphase flog Porte dieses sehr große Flugboot vom Hafen Harwich aus mit einem Startgewicht von 14.969 kg.

Der Typ, der offiziell mit **Felixstowe Fury** bezeichnet wurde, war damals besser als **Porte Super Baby** bekannt, und der 18,28 m lange, zweistufige Rumpf dieses Flugboots galt als der beste, den Porte je konstruiert hatte. Über dem Rumpf waren die Dreideckerflügel montiert, von denen die beiden oberen Flügel die gleiche Spannweite hatten; der untere, kürzere Flügel trug Stützschwimmer an den Spitzen. In der zuerst geflogenen Form hatte die Maschine ein Doppeldecker-Höhenleitwerk, das an einer hohen Heckflosse montiert war. Diese Konstruktion wurde jedoch später in ein konventionelleres Doppeldecker-Leitwerk umgewandelt, das drei Flossen mit Seitenruder hatte, die zwischen den Höhenrudern befestigt waren. Die Fury war so konstruiert, daß sie von drei 600 PS (447 kW) Rolls-Royce Condor Motoren angetrieben werden sollte, da diese jedoch nicht verfügbar waren, als sie gebraucht wurden, kamen statt dessen fünf Eagle zur Verwendung. Alle Motoren waren auf dem mittleren Flügel montiert, zwei davon als Zug- und drei als Druckpropellerversionen. Eine interessante und fortschrittliche Konstruktion an der Fury waren die Steuerflächen, die von Servomotoren bewegt wurden. Bei Tests stellte sich jedoch heraus, daß die Steuerung leichter zu betätigen war als an der F.2 und der F.3, und die Servomotoren wurden später ausgebaut.

Die Fury kam nie zum regulären Einsatz und wurde nach Ende des Ersten Weltkriegs für Experimente verwendet. In dieser Zeit wurden die fünf 334 PS (249 kW) starken Rolls-Royce Eagle VII Motoren, die seit dem Erstflug in der Maschine montiert waren, durch geringfügig stärkere Eagle VIII ersetzt.

### Technische Daten
**Typ:** Langstrecken-Patrouillen-Flugboot.
**Triebwerk:** fünf 345 PS (257 kW) Rolls-Royce Eagle VIII 12-Zylinder V-Motoren.
**Leistung:** Höchstgeschwindigkeit 156 km/h in 610 m Höhe; Dienstgipfelhöhe 3.660 m; max. Flugdauer 12 Stunden.
**Gewicht:** Leergewicht 8.420 kg; max. Startgewicht 11.455 kg.
**Abmessungen:** Spannweite 37,49 m; Länge 19,25 m; Höhe 8,38 m; Tragflügelfläche 288,73 m².
**Bewaffnung:** (vorgesehen) vier 7,7 mm Lewis MG plus Bombenlast.

Imperial War Museum

**Die Felixstowe Fury ist hier mit ihrem überarbeiteten Leitwerk zu sehen, dessen drei Seitenleitwerksflächen zwischen den Höhenleitwerken integriert sind.**

# Felixstowe/Porte Baby

## Entwicklungsgeschichte
Während John Porte mit den modifizierten Rümpfen experimentierte, die den Weg zur Porte I ebneten, konstruierte er ein sehr großes, dreimotoriges Patrouillen-Flugboot. Es war so groß, daß es entsprechend **Porte Baby** bezeichnet wurde — ein Name, der sich besser hielt als jede offizielle Bezeichnung. Ihr einstufiger, mit Sperrholz verkleideter Rumpf war 17,32 m lang und in ihm befand sich eine geschlossene Kabine für die Piloten. Die Doppeldecker-Flügel waren oberhalb des Rumpfes angebracht, und das dreimotorige Triebwerk war mit Streben zwischen den Flügeln befestigt, wobei die äußeren Motoren Zugpropeller und der mittlere Motor einen Druckpropeller antrieben.

Bei Flugtests stellte sich heraus, daß die Baby ein schlechtes Schwimmerverhalten hatte, weshalb der Bug um 0,91 m nach vorn verlängert wurde. Bis die Tests jedoch wieder aufgenommen wurden, waren die Fähigkeiten der F.2 bekannt, und die Weiterentwicklung der Baby wurde eingestellt. Allerdings wurden noch zehn weitere Exemplare von May, Harden & May in Southampton gebaut, die bis Ende 1918 im Einsatz waren. Die meisten dieser Maschinen hatten Rolls-Royce Eagle Motoren, mindestens ein Exemplar hatte jedoch einen 260 PS (194 kW) Green 12-Zylinder V-Motor als mittleren Motor mit Druckpropeller.

Eines dieser Flugzeuge war als untere Maschine am vermutlich ersten 'Huckepack'-Experiment beteiligt, bei dem ein Jagdflugzeug in eine kurze Angriffsentfernung zu einem Zeppelin gebracht werden sollte. Die Baby wurde dazu an ihrem oberen Flügel mit einer Spezialhalterung versehen, mit der sie einen Bristol Scout Jäger tragen konnte. Bei der Erprobung der Huckepackversion in dieser Form am 17. Mai 1916 wurde die Scout von der Baby in rund 305 m Höhe über Harwich abgesetzt, ging erfolgreich in den Steigflug und landete anschließend auf ihrem Stützpunkt. Trotz dieses erfolgreichen Tests wurde das Experiment nicht wiederholt.

### Technische Daten
**Letzte Version**
**Typ:** Patrouillen-Flugboot.
**Triebwerk:** drei 360 PS (268 kW) Rolls-Royce Eagle VIII 12-Zylinder V-Motoren.
**Leistung:** Höchstgeschwindigkeit 148 km/h in Seehöhe; Dienstgipfelhöhe 2.440 m; max. Flugdauer 7 Stunden.
**Gewicht:** Leergewicht 6.668 kg; max. Startgewicht 8.437 kg.
**Abmessungen:** Spannweite 37,80 m; Länge 19,20 m; Höhe 7,62 m; Tragflügelfläche 219,62 m².
**Bewaffnung:** vier 7,7 mm Lewis-Maschinengewehre.

Imperial War Museum

**Die große Porte Baby fiel durch die komplizierte Verstrebung für das Triebwerk, das aus einem Zugpropeller- und zwei Druckpropellermotoren bestand, auf.**

# Ferguson Monoplane

## Entwicklungsgeschichte
1909 konstruierte Harry G. Ferguson in Nordirland einen zweisitzigen Eindecker. Die **Ferguson Monoplane**, die von der J.B. Ferguson & Company, Belfast, gebaut wurde, absolvierte am 31. Dezember 1909 ihren Erstflug und legte dabei eine Entfernung von ca. 120 m zurück. Dies war der erste Flug eines rein irischen Fluggeräts, das schwerer als Luft war. Während des Jahres 1910 wurde die Maschine mit Erfolg geflogen und ihr gelang Mitte des Jahres ein Flug über 4 km; bei einer Bruchlandung im Dezember wurde sie jedoch beschädigt. So wie bei vielen Pionierflugzeugen schloß sich ein Reparatur-, Umbau- und Erprobungszyklus an und die Maschine brachte 1912/13 relativ zuverlässige Leistungen. Weitere Exemplare wurden jedoch nicht gebaut.

### Technische Daten
**Typ:** zweisitziger Eindecker.
**Triebwerk:** ein 35 PS (26 kW) J.A.P. Kolbenmotor.
**Leistung:** keine Aufzeichnungen.
**Gewicht:** Leergewicht 281 kg; max. Startgewicht 345 kg.
**Abmessungen:** Spannweite 10,36 m; Länge 9,14 m; Tragflügelfläche 17,84 m².

# Fiat A.120

## Entwicklungsgeschichte
Die **Fiat A.120**, die aus den zweisitzigen Hochdeckern A.115m und A.115bis entwickelt wurde, trug eine Ansaldo-Unternehmensbezeichnung — sie war von der berühmten Flugzeugfirma konstruiert worden, die von Fiat übernommen wurde, und Fiat baute dann diesen Typ in größeren Stückzahlen. Die Original-Ansaldo A.120 hatte einen Rumpf, der seinen Ursprung in den Dewoitine D.1 und D.9 Jagdflugzeugen hatte, die Ansaldo in Lizenz baute. Die Maschine absolvierte 1925 ihren Erstflug mit einem Lorraine 12Db V-12 Motor und bald darauf wurde unter der Bezeichnung **A.120bis** ein zweiter Prototyp getestet, der bis auf den Fiat A.20 Motor identisch war.

Ende 1926 erschien die A.120 MM.78. Dieses Flugzeug trug zwar die gleiche Bezeichnung wie seine Vorgänger, war aber von Celestino Rosatelli von Fiat umkonstruiert worden und Rumpf, Leitwerk und Fahrwerk trugen die unverkennbaren Zeichen dieses talentierten Konstrukteurs. Ursprünglich diente der Lorraine 12Db als Triebwerk, der Prototyp wurde jedoch später unter der Bezeichnung **Fiat A.120** Ady mit den Fiat-Motoren A.22 und A.24 erprobt.

Die letzte Version der A.120 war die **A.120R**; sie hatte einen A.24R-Motor mit einem unter dem Bug montierten Kühler anstelle des aufgesetzten Kühlers, der an der älteren A.120 Ady montiert war. Außerdem hatte das Beobachtercockpit eine vergrößerte Windschutzscheibe und runde, verglaste Seitenwände.

Die Regia Aeronautica bestellte 57 A.120 Ady-Maschinen, während Litauen zwölf und Österreich zwei und später weitere sechs A.120R erwarben.

### Technische Daten
**Fiat A.120 Ady**
**Typ:** ein zweisitziger Aufklärer-Eindecker.
**Triebwerk:** ein 550 PS (410 kW) Fiat A.22 12-Zylinder V-Motor.
**Leistung:** Höchstgeschwindigkeit 243 km/h; Dienstgipfelhöhe 6.800 m; maximale Flugdauer 5 Stunden 10 Minuten.
**Gewicht:** Rüstgewicht 1.420 kg; max. Startgewicht 2.320 kg.
**Abmessungen:** Spannweite 13,85 m; Länge 8,49 m; Höhe 3,20 m; Tragflügelfläche 30,00 m².
**Bewaffnung:** ein oder zwei starre, vorwärtsfeuernde 7,7 mm Vickers-MG plus ein 7,7 mm Lewis-MG auf einem Drehkranz über dem Beobachtercockpit.

# Fiat APR.2

**Entwicklungsgeschichte**
Die **Fiat APR.2** war ursprünglich als schnelles Postflugzeug vorgesehen, wobei die Buchstaben AP in der Abkürzung für Aereo Postale und das R für den Konstrukteur Rosatelli standen. Die APR.2, die von zwei Fiat A.59R Sternmotoren angetrieben wurde, war ein selbsttragend konstruierter Tiefdecker und fast ausschließlich aus Metall gebaut. Nur der rückwärtige Rumpf, das Leitwerk und die Querruder waren mit Stoff bespannt. Vom Aussehen her glich die APR.2 der Douglas DC-2, ihr Hauptfahrwerk wurde nach hinten in die Motorgondeln eingezogen, Pilot und Copilot saßen in einem konventionell plazierten, geschlossenen Cockpit und die Passagiere fanden in einer unmittelbar dahinterliegenden Kabine Platz. Das Leitwerk hatte eine große geschwungene Heckflosse mit Seitenruder.

Die APR.2 (I-VEGA) wurde 1935 zum ersten Mal geflogen und ging anschließend auf den Mittelstrecken der Fiat-eigenen Fluglinie Avio Linee in Dienst, wobei sie normalerweise neun Passagiere in relativem Komfort zwischen Venedig, Mailand und Paris transportierte. Später wurde die APR.2 mit 840 PS (626 kW) Fiat A.74 RC 38 Sternmotoren ummotorisiert, die die Dreiblatt-Verstellpropeller aus Metall antrieben. In dieser Auslegung war die Maschine mit einer Höchstgeschwindigkeit von 410 km/h eines der schnellsten Verkehrsflugzeuge seiner Zeit. Im Zweiten Weltkrieg wurde die APR.2 von der Regia Aeronautica übernommen und auf offiziellen Passagier- und Kurierstrecken in Italien und dem zentralen Mittelmeerraum eingesetzt.

Hauptsächlich wegen der Auslastung von Fiat mit der Konstruktion und dem Bau von Militärflugzeugen wurde die APR.2 nicht weiterentwickelt.

**Technische Daten**
**Typ:** zweimotoriges Zivilflugzeug.
**Triebwerk:** zwei 700 PS (522 kW) Fiat A.59R Neunzylinder-Sternmotoren.
**Leistung:** Höchstgeschwindigkeit 390 km/h; normale Reisegeschwindigkeit 330 km/h; Dienstgipfelhöhe 7.750 m; Reichweite 1.800 km.
**Gewicht:** Leergewicht 3.800 kg; max. Startgewicht 6.700 kg.
**Abmessungen:** Spannweite 19,50 m; Länge 14,32 m; Höhe 3,55 m; Tragflügelfläche 59,00 m$^2$.

# Fiat AS.1

**Entwicklungsgeschichte**
Nach einer nur wenige Wochen dauernden Entwicklungsphase flog der zweisitzige Prototyp des **Fiat AS.1** Reiseflugzeugs im Sommer 1928 zum ersten Mal. Es war ein sehr einfacher, abgestrebter Hochdecker, der damals von einem 90 PS (67 kW) Walter Sternmotor angetrieben wurde. Die AS.1 hatte ein typisches Fiat-Leitwerk und ein konventionelles, starres Fahrwerk mit Kreuzachsen. Zum Schleppen oder zur Lagerung konnten die Flügel eingeklappt werden. Die Maschine war in Mischbauweise gebaut und, abgesehen von dem Blech direkt hinter dem Motor, mit Sperrholz und Stoff verkleidet. Als Standardtriebwerk wurde für die Serien-AS.1 der Fiat A.50 Motor ausgewählt.

Den beiden Besatzungsmitgliedern stand eine Doppelsteuerung zur Verfügung und sie saßen jeweils hinter einer kleinen Windschutzscheibe hintereinander in offenen Cockpits. Weiteren Schutz bot ihnen eine größere Windschutzscheibe, die in die vorderen Streben der Tragfläche integriert war, was die AS.1 aus einigen Blickwinkeln wie ein Flugzeug mit geschlossener Kabine aussehen ließ.

Die **AS.2** aus dem Jahr 1929 hatte eine verstärkte Struktur und den 100 PS (75 kW) Fiat A.50S Motor. Später wurden die AS.1 und die AS.2 auch mit komplett geschlossenen Kabinen für die Besatzung gebaut. 1930 wurde die Doppelschwimmer-Version **AS.1 Idro** und die **AS.1 Sci** mit Skifahrwerk vorgestellt.

In den Jahren 1929 und 1930 sorgten AS.1 für Schlagzeilen: im August 1929 gewannen acht dieser Maschinen den Pokal des Challenge Internationale de Tourisme-Mannschaftswettbewerbs. Donati und Capannini stellten mit ihrer AS.1 im Januar 1930 mit 2.746 km den Langstrecken- und mit 29 Stunden 4 Minuten den Dauerflug-Weltrekord auf. Im gleichen Monat hoben sie den Höhenweltrekord für Reiseflugzeuge auf 6.782 m an. Im Februar flog Francis Lombardi die über 8.047 km lange Strecke von Rom nach Mogadischu (Ostafrika) in sieben Tagen. Die berühmteste Leistung der AS.1 war jedoch vermutlich der Flug von Vercelli über Sibirien nach Tokio, der vom 13. bis zum 22. Juli 1930 von Lombardi und Capannini durchgeführt wurde.

Diese Erfolge waren noch nicht das Ende der AS.2 in ihrer Karriere als Rekordbrecher: am 28. Dezember 1932 erreichte eine Fiat AS.1 Idro mit einem CNA C7 Motor eine Höhe von 7.363 m und stellte damit den Höhen-Weltrekord für Reise-Wasserflugzeuge auf. Zwei Tage später erreichte dasselbe Flugzeug mit dem CNA-Motor und Räderfahrwerk 9.282 m und damit den Weltrekord für Land-Reiseflugzeuge.

Die Fiat AS.1 war ein bemerkenswertes Leichtflugzeug, was sich in den vielen Weltrekorden zeigte, die sie errang.

Im Jahre 1929 beschleunigte sich das Produktionsprogramm der AS.1 erheblich; denn neben ihrer beliebten Rolle als Privatflugzeug wurde die AS.1 auch von der Regia Aeronautica als Verbindungs- und Kuriermaschine sowie als Schulflugzeug für Reservepiloten verwendet. Es wird angenommen, daß mindestens 500 AS.1 und 50 AS.2 gebaut wurden, denn allein schon die Aufträge des italienischen Luftfahrtministeriums beliefen sich auf insgesamt 276 AS.1 und 36 AS.2.

**Varianten**
**TR.1:** ähnlich konstruiert wie die AS.1, jedoch mit ganz geschlossener Kabine, die in die hintere obere Rumpfverkleidung überging, mit Breitspurfahrwerk; die TR.1 flog 1930 zum ersten Mal; die Grundstruktur bestand aus Metall und war mit Stoff bespannt; die TR.1 gewann 1931 eine Reihe von Sportveranstaltungen, darunter den Mannschaftswettbewerb des Giro Aereo d'Italia.

**Technische Daten**
**Fiat AS.1**
**Typ:** ein zweisitziges Reise- und Schulflugzeug.
**Triebwerk:** ein 90 PS (67 kW) Fiat A.50 Siebenzylinder-Sternmotor.
**Leistung:** Höchstgeschwindigkeit 158 km/h; Dienstgipfelhöhe 6.800 m; Reichweite 1.000 km.
**Gewicht:** Rüstgewicht 450 kg; max. Startgewicht 690 kg.
**Abmessungen:** Spannweite 10,40 m; Länge 6,10 m; Höhe 2,53 m; Tragflügelfläche 17,50 m$^2$.

# Fiat BGA

**Entwicklungsgeschichte**
Der mittelschwere Bomber **Fiat BGA** wurde im Werk Marina di Pisa der Fiat-Tochtergesellschaft Costruzioni Meccaniche Aeronautiche SA gebaut, deren Name öfters mit CMASA abgekürzt wurde. Dieses Unternehmen hatte eine Reihe von Typen in Lizenz gebaut, darunter auch eine große Serie der Dornier Wal-Flugboote. Dann entwickelte das Werk unter dem Konstrukteur Mario Stiavelli eine Reihe von Wasserflugzeugen mit der Codierung MF (Marina Fiat). Dazu gehörten: die **CMASA MF.4**, ein dreisitziges Aufklärungs-Flugboot in Hochdecker-Konfiguration mit Baldachin, einem 600 PS (447 kW) Piaggio Stella IX R Zugpropeller-Motor; das zivile zweimotorige Flugboot **MF.5**, das aus der Wal entwickelt worden war; das zweimotorige, katapultstartfähige Aufklärungs-Wasserflugzeug **MF.6**, mit einem Hauptschwimmer, Stützschwimmern an den Flügelspitzen und einem 575 PS (429 kW) Piaggio Jupiter VI Motor sowie das zweisitzige, katapultstartfähige Aufklärungs-Doppeldeckerflugboot **MF.10**, das einen 600 PS (447 kW) Fiat A.30 RA Motor hatte.

Für das Unternehmen war die Konstruktion eines mittelschweren Ganzmetall-Bomber-Tiefdeckers mit zwei Fiat A.80 Motoren etwas völlig Neues. Die **BGA** wurde entsprechend einer Anforderung des italienischen Luftfahrtministeriums aus dem Jahre 1934 gebaut und absolvierte 1936, mit Giovanni De Briganti am Steuer, ihren Jungfernflug. Ihr Rumpf wurde im hinteren Bereich schlanker, das Leitwerk hatte zwei elliptische Heckflossen mit Seitenruder und die Hauptbeine des Heckspornfahrwerks wurden in die Motorgondeln eingezogen.

Die Flugtests der BGA verliefen enttäuschend und die Maschine schied aus dem Militär-Wettbewerb aus.

**Technische Daten**
**Typ:** zweimotoriger, mittelschwerer Bomber.
**Triebwerk:** zwei 1.000 PS (746 kW) Fiat A.80 RC 41 18-Zylinder Sternmotoren.
**Leistung:** Höchstgeschwindigkeit 405 km/h in 4.000 m Höhe; Dienstgipfelhöhe 8.500 m; Reichweite 2.000 km.
**Gewicht:** Rüstgewicht 6.100 kg; max. Startgewicht 9.080 kg.
**Abmessungen:** Spannweite 21,46 m; Länge 15,73 m; Höhe 4,85 m; Tragflügelfläche 126,50 m$^2$.
**Bewaffnung:** drei 7,7 mm Maschinengewehre plus 1.000 kg Bomben in einem Rumpfschacht.

Die Fiat BGA hatte viel mit dem mittelschweren Bomber Fiat BR.20 gemeinsam, erbrachte jedoch eine schwächere Leistung und ging nicht in Serie.

# Fiat BR, BR.1, BR.2, BR.3 und BR.4

Die Fiat BR.3 aus dem Jahr 1930 war sehr robust und leicht an den Flügelverstrebungen vom Typ Warren zu erkennen.

## Entwicklungsgeschichte

1918 nahm der Konstrukteur Celestino Rosatelli seine Arbeit im Konstruktionsbüro der Società Italiana Aviazione, dem Flugzeugbau-Unternehmensbereich des Riesenkonzerns Fiat, auf. Seine erste Aufgabe war die Entwicklung des S.I.A.9 Aufklärungs-Doppeldeckers, in den große Erwartungen gesetzt wurden, der sich jedoch als strukturell instabil erwies.

Als neue Konstruktion entstand ein leichter Bomber-Doppeldecker **BR** (Abkürzung für Bombardiere Rosatelli). Er kam 1919 heraus und zu diesem Zeitpunkt war die S.I.A. zu dem Namen Fiat zurückgekehrt. Im April 1919 stellte die BR eine Reihe von Weltrekorden auf, indem sie (obwohl nur ein zweisitziges Flugzeug) drei Passagiere auf eine Höhe von 7.240 m trug und mit einem Passagier eine Höchstgeschwindigkeit von 270 km/h erreichte.

Die BR schloß 1922 ihre Erprobung im Montecello Testzentrum erfolgreich ab und ging für die Aeronautica Militare in Serie, die unter dem Faschistenregime von 1923 als Regia Aeronautica neu formiert wurde.

Im Vergleich zur S.I.A.9 hatte die BR eine verbesserte Linienführung und eine robustere Struktur. Während die zweistielige Auslegung der Vorgängerin beibehalten wurde, wurde die Tragflächenkonstruktion der BR überarbeitet und erheblich verstärkt; auch ein neues Leitwerk wurde konstruiert, dessen Heckflossen- und Seitenruderkontur die Rosatelli-Konstruktionen der nächsten zehn Jahre charakterisierte. Die Maschine hatte ein konventionelles Kreuzachsen-Fahrwerk. Das offene Cockpit des Piloten befand sich unmittelbar unter einem Ausschnitt in der Hinterkante des oberen Flügels und das Cockpit des Beobachters/Schützen war direkt dahinter. Als Triebwerk diente der BR der 700 PS (522 kW) Fiat A.14 V-12 Motor. Zwei Exemplare wurden nach Schweden verkauft, wo sie die Bezeichnung B 1 erhielten.

## Varianten

**BR.1:** Rosatelli machte sich 1923 an die Konstruktionsverbesserung der BR und die daraus entstandene BR.1 ging im folgenden Jahr in Serie und bei der Regia Aeronautica in Dienst; sie unterschied sich hauptsächlich durch W-förmige Verstrebungen vom Warren-Typ zwischen den Flügeln, die eine charakteristische Eigenschaft aller anschließenden Rosatelli-Doppeldecker waren, und die BR.1 hatte ein neues Breitspur-Fahrwerk mit einzeln aufgehängten Hauptfahrwerksbeinen; der A.14 Motor wurde zwar beibehalten, sein Frontkühler wurde jedoch durch einen fortschrittlicheren Typ ersetzt; der neue Bomber hatte eine verbesserte Leistung und trug, im Vergleich zur BR, eine größere Bombenlast; er stellte auch einen neuen Weltrekord auf, indem er eine Nutzlast von 1.500 kg auf 5.516 m Höhe trug; es wurden rund 150 BR.1 gebaut, die fast alle bei der Regia Aeronautica in Dienst gingen; die schwedische Luftwaffe kaufte zwei Exemplare, die im Flygvapen-Dienst die Bezeichnung B 2 erhielten.

**BR.2:** der Erstflug des BR.2-Prototypen fand 1925 statt; er hatte einen stärkeren Fiat A.25 Motor und die weiteren Verbesserungen umfaßten eine verstärkte Struktur, eine bessere Instrumentenbestückung sowie größere Tanks; das Fahrwerk wurde ebenfalls umkonstruiert und verbessert; 1930 wurden rund 15 Squadriglie mit der BR.2 ausgerüstet, der Typ war zu diesem Zeitpunkt allerdings schon veraltet.

**BR.3:** der letzte einmotorige leichte Fiat Doppeldecker-Bomber, der bei der Regia Aeronautica in Dienst gestellt wurde; die BR.3 war weitgehend eine aktualisierte BR.2, die 1930 herauskam und es wurden rund 100 Maschinen für die italienischen Streitkräfte gebaut; Ungarn erwarb ein einzelnes Exemplar; äußerlich unterschied sich die BR.3 kaum von der BR.2, die etwa fünf Jahre zuvor in Dienst gestellt worden war; der gleiche Fiat A.25 Motor wurde, allerdings in einer weiterentwickelten Version, beibehalten; das Fahrwerk wurde wiederum modifiziert, vereinfacht und verstärkt, und zur Geräteausstattung gehörten erstmals ein Funkgerät sowie eine Panoramakamera; die späteren Serienmaschinen hatten Handley Page Vorflügelklappen; eine BR.3 wurde für den Coupe Bibesco Militärflugzeugwettbewerb vom Oktober 1931 angemeldet und legte 1.140 km mit einer Durchschnittsgeschwindigkeit von 252 km/h zurück; Mitte der dreißiger Jahre wurden die BR.3 zu Schuleinheiten abgestellt und 1940 waren dort noch einige Maschinen im Einsatz.

**BR.4:** der letzte der einmotorigen Doppeldecker-Bomber von Rosatelli absolvierte 1934 seinen Jungfernflug; es war eine völlig umkonstruierte Maschine, mit einem unter dem Bug montierten Ringkühler, ähnlich dem der CR.30- und CR.32-Jagdflugzeuge; der Fiat A.25 Motor wurde beibehalten und das Fahrwerk mit einzelnen Beinen hatte große, stromlinienförmige Halbverkleidungen; trotz erheblicher aerodynamischer Raffinessen war die BR.4 zu langsam, um mit der neuen Generation der leichten, zweimotorigen Tiefdecker mithalten zu können, die in der Entwicklung standen, und so wurde nur ein Prototyp gebaut.

## Technische Daten

**Fiat BR.2**

**Typ:** zweisitziger Doppeldecker-Bomber.

**Triebwerk:** ein 1.090 PS (813 kW) Fiat A.25 12-Zylinder V-Motor.

**Leistung:** Höchstgeschwindigkeit 240 km/h; Dienstgipfelhöhe 6.250 m; Reichweite 1.000 km.

**Gewicht:** Rüstgewicht 2.646 kg; max. Startgewicht 4.195 kg.

**Abmessungen:** Spannweite 17,30 m; Länge 10,66 m; Höhe 3,91 m; Tragflügelfläche 70,22 $m^2$.

**Bewaffnung:** zwei 7,7 mm MG plus bis zu 720 kg Bomben.

---

# Fiat BR.20 Cicogna

Fiat BR.20M der 56ª Squadriglia, 86° Gruppo in Castelventrano, April 1942

## Entwicklungsgeschichte

Am 10. Februar 1936 flog Enrico Rolandi vom Fiat-Werksflugplatz in Turin aus den Prototypen (MM.274) der **Fiat BR.20 Cicogna** (Storch) zum ersten Mal und die Maschine machte sofort einen guten Eindruck. Schon kurze Zeit später wurde dieser mittelschwere Bomber durch die leistungsfähige Propagandamaschinerie der faschistischen Mussolini-Regierung in der gesamten Welt der Luftfahrt bekannt gemacht.

Die BR.20 war ein selbsttragender Tiefdecker, dessen gerade Rumpfseiten mit Dural-Blech und Stoff verkleidet waren. Die Tragfläche war mit Blech verkleidet und das stoffbespannte Leitwerk bestand aus einem doppelten Seitenleitwerk. Die Hauptfahrwerksbeine wurden nach rückwärts in die Motorgondeln eingezogen, wobei die Räder teilweise im Freien blieben; das starre Heckrad hatte eine stromlinienförmige Schutzverkleidung. Im Bug war ein manuell betätigter MG-Stand und darunter befand sich ein verglaster Bereich für den Bombenschützen/Navigator. Pilot und Kopilot saßen nebeneinander in einer geschlossenen Kabine vor der Tragflächenvorderkante und das Abteil des Bordfunkers befand sich kurz vor der Haupt-Einstiegstür links am Rumpf, hinter der Flügelhinterkante. Der Bombenschacht, der bis zu 1.600 kg Bomben aufnehmen konnte, war im vorderen Rumpfbereich, zwischen der Pilotenkabine

Die Fiat BR.20, die bei der 231ª Squadriglia der 35° Gruppo Autonomo, Aviazione Legionaria im Dienst war, flog zur Unterstützung der nationalistischen Streitkräfte im spanischen Bürgerkrieg.

und dem Funkerabteil untergebracht. Ein einziehbarer MG-Stand auf der Rumpfoberseite und eine MG-Position an der Unterseite gehörten zur Verteidigungsbewaffnung.

Im Frühjahr 1937 erschienen unter der Bezeichnung **BR.20A** zwei Spezial-Langstrecken-Zivilmaschinen. Sie hatten einen runden Bug, enthielten keinerlei militärische Ausrüstung und hatten, im Gegensatz zum Bomber, einen geschlossenen Rumpfboden. Sie waren speziell gebaut worden, um an dem prestigeträchtigen Istrien-Damaskus-Luftrennen teilzunehmen, in dem sie allerdings nur den sechsten und siebten Platz belegten. Eine weitere zivile BR.20 wurde gebaut: die **BR.20L** 'Santo Francesco' wurde erstmals Anfang 1939 geflogen. Sie hatte eine verlängerte, stromlinienförmige Bugpartie und zusätzliche Treibstofftanks, mit denen sie am 6. März 1939 die Strecke Rom—Addis Abeba nonstop zurücklegen konnte. Die dreiköpfige Besatzung stand unter der Führung von Maner Lualdi und es wurde eine Durchschnittsgeschwindigkeit von 404 km/h erreicht.

Die erste Einheit, die mit dem BR.20 Bomber ausgerüstet wurde, war im Herbst 1936 die 13° Stormo BT in Lonate Pozzolo. Die ursprüngliche BR.20 blieb bis Februar 1940 in Serie und es wurden insgesamt 233 Maschinen fertiggestellt. Von diesen ging ein Exemplar nach Venezuela und 85 wurden nach Japan verkauft. Die japanischen BR.20, die als **Typ I** bekannt waren, waren zunächst im chinesischen Küstenbereich stationiert und wurden zum Angriff auf Städte im Landesinneren verwendet, die sich noch in chinesischer Hand befanden. Später wurden sie in Nomanhan gegen Rußland bei Grenzkämpfen verwendet. Berichten zufolge hielten die Kaiserlich-Japanischen Heeresflieger ihre BR.20 für nicht besonders wirkungsvoll und sobald der lang erwartete Mitsubishi Ki-21 (Typ 97 Bomber) verfügbar war, wurden die Fiat rasch aus dem Verkehr gezogen. Eine Reihe BR.20 waren bei der italienischen Aviazione Legionaria im Einsatz und unterstützte die von Franco geführten Nationalisten in Spanien.

Bei dem Eintritt Italiens in den Zweiten Weltkrieg am 10. Juni 1940 war eine neue Version der Grundkonstruktion, die **BR.20M** (M für Modificato) seit rund sechs Monaten in Serie. Sie unterschied sich von der BR.20 Originalversion durch eine völlig neu konstruierte Bugpartie und eine glattere Außenhaut. Insgesamt wurden 264 Exemplare der BR.20M gebaut und die Produktion lief im Frühjahr 1942 aus.

Zu den erprobten Experimentalversionen gehörte die **BR.20C** mit einer 37 mm Kanone im Bug sowie eine weitere BR.20, die mit Bugradfahrwerk geflogen wurde.

Die letzte Version, die in Serie ging, war die **BR.20 bis**, eine komplett neukonstruierte Maschine mit einem runden, vollverglasten Bug, einem einziehbaren Heckradfahrwerk und einem spitzen Seitenleitwerk. Hauptverbesserungen waren jedoch die stärkeren Motoren und die Defensivbewaffnung. Zwischen März und Juli 1943 wurden 15 Maschinen vom Typ BR.20bis gebaut. Die beiden 1.250 PS (932 kW) starken Fiat A.82 RC 42 Sternmotoren verliehen ihr eine Höchstgeschwindigkeit von 460 km/h und eine Dienstgipfelhöhe von 9.200 m. Im Vergleich zur BR.20M waren die Abmessungen geringfügig vergrößert worden und das max. Startgewicht stieg auf 11.500 kg.

### Technische Daten
**Fiat BR.20**
**Typ:** zweimotoriger, mittelschwerer Bomber.
**Triebwerk:** zwei 1.000 PS (746 kW) Fiat A.80 RC 41 18-Zylinder-Sternmotoren.
**Leistung:** Höchstgeschwindigkeit 432 km/h in 5.000 m Höhe; Dienstgipfelhöhe 9.000 m; maximale Reichweite 3.000 km.
**Gewicht:** Rüstgewicht 6.400 kg; max. Startgewicht 9.900 kg.
**Abmessungen:** Spannweite 21,56 m; Länge 16,10 m; Höhe 4,30 m; Tragflügelfläche 74,00 $m^2$.
**Bewaffnung:** ein 12,7 mm MG und zwei 7,7 mm MG und bis zu 1.600 kg Bomben.

# Fiat BRG

### Entwicklungsgeschichte
Die Buchstaben BRG der **Fiat BRG**, eines dreimotorigen, abgestrebten Hochdeckers, bedeuteten Bombardiere Rosatelli Gigante bzw. Rosatelli-Riesenbomber. Die Maschine war relativ groß und recht häßlich hatte einen hohen Rumpf mit geraden Seiten und wirkte insgesamt sehr kantig. Im Bug war ein Fiat A.24R Motor montiert, während zwei Fiat A.24 an Streben zwischen dem oberen Flügel und je einem kurzen, unten am Rumpf angebrachten Stummelflügeln montiert waren. Pilot und Kopilot saßen in einer Kabine vor der Flügelvorderkante. Nach Abschluß ihrer ersten Flugtests im Jahre 1931 wurde die BRG der 62ª Squadriglia SPB (Sperimentale Bombardamento Pesante bzw. Schwerer Experimentalbomber) überstellt, eine Einheit, die in ihrer Flotte über verschiedene Zeiträume eine Reihe wirkungsloser übergroßer Bomber-Prototypen hatte.

### Technische Daten
**Typ:** schwerer Bomber.
**Triebwerk:** ein 720 PS (537 kW) Fiat A.24R und zwei 700 PS (522 kW) Fiat A.24 12-Zylinder V-Motoren.
**Leistung:** Höchstgeschwindigkeit 240 km/h; Dienstgipfelhöhe 4.800 m; max. Flugdauer 12 Stunden.
**Gewicht:** Rüstgewicht 6.600 kg; max. Startgewicht 12.000 kg.
**Abmessungen:** Spannweite 30,00 m; Länge 17,60 m; Höhe 5,80 m; Tragflügelfläche 139,15 $m^2$.
**Bewaffnung:** vier 7,7 mm Maschinengewehre plus 2.000 kg Bomben.

# Fiat C.29

### Entwicklungsgeschichte
Nach der italienischen Niederlage beim Kampf um die Schneider-Trophäe des Jahres 1927 erhielt Celestino Rosatelli die Aufgabe, für die 1929er Veranstaltung eine Fiat-Maschine zu konstruieren. Die so entstandene **Fiat C.29** war ein winziges Zweischwimmer-Wasserflugzeug in Mischbauweise, das an der Ober- und Unterfläche seiner tief angesetzten, drahtverspannten Flügel Kühlerplatten montiert hatte.

Die C.29, die im Juni 1929 von Francesco Agello im Stützpunkt Desenzano (Gardasee) des italienischen Schneider-Teams zur Probe geflogen wurde, erwies sich als schwierig zu fliegen. Daraufhin wurde das Leitwerk weitgehend umgebaut und seine Oberfläche vergrößert, so daß die Seitenleitwerksflächen bis unter den Rumpf reichten. Das ursprünglich offene Cockpit erhielt ein Dach, das zum Schließen nach hinten geschoben wurde. Am 16. Juli 1929 stürzte der Prototyp C.29 in den Gardasee und Agello kam glücklicherweise mit dem Leben davon. Es waren zwei weitere C.29 gebaut worden, beide mit den zuvor beschriebenen Änderungen sowie mit neu konstruierten Querrudern. Eine dieser Maschinen wurde bei Übungsflügen beschädigt, die dritte wurde jedoch im September 1929 nach Calshot entsandt, technische Probleme verhinderten jedoch ihre Teilnahme am Wettbewerb.

### Technische Daten
**Typ:** einsitziges Renn-Wasserflugzeug.
**Triebwerk:** ein 1.000 PS (746 kW) Fiat A.S.5 12-Zylinder V-Motor.
**Leistung:** Höchstgeschwindigkeit 558 km/h.
**Gewicht:** Leergewicht 900 kg; max. Startgewicht 1.160 kg.
**Abmessungen:** Spannweite 6,62 m; Länge 5,42 m; Höhe 2,75 m; Tragflügelfläche 8,00 $m^2$.

# Fiat CR.1

### Entwicklungsgeschichte
1923 wurden zwei einsitzige Jäger-Prototypen für die neu gegründeten Regia Aeronautica gebaut und getestet. Die unter der Leitung von Celestino Rosatelli entworfene **Fiat CR** waren kompakte Doppeldecker in umgekehrter Anderthalbdecker-Konfiguration, bei der die unteren Tragflächen eine größere Spannweite hatten als die obere. Die CR war größtenteils in Holzbauweise, verfügte über feste W-förmige Warren-Verstrebungen und hatte ein konventionelles Kreuzachsen-Fahrwerk. Die beiden Prototypen unterschieden sich voneinander durch die Heckkonfiguration und durch die Form der Motorenhaube für das Hispano-Suiza Triebwerk.

Es wurde beschlossen, die CR in größerer Serie für die Regia Aeronautica zu produzieren, da dieses Modell seinen engsten Konkurrenten (den SIAI S.52 Doppeldecker) an Ma-

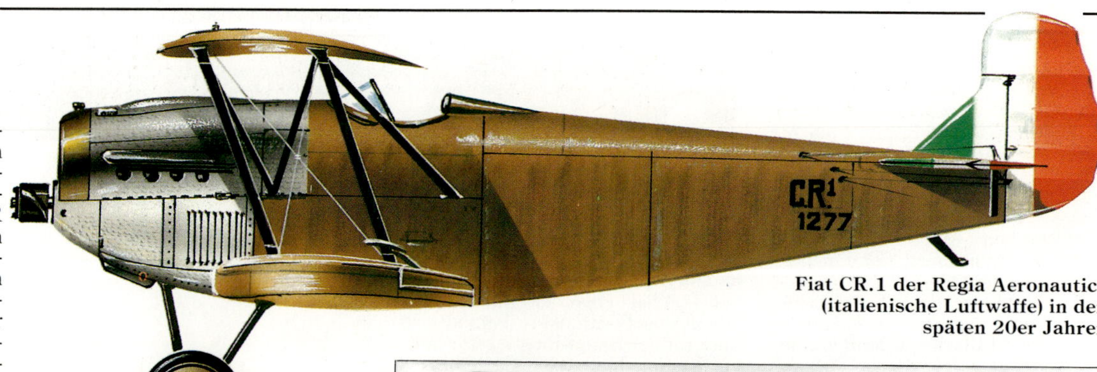


**Fiat CR.1 der Regia Aeronautica (italienische Luftwaffe) in den späten 20er Jahren**

**Auf diesem Bild der einzigen Fiat CR.2 sind der Armstrong Siddeley Lynx Sternmotor und die umgekehrte Anderthalbdeckerkonfiguration sowie die Warren-Stiele deutlich sichtbar.**

növrierbarkeit und Geschwindigkeit übertraf; die S.52 hatte jedoch eine bessere Steiggeschwindigkeit. Das Serienmodell trug die Bezeichnung **CR.1**. Es folgten drei Serien: die erste (109 Maschinen) wurde von Fiat gebaut, die zweite (40) von O.F.M., später IMAM-Meridonali, in Neapel, und die dritte (100) entstand bei SIAI (Savoia-Marchetti). Insgesamt waren 240 CR.1 bei der Regia Aeronautica eingesetzt; die ersten wurden 1925 ausgeliefert.

Während der 30er Jahren wurden mehrere CR.1 modifiziert, um den 440 PS (328 kW) Isotta Fraschini Asso Caccia Motor aufnehmen zu können. Diese Version war recht erfolgreich und wies eine bedeutend verbesserte Leistung auf.

Eine einzige CR.1 wurde von der belgischen Luftwaffe gekauft und eine weitere wurde von den polnischen Behörden getestet, aber der einzige Exportauftrag kam aus Lettland, wo neun von Fiat gebaute Maschinen für die in Leipaja stationierte Marinekampfeinheit bestellt wurden.

Unter den getesteten Varianten der CR.1 befand sich eine Maschine mit einem von zwei Lamblin Kühlern gekühlten Fiat A.20 Motor und ein Exemplar mit einem Alfa Romeo Jupiter Triebwerk; sie trugen angeblich die Bezeichnungen **CR.10** und **CR.5**. 1928 wurden Flugtests mit der **CR.2** durchgeführt, die von einem 200 PS (149 kW) Armstrong Siddeley Lynx Sternmotor angetrieben wurde.

### Technische Daten
**Fiat CR.1**

**Typ:** einsitziger Kampf-Doppeldecker.
**Triebwerk:** ein 300 PS (224 kW) Hispano-Suiza 42 Achtzylinder V-Motor.
**Leistung:** Höchstgeschwindigkeit 272 km/h; Steigzeit auf 5.000 m 16 Minuten 27 Sekunden; Dienstgipfelhöhe 7.450 m; Flugdauer 2 Stunden 35 Minuten.
**Gewicht:** Rüstgewicht 839 kg; max. Startgewicht 1.154 kg.
**Abmessungen:** Spannweite 8,95 m; Länge 6,16 m; Höhe 2,40 m; Tragflügelfläche 23,00 m².
**Bewaffnung:** zwei vorwärtsfeuernde, synchronisierte 7,7 mm Vickers Maschinengewehre.

**Die Fiat CR.10 war eine Entwicklung der CR.1 mit dem neuen Fiat A.20 Motor; die beiden Lamblin Kühler waren an den vorderen Teilen des Fahrwerks angebracht.**

# Fiat CR.20

## Entwicklungsgeschichte

Das einsitzige Kampfflugzeug **Fiat CR.20** wurde in für die damalige Zeit beachtlichen Zahlen produziert. Der Typ gehörte zur Ausrüstung des berühmten Kunstflugteams der Regia Aeronautica und nahm an den letzten Etappen der italienischen Annektion Libyens und dann im Kampf gegen den abessinischen Kaiser Haile Selassie teil, der mit dem Sieg Italiens 1936 endete.

Dieser klassische Doppeldecker hatte ungleiche Tragflächen und einen sorgfältig konturierten Rumpf und war überwiegend in Metallbauweise mit lackierter Stoffbespannung, abgesehen von den Metallplatten über dem Rumpfvorderteil. Vorgesehen war ein Fiat A.20 Triebwerk, und es wurden vier Prototypen gebaut und geflogen; der Erstflug fand am 19. Juni 1926 in Turin statt. Im folgenden Herbst erregte das neue Kampfflugzeug beim Pariser Salon de l'Aéronautique großes Aufsehen; durch die W-förmigen Flügelstiele und das auffällige, von Celestino Rosatelli entworfene Leitwerk war er sofort als Fiat-Typ zu erkennen. Der Bug zeichnete sich durch einen sattelförmigen Kühler für den wassergekühlten Motor aus. In der Werbung war von einer Bewaffnung von vier MG die Rede, aber die DR.20 erhielt statt dessen die für die Zeit zwischen den beiden Weltkriegen typische doppelte MG-Anlage.

Das Modell ging 1927 in die Produktion und bis 1932 waren rund 250 Maschinen des Basismodells fertiggestellt. Abgesehen von 46 Wasserflugzeugen mit Doppelschwimmern und der Bezeichnung **CR.20 Idro**, die in gleicher Anzahl von Macchi und CMASA gebaut wurden, entstanden alle anderen Maschinen bei Fiat; sie hatten den Nachteil eines recht primitiven, konventionellen Kreuzachsenfahrwerks mit Gummi-Stoßdämpfern. Daher erschien die **CR.20bis** im Jahre 1930 mit einem völlig neuen Fahrwerk mit Ölstoßdämpfern und Radbremsen. Von den bis 1932 fertiggestellten 235 CR.20bis (in diesem Jahr lief die Produktion in den Fiat-Fabriken aus) hatten einige den A.20AQ Motor, der eine bessere Höhenleistung ermöglichte; diese Maschinen trugen die Bezeichnung **CR.20bis AQ**.

Das letzte Serienmodell war die **CR.Asso**, ein CR.20bis Flugwerk mit einem 450 PS (336 kW) Isotta Fraschini Asso Caccia Motor, einem luftgekühlten Triebwerk in einer auffälligen Haube. Die einzige strukturelle Veränderung betraf das neue Leitwerk mit erweiterten Höhenleit-

**Fiat CR.20 der 6. Idöjelzö Osztály (6. meteorologische Staffel) der Magyar Királyi Légierö (kgl. ungarischen Luftwaffe) im Jahre 1936.**

***Rechts:* Die Produktion des Schwimmerflugzeugs Fiat CR.20 Idro wurde von CMASA und Macchi durchgeführt. Der Typ war im Einsatz nicht sehr populär, da die Schwimmer die Führung stark beeinträchtigten.**

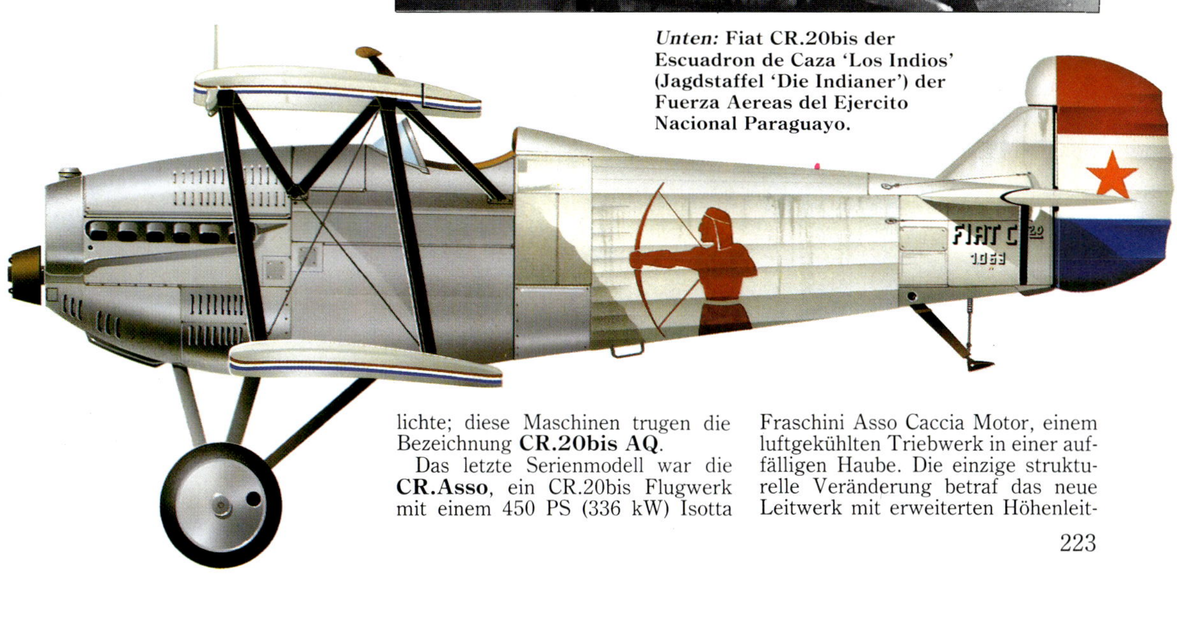

***Unten:* Fiat CR.20bis der Escuadron de Caza 'Los Indios' (Jagdstaffel 'Die Indianer') der Fuerza Aereas del Ejercito Nacional Paraguayo.**

flächen. Von 1931 bis 1933 wurden insgesamt 204 Exemplare der CR.Asso produziert; Macchi baute 104 und CMASA 100. Eine weitere Version war die **CR.20B**, eine zweisitzige Variante der CR.20 und 20bis, die als Schul- und Verbindungsflugzeug bei den italienischen Kampfeinheiten diente.

Die CR.20 war auch auf dem Exportmarkt ein Erfolg. Litauen kaufte 1928 15 Exemplare der CR.20, und Ungarn übernahm für seine geheimen Luftstreitkräfte ein einsitziges Exemplar und eine CR.20B. Polen übernahm vier Maschinen und möglicherweise ging eine an die UdSSR.

1932 gingen zwölf CR.20bis an ungarische Kampfeinheiten, wo sie im Einsatz blieben, bis der Typ durch die CR.32 ersetzt wurde (1936). Ebenfalls geheime Lieferungen an Österreich beliefen sich auf 16 CR.20bis, 16 CR.20bisAQ und vier CR.20B. Nach dem erzwungenen Anschluß Österreichs an Deutschland erhielten die noch erhaltenen Maschinen Kennungen der deutschen Luftwaffe und wurden als Schulflugzeuge verwendet. Ein weiterer Kunde für die CR.20bis war Paraguay; dieser Staat flog 1932 bis 1935 im Gran Chaco Krieg gegen Bolivien sechs Maschinen.

Aber seine wichtigste Rolle spielte der Typ bei der italienischen Regia Aeronautica. Mehrere Jahre lang waren quasi alle Kampfeinheiten mit verschiedenen Versionen dieses Grundmodells bestückt, und außerdem bildete die CR.20 das Rückgrat der italienischen Wasserflugzeugeinheiten, der squadriglie di caccia marittima.

### Technische Daten

**Fiat CR.20bis**
**Typ:** ein einsitziger Kampf-Doppeldecker.
**Triebwerk:** ein 410 PS (306 kW) Fiat A.20 Zwölfzylinder V-Motor.
**Leistung:** Höchstgeschwindigkeit 260 km/h; Dienstgipfelhöhe 8.500 m; Flugdauer 2 Stunden 30 Minuten.
**Gewicht:** Rüstgewicht 970 kg; max. Startgewicht 1.390 kg.
**Abmessungen:** Spannweite 9,80 m; Länge 6,71 m; Höhe 2,79 m; Tragflügelfläche 25,50 m$^2$.
**Bewaffnung:** zwei synchronisierte, vorwärtsfeuernde 7,7 mm Vickers Maschinengewehr.

# Fiat CR.25

### Entwicklungsgeschichte

Der Prototyp der **Fiat CR.25** flog erstmals am 22. Juli 1937 und bewies sofort seine erstklassigen Eigenschaften. Das Modell war ein Tiefdecker in Ganzmetallbauweise mit freitragenden Flügeln, einem einziehbaren Heckradfahrwerk und drei Mann Besatzung (Pilot, Beobachter/Bombenschütze und Funker/Schütze). Das italienische Luftfahrtministerium beschloß im Frühjahr 1938, diese zweimotorige Maschine als kombiniertes strategisches Aufklärungs- und Langstrecken-Begleitflugzeug zu benutzen. Die ursprüngliche Bestellung über 40 Maschinen wurde jedoch 1939 auf zehn Exemplare reduziert, die alle bis Anfang 1940 fertiggestellt waren. Neun davon trugen die Bezeichnung **CR.25bis** und wurden der $173^a$ Squadriglia RST (Ricognizione Strategica Marittima = strategische Marine-Aufklärung) zugeteilt, die bei Palermo-Boccadifalco auf Sizilien stationiert war. Das zehnte Serienexemplar war die CR.25D, die vom Luftfahrtattaché in Berlin benutzt wurde, wo die Maschine beschlagnahmt wurde, als Italien mit den siegreichen Alliierten am 8. September 1943 den Waffenstillstand schloß.

### Varianten

**CR.25quater:** Entwicklung der CR.25bis mit etwas vergrößerter Tragflügelfläche und stärkerer Bewaffnung; der Prototyp wurde getestet, ging aber nicht in Produktion.

### Technische Daten

**Fiat CR.25bis**
**Typ:** ein strategisches Aufklärer/Langstrecken-Begleitflugzeug.
**Triebwerk:** zwei 840 PS (626 kW) Fiat A.74 RC 38 14-Zylinder Kolbenmotoren.
**Leistung:** Höchstgeschwindigkeit 460 km/h; Dienstgipfelhöhe 9.600 m; Reichweite 2.100 km.
**Gewicht:** Rüstgewicht 4.375 kg; max. Startgewicht 6.526 kg.
**Abmessungen:** Spannweite 16,00 m; Länge 13,56 m; Höhe 3,40 m; Tragflügelfläche 39,20 m$^2$.
**Bewaffnung:** drei 12,7 mm Breda-SAFAT MG plus bis zu 300 kg Bomben.

**Die Fiat CR.25bis war ein Seeaufklärer, der jedoch eine unzureichende Bewaffnung besaß.**

# Fiat CR.30

### Entwicklungsgeschichte

Mit der **Fiat CR.30** produzierte Rosatelli einen völlig neuen Entwurf für einen Kampf-Einsitzer. Der erste von vier Prototypen, die MM.164, wurde im März 1932 erstmals geflogen; der Pilot war der damals bekannte Brack Papa. Die gerundeten Flügelspitzen und Leitflächen, der sorgfältig verkleidete Fiat A.30 RA Motor und das breitspurige Fahrwerk gaben der CR.30 ein solides Aussehen. Die W-förmigen Flügelstreben der früheren Rosatelli-Entwürfe wurden beibehalten. Zwei der Prototypen nahmen am internationalen Treffen in Zürich von 1932 teil, wo sie auf großes Interesse stießen, als sie den Rundflug-Geschwindigkeitswettbewerb mit Durchschnittsgeschwindigkeiten von 340 km/h und 330 km/h gewannen. Dieser und andere Erfolge führten zu Bestellungen von seiten der Regia Aeronautica: neben den Prototypen gingen 121 CR.30 an die squadriglie di caccia. Die Produktion lief von 1932 bis 1935; die letzten CR.30 wurden 1938 aus dem Einsatz gezogen.

Zwei Prototypen wurden erfolgreich zu Zweisitzern umgebaut, so daß später zahlreiche einsitzige Maschinen zu CR.30B zweisitzigen Schulflugzeugen für 'Auffrischungskurse' modifiziert wurden. Zwei CR.30 wurden in Seeflugzeuge mit Doppelschwimmern umgebaut, und diese Maschinen erhielten die Bezeichnung **CR.30 Idro**.

Der wichtigste ausländische Betreiber der CR.30 waren die ungarischen Luftstreitkräfte, die im Sommer 1936 zwei einsitzige Maschinen erhielten, 1938 gefolgt von einer ehemaligen Regia Aeronautica Maschine und zehn CR.30B Zweisitzern; später übergab die deutsche Luftwaffe zwei CR.30 des annektierten Österreich an das ebenfalls von Hitlers Truppen besetzte Ungarn. 1936 hatte Österreich drei CR.30 und drei CR.30B erhalten. Zwei CR.30 gingen 1938 an die spanischen Faschisten. Schon vorher waren zwei Maschinen beim 3. chinesischen Luftkommando geflogen (ab 1934), und Paraguay kaufte 1937 zwei Exemplare als Kunstflugschulmaschinen. Insgesamt wurden 176 Exemplare hergestellt.

**Während die früheren Kampfflugzeuge der CR Baureihe auf der CR.1 basierten, baute die Fiat CR.30 auf einem völlig neuen Entwurf auf, der zu einem sehr viel moderneren Äußeren und einer höheren Leistung führte. Hier abgebildet ist der erste Prototyp.**

### Technische Daten

**Fiat CR.30**
**Typ:** ein einsitziger Kampf-Doppeldecker.
**Triebwerk:** ein 600 PS (447 kW) Fiat A.30 RA 12-Zylinder V-Motor.
**Leistung:** Höchstgeschwindigkeit 351 km/h in 3.000 m Höhe; Steigzeit auf 4.000 m 6 Minuten 40 Sekunden; Dienstgipfelhöhe 8.350 m; Reichweite 850 km.
**Gewicht:** Rüstgewicht 1.345 kg; max. Startgewicht 1.895 kg.
**Abmessungen:** Spannweite 10,50 m; Länge 7,88 m; Höhe 2,78 m; Tragflügelfläche 27,05 m$^2$.
**Bewaffnung:** zwei synchronisierte, vorwärtsfeuernde SAFAT 7,7 mm Maschinengewehre.

# Fiat CR.32

### Entwicklungsgeschichte

Celestino Rosatelli gab sich mit der ausgezeichneten Manövrierbarkeit der CR.30 nicht zufrieden und beschloß, sich um eine umfassende Verbesserung der Leistung zu bemühen; er und sein Konstruktionsteam produzierten ein neues Kampfflugzeug, das der CR.30 sehr ähnlich sah, aber mehrere Verbesserungen und erweiterte Abmessungen aufwies. Durch eine sorgfältige Lastverteilung war die Manövrierfähigkeit weiter verbessert, vor allem durch die neue Verteilung der Treibstofftanks. Der Prototyp der **Fiat CR.32** (MM.201) flog erstmals am 28. April 1933. Das Modell war ein unmittelbar durchschlagender Erfolg, und die erste Bestellung lief im März 1934 ein. Bald diente der Typ bei den 1°, 3° und 4° Stormi der Regia Aeronautica. Die Serienmaschinen hatten Reglerpropeller und konnten mit Funkgeräten, Panorama-Kameras oder Bombenträgern ausgestattet werden.

Die CR.32 diente bei zahlreichen Einsätzen zur Unterstützung der faschistischen Truppen im spanischen Bürgerkrieg. Mindestens 380 Maschinen nahmen an den Luftschlachten über Spanien teil und erwiesen sich als ernstzunehmende Gegner der

**Der wahrscheinlich bedeutendste Kampf-Doppeldecker der 30er Jahre, die Fiat CR.32, unterschied sich nur durch geringe äußere Details von der CR.30, besaß aber eine bessere Leistung.**

sowjetischen Polikarpow I-15 Doppeldecker und Polikarpow I-16, die wichtigsten Flugzeuge der demokratischen Kräfte des Landes.

Wie die früheren CR.30 wurden auch die CR.32 als Kunstflugmaschinen verwendet, viele davon in Italien. Die bemerkenswerten Kunstflug-Eigenschaften des Modells sowie der Erfolg in Spanien verführten das italienische Luftfahrtministerium, das immer noch Doppeldecker als potentielle Kriegswaffen ansah, zu einer verspäteten Entwicklung. Die auf der CR.32 basierende CR.42 war bereits überholt, bevor der Prototyp seinen Jungfernflug unternommen hatte.

Die CR.32 selbst diente noch bis in den ZweitenWeltkrieg hinein, und als Italien im Juni 1940 den Krieg erklärte, waren noch 324 Maschinen im Fronteinsatz, obwohl sie damals schon hoffnungslos überholt waren. Einige wurden zu Nachtkampfflugzeugen umgebaut, während die in Libyen stationierten Maschinen vor allem gegen britische Truppen verwendet wurden.

Das erste Kunde der CR.32 war China, das 1933 16 Maschinen mit je zwei Vickers MG bestellte. Diese Flugzeuge wurden mit Erfolg bei der Verteidigung gegen die einfallenden Japaner eingesetzt und galten als den Curtiss Hawk Doppeldeckern überlegen, mit denen damals die meisten chinesischen Kampfeinheiten ausgerüstet waren.

Dic ungarischcn Luftstrcitkräftc erhielten 1935/36 76 CR.32. Sie wurden weitgehend als Schulflugzeuge verwendet. Die Ungarn experimentierten mit einem 750 PS (559 kW) Gnome-Rhône 14Mars Sternmotor für die CR.32 und erreichten mit diesem modifizierten Exemplar eine beachtliche Höchstgeschwindigkeit von 420 km/h in 4.000 m Höhe. Aber angesichts der Unfähigkeit der ungarischen Regierung, weitere Gnome-Rhône Motoren aufzutreiben, wurde der Plan aufgegeben, alle vorhandenen CR.32 mit diesem Triebwerk auszustatten. Österreich bestellte im Frühjahr 1936 45 CR.32bis Kampfflugzeuge für das Jagdgeschwader II.

Nach dem Ende des Spanischen Bürgerkriegs im Frühjahr 1939 gingen die noch von der italienischen Aviazione Legionaria betriebenen CR.32 an Spanien, wo noch 87 CR.32quater im Einsatz waren. Außerdem erhielt Spanien die Lizenzbaugenehmigung für das Modell (1938) und hatte bis Ende 1942 100 Maschinen mit der Bezeichnung **HA-132-L Chirri** gebaut; der Hersteller war Hispano Aviacion in Sevilla. Einige Maschinen blieben bis 1953 als Kunstflugtrainer im Einsatz.

Die Kunstflugveranstaltungen in Südamerika zahlten sich bald aus: Paraguay bestellte im Jahre 1937 zehn CR.32, von denen aber nicht alle ausgeliefert wurden; Venezuela erhielt 1938/39 zehn CR.32quater.

### Varianten

**CR.32:** ursprüngliche Version; an die Regia Aeronautica (291, darunter die Prototypen), Ungarn (76) und China (16) geliefert.
**Cr.32bis:** bis 1935 produziert; mit Vorrichtungen für zwei 7,7 mm SAFAT MG in den unteren Tragflächen, zusätzlich zu den beiden 12,7 mm oder 7,7 mm MG im Rumpf; insgesamt wurden 328 Exemplare produziert, von denen die Regia Aeronautica 283 und Österreich 45 erhielten.
**CR.32ter:** die Version hatte nur zwei im Rumpf montierte Gewehre (12,7 mm SAFAT MG); alle 103 produzierten Maschinen gingen nach Spanien.
**CR.32quater:** leichteste Version, gleiche Bewaffnung wie die CR.32ter; von den 398 produzierten Maschinen dienten 105 bei der italienischen Aviazione Legionaria in Spanien; 27 gingen direkt an Spanien, zehn an Venezuela und schätzungsweise vier an Paraguay; der Rest flog bei der Regia Aeronautica; gesamte Produktion 1.212 Maschinen.
**CR.33:** Version der CR.32 mit dem 700 PS (522 kW) Fiat A.33 RC 35 Motor; der erste Prototyp (MM.296) flog 1935, die beiden anderen folgten 1937; es wurden keine Serienmaschinen gebaut.
**CR.40:** Prototyp (MM.202) mit kurzem Bug und einem 525 PS (391 kW) Bristol Mercury IV Sternmotor; parallel zum CR.32 Prototyp gebaut und 1934 testgeflogen.
**CR.40bis:** Bezeichnung für einen Prototyp (MM.275) mit der gleichen Flügelkonfiguration wie die CR.40, aber mit einem 700 PS (522 kW) Fiat A.59R Sternmotor; angesichts der enttäuschenden Höchstgeschwindigkeit von 350 km/h wurden keine Serienexemplare gebaut.
**CR.41:** äußerlich ähnlich der CR.40; der Prototyp (MM.207) hatte einen 900 PS (671 kW) 14-Zylinder Gnome-Rhône 14Kfs Motor; Höchstgeschwindigkeit 381 km/h in 5.000 m Höhe; 1936 und 1937 getestet und zugunsten der späteren CR.42 nicht weiterentwickelt.

### Technische Daten
**Fiat CR.32**
**Typ:** einsitziger Jagd-Doppeldecker.
**Triebwerk:** ein 600 PS (447 kW) Fiat A.30 RA bis 12-Zylinder V-Motor.
**Leistung:** Höchstgeschwindigkeit 375 km/h in 3.000 m Höhe; Dienstgipfelhöhe 8.800 m; Reichweite 680 km.
**Gewicht:** Rüstgewicht 1.325 kg; max. Startgewicht 1.850 kg.
**Abmessungen:** Spannweite 9,50 m; Länge 7,45 m; Höhe 2,63 m; Tragflügelfläche 22,10 m².
**Bewaffnung:** zwei synchronisierte 7,7 mm Breda-SAFAT MG.

**Die Fiat CR.40 war eine Ableitung der CR.32 mit oberen Knickflügeln und einem Bristol Mercury Sternmotor; der Pilot hatte ein besseres Sichtfeld, und die Leistungskraft war höher, aber der Typ wurde nicht angenommen.**

# Fiat CR.42 Falco

### Entwicklungsgeschichte

Die von Celestino Rosatelli auf eine Anforderung des italienischen Luftfahrtministeriums hin entwickelte **Fiat CR.42 Falco** (Falke) entstand unter dem Eindruck, daß die leicht manövrierbaren Kampfdoppeldecker noch immer eine wichtige Rolle spielen könnten. Der neue Typ unternahm seinen Jungfernflug am 23. Mai 1938.

Die CR.42 basierte auf der früheren CR.32 (die ungleichen Tragflächen dieses Typs waren beibehalten worden) und den experimentellen Kampfflugzeugen CR.40 und CR.41, die erstmals Sternmotoren verwendet hatten. Die Grundstruktur war aus Metall mit gemischter Stoff- und leichter Legierungsbeschichtung; die breitspurigen Fahrwerke hatten Ölstoßdämpfer sowie Streben- und Radverkleidungen. Das Triebwerk war ein Fiat A.74 R1C 38 Sternmotor.

Nach einer Reihe von erfolgreichen Testflügen bestellte das Ministerio dell'Aeronautica 200 Serienmaschinen, von denen die ersten im Februar 1939 die Fabrik in Turin verließen. Ironischerweise hatte das zehnte Serienexemplar der Fiat G.50, ein Tiefdecker, nur zwei Monate zuvor das Werk verlassen. Fiat gibt als Produktionsziffer für die CR.42 1.781 Exemplare von allen Versionen an.

Belgien bestellte 40 und Ungarn gab 68 CR.42 in Auftrag, die 1939/40 ausgeliefert wurden. Das neutral gebliebene Schweden erhielt im Februar 1940 die ersten fünf von 72 bestellten CR.42; die letzten Maschinen wurden erst im September 1941 ausgeliefert.

Als Italien am 10. Juni 1940 den Krieg erklärte, verfügte es über 272 CR.42. Trotz der anhaltenden Produktion waren während des italienischen Waffenstillstands im September 1943 nur noch 64 Maschinen dieses Typs einsatzfähig; einige wenige wurden auch noch später von italienischen Einheiten geflogen. Die Luft- ▷

**Eine Fiat CR.42 Falco der kgl. ungarischen Luftwaffe zeigt die kompakten Linien dieses Typs.**

waffe ließ noch 150 Exemplare einer Nachtjäger-Version produzieren, die von Stützpunkten in Norditalien aus gegen die Alliierten eingesetzt wurden. Die letzten Einsätze der CR.42 fanden im Mai 1945 statt.

### Varianten

**CR.42 Caccia-Bombardiere:** eine Version mit einer Bombenkapazität von 200 kg.
**CR.42AS:** tropentauglicher Kampfbomber mit Staubfiltern und Flügelstationen für 100 kg Bomben; ab Mai 1941 in größeren Zahlen produziert.
**CR.42N:** eine Nachtkampfversion (Caccia Notturna) mit Auspuff-Flammendämpfern, Funkanlage und kleinen Unterflügel-Suchscheinwerfern.
**CR.42 DB:** Prototyp (Erstflug im März 1941) mit 1.160 PS (865 kW) Daimler-Benz DB 601E Motor; Höchstgeschwindigkeit über 515 km/h.
**ICR.42:** eine CR.42 auf Doppelschwimmern; von Fiats Tochtergesellschaft CMASA entwickelt, die sich auf Wasserflugzeuge spezialisierte; 1940 getestet, aber nicht produziert.
**CR.42 LW:** Erdkampf- und Nachtjägerversion, von Fiat für die Luftwaffe produziert, nachdem die norditalienische Flugzeugindustrie von den Deutschen übernommen worden war; Bombenladung wie bei der CR.42AS.
**CR.42 (Zweisitzer):** Einige wenige schwedische CR.42 überstanden den Zweiten Weltkrieg und wurden als Zielschleppflugzeuge umgebaut; mehrere italienische Maschinen wurden zu zweisitzigen Verbindungsflugzeugen mit einem zweiten offenen Cockpit unmittelbar hinter dem Piloten modifiziert.

### Technische Daten

**Fiat CR.42**
**Typ:** einsitziger Jagd-Doppeldecker.
**Triebwerk:** ein 840 PS (626 kW) Fiat A.74 R1C 38 14-Zylinder Sternmotor.
**Leistung:** Höchstgeschwindigkeit 430 km/h in 5.000 m Höhe; Steigzeit auf 6.000 m 8 Minuten 40 Sekunden; Dienstgipfelhöhe 10.200 m; Reichweite 775 km.
**Gewicht:** Rüstgewicht 1.782 kg; max. Startgewicht 2.295 kg.
**Abmessungen:** Spannweite 9,70 m; Länge 8,27 m; Höhe 3,59 m; Tragflügelfläche 22,40 m².
**Bewaffnung:** zwei feste, synchronisierte 12,7 mm Breda-SAFAT MG.

# Fiat G.2

### Entwicklungsgeschichte

Das Transportflugzeug **Fiat G.2** war ein bedeutender Entwurf des Ingenieurs Giuseppe Gabrieli für die Firma Fiat, da dadurch die Turiner Fabrik mit ihren freitragenden Tiefdeckerflügeln an Einfluß gewann. Die Konstruktion war überwiegend aus Metall, nur die beweglichen Steuerflächen hatten Stoffbespannung. Das breitspurige, feste Fahrwerk hatte unabhängige Hauptteile und ein schwenkbares Heckrad; beide Haupträder und das Heckrad waren verkleidet.

Die G.2 wurde 1932 erstmals geflogen, ausgerüstet mit drei Fiat A.60 Motoren und vorgesehen für sechs Passagiere. Später erhielt die Maschine die Bezeichnung **G.2/2** und drei Alfa-Romeo 110-1 Motoren. Zu den späteren Konfigurationen zählt die **G.2/3** mit 120 PS (89 kW) de Havilland Gipsy Major und die **G.2/4** mit Fiat A.54 Sternmotoren.

Die G.2 wurde in verschiedenen europäischen Städten vorgestellt, aber ihre Leistung war enttäuschend. Schließlich flog sie auf einer Kurzstrecke der ALI zwischen Turin und Mailand.

### Technische Daten

**Fiat G.2**
**Typ:** ein sechssitziger Passagiertransporter.
**Triebwerk:** drei hängende 135 PS (101 kW) Fiat A.60 Vierzylinder-Reihenmotoren.
**Leistung:** Höchstgeschwindigkeit 235 km/h; Reisegeschwindigkeit 200 km/h; Dienstgipfelhöhe 4.200 m; Reichweite 700 km.
**Gewicht:** Leergewicht 1.630 kg; max. Startgewicht 2.500 kg.
**Abmessungen:** Spannweite 18,01 m; Länge 11,89 m; Höhe 3,51 m; Tragflügelfläche 39,00 m².

**Die Variante der G.2 mit den de Havilland Gipsy Major III Reihenmotoren war die Fiat G.2/3 mit einer etwas kleineren Tragflügelfläche als die anderen Varianten dieses sechssitzigen Passagiertransportflugzeugs.**

# Fiat G.5

### Entwicklungsgeschichte

Die **Fiat G.5** aus dem Jahre 1933 war ein zweisitziger leichter Kunstflugtrainer und hatte einen 135 PS (101 kW) Fiat A.54 Sternmotor mit Townend Ring, freitragende Tiefdeckerflügel und ein breites, geteiltes Fahrwerk. Fluglehrer und Schüler saßen in offenen Tandem-Cockpits, und die Tragflächen hatten Handley-Page Vorderkantenklappen.

Die folgende **G.5/2** kam über das Stadium des Prototyps nicht hinaus: das Modell unterschied sich von seinem Vorgänger vor allem durch den hängenden 140 PS (104 kW) Fiat A.60 Reihenmotor.

Die letzte Entwicklung des Grundmodells war die **G.5/bis** mit dem stärkeren Fiat A.70 Sternmotor. Mehrere Exemplare wurden gebaut, von denen einige, auf Einsitzerkonfiguration umgebaut, noch während der Zeit zwischen den Weltkriegen flugtüchtig waren und von privaten Betreibern unterhalten wurden.

### Technische Daten

**Fiat G.5bis**
**Typ:** zweisitziges kunstflugtaugliches Reise/Schulflugzeug.
**Triebwerk:** ein 200 PS (149 kW) Fiat A.70 Siebenzylinder Sternmotor.
**Leistung:** Höchstgeschwindigkeit 265 km/h; Dienstgipfelhöhe 7.000 m; Reichweite 635 km.
**Gewicht:** Leergewicht 630 kg; max. Startgewicht 910 kg.
**Abmessungen:** Spannweite 10,46 m; Länge 7,93 m; Höhe 2,44 m; Tragflügelfläche 17,18 m².

**Nach dem Zweiten Weltkrieg wurden zahlreiche zweisitzige Fiat G.5bis Schulflugzeuge auf eine einsitzige Konfiguration umgebaut, so auch die hier vor der Modifikation aufgenommene I-BFFI.**

# Fiat G.8

### Entwicklungsgeschichte

Die **Fiat G.8** war ein zweisitziger Doppeldecker ungleicher Spannweite, der als Schulflugzeug für die Regia Aeronautica gebaut wurde. Der Prototyp (MM.211) flog erstmals am 28. Februar 1934.

Die G.8 war in Gemischtbauweise und verfügte über Warren V-Flügelstiele. Das Cockpit des Flugschülers lag unmittelbar hinter dem Ausschnitt in der Vorderkante der oberen Tragflächen, dahinter war die Position des Fluglehrers.

Die Produktion der G.8 wurde von CMASA durchgeführt, einer Fiat-Tochtergesellschaft mit Fabriken in Marina di Pisa. Zwei militärische Aufträge gingen ein, einer über 50 (1935), der andere über zehn Maschinen (1936); die Serienmaschinen hatten einen Townend Ring anstelle der langen Haube des Prototyps für den Fiat A.54 Motor.

**Die Fiat G.8 war ein nützliches Schul- und Reiseflugzeug ohne besondere Merkmale. Mindestens ein Exemplar überdauerte bis 1956. Auf dieser Aufnahme ist die Motorenhaube entfernt.**

### Technische Daten

**Typ:** ein zweisitziges Anfänger-Schulflugzeug.
**Triebwerk:** ein 135 PS (101 kW) Fiat A.54 Siebenzylinder Sternmotor.
**Leistung:** Höchstgeschwindigkeit 212 km/h; Dienstgipfelhöhe 5.200 m; Reichweite 925 km.
**Gewicht:** Leergewicht 570 kg; max. Startgewicht 850 kg.
**Abmessungen:** Spannweite 8,75 m; Länge 6,83 m; Höhe 2,61 m; Tragflügelfläche 18,90 m².

# Fiat G.12

## Entwicklungsgeschichte

Der Prototyp der **Fiat G.12C** wurde ursprünglich für die Passagierstrecken der Ala Littoria und Avio Linee bestellt und flog erst am 15. September 1940, als Italien bereits in den Krieg verwickelt war. Daher wurden die ab 1941 ausgelieferten G.12C Transporter für 14 Passagiere direkt an die Servizi Aerei Speziali übergeben, eine militärische Organisation, die die zivilen Fluglinien koordinierte. Die G.12C flog zwischen Mailand und Bukarest, Budapest und Tirana, später bei den Kämpfen in Griechenland und Libyen. Die **G.12 Gondar** war eine spezielle Langstreckenversion, die die Verbindung mit Italienisch-Ostafrika aufrechterhalten sollte, nachdem die dazwischen liegenden Gebiete unter die Kontrolle der Alliierten geraten waren. Es folgten drei **G.12 GA** (Grande Autonomia = Langstrecken) Transporter, die Zusatztanks erhielten. Ende 1942 bzw. Anfang 1943 wurden einzelne Exemplare der **G.12 RT** und **G.12 RTbis** gebaut, die für Verbindungsflüge zwischen Rom und Tokio gedacht waren. Erstere hatten eine Reichweite von 8.000 km, letztere brachten es auf 9.000 km.

Die wichtigste militärische Version war die **G.12T**, die sowohl Truppen als auch Fracht transportieren konnte. Zu ihren Aufgaben gehörten Flüge zwischen Italien und Nordafrika sowie Benzintransporte in Libyen; dieser Typ hatte Raum für 22 Soldaten oder entsprechende Fracht.

Nach dem Krieg wurden die noch erhaltenen G.12 beim militärischen Kurier-Service der Aeronautica Militarie (Corriere Aerei Militari) benutzt. Die Produktion wurde fortgesetzt, und es entstanden die letzten Serienmodelle **G.12CA** (ein ziviles Passagierflugzeug mit Alfa Romeo Motoren) und **G.12L** (mit einem verlängerten Rumpf für 18 Passagiere). Die **G.12LP** hatte Pratt & Whitney R-1830-S1C3-G Motoren und die **G.12LB** Bristol Pegasus 48 Triebwerke. 104 Exemplare aller Versionen wurden gebaut; die Produktion lief 1949 aus. Die G.12 war ein Tiefdecker in Ganzmetallbauweise und hatte einen ansprechend konturierten Rumpf mit hohen Seitenleitflächen. Das Fahrwerk war eine einziehbare Heckradanlage, und das Triebwerk bestand aus drei Fiat Sternmotoren. Die Zivilversion faßte gewöhnlich vier Mann Besatzung und bis zu 14 Passagiere.

## Varianten

**Fiat G.212:** eine vergrößerte Version der G.12 aus der Nachkriegszeit, erstmals am 19. Februar 1947 geflogen; der Prototyp wurde im Dezember desselben Jahres von der Aeronautica Militare übernommen und war das einzige Exemplar der **G.212CA** mit Alfa Romeo A.128 Motoren; die Maschine faßte 24, 30 oder 40 Passagiere, je nach Sitzanordnung; die **G.212CP** folgte, mit Pratt & Whitney Motoren und mit dem Namen Monterosa oder Aeropullman; insgesamt wurden 18 Exemplare gebaut.

**Die Fiat G.12T war die Frachter/Truppentransporter-Version der G.12 Gondar und konnte 22 vollständig ausgerüstete Soldaten aufnehmen. Der Erstflug fand im Mai 1941 statt.**

## Technische Daten

**Fiat G.12C**

**Typ:** Passagierflugzeug mit 14 Sitzen.

**Triebwerk:** drei 770 PS (574 kW) Fiat A.74 RC 42 14-Zylinder Sternmotoren.

**Leistung:** Höchstgeschwindigkeit 396 km/h in 4.900 m Höhe; Reisegeschwindigkeit 308 km/h in 3.400 m Höhe; Dienstgipfelhöhe 8.000 m; Reichweite 1.740 km.

**Gewicht:** Rüstgewicht 8.890 kg; max. Startgewicht 12.800 kg.

**Abmessungen:** Spannweite 28,60 m; Länge 20,16 m; Höhe 4,90 m; Tragflügelfläche 113,50 m².

# Fiat G.18

## Entwicklungsgeschichte

Der Prototyp der **Fiat G.18** (I-ELIO), ein Entwurf von Gabrieli für Avio Linee Italiane (Fiat-eigene Fluggesellschaft) unternahm seinen Erstflug am 18. März 1935. Das Modell war Gabrielis Antwort auf die Douglas Transporter DC-1 und DC-2: ein Tiefdecker-Transportflugzeug mit freitragenden Flügeln in Ganzmetallbauweise. Die Fahrwerkhauptteile ließen sich in die Gondeln der beiden Fiat A.59R Sternmotoren einziehen, wobei die Räder noch teilweise sichtbar waren. Das Modell konnte 18 Passagiere und eine dreiköpfige Besatzung bequem befördern.

Die mit dem Prototyp durchgeführten Tests verliefen enttäuschend, und man entschied, daß die Maschine ein stärkeres Triebwerk brauche (die Gesamtleistung betrug nur 1.400 PS/1.044 kW). Nachdem drei G.18 in den ersten Monaten des Jahres 1936 bei der Fiat-Fluggesellschaft den Einsatz aufgenommen hatten, forderte diese Firma eine stärkere Version an. Das Ergebnis war die **G.18V** (Erstflug am 11. März 1937) mit verstärkten Fiat A.80 RC 41 Sternmotoren und neu entworfenen Seitenleitflächen. Sechs G.18V wurden gebaut und an Avio Linee Italiane geliefert, wo sie auf Strecken zwischen Rom, Turin, Mailand und Venedig und neun europäischen Ländern flogen; dabei erwiesen sie sich als besonders einfach zu bedienen.

Als Italien im Juni 1940 in den Zweiten Weltkrieg eingriff, wurde die Fluggesellschaft unter militärische Kontrolle gebracht; das Personal erhielt Ränge der Regia Aeronautica. Unter dem neuen Namen Nucleo Communicazioni Avio Linee flog die Gesellschaft ihre G.18 und G.18V bei verschiedenen Missionen.

**Der Fiat G.18, als Konkurrent für die Douglas DC-2 konzipiert, gelang es nicht, in den von Douglas beherrschten Markt einzudringen. Hier abgebildet ist eine G.18V, die von Avio Linee Italiane geflogen wurden.**

## Technische Daten

**Fiat G.18V**

**Typ:** zweimotoriger Ziviltransporter.

**Triebwerk:** zwei 1.000 PS (746 kW) Fiat A.80 RC 41 18-Zylinder Sternmotoren.

**Leistung:** Höchstgeschwindigkeit 400 km/h; Reisegeschwindigkeit 340 km/h; Dienstgipfelhöhe 8.700 m; Reichweite 1.675 km.

**Gewicht:** Rüstgewicht 7.200 kg; max. Startgewicht 10.800 kg.

**Abmessungen:** Spannweite 25,00 m; Länge 18,81 m; Höhe 5,01 m; Tragflügelfläche 88,25 m².

# Fiat G.46

## Entwicklungsgeschichte

Die erste neue einmotorige Fiat der Nachkriegszeit war die **Fiat G.46**, 1946 als Fortgeschrittenen-Schulflugzeug geplant und als **G.46B** Prototyp erstmals im Sommer 1947 geflogen. Die G.46 war ein Tiefdecker in Ganzmetallbauweise mit freitragenden Flügeln und einem einziehbaren Fahrwerk sowie einer verglasten Kuppel über den Tandemsitzen für Fluglehrer und -schüler. Die frühen Tests erwiesen ausgezeichnete Flugeigenschaften, die sich mit einer guten Manövrierbarkeit und Kunstflugtauglichkeit verbanden. Die G.46 wurde für die Massenproduktion angenommen, und Bestellungen fingen sowohl von der Aeronautica Militaria als auch für den Export ein. Zu den in größeren Zahlen gebauten Zweisitzer-Versionen gehörten die **G.46-1B** mit einem Alfa Romeo 115bis Motor von 195 PS (145 kW), die **G.46-2B** mit einem 250 PS (186 kW) de Havilland Gipsy Queen Motor sowie die **G.46-3B** und **G.46-4B**, die sich durch unterschiedliche Ausrüstung voneinander unterschieden, aber beide durch einen 215 PS (160 kW) Alfa Romeo 115ter Motor angetrieben wurden. Eine einsitzige Variante war die **G.46-A** mit einem Alfa 115ter, und die G.46-3A und G.46-4A unterschieden sich nur in Einzelheiten.

Etwa 150 Exemplare aller Varianten wurden an die italienischen Luftstreitkräfte ausgeliefert; 70 Maschinen wurden exportiert. Die Produktion lief 1952 aus.

**Die Fiat G.46-4A, zeigt eine eindeutige Verwandtschaft mit den Fiat Kampf-Eindeckern des Zweiten Weltkriegs.**

## Technische Daten

**Fiat G.46-4B**

**Typ:** zweisitziges Fortgeschrittenen-Schulflugzeug.

**Triebwerk:** ein 215 PS (160 kW) Alfa Romeo 115ter hängender Sechszylinder Reihenmotor.

**Leistung:** Höchstgeschwindigkeit 312 km/h; Dienstgipfelhöhe 6.050 m; Reichweite 500 km.

**Gewicht:** Rüstgewicht 1.100 kg; max. Startgewicht 1.410 kg.

**Abmessungen:** Spannweite 10,40 m; Länge 8,48 m; Höhe 2,40 m; Tragflügelfläche 16,00 m².

# Fiat G.49

### Entwicklungsgeschichte

Die **Fiat G.49** wurde in zwei Ausführungen gebaut und war als Ersatz für die North American T-6 Trainer gedacht, die in den frühen 50er Jahren noch immer von den NATO Streitkräften verwendet wurde. Das von Gabrielli entworfene Modell war ein Tiefdecker mit einziehbarem Hauptfahrwerk und wurde von seinem Erbauer bewußt einfach und leicht konzipiert. Die **G.49-1** flog erstmals Ende September 1952 mit einem 570 PS (425 kW) Alvis Leonides 502/4 Mk 24 Sternmotor; die **G.49-2** hatte einen Pratt & Whitney R-1340. Beide Versionen verfügten über eine erhöhte Kuppel für Schüler und Lehrer, die auf Tandemsitzen hintereinander untergebracht waren.

Dieser Ganzmetall-Zweisitzer war kein kommerzieller Erfolg und daher in einer nur begrenzten Anzahl bei der Aeronautica Militare im Einsatz.

### Technische Daten

**Fiat G.49-2**

**Typ:** ein zweisitziges Anfänger-Schulflugzeug.

**Triebwerk:** ein 610 PS (455 kW) Pratt & Whitney R-1340-S3H1 Wasp Neunzylinder Sternmotor.

**Leistung:** Höchstgeschwindigkeit 370 km/h; Reisegeschwindigkeit 196 km/h; Dienstgipfelhöhe 6.800 m; Reichweite 1.900 km.

**Gewicht:** Rüstgewicht 2.240 kg; max. Startgewicht 2.860 kg.

**Abmessungen:** Spannweite 13,00 m; Länge 9,50 m; Höhe 2,65 m; Tragflügelfläche 24,38 m².

**Obwohl der Entwurf der Fiat G.49 sehr gut war, blieb der Erfolg aus. Hier abgebildet ist die G.49-1.**

# Fiat G.50

### Entwicklungsgeschichte

Giuseppe Gabrielli begann im April 1935 mit dem Entwurf der **Fiat G.50**, eines Tiefdeckers mit freitragenden Flügeln. Nach weitgehenden Modifikationen, die zum Teil von den italienischen Behörden angeordnet wurden, flog der erste (MM.334) von zwei Prototypen erstmals am 26. Februar 1937 in Marina di Pisa. Der Testpilot Giovanni de Briganti beschrieb eine Neigung zum Trudeln, und dieses Problem hielt noch an, als die Serienproduktion bereits begonnen hatte.

Die G.50 war ein Ganzmetall-Modell (nur die Steuerflächen waren mit Stoff bespannt) mit einem einziehbaren, breitspurigen Fahrwerk und einem festen Heckrad, das eine beim Einsatz oft abgenommene, stromlinienförmige Verkleidung hatte.

Die Prototypen hatten ebenso wie die 45 Maschinen der ersten Produktionsserie ein geschlossenes Pilotencockpit, aber bei den späteren Serienexemplaren wurden offene oder nur teilweise bedeckte Cockpits eingebaut. Neben den beiden Prototypen wurden insgesamt 778 Maschinen gebaut, 428 davon in der CMASA Fabrik. Die restlichen Exemplare entstanden bei Fiat, wo erst im November 1940 mit der Herstellung dieses Modells begonnen wurde. Die letzten Serienmaschinen verließen im Frühjahr 1942 die Fiat-Fabriken.

Neben zwölf in Spanien geflogenen Vorserienmaschinen und den zehn an die kroatische Regierung gelieferten G.50 wurden nur 35 G.50 exportiert; Finnland kaufte diese Maschinen im Jahre 1939.

### Varianten

**G.50 Prototypen und Vorserienmaschinen:** Die zwei Prototypen und 45 Vorserienmaschinen besaßen geschlossene Cockpits; sie neigten zum Trudeln.

**G.50 Serienmaschinen:** mit modifizierten Klappen, neuer Seitenleitfläche und einem offenen Cockpit; 206 von CMASA und sechs von Fiat gebaut; 35 Maschinen gingen an Finnland, zehn an Kroatien.

**G.50bis:** Flosse und Ruder waren weiter modifiziert; durchsichtige Faltplatten an den Cockpitseiten; erweiterte Reichweite; 421 Exemplare gebaut, 77 davon bei CMASA.

**G.50ter:** das einzige Exemplar flog im Juli 1941; das Triebwerk war der neue Fiat A.76 Motor mit 1.000 PS (746 kW); Höchstgeschwindigkeit 530 km/h.

**G.50V:** einziges Exemplar, mit einem Daimler-Benz DB 601 Motor; erreichte bei Testflügen im August 1941 eine Geschwindigkeit von 580 km/h.

**G.50bis A/N:** Prototyp einer zweisitzigen Kampfbomber-Variante, für den Einsatz auf den Flugzeugträgern *Aquila* und *Sparviero* (zwei umgebaute Schiffe der Handelsmarine, die beide nicht fertiggestellt wurden) gedacht; am 3. Oktober 1942 testgeflogen.

**G.50B:** CMASA baute zwischen 1940 und 1943 100 Exemplare dieses auf der G.50 basierenden zweisitzigen Kampf-Schulflugzeugs mit Doppelsteuerung; der Prototyp flog erstmals am 30. April; über dem hinteren Cockpit war die Kuppel offen.

### Technische Daten

**Fiat G.50**

**Typ:** einsitziges Kampfflugzeug.

**Triebwerk:** ein 840 PS (626 kW) Fiat A.74 RC 38 14-Zylinder Sternmotor.

**Leistung:** Höchstgeschwindigkeit 472 km/h; Steigzeit auf 6.000 m 7 Minuten 30 Sekunden; Dienstgipfelhöhe 9.835 m; Reichweite 670 km.

**Gewicht:** Rüstgewicht 1.975 kg; max. Startgewicht 2.415 kg.

**Abmessungen:** Spannweite 10,96 m; Länge 7,79 m; Höhe 2,96 m; Tragflügelfläche 18,15 m².

**Bewaffnung:** zwei synchronisierte 12,7 mm Breda-SAFAT MG.

# Fiat G.55 Centauro

### Entwicklungsgeschichte

Die **Fiat G.55 Centauro** (Zentaur) war ein einsitziger Tiefdecker in Ganzmetallbauweise; ein Entwurf von Giuseppe Gabrieli, der im Vergleich mit dem zuvor produzierten Fiat Eindecker-Kampfflugzeug, der G.50, eine bedeutende Verbesserung vor allem in aerodynamischer Hinsicht darstellte.

Das Modell enthielt ein vollständig einziehbares Fahrwerk und ein erhöhtes Cockpit mit ausgezeichneter Sicht. Der Typ war schnell und leicht zu manövrieren und fand bei den Piloten viel Anklang.

Der erste von drei Prototypen flog am 30. April 1942, der dritte (MM.493) war der einzige bewaffnete und hatte eine am Triebwerk angebrachte Kanone sowie vier im Rumpf montierte MG. Im März 1943 begann die Einsatzerprobung; damals hatte sich das italienische Luftfahrtministerium bereits zur Massenproduktion der G.55 entschlossen. Aber bis zum September 1943 waren nur 16 **G.55/0** Vorserienmaschinen und 15 **G.55/I** Serienexemplare ausgeliefert worden; danach wurde der Typ für die noch immer Seite an Seite mit Hitlers Luftwaffe kämpfenden faschistischen italienischen Luftstreitkräfte produziert. Als die Kriegsproduktion auslief, waren 274 weitere Maschinen gebaut worden; 37 wurden nicht fertiggestellt.

### Varianten

**G.55A:** Nach dem Krieg setzte Fiat die Produktion der G.55 fort und verwendete Komponenten und Teile aus der Kriegsproduktion; die G.55A war ein einsitziges Kampf- und Fortgeschrittenen-Schulflugzeug, dessen Prototyp erstmals am 5. September 1946 flog; das Modell unterschied sich von der G.55 nur durch die Instrumentierung und die Bewaffnung; die 55A konnte entweder zwei auf den Tragflächen montierte 12,7 mm MG oder zwei ebenfalls auf den Flügeln angebrachte 20 mm Hispano-Suiza Kanonen sowie zwei im Rumpf untergebrachte 12,7 mm MG aufnehmen; die italienische Aeronautica Militare erhielt 19 G.55, während 30 Exemplare nach Argentinien geliefert wurden, das 1948 17 Maschinen zum Verkauf an Ägypten zurückgab, die mit vier 12,7 mm Breda-SAFAT MG bewaffnet waren. **G.55B:** zweisitziges Fortgeschrittenen-Schulflugzeug; Prototyp am 12. Februar 1946 geflogen; zehn Maschinen für die Aeronautica Militare, 15 gingen 1948 nach Argentinien.

**G.56:** eine Entwicklung der G.55 für den stärkeren DB 603A Motor; zwei Prototypen wurden im Frühjahr des Jahres 1944 gebaut.

### Technische Daten

**Fiat G.55/I**

**Triebwerk:** ein 1.475 PS (1.100 kW) Fiat RA 1050 RC 58 Tifone hängender Zwölfzylinder Boxermotor (ein unter Lizenz produzierter DB 605A).

**Leistung:** Höchstgeschwindigkeit 630 km/h; Steigzeit auf 6.000 m 7 Minuten 12 Sekunden; Dienstgipfelhöhe 12.700 m; Reichweite 1.200 km.

**Gewicht:** Rüstgewicht 2.630 kg;

**Die G.55/I (oben) war eines der besten italienischen Kampfflugzeuge des Zweiten Weltkriegs. Das einzige Exemplare der Fiat G.56 (unten) war das Flugwerk der G.55/I Baureihe mit dem erstklassigen Daimler-Benz DB 603A Motor.**

max. Startgewicht 3.718 kg.
**Abmessungen:** Spannweite 11,85 m; Länge 9,37 m; Höhe 3,13 m; Tragflügelfläche 21,11 $m^2$.
**Bewaffnung:** drei 20 mm Mauser MG 151/20, zwei 12,7 mm Breda-SAFAT MG plus Vorkehrungen für zwei 160 kg Bomben.

# Fiat G.59

### Entwicklungsgeschichte

Die **Fiat G.59,** im Projektstadium als **G.55M** bezeichnet, war eigentlich eine modernisierte Version der G.55 mit einem 1.420 PS (1.059 kW) Rolls-Royce Merlin 500/20 Motor. Der erste Prototyp bestand aus einem G.55 Flugwerk, das zum Zweisitzer umgebaut und mit einem (aus der amerikanischen P-51D Mustang übernommenen) von Packard gebauten Motor ausgerüstet worden war.

Wie das Schulflugzeug G.46 wurde auch die G.59 bei der Hochgeschwindigkeits- und Kunstflugschulung für Fortgeschrittene verwendet und daher in zweisitziger und einsitziger Ausführung (B bzw. A) gebaut. Das Modell wurde in begrenzter Anzahl von der Aeronautica Militare verwendet und nach Syrien exportiert. Einige ehemalige Militärflugzeuge in Einsitzer-Ausführung wurden später ins Ausland verkauft.

**Die Fiat G.59 wurde für Schul- und andere Einsätze entworfen und basierte in erster Linie auf den Erfahrungen der Firma im Zweiten Weltkrieg. Hier abgebildet ist eine G.59-2A.**

### Varianten

**G.59-1A:** Einsitzer, 1950 von der Lecce Fliegerschule übernommen.
**G.59-1B:** Zweisitzer, ebenfalls 1950 von der Lecce Fliegerschule übernommen.
**G.59-2A:** Einsitzer mit vier auf den Tragflächen montierten 20 mm Kanonen und Flügelstationen für Bomben oder Hilfstanks; 30 Exemplare wurden gebaut, von denen 26 an Syrien und eines an Argentinien verkauft wurden.
**G.59-2B:** Zweisitzer, der nach der G.59-1B in die Produktion ging; 19 Exemplare wurden gebaut, von denen vier an Syrien gingen.
**G.59-3A:** Prototyp eines Navigations-Schulflugzeugs.
**G.59-4A:** Einsitzer mit verkleinertem Rumpf aus dem Jahre 1951; 30 Exemplare wurden gebaut, 20 davon für die Aeronautica Militare.
**G.59-4B:** parallel mit der G.59-4A produzierter Zweisitzer; 85 Exemplare wurden gebaut.

### Technische Daten
**Fiat G.59-4A**
**Typ:** einsitziges Fortgeschrittenen-Schulflugzeug.
**Triebwerk:** ein 1.420 PS (1.059 kW) Rolls-Royce Merlin 500/20 Zwölfzylinder V-Motor.
**Leistung:** Höchstgeschwindigkeit 593 km/h; Steigzeit auf 7.000 m 8 Minuten; Dienstgipfelhöhe 11.500 m; Reichweite 1.420 km.
**Gewicht:** Rüstgewicht 2.850 kg; max. Startgewicht 3.460 kg.
**Abmessungen:** Spannweite 11,58 m; Länge 9,47 m; Höhe 3,68 m.
**Bewaffnung:** Standardausrüstung zwei oder vier MG.

# Fiat G.80 und G.82

### Entwicklungsgeschichte

Das erste in Italien entworfene Jetflugzeug für militärische Zwecke war der am 10. Dezember 1951 erstgeflogenen Prototyp des zweisitzigen Fortgeschrittenen-Schulflugzeugs **Fiat G.80-1B.** Nach den ersten Flügen über dem Fiat-Flugplatz bei Turin ging die Maschine für Einsatztests nach Amendola, wo sie am 9. Mai 1952 abstürzte. Giuseppe Gabrielli vertraute auf seinen Entwurf und produzierte die strukturell verstärkte **G.80-2B,** und am 19. März 1953 fand der Erstflug der **G.80-3B** statt. Alle diese frühen Prototypen hatten de Havilland Goblin Strahltriebwerke, aber Gabrielli beschloß, statt dessen das stärkere Rolls-Royce Nene Triebwerk für die erstmals am 23. Mai 1954 geflogene, verbesserte **G.82** zu verwenden. Diese Maschine unterschied sich von der G.80 durch den verlängerten Rumpf, die stärker gepfeilten Flügel und die Flügelspitzentanks. 1955 nahm das Modell an einem NATO-Wettbewerb für Schulflugzeuge statt, der in Frankreich veranstaltet wurde, hatte aber keinen Erfolg.

Nur fünf G.82 wurden gebaut und flogen bei der Scuola Aviogetti in Amendola. Drei davon dienten später bei der Versuchseinheit der Aeronautica Militare, bis sie 1959 verschrottet wurden.

### Technische Daten
**Fiat G.82**
**Typ:** zweisitziger Fortgeschrittenen-Düsentrainer.
**Triebwerk:** ein Rolls-Royce Nene 6/21 Strahltriebwerk von 2.449 kp Schub.
**Leistung:** Höchstgeschwindigkeit 910 km/h; Dienstgipfelhöhe 12.500 m; Reichweite 1.150 km.
**Gewicht:** Rüstgewicht 4.400 kg; max. Startgewicht 6.250 kg.
**Abmessungen:** Spannweite 11,80 m; Länge 12,93 m; Höhe 4,07 m; Tragflügelfläche 26,07 $m^2$.
**Bewaffnung:** zwei vorwärtsfeuernde 12,7 mm MG, plus Flügelstationen für Bomben oder Raketen.

**Trotz eines anhaltenden und intensiven Entwicklungsprogramms wurde die Fiat G.82 nur in geringer Anzahl für die Scuola Aviogetti gebaut.**

# Fiat G91Y: siehe Aeritalia G91Y

# Fiat G222: siehe Aeritalia G222

# Fiat Model 7002

### Entwicklungsgeschichte

Am 26. Januar 1961 flog Fiat den Prototyp eines Mittelstrecken-Transporthubschraubers mit der Bezeichnung **Fiat Modell 7002.** Der ungewöhnliche Rumpf hatte Platz für eine zweiköpfige Besatzung und in einer mittleren Kabine hinter ihnen für fünf Passagiere; der Rumpf konnte auch für Fracht benutzt werden, und es gab Pläne für eine Krankentransport-Ausführung. Der Rumpf besaß Kufen und einen Ausleger für einen Heckrotor. Der Hauptrotor wurde nicht auf dem üblichen Wege angetrieben, sondern durch Druckluftdüsen an den Blattspitzen, die durch Röhren im Vorderkantenholm der Rotorblätter gespeist wurden. Die Druckluft wurde durch einen Fiat 4700 Turbogenerator im hinteren Rumpf erzeugt.

Der Model 7002 wurde ebenso wie sein Triebwerk im Auftrag der italie-

**Der Fiat 7002, ein ungewöhnlicher Experimentalhubschrauber, besaß Blattspitzenantrieb und einen sehr einfachen, aus Platten konstruierten Rumpf.**

nischen Regierung entworfen, ging jedoch nicht in Produktion.

### Technische Daten

**Typ:** Experimentalhubschrauber.
**Triebwerk:** ein Fiat 4700 Turbogenerator von 542 PS (404 kW).
**Leistung:** (geschätzt): Höchstgeschwindigkeit 170 km/h in Meereshöhe; max. Reisegeschwindigkeit 145 km/h in Meereshöhe; Dienstgipfelhöhe 3.400 m; Reichweite 300 km.
**Gewicht:** Leergewicht 675 kg; Startgewicht 1.400 kg.
**Abmessungen:** Hauptrotordurchmesser 12,00 m; Rumpflänge 6,55 m; Höhe 2,98 m; Hauptrotorkreisfläche 113,10 m².

# Fiat R.2

### Entwicklungsgeschichte

Die Flugtests mit dem Prototyp der **Fiat R.2** im Jahr 1918 waren sehr vielversprechend. Dieser zweistielige Aufklärungs-Doppeldecker mit gleicher Spannweite trug von Anfang an den Namen Fiat, während die früheren aus der Luftfahrtabteilung dieser Firma hervorgegangenen Modelle noch das Präfix S.I.A trugen. Die R.2 basierte auf der S.I.A.72, einem anderen zweisitzigen Aufklärungsmodell, das strukturelle Schwächen aufwies. Flügel und Rumpf waren von Celestino Rosatelli verstärkt worden, aber besondere Sorgfalt wurde auf die Heckkonstruktion verwendet, die zuvor den Absturz zahlreicher S.I.A 7B verursacht hatte. Das neue Heck war nicht nur sehr viel stärker, sondern hatte auch neue Seiten- und Höhenleitflächen. Das Fahrwerk war die klassische Kreuzachsenanlage, und die beiden Besatzungsmitglieder saßen in Tandem-Cockpits.

Die eindrucksvolle Bestellung der Aeronautica Militare über 500 R.2 wurde nach dem Waffenstillstand von 1918 zurückgezogen, aber schließlich wurden 129 Maschinen dieses Typs fertiggestellt. Sie dienten von 1920 bis 1927 bei den italienischen Aufklärungsgeschwadern. Fiat baute 1923 neun zusätzliche R.2, um entsprechende Verluste bei den Einheiten auszugleichen.

### Technische Daten

**Typ:** zweisitziger Aufklärungs-Doppeldecker.
**Triebwerk:** ein 300 PS (224 kW) Fiat A.12bis Sechszylinder Reihenmotor.
**Leistung:** Höchstgeschwindigkeit 175 km/h; Dienstgipfelhöhe 4.800 m; Reichweite 550 km.
**Gewicht:** Rüstgewicht 1.220 kg; max. Startgewicht 1.720 kg.
**Abmessungen:** Spannweite 12,30 m; Länge 8,80 m; Höhe 3,30 m; Tragflügelfläche 46,50 m².
**Bewaffnung:** zwei 7,7 mm MG.

# Fiat R.22

### Entwicklungsgeschichte

Zwei Prototypen der **Fiat R.22**, ein von Rosatelli entworfenes Aufklärungsflugzeug, wurden mit den Serien-Nummern MM.67 und MM.68 gebaut und 1926 geflogen. Obwohl die R.22 dem BR.2 Bomber ähnlich sah, unterschied sie sich von diesem Modell beträchtlich, da sie kleinere Abmessungen hatte und über Tragflächen und Rumpf in Ganzmetallbauweise verfügte. Die Markenzeichen des Konstrukteurs waren die W-förmigen Zwischenflügelstreben und das einfache Seitenleitwerk. Ausschnitte in den Hinterkantenklappen des oberen Flügelmittelstücks und der Unterflügel, wo sie am Rumpf befestigt waren, garantierten eine gute Sicht.

Obwohl eine Gruppe von sechs R.22 (plus sechs A.120) 1928 einen Demonstrationsflug von Rom nach London und Berlin und zurück unternahmen, kamen keine Bestellungen aus dem Ausland. Die Serienproduktion brachte es auf nur 23 Exemplare, die alle an die Regia Aeronautica geliefert wurden.

### Technische Daten

**Typ:** zweisitziger Aufklärungs-Doppeldecker.
**Triebwerk:** ein 550 PS (410 kW) Fiat A.122 Zwölfzylinder Boxermotor.
**Leistung:** Höchstgeschwindigkeit 240 km/h; Dienstgipfelhöhe 6.000 m; Flugdauer 3 Stunden 30 Minuten.
**Gewicht:** Rüstgewicht 1.600 kg; max. Startgewicht 2.500 kg.
**Abmessungen:** Spannweite 14,20 m; Länge 9,18 m; Höhe 3,70 m; Tragflügelfläche 51 m².
**Bewaffnung:** vier 7,7 mm MG.

# Fiat RS.14

### Entwicklungsgeschichte

Die **Fiat RS.14** (Ricognizione Stiavelli) die von Manlio Stiavelli, im CMASA-Werk Marina di Pisa konstruiert worden war, war ein Fernaufklärer-Wasserflugzeug.

Der erste von zwei Prototypen (MM.380) absolvierte im Mai 1939 seinen Jungfernflug. Er war ein selbsttragender, vier-/fünfsitziger Mitteldecker in Ganzmetallbauweise, der von zwei Fiat A.74 RC 38 Sternmotoren angetrieben wurde. Der Rumpf hatte eine nahezu perfekte aerodynamische Form und lief in einem selbsttragenden Leitwerk mit einer hohen Flosse aus. Die Maschine war mit zur Verringerung des Luftwiderstands glatt verkleideten Streben auf zwei großen Schwimmern montiert. Diese Eigenschaften blieben bei den 186 Serienmaschinen erhalten, die zwischen Mai 1941 und September 1943 von CMASA gebaut wurden.

In dem großzügig verglasten, spitzen Bug war der Beobachter/Bombenschütze untergebracht, der auch eine AGR 90 Kamera im hinteren Rumpf bediente. In der Kabine saßen der Pilot und der Copilot nebeneinander, und das Abteil des Bordfunkers befand sich direkt hinter ihnen. Beim Bombereinsatz konnte die RS.14 eine lange Bauchgondel mitführen, in der bis zu 400 kg verschiedener Kombinationen von Wasserbomben mitgeführt werden konnten.

Eine Weiterentwicklung der Grundkonstruktion war die **AS.14** (Assalto Stiavelli), ein zweimotoriges Landflugzeug mit einziehbarem Fahrwerk. Die für den Erdkampf gedachte Maschine sollte mit einer 37 mm Kanone und vier 12,7 mm Maschinengewehren ausgerüstet werden. Die schwere Bewaffnung und Panzerung, die angebracht werden sollte, hätte dennoch im Geradeausflug eine Geschwindigkeit von 440 km/h zugelassen. Der Prototyp flog erstmals am 11. August 1943, ging jedoch nicht in Serie.

**Eines der elegantesten Flugzeuge, das den Namen Fiat trug, war das Fernaufklärer-Wasserflugzeug RS.14, das von CMASA gebaut wurde. Hier abgebildet ist eine frühe Serien-RS.14B.**

### Technische Daten
**Fiat RS.14**

**Typ:** ein Fernaufklärer-Wasserflugzeug.
**Triebwerk:** zwei 840 PS (626 kW) Fiat A.74 RC 38 14-Zylinder Sternmotoren.
**Leistung:** Höchstgeschwindigkeit 390 km/h in 4.000 m Höhe; Dienstgipfelhöhe 6.300 m; maximale Reichweite 2.500 km.
**Gewicht:** Rüstgewicht 5.470 kg; max. Startgewicht 8.470 kg.
**Abmessungen:** Spannweite 19,54 m; Länge 14,10 m; Höhe 5,63 m; Tragflügelfläche 50,00 m².
**Bewaffnung:** ein 12,7 mm und zwei 7,7 mm Maschinengewehre plus bis zu 400 kg Bomben.

# Fieseler F 1/2/3/4/5

### Entwicklungsgeschichte

Gerhard Fieseler, der im Ersten Weltkrieg eine hervorragende Karriere als Jagdpilot gemacht hatte, wurde in den Jahren zwischen den Kriegen zum führenden deutschen Kunstflieger. 1926 erwarb er einen Anteil an der Raab-Katzenstein-Flugzeugwerke GmbH in Kassel, die Leichtflugzeuge baute und eine Flugschule betrieb. Fieseler war dort als Fluglehrer tätig und brachte das Unternehmen dazu, einen der dort produzierten Schwalbe-Doppeldecker nach seinen Vorgaben zu bauen. Diese stärkere Version, die speziell als Kunstflugmaschine gebaut worden war, erhielt somit die Bezeichnung **Fieseler F.1 Tigerschwalbe**.

Im Jahre 1930 erwarb Fieseler das Unternehmen Segel-Flugzeugbau-Kassel und baute weiter Segelflugzeuge. 1932 begann er jedoch unter dem neuen Namen Fieseler-Flugzeugbau GmbH in Kassel mit dem Bau motorisierter Flugzeuge. Als erstes entstand ein neuer Kunstflug-Doppeldecker, der von Fieseler geflogen wurde. Mit dieser Maschine namens **F 2 Tiger** gewann Fieseler 1934 die Kunstflug-Weltmeisterschaft, zwischen 1928 und 1934 wurde er fünfmal Deutscher Meister. Zwei vergleichsweise erfolglose Maschinen schlossen sich an, eine war der zweisitzige, leit-

**Die reinrassige Formgebung der Fieseler F5 war ein eindeutiger Beweis dafür, daß ihr Konstrukteur nicht nur ein talentierter Flugzeugingenieur, sondern auch ein Kunstflieger von Weltklasse war.**

werkslose Deltaflügler **F 3 Wespe**, der von Dr. Alexander Lippisch konstruiert worden war, und die andere war ein konventionelles, zweisitziges Leichtflugzeug mit der Bezeichnung **F.4**. Der wirkliche Erfolg des Unternehmens nahm mit der Konstruktion des zweisitzigen Schul- und Reiseflugzeugs **F 5** seinen Anfang; der selbsttragende Tiefdecker war in Mischbauweise hergestellt und hatte teilweise Stoffbespannung. Sein Leitwerk war auf konventionelle Weise verstrebt konstruiert, und die Maschine hatte ein starres Heckspornfahrwerk. Als Triebwerk diente ein Hirth HM.60 Reihenmotor. Der Rumpf bot zwei hintereinanderliegende, geschlossene Cockpits, und Doppelsteuerung war Standardausrüstung. Bereits dieses frühe Flugzeug zeigte ein Interesse des Unternehmens an Auftriebshilfen, denn die Flügelhinterkanten hatten Klappen über die gesamte Spannweite, deren äußere Teile unabhängig als Querruder betätigt werden konnten. Damit wurde die **F 5R** ausgerüstet.

### Technische Daten
**Fieseler F 5R**
**Typ:** ein zweisitziges Reise-/Schulflugzeug.
**Triebwerk:** ein hängender 80 PS (60 kW) Hirth HM.60 Vierzylinder-Reihenmotor.
**Leistung:** Höchstgeschwindigkeit 200 km/h; Dienstgipfelhöhe 4.000 m; Reichweite 600 km.
**Gewicht:** Leergewicht 395 kg; max. Startgewicht 660 kg.
**Abmessungen:** Spannweite 10,00 m; Länge 6,60 m; Höhe 2,30 m; Tragflügelfläche 13,60 m².

# Fieseler Fi 97

### Entwicklungsgeschichte
Dank der Kurzstarteigenschaften der F 5R erhielt das Unternehmen die Unterstützung des Reichsluftfahrtministeriums bei der Entwicklung eines fortschrittlicheren Viersitzers, der 1934 am Europa-Rundflug teilnehmen sollte. Die Maschine mit der Bezeichnung **Fieseler Fi 97** war ebenfalls ein selbsttragender Tiefdecker in Mischbauweise mit einem ähnlichen Leitwerk wie die F 5 und einem starren Fahrwerk. Er unterschied sich dadurch, daß er für den Piloten und die Passagiere eine geschlossene Kabine bot und der Hirth HM.8U Motor wesentlich mehr Leistung; der schwächere 210 PS (157 kW) Argus As.17 Reihenmotor mit sechs hängenden Zylindern war alternativ dazu lieferbar.

**Die Fieseler Fi 97 war ein fortschrittliches Reiseflugzeug mit Schwergewicht auf Zuverlässigkeit. Ihre Tragflächen verfügten über besondere Auftriebshilfen.**

Das bedeutendste Merkmal der Fi 97 waren ihre Hochauftriebshilfen, die das Interesse von Gerhard Fieseler und seinem Chefkonstrukteur Reinhold Mewes widerspiegelten, ein Flugzeug zu konstruieren, das sowohl eine hohe Leistung als auch Sicherheit und leichte Handhabung bei niedrigen Geschwindigkeiten bot. Die Flügelvorderkanten hatten automatische Vorflügel vom Typ Handley Page, die sich über mehr als 50 Prozent der Spannweite erstreckten, und in der Flügelhinterkante waren die von Fieseler konstruierten Rollflügel montiert, die eine Hinterkantenklappe vom Fowler-Typ waren und sich nach hinten und unten erstreckten und so die Tragflügelfläche um fast 20 Prozent vergrößerten. Das Ergebnis war, daß die Fi 97 einen steuerbaren Geschwindigkeitsbereich von 58 bis 245 km/h hatte.

### Technische Daten
**Typ:** viersitziger Kabineneindecker.
**Triebwerk:** ein hängender 225 PS (168 kW) Hirth HM.8U Achtzylinder-V-Motor.
**Leistung:** Höchstgeschwindigkeit 245 km/h; Dienstgipfelhöhe 7.300 m; Reichweite 1.200 km.
**Gewicht:** Leergewicht 560 kg; max. Startgewicht 1.050 kg.
**Abmessungen:** Spannweite 10,70 m; Länge 8,04 m; Höhe 2,36 m; Tragflügelfläche 15,30 m².

# Fieseler Fi 98

### Entwicklungsgeschichte
Die **Fieseler Fi 98** war in Konkurrenz zur Henschel Hs 123 konstruiert worden, die eine RLM-Anforderung nach einem Sturzkampfbomber erfüllen sollte. Prototypen beider Maschinen wurden Anfang 1935 zum ersten Mal geflogen, und die Henschel-Maschine, die den Produktionsauftrag errang, blieb bis 1944 als der letzte Doppeldecker im Dienst der Luftwaffe im Einsatz.

Die Fieseler-Konstruktion war ein konventioneller, einsitziger Doppeldecker in Ganzmetallbauweise mit einem robusten, starren Heckradfahrwerk. Seine ungewöhnlichste Eigenschaft war das Leitwerk, das im Grunde konventionell gebaut war, jedoch am oberen Ende der abgerundeten Flosse eine abgestrebte, zweite kleine Höhenflosse hatte. Nachdem der erste **Fi 98a** Prototyp im Wettbewerb mit der Henschel-Konstruktion erfolglos blieb, wurde der Bau des **Fi 98b** eingestellt.

### Technische Daten
**Typ:** einsitziger Sturzkampfbomber.
**Triebwerk:** ein 650 PS (485 PS (485 kW) BMW 132A-3 Neunzylinder-Sternmotor.
**Leistung:** Höchstgeschwindigkeit 295 km/h in 2.000 m Höhe; Reisegeschwindigkeit 270 km/h; Dienstgipfelhöhe 9.000 m; Reichweite 470 km.
**Gewicht:** Leergewicht 1.450 kg; max. Startgewicht 2.160 kg.
**Abmessungen:** Spannweite 11,50 m; Länge 7,50 m; Höhe 3,00 m; Tragflügelfläche 25,50 m².
**Bewaffnung:** (vorgesehen) zwei vorwärtsfeuernde 7,92 mm Maschinengewehre plus vier 50 kg Bomben an Aufhängungen unter den Flügeln.

# Fieseler Fi 103R Reichenberg

### Entwicklungsgeschichte
Bei der fliegenden Bombe **Fieseler Fi 103**, die besser als Vergeltungswaffe 1 (V-1) bekannt war, handelt es sich um einen kleinen, pilotenlosen Starrflügler, der von einem Pulsationsstrahltriebwerk angetrieben wurde, das über dem hinteren Rumpf montiert war. Die Maschine hatte ein einfaches Flugführungssystem, um sie ins Ziel zu lenken. Es hielt den Kurs ein und sorgte dafür, daß sie in einer vorgegebenen Entfernung in den Sturzflug überging. Die Maschine besaß einen Gefechtskopf, der mit hochexplosiven Sprengstoffen vollgepackt war. Die erste dieser Waffen landete in den Morgenstunden des 13. Juni 1944 im Raum London.

Lange zuvor schon, Ende 1943, erwogen offizielle deutsche Stellen den Einsatz von bemannten Flugkörpern, die Präzisionsangriffe auf Ziele von

**Es ist kaum vorstellbar, daß der Pilot der Fi 103 Reichenberg IV rechtzeitig aus dem auf das Ziel zurasende Flugzeug hätte aussteigen können, da sich die Haube, direkt vor dem Pulsationstriebwerk, nur schwer abwerfen ließ.**

hoher Priorität fliegen sollten — eine Politik, die sich völlig unabhängig von den japanischen Kamikaze-Angriffen entwickelte. Im Rahmen einer sich verschlechternden Kriegslage erteilte Adolf Hitler im März 1944 die Freigabe für ein derartiges Projekt, und die Fi 103, die für dieses Programm abgewandelt wurde, erhielt die Bezeichnung **Fi 103R** (Reichenberg). Anfänglich waren vier Versionen geplant: eine triebwerkslose **Fi 103R Reichenberg I** für erste Flugtests, **Fi 103R-II** und **Fi 103R-III** Maschinen, die als zweisitzige Anfänger- bzw. Fortgeschrittenen-Schulflugzeuge dienen sollten, und das Einsatzmodell **Fi 103R-IV**. Diese letzte Version unterschied sich von der V-1 durch ihr Cockpit und ihre konventionelle Steuerung und Steuerflächen. Es war vorgesehen, daß der Pilot nach dem Start von einem Trägerflugzeug aus seine R-IV auf das Ziel ausrichten und dann mit dem Fallschirm abspringen sollte. Es wurden etwa 175 dieser Waffen produziert, sie kamen jedoch nicht zur Anwendung, und ihre Weiterentwicklung wurde Ende 1944 eingestellt.

### Technische Daten
**Fieseler Fi 103R-IV**
**Typ:** bemannte fliegende Bombe.
**Triebwerk:** ein Argus 109-014 Pulsationsstrahltriebwerk mit 350 kp Schub.
**Leistung:** Höchstgeschwindigkeit ca. 650 km/h.
**Abmessungen:** Spannweite 5,72 m; Länge 8,00 m.

# Fieseler Fi 156 Storch

### Entwicklungsgeschichte
Von allen Fieseler-Konstruktionen war dies die bekannteste, denn die **Fieseler Fi 156** Storch war im Zweiten Weltkrieg in umfassendem Einsatz. Es war eine bemerkenswerte STOL (Kurzstart) Maschine, die vor fast 50 Jahren, in den ersten Monaten des Jahres 1936, zum ersten Mal geflogen wurde. Der abgestrebte Hochdecker in Mischbauweise hatte ein konventionelles, verstrebtes Leitwerk und ein starres Heckspornfahrwerk mit langen Hauptfahrwerksbeinen. Die Fi 156 wurde von einem hängenden Argus V-Motor angetrieben, und ihre weitgehend verglaste Kabine bot ihren drei Besatzungsmitgliedern eine hervorragende Sicht. Wie schon bei der Fi 97 lag der Schlüssel zum Erfolg dieses Flugzeugs darin, daß seine Tragfläche über die Auftriebshilfen des Unternehmens, den Fieseler-Rollflügel, verfügte und daß die erste Produktionsserie einen starren Vorflügel

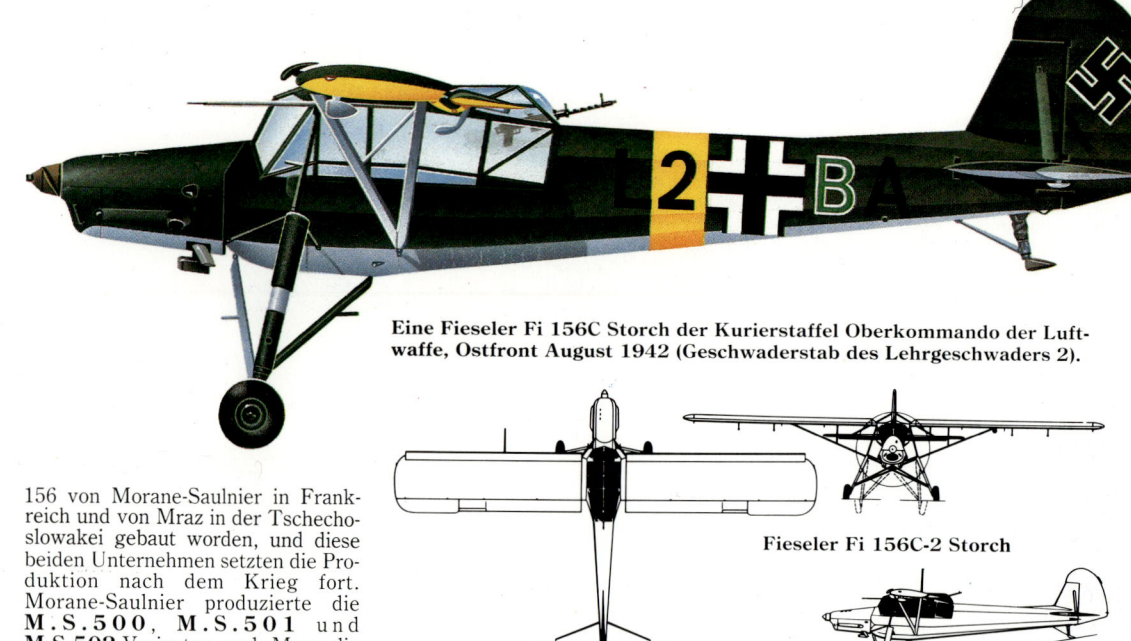

Eine Fieseler Fi 156C Storch der Kurierstaffel Oberkommando der Luftwaffe, Ostfront August 1942 (Geschwaderstab des Lehrgeschwaders 2).

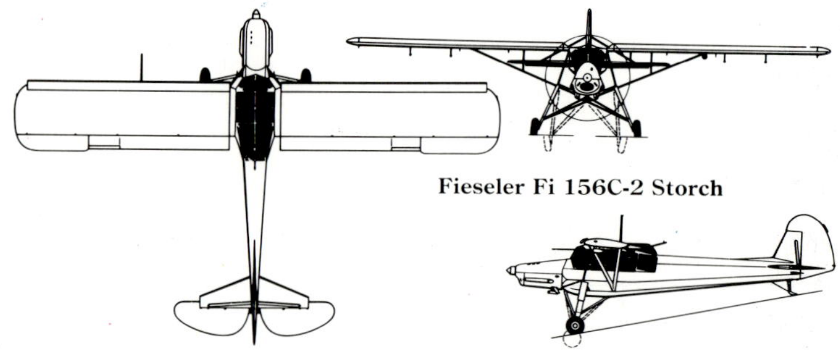

Fieseler Fi 156C-2 Storch

über die gesamte Spannweite an der Flügel-Vorderkante hatte. Außerdem hatte die Maschine geschlitzte Querruder sowie geschlitzte Klappen mit veränderbarem Profil, die über die gesamte Flügelhinterkante reichten. Die Flugerprobung der ersten drei Prototypen (**Fi 156 V1**, **V2** und **V3**) zeigte, daß die Fähigkeiten dieses Flugzeugs die Kurzstarterwartungen bei weitem übertrafen, denn bei nur wenig mehr als einem leichten Wind brauchte die Maschine eine Startbahn von nur 60 m Länge und konnte auf etwa einem Drittel dieser Strecke landen.

Den drei Prototypen, die gegen Starrflügel-Maschinen von Messerschmitt und Siebel sowie gegen einen Tragschrauber von Focke-Wulf konkurrierten, folgten die mit Skiern ausgerüstete **Fi 156 V4** für die Wintererprobung, die **Fi 156 V5** der Nullserie und, Anfang 1937, zehn Maschinen vom Typ **Fi 156A-0** für die Einsatzerprobung. Eine dieser Maschinen wurde Ende Juli 1937, zu einem Zeitpunkt, als die Mehrzweckversion **Fi 156A-1** in Serie war, erstmals auf einem internationalen Flugtag der Öffentlichkeit vorgestellt. Die Einsatzerprobung bestätigte, daß die deutsche Luftwaffe ein Flugzeug gekauft hatte, das ein extrem breites Einsatzspektrum besaß, und für den Rest des Zweiten Weltkriegs war die Storch praktisch überall dort zu finden, wo sich deutsche Truppen im Einsatz befanden. Die Gesamtproduktion aller Varianten betrug 2.900 Maschinen.

Aufgrund ihrer Fähigkeiten wurden die Fi 156 für einige bemerkenswerte Leistungen verwendet. Am bekanntesten sind wohl die Rettung Benito Mussolinis aus der Gefangenschaft in einem Hotel mitten in den Apenninen am 12. September 1943 und der Flug von Hanna Reitsch am 26. April 1945 in das zerstörte Berlin, auf dem sie General Ritter von Greim transportierte, den Adolf Hitler zum Generalfeldmarschall und neuen Oberbefehlshaber der Luftwaffe ernannte hatte.

Während des Krieges war die Fi 156 von Morane-Saulnier in Frankreich und von Mraz in der Tschechoslowakei gebaut worden, und diese beiden Unternehmen setzten die Produktion nach dem Krieg fort. Morane-Saulnier produzierte die **M.S.500**, **M.S.501** und **M.S.502**-Varianten und Mraz die **K-65 Cap**.

## Varianten

**Fi 156B:** projektierte Variante mit beweglichen Vorflügelklappen; nicht gebaut.
**Fi 156C-0:** Nullserienversion einer verbesserten Fi 156A-1 mit angehobener hinterer Kabinenverglasung, damit ein nach hinten feuerndes 7,92 mm Maschinengewehr montiert werden konnte.
**Fi 156B-1:** Verbindungs- und Stabsflugzeug.
**Fi 156C-2:** Aufklärerversion mit einer Kamera und zwei Besatzungsmitgliedern; einige späte Modelle waren für den Transport einer Trage zur Bergung von Verletzten ausgerüstet.
**Fi 156C-3:** Mehrzweckversion, einige davon mit dem verbesserten Argus As 10P Motor.
**Fi 156C-3/Trop:** tropentaugliche Version der Fi 156C-3 mit Staubfiltern am Motor.
**Fi 156C-5:** der 156C-3 ähnlich, jedoch mit dem Argus 10P Motor in der Standardausführung und einer Vorrichtung zum Mitführen eines Abwurftanks oder einer Kameraanlage unter dem Rumpf.
**Fi 156C-5/Trop:** tropentaugliche Version der Fi 156G-5.
**Fi 156D-0:** Nullserien-Sanitätsversion mit verbesserten Einrichtungen für eine Trage und mit einer größeren Luke zur Be- und Entladung; mit Argus As 10P als Triebwerk.
**Fi 156D-1:** Serienversion der Fi 156D-0 mit Argus As 10P Motor als Standardausrüstung.
**Fi 156E-0:** Bezeichnung für zehn Nullserienmaschinen mit einer Art Raupenfahrwerk, bei der die Hauptfahrwerksbeine je zwei hintereinanderliegende Räder trugen, die durch ein aufblasbares Gummiband miteinander verbunden waren; nicht weiter produziert.
**Fi 256:** die zwei einzigen Exemplare einer größeren (5 Sitze) Zivilversion, die 1943-44 im Werk Morane-Saulnier in Puteaux in Frankreich gebaut wurden.

## Technische Daten
### Fieseler Fi 156C-2

**Typ:** zweisitziges Verbindungs- und Aufklärungsflugzeug.
**Triebwerk:** ein hängender 240 PS (179 kW) Argus As 10C-3 Achtzylinder V-Motor.
**Leistung:** Höchstgeschwindigkeit 175 km/h in Meereshöhe; wirtschaftliche Reisegeschwindigkeit 130 km/h; Dienstgipfelhöhe 4.600 m; Reichweite 385 km.
**Gewicht:** Leergewicht 930 kg; max. Startgewicht 1.325 kg.
**Abmessungen:** Spannweite 14,25 m; Länge 9,90 m; Höhe 3,05 m; Tragflügelfläche 26,00 $m^2$.
**Bewaffnung:** ein nach hinten feuerndes 7,92 mm Maschinengewehr auf schwenkbarer Halterung.

# Fieseler Fi 167

Fieseler Fi 167A-0 der Erprobungsstaffel 167, 1940-42 in den Niederlanden stationiert

## Entwicklungsgeschichte

Als Antwort auf eine Anforderung für ein trägergestütztes, zweisitziges Torpedobomber-/Aufklärungsflugzeug reichten sowohl Arado als auch Fieseler Vorschläge beim RLM ein. Von beiden Maschinen wurden Prototypen gebaut, bei den Tests Ende 1938 zeigte sich aber bald, daß die Ar 195 von Arado die Anforderungen nicht erfüllen konnte, während die **Fieseler Fi 167 V1** den Vorgaben nicht nur entsprechen, sondern sie weit übertreffen konnte. Von der Auslegung her war die Fieseler-Konstruktion ein zweistieliger Doppeldecker mit klappbaren Flügeln, hauptsächlich aus Holz gebaut, jedoch teilweise mit Stoff bespannt. Die Maschine hatte ein starres Heckradfahrwerk mit hohen, abwerfbaren Hauptfahrwerksbeinen, ein konventionelles, verstrebtes Leitwerk und einen Daimler-Benz DB 601 Motor. Die zweiköpfige Besatzung saß in Tandemanordnung unter einem langen Kabinendach, das so konstruiert war, daß von hinten aus ein Maschinengewehr auf einer schwenkbaren Halterung bedient werden konnte.

Wie schon die Fi 156 hatte auch die neue Maschine von Fieseler außergewöhnliche Langsamflugeigenschaften, die in diesem Fall erzielt wurden, indem beide Tragflächen Querruder und über die gesamte Spannweite reichende automatische Vorflügel hatten und der untere Flügel noch über großflächige Klappen verfügte. Die Wirkung dieser Hilfen sowie der Auftrieb der Doppeldeckerflügel ermöglichten es dem Flugzeug, in einen langsamen, kontrollierten und fast vertikalen Sinkflug überzugehen.

Die Fi 167 war für den Einsatz an Bord des deutschen Flugzeugträgers *Graf Zeppelin* vorgesehen, der am 8. Dezember 1938 vom Stapel lief, und im Anschluß an die Fertigstellung eines zweiten Prototypen (**Fi 167 V2**) wurde eine Nullserie von zwölf Fi **167A-0** aufgelegt. Diese unterschieden sich kaum von den Prototypen, hatten aber einige Verbesserungen, die nach der Einsatzerprobung als wünschenswert erschienen waren, darunter auch ein Rettungsboot für zwei Personen. Als der Bau der *Graf Zeppelin* 1940 eingestellt wurde, gab es die Funktion, für die die Fi 167 konstruiert worden war, nicht mehr. Es wurde jedoch erwartet, daß mit Wiederaufnahme der Arbeiten auch die Produktion der Fi 167 anlaufen würde; dies war jedoch nicht der Fall, denn als 1942 der Befehl zum Weiterbau des Flugzeugträgers kam, wurde entschieden, daß eine Version der JU 87 die Aufgabe erfüllen kann, und von der Fi 167 wurden keine weiteren Exemplare mehr gebaut. Nach einer Reihe von Erprobungen in den Niederlanden wurden neun der Fi 167 nach Rumänien verkauft.

### Technische Daten
**Fieseler Fi 167A-0**
**Typ:** ein schiffsgestütztes Torpedobomber-/Aufklärungsflugzeug.
**Triebwerk:** ein hängender 1.100 PS (820 kW) Daimler-Benz 601B 12-Zylinder V-Motor.
**Leistung:** (Aufklärer) Höchstgeschwindigkeit 325 km/h; Reisegeschwindigkeit 270 km/h; Dienstgipfelhöhe 8.200 m; Reichweite 1.500 m.
**Gewicht:** Leergewicht 2.800 kg; max. Startgewicht 4.850 kg.
**Abmessungen:** Spannweite 13,50 m; Länge 11,40 m; Höhe 4,80 m; Tragflügelfläche 45,50 m².
**Bewaffnung:** ein starres, vorwärtsfeuerndes 7,92 mm MG17 und ein 7,92 mm MG15 auf einer schwenkbaren Halterung in der hinteren Position plus als Höchstlast eine 1.000 kg Bombe bzw. ein 765 kg Torpedo.

# Firestone Model 45

**Der Leichthubschrauber Firestone Model 45C, den man mit einer Hand halten konnte, ging nicht in die Serienproduktion.**

### Entwicklungsgeschichte
G & A Aircraft Inc. erwarb 1940 als Geschäftsnachfolger der Pitcairn-Larsen Autogyro Company die Werke und Aufträge des Unternehmens. Zu dem Firmenbesitz gehörten auch rund 200 Patente, die sich auf die Entwicklung von Drehflüglern bezogen. 1940 wurde G & A selbst von der Firestone Aircraft Company (sie nahm diesen Namen 1946 an) aufgekauft, die eine Tochtergesellschaft der Firestone Tire and Rubber Company war.

In Zusammenarbeit mit dem US Army Air Force Air Technical Service Command begann G & A Aircraft mit der Entwicklung eines einsitzigen Hubschraubers, den das Unternehmen mit **G & A Model 45B** (USAAF **XR-9**) bezeichnete. Die Model 45B war von konventioneller Konstruktion mit Gondel und Ausleger, hatte ein starres Bugradfahrwerk, und der Dreiblatt-Haupt- und Heckrotor sollte von einem 126 PS (94 kW) Avco Lycoming XO-290-5 Vierzylinder-Boxermotor angetrieben werden. Diese Version wurde jedoch nicht gebaut, und das gleiche Schicksal ereilte auch die **Model 45C** (USAAF **XR-9A**), die sich nur durch ihren Zweiblatt-Hauptrotor unterschied. Gebaut wurde jedoch der einzige Prototyp einer überarbeiteten **Model 45C** (USAAF **XR-9B**, später **XH-9B**); sie hatte wieder den Dreiblatt-Hauptrotor, wurde von einem O-290-7 Motor angetrieben und hatte zwei Sitze hintereinander. Die Maschine wurde im März 1946 erstmals geflogen und an die USAAF ausgeliefert. Firestone baute den Prototypen (NX58457) einer Zivilversion mit der Bezeichnung **Model 45D**, der ebenfalls 1945 geflogen wurde. Diese Version unterschied sich durch einen breiteren Rumpf mit zwei Sitzen nebeneinander. Den Erprobungen beider Hubschrauber folgten keine Serienmaschinen.

### Technische Daten
**Firestone XR-9B**
**Typ:** zweisitziger Experimental-Militärhubschrauber.
**Triebwerk:** ein 135 PS (101 kW) Avco Lycoming O-290-7 Vierzylinder-Boxermotor.
**Leistung:** Reisegeschwindigkeit ca. 130 km/h; Dienstgipfelhöhe 3.050 m.
**Gewicht:** max. Startgewicht 794 kg.
**Abmessungen:** Hauptrotordurchmesser 8,53 m; Rumpflänge 8,23 m; Höhe 2,60 m; Rotorkreisfläche des Hauptrotors 57,20 m².

# Fisher P-75A Eagle

### Entwicklungsgeschichte
Im Jahre 1942, als die US Army Air Force äußerst dringend ein einsitziges Jagdflugzeug mit einer hohen Steigfluggeschwindigkeit brauchte, meldete sich die Fisher Body Division der General Motors Corporation mit einem ungewöhnlichen Vorschlag. Unter der Leitung von Don Berlin, dem ehemaligen Chefingenieur der Curtiss Airplane Division von Curtiss-Wright, kam von dem Fisher Body-Konstruktionsteam des Unternehmens der Vorschlag, daß Baugruppen von Flugzeugen, die bereits in Großserienproduktion waren, mit dem stärksten Motor kombiniert werden könnten, den es damals gab, und daß so ein neuer Hochleistungsjäger entstehen könne. Daraufhin wurde die Genehmigung erteilt, zwei **Fisher XP-75** Prototypen zu bauen, die einen neuen Rumpf und ein neues Flügel-Mittelteil hatten und bei denen durch Anbau der äußeren Flügelteile der North American P-51 Mustang, des Leitwerks der Douglas A-24 und des einziehbaren Fahrwerks der Vought F4U das Flugwerk gebildet wurde. Später wurde entschieden, statt dessen die äußeren Flügelteile der Curtiss P-40 zu verwenden. Als Triebwerk diente ein 2.600 PS (1.939 kW) Allison V-3420-19 Motor, der hinter dem Cockpit im Rumpf montiert war und der über eine Welle und ein Reduktionsgetriebe im Bug zwei gegenläufige Propeller drehte.

Noch bevor der erste Prototyp (43-46950) am 17. November 1943 flog, zeigte sich, daß nun anstelle der Abfangjäger dringender Flugzeuge für den Langstrecken-Begleitschutz gebraucht würden. Dies erbrachte einen neuen Auftrag über sechs Langstrecken-Maschinen vom Typ XP-75A sowie einen weiteren Auftrag über 2.500 Serienmaschinen der **P-75A Eagle** unter der Bedingung, daß der Prototyp alle Anforderungen erfüllt. Die **XP-75A** hatten aufgrund der geänderten Funktion und der Tests mit dem XP-75 Prototypen eine Reihe von Änderungen. Hierzu gehörte eine neue Cockpithaube, ein umkonstruiertes Leitwerk und der Einbau eines anderen Typs des V-3420 Motors. Bis allerdings die erste Serien-P-75A im September 1944 testbereit war, bestand kein Bedarf mehr für dieses Flugzeug, und es wurden nur fünf Maschinen gebaut.

### Technische Daten
**Fisher P-75A Eagle**
**Typ:** einsitziger Langstrecken-Begleitschutzjäger.
**Triebwerk:** ein 2.885 PS (2.151 kW) Allison V-3420-23 24-Zylinder Motor.
**Leistung:** Höchstgeschwindigkeit ca. 64 km/h; Reisegeschwindigkeit 499 km/h; Dienstgipfelhöhe 10.975 m; max. Reichweite 4.828 km.
**Gewicht:** Leergewicht 5.214 kg; max. Startgewicht 8.260 kg.
**Abmessungen:** Spannweite 15,04 m; Länge 12,32 m; Höhe 4,72 m; Tragflügelfläche 32,24 m².
**Bewaffnung:** vorwärtsfeuernde 12,7 mm Browning-Maschinengewehre (sechs in den Flügeln und vier im Rumpf) plus zwei 227 kg Bomben an Flügeln.

**Fisher P-75A Eagle, 1945 im Test bei der USAAF**

# Flanders B.2

### Entwicklungsgeschichte
Mehr oder weniger gleichzeitig mit der Konstruktion und dem Bau der vier F.4 Eindecker für das britische War Office konstruierte und baute Flanders einen zweisitzigen Doppeldecker mit der Bezeichnung **Flanders B.2**, der an den Military Trials des Jahres 1912 teilnehmen sollte, die auf der Salisbury Plain stattfanden. Wie bei seiner F.1 hatte Flanders auch hier Probleme, denn der Motor, der die B.2 antreiben sollte, stand nicht rechtzeitig zur Verfügung. Die Maschine wurde anschließend mit verschiedenen Motoren erfolgreich geflogen, darunter ein 40 PS (30 kW) A.B.C., ein 60 PS (45 kW) Isaacson Sternmotor und ein 70 PS (52 kW) Gnome Umlaufmotor.

### Technische Daten
**Flanders B.2** (in der erstmals geflogenen Version)
**Typ:** ein zweisitziger leichter Doppeldecker.
**Triebwerk:** ein 40 PS (30 kW) A.B.C. Reihenmotor.
**Leistung:** Höchstgeschwindigkeit 90 km/h.
**Gewicht:** Leergewicht 304 kg; max. Startgewicht 499 kg.
**Abmessungen:** Spannweite 13,11 m; Länge 9,60 m; Tragflügelfläche 37,16 m².

# Flanders F.2/F.3

### Entwicklungsgeschichte

Howard Flanders, der einer der ersten Assistenten A.V. Roes gewesen war, wurde später selbst zu einem britischen Pionier für die Konstruktion und den Bau von Flugzeugen. 1910 begann er mit der Konstruktion eines Eindeckers, der von einem 120 PS (89 kW) A.B.C. Motor angetrieben werden sollte. Der Bau dieses Flugzeugs fand im Sommer 1911 jedoch ein Ende, weil das Triebwerk, für das es konstruiert worden war, nicht verfügbar war. Unverzagt machte sich Flanders sofort an eine neue Konstruktion mit der Bezeichnung **Flanders F.2**, die von einem 60 PS (45 kW) Green Motor angetrieben wurde, und diese Maschine flog erstmals am 8. August 1911. Der einsitzige Schulterdecker F.2 hatte eine Tragfläche in der typischen Leichtbauweise der damaligen Zeit, die von Drähten und Masten getragen wurde. Die Hauptbeine des Heckspornfahrwerks hatten fahrradähnliche Räder, und eine zentrale Kufe ragte nach vorn heraus, um auf schlechten Flugfeldern der Gefahr des Vornüberkippens vorzubeugen. Ende 1911 wurde die F.2 so umgebaut, daß sie vor dem Piloten ein zweites Cockpit für einen Passagier aufnehmen konnte und die Spannweite wurde auf 12,80 m vergrößert. Das Flugzeug wurde in **F.3** umbenannt und mehrere Monate lang geflogen, ehe es am 13. Mai 1912 zu Bruch ging.

### Technische Daten
**Flanders F.2**
**Typ:** einsitziger Eindecker.
**Triebwerk:** ein 60 PS (45 kW) Green Vierzylinder-Reihenmotor.
**Leistung:** Höchstgeschwindigkeit 97 km/h.
**Gewicht:** maximales Startgewicht ca. 567 kg.
**Abmessungen:** Spannweite 10,67 m; Länge 9,68 m; Tragflügelfläche 18,58 m².

# Flanders F.4

### Entwicklungsgeschichte

Im Jahre 1912 erhielt Flanders vom britischen War Office einen Auftrag über vier Eindecker, die bei der Military Wing des neu gebildeten Royal Flying Corps (RFC) eingesetzt werden sollten. Die daraus entstandene Konstruktion **Flanders F.4** war eine Weiterentwicklung des F.3 Eindeckers, die dessen Grundauslegung beibehielt, bei der jedoch Veränderungen zur Erleichterung der Wartung und Verbesserung der Zuverlässigkeit integriert wurden. Das Platzangebot wurde durch zwei größere Cockpits verbessert, das Fahrwerk wurde durch eine Spiralfeder-Aufhängung der Hauptfahrwerksbeine aufgewertet, und als Triebwerk diente ein stärkerer Renault-Motor. Die Erprobung ergab, daß diese Flugzeuge im Vergleich zur F.3 eine wesentlich bessere Leistung erbrachten, da das RFC jedoch die Verwendung von Eindeckern verboten hatte, kamen die Maschinen nicht zum militärischen Einsatz.

**Der Militäreindecker Flanders F.4 war eine Weiterentwicklung aus der F.3 aus dem Jahre 1911.**

### Technische Daten
**Typ:** zweisitziger Militäreindecker.
**Triebwerk:** ein 70 PS (52 kW) Renault Achtzylinder V-Motor.
**Leistung:** Höchstgeschwindigkeit 108 km/h; Steigflug auf 610 m Höhe in 8 Minuten.
**Gewicht:** Leergewicht 612 kg; max. Startgewicht 839 kg.
**Abmessungen:** Spannweite 12,34 m; Länge 9,60 m; Tragflügelfläche 22,30 m².

# Fleet 1, 2 und 7

### Entwicklungsgeschichte

Die Consolidated PT-3, die 1928 an das US Army Corps ausgeliefert wurde, hatte in dem nach Charles Lindberghs Transatlantikflug im Jahre 1927 rapide wachsenden Zivilmarkt ein eindeutiges Verkaufspotential. Die neue Zivilversion, die die generelle Linienführung der PT-3 beibehielt, bekam die Bezeichnung **Consolidated Model 14** und den Namen **Husky Junior**. Fast schon bevor die erste Maschine fertiggestellt worden war, kam Consolidated zu der Entscheidung, sich nicht am zivilen Markt beteiligen zu wollen; dies brachte den Direktor des Unternehmens, Major Reuben H. Fleet dazu, dem Unternehmen die Konstruktionsrechte der Husky Junior abzukaufen, in Buffalo, New York, die Fleet Aircraft Inc. zu gründen und das Flugzeug dort zu bauen und zu verkaufen. Innerhalb von sechs Monaten änderte Consolidated seine Meinung, kaufte Fleet Aircraft Inc. auf und setzte die Produktion in den USA fort. 1930 wurde durch die Gründung der Fleet Aircraft of Canada Ltd. in Fort Erie, Ontario, ein kanadisches Produktions- und Vertriebsunternehmen gegründet.

Mit diesem neuen Anfang entschied man sich dafür, den Namen Husky Junior aufzugeben, und es wurde statt dessen die Bezeichnung **Fleet 1** gewählt. Dieses Flugzeug unterschied sich kaum von seinem

**Diese Fleet 7B war bis 1947 bei der Royal Canadian Air Force im Dienst, und ihre hohe Stabilität ermunterte die Piloten dazu, sie auch zum Kunstflug zu benutzen.**

Vorgänger, hatte den gleichen 110 PS (82 kW) Warner Scarab Siebenzylinder-Sternmotor und ein im Grunde gleiches Flugwerk. Die einzige wichtige Änderung war das Platzangebot, indem das einteilige, längliche Cockpit der Husky Junior (mit zwei Einzelsitzen) durch zwei separate, hintereinanderliegende Cockpits ersetzt wurde. Dieser Maschine folgte die generell ähnliche **Fleet 2** mit Detailverbesserungen und einem 100 PS (75 kW) Kinner K5 Fünfzylinder-Sternmotor als Triebwerk. Von dieser Version wurden jedoch nur wenige gebaut, bevor die Bezeichnung in **Fleet 7** geändert und der stärkere Kinner B5 Motor eingebaut wurde. In Kanada war diese Variante als **Fleet 7B** bekannt, und die Exemplare, die bei der Royal Canadian Air Force im Dienst standen, trugen die Bezeichnung **Fawn Mk I**.

### Varianten

**Fleet 3:** zwei Maschinen mit dem 165 PS (123 kW) Wright J6 Fünfzylinder-Sternmotor.
**Fleet 4:** ein Testflugzeug mit einem 170 PS (127 kW) Curtiss Challenger Sechszylinder-Sternmotor.
**Fleet 5:** ein Testflugzeug mit einem 90 PS (67 kW) Brownback C-400 Sechszylinder-Doppelsternmotor.
**Fleet 6:** Auslegung nicht genau gekannt; es wird angenommen, daß es sich dabei um eine Fleet 2 mit einem Trapez über dem oberen Flügel handelte, mit dem Ankopplungsexperimente mit Militärluftschiffen durchgeführt wurden.
**Fleet 7C:** Bezeichnung der Versionen, die von einem 140 PS (107 kW) Armstrong Siddeley Civet I Siebenzylinder-Sternmotor angetrieben wurden; RCAF-Bezeichnung **Fawn Mk II**.
**Fleet 7G:** Umbenennung einer RCAF Fleet 7B nach dem Einbau eines 120 PS (89 kW) de Havilland Gipsy III Vierzylinder-Reihenmotors; wurde später wieder auf Fleet 7B-Standard umgerüstet.
**XPT-6:** das US Army Air Corps erwarb unter dieser Bezeichnung eine Model 7 für Einsatztests, die von einem 100 PS (75 kW) Kinner R-370-1 Motor angetrieben wurde.
**YPT-6:** Bezeichnung von zehn Flugzeugen für die Einsatzerprobung, die mit der XPT-6 identisch waren.
**YPT-6A:** modifizierte Version der Model 7 mit vergrößertem Cockpit für die Einsatzerprobung.

### Technische Daten
**Fleet 7/B/Fawn Mk I**
**Typ:** zweisitziger Sport- und Schulflugzeug-Doppeldecker.
**Triebwerk:** ein 125 PS (93 kW) Kinner B5 Fünfzylinder-Sternmotor.
**Leistung:** Höchstgeschwindigkeit 185 km/h; Reisegeschwindigkeit 140 km/h; Dienstgipfelhöhe 4.265 m; Reichweite 480 km.
**Gewicht:** Leergewicht 520 kg; max. Startgewicht 790 kg.
**Abmessungen:** Spannweite 8,53 m; Länge 6,55 m; Höhe 2,44 m; Tragflügelfläche 18,12 m².

# Fleet 8 und 9

### Entwicklungsgeschichte

Die **Fleet 8** und **Fleet 9**, vermutlich wegen ihres höheren Preises nur in geringen Stückzahlen gebaut, wurden ausschließlich von dem US-Unternehmen produziert. Die Fleet 8 und Fleet 9, die die gleiche Grundkonstruktion wie die Fleet 7 hatten, boten einen wesentlich verbesserten Rumpf mit kompletter Verkleidung,



**Die Fleet 9 kann als eine Fleet 7 mit aerodynamischen Verbesserungen wie einem runderen Rumpf und einer besser konstruierten Bugpartie angesehen werden.**

der rundlicher aussah und der sowohl tiefer als auch breiter und damit in der Einrichtung bequemer war. Aus diesem Grund konnte die Fleet 8 als Dreisitzer angesehen werden, bei dem das vordere Cockpit Platz für zwei Personen bot. Die Fleet 9 war ein konventioneller Zweisitzer, und beide Maschinen wurden von dem Kinner B5-Motor angetrieben. Beide Exemplare kamen mit verschieden geformten Seitenrudern heraus, und in der Fleet 8 konnte kein Gepäck mitgeführt werden, wenn sie als Dreisitzer benutzt wurde.

### Technische Daten
**Fleet 8**
**Typ:** ein dreisitziger Sport-Doppeldecker.
**Triebwerk:** ein 125 PS (93 kW) Kinner B5 Fünfzylinder-Sternmotor.
**Leistung:** Höchstgeschwindigkeit 185 km/h; Reisegeschwindigkeit 153 km/h; Dienstgipfelhöhe 3.050 m; Reichweite 676 km.
**Gewicht:** Leergewicht 590 kg; max. Startgewicht 907 kg.
**Abmessungen:** Spannweite 8,53 m; Länge 6,96 m, jedoch je nach Seitenruder unterschiedlich; Höhe 2,51 m; Tragflügelfläche 18,06 m$^2$.

# Fleet 10 und 16

### Entwicklungsgeschichte
Gegen Ende des Jahres 1934 und zu einem Zeitpunkt, bei dem die US Fleet Aircraft Inc. in Consolidated aufgegangen war, um so Kosten zu reduzieren, traf aus China ein Auftrag über eine Reihe von Maschinen vom Typ Fleet 7 ein, die von dem kanadischen Unternehmen gebaut wurden. Inzwischen waren in diese Konstruktion eine Reihe von Verfeinerungen integriert worden, darunter ein Heckradfahrwerk mit Bremsen an den Rädern, ein überarbeitetes Leitwerk sowie mehrere Detailverbesserungen, die zu der geänderten Bezeichnung **Fleet 10** führten.

Für China wurden insgesamt 36 Flugzeuge gebaut und Mitte 1935 abgeschickt. Die Sendung bestand aus sechs **Fleet 10A** (US-Bezeichnung: **Fleet 5**) und 30 **Fleet 10D** (USA: **Fleet 10**) sowie aus den Bauteilen und Werkstoffen zur Montage von weiteren 20 Flugzeugen in China. Es gab eine Reihe von Fleet 10-Varianten, die nachstehend aufgelistet sind und deren Mehrzahl durch unterschiedliche Triebwerke entstanden ist. Neben den bereits nach China gelieferten Maschinen gingen Exportflugzeuge an Argentinien, die Dominikanische Republik, Irak, Mexiko, Nicaragua, Portugal, Venezuela und Jugoslawien.

**An der Royal Canadian Air Force-Seriennummer ist zu erkennen, daß dieses Flugzeug eine Fleet 16B ist, die von der RCAF als Finch Mk II geflogen wurde.**

Nach der Erprobung der Model 10D durch die Royal Canadian Air Force wurde das Unternehmen im September 1938 dazu aufgefordert, eine mit voller Militärausrüstung kunstflugtaugliche Schulmaschine zu entwickeln, was zur Produktion der **Fleet 16** führte. Sie behielt die Grundauslegung der Fleet 10 bei, hatte jedoch strukturelle Verstärkungen für den Kunstflugeinsatz. Von diesen Flugzeugen wurden 1939-1941 unter der Bezeichnung **Finch Mk I** und **Finch Mk II** über 400 Exemplare zur Verwendung bei der RCAF und im British Commonwealth Air Training Plan geliefert. Nach dem Krieg kamen viele dieser überschüssigen Flugzeuge auf den zivilen Markt, und die meisten unter ihnen fanden Käufer in Kanada und den USA. Etliche sind noch in flugfähigem Zustand.

### Varianten
**Fleet 10A:** Grundversion mit einem 100 PS (75 kW) Kinner K5 Fünfzylinder-Sternmotor.
**Fleet 10B:** wie die Fleet 10A, jedoch mit einem 125 PS (93 kW) Kinner B5 Fünfzylinder-Sternmotor.
**Fleet 10D:** wie die Fleet 10A, jedoch mit einem 160 PS (119 kW) Kinner R5 Fünfzylinder-Sternmotor.
**Fleet 10-32D:** generell wie die Fleet 10D, jedoch mit einer um 1,22 m vergrößerten Spannweite.
**Fleet 10E:** generell wie die Fleet 10A, jedoch mit einem 125 PS (93 kW) Warner Scarab Siebenzylinder-Sternmotor.
**Fleet 10F:** generell wie die Fleet 10A, jedoch mit einem 145 PS (108 kW) Warner Super Scarab Siebenzylinder-Sternmotor.
**Fleet 10G:** generell wie die Fleet 10A, jedoch mit einem hängenden 130 PS (97 kW) de Havilland Gipsy Major Vierzylinder-Reihenmotor.
**Fleet 16B:** (RCAF Finch Mk II): strukturell verstärkte Version der Fleet 10A mit einem Kinner B5 Motor als Triebwerk.
**Fleet 16D:** wie die Fleet 16B, jedoch mit einem Kinner R5 Motor.
**Fleet 16F:** generell wie die Fleet 16B, jedoch von einem Warner Super Scarab Motor angetrieben.
**Fleet 16R** (RCAF Finch Mk I): Bezeichnung einer Version der Fleet 16D, die speziell für die Verwendung bei der RCAF gebaut wurde.

### Technische Daten
**Fleet 16B**
**Typ:** zweisitziges Schulflugzeug.
**Triebwerk:** ein 125 PS (93 kW) Kinner B5 Fünfzylinder-Sternmotor.
**Leistung:** Höchstgeschwindigkeit 167 km/h; Reisegeschwindigkeit 137 km/h; Dienstgipfelhöhe 3.200 m.
**Gewicht:** Leergewicht 509 kg; max. Startgewicht 907 kg.
**Abmessungen:** Spannweite 8,53 m; Länge 6,6 m; Höhe 2,36 m; Tragflügelfläche 18,06 m$^2$.

# Fleet 21

### Entwicklungsgeschichte
Zu einer großen Familie von Consolidated Doppeldecker-Schulflugzeugen entwickelte das US-Unternehmen auch die Consolidated Model 21. Fleet in Kanada erhielt einen Auftrag über zehn dieser Maschinen für Mexiko und baute diese sowie eine Vorführmaschine unter der Bezeichnung **Fleet 21M**. Die in Mischbauweise hergestellte Fleet 21M sah äußerlich den in den USA gebauten Fleet 8 und Fleet 9 Maschinen sehr ähnlich und war ein Doppeldecker mit offenem Cockpit und starrem Heckradfahrwerk. Die Maschine war jedoch erheblich stärker und die Leistung stammte von einem sauber verkleideten Pratt & Whitney Wasp Junior Motor. Die zehn Flugzeuge für Mexiko wurden 1937 fertiggestellt und ausgeliefert und die Vorführmaschine des Unternehmens wurde später als **Fleet 21K** an einen privaten Kunden verkauft, nachdem ihr Pratt & Whitney Motor durch einen 330 PS (246 kW) Jacobs L-6MB Siebenzylinder-Sternmotor ersetzt worden war.

### Technische Daten
**Fleet 21M**
**Typ:** ein zweisitziges Schul-/Reiseflugzeug.
**Triebwerk:** ein 400 PS (298 kW) Pratt & Whitney R-985 Wasp Junior Neunzylinder-Sternmotor.
**Leistung:** Höchstgeschwindigkeit 240 km/h; Reisegeschwindigkeit 220 km/h; Dienstgipfelhöhe 5.790 m.
**Gewicht:** Leergewicht 1.003 kg; max. Startgewicht 1.795 kg.
**Abmessungen:** Spannweite 9,60 m; Länge 8,23 m; Höhe 2,99 m; Tragflügelfläche 26,57 m$^2$.

**Der hier abgebildete Fleet Doppeldecker wurde als Firmen-Vorführmaschine gebaut und begann seine Karriere als Fleet 21M und wurde später durch einen Jacobs Sternmotor zur Fleet 21K. Auffällig ist das abgedeckte hintere Cockpit und das Loch im unteren Rumpfbereich. Die Maschine wurde für den Abwurf von Test-Fallschirmen benutzt.**

# Fleet 50 Freighter

### Entwicklungsgeschichte
Die nicht besonders attraktive Maschine **Fleet 50 Freighter** wurde 1936 in Angriff genommen, um ein zweimotoriges Mehrzweckflugzeug anbieten zu können. Die Maschine, die sich hauptsächlich an den Inlandsmarkt wandte, war auf kurze Startstrecken, einfache Frachtbeladung und minimalen Wartungsbedarf ausgelegt. Der Doppeldecker in

**Die Fleet 50J Freighter war ein seltsam anmutendes, jedoch sorgfältig durchdachtes Flugzeug, das jedoch ohne einen wirklichen kommerziellen Erfolg blieb, weil es untermotorisiert war.**

Mischbauweise hatte einen unteren Knickflügel, an dem je nach Wunsch ein Räder- oder Schwimmerfahrwerk angebaut werden konnte, und im oberen Flügel waren, jeweils in Gondeln

an der Flügelvorderkante, die beiden Motoren installiert. Der geräumige Rumpf bot ein Flugdeck mit zwei Sitzen nebeneinander und Platz für maximal zehn Passagiere in der Hauptkabine.

Der Prototyp **Fleet 50J**, der von zwei 285 PS (213 kW) Jacobs L-5MB Siebenzylinder-Sternmotoren angetrieben wurde, flog am 22. Februar 1938 erstmals. Er wurde anschließend mit zwei Jacobs L-6MB ummotorisiert und **Fleet 50K** genannt; dieses Triebwerk war auch die Standardversion für die vier weiteren noch gebauten Maschinen.

### Technische Daten

**Fleet 50K** (Landflugzeug)
**Typ:** Mehrzweckflugzeug.
**Triebwerk:** zwei 330 PS (246 kW) Jacobs L-6MB Siebenzylinder-Sternmotoren.
**Leistung:** Höchstgeschwindigkeit 241 km/h; Reisegeschwindigkeit 212 km/h; Dienstgipfelhöhe 4.570 m; Reichweite 1.046 km.
**Gewicht:** Leergewicht 2.087 kg; max. Startgewicht 3.777 kg.
**Abmessungen:** Spannweite 13,72 m; Länge 10,97 m; Höhe 3,99 m; Tragflügelfläche 49,05 m².

# Fleet 60 Fort

### Entwicklungsgeschichte

In Abkehr von der Doppeldecker-Bauweise konstruierte Fleet Aircraft of Canada 1938 in Privatinitiative ein völlig neues, zweisitziges Schulflugzeug. Die **Fleet 60** war, abgesehen von einigen Stoffbespannungen, ganz aus Metall gefertigt und als verstrebter Tiefdecker mit konventionellem Leitwerk und starrem Heckradfahrwerk ausgelegt. Fluglehrer und Flugschüler saßen hintereinander, jeweils unter einer transparenten Haube in separaten Cockpits. Neuartig war das hintere, angehobene Cockpit, und zu den ungewöhnlichen Eigenschaften der Maschine gehörte eine verstärkte Heckflosse, die das Flugzeug bei einem Überschlag tragen konnte, sowie einziehbare Radverkleidungen des starren Heckradfahrwerks, das den Flugschüler an das Einziehen der Räder gewöhnen sollte. Vergaß er jedoch vor dem Landen das Ausfahren der Verkleidungen, entstand dadurch kein Schaden.

Der am 22. März 1940 erstmals geflogene Prototyp wurde von der RCAF zur Erprobung verwendet, und unter der Bezeichnung Fort Mk I schloß sich ein Auftrag über 200 **Fleet 60K** Serienmaschinen an. Die ersten beiden Flugzeuge wurden im Frühjahr 1941 ausgeliefert, die RCAF entschied jedoch die Kürzung des Auftrages um 100 Maschinen, und die 101. Fort wurde Mitte 1942 ausgeliefert. Anfang 1942 wurde entschieden, die Fort in ein Bordfunker-Schulflugzeug umzurüsten, wobei die Radverkleidungen demontiert wurden. Die dann in **Fort Mk II** umbenannten Maschinen wurden 1945 aus dem Militärdienst gezogen.

**Fleet Fort Mk II der Royal Canadian Air Force**

### Varianten

**Fleet 60L:** nicht realisierte Version mit 225 PS (168 kW) Jacobs L-4MB Sternmotor zur Verwendung als Anfänger-Schulflugzeug.
**Fleet 60:** nicht realisiertes Projekt für ein Fortgeschrittenen-Schulflugzeug mit 360 PS (269 kW) Jacobs L-7 Sternmotor.

### Technische Daten

**Fleet 60K Fort Mk I**
**Typ:** zweisitziges Schulflugzeug.
**Triebwerk:** ein 330 PS (246 kW) Jacobs L-6MB Siebenzylinder-Sternmotor.
**Leistung:** Höchstgeschwindigkeit 261 km/h; Reisegeschwindigkeit 217 km/h; Dienstgipfelhöhe 4.570 m; Reichweite 966 km.
**Gewicht:** Rüstgewicht 1.148 kg; max. Startgewicht 1.588 kg.
**Abmessungen:** Spannweite 10,97 m; Länge 8,18 m; Höhe 2,51 m; Tragflügelfläche 20,07 m².

# Fleet 80 Canuck

### Entwicklungsgeschichte

Das letzte Flugzeug, das von Fleet gebaut wurde, bevor das Unternehmen kurz nach dem Krieg in finanzielle Schwierigkeiten geriet, war die **Fleet 80**, ein zweisitziges Leichtflugzeug. Die Maschine stammte von dem **Noury N-75** Prototypen ab, der 1944 von der Noury Aircraft Ltd. in Stoney Creek, Ontario, konstruiert und erstmals geflogen wurde. Fleet Aircraft erwarb die Konstruktions- und Produktionsrechte, und das Unternehmen flog die Maschine als modifiziertes Nullserienmodell am 26. September 1945 zum ersten Mal. Die wichtigste Änderung wurde am Leitwerk vorgenommen. Die Maschine wurde in dieser Form **Fleet 80** bezeichnet und erhielt den Namen **Canuck**; es gab sie mit Rädern, Schwimmern oder Skiern. Eine dreisitzige **Fleet 81** wurde entwickelt, bei der der Raum der Gepäckkabine zur Unterbringung einer dritten Person verwendet wurde, es wurde jedoch nur ein Exemplar gebaut.

**Die Fleet 80 Canuck war eine der erfolgreichsten kanadischen Leichtflugzeug-Konstruktionen, führte jedoch letztlich zum Konkurs ihres Herstellers.**

### Technische Daten

**Fleet 80 Canuck**
**Typ:** ein zweisitziges Sport-/Reiseflugzeug.
**Triebwerk:** ein 85 PS (63 kW) Continental C85-12J Vierzylinder-Boxermotor.
**Leistung:** Höchstgeschwindigkeit 180 km/h in 915 m Höhe; wirtschaftliche Reisegeschwindigkeit 130 km/h in 915 m Höhe; Dienstgipfelhöhe 3.660 m; Reichweite 480 km.
**Gewicht:** Leergewicht 390 kg; max. Startgewicht 645 kg.
**Abmessungen:** Spannweite 10,35 m; Länge 6,83 m; Höhe 2,16 m; Tragflügelfläche 16,12 m².

# Fleetwings F-5 Seabird

### Entwicklungsgeschichte

Die Fleetwings Inc. wurde 1929 in Bristol, Pennsylvania, gegründet und war ursprünglich als Forschungsinstitut für die Konstruktion und Herstellung von Edelstahlstrukturen vorgesehen. Die auf diesem Gebiet gesammelte Erfahrung führte dazu, daß das Unternehmen für die US Army, die US Navy sowie für eine Reihe führender amerikanischer Flugzeughersteller Edelstahlbauteile fertigte.

Die Edelstahlhersteller waren sehr darum bemüht, ihren Markt in die Flugzeugindustrie auszudehnen und auch Fleetwings hatte großes Interesse daran, auf dem gleichen Gebiet Fuß zu fassen. Aufgrund dessen entschied man sich dafür, ein Flugzeug zu konstruieren und zu bauen, das in erster Linie aus rostfreiem Stahl bestand, und es sollte sich dabei um ein Wasserflugzeug handeln. Die daraus entstandene **Fleetwings Seabird** war ein verstrebter Hochdecker mit einem zweistufigen Rumpf und einem hohen Leitwerk am Heck. Die Maschine erhielt außerdem durch ein einziehbares Heckradfahrwerk Amphibien-Eigenschaften. Unter den Flügelspitzen waren Stützschwimmer montiert und als Triebwerk diente ein Jacobs-Sternmotor, der in einer stromlinienförmigen Gondel an Streben über dem Flügel-Mittelteil montiert war. Platz fanden an Bord die zweiköpfige Flugbesatzung auf einem eigenen Flugdeck sowie, in der dahinterliegenden Kabine, zwei bis drei Passagiere.

Die **Seabird F-4** wurde 1937 erstmals geflogen und der Prototyp brachte gute Leistungen. Für ein relativ teures Amphibienflugzeug dieser Größenordnung gab es jedoch nur eine geringe Nachfrage und so wurden nur fünf **F-5** gebaut.

### Technische Daten

**Fleetwings Seabird F-5**
**Typ:** ein fünfsitziges Amphibienflugzeug.
**Triebwerk:** ein 285 PS (213 kW) Jacobs L-5 Siebenzylinder-Sternmotor.
**Leistung:** Höchstgeschwindigkeit 241 km/h in Meereshöhe; Reisegeschwindigkeit 224 km/h in 915 m Höhe; Dienstgipfelhöhe 4.420 m; Reichweite 837 km.
**Gewicht:** Leergewicht 1.134 kg; max. Startgewicht 1.724 kg.
**Abmessungen:** Spannweite 12,34 m; Länge 9,75 m; Höhe (auf Fahrwerk) 3,81 m; Tragflügelfl. 21,83 m².

# Fleetwings Model 23/BT-12

### Entwicklungsgeschichte

Beim japanischen Angriff auf Pearl Harbor im Dezember 1941 war die US Army Air Force auf einen größeren Krieg weitgehend unvorbereitet und der dringende Bedarf nach immer mehr Flugzeugen führte dazu, daß branchenfremde Hersteller Flugzeuge aus ungewohnten Werkstoffen bauten. Einer dieser Hersteller war Fleetwings, und da das Unternehmen ein Spezialhersteller für Edelstahlbleche war, enthielt die Anfänger-Schulmaschine **Fleetwings Model 23**, von der die USAAF unter der Bezeichnung **XBT-12** einen Prototyp geordert hatte, einen großen Anteil rostfreien Stahls.

Der selbsttragende Tiefdecker Model 23 hatte ein konventionelles Leitwerk, ein starres Heckradfahrwerk und einen Pratt & Whitney Wasp Junior Motor. Nach der Bewertung des XBT-12 Prototypen (39-719) wurde ein Auftrag über weitere 200 BT-12 erteilt, von denen im Zeitraum 1942/43 24 Exemplare geliefert wurden, bevor der restliche Auftrag storniert wurde.

### Technische Daten

**Fleetwings Model 23/BT-12**
**Typ:** ein zweisitziges Anfänger-Schulflugzeug.
**Triebwerk:** ein 450 PS (336 kW) Pratt & Whitney R-985-AN-1 Wasp Junior Neunzylinder-Sternmotor.
**Leistung:** Höchstgeschwindigkeit 314 km/h; Einsatzgeschwindigkeit 282 km/h; Dienstgipfelhöhe 7.255 m; Reichweite 885 km.
**Gewicht:** Leergewicht 1.439 kg; max. Startgewicht 2.000 kg.
**Abmessungen:** Spannweite 12,19 m; Länge 8,89 m; Höhe 2,64 m; Tragflügelfläche 22,33 m$^2$.

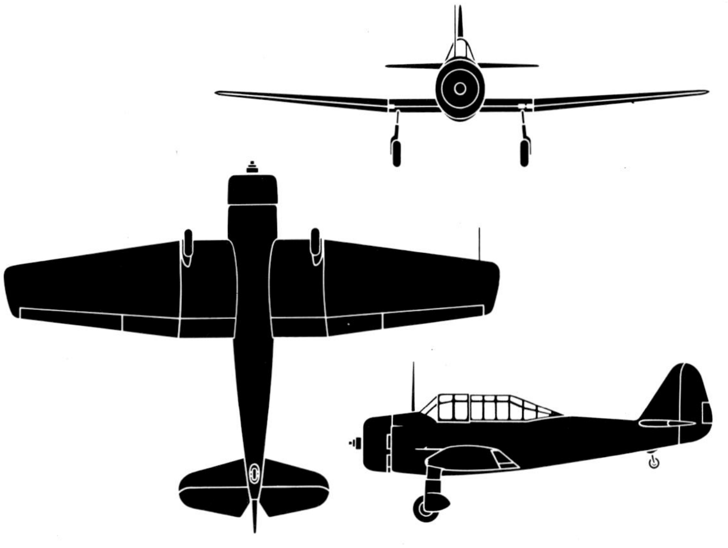

**Fleetwings BT-12**

# Fleetwings Model 33

### Entwicklungsgeschichte

Unter der Bezeichnung **Fleetwings Model 33** produzierte das Unternehmen 1940 den Prototypen eines zweisitzigen Anfänger-Schulflugzeugs. Anstelle von rostfreiem Stahl experimentierte das Unternehmen damit, die gesamte Struktur aus Leichtmetall zu bauen, und nur die Steuerflächen hatten Leichtmetallrahmen mit Stoffbespannung. Der selbsttragende Tiefdecker Model 33 hatte ein konventionelles Leitwerk, ein starres Heckradfahrwerk und als Triebwerk einen Franklin 6AC Motor; Fluglehrer und Flugschüler saßen in getrennten offenen Cockpits hintereinander.

### Technische Daten

**Typ:** zweisitziges Schulflugzeug.
**Triebwerk:** ein 130 PS (97 kW) Franklin 6AC-298 Sechszylinder-Boxermotor.
**Leistung:** Höchstgeschwindigkeit 241 km/h; Reisegeschwindigkeit 209 km/h; Dienstgipfelhöhe 6.890 m; Reichweite 837 km.
**Gewicht:** Leergewicht 491 kg; max. Startgewicht 748 kg.
**Abmessungen:** Spannweite 8,69 m; Länge 6,77 m; Höhe 1,83 m; Tragflügelfläche 11,29 m$^2$.

# Fletcher FBT-2

### Entwicklungsgeschichte

Die Fletcher Aviation Corporation, die 1941 in Pasadena, Kalifornien, als Flugzeugherstellerfirma gegründet wurde, produzierte als erstes den Prototypen (NX28368) eines Anfänger-Schulflugzeugs. Die hölzerne Grundstruktur mit einer zweilagigen, kunstharzverklebten Außenhaut war als selbsttragender Tiefdecker ausgelegt, hatte ein konventionelles Leitwerk und ein starres Heckradfahrwerk; Fluglehrer und Flugschüler saßen in separaten Tandem-Cockpits unter einem durchgehenden Kabinendach. Der **Fletcher FBT-2** Prototyp, der für den Betrieb mit Motoren von 130 bis 285 PS (97 bis 212 kW) ausgelegt war, hatte einen Wright Whirlwind Sternmotor, der einen Verstellpropeller antrieb.

### Technische Daten

**Typ:** ein zweisitziges Anfänger-Schulflugzeug.
**Triebwerk:** ein 285 PS (212 kW) Wright R-760-E Siebenzylinder-Sternmotor.
**Leistung:** Höchstgeschwindigkeit 282 km/h; Dienstgipfelhöhe 5.790 m; Reichweite 869 km.
**Gewicht:** Leergewicht 789 kg; max. Startgewicht 1.134 kg.
**Abmessungen:** Spannweite 9,14 m; Länge 7,06 m; Höhe 2,46 m; Tragflügelfläche 11,61 m$^2$.

# Fletcher FD-25B Defender

### Entwicklungsgeschichte

Unbeeindruckt vom Mißerfolg der FL-23 konstruierte und baute Fletcher den Prototypen eines einsitzigen leichten Erdkampfflugzeugs mit der Bezeichnung **FD-25B Defender**. Der selbsttragende Tiefdecker in Ganzmetallbauweise hatte ein konventionelles Leitwerk, ein starres Heckradfahrwerk, eine Acrylglashaube über dem Pilotencockpit und einen Continental E225 Motor. Für den Erdkampf waren in den Flügeln zwei vorwärtsfeuernde Maschinengewehre montiert, und an Halterungen unter den Flügeln konnten Waffen wie beispielweise Bomben, Napalmtanks oder Raketen mitgeführt werden.

### Technische Daten

**Typ:** einsitziges Erdkampfflugzeug.
**Triebwerk:** ein 225 PS (168 kW) Continental E225-8 Sechszylinder-Boxermotor.
**Leistung:** Höchstgeschwindigkeit 301 km/h in Meereshöhe; Reisegeschwindigkeit 261 km/h in Meereshöhe; Dienstgipfelhöhe 5.030 m; Reichweite 1.014 km.
**Gewicht:** Leergewicht 557 kg; max. Startgewicht 1.134 kg.
**Abmessungen:** Spannweite 9,14 m; Länge 6,38 m; Höhe 1,91 m; Tragflügelfläche 13,94 m$^2$.
**Bewaffnung:** zwei vorwärtsfeuernde 7,62 mm Maschinengewehre plus Flügelstationen für unterschiedliche Kampfmittel.

**Das Grundkonzept der FU-24 wurde bei der Fletcher FD-25D Defender beibehalten. Sie hatte in den sechziger und frühen siebziger Jahren nur geringe kommerzielle Erfolge zu verzeichnen.**

# Fletcher FL-23

### Entwicklungsgeschichte

Unter der Bezeichnung **Fletcher FL-23** konstruierte und baute die Fletcher Aviation Corporation den Prototypen eines zweisitzigen Verbindungs- und Beobachtungsflugzeugs. Die Maschine in Ganzmetallbauweise war ein selbsttragender Hochdecker mit einem Leitwerk, dessen komplett bewegliches Höhenruder kurz vor der Heckflossenspitze montiert war. Außerdem hatte die Maschine ein starres Bugradfahrwerk und einen Continental Sechszylinder-Boxermotor. Pilot und Beobachter saßen hintereinander, der Pilot dabei vor der Flügelvorderkante. Der Beobachter, der unter der Flügelhinterkante saß, hatte eine ungewöhnliche Acrylglas-Rundumhaube, die ihm ein extrem gutes Blickfeld bot.

### Technische Daten

**Typ:** ein zweisitziges Verbindungs-/Beobachtungsflugzeug.
**Triebwerk:** ein 225 PS (168 kW) Continental E225 Sechszylinder-Boxermotor.
**Leistung:** Höchstgeschwindigkeit 214 km/h; Reisegeschwindigkeit 190 km/h; Dienstgipfelhöhe 5.945 m; Reichweite 781 km.
**Gewicht:** Leergewicht 680 kg; max. Startgewicht 1.111 kg.
**Abmessungen:** Spannweite 10,16 m; Länge 8,64 m; Höhe 2,46 m; Tragflügelfläche 25,73 m$^2$.

# Fletcher FU-24 Utility

### Entwicklungsgeschichte

Im Juli 1954 flog Fletcher seinen **Fletcher FU-24** Prototypen, ein einsitziges Mehrzweckflugzeug, das hauptsächlich für den Einsatz in der Landwirtschaft konstruiert worden war, zum ersten Mal. Der selbsttragende Tiefdecker in Ganzmetallbauweise hatte ein Leitwerk, dessen Höhenleitwerk voll beweglich war, ein starres Bugradfahrwerk und ein geschlossenes Cockpit für den Piloten. Als Triebwerk diente ein 225 PS (168 kW) Continental O-470-8 Sechszylinder-Boxermotor.

Die FU-24 muß als der einzige wirkliche Erfolg des Unternehmens bei der Konstruktion und dem Bau von Flugzeugen angesehen werden, und das erste Ereignis von Bedeutung war ein Vertrag mit Air Parts (NZ) Ltd. aus Neuseeland, 100 Flugzeuge für Bestäubungseinsätze dort zu montieren.

Fletcher entwickelte später den Prototypen einer sechssitzigen Passagier-/Frachtversion mit der Bezeichnung **FU-24A**. Allerdings verkaufte Fletcher 1964 alle Produktions- und Verkaufsrechte der FU-24 an das neuseeländische Unternehmen, das die Entwicklung und Produktion der Maschine fortsetzte.

**Als Spezialkonstruktion für den landwirtschaftlichen Einsatz ist die Fletcher FU-24 eine klassische Konstruktion für diesen Flugzeugtyp.**

Als sich Air Parts Anfang 1973 mit der Aero Engine Services Ltd. zur New Zealand Aerospace Industries Ltd. zusammenschloß, wurde entschieden, die Produktion der FU-24 so weit wie möglich auszuweiten und die verbesserte **FU-24-954** kam als zweisitzige Landwirtschaftsversion und als achtsitzige Mehrzweckversion auf den Markt. Dies führte nun zur umgekehrten Situation, daß die FU-24-954 nämlich in Neuseeland hergestellt und anschließend als Montage-/Bauteile an die Frontier-Aerospace Inc. in Long Beach/Kalifornien geliefert wurden, die sie montierte und in den USA unter dem Namen **TaskMaster** vertrieb. Frontier Aerospace entwickelte ebenfalls eine Mehrzweck-Militärversion der FU-24, die **Pegasus I** genannt wurde.

Bis Mitte 1979 hatte die Firma Aerospace Industries insgesamt 272 FU-24 gebaut.

### Technische Daten

**Aerospace Fletcher FU-24-954**
(Landwirtschaftsversion)
**Typ:** ein zweisitziges Landwirtschaftsflugzeug.
**Triebwerk:** ein 400 PS (298 kW) Avco Lycoming IO-720-A1A oder -A1B Achtzylinder-Boxermotor.
**Leistung:** Höchstgeschwindigkeit 233 km/h in Meereshöhe; Sprühgeschwindigkeit 167-212 km/h; Dienstgipfelhöhe 4.875 m; Reichw. 710 km.
**Gewicht:** Rüstgewicht 1.188 kg; max. Startgewicht 2.463 kg.
**Abmessungen:** Spannweite 12,80 m; Länge 9,70 m; Höhe 2,84 m; Tragflügelfläche 27,31 $m^2$.

# Flettner Fl 265

### Entwicklungsgeschichte

Die Pionierarbeit, die von dem Deutschen Anton Flettner auf dem Gebiet der Drehflügler geleistet wurde, wird oft übersehen und ist vielleicht gerade deshalb besonders interessant. Auf der Suche nach einer Lösung für das Drehmomentproblem, das entsteht, wenn ein Rotor von einem am Flugwerk montierten Triebwerk bewegt wird, erforschte Flettner die Idee, an beiden Rotorblättern des Zweiblatt-Rotors einen kleinen Motor mit Zugpropeller anzubringen. Dieser Hubschrauber-Prototyp flog 1932 erfolgreich im Fesselflug, wurde jedoch bald darauf während eines Sturms am Boden zerstört.

Flettner baute dann den zweisitzigen Tragschrauber **Flettner Fl 184** mit einem freidrehenden Dreiblatt-Rotor und einem 140 PS (104 kW) Siemens-Halske Sh 14 Sternmotor, der einen Zugpropeller antrieb. Auch diese Maschine wurde zerstört, bevor sie erprobt werden konnte, und anschließend wurde die Trag-/Hubschrauberkombination Fl 185 gebaut. Ihr Siemens-Halske Motor, der im Bug montiert war, konnte zum Antrieb von zwei Verstellpropellern verwendet werden, die an Auslegern rechts und links vom Rumpf montiert waren, und der Hauptrotor wurde nur dann angetrieben, wenn er in der Hubschrauberfunktion gebraucht wurde. Wenn die Maschine als Tragschrauber geflogen wurde, kamen die Ausleger-Propeller in Druckstellung, und der Hauptrotor drehte sich frei. Für den Flug als Hubschrauber wurde der Hauptrotor von dem Motor angetrieben, und von den Auslegerpropellern wurden je einer als Zug- und einer als Druckpropeller eingestellt, um so das Rotor-Drehmoment auszugleichen.

**Der Flettner Fl 265 V1 ging nach drei Monaten verloren, als seine Rotorflügel kollidierten. Deshalb wurde die Einsatzerprobung mit dem hier abgebildeten Fl 265 V2 durchgeführt, der in der Ostsee und im Mittelmeer von den Plattformen relativ kleiner Kriegsschiffe aus startete.**

Der Fl 185 wurde nur wenige Male geflogen, ehe Flettner sich 1937 an den Bau seines Prototypen **Fl 265 V1** (D-EFLV) machte, der im Mai 1939 erstmals geflogen wurde. Das Flugwerk der Maschine war ähnlich konstruiert wie das des Fl 185, die Ausleger mit ihren Propellern fielen jedoch weg, und die Maschine hatte statt dessen zwei gegenläufige Hauptrotoren mit jeweils zwei Rotorblättern, die miteinander verzahnt und synchronisiert liefen. Und da sich diese Hauptrotoren gegenläufig bewegten, hoben sie ihre Drehmomentwirkung gegenseitig auf. Zur Vereinfachung der Lenkprobleme befand sich am Heck ein justierbares Höhenruder zum Trimmen, und zur Lenkung war eine große Heckflosse mit Seitenruder vorhanden, die die Wirkung der kollektiven Blattverstellung verstärkte. Der Typ ging drei Monate später bei einem Unfall verloren, als sich die beiden Rotoren berührten. Der **Fl 265 V2** wurde jedoch erfolgreich für eine Reihe militärischer Versuche eingesetzt.

Insgesamt wurden im Auftrag der deutschen Marine sechs Prototypen gebaut, ehe im Jahre 1940 ein Auftrag zur Serienfertigung erteilt wurde. Inzwischen hatte Flettner jedoch einen fortschrittlicheren, zweisitzigen Hubschrauber entwickelt, und man entschied sich dafür, lieber die Weiterentwicklung und die Produktion dieser verbesserten Maschine fortzusetzen.

### Technische Daten

**Flettner Fl 265**
**Typ:** einsitziger Hubschrauber.
**Triebwerk:** ein 160 PS (119 kW) Bramo Sh 14A Siebenzylinder-Sternmotor.
**Leistung:** Höchstgeschwindigkeit 160 km/h.
**Gewicht:** Leergewicht 800 kg; max. Startgewicht 1.000 kg.
**Abmessungen:** Durchmesser der Rotoren 12,30 m; Gesamt-Rotorkreisfläche 237,65 $m^2$.

# Flettner Fl 282 Kolibri

### Entwicklungsgeschichte

Flettners verbesserter Hubschrauber war der zweisitzige **Fl 282 Kolibri**, und um die Entwicklung dieses für die Marine möglicherweise nützlichen Modells zu beschleunigen, wurden Anfang 1940 insgesamt 30 Prototypen und 15 Vorserienexemplare bestellt. Obwohl die grundsätzliche Rumpfkonfiguration der seines Vorläufers ähnlich war, unterschied sich der Fl 282 von dem früheren Typ in einer Hinsicht. Der Bramo Sh 14A Motor war im Rumpfmittelteil montiert, der je nach Anlage der 24 gebauten Prototypen geschlossene, halb geschlossene und offene Cockpits hatte. Nicht alle dieser Maschinen waren Zweisitzer, aber die entsprechend strukturierten Exemplare hatten eine Beobachter-Position hinter dem Hauptrotorpylon.

1942 begann die Reichsmarine mit der Untersuchung des Fl 282 und fand den Typ sehr leicht zu manövrieren, stabil bei schlechten Wetterverhältnissen und allgemein zuverlässig. 1943 wurden daher etwa 20 der 24 Prototypen auf Kriegsschiffen in der Ägäis und anderen Bereichen des Mittelmeers für den Schutz von Konvois eingesetzt. Als die Piloten sich mit dem Modell vertraut gemacht hatten, stellte sich heraus, daß sich der Fl 282 auch bei extrem schlechtem Wetter fliegen ließ, was zu einer Bestellung von 1.000 Serienmaschinen führte. Durch die Bombenangriffe der Alliierten auf die BMW und Flettner Fabriken konnten diese Hubschrauber nicht mehr gebaut werden, und nur drei der Prototypen überstanden das Ende des Krieges; die restlichen wurden von den Deutschen selbst zerstört, damit sie nicht in die Hände der Sieger fallen konnten.

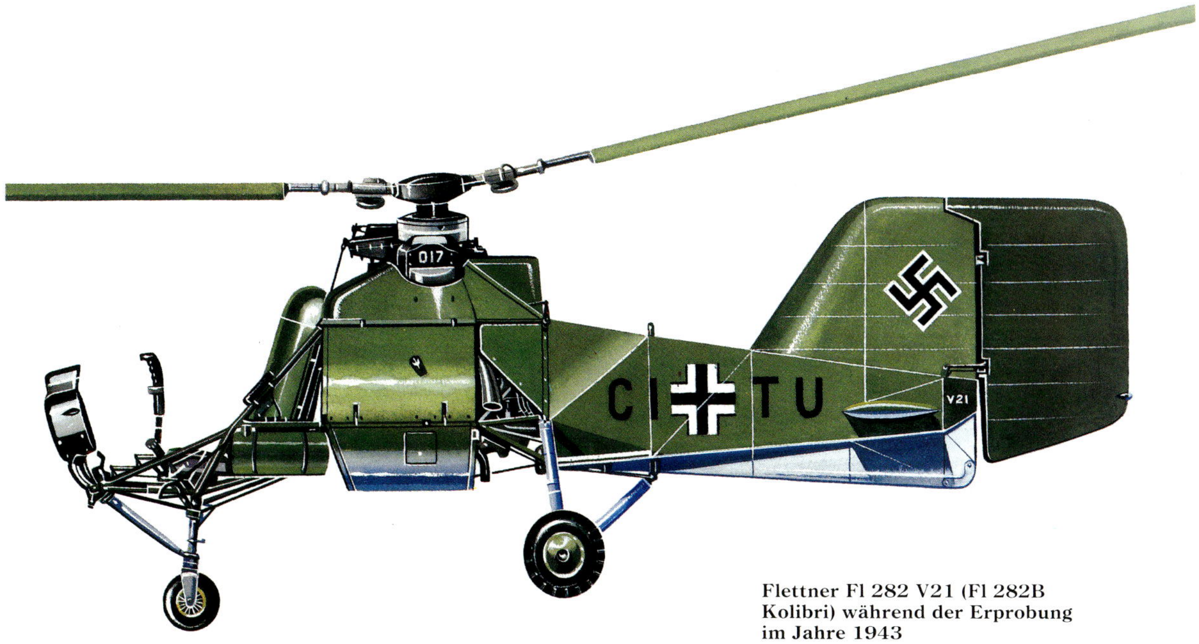


**Flettner Fl 282 V21 (Fl 282B Kolibri) während der Erprobung im Jahre 1943**
**Der kompakte, leistungsfähige Fl 282 wurde in größerer Zahl erprobt. Die Produktionspläne wurden durch die Bombeneinsätze der Alliierten zunichte gemacht.**

### Technische Daten
### Flettner Fl 282 V21

**Typ:** einsitziger Hubschrauber mit offenem Cockpit.
**Triebwerk:** ein 160 PS (119 kW) Bramo Sh 14A Siebenzylinder Sternmotor.
**Leistung:** Höchstgeschwindigkeit 150 km/h in Meereshöhe; Dienstgipfelhöhe 3.300 m; Reichweite 170 km.
**Gewicht:** Leergewicht 760 kg; max. Startgewicht 1.000 kg.
**Abmessungen:** Rotordurchmesser je 11,96 m; Rumpflänge 6,56 m; Höhe 2,20 m; Gesamtrotorkreisfläche 224,69 m$^2$.

# Flight Invert Cranfield A 1

### Entwicklungsgeschichte

Für die Anforderungen des britischen Kunstflugteams wurde vom College of Aeronautics des Cranfield Institute of Technology ein modernes, einsitziges Kunstfliegerflugzeug entworfen. Der Bau des Prototyps **Cranfield A1** begann 1971, machte aber angesichts fehlender finanzieller Unterstützung nur wenig Fortschritte. Daher wurde die Flight Invert Ltd. gegründet, eine nicht auf Gewinn ausgerichtete Firma, die das A1 Programm finanzieren und verwalten sollte. Das erste Exemplar wurde erst am 23. August 1976 geflogen. Es war ein Tiefdecker in Ganzmetallbauweise mit freitragenden Flügeln, einem konventionellen Leitwerk und einer festen Heckrad-Fahrwerkanlage; beim Erstflug war das Triebwerk ein 210 PS (157 kW) Rolls-Royce Continental IO-360-D Sechszylinder Motor. Im geschlossenen Cockpit ist im Kunstflug nur der Pilot untergebracht, für Schulflüge oder Transportflüge ist Platz für zwei Besatzungsmitglieder. Nach den Flugtests wurden mehrere aerodynamische Verbesserungen durchgeführt und eine neue Cockpit-Kuppel sowie ein stärkerer Avco Lycoming Motor eingebaut. In der überarbeiteten Form flog das Modell erstmals im August 1977, was weitere aerodynamische Verbesserungen und die neue Bezeichnung **A1 Mk 2** nach sich zog.

**Die Cranfield A1 ist speziell für den Kunstflug entwickelt worden.**

### Technische Daten

**Typ:** einsitzige Kunstflugmaschine.
**Triebwerk:** ein 280 PS (209 kW) Avco Lycoming IO-540-D Sechszylinder Kolbenmotor.
**Leistung:** Höchstgeschwindigkeit 274 km/h in Meereshöhe.
**Gewicht:** max. Startgewicht 850 kg.
**Abmessungen:** Spannweite 10,00 m; Länge 8,05 m; Tragflügelfläche 15,00 m$^2$.

# Focke-Achgelis Fa 223 Drache

Der Focke-Achgelis Fa 223 war ein klobig aussehender, aber leistungsstarker Hubschrauber. Hier abgebildet ist der zweite Prototyp Fa 223 V2.

## Entwicklungsgeschichte

Die beiden auf den Auslegern montierten Rotoren der Fa 61 wurden auch von Heinrich Focke für eine vergrößerte sechssitzige Version mit der Bezeichnung **Focke-Achgelis Fa 226 Hornisse** beibehalten, die im Auftrag der Deutschen Lufthansa entwickelt wurde. Der Prototyp beendete sein Boden- und Schwebeprogramm im Sommer 1940 und unternahm seinen ersten freien Flug im August desselben Jahres. Inzwischen hatte das Projekt auch militärische Bedeutung erlangt, und die Entwicklung wurde unter der Bezeichnung **Fa 223 Drache** fortgesetzt; das Reichsluftfahrtministerium bestellte 39 Maschinen für die verschiedensten Rollen, darunter auch Schulung, Transport, Rettungsflüge und U-Bootjagd. Die Ausrüstung änderte sich je nach der Ausführung und sah gegebenenfalls ein MG 15 und zwei 250 kg schwere Bomben vor, außerdem eine Rettungswinde und Netz, eine Aufklärungskamera und einen abwerfbaren 300 l fassenden Zusatztank. Zehn von den 30 Vorserienmaschinen wurden in der Bremer Fabrik fertiggestellt, bevor die Anlage durch Bomben zerstört wurde; weitere sieben entstanden in der neuen Fabrik in Laupheim bei Stuttgart; eine weitere Produktionsstätte in Berlin stellte bis zum Kriegsende nur eine einzige Maschine her. Nur wenige Fa 223 wurden tatsächlich geflogen, und zwei im Mai 1945 von amerikanischen Streitkräften in Airing, Österreich, erbeutet, wo sie im Dienst der Lufttransportstaffel 40 standen. Im September wurde eine dieser beiden von einer deutschen Besatzung als erster Hubschrauber über den Ärmelkanal geflogen, als sich die Maschine auf dem Weg zum Airborne Forces Experimental Establishment der RAF Beaulieu zur Untersuchung befand; im Oktober wurde diese Maschine bei einem Absturz, Ergebnis eines mechanischen Versagens, zerstört. Nach dem Krieg wurden in der Tschechoslowakei zwei Fa 223 aus in Deutschland produzierten Komponenten zusammengesetzt, und in Frankreich ging die Entwicklung des Modells mit der Bezeichnung **Sud Est SE 3000** weiter; das erste Exemplar flog im Oktober 1948.

## Technische Daten

**Typ:** Mehrzweck-Hubschrauber.
**Triebwerk:** ein 1.000 PS (746 kW) BMW 301R Neunzylinder Sternmotor.
**Leistung:** Höchstgeschwindigkeit 175 km/h; Reisegeschwindigkeit 120 km/h; Dienstgipfelhöhe 2.010 m; Reichweite mit Zusatztank 700 km.
**Gewicht:** Leergewicht 3.175 kg; max. Startgewicht 4.310 kg.
**Abmessungen:** Rotordurchmesser je 12 m; Rotorspanne 24,50 m; Länge 12,25 m; Höhe 4,35 m; Rotorkreisfläche 226,19 m$^2$.

# Focke-Achgelis Fa 330 Bachstelze

Der Focke-Achgelis Fa 330 war als Rotordrachen für den Schleppflug durch U-Boote entworfen worden.

## Entwicklungsgeschichte

Die Ziellokalisierung war schon immer ein schwieriges Problem für ein U-Boot an der Meeresoberfläche, da man vom Oberdeck aus nur eine Sichtweite von ca. 8 km hat. 1942 wurde ein kleiner, leicht zusammensetzbarer und auseinanderzunehmender Rotordrachen vorgeschlagen, der von einem U-Boot aus gestartet, geschleppt und wieder aufgefangen werden konnte und die Sicht eines U-Boot-Kommandanten um ein Fünffaches erweitern würde. 1942 wurde Focke-Achgelis mit dem Entwurf eines solchen Modells beauftragt und lieferte den Focke-Achgelis **Fa 330 Bachstelze** mit einem frei drehenden Dreiblattrotor auf einem Pylon, der auf einen einfachen Rahmen montiert war; das Modell enthielt außerdem einen ungeschützten Sitz für den Piloten/Beobachter und ein Leitwerk am hinteren Ende eines Röhrenauslegers.

Der Typ wurde gestartet, wenn sich das U-Boot an der Wasseroberfläche befand; der Rotor wurde per Hand in Bewegung gesetzt und drehte sich von selbst im Wind, so daß die Maschine als Drachen am Ende eines Seils im Schlepptau des U-Boots fliegen konnte. Der Pilot/Beobachter war durch eine Telefonleitung mit dem etwa 120 m unter ihm fahrenden U-Boot verbunden und wurde nach dem Einsatz gewöhnlich mit einer Winde nach unten gezogen. Die Idee schien gut, aber die U-Boot-Kommandanten wollten sie nicht übernehmen, da auf diese Weise ein neues, schwerwiegendes Problem aufgeworfen wurde, falls es nötig sein sollte, unvermittelt unterzutauchen. Daher wurde das Modell so wenig wie möglich eingesetzt, vor allem im Nord- und Süd-Atlantik. Die Fa 330 wurden nicht von Focke-Achgelis, sondern von der Weser-Flugzeugbau produziert, die etwa 200 Exemplare dieses ungewöhnlichen Modells herstellte. Zahlreiche Maschinen überstanden den Krieg und befinden sich heute in Sammlungen historischer Flugzeuge.

## Technische Daten

**Typ:** einsitziger Rotordrachen.
**Triebwerk:** keines.
**Leistung:** Einsatzgeschwindigkeit 27-40 km/h.
**Gewicht:** ohne Pilot 68 kg.
**Abmessungen:** Rotordurchmesser 7,32 m; Länge 4,42 m; Rotorkreisfläche 42,00 m$^2$.

# Focke-Wulf A5, A7 Storch und A16

## Entwicklungsgeschichte

Das erste erfolgreiche Flugzeug, das Heinrich Focke und Georg Wulf gemeinsam mit ihrem Kollegen Kolthoff entwarfen und bauten, war die **A-5**, ein einsitziger Mitteldecker mit einem 50 PS (37 kW) Argus Motor, der Ende 1912 erstmals flog. Die beiden Konstrukteure dienten während des Ersten Weltkriegs bei den deutschen Fliegertruppen, und ihre Zusammenarbeit wurde nach Kriegsende wieder aufgenommen. Zunächst schufen sie die **A-7 Storch** mit einem Argus Motor, einen zweisitzigen Mitteldecker aus Holz und Stoff mit Tandem-Sitzen, der im November 1921 flog. 1922 wurde die A-7 in einem Sturm beschädigt, dann mit einem 55 PS (41 kW) Siemens Sh.10 Sternmotor erneuert und mit Erfolg Bremer Geschäftsleuten vorgeführt, die daraufhin die Gründung der Focke-Wulf Flugzeugbau AG am 1. Januar 1924 unterstützten. Das erste Modell der neuen Firma war die **Focke-Wulf A 16**, ein drei/viersitziger Passagiertransporter in Holzbauweise mit einem 75 PS (56 kW) Siemens Sh.11 Sternmotor, der erstmals am 23. Juni 1924 von Wulf geflogen wurde. Über 20 Exemplare in vier verschiedenen Varianten wurden gebaut: die **A 16a** mit einem 100 PS (75 kW) Mercedes D.I, die A 16b mit einem 85 PS (63 kW) Junkers L.1a, die **A 16c** mit einem 100 PS (75 kW) Siemens und die **A 16d** mit einem 120 PS (89 kW) Mercedes D.II.

## Technische Daten

**Typ:** leichter Passagiertransporter.
**Triebwerk:** ein 75 PS (56 kW) Siemens Sh.11 Siebenzylinder Sternmotor.
**Leistung:** Höchstgeschwindigkeit 135 km/h; Dienstgipfelhöhe 2.500 m; Reichweite 550 km.
**Gewicht:** Leergewicht 570 kg; max. Startgewicht 970 kg.
**Abmessungen:** Spannweite 13,90 m; Länge 8,50 m; Höhe 2,30 m.

# Focke-Wulf A 17, A 29 und A 38

## Entwicklungsgeschichte

Die 1927 herausgebrachte **Focke-Wulf A 17 Möwe** war eigentlich eine vergrößerte und verbesserte A 16 mit einem geschweißten Stahlrohrrumpf, Sperrholzbeschichtung um die Kabine und hinterer Stoffbespannung sowie Platz für acht Passagiere und eine zweiköpfige Besatzung. Die Holzflügel waren mit Sperrholz beschichtet, und der Prototyp hatte einen 420 PS (313 kW) Gnome-Rhône Jupiter 9Ab Sternmotor ohne Haube. Nach einer Einsatzspanne bei der Norddeutschen Luftverkehr, an die das Modell 1928 geliefert worden war, wurde es von der Lufthansa betrieben, die außerdem zehn der elf Serienexemplare für die Strecken Köln-Berlin und Köln-Nürnberg übernahm. Diese Maschinen hatten eine erweiterte Ruderfläche, und einige waren mit einem 480 PS (358 kW) Siemens-Jupiter Sternmotor bestückt, was zu der neuen Bezeichnung **A 17a** führte. Ein Exemplar mit einem 520 PS (388 kW) Junkers Jumo 5 Dieselmotor trug die Bezeichnung **A 17c**.

## Varianten

**A 26:** eine A 17a nach dem Umbau als Teststand für Triebwerke durch die Deutsche Versuchsanstalt für Luftfahrt in Berlin-Adlershof.
**A 21:** ein Luftbild- und Vermessungsflugzeug mit einer großen Öffnung in der Rumpfseite; 1927 geflogen; ausgerüstet mit einem 450 PS (336 kW) BMW VI Motor.
**A 29:** 1929 stellte Focke-Wulf eine

stärkere Version der A 17 mit einem 650 PS (485 kW) BMW VI Motor vor; vier Exemplare gingen an die Deutsche Luft Hansa und flogen zwischen Berlin und Bern, Paris, Königsberg und Marienbad; ein fünftes Exemplar wurde an die Deutsche Verkehrsfliegerschule verkauft und für die Ausbildung von Zivilpiloten verwendet.
**A 38:** 1931 wurden vier A 38 für die Deutsche Luft Hansa gebaut; die Tragflächen der A 29 wurden mit einem geschweißten Stahlrohrrumpf mit Stoffbespannung für zehn Passagiere, zwei Piloten und einen Funker verbunden; das verstärkte Heckrad-Fahrwerk ersetzte die Spornanlage; das ursprüngliche Triebwerk war ein 400 PS (298 kW) Siemens Jupiter Sternmotor; aber alle vier erhielten später den 500 PS (373 kW) Siemens Sh.20a Sternmotor und die neue Bezeichnung **A 38b**.

**Technische Daten**
**Focke-Wulf A 38**
**Typ:** ein zehnsitziges Passagierflugzeug.
**Triebwerk:** ein 400 PS (298 kW) Siemens Jupiter Neunzylinder Sternmotor.
**Leistung:** Höchstgeschwindigkeit 205 km/h; Dienstgipfelhöhe 3.500 m; Reichweite 750 km.
**Gewicht:** Leergewicht 2.200 kg; max. Startgewicht 4.400 kg.
**Abmessungen:** Spannweite 20,00 m; Länge 15,40 m; Höhe 5,30 m; Tragflügelfläche 62,50 m².

**Die Focke-Wulf A 38 ist ein gutes Beispiel für die deutschen Mittelstreckentransporter der Zeit kurz vor dem revolutionären Auftreten der Douglas DC Baureihe in den frühen 30er Jahren.**

# Focke-Wulf A 20 Habicht

**Entwicklungsgeschichte**
1927 entwarf und entwickelte Heinrich Focke ein neues leichtes Passagierflugzeug mit drei oder vier Sitzen und der Bezeichnung **Focke-Wulf A 20 Habicht**. Das Modell war ein Schulterdecker mit freitragenden Flügeln, einer hölzernen Grundstruktur mit gemischter Sperrholz- und Stoffbeschichtung, einem robusten Heckspornfahrwerk und einem verstrebten Leitwerk; das Triebwerk war ein völlig umschlossener Mercedes-Benz D.IIa Motor.

Der Pilot saß in einem halb geschlossenen Cockpit unmittelbar vor der Vorderkante der Tragflächen; dahinter und unterhalb seiner Position befand sich die geschlossene Kabine für drei oder vier Passagiere, je nach der jeweiligen Treibstoff- oder Ladekapazität.

**Varianten**
**A 20a:** im allgemeinen ähnlich wie die A 20, aber mit einem 200 PS (149 kW) Wright Whirlwind Sternmotor.
**A 23:** Bezeichnung für eine weitere, weitgehend ähnliche Version mit einem 220 PS (164 kW) Bristol Titan Motor.

**Technische Daten**
**Typ:** ein drei/viersitziger leichter Passagiertransporter.
**Triebwerk:** ein 120 PS (89 kW) Mercedes-Benz D.IIa Sechszylinder Reihenmotor.
**Leistung:** Höchstgeschwindigkeit 145 km/h; Dienstgipfelhöhe 3.500 m.
**Gewicht:** Leergewicht 990 kg; max. Startgewicht 1.425 kg.
**Abmessungen:** Spannweite 16,00 m; Länge 10,20 m; Höhe 3,00 m; Tragflügelfläche 32,00 m².

# Focke-Wulf A 32 Bussard

**Entwicklungsgeschichte**
Mit der 1929/30 entworfenen **Focke-Wulf A 32 Bussard**, einem sechssitzigen zivilen Passagierflugzeug, führte die Firma ein im Vergleich zu ihren früheren Modellen praktischeres Eindecker-Flugzeug im allerdings begrenzten Zivilmarkt ein. Das Modell hatte verbesserte und schnittigere Kontouren, ein robustes Fahrwerk, ein neues Leitwerk und einen Junkers L.5 Reihenmotor.

Wie bei den früheren leichten Focke-Wulf Transportern saßen Pilot und Copilot in einer getrennten Kabine unmittelbar vor der Tragflügelvorderkante mit der Passagierkabine hinter und unterhalb ihrer Position. In der A 32 war Platz für sechs Passagiere oder für fünf Sitze und eine Bordtoilette. Einige wenige Bussard wurden für die Deutsche Verkehrsflug gebaut, aber wegen der wirtschaftlichen Rezession von 1930/31 fanden sich keine weiteren Käufer.

**Technische Daten**
**Typ:** ein sechssitziges Passagierflugzeug.
**Triebwerk:** ein 310 PS (231 kW) Junker L.5 Sechszylinder Reihenmotor.
**Leistung:** Höchstgeschwindigkeit 190 km/h; Reisegeschwindigkeit 160 km/h; Dienstgipfelhöhe 3.000 m.
**Gewicht:** Leergewicht 1.465 kg; max. Startgewicht 2.300 kg.
**Abmessungen:** Spannweite 16,00 m; Länge 12,25 m; Höhe 3,25 m; Tragflügelfläche 34,50 m².

# Focke-Wulf A 33 Sperber

**Entwicklungsgeschichte**
Die **Focke-Wulf A 33 Sperber** sah aus wie eine verkleinerte Ausführung des gleichzeitig entwickelten Modells A 32 Bussard und war ein viersitziger Kabineneindecker. Wie die Bussard wurde auch dieser Typ zur unrechten Zeit herausgebracht und hätte außerhalb der Wirtschaftskrise vielleicht einen Verkaufserfolg erzielt; stattdessen wurden 1930 nur wenige Maschinen gebaut.

**Technische Daten**
**Typ:** ein viersitziger Kabinen-Eindecker.
**Triebwerk:** ein 145 PS (108 kW) Walter Mars Neunzylinder Sternmotor.
**Leistung:** Höchstgeschwindigkeit 165 km/h; Reisegeschwindigkeit 145 km/h; Dienstgipfelhöhe 3.000 m.
**Gewicht:** Leergewicht 670 kg; max. Startgewicht 1.120 kg.
**Abmessungen:** Spannweite 12,00 m; Länge 9,65 m; Höhe 3,00 m; Tragflügelfläche 22,00 m².

# Focke-Wulf A 43 Falke

**Entwicklungsgeschichte**
Die 1931 entworfene **Focke-Wulf A 43 Falke** markierte eine Rückkehr zur leichteren Kategorie der Mehrzweck-Flugzeuge. Das Modell war ein abgestrebter Hochdecker mit einer V-Strebe an beiden Seiten und hatte schnittige Kontouren, Tragflächen in Holzbauweise mit gemischter Sperrholz- und Stoffbeschichtung und einen geschweißten Stahlrohrrumpf mit Stoffbespannung. Die breitspurigen Hauptteile des Heckspornfahrwerks hatten sowohl Streben- als auch Radverkleidungen, und der ungewöhnliche Hecksporn hatte einen Hartgummiroller an der Unterseite; dadurch wurde das Rollen sowohl auf harten als auch weichen Rollbahnen erleichtert.

Die Konfiguration der Falke wurde durch ein konventionelles verstrebtes Leitwerk ergänzt, und das Triebwerk war ein zweireihig hängender Argus. Die geschlossene Kabine unter den Tragflächen bot hohen Komfort für den Piloten und zwei Passagiere, und die Belüftungsanlage gab einen kleinen Vorgeschmack auf die komplexen Einrichtungen der Zukunft.

**Technische Daten**
**Typ:** ein dreisitziger Kabinen-Eindecker.
**Triebwerk:** ein 220 PS (164 kW) zweireihig hängender Argus As 10 Achtzylinder.
**Leistung:** Höchstgeschwindigkeit 255 km/h; Reisegeschwindigkeit 215 km/h; Dienstgipfelhöhe 5.100 m; Reichweite 1.050 km.
**Gewicht:** Leergewicht 725 kg; max. Startgewicht 1.125 kg.
**Abmessungen:** Spannweite 10,00 m; Länge 8,30 m; Höhe 2,30 m; Tragflügelfläche 14,00 m².

**Eine Focke-Wulf A 43 eines privaten deutschen Betreibers**

# Focke-Wulf F 19 Ente

**Entwicklungsgeschichte**
Heinrich Focke legte seinen Entwurf eines zweimotorigen Entenflugzeugs der Deutschen Versuchsanstalt für Luftfahrt (DVL) vor, und vor dem Bau eines Prototypen wurden in Göttingen Windkanaltests durchgeführt. Die **Focke-Wulf F 19 Ente** war ein Schulterdecker mit einem mit Stoff bespannten geschweißten Stahlrohrrumpf, der neben dem offenen Cockpit für die beiden Piloten eine kleine zweisitzige Kabine enthielt.

Die Seitenleitflächen waren konventionell, aber das 5,20 m breite Höhenleitwerk war vor dem Cockpit auf Streben aufgesetzt. Das Triebwerk bestand aus zwei 75 PS (56 kW) Siemens Sh.11 Sternmotoren. Georg Wulf war der Pilot beim Erstflug am 2. September 1927. 27 Tage später kam er ums Leben, als während eines Testflugs mit nur einem Motor ein Steuerseil brach und die Ente zu Boden trudelte. Ein zweites Flugzeug mit Siemens Sh.14 Motoren, reduzierter Tragflächenspannweite und Hilfsflügeln außerhalb des Triebwerks wurde Ende 1930 von Cornelius Edzard geflogen. Die Maschine wurde später in das Zivilregister aufgenommen und flog zum Schluß bei der DVL in Berlin-Adlersburg.

**Technische Daten**
**Typ:** Entenflugzeug-Prototyp.
**Triebwerk:** zwei 110 PS (82 kW) Siemens Sh.14 Sternmotoren.
**Leistung:** Höchstgeschwindigkeit 142 km/h; Dienstgipfelhöhe 3.000 m.
**Gewicht:** Leergewicht 1.175 kg; max. Startgewicht 1.650 kg.
**Abmessungen:** Spannweite 10,00 m; Länge 10,53 m; Höhe 4,15 m; Tragflügelfläche 29,50 m².

Focke-Wulf F 19 Ente

# Focke-Wulf FW 44 Stieglitz

**Entwicklungsgeschichte**
Die **Focke-Wulf A 44 (FW 44) Stieglitz** wurde nur durch das erfolgreichste Focke-Wulf Modell, die FW 190, zahlenmäßig übertroffen. Das Stieglitz Schulflugzeug erschien erstmals 1932, und der Prototyp unternahm seinen Erstflug im Spätsommer desselben Jahres; der Pilot war Gerd Achgelis. Das Modell, ein einstieliger Doppeldecker, hatte einen 140 PS (104 kW) Siemens Sh.14a Sternmotor, einen mit Stoff bespannten geschweißten Stahlrohrrumpf und hölzerne Flügel mit Stoff- und Sperrholzbeschichtung.

In der ursprünglichen Ausführung hatte das Modell einige unbefriedigende Flugeigenschaften, die aber nach einem intensiven Testprogramm schnell beseitigt wurden; verantwortlich dafür war Kurt Tank, der im November 1931 von BFW an die Firma übergegangen war und nun die Flugtestabteilungen der Focke-Wulf leitete, während Heinrich Focke begann, sich mit seinen Rotorflugzeugen zu beschäftigen. Die Stieglitz wurde eine bemerkenswerte Kunstflugmaschine, vor allem in den Händen von Achgelis, Emil Kropf und Ernst Udet, und das Modell erhielt Exportaufträge aus Bolivien, Chile, China, der Tschechoslowakei, Finnland, Rumänien, der Schweiz und der Türkei; Lizenzproduktionen wurden in Argentinien, Österreich, Brasilien sowie in Bulgarien und Schweden durchgeführt.

Die Stieglitz wurde außerdem in beträchtlicher Anzahl für die Luftwaffe gebaut, wo sie als Schulflugzeug bis zum Ausgang des Zweiten Weltkriegs diente; außerdem flog das Modell vor dem Krieg bei der Deutschen Verkehrsfliegerschule und dem Deutschen Luftsportverband.

**Varianten**
**FW 44B/E:** zwei weitere Prototypen wurden mit dem 135 PS (101 kW) Argus As 8 Reihenmotor ausgerüstet; einige Maschinen gingen an die Luftwaffe.
**FW 44C/D/F:** wichtigste Serienmodelle mit geringfügigen Veränderungen in der Ausrüstung, alle mit Siemens Sh.14a Motoren.
**FW 44J:** letztes Serienmodell, ebenfalls mit dem Siemens Sh.14a.

**Die Focke-Wulf FW 44C wurde auch außerhalb Deutschlands häufig bei zivilen und militärischen Flugschulen eingesetzt und hatte viel Erfolg bei Kunstflugveranstaltungen.**

**Technische Daten**
**Focke-Wulf FW 44C**
**Typ:** zweisitziges Schulflugzeug.
**Triebwerk:** ein 150 PS (112 kW) Siemens Sh.14a Siebenzylinder Sternmotor.
**Leistung:** Höchstgeschwindigkeit 184 km/h; Reisegeschwindigkeit 172 km/h; Dienstgipfelhöhe 3.900 m; Reichweite 675 km.
**Gewicht:** Leergewicht 525 kg; max. Startgewicht 900 kg.
**Abmessungen:** Spannweite 9,00 m; Länge 7,30 m; Höhe 2,70 m; Tragflügelfläche 20,00 m².

# Focke-Wulf FW 47

**Entwicklungsgeschichte**
Das Wetter-Aufklärungsflugzeug **Focke-Wulf A 47** wurde für den deutschen meteorologischen Dienst entworfen; der Prototyp flog erstmals im Juni 1931 mit dem Piloten Cornelius Edzard. Das Triebwerk bestand aus einem 220 PS (164 kW) Argus As 10 Motor, und die A 47 war ein Hochdecker mit Baldachin-Tragflächen in Holzbauweise und einem mit Stoff bezogenen Stahlrohrrumpf.

Das Modell wurde vom Reichsverband der Deutschen Luftfahrtindustrie (einem Vorläufer des heutigen BDLI) ausgiebig getestet und ab Dezember 1932 im Hamburger Wetterzentrum im Einsatz untersucht. Nach erfolgreicher Durchführung des Programms wurden mehr als 20 Maschinen in Auftrag gegeben, die zwischen 1934 und 1936 ausgeliefert und vom meteorologischen Dienst überall in Deutschland eingesetzt wurden.

**Varianten**
**FW 47C:** erstes Serienmodell mit Funkgerät, modifiziertem hinteren Cockpit mit Windschutzscheibe und einem Argus As 10c Motor.
**FW 47D:** mindestens elf Maschinen wurden zwischen Januar und April 1938 gebaut, alle mit Argus As 10e Motoren; mindestens ein Exemplar wurde mit Skiern ausgerüstet.

**Die FW 47 war speziell zur Wetterbeobachtung entworfen worden und fiel durch ihre großen Tragflächen auf.**

**Technische Daten**
**Focke-Wulf FW 47C**
**Typ:** ein zweisitziges Wetterbeobachtungsflugzeug.
**Triebwerk:** ein 240 PS (179 kW) zweireihig hängender Argus As 10C Achtzylinder.
**Leistung:** Höchstgeschwindigkeit 190 km/h; Dienstgipfelhöhe 5.600 m; Reichweite 640 km.
**Gewicht:** Leergewicht 1.065 kg; max. Startgewicht 1.580 kg.
**Abmessungen:** Spannweite 17,75 m; Länge 10,55 m; Höhe 3,04 m².

# Focke-Wulf FW 56 Stößer

**Entwicklungsgeschichte**
Der erste Focke-Wulf-Entwurf, der von Anfang an der Verantwortung von Kurt Tank unterlag, die Focke-Wulf **FW 56 Stößer**, wurde für eine Spezifikation des Reichsluftfahrtministeriums konzipiert, die ein Fortgeschrittenen-Schulflugzeug mit einem Argus As 10C Motor vorsah. Tanks Entwurf enthielt einen Stahlrohrrumpf mit Metall vorne und Stoffbespannung hinten sowie Tragflächen in Holzbauweise mit Sperrholzbeschichtung bis zum hinteren

Holm und Stoffbespannung bis zur Hinterkante.

Der erste Prototyp (**FW 56a**) flog im November 1933 und zeigte nach ersten Tests Schwächen am Fahrwerk. Daher erhielt die zweite Maschine (**FW 56 V2**) neue Fahrwerkhauptteile. Die V2 hatte außerdem Tragflächen aus Ganzmetall, und man verzichtete auf die ursprüngliche verkleidete Kopfstütze hinter dem Cockpit. Die **FW 56 V3**, die dritte Maschine, flog erstmals im Februar 1934 und hatte ein noch weiter modifiziertes Fahrwerk sowie hölzerne Tragflächen.

Im Sommer 1935 wurde die Stößer in Rechlin im Wettbewerb erprobt und sowohl der Arado Ar 76 als auch der Heinkel He 74 als Fortgeschrittenen-Schulflugzeug der Luftwaffe vorgezogen. Das Modell spielte außerdem eine bedeutende Rolle in der Entwicklung von Ernst Udets Vorstellungen über die Sturzbombertechnik, die später bei den Junkers Ju 87 Stuka Einheiten angewandt wurde.

Ende 1936 flog Udet den zweiten Prototyp in Berlin-Johannisthal, und auf seine Anregung hin erhielt die Maschine je einen Bombenhalter unter den Flügeln, die zusammen sechs 1 kg Rauchbomben tragen konnten. Das Modell wurde auch erfolgreich von Flugkapitän Wolfgang Stein erprobt, und zahlreiche Serienmaschinen wurden für die Fliegerschulen der Luftwaffe bestellt. Österreich und Ungarn bestellten die Stößer ebenfalls, und eine geringe Anzahl ging an Zivilpiloten, unter ihnen auch Gerd Achgelis. Insgesamt wurden etwa 1.000 Exemplare gebaut.

### Varianten

**FW 56A-0:** mit dieser Kennung wurden drei Vorserienmaschinen mit geringfügigen Veränderungen der Tragflächen und der Motorhaube gebaut; die ersten beiden hatten 7,92 mm MG auf dem oberen Rumpfdeck und einen Halter für drei 10 kg Übungsbomben; die dritte hatte ein einzelnes MG 17.

**FW 51A-1:** wichtigstes Serienmodell, mit Vorkehrungen für ein oder zwei MG 17.

**Eine Focke-Wulf FW 56A-1 Stößer der kgl. ungarischen Luftwaffe, die 18 Exemplare dieses Typs für die Fortgeschrittenen-Schulung von Kampfpiloten einsetzte.**

### Technische Daten
**Focke-Wulf FW 56A-1**

**Typ:** einsitziges Fortgeschrittenen-Schulflugzeug.
**Triebwerk:** ein 240 PS (179 kW) zweireihig hängender Argus As 10c Achtzylinder.
**Leistung:** Höchstgeschwindigkeit 278 km/h in Meereshöhe; Dienstgipfelhöhe 6.200 m; Reichweite 400 km.
**Gewicht:** Leergewicht 695 kg; max. Startgewicht 955 kg.
**Abmessungen:** Spannweite 10,50 m; Länge 7,70 m; Höhe 3,55 m; Tragflügelfläche 14,00 m$^2$.
**Bewaffnung:** zwei 7,92 mm MG 17.

# Focke-Wulf FW 58 Weihe

### Entwicklungsgeschichte

Die **Focke-Wulf FW 58 Weihe** wurde in zahlreichen Exemplaren von der Luftwaffe als Besatzungsschulflugzeug, leichter Transporter und Verbindungsflugzeug eingesetzt. Das Modell hatte einen geschweißten Stahlrohrrumpf mit gemischter Metall- und Stoffbeschichtung sowie abgestrebte Tiefdeckerflügel mit Stoffbespannung hinter dem Hauptholm. Unter den Flügelwurzeln waren zwei Argus As 10C Motoren montiert, und die Fahrwerk-Hauptteile ließen sich in den hinteren Teil der beiden Motorgondeln einziehen.

Der erste Prototyp (**FW 58 V1**) flog erstmals im Sommer 1935 als sechssitziger Transporter, gefolgt vom zweiten Prototyp (**FW 58 V2**) mit zwei offenen Schützenpositionen, bewaffnet mit je einem 7,92 mm MG 15 Maschinengewehr im Bug und hinter dem Cockpit. Der vierte Prototyp (**FW 58 V4**) hatte einen aerodynamisch klarer strukturierten Rumpf mit einem verglasten Bug für ein MG 15 und war der Vorläufer des ersten

**Focke-Wulf FW 58B der Bomberstaffel 1/B des Bombergeschwaders des Fliegerregiments 2, Österreich 1938**

Serienmodells **FW 58B**. Zu den ausländischen Betreibern der Weihe gehörten Argentinien, Bulgarien, China, Ungarn, Holland, Rumänien und Schweden. Insgesamt wurden 1.350 Exemplare hergestellt.

### Varianten

**FW 58B-1:** Serienmaschinen für die Luftwaffe, für Schulung, Verbindungsflüge und Verwundetenevakuierung eingesetzt.

**FW 58B-2:** Ausführung mit verglastem Bug und 7,92 mm MG 15 für Schützenausbildung; 25 Exemplare wurden unter Lizenz von der Fabrica de Galleao in Brasilien gebaut.

**FW 58W:** Wasserflugzeugausführung mit zwei Schwimmern.

**FW 58C:** wichtigstes Serienmodell, 1938 eingeführt; mit entweder Argus As 10C oder 260 PS (194 kW) Hirth HM508D Motoren; u.a. wurden 1938/39 je vier Maschinen dieser beiden Ausführungen für die Deutsche Lufthansa produziert.

### Technische Daten
**Focke-Wulf FW 58B-1**

**Typ:** leichter Transporter.
**Triebwerk:** zwei 240 PS (179 kW) Argus As zweireihig hängende 10C Achtzylinder.
**Leistung:** Höchstgeschwindigkeit 270 km/h; Dienstgipfelhöhe 5.600 m; Reichweite 800 km.
**Gewicht:** Leergewicht 2.400 kg; max. Startgewicht 3.600 kg.
**Abmessungen:** Spannweite 21,00 m; Länge 14,00 m; Höhe 3,90 m; Tragflügelfläche 47,00 m$^2$.
**Bewaffnung:** ein 7,92 mm MG 15 Maschinengewehr.

# Focke-Wulf FW 61/Fa 61

### Entwicklungsgeschichte

Heinrich Focke sammelte seine Erfahrungen mit Rotorflugzeugen vor allem bei der Lizenzproduktion der Cierva C.19 und C.30 Autogyros, die ihn schließlich zur Entwicklung des Hubschraubers **Focke-Wulf FW 61** anregte. Der Rumpf war ähnlich wie der eines leichten Flugzeugs und war mit einem 160 PS (119 kW) Bramo Sh.14A Sternmotor ausgerüstet, der im Bug angebracht war und in erster Linie zwei auf Auslegern montierte gegenläufige Dreiblatt-Rotoren antreiben sollte; der Motor trieb darüber hinaus auch einen konventionellen Propeller mit kleinem Durchmesser für die Motorkühlung an.

Die Richtungsänderungen erfolgten sowohl über identische wie auch getrennte Einstellwinkelveränderungen der Rotorblätter.

Die Vertikalsteuerung wurde durch die Veränderung der Drehzahl mit Hilfe des Drosselhebels erzielt, wohingegen es heute üblich ist, den Einstellwinkel zu verändern und die Drehzahl beizubehalten.

Nach dem Jungfernflug am 26. Juni 1936, dessen Dauer gewöhnlich mit 28 Sekunden angegeben wird, obwohl Heinrich Fockes Logbuch 45 Sekunden angibt, durchlief der FW 61 Prototyp sein erstes Entwicklungsprogramm und stellte dann eine Reihe von Weltrekorden auf. Am 25. Juni 1937 flog Ewald Rohlfs den Hubschrauber auf eine Höhe von 2.440 m und blieb 1 Stunde 20 Minuten und 49 Sekunden lang in der Luft. Am nächsten Tag erzielte er einen Streckenrekord über eine Strecke

**Der kleine Propeller der Focke-Wulf FW 61 diente lediglich zur Kühlung des in der Nase untergebrachten Sternmotors. Die sich gegenläufig drehenden Rotoren wurden über eine Welle angetrieben, die in der mittleren der drei Röhren untergebracht ist, die hinter dem Motor in den Rumpf münden.**

von 16,40 km, mit 122,55 km/h einen Geschwindigkeitsrekord und mit 80,60 km einen Rekord über einen geschlossenen Rundkurs.

Der vielleicht aufsehenerregendste Flug wurde im Februar 1938 von Hanna Reitsch in der Deutschlandhalle durchgeführt. Diese Errungenschaften bewogen die Deutsche Lufthansa dazu, eine Passagier-Version dieses Hubschraubers zu bestellen, was zum Fa 223 und Fa 266 führte. Inzwischen hatte Heinrich Focke die neue Focke-Achgelis & Co. GmbH gegründet, um sich ganz auf Rotorflugzeuge konzentrieren zu können; daher die Änderung in der Bezeichnung von FW 61 zu **Fa 61**.

### Technische Daten
**Focke-Wulf FW 61**
**Typ:** einsitziger experimenteller Hubschrauber.
**Triebwerk:** ein 160 PS (119 kW) Bramo Sh.14A Siebenzylinder Sternmotor.
**Leistung:** Höchstgeschwindigkeit 112 km/h in Meereshöhe; Reisegeschwindigkeit 100 km/h; Dienstgipfelhöhe 2.620 m; Reichweite 230 km.
**Gewicht:** Leergewicht 800 kg; max. Startgewicht 950 kg.
**Abmessungen:** Rotordurchmesser je 7,00 m; Länge 7,30 m; Höhe 2,65 m; Rotorkreisfläche 76,97 m².

# Focke-Wulf FW 159

**Focke-Wulf FW 159 V2. Das Modell sah durch die Baldachin-Konstruktion der Tragflächen und die einziehbaren Fahrwerkhauptteile etwas seltsam aus.**

### Entwicklungsgeschichte
1934 gab das Reichsluftfahrtministerium eine Spezifikation für einen einsitzigen Kampf-Eindecker heraus, der auf den Junkers Jumo 210 Motor abgestimmt werden sollte. Focke-Wulf schlug die **Focke-Wulf FW 159** vor, eigentlich eine vergrößerte FW 56 Stößer mit einziehbarem Fahrwerk, einem modifizierten Leitwerk und einem geschlossenen Cockpit. Der Rumpf war eine Duraluminium-Schalenstruktur, und die Baldachin-Tragflächen hatten die gleiche Ganzmetallbauweise.

Das ungewöhnlichste Kennzeichen war das einziehbare Fahrwerk, dessen Hauptbeine sich zusammenschoben und senkrecht in den Rumpf eingezogen werden konnten; dadurch tauchten während des gesamten Testprogramms der Maschine immer wieder Probleme auf. Als Flugkapitän Wolfgang Stein im Sommer 1935 zum Jungfernflug des ersten Prototypen abhob, ließ sich das Fahrwerk zwar einziehen, aber am Ende des 30minütigen Flugs konnte es nicht wieder vollständig ausgefahren werden und brach bei der Landung ab; das Flugzeug ging dabei zu Bruch, aber der Pilot blieb unverletzt.

Ein zweiter, mit dem Jumo 210A Motor bestückter Prototyp erhielt ein verstärktes Fahrwerk, ein dritter flog mit einem 640 PS (477 kW) Jumo 210B und zwei 7,92 mm MG 17 Maschinengewehren und sollte eine 20 mm MG FF Kanone erhalten, die durch die Propellerhaube feuern konnte. Die vier miteinander rivalisierenden Entwürfe wurden im Frühjahr 1936 bei Travemünde getestet, und die FW 159 und Arado Ar 80 schieden aus; nur die Messerschmitt Bf 109 und Heinkel He 112 blieben übrig. Die beiden noch erhaltenen FW 159 wurden bis 1938 zu Testzwecken verwendet; der zweite Prototyp erhielt im Sommer 1937 einen 730 PS (544 kW) Jumo 210G Motor.

### Technische Daten
**Typ:** einsitziger Prototyp.
**Triebwerk:** ein 610 PS (455 kW) Junkers Jumo 210A zweireihig hängender Zwölfzylinder.
**Leistung:** Höchstgeschwindigkeit 385 km/h; Dienstgipfelhöhe 7.200 m; Reichweite 650 km.
**Gewicht:** Leergewicht 1.875 kg; max. Startgewicht 2.250 kg.
**Abmessungen:** Spannweite 12,40 m; Länge 10,00 m; Höhe 3,75 m.
**Bewaffnung:** zwei 7,92 mm MG 17 Maschinengewehre.

# Focke-Wulf FW 187 Falke

**Eine Focke-Wulf FW 187A-0 der Industrie-Schutzstaffel im Winter 1940/41**

### Entwicklungsgeschichte
Kurt Tanks Vorschlag für das einsitzige Kampfflugzeug **Focke-Wulf FW 187 Falke** entstand 1936 als privates Projekt für ein Modell mit zwei Exemplaren des damals entwickelten Daimler Benz DB 600 Motors. Das Reichsluftfahrtministerium wurde überredet, die Herstellung des Modells zu sanktionieren, und der detaillierte Entwurf wurde Tanks Assistenten, Obering. R. Blaser, überlassen. Die FW 187 war in Ganzmetallbauweise und besaß einen ungewöhnlich schlanken Rumpf mit einem Cockpit, das so klein war, daß einige Instrumente an den Innenbordteilen der Motorenhauben untergebracht werden mußten, wo der Pilot sie sehen konnte.

Die vorgesehenen DB 600 Motoren waren nicht in ausreichender Zahl vorhanden, und die Zustimmung des RLM hing von der Verwendung des Jumo 210 als Ersatztriebwerk ab. Mit diesen Motoren unternahm der erste Prototyp (**FW 187 V1**) seinen Jungfernflug im späten Frühjahr 1937 mit Flugkapitän Hans Sander als Testpilot. Die 680 PS (507 kW) des Jumo 210 Da lagen weit unter der Triebkraft des DB 600 Motors, aber die Maschine brachte es immerhin auf die beachtliche Geschwindigkeit von 523 km/h, verglichen mit den erwarteten 560 km/h mit dem geplanten Triebwerk.

Während der ersten Tests wurden verschiedene Veränderungen vorgenommen: die Junkers-Hamilton Verstellpropeller wurden durch VDM Propeller ersetzt, und die Fahrwerkhauptbeine erhielten Zwillingsräder; später wurde zu beiden Seiten des Cockpits je ein 7,92 mm MG 17 maschinengewehr montiert. Der im Sommer 1937 geflogene zweite Prototyp (**FW 187 V2**) war ähnlich, hatte aber Jumo 210G Motoren und ein Ruder mit verkürztem Profil.

Das dritte Exemplar, die **FW 187 V3**, wurde auf Wunsch von Ernst Udet als zweisitziger Abfangjäger gebaut, was eine Veränderung der Rumpfstruktur und längere Triebwerkträger sowie neue Motorengondeln nötig machte. Mit zwei 20 mm MG FF Kanonen flog die Maschine erstmals im Frühjahr 1938, gefolgt von zwei ähnlichen Maschinen im Sommer und Herbst des Jahres.

Alle drei Flugzeuge hatten Klappen über die volle Spannweite. Obwohl der erste Prototyp am 14. Mai 1938 zerstört wurde, wurde das Programm fortgesetzt, und Focke-Wulf erhielt zwei 1.000 PS (746 kW) DB 600A Motoren für die **FW 187 V6**, den sechsten Prototyp, der eine Höchstgeschwindigkeit von 636 km/h erreichte. Drei Vorserienexemplare mit der Bezeichnung **FW 187A-0** wurden gebaut, die mit je vier MG 17 und zwei MG FF bewaffnet waren und im Sommer 1940 bei

**Die drei Vorserienexemplare der FW 187A-0 dienten zur Verteidigung der Focke-Wulf Werke in Bremen als Tagjäger.**

der Verteidigung der Focke-Wulf Fabrik in Bremen verwendet wurden. Im Winter dienten sie inoffiziell bei der 13. (Zerstörer) Staffel des JG 77 in Norwegen.

### Technische Daten
**Focke-Wulf FW 187A-0**
**Typ:** einsitziger Tagjäger.
**Triebwerk:** zwei 700 PS (522 kW) Junkers Jumo 210G zweireihig hängende Zwölfzylinder.
**Leistung:** Höchstgeschwindigkeit 529 km/h in 1.000 m Höhe; Dienstgipfelhöhe 10.000 m.
**Gewicht:** Leergewicht 3.700 kg; max. Startgewicht 5.000 kg.
**Abmessungen:** Spannweite 15,30 m; Länge 11,10 m; Höhe 3,85 m; Tragflügelfläche 30,40 m².
**Bewaffnung:** vier 7,92 mm MG 17 Maschinengewehr und zwei 20 mm MG FF Kanonen.

# Focke-Wulf FW 189 Uhu

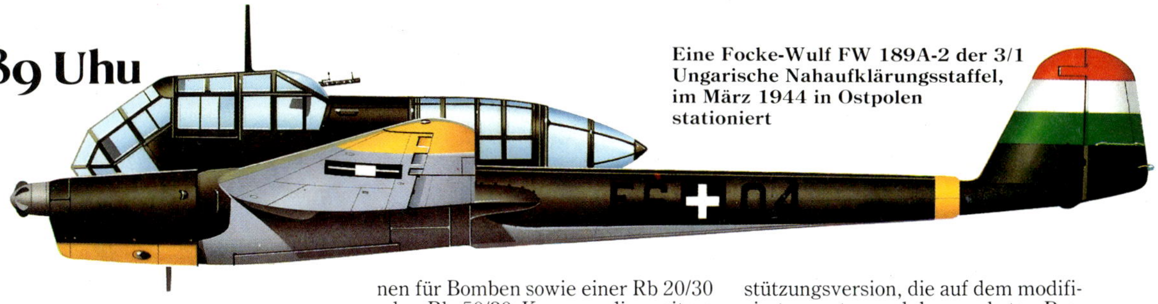

Eine Focke-Wulf FW 189A-2 der 3/1 Ungarische Nahaufklärungsstaffel, im März 1944 in Ostpolen stationiert

## Entwicklungsgeschichte

Im Februar 1937 wurde eine Spezifikation des Reichsluftfahrtministeriums für einen Nahaufklärer an Arado, Hamburger Flugzeugbau und Focke-Wulf übermittelt. Kurt Tank entwarf daraufhin die **Focke-Wulf FW 189 Uhu**, einen selbsttragenden Tiefdecker in Ganzmetallbauweise mit weitgehend verglastem Flugdeck und doppelten Leitwerksträgern. Die Haupträder ließen sich nach hinten in die Leitwerksträger einfahren. Der Besatzungraum bot Platz für den Piloten, einen Navigator/Funker und den Schützen/Ingenieur. Das Triebwerk des Prototypen bestand aus zwei 430 PS (321 kW) Argus As 410.

Der Bau dieses Flugzeugs begann im April 1937, und beim Erstflug im Juli 1938 saß der Konstrukteur, Prof. Kurt Tank, am Steuerknüppel. Die **FW 189 V2**, der zweite Prototyp, flog im August und war mit drei 7,92 mm MG 15 Maschinengewehren bewaffnet. Dazu kamen zwei starre MG 17 in den Flügelwurzeln und vier Flügelstationen für je eine 50 kg Bombe. Ein dritter, unbewaffneter Prototyp, **FW 189 V3**, flog im September. Die Argus-Verstellpropeller wurden mit Hilfe von Druckluft angetrieben.

Der Vertrag über die Entwicklung des Modells wurde nach dem Erstflug eines vierten Prototyps abgeschlossen, eines Vorläufers des Serienmodells **FW 189A** mit zwei Argus As 410A-1 Motoren und nur zwei MG 15 Maschinengewehren. Der fünfte Prototyp repräsentierte das geplante **FW 189B** Schulflugzeug mit Doppelsteuerung.

Noch fundamentaler war der Neuentwurf beim ersten Prototyp, der im Frühjahr 1939 noch einmal flog, jetzt mit der neuen Bezeichnung **FW 189 V1b**; die Besatzungszelle war durch ein winziges Cockpit mit zwei Sitzen ersetzt worden, das auf dem Flügelmittelstück angebracht war und fast ganz aus Panzerplatten bestand (das Modell war als Erdkampfjäger konzipiert. Insgesamt wurden 864 Exemplare hergestellt.

## Varianten

**FW 189A-0:** zehn Vorserienexemplare, die 1940 in Bremen gebaut und zum Teil an die 9.(H)/LG2 für Einsatztests ausgeliefert wurden.

**FW 189A-1:** erste Serienausführung mit einem beweglichen MG 15 Maschinengewehr in Rücken- und Heckposition, je einem MG 17 in den Flügelwurzeln und vier Flügelstationen für Bomben sowie einer Rb 20/30 oder Rb 50/30 Kamera; die weitere Entwicklung umfaßte die **FW 189A-1/Trop** mit Wüsten-Notausrüstung und die VIP Transporter **FW 189A-1/U2** und **FW 189A-1/U3**, die von Kesselring und Jeschonnek verwendet wurden.

**FW 189A-2:** vom 9. Prototyp her entwickelt, mit zwei 7,92 mm MG 81Z anstelle der beweglichen MG 15; 1942 eingeführt.

**FW 189A-3:** zweisitziges Schulflugzeug mit Doppelsteuerung, in geringen Zahlen gebaut.

**FW 189A-4:** Ende 1942 eingeführt; ein leichter Erdkampfjäger mit 20 mm MG 151/20 Kanonen in den Flügelwurzeln und Panzerplattenschutz für die Rumpfunterseite, die Motoren und die Tanks.

**FW 189B:** vom 5. Prototyp her entwickelt; drei **FW 189B-0** und zehn fünfsitzige **FW 189B-1** Besatzungsschulflugzeuge gingen der FW 189A voraus; einige davon dienten als umgebaute Schulflugzeuge bei der 9.(H)/LS 2 im Frühjahr und Sommer 1940.

**FW 189C:** geplante Luftnahunterstützungsversion, die auf dem modifizierten ersten und dem sechsten Prototyp basierte; die Entwicklung wurde zugunsten der Henschel Hs 129 abgebrochen.

**FW 189D:** geplantes Schulflugzeug mit Doppelschwimmern; der 7. Prototyp wurde FW 189B-0 genannt.

**FW 189E:** geplante Version mit zwei 700 PS (522 kW) Gnome-Rhône 14M Sternmotoren; ein in Frankreich gebautes, modifiziertes Flugwerk einer FW 189A-1, unter Benutzung von Entwürfen, die SNCASO in Chatillon-sur-Seine erstellte; bei der Überführung nach Deutschland zur Untersuchung stürzte die Maschine bei Nancy in Nordfrankreich ab.

**FW 189F:** in den Ausführungen **FW 189F-1** und **FW 189F-2** produziert, erstere mehr oder weniger eine Nachbildung der FW 189A-2 mit neuem Motor bzw. eine Version mit elektrisch betriebenem Fahrwerk, erhöhter Treibstoffkapazität und zusätzlichen Panzerplatten; beide Ausführungen hatten zwei 580 PS (433 kW) Argus As 411MA-1 Motoren.

## Technische Daten

**Focke-Wulf FW 189A-1**

**Typ:** zweisitziger Nahaufklärer.

**Triebwerk:** zwei zweireihig hängende 465 PS (347 kW) Argus As 410A-1 Zwölfzylinder.

**Leistung:** Höchstgeschwindigkeit 335 km/h; Reisegeschwindigkeit 315 km/h; Dienstgipfelhöhe 7.000 m; Reichweite 670 km.

**Gewicht:** Leergewicht 2.805 kg; max. Startgewicht 3.950 kg.

**Abmessungen:** Spannweite 18,40 m; Länge 12,03 m; Höhe 3,10 m; Tragflügelfläche 38,00 m$^2$.

**Bewaffnung:** zwei bewegliche 7,92 mm MG 15, zwei 7,92 mm MG 17, vier 50 kg Bomben.

Die FW 189 Uhu wich von der herkömmlichen Konfiguration der taktischen Aufklärer ab. Sie verfügte über zwei Motoren und doppelte Leitwerksträger.

# Focke-Wulf FW 190

## Entwicklungsgeschichte

Die **Focke-Wulf FW 190**, die von den Piloten generell als ein Flugzeug betrachtet wurde, das dem anderen wichtigen Luftwaffe-Jäger des Zweiten Weltkriegs, der Messerschmitt Bf 109, überlegen war, wurde im Rahmen eines Auftrages entwickelt, den das Reichsluftfahrtministerium im Herbst 1937 erteilt hatte. Kurt Tank reichte zwei Vorschläge ein, von denen der eine von einem flüssigkeitsgekühlten Daimler Benz DB 601 und der andere von dem damals neuen, luftgekühlten BMW 139 Sternmotor angetrieben wurde. Man entschied sich für den Sternmotor, und die Detailkonstruktion begann im Sommer 1938 unter der Leitung von Obering. R. Blaser. Der selbsttragend konstruierte Tiefdecker-Prototyp **FW 190 V1** rollte im Mai 1939 aus der Halle und absolvierte mit Flugkapitän Hans Sander am Steuer am 1. Juni 1939 in Bremen seinen Jungfernflug. Eine zweite Maschine, die **FW 190 V2**, flog im Oktober 1939 und war mit zwei 13 mm MG 131 und zwei 7,92 mm MG 17 Maschinengewehren bewaffnet. Beide Maschinen waren mit großformatigen Propellerhauben ausgerüstet, die den Luftwiderstand verringern sollten; es ergaben sich jedoch Überhitzungsprobleme; deshalb wurde eine NACA-Motorverkleidung angebracht. Bevor jedoch der erste Prototyp geflogen wurde, kam die Entscheidung, den BMW 139 durch den stärkeren, aber auch längeren und schwereren BMW 801 zu ersetzen. Dadurch wurden eine Reihe wesentlicher Änderungen erforderlich, darunter auch strukturelle Verstärkungen und eine Verlegung des Cockpits weiter nach hinten. Der dritte und vierte Prototyp wurde nicht produziert, und die **FW 190 V5** mit dem neuen Motor wurde Anfang 1940 fertiggestellt. Später im gleichen Jahr wurde das Flugzeug mit einer Tragfläche ausgestattet, die gegenüber den ursprünglichen 9,50 m eine um 1,00 m größere Spannweite hatte; obwohl diese **FW 190 V5g** rund 10 km/h langsamer war, war sie besser zu manövrieren und hatte auch eine bessere Steigfähigkeit als die Version mit der kurzen Spannweite, die nun **FW 190 V5K** genannt wurde. Von einer Vorserie der **FW 190A-0** Maschinen hatten die ersten sieben den Originalflügel und der Rest die größere Spannweite. Im Februar 1941 wurden die ersten Flugzeuge an das Erprobungskommando 190 in Rechlin-Roggenthin zur Einsatzerprobung ausgeliefert und im März richtete sich das Jagdgeschwader 26 auf die Einführung des neuen Jägers bei der Luftwaffe ein. Die erste Jagdstaffel, die 6./JG 26 in Le Bourget, wurde im August 1941 mit diesem Typ ausgerüstet, und als sich bald darauf die ersten Kämpfe zwischen den FW 190 und den Supermarine Spitfire ergaben, stellte sich sofort die Überlegenheit der deutschen Flugzeuge über die Spitfire heraus.

Dies war der Anfang eines langen und erfolgreichen Fronteinsatzes, an dem fast 20.000 Flugzeuge beteiligt waren, die in vielen Versionen von Focke-Wulf in Tutow/Mecklenburg, Marienburg, Cottbus, Sorau/Schlesien, Neubrandenburg und Schwerin sowie bei Ago in Oschersleben, Arado in Brandenburg und Warnemünde, bei Fieseler in Kassel, Dornier in Wismar und von Weserflugzeugbau produziert wurden. Außerdem wurden 1945 vierundsechzig FW 190 A-8 als NC.900 von SNCAC in Frankreich gebaut.

## Varianten

**FW 190 A-1:** zunächst wurden 100 Maschinen bestellt, die vom 1.660 PS (1.238 kW) BMW 801 C-1 Sternmotor angetrieben wurden, den Flügel mit größerer Spannweite sowie ein FuG 7a Funkgerät hatten; die Bewaffnung bestand aus vier 7,92 mm MG 17 Maschinengewehren, was sich als nicht ausreichend erwies.

**FW 190 A-2:** nachdem in einem Prototyp zwei MG 17 über dem Motor und zwei 20 mm MG FF Kanonen in den Flügelwurzeln montiert worden waren, wurde diese Version mit

Eine Focke-Wulf FW 190D-9 im Jahre 1944 mit einem 300 l Zusatztank.

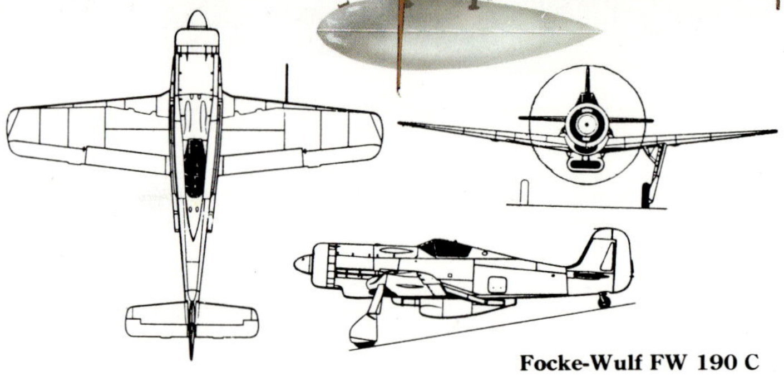

Focke-Wulf FW 190 C

einer ähnlichen Bewaffnung eingeführt, die oft noch durch zwei MG 17 in den äußeren Flügelteilen verstärkt wurde; als Triebwerk diente der verbesserte BMW 801C-2 Motor.
**FW 190 A-3:** bei dieser Version waren die MG FF Kanonen in die äußeren Flügelteile verlegt, und an ihrer Stelle wurden schneller feuernde MG 151 montiert; die FW 190 A-3, die im Herbst 1941 eingeführt wurde, hatte als Triebwerk den 1.800 PS (1.342 kW) BMW 801Dg-Motor; zu den Umbauversionen gehörte die Version zur Luftnahunterstützung.
**FW 190 A-3/U1** und **FW 190 A-3/U3** sowie der Jagdaufklärer **FW 190 A-3/U4**; bei diesen Umrüstungen wurde normalerweise die Außenbord MG FF-Kanone demontiert und Rb-12-Kameras bzw. ETC 500-Bombenaufhängungen montiert.
**FW 190 A-4:** die Auslieferung dieser Version begann im Sommer 1942; sie hatte ein FuG 16Z Funkgerät mit einem an der Heckflosse angebrachten Antennenmast, und ihr BMW 801D-2 Motor hatte eine MW-50 Wasser-Methanol-Einspritzung, mit der die Leistung kurzzeitig auf 2.100 PS (1.566 kW) gesteigert werden konnte, was die Höchstgeschwindigkeit auf 670 km/h in 6.400 m Höhe anhob; die **FW 190 A-4/Trop** hatte Tropenfilter für den Einsatz auf dem Mittelmeer-Kriegsschauplatz und führte auch eine 250 kg Bombe unter dem Rumpf mit; bei der **FW 190 A-4/R6** fiel die MW-50 Einspritzung weg, und diese Maschine konnte unter den Flügeln zwei WGr.21 Werfer- Granaten Kal. 21 cm tragen; die starre Bewaffnung war bei der **FW 190 A-4/U8** auf zwei MG 151-Kanonen beschränkt und die Maschine konnte als Jabo-Rei (Jagdbomber mit verlängerter Reichweite) neben je einem 300 l Abwurftank unter den Flügeln auch eine 500 kg-Bombe unter dem Rumpf mitführen.
**FW 190 A-5:** bei ihrer Einführung Anfang 1943 hatte diese Version eine neue Motoraufhängung, die den Motor um fast 15 cm nach vorn verlegte; diese Version wurde für vielfältige Aufgaben eingesetzt und zu den Unterversionen der FW 190 A-5 gehörte auch die **FW 190 A-5/U2** mit Flammendämpfung für Nachteinsätze, zwei MG 151/20 Kanonen, eine ETC 501-Bombenaufhängung unter dem Rumpf und zwei 300 l Abwurftanks; die ähnlich ausgelegte **FW 190 A-5/U3** konnte unter dem Rumpf eine 500 kg-Bomben sowie zwei 115 kg-Bombe sowie zwei 115 kg-Bomben unter den Flügeln tragen, und die **FW 190 A-5/U4** hatte zwei Rb 12-Kameras für Aufklärungseinsätze; die Jagdbomber-Versionen umfaßten die **FW 190 A-5/U6**, Jabo-Rei **FW 190 A-5/U8** und die **FW 190 A-5/U9** Zerstörer, während die Schlachtflugzeuge **FW 190 A-5/U11** unter jedem Flügel eine 30 mm MK 103-Maschinenkanone trugen; der **FW 190 A-5/U12** Zerstörer hatte als starre Bewaffnung zwei MG 151/20-Kanonen und zwei MG 17 plus zwei WB 151A Gondeln, jede mit zwei MG 151/20; Torpedoträger, die jeweils ein LT F5B bzw. LT 950 transportieren konnten, trugen die Bezeichnungen **FW 190 A-5/U14** und **FW 190 A-5/U15**; bei der **FW 190 A-5/U16** war eine 30 mm MK 108-Kanone im äußeren Flügel Standardausrüstung.
**FW 190 A-6:** kam im Juni 1943 heraus und stammte von der Experimentalmaschine **FW 190 A-5/U10** ab; diese Version brachte einen neuen, leichteren Flügel mit Platz für vier 20 mm MG 151/20-Kanonen; der **FW 190 A-6R1** Zerstörer hatte sechs 20 mm MG 151/20-Kanonen, der **FW 190 A-6/R2** Zerstörer eine 30 mm MK 108 in einer äußeren Flügelposition, und die **FW 190 A-6/R3** hatte zwei MK 103 unter den Flügeln; der **FW 190 A-6/R6** Pulk-Zerstörer war mit WGr.21 Werfer-Granaten ausgestattet.
**FW 190 A-7:** diese Version ging im Dezember 1943 in Serie und war der FW 190 A-6 ähnlich, hatte jedoch anstelle der am Triebwerk montierten 7,92 mm MG 17 13 mm MG 131.
**FW 190 A-8:** bei dieser Grundversion waren die internen Treibstofftanks um 114 l vergrößert, und die Versionen entsprachen denen, die unter der FW 190 A-6-Bezeichnung produziert wurden; weiterhin wurden der **FW 190 A-8/R7** Rammjäger mit einem gepanzerten Cockpit gebaut, sowie die **FW 190 A-8/R11**, ein Allwetterjäger mit beheiztem Kabinendach und PKS 12 Funknavigationsgerät; die **FW 190 A-8/U1** flog erstmals am 23. Januar 1944 und war eine zweisitzige Schulflugzeug-Umrüstung, während die **FW 190 A-8/U3** die Führungsmaschine in der FW 190/Ta 154 Mistel Kombination war.
**FW 190B:** im Rahmen des Programms zur Verbesserung der Höhenflugleistung wurden drei FW 190 A-1 auf verschiedene Weise umgebaut; die erste (**FW 190 V13**) erhielt Flügel mit größerer Fläche, eine Druckkabine und ihr BMW 801D-2 Motor hatte zur Leistungssteigerung ein GM-1-System; die beiden anderen Maschinen (**FW 190 V16** und **FW 190 V18**) waren ähnlich, hatten jedoch Standard-Flügel und waren mit zwei MG 17 Maschinengewehren und zwei MG 151/20 Kanonen ausgerüstet; der Daimler-Benz DB 603 V-12 Motor mit Ringkühler wurde dann durch den Sternmotor ersetzt, und die weitere Entwicklung dieses Typs konzentrierte sich auf die ähnliche FW 190 C.
**FW 190 C:** einige wenige Maschinen wurden zur Erprobung gebaut, die 1.750 PS (1.304 kW) Daimler-Benz DB 603 Motoren und entweder von der Deutschen Versuchsanstalt für Luftfahrt (DVL) entwickelte TK11- oder Hirth 2281 Turbolader in großen Bauchverkleidungen hatten, denen die Maschinen den Spitznamen 'Känguruh' verdankten; die Weiterentwicklung wurde zugunsten der FW 190 D-9 eingestellt.
**FW 190 D-9:** Ende 1943 wurden mehrere FW 190 A-7 mit Junkers Jumo 213A-Motoren zu **FW 190 D-0** Prototypen für die FW 190 D-9 umgebaut, wobei wegen des Motors ein 50 cm langer Ansatz am hinteren Rumpf notwendig war, um den um 60 cm längeren Bug auszugleichen; aus dem gleichen Grund wurde auch die Fläche der Heckflosse vergrößert. Die weithin als 'Langnasen-Dora' oder als 'Dora 9' bekannte FW 190 D-9 war mit zwei flügelmontierten MG 151/20-Kanonen und zwei MG 131 oberhalb ihres Motors bewaffnet und hatte die MW 50 Wasser-Methanoleinspritzung, um im Notfall die Motorleistung auf 2.240 PS (1.670 kW) zu erhöhen; ein 300 l Abwurftank bzw. eine 250 kg-Bombe konnten ebenfalls an Aufhängungen unter jedem Flügel angebracht werden; die späteren Maschinen erhielten Kuppel-Kabinendächer, wie sie schon zuvor bei der FW 190 F eingeführt worden waren.
**FW 190 D-10:** zwei FW 190 D-9 Flugwerke wurden mit dem Jumo 213C Motor auf diesen Standard umgerüstet, wobei eine durch die Propellerhaube feuernde 30 mm MK 108 Kanone die beiden MG 131 Maschinengewehre ersetzte.
**FW 190 D-11 Schlachtflugzeug:** sieben Prototypen mit Jumo 213F Motoren, zwei MG 151/20 Kanonen in den Flügelwurzeln und zwei Mk 108 in den äußeren Flügelsektionen.
**FW 190 D-12:** sowohl Abfangjäger als auch Schlachtflugzeug, mit der am Motor montierten MK 108 und zwei MK 151/20 in den Flügeln sowie mit zusätzlicher Panzerung für den Motor.
**FW 190 D-13:** der D-12 ähnlich, jedoch mit einer MG 151/20 anstelle der MK 108 Kanone.
**FW 190 E:** vorgeschlagener Jagdaufklärer, Entwicklung eingestellt.
**FW 190 F-1:** Vorgänger der FW 190 D und Entwicklung als Schlachtflugzeug, das Anfang 1943 eingeführt wurde; die FW 190 F-1 beruhte auf der FW 190 A-4, wobei der Motor und das Cockpit eine zusätzliche Panzerung erhielten, die 20 mm Kanone ausgebaut und eine ETC 501 Bombenhalterung unter dem Rumpf montiert wurde.
**FW 190 F-2:** beruhte auf der FW 190 A-5, hatte jedoch das Kuppel-Kabinendach.
**FW 190 F-3:** Weiterentwicklung des FW 190 A-6 Flugwerks; diese Variante konnte unter dem Rumpf einen 300 l Abwurftank oder eine 250 kg-Bombe tragen und hatte in den Versionen **FW 190 F-3/R1** und **FW 190 F-3/R3** unter den Flügeln vier ETC 50 Bombenhalterungen bzw. zwei 30 mm MK 103 Kanonen.
**FW 190 F-8:** beruhte auf der FW 190 A-8 mit zwei am Triebwerk montierten 13 mm MG 131 und vier ETC 50 Bombenhalterungen; die **FW 190 F-8/U2** und **FW 190 F-8/U3** hatten die TSA-Zieleinrichtung für Angriffe auf Schiffe mit einem 700 kg BT 700 oder einem 1.400 kg BT 1400 Bomben-Torpedo.
**FW 190 F-9:** der FW 190 F-8 ähnlich, jedoch mit BMW 801 TS/TH Motor; diese Version wurde Mitte 1944 eingeführt.
**FW 190 G-1:** Jagdbomber mit verlängerter Reichweite, der von der FW 190 A-5 abstammte; die FW 190 G-1 konnte eine 1.800 kg Bombe tragen, für die ein verstärktes Fahrwerk erforderlich war; die Tragflügelbewaffnung war auf zwei MG 151/20-Kanonen reduziert und die von Junkers konstruierten Tragflächen-Aufhängungen konnte zwei 300 l Abwurftanks aufnehmen.
**FW 190 G-2:** der FW 190 G-1 ähnlich, jedoch mit Messerschmitt-Abwurftankaufhängungen.
**FW 190 G-3:** diese Version wurde im Spätsommer 1943 vorgestellt und hatte neben Focke-Wulf Aufhängungen einen PKS 11 Autopiloten.
**FW 190 G-8:** die letzte G-Serienversion mit FW 190 A-8 Um-

Austin J Brown

Die Focke-Wulf FW 190A-8/U1 war eine zweisitzige Schulflugzeug-Version, die aus einsitzigen Jägern der Standardversion entstand. Das geplante endgültige FW 190S Schulflugzeug war zu diesem Zeitpunkt noch nicht verfügbar.

bauten und 1.800 PS (1342 kW) BMW 801D-2 Motor.

### Technische Daten

**Focke-Wulf FW 190 D-9**
**Typ:** ein einsitziges Jagdflugzeug/Jagdbomber.
**Triebwerk:** ein 1.776 PS (1.324 kW) zweireihig hängender Zwölfzylinder Junkers Jumo 213A-1.
**Leistung:** Höchstgeschwindigkeit 685 km/h in 6.600 m Höhe; Steigflugdauer auf 6.000 m 7 Minuten 6 Sekunden; Dienstgipfelhöhe 12.000 m; Reichweite 835 km.
**Gewicht:** Leergewicht 3.490 kg; max. Startgewicht 4.840 kg.
**Abmessungen:** Spannweite 10,50 m; Länge 10,20 m; Höhe 3,35 m; Tragflügelfläche 18,30 m$^2$.
**Bewaffnung:** zwei 13 mm MG 131 Maschinengewehre und zwei MG 151 20 mm-Kanonen plus eine 500 kg SC500-Bombe.

# Focke-Wulf FW 191

### Entwicklungsgeschichte

im Herbst 1939 gab das Reichsluftfahrtministerium eine technisch anspruchsvolle Spezifikation für einen neuen, zweimotorigen Mittelstreckenbomber ('Bomber B') heraus, der eine Druckkabine für die Besatzung, ferngesteuerte Waffenstände, Sturzflugeigenschaften und eine Tragfähigkeit von 4.000 kg Bomben haben sollte. Als Triebwerk sollte einer der damals entwickelten 24-Zylinder Motoren dienen, hauptsächlich der Daimler-Benz DB 604 und der Junkers Jumo 222. Im Wettbewerb standen vier Konstruktionen: die Arado 340, die Dornier Do 317, die Junkers Ju 288 und die **Focke-Wulf FW 191**, letztere ein Ganzmetall-Schulterdecker in Halbschalen-Bauweise, der Jumo 222-Motoren haben sollte. Als vorläufiger Motor für den **FW 191 V1** Prototypen wurde der BMW 801MA Sternmotor ausgewählt, und die Maschine flog Anfang 1942. Der Motor war jedoch für die 20.400 kg Bruttogewicht des fertigen Flugzeugs nicht stark genug. Die Maschine war hauptsächlich deshalb übergewichtig, weil Focke-Wulf angewiesen worden war, zur Betätigung aller Systeme Elektromotoren zu verwenden, obwohl das Unternehmen wegen der Verletzlichkeit des einzigen Stromerzeugers Bedenken hatte, und diese Eigenschaft verlieh ihr den Spitznamen 'das fliegende Kraftwerk'.

**Der fortschrittliche mittelschwere Bomber Focke-Wulf FW 191 war zu schwer, zu kompliziert und seine elektrisch betriebenen Systeme zu empfindlich. Hier abgebildet ist der zweite Prototyp FW 191 V2.**

Der Prototyp hatte eine von Hans Multhopp konstruierte kombinierte Landeklappe und Sturzflugbremse, die sog. 'Multhopp-Klappe', die im ausgefahrenen Zustand schwere Vibrationen verursachte. Kurz nachdem ein zweiter Prototyp (**FW 191 V2**) in das Programm aufgenommen worden war, wurden die Erprobungsflüge abgebrochen und entscheidende Änderungen, darunter der Ersatz der elektrischen durch konventionellere, hydraulische Systembetätigungen, durchgeführt, was zur Einstellung der Arbeiten an der dritten, vierten und fünften Maschine führte. Die sechste Maschine, die **FW 191 V6**, die im Dezember von Flugkapitän Hans Sander geflogen wurde, hatte die geforderten Änderungen und wurde von zwei 2.200 PS (1.641 kW) Jumo 222 Motoren angetrieben. Trotz des Vorschlags verschiedener Motoren für weitere Prototypen wurden keine weiteren Flugzeuge mehr gebaut, und das Programm wurde Ende 1943 eingestellt.

### Technische Daten

**Focke-Wulf FW 191B** (geschätzte Werte für das Serienmodell)
**Typ:** Mittelstreckenbomber.
**Triebwerk:** zwei 2.700 PS (2.013 kW) Daimler-Benz DB 606 zweireihig hängende 24-Zylinder Motoren.
**Leistung:** Höchstgeschwindigkeit 565 km/h in 4.000 m Höhe; Dienstgipfelhöhe ca. 8.200 m; Reichweite 3.850 km.
**Gewicht:** maximales Startgewicht 25.300 kg.
**Abmessungen:** Spannweite 26,00 m; Länge 19,60 m; Höhe 5,60 m; Tragflügelfläche 70,50 m$^2$.
**Bewaffnung:** bis zu sechs 20 mm Kanonen plus bis zu 4.000 kg Bomben.

# Focke-Wulf FW 200 Condor

### Entwicklungsgeschichte

Kurt Tanks Idee für ein neues Transportflugzeug der Deutschen Lufthansa wurde den Direktoren der Fluglinie am 16. Juli 1936 mit der Zusage vorgelegt, daß das erste Exemplar innerhalb eines Jahres fliegen würde. Tatsächlich flog die **Focke-Wulf FW 200 V1**, der erste von drei Prototypen, mit deren Bau im Herbst 1936 begonnen wurde, am 27. Juli 1937 zum ersten Mal, was noch immer eine beachtenswerte Leistung war. Der Ganzmetall-Tiefdecker FW 200 wurde zunächst von vier 875 PS (652 kW) Pratt & Whitney Hornet Sternmotoren angetrieben und war auf die Beförderung von bis zu 26 Passagieren in zwei Kabinen ausgelegt. Zwei weitere Prototypen, von denen einer Adolf Hitlers persönliche Transportmaschine wurde, hatten jeweils vier 720 PS (537 kW) BMW 132G-1 Sternmotoren. Der zweite Prototyp und vier Exemplare der ersten Serienversion **FW 200A Condor** wurden an die Lufthansa ausgeliefert; zwei FW 200A gingen an die dänische Fluglinie DDL und zwei an den brasilianischen Lufthansa-Partner Syndicato Condor.

Der Prototyp, der in **FW 200S-1** umbenannt und '**Brandenburg**' getauft wurde, absolvierte in der zweiten Hälfte des Jahres 1938 mehrere Rekordflüge: den Anfang machte am 10. August Alfred Henke von der Lufthansa, der in 24 Stunden 56 Minuten von Berlin nach New York flog und am 13. August in 19 Stunden 55 Minuten zurückkehrte. Nach ihrem Start am 28. November stellte die FW 200S-1 mit 46 Stunden und 18 Minuten einen Rekord für die Reise von Berlin über Basra, Karatchi und Hanoi nach Tokio auf. Vor dem Ausbruch des Zweiten Weltkriegs wurden weitere Maschinen an die Lufthansa ausgeliefert, und am 14. April 1945 flog vor der Einstellung der Kampfhandlungen die eine verbliebene Maschine den letzten Linieneinsatz von Barcelona nach Berlin.

Der Flug des Prototyps nach Tokio führte zu einem Auftrag über fünf Linienmaschinen für Dai Nippon KK und einen Seeaufklärer für die japanische Marine. Keine dieser Versionen wurde an Japan geliefert, jedoch hatte der Militär-Prototyp **FW 200 V10**, der gebaut wurde, größere Tanks und als Bewaffnung ein 7,92 mm MG 15 Maschinengewehr in zentraler Position im Rumpfrücken sowie nach vorn und hinten feuernde Einzel-MG 15 in einer Bauchgondel. Aus diesem Modell wurde die **FW 200C** entwickelt, die zunächst bei der KGrzbV 104 während des Norwegenfeldzugs als Transportmaschine zum Einsatz kam. Die Condor wurde bald als Langstreckenaufklärer zur Geißel der alliierten Schiffahrt, nachdem sie bei der Fernaufklärungsstaffel unter Oberstleutnant Edgar Petersen (später 1./KG 40) am 8. April 1940 den Dienst aufnahm. Die Einsätze in dieser Funktion wurden schließlich im Herbst 1944 eingestellt und die Condor, die in der Schlußphase des Zweiten Weltkriegs verwendet wurden, flogen für Transporteinheiten, darunter die Transportstaffeln 5 und 200 sowie die Führer-Kurierstaffel. Zu den letzten Maschinen gehörte auch die Heinrich Himmler zugeteilte **FW 200C-4/U1**, die mit einem gepanzerten Sitz für Himmler ausgerüstet war. Sie wurde 1945 intakt in Achmer erobert und nach Farnborough geflogen. Insgesamt wurden ca. 280 Condor gebaut.

**Bei der Focke-Wulf FW 200C-3 wurden die 250 kg schweren Bomben unter den Tragflächen und die 500 kg Bomben unter den äußeren Motorgondeln getragen; diese Maschine gehörte zum KG 40.**

### Varianten

**FW 200 B-1:** ein für die Lufthansa gebautes Flugzeug, angetrieben von vier 850 PS (634 kW) BMW 132DC Sternmotoren.
**FW 200 B-2:** fünf von Dai Nippon KK und zwei von der finnischen Aero OY georderte Maschinen mit 830 PS (619 kW) BMW 132H Sternmotoren als Triebwerk; drei Exemplare wurden fertiggestellt und an die Lufthansa ausgeliefert, diese kamen im April gemeinsam mit der einzelnen FW 200 B-1 zur KGrzbV 105 in Kiel-Holtenau.
**FW 200 C-0:** zehn im September 1939 bestellte Maschinen (im Dienst der KGrzbV 105): vier unbewaffnete und sechs mit einer Bewaffnung, die aus je einem 7,92 mm MG 15 Maschinengewehr in je einem vorderen und zentralen MG-Stand und einer dritten Waffe bestand, die durch eine Bauchluke feuerte.
**FW 200 C-1:** erste Serien-Aufklärerversion mit einer 20 mm MG FF Kanone im Bug, einem MG 15 in einer Bauchgondel, ein MG in zentraler und eins in hinterer Position; die Offensivbewaffnung umfaßte auch vier 250 kg Bomben an Aufhängungen unter den Flügeln.
**FW 200 C-2:** der FW 200 C-1 ähnlich, jedoch mit hinten abgeschnittenen Motorgondeln und mit stromlinienförmig verkleideten Bombenhalterungen.
**FW 200 C-3:** 1941 eingeführte, strukturell verstärkte Version mit Bramo 323R-2 Sternmotoren als Antrieb; die **Version FW 200**

**C-3/U1** hatte in einem geänderten vorderen MG-Stand eine 15 mm MG 151 Kanone, und eine MG 151/20 ersetzte das MG FF im Bauch; bei der **FW 200 C-3/U2** wurde das MG 151/20 in der Bauchwanne durch ein 13 mm MG 131 Maschinengewehr ersetzt, damit das Lotfe 7D Lotfernrohr montiert werden konnte, und die FW 200 C-3/U3 hatte in der vorderen und hinteren Rückenposition je ein MG 131; die endgültige Version **FW 200 C-3/U4** verfügte über einen weiteren Schützen und zwei zusätzliche, seitlich montierte MG 131.
**FW 200 C-4:** diese Maschine, die 1942 in Serie ging, war mit dem FuG *Rostock* Radar (später FuG 200 *Hohentwiel*) ausgestattet und mit einer MG 151 Kanone im vorderer Rückenposition, einer MG 151/20 Kanone oder (bei einem Lotfe 7D) mit einem MG 131 im Bauch und MG 15 in den übrigen Positionen bewaffnet; von den Transportversionen **FW 200 C-4/U1** und **FW 200 C-4/U2** wurden einzelne Exemplare gebaut.
**FW 200 C-6:** eine Reihe FW 200 C-3/U1 und FW 200 C-3/U2 wurden zeitweilig als Lenkwaffenträger umgebaut und hatten unter den Flügeln zwei Lenkbomben mit Raketenantrieb vom Typ Henschel Hs 293A sowie ein FuG 203b *Kehl* Waffenlenksystem.
**FW 200 C-8:** endgültige Version der FW 200 C-6 mit *Hohentwiel*-Suchradar.

### Technische Daten
**Focke-Wulf FW 200 C-3/U4**
**Typ:** bewaffneter Aufklärer/Transporter.
**Triebwerk:** vier 1.200 PS (895 kW) Bramo 323R Neunzylinder-Sternmotoren.
**Leistung:** Höchstgeschwindigkeit 360 km/h; Reisegeschwindigkeit 335 km/h; Dienstgipfelhöhe 6.000 m; Reichweite 3.560 km; max. Flugdauer 14 Stunden.
**Gewicht:** Leergewicht 17.005 kg; max. Startgewicht 24.520 kg.
**Abmessungen:** Spannweite 32,85 m; Länge 23,45 m; Höhe 3,30 m; Tragflügelfläche 119,85 $m^2$.
**Bewaffnung:** vier 13 mm MG 131 Maschinengewehre, ein MG 131 oder eine 20 mm MG 151 Kanone plus vier 250 kg Bomben.

## Focke-Wulf GL 18/GL 22

### Entwicklungsgeschichte
Das erste zweimotorige Flugzeug von Heinrich Focke, die **Focke-Wulf GL 18**, war im Grunde eine A 16 mit Bugverkleidung und zwei 78 PS (58 kW) Junkers L.1a Reihenmotoren in zylindrischen Verkleidungen, die sie wie Sternmotoren aussehen ließen. Ihr Jungfernflug fand am 9. August 1926 statt, und ein Flugzeug flog für die Deutsche Lufthansa. Die **GL 18c** hatte einen geringfügig breiteren Rumpf und wurde von zwei 110 PS (82 kW) Siemens Sh.12 Sternmotoren angetrieben.

### Varianten
**GL 22:** die von zwei Siemens Sh.12 Sternmotoren angetriebene GL 22 kam 1927 heraus und hatte eine Reihe von Änderungen, insbesondere einen tieferen Rumpf mit einem keilförmigen Bug, unter den Flügeln montierte Motoren und ein überarbeitetes Fahrwerk.

### Technische Daten
**Focke-Wulf GL 22**
**Typ:** ein Schulflugzeug/leichte Transportmaschine.
**Triebwerk:** zwei 125 PS (93 kW) Siemens Sh.12 Sternmotoren.
**Leistung:** Höchstgeschwindigkeit 155 km/h; Dienstgipfelhöhe 3.500 m; Reichweite 900 km.
**Gewicht:** Leergewicht 1.180 kg; max. Startgewicht 1.820 kg.
**Abmessungen:** Spannweite 16,00 m; Länge 11,00 m; Höhe 3,00 m; Tragflügelfläche 32,00 $m^2$.

## Focke-Wulf S 1/S 2

### Entwicklungsgeschichte
Der **Focke-Wulf S 1** Schulterdecker, der 1925 aus der A 7 Storch entwickelt wurde, war aus Holz gebaut, hatte eine Sperrholz/Stoffbespannung und bot nebeneinanderliegende Sitzplätze für den Piloten und den Flugschüler/Passagier. Sie wurde zunächst von einem Siemens Sh.5 Sternmotor angetrieben und später mit einem 75 PS (56 kW) Junkers L.1 auf **S 1a** Standard gebracht.

### Varianten
**S 2:** bei dieser Entwicklung des Jahres 1927 wurden Rumpf und Fahrwerk der S 1 für einen Hochdecker in Baldachin-Konfiguration verwendet, der von einem 80 PS (60 kW) Siemens Sh.11 Sternmotor angetrieben wurde; die Maschine kam bei einer der DVS-Flugschulen zum Einsatz.

### Technische Daten
**Focke-Wulf S 1**
**Typ:** zweisitziges Schulflugzeug.
**Triebwerk:** ein 55 PS (41 kW) Siemens Sh.5 Sternmotor.
**Leistung:** Höchstgeschwindigkeit 130 km/h; Dienstgipfelhöhe 3.000 m; Reichweite 350 km.
**Gewicht:** Leergewicht 470 kg; max. Startgewicht 670 kg.
**Abmessungen:** Spannweite 12,00 m; Länge 8,10 m; Höhe 2,30 m, Tragflügelfläche 22,00 $m^2$.

## Focke-Wulf S 24 Kiebitz

### Entwicklungsgeschichte
Unter der Bezeichnung **Focke-Wulf S 24 Kiebitz** entwickelte Focke-Wulf 1927/28 einen konventionellen zweisitzigen Doppeldecker mit hintereinanderliegenden Cockpits. Der einstielige Doppeldecker mit einheitlicher Spannweite war aus Holz und Stahlrohr mit Stoffbespannung gebaut und hatte ein starres Heckspornfahrwerk, ein konventionelles Leitwerk und einen Siemens-Sternmotor als Triebwerk.

### Technische Daten
**Typ:** zweisitziger Doppeldecker.
**Triebwerk:** ein 60 PS (45 kW) Siemens Fünfzylinder-Sternmotor.
**Leistung:** Höchstgeschwindigkeit 140 km/h; Dienstgipfelhöhe 4.300 m.
**Gewicht:** Leergewicht 350 kg; max. Startgewicht 570 kg.
**Abmessungen:** Spannweite 9,90 m; Länge 6,25 m; Höhe 2,25 m; Tragflügelfläche 19,50 $m^2$.

## Focke-Wulf Ta 152

### Entwicklungsgeschichte
Weitere Verbesserungen am Flugwerk der FW 190D-Serie sollten in großer Höhe eine noch bessere Leistung bringen, und dies führte zur Vorstellung der **Focke-Wulf Ta 152** und **Ta 153**. Letztere wurde lediglich als Prototyp gebaut, von einem Daimler-Benz DB 603 Motor angetrieben und hatte als Neuerung einen völlig neuen Flügel mit hoher Streckung und vergrößerter Spannweite, außerdem waren Rumpfstruktur, Leitwerksflächen und Flugsysteme überarbeitet worden. Die Weiterentwicklung wurde eingestellt, um die Produktionseinrichtungen für die FW 190 nicht zu stören.

Die Ta 152 entsprach in ihrer Ursprungsform mehr der FW 190, nur daß die Klappen- und Fahrwerkssysteme hydraulisch und nicht elektrisch betätigt wurden. Im Herbst 1944 kam ein Prototyp mit einem Junkers Jumo 213E Motor und Flügeln hoher Streckung und größerer Spannweite heraus, und obwohl diese Maschine am 8. Oktober abstürzte, hatte ihre Nachfolgerin im **Ta 152H** Testprogramm den Jumo-Motor. Die ersten 20 Nullserien **Ta 152H-0** Flugzeuge, die im Focke-Wulf Werk Cottbus gebaut worden waren, flogen im Oktober 1944. Das Erprobungskommando 152 in Rechlin führte Einsatztests durch, bevor der Typ beim JG 301 eingeführt wurde. Diese Einheit hatte die Aufgabe, die Stützpunkte der Messerschmitt Me 262 Düsenjäger zu schützen.

### Varianten
**Ta 152C:** der Prototyp der Ta 152C mit dem 2.100 PS (1.566 kW) Daimler-Benz DB 603LA Motor flog erstmals am 19. November 1944; der längere Motor machte zum Ausgleich eine rückwärtige Rumpfverlängerung und vergrößerte Leitwerksflächen notwendig; die Flügelspannweite wurde auf 11,00 m erweitert; die Bewaffnung für die **Ta 152C-1** und die **Ta 153C-2** (letztere mit verbessertem Funkgerät) bestand aus einer am Motor montierten 30 mm MK 108 und vier 20 mm MG 151/20 Kanonen; bei der **Ta 152C-3** wurde die MK 108 durch eine MK 103 ersetzt.
**Ta 152E:** Fotoaufklärerversion der Ta 152C mit dem Standardflügel in **Ta 152E-1** Ausführung und als **Ta 152E-2** als Höhenflugzeug mit dem Flügel der H-Serie; als Triebwerk diente der Jumo 213E.

Als Prototyp der FW 190C Baureihe gebaut, wurde die FW 190 V32 zum Höhenjäger Ta 153 weiterentwickelt.

**Ta 152H:** Höhenjäger mit Druckkabine und Flügeln einer Spannweite, die auf 14,50 m vergrößert worden war. Die Vorserienmaschinen **Ta 152H-0** waren meistens umgebaute FW 190 A-1 Flugwerke und hatte einen Jumo 213E Motor mit MW-50 Wasser-Methanol-Einspritzung; die Serien-**Ta 152H-1** rollte ab November 1944 von den Cottbusser Bändern und war mit einer am Motor montierten 30 mm MK 108 sowie mit zwei 20 mm MG 151/20 Kanonen in den Flügelwurzeln bewaffnet.

### Technische Daten
**Focke-Wulf Ta 152H-1**
**Typ:** Höhenjäger.
**Triebwerk:** ein 1.750 PS (1.305 kW) zweireihig hängender Zwölfzylinder Junkers Jumo 213E.
**Leistung:** Höchstgeschwindigkeit 760 km/h in 12.500 m Höhe mit MW-50 Wasser-Methanol Einspritzung und GM-1. Anfangssteiggeschwindigkeit 25 m/sek mit MW-50; Dienstgipfelhöhe 14.800 m; Reichweite 1.200 km.
**Gewicht:** Leergewicht 3.920 kg; max. Startgewicht 4.750 kg.
**Abmessungen:** Spannweite 14,50 m; Länge 10,80 m; Höhe 4,00 m; Tragflügelfläche 23,50 $m^2$.
**Bewaffnung:** eine 30 mm MK 108 und zwei 20 mm MG 151/20 Kanonen.

# Focke-Wulf Ta 154

### Entwicklungsgeschichte

Zur Abwehr der Nachtbombardierungen der deutschen Städte und Industriezentren durch die RAF gab das Reichsluftfahrtministerium die Entwicklung eines zweisitzigen Nachtjägers heraus, der in einer Spezifikation vom August 1942 beschrieben wurde. In den Wettbewerb traten die Ganzmetall-Heinkel He 219 und Tanks **Focke-Wulf Ta 154**, letztere ein ganz aus Holz gebauter, zweimotoriger Schulterdecker, mit dem die Fertigkeiten der gelernten Tischler genutzt werden sollten. Die **Ta 154 V1** war der erste Prototyp mit zwei 1.500 PS (1.119 kW) Jumo 211N Motoren und wurde von Kurt Tank am 1. Juli 1943 in Hannover/Langenhagen zum ersten Mal geflogen; bald darauf wurde sie durch den ähnlich motorisierten, zweiten Prototypen **Ta 154 V2** bei Flugeigenschafts- und Leistungstests ergänzt. Der dritte Prototyp **Ta 154 V3**, der am 25. November 1943 erstmals flog und von Jumo 211R Motoren angetrieben wurde, war der Vorläufer der Vorserien **Ta 154A-0**, hatte als Neuerung das FuG 202 *Lichtenstein BC-1* Radar und war mit einläufigen, vorwärtsfeuernden 20 mm MG 151/20 und 30 mm MK 108 Kanonen bewaffnet, die jeweils seitlich am Rumpf, unterhalb des Cockpits montiert waren. Zwischen Januar und März 1944 starteten vier weitere Prototypen in Langenhagen, und die restlichen acht Maschinen des ursprünglichen RLM-Auftrags wurden unter der Bezeichnung Ta 154A-0 in Erfurt montiert. In bewaffneter Ausführung mit Radar hatten die Ta 154A eine Höchstgeschwindigkeit von über 644 km/h, das Programm wurde jedoch Ende 1944 eingestellt, als sich am 28. und 30. Juni 1944 an zwei frühen Serienmodellen strukturelle Schäden ergaben, die durch die Reaktion von Klebstoff und Sperrholz entstanden waren. Bei Prototypen und Vorserienmaschinen war Tego-Klebstoff verwendet worden, nachdem aber das Wuppertaler Werk, das ihn produzierte, bombardiert wurde, führte der Ersatzklebstoff zu katastrophalen Ergebnissen.

### Varianten

**Ta 154A-1:** bis zur Produktionseinstellung wurden zehn Maschinen gebaut; einige Maschinen wurden mit FuG 218 *Neptun* Radar kurzzeitig bei der 1./NJG 3 in Stade verwendet.

**Ta 154A-2/U3:** sechs Mistel-Huckepack-Umrüstungen der Ta 154A-0 Vorserienmaschinen mit einem 2.000 kg Gefechtskopf im Bug und Trägern für die obere FW 190-Hälfte, deren Piloten die beiden Maschinen steuerte.

**Die Focke-Wulf Ta 154 war als Nacht- und Schlechtwetterjäger geeignet, ging jedoch nicht in Großserie. Diese Ta 154 V15 war die achte Ta 154A-0 der Vorserie.**

### Technische Daten
**Focke-Wulf Ta 154-1**

**Typ:** zweisitziger Nachtjäger.
**Triebwerk:** zwei 1.500 PS (1.119 kW) zweireihig hängende Zwölfzylinder Jumo 211R.
**Leistung:** Höchstgeschwindigkeit 650 km/h; Steigflugdauer auf 8.000 m 14 Minuten 30 Sekunden; Dienstgipfelhöhe 10.900 m; Reichweite 1.365 km.
**Gewicht:** Leergewicht 6.405 kg; max. Startgewicht 8.930 kg.
**Abmessungen:** Spannweite 16,00 m; Länge 12,10 m; Höhe 3,50 m; Tragflügelfläche 32,40 m$^2$.
**Bewaffnung:** zwei im Bug montierte 20 mm MG 151/20 und zwei 30 mm MK 108 Kanonen sowie eine MK 108 im hinteren Rumpfbereich, die in einem Winkel von 45° nach vorn und oben feuerte ('Schräge Musik').

# Fokker B.I, B.II, B.III und B.IV

### Entwicklungsgeschichte

Das erste Fokker-Flugboot, das Amphibienflugzeug **Fokker B.I**, wurde von Ing. Rethel in den Werkstätten von Veere konstruiert. Der Anderthalbdecker hatte Flügel mit einer komplizierten W-förmigen Verstrebung und einen zweistufigen Rumpf, in dem Pilot und Copilot (nebeneinander in offenen Cockpits vor den Flügeln) sowie zwei Schützen (in Bug- und Mittschiffspositionen) Platz fanden. Durch das teilweise einziehbare Räderfahrwerk erhielt das Flugboot Amphibieneigenschaften, und als Triebwerk diente ein Napier Lion Motor.

Die B.I. flog 1922 zum ersten Mal und wurde anschließend nach Niederländisch-Indien verlegt, wo sie von 1923 bis 1929 bei der MLD (niederländische Marineflieger) im Dienst war.

Die **B.II**, die erheblich kleiner als die B.I. war, wurde am 15. Dezember 1923 zum ersten Mal geflogen. Die Maschine, für den Einsatz von niederländischen Kriegsschiffen aus gedacht, war als zweisitziger Anderthalbdecker ausgelegt, wobei sich das Pilotencockpit unter dem Flügel-Mittelteil und das Beobachter/Schützencockpit direkt hinter der Flügelhinterkante befand. Als Triebwerk diente ein Rolls-Royce Eagle Motor, der an der Vorderkante des oberen Flügels montiert war. Die Maschine ging nicht in Serie, und die einzige B.II hatte nur eine kurze Einsatzzeit.

Die **B.III** war zwar der B.I. ähnlich, hatte jedoch einen Rumpf mit verbesserter Linienführung und war ursprünglich als Langstrecken-Seeaufklärer vorgesehen. Das einzige gebaute Exemplar flog am 10. November 1926 zum ersten Mal; als die Maschine später in ein Amphibienflugzeug umgebaut wurde, erhielt sie die Bezeichnung **FB**. Eine Zivilversion, die in den Vereinigten Staaten an den amerikanischen Millionär Vanderbilt verkauft wurde, war als **B.IIIc** bekannt und hatte eine erhöhte Kabine, die den Passagierraum einschloß.

Die **B.IV** war ein selbsttragendes Kabinenhochdecker-Flugboot für sechs Passagiere, das auf den amerikanischen Zivilmarkt zielte. Die 1928 erstmals geflogene Maschine wurde ursprünglich von einem 525 PS (391 kW) Pratt & Whitney Hornet Sternmotor angetrieben, der auf Streben über der Tragfläche montiert war und einen Druckpropeller drehte. Alternativ dazu konnte auch ein Bristol Jupiter eingebaut werden.

Die **B.IV** trug für den US-Markt die Bezeichnung **F.11**, und eine Amphibienversion, die **B.IVa (F.11a)**, die 1929 entwickelt wurde, konnte sieben Passagiere aufnehmen. Von der F.11a wurden in den Vereinigten Staaten rund 20 Exemplare an kommerzielle und private Kunden verkauft, wobei die Rümpfe in Amsterdam gebaut wurden und die Herstellung der Flügel sowie die Endmontage in den USA erfolgte. Die F.11a war ein Amphibienflugzeug mit guten aerodynamischen und hydrodynamischen Eigenschaften; bei der B.IV wurden die Schwimmer an den Flügelspitzen durch am Rumpf herausragende Stummelflügel ersetzt. Zur Verringerung des Luftwiderstands konnte das Räderfahrwerk in die Stummel eingezogen werden.

**Die Fokker B.IV hob sich durch ihre typischen dicken Flügel hervor und war ein brauchbares Amphibienflugzeug, das in geringen Stückzahlen gebaut wurde.**

### Technische Daten
**Fokker B.IVa (F11a)**

**Typ:** Amphibien-Flugboot für sieben Passagiere.
**Triebwerk:** ein 525 PS (391 kW) Pratt & Whitney Hornet 9-Zylinder Sternmotor.
**Leistung:** Höchstgeschwindigkeit 193 km/h; normale Reisegeschwindigkeit 153 km/h; Dienstgipfelhöhe 3.500 m; Reichweite 645 km.
**Gewicht:** Leergewicht 2.041 kg; max. Startgewicht 3.266 kg.
**Abmessungen:** Spannweite 17,98 m; Länge 13,72 m; Höhe 3,96 m; Tragflügelfläche 51,10 m$^2$.

# Fokker C-2

### Entwicklungsgeschichte

Nach der erfolgreichen Vorführung des Fokker F.VIIA/3m Transportflugzeugs in den Vereinigten Staaten baute die zu Fokker gehörende Atlantic Aircraft Corporation in New Jersey eine Version der F.VIIB/ 3m unter der Bezeichnung **Fokker F.9**. Die Maschine erwies sich als kommerzieller Erfolg, und die US Army bestellte unter der Bezeichnung **D-2** drei Exemplare.

Das erste, für Langstreckenflüge vorgesehene Flugzeug hatte zusätzliche Treibstofftanks und einen Spe-

**Die Fokker RA-2 war das US Navy Gegenstück zur Type C-2 der US Army. Eine der drei RA-2 ist hier mit dem Ersatzflügel abgebildet (unter dem Rumpf verzurrt), der für ein Flugzeug des US Marine Corps gebraucht wurde, das 1929 bei einem Polizeieinsatz in Nicaragua beschädigt wurde.**

zialflügel von 21,70 m Spannweite, der im niederländischen Fokker-Werk gebaut wurde. Alle drei Maschinen hatten anstelle der ursprünglich eingebauten Wright J-4 Motoren die vom Typ J-5, ein umgestaltetes Pilotencockpit und einen größeren Rumpf mit einer neuen Innenausstattung. Die Langstrecken-Version **C-2** 'Bird of Paradise' (Paradiesvogel) flog, mit den USAAC Leutnants Lester J. Maitland und Albert Hegenberger als Piloten, am 1. Juni 1927 von Oakland, Kalifornien, bis nach Honolulu auf Hawaii in einem epochemachenden Nonstopflug über 3.862 km.

Den C-2 folgten acht **C-2A** Maschinen mit Flügeln von noch größerer Spannweite als die der C-2 Rekordmaschine. Eine C-2A mit dem Namen 'Question Mark' (Fragezeichen) stellte mit Luftbetankung durch einen umgebauten Douglas C-1 Doppeldecker-Transporter der US Army einen Flugdauer-Rekord auf, indem sie im Januar 1929 150 Stunden lang in der Luft blieb.

### Varianten

**XC-7:** eine umgebaute C-2A mit drei 330 PS (246 kW) Wright R-975 (J-6-9) Sternmotoren.
**C-7A:** sechs in Serie weiterentwickelte XC-7 mit größeren Flügeln, neuen Heckflossen und neuen Rümpfen, die stark an die Zivilmaschine F.10A erinnerten.
**XLB-2:** eine Maschine (26-210), die als leichter Experimental-Bomber aus der C-7 weiterentwickelt wurde und die zwei Pratt & Whitney R-1340 Sternmotoren als Triebwerke hatte, die je 410 PS (306 kW) leisteten.
**TA-1:** Bezeichnung der US Navy-Version der C-2; drei wurden 1927 und 1928 beschafft und flogen für die US Marines; später in **RA-1** umbenannt, um Verwechslungen mit Torpedoflugzeugen zu vermeiden.
**RA-2:** diese drei US Navy-Maschinen hießen zunächst TA-2 und entsprachen grundsätzlich den C-2A der US Army.
**RA-3:** ein Exemplar gebaut, das zunächst TA-3 hieß und das Wright J-6 Sternmotoren hatte; beide RA-1 und RA-2 wurden später mit Wright J-6 ummotorisiert und alle waren als RA-3 bekannt, obwohl sie erhebliche Unterschiede, u.a. verschiedene Spannweiten, aufwiesen.

**Der Beginn einer Entwicklung: die Fokker C-2A 'Fragezeichen' bereitet sich 1929 während des Rekord-Dauerfluges über 150 Stunden auf die Treibstoffübernahme von einem Douglas C-1 Tankflugzeug vor.**

### Technische Daten
**Fokker C-2A**
**Typ:** Militärtransporter für zehn Passagiere.
**Triebwerk:** drei 220 PS (164 kW) Wright J-5 (R-790) Siebenzylinder-Sternmotoren.
**Leistung:** Höchstgeschwindigkeit 182 km/h; Reisegeschwindigkeit 145 km/h; Reichweite 476 km.
**Gewicht:** Rüstgewicht 2.951 kg; max. Startgewicht 4.715 kg.
**Abmessungen:** Spannweite 22,61 m; Länge 14,73 m; Höhe 4,11 m; Tragflügelfläche 66,70 m².

# Fokker C.I

**Fokker C.I der sowjetischen Luftwaffe in den zwanziger Jahren**

### Entwicklungsgeschichte

Die **Fokker C.I** war ein kompakter, zweisitziger Aufklärungs-Doppeldecker mit unterschiedlicher Spannweite in Mischbauweise und eigentlich eine vergrößerte Fokker D.VII. Die Maschine, die 1918 als V38 in Schwerin getestet wurde, ging unmittelbar danach in Serie. Der Erste Weltkrieg war jedoch zu Ende, bevor die ersten Lieferungen an die deutsche Luftwaffe erfolgen konnten. Fokker veranlaßte, daß alle in Deutschland gebauten C.I. in die Niederlande verlegt wurden, wo die Produktion weiterlief und insgesamt über 250 Exemplare gebaut wurden. Das erste Triebwerk war der 185 PS (138 kW) BMW IIIa Motor, es gab jedoch auch den 220 PS (164 kW) BMW IV, den 160 PS (119 kW) Oberursel, den 260 PS (194 kW) Mercedes und den 200 PS (149 kW) Armstrong Siddeley Lynx. Die C.I war leicht an ihrem, auf der Fahrwerksachse montierten Treibstofftank zu erkennen, wo er von einer stromlinienförmigen Verkleidung geschützt wurde, die nach Behauptung des Herstellers für zusätzlichen Auftrieb sorgte.

Die UdSSR kaufte 42 C.I, die oft mit Skiern geflogen wurden; Dänemark erwarb zwei Maschinen und baute drei weitere in Lizenz, und 1940 flog eine dänische C.I immer noch als Schulflugzeug. Das niederländische Militärfliegerkorps (LVA) beschaffte insgesamt 62 C.I, die sich als sehr zuverlässig erwiesen und die schließlich von Front-Aufklärungseinheiten zu Schuleinheiten verlegt wurden, wo sie, mit Doppelsteuerung und Hauben über dem hinterem Cockpit, oft als Blindflug-Schulmaschinen Verwendung fanden. Die niederländischen Marineflieger (MLD) erwarben 16 C.I, von denen die letzte bis 1938 als Schulflugzeug im Einsatz war.

### Varianten

**C.Ia:** Bezeichnung der modernisierten Version des Jahres 1929, mit 200 PS (149 kW) Armstrong Siddeley Lynx Sternmotor und umkonstruierten Höhenleitwerksflächen; 21 C.I. des niederländischen Armee-Fliegerkorps wurden auf diesen Standard umgerüstet.
**C.I-W:** Doppelschwimmer-Experimentalversion, die erstmals 1919 vom Unternehmen Fokker in Schwerin und dann in Deutschland zur Probe geflogen wurde; war als Marineaufklärer und für die Fortgeschrittenenschulung vorgesehen.
**C.II:** dreisitzige Passagierversion der C.I; der BMW IIIa Motor wurde beibehalten, erhielt jedoch eine überarbeitete, vorn ovale Verkleidung; hinter dem offenen Pilotencockpit befanden sich zwei weitere Cockpits unter einer verglasten Haube; 1919/20 in geringen Stückzahlen gebaut und in Kanada, den Niederlanden, Südamerika und den USA verkauft; einige C.II wurden umgebaut, um den 230 PS (171 kW) Armstrong Siddeley Puma Motor aufnehmen zu können.
**C.III:** Bezeichnung für ein Fortgeschrittenen-Schulflugzeug der C.I, das nach Spanien verkauft wurde; es glich der C.I, nur bildete ein 220 PS (164 kW) Hispano-Suiza Motor das Triebwerk.

### Technische Daten
**Fokker C.I**
**Typ:** zweisitziger Aufklärer.
**Triebwerk:** ein 185 PS (138 kW) BMW IIIa Sechszylinder-Reihenmotor.
**Leistung:** Höchstgeschwindigkeit 175 km/h; Dienstgipfelhöhe 4.000 m; Reichweite 620 km.
**Gewicht:** Rüstgewicht 855 kg; max. Startgewicht 1.255 kg.
**Abmessungen:** Spannweite 10,50 m; Länge 7,23 m; Höhe 2,87 m; Tragflügelfläche 26,25 m².
**Bewaffnung:** ein starres, vorwärtsfeuerndes 7,7 mm Maschinengewehr und ein schwenkbares im hinteren Cockpit, plus Aufhängungen für vier 12,5 kg Bomben unter den Flügeln.

# Fokker C.IV

### Entwicklungsgeschichte

Zu einer Zeit, in der der Verkauf von Militärflugzeugen weltweit stark zurückgegangen war, erwies sich die **Fokker C.IV** als ein bemerkenswerter kommerzieller Erfolg. Das erste Exemplar flog 1923, und die Serienmaschinen wurden ab 1924 ausgeliefert. Die C.IV war eine Weiterentwicklung der C.I, jedoch größer und robuster. Der Napier Lion-Motor, der die 30 an die LVA (niederländisches Armee-Fliegerkorps) gelieferten sowie die zehn bei der LA (niederländische Ostindien-Armee) geflogenen Maschinen antrieb, hatte einziehbare Seitenkühler, die am vorderen Rumpf befestigt waren. Im Vergleich mit dem Rumpf der C.I. waren sowohl der Rumpf als auch die Spur des Kreuzachsenfahrwerks breiter.

Insgesamt wurden 159 C.IV produziert, 20 davon waren Maschinen, die von der Firma Jorge Loring in Spanien in Lizenz gebaut wurden. Die spanischen C.IV waren bei der spanischen Afrika-Armee im Kampf gegen die Riff-Stämme in Marokko im Einsatz. Weitere Kunden waren die UdSSR, die 55 Maschinen kaufte, Argentinien und der US Army Air Service. Mindestens ein Exemplar wurde in Italien erprobt.

## Varianten

**C.IVA:** Version mit geringerer Spannweite von 12,50 m und niedrigerem maximales Startgewicht von 2.016 kg; diese Version flog in Niederländisch-Ostindien (zehn Maschinen).
**C.IVB:** gleiche Spannweite wie die Original-C.IV, jedoch entweder mit dem Rolls-Royce Eagle mit 360 PS (268 kW) oder dem 420 PS (313 kW) American Liberty Motor; einige dieser Maschinen flogen für die niederländische Armee.
**C.IVC:** eine Langstrecken-Aufklärerversion mit 14,27 m Flügelspannweite, bei der der Napier Lion Motor beibehalten wurde; einige dieser Maschinen flogen für die niederländische Armee.
**C.IV-W:** Wasserflugzeugversion mit Lion-Motor und der vergrößerten Spannweite der C.IVC.
**C.IVH:** (*Ciudad de Buenos Aires*): flog 1924, mit dem argentinischen Major Zanni als Piloten, von Amsterdam nach Tokio.
**CO-4:** offizielle Bezeichnung der US Army-Version; drei **XCO-4** Experimentalflugzeugen folgten fünf **CO-4A** Maschinen; alle wurden von 420 PS (313 kW) Liberty 12A Motoren angetrieben; die CO-4A hatte Seitenkühler und einen um 24 cm verlängerten Rumpf; sowohl die XCO-4 als auch die CO-4A wurden vom USAAS im McCook Field getestet.

**Neben ihrem außergewöhnlichen Verkaufserfolg gelang der Fokker C.IV 1924 auch ein bemerkenswerter Flug von Amsterdam nach Tokio, mit dem argentinischen Piloten Major Zanni am Steuerknüppel.**

### Technische Daten
**Fokker C.IV**
**Typ:** zweisitziger Aufklärer.
**Triebwerk:** ein 450 PS (336 kW) Napier Lion 12-Zylinder 'Arrow' Kolbenmotor.
**Leistung:** Höchstgeschwindigkeit 214 km/h; Dienstgipfelhöhe 5.500 m; Reichweite 1.200 km.
**Gewicht:** Rüstgewicht 1.450 kg; max. Startgewicht 2.270 kg.
**Abmessungen:** Spannweite 12,90 m; Länge 9,20 m; Höhe 3,40 m; Tragflügelfläche 39,20 m².
**Bewaffnung:** ein oder zwei starre, vorwärtsfeuernde 7,7 mm MG und schwenkbare Zwillings-MG über dem hinteren Cockpit.

# Fokker C.V

## Entwicklungsgeschichte

Es bestehen kaum Zweifel daran, daß die **Fokker C.V.** Serie in den zwanziger und dreißiger Jahren zu den erfolgreichsten Militärflugzeugen der Welt gehörte. Ausgangsmodell war der C.V Prototyp, der erstmals im Mai 1924 flog, und die Serie wuchs mit der Verfügbarkeit verschiedener Motoren und fünf Flügeltypen. Die Versionen **C.V-A**, **C.V-B** und **C.V-C** hatten Flügel mit einheitlicher Profilsehne und 37,5 m², 40,80 m² bzw. 46,10 m² Tragflügelfläche. Die **C.V-D** und die **C.V-E** hatten gewölbte Anderthalbdecker-Flügel, wobei die der C.V-D 28,8 m² Fläche mit V-Streben und die der C.V-E 39,30 m² Fläche mit N-Stielen hatte. Alle C.V waren in Mischbauweise hergestellt und hatten einen Stahlrohrrumpf mit Holzflügeln. Die fünf verschiedenen, zuvor genannten Flügel waren lieferbar und brachten jeweils den Anhang zur Bezeichnung (nur die C.V-D und die C.V-E waren nach Januar 1926 erhältlich). Der Typ errang schon bald Anerkennung als hervorragendes Mehrzweckflugzeug, und es wurde behauptet, daß Flügel und Motoren in einer Stunde gewechselt werden konnten. Eine breite Motorenpalette von 350 bis 730 PS (261 bis 544 kW) konnte installiert werden. Der größte Lizenzhersteller war vermutlich Italien, wo zwei Versionen gebaut wurden, die als **Meridionali Ro.1** mit einem 420 PS (313 kW) Bristol Jupiter und **Ro.1bis** mit einem von Piaggio gebauten 550 PS Jupiter VIII ausgerüstet waren.

**Fokker C.V der 3. Eskadrille der Haerens Flyvertropper (Dänische Heeres-Fliegertruppe) Mitte der dreißiger Jahre**

**In den zwanziger und frühen dreißiger Jahren wurden der niederländischen Luftwaffe Fokker-Doppeldecker verschiedener Typen geliefert, darunter auch diese Fokker C.V-D, die von einem wassergekühlten Hispano-Suiza Motor angetrieben wurde.**

In Ungarn kaufte Manfred Weiss drei C.V von Fokker und baute anschließend mindestens 100 Maschinen unter der Bezeichnung **WM Budapest 9** (Bristol Jupiter) und **Budapest 11** bzw. **Budapest 14** mit in Ungarn gebauten 870 PS (649 kW) WM K-14 (Gnome-Rhône 14K) Motoren. Ein **WM 21 Sólyom** Weiss-Umbau kam im Zweiten Weltkrieg zum Einsatz.

### Varianten
**Fokker C.VI:** 26 C.V-D, die mit 350 PS (261 kW) Hispano-Suiza bzw. 450 PS (336 kW) Armstrong Siddeley Jaguar Motoren ummotorisiert wurden.

### Technische Daten
**Fokker C.VD**
**Typ:** ein zweisitziger Aufklärer/Bomber.
**Triebwerk:** ein 450 PS (336 kW) Hispano-Suiza 12-Zylinder V-Motor.
**Leistung:** Höchstgeschwindigkeit 225 km/h in 4.000 m Höhe; Reisegeschwindigkeit 185 km/h; Dienstgipfelhöhe 5.500 m; Reichweite 770 km.
**Gewicht:** Leergewicht 1.250 kg; max. Startgewicht 1.850 kg.
**Abmessungen:** Spannweite 12,50 m; Länge 9,50 m; Höhe 3,50 m; Tragflügelfläche 28,80 m².
**Bewaffnung:** ein oder zwei vorwärtsfeuernde 7,9 mm MG, ein oder zwei MG im hinteren Cockpit plus bis zu 200 kg Bomben oder Minen.

# Fokker C.VI

## Entwicklungsgeschichte

Die **Fokker C.VI** war einfach nur die Fokker C.V-D mit einem Hispano-Suiza-Motor. Die Bezeichnung C.VI wurde nie von Fokker verwendet, sondern lediglich vom niederländischen Heeresfliegerkorps, das von der Seriennummer 591 aufwärts 26 Maschinen dieses Typs flog.

### Technische Daten
**Typ:** zweisitziger Aufklärer.
**Triebwerk:** ein 350 PS (261 kW) Hispano-Suiza V-Motor.
**Leistung:** Höchstgeschwindigkeit 242 km/h; Dienstgipfelhöhe 6.000 m; Reichweite 800 km.
**Gewicht:** Rüstgewicht 1.350 kg; max. Startgewicht 1.900 kg.
**Abmessungen:** Spannweite 12,50 m; Länge 9,50 m; Höhe 3,50 m; Tragflügelfläche 28,80 m².
**Bewaffnung:** zwei starre, vorwärtsfeuernde 7,7 mm Maschinengewehre und ein schwenkbares MG im hinteren Cockpit.

# Fokker C.VII-W

## Entwicklungsgeschichte

Im Jahre 1928 begann die niederländische Marine **Fokker C.VII-W** Doppeldecker mit Schwimmern zu kaufen, die als Fortgeschrittenen-Schulflugzeuge und als Aufklärer eingesetzt werden sollten. Es wurden insgesamt 30 Maschinen gebaut, und diese wurden von einem Armstrong Siddeley Lynx Sternmotor angetrieben, obwohl die Konstruktion auch andere luftgekühlte Motoren ähnlicher Stärke aufnehmen konnte. Einige späte Serienversionen hatten einen 280 PS (209 kW) Lorraine-Dietrich Mizar-Motor.

Die Bauweise der C.VII-W umfaßte Holzflügel mit Sperrholz- und

Stoffhaut und einen stoffbespannten Rumpf aus verschweißtem Stahlrohr. Zu Beginn des Zweiten Weltkriegs waren noch einige C.VII-W im Einsatz.

### Technische Daten

**Typ:** ein zweisitziges, leichtes Aufklärungs-/Schul-Wasserflugzeug.
**Triebwerk:** ein 225 PS (168 kW) Armstrong Siddeley Lynx Siebenzylinder-Sternmotor.
**Leistung:** Höchstgeschwindigkeit 160 km/h; Reisegeschwindigkeit 130 km/h; Dienstgipfelhöhe 2.400 m; Reichweite 1.000 km.
**Gewicht:** Leergewicht 1.200 kg; max. Startgewicht 1.700 kg.
**Abmessungen:** Spannweite 12,90 m; Länge 9,50 m; Höhe 4,00 m; Tragflügelfläche 37,00 m².
**Bewaffnung:** ein vorwärtsfeuerndes 7,9 mm MG und ein bzw. zwei MG im hinteren Cockpit plus Vorrichtungen für leichte Bomben.

**Die in geringen Stückzahlen als Küstenaufklärer und Fortgeschrittenen-Schulflugzeug gebaute Fokker C.VII-W war für ihre Zeit ein konventionelles Flugzeug in Mischbauweise.**

# Fokker C.VIII-W

### Entwicklungsgeschichte

1928 kam ein einzelnes Exemplar der **Fokker C.VIII** heraus, eines einmotorigen, leichten Aufklärungsbombers mit einem 670 PS (500 kW) Hispano-Suiza 12Lb Motor. Das niederländische Heeresfliegerkorps akzeptierte die Maschine, es schloß sich jedoch kein Produktionsauftrag an. Als jedoch die niederländische Marine im folgenden Jahr ein Aufklärungs-Wasserflugzeug brauchte, adaptierte Fokker die Grundkonstruktion und vergrößerte sie zur **C.VIII-W**, von der die erste Maschine am 15. November 1929 flog und für die ein Auftrag über neun Exemplare zur Lieferung im Jahre 1930 erteilt wurde.

### Technische Daten

**Typ:** ein dreisitziges Aufklärungs-Wasserflugzeug.
**Triebwerk:** ein 450 PS (336 kW) Lorraine-Dietrich 12-Zylinder Kolbenmotor.
**Leistung:** Höchstgeschwindigkeit 195 km/h; Einsatzgeschwindigkeit 160 km/h; Dienstgipfelhöhe 4.300 m; Reichweite 900 km.
**Gewicht:** Leergewicht 1.915 kg; max. Startgewicht 2.750 kg.
**Abmessungen:** Spannweite 18,10 m; Länge 11,50 m; Höhe 3,80 m; Tragflügelfläche 44,00 m².
**Bewaffnung:** zwei oder drei 7,9 mm MG plus Vorrichtungen für ein Torpedo oder Bomben unter dem Rumpf.

**Die Wasserflugzeug-Küstenaufklärerversion der C.VIII, die Fokker C.VIII-W, wurde in geringen Stückzahlen produziert, und dies war die erste von neun Maschinen für die niederländische Marine.**

# Fokker C.X

### Entwicklungsgeschichte

Im Anschluß an den außergewöhnlichen Erfolg der C.V-Serie begann Fokker 1933 mit der Konstruktion eines Nachfolgemodells. Die erste **Fokker C.X**, die von einem Hispano-Suiza-Motor angetrieben wurde, absolvierte 1934 ihren Erstflug und wurde auf dem Pariser Flugzeugsalon des gleichen Jahres vorgestellt. Die C.X war im Grunde von der gleichen Auslegung wie ihre Vorgängerin, erbrachte in ihrer Serienversion jedoch dank des um rund 200 PS (149 kW) stärkeren Rolls-Royce Kestrel-Motors im Vergleich zur Standard C.V-E eine erheblich bessere Leistung.

1935 wurde eine Fertigungstraße eingerichtet, und der erste Kunde waren die Heeresflieger (Niederländisch-Indien), die zehn Maschinen bestellt hatten. Die Auslieferung begann 1937 und bis dahin waren von der königlich-niederländischen Luftwaffe 20 Exemplare bestellt worden. Während die ersten Heeres-Maschinen offene Cockpits und einen Hecksporn hatten, waren die letzten 15 Maschinen für die Luftwaffe mit Cockpithauben und Heckrädern ausgestattet. Die niederländische Produktion betrug insgesamt schließlich 36 Flugzeuge.

1936 ging ein Auftrag über vier C.X von der finnischen Luftwaffe ein, die sich jedoch von den Vorgängermodellen durch ihren Bristol Pegasus XXI Sternmotor unterschieden, der eine geringfügig bessere Leistung bot. Der Typ erwies sich als so erfolgreich, daß ein Lizenzproduktionsvertrag ausgehandelt wurde, unter dem die staatliche finnische Flugzeugfabrik 30 Exemplare dieser C.X-Version in den Jahren 1936/37 und 1942 fünf weitere Maschinen bauen sollte. Die in den Niederlanden gebauten Flugzeuge waren als **C.X Srs I** bekannt, die vier nach Finnland verkauften hießen **C.X Srs II** und die sich anschließenden zwei finnischen Serien waren die **C.X Srs III** und **C.X Srs IV**.

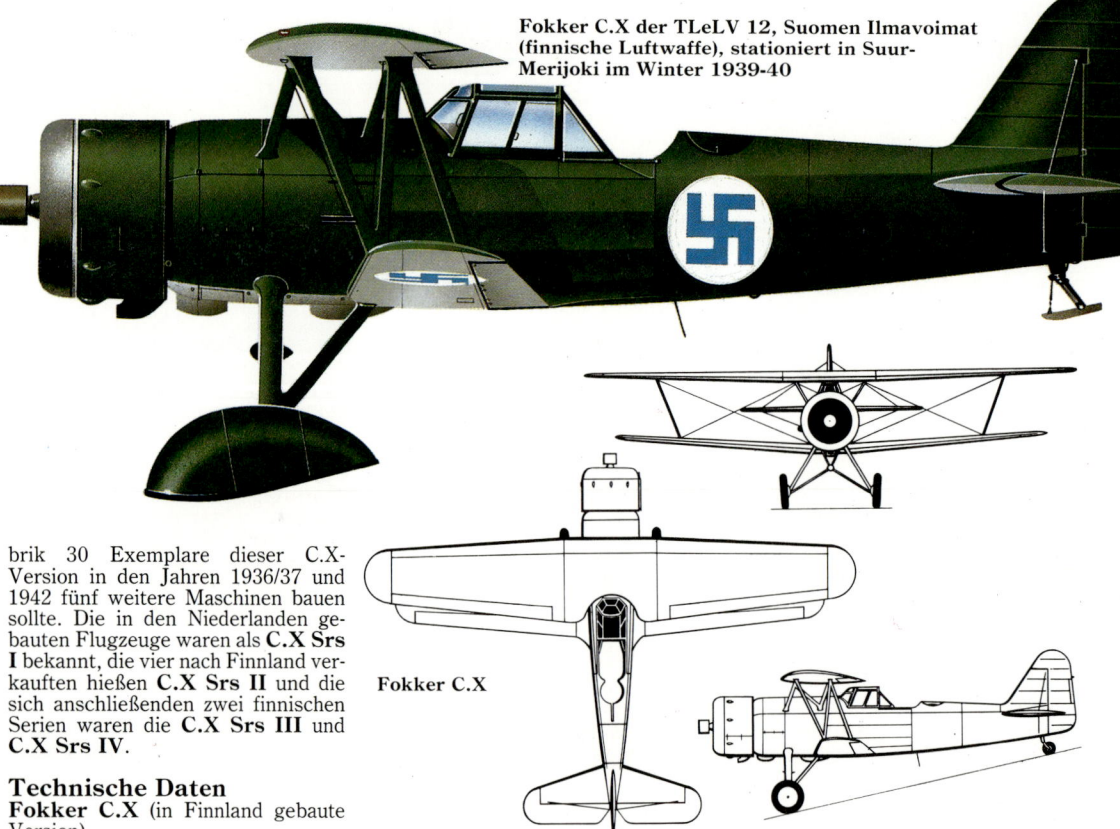

**Fokker C.X der TLeLV 12, Suomen Ilmavoimat (finnische Luftwaffe), stationiert in Suur-Merijoki im Winter 1939-40**

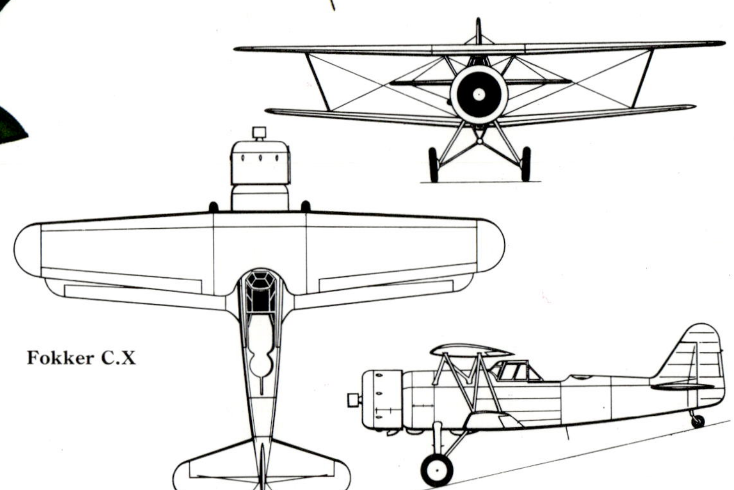

**Fokker C.X**

### Technische Daten

**Fokker C.X** (in Finnland gebaute Version)
**Typ:** ein zweisitziger Aufklärer/Bomber.
**Triebwerk:** ein 835 PS (623 kW) Bristol Pegasus XII oder XXI Neunzylinder-Sternmotor.
**Leistung:** Höchstgeschwindigkeit 335 km/h in 1.850 m Höhe; Einsatzgeschwindigkeit 275 km/h in 1.750 m Höhe; Dienstgipfelhöhe 8.100 m; Reichweite 900 km.
**Gewicht:** Leergewicht 1.550 kg; max. Startgewicht 2.900 kg.
**Abmessungen:** Spannweite 12,00 m; Länge 9,20 m; Höhe 3,30 m; Tragflügelfläche 31,70 m².
**Bewaffnung:** ein vorwärtsfeuerndes 7,62 mm MG und ein MG im hinteren Cockpit plus bis zu 400 kg Bomben.

# Fokker C.XI-W

## Entwicklungsgeschichte

Eine Anforderung der niederländischen Marine nach einem zweisitzigen Aufklärungs-Wasserflugzeug, das von Küstenstützpunkten oder per Katapult von Kriegsschiffen aus operieren konnte, führte 1925 zur **Fokker C.XI-W**. Die C.XI-W hatte einen stoffbespannten Stahlrohrrumpf, mit Sperrholz bzw. Stoff verkleidete Flügel, konnte eine geringe Bombenlast mitführen und hatte je ein vorwärts- und ein rückwärtsfeuerndes MG. Die Prototyp-Tests für die Katapulteinrichtung fanden in Norddeutschland statt, und die Kriegsschiffe *Tromp* und *De Ruyter* hatten Katapulte für diese Flugzeuge, die aber im Einsatz oft über Bord gehoben wurden und vom Meer aus starteten. Die Flugzeuge, die zunächst mit offenen Cockpits gebaut wurden, erhielten anschließend transparente Cockpithauben wie die des Typs C.X. Es wurden vierzehn C.XI-W gebaut.

## Technische Daten

**Typ:** ein zweisitziges Aufklärer-Wasserflugzeug.
**Triebwerk:** ein 775 PS (578 kW) Wright Cyclone SR-1820-F52 Neunzylinder Sternmotor.
**Leistung:** Höchstgeschwindigkeit 280 km/h in 1.750 m; Einsatzgeschwindigkeit 235 km/h in 1.750 m Höhe; Dienstgipfelhöhe 6.400 m; Reichweite 730 km.
**Gewicht:** Leergewicht 1.715 kg; max. Startgewicht 2.545 kg.
**Abmessungen:** Spannweite 13,00 m; Länge 10,40 m; Höhe 4,50 m; Tragflügelfläche 40,00 m$^2$.
**Bewaffnung:** ein vorwärtsfeuerndes 7,9 mm MG im Rumpf und ein MG im hinteren Cockpit.

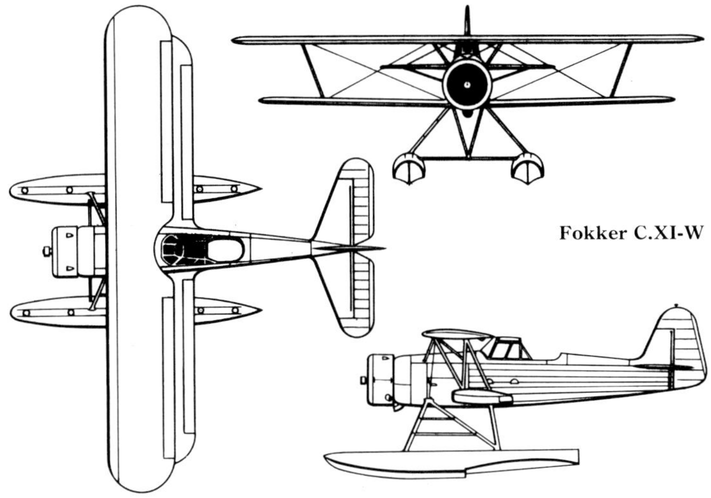

**Fokker C.XI-W**

# Fokker C.XIV-W

## Entwicklungsgeschichte

Die **Fokker C.XIV-W** war etwas kleiner als die C.XI-W und hatte ein schwächeres Triebwerk. Das neue Modell flog erstmals 1937 und wurde als Schulflugzeug verwendet. 24 Exemplare wurden für die holländische Marine gebaut.

## Technische Daten

**Typ:** ein zweisitziges Schul/Aufklärungs-Seeflugzeug.
**Triebwerk:** ein 450 PS (336 kW) Wright Whirlwind R-975-E3 Neunzylinder Sternmotor.
**Leistung:** Höchstgeschwindigkeit 230 km/h; Reisegeschwindigkeit 195 km/h; Dienstgipfelhöhe 4.800 m; Reichweite 950 km.
**Gewicht:** Leergewicht 1.315 kg; max. Startgewicht 1.945 kg.
**Abmessungen:** Spannweite 12,05 m; Länge 9,55 m; Höhe 4,25 m; Tragflügelfläche 31,70 m$^2$.
**Bewaffnung:** ein vorwärtsfeuerndes 7,92 mm MG und ein MG im hinteren Cockpit.

**Die Fokker F.19 war das 19. Exemplar von 24 Fokker C.XIV-W Schul-Seeflugzeugen für die holländische Marine.**

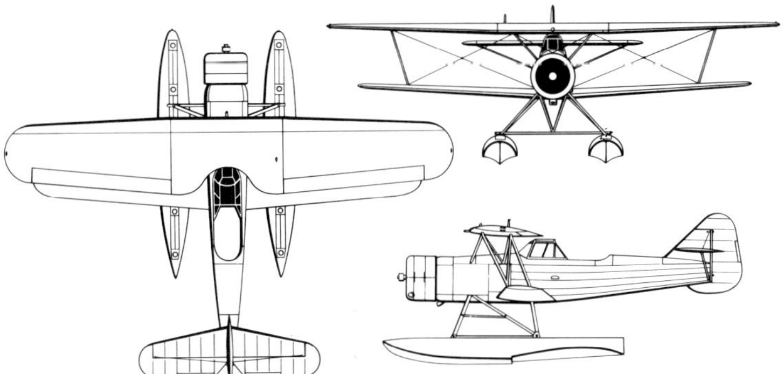

**Fokker C.XIV-W**

# Fokker D.C.I

## Entwicklungsgeschichte

Der zweisitzige Kampf/Aufklärungs-Doppeldecker **Fokker D.C.I.** sah einer verkleinerten C.IV ähnlich, hatte aber im Vergleich zu diesem Modell eine verbesserte Leistungskraft und brachte es auf eine beachtliche Steigleistung. Das erste Exemplar wurde in Veere gebaut und war 1933 fertig. Im Frühjahr 1926 wurden zehn für die holländische Armee bestimmte D.C.I. ausgeliefert.

## Technische Daten

**Typ:** ein zweisitziges Kampf/Aufklärungsflugzeug.
**Triebwerk:** ein 450 PS (336 kW) Napier Lion Zwölfzylinder Kolbenmotor.
**Leistung:** Höchstgeschwindigkeit 245 km/h; Dienstgipfelhöhe 8.000 m; Flugdauer 3 Stunden.
**Gewicht:** Rüstgewicht 1.400 kg; max. Startgewicht 1.830 kg.
**Abmessungen:** Spannweite 11,75 m; Länge 8,85 m; Höhe 3,40 m; Tragflügelfläche 34,55 m$^2$.
**Bewaffnung:** zwei feste, vorwärtsfeuernde 7,7 mm MG im Bug, ein schwenkbares MG über dem hinteren Cockpit.

# Fokker C.I und D.IV

## Entwicklungsgeschichte

Die Fokker M.18 war eigentlich der Prototyp für das Kampf- und Pfadfinder-Flugzeug **Fokker D.I**, ein einsitziger Doppeldecker in Gemischtbauweise, mit einem konventionellen Leitwerk, Heckspornfahrwerk und einem 120 PS (89 kW) Mercedes D.II Motor. Die D.I wurde ab Sommer 1916 in kleinen Zahlen produziert. Es stellte sich bald heraus, daß die Triebkraft des Typs nicht ausreichte und das Modell somit an der Westfront mit den französischen Nieuports nicht konkurrieren konnte. Daher wurde die D.I bald an die Ostfront verlegt.

Um die Lebenszeit des Grundentwurfs zu verlängern, wurde eine leicht modifizierte und vergrößerte Version, die **Fokker D.IV**, mit ei-

**Die Fokker D.IV unterscheidet sich von der D.I durch ihren 160 PS (119 kW) Mercedes D.III Motor anstelle des 120 PS (90 kW) Mercedes D.II der D.I.**

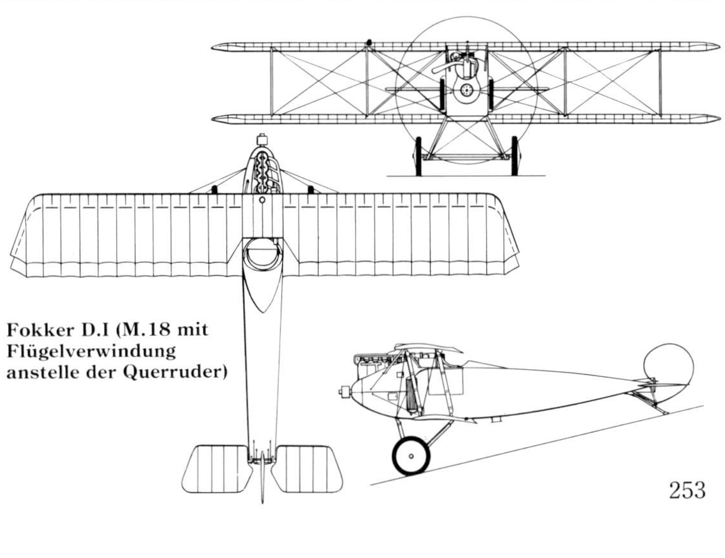

**Fokker D.I (M.18 mit Flügelverwindung anstelle der Querruder)**

nem stärkeren Mercedes Motor gebaut. Nach kurzer Einsatzzeit an der Front erwies sich die Leistungsverbesserung als unzureichend, und die erhaltenen D.I und D.IV gingen bald darauf an Schuleinheiten. Von beiden Ausführungen wurden zusammen etwa 60 Exemplare hergestellt.

### Technische Daten
**Fokker D.IV**
**Typ:** einsitziges Kampfflugzeug.
**Triebwerk:** ein 160 PS (119 kW) Mercedes D.III Sechszylinder Reihenmotor.
**Leistung:** Höchstgeschwindigkeit 160 km/h; Steigzeit auf 1.000 m 3 Minuten; Dienstgipfelhöhe 5.000 m; Flugdauer 1 Stunde 30 Minuten.
**Gewicht:** Leergewicht 606 kg; max. Startgewicht 840 kg.
**Abmessungen:** Spannweite 9,70 m; Länge 6,30 m; Höhe 2,45 m; Tragflügelfläche 21,00 m².
**Bewaffnung:** ein oder zwei starre vorwärtsfeuernde 7,92 mm LMG 08/15 MG.

**Die Fokker D.I Kampfflugzeuge wurden ständig weiterentwickelt. Hier abgebildet ist die modifizierte Ausführung mit einer festen Flosse zur Ergänzung des kommaförmigen Ausgleichsruders sowie mit Querrudern anstelle der Verwindung für Seitensteuerung.**

# Fokker D.II, D.III und D.V

### Entwicklungsgeschichte
Die **Fokker D.II** basierte auf dem M.17 Prototyp hatte aber eine etwas reduzierte Flügelspannweite und einen Rumpf mit größerer Länge und verbesserten Konturen. Die D.II hatte eine ähnliche Konstruktion und allgemeine Konfiguration wie die D.I; das Triebwerk war ein 100 PS (75 kW) Oberursel U.1 Umlaufmotor, über dem das einzige vorwärtszielende LMG 08/15 'Spandau' MG angebracht war. Die D.II nahmen im Frühjahr 1916 den Einsatz auf, und es stellte sich bald heraus, daß ihre Leistung nicht hoch genug war, um es mit den neuen Modellen der Alliierten aufnehmen zu können. Die **D.III** stellte einen Versuch dar, die Leistung durch den Einbau des sehr viel stärkeren Oberursel U.III zweireihigen Umlaufmotors in eine verstärkte Rumpfstruktur nach dem Entwurf der D.II zu verbessern, gleichzeitig wurde die erweiterte Spannweite der D.I übernommen und zwei 'Spandau' MG montiert. Trotz dieser Neuerungen wurde die Leistung der D.III nur unwesentlich verbessert, und die Manövrierbarkeit war unverändert. Nicht nur war die D.III ihren Gegenstücken bei den Alliierten unterlegen, das Modell wurde auch durch die neuen Albatros und Halberstadt übertroffen, die inzwischen von der deutschen Luftwaffe übernommen wurden. Insgesamt wurden fast 300 Exemplare der D.II und D.III gebaut; von den nach dem kurzen Fronteinsatz noch erhaltenen Maschinen gingen einige an die österrreichisch-ungarische Luftwaffe, die meisten wurden jedoch an Fliegerschulen übergeben.

Die Fokker D.V war eine entwickelte und verbesserte Ausführung der D.III mit einem 100 PS (75 kW) Oberursel U.I Umlaufmotor. Mit diesem Triebwerk war das Modell 1916 offensichtlich nicht stark genug für die Westfront, daher wurden die meisten der mehr als 200 gebauten Exemplare zur Schulung von Kampfpiloten verwendet.

**Ursprünglich sollte die Fokker D.II ungestaffelte, einstielige Flügel erhalten, wurde aber mit gestaffelten, zweistieligen Tragflächen produziert.**

**Martin Kreutzers letzter Entwurf war die Fokker D.V, die gepfeilte obere Tragflächen, eine ausgeprägtere Staffelung und Querruder für die Seitensteuerung einführte.**

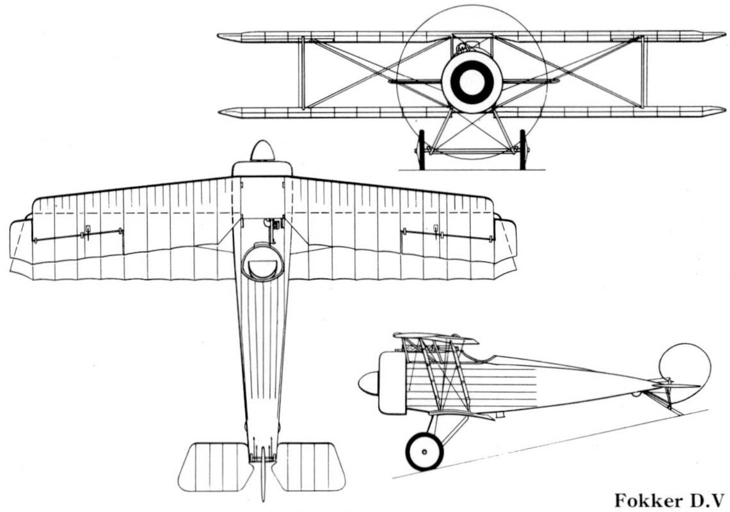

**Fokker D.V**

### Technische Daten
**Fokker D.III**
**Typ:** einsitziges Kampf/Pfadfinderflugzeug.
**Triebwerk:** ein 160 PS (119 kW) Oberursel U.III 14-Zylinder Umlaufmotor.
**Leistung:** Höchstgeschwindigkeit 160 km/h; Steigzeit auf 4.000 m 20 Minuten; Dienstgipfelhöhe 4.700 m; Flugdauer 1 Stunde 30 Minuten.
**Gewicht:** Leergewicht 452 kg; max. Startgewicht 710 kg.
**Abmessungen:** Spannweite 9,05 m; Länge 6,30 m; Höhe 2,25 m; Tragflügelfläche 20,00 m².
**Bewaffnung:** ein oder zwei vorwärtsfeuernde 7,92 mm LMG 08/15 Maschinengewehre.

**Um die Nachteile der D.I und D.II zu beheben, wurde die D.III auf der Grundlage des D.I Flugwerks entwickelt und erhielt einen stärkeren Motor sowie zwei MG.**

# Fokker D.VI

### Entwicklungsgeschichte
Im Winter 1917/18 baute Fokker zwei einsitzige Kampf-Doppeldeckerprototypen, die den Rumpf, das Leitwerk und das Fahrwerk der Dr.I mit einer reduzierten Ausführung der für die D.VII entwickelten Tragflächen verband. Die beiden Prototypen hatten verschiedene Triebwerke: der erste, **V 13/1**, einen 145 PS (108 kW) Oberursel U.III und der zweite, **V 13/2**, einen 160 PS (119 kW) Siemens-Halske Sh.III. Nach den Tests und der Erprobung erhielt der Typ im Frühjahr 1918 einen Produktionsauftrag unter der Bezeichnung **D.VI**, aber da die Triebwerke sich in beiden Fällen als problematisch erwiesen hatten, wurde der Oberursel U.II für das Serienmodell gewählt.

Die D.VI wurde parallel zur D.VII vergleichsweise langsam produziert, da der D.VII der Vorzug gegeben wurde. Als im August 1918 die Produktion auslief, damit man sich auf den Bau der erfolgreichen D.VII konzentrieren konnte, waren von der D.VI nur 60 Exemplare hergestellt worden. Davon dienten die meisten als Fortgeschrittenen-Schulflugzeuge für künftige Kampfpiloten.

### Technische Daten
**Typ:** einsitziges Kampfflugzeug.
**Triebwerk:** ein 110 PS (82 kW) Oberursel U.II Neunzylinder Umlaufmotor.
**Leistung:** Höchstgeschwindigkeit 196 km/h; Steigzeit auf 5.000 m 19 Minuten; Dienstgipfelhöhe 6.000 m; Flugdauer 1 Stunde 30 Minuten.
**Gewicht:** Leergewicht 393 kg; max. Startgewicht 585 kg.
**Abmessungen:** Spannweite 7,65 m; Länge 6,26 m; Höhe 2,55 m; Tragflügelfläche 17,70 m².
**Bewaffnung:** zwei feste, vorwärtsfeuernde 7,92 mm LMG 08/15 MG.

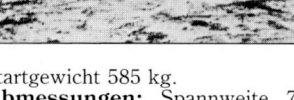

**Der neue Chefkonstrukteur Reinhold Platz drückte den handwerklich sehr viel besseren Fokker Flugzeugen sofort seinen persönlichen Stempel auf, etwa bei dieser D.VI.**

# Fokker D.VII

Eine Fokker D.VII des Unteroffiziers Piel von der Jasta 13, Deutsche Heeresfliegertruppe, 1918 an der Westfront stationiert

Eine Fokker D.VII von Josef Raesch, Jastaführer der Jasta 43, Deutsche Heeresfliegertruppe, 1918 an der Westfront stationiert

## Entwicklungsgeschichte

Um am Wettbewerb für Deutschlands erstes einsitziges Kampfflugzeug (1918) teilnehmen zu können, entwickelte Reinhold Platz einen neuen Prototyp, die **V 11**, wobei er zum großen Teil den Entwurf der erfolgreichen Dr.I verwendete. Der Rumpf war in Profil und Konstruktion ähnlich, das Leitwerk war neu, aber das Fahrwerk war quasi unverändert. Da ein stärkeres und schwereres Triebwerk notwendig war, mußte auch ein Doppeldeckerflügel mit im Vergleich zur D.VI größeren Spannweite und Fläche gebaut werden. Die Konstruktion war ähnlich wie die der Dr.I, hatte aber zwei Holme statt einem. Das Triebwerk des Prototypen und der frühen Serienmaschinen war der 160 PS (119 kW) Mercedes D.III Motor; die späteren Exemplare hatten den stärkeren B.M.W.III Motor.

Nach dem Wettbewerb im Januar 1918 erhielt die **Fokker D.VII** einen sofortigen Produktionsauftrag; da ihre Kapazität der Albatros D.V Baureihe überlegen war, mußten die Albatros Werke GmbH die D.VII als Zulieferant in ihren beiden Fabriken herstellen. Innerhalb von drei Monaten war das Modell im Einsatz, und seine Leistung wurde nur von der britischen Sopwith Snipe und der französischen Spad XIII erreicht. Bis zum Waffenstillstand am 11. November 1918 wurden mehr als 700 D.VII ausgeliefert. Das Modell war so erfolgreich gewesen, daß im Friedensvertrag ausdrücklich die Auslieferung aller Exemplare an die Alliierten gefordert wurde (außer der D.VII wurden lediglich die Zeppelin Luftschiffe ausgewählt).

Fokker konnte mehrere D.VII und Komponenten für diesen Typ aus Deutschland nach Holland schmuggeln, wo er eine neue Flugzeugfabrik einrichtete. Die Produktion der D.VII lief nach dem Krieg mehrere Jahre lang weiter; die ehemaligen deutschen Flugzeuge dienten in verschiedenen Luftwaffeneinheiten.

## Varianten

**V 18:** Zwischenstufe zwischen der V 11 und D.VII; mit einer zusätzlichen festen Flosse.
**V 21:** Variante der D.VII mit gestaffelten Flügeln und einem 160 PS (119 kW) Mercedes D.III Motor; im zweiten D-Typ Wettbewerb geflogen.
**V 22:** Vorserienprototyp der D.VII mit Komponenten der V 11, V 18 und V 21 sowie mit einem 160 PS (119 kW) Mercedes D.III.
**V 24:** eine versuchsweise mit einem 200 PS (149 kW) Benz Motor ausgestattete D.VII.
**V 29:** experimentelle Ausführung mit Eindecker-Baldachinflügeln, ähnlich einer vergrößerten V 27, abgesehen vom 185 PS (135 kW) B.M.W. IIIa Motor; nahm am dritten D-Typ Wettbewerb teil.
**V 31:** Standard-D.VII mit einem Haken zum Schleppen der V 30.
**V 34:** D.VII mit einer Höhenflosse wie bei der V 33 und einer schnittigeren Haube für den B.M.W. Motor.
**V 36:** von den zwei gebauten Exemplaren war das erste der V 34 ähnlich, übernahm aber das Leitwerk der D.VII, während das zweite keinen Ausschnitt in der Hinterkante der oberen Tragflächen hatte und einen Treibstofftank in der Achsenverkleidung erhielt.
**V 38:** vergrößerter Ableger der D.VII Konstruktion, als Prototyp der C.I gedacht, für die nach dem Ersten Weltkrieg 70 Bausätze von Fokker in die Niederlande geschmuggelt wurden.

**Diese Fokker D.VII, deren Stoffbespannung mit einem Fleckenmuster als Sichtschutz versehen ist, fiel Ende 1918 in die Hände der Alliierten.**

## Technische Daten

**Typ:** ein einsitziges Kampf/Pfadfinderflugzeug.
**Triebwerk:** ein 185 PS (138 kW) B.M.W. III Sechszylinder Reihenmotor.
**Leistung:** Höchstgeschwindigkeit 200 km/h in 1.000 m Höhe; Steigzeit auf 5.000 m 16 Minuten; Dienstgipfelhöhe 7.000 m; Flugdauer 1 Stunde 30 Minuten.
**Gewicht:** Leergewicht 735 kg; max. Startgewicht 880 kg.
**Abmessungen:** Spannweite 8,90 m; Länge 6,95 m; Höhe 2,75 m; Tragflügelfläche 20,50 m$^2$.
**Bewaffnung:** zwei feste, vorwärtsfeuernde 7,92 mm LMG 08/15 MG.

# Fokker D.X

## Entwicklungsgeschichte

Nach dem Mißerfolg des **Fokker D.IX** Kampf-Doppeldeckers (nur ein Exemplar dieses Modells wurde gebaut und an den US Army Air Service verkauft, wo es die Kennung **PW-6** erhielt) produzierte Reinhold Platz einen schlanken Eindecker mit Tragflächen in Baldachin-Konstruktion. Diese **Fokker D.X** aus dem Jahre 1923 hatte typische Fokker Tragflächen, die über den größten Teil der Spannweite hinweg freitragend waren, ein konventionelles Kreuzachsenfahrwerk, ein gerundetes Ausgleichsruder und eine voll be-

**Die Fokker D.X, eine direkte Weiterentwicklung der D.VII des Ersten Weltkriegs, sollte ursprünglich einen 185 PS (138 kW) BMW IIIa Sechszylinder Reihenmotor erhalten, wurde dann aber mit einem 300 PS (228 kW) Hispano-Suiza 8Fb V-8 Motor ausgestattet.**

wegliche Flosse. Die Grundlage des Entwurfs war der Prototyp **V 41**, der nach der Übersiedlung von Fokkers Firma nach Schweden im Jahre 1918 noch unvollendet war.

Die Leistung der D.X gewann dem Modell das Interesse zahlreicher ausländischer Regierungen, aber der einzige Kunde wurde Spanien mit zehn Serienexemplaren.

### Technische Daten

**Typ:** einsitziges Kampfflugzeug.
**Triebwerk:** ein zweireihiger 300 PS (224 kW) Hispano-Suiza V-Motor.
**Leistung:** Höchstgeschwindigkeit 225 km/h.
**Gewicht:** Rüstgewicht 860 kg; max. Startgewicht 1.245 kg.
**Abmessungen:** Spannweite 14,00 m; Länge 8,00 m; Höhe 2,95 m.
**Bewaffnung:** zwei feste, vorwärtsfeuernde 7,7 mm MG im Rumpf.

# Fokker D.XI

### Entwicklungsgeschichte

Das von Reinhold Platz entworfene schlanke Kampfflugzeug **Fokker D.XI**, ein echter Anderthalbdecker mit sehr viel kleineren unteren als oberen Tragflächen, stieß nach seinem Erstflug am 5. Mai 1923 auf beträchtliches Interesse. Aus Holland liefen keine Aufträge ein, da es die finanzielle Lage nicht zuließ, dafür wurden aber insgesamt 117 Exemplare für den Export gebaut. Die D.XI wurde im Laufe der Produktion immer weiter entwickelt, und die für die verschiedenen Länder gebauten Varianten unterschieden sich durch Details im Entwurf. Alle Ausführungen hatten jedoch die einstielige V-Flügelverstrebung, die ein typisches Kennzeichen von Platz' Entwürfen darstellt. Außerdem hatten alle den 300 PS (224 kW) Hispano-Suiza Motor mit zwei Kühlern an den Bugseiten, um eine gute Stromlinienform zu gewährleisten. Sowohl die oberen als auch die unteren Tragflächen waren an der Vorderkante gestaffelt.

Der wichtigste Abnehmer war die UdSSR, die den Typ bis 1929 bei ihren Fronteinheiten flog. Andere Kunden waren Rumänien und Spanien, außerdem Argentinien und die USA, die sie als **PW-7** mit 440 PS (328 kW) Curtiss D-12 V-12 Motoren betrieben.

**Der US Army Air Service untersuchte drei Exemplare der Fokker D.XI unter der Bezeichnung PW-7. Hier abgebildet ist das erste dieser Exemplare mit den ursprünglichen V-Streben und mit Sperrholz beschichteten Tragflächen (die beiden anderen hatten N-Streben und Stoffbespannung).**

### Technische Daten

**Typ:** einsitziges Kampfflugzeug.
**Triebwerk:** ein 300 PS (224 kW) zweireihig hängender Hispano-Suiza 8Fb Achtzylinder.
**Leistung:** Höchstgeschwindigkeit 225 km/h; Dienstgipfelhöhe 7.000 m; Reichweite 440 km.
**Gewicht:** Rüstgewicht 865 kg; max. Startgewicht 1.250 kg.
**Abmessungen:** Spannweite 11,67 m; Länge 7,50 m; Höhe 3,20 m; Tragflügelfläche 21,80 m$^2$.
**Bewaffnung:** zwei feste, vorwärtsfeuernde 7,7 mm MG.

**1925 bestellte die Schweiz zwei Exemplare der Standard Fokker D.XI — zur Erprobung ausgestattet mit dem üblichen Hispano-Suiza Motor unter einer etwas klobigen Haube.**

# Fokker D.XIII

### Entwicklungsgeschichte

Nach dem Mißerfolg der D.XII (ein für die US Army bestimmter und mit einem Curtiss D-12 Motor getesteter einsitziger Kampf-Doppeldecker) wurde der Prototyp der **Fokker D.XIII** am 12. September 1924 erstmals geflogen. Das Modell war eine weiterentwickelte Ausführung der D.XI mit einem Napier Lion Motor und einer ausgezeichneten Leistung.

Eines der ersten der 50 Serienexemplare stellte am 16. Juli 1925 eine Reihe von Geschwindigkeits- und Zuladungsrekorden auf. Die Serienmaschinen wurden alle auf Umwegen an das unter strengster Geheimhaltung eingerichtete Schulungszentrum der deutschen Armee in Lipetsk in der Sowjetunion gebracht. Als die Deutschen sich 1933 von diesem Stützpunkt zurückzogen, übergaben sie etwa 20 D.XIII an die russischen Luftstreitkräfte. Als die D.XIII in die Produktion gegangen war, hatte die experimentelle **D.XIV**, ein einsitziges Tiefdecker-Kampfflugzeug mit halb freitragenden Flügeln, ihren Erstflug unternommen (am 28. März 1925). Als das einzige Exemplar dieses Typs bei einem Absturz zerstört wurde, gab Fokker die Entwicklung auf und beschäftigte sich erst zehn Jahre später wieder mit Kampf-Tiefdeckern.

**Die Fokker D.XIII wurde während der zwanziger Jahre bei der heimlichen Schulung deutscher Flieger in der UdSSR eingesetzt.**

### Technische Daten

**Fokker D.XIII**
**Typ:** einsitziges Kampfflugzeug.
**Triebwerk:** ein dreireihig stehender 570 PS (425 kW) Napier Lion XI Zwölfzylinder.
**Leistung:** Höchstgeschwindigkeit 270 km/h; Dienstgipfelhöhe 8.000 m; Reichweite 600 km.
**Gewicht:** Rüstgewicht 1.220 kg; max. Startgewicht 1.650 kg.
**Abmessungen:** Spannweite 11,00 m; Länge 7,90 m; Höhe 2,90 m; Tragflügelfläche 21,47 m$^2$.
**Bewaffnung:** zwei feste, vorwärtsfeuernde 7,7 mm MG.

# Fokker D.XVII

### Entwicklungsgeschichte

Der einsitzige Kampf-Doppeldecker **Fokker D.XVII**, eine Modifikation der D.XVI, war ursprünglich für eine militärische Spezifikation aus Niederländisch-Indien vorgesehen, aber als sich 1932 herausstellte, daß von dieser Seite keine ausreichenden finanziellen Mittel zu erwarten waren, wurde der Prototyp statt dessen von der holländischen Luftwaffe erprobt, die später elf Exemplare in Auftrag gab. Drei verschiedene Triebwerke wurden benutzt: der 690 PS (515 kW) Hispano-Suiza 12Xbrs, der 790 PS (589 kW) Lorraine-Dietrich Petrel und (am häufigsten) der Rolls-Royce Kestrel IIS; der Prototyp hatte einen Curtiss V-1570 Conqueror verwendet. Trotz dieser Vielzahl von Triebwerken war das Modell bei den Piloten sehr beliebt. Die Konstruktion bestand aus einem mit

**Der einstielige Doppeldecker Fokker D.XVII war bis 1940 im Einsatz. Deutlich sind die verkleideten Zylinder des Rolls-Royce Kestrel zu sehen.**

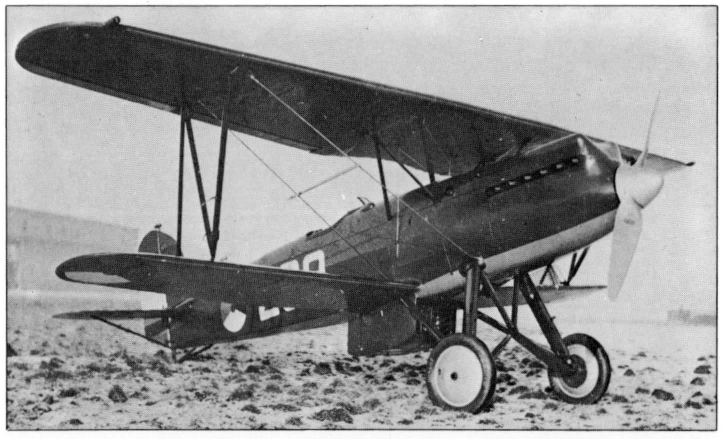

Stoff bespannten Stahlrohrrumpf; die Flügel waren mit Stoff und Sperrholz beschichtet.

**Technische Daten**
**Typ:** einsitziges Kampfflugzeug in Doppeldeckerkonfiguration.
**Triebwerk:** ein 595 PS (444 kW) Rolls-Royce Kestrel IIS Zwölfzylinder V-Motor.
**Leistung:** Höchstgeschwindigkeit 350 km/h in 4.000 m Höhe; Reisegeschwindigkeit 290 km/h in 4.000 m Höhe; Dienstgipfelhöhe 8.750 m; Reichweite 850 km.
**Gewicht:** Leergewicht 1.100 kg; max. Startgewicht 1.480 kg.
**Abmessungen:** Spannweite 9,60 m; Länge 7,20 m; Höhe 3,00 m; Tragflügelfläche 20,00 m².
**Bewaffnung:** zwei vorwärtsfeuernde 7,9 mm MG im Rumpf.

# Fokker D.XXI

## Entwicklungsgeschichte

Die **Fokker D.XXI** stellte einen völligen Bruch mit der Tradition der Fokker Doppeldecker und Hochdecker dar: dieses Modell war ein Tiefdecker mit festem Fahrwerk.

Die Luftstreitkräfte der holländischen Armee bestellten 1935 einen Prototyp, um das Potential des Modells für den Einsatz in Niederländisch-Indien zu untersuchen. Ursprünglich war ein 650 PS (485 kW) Rolls-Royce Kestrel IV Motor geplant, aber der Prototyp flog am 27. März 1936 mit einem 645 PS (481 kW) Bristol Mercury VI-S Sternmotor. Zu dieser Zeit war die niederländische Regierung mehr an Bombern als an Kampfflugzeugen für den Einsatz im Land selbst interessiert, aber aufgrund neuer Erwägungen im Sommer 1937 wurden 36 D.XXI mit Bristol Mercury VII oder VIII Motoren bestellt.

Im gleichen Jahr wurden sieben D.XXI mit Mercury VIII Triebwerken für die finnische Luftwaffe bestellt, und die staatliche finnische Flugzeugfabrik baute von 1939 bis 1944 im Rahmen eines Lizenzabkommens 93 Exemplare des Modells. Davon wurden die ersten 38 (mit Mercury Motoren) 1938 fertiggestellt; dann erhielten die nächsten 50 im Jahre 1941 den 825 PS (615 kW) Pratt & Whitney Twin Wasp Junior SB4-C/-G Motor, von dem 1940 80 Exemplare eingekauft worden waren. Die letzten fünf D.XXI mit Bristol-Pegasus Motoren waren 1944 fertig.

Die in Holland gebauten Maschinen wurden nach Dänemark geliefert; weitere zehn entstanden in Kopenhagen. Diese Flugzeuge hatten Mercury VI-S Motoren und je eine 20 mm Madsen Kanone in einer Verkleidung unter den Tragflächen.

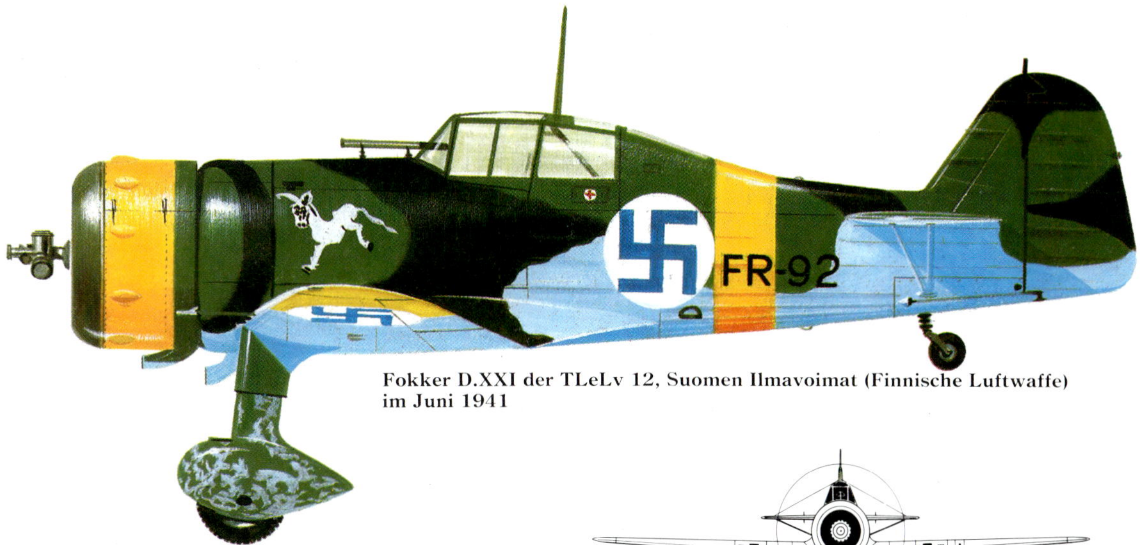


Fokker D.XXI der TLeLv 12, Suomen Ilmavoimat (Finnische Luftwaffe) im Juni 1941

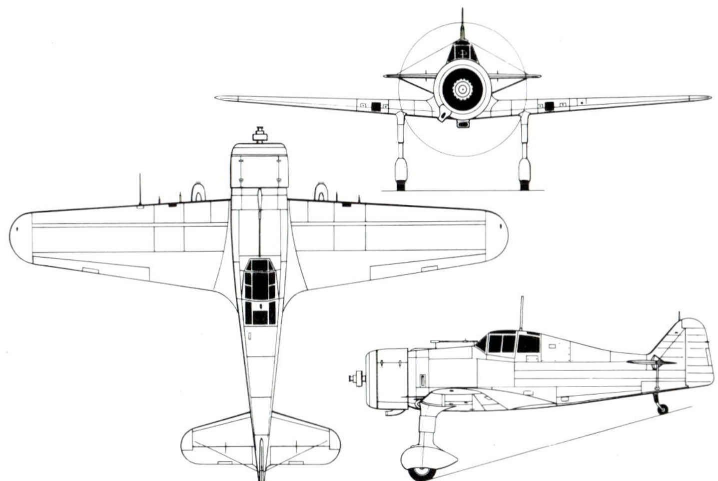

Fokker D.XXI (finnischer Lizenzbau)

**Technische Daten**
**Typ:** einsitziges Kampfflugzeug.
**Triebwerk:** ein 830 PS (619 kW) Bristol Mercury VIII Neunzylinder Sternmotor.
**Leistung:** Höchstgeschwindigkeit 460 km/h in 4.420 m; Reisegeschwindigkeit 385 km/h; Dienstgipfelhöhe 11.000 m; Reichweite 950 km.
**Gewicht:** Leergewicht 1.450 kg; max. Startgewicht 2.050 kg.
**Abmessungen:** Spannweite 11,00 m; Länge 8,20 m; Höhe 2,95 m; Tragflügelfläche 16,20 m².
**Bewaffnung:** vier 7,9 mm MG.

# Fokker D.XXIII

## Entwicklungsgeschichte

Der Prototyp der **Fokker D.XXIII** stieß auf großes Interesse im Ausland, als der Typ 1939 gebaut wurde, nicht zuletzt wegen seiner ungewöhnlichen Struktur. Der Konstrukteur, Ing. Marius Beeling, entwarf einen kurzen Rumpf in Metallbauweise mit einem vorderen Zug- und einem hinteren Druckpropeller.

Der Pilot saß in einem geschlossenen Cockpit. Die freitragenden, hölzernen Tiefdeckerflügel waren mit den beiden Leitwerksträgern verbunden, die Seitenleitwerke waren durch eine lange Höhenflosse miteinander verbunden. Das Fahrwerk war voll einziehbar.

Das Triebwerk bestand aus zwei schwachen Walter Sagitta I-SR wassergekühlten Motoren. Fokker hoffte auf holländische Produktionsaufträge und eventuelle Exporte. Um die relativ geringe Leistung des Prototyps zu verbessern, wurden Ausführungen mit Rolls-Royce und Daimler-Benz Motoren geplant, und um den Beschwerden der Piloten über mangelnde Sicherheit abzuhelfen, sollte wegen des gefährlichen Druckpropellers hinter dem Cockpit ein Schleudersitz eingebaut werden, den Beeling entwerfen wollte, aber diese Pläne wurden nicht realisiert.

Die D.XXIII unternahm ihren Jungfernflug am 30. Mai 1939, aber das hintere Triebwerk wies ernsthafte Kühlungsprobleme auf. Als die Niederlande im Mai 1940 von den Deutschen angegriffen wurden, kam die Entwicklung zum Ende.

**Um bei Triebwerksausfall den asymmetrischen Antrieb zu vermeiden, wurde die Fokker D.XXIII mit Zug- und Druckpropeller ausgerüstet. Allerdings hatte der Pilot wegen des hinteren Propellers kaum eine Möglichkeit, mit dem Fallschirm auszusteigen.**

**Technische Daten**
**Typ:** einsitziges Kampfflugzeug.
**Triebwerk:** zwei 530 PS (395 kW) zweireihig hängende Walter Sagitta I-SR Zwölfzylinder.
**Leistung:** (geschätzt) Höchstgeschwindigkeit 525 km/h; Dienstgipfelhöhe 9.000 m; Reichweite 840 km.
**Gewicht:** Rüstgewicht 2.180 kg; max. Startgewicht 2.950 kg.
**Abmessungen:** Spannweite 11,50 m; Länge 10,20 m; Höhe 3,80 m; Tragflügelfläche 18,50 m².
**Bewaffnung:** (geplant) zwei 7,9 mm und zwei 13,2 mm MG.

# Fokker Dr.I

## Entwicklungsgeschichte

Die im Ersten Weltkrieg an der Westfront kämpfenden deutschen Piloten erkannten bald die Vorteile der kurzen Steigzeit und bemerkenswerten Manövrierbarkeit der Sopwith Triplane, die im Frühjahr 1917 bei den Staffeln des RNAS dienten. Als in Deutschland die Nachrichten von diesem Modell verbreitet wurden, unternahmen die Herstellerfirmen des Kaiserreichs alles, um innerhalb kürzester Zeit ihr eigenes Modell in dieser Kategorie zu entwerfen.

Fokkers Chefkonstrukteur, Martin Kreutzer, war am 27. Juni 1916 bei der Erprobung einer D.I ums Leben gekommen. Er wurde durch Reinhold Platz ersetzt, der für die Entwicklung des neuen Dreideckers der Firma verantwortlich war. Sein erster **V 3** Prototyp hatte drei kleine, freitragende Flügel ohne Flügelstiele auf einem typischen Fokker-Rumpf mit Heckspornfahrwerk und Seitenleitwerk. Neu waren eine durchgehende Verkleidung der Hauptfahrwerksachse, die zusätzlichen Auftrieb liefern sollte, und eine große Höhenflosse mit gepfeilter Vorderkante. Beim Erstflug stellte sich jedoch heraus, daß die Tragflächen stark vibrierten, was zu einer verbesserten Version mit leichten, hohlen Streben führte, der **V 4.** Gleichzeitig wurden mehrere aerodynamische Verbesserungen durchgeführt, und als die Tests zufriedenstellend verliefen, ging der Typ im Frühsommer 1917 mit der Bezeichnung **F.I** (bald darauf in die offizielle militärische Kennung Fokker **Dr.I** für Dreidecker geändert) in die Produktion. Das Triebwerk war ein von Thulin unter Lizenz gebauter Le Rhône Umlaufmotor oder aber ein Oberursel Motor, quasi eine Kopie des gleichen Triebwerks.

Die Dr.I hatte bald einen etwas übertrieben guten Ruf wegen ihrer guten Leistung, wahrscheinlich, weil sie vom berühmten 'Roten Baron', Manfred von Richthofen, geflogen wurde, der den Typ wegen seiner ausgezeichneten Manövrierbarkeit und der guten Steigzeit bevorzugte. Was die Höchstgeschwindigkeit betraf, so war die Dr.I den zeitgenössischen Kampf- und Scoutflugzeugen der Alliierten unterlegen, und wegen eines strukturellen Fehlers der Tragflächen stürzten zahlreiche Exemplare ab. Gegen Ende 1917 wurde der Typ vorübergehend aus dem Einsatz genommen und strukturell verbessert. Als die Produktion im Mai 1918 auslief, waren mehr als 300 Exemplare gebaut worden. Die Dr.I war noch bis zum Sommer 1918 im Einsatz.

### Varianten

**V 5:** Flugwerk einer Dr.I mit dem 160 PS (119 kW) Goebel Goe.III Umlaufmotor; für Versuchsflüge bei der Vorbereitung zum ersten D-Typ Wettbewerb gebaut.
**V 6:** Entwicklung der Dr.I mit erhöhter Spannweite und einem längeren Rumpf; erstmals im Sommer 1917 mit dem 120 PS (90 kW) Mercedes D.II Reihenmotor; die Komponenten wurden später für die **V 8** benutzt, die an der Bugspitze Dreideckerflügel und hinter dem Cockpit Doppeldeckerflügel hatte.
**V 7:** Standard Dr.I mit dem 160 PS (119 kW) Siemens-Halske Sh.III Umlaufgetriebemotor und einem Vierblatt-Propeller.
**V 9:** experimenteller Doppeldecker; im Herbst 1918 mit überwiegend von der Dr.I übernommenen Komponenten gebaut und mit einem auf beiden Seiten von je zwei Drei-Cabanestreben getragenen Flügelmittelstück ausgestattet; das Triebwerk war ein 80 PS (60 kW) Oberursel U.0 Umlaufmotor.
**V 10:** Standard Dr.I mit dem 145 PS (108 kW) Oberursel Ur.III und der außergewöhnlichen Gipfelhöhe von 9.500 m.

RAF Museum, Hendon

**Der Nachbau der Fokker Dr.I, die von Manfred von Richthofen geflogen wurde, zeigt die kompakten Abmessungen der Maschine.**

### Technische Daten

**Typ:** einsitziges Kampfflugzeug.
**Triebwerk:** ein 110 PS (82 kW) Le Rhône (von Thuline gebaut) oder Oberursel Ur.II Neunzylinder Umlaufmotor.
**Leistung:** Höchstgeschwindigkeit 165 km/h in 4.000 m Höhe; Steigzeit auf 1.000 m 2 Minuten 54 Sekunden; Dienstgipfelhöhe 6.095 m; Flugdauer 1 Stunde 30 Minuten.
**Gewicht:** Leergewicht 406 kg; max. Startgewicht 585 kg.
**Abmessungen:** Spannweite 7,20 m; Länge 5,77 m; Höhe 2,95 m; Tragflügelfläche 18,70 m².
**Bewaffnung:** zwei starre, vorwärtsfeuernde 7,92 mm LMG 08/15 MG.

# Fokker E-Baureihe

### Entwicklungsgeschichte

Am 19. April 1915 wurde eine französische Morane-Saulnier Type L hinter den deutschen Linien zur Landung gezwungen. Dieses Ereignis war in der Entwicklung von Kampfflugzeugen und ihrer Waffen von Bedeutung, denn der Pilot der Maschine, der Franzose Roland Garros, hatte ein System entwickelt, wonach sein Hotchkiss MG nach vorne durch die Propellerscheibe schießen konnte; dabei wurden die Rückseiten der Hinterseite der Propellerblätter durch Stahlplatten geschützt, die aufprallende Kugeln ablenken konnten.

Die deutschen Offiziere untersuchten die beschädigte Type L und erkannten sofort die Bedeutung eines starren, vorwärtsfeuernden MG, mit dem der Pilot leicht zielen konnte. Das Ergebnis war, daß Fokker mit der Entwicklung einer komplexeren Anlage dieser Art beauftragt wurde; dadurch entstand das Unterbrechergetriebe, durch das die Schußfolge auf die Drehungen der Propellerblätter abgestimmt wurde. Die ersten Tests wurden mit einer Fokker M.5k/MG durchgeführt, und die Serienexemplare dieses Modells erhielten ein Unterbrechergetriebe für ihre Maxim LM 08/15 'Spandau' MG sowie die Bezeichnung **Fokker E.I** (E = Eindecker).

Die einsitzige E.I war ein abgestrebter Mitteldecker mit einem Heckspornfahrwerk, einem konventionellen Leitwerk und einem 80 PS (60 kW) Oberursel U.0 Umlaufmotor. Auf die E.I folgte die weitgehend ähnliche, aber verbesserte und verstärkte **E.II** (Firmenbezeichnung **M.14**) mit einem stärkeren Triebwerk, dann die **E.III** (Firmenbezeichnung ebenfalls M.14), die sich nur in Details von der E.II unterschied. Das letzte Serienmodell war die schwerere, aber weniger erfolgreiche **E.IV** (Firmenbezeichnung **M.15**), eigentlich eine E.III mit einem 160 PS (119 kW) Oberursel U.III Motor und zwei MG. Von allen vier Ausführungen wurden insgesamt angeblich etwa 300 Exemplare hergestellt.

**Die Fokker E.I war die erste Maschine des Unternehmens, die mit einem durch den Propeller schießenden MG ausgerüstet war.**

**Die Fokker E.III zeigte etwas bessere Flugleistungen als die E.I. Hier abgebildet ist eine von den Briten erbeutete Maschine.**

**Die Fokker E.IV hatte eine erheblich stärkere Motorleistung als ihre Vorgängermodelle, jedoch auch ein höheres Gewicht.**

### Technische Daten

**Typ:** einsitziges Kampfflugzeug.
**Triebwerk:** ein 100 PS (75 kW) Oberursel U.I Neunzylinder Umlaufmotor.
**Leistung:** Höchstgeschwindigkeit 140 km/h; Steigzeit auf 3.000 m 30 Minuten; Dienstgipfelhöhe 3.500 m; Flugdauer 1 Stunde 30 Minuten.
**Gewicht:** Leergewicht 399 kg; max. Startgewicht 610 kg.
**Abmessungen:** Spannweite 9,50 m; Länge 7,20 m; Höhe 2,40 m; Tragflügelfläche 16,00 m².
**Bewaffnung:** ein starres, vorwärtsfeuerndes 7,92 mm LMG 08/15 MG.

# Fokker E.V/D.VIII

### Entwicklungsgeschichte

Die **Fokker E.V** wurde für den zweiten deutschen Wettbewerb für Kampfflugzeuge im April 1918 entworfen und vereinigte mehrere Kennzeichen früherer Typen. Der Rumpf mit seiner einsitzigen Kabine war ähnlich wie bei der D.VII, und das Modell hatte ein ähnliches Fahrwerk und Seitenleitwerk, Höhenflosse und Triebwerk waren identisch mit der Dr.I. Die E.V unterschied sich von den früheren Modellen durch die freitragenden Eindeckerflügel in einer verstrebten Baldachinkonstruktion. Die **V 26** war bei den Kampftests erfolgreich und wies eine so gute Manövrierbarkeit und Start- und Steigleistung auf, daß der Typ sofort in die Produktion ging und schließlich die D.VII ersetzen sollte.

Bei den frühen Einsätzen in

**Trotz ihres sehr altertümlichen Aussehens mit der Baldachin-Konstruktion verfügte die Fokker D.VIII über gute Leistungen. Das Foto zeigt einen Nachbau mit Sternmotor.**

Kampfgeschwadern stellten sich Schwierigkeiten mit der Motorenölung und Strukturversagen der Tragflächen ein, was zu einem vorübergehenden Aufschub der Produktion und einer Verzögerung beim Kampfeinsatz führte. Die Fehler wurden jedoch sehr schnell behoben, und das Flugzeug wurde noch kurz als **D.VIII** eingesetzt. Der Waffenstillstand wurde jedoch schon bald darauf erzielt, daher kamen nur sehr wenige Exemplare des Modells zum Einsatz.

Fokker D.VIII mit Kennung des US Army Air Service während der Erprobung auf dem McCook Field 1919

### Varianten

**V 27:** die V 27 nahm ebenfalls am zweiten Kampfflugzeug-Wettbewerb teil und war eigentlich eine modifizierte V 26 mit einem 195 PS (145 kW) Benz IIIb V-8 Motor; die Maschine wurde später in das einzige Exemplar der **V 38** umgebaut und erhielt Panzerplatten als Schutz für den Piloten, das Triebwerk und die Tanks; geplant war eine Verwendung als Erdkampfjäger.

**V 28:** ebenfalls beim zweiten Wettbewerb für D-Typen geflogen; ausgerüstet mit entweder einem 145 PS (108 kW) Oberursel Ur.III oder einem 140 PS (104 kW) Goebel Goe.III Elfzylinder Umlaufmotor; für den dritten Wettbewerb erhielt die Maschine den Siemens-Halske Sh.III Umlaufmotor.

**V 30:** eine als Segelflugzeug umgebaute V 26; der Pilot saß wegen der Schwerpunktverteilung vorne im Bug; das einzige Exemplar dieser Variante wurde 1921 beim Pariser Luftfahrtsalon ausgestellt.

### Technische Daten
**Fokker D.VIII**

**Typ:** einsitziges Kampfflugzeug.

**Triebwerk:** ein 110 PS (82 kW) Oberursel U.II Neunzylinder Umlaufmotor.

**Leistung:** Höchstgeschwindigkeit 204 km/h in Meereshöhe; Dienstgipfelhöhe 6.000 m; Flugdauer 1 Stunde 30 Minuten.

**Gewicht:** Leergewicht 405 kg; max. Startgewicht 605 kg.

**Abmessungen:** Spannweite 8,35 m; Länge 5,85 m; Höhe 2,80 m; Tragflügelfläche 10,70 m$^2$.

**Bewaffnung:** zwei starre, vorwärtsfeuernde Spandau MG.

# Fokker F.10

### Entwicklungsgeschichte

Die zwölfsitzige **Fokker F.10** mit der üblichen dreimotorigen Hochdeckerkonfiguration wurde in der Atlantic Aircraft Fabrik in New Jersey gebaut und erschien 1927. Zunächst begann eine begrenzte Produktion für verschiedene amerikanische Fluggesellschaften, und es folgte die verbesserte 14sitzige **F.10A.** Dieses überarbeitete Modell erwies sich als äußerst populär und wurde von amerikanischen Betreibern häufig eingesetzt. Es hatte den Spitznamen 'Super Trimotor' und verfügte über einen vergrößerten Rumpf sowie eine modifizierte Tragflächenstruktur; das Cockpit war wie das der C-2.

### Varianten

**C-5:** eine von der US Army gekaufte F.10A mit Wright R-975 Sternmotoren anstelle von Pratt & Whitney Wasp.

**RA-4:** eine Standard F.10A für die US Navy, die allerdings die Maschine wegen unzureichender Leistung ablehnte.

### Technische Daten
**Fokker F.10A**

**Typ:** 14sitziges ziviles Passagierflugzeug.

**Triebwerk:** drei 425 PS (317 kW) Pratt & Whitney Wasp Neunzylinder Sternmotoren.

**Leistung:** Höchstgeschwindigkeit 233 km/h; Reisegeschwindigkeit 198 km/h; Dienstgipfelhöhe 5.485 m; Reichweite 1.231 km.

**Gewicht:** Leergewicht 3.447 kg; max. Startgewicht 5.897 kg.

**Abmessungen:** Spannweite 24,13 m; Länge 15,21 m; Höhe 3,89 m; Tragflügelfläche 79,34 m$^2$.

Die Fokker F.10 war bekannt für ihre Zuverlässigkeit und wurde deshalb von Pan American in Nord- und Südamerika eingesetzt; abgebildet ist die zweite F.10 von Pan American Airways.

# Fokker F.14

### Entwicklungsgeschichte

Die **Fokker F.14** aus dem Jahre 1929 wurde in der Fabrik von New Jersey als Passagiertransporter für sieben oder neun Fluggäste gebaut. Rumpf und Tragflächen hatten die übliche Fokker Struktur, obwohl das obere Rumpfdeck mit gewelltem Duraluminium beschichtet war. Die wichtigsten Unterschiede zwischen diesem Modell und den anderen Fokker Transportern bestanden in den Baldachinflügeln über dem Rumpf und in dem offenen Pilotencockpit hinter der Passagierkabine unter einem Ausschnitt in der Hinterkante der Tragflächen.

### Varianten

**F.14A:** zivile Entwicklung mit einem 575 PS (429 kW) Pratt & Whitney Hornet Sternmotor.

**Y1C-14:** Bezeichnung für 20 Exemplare einer militärischen Transporterversion der F.14.

**Y1C-14A:** Bezeichnung für die zuletzt ausgelieferten Exemplare einer Reihe von 20 Maschinen mit 575 PS (429 kW) Wright R-1820-7 Cyclone Motoren.

**Y1C-14B:** neue Bezeichnung nach Einbau eines 525 PS (391 kW) Pratt & Whitney R-1690-5 Hornet Motors.

USAF

Die Fokker F.14 war beim US Army Air Corps unter der Bezeichnung C-14 (anfangs Y1C-14) eingesetzt.

**Y1C-15:** umgebautes (9.) Exemplar der Y1C-14 als Ambulanzflugzeug für den Transport von 4 Tragen und einem medizinischen Assistenten.

**Y1C-15A:** neue Bezeichnung des Y1C-15 Ambulanzflugzeugs nach Einbau eines 575 PS (429 kW) Wright R-1820 Cyclone Motors.

### Technische Daten
**Fokker F.14**

**Typ:** sieben/neunsitziger Passagiertransporter.

**Triebwerk:** ein 525 PS (391 kW) Wright R-1750-3 Neunzylinder Sternmotor.

**Leistung:** Höchstgeschwindigkeit 220 km/h; normale Reisegeschwindigkeit 187 km/h; Dienstgipfelhöhe 4.420 m; Reichweite 110 km.

**Gewicht:** Rüstgewicht 1.971 kg; max. Startgewicht 3.266 kg.

**Abmessungen:** Spannweite 18,11 m; Länge 13,18 m; Höhe 3,76 m; Tragflügelfläche 51,19 m$^2$.

USAF

Durch ihre hoch angesetzten Tragflächen war die Fokker Y1C-14 für das Fallschirmspringer-Training sehr gut geeignet.

# Fokker F.25 Promoter

Fokker

Mit doppelten Leitwerksträgern und Druckpropeller war die F.25 Promoter der Fokker G.I sehr ähnlich, fand jedoch wenig Käufer.

### Entwicklungsgeschichte

Nach dem Krieg wählte Fokker als viersitzigen Kabinen-Eindecker eine Konfiguration mit zwei Leitwerksträgern, eine in dieser Kategorie ungewöhnliche Entscheidung. Die **Fokker F.25 Promoter,** ein Tiefdecker in gemischter Holz- und Metallbauweise mit freitragenden Flügeln, hatte einen Rumpf für den Piloten und drei Passagiere sowie hinten einen Avco Lycoming Sechszylinder Motor für einen Druckpropeller.

Zur Standardausführung der F.25 gehörte ein schwenkbarer Bug, durch den eine Trage oder ein längeres Sportgerät eingeladen werden konnte. Der Typ war kein großer Verkaufserfolg, und die Produktion lief 1948 aus, nachdem nur wenige Exemplare gebaut worden waren.

### Technische Daten

**Typ:** ein viersitziger Kabinen-Eindecker.
**Triebwerk:** ein 190 PS (142 kW) Avco Lycoming O-435A Sechszylinder Boxermotor.
**Leistung:** Höchstgeschwindigkeit 225 km/h in Meereshöhe; Reisegeschwindigkeit 210 km/h in 1.000 m Höhe; Dienstgipfelhöhe 3.400 m; max. Reichweite 950 km.
**Gewicht:** Leergewicht 960 kg; max. Startgewicht 1.425 kg.
**Abmessungen:** Spannweite 12,00 m; Länge 8,50 m; Höhe 2,40 m; Tragflügelfläche 17,95 m$^2$.

# Fokker F.27 Friendship

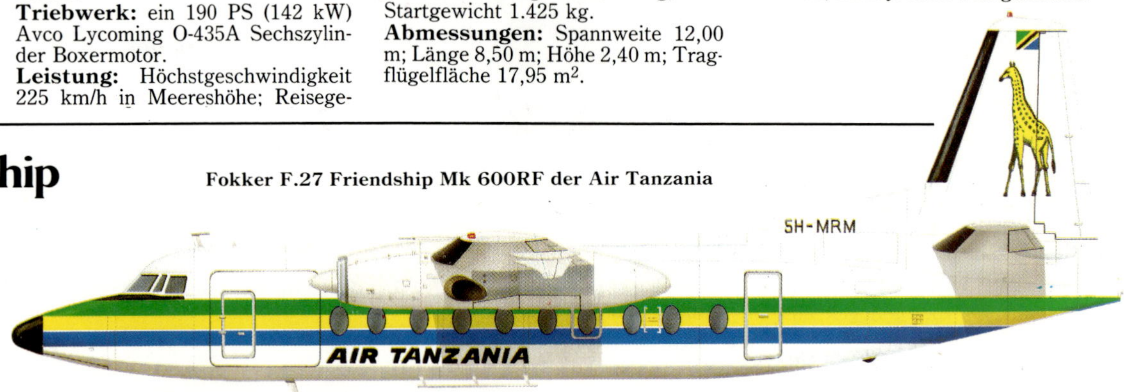

Fokker F.27 Friendship Mk 600RF der Air Tanzania

### Entwicklungsgeschichte

Fokker hatte in den Jahren zwischen den beiden Weltkriegen einige erstklassige Passagierflugzeuge entworfen und machte sich nach dem Zweiten Weltkrieg sofort an die Entwicklung eines neuen Mittelstreckenflugzeugs in dieser Kategorie. Die Entwurfsstudie der Firma aus dem Jahre 1950 sah einen 32sitzigen Transporter für zwei Rolls-Royce Dart Propellerturbinen vor. Das Projekt hatte die Bezeichnung **P.275** und wurde vor 1952 etwas vergrößert und für den Einbau eines Rumpfs mit rundem Querschnitt und Luftdruckausgleich modifiziert. Man hoffte auf finanzielle Unterstützung durch die holländische Regierung.

Der Typ erhielt daraufhin die Bezeichnung **Fokker F.27,** und der erste von zwei Prototypen (PH-NIV) unternahm seinen Jungfernflug am 24. November 1955, ausgerüstet mit zwei Dart 507 Propellerturbinen. Die F.27 war ein Hochdecker mit Luftdruckausgleich, einziehbarem Dreibeinfahrwerk und Platz für 28 Passagiere. Der zweite Prototyp (mit Dart Mk 511 Motoren) hatte einen um 91 cm längeren Rumpf für 32 Passagiere und flog am 31. Januar 1957. Zwischen den Erstflügen dieser beiden Prototypen schloß Fokker eine Vereinbarung mit der Fairchild Engine and Airplane Corporation über Herstellung und Verkauf der F.27 in Nordamerika ab, wo das Modell die Bezeichnung Fairchild F-27 trug.

Fokkers erste F.27 Friendship nahm den Einsatz bei Aer Lingus im Dezember 1958 auf, aber Fairchild war etwas schneller gewesen: ihre F-27 flog schon drei Monate vorher bei West Coast Airlines. Die amerikanische Firma hatte die Inneneinrichtung für 40 Passagiere modifiziert und die Treibstoffkapazität erhöht; außerdem wurde im Bug eine Wetter-Radaranlage untergebracht. Fokker übernahm diese Änderungen später ebenfalls. Das ursprüngliche holländische Serienmodell trug die Bezeichnung **F.27 Mk 100 (Fairchild F-27)** und hatte zwei 1.715 WPS (1.279 kW) Rolls-Royce Dart RDa.6 Mk 514-7 Propellerturbinen. Darauf folgte die ähnliche **F.27 Mk 200 (Fairchild F-27A)** mit 2.050 WPS (1.529 kW) Dart RDa.7 Mk 532-7 Motoren. Diese beiden Passagierflugzeuge hatten Platz für 40 Fluggäste, wobei bei einer dichteren Sitzanordnung auch bis zu 52 Personen untergebracht werden konnten. Eine Geschäftsausführung der Mk 200 war ebenfalls erhältlich, wobei die Inneneinrichtung den Wünschen des Kunden angepaßt wurde.

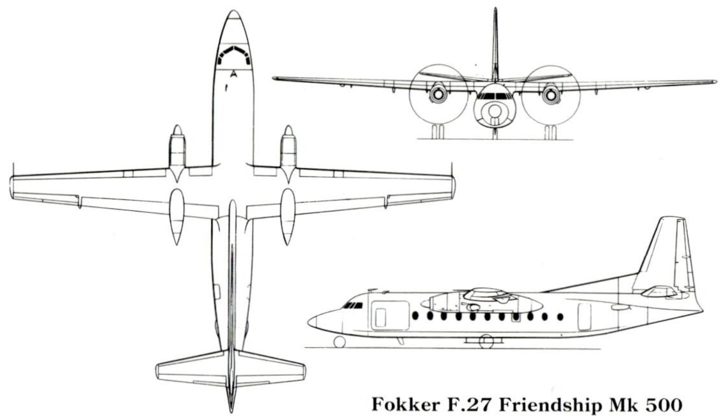

Fokker F.27 Friendship Mk 500

Zu den späteren Ausführungen gehörte auch die **F.27 Mk 300 Combiplane (Fairchild F-27B),** ein Passagier/Frachtflugzeug mit dem Triebwerk der Mk 100, einem verstärkten Kabinenfußboden und einer großen Ladeluke vor den Tragflächen an der linken Seite. Eine ähnliche Combiplane-Ausführung der Mk 200 hatte die Bezeichnung **F.27 Mk 400,** aber von diesem Typ wurde von Fairchild keine entsprechende Ausführung in Amerika gebaut. Fokker entwickelte daraufhin eine Variante der Mk 200 mit einem um 1,50 m verlängerten Rumpf und der Bezeichnung **F.27 Mk 500.** Dieses Modell stieß zunächst auf wenig Interesse, 15 Exemplare wurden aber von der französischen Regierung für den staatlichen Postale de Nuit Service übernommen. Die heute bei verschiedenen Fluggesellschaften im Einsatz befindlichen Friendship Mk 500 haben eine Standardeinrichtung für 52 oder (bei dichter Sitzanordnung) 60 Passagiere. In Amerika produzierte Fairchild die verlängerte Variante FH-227.

Die **F.27 Mk 600** vereint den Rumpf der Mk 200 (ohne verstärkten Kabinenfußboden) mit der Ladetür der Mk 300 und 400 Combiplane-Versionen. Die F.27 Mk 600 hat auf Wunsch eine palettierte Inneneinrichtung, damit der Typ sowohl als Fracht- als auch als Passagiertransporter verwendet werden kann. Zu den anderen Ausführungen gehören die **F.27 Mk 400M** und die **F.27 Mk 500M** (militärische Ausführungen), eine F.27 Mk 400M für Luftvermessung und eine **F.27 Maritime** für Küsten- und Fischereischutz sowie Such- und Rettungsaktionen. Die gegenwärtigen Serienmaschinen haben ein modernisiertes Flugdeck und eine neue Kabineneinrichtung, und die Produktion wird gemeinsam von Dassault-Breguet (Frankreich), MBB

**Zu den ersten Bestellern der Fokker 50 gehörte die Deutsche Luftverkehrsgesellschaft mit sieben Aufträgen.**

**Die Luftstreitkräfte der Elfenbeinküste setzen zwei Fokker F.27 Mk 400 und drei Mk 600 für Transportaufgaben ein. Gelegentlich werden sie auch an Air Ivoire für kommerzielle Zwecke ausgeliehen.**

Fokker

Fokker

(BRD) und SABCA (Belgien) durchgeführt. 1984 gab das Unternehmen den Bau einer weitgehend modifizierten Version, die **Fokker 50,** bekannt. Die Produktion der F.27 wurde 1987 eingestellt, insgesamt waren 786 Maschinen gebaut worden, die an 168 Betreiber in 63 Ländern gegangen waren. Daneben hatte Fairchild in den USA weitere 205 F.27 und FH.227 produziert.

Die Entscheidung zum Bau der Fokker 50 fiel zusammen mit jener für die Fokker 100. Zwei umgebaute F.27 dienten als Prototypen für das neue Modell, das 46-58 Passagiere faßt und eine um rund zwölf Prozent höhere Reisegeschwindigkeit besitzt. Zu den Erstbestellern der Fokker 50 gehörten Ansett (Australien), Austrian Airlines, Busy Bee (Norwegen), Corsair (USA), DLT (Bundesrepublik Deutschland) und Maersk Air (Dänemark).

Die Fokker 50 wird von zwei Pratt & Whitney Canada PW124 Propellerturbinen mit Sechsblatt-Propellern angetrieben, ihre Gesamtlänge beträgt 25,25 m, Spannweite 29,00 m.

**Fokker F.27 Maritime (F.27 Friendship Mk 400MPA) der Servicio de Aviacion de la Armada del Peru (Marineflieger Perus)**

### Technische Daten
### Fokker F.27/Mk 200

**Typ:** ein Kurz/Mittelstreckentransporter.
**Triebwerk:** zwei Rolls-Royce Dart Mk 536-7R Propellerturbinen mit einer Startleistung von je 2.320 WPS (1.730 kW).
**Leistung:** Reisegeschwindigkeit 480 km/h in 6.095 m Höhe; Dienstgipfelhöhe 8.990 m; Reichweite mit 44 Passagieren und Treibstoffreserven 1.926 km.
**Gewicht:** Leergewicht 12.148 kg; max. Startgewicht 20.410 kg.
**Abmessungen:** Spannweite 29,00 m; Länge 23,56 m; Höhe 8,50 m; Tragflügelfläche 70,00 m².

# Fokker F.28 Fellowship

## Entwicklungsgeschichte

Fokkers Erfahrungen mit der F.27 zeigten, daß eine Nachfrage nach einem Passagierflugzeug mit höherer Leistung und größerer Kapazität bestand, und daher begann die Firma 1960 mit dem Entwurf eines solchen Modells. Details über die geplante **Fokker F.28 Fellowship** wurden erstmals im April 1962 bekanntgegeben, und nachdem die holländische Regierung ihre finanzielle Unterstützung und MBB in der BRD sowie Shorts in Großbritannien die Bereitschaft erklärt hatten, ebenfalls die Risiken zu tragen, begann 1964 die Entwicklung und Produktion des neuen Modells.

Die F.28 war ein Tief/Mitteldecker mit einem runden Rumpfquerschnitt, einem einziehbaren Bugradfahrwerk, mit zwei Rolls-Royce RB183 Zweistromtriebwerken. Der erste von drei Prototypen PH-JHG unternahm seinen Erstflug am 9. Mai 1967, und am 24. Februar 1969 wurde sowohl die Flugtüchtigkeit des Modells bescheinigt als auch das erste Serienexemplar ausgeliefert. Die ursprüngliche **F.28 Mk 1000** hatte einen kurzen Rumpf für 55-65 Passagiere und zwei RB183-2 Mk 555-15 Zweistromtriebwerke von 4.468 kp Schub. Das Modell war auch als **F.28 Mk 1000C** für reine Fracht- oder gemischte Fracht/Passagierflüge mit einer großen Ladeluke an der linken Seite des Rumpfvorderteils hinter der üblichen Passagiertür erhältlich.

Die überwiegend ähnliche **F.28 Mk 2000** hatte einen um 2,21 m längeren Rumpf für maximal 79 Passagiere. Die laufenden Serienmodelle sind die **F.28 Mk 3000** und **F.28 Mk 4000** mit der Rumpflänge der Mk 1000 bzw. Mk 2000. Die Mk 3000 ist außerdem als 15sitziges Geschäftsreiseflugzeug erhältlich, und die Mk 4000 hat ein Fassungsvermögen von maximal 85 Passagieren. Bis zur Produktionseinstellung 1987 waren von allen Versionen 241 Maschinen hergestellt worden, die an 59 Fluggesellschaften gingen.

**Fokker F.28 Fellowship Mk 1000 von AeroPeru (Empresa de Transporte Aero del Peru)**

Der erste Kunde für das vergrößerte Nachfolgemodell, die **Fokker 100,** war Swissair. Die F.100 basiert auf dem Flugwerk der F.28-4000, besitzt aber einen längeren Rumpf, so daß bei einem Sitzabstand von 81 cm bis zu 107 Passagiere Platz finden können (F.28-4000: 85 Passagiere bei 74 cm). Die größeren und weitgehend neu entworfenen Flügel sollen erheblich weniger Widerstand bieten, sie werden von Shorts in Großbritannien gebaut, außerdem ist MBB in Deutschland an dem Projekt beteiligt. Bei den Triebwerken handelt es sich um zwei Rolls-Royce Tay Mk 620-15 Turbofan, die Gesamtlänge beträgt 35,53 m, die Spannweite 28,08 m.

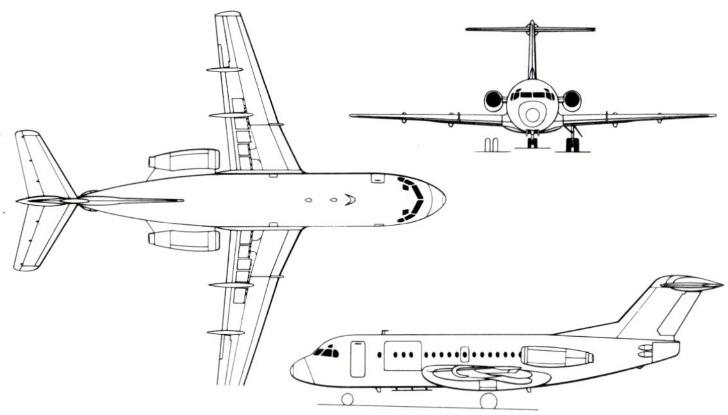

**Fokker F.28 Fellowship Mk 1000**

Turkish Airlines

**Die türkische Gesellschaft Turk Hava Yollari (THY) setzt auf den Inlandstrecken zwei Fokker F.28 Mk 1000 Fellowship ein, die von DC-9-30 ergänzt werden.**

### Technische Daten
**Fokker F.28 Mk 3000**
**Typ:** ein Kurz/Mittelstrecken-Passagierflugzeug.
**Triebwerk:** zwei Rolls-Royce RB183-2 Mk 555-15P Zweistromtriebwerke von 4.491 kp Schub.
**Leistung:** Höchstgeschwindigkeit 843 km/h in 7.000 m Höhe; wirtschaftliche Reisegeschwindigkeit 678 km/h in 9.150 m Höhe; max. Reisehöhe 10.670 m; Reichweite mit max. Treibstoffvorrat, Reserven und 65 Passagieren 2.743 km.
**Gewicht:** Leergewicht 16.780 kg; max. Startgewicht 33.110 kg.
**Abmessungen:** Spannweite 25,07 m; Länge 27,40 m; Höhe 8,47 m; Tragflügelfläche 79,00 m$^2$.

# Fokker F.32

### Entwicklungsgeschichte
Als das viermotorige Passagierflugzeug **Fokker F.32** 1929 herauskam, war es die letzte viermotorige Fokker-Konstruktion, die in den USA gebaut wurde, und weckte großes Interesse. Die '32' in der Bezeichnung war die Passagierkapazität, als Nachtflugzeug ausgelegt bot die Maschine 16 Liegeplätze.

Die F.32 war ein großer stumpfnasiger, selbsttragend konstruierter Hochdecker, bei dem die Haupträder des starren Breitspurfahrwerks verkleidet waren. Die Besatzungskabine befand sich weit vor der Flügelvorderkante, während die Passagierkabine unter dem Flügel lag und sich in den hinteren Rumpfbereich fortsetzte. Unter dem Flügel waren vier Pratt & Whitney Hornet Motoren in Tandempaaren montiert, von denen die beiden vorderen mit Zug- und die beiden hinteren mit Druckpropellern arbeiteten. Das Leitwerk dieser Maschine hatte Zwillings-Heckflossen mit Seitenrudern.

Es wurden zehn F.32 gebaut, von denen einige 1930 bei der kalifornischen Western Air Express-Gesellschaft in Dienst gingen und auf der Strecke zwischen San Francisco und Los Angeles flogen. Bald stellten sich Probleme mit der Kühlung der hinteren Motoren heraus, die nie ganz gelöst wurden, weshalb die Flugkarriere der F.32 nur von relativ kurzer Dauer war.

### Technische Daten
**Typ:** Transportflugzeug für 32 Passagiere.
**Triebwerk:** vier 575 PS (429 kW) Pratt & Whitney Hornet B Neunzylinder Sternmotoren.
**Leistung:** Höchstgeschwindigkeit 225 km/h; Reisegeschwindigkeit 198 km/h; Dienstgipfelhöhe 4.115 m; Reichweite 1.191 km.
**Gewicht:** Leergewicht 6.441 kg; max. Startgewicht 10.206 kg.
**Abmessungen:** Spannweite 30,18 m; Länge 21,29 m; Höhe 5,03 m; Tragflügelfläche 125,42 m$^2$.

# Fokker F.I und F.II

### Entwicklungsgeschichte
Die erste kommerzielle Konstruktion von Reinhold Platz war die **Fokker F.I**, ein Hochdecker mit offenen Cockpits für Pilot und Passagiere. Um den Passagieren eine bessere Unterbringung zu bieten, verwarf Platz die Weiterentwicklung der F.I und konstruierte statt dessen den Prototypen der **F.II**. Genau wie die F.I. (**V44**) wurde die F.II (**V45**) in den Fokker-Werken in Schwerin gebaut. Sie flog im Oktober 1919 zum ersten Mal und erhielt die deutsche Zivilregistrierung D-57. Nach der Entscheidung Fokkers, die Geschäftstätigkeit in die Niederlande zu verlegen, wurde der Prototyp der F.II von Bernard de Waal am 20. März 1920 illegal aus Deutschland ausgeflogen.

Die F.II erwies sich als eines der ersten verwendbaren Passagierflugzeuge der Welt, und es wurden rund 30 Exemplare gebaut, von denen die meisten bei Grulich in Deutschland gebaut wurden; allerdings stellten auch die Niederländischen Flugzeugwerke in Nord-Amsterdam und das neue Fokker-Werk in Veere die Maschine her. Es wird auch angenommen, daß drei Serienmaschinen in Schwerin fertiggestellt wurden.

Der selbsttragende dicke Holzflügel, der ursprünglich für die F.I vorgesehen war, wurde an der Oberseite des sich zum verstrebten Höhenleitwerk hin verjüngenden F.II-Rumpfes, der einen rechteckigen Querschnitt hatte, angeschraubt. Eine starre Heckflosse war nicht vorhanden, und das Seitenruder war relativ klein. In einer Kabine unter dem Flügel fanden vier Passagiere Platz, während der Pilot sowie ein fünfter Passagier in einem offenen Cockpit unmittelbar vor der Kabine saßen. Die F.II hatte ein Kreuzachsenfahrwerk mit Gummi-Stoßdämpfern.

Die **Fokker-Grulich F.II**, von der mindestens 19 Exemplare gebaut wurden, hatte ein besser ausgelegtes Cockpit, neukonstruierte Kabinenfenster und ein verstärktes Fahrwerk. Ing. Karl Grulich war der technische Leiter der Deutschen Aero Lloyd (D.A.L.), und seine Version der F.II wurde von dieser Gesellschaft geflogen. Die Tragflächen der Grulich F.II wurden von Albatros gebaut, und den Rumpf stellte D.A.L. her, wo auch die Endmontage durchgeführt wurde. Die in Veere und Schwerin gebauten F.II hatten BMW IIIa Motoren, die Grulich-Versionen hatten jedoch 250 PS (186 kW) BMW IV Triebwerke. Die meisten der Grulich-Maschinen wurden mit dem 320 PS (239 kW) BMW Va ummotorisiert und in **F.IIb** umbenannt.

Die drei in Schwerin gebauten F.II-Serienmaschinen wurden in der Freien Stadt Danzig zugelassen und von der Deutschen Luftreederei-Fluglinie geflogen. In den Niederlanden gebaute F.II flogen von 1920 bis 1927 bei der staatlichen Fluggesellschaft KLM, und zwei Maschinen wurden an die belgische Fluglinie SABENA verkauft, wo sie im Dienst zwischen Brüssel und Antwerpen eingesetzt wurden. Eine in den Niederlanden gebaute F.II hatte einen 240 PS (179 kW) Armstrong Siddeley Puma-Motor, und eine Maschine wurde kurzzeitig mit einem BMW IV geflogen.

Am dauerhaftesten waren die Fokker-Grulich F.IIb, die 1926 zusammen mit einigen F.II von der neu gegründeten Deutschen Luft Hansa übernommen wurden. Zehn dieser Maschinen blieben bis 1934 auf Zubringerstrecken im Einsatz.

**Die Fokker F.II war ein einfaches, aber praktisches und zweckorientiertes Passagierflugzeug, das im Gegensatz zu vielen Konkurrenzentwürfen sehr erfolgreich war.**

### Technische Daten
**Fokker F.II**
**Typ:** ein Transportflugzeug für fünf Passagiere.
**Triebwerk:** ein 185 PS (138 kW) BMW IIIa Sechszylinder Reihenmotor.
**Leistung:** Höchstgeschwindigkeit 150 km/h; Reisegeschwindigkeit 120 km/h; Reichweite 1.200 km.
**Gewicht:** Leergewicht 1.200 kg; max. Startgewicht 1.900 kg.
**Abmessungen:** Spannweite 16,10 m; Länge 11,65 m; Höhe 3,20 m; Tragflügelfläche 38,20 m$^2$.

# Fokker F.III

### Entwicklungsgeschichte
Die aus der F.II weiterentwickelte **Fokker F.III** hatte einen kürzeren, breiteren Rumpf, und in ihrer gepolsterten Komfortkabine fanden fünf Passagiere Platz. Der Pilot befand sich in einem nach rechts versetzten, offenen Cockpit, dessen rückwärtiger Teil in die Flügelvorderkante eingeformt war. Die Eindecker-Tragfläche mit dickem Querschnitt war selbsttragend konstruiert, das starre Kreuzachsenfahrwerk hatte Einzelräder, und im Vergleich zur F.II war das Seitenruder höher.

Der von einem 185 PS (138 kW) BMW IIIa Motor angetriebene Prototyp wurde Anfang April 1921 in Schwerin erstmals geflogen und eröffnete am 14. April die KLM-Flüge dieses Jahres. Der Typ wurde auch auf dem 1921er Salon de l'Aéronautique in Paris ausgestellt, wo er eine gemischte Aufnahme fand, da sich Fokker während des Ersten Weltkriegs auf der Seite Deutschlands befunden hatte. Später wurde die F.III jedoch Mitte der zwanziger Jahre zu einem der wichtigsten europäischen Flugzeuge.

**Die Fokker F.III, ein Produkt der Platz-Konstruktionsphilosophie mit dem selbsttragenden, dicken Flügel, den überstehenden Querrudern und dem auf den ersten Blick leichten, jedoch robusten Fahrwerk, war ein für die damalige Zeit leistungsfähiges Passagierflugzeug.**

Von den 31 von Fokker gebauten F.III gingen zwölf von 240 PS (179 kW) Armstrong Siddeley Puma Motoren angetriebene F.III an die KLM. Sie wurden ab 1921 intensiv auf den Strecken eingesetzt, die Amsterdam, Rotterdam und Croydon in England miteinander verbanden. Sie flogen auch auf der Strecke von den Niederlanden nach Bremen und Hamburg. Zu den weiteren Kunden zählte die Deutsche Luftreederei, die eine in Danzig zugelassene Maschine mit einem BMW IIa Motor flog, sowie die ungarische Gesellschaft MALERT, die vier F.III mit BMW IIIa und zwei mit 230 PS (172 kW) Hiero Motoren auf den Strecken von Budapest nach Wien und Graz einsetzte. Eine F.III wurde in Nordamerika vorgeführt, hatte jedoch nur bedingten Erfolg, und es wurden lediglich zwei Exemplare dorthin verkauft.

Später baute Fokker die F.III mit einem 360 PS (268 kW) Rolls-Royce Eagle Triebwerk, bei der das Pilotencockpit nach links versetzt wurde und von der einige Maschinen als abgestrebte Hochdecker ausgeführt wurden. Die Deruluft, die der UdSSR und Deutschland gemeinsam gehörte, erwarb zehn dieser von Eagle-Motoren angetriebenen F.III, und zwei Maschinen wurden 1922 von der KLM in Dienst gestellt. Letztere Maschinen wurden 1925 mit 400 PS (298 kW) Gnome-Rhône Jupiter VI Sternmotoren ummotorisiert und auf der Strecke Amsterdam—Paris geflogen. 1926 wurden fünf verbliebene F.III an die Schweizer Gesellschaft Balair verkauft und im Verband zur Auslieferung nach Basel geflogen.

1923 lief im Werk Staaken die Produktion der F.III in Deutschland an, und die Deutsche Aero Lloyd kaufte zumindest 20 dieser mit **Fokker-Grulich F.III** bezeichneten Flugzeuge. Einige wurden von 250 PS (186 kW) BMW IV Motoren angetrieben, während andere Armstrong Siddeley Puma hatten. Mehrere Exemplare wurden später mit 320 PS (239 kW) BMW Va Motoren umgerüstet und mit F.IIIc bezeichnet.

Als 1926 die Deutsche Luft Hansa gegründet wurde, übernahm sie 16 F.III, die damals Hamburg und Amsterdam bedienten und überstellte sie zum Kurzstreckendienst zwischen den norddeutschen Küstenstädten; später wurden sie im nationalen Frachtdienst eingesetzt.

Zwei F.III wurden 1929 an die Gesellschaft British Air Lines Ltd. in Croydon verkauft.

### Varianten

**Grulich V1:** obwohl die in Deutschland gebauten F.III verschiedene geringfügige Änderungen hatten, unterschieden sie sich, abgesehen von dem Triebwerk, äußerlich nicht von den niederländischen F.III; bei der Grulich V1 waren jedoch Rumpf, Leitwerk und Fahrwerk umkonstruiert, und als Triebwerk diente zunächst ein Rolls-Royce Eagle VIII Motor; später hatte die Maschine einen Gnome-Rhône Sternmotor ohne Verkleidung und wurde in **V1a** umbenannt; sie flog für die deutsch-russische Deruluft.

**Grulich V2:** der V1 ähnlich, jedoch mit F.III Fahrwerk und vermutlich von einem BMW IV Motor angetrieben.

### Technische Daten

**Fokker F.III**

**Typ:** Transportmaschine für fünf Passagiere.

**Triebwerk:** ein 240 PS (179 kW) Armstrong Siddeley Puma Sechszylinder Reihenmotor.

**Leistung:** Höchstgeschwindigkeit 150 km/h; Reisegeschwindigkeit 135 km/h; max. Flugdauer 5 Stunden.

**Gewicht:** Leergewicht 1.200 kg; max. Startgewicht 2.000 kg.

**Abmessungen:** Spannweite 17,62 m; Länge 11,07 m; Höhe 3,66 m; Tragflügelfläche 39,10 m².

# Fokker F.IV

### Entwicklungsgeschichte

Die **Fokker F.IV**, die im Fokker-Werk in Veere gebaut wurde, war ein einmotoriger, selbsttragender Hochdecker und wesentlich größer als alle vorherigen Konstruktionen des Unternehmens. Die Maschine, die für den Transport von zehn Passagieren vorgesehen war, hatte einen Rumpf mit geraden Seiten, in dem das offene Cockpit des Piloten direkt vor der Flügelvorderkante und die Passagierkabine direkt unter dem Flügel untergebracht waren. Das starre Fahrwerk war vom konventionellen Kreuzachsen-Typ, und das Leitwerk entsprach der damaligen, für Fokker typischen Bauweise. Die erste F.IV wurde 1921 geflogen und hatte abgestrebte Leitwerksflächen, keine starre Heckflosse und ein Seitenruder mit Gewichtsausgleich, das an das der F.II bzw. F.III erinnerte.

Es wurde nur eine weitere F.IV gebaut, und da keine zivilen Aufträge eingingen, konnte Anthony Fokker froh sein, beide Maschinen an den United States Army Air Service (USAAS) verkaufen zu können, wo sie mit **T-2** bezeichnet wurden. Nach ihrer Erprobung auf dem McCook Field wurde ein Exemplar (AS 64234) als Ambulanzflugzeug für zwei liegende Patienten umgebaut und in **A-2** umbenannt. Das andere Flugzeug (AS 64233) wurde mit zusätzlichen Treibstofftanks ausgerüstet, erhielt beidseitig am Rumpf eine Sonderlackierung und die Aufschrift ARMY AIR SERVICE NON-STOP COAST TO COAST. Am 2./3. Mai 1922 sorgte die Maschine für erhebliche Publicity für den USAAS (und das Haus Fokker), als sie mit ihrer zweiköpfigen Besatzung, Lieutenant John A. Macready und Oakley G. Kelly, nonstop die USA überquerte.

### Technische Daten

**Fokker F.IV**

**Typ:** Transportflugzeug für zehn Passagiere.

**Triebwerk:** ein 420 PS (313 kW) Liberty 12-Zylinder V-Motor.

**Leistung:** Höchstgeschwindigkeit 154 km/h.

**Gewicht:** Rüstgewicht 2.552 kg; max. Startgewicht 4.875 kg.

**Abmessungen:** Spannweite 24,80 m; Länge 14,96 m; Höhe 3,60 m; Tragflügelfläche 89,00 m².

# Fokker F.VIIA

### Entwicklungsgeschichte

Die Weiterentwicklung der erfolgreichen Fokker F.VII, von der 1924/25 fünf Exemplare gebaut wurden, war die **Fokker F.VIIA**. Sie flog am 12. März 1925 mit einem 400 PS (298 kW) Packard Liberty Motor zum ersten Mal. Nach einer Vorführreise durch die Vereinigten Staaten konnte eine Reihe von Aufträgen verbucht werden, und von europäischen Betreibern gingen weitere Bestellungen ein. Es wurden fast 50 einmotorige F.VIIA gebaut, von denen einige später mit drei Motoren auf **F.VIIA-3m** Standard umgerüstet wurden. Diese Variante bildete zusammen mit der **F.VIIB-3m**, die eine etwas größere Spannweite hatte, das Rückgrat vieler europäischer Luftfahrtgesellschaften der frühen dreißiger Jahre, wobei in Belgien, Italien, Polen und Großbritannien auch Lizenzfertigungen liefen.

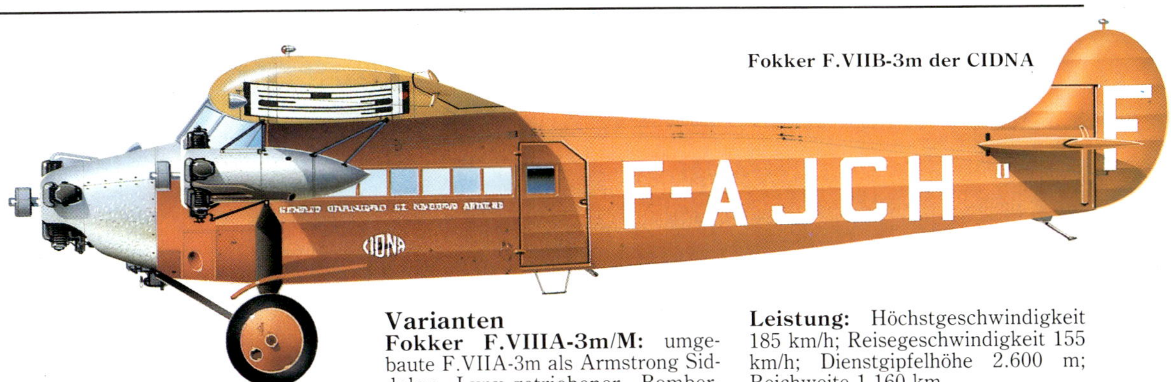


Fokker F.VIIB-3m der CIDNA

### Varianten

**Fokker F.VIIIA-3m/M:** umgebaute F.VIIA-3m als Armstrong Siddeley Lynx-getriebener Bomber-Prototyp mit Bombenaufhängungen unter dem Rumpf.

### Technische Daten

**Fokker F.VIIA**

**Typ:** ein zehnsitziges Transportflugzeug.

**Triebwerk:** ein 400 PS (298 kW) Gnome-Rhône Jupiter Neunzylinder Sternmotor.

**Leistung:** Höchstgeschwindigkeit 185 km/h; Reisegeschwindigkeit 155 km/h; Dienstgipfelhöhe 2.600 m; Reichweite 1.160 km.

**Gewicht:** Leergewicht 1.950 kg; max. Startgewicht 3.650 kg.

**Abmessungen:** Spannweite 19,30 m; Länge 14,35 m; Höhe 3,90 m; Tragflügelfläche 58,50 m².

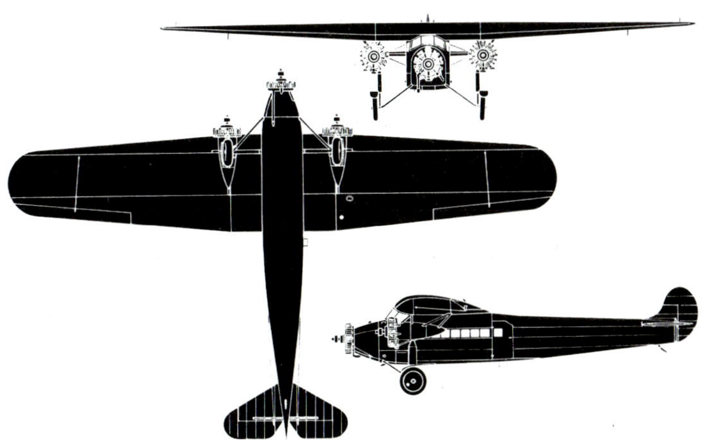

Fokker V.VIIB-3m

**Als Privatmaschine des belgischen Finanziers Albert Loewenstein war diese Fokker F.VIIA-3m in Großbritannien zugelassen.**

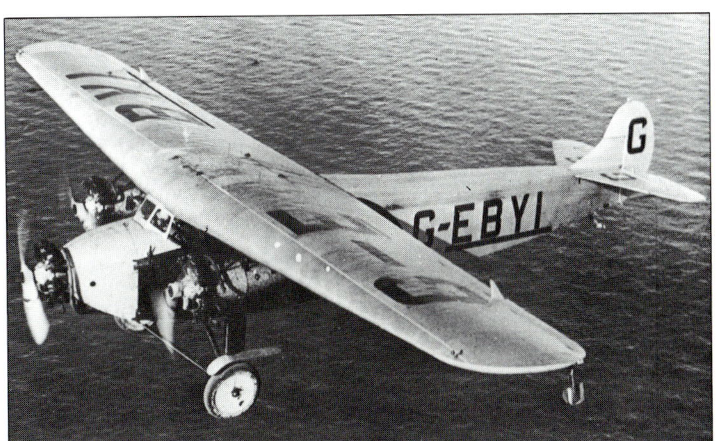

# Fokker F.VIII

### Entwicklungsgeschichte

Entsprechend der KLM-Anforderung für ein Flugzeug, das größer war als die einmotorige F.VII Serie, wurde die **Fokker F.VIII** konstruiert und flog als Prototyp am 12. März 1927. Die Maschine glich zwar in ihrer Grundauslegung ihren Vorgängern, hatte jedoch einen breiteren Rumpf, in dem 15 Passagiere und zwei Besatzungsmitglieder Platz fanden. Im Bug befand sich ein aufklappbares Gepäckabteil, und die beiden 480 PS (358 kW) Gnome-Rhône Jupiter VI Motoren waren unter den Flügeln montiert.

Der Prototyp sowie sechs Serienmaschinen vom Typ F.VIII wurden 1927/28 an die KLM geliefert, und ein weiteres Exemplar ging 1928 an die ungarische Fluglinie MALERT.

**Die einzigen beiden Fokker F.VIII Linienmaschinen mit britischer Zulassung wurden der KLM 1937 von der British Airways abgekauft, die damit Strecken über den Ärmelkanal bediente. Die G-AEPT wurde im Mai 1938 außer Dienst gestellt.**

Manfred Weiss baute in Budapest für MALERT noch zwei weitere Exemplare in Lizenz.

Die KLM-Maschinen wurden später ummotorisiert, wobei sie 690 PS (515 kW) Wright R-1820 Cyclone oder 500 PS (373 kW) Pratt & Whitney Wasp Motoren erhielten.

### Technische Daten

**Typ:** zivile Transportmaschine.
**Triebwerk:** zwei 480 PS (358 kW) Gnome-Rhône Jupiter VI Neunzylinder Sternmotoren.
**Leistung:** Höchstgeschwindigkeit 200 km/h; Reisegeschwindigkeit 170 km/h; Dienstgipfelhöhe 5.500 m; Reichweite 1.045 km.
**Gewicht:** Leergewicht 3.685 kg; max. Startgewicht 5.700 kg.
**Abmessungen:** Spannweite 23,00 m; Länge 16,75 m; Höhe 4,20 m; Tragflügelfläche 83,00 m².

# Fokker F.IX

### Entwicklungsgeschichte

Der Hochdecker **Fokker F.IX** erinnerte an eine vergrößerte F.VII/3m und wurde von drei 500 PS (373 kW) Gnome-Rhône Jupiter Sternmotoren angetrieben. Die Maschine bot Platz für 18 Passagiere auf Europa-Strecken sowie, mit besserem Komfort und Schlafkojen, für vier bis sechs Passagiere auf der Strecke nach Niederländisch-Indien. Die erste F.IX (PH-AGA) absolvierte am 26. August 1929 ihren Junfernflug und ging am 8. Mai 1930 bei der KLM in Dienst. Auf dem Pariser Salon de l'Aéronautique des Jahres 1930 wurde eine zweite F.IX mit einer geänderten, längeren Bugpartie und einer für 20 Passagiere vergrößerten Kabine ausgestellt, die im Januar des folgenden Jahres an die KLM geliefert wurde.

Obwohl die F.IX PH-AGA mehrere Flüge nach Fernost absolvierte, ging sie schließlich als Version für 17 Passagiere in den Liniendienst und flog auf der Strecke Amsterdam—London. Nach ihrer Ummotorisierung wurde sie im Oktober 1936 an das französische Unternehmen Air Tropic und schließlich an die spanische republikanische Regierung verkauft, die inzwischen in den Bürgerkrieg gegen die Nationalisten unter General Franco verwickelt war.

Avia in der Tschechoslowakei baute zwei F.IX in Lizenz, die unter der Bezeichnung **F.39** für die nationale Fluggesellschaft CSA flogen. Avia baute auch eine Militärversion, von der zwölf unter der Bezeichnung **F.IXD** an die tschechische Luftwaffe sowie zwei als F.39 an Jugoslawien geliefert wurden.

**Die beiden Maschinen, die von der jugoslawischen Luftwaffe unter der Bezeichnung F.39 geflogen wurden, waren eigentlich Fokker F.IX, die von Avia in Lizenz in der Tschechoslowakei gebaut wurden. Die als Bomber verwendete F.39 hatte drei 560 PS (418 kW) Gnome-Rhône Jupiter Sternmotoren und konnte 1.500 kg Bomben mitführen.**

### Technische Daten

**Fokker F.IX** (Originalversion)
**Typ:** eine dreimotorige Passagiermaschine.
**Triebwerk:** drei 500 PS (373 kW) Gnome-Rhône Jupiter VI Neunzylinder Sternmotoren.
**Leistung:** Höchstgeschwindigkeit 212 km/h; Reisegeschwindigkeit 175 km/h; Dienstgipfelhöhe 3.600 m; max. Flugdauer 6 Stunden 30 Minuten.
**Gewicht:** Leergewicht 5.350 kg; max. Startgewicht 9.000 kg.
**Abmessungen:** Spannweite 27,14 m; Länge 18,50 m; Höhe 4,85 m; Tragflügelfläche 103,00 m².

# Fokker F.XI Universal

### Entwicklungsgeschichte

Obwohl sie den gleichen Namen wie die von Noorduyn konstruierte Universal trug, war die von Fokker-USA gebaute **Fokker F.XI Universal** von anderer Konstruktion und glich mehr der niederländischen Standard-Passagierflugzeugserie.

Die erste F.XI flog Anfang 1929 und war ein abgestrebter Kabinen-Hochdecker in typischer Fokker-Bauweise mit hölzernen Flügeln und einem stoffbespannten Rumpf aus verschweißtem Stahlrohr. Pilot und Copilot saßen in einem geschlossenen Cockpit vor der Flügelvorderkante. Als Triebwerk diente ein 240 PS (179 kW) Lorraine 7Aa Sternmotor. Diese Maschine wurde an Alpar in der Schweiz verkauft und dort im Kurzstreckendienst sowie für Rundflüge verwendet. 1954 wurde sie an einen österreichischen Betreiber verkauft und nach über 30 Jahren im Dienst bei einer Kollision so beschädigt, daß sie wegen fehlender Ersatzteile nicht mehr starten konnte.

Es wurden nur zwei weitere niederländische F.XI gebaut, die beide von der nationalen ungarischen Fluglinie MALERT gekauft wurden. Die Maschinen hatten je ein Gnome-Rhône Jupiter Triebwerk und konnten sechs Passagiere aufnehmen.

### Technische Daten

**Typ:** Transportflugzeug für sechs Passagiere.
**Triebwerk:** ein 480 PS (358 kW) Gnome-Rhône Jupiter Neunzylinder Sternmotor.
**Leistung:** Höchstgeschwindigkeit 200 km/h; Reisegeschwindigkeit 165 km/h; Dienstgipfelhöhe 4.000 m; max. Flugdauer 4 Stunden.
**Gewicht:** Leergewicht 1.500 kg; max. Startgewicht 2.500 kg.
**Abmessungen:** Spannweite 16,40 m; Länge 11,35 m; Höhe 3,10 m; Tragflügelfläche 35,50 m².

**Wie alle Linienmaschinen von Fokker galten auch die F.XI Universal als sichere Flugzeuge.**

# Fokker F.XII

## Entwicklungsgeschichte

Eine andere Weiterentwicklung der F.VII/3m, jedoch kleiner als die F.IX, war die **Fokker F.XII**, deren Prototyp (PH-AFL) Anfang 1930 seinen Jungfernflug absolvierte und im März 1931 auf der KLM-Strecke nach Batavia in Dienst ging. Fokker baute zehn weitere Maschinen, alle für KLM bzw. deren fernöstliche Niederlassung KNILM; nur die letzte Maschine wurde nach Schweden verkauft und flog dort für die AB Aerotransport.

Die F.XII im niederländischen Dienst versorgten die Fernoststrecken zwei Jahre lang und wurden dann nach Europa verlegt, wo sie Amsterdam mit London, Paris, Berlin und anderen Hauptstädten verbanden. Auf den Europastrecken beförderten die F.XII zwei Besatzungsmitglieder und 16 Passagiere, während auf der Fernoststrecke nur vier Passagiere in relativem Komfort mit ganz umklappbaren Sitzen transportiert wurden.

**Die Fokker F.XII war eine aktualisierte Version der berühmten F.VII-Serie und hatte Pratt & Whitney Wasp C Sternmotoren. Dank ihrer Anordnung konnten sie problemlos ausgetauscht oder komplett durch einen anderen Typ ersetzt werden, allerdings boten sie einen hohen Luftwiderstand.**

Die dänische Orlogsvaerftet baute zwei F.XII in Lizenz für die nationale Fluglinie DDL zum Einsatz auf der Strecke Kopenhagen—Berlin. Die zweite, im Mai 1935 gelieferte Maschine, wurde mit **F.XIIM** bezeichnet und verfügte über einige aerodynamische Raffinessen, die zu einer besseren Leistung führten.

Sechs niederländische F.XII wurden später an britische Betreiber verkauft, und vier britische Maschinen wurden wiederum an die spanische Regierung geliefert, die bereits die letzte KLM-Maschine erworben hatte. Alle wurden im spanischen Bürgerkrieg geflogen und gingen bei den Kämpfen verloren.

### Technische Daten

**Typ:** Transportflugzeug für 16 Passagiere.
**Triebwerk:** drei 425 PS (317 kW) Pratt & Whitney Wasp C Neunzylinder Sternmotoren.
**Leistung:** Höchstgeschwindigkeit 230 km/h; Reisegeschwindigkeit 205 km/h; Dienstgipfelhöhe 3.400 m; Reichweite 1.300 km.
**Gewicht:** Leergewicht 4.350 kg; max. Startgewicht 7.250 kg.
**Abmessungen:** Spannweite 23,02 m; Länge 17,80 m; Höhe 4,72 m; Tragflügelfläche 83,00 m².

# Fokker F.XVIII

## Entwicklungsgeschichte

Eine weiterentwickelte und vergrößerte Version der F.XII, die **Fokker F.XVIII**, behielt die Grundkonstruktion mit Metallrumpf und hoch angesetztem, selbsttragenden hölzernen Flügel bei. Die F.XVIII hatte jedoch eine bessere Linienführung und, im Vergleich zu früheren dreimotorigen Fokker-Maschinen, eine Reihe von konstruktiven Detailverbesserungen.

Fünf F.XVIII wurden 1932 gebaut, und alle gingen auf der Strecke von Amsterdam—Batavia in Dienst. Auf dieser Oststrecke waren in der Hauptkabine vier Passagiere in Schlafsesseln untergebracht; die Kabine bot auch Platz für den Bordfunker und den Navigator.

Die F.XVIII absolvierten mehrere bemerkenswerte Flüge. So transportierte beispielsweise die PH-AIP Pelikaan im Dezember 1933 die Weihnachtspost in einer Flugzeit von 73 Stunden 34 Minuten von Amsterdam nach Batavia; im folgenden Jahr legte die PH-AIS Snip (Schnepfe), die mit Pratt & Whitney Wasp T1D1 Sternmotoren umgerüstet worden war, die 10.300 km von Amsterdam nach Curaçao in einer Flugzeit von 55 Stunden 58 Minuten zurück und beförderte dabei 100 kg Post. 1935 wurden die F.XVIII aus dem Langstreckendienst zurückgezogen. Zur PH-AIS kam auf den Westindischen Inseln noch die PH-AIO Oriol hinzu, und beide blieben bis 1946 im Dienst. Während des Krieges wurde die Oriol für Militärzwecke umgebaut und hatte deshalb ein Maschinengewehr an Bord.

Zwei F.XVIII wurden an die staatliche tschechische Fluglinie CSA verkauft und bedienten die Strecken von Prag nach Berlin und Wien, wobei sie normalerweise 13 Passagiere transportierten. Ein weiteres Exemplar wurde an ein Frachtunternehmen in Palästina verkauft, und die berühmte Pelikaan wurde im Oktober 1936 von Air Tropic erworben, einem französischen Unternehmen, das im Auftrag der spanischen Regierung handelte, und es wird vermutet, daß die Pelikaan schließlich während des spanischen Bürgerkrieges als Verbindungs- und Transportflugzeug im Militäreinsatz war.

**Die dreimotorige Fokker F.XVIII war entsprechend der Platz-Bauweise mit Stahlrohrrumpf und selbsttragendem Holzflügel versehen und war ein Nachfolgemodell der F.XII mit einer Reihe von Detailverbesserungen.**

### Technische Daten

**Typ:** Passagierflugzeug.
**Triebwerk:** drei 420 PS (313 kW) Pratt & Whitney Wasp C Neunzylinder Sternmotoren.
**Leistung:** Höchstgeschwindigkeit 240 km/h; Reisegeschwindigkeit 210 km/h; Dienstgipfelhöhe 4.800 m; Reichweite 1.820 km.
**Gewicht:** Leergewicht 4.623 kg; max. Startgewicht 7.850 kg.
**Abmessungen:** Spannweite 24,50 m; Länge 18,50 m; Tragflügelfläche 84,00 m².

# Fokker F.XX

## Entwicklungsgeschichte

Die Fokker F.XX Transportmaschine für zwölf Passagiere hatte anstelle des kastenförmigen Rumpfes früherer Fokker-Transportmaschinen einen Rumpf mit ovalem Querschnitt. Der selbsttragende Hochdeckerflügel war aus Holz gebaut und der Rumpf bestand aus Stahlrohr. Als Triebwerk dienten drei Wright Cyclone R-1820-F Sternmotoren, von denen einer im Bug und zwei in von Streben getragenen Gondeln unter den Flügeln montiert waren. Die Hauptfahrwerksbeine wurden nach hinten in die Motorgondeln eingezogen. Die F.XX war das erste Fokker-Transportflugzeug mit einziehbarem Fahrwerk, und die gesamte Konstruktion bewies eine wesentlich größere Berücksichtigung aerodynamischer Feinheiten. Die Maschine erhielt den Namen Zilvermeeuw (Silbermöwe) mit der Zulassung PH-AIZ, flog 1933 zum ersten Mal und wurde an die KLM zur Bedienung der Strecken von Amsterdam nach London und Berlin übergeben.

**Die Fokker F.XX war eine Mischung aus Alt und Neu und hatte neben ihrer traditionellen, dreimotorigen Auslegung mit dickem Flügel fortschrittliche aerodynamische Einrichtungen und damit einen geringeren Luftwiderstand.**

Die F.XX war eine viel modernere Konstruktion als die vorhergehenden Fokker Transport-Eindecker, doch durch das Auftauchen der zweimotorigen Tiefdecker-Linienmaschinen Douglas DC-2 und DC-3 war sie sehr bald veraltet, so daß nur ein einziges Exemplar gebaut wurde. Es wurde via Air Tropic an die spanische republikanische Regierung verkauft und 1937 zwischen Madrid und Paris eingesetzt.

### Technische Daten

**Typ:** Transportflugzeug für zwölf Passagiere.
**Triebwerk:** drei 640 PS (477 kW) Wright Cyclone R-1820F Neunzylinder Sternmotoren.
**Leistung:** Höchstgeschwindigkeit 305 km/h; Reisegeschwindigkeit 250 km/h; Dienstgipfelhöhe 6.200 m; Reichweite 1.410 km.
**Gewicht:** Leergewicht 6.455 kg; max. Startgewicht 9.400 kg.
**Abmessungen:** Spannweite 25,70 m; Länge 16,70 m; Höhe 4,80 m; Tragflügelfläche 96,00 m².

# Fokker F.XXII und F.XXXVI

## Entwicklungsgeschichte

Die erste dieser beiden Konstruktionen, die herauskam, trug die spätere Bezeichnung **Fokker F.XXXVI** (PH-AJA), war ein Einzelstück und absolvierte am 22. Juni 1934 ihren Jungfernflug. Diese größte der Fokker Transportmaschinen war ein selbsttragender Hochdecker mit starrem Fahrwerk, der von vier 750 PS (559 kW) Wright Cyclone Sternmotoren angetrieben wurde, die vor der Flügelvorderkante montiert waren. Die in typischer Fokker-Bauweise gehaltene F.XXXVI bot Platz für vier Besatzungsmitglieder und 32 Passagiere in vier achtsitzigen Kabinen. Alternativ dazu konnten 16 Passagiere in Schlafkojen transportiert werden. Die Maschinen, die ab März 1935 für die KLM auf den Europastrecken flog, wurde 1939 an die Scottish Aviation in Prestwick verkauft und flog von dort aus als Besatzungs- und Navigations-Schulflugzeug (Zulassung G-AFZR), bis sie 1940 verschrottet wurde.

Die **F.XXII** glich der F.XXXVI sehr, war jedoch etwas kleiner und nahm 22 Passagiere auf. Ihr Prototyp (PH-AJP) flog Anfang 1935, und ihm folgten zwei Serienmaschinen. Alle drei Exemplare wurden an die KLM geliefert, der Prototyp im März und die beiden anderen Maschinen im Mai 1935. Ein Flugzeug stürzte am 14. Juli 1935 ab, die beiden anderen bedienten jedoch die Europastrecken, bis sie nach Großbritannien verkauft wurden: die PH-AJR wurde im August 1939 zur G-AFXR, als sie von den British American Air Services übernommen wurde, und die PH-AJP wurde im folgenden Monat als G-AFZP neu zugelassen, als sie von der Scottish Aviation gekauft wurde. Beide Maschinen, die im Oktober 1941 als HM 159 und HM 160 für den Militäreinsatz requiriert wurden, kamen als Transporter und als Besatzungs-Schulflugzeuge zum Einsatz. Die HM 159 geriet in der Luft in Brand und ging über den Highlands verloren, die HM 160 wurde nach dem Krieg mit ihrer vorhergehenden Zivilzulassung an Scottish Aviation zurückgegeben. Sie flog noch eine Zeit lang zwischen Prestwick und Belfast, bevor sie Ende 1947 aus dem Dienst genommen wurde.

Für die schwedische AB Aerotransport wurde eine vierte F.XXII gebaut und im März 1935 ausgeliefert. Die Maschine mit dem Namen Lappland verkehrte im Liniendienst zwischen Malmö und Amsterdam, bis sie im Juni 1936 bei einem Unfall in Malmö zerstört wurde.

### Technische Daten
### Fokker F.XXII

**Typ:** ein Transportflugzeug für 22 Passagiere.
**Triebwerk:** vier 500 PS (373 kW) Pratt & Whitney Wasp T1D1 Neunzylinder Sternmotoren.
**Leistung:** Höchstgeschwindigkeit 285 km/h; Reisegeschwindigkeit 215 km/h; Dienstgipfelhöhe 4.900 m; Reichweite 1.350 km.
**Gewicht:** Leergewicht 8.100 kg; max. Startgewicht 13.000 kg.
**Abmessungen:** Spannweite 30,00 m; Länge 21,52 m; Höhe 4,60 m; Tragflügelfläche 30,00 $m^2$.

**Etwa gleichzeitig mit der Douglas DC-Serie kam die Fokker F.XXXVI heraus. Sie hatte eine hohe Nutzlast, war den neuen amerikanischen Linienmaschinen jedoch strukturell und aerodynamisch unterlegen.**

**Ein Jahr später kam die kleine Schwester der F.XXXVI, die Fokker F.XXII, auf den Markt, die den europäischen Transportgegebenheiten besser angepaßt, vom Konzept und ihrer Struktur her jedoch immer noch veraltet war.**

# Fokker G.I

## Entwicklungsgeschichte

Auf dem Pariser Flugsalon im November 1936, der damals nur aus einer statischen Ausstellung im Grand Palais ohne Flugvorführung bestand, sorgte das schwere Jagdflugzeug **Fokker G.I** für eine Sensation. Zur damaligen Zeit war das Konzept eines zweimotorigen Jägers mit zwei Leitwerksträgern, das später für die Lockheed P-38 Lightning Verwendung fand, revolutionär.

Nach der Ausstellung wurde die G.I zum Flugfeld von Eindhoven/Welschap gebracht und absolvierte dort am 16. März 1937 ihren Jungfernflug. Die G.I wurde damals von gegenläufigen 750 PS (559 kW) Hispano-Suiza 80-82 Sternmotoren angetrieben, Probleme mit diesen Triebwerken führten jedoch zur Umrüstung auf ähnlich starke Pratt & Whitney SB-4 Twin Wasp Junior Motoren, als die Maschine, die wegen eines Bremsendefekts am 4. Juli 1937 in Schiphol einen Hangar gerammt hatte, repariert wurde.

In Soesterberg war der Typ dem niederländischen Heeresfliegerkorps vorgeführt worden, das Interesse zeigte, was zum Jahresende zu einem Auftrag über 36 Flugzeuge führte, die **G.IA** genannt werden sollten. Um die Ersatzteilversorgung zu erleichtern, wurde festgelegt, daß diese Maschinen Bristol Mercury VIII Motoren haben sollten, die auch den T.V Bomber sowie den D.XXI Jäger antrieben, die vom Fliegerkorps bereits bestellt waren.

Diese Entscheidung führte zu einer Verzögerung, denn trotz des unmittelbaren Beginns der G.IA Produktion geriet die Versorgung mit Motoren ins Stocken. Aus diesem Grund flog die erste Serienmaschine, eigentlich die zweite dieser Reihe, erst am 11. April 1939. Sie blieb für Serientests und Modifikationen beim Hersteller, und die erste Maschine wurde am 10. Juli 1939 in Soesterberg ausgeliefert.

Nach dem Debüt des Flugzeugs in Paris ergaben sich potentielle Exportaufträge, und viele ausländische Piloten kamen zu Fokker, um die Exportversion **G.IB** zu fliegen und zu bewerten. Bestellungen gingen ein aus Finnland (26), Estland (9), Schweden (18) und dem republikanischen Spanien (12), während mit Dänemark und mit Manfred Weiss in Ungarn über je einen Vertrag über die Lizenzfertigung verhandelt wurde. Das niederländische Waffenex-

**Fokker G.IB der Luchtvaartafdeling (niederländische Luftwaffe) im Mai 1940**

**Fokker G.IA der 3e oder 43 Ja.V.A. Luchtvaartafdeling im Mai 1940 in Waalhaven oder Bergen stationiert (unterbrochene Linie: Unterkante des linken Leitwerksträgers, der entfernt wurde, um Details der Gondel zu zeigen)**

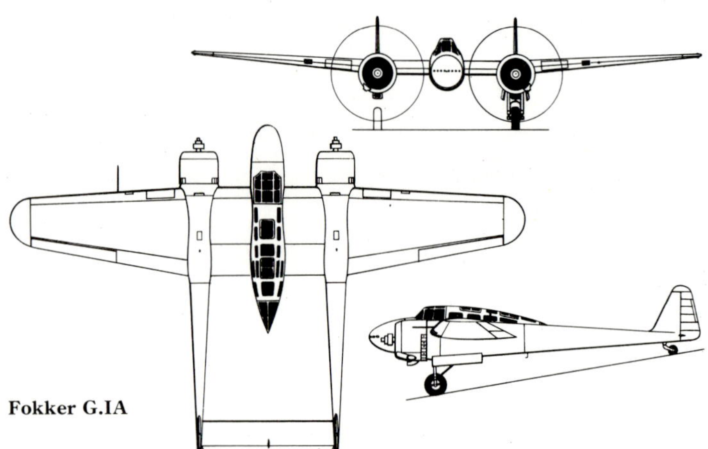

**Fokker G.IA**

portembargo vor dem Zweiten Weltkrieg brachte den spanischen Auftrag zu Fall; die finnische Serie war jedoch im Bau, als der Krieg ausbrach und ihr Export verboten wurde. Nach langwierigen Verhandlungen wurde ein Vertrag abgeschlossen, nachdem die G.IB am 17. April 1940 exportiert werden durften, und bis dahin waren zwölf Maschinen bis auf ihre Bewaffnung fertiggestellt.

Als die Niederlande am 10. Mai 1940 von Deutschland angegriffen wurden, waren 23 G.I im Einsatz.

Die Deutschen besetzten das Fokker-Werk, befahlen die Fertigstellung der zwölf für Finnland vorgesehenen G.I und verwendeten sie später bei der Luftwaffe als Jagd-Schulflugzeuge. Unter deutscher Aufsicht erfolgten Probeflüge vom Werk aus, am 5. Mai 1941 gelang es jedoch zwei niederländischen Piloten, einer von Deutschen geflogenen G.I-Begleitung zu entkommen und nach England zu fliehen. Ihre G.IB wurde zur Überprüfung in das Royal Aircraft Establishment nach Farnborough gebracht und anschließend von Phillips and Powis (Miles Aircraft) in Reading zur Erforschung der Holzbauweise verwendet. Es wird vermutet, daß 62 G.I gebaut wurden, von denen keine den Krieg überlebte.

### Technische Daten

**Fokker G.IA**

**Typ:** zwei-/dreisitziges schweres Jagdflugzeug.

**Triebwerk:** zwei 830 PS (619 kW) Bristol Mercury VIII Neunzylinder Sternmotoren.

**Leistung:** Höchstgeschwindigkeit 475 km/h in 2.750 m Höhe; Einsatzgeschwindigkeit 355 km/h in 2.750 m Höhe; Steigflug auf 5.000 m in 8 Minuten 0 Sekunden; Dienstgipfelhöhe 9.300 m; Reichweite 1.400 km.

**Gewicht:** Leergewicht 3.360 kg; max. Startgewicht 4.800 kg.

**Abmessungen:** Spannweite 17,15 m; Länge 11,50 m; Höhe 3,40 m; Tragflügelfläche 38,30 m².

**Bewaffnung:** acht vorwärtsfeuernde 7,9 mm MG und ein bewegliches im Heck plus bis zu 400 kg Bomben.

# Fokker M Baureihe

**Dieses Flugzeug ist vermutlich die Spin III aus dem Jahre 1911. Es handelte sich dabei um einen Zweisitzer, dessen Heckkufe unter dem Piloten angebracht war.**

### Entwicklungsgeschichte

Der Niederländer Anthony Fokker konstruierte 1910 in Deutschland sein erstes Flugzeug. Es hieß **Fokker Spin** (Spinne), und der Name bezog sich auf das Netz von Spanndrähten, die gebraucht wurden, um die Struktur dieses zerbrechlich wirkenden Eindeckers zusammenzuhalten. Der Typ wurde von Fokker verwendet, um damit gegen Ende des Jahres einige kurze 'Hopser' durchzuführen. Mit einer zweiten, verbesserten Version der **Spin II**, brachte Fokker sich selbst das Fliegen bei, und ihm gelang Anfang Mai 1911 der erste vollständige Kreisflug. Am 16. Mai 1911 erwarb er seine Pilotenlizenz, und ab diesem Augenblick lebte er nur noch für die Luftfahrt. Im Februar 1912 meldete Fokker seine erste Flugzeugbaufirma in Berlin an.

In den Jahren 1911/12 wurde die Spin weiterentwickelt, und 1913 errang eine dieser Varianten unter der Bezeichnung **M.I** einen ersten Militärauftrag über fünf zweisitzige Schulflugzeuge mit dem 100 PS (75 kW) Argus oder Mercedes Reihenmotor. Daraus ergaben sich 1913 weitere Bestellungen und Fokker baute zehn ähnliche Maschinen, die **M.II**, die sich hauptsächlich durch einen Rumpf mit rundem Querschnitt und ihre leicht montierbare Bauweise unterschieden, die den Transport per Straße oder Schiene erleichtern sollte. Triebwerk dieser Version war ebenfalls der 100 PS (75 kW) Argus- oder Mercedes-Motor. Die sich anschließende, weniger stromlinienförmige **M.III** und der Hochdecker **M.IV** waren nicht erfolgreich (und die einzige **M.IIIa** wurde von ihrem russischen Käufer zu Bruch geflogen, als er in Deutschland das Fliegen lernte) die **M.5** jedoch, die von Martin Kreutzer konstruiert worden war und die auf der französischen Morane-Saulnier Type H beruhte, legte den Grundstein für den späteren Ruhm des Unternehmens.

Die Original-M.5 wurde als **M.5k** (kurze Spannweite) und **M.51** (lange Spannweite) Militärversion entwickelt, deren Spannweiten 8,53 m bzw. 9,55 m betrugen. Beide Typen erhielten später die jeweilige Bezeichnung **A.III** und **A.II**, und beide wurden vom 80 PS (60 kW) Oberursel-Motor angetrieben. Ein Prototyp dieses Flugzeugs mit der Bezeichnung **M.5k/MG** wurde als Träger für ein Maschinengewehr ausgerüstet, mit dem Fokkers Unterbrecher-Getriebe getestet werden sollte; die Maschine wurde als E.I weiterentwickelt. Der Prototyp einer zweisitzigen Schulterdecker **M.6** kam Mitte 1914 heraus, wurde jedoch bald bei einem Unfall zerstört. Fokker erhielt den ersten wichtigen Auftrag für den Ersten Weltkrieg von der deutschen Marine, die 20 zweisitzige Beobachtungsflugzeuge vom Typ **M.7** bestellte. Die M.7 bestand aus einem modifizierten M.5 Flugwerk, dessen Rumpf um das zweite Cockpit verlängert worden war, sowie aus neuen Anderthalbdecker-Flügeln. Die einzige Doppelschwimmer-Version der M.7 trug die Bezeichnung **W.4** und zwölf anschließend nach Österreich-Ungarn verkaufte M.7 erhielten die Bezeichnung **Fokker B**.

Die **M.8 (A.I)** existierte gleichzeitig mit der M.7 und war eine Militärversion des erfolglosen zweisitzigen Hochdeckers M.6. Ab Ende September 1914 wurden etwa 30 dieser Maschinen, mit Oberursel-Motor als Triebwerk, geliefert; der Typ wurde auch als **Halberstadt A.I** in Lizenz gebaut. Ein einzelner **M.9** Jagd-Prototyp kam Anfang 1915 heraus und hatte in dieser Auslegung eine Mittelgondel, in der der Pilot und zwei Motoren mit Zug/Druckpropeller untergebracht waren, sowie zwei Leitwerksträger, jeder mit einem eigenen Leitwerk und jeder mit Platz für einen Schützen im Bug; die Kennung der M.9 war K.I. Die Doppeldecker **M.10e** (einstielig) und die **M.10z** (zweistielig), die sich anschlossen, wurden aus der M.7 weiterentwickelt. Beide wurden in geringen Stückzahlen für die Luftwaffe von Österreich-Ungarn gebaut und trugen die Bezeichnungen **B.I** bzw. **B.II**. Die **M.11** des Jahres 1915 war eine ummotorisierte M.10z mit dem 100 PS (75 kW) Oberursel Umlaufmotor anstelle des 80 PS (60 kW) Aggregats gleichen Ursprungs.

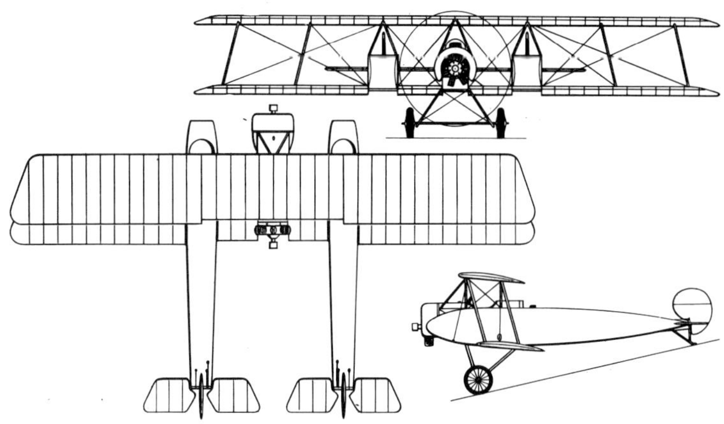

**Fokker M.9 (K.I.)**

**Die Fokker M.16 trug den Spitznamen 'Karausche' und war der Prototyp für einen geplanten, zweisitzigen Jäger, der mit einem starren und einem schwenkbaren Maschinengewehr bewaffnet werden sollte. Die M.16 ist hier in ihrer Originalform abgebildet, bevor sie anstelle des 160 PS (119 kW) Motors mit einem 200 PS (149 kW) Triebwerk nach Österreich-Ungarn geliefert wurde.**

**Die einzige Fokker M.17 war im Grunde eine verkleinerte M.16 mit Platz für nur einen Piloten, die 1915 herauskam. Hier gezeigt ist der Prototyp (M.16e/1) mit einstieligen Flügeln.**

**Das Fokker D.III Jagdflugzeug wurde unter der Firmenbezeichnung M.19 produziert. Hier zu sehen ist eine Experimentalvariante mit dem Siemens-Halske Sh.II Motor.**

Ein Prototyp der **M.16e** aus dem Jahr 1915, ein zweisitziger Doppeldecker mit einem 120 PS (89 kW) Mercedes D.II Motor, führte zur Konstruktion eines ähnlichen Einzelexemplars, dem einsitzigen Prototypen **M.17e/1** mit einem 100 PS (75 kW) Oberursel-Motor. Beide Maschinen führten zur Entwicklung des zweisitzigen, bewaffneten Aufklärers **M.16z** mit größerer Spannweite, der einen 160 PS (119 kW) Mercedes-Motor hatte. Etwa 30 Exemplare wurden für die österreichisch-ungarische Luftwaffe gebaut, und diese Serienmaschinen hatten einen 200 PS (149 kW) Austro-Daimler-Motor. Eine geringe Stückzahl einer modifizierten Version der **M.17e/1** wurde für die österreichisch-ungarische Luftwaffe gebaut. Die **M.17e/2 (B.III)** genannte Maschine hatte einen geänderten Rumpf und geänderte Leitwerksflächen. Unter den Bezeichnungen **M.17z**, **M.18z**, **M.19**, **M.20** und **M.22** wurden Testmaschinen gebaut, die direkt den Fokker D.I, D.II, D.III, D.IV und D.V entsprachen. Der Anhang 'z' bezeichnete jeweils die zweistielige Version, und die Anhänge 'f' und 'k' kamen hinzu, wenn die Seitensteuerung durch Verwindung der Tragflächen oder durch Querruder erfolgte.

Das endgültige Modell dieser Serie, die **M.22z**, war eine zweistielige Version der M.22 und hatte einen stromlinienförmigen Rumpf, ein einfacheres Fahrwerk, eine Propellerhaube und eine vollständige Verkleidung des 100 PS (75 kW) Siemens-Halske Sh.I Umlaufmotors.

### Varianten

**Spin III**: vom 50 PS (37,3 kW) Argus-Reihenmotor angetrieben, war die Spin III vom August 1911 zunächst mit Querrudern ausgestattet, wurde später jedoch durch Verwindung der Flügel gesteuert; der Typ war im Grunde eine kleinere und leichtere Version der Spin II.

**1912 Spin (1. Variante)**: Zweisitzer, im Januar 1912 in Johannisthal gebaut; vom 70 PS (52 kW) Argus angetrieben; es wird angenommen, daß drei Exemplare dieses Schulflugzeugs gebaut wurden.

**1912 Spin (2. Variante)**: Weiterentwicklung der Spin III mit einer Rumpfgondel, in der zu Schulungszwecken zwei Personen hintereinander saßen; dieses Modell war größer und schwerer als sein Vorgänger und hatte als Triebwerk entweder den 70 PS (52 kW) oder den 100 PS (75 kW) Argus-Reihenmotor; es wird angenommen, daß zwei Maschinen gebaut wurden, von denen die erste im Mai 1912 flog und von denen eine vom deutschen Heer gekauft wurde.

**1913 Spin (1. Variante)**: zweisitziges Schulflugzeug mit unverkleidetem Rumpf und 50 PS (37,3 kW) Argus-Reihenmotor; sechs gebaut.

**1913 Spin (2.Variante)**: dieses Modell hatte den 100 PS (75 kW) Mercedes- oder Argus-Reihenmotor und eine Rumpfgondel; in Deutschland hieß dieses Flugzeug M.I.

**1913 Spin (3. Variante)**: der 2. Variante ähnlich, jedoch mit 70 PS (52 kW) Renault-Reihenmotor.

### Technische Daten
**Fokker M.10z (B.II)**

**Typ:** zweisitziges Militär-Mehrzweckflugzeug.

**Triebwerk:** ein 80 PS (60 kW) Oberursel Neunzylinder Umlaufmotor.

**Leistung:** Höchstgeschwindigkeit 130 km/h in Meereshöhe; Steigflugdauer auf 1.000 m 7 Minuten; max. Flugdauer 1 Stunde 30 Minuten.

**Gewicht:** nicht aufgezeichnet.

**Abmessungen:** Spannweite 7,62 m; Länge 6,40 m; Höhe 2,25 m.

**Bewaffnung:** ein 8 mm Schwarzlose-Maschinengewehr für den Beobachter.

# Fokker O-27

### Entwicklungsgeschichte

In den USA produzierte Fokker-Atlantic eine Reihe von interessanten Militär-Prototypen. Die einzige Kampfversion, die in Serie ging, war jedoch die **Fokker XQ-27**, die 1929 zum ersten Mal flog. Ein zweiter Prototyp mit einem gestreckten, umkonstruierten Bug und Bombenhalterungen entstand unter der neuen Bezeichnung **XB-8**.

Sechs **YO-27** für Einsatztests und sechs Maschinen vom Typ **YB-8** wurden 1931 bestellt. Alle zwölf wurden jedoch als Beobachtungsflugzeuge fertiggestellt, wobei die ehemaligen YB-8 als **Y1O-27** bekannt wurden. Die **O-27** Maschinen (wie sie alle später umbenannt wurden) unterschieden sich vom Prototyp dadurch, daß sie Hauben für das Pilotencockpit und verbesserte, überarbeitete Leitwerksflächen hatten. Der Typ hatte ein stabiles, starres, einzeln aufgehängtes Fahrwerk. Im Bug befand sich ein offenes Schützen-Cockpit, darunter eine verglaste Beobachter-Position, und in der Rumpfmitte war ein zweiter MG-Stand.

Die **XO-27** erhielt 1932 Conqueror-Getriebemotoren und wurde zur **XO-27A**. Die O-27 flogen mehrere Jahre lang bei Fronteinheiten des US Army Air Corps.

**Das Fahrwerk der Fokker XB-8 war zwar robust, erschien aber dennoch etwas zerbrechlich, weil die üblichen Verkleidungen fehlten.**

### Technische Daten
**Fokker O-27**

**Typ:** ein dreisitziges Beobachtungsflugzeug.

**Triebwerk:** zwei 600 PS (447 kW) Curtiss Conqueror 12-Zylinder V-Motoren.

**Leistung:** Höchstgeschwindigkeit 257 km/h.

**Gewicht:** max. Startgew. 4.045 kg.

**Abmessungen:** Spannweite 19,51 m; Länge 14,43 m; Höhe 4,57 m; Tragflügelfläche 57,51 m².

**Bewaffnung:** zwei 7,62 mm MG.

# Fokker S.11 Instructor

### Entwicklungsgeschichte

Obwohl das Fokker-Werk in Amsterdam im Zweiten Weltkrieg praktisch zerstört wurde, stand dessen technische Belegschaft weiterhin zur Verfügung. Das Werk wurde innerhalb eines Jahres nach dem Ende der Kampfhandlungen wieder aufgebaut, und die Wahl für das erste Nachkriegsprodukt des Unternehmens fiel auf ein einfaches Tiefdecker-Schulflugzeug, die **Fokker S.11 Instructor**. Der Prototyp der S.11 absolvierte 1947 seinen Jungfernflug. Der selbsttragende Tiefdecker, der bis auf einige Stoffbespannungen ganz aus Metall gebaut war, hatte ein verstrebtes Leitwerk, ein starres Fahrwerk und als Triebwerk einen Avco Lycoming O-435A Motor.

Die königlich-niederländische Luftwaffe kaufte 40, Israel 41 Exemplare und die italienische Firma Macchi baute 150 Maschinen in Lizenz, die im Dienst der italienischen Luftwaffe mit **Macchi 416** bezeichnet wurden. Inzwischen wurde 1954 am Flughafen Galeao in Rio de Janeiro die Fokker Industria Aeronautica SA gegründet. Die erste in Brasilien produzierte S.11 wurde am 29. Dezember 1955 von der brasilianischen Luftwaffe akzeptiert, und es wurden insgesamt 100 Maschinen gebaut.

Außerdem wurde auch die **S.12** mit Bugradfahrwerk in Brasilien hergestellt, von der 50 geliefert wurden. Für das neue Fahrwerk waren nur geringfügige Änderungen erforderlich, da der Flügel so verstärkt war, daß er beide Fahrwerksversionen aufnehmen konnte.

Die 40 Instructor der niederländischen Luftwaffe dienten in Gilze-Rijen zur Anfängerschulung, und durch die Einführung von moderneren Anfänger-Schulflugzeugen in den siebziger Jahren wurden viele S.11 an den zivilen Markt abgegeben.

### Technische Daten
**Fokker S.11**

**Typ:** zwei/dreisitziges Anfänger-Schulflugzeug.

**Triebwerk:** ein 190 PS (142 kW) Avco Lycoming O-435A Sechszylinder Boxermotor.

**Leistung:** Höchstgeschwindigkeit 210 km/h in Meereshöhe; Reisegeschwindigkeit 165 km/h; Dienstgipfelhöhe 4.000 m; Reichweite 695 km.

**Gewicht:** Rüstgewicht 810 kg; max. Startgewicht 1.100 kg.

**Abmessungen:** Spannweite 11,00 m; Länge 8,15 m; Höhe 2,40 m; Tragflügelfläche 18,50 m².

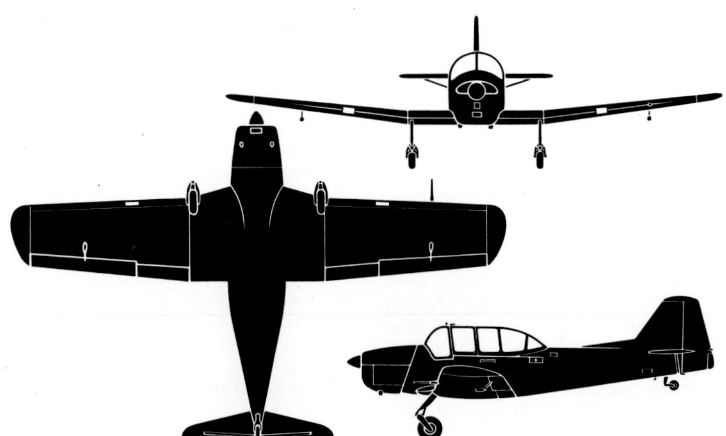

**Fokker S.11 Instructor**

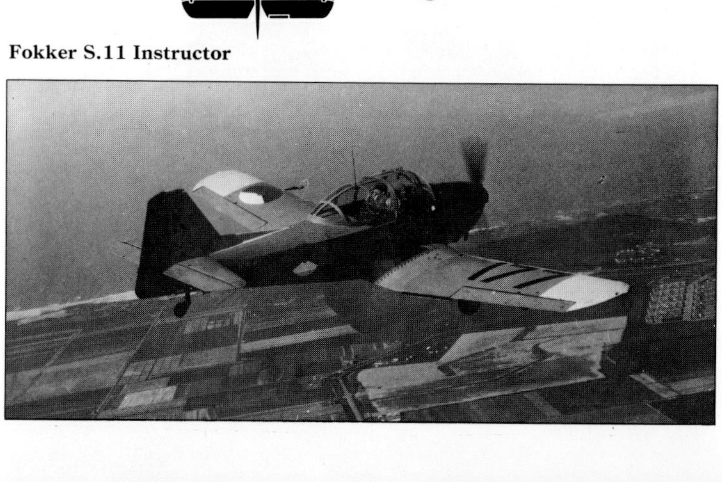

**Eine Fokker S.11 Instructor der niederländischen Luftwaffe bei einem Übungsflug.**

# Fokker S.14 Mach-Trainer

### Entwicklungsgeschichte

Die **Fokker S.14 Mach-Trainer** war das erste von Fokker gebaute Düsenflugzeug, das erste für diesen Zweck konstruierte Düsen-Schulflugzeug und das erste in Serienproduktion gebaute Flugzeug dieses Typs überhaupt.

Der Ganzmetall-Tiefdecker S.14 wurde von einem Rolls-Royce Derwent Strahltriebwerk angetrieben, das im Bug einen Zweiweg-Lufteintritt hatte. Die Austrittsöffnung befand sich ganz im Heck der Maschine, hinter dem Höhenleitwerk, das seinerseits gegenüber der Heckflosse und dem Seitenruder leicht nach hinten versetzt war. Das Bugrad des Fahrwerks wurde nach vorn in die Bugunterseite eingezogen, und die Hauptfahrwerksbeine wurden nach innen in die Flügelunterseiten eingefahren. Flugschüler und -lehrer saßen nebeneinander unter einem kurzen, sich über die ganze Breite erhebenden Kabinendach, weit vorn in dem Rumpf mit rundem Querschnitt. Martin-Baker-Schleudersitze waren Standardausrüstung.

Am 19. Mai 1951 führte Testpilot Gerben Sondermann den ersten Probeflug durch. Bei einem zweiten Flug am gleichen Tag funktionierte das Fahrwerk nicht, und der Prototyp wurde bei der anschließenden Bauchlandung beschädigt. Das Flugzeug wurde jedoch repariert und im Juni 1951 auf dem Pariser Flugsalon ausgestellt.

Die niederländische Luftwaffe Koninklijke Luchtmacht bestellte eine Serie von 20 S.14, von denen die erste am 15. Januar 1955 ihren Jungfernflug absolvierte. Der Prototyp trug die Seriennummer K-1 und wurde von einem Derwent V angetrieben, während die Serienmaschinen die Seriennummern von L-1 bis L-20 trugen und Derwent VIII hatten. Die S.14 war bei vier Flugstützpunkten im Einsatz: Twenthe, Ypenburg, Gilze-Rijen und Soesterberg. Die Maschine L-4 wurde 1955 in den USA vorgeführt, stürzte aber am 20. Oktober des gleichen, Jahres in Hagerstown, Maryland, ab, wobei Gerben Sonderman umkam. Die Maschine L-8 startete im Flugrennen London—Paris, das auch Arch to Arc genannt wurde, weil es am Marble Arch in London begann und am Arc de Triomphe in Paris endete. Die letzten beiden S.14 wurden am 29. März 1965 aus dem niederländischen Dienst zurückgezogen; sie trugen die Seriennummern L-17 und L-19 und blieben in den Museen von Schiphol bzw. Soesterberg erhalten.

Der ursprüngliche K-1 Prototyp wurde 1953 mit einem Rolls-Royce Nene 3 Motor mit 2.313 kp Schub ummotorisiert und erhielt am 24. Oktober 1960 die speziell ausgewählte Zivilzulassung PH-XIV. Er wurde anschließend vom Lucht en Ruuimtevaart Laboratorium (staatliches niederländisches Luft- und Raumfahrtlabor) verwendet, bis er am 4. März 1966 verschrottet wurde.

**Das zweite und dritte Serienexemplar der Fokker S.14 Mach-Trainer zeigen deutlich die nicht ungewöhnliche, jedoch überaus praktische Linienführung dieses Typs. Flugschüler und Fluglehrer saßen nebeneinander.**

### Technische Daten

**Typ:** zweisitziger Fortgeschrittenen-Düsentrainer.

**Triebwerk:** ein Rolls-Royce Derwent VIII Strahltriebwerk mit 1.575 kp Schub.

**Leistung:** Höchstgeschwindigkeit 730 km/h; Reisegeschwindigkeit 570 km/h; Reichweite 965 km.

**Gewicht:** Rüstgewicht 3.765 kg; max. Startgewicht 5.350 kg.

**Abmessungen:** Spannweite 12,00 m; Länge 13,30 m; Höhe 4,70 m; Tragflügelfläche 31,80 m$^2$.

# Fokker S.I, S.II, S.III und S.IV

### Entwicklungsgeschichte

Die **Fokker S.I**, die erste Maschine dieser Familie von Anfänger-Schulflugzeugen, absolvierte im Frühjahr 1919 in Schwerin ihren Jungfernflug. Ihr Konstrukteur Reinhold Platz war ein Pionier des Konzepts, Fluglehrer und -schüler in einem breiten Cockpit nebeneinander zu plazieren. Der Prototyp **V 43** funktionierte gut, jedoch führte die Reaktion auf die neue Konstruktion und das Mißtrauen gegenüber dem selbsttragenden Hochdeckerflügel dazu, daß nur drei S.I Serienmaschinen gebaut wurden. Zwei davon hatten 80 PS (60 kW) Rhône-Motoren und gingen an die UdSSR; die dritte, mit einem 90 PS (67 kW) Curtiss OX-5, wurde vom United States Army Air Service gekauft und unter der Bezeichnung **TW-4** auf dem McCook Field getestet.

Bei seiner nächsten Anfänger-Schulmaschine setzte das Fokker-Konstruktionsteam auf die Doppeldecker-Formel, die bei den Militärbehörden in Europa und den USA auf überwältigende Zustimmung stieß. Die so entstandene **S.II** kam 1922 heraus und war ein einstieliger Doppeldecker in Mischbauweise mit unterschiedlicher Spannweite und mit einem konventionellen, starren Kreuzachsen-Fahrwerk. Allerdings entschied der Konstrukteur Platz, dabei zu bleiben, daß Fluglehrer und -schüler nebeneinander saßen. Als Triebwerk diente ein 110 PS (82 kW) Thulin-Umlaufmotor (eine Version des berühmten Le Rhône), der jedoch bald darauf durch einen Le Rhône-Oberursel mit gleicher Leistung ersetzt wurde. Die S.II stieß nur bei der LVA (niederländische Heeresflieger) auf Interesse, die 15 Maschinen kaufte, von denen die letzte 1932 aus dem Dienst genommen wurde.

Die Bezeichnung **S.IIA** wurde einer zur LVA gehördenden S.II verliehen, nachdem diese 1932 in ein Ambulanzflugzeug umgebaut wurde, das einen liegenden Patienten befördern konnte. Die S.IIA, die erstmals am 13. Februar 1932 geflogen wurde, war am 10. Mai 1940, zur Zeit der deutschen Invasion der Niederlande, noch im Dienst. Eine interessante Mischung war die **Fokker S.2½**, die sich der niederländische Pilot Willem van Graft aus Bauteilen der S.II sowie deren Nachfolgerin, der S.III, zusammenbaute. Dieses Einzelstück mit der Zulassung H-NADT wurde mehrere Jahre lang mit Erfolg geflogen.

Am 12. Dezember 1922 startete vom Flugfeld Schiphol aus der Prototyp des neuen Anfänger-Schulflugzeugs **S.III**, der sich erheblich von der S.II unterschied. Die wichtigsten Änderungen waren der wassergekühlte 120 PS (89 kW) Mercedes-Motor, die hintereinanderliegenden Sitze von Flugschüler und Fluglehrer in einem verlängerten Cockpit, ein umkonstruiertes Fahrwerk und die neue, dreieckige Heckflosse, die für die nächsten zehn Jahre für Fokker-Flugzeuge charakteristisch werden sollte. Durch den Verzicht auf nebeneinanderliegende Sitze konnte ein Rumpf mit schlankeren Konturen konstruiert werden.

Die niederländischen Marineflieger bestellten 18 S.III, die bis Ende 1924 ausgeliefert wurden; ein 19. Flugzeug wurde von der Marinewerkstatt aus Ersatzteilen gebaut, und die letzten Flugzeuge dieses Typs wurden erst 1938 aus dem Dienst genommen. 1924/25 wurden zwei S.III an die dänischen Heeresflieger geliefert, und ein Exemplar wurde unter der Bezeichnung **Atlantic S-3** in den USA vorgeführt. Diese wurde später als Prüfstand für Wright-Flugmotoren verwendet und 1927 von Clarence Chamberlain dazu eingesetzt, den Liniendampfer *Leviathan* auf See zu treffen und 'Luftpost' über dessen Deck abzuwerfen.

Das Anfänger-Schulflugzeug **S.IV** kam 1924 heraus und erinnerte an die S.III, aus der die S.IV entwickelt worden war, von der sie sich jedoch in Details unterschied. Die eine wichtige Veränderung war jedoch, daß der wassergekühlte Motor der S.III durch einen Umlauf- oder Sternmotor ersetzt wurde. Von der LVA ging ein Produktionsauftrag über 30 Maschinen ein, und die Lieferungen an die Anfänger-Flugschule der niederländischen Armee in Soesterberg begannen 1925, wo sich die S.IV bald als erfolgreiches und beliebtes Schulflugzeug erwies. Sie wurde zunächst vom 110 PS (82 kW) Le Rhône-Oberursel Umlaufmotor angetrieben; dieser wurde 1926 durch einen Armstrong Siddeley Mongoose-Sternmotor ersetzt. Zu den weiteren, in die S.IV eingebauten Motoren gehörte der 110 PS (82 kW) Siemens Sh.12, der 130 PS (97 kW) Bristol Lucifer, der Armstrong Siddeley Puma und der 130 PS (97 kW) Clerget. Die S.IV der Armee hatten zunächst ein verlängertes Cockpit für beide Besatzungsmitglieder, wurden jedoch später auf Einzelcockpits umgerüstet.

### Technische Daten
**Fokker S.IV**

**Typ:** zweisitziges Anfänger-Schulflugzeug.

**Triebwerk:** ein 140 PS (104 kW) Armstrong Siddeley Mongoose Fünfzylinder-Sternmotor.

**Leistung:** Höchstgeschwindigkeit 150 km/h; Reisegeschwindigkeit 130 km/h; Dienstgipfelhöhe 3.000 m; Reichweite 700 km.

**Gewicht:** Rüstgewicht 750 kg; max. Startgewicht 1.020 kg.

**Abmessungen:** Spannweite 11,20 m; Länge 8,50 m; Höhe 3,20 m; Tragflügelfläche 27,60 m$^2$.

# Fokker S.IX

### Entwicklungsgeschichte

Die **Fokker S.IX**, die als Nachfolgerin des Anfänger-Schulflugzeugs S.IV konstruiert worden war, eignete sich auch zur Kunstflugschulung. Die S.IX wurde in zwei Versionen gebaut: die erste, mit der Bezeichnung **S.IX/1** hatte einen Armstrong Siddeley Genet Major Sternmotor; nach ihrem Erstflug 1937 wurde dieser Typ von den niederländischen Heeresfliegern von 1938 bis 1940 als reguläres Anfänger-Schulflugzeug verwendet, und der niederländische Hersteller Kromhout baute eine Reihe S.IX/1; die zweite Version hieß **S.IX/2** und wurde von einem 168 PS (125 kW) Menasco Buccaneer Reihenmotor angetrieben. Insgesamt wurden für die niederländischen Marineflieger 27 Maschinen bestellt, von denen jedoch erst 15 ausgeliefert worden waren, als die Produktion wegen der deutschen Invasion endete. Insgesamt waren von der Armee 24 S.IX/1 bestellt worden, es besteht jedoch Unklarheit darüber, ob alle diese Maschinen gebaut und ausgeliefert wurden, denn nach den Fokker-Aufzeichnungen wurden nur 20 Maschinen fertiggestellt.

So wie bei vielen Leichtflugzeugen, die in Militärflugschulen geflogen wurden, verlangte die verzweifelte Situation während der deutschen Invasion von den S.IX Einsätze, für die sie nie vorgesehen waren, und so wurden die S.IX beider Waffengattungen bis zum Zusammenbruch des niederländischen Widerstands als Verbindungs- und Evakuierungsflugzeuge verwendet.

Fokker baute nach dem Ende des Zweiten Weltkriegs drei S.IX/1, die von Genet Major Motoren aus der

Produktion von Kromhout angetrieben wurden.

**Technische Daten**
**Fokker S.IX/1**
**Typ:** zweisitziges Anfänger-Schulflugzeug.
**Triebwerk:** ein 165 PS (123 kW) Armstrong Siddeley Genet Major Fünfzylinder Sternmotor.
**Leistung:** Höchstgeschwindigkeit 185 km/h; Reisegeschwindigkeit 150 km/h; Dienstgipfelhöhe 4.300 m; Reichweite 710 km.
**Gewicht:** Leergewicht 695 kg; max. Startgewicht 975 kg.
**Abmessungen:** Spannweite 9,55 m; Länge 7,65 m; Höhe 2,90 m; Tragflügelfläche 23,00 m².

**Die Fokker S.IX/1 wurde 1938-40 in geringen Stückzahlen von der niederländischen Luftwaffe geflogen.**

# Fokker Super Universal

## Entwicklungsgeschichte

Die **Fokker Super Universal** war ein Produkt der amerikanischen Niederlassung des Unternehmens und eine etwas vergrößerte, robustere Version der Universal mit einem stabileren, verbesserten Fahrwerk. Genau wie ihre Vorgängerin konnte die Super Universal mit Fahrwerk oder Schwimmern betrieben werden. Die Maschine bot Platz für zwei Besatzungsmitglieder sowie sechs Passagiere und hatte als Triebwerk einen 450 PS (336 kW) Pratt & Whitney Wasp Sternmotor. Das Kabinendach über dem Pilotencockpit glich in der Konstruktion dem der F.10 bzw. F.10A Transportmaschinen. Die US Navy erprobte eine Super Universal unter der Bezeichnung **XJA-1**.

Die Super Universal wurde von der japanischen Nakajima Aircraft Company in großen Stückzahlen gebaut, nachdem 1929 zehn Maschinen importiert worden waren. Nakajima baute zwischen 1931 und 1936 47 Maschinen für den zivilen Einsatz, die von der Japanese Air Transport Ltd. und der Manchurian Air Lines mehrere Jahre lang auf Linienstrecken geflogen wurden. Zwei spezielle Ambulanzversionen wurden aus Spendenmitteln für die japanische Armee gekauft, die erste 1932 und die zweite, mit einem verkleideten Motor, 1938. Sie boten Platz für den Piloten, den Copiloten, den Arzt oder Krankenbetreuer sowie für zwei liegende und zwei sitzende Patienten.

An die japanische Marine wurden 1933/34 20 Super Universal unter den Bezeichnungen **Nakajima C2N1** bzw. **Nakajima-Fokker Navy Reconnaissance Aircraft** geliefert. Diese Maschinen hatten unverkleidete Jupiter Sternmotoren und als Abwehrwaffe ein schwenkbares, einläufiges 7,7 mm Maschinengewehr über einem offenen Cockpit im Rumpfrücken; sie wurden in China und im Inland verwendet und flogen hauptsächlich als Verbindungs- und Transportmaschinen.

Die letzte Version der Super Universal, die in großen Stückzahlen gebaut wurde, war die **Nakajima Ki-6** bzw. **Army Type 95-2 Crew Trainer**. Die Ki-6, die von einem unverkleideten 580 PS (432 kW) Nakajima Kotobuki (Jupiter) Sternmotor angetrieben wurde, hatte sechs Besatzungsmitglieder, und es wurden von ihr bis Ende 1935 zwanzig Exemplare geliefert. Wie die C2N1 hatten sie ein MG und als zusätzliche Verbesserung Rad-Halbverkleidungen.

**Technische Daten**
**Fokker-Super Universal** (Zivile US-Transportmaschine)
**Typ:** Transportflugzeug für sechs Passagiere.
**Triebwerk:** ein 450 PS (336 kW) Pratt & Whitney Wasp B Neunzylinder Sternmotor.
**Leistung:** Höchstgeschwindigkeit 222 km/h; Dienstgipfelhöhe 5.895 m; Reichweite 1.094 km.
**Gewicht:** Leergewicht 1.474 kg; max. Startgewicht 2.517 kg.
**Abmessungen:** Spannweite 15,44 m; Länge 11,25 m; Höhe 2,77 m; Tragflügelfläche 34,37 m².

# Fokker T.II und T.III

## Entwicklungsgeschichte

Die **Fokker T.II** war ein selbsttragender Tiefdecker und für Bombardierungs- und Torpedoeinsätze vorgesehen. Sie kam 1921 in drei Exemplaren heraus, die an die US Navy verkauft wurden, wo sie für kurze Zeit als **FT** (Fokker Torpedo) im Dienst waren. Die Besatzung saß bei diesem Typ in offenen Cockpits, Pilot und Beobachter dicht beieinander vorn und der Schütze in einer Position kurz hinter der Flügelhinterkante. Der Typ konnte mit einzeln aufgehängtem Breitspurfahrwerk als Landflugzeug oder mit zwei Schwimmern als Wasserflugzeug **(T.II-W)** verwendet werden. Die FT der US Navy wurden normalerweise mit Schwimmern geflogen, und bei ihnen waren die Heckflosse sowie das Seitenruder bis unter die Rumpfunterkante hin verlängert.

**Das für seine Zeit große einmotorige Flugzeug Fokker T.II konnte als Land- oder Wasserflugzeug verwendet werden. Hier abgebildet ist die erste von drei FT-1 Versionen, die für eine kurze Zeit bei der US Navy verwendet wurden.**

## Varianten

**T.III:** eine vergrößerte Version der T.II; erprobt mit einer Vielzahl von Motoren, darunter der Rolls-Royce Eagle; konnte wie die T.II als Landflugzeug oder Doppelschwimmer-Wasserflugzeug geflogen werden; die portugiesische Marine kaufte fünf Exemplare.

**Technische Daten**
**Typ:** ein dreisitziges Bomber/Torpedoflugzeug.
**Triebwerk:** ein 400 PS (298 kW) Liberty 12-Zylinder V-Motor.
**Leistung:** Höchstgeschwindigkeit 150 km/h; Reichweite 650 km.
**Gewicht:** Rüstgewicht 2.565 kg; max. Startgewicht 3.293 kg.
**Abmessungen:** Spannweite 20,00 m; Länge 12,57 m; Höhe 3,53 m.
**Bewaffnung:** ein 7,62 mm MG im hinteren Cockpit plus 400 kg Bomben oder ein Torpedo.

# Fokker T.IVA

## Entwicklungsgeschichte

Eine der unschönsten Fokker-Konstruktionen war das zweimotorige Wasserflugzeug **Fokker T.IVA**, ein Torpedobomber und Aufklärer, eine fortschrittliche Weiterentwicklung der T.IV des Jahres 1927, von der für den Einsatz im Inland und auf den Inseln Niederländisch-Indien 18 Exemplare gebaut worden waren. Portugal hatte ebenfalls drei dieser Flugzeuge gekauft.

Die T.IVA unterschied sich von ihrer Vorgängerin hauptsächlich durch ihr Triebwerk, bei dem die 450 PS (336 kW) Lorraine-Dietrich W-Motoren durch Wright Cyclone R-1820-F2 Sternmotoren ersetzt wurden. Diese stärkeren Motoren erforderten ein verstärktes Flugwerk, und gleichzeitig wurden auch ein geschlossenes Cockpit sowie MG-Positionen im Rücken und Bauch eingebaut. Zwölf dieser neuen Flugzeuge wurden für die Marineflieger in Niederländisch-Indien bestellt, und 1936 wurden die restlichen T.IV auf T.IVA-Standard umgerüstet.

Die Maschinen flogen immer noch Küsten- und Seeaufklärungseinsätze in Niederländisch-Indien, als 1942 die japanische Invasion begann; die T.IVA wurde außerdem auch als Rettungsflugzeug verwendet und erwies sich als zuverlässig und seegängig.

**Technische Daten**
**Fokker T.IVA**
**Typ:** ein viersitziger Torpedobomber/Aufklärer.
**Triebwerk:** zwei 750 PS (559 kW) Wright Cyclone SR-1820-F2 Neunzylinder Sternmotoren.
**Leistung:** Höchstgeschwindigkeit 260 km/h in 800 m Höhe; Reisege-

schwindigkeit 215 km/h; Dienstgipfelhöhe 5.900 m; Reichw. 1.560 km.
**Gewicht:** Leergewicht 4.665 kg; max. Startgewicht 7.200 kg.
**Abmessungen:** Spannweite 26,20 m; Länge 17,60 m; Höhe 6,00 m; Tragflügelfläche 97,80 m$^2$.
**Bewaffnung:** einläufige 7,9 mm MG in Bug-, Rücken- und Bauchpositionen plus bis zu 800 kg Bomben im Schacht oder ein Torpedo, außen unter dem Rumpf.

**Hier abgebildet ist eine von 24 T.IVA, die für den Fernosteinsatz gebaut wurden.**

# Fokker T.V

### Entwicklungsgeschichte

Die Niederlande verfügten nur über ein einziges Mittelstrecken-Bombermodell, als die Deutschen am 10. Mai 1940 das Land angriffen, die **Fokker T.V.** Man hatte bereits daran gedacht, das Modell durch die T.IX zu ersetzen, aber nur der Prototyp des neuen Modells konnte fertiggestellt werden. Von der T.V wurde kein Prototyp gebaut; das erste Exemplar, das am 16. Oktober 1937 flog, war die erste von 16 zuvor im gleichen Jahr für die holländische Luftwaffe bestellten Maschinen. Das reichlich klobig aussehende Modell nahm im folgenden Jahr den Dienst bei der einzigen holländischen Bomberstaffel auf, trotz der unzureichenden Stabilität und seiner Schwerfälligkeit.

Alle 16 Maschinen waren ausgeliefert, als die deutsche Invasion begann, aber nur neun Exemplare waren einsatzfähig. Sie zerstörten fast 30 deutsche Maschinen vom Stützpunkt Waalhaven aus und führten außerdem schwere Angriffe auf Brücken über die Maas durch, bevor sie zerstört wurden (zwei wurden von holländischen Schützen getroffen). Nur eine T.V war bei der holländischen Kapitulation noch erhalten.

### Technische Daten

**Typ:** fünfsitziger mittlerer Bomber.
**Triebwerk:** zwei 925 PS (690 kW) Bristol Pegasus XXVI Neunzylinder Sternmotoren.
**Leistung:** Höchstgeschwindigkeit 415 km/h in 3.050 m Höhe; Reisegeschwindigkeit 320 km/h; Dienstgipfelhöhe 7.700 m; maximale Reichweite 1.630 km.
**Gewicht:** Leergewicht 4.640 kg; max. Startgewicht 7.235 kg.
**Abmessungen:** Spannweite 21,00 m; Länge 16,00 m; Höhe 5,00 m; Tragflügelfläche 66,20 m$^2$.
**Bewaffnung:** zwei 7,9 mm MG im Bug und je eins in Turm-, Unterrumpf-, Seiten- und Heckposition, plus bis zu 1.000 kg Bomben.

**Der beste Bomber, der 1940 den holländischen Luftstreitkräften zur Verfügung stand, war die T.V.**

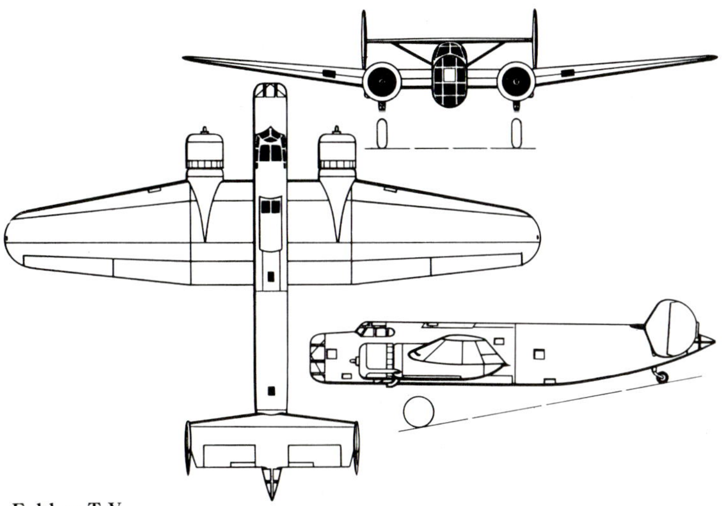

**Fokker T.V**

# Fokker T.VIII-W

### Entwicklungsgeschichte

Das Seeflugzeug **Fokker T.VIII-W** wurde nach einer Spezifikation der holländischen Marineluftwaffe als Bomber/Aufklärer für den Einsatz in Holland und Niederländisch-Indien entworfen und in drei Ausführungen gebaut: als **T.VIII-Wg** in gemischter Holz- und Metallkonstruktion, als **T.VIII-Wm** in Ganzmetallbauweise und als **T.VIII-Wc**, eine vergrößerte Version in Gemischtbauweise.

Die ersten fünf bestellten Maschinen waren im Juni 1939 fertig, als weitere 26 in Auftrag gegeben wurden, die meisten davon als Ersatz für die T.IV in Niederländisch-Indien, aber keines der Exemplare wurde dorthin ausgeliefert. Insgesamt wurden 36 T.VIII-W gebaut: 19 Wg, fünf Wc und 12 Wm plus fünf weitere, aus Finnland bestellte, aber nicht ausgelieferte Exemplare. Letztere waren T.VIII-Wc Varianten mit einem um 1,83 m längeren Rumpf, einer um 2,01 m längeren Spannweite und zusätzlichen 8,00 m$^2$ Tragflügelfläche sowie 890 PS (664 kW) Bristol Mercury XI Motoren. Bevor diese Maschinen fertiggestellt wurden, fiel die Fokker Fabrik in die Hände der Deutschen; die später vollendeten Flugzeuge wurden zusammen mit 20 ehemaligen Exemplaren der holländischen Marineflieger nach Deutsch-

**Fokker T.VIII-Wg der Groep Vliegtuigen 4 der holländischen Luftwaffe, am Westeindermeer stationiert**

land gebracht. Ein einzelnes Exemplar einer Landflugzeug-Variante mit der Bezeichnung **T.VIII-L** wurde für Finnland gebaut und ebenfalls von den Deutschen erbeutet.

Inzwischen waren acht T.VIII-W am 14. Mai 1940 zusammen mit anderen holländischen Seeflugzeugen nach England gebracht worden, und am 1. Juni 1940 wurde die No. 320 (Dutch) Squadron in Pembroke Dock gebildet, die die T.VIII-W für Begleitflüge einsetzte. Diese Maschinen trugen Markierungen der RAF und ein holländisches Dreieck.

### Technische Daten

**Fokker T.VIII-Wg**
**Typ:** dreisitziges Torpedo-Bomber/ Aufklärer-Wasserflugzeug.
**Triebwerk:** zwei 450 PS (336 kW) Wright Whirlwind R-975-E3 Neunzylinder Sternmotoren.
**Leistung:** Höchstgeschwindigkeit 285 km/h; Reisegeschwindigkeit 220 km/h; Dienstgipfelhöhe 6.800 m; Reichweite 2.750 km.
**Gewicht:** Leergewicht 3.100 kg; max. Startgewicht 5.000 kg.
**Abmessungen:** Spannweite 18,00 m; Länge 13,00 m; Höhe 5,00 m; Tragflügelfläche 44,00 m².
**Bewaffnung:** ein 7,9 mm vorwärtsfeuerndes MG auf der rechten Rumpfseite und ein schwenkbares im hinteren Cockpit, plus bis zu 605 kg Bomben oder ein Torpedo.

# Fokker T.IX

### Entwicklungsgeschichte

Die Luftstreitkräfte in Niederländisch-Indien beschlossen 1938 die Ablösung der Martin 139W und brauchten daher 166 zweimotorige Bomber. Fokker produzierte daher die **Fokker T.IX**, das erste Bombermodell der Firma in Ganzmetallbauweise. Obwohl das Modell auf der T.V basierte und wie sein Vorgänger die Konfiguration eines Mitteldeckers mit doppeltem Seitenleitwerk erhielt, war es eigentlich ein ganz neuer Entwurf. Die T.XI zeichnete sich durch ihr schlankes Rumpfhinterteil, einen runderen Bug als bei der T.V und eine verglaste Bombenschützenposition unter der Bugkanzel aus. Das Triebwerk bestand aus zwei 1.375 PS (1.025 kW) Bristol Hercules Sternmotoren.

Die T.XI flog erstmals am 11. September 1939, aber während der Tests im April 1940 stieß die Maschine gegen eine Hangartür, und bevor Reparturen durchgeführt werden konnten, fielen die Deutschen in die Niederlande ein.

### Technische Daten

**Typ:** zweimotoriger Bomber.
**Triebwerk:** zwei 1.375 PS (1.025 kW) Bristol Hercules Vierzehnzylinder Sternmotoren.
**Leistung:** Höchstgeschwindigkeit 440 km/h; Dienstgipfelhöhe 8.000 m; Reichweite 2.720 km.
**Gewicht:** Rüstgewicht 6.500 kg; max. Startgewicht 11.200 kg.
**Abmessungen:** Spannweite 24,70 m; Länge 16,50 m; Höhe 5,10 m; Tragflügelfläche 5,10 m².
**Bewaffnung:** (geplant): eine 20 mm Kanone im Bug plus Turm- und Unterrumpfposition mit je zwei 12,7 mm MG sowie bis zu 2.000 kg interner Bombenzuladung.

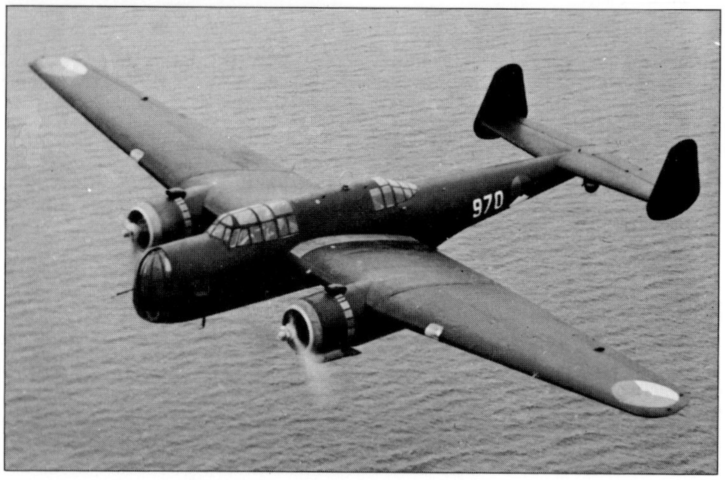

**Der erste holländische Ganzmetallbomber war erst so spät entwickelt worden, daß er nicht mehr in Serienproduktion gehen konnte.**

# Fokker Universal

### Entwicklungsgeschichte

Die **Fokker Universal** war das erste in Amerika entworfene Fokker Modell und wurde 1925 von R.B.C. Noorduyn, dem Direktor der amerikanischen Fokker-Tochtergesellschaft Atlantic Aircraft Corporation, geschaffen. Die Universal war ein abgestrebter Hochdecker mit breitspurigem, geteiltem Fahrwerk und einem offenen Pilotencockpit unmittelbar vor den Tragflächen; die Kabine faßte vier Passagiere. Das Triebwerk war ein 220 PS (164 kW) Wright Whirlwind J-5 Sternmotor. Die Universal ging 1926 in Produktion, und mehrere Exemplare wurden ausgeliefert (vor allem an kanadische Kunden), ausgestattet mit zwei Schwimmern anstelle des Fahrwerks. Im folgenden Jahr wurde eine Version mit einem 300 PS (224 kW) Wright Whirlwind J-6 Motor für sechs Passagiere entwickelt, die ebenfalls in mehreren Exemplaren gebaut und von verschiedenen amerikanischen und kanadischen Fluggesellschaften auf Linien- und Charterflügen eingesetzt wurde. Ein ungewöhnliches Kennzeichen beider Varianten war ein Steuersystem, bei dem sowohl der Pilot als auch der Copilot über Seitenruderpedale verfügten, aber nur der Pilot einen Steuerknüppel hatte.

### Technische Daten

**Typ:** ein sechssitziges Passagierflugzeug.
**Triebwerk:** ein 300 PS (224 kW) Wright J-6 Whirlwind Siebenzylinder Sternmotor.
**Leistung:** Höchstgeschwindigkeit 209 km/h; Reisegeschwindigkeit 177 km/h; Dienstgipfelhöhe 4.265 m; Reichweite 805 km.
**Gewicht:** Leergewicht 1.126 kg; max. Startgewicht 1.950 kg.
**Abmessungen:** Spannweite 14,55 m; Länge 10,21 m; Höhe 2,67 m; Tragflügelfläche 31,68 m².

# Folland 43/37

### Entwicklungsgeschichte

Die Folland Aircraft Ltd. wurde im Februar 1936 in Hamble in Hampshire gegründet, als die British Marine Aircraft Ltd. gebildet wurde, um unter Lizenz das Sikorsky S-42A Flugboot zu produzieren. Aus diesem Plan wurde nichts, und im Mai 1937 erhielt das Unternehmen einen neuen Namen. H. P. Folland, der ehemalige Chefkonstrukteur der Gloster Aircraft Company, wurde der Direktor des Unternehmens.

Eine mit der Bezeichnung FO.101 beginnende Reihe von Projekten kam über das Entwurfsstadium nicht hinaus. Das erste Flugzeug der Firma war die **Folland FO.108**, als Teststand für Triebwerke entworfen. Folland erhielt eine Bestellung über zwölf Exemplare, sicher das erste Flugzeug der Welt, das als Motorenteststand entworfen worden war.

Die Folland 43/37 war ein großer, einmotoriger Tiefdecker mit festem Fahrwerk. Das Modell war ebenso groß wie die Bristol Beaufort und sehr viel höher. Es ähnelte einer vergrößerten Hurricane und bot Platz für einen Piloten und zwei Beobachter in einer großen Kabine mit kompletter Instrumentierung für die Überwachung der Triebwerkleistung beim Flug. Die Konstruktion war in Gemischtbauweise, der Halbschalenrumpf aus leichter Legierung, und die Tragflächen sowie das Leitwerk waren mit Sperrholz beschichtet.

Zu den verschiedenen Triebwerken, die mit dem Typ getestet wurden, gehörten Napier Sabre, Bristol Hercules und Centaurus sowie Rolls-Royce Griffon. Das fünfte Exemplar wurde später von de Havilland für Propellertests verwendet.

Die erste Maschine wurde 1940 ausgeliefert, und der erste Absturz ist für den 28. April 1944 verzeichnet, als das achte Exemplar beim Start von Heston aus mit einem Bristol Centaurus IV zu Boden ging. Mit dem Centaurus I und IV gingen in schneller Folge drei weitere Folland 43/37 innerhalb von drei Wochen zu Bruch. Das sechste Exemplar wurde am 14. September zerstört, bestückt mit einem Sabre Triebwerk. Zwei weitere Verluste fallen in das Jahr 1945: das elfte Exemplar nach einem Testflug mit dem Hercules XI am 5. März und das fünfte am 27. März mit einem Rolls-Royce Griffon.

Wegen der verschiedenen Triebwerke sind keine zuverlässigen technischen Daten erhältlich.

**Die erste speziell als Motoren-Teststand entworfene Maschine, die Folland 43/37, flog mit zahlreichen verschiedenen Triebwerken.**

### Technische Daten

**Typ:** Testflugzeug.
**Triebwerk:** verschiedene (s. Text).
**Leistung:** Mit Sabre I: Höchstgeschwindigkeit 428 km/h in 4.755 m Höhe; Reisegeschwindigkeit 394 km/h in 1.220 m Höhe.
Mit Hercules: Höchstgeschwindigkeit 407 km/h in 3.355 m Höhe; Reisegeschwindigkeit 381 km/h in 4.265 m Höhe.
Mit Centaurus: Höchstgeschwindigkeit 470 km/h in 4.570 m Höhe; Reisegeschwindigkeit 430 km/h in 3.960 m Höhe.
**Gewicht:** verschieden je nach Triebwerk, durchschnittliches max. Startgewicht 6.804 kg.
**Abmessungen:** Spannweite 17,68 m; Länge verschieden je nach Triebwerk, ca. 13,21 m; Höhe 4,95 m; Tragflügelfläche 54,63 m².

# Folland Gnat

### Entwicklungsgeschichte

# Handley Page H.P.57 Halifax

### Entwicklungsgeschichte

# Folland Fo.139 Midge

### Entwicklungsgeschichte

# Ford Tri-Motor

### Entwicklungsgeschichte

...und 1964 die Gnat (in ... Maschinen mit dem ... Yellowjacks) beim Forma... einführte. Das Team wurde 1965 unter der Aufsicht der Central Flying School als Red Arrows ausgebildet, und die Gnat ... zurückgezogen.

1980 wurden sie durch die British Aerospace Hawk T.Mk 1 ersetzt. Die No. 4 Flying Training School zog ihre Gnat am 24. November 1978 aus dem Verkehr.

Die Handley Page Harrow ist ein Musterbeispiel für den Übergang von stoffbespannten Doppeldeckern zu Eindeckern in Ganzmetallbauweise, der Mitte der dreißiger Jahre stattfand.

Reichweite 2.012 km.
**Gewicht:** Leergewicht 6.169 kg; max. Startgewicht 10.433 kg.
**Abmessungen:** Spannweite 26,95 m; Länge 25,04 m; Höhe 5,92 m; Tragflügelfläche 101,26 m².
**Bewaffnung:** vier 7,7 mm MG, je eins in Bug- und Turmkanzel und zwei in Heckkanzel, plus Vorrichtungen für bis zu 1.361 kg Bomben.

Mike Hooks

### Technische Daten
### Folland (Hawker Siddeley) Gnat T.Mk 1

**Typ:** zweisitziges Fortgeschrittenen-Schulflugzeug.
**Triebwerk:** ein Bristol Siddeley Orpheus 100 Strahltriebwerk von 1.919 ...

**Leistung:** Höchstgeschwindigkeit 1024 km/h in 9.450 m Höhe; ...
**Gewicht:** Leergewicht ...
**Abmessungen:** Spannweite 7,32 m; Länge 9,68 m; Höhe 2,93 m; Tragflügelfläche 16,26 m².

Zwei der finnischen Maschinen hatten Bugkameras für Kampf-Aufklärungsflüge. Die jugoslawische ... meisten Exportaufträge kamen aus ...

ein sehr viel größeres und schwereres Flugzeug.

Am 3. September 1937 erhielt Handley Page den Auftrag für den Bau von zwei Prototypen der H.P.57, der im Frühjahr 1938 in Angriff genommen wurde. Als die erste Maschine beinahe fertig war, stellte sich heraus, daß der Flughafen der Firma in Radlett, Hertfordshire, für den Erstflug eines so großen Modells zu klein war, und man beschloß, statt dessen den nächstgelegenen, nicht benutzten RAF Flughafen zu verwenden, der sich in Bicester in Oxfordshire befand. Dort wurde die Maschine zusammengesetzt und am 25. ...

Mit Einführung der Folland Gnat beim RAF Kunstflugteam 1965 wurde deren Name in 'Red Arrows' geändert.

Die von der 21. Staffel der finnischen Luftwaffe (Ilmavoimat) auf Tikkakoski/Jyväskylä Flughafen nördlich von Helsinki geflogenen 13 Exemplare der Folland Gnat brauchten keine besonderen Modifikationen, um mit den schwierigen klimatischen Bedingungen fertig zu werden.

... USAAF erreichten die 24stündigen Bombardierungen deutscher Ziele 1944 ihren Höhepunkt ... Verwüstungen. Obwohl die Halifax mehr ...

**B.Mk I Series I**; die Maschinen dienten ab November 1940 bei der No. 35 Squadron der RAF. Diese Einheit setzte Anfang März 1941 erstmals die Halifax ein, bei einem Angriff auf Le Havre; einige Tage später wurde das Modell der erste viermotorige RAF-Bomber ... nächtlichen Angriff ... deutsche Stellungen (über Hamburg) durchführte. Der erste Tagesangriff der Halifax fand am 30. Juni 1941 über Kiel statt; es stellte sich bald heraus, daß die Verteidigungswaffen des Modells für Tagesangriffe nicht ausreichten, und bis Ende 1941 wurde die Halifax nur ... Bomber verwendet ...

Die G-AHDU wurde als Handley Page Halifax C.Mk 8 (ex-PP310) gebaut, aber für BOAC von Short & Harland in eine Halton umgebaut. Die Maschine flog unter dem Namen 'Falkirk' und wurde 1950 in Southend verschrottet.

... die London Aircraft Production Group.

Von ihren ersten Einsätzen an ... die Halifax Bomber beim Bomber Command ununterbrochen ... Einsatz und flogen schließlich nicht weniger ... Staffeln ...

... Fernen Osten eingesetzt, und nach ... Mai 1945 flogen einige mit ...

... Ausführungen wurde die Bewaffnung verstärkt ...

... waren Pläne für alternative Werke ...

### Technische Daten
### Folland Midge

... 75.532 Einsätze, bei denen 231.252 t Bomben auf europäische Stellungen ...

... unter der Bezeichnung **Ford 3-AT**. Dieses Modell basierte ganz offensichtlich direkt auf der Pullman ... Hochdecker ... in Ganzmetallbauweise ... Metallhaut ...

# Hiro H2H

## Entwicklungsgeschichte

Der Flugboot-Prototyp der Marine, **Typ 89**, der 1930 im Hiro Arsenal fertiggestellt wurde, hatte einen Ganzmetall-Schalenrumpf und stoffbespannte Metallflügel. Unter der Bezeichnung **Hiro H2H1** ging der Typ in Serie, es wurden in den Jahren 1930/31 allerdings nur 17 Maschinen gebaut.

### Technische Daten

**Typ:** Seeaufklärer-Doppeldecker-Flugboot.
**Triebwerk:** zwei 600 PS (447 kW) Hiro V-12 Kolbenmotoren.
**Leistung:** Höchstgeschwindigkeit 195 km/h; Dienstgipfelhöhe 4.320 m; max. Flugdauer 14 Stunden 30 Minuten.
**Gewicht:** Leergewicht 4.368 kg; max. Startgewicht 6.500 kg.
**Abmessungen:** Spannweite 22,14 m; Länge 16,29 m; Höhe 6,13 m; Tragflügelfläche 120,50 m².
**Bewaffnung:** ein im Bugcockpit montiertes 7,7 mm Zwillings-Maschinengewehr und ein einläufiges MG gleichen Kalibers auf einer Halterung über dem Cockpit mittschiffs; plus eine Bombenlast von max. 500 kg.

# Hiro H4H

## Entwicklungsgeschichte

1931 komplettierte und erprobte das Hiro Arsenal zwei neue Flugboottypen. Der **Typ 90 Modell I** (90 I) der Marine bzw. **Hiro H3H1** war mit seiner Metallbauweise ein für die damalige Zeit recht fortschrittlicher abgestrebter Hochdecker, der von drei 650 PS (485 kW) Hispano-Suiza Motoren angetrieben wurde, die auf Streben über der Tragfläche montiert waren. Schlechtes Schwimm- und Flugverhalten führte bei der Maschine zu insgesamt vier einschneidenden Änderungen, es ergab sich jedoch kaum eine Verbesserung, und das Flugzeug wurde im Jahre 1933 verschrottet.

Hiro stellte 1931 außerdem den ersten Prototypen des zweimotorigen Hochdecker-Flugboots vom **Typ 91 Modell 1** fertig. Es wurden zwei weitere Prototypen gebaut, und der Typ wurde nach umfangreichen Tests im Juli 1933 als **Hiro H4H1** in Dienst gestellt, wobei die Produktion von dem Unternehmen Kawanishi aufgenommen wurde. Die weitgehend aus Metall gebaute H4H1 hatte als Triebwerk zwei 500 PS (373 kW) Motoren vom Typ 91-1. Zwei Jahre später ging eine zweite Version der Grundkonstruktion als **Typ 91 Modell II** bzw. **H4H2** in Serie. Sie hatte ein umkonstruiertes Doppelleitwerk und wurde von zwei 800 PS (597 kW) Myojo Sternmotoren angetrieben. Insgesamt wurden (von beiden Versionen) 47 Maschinen gebaut; hierzu gehörten auch mehrere Exemplare, die in experimenteller Auslegung getestet wurden.

Die H4H1 und H4H2 blieben während der gesamten 30er Jahre in vorderster Linie und eine Reihe von Maschinen wurde bei Einsätzen gegen China zur Seeaufklärung und als Transportmaschinen verwendet.

**Für die damalige Zeit war die Hiro H4H1 ein beispielhaft sauber konstruiertes Flugboot, obwohl die Motoren auf Streben über dem Flügel montiert waren.**

### Technische Daten

**Hiro H4H2**
**Typ:** ein Seeaufklärer/Bomber-Flugboot.
**Triebwerk:** zwei 800 PS (597 kW) Myojo Sternmotoren.
**Leistung:** Höchstgeschwindigkeit 233 km/h; Dienstgipfelhöhe 3.620 m; Reichweite 1.260 km.
**Gewicht:** Rüstgewicht 4.663 kg; max. Startgewicht 7.500 kg.
**Abmessungen:** Spannweite 23,46 m; Länge 16,57 m; Höhe 6,22 m; Tragflügelfläche 82,70 m².
**Bewaffnung:** ein 7,7 mm Maschinengewehr auf einer Halterung über dem Bugcockpit, ein 7,7 mm Zwillings-Maschinengewehr auf einer Halterung mittschiffs sowie zwei 250 kg Bomben.

# Hirtenburg HS.9

## Entwicklungsgeschichte

Das österreichische Unternehmen Hirtenburg erwarb den älteren Hopfner-Konzern und gründete 1935 eine Flugzeugabteilung. Das Unternehmen hatte nur wenig kommerziellen Erfolg, es wurde jedoch ein zweisitziger Hochdecker in Baldachinbauweise als Reise- bzw. Schulflugzeug in geringen Stückzahlen als **Hirtenburg HS.9** gebaut. Die Maschine hatte entweder einen Siemens Sh.14a Motor oder, als **HS.9A**, einen de Havilland Gipsy Major. Die gebauten Prototypen umfaßten die **HS.16**, eine Militär-Schulflugzeugversion der HS.9; die **HS.10**, einen dreisitzigen, abgestrebten Kabinenhochdecker; ein zweimotoriges Viersitzer-Amphibienflugboot mit an Streben über der Tragfläche montierten Siemens Sh.14a Motoren, das es als **HA.11** (zivil) und als **HAM.11** Mi[illegible]version gab; eine leichte, zweimotorige Zivilmaschine mit sechs Sitzen namens **HV.12**; den zweisitzigen Militär-Doppeldecker **HM.13** sowie die sechssitzigen Passagier-Transportmaschinen **HV.15** (Zivil) und **HH.15** (Militär), die der Avro Anson verblüffend glichen.

**Nur eine Hirtenburg HS.9 wurde nach Großbritannien exportiert — es war eine HS.9A mit der Zulassung G-AGAK und einem 120 PS (90 kW) de Havilland Gipsy Major als Triebwerk. Die Maschine wurde im Juli 1939 ausgeliefert und stürzte im Februar 1958 ab.**

# Hirth Acrostar

## Entwicklungsgeschichte

Die unter der Oberaufsicht von Professor Eppler von Wolf Hirth konstruierte **Hirth Acrostar** war ein wettbewerbsfähiger Kunstflugzeug-Prototyp, der am 16. April 1970 zum ersten Mal geflogen wurde. Der ersten Serien-**Acrostar II** schloß sich später die verbesserte **Acrostar III** an, und diese hervorragenden Maschinen konnten in den Kunstflug-Weltmeisterschaften beachtenswerte Erfolge verzeichnen.

**Hier in Hullavington während der Kunstflug-Weltmeisterschaften 1972 abgebildet, zeigt die Hirth Acrostar ihren sehr dicken Flügel und die symmetrische Tragfläche. Das Treibstoffsystem der Acrostar funktioniert sowohl im Normal- wie im Rückenflug.**

# Hispano HA-100, HA-200 und HA-220

## Entwicklungsgeschichte

Das zweisitzige Fortgeschrittenen-Schulflugzeug **Hispano HA-100 Triana**, das unter der Leitung von Professor Willy Messerschmitt konstruiert worden war, wurde am 10. Dezember 1954 als **HA-100-E1** Prototyp zum ersten Mal geflogen. Es wurden zwei HA-100-E1 Prototypen gebaut, die von 755 PS (563 kW) ENMA Beta B-4 Motoren angetrieben wurden; hinzu kamen zwei **HA-100-F1** Prototypen mit 800 PS (597 kW) Wright Cyclone Motoren, es ging allerdings nur die HA-100-E1 Version in Serie. Insgesamt wurden 40 Maschinen unter der Bezeichnung **E.12** gebaut und 1958 als Waffentrainer bei der spanischen Luftwaffe in Dienst [illegible].

Wichtige Bauteile der HA-100 wurden bei der **HA-200 Saeta** (Pfeil) verwendet, die ebenfalls unter der Anleitung Willy Messerschmitts entwickelt wurde. Der [illegible] dieses ersten spanischen Flugzeugs mit Strahltriebwerk wurde am 12. August 1955 zum ersten Mal geflogen, und das erste Serienflugzeug flog am 11. Oktober 1962. Kurz darauf wurde die HA-200 in Dienst gestellt und von der spanischen Luftwaffe mit **E.14** bezeichnet. Ab 1971/72 kam eine einsitzige [illegible] **HA-2[illegible]** [illegible] Luftw[illegible] in den Dienst. Neben Änderungen im Cockpitbereich hatte diese Maschine stärkere Motoren und Einrichtungen zur Aufnahme von Raketen. Bei Einstel-

**Der AC.10-C Erdkampfjäger/Schulflugzeug der spanischen Luftwaffe. Die Maschinen sind noch im Einsatz und können vielfältige Waffen an Trägern unter Flügeln und Rumpf mitführen.**

# Flugzeuge von A bis Z

**Band 2: Consolidated PBY-Koolhoven FK 55**

**Bernard & Graefe Verlag**

lung der Produktion waren insgesamt 110 HA-200 und HA-220 für die spanische Luftwaffe gebaut worden.

**Varianten**

**HA-200A:** erste Serienversion; 30 für die spanische Luftwaffe gebaut.

**HA-200B:** Bezeichnung für zehn Vorserienflugzeuge mit Turboméca Marboré IIA Strahltriebwerken, die vor Anlauf der Lizenzfertigung als **Al-Kahira** bei den Helwan Air Works für Ägypten gebaut wurden; Helwan begann anschließend mit der Produktion von 90 Maschinen.

**HA-200D:** verbesserte Version für ... Exemplare ... Bewaffnung ...

**HA-200E Super Saeta:** ... HA-200D nach der Modernisierung mit ... Strahltriebwerken, fortschrittlicher Avionik und Einrichtungen für Luft-Boden-Raketen.

**HA-220:** einsitzige ... Version der HA-200 für die spanische Luftwaffe; 25 gebaut.

**Technische Daten**

**Hispano HA-200D Saeta**

**Typ:** zweisitziges Fortgeschrittenen-Schulflugzeug.

**Triebwerk:** zwei Turboméca Marboré ... Strahltriebwerke von je 480 kp Schub.

**Leistung:** Höchstgeschwindigkeit 690 km/h in 3.000 m Höhe; Dienstgipfelhöhe ... m; Reichweite 1.500 km.

**Gewicht:** Leergewicht ... kg; max. Startgewicht 3.600 kg.

**Abmessungen:** Spannweite ... m; Länge 8,97 m; Höhe ... m; Tragflügelfläche 17,4 m².

**Bewaffnung:** Befestigungspunkte unter den Flügeln für eine Reihe von ...; Einbaumöglichkeit für eine 20 mm Kanone im Rumpf.

Die HA-100 Triana wurde nur von der spanischen Luftwaffe geflogen; 40 dienten als Schulflugzeuge.

## Hispano HS-42 und HA-43

**Entwicklungsgeschichte**

Unter der Bezeichnung **Hispano HS-42** ... Bezeichnung) konstruierte und baute das spanische Unternehmen La Hispano Aviación den Prototypen eines zweisitzigen Fortgeschrittenen-Schulflugzeugs zum Einsatz bei der spanischen Luftwaffe. Bei dem selbsttragenden Tiefdecker saßen Fluglehrer und -schüler im Tandem unter einem durchgehenden Kabinendach ... gen. Sie hatte ein starres Heckradfahrwerk, Halbverkleidungen an den Haupträdern und als Triebwerk einen 430 PS (321 kW) Piaggio P.VIIC.16 Sternmotor. Später folgte eine verbesserte Version, die sich so sehr unterschied, daß sie die Umbenennung in HA-43 (eine Hispano Aviación Bezeichnung) rechtfertigte. Diese Maschine ... ein starres Heckradfahrwerk ... PS (291 kW) Armstrong Siddeley Cheetah 25 oder 27 Sternmotor. Bewaffnet war die Maschine mit zwei flügelmontierten 7,7 mm Breda Maschinengewehren.

Die Vorgängermodelle der HA-100, die HS-42 und HA-43, wurden als Schulflugzeuge verwendet. Dieses Beispiel ist eine HS-42-B.

## Hitachi T.R.1 und T.2

**Entwicklungsgeschichte**

Bei Beginn des Pazifikkrieges im Dezember 1941 baute das in Omori bei Tokio, Japan, ansässige Unternehmen Hitachi Kikoki Kabushika Kaisha einen sechssitzigen zivilen Eindecker mit der Bezeichnung **Hitachi T.R.1**. Der selbsttragend konstruierte Tiefdecker hatte eine Spannweite von 14,60 m, ein einziehbares Heckradfahrwerk, wurde von zwei 240 PS (179 kW) Kamikaze 5A Motoren angetrieben, und seine zweiköpfige Besatzung saß in einem von der viersitzigen Kabine getrennten Abteil. Gleichzeitig lief die Produktion eines leichten, zweisitzigen Schulflugzeug-Anderthalbdeckers mit der Bezeichnung **T.2**. Diese Maschine hatte ein starres Heckradfahrwerk ... kW) Jimpu 3 Sternmotor als Triebwerk und in offenen Tandem-Cockpits Platz für Fluglehrer und -schüler.

Diese T.2 wurde für den zivilen Einsatz gebaut, diente später jedoch als Experimental-Schulflugzeug.

## Hopfner-Flugzeuge

**Entwicklungsgeschichte**

Flugzeugbau Hopfner in Wien war das erste österreichische Unternehmen, das nach dem Ende des Ersten Weltkriegs die Konstruktion und Produktion von Flugzeugen wieder aufnahm. Das Unternehmen betrieb einen Lufttaxi-/Charterdienst vom Flugplatz Aspern, Wien, und die meisten Hopfner-Flugzeuge wurden für den Eigenbedarf konstruiert und hergestellt. ... gehörte die erste Hopfner-Konstruktion, der dreisitzige Eindecker **Hopfner S.1**, dem sich die größere (16,38 m Spannweite) und umgebaute **H.V.3** anschloß, die von einem 230 PS (172 kW) Hiero Motor angetrieben wurde und die neben zwei Besatzungsmitgliedern vier Passagiere aufnehmen konnte. Danach folgte die **HS.528**, ein zweisitziges Schul-/Sportflugzeug, das als abgestrebter Hochdecker in Baldachinbauweise ausgelegt war und das von einem 60 PS (45 kW) Walter Sternmotor angetrieben wurde. Diese Grundkonstruktion, bei der sich die Sitze in offenen Cockpits hintereinander befanden, wurde bei der **HS.829** verbessert, die ihrer Vorgängerin generell glich, aber konstruktiv wesentlich verfeinert war und die alternativ mit einem 85 PS (63 kW) oder 110 PS (82 kW) Walter Motor angeboten wurde. Dieses Modell wurde als **HS.932** weiter modernisiert. Die H.V.3 wurde auch in der ähnlichen, sechssitzigen **HV.428** weiter verbessert und das Einzelexemplar der sechssitzigen **HV.628** aus dem Jahre 1928 ein abgestrebter Hochdecker, der von einem 300 PS (224 kW) Walter Castor Sternmotor angetrieben wurde. Die letzten Hopfner-Konstruktionen waren, bevor das Unternehmen 1935 von Hirtenburg übernommen wurde, der dreisitzige Kabineneindecker **HS.1033** als Weiterentwicklung der Hochdecker-Familie HS.829/932 sowie ein viersitziges Amphibien-Flugboot mit der Bezeichnung **HS.1133**. Dieses letztgenannte Flugboot hatte ein einziehbares Fahrwerk, Stützschwimmer unter den Flügeln und als Triebwerk zwei 160 PS Siemens Sh.14a Sternmotoren.

Diese Hopfner HS.829 flog 1930 für die Ölag Fliegerschule in Graz.

## Horten

**Entwicklungsgeschichte**

Die deutschen Brüder Reimar und Walter Horten waren Verfechter von Flugzeugkonstruktionen ohne Leitwerk, was zunächst, ab 1931, zu einer Serie von Segelflugzeugen führte. Hierzu zählten die **Horten Ho I**, **Ho II** und **Ho III** sowie 1941 die aus... Die Maschine hatte ... hoher Streckung, während die weiter entwickelte **Ho IVB** einen Laminarströmungs-Flügel hatte. Die **Ho V** wurde von zwei 80 PS (60 kW) Hirth HM 60R Motoren über Druckpropeller angetrieben und diese Maschine wurde 1943 erprobt. Die **Ho VI** hatte ein noch höheres Streckungsverhältnis als die Ho IV; sie erwies sich jedoch als nicht praktikabel, und ihr folgte die **Ho VII** mit zwei 240 PS (179 kW) Argus As 10C Motoren, von der allerdings nicht bekannt ist, ob sie je flog. Unter der Bezeichnung **Ho VIII** war ein Zivil-/Militär-Transportflugzeug für ca. 60 Passagiere geplant; mit dem Bau eines Prototypen wurde zwar begonnen, er war aber bei Kriegsende noch nicht fertiggestellt. Noch anspruchvoller war der Jäger **Ho IX**, der mit Strahltriebwerken ausgerüstet werden sollte und dessen Prototyp **Ho IX V1** 1944 als Segelflugzeug geflogen wurde. Ein zweiter Prototyp mit zwei Strahltriebwerken zu je 900 kp Schub wurde fertiggestellt, wurde jedoch durch den Ausfall eines Triebwerks nach nur wenigen Versuchsflügen zerstört. Eine Serienversion dieses Jägers war ge-

Die Ho VII war als Schulflugzeug für spätere Horten-Jäger vorgesehen und fand bei Experimenten Verwendung. 20 Maschinen wurden bestellt, aber nachdem zwei ausgeliefert waren, verlor das RLM das Interesse.

# Fournier RF4

## Entwicklungsgeschichte

... Fournier RF01 gab. Er sollte die Eigenschaften eines leichten Sportflugzeugs mit der Konfiguration eines Segelflugzeugs verbinden, und die RF01 ...

die Produktion der RF3. Etwa 95 Exemplare entstanden vor der Entwicklung der verbesserten RF4D. 1966 kam es zu einer Änderung, als die Sportavia-Pützer in der Bundesrepublik für die Produktion ... gegründet wurde ... atlantik-Rennen der Daily Mail gewann eine RF4D 10.000 Pfund Sterling ...

Handley Page Hampden TB. Mk I einer RAF Operational Conversion Unit in Schottland im Jahre 1942

Die Fournier RF4D verbindet Kennzeichen von Ultraleicht- und Segelflugzeugen und bietet eine akzeptable Leistung bei sehr geringen Betriebskosten.

Imperial War Museum

... difizierter Volkswagen Vierzylinder-Automotor.

**Leistung:** max. Reisegeschwindigkeit 180 km/h; wirtschaftliche Reisegeschwindigkeit ... km/h; Dienstgipfelhöhe 6.000 m; maximale Reichweite 670 km.

**Gewicht:** Leergewicht 265 kg; max. Startgewicht 390 kg.

**Abmessungen:** Spannweite 11,26 m; Länge 6,05 m; Höhe 1,57 m; Tragflügelfläche 11,30 m².

### Technische Daten
**Fournier RF4D**

... dem Namen Canadian Associated Aircraft Ltd. hergestellt ...

# Fournier RF6B

## Entwicklungsgeschichte

... geflogen und 703 Minen gelegt, wobei 21 Flugzeuge verlorengingen ...

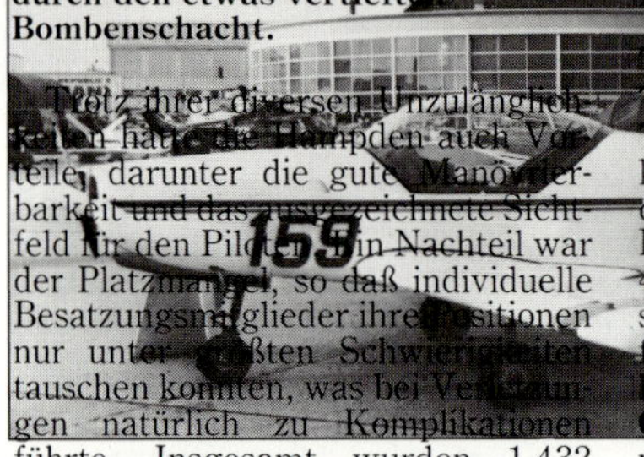

Die Handley Page Hampden T.Mk I unterschied sich von der Mk I durch den etwas vertieften Bombenschacht.

... teile, darunter die gute Manövrierbarkeit und das ausgezeichnete Sichtfeld für den Piloten. Ein Nachteil war der Platzmangel, so daß individuelle Besatzungsmitglieder ihre Positionen nur unter größten Schwierigkeiten tauschen konnten, was bei Verletzungen natürlich zu Komplikationen führte. Insgesamt wurden 1.432 ...

Diese Fournier RF6B wird in der Serienausführung durch einen 100 PS (75 kW) Rolls-Royce Motor angetrieben.

PS (821 kW) Wright R-1820 Cyclone Sternmotoren ausgerüstete Maschinen mit der Bezeichnung **H.P.62**.

### Technische Daten
**Typ:** viersitziger mittlerer Bomber.
**Triebwerk:** zwei 1.000 PS (746 kW) Bristol Pegasus XVII Neunzylinder-Sternmotoren.
**Leistung:** Höchstgeschwindigkeit 409 km/h in 4.205 m Höhe; Reisegeschwindigkeit 269 km/h; Dienstgipfelhöhe 5.790 m; Reichweite 3.034 km mit 907 kg Bomben.
**Gewicht:** Leergewicht 5.343 kg; max. Startgewicht 8.508 kg.
**Abmessungen:** Spannweite 21,08 m; Länge 16,33 m; Höhe 4,55 m; Tragflügelfläche 62,06 m².
**Bewaffnung:** zwei vorwärtsfeuernde 7,7 mm MG und je zwei in Rücken- und Unterrumpfpositionen plus bis zu 1.814 kg Bomben.

... tal 0-200-E Motor. Das Modell war für Schulung und Kunstflug vorgesehen, und die Struktur war auf den extremen Lastbereich ... bis –3g ausgelegt.

# Handley Page H.P.53 Hereford

### Varianten
**Slingsby T67B:** im allgemeinen wie die T67A, aber anstelle der Holzbauweise der T67A in Glasfaserbauweise.

Diese Slingsby T67M ist die ... in Großbritannien unter Lizenz gebauten Version des Fournier RF6B-120 Schulflugzeugs.

### Technische Daten
**Fournier RF6B-100**
**Typ:** zweisitziges Schul- und Reiseflugzeug.
**Triebwerk:** ein 100 PS (75 kW) Rolls-Royce Continental O-200-A Vierzylinder Boxermotor.
**Leistung:** Höchstgeschwindigkeit 200 km/h in Meereshöhe; Reisegeschwindigkeit 180 km/h in Meereshöhe; Dienstgipfelhöhe 4.000 m; Reichweite 650 km.
**Gewicht:** Leergewicht 500 kg; max. Startgewicht 750 kg.
**Abmessungen:** Spannweite 10,50 m; Länge 7,00 m; Höhe 2,52 m; Tragflügelfläche 13,00 m².

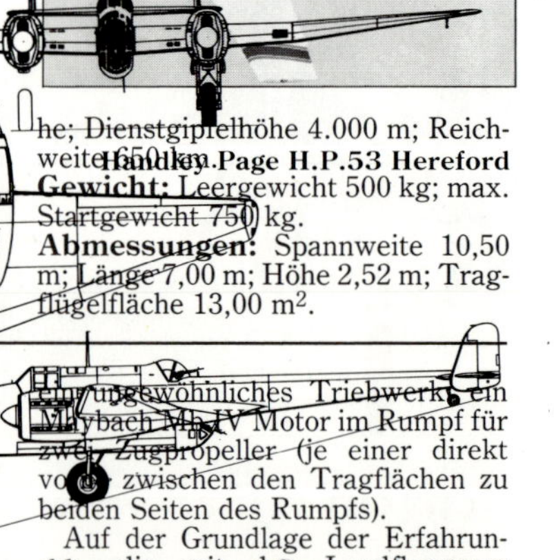

Handley Page H.P.53 Hereford

... (712 kW) Napier Dagger VIII vierreihigen Motoren in H-Form. Short Brothers und Harland wurden mit ... 100 Maschinen beauftragt; die Zahl wurde ...

# Friedrichshafen

## Entwicklungsgeschichte

... ning Unit (OTU). Eine Hereford wurde ...

Im März 1915 folgten der FF 29 ...

werk hatte die Kennung **FF 37**. Mit der gleichen Konfiguration wie bei der FF 31 baute die Firma eine Maschine mit der Bezeichnung **FF 34**, die sich von ihrem Vorgänger durch schlanke, stromlinienförmige Leitwerksträger unterschied, die hinten an der Höhenflosse und am Fahrwerk miteinander verbunden waren; ...

... ein ungewöhnliches Triebwerk, ein Maybach Mb IV Motor im Rumpf für zwei Zugpropeller (je einer direkt vor und zwischen den Tragflächen zu beiden Seiten des Rumpfs).

Auf der Grundlage der Erfahrungen ...

... Sie war ein konventioneller Doppeldecker mit einem 120 PS (89 kW) Mercedes D.II Reihenmotor und ...

... Schützen vorgesehen, während der Pilot in der Mitte des Flugzeugs saß; ...

... zeichnung **FF 44**. Für eine Anforde...

... ren in stromlinienförmigen, zu beiden ...

# Handley Page H.P.54 Harrow

Die Hannover CL.V erschien zu spät, um im Ersten Weltkrieg noch eine Rolle spielen zu können, und wurde in zwei Varianten produziert, mit einem Doppeldeckerleitwerk mit kurzer Spannweite wie bei den früheren Hannover Modellen und ...

**Triebwerk:** ein 180 PS (134 kW) Argus As.III Sechszylinder Reihenmotor.
**Leistung:** Höchstgeschwindigkeit 165 km/h in 5.000 m Höhe; Dienstgipfelhöhe 7.500 m; Flugdauer 3 Stunden.
**Gewicht:** Leergewicht 717 kg; max. Startgewicht 1.080 kg.
**Abmessungen:** Spannweite 11,70 m; Länge 7,58 m; Höhe 2,80 m; Tragflügelfläche 32,70 m².
**Bewaffnung:** ein starres, vorwärtsfeuerndes 7,92 mm LMG 08/15 und ein schwenkbares Parabellum MG vom gleichen Kaliber im hinteren Cockpit.

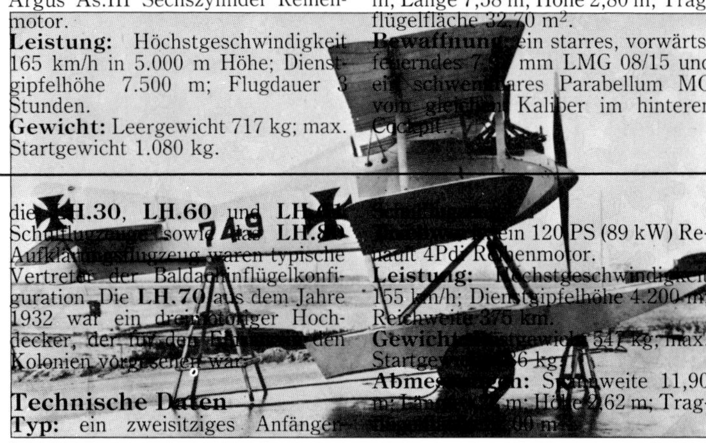

# Hanriot H.16

# Friedrichshafen FF 33/39/49/59

## Entwicklungsgeschichte

... der **FF 60** (ein großer experimenteller Dreidecker mit vier Mercedes D.III Motoren und Schwimmern), ei- ... Bomber mit Fahrwerk), eine **FF 63** (ein ...

... mit Flügeln in Baldachinkonstruktion gehörten die **LH.10** mit einem 100 PS (75 kW) Lorraine 5Pa Motor ... mit dem 110 PS (82 kW) Lorraine 5Pb ...

... Beobachter umgekehrt angeordnet, letzterer hatte außerdem ein bewegliches MG ...

# Hanriot H.35 und H.36

... mit mehreren aerodynamischen Ver-

... 29 Exemplare der **H.16/1** abgeändert. Die H.16/1 war für Beobachtungsflüge ausgerüstet ...

... vor die **FF 33h** in Produktion ging (ca. 50 Exemplare), die über aerodynamische Verbesserungen und zusätzliche Drahtverspannungen zwischen den Stielen verfügte ...

... wickelt, zunächst mit der **FF 39** (14

... die **LH.30**, **LH.60** und **LH.**... Schulflugzeuge sowie das **LH.**... Aufklärungsflugzeug waren typische Vertreter der Baldachinflügelkonfiguration. Die **LH.70** aus dem Jahre 1932 war ein dreisitziger Hochdecker, der für den Einsatz in den Kolonien vorgesehen war.

## Technische Daten

**Typ:** ein zweisitziges Anfänger-...
... ein 120 PS (89 kW) Renault 4Pdi Reihenmotor.
**Leistung:** Höchstgeschwindigkeit 155 km/h; Dienstgipfelhöhe 4.200 m; Reichweite 375 km.
**Gewicht:** Leergewicht 541 kg; max. Startgewicht ... kg.
**Abmessungen:** Spannweite 11,90 m; ... Höhe 2,62 m; Tragflügelfläche ... m².

... Exemplare), eigentlich eine verbesserte ... mit einem 200 PS (149 kW) Benz Bz.IV ...

... serten Leistung wurde die weiterentwickelte ... Funkgerät und einem MG für den Beobachter in die Produktion gegeben. ... um ein Abfeuern des Beobachter-MG ...

... FF 59c folgte auf die Produktion von ...

## Technische Daten

**Friedrichshafen FF 49c**
**Typ:** zweisitziges Patrouillen/Aufklärungs-Wasserflugzeug.
**Triebwerk:** ein 200 PS (149 kW) Benz Bz.IV Sechszylinder Reihenmotor.
**Leistung:** Höchstgeschwindigkeit 140 km/h; Steigzeit auf 1.000 m 8 Minuten 30 Sekunden; Dienstgipfelhöhe 5.000 m; Flugdauer 5 Stunden.
**Gewicht:** Leergewicht 1.515 kg; max. Startgewicht 2.158 kg.
**Abmessungen:** Spannweite 17,15 m; Länge 11,65 m; Höhe 4,50 m; Tragflügelfläche 62,00 m².
**Bewaffnung:** ein starres, vorwärtsfeuerndes 7,92 mm LMG 08/15 MG und ein schwenkbares 7,92 mm Parabellum MG im hinteren Cockpit.

# Hanriot H.43

# Friedrichshafen G Baureihe

## Entwicklungsgeschichte

... men mit dem zweisitzigen Verbindungsflugzeug **H.46 'Styx'** zur Form ... Hochdecker zurück, und die Maschine wurde in einer Reihe von Einzelversionen gebaut ...

... die 1929 gebaute zweisitzige **H.463** ...

**Technische Daten**
**Typ:** ein Beobachtungs-Leichthubschrauber.
**Triebwerk:** eine 317 WPS (263 kW) Allison T63-A-5A Wellenturbine.
**Leistung:** Einsatz-Höchstgeschwindigkeit 230 km/h in Meereshöhe; normale Reichweite 665 km in 1.525 m Höhe.
**Gewicht:** Rüstgewicht 524 kg; maximales Startgewicht 1.225 kg.
**Abmessungen:** Hauptrotor-Durchmesser 8,03 m; Länge bei drehenden Rotoren 9,24 m; Höhe 2,48 m; Hauptrotorfläche 50,60 $m^2$.
**Bewaffnung:** 7,62 mm Maschinengewehr XM27 oder ein Granatwerfer XM-75.

**Der wegen seiner Verwendung als Beobachtungshubschrauber von Amerikanern als „Loach“ (Schmerle) genannte OH-6 Cayuse wurde in großen Stückzahlen für die US Army gebaut und kam in Vietnam oft zum Einsatz.**



Hughes Aircraft

# Hughes Model 500/530

## Entwicklungsgeschichte

Der **Hughes Model 500** war eine zivile Weiterentwicklung des OH-6A Cayuse und ging 1968 in Serie. In der Model 500 Grundversion wurde er von einer 317 WPS (236 kW) Allison 250-C18A Wellenturbine angetrieben, die auf 278 WPS (207 kW) gedrosselt war. Serienmäßig bietet die Maschine Platz für einen Piloten und vier Passagiere; seit dem Beginn seiner Produktion wurde der Model 500 jedoch in einer Vielzahl von Zivil- und Militärversionen gebaut, die nachstehend beschrieben sind.

## Varianten

**Hughes Model 500C:** dem Model 500 ähnlich, jedoch mit einer 400 WPS (298 kW) Allison 250-C20 Wellenturbine, die auf die Leistung der 250-C18A gedrosselt wurde, um einen Motor für schnellen Steigflug zu schaffen; in Argentinien als RACA-Hughes 500 in Lizenz gebaut.
**Hughes Model 500D:** verbesserte Version des Model 500C mit einem 450 WPS (313 kW) Allison 250-C20B Motor, Fünfblatt-Hauptrotor, kleinem T-Leitwerk und anderen Verbesserungen; Erstflug 1974; inzwischen wurden von Hughes gut über 1.000 Exemplare ausgeliefert; die Maschine wurde auch als Schulhubschrauber an die Luftwaffen von Jordanien und Kenia geliefert und wird als NH-500D von Breda Nardi sowie von Kawasaki bzw. der Korean Air Lines in Japan und der Republik Korea in Lizenz gebaut.
**Hughes Model 500E:** verbesserte Version des Model 500D mit einem gestreckten, stromlinienförmigeren Bug, Vierblatt-Heckrotor, größeren Treibstofftanks und anderen Verbesserungen.
**Hughes Model 530F:** verbesserte Version des Model 500D mit 650 WPS (485 kW) Allison 250-C30 Wellenturbine, Haupt- und Heckrotor mit geringfügig größerem Durchmesser; erste Maschinen Ende 1984 ausgeliefert.
**Hughes Model 500M:** erste Auslands-Militärversion des Model 500; im Grunde eine aufgewertete Version des OH-6A mit dem gleichen Triebwerk wie der zivile Model 500; von RACA in Argentinien und von Kawasaki in Japan in Lizenz gebaut.
**Hughes Model 500MD Defender:** Mehrzweck-Militärversion, im Grunde dem zivilen Model 500D entsprechend und mit einer breiten Ausrüstungspalette lieferbar; von Breda Nardi und Korean Airlines in Lizenz gebaut.
**Hughes Model 500MD Scout Defender:** Militärversion wie zuvor beschrieben, jedoch für eine breite Waffenauswahl ausgerüstet; bei den Streitkräften von Kenia, der Republik Korea und Marokko im Einsatz.
**Hughes Model 500MD/TOW Defender:** Panzerabwehrversion des Model 500MD mit vier TOW-Panzerabwehrraketen; im Einsatz bei den Streitkräften von Israel, Kenia und der Republik Korea. Hughes Model 500MD/ASW Defender: ASW-Version mit Suchradar, geschlepptem MAD-Gerät und einer Bewaffnung von zwei zielsuchenden Torpedos; im Einsatz bei der taiwanesischen Marine.

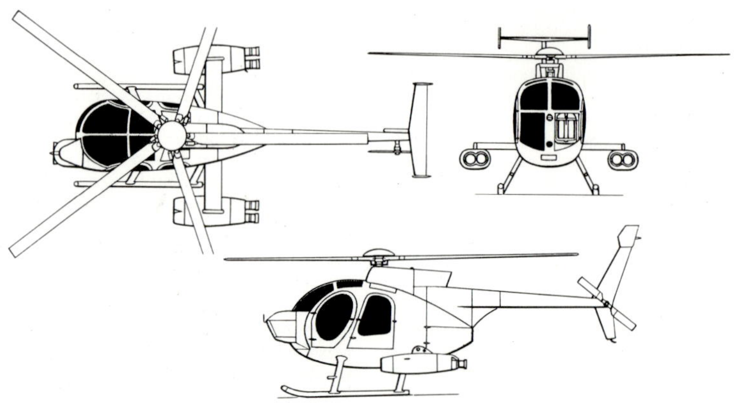

**Hughes 500MD/TOW Defender**

**Technische Daten**
**Hughes Model 530F**
**Typ:** leichter Zivilhubschrauber.
**Triebwerk:** eine 650 WPS (485 kW) Allison 250-C30 Wellenturbine.
**Leistung:** Höchstgeschwindigkeit 282 km/h; Reisegeschwindigkeit 241 km/h; Dienstgipfelhöhe 5.335 m; max. Reichweite 434 km.
**Gewicht:** Leergewicht 705 kg; max. Startgewicht 1.406 kg.
**Abmessungen:** Hauptrotordurchmesser 8,36 m; Länge 9,57 m; Höhe 2,59 m; Hauptrotorfläche 54,85 $m^2$.

# Hughes XF-11

## Entwicklungsgeschichte

Aus der aus dem Krieg stammenden D-2, die im Juli 1943 in Harper Lake zum ersten Mal geflogen wurde, entwickelte Hughes den **Hughes XF-11** Prototypen für einen Langstrecken-Fotoaufklärer. Der selbsttragende Hochdecker hatte zwei Motoren, zwei Leitwerksträger mit Doppelleitwerk und eine zentrale Besatzungsgondel. Der erste Prototyp stürzte bei einem Test ab, und Hughes kam fast dabei um. 98 Serienmaschinen der **F-11** wurden geordert, nach dem Ende des Zweiten Weltkriegs jedoch wieder abbestellt.

**Die XF-11 wurde von zwei 3.000 PS (2.237 kW) Motoren angetrieben. Dies ist der zweite Prototyp; bei der ersten Maschine waren die Propeller gegenläufig.**

# Hughes XH-17

## Entwicklungsgeschichte

Der Experimental-Schwerlasthubschrauber **Hughes XH-17** war im Grunde genommen ein Prüfstand, der im Auftrag der US Air Force gebaut wurde. Er wurde von zwei General Electric GE 5500 Strahltriebwerken angetrieben, die so umgebaut worden waren, daß die Luft aus den Blattspitzen des Rotors, der einen Durchmesser von 39,62 m hatte, austrat. Der XH-17 schloß 1952/53 sein Testprogramm ab, wurde aber nicht weiterentwickelt.

**Der 50-1842 war das einzige Exemplar des Hughes XH-17 Experimental-Schwerlasthubschraubers, das je gebaut wurde. Erkennbar sind die vier Austrittsdüsen an jeder Rotorspitze. Das Projekt wurde im Sommer 1953 eingestellt.**

# Consolidated (Model 28) PBY Catalina

## Entwicklungsgeschichte

[illegible – overprinted text]

…ßiger Jahre in Dienst standen, beauftragte die US Navy Consolidated und Douglas im Oktober 1933 damit, … zu bauen, die Consolidated XP3Y-1 und Douglas XP3D-1 … [illegible – overprinted text]

Gaserzeuger verwendet, deren heißer … [illegible – overprinted text] … & Whitney R-1830-54 Twin Wasp Motoren, die an den Flügelvorderkanten montiert waren. Die Bewaffnung bestand aus … 7,62 mm Maschinengewehren und bis zu 907 kg Bomben.

Nach ihrem Erstflug am 28. März 1935 wurde die XP3Y-1 bald zur Erprobung an die US Navy übergeben, die eine wesentliche Leistungsverbesserung gegenüber den im Dienst stehenden Patrouillen-Flugbooten bestätigte. Die ausgedehnte Reichweite und die vergrößerte Nutzlast führten die US Navy dazu, eine Weiterentwicklung zu verlangen, mit der dieses neue Flugzeug in die Kategorie eines Patrouillenbombers gebracht werden sollte, und im Oktober 1935 ging der Prototyp zur Ausführung der erforderlichen Arbeiten an Consolidated zurück. Hierzu gehörte auch der Einbau der 900 PS (… kW) R-1830-64 Motoren, die für die 60 Exemplare der PBY-1 … (neue Patrouillenbomber-Bezeichnung) vorgeschrieben worden waren, die am 29. Juni 1935 bestellt wurden. Gleichzeitig … XPBY-1 … Prototyp jetzt genannt wurde, flog erstmals am 19. Mai 1936. Nach Abschluß der Erprobung wurde das Flugzeug … der US Navy Squadron VP-11F ausgeliefert, dem gleichen Monat, in dem die ersten PBY-1 bei der Squadron ankamen.

Aus minimalen Ausstattungsände- … [illegible – overprinted text]

… dynamischen Effizienz beitrug, waren die Stützschwimmer, die beim … [illegible – overprinted text]

… nehmen … die PBY-4 … mehr große transparente Kuppeln über den seitlichen MG-Positionen, … Eigenschaft aller sich anschließenden Serienmaschinen.

Im April 1939 wurde die erste der PBY-4 Serienmaschinen zum Einbau … [illegible – overprinted text] … XPBY-5A im November 1939 fertiggestellt. Tests bestätigten … Amphibienlösung, und die 33 Flugzeuge, die noch aus US Navy Verträgen über die Variante **PBY-5** offen standen, wurden als **PBY-5A** Amphibienmaschinen fertiggestellt, und weitere 134 PBY-5A wurden am 25. November 1940 in Auftrag gegeben.

In dem umfassenden Einsatz der PBY ergab sich, daß der Rumpf eine …

Consolidated PBY-5A Catalina

# Hughes XV-9A

Der Hughes XV-9A war ein revolutionärer Versuch zur Schaffung einer neuen Antriebsmethode für Hubschrauber. Der 64-15107 war der einzige Prototyp.

… zenantrieb sollte die komplizierte und sehr störanfällige Kraftübertragung herkömmlicher Konstruktionen vermieden werden.

# Hunting (Percival) P.56 Provost

## Entwicklungsgeschichte

[illegible – overprinted text]

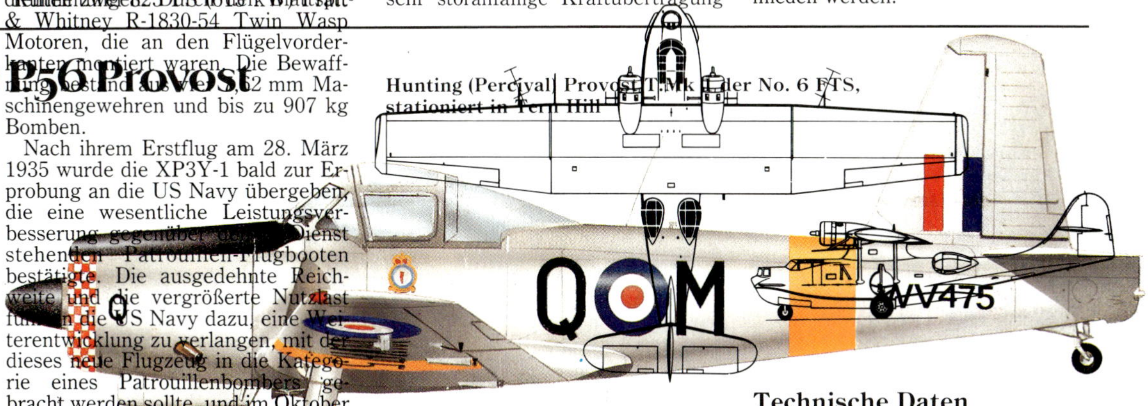


Hunting (Percival) Provost T.Mk 1 der No. 6 FTS, stationiert in Tern Hill

## Varianten

**Provost T.Mk 51:** … [illegible – overprinted text]

**Provost T.Mk 52:** … [illegible – overprinted text]

**Provost T.Mk 53:** … [illegible – overprinted text]

## Technische Daten

**Typ:** ein zweisitziges Anfänger-Schulflugzeug.

**Triebwerk:** ein 550 PS (410 kW) Alvis Leonides 126 Sternmotor. [illegible – overprinted text]

**Leistung:** Höchstgeschwindigkeit … [illegible – overprinted text]

**Gewicht:** Rüstgewicht … [illegible – overprinted text]

**Abmessungen:** Spannweite 10,72 m; Länge … Flügelfläche 19,88 m².

# Hunting (Percival) P.66 Pembroke, President und Sea Prince

## Entwicklungsgeschichte

Der … Percival P.50 Prince … [illegible – overprinted text] … potential und führte zu dem zehnsitzigen Verbindungsflugzeug und leichten Transporter **P.66 Pembroke**, der am 21. November 1952 seinen Jungfernflug absolvierte. Als **Pembroke C.Mk 1** wurden insgesamt 44 Maschinen für die RAF gebaut; sie unterschieden sich von der Zivilversion durch eine vergrößerte Spannweite, einen verstärkten Kabinenboden, ein verstärktes Fahrwerk und nach rückwärts gerichtete Passagiersitze. Zur Fotoaufklärung wurden weitere sechs Maschinen geliefert, bei denen Kameras im Rumpf montiert waren und die die Bezeichnung **Pembroke C(PR).Mk 1** …

Für die Luftwaffen von Belgien, Dänemark, Finnland, der Bundesrepublik Deutschland, Schweden und dem Sudan wurden Exportversionen gebaut. Die Royal Navy erwarb als **Sea Prince C.Mk 1** vier ähnliche Maschinen, denen 42 Sea Prince T.Mk 2 folgten, die als 'Fliegende Klassenzimmer' zur Navigations- und ASW-Schulung verwendet wurden. Die letzte Variante für die Royal Navy war die **Sea Prince C.Mk 2**, von der drei Exemplare gebaut wurden. Auch eine zivile **President** wurde entwickelt, von der eine spanische Fluggesellschaft drei Maschinen orderte, die aber nie ausgeliefert und schließlich an die Luftwaffe des Sudans verkauft wurden.

Hunting (Percival) Pembroke C.Mk 1 der No. 60 Sqn., RAF, stationiert in Deutschland

# Hunting (Percival) P.84 Jet Provost

## Entwicklungsgeschichte

Von Hunting wurde es als unlogisch angesehen, daß die britische Royal Air Force in ihrer Schulungs-Reihenfolge zunächst die Provost mit Sternmotor und dann die de Havilland Vampire mit Strahltriebwerk … [illegible – overprinted text]

**Hunting Jet Provost T.Mk 1:** … 26. Juni 1954 … [illegible – overprinted text] … 1955 absolvierte der erste Flugschüler mit ihr seinen Soloflug. … [illegible – overprinted text]

… dersitzen, Flügelspitzentanks und verschiedene Detailverbesserungen; 201 gebaut.

**Jet Provost T.Mk 3A:** aufgerüstete … (von BAC) der T.Mk 3 mit DME und VOR-Ausrüstung.

**Jet Provost T.Mk 4:** … T.Mk 3

… ähnlich, jedoch mit Viper Mk 202 Strahltriebwerk und 1.134 kp Schub; 185 gebaut.

**Jet Provost T.Mk 5:** letzte Serienversion für die RAF; privat finanzierte Entwicklung von Hunting als **H.145**, später **BAC.145**; … [illegible – overprinted text]

Die ersten Serien der Jet Provost unterschieden sich von der T.Mk … durch einen runderen und kürzeren Bug. Die XN470 ist eine T.Mk … ohne Druckkabine.

MOD

TRH

# Fulton FA-2 Airphibian

## Entwicklungsgeschichte

Robert Fulton war im Zweiten Weltkrieg Leiter der britischen Flight Training Research Association, die eine Reihe von speziellen Schulungsmitteln geschaffen hatte. Er konstruierte und entwickelte unmittelbar nach dem Krieg ein straßentaugliches Flugzeug, das Fulton FA-2 Airphibian genannt wurde. Als Prototyp flog die Maschine erstmals am 7. November 1946. Sie bestand aus zwei Hauptbaugruppen, die für den Einsatz als normales Startflugzeug verwendet wurden. Diese Elemente konnten am Boden schnell demontiert werden, wobei der hintere Rumpf mit dem verstrebten Hochdeckerflügel aus mit Stoff bespanntem Stahlrohr bestand und ein konventionelles verstrebtes Leitwerk trug. Das vordere Element bildete bei der Flugzeugversion eine Kabine mit zwei Sitzen nebeneinander [illegible] Sechszylinder-Boxermotor [illegible]

Die G-ALDA war eine Handley Page Hermes IV, die 1952 für BOAC gebaut wurde, wo die Maschine den Namen Hecuba [illegible]

[illegible] Teil vom hinteren Rumpf getrennt war und Flügel sowie Propeller demontiert waren, diente es als Straßenfahrzeug. In dieser Auslegung hatte es Vorderradlenkung, Vierradbremsen und ein Getriebe, das Vorwärts- und Rückwärtsgänge bot. Die empfohlene Straßengeschwindigkeit betrug 80 km/h. Der Umbau von einer Version zur anderen dauerte etwa 5 Minuten. Für Tests und zur Zulassung wurden drei Airphibian-Prototypen gebaut [illegible] Während dieser Zeit wurden über 6.000 Umbauten von der Luft- zur Straßenversion und umgekehrt durchgeführt. Als im Dezember 1950 die Zulassung erteilt wurde, konnte die Airphibian für sich beanspruchen, das erste Transportmittel seiner Klasse zu sein, das eine solche Zulassung erhielt. [illegible] taugliche Flugzeuge, die in den USA [illegible]

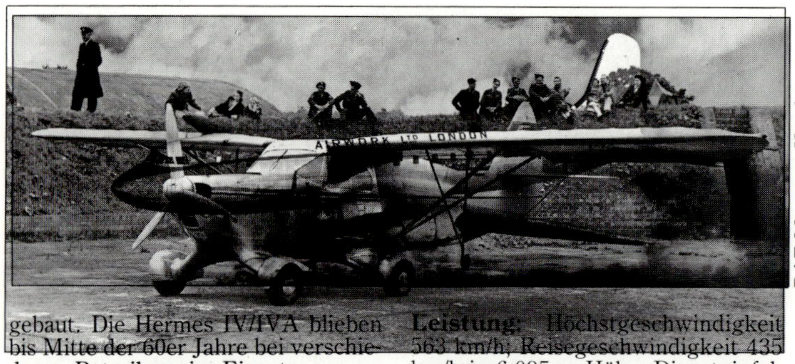

RAF Museum, Hendon

gebaut. Die Hermes IV/IVA blieben bis Mitte der 60er Jahre bei verschiedenen Betreibern im Einsatz.

und in anderen Ländern entwickelt [illegible]

### Technische Daten
**Handley Page Hermes IV**

**Typ:** ein Mittelstrecken-Ziviltransporter.

**Triebwerk:** vier 2.100 PS (1.566 kW) Bristol Hercules 763 14-Zylinder [illegible]

**Leistung:** Höchstgeschwindigkeit 563 km/h; Reisegeschwindigkeit 435 km/h in 6.095 m Höhe; Dienstgipfelhöhe [illegible]

### Technische Daten
**Fulton FA-2 Airphibian**

**Triebwerk:** ein Sechszylinder-Boxermotor.

**Leistung:** Höchstgeschwindigkeit 193 km/h; Reisegeschwindigkeit 177 km/h; Dienstgipfelhöhe 3.660 m; Reichweite 563 km.

**Gewicht:** nicht aufgezeichnet.

**Abmessungen:** nicht aufgezeichnet.

Die Fulton Airphibian war einer der erfolgreichsten Versuche, ein Straßentaugliches Flugzeug zu produzieren. [illegible]

# Handley Page H.P.R.3/H.P.R.7 Herald

## Entwicklungsgeschichte

Der von Handley Page entworfene Prototyp H.P.R.3 Herald [illegible] seinen Jungfernflug am 25. August 1955. [illegible]

# Funk Model B

## Entwicklungsgeschichte

[illegible]

dem verwendeten Funk E Triebwerk, einem weitgehend umgebauten Ford-Automotor, der 63 PS (47 kW) entwickelte.

Die erfolgreichen Tests führten 1939 zur Gründung der Akron Aircraft Company Inc. in Akron, Ohio, die die Funk Model B produzieren [illegible] Lycoming [illegible] O-145-C2 Vierzylinder-Boxermotor umzustellen. Daraus ergab sich die neue Bezeichnung **Model B-75-L**. 1941 zog das Unternehmen nach Coffeyville, Kansas, um [illegible]

und setzte dort als [illegible] Aircraft Company die Produktion fort, bis die USA in den Zweiten Weltkrieg eintraten. Eine B-75 [illegible] unter der Bezeichnung UC-[illegible] von der US Army Air Force für den Militäreinsatz requiriert.

1946 wurde die Produktion wieder aufgenommen, und es wurden einige kleine V[illegible] eingeführt. [illegible] C85-12 [illegible] kender Verkaufs[illegible] stellte das Unternehmen [illegible] Tätigkeit jedoch 1948 ein, nachdem über 300 Model B Maschinen aller Versionen gebaut worden waren.

### Technische Daten
**Funk Model B-85-C**

**Typ:** ein zweisitziger Kabinen-Eindecker.

**Triebwerk:** ein 85 PS (63 kW) Continental C85-12F Vierzylinder-Boxermotor.

**Leistung:** Höchstgeschwindigkeit 188 km/h in Meereshöhe; max. Reisegeschwindigkeit 169 km/h; Dienstgipfelhöhe 4.875 m; Reichweite 587 [illegible]

**Gewicht:** Leergewicht 404 kg; max. Startgewicht 612 kg.

**Abmessungen:** Spannweite 10,67 m; Länge 6,22 m; Höhe 1,85 m; Tragflügelfläche 15,70 m².

British Air Ferries

Die Handley Page Herald Series 400 wurde für die Royal Malaysian Air Force entwickelt. Die meisten Maschinen gingen jedoch an zivile Betreiber, als sie aus dem Militärdienst ausschieden.

[illegible] Marktforschung hatte ergeben, daß Betreiber in diesen Gebieten leicht zu [illegible] Maschinen ohne kompli[illegible] suchten. Man begann mit einer ersten Serie [illegible]

turbinenantrieb gerade ihr Entwicklungs- und Zulassungsprogramm durchlief, wurde im Mai 1957 beschlossen, eine Ausführung mit Dart-Triebwerken als Alternative zu entwickeln. Nur die ersten Prototypen wurden mit Kolbenmotoren geflogen, und auch diese wurden später mit Propellerturbinen ausgerüstet; der Erstflug in dieser neuen Ausführung fand 1958 statt.

Das erste Serienmodell war die **H.P.R.7 Herald Series 100** mit Raum für max. 47 Passagiere. Die **Herald Series 200** mit einem um 1,09 m längeren Rumpf bot bis zu 56 Passagieren Platz. 197[illegible]

Handley Page Bankrott; bis zu diesem Zeitpunkt waren vier Series 100 und 36 Series 200 Maschinen gebaut worden, plus acht Exemplare der **Herald Series 400** Variante (eine militärische Ausführung der Series 200) für die Royal Malaysian Air Force. Nach der Liquidierung dieser einst so bedeutenden Firma wurden keine weiteren Exemplare gebaut.

### Technische Daten
**Handley Page Herald Series 200**

**Typ:** Kurzstrecken-Transporter.

**Triebwerk:** zwei 2.105 WPS (1.570 kW) Rolls-Royce Dart 527 Propellerturbinen.

**Leistung:** Reisegeschwindigkeit 441 km/h in 4.570 m Höhe; wirtschaftliche Reisegeschwindigkeit 426 km/h in 7.010 m Höhe; Dienstgipfelhöhe [illegible] m; Reichweite bei max. Nutzlast [illegible] kg.

**Gewicht:** Rüstgewicht 11.703 kg; max. Startgewicht 19.504 kg.

**Abmessungen:** Spannweite 28,88 m; [illegible] m; Höhe 7,34 m; Tragflügelfläche 82,31 m².

# GAF Nomad

## Entwicklungsgeschichte

Die australischen Government Aircraft Factories (GAF) gelten seit dem Zweiten Weltkrieg als wichtiger Flugzeuglieferant für die Streitkräfte. [illegible] Die Entwicklung begann Ende der sechziger Jahre, und der erste von zwei **GAF N2** Prototypen (VH-SUP) [illegible] 19[illegible] Jungfernflug. Der abgestrebte Hoch[illegible]

GAF

# Hannover CL.II, CL.III, CL.IIIa, C[illegible]

## Entwicklungsgeschichte

Als das Luftfahrtministerium im Frühjahr 1917 eine [illegible] eine neue Kat[illegible] Flugzeugen heraus[illegible] noveraner Firma der Meinung, sie habe genug Erfahrungen gesammelt, um einen Prototyp zur Erprobung herstellen zu können. Die damals verwendete C-Kategorie sah Maschinen vor, die in erster Linie für Artillerie[illegible]

Die H[illegible] Waggonfabrik entwarf [illegible] sauberen Doppeldecker mit einer hölzernen Grundkonstruktion, die über weite Flächen mit Sperrholz beschichtet war, das zudem noch durch eine Stoffbespannung verstärkt wurde. Die oberen [illegible]

war eine Heckspornanlage und das [illegible] Triebwerk in konventioneller [illegible] im Bug untergebracht. Pilot und Beobachter/Schütze saßen in offenen Cockpits, und der Beobachter hatte seine Position hinten. Die **Hannover CL.II** war soweit recht konventionell; sie hatte aber auch ein ungewöhnliches Kennzeichen, das für die Typen dieser Firma charakteristisch war (die RFC Piloten erfanden für sie den Spitznamen 'Hannoveranas'): ein Doppeldecker-Leitwerk [illegible] Die Firma [illegible] Typen [illegible] Ende 1917 in Einsatz ge-

[illegible]

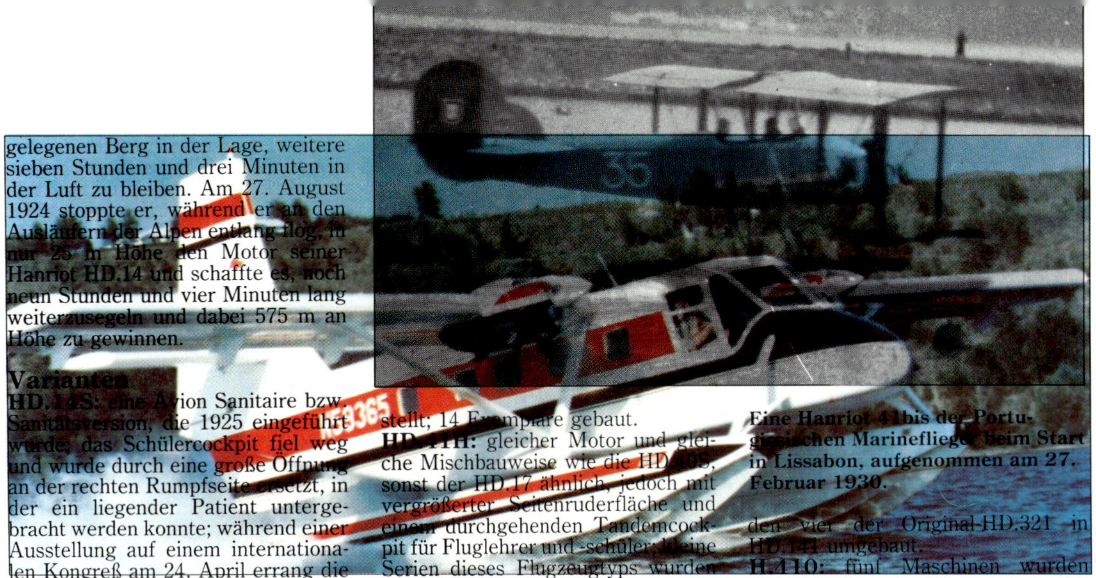

Mike Hooks

gelegenen Berg in der Lage, weitere sieben Stunden und drei Minuten in der Luft zu bleiben. Am 27. August 1924 stoppte er, während er an den Ausläufern der Alpen entlang flog, in nur 25 m Höhe den Motor seiner Hanriot HD.14 und schaffte es, noch neun Stunden und vier Minuten lang weiterzusegeln und dabei 575 m an Höhe zu gewinnen.

**Varianten**

**HD.14S:** eine Avion Sanitaire bzw. Sanitätsversion, die 1925 eingeführt wurde; das Schülercockpit fiel weg und wurde durch eine große Öffnung an der rechten Rumpfseite ersetzt, in der ein liegender Patient untergebracht werden konnte; während einer Ausstellung auf einem internationalen Kongreß am 24. April errang die Maschine einen Auftrag der französi...

stellt; 14 Exemplare gebaut.

**HD.14H:** gleicher Motor und gleiche Mischbauweise wie die HD.14S, sonst der HD.17 ähnlich, jedoch mit vergrößerter Seitenruderfläche und einem durchgehenden Tandemcockpit für Fluglehrer und -schüler; kleine Serien dieses Flugzeugtyps wurden nach Griechenland und Portugal exportiert.

Eine Hanriot 41 bis der Portugiesischen Marineflieger beim Start in Lissabon, aufgenommen am 27. Februar 1930.

GAF

...vier der Original-HD.321 in HD.14 umgebaut.

**H.410:** fünf Maschinen wurden 1928 fertiggestellt; sie behielten das Breitspurfahrwerk der ursprünglichen HD.14 bei, erhielten jedoch bessere Stoßdämpfer; als Triebwerk diente der 100 PS (74 kW) Lorraine 5Pa Motor; drei Maschinen wurden in Frankreich gebaut und Jugoslawien erwarb eine Lizenz zum Bau dieses Flugzeugs.

portiert. Beste ausländische Abnehmer ... Polen mit 70 ... Sowjetunion, die ... in Lizenz für die kaiserlich-japanische Armee. Die Produktion lief von 1925 bis 1927 und die japanische Bezeichnung für die Hanriot lautete ...-1.

# GAF Pika

Die HD.14 waren wegen ihrer Robustheit ...

**Entwicklungsgeschichte**

... und so war die HD.14 während der gesamten 30er Jahre ein vertrauter Anblick. ...

# Gates Learjet 23

**Entwicklungsgeschichte**

... als sie von Armeeleutnant Joseph ...

Clerget-Motor als Triebwerk.

... Sanitätsflugzeuge, die der HD.14S ...

**Die Learjet 23 war eine in jeder Beziehung elegante Maschine, deren Abstammung vom Jagdflugzeug unverkennbar ist.**

**HD.17:** ... Version ... werksflächen und mit dem 130 PS ...

Maschine einen Auftrag der französi-

**Leistung:** ...

**Abmessungen:** Spannweite 10,52 m; Länge 12,50 m; Höhe 3,84 m; Tragflügelfläche 21,0 m².

...flugzeug der EP.2-Kategorie, ging die HD.32 in Großserie; sie behielt die generelle Auslegung der HD.14ter bei, hatte jedoch ein überarbeitetes ... Fahrwerk ...

... slawischen Heeresfliegern verwendet; eine einzelne HD.32 wurde an die japanische Regierung verkauft; bis 1932 waren die meisten der französischen HD.32 aus dem Heereseinsatz zurückgezogen, und eine Reihe dieser Maschinen wurde überholt und an Fliegerclubs sowie an Privatbesitzer verkauft.

**HD.320:** nur ein Exemplar, 1926 gebaut und von einem 120 PS (89 kW) Salmson 9Ac angetrieben; sonst der HD.32 ähnlich.

**HD.321:** ...

... Strahltriebwerken mit 1.293 kp Schub angetrieben. Der Rest der Serie ... Learjet 23 ...

... als LH.412 gebaute Maschinen an, von den Hanriot-Flugschulen in Bourges und Orly verwendet.

**Technische Daten**

**Hanriot HD.14** (frühe Serie)

**Typ:** zweisitziges Anfänger-Schulflugzeug.

**Triebwerk:** ein 80 PS (60 kW) Le Rhône Umlaufmotor.

**Leistung:** Höchstgeschwindigkeit 110 km/h; Dienstgipfelhöhe 4.000 m; ...

**Gewicht:** Rüstgewicht 555 kg; max. ...

... Tanks und mit wirtschaftlicher Reisegeschwindigkeit 2.945 km.

**Gewicht:** Leergewicht 2.790 kg; Startgewicht 5.670 kg.

**Abmessungen:** Spannweite 10,85 m; ... Höhe 3,84 m; ...

American Aviation Corporation, um mit ihr das Flugzeug zu entwickeln, ...

# Hanriot HD.19

**Entwicklungsgeschichte**

... ein TOE.3 (dreisitziges Mehrzweckflugzeug für die Kolonien), das kleine HD.22 Rennflugzeug für das ... 1921 kurz zum Einsatz kam, sowie ...

# Gates Learjet 24

**Entwicklungsgeschichte**

and Industrial Corporation in Cincinnati, Ohio, ausgeliefert.

Trotz der Tatsache, daß die Learjet ...

... pelsteuerung für die im Tandem in ei...

**Die späteren Modelle der Learjet 24 ab dem Modell 24D sind äußerlich an der fehlenden stromlinienförmigen Verdickung am Kreuzungspunkt von Seitenund Höhenleitwerk erkennbar.**

... Teilnehmer bei einem Wettbewerb ...

**Technische Daten**

**Typ:** Geschäftsreise-Jet für sieben Passagiere.

**Triebwerk:** zwei General Electric ...

Gates Learjet Corp.

schied. Eine leichtere **Learjet 24C** ...

... sowie daran, daß sie anstelle der ovalen ... Kabinenfenster hat...

1976 wurden diese beiden Versionen von der **Learjet 24E** und **Learjet 24F** abgelöst, die eine neue Flügel-Profilwölbung und aerodynamische Verbesserungen brachten, die die Überzieh- und Landeanflug...

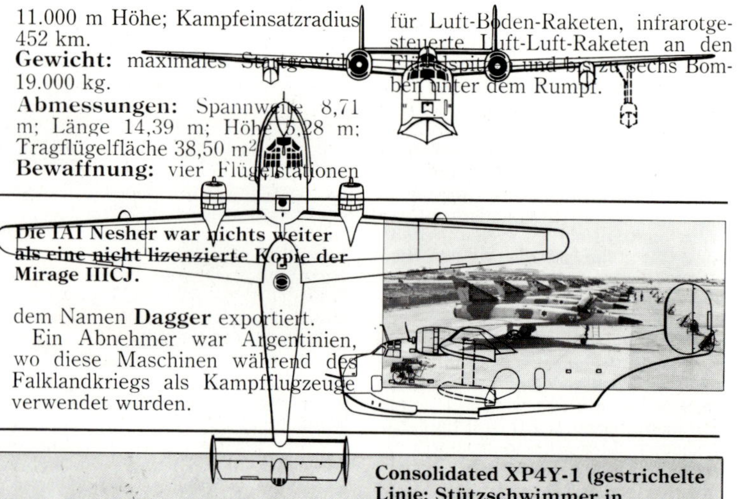

11.000 m Höhe; Kampfeinsatzradius 452 km.
**Gewicht:** maximales Startgewicht 19.000 kg.
**Abmessungen:** Spannweite 8,71 m; Länge 14,39 m; Höhe 4,28 m; Tragflügelfläche 38,50 m²
**Bewaffnung:** vier Flügelstationen für Luft-Boden-Raketen, infrarotgesteuerte Luft-Luft-Raketen an den Flügelspitzen und bis zu sechs Bomben unter dem Rumpf.

# IAI Nesher

Die IAI Nesher war nichts weiter als eine nicht lizenzierte Kopie der Mirage IIICJ.

dem Namen **Dagger** exportiert.

Ein Abnehmer war Argentinien, wo diese Maschinen während des Falklandkriegs als Kampfflugzeuge verwendet wurden.

Consolidated XP4Y-1 (gestrichelte Linie: Stützschwimmer in ausgefahrener Position).

# I.A.R. 14

1986 statt, geplant war der Bau von 200 Luftfahrzeugen. [illegible]

**Technische Daten**

**Typ:** Langstrecken-Seepatrouillen-Flugboot.
**Triebwerk:** zwei 2.300 PS (1.715 kW) Wright R-3350-8 Cyclone Doppelsternmotoren.
**Leistung:** Höchstgeschwindigkeit 398 km/h in 4.145 m Höhe; Reisegeschwindigkeit 219 km/h; Dienstgipfelhöhe 6.520 m; max. Patrouillenreichweite 5.279 km.
**Gewicht:** Leergewicht 13.306 kg; max. Startgewicht 21.772 kg.
**Abmessungen:** Spannweite 33,58 m; Länge 22,58 m; Höhe 7,67 m; Tragflügelfläche 97,36 m²
**Bewaffnung:** (geplant) eine 37 mm Kanone in der Bugkanzel und zwei 12,7 mm MG in Unterrumpf- und Heckstand plus bis zu 1.814 kg außen transportierte Waffen.

Das Modell war ursprünglich mit [illegible] Der erste Prototyp XP4Y-1 mit dem offiziellen Namen **Corregidor** wurde erst nach drei Jahren [illegible] Die freitragenden Eindeckerflügel waren hoch auf dem Bootsrumpf angesetzt, und die oben auf dem aufwärts geschwungenen Rumpfhinterteil [illegible]

# Convair (Model 36) B-36

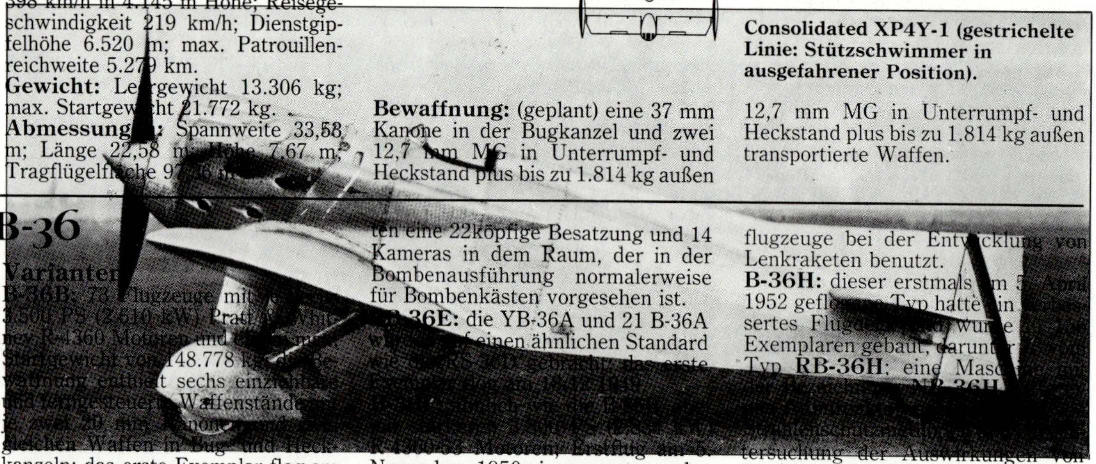

**Entwicklungsgeschichte**

[illegible]

**Varianten**

**B-36B:** 73 Flugzeuge mit 3.500 PS (2.610 kW) Pratt & Whitney R-4360 Motoren [illegible]

ten eine 22köpfige Besatzung und 14 Kameras in dem Raum, der in der Bombenausführung normalerweise für Bombenkästen vorgesehen ist.
**B-36E:** die YB-36A und 21 B-36A [illegible] einen ähnlichen Standard [illegible]

flugzeuge bei der Entwicklung von Lenkraketen benutzt.
**B-36H:** dieser erstmals am 5. April 1952 geflogene Typ hatte [illegible] Typ **RB-36H** [illegible]

kanzeln; das erste Exemplar flog am 8. Juli 1948.
**YB-36C:** geplante Ausführung mit R-4360-51 Motoren mit Zugpropellern.
**B-36D:** [illegible] als umgebaute B-36B [illegible]

November 1950; insgesamt wurden [illegible]
**GRB-36F:** das [illegible] FICON (Fighter Conveyor) Programm [illegible]

Strahlung auf Flugwerk und Ausrüstung [illegible]

# I.A.R. 27

**Entwicklungsgeschichte**

[illegible]

Der Typ blieb bis 1945 im Dienst, [illegible]

Eine der ungewöhnlichsten Ideen im Bereich der Kampfflugzeuge war das Konzept eines FICON-Modells, ein B-36 Langstrecken-Bomber mit seinem eigenen Begleitflugzeug, das unter dem Rumpf bis in den Himmel getragen wurde und dann von einem speziellen Trapez abgeworfen wurde, um die Verteidigung des Bombers zu übernehmen. Der ursprünglich für diese Rolle entworfene Typ war die wenig erfolgreiche McDonnell X-85 Convair Goblin; hier abgebildet ist eine von zwölf nach diesem Konzept umgebauten Convair GRB-36F.

**Technische Daten**

**I.A.R. 27**

**Typ:** [illegible]

# I.A.R. 37, 38 und 39

**Entwicklungsgeschichte**

[illegible]

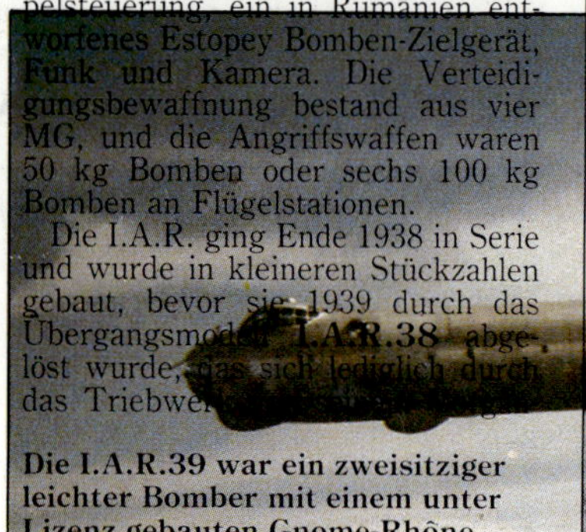

worfenes Estopey Bomben-Zielgerät, Funk und Kamera. Die Verteidigungsbewaffnung bestand aus vier MG, und die Angriffswaffen waren 50 kg Bomben oder sechs 100 kg Bomben an Flügelstationen.

Die I.A.R. ging Ende 1938 in Serie und wurde in kleineren Stückzahlen gebaut, bevor sie 1939 durch das Übergangsmodell **I.A.R.38** abgelöst wurde, das sich lediglich durch das Triebwerk [illegible]

Die I.A.R.39 war ein zweisitziger leichter Bomber mit einem unter Lizenz gebauten Gnome-Rhône 14K Motor.

US Air Force

ger unterschied und in der Produktion bald darauf den I.A.R. 39 wich. Von den insgesamt 325 I.A.R. 37, 38 und 39 waren mehr als 200 Vertreter des Typs I.A.R. 39, 96 davon unter Zuliefervertrag von S.E.T.A. und mehr als 100 von I.A.R. gebaut.

Ende des Jahres 1940 wurden zahlreiche I.A.R. Doppeldecker bei der Fortelor Aeriene Regal ale Romania (königlich-rumänische Luftwaffe) oder FARR eingesetzt. Sie dienten bei mehreren Geschwadern, die verschiedenen Armee-Korps zugeordnet waren, und im Juni 1941, als Rumänien den deutschen Angriff auf die UdSSR unterstützte, hatten die drei Aufklärungsgeschwader oder 'Flotile' der FARR 18 'Eskadrile', von denen 15 mit I.A.R. Doppeldeckern ausgerüstet waren. Im Juli 1942 waren die in der Sowjetunion eingesetzten Einheiten als Corpul I Aerian neu geformt worden, und sie hatten verschiedene Staffeln mit I.A.R. 39. Elf Aufklärungs-Eskadrile dienten gemeinsam mit den Armee-Kooperations-Flotile während der Ukraine-Offensive von 1944, die meisten davon mit I.A.R.39. Nach dem

**YB-60:** unter der Bezeichnung ...

**XB-36G** ...

**X-6:** geplante atombetriebene Version.

**Technische Daten**

**I.A.R. 39**

**Bewaffnung:** drei 7,92 mm MG plus 288 kg Bomben oder 144 Luftgranaten.

# Convair XB-46

# I.A.R. 80 und 81

## Entwicklungsgeschichte

I.A.R. 80 mit der rumänischen Corpul I Aerian in der Ukraine, aber ein Jahr später waren alle noch vorhandenen ...

**Triebwerk:** vier von Allison gebaute General Electric TG-180 (J35) Strahltriebwerke von 1.814 kp Schub.

**Leistung:** geschätzte Werte: Höchstgeschwindigkeit 909 km/h; Dienstgipfelhöhe 13.105 m; Reichweite mit 3.629 kg Bombenlast 4.023 km.

**Gewicht:** maximales Startgewicht 41.277 kg.

**Abmessungen:** Spannweite 34,44 m ...

US Air Force

... lich 137 gebaut, bevor das Modell in der Produktion ... abgelöst wurde.

**Technische Daten**

**I.A.R.80 Baureihe**

**Typ:** einsitziges Kampfflugzeug.

**Triebwerk:** ein 1.025 PS (764 kW) I.A.R. K14-1000A Sternmotor.

**Leistung:** Höchstgeschwindigkeit 550 km/h in 3.970 m Höhe; Dienstgipfelhöhe 10.500 m; Reichw. 940 km.

**Gewicht:** Rüstgewicht 1.780 kg; max. Startgewicht 2.550 kg.

**Abmessungen:** Spannweite 10,50 m; Länge 8,90 m; Höhe 3,60 m; Tragflügelfläche 15,97 m².

**Bewaffnung:** siehe Varianten.

**Varianten**

**I.A.R.80A:** Serienversion mit sechs ...; 50 gebaut.

**I.A.R.80B:** Version mit vier 7,92 mm MG ...

**I.A.R.81:** ...

I.A.R.81, aber MG-Bewaffnung wie bei der I.A.R.80B; 29 gebaut.

**I.A.R.81B:** eine Langstrecken-Kampfausführung mit Vorrichtungen für zwei Unterflügel-Abwurftanks; keine Bombenzuladung, sondern zwei Ikaria oder Oerlikon 20 mm Kanonen plus vier Browning FN 7,92 mm MG; 50 gebaut.

**I.A.R.81C:** Sturzkampfbomber, Bombenlast wie bei der I.A.R.81 und zwei 20 mm Mauser-Kanonen plus vier 7,92 mm Browning, wahrscheinlich ...

# Convair (Model 4) B-58 Hustler

## Entwicklungsgeschichte

US Air Force

der Bezeichnung **I.A.R.-821B** als zweisitzige Tandem-Ausführung für die Flug- und landwirtschaftliche Schulung.

Die als Agrar- und Schulflugzeug ...

... um eine hohe Überschall-Fluchtgeschwindigkeit zu ermöglichen.

# I.A.R.-821

## Entwicklungsgeschichte

# I.A.R.-822

## Entwicklungsgeschichte

# I.A.R.-823

## Entwicklungsgeschichte

# I.A.R.-825TP Triumf

## Entwicklungsgeschichte

600 PS (447 kW) PZL-3S Sternmotor ...

**Technische Daten**

**Typ:** dreisitziger mittlerer Überschallbomber.

**Triebwerk:** vier General Electric J79-GE-5A ...

**Leistung:** Höchstgeschwindigkeit 2.229 km/h oder Mach 2,1 in 12.190 m Höhe; Dienstgipfelhöhe 18.290 m ...

**Varianten**

**TB-58A:** acht Serienmaschinen des Typs B-58A ...

**Technische Daten**

... ventionelle Waffen in abnehmbarem Unterrumpfbehälter.

# Hanriot HD.2
# General Aircraft G.A.L.42 Cygnet II

## Entwicklungsgeschichte

[illegible]

flugzeugen umgebaut, und eine von ihnen, die US Navy-Seriennummer A-5624, wurde für Experimental-[illegible] Schlachtschiff *Paris* aus gestartet

## Technische Daten
**G.A.L.42 Cygnet II**

**Typ:** einsitziges Schul-/Sportflug-[illegible]

**Triebwerk:** [illegible]

**Gewicht:** Leergewicht 669 kg; max. Startgewicht 998 kg.

**Abmessungen:** Spannweite 10,52 m; [illegible] flügelfläche 16,63 m².

Die General Aircraft G.A.L.42 Cygnet II wurde im Zweiten Weltkrieg [illegible] RAF und dem [illegible] Allroundflugzeug verwendet.

Die HD.2 unterschied sich von ihrem Vorgängermodell HD.1 nur durch das größere Seitenleitwerk und die Schwimmer.

durch die verhältnismäßig schnellen und starken zweisitzigen Hansa-Brandenburg Wasserflugzeuge schwere Verluste erlitten hatten.

Ab Januar 1918 wurden Dünkir-[illegible]

# General Aircraft G.A.L.45 Owlet

## Entwicklungsgeschichte

[illegible]

genau wie die HD.12, als schiffsgestützter Jäger mit kurzer Startstrecke [illegible] 1923 von einer an Bord der Korvette *Ba-*[illegible]

drei Räder liefen, von denen zwei an den Flügeloberflächen der H.29 sowie eines an der Flossenspitze befestigt [illegible]

Verfahren sehr gewöhnliche Methode des Katapultstarts [illegible] des Schlachtschiffs *Lorraine* aus horizontal angebracht, an denen

gelieferten Maschinen wurden unter der Bezeichnung HD.2C zu Land-[illegible]

## Technische Daten
**Typ:** zweisitziges Schulflugzeug.

## Technische Daten
**Typ:** ein einsitziges Schwimmer-Jagdflugzeug.

**Triebwerk:** ein 130 PS (97 kW) [illegible]

**Leistung:** Höchstgeschwindigkeit 182 km/h; Dienstgipfelhöhe 4.800 m; [illegible] 300 km.

**Gewicht:** [illegible] 495 kg; max. Startgewicht [illegible]

**Abmessungen:** Spannweite 8,51 m; Länge 7,00 m; Höhe 3,10 m; Tragflügelfläche 18,40 m².

**Bewaffnung:** [illegible] starre, vorwärtsfeuernde 7,7 mm Vickers Maschinengewehre.

Die General Aircraft G.A.L.45 Owlet entstand aus der G.A.L.42 Cygnet und war ein Schulflugzeug mit Bugradfahrwerk.

# Hanriot HD.3
# General Aircraft G.A.L.47

## Entwicklungsgeschichte

[illegible]

leitwerksflächen und wurde im Sommer 1918 als Prototyp für das vorgesehene [illegible]

erstreckten sich zwei Leitwerksträger, die an ihren Enden durch das Höhenruder verbunden wurden, in dessen Mitte eine Heckflosse mit Seitenruder montiert war. Es wurde [illegible]

## Technische Daten
**Typ:** zweisitziges Beobachtungsflugzeug.

**Triebwerk:** ein hängender 90 PS (67 kW) Blackburn Cirrus Minor Vierzylinder-Reihenmotor.

**Abmessungen:** Spannweite 11,53 m; Länge 7,85 m.

cockpits dicht beieinander saßen. Der Salmson 9Za war ein zuverlässiger Sternmotor [illegible]

# General Aircraft G.A.L.48 Hotspur

## Entwicklungsgeschichte

[illegible]

hatte größere Querruder mit Massenausgleich, Seitenruder und Flügel [illegible] aufgegeben.

miteinander verbunden wurden. Diese [illegible] war für 16 Luftlande-[illegible]

**Variante**

[illegible] Motor angetrieben wurde; er wurde 1918 kurz geflogen.

Schleppgewicht 1.632 kg.

**Abmessungen:** Spannweite 13,99 [illegible]

## Technische Daten
**Typ:** Segel-Schulflugzeug.

General Aircraft Hotspur Mk.II [illegible] Triebwerk ausgerüstet.

**HD.6:** einziges Exemplar einer Maschine, die viel größer war als die HD.3 oder die HD.5; dieser zweisitzige Jäger hatte einen 530 PS (395 kW) Salmson 18Z Sternmotor, eine Spannweite von 13,60 m und im Geradeausflug die eindrucksvolle Geschwindigkeit von 225 km/h; er wurde jedoch erst 1919 geflogen und inzwischen gab es keinen weiteren Bedarf [illegible] Typ.

gesehen; sie hatte den gleichen Salmson-Motor wie die HD.3 und von diesem Typ wurde eine Erprobungs-Serie von zehn Maschinen bestellt; es ist jedoch nicht sicher, ob alle fertiggestellt wurden.

## Technische Daten
**Hanriot HD.3**

**Typ:** ein zweisitziger Jagd-Doppeldecker.

**Triebwerk:** ein 260 PS (194 kW) Salmson [illegible] Neunzylinder-Sternmotor.

**Leistung:** Höchstgeschwindigkeit 192 km/h in 2.000 m Höhe; Steigflugdauer auf 3.000 m 12 Minuten 15 Sekunden; Dienstgipfelhöhe 5.700 m; max. Flugdauer 2 Stunden.

**Gewicht:** Rüstgewicht 760 kg; max. Startgewicht 1.180 kg.

**Abmessungen:** Spannweite 9,00 m; Länge 6,95 m; Höhe 3,00 m; Tragflügelfläche 25,50 m².

**Bewaffnung:** zwei starre, vorwärtsfeuernde 7,7 mm Vickers Maschinengewehre und zwei [illegible] dem Beobach-[illegible]

[illegible] Segelfliegerschulen verwendet. Von der **Twin Hotspur** wurde ein Prototyp gebaut, bei dem [illegible] Standard-[illegible] Flügel-Mitteltteil und ein neues Leitwerk [illegible]

# Hanriot HD.14

## Entwicklungsgeschichte

[illegible] 504 war [illegible] Welt; es war ein robu-

ster, zweistieliger Doppeldecker, bei dem Fluglehrer und -schüler in offenen Cockpits hintereinander saßen. Die HD.14 hatte eine einheitliche Flügelspannweite und Querruder mit Ausgleich am oberen und unteren Flügel; an den breitspurigen Hauptfahrwerksbeinen waren Zwillingsrä-

der montiert. Die erste Serienversion hatte lange Kufen, die als Überschlagschutz weit über die Fahrwerksbeine hinausragten, und die HD.14 war so konstruiert, daß sie in den Händen ihrer angehenden Piloten viel ertragen konnte.

Die Produktion der HD.14 lief im Hanriot-Werk bis 1928 weiter und es wurden in elf verschiedenen Versionen insgesamt 2.100 Maschinen gebaut. Die wichtigste Modifikation war vermutlich die **HD.14ter** bzw. **HD.14/23**, die 1922 auf dem Pariser Salon de l'Aéronautique ausgestellt wurde. Sie behielt zwar den 80

## General Aircraft G.A.L. 49/G.A.L. 58 Hamilcar

vor dem unteren Flügel. Die W.13 ...

re Ausrüstung tragen sollte, die die Luftlandetruppe benötigte ...

um den Vertrag und es wurden über ...

Auch Deutschland hate einen großen Lastensegler, die Messerschmitt ...

**Leistung:** Höchstgeschwindigkeit ...; Steigflugdauer auf 2.000 m 24 Minuten; Reichweite 950 km.

lediglich durch strukturelle Verstärkungen und den Einbau wichtiger Systeme sowie zweier Bristol Mercury Motoren in Gondeln an den Flügelvorderkanten. Es waren nur 22 Exemplare als Umbauten von Hamilcar Mk I Flugwerken fertiggestellt worden, als der Krieg endete. Die Hamilcar Mk X kamen deshalb nicht mehr zum Einsatz.

**Technische Daten General Aircraft Hamilcar Mk X**

Sternmotoren.

**Leistung:** Reisegeschwindigkeit 193 km/h; Dienstgipfelhöhe 3.960 m.

## Hansa-Brandenburg W.20

sem Grund mußte die Maschine klein sein und die Konstruktion mußte vor allen Dingen berücksichtigen, daß sie schnell montiert und demontiert werden konnte.

Die W.20 hatte einen schlanken Rumpf mit Doppeldeckerflügeln und ein ... konventionelles ... Leitwerk. Der Oberursel Umlaufmotor ... von Streben zwischen den Flügeln getragen und trieb einen Druckpropeller an, wobei ein Ausschnitt in der Hinterkante des oberen Flügels für den nötigen Drehraum sorgte. Der Pilot saß in einem offenen Cockpit unmittelbar vor dem unteren Flügel. Da der schlanke Rumpf auf dem Wasser

speziell in der Flügelverstrebung, voneinander, vermutlich, um in Experimenten die am besten geeignete Struktur herauszufinden, die strukturelle Festigkeit und einfache Montage/Demontage in sich vereinigte. Für den Zusammenbau, so wird berichtet, wurden insgesamt weniger als drei Minuten benötigt.

**Technische Daten Hansa-Brandenburg W.20** (drittes Exemplar)

**Typ:** ein einsitziges Aufklärungs-Flugboot.

**Triebwerk:** ein 80 PS (60 kW) Oberursel U.O Siebenzylinder Umlaufmotor.

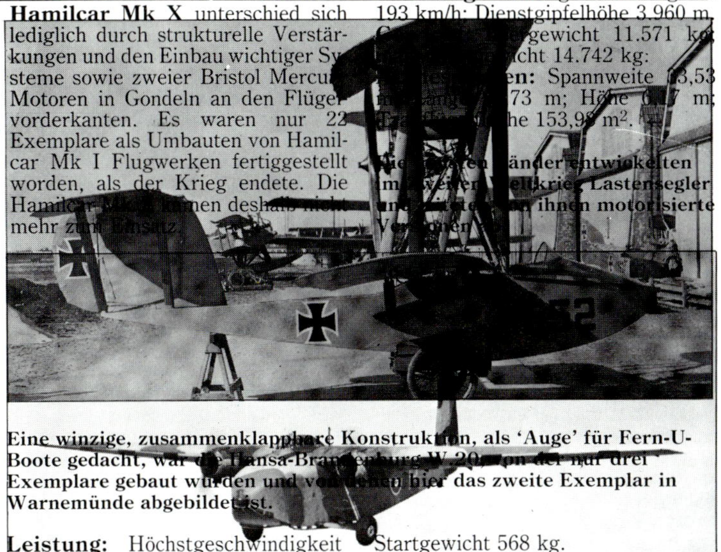

**Eine winzige, zusammenklappbare Konstruktion, als 'Auge' für Fern-U-Boote gedacht, war die Hansa-Brandenburg W.20, von der nur drei Exemplare gebaut wurden und von denen hier das zweite Exemplar in Warnemünde abgebildet ist.**

**Leistung:** Höchstgeschwindigkeit 117 km/h; Steigflugdauer auf 1.000 m 15 Minuten; max. Flugdauer 1 Stunde 15 Minuten.

**Gewicht:** Leergewicht 396 kg; max. Startgewicht 568 kg.

**Abmessungen:** Spannweite 6,80 m; Länge 5,93 m; Tragflügelfläche 15,82 m².

## Hansa-Brandenburg W.29

**Entwicklungsgeschichte**

Ernst Heinkels **Hansa-Brandenburg W.29** entstand aus dem ...

Jagd-Wasserflugzeugen, die die deut...

## General Aircraft ST-3 bis ST-12

**Entwicklungsgeschichte**

Aircraft Prototyp ST-4 (G-ABUZ) war ein Eindecker mit starrem Heckradfahrwerk, der von zwei 85 PS (63 kW) Pobjoy R Sternmotoren angetrieben wurde. Einer ersten Serie von fünf ST-4 schloß sich eine größere Stückzahl — etwa 30 Exemplare — **ST-4 II** Maschinen mit minimalen Unterschieden an. 1933 kam der generell ähnliche Prototyp **ST-6** heraus, der sich durch ein manuell einziehbares Hauptfahrwerk hervorhob. Anfang 1934 kam die nächste Weiterentwicklung dieses Typs, die äußerlich ähnliche **ST-10**, mit der der 90 ...

gen hatte. Diese Ausstattungskombi...

**Hansa-Brandenburg W.33 des 1. Marinefliegergeschwaders, Suomen Ilmaviomat (finnische Luftwaffe).**

**Bewaffnung:** ein oder zwei starre, vorwärtsfeuernde 7,92 mm LMG 08/15 Maschinengewehre und ein schwenkbares 7,92 mm Parabellum MG im rückwärtigen Cockpit.

**ST-11.** Die Entwicklung dieser frühen ...

**Technische Daten Hansa-Brandenburg W.29**

**Leistung:** Höchstgeschwindigkeit 175 km/h; Steigflugdauer auf 3.000 m ...

**Gewicht:** Leergewicht 1.000 kg; ...

aufnahm. Der viersitzige General ...

**Varianten**

**Brandenburg W.33:** eine vergrößerte, im Grunde aber ähnliche Maschine ... und Herbst 1918 produziert wurde;

## General Aircraft ST-18 Croydon

**Entwicklungsgeschichte**

Bei General Aircraft, wo man nach ...

befand. Als Triebwerk diente ... Pratt & Whitney Wasp Junior Sternmotoren. Pilot und Copilot waren im Bug untergebracht und der Bordfunker saß direkt hinter ihnen.

... Leistung konnte sie keine kommerzielle Unterstützung finden und fand ein ungewöhnliches Ende, als sie auf einem Rekordflug von ...

## Harlow PJC-1 und PJC-2

**Entwicklungsgeschichte**

# I.P.D. BF-1 Beija-Flor

**Entwicklungsgeschichte**

sprünglich von Professor Heinrich Focke entworfen worden war. Der erste Prototyp mit der Bezeichnung I.P.D. BF-1 Beija-Flor ... aber nicht in die Produktion.

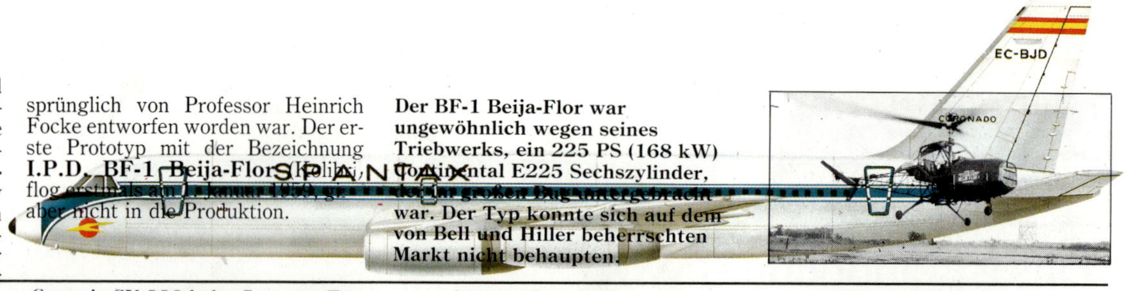

Der BF-1 Beija-Flor war ungewöhnlich wegen seines Triebwerks, ein 225 PS (168 kW) Continental E225 Sechszylinder, ... war. Der Typ konnte sich auf dem von Bell und Hiller beherrschten Markt nicht behaupten.

Convair CV-990A der Spantax Transportes Aereos (Spanien)

# I.P.T. Flugzeuge

**Entwicklungsgeschichte**

Die I.P.T. 0 Bichinho war das erste gebaute Modell des Instituts, hier über São Paulo aufgenommen.

Bichao (ein zweisitziges Fortgeschrittenen-Schulflugzeug) und die I.P.T. 13 (ein zweisitziger leichter Eindecker). Die anderen Zahlen dieser Serie wurden auf Segelflugzeuge angewendet.

# I.V.L. A-22

**Entwicklungsgeschichte**

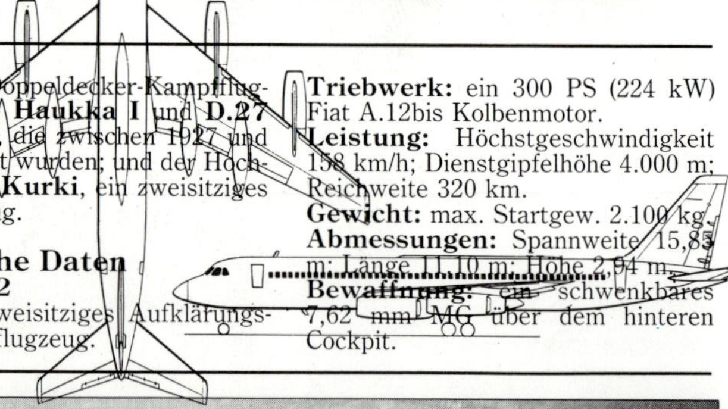

sitzer; die Doppeldecker-Kampfflugzeuge D.26 Haukka I und D.27 Haukka II, die zwischen 1927 und 1930 getestet wurden; und der Hochdecker K.1 Kurki, ein zweisitziges Schulflugzeug.

**Technische Daten**
**I.V.L. A-22**
**Typ:** ein zweisitziges Aufklärungs-Schwimmerflugzeug.
**Triebwerk:** ein 300 PS (224 kW) Fiat A.12bis Kolbenmotor.
**Leistung:** Höchstgeschwindigkeit 158 km/h; Dienstgipfelhöhe 4.000 m; Reichweite 320 km.
**Gewicht:** max. Startgew. 2.100 kg.
**Abmessungen:** Spannweite 15,85 m; Länge 11,10 m; Höhe 2,94 m.
**Bewaffnung:** ein schwenkbares 7,62 mm MG über dem hinteren Cockpit.

# Ikarus Flugboote

**Entwicklungsgeschichte**

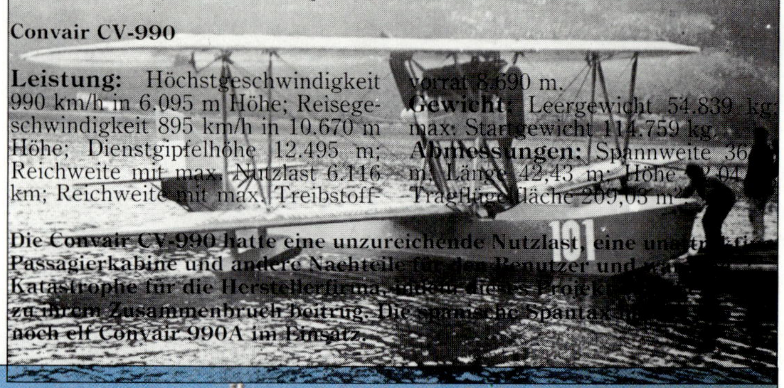

**Convair CV-990**
**Leistung:** Höchstgeschwindigkeit 990 km/h in 6.095 m Höhe; Reisegeschwindigkeit 895 km/h in 10.670 m Höhe; Dienstgipfelhöhe 12.495 m; Reichweite mit max. Nutzlast 6.116 km; Reichweite mit max. Treibstoffvorrat 8.690 m.
**Gewicht:** Leergewicht 54.839 kg; max. Startgewicht 114.759 kg.
**Abmessungen:** Spannweite 36 m; Länge 42,43 m; Höhe 12,04 m; Tragflügelfläche 209,03 m².

Die Convair CV-990 hatte eine unzureichende Nutzlast, eine unattraktive Passagierkabine und andere Nachteile für den Benutzer und war eine Katastrophe für die Herstellerfirma, ... zu ihrem Zusammenbruch beitrug. Die spanische Spantax ... noch elf Convair 990A im Einsatz.

Ebenso wie die IM war die IOM mit einem schwenkbaren 7,7 mm MG im Bugcockpit bewaffnet.

Die Ikarus IOM hatte einen Liberty Motor und diente bei jugoslawischen Marine-Patrouilleneinheiten. Im Bug war gewöhnlich ein großes Maschinengewehr montiert.

Spantax

# Ikarus IK-2

**Entwicklungsgeschichte**

waffnung bestand aus einer Hispano-Suiza 404 20 mm Kanone und zwei synchronisierten 7,7 mm MG. Die Tragflächenspannweite betrug 11,40 m, das maximale Startgewicht 1.857 kg, und die Höchstgeschwindigkeit belief sich auf 435 km/h.

Für die jugoslawische Luftwaffe wurden zwölf Ikarus IK-2 gebaut, von denen acht im Jahre 1941 in Griechenland eingesetzt wurden.

# Convair (Model 8) F-102 Delta Dagger

**Entwicklungsgeschichte**

... Geschichte der US Air Force, weil hier zum erstenmal ein Abfangjäger als Waffensystem betrachtet wurde. Man erkannte, daß man viel zu lange Flugwerk und Bewaffnung getrennt ... gekommen, das umfassende Konzept eines Waffensystems mit verschiede-

... Maschinen vorsah, und 1952 übergab die USAF ihre XF-92A der NACA ... dem das Modell eine Geschwindigkeit von 1.014 km/h mit einem Alli-

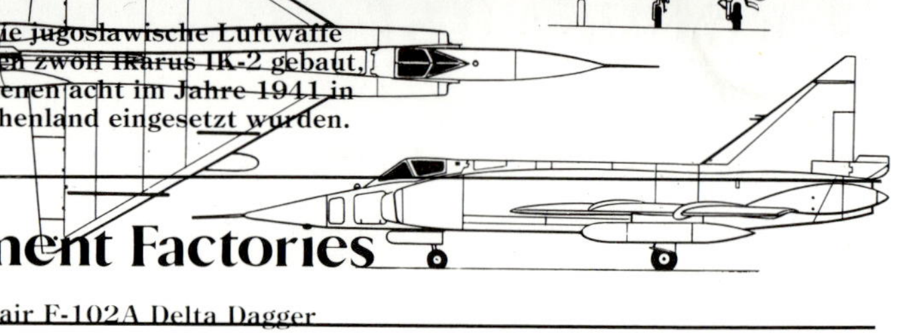

Convair F-102A Delta Dagger

# Weitere Ikarus Modelle: siehe Government Factories

# Iljuschin DB-3

## Entwicklungsgeschichte

In diesem Zusammenhang stand ...

# Iljuschin Il-2 Schturmowik

## Entwicklungsgeschichte

Die Iljuschin Il-2 war eines der bedeutendsten Militärflugzeuge des Zweiten Weltkriegs, wurde in großer Serie produziert; sowjetische Quellen geben 36.163 Exemplare an. Am Anfang stand die **TsKB-55**, entworfen von Sergej Iljuschin und seinem Team, das 1938 zum Zentralen Konstruktionsbüro (OKB) gehörte.

Das besondere Kennzeichen der zweisitzigen TsKB-55 oder **BsH-2** war die gepanzerte Schale, die einen integralen Teil der Rumpfstruktur bildete und Besatzung, Triebwerk, Kühler und Treibstofftank schützte. Das Flugzeug war somit für Angriffe auf Bodenziele im Tiefflug bestens geeignet, wurde aber zugunsten eines leichteren Einsitzers abgelehnt: der **TsKB-57** mit einem 1.700 PS (1.268 kW) AM-38 Motor, einer erhöhten, verkleideten Kuppel für den ...

Allerdings erlitt das Modell schwere Verluste, und in den Jahren 1941 und 1942 war oft kein Jagdschutz erhältlich. Im Februar 1942 wurde beschlossen, eine zweisitzige Il-2 nach ... einzuführen. Das Ergebnis, die **Il-2M**, ...

Iljuschin Il-2 Typ 3, im Februar 1943 im Wintersichtschutz über Stalingrad eingesetzt

# Convair (Model 8-24) F-106 Delta Dart

## Entwicklungsgeschichte

... nem Erstflug. Die **F-102A (Model 8-10)** nahm im April 1956 bei der 327th Fighter-Interceptor Squadron des Air Defense Command bei George AFB den Einsatz auf; insgesamt wurden 889 Exemplare übernommen. Außerdem wurden für die USAF 111 Maschinen des zweisitzigen Schulungsflugzeugs **TF-102A (Model 8-12)** mit nebeneinanderliegenden Sitzen gebaut, die eine volle Einsatzbewaffnung und -ausrüstung erhielten. Sechs F-102A wurden für das Kampftraining zu 'Feindflugzeugen', die die MiG-12 darstellten, umgebaut (im Rahmen eines Vertrags mit der USAF vom April 1973) und ...

... m Höhe; Anfangssteiggeschwindigkeit 66 m/sek; maximale Reichweite 2.173 km.

**Gewicht:** maximales Startgewicht mit zwei Abwurftanks von 14.187 kg.

**Abmessungen:** Spannweite 11,62 m; Länge 20,84 m; Höhe 6,46 m; Tragflügelfläche 61,45 m².

**Bewaffnung:** u.a. zwei AIM-26/26A Falcon Raketen oder ein AIM-26/26A plus zwei AIM-4A Falcon oder ein AIM-26/26A plus zwei AIM-4C/D, oder sechs AIM-4A, oder sechs AIM-4C/D; Flugzeuge, die nicht für den alternativen Gebrauch von AIM-26 oder AIM-4 Geschossen ...

**Technische Daten Convair F-102A**

**Triebwerk:** ein Pratt & Whitney J57-P-23 ...

max. Startgewicht 7.660 kg.

**Abmessungen:** Spannweite 21,44 m; Länge 14,22 m; Höhe 4,19 m; ...

USAF

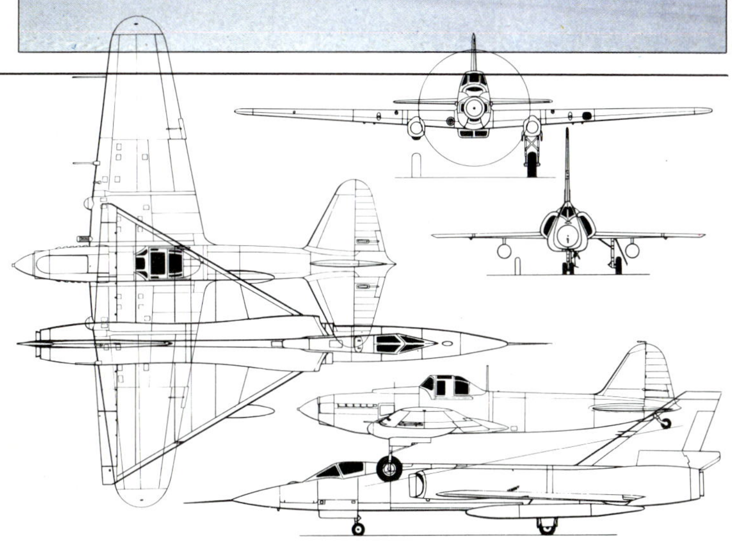

Convair F-106A Delta Dart
Iljuschin Il-2 (frühes einsitziges Modell)

... Teil des MA-1 Feuerleitsystems in einer ...

# Hansa-Brandenburg W, NW und GNW

Produktion die erforderlichen Schritte unternommen werden ... hende Systeme leicht integrieren zu ...

1980 erstmals geflogen und das Programm im Mai 1981 abgeschlossen.

1982 zum ersten Mal geflogen; während der Erprobung durch die Air Force erhielt der Typ die Bezeichnung **F-16E**, soll aber als **F-16F** ab etwa 1989 in Serie gehen.

**Entwicklungsgeschichte**

Unter der Bezeichnung **Hansa-Brandenburg W** entwickelte das ...

**Technische Daten**
**General Dynamics F-16A**

**Leistung:** Höchstgeschwindigkeit ... 2.142 km/h ...

... Bord.

# Hansa-Brandenburg W.12

# General Dynamics F-111

**Entwicklungsgeschichte**

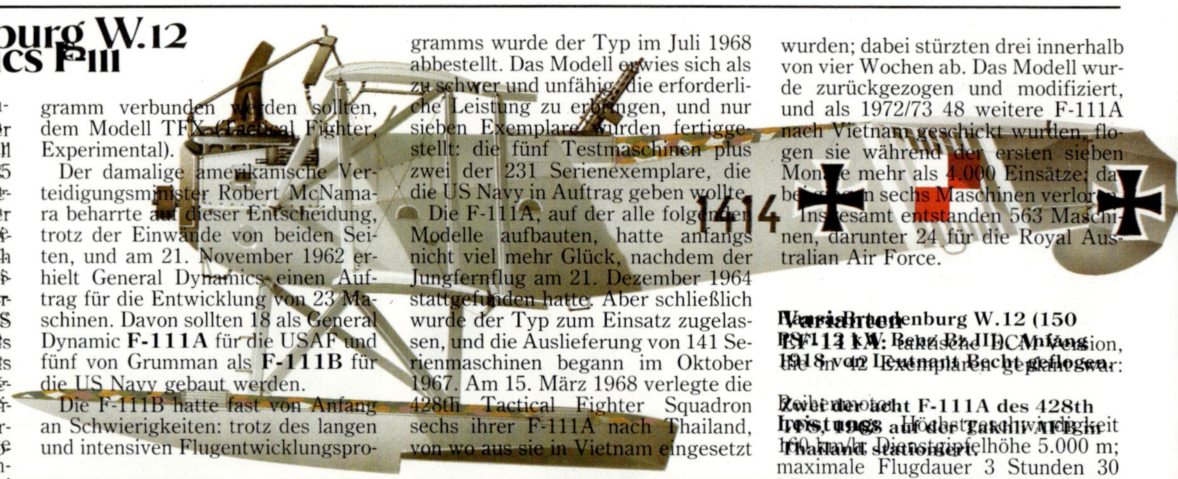

gramm verbunden werden sollten, dem Modell TFX (Tactical Fighter, Experimental).

Der damalige amerikanische Verteidigungsminister Robert McNamara beharrte auf dieser Entscheidung, trotz der Einwände von beiden Seiten, und am 21. November 1962 erhielt General Dynamics einen Auftrag für die Entwicklung von 23 Maschinen. Davon sollten 18 als General Dynamic **F-111A** für die USAF und fünf von Grumman als **F-111B** für die US Navy gebaut werden.

Die F-111B hatte fast von Anfang an Schwierigkeiten: trotz des langen und intensiven Flugentwicklungsprogramms wurde der Typ im Juli 1968 abbestellt. Das Modell erwies sich als zu schwer und unfähig, die erforderliche Leistung zu erbringen, und nur sieben Exemplare wurden fertiggestellt: die fünf Testmaschinen plus zwei der 231 Serienexemplare, die die US Navy in Auftrag geben wollte.

Die F-111A, auf der alle folgenden Modelle aufbauten, hatte anfangs nicht viel mehr Glück, nachdem der Jungfernflug am 21. Dezember 1964 stattgefunden hatte. Aber schließlich wurde der Typ zum Einsatz zugelassen, und die Auslieferung von 141 Serienmaschinen begann im Oktober 1967. Am 15. März 1968 verlegte die 428th Tactical Fighter Squadron sechs ihrer F-111A nach Thailand, von wo aus sie in Vietnam eingesetzt wurden; dabei stürzten drei innerhalb von vier Wochen ab. Das Modell wurde zurückgezogen und modifiziert, und als 1972/73 48 weitere F-111A nach Vietnam geschickt wurden, flogen sie während der ersten sieben Monate mehr als 4.000 Einsätze; dabei gingen sechs Maschinen verloren. Insgesamt entstanden 563 Maschinen, darunter 24 für die Royal Australian Air Force.

**Varianten**

... stieliger Doppeldecker, der auf zwei einstufigen Holzschwimmern montiert war. Er war im Vergleich zur KDW in den Außenmaßen größer und hatte eine Flügelstruktur, die robust genug war, daß sie von zwei Streben zwischen den Flügeln in Richtung Flügelspitzen stabilisiert wurde und bei der auf weitere Verspannungsdrähte verzichtet werden konnte. Am ungewöhnlichsten war ihr Leitwerk, das speziell so gestaltet wurde, daß sich ein möglichst großes, unbehindertes Schußfeld für das rückwärtige Maschinengewehr ergab. Es gab daher keine Heckflosse und der Rumpf verjüngte sich bis auf eine messerscharfe Kante, an der das Ruder befestigt war, das unter den Rumpf reichte. Das Leitwerk ohne verletzliche Streben war an der Oberseite des hochgezogenen rückwärtigen Rumpfes montiert. Der Prototyp ... zufriedenstellend erwiesen, wurde der ... bald auf den deutschen Wasserflugzeug-Stützpunkten eingesetzt ... erwies sich als wirkungsvolle Waffe gegen alliierte Wasserflugzeuge, und es wurden von ihr insgesamt 146 Exemplare gebaut. Den ersten und letzten Maschinen diente der 150 PS (112 kW) Mercedes D.III als Triebwerk, aber etwas mehr als die Hälfte der gebauten Maschinen wurden von dem Benz Bz.III angetrieben. Eine der in Zeebrügge stationierten W.12 erlangte Berühmtheit, als sie im Dezember 1917 das britische Luftschiff C.27 zerstörte.

**Varianten**

**Brandenburg W.19:** vergrößerte Version ... Patrouillen-Wasserflugzeug mit größerer ... als Triebwerk diente ein 260 PS (194 kW) Maybach Mb.IV Motor und die W.19 hatte eine so große Tank...

**Brandenburg W.27:** Einzelexemplar ... Weiterentwicklung, ... durch die I-Streben zwischen den Flügeln ... im Mittelteil unterschied.

**Brandenburg W.32:** noch weiter entwickelte Version der W.12/W.27 und eigentlich eine W.27 mit einem 160 PS (119 kW) Mercedes D.III Motor; es wurden zwei oder drei Exemplare gebaut.

**Technische Daten**
**Brandenburg W.12**
(frühe Version)

**Typ:** zweisitziges Jagd-Wasserflugzeug.

**Triebwerk:** ein 160 PS (119 kW) Mercedes D.III Sechszylinder Reihenmotor.

**Leistung:** Höchstgeschwindigkeit 160 km/h; Dienstgipfelhöhe 5.000 m; maximale Flugdauer 3 Stunden 30 Minuten.

**Gewicht:** Leergewicht 997 kg; max. Startgewicht 1.454 kg.

**Abmessungen:** Spannweite 11,20 m; Länge 9,60 m; Höhe 3,30 m; Tragflügelfläche 35,30 m².

**Bewaffnung:** ein oder zwei starre, vorwärtsfeuernde 7,92 mm LMG 08/15 Maschinengewehre und ein schwenkbares 7,92 mm Parabellum Maschinengewehr im rückwärtigen Cockpit.

**Der einstielige Doppeldecker W.12 war aus Holz und Stoff gebaut und auf Holzschwimmern montiert.**

**Zwei der acht F-111A des 428th TFS ... Thailand.**

RAF Museum, Hendon

USAF

# Hansa-Brandenburg W.13

**Entwicklungsgeschichte**

Es sind anscheinend nur sehr wenige Details über das von Ernst Heinkel konstruierte Patrouillen-Flugboot **Hansa-Brandenburg W.13** erhalten geblieben, das nur einmal als Prototyp gebaut wurde. Die in gemischter Holz-/Stoffbauweise gebaute W.13 hatte einen einstufigen Rumpf, war als Doppeldecker ausgelegt und wurde von einem 350 PS (257 kW) Austro-Daimler Motor angetrieben, der zwischen den Flügeln montiert war und einen Druckpropeller hatte. Der nötige Freiraum für die Propellerspitzen wurde durch einen Ausschnitt in der Hinterkante des oberen Flügels erreicht. Die beiden

fünf davon waren 1982 im Einsatz; von Grumman wurden Maschinen vom Typ F-111A umgebaut; siehe auch Grumman EF-111.
**F-111A:** ursprüngliches Serienmodell; ein zweisitziger taktischer Kampfbomber mit Pratt & Whitney TF30-P-3 Turbofan-Triebwerken von 8.391 kp Schub; 158 Exemplare wurden gebaut, 18 davon als Testmaschinen; das erste Serienexemplar flog im Juni 1967.
**F-111B:** trägergestützte Version der US Navy; sieben Exemplare wurden fertiggestellt, bevor die Entwicklung und die Produktion abgebrochen wurden.
**F-111C:** Bezeichnung für 24 von der RAAF 1963 bestellte Angriffsflugzeuge, die erst ab 1973 ausgeliefert wurden; mit erweiterter Spannweite wie bei der FB-111A, verstärktem Fahrwerk und TF30-P-3 Triebwerken; vier F-111A, weitgehend vom Standard der F-111C, wurden von der USAF an die RAAF abgegeben, um den Verlust von vier F-111C zu ersetzen.
**F-111D:** ähnlich der F-111E, aber mit TF30-P-9 Triebwerken von 8.890 kp Schub, moderner Avionik für den Einsatz von Luft-Luft-Geschossen und bessere Navigationsausrüstung; 96 Exemplare gebaut.
**F-111E:** löste die F-111A nach dem 160. Serienexemplar in der Produktion ab; mit modifizierten Lufteinlässen für die TF30-P-3 Triebwerke; 94 Exemplare gebaut.
**F-111F:** mit verbesserter Avionik, stabilerer Flügelstruktur und stärkeren TF30-P-100 Triebwerken; 106 Exemplare gebaut.
**F-111K:** Bezeichnung für 50 Exemplare, die von der RAF bestellt und 1980 wieder abbestellt wurden.
**FB-111A:** zweisitzige strategische Bomberausführung für das USAF Strategic Air Command mit einer um 2,13 m erweiterten Spannweite, größeren Treibstofftanks und TF30-P-7 Triebwerken von 9.185 kp Schub; 76 Exemplare gebaut.
**FB-111H:** geplanter Bomber mit zwei General Electric F101-GE-100 Turbofan-Triebwerken von 13.600 kp Schub, moderner Avionik und erweiterter Bewaffnung; nicht gebaut.
**RF-111A:** Aufklärerversion einer umgebauten F-111A mit abnehmbarer Sensoren-Palette; erfolgreich getestet, aber nicht produziert.
**RF-111D:** Aufklärer, wegen mangelnder finanzieller Mittel nicht gebaut.
**YF-111A:** neue Bezeichnung für zwei fast fertiggestellte, dann jedoch von der RAF abbestellte F-111K; für Forschungs- und Untersuchungsprogramme der USAF fertiggebaut.

### Technische Daten
**General Dynamics F-111F**
**Typ:** ein zweisitziges Mehrzweckflugzeug.
**Triebwerk:** zwei Pratt & Whitney TF-30-P-100 Turbofan-Triebwerke von 11.385 kp Schub.
**Leistung:** Höchstgeschwindigkeit 2.655 km/h oder Mach 2,5; Höchstgeschwindigkeit in Meereshöhe 1.473 km/h oder Mach 1,2; Dienstgipfelhöhe über 17.985 m; max. Reichweite 4.707 km.
**Gewicht:** Leergewicht 21.398 kg; max. Startgewicht 45.359 kg.
**Abmessungen:** Spannweite variabel zwischen 19,20 m und 9,74 m; Länge 22,40 m; Höhe 5,22 m.
**Bewaffnung:** eine 20 mm mehrläufige M61A-1 Kanone und eine 340 kg B-43 Bombe oder zwei B-43 Bomben im Bombenschacht und sechs Flügelstationen; die inneren vier sind schwenkbar, um bei gepfeilten Flügeln die Richtung der Außenlasten anzugleichen.

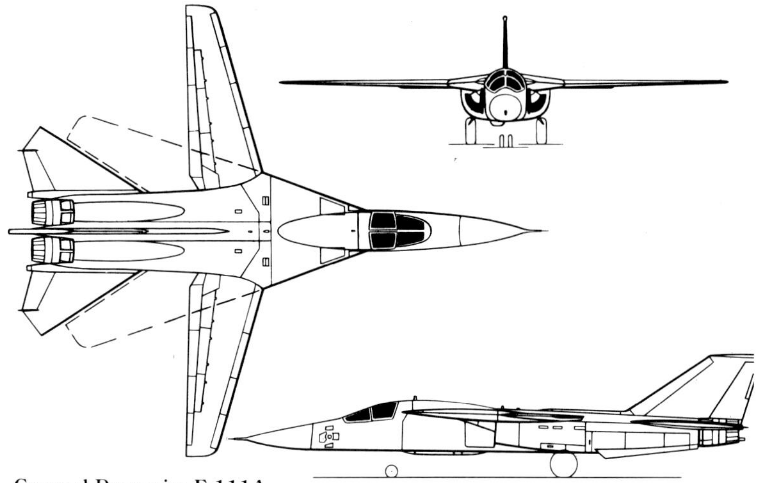
General Dynamics F-111A

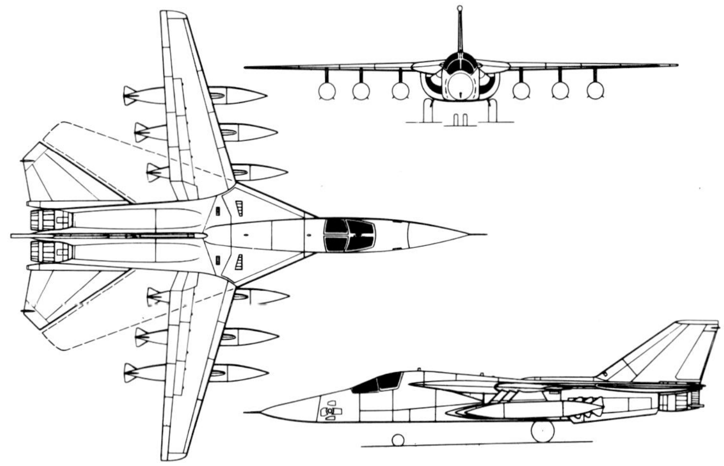
General Dynamics FB-111A

# Gerin Varivol

### Entwicklungsgeschichte
Der Franzose Jacques Gerin begann Mitte der 30er Jahre mit der Entwicklung eines unkonventionell aussehenden Doppeldeckers mit dem Namen **Gerin Varivol**. Der tiefe, klobige Rumpf war eine geschweißte Stahlrohrkonstruktion mit einer Metall- und Stoffbeschichtung; das Heck lief ganz schmal aus. Oben auf dem Rumpf war eine verstrebte, verstellbare Höhenflosse angebracht, das Fahrwerk war eine Heckspornanlage, und als Triebwerk diente ein Salmson Sternmotor.

Das ungewöhnlichste Kennzeichen der Varivol waren die Tragflächen, auf den ersten Blick gewöhnliche Doppeldeckerflügel mit schmalem Profil in umgekehrter Anderthalbdecker-Konfiguration. Die verdrahteten und mit einem einzelnen Flügelstiel ausgestatteten oberen Tragflächen waren um 13° gepfeilt. In dieser (für hohe Geschwindigkeiten gedachten) Konfiguration hatte die Maschine eine Tragflügelfläche von 6,30 $m^2$. Mit einem elektrischen Motor konnten jedoch bewegliche Tragflächen vom Rumpf aus ausgefahren oder eingezogen werden, was eine maximale Fläche von 26,00 $m^2$ ermöglichte. Bei erweiterten Flügeln konnte die Profilwölbung verstellt werden, und außerdem gab es drei bzw. vier Schlitze in den oberen und unteren Tragflächen.

Die Varivol wurde erfolgreich im großen Windtunnel bei Chalais-Meudon getestet, und die Flugtests begannen im März 1936. Sie wurden bis zum 29. November ohne besondere Zwischenfälle fortgesetzt, als die Varivol bei einem Unfall einen Totalschaden erlitt; der Pilot wurde dabei getötet. Eine spätere Untersuchung erwies, daß kein Versagen der Verstellflügel vorlag.

### Technische Daten
**Typ:** Versuchsflugzeug.
**Triebwerk:** ein 230 PS (172 kW) Salmson Neunzylinder Sternmotor.

**Die Gerin Varivol besaß gute Kurzstarteigenschaften, da sie zusätzliche Tragflächen ausfahren konnte.**

**Leistung:** nicht erhältlich.
**Gewicht:** Leergewicht 1.000 kg; max. Startgewicht 1.300 kg.
**Abmessungen:** Spannweite 11,77 m; Länge 7,74 m; Höhe 3.50 m.

# Globe Model BTC-1

### Entwicklungsgeschichte
Die 1940 in Fort Worth (Texas) als Bennett Aircraft Corporation gegründete und ein Jahr später in Globe Aircraft Corporation umbenannte Firma produzierte als erstes Modell das achtsitzige leichte Transportflugzeug **Globe Model BTC-1**, eine hölzerne Grundkonstruktion mit einer Bakelit-Sperrholzbeschichtung, von der Firma selbst unter dem Namen Duraloid hergestellt. Dieses Material wurde für die Halbschalenstrukturen des Rumpfs und für die

Leitflächen verwendet und außerdem bei den Flügelholmen benutzt.

Die Model BTC-1 war ein Mitteldecker mit freitragenden Flügeln, einem konventionellen Leitwerk und einziehbarem Heckradfahrwerk; das Triebwerk bestand aus zwei Jacobs L-6 Motoren. Im Flugdeck war Platz für eine zweiköpfige Besatzung, und die geräumige Kabine faßte in verschiedenen Sitzanordnungen bis zu sechs Passagiere. Trotz ihres attraktiven Äußeren wurde die BTC-1 zur falschen Zeit auf den Markt gebracht und fand daher kaum Käufer.

### Technische Daten

**Typ:** ein achtsitziger leichter Transporter.
**Triebwerk:** zwei 300 PS (224 kW) Jacobs L-6 Siebenzylinder Sternmotoren.
**Leistung:** Höchstgeschwindigkeit 332 km/h; Reisegeschwindigkeit 315 km/h in 2.440 m Höhe; Dienstgipfelhöhe 6.860 m.
**Gewicht:** Leergewicht 2.048 kg; max. Startgewicht 3.133 kg.
**Abmessungen:** Spannweite 14,68 m; Länge 9,30 m; Höhe 2,87 m; Tragflügelfläche 28,06 m$^2$.

# Globe Swift Model GC-1

### Entwicklungsgeschichte

Nach der Fertigstellung des BTC-1 Prototyps entwarf und entwickelte Globe einen nicht minder erfolglosen zweisitzigen leichten Kabinen-Eindecker mit der Bezeichnung **Globe Swift Model GC-1**. Die GC-1 war ein Tiefdecker mit freitragenden Flügeln, mit Duraloid gebundenem Sperrholz auf Tragflächen und Heck, aber mit einem geschweißten Stahlrohrrumpf mit Stoffbespannung. Das Triebwerk des Prototyps war ein 65 PS (48 kW) Continental A65 Motor. Beim Erstflug im Frühjahr 1941 stellte sich heraus, daß die GC-1 untermotorisiert war, und es wurde ein 80 PS (60 kW) Continental A80 Motor eingebaut. Mit diesem Triebwerk wurde das Modell im Frühjahr 1942 zugelassen. Auf Wunsch wurden Triebwerke von 90 bis 100 PS (67-75 kW) angeboten, aber es kam zu keiner Produktion, und das Projekt wurde erst 1946 wieder aufgenommen.

Das Nachkriegsmodell Swift Model **GC-1A** hatte die gleiche Grundstruktur, war aber eine Metallkonstruktion. Leider machte Globe den Fehler, der um fast 20 Prozent schwereren Maschine einen 85 PS (63 kW) Continental C85 Motor zu geben. Trotz einer nur mäßigen Leistung wurden allerdings fast 400 Exemplare gebaut, bevor ein stärkeres Triebwerk in die Model **GC-1B** eingesetzt wurde: Das Ergebnis war ein sportliches Flugzeug, das in großen Zahlen von Globe und als Zulieferant von Temco (Texas Engineering & Manufacturing Company) produziert wurde. Temco erhielt 1947 die Produktions- und Verkaufsrechte, als Globe in finanzielle Schwierigkeiten geriet. Die Produktion der Temco Swift lief bis 1951, und ein paar Exemplare fliegen auch heute noch.

**Das endgültige Serienmodell der Globe GC-1 war die Temco GC-1B Swift mit einer für den geringen Antrieb erstaunlichen Leistung.**

### Technische Daten

**Temco Swift Model GC-1B**
**Typ:** ein zweisitziger Kabinen-Eindecker.
**Triebwerk:** ein 125 PS (93 kW) Continental C125 Sechszylinder Boxermotor.
**Leistung:** Höchstgeschwindigkeit 241 km/h; Reisegeschwindigkeit 225 km/h; Dienstgipfelhöhe 4.875 m; Reichweite 313 km.
**Gewicht:** Leergewicht 517 kg; max. Startgewicht 776 kg.
**Abmessungen:** Spannweite 8,94 m; Länge 6,37 m; Höhe 1,79 m; Tragflügelfläche 12,23 m$^2$.

# Gloster I/II

### Entwicklungsgeschichte

Die Gloucestershire Aircraft Company wurde Mitte 1917 gegründet. Ende 1927 wurde der Name in Gloster Aircraft Company geändert, da man sich wegen der Auswirkungen des komplizierten englischen Namens auf den Exportverkauf Sorgen machte. Heute erscheint das als ein recht trivialer Beweggrund, aber im ersten Jahrzehnt nach dem Ersten Weltkrieg lagen so wenige Aufträge vor, daß Firmen in jeder Hinsicht sichergehen wollten.

Angesichts des Mangels an Bestellungen hoffte man, daß spektakuläre Erfolge bei Wettbewerben das englische Luftfahrtministerium davon überzeugen würden, daß Gloster der einzige akzeptable Lieferant von schnellen Kampfflugzeugen sei. Somit entstand das einsitzige Rennflugzeug **Gloster Mars I** mit dem Spitznamen **Bamel**, bei dem Henry Folland mit allen Mitteln versuchte, eine hohe Geschwindigkeit zu erreichen. Die Bamel war ein einstieliger Doppeldecker mit minimaler Verdrahtung sowie einem 450 PS (336 kW) Napier Lion Motor in einer ungewöhnlich einfachen Anlage. Die Treibstoff- und Wassertanks versperrten die direkte Sicht nach vorn.

Der Erstflug fand am 20. Januar 1921 statt, und im folgenden Monat gewann die Bamel das jährliche Aerial Derby. Nach einer Modifizierung und ständigen Verbesserungen stellte das Modell am 12. Dezember 1921 einen britischen Geschwindigkeitsrekord von 316,1 km/h auf, bevor es 1922 noch einmal Sieger beim Aerial Derby wurde.

Im Frühjahr 1923 erhielt die Mars I weitgehend modifizierte Tragflächen, und die Treibstoff- und Wassertanks wurden in den Rumpf verlegt, um die Sicht nach vorne freizugeben. Außerdem erhielt die Maschine einen stärkeren Lion Motor und damit die neue Bezeichnung **Gloster I**. Nach ihrem Sieg beim Aerial Derby 1923 wurde die Maschine von der RAF übernommen und fortan mit Schwimmern zu Schulungszwecken verwendet.

Glosters Bemühungen um die Produktion von Hochleistungsmaschinen wurden 1924 schließlich durch eine Bestellung des Luftfahrtministeriums für zwei Gloster II belohnt, die beim Wettbewerb um die Schneider Trophäe von 1924 teilnehmen sollten. Die Gloster II besaß einen 585 PS (436 kW) Napier Lion VA für einen Fairey Reed Metallpropeller und hatte bemerkenswert schnittige Schwimmer. Die erste Maschine (J7504) wurde am 12. September 1924 zu Tests nach Felixstowe gebracht. Etwa eine Woche später zerbrach einer der vorderen Schwimmer, als die Maschine, von Hubert Broad geflogen, bei rauher See auf dem Wasser aufsetzte. Fast unmittelbar darauf sank das Flugzeug; der Pilot konnte sich jedoch in Sicherheit bringen.

Die zweite Gloster II erhielt Räder und wurde in einem Hochleistungs-Entwicklungsprogramm verwendet. Auch diese Maschine ging bei einem Landeunfall verloren (Mitte 1925), und es wurden keine weiteren Exemplare gebaut.

**Mit der Gloster II wurde versucht, ein optimales Triebwerk in einem möglichst kleinen Flugwerk unterzubringen.**

### Technische Daten

**Gloster I** (Landflugzeug)
**Typ:** ein einsitziger Renn-Doppeldecker.
**Triebwerk:** ein 530 PS (395 kW) Napier Lion Zwölfzylinder 'Arrow' Boxermotor.
**Leistung:** Höchstgeschwindigkeit in Meereshöhe 354 km/h.
**Gewicht:** Leergewicht 894 kg; max. Startgewicht 1.202 kg.
**Abmessungen:** Spannweite 6,10 m; Länge 7,01 m; Höhe 2,84 m; Tragflügelfläche 15,33 m$^2$.

# Gloster III

### Entwicklungsgeschichte

Im Februar 1925 erhielt die Gloster Company eine Bestellung des Luftfahrtministeriums für zwei Exemplare eines neuen Doppeldecker-Rennflugzeugs mit der Bezeichnung Gloster III, die am Schneider Wettbewerb von 1925 teilnehmen sollten. Das neue Modell basierte auf der Gloster II und hatte eine Halbschalenstruktur mit Sperrholzbeschichtung. Die Tragflächen waren aus Holz und mit Stoff bespannt und die beiden Schwimmer an stromlinienförmigen Streben befestigt. Der 700 PS (522 kW) Napier Lion VII Motor wurde für die Gloster III modifiziert, die somit das damals kleinste britische Modell mit einem so kräftigen Triebwerk wurde. Die Flugtests zeigten mangelnde Richtungsstabilität, und da für Modifikationen nur wenig Zeit war, wurden einfach die Flossen vergrößert. Die neue Bezeichnung lautete **Gloster IIIA**.

Mit dem Piloten Hubert Broad belegte das Modell beim Rennen um die Schneider-Trophäe in Baltimore den 2. Platz; die Gloster III (N195) hatte kein Glück und wurde bei den Übungen vor dem Rennen beschädigt. Sie wurde repariert und gleichzeitig modifiziert. In dieser Form erhielt die Maschine die Bezeichnung **Gloster IIIB** und wurde ebenfalls an die RAF geliefert, wo beide Exemplare als Schulflugzeuge verwendet wurden.

### Technische Daten
**Gloster IIIB**
**Typ:** ein einsitziges Doppeldecker-Rennflugzeug mit Schwimmern.
**Triebwerk:** ein dreireihig stehender 700 PS (522 kW) Napier Lion VII Zwölfzylinder.
**Leistung:** Höchstgeschwindigkeit 405 km/h in Meereshöhe.
**Gewicht:** Leergewicht 1.033 kg; max. Startgewicht 1.343 kg.
**Abmessungen:** Spannweite 6,10 m; Länge 8,18 m; Höhe 2,95 m; Tragflügelfläche 14,12 m².

**Die Gloster III ist ein weiteres Beispiel für ein Rennflugzeug, das ein möglichst kräftiges Triebwerk auf kleinstem Raum unterbringen wollte. Darunter litt aber besonders die Richtungsstabilität.**

# Gloster IV

### Entwicklungsgeschichte
Im Frühjahr 1926 arbeiteten Henry Folland und sein Team bereits an dem Entwurf eines Nachfolgers für die Gloster III. Sie hielten an der Doppeldecker-Konfiguration fest. Um für die neue **Gloster IV** die nötige Leistungsverbesserung zu erzielen, wurde eine noch stärkere Ausführung des Napier Lion Motors gewählt, außerdem sollte der Luftwiderstand durch alle nur denkbaren aerodynamischen Verfeinerungen weitgehend reduziert werden. Für die Motorkühlung wurden Flügeloberflächenkühler verwendet, und die Firma baute erstmals ihre eigenen Schwimmer für die drei produzierten Exemplare des Modells; auch die Schwimmer trugen Kühler auf den Oberseiten. Die Hitzeentwicklung der starken Triebwerke brachte Probleme für die Konstrukteure von Rennflugzeugen mit sich, und um das Schmieröl auf einer wirksamen Temperatur zu halten, erhielt die Gloster IV einen kombinierten Öltank und Kühler unter dem Bug sowie zusätzliche Kühlflächen an den Rumpfseiten. Die Tragflächen und alle Streben wurden sorgfältig am Verbindungspunkt zwischen Rumpf und Flügeln miteinander vereint, so daß im Vergleich zur Gloster III eine Reduzierung des Luftwiderstands um etwa 40 Prozent erreicht wurde.

Die drei Maschinen waren die Gloster IV mit einem 900 PS (671 kW) Napier Lion VIIA Motor mit Direktantrieb, die **Gloster IVA** mit reduzierter Spannweite, einem kreuzförmigen Leitwerk und dem gleichen Triebwerk und die **Gloster IVB**, die bis auf den Napier Lion VIIB und ein Untersetzungsgetriebe mit der IVA identisch war.

### Technische Daten
**Gloster IVB**
**Typ:** zweisitziges Doppeldecker-Rennenflugzeug mit Schwimmern.
**Triebwerk:** ein 885 PS (660 kW) Napier Lion VIIB Zwölfzylinder.
**Leistung:** Höchstgeschwindigkeit 475 km/h in Meereshöhe.
**Gewicht:** Leergewicht 1.185 kg; max. Startgewicht 1.499 kg.
**Abmessungen:** Spannweite 6,90 m; Länge 8,03 m; Höhe 2,79 m; Tragflügelfläche 12,91 m².

**Die drei Zylinderreihen des Napier Lion Motors gingen gut in die Verkleidung der Flügelwurzeln und der verlängerten Rückenflosse über.**

# Gloster VI

### Entwicklungsgeschichte
Die Entwicklung einer Gloster V war vorgesehen, wurde aber nicht durchgeführt, und erst im Frühjahr 1928 begannen Folland und sein Team mit dem Entwurf eines neuen Eindeckers, der am Rennen um die Schneider Trophäe von 1929 teilnehmen sollte. Die **Gloster VI**, ein drahtverspannter Tiefdecker, hatte Tragflächen in Holzbauweise, einen Rumpf aus einer Metallegierung und ein freitragendes Leitwerk mit einer ähnlichen Konstruktion wie die Flügel. Die Schwimmer waren ebenfalls aus einer Legierung und dienten als Treibstofftanks; ihr Inhalt wurde in den kleineren Verteilertank im Rumpfinnern gepumpt. Die Tragflächenoberseiten waren fast völlig von Kühlern für den luftgekühlten Napier Lion VIIID bedeckt, und die am hinteren Teil des Cockpits montierten Oberflächen-Ölkühler konnten durch zusätzliche Ölkühler oberhalb der Schwimmer verstärkt werden.

Zwei Exemplare der Gloster VI wurden gebaut, aber bei den Tests in Calshot im August 1929 erwiesen sich die starken Lion VIIID Motoren als unberechenbar, und die Maschinen nahmen nicht am Rennen teil. Beide flogen schließlich bei der RAF, aber da die Schwierigkeiten mit dem Triebwerk sich nicht beheben ließen, wurden sie nur wenig eingesetzt.

### Technische Daten
**Typ:** ein einsitziges Eindecker-Rennflugzeug mit Schwimmern.
**Triebwerk:** ein dreireihig stehender 1.320 PS (984 kW) Napier Lion VIIID Zwölfzylinder mit Vorverdichter.
**Leistung:** Höchstgeschwindigkeit 565 km/h.
**Gewicht:** Leergewicht 1.036 kg; max. Startgewicht 1.669 kg.
**Abmessungen:** Spannweite 7,92 m; Länge 8,23 m; Höhe 3,29 m; Tragflügelfläche 9,85 m².

# Gloster AS.31 Survey

### Entwicklungsgeschichte
Die Aircraft Operating Company, eine britische Firma, die für die Ordnance Survey (englisches Landvermessungsamt) Luftvermessungsarbeiten durchführte, erstellte ihre eigene Spezifikation für ein Modell, das auf ihre besonderen Bedürfnisse abgestimmt war. Der Entwurf wurde von de Havilland unter der Bezeichnung D.H.67 angeregt, aber da die Firma damals vollauf mit anderen Projekten beschäftigt war, wurde die Herstellung des Typs der Gloster Company übertragen. Das Modell war ein zweistieliger Doppeldecker gleicher Spannweite, einer Grundstruktur in Metallbauweise mit Stoffbespannung und festem Heckspornfahrwerk; zwei Bristol Jupiter XI Motoren waren auf den unteren Tragflächen angebracht. Die Maschine faßte den Piloten und den Fotografen, der in einer vorderen oder hinteren Position arbeiten konnte; außerdem war genug Platz für eine Dunkelkammer, und Folland hatte angesichts der großzügigen Raumausnutzung alternative Ausführungen für Krankentransport, Fracht und Passagiere vorgesehen, von denen er sich einen besseren Verkauf erhoffte.

Die Firma bezeichnete das Modell als **Gloster AS.31 Survey** (Vermessung), und das erste Exemplar (G-AADO) unternahm seinen Jungfernflug im Juni 1929. Im Frühjahr 1930 flog es nach Kapstadt, wo es erstmals als Vermessungsflugzeug eingesetzt werden sollte. Später wurde es von der South African Air Force übernommen und zu Luftbildaufnahmen eingesetzt (bis 1942). Ein zweites und zugleich letztes Exemplar wurde von Gloster 1931 für das englische Luftfahrtministerium hergestellt; diese Maschine blieb etwa fünf Jahre lang im Einsatz.

### Technische Daten
**Typ:** zwei/dreisitziges Luftbild- und Vermessungsflugzeug.
**Triebwerk:** zwei 525 PS (391 kW) Bristol Jupiter XI Neunzylinder Sternmotoren.
**Leistung:** Höchstgeschwindigkeit 211 km/h in 300 m Höhe; Reisegeschwindigkeit 177 km/h; Dienstgipfelhöhe 6.400 m; max. Flugdauer in 6.000 m Höhe 7 Stunden 30 Minuten.
**Gewicht:** Leergewicht 2.546 kg; max. Startgewicht 3.887 kg.
**Abmessungen:** Spannweite 18,59 m; Länge 14,78 m; Höhe 5,72 m; Tragflügelfläche 95,22 m².

**In den 20er Jahren begann man mit der Luftvermessung, und die Gloster AS.31 wurde eigens für diese Aufgabe entworfen.**

# Gloster E.1/44

## Entwicklungsgeschichte

Für die Spezifikation E.1/44 des Luftfahrtministeriums, die ein einsitziges Kampfflugzeug mit Strahltriebwerk vorsah, entwarf und baute Gloster einen Prototyp mit einem damals von Rolls-Royce entwickelten Strahltriebwerk mit Radialverdichter. Die **Gloster E.1/44**, ein Mitteldecker mit freitragenden Flügeln in Metallbauweise mit einziehbarem Dreibeinfahrwerk, hatte ein Nene Strahltriebwerk im Rumpfhinterteil. Der Erstflug fand am 9. März 1948 statt, aber nach dem Bau von drei Prototypen wurde das Projekt abgebrochen.

## Technische Daten

**Typ:** ein einsitziges Düsen-Kampfflugzeug (Prototyp).
**Triebwerk:** ein Rolls-Royce Nene 2 Strahltriebwerk von 2.268 kp Schub.
**Leistung:** Höchstgeschwindigkeit 998 km/h in Meereshöhe; Dienstgipfelhöhe 13.410 m; Flugdauer in 9.145 m Höhe 1 Stunde.
**Gewicht:** Leergewicht 3.747 kg; max. Startgewicht 5.203 kg.
**Abmessungen:** Spannweite 10,97 m; Länge 11,58 m; Höhe 3,56 m; Tragflügelfläche 23,60 m$^2$.
**Bewaffnung:** vier im Bug montierte 20 mm British Hispano Kanonen.

**Das Konzept der Gloster E.1/44 mit einem einzigen Strahltriebwerk mit Radialverdichter erwies sich als falsch, und die Entwicklung wurde schließlich abgebrochen.**

# Gloster E.28/39

## Entwicklungsgeschichte

Die von Frank Whittle entworfene W.1 Gasturbine wurde im Rahmen eines Auftrags des Luftfahrtministeriums vom März 1938 von der Power Jets Ltd. produziert. Man brauchte dafür ein Flugwerk und übergab am 3. Februar 1940 die Spezifikation E.28/39 an die Gloster Company. Das gewünschte Modell sollte sich nach den Anforderungen des Triebwerks richten und bei Gewicht und Platzangebot außerdem die geplanten vier Browning 7,7 mm MG berücksichtigen, die allerdings nicht in das Testflugzeug eingebaut werden sollten. Der Vertrag sah zwei **Gloster E.28/39** Prototypen vor, die ein Fahrwerk mit steuerbarem Bugrad erhalten sollten.

Nach etwas über einem Jahr flog der erste Prototyp nach nur 550 m Rollstrecke, und mit dem kurz vor den Tests eingebauten Power Jets W.1 Triebwerk von 390 kp Schub wurde diese Maschine das erste britische Jet-Flugzeug.

Der Erstflug am 15. Mai 1941 dauerte 17 Minuten und war ein großer Erfolg. In den folgenden 13 Tagen wurden weitere zehn Flugstunden absolviert, bevor der Prototyp zur Fabrik zurückkehrte, um das neue und stärkere W.1A Triebwerk von 526 kp Schub zu erhalten. Am 4. Februar 1942 begann eine neue Testserie, aber die Maschine wies Probleme mit dem Triebwerk auf und wurde leicht beschädigt. Am 30. Juli geriet der erste Prototyp (damals mit einem neuen Rover W.2B von 692 kp Schub bestückt) in 11.275 m Höhe wegen klemmender Querruder ins Trudeln und stürzte ab.

Der zweite Prototyp hatte einen Power Jets W.2/500 von 771 kp Schub erhalten, und die Tests wurden weitergeführt. Inzwischen hatte der Typ ein verbessertes Power Jets W.2/500 von 798 kp Schub erhalten. Nach dem Testprogramm ging die Maschine als Austellungsstück an das Science Museum in London.

Mathew Nathan

**Die Gloster E.28/39 spielte eine wichtige Rolle in der Entwicklung der britischen Düsenflugzeuge.**

## Technische Daten

**Typ:** einsitziges Forschungsflugzeug mit Strahltriebwerk.
**Triebwerk:** ein Power Jets W.2/500 Strahltriebwerk von 798 kp Schub.
**Leistung:** Höchstgeschwindigkeit 750 km/h in 3.050 m Höhe; Dienstgipfelhöhe 9.755 m.
**Gewicht:** Leergewicht 1.309 kg; max. Startgewicht 1.700 kg.
**Abmessungen:** Spannweite 8,84 m; Länge 7,72 m; Höhe 2,82 m; Tragflügelfläche 13,61 m$^2$.
**Bewaffnung:** keine.

# Gloster F.5/34

## Entwicklungsgeschichte

Der letzte von Henry Folland entworfene Kampfflieger war ein als **Gloster F.5/34** bezeichneter Prototyp.

Er war ein Tiefdecker in Metallbauweise mit freitragenden Flügeln und Stoffbespannung für alle Steuerflächen. Das Fahrwerk war eine einziehbare Heckradanlage, und das Triebwerk bestand aus einem Bristol Mercury IX Sternmotor. Der Pilot saß in einem von einer Schiebekuppel bedeckten Cockpit. Die Bewaffnung bestand aus acht Browning MG, die in die Tragflächen eingebaut waren. Erst im Dezember 1937 konnte die Maschine erstmals geflogen werden. Ein zweiter Prototyp folgte im März 1938. Inzwischen hatte die F.5/34 natürlich keine Aussicht mehr, in die Produktion zu gelangen, da die Hurricane bereits in Dienst gestellt worden war und inzwischen die Spitfire gebaut wurde.

**Zusammen mit der Hawker Hurricane und Supermarine Spitfire wurde auch die Gloster F.5/34 entwickelt. Ihr Erstflug fand aber zu spät statt.**

## Technische Daten

**Typ:** ein einsitziges Kampfflugzeug.
**Triebwerk:** ein 840 PS (626 kW) Bristol Mercury IX Neunzylinder Sternmotor.
**Leistung:** Höchstgeschwindigkeit 509 km/h in 4.875 m Höhe; Dienstgipfelhöhe 9.900 m.
**Gewicht:** Leergewicht 1.901 kg; max. Startgewicht 2.449 kg.
**Abmessungen:** Spannweite 11,63 m; Länge 9,75 m; Höhe 3,10 m; Tragflügelfläche 21,37 m$^2$.
**Bewaffnung:** acht vorwärtsfeuernde 7,7 mm Browning MG.

# Gloster F.9/37

### Entwicklungsgeschichte

Die **Gloster F.9/37** war ein zweimotoriges, einsitziges Kampfflugzeug, und das Modell bestand aus mehreren Sektionen, da die Maschine von ungelernten Arbeitern hergestellt werden sollte. Bug- und Heckkonus waren abnehmbar, und der Rumpf bestand aus zwei Hauptabschnitten, dem Vorderteil mit Cockpit und zwei 20 mm Kanonen und dem Hinterteil mit zwei Unterabschnitten für vier 7,7 mm MG und den Ansatzpunkten für Tragflächen und Leitwerk.

Zwei Prototypen wurden bestellt, und die Konstruktion begann im Februar 1938. Die erste Maschine unternahm ihren Erstflug am 3. April 1939 mit zwei 783 kW Bristol Taurus Sternmotoren, und bei den folgenden Flugtests wurde die im Vergleich zu anderen zweimotorigen Maschinen beachtliche Höchstgeschwindigkeit von 579 km/h erreicht.

Bei einem Unfall erlitt der Prototyp erheblichen Schaden und mußte neu gebaut werden; aus unerklärlichen Gründen waren schwächere 900 PS (671 kW) Taurus Motoren eingebaut worden, was eine Reduzierung der Leistung mit sich brachte, obwohl die Maschine immerhin noch eine Geschwindigkeit von 534 km/h erreichte.

Ein zweiter Prototyp mit 885 PS (660 kW) Rolls-Royce Peregrine Reihenmotoren flog am 22. Februar 1940 und erreichte eine Geschwindigkeit von 531 km/h. Trotz ihrer guten Eigenschaften ging keine der Versionen in Produktion.

### Technische Daten

**Gloster F.9/37** (erster Prototyp)
**Typ:** ein einsitziges Kampfflugzeug (Prototyp).
**Triebwerk:** zwei 1.050 PS (783 kW) Bristol Taurus T-S(a) Vierzehnzylinder Sternmotoren.
**Leistung:** Höchstgeschwindigkeit 579 km/h in 4.570 m; Dienstgipfelhöhe 9.145 m.
**Gewicht:** Leergewicht 4.004 kg; max. Startgewicht 5.268 kg.
**Abmessungen:** Spannweite 15,25 m; Länge 11,29 m; Höhe 3,53 m; Tragflügelfläche 35,86 m$^2$.
**Bewaffnung:** zwei 20 mm Kanonen im Bug und vier 7,7 mm MG im Rumpf.

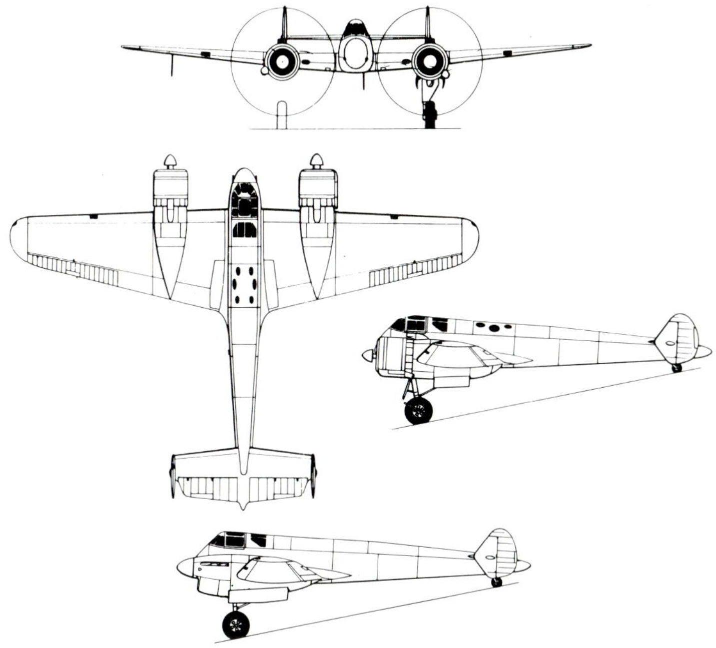

**Gloster F.9/37 (untere Seitenansicht: zweiter Prototyp mit Rolls-Royce Peregrine Motoren).**

# Gloster G.41 Meteor

### Entwicklungsgeschichte

Das einzige im Zweiten Weltkrieg eingesetzte Flugzeug der Alliierten mit Strahltriebwerk war die von George Carter entworfene **Gloster Meteor**, deren erster Entwurf vom Luftfahrtministerium im November 1940 gutgeheißen wurde. Die zweimotorige Struktur wurde durch den geringen Antrieb der damals erhältlichen Strahltriebwerke bestimmt. Am 7. Februar 1941 wurden zwölf Prototypen bestellt, von denen allerdings nur acht gebaut wurden. Der erste erhielt Rover W.2B Triebwerke von je 454 kp Schub, und die Rollversuche begannen im Juli 1942. Wegen der Verzögerungen in der Produktion von passenden Triebwerken wurde das fünfte Flugwerk mit alternativen von de Havilland entworfenen Halford H.1 Motoren von 680 kp Schub bestückt. Diese Maschine flog erstmals am 5. März 1943 in Cranwell.

Schließlich kamen modifizierte W.2B/23 Triebwerke auf den Markt und wurden in den ersten und den vierten Prototyp eingebaut, die am 12. Juni bzw. 24. Juli erstmals flogen. Am 13. November unternahm der dritte Prototyp seinen Jungfernflug in Farnborough, ausgerüstet mit zwei Metrovick F.2 Triebwerken in Unterrumpfgondeln, und im gleichen Monat flog die zweite Maschine mit Power Jets W.2/500 Strahltriebwerken. Aus dem sechsten Exemplar wurde später der Prototyp der **Meteor F.Mk II** mit zwei de Havilland Goblin Triebwerken von 1.225 kp Schub, der erstmals am 24. Juli 1945 flog. Ihm war die siebte Maschine vorausgegangen, die mit modifizierter Flosse, Ruder und Sturzflugbremsen ausgerüstet war und am 20. Januar 1944 erstmals flog. Die achte Maschine flog am 18. April 1944 mit Rolls-Royce W.2B/37 Derwent I.

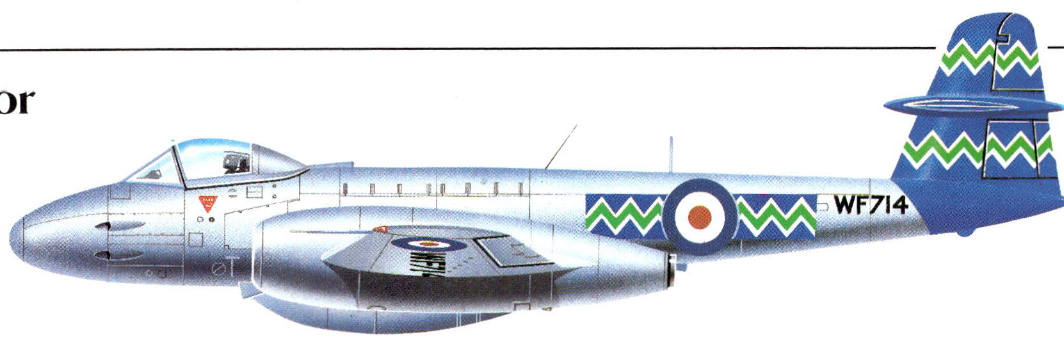


**Gloster Meteor F.Mk 8 von Squadron Leader Desmond de Villiers, No. 500 Sqn, Royal Australian Air Force, 1954 in West Malling, England, stationiert.**

**Gloster Meteor T. Mk 7 der No. 203 Advanced Flying School, RAF, in den frühen 50er Jahren in Driffield in England stationiert.**

Die erste Produktionsserie bestand aus 20 **Gloster G.41A Meteor F.Mk I** mit W.2B/23C Welland und kleineren Verbesserungen des Flugwerks. Nach dem Erstflug am 12. Januar 1944 wurde die erste Meteor Mk I im Februar in die USA geliefert, im Austausch mit dem ersten amerikanischen Jet-Flugzeug, der Bell YP-59A Airacomet. Andere Exemplare wurden für die Entwicklung von Flugwerken und Triebwerken verwendet, und die 18. Maschine wurde später das erste Propellerturbinenflugzeug der Welt, die **Trent-Meteor**, Erstflug am 20. September 1945. Die Trent war eigentlich ein Derwent Triebwerk mit Untersetzungsgetriebe und einer Welle für einen Rotol Fünfblatt-Propeller mit einem Durchmesser von 2,41 m; dadurch wurde ein längeres Fahrwerk nötig. Die Triebwerke hatten jeweils einen Schub von 559 kp und einen Restschub von 454 kp.

Die erste mit Jet-Kampffliegern ausgerüstete Einheit war die in Culmhead (Somerset) stationierte No. 616 Squadron. Die ersten Einsätze wurden am 27. Juli geflogen, und am 4. August zerstörte Flying Officer Dean bei Tonbridge als erster Jet-Flieger eine V-1.

Die **Meteor F.Mk III**, die zweite und letzte im Zweiten Weltkrieg eingesetzte Version des Typs, hatte eine erhöhte Treibstoffkapazität und eine blasenförmige Kuppel anstelle der seitwärts öffnenden Haube der Mk I. 15 Mk III wurden mit Welland Triebwerken fertiggestellt, und 195 weitere mit Derwent. Derwent Triebwerke wurden auch für die **Meteor F.Mk IV** (später **Meteor F.Mk 4**) verwendet, deren spätere Exemplare eine um 1,78 m verringerte Spannweite erhielten. Von 657 gebauten Maschinen gingen 465 an die RAF.

Ein um 76 cm verlängerter Rumpf für den Einbau eines zweiten Cockpits im Flugwerk der Mk IV war ein Kennzeichen der von Gloster in privater Initiative entwickelten **Meteor Trainer** (Erstflug am 19. März 1948). Die Maschine war unbewaffnet und hatte Doppelsteuerung; die RAF bestellte den Typ als **Meteor**

**T.Mk 7** und erhielt 712 Exemplare, die zum Teil von der Royal Navy und im Ausland eingesetzt wurden.

Die zahlenmäßig erfolgreichste Variante war jedoch die **Meteor F.Mk 8** mit einem verlängerten Rumpf, einem neuen Leitwerk, zusätzlichen 432 l Treibstoff und einer Blasenkuppel. Zur Extraausrüstung gehörte ein Martin-Baker-Schleudersitz. Derwent 8 Strahltriebwerke von je 1.633 kp Schub wurden eingebaut, um eine Höchstgeschwindigkeit von fast 966 km/h zu gewährleisten. Die erste von 1.183 Meteor F.Mk 8 wurde am 12. Oktober 1948 geflogen. Für taktische Aufklärung wurde die **Meteor FR.Mk 9** auf der Grundlage der Mk 8 entwickelt, die eine Kameraausrüstung neben der Bewaffnung im Bug erhielt. Das erste von 126 Exemplaren flog am 22. März 1950, gefolgt von einer unbewaffneten Höhenversion mit der Bezeichnung **Meteor PR.Mk 10**. Die erste von 58 Maschinen unternahm ihren Jungfernflug am 29. März 1950.

1949 wurde die Entwicklung einer Nachtkampf-Ausführung der Armstrong Whitworth Aircraft Company übertragen. Der fertige **Meteor NF.Mk 11** Prototyp flog am 31. Mai 1950. Die **Meteor NF.Mk 13**, eine Tropenausführung, flog am 23. Dezember 1952 und wurde von zwei Staffeln im Nahen Osten verwendet. Die erstmals am 21. April 1953 geflogene **Meteor NF.Mk 12** hatte eine höhere Geschwindigkeit. Die letzte Nachtkampf-Variante, die Meteor **NF.Mk 14**, zeichnete sich durch einige kleinere aerodynamische Veränderungen aus. Zu den umgebauten Modellen gehörten die **Meteor U.Mk 15**, **U.Mk 16** und **U.Mk 21** (unbemannte Zielflugzeuge), die auf Flugwerken der F.Mk IV bzw. Mk 8 basierten. NF.Mk 11 der Royal Navy zum Einsatz als Zielschlepper trugen die Bezeichnung **Meteor TT.Mk 20**.

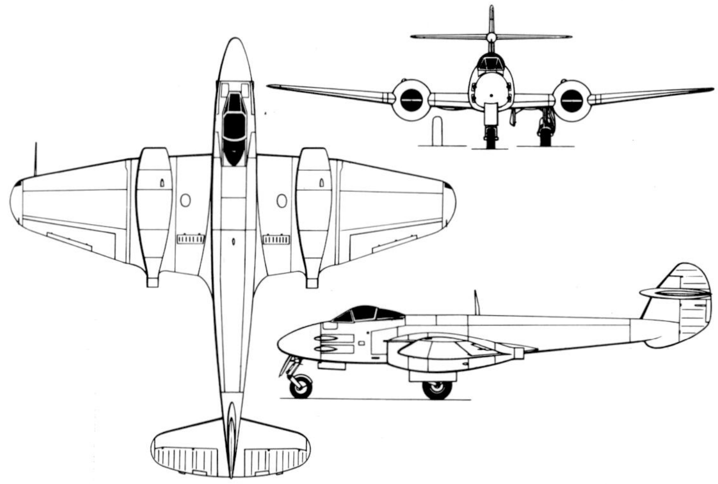

**Gloster Meteor F.Mk 3**

RAF Museum, Hendon

**Die Gloster Trent-Meteor war das erste Flugzeug der Welt mit Propellerturbinenantrieb und wurde auf der Basis des umgebauten 18. Meteor F.Mk I Kampfflugzeugs entwickelt.**

### Technische Daten
**Gloster Meteor F.Mk I**
**Typ:** einsitziger Tagjäger.
**Triebwerk:** zwei Rolls-Royce Welland W.2B/23C Strahltriebwerke von 771 kp Schub.
**Leistung:** Höchstgeschwindigkeit 668 km/h in 3.050 m Höhe; Dienstgipfelhöhe 12.190 m.
**Gewicht:** Leergewicht 2.692 kg; max. Startgewicht 6.257 kg.
**Abmessungen:** Spannweite 13,11 m; Länge 12,57 m; Höhe 3,96 m; Tragflügelfläche 34,74 $m^2$.
**Bewaffnung:** vier 20 mm Kanonen.

# Gloster Gambet

### Entwicklungsgeschichte
Im Frühjahr 1926 suchte die Kaiserlich-Japanische Marine nach einem Ersatz für die Sparrowhawk Kampfflugzeuge und beauftragte Aichi, Mitsubishi und Nakajima mit der Erstellung passender Entwürfe für ein neues einsitziges Kampfflugzeug zum Einsatz auf Flugzeugträgern. Nakajima beauftragte Gloster sofort damit, und das Ergebnis war die **Gloster Gambet**, die Henry Folland bereits in privater Initiative entwickelte. Der Typ war ein einstieliger Doppeldecker ungleicher Spannweite, weitgehend in Holzbauweise, und hatte ein festes Heckspornfahrwerk, Fanghaken sowie als Bewaffnung zwei Vickers MG. Im Juli 1927 übernahm Nakajima die Maschine zusammen mit den Produktionsrechten, und ein Konstruktionsteam unter Leitung von Ingenieur Takao Yoshida führte Modifikationen nach den spezifischen Ansprüchen der Marine durch, die das Modell gleichzeitig für die Produktion in Japan vereinfachen sollten. Insgesamt baute Nakajima von den beiden Ausführungen **A1N1** und **A1N2** oder **Type 3** Carrier-Based Fighter 50 bzw. 100 Exemplare.

### Technische Daten
**Gloster Gambet**
**Typ:** ein einsitziges trägergestütztes Kampfflugzeug (Prototyp).
**Triebwerk:** ein 420 PS (313 kW) Bristol Jupiter VI Sternmotor.
**Leistung:** Höchstgeschwindigkeit 245 km/h in 1.525 m Höhe; Dienstgipfelhöhe 7.070 m; Flugdauer in 4.570 m Höhe 3 Stunden 45 Minuten.
**Gewicht:** Leergewicht 912 kg; max. Startgewicht 1.395 kg.
**Abmessungen:** Spannweite 9,70 m; Länge 6,49 m; Höhe 3,25 m; Tragflügelfläche 26,38 $m^2$.
**Bewaffnung:** zwei feste, vorwärtsfeuernde 7,7 mm Vickers MG plus vier 9 kg Bomben.

**Die Gloster Gambet wurde aus der Gamecock für die Kaiserlich-Japanische Marine entwickelt.**

# Gloster Gamecock

### Entwicklungsgeschichte
Die Gloster Gamecock wurde für das Luftfahrtministerium entworfen, das ein einsitziges Kampfflugzeug forderte. Der Typ war eine Entwicklung der erfolgreichen Gloster Grouse/Grebe und unterschied sich von seinen Vorgängern vor allem durch das Bristol Jupiter Triebwerk anstelle des Armstrong Siddeley Jaguar Motors, der durch seine Unzuverlässigkeit Probleme bereitet hatte. Andere Veränderungen betrafen verbesserte Querruder und Rumpfkonturen sowie den Einbau von zwei MG im Rumpfinnern. Die Gamecock flog erstmals im Februar 1925 und begann sehr schnell mit der Erprobung, die zu einer Modifizierung des Leitwerks führte. Daraufhin erhielt der erste der drei Prototypen einen Auftrag über 30 Serienmaschinen vom Typ **Gamecock Mk I**, die im Mai 1926 in Dienst gestellt wurden.

Die RAF übernahm insgesamt fast 100 Gamecock, darunter drei spät entwickelte **Gamecock Mk II** mit verändertem Flügelmittelstück. Darüber hinaus lieferte Gloster den Typ an Finnland, wo außerdem unter Lizenz in den Jahren 1929 und 1930 15 Exemplare der Mk II gebaut wurden, die von 1929 bis 1941 unter dem Namen Kukko im Einsatz waren.

### Varianten
**Gamecock Mk III:** eine Mk II der RAF für Trudelversuche.

RAF Museum, Hendon

**Die Gloster Gamecock unterschied sich, abgesehen von der Motorleistung, kaum von den Kampfflugzeugen des Ersten Weltkriegs. Hier abgebildet sind zwölf Gamecock Mk 1 der No. 23 Sqn in Kenley.**

### Technische Daten
**Gamecock Mk I**
**Typ:** einsitziges Kampfflugzeug.
**Triebwerk:** ein 425 PS (317 kW) Bristol Jupiter VI Neunzylinder Sternmotor.
**Leistung:** Höchstgeschwindigkeit 249 km/h in 1.525 m Höhe; Steigzeit auf 3.050 m 7 Minuten 35 Sekunden; Dienstgipfelhöhe 6.705 m; Flugdauer 2 Stunden.
**Gewicht:** Leergewicht 875 kg; max. Startgewicht 1.299 kg.
**Abmessungen:** Spannweite 9,08 m; Länge 5,99 m; Höhe 2,95 m; Tragflügelfläche 24,53 m².
**Bewaffnung:** zwei feste, vorwärtsfeuernde 7,7 mm Vickers Mk I MG.

Gloster Gamecock Mk I der No.32 Sqn, in RAF Kenley stationiert

# Gloster Gannet

### Entwicklungsgeschichte
Die kleine Gloster Gannet war ein einstieliger Doppeldecker mit Klappflügeln in Holzbauweise und mit Stoffbespannung. Das Modell hatte ein konventionelles Leitwerk, ein festes Hecksporn-Fahrwerk und ein offenes Cockpit unter den oberen Tragflächen, so daß eine faltbare Flügelmittelstück-Hinterkante nötig wurde, damit der Pilot ein- und aussteigen konnte. Das Triebwerk war ein eigens entwickelter Carden Zweitaktmotor, und 1924 wurde er durch einen 7 PS (5,2 kW) Blackburn Tomtit ersetzt, mit dem das Modell bis zum Jahr 1929 flog.

### Technische Daten
**Typ:** Ultraleichtflugzeug.
**Triebwerk:** ein 750 ccm Carden Zweizylinder Reihenmotor.
**Leistung:** Höchstgeschwindigkeit 105 km/h in Meereshöhe; Landegeschw. 56 km/h; Reichweite 225 km.
**Gewicht:** Leergewicht 128 kg; max. Startgewicht 186 kg.
**Abmessungen:** Spannweite 5,49 m; Länge 5,03 m; Höhe 1,83 m.

**Obwohl typisch für die Ultraleichtflugzeuge der zwanziger Jahre, hatte die Gloster Gannet keinen Erfolg, da sie untermotorisiert war.**

RAF Museum, Hendon

# Gloster Gauntlet

### Entwicklungsgeschichte
Die **Gloster Gauntlet**, die 1937 bei nicht weniger als 14 Staffeln des RAF Fighter Command flog, basierte auf dem erfolglosen Entwurf der Goldfinch. Gloster entwickelte daraufhin den zweistieligen Doppeldecker **SS.18** (J9125) mit gleicher Spannweite, einer Ganzmetallgrundstruktur und gemischter Stoff- und Metallbespannung. Das Fahrwerk war eine feste Heckspornanlage, und das Triebwerk bestand aus dem unzuverlässigen 450 PS (336 kW) Bristol Mercury IIA Sternmotor. Für diesen Höhen-Abfangjäger erhielt Gloster zwar keine Aufträge, war aber durch die Leistung ermutigt und setzte die Entwicklung der J9125 durch den Einbau eines 480 PS (358 kW) Bristol Jupiter VIIF Sternmotors fort, was zu der neuen Bezeichnung **SS.18A** führte. Später flog die Maschine mit einem 560 PS (418 kW) Armstrong Siddeley Panther II (**SS.18B**). Dieser schwere Doppelsternmotor verursachte Probleme mit der Handhabung der Maschine, und als **SS.19** flog der Typ wieder mit dem Jupiter Motor. 1931 erhielt die SS.19 ein verkleidetes Fahrwerk (**SS.19A**). Der Einbau eines 536 PS (400 kW) Bristol Mercury VIS Sternmotors im Oktober 1932 führte zu der neuen Bezeichnung **SS.19B**, und 1934 ging der Typ schließlich als **Gauntlet Mk I** in die Produktion. Diese Kampfflugzeuge wurden durch den Mercury VIS Motor angetrieben und am 25. Mai 1935 an das RAF No. 19 (Fighter) Squadron ausgeliefert. 1934 hatte die Hawker Aircraft Ltd. die Firma Gloster übernommen, und die Serienversion **Gauntlet Mk II**, war ihren Vorläufern recht ähnlich.

### Technische Daten
**Gloster Gauntlet Mk II**
**Typ:** einsitziges Tag/Nacht-Kampfflugzeug.
**Triebwerk:** ein 640 PS (477 kW) Bristol Mercury VIS2 Neunzylinder Sternmotor.
**Leistung:** Höchstgeschwindigkeit 370 km/h in 4.815 km; Dienstgipfelhöhe 10.210 m; Reichweite 740 km.
**Gewicht:** Leergewicht 1.256 kg; max. Startgewicht 1.801 kg.
**Abmessungen:** Spannweite 9,99 m; Länge 8,05 m; Höhe 3,12 m; Tragflügelfläche 29,26 m².
**Bewaffnung:** zwei feste, vorwärtsfeuernde 7,7 mm Vicker MG.

**Die J9125 war der Prototyp der Gloster Gauntlet. Hier abgebildet ist die Maschine in der Version SS.19, ein Prototyp mit Jupiter Sternmotor.**

**Nachdem die RAF die Maschinen abschrieb, gingen 25 Exemplare der Gloster Gauntlet Mk II an Finnland.**

# Gloster Gnatsnapper

### Entwicklungsgeschichte
Der Prototyp der als einsitziger Bordgestützter Jäger entworfenen **Gloster Gnatsnapper** flog erstmals im Februar 1928. Der einstielige Doppeldecker mit Ganzmetall-Grundstruktur, gemischter Metall- und Stoffbespannung, ungleicher Spannweite und festem Heckspornfahrwerk sowie einem typischen Gloster Leitwerk hatte als Triebwerk den neuen 450 PS (336 kW) Bristol Mercury IIA Sternmotor, der sich aber als so unzuverlässig herausstellte, daß der Prototyp mit einem Jupiter VII geflogen wurde. Später wurden verschiedene Mercury IIA Triebwerke eingebaut. Aber als keiner verläß-

lich genug erschien, fanden die Flugtests mit dem wieder eingebauten Jupiter Motor statt. Später wurde das Flugwerk mehrfach modifiziert, und mit einem 540 PS (403 kW) Armstrong Siddeley Jaguar VII Sternmotor wurde die Bezeichnung in **Gnatsnapper Mk II** geändert. Die Maschine wurde während der Tests beschädigt und später mit einem 525 PS (391 kW) Rolls-Royce Kestrel IIS als **Gnatsnapper Mk III** erprobt.

### Technische Daten
**Gloster Gnatsnapper Mk I**
**Typ:** ein bordgestützter Jäger.
**Triebwerk:** ein 450 PS (336 kW) Bristol Jupiter VII Neunzylinder Sternmotor.
**Leistung:** Höchstgeschwindigkeit 266 km/h in 3.050 m Höhe; Dienstgipfelhöhe 6.250 m; Flugdauer 5 Stunden.
**Gewicht:** Leergewicht 1.347 kg; max. Startgewicht 1.644 kg.
**Abmessungen:** Spannweite 10,21 m; Länge 7,49 m; Höhe 3,33 m; Tragflügelfläche 33,44 m².

**Die Gloster Gnatsnapper Mk II war das ursprüngliche Flugzeug mit einem Jaguar VIII Sternmotor, dessen fehlende Haube allerdings zu einem übermäßigen Luftwiderstand führte.**

# Gloster Goldfinch

### Entwicklungsgeschichte
Im Frühjahr 1926 schloß Gloster mit dem britischen Luftfahrtministerium einen Vertrag über den Bau einer Ganzmetallversion der Gamecock ab; das Ergebnis, der **Gloster Goldfinch** Prototyp, war dem Modell, als dessen Ersatz er gedacht war, sehr ähnlich. Die Goldfinch war ein einsitziger Doppeldecker mit festem Heckspornfahrwerk, Tragflächen und Leitwerk in Ganzmetallbauweise und einem Rumpf aus Metall und Holz. Wie die Gamecock hatte auch die Goldfinch einen Bristol Jupiter Sternmotor. Da aber das neue Modell für Höhenflüge gedacht war, erhielt sie einen Jupiter VIIF Ladermotor. Nach den ersten Flugtests wurden ein neuer, verlängerter Rumpf in Ganzmetallbauweise und ein verändertes Leitwerk verwandt. Die Tests begannen im Dezember 1927 und erwiesen sich als zufriedenstellend. Das Modell erhielt jedoch keine Aufträge.

### Technische Daten
**Typ:** ein einsitziger Höhenjäger.
**Triebwerk:** ein 450 PS (336 kW) Bristol Jupiter VIIF Neunzylinder Sternmotor.
**Leistung:** Höchstgeschwindigkeit 277 km/h in 3.050 m Höhe; Dienstgipfelhöhe 8.215 m.
**Gewicht:** Leergewicht 933 kg; max. Startgewicht 1.468 kg.
**Abmessungen:** Spannweite 9,14 m; Länge 6,78 m; Höhe 3,20 m; Tragflügelfläche 25,48 m².
**Bewaffnung:** zwei feste, vorwärtsfeuernde 7,7 mm Vickers MG.

**Die Gloster G.30 Goldfinch war wenig mehr als eine Metallversion der bereits im Einsatz befindlichen Gamecock.**

# Gloster Goral

### Entwicklungsgeschichte
Während des ersten Jahrzehnts nach dem Ersten Weltkrieg hatte das britische Luftfahrtministerium nicht genug Geld, um die Royal Air Force mit neuen Flugzeugen auszurüsten. Selbst als 1927 deutlich wurde, daß Ersatz für verschiedene Kriegsmodelle nötig war, mußten die Modelle angesichts der finanziellen Beschränkungen als Mehrzweckflugzeuge dienen können. Das vorgeschlagene Gloster Modell war ein konventioneller Doppeldecker mit den Standard-Tragflächen der D.H.9A, einem mit Stoff bespannten Metallrumpf, verstrebtem Leitwerk und festem Heckspornfahrwerk. Das Triebwerk war ein Bristol Jupiter VIA Sternmotor. Der Erstflug fand am 8. Februar 1927

**Die Gloster G.22 Goral wurde als Nachfolger der de Havilland D.H.9A entworfen und verwendete Komponenten dieses Modells.**

statt, aber Gloster erhielt keinen Auftrag für dieses Modell.

### Technische Daten
**Typ:** ein zweisitziges Mehrzweckflugzeug.
**Triebwerk:** ein 425 PS (317 kW) Bristol Jupiter VIA Neunzylinder Sternmotor.
**Leistung:** Höchstgeschwindigkeit 219 km/h in 1.525 m Höhe; Dienstgipfelhöhe 6.555 m; max. Reichweite 1.207 km.
**Gewicht:** Leergewicht 1.268 kg; max. Startgewicht 2.014 kg.
**Abmessungen:** Spannweite 14,20 m; Länge 9,60 m; Höhe 3,45 m; Tragflügelfläche 45,89 m².

**Bewaffnung:** ein festes, vorwärtsfeuerndes 7,7 mm Vickers MG und ein Lewis Gewehr im hinteren Cockpit plus max. 209 kg Bomben.

# Gloster Gorcock und Guan

### Entwicklungsgeschichte
1924 bestellte das Luftfahrtministerium bei Gloster drei Exemplare eines experimentellen einsitzigen Kampfflugzeugs mit dem Namen **Gloster Gorcock**. Eine der drei Maschinen war das erste Militärflugzeug in Ganzmetallbauweise aus der Produktion der Firma. Alle erhielten eine Doppeldeckerkonfiguration und waren rein äußerlich der Gamecock ähnlich. Alle drei Gorcock wurden 1927 fertiggestellt und ausgeliefert und mehrere Jahre lang als Forschungsflugzeuge verwendet. Gleichzeitig mit ihnen entstand die **Gloster Guan**, die in nur zwei Exemplaren produziert wurde. Die Guan war ebenfalls ein einsitziges experimentelles Kampfflugzeug, war aber für Versuche mit Ladermotoren als Einsatz in der Rolle eines Höhen-Abfangjägers gedacht. Das Flugwerk der Guan war dem der Gorcock in Gemischtbauweise weitgehend ähnlich, hatte aber eine um 1,02 m erweiterte Spannweite und eine 4,46 m² größere Tragflügelfläche.

### Technische Daten
**Gloster Gorcock** (3. Prototyp)
**Typ:** Experimental-Kampfflugzeug.

**Die Gloster Gorcock war ausschließlich als experimentelles Kampfflugzeug gedacht und hatte Leitflächen ähnlich denen der S.E.5A Kampfflugzeuge des Ersten Weltkriegs. Hier abgebildet ist die zweite von drei Maschinen, die mit einem Lion VIII Motor ausgestattet waren.**

**Triebwerk:** ein dreireihiger 450 PS (336 kW) Napier Lion IV Zwölfzylinder Kolbenmotor.
**Leistung:** Höchstgeschwindigkeit 280 km/h in 1.525 m Höhe. Dienstgipfelhöhe 7.315 m; Flugdauer 1 Stunde 45 Minuten.
**Gewicht:** Leergewicht 1.099 kg; max. Startgewicht 1.514 kg.
**Abmessungen:** Spannweite 8,69 m; Länge 7,95 m; Höhe 3,12 m; Tragflügelfläche 23,23 m².
**Bewaffnung:** zwei feste, vorwärtsfeuernde 7,7 mm Vickers MG, plus vier 9 kg Bomben.

# Gloster Goring

## Entwicklungsgeschichte

Unter der Bezeichnung **Gloster Goring** entwarf und baute die Firma den Prototyp eines zweisitzigen Torpedo-Bombers. Es war ein einstieliger Doppeldecker von ungleicher Spannweite mit einem festen Heckspornfahrwerk und einem Bristol Jupiter VI Sternmotor. Nach seinem Erstflug im März 1927 erhielt der Prototyp (J8674) einen 460 PS (343 kW) Bristol Jupiter VIII. Nachdem das Luftfahrtministerium die Maschine erworben hatte, wurden mit ihr verschiedene Triebwerke erprobt.

**Die Gloster G.25 Goring war für eine Ausschreibung aus dem Jahre 1925 für einen Torpedobomber gedacht. Sie hatte bei dem Wettbewerb keinen Erfolg.**

## Technische Daten

**Gloster Goring**
**Typ:** zweisitziger Torpedo-Bomber (Prototyp).
**Triebwerk:** ein 425 PS (317 kW) Bristol Jupiter VI Neunzylinder Sternmotor.
**Leistung:** Höchstgeschwindigkeit 219 km/h in 1.220 m Höhe; Dienstgipfelhöhe 5.030 m; Flugdauer in 4.570 m Höhe 6 Stunden 30 Minuten.
**Gewicht:** Leergewicht 1.322 kg; max. Startgewicht 2.358 kg.
**Abmessungen:** Spannweite 12,80 m; Länge 9,14 m; Höhe 3,51 m; Tragflügelfläche 41,81 m².
**Bewaffnung:** ein festes, vorwärtsfeuerndes 7,7 mm Vickers MG und ein Lewis MG im hinteren Cockpit plus vier 51 kg Bomben oder ein Torpedo unter dem Rumpf.

# Gloster Grebe

## Entwicklungsgeschichte

Die **Gloster Grebe**, ein einsitziges Kampfflugzeug, war neben der Woodcock und der Siskin das erste zwischen den beiden Weltkriegen zur Neuausrüstung der Royal Air Force gewählte Kampfflugzeug. Die Grundlage für den Typ bildete das Gloster Grouse Forschungsflugzeug. Das Luftfahrtministerium bestellte drei Prototypen. Der erste mit der Bezeichnung Grebe Mk I war mit einem 325 PS (242 kW) Armstrong Siddeley Jaguar III Sternmotor ausgerüstet. Nach den Einsatztests bei der RAF wurde die **Grebe Mk II** mit mehreren Verbesserungen bestellt, darunter einem stärkeren Jaguar IV Motor.

Die RAF erhielt etwa 120 Grebe Mk II, darunter einige in der Ausführung als zweisitziges Grebe (Dual) Schulflugzeug mit Doppelsteuerung; die ersten wurden ab Oktober 1923 eingesetzt.

**Gloster Grebe Mk II der No. 25 Sqn, RAF, in Hawkinge stationiert**

## Technische Daten

**Gloster Grebe Mk II**
**Typ:** einsitziges Kampfflugzeug.
**Triebwerk:** ein 400 PS (298 kW) Armstrong Siddeley Jaguar IV Vierzehnzylinder Sternmotor.
**Leistung:** Höchstgeschwindigkeit 243 km/h in Meereshöhe; Steigzeit auf 6.095 m 23 Minuten; Dienstgipfelhöhe 7.010 m; Flugdauer 2 Stunden 45 Minuten.
**Gewicht:** Leergewicht 780 kg; max. Startgewicht 1.189 kg.
**Abmessungen:** Spannweite 8,94 m; Länge 6,17 m; Höhe 2,82 m; Tragflügelfläche 23,60 m².
**Bewaffnung:** zwei feste, vorwärtsfeuernde 7,7 mm Vickers MG.

**Die Gloster Grebe Mk II, eines der erfolgreichsten Kampfflugzeuge der Royal Air Force, war im Vergleich zu ihrem Vorgänger in mehrerer Hinsicht verbessert worden und hatte einen stärkeren Motor.**

# Gloster Grouse

## Entwicklungsgeschichte

1923 wurde das Flugwerk des Gloster Demonstrationsflugzeugs Mars III/Sparrowhawk II als Grundlage für ein in privater Initiative entwickeltes Forschungsflugzeug verwendet, das eine neue, von Henry Folland entworfene Doppeldecker-Tragflächenkonfiguration erproben sollte. Die Flügel sollten die Eigenschaften von Eindecker- und Doppeldeckertragflächen vereinen und beim Start der Maschine Auftrieb geben; die unteren Tragflächen waren jedoch in einem geringeren Einstellwinkel angebracht als die oberen, so daß sie beim Horizontalflug keinen Auftrieb und nur sehr wenig Luftwiderstand verursachten. Damit dienten die oberen Tragflächen gewissermaßen als Eindecker-Flügel.

Mit dieser Flügelkonfiguration erhielt die Mars III/Sparrowhawk II die

**In der hier abgebildeten Ausführung als Grouse Mk II sollte die Gloster Grouse ein zweisitziges Schulflugzeug für die RAF abgeben.**

neue Bezeichnung **Gloster Grouse Mk I**. Die Tests verliefen äußerst erfolgreich und führten zur Entwicklung der Gloster Grebe. 1924 wurde die Grouse mit einem 180 PS (134 kW) Armstrong Siddeley Lynx II Sternmotor modifiziert, um als Prototyp für ein zweisitziges Schulflugzeug zu dienen. Die Grouse Mk II war jedoch kein Verkaufserfolg.

### Technische Daten
**Gloster Grouse Mk I**
**Typ:** ein Doppeldecker-Forschungsflugzeug.
**Triebwerk:** ein 230 PS (172 kW) Bentley B.R.2 Neunzylinder Umlaufmotor.
**Leistung:** Höchstgeschwindigkeit 206 km/h in Meereshöhe; Dienstgipfelhöhe 5.790 m; Flugdauer 3 Stunden 45 Minuten.
**Gewicht:** Leergewicht 624 kg; max. Startgewicht 962 kg.
**Abmessungen:** Spannweite 8,23 m; Länge 5,79 m; Höhe 3,07 m; Tragflügelfläche 19,04 m$^2$.

# Gloster Javelin

Gloster Javelin F(AW).Mk 9 der No. 9 Sqn, RAF

### Entwicklungsgeschichte
Als die Serienmaschinen des **Gloster Javelin** Kampfflugzeugs im Februar 1956 in Dienst gestellt wurden, waren sie die ersten Deltaflügel-Maschinen der RAF. Das Modell war als Allwetter-Kampfflugzeug konzipiert. Die meisten Deltaflügler haben keine konventionellen Leitflächen, so daß bei Start und Landung ein hoher Anstellwinkel notwendig ist, was bei Allwetter-Nachteinsätzen als riskant galt. Daher erhielt der neue Typ ein T-förmiges Heck mit gepfeilten Flächen, die in Verbindung mit Tragflächenvorderkantenklappen Landungen bei fast normalem Anstellwinkel ermöglichten. Der Typ hatte zwei Armstrong Siddeley ASSa.6 Strahltriebwerke und zwei Tandemsitze in einem Cockpit mit Luftdruckausgleich.

Der erste von sieben Prototypen, die **GA.5**; flog am 26. November 1951, und am 7. Juli 1952 ging der Typ unter der Bezeichnung **Javelin (F.AW).Mk 1** in die Produktion. Das erste Serienexemplar (XA544) flog am 22. Juli 1954. Der Typ wurde schließlich 1967 aus dem RAF Dienst genommen.

### Varianten
**Javelin F(AW).Mk 1:** ursprüngliches Serienmodell mit britischer AI.Mk 17 Radaranlage; 40 Exemplare gebaut.
**Javelin F(AW).Mk 2:** unterschied sich von der Mk 1 vor allem durch eine in den USA gebaute APQ-43 Radaranlage; 30 gebaut.
**Javelin T.Mk 3:** Trainerausführung mit Doppelsteuerung und einem 1,12 m längeren Rumpfvorderteil; 23 Exemplare gebaut.
**Javelin F(AW).Mk 4:** mit voll beweglicher Höhenflosse; 50 gebaut.
**Javelin F(AW).Mk 5:** mit modifizierten Tragflächen und erweiterter Treibstoffkapazität; 64 gebaut.
**Javelin F(AW).Mk 6:** Unterschiede ähnlich wie bei der Mk 1/Mk 2; mit einer in den USA gebauten APQ-43 Radaranlage; 33 gebaut.
**Javelin F(AW).Mk 7:** wichtigste Serienausführung; 142 Exemplare gebaut; das erste flog am 9. November 1956; unterschied sich von den Vorgängern durch Sapphire ASSa.7 mit 4.880 kp Schub, ein modifiziertes Flugführungssystem und durch zwei 30 mm Aden Kanonen und vier Firestreak AAM.
**Javelin F(AW).Mk 8:** letzte Serienausführung; 47 gebaut; das erste Exemplar flog am 9. Mai 1958; mit Sapphire ASSa.7R Triebwerken mit 5.579 kp Schub in mehr als 6.095 m Höhe, einer amerikanischen APQ-43 Radaranlage und einem Sperry Autopiloten.
**Javelin F(AW).Mk 9:** neue Bezeichnung für 76 Mk 7 auf dem Standard der Mk 8; 22 Maschinen wurden davon zusätzlich mit einer Auftankvorrichtung ausgestattet.

### Technische Daten
**Gloster Javelin F(AW).Mk 1**
**Typ:** ein zweisitziges Allwetter-Kampfflugzeug.
**Triebwerk:** zwei Armstrong Siddeley Sapphire ASSa.6 Strahltriebwerke von 3.629 kp Schub.
**Leistung:** Höchstgeschwindigkeit 1.141 km/h in Meereshöhe; Dienstgipfelhöhe 16.000 m.
**Gewicht:** maximales Startgewicht 14.324 kg.
**Abmessungen:** Spannweite 15,85 m; Länge 17,15 m; Höhe 4,88 m; Tragflügelfläche 86,12 m$^2$.
**Bewaffnung:** zwei 30 mm Aden Kanonen in beiden Flügeln.

**Die letzte der in Europa eingesetzten Javelin-Einheiten war die No. 11 Sqn mit diesen drei FAW.Mk 4.**

MOD

# Gloster Mars, Nighthawk, Nightjar und Sparrowhawk

### Entwicklungsgeschichte
Glosters Mars I/Bamel, die Grundlage der Gloster I und II, basierte auf der von Harry Folland entworfenen Nieuport Nighthawk. Das war auch der Ausgangspunkt eines frühen Gloster Modells, an dessen Anfang die **Gloster Mars Mk II** stand, die im Januar 1921 als einsitziges Kampfflugzeug für die Kaiserlich-Japanische Marine entwickelt wurde. Die Mars Mk II, ein Doppeldecker von ungleicher Spannweite und einer mit Stoff bespannten Holzkonstruktion, hatte einen 230 PS (172 kW) Bentley B.R.2 Umlaufmotor. Auf die insgesamt 30 Exemplare dieses Typs folgte die weitgehend ähnliche **Mars Mk III** (zehn Exemplare) mit zwei offenen Tandem-Cockpits mit Doppelsteuerung zum Einsatz als Schulflugzeug. Die **Mars Mk IV** (zehn Exemplare) hatte einen Fanghaken, Schwimmtaschen und verstrebte

**Diese Nieuport Nighthawk wurde später zu einer Mars Mk X für trägergestützte Einsätze umgebaut.**

Stummelflügel vor dem Hauptfahrwerk, um das Flugzeug bei einer Notlandung auf der Wasseroberfläche vor dem Überschlagen zu bewahren. Die Maschinen wurden an Bord von Flugzeugträgern eingesetzt und später als **Sparrowhawk Mk I, Mk II** und **Mk III** umbenannt. Sie alle hatten großen Erfolg bei der japanischen Marine, wo sie bis 1928 im Dienst blieben.

Unter der Bezeichnung **Mars Mk VI Nighthawk** baute Gloster eine kleine Anzahl einsitziger Kampfflugzeuge für den experimentellen Einsatz bei der Royal Air Force. Es waren eigentlich Nieuport Nighthawk Flugwerke mit 325 PS (242 kW) Armstrong Siddeley Jaguar II bzw. Bristol Jupiter III Sternmotoren oder mit 385 PS (287 kW) Bristol Jupiter IV Motoren. Zusätzlich zu den RAF-Maschinen wurden 25 Exemplare mit Jaguar Motoren an die griechische Luftwaffe geliefert.

Der letzte Vertreter der auf der Nieuport Nighthawk basierenden Reihe war die **Gloster Mars Mk X** Nightjar, ein einsitziges Marinekampfflugzeug für den Einsatz bei der Fleet Air Arm.

**Die Gloster Mars VI Nighthawk war eine experimentelle Entwicklung mit dem Bristol Jupiter Sternmotor. Der einzige Abnehmer für diese Version war Griechenland.**

### Technische Daten
**Gloster Mars Mk X Nightjar**
**Typ:** ein einsitziges Marine-Kampfflugzeug.
**Triebwerk:** ein 230 PS (172 kW) Bentley B.R.2 Neunzylinder Umlaufmotor.
**Leistung:** Höchstgeschwindigkeit 193 km/h in Meereshöhe; Steigzeit auf 4.570 m 20 Minuten; Dienstgipfelhöhe 4.570 m; Flugdauer 2 Stunden.
**Gewicht:** Leergewicht 801 kg; maximales Startgewicht 982 kg.
**Abmessungen:** Spannweite 8,53 m; Länge 5,59 m; Höhe 2,74 m; Tragflügelfläche 25,08 m².
**Bewaffnung:** zwei feste, vorwärtsfeuernde 7,7 mm Vickers MG.

# Gloster SS.37 Gladiator

### Entwicklungsgeschichte
Als Ersatz für die Bristol Bulldog wurde in Privatinitiative ein Prototyp gebaut, die **Gloster SS.37**, die am 12. September 1934 vom Cheftestpiloten der Firma erstmals geflogen wurde. Mit einem Mercury IV Motor wurde eine Höchstgeschwindigkeit von 380 km/h erreicht, die nach Einbau eines 645 PS (481 kW) Mercury VIS im November 1934 auf 389 km/h erhöht wurde.

Glosters Entwurf wurde im Juni 1935 dem Luftfahrtministerium vorgelegt, und am 1. Juli wurde der Name des Modells bekanntgegeben: **Gladiator**.

Die Firma erhielt eine Bestellung über 23 Maschinen. Vorgeschrieben wurde der 840 PS (626 kW) Mercury IX Motor, ein geschlossenes Cockpit, ein verändertes Leitwerk und der Einbau von Vickers Mk V Gewehren.

Die erste Produktionsreihe von 23 Gladiator Mk I Kampfflugzeugen wurde im Februar und März 1937 ausgeliefert; die Maschinen trugen Lewis Gewehre unter den Tragflächen, ebenso wie 37 der 100 daraufhin bestellten Exemplare. Eine dritte Bestellung über 28 Exemplare brachte die Zahl der bei der RAF eingesetzten Gladiator Mk I auf 231; einige davon wurden später auf den Standard der **Gladiator Mk II** gebracht.

**Gloster Gladiator Mk II der Esquadrilha de Caça de Basa Aerea 2 der Arma de Aeronautica (portugiesische Luftwaffe), 1940 in Ota stationiert**

Die Royal Air Force erhielt später 252 neue Mk II, die mit einem 830 PS (619 kW) Mercury VIIIA Motor und elektrischem Starter ausgestattet waren. 38 Gladiator Mk II erhielten Fanghaken und wurden im Dezember 1938 an die Fleet Air Arm ausgeliefert. Insgesamt wurden 746 Gladiator gebaut; aus Schweden, Belgien, China, Irland, Lettland, Litauen und Norwegen wurden insgesamt 147 Mk I und 18 Mk II bestellt.

### Technische Daten
**Gloster Gladiator Mk II**
**Typ:** ein einsitziges Doppeldecker-Kampfflugzeug.
**Triebwerk:** ein 830 PS (619 kW) Bristol Mercury IX Neunzylinder Sternmotor.
**Leistung:** Höchstgeschwindigkeit 414 km/h in 4.450 m Höhe; Dienstgipfelhöhe 10.210 m; maximale Reichweite 708 km.
**Gewicht:** Leergewicht 1.562 kg; max. Startgewicht 2.206 kg.
**Abmessungen:** Spannweite 9,83 m; Länge 8,36 m; Höhe 3,53 m; Tragflügelfläche 30,01 m².
**Bewaffnung:** vier vorwärtsfeuernde 7,7 mm MG.

# Gloster TC.33

### Entwicklungsgeschichte
Die **Gloster TC.33** war als militärischer Bomber/Transporter für 30 Soldaten oder eine entsprechende Zuladung an Bomben oder Fracht entworfen worden. Es war ein Doppeldecker in Ganzmetallbauweise mit einem Doppeldeckerleitwerk mit zwei Flossen und Rudern; das Fahrwerk war eine feste Heckradanlage, und das Triebwerk bestand aus vier Rolls-Royce Kestrel IIS/IIIS Motoren in Tandem-Paaren, die in stromlinienförmigen Gondeln zwischen den Tragflächen verstrebt waren. Der Pilot saß in einer geschlossenen Kabine zusammen mit dem Copiloten und Navigator, und die Schützenpositionen befanden sich im Bug und Heck des Flugzeugs. Die Leistungen der Maschine waren nicht aureichend, daher wurden keine weiteren Exemplare gebaut.

### Technische Daten
**Typ:** ein Bomber/Transporter (Prototyp).
**Triebwerk:** vier zweireihige 580 PS (433 kW) Rolls-Royce Zwölfzylinder Kolbenmotoren.
**Leistung:** Höchstgeschwindigkeit 227 km/h in 3.960 m Höhe; Dienstgipfelhöhe 5.790 m.
**Gewicht:** Leergewicht 8.346 kg; max. Startgewicht 13.102 kg.
**Abmessungen:** Spannweite 29,98 m; Länge 24,38 m; Höhe 7,82 m; Tragflügelfläche 231,60 m².
**Bewaffnung:** zwei 7,7 mm Lewis MG, je eins in Bug- und Heckposition, plus bis zu 2.994 kg Bomben.

# Gloster TSR.38

### Entwicklungsgeschichte
Sowohl Fairey als auch Gloster bauten Prototypen für ein dreisitziges Mehrzweck-Flugzeug (Aufklärer und Torpedobomber); das Gloster-Modell hatte zunächst die Bezeichnung **Gloster FS.36**. Es war ein Doppeldecker mit einer Grundstruktur in Metallbauweise und ursprünglich mit einem 600 PS (447 kW) Rolls-Royce Kestrel IIMS Motor. Die FS.36 flog erstmals im April 1932, aber nach

**Die Gloster TSR.38 konnte sich gegen den Prototypen von Fairey nicht durchsetzen, und die Entwicklung wurde abgebrochen.**

nur kurzen Einsatztests kehrte die Maschine angesichts verschiedener Probleme in die Fabrik zurück. Sie wurde entsprechend umgebaut und flog 1933 unter der neuen Bezeichnung **Gloster TSR.38**. Die Maschine war der FS.36 rein äußerlich ähnlich, hatte aber Doppeldecker-Klappflügel mit einer Pfeilstellung von 10° und automatische Vorderkantenschlitze an den Flügelspitzen; die geteilten Hauptteile des Fahrwerks ermöglichten den Transport eines Torpedos unter dem Rumpf. Man gab jedoch dem Fairey Projekt den Vorzug, und die Entwicklung der TSR.38 wurde abgebrochen.

### Technische Daten
**Gloster TSR.38** (Ausführung mit einem Torpedo)
**Typ:** ein dreisitziger Torpedobomber/Aufklärer (Prototyp).
**Triebwerk:** ein zweireihiger 690 PS (515 kW) Rolls-Royce Goshawk VIII Zwölfzylinder.
**Leistung:** Höchstgeschwindigkeit 233 km/h in Meereshöhe; Dienstgipfelhöhe 4.755 m.
**Gewicht:** Leergewicht 1.969 kg; max. Startgewicht 3.646 kg.
**Abmessungen:** Spannweite 14,02 m; Länge 11,40 m; Höhe 3,51 m; Tragflügelfläche 56,76 m$^2$.
**Bewaffnung:** ein festes, vorwärtsfeuerndes 7,7 mm Vickers MG und ein Lewis Gewehr im hinteren Cockpit plus ein Torpedo oder bis zu 771 kg Bomben unter dem Rumpf.

# Goodyear GA-2 Duck

### Entwicklungsgeschichte
Kurz von Ende des Zweiten Weltkriegs begann die in Akron, Ohio, ansässige Goodyear Aircraft Corporation mit dem Entwurf eines kleinen Amphibienflugzeugs. Als erste Maschine flog im September 1944 der zweisitzige Prototyp **Goodyear GA-1**, ein Hochdecker mit freitragenden Flügeln, einem einstufigen Bootsrumpf in Metallbauweise, einem kreuzförmigen Leitwerk und einem einziehbaren Heckradfahrwerk. Das Triebwerk war ein in einem Pylon über dem Rumpf montierter 113 PS (84 kW) Motor für einen Druckpropeller. Nach erfolgreichen Tests mit dem Prototyp wurden etwa 20 Demonstrationsflugzeuge gebaut, von denen keines zum Verkauf angeboten wurde. Etwa 14 Maschinen wurden unter der Bezeichnung Goodyear **GA-2** mit einem 145 PS (108 kW) Franklin 6A4-145-A3 Motor gebaut. Die restlichen Flugzeuge hatten ein stärkeres Triebwerk und die Kennung **GA-2B**.

Als das Testprogramm beendet und die Demonstrationsmaschinen weltweit erprobt worden waren, hatten die Kosten einen Punkt erreicht, an dem sich das Modell nicht länger an private Piloten verkaufen ließ, und das Projekt wurde abgebrochen.

**Das Amphibienflugzeug Goodyear GA-2 Duck wurde schließlich so teuer, daß es für private Betreiber unerschwinglich war.**

### Technische Daten
**Goodyear GA-2B**
**Typ:** ein dreisitziges leichtes Amphibienflugzeug.
**Triebwerk:** ein 165 PS (123 kW) Franklin 6A4-165-B3 Sechszylinder Boxermotor.
**Leistung:** Höchstgeschwindigkeit 201 km/h in 305 m Höhe; Reisegeschwindigkeit 180 km/h in 305 m Höhe; Dienstgipfelhöhe 4.570 m; Reichweite 483 km.
**Gewicht:** Leergewicht 726 kg; max. Startgewicht 1.043 kg.
**Abmessungen:** Spannweite 10,97 m; Länge 7,92 m; Höhe auf Rädern 2,90 m; Tragflügelfläche 16,55 m$^2$.

# Gotha/Ursinus G.I

### Entwicklungsgeschichte
Die Gothaer Waggonfabrik AG zählt zu den frühesten deutschen Flugzeugbaufirmen und unterhielt neben einer Fabrik und einer Fliegerschule in Gotha eine Seefliegerschule in Warnemünde. Am 27. Juli 1915 flog die Firma den Prototyp eines großen, zweimotorigen Landflugzeugs nach dem Entwurf von Oskar Ursinus, der keine direkte Verbindung mit Gotha hatte. Die als **Gotha G.I** bezeichnete Maschine verdient kurze Erwähnung vor allem wegen ihrer einzigartigen Konfiguration, durch die schwerwiegende, oft zu tödlichen Unfällen führende Probleme bei der Steuerung überwunden werden sollten, wenn während des Flugs eines der beiden Triebwerke ausfiel. Die G.I war ein Doppeldecker mit großer Spannweite und hatte zwei dicht beieinanderliegende Motoren auf den unteren Tragflächen; die beiden gegenläufigen Propeller berührten sich fast, so daß im Falle eines Triebwerkausfalls der asymmetrische Effekt so gering wie möglich sein würde. Um eine solche Installation zu ermöglichen, wurde der Rumpf erhöht und in die Mittelstückstruktur der oberen Tragflächen eingebaut. Eine geringe Anzahl dieser Landflugzeuge wurde gebaut, eines davon mit Doppelschwimmern, die **Gotha UWD**.

### Technische Daten
**Gotha/Ursinus G.I**
**Typ:** ein Mehrzweckflugzeug.
**Triebwerk:** zwei 150 PS (112 kW) Benz Bz.III Sechszylinder Reihenmotoren.
**Leistung:** Höchstgeschwindigkeit 130 km/h; Dienstgipfelhöhe 2.750 m; Flugdauer 4 Stunden.
**Gewicht:** Leergewicht 1.860 kg; max. Startgewicht 2.830 kg.
**Abmessungen:** Spannweite 20,30 m; Länge 12,10 m; Höhe 4,00 m; Tragflügelfläche 82,00 m$^2$.
**Bewaffnung:** zwei schwenkbare 7,92 mm Parabellum MG.

# Gotha G.II, G.III, G.IV und G.V

### Entwicklungsgeschichte
In den Jahren 1917 und 1918 fürchtete sich die britische Bevölkerung — speziell in London — vor allem vor den Luftangriffen der 'Gotha', ein Name, der schließlich allgemein für deutsche Nachtbomber verwendet wurde. Gotha hatte 1915 mit der Entwicklung von Modellen dieser Klasse begonnen und 1916 die ersten zweimotorigen Bomber gebaut, die **Gotha G.II** und **G.III**. Sie waren einander weitgehend ähnlich und wurden in geringen Stückzahlen gebaut; die Unterschiede lagen in einzelnen Details. Die Erfahrungen mit den frühen Einsätzen der Maschinen in Europa führte zur Entwicklung der Langstreckenausführung **G.IV** im Jahre 1916. Die G.IV war ein dreistieliger Doppeldecker in gemischter Holz- und Stahlbauweise mit Sperrholz- und Stoffbeschichtung sowie einem Rumpf mit viereckigem Querschnitt, verstrebtem Leitwerk und einem Heckspornfahrwerk mit zwei beräderten Hauptteilen. Das zweimotorige Triebwerk bestand aus Mercedes D.IVa Reihenmotoren, die zwischen den Tragflächen direkt über dem Hauptfahrwerk verstrebt waren und Druckpropeller antrieben; in der Hinterkante der oberen Tragflächen war dafür ein großer Ausschnitt vorgesehen. Auf die G.IV folgte die verbesserte **G.V**, die weitgehend identisch mit ihrem Vorgänger war, aber über eine verbesserte Ausrüstung und einige Verfeinerungen verfügte, darunter auch stärker stromlinienförmig ausgeformte Motorgondeln.

Am 25. Mai 1917 begannen die Tagesangriffe auf England mit einer Attacke von 21 Gotha auf Folkestone und Shorncliffe in Kent; es folgte am 13. Juni 1917 der erste Tagesangriff

**Einige Gotha G.II Bomber wurden 1916 gebaut und an der Westfront eingesetzt.**

**Durch Weglassen des MG-Stands konnten die beiden Mercedes D.IVa Reihenmotoren näher an den Rumpf der Gotha G.VII gesetzt werden, wodurch das Flugverhalten bei Ausfall eines Motors verbessert wurde.**

auf London. Beim ersten Angriff auf die britische Hauptstadt wurden 162 Personen getötet und mehr als 400 verletzt, die höchsten Ziffern bei Angriffen auf britische Ziele während des Ersten Weltkriegs. Dieser Angriff und weitere im Juni und Juli führten angesichts einer kaum ins Gewicht fallenden Verteidigung zu Unruhen unter der Bevölkerung; das Ergebnis war die Formierung der Royal Air Force.

In der Zwischenzeit versuchte man, die Gotha durch Kampfeinheiten abzuwehren, die von der Westfront abgezogen wurden. Sie waren immerhin so wirkungsvoll, daß die Deutschen Tagesangriffe von nun an wegen der zu großen Verluste abbrechen mußten, und das für diese Einsätze verantwortliche Bombergeschwader 3 stellte sich auf Nachtangriffe um, die bis zum Mai 1918 fortgesetzt wurden. Bei den 22 von den Gotha auf England durchgeführten Angriffen wurden mehr als 83 t Bomben abgeworfen.

Auf die G.V folgten verschiedene Vertreter der Gotha G Baureihe, die meist in nur einem oder zwei Exemplaren gebaut wurden. Dazu gehörte auch die ungewöhnliche, auf der G.V basierende **G.IV** mit einem nach backbord versetzten Rumpf und einem der beiden 260 PS (194 kW) Mercedes D.IVa Motoren im Bug; der andere befand sich steuerbord in einer Motorgondel. Die darauf folgende **G.VII** war ein zweimotoriger Doppeldecker mit Mercedes D.IVa Motoren; der Prototyp hatte eine für die damalige Zeit bemerkenswerte Stromlinienform. Die drei oder vier Serienexemplare waren beträchtlich verändert worden und hatten nicht mehr die gleichen glatten Konturen. Die **G.VIII** war offenbar nicht mehr als eine Version der G.VII mit erweiterter Spannweite, hatte aber 245 PS (183 kW) Maybach Mb.IV Motoren, und die **G.IX** war ein mit einem ähnlichen Triebwerk ausgestattetes zweimotoriges Modell, das für die Luftverkehrs-Gesellschaft gebaut wurde und über das weiter nichts bekannt ist. Das letzte Modell der zweimotorigen G-Baureihe war die **G.X**, ein kleineres und leichteres Aufklärungsflugzeug mit zwei 180 PS (134 kW) BMW IIIa Motoren.

### Varianten

**Gotha Vb:** Ausführung der Standard Gotha V mit zwei Hilfsrädern vor den beiden Fahrwerkhauptteilen, um die Gefahr des Überkippens bei Nachtflügen zu verringern.

### Technische Daten

**Gotha G.V**

**Typ:** ein dreisitziger Langstrecken-Bomber.
**Triebwerk:** zwei 260 PS (194 kW) Mercedes D IVa Sechszylinder Reihenmotoren.
**Leistung:** Höchstgeschwindigkeit 140 km/h; Dienstgipfelhöhe 6.500 m; Reichweite 500 km.
**Gewicht:** Leergewicht 2.740 kg; max. Startgewicht 3.975 kg.
**Abmessungen:** Spannweite 23,70 m; Länge 11,86 m; Höhe 4,30 m; Tragflügelfläche 89,50 m².
**Bewaffnung:** zwei schwenkbare 7,92 mm Parabellum MG in Bug und Turmposition und eine Bombenlast von 300-500 kg je nach Auftrag der Mission.

# Gotha Go 145

### Entwicklungsgeschichte

Die Gothaer Flugwerke wurden unter den Bedingungen des Versailler Vertrages 1919 geschlossen und nahmen erst am 2. Oktober 1933 den Betrieb wieder auf. Das erste neue Produkt war die **Gotha Go 145**, ein einzelliges Doppeldecker-Schulflugzeug in Holzbauweise mit Stoffbespannung und einem Argus As 10C Motor. Der Prototyp flog erstmals im Februar 1934, und der Typ begann im folgenden Jahr seinen Dienst bei der Luftwaffe. Obwohl sie zunächst als Pilotenschulflugzeug eingesetzt wurde, diente die Go 145 auch bei den im Dezember 1942 eingeführten Störkampfstaffeln, als die Luftwaffe beschloß, auf entsprechende Angriffe der russischen Polikarpow Po-2 bei Dunkelheit zu reagieren. Im Oktober 1943 wurden diese Einheiten in Nachtschlachtgruppen umbenannt und blieben an der Ostfront bis zum Ende des Krieges im Einsatz. Die Go 145 wurde in fast 10.000 Exemplaren von Gotha, Ago, BFW und Focke-Wulf in Deutschland gebaut; als **CASA 1145-L** wurde sie unter Lizenz in Spanien und außerdem in der Türkei produziert.

### Varianten

**Go 145A:** ursprüngliches Serienmodell; Schulflugzeug mit Doppelsteuerung.
**Go 145B:** ab 1935 produziert; mit verkleidetem Fahrwerk.
**Go 145C:** mit einem schwenkbaren 7,92 mm MG 15 im hinteren Cockpit.

### Technische Daten

**Typ:** zweisitziger Waffentrainer.
**Triebwerk:** ein zweireihig hängender 240 PS (179 kW) Argus As 10C Kolbenmotor.
**Leistung:** Höchstgeschwindigkeit 212 km/h in Meereshöhe; Reisegeschwindigkeit 180 km/h; Dienstgipfelhöhe 3.700 m; Reichweite 630 km.
**Gewicht:** Leergewicht 880 kg; max. Startgewicht 1.380 kg.
**Abmessungen:** Spannweite 9,00 m; Länge 8,70 m; Höhe 2,90 m; Tragflügelfläche 21,75 m².
**Bewaffnung:** nur bei der Go 145C.

# Gotha Go 242/244

**Gotha 244B-1 der Luftwaffe**

### Entwicklungsgeschichte

Die Gotha Go 242, das Werk von Dipl.-Ing. Albert Kalkert, wurde mit Zustimmung des Reichsluftfahrtministeriums entwickelt, da dieses Modell eine dreimal höhere Kapazität zum Truppentransport hatte als die seinerzeit verwendete DFS 230. Der Rumpf war eine Stahlrohrkonstruktion mit Stoffbespannung, abwerfbarem Fahrwerk und zwei einziehbaren Kufen; die Tragflächen waren aus Holz mit Sperrholzbeschichtung. Die Maschine konnte 21 voll bewaffnete Soldaten oder entsprechende militärische Fracht aufnehmen, die durch die schwenkbare Öffnung des Rumpfhinterteils eingeladen wurde. 1941 flogen zwei Prototypen, und die Produktion lief unmittelbar darauf an, so daß der Typ 1942 den Dienst aufnehmen konnte. Der erste Einsatz des Modells fand auf den Kriegsschauplätzen im Mittelmeer und in der Ägäis statt, da die mit der Go 242 ausgerüsteten Einheiten in Griechenland, auf Sizilien und in Nordafrika stationiert waren. Gewöhnlich wurden Heinkel He 111 Schleppflugzeuge verwendet, und das Modell konnte verschiedene Raketen-Starthilfen verwenden, darunter vier 500 kg Rheinmetall-Borsig RI-502 Feststoffraketen. Insgesamt wurden 1.528 Exemplare hergestellt.

Nach der Niederlage Frankreichs waren größere Mengen von französischen Gnome-Rhône 14M Sternmotoren in Deutschland erhältlich, und die Go 242 wurde entsprechend als **Go 244** zweimotoriges Transportflugzeug modifiziert: die beiden Leitwerksträger wurden nach vorne über die Vorderkanten der Tragflächen hinaus verlängert, um die beiden Motoren aufzunehmen; gleichzeitig wurde ein festes Dreibeinfahrwerk montiert. Von den fünf Varianten der Go 242B wurden insgesamt 133 Maschinen umgebaut, die als **Go 244B-1** bis **B-5** bezeichnet wurden. Im März 1942 gingen die ersten Maschinen an die in Griechenland stationierte KGrzbV 104 und die KGrzbV 106 auf Kreta, aber sie erwiesen sich als leichte Beute für die alliierten Kampfflugzeuge und wurden im November 1942 aus dem Verkehr gezogen. Einige Go 244 hatten 660 PS (292 kW) BMW 132Z oder von den Russen erbeutete Schwezow M-25A Motoren von 750PS (559 kW).

### Varianten

**Go 242A:** ursprüngliches Serienmodell mit vergrößerten Leitwerksträgern; das Modell war eigentlich ein Lastensegler, konnte aber mit bis zu vier 7,92 mm MG 15 bewaffnet werden; die Go 242A-2 war der dieser Ausführung entsprechende Truppentransporter.
**Go 242B:** 1942 eingeführt; mit abwerfbarem Bugradfahrwerk; die beiden ersten Ausführungen waren die **Go 242B-1** und **Go 242B-2**, die sich vor allem durch die Fahrwerkhauptteile unterschieden; die entsprechenden Truppentransporter-Ausführungen der Maschine waren die **Go-242B-3** und **Go 242B-4** mit doppelten Hintertüren; die **Go 242B-5** hatte Doppelsteuerung zur Pilotenschulung.
**Go 242C-1:** speziell für Angriffe auf Schiffe entwickelte Ausführung und in erster Linie für Angriffe auf die britischen Flottenverbände vor Scapa Flow verwendet; mit flachem Bootsrumpf und Stützschwimmern; mit einem kleinen Angriffsboot mit explosiver Ladung geplant, aber nicht in dieser Form eingesetzt, obwohl mehrere Exemplare 1944 an die 6./KG 200 ausgeliefert wurden.

### Technische Daten

**Gotha Go 244B-2**

**Typ:** ein bewaffneter Truppentransporter.
**Triebwerk:** zwei 700 PS (522 kW) Gnome-Rhône 14M Vierzehnzylinder Sternmotoren.
**Leistung:** Höchstgeschwindigkeit 290 km/h; Dienstgipfelhöhe 7.500 m; Reichweite 600 km.
**Gewicht:** Leergewicht 5.100 kg; max. Startgewicht 7.800 kg.
**Abmessungen:** Spannweite 24,50 m; Länge 15,80 m; Höhe 4,70 m; Tragflügelfläche 64,40 m².
**Bewaffnung:** vier 7,92 mm MG 15 (nicht serienmäßig).

**Der Lastensegler Gotha Go 242A-1 besaß doppelte Leitwerksträger und konnte mit vier 7,92 mm MG 15 bewaffnet werden.**

# Gotha LD Baureihe

### Entwicklungsgeschichte

Nur relativ wenige Informationen liegen über die Gotha LD Baureihe vor. Der erste Vertreter dieser Serie, die **Gotha LD 1**, erschien im April 1914. Es war ein sehr einfacher Doppeldecker mit zwei offenen Tandem-Cockpits und einer damals ungewöhnlichen Holz- und Stoffbauweise sowie einem verstrebten Leitwerk, festem Heckspornfahrwerk und einem einzelnen Motor. 1915 folgte die weitgehend ähnliche **LD 1a** mit einem 100 PS (76 kW) Oberursel U.I Umlaufmotor. Die gleichzeitig entstandene **LD 2** unterschied sich von der LD 1a durch einen 100 PS (76 kW) Mercedes D.I Reihenmotor. Es folgten die meist ähnlichen Ausführungen **LD 4**, **LD 6a** und **LD 7**, die sich nur in geringfügigen Details voneinander unterschieden und vor allem wegen der unterschiedlichen Triebwerke individuelle Bezeichnungen erhielten. Die meisten Typen wurden während des Ersten Weltkriegs in der Anfangsphase als Aufklärungsflugzeuge eingesetzt. Das einzige Exemplar der **LD 5** aus dem Jahre 1914 steht zwar in der LD Baureihe, unterschied sich aber beträchtlich von den anderen Modellen: es war ein Doppeldecker, ebenfalls mit dem 100 PS (76 kW) Oberursel Motor, hatte aber Tragflächen mit verändertem Flügelprofil in der Vorderkante und ein modifiziertes Fahr- und Leitwerk.

### Technische Daten

**Gotha LD 7**

**Typ:** zweisitziger Aufklärer.

**Triebwerk:** ein 120 PS (89 kW) Mercedes D.II Sechszylinder Boxermotor.

**Leistung:** Höchstgeschwindigkeit 125 km/h.

**Gewicht:** Leergewicht 725 kg; max. Startgewicht 1.125 kg.

**Abmessungen:** Spannweite 12,40 m; Länge 8,40 m; Tragflügelfläche 39,50 m².

**Als Fernaufklärer konzipiert, konnte die Gotha LD 6a auch eine kleine Bombenlast befördern.**

# Gotha WD Baureihe

### Entwicklungsgeschichte

Parallel zur LD Baureihe von Landflugzeugen entwickelte Gotha Seeflugzeuge mit der Bezeichnung WD. Zunächst bestand zwischen beiden ein Zusammenhang, aber nach den ersten beiden Kriegsjahren lief die Produktion der Aufklärungs-Landflugzeuge aus, und die Seeflugzeuge wurden weiter entwickelt; die letzte gebaute Ausführung war die gigantische WD 27 aus dem Jahre 1918.

Die Baureihe begann vor dem Krieg mit der **Gotha WD 1** und **WD 1a**, zwei Doppeldeckern in Holz- und Stoffbauweise mit zweisitzigen offenen Cockpits und einem kleinen Schwimmer unter dem Leitwerk. Einige Exemplare (mit 100 PS/76 kW Gnome Umlaufmotoren) wurden während der Anfangsphase des Krieges von der deutschen Marine für Küstenpatrouillen benutzt. Die darauffolgende **WD 2** war ein etwas größeres Seeflugzeug in weitgehend ähnlicher Konfiguration, aber ohne den kleinen Heck-Schwimmer. Der Typ wurde mit 150 PS (112 kW) Benz Bz.III Reihenmotoren für die deutsche Marine und die Türkei gebaut; die Exportmaschinen hatten ein MG auf dem oberen Flügelmittelstück. Ein Exemplar der WD 2 wurde mit kürzerer Spannweite und einem 160 PS (119 kW) Mercedes D III Motor modifiziert und in **WD 5** umbenannt. Auf dieser einzelnen Maschine basierte die **WD 9**, die sich von ihren Vorgängern durch ein schwenkbares MG im hinteren Cockpit unterschied. Die deutsche Marine erhielt nur ein Exemplar; dafür gingen mehrere an die Türkei, wiederum mit dem Benz Bz.III.

Als reine Beobachtungs/Aufklärungsflugzeuge nach und nach durch Pfadfinder- und Kampfflugzeuge ersetzt wurden, mußte bei den neuen Maschinen ein vorwärts zielendes MG angebracht werden. Eine Möglichkeit war eine mittlere Gondel mit einem hinten montierten Triebwerk mit Druckpropeller. Diese Konfiguration wurde für die **Gotha WD 3** gewählt, wobei die zentrale Gondel von zwei Leitwerksträgern umgeben war, jeweils mit Flosse und Ruder bestückt und durch eine Höhenflosse und ein Höhenruder verbunden. Das Triebwerk war ein 160 PS (119 kW) Mercedes D.III Motor, der im hinteren Teil der Zelle mit einem Druckpropeller angebracht war, und das MG befand sich im Bug. Nach diesem ungewöhnlichen Versuch kehrte Gotha wieder zu einer Entwicklung der WD 9 zurück und produzierte die etwas größere und unbewaffnete **WD 12**, die an die deutsche Marine geliefert wurde; das Modell wurde auch für die Türkei gebaut. Es waren die ersten mit Mercedes Motoren ausgerüsteten Maschinen, die dieses Land erhielt. Ein ähnliches, ebenfalls auf der WD 9 basierendes, bewaffnetes Patrouillen-Seeflugzeug war die für die Türkei gebaute **WD 13**, die wiederum Benz Bz.III Triebwerke verwendete. Die letzte für die deutsche Marine gebaute einmotorige Maschine in der WD Seeflugzeug-Baureihe war die unbewaffnete **WD 15**, die auf der Grundlage der WD 12 entwickelt worden war. Die beiden hergestellten Exemplare hatten verbesserte Konturen, einen mit Sperrholz beschichteten Rumpf und einen 260 PS (194 kW) Mercedes D.IVa Motor.

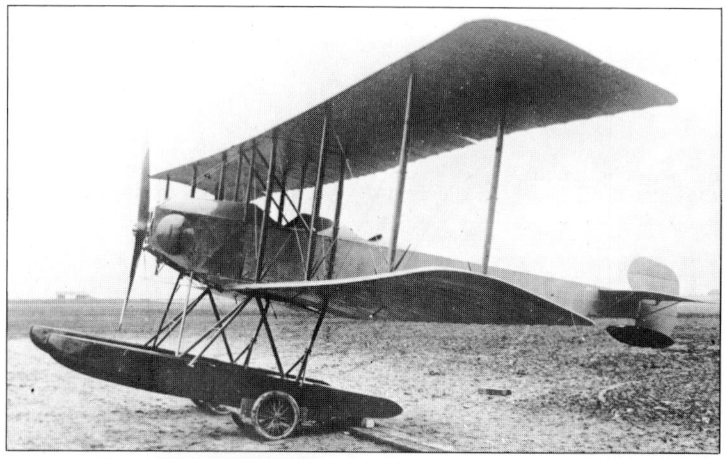

**Die Gotha WD 1 besaß eine aerodynamische Verkleidung für ihren Umlaufmotor.**

Gothas zweimotorige Modelle begannen 1916 mit der **WD 7**, die nach ähnlichen Prinzipien gebaut war wie die WD 2, aber zwei 120 PS (90 kW) Mercedes D.II Motoren auf beiden Seiten des Rumpfs auf den unteren Tragflächen erhielt. Acht Maschinen wurden für die deutsche Marine gebaut und als Torpedobomber-Schulflugzeuge verwendet. Eine bewaffnete Aufklärervariante der WD 7 wurde merkwürdigerweise mit nur einem Motor gebaut, und zwar nur in einem einzigen Exemplar. Darauf folgte die sehr viel größere **WD 11** mit der gleichen Grundkonfiguration, die sich aber durch ein Leitwerk mit zwei Flossen und Rudern sowie durch die beiden Mercedes D.III Reihenmotoren mit Druckpropellern von ihren Vorgängern unterschied. Etwa zwölf Exemplare dieses Torpedobombers wurden gebaut, jeweils mit einem Torpedo und einem beweglichen MG im Bug.

Nur einer von Gothas zweimotorigen Torpedobombern wurde in größeren Zahlen produziert: die auf der WD 11 basierende, etwas größere **WD 14**. Zwei stärkere Benz Bz.IV Motoren waren auf den unteren Tragflächen für Zugpropeller angebracht, und zwei MG befanden sich in Bug- und Heckpositionen. Insgesamt wurden 69 Exemplare dieses Typs gebaut, die aber in der für sie vorgesehenen Rolle nur wenig eingesetzt wurden, da die niedrige Geschwindigkeit mit einem Torpedo sie überaus empfindlich gegenüber Angriffen machte. Sie wurden schließlich als Aufklärer und zur Begleitung von Küstenkonvois verwendet.

Drei Fernaufklärer vom Typ **WD 20** unterschieden sich von der WD 14 lediglich durch den Hilfstank anstelle des Torpedos, und die beiden Langstrecken-Patrouillen/Aufklärungsmaschinen **WD 22** aus dem Jahre 1918 waren weitgehend ähnlich, abgesehen von den vier in Tandem-Paaren angebrachten Motoren. Dabei handelte es sich um zwei vordere Mercedes D.III mit Zugpropellern und zwei hintere 100 PS (76 kW) Mercedes D.I mit Druckpropellern. Am Ende der Gotha Baureihe von mehrmotorigen Seeflugzeugen

**Das Wasserflugzeug Gotha WD 3 mit doppelten Leitwerksträgern besaß eine geschlossene Beobachterposition im Bug.**

standen drei **WD 27** Langstrecken-Bomber/Patrouillenflugzeuge mit einer Spannweite von 31,00 m und je vier Mercedes D.III Motoren.

**Technische Daten**
**Gotha WD 14**
**Typ:** ein zweimotoriger Torpedobomber.
**Triebwerk:** zwei 200 PS (149 kW) Benz Bz.IV Sechszylinder Reihenmotoren.
**Leistung:** Höchstgeschwindigkeit 130 km/h; Flugdauer 8 Stunden.
**Gewicht:** Leergewicht 3.150 kg; max. Startgewicht 4.642 kg.
**Abmessungen:** Spannweite 25,50 m; Länge 14,45 m; Höhe 5,00 m; Tragflügelfläche 132,00 m².
**Bewaffnung:** je zwei schwenkbare 7,92 mm Parabellum MG im Bug und in zentraler Position plus ein Torpedo unter dem Rumpf.

# Gourdou-Leseurre 810, 811, 812 und 813 HY

**Entwicklungsgeschichte**
Abgesehen von zwei Versuchen mit Flugboot-Modellen (dem zweimotorigen Patrouillen-Doppeldecker **M-2** aus dem Jahre 1926 und dem zehnsitzigen Passagierflugzeug **GL-710** von 1934) konzentrierte Gourdou-Leseurre sich auf die Entwicklung von Wasserflugzeugen mit Doppelschwimmern.

Die 1926/27 gebaute **L-2** hatte einen Stahlrohrrumpf und rechteckige, ebenso wie der Rumpf mit Stoff bespannte, hölzerne Flügel. Dieser Tiefdecker verband die Schwimmer durch zahlreiche Streben mit Rumpf und Tragflächen. Der Prototyp einer Baureihe von dreisitzigen Beobachtungs- und Aufklärungs-Seeflugzeugen wurde nach Kopenhagen geflogen, wo die Maschine im August 1927 an einer internationalen Aeronautik-Ausstellung teilnahm. Das Modell wurde später auch verschiedenen europäischen Marine-Luftstreitkräften vorgeführt. Es folgten sechs Vorserienexemplare **L-3** mit 420 PS (313 kW) Jupiter Sternmotoren anstelle der 380 PS (283 kW) Jupiter der L-2, mit Stahl- statt Holzholmen und verstärkten Streben. Durch diese Änderungen war die L-3 für Katapultstarts von Bord eines Schiffes geeignet. Nach erfolgreichen Tests bestellte die französische Marine schließlich 14 Serienmaschinen vom Typ **GL-810 HY**. Das erste Serienexemplar startete am 23. September 1930 auf der Seine bei Les Mureaux.

1931 wurden 20 **GL-811 HY** bestellt, die sich von der 810 durch Doppelsteuerung, Klappflügel, ein Wasserruder hinter dem rechten Schwimmer sowie durch eine Funkanlage unterschieden. Sie waren eigens für Einsätze von Bord des Seeflugzeugträgers *Commandant Teste* vorgesehen.

1933/34 folgten weitere Aufträge für 29 **GL-812 HY** und 13 **GL-813 HY**. Diese Maschinen hatten neue Seitenleitwerke (stärker gerundet und mit größerer Fläche) und gerundete Flügelspitzen; außerdem waren Chauvière Zweiblatt-Propeller aus Metall angebracht. Bis auf die Doppelsteuerung war die 813 identisch mit der 812. 1936 hatte die französische Marine einen Wettbewerb für den Entwurf eines Ersatzmodells für ihre dreisitzigen Beobachtungs-Wasserflugzeuge ausgeschrieben. Gourdou-Leseurre baute die **GL-820 HY** mit einem 730 PS (544 kW) Hispano-Suiza Sternmotor, eine ähnliche **GL-821.01 HY**, die als Torpedobomber strukturell verstärkt wurde, und schließlich die **GL-821.02 HY** mit verbesserten Konturen und verglasten Kuppeln über den Besatzungscockpits. Diese Typen erhielten jedoch keine Produktionsaufträge.

Obwohl die Gourdou-Leseurre Wasserflugzeuge bis 1939 weitgehend durch andere Modelle ersetzt worden waren, wurden die noch erhaltenen Exemplare dieses Typs bei der Mobilmachung im August gesammelt und den neu aktivierten Escadrilles 1S2 (bei Cherbourg) und 3S3 (bei Berre in der Nähe von Marseille) übergeben. Diese beiden Einheiten übernahmen Küstenpatrouillen, die sie während der nächsten zehn Monate durchführten.

**Die Gourdou-Leseurre L-2 war einfach herzustellen und zu unterhalten. Daher sagte das Modell der französischen Marine als Beobachtungs- und Kurzstrecken-Aufklärungsflugzeug zu.**

**Technische Daten**
**Gourdou-Leseurre GL-812 HY**
**Typ:** dreisitziges Beobachtungs-/Schwimmerflugzeug.
**Triebwerk:** ein 420 PS (313 kW) Gnome-Rhône 9Ady Jupiter Neunzylinder Sternmotor.
**Leistung:** Höchstgeschwindigkeit 200 km/h; Dienstgipfelhöhe 6.000 m; Reichweite 560 km.
**Gewicht:** Rüstgewicht 1.690 kg; max. Startgewicht 2.460 kg.
**Abmessungen:** Spannweite 16 m; Länge 10,49 m; Höhe 3,86 m; Tragflügelfläche 41,00 m².
**Bewaffnung:** ein vorwärtsfeuerndes synchronisiertes 7,7 mm Vickers MG auf dem vorderen Rumpfdeck und zwei Lewis Gewehre Kal. 7,7 mm über dem mittleren Cockpit plus zwei 76 kg Typ G-2 Bomben.

# Gourdou-Leseurre GL-21 und GL-22

**Entwicklungsgeschichte**
Im Sommer 1917 wurden die Ingenieure Charles Gourdou und Jean Leseurre Geschäftspartner und begannen mit dem Entwurf eines einsitzigen Kampfflugzeugs für die französische Aéronautique Militaire. Eine offizielle Bestellung führte zum Bau der **GL 'a'** in der Wassmer Fabrik in Paris, eine Firma, die gewöhnlich Flugzeugpropeller herstellte.

Der Prototyp war ein einfacher Eindecker mit Tragflächen in Baldachinkonstruktion, einer von Gourdou und Leseurre patentierten, verstrebten Flügelkonfiguration mit dünnem Profil und einem Rumpf mit rundem Querschnitt. Das Leitwerk hatte eine ausgeprägte, große Flosse/Ruder-Anlage, und das Fahrwerk war eine einfache, aber robuste Hecksporn-konstruktion. Das Triebwerk bestand aus einem 180 PS (134 kW) Hispano-Suiza 8Ab Motor mit vorderem Kühler. Die offiziellen Flugtests begannen im Mai 1918, aber eine angekündigte Bestellung über 100 Serienmaschinen wurde zurückgenommen, da man von offizieller Seite auf einer Verbesserung und Verstärkung der Flügelstruktur und -verstrebung bestand. Es folgte die entsprechend umgebaute **GL 'b'**, aber nach dem Ende des Krieges lag auch kein Interesse von seiten der Militärbehörden mehr vor.

Mit der Bezeichnung **Typ B2** oder **Gourdou-Leseurre GL-21** wurde ein Serienmodell der GL 'b' entwickelt, das sich im Detail von seinem Vorgänger unterschied: es hatte ein modifiziertes Leitwerk, einen vorderen André Kühler mit verstellbaren Öffnungen und keine ausgeglichenen Querruder wie der GL 'b' Prototyp. Auf die GL-21 folgte bald darauf die **GL-22** oder Typ **B3** mit Stahl- anstelle von Duraluminiumstreben, neuen Tragflächen, Leit- und Fahrwerk.

Der wichtigste Kunde für die zweisitzige GL-21 C.1 war Finnland, das zwischen 1923 und 1931 19 Maschinen dieses Typs übernahm, von denen heute noch ein Exemplar in diesem Land erhalten ist. Insgesamt wurden 30 Exemplare gebaut.

Die **GL-22 C.1** wurde in kleineren Serien an die Tschechoslowakei, Estland und Litauen verkauft; die Produktion belief sich auf nur 20 Maschinen. Die **B5** oder **GL-22 ET.1**, besser unter der Bezeichnung **ET** bekannt, war eine moderne, einsitzige Schulflugzeug-Ausführung des B3 Grundmodells. Eine Maschine mit modifiziertem Fahrwerk erhielt die neue Bezeichnung **B6**; die **B7** war eine **GL-21 C.1** mit verstärkten Streben, neuem, geteiltem Fahrwerk und einem 300 PS (224 kW) Lorraine Algol Sternmotor.

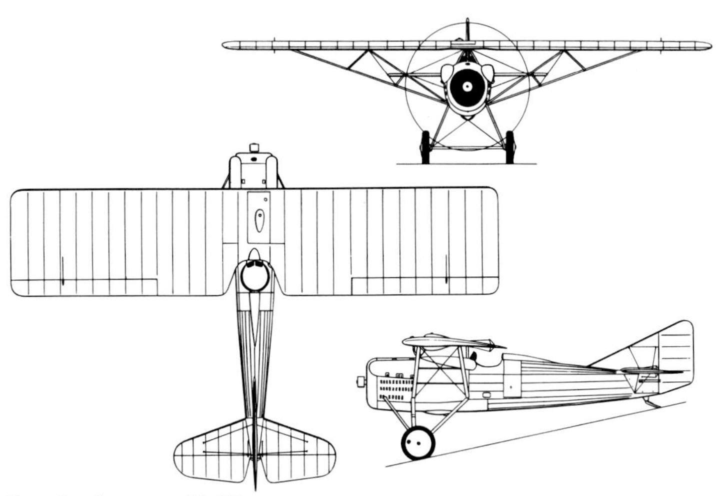

Gourdou-Leseurre GL-21

**Varianten**
**GL-23 C.1:** dieser einsitzige Kampfflugzeug-Prototyp aus dem Jahre 1924 mit der alternativen Bezeichnung **B4** vereinte das Flugwerk des Grundmodells GL-22 C.1 mit der erweiterten Spannweite der ET oder B5; in Saint-Maur wurden sieben Exemplare gebaut.
**GL-23 TS:** Bezeichnung für eine GL-23 nach dem Umbau mit einem um 0,65 m längeren Rumpf und je einem Bullaugenfenster zu beiden Sei-

ten; das Suffix TS stand für Transport Sanitaire (Krankentransport).

**GL-24:** ein 1925 als zweisitzige Schulflugzeugversion der GL-22 mit Doppelsteuerung gebautes Exemplar; es wurde im folgenden Jahr in **GL-24X** umbenannt.

auch der Prototyp des einsitzigen

### Technische Daten
**Gourdou-Leseurre GL-22 C.1 (B3)**

**Typ:** einsitziges Kampfflugzeug.
**Triebwerk:** ein 180 PS (134 kW) Hispano-Suiza 8Ab Achtzylinder V-Motor.
**Leistung:** Höchstgeschwindigkeit 230 km/h; Dienstgipfelhöhe 7.500 m; Reichweite 450 km.
**Gewicht:** Rüstgewicht 590 kg; max. Startgewicht 880 kg.
**Abmessungen:** Spannweite 9,40 m; Länge 6,50 m; Höhe 2,52 m; Tragflügelfläche 18,40 m$^2$.
**Bewaffnung:** ein oder zwei synchronisierte, auf dem Rumpf angebrachte 7,7 mm MG.

**Die Gourdou-Leseurre GL-1 oder Typ A war ein Eindecker mit Tragflächen in Baldachinkonstruktion, der strukturelle Schwächen aufwies.**

**Die erste in Massenproduktion hergestellte Ableitung des Gourdou-Leseurre Kampfflugzeug-Grundmodells war die GL-22 oder Typ B.**

# Gourdou-Leseurre GL-432

### Entwicklungsgeschichte
Der Prototyp der **Gourdou-Leseurre GL-430.01 B.1** unternahm seinen Jungfernflug am 26. Oktober 1931 in Villacoublay. Die Benennung B.1 bezeichnete einen einsitzigen Bomber, aber tatsächlich wurde der Typ als Sturzbomber gebaut und ähnelte der Standard LGL-32 C.1. Unter dem Rumpf trug das Modell auf einer gabelförmigen, schwenkbaren Abwurfvorrichtung eine 50 kg Bombe, die somit beim Sturzflug nicht mit dem Propeller in Berührung kam. Der Einsatz von Bord eines Schiffes aus wurde durch einen einziehbaren Fanghaken ermöglicht, der an der Unterseite des strukturell verstärkten Rumpfhinterteils befestigt war.

Eine zweite GL-430 wurde gebaut und mehrere Jahre lang unter Aufsicht der französischen Marine getestet. Erst im Herbst 1935 wurde eine Serie von vier **GL-432 BP.1** bestellt (BP stand für Bombardement en Pique, Sturzbomber), die auf der GL-430 basierten. Die Struktur und die Bewaffnung wurden bedeutend verstärkt. Das erste Exemplar flog am 28. Januar 1936, und die Tests wurden mit allen vier Maschinen weitergeführt.

Mittlerweile hatte im März 1937 auch der Prototyp des einsitzigen Kampfflugzeugs **GL-482** die Tests aufgenommen. Diese Maschine wurde 1933 für das französische Luftfahrtministerium gebaut, das 1930 weitere Kampfflugzeugtypen anforderte. Das Modell war für einen GL-Typ recht ungewöhnlich, da es Hochdecker-Knickflügel und einen 500 PS (373 kW) Hispano-Suiza 12 Xbrs Motor mit besonders glatten Bugkonturen durch die Montierung des Kühlers unter dem Rumpfhinterteil hatte. Da die GL-482 keinen Produktionsauftrag erhielt, wurde der Prototyp eingezogen und für Tests mit Zielgeräten verwendet, die für die GL-432 vorgesehen waren.

Am 17. März 1937 flog erstmals die **GL-531** mit einem stärkeren 750 PS (559 kW) Gnome-Rhône 9Kfr Motor, einem glatt konturierten Rumpf und einem völlig neuen Seitenleitwerk. Eine zweite GL-531 nahm ebenfalls das Testprogramm auf und hatte ein automatisches Abwurfsystem für die Bombe, wenn die Maschine eine Höhe von 3.500 m erreicht hatte. Mit einer weiteren Anlage wurde das Flugzeug verlangsamt, wenn der Pilot den Sturzflug auffangen wollte; dies war ein von Charles Gourdou im Juli 1937 patentierter Mechanismus, der die Propeller bei einer kritischen Höhe automatisch verstellte, ohne den Motor zu drosseln.

Das Programm wurde mit mehreren Unterbrechungen weitergeführt, und an den Tests sollte auch ein neues Modell von Malpaux, die **G-490**, teilnehmen, das heimlich gebaut wurde und schon zu 95 Prozent fertiggestellt war, als es im Juni 1940 während der deutschen Invasion in Frankreich zerstört wurde.

**Die Gourdou-Leseurre GL-432, der Prototyp eines Sturzbombers, war ausgesprochen stabil, und das geknickte Flügelmittelstück verbesserte die Sicht des Piloten.**

### Technische Daten
**Gourdou-Leseurre GL-432 BP.1**

**Typ:** einsitziger Sturzbomber.
**Triebwerk:** ein 420 PS (313 kW) Gnome-Rhône 9Ady Jupiter Neunzylinder Sternmotor.
**Leistung:** Höchstgeschwindigkeit 280 km/h; Dienstgipfelhöhe 9.000 m; Reichweite 600 km.
**Gewicht:** Rüstgewicht 910 kg; max. Startgewicht 1.370 kg.
**Abmessungen:** Spannweite 12,20 m; Länge 7,60 m; Höhe 3,10 m; Tragflügelfläche 25,00 m$^2$.
**Bewaffnung:** ein 7,62 mm Darne MG im rechten Flügel plus eine 150 kg oder 225 kg Bombe.

# Gourdou-Leseurre GL-832 HY

### Entwicklungsgeschichte
Der Prototyp der **Gourdou-Leseurre GL-831 HY** wurde auf Anforderung der französischen Marine gebaut, die 1930 ein leichtes Schwimmerflugzeug für Küstenpatrouillen suchte, das in erster Linie in den französischen Kolonien eingesetzt werden sollte. Die Maschine war eine Modifikation der GL-830 HY mit einem 250 PS (186 kW) Hispano-Suiza Sternmotor. Die GL-831 flog erstmals am 23. Dezember 1931. Erst 1933 ging eine Bestellung über 23 Serienmaschinen mit der Bezeichnung **GL-832 HY** ein, die mit 230 PS (171 kW) Hispano-Suiza 9Qb Sternmotoren anstelle der etwas stärkeren 9Wa Triebwerke des Prototyps ausgestattet wurden. Der Typ war ein Tiefdecker in Metallbauweise mit Stoffbespannung, hatte sehr große Tragflächen und war für Katapultstarts gedacht. Die erste Serienmaschine flog erstmals am 17. Dezember 1934.

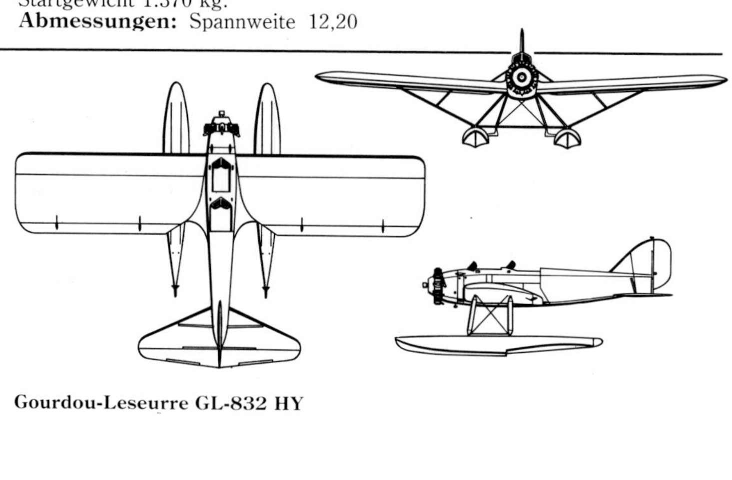

**Gourdou-Leseurre GL-832 HY**

1937 endete die Partnerschaft zwischen Leseurre und Gourdou, und Gourdou engagierte Georges Bruner als seinen Chefingenieur. Obwohl zahlreiche neue Projekte entworfen wurden, entstand nur ein einziger Prototyp, die **Gourdou 120 HY**, ein zweisitziges Aufklärungs-Schwimmerflugzeug, das auch für Katapultstarts geeignet war. Es war ein Mitteldecker mit Doppelschwimmern und zwei 140 PS (104 kW) Renault Motoren und einem neuartigen Klappensystem. Der einzige Prototyp wurde 1940 zerstört.

### Technische Daten

**Gourdou-Leseurre GL-832 HY**
**Typ:** ein zweisitziges leichtes Aufklärungs- und Beobachtungs-Schwimmerflugzeug.
**Triebwerk:** ein 230 PS (172 kW) Hispano-Suiza 9Qb Neunzylinder Sternmotor.
**Leistung:** Höchstgeschwindigkeit 196 km/h; Dienstgipfelhöhe 5.000 m; Reichweite 590 km.
**Gewicht:** Rüstgewicht 1.108 kg; max. Startgewicht 1.696 kg.
**Abmessungen:** Spannweite 13,00 m; Länge 8,74 m; Höhe 3,48 m; Tragflügelfläche 29,50 m².
**Bewaffnung:** ein 7,7 mm Vickers Machinengewehr.

**Der Pilot einer Gourdou-Leseurre GL-832 (Seriennummer 15) bei den Vorbereitungen zum Katapultstart von Bord eines französischen Schlachtschiffs.**

# Gourdou-Leseurre LGL-32 C.1

### Entwicklungsgeschichte

Nach der GL-21 Baureihe ging als nächstes Modell die **Gourdou-Leseurre LGL-32 C.1** (oder **GL-32 C.1**) in Produktion, ein einsitziges Kampfflugzeug; aber zuvor hatten die beiden Partner noch verschiedene interessante Prototypen erstellt. Dazu gehörten drei Maschinen, die für Einsätze in großer Höhe gedacht waren: die **GL-40C.1**, ein einsitziges Kampfflugzeug mit Tragflächen in Baldachinkonstruktion und einem 300 PS (224 kW) Hispano-Suiza 8Fb Motor; die **GL-50 CAP.2**, ein zweisitziger Aufklärungs-Eindecker mit geraden Tragflächen in Baldachinkonstruktion. Im folgenden Jahr (1923) erschien das bemerkenswerte Rennflugzeug **GL-I** mit Hochdeckerflügeln und kürzerer Spannweite sowie mit im Handbetrieb einziehbarem Fahrwerk, eine seinerzeit bemerkenswerte Neuerung. Zu den Weiterentwicklungen der GL-I gehörten zwei Kampfflugzeuge, die **GL-30**, die über das Projektstadium nicht hinauskam und die **GL-31 C.1** oder **GL-I-3**, die 1926 gebaut wurde, aber auf wenig Interesse stieß.

Die **LGL-32 C.1**, ein einsitziger Jäger, wurde 1923 entworfen. Der Prototyp **LGL-32.01** flog erstmals im Frühjahr 1925, und im Januar 1927 ging eine Bestellung über fünf Test- und 20 Vorserienmaschinen ein. Die LGL-32 C.1 hatte einen Rumpfvorderteil aus Metall, ansonsten Stoffbespannung. Die Tragflächen hatten die traditionelle Gourdou-Leseurre-Baldachinkonstruktion, und als Triebwerk diente ein 420 PS (331 kW) Gnome-Rhône Jupiter Sternmotor. Der größte Nachteil war das recht gebrechliche, Fahrwerk mit wirkungslosen Gummi-Stoßdämpfern, und der Typ wurde für Landeunfälle berüchtigt.

Von der LGL-32 C.1 wurden insgesamt 479 Exemplare hergestellt. Der Typ diente ab Ende 1927 bei der Aéronautique Militaire in zwölf 'escadrilles' im Fronteinsatz.

Nach 1934 machten sich jedoch Verschleißerscheinungen bemerkbar, und bis zum Januar 1936 waren von den ursprünglich ca. 400 bei der französischen Armee eingesetzten Maschinen nur noch 135 übrig, die zur Schulung und als Demonstrationsflugwerke bei der Ausbildung am Boden für Mechaniker der Armée de l'Air verwendet wurden.

Rumänien erhielt nach einem eindrucksvollen Demonstrationsflug in Bukarest 50 Exemplare der LGL-32 C.1, von denen das letzte im November 1936 ausgeliefert wurde. Nach einigem Zögern kaufte die Türkei zwölf **LGL-32-T** Maschinen; Japan erhielt ein Exemplar.

**Die experimentelle Gourdou-Leseurre LGL-33 hat das Äußere eines Kampfflugzeugs mit Sternmotor, war aber tatsächlich mit einem V-12 Motor ausgerüstet.**

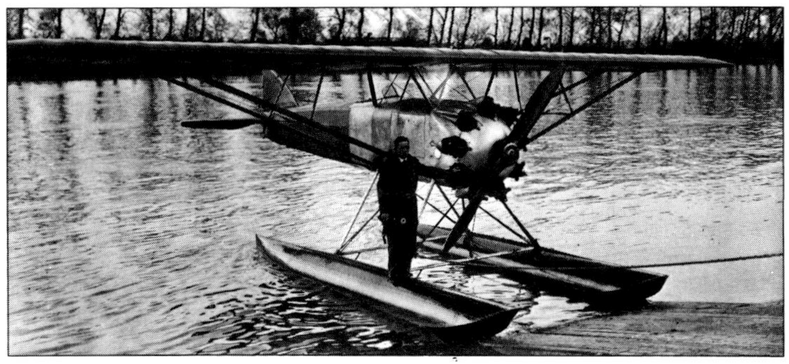
**Kampfflugzeuge der 20er und 30er Jahre konnten ohne weiteres von Fahrwerk- auf Schwimmerkonfiguration umgerüstet werden, wie diese Gourdou-Leseurre LGL-32 HY, die auf dem Prototyp LGL-32 basierte.**

### Varianten

**LGL-32 HY:** im Frühjahr 1927 erhielt der Prototyp LGL-32.01 Doppelschwimmer anstelle des Fahrwerks; der Typ stellte am 28. März 1927 einen neuen Höhen-Weltrekord für Schwimmerflugzeuge auf.
**LGL-321:** das erste Testflugzeug wurde für einen 600 PS (447 kW) Jupiter Motor modifiziert.
**LGL-323** und **LGL-324:** eine Standard LGL-32 wurde für einen 500 PS (373 kW) Jupiter VII Sternmotor modifiziert und mit einem Vorverdichter für Höhenflüge ausgestattet. Als LGL-323 unternahm die Maschine mehrere erfolglose Versuche, einen neuen Rekord aufzustellen und wurde daraufhin weiter modifiziert. Als LGL-324 stellte die Maschine am 23. Mai 1929 mit dem Piloten Lemoigne einen neuen Landflugzeug-Höhenrekord von 9.600 m bei einer Nutzlast von 500 kg auf; am 25. Oktober erreichte Albert Lécrivain einen Weltrekord ohne Nutzlast von 11.000 m Höhe.
**LGL-33 C.1:** ein Exemplar dieser Version flog im April 1925; der Typ unterschied sich von der LGL-32 vor allem durch einen 450 PS (336 kW) Lorraine 12Eb Motor.
**LGL-34 C.1** und **341 C.1:** die LGL-34 C.1 war lediglich eine LGL-32 C.1 mit einem 500 PS (373 kW) Hispano-Suiza 12Gb anstelle des Jupiter Standardtriebwerks; nach mehreren öffentlichen Veranstaltungen wurde die Maschine 1929 verschrottet; die erste LGL-341 hatte im Vergleich mit dem Standard-Kampfflugzeug einen 500 PS (373 kW) Hispano-Suiza 12Hb Motor; die LGL-341 erbrachten zwar eine gute Leistung, gingen aber nicht in Produktion.
**LGL-390:** im Juni 1934 wurde eine Standard-LGL-32 mit einem 575 PS (429 kW) Hispano-Suiza 9Va Motor ausgerüstet und als LGL-390 Nachtjäger getestet.
**GL-410:** dieser Prototyp wurde für ein französisches Kampfflugzeugprogramm von 1928 entworfen und verband den Rumpf der LGL-32 mit einem völlig neuen Tragflächenentwurf, der eine beträchtliche Pfeilstellung aufwies; zwei Prototypen wurden getestet.
**GL-450:** dieser 1932 getestete Prototyp hatte einen 480 PS (358 kW) Jupiter VI Motor und Metallbauweise; die Höchstgeschwindigkeit betrug 320 km/h in 5.000 m Höhe.
**GL-633:** eine der zwölf 1936 für die baskische Regierung gebauten GL-32 C.1 wurde als einsitziger Sturzbomber mit einer 500 kg Bombe unter dem Rumpf modifiziert; mit einem Jupiter 9Ady Sternmotor erreichte die Maschine eine Höchstgeschwindigkeit von 280 km/h.

**Die zweisitzige GL-50, der Prototyp eines Aufklärers, ging nicht in Produktion.**

### Technische Daten

**Gourdou-Leseurre LGL-32 C.1**
**Typ:** einsitziges Kampfflugzeug.
**Triebwerk:** ein 420 PS (313 kW) Gnome-Rhône 9Ady Jupiter Neunzylinder Sternmotor.
**Leistung:** Höchstgeschwindigkeit 235 km/h in 5.000 m Höhe; Dienstgipfelhöhe 9.700 m; max. Reichweite 660 km.
**Gewicht:** Rüstgewicht 963 kg; max. Startgewicht 1.376 kg.
**Abmessungen:** Spannweite 12,20 m; Länge 7,55 m; Höhe 2,95 m; Tragflügelfläche 24,90 m².
**Bewaffnung:** zwei vorwärtsfeuernde synchronisierte 7,7 mm MAC MG.

# Government Factories Cijan C-3

## Entwicklungsgeschichte

1946 veranstaltete die jugoslawische Luftwaffe einen Wettbewerb für den Entwurf eines zweisitzigen, sowohl für zivilen als auch militärischen Gebrauch geeigneten Schulflugzeugs. Der Sieger war Boris Cijan, und die von den Government Factories gebaute **Cijan C-3 Troika** wurde erstmals gegen Ende 1947 als Prototyp geflogen.

Das Modell war ein Tiefdecker in Holzbauweise mit freitragenden Flügeln und einer geschlossenen Kabine für den Piloten und Schüler, die nebeneinander saßen; das Triebwerk war ein Walter Mikron II Motor. 1953 ging eine verbesserte Version mit neuer Kuppel und einem 105 PS (78 kW) Walter Minor 4-III Motor in Produktion.

## Technische Daten

**Typ:** zweisitziges Mehrzweckflugzeug.
**Triebwerk:** ein einreihig hängender 60 PS (45 kW) Walter Mikron II Vierzylinder.
**Leistung:** Höchstgeschwindigkeit 160 km/h; Reisegeschwindigkeit 145 km/h; Dienstgipfelhöhe 3.900 m; Reichweite 590 km.
**Gewicht:** Leergewicht 375 kg; max. Startgewicht 604 kg.
**Abmessungen:** Spannweite 10,50 m; Länge 8,85 m; Höhe 2,10 m; Tragflügelfläche 15,50 m$^2$.

**Die kostengünstigen Cijan C-3 Troika Schulflugzeuge waren für die neu aufgebaute jugoslawische Flugzeugindustrie und für die Bedürfnisse der jungen jugoslawischen Luftwaffe bestens geeignet.**

# Government Factories S-49

## Entwicklungsgeschichte

Die Ikarus AD war vor dem Einmarsch der Deutschen der führende Flugzeughersteller Jugoslawiens gewesen; nach der Besetzung wurden die Fabriken dieser Firma (ebenso wie die Produktionsstätten von Rogozarsky und Zmaj) von den Deutschen zerstört. 1945 wurde Ikarus wieder aufgebaut und die überlebenden technischen Mitarbeiter dieser drei Firmen in der neuen, staatlichen Flugzeugindustrie beschäftigt. Das erste eigene Produkt war das einsitzige Kampfflugzeug **S-49**, eigentlich eine Überarbeitung der sowjetischen Yakovlev Yak-9 (Jakowlew Jak-9), ein Tiefdecker in Gemischtbauweise mit freitragenden Flügeln und einem einziehbaren Heckradfahrwerk. Das Triebwerk für den 1948 erstmals geflogenen Prototyp war der in der UdSSR gebaute 1.244 PS (928 kW) Klimow VK-105PF-2 Motor, und damit ging das Modell 1949 auch unter der Bezeichnung **S-49A** in die Produktion. Auslieferungen an die jugoslawische Luftwaffe begannen im Mai 1951; mehr als 100 Exemplare wurden gebaut.

Bald nach Aufnahme der Produktion der S-49A wurde eine verbesserte **S-49C** in Ganzmetallbauweise entwickelt. Diese Version hatte ein verbessertes Fahrwerk, eine neue Cockpit-Kuppel und einen Hispano-Suiza 12Z-11Y Motor. Ab 1952 wurden etwa 70 Exemplare dieses Typs gebaut, die gemeinsam mit den S-49A bis in die späten 50er Jahre hinein bei der jugoslawischen Luftwaffe dienten.

**Diese Luftaufnahme veranschaulicht deutlich die Verwandtschaft zwischen der S-49A und der Jakowlew Jak-9. Vor dem Cockpit kann man die Mündungsrohre der beiden 12,7 mm MG erkennen.**

## Technische Daten

**Government Factories S-49C**
**Typ:** einsitziges Kampfflugzeug.
**Triebwerk:** ein 1.500 PS (1.119 kW) Hispano-Suiza 12Z-11Y Zwölfzylinder V-Motor.
**Leistung:** Höchstgeschwindigkeit 640 km/h in 1.525 m Höhe; Dienstgipfelhöhe 10.000 m; max. Reichweite 800 km.
**Gewicht:** maximales Startgewicht 3.470 kg.
**Abmessungen:** Spannweite 10,30 m; Länge 9,06 m; Höhe 2,90 m.
**Bewaffnung:** eine durch die Propellernabe feuernde 20 mm MG 151 Kanone und zwei vorwärtsfeuernde 12,7 mm MG, plus Vorrichtungen für Raketen oder bis zu 100 kg Bomben.

# Government Factories Typ 213 und 522

## Entwicklungsgeschichte

1949 flog die staatliche jugoslawische Flugzeugfabrik den Prototyp eines zweisitzigen Fortgeschrittenen-Schulflugzeugs mit der Bezeichnung **Typ 213 Vihor**. Das Modell war ein Tiefdecker in Gemischtbauweise mit freitragenden Flügeln und einem 520 PS (388 kW) Ranger SVG-770-CB1. Pilot und Schüler saßen auf Tandem-Sitzen unter einer langen, verglasten Kuppel, und die Bewaffnung bestand aus zwei vorwärtsfeuernden MG und bis 100 kg Bomben für die Waffenausbildung.

Im Februar 1955 flog der Prototyp eines neuen Fortgeschrittenen-Schulflugzeugs mit der Bezeichnung Typ **522**, das als Ersatz für den Typ 213 gedacht war. Obwohl es sich rein äußerlich von den frühen Modellen stark unterschied, hatte es weitgehend das gleiche Flugwerk, allerdings in Metallbauweise, und einen Pratt & Whitney R-1340 Sternmotor.

**Die 213 Vihor war ein ausgesprochen schnittiges Schulflugzeug, das der Arado Ar 96 des Zweiten Weltkriegs auffallend ähnlich sah. Das Modell nahm 1957 als Typ 522 mit einem Sternmotor, der das Äußere vollkommen veränderte, den Dienst auf.**

## Technische Daten

**Government Factories Typ 522**
**Typ:** zweisitziges Fortgeschrittenen-Schulflugzeug.
**Triebwerk:** ein 600 PS (447 kW) Pratt & Whitney R-1340-AN-1 Neunzylinder Sternmotor.
**Leistung:** Höchstgeschwindigkeit 350 km/h; Dienstgipfelhöhe 7.000 m; Reichweite 975 km.
**Gewicht:** Leergewicht 1.825 kg; max. Startgewicht 2.400 kg.
**Abmessungen:** Spannweite 11,00 m; Länge 9,20 m; Höhe 3,58 m.
**Bewaffnung:** zwei vorwärtsfeuernde 7,92 mm MG 17 plus bis zu 200 kg Bomben und zwei Luft-Boden-Raketen.

# Government Factories Typ 214D

## Entwicklungsgeschichte

Unter der Bezeichnung **214-D** flog 1951 erstmals der Prototyp eines zweimotorigen Besatzungsschulungs- oder leichten Transportflugzeugs. Das Modell war eigens für die Anforderungen der jugoslawischen Luftwaffe entworfen worden und hatte eine Tiefdeckerkonfiguration mit freitragenden Flügeln, einen Rumpf mit ovalem Querschnitt und zwei 480 PS (358 kW) Ranger SVG-770 Motoren in Gondeln auf den Tragflächen. Als Besatzungsschulungsflugzeug faßte das Modell den Piloten, Copiloten, Navigator, Bombenschützen und Funker, in der Transporterausführung war Platz für einen Piloten und acht Passagiere. Die Serienmaschinen nahmen später bei der jugoslawischen Luftwaffe den Einsatz auf.

## Technische Daten

**Typ:** zweimotoriges Schulungs- oder Transportflugzeug.
**Triebwerk:** zwei 600 PS (447 kW) Pratt & Whitney R-1340-AN-1 Neunzylinder Sternmotoren.
**Leistung:** Höchstgeschwindigkeit 365 km/h; Dienstgipfelhöhe 7.000 m; Reichweite 1.080 km.
**Gewicht:** max. Startgew. 5.025 kg.
**Abmessungen:** Spannweite 16,20 m; Länge 11,20 m; Höhe 3,95 m.

**Die 214-D wurde sowohl als Schulflugzeug als auch als leichter Transporter eingesetzt.**

# Government Factories Typ 451

**Entwicklungsgeschichte**
Auf der Basis des zweimotorigen Testflugzeugs **451**, das liegend gesteuert wurde (eine vergrößerte Entwicklung der **Pionir** aus dem Jahre 1949, angetrieben von zwei 55 PS/41 kW Walter Mikron III Reihenmotoren) mit einziehbarem Heckradfahrwerk und zwei 160 PS (119 kW) Walter Minor 6-III Kolbenmotoren, entwickelte die Firma das erste jugoslawische Flugzeug mit Strahltriebwerk, die **S-451 M**. Es war ein Tiefdecker in Metallbauweise mit freitragenden Flügeln. Die Kolbenmotoren waren durch zwei Turboméca Palas Strahltriebwerke von je 150 kp Schub ersetzt. Die Entwicklung des Typs wurde fortgesetzt, und später wurden drei neue Versionen zu Versuchszwecken gebaut. Sie waren der S-451M weitgehend ähnlich, unterschieden sich jedoch durch die Rumpfvorderteil/Cockpit-Konfiguration und stärkere Turboméca Strahltriebwerke. Es handelt sich um die **J-451MM**, eine einsitzige Maschine zur Luftnahunterstützung, das Anfänger-Schulflugzeug **S-451MM Matica** mit zwei Tandemsitzen und schließlich das einsitzige Fortgeschrittenen-Schulflugzeug **T-451MM Strlsjen II**.

**Technische Daten**
**Government Factories J-451MM**
**Typ:** ein einsitziges Flugzeug zur Nahunterstützung.
**Triebwerk:** zwei Turboméca Marboré II Strahltriebwerke von 400 kp Schub.
**Leistung:** Höchstgeschwindigkeit 800 km/h; Dienstgipfelhöhe 12.070 m; Reichweite 760 km.
**Gewicht:** Leergewicht 2.435 kg.
**Abmessungen:** Spannweite 7,90 m; Länge 8,05 m; Höhe 1,68 m; Tragflügelfläche 11,30 m².
**Bewaffnung:** zwei 20 mm Hispano-Suiza Kanonen in Gondeln unter dem Rumpf plus Luft-Boden-Raketen.

**In der 451 konnte der Pilot nur liegend steuern. Dadurch wurde der Widerstand der Maschine jedoch erheblich reduziert.**

**Das Konzept des Typs 451 wurde modifiziert, um Jugoslawiens erstes Jet-Flugzeug zu bauen, die 451M. Dieser Typ hatte ein konventionelles Cockpit und zwei Strahltriebwerke anstelle der früheren Kolbenmotoren.**

# Government Factories Typ 452-2

**Entwicklungsgeschichte**
Unter der Bezeichnung **Typ 452-2** entwarfen und entwickelten die jugoslawischen Government Factories ein einsitziges Forschungsflugzeug mit Strahlantrieb. Es war ein Mitteldecker in Metallbauweise mit freitragenden, gepfeilten Flügeln und Seitenleitwerken auf den beiden Leitwerksträgern und einem horizontalen, V-förmigen Höhenleitwerk zwischen den beiden Seitenleitwerken sowie einem einziehbaren Dreibeinfahrwerk. Der Pilot saß in einem von einer transparenten Kuppel umschlossenen Cockpit, und das Triebwerk bestand aus zwei Turboméca Palas Strahltriebwerken, die übereinander im Rumpfhinterteil angebracht waren. Jedes Triebwerk hatte seine eigenen Lufteinlässe; die für den unteren Motor befanden sich in den Flügelwurzeln neben dem Rumpf, die für das obere Triebwerk zu beiden Seiten des Rumpfoberteils. Der erste von zwei Prototypen flog 1953.

**Technische Daten**
**Typ:** ein einsitziges Forschungsflugzeug.
**Triebwerk:** zwei Turboméca Palas Strahltriebwerke.
**Leistung:** (geschätzt): Höchstgeschwindigkeit 750 km/h; Flugdauer 1 Stunde.
**Gewicht:** max. Startgew. 1.100 kg.
**Abmessungen:** Spannweite 5,25 m; Länge 5,97 m; Höhe 1,77 m.

**Der Typ 452-2 hatte ein ungewöhnliches Leitwerk und zwei Strahltriebwerke.**

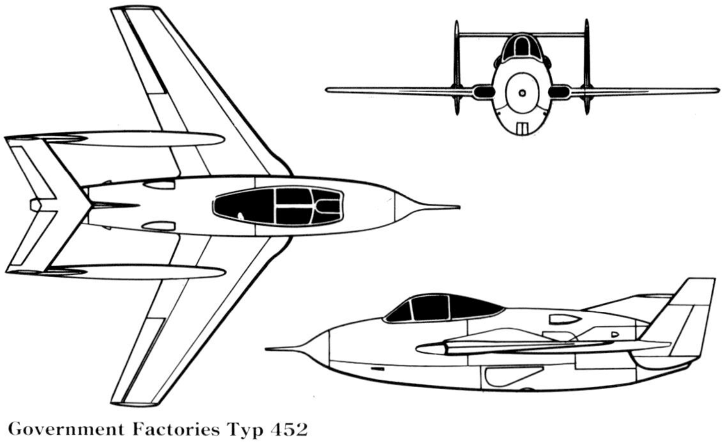

Government Factories Typ 452

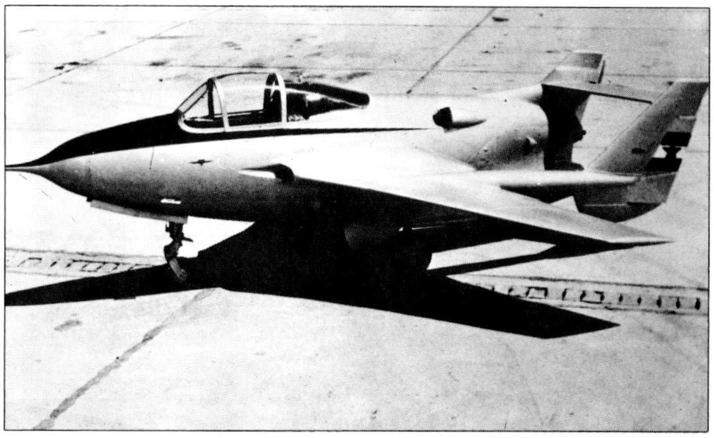

# Government Workshops HF XX-02 und HFB XX-02

**Entwicklungsgeschichte**
Unter der Bezeichnung **HFXX-02** wurde von Hugo Fuentes (daher das HF) ein zweisitziges Schulflugzeug entwickelt und in den frühen 50er Jahren von der chilenischen Luftwaffe geflogen. Das Modell war ein Tiefdecker in Gemischtbauweise mit freitragenden Flügeln, festem Heckradfahrwerk und einem 175 PS (130 kW) Ranger L-440-1 hängenden Reihenmotor; Schüler und Fluglehrer saßen nebeneinander. Eine verbesserte **HFBXX-02** wurde 1958 von Francisco Bravo entwickelt (daher das zusätzliche B), die sich von der ersten vor allem durch den stärkeren Continental O-470 unterschied.

**Technische Daten**
**Government Workshops HFB XX-02**
**Triebwerk:** ein 225 PS (168 kW) Continental O-470pB Sechszylinder Boxermotor.
**Leistung:** Höchstgeschwindigkeit 195 km/h; wirtschaftliche Reisegeschwindigkeit 175 km/h; Dienstgipfelhöhe 4.570 m; maximale Reichweite 800 km.
**Gewicht:** Rüstgewicht 760 kg; max. Startgewicht 1.060 kg.
**Abmessungen:** Spannweite 10,10 m; Länge 6,60 m; Höhe 2,15 m; Tragflügelfläche 16,00 m².

**Die HF XX-02 zeichnete sich durch die Schlichtheit des Entwurfs und die einfache Herstellung aus.**

# Grahame-White Typ X und Typ XV

Die letzte Version des Typs XV enthielt erstmals eine volle Doppelsteuerung und eine vordere Gondel für die Besatzung.

**Entwicklungsgeschichte**
Der britische Luftfahrtpionier Claude Grahame-White gründete die Grahame-White Aviation Company, die 1910 ein für die Zeit typisches Kastendrachen-Modell baute. Die Maschine hatte den Namen **Baby** und war ein zweisitziger Doppeldecker mit einem 50 PS (37 kW) Gnome Umlaufmotor, der in Druckkonfiguration auf den unteren Tragflächen montiert war; der Propeller rotierte zwischen den vier schlanken, mit Holz verstrebten Auslegern, die das Doppeldecker-Leitwerk trugen. 1911 erschien eine verbesserte **New Baby**, die mit einem 50 PS (36 kW) oder 70 PS (52 kW) Gnome Umlaufmotor erhältlich war, und die Kastendrachen-Konfiguration wurde auch für die **Grahame-White Type XV** beibehalten. In ihrer 1912 produzierten Form hatte diese Tragflächen mit gleicher Spannweite.

Zahlreiche Vertreter dieser Version dienten vor dem Ausbruch des Ersten Weltkriegs beim Royal Naval Air Service (RNAS). Wegen der Zuverlässigkeit der Type XV wurden weitere Exemplare vom Royal Flying Corps (RFC) und RNAS bestellt, und 1914/15 entstand außerdem eine verbesserte Ausführung mit verlängerten oberen Tragflächen. Die neue Version hatte kleinere Heckkufen und einen 60 PS (45 kW) Green Motor. Die letzte Version wurde 1916 eingeführt und hatte eine Gondel für die zweiköpfige Besatzung (anstelle der herkömmlichen offenen Sitze) sowie einen 80 PS (60 kW) Le Rhône Umlaufmotor.

Der RNAS übernahm für seine Maschinen die Bezeichnung **Typ 1600**. Insgesamt wurden von allen Versionen etwa 130 Maschinen gebaut.

Angesichts der wachsenden Nachfrage nach Passagierflügen wurde beschlossen, ein 'großes' Passagierflugzeug zu entwickeln, und die Grundkonstruktion eines Kastendrachenmodells war bei der **Typ X Charabanc** noch deutlich zu erkennen. Es war ein Doppeldecker ungleicher Spannweite, eine ähnliche, aber größere Ausführung des Typs XV mit drei Rudern am Doppeldeckerleitwerk. Beim Erstflug im Jahre 1913 bestand das Triebwerk aus einem 120 PS (89 kW) Austro-Daimler Motor, der später durch einen britischen Green Motor ersetzt wurde. In der Kabine, einer verlängerten Gondel auf den unteren Tragflächen, war Platz für den Piloten und vier Passagiere.

**Technische Daten**
**Grahame-White Typ X**
**Typ:** fünfsitziger Doppeldecker für Passagiertransport.
**Triebwerk:** ein 100 PS (75 kW) Green Sechszylinder Reihenmotor.
**Leistung:** Höchstgeschwindigkeit 82 km/h; Reisegeschwindigkeit 72 km/h.
**Gewicht:** Leergewicht 907 kg; max. Startgewicht 1.406 kg.
**Abmessungen:** Spannweite 19,05 m; Länge 11,43 m; Tragflügelfläche 73,39 m$^2$.

# Granville Gee Bee

**Entwicklungsgeschichte**
Die **Granville Model R Super** Sportster wurde von den fünf Gebrüdern Granville (daher GB oder Gee Bee, für Granville Brothers) entworfen und gebaut und war zur Zeit ihrer Entstehung typisch für die Rennversion ihrer Modelle. Die Model R war ein verstrebter Tiefdecker mit festem Heckradfahrwerk (mit weitgehend verkleideten Hauptteilen) und einem faßförmigen Rumpf, dessen Form durch den Durchmesser des Sternmotors vorgeschrieben wurde. Zwei Maschinen wurden gebaut, die **Model R-1** mit einem 800 PS (597 kW) Pratt & Whitney Wasp und die **Model R-2** mit zunächst größerer Treibstoffkapazität und einem 550 PS (410 kW) Wasp Junior Motor.

Der legendäre 'Jimmy' Doolittle stellte am 3. September 1932 mit der R-1 einen Weltrekord für Landflugzeuge von 476,83 km/h auf. Innerhalb eines Jahres stürzte sowohl die R-1 als auch die R-2 ab, und 1934 wurde Zantford (mit dem Spitznamen 'Granny') Granville, der älteste der fünf Brüder, bei einem Unfall getötet. Ohne die treibende Kraft an der Spitze der Firma ging Granville schließlich bankrott.

Man hatte versucht, eine weniger antriebsstarke Version an Sportpiloten zu verkaufen, die auf der Einzelanfertigung der **Model X Sportster** aus dem Jahre 1930 (mit einem 110 PS/82 kW American Cirrus Motor) basierte und deren Flugwerk leicht für die verschiedensten Triebwerke modifiziert werden konnte. Damit begann die Sportster Baureihe, die in nur wenigen Exemplaren produziert wurde: die **Model B** mit einem 110 PS (82 kW) Cirrus Ensing Motor, die **Model C** mit einem 95 PS (71 kW) Menasco B-4 Pirate, die **Model D** mit einem 125 PS (93 kW) Menasco C-4 Pirate und (die einzige Variante mit einem Sternmotor) die **Model E** mit einem 110 PS (82 kW) Warner Scarab. Die **Model Y Senior Sportster** war nach dem erweiterten Konzept der Model X gebaut und bot Platz für zwei Personen; zwei Exemplare wurden produziert. Die **Model Z**, ein Vorläufer der Model R, war ein individuelles Rennflugzeug, das auf den Modellen X und Y basierte, ausgerüstet mit einem 535 PS (399 kW) Wasp Junior; die Höchstgeschwindigkeit betrug 435 km/h. Für einen Versuch, den Geschwindigkeitsweltrekord für Landflugzeuge zu brechen, wurde ein 750 PS (560 kW) Wasp eingebaut, aber am 5. Dezember 1931 löste sich das Flugzeug in der Luft in seine Bestandteile auf und stürzte ab. Ein weiterer Vertreter mit der gleichen Granville Grundstruktur war die **Q.E.D.** aus dem Jahre 1934, ein Langstrecken-Zweisitzer mit einem Pratt & Whitney Hornet Sternmotor. Der Typ wurde von zahlreichen mechanischen Problemen geplagt, schaffte aber 1939 einen Nonstopflug von Mexiko City nach New York. Bei der Rückkehr stürzte die Maschine allerdings ab; der Pilot kam dabei ums Leben.

**Technische Daten**
**Gee Bee Sportster Model E**
**Typ:** einsitziges Sportflugzeug.
**Triebwerk:** ein 110 PS (82 kW) Warner Scarab Siebenzylinder Sternmotor.
**Leistung:** Höchstgeschwindigkeit 238 km/h; Reisegeschwindigkeit 204 km/h; Dienstgipfelhöhe 5.790 m; Reichweite 885 km.
**Gewicht:** Leergewicht 414 kg; max. Startgewicht 636 kg.
**Abmessungen:** Spannweite 7,62 m; Länge 5,11 m; Höhe 1,83 m; Tragflügelfläche 8,83 m$^2$.

**Die Gee Bee 'Sportster' Model E ist vor allem als Rennflugzeug bekanntgeworden. Auf diesem Bild wird die NC46V auf ein Rennen vorbereitet.**

# Great Lakes 2-T-1

**Entwicklungsgeschichte**
Die 1928 gegründete Great Lakes Aircraft Corporation begann mit dem Bau von zwei Exemplaren eines achtsitzigen Zivilflugzeugs mit dem Namen **Miss Great Lakes**. Der Entwurf basierte auf der Martin T4M-1. Da er aber als Transporter nur auf wenig Interesse stieß, beschloß die Firma, sich auf die Entwicklung eines zweisitzigen Sport/Schul-Doppeldeckers mit der Bezeichnung **Great Lakes 2-T-1** zu konzentrieren. Der erstmals im März 1929 geflogene Prototyp war ein einstieliger Doppeldecker in Gemischtbauweise mit Stoffbespannung und einem festen Heckspornfahrwerk. Das Triebwerk war ein 85 PS (63 kW) Cirrus Mk III Motor, und Pilot und Passagier/Schüler saßen in zwei offenen Tandem-Cockpits. Etwa 40 Exemplare wurden gebaut, bevor die Produktion auf die weitgehend ähnliche **2-T-1A** mit dem in Amerika gebauten 90 PS (67 kW) Cirrus Motor umgestellt wurde. Rund 200 Maschinen wurden gebaut. Die letzte, bis 1933 produzierte Version war die **2-T-1E**, die eine neue Ausführung des amerikanischen Cirrus Motors hatte und in

**Trotz der Wirtschaftskrise von 1929 war die Great Lakes 2-T-1A ein großer kommerzieller Erfolg. Einige Maschinen fliegen auch heute noch.**

den Konturen etwas verfeinert wurde. Nur etwa ein Dutzend Exemplare wurden gebaut, aber die meisten davon haben bis heute überdauert und sind noch in den 80er Jahren geschätzte Sammlerstücke.

**Technische Daten**
**Great Lakes 2-T-1E**
**Typ:** ein zweisitziges Sport/Schulflugzeug.
**Triebwerk:** ein in Amerika gebauter hängender Cirrus 95 PS (71 kW) Vierzylinder Reihenmotor.
**Leistung:** Höchstgeschwindigkeit 177 km/h; Reisegeschwindigkeit 153 km/h; Dienstgipfelhöhe 3.660 m; Reichweite 604 km.
**Gewicht:** Leergewicht 459 kg; max. Startgewicht 717 kg.
**Abmessungen:** Spannweite 8,13 m; Länge 6,40 m; Höhe 2,39 m; Tragflügelfläche 17,43 m².

# Great Lakes BG-1

**Entwicklungsgeschichte**
Als die US Navy 1932 einen neuen zweisitzigen Sturzbomber für den Einsatz auf Flugzeugträgern suchte, der unter dem Rumpf eine bis zu 454 kg schwere Bombe tragen sollte, wurden die Consolidated Aircraft Corporation und die Great Lakes Aircraft Corporation mit dem Bau von konkurrierenden Prototypen beauftragt. Das Resultat, die **Great Lakes XBG-1**, war ein Doppeldecker ungleicher Spannweite, festem Heckradfahrwerk und offenen Cockpits für Pilot und Beobachter/Schütze in Tandem-Position. Das Triebwerk war ein 750 PS (620 kW) Pratt & Whitney R-1535-64 Twin Wasp Junior. Nach der Fertigstellung Mitte 1933 wurde die XBG-1 von der US Navy getestet und erwies sich bei den Testflügen im Wettbewerb mit der Consolidated XB2Y-1 als das bessere Flugzeug. Im November 1933 ging es daher als **BG-1** in Produktion; das Serienmodell hatte im Vergleich zum Prototypen eine verlängerte Kuppel für beide Cockpits. Insgesamt wurden 61 Maschinen hergestellt. Die ersten nahmen den Einsatz im Herbst 1934 auf und flogen bis 1940.

**Varianten**
**Great Lakes XB2G-1:** ein einzelnes Exemplar einer weiterentwickelten Version der BG-1 wurde zu Untersuchungszwecken gebaut, erhielt aber keinen Produktionsauftrag; es unterschied sich von der Standardausführung durch einziehbare Fahrwerkhauptteile und einen Rumpf mit breiterem Querschnitt.

**Technische Daten**
**Great Lakes BG-1**
**Typ:** trägergestützter Sturzbomber.
**Triebwerk:** ein 750 PS (560 kW) Pratt & Whitney R-1353-82 Twin Wasp Junior Vierzehnzylinder Sternmotor.
**Leistung:** Höchstgeschwindigkeit 303 km(h in 2.715 m Höhe; Dienstgipfelhöhe 6.125 m; Reichweite bei max. Nutzlast 869 km.
**Gewicht:** Leergewicht 1.770 kg; max. Startgewicht 2.880 kg.
**Abmessungen:** Spannweite 10,97 m; Länge 8,76 m; Höhe 3,35 m; Tragflügelfläche 35,67 m².
**Bewaffnung:** ein vorwärtsfeuerndes 7,62 mm MG und eines im hinteren Cockpit plus eine 454 kg Bombe unter dem Rumpf.

**Die mit dem TG-2 Torpedobomber gesammelten Erfahrungen wurden für den Entwurf des BG-1 Sturzbombers genutzt.**

# Grigorowitsch I-2 und I-2 bis

**Entwicklungsgeschichte**
Da seine **I-1**, ein einsitziger Kampf-Doppeldecker, unbefriedigende Flugeigenschaften aufwies, als sie im Frühjahr 1924 getestet wurde, beschloß Dimitri P. Grigorowitsch, der Leiter des Konstruktionsteams der GAZ-1 (Staatliche Flugzeugfabrik Nr. 1), eine verbesserte Version mit der Bezeichnung **Grigorowitsch I-2** zu entwickeln. Diese Ausführung hatte die Holzstruktur ihres Vorgängers und ebenfalls einen 400 PS (298 kW) Liberty Motor. Dafür war der Rumpf eine ovale Halbschalenkonstruktion, und die parallelen Flügelstiele wurden durch einzelne I-förmige Flügelprofilstreben ersetzt. Der I-2 Prototyp flog erstmals 1924.
Obwohl das Modell als produktionswürdig galt, entschloß man sich zu radikalen Veränderungen der Grundkonzeption, darunter die Einführung eines geschweißten Stahlrohrrumpfs und eines 420 PS (313 kW) M-5 Zwölfzylinder-Motors (eine in der UdSSR gebaute Entwicklung des amerikanischen Liberty). Die Massenproduktion begann 1926 und lief 1929 aus. Während dieser Zeit baute die GAZ-1 164 Exemplare des Typs mit der Bezeichnung **I-2bis**, und die GAZ-23 produzierte weitere 47 Maschinen.
Die I-2bis war das erste in der Sowjetunion entworfene Kampfflugzeug, das in größerer Zahl bei den Luftstreitkräften der Roten Armee eingesetzt wurde.
Der einzige andere von Grigorowitsch entworfene Kampf-Doppeldecker war die zweisitzige **DI-3**.
Mit einem 730 PS (544 kW) BMW VI Motor wurden 1931 mit der DI-3 Testflüge durchgeführt, aber das Modell ging nicht in Produktion.

**Die Grigorowitsch I-1 war ein einfacher Entwurf mit I-Stielen und mit Rad- oder Skifahrwerk ausrüstbar.**

**Im Vergleich zur I-2 hatte die Grigorowitsch I-2bis modifizierte Flügelstiele und einen größeren Treibstofftank.**

**Technische Daten**
**Grigorowitsch I-2bis**
**Typ:** einsitziges Kampfflugzeug.
**Triebwerke:** ein 420 PS (313 kW) M-5 Zwölfzylinder Boxermotor.
**Leistung:** Höchstgeschwindigkeit 235 km/h in Meereshöhe; Dienstgipfelhöhe 5.400 m; Reichweite 600 km.
**Gewicht :** Rüstgewicht 1.152 kg; max. Startgewicht 1.575 kg.
**Abmessungen:** Spannweite 10,80 m; Länge 7,32 m; Höhe 3,00 m; Tragflügelfläche 23,46 m².
**Bewaffnung:** zwei synchronisierte 7,62 mm PV-1 MG in der oberen Motorenhaube.

# Grigorowitsch I-Z

**Entwicklungsgeschichte**
Das Programm 'Z' wurde Mitte 1930 angeregt, um ein Kampfflugzeug zu entwickeln, das eine Plattform für die neue 7,62 cm Kurchevsky Kanone ohne Rückstoß sein sollte. Das Konstruktionsteam der OMOS (maritimer Versuchsflugzeugbau), das für diese Aufgabe ernannt wurde, arbeitete unter der Leitung von Dimitri P. Grigorowitsch, der sich natürlich weitgehend auf den einsitzigen Kampf-Doppeldecker I-5 stützte, an dem er gemeinsam mit Nikolai Polikarpow gearbeitet hatte. Der Rumpfvorderteil und das Triebwerk waren identisch mit denen des zweiten I-5 Prototyps. Der Rest des Rumpfs hatte eine Duraluminium-Halbschalenstruktur. Dafür übernahm Grigorowitsch eine einsitzige Tiefdeckerkonfiguration mit stoffbespannten Metallflügeln, die durch V-förmige Stahlstreben mit dem Fahrwerk verbunden waren. Die beiden Kanonen waren außerhalb des Fahrwerks unter den Tragflächen angebracht. Es handelte sich um einschüssige Kanonen, die durch ein einziges leichtes MG im Rumpf ergänzt wurden, das für das Zielen der Kanone verwendet wurde.
Zwei Prototypen des neuen Kampfflugzeugs wurden gebaut; der erste, **Grigorowitsch I-Z**, flog erstmals im Sommer 1931. Der leicht modifizierte und verstärkte zweite (mit der Bezeichnung **I-Zbis**) erschien Anfang 1932. Beide hatten einen 525 PS (391 kW) Gnome-Rhône Jupiter VI Sternmotor. Die Kennung des Entwurfsbüros lautete **TsKB-7**.
1933 lief eine Bestellung über 21 Maschinen mit dem sowjetischen 480 PS (358 kW) M-22 ein. Später entstanden 50 weitere I-Z Kampfflugzeuge, aber die Flugeigenschaften waren nicht zufriedenstellend und die schwerkalibrige einschüssige Kanone kein Erfolg. Daher wurden die meisten Maschinen als Test- und experimentelle Flugzeuge verwendet.

**Die Grigorowitsch I-Z hatte ein hoch angesetztes Leitwerk, um nicht mit den Brenngasen der rückstoßlosen Kanonen, hier unter dem linken Flügel sichtbar, in Berührung zu kommen.**

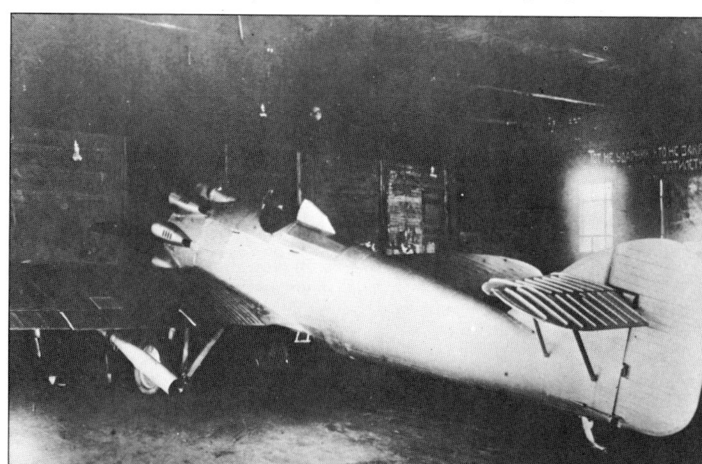

**Technische Daten**
**Grigorowitsch I-Z** (Serienversion)
**Typ:** einsitziges Kampfflugzeug.
**Triebwerk:** ein unter Lizenz von Jupiter gebauter 480 PS (358 kW) M-22 Neunzylinder Sternmotor.
**Leistung:** Höchstgeschwindigkeit 260 km/h in Meereshöhe; Dienstgipfelhöhe 7.000 m; Reichweite 600 km.
**Gewicht:** Rüstgewicht 1.180 kg; max. Startgewicht 1.648 kg.
**Abmessungen:** Spannweite 11,50 m; Länge 7,65 m; Tragflügelfläche 19,50 m$^2$.
**Bewaffnung:** zwei 7,62 cm Kurchevsky DRP plus ein 7,62 mm MG.

# Grigorowitsch IP-1 und IP-4

## Entwicklungsgeschichte

Die 1934 unter der vom Grigorowitsch Entwurfsbüro gewählten Bezeichnung **DG-52** entwickelte **Grigorowitsch IP-1** war ein Tiefdecker in Ganzmetallbauweise mit freitragenden Flügeln; der Prototyp flog erstmals im Frühjahr 1935. Der Pilot dieses einsitzigen Kanonen-Kampfflugzeugs saß in einem offenen Cockpit oberhalb der Tragflächen und hatte eine verkleidete Kopfstütze. Das Triebwerk war ein 640 PS (477 kW) Wright Cyclone Sternmotor, und die Hauptteile des Fahrwerks ließen sich nach hinten in badewannenförmige Schächte in den Flügeln einziehen.

Wie die vorhergehende I-Z wurde auch die IP-4 für die Kurchevsky Kanone ohne Rückstoß entworfen. Zwei 7,62 cm APK-4 Waffen wurden unter den Tragflächen angebracht, die je fünf Runden abfeuern konnten. Durch die zwei zusätzlichen 7,62 mm MG sollte der Pilot mit der schweren Kanone besser zielen können.

Die IP-1 wurde in die Produktion gegeben, aber das Serienmodell war stark modifiziert: die Kanone wurde durch zwei 20 mm ShVAK Kanonen in den Flügelwurzeln ersetzt, die durch sechs 7,62 mm ShKAS MG (je drei unter den Tragflächen) ergänzt wurden. 1936 und 1937 wurden etwa 90 IP-1 fertiggestellt.

Die weiterentwickelte **IP-4** erschien Ende 1934 mit vier neuen Kurchevsky APK-11 4,5 cm Kanonen und zwei leichten MG. Wie der IP-1 Prototyp hatte auch dieses Modell einen Wright Cyclone Motor. Die Firmenbezeichnung für die IP-4 lautete **DG-53**.

Obwohl die IP-1 das letzte für die Serienproduktion entworfene Modell Grigorowitschs war, schuf er vor dem Ausbruch seiner schweren Krankheit im Jahre 1937 noch mehrere weitere bedeutende Maschinen. Eine davon war die **IP-2** (oder **DG-54**) mit einem 830 PS (619 kW) Hispano-Suiza Xbrs Motor und einer auf dem Triebwerk angebrachten ShVAK Kanone sowie nicht weniger als zehn auf den Tragflächen montierten MG. Die IP-2 war fast fertig, als die Entwicklung 1936 abgebrochen wurde.

Ein anderes Modell war die **DG-55** oder **E-2**, ein zweisitziger Kabinen-Tiefdecker mit glatten Konturen und zwei 120 PS (89 kW) Cirrus Hermes Triebwerken. Das als Langstrecken-Rennflugzeug geplante einzige Exemplar erreichte 1935 eine Höchstgeschwindigkeit von 296 km/h und hatte eine Reichweite von 2.200 km.

Die übrigen Projekte waren das dreisitzige Langstrecken- **DG-56** oder **LK-3** (LK = leichtes Reiseflugzeug) mit zwei Hispano-Suiza 12Ybrs Motoren (1936) und der zweisitzige Tiefdecker-Sturzbomber **DG-58** oder **PB-1** (1937) mit einem M-85, der sowjetischen Ausführung des Gnome-Rhône 14K Sternmotors. Die weiterentwickelte **DG-58bis** oder **DG-58R** Ausführung war als Aufklärer geplant, aber das Projekt wurde nach Grigorowitschs Tod am 26. Juli 1938 abgebrochen. Die Höchstgeschwindigkeit der Versionen wurde auf 450 km/h geschätzt.

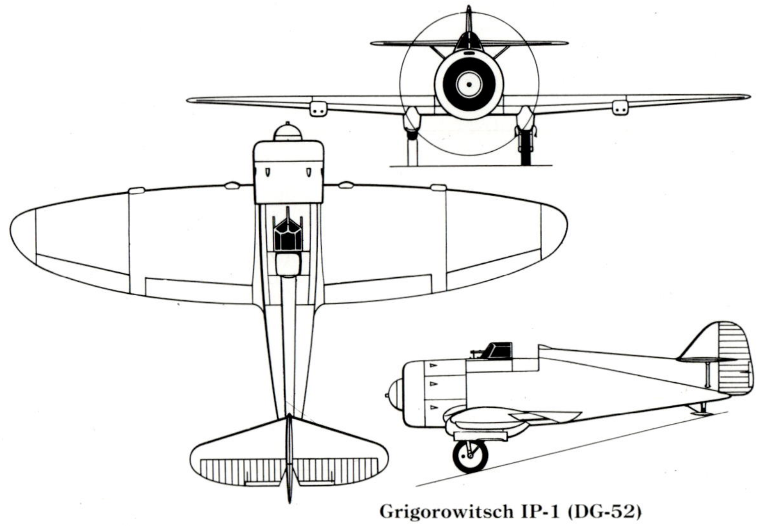

**Grigorowitsch IP-1 (DG-52)**

**Technische Daten**
(Keine sicheren Daten erhältlich.)

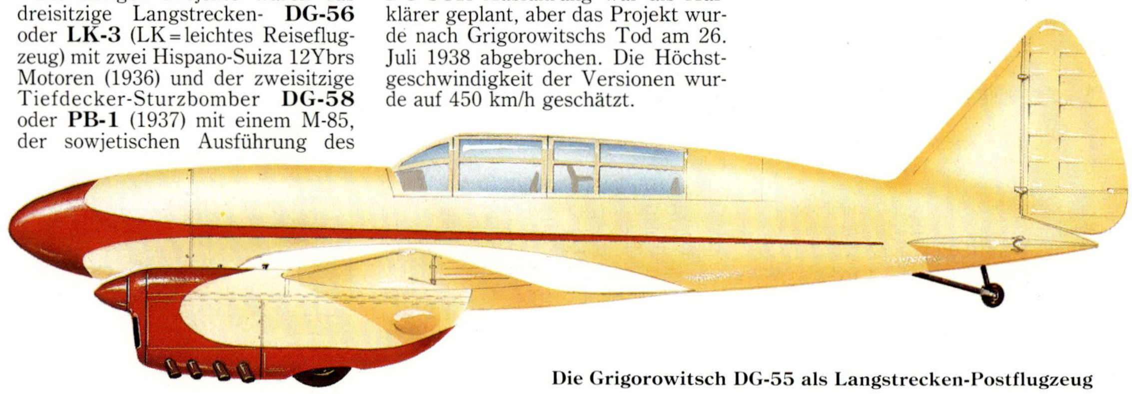

**Die Grigorowitsch DG-55 als Langstrecken-Postflugzeug**

# Grigorowitsch M-5

## Entwicklungsgeschichte

Dimitri Petrowitsch Grigorowitsch begann seine Karriere als Flugzeugkonstrukteur bei dem Unternehmen Schtschetinin in Petersburg (heute: Leningrad). Sein zweisitziges Flugboot **M-1**, das von einem 50 PS (37 kW) Gnome Umlaufmotor mit Druckpropeller angetrieben wurde, kam 1913 heraus, als er 30 Jahre alt war. Dieser Maschine folgte im nächsten Jahr die **M-2** mit 80 PS (59 kW) Clerget-Motor, und auch die **M-3** mit einem 100 PS (75 kW) Gnome-Monosoupape kam 1914 heraus.

Das erste erfolgreiche Flugboot war die **M-4** (bzw. **Shch-4**), von der 1914 vier Exemplare gebaut wurden. Zwei davon gingen bei der Ostseeflotte und zwei bei der Schwarzmeerflotte in Dienst. Ihnen schloß sich bald darauf 1915 die Grigorowitsch **M-5** (alternative Bezeichnung **ShchM-5**) an. Das zweistielige Doppeldecker-Flugboot M-5 mit unterschiedlicher Spannweite hatte einen einstufigen Rumpf und war aus Holz gebaut, wobei der Rumpf mit Sperrholz und die Flügel sowie das Leitwerk mit Stoff bespannt waren. Hinter der Rumpfstufe verjüngte sich der Rumpf zusehends in kaum mehr als einen Ausleger, der ein charakteristisches Leitwerk mit einer einzelnen Heckflosse mit Seitenruder trug, die durch ein kompliziertes Streben- und Drahtsystem gehalten wurde. Der Gnome Monosoupape-Motor trieb Druckpropeller zwischen den Flügeln an. Pilot und Beobachter saßen nebeneinander in einem großen Cockpit vor den Flügeln, und der Beobachter hatte ein einrohriges 7,62 mm Vickers-Maschinengewehr auf einer schwenkbaren Halterung.

Rund 300 M-5 wurden gebaut, die zunächst von den zaristisch-russischen Marinefliegern und später von beiden Seiten im russischen Bürgerkrieg geflogen wurden.

## Varianten

**M-10:** bei dem gleichen Gnome Monosoupape-Motor und einem der Grigorowitsch M-5 ähnlichen Rumpf hatte die 1916 erschienene M-10 Flügel mit wesentlich geringerer Spannweite. Sie betrug 9,20 m, ihre Länge 8,60 m, und die Höchstgeschwindigkeit stieg auf 125 km/h.

**M-20:** diese M-5 Weiterentwicklung des Jahres 1916 hatte einen 120 PS (89 kW) Le Rhône-Motor und wurde in begrenzten Stückzahlen hergestellt; sie hatte einen 40 cm kürzeren Rumpf; die Höchstgeschwindigkeit betrug 115 km/h.

**Nach damaligem Standard war die Grigorowitsch M-5 ein erfolgreiches Flugboot, von dem über 300 Exemplare hergestellt wurden.**

## Technische Daten

**Grigorowitsch M-5**
**Typ:** ein einmotoriges Aufklärungs- oder Schulflugboot.
**Triebwerk:** ein 100 PS (75 kW) Gnome Monosoupape Umlaufmotor.
**Leistung:** Höchstgeschwindigkeit 105 km/h; Dienstgipfelhöhe 3.300 m; max. Flugdauer 4 Stunden.
**Gewicht:** Rüstgewicht 660 kg; max. Startgewicht 960 kg.
**Abmessungen:** Spannweite 13,62 m; Länge 8,60 m; Tragflügelfläche 37,90 m$^2$.
**Bewaffnung:** ein 7,62 mm MG.

# Grigorowitsch M-9

### Entwicklungsgeschichte

Die **Grigorowitsch M-9** war ein vergrößertes und stärkeres Flugboot als die M-5 und Prototypen **M-6, M-7** und **M-8**. Das erste Exemplar wurde im Dezember 1915 und Januar 1916 in Baku mit Erfolg zur Probe geflogen. Es gab Platz für zwei bis drei Besatzungsmitglieder, wobei das Bugcockpit des Schützen durch einen kurzen Gang mit einem großen Cockpit unmittelbar vor den Flügeln verbunden war, in dem sich nebeneinander Sitze für den Piloten und den Beobachter befanden. Im Vergleich zur M-5 hatte die M-9 ein wesentlich größeres Seitenruder.

Die wichtigste Version wurde von einem wassergekühlten 150 PS (112 kW) Salmson Canton-Unné Sternmotor angetrieben, dessen Kühler an seinen beiden Seiten montiert waren. Als alternative Triebwerke dienten jedoch auch der 220 PS (164 kW) Renault und der 140 PS (104 kW) Hispano-Suiza. Die M-9, die aber auch als **ShchM-9** bzw. als 'Wasserflugzeug Neun' bekannt war, gehörte zu den erfolgreichsten einmotorigen Flugbooten des Ersten Weltkriegs; insgesamt wurden über 500 Exemplare von diesem Typ gebaut.

Anfang 1915 kamen die beiden Flugzeugmutterschiffe *Alexander I* und *Nikolai I* im Schwarzen Meer zum Einsatz. Sie hatten acht Flugboote an Bord, und zwar zunächst Curtiss F-Boote und Grigorowitsch M-5, die jedoch Mitte 1916 durch M-9 ersetzt wurden, die von großen, auf den Schiffen montierten Kränen zu Wasser gelassen und wieder herausgehoben wurden.

### Varianten

**M-19:** Grigorowitsch setzte nach der Oktoberrevolution im Werk Schtschetinin die Arbeit für die sowjetischen Behörden bis März 1918 fort; in diesem Zeitraum konstruierte er den M-19 Prototypen, den er aus der M-9 entwickelte, der aber eine Spannweite von 13,00 m, eine Länge von 8,50 m und eine Tragflügelfläche von 48,00 m² hatte und der von einem 160 PS (119 kW) Salmson-Motor angetrieben wurde.

**M-23bis:** 1923 projektierte Grigorowitsch die aus der M-9 entwickelte **M-23**, die jedoch von einem Fiat-Motor angetrieben wurde; 1924 wurde eine geringe Zahl einer modifizierten Version (GAZ-3) der M-23bis im staatlichen Flugzeugwerk Nr. 3 'Roter Flieger' in Leningrad gebaut; als Triebwerk diente ein 280 PS (209 kW) Fiat-Motor; die Spannweite betrug 12,50 m, die Tragflügelfläche 45,80 m² und das max. Fluggewicht 1.650 kg.

### Technische Daten

**Grigorowitsch M-9**

**Typ:** ein einmotoriges Küstenaufklärungs- und Bombenflugboot.

**Triebwerk:** ein 150 PS (112 kW) Salmson Canton-Unné Neunzylinder Sternmotor.

**Leistung:** Höchstgeschwindigkeit 110 km/h; Dienstgipfelhöhe 3.000 m; max. Flugdauer 3 Stunden 30 Minuten.

**Gewicht:** Rüstgewicht 1.060 kg; max. Startgewicht 1.540 kg.

**Abmessungen:** Spannweite 16,00 m; Länge 9,00 m; Tragflügelfläche 54,80 m².

**Bewaffnung:** ein 7,62 mm MG oder eine 37 mm Kanone plus bis zu 100 kg Bomben.

# Grigorowitsch M-11 und M-12

### Entwicklungsgeschichte

Die *Grigorowitsch M-11*, ursprünglich als zweisitziges Jagd-Flugboot geplant, wurde im Sommer 1916 im Werk Schtschetinin gebaut. Die Maschine wurde von einem 100 PS (75 kW) Gnome Monosoupape-Umlaufmotor angetrieben, der unter dem oberen Flügel mit Druckpropeller montiert war. Dieses Flugzeug wurde in geringen Stückzahlen produziert. Die Leistung war schwach und die fertiggestellten Exemplare fanden als Schulflugzeuge Verwendung.

Grigorowitsch machte mit einer einsitzigen Version der M-11 weiter, die als Begleitschutz für die zweisitzige M-9 gedacht war, die damals gerade als Bomber und Aufklärer über dem Schwarzen Meer zum Einsatz kam. Die M-11 wurde von einem 110 PS (82 kW) Le Rhône Motor angetrieben. Die Alternativbezeichnung für die M-11 lautete **Shch-1**. Wasserstarts und -landungen erwiesen sich als gefährliche Unterfangen, und so wurden nur 60 der ursprünglich bestellten 100 M-11 ausgeliefert.

Die **M-12** hatte einen umkonstruierten Rumpfbug, womit die hydrodynamischen Fähigkeiten der Vorgängermaschine verbessert werden sollten. Das Fluggewicht wurde um 56 kg reduziert und das Seitenleitwerk neu konstruiert. Obwohl die M-12 in 6 Minuten auf 1.000 m steigen konnte, fünf Minuten schneller als die M-11, und auch die Dienstgipfelhöhe verbessert wurde, sank die Höchstgeschwindigkeit im Geradeausflug um 8 km/h. Deshalb wurden nur wenige M-12 gebaut, und einige davon flogen neben M-11 Maschinen im russischen Bürgerkrieg und bis ins Jahr 1920.

### Technische Daten

**Grigorowitsch M-11**

**Typ:** einsitziges Jagd-Flugboot.

**Triebwerk:** ein 110 PS (82 kW) Le Rhône-Umlaufmotor.

**Leistung:** Höchstgeschwindigkeit 148 km/h in Seehöhe; max. Flugdauer 2 Stunden 42 Minuten.

**Gewicht:** Rüstgewicht 676 kg; max. Startgewicht 926 kg.

**Abmessungen:** Spannweite 8,75 m; Länge 7,60 m; Tragflügelfläche 26,00 m².

**Bewaffnung:** ein 7,62 mm Maxim-Maschinengewehr.

# Grigorowitsch M-15

### Entwicklungsgeschichte

Die mitunter auch als **ShchM-15** bekannte **Grigorowitsch M-15** kam 1916, d.h. im gleichen Jahr heraus, in dem Grigorowitsch seine große **Mk-1** (MK stand für Morskoi Kreiser bzw. Wasserflugzeug-Kreuzer) konstruierte, die von drei Renault-Motoren angetrieben wurde und eine Spannweite von 28,00 m hatte.

Die M-15 hatte ein bescheideneres Konzept und war ein zweistieliges Doppeldecker-Flugboot unterschiedlicher Spannweite. Es war aus Holz gebaut und glich der älteren M-9, hatte aber einen Hispano-Suiza-Motor mit Frontkühler, der einen Zweiblatt-Druckpropeller antrieb. Die Flügel hatten eine geringere Spannweite als die der M-9. Eine aufwendige Konstruktion von zehn Streben trug den größeren Motor, und die Heckflosse war völlig neu konstruiert worden. Der Pilot saß in einem offenen Cockpit vor dem unteren Flügel und der Beobachter in einem weiteren Cockpit vor dem Piloten.

Insgesamt wurden 80 M-15 gebaut, von denen mehrere von Deutschland bei der Invasion der Ostseeinseln erobert wurden, die Rußland als Wasserflugzeug-Stützpunkt dienten.

### Technische Daten

**Typ:** ein zweisitziges Aufklärungsflugboot.

**Triebwerk:** ein 140 PS (104 kW) Hispano-Suiza-Reihenmotor.

**Leistung:** Höchstgeschwindigkeit 125 km/h; Dienstgipfelhöhe 3.500 m; max. Flugdauer 5 Stunden 30 Minuten.

**Gewicht:** Rüstgewicht 840 kg; max. Startgewicht 1.320 kg.

**Abmessungen:** Spannweite 11,90 m; Länge 8,43 m.

**Bewaffnung:** ein 7,62 mm MG im vorderen Cockpit plus bis zu 80 kg Bomben.

# Grigorowitsch M-16

### Entwicklungsgeschichte

Das Schwimmer-Wasserflugzeug **Grigorowitsch M-16**, das 1916 entwickelt wurde, zeigte deutlich den Einfluß der Farman Druckpropeller-Doppeldecker, die bei der russischen Luftwaffe im Einsatz waren. Es war ein dreistieliger Doppeldecker mit unterschiedlicher Spannweite und einer kurzen Besatzungsgondel, die zwischen den Flügeln von Streben getragen wurde. Am hinteren Ende der Gondel war ein wassergekühlter Salmson Sternmotor angebracht, der einen Zweiblatt-Druckpropeller antrieb. Das Wasserflugzeug M-16 war für die Küstenaufklärung und den Patrouilleneinsatz vorgesehen, und sein Fahrwerk bestand aus zwei kurzen Hauptschwimmern und einem dritten Schwimmer unter dem Heck.

Im folgenden Jahr machte Grigorowitsch einen weiteren Schritt im Bereich der Wasserflugzeug-Konstruktion, was zu dem großen, viersitzigen **GASN** Torpedobomber-Doppeldecker mit Doppelschwimmer führte. Das erste von zehn Exemplaren dieses von zwei 220 PS (164 kW) Renault-Motoren angetriebenen Typs absolvierte am 24. August 1917 seinen Jungfernflug. Es steht nicht fest, ob alle GASN-Maschinen gebaut werden. Von der M-16 wurden 40 Exemplare bestellt.

### Technische Daten

**Typ:** zweisitziges Aufklärungs-Wasserflugzeug.

**Triebwerk:** ein 150 PS (112 kW) Salmson P9 Neunzylinder Sternmotor.

**Leistung:** Höchstgeschwindigkeit 110 km/h; max. Flugdauer 4 Stunden.

**Gewicht:** Rüstgewicht 1.100 kg; max. Startgewicht 1.450 kg.

**Abmessungen:** Spannweite 18,00 m; Länge 8,60 m; Tragflügelfläche 61,80 m².

**Bewaffnung:** ein 7,62 mm MG im vorderen Cockpit plus bis zu 60 kg Bomben.

# Grigorowitsch M-24 und M-24 bis

### Entwicklungsgeschichte

Auf Wunsch des Sowjet-Direktorats für Marineluftfahrt begannen im April 1922 im Staatsbetrieb Nr. 3 (GAZ-3) in Petrograd die Konstruktionsarbeiten an dem Aufklärungs-Flugboot **Grigorowitsch M-24**. Rumpf und Flügel der aus den älteren M-9 und M-15 entwickelten M-24 waren besser konstruiert, und sowohl am oberen wie am unteren der zweistieligen Doppeldeckerflügel unterschiedlicher Spannweite waren Querruder montiert. Das Leitwerk war eine typische Grigorowitsch-Konstruktion, das Triebwerk jedoch, ein wassergekühlter 200 PS (164 kW) Renault-Motor, war mitsamt Frontkühler in einer sorgfältig auf Stromlinienform gebrachten Gondel eingebaut, die in den oberen Flügel überging. Pilot und Beobachter saßen nebeneinander in einem offenen Cockpit unter der Flügelvorderkante. Außerdem gab es noch ein Bug-Cockpit mit schwenkbarem Maschinengewehr.

Die im Frühjahr 1923 erprobte M-24 ging 1924 in Serie, nachdem 40 Exemplare bestellt worden waren. Ihre Leistung war etwas enttäuschend, denn die Höchstgeschwindigkeit betrug nur 130 km/h und die Dienstgipfelhöhe nur 3.500 m. Beschwerden über die M-24 führten zur **M-24bis**, von der 20 Maschinen gebaut wurden. Sie hatten konstruktive Detailverbesserungen und wurden von dem 260 PS (194 kW) Renault-Motor angetrieben. Im Vergleich zu den 1.750 kg der M-24 lag das Fluggewicht um 50 kg höher.

Die M-24 und die M-24bis waren die letzten Wasserflugzeug-Konstruktionen von Grigorowitsch, die in Serie gebaut wurden. Im Sommer 1925 wurde Grigorowitsch Leiter des OMOS-Konstruktionskollektivs in Leningrad, das sich auf Wasserflugzeuge spezialisieren sollte. Das Kollektiv hatte, trotz einer Reihe von Konstruktionen einschließlich der **MRL-1** mit Liberty-Motor und des dreistieligen **MUR-1** Schulflugzeugs mit Le Rhône-Motor, das aus der ursprünglichen M-5 entwickelt worden war, überhaupt keinen Erfolg. Das Konstruktionsteam, zu dem eine Reihe von Ingenieuren gehörte, die später eigenständige Konstrukteure werden sollten, wurde im November 1927 nach Moskau verlegt und als OPO-3 neu organisiert. Im vorangegangenen Oktober war die **MR-2**, eine Variante der MRL-1 mit einem 450 PS (336 kW) Lorraine-Dietrich Motor, während der Erprobung aufgrund von Schwerpunkt-Problemen abgestürzt.

1927 produzierte Grigorowitsch die leistungsfähigere Langstrecken-Maschine **ROM-1**, ein Anderthalbdecker-Flugboot mit zwei im Tandem montierten Lorraine-Dietrich-Motoren. Diese Maschine wurde 1929 zur **ROM-2** bzw. **MDR-1** weiterentwickelt, bei der beide Motoren in konventioneller Weise an der oberen Flügelvorderkante montiert waren. Obwohl die ROM-2 als **ROM-2bis** aufgewertet wurde, ging sie nicht in Serie. Zu den später konstruierten einmotorigen Doppeldeckern gehörten 1928 das einstielige Schul-Flugboot **MU-2**, die **MUR-2**, eine stark abgewandelte, zweistielige MUR-1 mit kürzerer Spannweite und verbesserter Rumpfkonstruktion, sowie die **MR-3** mit Ganzmetallrumpf und einem 680 PS (507 kW) BMW VI-Motor als Triebwerk. Als die MR-3 im Sommer 1929 von der Moskwa aus nach Sewastopol zur Probe geflogen wurde, stellte sich jedoch ihre unzureichende Startleistung heraus.

**Die letzte Grigorowitsch-Flugbootkonstruktion, die in großen Stückzahlen gebaut wurde, war die M-24, die sich kaum von den Flugbooten des Ersten Weltkriegs unterschied.**

Der Mißerfolg aller dieser Flugzeuge warf einen Schatten auf Grigorowitsch, beendete seine langjährige Arbeit als Konstrukteur von Wasserflugzeugen und trug zu seiner zeitweiligen Strafversetzung zum TsKB (Zentrales Konstruktionsbüro) bei, wo er Landflugzeuge konstruierte. Die Arbeit an der MR-3-Konstruktion wurde fortgesetzt, und die Grundversion wurde später als **MR-5** bzw. **Typ 0** bekannt, war 1931 aber schon veraltet. Nach der Eindecker-Variante **MR-5bis** wurde die Weiterentwicklung der gesamten, grundlegenden Grigorowitsch-Flugbootfamilie eingestellt.

Der mangelnde Erfolg der sowjetischen Flugboote in der Zeit von 1925-1932 führte zum weitgehenden Einsatz importierter Maschinen, darunter der deutschen Dornier Wal und Heinkel HD-55 Flugboote sowie der italienischen Savoia-Marchetti S.16, S.55 und S.62bis. Die S.62bis hieß im sowjetischen Dienst **MBR-4** und die schiffsgestützte HD-55 hieß **KR-1**.

### Technische Daten
**Grigorowitsch M-24bis**
**Typ:** zweisitziges Küstenaufklärer-Flugboot.
**Triebwerk:** ein 260 PS (194 kW) Renault V-8 Motor.
**Leistung:** Höchstgeschwindigkeit 140 km/h; Dienstgipfelhöhe 4.000 m.
**Gewicht:** Rüstgewicht 1.200 kg; max. Startgewicht 1.700 kg.
**Abmessungen:** Spannweite 16,00 m; Länge 9,00 m; Tragflügelfläche 55,00 m$^2$.
**Bewaffnung:** ein 7,62 mm MG plus bis zu 100 kg Bomben.

# Grigorowitsch PL-1 (SUVP)

### Entwicklungsgeschichte
Die **Grigorowitsch PL-1** war ein 1924 konstruierter Hochdecker, der im Werk Krasnii Letchik (Roter Flieger) in Leningrad gebaut wurde. Er flog Anfang 1925 zum ersten Mal und ging bei der ukrainischen Fluglinie Ukrwosduchputj in Dienst. Die PL-1 mit der Alternativbezeichnung **SUVP** hatte einen Bristol Lucifer Sternmotor als Triebwerk. Ihr Hochdecker-Flügel wurde von einzelnen, Y-förmigen Streben getragen, und das offene Pilotencockpit befand sich unmittelbar vor der Flügelvorderkante, während die dreisitzige Passagierkabine unter dem Flügel plaziert war. Die ganz aus Holz gebaute PL-1 fiel besonders durch ihr dickes Flügelprofil auf. Die Maschine blieb bis Anfang der dreißiger Jahre im Dienst.

### Technische Daten
**Typ:** Transportflugzeug für drei Passagiere.
**Triebwerk:** ein 100 PS (75 kW) Bristol Lucifer Dreizylinder Sternmotor.
**Leistung:** Höchstgeschwindigkeit 130 km/h; Dienstgipfelhöhe 3.050 m; Reichweite 600 km.
**Gewicht:** Leergewicht 820 kg; max. Startgewicht 1.150 kg.
**Abmessungen:** Spannweite 13,70 m; Länge 8,40 m; Tragflügelfläche 24,10 m$^2$.

# Grigorowitsch TSh-1 und TSh-2

### Entwicklungsgeschichte
Während seiner Zeit beim sowjetischen TsKB (Zentrales Konstruktionsbüro) entwickelte Grigorowitsch den schweren Bomber-Prototypen **TB-5** mit der Konstruktionsbüro-Bezeichnung **TsKB-8**. Dieser abgestrebte Hochdecker hatte 31,00 m Spannweite und wurde von vier im Tandem montierten 480 PS (358 kW) Bristol Jupiter VI Sternmotoren angetrieben. Das Fluggewicht der Maschine betrug 12.535 kg, sie hatte sieben Besatzungsmitglieder, war mit acht Maschinengewehren bewaffnet und trug 2.500 kg Bomben. Der Erstflug erfolgte am 1. Mai 1931, und die Höchstgeschwindigkeit betrug 180 km/h. Dies reichte jedoch nicht dazu aus, daß der Typ die Tupolew TB-3 ersetzen konnte, die bereits in Serie gegangen war.

Im Gegensatz dazu waren Grigorowitsch-Schlachtflugzeuge als konventionelle, einmotorige Doppeldecker ausgelegt. Die ursprüngliche Konstruktion **LSh** hatte einen gepanzerten deutschen BMW VI-Motor und ein gepanzertes Kabinendach mit Ausguckschlitzen und Periskop. Die Maschine war viel zu schwer und wurde während ihres Baus in die Grigorowitsch **TSh-1** umgeändert, die mit Skiern im Februar 1931 im Flug erprobt wurde. Bei ihr waren Motor und Besatzung durch eine weniger aufwendige Panzerung geschützt, letztere saß in konventionellen, offenen Cockpits. Die beiden einstieligen Flügel mit unterschiedlicher Spannweite wurden von N-Streben gestützt. Die eindrucksvollste Ausstattung bestand aus zehn starren, vorwärtsfeuernden 7,62 mm PV-1 Maschinengewehren, die in zwei abnehmbaren Paketen zu je vier MG unter jedem Flügel und in zwei kleinen Einzelverkleidungen unter dem oberen Flügel montiert waren. Der dritte Prototyp hatte einen von der Firma BMW entwickelten, wassergekühlten M-17 Motor.

Im Dezember 1931 wurde die **TSh-2**, die Serienversion der TSh-1, vorgestellt. Sie trug die Konstruktionsbüro-Bezeichnung **TsKB-21**, während die LSh die **TsKB-5** und die TSh-1 die **TsKB-6** gewesen waren. Die TSh-2 wies mehrere Verbesserungen zur Gewichtsverringerung

**Die Grigorowitsch TSh-1 war besonders schwer bewaffnet und hatte zwei Maschinengewehre unter den oberen Flügeln sowie vier unter den unteren.**

und Reduzierung des Luftwiderstands auf. Ein Teil des Panzerschutzes für die Besatzung bildete einen integralen Bestandteil der Rumpfstruktur, während der untere Flügel so dick wurde, daß er die acht Maschinengewehre aufnehmen konnte, die zuvor bei der TSh-1 in den externen MG-Paketen untergebracht waren. 1931 wurden zehn Serienmaschinen fertiggestellt.

Eine weitere von Grigorowitsch stammende Konstruktion war die **ShON**, die ebenfalls 1931 herauskam. Sie war für den Einsatz gegen aufständische Stämme in Turkestan vorgesehen, und hatte eine kaum nennenswerte Panzerung und einklappbare Flügel für den Bahntransport. Der Aufstand endete, bevor die Erprobung abgeschlossen war, und die Maschine ging nicht in Serie.

### Technische Daten
**Grigorowitsch TSh-2**
**Typ:** zweisitziges Schlachtflugzeug.
**Triebwerk:** ein 500 PS (373 kW) M-17 12-Zylinder V-Motor.
**Leistung:** Höchstgeschwindigkeit 200 km/h; Dienstgipfelhöhe 6.000 m; Reichweite 650 km.
**Gewicht:** Rüstgewicht 1.700 kg; max. Startgewicht 3.510 kg.
**Abmessungen:** Spannweite 15,50 m; Länge 10,56 m; Tragflügelfläche 51,20 m$^2$.
**Bewaffnung:** acht starre, vorwärtsfeuernde 7,62 mm MG im unteren Flügel, ein PV-1 Zwillings-MG im hinteren Cockpit plus bis zu 100 kg Bomben.

# Grumman A-6 Intruder/EA-6B Prowler

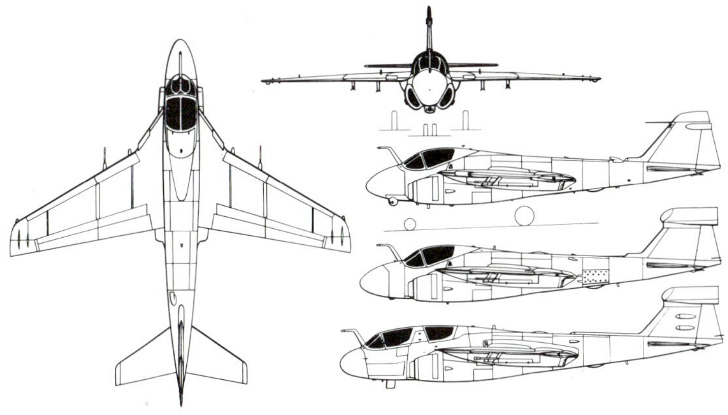

Grumman A-6E Intruder (mittlere Seitenansicht: EA-6A; untere Seitenansicht EA-6B Prowler)

### Entwicklungsgeschichte
Während des Koreakrieges flogen die US-Streitkräfte ihre Angriffe häufig mit älteren Flugzeugen mit Kolbenmotoren. Die in diesem Krieg gemachten Erfahrungen verdeutlichten den Bedarf an einem Düsen-Kampfflugzeug, das auch noch unter den schlechtesten Wetterbedingungen operieren konnte. Beim Ausschreibungswettbewerb der US Navy wurde dafür Ende 1957 die **Grumman G-128** ausgewählt, die im späteren Südostasienkrieg zu einem der wichtigsten Kampfflugzeuge wurde.

Acht **YA-6A** Erprobungsmaschinen (ursprünglich mit **A2F-1** bezeichnet) wurden im März 1959 bestellt, ein 1:1-Modell wurde gebaut, rund sechs Monate später genehmigt und am 19. April 1960 fand der Erstflug statt. Die Düsenrohre der zwei Pratt & Whitney J52-P-6 Motoren mit einem Standschub von je 3.856 kp waren so konstruiert, daß sie nach unten gerichtet werden konnten, um beim Start zusätzlichen Auftrieb zu liefern — eine Einrichtung, die allerdings nur bei den ersten vier Maschinen vorhanden war. Alle anderen Exemplare haben Austrittsrohre, die leicht nach unten gerichtet eingebaut sind. Die ersten Serienmaschinen vom Typ **A-6A Intruder** wurden im Februar 1963 an die US Navy Attack Squadron VA-42 ausgeliefert, und als erste flog die Einheit VA-75 in Vietnam Kampfeinsätze, deren A-6A im März 1965 von der *USS Independence* aus zu operieren begannen. Ab diesem Zeitpunkt waren verschiedene Modelle der Intruder intensiv in die Kämpfe in Südostasien verwickelt.

Von der A-6A Grundversion wurden bis Dezember 1969 insgesamt 482 Exemplare gebaut, und es kamen weitere 21 **EA-6A** Varianten hinzu, die die Kampfkraft teilweise beibehielten, aber hauptsächlich für elektronische Gegenmaßnahmen und Nachrichtenbeschaffung (ECM und Elint) in Vietnam eingesetzt werden sollten. Die erste EA-6A wurde 1963 geflogen, und es wurden neben drei YA-6A auch drei A-6A auf die EA-6A-Auslegung umgerüstet.

Die nächsten drei Varianten der Intruder kamen ebenfalls durch den Umbau vorhandener A-6A zustande. Die erste dieser Maschinen (19 Exemplare) war die **A-6B**, die sich von der ersten Version hauptsächlich dadurch unterschied, daß sie anstelle der AGM-12B Bullpup die AGM-78 US Navy-Standardversion der ARM (Anti Radiation Missile) mitführen konnte. Zum Ausmachen und Angreifen von Zielen, die das normale Radar des Flugzeugs nicht erkennen konnte, modifizierte Grumman dann zwölf weitere A-6A zu **A-6C** Maschinen und verlieh ihnen eine bessere Fähigkeit für Nachtangriffe, indem FLIR (vorwärtsgerichtetes Infrarot-Sichtgerät) und ein Fernsehsystem mit Restlichtverstärker in einer Kuppel unter dem Rumpf eingebaut wurden. Der Umbau einer A-6A zum Tanker **KA-6D** wurde am 23. Mai 1966 geflogen, und es wurden Produktionsaufträge für die Tankerversion erteilt. Diese wurden später wieder storniert, dafür aber 62 A-6A auf KA-6D-Standard umgerüstet, mit Tacan (Taktische Navigation) ausgerüstet. Die KA-6D kann auch als Tagbomber oder SAR-Leitflugzeug verwendet werden und wurde nach dem Rückzug der EKA-3B aus dem Schiffseinsatz das reguläre trägergestützte Tankflugzeug.

Am 27. Februar 1970 flog Grumman erstmals ein Exemplar der neuen **A-6E**, eine verbesserte Version der A-6A. Insgesamt sollen von dieser Version fast 320 Maschinen für die USN und das USMC beschafft werden. Zur Ausrüstung gehören ein zusätzlich montiertes Norden AN/APQ-148 Mehrfunktions-Navigationsradar, ein computergesteuertes IBM/Fairchild AN/ASQ-133 Navigations-/Angriffssystem, ein Conrac-Feuerleitsystem und ein RCA Video-Bandaufzeichnungsgerät, mit dem der bei einem Kampfeinsatz angerichtete Schaden in allen Einzelheiten ausgewertet werden kann.

Die EA-6B hat einen verlängerten Bugbereich für eine vierköpfige Besatzung. An ihren Außenstationen können bis zu fünf hochentwickelte Elektronikgondeln befestigt werden.

Grumman

Nach dem Erstflug einer Testmaschine am 22. März 1974 wurden alle Intruder der US Navy und des US Marine Corps im Rahmen des TRAM-Programms (Target Recognition Attack Multisensor) kontinuierlich weiter aufgewertet. Bei der Standardversion der A-6E Intruder kommt damit ein in einer Kuppel untergebrachtes Hughes-Elektronikpaket hinzu, das mit dem Norden-Radar integrierte FLIR und Laser-Sucheinrichtungen enthält; außerdem kommt das CAINS-System (Carrier Airborne Inertial Navigation System) hinzu, das automatische Landungen auf Flugzeugträgerdecks ermöglicht. Weiterhin gehören zu dem System Vorrichtungen für lasergelenkte Luft-Boden-Raketen. Die an Bord der *USS Constellation* stationierte Squadron VA-165 der US Navy war 1977 die erste, die mit dieser **A-6E TRAM** ausgerüstet wurde. Alle A-6E sind bis 1985 zur Umrüstung auf TRAM-Standard vorgesehen, und im Rahmen eines separaten Programms wurden 50 A-6E Maschinen als Träger von je sechs Harpoon-Antischiffsraketen ausgestattet.

Die ersten Erfahrungen mit dem EA-6A ECM-Flugzeug führten zur Entwicklung einer als **EA-6B Prowler** bekannten, weiterentwickelten Version. Äußerlich gleicht diese Maschine der A-6A Grundversion, hat jedoch einen um 1,37 m verlängerten Bug sowie eine auffällige Gondel an der Heckflosse, in der passive Sensoren untergebracht sind. Weitere Änderungen umfassen strukturelle Verstärkungen zur Erhöhung des Fluggewichts, den zusätzlichen Platz für zwei weitere Besatzungsmitglieder, die die weiterentwickelten ECM-Geräte bedienen, einen größeren Treibstoffvorrat und stärkere Pratt & Whitney J52-P-408. Die Serienmaschinen wurden ab Januar 1971 ausgeliefert, und es wird zur Zeit erwartet, daß die Produktion bis 1991 läuft.

Das fortschrittliche ECM-System der Prowler beruht auf dem taktischen Störsystem ALQ-99, und es können bis zu zehn Störsender mitgeführt werden. Die 1978 eingeführten ICAP (Increased Capability) Änderungen brachten weitere Steigerungen der elektronischen Störfähigkeit. 1982 erhielten weitere ICAP-2 Modifikationen den Einsatzstatus und werden noch nachträglich installiert. Ein weiteres, noch aktuelleres ADVCAP (Advanced Capability) Programm wurde 1983 begonnen. Die Maschinen mit neuen elektronischen Störsystemen von Litton Industries sollen ab 1991 ausgeliefert werden.

### Varianten
**YEA-6A:** Prototyp der EA-6A, eine Umbauversion der YA-6A.
**NA-6A:** Umbenennung von drei YA-6A und drei A-6A, die für spezielle Testaufgaben umgebaut wurden.
**NEA-6A:** einzelnes Flugzeug, das für spezielle Testzwecke aus einer EA-6A entstand.
**NEA-6B:** Umbenennung der zwei EA-6B Prototypen nach Umbau für spezielle Testzwecke.

### Technische Daten
**Grumman A-6E Intruder**
**Typ:** zweisitziges träger- oder landgestütztes Allwetter-Kampfflugzeug.
**Triebwerk:** zwei Pratt & Whitney J52-P-8B Strahltriebwerke mit 4.218 kp Schub.
**Leistung:** Höchstgeschwindigkeit 1.036 km/h in Meereshöhe; Reisegeschwindigkeit 763 km/h; Dienstgipfelhöhe 12.925 m; max. Reichweite 1.627 km.
**Gewicht:** Leergewicht 12.093 kg; max. Startgewicht (Katapult) 26.581 kg, (Flugfeld) 27.397 kg.
**Abmessungen:** Spannweite 16,15 m; Länge 16,69 m; Höhe 4,93 m; Tragflügelfläche 49,13 m$^2$.
**Bewaffnung:** ein Befestigungspunkt unter dem Rumpf und vier unter dem Flügel für eine maximale externe Last von 8.165 kg, einschließlich einer breiten Palette nuklearer oder konventioneller Waffen, Raketen für den Lufteinsatz beziehungsweise Abwurftanks.

# Grumman AF-2 Guardian

### Entwicklungsgeschichte

Trotz des Erfolges der Grumman TBF/TBM Avenger wurde 1943 beschlossen, sie zu ersetzen, und im Februar 1945 bestellte das Bureau of Aeronautics der US Navy drei Prototypen der **Grumman G-70**. Diese Maschine war ein Mitteldecker, dessen beide Besatzungsmitglieder nebeneinander saßen und der für 1.814 kg Bomben, Wasserbomben oder Torpedos mit einem Waffenschacht ausgerüstet war und dessen Offensivbewaffnung durch zwei 20 mm Kanonen ergänzt wurde. Die Maschine sollte sich eventuellen Angriffen dank ihrer Geschwindigkeit durch Flucht entziehen können, und zu diesem Zweck sollte der im Bug montierte Sternmotor durch ein Westinghouse-Strahltriebwerk ergänzt werden, das im hinteren Rumpf untergebracht und durch ovale Öffnungen in den Flügelvorderkanten mit Luft versorgt werden sollte.

Drei Prototypen waren geplant, und zwar zwei **XTB3F-1** Maschinen mit dem 2.300 PS (1.715 kW) Pratt & Whitney R-2800-34W und dem Westinghouse 19XB-2B mit 726 kp Schub sowie eine **XTB3F-2** mit einem Wright R-3350 und einem Westinghouse 24C-4B. Der Grumman-Testpilot Pat Gallo flog die erste dieser Maschinen am 18. Dezember 1946, aber das Strahltriebwerk wurde nie im Flug verwendet und bald ausgebaut. Fünf Tage nach dem Jungfernflug stoppte die US Navy die Erprobung, und die beiden noch im Bau befindlichen Prototypen wurden speziell für die U-Boot-Bekämpfung umgebaut.

Der dritte Prototyp mit der Bezeichnung XTB3F-1S wurde ohne Westinghouse Strahltriebwerk komplettiert, und in dem verbliebenen Raum wurden elektronische Geräte sowie als drittes Besatzungsmitglied ein Radarbeobachter untergebracht. Diese Maschine flog erstmals im November 1948, gefolgt von dem viersitzigen Prototypen mit der Bezeichnung **XTB3F-2S** am 12. Januar 1949. Inzwischen waren Serienaufträge für die beiden Maschinen als AF-2S Guardian U-Bootjäger und AF-2W Guardian Suchflugzeug erteilt worden. Beide wurden von dem Pratt & Whitney R-2800-48W Sternmotor angetrieben. Die erste Serien-AF-2S flog am 17. November 1949.

### Varianten

**AF-2S:** 193 Exemplare gebaut; bis zu 1.814 kg an Waffen konnten intern mitgeführt werden, und sechs Träger unter den Flügeln waren für HVAR-Raketen oder 113 kg Wasserbomben geeignet; unter dem rechten Flügel wurde ein AN/APS-31 Radar und unter dem linken ein hochintensiver AN/AVQ-2 Suchscheinwerfer mitgeführt; aus unter dem Flügelmittelteil montierten Gondeln wurden Sonarbojen abgeworfen.

**AF-2W:** insgesamt wurden von dieser Viermann-Suchversion 153 Exemplare gebaut; die unbewaffnete Maschine war leicht an ihrer Radarkuppel für das AN/APS-20 Radar zu erkennen, das von einer aufwendigen Avionik ergänzt wurde.

**AF-3S:** 40 zwischen Februar 1952 und November 1953 gelieferte Maschinen, die der AF-2S glichen, jedoch eine zusätzliche ASW-Ausstattung hatten, dazu gehörte ein Ausleger zum Aufspüren magnetischer Anomalien.

### Technische Daten
**Grumman AF-2S**

**Typ:** zweisitziger U-Bootjäger.

**Triebwerk:** ein 2.400 PS (1.780 kW) Pratt & Whitney R-2800-48W 18-Zylinder Sternmotor.

**Leistung:** Höchstgeschwindigkeit 510 km/h in 4.875 m Höhe; Dienstgipfelhöhe 9.905 m; maximale Reichweite 2.414 km.

**Gewicht:** Leergewicht 6.613 kg; max. Startgewicht 11.567 kg.

**Abmessungen:** Spannweite 18,49 m; Länge 13,21 m; Höhe 4,93 m; Tragflügelfläche 52,02 m$^2$.

**Bewaffnung:** ein 907 kg Torpedo oder zwei 907 kg Bomben oder zwei 726 kg Wasserbomben.

**Die Guardian operierten in Paaren bei der U-Boot-Jagd. Das vordere Flugzeug ist eine AF-2W mit Radar; die weiter entfernt fliegende Maschine ist ein Waffenträger AF-2S.**

US Navy

# Grumman Albatross

### Entwicklungsgeschichte

Die Erfahrungen mit der Grumman Goose, die während des Zweiten Weltkriegs zuverlässige Dienste leistete, bewogen die US Navy dazu, ein etwas größeres Amphibienflugzeug mit größerer Reichweite anzuschaffen. 1944 begann das Unternehmen die Konstruktion seiner **Grumman G-64**, die den Namen **Albatross** bekam und bei der US Air Force, US Coast Guard und US Navy zum Einsatz kam. Der Prototyp wurde erstmals am 24. Oktober 1947 geflogen und glich in der Gesamtauslegung dem Vorgängermodell. Die starren Schwimmer unter dem Flügel wurden beibehalten, wurden aber, genau wie die gesamte Struktur, zur Verringerung des Luftwiderstands erheblich verfeinert. Weiterhin umfaßten die Änderungen die Umstellung von einem abgestrebten auf ein selbsttragendes Leitwerk, ein einziehbares Bugradfahrwerk und Pylone unter den Flügeln, außenbords von den Motoren, die Waffen oder, zur Vergrößerung der Reichweite, Abwurftanks aufnehmen konnten. Auch in den Schwimmern unter dem Flügel konnte zusätzlicher Treibstoff mitgeführt werden. Platz war an Bord für vier Besatzungsmitglieder, und in der Kabine konnten je nach Bedarf zehn Passagiere oder Fracht untergebracht werden.

Der Prototyp, der von der US Navy als Mehrzweckflugzeug bestellt wurde, trug die Bezeichnung **XJR2F-1** und flog am 24. Oktober 1947 zum ersten Mal. Zunächst ging das Modell **UF-1** in Serie, das 1955 durch die modifizierte Version **UF-2** abgelöst wurde. Die UF-2 hatte eine größere Spannweite, eine gewölbte Flügelvorderkante, größere Querruder- und Leitwerksflächen sowie wirkungsvollere Enteiserschläuche an allen Tragflächenvorderkanten. Durch die Bezeichnungsreform der drei Waffengattungen im Jahre 1962 wurden die Maschinen zur **HU-16C** bzw. zur **HU-16D**. Die winterfesten Flugzeuge für den Antarktiseinsatz hießen **UF-1L** (später **LU-16C**), und fünf **UF-1T** Schulflugzeuge mit Doppel-

Aviation Letter Photo Service

**Obwohl die Albatross bei mehreren Luftstreitkräften in aller Welt beliebt war, stieß sie doch bei zivilen Betreibern kaum auf Interesse, da sie aufgrund ihrer sehr starken Motoren nicht wirtschaftlich zu betreiben ist.**

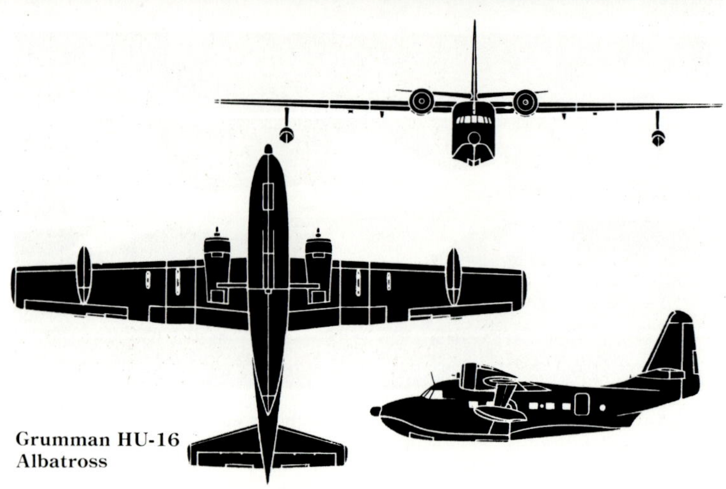

**Grumman HU-16 Albatross**

steuerung wurden in **TU-16C** umbenannt.

Für die USAF war die G-64 als Rettungsflugzeug interessant, und die Mehrzahl der 305 bestellten Exemplare flog unter der Bezeichnung **SA-16A** für den MATS Air Rescue Service. Eine verbesserte Version, die der UF-2 der US Navy entsprach, ging 1957 als **SA-16B** in Dienst, und 1962 wurden die Maschinen zur **HU-16A** bzw. **HU-16B**. **HU-16E** war die Bezeichnung (zunächst **UF-1G**) der von der US Coast Guard geflogenen Albatross, und nach Kanada gelieferte Flugzeuge hießen **CSR-110**. 1961 wurde eine U-Bootjäger-Version mit Bug-Radarkuppel, einziehbarem MAD-Gerät, ECM-Radarkuppel und Suchscheinwerfer vorgestellt, die auch zum Mitführen einiger Wasserbomben ausgerüstet war. Anfang 1984 baute Grumman zwölf UF-2 zu **G-111** um, wobei das Cockpit modernisiert und die Kabine für 28 Passagiere ausgelegt wurde.

### Technische Daten
**Grumman HU-16D Albatross**
**Typ:** ein Mehrzweck-Amphibienflugzeug.
**Triebwerk:** zwei 1.425 PS (1.063 kW) Wright R-1820-76A oder -76B Cylcone Neunzylinder Sternmotoren.
**Leistung:** Höchstgeschwindigkeit 380 km/h; Reisegeschwindigkeit 241 km/h; Dienstgipfelhöhe 6.555 m; max. Reichweite 4.587 km.
**Gewicht:** Leergewicht 10.380 kg; max. Startgewicht 16.193 kg.
**Abmessungen:** Spannweite 29,46 m; Länge 18,67 m; Höhe 7,87 m; Tragflügelfläche 96,15 $m^2$.

# Grumman E-2 Hawkeye/TE-2/C-2 Greyhound

### Entwicklungsgeschichte
Das Originalkonzept der AEW (Airborne Early Warning — fliegendes Frühwarnsystem) wurde im Zweiten Weltkrieg enwickelt. Grumman befaßte sich von Anfang an mit AEW und behauptet, daß die **Grumman G-89** das erste Fluzgeug war, das von vornherein als AEW Maschine bzw. als fliegende Kommando- und Leitzentrale konzipiert worden war. Die Grumman-Konstruktion war ein zweimotoriges Flugzeug mit Propellerturbinen, fünf Besatzungsmitgliedern und einem General Electric AN/APS-96 Radar in einer rotierenden Radarkuppel von 7,32 m Durchmesser auf einem Träger über dem Rumpf. Um die Auswirkungen dieser Struktur auf die Flugstabilität auszugleichen, wurde ein ausladendes Leitwerk angebracht, das vier Heckflossen und zwei Seitenruder trug.

Der erste, zunächst als **W2F-1** bezeichnete Prototyp absolvierte am 21. Oktober 1960 seinen Jungfernflug und wurde dabei von zwei Allison T56-A-8 Propellerturbinen angetrieben. 1962 wurde die Bezeichnung in **E-2A Hawkeye** geändert, und das erste von 62 Exemplaren dieser Version (einschließlich der Prototypen) wurde am 19. Januar 1964 an die US Navy Squadron VAW-11 ausgeliefert. Ab 1969 wurden alle einsatzbereiten E-2A auf **E-2B** Standard umgerüstet, wobei sie einen verbesserten Computer und eine Luftbetankungseinrichtung erhielten. Eingesetzt werden die Maschinen normalerweise in Teams von zwei oder mehr Flugzeugen, die in Höhe von 9.100 m fliegen.

Im Sommer 1971 begann Grumman mit der Produktion der **E-2C Hawkeye**. Diese Maschine brachte eine wesentliche Verbesserung des Einsatzpotentials durch die Aufwertung der Hauptavionik; im November 1973 gingen die E-2C bei der VAW-123 in Dienst. Der erste Auftrag der US Navy umfaßte 11 Maschinen, bis 1984 waren bei Grumman jedoch Aufträge für insgesamt 119 Exemplare eingegangen, von denen bis dahin fast 84 ausgeliefert waren. Hierzu gehörten auch **TE-2C** Schulflugzeuge. Nach den derzeitigen Plänen wird das 95. Exemplar 1986 ausgeliefert. E-2C gingen auch nach Israel (4) und nach Japan (8), Ägypten (2) und Singapur (4 bestellt).

Das APS-125 Radar der E-2C, das gemeinsam von General Electric und Grumman entwickelt wurde, ist in der Lage, über Land fliegende, schwer auffindbare Objekte bis auf eine Entfernung von 370 km zu orten. Die bordeigene Datenverarbeitung kann über 250 Objekte gleichzeitig automatisch verfolgen und außerdem über 30 Abfangoperationen leiten. Zusätzlich zu seinem Radarsystem besitzt die E-2C ein passives Sensorsystem (PDS), das automatisch die Anwesenheit, Fahrt-/Flugrichtung und Identität jedes Objektes bis in Entfernungen von 800 km meldet. Parallel dazu verfügt das E-2C Bordradar über Einrichtungen zur Bekämpfung von elektronischen Gegenmaßnahmen (ECCM).

Nachdem die Hawkeye mit Erfolg von Flugzeugträgern aus operierte, war es logisch, daß sich die US Navy auch für eine auf Trägerversorgung ausgelegte (COD) Version dieser Maschine interessierte, als diese 1962 von Grumman vorgeschlagen wurde. Von dieser Maschine wurden zunächst drei unter der Bezeichnung **C-2A Greyhound** bestellt; die erste dieser Serie absolvierte am 18. November 1964 ihren Jungfernflug. Schließlich wurden insgesamt 25 Maschinen gebaut, die der E-2 generell glichen, jedoch hatten sie keine Radarkuppel mehr auf dem Rumpf, die V-Stellung des Leitwerks fiel weg und der Rumpf bot mehr Platz.

Anfang 1982 erhielt Grumman einen neuen Auftrag der US Navy über 39 neue C-2A, von denen die erste 1985 und die letzte 1989 geliefert werden soll.

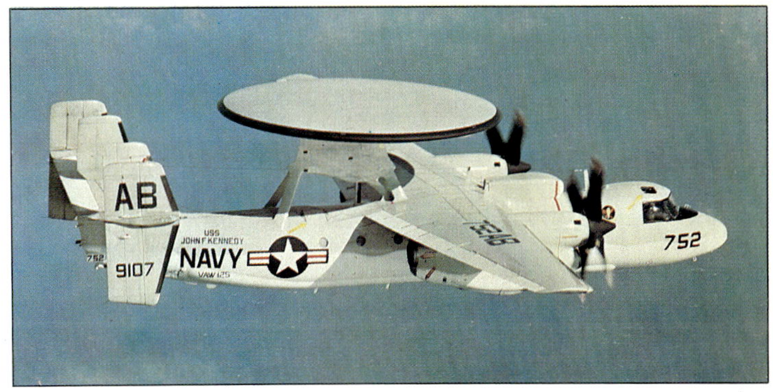

US Navy

**Die E-2C Hawkeye unterscheidet sich durch den Kühlungs-Lufteinlaß vor den Flügelwurzeln deutlich von ihren Vorgängern E-2A und -B.**

### Technische Daten
**Grumman E-2C Hawkeye**
**Typ:** Frühwarn- und Einsatzleitflugzeug.
**Triebwerk:** zwei 4.910 WPS (3.661 kW) Allison T56-A-425 Propellerturbinen.
**Leistung:** Höchstgeschwindigkeit 602 km/h; Reisegeschwindigkeit 499 km/h; Dienstgipfelhöhe 9.390 m; max. Flugdauer 6 Stunden 6 Minuten.
**Gewicht:** Leergewicht 17.211 kg; max. Startgewicht 23.503 kg.
**Abmessungen:** Spannweite 24,56 m; Länge 17,54 m; Höhe 5,58 m; Tragflügelfläche 65,03 $m^2$.

**Die Grumman C-2A Greyhound spielt eine wichtige Rolle bei der Versorgung der Flugzeugträger der US Navy.**

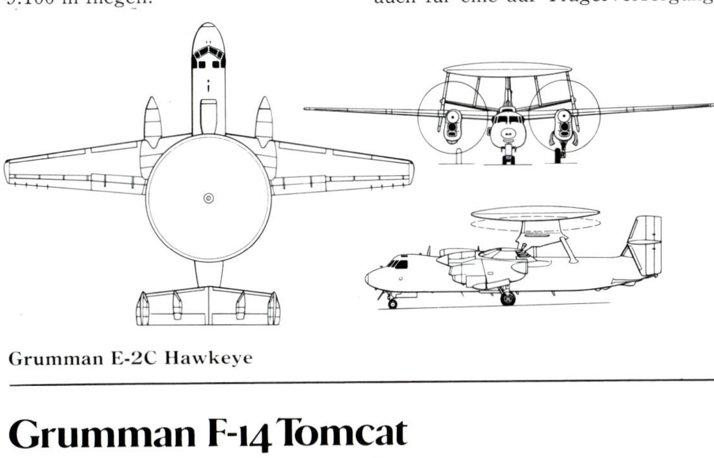

Grumman E-2C Hawkeye

US Navy

# Grumman F-14 Tomcat

### Entwicklungsgeschichte
Die **Grumman F-14 Tomcat**, ohne Zweifel eines der besten modernen Kampfflugzeuge der Welt, hat eine Rolle übernommen, die eigentlich der Marineversion der General Dynamics F-111 hätte zukommen sollen. Als das F-111B Programm im Sommer 1968 schließlich eingestellt wurde, wählte die US Navy im Januar 1969 die Grumman G-303 aus und bestellte zwölf Maschinen. Das erste dieser Flugzeuge absolvierte am 21. Dezember 1970 seinen Jungfernflug, ging jedoch neun Tage später nach einem Ausfall des gesamten Hydrauliksystems verloren. Trotz dieses Rückschlags setzte sich das Entwicklungsprogramm ohne ernsthafte Zwischenfälle fort, nachdem das zweite Flugzeug am 24. Mai 1971 zum ersten Mal flog.

Die entsprechend einer moderneren Technologie als die Pionierversion F-111 entwickelte **F-14A** war von Anfang an für den Einsatz von Flugzeugträgern der US Navy-Flotte aus konzipiert und hebt sich unter den bisher entwickelten Schwenkflüglern dadurch hervor, daß sie neben den schwenkbaren Außenflügeln noch kleinere, bewegliche Vorflügel hatte, die von Grumman mit 'Glove Vanes' bezeichnet wurden. Beim Zurückschwenken der Hauptflügel werden im Überschallflug die Vorflügel automatisch ausgefahren und verhindern das 'Nicken' der Maschine.

Durch den bestmöglichen Einsatz ihrer Schwenkflügel ist die Tomcat in der Lage, ihr Tragwerk den unterschiedlichen Anforderungen an Aerodynamik und Leistung anzupassen, wenn sie vom Träger startet, in einen Luftkampf verwickelt wird oder einen Tieffluganggriff auf ein Bodenziel durchführt.

Die Bewaffnung für die Luftabwehr umfaßt Luft-Luft-Raketen wie beispielsweise die Mittelstrecken-Sparrow und die Kurzstrecken-AIM-9 Sidewinder, während für überraschende Luftkämpfe eine mehrrohrige Kanone vom Typ Gatling zur Verfügung steht. Die wichtigste Abfangbewaffnung besteht aus sechs Hughes Phoenix Luft-Luft-Raketen (mit über 200 km Reichweite). Diese Raketen ermöglichen es der Tomcat zusammen mit dem im Bug montierten, extrem leistungsfähigen Hughes AWG-9 Radar, ein fliegendes Ziel zu orten und zu bekämpfen, während es noch 160 km weit entfernt ist. Die F-14A ist alternativ dazu auch in der Lage, Tiefflugangriffe durchzuführen, wobei die Luft-Luft-Raketen durch 6.577 kg extern montierte Bomben oder andere Waffen ersetzt werden.

Die ursprüngliche F-14A Version der Tomcat befindet sich seit Oktober 1972 bei der US Navy im Dienst. Anfangs ergaben sich eine Reihe von Triebwerksproblemen, die jedoch weitgehend beseitigt wurden. 1979 begann das Naval Air Test Center in Patuxent River, Maryland, mit der Entwicklung eines taktischen Luftaufklärungs-Systems (TARPS), das die Vielseitigkeit der F-14A ausweiten sollte. Es wurden etwa 50 F-14A zu TARPS-Trägermaschinen **F-14/TARPS** umgebaut. Zunächst war vorgesehen, 497 F-14 Tomcat zum Einsatz bei der US Navy zu beschaffen, und bis Anfang 1983 waren knapp 450 Exemplare geliefert. Insgesamt wurden Mitte der siebziger Jahre 80 F-14A an die kaiserliche iranische Luftwaffe geliefert. Die eskalierenden Kosten verhinderten jedoch die Entwicklung der vorgeschlagenen F-14B und F-14C für die US Navy. Von der erstgenannten Version wurden zwei Prototypen hergestellt, indem Pratt & Whitney F-401-P-400 Mantelstromtriebwerke mit 12.741 kg Schub montiert wurden.

Im Sommer 1984 begann Grumman mit der Entwicklung der **F-14A (Plus)**, die mit zwei General Electric F110-GE-400 Triebwerken ausgerüstet, aber ansonsten unverändert ist, und mit der **F-14D**, die neben den neuen Motoren auch digitale Avionik besitzt.

### Technische Daten
**Grumman F-14A**

**Typ:** zweisitziges, trägergestütztes Mehrzweck-Jagdflugzeug.

**Triebwerk:** zwei Pratt & Whitney TF30-P-412A Mantelstromtriebwerke mit Nachbrenner und 9.480 kg Schub.

**Leistung:** Höchstgeschwindigkeit im Höhenflug Mach 2,34 bzw. 2.517 km/h; Reisegeschwindigkeit 741 bis 1.019 km/h; Dienstgipfelhöhe über 15.240 m; Reichweite als Abfangjäger mit externen Tanks ca. 3.219 km.

**Gewicht:** Leergewicht 18.036 kg; normales Startgewicht mit sechs Phoenix-Raketen 31.945 kg; max. Startgewicht 33.724 kg.

**Abmessungen:** Spannweite ausgeschwenkt 19,54 m; eingeschwenkt 11,65 m; Länge 19,10 m; Höhe 4,88 m; Tragflügelfläche 52,49 m².

**Bewaffnung:** eine mehrrohrige General Electric M61A-1 20 mm Vulcan-Kanone im vorderen Rumpf; verschiedene Bomben-/Raketenkombinationen bis zu 6.577 kg.

**Zwei Tomcat der berühmten 'Wolf Pack'-Einheit VF-1, vermutlich an Bord der USS Enterprise. Die Flügel sind zum dichten Nebeneinanderparken ganz auf 68° nach hinten gestellt, würden zum Start aber auf 20° vorgeschwenkt.**

US Navy

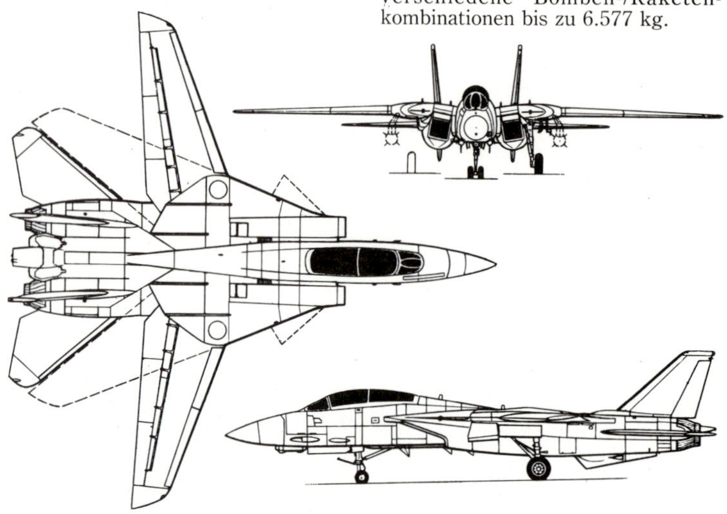

**Grumman F-14A Tomcat**

# Grumman F2F

### Entwicklungsgeschichte
Die hervorragende Leistung des zweisitzigen Jagdflugzeugs FF-1 lenkte die Überlegungen des Grumman-Konstruktionsteams auf eine einsitzige Version, und der US Navy wurde der Vorschlag für die **Grumman G-8** im Juni 1932 vorgelegt. Der am 2. November 1932 bestellte Prototyp **XF2F-1** war etwas kleiner als sein Vorgänger, hatte einen Halbschalenrumpf aus Metall, stoffbespannte Metallflügel und Querruder nur am oberen Flügel. Als Triebwerk diente ein 625 PS (466 kW) XR-1535-44 Twin Wasp Junior Motor; die Bewaffnung bestand aus zwei 7,62 mm Browning-MG in der oberen Verkleidung des vorderen Rumpfbereichs, und unter den Flügeln konnten Halterungen für zwei 53 kg Bomben angebracht werden. Die Maschine rollte am 18. Oktober 1933 zu ihrem Erstflug aus der Halle. Nach der Erprobung beim Hersteller wurde die Maschine an die US Navy zur Erprobung übergeben und bewies in dieser Zeit eine Höchstgeschwindigkeit von 369 km/h in 2.560 m Höhe und eine Anfangs-Steigfluggeschwindigkeit von 939 m pro Minute. Andererseits verursachte der kurze, dicke Rumpf einen Mangel an Richtungsstabilität. Daher wurden kleinere Änderungen eingeführt, darunter eine um 15 cm vergrößerte Spannweite des oberen Flügels. Am 17. Mai 1934 erteilte die US Navy den Produktionsauftrag über 54 **F2F-1** Jäger, von denen der erste am 28. Januar 1935 und der letzte zehn Monate später geliefert wurde.

### Technische Daten
**Grumman F2F-1**

**Typ:** einsitziges, schiffsgestütztes Jagdflugzeug.

**Triebwerk:** ein 650 PS (485 kW) Pratt & Whitney R-1535-72 Twin Wasp Junior Sternmotor.

**Leistung:** Höchstgeschwindigkeit 383 km/h; Einsatzgeschwindigkeit 225 km/h; Dienstgipfelhöhe 8.380 m; Reichweite 1.585 km.

**Gewicht:** Leergewicht 1.221 kg; max. Startgewicht 1.745 kg.

**Abmessungen:** Spannweite 8,69 m; Länge 6,53 m; Höhe 2,77 m; Tragflügelfläche 21,37 m².

**Bewaffnung:** zwei 7,62 mm Browning MG.

US Navy

**Diese F2F-1 flog bei der VF-5 an Bord der USS Wasp und blieb bis 1939 im Dienst.**

# Grumman F3F

### Entwicklungsgeschichte
Obwohl die US Navy die Nachteile der F2F akzeptiert hatte, wollte Grumman doch unbedingt die Richtungsstabilität, Trudeleigenschaften und die allgemeine Manövrierbarkeit seines Produkts verbessern. Der Prototyp der **Grumman XF3F-1**, der aufgrund eines US-Navy-Auftrags vom 15. Oktober 1934 (Erteilung drei Monate vor Auslieferung der ersten F2F-1) gebaut wurde, behielt den R-1535-72 Motor seiner Vorgängermaschine bei, der Rumpf wurde jedoch um 56 cm gestreckt, die Spannweite um 1,07 m vergrößert und es kamen weitere kleinere aerodynamische Verbesserungen hinzu. Testpilot Jimmy Collins war beim Erstflug am Steuer, der am 20. März 1935 in Farmingdale stattfand. Zwei Tage später kam er jedoch um, als sich während eines Test-Sturzfluges, der die Rückführung zum normalen Flugzustand bei 9 g vorführen sollte, Flü-

gel und Motor von der Maschine lösten. Die zweite Maschine erhielt allerdings verstärkte Flügelwurzel-Ansätze am unteren Flügel und verstärkte Motorhalterungen. Am 24. August wurden 54 **F3F-1** Serien-Jagdflugzeuge bestellt, und nach den Erstlieferungen vom Januar 1936 ging dieser Typ im April in Dienst.

### Varianten

**F3F-1 (G-11):** 54 für die US Navy gebaut, dem XF3-F-1 Prototypen ähnlich, jedoch mit einem R-1535-84 Twin Wasp Junior mit hydraulisch verstellbarem Hamilton Standard-Propeller; die Bewaffnung bestand aus einem 7,62 mm Browning MG in der vorderen linken Rumpfverkleidung und einem 12,7 mm Browning MG rechts.

**F3F-2 (G-19):** die allerletzte Serien-F3F-1 wurde auf XF3F-2 Standard umgerüstet und erhielt einen 850 PS (634 kW) Wright XR-1820-22 Cyclone-Sternmotor mit Vorverdichter, die Tankkapazität wurde auf 492 Liter erhöht; im März 1937 bestellte die US Navy 81 Maschinen.

**F3F-3:** eine Serien-F3F-2 wurde an Grumman zur Umrüstung auf XF3F-3 Standard zurückgegeben; aerodynamische Verbesserungen; 27 Exemplare gebaut.

### Technische Daten
**Grumman F3F-3**

**Typ:** einsitziges, schiffgestütztes Jagdflugzeug.

**Triebwerk:** ein 950 PS (708 kW) Wright R-1820-22 Neunzylinder Sternmotor.

**Leistung:** Höchstgeschwindigkeit 425 km/h; Einsatzgeschwindigkeit 241 km/h; Dienstgipfelhöhe 10.120 m; Reichweite 1.577 km.

**Gewicht:** Leergewicht 1.490 kg; max. Startgewicht 2.175 kg.

**Abmessungen:** Spannweite 9,75 m; Länge 7,06 m; Höhe 2,84 m; Tragflügelfläche 24,15 m².

**Bewaffnung:** zwei 7,62 mm Browning MG.

US Navy

**Die Grumman F3F führte letztlich zur Konstruktion der F4F Wildcat. Diese Maschinen sind F3F-1 der VF-4 an Bord der USS Ranger.**

# Grumman F4F Wildcat

### Entwicklungsgeschichte

Die US Navy bestellte 1936 Prototypen für einen neuen, trägergestützten Jäger, darunter auch die Grumman-Konstruktion eines Doppeldeckers, **XF2A-1**, wandelte diesen Auftrag später aber für die Eindecker-Konstruktion **Grumman G-18** um. Nach der Bewertung dieses neuen Vorschlags bestellte die US Navy am 28. Juli 1936 einen einzelnen Prototypen unter der Bezeichnung **XF4F-2**.

Die XF4F-2, die am 2. September 1937 zum ersten Mal geflogen wurde, hatte als Triebwerk einen 1.050 PS (783 kW) Pratt & Whitney R-1830-66 Twin Wasp Motor und konnte eine Höchstgeschwindigkeit von 467 km/h vorweisen. Die Ganzmetallmaschine mit selbsttragendem Mitteldeckerflügel hatte ein einziehbares Heckradfahrwerk und erwies sich als geringfügig schneller als der Brewster Prototyp, mit dem sie Anfang 1937 konkurrierte. Geschwindigkeit war allerdings ihr Hauptvorteil: auf anderen Gebieten war sie deutlich unterlegen, und so ergab es sich, daß die Brewster XF2A-1 am 11. Juni 1938 in Serie gegeben wurde. Grumman führte wesentliche Änderungen durch, bevor der neue Prototyp **G-36** im März 1939 unter der Bezeichnung **XF4F-3** wieder flog. Hierzu gehörten neben dem Einbau einer stärkeren Version des Twin Wasp (der XR-1830-76 mit Zweistufenkompressor) neukonstruierte Leitwerksflächen. Es wurde ein zweiter Prototyp fertiggestellt, und diese Maschine unterschied sich durch ihr umkonstruiertes Leitwerk. In dieser Version wies die XF4F-3 gute Flugeigenschaften und eine gute Manövrierfähigkeit auf und hatte eine Höchstgeschwindigkeit von 539 km/h in 6.490 m Höhe. In Anbetracht dieser Leistung zögerte die US Navy nicht, am 8. August 1939 78 Grumman F4F-3 Serienmaschinen in Auftrag zu geben.

Da der Krieg in Europa anscheinend unmittelbar bevorstand, bot Grumman die neue **G-36A** zum Export an und erhielt Aufträge über 81 bzw. 30 Maschinen von der französischen bzw. griechischen Regierung. Die erste der für die französische Marine vorgesehenen Maschinen, die von einem 1.000 PS (746 kW) Wright R-1820 Cyclone Sternmotor angetrieben wurden, flog am 27. Juli 1940, Frankreich hatte allerdings schon kapituliert. Stattdessen sagte die britische Einkaufskommission zu, diese Flugzeuge zu übernehmen, und erhöhte den Auftrag auf 90 Exemplare. Die ersten dieser Maschinen kamen im Juli 1940 in Großbritannien an (nachdem die ersten fünf Serienmaschinen nach Kanada geliefert worden waren) und erhielten die Bezeichnung **Martlet Mk I**.

Die anschließend von Grumman gebauten Versionen, die von dem FAA geflogen wurden, umfaßten die **Martlet Mk II** mit Twin Wasp Triebwerk und Klappflügeln, zehn F4F-4A und die G-36A aus dem Griechenlandauftrag als Martlet **Mk III**, sowie in Mietpacht gelieferte F-4F-4B mit Wright GR-1820 Cyclone-Motoren als **Martlet Mk IV**. Im Januar 1944 wurden alle diese Maschinen in **Wildcat** umbenannt, behielten jedoch ihre unterschiedlichen Mark-Seriennummern.

Die erste **F4F-3** der US Navy wurde am 20. August 1940 geflogen. Von der US Navy wurden rund 95 F4F-3A Maschinen bestellt, die von dem R-1830-90 Motor mit Einstufenkompressor angetrieben und ab 1941 ausgeliefert wurden. Im Mai 1941 wurde ein **XF4F-4** Prototyp geflogen, und dieser hatte sechs MG, Panzerung, selbstversiegelnde Tanks und Klappflügel. Die Lieferung der Serienversion der **F4F-4 Wildcat**, wie dieser Typ dann bezeichnet wurde, begann im November 1941.

Die letzte von Grumman gebaute Serienvariante war der **F4F-7** Langstreckenaufklärer mit größeren Tanks und Kameraanlagen im unteren Rumpf, bei dem die Waffen ausgebaut worden waren. Davon wurden nur 20 Exemplare gebaut, Grumman produzierte aber auch 100 zusätzliche F4F-3 sowie zwei **XF4F-8** Prototypen. Da die Entwicklung und Produktion der moderneren F6F Hellcat Vorrang hatten, vereinbarte Grumman mit General Motors die weitere Produktion der F4F-4 Wildcat unter der Bezeichnung **FM-1**. Nach Vertragsabschluß am 18. April 1942 lief die Fertigung bei der Eastern Aircraft Division von General Motors an, und die erste FM-1 dieses Herstellers wurde am 31. August 1942 geflogen. Insgesamt wurden 1.151 Maschinen gebaut, von denen 312 unter der Bezeichnung **Martlet Mk V** (später **Wildcat Mk V**) nach Großbritannien geliefert wurden.

Gleichzeitig arbeitete General Motors an der Entwicklung einer verbesserten Version, der **FM-2**, der Serienversion der beiden Grumman XF4F-8 Prototypen. Die wichtigste Änderung bestand in dem Einbau eines 1.350 PS (1.007 kW) Wright R-1820-56 Cyclone Neunzylinder Sternmotors, es kam jedoch auch ein größeres Seitenleitwerk hinzu. Insgesamt baute General Motors 4.777 FM-2, von denen 370 nach Großbritannien geliefert wurden, die die Bezeichnung **Wildcat Mk VI** trugen.

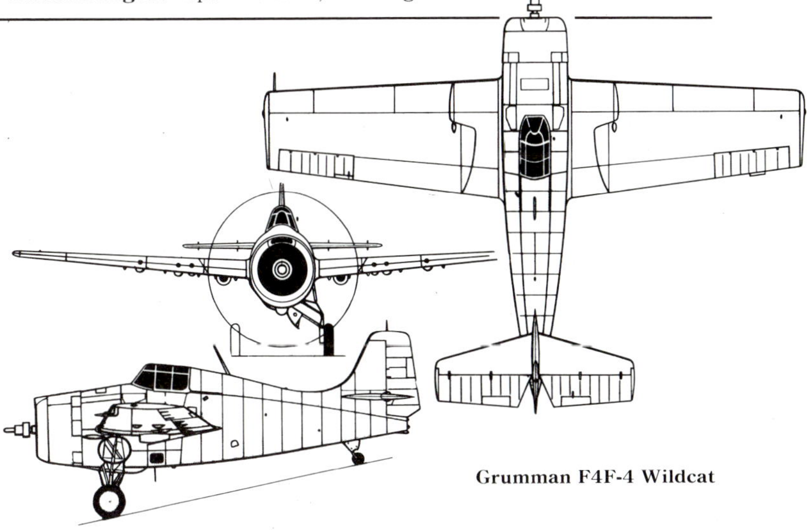

**Grumman F4F-4 Wildcat**

### Technische Daten
**Grumman F4F-4**

**Typ:** einsitziger, trägergestützter Jagdbomber.

**Triebwerk:** ein 1.200 PS (895 kW) Pratt & Whitney R-1830-36 Twin Wasp 14-Zylinder Sternmotor.

**Leistung:** Höchstgeschwindigkeit 512 km/h in 5.915 m Höhe; Einsatzgeschwindigkeit 249 km/h; Anfangssteiggeschwindigkeit 9,9 m/sek; Dienstgipfelhöhe 12.010 m; Reichweite 1.239 km.

**Gewicht:** Leergewicht 2.612 kg; max. Startgewicht 3.607 kg.

**Abmessungen:** Spannweite 11,58 m; Länge 8,76 m; Höhe 2,81 m; Tragflügelfläche 24,15 m².

**Bewaffnung:** sechs starre 12,7 mm Browning MG plus zwei 45 kg Bomben.

**Grumman F4F-4 der VGF-29, USS Santee, während der Operation 'Torch' im November 1942**

# Grumman XF5F-1 Skyrocket und XP-50

### Entwicklungsgeschichte

Die **Grumman G-34**, ein Entwurf aus dem Jahr 1938 für einen schiffsgestützten, einsitzigen, zweimotorigen Jäger, war nicht nur ein sehr fortschrittliches Konzept, sie sah in ihrer Originalversion auch höchst ungewöhnlich aus, wobei ihre Eindeckerflügel tief und vor dem Rumpfbug angesetzt waren. Das Leitwerk hatte zwei Endplatten-Flossen mit Seitenruder, und das Heckradfahrwerk war einziehbar, wobei die Beine des Hauptfahrwerks nach hinten in die in die Tragfläche eingebauten Motorgondeln einklappten. Das Triebwerk bestand aus zwei Wright R-1820 Cyclone, die je einen Dreiblatt-Propeller über ein Getriebe gegenläufig antrieben.

Der erste Auftrag für einen Prototypen, die **XF5F-1**, kam am 30. Juni 1938 von der US Navy, und diese Maschine wurde am 1. April 1940 zum ersten Mal geflogen. Anschließend wurden eine Reihe von Änderungen durchgeführt; die auffälligste war die Verlängerung des Bugs, damit dieser vor dem Flügel endete. Obwohl die **XF5F-1** keinen Produktionsauftrag erhielt, flog sie bis zu ihrer Außerdienststellung im Dezember 1944 als Entwicklungs-Prototyp für die modernere Grumman F7F.

US Navy

Die US Army Air Force interessierte sich für eine landgestützte Version und bestellte den **XP-50** Prototypen. Obwohl diese Maschine im allgemeinen der Marineversion glich, unterschied sie sich durch einen verlängerten Bug, in dem das Bugrad untergebracht wurde, und sie hatte als Triebwerk zwei Wright R-1820-67/-69 Motoren mit Turbolader. Von der XP-50 wurden keine weiteren Exemplare mehr gebaut.

### Technische Daten

**Grumman XF5F-1**

**Typ:** einsitziger, trägergestützter Jäger-Prototyp.

**Triebwerk:** zwei 1.200 PS (895 kW) Wright XR-1820-40/-42 Cyclone Neunzylinder Sternmotoren.

**Leistung:** Höchstgeschwindigkeit 616 km/h; Einsatzgeschwindigkeit 338 km/h; Dienstgipfelhöhe 10.060 m; Reichweite 1.931 km.

**Gewicht:** Leergewicht 3.677 kg; max. Startgewicht 4.599 kg.

**Mit ihrem gekürzten vorderen Rumpf und ihrer ungewöhnlichen Flügelvorderkante vor dem Bug lieferte die XF5F-1 Skyrocket bei Flugtests Informationen, die für die Entwicklung der XF7F-1 verwendet wurden.**

**Abmessungen:** Spannweite 12,80 m; Länge 8,75 m; Höhe 3,45 m; Tragflügelfläche 28,20 m$^2$.

**Bewaffnung:** Einrichtungen für zwei 23 mm Madsen-Kanonen.

# Grumman F6F Hellcat

### Entwicklungsgeschichte

Die **Grumman F6F Hellcat** entstand im Rahmen eines Projekts, mit dem das Unternehmen ein Nachfolgemodell der F4F Wildcat entwickeln wollte. Die Ähnlichkeit zur F4F war unverkennbar, es gab jedoch eine wichtige Änderung: die Mitteldecker-Auslegung der Wildcat wurde durch eine neue Tiefdeckerversion ersetzt, bei der das Fahrwerk statt in den Rumpf in die Flügel eingezogen werden konnte. Dadurch konnten die Hauptfahrwerksbeine weiter vom Rumpf entfernt angebracht werden, woraus sich wiederum ein wesentlich stabileres Breitspurfahrwerk ergab.

Eine Bewertung des Grumman-Konstruktionsvorschlags durch die US Navy führte im Juni 1941 zu einem Auftrag über vier Prototypen, jeder mit einem anderen Motor. Diese Prototypen waren die **XF6F-1** mit einem 1.700 PS (1.268 kW) Wright R-2600-10 Cyclone 14; die **XF6F-2** mit einem R-2600-16; die **XF6F-3** mit einem 2.000 PS (1.491 kW) Pratt & Whitney R-2800-10 Double Wasp und die **XF6F-4** mit dem R-2800-27. Aber noch bevor der erste Prototyp flog, war die Grumman-Konstruktion als **F6F-3 Hellcat** in Auftrag gegeben worden, und ab diesem Zeitpunkt zahlte sich die konstruktive Ähnlichkeit der F4F und der F6F bei der Produktion in höchstem Maße aus. Die erste Serien-F6F-3 flog am 4. Oktober 1942 zum ersten Mal.

Die in Ganzmetallbauweise mit glatt vernieteter Außenhaut konstruierten Hellcat hatten Flügel, deren äußere Teile zur Unterbringung auf dem Flugzeugträger hochklappbar waren. Die Standardbewaffnung bestand aus sechs in den Flügelvorderkanten montierten 12,7 mm Maschinengewehren. Rumpf und Leitwerk hatten eine konventionelle Struktur und unterschieden sich, abgesehen von ihrer Größe, kaum von der F4F.

1943 wurden gut über 2.500 Maschinen ausgeliefert, wodurch die F4F-Squadron zügig mit diesem kampfstärkeren Jäger ausgestattet werden konnten — der Typ blieb für den Rest des Zweiten Weltkriegs bei der US Navy im Fronteinsatz.

Ab 1943 kamen F6F-3 Hellcat auch nach Großbritannien, und die 252 Maschinen hießen zunächst **Gannet Mk I** (später **Hellcat Mk I**). Als die Produktion der F6F-3 Mitte 1944 auslief, waren insgesamt 4.423 Hellcat gebaut worden. Zu ihnen zählten auch 18 **F6F-3E** Nachtjäger mit in einer Gondel unter dem rechten Flügel montiertem APS-4 Radar und 205 insgesamt ähnliche **F6F-3N** Nachtjäger mit APS-6 Radar.

Während der Serienproduktion der F6F-3 entwickelte Grumman eine verbesserte Version, die als **F6F-5** in Serie ging. Diese Maschine hatte aerodynamische Verbesserungen, darunter eine neukonstruierte Motorverkleidung, neue Querruder und verstärkte Leitwerksflächen.

Die F6F-5 wurde am 4. April 1944 zum ersten Mal geflogen und ging kurz nach diesem Termin bei der US Navy in Dienst. 930 Maschinen wurden in Mietpacht nach Großbritannien geliefert, und der Typ hieß im FAA-Dienst **Hellcat Mk II**. Die rund 70 Nachtjägerversionen, die an Großbritannien geliefert wurden, trugen die Bezeichnung **Hellcat NF.Mk II**.

Als im November 1945 die Produktion eingestellt wurde, waren insgesamt 12.275 Hellcat gebaut worden.

### Varianten

**XF6F-1:** projektierter Prototyp, der zunächst mit einem 1.700 PS (1.268 kW) Wright R-2600-10 Cyclone 14 geflogen, dann aber als XF6F-3 Prototyp mit einem 2.000 PS (1.491 kW) Pratt & Whitney R-2800-10 Double Wasp ummotorisiert wurde.

**XF6F-2:** projektierter Prototyp mit Wright R-2600-16 Motor, der jedoch stattdessen als zweite XF6F-3 komplettiert wurde.

**XF6F-3N:** Umbauversion einer Serien-F-6F-3, die mit einem APS-6 Radar in einer Gondel unter dem rechten Flügel als Prototyp für den F6F-3N Nachtjäger diente.

**XF6F-4:** Prototyp-Umbauversion einer F6F-3 zur Bewertung des 2.100 PS (1.566 kW) Pratt & Whitney R-2800-27 Motors.

**F6F-5K:** Bezeichnung für mehrere F6F-5/-5N, die als ferngelenkte Zielflugzeuge umgebaut wurden.

**F6F-5P:** unter dieser Bezeichnung wurden einige F6F-5 mit einer im hinteren Rumpf montierten Kamera für Aufklärungseinsätze umgerüstet.

**XF6F-6:** zwei Prototypen aus umgebauten F6F-5 Serienmaschinen, jeweils mit einem 2.100 PS (1.566 kW) Pratt & Whitney R-2800-18W Motor.

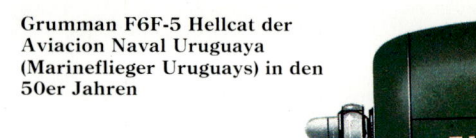

**Grumman F6F-5 Hellcat der Aviacion Naval Uruguaya (Marineflieger Uruguays) in den 50er Jahren**

**Technische Daten**
**Grumman F6F-5**
**Typ:** einsitziger, trägergestützter Jäger/Jagdbomber.
**Triebwerk:** ein 2.000 PS (1.491 kW) Pratt & Whitney R-2800-10W Double Wasp 18-Zylinder Sternmotor.
**Leistung:** Höchstgeschwindigkeit 612 km/h in 7.130 m Höhe; Reisegeschwindigkeit 270 km/h; Anfangssteiggeschwindigkeit 15,13 m/sek; Dienstgipfelhöhe 11.370 m; Reichweite mit einem 568 l Abwurftank 2.462 km.
**Gewicht:** Leergewicht 4.152 kg; max. Startgewicht 6.991 kg.
**Abmessungen:** Spannweite 13,06 m; Länge 10,24 m; Höhe 4,11 m; Tragflügelfläche 31,03 m$^2$.
**Bewaffnung:** sechs 12,7 mm MG plus zwei 454 kg Bomben oder sechs 127 mm Raketenprojektile.

# Grumman F7F Tigercat

**Eine der höchsten Entwicklungsstufen in der Kolbenmotor-Jägertechnologie war die Grumman F7F Tigercat, die ausschließlich vom US Marine Corps geflogen wurde. Hier abgebildet ist eine dieser Maschinen auf der USMC Air Station Cherry Point.**

## Entwicklungsgeschichte

Anfang 1941 wurden die Arbeiten an der Konstruktion eines neuen, zweimotorigen Jagdflugzeugs aufgenommen, das von den geplanten größeren Trägern der 'Midway'-Klasse aus operieren sollte. Die Maschine, die als Grumman G-51 Tigercat bezeichnet wurde, hatte kaum Ähnlichkeit mit ihrer Vorgängerin. Der erste Vorschlag von Grumman führte am 30. Juni 1941 zur Auftragserteilung über zwei **XF7F-1** Prototypen, von denen der erste im Dezember 1943 flog. Die in Ganzmetallbauweise hergestellte Tigercat war ein selbsttragender Schulterdecker, dessen äußere Flügelteile sich zur Lagerung auf dem Flugzeugträger hochklappen ließen. Als Triebwerk dienten zwei Pratt & Whitney R-2800-22W Double Wasp Motoren, die in großen Gondeln unter den Flügeln montiert waren.

Vor dem Erstflug des Prototypen erhielt Grumman einen Auftrag über 500 Serienmaschinen mit der Bezeichnung **F7F-1**, die an das US Marine Corps geliefert werden sollten; die Tigercat kam jedoch zu spät heraus, um noch vor Ende des Zweiten Weltkriegs bei dem USMC zum Einsatz zu kommen.

Die erste Serien-F7F-1 glich den Prototypen im allgemeinen, und auch die sich anschließenden 33 Maschinen, die ab April 1944 geliefert wurden, waren ihnen ähnlich. Das 35. Flugzeug der Serie wurde unter der Bezeichnung **XF7F-2N** zum Nachtjäger umgerüstet, und 1944 schlossen sich unter der Bezeichnung **F7F-2N** 30 Serienmaschinen an. Es schloß sich die Produktion einer neuen, einsitzigen Version, der **F7F-3 Tigercat,** an, von der 189 gebaut wurden. Diese Version unterschied sich durch R-2800-34 Motoren.

Nach dem Krieg wurden 60 F7F-3N und 13 **F7F-4N** Nachtjäger gebaut, beide hatten einen gestreckten Bug für das Radar. Einige wenige F7F-3 wurden nach ihrer Auslieferung zur Verwendung als elektronische **(F7F-3E)** und fotografische **(F7F-3P)** Aufklärer umgerüstet.

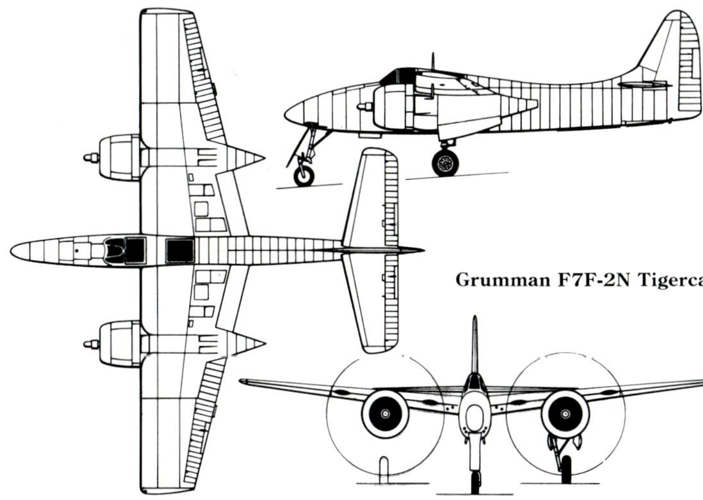

**Grumman F7F-2N Tigercat**

## Technische Daten
**Grumman F7F-3**
**Typ:** zweimotoriger, trägergestützter Jagdbomber.
**Triebwerk:** zwei 2.100 PS (1.566 kW) Pratt & Whitney R-2800-34W Double Wasp 18-Zylinder Sternmotoren.
**Leistung:** Höchstgeschwindigkeit 700 km/h in 6.765 m Höhe; Reisegeschwindigkeit 357 km/h; Anfangssteiggeschwindigkeit 23 m/sek; Dienstgipfelhöhe 12.405 m; normale Reichweite 1.931 km.
**Gewicht:** Leergewicht 7.380 kg; max. Startgewicht 11.666 kg.
**Abmessungen:** Spannweite 15,70 m; Länge 13,83 m; Höhe 5,05 m; Tragflügelfläche 42,27 m$^2$.
**Bewaffnung:** vier 20 mm Kanonen in den Flügelwurzeln und vier 12,7 mm MG im Bug plus ein Torpedo unter dem Rumpf sowie bis zu 454 kg Bomben unter jedem Flügel.

# Grumman F8F Bearcat

David Donald

**Die Bearcat ist bei Rennfliegern sehr beliebt. Diese beiden Bearcat wurden während ihrer Teilnahme an dem jährlichen EAA-Treffen in Oshkosh, Wisconsin, aufgenommen. Darryl Greenmayer gelang es, in einer umgebauten zivilen Bearcat den Geschwindigkeits-Weltrekord für Kolbenflugzeuge aufzustellen.**

## Entwicklungsgeschichte

Die letzte Maschine in der Reihe der trägergestützten Jäger mit Kolbenmotor, die Grumman mit der FF des Jahres 1931 in Angriff nahm, war die **Grumman F8F Bearcat**, die für den Einsatz von Flugzeugträgern jeder Größe aus geeignet sein und die hauptsächlich als Abfangjäger Verwendung finden sollte. Grumman entschied sich für den großen R-2800 Double Wasp Motor, der als Triebwerk bei der F6F und F7F diente. Die XF8F-1 wurde am 21. August 1944 zum ersten Mal geflogen und war nicht nur kleiner als die hervorragende Hellcat der US Navy, sondern auch um 20 Prozent leichter, was gegenüber ihrer Vorgängerin zu einer um etwa 30 Prozent besseren Steigfluggeschwindigkeit führte.

Die als selbsttragender Tiefdecker in Ganzmetallbauweise konstruierte F8F-1 hatte auf etwa zwei Drittel der Spannweite Klappflügel, ein einziehbares Heckradfahrwerk, Panzerung und selbstversiegelnde Treibstofftanks. Das Triebwerk dieser Serienmaschinen war der Pratt & Whitney R-2800-34W, und die Bewaffnung bestand aus vier 12,7 mm Maschinengewehren.

Kurz nach Aufnahme des Testprogramms für den Prototyp im Jahre 1944 erteilte die US Navy einen Auftrag über 2.023 Serien-F8F-1, und die erste dieser Maschinen kam am 21. Mai 1945 zur US Navy Squadron VF-19. Als die japanische Kapitulation den Zweiten Weltkrieg beendete, wurde ein Großteil der Aufträge storniert. Bei Einstellung der Produktion im Mai 1949 hatte Grumman 1.266 Bearcat gebaut: 765 vom Typ F8F-1; 100 vom Typ **F8F-1B**, die sich dadurch unterschieden, daß bei ihnen die vier Standard-Maschinengewehre durch 20 mm Kanonen ersetzt wurden; 36 vom Typ **F8F-1N**, die als Nachtjäger ausgerüstet waren; 293 der **F8F-2** mit umkonstruierter Motorverkleidung, höherem Seitenleitwerk und mit der 20 mm Kanone als Standardbewaffnung; zwölf vom Nachtjäger-Typ **F8F-2N** und 60 Fotoaufklärer vom Typ **F8F-2P**, die nur je zwei 20 mm Kanonen hatten. Im späten Nachkriegseinsatz wurden einige Maschinen unter den Bezeichnungen **F8F-1D** und **F8F-2D** für die Steuerung von ferngelenkten Zielflugzeugen umgerüstet.

Bei Einstellung der Produktion flogen Bearcat bei rund 24 Squadron der US Navy, waren aber alle bis Ende 1952 außer Dienst gestellt. Einige dieser Maschinen wurden unter der Bezeichnung F8F-1D mit einem modifizierten Treibstoffsystem der französischen Armée de l'Air zum Einsatz in Indochina zur Verfügung gestellt. Einhundert ähnliche **F8F-1D** und 29 **F8F-1B** wurden außerdem an die thailändische Luftwaffe geliefert.

## Technische Daten
**Grumman F8F-1B**
**Typ:** einsitziger, trägergestützter Abfangjäger.
**Triebwerk:** ein 2.100 PS (1.566 kW) Pratt & Whitney R-2800-34W Double Wasp 18-Zylinder Sternmotor.

**Leistung:** Höchstgeschwindigkeit 678 km/h in 6.000 m Höhe; Reisegeschwindigkeit 262 km/h; Anfangssteiggeschwindigkeit 23,3 m/sek; Dienstgipfelhöhe 11.795 m; Reichweite 1.778 km.
**Gewicht:** Leergewicht 3.207 kg; max. Startgewicht 5.873 kg.
**Abmessungen:** Spannweite 10,92 m; Länge 8,61 m; Höhe 4,22 m; Tragflügelfläche 22,67 m².
**Bewaffnung:** vier 20 mm Kanonen plus zwei Außenstationen unter den Flügeln für zwei 454 kg Bomben, vier 127 mm Raketenprojektile oder für zwei 568 l Abwurftanks.

# Grumman F9F Panther

Grumman

BuAer No. 126279 war ein Grumman F9F-5P Fotoaufklärer mit Kameras im Bug, jedoch ohne die Befestigungspunkte für Abwurflasten unter den Flügeln.

## Entwicklungsgeschichte

Die **Grumman F9F Panther**, das von der US Navy während des Koreakrieges am häufigsten eingesetzte Jagdflugzeug, war die Weiterentwicklung der Grumman-Konstruktionsstudie **G-79D**, die im Juni 1946 bei dem Bureau of Aeronautics eingereicht wurde. Im September 1946 wurden unter der Bezeichnung **XF9F-2** drei Prototypen bestellt, die britische Rolls-Royce Nene-Triebwerke erhalten sollten, und mit ihrem Bau wurde im Februar des Jahres 1947 begonnen. Der erste und zweite Prototyp wurden damit angetrieben, das dritte Flugzeug wurde jedoch als **XF9F-3** fertiggestellt und erhielt ein Allison J33 Triebwerk mit 2.087 kp Schub.

Der von dem Nene mit 2.268 kp Schub angetriebene erste Prototyp wurde im Februar 1948 mit 454-l-Flügelspitzen-Treibstofftanks ausgerüstet, die später zur Standardversion gehörten.

Die zweite XF9F-2 hatte Probleme mit dem Treibstoffsystem und stürzte am 28. Oktober ab. Ihre Rolle in dem Programm übernahm eine **F9F-2** aus der ersten Serie von 30 Maschinen, die vor dem Erstflug bestellt worden waren, und an Bord der *USS Franklin D. Roosevelt* wurden ab März 1949 umfassende Träger-Versuche durchgeführt.

## Varianten

**F9F-2:** 567 Serien-Panther mit Pratt & Whitney J42-P-6 (in Lizenz gebaute Nene-Motoren); die **F9F-2B** war ein modifizierter Jagdbomber mit Außenstationen unter den Flügeln.
**F9F-3:** 54 Maschinen erhielten zunächst Allison J33-A-8, ab Februar 1950 aber in F9F-2 umgerüstet, als sich dieses Triebwerk als unzuverlässig erwies.
**F9F-4:** der Prototyp **XF9F-4** mit einem Allison J33-A-16 mit 3.152 kp Schub und Wassereinspritzung flog am 6. Juli 1950, wegen der Triebwerksprobleme einige Monate später als geplant; die vorgesehene Produktion umfaßte 73 Maschinen, von denen einige an das US Marine Corps geliefert wurden; die meisten wurden jedoch als F9F-5 fertiggestellt.
**F9F-5:** die meistgebaute Panther, glich der F9F-4, hatte jedoch anfangs die Pratt & Whitney J48-P-2 Ableitung des Rolls-Royce Tay Triebwerks der Prototyp flog am 21. Dezember 1949; 616 Maschinen gebaut.
**F9F-5P:** 36 unbewaffnete Fotoaufklärer mit Kameras im Bug, die zwischen dem 25. Oktober 1951 und dem 11. August 1952 geliefert wurden.
**F9F-5KD:** nachdem sie außer Dienst gestellt wurden, fanden eine Reihe F9F-5 als Drohnen für Drohnen-Lenkflugzeuge unter dieser Bezeichnung Verwendung, die 1962 in **DF-9E** umgewandelt wurde.

## Technische Daten

**Typ:** einsitziges, trägergestütztes Jagdflugzeug.
**Triebwerk:** ein Pratt & Whitney J48-P-6A Strahltriebwerk mit 2.835 kg Schub.
**Leistung:** Höchstgeschwindigkeit 932 km/h; Einsatzgeschwindigkeit 774 km/h; Anfangssteiggeschwindigkeit 25,8 m/sek; Dienstgipfelhöhe 13.045 m; Reichweite 2.092 km.
**Gewicht:** Leergewicht 4.603 kg; max. Startgewicht 8.492 kg.
**Abmessungen:** Spannweite 11,58 m; Länge 11,84 m; Höhe 3,73 m; Tragflügelfläche 23,23 m².
**Bewaffnung:** vier 20 mm Kanonen plus zwei 454 kg Bomben oder sechs 127 mm HVAR-Raketen.

# Grumman F9F Cougar

Grumman

Die im Bug montierte Kameraanlage der Grumman F9F-8P Cougar stört die Linienführung dieses Flugzeugs.

## Entwicklungsgeschichte

Bald nachdem die Grumman F9F Panther in Dienst gegangen war, begann das Unternehmen für einen US-Navy-Auftrag vom 2. März 1951 mit der Entwicklung einer Version mit gepfeilten Flügeln, und der Prototyp der **Grumman XF9F-6** flog am 20. September 1951 zum ersten Mal. Trotz vieler Ähnlichkeiten zur Panther wies der neue Name *Cougar* jedoch darauf hin, daß es sich um ein recht anderes Flugzeug handelte.

Es wurde ein stärkeres Strahltriebwerk eingebaut, der Hauptunterschied lag jedoch in den Flügeln und den dadurch notwendigen strukturellen Veränderungen. Und so hatte die Cougar um 35° gepfeilte Flügel, Spoiler anstelle von Querrudern, größere Klappen, Vorflügel und Grenzschichtzäune an den Flügeln. In dieser Version ging die **F9F-6 Cougar** (später in **F-9F** umbenannt) im November 1952 bei der US Navy Squadron VF-32 in Dienst. Ihr folgten die generell ähnlichen **F9F-7 (F-9H)**, die **F9F-8 (F-9J)** mit längerem Rumpf und breitgewölbten Flügeln sowie das Schulflugzeug **F9F-8T** mit einem noch längeren Rumpf, hintereinanderliegenden, in der Höhe versetzten Cockpits und nur zwei MG. 1962 wurden die F9F-8T in **TF-9J** umbenannt und viele von ihnen wurden in Vietnam bei verschiedenen Einsätzen geflogen.

## Varianten

**F9F-6D:** eine Drohnen-Leitflugzeugversion der Grumman F9F-6 (später DF-9F).
**F9F-6K:** eine Drohnen-Leitflugzeugversion der Grumman F9F-6 (später QF-9F).
**F9F-6K2:** verbesserte Version der F9F-6K (später QF-9G).
**F9F-6P:** Fotoaufklärerversion der F9F-6.
**F9F-6PD:** Umbezeichnung der F9F-6P nach Umbau als Drohnen-Leitflugzeug.
**YF9F-8B:** Umbau-Prototyp der F9F-8 zur Nahunterstützung (später YAF-9J).
**F9F-8B:** Serien-Umbauversionen der F9F-8 zur YF9F-8B (später AF-9J).
**YF9F-8T:** eine Schulflugzeug-Umbauversion Prototyp der F9F-8 (später YTF-9J).
**NTF-9J:** Bezeichnung für zwei TF-9J, die für spezielle Testzwecke verwendet wurden.

## Technische Daten
**Grumman TF-9J**

**Typ:** ein trägergestütztes Schulflugzeug.
**Triebwerk:** ein Pratt & Whitney J48-P-8A Strahltriebwerk mit 3.266 kp Schub.
**Leistung:** Höchstgeschwindigkeit 1.135 km/h in Meereshöhe; Dienstgipfelhöhe 15.240 m; maximale Reichweite 966 km.
**Gewicht:** maximales Startgewicht 9.344 kg.
**Abmessungen:** Spannweite 10,52 m; Länge 13,54 m; Höhe 3,73 m.
**Bewaffnung:** zwei 20 mm Kanonen plus bis zu 907 kg Waffen an Außenstationen.

# Grumman F10F Jaguar

## Entwicklungsgeschichte

Zwar war die **Grumman XF10F Jaguar** nicht das erste amerikanische Flugzeug mit Schwenkflügeln, denn diese Rolle kam der von der US Air Force finanzierten Bell X-5 zu, sie war aber die erste Maschine, die für die Serienproduktion entwickelt worden war. Die Konstruktion entstand unter dem Eindruck, daß die zunehmenden Landegeschwindigkeiten der stark gepfeilten Jagdflugzeuge bald nicht mehr den Einsatz auf den damals verwendeten Flugzeugträgern zulassen würden. Das ursprüngliche Projekt XF10F, von dem am 4. März 1948 zwei Prototypen bestellt wurden, war ein starrflügeliger Jäger mit gepfeilten Flügeln, der von einem Pratt & Whitney J42 (Rolls-Royce Nene) Motor angetrieben werden sollte. Diese Konstruktion wurde jedoch mehrfach in kleineren und größeren Details geändert, und am 7. Juli 1949 schlug Grumman die schwenkbaren Flügel vor. Die Jaguar war groß und schwer und hatte Flügel, die hydraulisch von 13,5° bis auf 42,5° geschwenkt werden konnten und die mit Auftriebshilfen wie Vorflügel über die ganze Flügelvorderkante sowie mit Fowler-Klappen versehen waren, die sich über 80% der Flügelhinterkante erstreckten. Die Maschine sollte mit vier 20 mm Kanonen bewaffnet werden und Bomben bzw. Raketen extern mitführen können. Der spezifizierte Motor war der Westinghouse XJ40-WE-8 mit 3,357 kp Schub. Ein schwächerer J40-WE-6 mit 3.084 kp Schub trieb den einzigen Prototyp, der flog, an. Der Grumman-Testpilot C.H. 'Corky' Meyer flog die Maschine während des gesamten Testprogramms, das mit einem 16-Minuten-Jungfernflug am 19. Mai seinen Anfang nahm. Es ergaben sich während des Programms (32 Flüge), das am 25. April 1953 abgeschlossen wurde, Steuerprobleme. Es waren viele Erfahrungen gewonnen worden, und die Schwenkflügel waren ein Erfolg. Die Flugsperre für den J40 Motor im März 1953 zog die Stornierung des Auftrags über 100 Serienmaschinen sowie zwölf Nullserienmaschinen nach sich.

### Technische Daten

**Typ:** ein einsitziger, trägergestützter Jäger-Prototyp.
**Triebwerk:** ein Westinghouse XJ40-WE-8 Strahltriebwerk mit Nachbrenner und 4.944 kp Schub.
**Leistung:** (geschätzt) Höchstgeschwindigkeit 1.143 km/h in Meereshöhe; Reisegeschwindigkeit 1.017 km/h in 10.670 m Höhe; Dienstgipfelhöhe 13.960 m.
**Gewicht:** Leergewicht 9.265 kg; max. Startgewicht 16.080 kg.
**Abmessungen:** Spannweite, ausgeschwenkt: 15,42 m; gepfeilt 11,18 m; Länge 16,59 m; Höhe 4,95 m; Tragflügelfläche max. 41,81 m².
**Bewaffnung:** vier 20 mm Kanonen im Bug plus zwei 907 kg Bomben oder Raketen unter den Flügeln.

**Die Grumman F10F Jaguar war ein Flugzeugtyp, in dem die US Navy und die Konstrukteure zu viel fortschrittliche Technologie unterbringen wollten.**

# Grumman F11F Tiger

### Entwicklungsgeschichte

Die zunächst in bezug auf ihre Panther/Cougar-Abstammung als **F9F-9** bezeichnete **Grumman F11F Tiger** war in Wirklichkeit ein völlig neues Flugzeug. Die Konstruktion, die die Grumman-Typennummer **G-98** erhielt, wurde von der US Navy am 27. April 1953 bestellt und war ein einsitziger Jäger. Der Rumpf war zur Verringerung des Luftwiderstands entsprechend der Flächenregel entworfen worden. Am Rumpf befanden sich die Lufteintrittsöffnungen für das Wright J65-W-6 Strahltriebwerk mit 3.538 kp Schub, das mit Nachbrenner 4.763 kp Schub lieferte. Der erste Prototyp **YF9F-9** flog am 30. Juli 1954 und hatte als Triebwerk einen J65-W-7 ohne Nachbrenner. Der zweite Prototyp flog erstmals im Oktober und erhielt den vorgesehenen Nachbrenner im Januar 1955. Die Tiger, die im April 1955 in **F11F-1** umbenannt wurde, wurde mit einem leistungsreduzierten J65-W-18 Triebwerk geflogen, nachdem sich Probleme mit der geplanten W-6 Version ergeben hatten. Die US Navy-Aufträge über zwei Serien von 42 und 157 Maschinen wurden zwischen dem 15. November 1954 und dem 23. Januar 1959 ausgeliefert. 1959 wurden die Tiger zur Fortgeschrittenen-Schulung abgestellt, flogen aber immer noch bei dem Kunstflugteam 'Blue Angels' der US Navy. Im Rahmen des gemeinsamen USAF/USN-Systems, das im September 1962 eingeführt wurde, erhielt die F11F-1 die neue Bezeichnung **F-11A**.

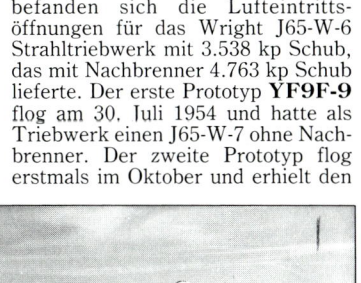

**Die Grumman F11F-1 Tiger war das erste Überschall-Flugzeug der US Navy. Die Maschine hatte ein Strahltriebwerk mit Nachbrenner. Hier abgebildet eine Maschine der VF-33.**

### Varianten

**F11F-1F:** nur zwei Maschinen mit General Electric XJ79-GE3 Motoren mit 4.354 kp Schub; es waren Umbauversionen der F11F-1 mit neuen Flügeln sowie größeren Lufteintrittsöffnungen, die erste Maschine flog im Juni 1956; bei späteren Erprobungen stellte eine dieser Maschinen mit US Navy Lieutenant Commander George Watkins einen Welt-Höhenrekord von 23.449 m auf und flog außerdem mit 2.231 km/h.

### Technische Daten
**Grumman F11F-1**

**Typ:** einsitziges Jagdflugzeug.
**Triebwerk:** ein Wright J65-W-18 Strahltriebwerk mit 3.379 kp Schub.
**Leistung:** Höchstgeschwindigkeit 1.207 km/h in Meereshöhe; Reisegeschwindigkeit 929 km/h in 11.580 m Höhe; Anfangssteiggeschwindigkeit 26,08 m/sek; Dienstgipfelhöhe 12.770 m; Reichweite 2.044 km.
**Gewicht:** Leergewicht 6.091 kg; max. Startgewicht 10.052 kg.
**Abmessungen:** Spannweite 9,64 m; Länge 14,31 m; Höhe 4,03 m; Tragflügelfläche 23,23 m².
**Bewaffnung:** vier 20 mm Kanonen und vier Sidewinder.

# Grumman FF, SF und Goblin

### Entwicklungsgeschichte

Am 28. März 1931 erteilte die US Navy der Grumman Aircraft Engineering Corporation einen ersten Auftrag und begann damit eine Verbindung zu diesem Hersteller, die auch heute noch besteht. Gegenstand der Bestellung war der Prototyp des zweisitzigen **Grumman XFF-1** Doppeldecker-Jagdflugzeugs, der ersten Maschine der US Navy mit einziehbarem Fahrwerk. Die XFF-1 war in Ganzmetall-Bauweise hergestellt und hatte als Bewaffnung zwei 7,62 mm Browning Maschinengewehre, eins am Bug und eins im hinteren Cockpit am Sitz des Schützen, so daß sich MG und Sitz gemeinsam über ein Kardangelenk bewegten, wenn das Ziel verfolgt wurde. Der Bau des Prototypen, der von einem 616 PS (459 kW) Wright R-1820E Sternmotor angetrieben wurde, begann in der Grumman-Werkstatt in Baldwin, Long Island. Im November 1931 zog das Unternehmen jedoch zum 13 km entfernten Curtiss Field um, von wo aus das Flugzeug am 29 Dezember erstmals startete. Während des Testprogramms zeigte die Maschine eine Höchstgeschwindigkeit von 314 km/h und war damit schneller als die einsitzige Boeing F4B-4, die damals der Standardjäger der US Navy war. Im November 1932 zog Grumman nochmals in ein größeres Werk in Farmingdale um und erhielt den ersten Produktionsauftrag über 27 **FF-1 (G-5)** Jäger, die zwischen dem 24. April und dem 1. November 1933 ausgeliefert wurden.

**Grumman SF-1 der VS-3B, Mitte der 30er Jahre an Bord der USS Lexington stationiert.**

### Varianten

**FF-2:** 25 der ursprünglichen 27 FF-1

wurden später von der Naval Aircraft Factory zur Verwendung als Schulflugzeuge auf Doppelsteuerung umgerüstet.
**SF-1 (G-6)**: die US Navy bestellte am 9. Juni 1931 einen Prototyp eines Pfadfinderflugzeugs, dessen Treibstoffvorrat durch Weglassen der vorwärtsfeuernden Browning um 170 l erhöht wurde und die einen 700 PS (522 kW) R-1820-78 Motor hatte; sie wurde im August 1932 erstmals geflogen, und die 33 von der US Navy im gleichen Monat bestellten Maschinen wurden zwischen dem 15. Februar und dem 12. Juli 1934 ausgeliefert.
**G-23 Goblin:** dies war die FF-1, die von der Canadian Car and Foundry Company für die Royal Canadian Air Force, die 15 Exemplare erhielt, in Lizenz gebaut wurde; 1937 bestellte die Türkei 40 Maschinen, die über Barcelona geliefert wurden, wo sie in die Hände der republikanischen spanischen Streitkräfte fielen; je ein Exemplar wurde an Japan und Nicaragua geliefert.
**XSF-2:** nur ein Flugzeug; die am 12. März 1934 an die US Navy gelieferte XSF-2 war ein SF-1 Flugwerk mit einem 650 PS (485 kW) Pratt & Whitney R-1535-72 Motor, der einen Hamilton Standardpropeller antrieb.
**XSBF-1:** das XSF-2 Flugwerk wurde durch einen dreieckigen Rahmen unter der Motoraufhängung geändert, an dem eine 227 kg oder zwei 45 kg Bomben befestigt werden konnten; Erstflug am 18. Februar 1936.

### Technische Daten
**Grumman FF-2/SF-1**
**Typ:** zweisitziges, trägergestütztes Pfadfinderflugzeug.
**Triebwerk:** ein 700 PS (522 kW) Wright R-1820-78 Neunzylinder Sternmotor.
**Leistung:** Höchstgeschwindigkeit 333 km/h in 1.200 m Höhe; Dienstgipfelhöhe 6.400 m; Reichweite 1.428 km.
**Gewicht:** Leergewicht 1.471 kg; max. Startgewicht 2.190 kg.
**Abmessungen:** Spannweite 10,52 m; Länge 7,47 m; Höhe 3,38 m; Tragflügelfläche 28,80 m$^2$.
**Bewaffnung:** ein vorwärtsfeuerndes und zwei schwenkbare hintere 7,62 mm Browning-MG.

# Grumman G-21 Goose

### Entwicklungsgeschichte
1937 produzierte das Unternehmen ein zweimotoriges Amphibien-Flugboot, die **Grumman G-21 Goose**. Bei dem Hochdecker mit zwei 450 PS (336 kW) Pratt & Whitney R-985 Sternmotoren dienten die Flügel auch als Träger für die Motoren und die Stützschwimmer unter den Tragflächen. Der tiefe, zweistufige Rumpf war in konventioneller Bauweise gefertigt. Die Räder des Heckradfahrwerks wurden in den Rumpf eingezogen. Die vor dem Krieg als Zivilflugzeug gebaute **G-21A** bot Platz für bis zu sieben Passagiere. Die Produktion der Goose lief auch im Zweiten Weltkrieg weiter, und die Maschine flog bei der USAAF, der US Coast Guard und bei der US Navy, wobei einige der US Navy Maschinen auch beim US Marine Corps im Einsatz waren.

Nach dem Krieg begann die Firma McKinnon Enterprises in den USA sich auf die Renovierung der Goose und auf die Entwicklung verbesserter Versionen zu spezialisieren. Hierzu gehörte eine frühe Umbauversion, bei der die beiden R-985 durch vier 340 PS (254 kW) Avco Lycoming Motoren ersetzt wurden, die meisten Umbauten entsprachen jedoch dem **G-21C** und **G-21D Turbo-Goose** Standard mit zwei Pratt & Whitney Aircraft of Canada PT6A Propellerturbinen anstelle der ursprünglichen Sternmotoren. Bei diesem Umbau wurden eine Reihe von Verbesserungen durchgeführt, darunter die neuen, einziehbaren Flügelspitzenschwimmer und größere Kabinenfenster. Eine **G-21G Turbo-Goose** war ebenfalls lieferbar, die im Umbau der G-21D generell glich, die aber einen etwas höheren Ausrüstungsstandard und einige Verbesserungen in der Kabine hatte; hinzu kam die **Turboprop-Goose**, die auf Propellerturbinen umgestellt war, jedoch keine der Flugwerksverbesserungen der früheren Umbauten hatte.

Die G-21G Turbo-Goose und Turboprop-Goose Umbauten waren bis 1980 lieferbar, zuletzt von der McKinnon-Viking Enterprises Inc., die 1978 in Sidney, British Columbia, als Nachfolgerin der amerikanischen McKinnon Enterprises gegründet worden war. Das Umbauprogramm ist allem Anschein nach inzwischen abgeschlossen worden.

Austin J Brown/APL

### Technische Daten
**Grumman/McKinnon G-21G Turbo-Goose**
**Typ:** leichtes Amphibienflugzeug.
**Triebwerk:** zwei 680 WPS (507 kW) Pratt & Whitney Aircraft of Canada PT6A-27 Propellerturbinen.
**Leistung:** Höchstgeschwindigkeit 391 km/h; Dienstgipfelhöhe 6.095 m; Reichweite 2.575 km.
**Gewicht:** Rüstgewicht 3.039 kg; max. Startgewicht 5.670 kg.
**Abmessungen:** Spannweite 15,49 m; Länge 12,06 m; Tragflügelfläche 35,08 m$^2$.

**Bei der Grumman G-21 Goose waren das richtige Rumpfvolumen und ausreichende Leistung kombiniert, und so war die Maschine für militärische und zivile Benutzer gleichermaßen interessant.**

**Die neuseeländische Fluggesellschaft Sea Bee Air verwendete im Inselverkehr auch 1987 noch zwei Grumman G-21A Goose.**

CAF/API

# Grumman G-22/G-32 Gulfhawk

### Entwicklungsgeschichte
Die 1936 für die Gulf Oil Refining Company gebaute **Grumman G-22 Gulfhawk II** war im Grunde ein F3F-2 Rumpf mit F2F-1 Flügeln kurzer Spannweite, hatte als Triebwerk einen Wright GR-1820-G1 Cyclone Motor und war so ausgestattet, daß die Maschine bis zu 30 Minuten lang in Rückenlage geflogen werden konnte.

Die am 6. Mai 1938 ausgelieferte **G-32 Gulfhawk III** war eine zweisitzige Weiterentwicklung mit F3F-2 Flügeln, die ebenfalls für Gulf Oil gebaut wurde. Sie wurde im November 1942 für den Einsatz bei der USAAF requiriert und flog unter der Militärbezeichnung **UC-103** als VIP-

**Die Grumman G-32A wurde als Unternehmens-Vorführflugzeug gebaut und hatte Spreizklappen an den oberen Flügeln.**

Transporter. Grumman baute ein ähnliches Flugzeug als unternehmenseigene Vorführmaschine, die am 1. Juli 1938 zum ersten Mal geflogen wurde. Diese **G-32A** genannte Version unterschied sich von der Gulf-Maschine durch Spreizklappen an der Hinterkante des oberen Flügels. Diese Maschine wurde im Verlauf des Kriegs zur **UC-103**.

### Technische Daten
**Grumman G-22**
**Typ:** einsitzige Kunstflugmaschine.
**Triebwerk:** ein 1.000 PS (746 kW) Wright GR-1820-G1 Neunzylinder Sternmotor.
**Leistung:** Höchstgeschwindigkeit 467 km/h in 3.660 m Höhe; Reisegeschwindigkeit 354 km/h; Dienstgipfelhöhe 9.755 m; maximale Reichweite 1.609 km.
**Abmessungen:** Spannweite oben 8,69 m, unten 7,92 m; Länge 7,05 m; Höhe 3,28 m.

# Grumman G-44 Widgeon

### Entwicklungsgeschichte
Der Erfolg des achtsitzigen Zivil-Amphibienflugzeugs Grumman Goose und der offensichtliche Markt für eine kleinere und billigere Version führten direkt zur Entwicklung der fünfsitzigen **Grumman G-44 Widgeon**, die von zwei 200 PS (149 kW) Range L-440C-5 Motoren angetrieben wurde. Der Prototyp wurde am 28. Juni 1940 erstmals geflogen, und bevor die erste Serienmaschine am 21. Februar 1941 ausgeliefert wurde, waren bereits zehn Exemplare an Zivilkunden verkauft. Die erste Produktionsserie von 44 Maschinen war für den zivilen Markt bestimmt, außerdem wurden vier weitere Exemplare für den Dienst bei der RAF unter der Bezeichnung **OA-14** requiriert.

Die zweite Produktionsserie von 25 Flugzeugen war für die US Coast Guard vorgesehen, und die Maschinen wurden unter der Bezeichnung **J4F-1** zwischen dem 7. Juli 1941 und dem 29. Juli 1942 ausgeliefert. Grumman baute insgesamt 131 **J4F-2** Maschinen für die US Navy, die zwischen dem 13. Juli 1942 und dem 26. Februar 1945 ausgeliefert wurden. Die J4F-2 hatte zwei Besatzungsmitglieder, bot in der Mehrzweck-Transportrolle Platz für bis zu drei Passagiere und wurde außerdem zur Küstenpatrouille und zur U-Boot-Bekämpfung verwendet. Fünfzehn J4F-2 wurden der Royal Navy in Mietpacht geliefert und hauptsächlich auf den Westindischen Inseln als Verbindungsflugzeuge verwendet. Die Grumman J4F-2 der Royal Navy waren zunächst unter dem Namen **Gosling** und später als **Widgeon** bekannt.

Grumman stellte 1944 eine verbesserte **G-44A** vor, die am 8. August ihren Jungfernflug absolvierte. Sie hatte einen überarbeiteten Rumpf; insgesamt wurden 76 Exemplare gebaut. In den Jahren 1948/49 wurden 41 G-44A von der Société de Construction Aéro-Navale (SCAN) in La Rochelle, Frankreich, als **SCAN 30** in Lizenz gebaut. Später begann McKinnon Enterprises in Sandy, Oregon, ein Umbauprogramm für die Widgeon. Die so entstandene **Super Widgeon**, von der über 70 Maschinen fertiggestellt wurden, hatte als Neuerung 270 PS (201 kW) Avco Lycoming GO-480-B1D Motoren, einen verbesserten Rumpf und Innenraum sowie vergrößerte Treibstofftanks.

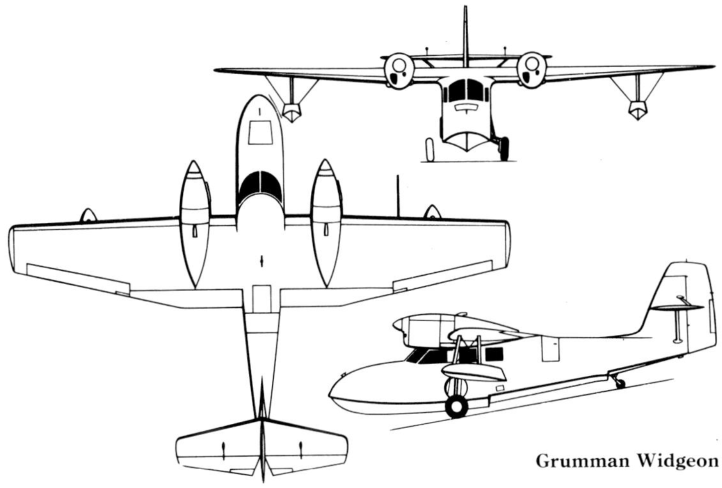

Grumman Widgeon

### Technische Daten
**Grumman J4F-2**
**Typ:** ein fünfsitziges leichtes Mehrzweck-Flugboot.
**Triebwerk:** zwei 200 PS (149 kW) Ranger L-440C-5 Sechszylinder Reihenmotoren.
**Leistung:** Höchstgeschwindigkeit 246 km/h; Reisegeschwindigkeit 222 km/h; Dienstgipfelhöhe 4.450 m; max. Reichweite 1.481 km.
**Gewicht:** Leergewicht 1.447 kg; max. Startgewicht 2.041 kg.
**Abmessungen:** Spannweite 12,19 m; Länge 9,47 m; Höhe 3,48 m; Tragflugelfläche 22,76 m².
**Bewaffnung:** keine.

# Grumman G-63/G-72 Kitten und G-65 Tadpole

### Entwicklungsgeschichte
Grumman begann bereits 1943, sich auf die Nachkriegsproduktion von Leichtflugzeugen vorzubereiten. Die erste Konstruktion, die herauskam, war die **Grumman G-63 Kitten I**, ein zwei-/dreisitziger Ganzmetall-Kabineneindecker mit einziehbarem Heckradfahrwerk, der von einem Avco Lycoming 0-290-A Vierzylinder Boxermotor angetrieben wurde.

Der Prototyp flog erstmals am 18. März 1944, und obwohl dieser Flug erfolgreich war, verhinderte der Krieg die Produktion. Eine Version mit Bugradfahrwerk, die **Grumman G-72 Kitten II**, wurde am 4. Februar 1946 geflogen.

Es wurden Modifikationen am Flügel vorgenommen, um die Tendenz der Grumman Kitten I, im überzogenen Flugzustand ins Trudeln zu kommen, zu beseitigen, und die einzelne Heckflosse wurde durch Zwillingsflossen ersetzt. Seitenruder wurden bei dieser Auslegung nicht verwendet, und die Steuerung erfolgte ausschließlich über Quer- und Höhenruder.

Die zweite Grundkonstruktion war die **Grumman G-65 Tadpole**, ein zwei-/dreisitziges Amphibienflugzeug, das von einem 125 PS (93 kW) Continental C-125 Motor über einen Druckpropeller angetrieben wurde und ein einziehbares Bugradfahrwerk hatte. Der Prototyp flog erstmals am 7. Dezember 1944, und wie bei der Kitten schloß sich keine Produktion an.

### Technische Daten
**Grumman G-63 Kitten I**
**Typ:** ein zwei-/dreisitziges Reise-/Schulflugzeug.
**Triebwerk:** ein 125 PS (93 kW) Avco Lycoming 0-290-A Vierzylinder Boxermotor.
**Leistung:** nicht aufgezeichnet.
**Gewicht:** Leergewicht 519 kg; max. Startgewicht 862 kg.
**Abmessungen:** Spannweite 9,75 m; Länge 6,06 m; Höhe 1,76 m; Tragflügelfläche 12,08 m².

**Die Grumman Kitten war der Versuch, ein leichtes Zivilflugzeug anzubieten. Die Weiterentwicklung wurde jedoch wegen der Kriegsproduktion eingestellt.**

# Grumman G-73 Mallard

### Entwicklungsgeschichte
In den ersten Jahren nach dem Zweiten Weltkrieg entwickelte Grumman unter der Unternehmensbezeichnung **Grumman G-73** und mit dem Namen **Mallard** ein zweimotoriges ziviles Amphibienflugzeug, mit dem die umfassenden Erfahrungen genutzt wurden, die das Unternehmen beim Bau von Militärflugzeugen in dieser Kategorie sammeln konnte. Der selbsttragende Hochdecker in Ganzmetallbauweise hatte einen zweistufigen Rumpf und wurde durch das einziehbare Bugradfahrwerk zur Amphibienmaschine. Unter den Flügeln waren Stützschwimmer montiert, die auch als Zusatztanks genutzt werden konnten. Als Triebwerk dienten zwei Pratt & Whitney Wasp Sternmotoren. Der Rumpf der G-73 bot in zwei Abteilen Platz für bis zu zehn Passagiere, und die zweiköpfige Besatzung befand sich auf einem getrennten Flugdeck.

### Technische Daten
**Typ:** zweimotoriges Amphibien-flugboot.
**Triebwerk:** zwei 600 PS (447 kW) Pratt & Whitney R-1340-S3H1 Wasp Neunzylinder-Sternmotoren.
**Leistung:** Höchstgeschwindigkeit 346 km/h in 1.830 m Höhe; Reisegeschwindigkeit 290 km/h in 2.440 m Höhe; Dienstgipfelhöhe 7.010 m; max. Reichweite 2.221 km.
**Gewicht:** Leergewicht 4.241 kg; max. Startgewicht 5.783 kg.
**Abmessungen:** Spannweite 20,32 m; Länge 14,73 m; Höhe über Fahrwerk 5,72 m; Tragflügelfl. 41,25 m².

# Grumman JF/J2F Duck

Die Grumman J2F unterschied sich von den vorhergehenden JF Modellen vor allen Dingen durch eine geänderte Verstrebung der Tragflächen.

**Entwicklungsgeschichte**
Als die FF-1 fast serienreif war, begann Grumman mit der Entwicklung eines neuen Mehrzweck-Amphibienflugzeugs, das die Vorteile der FF-1 und der Loening OL, die damals im Dienst waren, in sich vereinigte, und das Unternehmen legte Ende 1932 der US Navy einen Vorschlag zur Begutachtung vor. Dies führte zur Erteilung eines Auftrags über die Lieferung eines **Grumman XJF-1** Prototyps, der am 4. Mai 1933 zum ersten Mal flog. Bei Flugtests ergaben sich keine ernsten Probleme, und die US Navy bestellte 27 Maschinen vom Typ JF-1, von denen die erste Ende des Jahres 1934 ausgeliefert wurde.

Der Typ, der eine generelle Mehrzweckfunktion übernehmen sollte, wurde zunächst als Ersatz für die veralteten Loening OL-9 Beobachtungsflugzeuge der US Navy verwendet. Die Flügel einheitlicher Spannweite hatten eine Grundstruktur aus Leichtmetall mit Stoffbespannung; der Rumpf war konventionell aus einer Leichtmetallstruktur mit selbsttragender Haut gebaut, und der große zentrale Schwimmer in Schalenbauweise nahm das eingefahrene Hauptfahrwerk auf. Unter den unteren Flügeln waren Stützschwimmer an Streben montiert, und in den Tandemcockpits war Platz für drei Besatzungsmitglieder. Das Triebwerk des Prototypen und der ersten Serie bestand aus einem 700 PS (522 kW) Pratt & Whitney R-1830 Twin Wasp Motor.

Der zweite Produktionsauftrag lautete über 14 **JF-2 (Grumman G-4)** Maschinen für die US Coast Guard, und diese Version hatte Ausstattungsänderungen sowie 750 PS (559 kW) Wright R-1820 Cyclone Motoren. Vier Exemplare wurden später an die US Navy überstellt, die noch fünf neue Flugzeuge benötigte, die ein ähnliches Triebwerk hatten und die Bezeichnung **JF-3** trugen. Bei den späteren Serienmaschinen gab es kaum wesentliche Änderungen: die 20 **J2F-1** des Jahres 1937 sowie die späteren 21 **J2F-2**, 20 **J2F-3** und die 32 **J2F-4** unterschieden sich kaum. Neun **J2F-2A** der Marine Squadron VMS-3 waren mit Maschinengewehren bewaffnet und hatten Bombenhalterungen unter den Flügeln.

Die letzte Version, die von Grumman gebaut werden sollte, wurde 1940 bestellt und umfaßte 144 Maschinen vom Typ **J2F-5**, die als erste offiziell den Namen **Duck** tragen. Sie wurden jedoch von dem 850 PS (634 kW) Wright R-1820-50 Motor angetrieben. Die letzte Serienversion war die **J2F-6**, die von der Columbia Aircraft Corporation in Long Island, New York, gebaut wurde und von der die US Navy 330 Exemplare bestellte, nachdem die USA in den Zweiten Weltkrieg eingetreten waren. Diese Maschinen hatten einen stärkeren R-1820-54 Motor.

**Technische Daten**
**Grumman J2F-6**
**Typ:** zwei-/dreisitziges Mehrzweck-Amphibienflugzeug.
**Triebwerk:** ein 900 PS (671 kW) Wright R-1820-54 Cyclone 9 Neunzylinder Sternmotor.
**Leistung:** Höchstgeschwindigkeit 306 km/h; Reisegeschwindigkeit 249 km/h; Dienstgipfelhöhe 7.620 m; Reichweite 1.207 km.
**Gewicht:** Leergewicht 1.996 kg; max. Startgewicht 3.493 kg.
**Abmessungen:** Spannweite 11,89 m; Länge 10,36 m; Höhe 4,24 m; Tragflügelfläche 38,00 m$^2$.
**Bewaffnung:** normalerweise keine, jedoch Vorrichtungen für zwei 147 kg Wasserbomben.

# Grumman OV-1 Mohawk

Auffallend an der Grumman OV-1D Mohawk ist der seitlich versetzte Behälter für das Seitensichtradar unter dem Rumpf.

**Entwicklungsgeschichte**
Mitte der 50er Jahre erstellten sowohl die US Army als auch das US Marine Corps Spezifikationen für ein Gefechtsfeld-Beobachtungsflugzeug. Beide Anforderungen waren generell ähnlich, und die Maschine sollte eine Palette von Aufklärungsgeräten mitführen, von schlechten Flugfeldern aus operieren können und STOL-Eigenschaften haben. Es erwies sich, daß sich beide Waffengattungen auf eine gemeinsame Konstruktion einigen konnten, und 1957 fungierte die United States Navy als Programmleiter und bestellte neun Exemplare der **Grumman G-134** zur Erprobung. Diese Maschinen wurden zunächst mit **YAO-1A** und später mit **YOV-1A** bezeichnet, und das erste Exemplar dieser Maschinen flog am 14. April 1959 zum ersten Mal.

Ende 1959 erteilte die US Army Produktionsaufträge über Maschinen vom Typ **OV-1A** und **OV-1B**, wobei das **OV-1** Grundmodell den Namen **Mohawk** erhielt.

Die OV-1 ist als erstes Propellerturbinen-Flugzeug, das in den Dienst der United States Army kam, verhältnismäßig langsam, jedoch äußerst wendig und hat ein gut gepanzertes Cockpit. Das Leitwerk hat drei Heckflossen mit Seitenruder, und das Höhenleitwerk ist so V-förmig, daß die Endplatten-Flossen nach innen verkantet sind; die OV-1B besitzt ein Seitensichtradar (SLAR), das in einem 5,49 m langen Glasfaserbehälter untergebracht und an Sockeln nach rechts versetzt am Flugzeugrumpf montiert ist.

Die nächste Serienversion war die **OV-1C**, die den späten Serienversionen der OV-1A glich, jedoch ein AN/AAS-24 Infrarot-System hatte. Die letzte Version war die **OV-1D** mit seitlichen Ladeluken, die eine Palette mit SLAR, IR oder anderen Sensoren aufnehmen konnte. Zusätzlich zu den Serienmaschinen wurden viele OV-1B und OV-1C Maschinen auf den OV-1D Standard umgerüstet. Die Bezeichnungen **RV-1C** und **RV-1D** gelten für OV-1C bzw. OV-1D Maschinen, die für den dauernden Einsatz als elektronische Aufklärer umgerüstet wurden.

**Technische Daten**
**Grumman OV-1D**
**Typ:** ein zweisitziges Beobachtungsflugzeug.
**Triebwerk:** zwei 1.400 WPS (1.044 kW) Avco Lycoming T53-L-701 Propellerturbinen.
**Leistung:** Höchstgeschwindigkeit 491 km/h; maximale Reichweite 1.627 km.
**Gewicht:** Rüstgewicht 5.468 kg; max. Startgewicht 8.214 kg.
**Abmessungen:** Spannweite 14,63 m; Länge 12,50 m; Höhe 3,86 m; Tragflügelfläche 33,44 m$^2$.

# Grumman S-2 Tracker/E-1 Tracer/C-1 Trader

**Entwicklungsgeschichte**
In den Jahren unmittelbar nach dem Zweiten Weltkrieg verließ sich die gesamte trägergestützte U-Bootbekämpfung (ASW) der US Navy auf die Verwendung von jeweils zwei Flugzeugen als Such- und Jagdflugzeug-Kombination, wobei das mit Radar ausgerüstete Suchflugzeug das U-Boot aufspürte, das dann von dem entsprechend bewaffneten Partnerflugzeug angegriffen wurde.

Ende der 40er Jahre komplettierte die US Navy ihre Vorstellungen von dem Such-/Jagdflugzeug, das zur Erfüllung einer solchen Funktion gebraucht wurde, und Grumman konstruierte einen relativ großen, zweimotorigen Hochdecker mit der Bezeichnung **Grumman G-89**, der dieser Anforderung entsprach. Durch die Auslegung als Hochdecker ergab sich ein maximaler Kabinenraum, in dem Ausrüstungen untergebracht werden konnten, und im hinteren Teil der Motorgondeln befand sich zusätzlicher Raum für abwerfbare Sonarbojen. Weiterhin hatte die Maschine einen großen Waffenschacht, ein einziehbares Suchradar im rückwärtigen Rumpf, einen MAD-Ausleger in einer einziehbaren Verkleidung, einen Suchscheinwerfer unter dem rechten Flügel sowie Klappflügel und Auffanghaken zum Trägereinsatz.

Am 30. Juni 1950 erhielt Grumman einen Auftrag zum Bau eines einzelnen Prototypen der G-89 zur Bewertung. Die US Navy-Bezeichnung für dieses Flugzeug lautete **XS2F-1**, und die Maschine flog am 4. Dezember 1952 zum ersten Mal. Im Anschluß daran kamen die Versionen **S2F Tracker**, **WF Tracer** und **TF Trader** heraus, und 1962 wurden diese zu **S-2**, **E-1** bzw. **C-1**. Die **S-2A**, die erste Serienversion der Tracker, kam im Februar 1954 in den Dienst der US Navy Anti-Submarine Squadron VS-26. Zusätzlich zu den gut 500 für die US Navy gebauten Exemplaren wurden über 100 S-2A in befreundete Länder exportiert. Eine Reihe dieser Maschinen wurden unter der Bezeichnung **TS-2A** als Schulflugzeuge verwendet.

Die Bezeichnung **S-2B** galt für S-2A Maschinen, die für den Einsatz von passiven AQA-3 Jezebel Horchgeräten umgebaut worden waren. **S-2C** war die Bezeichnung der nächsten Serienversion mit einem größeren Waffenschacht. Viele S-2A/B/C Maschinen wurden später als Mehrzweckflugzeuge umgebaut und dienten unter den Bezeichnungen **US-2A/B/C** beispielsweise als Zielschleppflugzeuge oder leichte Transportmaschinen. Eine geringe Anzahl S-2C wurde auch unter der Bezeichnung **RS-2C** zum Dienst als Fotoaufklärer umgebaut.

Die zweite Haupt-Serienversion war die **S-2D**, deren erstes Exemplar am 21. Mai 1959 zum ersten Mal flog. Die Maschine hatte Flügel von größerer Spannweite, noch größere Leitwerksflächen plus einen größeren Tankinhalt und in jeder Motorgondel Platz für die doppelte Anzahl von insgesamt 32 Sonarbojen. Außerdem wurde der Rumpf gestreckt und ausgeweitet, um die Unterbringung der vierköpfigen Besatzung zu verbessern. Die Maschinen, die später umgebaut wurden, um fortschrittlichere Suchgeräte tragen zu können, trugen die Bezeichnung **S-2E**, und die Produktion dieser Maschinen endete 1968. Die S-2B, die nachträglich mit den gleichen fortschrittlichen Suchgeräten wie die S-2E ausgestattet wurden, erhielten die Bezeichnung **S-2F**. Die de Havilland Aircraft Company of Canada baute 100 Tracker für die Royal Canadian Navy, die ersten 43 als **CS2F-1** und den Rest mit verbesserten Geräten als **CS2F-2**, die später in **CP-121** umbenannt wurden.

Zusätzlich zu diesen Tracker-Varianten wurden 87 **TF-1 Trader**-Maschinen als neunsitzige Transportflugzeuge zur Flugzeugträgerversorgung (COD) gebaut, sowie 88 vom Typ **E-1B Tracer**, bei denen in einer über dem Rumpf angebrachten Radarkuppel ein APS-82 Suchradar für Einsätze zur U-Boot-Bekämpfung untergebracht war.

Die letzte Version der Tracker wurde **S-2G** genannt und ist der S-2E ähnlich, hat jedoch eine fortschrittliche Ausstattung, durch die dieser Typ für den Einsatz auf Flugzeugträgern der US Navy verwendet werden konnte.

Grumman/US Navy

**Eine Grumman S-2E Tracker der US Navy Squadron VS-31 hat ihren MAD-Ausleger zur Messung magnetischer Anomalien ausgefahren.**

### Technische Daten
**Grumman S-2E**

**Typ:** trägergestützter U-Boot-Jäger.
**Triebwerk:** zwei 1.525 PS (1.137 kW) Wright R-1820-82WA Cyclone Neunzylinder Sternmotoren.
**Leistung:** Höchstgeschwindigkeit in Seehöhe 426 km/h; Patrouillengeschwindigkeit 241 km/h in 455 m Höhe; Überführungsreichweite 2.092 km; max. Flugdauer 9 Stunden.
**Gewicht:** Leergewicht 8.505 kg; max. Startgewicht 13.222 kg.
**Abmessungen:** Spannweite 22,12 m; Länge 13,26 m; Höhe 5,05 m; Tragflügelfläche 46,08 m$^2$.
**Bewaffnung:** Wasserbomben im Waffenschacht, Sonarbojen in den Motorgondeln plus unterschiedliche Waffen an sechs Flügelstationen.

# Grumman TBF Avenger

### Entwicklungsgeschichte

Im April 1940 forderte die US Navy einen neuen Torpedobomber, und Grumman entwickelte zwei XTBF-1 Prototypen. Der am 1. August 1941 erstmals geflogene Prototyp war ein schwerer Mitteldecker in, abgesehen von stoffbespannten Steuerflächen, Ganzmetall-Bauweise, dessen äußere Flügelhälften zur Lagerung auf dem Träger hochgeklappt werden konnten. Rumpf und Leitwerk waren konventionell ausgeführt, und die Maschine hatte ein einziehbares Heckradfahrwerk. Das Triebwerk bestand aus einem 1.700 PS (1.268 kW) Wright R-2600-8 Cyclone 14 Sternmotor, der einen Dreiblatt-Reglerpropeller antrieb. Die Maschine hatte eine dreiköpfige Besatzung. Den Flugtests mit dem Prototypen bei Grumman schloß sich die Prüfung durch die US Navy an, die im Dezember 1941 zufriedenstellend abgeschlossen wurde. Zwölf Monate zuvor hatte die US Navy jedoch schon ihren ersten Produktionsauftrag über 286 **TBF-1** Maschinen erteilt, deren erstes Exemplar am 30. Januar 1942 in Dienst gestellt wurde. Grumman baute bis Dezember 1943 insgesamt 2.293 Maschinen. Hierzu gehörten die TBF-1, die im Grunde den Prototypen glichen, sowie die **TBF-1C**, die sich dadurch unterschieden, daß sie zwei zusätzliche 12,7 mm Maschinengewehre in den Flügeln und Abwurftanks hatten. Grumman baute außerdem **XTBF-2** und **XTBF-3** Prototypen mit XR-2600-10 und R-2600-20 Motoren.

Von den vorgenannten Maschinen erhielt die britische Royal Navy 402 Exemplare in Mietpacht unter der Bezeichnung **TBF-1B**. Diese Flugzeuge wurden im britischen Dienst zunächst mit **Tarpon Mk I** bezeichnet, jedoch im Januar 1944 in **Avenger Mk I** umbenannt.

Da die Nachfrage nach Avenger die Produktionskapazitäten von Grumman überstieg, wurde die Eastern Division von General Motors unter Vertrag genommen. Avenger mit den Bezeichnungen **TBM-1** und **TBM-1** (entsprechend der TBF-1 bzw. TBF-1C) wurden ab September 1942 dort gebaut. Insgesamt waren 7.546 dieser und der sich anschließenden Versionen gebaut worden, als die Fertigungsstraßen dieses Unternehmens 1945 geschlossen wurden. Von diesen frühen General Motors-Versionen erhielt die Royal Navy 334 TBM-1, die **Avenger Mk II** genannt wurden.

General Motors produzierte einen **XTBM-3** Prototypen mit einem R-2600-20 Motor, der dem XTBF-3 von Grumman glich, der jedoch verstärkte Flügel hatte, damit verschiedene Lasten unter den Flügeln aufgehängt werden konnten. Die Auslieferung dieser **TBM-3** genannten Version begann im April 1944, und die Royal Navy erwarb 222 Exemplare, die die Bezeichnung **Avenger Mk III** trugen.

### Varianten

**TBF-1D/TBF-1CD:** Umbauversionen der TBF-1/TBF-1C mit Radar im Zentimeterbereich.
**TBF-1E:** TBF-1 Version mit zusätzlicher Avionik.
**TBF-1J:** Umbenennung für die TBF-1 nach Neuausrüstung für Allwettereinsatz.
**TBF-1L:** TBF-1 Version mit einziehbarem Suchscheinwerfer im Bombenschacht.
**TBF-1P/TBF-1CP:** Fotoaufklärer-Versionen der TBF-1/TBF-1C.
**TBM-1E/TBM-1J/TBM-1L/TBM-1P:** General Motors-Gegenstücke zur TBF-1E/TBF-1J/TBF-1L und TBF-1P.
**TBM-3D:** Version der TBM-3 mit Radar im Zentimeterbereich.
**TBM-3E:** Version der TBM-3 mit zusätzlicher Avionik.
**TBM-3H:** Version der TBM-3 mit ASV-Radar.
**TBM-3J:** Umbenennung der Grumman TBM-3 nach Neuausrüstung für Allwettereinsatz.
**TBM-3L:** Version der TBM-3 mit einziehbarem Suchscheinwerfer im Bombenschacht.
**TBM-3M/TBM-3M2:** Raketen-

**General Motors TBM-3 der Carrier Air Group an Bord der USS Randolph aus der Task Force 58 im Januar 1945**

werfer-Versionen der TBM-3.
**TBM-3N:** Nachkriegs-Nachtangriffsversion der TBM-3.
**TBM-3P:** Version der TBM-3 als Fotoaufklärer.
**TBM-3Q:** Umbau der TBM-3 für elektronische Gegenmaßnahmen.
**TBM-3R:** Version der TBM-3 mit Platz für sieben Passagiere bzw. Fracht zur Flugzeugträgerversorgung.
**TBM-3S/TBM-3S2:** Versionen der TBM-3 als U-Boot-Jäger.
**TBM-3U:** Mehrzweck-/Zielschleppversion der TBM-3.
**TBM-3W/TBM-3W2:** TBM-3 als Suchflugzeuge zur U-Boot-Bekämpfung; Einsatz in Verbindung mit TBM-3S/TBM-3S2 als Jagd/Angriffsteam.

### Technische Daten
**Grumman/General Motors TBM-3**
**Typ:** dreisitziger, trägergestützter Torpedobomber.
**Triebwerk:** ein 1.750 PS (1.305 kW) Wright R-2600-20 Cyclone 14 14-Zylinder-Sternmotor.
**Leistung:** Höchstgeschwindigkeit 430 km/h in 4.570 m Höhe; Reisegeschwindigkeit 237 km/h; Dienstgipfelhöhe 7.130 m; maximale Reichweite 1.819 km.
**Gewicht:** Leergewicht 4.853 kg; max. Startgewicht 8.278 kg.
**Abmessungen:** Spannweite 16,51 m; Länge 12,19 m; Höhe 5,00 m; Tragflügelfläche 45,52 m².
**Bewaffnung:** zwei vorwärtsfeuernde 12,7 mm MG, ein MG in Rücken- und ein 7,62 mm MG in Bauchposition plus bis zu 907 kg Waffen im Bombenschacht und an Außenstationen.

# Grumman X-29

### Entwicklungsgeschichte
Grumman erhielt 1981 einen 80 Mio Dollar-Auftrag zur Entwicklung eines Demonstrationsflugzeugs mit negativ gepfeilten Tragflächen und rhombenförmigen Canardflügeln. Am 14. Dezember 1984 startete die **Grumman X-29A** zu ihrem Erstflug vom NASA Flugforschungszentrum Ames-Dryden aus.

Die superkritischen Flügel der X-29A bestehen aus Metall und Verbundwerkstoffen, der vordere Teil des Rumpfs stammt von der Standardversion der Northrop F-5A, andere Bauteile von der F-16. Mit der X-29A, die über ein sehr instabiles und daher sehr gut manövrierbares Flugverhalten verfügt, sollen neue Konzepte für den Bau kleinerer und leichterer Jäger gefunden werden.

**Die Grumman X-29A bei ihrem ersten Probeflug 1984.**

# Grumman/General Dynamics EF-111A Raven

### Entwicklungsgeschichte
Grumman, offiziell ein Subunternehmer, im Grunde aber ein Teil des General Dynamics Teams, das den Schwenkflügler F-111 konstruierte und entwickelte, erhielt 1975 den Auftrag, zwei Prototyp-Varianten der General Dynamics F-111A zu bauen, die als **Grumman/General Dynamics EF-111A Raven** taktische Störfunktionen im Rahmen von elektronischen Gegenmaßnahmen (ECM) ausüben sollte.

Zu den wichtigsten Änderungen in der Struktur der Maschine gehört eine kanuförmige Radarkuppel oberhalb des Waffenschachts sowie die Gondel an der Heckflossenspitze. Im Waffenschacht sind die Störsender des taktischen Störsystems AN/ALQ-99E untergebracht, einer leistungsfähigeren Version des AN/ALQ-99, das in der EA-6B mitgeführt wird.

Das komplette System absolvierte am 17. Mai 1977 seinen Jungfernflug und bewies in fast 500 Teststunden beim Hersteller und bei der US Air Force seine Fähigkeiten und seine Zuverlässigkeit. Aktuelle Pläne fordern den Umbau von insgesamt 42 F-111A zur EF-111A Version (einschließlich der beiden Prototypen), und die Auslieferung der ersten Serien-Umbauten begann im März 1982. Diese Maschinen gingen an die 388th EWS der US Air Force in Mountain Home AFB, Idaho, der ersten Einheit, die mit EF-111A einsatzbereit ist.

**Die 66-041 war eine der beiden Prototypen des EF-111A, die durch Ausrüstung mit leistungsfähigen taktischen Störsendern im Waffenschacht und an der Heckflosse aus der Standard-F-111A entwickelt worden war.**

### Technische Daten
**Typ:** taktisches ECM-Störflugzeug.
**Triebwerk:** zwei Pratt & Whitney TF30-P-3 mit Nachbrenner und einem Schub von je 8.391 kp.
**Leistung:** Höchstgeschwindigkeit 2.216 km/h; durchschnittliche Einsatzgeschwindigkeit im Kampfgebiet 940 km/h; Dienstgipfelhöhe 13.715 m; Einsatzradius 1.495 km.
**Gewicht:** Leergewicht 25.072 kg; max. Startgewicht 40.370 kg.
**Abmessungen:** Spannweite, Flügel ausgefahren 19,20 m; Flügel eingeschwenkt 9,74 m; Länge 23,16 m; Höhe 6,10 m; Tragflügelfläche bei 16° Pfeilung 48,77 m².

# Gulfstream Aerospace Gulfstream I/I-C

### Entwicklungsgeschichte
Mitte der 50er Jahre begann die Grumman Aerospace Corporation mit der Konstruktion eines Geschäftsflugzeugs mit zwei Propellerturbinen als Antrieb, das für zwei Besatzungsmitglieder und 10-14 Passagiere gedacht war. Eine alternative Version konnte max. 24 Passagiere aufnehmen. Die mit **Grumman G-159 Gulfstream I** bezeichnete Maschine war ein konventioneller Tiefdecker mit Druckkabine und zwei Rolls-Royce Dart Propellerturbinen. Der Prototyp wurde am 14. August 1958 zum ersten Mal geflogen und erhielt später im gleichen Jahr die FAA-Zulassung.

Neben der Produktion der zivilen Gulfstream I lieferte Grumman auch neun **TC-4C** Maschinen an die US Navy. Die Maschinen, die für die Besatzungsschulung der Grumman A-6A Intruder-Squadron benötigt werden, sind durch ihre blasenförmige Radarkuppel im Bug leicht von den Standard-Gulfstream zu unterscheiden. Innen ist die Kabine mit einem Nachbau des A-6A Cockpits versehen. Unter der Bezeichnung **VC-4A** erwarb die US Coast Guard zwei weitere Gulfstream I zur Verwendung als VIP-Transporter.

Die meisten der 200 gebauten Gulfstream I gingen an Kunden in Nordamerika, einige dieser Maschinen werden aber inzwischen zur **Gulfstream I-C** Version umgebaut. Dieses Programm wurde von der Gulfstream American Corporation (jetzt Gulfstream Aerospace Corporation) begonnen, nachdem der Grumman-Unternehmensbereich Gulfstream erworben wurde. Der Umbau umfaßt einen um 3,25 m 'gestreckten' Rumpf, der max. 37 Passagiere aufnehmen kann, unterscheidet sich aber sonst kaum von der ursprünglichen Gulfstream I.

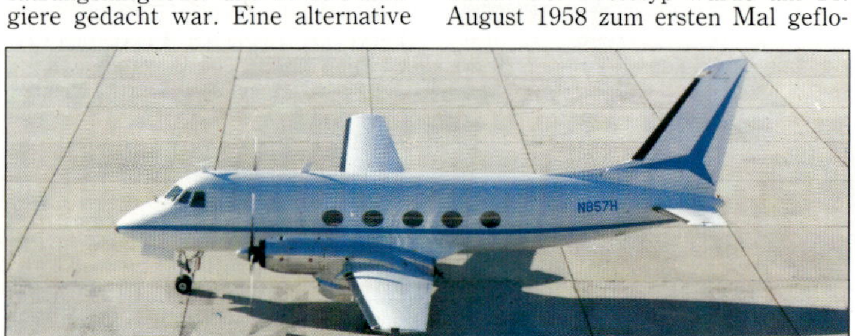


Gulfstream Aerospace

**Durch die Kombination einer hohen Leistung mit einer geräumigen Kabine wurde die Gulfstream Aerospace G-159 Gulfstream I zu einem bemerkenswerten Langstrecken-Geschäftsflugzeug.**

### Technische Daten
**Gulfstream Aerospace Gulfstream I-C**
**Typ:** Commuter-Flugzeug.
**Triebwerk:** zwei 1.990 WPS (1.484 kW) Rolls-Royce Dart Mk 529-8X Propellerturbinen.
**Leistung:** Höchstgeschwindigkeit 571 km/h; max. Flughöhe 9.145 m; Reichweite bei max. Nutzlast und IFR-Reserven 805 km.
**Gewicht:** Leergewicht 10.747 kg; max. Startgewicht 16.329 kg.
**Abmessungen:** Spannweite 23,88 m; Länge 22,96 m; Höhe 7,01 m; Tragflügelfläche 56,70 m².

# Gulfstream Aerospace Gulfstream II/II-B

## Entwicklungsgeschichte

Ermutigt durch die Nachfrage begann Grumman 1965 mit den ersten Studien für eine Turbofan-Version seines sehr erfolgreichen Propellerturbinen-Geschäftsflugzeugs. Bis zur Fertigstellung des geplanten 1:1-Modells waren bei Grumman 30 feste Bestellungen eingegangen, die am 5. Mai 1965 zur Freigabe des Programms führten. Es gab keinen eigentlichen Prototypen, und das erste Flugzeug absolvierte am 2. Oktober 1966 seinen Jungfernflug.

Die **Grumman Gulfstream II** hatte zwei Rolls-Royce Spey Mk 511-8 Motoren mit je 5.171 kp Schub, erfüllte die Kurzstartanforderungen problemlos und hatte eine Reichweite bei vollen Tanks von über 6.115 km. Im Dezember 1967 wurde die erste Maschine an einen Kunden, die National Distillers and Chemical Corporation of New York, geliefert. Sie überflog als erstes Düsen-Geschäftsflugzeug den Nordatlantik nonstop in beiden Richtungen. Sie flog am 5. Mai 1968 in 6 Stunden 55 Minuten von Teterboro, New Jersey, nach London Gatwick und am 12. Mai in 7 Stunden 10 Minuten von Gatwick nach Burlington, Vermont.

Die Produktion und Weiterentwicklung setzte sich bis zum Dezember 1979 fort, als die letzte von 258 Serienmaschinen ausgeliefert wurde. Inzwischen hatte Gulfstream American (jetzt Gulfstream Aerospace) die Maschine durch die fortschrittlichere Gulfstream III abgelöst, und die neuen Flügel, die für dieses Flugzeug entwickelt worden waren, standen auch zum nachträglichen Einbau in die Gulfstream II zur Verfügung, die dann als **Gulfstream II-B** bezeichnet wurden. Bis Januar 1983 waren 40 Maschinen auf den neuen Standard gebracht worden.

## Technische Daten
**Gulfstream Aerospace Gulfstream II-B**
**Typ:** Geschäftsreise-Jet.
**Triebwerk:** zwei Rolls-Royce Spey Mk 511-8 Turbofan mit 5.171 kp Schub.
**Leistung:** Höchstgeschwindigkeit Mach 0,85 in 9.145 m Höhe; Langstrecken-Reisegeschwindigkeit Mach 0,77; Dienstgipfelhöhe 13.715 m; maximale Reichweite mit 8 Passagieren 6.579 km.
**Gewicht:** Rüstgewicht 17.735 kg; max. Startgewicht 30.935 kg.
**Abmessungen:** Spannweite 23,72 m; Länge 24,36 m; Höhe 7,47 m; Tragflügelfläche 86,82 m$^2$.

Gulfstream Aerospace

**Im Gegensatz zu ihrer Vorgängerin hatte die Gulfstream II gepfeilte Tragflächen, ein T-Leitwerk und zwei große Mantelstromtriebwerke.**

# Gulfstream Aerospace Gulfstream III/IV

## Entwicklungsgeschichte

Ursprünglich von Grumman geplant, ist der Rumpf der **Gulfstream III** im Vergleich zur Gulfstream II um 1,19 m gestreckt und kann 19 Passagiere aufnehmen. Die Leistung wurde gesteigert durch die neuen, superkritischen Flügel mit NASA Whitcomb Winglets und ihre um 2,74 m vergrößerte Spannweite, durch die eine interne Tankkapazität von 16.655 Litern geschaffen wurde. Das erste Flugzeug war ein Umbau des Gulfstream II und wurde am 2. Dezember 1979 zum ersten Mal geflogen. Die Gulfstream III ist ein vielseitiges Mehrzweckflugzeug. Drei Maschinen wurden von der US Air Force für Sonderaufgaben geleast. Eine **Maritime Version** wird von den königlich-dänischen Luftstreitkräften für SAR und Fischereipatrouillen eingesetzt.

Mit dem Bau des Prototypen der **Gulfstream IV** wurde 1985 begonnen, der Erstflug fand am 19. September 1985 statt. Der neue Typ unterscheidet sich von der Gulfstream III hauptsächlich durch einen neuentworfenen Flügel, der Gewichtseinsparungen von 395 kg einbringt. Die Maschine kann 453 kg mehr an internem Treibstoff befördern, außerdem ist die Spannweite des Höhenleitwerks vergrößert und die Rumpflänge um 1,37 m gestreckt worden. Als Triebwerk dienen zwei Rolls-Royce RB183-93 Tay Mk 610-8 Turbofan-Triebwerke, außerdem erhielt das Flugdeck eine neue Instrumentierung mit CRT Displays. Die Reichweite der Gulfstream IV mit acht Passagieren an Bord beträgt knapp 8.000 km.

## Technische Daten
**Gulfstream Aerospace Gulfstream III**
**Typ:** Geschäftsreise-Jet.
**Triebwerk:** zwei Rolls-Royce Spey Mk 511-8 Turbofan (5.171 kp Schub.)
**Leistung:** Höchstgeschwindigkeit Mach 0,85; Reisegeschwindigkeit Mach 0,77; Dienstgipfelhöhe 13.715 m; max. Reichweite 6.759 km.
**Gewicht:** Rüstgewicht 17.237 kg; max. Startgewicht 30.935 kg.
**Abmessungen:** Spannweite 23,72 m; Länge 25,32 m; Höhe 7,43 m; Tragflügelfläche 86,82 m$^2$.

**Die aus der Gulfstream II entstandene Gulfstream III hatte einen gestreckten Rumpf und einen superkritischen Flügel mit Winglets an den Flügelspitzen zur Verbesserung der Aerodynamik.**

# Gulfstream American AA-1/T-Cat/Lynx

## Entwicklungsgeschichte

Die Bede BD-1 wurde von Jim Bede als preisgünstiges, zweisitziges Sportflugzeug konstruiert, und am 11. Juli 1963 fand der Erstflug statt. 1964 wurde in Cleveland, Ohio, die Bede Aviation Corporation gegründet, die im September 1967 in American Aviation Corporation umbenannt wurde. Die Serienversion **AA-1 Yankee** erhielt am 16. Juli 1968 die FAA-Zulassung, nachdem das erste Exemplar am 30. Mai des Jahres 1968 geflogen war.

Mit der Entwicklung einer Schulversion wurde im Oktober 1969 begonnen, und der Prototyp, an dem seit dem 1. Februar 1970 gearbeitet wurde, absolvierte am 25. März des gleichen Jahres seinen Jungfernflug. Die in **AA-1A** umbenannte Maschine behielt den 108 PS (81 kW) Avco Lycoming O-235-C2C Motor der AA-1, hatte aber modifizierte Flügel und serienmäßig Doppelsteuerung.

1972 kaufte die Grumman Corporation American Aviation, und geringfügige Konstruktions- und Ausstattungsänderungen im Jahre 1974 führten zur Umbenennung in **AA-1B**; 1977 wurde die Maschine weiter modernisiert, und es entstand die

**AA-1C**. Das Schul- und Reiseflugzeug mit verbesserter Ausstattung und Inneneinrichtung wurden als **Tr 2** bzw. **T-Cat** gebaut, und eine de-Luxe-Version hieß **Lynx**. 1978 kauften die American Jet Industries die American Aviation Corporation von Grumman und nannten sie in Gulfstream American Corporation um. Die Produktion der AA-1, T-Cat und Lynx wurde Ende 1978 eingestellt.

### Technische Daten
**Gulfstream American AA-1**
**Typ:** ein zweisitziger Reise- und Schuleindecker.
**Triebwerk:** ein 108 PS (81 kW) Avco Lycoming O-235-C2C Vierzylinder Boxermotor.
**Leistung:** Höchstgeschwindigkeit 232 km/h in Meereshöhe; Reisegeschwindigkeit 217 km/h in 2.440 m Höhe; Dienstgipfelhöhe 3.415 m; max. Reichweite 824 km.
**Gewicht:** Leergewicht 426 kg; max. Startgewicht 680 kg.
**Abmessungen:** Spannweite 7,45 m; Länge 5,86 m; Höhe 1,97 m; Tragflügelfläche 9,11 m².

# Gulfstream American AA-5A Cheetah und AA-5B Tiger

### Entwicklungsgeschichte
Im Juni 1970 begann American Aviation mit der Arbeit an einer vergrößerten, viersitzigen Version der AA-1 mit der Bezeichnung **AA-5 Traveler**. Die Flügelspannweite wurde um 2,13 m erweitert, die Leitwerksflächen wurden vergrößert und der Rumpf wurde 84 cm verlängert, um zwei weitere Sitze unterzubringen. Die Triebwerksleistung wurde durch einen Avco Lycoming O-320-E2G Motor erhöht. Der Prototyp wurde am 21. August 1970 zum ersten Mal geflogen und die Zulassung wurde am 21. November 1971 erteilt.

Die Änderungen des Jahres 1974 umfaßten eine neue Heckflosse, verlängerte hintere Kabinenfenster und ein vergrößertes Gepäckabteil, und zwei Jahre später führten ein vergrößertes Leitwerk und kleinere Verbesserungen zur Bezeichnung **AA-5A**. Die de-Luxe-Version des gleichen Flugzeugs hieß **Cheetah**. Unter den Bezeichnungen **AA-5B** und **Tiger** ergänzten andere Versionen die Reihe. Sie entsprachen der AA-5A bzw. der Cheetah, hatten aber stärkere 180 PS (134 kW) Avco Lycoming O-360-A4K Motoren.

### Technische Daten
**Gulfstream American AA-5A**
**Typ:** viersitziger Kabineneindecker.
**Triebwerk:** ein 150 PS (112 kW) Avco Lycoming O-320-E2G Vierzylinder-Boxermotor.
**Leistung:** Höchstgeschwindigkeit 253 km/h in Meereshöhe; wirtschaftliche Reisegeschwindigkeit 219 km/h in 2.590 m Höhe; Dienstgipfelhöhe 3.830 m; max. Reichweite 1.041 km.
**Gewicht:** Leergewicht 591 kg; max. Startgewicht 998 kg.
**Abmessungen:** Spannweite 9,60 m; Länge 6,71 m; Höhe 2,29 m; Tragflügelfläche 12,98 m².

Gulfstream Aerospace

**Die AA-5B Tiger unterscheidet sich von der AA-5A hauptsächlich durch eine größere Leistung und einen größeren Tank.**

# Gulfstream American GA-7 Cougar

### Entwicklungsgeschichte
Der merkliche Bedarf an einem wirtschaftlichen, zweimotorigen Viersitzer für Flugschulen, aber auch für Privatpiloten, als Einstiegsmöglichkeit vom einmotorigen Hochleistungs-Flugzeug auf mehrmotorige Maschinen, brachte Gulfstream American dazu, die **GA-7** zu entwickeln. Der Prototyp absolvierte am 20. Dezember 1974 seinen Jungfernflug und wurde dabei von zwei 160 PS (119 kW) Avco Lycoming O-320-D1D Motoren angetrieben. Ein Versuchsflugzeug entsprechend dem Serienstandard flog am 14. Januar 1977. Die Auslieferung wurde im Februar 1978 aufgenommen und setzte sich bis Ende 1979 fort, als Gulfstream American die Produktion der GA-7 sowie des einmotorigen Flugzeugprogramms unterbrach.

Die Serien-Grundversion war die GA-7, unter dem Namen **Cougar** war jedoch auch ein de-Luxe-Modell lieferbar. Diese Maschine hatte serienmäßig Doppelsteuerung, Kommunikations- und Navigationsavionik, eine komplette Blindfluginstrumentierung und zusätzliche elektrische Ausstattungen.

### Technische Daten
**Gulfstream American GA-7**
**Typ:** viersitziger Kabineneindecker.
**Triebwerk:** zwei 160 PS (119 kW) Avco Lycoming O-320-D1D Vierzylinder-Boxermotoren.
**Leistung:** Höchstgeschwindigkeit 311 km/h in Meereshöhe; wirtschaftliche Reisegeschwindigkeit 211 km/h in 2.590 m Höhe; Dienstgipfelhöhe 5.580 m; max Reichweite in 2.590 m Höhe 2.150 km.
**Gewicht:** Leergewicht 1.141 kg; max. Startgewicht 1.724 kg.
**Abmessungen:** Spannweite 11,23 m; Länge 9,09 m; Höhe 3,16 m; Tragflügelfläche 17,09 m².

**Die als Konkurrenz zur äußerst erfolgreichen Piper Comanche Serie konstruierte Gulfstream American GA-7 war eine ausgezeichnete, kommerziell jedoch erfolglose Konstruktion.**

Gulfstream Aerospace

# Gulfstream American Hustler 500

### Entwicklungsgeschichte
Am 24. Oktober 1975 kündigten die American Jet Industries eine siebensitziges STOL Geschäftsflugzeug an, mit dessen Konstruktion im Dezember 1974 begonnen worden war. Als Neuerung hatte die Maschine keine Querruder, die Steuerung erfolgte statt dessen über Flügelspoiler; außerdem hatte die Maschine eine Kombination von Propellerturbine und Strahltriebwerk. Das Haupttriebwerk war eine im Bug montierte 850 WPS (634 kW) Pratt & Whitney Aircraft of Canada PT6A-41 Propellerturbine, die durch ein Williams Research Corporation WR19-3-1 Turbofan-Triebwerk mit 362 kp Schub im Heck ergänzt wurde. Letzteres Triebwerk war als Notantrieb gedacht und lief, durch einen am Hauptmotor montierten Drehkraftsensor gesteuert, automatisch an, konnte aber auch im Leerlauf drehen und rasch zugeschaltet werden, falls der Pilot aufgrund der Temperatur oder der Flugfeldlänge für den Start zusätzlichen Antrieb benötigte.

**Ungewöhnlich war das Triebwerk der Gulfstream American Hustler 500, bei der eine im Bug montierte Propellerturbine mit einem im Heck installierten Mantelstromtriebwerk kombiniert war.**

Gulfstream Aerospace

Der Prototyp mit der Bezeichnung **Hustler 400** flog erstmals am 11. Januar 1978, und es war ursprünglich geplant, die Maschine bis zur Verfügbarkeit einer auf diesen Typ zugeschnittenen Version des Williams-Motors als einmotoriges Flugzeug zuzulassen. Später entschied sich der Hersteller, der inzwischen zur Gulfstream American geworden war, jedoch für die Zulassung als vollwertiges, zweimotoriges Flugzeug. Aus diesem Grund wurde der Williams-Motor durch ein Pratt & Whitney Aircraft of Canada JT15D-1 Turbofan-Triebwerk mit 998 kp Schub ersetzt. Es wurde notwendig, den vorderen Rumpf um 81 cm zu verlängern, die Kabinentür vor den Flügel zu verlegen, Flügelspitzen-Zusatztanks zu montieren und die Klappen auf zwei Drittel der Spannweite zu reduzieren, um konventionelle Querruder montieren zu können. Die Lufteintrittsöffnung des hinteren Triebwerks wurde von der Heckunterseite an eine neue Stelle unterhalb der Heckflosse verlegt.

Eine weitere, im April 1979 avisierte Änderung war der Austausch der PT6A durch eine 900 WPS (671 kW) Garrett TPE331-501 Propellerturbine, und in dieser Form wurde die Maschine in **Hustler 500** umbenannt. Obwohl diese Version im Februar 1981 als Prototyp geflogen wurde, wurde das Programm Mitte des Jahres ausgesetzt, vermutlich, weil die ersten Zeichen der allgemeinen Rezession im Luftverkehr darauf hinwiesen, daß dies der falsche Zeitpunkt zum weiteren Vorgehen sei.

### Technische Daten
**Hustler 500**

**Typ:** ein fünf-/siebensitziges Geschäfts-/Mehrzweckflugzeug.

**Triebwerk:** eine 900 WPS (671 kW) Garrett TPE331-10-501 Propellerturbine und ein Pratt & Whitney Aircraft of Canada JT15D-1 Turbofan mit 998 kp Schub.

**Leistung:** (geschätzt) Höchstgeschwindigkeit 647 km/h; normale Reisegeschwindigkeit mit beiden Triebwerken 647 km/h in 11.580 m Höhe; Dienstgipfelhöhe 11.580 m; Reichweite bei normaler Reisegeschwindigkeit 3.706 km.

**Gewicht:** Leergewicht 2.463 kg; max. Startgewicht 4.536 kg.

**Abmessungen:** Spannweite 10,49 m; Länge 12,57 m; Höhe 4,03 m; Tragflügelfläche 17,72 m$^2$.

# Gulfstream Commander JetProp 840/900/980/1000/1200

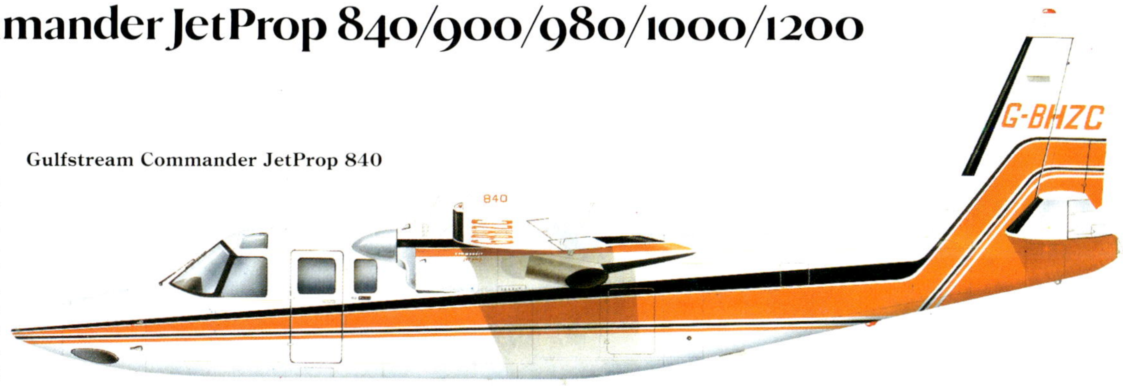

Gulfstream Commander JetProp 840

### Entwicklungsgeschichte

Als Gulfstream American Ende 1980 die Commander-Flugzeugreihe von der General Aviation Division von Rockwell International übernahm, entschied man, die beiden Flugzeuge zu produzieren und weiterzuentwickeln, die zuvor als **Rockwell JetProp Commander 840** und **JetProp Commander 980** bekannt waren. Die Flugzeuge wurden in **Gulfstream Commander JetProp 840** bzw. **Commander JetProp 980** umbenannt, und das Unternehmen stellte seither zwei neue Versionen unter den Bezeichnungen **Commander JetProp 900** und **Commander JetProp 1000** vor und produzierte den Prototyp **JetProp 1200**.

Die aus der Rockwell Turbo Commander 690B entwickelte Commander JetProp 840 ist dieser in der generellen Auslegung sehr ähnlich: sie ist ein selbsttragender Hochdecker mit konventionell gepfeilten Leitwerksflächen, einziehbarem Bugradfahrwerk und zwei flügelmontierten Propellerturbinen. Die Maschine unterscheidet sich von der Modell 690B durch eine vergrößerte Spannweite und durch eine flache Verlängerung an den Flügelspitzen. Als Triebwerk dienen zwei 840 WPS (626 kW) Garrett TPE331-5-254K Propellerturbinen, die in dieser Auslegung jeweils auf 700 WPS (522 kW) gedrosselt sind. Nach ihrem Erstflug am 17. Mai 1979 erlangte die JetProp 840 am 7. September 1979 die FAA-Zulassung, und die Auslieferung begann kurz danach. Die Commader JetProp 980 hat die gleiche Herkunft und unterscheidet sich hauptsächlich durch die Triebwerksversion und durch größere Tanks. Als Motoren dienen ihr 980 WPS (730 kW) Garrett TPE331-10-501K Propellerturbinen, die in diesem Fall auf 715 WPS (533 kW) gedrosselt sind. Dem Erstflug am 14. Juni 1979 schloß sich am 1. November 1979 die Zulassung an.

Die Commander JetProp 1000, deren Prototyp am 12. Mai 1980 erstmals flog, ist vom gleichen Muster. Aufgrund einer nach hinten versetzten Kabinenwand verfügt sie über eine um ca. 25 Prozent größere Kabine, dafür aber über weniger Gepäckraum. Das Kabinen-Druckdifferential wurde vergrößert, um eine Zulassung für größere Flughöhen zu erreichen und das Fluggewicht wurde erhöht, um das vorhandene Triebwerk wirtschaftlicher nutzen zu können. Am 30. April 1981 wurde die FAA-Zulassung erteilt, bei der die Dienstgipfelhöhe um 1.220 m und das Fluggewicht um 227 kg erhöht wurden. In der Commander JetProp 980, die 1982 vorgestellt wurde, vereint sich das Triebwerk der JetProp 840 mit dem Flugwerk der JetProp 1000.

Alle vier Commander JetProp bieten maximal einem Piloten und zehn Passagieren Platz, werden jedoch generell zur Beförderung von sechs bis sieben Passagieren in einer sehr komfortablen und gut ausgestatteten, klimatisierten, beheizten und belüfteten Druckkabine verwendet. Ein komplettes Enteisungssystem ist serienmäßig eingebaut, und es steht ein breites Avionikprogramm zur Verfügung. Die JetProp können für die unterschiedlichsten Aufgaben eingesetzt werden. So erwarb die australische Luftfahrtbehörde fünf JetProp 1000 für SAR, Flughafenüberwachung und Schulung. Im Sommer 1984 bestellte die den Rauschgifthandel bekämpfende US Drug Enforcement Adminstration vier Maschinen vom gleichen Typ für Langstrecken-Seepatrouillen.

Im Sommer des Jahres 1983 begann Gulfstream Aerospace mit Testflügen des neuen Modells JetProp 1200. Es ist die stärkste Maschine der JetProp-Baureihe, verfügt über zwei Garrett TPE331-12-701K Turboprop-Triebwerke mit je 897 WPS (668,8 kW). Das acht/zehnsitzige Flugzeug besitzt ein maximales Startgewicht von 5.330 kg und eine Dienstgipfelhöhe von 11.570 m.

### Technische Daten
**JetProp 980**

**Typ:** leichtes Transportflugzeug mit zwei Propellerturbinen.

**Triebwerk:** zwei 980 WPS (731 kW) Garrett TPE331-10-501K Propellerturbinen, jeweils auf 715 WPS (533 kW) gedrosselt.

**Leistung:** Höchstgeschwindigkeit 573 km/h in 6.70 m Höhe; wirtschaftliche Reisegeschwindigkeit 462 km/h in 9.450 m Höhe, zugelassene Dienstgipfelhöhe 9.450 m; Reichweite bei max. Nutzlast und 45 Minuten Reserven 1.514 km.

**Gewicht:** Leergewicht 3.051 kg; max. Startgewicht 4.853 kg.

**Abmessungen:** Spannweite 15,89 m; Länge 13,10 m; Höhe 4,56 m; Tragflügelfläche 25,95 m$^2$.

# Gyrodyne Hubschrauber

### Entwicklungsgeschichte

Die Gyrodyne Company of America wurde 1946 gegründet und sollte sich auf die Entwicklung fortschrittlicher Typen von Drehflüglern konzentrieren. Die Arbeit begann mit der Adaptation eines Model J Hubschraubers, der von einem als Helicopters Inc. bekannten amerikanischen Unternehmen konstruiert und gebaut wurde. Gyrodyne bezeichnete diese Maschine als **Gyrodyne Model 2** und integrierte zwei gegenläufige Zweiblatt-Rotoren aus eigener Herstellung. Dadurch wurde das Rotor-Drehmoment aufgehoben, und der fünfsitzige Mehrzweckhubschrauber hatte daher Zwillings-Heckflossen anstelle des Heckrotors. Er hatte außerdem auch noch ein starres Bugradfahrwerk und wurde von einem im hinteren Rumpf montierten Pratt & Whitney Sternmotor angetrieben.

Die erfolgreiche Erprobung des Model 2 führte zum **Model 7 Helidyne**, der vom Konzept her starre Flügel geringer Spannweite gehabt hätte, auf denen je Seite ein 375 PS (280 kW) Avco Lycoming Motor montiert worden wäre, der über Getriebe neben den Rotoren auch Druckpropeller gedreht hätte, so daß die Umstellung vom vertikalen Rotorflug zum konventionellen Starrflügler-Vorwärtsflug möglich gewesen wäre. Aus dem Hubschrauber Model 2 wurde ein Experimental-Prototyp entwickelt, dessen zwei Avco Lycoming Motoren an Auslegern montierte Zugpropeller drehten.

Die Entwicklung dieser beiden Hubschrauber wurde später eingestellt. Sie hatten jedoch die Wirkungsfähigkeit des gegenläufigen Rotorsystems des Unternehmens unter Beweis gestellt, das dann mit mehr Erfolg in der **XRON-1/YRON-1 Rotorcycle**-Konstruktion verwendet wurde, von der 15 Exemplare (zwei bzw. 13 Maschinen) zur Bewertung für die US Navy und das US Marine Corps gebaut wurden. Diese Maschinen wiederum führten zu den **QH-50** ASW-Drohnen, die Ende der 60er Jahre in erheblichen Stückzahlen für den Einsatz bei der US Navy gebaut wurden.

**Ein Gyrodyne QH-50C Hubschrauber bei seinem Erstflug. In der Militärversion wurde er als Drohne eingesetzt und von einer Boeing T50-B-4 Wellenturbine angetrieben.**

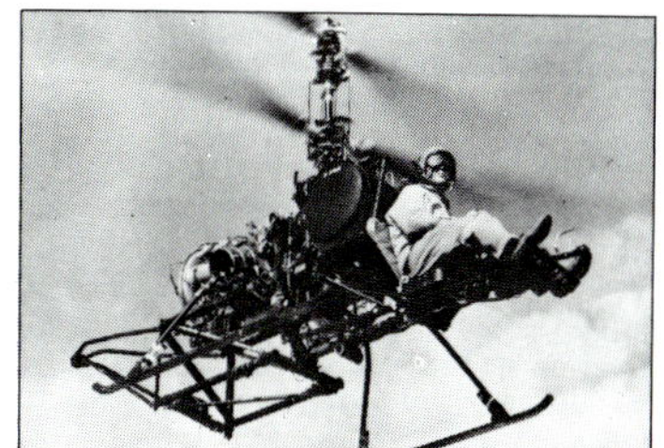

**Technische Daten**
**Gyrodyne Model 2**
**Typ:** ein fünfsitziger Mehrzweckhubschrauber-Prototyp.
**Triebwerk:** ein 450 PS (336 kW) Pratt & Whitney R-985-B4 Wasp Junior Neunzylinder Sternmotor.
**Leistung:** Höchstgeschwindigkeit 180 km/h; Reisegeschwindigkeit 143 km/h; Dienstgipfelhöhe 2.135 m; Reichweite 435 km.
**Gewicht:** Leergewicht 1.633 kg; max. Startgewicht 2.499 kg.
**Abmessungen:** Rotordurchmesser je 14,63 m; Höhe 4,37 m; Rotorkreisfläche 168,11 m$^2$.

# Häfeli DH-1

## Entwicklungsgeschichte

Im Jahre 1915 gründete die Eidgenössische Konstruktions-Werkstätte (K+W) eine Abteilung Flug mit Werkstätten in Thun, und August Häfeli wurde als leitender Ingenieur eingestellt. Häfeli hatte zuvor bei Farman und in Deutschland bei den Aerowerken Gustav Otto gearbeitet, wo er die Aufklärer AGO C.I und C.II mit doppelten Leitwerksträgern konstruiert hatte. Nach seiner Rückkehr in die Schweiz begann Häfeli mit der Arbeit an der **Häfeli DH-1**, die vom Konzept her der Konstruktion für die dreistieligen aus Holz und Stoff gebauten AGO.A glich. Die DH-1 hatte eine Rumpfgondel mit Tandemsitzen für die zweiköpfige Besatzung und einem daran montierten Argus As II Motor, der in Lizenz von der Buhler Brothers Ltd. in Uzwil gebaut wurde. Die Maschine hatte ein Vierradfahrwerk und unter beiden stromlinienförmigen Leitwerksträgern je einen Hecksporn, auf die das Flugzeug im Stillstand zurückfiel. 1916 wurden sechs DH-1 gebaut, von denen jedoch innerhalb eines Jahres drei bei Unfällen zerstört wurden. Die verbliebenen Maschinen wurden zurückgezogen und 1919 verschrottet.

## Technische Daten

**Typ:** zweisitziger Aufklärer.
**Triebwerk:** ein 120 PS (89 kW) Argus As II Reihenmotor.
**Leistung:** Höchstgeschwindigkeit 126 km/h; Dienstgipfelhöhe 3.000 m; Reichweite 250 km.
**Gewicht:** Leergewicht 750 kg; max. Startgewicht 1.125 kg.
**Abmessungen:** Spannweite 12,80 m; Länge 8,82 m; Höhe 3,00 m; Tragflügelfläche 38,00 m$^2$.
**Bewaffnung:** ein 7,45 mm Maschinengewehr.

**Auffällig an der Häfeli DH-1 waren die schlanken Leitwerksträger und die Gondel für die Besatzung, in der auch der Motor für den Druckpropeller untergebracht war.**

# Häfeli DH-2 und DH-3

## Entwicklungsgeschichte

Die Konstruktion **Häfeli DH-2** für K+W war ein konventionellerer, zweistieliger Doppeldecker, wiederum aus Holz mit Stoffbespannung, der für Aufklärungszwecke gebaut wurde. 1916 wurden sechs Maschinen gebaut, von denen fünf von dem wassergekühlten 120 PS (89 kW) Argus As II Reihenmotor angetrieben wurden, der große, flache Kühler benötigte, die neben dem vorderen Cockpit montiert wurden. Die erste Maschine war mit einem auf ähnliche Weise gekühlten 100 PS (75 kW) Mercedes D.I ausgestattet. Die Leistung war enttäuschend, und es wurde kein Produktionsauftrag erteilt. Die DH-2 wurden jedoch weiter zur Schulung von Piloten und Beobachtern verwendet, bevor sie 1922 endgültig außer Dienst gestellt wurden.

Anfang 1917 erhielt die K+W einen Auftrag über 30 Exemplare der **DH-3**, einer verbesserten Version der DH-2, mit einem im allgemeinen ähnlichen Flugwerk, bei dem der obere Flügel einen halbkreisförmigen Ausschnitt hatte, um dem im Beobachtercockpit montierten, schwenkbaren Maschinengewehr ein besseres Schußfeld zu geben. Das Fahrwerk erwies sich als problematisch und bis zum Einbau eines verbesserten Systems gab es Schwierigkeiten mit der Motorkühlung. Insgesamt wurden 24 Maschinen mit dem Argus As II Motor gebaut und der Typ wurde 1923 außer Dienst gestellt, als sich bei einem strukturellen Stabilitätstest an einem Flugwerk, das 600 Flugstunden angesammelt hatte, unbefriedigende Ergebnisse ergaben. In der Zwischenzeit flog die DH-3 am 8. Januar 1919 den ersten Schweizer Luftpostdienst zwischen dem Flughafen Zürich-Dübendorf und Bern.

## Varianten

**DH-3a:** 1918 wurden vier Maschinen gebaut, drei davon mit Hispano-Suiza HS-41 8Aa Motoren, die von den Schweizer Militärbehörden zur Leistungsverbesserung gekauft worden waren; diese Maschinen wurden 1922 verschrottet; eine zweite Serie von 30 Maschinen, die generell ähnlich war, jedoch mit von der Adolph Sauerer AG in Arbon in Lizenz gebauten Hispano-Suiza Motoren ausgerüstet war, wurde 1919 bestellt, und 1925 wurde ein dritter Auftrag über 49 Maschinen erteilt; zum letztgenannten Auftrag gehörten auch sechs Anfänger-Schulflugzeuge mit Doppelsteuerung und ein Versuchsflugzeug mit einem 180 PS (134 kW) HS-41 8Ab Motor; diese Version wurde von Oktober 1929 bis April 1930 von der Schweizer Luftwaffe erprobt; nach dem Prototyp-Einbau von Handley Page Vorflügelklappen, der an einem Flugzeug durchgeführt wurde, das zu diesem Zweck nach Cricklewood in Nord-London geflogen worden war, wurden weitere 55 verbliebene DH-3a Maschinen auf ähnliche Weise 1932 in Thun umgebaut; gleichzeitig wurden sie dahingehend geändert, daß Pilot und Beobachter Fallschirme tragen konnten; erforderlich waren dazu Änderungen an den Sitzen und anstelle der Spanndrähte des inneren Stiels Streben, damit der Pilot einfacher aus dem vorderen Cockpit aussteigen konnte; die Maschine bestand im Dezember 1934 einen 600-Stunden-Flugwerkstest und die umgebauten Flugzeuge blieben bis 1939 im Dienst.
**DH-3b:** drei DH-3b Maschinen wurden für Versuche mit dem einheimischen 150 PS (112 kW) LFW 0 Motor verwendet, der von den Schweizer Lokomotiven- und Maschinenwerken in Winterthur entwickelt worden war; sie wurden 1918 gebaut und 1922 außer Dienst gestellt; ihre Bewaffnung bestand aus zwei starren Maschinengewehren, die zusätzlich zur Waffe des Beobachters oberhalb des Motors montiert waren.

## Technische Daten

**Häfeli DH-3a**
**Typ:** ein zweisitziges Aufklärungsflugzeug.
**Triebwerk:** ein 150 PS (112 kW) Hispano-Suiza HS-41 8Aa Achtzylinder V-Motor.
**Leistung:** Höchstgeschwindigkeit 145 km/h; Dienstgipfelhöhe 4.500 m; Reichweite 400 km.
**Gewicht:** Leergewicht 720 kg; max. Startgewicht 1.110 kg.
**Abmessungen:** Spannweite 12,50 m; Länge 7,95 m; Höhe 3,10 m; Tragflügelfläche 38,00 m$^2$.
**Bewaffnung:** ein schwenkbares Maschinengewehr im hinteren Cockpit.

**Die Häfeli DH-3 war ursprünglich als Aufklärer entworfen worden, wurde aber hauptsächlich als Schulflugzeug eingesetzt.**

# Häfeli DH-5

## Entwicklungsgeschichte

Im Herbst 1918 befaßte sich die K+W Thun mit dem Bau des Prototyps **Häfeli DH-5**, einem einstieligen Doppeldecker aus Holz und Stoff, der von einem von den Schweizer Lokomotiven- und Maschinenwerken in Winterthur produzierten 180 PS (134 kW) LFW I Motor angetrieben werden sollte. Die Testflüge begannen im März 1919 und die Truppenerprobung im Mai 1920; im Anschluß daran wurde der Prototyp für strukturelle Stabilitätstests verwendet. Es wurden 39 Exemplare bestellt, von denen das erste 1922 in Dienst ging. Im März 1929 wurde eine Maschine für einen Flug nach England als Zivilflugzeug zugelassen, wo bei Handley Page Vorflügelklappen anmontiert wurden. Weitere 23 Maschinen wurden 1930 in Thun auf ähnliche Weise umgebaut. 1924 wurde eine zweite Serie von 20 Maschinen begonnen, die von dem 200 PS (149 kW) LFW II Motor angetrieben

**Die Häfeli DH-5 war den anderen im Ersten Weltkrieg eingesetzten Aufklären ebenbürtig, aber wegen ihrer langen Entwicklungszeit wurde sie erst 1922 in Dienst gestellt.**

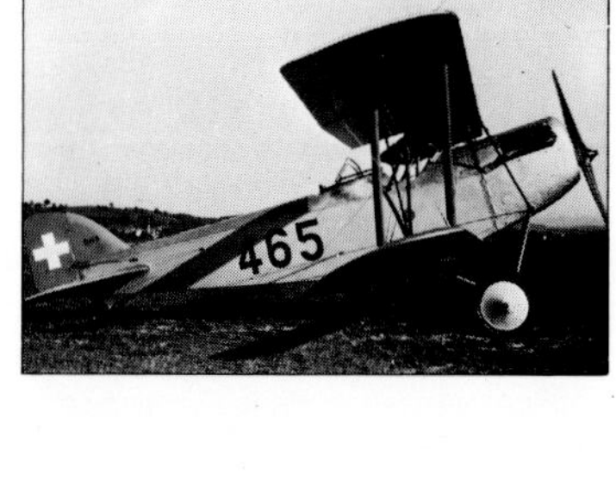

wurden. Die DH-5 und DH-5A wurden im Jahre 1940 endgültig außer Dienst gestellt.

### Varianten

**DH-5X:** dieses Versuchsflugzeug kam im November 1924 heraus und wurde von einem aus Frankreich importierten 300 PS (224 kW) Hispano Suiza HS-42 8Fb Motor angetrieben. Nach der Truppenerprobung sollte ein Serienauftrag erteilt werden, weitere Motoren waren jedoch nicht verfügbar. Die DH-5X stürzte am 31. Januar 1933 ab und der Pilot kam dabei ums Leben.

**DH-5A:** 20 vom LFW III Motor angetriebene Maschinen wurden 1929 bestellt und ausgeliefert. Sie wurden 1930 durch den Einbau von Handley Page Klappen und neue Sitze geändert, die die Rucksackfallschirme für Pilot und Beobachter aufnehmen konnten; diese Version wurde auch als Ziel-Schleppflugzeug verwendet.

### Technische Daten

**Häfeli DH-5A**

**Typ:** ein zweisitziges Aufklärungsflugzeug.

**Triebwerk:** ein 220 PS (164 kW) LFW III V-Motor.

**Leistung:** Höchstgeschwindigkeit 180 km/h; Dienstgipfelhöhe 5.600 m; Reichweite 480 km.

**Gewicht:** Leergewicht 859 kg; max. Startgewicht 1.271 kg.

**Abmessungen:** Spannweite 12,00 m; Länge 7,60 m; Höhe 3,10 m; Tragflügelfläche 31,40 m².

**Bewaffnung:** ein starres, vorwärtsfeuerndes Maschinengewehr und ein schwenkbares im hinteren Cockpit.

# Hafner

### Entwicklungsgeschichte

Der Österreicher Raoul Hafner begann Mitte der 20er Jahre mit den Vorarbeiten an Hubschraubern und unternahm 1928 die Konstruktion seines ersten Flugzeugs, dem **Hafner R.I** Hubschrauber. Die von dem schottischen Baumwollmillionär Major J.A. Coates finanzierte Maschine hatte einen vergleichsweise kurzen Rumpf und einen Dreiblatt-Hauptrotor von großem Durchmesser (9,14 m). Als Triebwerk diente ein 30 PS (22,4 kW) ABC Scorpion Zweizylinder Boxermotor. Bei Tests in Wien im Jahre 1930 stellte sich bald heraus, daß die Drehmomentwirkung dieses Rotors zu stark war und es wurden nur einige kurze Hopser durchgeführt. Es wurde ein verbesserter **R.II** Hubschrauber mit ähnlicher Auslegung gebaut, der jedoch eine größere vertikale Fläche zum Ausgleich des Rotor-Drehmoments hatte und von einem 40 PS (30 kW) Salmson Leichtbau-Sternmotor angetrieben wurde.

1932 verlegte Raoul Hafner seine Aktivitäten nach England und setzte in Heston, Middlesex, die Entwicklung der R.II fort. Innerhalb von zwei Jahren hatte er jedoch bereits die AR III Construction (Hafner Gyroplane) Company gegründet, um mit ihr einen Tragschrauber von ähnlicher Grundauslegung wie die Cierva-Tragschrauber zu entwickeln. Es wurde nur ein Exemplar (G-ADMV) gebaut, das 1937 und 1938 mit Erfolg flog. Der den Cierva Tragschraubern ähnelnde **AR.III Gyroplane** von Hafner trug den selbstdrehenden Dreiblatt-Rotor auf einem verstrebten Mast oberhalb des relativ konventionellen Rumpfes. An diesem war im Bug ein Pobjoy Niagara Sternmotor montiert, der einen Zweiblatt-Propeller antrieb. Die Maschine hatte ein starres Heckradfahrwerk und einen Sitzplatz. Ungewöhnlich war der rückwärtige Rumpf mit seiner langen Rücken-Heckflosse, die sich auf Seitenruderdicke verjüngte und so eine große vertikale Fläche bot. Von besonderem Interesse war das Rotorlenksystem des Gyroplane, mit dem die Blätter sowohl zyklisch als auch kollektiv verstellt werden konnten, was zum Standard für das dynamische System von Hubschraubern wurde.

Es wurden zwei- und dreisitzige Tragschrauber als **AR.IV** bzw. **AR.V** geplant, und obwohl mit dem Bau begonnen worden war, beendete der Ausbruch des Zweiten Weltkriegs diese Projekte.

Raoul Hafners Arbeiten umfaßten während des Krieges die Konstruktion und Entwicklung des **Rotachute**, eines eine Person tragenden Seglers mit Rotor. Wenn dieses Gerät von einem Flugzeug bis auf rund 1.200 m geschleppt wurde, konnte es nach dem Ausklinken in jede Richtung gesteuert werden. Diese Entwicklung galt als ein Schritt in der Entwicklung eines 'Fallschirms' mit Rotor für eine Person, der in einem Flugzeug zusammengeklappt mitgeführt werden konnte und der beim Noteinsatz automatisch aktiviert würde. Weiterhin konzentrierte sich seine Arbeit während des Krieges auf die Entwicklung eines **Rotabuggy**, im Grunde ein Mehrzweckfahrzeug vom Jeep-Typ mit einem leicht an- und abbaubaren Rotor, mit dem solche Fahrzeuge hinter die feindlichen Linien geschleppt werden konnten. 1943/44 wurde ein Prototyp umfassend geflogen, kam jedoch nicht zum Einsatz. In den Nachkriegsjahren erwies sich Hafners große Erfahrung für die Flugzeughersteller Bristol und Westland als wertvoll.

### Technische Daten

**Hafner AR.III Gyroplane**

**Typ:** einsitziger Tragschrauber.

**Triebwerk:** ein 90 PS (67 kW) Pobjoy Niagara Siebenzylinder Sternmotor.

**Leistung:** Höchstgeschwindigkeit 193 km/h; Reisegeschwindigkeit 177 km/h.

**Gewicht:** Leergewicht 290 kg; max. Startgewicht 408 kg.

**Abmessungen:** Rotordurchmesser 10,00 m; Länge 5,44 m; Rotorkreisfläche 78,54 m².

**Eines der vielen Experimentalflugzeuge des Zweiten Weltkriegs war der Hafner Rotabuggy, der dem Heer größere Mobilität verleihen sollte.**

# HAL: siehe Hindustan

# Halberstadt C.I. bis C.IX

### Entwicklungsgeschichte

Die **Halberstadt C.I** beruhte auf dem Zweisitzer **Halberstadt B.II**, wurde ähnlich als Aufklärungsflugzeug konstruiert und behielt die flachen Rumpfseiten. Die Besatzungpositionen wurden jedoch ausgetauscht und die hintere (Beobachter-) Position erhielt eine Halterung für ein schwenkbares Maschinengewehr. Gegen Ende 1917 kam die verbesserte **C.III** heraus, die von einem 200 PS (149 kW) Benz Bz IV Motor angetrieben wurde und die einen neuen, stromlinienförmigeren Rumpf mit Sperrholzverkleidung hatte. Der untere Flügel wurde an einer Bauchverkleidung außerhalb des Rumpfes montiert.

Die ergiebigste der Halberstadt C-Serie war der **C.V** Höhenaufklärer, der von einer 220 PS (164 kW) Version des Benz Bz IV Motors angetrieben wurde. Eine im hinteren Cockpit montierte Kamera konnte durch eine aufschiebbare Luke im Boden gerichtet werden. Von diesem Typ wurden rund 550 Maschinen gebaut.

Ein Flugwerk wurde mit einem 245 PS (183 kW) Maybach Mb IV Motor ausgerüstet und wurde zur **C.VIII**, während die **C.IX** im Grunde ein C.V Flugwerk mit einem in Österreich hergestellten 230 PS (172 kW) Hiero-Motor war. Die C.VIII war ein einstieliger Doppeldecker mit etwas verkürzter Spannweite, der, wie die C.VII, von einem Maybach MbIV Motor angetrieben wurde.

### Technische Daten

**Halberstadt C.V**

**Typ:** ein zweisitziges Aufklärungsflugzeug.

**Triebwerk:** ein 220 PS (149 kW) Benz IV Sechszylinder Reihenmotor.

**Leistung:** Höchstgeschwindigkeit 170 km/h; max. Flugdauer 3 Stunden 30 Minuten.

**Gewicht:** Leergewicht 928 kg; max. Startgewicht 1.238 kg.

**Abmessungen:** Spannweite 13,63 m; Länge 6,92; Höhe 3,36 m; Tragflügelfläche 43,10 m².

**Bewaffnung:** ein starres, vorwärtsfeuerndes 7,92 mm LMG 08/15 und ein schwenkbares Parabellum-Maschinengewehr Kal. 7,92 mm.

# Halberstadt CL.II und CL.IV

### Entwicklungsgeschichte

Die **Halberstadt CL.II**, die entsprechend einer neuen Spezifikation für ein zweisitziges Jagdflugzeug konstruiert worden war, das als Eskorte für die älteren und schwereren Aufklärer vom Typ C dienen sollte, kam 1917 heraus und kam bald darauf bei den Schutzstaffeln der deutschen Luftstreitkräfte zum Einsatz. Der einstielige Doppeldecker hatte einen mit Sperrholz verkleideten Holzrumpf, stoffbespannte Flügel

**Die CL.II eigneten sich besonders zur Nahunterstützung und wurden 1917 erfolgreich vom deutschen Oberkommando eingesetzt.**

RAF Museum, Hendon

mit Sperrholz-Vorderkanten und einen Mercedes D.III Motor. Das durchgehende Cockpit hatte hintereinander Sitze für den Piloten und den Beobachter, wobei der Beobachter außerdem mit einem Parabellum-Maschinengewehr ausgerüstet war, mit dem er sowohl nach oben als auch nach vorn über den oberen Flügel hinweg feuern konnte. An beiden Rumpfseiten waren Halterungen für kleine Handgranaten oder für vier bzw. fünf 10 kg Bomben montiert, was diesen Typ besonders geeignet für die Nahunterstützung machte. Die CL.II stellte ihren Wert bald bei dem deutschen Oberkommando unter Beweis, als am 6. September 1917 24 Maschinen mit großem Erfolg die britischen Truppen angriffen, die die Somme-Brücken bei Bray und St. Christ überquerten. Die Begleiteinheiten wurden daraufhin in Schlachtstaffeln zur Nahunterstützung umbenannt und in den letzten Monaten des Jahres 1917 umfassend eingesetzt — besonders in der Schlacht um Cambrai am 30. November, als Deutschland eine erfolgreiche Gegenoffensive durchführte. Zusätzlich zu der Produktion des Unternehmens, das die Maschine konstruiert hatte, wurden CL.II auch von den Bayerischen Flugzeugwerken GmbH als Subunternehmer gebaut.

**Die leichte Halberstadt CL.IV war vor allem für die Luftnahunterstützung konzipiert.**

## Varianten

**CL.IIa:** Bezeichnung für einige Maschinen, die von dem 185 PS (138 kW) BMW IIIa Motor angetrieben wurden.

**CL.IV:** im Grunde eine verbesserte CL.II mit dem gleichen Mercedes D.III Motor; die CL.IV erhielt neukonstruierte Höhen- und Seitenleitwerksflächen und hatte einen um rund 76 cm kürzeren Rumpf als ihre Vorgängerin; sie ging rechtzeitig für die deutsche Märzoffensive 1918 in Dienst; die Luftfahrzeug GmbH (Roland) baute die Maschine als Subunternehmer.

## Technische Daten
**Halberstadt CL.II**

**Typ:** zweisitziges Kampfflugzeug.
**Triebwerk:** ein 160 PS (119 kW) Mercedes D.III Sechszylinder Reihenmotor.
**Leistung:** Höchstgeschwindigkeit 165 km/h in 5.000 m Höhe; Dienstgipfelhöhe 5.100 m; max. Flugdauer 3 Stunden.
**Gewicht:** Leergewicht 772 kg; max. Startgewicht 1.130 kg.
**Abmessungen:** Spannweite 10,77 m; Länge 7,30 m; Höhe 2,75 m; Tragflügelfläche 27,50 m².
**Bewaffnung:** ein oder zwei starre, vorwärtsfeuernde 7,92 mm LMG 08/15 und ein schwenkbares 7,92 mm Parabellum Maschinengewehr plus vier oder fünf 10 kg Bomben und Granaten.

# Halberstadt D.I bis D.IV

## Entwicklungsgeschichte

Die von Dipl.-Ing. Karl Theis aus dem zweisitzigen Halberstadt B.II Aufklärer entwickelte **Halberstadt D.I** war ein einsitziger Jäger, der Ende 1915 herauskam und der zunächst von einem 100 PS (75 kW) Mercedes D.I Motor angetrieben wurde. Im Vergleich zu dem älteren Zweisitzer hatte die Maschine einige strukturelle Verstärkungen und trug ein starres, vorwärtsfeuerndes LMG 08/15 (Spandau) vor dem Cockpit. Später wurde die Maschine mit einem 120 PS (89 kW) Argus As.II Motor ummotorisiert, und am 21. März 1916 ging ein Auftrag über zwölf Serienmaschinen ein. Diese Flugzeuge hatten eine Reihe von Änderungen und wurden von einem Mercedes D.II Motor angetrieben.

Die in dieser Form in **D.II** umbenannte Maschine hatte ein geändertes Kühlsystem, wobei der ursprüngliche Frontkühler durch einen flügelmontierten Kühler ersetzt wurde. Die Maschine ging im Juni 1916 in Dienst, war zunächst als Begleitschutzjäger vorgesehen, wurde dann aber den neuen Jagdstaffeln zugeteilt. Der Fronteinsatz der D.II war nur auf einige Monate beschränkt, bevor sie Anfang 1917 durch die Albatros D.III ersetzt wurde. Zusätzlich zu den von Halberstadt gebauten Maschinen produzierten die Automobil und Aviatik AG und die Hannoversche Waggonfabrik AG mit je 30 Maschinen noch weitere 60 Exemplare in Lizenz.

## Varianten

**D.III:** Die von dem 120 PS (89 kW) Argus As.II Motor angetriebene D.III brachte weitere geringfügige Verbesserungen, darunter vergrößerte Querruder mit Hornausgleich und vertikale Streben im Mittelteil anstelle der dreieckigen Dachkonstruktion der Halberstadt D.II.

**D.IV:** die im Rahmen eines im März 1916 erteilten Auftrages entwickelte D.IV war als Jäger mit zwei MG vorgesehen, der von dem 150 PS (112 kW) Benz Bz. III Motor angetrieben wurde; einige Maschinen wurden an die Türkei geliefert.

**D.V:** kam 1917 heraus und hatte einen stromlinienförmigen, sperrholzverkleideten Rumpf sowie einen sorgfältig verkleideten Argus As.II Motor.

RAF Museum, Hendon

**Die Halberstadt D.III hatte im Vergleich zu der Halberstadt D.II größere Querruder mit Hornausgleich. Als Triebwerk diente ein Argus As.II Motor mit 120 PS (98 kW).**

**Halberstadt D.IV des Türkischen Fliegerkorps 1917/18**

## Technische Daten
**Halberstadt D.II**

**Typ:** einsitziges Jagdflugzeug.
**Triebwerk:** ein 120 PS (89 kW) Mercedes D.II Reihenmotor.
**Leistung:** Höchstgeschwindigkeit 150 km/h; Reichweite 250 km.
**Gewicht:** Leergewicht 520 kg; max. Startgewicht 730 kg.
**Abmessungen:** Spannweite 8,80 m; Länge 7,30 m; Höhe 2,67 m; Tragflügelfläche 23,60 m².
**Bewaffnung:** ein starres, vorwärtsfeuerndes 7,92 mm LMG 08/15.

# Hall PH Baureihe

## Entwicklungsgeschichte

Die auf dem Naval Aircraft Factory PN-11 Flugboot beruhende **Hall PH** Baureihe wurde von der Charles Ward Hall angehörenden Hall Aluminium Aircraft Company entwickelt. Diese Maschine folgte der früheren experimentellen Fertigung von Aluminiumflügeln für die Curtiss HS-2L und für das zweisitzige Doppeldecker-Flugboot **Air Yacht**, das von einem 60 PS (45 kW) Wright Motor angetrieben wurde. Am 29. Dezember erteilte die US Navy einen Auf-

**Von dem Hall PH-2 Flugboot wurden nur sieben Exemplare hergestellt.**

trag über den Bau des Prototypen **XPH-1**, der von zwei 537 PS (400 kW) Wright GR-1750 Sternmotoren angetrieben wurde. Es kamen die Flügel der PN-11 zur Verwendung, und die Maschine erhielt einen ähnlichen Rumpf, der einen fast dreieckigen Querschnitt hatte und dessen breiter Schnitt es möglich machte, die langen Stummelflügel wegfallen zu lassen, die die vorangegangenen Rümpfe noch hatten. Die Maschine hatte eine vierköpfige Besatzung, wobei zwei Piloten nebeneinander in einem offenen Cockpit saßen und sich je ein Schütze in den offenen Rücken- und Bauchpositionen befand.

Am 10. Juni 1930 wurden neun **PH-1** Serienmaschinen bestellt, von denen die erste im Oktober des folgenden Jahres flog. Es wurde eine Reihe von Änderungen durchgeführt, darunter ein überdachtes Cockpit für die Piloten und der Einbau von 620 PS (462 kW) Wright R-1820-86 Sternmotoren, die mit enganliegenden Verkleidungen versehen waren. Die PH-1 hatte die stolze Höchstgeschwindigkeit von 216 km/h und war damit trotz ihres wesentlich höheren Gewichts um 16 km/h schneller als der Prototyp. Die neun Maschinen gingen 1932 bei der Navy Patrol Squadron Eight (VP-8) in Dienst, ersetzten dort die Martin PM-1 und wurden 1937 außer Dienst gestellt.

### Varianten

**PH-2:** im allgemeinen der PH-1 ähnlich, jedoch mit 750 PS (559 kW) Wright R-1820F-51 Sternmotoren und einer Spezialausrüstung für die Seenotrettung; die US Coast Guard bestellte im Juni 1936 sieben PH-2, die bis 1941 im Einsatz blieben.

**PH-3:** 1938 bestellte die Coast Guard sieben PH-3, sie hatten ein verkleidetes Cockpit mit Dach, und die R-1820F-51 Motoren hatten langgestreckte NACA-Verkleidungen; nach dem Kriegseintritt der Vereinigten Staaten und dem japanischen Angriff auf Pearl Harbor wurde einige Maschinen für die U-Boot-Jagd verwendet.

### Technische Daten
**Hall PH-3**

**Typ:** Patrouillen-/Rettungsflugboot.
**Triebwerk:** zwei 750 PS (559 kW) Wright R-1820F-51 Cyclone Neunzylinder Sternmotoren.
**Leistung:** Höchstgeschwindigkeit 256 km/h in 975 m Höhe; Reisegeschwindigkeit 219 km/h; Dienstgipfelhöhe 6.505 m; max. Reichweite 3.117 km.
**Gewicht:** Leergewicht 4.361 kg; max. Startgewicht 7.326 kg.
**Abmessungen:** Spannweite 22,20 m; Länge 15,54 m; Höhe 6,05 m; Tragflügelfläche 108,69 m².
**Bewaffnung:** vier 7,62 mm Lewis Maschinengewehre.

# Hall XPTBH

### Entwicklungsgeschichte

Das Interesse der US Navy an einem neuen Patrouillenflugzeug/Torpedobomber führte 1936 bei der Hall Aluminium Aircraft Company zur Konstruktion und Entwicklung eines zweimotorigen Zweischwimmer-Hochdeckers, mit der anfänglichen Bezeichnung **Hall XPTBH-1**. Diese Bezeichnung umfaßte den vorgeschlagenen Einbau von zwei Wright R-1820 Cyclone Sternmotoren. Tatsächlich hatte der gebaute Prototyp jedoch zwei Pratt & Whitney R-1830 Twin Wasp Sternmotoren, die in Gondeln an den Flügelvorderkanten montiert waren, was zur geänderten Bezeichnung **XPTBH-2** führte. Das große und ungewöhnlich geformte verstrebte Leitwerk hatte eine tief reichende Bauchflosse und die langen, einstufigen Ganzmetallschwimmer wurden von Streben getragen, die unter den Motorgondeln stromlinienförmig angesetzt waren. Die Maschine bot Platz für vier Besatzungsmitglieder.

Die XPTBH-2 wurde im Januar 1937 von der US Navy akzeptiert und eine kurze Zeit lang getestet. Es schlossen sich jedoch, vermutlich aufgrund einer nicht ausreichenden Leistung, keine Produktionsaufträge an und es scheinen keine Daten über die Leistung dieses Flugzeugs erhalten geblieben zu sein.

### Technische Daten
**Hall XPTBH**

**Typ:** ein Patrouillenflugzeug/Torpedobomber-Prototyp.
**Triebwerk:** zwei 800 PS (597 kW) Pratt & Whitney XR-1830-60 Twin Wasp 14-Zylinder Sternmotoren.
**Leistung:** nicht aufgezeichnet.
**Gewicht:** Leergewicht 5.644 kg.
**Abmessungen:** Spannweite 24,18 m; Länge 16,88 m; Höhe 7,75 m; Tragflügelfläche 76,97 m².
**Bewaffnung:** nicht spezifiziert.

# Hall Flying Automobile

### Entwicklungsgeschichte

Während Theodore P. Hall als Chefingenieur der Consolidated Vultee Aircraft Corporation beschäftigt war, konstruierte er ein straßentaugliches Flugzeug, das ab November 1947 von Convair als Prototyp gebaut und getestet wurde. Als das Unternehmen entschied, das Projekt aufzugeben, fielen die Konstruktionsrechte an Theodore Hall zurück, der in San Diego die T.P. Hall Engineering Corporation gründete, um die Entwicklung und Produktion seines Projektes dort fortzusetzen.

Ein speziell konstruiertes, viersitziges Straßenfahrzeug, das von einem 26,5 PS (20 kW) Crosley Motor angetrieben wurde, hatte innerhalb seiner Karosserie eine Stahlrohrstruktur, auf die der Flugzeugteil aufgesetzt werden konnte, der aus einer Gondelstruktur für einen 190 PS (142 kW) Avco Lycoming Motor, Eindeckerflügeln und einem rohrförmigen Leitwerksträger bestand, der das kreuzförmige Leitwerk trug. Das **Hall Flying Automobile**, wie es genannt wurde, hatte Berichten nach im Flug eine Reisegeschwindigkeit von 209 km/h und als PKW eine Straßen-Höchstgeschwindigkeit von 108 km/h. So wie viele Projekte dieser Art ging auch dieses nicht in Serie und es blieben auch keine Details der technischen Daten erhalten.

**Der Traum vom fliegenden Auto wurde bei dem Hall Flying Automobile, auch als ConvAircar bekannt, verwirklicht. Convair plante, das Auto mit einem 26 PS (19,4 kW) Crosley Motor, von dem 1.600 Stück hergestellt werden sollten, zu verkaufen, während die Flugmodule mit einem 190 PS (142 kW) Avco Lycoming Triebwerk nur vermietet werden sollten. Die ConvAircar ging bei ihrem dritten Flug zu Bruch, nachdem sie fast ohne Treibstoff gestartet war.**

# Halton H.A.C.1 Mayfly/H.A.C.2 Minus

### Entwicklungsgeschichte

In den Jahren 1926/27 baute der Halton Aero Club ein zweisitziges Leichtflugzeug mit der Bezeichnung **Halton H.A.C.1 Mayfly**. Die von C.H. Latimer-Needham konstruierte Mayfly war ein einfacher Doppeldecker in Holz- und Stoffbauweise, der von einem Bristol Cherub-Motor angetrieben wurde. Nach ihrem Erstflug am 31. Januar des Jahres 1927 wurde die Maschine bald zum Einsitzer umgebaut, behielt aber die gleiche Bezeichnung.

Ein Umbau vom Doppeldecker zum Hochdecker in Baldachinkonstruktion brachte jedoch Anfang 1928 die Umbenennung in **H.A.C.2 Minus**. In dieser Auslegung hatte die Maschine einige Wettbewerbserfolge und beteiligte sich in den Jahren 1928 und 1929 auch an dem King's Cup Rennen, bevor sie 1930 schließlich demontiert wurde.

### Technische Daten
**Halton H.A.C.1 Mayfly**

**Typ:** zweisitziges Leichtflugzeug.
**Triebwerk:** ein 32 PS (24 kW) Bristol Cherub Zweizylinder Boxermotor.
**Leistung:** Höchstgeschwindigkeit 134 km/h; wirtschaftliche Reisegeschwindigkeit 121 km/h.
**Gewicht:** Leergewicht 218 kg; max. Startgewicht 417 kg.
**Abmessungen:** Spannweite 8,69 m; Länge 6,71 m.

**Dies ist die Halton H.A.C.1 Mayfly in ihrer ursprünglichen Doppeldecker-Auslegung nach ihrem Jungfernflug.**

# Handley Page Type A, C und D (H.P.1, H.P.3 und H.P.4)

### Entwicklungsgeschichte

In den ersten Jahren des 20. Jahrhunderts begann Frederick Handley Page, sich für Luftfahrt zu interessieren und trat 1907 in die Aeronautical Society of Great Britain ein. Er konstruierte und baute 1909 sein erstes Experimental-Segelflugzeug, das 1910 zur **Handley Page Type A** bzw. zur 'Bluebird' führte. Das aus Holz mit Stoffbespannung gebaute Flugzeug war ein einsitziger Eindecker mit Heckspornfahrwerk und einem 20 PS (15 kW) Advance Vierzylindermotor, der einen Zugpropeller antrieb. Die Maschine, die vor einem Landeunfall am 26. Mai 1910 kurz geflogen wurde, erhielt anschließend eine geänderte, bessere Quersteuerung und einen stärkeren Alvaston Boxermotor mit 25 PS (18,6 kW) sowie die neue Bezeichnung **Type C**. In dieser Form war das Flugzeug überhaupt nicht zum Fliegen zu bewegen und Handley Page wandte sich dann einer verbesserten Konstruktion zu, die als **Type D** bzw. als 'Antiseptic' bekannt war.

Diese Maschine hatte einen halbkreisförmigen Eindeckerflügel, der mit einem zentralen Mast und zum Fahrwerk hin verspannt war. Das Fahrwerk hatte Leichtbau-Haupträder, zwischen denen ein langer Holzski bzw. eine Kufe montiert war, wodurch ein Hecksporn unnötig wurde. Als die Type D im April 1911 in London ausgestellt wurde, hatte sie einen 35 PS (26 kW) Green Motor, der jedoch durch einen Isaacson Sternmotor ersetzt wurde, bevor die Maschine am 15. Juli 1911 zum ersten Mal geflogen wurde. Dieser Erstflug endete mit einer Bruchlandung, aber die Handley Page Type D war bald wieder repariert und wurde bei einer Reihe von Gelegenheiten geflogen, wobei sie sich den inoffoziellen Spitznamen 'Yellow Peril' erwarb, den sie der Farbe ihrer Flügel und ihres Leitwerks verdankte. Bei der Einführung eines Typennummern-Systems erhielten die Typen A, C und D im Jahre 1924 nachträglich die Bezeichnungen **H.P.1**, **H.P.3** und **H.P.4**.

### Technische Daten
**Handley Page Type D**
**Typ:** einsitziger Eindecker.
**Triebwerk:** ein 50 PS (37 kW) Isaacson Fünfzylinder Sternmotor.
**Leistung:** Höchstgeschwindigkeit 80 km/h.
**Gewicht:** Leergewicht 200 kg; max. Startgewicht 281 kg.
**Abmessungen:** Spannweite 9,75; Länge 6,71 m; Tragflügelfläche 14,49 m².

**Ein leicht besorgt blickender Frederick Handley Page im Cockpit seines Type A Eindeckers 'Bluebird'.**

# Handley Page Type B und Type G (H.P.2 und H.P.7)

### Entwicklungsgeschichte
Der erste von Handley Page gebaute Doppeldecker war nicht von ihm selbst entworfen, integrierte aber viele seiner Ideen, so daß die Bezeichnung **Handley Page Type B** praktisch stimmte. Bei einem ersten Flugversuch im Jahre 1909 wurde die Maschine beschädigt und erst 1910 wurde sie repariert und geflogen, nachdem sie inzwischen an einen Mr. W.P. Thompson, den ursprünglichen Konstrukteur, übergeben wurde. Der erste echte Handley Page Doppeldecker, **Type G**, war leicht zu erkennen, zumal er aus dem Type E Eindecker entwickelt worden war. Rumpf und Leitwerk waren kaum geändert, der obere Flügel entsprach jedoch im Grunde dem der Type E und hatte Querruder; der untere Flügel war eine Version des Type F-Flügels mit kürzerer Spannweite. Streben und Spanndrähte sorgten für eine Ausrichtung der Flügel gegeneinander und der Rumpf war zwischen ihnen an Streben montiert. Als Triebwerk diente ein Anzani Sternmotor, und die Maschine wurde in ihrer Ausgangsversion mit einem Heckspornfahrwerk geflogen, an dessen Haupträdern Kufen montiert waren, um auf unebenem Boden die Gefahr des Vornüberkippens zu verringern. Die Hauptfahrwerksbeine wurden später durch einfache V-Streben und eine Achse ersetzt, wobei die Kufen wegfielen. Ab 1924 hießen die Typen B und G **H.P.2** und **H.P.7**.

Die am 6. November 1913 erstmals geflogene Type G erwies sich als sehr erfolgreiche Maschine und im August 1914, bei Ausbruch des Ersten Weltkriegs, wurde sie zum Einsatz bei dem Royal Naval Air Service requiriert. Im August 1915 wurde sie schließlich abgeschrieben, als sie bei einem Unfall beschädigt wurde. Eine etwa drei Viertel so große einsitzige Version der Type G, die von einem 35 PS (26 kW) Anzani Motor angetrieben werden sollte, trug die Bezeichnung **Type K**, wurde aber nie fertiggestellt. Genauso erging es der **Type L** (**H.P.8** nach dem 1924er System), die fast zwei Mal so groß war wie die frühere Maschine und deren Flugwerk 1914 gebaut wurde. Das Aus für diese für einen Nonstop-Flugversuch über den Atlantik gedachte Maschine kam, als der für den Antrieb vorgesehene 200 PS (149 kW) Motor bei Kriegsausbruch requiriert wurde.

### Technische Daten
**Handley Page Type G**
**Typ:** zweisitziger Doppeldecker.
**Triebwerk:** ein 100 PS (76 kW) Anzani Zehnzylinder Sternmotor.
**Leistung:** Höchstgeschwindigkeit 117 km/h; Steigflug auf 915 m in 10 Minuten 30 Sekunden; max. Flugdauer 4 Stunden.
**Gewicht:** Leergewicht 522 k; max. Startgewicht 805 kg.
**Abmessungen:** Spannweite 12,19 m; Länge (nach letzten Änderungen) 7,65 m; Tragflügelfläche 35,67 m².

**Diese Handley Page Type G in ihrer letzten Konfiguration wurde bis zum Jahre 1915 als Schulflugzeug verwendet.**

# Handley Page Type E und Type F (H.P.5 und H.P.6)

### Entwicklungsgeschichte
Handley Page glaubte, daß die Möglichkeit zum Transport eines Passagiers sein Flugzeug attraktiver machen würde, was zur Konstruktion und Entwicklung der **Handley Page Type E** führte. Diese Maschine war größer als die Type D, aber generell gleich gebaut. Der halbkreisförmige Flügel der Type E hatte eine größere Spannweite und war mit zwei Masten verspannt. Die Kufe des Hauptfahrwerks wurde verkürzt, es wurde ein konventioneller Hecksporn angebracht und als Triebwerk diente ein Gnome Umlaufmotor. Die Maschine bot Platz für zwei Personen hintereinander — der Pilot saß vorn. Genau wie die reparierte Type D war die Type E (**H.P.5** nach dem 1924er System) gelb lackiert und erhielt ebenfalls den Namen 'Yellow Peril', was natürlich zu Verwechslungen führte.

Als die Type E im April 1912 geflogen wurde, erwies sie sich als die erste wirklich erfolgreiche Handley Page Konstruktion, wurde jedoch von einem unerfahrenen Piloten im Oktober des gleichen Jahres leicht beschädigt. Im Rahmen der Reparaturen wurde eine verbesserte Heckflosse angebracht und die Maschine nahm am 1. Februar 1913 ihre Flüge wieder auf. Im April 1913 wurde ein neuer Flügel montiert, der anstelle der Flügelverwindung Querruder hatte, und dieser kleine Eindecker flog noch viele tausend Meilen, bevor er Mitte 1914 als Einsitzer-Schulflugzeug um-

**Die abgerundeten Tragflächen der Handley Page Type F waren das Merkmal aller Eindecker-Konstruktionen von Handley Page vor dem Ersten Weltkrieg.**

gebaut wurde. Nach der Requirierung bei Ausbruch des Ersten Weltkriegs erwies sich die Maschine als nicht geeignet und wurde nicht wieder geflogen.

Aus der Type E wurde eine 'verbesserte' **Type F** entwickelt, die sich an den War Office Military Trials des Jahres 1912 beteiligen sollte. Dieses nach dem 1924er System mit **H.P.6** bezeichnete Flugzeug unterschied sich hauptsächlich durch sein anderes Leitwerk, nebeneinanderliegende Sitze für Pilot und Beobachter sowie durch den 70 PS (52 kW) Gnome Umlaufmotor, war aber auch für den vorgesehenen Militäreinsatz wesentlich verstärkt worden. Nach dem Erstflug am 21. August 1912 kam es am 15. Dezember 1912 zu einem Unfall, bei dem beide Piloten getötet wurden.

### Technische Daten

**Handley Page Type E**

**Typ:** zweisitziger Eindecker.
**Triebwerk:** ein 50 PS (37 kW) Gnome Siebenzylinder Umlaufmotor.
**Leistung:** Höchstgeschwindigkeit 97 km/h; max. Flugdauer 3 Stunden.
**Gewicht:** Leergewicht 363 kg; max. Startgewicht 590 kg.
**Abmessungen:** Spannweite 12,95 m; Länge 8,59 m; Höhe 2,84 m; Tragflügelfläche 22,30 m².

# Handley Page O/100 und O/400 (H.P.11 und H.P.12)

Handley Page O/400 der RAF in Frankreich, 1918

### Entwicklungsgeschichte

Entsprechend einer Spezifikation der Admiralität vom Dezember 1914 für einen großen, zweimotorigen Patrouillenbomber machte sich Handley Page sofort an die Konstruktion eines Flugzeugs nach diesen Angaben. Die zunächst mit **Handley Page Type O** bezeichnete Maschine wurde später in **O/100** umbenannt, wobei sich die 100 auf die Flügelspannweite in Fuß bezog. Ganz eindeutig war diese Maschine größer als alles, was bisher von dem Handley Page Unternehmen gebaut worden war, und sie war bei der Fertigstellung des Prototyps sogar das größte Flugzeug, das jemals in Großbritannien gebaut worden war.

Die O/100 war ein Doppeldecker mit Klappflügeln unterschiedlicher Spannweite und einheitlicher Profilsehne mit geraden Vorder- und Hinterkanten. Die Flügel waren an einem Rumpf mit quadratischem Querrschnitt montiert, der in einem Doppeldecker-Leitwerk endete. Das Heckspornfahrwerk hatte Zwillingsräder an beiden Hauptfahrwerksbeinen, und die beiden 266 PS (198 kW) Rolls-Royce Eagle II Motoren waren in ihren gepanzerten Gondeln gleich neben dem Rumpf zwischen den Flügeln montiert. Die Besatzung war im ersten Prototyp (Seriennummer 1455) in einer verglasten Cockpitkabine untergebracht, deren Boden und Seiten durch Panzerplatten geschützt waren. Die am 17. Dezember 1915 zum ersten Mal geflogene O/100 zeigte keine ausreichende Leistung, und der zweite Prototyp hatte ein geändertes offenes Cockpit für zwei Besatzungsmitglieder (der Schütze saß dabei vorn), die Panzerplatten im Cockpit sowie die meiste Panzerung der Motorgondeln waren entfernt und die wassergekühlten Motoren hatten neue Kühler. Als die Maschine im April 1916 zum ersten Mal getestet wurde, zeigte sie eine derartige Leistungsverbesserung, daß sie im Mai mit 20 Handley Page Mitarbeitern an Bord bis in eine Höhe von über 2.100 m geflogen wurde.

Die Aufstellung der ersten 'Handley Page Squadron', wie sie damals hieß, begann im August 1916, und diese Einheit nahm Ende Oktober oder Anfang November in Frankreich den Einsatz auf. Neben der Verwendung als Nachtbomber an der Westfront wurden die O/100 auch bei der am 5. Juni des Jahres 1918 eingerichteten Bomberstaffel der RAF Independent Force eingesetzt.

Die Auslieferung der **O/400** Serienmaschinen begann im Frühjahr 1918. Dabei handelte es sich um eine verbesserte Ausführung der O/100, die sich von ihrer Vorgängerin vor allem durch stärkere Rolls-Royce Eagle Motoren unterschied und außerdem ein verändertes Treibstoffsystem und Kühler sowie einen Druckluft-Starter hatte. Obwohl von der O/100 nur 46 Exemplare gebaut wurden, nahmen noch zahlreiche O/400 vor Kriegsende den Einsatz auf und griffen beispielsweise in der Nacht zum 15. September 1918 mit einer 40 Maschinen starken Einheit Ziele im Saargebiet an. Ungefähr zu dieser Zeit übernahmen diese Modelle 748 kg Bomben, die schwerste Ladung, die während des Ersten Weltkriegs von einem britischen Flugzeug geflogen wurde.

Mehr als 400 O/400 wurden zum Einsatz bei der RAF ausgeliefert, bevor im November 1918 der Waffenstillstand ausgerufen wurde. Der Typ blieb bis Ende des Jahres 1919 im Einsatz und wurde dann von der Vickers Vimy ersetzt.

Es war geplant, den Typ in den USA in Serie zu bauen, aber nur 107 Maschinen (mit Liberty Motoren) wurden von der Standard Aircraft Corporation fertiggestellt, bevor der Waffenstillstand zur Zurücknahme der Bestellung der restlichen 1.500 Maschinen führte. Nach dem Krieg gingen einige der in Großbritannien gebauten Maschinen unter der Bezeichnung **O/7** an China, und drei oder vier davon wurden in Indien von der Handley Page Indo-Burmese Transport Ltd. benutzt. Außerdem wurden zehn O/400 Militärflugzeuge auf eine zivile Konfiguration umgebaut und von der Handley Page Transport Ltd. in Großbritannien unter den Bezeichnungen **O/10** und **O/11** benutzt. Nach dem System von 1924 wurde aus der O/100 die **H.P.11** und aus der O/400 die **H.P.12**.

### Technische Daten

**Handley Page O/400**

**Typ:** schwerer Bomber.
**Triebwerk:** zwei 360 PS (268 kW) zweireihige Rolls-Royce Eagle VIII Zwölfzylinder Boxermotoren.
**Leistung:** Höchstgeschwindigkeit 156 km/h; Dienstgipfelhöhe 2.590 m; Flugdauer 8 Stunden.
**Gewicht:** Leergewicht 3.719 kg; max. Startgewicht 6.350 kg.
**Abmessungen:** Spannweite 30,48 m; Länge 19,16 m; Höhe 6,71 m; Tragflügelfläche 153,10 m².
**Bewaffnung:** bis zu fünf 7,7 mm schwenkbare Lewis Gewehre und bis zu 907 kg Bomben.

# Handley Page V/1500 (H.P.15)

### Entwicklungsgeschichte

Die **Handley Page V/1500** wurde entworfen und entwickelt, um der RAF Angriffe auf deutsche Ziele von englischen Stützpunkten aus zu ermöglichen und muß somit als das erste strategische Bombenflugzeug der Welt angesehen werden. Der Typ war größer als die O/100 und O/400, die ihm vorausgingen, und hatte vier Rolls-Royce Motoren, die in Tandempaaren zwischen den Flügeln außerhalb des Rumpfs angebracht waren. Im übrigen war das Modell den früheren Bombern weitgehend ähnlich, was die allgemeine Konfiguration betraf. Der erste Vertrag wurde mit der Werft Harland & Wolff in Belfast abgeschlossen; schließlich beliefen sich die Aufträge auf mehr als 200 Exemplare, von denen die meisten nach Ende des Ersten Weltkriegs allerdings abbestellt wurden. Der von Handley Page aus Harland-&-Wolff-Komponenten zusammengesetzte Prototyp wurde erstmals im Mai 1918 geflogen und unterschied sich von den Serienmaschinen durch einen einzelnen großen Kühler für alle vier Motoren; die Standardausführung der Maschine hatte je einen sechseckigen Kühler für ein Paar Motoren. Diese größere Ausführung bot Platz für eine Besatzung von fünf bis sieben Mann.

Beim Waffenstillstand waren nur drei V/1500 einsatzbereit. Der Typ wurde nach dem Krieg nur in be-

**Die Handley Page V/1500 kam zu spät für den Einsatz im Ersten Weltkrieg und war für die RAF zum Einsatz in Friedenszeiten zu groß. Daher wurden nur wenige Exemplare gebaut. Abgebildet ist die F7140 im Flug über den USA.**

grenztem Maße bei der RAF eingesetzt und nach und nach durch die Vickers Vimy ersetzt. Ein Exemplar führte den ersten Direktflug von England nach Indien durch, es startete am 13. Dezember 1918 und flog über Rom, Malta, Kairo und Bagdad nach Karatschi, wo es am 30. Dezember ankam. Diese Maschine wurde im Mai 1919 während der Unruhen in Afghanistan zu einem Bombenangriff auf Kabul. benutzt. Eine andere V/1500 wurde nach Neufundland verschifft, wo sie den ersten West-Ost-Flug über den Nordatlantik unternehmen sollte, aber das Projekt wurde aufgegeben, als Alcock und Brown eben diesen Flug mit einer Vickers Vimy durchführten. Die Bezeichnung nach 1924 lautete **H.P.15**.

### Technische Daten

**Typ:** ein schwerer Langstreckenbomber.
**Triebwerk:** vier 375 PS (280 kW) Rolls-Royce Eagle VIII Zwölfzylinder Motoren.
**Leistung:** Höchstgeschwindigkeit 159 km/h in 1.980 m Höhe; Dienstgipfelhöhe 3.355 m; maximale Reichweite 2.092 km.
**Gewicht:** Leergewicht 7.983 kg; max. Startgewicht 13.608 kg.
**Abmessungen:** Spannweite 38,40 m; Länge 19,51 m; Höhe 7,01 m; Tragflügelfläche 278,70 m$^2$.
**Bewaffnung:** 7,7 mm Lewis Gewehre in Bug-, Turm-, Unterrumpf- und Heckposition, plus bis zu 3.402 kg Bomben.

# Handley Page W.8, W.9 und W.10 (H.P.18/26, H.P.27 und H.P.30)

### Entwicklungsgeschichte

Die Innenverstrebung des Rumpfs beim O/400 Militärbomber ließ keine langfristige Verwendung des Modells für zivilen Gebrauch zu und führte zu einem Neuentwurf und der Entwicklung eines Flugzeugs, das ursprünglich als **Handley Page W/400** (**H.P.16** nach 1924) bezeichnet wurde. Dieses Modell verband einen neuen Rumpf, der bis zu acht nach vorne gerichtete Sitzpaare mit einem Mittelgang aufnehmen konnte, mit der reduzierten Flügelspannweite der V/1500, einem Fahrwerk wie bei dem gleichen Modell und zwei Rolls-Royce Eagle VIII Motoren. In dieser Form flog die Maschine erstmals am 22. August 1919. Bei den Tests erwies sich die Grundstruktur als zuverlässig, aber man entschied sich für Verfeinerungen und stärkere Motoren für die Serienausführung und baute den **W.8** Prototyp (**H.P.18** nach 1924) mit zwei 450 PS (336 kW) Napier Lion IB Motoren und einer weiter reduzierten Spannweite (von 25,91 m auf 22,86 m) sowie einem neuen Leitwerk. Die Maschine flog erstmals am 2. Dezember des Jahres 1919 und dann am 4. Mai 1920 mit einer Nutzlast von 1.674 kg in einer Höhe von 4.276 m, damals ein britischer Rekord.

Auf die W.8 folgten vier Serienmaschinen **W.8b**, die zwölf Passagiere in einer gut verglasten Kabine aufnehmen konnten; Pilot und Copilot saßen in einem offenen Cockpit im Bug. Wegen der Schwierigkeiten bei der Lieferung von Napier Lion Motoren erhielten diese Maschinen wieder Rolls-Royce Eagle VIII Triebwerke; wegen ihrer geringeren Leistung konnten nur zwölf Passagiere transportiert werden. Drei dieser Maschinen wurden von der Handley Page Transport Ltd. benutzt, eine ging an die belgische Fluggesellschaft Sabena; später wurden drei weitere W.8b Transporter unter Lizenz von SABCA in Belgien für Sabena gebaut. Die **W.8c** war eine Version aus dem Jahre 1924 mit Eagle IX Motoren.

Zu den späteren Ausführungen des Grundmodells gehört auch die **W.8e** (**H.P.26**), die einen dritten Motor im Bug erhielt; das dreimotorige Triebwerk bestand aus einem 360 PS (268 kW) Rolls-Royce Eagle IX und zwei 230 PS (172 kW) Siddeley Puma. Ein Exemplar wurde von Handley Page für Sabena gebaut, SABCA stellte unter Lizenz acht weitere Maschinen für dieselbe Fluggesellschaft her. Eine **W.8f Hamilton** mit ähnlichem Triebwerk wurde für Imperial Airways hergestellt; diese Version hatte außerdem eine veränderte Flosse, und zwei weitere W.8f Transporter wurden von SABCA später für den Einsatz bei Sabena gebaut. Die **W.8g** war eine 1929 umgebaute Hamilton mit zwei Rolls-Royce F.XIIA Motoren.

Zu den anderen Varianten des Grundmodells gehörte auch eine **H.P.27 W.9a Hampstead** für Imperial Airways, bestückt mit drei 385 PS (287 kW) Armstrong Siddeley Jaguar Sternmotoren und später mit drei 450 PS (336 kW) Bristol Jupiter VI Sternmotoren; diese Maschine bot Platz für 14 Passagiere. Die letzte zivile Ausführung war die **H.P.30 W.10**, die 1926 von Handley Page in vier Exemplaren für Imperial Airways gebaut wurde. Das letzte dieser vier Flugzeuge wurde erst 1933 aus dem Dienst genommen. Diese Maschinen hatten wieder ein zweimotoriges Triebwerk.

### Technische Daten

**Handley Page W.9a Hampstead**
**Typ:** ziviler Transporter.
**Triebwerk:** drei 385 PS (287 kW) Siddeley Jaguar Vierzehnzylinder Sternmotoren.
**Leistung:** Höchstgeschwindigkeit 183 km/h; Dienstgipfelhöhe 4.115 m; Reichweite 644 km.
**Gewicht:** Leergewicht 3.794 kg; max. Startgewicht 6.577 kg.
**Abmessungen:** Spannweite 24,08 m; Länge 18,39 m; Tragflügelfläche 145,30 m$^2$.

**Die G-EAPJ war die erste Handley Page W.8; der Erstflug fand im Dezember 1919 statt. Das Flugzeug wurde nach einer Bruchlandung bei Poix in Nordfrankreich im Juli 1923 abgeschrieben.**

# Handley Page H.P.24 Hyderabad, H.P.33/36 Hinaidi und H.P.35 Clive

**Handley Page Clive Mk I Prototyp vor der Neuregistrierung als Clive Mk III (G-ABYX) für Sir Alan Cobham im Jahre 1933**

### Entwicklungsgeschichte

Für die Spezifikation 31/22 des Luftfahrtministeriums entwickelte Handley Page auf der Basis der W.8 einen zweimotorigen schweren Nachtbomber, der bei der RAF als **Handley Page Hyderabad** den Dienst aufnahm. Der Prototyp wurde zunächst als **W.8d** bezeichnet (später **H.P.24**) und flog erstmals im Oktober 1923; das Triebwerk bestand aus zwei 450 PS (336 kW) Napier Lion IIB Motoren. Bei den Einsatzversuchen bewies das Modell eine bessere Leistung als die rivalisierende Vickers Virginia Mk III, und schließlich wurden 45 Exemplare für die RAF gebaut. Der Typ nahm den Dienst im Dezember 1925 bei der No. 99 Squadron auf und blieb bis 1930 im Fronteinsatz. Anschließend flog das Modell bis Ende 1933 bei der Auxiliary Air Force.

Für die Spezifikation 13/29 des Luftfahrtministeriums wurde eine verbesserte Ausführung der Hyderabad entwickelt, die als **Hinaidi Mk I** bezeichnet wurde. Die spätere **H.P.33** unterschied sich von ihrer Vorgängerin in erster Linie durch ein Triebwerk aus zwei 440 PS (328 kW) Bristol Jupiter VIII Sternmotoren. Der erste Prototyp war eine umgebaute Hyderabad, gefolgt von zwei zusätzlichen, von Handley Page neu gebauten Prototypen, von denen der zweite einen W.10 Rumpf für die Untersuchung als Truppentransporter hatte. Es folgten sechs Hinaidi Mk I Serienmaschinen, von denen die drei letzten mit einer Rumpfstruktur in Metallbauweise fertiggestellt wurden und zur Entwicklung eines **H.P.36** Prototypen und 33 Serienmaschinen **Hinaidi Mk II** mit der gleichen Metallkonstruktion führten. Zusätzlich zu diesen neuen Flugzeugen entstanden sieben in Hinaidi Mk I umgebaute Hyderabad der RAF. Wie ihre Vorgängerin wurde auch die Hinaidi zunächst bei der No. 9 Squadron geflogen und blieb im Fronteinsatz, bis sie ab 1933 durch die Handley Page Heyford ersetzt wurde.

Der zweite Hinaidi Mk I Prototyp, in Holzbauweise mit dem Rumpf der W.10, wurde später in **Clive MK I** umbenannt. Diese **H.P.35** faßte 23 Soldaten. Ihr folgten zwei **Clive Mk II** Serienmaschinen mit einer Grundstruktur in Metallbauweise und einer sonst ähnlichen Konstruktion. Die Clive Mk II waren in Lahore in Indien stationiert, wo sie einige Jahre lang beim RAF Heavy Transport Flight dienten. Die Clive Mk I wurde später auf den Standard der W.10 gebracht und erhielt die Bezeichnung **Clive Mk III**; als kein Auftrag einging, wurde die Maschine verkauft.

### Technische Daten

**Handley Page Hinaidi Mk II**
**Typ:** schwerer Nachtbomber.
**Triebwerk:** zwei 440 PS (328 kW) Bristol Jupiter VIII Neunzylinder Sternmotoren.
**Leistung:** Höchstgeschwindigkeit 196 km/h in Meereshöhe; Reisegeschwindigkeit 121 km/h; Dienstgipfelhöhe 4.420 m; maximale Reichweite 1.368 km.
**Gewicht:** Leergewicht 3.647 kg; max. Startgewicht 6.577 kg.
**Abmessungen:** Spannweite 22,86 m; Länge 18,03 m; Höhe 5,18 m; Tragflügelfläche 136,66 m$^2$.
**Bewaffnung:** drei 7,7 mm Lewis Gewehre in Bug-, Turm- und Unterrumpfpositionen, plus bis zu 657 kg Bomben.

# Handley Page H.P.42 und H.P.45

## Entwicklungsgeschichte

Im Frühjahr 1928 gab Imperial Airways Spezifikationen für Flugzeuge heraus, die neue Strecken innerhalb des britischen Empire erschließen sollten, und Handley Page erhielt Produktionsaufträge für vier **Handley Page H.P.42E** (Eastern) und vier **H.P.42W** (Western) Passagierflugzeuge, die auf den Langstreckenflügen der Imperial Airways und für Flüge zum europäischen Kontinent eingesetzt werden sollten. Erst nach einigen Jahren stellte sich heraus, daß die korrekte Kennung für die H.P.42W eigentlich **H.P.45** lautete.

Diese Maschinen waren große Doppeldecker in Metallbauweise mit ungleicher Spannweite, Stoffbespannung bei den Tragflächen und dem Rumpfhinterteil, riesigen Warren Trägerstreben für die Tragflächen, einem Doppeldecker-Leitwerk mit drei Seitenflossen und -rudern, großem Heckradfahrwerk und mit vier Bristol Jupiter Sternmotoren (490 PS/365 kW Jupiter XIF für die H.P.42E und Jupiter XFBM Ladermotoren für die H.P.42W), die jeweils paarweise auf den oberen Tragflächen und an beiden Rumpfseiten auf den unteren Flügeln montiert waren. Eine Neuerung war die Unterbringung der Besatzung in einem geschlossenen Flugdeck, hoch oben im Rumpfbug. Die Passagiere saßen in zwei Kabinen vor und hinter den Tragflächen; die Anzahl richtete sich je nach Einsatzgebiet. Die H.P.42E für Strecken nach Indien und Südafrika faßten sechs (später zwölf) vordere und zwölf hintere Passagiere, in der H.P.42W hatten für die europäischen Routen je 18 vordere und 20 hintere Passagiere Platz; dafür war der Gepäckraum kleiner.

Obwohl während der Rollversuche einige kleine Hüpfer vorkamen, fand der erste wirkliche Flug erst am 14. November 1930 statt, mit einer später als 'Hannibal' bezeichneten H.P.42E. Die erste Maschine für die europäischen Strecken trug den Namen 'Heracles' und wurde im September 1931 ausgeliefert.

Diese ausgezeichneten Maschinen waren zwar langsam (Anthony Fokker sagte, sie hätten eingebauten Gegenwind), aber sie hatten ihre eigene Atmosphäre und boten darüber hinaus ein hohes Maß an Sicherheit: als die H.P.42 1939 aus dem Verkehr gezogen wurden, waren sie fast zehn Jahre lang unfallfrei geflogen.

RAF Museum, Hendon

**Die Handley Page H.P.42 wurde in nur vier Exemplaren gebaut; hier abgebildet ist das erste, das im Juni 1931 ausgeliefert wurde und im März 1940 über dem Golf von Oman abstürzte.**

### Technische Daten
**Handley Page H.P.42W (H.P.45)**
**Typ:** ziviler Transporter.
**Triebwerk:** vier 555 PS (414 kW) Bristol Jupiter XFBM Neunzylinder Ladermotoren.
**Leistung:** Höchstgeschwindigkeit 204 km/h; Reisegeschwindigkeit 153-169 km/h; Reichweite 805 km.
**Gewicht:** Leergewicht 8.047 kg; max. Startgewicht 12.701 kg.
**Abmessungen:** Spannweite 39,62 m; Länge 28,09 m; Tragflügelfläche 277,68 m².

# Handley Page H.P.50 Heyford

**Handley Page Heyford Mk IA der No. 10 (B) Sqn, RAF, 1935 in Boscombe Down stationiert.**

## Entwicklungsgeschichte

Wenn man sich die **Handley Page H.P.50 Heyford** aus der heutigen Distanz betrachtet, fällt vor allem ihr häßliches Äußeres auf, das vermutlich nur dem Schöpfer dieses Modells gefallen haben dürfte: ein schwerfällig und langsam aussehender Doppeldecker mit verkleideten Fahrwerkhauptteilen. Dieser Eindruck wurde noch durch die Tatsache verstärkt, daß der Rumpf an den oberen Tragflächen befestigt war und der breite Raum zwischen der Rumpfunterseite und den unteren Flügeln durch massive Streben überbrückt werden mußte. In den unteren Tragflächen mit ihrem fast doppelt so dicken Profil waren Bombenschächte eingebaut. Durch ihre niedrige Anordnung war die Munitionierung sehr vereinfacht. Zu den anderen Kennzeichen dieser Konfiguration gehörten die Tragflächen in Metallbauweise mit Stoffbespannung, ein halb mit Metall, halb mit Stoff bespannter Rumpf, vierköpfige Besatzung, ein robustes Heckradfahrwerk und ein verstrebtes Leitwerk mit doppelten Flossen und Rudern. Das Triebwerk bestand aus zwei Rolls-Royce Kestrel Motoren, die in Gondeln unterhalb der oberen Tragflächen direkt über den Fahrwerkhauptteilen angebracht waren. Das ungewöhnliche Äußere der Heyford war außerdem durch die Bewaffnung bedingt: eine der drei MG-Positionen war in einem tonnenförmigen Stand, der hinter den Tragflächen unter dem Rumpf herabgefahren werden konnte.

Der Prototyp **H.P.38** flog erstmals im Juni 1930, und nach erfolgreicher Truppenerprobung wurde der Typ in die Produktion gegeben, zunächst als **Heyford Mk I**. Bis zum Ende der Produktion im Juli 1936 waren insgesamt 124 Exemplare an die RAF geliefert worden (15 **Mk I**, 23 **Mk IA**, 16 **Mk II** und 70 **Mk III**); die Varianten unterschieden sich voneinander durch das Triebwerk. Sie dienten erstmals bei der No. 99 Squadron und wurden 1939 durch Vickers Wellington ersetzt. Danach flogen sie noch bei verschiedenen Schulungseinheiten, bis sie im Juli 1941 außer Dienst gestellt wurden.

### Technische Daten
**Handley Page Heyford Mk IA**
**Typ:** schwerer Nachtbomber.
**Triebwerk:** zwei 575 PS (429 kW) Rolls-Royce Kestrel IIIS oder IIIS-5 Zwölfzylinder V-Motoren.
**Leistung:** Höchstgeschwindigkeit 229 km/h in 3.960 m Höhe; Dienstgipfelhöhe 6.400 m; Reichweite mit 726 kg Bomben 1.481 km.
**Gewicht:** Leergewicht 4.173 kg; max. Startgewicht 7.666 kg.
**Abmessungen:** Spannweite 22,86 m; Länge 17,68 m; Höhe 5,33 m; Tragflügelfläche 136,56 m².
**Bewaffnung:** drei 7,7 mm Lewis Gewehre in Bug-, Turm- und Unterrumpf-Position, plus bis zu 1.588 kg Bomben.

# Handley Page H.P.52 Hampden

## Entwicklungsgeschichte

Im September 1962 gab das Luftfahrtministerium die Spezifikation B.9/32 für einen zweimotorigen Bomber heraus; sowohl Handley Page als auch Vickers bemühten sich um einen Auftrag. Beide erhielten eine Bestellung und lieferten die Prototypen der **Handley Page H.P.52** und Vickers 271, später als Wellington bezeichnet. Die Erstflüge fanden am 21. Juni bzw. 15. Juni 1936 statt.

Obwohl beide auf die gleiche Spezifikation abgestimmt waren, waren die beiden Typen durchaus unterschiedlich. Handley Page wählte einen extrem schlanken Rumpf mit drei handbetriebenen Schützenpositionen, während Vickers einen eher untersetzten Rumpf mit motorbetriebenen Kanzeln verwendete.

Trotz des altmodischen Äußeren der **Hampden**, wie der Bomber später genannt wurde, hatte das Modell einige bemerkenswerte Eigenschaften. Mit Hilfe der Handley Page Vorflügel konnte die Maschine mit einer Geschwindigkeit von nur 117 km/h landen, während die Höchstgeschwindigkeit mit 409 km/h höher lag als die der Wellington oder der Armstrong Whitworth Whitley; das Modell konnte eine Waffenlast von 1.814 kg (4.000 lb) über 1.931 km transportieren, verglichen mit 2.041 kg der Wellington über die gleiche Entfernung.

Am 15. August 1936 wurden 180 Hampden nach Spezifikation B.30/36 bestellt, und der Prototyp flog erstmals 1937. Gleichzeitig wurde ein anderer Auftrag eingereicht, der 100 Maschinen mit Napier Dagger Motoren vorsah, die unter dem Namen **Hereford** gebaut wurden. Im Mai 1938 flog das erste Serienexemplar der **Hampden Mk I** aus der Handley Page Produktion in Radlett.

Der Ausbau der RAF war bereits in vollem Gange, und am 6. August 1938 gingen weitere Bestellungen ein: English Electric in Preston wurde mit dem Bau von 75 Maschinen beauftragt, und in Kanada wurden 80 weitere von einem Konsortium mit dem Namen Canadian Associated Aircraft Ltd. hergestellt, die dann im Verlauf des Jahres 1940 fertiggestellt wurden.

Nach Versuchen beim Aircraft and Armament Experimental Establishment in Martlesham Heath und bei der Central Flying School in Upavon begannen im September 1938 die Lieferungen an die RAF; die erste Reihe ging an die No. 49 Squadron in Scampton in Lincolnshire. Diese Einheit gehörte zur No. 5 Group, die schließlich ganz mit Hampden ausgerüstet wurde. Als der Zweite Weltkrieg ausbrach, flogen zehn Staffeln dieses Typs.

Frühe Einsätze als Tagaufklärer verliefen ohne Zwischenfälle, aber am 29. September wurden die Nachteile der Hampden nur allzu deutlich aufgezeigt, als fünf von elf Maschinen in zwei Formationen von deutschen Kampfflugzeugen in Sichtweite der deutschen Küste zerstört wurden. Bald darauf wurde beschlossen, in Zukunft nur bei Dunkelheit zu fliegen, und der Typ führte einige Flugblattaktionen durch.

Im Winter 1939/40 wurde die Hampden als Minenleger eingesetzt. Maschinen von fünf Einheiten legten in der Nacht zum 14. April 1940 Minen in deutschen Gewässern, kurz nach dem Überfall der Deutschen auf Norwegen, und bis Ende des Jahres hatten die Hampden-Staffeln der No. 5 Group 1.209 Minenlegereinsätze geflogen und 703 Minen gelegt, wobei 21 Flugzeuge verlorengingen — eine Verlustquote von 1,8 Prozent, die man für akzeptabel hielt.

Bei der Besetzung Norwegens durch die Deutschen wurden allerdings wiederum die Schwächen der Hampden deutlich: wegen der unzureichenden Verteidigungsbewaffnung erlitt der Typ in der Rolle als Tagbomber im Kampf gegen die deutschen Flugzeuge schwere Verluste.

In der Nacht zum 26. August 1940 nahmen Hampden und Armstrong Whitworth Whitley beim ersten RAF-Luftangriff auf Berlin teil. Ab April 1942 wurden die Hampden für Torpedobomber Einsätze an das Coastal Command weitergegeben, und die 157 umgebauten Maschinen erhielten die Bezeichnung **Hampden TB.Mk 1**.

**Handley Page Hampden TB. Mk I einer RAF Operational Conversion Unit in Schottland im Jahre 1942**

Imperial War Museum

**Die Handley Page Hampden T.Mk I unterschied sich von der Mk I durch den etwas vertieften Bombenschacht.**

Trotz ihrer diversen Unzulänglichkeiten hatte die Hampden auch Vorteile, darunter die gute Manövrierbarkeit und das ausgezeichnete Sichtfeld für den Piloten. Ein Nachteil war der Platzmangel, so daß individuelle Besatzungsmitglieder ihre Positionen nur unter größten Schwierigkeiten tauschen konnten, was bei Verletzungen natürlich zu Komplikationen führte. Insgesamt wurden 1.432 Hampden gebaut, 52 davon von Handley Page, 770 von English Electric und 160 in Kanada.

### Varianten

**Hampden Mk II:** Bezeichnung für zwei versuchsweise mit zwei 1.100 PS (821 kW) Wright R-1820 Cyclone Sternmotoren ausgerüstete Maschinen mit der Bezeichnung **H.P.62**.

### Technische Daten

**Typ:** viersitziger mittlerer Bomber.
**Triebwerk:** zwei 1.000 PS (746 kW) Bristol Pegasus XVII Neunzylinder Sternmotoren.
**Leistung:** Höchstgeschwindigkeit 409 km/h in 4.205 m Höhe; Reisegeschwindigkeit 269 km/h; Dienstgipfelhöhe 5.790 m; Reichweite 3.034 km mit 907 kg Bomben.
**Gewicht:** Leergewicht 5.343 kg; max. Startgewicht 8.508 kg.
**Abmessungen:** Spannweite 21,08 m; Länge 16,33 m; Höhe 4,55 m; Tragflügelfläche 62,06 m².
**Bewaffnung:** zwei vorwärtsfeuernde 7,7 mm MG und je zwei in Rücken- und Unterrumpfpositionen plus bis zu 1.814 kg Bomben.

# Handley Page H.P.53 Hereford

### Entwicklungsgeschichte

Wie die Avro Manchester war auch die **Handley Page H.P.53 Hereford** grundsätzlich ein gutes Flugwerk mit einem schlechten Triebwerk. Der H.P.53 Prototyp, der umgebaute Prototyp einer schwedischen Patrouillenausführung der Hampden, flog im Juni 1937 mit zwei 955 PS (712 kW) Napier Dagger VIII vierreihigen Motoren in H-Form. Short Brothers und Harland wurden mit dem Bau einer ersten Serie von 100 Maschinen beauftragt;die Zahl wurde später auf 152 erhöht. Die ersten Serienmaschinen aus der Belfast-Produktion flogen am 17. Mai 1939.

Tests beim Aircraft and Armament Experimental Establishment in Martlesham Heath zeigten, daß die Leistung der Hereford fast identisch mit derjenigen der Hampden war, aber das war auch die einzige Gemeinsamkeit. Die Motoren waren unzuverlässig: sie wurden am Boden zu heiß und kühlten in der Luft zu schnell ab, und der hohe Pfeifton der Abgasanlage war eine Belästigung für die Besatzung.

Ein oder zwei Hereford dienten neben der Hampden für kurze Zeit bei Einsatzstaffeln, aber sie wurden bald zur Schulung abgestellt, in erster Linie bei der No. 16 Operational Training Unit (OTU). Eine Hereford wurde von der Torpedo Development Unit in Gosport verwendet, und mindestens 19 Exemplare wurden später mit neuen Triebwerken ausgestattet und auf den Standard der Hampden gebracht.

### Technische Daten

**Typ:** viersitziger mittlerer Bomber.
**Triebwerk:** zwei 1.000 PS (746 kW) Napier Dagger VIII 24-Zylinder wassergekühlte H-Motoren.
**Leistung:** Höchstgeschwindigkeit 426 km/h in 4.725 m Höhe; Reisegeschwindigkeit 277 km/h; Dienstgipfelhöhe 5.790 m; Reichweite 1.931 km mit 1.814 kg Bomben.

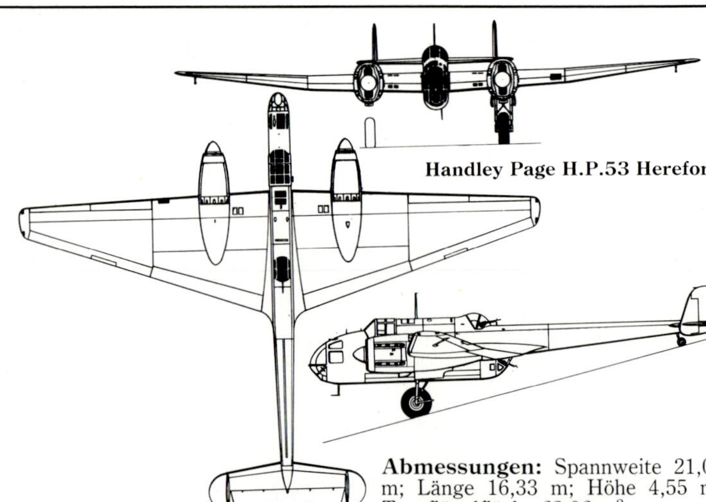

**Handley Page H.P.53 Hereford**

**Abmessungen:** Spannweite 21,08 m; Länge 16,33 m; Höhe 4,55 m; Tragflügelfläche 62,06 m².
**Bewaffnung:** zwei vorwärtsfeuernde 7,7 mm MG und je eins in Rücken- und Unterrumpfpositionen plus bis zu 1.814 kg Bomben.

# Handley Page H.P.54 Harrow

### Entwicklungsgeschichte

Die Spezifikation B.3/34 für ein modernes zweimotoriges Modell als Ersatz für die Handley Page Heyford und die überholte Vickers Virginia steht am Beginn des Zeitalters der Eindecker-Bomberflugzeuge für die Royal Air Force.

Zwei Firmen erhielten Aufträge für ihre Vorschläge, Armstrong Whitworth für ihre Whitley und Handley Page für ihre **Handley Page H.P.54**, ein Typ mit etwas weniger originellem Konzept, das Schulterdeckerflügel und ein festes Fahrwerk vorsah. Man muß darauf hinweisen, daß die beiden Modelle zwar auf der gleichen Spezifikation beruhten, daß aber die später als **Harrow** bezeichnete Handley Page H.P.54 zunächst als Bomber- und Schulungsflugzeug gedacht war und später, wenn modernere Bomber in die Massenproduktion gegangen sein würden, als Transporter verwendet werden sollte. Mehr als 100 Harrow wurden nach der neuen Spezifikation B.29/35 bestellt, noch ehe der Prototyp am 10. Oktober 1938 flog. Dieses neue Modell basierte weitgehend auf dem Prototyp des H.P.51 Truppentransporters, der im Mai des Vorjahres erstmals geflogen war.

Handley Page hatte für die Harrow eine neue Produktionsmethode eingeführt, wobei Komponenten von kleinen Zulieferfirmen gebaut werden konnten, was für Herstellung und Reparatur der Maschinen von Vorteil war. Die ersten 39 Serienmaschinen trugen die Bezeichnung **Harrow Mk I** und hatten 850 PS (634 kW) Bristol Pegasus X Motoren, die eine Höchstgeschwindigkeit von 306 km/h ermöglichten; die nächsten 61 Flugzeuge waren **Harrow Mk II** mit Pegasus II Motoren von 925 PS (690 kW), die eine um 16 km/h höhere Geschwindigkeit erlaubten. Motorenbetriebene MG-Stände in Bug-, Heck- und zentraler Rücken-Position bedeuteten einen Vorteil gegenüber den herkömmlichen Modellen; allerdings wurden sie bei den Mk I erst später eingebaut.

Die No. 214 Squadron in Feltwell erhielt die Harrow im Januar 1937 als erste Einheit; der Typ ersetzte die Virginia, und bis Ende des Jahres hatten vier weitere Einheiten den neuen Bomber übernommen.

Die Produktion der Harrow lief im Dezember 1937 mit dem 100. Exemplar aus; die Maschinen blieben noch bis in die letzten Etappen des Zweiten Weltkriegs hinein im Einsatz.

Eine neue Rolle für die Harrow war die Verwendung als Minenleger, als die No. 420 Flight im Oktober 1940 in Middle Wallop aufgestellt wurde, um unter dem Codenamen 'Pandora' entsprechende Experimente durchzuführen. Die Maschinen trugen sogenannte 'Long Aerial Mines' (LAM), die aus kleinen Explosionskörpern bestanden, welche an Fallschirmen mit einem 610 m langen Klaviersaitendraht abgeworfen wurden. Sie sollten über dem Kurs eines Bomberstroms abgeworfen werden, und wenn ein Flugzeug sich in den Drähten verfing, sollten ein oder mehrere Explosionskörper ausgelöst werden, um den Bomber zu beschädigen oder zerstören. Nach drei Monate langen Versuchen erwies sich diese Idee als unpraktisch, obwohl vier oder fünf Erfolge erzielt worden waren.

**Die Handley Page Harrow ist ein Musterbeispiel für den Übergang von stoffbespannten Doppeldeckern zu Eindeckern in Ganzmetallbauweise, der Mitte der dreißiger Jahre stattfand.**

### Technische Daten

**Typ:** vier/fünfsitziger Bomber oder 20sitziger Transporter.
**Triebwerk:** zwei 925 PS (690 kW) Bristol Pegasus XX Neunzylinder Sternmotoren.
**Leistung:** Höchstgeschwindigkeit 322 km/h in 3.050 m Höhe; Reisegeschwindigkeit 262 km/h in 4.570 m Höhe; Dienstgipfelhöhe 6.950 m; Reichweite 2.012 km.
**Gewicht:** Leergewicht 6.169 kg; max. Startgewicht 10.433 kg.
**Abmessungen:** Spannweite 26,95 m; Länge 25,04 m; Höhe 5,92 m; Tragflügelfläche 101,26 $m^2$.
**Bewaffnung:** vier 7,7 mm MG, je eins in Bug- und Turmkanzel und zwei in Heckkanzel, plus Vorrichtungen für bis zu 1.361 kg Bomben.

# Handley Page H.P.57 Halifax

### Entwicklungsgeschichte

Das zweite der beiden viermotorigen schweren Bombermodelle, die bei der RAF den Dienst aufnahmen, war im November 1940 die **Handley Page H.P.57 Halifax**, ein Mitglied des berühmten Dreigespanns Halifax, Avro Lancaster und Short Stirling, das die nächtlichen Bombenangriffe des Bomber Command auf Deutschland durchführte. Gemeinsam mit den Tagesangriffen der USAAF erreichten die 24stündigen Bombardierungen deutscher Ziele 1944 ihren Höhepunkt und verursachten geradezu unvorstellbare Verwüstungen. Obwohl die Halifax mehr als ein Jahr vor der Lancaster den Einsatz aufnahm, wurde sie in ihrer Eigenschaft als Bombenflugzeug von den überlegenen Leistungen der Lancaster in den Schatten gestellt. Die Halifax übertraf jedoch die Lancaster, was die Mehrzweck-Kapazität anging, denn neben Nachtbomberflügen diente sie auch als Ambulanz-, Fracht-, Schlepp-, Passagier- und Marineaufklärungsflugzeug.

Die Halifax geht auf eine Anforderung des Luftfahrtministeriums aus dem Jahre 1935 zurück, die einen zweimotorigen Bomber vorsah und von Handley Page einen Entwurf mit der Bezeichnung **H.P.55** erhielt. Dieser Entwurf fand keinen Anklang, aber etwa ein Jahr später gab das Luftfahrtministerium die neue Spezifikation P.13/36 heraus, die einen mittleren/schweren Bomber mit einem von Rolls-Royce seinerzeit unter dem Namen Vulture entwickelten 24-Zylindermotor vorsah. Handley Pages **H.P.56** wurde als Prototyp in Auftrag gegeben, aber die Firma bezweifelte, daß der Vulture Motor ein brauchbares Triebwerk abgeben würde und begann, die H.P.56 für vier Rolls-Royce Merlin Motoren umzuarbeiten. Die allgemeine Konfiguration wurde kaum verändert, aber die dem Luftfahrtministerium schließlich vorgelegte **H.P.57** war ein sehr viel größeres und schwereres Flugzeug.

Am 3. September 1937 erhielt Handley Page den Auftrag für den Bau von zwei Prototypen der H.P.57, der im Frühjahr 1938 in Angriff genommen wurde. Als die erste Maschine beinahe fertig war, stellte sich heraus, daß der Flughafen der Firma in Radlett, Hertfordshire, für den Erstflug eines so großen Modells zu klein war, und man beschloß, statt dessen den nächstgelegenen, nicht benutzten RAF Flughafen zu verwenden, der sich in Bicester in Oxfordshire befand. Dort wurde die Maschine zusammengesetzt und am 25. Oktober 1939 erstmals geflogen.

Beim Erstflug war die H.P.57 ein Mitteldecker in Metallbauweise mit freitragenden Flügeln, automatischen Vorflügeln (die beim Serienmodell weggelassen wurden, weil das Luftfahrtministerium eine Bewaffnung für die Tragflächenvorderkanten vorsah und Ballonkabelschneiden forderte), einem Leitwerk mit einem großen, hoch angesetzten Höhenleitwerk und mit doppeltem Seitenleitwerk. Platz war für eine siebenköpfige Besatzung, darunter drei Bordschützen. Das Fahrwerk war eine einziehbare Heckradanlage, und das Triebwerk bestand aus vier Merlin Motoren. Für die wichtigste Rolle als Bombenflugzeug konnten in einem 6,71 m langen Bombenschacht die verschiedensten Waffen aufgenommen werden; dazu kamen zwei Bombenabteilungen im Flügelmittelstück, je eine zu beiden Rumpfseiten.

Der zweite Prototyp unternahm seinen Erstflug am 17. August 1940, knapp zwei Monate später gefolgt vom ersten Serienexemplar, der **Halifax Mk I** mit 1.280 PS (954 kW) Rolls-Royce Merlin X Motoren. Die ersten Serienmaschinen waren mit zwei bzw. vier 7,7 mm MG in Bug- und Heckkanzeln bewaffnet. Die vollständige Bezeichnung der ersten Serienausführung lautete **Halifax B.Mk I Series I**; die Maschinen dienten ab November 1940 bei der No. 35 Squadron der RAF. Diese Einheit setzte Anfang März 1941 erstmals die Halifax ein, bei einem Angriff auf Le Havre; einige Tage später wurde das Modell der erste viermotorige RAF Bomber, der einen nächtlichen Angriff auf deutsche Stellungen (über Hamburg) durchführte. Der erste Tagesangriff der Halifax fand am 30. Juni 1941 über Kiel statt; es stellte sich bald heraus, daß die Verteidigungswaffen des Modells für Tagesangriffe nicht ausreichten, und bis Ende 1941 wurde die Halifax nur noch bei Nacht als Bomber verwendet. Bei den späteren Ausführungen wurde die Bewaffnung verstärkt.

Bei den frühen Einsätzen der Halifax hatte sich erwiesen, daß dieser viermotorige Bomber voll den Erwartungen entsprach. Die Aufträge überforderten bald die Produktionsstätten der Firma in Cricklewood und Handley Page, aber schon vor dem Krieg waren Pläne für alternative Werke gemacht worden. Durch die Konstruktionsmethode der Halifax wurde die Einrichtung von neuen Fabriken erleichtert, und die ersten von Zulieferfirmen gebauten Halifax (von der English Electric Company, die vorher schon den mittleren Bomber Handley Page Hampden gebaut hatte) flogen am 15. August 1941. Die drei anderen Fabriken waren Fairey in Stockport, Rootes Securities in Speke und die London Aircraft Production Group.

**Die G-AHDU wurde als Handley Page Halifax C.Mk 8 (ex-PP310) gebaut, aber für BOAC von Short & Harland in eine Halton umgebaut. Die Maschine flog unter dem Namen 'Falkirk' und wurde 1950 in Southend verschrottet.**

Von ihren ersten Einsätzen an blieben die Halifax Bomber beim Bomber Command ununterbrochen im Einsatz und flogen schließlich bei nicht weniger als 34 Staffeln auf dem europäischen Kriegsschauplatz sowie bei vier Einheiten im Nahen Osten. Zwei Gruppen wurden schon früh im Fernen Osten eingesetzt, und nach dem 7. Mai 1945 flogen einige mit der Halifax B.Mk VI ausgestattete Staffeln ihre Maschinen zu den pazifischen Kriegsschauplätzen, um die Alliierten zu unterstützen. Im August 1942 nahm die Halifax bei den ersten Einsätzen teil und wurde als erster RAF-Typ mit der streng geheimen $H_2S$ Radaranlage ausgerüstet; das Modell wurde bei Tage häufig für Angriffe auf deutsche V-1 Stellungen benutzt und flog von 1941 bis 1945 75.532 Einsätze, bei denen 231.252 t Bomben auf europäische Stellungen abgeworfen wurden.

Die Halifax diente außerdem bei neun Staffeln des RAF Coastal Command für U-Boot-Abwehr-, meteorologische und Schiffspatrouillenflüge; dabei wurde das Modell von der

Standard-Bomberausführung für die spezifischen Einsatzgebiete entsprechend umgebaut und erhielt, je nach der verwendeten Version, die Bezeichnung **Halifax GR.Mk II**, **GR.Mk V** oder **GR.Mk VI**. Das RAF Transport Command erhielt **Halifax C.Mk III**, **C.Mk VI** und **C.Mk VII** Maschinen als Sanitäts-, Fracht- und Personentransporter. Während des Kriegs war über die Arbeit der Special Duty Squadron No. 138 und 161 nur wenig bekannt: ihre Aufgabe war es, Versorgungsgüter über feindlichem Gebiet mit Fallschirmen abzuwerfen.

Eine weitere wichtige Rolle spielte die Halifax bei den Airborne Forces, wo das Modell unter den Bezeichnungen **Halifax A.Mk III**, **A.Mk V** und **A.Mk VII** als Fallschirmspringer- oder Schleppflugzeug eingesetzt wurde. Die Halifax war das einzige Flugzeug, daß die großen General Aircraft Hamilcar Lastensegler schleppen konnte, was sie erstmals im Februar 1942 bewies.

Auf die Mk I folgte die **Halifax B.Mk II Srs I**, die einen Boulton Paul MG-Stand und eine um 15 Prozent höhere Treibstoffkapazität aufwies; das zunächst aus Merlin XX bestehende Triebwerk wurde später in Merlin 22 mit gleicher Leistung geändert. Diese und weitere nach den Erstflügen der Prototypen eingeführte Neuerungen führten zu einem immer höheren Gesamtgewicht. Dadurch wurde die Leistung der Maschine herabgesetzt, und man unternahm sofort Anstrengungen, die Leistung des Typs zu verbessern.

Das Ergebnis, die **Halifax B.Mk II Srs IA** (Firmenbezeichnung **H.P.59**) hatte eine um zehn Prozent bessere Leistung, was Höchst- und Reisegeschwindigkeit betraf, erzielt durch die Verringerung von Gewicht und Luftwiderstand. Die letzte wichtige Serienausführung war die **Halifax B. Mk III** (Firmenbezeichnung **H.P.61**), das erste Bombenflugzeug mit Bristol Hercules VI oder XVI Sternmotoren, die für den Start 1.615 PS (1.204 kW) ermöglichten.

Handley Page Halifax A.Mk 9, 1947

Obwohl die Halifax GR.Mk VI nach der deutschen Niederlage beim Bomber Command aus dem Einsatz genommen wurde, diente das Modell noch weiterhin beim Coastal Command, ebenso wie die Halifax A.Mk VI bei Transportstaffeln im In- und Ausland. Zu den Versionen der Nachkriegszeit gehörten die **Halifax C.Mk VIII** (Firmenbezeichnung **H.P.70**), die einen abnehmbaren, 3.629 kg fassenden Behälter unter dem Rumpf transportieren konnte, und die **Halifax A.Mk IX** (Firmenbezeichnung **H.P.71**), ein Truppentransporter, der von den Luftstreitkräften benutzt wurde. Als die Produktion dieser beiden Versionen auslief (etwa 230 Exemplare), waren insgesamt 6.178 Halifax Maschinen gebaut worden.

Als die Halifax C.Mk VIII des Transport Command aus dem Dienst genommen wurden, bauten Short Bros & Harland zehn Exemplare zu zehnsitzigen **Halton Mk I (H.P.70)** Ziviltransportern für den Einsatz bei der BOAC um. Später führten verschiedene Firmen etwa 80 weitere Modifikationen durch.

### Varianten

**Halifax B.Mk I Srs II:** weitgehend ähnlich der B.Mk I Srs I, aber für Einsätze mit höherem Gesamtgewicht verlängert.
**Halifax B.Mk I Srs III:** Ausführung der B.Mk I Srs I mit erhöhter Treibstoffkapazität; spätere Serienexemplare mit Merlin XX Motoren.
**Halifax B.Mk II Srs I (Special):** neue Bezeichnung für B.Mk II Srs I, die während der Einsatzzeit auf den Standard der B.Mk II Srs IA gebracht wurden.
**Halifax B.Mk V Srs IA:** wie die B.Mk II Srs IA, bis auf das Dowty Fahrwerk; die Firmenbezeichnung lautete **H.P.63**.
**Halifax B.Mk V Srs I (Special):** wie die B.Mk II Srs I (Special), bis auf das Dowty Fahrwerk und die Hydraulik.
**Halifax B.Mk VI:** weitgehend ähnlich der B.Mk III, aber mit 1.675 PS (1.249 kW) Bristol Hercules Motoren für 1.800 PS (1.342 kW) in 3.050 m Höhe; Firmenbezeichnung H.P.61.
**Halifax B.Mk VII:** wie die B.Mk VI, aber wiederum mit Bristol Hercules XVI Sternmotoren wegen des Mangels an Hercules 100 Triebwerken; Firmenbezeichnung H.P.61.

### Technische Daten
**Handley Page Halifax B.Mk III**
**Typ:** ein siebensitziger schwerer Langstrecken-Bomber.
**Triebwerk:** vier 1.615 PS (1.204 kW) Bristol Hercules XVI 14-Zylinder Sternmotoren.
**Leistung:** Höchstgeschwindigkeit 454 km/h in 4.115 m Höhe; Langstrecken-Reisegeschwindigkeit 346 km/h in 4.115 m Höhe; Dienstgipfelhöhe 7.315 m; Reichweite bei max. Bombenlast 1.658 km.
**Gewicht:** Leergewicht 17.345 kg; max. Startgewicht 29.484 kg.
**Abmessungen:** Spannweite 31,75 m; Länge 21,82 m; Höhe 6,32 m; Tragflügelfläche 118,45 $m^2$.
**Bewaffnung:** ein 7,7 mm MG im Bug und vier in Rücken- und Heckkanzeln plus bis zu 5.897 kg Bomben.

## Handley Page H.P.67 Hastings

### Entwicklungsgeschichte
Die für die Spezifikation C.3/44 des Luftfahrtministeriums entworfene **Handley Page H.P.67 Hastings** war ein Mehrzweck-Langstreckentransporter, der sowohl bei der RAF als auch bei der Royal New Zealand Air Force flog. Dieser Tiefdecker mit freitragenden Flügeln und einem Rumpf mit kreisförmigem Querschnitt hatte ein konventionelles Leitwerk und ein einziehbares Heckradfahrwerk; das Triebwerk bestand aus vier Bristol Hercules 101 Sternmotoren beim ersten Hastings Prototyp (TE580), der erstmals am 7. Mai 1946 flog, gefolgt von einem zweiten Prototyp am 30. Dezember 1946.

Das erste Serienmodell, die **Hastings C. Mk 1**, nahm im Oktober 1948 bei der No. 47 Squadron der RAF im Transport Command den Dienst auf. Die Serienmaschinen wurden von einer fünfköpfigen Besatzung geflogen und konnten 30 Fallschirmspringer mit Ausrüstung oder 32 Tragen plus 18 sitzende Verwundete aufnehmen. Andernfalls war Platz für 50 voll ausgerüstete Soldaten oder eine Frachtladung. Die Maschinen der No. 47 und 297 Squadron wurden während der Berliner Luftbrücke häufig eingesetzt.

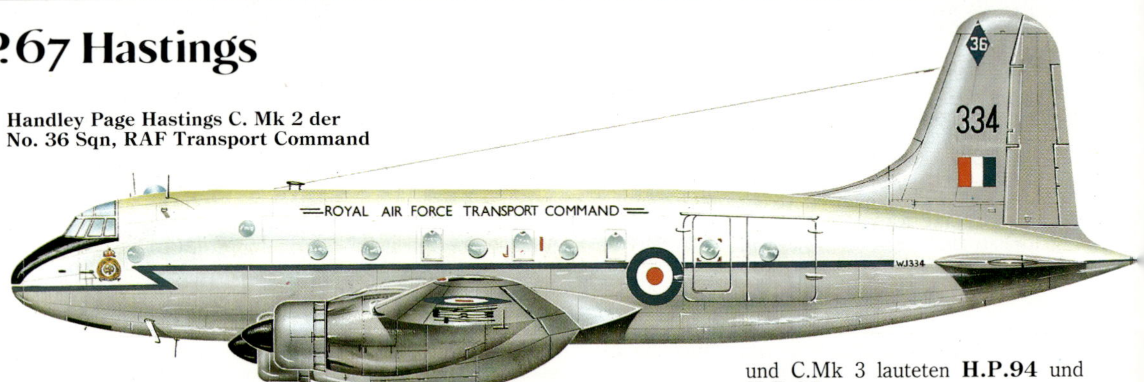

Handley Page Hastings C. Mk 2 der No. 36 Sqn, RAF Transport Command

Für die RAF wurden insgesamt 147 Hastings gebaut, darunter auch die beiden Prototypen: 100 Hastings C. Mk 1, 43 **Hastings C. Mk 2** und vier **Hastings C.Mk 4**. Die RNZAF erhielt außerdem vier **Hastings C.Mk 3** Transporter. Die C.Mk 2 hatte Hercules 106 Motoren, eine größere und tiefer am Rumpf angesetzte Höhenflosse und eine höhere Treibstoffkapazität; alle C.Mk 1 wurden später auf diesen Standard gebracht und in **Hastings C.Mk 1A** umbenannt. Die Hastings C.Mk 3 der RNZAF waren ähnlich den C.Mk 2, hatten aber Hercules 737 Motoren, und die C.Mk 4 der RAF waren für vier VIP Passagiere und deren Begleitung ausgestattet. Zu den Varianten gehörten die sechs letzten Maschinen des ursprünglichen Vertrags über die C.Mk 1, die als **Hastings Met.Mk 1** für Wetterbeobachtungsflüge beim Coastal Command gebaut wurden, und acht Hastings C.Mk 1, die für den Einsatz bei der Bomber Command Bombing School als Schulflugzeuge für Bombenschützen entstanden. Sie trugen die Bezeichnung **Hastings T.Mk 5** und hatten ein großes Unterrumpfradom. Im Frühjahr 1968 wurde die Hastings beim RAF Transport Command aus dem Verkehr gezogen und durch die Lockheed Hercules ersetzt. Die Firmenbezeichnungen für die C.Mk 4 und C.Mk 3 lauteten **H.P.94** und **H.P.95**.

### Technische Daten
**Handley Page Hastings C.Mk 2**
**Typ:** ein Langstrecken-Mehrzwecktransporter.
**Triebwerk:** vier 1.675 PS (1.249 kW) Bristol Hercules 106 14-Zylinder Sternmotoren.
**Leistung:** Höchstgeschwindigkeit 560 km/h in 6.765 m Höhe; Reisegeschwindigkeit 486 km/h; Dienstgipfelhöhe 8.075 m; Reichweite bei normaler Nutzlast 2.720 km.
**Gewicht:** Leergewicht 21.966 kg; max. Startgewicht 36.287 kg.
**Abmessungen:** Spannweite 34,44 m; Länge 25,20 m; Höhe 6,86 m; Tragflügelfläche 130,80 $m^2$.

## Handley Page H.P.75 Manx

### Entwicklungsgeschichte
Obwohl nur ein Exemplar dieses hecklosen Testflugzeugs gebaut wurde, ist das ungewöhnliche Modell einen kurzen Abschnitt wert. Sein Konstrukteur war Dr. Gustav Lachmann, der zwischen 1929 und 1939 verschiedentlich als Konstrukteur für die Firma arbeitete, und der es für möglich hielt, ein stabiles Flugzeug zu bauen, das nicht unter dem Gewicht und Luftwiderstand des Leitwerks leiden müßte. Die später als **Manx** bezeichnete **Handley Page**

**H.P.75** war ein Mitteldecker mit nach hinten gepfeilten äußeren Flügelsektionen mit Höhenquerrudern und Endplattenflossen mit Seitenruder. Der hecklose Rumpf erstreckte sich nach hinten nur wenig über das Flügelmittelstück hinaus, endete in einer festen Flosse und sah ausgesprochen plump aus.

Die Manx hatte ein Dreibeinfahrwerk, bei dem nur die Hauptteile eingezogen werden konnten, faßte zwei Mann Besatzung (der Flugbeobachter mit dem Gesicht nach hinten) und hatte zwei de Havilland Gipsy Major II Motoren, die mit Druckpropellern an den mittleren Flügelsektionen montiert waren.

Die Bodentests begannen am 14. Mai 1943, und ein eher zufälliger Erstflug fand am 25. Juni statt. Die Flugtests wurden in unregelmäßigen Abständen bis zum November 1945 fortgesetzt; während dieser Zeit brachte es das Modell auf fast 17 Flugstunden, aber als die beiden für die meisten dieser Tests verantwortlichen Besatzungsmitglieder beim Absturz der Hermes Mk I ums Leben kamen, wurde die Manx nur noch zweimal geflogen. Dann wurde das Projekt abgebrochen.

### Technische Daten

**Typ:** heckloses Versuchsflugzeug.
**Triebwerk:** zwei hängende 140 PS (104 kW) de Havilland Gipsy Major II Vierzylinder Reihenmotoren.
**Leistung:** Höchstgeschwindigkeit 235 km/h; Dienstgipfelhöhe 3.200 m.
**Gewicht:** Leergewicht 1.361 kg; max. Startgewicht 1.814 kg.
**Abmessungen:** Spannweite 12,14 m; Länge 5,56 m; Tragflügelfläche 22,76 $m^2$.

**Die Erprobung des Forschungsflugzeugs Handley Page Manx zog sich recht lange hin, dennoch wurde die Maschine in dieser Zeit wenig geflogen.**

# Handley Page H.P.80 Victor

**Handley Page Victor K Mk 2 der No. 57 Sqn, RAF, in den frühen 80er Jahren in Marham stationiert**

## Entwicklungsgeschichte

Einer der beiden für die Spezifikation B.35/46 entworfenen Bomber war die **Handley Page H.P.80 Victor**, das letzte V-Bomberflugzeug, das bei der RAF den Dienst aufnahm. Das andere Modell, die Avro Vulcan, hatte Mitte 1956 mit dem Einsatz begonnen. Die für ihre Zeit in technischer Hinsicht sehr fortgeschrittene Victor (Erstflug am 24. Dezember 1952) wurde für sehr schnelle Flüge in großer Höhe außerhalb der Reichweite der damaligen Abwehrwaffen konzipiert. Als das Modell 1956 schließlich den Einsatz aufnahm, war es allerdings schon von anderen Kampfflugzeugen überholt worden und konnte von Raketengeschossen abgefangen werden.

Mit den stark gepfeilten Flügeln sollte eine optimale Reisegeschwindigkeit erreicht werden. Das Triebwerk der **Victor B.Mk 1** bestand aus vier in der stark gepfeilten Flügelwurzeln montierten Armstrong Siddeley Sapphire 200 Strahltriebwerken. Die Konstruktion bestand in erster Linie aus doppelten Sandwichplatten in Rippen- oder Wabenkonstruktion. Die Victor B.Mk 1 wurde der RAF zuerst angeboten, aber wegen der inzwischen nicht mehr überragenden Leistung verlangte die RAF einen besseren Schutz für die Maschine. Schließlich wurden 50 veränderte **Victor B.Mk 1H** eingesetzt, die mit einer komplexen ECM-Anlage im Rumpfhinterteil und besseren Ausrüstung versehen waren.

1964 wurde Handley Page beauftragt, die restlichen Victor B.Mk 1 und B.Mk 1H zu Tankern umzubauen. Die noch im Einsatz befindlichen Maschinen erhielten ein Flight Refuelling Mk 20b Gehäuse unter den beiden Tragflächen, mit dem Kampfflugzeuge bei hoher Geschwindigkeit aufgetankt werden konnten. Eine Flight Refuelling Mk 17 Schlauchanlage im hinteren Teil des Bombenschachts war für Bomber und Transporter gedacht. Um die Kapazität zu erhöhen, wurden im Bombenschacht zwei zusätzliche Treibstofftanks angebracht, die schnell ausgebaut werden konnten, um die Maschine wieder in ihrer eigentlichen Rolle einzusetzen. Die ersten sechs Tanker mit den Bezeichnungen **Victor K.Mk 1** und **Victor K.Mk 1H** hatten nur die Unterflügel-Tankanlagen und nahmen im August 1965 bei der No. 55 Squadron in Marham den Dienst auf. Im Laufe von 18 Testmonaten transferierten die sechs K.Mk 1 3.044.914 kg Treibstoff bei 10.646 Kontakten und bei fast 40 Versuchen im Ausland. Zwei BAC Lightning Kampfflugzeuge konnten gleichzeitig mit 680 l pro Minute versorgt werden. Die No. 57 und 214 Squadron hatten Victor K.Mk 1A mit drei Tankanlagen, und die No. 55 Sqn erhielt die ersten entsprechend verbesserten Maschinen im Frühjahr 1967.

1954 lag der Entwurf der Victor Mark 2 vor, und die erste **Victor B. Mk 2** flog am 20. Februar 1959. Diese erweiterte Version war schwerer und hatte eine höhere Leistung dank der Rolls-Royce Conway Mk 201 Turbofan-Triebwerke von 9.344 kp Schub. Im Vergleich zur Mk 1 hatte die neue Ausführung eine größere Spannweite und größere Lufteinläufe. Eine Turboméca Artouste Turbine in der rechten Flügelwurzel betrieb das APU (Hilfstriebwerk), das auch für die Energie am Boden sorgte. Zur Bewaffnung gehörte auch die Hawker Siddeley Blue Steel Luft-Boden-Rakete. Trotz der Verbesserungen wurden nur 34 Maschinen gebaut, 22 Maschinen wurden storniert.

Die **Victor SR.Mk 2** war ein strategischer Aufklärer, der aus der B.Mk 2 abgeleitet wurde und vor allem für Einsätze in großer Höhe über See geplant war. Eine einzige Maschine konnte eine Radarkarte des gesamten Mittelmeerraums in einem siebenstündigen Einsatz erstellen, und vier Maschinen konnten den Nordatlantik in sechs Stunden erfassen, wobei Blitzbomben Aufnahmen bei Nacht ermöglichten. Einige B.Mk 2 wurden wieder für strategische Aufklärung umgebaut, und die 24 zu Tankern umgebauten **Victor K.Mk 2** (ehemalige B.Mk 2) spielten bei der RAF weiterhin eine wichtige Rolle. Die Victor K.Mk 2 war ein völlig neu gebautes Modell mit reduzierter Spannweite, hergestellt von British Aerospace.

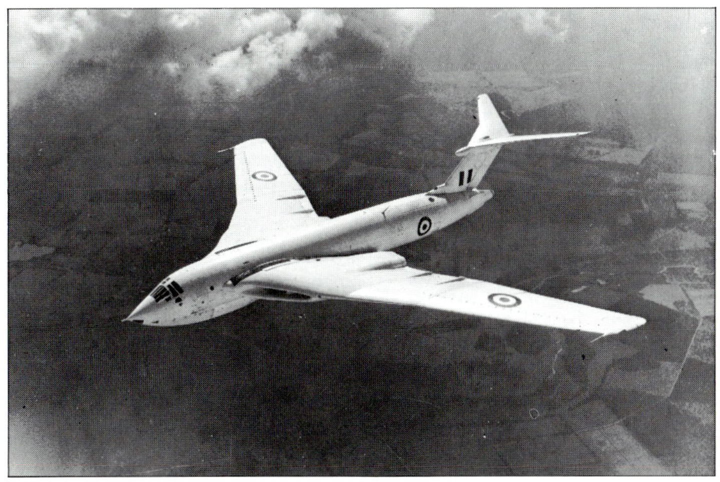

**Die starke Pfeilung der Tragflächen ist bei dieser Aufnahme der Handley Page Victor gut zu erkennen.**

### Technische Daten

**Handley Page Victor B. Mk 2**
**Typ:** strategischer Bomber.
**Triebwerk:** vier Rolls-Royce Conway Mk 201 Turbofan-Triebwerke von 9.344 kp Schub.
**Leistung:** Höchstgeschwindigkeit 1.030 km/h oder Mach 0,92 in 12.190 m Höhe; max. Reisehöhe 16.765 m; Kampfaktionsradius 3.701 km in großer Höhe.
**Gewicht:** Leergewicht 41.277 kg; max. Startgewicht 105.687 kg.
**Abmessungen:** Spannweite 36,48 m; Länge 35,03 m; Höhe 8,57 m; Tragflügelfläche 223,52 $m^2$.
**Bewaffnung:** verschiedene konventionelle oder atomare Waffen, darunter bis zu 35 Bomben von je 454 kg oder eine Blue Steel Luft-Boden-Rakete, unter dem Rumpf halb eingefahren.

# Handley Page H.P.81 Hermes

## Entwicklungsgeschichte

In der Serienausführung Hermes IV war dieser zivile Transporter eines der ersten neuen britischen Passagierflugzeuge, die nach dem Krieg bei der British Overseas Airways Corporation flogen. Die **Handley Page Hermes** war eigentlich eine zivile Ausführung der RAF Hastings, und die Firma wollte ursprünglich die Hermes zuerst entwickeln. Als aber der Prototyp **H.P.68 Hermes I** bei seinem Jungfernflug am 3. Dezember 1945 abstürzte, wurde das Schwergewicht auf die Entwicklung des militärischen Transporters gelegt, den die RAF besonders dringend benötigte. Erst am 2. September 1947 wurde die nächste Hermes Maschine geflogen, die **H.P.74 Hermes II** (G-AGUB) mit einem im Vergleich zur Hastings längeren Rumpf.

Die erfolgreichen Tests mit der Hermes II führten zur **H.P.81 Hermes IV**, der endgültigen Serienversion, deren erstes Exemplar, die G-AKFP, am 5. September 1948 geflogen wurde. Der Typ unterschied sich von seinen Vorläufern vor allem durch das Dreibeinfahrwerk und die stärkeren Hercules Motoren; ihm folgten 24 ähnliche Serienmaschinen, von denen die erste am 6. August auf der London-Akkra-Strecke der BOAC den Einsatz aufnahm. Das Modell war für eine fünfköpfige Besatzung und in der Standardausführung für 40 Passagiere vorgesehen. Aber bei einer dichten Sitzanordnung konnten bis zu 63 Personen untergebracht werden.

Nach etwa zwei Jahren Dienst bei der BOAC wurde die Hermes durch Canadair Argonaut ersetzt, konnte aber auf dem Markt für gebrauchte Zivilmaschinen ohne weiteres abgesetzt werden. Die meisten erhielten neue Hercules 773 Motoren und somit die neue Bezeichnung **Hermes IVA**; Handley Page baute außerdem zwei **H.P.82 Hermes V** Maschinen, mit denen die Leistung der Hermes mit Turbinentriebwerk untersucht werden sollte. Jedes Flugzeug hatte vier Bristol Theseus Propellerturbinen von 2.220 PS (1.655 kW); es wurden keine weiteren Exemplare gebaut. Die Hermes IV/IVA blieben bis Mitte der 60er Jahre bei verschiedenen Betreibern im Einsatz.

RAF Museum, Hendon

**Die G-ALDA war eine Handley Page Hermes IV, die 1952 für BOAC gebaut wurde, wo die Maschine den Namen Hecuba erhielt. Das Flugzeug wurde an Airwork verkauft, wechselte noch dreimal den Besitzer und wurde 1965 verschrottet.**

### Technische Daten
### Handley Page Hermes IV

**Typ:** ein Mittelstrecken-Ziviltransporter.
**Triebwerk:** vier 2.100 PS (1.566 kW) Bristol Hercules 763 14-Zylinder Sternmotoren.
**Leistung:** Höchstgeschwindigkeit 563 km/h; Reisegeschwindigkeit 435 km/h in 6.095 m Höhe; Dienstgipfelhöhe 7.470 m; Reichweite bei 6.407 kg Nutzlast 3.218 km.
**Gewicht:** Leergewicht 25.106 kg; max. Startgewicht 39.009 kg.
**Abmessungen:** Spannweite 34,44 m; Länge 29,51 m; Höhe 9,14 m; Tragflügelfläche 130,80 m$^2$.

# Handley Page H.P.R.3/H.P.R.7 Herald

## Entwicklungsgeschichte

Der von Handley Page entworfene Prototyp **Handley Page H.P.R.3 Herald** (G-AODE) machte seinen Jungfernflug am 25. August 1955. Das Modell sah etwa so aus wie eine größere und modernisierte Miles Marathon, die von derselben Firma geplant wurde: die Herald war ein Hochdecker mit vier 870 PS (649 kW) Alvis Leonides Major Sternmotoren. Der Rumpf hatte Luftdruckausgleich und ein konventionelles Leitwerk; die Standardausführung bot Raum für 36-44 Passagiere.

Man hatte erwartet, daß die Herald Anklang bei Betreibern in Asien, Australien und Südamerika finden würde, wo Zubringerflugzeuge für den Einsatz auf unbefestigten Flugfeldern gebraucht wurden. Die Marktforschung hatte ergeben, daß Betreiber in diesen Gebieten leicht zu wartende Maschinen ohne komplizierte Turbinentriebwerke suchten. Man begann mit einer ersten Serie von 25 Serienmaschinen, von denen aber keine mit dem vorgesehenen Triebwerk fertiggestellt wurde. Drei Jahre Erfahrung mit der Vickers Viscount hatten gezeigt, daß 'neumodische' Propellerturbinen nicht nur extrem zuverlässig, sondern auch besonders wirtschaftlich waren.

Die potentiellen Betreiber des Modells erklärten ihre Zweifel, ob sie die Verträge noch aufrechterhalten wollten, und weil die in der Größe ganz ähnliche Fokker F.27 mit Propellerturbinenantrieb gerade ihr Entwicklungs- und Zulassungsprogramm durchlief, wurde im Mai 1957 beschlossen, eine Ausführung mit Dart-Triebwerken als Alternative zu entwickeln. Nur die ersten Prototypen wurden mit Kolbenmotoren geflogen, und auch diese wurden später mit Propellerturbinen ausgerüstet; der Erstflug in dieser neuen Ausführung fand 1958 statt.

Das erste Serienmodell war die **H.P.R.7 Herald Series 100** mit Raum für max. 47 Passagiere. Die **Herald Series 200** mit einem um 1,09 m längeren Rumpf bot bis zu 56 Passagieren Platz. 1970 machte Handley Page Bankrott; bis zu diesem Zeitpunkt waren vier Series 100 und 36 Series 200 Maschinen gebaut worden, plus acht Exemplare der **Herald Series 400** Variante (eine militärische Ausführung der Series 200) für die Royal Malaysian Air Force. Nach der Liquidierung dieser einst so bedeutenden Firma wurden keine weiteren Exemplare gebaut.

British Air Ferries

**Die Handley Page Herald Series 400 wurde für die Royal Malaysian Air Force entwickelt. Die meisten Maschinen gingen jedoch an zivile Betreiber, als sie aus dem Militärdienst ausschieden.**

### Technische Daten
### Handley Page Herald Series 200

**Typ:** Kurzstrecken-Transporter.
**Triebwerk:** zwei 2.105 WPS (1.570 kW) Rolls-Royce Dart 527 Propellerturbinen.
**Leistung:** Reisegeschwindigkeit 441 km/h in 4.570 m Höhe; wirtschaftliche Reisegeschwindigkeit 426 km/h in 7.010 m Höhe; Dienstgipfelhöhe 8.505 m; Reichweite bei max. Nutzlast 1.786 kg.
**Gewicht:** Rüstgewicht 11.703 kg; max. Startgewicht 19.504 kg.
**Abmessungen:** Spannweite 28,88 m; Länge 23,01 m; Höhe 7,34 m; Tragflügelfläche 82,31 m$^2$.

# Hannover CL.II, CL.III, CL.IIIa, CL.IV und CL.V

## Entwicklungsgeschichte

Die Hannoversche Waggonfabrik AG bestand schon seit vielen Jahren als Hersteller von Betriebsmitteln für Eisenbahngesellschaften und war daher für die Fabrikation von Holzkonstruktionen gut vorbereitet. Bei Ausbruch des Ersten Weltkriegs suchte das kaiserliche Kriegsministerium nach Firmen, welche die Produktion von Flugzeugen ausbauen konnten, und bat die Waggonfabrik, Vorbereitungen zu einer Zulieferproduktion zu treffen. Im Frühjahr 1915 begann der Bau der Aviatik C.I, gefolgt von der Konstruktion der Rumpler C.Ia und Halberstadt D.II.

Als das Luftfahrtministerium im Frühjahr 1917 eine Spezifikation für eine neue Kategorie von CL-Flugzeugen herausgab, war die Hannoveraner Firma der Meinung, sie habe genug Erfahrungen gesammelt, um einen Prototyp zur Erprobung herstellen zu können. Die damals verwendete C-Kategorie sah Maschinen vor, die in erster Linie für Artilleriebeobachtung oder Aufklärungsflüge gedacht waren und deshalb als stabile Beobachtungsplattform konzipiert wurden. Daher war die Manövrierbarkeit nur unzureichend, und die Maschinen waren leichte Beute für Kampfflugzeuge. Die neuen CL sollten als Begleitflugzeuge dienen und mit ausreichender Bewaffnung alle Angriffe abschlagen können.

Die Hannoversche Waggonfabrik entwarf einen sauberen Doppeldecker mit einer hölzernen Grundkonstruktion, die über weite Flächen mit Sperrholz beschichtet war, das zudem noch durch eine Stoffbespannung verstärkt wurde. Die oberen Tragflächen waren nahe am Rumpf angebracht und gaben dem Piloten eine ausgezeichnete Sicht nach vorne und nach oben; die unteren Tragflächen waren nach hinten versetzt, um die Sicht nach vorne und nach unten nicht zu behindern. Das Fahrwerk war eine Heckspornanlage und das Argus As.III Triebwerk in konventioneller Weise im Bug untergebracht. Pilot und Beobachter/Schütze saßen in offenen Cockpits, und der Beobachter hatte seine Position hinten. Die **Hannover CL.II** war soweit recht konventionell; sie hatte aber auch ein ungewöhnliches Kennzeichen, das für die Typen dieser Firma charakteristisch war (die RFC Piloten erfanden für sie den Spitznamen 'Hannoveranas'): ein Doppeldecker-Leitwerk, das gewöhnlich nur bei mehrmotorigen Modellen anzutreffen war und das hier die Spannweite des Höhenleitwerks reduzieren und das Schußfeld des hinteren Gewehrs erweitern sollte.

Die gegen Ende 1917 in Einsatz genommenen CL.II hatten Argus III Motoren; die folgenden **Hannover CL.III** erhielten 160 PS (119 kW) Mercedes D.III Motoren und veränderte Flügelspitzen und Querruder. Als dieses Triebwerk nicht mehr in ausreichenden Mengen erhältlich war, da es in erster Linie für einsitzige Kampfflugzeuge reserviert wurde, erhielten die CL.III statt dessen die ursprünglichen Argus As.III Motoren und damit die neue Bezeichnung **CL.IIIa**. Sie wurden für die damalige Zeit in großer Zahl gebaut: von den eng verwandten Versionen entstanden über 1.000 Exemplare, ca. 440 CL.II, 80 CL.III und 540 CL.IIIa.

Zu den verwandten Modellen gehörte auch die etwas größere **C.IV**, die für den Einsatz in größerer Höhe vorgesehen war, aber nur in Prototyp-Form gebaut wurde; das Triebwerk war ein 245 PS (183 kW) Maybach Reihenmotor. Die **CL.V** war von der gleichen Größe und Konfiguration wie die CL.II/III Baureihe und hatten einen 185 PS (138 kW) BMW IIIa Reihenmotor. Diese Version wurde 1918 in vergleichsweise geringer Zahl gebaut; von den beiden Ausführungen hatte eine das frühere Doppeldeckerleitwerk, die andere führte eine konventionelle, verstrebte Eindeckerstruktur ein.

### Varianten

**CL.IIa:** Bezeichnung für die unter Zuliefervertrag durch die Luftfahrzeug GmbH gebauten CL.II.
**CL.IIIb:** neue Bezeichnung für eine CL.III nach Einbau eines 190 PS (142 kW) NAG Motors zu Testzwecken.
**CL.IIIc:** Bezeichnung für eine experimentelle Ausführung der CL.III mit zweistieligen Flügeln.

### Technische Daten
**Hannover CL.IIIA**
**Typ:** zweisitziges Begleit/Nahunterstützungsflugzeug.
**Triebwerk:** ein 180 PS (134 kW) Argus As.III Sechszylinder Reihenmotor.
**Leistung:** Höchstgeschwindigkeit 165 km/h in 5.000 m Höhe; Dienstgipfelhöhe 7.500 m; Flugdauer 3 Stunden.
**Gewicht:** Leergewicht 717 kg; max. Startgewicht 1.080 kg.
**Abmessungen:** Spannweite 11,70 m; Länge 7,58 m; Höhe 2,80 m; Tragflügelfläche 32,70 m².
**Bewaffnung:** ein starres, vorwärtsfeuerndes 7,92 mm LMG 08/15 und ein schwenkbares Parabellum MG vom gleichen Kaliber im hinteren Cockpit.

**Die Hannover CL.V erschien zu spät, um im Ersten Weltkrieg noch eine Rolle spielen zu können, und wurde in zwei Varianten produziert: mit einem Doppeldeckerleitwerk mit kurzer Spannweite, wie bei den früheren Hannover Modellen, und mit einem konventionellen Leitwerk.**

# Hanriot H.16

### Entwicklungsgeschichte

Die Société Générale Aéronautique (SGA) wurde im Februar 1930 gebildet. Hanriot war ein Teil dieses Konsortiums, und die Modelle dieser Firma trugen eine Zeitlang das Präfix LH für Lorraine-Hanriot. Zu einer Reihe von Anfängerschulflugzeugen mit Flügeln in Baldachinkonstruktion gehörten die **LH.10** mit einem 100 PS (75 kW) Lorraine 5Pa Motor (zwei Exemplare gebaut), die **LH.11** mit dem 110 PS (82 kW) Lorraine 5Pb (zwei), die **LH.12** mit dem 135 PS (100 kW) Salmson 9Nc (nur der Prototyp gebaut), die **LH.13** mit dem gleichen Triebwerk wie die LH.11 (fünf gebaut, bis 1937 von der Fliegerschule in Bourges benutzt) und die **LH.16**, die in **H.16** umbenannt wurde, als Hanriot sich aus der SGA zurückzog.

Der Prototyp **Hanriot H.16.01** unternahm seinen Erstflug im August 1933 in Villacoublay mit der Seriennummer H-002. Die Baldachinflügel hatten elliptische Spitzen, und das breitspurige Fahrwerk war geteilt. Fluglehrer und -schüler saßen eng beieinander in offenen Tandem-Cockpits unter einem tiefen Ausschnitt in der Flügelvorderkante, und das Triebwerk war ein 120 PS (89 kW) Renault 4Pdi Motor. Der Prototyp wurde im September 1933 für letzte Modifikationen an Hanriot zurückgegeben; die wichtigste Änderung waren die neuen Seitenleitflächen.

Ein Produktionsauftrag der Armée de l'Air über 60 Maschinen wurde später in 15 H.16 Schulflugzeuge und 29 Exemplare der **H.16/1** abgeändert. Die H.16/1 war für Beobachtungsflüge ausgerüstet und konnte ein einzelnes 7,7 mm Maschinengewehr, das vom Beobachter bedient wurde, aufnehmen.

Die Auslieferung der neuen Version begann im Januar 1934; ein Exemplar wurde an die französische Marine übergeben. Der Prototyp H.16/1 wurde in Arceuil gebaut und flog erst am 28. Mai 1936. Die Serienmaschinen blieben nicht lange bei den Schulungseinheiten im Einsatz, sondern wurden der von der Armee unterstützten Bewegung der Aviation Populaire als Schulflugzeuge übergeben. Viele wurden noch bei Kriegsausbruch im September 1939 in dieser Rolle verwendet.

Während die H.16 im Bau war, entstanden zahlreiche Hanriot Entwürfe. Das Sanitätsflugzeug **LH.21S**, die **LH.30**, **LH.60** und **LH.61** Schulflugzeuge sowie das **LH.80** Aufklärungsflugzeug waren typische Vertreter der Baldachinflügelkonfiguration. Die **LH.70** aus dem Jahre 1932 war ein dreimotoriger Hochdecker, der für den Einsatz in den Kolonien vorgesehen war.

### Technische Daten
**Typ:** ein zweisitziges Anfänger-Schulflugzeug.
**Triebwerk:** ein 120 PS (89 kW) Renault 4Pdi Reihenmotor.
**Leistung:** Höchstgeschwindigkeit 155 km/h; Dienstgipfelhöhe 4.200 m; Reichweite 375 km.
**Gewicht:** Rüstgewicht 547 kg; max. Startgewicht 886 kg.
**Abmessungen:** Spannweite 11,90 m; Länge 8,22 m; Höhe 2,62 m; Tragflügelfläche 22,00 m².

**Die Hanriot LH.30, ein einfaches zweisitziges Schulflugzeug, ist typisch für die französische Vorliebe für Baldachinflügel der späten 20er und frühen 30er Jahre.**

# Hanriot H.35 und H.36

### Entwicklungsgeschichte

Nach dem einsitzigen Kampf-Doppeldecker **H-31** mit einem 500 PS (373 kW) Salmson Motor, der sich durch die Streben zwischen den Tragflächen und die I-förmigen Flügelstiele auszeichnete, entwarf Hanriot einen Hochdecker mit Flügeln in Baldachinkonstruktion. Der Tandem-Zweisitzer **H.34** mit einem 80 PS (59 kW) Le Rhône 9C Motor flog erstmals 1924 und war als Anfänger-Schulflugzeug für die französische Armee gedacht. Später entstanden die **H.34bis** mit einem 120 PS (89 kW) Salmson Motor und einer vergrößerten Höhenflosse sowie die **H.34ter** mit einem 90 PS (67 kW) Anzani Motor; für diese Typen gingen keine Aufträge ein.

Die **Hanriot H.35** war ein Fortgeschrittenen-Schulflugzeug, das auf der H.34 basierte und einen wassergekühlten 180 PS (134 kW) Hispano-Suiza 8Ab Motor erhielt. Zwölf Exemplare wurden für die Hanriot Fliegerschule in Chalon-sur-Saône und die Société Française d'Aviation in Orly gebaut. Im April 1927 wurde die erste H.35 etappenweise zum Quatro Vientos Flughafen bei Lissabon geflogen, wo sie den portugiesischen Behörden vorgeführt wurde, die den Kauf des Typs für ihre Schulen ins Auge gefaßt hatten.

Auf der H.35 baute die **H.36** auf, die ihre Zulassung im Mai 1925 erhielt. Es war eine Ausführung des zweisitzigen Forgeschrittenen-Schulflugzeugs mit zwei Schwimmern und dem gleichen 120 PS (89 kW) Salmson 9Ac Motor, die von Firmenpilot Paul Gilbert in Jugoslawien vorgestellt wurde. Das Land bestellte 50 Exemplare.

### Technische Daten
**Hanriot H.35**
**Typ:** zweisitziges Fortgeschrittenen-Schulflugzeug.
**Triebwerk:** ein 180 PS (134 kW) Hispano-Suiza 8Ab Achtzylinder Boxermotor.
**Leistung:** Höchstgeschwindigkeit 185 km/h; Dienstgipfelhöhe 5.000 m; Reichweite 320 km.
**Gewicht:** Rüstgewicht 680 kg; max. Startgewicht 945 kg.
**Abmessungen:** Spannweite 11,39 m; Länge 7,60 m; Höhe 2,70 m; Tragflügelfläche 22,00 m².

# Hanriot H.43

### Entwicklungsgeschichte

Hanriot baute viele verschiedene Flugzeuge. 1926 brachte das Unternehmen den siebensitzigen Passagiermen mit dem zweisitzigen Verbindungsflugzeug **H.46 'Styx'** zur Formel der gestielten Hochdecker zurück, und die Maschine wurde in einer Reihe von Einzelversionen gebaut, die sich hauptsächlich durch ihr Triebwerk unterschieden, während

men mit dem zweisitzigen Verbindungsflugzeug **H.46 'Styx'** zur Formel der gestielten Hochdecker zurück und die Maschine wurde in einer Reihe von Einzelversionen gebaut, die sich hauptsächlich durch ihr Triebwerk unterschieden, während

die 1929 gebaute zweisitzige **H.463** sowie die dreisitzige **H.465** spezielle Ambulanzflugzeuge waren.

Mit der **Hanriot H.43** wandte sich das Unternehmen wieder dem klassischen Konzept des einstieligen Doppeldeckers unterschiedlicher

Spannweite zu. Zwei Exemplare dieses zweisitzigen Verbindungsflugzeugs, das auch als Piloten- oder Beobachterschulflugzeug verwendet werden konnte, kamen 1927 heraus. Die H.43 hatte als Triebwerk einen 260 PS (194 kW) Salmson CM9 Sternmotor, der obere und der untere Flügel waren gepfeilt, und die Maschine hatte ein konventionelles Kreuzachsenfahrwerk. Der Rumpf bestand aus einer Metallrohrkonstruktion, die Flügel waren in Mischbauweise hergestellt, und die gesamte Maschine war mit Stoff bespannt.

Die H.43 wurde zur **H.430** weiterentwickelt und erhielt einen luftgekühlten Salmson 9Ab Sternmotor, wurde in dieser Version aber nie fertiggestellt. Die Maschine, die herauskam, war die **H.431.01**. Sie bildete den Prototypen für die sich anschließende Doppeldeckerserie. Die H.431 hatte im Vergleich zur H.43 zahlreiche Änderungen, darunter einen neukonstruierten Rumpf mit flachen Seiten und Metallhaut, keine Pfeilung mehr an den Flügeln und einen 230 PS (172 kW) Lorraine 7MC Sternmotor. Die H.431 erschien im Frühjahr 1928 und erhielt im Juli ein geändertes Fahrwerk mit Einzelbeinen sowie geänderte Streben zwischen den Flügeln. Von der französischen Armee ging ein Produktionsauftrag ein; die sich anschließenden Versionen unterschieden sich jedoch vom Prototyp durch ihre größere Spannweite und Tragflügelfläche. Innerhalb von sechs Jahren wurden acht Versionen gebaut, die in der H.439 gipfelten; die Gesamtproduktion betrug einschließlich der Prototypen 155 Exemplare. Die von luftgekühlten Lorraine- oder Salmson-Motoren angetriebenen Hanriot-Doppeldecker waren sowohl im militärischen als auch im zivilen Mehrzweckeinsatz und flogen als Verbindungs- bzw. Schulflugzeuge, während die H.437 ein Krankentransportflugzeug war. Diese Hanriot-Doppeldecker blieben vielfach bis zum Ausbruch des Zweiten Weltkriegs im Einsatz.

### Varianten

**LH.431:** dem Prototyp folgten 50 LH.431 (später in H.431 umbenannt) Serien-Doppeldecker in der Mehrzweck und Verbindungsflugzeugklasse für die französische Armee sowie zwölf Zivilmaschinen für die Flugschule von Orly; die Militär-H.431 flogen als Schulflugzeuge bei dem in Dijon stationierten 32° Regiment d'Aviation; eine Zivil- und vier Militär-H-431 wurden später mit Skifahrwerk getestet.
**H.432:** bewaffnete Version des H.431 Schulflugzeugs mit einem schwenkbaren 7,7 mm Maschinengewehr über dem hinteren Cockpit, eine neu gebaute Maschine mit einem 300 PS (224 kW) Lorraine Algol-Motor; die zweite der beiden Maschinen war eine Umbauversion der H.431 Nr. 2 mit einem Salmson-Motor.
**H.433:** mit einem 240 PS (179 kW) Lorraine 7Me Mizar Sternmotor, geändertem Fahrwerk und modifizierter Heckflosse; insgesamt wurden für den Mehrzweckeinsatz bei der französischen Armee 26 Exemplare gebaut.
**H.434:** Einzelexemplar, Militär-Seriennummer H.503.
**H.436:** erstmals 1932 gebaute Mehrzweckversion, angetrieben von einem 230 PS (172 kW) Salmson 9Ab Sternmotor; 50 Maschinen gebaut, die vom Reserve-Schulungszentrum und den GAD (Groupes Aériens d'Observation) der Armée de l'Air geflogen wurden.
**LH.437:** Ambulanzversion, deren Prototyp 1932 gebaut wurde; als Triebwerk diente ein 240 PS (179 kW) Lorraine 7Me Sternmotor; eine zweite LH-437 entstand durch Umbau der H.431 Nr. 8; im April 1933 wurde die LH.437 Nr. 1 mit einem 280 PS (209 kW) Salmson-Sternmotor zur **H.437ter** ummotorisiert und erhielt nach dem erneuten Einbau des Originalmotors die Bezeichnung **H.437/1**.
**H.438:** 1933/34 gebaute Exportversion; zwölf Maschinen für Peru gebaut, mit dem 330 PS (246 kW) Lorraine 7Me Sternmotor.

**Die H.436, eine der vielen Maschinen, die von der Hanriot H.43 Serie abstammten, war ein zuverlässiges Flugzeug, das als Beobachtungs- und als Schulflugzeug eingesetzt werden konnte.**

**H.439:** 13 modernisierte Maschinen zum Einsatz bei der Flugschule in Bourges; alle waren H.431 Umbauten, und bei einigen wurde der serienmäßige Heckspom durch ein Heckrad ersetzt.

### Technische Daten

**Hanriot H.431**
**Typ:** zweisitziges Schulflugzeug.
**Triebwerk:** ein 230 PS (172 kW) Lorraine 7Mc Siebenzylinder Sternmotor.
**Leistung:** Höchstgeschwindigkeit 180 km/h; Dienstgipfelhöhe 4.900 m; Reichweite 450 km.
**Gewicht:** Rüstgewicht 980 kg; max. Startgewicht 1.370 kg.
**Abmessungen:** Spannweite 11,40 m; Länge 7,98 m; Höhe 3,16 m; Tragflügelfläche 30,24 $m^2$.

# Hanriot H.170/H.180/H.190

### Entwicklungsgeschichte

Die **Hanriot H.180T** Nr. 01 war der Prototyp einer langen Serie von dreisitzigen Kabinen-Hochdeckern, wurde von dem Ingenieur Montlaur konstruiert und im Juli 1934 zum ersten Mal geflogen. Ihr Rumpf bestand aus einem Duralrohrrahmen und war, abgesehen von der metallenen Motorverkleidung, ganz mit Stoff bespannt. Die Flügel in Mischbauweise waren mit kurzen Stummelflügeln verstrebt, die am unteren Rumpf montiert waren, und das Leitwerk hatte eine große Heckflosse mit Seitenruder. Das selbsttragende Fahrwerk mit Einzel-Fahrwerksbeinen war stromlinienförmig verkleidet.

Obwohl die H.180T als Reiseflugzeug klassifiziert war, konnte doch die obere hintere Verkleidung abgenommen werden, um Platz für eine Trage zu schaffen, und der hintere Kabinenteil durch ein offenes Cockpit ersetzt werden, in dem ein zweiter Pilot oder ein Schütze untergebracht werden konnte. Alles in allem war die H.180 als Mehrzweckflugzeug für eine Vielzahl von zivilen und militärischen Aufgaben vorgesehen. Die Grundkonstruktion sah außerdem eine Ausstattung mit einer Reihe verschiedener Motoren vor. Jede Änderung der Funktion oder des Triebwerks führte zu einer anderen Modellnummer, die zur besseren Klarheit nachstehend unter Varianten gelistet sind. Ende 1934 wurden auf dem Salon de l'Aéronautique drei Versionen ausgestellt, und zwar die H.170, die H.182 und die H.190.

Die Nr. 1 der H.180T wurde einer Reihe von Modifikationen unterzogen und erhielt schließlich ihre Flugzulassung im Oktober 1935. Diese Maschine sowie die sich anschließenden H.180 Nr. 1 und die H.182.01 wurden alle von Renault 4 Motoren angetrieben. Die H.170 und die H.171 wurden außerdem mit Salmson 6 Motoren und die H.190M sowie die H.191 mit Régnier-Triebwerken erprobt.

Die Produktion lief Ende 1935 an, als das Hanriot-Werk in Arcueil 15 H.182 baute. Die dreizehnte Maschine (F-AOJL) wurde zum Bewertungs-Prototypen umgebaut, um damit der Anforderung der Armée de l'Air nach einem zweisitzigen Beobachtungs- und Schulflugzeug zu entsprechen, das hauptsächlich für die kurz zuvor gebildeten Reserveeinheiten, die Cercles Aériens Régionaux, gedacht war. Eine weitere H.182 wurde kurzzeitig umgebaut und erhielt ein Doppelleitwerk.

Es schlossen sich umfangreiche Staatsaufträge an und insgesamt wurden 392 Maschinen gebaut, die bis auf 46 Exemplare H.182 waren. An private Kunden wurden nur sieben Salmson-getriebene H.172N Maschinen verkauft. Es gingen aber auch andere Hanriot an die Flugschule von Bourges. Neben der Armée de l'Air kamen andere Maschinen als Verbindungsflugzeuge bei der französischen Marine zum Einsatz, während die H.182 in der Türkei und von der spanischen republikanischen Regierung als Schul- und Verbindungsflugzeuge verwendet wurden.

Nach dem Waffenstillstand von 1940 wurden die flugfähigen H.182 in die französische Vichy-Region verlegt, und nachdem Deutschland 1942 das Vichy-Gebiet besetzte, wurden 127 H.182 beschlagnahmt, die bis dahin allerdings sehr vernachlässigt worden waren und ein offizieller Bericht stellte fest, daß sie sich nicht mehr für den Flugbetrieb eigneten.

### Varianten

**H.170:** 1934 gebautes Einzelexemplar; zweisitziges Beobachtungsflugzeug, das von einem 170 PS (127 kW) Salmson 6Te Motor angetrieben wurde.
**H.171:** das gleiche Triebwerk wie die H.170; zwei-/dreisitziges Reiseflugzeug des Jahres 1935; nur ein Exemplar.
**H.172B:** kam 1935 heraus; einziger Prototyp eines zweisitzigen Schulflugzeugs.
**H.172N:** zwei-/dreisitziges Zivil-Reiseflugzeug mit 170 PS (127 kW) Salmson 6AF-00 Motor; sieben gebaut.
**H.173:** 1935, Einzelexemplar eines strukturell verstärkten Kunstflug-Zweisitzers; Salmson 6Te Motor wurde beibehalten.
**H.174:** Einzel-Experimentaldreisitzer des Jahres 1935; gleicher Motor wie H.170.
**H.175:** 1936 wurden zehn Maschinen als Verbindungsflugzeuge für die französische Marine gebaut; sie waren mit Funkgeräten ausgestattet und hatten den Salmson 6 AF-00 Motor.
**H.180T:** der ursprüngliche zwei-/dreisitzige Reiseflugzeug-Prototyp.
**H.180M:** Prototyp einer zweisitzigen Beobachtungsversion mit dem gleichen 140 PS (104 kW) Renault 4 Pei Motor wie die H.180T.
**H.181:** 1935, Ambulanzflugzeug-Prototyp mit abnehmbarer rückwärtiger Rumpfhaube zur Unterbringung einer Trage; ein Exemplar gebaut, gleicher Motor wie H.180T.
**H.182:** Haupt-Serienversion; insgesamt wurden 346 Maschinen im Auftrag der französischen Regierung als zweisitzige Schulflugzeuge gebaut, mit Sekundärfunktion als Beobachtungsflugzeug; einige Maschinen wurden von Hanriot für Experimente zurückbehalten, andere kamen zur Flugschule Bourges und zum Gnome-Rhône Motorenhersteller; zehn Maschinen wurden zum Bürgerkriegseinsatz bei der republikanischen Regierung nach Spanien exportiert; 50 Maschinen der Armée de l'Air wurden im Rahmen eines Dreimächtevertrages im Jahre 1939 in die Türkei geliefert.
**H.183:** Einzelexemplar eines Kunstflug-Schulflugzeuges (F-AOJG) mit einem Renault 438 Motor.
**H.184:** einzelne, dreisitzige Schulflugzeugvariante des Jahres 1938 (F-ARTB) mit auf 180 PS (134 kW) aufgewertetem Renault 4 Pei Motor.
**H.185:** zweisitziges Verbindungsflugzeug mit Renault 4 Pei für die französische Marine; 1937 wurden sechs Maschinen ausgeliefert.
**H.190M:** Prototyp eines zweisitzigen Beobachtungsflugzeugs mit 180 PS (134 kW) Régnier 60/01 Motor; Erstflug im Mai 1935.
**H.191:** dreisitziges Reiseflugzeug des Jahres 1935 mit Régnier-Motor; nur ein Exemplar.
**H.192B:** zweisitziges Schulflugzeug mit Régnier-Motor des Jahres 1935; nur ein Exemplar (F-AOFZ).
**H.192N:** neun Exemplare eines zweisitzigen Schulflugzeugs mit

Régnier 6 Bo 1 Motor; 1935 gebaut; flog für die Flugschule Bourges.
**H.195:** Einzelexemplar eines zweisitzigen Verbindungs-Prototypen des Jahres 1937.

### Technische Daten
**Hanriot H.182**
**Typ:** zwei-/dreisitziges Schul- und Verbindungsflugzeug.
**Triebwerk:** ein 140 PS (104 kW) Renault 4 Pei Reihenmotor.
**Leistung:** Höchstgeschwindigkeit 190 km/h; Dienstgipfelhöhe 5.500 m; Reichweite 600 km.
**Gewicht:** Rüstgewicht 604 kg; max. Startgewicht 887 kg.
**Abmessungen:** Spannweite 12,00 m; Länge 7,22 m; Höhe 3,15 m; Tragflügelfläche 18,97 $m^2$.

# Hanriot H.232

### Entwicklungsgeschichte
1935 wandte sich Hanriot der Konstruktion von zweimotorigen Militärflugzeugen zu. Der Ganzmetall-Mitteldecker **H.220** war zunächst als dreisitziges Jagdflugzeug mit neu konstruierten Renault- oder Salmson-Motoren vorgesehen. Der erste Prototyp, der in **H.220-1** umbenannt wurde, flog erst am 28. September 1937 zum ersten Mal und hatte dabei zwei 680 PS (507 kW) Gnome-Rhône-Motoren als Triebwerke. Der Rumpf wurde anschließend umkonstruiert, und die rückwärtige Besatzungsposition wurde sorgfältig in die obere Rumpfkontur einbezogen. Die H.220-1 machte jedoch bei einem Flugtest am 17. Februar 1938 eine Bruchlandung. 1939 kam die **H.220.2** heraus und hatte ein neues Doppelleitwerk. Man entschied sich später aber zu einer Konstruktionsänderung und forderte eine zweisitzige Version. Hanriot war inzwischen von der staatlichen Centre-Organisation übernommen worden, und die Hanriot H.220-2 wurde deshalb in **NC.600.01** umbenannt und auf der Brüsseler Flugausstellung gezeigt. Es wurde eine Testserie von sechs Flugzeugen bestellt. Von diesen Maschinen war jedoch vor dem deutschen Blitzkrieg nur ein Exemplar fertiggestellt. Die Maschine hatte modifizierte Leitwerksflächen und Luftansaugöffnungen und wurde am 15. Mai des Jahres 1940 zum ersten Mal geflogen.

Die **H.230.01** mit der Militär-Seriennummer H.790 flog im Juni 1937 zum ersten Mal. Sie war ein zweisitziges Fortgeschrittenen-Schulflugzeug, das im allgemeinen der H.220 glich, jedoch viel leichter gebaut. Als Triebwerk dienten zwei 170 PS (127 kW) Salmson 6 AF-00 Motoren, und zur Ausstattung gehörte ein kurzes Kabinendach für die Besatzung, das in die obere Verkleidung am rückwärtigen Rumpf überging. Die Maschine hatte ein konventionelles, verstrebtes Leitwerk und die Hauptfahrwerksbeine hatten Halbverkleidungen für die Räder. Während weiterer Tests wurde entschieden, an den Flügelspitzen zur Verbesserung der Flugstabilität eine stärkere V-Stellung einzuführen. Bei der sich im Mai 1938 anschließenden **H.231.01** reichte die V-Stellung jedoch über die gesamte Spannweite, und die ungewöhnliche Flügelspitzenform der geänderten H.230 wurde beseitigt. Zwillingsflossen mit Seitenruder wurden eingeführt und das Triebwerk durch 230 PS (172 kW) Salmson 6 AF Motoren aufgewertet. Die **Hanriot H.232.01** (Militär-Seriennr. H.782) kehrte zum einfachen Leitwerk zurück, hatte 220 PS (164 kW) Renault 6 Q-o Motoren sowie ein einziehbares Fahrwerk. Die **H.232.02** (Seriennr. H.793), die im August 1938 zum ersten Mal geflogen wurde, erhielt ein neukonstruiertes Cockpit und wurde von Oktober 1938 bis Mai 1939 offiziell erprobt. Der Typ erhielt dann ein Doppelleitwerk, flog in dieser neuen Auslegung erstmals im Dezember 1939 und wurde dann in **H.232/2.01** umbenannt.

Vom französischen Luftfahrtministerium war bereits ein Auftrag über 40 Flugzeuge erteilt worden, der kurz danach auf 57 Maschinen erhöht wurde. Die inzwischen als **NC.232/2** bekannte Maschine hatte jetzt kleinere Verbesserungen, darunter umkonstruierte Seitenruder und Motorverkleidungen. Eine komplette Navigationsausrüstung wurde eingebaut. Nur drei der geplanten Gesamtzahl von 25 Maschinen aus dem französischen Auftrag gingen nach Finnland und kamen erst zum Einsatz, als der Winterkrieg 1939/40 gegen die Sowjetunion vorbei war. Die Lieferungen an die Armée de l'Air begannen im Februar 1940, und bis zum Waffenstillstand vom Juni 1940 waren 35 Maschinen in Dienst gestellt. Die NC.232/2 wurden von den mit Breguet 691 Kampfbombern ausgerüsteten Flugschulen geflogen.

### Technische Daten
**Hanriot/Nord NC.232/2**
**Typ:** zweisitziges Fortgeschrittenen-Schulflugzeug.
**Triebwerk:** zwei 220 PS (164 kW) Renault 6 Q-o Reihenmotoren.
**Leistung:** Höchstgeschwindigkeit 335 km/h; Dienstgipfelhöhe 7.500 m; Reichweite 1.200 km.
**Gewicht:** Rüstgewicht 1.728 kg; max. Startgewicht 2.260 kg.
**Abmessungen:** Spannweite 12,76 m; Länge 8,55 m; Höhe 3,47 m; Tragflügelfläche 21,20 $m^2$.

# Hanriot HD.1

### Entwicklungsgeschichte
Die erste Hanriot-Konstruktion war der einsitzige Jäger **HD.1,** dessen Prototyp im Juni 1916 seinen Jungfernflug absolvierte. René Hanriot hatte sich zuvor schon mit Luftfahrt, Fliegen und dem Flugzeugbau befaßt und gründete nach Ausbruch des Ersten Weltkriegs das neue Unternehmen. Sein erstes Produkt war der zweisitzige britische Sopwith 1 1/2-Strutter Doppeldecker-Aufklärer, der in großen Stückzahlen in Lizenz gebaut wurde. Die von Emile Dupont konstruierte HD.1 hatte Flügel, die denen der britischen Maschine sehr glichen und die sich durch ihre kompakte Erscheinung sowie durch ihre stark gestaffelten Flügel mit unterschiedlicher Spannweite und Profilsehne hervorhob. Insgesamt war die HD.1 ein professionelles kleines Flugzeug und bewies dies auch auf Testflügen. Die Maschine war weitgehend aus Holz mit Stoffbespannung gebaut, das Leitwerk hatte jedoch einen Stahlrohrrahmen, und der vordere Rumpf war mit Dural-Blechen verkleidet.

Pech war für die HD.1, daß sie sich auf den schwachen 110 PS (82 kW) Le Rhône 9J Umlaufmotor verließ und daß es gleichzeitig die SPAD S.VII gab, die gute Leistungen brachte, einen stärkeren Motor hatte und die bald im Großauftrag für die französische Aéronautique Militaire gefertigt wurde. Allerdings kämpften neben den Franzosen auch die kaum mit neuem Gerät ausgerüsteten Belgier, und die frisch in den Krieg eingetretenen Italiener suchten ebenfalls nach einem einsitzigen Jäger. Beide entschieden sich für die HD.1.

Aufgrund von Empfehlungen der italienischen Militärmission in Paris wurde eine begrenzte Stückzahl HD.1 nach Italien exportiert, wo der Macchi-Konzern im November 1916 mit der Lizenzherstellung dieses Typs begann. Es wird angenommen, daß die italienische Luftwaffe rund 100 in Frankreich gebaute Maschinen erhielt, während Macchi insgesamt 901 auslieferte, 70 davon nach Einstellung der Kampfhandlungen. Inzwischen waren ab August 1917 auch 125 in Frankreich gebaute HD.1 nach Belgien geliefert worden. Französische Quellen lassen annehmen, daß insgesamt eine Anzahl von 1.145 HD.1 gebaut wurde.

Die Schweizer Fliegertruppe kaufte nach dem Ersten Weltkrieg 16 italienische Maschinen aus Überschußbeständen, nachdem sie eine in der Schweiz notgelandete italienische HD.1 ausgiebig getestet hatte. Weitere HD.1 fanden ihren Weg in verschiedene Länder Lateinamerikas.

Die HD.1 flog gut und bewies eine außergewöhnliche Wendigkeit. Unzufriedenheit gab es wegen der Bewaffnung und des zu schwachen Motors. Spätere HD.1 wurden von dem 120 PS (89 kW) Le Rhône 9Jb oder dem 130 PS (97 kW) Le Rhône 9Jby Umlaufmotor angetrieben, die HD.1 Nr. 301 wurde jedoch Ende 1917 mit einem 150 PS (112 kW) Gnome Monosoupape erprobt, und es gab Berichte über ein weiteres Experimental-Flugzeug mit einem 170 PS (127 kW) Le Rhône-Motor. Bei der Bewaffnung wurde das Vickers-MG an der vorderen Rumpfverkleidung weiter zur Mitte hin verlegt. Experimente mit Waffen von schwererem Kaliber bzw. mit Zwillings-MG waren auf einzelne Flugzeuge beschränkt, und es zeigte sich, daß die gewonnene Feuerkraft durch den Verlust an Flugleistung aufgehoben wurde.

Die Aviation Militaire Belge rüstete ihre 1ere Escadrille im Spätsommer 1917 auf HD.1 um. Ihre Piloten zögerten, eine unerprobte Konstruktion zu akzeptieren, die ihre bestens bewährte Nieuport Scout ersetzen sollte, doch Lieutnant Willy Coppens, der die neue Maschine als erster flog, war so beeindruckt, daß er mit seiner Begeisterung auch seine Kameraden ansteckte. Bald darauf wurden weitere Escadrille mit dem Typ neu ausgerüstet, der bis 1926 im Einsatz blieb, als die 7eme Escadrille sich von ihren Hanriot trennte.

Bis zum August 1917 flogen mehrere HD.1 für die italienische 76a Squadriglia, und bis zum Kriegsende waren weitere zwölf Squadriglie, die den Österreichern gegenüberstanden, mit HD.1 ausgerüstet; außerdem flog der Typ auch in Mazedonien und Albanien. Die Frontlinien-Squadriglie di Caccia der Regia Aeronautica flogen diesen Typ noch bis zum Jahr 1925.

In Frankreich flogen einige Maschinen einer HD.1-Variante mit dem 130 PS (97 kW) Clerget Motor für die Aviation Maritime. Die meisten dieser Flugzeuge hatten umkonstruierte Seitenleitwerksflächen und wurden bei der Verteidigung des Marinestützpunktes Dünkirchen verwendet. Ende des Jahres 1918 startete eine solche Maschine von Bord des Schlachtschiffes *Paris.*

**Die extrem wendige Hanriot HD.1 war nicht gut bewaffnet, aber bei Piloten beliebt, die die Wendigkeit der reinen Feuerkraft vorzogen.**

### Varianten
**HD.7:** dieses einsitzige Jagdflugzeug entstand aus der HD.1 und flog erstmals im Jahre 1918; als Triebwerk diente ein 300 PS (224 kW) Hispano-Suiza 8Fb Motor, und es erreichte eine Höchstgeschwindigkeit von 214 km/h; nach Ende des Ersten Weltkriegs wurde seine Weiterentwicklung eingestellt.

### Technische Daten
**Typ:** einsitziges Jagd- und Pfadfinderflugzeug.
**Triebwerk:** ein 120 PS (89 kW) Le Rhône 9Jb Neunzylinder Umlaufmotor.
**Leistung:** Höchstgeschwindigkeit 184 km/h; Steigflugdauer auf 3.000 m 11 Minuten; Dienstgipfelhöhe 6.000 m; max. Flugdauer 2 Stunden 30 Minuten.
**Gewicht:** Rüstgewicht 400 kg; max. Startgewicht 605 kg.
**Abmessungen:** Spannweite 8,70 m; Länge 5,85 m; Höhe 2,94 m; Tragflügelfläche 18,20 $m^2$.
**Bewaffnung:** ein starres, vorwärtsfeuerndes 7,7 mm Maschinengewehr.

# Hanriot HD.2

### Entwicklungsgeschichte

Der erste Prototyp der als Nachfolgemodell für die britische Sopwith Baby gedachten **Hanriot HD.2** war eine umgebaute HD.1 mit zwei kurzen Hauptschwimmern und einem dritten unter dem Leitwerk. Der dritte Schwimmer fiel bei dem zweiten Prototypen mit seinen beiden verlängerten Hauptschwimmern weg, und außerdem wurden die Seitenleitwerksflächen vergrößert, um die Flugstabilität zu erhöhen. Die Serienversion glich dem zweiten Prototypen und war nicht nur als Abfangjäger vorgesehen, sondern auch als Begleitschutz für die langsamen französischen Aufklärungsflugboote, die durch die verhältnismäßig schnellen und starken zweisitzigen Hansa-Brandenburg Wasserflugzeuge schwere Verluste erlitten hatten.

Ab Januar 1918 wurden Dünkirchen und anderen Stützpunkten begrenzte Stückzahlen von HD.2 zur Verfügung gestellt, und ihre Bewaffnung mit Vickers Zwillings-Maschinengewehren erwies sich gegen gegnerische Flugzeuge als wirkungsvoll. Die HD.2 erregte die Aufmerksamkeit von in Frankreich stationiertem US Navy-Personal und so wurden 1918 zehn Maschinen von der US Navy bestellt. Die nach Langley Field gelieferten Maschinen wurden unter der Bezeichnung **HD.2C** zu Landflugzeugen umgebaut, und eine von ihnen, die US Navy Seriennummer A-5624, wurde für Experimental-Kurzstarts von einer Plattform aus verwendet, die über dem vorderen Geschützturm des Schlachtschiffs *Mississippi* errichtet worden war, ähnlich der Plattform, von der die Hanriot HD.1 vom französischen Schlachtschiff *Paris* aus gestartet waren.

### Varianten

**HD.12:** mit Räderfahrwerk versehen und mit einem 170 PS (127 kW) Le Rhône Umlaufmotor glich dieses Flugzeug sehr der HD.2; die Weiterentwicklung des einen gebauten Flugzeugs wurde 1922 eingestellt.
**HD.27:** dieses Jagd-Einzelexemplar hatte einen 180 PS (134 kW) Hispano-Suiza 8Ac Motor und war, genau wie die HD.12, als schiffsgestützter Jäger mit kurzer Startstrecke vorgesehen; er wurde 1923 von einer an Bord der Korvette *Bapaume* errichteten Plattform zur Probe geflogen.
**H.29:** zwei gebaute Exemplare der ET.1-Kategorie (einsitzige Schulflugzeuge); das erste funktionierende französische Schiffskatapult stand erst 1926 zur Verfügung; die H.29 des Jahres 1924 verwendete eine sehr ungewöhnliche Methode des Katapultstarts: dazu wurden drei Metallschienen von dem dreibeinigen Mast des Schlachtschiffs *Lorraine* aus horizontal angebracht, an denen drei Räder liefen, von denen zwei an den Flügeloberflächen der H.29 sowie eines an der Flossenspitze befestigt waren; das Flugzeug wurde dann an diesen Schienen entlang mit der vollen Leistung seines 180 PS (134 kW) starken Hispano-Suiza 8Ab Motors gestartet; wie zu erwarten war, fand sich die H.29 im Wasser wieder und glücklicherweise kam niemand dabei um; die Experimente wurden daraufhin eingestellt.

**Die HD.2 unterschied sich von ihrem Vorgängermodell HD.1 nur durch das größere Seitenleitwerk und die Schwimmer.**

### Technische Daten

**Typ:** ein einsitziges Schwimmer-Jagdflugzeug.
**Triebwerk:** ein 130 PS (97 kW) Clerget 9B Neunzylinder Umlaufmotor.
**Leistung:** Höchstgeschwindigkeit 182 km/h; Dienstgipfelhöhe 4.800 m; Reichweite 300 km.
**Gewicht:** Rüstgewicht 495 kg; max. Startgewicht 700 kg.
**Abmessungen:** Spannweite 8,51 m; Länge 7,00 m; Höhe 3,10 m; Tragflügelfläche 18,40 m$^2$.
**Bewaffnung:** starre, vorwärtsfeuernde 7,7 mm Vickers Maschinengewehre.

# Hanriot HD.3

### Entwicklungsgeschichte

Emile Dupont konstruierte den zweisitzigen Jäger **Hanriot HD.3**, der 1917 gebaut wurde und dessen Prototyp zum Jahresende flog. Er zeigte gute Flugeigenschaften und erwies sich als exzellentes Kampfflugzeug, in dem Pilot und Schütze in Tandemcockpits dicht beieinander saßen. Der Salmson 9Za war ein zuverlässiger Sternmotor und man hatte sich intensiv um gute aerodynamische Eigenschaften bemüht.

Die französischen Behörden bestellten 300 HD.3, die während der großen Alliierten-Offensive, die für 1919 geplant war, bei Armee- und Marineeinheiten eingesetzt werden sollten. In Wirklichkeit wurde die Produktion jedoch eingestellt. Allerdings wurden 75 HD.3 an die Aéronautique Militaire geliefert, die ab Oktober 1918 die Escadrille HD.174 komplett ausrüsteten, aber auch auf verschiedene andere Escadrille verteilt wurden. Einige HD.3 kamen zur Aviation Maritime; eine Maschine wurde im Herbst 1918 für Schwimmtests auf dem RAF-Stützpunkt Isle of Grain verwendet, und ein Exemplar war Berichten nach an Landetests auf dem französischen Flugzeugträger *Béarn* beteiligt. Die HD.3 Nr. 2000 wurde mit Doppelschwimmern ausgerüstet, erhielt größere Seitenleitwerksflächen und wurde im Sommer 1918 als Prototyp für das vorgeschlagene Schwimmer-Jagdflugzeug **HD.4** getestet; nach dem Ende des Ersten Weltkriegs wurde seine Weiterentwicklung jedoch eingestellt. Eine CN.2 Nachtjägerversion mit der Grundkonstruktion der **HD.3bis** hatte größere Querruder mit Massenausgleich, Seitenruder und Flügel mit dickerem Querschnitt. Sie wurde Ende 1918 gestestet und dann aufgegeben.

### Varianten

**HD.5:** einziges Exemplar eines zweisitzigen Jägers, der von einem 300 PS (224 kW) Hispano-Suiza 8Fb Motor angetrieben wurde; er wurde 1918 kurz geflogen.
**HD.6:** einziges Exemplar einer Maschine, die viel größer war als die HD.3 oder die HD.5; dieser zweisitzige Jäger hatte einen 530 PS (395 kW) Salmson 18Z Sternmotor, eine Spannweite von 13,60 m und im Geradeausflug die eindrucksvolle Geschwindigkeit von 225 km/h; er wurde jedoch erst 1919 geflogen und inzwischen gab es keinen weiteren Bedarf für diesen Typ.
**HD.9:** obwohl diese Maschine als Zweisitzer gedacht war, kam sie in die Kategorie AP.2 und wurde für Spezial-Fotoaufklärungseinsätze vorgesehen; sie hatte den gleichen Salmson-Motor wie die HD.3 und von diesem Typ wurde eine Erprobungs-Serie von zehn Maschinen bestellt; es ist jedoch nicht sicher, ob alle fertiggestellt wurden.

**Die Hanriot HD.9 wurde als Spezial-Fotoaufklärer konstruiert und war mit dem ausgezeichneten, wassergekühlten Salmson Sternmotor als Triebwerk ausgerüstet.**

### Technische Daten
**Hanriot HD.3**

**Typ:** ein zweisitziger Jagd-Doppeldecker.
**Triebwerk:** ein 260 PS (194 kW) Salmson 9Za Neunzylinder Sternmotor.
**Leistung:** Höchstgeschwindigkeit 192 km/h in 2.000 m Höhe; Steigflugdauer auf 3.000 m 12 Minuten 15 Sekunden; Dienstgipfelhöhe 5.700 m; max. Flugdauer 2 Stunden.
**Gewicht:** Rüstgewicht 760 kg; max. Startgewicht 1.180 kg.
**Abmessungen:** Spannweite 9,00 m; Länge 6,95 m; Höhe 3,00 m; Tragflügelfläche 25,50 m$^2$.
**Bewaffnung:** zwei starre, vorwärtsfeuernde 7,7 mm Vickers Maschinengewehre und zwei schwenkbare 7,7 mm Lewis MG über dem Beobachtercockpit.

# Hanriot HD.14

### Entwicklungsgeschichte

Neben der britischen Avro 504 war die **Hanriot HD.14** in den 20er Jahren eines der wichtigsten Schulflugzeuge der Welt; es war ein robuster, zweistieliger Doppeldecker, bei dem Fluglehrer und -schüler in offenen Cockpits hintereinander saßen. Die HD.14 hatte eine einheitliche Flügelspannweite und Querruder mit Ausgleich am oberen und unteren Flügel; an den breitspurigen Hauptfahrwerksbeinen waren Zwillingsräder montiert. Die erste Serienversion hatte lange Kufen, die als Überschlagschutz weit über die Fahrwerksbeine hinausragten, und die HD.14 war so konstruiert, daß sie in den Händen ihrer angehenden Piloten viel ertragen konnte.

Die Produktion der HD.14 lief im Hanriot-Werk bis 1928 weiter und es wurden in elf verschiedenen Versionen insgesamt 2.100 Maschinen gebaut. Die wichtigste Modifikation war vermutlich die **HD.14ter** bzw. **HD.14/23**, die 1922 auf dem Pariser Salon de l'Aéronautique ausgestellt wurde. Sie behielt zwar den 80

PS (59 kW) Le Rhône-Motor des Originalmodells bei, hatte aber viele Verbesserungen. Die Tragflügelfläche war um 2,85 m² verringert; der Rumpfquerschnitt, die Seitenleitwerksflächen sowie die Streben zwischen den Flügeln waren überarbeitet worden, und schließlich wurde auch noch ein für Hanriot patentiertes Doppelsteuerungssystem eingeführt sowie die Fahrwerksspur reduziert, damit die HD.14 auf einen standardmäßigen Armeeanhänger geladen werden konnte.

Die französische Armee erwarb 1.925 HD.14, die in der EP.2-Kategorie bei den Sections d'entraînement der verschiedenen Luftregimenter im Einsatz waren. Weitere HD.14 wurden nach Bulgarien, Griechenland, Mexico und Spanien exportiert. Beste ausländische Abnehmer waren 1924 jedoch Polen mit 70 Exemplaren und die Sowjetunion, die 30 Maschinen erwarb. In Japan kaufte das Unternehmen Mitsubishi ein Musterflugzeug und baute dann 145 HD.14 in Lizenz für die kaiserlich-japanische Armee. Die Produktion lief von 1925 bis 1927 und die japanische Bezeichnung für die Hanriot war **Mitsubishi Ki-1**.

Die HD.14 waren wegen ihrer Robustheit und ihrer hohen Lebensdauer berühmt und wurden nach ihrer Außerdienststellung bei der französischen Armee an Fliegerclubs übergeben oder an zivile Besitzer verkauft, und so war die HD.14 während der gesamten 30er Jahre ein vertrauter Anblick. Eine HD.14 stellte einen recht bemerkenswerten Rekord auf, als sie von Armeeleutnant Joseph Thoret während eines Segelfliegertreffens am 27. Januar 1923 in Biskra, Algerien geflogen wurde. Hier trafen sich eine Reihe ziemlich einfacher Konstruktionen, und diese Tatsache sowie die relativ geringen Kenntnisse der Piloten über die Bedeutung der Thermik führte zu einem recht ereignislosen Wettbewerb. Aber am 3. Februar startete Thoret in seiner HD.14, schaltete den Motor aus und war durch Ausnutzung der aufsteigenden Luftströmung an einem nahegelegenen Berg in der Lage, weitere sieben Stunden und drei Minuten in der Luft zu bleiben. Am 27. August 1924 stoppte er, während er an den Ausläufern der Alpen entlang flog, in nur 25 m Höhe den Motor seiner Hanriot HD.14 und schaffte es, noch neun Stunden und vier Minuten lang weiterzusegeln und dabei 575 m an Höhe zu gewinnen.

### Varianten

**HD.14S:** eine Avion Sanitaire bzw. Sanitätsversion, die 1925 eingeführt wurde; das Schülercockpit fiel weg und wurde durch eine große Öffnung an der rechten Rumpfseite ersetzt, in der ein liegender Patient untergebracht werden konnte; während einer Ausstellung auf einem internationalen Kongreß am 24. April errang die Maschine einen Auftrag der französischen Armee über mehr als 50 Exemplare; zwei Maschinen wurden 1925 nach Polen verkauft.

**HD.141:** Umbauversion von zehn ehemaligen HD.14 und HD.321 über den Fliegerclubeinsatz im Jahre 1928; mit dem 130 PS (97 kW) Clerget-Motor als Triebwerk.

**HD.28** oder **H.28**: Exportversion der HD.14, wobei die ganz aus Holz gefertigte Struktur der HD.14 weitgehend durch Metall ersetzt wurde; Lizenzfertigung in Polen: W.W.S. 'Samolot' produzierte zwischen 1924 und 1926 144 Maschinen und C.W.L. in Warschau weitere 75; die polnische Luftwaffe erhielt zehn H.28S Sanitätsflugzeuge, die der HD.14S entsprachen.

**HD.17:** Doppelschwimmer-Version der HD.14 für die französische Aéronautique Maritime; vergrößerte Leitwerksflächen und mit dem 130 PS (97 kW) Clerget-Motor als Triebwerk; die französischen Marine-Flugschulen wurden schließlich mit über 50 Exemplaren ausgestattet; sieben HD.17 erhielten zeitweilig Räderfahrwerke zur Landflugzeugschulung; einige Maschinen wurden nach Estland und Lettland exportiert.

**HD.40S:** glich dem Sanitätsflugzeug HD.14S, hatte jedoch einen 120 PS (89 kW) Salmson 9Ac Sternmotor und war in Mischbauweise hergestellt; 14 Exemplare gebaut.

**HD.41H:** gleicher Motor und gleiche Mischbauweise wie die HD.40S, sonst der HD.17 ähnlich, jedoch mit vergrößerter Seitenruderfläche und einem durchgehenden Tandemcockpit für Fluglehrer und -schüler; kleine Serien dieses Flugzeugtyps wurden nach Griechenland und Portugal exportiert.

**HD.32:** 1924 als Prototyp gebaut und Sieger in einem Wettbewerb der französischen Armee für ein Schulflugzeug der EP.2-Kategorie, ging die HD.32 in Großserie; sie behielt die generelle Auslegung der HD.14ter bei, hatte jedoch ein überarbeitetes Fahrwerk, eine geringere Spannweite, ein umkonstruiertes Leitwerk und war in Mischbauweise hergestellt; vom Zmaj-Konzern in Zemun wurde eine Version der HD.32 mit dem 110 PS (82 kW) Anzani-Motor in Lizenz gebaut und in begrenzten Stückzahlen von den jugoslawischen Heeresfliegern verwendet; eine einzelne HD.32 wurde an die japanische Regierung verkauft; bis 1932 waren die meisten der französischen HD.32 aus dem Heereseinsatz zurückgezogen, und eine Reihe dieser Maschinen wurde überholt und an Fliegerclubs sowie an Privatbesitzer verkauft.

**HD.320:** nur ein Exemplar, 1926 gebaut und von einem 120 PS (89 kW) Salmson 9Ac angetrieben; sonst der HD.32 ähnlich.

**HD.321:** weitere HD.32-Version, jedoch mit einem Clerget 9B Motor mit 130 PS (97 kW); elf Maschinen wurden 1928 neu gebaut; vier HD.14 und vier HD.32 wurden später zu HD.321 umgebaut; umgekehrt wurden vier der Original-HD.321 in HD.141 umgebaut.

Mike Hooks

**Eine Hanriot 41bis der Portugiesischen Marineflieger beim Start in Lissabon, aufgenommen am 27. Februar 1930.**

**H.410:** fünf Maschinen wurden 1928 fertiggestellt; sie behielten das Breitspurfahrwerk der ursprünglichen HD.14 bei, erhielten jedoch bessere Stoßdämpfer; als Triebwerk diente der 100 PS (74 kW) Lorraine 5Pa Motor; drei Maschinen wurden in Frankreich gebaut und Jugoslawien erwarb eine Lizenz zum Bau dieses Flugzeugs.

**H.411:** 1930 wurden zwei Exemplare gebaut; sie glichen der H.410, hatten jedoch den 95 PS (71 kW) Salmson 7Ac Motor.

**LH.412:** der Prototyp war ein Umbau der H.410 Nr.2 für einen 110 PS (82 kW) Lorraine; es schlossen sich Umbau-Einzelexemplare der H.410 Nr.5 und der H.32 Nr.143 sowie vier als LH.412 gebaute Maschinen an; von den Hanriot-Flugschulen in Bourges und Orly verwendet.

### Technische Daten

**Hanriot HD.14** (frühe Serie)
Typ: ein zweisitziges Anfänger-Schulflugzeug.
**Triebwerk:** ein 80 PS (60 kW) Le Rhône Umlaufmotor.
**Leistung:** Höchstgeschwindigkeit 110 km/h; Dienstgipfelhöhe 4.000 m; Reichweite 180 km.
**Gewicht:** Rüstgewicht 555 kg; max. Startgewicht 810 kg.
**Abmessungen:** Spannweite 10,87 m; Länge 7,25 m; Höhe 3,00 m; Tragflügelfläche 34,50 m².

# Hanriot HD.19

### Entwicklungsgeschichte

Anfang der zwanziger Jahre entwickelte Hanriot eine Reihe von Konstruktionen, darunter die **HD.18**, ein TOE.3 (dreisitziges Mehrzweckflugzeug für die Kolonien), das kleine **HD.22** Rennflugzeug für das Deutsch de la Meurthe-Rennen, das 1921 kurz zum Einsatz kam, sowie die **HD.15**, ein CAP.2-Flugzeug (zweisitziger Jäger), von dem 1922 vier Exemplare zur Probe geflogen wurden, und das Werk Hanriot ließ diesen 1923 eine Reihe von Prototypen folgen.

Hierzu gehörten die **HD.20**, ein trägergestützter, einstieliger Doppeldecker-Jäger, der von Najac konstruiert worden war, der superleichte '**Moto-aviette**' Doppeldecker mit Motorradmotor, ein klotziger TOE.2 (zweisitzig, für die Kolonien) Doppeldecker namens **HD.24**, die **HD.26**, ein aerodynamisch sauber konstruierter, einsitziger Jagd-Doppeldecker sowie die **HD.27**, ein einsitziges Marineflugzeug. Keine dieser Konstruktionen brachte es zu einem Produktionsauftrag. Die **HD.19** war allerdings ein relativ erfolgreiches Schulflugzeug der ET.2-Kategorie für fortgeschrittene Anfänger; sie war ein einstieliger Doppeldecker, weitgehend aus Holz gebaut und mit Doppelsteuerung für die im Tandem in einem gemeinsamen Cockpit sitzenden Fluglehrer und -schüler ausgestattet. Der Prototyp mit der zivilen Zulassung F-AEIK wurde damals von einem Hispano-Suiza 8Ab Motor angetrieben und wurde als erfolgreicher Teilnehmer bei einem Wettbewerb gewertet, der von dem französischen Kriegsministerium unterstützt worden war und der in der Zeit vom 29. Mai bis zum 6. Juli 1923 stattfand.

Die HD.19 stieß auch in Polen auf Gefallen und es wurden dort 1925 von den W.W.S. Samolot-Werkstätten 55 Maschinen in Lizenz gebaut. Eine HD.19 wurde von dem Konstrukteur Marcel Bloch, jetzt Marcel Dassault, gekauft, und die japanische sowie die tschechische Luftwaffe kauften je ein Exemplar von diesem Flugzeugtyp.

**Bei der Hanriot HD.26 wurde versucht, den Rumpf stromlinienförmig zu gestalten. Dennoch sah sie recht plump aus.**

### Technische Daten

**Typ:** zweisitziges Fortgeschrittenen-Schulflugzeug.
**Triebwerk:** ein 180 PS (134 kW) Hispano-Suiza 8Ac Achtzylinder V-Motor.
**Leistung:** Höchstgeschwindigkeit 165 km/h; Dienstgipfelhöhe 5.500 m; Reichweite 320 km.
**Gewicht:** Rüstgewicht 660 kg; max. Startgewicht 950 kg.
**Abmessungen:** Spannweite 9,19 m; Länge 7,21 m; Höhe 2,23 m; Tragflügelfläche 26,70 m².

# Hanriot Rennflugzeuge

### Entwicklungsgeschichte

Der selbsttragende Tiefdecker **Hanriot LH.41** war ursprünglich als Postflugzeug vorgesehen und hatte eine hölzerne Struktur mit einem starren Breitspurfahrwerk. Der Pilot saß in einem offenen Cockpit auf einer Höhe mit der Flügelhinterkante. Das einzige gebaute Exemplar wurde als Renn-Eindecker fertiggestellt und nahm am Coupe Michelin 1930 teil, bei dem es bei einer Bruchlandung in Reims erheblich beschädigt wurde. Die weitgehend verbesserte Weiterentwicklung **LH.41/2** stand für den nächstjährigen Wettbewerb bereit und unterschied sich von ihrer Vorgängerin durch ein vereinfachtes, verkleidetes Fahrwerk, eine Verkleidung für den Algol Junior (das gleiche Triebwerk wie bei der LH.41), durch umkonstruierte Seitenleitwerksflächen sowie dadurch, daß das Cockpit des Piloten in die obere Rumpfverkleidung einbezogen war.

Die LH.41/2 gewann den Wettbewerb, indem sie den 2.631 km Kurs mit durchschnittlich 226,45 km/h flog. Nach dem Umbau zur **LH.42** mit größeren Tanks und besserer Motorkühlung stellte das gleiche Flugzeug am 12. August 1932 einen internationalen Rekord auf, indem es 2.000 km mit einer Durchschnittsgeschwindigkeit von 263,90 km/h zurücklegte. Das Flugzeug ging später verloren, als ihm im Nebel über rauhem Gelände der Treibstoff ausging; der Pilot rettete sich mit dem Fallschirm.

Die Rennmaschine **LH.130** flog im Dezember 1932 zum ersten Mal; sie hatte eine verbesserte Linienführung, behielt aber den 230 PS (171 kW) Lorraine 9Nb Motor der vorherigen Hanriot-Rennmaschine. Später wurde ein 450 PS (335 kW) Gnome-Rhône Mistral eingebaut und die weiteren Änderungen umfaßten ein geschlossenes Cockpit und ein vergrößertes Leitwerk. Diese Änderungen verhinderten jedoch die Teilnahme der Maschine, die in **LH.131** umbenannt worden war, an dem Coupe Michelin 1933. Sie erhielt anschließend ein Fahrwerk, das in die Verkleidungen unter dem Flügel eingezogen werden konnte sowie einen 470 PS (350 kW) Lorraine Algol Motor. Es war geplant, damit einen neuen Geschwindigkeitsrekord über einem 1.000 km Rundkurs aufzustellen, als die Maschine aber 1934 zur Probe geflogen wurde, war es klar, daß die von Marcel Riffard konstruierten Caudron-Maschinen weit überlegen waren und die weitere Entwicklung der Hanriot Rennmaschinen wurde eingestellt.

Hanriot führte dann Experimente mit einer weiteren Hochgeschwindigkeits-Konstruktion, der von Jean Biche konstruierten **H.110** durch. Dabei handelte es sich um ein einsitziges Tiefdecker-Jagdflugzeug mit einer kurzen Pilotengondel, halbverkleidetem Breitspurfahrwerk und zwei Leitwerksträgern. Als Triebwerk diente ein 500 PS (373 kW) Hispano-Suiza 12Xbrs Motor, der hinten an der Gondel montiert war und der einen Druckpropeller antrieb. Die H.110 flog im März 1933 zum ersten Mal und wurde Anfang 1934 modifiziert. Sie wurde dann in **H.115** umbenannt und die Verbesserungen umfaßten eine großkalibrige Kanone, die im Boden der tiefer gebauten Gondel montiert war, umkonstruierte Radverkleidungen, einen Levasseur Vierblatt-Metallpropeller und einen auf 690 PS (514 kW) aufgewerteten Motor. Ende 1935 wurde die H.115 weiter geändert und erhielt ein einziehbares Fahrwerk und zwei Endplatten-Heckflossen. Nach einem kurzen Probeflug in dieser Auslegung am 16. August 1935 wurde die gesamte Weiterentwicklung eingestellt. Mit dem starren Fahrwerk erreichte die Hanrio H.115 eine Höchstgeschwindigkeit von 390 km/h.

**Der von Biche konstruierte Jäger-Prototyp Hanriot H.110 war eine durch und durch radikale Entwicklung mit doppelten Leitwerksträgern, einem Druckpropeller und einem halbverkleideten Fahrwerk.**

### Technische Daten

**Hanriot LH.41/2**

**Typ:** einsitziger Renneindecker.
**Triebwerk:** ein 230 PS (172 kW) Lorraine 9Nb Sternmotor.
**Leistung:** Höchstgeschwindigkeit 300 km/h; Reichweite 1.700 km.
**Gewicht:** Leergewicht 934 kg; max. Startgewicht 1.350 kg.
**Abmessungen:** Spannweite 10,20 m; Länge 6,87 m; Höhe 3,05 m; Tragflügelfläche 14,00 m².

# Hansa-Brandenburg C.1

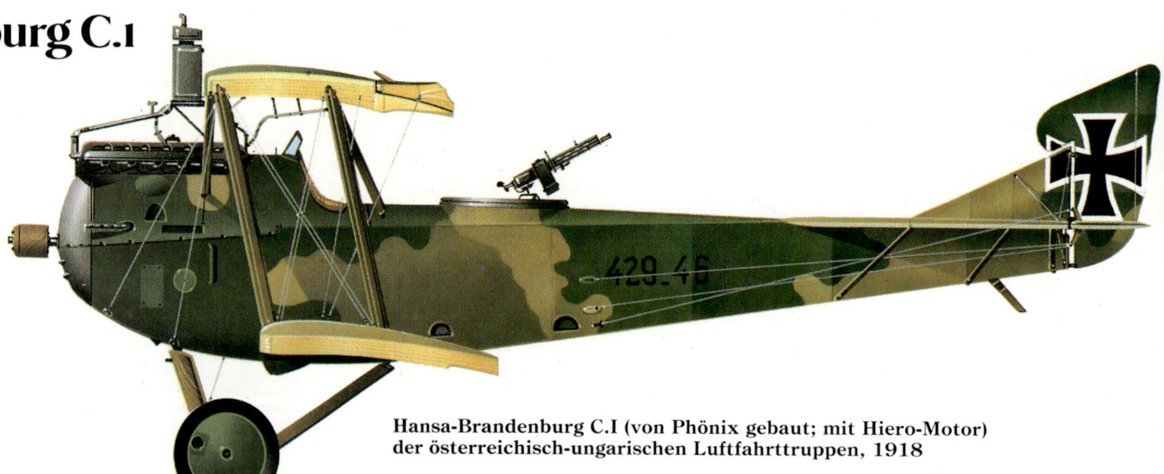


**Hansa-Brandenburg C.I (von Phönix gebaut; mit Hiero-Motor) der österreichisch-ungarischen Luftfahrttruppen, 1918**

### Entwicklungsgeschichte

Eine der ersten Konstruktionen von Ernst Heinkel für die Hansa und Brandenburgische Flugzeugwerke GmbH, die **Hansa-Brandenburg C.1**, wurde für die damalige Zeit in großen Stückzahlen gebaut, und die Fertigung lief nicht nur bei Brandenburg, sondern auch in Lizenz bei Phönix und Ufag in Österreich. Der konventionelle, zweistielige Doppeldecker in Holz- und Stoffbauweise hatte einen schlanken Rumpf, bei dem das Triebwerk im Bug montiert war, der ein gemeinsames offenes Cockpit für den Piloten und den Schützen hatte und an dessen hinterem Ende ein verstrebtes Leitwerk angebracht war.

Nach ihrer Indienststellung im Jahre 1916 kam die C.I bei den österreichischen Streitkräften zum Einsatz, und einige Maschinen flogen noch bis zum Ende des Ersten Weltkriegs. In ihrem langen Einsatzzeitraum gab es die C.I mit Triebwerken von 160 bis 230 PS (119 bis 172 kW) und mit einer Vielzahl von Waffenausstattungen. Im Grunde bestanden diese immer aus einem schwenkbaren Maschinengewehr im rückwärtigen Teil des Cockpits. Bei späteren Versionen war jedoch ein vorwärtsfeuerndes Maschinengewehr in verschiedenen Positionen montiert. Einige Maschinen wurden als leichte Bomber verwendet und waren mit Aufhängungen unter dem Rumpf oder dem unteren Flügel für den Transport von bis zu 100 kg leichter Splitter- oder Brandbomben ausgestattet.

### Technische Daten

**C.I.Srs 169** aus der Ufag-Produktion.

**Typ:** ein zweisitziges, bewaffnetes Aufklärungsflugzeug.
**Triebwerk:** ein 220 PS (164 kW) Benz Bz.IVa Sechszylinder Reihenmotor.
**Leistung:** Höchstgeschwindigkeit 158 km/h; Dienstgipfelhöhe 6.000 m.
**Gewicht:** Leergewicht 820 kg; max. Startgewicht 1.320 kg.
**Abmessungen:** Spannweite 12,25 m; Länge 8,45 m; Höhe 3,33 m.
**Bewaffnung:** (Standardversion) ein schwenkbares 8 mm Schwarzlose-Maschinengewehr über dem rückwärtigen Teil des Doppelcockpits.

# Hansa-Brandenburg CC und W.18

### Entwicklungsgeschichte

Die **Hansa-Brandenburg CC**, die nach dem Besitzer von Hansa-Brandenburg, Camillo Castiglione, benannt worden war, war ein kleines, einsitziges Jagd-Flugboot, das 1916 entsprechend einer Anforderung der österreichischen Marine konstruiert worden war. Die Doppeldeckerflügel der aus Holz und Stoff gebauten Maschine hatten die mehrfache V-Streben 'Stern' Verstrebung der KDW-Typen und der untere Flügel war an der Rumpfoberseite montiert. Der Benz-Motor wurde von Streben zwischen den Flügeln gehalten und trieb einen Druckpropeller an. Bei einigen Maschinen war der Motor in einer glatten, stromlinienförmigen Gondel untergebracht und die Propellernabe wurde von einer Haube verkleidet. In den meisten Fällen gab es jedoch keine Bemühungen, den Luftwiderstand des Triebwerks zu reduzieren. Am Rumpfrücken war ein konventionelles, verstrebtes Leitwerk angebracht und das offene Cockpit des Piloten befand sich kurz vor dem unteren Flügel.

Es scheint keine Aufzeichnungen über die Zahl der für die österreichische Marine gebauten Maschinen zu geben, die die Versionen mit dem 220 PS (164 kW) Hiero bzw. dem 185 PS (138 kW) Austro-Daimler flog. Die deutsche Marine erhielt aber rund 25 Exemplare.

### Varianten

**Brandenburg W.18:** diese verbesserte Version der Brandenburg CC hatte einige aerodynamische Raffinessen, von denen die wichtigste der Wegfall der 'Stern'-Flügelstreben zugunsten von konventionelleren Streben war, die denen der W.19 glichen; das einzige an die deutsche Marine gelieferte Exemplar hatte einen Benz Bz.III Motor, während die für die österreichisch-ungarische Marine gebauten Maschinen von dem 200 PS (149 kW) Hiero-Motor angetrieben wurden.

### Technische Daten
**Hansa-Brandenburg CC**
**Typ:** einsitziges Jagd-Flugboot.
**Triebwerk:** ein 150 PS (112 kW) Benz Bz.III Sechszylinder Reihenmotor.
**Leistung:** Höchstgeschwindigkeit 175 km/h; Steigflugdauer auf 1.000 m 5 Minuten; max. Flugdauer 3 Stunden 30 Minuten.
**Gewicht:** Leergewicht 716 kg; max. Startgewicht 1.031 kg.
**Abmessungen:** Spannweite 9,30 m; Länge 7,70 m; Höhe 3,58 m; Tragflügelfläche 26,50 m².
**Bewaffnung:** ein oder zwei starre, vorwärtsfeuernde 7,92 mm LMG 08/15 Maschinengewehre.

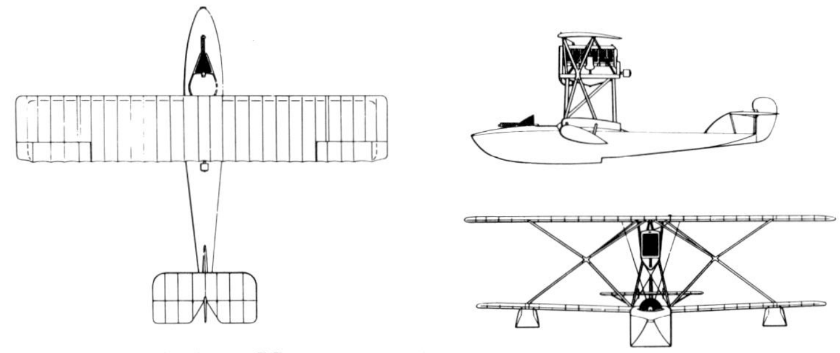

**Hansa-Brandenburg CC**

## Hansa-Brandenburg D und FD

### Entwicklungsgeschichte
Zu den allerersten Flugzeugen, die Brandenburg für den Einsatz beim deutschen Heer konstruierte und baute, gehörte die **Hansa-Brandenburg D**, ein konventioneller, zweisitziger Doppeldecker, wie sie damals üblich waren. Flügel und Leitwerk der in Mischbauweise hergestellten Maschine waren aus Holz mit Stoffbespannung, während der Rumpf aus einem Stahlrohrrahmen mit Sperrholzverkleidung bestand. Die Maschine hatte ein starres Heckspornfahrwerk und als Triebwerk diente ein auf konventionelle Weise im Bug montierter Benz Bz.II Motor. Im Rumpf befanden sich zwei hintereinanderliegende offene Cockpits, wobei der Pilot hinten saß. 1914 wurden etwa zwölf dieser Maschinen für die Armee gebaut, denen kurz darauf die verbesserte aber generell ähnliche FD-Variante folgte.

### Varianten
**Hansa-Brandenburg FD:** sie unterschied sich hauptsächlich durch ihre schräg nach innen gerichteten Flügelstreben, ein geändertes Leitwerk und durch den neuen 110 PS (82 kW) Benz Bz.III Motor; diese Version kam als Schulflugzeug zum Einsatz, und unter der Dienstbezeichnung B.I wurden mindestens drei Exemplare nach Österreich geliefert.

### Technische Daten
**Hansa-Brandenburg D**
**Typ:** ein zweisitziger Mehrzweck-Doppeldecker.
**Triebwerk:** ein 110 PS (82 kW) Benz Bz.II Sechszylinder Reihenmotor.
**Leistung:** nicht aufgezeichnet.
**Gewicht:** nicht aufgezeichnet.
**Abmessungen:** Spannweite 13,13 m; Länge 8,46 m; Höhe 2,96 m; Tragflügelfläche 43,46 m².

## Hansa-Brandenburg FB

### Entwicklungsgeschichte
Die 1915 konstruierte **Hansa-Brandenburg FB** war das erste Flugboot, das das Unternehmen für die deutsche Marine konstruierte und baute. Bei dem in konventioneller Holz- und Stoffbauweise gehaltenen Anderthalbdecker war der untere Flügel direkt auf den Rumpfrücken montiert. Das Triebwerk wurde von Streben zwischen den Flügeln gehalten und drehte einen Druckpropeller. Am außergewöhnlichsten war das Leitwerk, das an Streben über dem Rumpf befestigt war. Für die deutsche Marine wurden nur ca. sechs FB gebaut, der Typ flog aber auch in geringen Stückzahlen bei der österreichisch-ungarischen Marine; beide Streitkräfte verwendeten ihre Maschinen als bewaffnete Aufklärer.

### Technische Daten
**Typ:** Aufklärungs-Flugboot.
**Triebwerk:** ein 165 PS (123 kW) Austro-Daimler Reihenmotor.
**Leistung:** Höchstgeschwindigkeit 140 km/h; Steigflugdauer auf 1.000 m 8 Minuten 30 Sekunden; Reichweite 1.100 km.
**Gewicht:** Leergewicht 1.140 kg; max. Startgewicht 1.620 kg.
**Abmessungen:** Spannweite 16,00 m, Länge 10,10 m; Tragflügelfläche 46,00 m².
**Bewaffnung:** ein 7,92 mm Parabellum Maschinengewehr.

## Hansa-Brandenburg GW und GDW

### Entwicklungsgeschichte
1916 entwickelte das Unternehmen das Flugboot **Hansa-Brandenburg GW**, ein Torpedobomber für die deutsche Marine. Der zweistielige Doppeldecker mit einer Holz-Grundstruktur hatte Stoff- und Sperrholzverkleidung und einen Rumpf mit stumpfem Bug, der nur kurz über den unteren Flügel hinausragte und an dessen rückwärtigem Ende ein konventionelles, verstrebtes Brandenburg-Leitwerk befestigt war. Unter Rumpf und Flügeln waren große, einstufige Schwimmer montiert, die das große Flugzeug auf dem Wasser trugen. Als Triebwerk dienten zwei Mercedes D.III Motoren, die nahe am Rumpf an Streben zwischen den Flügeln gehalten wurden und die je einen Zugpropeller drehten. Für den Einsatz bei der deutschen Marine wurden insgesamt 26 Maschinen gebaut. Eine größere Version wurde unter der Bezeichnung **GDW** entwickelt, die ein 1.825 kg Torpedo tragen sollte und die von zwei 200 PS (149 kW) Benz Bz.IV Motoren angetrieben wurde.

### Technische Daten
**Hansa-Brandenburg GW**
**Typ:** Torpedobomber.
**Triebwerk:** zwei 160 PS (119 kW) Mercedes D.III Sechszylinder Reihenmotoren.
**Leistung:** Höchstgeschwindigkeit 102 km/h; Steigflugdauer auf 1.000 m 22 Minuten; Reichweite 500 km.
**Gewicht:** Leergewicht 2.334 kg; max. Startgewicht 3.930 kg.
**Abmessungen:** Spannweite 21,56 m; Länge 12,57 m; Höhe 4,15 m; Tragflügelfläche 102,10 m².
**Bewaffnung:** ein schwenkbares 7,92 mm Parabellum Maschinengewehr plus ein 725 kg Torpedo.

## Hansa-Brandenburg KDW

### Entwicklungsgeschichte
Der von Ernst Heinkel konstruierte einsitzige **Hansa-Brandenburg KD** Kampf-Doppeldecker wurde unter der Bezeichnung **Hansa-Brandenburg D.I** mit dem 200 PS (149 kW) Hiero-Reihenmotor in Lizenz von den Firmen Phönix und Ufag in Österreich-Ungarn gebaut. Aus dieser Konstruktion entwickelte Heinkel später die **Hansa-Brandenburg KDW** (KDW = Kampf-Doppeldecker Wasser), die der deutschen Anforderung nach einem Jagdflugzeug entsprach, das zur Verteidigung der Wasserflugzeug-Stützpunkte dienen sollte.

Wie ihr Vorgänger war auch die KDW ein konventioneller Doppeldecker in Holz- und Stoffbauweise. Die stoffbespannten Flügel waren sternförmig verstrebt, der robuste Rumpf war mit Sperrholz verkleidet, und das Leitwerk hatte ein sehr großes Höhenleitwerk, jedoch nur eine sehr kleine Heckflosse mit Seitenruder. An N-förmigen Streben waren einstufige Holzschwimmer befestigt, und als Triebwerk für den Prototypen sowie für die ersten Serienmaschinen diente ein 150 PS (112 kW) Benz Bz.III Reihenmotor. Es wurden nur ca. 60 Maschinen gebaut, und alle litten wegen des kleinflächigen Seitenleitwerks unter mangelnder Richtungsstabilität.

### Varianten
**Brandenburg W.11:** zwei Exemplare dieser geringfügig größeren Weiterentwicklung der KDW wurden gebaut und von dem 200 PS (149 kW) Benz Bz.IV Motor angetrieben.
**Brandenburg W.25:** Weiterentwicklung der KDW/W11; größere Spannweite, konventionelle Streben zwischen den Flügeln und ein 150 PS (112 kW) Benz Bz.III Motor.

**Eine Weiterentwicklung der KDW mit konventionellen Zwischenflügelstreben anstelle der sternförmigen V-Streben war die Hansa-Brandenburg W.25, die nur als Prototyp herauskam.**

**Phönix D.II:** Bezeichnung für den verstrebten Landflugzeug-Jäger, der 1917 von Phönix um den 200 PS (149 kW) Austro-Daimler-Reihenmotor herumkonstruiert wurde; Querruder nur am oberen Flügel.
**Phönix D.III:** Variante mit 230 PS (172 kW) Hiero-Motor und Querrudern am oberen und unteren Flügel; kam 1918 heraus.

**Technische Daten**
**Hansa-Brandenburg KDW** (späte Serie)
**Typ:** einsitziges Jagd-Schwimmerflugzeug.
**Triebwerk:** ein 160 PS (119 kW) Maybach Mb.III Sechszylinder Reihenmotor.
**Leistung:** Höchstgeschwindigkeit 170 km/h in Meereshöhe; Steigflugdauer auf 3.000 m 21 Minuten; max. Flugdauer 2 Stunden 30 Minuten.
**Gewicht:** Leergewicht 940 kg; max. Startgewicht 1.210 kg.
**Abmessungen:** Spannweite 9,25 m; Länge 8,00 m; Höhe 3,35 m; Tragflügelfläche 20,00 m².
**Bewaffnung:** zwei starre, vorwärtsfeuernde 7,92 mm LMG 08/15 Maschinengewehre.

# Hansa-Brandenburg W, NW und GNW

### Entwicklungsgeschichte

Unter der Bezeichnung **Hansa-Brandenburg W** entwickelte das Unternehmen ein großes Wasserflugzeug, das 1914 zum ersten Mal geflogen wurde und von dem es annahm, daß es sich als Aufklärer eignete. Diese Annahme war auch richtig und bei Ausbruch des Ersten Weltkriegs wurden insgesamt 27 Maschinen an die deutsche Marine geliefert, die sie auch als Mehrzweckflugzeuge einsetzte. Die W war ein dreistieliger Doppeldecker in Stoff-/Holz-Mischbauweise, die von relativ einfachen, an Streben befestigten Schwimmern getragen wurde, die zwei Besatzungsmitgliedern Platz bot und die von einem 150 PS (112 kW) Benz Bz.III Reihenmotor angetrieben wurde. Die verbesserte **Hansa-Brandenburg NW**, die sich anschloß, war im Grunde eine verbesserte Version der W und unterschied sich hauptsächlich durch ihre robustere Bauweise und durch die neuen, wesentlich verbesserten Schwimmer und durch einen stärkeren Motor. Insgesamt wurden von dieser Version 32 Exemplare gebaut, bevor 1915 die letzte Version dieser Baureihe, die **Hansa-Brandenburg GNW**, eingeführt wurde. Die GNW glich der NW im allgemeinen und hatte hauptsächlich strukturelle Verbesserungen, die zu einer rund neunprozentigen Steigerung des Leergewichts führten. Aus diesem Grund hatte sie eine niedrigere Höchstgeschwindigkeit als die NW. Sie erhielt aber durch aerodynamische Verbesserungen eine bessere Steigfluggeschwindigkeit. Von dieser letzten Version wurden insgesamt 16 Maschinen gebaut und alle Flugzeuge aus dieser Serie wurden im allgemeinen zur Überwachung der Küsten unbewaffnet eingesetzt. Einige Maschinen erhielten ein Funkgerät und eine geringe Zahl Aufhängungen für einige kleine Bomben.

**Technische Daten**
**Hansa-Brandenburg NW**
**Typ:** zweisitziges leichtes Patrouillenflugzeug.
**Triebwerk:** ein 160 PS (119 kW) Mercedes D.III Sechszylinder Reihenmotor.
**Leistung:** Höchstgeschwindigkeit im Geradeausflug 90 km/h; max. Flugdauer 4 Stunden.
**Gewicht:** Leergewicht 1.020 kg; max. Startgewicht 1.650 kg.
**Abmessungen:** Spannweite 16,50 m; Länge 9,40 m; Tragflügelfläche 57,85 m².
**Bewaffnung:** nomalerweise keine, einige Maschinen hatten jedoch eine geringe Anzahl leichter Bomben an Bord.

# Hansa-Brandenburg W.12

**Hansa-Brandenburg W.12 (150 PS/112 kW Benz Bz.III), Anfang 1918 von Leutnant Becht geflogen.**

### Entwicklungsgeschichte

Die Abwehrjäger wie die Hansa-Brandenburg KDW und ähnliche Maschinen anderer Hersteller, die zur Verteidigung von Wasserflugzeug-Stützpunkten eingesetzt wurden, waren sehr wichtig, hatten aber eine gemeinsame Schwäche: gegen Angriffe von hinten waren sie ungeschützt. Ernst Heinkels Lösung für dieses Problem war die **Hansa-Brandenburg W.12**, ein zweisitziges Jagd-Wasserflugzeug mit einem Beobachter/Schützen im hinteren offenen Cockpit, der mit einem schwenkbar montierten Maschinengewehr bewaffnet war.

Die aus Holz und Stoff gebaute W.12 war ein konventioneller, einstieliger Doppeldecker, der auf zwei einstufigen Holzschwimmern montiert war. Er war im Vergleich zur KDW in den Außenmaßen größer und hatte eine Flügelstruktur, die robust genug war, daß sie von zwei Streben zwischen den Flügeln in Richtung Flügelspitzen stabilisiert wurde und bei der auf weitere Verspannungsdrähte verzichtet werden konnte. Am ungewöhnlichsten war ihr Leitwerk, das speziell so gestaltet wurde, daß sich ein möglichst großes, unbehindertes Schußfeld für das rückwärtige Maschinengewehr ergab. Es gab daher keine Heckflosse und der Rumpf verjüngte sich bis auf eine messerscharfe Kante, an der ein Ruder befestigt war, das unter den Rumpf reichte. Das Leitwerk ohne verletzliche Streben war an der Oberseite des hochgezogenen rückwärtigen Rumpfes montiert. Der Prototyp wurde Anfang 1917 geflogen, und da sich die Einsatztests als zufriedenstellend erwiesen, wurde der Typ bald auf den deutschen Wasserflugzeug-Stützpunkten eingesetzt. Die W.12 erwies sich als wirkungsvolle Waffe gegen alliierte Wasserflugzeuge, und es wurden von ihr insgesamt 146 Exemplare gebaut. Den ersten und letzten Maschinen diente der 150 PS (112 kW) Mercedes D.III als Triebwerk, aber etwas mehr als die Hälfte der gebauten Maschinen wurden von dem Benz Bz.III angetrieben. Eine der in Zeebrügge stationierten W.12 erlangte Berühmtheit, als sie im Dezember 1917 das britische Luftschiff C.27 zerstörte.

### Varianten

**Brandenburg W.19**: vergrößerte Version der W.12, mit der ein Jagdpatrouillen-Wasserflugzeug mit größerer Reichweite entstand; als Triebwerk diente ein 260 PS (194 kW) Maybach Mb.IV Motor und die W.19 hatte eine so große Tankkapazität, daß sie im Vergleich zur W.12 eine um rund die Hälfte längere max. Flugdauer hatte.

**Brandenburg W.27:** Einzelexemplar einer W.12-Weiterentwicklung, die sich hauptsächlich durch die I-C. Streben zwischen den Flügeln und im Mittelteil unterschied.

**Brandenburg W.32**: noch weiter entwickelte Version der W.12/W.27 und eigentlich eine W.27 mit einem 160 PS (119 kW) Mercedes D.III Motor; es wurden zwei oder drei Exemplare gebaut.

**Technische Daten**
**Brandenburg W.12**
(frühe Version)
**Typ:** zweisitziges Jagd-Wasserflugzeug.
**Triebwerk:** ein 160 PS (119 kW) Mercedes D.III Sechszylinder Reihenmotor.
**Leistung:** Höchstgeschwindigkeit 160 km/h; Dienstgipfelhöhe 5.000 m; maximale Flugdauer 3 Stunden 30 Minuten.
**Gewicht:** Leergewicht 997 kg; max. Startgewicht 1.454 kg.
**Abmessungen:** Spannweite 11,20 m; Länge 9,60 m; Höhe 3,30 m; Tragflügelfläche 35,30 m².
**Bewaffnung:** ein oder zwei starre, vorwärtsfeuernde 7,92 mm LMG 08/15 Maschinengewehre und ein schwenkbares 7,92 mm Parabellum Maschinengewehr im rückwärtigen Cockpit.

**Der einstielige Doppeldecker W.12 war aus Holz und Stoff gebaut und auf Holzschwimmern montiert.**

RAF Museum, Hendon

# Hansa-Brandenburg W.13

### Entwicklungsgeschichte

Es sind anscheinend nur sehr wenige Details über das von Ernst Heinkel konstruierte Patrouillen-Flugboot **Hansa-Brandenburg W.13** erhalten geblieben, das nur einmal als Prototyp gebaut wurde. Die in gemischter Holz-/Stoffbauweise gebaute W.13 hatte einen einstufigen Rumpf, war als Doppeldecker ausgelegt und wurde von einem 350 PS (257 kW) Austro-Daimler Motor angetrieben, der zwischen den Flügeln montiert war und einen Druckpropeller hatte. Der nötige Freiraum für die Propellerspitzen wurde durch einen Ausschnitt in der Hinterkante des oberen Flügels erreicht. Die beiden

Besatzungsmitglieder saßen nebeneinander in einem offenen Cockpit vor dem unteren Flügel. Die W.13 wurde unter der Bezeichnung **Oeffag K** bzw. **Ufag K** in Österreich und Ungarn in Lizenz gebaut.

### Technische Daten
**Oeffag K**
**Typ:** ein zweisitziges Patrouillen-Flugboot.
**Triebwerk:** ein 180 PS (134 kW) Austro-Daimler Kolbenmotor.
**Leistung:** Höchstgeschwindigkeit 150 km/h; Steigflugdauer auf 2.000 m 24 Minuten; Reichweite 950 km.
**Gewicht:** Leergewicht 1.530 kg; max. Startgewicht 2.850 kg.
**Abmessungen:** Spannweite 20,40 m; Länge 13,70 m; Höhe 4,23 m; Tragflügelfläche 81,20 m$^2$.
**Bewaffnung:** ein schwenkbares 8 mm Schwarzlose Maschinengewehr plus 200 kg Bomben.

# Hansa-Brandenburg W.20

### Entwicklungsgeschichte
Vielleicht eine der interessantesten Konstruktionen des Unternehmens war die winzige **Hansa-Brandenburg W.20**; das einsitzige Flugboot war dazu vorgesehen, in einem U-Boot mitgeführt und als Aufklärer verwendet zu werden. Aus diesem Grund mußte die Maschine klein sein und die Konstruktion mußte vor allen Dingen berücksichtigen, daß sie schnell montiert und demontiert werden konnte.

Die W.20 hatte einen schlanken Rumpf mit Doppeldeckerflügeln und ein auf dem Rumpf montiertes konventionelles, verstrebtes Leitwerk. Der Oberursel Umlaufmotor wurde von Streben zwischen den Flügeln getragen und trieb einen Druckpropeller an, wobei ein Ausschnitt in der Hinterkante des oberen Flügels für den nötigen Drehraum sorgte. Der Pilot saß in einem offenen Cockpit unmittelbar vor dem unteren Flügel. Da der schlanke Rumpf auf dem Wasser nur geringe Stabilität bot, wurden unter den Spitzen des unteren Flügels Stützschwimmer montiert.

Von der W.20 wurden nur drei Exemplare gebaut, da der U-Boot-Typ, der diese Flugzeuge aufnehmen sollte, nicht gebaut wurde. Die Maschinen unterschieden sich minimal, speziell in der Flügelverstrebung, voneinander, vermutlich, um in Experimenten die am besten geeignete Struktur herauszufinden, die strukturelle Festigkeit und einfache Montage/Demontage in sich vereinigte. Für den Zusammenbau, so wird berichtet, wurden insgesamt weniger als drei Minuten benötigt.

**Eine winzige, zusammenklappbare Konstruktion, als 'Auge' für Fern-U-Boote gedacht, war die Hansa-Brandenburg W.20, von der nur drei Exemplare gebaut wurden und von denen hier das zweite Exemplar in Warnemünde abgebildet ist.**

### Technische Daten
**Hansa-Brandenburg W.20** (drittes Exemplar)
**Typ:** ein einsitziges Aufklärungs-Flugboot.
**Triebwerk:** ein 80 PS (60 kW) Oberursel U.O Siebenzylinder Umlaufmotor.
**Leistung:** Höchstgeschwindigkeit 117 km/h; Steigflugdauer auf 1.000 m 15 Minuten; max. Flugdauer 1 Stunde 15 Minuten.
**Gewicht:** Leergewicht 396 kg; max. Startgewicht 568 kg.
**Abmessungen:** Spannweite 6,80 m; Länge 5,93 m; Tragflügelfläche 15,82 m$^2$.

# Hansa-Brandenburg W.29

### Entwicklungsgeschichte
Ernst Heinkels **Hansa-Brandenburg W.29** enstand aus dem Bedarf nach höherer Leistung bei den Jagd-Wasserflugzeugen, die die deutsche Marine einsetzte. Die so entstandene Konstruktion war im Grunde eine Eindecker-Version der W.12, bei der alle Bautechniken beibehalten und deren Rumpf, Leitwerk und Schwimmer kaum geändert wurden. Der verstrebte Eindeckerflügel war tief am Rumpf angesetzt und bestand aus einer hölzernen Grundstruktur mit Stoffbespannung; seine Maße für Spannweite und Flügeltiefe wurde dadurch bestimmt, daß ungefähr die gleiche Tragflügelfläche wie die der Doppeldeckerflügel der W.12 beibehalten werden mußte. Als Triebwerk diente bei den meisten der 78 gebauten Maschinen der Benz Bz.III Motor.

Die Einsatztests erwiesen sich als zufriedenstellend und die W.29 gingen ab dem Frühjahr 1918 in Dienst. Dank ihrer etwas höheren Geschwindigkeit und ihrer verbesserten Manövrierfähigkeit wurden sie zu einem der erfolgreichsten Jagd-Wasserflugzeuge, die je von den deutschen Marinefliegern geflogen wurden.

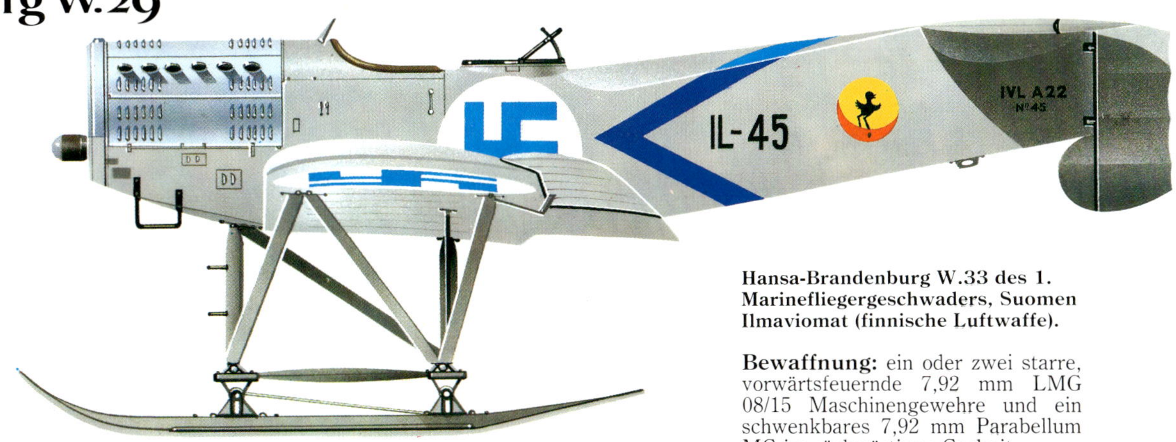


**Hansa-Brandenburg W.33 des 1. Marinefliegergeschwaders, Suomen Ilmaviomat (finnische Luftwaffe).**

### Varianten
**Brandenburg W.33**: eine vergrößerte, im Grunde aber ähnliche Maschine wie die W.29, die im Sommer und Herbst 1918 produziert wurde; insgesamt wurden 26 Exemplare gebaut, die alle von der 245 PS (183 kW) Version des Maybach Mb.IV Motors angetrieben wurden.

### Technische Daten
**Hansa-Brandenburg W.29**
(Frühe Serienmaschinen)
**Typ:** zweisitziges Jagd-Wasserflugzeug.
**Triebwerk:** ein 150 PS (112 kW) Benz Bz.III Sechszylinder Reihenmotor.
**Leistung:** Höchstgeschwindigkeit 175 km/h; Steigflugdauer auf 3.000 m 23 Minuten; Dienstgipfelhöhe 5.000 m; max. Flugdauer 4 Stunden.
**Gewicht:** Leergewicht 1.000 kg; max. Startgewicht 1.495 kg.
**Abmessungen:** Spannweite 13,50 m; Länge 9,36 m; Höhe 3,00 m; Tragflügelfläche 32,20 m$^2$.
**Bewaffnung:** ein oder zwei starre, vorwärtsfeuernde 7,92 mm LMG 08/15 Maschinengewehre und ein schwenkbares 7,92 mm Parabellum MG im rückwärtigen Cockpit.

**Die W.33 war im Grunde eine vergrößerte W.29, hatte jedoch einen Maybach Mb.IV Motor.**

RAF Museum, Hendon

# Harlow PJC-1 und PJC-2

### Entwicklungsgeschichte
Max B. Harlow, Professor für Aeronautik am Pasadena Junior College, konstruierte die zwei-/viersitzige **Harlow PJC-1** (die Herkunft der Abkürzung ist offensichtlich), die als Klassenprojekt von den Studenten des College konzipiert und gebaut wurde. Der selbsttragende Tiefdecker PJC-1 war in Ganzmetallbauweise hergestellt und besaß eine Rumpfstruktur, die dem Piloten und bis zu vier Passagieren Platz in einer geschlossenen Kabine bot. Das Leitwerk war völlig konventionell, das Heckradfahrwerk war einziehbar und als Triebwerk diente ein sauber verkleideter Warner Super Scarab Sternmotor.

Die am 14. September 1937 zum ersten Mal geflogene PJC-1 kam mit ihrem Zulassungsprogramm gut voran, stürzte jedoch, kurz vor dem Erreichen der Typenzulassung, bei einem Trudeltest ab. Die Überprüfungen ergaben, daß dies durch einen Fehler in der Steuerung verursacht worden war. Entsprechende Konstruktionsänderungen wurden bei der sich anschließenden **PJC-2** vorgenommen. Dieses Flugzeug erhielt am 26. August 1938 seine Zulassung und die zu diesem Zweck gegründete Harlow Aircraft Company baute und verkaufte etwa zehn dieser Maschinen. Die weitere Fertigung wurde durch den Ausbruch des Zweiten Weltkriegs verhindert, und nach dem Krieg gab es in der Flugwelt keinen Bedarf für dieses Flugzeug.

### Technische Daten
**Harlow PJC-2**
**Typ:** ein zwei-/viersitziger Kabineneindecker.
**Triebwerk:** ein 145 PS (108 kW) Warner Super Scarab Series 50 Siebenzylinder Sternmotor.
**Leistung:** Höchstgeschwindigkeit 257 km/h; Reisegeschwindigkeit 225 km/h; Dienstgipfelhöhe 4.725 m; Reichweite 788 km.
**Gewicht:** Leergewicht 753 kg; max. Startgewicht 1.179 kg.
**Abmessungen:** Spannweite 10,92 m; Länge 7,11 m; Höhe 2,21 m; Tragflügelfläche 17,19 m².

**Eines der fortschrittlichsten Leichtflugzeuge, die vor dem Zweiten Weltkrieg herauskamen, war die Harlow PJC-2. Sie wurde jedoch nur in wenigen Exemplaren gebaut.**

# Harlow PC-5, PC-5A und PC-6

### Entwicklungsgeschichte
Sobald die Produktion seiner PJC-2 anlief, begann Max Harlow mit der Konstruktion einer zweisitzigen Militär-Schulflugzeugversion, die er **Harlow PC-5** taufte. Abgesehen von einem überarbeiteten Rumpf, in dem hintereinander Platz und Doppelsteuerung für Fluglehrer und Flugschüler geschaffen wurde, glich die PC-5 im Grunde der PJC-2. Als die Maschine im Juli 1939 ihren Jungfernflug absolvierte, schien es einen vielversprechenden Markt für dieses Schulflugzeug zu geben, die Maschine konnte jedoch nicht das Interesse des United States Army Air Corps auf sich ziehen. Es wurden nur etwa fünf PC-5 gebaut, aber als die Intercontinent Corporation einen Mehrheitsanteil an der Harlow Aircraft Company kaufte, wurde die **PC-6**, eine billigere Version der PC-5, entwickelt, und ein von Intercontinent entsandtes Technikerteam baute einen Prototypen, der jedoch während der ersten Tests strukturelle Probleme an den Flügeln entwickelte.

Später wurden die Bauteile für 50 Maschinen an Hindustan Aircraft zur Montage in Indien für die Indian Air Force geliefert, und die erste dieser PC-5A Maschinen flog im August 1941; es ist nicht bekannt, wie viele der Flugzeuge fertiggestellt wurden.

### Technische Daten
**Harlow PC-5A**
**Typ:** ein zweisitziges Militär-Schulflugzeug.
**Triebwerk:** ein 165 PS (123 kW) Warner Super Scarab 165-D Siebenzylinder Sternmotor.
**Leistung:** Höchstgeschwindigkeit 248 km/h; Reisegeschwindigkeit 225 km/h; Dienstgipfelhöhe 4.420 m; Reichweite 676 km.
**Gewicht:** Leergewicht 914 kg; max. Startgewicht 1.179 kg.
**Abmessungen:** Spannweite 10,92 m; Länge 7,21 m; Höhe 2,34 m; Tragflügelfläche 17,19 m².

# Hawker Audax

### Entwicklungsgeschichte
Entsprechend der Spezifikation 7/31 des britischen Air Ministry, die nach einem Armee-Verbindungsflugzeug verlangte, sollte Hawker noch eine weitere Ableitung der Hart vorschlagen. Die Maschine sollte die Armstrong Whitworth Atlas ersetzten, die bei ihrer Indienststellung im Jahre 1927 das erste Armee-Verbindungsflugzeug der RAF gewesen war. Eine der ersten Serien-Hart wurde zur Bewertung dieses Flugzeugs verwendet. Es eignete sich gut für die gestellte Aufgabe und die erste Serienversion des **Hawker Audax** genannten neuen Typs absolvierte am 29. Dezember des Jahres 1931 ihren Jungfernflug.

Die Audax, die im Februar 1932 als erste bei der No. 4 Squadron als Verbindungsflugzeug in Dienst ging, unterschied sich, abgesehen von der Ausstattung, kaum von der Hart. Das beste Erkennungszeichen war das lange Auspuffrohr, das bis zur Rumpfmitte und bis hinter das Cockpit reichte. Diese Änderung wurde durchgeführt, um dem Piloten beim Testflug nicht durch das Luftflimmern der serienmäßigen Auspuffstutzen die Sicht zu behindern. Das andere äußerliche Erkennungszeichen war der lange Post-Auffanghaken unter dem Rumpf, der schwenkbar und an der Spreizachse des Fahrwerks befestigt war.

Die Produktion für die RAF betrug bis zum Auslaufen der Serie im Jahre 1937 624 Maschinen, es waren aber auch Exemplare für den Irak und Persien gebaut worden. Wegen der großen Stückzahlen wurden viele der RAF-Maschinen an Subunternehmer vergeben, wobei Bristol 141, Gloster 25, A.V.Roe 244 und Westland 43 Exemplare bauten. Der Rest stammte aus der Hawker-Produktion.

Die Audax wurde zur Ausrüstung der in Großbritannien stationierten Verbindungsgeschwader verwendet, ging 1932 in Dienst, wurde 1937/38 abgelöst und zur Fortgeschrittenenschulung sowie zum Segelflugzeug-Schleppeinsatz abgestellt. In diesen letztgenannten Funktionen blieben die Audax bis gut in die Kriegsjahre im Heimateinsatz und 1940 flog die No.237 (Rhodesia) Squadron die Audax im Ostafrikafeldzug in Eritrea und Somaliland gegen die Italiener. Andere, in Habbaniyah stationierte Maschinen, kamen während der Revolution im Mai 1941 im Irak zum Einsatz.

### Technische Daten
**Typ:** ein zweisitziges Armee-Verbindungsflugzeug.
**Triebwerk:** ein 530 PS (395 kW) Rolls-Royce Kestrel IB 12-Zylinder V-Motor.
**Leistung:** Höchstgeschwindigkeit 274 km/h in 730 m Höhe; Dienstgipfelhöhe 6.555 m; max. Flugdauer 3 Stunden 30 Minuten.
**Gewicht:** Leergewicht 1.333 kg; Startgewicht 1.989 kg.
**Abmessungen:** Spannweite 11,35 m; Länge 9,02 m; Höhe 3,17 m; Tragflügelfläche 32,33 m².
**Bewaffnung:** ein vorwärtsfeuerndes 7,7 mm Maschinengewehr und ein schwenkbares 7,7 mm Lewis-MG im hinteren Cockpit plus vier 9 kg beziehungsweise zwei 51 kg Versorgungsbehälter an Aufhängungen unter dem Flügel.

**Die K3055 war die erste Maschine der zweiten Produktionsserie (91 Exemplare hergestellt) des Verbindungsflugzeugs Hawker Audax Mk I und flog am 19. Mai 1933 zum ersten Mal.**

# Hawker Cygnet

### Entwicklungsgeschichte
Als Antwort auf die Ankündigung des britischen Air Minstry für einen Leichtflugzeug-Wettbewerb, der im September 1924 in Lympne in Kent stattfinden sollte, konstruierte und baute die H.G Hawker Engineering Company zwei Exemplare eines bemerkenswert leichten Flugzeugs, das **Hawker Cygnet** genannt wurde. Die aus Holz und Stoff gebaute Cygnet war ein Doppeldecker mit unterschiedlicher Spannweite (der obere Flügel hatte Querruder über die ganze Spannweite) und hatte ein konventionelles Leitwerk sowie ein Hecksporn-fahrwerk. Eine Maschine (G-EBMB) wurde von einem 34 PS (25 kW) British Anzani Motor angetrieben und die andere (G-EBJH) von einem 34 PS (25 kW) ABC Scorpion.

Zwar belegten die Maschinen im 1924er Wettbewerb nur hintere Plätze, als sie jedoch mit Bristol Cherub III ummotorisiert wurden, gewann die G-EBMB den 1926er Wettbewerb und errang den 3.000 Pfund-Preis der Daily Mail. G-EBJH siegte im Lympne Open Handicap Race.

### Technische Daten
**Typ:** zweisitziges Ultraleicht-Sportflugzeug.
**Triebwerk:** ein 34 PS (25 kW) Bristol Cherub III Zweizylinder Boxermotor.
**Leistung:** Höchstgeschwindigkeit 132 km/h in Meereshöhe; absolute Gipfelhöhe 2.715 m.
**Gewicht:** Leergewicht 169 kg; max. Startgewicht 431 kg.
**Abmessungen:** Spannweite 8,53 m; Länge 6,22 m; Höhe 1,78 m; Tragflügelfläche 15,33 m².

# Hawker Fury I/II

### Entwicklungsgeschichte
Die Konstruktion des **Hawker Fury** Jagd-Doppeldeckers begann schon 1927, als die Spezifikation F.20/27 des britischen Air Ministry herauskam, in der die Anforderungen an einen Abfangjäger festgelegt wurden. Obwohl der Hawker-Prototyp **F.20/27** entsprechend der Spezifikation mit einem 450 PS (336 kW) Bristol Jupiter Sternmotor ausgerüstet war, gewann er doch keinen Produktionsauftrag. Die mit diesem Flugzeug gesammelte Erfahrung erwies sich aber als nützlich, als die Indienststellung des Hart Tagbombers die Konstruktion und Entwicklung eines neuen, in Privatinitiative entstandenen Prototyps beschleunigte, der von Hawker **Hornet** genannt wurde. Bei dieser Maschine entschied sich Sydney Camm dafür, das Interesse des Air Ministry an Sternmotoren zu ignorieren und baute statt dessen einen Rolls-Royce F.XIS ein. Diese

**Hawker Fury Mk I der No. 1 (F) Squadron, RAF, 1936/37 in Tangmere stationiert.**

**Die K2048 war eine Hawker Fury Mk I und die Kommandeursmaschine der No. 1 (F) Squadron.**

'Flight' via David Donald

Maschine wurde letztendlich der Fury-Prototyp, der dann auch vom Air Ministry gekauft und in Fury umbenannt wurde, um den damals geltenden Namensregeln zu entsprechen. Die Fury war eine attraktive Maschine mit sehr sauberer Linienführung, und sie war bei ihrer Indienststellung bei der No. 43 (Fighter) Squadron im Mai 1931 der erste Jäger der RAF, der 322 km/h überschreiten konnte. Die Maschine war ein einstieliger Doppeldecker von unterschiedlicher Spannweite mit einer Grundstruktur aus Metall und Stoffbespannung bzw. Metallverkleidung am vorderen Rumpf; sie hatte ein Heckspornfahrwerk, und als Triebwerk diente ein 525 PS (391 kW) Rolls-Royce Kestrel IIS Motor.

Ebenso wie die Hart gab es auch die Fury mit einer Vielzahl von Triebwerken, die entweder für Testzwecke oder im Auftrag eines ausländischen Kunden eingebaut wurden; zu diesen Motoren gehörten der Armstrong Siddeley Panther, der Bristol Mercury, der Hispano-Suiza 12NB und 12X, der Lorraine Petrel sowie der Pratt & Whitney S21B-G Hornet. Zunächst wurden etwa 160 **Fury Mk I** Jagdflugzeuge gebaut, denen sich zwei andere, jedoch artverwandte privat finanzierte Flugzeuge anschlossen: die Intermediate Fury und die High-Speed Fury. Beide waren Entwicklungsmaschinen, die den Anforderungen der britischen Air-Ministry-Spezifikationen F.7/30 bzw. F.14/32 entsprachen und die dazu führten, daß eine ältere Fury Mk I durch Einbau eines stärkeren Kestrel VI und durch die Montage von Radhalbverkleidungen geändert wurde. Diese Maschine wurde entsprechend der Spezifikation 6/35 als **Fury Mk II** in Serie gegeben und die ersten dieser Maschinen kamen Anfang 1937 bei der No. 25 (Fighter) Squadron in Dienst. Daß die Fury Mk II gegenüber der Fury Mk I eine Steigerung der Höchstgeschwindigkeit um rund zehn Prozent bieten konnte, hatte jedoch seinen Preis. Denn trotz der größeren Tanks ergab sich eine um zehn Prozent geringere Reichweite. Beide Versionen fanden in anderen Ländern Absatz, und die Fury wurde für die Luftstreitkräfte von Norwegen, Persien, Portugal, Spanien, Südafrika und Jugoslawien produziert.

Die Fury Mk II wurde in 98 Exemplaren für die RAF gebaut und in sechs Einheiten verwendet, bis sie 1939 durch die Hurricane ersetzt wurde, und nach Ausbruch des Zweiten Weltkriegs flogen einige Fury Mk II noch als Schulflugzeuge. Drei Staffeln dieser Kampfflugzeuge wurden in den Anfangsstadien des Zweiten Weltkriegs in Ostafrika von der South African Air Force eingesetzt, und die jugoslawischen Fury kämpften im April des Jahres 1941 gegen die einmarschierenden deutschen Truppen.

### Technische Daten
**Hawker Fury Mk II**

**Typ:** ein einsitziges Doppeldecker-Kampfflugzeug.
**Triebwerk:** ein 640 PS (477 kW) Rolls-Royce Kestrel VI Zwölfzylinder V-Motor.
**Leistung:** Höchstgeschwindigkeit 359 km/h in 5.030 m Höhe; Dienstgipfelhöhe 8.990 m; maximale Reichweite 435 km.
**Gewicht:** Leergewicht 1.240 kg; max. Startgewicht 1.637 kg.
**Abmessungen:** Spannweite 9,14 m; Länge 8,15 m; Höhe 3,10 m; Tragflügelfläche 23,41 m$^2$.
**Bewaffnung:** zwei synchronisierte, vorwärtsfeuernde 7,7 mm MG.

# Hawker Fury/Sea Fury

## Entwicklungsgeschichte

Die ursprünglich als kleinere, leichtgewichtige Ausführung der Hawker Tempest nach Spezifikation F.4/42 gedachte **Hawker Fury** wurde für die gemeinsam vom britischen Luftfahrtministerium und der Admiralität herausgegebenen Spezifikationen F.2/43 und N.7/43 als Kampfflugzeug entworfen. Hawker sollte die Landausführung übernehmen und Boulton Paul die Umbauten in eine Seeversion vornehmen.

Bis zum Dezember 1943 wurden sechs Prototypen bestellt; einer mit einem Bristol Centaurus XII, zwei mit dem Centaurus XXII und zwei mit dem Rolls-Royce Griffon. Der sechste sollte ein Testflugwerk werden. Als erstes flog die Maschine mit dem Centaurus XII, die ihren Jungfernflug am 1. September 1944 durchführte, gefolgt vom zweiten Prototyp mit dem Griffon 85 am 27. November; diese Maschine erhielt später einen Napier Sabre VII.

Obwohl im April 1944 200 Exemplare der **Hawker Fury** für die Royal Air Force und eine ähnliche Anzahl von **Sea Fury** Kampfflugzeugen für die Marineflieger (Fleet Air Arm) bestellt worden waren (darunter 100 bei Boulton Paul), wurden die Aufträge nach Kriegsende von der RAF zurückgenommen. Die Entwicklung der Sea Fury ging jedoch weiter, nachdem der Prototyp am 21. Februar 1945 mit einem Centaurus XII geflogen war. Diese Maschine erhielt einen Fanghaken, hatte aber weiterhin Tragflächen, die sich nicht einklappen ließen; die erste echte Marine-Ausführung des Typs war der zweite Prototyp mit einem Centaurus XV, der am 12. Oktober seinen Erstflug hatte.

Im Januar 1945 war der Vertrag mit Boulton Paul storniert worden, und von den 100 noch ausstehenden Sea Fury wurden die ersten 50 als **Sea Fury Mk X** Kampfflugzeuge gebaut. Das erste davon flog am 7. September 1946, und das dritte Exemplar unternahm Testflüge an Bord der *HMS Victorious*, bevor der Typ den Einsatz aufnahm.

Im Mai 1948 erhielt das No. 802 Squadron als erste Einheit die **Sea Fury FB.Mk 11**, die im Rahmen von britischen Verträgen in 615 Exemplaren gebaut wurde, darunter 31 bzw. 35 Maschinen für die Royal Australian und Royal Canadian Navy. Das Modell erwies sich bei Angriffen auf Bodenziele als sehr erfolgreich, als es im Anfangsstadium des Koreakriegs 1950 eingesetzt wurde (von Bord *HMS Glory, HMS Ocean, HMS Sydney* und *HMS Theseus* aus). Die Royal Navy erhielt außerdem 60 zweisitzige **Sea Fury T.Mk 20** Schulflugzeuge, von denen zehn später im Rahmen eines deutschen Auftrags speziell als Zielschleppflugzeuge umgebaut wurden.

### Technische Daten
**Hawker Sea Fury FB.Mk 11**

**Typ:** einsitziger trägergestützter Kampfbomber.
**Triebwerk:** ein 2.480 PS (1.849 kW) Bristol Centaurus 18 18-Zylinder Sternmotor.
**Leistung:** Höchstgeschwindigkeit 700 km/h in 7.470 m Höhe; Dienstgipfelhöhe 10.455 m; Reichweite 1.094 km.
**Gewicht:** Leergewicht 4.191 kg; max. Startgewicht 5.670 kg.
**Abmessungen:** Spannweite 11,70 m; Länge 10,57 m; Höhe 4,84 m; Tragflügelfläche 26,01 m$^2$.
**Bewaffnung:** vier 20 mm Kanonen in den Tragflächen, plus Unterflügelhalter für acht 27 kg Raketen oder zwei 454 kg Bomben.

**Mit einem 18-Zylinder Bristol Centaurus und einer Höchstgeschwindigkeit von mehr als 644 km/h stellte die Hawker Sea Fury einen Höhepunkt in der Geschichte der Kampfflugzeuge mit Kolbenmotoren dar.**

RAF Museum, Hendon

# Hawker Hardy

## Entwicklungsgeschichte

Die **Hawker Hardy**, eigentlich eine Variante des Hart/Audax Entwurfs, wurde für die Spezifikation G.23/33 des britischen Luftfahrtministeriums entwickelt, die ein Modell vorsah, das sich als Ersatz für die damals im Irak von der RAF No. 30 Squadron eingesetzte Westland Wapiti eignete. Die Hardy war eigentlich eine Hart mit Spezialausrüstung, und der Prototyp war ein Hart Standard-Tagbomber, der mit einem verbesserten Kühler für heiße Klimazonen und wie die Audax mit einem verlängerten Motorabgassystem und Haken zum Auffangen von Postsäcken ausgerüstet war. Für den Fall einer Notlandung in der Wüste war eine tropische Notausrüstung mit Wasserbehältern vorgesehen.

In dieser Form flog die Hardy erstmals am 7. September 1934 und begann kurz darauf mit den Versuchen bei der RAF. Das Modell nahm 1935 den Dienst bei der No. 303 Squadron in Mosul im Irak auf, und Gloster Aircraft baute die bestellten 47 Exemplare unter Zuliefervertrag.

1938, als die No. 30 Squadron mit der Bristol Blenheim ausgestattet wurde, gingen die Hardy an die No. 6 Squadron, wo sie zur Luftnahunterstützung der britischen 16th Infantry Brigade während der Unruhen in Palästina eingesetzt wurden. Schließlich gingen alle noch vorhandenen Hardy an die No. 37 (Rhodesian) Squadron, wo sie neben den Hawker Audax Maschinen dieser Einheit flogen. Dort wurden sie auch bei Beginn des Zweiten Weltkriegs eingesetzt und flogen 1940 Angriffe auf italienische Truppen in Ostafrika; mindestens ein Exemplar war noch im Juni 1941 im Einsatz und wurde bei Verbindungsflügen benutzt.

### Technische Daten

**Typ:** ein zweisitziger Mehrzweck-Doppeldecker.
**Triebwerk:** ein 530 PS (395 kW) Rolls-Royce Kestrel IB oder 585 PS (436 kW) Kestrel X Zwölfzylinder V-Motor.
**Leistung:** Höchstgeschwindigkeit 259 km/h in Meereshöhe; Dienstgipfelhöhe 5.180 m; maximale Flugdauer 3 Stunden.
**Gewicht:** Leergewicht 1.450 kg; max. Startgewicht 2.270 kg.
**Abmessungen:** Spannweite 11,35 m; Länge 9,02 m; Höhe 3,23 m; Tragflügelfläche 32,33 m².
**Bewaffnung:** ein 7,7 mm vorwärtsfeuerndes MG und ein schwenkbares 7,7 mm Lewis MG im hinteren Cockpit, plus Unterflügelstationen und Kästen für Wasserkanister, Signalbomben und vier 9 kg Bomben.

**Die K4050 war das erste Serienexemplar der Hardy Mk I. Der Erstflug fand im Oktober 1933 statt.**

# Hawker Hart

## Entwicklungsgeschichte

Der **Hawker Hart** Tagbomber, der im Januar 1930 bei der No. 33 Squadron der RAF in Eastchurch seinen Dienst aufnahm, basierte auf der Spezifikation 12/26 des britischen Luftfahrtministeriums, die einen Tagbomber mit der bisher unerhörten Höchstgeschwindigkeit von 257 km/h vorsah; eine Leistung, die das Modell dank einer Kombination des erstklassigen Flugwerks mit dem Rolls-Royce F.XIB V-12 Motor spielend erreichte. Der Prototyp flog erstmals im Juni 1928.

**Hawker Demon II der Royal Australian Air Force**

Die Hart brachte für das Luftfahrtministerium beträchtliche Probleme mit sich, denn das Modell war nicht nur sehr viel schneller als die zeitgenössischen Bomber, in einigen Fällen um mehr als 120 km/h; aber sie konnten auch die damaligen Kampfflugzeuge mühelos überholen. Die Hart wurde vorübergehend auch als Kampfflugzeug bei der No. 23 (Fighter) Squadron verwendet. Nach den Erfahrungen dieser Einheit mit dem **Hart Two-Seat Fighter** wurde versucht, eine verbesserte Spezial-Kampfausführung zu entwickeln. Gebaut wurde die **Hawker Demon**, die sich von der Hart vor allem durch eine neue Ausführung des Kestrel Motors, ein verändertes hinteres Cockpit für ein besseres Schußfeld für den hinteren Gewehrschützen, den Einbau einer Funkanlage und bei einigen späten Serienmaschinen durch ein Heckrad anstelle des Hecksporns unterschied. Zusätzlich zu 234 für die RAF gebauten Demon baute Hawker 54 für die RAAF. Für die RAAF enstanden auch zehn Schulausführungen mit Doppelsteuerung und speziellen Vorkehrungen für Zielschleppflüge mit der Bezeichnung **Demon Mk II**.

Ende 1934 flog eine Demon mit dem Prototyp eines motorbetriebenen Frazer-Nash MG-Stands in der hinteren Position, der eine Abdeckung zum Schutz des Gewehrschützen gegen den Luftstrom enthielt. Mehrere Exemplare wurden mit dieser Standardausrüstung gebaut und weitere bereits im Einsatz befindliche Maschinen nachträglich entsprechend verändert. Diese Ausführung wurde später als **Turret Demon** bezeichnet.

Die Hart war ein ungewöhnlich erfolgreiches Modell, da von diesem Typ in Großbritannien während der Jahre zwischen den Kriegen mehr Exemplare gebaut wurden als von allen anderen Entwürfen. Neben dem Hart Standard-Bomber entstanden sechs Hart Two-Seat Fighter für die No. 23 (F) Squadron, 507 Hart Trainer mit Doppelsteuerung, mehrere Maschinen ohne Bomben und Bewaffnung als **Hart Communications** Verbindungsflugzeuge für die No. 24 Squadron und tropentaugliche Maschinen mit dem Namen **Hart (India)** und **Hart (Special)**. Als die Hart ab 1936 durch die Hawker Hind ersetzt wurden, übergab das Luftfahrtministerium eine beträchtliche Anzahl der älteren Flugzeuge der South African Air Force, die diese Maschinen ab Ende 1936 erhielt. Zu den anderen im Ausland geflogenen Hart gehörten acht Maschinen für Estland mit auswechselbarem Rad- und Schwimmerfahrwerk, die Ende 1932 ausgeliefert wurden. Schweden war ebenfalls an dem Typ interessiert und erwarb 1934 vier Maschinen; später wurden weitere 42 unter Lizenz von der staatlichen Flugzeugfabrik in Tröllhattan gebaut. Sie entstanden 1935/36 und hatten als Triebwerk eine unter Lizenz gebaute Ausführung des Bristol Pegasus Sternmotors.

Die Hart wurde auch häufig als Teststand für Triebwerke verwendet; neben den üblichen Kestrel IB oder XDR flogen sie mit dem Rolls-Royce Kestrel IS, IIB, IIS, IIIMS, V, VIS, XFP, XVI, P.V.2 und Merlin C und E, dem Armstrong Siddeley Panther, dem Bristol Jupiter, Pegasus, Perseus und Mercury, dem Hispano-Suiza 12Xbrs, Lorraine Petrel Hfrs und Napier Dagger Motor.

Einschließlich der in Schweden unter Lizenz gebauten Maschinen wurden mehr als 1.000 Exemplare hergestellt; eine eindrucksvolle Zahl für ein Modell der 30er Jahre. Bis 1938 waren die Hart Bomber in Großbritannien aus dem Fronteinsatz zurückgezogen worden, aber bei Ausbruch des Zweiten Weltkriegs waren sie im Nahen Osten noch im Dienst, bis sie nach und nach von moderneren Typen wie der Bristol Blenheim ersetzt wurden. Bei der South African Air Force diente die Hart noch bis 1943 als Verbindungsflugzeug.

### Technische Daten

**Hawker Hart (RAF)**
**Typ:** zweisitziger Tagbomber.
**Triebwerk:** ein 525 PS (391 kW) Rolls-Royce Kestrel IB oder 510 PS Kestrel XDR Zwölfzylinder V-Motor.
**Leistung:** Höchstgeschwindigkeit 296 km/h in 1.525 m Höhe; Dienstgipfelhöhe 6.510 m; maximale Reichweite 756 km.
**Gewicht:** Leergewicht 1.148 kg; max. Startgewicht 2.066 kg.
**Abmessungen:** Spannweite 11,35 m; Länge 8,94 m; Höhe 3,17 m; Tragflügelfläche 32,33 m².
**Bewaffnung:** ein vorwärtsfeuerndes 7,7 mm MG und ein schwenkbares 7,7 mm Lewis MG im hinteren Cockpit plus bis zu 236 kg Bomben.

**Mit einer bis dahin unerreichten Höchstgeschwindigkeit von 296 km/h war die Hawker Hart sehr viel schneller als alle anderen zeitgenössischen Bomber und selbst Kampfflugzeuge.**

Mike Hooks

# Hawker Hartbees

## Entwicklungsgeschichte

Die speziell für die South African Air Force auf der Basis der Hart und Audax Baureihe entwickelte **Hawker Hartbees** (gelegentlich als Hartbee oder Hartbeeste bezeichnet) wurde nur in wenigen Exemplaren in Großbritannien selbst gebaut, um als Baumuster für die Lizenzproduktion in Südafrika zu dienen. Die Verhandlungen über ein Lizenzabkommen der Audax begannen 1934 für ein Flugzeug zur Luftnahunterstützung, und man fand in Südafrika, daß die Audax den Ansprüchen der dortigen Luftwaffe ohne größere Modifikationen genügen würde.

Hawker baute vier Exemplare, von denen die beiden ersten mit der RAF Audax weitgehend identisch waren, abgesehen davon, daß die verlängerte Auspuffanlage fehlte und der Kestrel IB durch einen 608 PS (453 kW) Kestrel VFP Motor ersetzt worden war. Die ersten beiden Maschinen flogen erstmals in Großbritannien am 28. Juni 1935, bevor sie im Oktober nach Südafrika geschickt wurden. Das dritte und vierte Exemplar war weitgehend identisch, abgesehen von der Panzerung zum Schutz der Besatzung.

In Südafrika fand die Produktion in der Robert Heights Fabrik in Pretoria statt. Das erste Exemplar war im Frühjahr 1937 fertig und bestand im Juli seine Zulassungstests. Es folgte der Bau von Serienmaschinen: 65 gingen an zwei Staffeln der SAAF, von denen 53 bei Ausbruch des Zweiten Weltkriegs noch im Einsatz waren und zusammen mit mehreren ehemaligen Hart der RAF in Kenia verwendet wurden.

Die Hartbees wurden Mitte 1940 häufig an der Grenze zwischen Kenia und Äthiopien gegen die Italiener eingesetzt; ihr bedeutendster Einsatz war ein Angriff am 11. Juni 1940. Bald darauf wurde der Typ aus dem Fronteinsatz gezogen und für Schul- und Verbindungsflüge benutzt. Einige Exemplare waren noch 1946 im Dienst.

## Technische Daten

**Typ:** ein zweisitziges Mehrzweckflugzeug.
**Triebwerk:** ein 608 PS (453 kW) Rolls-Royce Kestrel VFP Zwölfzylinder V-Motor.
**Leistung:** Höchstgeschwindigkeit 283 km/h in 1.830 m Höhe; Dienstgipfelhöhe 6.705 m; Flugdauer 3 Stunden 10 Minuten.
**Gewicht:** Leergewicht 1.429 kg; max. Startgewicht 2.171 kg.
**Abmessungen:** Spannweite 11,35 m; Länge 9,02 m; Höhe 3,17 m; Tragflügelfläche 32,33 m².
**Bewaffnung:** ein vorwärtsfeuerndes 7,7 mm MG und ein schwenkbares 7,7 mm Lewis MG im hinteren Cockpit plus Unterflügelstationen für Bomben, Rauchbomben, Versorgungskanister oder Wasserbehälter.

**Die auf der Audax basierende Hawker Hartbees wurde unter Lizenz in Südafrika gebaut.**

# Hawker Hector

## Entwicklungsgeschichte

Die letzte Variante der Hart, die noch im Fronteinsatz der RAF verblieb, die **Hawker Hector**, wurde als Ersatz für die Audax konzipiert. Gefordert war ein Armee-Verbindungsflugzeug mit verbesserter Leistungskraft, das den Napier Dagger Motor verwenden sollte, der 1933 erstmals zu Versuchszwecken bei einem Hart Bomber montiert worden war. Die Hector war eigentlich eine Hart, unterschied sich von ihrem Vorläufer jedoch beträchtlich in ihrem Äußeren. Das war natürlich vor allem auf das Triebwerk zurückzuführen, das den charakteristischen spitzen Bug der Hart Familie völlig veränderte. Die Veränderung des Schwerpunkts bei dieser Maschine, erzielt durch den Einbau eines weitaus schwereren Triebwerks, wurde korrigiert, indem obere Tragflächen mit gerader Vorderkante anstelle der gepfeilten Konfiguration der früheren Vertreter benutzt wurden. Im übrigen waren Konfiguration und Ausrüstung im allgemeinen ähnlich wie bei der Audax.

Das erste Hector Serienexemplar unternahm seinen Erstflug am 14. Februar 1936, und im Mai 1936 lagen Bestellungen für insgesamt 178 Maschinen vor, die unter Zuliefervertrag von Westland in Yeovil in Somerset gebaut werden sollten. Die ersten dieser Serienexemplare wurden im Februar 1937 ausgeliefert, und noch vor Ende des Jahres waren alle Maschinen fertiggestellt und an die RAF übergeben worden.

Die Hector nahm im Februar 1937 den Dienst bei der No. 4 Squadron auf und flog schließlich bei sieben RAF Staffeln, die in England selbst stationiert waren. Als diese Maschinen ab 1938/39 durch die neue Westland Alexander ersetzt wurden, verwendete man die Hector für die Auxiliary Air Force Squadron No. 601, 612, 613, 614 und 615, wo viele Exemplare noch bis zum Ausbruch des Zweiten Weltkriegs im Einsatz blieben.

Bei der No. 613 Squadron wurde das Modell auch im Krieg eingesetzt; die Einheit sandte sechs ihrer Hector zu Angriffen gegen deutsche Truppen bei Calais. Aber der Verlust von zwei Maschinen bei diesem Einsatz bewies, daß die Hector sich nicht länger für den Fronteinsatz eignete. Während der nächsten zwei Jahre diente das Modell noch als Schleppflugzeug.

## Technische Daten

**Typ:** zweisitziges Flugzeug für die Luftnahunterstützung.
**Triebwerk:** ein 805 PS (600 kW) vierreihiger Napier Dagger III MS Kolbenmotor in H-Form.

**Leistung:** Höchstgeschwindigkeit 301 km/h in 1.980 km/h; Dienstgipfelhöhe 7.315 m; Flugdauer 2 Stunden 25 Minuten.
**Gewicht:** Leergewicht 1.537 kg; max. Startgewicht 2.227 kg.
**Abmessungen:** Spannweite 11,26 m; Länge 9,09 m; Höhe 3,17 m; Tragflügelfläche 32,14 m².
**Bewaffnung:** ein vorwärtsfeuerndes 7,7 mm MG und ein 7,7 mm Lewis MG im hinteren Cockpit plus Pylone für Versorgungsbehälter oder zwei 51 kg Bomben.

**Die Hawker Hector hatte zwar einen Reihenmotor, sah aber ganz anders aus als die anderen Hawker Doppeldecker, da es sich bei ihrem Triebwerk um den vierreihigen Napier Dagger Motor handelte.**

Bruce Robertson

# Hawker Henley

## Entwicklungsgeschichte

Die im Februar 1934 herausgegebene Spezifikation P.4/34 des Luftfahrtministeriums sah einen leichten Bomber vor, der auch zur Nahunterstützung dienen konnte. Eine hohe Leistungskraft mit einer maximalen Geschwindigkeit von etwa 483 km/h war eine der geforderten Voraussetzungen.

Da zugleich nur eine mittlere Bombenkapazität gefordert wurde, war es nur logisch, daß die Hawker Konstrukteure ein von der Größe her der Hurricane ähnliches Modell entwarfen. Die Entwicklung der Hurricane befand sich derzeit in einem fortgeschrittenen Stadium, und bei einer gemeinsamen Verwendung bestimmter Komponenten konnte die Produktion nicht nur wirtschaftlicher, sondern auch einfacher werden. Daher waren bei dem später als **Hawker Henley** bezeichneten Modell die Höhenflosse und die äußeren Flügelplatten identisch mit denen der Hurricane; die Henley hatte allerdings nicht die vier MG des Kampfflugzeugs. Trotz der Größenunterschiede zwischen den beiden Typen wurde auch für die Henley der Merlin Motor gewählt. Der Typ war ein Mitteldecker mit freitragenden Flügeln und verwendete den Platz unter den Tragflächen für eine Bombenlast von 454 kg. Die Henley unterschied sich auch in der Besatzungszahl von der Hurricane und hatte zusätzlich einen Beobachter/Gewehrschützen. Der Bau eines Prototyps begann Mitte 1935. Aber weil der Produktion der Hurricane der Vorzug gegeben wurde, flog der Henley Prototyp, bestückt mit einem Merlin 'F' Motor, erst am 10. März 1937. Später erhielt diese Maschine eine selbsttragende Haut aus leichter Legierung für die Tragflächen und einen Merlin I Motor; die folgenden Tests bestätigten ihre erstklassige Leistung. Nun entschied das Luftfahrtministerium, daß für einen leichten Bomber kein Bedarf mehr bestand, und die Henley wurde als Zielschleppflugzeug bestellt; 200 Exemplare sollten von Gloster Aircraft als Zulieferfirma gebaut werden. Ein zweiter Prototyp wurde für Rolle modifiziert und flog erstmals am 26. Mai 1938; er unterschied sich vom ersten vor allem durch eine von einem Propeller angetriebene Winde, um das an einem Seil nachgeschlepp-

**Die K7554 war der zweite der beiden Hawker Henley Bomber-Prototypen, wobei diese Maschine ein Zielschleppflugzeug mit einem Merlin II Motor war.**

schleppte Ziel einzuholen.

Die **Henley Mk III** Serienmaschinen dienten bei den Bombing and Gunnery Schools No. 1, 5 und 10 sowie bei der Air Gunnery School in Barrow. Es kam bei den Zielschlepp-Einsätzen zu unverhältnismäßig häufigen Motorausfällen, die nur vermieden werden konnten, wenn die Henley mit extrem niedriger Geschwindigkeit flog, was aber beim Waffentraining nicht zu gebrauchen war. Daraufhin wurde die Henley zum Schleppen größerer Ziele für das Training von Flak-Schützen eingesetzt, was eine nicht sehr sinnvolle Entscheidung war. Natürlich erhöhte sich die Zahl von Triebwerkausfällen, und mehrere Henley gingen bei Unfällen zu Bruch. Mitte 1942 fand man schließlich eine Lösung und ersetzte die Maschinen durch Boulton Paul Defiant und Miles Martinet.

### Technische Daten

**Typ:** ein zweisitziges Zielschleppflugzeug.
**Triebwerk:** ein 1.030 PS (768 kW) Rolls-Royce Merlin II oder III Zwölfzylinder V-Motor.
**Leistung:** Höchstgeschwindigkeit mit Luft-Luft-Schleppziel 438 km/h, mit Boden-Luft-Schleppziel 322 km/h; Dienstgipfelhöhe 8.230 km/h; Reichweite 1.529 km.
**Gewicht:** Leergewicht 2.726 kg; max. Startgewicht 3.846 kg.
**Abmessungen:** Spannweite 14,59 m; Länge 11,10 m; Höhe 4,46 m; Tragflügelfläche 31,77 m$^2$.

# Hawker Heron, Hornbill, Hawfinch und Hoopoe

### Entwicklungsgeschichte

Vier Doppeldecker-Prototypen, die Hawker in den 20er Jahren baute, verdienen eine kurze Erwähnung. Die **Hawker Heron**, ein experimentelles einsitziges Kampfflugzeug, flog erstmals 1925. Der Typ sah dem Woodcock Mk II Serienmodell ähnlich und unterschied sich von diesem Flugzeug vor allem durch veränderte Tragflächen und ein neues Leitwerk; dies war das erste Hawker Flugzeug mit einer weitgehenden Metallstruktur. Mit einem 455 PS (339 kW) Bristol Jupiter VI Sternmotor galt der Typ als eine gut manövrierbare Maschine, erhielt aber keinen Auftrag.

Die erstmals im Mai 1925 geflogene **Hawker Hornbill** war das erste vollständig von Sydney Camm geschaffene neue Militärflugzeug. Es hatte eine ähnliche Konfiguration wie die Heron, bis auf den neuen schlanken Rumpf, der auf den 698 PS (520 kW) Rolls-Royce Condor IV abgestimmt war. Bei der Flugerprobung durch die RAF zeigte sich, daß der Typ mit einer Höchstgeschwindigkeit von 300 km/h den schnellsten RAF-Jägern überlegen war. Allerdings ließ die Stabilität bei Geschwindigkeiten um 240 km/h zu wünschen übrig. Daher wurden keine weiteren Exemplare gebaut.

Die **Hawker Hawfinch**, für die Spezifikation F.9/26 als einsitziges Kampfflugzeug mit Sternmotor gebaut, verband Eigenschaften der Heron und Hornbill und zeugte von der fortschreitenden Weiterentwicklung des klassischen Hawker Doppeldecker-Modells. Verglichen mit der Heron hatte der neue Typ einen verbesserten Rumpf und zweistielige Flügel mit ausgeprägter Staffelung. Der Erstflug fand im März 1927 statt, und die RAF untersuchte den Typ gemeinsam mit zahlreichen anderen Prototypen, wobei er nur knapp der Bristol Bulldog unterlag. Nur ein Exemplar der Hawfinch (J8766) wurde gebaut. Es zeigte sich, daß eine einstielige Verbindung der oberen mit der unteren Tragfläche besser war als eine zweistielige.

Diese Tatsache wurde auch von der 1927 als einsitziges Marine-Kampfflugzeug eingesetzten **Hawker Hoopoe** demonstriert. Beim Erstflug hatte die Hoopoe zweistielige Tragflächen und war weitgehend an die Hawfinch angelehnt, aber die fertige Ausführung, die **Hoopoe Mk II**, hatte eine einstielige Konfiguration und verkleidete Leitwerkhauptteile. Mit dem Armstrong Siddeley Panther III Sternmotor kam sie auf 315 km/h.

### Technische Daten

**Hawker Hoopoe Mk II**
**Typ:** ein einsitziges Marine-Kampfflugzeug (Prototyp).
**Triebwerk:** ein 560 PS (418 kW) Armstrong Siddeley Panther III Vierzehnzylinder Sternmotor.
**Leistung:** Höchstgeschwindigkeit 315 km/h in 3.810 m Höhe; Dienstgipfelhöhe 7.195 m.
**Gewicht:** Leergewicht 1.263 kg; max. Startgewicht 1.774 kg.
**Abmessungen:** Spannweite 10,11 m; Länge 7,47 m; Tragflügelfläche 26,80 m$^2$.
**Bewaffnung:** zwei vorwärtsfeuernde 7,7 mm Vickers MG plus vier Leuchtraketen oder 9 kg Bomben unter den Tragflächen.

**Die Seriennummer J7782 identifiziert diese Maschine als Hawker Hornbill, deren hohe Geschwindigkeit durch den kräftigen Motor möglich war.**

# Hawker Hind

### Entwicklungsgeschichte

Als die RAF im Jahre 1934 erweitert wurde, gab das Luftfahrtministerium die Spezifikation G.7/34 heraus, die einen leichten Bomber vorsah, der als vorübergehender Ersatz für die Hart dienen sollte. Man wollte damit die Zeit überbrücken, bis Maschinen der neuen Generation, wie die Bristol Blenheim oder Fairey Battle, den Dienst aufnehmen konnten.

Hawker schlug einen Typ vor, der auf der Hart basierte, von der er sich vor allem durch den stärkeren Kestrel V Motor unterschied, aber auch Modifikationen wie ein neues hinteres Cockpit für ein weiteres Schußfeld und eine bessere Bomberposition enthielt. Der Hecksporn der Hart wurde durch ein Heckrad ersetzt.

Der Prototyp der **Hawker Hind** flog erstmals am 12. September 1914, und knapp ein Jahr später, am 4. September 1935, fand der Jungfernflug des ersten Serienexemplars statt. Als erste Einheit erhielt die No. 21 Squadron in Bircham Newton, Norfolk, die Hind. Die Produktion lief auf vollen Touren, und im Frühjahr 1937 hatte das Bomber Command 338 Exemplare erhalten; weitere 114 Maschinen dienten bei sieben Staffeln der Auxiliary Air Force. Einige Maschinen gingen an die Luftstreitkräfte von Indien, Neuseeland und Südafrika.

Ebenso wie die Hart stieß auch die Hind auf starkes Interesse bei Exportkunden und wurde für Afghanistan, Litauen, Persien, Portugal, die Schweiz und Jugoslawien gebaut. Die Hind erhielt daher die unterschiedlichsten Triebwerke, darunter Bristol Mercury VII oder IX, Gnome-Rhône Mistral K-9 und der Rolls-Royce Kestrel VDR und XVI (neben dem Standard-Triebwerk Kestrel V).

Im Jahre 1937, als die Battle und Blenheim den Einsatz aufnahmen, wurde die Hind zum Schulflugzeug umgebaut, wobei das MG aus dem hinteren Cockpit entfernt und für einen Fluglehrer mit Doppelsteuerung und voller Instrumentation umgebaut wurde. Bei den meisten Hart Schulflugzeugen wurde außerdem das vordere MG ausgebaut. 1938 erhielten alle Maschinen Blindflughauben für Instrumentenschulung.

Bei Ausbruch des Zweiten Weltkriegs dienten die meisten Hind als Schulflugzeuge. Aber einige flogen auch als Verbindungsmaschinen. Sechs gingen 1939/40 an Irland, wo sie beim Irish Air Corps als Schulflugzeuge dienten. Viele wurden später als Schleppflugzeuge verwendet, bis der Typ 1942 aus dem Verkehr gezogen wurde. Er war der letzte leichte RAF-Bomber in einer Doppeldecker-Konfiguration.

**Die Hawker Baureihe, die auf der Hart basierte, verwendete gewöhnlich wassergekühlte V-Motoren, aber viele Exportkunden bevorzugten Sternmotoren, vor allem wegen der einfacheren Wartung und der größeren Zuverlässigkeit bei heißem oder kaltem Klima. Ein solcher Motor, ein Bristol Mercury VIII, wurde auch für die an Persien gelieferten Hawker Hind verwendet.**

### Technische Daten

**Typ:** zweisitziges leichter Bomber/ Schulflugzeug.
**Triebwerk:** ein 640 PS (477 kW) Rolls-Royce Kestrel Zwölfzylinder V-Motor.
**Leistung:** Höchstgeschwindigkeit 299 km/h; Dienstgipfelhöhe 8.045 m; Reichweite 692 km.
**Gewicht:** Leergewicht 1.475 kg; max. Startgewicht 2.403 kg.
**Abmessungen:** Spannweite 11,35 m; Länge 9,02 m; Höhe 3,23 m; Tragflügelfläche 32,33 m$^2$.
**Bewaffnung:** ein vorwärtsfeuerndes 7,7 mm MG und ein 7,7 mm Lewis MG im hinteren Cockpit plus bis zu 227 kg Bomben an Unterflügelstationen.

# Hawker Horsley

### Entwicklungsgeschichte

Für die Spezifikation 26/23 des Luftfahrtministeriums für einen zweisitzigen mittleren Tagbomber entwarf und baute die Hawker Engineering Company den Prototyp eines großen zweizelligen Doppeldeckers mit leicht gepfeilten Flügeln von ungleicher Spannweite, einem konventionell verstrebten Leitwerk, und einem Rolls-Royce Condor III. Die **Hawker Horsley** flog erstmals 1925 und erhielt nach Einsatzversuchen einen Produktionsauftrag über 20 Maschinen, das letzte von der Firma gebaute Modell in Holzbauweise. Die folgende **Horsley Mk II** hatte gemischte Holz- und Metallbauweise, und die letzte Ausführung, die **Horsley Mk III** (nur die Firmenbezeichnung, keine offizielle Kennung), die 1929 den Einsatz aufnahm, hatte Metallbauweise.

Die Horsley diente ursprünglich bei der No. 11 (Bomber) Squadron, und bis zum Frühjahr 1928 waren vier Staffeln mit dem Modell ausgerüstet worden; in diesem Jahr flog der Typ auch erstmals als Torpedobomber. 1931/32 wurde eine kleine Anzahl von Horsley Torpedobombern in Metallbauweise als Zielschleppflugzeuge umgebaut. Für die RAF entstanden insgesamt 120 Maschinen aller Versionen, und der Typ blieb in England bis 1934 im Einsatz; im folgenden Jahr flog das Modell noch bei der No. 36 Squadron in Singapur. Neben den RAF-Maschinen wurden sechs Horsley Mk II in Gemischtbauweise für die griechischen Marineflieger gebaut; zwei Maschinen mit 800 PS (597 kW) Armstrong Siddeley Leopard II Sternmotoren gingen an Dänemark. Dabei handelte es sich um dreisitzige Torpedobomber mit dem Namen **Dantorp**. In Dänemark war außerdem eine Lizenz-Produktion geplant, zu der es aber nicht kam.

Neben dem militärischen Einsatz dienten einige Horsley in den Jahren 1926 bis 1937 außerdem als Testflugzeuge für Triebwerke, da ihre Flugdauer und Flugeigenschaften sie dafür geradezu prädestinierten.

**Hawker Horsley Mk II der No. 33 (B) Sqn, RAF, in den frühen 30er Jahren.**

### Technische Daten
**Hawker Horsley Mk II**
**Typ:** zweisitziger Tagbomber.
**Triebwerk:** ein 665 PS (496 kW) Rolls-Royce Condor IIIA Zwölfzylinder V-Motor.
**Leistung:** Höchstgeschwindigkeit 200 km/h in 1.830 m Höhe; Dienstgipfelhöhe 4.265 m; Flugdauer 10 Stunden.
**Gewicht:** Leergewicht 2.159 kg; max. Startgewicht 3.538 kg.
**Abmessungen:** Spannweite 17,21 m; Länge 11,84 m; Höhe 4,17 m; Tragflügelfläche 64,38 m$^2$.
**Bewaffnung:** ein festes, vorwärtsfeuerndes 7,7 mm Vickers MG und ein 7,7 mm Lewis MG in der Beobachterposition plus bis zu 680 kg Bomben oder ein Torpedo.

# Hawker Hunter

### Entwicklungsgeschichte
Die **Hawker Hunter**, das erfolgreichste englische Militärflugzeug der Nachkriegszeit, setzte die Tradition der von Camm entworfenen Kampfflugzeuge fort. Insgesamt wurden 1.972 Exemplare gebaut, darunter 445 unter Lizenz in Belgien und Holland hergestellte Maschinen. Das Modell hat bei 19 Luftstreitkräften auf der ganzen Welt gedient und ist noch immer bei etwa einem Dutzend im Einsatz; eine Untersuchung hat ergeben, daß mehr als 30 Jahre nach dem Erstflug etwa ein Viertel aller Hunter noch flugtüchtig sind.

Die meisten Varianten haben das Rolls-Royce Avon Strahltriebwerk. Aber bei den Mk 2 und Mk 5 wurden Armstrong Siddeley Sapphire montiert. Der **P.1067** Prototyp flog erstmals am 20. Juli 1951, genau einen Monat später gefolgt vom ersten Prototyp **Hunter F. Mk 1**; das erste Serienexemplar Hunter F.Mk 1 flog am 16. Mai 1953 und nahm im Juli 1954 den Dienst bei der RAF auf. Fast ein Jahr später flog der Prototyp des zweisitzigen Schulflugzeugs **P.1101**, das 1958 den Dienst unter der Bezeichnung **Hunter T.Mk 7** aufnahm. Die neuen Serienmaschinen wurden noch bis 1966 ausgeliefert und währenddessen immer weiter verbessert. Alle Ausführungen erreichten bei flachem Sturzflug Überschallgeschwindigkeit und erhielten eine fortwährend verbesserte Triebwerksleistung, Bewaffnung und Treibstoffkapazität. Den Höhepunkt bildete die **Hunter FGA.Mk 9**, die alle mit den vorhergehenden Typen gemachten Erfahrungen auswertete und mit einem Rolls-Royce Avon Mk 207 fliegt; die Unterflügel-Waffenlast wurde verstärkt.

Die Hunter FGA.Mk 9 bedeutete eine weitgehende Verbesserung: obwohl kein Exemplar dieser Ausführung neu gebaut wurde, war der Hersteller mehrere Jahre lang vollauf damit beschäftigt, frühere Maschinen auf den neuen Standard zu bringen. Die wichtigsten Betreiber der Ende 1984 noch immer im Einsatz befindlichen Hunter sind die Royal Air Force und Royal Navy (mit insgesamt 60 Exemplaren als Schulflugzeuge) und die Schweizer Luftwaffe (mit 144 Kampfflugzeugen bzw Trainern). Seit 1983 werden die Schweizer Maschinen mit einer Radar-Warnanlage ausgerüstet.

### Varianten
**Hunter F.Mk 2:** basiert auf der F.Mk 1, aber mit einem Armstrong Siddeley Sapphire Mk 101 Strahltriebwerk.
**Hunter Mk 3:** Bezeichnung für den P.1067 Prototyp mit Avon R.A.7R Strahltriebwerk mit Nachbrenner; stellte am 7. September 1953 einen Geschwindigkeits-Weltrekord über 1.171 km/h auf.
**Hunter F.Mk 4:** mit einem Avon Mk 115/121 Triebwerk und erhöhter Treibstoffkapazität; späte Ausführungen hatten vier Unterflügelpylone und Raketenwerfer.
**Hunter F.Mk 5:** weitgehend ähnlich der F.Mk 4, aber mit einem Sapphire Mk 101 Triebwerk.
**Hunter F.Mk 6:** mit einem Avon Mk 293/207 Triebwerk, einer Kapazität für 1.773 l Treibstoff und einer Bewaffnung wie bei den späten F.Mk 4; die meisten mit Sägezahn-Vorderkanten.
**Hunter T.Mk 8:** Trainer.
**Hunter FR.Mk 10:** Aufklärerversion der FGA.Mk 9 für die Royal Navy.
**Hunter GA.Mk 11:** einsitziger Kampftrainer der Royal Navy.
**Hunter PR.Mk 11:** Gegenstück der Royal Navy zur FR.Mk 10 der RAF.
**Hunter Mk 50:** ähnlich der F.Mk 4 (für Schweden).
**Hunter Mk 51:** ähnlich der F.Mk 4 (für Dänemark).
**Hunter Mk.52:** ähnlich der F.Mk 4 (für Peru).
**Hunter Mk 53:** Ausführung der T.Mk 7 (für Dänemark).
**Hunter Mk 56:** ähnlich der F.Mk 6 (für Indien).
**Hunter FGA.Mk 56A:** ähnlich der FGA. Mk 9 (für Indien).
**Hunter FGA.Mk 57:** ähnlich der FGA. Mk 9 (für Kuwait).
**Hunter Mk 58 und Mk 58A:** ähnlich der F.Mk 6 (für die Schweiz).
**Hunter FGA.Mk 59 und Mk 59A:** ähnlich der FGA.Mk 9.
**Hunter FR.Mk 59B:** ähnlich der FR.Mk 10 (für den Irak).
**Hunter T.Mk 62:** ähnlich der Hunter T.Mk 7 (für Peru).
**Hunter T.Mk 66, 66D und 66E:** zweisitzige Schulausführungen für Indien mit 200-Series Avon.
**Hunter T.Mk 66B:** ähnlich der T.Mk 66 (für Jordanien).
**Hunter T.Mk 66C:** ähnlich der T.Mk 66 (für den Libanon).
**Hunter T.Mk 67:** ähnlich der T.Mk 66 (für Kuwait).
**Hunter T.Mk 68:** ähnlich der T.Mk 66 (für die Schweiz).
**Hunter T.Mk 69:** ähnlich der T.Mk 66 (für den Irak).
**Hunter FGA.Mk 70 und 70A:** ähnlich der FGA.Mk 9 (für den Libanon).
**Hunter FGA.Mk 71:** ähnlich der FGA. Mk 9 (für Chile).
**Hunter FR.Mk 71A:** ähnlich der FR.Mk 10 (für Chile).
**Hunter T.Mk 72:** ähnlich der T.Mk 66 (für Chile).
**Hunter FGA.Mk 73, 73A und 73B:** ähnlich der FGA.Mk 9 (für Jordanien).
**Hunter FGA.Mk 74 und 74B:** ähnlich der FGA.Mk 9 (für Singapur).
**Hunter FR.Mk 74A:** ähnlich der FR.Mk 10 (für Singapur).
**Hunter T.Mk 75 und 75A:** ähnlich der T.Mk 66 (für Singapur).
**Hunter FGA.Mk 76:** ähnlich der FGA. Mk 9 (für Abu Dhabi).
**Hunter FR.Mk 76A:** ähnlich der FR.Mk 10 (für Abu Dhabi).

MoD

**Das erfolgreichste britische Kampfflugzeug der Nachkriegszeit, die Hunter, ist heute noch bei vielen Luftstreitkräften im Einsatz. Diese Viererformation der No. 43 Sqn, RAF, fliegt F.Mk 4.**

**Hunter T.Mk 77:** ähnlich der T.Mk 7 (für Abu Dhabi).
**Hunter FGA.Mk 78:** ähnlich der FGA Mk 9 (für Katar).
**Hunter T.Mk 79:** ähnlich der T.Mk 7 (für Katar).
**Hunter FGA.Mk 80:** ähnlich der FGA. Mk 9 (für Kenia).
**Hunter T.Mk 81:** ähnlich der T.Mk 66 (für Kenia).

### Technische Daten
**Hawker Siddeley Hunter F.Mk 6**
**Typ:** einsitziger Abfangjäger.
**Triebwerk:** ein Rolls-Royce Avon Mk 207 Strahltriebwerk von 4.604 kp Schub.
**Leistung:** Höchstgeschwindigkeit 1.125 km/h in Meereshöhe; Dienstgipfelhöhe 15.695 m; Einsatzradius ohne Außenlasten 370 km.
**Gewicht:** Leergewicht 6.406 kg; max. Startgewicht 10.796 kg.
**Abmessungen:** Spannweite 10,25 m; Länge 13,98 m; Höhe 4,02 m; Tragflügelfläche 32,42 m$^2$.
**Bewaffnung:** vier 30 mm Aden Kanonen, plus vier Pylone 454 kg Bomben am inneren, 227 kg Bomben am äußeren Flügel; mit Vorrichtungen für bis zu 24 76 mm Raketenprojektile oder Treibstoff-Abwurftanks.

# Hawker Hurricane

## Entwicklungsgeschichte

In der britischen Bevölkerung war es wohl nur sehr wenigen bekannt, daß die RAF ein bedeutendes neues Kampfflugzeug erhalten hatte, als im Dezember 1937 die ersten Serienexemplare der **Hawker Hurricane Mk I** an die No. 111 Squadron der RAF Northolt geliefert wurden. Erst im Februar 1938 meldeten die Zeitungen, daß eine dieser Maschinen von Turnhouse in Schottland nach Northolt geflogen und die Entfernung von 526 km in 48 Minuten zurückgelegt hatte. Das bedeutete eine Durchschnittsgeschwindigkeit von 658 km/h.

Die Arbeit an der Hurricane begann 1933, als der Hawker Chefkonstrukteur Sydney Camm beschloß, einen auf dem Fury Doppeldecker basierenden Eindecker zu entwerfen und als Triebwerk den Rolls-Royce Goldhawk Motor zu verwenden. Während der Entwicklung wurde der Goldhawk durch den Rolls-Royce P.V.12 Merlin ersetzt, und Hawker begann mit dem Bau eines Prototypen für die Spezifikation F.36/34 des Luftfahrtministeriums. Beim Erstflug am 6. November 1935 hatte der Prototyp ein einziehbares Fahrwerk, ein verstrebtes Leitwerk, einen konventionellen Hawker-Rumpf mit Stoffbespannung sowie neue zweiholmige Eindeckerflügel mit Stoffbespannung und als Triebwerk einen 990 PS (738 kW) Rolls-Royce Merlin 'C' Motor.

Die offiziellen Versuche begannen im Februar 1936, wobei selbst optimistische Erwartungen an die Höchstgeschwindigkeit spielend übertroffen wurden, und am 3. Juni 1936 wurde ein Auftrag über 600 Serienexemplare erteilt. Ende des Monats erhielt das neue Kampfflugzeug den Namen Hurricane. Hawker hatte die starke Nachfrage vorausgesehen und bereits die Herstellung von 1.000 Maschinen eingeleitet, als die Bestellung des Luftfahrtministeriums einging. Darin war jedoch ein Merlin II Triebwerk vorgesehen, was eine Verzögerung mit sich zog. Aber Hawker konnte das erste Serienexemplar der Mk I dennoch am 12. Oktober 1937 fliegen. Ende 1938 waren schon 200 Exemplare an das RAF Flight Command ausgeliefert worden. Die frühen Serienmaschinen unterschieden sich nur geringfügig vom Prototypen, abgesehen vom 1.030 PS (768 kW) Merlin II Motor. 1938 wurde beschlossen, zusätzliche Maschinen von Gloster Aircraft bauen zu lassen. Das erste Serienexemplar dieser Firma flog am 27. Oktober 1939, und nach knapp einem Jahr hatte Gloster 1.000 Hurricane gebaut, eine Zahl, die sich später auf 1.850 erhöhte; dazu kamen 1.924 von Hawker hergestellte Maschinen, bevor die späteren Versionen die Mk I in der Produktion ablöste. Schon zuvor war jedoch die Stoffbespannung der Tragflächen durch selbsttragende Metallhaut ersetzt worden, und zu den nach und nach eingeführten Verbesserungen gehört außerdem der Merlin III Motor, eine kugelsichere Windschutzscheibe und Panzerung.

Hawker vereinbarte die Lizenzproduktion mit Jugoslawien; es folgten Maschinen für Belgien, den Iran, Polen, Rumänien und die Türkei; Belgien verhandelte außerdem über eine Lizenzproduktion für Avions Fairey, aber nur zwei in Belgien gebaute Hurricane waren beim Überfall der deutschen Truppen auf das Land gebaut und geflogen worden. Die Hurricane wurde außerdem in Kanada von der Canadian Car and Foundry Company gebaut, die am 9. Januar 1940 ihr erstes Serienexemplar flogen. Die kanadischen Maschinen waren den britischen Mk I weitgehend ähnlich, hatten aber einen von Packard gebauten Merlin Motor.

Bei Ausbruch des Zweiten Weltkriegs waren 19 RAF Staffeln mit der Hurricane ausgestattet, und innerhalb kurzer Zeit waren die Squadron No. 1, 73, 85 und 87 auf Stützpunkten in Frankreich stationiert. Aber während der Anfangsphase des Krieges hatten diese Staffeln nur wenig zu tun, bis die Deutschen im Mai 1940 ihren Vorstoß nach Westen unternahmen. Sofort wurden sechs weitere Hurricane Einheiten nach Frankreich geflogen, kurz darauf gefolgt von zwei weiteren Staffeln, die aber die deutschen Truppen und Flugzeuge nicht allein aufhalten konnten. Nach der Niederlage bei Dünkirchen stellte sich heraus, daß fast 200 Hurricane vermißt, zerstört oder so schwer beschädigt waren, daß man sie zurücklassen mußte. Es war ein schwerer Schlag für die RAF, denn sie hatte damit etwa ein Viertel aller ihrer Front-Kampfflugzeuge verloren.

Die befürchtete Invasion der Deutschen in Großbritannien fand nicht statt, und während der folgenden 'Atempause' konnte das Fighter Command seine Einheiten neu ausrüsten. Am 8. August 1940, dem offiziellen Beginn der 'Luftschlacht um England', hatte die RAF 32 Hurricane Staffeln und 19 Staffeln mit Supermarine Spitfire. Trotz der Niederlage von Dünkirchen wurden drei Hurricane Staffeln ins Ausland verlegt: die No. 261 Squadron nach Malta und die bereits für den Einsatz in den Tropen modifizierten Maschinen der No. 73 und 274 Squadron in die westliche Sahara.

Die Weiterentwicklung des Typs begann mit dem Einbau eines Merlin XX Motors in ein Hurricane Mk I Flugwerk, das die neue Bezeichnung **Hurricane Mk IIA Srs 1** erhielt. Weitgehend ähnlich, aber mit einem etwas längeren Rumpf versehen, war die **Hurricane Mk II Srs 2**, die eine Zwischenstufe darstellte. Mit neu entwickelten und auswechselbaren Tragflächen wurde sie später als

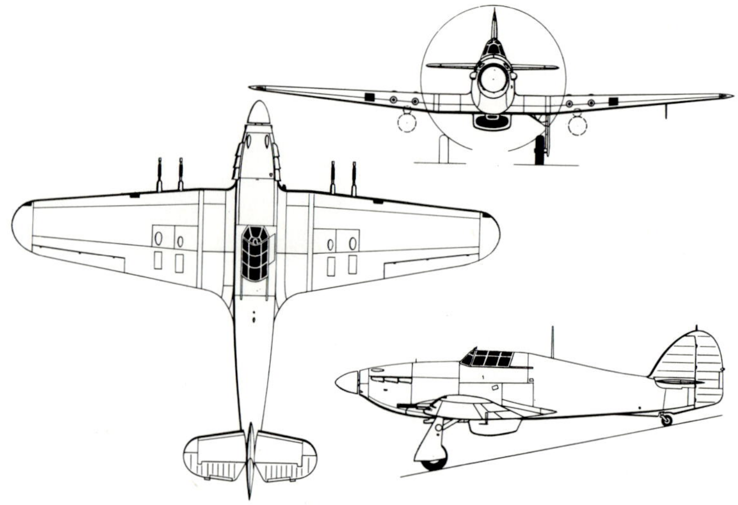

Hawker Hurricane Mk IIC

**Hurricane Mk IIB** bezeichnet und hatte Tragflächen mit nicht weniger als zwölf 7,7 mm MG und Vorrichtungen für den Transport von zwei 113 kg oder zwei 227 kg Bomben unter den Flügeln. Die **Hurricane Mk IIC** war weitgehend mit der Srs 2 identisch, aber die MG waren durch vier 20 mm Kanonen ersetzt. Als die Karriere der Hurricane als Kampfflugzeug 1942 zu Ende ging, wurde das Modell mit neuen Tragflächen als **Hurricane Mk IID** noch einmal verjüngt: die neuen Flügel enthielten zwei 40 mm Rolls-Royce B.F. oder Vickers Typ S Panzerabwehrkanonen sowie ein 7,7 mm MG für jede der Kanonen, um das Zielen zu erleichtern. Die Hurricane Mk IID erwies sich als effektive Waffe im Kampf gegen deutsche Maschinen über Nordafrika und gegen leichtere japanische Kampfflugzeuge in Burma.

Der Erfolg dieser Flügelvarianten führte zur letzten Serienausführung, der **Hurricane Mk IV** (frühe Exemplare trugen die Bezeichnung **Hurricane Mk IIE**), die den 1.620 PS (1.208 kW) Merlin 24 oder 27 Motor einführten und das Modell mit ihren 'Universaltragflächen' zu einem hochgradig spezialisierten Erdkampfjäger machte. Die Tragflächen enthielten zwei 7,7 mm MG, die beim Anvisieren der anderen Waffen halfen (darunter zwei 40 mm Panzerabwehr-Kanonen, zwei 113 kg oder 227 kg Bomben, Überführungs- oder Abwurftanks, oder acht Raketenprojektile mit 27 kg Sprengköpfen). Die erstmals Ende 1941 vorgeschlagenen Projektile wurden im Februar 1942 mit einer Hurricane getestet und schließlich bei einer Hurricane IV eingesetzt; dies war das erste Flugzeug der Alliierten, das Luft-Boden-Geschosse einsetzte, und diese Bewaffnung gab der kleinen Hurricane eine solche Kapazität, daß das Modell noch nach dem Ende des Krieges weiter diente; erst im Januar 1947 wurden die Hurricane bei der RAF außer Dienst gestellt.

Nach der ursprünglichen Hurricane Mk I war die Produktion in Kanada beträchtlich angewachsen. Mit der Einführung des von Packard gebauten 1.300 PS (969 kW) Merlin 28 Motors kam es zu der neuen Bezeichnung **Hurricane Mk X**; dieses Modell war der in England gebauten Mk IIB weitgehend ähnlich und hatte die gleichen Tragflächen mit zwölf Gewehren. Einige gingen nach Großbritannien, während die meisten Maschinen von der Royal Canadian Air Force geflogen wurden. Die darauf folgende **Hurricane Mk XI** wurde eigens für die Anforderungen der RCAF geschaffen, unterschied sich von der Mk X jedoch vor allem durch die spezifische RCAF-Ausrüstung. Die wichtigste Serienausführung war die **Hurricane Mk XII** mit dem von Packard gebauten 1.300 PS (996 kW) Merlin 29 Motor. Ursprünglich hatte diese Ausführung die Tragflächen mit zwölf Gewehren, aber später war die Version mit vier Kanonen und 'Universalflügel' erhältlich. Die letzte in Kanada gebaute Landflugzeugausführung war die **Hurricane Mk XIIA**, die bis auf die acht Gewehre in den Tragflächen mit der Mk XII identisch war.

Zusätzlich zu den vor dem Krieg an andere Länder gelieferten Maschinen

Hawker Hurricane Mk IIB der Esquadrilha RV, Arma da Aeronautica (portugiesische Luftwaffe), 1948 in Espinho bei Porto stationiert

wurden während des Krieges 2.952 Maschinen für die UdSSR produziert. Aber wegen der Verluste beim Transport erreichten nicht alle diese Exemplare ihr Ziel. Während des Krieges gingen außerdem (zu einer Zeit, als kaum ein Flugzeug abkömmlich war) 20 Maschinen nach Ägypten, zwölf nach Finnland, 300 nach Indien, zwölf an das Irish Air Corps, eine nach Persien und 14 an die Türkei; England und Kanada stellten 14.231 Exemplare her.

Bei der Luftschlacht um England zerstörte die Hurricane mehr deutsche Flugzeuge als alle anderen Verteidigungswaffen zu Lande oder in der Luft. In diesem Zusammenhang muß allerdings darauf hingewiesen werden, daß die Messerschmitt Bf 109 von der Supermarine Spitfire angegriffen wurden, damit die langsameren Hurricane die deutschen Bomber bekämpfen konnten. Die 'Hurribomber' waren auch auf Malta stationiert, führten Einsätze gegen Schiffsziele im Ärmelkanal durch und brachten in der westlichen Sahara den Kolonnen der Achsenmächte schwere Verluste bei. Für die Panzerabwehr wurde die Hurricane auf fast allen Kriegsschauplätzen eingesetzt.

### Technische Daten
**Hawker Hurricane Mk IIB**
**Typ:** einsitziger Jäger/Jagdbomber.
**Triebwerk:** ein 1.280 PS (954 kW) Rolls-Royce Merlin XX Zwölfzylinder V-Motor.
**Leistung:** Höchstgeschwindigkeit 550 km/h in 6.705 m; max. Reisegeschwindigkeit 476 km/h in 6.095 m Höhe; Dienstgipfelhöhe 11.125 m; Reichweite 772 km.
**Gewicht:** Leergewicht 2.498 kg; max. Startgewicht 3.311 kg.
**Abmessungen:** Spannweite 12,19 m; Länge 9,82 m; Höhe 3,99 m; Tragflügelfläche 23,92 m$^2$.
**Bewaffnung:** zwölf vorwärtsfeuernde 7,7 mm MG plus zwei 113 kg oder 227 kg Bomben.

## Hawker Nimrod

### Entwicklungsgeschichte
Von 1924 bis 1932 war die Fairey Flycatcher das einzige Kampfflugzeuge der Fleet Air Arm. Angesichts einer Geschwindigkeit von nur 214 km/h, die in größerer Höhe auch noch nachließ, wurde jedoch bald deutlich, daß ein Kampfflugzeug mit höherer Leistung gefunden werden mußte. Schon 1926 gab das Luftfahrtministerium eine entsprechende Spezifikation heraus, und Hawker Engineering schlug die Hoopoe vor, einen Doppeldecker mit Sternmotor. Dieses Modell wurde nicht akzeptiert, aber auf seiner Basis und auf der Grundlage der Fury entstand ein schnittig aussehender Doppeldecker mit dem inoffiziellen Namen **Norn**.

Daraus wurde die **Hawker Nimrod**, die äußerlich der RAF Fury ähnlich sah. Das erste Serienexemplar flog am 14. Oktober 1931, und 1932 ersetzte die **Nimrod Mk I** die Flycatcher Kampfflugzeuge. 1933 gingen diese Maschinen an die No. 800 Squadron an Bord von *HMS Courageous* und an die Squadron No. 801 und 802 (an Bord von *HMS Furious* bzw. *HMS Glorious*). Die Produktion einer verbesserten **Nimrod Mk II** begann im September 1933, und die ersten Exemplare wurden im März 1934 ausgeliefert. Sie hatten Fanghaken und zunehmend stärkere Triebwerke sowie erweiterte Leitflächen. Viele der 57 Nimrod Mk I wurden später auf den Standard der Mk II gebracht. Interessanterweise hatten die drei ersten Mk II eine Grundstruktur aus rostfreiem Stahl, während die nächsten 27 Serienmaschinen wieder auf die konventionelle Hawker Bauweise aus leichten Legierungen und Stahl zurückgriffen.

Hawker konnte nicht genug Exportaufträge für die Nimrod finden: ein Exemplar ging an Japan, ein anderes an Portugal und zwei an Dänemark, wo sie als **Nimrodderne** bekannt waren. Die Königlich-Dänische Marinewerft plante die Lizenzproduktion von zehn weiteren Exemplaren, die aber nicht durchgeführt wurde.

Die Nimrod der FAA waren bei Ausbruch des Zweiten Weltkriegs zu Schulungs- und Verbindungsaufgaben delegiert worden, blieben aber noch im Einsatz, bis sie im Juli 1941 außer Dienst gestellt wurden. Die dänischen Nimrodderne flogen bis zur deutschen Invasion im April 1940.

RAF Museum, Hendon

Eine Hawker Nimrod Mk I der No. 800 Sqn, Fleet Air Arm, bei der das Radfahrwerk dieses auf der Fury basierenden Modells deutlich zu sehen ist.

### Technische Daten
**Hawker Nimrod Mk II**
**Typ:** ein einsitziges trägergestütztes Kampfflugzeug.
**Triebwerk:** ein 608 PS (453 kW) Rolls-Royce Kestrel VFP Zwölfzylinder V-Motor.
**Leistung:** Höchstgeschwindigkeit 311 km/h in 4.265 m Höhe; Reisegeschwindigkeit 185 km/h; Dienstgipfelhöhe 8.535 m; Flugdauer 1 Stunde 40 Minuten in 3.050 m Höhe.
**Gewicht:** Leergewicht 1.413 kg; max. Startgewicht 1.841 kg.
**Abmessungen:** Spannweite 10,23 m; Länge 8,09 m; Höhe 3,00 m; Tragflügelfläche 27,96 m$^2$.
**Bewaffnung:** ein vorwärtsfeuerndes synchronisiertes 7,7 mm MG plus vier 9 kg Bomben unter den Tragflächen.

## Hawker Osprey

### Entwicklungsgeschichte
Die **Hawker Osprey** läßt sich am besten als Marine-Ausführung der RAF Hart beschreiben; das Modell wurde als zweisitziger Aufklärer konzipiert. Der Prototyp, ein umgebauter Hart Prototyp mit Klappflügeln, verstärktem Rumpf für Katapultstarts und einfach auszuwechselndem Rad/Schwimmerfahrwerk flog erstmals im Sommer 1930. Das erste Serienmodell **Osprey Mk I** nahm den Dienst im November 1932 auf. Die **Osprey Mk II** unterschied sich davon durch ihre Schwimmer, und die **Osprey Mk III** hatte ein Schlauchboot im rechten Oberflügel verstaut. Alle drei Ausführungen hatten den 630 PS (470 kW) Rolls-Royce Kestrel II, während die letzte Serienversion, die **Osprey Mk IV**, einen 640 PS (477 kW) Kestrel V erhielt. Die Osprey blieb bis 1938 im Fronteinsatz und diente bis 1940 in zweiter Linie. Etwa 130 Exemplare wurden gebaut; zwei gingen an Portugal, eine an Spanien und vier an Schweden.

### Technische Daten
**Hawker Osprey Mk III** (Landflugzeug)
**Typ:** zweisitziger Aufklärer.
**Triebwerk:** ein 630 PS (470 kW) Rolls-Royce Kestrel II Zwölfzylinder V-Motor.
**Leistung:** Höchstgeschwindigkeit 270 km/h in 1.525 m Höhe; Dienstgipfelhöhe 7.165 m.
**Gewicht:** Leergewicht 1.545 kg; max. Startgewicht 2.245 kg.
**Abmessungen:** Spannweite 11,28 m; Länge 8,94 m; Höhe 3,17 m; Tragflügelfläche 31,50 m$^2$.

Die Hawker Osprey unterschied sich von der Hart nur durch kleine Einzelheiten wie etwa die Klappflügel.

## Hawker P.1052, P.1072 und P.1081

### Entwicklungsgeschichte
Der Erfolg der Hawker P.1040/Sea Hawk führte zu einer weiteren Untersuchung der gleichen Konfiguration und schließlich zum Bau von zwei **Hawker P.1052** Prototypen mit ähnlicher Struktur. Sie unterschieden sich von der Sea Hawk durch ihre um 35° gepfeilten Flügel, hatten aber ebenfalls das Rolls-Royce Nene Triebwerk.

Einer der beiden Prototypen wurde später als **P.1081** umgebaut und sollte ein Rolls-Royce Tay erhalten. Da das Ministerium dieses Triebwerk nicht übernahm, mußte der Rumpfhinterteil modifiziert werden, um ein Nene Triebwerk mit geradlinigem Düsenrohr einbauen zu können; gleichzeitig wurden gepfeilte Leitflächen eingeführt. Der Erstflug fand am 19. Juni 1950 statt, aber am 3. April 1951 wurde die Maschine bei einem Unfall zerstört. Die **P.1072** wurde entwickelt, um die Leistungskraft des Modells mit Raketenantrieb zu untersuchen; zu diesem Zweck wurde der P.1040 Prototyp entsprechend umgebaut. Das Nene Triebwerk wurde beibehalten. Außerdem war im Heck unter dem Ruder ein Armstrong Siddeley Snarler Raketenmotor von 907 kp Schub eingebaut.

Die VX279 war die zweite Hawker P.1052, ein fliegender Teststand für das Konzept der gepfeilten Tragflächen.

## Hawker Sea Hurricane

### Entwicklungsgeschichte
Angesichts der frühen Erfolge der Hawker Hurricane Kampfflugzeuge bei der RAF war auch die Royal Navy darauf bedacht, mehrere dieser Maschinen bei der Schlacht über dem Atlantik einzusetzen, in deren Verlauf Anfang der 40er Jahre mehr und mehr britische Schiffe zerstört wurden. Die meisten gingen in einiger Entfernung von der Küste verloren, wo die Landflugzeuge den alliierten Konvois keinen Schutz mehr geben konnten. Daher konnten sich die deutschen Langstreckenflugzeuge frei bewegen, Konvois in großer Entfernung aufspüren und U-Boote zum Angriff führen.

Während einer Übergangsphase wurde die '**Hurricat**' gebaut, eine modifizierte Hurricane an Bord von CAM-Schiffen (Catapult Armed Merchantmen – Frachter mit Katapult). Auf dem Vorschiff dieser Frachter befand sich ein Katapult, von dem aus die Jäger gestartet wurden. Da die RAF oder FAA Piloten zu weit vom Land entfernt waren, mußten sie nach Erfüllung ihrer Aufgabe entweder mit dem Fallschirm aussteigen oder notwassern, in der Hoffnung, aufgefischt zu werden. Die Situation verbesserte sich durch Langstrecken-Abwurftanks, die im August 1941 eingeführt wurden, nachdem die CAM-Schiffe mit großeren Katapulten für das höhere Gesamtgewicht ausgerüstet worden waren. Es war allerdings eine eher verzweifelte und unpraktische Einrichtung, durch die aber in den letzten fünf Monaten des Jahres 1941 immerhin sechs feindliche Maschinen zerstört wurden. Der erste Erfolg wurde am 3. August 1941 erzielt, als Lieutenant R. W. H. Everett eine Focke-Wulf FW 200 Condor abschoß.

Die für diese Rolle umgebauten Hurricane brauchten lediglich Katapulthaken; 50 auf diese Weise modifizierte Hurricane Mk I Landflugzeuge erhielten die Bezeichnung **Sea Hurricane Mk IA**. Es folgten etwa 300 auf die Konfiguration **Sea Hurricane Mk IB** modifizierte Mk I, die außerdem einen V-förmigen Fanghaken erhielten; zusätzlich wurden 25 Mk IIA Srs 2 Flugzeuge als **Sea Hurricane IB** oder **Hooked Hurricane II** Kampfflugzeuge umgebaut. Ab Oktober 1941 gingen sie auch an Bord von MAC-Schiffen, große Schiffe der Handelsmarine mit kleinem Flugdeck, in Dienst. Es gab keinen Hangar an Bord, die Maschinen standen im Freien und operierten von diesen Mini-Flugzeugträgern aus, auf die sie auch wieder zurückkehren konnten. Die im Februar 1942 eingeführten **Sea Hurricane Mk IC** Kampfflugzeuge waren wiederum umgebaute konventionelle Mk I mit Katapult und Fanghaken; sie hatten außerdem die Tragflächen mit vier Kanonen der Hurricane Mk IIC Landflugzeuge. Die letzte der britischen Sea Hurricane Ausführungen war die **Sea Hurricane Mk IIC**, die für konventionelle Einsätze von Bord der Flugzeugträger gedacht war und daher keine Katapultbefestigung hatte. Mit ihnen wurde außerdem erstmals bei der Marine der Merlin XX eingesetzt, ebenso wie die FAA Funkanlage. Die letzte Sea Hurricane Variante war die in kleinen Zahlen gebaute **Sea Hurricane Mk XIIA**, die aus in Kanada hergestellten Mk XII umgebaut und im Nordatlantik eingesetzt wurde.

Der berühmteste Einsatz der Sea Hurricane fand im Spätsommer 1942 statt, als die Maschinen der No. 801, 802 und 805 Squadron an Bord der Flugzeugträger *HMS Indomitable*, *Eagle* und *Victorious* gemeinsam mit Fairey Fulmar und Grumman Martlet einen wichtigen Konvoi nach Malta begleiteten. Während eines fast drei Tage lang dauernden deutschen und italienischen Angriffs wurden 39 feindliche Flugzeuge zerstört, während auf englischer Seite nur acht Maschinen verloren gingen.

RAF Museum, Hendon

**Diese drei Hawker Sea Hurricane Mk IA sehen ausgesprochen abgenutzt aus.**

### Technische Daten
**Hawker Sea Hurricane Mk IIC**
**Typ:** ein einsitziges trägergestütztes Kampfflugzeug.
**Triebwerk:** ein 1.280 PS (954 kW) Rolls-Royce Merlin XX Zwölfzylinder V-Motor.
**Leistung:** Höchstgeschwindigkeit 550 km/h in 6.700 m Höhe; Dienstgipfelhöhe 10.850 m; Reichweite ohne Zusatztanks 740 km.
**Gewicht:** Leergewicht 2.667 kg; max. Startgewicht 3.674 kg.
**Abmessungen:** Spannweite 12,19 m; Länge 9,83 m; Höhe 3,99 m; Tragflügelfläche 23,92 m$^2$.
**Bewaffnung:** vier 20 mm Kanonen.

# Hawker Tempest

**Hawker Tempest F.Mk II der No. 54 Sqn, 1946**

### Technische Daten
Die Hawker Typhoon war in der vorgesehenen Rolle eines Abfangjägers eine Enttäuschung, zeichnete sich später jedoch als Jagdbomber aus, vor allem mit Raketenbewaffnung. Die Steigzeit und Leistung in großer Höhe waren relativ gering, und 1941 wurde zur Verbesserung ein neuer, dünnerer Tragflügel mit elliptischer Form vorgeschlagen. Der unterhalb des Triebwerks angebrachte Kühler sollte an der Tragflächenvorderkante montiert werden, und als neues Triebwerk wurde der Napier Sabre EC.107C vorgeschlagen. Da die Tragflächen dünner sein konnten als die der Typhoon, mußten die Flügeltanks durch Rumpftanks ersetzt werden.

Der Entwurf für die **Typhoon Mk II** wurde dem Luftfahrtministerium vorgelegt, und am 18. November 1941 wurden zwei Prototypen bestellt. Verglichen mit dem früheren Modell waren bedeutende Änderungen vorgenommen worden, was im Frühjahr 1942 zu der neuen Bezeichnung **Hawker Tempest** führte. Nach dem Abbruch des Hawker Tornado Programms wurden die dafür vorgesehenen Triebwerke für die Tempest verwendet. Die beiden ursprünglichen Prototypen waren die **Tempest Mk I** mit einem Sabre IV und die **Tempest Mk V** mit einem Sabre II; vier weitere Maschinen wurden bestellt. Zwei **Tempest Mk II** sollten den 2.520 PS (1.879 kW) Bristol Centaurus erhalten, und für zwei **Tempest Mk III (Tempest Mk IV** mit dem Griffon 61) war der Rolls-Royce Griffon IIB vorgesehen. Nur eine Maschine mit Griffon Triebwerk wurde gebaut, und zwar als Prototyp der Hawker Fury.

Noch bevor die Prototypen geflogen waren, bestellte das Luftfahrtministerium 400 Tempest Mk I, die aber später durch andere Versionen ersetzt wurden. Der Prototyp der Tempest Mk I, dessen Konturen nicht durch den Kühler der Typhoon beeinträchtigt wurden, flog erstmals am 24. Februar 1943 und erreichte später eine Höchstgeschwindigkeit von 750 km/h in 7.470 m Höhe. Die Entwicklung des Triebwerks wurde jedoch durch technische Schwierigkeiten aufgehalten und das Projekt der Tempest Mk I abgebrochen.

Als erster Tempest Prototyp flog die Mk V im September 1942. Die Maschine hatte den Kinnkühler der Typhoon und ursprünglich ein Standard Typhoon Leitwerk, das aber später modifiziert wurde. Die erste von 805 Tempest Mk V flog am 21. Juni 1943 in Langley; dies war ein Exemplar der ersten Reihe von 100 **Tempest Mk V Series I** Maschinen, die vier 20 mm British Hispano Mk II Kanonen hatten; die übrigen Mk V hatten kurzläufige Mk V Kanonen. 1945 erhielt eine Mk V ein 40 mm 'P' Gewehr unter beiden Tragflächen, ähnlich wie die 40 mm Kanonen der Hawker Hurricane Mk IID. Nach dem Krieg wurden einige Exemplare zu **Tempest TT.Mk 5** Zielschleppflugzeugen umgebaut.

Im Oktober 1942 wurden 500 Mk II mit Centaurus Motoren bestellt, noch vor dem Erstflug des Prototypen, der erst am 28. Juni 1943 mit einem Mk IV Motor stattfand (ein 2.520 PS/1.879 kW Mk V bei den Serienmaschinen). Die Serienexemplare sollten von der Bristol Aeroplane Company gebaut werden; die erste dieser Maschinen flog am 4. Oktober 1944, aber insgesamt wurden nur 36 gebaut, bevor Hawker selbst die Produktion übernahm. Dort entstanden weitere 100 **Tempest F.Mk II** Kampfflugzeuge und 314 **Tempest FB. Mk II** Jagdbomber mit Flügelstationen für Bomben oder Raketen. 1947 bestellte Indien 89 für tropische Bedingungen modifizierte Tempest Mk II aus dem Bestand der RAF, und im folgenden Jahr gab Pakistan 24 ähnliche Maschinen in Auftrag. Das dritte und letzte Serienmodell der Tempest war die **Tempest F.Mk VI** mit einem 2.340 PS (1.745 kW) Napier Sabre V Motor, die erstmals am 9. Mai 1944 flog. 142 Tropenausführungen der Tempest Mk V wurden für den Nahen Osten gebaut; einige davon wurden später zu **Tempest TT.Mk 6** modifiziert.

Der Einsatz bei der RAF begann im April 1944, als die Tempest Mk V nach Newchurch in Kent geliefert wurden, wo der erste Tempest Wing in der No. 85 Group gebildet wurde. Diese Einheit wirkte bei den Vorbereitungen zur Invasion in der Normandie mit. Am 13. Juni fiel die erste V-1 Flugbombe auf Swanscombe in Kent, und die Tempest wurden zur Verteidigung eingesetzt. Ihr Erfolg läßt sich daran ablesen, daß von 1.847 zwischen Juni 1944 und März 1945 zerstörten Bombern 48 dem Tempest Wing zugeschrieben wurden. Die Tempest Mk VI wurde später von Einheiten in Deutschland und im Nahen Osten geflogen.

### Technische Daten
**Hawker Tempest Mk V**
**Typ:** einsitziger Jäger/Jagdbomber.
**Triebwerk:** ein 2.180 PS (1.626 kW) Napier Sabre IIA vierreihiger 24-Zylinder Kolbenmotor in H-Form.
**Leistung:** Höchstgeschwindigkeit 686 km/h in 5.640 m; Dienstgipfelhöhe 11.125 m; Reichweite 1.191 km.
**Gewicht:** Leergewicht 4.082 kg; max. Startgewicht 6.142 kg.
**Abmessungen:** Spannweite 12,50 m; Länge 10,26 m; Höhe 4,90 m; Tragflügelfläche 28,06 m$^2$.
**Bewaffnung:** vier 20 mm Kanonen plus zwei 227 kg oder zwei 454 kg Bomben oder acht 27 kg Raketen.

# Hawker Tomtit

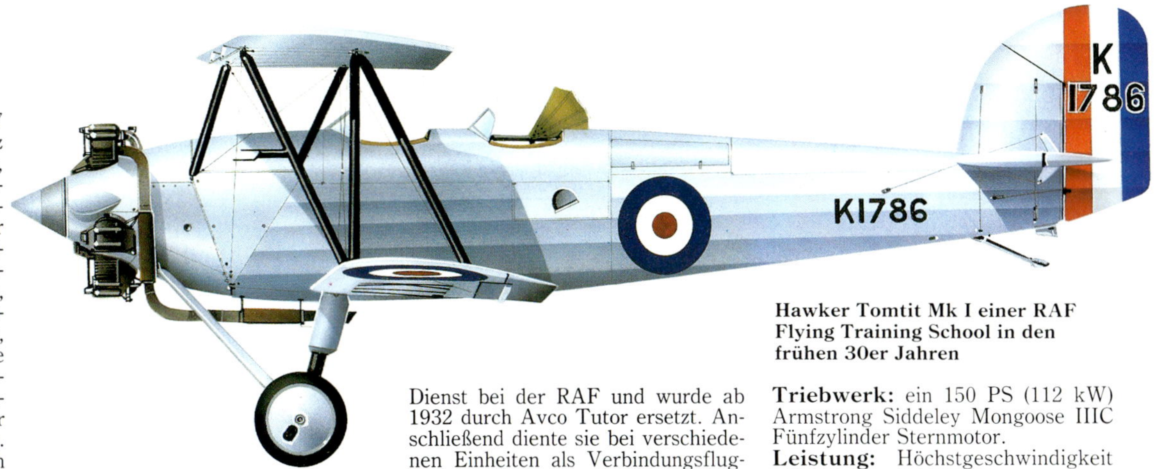


Hawker Tomtit Mk I einer RAF Flying Training School in den frühen 30er Jahren

**Entwicklungsgeschichte**
Als das Luftfahrtministerium 1927 ein Anfängerschulflugzeug als Ersatz für die altgediente Avro 504 suchte, entwarf Sydney Camm einen schnittigen, einstieligen Doppeldecker gleicher Spannweite. Der Prototyp der **Hawker Tomtit**, ein konventionelles Modell mit offenen Tandem-Cockpits für Lehrer und Schüler, Heckspornfahrwerk und einem Armstrong Siddeley Mongoose Motor, flog erstmals im November 1928. Die Struktur war aus Metall mit Stoffbespannung, und durch die Reid & Sigrist Blindflugausrüstung wurde der Typ ein bedeutendes Schulflugzeug. Innerhalb von drei Monaten nach dem Erstflug bestellte die RAF die ersten Serienmaschinen und übernahm schließlich 25 Exemplare (darunter auch den Prototypen) für die Central Flying School und No. 3 FTS. Zusätzlich zu den für die RAF gebauten militärischen Schulflugzeugen entstanden zwei für das Canadian Department of National Defence und vier für die New Zealand Permanent Air Force.

Die Tomtit begann 1930 ihren Dienst bei der RAF und wurde ab 1932 durch Avco Tutor ersetzt. Anschließend diente sie bei verschiedenen Einheiten als Verbindungsflugzeug. Ende 1935 wurden die meisten Tomtit als überflüssig abgestoßen; ein Exemplar fliegt noch heute.

**Technische Daten**
**Typ:** ein zweisitziges militärisches Schulflugzeug.
**Triebwerk:** ein 150 PS (112 kW) Armstrong Siddeley Mongoose IIIC Fünfzylinder Sternmotor.
**Leistung:** Höchstgeschwindigkeit 200 km/h in Meereshöhe; Dienstgipfelhöhe 5.945 kg.
**Gewicht:** Leergewicht 499 kg; max. Startgewicht 794 kg.
**Abmessungen:** Spannweite 8,71 m; Länge 7,21 m; Höhe 2,54 m; Tragflügelfläche 22,09 m².

# Hawker Tornado

**Entwicklungsgeschichte**
Als Ersatz für die Hurricane schlug Hawker zwei verschiedene Typen vor: die **Type N** mit einem Napier Sabre Motor und die **Type R** mit einem Rolls Royce Vulture. Letztere wurde später die Typhoon, erstere die **Hawker Tornado**. Beide basierten auf der Spezifikation F.18/37 des Luftfahrtministeriums für ein einsitziges Hochleistungs-Kampfflugzeug mit 7,7 mm MG.

Am 3. März 1938 wurde je ein Prototyp der beiden Versionen bestellt, beide von ähnlicher Struktur und mit durch die jeweiligen Triebwerke bedingten Unterschieden. Äußerlich war die Tornado der Hurricane ähnlich. Der erste Prototyp flog erstmals am 6. Oktober 1938. Bei späteren Tests stellten sich Probleme mit dem Kühler heraus, der in Kinnposition neu montiert wurde, und die Maschine flog in der neuen Konfiguration erstmals am 6. Dezember. Später wurden u.a. die Ruderfläche erweitert und ein 1.908 PS (1.476 kW) Rolls-Royce Vulture V Motor eingebaut.

Der zweite Prototyp hatte einen ähnlichen Kinnkühler, zusätzliche Fenster in der Verkleidung hinter dem Cockpit und vier 20 mm Kanonen anstelle der zwölf MG. Der Erstflug fand am 5. Dezember 1940 statt; ebenso wie bei der ersten Maschine wurde später ein Vulture V Motor eingebaut.

Ende 1939 wurden 500 Serienmaschinen bestellt, die bei Avro in Manchester gebaut werden sollten; nur ein Exemplar wurde fertiggestellt und geflogen. Kurz darauf wurde das Vulture Programm abgebrochen, was eine Abbestellung der Tornado zur Folge hatte. Ein dritter Tornado Prototyp flog am 23. Oktober 1941 mit einem 2.120 PS (1.581 kW) Bristol Centaurus CE.4S Motor; dabei handelt es sich um den Vorläufer der Hawker Tempest Mk II.

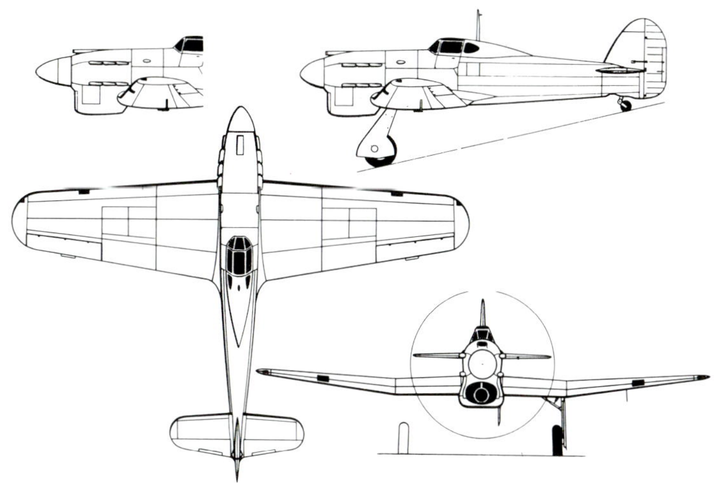

Hawker-Tornado 2. Prototyp (Teilansicht: Bug des einzigen Serienexemplars Tornado F.Mk I für Versuche mit dem gegenläufigen Rotol-Propeller)

**Technische Daten**
**Hawker Tornado** (2. Prototyp)
**Typ:** einsitziges Kampfflugzeug.
**Triebwerk:** ein 1.980 PS (1.476 kW) Rolls-Royce Vulture V 24-Zylinder Kolbenmotor in X-Form.
**Leistung:** Höchstgeschwindigkeit 641 km/h in 7.010 m Höhe; Dienstgipfelhöhe 10.640 m.
**Gewicht:** Leergewicht 3.800 kg; max. Startgewicht 4.839 kg.
**Abmessungen:** Spannweite 12,80 m; Länge 10,10 m; Höhe 4,47 m; Tragflügelfläche 26,29 m².
**Bewaffnung:** vorgesehen waren vier 20 mm Kanonen.

# Hawker Typhoon

**Entwicklungsgeschichte**
Für die Spezifikation F.18/37 entwarf Sydney Camm 1937 die Hawker Typhoon. Vorgesehen waren Rolls-Royce Vulture oder Napier Sabre Motoren. Daher entstanden zwei Prototypen, und die Ausführung mit Vulture Triebwerk erhielt die Bezeichnung Hawker Tornado. Die Version mit Sabre Motor, die **Hawker Typhoon**, hatte ebenfalls Probleme bei der Produktion, die aber überwunden wurden, weil Napier mehr Zeit und Mühe auf die Entwicklung des Sabre verwandte, Rolls-Royce aber so sehr mit dem Merlin beschäftigt war, daß sich die Firma dem problematischen Vulture nicht widmen konnte.

Ganz abgesehen von den Problemen mit dem Triebwerk stellte sich beim Erstflug des Typhoon Prototyps am 24. Februar 1940 auch heraus, daß das Flugwerk strukturelle Probleme aufwies, die selbst nach der Indienststellung des Typs nicht aufhörten. Der ursprüngliche Prototyp hatte Tragflächen mit zwölf Gewehren und erhielt als Serienmodell (Erstflug am 27. Mai 1941) die neue Bezeichnung **Typhoon MK IA**. Fast alle der insgesamt 3.330 Serienmaschinen wurden von der Gloster

RAF Museum, Hendon

Ein frühes Serienexemplar der Typhoon Mk IB mit der ursprünglichen Kuppel und dem dadurch begrenzten Sichtfeld gibt einen Eindruck der Dimensionen.

Aircraft Company gebaut. Ein am 3. Mai 1941 geflogener zweiter Prototyp hatte Tragflächen mit vier 20 mm Kanonen; das darauf basierende Serienmodell trug die Bezeichnung **Typhoon Mk IB**.

Das erste Serienexemplar für die RAF wurde im September 1941 geliefert, zunächst an die No. 56 (F) Squadron. Beim Einsatz erwies sich bald, daß die Probleme des Flugwerks noch nicht beseitigt waren. Mehrere Piloten kamen ums Leben, und das Luftfahrtministerium dachte daran, den Typ aus dem Einsatz zu nehmen. Schließlich fand Hawker den Grund für die alarmierende Zahl der Flugzeuge, die ihr gesamtes Leitwerk verloren, und bis zum Ende des Jahres 1942 waren alle Schwierigkeiten mit Trieb- und Flugwerken behoben worden.

Selbst dann hatte die Typhoon noch eine schlechte Steigleistung, aber wegen ihrer hohen Geschwindigkeit in geringer Höhe wurde sie im November 1941 erfolgreich eingesetzt. Die in Manston in Kent stationierte No. 609 Squadron zerstörte vier Focke-Wulf F 190 bei einem Überraschungsangriff. Ende 1942 war die Typhoon ein bedeutender Kampfbomber geworden, mit dem verbesserten Sabre IIA Motor, vier 20 mm Kanonen und einer Bombenlast unter den Tragflächen. Typhoon Staffeln flogen über Frankreich und Holland und brachten den deutschen Truppen schwere Verluste bei, aber die Möglichkeiten des Modells wurden erst voll ausgenutzt, als der Typ Ende 1943 mit Raketenprojektilen ausgerüstet wurde. Damit wurde die Typhoon besonders wirksam gegen deutsche Küstenschiffe eingesetzt, und die fast ununterbrochenen Angriffe aus geringer Höhe bei Tag und Nacht gegen deutsche Verbindungsflugzeuge trugen zum Erfolg der Invasion bei.

Gegen Ende des Krieges wurde die Typhoon nur geringfügig verändert, abgesehen vom Einbau der stärkeren Sabre IIB und IIC Motoren. Varianten waren ein einzelnes **Typhoon NF.MK IB** Nachtkampfflugzeug und eine kleinere Anzahl von taktischen Aufklärungsflugzeugen mit der Bezeichnung **Typhoon FR.Mk IB**. Einige Serienmaschinen gingen an die RCAF und RNZAF, die mehrere Einheiten in Europa unterhielt. Nach den fast katastrophalen Anfängen des Typs wurde die Typhoon schließlich von nicht weniger als 26 Staffeln der 2nd Tactical Air Force verwendet; nach dem Krieg wurden nur noch wenige eingesetzt.

### Technische Daten
**Hawker Typhoon Mk IB**
**Typ:** einsitziger Kampfbomber.
**Triebwerk:** ein 2.180 PS (1.626 kW) Napier Sabre IIA vierreihiger 24-Zylinder Kolbenmotor in H-Form.
**Leistung:** Höchstgeschwindigkeit 652 km/h in 5.485 m Höhe; Dienstgipfelhöhe 10.365 m; Reichweite mit max. Waffenlast 821 km.
**Gewicht:** Leergewicht 3.992 kg; max. Startgewicht 5.171 kg.
**Abmessungen:** Spannweite 12,67 m; Länge 9,74 m; Höhe 4,67 m; Tragflügelfläche 25,92 m$^2$.
**Bewaffnung:** vier 20 mm Kanonen in den Tragflächen plus bis zu acht 27 kg Raketenprojektile oder zwei 454 kg Bomben an Flügelstationen.

# Hawker Woodcock

### Entwicklungsgeschichte
Die Hawker Woodcock wurde als einsitziger Nachtjäger entworfen. Der ursprüngliche Prototyp **Woodcock Mk I** in Holz- und Stoffbauweise hatte zweistielige Doppeldeckerflügel, ein konventionell verstrebtes Leitwerk, ein Heckspornfahrwerk und einen 358 PS (267 kW) Armstrong Siddeley Jaguar II Sternmotor. Beim Erstflug 1923 erwiesen sich seine Flugeigenschaften als enttäuschend, und ein neuer **Woodcock Mk II** Prototyp wurde als einzelliger Doppeldecker mit einem Bristol Jupiter IV Sternmotor gebaut. Versuche mit dieser Version verliefen zufriedenstellend, und nach Modifikation des Leitwerks bestellte die RAF den Typ. Die ersten Exemplare, noch ohne Nachtflugausrüstung, nahmen den Dienst auf, um die Piloten mit dem Modell vertraut zu machen; die ersten einsatzfähigen Woodcock Mk II wurden im Mai 1925 an die No. 3 (Fighter) Squadron geliefert. Insgesamt wurden für die RAF 61 Woodcock Mk II gebaut, und dieser Typ blieb bis 1928 im Einsatz, einige Exemplare wurden sogar noch 1936 verwendet. Das Unternehmen baute außerdem drei leicht modifizierte Exemplare der Woodcock für die dänischen Heeresflieger, die von dem 385 PS (287 kW) Armstrong Siddeley Jaguar IV Motor angetrieben wurden. Diese Maschinen hießen **Danecock**; weitere 1927 in Lizenz in Dänemark gebaute zwölf Exemplare trugen jedoch die Bezeichnung **L.B.II Dankok**.

### Technische Daten
**Hawker Woodcock Mk II**
**Typ:** einsitziger Nachtjäger.
**Triebwerk:** ein 380 PS (283 kW) Bristol Jupiter IV Neunzylinder Sternmotor.
**Leistung:** Höchstgeschwindigkeit 227 km/h in Meereshöhe; Reisegeschwindigkeit 166 km/h; Dienstgipfelhöhe 6.860 m; max. Flugdauer 2 Stunden 45 Minuten.
**Gewicht:** Leergewicht 914 kg; max. Startgewicht 1.351 kg.
**Abmessungen:** Spannweite 9,91 m; Länge 7,98 m; Höhe 3,02 m; Tragflügelfläche 32,14 m$^2$.
**Bewaffnung:** zwei starre, vorwärtsfeuernde 7,7 mm Vickers Maschinengewehre.

# Hawker/Armstrong Whitworth/Sea Hawk

### Entwicklungsgeschichte
Sydney Camm entwickelte die Prototypen der **Hawker Sea Hawk**, die nach der Spezifikation Nr. 7/46 gebaut wurden; die erste der drei Maschinen, die damals **Hawker P.1040** hieß, wurde am 2. September 1947 erstmals geflogen. Hawker baute anschließend 35 **Sea Hawk F.Mk 1** Jäger, bevor die gesamte Entwicklung und Produktion zu Armstrong Whitworth verlagert wurde. Dieses Unternehmen produzierte weitere 60 F.Mk 1 und **Sea Hawk F.Mk 2** Jagdflugzeuge und führte dann den Jagdbomber **Sea Hawk FB.Mk 3** ein, dessen stabilerer Flügel externe Lasten tragen konnte. An die Produktion von 116 FB.Mk 3 schlossen sich 97 **Sea Hawk FGA.Mk 4** Erdkampfjäger an und alle Modelle hatten bis zu diesem Zeitpunkt einen Nene 101 Motor mit 2.268 kp Schub und doppelten Düsen, wodurch im hinteren Rumpf Treibstoff mitgeführt werden konnte. Durch die Umrüstung von einigen Mk 3 mit Nene 103 entstand die **Sea Hawk FB.Mk 5** und die Produktion für die Royal Navy endete mit 86 **Sea Hawk FGA.Mk 6**; diese Maschinen hatten Nene 103 Motoren, glichen aber sonst der Mk 4. Die Sea Hawk war bei der Royal Navy bis Ende 1960 im Einsatz und 22 Export **Seahawk Mk 50** Maschinen flogen bis Ende 1964 bei der königlich niederländischen Luftwaffe. Die beiden anderen wichtigen Exportversionen waren die **Sea Hawk Mk 100** und die Allwetter **Sea Hawk Mk 101**, die von den bundesdeutschen Marinefliegern bestellt wurden. Diese Flugzeuge glichen der Sea Hawk FGA Mk 6, hatten jedoch eine höhere Seitenflosse und bei der Mk 101 war in einer Gondel unter dem rechten Flügel ein Ekco Typ 34 Suchradar untergebracht. Die von Küstenstützpunkten aus geflogenen Maschinen wurden Mitte der 60er Jahre durch Lockheed F-104G Starfighter ersetzt.

Der einzige verbliebene Betreiber der Sea Hawk ist heute die indische Marine, die im Herbst 1959 24 Maschinen orderte, die der Mk 6 glichen. Einige dieser Maschinen wurden neu gebaut (obwohl die Fertigungsstraße rund drei Jahre zuvor geschlossen worden war), und der Rest bestand aus neu ausgestatteten, ehemaligen Mk 6 der RN. Die Maschinen gehörten zur Ausrüstung der No. 300 Squadron an Bord des Flugzeugträgers *INS Vikrant* und zu ihnen stießen später zwölf weitere ex-RN Mk 4 und Mk 6 sowie 28 Mk 100/101 aus Deutschland. Rund 20 dieser Maschinen sind nach wie vor im Einsatz und es ist geplant, sie in den 80er Jahren durch die BAe Sea Harrier zu ersetzen. Die erste Sea Harrier FRS.Mk 51 wurde im Januar 1983 an die indische Marine übergeben.

Imperial War Museum

**Vier Maschinen vom Typ Hawker Sea Hawk FB.Mk 3 der britischen No. 801 Sqn., Fleet Air Arm, stationiert auf der HMS Bulwark. Wie die F.Mk 2, jedoch mit Befestigungspunkt für Bomben oder Minen unter dem Flügel.**

### Technische Daten
**Hawker Sea Hawk FGA.Mk 6**
**Typ:** einsitziger, schiffsgestützter Jäger.
**Triebwerk:** ein Rolls-Royce Nene Mk 103 Strahltriebwerk mit 2.449 kp Schub.
**Leistung:** Höchstgeschwindigkeit 969 km/h in Meereshöhe; Dienstgipfelhöhe 13.565 m; Einsatzradius (ohne Luftkampf) 370 km.
**Gewicht:** Leergewicht 4.409 kg; max. Startgewicht 7.348 kg.
**Abmessungen:** Spannweite 11,89 m; Länge 12,09 m; Höhe 2,64 m; Tragflügelfläche 25,83 m$^2$.
**Bewaffnung:** vier 20 mm Hispano-Kanonen im Bug sowie unter den Flügeln vier 227 kg bzw. zwei 227 kg Bomben und 20 76 mm oder 16 127 mm Raketen oder zwei AIM-9 Sidewinder Luft-Luft-Raketen.

# Hawker Siddeley/Avro/British Aerospace 748/Andover/Coastguarder

### Entwicklungsgeschichte
Die **Type 748** begann 1958 als ein Avro (A.V. Roe and Company) Projekt und war als Kurz-/Mittelstrecken-Flugzeug für 20 Passagiere vorgesehen. Als sich an dieser Konstruktion kein Interesse zeigte, wurden ihre Dimensionen vergrößert und die Hawker Siddeley Group, zu der Avro gehörte, entschied, das Flugzeug in Serie zu produzieren. Die ab 1963 als **HS.748** bekannte Maschine wurde am 31. August 1961 als **HS.748 Series 1** Prototyp zum ersten Mal geflogen, hatte zwei 1.740 WPS (1.298 kW) Rolls-Royce Dart

514 Propellerturbinen und Sitzplätze für maximal 48 Passagiere. Die Versionen umfaßten die zivilen Transportmaschinen **HS.748 Series 2** und **HS.748 Series 2A**, die **Andover CC.Mk 1** und **CC.Mk 2** für die RAF, zwei speziell ausgestattete, von The Queen's Flight geflogene Exemplare sowie eine Seepatrouillenmaschine namens **Coastguarder**, die ebenfalls entwickelt wurde. Die aktuelle Serienversion ist die **HS.748 Series 2B**, die in Nordamerika als **Intercity 748** verkauft wird. Im Juli 1984 flog erstmals eine verbesserte HS.748, die British Aerospace **BAe Super 748** mit Rolls-Royce Dart RDa.7 Mk552 mit 2.280 WPS (1.700 kW). Außerdem lieferbar ist die **BAe 748 Civil Transport** mit großer Frachtluke und verstärktem Kabinenboden und die ihr ähnliche **BAe 748 Military Transport** mit Zusatzeinrichtungen für eine Vielzahl von Funktionen. Bei ausländischen Streitkräften sind über 50 Militär-Transportmaschinen im Einsatz, und von allen Versionen wurden insgesamt über 370 Exemplare gebaut.

**Eine Hawker Siddeley Andover C.Mk 1 der No. 46 Sqn, RAF Transport Command, Ende der 60er Jahre in Abingdon stationiert**

### Technische Daten
**Hawker Siddeley HS 748 Series 2B**

**Typ:** ein Kurz-/Mittelstrecken-Passagierflugzeug.
**Triebwerk:** zwei 2.280 WPS (1.700 kW) Rolls-Royce Dart Mk 555 Propellerturbinen.
**Leistung:** Reisegeschwindigkeit 452 km/h; Dienstgipfelhöhe 7.620 m; Reichweite bei max. Nutzlast und Treibstoffreserven 1.307 km.
**Gewicht:** Leergewicht 11.644 kg; max. Startgewicht 23.133 kg.
**Abmessungen:** Spannweite 31,23 m; Länge 20,42 m; Höhe 7,57 m; Tragflügelfläche 77,00 m².

# Hawker Siddeley/de Havilland/British Aerospace Trident

### Entwicklungsgeschichte
Die Trident entstand 1956 als de Havilland D.H.121 aufgrund einer Anweisung der British European Airways für ein schnelles Kurz- und Mittelstreckenflugzeug mit Platz für rund 100 Passagiere. Die Maschine wurde unter den Konstruktionsvorschlägen von Avro, Bristol und de Havilland ausgewählt und ging im August 1959 in Serie. Es entstanden Pläne, nach denen das Flugzeug von einem aus de Havilland, Fairey und Hunting zusammengesetzten Konsortium produziert werden sollte. Als jedoch de Havilland Ende 1959 Teil der Hawker Siddeley Group wurde, erhielt Hawker Siddeley die Verantwortung für die Weiterentwicklung und die Produktion der Trident unter der Bezeichnung **HS.121**.

Die D.H.121 war für 140 Passagiere ausgelegt und wurde von Rolls-Royce RB.141 Medway Mantelstromtriebwerken mit 6.350 kp Schub angetrieben. Zu einem späten Zeitpunkt, als die Produktion von Flugzeug und Triebwerken schon lief, bestand BEA darauf, daß die Maschine verkleinert werden sollte – die D.H.121 wurde auf 88-95 Sitze umgeändert und erhielt RB.163 Spey Motoren mit 4.468 kp Schub. Die Hoffnungen auf große Exportaufträge wurden damit zunichte gemacht.

Die erste **Trident 1** (G-ARPA) der Serienproduktion wurde am 9. Januar 1962 zum ersten Mal geflogen.

Die Trident 1 für 103 Passagiere stieß bei anderen Fluggesellschaften nicht auf Interesse und so wurde die **Trident 1E** entwickelt, die im November 1964 zum ersten Mal flog. Sie bot in der Standardversion 115 Passagierplätze, konnte aber mit dicht gedrängten Sitzen bis zu 139 Personen aufnehmen. Begrenzte Auslandsaufträge gingen allerdings erst für die weiter entwickelte **Trident 2E** ein, von der neben 15 Maschinen für BEA zwei an die Cyprus Airways und 33 an die CAAC, die nationale Fluglinie der Volksrepublik China, geliefert wurden. Von Anfang an war vorgesehen, daß die Trident, die unter den oft zweifelhaften europäischen Wetterbedingungen operieren sollte, dank ihrer Ausrüstung einen hohen Nutzungsgrad erreichte. Dazu gehörte das Smiths Autolande-System und die Trident 1/1E war für automatische Landungen unter Wetterbedingungen der Kategorie II zugelassen. Die Trident 2E für BEA wurden jedoch mit einem kompletten Triplex-Smiths Autolandsystem ausgeliefert und sie waren die ersten Linienmaschinen der Welt, die mit einer kompletten Allwetter-Fluginstrumentierung dieser Art ausgestattet waren.

Die letzte große Serienversion, die **Trident 3B**, war im Grunde eine Großraum-Kurzstreckenversion der Trident 1E, deren Rumpf um 5 m gestreckt worden war, um darin maximal 180 Passagiere unterzubringen. Die Startleistung wurde durch den Einbau eines Rolls-Royce RB.162-86 Strahltriebwerks mit 2.381 kp Schub in das unter dem Seitenruder befindliche Leitwerk des Flugzeugs verbessert, und der erste Start einer Trident 3B, bei der alle vier Motoren funktionsfähig waren, wurde am 22. März 1970 verzeichnet. Die Trident 3B war ebenfalls mit Smiths Autoland ausgerüstet, und im Dezember 1971 wurde diese Version für den Betrieb unter allen Wetterbedingungen der Kategorie IIa zugelassen. Als die Produktion 1975 auslief, waren insgesamt 117 Maschinen gebaut worden und die beiden letzten Exemplare waren **Trident Super 3B** für die CAAC. Sie unterschieden sich von der Trident 3B Standardversion durch einen zusätzlichen Treibstoffvorrat und durch Sitzplätze für 152 Passagiere. Gegenwärtig sind noch rund 70 Trident im Einsatz.

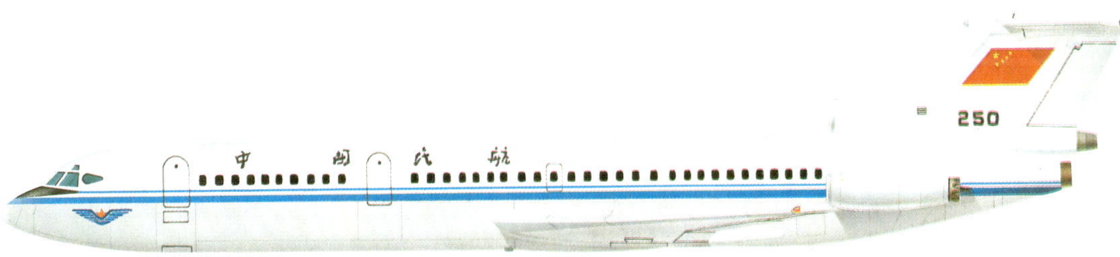

**Eine BAe (Hawker Siddeley) Trident 3B der chinesischen Zivilluftfahrtbehörde**

### Technische Daten
**Hawker Siddeley Trident 2E**

**Typ:** ein Kurz-/Mittelstrecken-Passagierflugzeug.
**Triebwerk:** drei Rolls-Royce Spey RB.163-25 Mk 512-5W Mantelstromtriebwerke mit 5.425 kp Schub.
**Leistung:** Reisegeschwindigkeit 974 km/h in 7.620 m Höhe; wirtschaftliche Reisegeschwindigkeit 959 km/h in 9.145 m Höhe; Reichweite bei typischer Nutzlast 3.965 km.
**Gewicht:** Leergewicht 33.203 kg; max. Startgewicht 65.318 kg.
**Abmessungen:** Spannweite 29,87 m; Länge 34,98 m; Höhe 8,23 m; Tragflügelfläche 135,26 m².

# Heinkel He 1 und He 2

### Entwicklungsgeschichte
Ernst Heinkel arbeitete als Chefkonstrukteur zuerst bei dem Unternehmen Albatros, dann bei Hansa, Brandenburg und Caspar, ehe er am 1. Dezember in Warnemünde seine Ernst Heinkel Flugzeugwerke AG gründete. Seine erste Konstruktion für das eigene Unternehmen war der Doppelschwimmer-Tiefdecker **Heinkel He 1**, der erstmals im Jahre 1923 flog und der von verschiedenen Motoren der 250 PS (186 kW) Klasse, wie beispielsweise dem 240 PS (179 kW) Siddeley Puma, angetrieben wurde.

Um das Verbot für Motoren von über 60 PS (45 kW) für in Deutschland gebaute Flugzeuge zu umgehen, wurde die He 1 in Schweden von der Svenska Aero AB gebaut und als **S1** an die schwedische Marine geliefert. Bald darauf wurde eine verbesserte Version mit größerer Spannweite und einem stärkeren Motor wie z.B. dem 360 PS (268 kW) Rolls-Royce Eagle IX entwickelt und in Schweden (als **S2**) sowie in Finnland geflogen. Am 25. August 1924 errang Heinkel mit der **He 2** seinen ersten Weltrekord, als sie mit einer Nutzlast von 250 kg eine Höhe von 5.690 m erreichte.

M.B. Passingham

**Die Heinkel H.E.2 wies Ähnlichkeiten zu den Konstruktionen von Hansa-Brandenburg auf. Dieses Exemplar ist eine S2.**

# Heinkel H.E.3 und H.E.18

**Entwicklungsgeschichte**
Der Preisträger in der Sport- und Reiseklasse der Wasserflugzeugausstellung 1923 in Göteborg war die **Heinkel H.E.3**, die von einem 75 PS (56 kW) Siemens-Halske Motor angetrieben wurde und bei der ein schneller Wechsel zwischen Landflugzeug und Wasserflugzeug möglich war. Das vordere Cockpit bot zwei Sitzplätze nebeneinander und im hinteren Cockpit befand sich ein dritter Sitz.
Die Maschine läßt sich rasch von einem Wasser- zu einem Landflugzeug umbauen, da die beiden Fahrwerke jeweils nur aus einem Teil bestehen und nur an zwei Stellen befestigt sind. Die Tragflächen sind mit je vier Schrauben am Rumpf befestigt.
Die **H.E.18** war die zweisitzige Serienversion und hatte anstelle der Holzstruktur der früheren Maschinen einen mit Stoff bespannten Stahlrohrrumpf. Die Tragflächen haben Querruder über die ganze Länge, die auch als Landeklappen dienten.

# Heinkel H.E.4, H.E.5, H.E.8 und He (H.D.) 31

**Entwicklungsgeschichte**
Die **Heinkel H.E.4**, die im Grunde der H.E.2 entsprach und die auch den gleichen 360 PS (268 kW) Rolls-Royce Eagle IX Motor hatte, kam 1926 heraus und war ein Zwischenmodell, das zur stärkeren **H.E.5** führte, die einen 450 PS (336 kW) Napier Lion Motor hatte. Zu ihren Wettbewerbserfolgen gehörte der erste Platz im deutschen Wasserflugzeug-Wettbewerb im Juli 1926 in Warnemünde und ein Weltrekord für Wasserflugzeuge für einen Steigflug bis auf 4.492 m mit 1.000 kg Nutzlast. Die 1927 vorgestellte **H.E.8** wurde von einem 450 PS (336 kW) Armstrong Siddeley Jaguar Motor angetrieben. Dänemark kaufte 22 Maschinen dieser Version für das Marinefliegerkorps, 16 davon wurden in Lizenz bei der Orlogsvaerftet (Marinewerft) gebaut. Die letzte Maschine wurde 1938 fertiggestellt, und im April 1940 waren noch einige Exemplare im Dienst. Die **He (H.D.) 31** war im Grunde eine H.E.8 mit einem 800 PS (597 kW) Motor.

**Technische Daten**
**Heinkel H.E.5**
**Typ:** ein zwei-/dreisitziges Wasserflugzeug.
**Triebwerk:** ein 450 PS (336 kW) Napier Lion Motor.
**Leistung:** Höchstgeschwindigkeit 230 km/h; Steigzeit auf 1.000 m 3 Minuten 18 Sek.; Gipfelhöhe 6.000 m.
**Gewicht:** Leergewicht 2.000 kg; maximales Startgewicht 2.900 kg.
**Abmessungen:** Spannweite 16,8 m; Länge 12,18 m; Höhe 4,25 m; Tragflügelfläche 48,94 $m^2$.

**Hauptsächlich für die dänische Marine flog die Heinkel H.E.8.**

# Heinkel H.E.6 und H.E.10

**Entwicklungsgeschichte**
Die 1927 als Aufklärer entwickelte und von einem 800 PS (597 kW) Packard bzw. einem 660 PS (492 kW) BMW VI Motor angetriebene **Heinkel H.E.6** war ein Drei/-Viersitzer mit einem komplett geschlossenen Cockpit. Eine Maschine versuchte 1927 eine Atlantiküberquerung und verließ Warnemünde am 12. Oktober über Lissabon in Richtung Neufundland. Bei einem Zwischenaufenthalt auf den Azoren am 13. November kenterte die Maschine, und der Versuch wurde abgebrochen. Die im allgemeinen ähnliche **H.E.10** hatte ein verlängertes Cockpit, eine vergrößerte Heckflosse sowie eine größere Reichweite.

**Technische Daten**
**Heinkel H.E.10**
**Typ:** ein drei-/viersitziges Langstrecken-Wasserflugzeug.
**Triebwerk:** 660 PS (492 kW) BMW VI Motor.
**Leistung:** Höchstgeschwindigkeit 185 km/h; Steigzeit auf 1.000 m 12 Minuten.
**Gewicht:** Leergewicht 2.490 kg; maximales Startgewicht 4.810 kg (mit vier Mann Besatzung und 1.000 kg Öl und Treibstoff für 15 Stunden Reiseflug).
**Abmessungen:** Spannweite 18,1 m; Länge 13,1 m; Tragflügelfläche 60,93 $m^2$.

# Heinkel H.E.7

**Entwicklungsgeschichte**
Die Heinkel H.E.7, ein Küsten-Patrouillenflugzeug mit zwei 450 PS (336 kW) Bristol Jupiter VI Motoren, war eine weitere Konstruktion aus dem Jahre 1927. Sie flog normalerweise mit zwei Besatzungsmitgliedern; einige Maschinen hatten jedoch ein drittes Cockpit im Bug.

# Heinkel H.E.9, H.E.12 und He 58

**Entwicklungsgeschichte**
1928 wurde die **Heinkel H.E.9** vorgestellt, ein zwei-/dreisitziges Wasserflugzeug mit einem 660 PS (492 kW) BMW VIa Motor, das seinem Hersteller am 21. Mai 1929 eine Reihe von Wasserflugzeug-Weltrekorden sicherte; hierzu zählte der Transport einer Nutzlast von 1.000 kg über 500 km mit 231 km/h. Am 10. Juni stellte die H.E.9 weitere Rekorde auf, indem sie Nutzlasten von bis zu 1.000 kg über eine Distanz von 1.000 km transportierte. Eine Weiterentwicklung aus dem Jahr 1929 war die **H.E.12**, die von einem 500 PS (373 kW) Pratt & Whitney Hornet Motor angetrieben wurde; sie war als Postflugzeug zum Einsatz per Katapultstart an Bord des Passagierdampfers *Bremen* des Norddeutschen Lloyd konstruiert. 1930 wurde als **He 58** ein zweites Flugzeug mit einer größeren Kapazität zum Posttransport gebaut, das an Bord der *Europa* Verwendung finden sollte.

Pilot Press

**Die Heinkel He 58 sparte in den 30er Jahren im transatlantischen Postverkehr einen ganzen Tag ein, indem sie per Katapult von einem Passagierdampfer startete.**

# Heinkel H.E.14

**Entwicklungsgeschichte**
1925 wurde die **Heinkel H.E.14** als Torpedobomber gebaut; sie war ein großes Doppelschwimmer-Wasserflugzeug mit 19,00 m Spannweite, war jedoch mit ihren beiden 600 PS (447 kW) Fiat-Motoren untermotorisiert. Zwar betrug die Landegeschwindigkeit ganze 90 km/h, die Maschine erreichte aber auch nur eine Höchstgeschwindigkeit von 175 km/h, und die Leistung war allgemein so schwach, daß die Weiterentwicklung eingestellt wurde.

# Heinkel H.E.15

**Entwicklungsgeschichte**
Das erste Wasserflugzeug von Heinkel, das einen Gleitrumpf hatte, war die **Heinkel H.E.15**, die 1927 herauskam. Der Doppeldecker mit 12,43 m Spannweite hatte als Triebwerk einen 450 PS (336 kW) Siemens Jupiter Motor, der an Streben über dem Pilotencockpit montiert war. Hinter den Flügeln befanden sich zwei weitere Cockpits. Das Leergewicht betrug 1.364 kg, das max. Startgewicht 2.300 kg, und die Höchstgeschwindigkeit war 172 km/h.

# Heinkel H.E.16

**Entwicklungsgeschichte**
Die 1928 als Torpedobomber entwickelte **Heinkel H.E.16** wurde normalerweise als Einsitzer geflogen, obwohl einige Exemplare ein zweites Cockpit für einen Beobachter/Schützen hinter den Flügeln hatten. Als Triebwerk diente ein 675 PS (503 kW) Armstrong Siddeley Leopard-Sternmotor, der dem Typ eine Höchstgeschwindigkeit von 180 km/h verlieh. Das Leergewicht betrug 2.572 kg und das max. Startgewicht 4.570 kg. Mehrere Exemplare wurden an die schwedische Luftwaffe geliefert.

**Beim Einsatz als Torpedobomber wurde die Heinkel H.E.16L normalerweise als Einsitzer geflogen. Beachtenswert ist die verkleidete Position am Rumpf.**

M. B. Passingham

# Heinkel H.E.17 und He (H.D.) 28

**Entwicklungsgeschichte**
Die **Heinkel H.E.17** war ein zweisitziger Aufklärungs-Doppeldecker mit 12,40 m Spannweite, der 1926 von der Svenska Aero AB in Schweden gebaut wurde und einen 450 PS (336 kW) Napier Lion Motor als Triebwerk hatten. Einige Maschinen hatten zwar ein Doppelschwimmer-Fahrwerk, aber der Typ war in erster Linie ein Landflugzeug, das außerdem auch von der Cox-Clemin Aircraft Corporation mit der Bezeichnung **Cox-Clemin CO-2** als Beobachtungsflugzeug gebaut wurde. Die Änderungen umfaßten ein überarbeitetes Seitenleitwerk und Zwischenflügelstreben mit langer Profilsehne. Die etwas größere **He (H.D.) 28** kam 1927 heraus und wurde von einem Lorraine-Motor angetrieben.

M. B. Passingham

**Die H.E.17 war ein großer Doppeldecker mit nur einer Strebe zwischen den Flügeln.**

# Heinkel He (H.D.) 19 und He (H.D.) 30

**Entwicklungsgeschichte**
1927 wurde die **Heinkel He (H.D.) 19** als leichtes Transport- oder Verbindungsflugzeug entwickelt, das von einem 450 PS (336 kW) Bristol Jupiter VI Sternmotor angetrieben wurde. Die Maschine wurde normalerweise als Doppelschwimmer-Wasserflugzeug geflogen, obwohl auch einige Landflugzeug-Exemplare gebaut wurden; sie hatte Doppelsteuerung, damit dieser Typ auch als Fortgeschrittenen-Schulflugzeug verwendet werden konnte. Der Rumpf hatte eine geschweißte Stahlrohrkonstruktion und war mit Stoff bespannt. Die hölzernen Tragflächen des einstieligen Doppeldeckers waren mit N-Streben am Rumpf befestigt und wie dieser auch mit Stoff bespannt. Alle vier Tragflächen hatten Querruder. Die **Heinkel He (H.D.) 30** war eine geringfügig größere Version der He (H.D.) 19, bei der der Bristol Jupiter VI Motor beibehalten wurde.

**Technische Daten**
**Heinkel He (H.D.) 19**
**Typ:** zweisitziges Transport- und Verbindungsflugzeug.
**Triebwerk:** 450 PS (336 kW) Bristol Jupiter VI Sternmotor.
**Leistung:** (Landflugzeug) Höchstgeschwindigkeit 220 km/h; Steigzeit auf 1.000 m 1 Minute 45 Sekunden; Steigzeit auf 5.000 m 14 Minuten; Gipfelhöhe 7.300 m; (Wasserflugzeug) Höchstgeschwindigkeit 210 km/h; Steigzeit auf 1.000 m 3 Minuten; Steigzeit auf 5.000 m 18 Minuten; Gipfelhöhe 6.000 m.
**Gewicht:** (Landflugzeug) Leergewicht 1.050 kg; maximales Startgewicht 1.600 kg; (Wasserflugzeug) Leergewicht 1.200 kg; maximales Startgewicht 1.750 kg.
**Abmessungen:** Spannweite 11 m (oben) und 9,5 m (unten); Länge 9,2 m; Höhe 3,9 m; Tragflügelfl. 31,6 m.

# Heinkel He (H.D.) 20

**Entwicklungsgeschichte**
Das zweite zweimotorige Heinkel-Flugzeug, der Anderthalbdecker **Heinkel He (H.D.) 20**, kam 1926 heraus und wurde von zwei 200 PS (149 kW) Wright Whirlwind Sternmotoren angetrieben, mit denen er eine Höchstgeschwindigkeit von 190 km/h erreichte. Der Typ diente vor allem als Beobachtungsflugzeug und Fotoaufklärer, und das Hauptfahrwerk war, im Gegensatz zu der damals üblichen Praxis, ohne Querachse konstruiert, um den im Boden montierten Kameras ein ungehindertes Blickfeld nach unten zu verschaffen. In hintereinanderliegenden Cockpits waren drei Besatzungsmitglieder untergebracht.

**Die zur Sicht- und Fotoaufklärung konstruierte Heinkel He (H.D.) 20 hatte ein Fahrwerk mit einzelnen Beinen, das den Kameras unten im Rumpf eine gute Sicht gewährte.**

M. B. Passingham

# Heinkel He (H.D.) 21, 29, 32, 35 und 36

**Entwicklungsgeschichte**
Diese Flugzeugfamilie von zwei-/dreisitzigen Anfänger-Schulflugzeugen und Sportmaschinen nahm 1924 mit der von einem 120 PS (89 kW) Mercedes angetriebenen **Heinkel He (H.D.) 21**, der ersten Doppeldecker-Konstruktion von Heinkel, ihren Anfang. Der Rumpf war mit dreischichtigem Fichtenholz verkleidet, und die Holme und Rippen der Tragflächen waren ebenfalls aus Fichte. 1925 kam die geringfügig kleinere **He (H.D.) 29** heraus, die auf Wunsch ein drittes Cockpit hatte und die von einem 100 PS (75 kW) Siemens Sternmotor angetrieben wurde. Dieses Triebwerk wurde auch bei der **He (H.D.) 32** beibehalten, die eine Reihe von Detailverbesserungen erhielt. Die etwas höhergezüchtete **He (H.D.) 35** kam Ende 1929 heraus. Sie war etwas größer als die ursprüngliche He 21, hatte ein drittes Cockpit und einen 120 PS (89 kW) Mercedes Motor. Ihr folgte die **He (H.D.) 36**, die von einem 160 PS (119 kW) Mercedes D.III angetrieben wurde.

**Obwohl es generell keinen Erfolg hatte, wurde das Heinkel He (H.D.) 36 Schulflugzeug dennoch in geringen Stückzahlen gebaut.**

**Technische Daten**
**Heinkel He (H.D.) 21**
**Typ:** ein zwei-/dreisitziges Anfänger-Schulflugzeug.
**Triebwerk:** 120 PS (89 kW) Mercedes 6-Zylinder Motor.
**Leistung:** Höchstgeschwindigkeit 145 km/h; Steigzeit auf 1.000 m 5 Minuten; Reichweite 570 km.
**Gewicht:** Leergewicht 710 kg; maximales Startgewicht 980 kg.
**Abmessungen:** Spannweite 10,60 m; Länge 7,25 m; Höhe 2,95 m.

Pilot Press

# Heinkel He (H.D.) 22 und He (H.D.) 24

**Entwicklungsgeschichte**
Die beiden sich äußerlich ähnlichen Flugeuge wurden jeweils von einem 230 PS (172 kW) BMW IV Motor angetrieben. Die 1926 entwickelte **Heinkel He (H.D.) 22** war mit 12,00 m Spannweite und 8,30 m Länge die kleinere Version und wurde zur Fortgeschrittenen-Schulung verwendet. Die oberen Tragflächen des einzelligen Doppeldeckers von ungleicher Spannweite waren mit N-Streben an dem Rumpf befestigt. Die hölzernen Flügel waren auf der Unterseite mit Sperrholz und auf der Oberseite mit Stoff verkleidet. Die **He (H.D.) 24** war speziell zur Anfängerschulung auf Wasserflugzeugen entwickelt worden, und bei ihr lag das Hauptgewicht auf guten Langsamflugeigenschaften für Starts und Landungen auf der Wasseroberfläche. Die Abhebgeschwindigkeit betrug 72 km/h; von diesem Typ gab es auch Landflugzeug-Versionen.

**Technische Daten**
**Heinkel He (H.D.) 22**
**Typ:** zweisitziges Schulflugzeug zur Fortgeschrittenen-Ausbildung.
**Triebwerk:** 230 PS (172 kW) BMW IV Motor.
**Leistung:** Höchstgeschwindigkeit 204 km/h; Gipfelhöhe 6.000 m.
**Gewicht:** Leergewicht 1.200 kg; maximales Startgewicht 1.700 kg.
**Abmessungen:** Spannweite (oben) 12 m, (unten) 10,4 m; Länge 8,3 m; Tragflügelfläche 34,8 m².

**Die auf der Heinkel He (H.D.) 21 beruhende Heinkel He 22 wurde als Fortgeschrittenen-Schulflugzeug verwendet. Der BMW IV Motor konnte durch ähnliche Motoren ersetzt werden.**

M. B. Passingham

## Heinkel He (H.D.) 23

### Entwicklungsgeschichte

Das erste spezielle Jagdflugzeug von Heinkel, die einsitzige **Heinkel He (H.D.) 23,** wurde 1926 gebaut und entstand nur als Prototyp. Sie hatte einen 660 PS (492 kW) BMW VI 6,0 ZU Motor und wurde sowohl als Wasser- als auch als Landflugzeug geflogen. Sie erreichte eine Höchstgeschwindigkeit von 250 km/h.

**Die Heinkel He (H.D.) 23 war der erste, nicht sehr erfolgreiche Versuch des Unternehmens, einen einsitzigen Jäger zu bauen. Besonders auffällig ist das hoch angesetzte Cockpit.**

## Heinkel He (H.D.) 25 und He (H.D.) 26

### Entwicklungsgeschichte

1925 wurden zwei Konstruktionen entsprechend einer Ausschreibung der japanischen Marine entwickelt, und sowohl die **Heinkel He (H.D.) 25** wie auch die **He (H.D.) 26** waren für den Schiffseinsatz vorgesehen. Die zweisitzige He 25 war die größere der beiden Maschinen und hatte eine Spannweite von 14,85 m bei einer Länge von 9,60 m. Sie war für Katapultstarts eingerichtet und wurde von einem 450 PS (336 kW) Napier Lion Motor angetrieben. Die kleinere, einsitzige He 26 hatte einen 300 PS (224 kW) Hispano-Motor.

**Die Heinkel He (H.D.) 25 wurde für die kaiserlich-japanische Marine konstruiert. Die Schwimmer erinnern an die Hansa-Brandenburg Wasserflugzeuge aus dem Ersten Weltkrieg.**

Beide Maschinen wurden von Bord des Schlachtschiffs Nagato aus zur Probe geflogen.

## Heinkel He (H.D.) 27, He (H.D.) 39, He 40 und He 44

### Entwicklungsgeschichte

Diese Serie von zivilen Transportmaschinen bildete eine weitere Familie von Heinkel-Konstruktionen, die mit der **Heinkel He (H.D.) 27** ihren Anfang nahm. Diese wurde als privat finanziertes Postflugzeug von Svenska Aero AB in Schweden gebaut. Die He 27 war ein Einsitzer mit zwei Postabteilen im vorderen Rumpf. 1925 bestellte der Zeitungsverlag Ullstein AG für Expreßauslieferungen von Zeitungen eine modifizierte He 27 mit einem tieferen Rumpf und einem größeren Postabteil. Diese Maschine wurde von einem 400 PS (298 kW) Liberty Motor angetrieben. Eine geringfügig größere Weiterentwicklung, die **He (H.D.) 39**, wurde im Mai 1926 an Ullstein ausgeliefert; sie hatte als Triebwerk einen 230 PS (172 kW) BMW IV Motor. Im folgenden Jahr übernahm das Unternehmen mit der **He 40** eine weiter vergrößerte Version, deren hinteres Postabteil für den Transport von bis zu sechs Passagieren ausgestattet werden sollte. Die letzte Maschine dieser Reihe, die **He 44**, glich der He 40, hatte jedoch überarbeitete Leitwerksflächen, und obwohl sie zunächst von einem 600 PS (447 kW) BMW VI Motor angetrieben wurde, war sie doch als Motorprüfstand für eine Reihe von Triebwerken vorgesehen, erhielt Doppelsteuerung und hatte in der Hauptkabine eine Beobachterposition.

### Technische Daten
**Heinkel He (H.D.) 39**

**Typ:** leichtes Transportflugzeug.

**Die He 40 war leicht an ihrem Leitwerk und den für Heinkel-Konstruktionen der 20er und 30er Jahre typischen elliptischen Flügelspitzen zu erkennen. Sie wurde für den Transport von Zeitungen und Passagieren verwendet.**

**Triebwerk:** ein 230 PS (172 kW) BMW VI Reihenmotor.

**Leistung:** Höchstgeschwindigkeit 165 km/h; Dienstgipfelhöhe 3.180 m; Reichweite 850 km.

**Gewicht:** Leergewicht 1.320 kg; max. Startgewicht 3.850 kg.

**Abmessungen:** Spannweite 14,80 m; Länge 10,55 m; Tragflügelfläche 52,30 m$^2$.

## Heinkel He (H.D.) 34

### Entwicklungsgeschichte

Die als Bomber konstruierte, jedoch nicht in dieser Rolle eingesetzte **Heinkel He (H.D.) 34** war ein zweimotoriger Doppeldecker, der von zwei 750 PS (559 kW) BMW VI Motoren angetrieben wurde und damit eine Höchstgeschwindigkeit von 265 km/h erreichte. Die zweiköpfige Besatzung saß nebeneinander im vorderen Cockpit und dahinter befand sich ein weiterer einzelner Sitz. Das Leergewicht betrug 3.000 kg und das max. Startgewicht war 4.500 kg.

## Heinkel He (H.D.) 37, He (H.D.) 38 und He 43

### Entwicklungsgeschichte

Alle drei Konstruktionen kamen 1928 heraus und die kleinste Maschine war die **Heinkel He (H.D.) 37**, die ihren Jungfernflug mit einem Räderfahrwerk absolvierte. Das einsitzige Doppeldecker-Jagdflugzeug wurde von einem 750 PS (559 kW) BMW VI Motor angetrieben, mit dem es eine Höchstgeschwindigkeit von 312 km/h erreichte. Das Doppelschwimmer-Wasserflugzeug **He (H.D.) 38** war rund 1,07 m länger, hatte eine breitere Profilsehne und sein Leergewicht stieg um 318 kg, was die Höchstgeschwindigkeit auf 275 km/h senkte. Am 7. Mai 1929 stellte der

**Die Heinkel He 43 wurde als Jagdflugzeug getestet und erinnerte mit ihrem wassergekühlten Triebwerk an die amerikanischen Jäger der 30er Jahre.**

Chef-Testpilot der Firma Heinkel, Rolf Starke, mit einer He 38 einen Weltrekord für Wasserflugzeuge auf, indem er eine Nutzlast von 500 kg mit einer Durchschnittsgeschwindigkeit von 259,5 km/h über 100 km transportierte. Die **He 43** glich generell der Heinkel He 38, war jedoch um 306 kg leichter, was die Geschwindigkeit auf 322 km/h ansteigen ließ.

## Heinkel He 42

### Entwicklungsgeschichte

Der Prototyp des Nachfolgemodells für das Schul-Wasserflugzeug He 24, die **Heinkel He 42A**, flog am 3. März 1931 zum ersten Mal und wurde von einem 300 PS (224 kW) Junkers L-5 Motor angetrieben. Für die Flugschulen der Kriegsmarine wurden etwa 32 Serien-He-42A hergestellt, an die sich die **He 42B-0** anschloß, die den 380 PS (283 kW) L-5-Ga Motor hatte. Es wurden zehn He 42B-0 Standardmaschinen gebaut, wovon zwei als Versuchsmaschinen für das Aufklärungsflugzeug **He 42B-1** dienten, von dem 34 Exemplare, die mit Katapultstarteinrichtung und Militär-Funkgerät ausgestattet waren, gebaut wurden. Die Versionen **He 42C-1** und **He 42C-2** hatten geringfügige Verbesserungen; die He 42C-1 war ein zweisitziges Schulflugzeug, während die He 42C-2 mit einem 7,92 mm MG 15 (in Cockpitnähe) oder einem MG 17 Maschinengewehr ausgerüstet war und als Aufklärungsflugzeug diente.

**Die Heinkel He 42 wurde als Schul-Wasserflugzeug konstruiert. Hier abgebildet ist sie als eine He 42B mit zivilen Kennzeichen.**

# Heinkel He 45 und He 61

### Entwicklungsgeschichte

Auf Anordnung des Fliegerstabs des Reichswehrministeriums begann Heinkel 1931 mit der Entwicklung der **Heinkel He 45**, die als leichter Bomber und Aufklärer konzipiert war. Die als Doppeldecker ausgelegte Maschine sollte vor allem leicht zu fliegen und zu warten sein. Der Erstflug mit einem wassergekühlten BMW VI Zwölfzylinder mit 600 PS, der einen hölzernen Zweiblatt-Propeller antrieb, fand im Frühjahr 1932 statt. Die Maschine erhielt die Bezeichnung He 45a und war ein stoffbespannter, zweistieliger Doppeldecker ungleicher Spannweite. Der Rumpf mit rechteckigem Querschnitt bestand aus geschweißten Stahlrohren; die Oberseiten hatten eine Beplankung aus Leichtmetall.

Ende 1932 bestellte das Reichsverkehrsministerium mehrere Maschinen für die Deutschen Verkehrsfliegerschulen (DVS), wo sie, vor allem in Schleißheim, für die Ausbildung der Aufklärungsflieger eingesetzt wurden. Sie trugen zivile Registrierung und waren unbewaffnet. Die Serienmaschinen erhielten BMW VI 6,0 Motoren mit 660 PS und flogen rund 250 km/h in Meereshöhe.

Die **He 45b** war mit einem 7,9 mm MG 17 ausgerüstet, das durch den Propeller schoß, und konnte entweder Bomben oder Kameras mitführen. 1934 wurden 320 He 45 bestellt, und um die Maschinen bis zum Herbst 1935 ausliefern zu können, wurden sie auch bei den Bayerischen Flugzeugwerken, bei der Gothaer Waggonfabrik und bei Focke-Wulf produziert. Heinkel selbst baute 69 He 45, darunter auch einige He 45b, die als **He 61** an die nationalchinesische Regierung exportiert wurden. 1934 folgten die **He 45c** und **45d**, wo der BMW VI 7,3 eingebaut wurde.

Die He 45 war ab 1936 sowohl bei den Fernaufklärungsstaffeln als auch bei den Flugzeugführerschulen eingesetzt. Bei Einstellung der Produktion 1936 waren insgesamt 512 Maschinen hergestellt worden. Erste Kampfeinsätze fanden im Spanischen Bürgerkrieg statt. Ab 1937 wurden He 45 auch bei den Fernaufklärungsgruppen geflogen, ab 1942 bei Störkampfstaffeln zu Nachteinsätzen an der Ostfront herangezogen, bis sie 1943 schließlich von der Front zurückgenommen wurden.

**Von der Heinkel He 45 wurden über 500 Exemplare gebaut. Die Abbildung zeigt ein Heinkel He 45A Schulflugzeug.**

### Varianten

(Hinweis: die Zusatzbezeichnungen a, b und c wurden bei den jeweiligen Serienmaschinen durch A, B und C ersetzt).

**He 45A:** erste Serienversion.

**He 45A-1** Schulflugzeuge und **He 45A-2** Aufklärer.

**He 45B:** verbesserte Serienversion; als **He 45B-1** Aufklärer mit einem 7,92 mm Maschinengewehr und als **He 45B-2** Bomber mit 100 kg Bomben an Bord.

**He 45C:** Serienversion der He 45c, nur die unteren Flügel hatten Querruder.

**He 45D:** glich der He 45C und hatte geringfügige Verbesserungen.

**He 61:** Bezeichnung der Aufklärerversion für China mit einem 660 PS (492 kW) BMW VI Motor; wurde in kleinen Stückzahlen ausgeliefert.

### Technische Daten

**Heinkel He 45C**

**Typ:** ein zweisitziger Aufklärer/leichter Bomber-Doppeldecker.

**Triebwerk:** ein wassergekühlter BMW VI 7,3 Zwölfzylinder mit 750 PS (559,5 kW).

**Leistung:** Höchstgeschwindigkeit 290 km/h in Meereshöhe; Reisegeschwindigkeit 220 km/h in Meereshöhe; Steigflugdauer 2,4 min auf 1.000 m; Reichweite 1.200 km; Dienstgipfelhöhe 5.500 m.

**Gewicht:** Leergewicht 2.105 kg; max. Startgewicht 2.741 kg.

**Abmessungen:** Spannweite 11,53 m; Länge 10,65 m; Höhe 3,63 m; Tragflügelfläche 40,08 m².

**Bewaffnung:** ein vorwärtsfeuerndes 7,92 mm MG 17, ein schwenkbares MG 15 im hinteren Cockpit plus bis zu 300 kg Bomben.

# Heinkel He 46

### Entwicklungsgeschichte

Der Bedarf der Luftwaffe für ein Verbindungs- und Aufklärungsflugzeug für das Heer wurde 1931 durch die **Heinkel He 46** gedeckt, die ursprünglich als Prototyp **He 46a** als Doppeldecker mit unterschiedlicher Spannweite geflogen worden war. Der untere Flügel beeinträchtigte das Blickfeld des Beobachters und wurde entfernt, wodurch ein abgestrebter Hochdecker entstand. Als Triebwerk diente bei dem 1932 geflogenen, zweiten Prototypen **He 45b** ein in Lizenz gebauter Bristol Jupiter-Motor, der jedoch später gegen einen 650 PS (485 kW) Siemens SAM 22B ausgetauscht wurde, der auch in den Serienflugzeugen Verwendung fand. Die Aufklärungsstaffeln der Luftwaffe waren bis 1936 ausgerüstet, und es wurden insgesamt 478 He 46 gebaut, die auf dem dritten Entwicklungsflugzeug, der **He 46c**, beruhten und mit einem 7,92 mm Maschinengewehr im hinteren Cockpit bewaffnet waren. Obwohl die Maschine ab 1938 nach und nach durch die Henschel HS 126 ersetzt wurde, blieben die He 46 als Schul- und Mehrzweckflugzeuge im Dienst und wurden ab 1943 auch von den Störkampfstaffeln (später wurden sie Nachtschlachtgruppen genannt) verwendet.

### Varianten

**He 46C-1:** erste Serienversion mit einer Kamera oder 20 10 kg Bomben; 20 Exemplare wurden 1938 zur Verwendung bei den nationalistischen Streitkräften nach Spanien entsandt.

**He 46C-2:** 18 Flugzeuge für Bulgarien mit NACA-Motorverkleidungen.

**He 46D:** es wurden sechs **He 46D-0** Flugzeuge mit Verbesserungen als Vorserie gebaut.

**He 46E:** in den Versionen **He 46E-1**, **He 46E-2** und **He 46E-3** gebaut; wurden oft ohne ihre NACA-Motorverkleidungen geflogen, um die Routinewartung zu erleichtern. 18 Maschinen wurden 1936 von der Gothaer Waggonfabrik für Bulgarien gebaut und erhielten die Bezeichnung **He 46eBu**. Die Mühlenbau und Industrie AG (MIAG) baute 36 **He 45eUN** für Ungarn.

**He 46F:** Versuche mit einem 560 PS (418 kW) Armstrong Siddeley Panther führten zu den 14 unbewaffneten Beobachter-Schulflugzeugen **He 46F-1** und **He 46F-2** mit diesem Triebwerk.

M. B. Passingham

**Eine Heinkel He 46E-2 hebt ab. Die Motorverkleidung wurde normalerweise zur leichteren Wartung weggelassen.**

### Technische Daten

**Heinkel He 46C**

**Typ:** zweisitziger Nahaufklärer und Verbindungsflugzeug-Hochdecker.

**Triebwerk:** ein Bramo 322B (SAM 22B) luftgekühlter Neunzylinder Sternmotor mit 650 PS (484 kW).

**Leistung:** Höchstgeschwindigkeit 250 km/h in Meereshöhe; Reisegeschwindigkeit 210 km/h; maximale Reichweite 990 km; Dienstgipfelhöhe 6.000 m.

**Gewicht:** Rüstgewicht 1.762 kg; max. Startgewicht 2.297 kg.

**Abmessungen:** Spannweite 13,75 m; Länge 9,52 m; Höhe 3,38 m; Tragflügelfläche 38,11 m².

**Bewaffnung:** ein 7,92 mm MG 17 im hinteren Cockpit und bis zu zwanzig 10 kg Bomben intern.

# Heinkel He 49 und He 51

### Entwicklungsgeschichte

Das Vorgängermodell des ersten Jägers der deutschen Luftwaffe, der einsitzige Doppeldecker Heinkel **He 49a**, war dem Augenschein nach ein ziviles Fortgeschrittenen-Schulflugzeug. Die Maschine besaß einen wassergekühlten BMW VI Zwölfzylinder V-Motor. Bei den ersten Testflügen zeigte sich eine gewisse Instabilität, und der Rumpf wurde gestreckt, was zur He 49b führte, die erstmals im Februar 1933 geflogen wurde. Der dritte Prototyp, die He 49c, erhielt einen BMW 6,0

**Eine Heinkel He 51B-2 der 2./JG 132 'Richthofen', 1937 in Döberitz stationiert**

ZU mit Äthylenglykol- anstelle von Wasserkühlung. Aus diesen Jäger-Prototypen abgeleitet wurde die Heinkel He 51a, deren erste Vorserienmaschine, die **He 51A-0**, im Mai 1933 erstmals flog; acht weitere, unbewaffnete Maschinen wurden nach diesem Standard gebaut. Die Auslieferung der ersten bewaffneten Serienversion begann im Juli 1934. Im April 1935 gehörten einige Maschinen zur Ausrüstung des ersten Luftwaffen-Geschwaders, dem Jagdgeschwader 'Richthofen'; die He 51 flogen im Spanischen Bürgerkrieg bei der Legion Condor und wurden auch von den nationalistischen Streitkräften eingesetzt. Der Typ wurde später als Schulflugzeug abgestellt und blieb bis 1942/43 im Dienst.

### Varianten
**He 51A:** erste Serienversion He 51A-1; 1935 wurden 75 gebaut.
**He 51B:** die strukturell verstärkten **He 51B-0** Landflugzeuge (12 gebaut) ersetzten im Januar 1936 die He 51A in der Fertigung; die **He 51B-2** (38 gebaut) war eine Wasserflugzeug-Jagdversion mit Katapultstarteinrichtung, hatte jedoch mitunter Aufhängungen für bis zu sechs 10 kg Bomben; eine Höhen-Version mit großer Spannweite trug die Bezeichnung **He 51B-3**.
**He 51C:** Bezeichnung für Flugzeuge, die als **He 51C-1** Grundversion für vier 50 kg Bomben und als Version He 51C-2 mit verbesserten Funkgeräten ausgerüstet waren; flogen im Spanischen Bürgerkrieg bei der Legion Condor und bei den nationalistischen spanischen Einheiten.

### Technische Daten
**Heinkel He 51B-1**
**Typ:** einsitziges Jagdflugzeug.
**Triebwerk:** ein 750 PS (559 kW) BMW VI 7,3Z 12-Zylinder-V-Motor.
**Leistung:** Höchstgeschwindigkeit 330 km/h in Meereshöhe; Dienstgipfelhöhe 7.700 m; Reichweite 570 km.
**Gewicht:** Leergewicht 1.460 kg; max. Startgewicht 1.895 kg.
**Abmessungen:** Spannweite 11,00 m; Länge 8,40 m; Höhe 3,20 m; Tragflügelfläche 27,20 m².
**Bewaffnung:** zwei starre, vorwärtsfeuernde 7,92 mm MG 17.

# Heinkel He 50 und He 66

### Entwicklungsgeschichte
Die Heinkel He 50aW kam von ihrer Konstruktion her zwei Anforderungen nach: dem Interesse der Deutschen an einem Sturzflugbomber und dem der japanischen Marine an einem Bomber für 454 kg Bomben. Der Prototyp wurde schon Mitte 1931 zum ersten Mal geflogen; er war ein Doppelschwimmer-Wasserflugzeug und mit einem 380 PS (283 kW) Junkers L-5 Motor untermotorisiert. Ein zweites Flugzeug, mit Räderfahrwerk und einem 490 PS (365 kW) Siemens Jupiter Sternmotor erhielt die Bezeichnung **He 50aL,** und ihm folgten drei Versuchsmaschinen. Nach der Erprobung in Rechlin und Warnemünde wurden 1932 60 **He 50A** Serienmaschinen mit dem 600 PS (447 kW) BMW Bramo SAM 322B bestellt und sie flogen sowohl als Sturzflugbomber als auch als Aufklärer; bei der letzteren Version flog zusätzlich zum Piloten noch ein Beobachter mit. Als Bewaffnung diente ein 7,92 mm MG 15 oder MG 17 Maschinengewehr. Nach ihrer Abkommandierung als Schulflugzeuge wurden einige Maschinen 1944 bei Nachtstöreinsätzen gegen die Sowjets eingesetzt. Eine geringe Zahl von **He 66** Aufklärungsmaschinen mit Jupiter-Motor wurden nach Japan geliefert, wo das Unternehmen Aichi auch einige Maschinen als **Aichi D1A1** sowie als verbesserte **D1A2** baute. Die von Bramo-Motoren angetriebene Version wurde als **He 66B** für den Export gebaut, und einige der zwölf Flugzeuge, die China bestellt hatte, wurden von der Luftwaffe als **He 50B** übernommen.

Pilot Press

Die als Aufklärungsbomber konstruierte Heinkel He 50A wurde 1943 als Nachtstörflugzeug innerhalb der Nachtschlachtgruppe 11 an der Ostfront eingesetzt.

### Technische Daten
**Heinkel He 50A**
**Typ:** einsitziger Sturzkampfbomber oder zweisitziger Aufklärer-Doppeldecker.
**Triebwerk:** ein Bramo 322B (SAM 22B) luftgekühlter Neunzylinder Sternmotor mit 650 PS (484 kW).
**Leistung:** Höchstgeschwindigkeit 230 km/h in Meereshöhe; Reisegeschwindigkeit 190 km/h; Reichweite 600 km; Dienstgipfelhöhe 6.400 m.
**Gewicht:** Leergewicht 1.618 kg; max. Startgewicht 2.616 kg.
**Abmessungen:** Spannweite 11,53 m; Länge 9,64 m; Höhe 4,42 m; Tragflügelfläche 40,32 m².
**Bewaffnung:** (als Sturzkampfbomber) ein vorwärtsfeuerndes 7,92 mm MG 17 und 500 kg Bomben; (als Aufklärer) ein schwenkbares 7,92 mm MG 15 im Beobachter-Cockpit sowie 250 kg Bomben.

# Heinkel He 55

### Entwicklungsgeschichte
Die 1929 entwickelte **Heinkel He 55** war ein Doppeldecker-Flugboot und für Aufklärungseinsätze sowie für Katapultstarts von Kriegsschiffen aus konstruiert. Als Triebwerk diente ein 600 PS (447 kW) Jupiter-Motor, der an Streben über dem Pilotencockpit befestigt war. Es wurden ca. 40 Exemplare an die UdSSR geliefert, wo sie **KR-1** genannt und einige von ihnen für den Einsatz auf Skiern umgerüstet wurden.

**Die Heinkel He 55 erinnert mit ihrem klassischen Seitenruder mit Hornausgleich an die früheren Heinkel Modelle. Die Maschine hatte weder Räder noch Kufen. Einige Maschinen hatten eine halbrunde Verkleidung um die Zylinder des Siemens Motors.**

M. B. Passingham

# Heinkel He 56 und He 62

### Entwicklungsgeschichte
Zwei einander sehr ähnliche, einmotorige Doppelschwimmer-Wasserflugzeuge, die **Heinkel He 56** und die **He 62,** wurden beide zur Lizenzproduktion an Japan verkauft, wo sie als **Aichi E3A1** bzw. **B5A** von dem Unternehmen Aichi für die japanische Marine gebaut wurden. Die erstgenannte Version wurde in relativ großen Stückzahlen als zweisitziger Aufklärer gebaut.

# Heinkel He 57

### Entwicklungsgeschichte
Die 1929 gebaute **Heinkel He 57** war ein Amphibien-Hochdecker, der von einem auf einem Sockel montierten 450 PS (336 kW) Pratt & Whitney Wasp Sternmotor angetrieben wurde. Neben den beiden Besatzungsmitgliedern konnte das Flugzeug vier Passagiere transportieren.

# Heinkel He 59

### Entwicklungsgeschichte
Für die **Heinkel He 59**, die als Frachtflugzeug getarnt, aber für die künftigen Seefliegergruppen bestimmt war, wurden zwei Prototypen gebaut. Die landgestützte **He 59a**, deren Tanks im Rumpf untergebracht waren, flog im September 1931 erstmals, die Schwimmerversion **He 59b** im Januar 1932. Sie beförderte ihren Treibstoff in den Schwimmern, damit der Rumpf frei blieb für 'Fracht'. Sie wurde schließ-

**Eine Heinkel He 59D-1 der Luftwaffe, ca. 1940**

lich für den Serienbau ausgewählt; die erste Serienversion war die **He 59B-1**. Direkt hinter dem offenen Cockpit des Piloten befand sich das des Bordfunkers. Im Bug war ein offener MG-Stand sowie eine verglaste Position für den Bombenschützen untergebracht; am hinteren Rumpfunterteil befand sich ein ebenfalls verglaster MG-Beobachtungsstand. Zwei wassergekühlte Zwölfzylinder BMW VI 6,0 ZU trieben hölzerne Vierblatt-Propeller an. Im Sommer wurden die ersten Maschinen an die Deutsche Verkehrsfliegerschule ausgeliefert; es folgte bald die **He 59B-2** mit moderner Ausrüstung und die **He 59B-3**, die für Fernaufklärung mit reduzierter Bewaffnung vorgesehen war. Den Bau der He 59 übernahm die Firma Arado.

Einige der Maschinen kamen bei der Legion Condor und bei den spanischen Nationalisten im Bürgerkrieg zum Einsatz. Die unbewaffnete **He 59C-1** wurde zur Schulung eingesetzt, während die weißgestrichenen **C-2** als Seenotrettungsflugzeug vor allem im Ärmelkanal und in der Biskaya Verwendung fanden, später auch im Mittelmeer.

### Varianten

**He 59A:** kleine Serie von unbewaffneten Flugzeugen, die dem He 59a Prototyp glichen; für die Flugerprobung.
**He 59B:** 16 **He 59B-1** einer Vorserie mit geringfügigen Ausstattungsänderungen und einem 7,92 mm MG 15 Maschinengewehr im Bug. Die **He 59B-2** hatte einen Ganzmetallbug mit verglasten Flächen für den Bombenschützen sowie ein zusätzliches MG 15 in einer verglasten Bauchposition; die von der Legion Condor auf See-Patrouillen geflogenen He 50B-2 hatten im Bug eine 20 mm MG FF Kanone; bei der Aufklärungsversion **He 59B-3** fiel die Bugbewaffnung weg, und die Maschine hatte Zusatztanks im Rumpf, die den normalen Treibstoffvorrat in den Schwimmern ergänzten.
**He 59C:** die **He 59C-1** war eine unbewaffnete Langstreckenversion; die ebenfalls unbewaffnete **He 59C-2** führte sechs Rettungsboote für Luft-/Seenotrettungseinsätze mit.
**He-59D:** die **He 59D-1** glich der He 59C-2 und wurde als Schulflugzeug verwendet.
**He 59E:** die **He 59E-1** glich der He 59D-1, wurde aber zur Torpedo-Abwurfschulung verwendet; die Langstreckenversion **He 59E-2** (sechs Flugzeuge gebaut) hatte drei Kameras an Bord.
**He 59N:** aus He 59D-1 umgebaute Navigations-Schulflugzeuge für die Fortgeschrittenen-Schulung.

### Technische Daten

**Heinkel He 59B-2**
**Typ:** ein Torpedobomber/Aufklärer-Schwimmerflugzeug mit vier Mann Besatzung.
**Triebwerk:** zwei wassergekühlte BMW VI 6,0 ZU Zwölfzylinder mit 660 PS (492 kW).
**Leistung:** Höchstgeschwindigkeit 221 km/h in Meereshöhe; Reisegeschwindigkeit 185 km/h; Dienstgipfelhöhe 3.500 m; Reichweite 941 km.
**Gewicht:** Leergewicht 4.993 kg; Startgewicht 9.088 kg.
**Abmessungen:** Spannweite 23,71 m; Länge 17,40 m; Höhe 7,10 m.
**Bewaffnung:** ein 7,92 mm MG 15 im Rückenstand, in Bug- und in Unterrumpfposition und bis zu 1.000 kg Bomben oder Torpedos.

# Heinkel He 60

### Entwicklungsgeschichte

Der für den Katapulteinsatz von Bord der größeren deutschen Kriegsschiffe entwickelte Prototyp **Heinkel He 60a** wurde 1933 geflogen. Sein 660 PS (492 kW) BMW VI Motor wurde beim zweiten Prototyp, der **He 60b**, durch eine 750 PS (559 kW) Version des gleichen Motors ersetzt, der jedoch keine bedeutende Verbesserung bot und der bei den späteren Flugzeugen auch nicht verwendet wurde. Die **He 60c** war der dritte Prototyp. Sie war für Katapultstarts eingerichtet und wurde für Versuche eingesetzt, die ihre Schiffstauglichkeit bestätigten.

Ab Anfang 1933 wurden 81 Maschinen vom Typ **He 60A** an die Seefliegerübungsstaffeln und Seefliegerschulen ausgeliefert. 1934 folgten die beiden gering veränderten Versionen der **He 60B** und **He 60C**, die anfangs bei Arado, später von Weser Flugzeugbau produziert wurden. Die ab 1936 im Bau befindliche **He 60D** erhielt eine bessere Funkausrüstung und ein vorwärtsfeuerndes 7,92 mm MG 17 mit 1.000 Schuß Munition. Sechs He 60D wurden 1937 als **He 60E** an die Nationalisten in Spanien geliefert. Neben den verschiedenen Küstenfliegerstaffeln, die mit der He 60 ausgerüstet wurden, erhielten auch die 1. und 5. Bordfliegergruppe 196 diesen Typ.

Rund hundert dieser Schwimmerflugzeuge mit gestaffelten Doppeldecker-Tragflächen wurden gebaut. Obwohl die Maschinen sehr robust waren und gute Flug- und Schwimmeigenschaften aufwiesen, waren sie doch eindeutig untermotorisiert und blieben deshalb nur kurz im Fronteinsatz.

### Varianten

**He 60A:** 14 Vorserienmaschinen, die in den Flugschulen der Kriegsmarine Verwendung fanden.
**He 60B:** erste Serienversion; ein Flugzeug mit der Bezeichnung **He 60B-3** wurde mit einem 900 PS (671 kW) Daimler-Benz DB600 Motor erprobt.
**He 60C:** verbesserte Version der He 60B, die 1934 herauskam.
**He 60D:** unbewaffnete Schulflugzeug-Version.
**He 60E:** sechs für den Export nach Spanien umbenannte He 60D, die im Bürgerkrieg auf der Franco-Seite zum Einsatz kamen.

### Technische Daten

**Heinkel He 60C**
**Typ:** ein Nahaufklärer-Doppeldecker mit Schwimmern für zwei Mann Besatzung.
**Triebwerk:** ein flüssigkeitsgekühlter BMW VI 6,0 ZU Zwölfzylinder mit 660 PS (492 kW).
**Leistung:** Höchstgeschwindigkeit 225 km/h in 1.000 m Höhe; Reisegeschwindigkeit 190 km/h; Dienstgipfelhöhe 5.000 m; Reichweite 720 km.
**Gewicht:** Leergewicht 2.406 kg; max. Startgewicht 3.552 kg.
**Abmessungen:** Spannweite 12,93 m; Länge 13,07 m; Höhe 4,95 m; Tragflügelfläche 62,57 m$^2$.
**Bewaffnung:** ein 7,92 mm MG 15 im Beobachter-Cockpit.

**Dieses Heinkel He 60C Wasserflugzeug wurde nach seinem Einsatz als schiffsgestützter Aufklärer zu einem unbewaffneten He 60D Schulflugzeug umgerüstet.**

# Heinkel He 63

### Entwicklungsgeschichte

Das zweisitzige Mehrzweckflugzeug **Heinkel He 63** wurde 1931 um den 200 PS (149 kW) Argus As 10 Motor herum entwickelt. Das ursprüngliche Landflugzeug war ein Anderthalbdecker mit zwei großen Cockpits und zur Schulung von Piloten, Funkern und Beobachtern, zur Luftfotografie und zur Aufklärung vorgesehen. Es wurden sechs Exemplare gebaut, von denen zwei später zu Wasserflugzeugen umgebaut wurden, um vier zu diesem Zweck gebaute Marineflugzeuge mit einheitlicher Spannweite zu ergänzen. Als Bewaffnung diente ein 7,92 mm MG 17.

**Die Heinkel He 63 war ein Mehrzweck-Schulflugzeug und kam zuerst mit Radfahrwerk heraus.**

# Heinkel He 64

### Entwicklungsgeschichte

Die erste Konstruktion von Siegfried und Walter Günter nach ihrem Eintritt in die Firma Heinkel im Jahre 1931 war ein hölzerner, zweisitziger Sporteindecker für das Europa-Rundflug-Rennen im August 1932. Die von einem 150 PS (112 kW) angetriebene Heinkel He 64 wurde von General Hans Seidermann geflogen und gewann den Wettbewerb, indem sie die 7.500 km lange Strecke in 31 Std. 17 Min. mit einer Durchschnittsgeschwindigkeit von 240 km/h zurücklegte. Die **He 64B** Serienmaschinen hatten ebenfalls den Argus-Motor, und ihnen folgte die **He 64C**, die mit verschiedenen Motoren ausgerüstet wurde, darunter dem Hirth HM 504 oder 506 und dem de Havilland Gipsy III. Von der **He 64D** wurden zwei Prototypen gebaut.

**Die erste Konstruktion der Gebrüder Günter: das Langstrecken-Reiseflugzeug He 64.**

# Heinkel He 70, He 170 und He 270

### Entwicklungsgeschichte

Die **Heinkel He 70** wurde entsprechend einer Spezifikation der Deutschen Lufthansa für ein schnelles Postflugzeug mit vier Passagierplätzen konstruiert, die im Februar 1932 für ein Flugzeug herausgegeben wurde, das mit der Lockheed Orion der Swissair konkurrieren konnte. Die ursprüngliche Forderung nach einer Höchstgeschwindigkeit von 285 km/h wurde auf 300 km/h erhöht, und die Gebrüder Günter produzierten ein aerodynamisch effizientes Flugwerk, dessen angehobenes, nach links versetztes Cockpit dem Piloten sowie hinter- und unterhalb von ihm einem Navigator-Bordfunker Platz bot; die

Passagierkabine hatte vier in Paaren gegenüberliegende Sitze. Als Triebwerk diente ein eng verkleideter 630 PS (470 kW) BMW VI 6,0 Z Motor, der von Äthylenglykol gekühlt wurde, was einen kleineren Kühler erforderte und damit den Luftwiderstand deutlich senkte.

Der Prototyp mit starrem Fahrwerk und verkleideten Radkästen wurde von Flugkapitän Werner Junck am 1. Dezember 1932 von Travemünde aus zum ersten Mal geflogen. Anfang 1933 erreichte dieses Flugzeug im Geradeausflug eine Geschwindigkeit von 376 km/h und im März/April wurde der zweite Prototyp von dem Lufthansa-Flugkapitän R. Untucht zur Aufstellung von acht Geschwindigkeits-Weltrekorden verwendet. So erreichte er auf einem 100 km Rundkurs mit einer Nutzlast von 1.000 kg eine Durchschnittsgeschwindigkeit von 357,5 km/h. Die **He 70A** Serienmaschinen gingen im Juni 1934 bei der Lufthansa in Dienst; durch die Einführung eines 750 PS (559 kW) BMW VI 7,3 Motors entstand die **He 70D-0**, die als D-UBIN 'Falke', D-UDAS 'Habicht' und D-UDOR 'Schwalbe' an die Lufthansa gingen und dort die sogenannten Blitz-Strecken zwischen Berlin, Hamburg, Köln und Frankfurt beflogen. Der gleiche Typ ging als **He 70D-1** für den Einsatz als Verbindungsflugzeug an die Luftwaffe. Die **He 70G-1** verfügte über einen gestreckten Rumpf und hatte nur einen

**Eine Heinkel He 70F einer Kurierstaffel der Luftwaffe im Winter 1940/41**

Piloten, der in einem Cockpit saß, das wieder auf die Mittellinie verlegt worden war. Die Lufthansa erwarb 1935 neun Maschinen: D-UJUZ 'Bussard', D-UPYF 'Adler', D-UBOX 'Geier', D-UNEH 'Condor', D-UQIP 'Rabe', D-USAZ 'Buntspecht', D-UXUV 'Drossel', D-UMIM 'Albatros' und D-UKEK 'Amsel'.

Eine He 70G-1 wurde 1935 an die Rolls-Royce Ltd. geliefert. Sie hatte einen 810 PS (604 kW) Kestrel Motor und wurde später ausgiebig als Motorenprüfstand verwendet. Neben dem Verbindungsflugzeug He 70D umfaßten die weiteren Militärmodelle die **He 70E** mit zwei Besatzungsmitgliedern, einem 7,92 mm MG 17 Maschinengewehr im hinteren Cockpit und einer möglichen Bombenlast von 300 kg, sowie die **He 70F**. Letztere wurde in zwei verschiedenen Versionen hergestellt, und zwar als Langstrecken-Aufklärungsversion **He 70F-1** und als generell ähnliche **He 70F-2**, von der 18 Exemplare im Herbst 1936 zur Legion Condor nach Spanien entsandt wurden und für die Aufklärungseinheit A/88 flogen.

Heinkel entwickelte 1937 für den Export nach Ungarn die **He 170**, die sich in erster Linie durch ihren 910 PS (679 kW) Gnome-Rhône 14K Mistral-Major Motor unterschied. Es wurden rund 20 Maschinen ausgeliefert, die für die erste unabhängige Langstrecken-Aufklärungsgruppe flogen und die bis Juli 1941 im Dienst blieben. Die letzte der He 70-Reihe war die He 270, die nur als Prototyp gebaut wurde und die 1938 erstmals flog. Ihr 1.175 PS (876 kW) Daimler-Benz DB601A Motor verlieh ihr eine Höchstgeschwindigkeit von 460 km/h. Die **He 270** hatte ein vorwärtsfeuerndes MG 17 sowie zwei nach hinten feuernde MG 15 Maschinengewehre, konnte die gleichen 300 kg Bomben tragen wie die He 70E und sollte sowohl die Funktionen eines leichten Bombers als auch die eines Aufklärers in sich vereinigen. Sie wurde aber nicht von der Luftwaffe übernommen.

Die Produktion der He 70 wurde schließlich mit dem Bau der He 170 für Ungarn eingestellt. Insgesamt waren 324 Maschinen hergestellt worden; davon waren nur 28 für den kommerziellen Einsatz.

### Technische Daten
**Heinkel He 70D**
**Typ:** Verbindungsflugzeug.
**Triebwerk:** ein 750 PS (559 kW) BMW VI 7,3 Zwölfzylinder V-Motor.
**Leistung:** Höchstgeschwindigkeit 360 km/h; Dienstgipfelhöhe 5.485 m; Reichweite 1.250 km.
**Gewicht:** Leergewicht 2.530 kg; max. Startgewicht 3.640 kg.
**Abmessungen:** Spannweite 14,80 m; Länge 11,70 m; Höhe 3,25 m; Tragflügelfläche 36,51 m$^2$.

# Heinkel He 71

### Entwicklungsgeschichte
Die **Heinkel He 71**, die im Frühjahr 1933 zum ersten Mal geflogen wurde, war im Grunde eine kleinere, einsitzige Version des Reiseflugzeugs He 64. Die Maschine hatte zunächst ein offenes Cockpit und wurde von einem 60 PS (45 kW) Hirth HM60 Motor angetrieben; der Prototyp erhielt jedoch später ein Kabinendach und einen 78 PS (58 kW) Hirth HM 4 Motor. Mit einer durch Zusatztanks auf 2.410 km vergrößerten Reichweite wurde die Maschine von der deutschen Pilotin Elli Beinhorn für eine Serie von Afrika-Flügen verwendet.

# Heinkel He 72 Kadett

### Entwicklungsgeschichte
1933 entstand das Anfänger-Schulflugzeug **Heinkel He 72 Kadett**, ein Doppeldecker, der zunächst von einem 140 PS (104 kW) Argus As 8B Motor angetrieben wurde. Der Typ gehörte zur Ausstattung von mehreren Flugschulen des Nationalsozialistischen Fliegercorps, bevor er die Standardmaschine für die Pilotenschulung bei der Luftwaffe wurde.

### Varianten
**He 72A:** erste Serienversion mit Argus 8B Motor.
**He 72B:** die **He 72B-1** war die wichtigste Serienversion mit einem Siemens Sh 14A Motor; wurde auch als ziviles Reise- und Schulflugzeug **He 72B-3 Edelkadett** sowie als **He 72BW** Wasserflugzeug mit Doppelschwimmer gebaut.
**He 172:** ein 1934 gebauter, verbesserter Prototyp der He 72B; Motor mit NACA-Verkleidung.

### Technische Daten
**Heinkel He 72B**
**Typ:** ein zweisitziges Anfänger-Schulflugzeug.
**Triebwerk:** ein 160 PS (119 kW) Siemens Sh 14A Motor.
**Leistung:** Höchstgeschwindigkeit 185 km/h; Dienstgipfelhöhe 3.500 m; Reichweite 475 km.
**Gewicht:** Leergewicht 540 kg; max. Startgewicht 865 kg.
**Abmessungen:** Spannweite 9,00 m; Länge 7,50 m; Höhe 2,70 m; Tragflügelfläche 20,70 m$^2$.

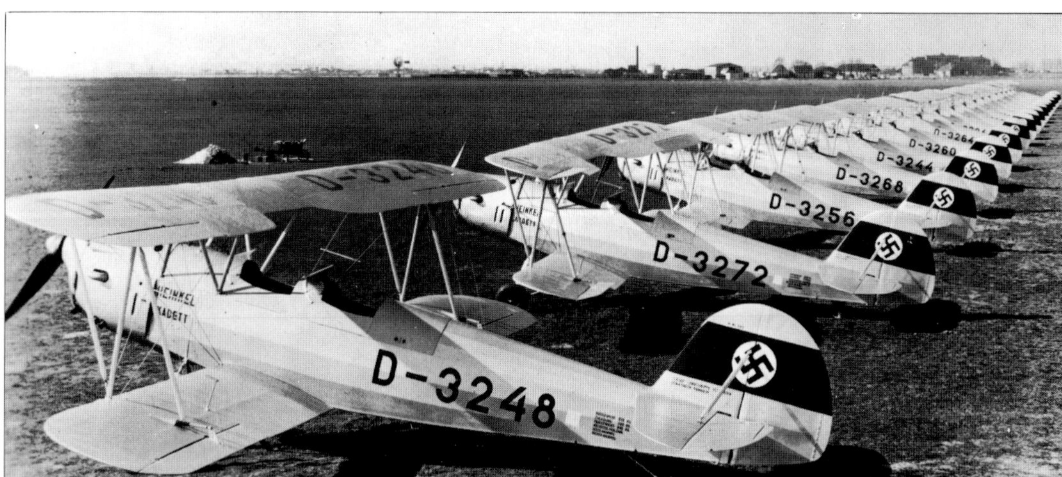


Pilot Press

**Die Heinkel He 72 Kadett war bei mehreren Flugschulen des nationalsozialistischen Fliegercorps als Anfänger-Schulflugzeug im Einsatz.**

# Heinkel He 74

### Entwicklungsgeschichte
Die **Heinkel He 74** wurde auf eine Ausschreibung des Reichsluftfahrtministeriums für einen Heimatschutzjäger hin entwickelt. Im Vergleich zu den Konkurrenzentwürfen handelte es sich um einen sehr kleinen, kompakten einstieligen Doppeldecker. Im Frühjahr 1934 begann der erste Prototyp, die **He 74a**, mit den Testflügen. Die Maschine besaß einen zweireihig hängenden Reihenmotor vom Typ Argus As 10, der luftgekühlt war. Die Spannweite der oberen Tragfläche war mit 8,25 m etwas größer als die der unteren. Beim zweiten Prototypen **He 74b** wurde sie jedoch auf 8,15 m reduziert.

Der dritte Prototyp wurde zum ersten Serienflugzeug, der **He 74B**, von der schließlich fünf Maschinen gebaut worden. Obwohl die He 74B in außergewöhnlichem Maß kunstflugtauglich war, entschied sich das Reichsluftfahrtministerium im Jahre 1935 gegen den Weiterbau der Maschine, weil es Doppeldecker als veraltet für die Rolle eines Heimatschutzjägers ansah.

### Technische Daten
**Heinkel He 74B**
**Typ:** einsitziger Jäger/Fortgeschrittenen-Trainer.
**Triebwerk:** ein Argus As 10C zweireihig hängender Achtzylinder Reihenmotor.
**Leistung:** Höchstgeschwindigkeit 253 km/h in 1.000 m Höhe; Reisegeschwindigkeit 210 km/h; Dienstgipfelhöhe 4.804 m; Reichweite 370 km.
**Gewicht:** Leergewicht 769 kg; Startgewicht 1.015 kg.
**Abmessungen:** Spannweite 8,15 m; Länge 6,45 m; Höhe 2,20 m; Tragflügelfläche 17,29 m$^2$.
**Bewaffnung:** ein 7,92 mm MG 17.

**Die Heinkel He 74 wurde in geringen Stückzahlen in der hier abgebildeten Version He 74b gebaut.**

Pilot Press

# Heinkel He 100

### Entwicklungsgeschichte
Obwohl die Luftwaffe für ihren Standard-Eindecker-Jäger die Messerschmitt Bf 109 der Heinkel 112 vorzog, konstruierten Heinrich Hertel und Siegfried Günter einen neuen Hochgeschwindigkeits-Jäger mit einer konstruktionsbedingten Höchstgeschwindigkeit von 700 km/h. Die Maschine war außerdem zur einfacheren Produktion mit nur wenigen Rundungen konstruiert und hatte die geringstmögliche Zahl von Teilen und Baugruppen. Der so entstandene Prototyp der **Heinkel He 100a** flog am 22. Januar 1938 zum ersten Mal mit einem Daimler-Benz DB 601 Motor als Triebwerk, der ein spezielles, unter Druck stehendes Verdunstungs-Kühlsystem hatte. Ein zweiter Prototyp mit einem Daimler-Benz DB 601M Motor errang am 6. Juni 1938, mit Ernst Udet am Steuer, den 100-km-Rundkursrekord für Landflugzeuge. Das Flugzeug wurde offiziell mit **He 112U** bezeichnet, um damit das Ansehen der He 112B zu fördern, die nach Japan und Spanien verkauft wurde. Der dritte Prototyp, der für einen Versuch zur Einstellung des absoluten Geschwindigkeits-Weltrekords gebaut wurde, hatte eine geringere Spannweite, ein stromlinienförmigeres Kabinendach und einen aufgewerteten DB 601 Motor. Die Maschine stürzte jedoch im September ab und wurde durch den ähnlichen, achten Prototypen ersetzt. Mit dieser Maschine erhöhte Hans Dieterle am 30. März 1939 in Oranienburg den Rekord auf 746,61 km/h. Die vierte und fünfte Maschine hießen **Heinkel He 100B,** und die Prototypen sechs, sieben und neun entsprachen dem **He 100C** Standard. Prototyp neun war die erste dieser Maschinen mit Bewaffnung und hatte zwei 20 mm MG FF Kanonen sowie vier 7,92 mm MG 17 Maschinengewehre an Bord.

Mängel bei den Flugeigenschaften, die sich während der Einsatzbewertung bei der Erprobungsstelle Rechlin herausstellten, führten zur Einführung der **He 100D** mit vergrößerten Leitwerksflächen und einem konventionellen, teilweise einziehbaren Kühler im Flugzeugbau, der das ältere, komplett eingebaute System ersetzte. Die Maschine war mit einer 20 mm MG FF Kanone im Bug und zwei MG 17 Maschinengewehren in den Flügeln bewaffnet. Es wurden fünfzehn He 100D gebaut, darunter drei **He 100D-0** Vorserienmodelle und zwölf **He 100D-1** Serienmaschinen. Letztere verblieben im Heinkel-Werk Rostock-Marienehe und wurden von Heinkel-Werkspiloten als lokale Verteidigungseinheit geflogen. Da die DB 601 Motoren für die Verwendung in der Bf 109 Produktion reserviert waren, wurde die He 100 nicht für den Luftwaffeneinsatz verwendet, und das Unternehmen erhielt die Genehmigung, die Maschine zur Lizenzproduktion im Ausland anzubieten. Im Oktober besuchten japanische und sowjetische Gruppen Marienehe, und es wurden daraufhin drei He 100D-0 nach Japan und sechs der Prototypen in die UdSSR verkauft. Die vorgeschlagene japanische Produktion kam nicht zustande.

**Für den in jeder Beziehung außergewöhnlichen Jäger Heinkel He 100D gab es nicht genug DB 601-Motoren. Nur wenige Maschinen wurden gebaut.**

**Hier abgebildet ist die He 100 V2, die zweite Versuchsmaschine dieses Typs, der nicht in Serie ging.**

**Eine Heinkel He 100D-1 mit Luftwaffe-Markierung**

### Technische Daten
**Heinkel He 100D-1**
**Typ:** einsitziges Jagdflugzeug.
**Triebwerk:** ein 1.175 PS (876 kW) Daimler-Benz DB 601M Zwölfzylinder V-Motor.
**Leistung:** Höchstgeschwindigkeit 670 km/h; Dienstgipfelhöhe 9.890 m; Reichweite 1.005 km.
**Gewicht:** Leergewicht 2.070 kg; max. Startgewicht 2.500 kg.
**Abmessungen:** Spannweite 9,42 m; Länge 8,19 m; Höhe 2,50 m; Tragflügelfläche 14,50 m$^2$.
**Bewaffnung:** eine 20 mm MG FF Kanone und zwei 7,92 mm MG 17 Maschinengewehre.

# Heinkel He 111

## Entwicklungsgeschichte

Obwohl die **Heinkel He 111** augenscheinlich als zivile Linienmaschine konstruiert wurde, war ihr militärisches Potential von größerer Bedeutung. Ihr erster Prototyp **He III V1** war eine vergrößerte Weiterentwicklung der Heinkel He 70 mit zwei 660 PS (492 kW) BMW VI 6,0 Z Motoren und wurde am 24. Februar 1935 zum ersten Mal geflogen. Beim zweiten und dritten Prototypen (**He 111 V2** und **He 111 V3**) wurden kürzere Spannweiten der Flügel eingeführt, wobei der zweite die zivile Transportmaschine mit Platz für zehn Passagiere und Post und der dritte der wirkliche Bomber-Prototyp wurde. Der (zivile) Prototyp **He 111 V4** wurde am 10. Januar 1936 der Öffentlichkeit vorgestellt und sechs **He 111C** Serienmaschinen, die von diesem Prototypen abstammten, kamen im gleichen Jahr mit verschiedenen Motoren, darunter dem BMW 132 Sternmotor, in den Dienst der Lufthansa.

Die Weiterentwicklung der Militärversion setzte sich fort, aber die Einsatzgeschwindigkeit von 270 km/h, die durch eine Überausstattung mit militärischem Gerät und eine Untermotorisierung entstand, war enttäuschend. Deshalb hatte der Prototyp **He 111 V5** der Militärserie **He 111B**, der Anfang 1936 geflogen wurde, zwei 1.000 PS (746 kW) Daimler-Benz DB 600A Motoren. Seine verbesserte Leistung führte zu umfangreichen Aufträgen, wodurch neue Produktionsstätten notwendig wurden, die im Mai 1937 fertiggestellt waren. Die ersten Auslieferungen erfolgten Ende 1936 an die 1/KG 154 in Fassberg, und im Februar 1937 wurden 30 **He 111B-1** Bomber an die Bombereinheit K/88 der Legion Condor in Spanien geliefert. Die He 111 trug die Hauptlast der Luftwaffen-Bombereinsätze zu Beginn des Zweiten Weltkriegs: Polen im Herbst 1939, Norwegen und Dänemark im April 1940, Frankreich und die Niederlande im Mai und britische Ziele bei der Luftschlacht über England. Die in weiten Bereichen eingeführte Junkers Ju 88 sowie die Verletzlichkeit der He 111 durch britische Jagdflugzeuge führten dazu, daß die Heinkel-Bomber zu Nachteinsätzen und einer Reihe von Sonderaufgaben abkommandiert wurden; u.a. als Raketenträger, Torpedobomber, Erkundungsflugzeuge und als Lastensegler-Schleppflugzeuge. Die Maschinen übernahmen auch Transportaufgaben, darunter von November 1942 bis Februar 1943 die Versorgungseinsätze für die eingekesselte deutsche Armee in Stalingrad, und mit Ende des Krieges flogen die He 111 praktisch nur noch als Transportmaschinen. Die Produktion der über 7.300 Flugzeuge für die Luftwaffe wurde im Herbst 1944 abgeschlossen; darüber hinaus wurden während und nach dem Krieg rund 236 **He 111H** als **CASA 2.111** von CASA in Spanien gebaut, von denen ca. 130 Jumo 211F-2 Motoren und der Rest Rolls-Royce Merlin 500-29 hatten; einige Exemplare wurden später zu Transport- und Schulflugzeugen umgerüstet.

Die Produktion der He 111D wurde bald abgebrochen, da Daimler-Benz nicht genügend DB 600 Triebwerke liefern konnte.

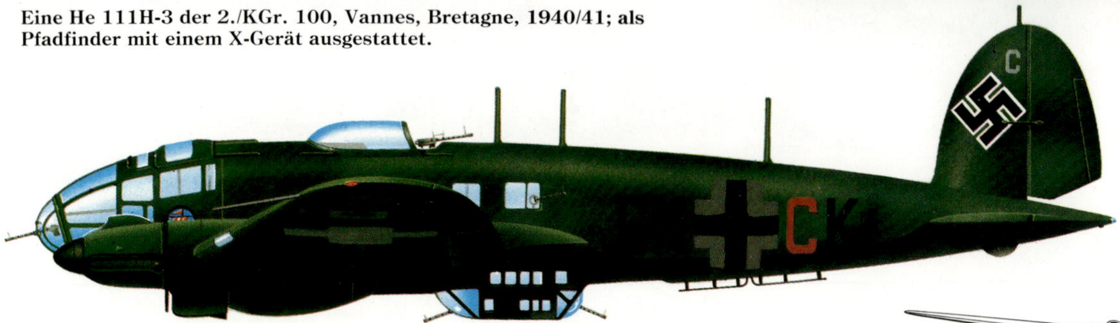

Eine He 111H-3 der 2./KGr. 100, Vannes, Bretagne, 1940/41; als Pfadfinder mit einem X-Gerät ausgestattet.

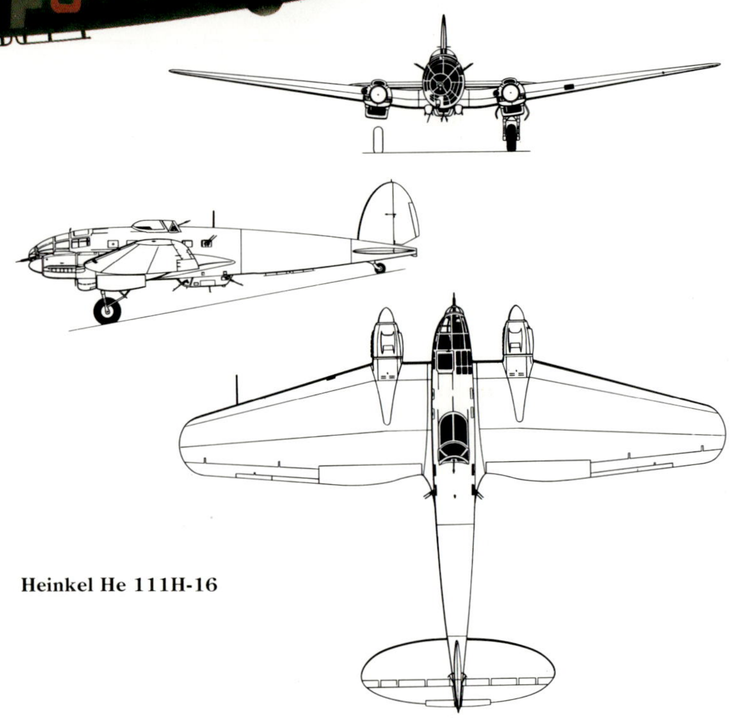

Heinkel He 111H-16

## Varianten

**He 111A:** nach den unbefriedigenden Tests der zehn He 111A-0 Vorserien-Bomber wurden alle nach China verkauft.

**He 111B:** die Erprobung des fünften Prototypen mit 1.000 PS (746 kW) DB 600A Motoren führte 1936 zur Serienmaschine **He 111B-1** mit 880 PS (656 kW) DB 600C Motoren, an die sich die He 111B-2 mit 950 PS (708 kW) DB 600CG anschloß.

**He 111C:** sechs Linienmaschinen für die Lufthansa.

**He 111D:** verbesserte Version mit DB 600Ga Motoren, bei der die Außenkühler an den Flügeln wegfielen; die Produktion wurde zugunsten der He 111E eingestellt.

**He 111E:** wegen nicht in ausreichender Zahl zur Verfügung stehender DB 600 Motoren wurden die 1.000 PS (746 kW) Junkers Jumo 211A-1 Motoren in ein He 111D-0 Flugwerk eingebaut; der so entstandene **He 111E-0** Vorserien-Prototyp konnte mehr Bomben tragen; **He-111E-1** Serienbomber wurden 1938 ausgeliefert; ihnen folgten die **He 111E-3** und **He 111E-4** mit weiter gesteigerter Bombenlast und die **He 111E-5** mit einem Zusatztank im Rumpf.

**He 111F:** der neue Flügel der He 111G und die Jumo 211A-3 Motoren charakterisierten die 24 **He 111F-1** Bomber, die an die Türkei geliefert wurden; die Luftwaffe erhielt 1938 vierzig ähnliche Maschinen vom Typ **He 111F-4**.

**He 111G:** erste Version mit neuem Flügel, der nach der Montage an der He 111C zur neuen Bezeichnung **He 111G-1** führte; die **He 111G-3** hatte 880 PS (656 kW) BMW 132Dc Motoren, die **He 111G-4** 900 PS (671 kW) DB 600G und vier **He 111G-5** Maschinen für die Türkei hatten DB 600 Ga Motoren.

**He 111H:** Parallelentwicklung zur He 111P Serie; die **He 111H-0** und die **He 111H-1** waren im Grunde He 111P-2 mit 1.100 PS (753 kW) Jumo 211A Motoren; die **He 111H-2** des Jahres 1939 hatte eine bessere Bewaffnung; die **He 111H-3** hatte eine neue Panzerung und eine 20 mm Kanone; die **He 111H-4** hatte Jumo 211D-1 Motoren und zwei externe Aufhängungen für Bomben oder Torpedos und die im allgemeinen ähnliche **He 111H-5** besaß größere Tanks; die **He 111H-6** brachte Jumo 211F-1 Motoren und ein Maschinengewehr im Heck; **He 111H-8** war die Umbenennung von He 111H-3 und He 111H-5 nach dem Einbau von Abweisschienen für Ballonkabel, und die meisten dieser Flugzeuge wurden später zu einer neuen Version, den **He 111H-8/R2** Lastensegler-Schleppflugzeugen, umgebaut; die **He 111H-10** zur Nachtbombardierung von britischen Zielen hatte eine zusätzliche Panzerung, weniger Waffen und Ballonleinen-Schneidevorrichtungen an den Flügelvorderkanten; die **He 111H-11** und die He **111H-11/R1** hatten eine geänderte Bewaffnung; letztere wurde nach dem späteren Umbau zum Lastensegler-Schleppflugzeug zur **He 111H-11/R2**; die **He 111H-12** und die **He 111H-15** waren Raketenwerfer, die **He 111H-14** eine Pfadfinderversion und die **He 111H-14/R2** war ein Lastensegler-Schleppflugzeug; die 1942 eingeführte **He 111H-16** war eine wichtige Serienvariante, die der He 111H-11 glich, die jedoch mit Hilfe einer raketengetriebenen Starteinrichtung 3.250 kg Bomben tragen konnte; die **He 111H-16/R1** hatten einen drehbaren Geschützturm im Rumpfrücken, die **He 111H-16/R2** war zum Schleppen von Lastenseglern mit starrer Verbindung vorgesehen und die **He 111H-18** war, genau wie die mit Auspuff-Flammendämpfern versehene **He 111H-20**, eine Pfadfinderversion; die vier Versionen der **He 111H-20** waren die **He 111H-20/R1** für 16

Fallschirmjäger, die Nachtbomber/ Lastensegler-Schleppversion **He 111H-20/R2**, die **He 111H-20/R3** mit stärkerer Panzerung und die generell gleiche **He 111H-20/R4** mit GM-1 Geräten zur Leistungssteigerung; eine Version der He 111H-20/R3 mit 1.750 PS (1.305 kW) Jumo 213E-1 Motoren und Zweistufenkompressoren trug die Bezeichnung **He 111H-21**; die **He 111H-22** war ein Raketenträger, und die **He 111H-23** war eine Fallschirmjäger-Transportversion mit 1.776 PS (1.324 kW) Jumo 213A-1 Motoren.
**He 111J:** Torpedobomber-Version der He 111F Serie; die **He 111J-0** und die **He 111J-1** hatten beide 950 PS (708 kW) DB 600CG Motoren.
**He 111L:** Alternativbezeichnung für die zivile Transportmaschine Heinkel He 111G-3.
**He 111P:** 1939 brachte die He 111P Serie eine umfassende Rumpf-Neukonstruktion, wobei das abgestufte Cockpit durch eine asymmetrisch verglaste Cockpit- und Rumpfpartie ersetzt wurde; die **He 111P-0** hatte als Neuerung eine nach unten gerichtete Bauchgondel und wurde von zwei 1.150 PS (858 kW) DB 601Aa Motoren angetrieben; die erste Auslieferung der **He 111P-1** begann Ende 1939; die **He 111P-2** war ähnlich, hatte jedoch ein geändertes Funkgerät; die **He 111P-3** hatte Doppelsteuerung; die **He 111P-4** mit fünf Besatzungsmitgliedern hatte eine umfangreichere Panzerung und Bewaffnung; die **He 111P-6** hatte 1.175 PS (876 kW) DB 601 N Motoren, und ihre 2.000 kg schwere Bombenlast war vertikal im Rumpf untergebracht; als die He 111P-6 später zum Lastensegler-Schleppflugzeug umgebaut wurde, erhielt sie die neue Bezeichnung **He 111P-6/R2.**
**He 111R:** einzelner Prototyp eines vorgeschlagenen Höhen-Bombers.
**He 111Z:** die He 111Z (Zwilling) bestand aus zwei He 111H-6 Flugwerken, die durch einen neuen Flügel-Mittelteil miteinander verbunden waren, an dem ein fünfter Jumo 211F-2 Motor montiert war; von der zum Schleppen des Messerschmitt Me 321 Riesen-Lastenseglers konstruierten Maschine wurden zwei Prototypen und zehn **He 111Z-1** Serienmaschinen gebaut.

Pilot Press

**Im Frühjahr 1939 wurde die Heinkel He 111P an die ersten Kampfgeschwader ausgeliefert, wo sie die He 111B ablöste.**

**Die He 111Z war eine der seltsamsten Schöpfungen des Zweiten Weltkriegs: zwei He 111H wurden durch einen Spezialflügel mit einem fünften Motor miteinander verbunden.**

### Technische Daten
**Heinkel He 111H-16**
**Typ:** Mittelstreckenbomber.
**Triebwerk:** zweireihig hängende 1.350 PS (1.007 kW) Jumo 211F-2 Zwölfzylinder V-Motoren.
**Leistung:** Höchstgeschwindigkeit 365 km/h in Seehöhe; Dienstgipfelhöhe 6.700 m; Reichweite 1.950 km.
**Gewicht:** Leergewicht 8.680 kg; max. Startgewicht 14.000 kg.
**Abmessungen:** Spannweite 22,60 m; Länge 16,40 m; Höhe 4,00 m; Tragflügelfläche 86,50 m$^2$.
**Bewaffnung:** eine 20 mm MG FF Kanone, ein 13 mm MG 131 Maschinengewehr und drei 7,92 mm MG 81Z Maschinengewehre plus eine normale interne Bombenlast von insgesamt 1.000 kg.

# Heinkel He 112

**Eine Heinkel He 112B-0, zeitweilig abgestellt zur III/JG 132, im August 1938 in Fürstenwalde stationiert**

## Entwicklungsgeschichte
Das Reichsluftfahrtministerium gab 1933 auf der Suche nach einem Ersatz für die Doppeldecker-Jäger Heinkel He 51 und Arado Ar 68 eine Spezifikation für einen Eindecker heraus, worauf Vorschläge von Arado, Focke-Wulf, Heinkel und Messerschmitt eingingen. Der Prototyp **Heinkel He 112 V1** wurde im Oktober 1935 in Konkurrenz gegen drei andere Konstruktionen in Travemünde erprobt, und sowohl er als auch die Messerschmitt Bf 109 erhielten Aufträge über je zehn Exemplare. Dem von einem 695 PS (518 kW) Rolls-Royce Kestrel V Motor angetriebenen Prototypen schlossen sich zwei weitere Prototypen, **He 112 V2** und **He 112 V3,** mit geringerer Spannweite und 600 PS (447 kW) Jumo 210C Motoren an.

Der vierte Prototyp **He 112 V4** mit einem neuen, elliptischen Flügel wurde 1936 in Spanien von der Legion Condor im Einsatz erprobt und wurde auf dem internationalen Flugtreffen in Zürich im Juli 1937 gezeigt.
Die Luftwaffe akzeptierte die vorgeschlagene He 112A Serienversion nicht und entschied sich stattdessen für die Bf 109. Die Arbeit an der von der Struktur her umkonstruierten **He 112B** wurde jedoch fortgesetzt, und der Serien-Prototyp mit 680 PS (507 kW) Jumo 210Ea Motor flog erstmals im Juli 1937.

Zwölf der 30 von Japan bestellten Maschinen wurden im Frühjahr 1938 ausgeliefert, die nächsten zwölf wurden jedoch für den Luftwaffeneinsatz requiriert, obwohl elf davon sowie die letzten sechs Exemplare später, im November 1938, an die spanische nationalistische Luftwaffe geliefert wurden. Dreizehn **He 112B-0** und elf **He 112B-1** Maschinen wurden an die rumänische Luftwaffe geliefert, und der Auftrag war im September 1939 erledigt. Außerdem kaufte die ungarische Luftwaffe im Frühjahr 1939 drei **He 112B-1**. Die Bewaffnung der Heinkel He 112B Serie bestand aus zwei im Flügel montierten 2 cm MG FF Kanonen und aus zwei 7,92 mm MG 17 Maschinengewehren in der oberen Motorverkleidung.

### Technische Daten
**Heinkel He 112**
**Typ:** einsitziges Jagdflugzeug.
**Triebwerk:** 680 PS (507 kW) Junkers Jumo 210Ea 12-Zylinder Motor.
**Leistung:** Höchstgeschwindigkeit 470 km/h; Reisegeschwindigkeit 430 km/h; Steigflugdauer auf 1.000 m 1 Minute 12 Sekunden; Reichweite 1.100 km.
**Gewicht:** Leergewicht 1.600 kg; maximales Startgewicht 2.230 kg.
**Abmessungen:** Spannweite 9,20 m; Länge 9,00 m; Höhe 3,70 m; Tragflügelfläche 17,00 m$^2$.
**Bewaffnung:** zwei starre Maschinengewehre an beiden Seiten des Rumpfes und zwei Maschinengewehre an den Tragflächen; 10 kg Bomben an den Tragflächen.

# Heinkel He 114

## Entwicklungsgeschichte
Im Sommer 1935 gab das Technische Amt des Reichsluftfahrtministeriums die Heinkel He 114 als Ersatz für das Doppeldecker-Schwimmerflugzeug He 60 in Auftrag. Mit den breiten Stummelflügeln war die He 114 fast ein Anderthalbdecker, wobei die oberen Tragflächen eine elliptische Form besaßen und mit schrägen N-Streben am Rumpf befestigt waren. Ebenfalls schräge Y-Streben verbanden sie mit den unteren Stummelflügeln. Die Maschine für zwei Mann Besatzung war eine Ganzmetallkonstruktion. Der Pilot saß in einem offenen Cockpit unter einer Aussparung der oberen Tragfläche, der Beobachter direkt hinter ihm.

Fünf Prototypen und zehn Vorserienmaschinen wurden in Auftrag gegeben. Die Prototypen verfügten über unterschiedliche Motoren: die **He 114 V1** mit einem Daimler-Benz DB 600 Zwölfzylinder mit 960 PS (716 kW), die **He 114 V2** mit Junkers Jumo 210Ea Zwölfzylinder mit 640 PS (477 kW), die **He 114 V3** mit einem BMW 132Dc mit 880 (656 kW), die **He 114 V4** mit einem BMW 132K mit 960 PS (716 kW) und schließlich die **He 114 V5**, die der V3 ähnlich war, aber einen BMW 132Dc hatte. Diese Versuchsmaschine wurde 1936 fertiggestellt. Drei weitere Versuchsmaschinen, **V6**, **V7** und **V8**, wurden gebaut. Zehn Vorserienmaschinen **He 114A-0** mit BMW 132Dc Motoren folgten, die auch für die 33 von Weser Flugzeugbau fertiggestellten **He 114A-1** Schulflugzeuge benutzt wurden. Diese Modellreihe wurde schließlich von der **He 114A-2** abgelöst, der ersten Version, mit einem starren vorwärtsfeuernden 7,92 mm MG 17 Maschinengewehr und einer im Beobachtercockpit montierten, identischen Waffe ausgerüstet war. Die Exportaufträge umfaßten 14 He 114A-2 für Schweden als **He 114B-1** und sechs He **114B-2** Maschinen für Rumänien (drei davon mit DB 600 Motoren und drei mit Jumo 210); Rumänien kaufte außerdem noch zwölf **He 114B-2** mit BMW 132K Motoren. Vierzehn **He 114C-1** Maschinen mit einem zusätzlichen, starren MG 17 wurden an die Luftwaffe geliefert. Der Typ wurde begrenzt im Krieg eingesetzt, obwohl die Produktion 1939 auslief; einige Exemplare waren mit bis zu vier 50 kg Bomben bewaffnet.

### Technische Daten
**Heinkel He 114A-2**
**Typ:** ein zweisitziges Aufklärungs-Schwimmerflugzeug.

**Die Heinkel He 114 war für den Katapultstart von Kriegsschiffen aus geeignet. Hier abgebildet ist eine Heinkel He 114C-1 der 1. Staffel der Seeaufklärungsgruppe 125 im Jahre 1941. Diese Einheit kam in den beiden Jahren 1941 und 1942 im Mittelmeerraum zum Einsatz.**

**Triebwerk:** ein BMW 132K Neunzylinder Sternmotor mit 960 PS (716 kW).
**Leistung:** Höchstgeschwindigkeit 330 km/h in Meereshöhe; Reisegeschwindigkeit 270 km/h; Steigflugdauer auf 1.000 m 4 Min. 30 Sek.; Dienstgipfelhöhe 4.900 m; max. Reichweite 920 km.
**Gewicht:** Leergewicht 2.297 kg; max. Startgewicht 3.665 kg.
**Abmessungen:** Spannweite 13,60 m; Länge 12,22 m; m; Höhe 5,23m; Tragflügelfläche 48,98 $m^2$.
**Bewaffnung:** ein schwenkbares 7,92 mm MG 15 im Beobachter-Cockpit und zwei 250 kg Bomben an Außenstationen.

# Heinkel He 115

## Entwicklungsgeschichte
Der Wasserflugzeug-Prototyp der **Heinkel He 115** wurde als Ersatz für die He 59 entwickelt und flog 1936 zum ersten Mal. Seine beiden Maschinengewehre wurden dann ausgebaut, ihre Öffnungen verkleidet, und am 30. März 1938 stellte die Maschine acht Nutzlast-/Geschwindigkeitsrekorde auf. Der zweite Prototyp war ähnlich, der dritte brachte das 'Gewächshaus'- Kabinendach, das zum Standard wurde, und der vierte Prototype war der Serien-Prototyp, bei dem die Schwimmer-Flügel-Verspannung durch Streben ersetzt wurde.

Die He 115 war als Torpedobomber ausgelegt. Sie konnte in einem Waffenschacht im mittleren Rumpfabschnitt entweder einen Torpedo oder drei SC 250 Bomben befördern. Die Besatzung bestand aus Pilot, Funker und Beobachter/Schützen. Das Flugzeug besaß zwei einstufige Schwimmer, die mit Streben an den Motorgondeln bzw. an den Tragflächen dieses Mitteldeckers befestigt waren. Die erste Serienmaschine, die **He 115A-1**, wurde ab Januar 1939 produziert, und die Exportversion erhielt die Bezeichnung **He 115A-2**, die sich nur durch die Bewaffnung und ihre Funkanlagen unterschied. Die mit Colt Browning und M/22 ausgerüsteten Maschinen gingen nach Schweden und Norwegen; die erste Küstenfliegerstaffel, die die Heinkel He 115A-1 erhielt, war die 1./Kü.Fl.Gr.106 auf Norderney. Die Weser Flugzeugbau begann im November 1939 mit der Produktion der **He 115B-1**, die sich durch eine etwas verringerte Tragflügelfläche unterschied. Ab der **He 115B-1** wurden die Maschinen, um den entsprechenden Aufgaben angepaßt zu sein, mit Rüstsätzen versehen. So besaß die **He 115B-1/R1** zwei Rb Aufklärungskameras, die **He 115B-1/R2** eine Außenstation für eine SC oder SD 500 Bombe, und die **He 115B-1/R3** konnte zwei Luftminen LMA III abwerfen. Für Einsätze auf Schnee und Eis erhielt die **He 115B-2** Skier. Die **He 115C-1** besaß neben zwei 7,92 mm MG 15 und MG 17 auch eine starre, vorwärtsfeuernde 1,5 cm Kanone MG 151 in der Nase. Die **He 115C-2** war wiederum mit Stahlskiern ausgerüstet, die **He 115C-3** war zum Absetzen von Minen und die **He 115C-4** für den Einsatz als Torpedobomber in der Arktis vorgesehen. Eine einzige **He 115D** wurde 1940 getestet, die einen BMW 801MA Sternmotor mit 1.600 PS (1.193 kW) und eine vierköpfige Besatzung hatte.

Die He 115 wurde bei den Küstenfliegergruppen bis 1944 eingesetzt und war für ihre Zuverlässigkeit und Robustheit bekannt. Nach 138 Maschinen wurde die Produktion 1940 eingestellt, aber 1941 nochmals aufgenommen, um die **He 115E-1** zu bauen, die der He 115C glich, aber eine geänderte Bewaffnung besaß.

### Technische Daten
**Heinkel He 115C-1**
**Typ:** Torpedobomber-Schwimmerflugzeug.
**Triebwerk:** zwei BMW 132K Neunzylinder Sternmotoren von 960 PS (715 kW).
**Leistung:** Höchstgeschwindigkeit 288 km/h; Reisegeschwindigkeit 278 km/h; Dienstgipfelhöhe 5.170 m; Reichweite 2.785 km.
**Gewicht:** Rüstgewicht 6.861 kg; max. Startgewicht 10.665 kg.
**Abmessungen:** Spannweite 22,26 m; Länge 17,30 m; Höhe 6,57 m; Tragflügelfläche 85,76 $m^2$.
**Bewaffnung:** ein schwenkbares 7,92 mm MG 15 im Bug, eine feste, vorwärtsfeuernde 1,5 cm Kanone MG 151 und ein schwenkbares 7,92 mm MG 17 im Beobachterstand plus ein LTF 5 oder LTF 6b Torpedo, eine LMB III oder zwei LMA Minen und drei SC 250 Bomben intern.

**Eine Heinkel He 115B-1, die in Lizenz von der Weser Flugzeugbau gebaut wurde, ist hier vor ihrer Auslieferung im Frühjahr 1940 bei Tests zu sehen.**

# Heinkel He 116

## Entwicklungsgeschichte
Die 1936 als Postflugzeug für die Deutsche Lufthansa entwickelte **Heinkel He 116** verwendete die Konstruktionsmerkmale der He 70 und He 111, vor allem die elliptischen Flügel und Leitflächen. Die Maschine sollte ursprünglich vier 500 PS (373 kW) Hirth Motoren erhalten, die aber nicht rechtzeitig zur Verfügung standen und daher durch 240 PS (179 kW) Hirth HM 508 Motoren ersetzt wurden. Acht zivile Flugzeuge wurden mit der Bezeichnung **He 116A-0** gebaut; das erste unternahm seinen Jungfernflug im Sommer 1937. Zwei wurden von der Mandschurian Air Transport gekauft und unternahmen zwischen dem 23. und 29. April 1938 innerhalb von 54 Stunden 17 Minuten ihren Überführungsflug von Berlin nach Tokio, eine Strecke von 15.337 km. Ein weiteres Exemplar wurde für Rekordflüge umgebaut und erhielt 240 PS (179 kW) Hirth HM 508H Motoren, eine erweiterte Flügelspannweite und Tragflügelfläche sowie Vorrichtungen für eine von Raketen unterstützte Startanlage.

Die He **116R** stellte mit einem Langstreckenflug, der am 30. Juni 1938 begann, in 48 Stunden 18 Minuten einen neuen Rekord über 10.000 km auf. Eine Langstrecken-Aufklärungsversion mit der Bezeichnung **He 116B** wurde ebenfalls entwickelt; die letzten beiden Zivilmaschinen dienten dazu als Prototypen. Sechs Exemplare der Heinkel 116B wurden insgesamt gebaut.

**Die Heinkel He 116B-0, an sich wenig mehr als ein experimentelles Flugzeug, wurde nur für Luftbildvermessung und spezielle Testflüge über den von Deutschland besetzten Gebieten verwendet.**

### Technische Daten
**Heinkel He 116A**
**Typ:** ein Langstrecken-Transportflugzeug.
**Triebwerk:** vier 240 PS (179 kW) Hirth HM 508 Motoren.
**Leistung:** Höchstgeschwindigkeit 330 km/h; Steigflugdauer auf 1.000 m 4 Minuten 30 Sekunden; Gipfelhöhe 4.400 m; Reichweite 4.500 km.
**Gewicht:** Leergewicht 3.760 kg; maximales Startgewicht 6.950 kg.
**Abmessungen:** Spannweite 22,00 m; Länge 13,70 m; Höhe 3,30 m; Tragflügelfläche 63,00 $m^2$.

# Heinkel He 118

## Entwicklungsgeschichte
Das Reichsluftfahrtministerium suchte einen Hochleistungs-Sturzbomber, der eine Bombenlast von 500 kg tragen sollte, und Heinkel entwarf die **Heinkel He 118**, deren Prototyp erstmals im Sommer 1937 flog, ausgestattet mit einem Rolls-Royce Kestrel V Motor. Mit verstärkten Tragflächen wurde die Maschine im Herbst 1937 von der Luftwaffe untersucht, gemeinsam mit Typen von Arado, Blohm & Voss und Junkers. Bei Senkrechtsturzflügen traten Probleme mit dem Propeller auf, und das Modell wurde abgelehnt. Heinkel baute dennoch vier weitere Prototypen mit 1.000 PS (746 kW) Daimler-Benz DB 600 Motoren, von denen zwei an Japan verkauft wurden, sowie acht Serienexemplare mit der Bezeichnung **He 118A-0** und 850 PS (634 kW) DB 600C Motoren. Letztere dienten zu Testzwecken bei der Herstellerfirma, u.a. bei Flugversuchen für das HeS 3 Strahltriebwerk.

**Der experimentelle Sturzbomber Heinkel He 118 V4, hier kurz nach seiner Ankunft in Japan.**

**Technische Daten**
**Heinkel He 118**
**Typ:** einmotoriger Sturzbomber.
**Triebwerk:** vier 850 PS (634 kW) Daimler Benz 600C Motoren.
**Leistung:** Höchstgeschwindigkeit 400 km/h; Reisegeschwindigkeit 380 km/h; Steigflugdauer auf 1.000 m 2 Minuten 48 Sekunden; Gipfelhöhe 8.500 m; Reichweite 1.400 km.
**Gewicht:** Leergewicht 2.595 kg; maximales Startgewicht 4.040 kg.
**Abmessungen:** Spannweite 15,00 m; Länge 11,80 m; Höhe 3,00 m; Tragflügelfläche 37,70 m.
**Bewaffnung:** vier MG an den Flügeln und ein MG im Cockpit; 20 10 kg Bomben oder eine 500 kg Bombe.

# Heinkel He 119

## Entwicklungsgeschichte

Die einmotorige, als Aufklärungsbomber für hohe Geschwindigkeiten vorgesehene Heinkel He 119 wurde 1936 entwickelt und fiel durch ihren ungewöhnlichen, vollständig verglasten Bug auf, in dem zwei der drei Besatzungsmitglieder zu beiden Seiten der langen Propellerwelle saßen. Das Triebwerk bestand aus zwei Daimler-Benz DB 601 Motoren, die als verbundene Einheit unter der Bezeichnung DB 606 verwendet wurden. Vier Prototypen wurden mit einziehbarem Fahrwerk gebaut; der letzte davon stellte am 22. November einen Klassenrekord auf, als er mit einer Nutzlast von 1.000 kg über 1.609 km eine Geschwindigkeit von 620 km/h erreichte. Ein fünfter Prototyp wurde mit Doppelschwimmern fertiggestellt und in Travemünde erprobt. 1942 wurde diese Maschine in Marienehe verschrottet.

## Technische Daten

**Heinkel He 119A**
**Typ:** dreisitziger Aufklärer.
**Triebwerk:** ein Daimler-Benz DB 606A-2 24-Zylinder Motor von 2.350 PS (1.753 kW).
**Leistung:** Höchstgeschwindigkeit 487 km/h in Meereshöhe; Reisegeschwindigkeit 422 km/h; Dienstgipfelhöhe 8.500 m.
**Gewicht:** Leergewicht 8.552 kg; max. Startgewicht 12.442 kg.

**Abmessungen:** Spannweite 15,90 m; Länge 14,80 m; Höhe 5,20 m; Tragflügelfläche 54,18 m$^2$.
**Bewaffnung:** ein schwenkbares 7,92 mm MG 15.

**Das Entwicklungsprogramm für die Heinkel He 119 wurde durch technische Probleme beeinträchtigt. Das hier abgebildete Flugzeug ist der fünfte Prototyp.**

# Heinkel He 162 Salamander

**Eine Heinkel He 162A-1 des 3./JG 1, im Mai 1945 in Leck/Schleswig-Holstein stationiert**

## Entwicklungsgeschichte

Der Prototyp der **Heinkel He 162**, ein Abfangjäger mit Strahltriebwerk, flog erstmals am 6. Dezember 1944, nur 38 Tage, nachdem detaillierte Zeichnungen an das Werk gegeben worden waren. Die Maschine ging am 10. Dezember bei einem Unfall zu Bruch, bei dem der Pilot getötet wurde. Aber das Programm wurde fortgesetzt, wobei aerodynamische Probleme auftraten, die erst beim dritten und vierten Prototyp (Erstflug am 16. Januar 1945) behoben wurden. Im Januar wurden auch die ersten Maschinen zur Truppenerprobung ausgeliefert.

Am 4. Mai 1945 wurde in Leck in Schleswig-Holstein eine Gruppe mit drei Staffeln und insgesamt 50 Maschinen gebildet, aber die britischen Streitkräfte besetzten den Flughafen am 8. Mai, und die Einheit mußte sich ergeben. Insgesamt wurden 116 He 162 gebaut, und mehr als 800 standen kurz vor der Fertigstellung, als die unterirdischen Produktionsstätten von den Alliierten erobert wurden. Den zehn Vorserienmaschinen **He 162A-0** folgten die Serienmaschinen **162A-1** und **He 162A-2**, die aerodynamische Verbesserungen aufwiesen und in größerer Stückzahl gebaut wurden. Der 'Volksjäger', wie die Maschine genannt wurde, sollte vor allem billig und einfach konstruiert sein, so daß er auch von nichtspezialisierten Arbeitskräften gebaut werden konnte. Der Volksjäger erhielt ein BMW 003 'Sturm' Düsenstrahltriebwerk und sollte mit ein oder zwei 3 cm Kanonen bewaffnet werden. Ursprünglich sollte die Maschine die Bezeichnung He 500 erhalten. Um aber die Alliierten in die Irre zu führen, wurde sie in He 162 geändert, und die Maschine erhielt den Namen 'Salamander'. Um möglichst schnell möglichst viele Maschinen herstellen zu können, wurde der Typ an mehreren Orten gleichzeitig gebaut. Ab Mai 1945 sollte die Produktion bei 2.000 Maschinen monatlich liegen. Die Maschine hatte einen Metallrumpf in Schalenbauweise und Tragflächen mit Sperrholzbeplankung. Das BMW 003 'Sturm' Triebwerk war direkt auf den Rumpf, hinter dem Cockpit, aufgesetzt. Das Höhenleitwerk war V-förmig mit doppeltem Seitenleitwerk.

Mit dem Bau der **162B-1**, die einen verlängerten Rumpf und größere Tragflächen besaß, sollte 1946 begonnen werden. Es war vorgesehen, die Maschinen mit einem oder zwei Pulso-Triebwerken (Argus-Schmid-Rohr) zu versehen. Die Tragflächen der geplanten **He 162C** waren an der Vorderkante um 38° gepfeilt, und die Maschine sollte ein V-Leitwerk erhalten, während sie bei der **He 162D** nach vorne gepfeilt waren. Beide Versionen sollten als Abfangjäger eingesetzt werden. Die He **162E** besaß das BMW 003A Düsenstrahltriebwerk und einen BMW 718 Raketenmotor und wurde im Frühsommer 1945 getestet.

**Die Heinkel He 162 wurde durch Probleme beeinträchtigt, die durch ihre allzu hastige Entwicklung aufgeworfen worden waren. Der Pilot konnte mit Hilfe eines einfachen Notsitzes leicht aussteigen. Die hier abgebildete Variante ist eine Heinkel He 162A-2 des JG 1.**

## Technische Daten

**Heinkel 162A**
**Typ:** einsitziges Kampfflugzeug.
**Triebwerk:** ein BMW 003A-1 Strahltriebwerk von 800 kp Schub.
**Leistung:** Höchstgeschwindigkeit 840 km/h in 6.000 m Höhe; Dienstgipfelhöhe 12.040 m; Flugdauer 57 Minuten in 10.970 m Höhe.
**Gewicht:** Leergewicht 2.050 kg; max. Startgewicht 2.695 kg.
**Abmessungen:** Spannweite 7,20 m; Länge 9,05 m; Höhe 2,55 m; Tragflügelfläche 11,20 m$^2$.
**Bewaffnung:** zwei 2 cm MG 151/20 Kanonen.

# Heinkel He 176

## Entwicklungsgeschichte

Die **Heinkel He 176**, das erste Flugzeug der Welt, das ausschließlich mit einem mit Flüssigtreibstoff betriebenen Raketenmotor flog, wurde ab Ende 1937 zu Forschungszwecken entwickelt. Mit einem Walter R1 Motor, der zwischen 45 und 500 kp Schub aufbringen konnte, flog Flugkapitän Erich Warsitz die Maschine erstmals am 30. Juni 1939. Die Leistung war enttäuschend, und bei den wenigen Flügen vor dem Abbruch des Programms bei Kriegsausbruch soll die Maschine nur 700 km/h erreicht haben. Die He 176 wurde bei einem Bombenangriff gegen Ende des Krieges zerstört.

**Die He 176 ist nur aus einem Grund erwähnenswert: sie war das erste Flugzeug der Welt mit einem Flüssigkeitsraketenmotor.**

# Heinkel He 177 Greif

**Die He 177A-5/R2 war ein Mehrzweckflugzeug mit Unterrumpfstation anstelle des vorderen Bombenschachts und zwei Stationen für Lenkwaffen wie die Fritz-X Bombe oder der Hs 293 Marschflugkörper.**

### Entwicklungsgeschichte

Der auf der Grundlage des Heinkel-Projekts P.1041 eines Langstreckenbombers entwickelte Prototyp der **Heinkel He 177 Greif** flog erstmals am 19. November 1939. Da kein Triebwerk von 2.000 PS (1.492 kW) vorhanden war, verband Daimler-Benz zwei DB 601 zum 2.600 PS (1.939 kW) DB 606, von denen zwei Exemplare für die He 177 verwendet wurden. Ein weiteres ungewöhnliches Kennzeichen waren die doppelten Fahrwerkshauptteile zu beiden Seiten, die seitwärts in die Tragflächen eingezogen wurden, auf den Innen- und Außenbordseiten der Triebwerkgondeln. In der Anfangszeit gab es zahlreiche Probleme, und mindestens drei Prototypen gingen bei Unfällen zu Bruch, durch Motorenbrand oder Schwächen der Flügelstrukturen verursacht. Diese strukturellen Schwierigkeiten waren bald beseitigt, aber das Problem der Überhitzung der beiden gekoppelten Motoreneinheiten, die gelegentlich zum Brand führte, wurde nie zufriedenstellend gelöst.

Die ersten Serienmaschinen **He 177A-1** wurden im Juli 1942 ausgeliefert, noch immer von den strukturellen Problemen geplagt. Erst gegen Ende 1942 wurde das Modell zuverlässiger, als die **He 177A-3** den Dienst aufnahm. Mehrere in Deutschland und dem besetzten Frankreich stationierte He 177 nahmen während der Operation 'Steinbock' an Einsätzen gegen Großbritannien teil und flogen auch an der Ostfront. Angesichts verschiedener Probleme und der Notwendigkeit, die deutsche Flugzeugindustrie auf die Produktion von stärkeren Kampfflugzeugen zu konzentrieren, wurde die He 177 bis 1944 weitgehend aus dem Verkehr gezogen. Ein interessantes, aber nicht fertiggestelltes Exemplar wurde in Prag modifiziert, um die geplante deutsche Atombombe aufzunehmen.

### Varianten

**He 177A-0:** 35 Vorserienmaschinen, für Entwicklungsversuche zur Umschulung verwendet.
**He 177A-1:** 130 von Arado in vier Versionen gebaut; unter den Bezeichnungen **He 177A-1/R1** bis **He 177A-1/R4** mit verschiedenen Rüstsätzen geliefert; im März 1942 eingeführt.
**He 177A-3:** 170 Exemplare von Heinkel gebaut, die ersten 15 Heinkel **He 177A-3/R1** Bomber mit DB 606A/B Motoren und der Rest mit DB 610 Triebwerken; die **He 177A-3/R2** hatte eine verbesserte Bewaffnung; die **He 177A-3/R3** war mit drei Henschel Hs 293 Gleitbomben ausgerüstet; die **He 177A-3/R4** hatte eine Gondel mit einem FuG 203 Funkgerät zur Steuerung der Lenkbombe Fritz-X; **drei He 177-A/R7** waren mit je zwei Torpedos ausgerüstet.
**He 177A-4:** geplante Ausführung für große Höhen.
**He 177A-5:** Ausführung mit strukturellen Modifikationen, vor allem Verstärkungen der Tragflächen für größere Unterflügellast; die **He 177A-5/R1** bis **R4** hatten kleinere Veränderungen der Bewaffnung; die **He 177A-5/R5** verfügte über eine ferngesteuerte MG-Position am hinteren Teil der Bombenschächte, von denen die ersten beiden bei der **He 177A-5/R6** weggelassen wurden; die **He 177A-5/R7** hatte ein Cockpit mit Luftdruckausgleich; die **He 177A-5/R8** erhielt MG in Kinn- und hinterer Position; fünf He 177A-5 hatten einen modifizierten Bombenschacht für die Aufnahme von 33 Raketen, die in einem Winkel von 60° in Flugrichtung abgefeuert wurden.
**He 177A-6:** sechs **He 177A-6/R1** wurden als Versuchsmaschinen einer geplanten Version mit zusätzlicher Bewaffnung und Panzerung für die Besatzungskabine und die Treibstofftanks gebaut; ein Exemplar wurde mit neuem Rumpfvorderteil und schwererer, für die **He 177A-6/R2** gedachter Bewaffnung geflogen.
**He 177A-7:** sechs Heinkel He 177A-5 Flugwerke wurden mit einem 36 m Flügel für das Serienmodell Heinkel He 177A-7 umgebaut und erhielten DB 610 Motoren anstelle der geplanten 3.600 PS (2.685 kW) DB 613 Triebwerke.

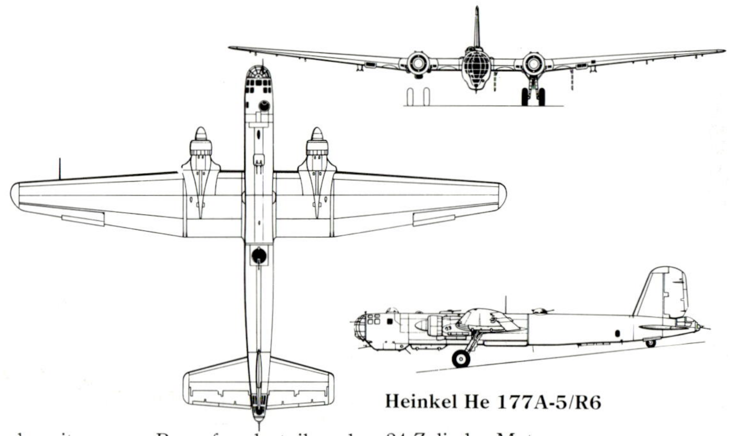

**Heinkel He 177A-5/R6**

### Technische Daten
**Heinkel He 177A-5/R2**

**Typ:** ein schwerer Bomber und Raketenträger.
**Triebwerk:** zwei 2.950 PS (2.200 kW) Daimler-Benz DB 610A/B 24-Zylinder Motor.
**Leistung:** Höchstgeschwindigkeit 490 km/h in 6.000 m Höhe; Dienstgipfelhöhe 8.000 m; Reichweite 5.500 m mit zwei Hs 293 Gleitbomben.
**Gewicht:** Leergewicht 16.800 kg; max. Startgewicht 31.000 kg.
**Abmessungen:** Spannweite 31,44 m; Länge 20,40 m; Höhe 6,39 m; Tragflügelfläche 102,00 $m^2$.
**Bewaffnung:** drei 7,92 mm MG 81, drei 13 mm MG 131 und zwei 2 cm MG 151/20, plus 1.000 kg Bomben im Innenraum und zwei Henschel Hs 293 Gleitbomben unter den Tragflächen.

# Heinkel He 178

### Entwicklungsgeschichte

Während der Entwicklung des He 176 Raketenflugzeugs war Heinkel gleichzeitig mit der Arbeit an der **Heinkel He 178** mit Strahltriebwerk beschäftigt, die den HeS 3b der Herstellerfirma mit einer Schubkraft von ca. 340 kp erhalten sollte. Es wurde das erste Flugzeug der Welt mit Strahltriebwerk und flog am 27. August 1939 unter Flugkapitän Erich Warsitz um das Flugfeld der Fabrik in Rostock-Marienheide. Die Entwicklung wurde weitgehend in privater Initiative durchgeführt, und erst am 28. Oktober 1939 waren Vertreter des Reichsluftfahrtministeriums (Milch, Udet und Lucht) Zeugen eines Flugs. Das Projekt stieß damals auf wenig Interesse und wurde zugunsten der He 280 abgebrochen.

**Die He 178, ein rein experimentelles Heinkel-Modell, war das erste Flugzeug der Welt mit Strahltriebwerk, das auch wirklich flog.**

# Heinkel He 219 Uhu

### Entwicklungsgeschichte

Die **Heinkel He 219**, potentiell eines der wirksamsten Kampfflugzeuge der Luftwaffe, war ein weiteres Modell, das von führenden Vertretern der Regierung und des Luftwaffen-Oberkommandos falsch eingeschätzt wurde. Der Typ basierte auf dem in privater Initiative geplanten P.1060 Kampfbomber, der bis 1941, als man ihn als Nachtbomber übernehmen wollte, auf wenig Interesse stieß. Die He 219 war ein Schulterdecker in Metallbauweise mit Pilot und Navigator Rücken an Rücken; das Modell führte erstmals Schleudersitze ein und war außerdem das erste Luftwaffe-Flugzeug im Einsatz mit Dreibeinfahrwerk.

Der erste Prototyp flog am 15. November 1942 mit zwei 1.750 PS (1.305 kW) Daimler-Benz DB 603A Motoren; der im Dezember geflogene zweite Prototyp hatte eine andere Bewaffnung. Nach der Untersuchung eines der Prototypen in einem gestellten Gefecht gegen eine Dornier Do 217N und eine Junkers Ju 88S wurde eine auf der Grundlage der Entwürfe erlassene Bestellung von 100 Exemplaren auf 300 erhöht; weitere Prototypen wurden für das Entwicklungsprogramm des Modells verwendet. Ab April 1943 flog eine kleinere An-

**Eine Heinkel He 219A-5/R1 des NJG-1, im Herbst 1944 in Münster stationiert**

zahl von **He 219A-0** Vorserienmaschinen mit dem 1. NJG in Venlo im besetzten Holland, und in der Nacht vom 11. Juni 1943 schoß Major Werner Streib fünf Avro Lancaster in einem einzigen Einsatz ab. Die ersten sechs Einsätze des 1.NJG brachten die Zerstörung von 20 RAF Flugzeugen, darunter sechs de Havilland Mosquito. Obwohl das Programm im Mai des Jahres 1944 abgebrochen wurde, wurden mehrere Versionen ausgeliefert, vor allem an die 1./NJG 1 und NJGr 10.

### Varianten

**He 219A-2:** nachdem der **He 219A-1** Aufklärungsbomber nicht über das Projektstadium hinauskam, war die **He 219A-2/R1** das erste Serienmodell; die Bewaffnung bestand aus zwei 3 cm MK 108 Kanonen in einem unteren Kasten und zwei 2 cm MG 151/20 in den Flügelwurzeln; die 'schräge Musik' hinter dem Cockpit hatte zwei MK 108 Kanonen, die im Winkel nach oben und nach vorne schießen konnten; sie wurden erst später eingebaut.
**He 219A-5:** erstes wichtiges Serienmodell, weitgehend ähnlich der 219A-1; die **He 219A-5/R1** hatte 1.800 PS (1.342 kW) DB 603A Motoren und eine erhöhte Treibstoffkapazität; die **He 219A-5/R4** hatte ein drittes Besatzungsmitglied, ein abgestuftes Cockpit und ein schwenkbares 13 mm MG.
**He 219A-6:** reduzierte Ausführung der He 219A-2/R1 mit 1.750 PS (1.305 kW) DB 603L Motoren und vier MG 151/20; eigens zur Abwehr der RAF Mosquito entwickelt.
**He 219A-7:** ähnlich der He 219A-5, aber mit verbesserten Ladereinlässen für die DB 603G Motoren; neben der 'schrägen Musik' hatte die **He 219A-7/R1** zwei MK 108 in den Flügelwurzeln und zwei MG 151 sowie zwei 3 cm MK 103 im Rumpfunterteil; die **He 219A-7/R2** hatte MK 108 anstelle der unteren MK 103, und bei der **He 219A-7/R3** waren die MK 108 in den Flügelwurzeln durch MG 151 ersetzt; die He 219A-7/R4 hatte eine Heck-Warnradaranlage und nur vier MG 151; sechs **He 219A-7/R5** Nachtjäger waren eigentlich He 219A-7/R3 mit 1.900 PS (1.417 kW) Junkers Jumo 213E Motoren sowie einem Wasser-Methanol-Einspritzsystem; die einzige **He 219A-7/R6** hatte zwei 2.500 PS (1.864 kW) Jumo 222A/B Motoren.
**He 219B-1:** ein einziges Exemplar mit DB 603Aa Motoren und einer dreiköpfigen Besatzung; geplant waren ursprünglich Jumo 222A/B Motoren als Triebwerk.
**He 219B-2:** ähnlich der He 219A-6, aber mit nur zwei MG 151 Kanonen.

### Technische Daten
**Heinkel He 219A-7/R1**
**Typ:** zweisitziger Nachtjäger.
**Triebwerk:** zwei 1.900 PS (1.417 kW) Daimler-Benz DB 603G Kolbenmotoren.
**Leistung:** Höchstgeschwindigkeit 670 km/h; Reisegeschwindigkeit 630 km/h; Dienstgipfelhöhe 12.200 m; Reichweite 2.000 km.
**Gewicht:** Leergewicht 11.200 kg; max. Startgewicht 15.300 kg.
**Abmessungen:** Spannweite 18,50 m; Länge 15,54 m; Höhe 4,10 m; Tragflügelfläche 44,50 m$^2$.
**Bewaffnung:** vier 3 cm MK 108, zwei 2 cm MG 151/20 und zwei 3 cm MK 103 Kanonen.

# Heinkel He 274

### Entwicklungsgeschichte

Die als Ersatz für den Höhenbomber He 177A-4 entwickelte **Heinkel He 274** wurde in Einzelheiten von der Société Anonyme des Usines entworfen, der Farman Fabrik in Suresnes im besetzten Frankreich. Die Kabine hatte Luftdruckausgleich, und das Triebwerk bestand aus zwei 1.750 PS (1.305 kW) Daimler-Benz DB 603A-2 Motoren; der Rumpf war eine verlängerte Ausführung der He 177A-3 mit neuen, stark gestreckten Flügeln und einem doppelten Seitenleitwerk.

Im Mai 1943 wurden zwei Prototypen bestellt, zusammen mit vier **He 274A-0** Serienexemplaren, die 1.900 PS (1.417 kW) DB 603G Motoren erhalten sollten. Trotz eines erfolglosen Versuchs der Deutschen, den ersten Prototyp zu zerstören, als die Wehrmacht sich (im Juli 1944) aus Paris zurückziehen mußte, konnten die Franzosen die Maschine nach der Befreiung fertigstellen und im Dezember 1945 als **AAS 01A** in Orléans-Bricy fliegen. Später wurde das Flugzeug für Testflüge von Modellen wie der Aerocentre NC 270 und Sud Ouest SO 4000 benutzt.

### Technische Daten
**Heinkel He 274**
**Typ:** schwerer Höhenbomber.
**Triebwerk:** vier Daimler-Benz DB 603A-2 Zwölfzylinder Motoren mit Turboladern TK 11B mit max. 1.850 PS (1.380 kW).
**Leistung:** Höchstgeschwindigkeit 427 km/h in Meereshöhe; 486 km/h in 11.000 m Höhe; Dienstgipfelhöhe 14.300 m; max. Reichweite 4.225 km.
**Gewicht:** Leergewicht 21.272 kg; max. Startgewicht 37.960 kg.
**Abmessungen:** Spannweite 44,23 m; Länge 23,80 m; Höhe 5,50 m; Tragflügelfläche 170,00 m$^2$.
**Bewaffnung:** (geplant) fünf 1,3 cm MG 131 und bis zu 4.000 kg Bomben intern.

**Der Prototyp der Heinkel He 274 wurde im besetzten Frankreich untersucht, wo er nach der Befreiung des Landes als AAS 01A fertiggestellt wurde.**

# Heinkel He 277

### Entwicklungsgeschichte

Um die bei der He 177 auftretenden Probleme mit den gekoppelten DB 606 Triebwerken zu überwinden, schlug Heinkel 1940 vor, statt dessen vier einzelne DB 603 Motoren zu verwenden. Obwohl das Reichsluftfahrtministerium den Plan verwarf, ging das Projekt inoffiziell unter der Bezeichnung **He 177B** weiter, bis im Mai 1943 wegen Hitlers Forderung nach einem schweren Bomber für den Angriff auf London das Modell noch einmal vorgelegt wurde. Der erste **Heinkel He 277** Prototyp, ein umgebautes He 177A-3/R2 Flugwerk mit vier DB 603G Motoren, flog erstmals gegen Ende 1943 in Wien-Schwechat, am 28. Februar 1944 gefolgt von einer zweiten Maschine. Wegen mangelnder Richtungsstabilität wurde beim dritten Prototypen ein doppeltes Seitenleitwerk angebracht. Acht **He 277B-5/R2** Serienmaschinen für sieben Besatzungsmitglieder und mit 1.750 PS (1.305 kW) DB 603A Motoren wurden gebaut, bevor das Schwergewicht im Juli 1944 auf das Kampfflugzeugprogramm verlagert wurde. Bevor das Bauprogramm ganz eingestellt wurde, entwickelte Heinkel noch die **He 277B-6** und **He 277B-7**. Bei der B-6 war die Spannweite auf 40,00 m erweitert worden; sie besaß vier Junkers Jumo 213F Zwölfzylinder Motoren von je 2.060 PS (1.537 kW) und ein vergrößertes Seitenleitwerk.

### Technische Daten
**Heinkel He 277B-5/R2**
**Typ:** schwerer Bomber.
**Triebwerk:** vier Daimler-Benz DB 603A Zwölfzylinder Motoren von je 1.750 PS (1.305 kW).
**Leistung:** Höchstgeschwindigkeit 567 km/h in 5.700 m Höhe; Reisegeschwindigkeit 460 km/h; Dienstgipfelhöhe 15.000 m; maximale Reichweite 5.965 km.
**Gewicht:** Leergewicht 21.771 kg; max. Startgewicht 44.442 kg.
**Abmessungen:** Spannweite 31,42 m; Länge 22,00 m; Höhe 6,65 m; Tragflügelfläche 106,74 m$^2$.
**Bewaffnung:** ein 1,5 cm oder 2 cm MG 151, acht 7,92 mm MG 81, drei 1,3 cm MG 131, intern bis zu 500 kg Bomben und extern zwei FX 1400 Fritz-X Lenkbomben oder eine Henschel Hs 293 oder 294 Gleitbombe oder eine SC 2500 Bombe.

**Der einzige Unterschied zwischen der He 177 und der He 277 V1 war das viermotorige Triebwerk des späteren Modells, durch das die Probleme des früheren Typs mit seinen gekoppelten Motoren gelöst werden sollten.**

# Heinkel He 280

### Entwicklungsgeschichte

Als die Arbeit an der He 178 im Herbst 1939 eingestellt wurde, konzentrierte man sich auf modernere zweimotorige Entwürfe, die je zwei neue Heinkel Strahltriebwerke erhalten sollten, die Modelle HeS 8 und HeS 30. Keines von beiden wurde rechtzeitig fertig, und das Flugwerk des **Heinkel He 280** Prototyps erhielt für die am 22. September 1940 beginnenden ersten Flugversuche kein Triebwerk, sondern wurde von einer Heinkel He 111 geschleppt. Im März 1941 wurden zwei HeS 8 montiert, und Fritz Schäfer unternahm den ersten Flug mit eigenem Antrieb am 2. April. Die Triebwerke brachten es allerdings auf nur wenig über 500 kp Schub, und obwohl man es im Frühjahr 1943, als der zweite und der dritte Prototyp flogen, auf immerhin 600 kp gebracht hatte, wurden im April BMW 109-003 Motoren übernommen. Sechs weitere Versuchsmaschinen entstanden, die achte (V-8) mit einem V-förmigen Heck. Aber für die Produktion wurde die konkurrierende Messerschmitt Me 262 ausgewählt; die He 280 galten als nützliche Experimentalmaschinen bei der weiteren Forschung.

Die He 280 war in selbsttragender Metallbauweise, mit einem einfahrbaren Bugradfahrwerk und einem doppelten Seitenleitwerk, konstruiert. Das Cockpit sollte bei den Serien-

Vom Konzept her war die He 280 nicht so fortschrittlich wie ihre Rivalin Me 262, und die Leistung des Triebwerks war vollkommen unzureichend.

schinen mit Druckausgleich versehen werden und verfügte über einen Schleudersitz, der mit Hilfe von Druckluft herausgeschleudert wurde. Die beiden Triebwerke waren am Hauptholm des Flügels aufgehängt.

### Technische Daten
**Heinkel He 280 V6**
**Typ:** ein einsitziger Abfangjäger/Jagdbomber.
**Triebwerk:** zwei Junkers Jumo 004A 'Orkan' Strahltriebwerke mit Axialverdichter von je 840 kp Schub.
**Leistung:** Höchstgeschwindigkeit 747 km/h in Meereshöhe; 813 km/h in 6.000 m Höhe; Anfangssteiggeschwindigkeit 21,20 m/sek; Dienstgipfelhöhe 11.400 m; maximale Reichweite 610 km.
**Gewicht:** Startgewicht 5.200 kg.
**Abmessungen:** Spannweite 12,00 m; Länge 10,68; Höhe 3,18 m; Tragflügelfläche 21,51 m$^2$.
**Bewaffnung:** drei 2 cm MG 151 und eine Bombenlast bis zu 500 kg.

# Helio Courier/Super Courier

### Entwicklungsgeschichte
Die Helio Aircraft Corporation (später Company) entwarf und baute den ursprünglichen **Helio Courier** Prototyp im Jahre 1953. Dieser Hochdecker mit freitragenden Flügeln wurde über mehrere Stufen entwickelt und produziert: die viersitzige **H-391-B Courier** (1954), die vier/fünfsitzige **H-395/H-395A** (1958/59) und die sechssitzige **H-250** (1964). Die folgende **H-295 Super Courier** flog erstmals am 24. Februar 1965 in Prototypform als bequemer, gut ausgerüsteter, sechssitziger Kabinen-Eindecker. Durch die Vorderkantenschlitze über die ganze Spannweite, Spoiler, Frise Querruder und geschlitzte Hinterkantenklappen über 74 Prozent der Spannweite hinweg erzielte die Super Courier eine ausgezeichnete STOL-Leistung. Das war ein Anreiz für die US Air Force, und eine zivile H-391B wurde unter der Bezeichnung YL-24 erprobt. Daraufhin wurden drei H-395 mit der Bezeichnung **L-28A** übernommen, was später zu einer Bestellung über 26 **U-10A**, 57 **U-10B** und 36 **U-10D** Flugzeuge in der Rolle eines Mehrzweck-Transporters führte.

### Technische Daten
**Helio U-10D**
**Typ:** sechssitziges STOL Mehrzweck- und Verbindungsflugzeug.
**Triebwerk:** ein 295 PS (220 kW) Avco Lycoming GO-480-G1D6 Sechszylinder.
**Leistung:** Höchstgeschwindigkeit 269 km/h in Meereshöhe; Reisegeschwindigkeit 265 km/h in 2.590 m Höhe; Reichweite 2.220 km.
**Gewicht:** Leergewicht 943 kg; max. Startgewicht 1.542 kg.
**Abmessungen:** Spannweite 11,89 m; Länge 9,45 m; Höhe 2,69 m; Tragflügelfläche 21,46 m$^2$.

USAF

Die STOL-Leistung und die ausgezeichneten Manövriereigenschaften bei niedrigen Geschwindigkeiten machten die Courier Baureihe für die USAF besonders interessant. Sie übernahm den Typ unter der Bezeichnung U-10. Hier abgebildet ist eine U-10B, die 1966 für psychologische Kriegsführung in Vietnam eingesetzt wurde.

# Helio H-550A Stallion

### Entwicklungsgeschichte
Die erstklassige STOL-Kapazität der Courier veranlaßte die Entwicklung eines etwas größeren Prototyps mit Propellerturbinenantrieb, der **Helio HST-550 Stallion**, die erstmals am 5. Juni 1964 flog. Das Serienmodell **H-550A Stallion** wurde im August 1969 zugelassen, aber mit einem Preis von über 100.000 Dollar war es für zivile Betreiber nicht besonders attraktiv. Die US Air Force kaufte 15 AU-24A mit Waffenstationen unter den Tragflächen und dem Rumpf sowie mit einem Kabinenaufsatz, die für Aufgaben wie bewaffnete Aufklärung, Luftnahunterstützung, vorgeschobene Luftraumüberwachung und allgemeinen Transport gedacht waren. Alle bis auf eines wurden an die Khmer Air Force in Kambodscha übergeben. Die AU-24A hatte einen 680 WPS (507 kW) Pratt & Whitney Aircraft of Canada PT6A-27 Propellerturbinenmotor und konnte mit einer 20 mm Kanone, CBU-14A/A Bombenwerfer und einer 227 kg Sprengbombe für die Aufstandsbekämpfung (COIN) ausgerüstet werden.

USAF

Der wichtigste Abnehmer für die Helio H-550A Stallion war die US Air Force, die den Typ als AU-24A für verschiedene leichte bewaffnete und unbewaffnete Einsätze benutzte.

# Helitec (Sikorsky) S-55T

### Entwicklungsgeschichte
Unter der Bezeichnung **Helitec S-55T** baute die Helitec Corporation in Arizona mehrere Sikorsky S-55 von Kolbenmotoren- auf Wellenturbinenantrieb um. Die 840 WPS (626 kW) Garrett TSE331-3U-303 Wellenturbine ermöglicht eine Gewichtsverringerung um etwa 408 kg, und der nach rechts ausgestoßene Turbinenstrahl gleicht während des Flugs teilweise die Torque-Bewegung aus.

# Helwan HA-300

### Entwicklungsgeschichte
Das erste in Ägypten gebaute Kampfflugzeug mit Strahltriebwerk, die **Helwan HA-300**, basierte auf der Hispano HA-300, die in Spanien von einem Team unter der Leitung von Prof. Willy Messerschmitt entworfen worden war. Das Modell war für die Ejército del Aire gedacht, aber das Projekt wurde 1960 abgebrochen, und die Vereinigte Arabische Republik übernahm das Programm und verlegte die Entwicklung in die Helwan-Fabrik. Das Flugwerk wurde für das Bristol Orpheus BOr.12 Strahltriebwerk mit Nachbrenner konzipiert, dann aber für das unter Anleitung von Dr. Brandner in Ägypten entworfene E-300 Strahltriebwerk modifiziert. Drei Prototypen entstanden, die ersten beiden mit Orpheus Mk 703-S10 Triebwerken von 2.200 kp Schub (Erstflug am 7. März 1964 bzw. 22. Juli 1965). Der dritte Prototyp (mit E-300 Triebwerk) beendete lediglich die Rollversuche, bevor das Programm Ende 1969 abgebrochen wurde.

Die Helwan HA-300, ein Deltaflügler mit Heck, hat eine interessante, multinationale Entwicklung durchgemacht, wurde aber wegen des unzureichenden Triebwerks nicht entwickelt.

## Henderson H.S.F.1

### Entwicklungsgeschichte
Die **Henderson H.S.F.1** war ein ungewöhnlicher Tiefdecker mit zwei Leitwerksträgern, von J. Bewsher entworfen und 1928 in England bei der Henderson School of Flying in Brooklands (Surrey) zusammengebaut. Die mittlere Rumpfgondel enthielt die geschlossene Kabine für den Piloten und fünf Passagiere und trug außerdem einen 240 PS (179 kW) wassergekühlten Siddeley Puma Motor, der einen Druckpropeller antrieb. Die Spannweite der Henderson H.S.F.1 betrug 15,54 m und die Länge 11,58 m.

## Henderson-Glenny H.S.F.II Gadfly I, II und III

### Entwicklungsgeschichte
Diese drei Modelle waren einsitzige Eindecker mit offenen Cockpits; nur je ein Exemplar wurde gebaut. Die **Henderson-Glenny H.S.F.II Gadfly I** mit einem 35 PS (26 kW) ABC Scorpion 2 Motor wurde mit neuen Querrudern im Jahre 1929 in **Gadfly II** umbenannt und stellte am 16. Mai 1929 einen Klassen-Höhenrekord von 3.021 m auf. Eine weitere Gadfly II wurde gebaut. Die **Gadfly III** war mit ihrem Vorgänger identisch, abgesehen von dem 40 PS (30 kW) Salmson A.D.9 Sternmotor.

**Die G-AAEY war die einzige H.S.F.II Gadfly I**

## Hendy 281 Hobo und Hendy 302

### Entwicklungsgeschichte
1929 wurde in Shoreham in Sussex ein Exemplar der **Hendy 281 Hobo** gebaut, ein einsitziger Tiefdecker mit offenem Cockpit, der erstmals im Oktober 1929 flog. Das einzige Exemplar der **Hendy 302** war ein zweisitziger Kabinen-Eindecker, der 1929 von Parnall & Co. gebaut wurde, der Firma, die nach dem Tod des Konstrukteurs im Jahre 1930 die Hendy Heck entwickelte.

**In der ursprünglichen Form als Hendy 302 hatte diese Maschine einen 105 PS (78 kW) Cirrus Hermes I Motor; später wurde sie als Hendy 302A mit einem hängenden 130 PS (97 kW) Cirrus Hermes IV umgebaut und erhielt eine neue Kabine und verkleidete Haupträder.**

## Henschel Hs 121

### Entwicklungsgeschichte
Am 15. Februar 1933 beschloß die Firma Henschel, die bis dahin hauptsächlich Lokomotiven und Schwertransporter gebaut hatte, auf die Anregung des Reichswehrministeriums einzugehen und, mit der Aussicht auf lukrative Rüstungsaufträge, ins Luftfahrtgeschäft einzusteigen. Im Juli 1933 begannen die Henschel Flugzeugwerke in Berlin-Johannisthal mit der Arbeit, und bereits sechs Monate später flog die **Henschel Hs 121**.

Die Maschine war für eine doppelte Rolle konzipiert, einerseits sollte sie bei der Verteidigung wichtiger Ziele im Reich als 'Heimatschutzjäger', andererseits aber auch als Fortgeschrittenen-Trainer eingesetzt werden. Die charakteristischen Knickflügel des Hochdeckers hatten Metallvorderkanten, waren aber ansonsten stoffbespannt und besaßen eine halbelliptische Form. Der Rumpfquerschnitt war oval und ganz aus Metall konstruiert. Die Räder des starren Heckradfahrwerks waren in stromlinienförmige Verkleidungen eingebaut.

Der Erstflug des Prototypen, **Hs 121a**, fand am 4. Januar 1934 statt, doch das Ergebnis war mehr als enttäuschend. Die Maschine besaß ungenügende Stabilität und ließ sich nur schwer fliegen. Sofort wurde mit einem neuen Entwurf begonnen, der drei Monate später zu dem Tiefdecker Hs 125a führte.

### Technische Daten
**Henschel Hs 121a**
**Typ:** einsitziger Heimatschutzjäger und Fortgeschrittenen-Schulflugzeug.
**Triebwerk:** ein Argus As 10C Achtzylinder V-Motor von 240 PS (179 kW).
**Leistung:** Höchstgeschwindigkeit 277 km/h in Meereshöhe; Dienstgipfelhöhe 6.500 m; Reichweite 500 km.
**Gewicht:** Leergewicht 709 kg; Startgewicht 959 kg.
**Abmessungen:** Spannweite 10,00 m; Länge 7,29 m; Höhe 2,30 m; Tragflügelfläche 14,00 m$^2$.
**Bewaffnung:** (geplant) ein 7,92 mm MG 17.

## Henschel Hs 122

### Entwicklungsgeschichte
Die **Henschel Hs 122** war als taktischer Aufklärer und Heeres-Verbindungsflugzeug vorgesehen. Sie war ein abgestrebter Hochdecker in Baldachinkonstruktion mit leicht gepfeilten Tragflächen. Sie sollte über gute STOL-Fähigkeiten verfügen sowie gute Langsamflugeigenschaften haben. Nach drei Prototypen stellten die Henschel Flugzeugwerke sieben **Hs 122B-0** Vorserienmaschinen her, die nach ihrer Auslieferung im Frühjahr und Herbst 1936 zu weiteren Experimenten eingesetzt wurden. Sie boten Platz für den Piloten und einen dahinter in einem zweiten Cockpit untergebrachten Beobachter, der auch das schwenkbare MG bediente. Zu einer Serienproduktion kam es nicht.

### Technische Daten
**Henschel Hs 122B-0**
**Typ:** taktischer Aufklärer und Verbindungsflugzeug.
**Triebwerk:** ein Siemens Sh 22B Neunzylinder Sternmotor von 660 PS (492 kW).
**Leistung:** Höchstgeschwindigkeit 262 km/h in Meereshöhe; Reisegeschwindigkeit 238 km/h; Dienstgipfelhöhe 6.600 m; Reichweite 600 km.
**Gewicht:** Rüstgewicht 1.644 kg; Startgewicht 2.521 kg.
**Abmessungen:** Spannweite 14,48 m; Länge 10,24 m; Höhe 3,40 m; Tragflügelfläche 34,65 m$^2$.
**Bewaffnung:** ein starres, vorwärtsfeuerndes 7,92 mm MG 17 und ein schwenkbares MG 15.

## Henschel Hs 123

### Entwicklungsgeschichte
Der erste von drei 1933 für die Anforderung nach einem Sturzbomber entworfenen **Henschel Hs 123** Anderthalbdecker-Prototypen flog erstmals 1938 mit einem 650 PS (485 kW) BMW 132A-3 Sternmotor. Die ersten drei Maschinen wurden im August 1935 in Rechlin getestet, aber bei Sturzflügen gingen zwei wegen strukturellen Versagens der Flügel zu Bruch. Erfolgreiche Tests mit einem vierten Prototypen, bei dem diese Nachteile überwunden worden waren, führten zu einem Produktionsauftrag. Die **Hs 123A-1** nahm im Herbst 1936 beim 1./StG 162 den Einsatz auf. Aber der Fronteinsatz des Typs dauerte nicht lange, da er 1937 von der Junkers Ju 87A ersetzt wurde. Insgesamt 16 Hs 123A wurden in Spanien eingesetzt, und der Typ diente 1939 in Polen und 1940 in Frankreich und Belgien. 1943 wurde das Modell in der Sowjetunion weiterhin zur Luftnahunterstützung eingesetzt.

**Eine Henschel Hs 123A-1 der 7./Stukageschwader 165 'Immelmann', im Oktober 1937 in Fürstenfeldbruck stationiert**

### Varianten
**Hs 123 V5** und **V6:** Bezeichnung für zwei Prototypen aus dem Jahre 1938 mit 960 PS (716 kW) BMW 132K Motoren und veränderter Bewaffnung; sie waren als Versuchsmaschinen für die geplante HS 123B gedacht; keine Serienmaschinen wurden gebaut.

### Technische Daten
**Henschel Hs 123A-1**
**Typ:** Schlachtflugzeug.
**Triebwerk:** ein 880 PS (656 kW) BMW 132Dc Neunzylinder Sternmotor.

**Leistung:** Höchstgeschwindigkeit 340 km/h in 1.200 m Höhe; Reisegeschwindigkeit 315 km/h in 2.000 m Höhe; Dienstgipfelhöhe 9.000 m; Reichweite 855 km.
**Gewicht:** Leergewicht 1.500 kg; max. Startgewicht 2.215 kg.
**Abmessungen:** obere Spannweite 10,50 m; untere Spannweite 8,00 m; Länge 8,33 m; Höhe 3,20 m; Tragflügelfläche 24,85 $m^2$.
**Bewaffnung:** zwei vorwärtsfeuernde 7,92 mm MG 17 plus Vorrichtungen für bis zu 450 kg Bomben.

# Henschel Hs 124

## Entwicklungsgeschichte

Unter der Bezeichnung **Henschel Hs 124** entwickelte die Firma einen Mehrzweck-Typ, der unter der Bezeichnung 'Kampfzerstörer' als Schnellbomber, Zerstörer, Begleitflugzeug, Aufklärer und Schlachtflugzeug zur Luftnahunterstützung eingesetzt werden sollte. Der Entwurf war ein zweimotoriger Ganzmetall-Mitteldecker mit doppeltem Seitenleitwerk und Heckradfahrwerk. Der erste Prototyp, die **Hs 124 V1**, war im Frühjahr 1936 fertiggestellt. Der Pilot saß in einem Cockpit mit nach hinten verschiebbarer Haube, das sich in Höhe der Flügelvorderkante befand. Der Funker, in einem Cockpit an der Flügelhinterkante, bediente auch das schwenkbare 7,92 mm MG 15. In der Bugkanzel sollte eine 2 cm Mauser untergebracht werden. Während der erste Prototyp mit zwei Junkers Jumo 210C ausgerüstet war, erhielt der zweite, die **Hs 124 V2**, zwei BMW 132Dc Neunzylinder Sternmotoren. Bevor jedoch mit der Flugerprobung begonnen wurde, verwarf der Führungsstab der Luftwaffe das Kampfzerstörer-Konzept. Die **Hs 124 V3** wurde daraufhin nur noch als Teststand verwendet.

## Technische Daten

**Henschel Hs 124 V2**
**Typ:** ein Mehrzweck-Kampfflugzeug/Bomber.
**Triebwerk:** zwei BMW 132Dc Neunzylinder Sternmotoren von je 880 PS (656 kW).
**Leistung:** Höchstgeschwindigkeit 432 km/h in 3.000 m Höhe; max. Reichweite 4.180 km.
**Gewicht:** Leergewicht 4.325 kg; Startgewicht 7.205 kg.
**Abmessungen:** Spannweite 18,21 m; Länge 14,50 m; Höhe 3,70 m; Tragflügelfläche 54,60 $m^2$.
**Bewaffnung:** (geplant) zwei 2 cm Mauser, ein 7,92 mm MG 15 plus eine Bombenlast bis zu 3.000 kg.

**Die Hs 124 V2 auf diesem Bild unterschied sich von dem ersten Prototyp durch BMW Sternmotoren anstelle der Jumo 210 Triebwerke, sowie durch eine Bugbewaffnung von zwei 2 cm Kanonen.**

# Henschel Hs 125

## Entwicklungsgeschichte

Als Nachfolgemodell für den unbrauchbaren Hs 121 Entwurf wurde innerhalb von drei Monaten die **Hs 125** als Heimatschutzjäger entwickelt. Mehr als 90 Prozent der Konstruktion stammten von der Hs 121, aber der neue Typ war ein Tiefdecker. Die Testflüge mit den beiden Prototypen **Hs 125a** und **Hs 125b** zeigten bessere Flugeigenschaften, doch wurde schließlich die FW 56 als Heimatschutzjäger und Übungsflugzeug ausgewählt.

## Technische Daten

**Typ:** ein einsitziger Jäger/Schulflugzeug.
**Triebwerk:** ein Argus As 10C zweireihig hängender Achtzylinder (A-Form) von 240 PS (180 kW).
**Leistung:** Höchstgeschwindigkeit 280 km/h in Meereshöhe; Dienstgipfelhöhe 6.985 m; Reichweite 500 km.
**Gewicht:** Leergewicht 693 kg; Startgewicht 972 kg.
**Abmessungen:** Spannweite 10,00 m; Länge 7,30 m; Höhe 2,16 m; Tragflügelfläche 14,03 $m^2$.
**Bewaffnung:** (geplant) ein 7,92 mm MG 17.

# Henschel Hs 126

## Entwicklungsgeschichte

Auf der Basis der Hs 122 mit Baldachinflügeln entwarf die Firma das zweisitzige Aufklärungsflugzeug **Henschel Hs 126**, ein Modell mit neuen Tragflächen, freitragendem Hauptfahrwerk und einer Haube über dem Pilotencockpit. Ein Hs 122A Flugwerk wurde für den 610 PS (455 kW) Junkers Jumo 210 modifiziert, und der Prototyp **Hs 126 V1** flog in dieser Form erstmals im Herbst 1936. Es folgten zwei Versuchsflugzeuge, **Hs 126 V2** und **V3** jeweils, mit einem 830 PS (619 kW) Bramo Fafnir 323A-1 Motor. 1937 baute Henschel zehn Vorserienmaschinen vom Typ **Hs 126-0**, die auf dem dritten Prototyp basierten und zum Teil von der Luftwaffe zur Untersuchung verwendet wurden. Das Serienmodell **Hs 126A-1** nahm den Einsatz zunächst bei der Aufklärungsgruppe 35 auf, und bei Ausbruch des Zweiten Weltkriegs war die Neuausrüstung der Aufklärungseinheiten mit diesem Modell schon weit fortgeschritten. 1942 wurde der Typ nach und nach aus dem Verkehr gezogen und durch die Focke-Wulf FW 189 ersetzt. Mehr als 600 Exemplare wurden gebaut, darunter sechs, die von der Legion Condor im faschistischen Spanien benutzt wurden und später an die spanische Luftwaffe gingen; 16 Maschinen dienten bei der griechischen Luftwaffe.

Die Hs 126 war ein abgestrebter Hochdecker in Baldachinbauweise mit leicht nach hinten gepfeilten Tragflächen. Das starre Heckradfahrwerk war verkleidet. Die Tragflächen waren in zwei Hälften gebaut, die sich über der Mittellinie des Rumpfs verbanden. Mit der Rumpfoberseite waren sie durch N-Streben, mit den Rumpfseiten durch V-Abstrebungen verbunden. An den Flügelhinterkanten befanden sich geschlitzte Querruder und hydraulisch bewegte Klappen. Zur Besatzung gehörten drei Mann, neben dem Piloten ein Beobachter und ein Schütze.

**Eine Henschel Hs 126B-1 der 2.(H)/Aufklärungsgruppe 31, 1941 und 1942 an der Ostfront eingesetzt**

## Variante

**He 126B-1:** im Sommer 1939 eingeführt, mit einem Bramo 323A-1 oder einem 900 PS (671 kW) 323A-2 und FuG 17 Funk ausgestattet.

## Technische Daten

**Henschel Hs 126B-1**
**Typ:** zweisitziger Nahaufklärer.
**Triebwerk:** ein 850 PS (634 kW) Bramo 323A-1 Sternmotor.
**Leistung:** Höchstgeschwindigkeit 310 km/h in Meereshöhe; Dienstgipfelhöhe 8.300 m; max. Reichweite 720 km.
**Gewicht:** Leergewicht 2.030 kg; max. Startgewicht 3.090 kg.
**Abmessungen:** Spannweite 14,50 m; Länge 10,85 m; Höhe 3,75 m; Tragflügelfläche 31,60 $m^2$.
**Bewaffnung:** zwei 7,92 mm MG, plus eine 50 kg oder fünf 10 kg Bomben.

# Henschel Hs 127

## Entwicklungsgeschichte

Nachdem 1935 das Kampfzerstörer-Konzept und damit auch die weitere Entwicklung der Hs 124 aufgegeben worden war, wurde vom Technischen Amt des Reichsluftfahrtministeriums ein Schnellbomber verlangt, der eine Bombenlast von rund 750 kg mit einer Höchstgeschwindigkeit von 500 km/h transportieren konnte. Die normale Reisegeschwindigkeit sollte nicht unter 450 km/h liegen.

Henschel legte den Entwurf der **Hs 127** vor, Junkers den der Ju 88 und Messerschmitt den der Bf 162. Alle drei Firmen erhielten den Auftrag zum Bau von je drei Prototypen, die mit dem Daimler-Benz DB 600D ausgerüstet werden sollten. Die Hs 127 war ein freitragender Tiefdecker in Schalenbauweise. Die gesamte Flügelhinterkante wurde von geschlitzten Querrudern und elektrisch betriebenen Spaltklappen eingenommen. Die beiden DB 600D trieben Dreiblatt-Verstellpropeller von VDM an. In zwei internen Bombenschächten konnten bis zu 1.500 kg Bomben untergebracht werden. Der erste Prototyp, die **Hs 127 V1**, flog Ende 1937 und der zweite, die **V2**, Anfang 1938, doch das Technische Amt entschied sich für den Junkers-Entwurf, und die beiden Versuchsmaschinen wurden daraufhin Teststände.

# Henschel Hs 128 und Hs 130

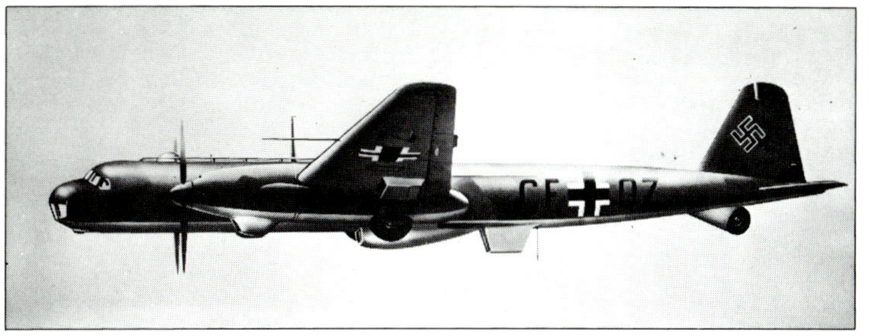

Die als Aufklärungsflugzeug für extrem große Höhen entworfene Henschel Hs 130E-0 war das Vorserien-Entwicklungsmodell für den geplanten Hs 130E-1 Aufklärungsbomber. Der Schlüssel zur außerordentlichen Höhenleistung des Typs war die HZ-Anlage mit einem DB 605T als Lader für die beiden in den Tragflächen montierten DB 603B Motoren.

## Entwicklungsgeschichte

Die **Henschel Hs 128** und **Hs 130** stellten einen Versuch dar, Flugzeuge für extreme Flughöhen zu entwickeln. Die beiden Hs 128, Tiefdecker mit freitragenden Flügeln und festem Fahrwerk, waren eigentlich Forschungsflugzeuge, die beide eine eigens entwickelte zweisitzige Kabine mit Luftdruckausgleich in einem konventionellen Rumpf enthielten. Die im Frühjahr 1939 erstmals geflogene erste **Hs 128 V1** hatte zwei 1.000 PS (746 kW) Daimler-Benz DB 601 Motoren. Die später während desselben Jahres geflogene **Hs 128 V2** hatte zwei Junkers Jumo 210 Motoren mit Vorverdichter. Die auf der Basis der Hs 128 entwickelte **Hs 130** sollte ein Höhenaufklärer werden und unterschied sich von ihrem Vorgänger in erster Linie durch das einziehbare Fahrwerk. Der **Hs 130 V1** Prototyp mit seinen durch Stickstoffoxydul-Einspritzung verstärkten 1.100 PS (820 kW) DB 601R Motoren erzielte eine Höhe von 13.200 m. Die Vorserienmaschinen **Hs 130A-0** hatten eine erweiterte Spannweite für eine bessere Höhenleistung, und die **Hs 130A-0/U6** erreichte mit ihren Modifikationen, die nach den ersten Tests vorgenommen wurden, eine Höhe von 15.500 m; das Triebwerk bestand aus 1.475 PS (1.100 kW) DB 605B Motoren. Trotz dieser erstaunlichen Kapazität wurden keine Serienmaschinen gebaut.

## Varianten

**Hs 130B:** geplanter Höhenbomber mit Bombenschacht; nicht gebaut.
**Hs 130C:** trotz dieser Bezeichnung nicht mit dem Grundmodell Hs 130 verwandt; ein zweimotoriger Bomber mit einer Kabine mit Luftdruckausgleich für vier Besatzungsmitglieder; drei Prototypen wurden gebaut, dann wurde das Programm abgebrochen.
**Hs 130D:** geplante Version der Hs 130A mit DB 605 Motoren und zweistufigen Vorverdichtern; die Entwicklung wurde abgebrochen, weil die Ladermotoren Probleme aufwarfen.
**Hs 130E:** drei Höhenflug-Prototypen mit einem dritten Motor im Rumpf für einen besonders kräftigen Vorverdichter.
**Hs 130F:** geplante Version mit vier Sternmotoren; nicht gebaut.

## Technische Daten

**Henschel Hs 130C**
**Typ:** mittlerer Höhenbomber.
**Triebwerk:** zwei Daimler-Benz DB 603A Zwölfzylinder Motoren von je 1.750 PS (1.305 kW).
**Leistung:** Höchstgeschwindigkeit 445 km/h in 5.100 m; Reichweite mit max. Bombenlast 2.290 km; Dienstgipfelhöhe 12.000 m.
**Gewicht:** maximales Startgewicht 19.932 kg.
**Abmessungen:** Spannweite 24,70 m; Länge 18,57 m; Tragflügelfläche 74,80 m$^2$.
**Bewaffnung:** zwei 1,3 cm MG 131, ein 7,92 mm MG 15 und bis zu 4.000 kg Bomben.

# Henschel Hs 129

Eine Henschel Hs 129B-1 der 4./Schlachtgeschwader 2, im November 1942 in Libyen eingesetzt

## Entwicklungsgeschichte

Das RLM suchte ein zweimotoriges Schlachtflugzeug, das über mindestens zwei 2 cm Kanonen und eine aufwendige Verteidigungsbewaffnung verfügen sollte, und der für diese Spezifikation entworfene Prototyp der **Henschel Hs 129** flog erstmals im Frühjahr 1939. Der Rumpf mit dreieckigem Querschnitt hatte ein enges Cockpit mit begrenzter Sicht, eine Windschutzscheibe aus 75 mm dickem kugelsicherem Glas und einen aus Panzerplatten zusammengesetzten Bug. Die Luftwaffe testete drei Prototypen mit je zwei 465 PS (347 kW) Argus As 410 Motoren; das Cockpit erwies sich als nicht annehmbar, und die Leistung des Modells war unzureichend. Für weitere Tests wurden acht Vorserienmaschinen **Hs 129A-0** bestellt, aber das vorgeschlagene Serienmodell **Hs 129A-1** wurde abgelehnt und durch die **Hs 129B-1** ersetzt, die mehrere Verbesserungen und stärkere Gnome-Rhône 14M 4/5 Motoren erhielt. Das Modell nahm den Einsatz im April 1942 beim 4./ SchG 1 auf und diente hauptsächlich an der Ostfront. Die Hs 129 flog außerdem in Nordafrika, Italien und in Frankreich nach der Landung der Alliierten.

## Varianten

**Hs 129B-0:** Vorserienmodell, zehn Exemplare ähnlich der Serienausführung Hs 129B-1; ab Dezember 1941 zur Erprobung an die Luftwaffe geliefert.
**Hs 129B-1/R1:** Version des Serienmodells mit zwei zusätzlichen 50 kg Bomben oder 96 Splitterbomben.
**Hs 129B-1/R2:** wie das Serienmodell, aber mit einer 3 cm MK 101 Kanone unter dem Rumpf.
**Hs 129B-1/R3:** wie das Serienmodell, aber mit vier zusätzlichen MG 17.
**Hs 129B-1/R4:** Version mit einer 250 kg Bombe anstelle der Bomben der Hs 129B-1/R1.
**Hs 129B-1/R5:** wie das Serienmodell, aber mit einer Rb 50/30 Kamera für Aufklärungseinsätze.
**Hs 129B-2/R1:** erste der 1943 eingeführten Versionen mit schwererer Bewaffnung für Panzerabwehr-Einsätze; mit zwei 2 cm MG 151/20 Kanonen und zwei 1,3 cm MG 131 bewaffnet.
**Hs 129B-2/R2:** wie die Hs 129B-2/R1, aber mit zusätzlicher 3 cm MK 103 Kanone unter dem Rumpf.
**Hs 129B-2/R3:** wie die Hs 129B-2/R2, aber mit einer 3,7 cm BK 3,7 anstelle der MK 103 Kanone, ohne MG 131.
**Hs 129B-2/R4:** mit einer 7,5 cm PaK 40 Panzerabwehr-Kanone in einem Unterrumpfbehälter.
**Hs 129B-3:** abgeleitet von der Hs 129B-2/R4, anstelle der PaK 40 war eine pneumatisch betriebene 7,5 cm BK 7,5 eingebaut.

## Technische Daten

**Henschel Hs 129B-1/R2**
**Typ:** einsitziges Schlachtflugzeug.
**Triebwerk:** zwei 700 PS (522 kW) Gnome-Rhône 14M 4/5 Vierzehnzylinder Sternmotoren.
**Leistung:** Höchstgeschwindigkeit 407 km/h in 3.830 m Höhe; Dienstgipfelhöhe 9.000 m; max. Reichweite 560 km.
**Gewicht:** Leergewicht 3.810 kg; max. Startgewicht 5.110 kg.
**Abmessungen:** Spannweite 14,20 m; Länge 9,75 m; Höhe 3,25 m; Tragflügelfläche 29,00 m$^2$.
**Bewaffnung:** zwei 2 cm MG 151/20 Kanonen, zwei 7,92 mm MG 17 MG und eine 3 cm MK 101 Kanone.

# Henschel Hs 132

## Entwicklungsgeschichte

Der einsitzige Sturzbomber Henschel Hs 132 war ein Versuch, ein Flugzeug zu produzieren, das mit seiner optimalen Sturzfluggeschwindigkeit von Bodenverteidigungswaffen quasi nicht zu erreichen war. Bei Endgeschwindigkeiten von mehr als 805 km/h hätte der Pilot allerdings unverhältnismäßig hohe Lastfaktoren beim Abfangen zu überstehen gehabt; daher wurde eine Liegeposition gewählt, da sich bei früheren Tests herausgestellt hatte, daß der Pilot dabei bis zu 12 g verkraften konnte. Die **Hs 132A** sollte ein BMW 003A-1 Strahltriebwerk von 800 kp Schub über dem Rumpf erhalten; außerdem waren die **Hs 132B** mit einem Jumo 004B-2 von 900 kp Schub und die **Hs 132C** mit einem Heinkel-Hirth von 1.300 kp Schub geplant. 1945 waren sechs Hs 132 im Bau, konnten aber nicht mehr fertiggestellt werden.

## Technische Daten

**Henschel Hs 132A**
**Typ:** einsitziger Sturzbomber.
**Triebwerk:** ein BMW 003A-1 Düsenstrahltriebwerk mit Axialverdichter von 800 kp Schub.
**Leistung:** Höchstgeschwindigkeit 780 km/h in 6.000 m Höhe; Dienstgipfelhöhe 10.500 m; max. Reichweite 1.114 km.
**Gewicht:** Startgewicht 3.400 kg.
**Abmessungen:** Spannweite 7,18 m; Länge 8,90 m; Tragflügelfläche 14,80 m$^2$.
**Bewaffnung:** eine SC oder SD 500 Bombe.

Der Henschel Hs 132 V1 Prototyp für einen Sturzbomber mit Strahltriebwerk und Liegeposition für den Piloten wurde später von den Sowjets erbeutet.

# Heston Flugzeuge

### Entwicklungsgeschichte

Die Heston Aircraft Company wurde 1934 gegründet, um die frühere Comper Aircraft Company zu übernehmen. Das erste Produkt war die **Heston Phoenix I**, ein fünfsitziger Hochdecker mit verstrebten Flügeln. Der mit einem 200 PS (149 kW) de Havilland Gipsy Six Series I ausgestattete Prototyp G-AEAD wurde erstmals am 18. August 1935 geflogen. Zwei ähnliche Phoenix I wurden gebaut, gefolgt von drei **Phoenix II** mit einigen Veränderungen und 205 PS (153 kW) Gipsy VI Series II Motoren. Während des Zweiten Weltkriegs wurden die drei Phoenix zum Dienst bei der RAF eingezogen. Die Firma entwarf und baute zwei Anfänger-Schulflugzeuge. Die beiden glatten, leistungsstarken Tiefdecker mit der Bezeichnung **Heston Type 5 Racer** wurden ab 1939 gebaut. Das erste Exemplar (AFOK), ausgerüstet mit einem verstärkten 2.300 PS (1.157 kW) Napier Sabre Motor und für einen neuen Geschwindigkeits-Weltrekord gedacht, stürzte beim Erstflug am 12. Juni 1940 ab und erlitt einen Totalschaden. Die zweite Type 5 wurde nicht fertiggestellt. Das letzte Heston Flugzeug war der Prototyp eines zweisitzigen Beobachterflugzeugs mit einem 240 PS Gipsy Queen 30 Motor.

### Technische Daten
**Heston Phoenix II**

**Typ:** Reise-Eindecker.

**Die G-AEHJ war der letzte von drei Heston Type I Phoenix Eindeckern mit dem 200 PS (149 kW) de Havilland Gipsy VI Series I Motor.**

**Die eigens für einen Versuch, den Geschwindigkeits-Weltrekord zu brechen, gebaute G-AFOK war die einzige vollständige Heston Type 5.**

**Triebwerk:** ein 205 PS (153 kW) de Havilland Gipsy VI Series II Sechzylinder Reihenmotor.
**Leistung:** Höchstgeschwindigkeit 241 km/h; Reisegeschwindigkeit 217 km/h; Dienstgipfelhöhe 6.095 m; Reichweite 805 km.
**Gewicht:** Leergewicht 975 kg; max. Startgewicht 1.497 kg.
**Abmessungen:** Spannweite 12,29 m; Länge 9,19 m; Höhe 2,62 m; Tragflügelfläche 24,15 m$^2$.

# Hiller FH-1100 (OH-5A)

### Entwicklungsgeschichte

1961 veranstaltete die US Army einen Wettbewerb für einen LOH (light observation) Hubschrauber, der für Beobachtungsaufgaben eingesetzt werden sollte. Der Wettbewerb wurde schließlich zwischen den Prototypen des Bell OH-4A, **Hiller OH-5A** und Hughes OH-6A entschieden; das zuletzt genannte Modell erhielt den Produktionsauftrag. Hiller beschloß, den OH-5A als zivilen Hubschrauber zu entwickeln, und die ersten Serienexemplare des **FH-100** wurden im Sommer 1966 ausgeliefert. Der Typ war in einer fünfsitzigen Mehrzweckausführung und als viersitziges Geschäftsmodell erhältlich, und bis zum Ende der Produktion im Jahre 1974 waren 246 Exemplare gebaut worden. Etwa 30 gingen an die Streitkräfte von Argentinien, Brasilien, Chile, Zypern, Ekuador, Panama, der Philippinen und Salvador. Die neu gebildete Firma Hiller Aviation hat auch den Vertrieb einer verbesserten Ausführung des FH-1100 unter der Bezeichnung **FH-1100A Pegasus** übernommen.

**Der Hiller OH-5A erhielt von der US Army keinen Produktionsauftrag, machte aber unter der Bezeichnung FH-100 eine einigermaßen erfolgreiche Karriere bei zivilen Betreibern und kleineren Luftwaffen.**

### Technische Daten
**Hiller FH-1100A Pegasus**

**Typ:** ein fünfsitziger Mehrzweck-Hubschrauber.

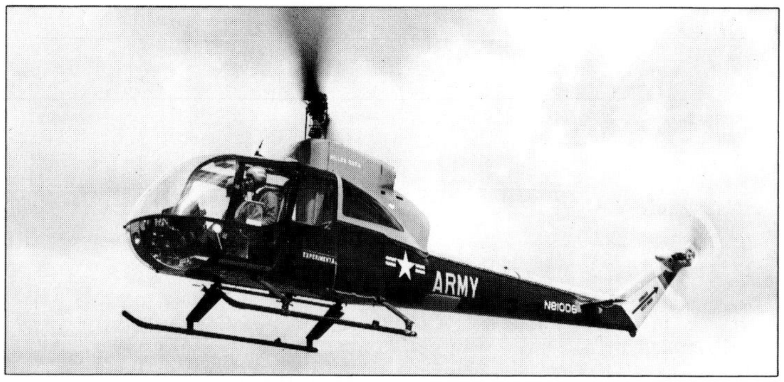


**Triebwerk:** eine 420 WPS (313 kW) Allison 250-C20B Wellenturbine.
**Leistung:** wirtschaftliche Reisegeschwindigkeit 196 km/h; Dienstgipfelhöhe 6.550 m; Reichweite 692 km.
**Gewicht:** Leergewicht 680 kg; max. Startgewicht 1.247 kg.
**Abmessungen:** Hauptrotordurchmesser 10,80 m; Rumpflänge 9,08 m; Höhe 2,83 m; Hauptrotorkreisfläche 91,00 m$^2$.

# Hiller HJ-1 (YH-32) Hornet

### Entwicklungsgeschichte

Der ursprünglich für zivile Verwendung entworfene zweisitzige Hubschrauber **Hiller HJ-1 Hornet** war recht klein, weil der Typ kein konventionelles Triebwerk hatte und keinen langen Heckausleger für den Anti-Torque-Heckrotor. Das Triebwerk bestand aus zwei von Hiller entworfenen Staustrahleinheiten von je 14,5 kp Schub, die an den Enden der Rotorblätter angebracht waren. Es gab daher keine vom Rotor hervorgerufene Torque-Wirkung, und der kleine Heckrotor war lediglich für die Richtungsstabilität vorgesehen. Der zivile Prototyp flog erstmals 1950 und wurde später von der US Army übernommen, die 14 Vorserienexemplare des **YH-32** zur Untersuchung bestellte. Weitere zivile bzw. militärische Hubschrauber dieses Typs wurde nicht produziert. Der YH-32 hatte eine Geschwindigkeit von 122 km/h.

**Der Hiller YH-32 wurde nur zum Experimentieren gebaut. Der Heckrotor diente zur Richtungssteuerung.**

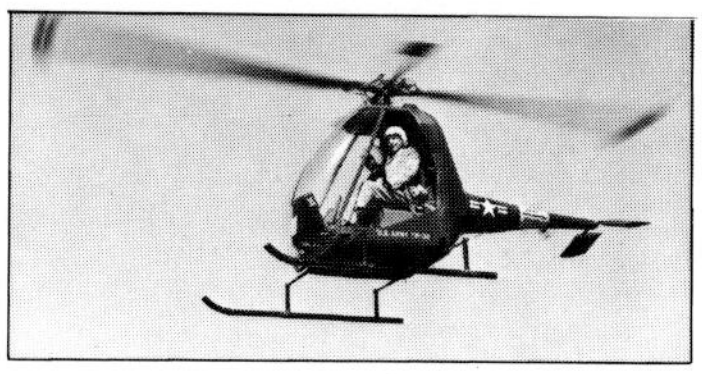

# Hiller Model 360, UH-12 und OH-23 Raven

### Entwicklungsgeschichte

Die Hiller Helicopters Inc. wurde 1942 zur Entwicklung von Rotationsflugzeugen gegründet. Nach der Arbeit am **Hiller Model XH-44**, dem **UH-4** Commuter und dem **UH-5** (mit einem neu entwickelten 'Rotor-Matic' Rotorsteuersystem) entstand der Prototyp des **Hiller Model 360**. Es folgte das erste Serienmodell der Firma, das die Bezeichnung **Hiller UH-12** erhielt, weil Hiller inzwischen Teil der United Helicopters geworden war. Der Typ hatte eine einfache Konstruktion mit einem Zweiblatt-Hauptrotor und einem Zweiblatt-Heckrotor auf einem aufwärts geschwungenen Ausleger. Das Modell war sehr erfolgreich und wurde in großen Stückzahlen sowohl in zwei- als auch dreisitziger Konfiguration für zivilen und militärischen Einsatz gebaut. Ein früherer Model 12 war der erste zivile Hubschrauber, der einen Flug über die Vereinigten Staaten durchführte. Mehr als 2.000 Exemplare entstanden, bevor die Produktion 1965 auslief; etwa 300 davon wurden exportiert, und die Kapazität und Leistung des Hubschraubers wurde während der Produktionszeit laufend verbessert.

Die kommerziellen Typen **UH-12A** bis **UH-12D** hießen bei der US Army **OH-23A** bis **OH-23D** Raven, und die US Navy übernahm den UH-12 als **HTE-1** und **HTE-2**. Der **UH-12E** war eigentlich eine dreisitzige Ausführung des OH-23D mit Doppelsteuerung und wurde auch als Militärmodell **OH-23G** gebaut. Ein viersitziger ziviler **UH-12E4** mit verlängertem Rumpf wurde als militärischer **OH-23F** gebaut, und zu den späteren zivilen Modellen mit stärkerem Triebwerk gehörten die Varianten der UH-12E mit den Suffixen **L3**,

**Hiller UH-12E**

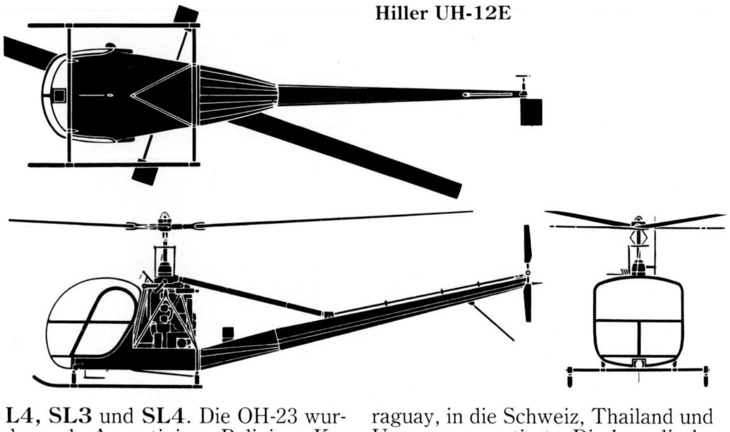

**L4**, **SL3** und **SL4**. Die OH-23 wurde nach Argentinien, Bolivien, Kolumbien, Chile, Kuba, in die Domenikanische Republik, Guatemala, Guyana, Mexiko, Marokko, Holland, Paraguay, in die Schweiz, Thailand und Uruguay exportiert . Die kanadische Armee übernahm den OH-23G, der mit der Bezeichnung **CH-112 Nomand** eingesetzt wurde, und die Royal Navy kaufte mehrere ehemalige US Navy HTE-2 unter der Bezeichnung **Hiller HT.Mk 2**.

Auf dem Höhepunkt der Produktion des UH-12/OH-23 wurde Hiller von der Fairchild Stratos Corporation übernommen, die auf diese Weise die Fairchild Corporation begründete, aber 1973 entstand eine neue Hiller Aviation, die von Fairchild die Konstruktionsrechte und die Produktionsmittel für den UH-12E kaufte und zunächst die weltweite Flotte von UH-12 mit Ersatzteilen für Hubschrauber belieferte. Mitte der 70er Jahre wurde die Produktion des UH-12E wieder aufgenommen, und die zur Zeit erhältlichen Ausführungen sind die UH-12E, ein viersitziger **UH-12E4** und die entsprechenden Ausführungen mit Turbinenantrieb, die **UH-12ET** und **UH-12E4T**. Diese haben eine (in diesem Fall auf 301 WPS/224 kW reduzierte) Allison 250C-20B Wellenturbine von 420 WPS (313 kW).

### Technische Daten
**Hiller OH-23D Raven**
**Typ:** dreisitziger militärischer Hubschrauber.
**Triebwerk:** ein 323 PS (241 kW) Avco Lycoming VO-540-A1B Sechszylinder Kolbenmotor.
**Leistung:** Höchstgeschwindigkeit 153 km/h; Reisegeschwindigkeit 132 km/h; Dienstgipfelhöhe 4.025 m; Reichweite 330 km.
**Gewicht:** Leergewicht 824 kg; max. Startgewicht 1.225 kg.
**Abmessungen:** Hauptrotordurchmesser 10,82 m; Länge 8,53 m; Höhe 2,97 m; Hauptrotorkreisfl. 92,47 m².

# Hiller ROE-1 Rotorcycle

### Entwicklungsgeschichte
1954 erhielt Hiller von der US Navy einen Auftrag für die Entwicklung und Produktion eines tragbaren Einmann-Mehrzweckhubschraubers. Das Ergebnis, der Prototyp des **Hiller XROE-1**, flog erstmals am 10. Januar 1957; es war ein senkrechter Pylon mit einer unteren dreieckigen Landestruktur, einem Sitz für den Piloten, einem waagerechten, röhrenförmigen Ausleger am oberen Ende des Pylons für den Anti-Torque-Rotor und (unmittelbar über dem Ausleger) einem Zweiblatt-Hauptrotor. Das Triebwerk war ein 43 PS (32 kW) Nelson Vierzylindermotor für eine Höchstgeschwindigkeit von 106 km/h, eine Dienstgipfelhöhe von 3.660 m und eine Reichweite von 267 km. Hiller baute eine kleine Serie von **YROE-1 Rotorcycle** Vorserienexemplaren, und kleinere Stückzahlen wurden außerdem unter Lizenz von der Saunders-Roe Ltd. in Großbritannien gebaut.

# Hiller X-18

### Entwicklungsgeschichte
Im Februar 1957 erhielt Hiller von der US Air Force den Auftrag, ein zweimotoriges Kippflügel-Flugzeug mit der Bezeichnung **Hiller X-18** zu bauen. Die Grundlage war ein Chase YC-122 (Fairchild C-123 Provider) Flugwerk, das mit Tragflächen ausgestattet wurde, die beim Start um 90° gekippt werden konnten, damit die zusätzlichen Gegenlauf-Propeller (Durchmesser 4,88 m) an beiden Motoren ähnlich eingesetzt werden konnten wie die Rotoren bei einem Hubschrauber. Bei 20 erfolgreichen Flugtests wurden die Flügel nach und nach auf 50° gekippt, aber obwohl die X-18 nie als VTOL-Flugzeug flog, waren die Ergebnisse dieser Tests für die Entwicklung späterer VTOL-Versuchsflugzeuge der amerikanischen Flugzeugindustrie von großer Bedeutung.

**Die Hiller X-18 wurde bei geringen Geschwindigkeiten mit Hilfe von zwei Auspuffdüsen unter dem Leitwerk gesteuert.**

# Hillson Flugzeuge

### Entwicklungsgeschichte
Nach einer Demonstration des tschechischen Leichtflugzeugs Praga E.114 in Großbritannien im August 1935 erwarb die in Manchester ansässige Holzverarbeitungsfirma F. Hills & Sons die Produktionsrechte. Der Typ war ein Hochdecker mit freitragenden Flügeln, einem Gesamtgewicht von 490 kg und einer zweisitzigen Kabine, die man betrat, indem man die Vorderkante des Flügelmittelstücks nach hinten hin aufklappte. Das Triebwerk war ein in der Tschechoslowakei gebauter Praga B Zweizylindermotor mit 36 PS (27 kW). Etwa 30 dieser **Hillson Praga** Leichtflugzeuge wurden 1936/37 gebaut, und einige von ihnen erhielten später 40 PS (30 kW) Aerona J.A.P. J-99 Zweizylindermotoren. Eine als Vorführmodell importierte Praga E.114 wurde von H.L.Brook im Sommer 1936 bei einem neuen Rekordflug in 16 Tagen von Lympne nach Kapstadt geflogen. Die Firma baute später zwei erfolglose Prototypen, den zweisitzigen Kabinen-Eindecker **Hillson Pennine** und das zweisitzige Eindecker-Schulflugzeug **Hillson Helvellyn**.

**Diese in Großbritannien registrierte Hillson Praga wurde kurz nach dem Zweiten Weltkrieg photographiert.**

### Technische Daten
**Hillson Praga**
**Typ:** zweisitziges Leichtflugzeug.
**Triebwerk:** ein 36 PS (27 kW) Praga B Zweizylindermotor.
**Leistung:** Höchstgeschwindigkeit 150 km/h; Reisegeschwindigkeit 128 km/h; Reichweite 450 km.
**Gewicht:** Leergewicht 265 kg; max. Startgewicht 490 kg.
**Abmessungen:** Spannweite 10,97 m; Länge 6,75 m; Höhe 1,68 m; Tragflügelfläche 14,12 m².

# Hindustan Ajeet und Ajeet Trainer

### Entwicklungsgeschichte
Die Folland Gnat wurde von der 1963 als Vereinigung der Hindustan Aircraft mit der Aeronautics Ltd. gebildeten Hindustan Aeronautics Ltd. (HAL) unter Lizenz für die indische Luftwaffe gebaut, und als die Produktion im Januar 1974 eingestellt wurde, waren insgesamt 213 Exemplare gebaut worden. Hindustan entwickelte eine verbesserte Ausführung mit der Bezeichnung **HAL Ajeet** (unbesiegbar); die letzten beiden Gnat Serienmaschinen wurden dazu als Prototypen fertiggestellt. Sie haben ein neues Treibstoffsystem mit Tanks in den Tragflächen, das keine Abwurftanks mehr braucht, so daß die Unterflügel-Waffenkapazität erhöht werden kann, und ein moderneres Nav/Com System. 80 Exemplare wurden neu gebaut, und zehn Gnat wurden auf die Ajeet Konfiguration gebracht. Eine Entwicklung ist die zweisitzige **Ajeet Trainer**, deren Prototyp erstmals am 20. September 1982 flog; die weitere Entwicklung wurde Mitte 1983 abgebrochen. Vorgesehen waren etwa 40 Exemplare für die indische Luftwaffe.

**Ein HAL Gnat einer Trainingseinheit der indischen Luftstreitkräfte**

# Hindustan Cheetah und Chetak

### Entwicklungsgeschichte
Unter den Bezeichnungen **HAL Cheetah** bzw. **HAL Chetak** baut Hindustan unter Lizenz die Hubschrauber Aérospatiale SA 315B Lama und SA 316B Alouette III. In beiden Fällen wurden zunächst französische Komponenten verwendet, während die Maschinen heute vollständig in Indien gebaut werden. Etwa 150 Cheetah und 260 Chetak sind bereits ausgeliefert.

**Der HAL Chetak ist die unter Lizenz gebaute Ausführung des Mehrzweckhubschraubers Aérospatiale Alouette III. In Bangalore wurden über 400 Lama und Alouette Modelle unter Lizenz produziert.**

# Hindustan HA-31 Basant

HAL HA-31 Mk II Basant

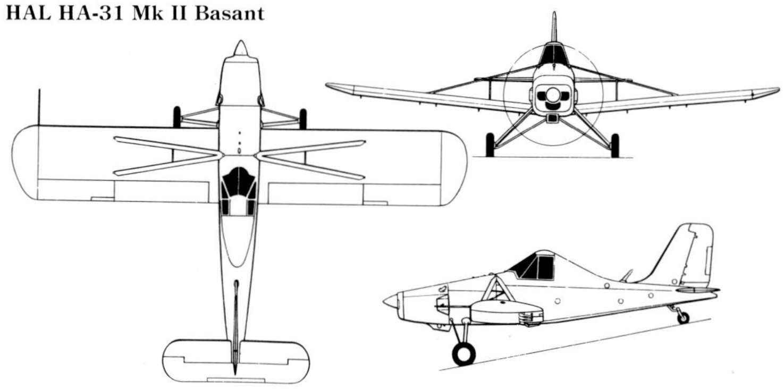

### Entwicklungsgeschichte

Mitte 1968 regte Hindustan die Entwicklung eines landwirtschaftlichen Flugzeugs an. Der Prototyp **HAL HA-31 Mk I** mit einem Cockpit direkt oberhalb der Flügelvorderkante wurde in **HA-31 Mk II Basant** (Frühling) umbenannt und erstmals am 30. März 1972 geflogen. In dieser Form ist er ein konventionelles Flugzeug mit abgestrebten Eindecker-Flügeln. Als die Produktion 1980 auslief, waren insgesamt 39 Exemplare gebaut worden.

### Technische Daten

**Typ:** einsitziges Agrarflugzeug.
**Triebwerk:** ein 400 PS (298 kW) Avco Lycoming IO-720-C1B Achtzylindermotor.
**Leistung:** max. Reisegeschwindigkeit 185 km/h in 2.625 m Höhe; Flugdauer mit max. Nutzlast und 30 Minuten Treibstoffreserven 1 Stunde.
**Gewicht:** Leergewicht 1.200 kg; max. Startgewicht 2.270 kg.
**Abmessungen:** Spannweite 12,00 m; Länge 9,00 m; Höhe 2,55 m; Tragflügelfläche 23,34 m².

# Hindustan HAOP-27 Krishak Mk II

### Entwicklungsgeschichte

Eine etwas größere, viersitzige Mehrzweck-Ausführung der Hindustan Pushpak war geplant, aber obwohl 1959 und 1960 zwei Prototypen geflogen wurden, kam es nicht zu einer Produktion der **HAL Krishak Mk I**. Als die indische Armee einige Jahre später ein dreisitziges Beobachtungs-/Verbindungsflugzeug anforderte, entwickelte Hindustan den alten Entwurf für diesen Zweck und gab dem neuen Modell die Bezeichnung **Krishak Mk II**. Der Prototyp flog erstmals 1965, und unter der Bezeichnung **HAOP-27** erhielt die indische Armee 68 Serienmaschinen. Die Krishak II, ein abgestrebter Hochdecker ähnlich wie die Pushpak, hat einen 225 PS (168 kW) Continental O-470-J Sechszylindermotor für ein maximales Startgewicht von 1.270 kg.

**Die HAL HAOP-27 Krishak basierte auf der HAL 26 und ähnelte den Beobachterflugzeugen des Zweiten Weltkriegs.**

# Hindustan HF-24 Marut

### Entwicklungsgeschichte

Die Entwicklung des **HAL-HF-24 Marut** (Windgeist) einsitzigen Überschallflugzeugs für die indische Luftwaffe begann 1956; das Team wurde von dem namhaften deutschen Konstrukteur Kurt Tank geleitet. Der Prototyp mit gepfeilten Flügeln und Leitflächen war der Hawker Hunter ähnlich und flog erstmals am 17. Juni 1961. Das Triebwerk bestand aus zwei Rolls-Royce Bristol Orpheus 703 Strahltriebwerken, aber die 129 Serienmaschinen vom Typ **HF-24 Marut Mk 1** hatten eine von der Hindustan Motorenabteilung unter Lizenz gebaute Version dieses Triebwerks. Der Prototyp eines zweisitzigen Tandem-Schulflugzeugs mit der Bezeichnung **Marut Mk 1T** flog erstmals am 30. April 1970 und war bis zum Ende der Produktion im Jahre 1977 in 18 Exemplaren gebaut worden. Hindustans Marut war das erste von einem asiatischen Land entworfene Überschallflugzeug, abgesehen von den Maschinen der Sowjetunion. Mit der Zeit erwies sich die Notwendigkeit eines stärkeren Triebwerks, das sich aber nur durch eine Umarbeitung des Rumpfs realisieren ließ. Die meisten der gebauten Flugzeuge sind noch heute im Einsatz.

**Das erste Überschallflugzeug Asiens, die HAL Marut, war ein Erdkampfjäger, der wegen eines zu schwachen Triebwerks seine volle Flugleistung nicht erreichen konnte.**

### Technische Daten

**Hindustan Marut Mk 1**
**Typ:** einsitziger Erdkampfjäger.
**Triebwerk:** zwei HAL/Rolls-Royce Orpheus Mk 703 Strahltriebwerke von 4.850 kp Schub.
**Leistung:** Höchstgeschwindigkeit 1,02 Mach in 12.000 m Höhe; Aktionsradius 396 km in 12.000 m Höhe.
**Gewicht:** Leergewicht 6.195 kg; max. Startgewicht 10.908 kg.
**Abmessungen:** Spannweite 9,00 m; Länge 15,87 m; Höhe 3,60 m; Tragflügelfläche 28,00 m².
**Bewaffnung:** vier 30 mm Aden Kanonen, plus ein einziehbares Bündel 68 mm SNEB Raketen und vier Außenstationen für Waffen.

# Hindustan HJT-16 Kiran

### Entwicklungsgeschichte

Die als Anfänger-Düsentrainer für die indische Luftwaffe entworfene **HAL HJT-16 Kiran** (Lichtstrahl) hatte ein Rolls-Royce Viper Mk 11 Strahltriebwerk und flog erstmals am 4. September 1964. Die ersten sechs Vorserienmaschinen **Kiran I** wurden im März 1968 ausgeliefert; die späten Serienmaschinen (mit Außenstationen unter den Tragflächen für den Einsatz als Waffentrainer) trugen die Bezeichnung **Kiran IA**. 190 Exemplare wurden für die indische Luftwaffe und Marine gebaut. Eine verbesserte Ausführung mit einem Rolls-Royce Orpheus Mk 701-01 Strahltriebwerk und einer höheren Waffenkapazität wird seit 1984 unter der Bezeichnung **Kiran II** bei der indischen Luftwaffe eingeführt, die 40 Maschinen bestellt hat.

**Die HAL HJT-16 Kiran I ist vom Konzept her mit der Hunting Jet Provost verwandt und hat beispielsweise deren nebeneinanderliegende Sitze und Einlaßöffnungen an den Seiten.**

### Technische Daten

**Hindustan HJT-16 Kiran I/IA**
**Typ:** zweisitziger Anfänger-Düsentrainer.
**Triebwerk:** ein Rolls-Royce Viper Mk 11 Strahltriebwerk von 1.134 kp Schub.
**Leistung:** Höchstgeschwindigkeit 695 km/h in Meereshöhe; Dienstgipfelhöhe 9.145 kg; Flugdauer 1 Stunde 45 Minuten.
**Gewicht:** Leergewicht 2.560 kg; max. Startgewicht 4.235 kg.
**Abmessungen:** Spannweite 10,70 m; Länge 10,60 m; Höhe 3,63 m; Tragflügelfläche 19,00 m².
**Bewaffnung:** zwei 227 kg Bomben oder zwei Behälter mit je sieben 68 mm SNEB Rakten oder zwei Behälter mit je zwei 7,62 mm MG oder zwei 226 l Abwurftanks.

# Hindustan HPT-32

### Entwicklungsgeschichte

Ein für den Kunstflug ausgerüstetes Schulflugzeug mit zwei nebeneinanderliegenden Sitzen, die **HAL HPT-32**, wird seit 1984 für die indische Luftwaffe gebaut. Der Prototyp, ein Tiefdecker mit freitragenden Flügeln und Kolbenmotor, flog erstmals am 6. Januar 1977. Ein weitgehend verbesserter dritter Prototyp flog am 31. Juli 1981, und bisher wurden 60 Exemplare bestellt, die 1985/86 an die indischen Lufstreitkräfte geliefert werden.

**Die X2157 war der erste Prototyp der HAL HPT-32**

### Technische Daten
**Typ:** zweisitziges Mehrzweck-Schulflugzeug.
**Triebwerk:** ein 260 PS (194 kW) Avco Lycoming AEIO-540-D4B5 Sechszylindermotor.
**Leistung:** Höchstgeschwindigkeit 253 km/h in Meereshöhe; Dienstgipfelhöhe 4.875 m; Flugdauer in 3.050 m Höhe 4 Stunden 15 Minuten.
**Gewicht:** Leergewicht 880 kg; max. Startgewicht 1.210 kg.
**Abmessungen:** Spannweite 9,50 m; Länge 7,72 m; Höhe 2,88 m; Tragflügelfläche 15,01 m².

# Hindustan HT-2

### Entwicklungsgeschichte
Die Hindustan Aircraft Limited (HAL), die 1940 gegründet wurde, entwickelte sich zu Indiens führendem Flugzeughersteller. Ihr erstes Flugzeug, das 1953 in Serie ging, war das Anfänger-Schulflugzeug **HAL HT-2**, ein selbsttragender Tiefdecker mit geschlossenen Tandemcockpits und Doppelsteuerung. Die Maschine wurde von dem Cirrus Major III Motor angetrieben und für die indische Luftwaffe und Marine, zivile Flugschulen und Fliegerclubs in erheblichen Stückzahlen gebaut. Außerdem wurde eine Reihe dieser Maschinen exportiert.

**Die HAL HT-2 diente in Indien als Schulflugzeug, und Hindustan Aeronautics erwarb sich mit dieser Konstruktion wertvolle Produktionserfahrungen.**

### Technische Daten
**Typ:** ein zweisitziges Anfänger-Schulflugzeug.
**Triebwerk:** ein 155 PS (116 kW) Cirrus Major III Kolbenmotor.
**Leistung:** Reisegeschwindigkeit 185 km/h; Dienstgipfelhöhe 4.420 m; max. Flugdauer 3 Stunden 30 Minuten.
**Gewicht:** Leergewicht 699 kg; max. Startgewicht 1.016 kg.
**Abmessungen:** Spannweite 10,72 m; Länge 7,53 m; Höhe 2,72 m; Tragflügelfläche 16,00 m².

# Hindustan HUL-26 Pushpak

### Entwicklungsgeschichte
Im Jahre 1958 begann Hindustan mit der Arbeit an einem leichten Schulflugzeug für den Einsatz bei indischen Fliegerclubs. Der Prototyp mit der Bezeichnung **HAL HUL-26 Pushpak** wurde am 28. September 1958 zum ersten Mal geflogen. Er war ein abgestrebter Hochdecker, und sowohl der Prototyp als auch ca. 160 Serienmaschinen wurden von einem 90 PS (67 kW) Continental C90-8F Vierzylinder-Boxermotor angetrieben.

### Technische Daten
**Typ:** zweisitziger Kabineneindecker.
**Triebwerk:** ein 90 PS (67 kW) Continental C90-8F Vierzylinder-Boxermotor.
**Leistung:** Höchstgeschwindigkeit 145 km/h; Reisegeschwindigkeit 137 km/h.
**Gewicht:** Leergewicht 395 kg; max. Startgewicht 612 kg.
**Abmessungen:** Spannweite 10,97 m; Länge 6,40 m; Höhe 2,77 m; Tragflügelfläche 16,26 m².

**Im Rahmen seines vielschichtigen Fertigungsprogramms produzierte Hindustan Aeronautics das leichte Schulflugzeug HUL-26 Pushpak.**

# Hiro G2H

### Entwicklungsgeschichte
Schon sehr frühzeitig versuchte die kaiserlich-japanische Marine, sich mit landgestützten Langstreckenbombern und Aufklärungsmaschinen einzudecken. Hiro Arsenal produzierte 1933 den Prototypen des zweimotorigen, landgestützten Angriffsflugzeugs **Hiro 2H1 Typ 95**. Die G2H1, ein großer Eindecker, der zunächst strukturelle Schwächen aufwies, litt auch unter Problemen mit seinen Motoren vom Typ 94. Trotz erheblicher Bemühungen zur Beseitigung dieser Mängel setzten sich die Schwierigkeiten fort, und nach der Fertigstellung des achten Flugzeugs wurde die Produktion eingestellt. Eine G2H1 ging durch Absturz verloren, die anderen Maschinen waren jedoch während der sino-japanischen Auseinandersetzungen an Angriffen auf das chinesische Festland beteiligt. Später wurden fünf Flugzeuge durch ein Feuer zerstört, das 1937 auf ihrem Stützpunkt in Cheju Island in Korea ausbrach.

Obwohl die Entwicklung der G2H1 erhebliche finanzielle und personelle Mittel verschlang und als relativer Fehlschlag endete, gewann die Kaiserlich-Japanische Marine doch frühzeitig Erfahrungen mit dem Betrieb von großen, landgestützten Bombern auf langen Strecken über Land und Wasser — Erfahrungen, die sich im späteren Pazifikkrieg als wichtig erwiesen.

### Technische Daten
**Typ:** ein sechs-/siebensitziger Langstreckenbomber/Aufklärer.
**Triebwerk:** zwei 1.180 PS (880 kW) Type 94 W-18 Kolbenmotoren.

**Leistung:** Höchstgeschwindigkeit 245 km/h; Dienstgipfelhöhe 5.130 m; Reichweite 1.557 km.
**Gewicht:** Leergewicht 7.567 kg; max. Startgewicht 11.000 kg.
**Abmessungen:** Spannweite 31,68 m; Länge 20,15 m; Höhe 6,28 m; Tragflügelfläche 140,00 m².
**Bewaffnung:** fünf schwenkbare 7,7 mm Maschinengewehre plus sechs 250 kg Bomben oder vier 400 kg Bomben an Aufhängungen unter den Flügeln.

**Die Unzuverlässigkeit der Motoren an der Hiro G2H1 war einer der Gründe, warum Japan diesen Typ Mitte der 30er Jahre aufgab.**

# Hiro H1H

### Entwicklungsgeschichte
Das 11. Kaiserlich-Japanische Marinearsenal in Hiro spielte bei der Entwicklung der japanischen Flugboote eine wichtige Rolle. Nach dem Import eines Felixstowe F.5 Flugboots aus Großbritannien baute das Arsenal 60 dieser Maschinen in Lizenz. Die Exemplare mit 360 PS (268 kW) Rolls-Royce Eagle Motoren behielten die Bezeichnung F.5, die Versionen mit 400 PS (298 kW) und 450 PS (336 kW) Lorraine Motoren waren als F.1 bzw. F.2 bekannt. Der Typ blieb bis 1930 im Einsatz in vorderster Linie, und die letzten Exemplare wurden 1932 verschrottet.

Der Prototyp des Typ 15 Doppeldecker-Flugboots, das von Hiro aus der F.5 entwickelt wurde, entstand in drei Versionen: als **Hiro H1H1** mit zwei 450 PS (336 kW) Lorraine W-12 Motoren; als **H1H2** mit entweder Lorraine W-12 oder BMW VII Motoren mit je 500 PS (373 kW) und als **H1H3** mit 450 PS (336 kW) Lorraine V-12. Die ersten Serienmaschinen, die in der Marine als **Typ 15-1** Flugboote bekannt waren, hatten obere Flügel mit größerer Spannweite, und die **15-II** war an ihren Vierblatt-Propellern zu erkennen. Die Fertigung erstreckte sich über fünf Jahre mit insgesamt 65 Maschinen; 20 wurden in den Marinearsenalen in Hiro und Yosuka hergestellt und 45 von dem Unternehmen Aichi gebaut. Die Typ 15 war etwas über zehn Jahre lang das Rückgrat der Marine-Aufklärungseinheiten, und die letzten Exemplare wurden 1938 außer Dienst gestellt.

### Technische Daten
**Hiro H1H1**
**Typ:** ein Seeaufklärer/Bomber-Flugboot.
**Triebwerk:** zwei 450 PS (336 kW) Lorraine W-12 Kolbenmotoren.
**Leistung:** Höchstgeschwindigkeit 170 km/h; max. Flugdauer 14 Stunden 30 Minuten.
**Gewicht:** Leergewicht 4.020 kg; max. Startgewicht 6.100 kg.
**Abmessungen:** Spannweite 22,97 m; Länge 15,11 m; Höhe 5,19 m; Tragflügelfläche 125,00 m².
**Bewaffnung:** zwei 7,7 mm Maschinengewehre plus bis zu 300 kg Bomben.

**Die enge Verwandtschaft zwischen der Hiro H1H und der British Felixstowe F.5 Serie, die sich speziell auf die Rumpfkonstruktion bezog, wird bei diesem Foto einer H1H1 sehr deutlich.**

# Hiro H2H

### Entwicklungsgeschichte
Der Flugboot-Prototyp der Marine, **Typ 89**, der 1930 im Hiro Arsenal fertiggestellt wurde, hatte einen Ganzmetall-Schalenrumpf und stoffbespannte Metallflügel. Unter der Bezeichnung **Hiro H2H1** ging der Typ in Serie, es wurden in den Jahren 1930/31 allerdings nur 17 Maschinen gebaut.

### Technische Daten
**Typ:** Seeaufklärer-Doppeldecker-Flugboot.
**Triebwerk:** zwei 600 PS (447 kW) Hiro V-12 Kolbenmotoren.
**Leistung:** Höchstgeschwindigkeit 195 km/h; Dienstgipfelhöhe 4.320 m; max. Flugdauer 14 Stunden 30 Minuten.
**Gewicht:** Leergewicht 4.368 kg; max. Startgewicht 6.500 kg.
**Abmessungen:** Spannweite 22,14 m; Länge 16,29 m; Höhe 6,13 m; Tragflügelfläche 120,50 m².
**Bewaffnung:** ein im Bugcockpit montiertes 7,7 mm Zwillings-Maschinengewehr und ein einläufiges MG gleichen Kalibers auf einer Halterung über dem Cockpit mittschiffs; plus eine Bombenlast von max. 500 kg.

# Hiro H4H

### Entwicklungsgeschichte
1931 komplettierte und erprobte das Hiro Arsenal zwei neue Flugboottypen. Der **Typ 90 Modell I** (90 I) der Marine bzw. **Hiro H3H1** war mit seiner Metallbauweise ein für die damalige Zeit recht fortschrittlicher abgestrebter Hochdecker, der von drei 650 PS (485 kW) Hispano-Suiza Motoren angetrieben wurde, die auf Streben über der Tragfläche montiert waren. Schlechtes Schwimm- und Flugverhalten führte bei der Maschine zu insgesamt vier einschneidenden Änderungen, es ergab sich jedoch kaum eine Verbesserung, und das Flugzeug wurde im Jahre 1933 verschrottet.

Hiro stellte 1931 außerdem den ersten Prototypen des zweimotorigen Hochdecker-Flugboots vom **Typ 91 Modell 1** fertig. Es wurden zwei weitere Prototypen gebaut, und der Typ wurde nach umfangreichen Tests im Juli 1933 als **Hiro H4H1** in Dienst gestellt, wobei die Produktion von dem Unternehmen Kawanishi aufgenommen wurde. Die weitgehend aus Metall gebaute H4H1 hatte als Triebwerk zwei 500 PS (373 kW) Motoren vom Typ 91-1. Zwei Jahre später ging eine zweite Version der Grundkonstruktion als **Typ 91 Modell II** bzw. **H4H2** in Serie. Sie hatte ein umkonstruiertes Doppelleitwerk und wurde von zwei 800 PS (597 kW) Myojo Sternmotoren angetrieben. Insgesamt wurden (von beiden Versionen) 47 Maschinen gebaut; hierzu gehörten auch mehrere Exemplare, die in experimenteller Auslegung getestet wurden.

Die H4H1 und H4H2 blieben während der gesamten 30er Jahre in vorderster Linie und eine Reihe von Maschinen wurde bei Einsätzen gegen China zur Seeaufklärung und als Transportmaschinen verwendet.

**Für die damalige Zeit war die Hiro H4H1 ein beispielhaft sauber konstruiertes Flugboot, obwohl die Motoren auf Streben über dem Flügel montiert waren.**

### Technische Daten
**Hiro H4H2**
**Typ:** ein Seeaufklärer/Bomber-Flugboot.
**Triebwerk:** zwei 800 PS (597 kW) Myojo Sternmotoren.
**Leistung:** Höchstgeschwindigkeit 233 km/h; Dienstgipfelhöhe 3.620 m; Reichweite 1.260 km.
**Gewicht:** Rüstgewicht 4.663 kg; max. Startgewicht 7.500 kg.
**Abmessungen:** Spannweite 23,46 m; Länge 16,57 m; Höhe 6,22 m; Tragflügelfläche 82,70 m².
**Bewaffnung:** ein 7,7 mm Maschinengewehr auf einer Halterung über dem Bugcockpit, ein 7,7 mm Zwillings-Maschinengewehr auf einer Halterung mittschiffs sowie zwei 250 kg Bomben.

# Hirtenburg HS.9

### Entwicklungsgeschichte
Das österreichische Unternehmen Hirtenburg erwarb den älteren Hopfner-Konzern und gründete 1935 eine Flugzeugabteilung. Das Unternehmen hatte nur wenig kommerziellen Erfolg, es wurde jedoch ein zweisitziger Hochdecker in Baldachinbauweise als Reise- bzw. Schulflugzeug in geringen Stückzahlen als **Hirtenburg HS.9** gebaut. Die Maschine hatte entweder einen Siemens Sh.14a Motor oder, als **HS.9A**, einen de Havilland Gipsy Major. Die gebauten Prototypen umfaßten die **HS.16**, eine Militär-Schulflugzeugversion der HS.9; die **HS.10**, einen dreisitzigen, abgestrebten Kabinenhochdecker; ein zweimotoriges Viersitzer-Amphibienflugboot mit an Streben über der Tragfläche montierten Siemens Sh.14a Motoren, das es als **HA.11** (zivil) und als **HAM.11** Militärversion gab; eine leichte, zweimotorige Zivilmaschine mit sechs Sitzen namens **HV.12**; den zweisitzigen Militär-Doppeldecker **HM.13** sowie die sechssitzigen Passagier-Transportmaschinen **HV.15** (Zivil) und **HH.15** (Militär), die der Avro Anson verblüffend glichen.

**Nur eine Hirtenburg HS.9 wurde nach Großbritannien exportiert — es war eine HS.9A mit der Zulassung G-AGAK und einem 120 PS (90 kW) de Havilland Gipsy Major als Triebwerk. Die Maschine wurde im Juli 1939 ausgeliefert und stürzte im Februar 1958 ab.**

# Hirth Acrostar

### Entwicklungsgeschichte
Die unter der Oberaufsicht von Professor Eppler von Wolf Hirth konstruierte **Hirth Acrostar** war ein wettbewerbsfähiger Kunstflugzeug-Prototyp, der am 16. April 1970 zum ersten Mal geflogen wurde. Der ersten Serien-**Acrostar II** schloß sich später die verbesserte **Acrostar III** an, und diese hervorragenden Maschinen konnten in den Kunstflug-Weltmeisterschaften beachtenswerte Erfolge verzeichnen.

**Hier in Hullavington während der Kunstflug-Weltmeisterschaften 1972 abgebildet, zeigt die Hirth Acrostar ihren sehr dicken Flügel und die symmetrische Tragfläche. Das Treibstoffsystem der Acrostar funktioniert sowohl im Normal- wie im Rückenflug.**

# Hispano HA-100, HA-200 und HA-220

### Entwicklungsgeschichte
Das zweisitzige Fortgeschrittenen-Schulflugzeug **Hispano HA-100 Triana**, das unter der Leitung von Professor Willy Messerschmitt konstruiert worden war, wurde am 10. Dezember 1954 als **HA-100-E1** Prototyp zum ersten Mal geflogen. Es wurden zwei HA-100-E1 Prototypen gebaut, die von 755 PS (563 kW) ENMA Beta B-4 Motoren angetrieben wurden; hinzu kamen zwei **HA-100-F1** Prototypen mit 800 PS (597 kW) Wright Cyclone Motoren, es ging allerdings nur die HA-100-E1 Version in Serie. Insgesamt wurden 40 Maschinen unter der Bezeichnung **E.12** gebaut und 1958 als Waffentrainer bei der spanischen Luftwaffe in Dienst gestellt.

Austin J Brown/APL

**Der AC.10-C Erdkampfjäger/Schulflugzeug der spanischen Luftwaffe. Die Maschinen sind noch im Einsatz und können vielfältige Waffen an Trägern unter Flügeln und Rumpf mitführen.**

Wichtige Bauteile der HA-100 wurden bei der **HA-200 Saeta** (Pfeil) verwendet, die ebenfalls unter der Anleitung Willy Messerschmitts entwickelt wurde. Der Prototyp dieses ersten spanischen Flugzeugs mit Strahltriebwerk wurde am 12. August 1955 zum ersten Mal geflogen, und das erste Serienflugzeug flog am 11. Oktober 1962. Kurz darauf wurde die HA-200 in Dienst gestellt und von der spanischen Luftwaffe mit **E.14** bezeichnet. Ab 1971/72 kam eine einsitzige Angriffsversion der Saeta, die **HA-220**, unter der spanischen Luftwaffe-Bezeichnung **C.10** in den Dienst. Neben Änderungen im Cockpitbereich hatte diese Maschine stärkere Motoren und Einrichtungen zur Aufnahme von Raketen. Bei Einstellung der Produktion waren insgesamt 110 HA-200 und HA-220 für die spanische Luftwaffe gebaut worden.

### Varianten

**HA-200A:** erste Serienversion; 30 für die spanische Luftwaffe gebaut.
**HA-200B** Bezeichnung für zehn Vorserienflugzeuge mit Turboméca Marboré IIA Strahltriebwerken, die vor Anlauf der Lizenzfertigung als **Al-Kahira** bei den Helwan Air Works für Ägypten gebaut wurden; Helwan begann anschließend mit der Produktion von 90 Maschinen.
**HA-200D:** verbesserte Version für den Dienst bei der spanischen Luftwaffe; 55 Exemplare wurden gebaut; sie hatten modernere Systeme und eine schwerere Bewaffnung.
**HA-200E Super Saeta:** Umbenennung von 40 HA-200D nach der Modernisierung mit Marboré VI Strahltriebwerken, fortschrittlicher Avionik und Einrichtungen für Luft-Boden-Raketen.
**HA-220:** einsitzige Erdkampfjäger-Version der HA-200E für die spanische Luftwaffe; insgesamt 25 gebaut.

**Die HA-100 Triana wurde nur von der spanischen Luftwaffe geflogen; 40 dienten als Schulflugzeuge.**

### Technische Daten
**Hispano HA-200E Saeta**
**Typ:** zweisitziges Fortgeschrittenen-Schulflugzeug.
**Triebwerk:** zwei Turboméca Marboré VI Strahltriebwerke von je 480 kp Schub.
**Leistung:** Höchstgeschwindigkeit 690 km/h in 3.000 m Höhe; Dienstgipfelhöhe 13.000 m; Reichweite 1.500 km.
**Gewicht:** Leergewicht 2.020 kg; max. Startgewicht 3.600 kg.
**Abmessungen:** Spannweite 10,41 m; Länge 8,97 m; Höhe 2,85 m; Tragflügelfläche 17,40 m².
**Bewaffnung:** Befestigungspunkte unter den Flügeln für eine Reihe von Waffen; Einbaumöglichkeit für eine 20 mm Kanone im Rumpf.

# Hispano HS-42 und HA-43

### Entwicklungsgeschichte

Unter der Bezeichnung **Hispano HS-42** (eine Hispano-Suiza-Bezeichnung) konstruierte und baute das spanische Unternehmen La Hispano Aviación den Prototypen eines zweisitzigen Fortgeschrittenen-Schulflugzeugs zum Einsatz bei der spanischen Luftwaffe. Bei dem selbsttragenden Tiefdecker saßen Fluglehrer und -schüler im Tandem unter einem durchgehenden Kabinendach; die Maschine wurde Anfang der 40er Jahre erstmals geflogen. Sie hatte ein starres Heckradfahrwerk, Halbverkleidungen an den Haupträdern und als Triebwerk einen 430 PS (321 kW) Piaggio P.VIIC.16 Sternmotor. Später folgte eine verbesserte Version, die sich so sehr unterschied, daß sie die Umbenennung in **HA-43** (eine Hispano Aviación-Bezeichnung) rechtfertigte. Diese Maschine hatte ein einziehbares Heckradfahrwerk und einen 390 PS (291 kW) Armstrong Siddeley Cheetah 25 oder 27 Sternmotor. Bewaffnet war die Maschine mit zwei flügelmontierten 7,7 mm Breda Maschinengewehren.

**Die Vorgängermodelle der HA-100, die HS-42 und HA-43, wurden als Schulflugzeuge verwendet. Dieses Beispiel ist eine HS-42-B.**

# Hitachi T.T.1 und T.2

### Entwicklungsgeschichte

Bei Beginn des Pazifikkrieges im Dezember 1941 baute das in Omori bei Tokio, Japan, ansässige Unternehmen Hitachi Kikoki Kabushika Kaisha einen sechssitzigen zivilen Eindecker mit der Bezeichnung **Hitachi T.R.1**. Der selbsttragend konstruierte Tiefdecker hatte eine Spannweite von 14,60 m, ein einziehbares Heckradfahrwerk, wurde von zwei 240 PS (179 kW) Kamikaze 5A Motoren angetrieben, und seine zweiköpfige Besatzung saß in einem von der viersitzigen Kabine getrennten Abteil. Gleichzeitig lief die Produktion eines leichten, zweisitzigen Schulflugzeug-Anderthalbdeckers mit der Bezeichnung **T.2.** Diese Maschine hatte ein starres Fahrwerk, einen 180 PS (134 kW) Jimpu 3 Sternmotor als Triebwerk und in offenen Tandem-Cockpits Platz für Fluglehrer und -schüler.

**Diese T.2 wurde für den zivilen Einsatz gebaut, diente später jedoch als Experimental-Schulflugzeug.**

# Hopfner-Flugzeuge

### Entwicklungsgeschichte

Flugzeugbau Hopfner in Wien war das erste österreichische Unternehmen, das nach dem Ende des Ersten Weltkriegs die Konstruktion und Produktion von Flugzeugen wieder aufnahm. Das Unternehmen betrieb einen Lufttaxi-/Charterdienst vom Flugplatz Aspern bei Wien, und die meisten seiner Flugzeuge wurden für den Eigenbedarf konstruiert und hergestellt. Hierzu gehörte die erste Hopfner-Konstruktion, der dreisitzige Eindecker **Hopfner S.1**, dem sich die große (16,38 m Spannweite) und unschöne **H.V.3** anschloß, die von einem 230 PS (172 kW) Hiero Motor angetrieben wurde und die neben zwei Besatzungsmitgliedern vier Passagiere aufnehmen konnte. Danach folgte die **HS.528**, ein zweisitziges Schul-/Sportflugzeug, das als abgestrebter Hochdecker in Baldachinbauweise ausgelegt war und das von einem 60 PS (45 kW) Walter Sternmotor angetrieben wurde. Diese Grundkonstruktion, bei der sich die Sitze in offenen Cockpits hintereinander befanden, wurde bei der **HS.829** verbessert, die ihrer Vorgängerin generell glich, aber konstruktiv wesentlich verfeinert war und die alternativ mit einem 85 PS (63 kW) oder 110 PS (82 kW) Walter Motor angeboten wurde. Dieses Modell wurde als **HS.932** weiter modernisiert. Die H.V.3 wurde auch in der ähnlichen, sechssitzigen **HV. 428** weiter verbessert, jedoch war das Einzelexemplar der sechssitzigen **HV.628** aus dem Jahre 1928 ein abgestrebter Hochdecker, der von einem 300 PS (224 kW) Walter Castor Sternmotor angetrieben wurde. Die letzten Hopfner-Konstruktionen waren, bevor das Unternehmen 1935 von Hirtenburg übernommen wurde, der dreisitzige Kabineneindecker **HS.1033** als Weiterentwicklung der Hochdecker-Familie HS.829/932 sowie ein viersitziges Amphibien-Flugboot mit der Bezeichnung **HS.1133**. Dieses letztgenannte Flugboot hatte ein einziehbares Fahrwerk, Stützschwimmer unter den Flügeln und als Triebwerk zwei 160 PS Siemens Sh.14a Sternmotoren.

**Diese Hopfner HS.829 flog 1930 für die Ölag Fliegerschule in Graz.**

# Horten

**Die Ho VII war als Schulflugzeug für spätere Horten-Jäger vorgesehen und fand bei Experimenten Verwendung. 20 Maschinen wurden bestellt, aber nachdem zwei ausgeliefert waren, verlor das RLM das Interesse.**

### Entwicklungsgeschichte

Die deutschen Brüder Reimar und Walter Horten waren Verfechter von Flugzeugkonstruktionen ohne Leitwerk, was zunächst, ab 1931, zu einer Serie von Segelflugzeugen führte. Hierzu zählten die **Horten Ho I**, **Ho II** und **Ho III** sowie 1941 die ausgereiftere **Ho IV**. Die Maschine hatte gepfeilte Flügel hoher Streckung, während die weiter entwickelte **Ho IVB** einen Laminarströmungs-Flügel hatte. Die **Ho V** wurde von zwei 80 PS (60 kW) Hirth HM 60R Motoren über Druckpropeller angetrieben, und diese Maschine wurde 1943 erprobt. Die **Ho VI** hatte ein noch höheres Streckungsverhältnis als die Ho IV; sie erwies sich jedoch als nicht praktikabel, und ihr folgte die **Ho VII** mit zwei 240 PS (179 kW) Argus As 10C Motoren, von der allerdings nicht bekannt ist, ob sie je flog. Unter der Bezeichnung **Ho VIII** war ein Zivil-/Militär-Transportflugzeug für ca. 60 Passagiere geplant; mit dem Bau eines Prototypen wurde zwar begonnen, er war aber bei Kriegsende noch nicht fertiggestellt. Noch anspruchvoller war der Jäger **Ho IX**, der mit Strahltriebwerken ausgerüstet werden sollte und dessen Prototyp **Ho IX V1** 1944 als Segelflugzeug geflogen wurde. Ein zweiter Prototyp mit zwei Strahltriebwerken zu je 900 kp Schub wurde fertiggestellt, wurde jedoch durch den Ausfall eines Triebwerks nach nur wenigen Versuchsflügen zerstört. Eine Serienversion dieses Jägers war geplant, und die Prototypen wurden unter der Bezeichnung **Go 229** von Gotha gebaut. Der erste Prototyp war fertiggestellt (jedoch noch nicht geflogen), als das Gotha-Werk von den Amerikanern erobert wurde. Unter der Bezeichnung **Ho X** war ebenfalls ein einmotoriger Jäger mit Strahltriebwerk geplant, der jedoch nicht fertiggestellt wurde.

### Technische Daten

**Gotha Go 229**
**Typ:** einsitziger Jagdbomber.
**Triebwerk:** zwei Junkers Jumo 004B von je 290 kp.
**Leistung:** (geschätzt) Höchstgeschwindigkeit 950 km/h in Meereshöhe; Reisegeschwindigkeit 690 km/h; maximale Reichweite mit Zusatztanks 3.172 km; Dienstgipfelhöhe 16.000 m.
**Gewicht:** Rüstgewicht 4.594 kg.
**Abmessungen:** Spannweite 16.65 m; Länge 7,47 m; Höhe 2,77 m; Tragflügelfläche 52,50 m².
**Bewaffnung:** vier 3 cm MK 103 oder MK 108 Kanonen plus zwei SC 1000 Bomben (1.000 kg).

# Howard Flugzeuge

**Mit dem 450 PS (335 kW) Wasp Junior als Triebwerk war die Howard NH-1 im Grunde eine Marineversion der DGA-15P. Der grüne Streifen am hinteren Rumpf macht die Maschine als Instrumenten-Schulflugzeug kenntlich.**

### Entwicklungsgeschichte

Ben Howard, der 1933 sein erstes Flugzeug, die **Howard DGA-1** (Damned Good Airplane 1) konstruierte und baute, gründete 1937 die Howard Aircraft Corporation, die seine Konstruktionen bauen und verkaufen sollte. Die Serie der erfolgreichen Rennflugzeuge umfaßte die **DGA-3** 'Pete', die **DGA-4** 'Ike' sowie die **DGA-5** 'Mike' und fand ihren Höhepunkt in der **DGA-6** 'Mister Mulligan', einem viersitzigen Kabineneindecker, der 1935 alle drei großen amerikanischen Flugrennen gewann. Aus der DGA-6 wurde 1936 die kommerzielle **DGA-8** und 1937 die generell ähnliche **DGA-9** entwickelt, die sich durch ihr Triebwerk unterschied. Es schlossen sich die **DGA-11** und **DGA-12** mit anderen Motorausstattungen an, sowie die **DGA-15**, ein vier-/fünfsitziger Kabineneindecker. Die Versionen dieses Flugzeugs mit verschiedenen Triebwerken waren die **DGA-15J** mit einem 300 PS (224 kW) Jacobs L-6, die **DGA-15W** mit einem 350 PS (261 kW) Wright R-760-E2 und die **DGA-15P** mit einem 450 PS (336 kW) Pratt & Whitney Wasp Junior.

Die letzte Version stieß auf das Interesse der US Navy und wurde 1941 zunächst als **GH-1** Transportmaschine bestellt, von der 31 Exemplare gebaut und drei von privaten Eignern requiriert wurden. Diesen folgten 131 **GH-2** Ambulanzflugzeuge, 115 **GH-3** Transportmaschinen, die sich in der Ausrüstung von der GH-1 unterschieden, sowie 205 **NH-1** Instrumentenflug-Schulmaschinen. Die US Army Air Force requirierte insgesamt 19 Maschinen von zivilen Eignern zur Verwendung als leichtes Transport- und Verbindungsflugzeug, und diese Maschinen trugen die Bezeichnung **UC-70** (DGA-15P), **UC-70A** (DGA-12), **UC-70B** (DGA-15J), **UC-70C** (DGA-8) und **UC-70D** (DGA-9). Diese robusten und zuverlässigen Maschinen blieben mehrere Jahre lang im Dienst der US Army und der US Navy.

Neben diesen Militärflugzeugen lieferte Howard auch ca. 60 Schulflugzeuge zur Verwendung im US Civil Pilot Training Program. Dieser Typ hieß **DGA-18W**, war ein selbsttragend konstruierter Tiefdecker, bei dem Fluglehrer und -schüler in offenen Cockpits hintereinander saßen und der von einem Warner Super Scarab Motor angetrieben wurde. Die **DGA-18K** hatte den Kinner-Motor und die **DGA-125** ein schwächeres 125 PS (93 kW) Warner Scarab Triebwerk.

# Huff-Daland Flugzeuge

**Eine der Huff-Daland HN-1, die von der US Navy als Schulflugzeuge gekauft wurden. Hier beim Start von Reflecting Pool, Washington DC.**

### Entwicklungsgeschichte

Das Unternehmen Huff-Daland wurde 1924 zum ersten Unternehmen der Welt, das Pflanzenschutzmittel aus der Luft sprühte, und es verwendete dazu Flugzeuge aus eigener Konstruktion. Eines der Grundmodelle, die von dem Unternehmen entwickelt wurden, war der Doppeldecker **Huff-Daland HD.4 Bridget**, der eine so hohe Leistung bot, daß er dem US Army Air Service als Schulflugzeug angeboten wurde. Drei dieser Flugzeuge, mit dem 140 PS (104 kW) ABC Wasp Sternmotor als Triebwerk, wurden unter der Bezeichnung **TA-2** (Trainer, Aircooled) bestellt. Eine dieser Maschinen wurde später mit einem 220 PS (164 kW) Lawrance J-1 ummotorisiert und in **TA-6** umbenannt. Fünf generell ähnliche Maschinen wurden ebenfalls von Huff-Daland gekauft. Sie hatten den 190 PS (142 kW) Wright-Hispano E2 Motor und trugen die Bezeichnung **TW-5** (Trainer, Watercooled). Nach ihrem späteren Umbau als Fortgeschrittenen-Schulflugzeuge wurden sie in **AT-1** umbenannt, und außerdem baute Huff-Daland zehn neue AT-1. Eine einzelne AT-1, die von der US Army für eine Reihe experimenteller Umbauten verwendet wurde, erhielt die neue Bezeichnung **AT-2**. Drei der TW-5 generell ähnliche Maschinen wurden unter der Bezeichnung **HN-1** von der US Navy als Schulflugzeuge gekauft; drei weitere, der TA-6 ähnliche Flugzeuge hießen **HN-2**. Unter der Bezeichnung **HO** kaufte die US Navy drei Maschinen, die mit der HN-1 identisch waren und sich in der Beobachtungsversion von ihr nur durch ein austauschbares Räder- oder Schwimmerfahrwerk unterschieden.

Die Huff-Daland Bomber werden unter dem Firmennamen Keystone behandelt.

# Hughes H-1 Rennflugzeug

### Entwicklungsgeschichte

Der Hughes Renn-Eindecker wurde von Richard Palmer konstruiert und von dem reichen Amerikaner Howard Hughes gebaut. Der Tiefdecker **H-1** mit einziehbarem Heckspornfahrwerk hatte einen 700 PS (522 kW) Pratt & Whitney Twin Wasp Junior Motor und wurde von Hughes am 13. September 1935 dazu verwendet, mit 567,115 km/h einen Geschwindigkeitsrekord aufzustellen.

# Hughes H-4 Hercules

### Entwicklungsgeschichte

Das größte je gebaute Flugboot hatte eine Spannweite von 97,54 m und wurde von acht 3.000 PS (2.237 kW) Pratt & Whitney R-4360 Motoren angetrieben; die 180 Tonnen schwere **Hughes Hercules** (Spitzname: Spruce Goose/Fichtengans) Militär-Transportmaschine wurde nur ein Mal geflogen. Mit Howard Hughes am Steuer flog sie am 2. November 1947 über dem Hafen von Los Angeles eine Strecke von einer Meile (1,6 Kilometer).

**Die Hughes H-4 Hercules war zu ihrer Zeit das größte Flugzeug der Welt. Sie hätte in ihrer vorgesehenen Funktion riesige Lasten an Soldaten und Fracht zum Südpazifik transportiert. Die Hercules existiert noch und kann an ihrem Bauort in Long Beach besichtigt werden.**

# Hughes Model 77 Apache

### Entwicklungsgeschichte

Hughes konstruierte die **Hughes Model 77** entsprechend einer US Army Anforderung für einen Advanced Attack Helicopter (AAH) zum Tages- und Nachteinsatz gegen Panzerfahrzeuge. Der Hughes Model 77 wurde nach einer Konkurrenzbewertung (als **YAH-64**) gegen den von Bell Helicopters angebotenen YAH-63 als **AH-64 Apache** zur Produktion ausgewählt. Die ersten beiden YAH-64 Prototypen wurden am 30. September bzw. 22. November 1975 geflogen. Der bemerkenswert wendige Hubschrauber verfügt über einen Vierblatt-Hauptrotor und einen Vierblatt-Heckrotor und wird von zwei General Electric T700-GE-700 Wellenturbinen angetrieben; seine Stummelflügel haben Hinterkantenklappen, und das als Einheit bewegliche Höhenleitwerk verbessert die Lenkmöglichkeit gegenüber konventionellen Hubschraubern. Die beiden Besatzungsmitglieder sind hintereinander in einem gepanzerten Cockpit untergebracht, wobei der Pilot etwas erhöht hinten und der Copilot/Schütze vorn sitzt.

Schlüssel zum Potential der Apache sind ihre TADS- und PNVS-Systeme. Das TADS (Target Acquisition and Designation Sight) des Schützen zur Zielerfassung ist ein kompliziertes System mit einem Laser-Entfernungsmesser mit Zielverfolgung sowie mit vorwärtsblickendem Infrarot, das durch eine Direktsicht-Optik und ein Fernsehsystem unterstützt wird. Das PNVS-System (Pilot's Night Vision Sensor) ist im Prinzip ein fortschrittliches, vorausblickendes Infrarot-Nachtsichtgerät, das dem Piloten die Daten liefert, mit denen er im Kampfgebiet den Bodenkonturen in möglichst geringer Höhe folgen kann, wodurch eine Erkennung durch den Feind gänzlich vermieden oder aber zumindest verzögert wird.

Die US Army plante 1984 die Beschaffung von 675 AH-64; eine erste Serie von elf Maschinen befand sich 1983 in der Produktion und wurde im Oktober 1984 ausgeliefert.

Hughes AH-64 Apache der United States Army

### Technische Daten

**Typ:** ein fortschrittlicher Kampfhubschrauber.
**Triebwerk:** zwei 1.536 WPS (1.145 kW) General Electric T700-GE-700 Wellenturbinen.
**Leistung:** Höchstgeschwindigkeit 309 km/h; Dienstgipfelhöhe 6.250 m; max. Reichweite bei internem Treibstoffvorrat 611 km.
**Gewicht:** Leergewicht 4.657 kg; max. Startgewicht 8.006 kg.
**Abmessungen:** Hauptrotordurchmesser 14,63 m; Länge bei drehenden Rotoren 17,39 m; Höhe 4,22 m; Hauptrotorfläche 168,10 m².
**Bewaffnung:** eine automatische Hughes XM230E1 30 mm Kanone unter dem Rumpf plus vier Außenstationen unter den Stummelflügeln für bis zu 16 Hellfire Panzerabwehrraketen oder für 76 70 mm Raketen mit Faltflossen bzw. Kombinationen dieser Waffen.

# Hughes Model 269/200/300 und TH-55A

### Entwicklungsgeschichte

Die Konstruktion und Entwicklung des zweisitzigen Hubschraubers **Hughes Model 269** begann im September 1955, und der erste von zwei Prototypen wurde im Oktober 1966 erstmals geflogen. Eine einfache, von zwei Kufen getragene Rumpfstruktur nahm die Besatzung, das Triebwerk und den Rotormast mit seinem Dreiblatt-Hauptrotor auf, und ein Heckausleger aus Leichtmetallrohr trug den Zweiblatt-Heckrotor. Die US Army erwarb fünf **Model 269A** der Vorserie unter der Bezeichnung **YHO-2HU** zur Erprobung als Kommando- und Beobachtungsmaschinen. Die Produktion der Model 269A für den zivilen Einsatz begann im Oktober 1961. Die Weiterentwicklungen dieses Typs sind nachstehend aufgeführt.

Mike Hooks

**Der Hughes Model 300 flog seit seinem Erstflug 1956 sehr viel für zivile Eigner. Dieses Exemplar wird von einer Rundfunkstation für Verkehrsberichte verwendet — eine der vielen Aufgaben, für die sich dieser Leichthubschrauber besonders eignet.**

### Varianten

**Hughes Model 200 Utility:** eine verbesserte Version des ursprünglichen 269A mit einem 180 PS (134 kW) Avco Lycoming HIO-360-B1A Motor; unter der Bezeichnung **Model 269A-1** wurde der leichte Anfänger-Schulhubschrauber **TH-55A Osage** für die US Army abgeleitet, von dem 792 Exemplare gebaut wurden; diese Version wurde auch von Kawasaki in Japan unter der Bezeichnung **TH-55J** für die JGSDF gebaut.
**Hughes Model 200 Deluxe:** dem Model 200 Utility generell ähnlich, jedoch mit technischen Verfeinerungen und einer qualitativ hochwertigen Innenausstattung.
**Hughes Model 300:** dreisitzige Version, die aus der technischen Konstruktion des Model 269B abgeleitet wurde; 1967 wurde ein leiser Heckrotor eingeführt, und auch frühere Modelle konnten damit nachgerüstet werden.
**Hughes Model 300C:** aus dem Model 300 entwickelte Version mit Avco Lycoming HIO-360-D1A Motor; gut über 1.000 Exemplare wurden von Hughes gebaut; eine Lizenzfertigung lief außerdem als **NH-300C** bei Breda Nardi in Italien.
**Hughes Model 300CQ:** eine Version des Model 300C mit Umbauten zur Geräuschdämmung; die Maschine ist rund 75% leiser als frühere Versionen, die auf CQ-Standard umgerüstet werden können.
**Sky Knight:** Polizei-Patrouillenversion der Model 300C mit Spezialausrüstung.

### Technische Daten
**Hughes Model 300C**

**Typ:** ein zwei-/dreisitziger Leichthubschrauber.
**Triebwerk:** ein 190 PS (142 kW) Avco Lycoming HIO-360 D1A Sechszylinder-Boxermotor.
**Leistung:** Reisegeschwindigkeit 153 km/h in 1.220 m Höhe; Dienstgipfelhöhe 3.110 m; max. Reichweite in 1.220 m Höhe 370 km.
**Gewicht:** Leergewicht 476 kg; max. Startgewicht 930 kg.
**Abmessungen:** Durchmesser des Hauptrotors 8,18 m; Länge bei drehenden Rotoren 9,40 m; Höhe 2,67 m; Hauptrotorfläche 52,53 m².

# Hughes Model 369/OH-6 Cayuse

### Entwicklungsgeschichte

Der **Hughes Model 369** wurde entsprechend einer Anforderung der US Army aus dem Jahre 1960 für einen leichten Beobachtungshubschrauber (LOH) konstruiert und unter der Bezeichnung **HO-6** (später **OH-6**) mit Entwürfen von Bell und Hiller verglichen. Die Hughes-Konstruktion wurde in Serie geordert; nachdem jedoch 1.434 Maschinen aus einem Gesamtauftrag von 4.000 Exemplaren ausgeliefert waren, wurde der Auftrag storniert. Unglückliche Ursache dafür waren die sinkenden Produktionszahlen und die steigenden Kosten, denn der **OH-6A Cayuse** war ein hervorragender Leichthubschrauber, der mit Militär- und Zivilpiloten am Steuer eine Serie von internationalen Rekorden für Hubschrauber aufstellte.

Die Maschine bietet Platz für zwei Besatzungsmitglieder und hat in der hinteren Kabine Klappsitze, die im weggeklappten Zustand auf dem Boden Raum für vier Soldaten in voller Ausrüstung oder andernfalls für Nutzlast schaffen.

Die OH-6A gingen ab September 1966 bei der US Army in Dienst, und alle 1.434 Maschinen waren bis August 1970 ausgeliefert. Die meisten dieser Cayuse sind noch im Dienst und werden für eine breite Einsatzpalette verwendet, darunter auch für Offensiveinsätze, wobei die Maschinen mit einem an der linken Rumpfseite befestigten Ausrüstungspaket versehen werden, zu dem ein Maschinengewehr oder alternativ ein Granatwerfer gehört.

### Technische Daten
**Typ:** ein Beobachtungs-Leichthubschrauber.
**Triebwerk:** eine 317 WPS (263 kW) Allison T63-A-5A Wellenturbine.
**Leistung:** Einsatz-Höchstgeschwindigkeit 230 km/h in Meereshöhe; normale Reichweite 665 km in 1.525 m Höhe.
**Gewicht:** Rüstgewicht 524 kg; maximales Startgewicht 1.225 kg.
**Abmessungen:** Hauptrotor-Durchmesser 8,03 m; Länge bei drehenden Rotoren 9,24 m; Höhe 2,48 m; Hauptrotorfläche 50,60 m².
**Bewaffnung:** 7,62 mm Maschinengewehr XM27 oder ein Granatwerfer XM-75.

Hughes Aircraft

**Der wegen seiner Verwendung als Beobachtungshubschrauber von Amerikanern oft 'Loach' (Schmerle) genannte OH-6 Cayuse wurde in großen Stückzahlen für die US Army gebaut und kam in Vietnam oft zum Einsatz.**

# Hughes Model 500/530

### Entwicklungsgeschichte
Der **Hughes Model 500** war eine zivile Weiterentwicklung des OH-6A Cayuse und ging 1968 in Serie. In der Model 500 Grundversion wurde er von einer 317 WPS (236 kW) Allison 250-C18A Wellenturbine angetrieben, die auf 278 WPS (207 kW) gedrosselt war. Serienmäßig bietet die Maschine Platz für einen Piloten und vier Passagiere; seit dem Beginn seiner Produktion wurde der Model 500 jedoch in einer Vielzahl von Zivil- und Militärversionen gebaut, die nachstehend beschrieben sind.

### Varianten
**Hughes Model 500C:** dem Model 500 ähnlich, jedoch mit einer 400 WPS (298 kW) Allison 250-C20 Wellenturbine, die auf die Leistung der 250-C18A gedrosselt wurde, um einen Motor für schnellen Steigflug zu schaffen; in Argentinien als RACA-Hughes 500 in Lizenz gebaut.
**Hughes Model 500D:** verbesserte Version des Model 500C mit einem 450 WPS (313 kW) Allison 250-C20B Motor, Fünfblatt-Hauptrotor, kleinem T-Leitwerk und anderen Verbesserungen; Erstflug 1974; inzwischen wurden von Hughes gut über 1.000 Exemplare ausgeliefert; die Maschine wurde auch als Schulhubschrauber an die Luftwaffen von Jordanien und Kenia geliefert und wird als NH-500D von Breda Nardi sowie von Kawasaki bzw. der Korean Air Lines in Japan und der Republik Korea in Lizenz gebaut.
**Hughes Model 500E:** verbesserte Version des Model 500D mit einem gestreckten, stromlinienförmigeren Bug, Vierblatt-Heckrotor, größeren Treibstofftanks und anderen Verbesserungen.
**Hughes Model 530F:** verbesserte Version des Model 500D mit 650 WPS (485 kW) Allison 250-C30 Wellenturbine, Haupt- und Heckrotor mit geringfügig größerem Durchmesser; erste Maschinen Ende 1984 ausgeliefert.
**Hughes Model 500M:** erste Auslands-Militärversion des Model 500; im Grunde eine aufgewertete Version des OH-6A mit dem gleichen Triebwerk wie der zivile Model 500; von RACA in Argentinien und von Kawasaki in Japan in Lizenz gebaut.
**Hughes Model 500MD Defender:** Mehrzweck-Militärversion, im Grunde dem zivilen Model 500D entsprechend und mit einer breiten Ausrüstungspalette lieferbar; von Breda Nardi und Korean Airlines in Lizenz gebaut.
**Hughes Model 500MD Scout Defender:** Militärversion wie zuvor beschrieben, jedoch für eine breite Waffenauswahl ausgerüstet; bei den Streitkräften von Kenia, der Republik Korea und Marokko im Einsatz.
**Hughes Model 500MD/TOW Defender:** Panzerabwehrversion des Model 500MD mit vier TOW-Panzerabwehrraketen; im Einsatz bei den Streitkräften von Israel, Kenia und der Republik Korea. Hughes Model 500MD/ASW Defender: ASW-Version mit Suchradar, geschleppten MAD-Gerät und einer Bewaffnung von zwei zielsuchenden Torpedos; im Einsatz bei der taiwanesischen Marine.

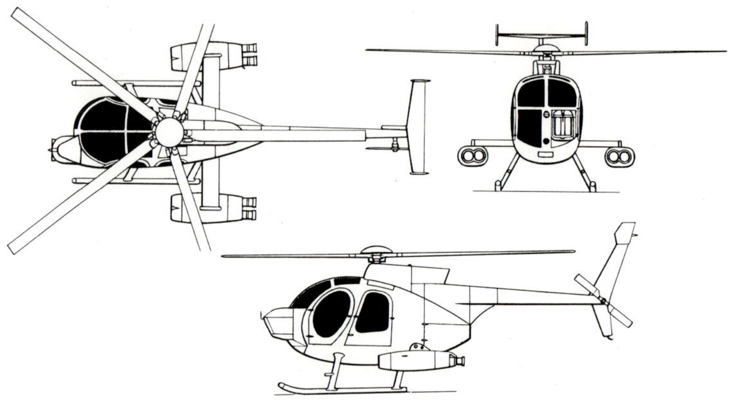

**Hughes 500MD/TOW Defender**

### Technische Daten
**Hughes Model 530F**
**Typ:** leichter Zivilhubschrauber.
**Triebwerk:** eine 650 WPS (485 kW) Allison 250-C30 Wellenturbine.
**Leistung:** Höchstgeschwindigkeit 282 km/h; Reisegeschwindigkeit 241 km/h; Dienstgipfelhöhe 5.335 m; max. Reichweite 434 km.
**Gewicht:** Leergewicht 705 kg; max. Startgewicht 1.406 kg.
**Abmessungen:** Hauptrotordurchmesser 8,36 m; Länge 9,57 m; Höhe 2,59 m; Hauptrotorfläche 54,85 m².

# Hughes XF-11

### Entwicklungsgeschichte
Aus der aus dem Krieg stammenden D-2, die im Juli 1943 in Harper Lake zum ersten Mal geflogen wurde, entwickelte Hughes den **Hughes XF-11** Prototypen für einen Langstrecken-Fotoaufklärer. Der selbsttragende Hochdecker hatte zwei Motoren, zwei Leitwerksträger mit Doppelleitwerk und eine zentrale Besatzungsgondel. Der erste Prototyp stürzte bei einem Test ab, und Hughes kam fast dabei um. 98 Serienmaschinen der **F-11** wurden geordert, nach dem Ende des Zweiten Weltkriegs jedoch wieder abbestellt.

**Die XF-11 wurde von zwei 3.000 PS (2.237 kW) Motoren angetrieben. Dies ist der zweite Prototyp; bei der ersten Maschine waren die Propeller gegenläufig.**

# Hughes XH-17

### Entwicklungsgeschichte
Der Experimental-Schwerlasthubschrauber **Hughes XH-17** war im Grunde genommen ein Prüfstand, der im Auftrag der US Air Force gebaut wurde. Er wurde von zwei General Electric GE 5500 Strahltriebwerken angetrieben, die so umgebaut worden waren, daß die Luft aus den Blattspitzen des Rotors, der einen Durchmesser von 39,62 m hatte, austrat. Der XH-17 schloß 1952/53 sein Testprogramm ab, wurde aber nicht weiterentwickelt.

**Der 50-1842 war das einzige Exemplar des Hughes XH-17 Experimental-Schwerlasthubschraubers, das je gebaut wurde. Erkennbar sind die vier Austrittsdüsen an jeder Rotorspitze. Das Projekt wurde im Sommer 1953 eingestellt.**

# Hughes XV-9A

## Entwicklungsgeschichte

Der Forschungshubschrauber **Hughes XV-9A**, im Auftrag der US Army gebaut, wurde zur Erprobung eines Konzepts verwendet, das als Heißluftantrieb bezeichnet wurde. Dabei wurden zwei General Electric YT64-GE-6 Strahltriebwerke als Gaserzeuger verwendet, deren heißer Ausstoß durch Düsen an den Blattspitzen des Rotors, der einen Durchmesser von 16,76 m hatte, erfolgte. In ihren Vorder- und Hinterkanten hatten die Rotorblätter außerdem Kühlleitungen. Durch den Blattspitzenantrieb sollte die komplizierte und sehr störanfällige Kraftübertragung herkömmlicher Konstruktionen vermieden werden.

**Der Hughes XV-9A war ein revolutionärer Versuch zur Schaffung einer neuen Antriebsmethode für Hubschrauber. Der 64-15107 war der einzige Prototyp.**

# Hunting (Percival) P.56 Provost

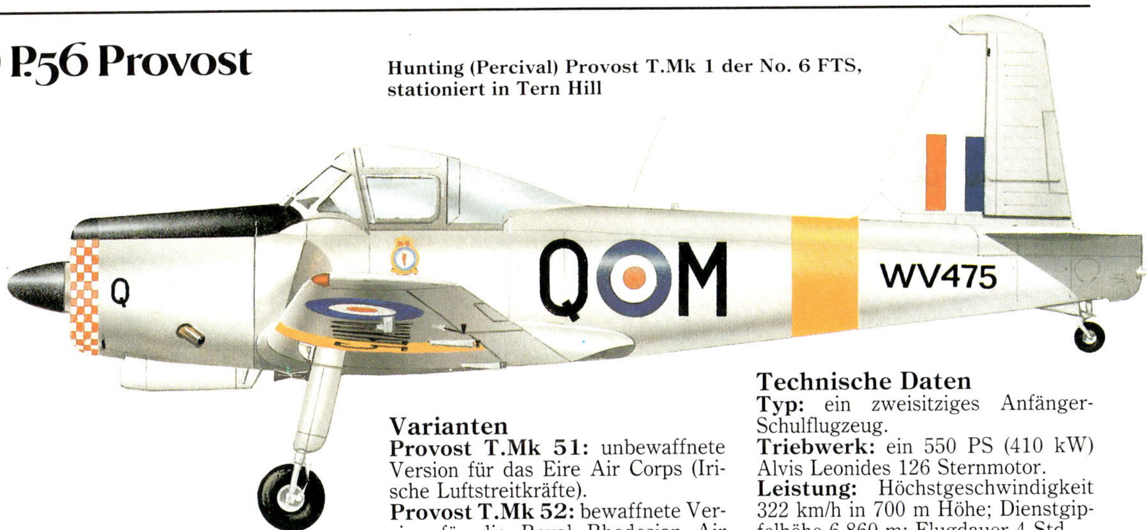


**Hunting (Percival) Provost T.Mk 1 der No. 6 FTS, stationiert in Tern Hill**

## Entwicklungsgeschichte

Bevor Percival Aircraft 1954 Teil der Hunting-Gruppe wurde, konstruierte das Unternehmen die **Hunting P.56 Provost**. Die Maschine wurde 1953 als Standard-Schulflugzeug für die britische Royal Air Force (RAF) akzeptiert und löste die Percival Prentice beim Flying Training Command ab. Der selbsttragend konstruierte Tiefdecker mit starrem Heckradfahrwerk hatte einen Alvis Leonides 126 Motor und bot nebeneinanderliegende Sitze für Fluglehrer und -schüler. Es wurden drei Prototypen gebaut, von denen zwei zunächst den Armstrong Siddeley Cheetah 18 und die dritte Maschine einen Alvis Leonides als Triebwerk hatten. Der erste Prototyp mit Cheetah-Motor flog am 23. Februar 1950 zum ersten Mal. Die Maschinen, die unter der Bezeichnung **Provost T.Mk 1** in Dienst gestellt wurden, kamen zunächst bei der Basic Training Squadron der CFS in South Cerney zur Auslieferung. Als die Produktion 1959 auslief, waren insgesamt 491 Maschinen gebaut worden.

## Varianten

**Provost T.Mk 51:** unbewaffnete Version für das Eire Air Corps (Irische Luftstreitkräfte).
**Provost T.Mk 52:** bewaffnete Version für die Royal Rhodesian Air Force.
**Provost T.Mk 53:** bewaffnete Version für das Eire Air Corps sowie für die Luftwaffen von Burma, dem Irak und dem Sudan.

## Technische Daten

**Typ:** ein zweisitziges Anfänger-Schulflugzeug.
**Triebwerk:** ein 550 PS (410 kW) Alvis Leonides 126 Sternmotor.
**Leistung:** Höchstgeschwindigkeit 322 km/h in 700 m Höhe; Dienstgipfelhöhe 6.860 m; Flugdauer 4 Std.
**Gewicht:** Rüstgewicht 1.520 kg; max. Startgewicht 1.996 kg.
**Abmessungen:** Spannweite 10,72 m; Länge 8,74 m; Höhe 3,72 m; Tragflügelfläche 19,88 m².

# Hunting (Percival) P.66 Pembroke, President und Sea Prince

**Hunting (Percival) Pembroke C.Mk 1 der No. 60 Sqn., RAF, stationiert in Deutschland**

## Entwicklungsgeschichte

Die **Percival P.50 Prince** flog erstmals 1948, hatte Entwicklungspotential und führte zu dem zehnsitzigen Verbindungsflugzeug und leichten Transporter **P.66 Pembroke**, der am 21. November 1952 seinen Jungfernflug absolvierte. Als **Pembroke C.Mk 1** wurden insgesamt 44 Maschinen für die RAF gebaut; sie unterschieden sich von der Zivilversion durch eine vergrößerte Spannweite, einen verstärkten Kabinenboden, ein verstärktes Fahrwerk und nach rückwärts gerichtete Passagiersitze. Zur Fotoaufklärung wurden weitere sechs Maschinen geliefert, bei denen Kameras am Rumpf montiert waren und die die Bezeichnung **Pembroke C(PR).Mk 1** trugen. Für die Luftwaffen von Belgien, Dänemark, Finnland, der Bundesrepublik Deutschland, Schweden und dem Sudan wurden Exportversionen gebaut. Die Royal Navy erwarb als **Sea Prince C.Mk 1** vier ähnliche Maschinen, denen 42 Sea Prince T.Mk 2 folgten, die als 'Fliegende Klassenzimmer' zur Navigations- und ASW-Schulung verwendet wurden. Die letzte Variante für die Royal Navy war die **Sea Prince C.Mk 2**, von der drei Exemplare gebaut wurden. Auch eine zivile **President** wurde entwickelt, von der eine spanische Fluggesellschaft drei Maschinen orderte, die aber nie ausgeliefert und schließlich an die Luftwaffe des Sudans verkauft wurden.

# Hunting (Percival) P.84 Jet Provost

## Entwicklungsgeschichte

Von Hunting wurde es als unlogisch angesehen, daß die britische Royal Air Force in ihrer Schulungs-Reihenfolge zunächst die Provost mit Sternmotor und dann die de Havilland Vampire mit Strahltriebwerk verwendete, und so begann das Unternehmen die privat finanzierte Konstruktion einer Strahltriebwerksversion der Provost, um damit eine durchgehende Strahltriebwerksschulung zu bieten. Diese Version behielt die Flügel und das Leitwerk der Provost, erhielt aber einen neuen Rumpf zur Aufnahme des Strahltriebwerks und des einziehbaren Bugradfahrwerks. Im März 1953 bestellte die RAF zehn dieser Maschinen als **Hunting Jet Provost T.Mk 1**, und die erste wurde am 16. Juni 1954 geflogen. Die Maschinen wurden 1955 von der RAF für Vergleichstests verwendet, und am 17. Oktober 1955 absolvierte der erste Flugschüler mit ihr seinen Soloflug. Der Erfolg dieser neuen Trainer-Baureihe führte zu weiteren Aufträgen, und die Jet Provost bleibt auch in den 80er Jahren die Düsentrainer-Standardversion der RAF.

## Varianten

**Jet Provost T.Mk 3:** erste Serienversion mit einem Bristol Siddeley (später Rolls-Royce) Viper Mk 102 Strahltriebwerk mit 794 kp Schub, Martin-Baker Leichtbau-Schleudersitzen, Flügelspitzentanks und verschiedene Detailverbesserungen; 201 gebaut.
**Jet Provost T.Mk 3A:** aufgerüstete Version (von BAC) der T.Mk 3 mit DME- und VOR-Ausrüstung.
**Jet-Provost T.Mk 4:** der T.Mk 3 ähnlich, jedoch mit Viper Mk 202 Strahltriebwerk und 1.134 kp Schub; 185 gebaut.
**Jet Provost T.Mk 5:** letzte Serienversion für die RAF; privat finanzierte Entwicklung von Hunting als **H.145**, später **BAC.145**; diese Ma-

**Die ersten Serien der Jet Provost unterschieden sich von der T.Mk 5 durch einen runderen und kürzeren Bug. Die XN470 ist eine T.Mk 3 ohne Druckkabine.**

MOD

schine hatte einen umkonstruierten Rumpf mit Druckkabine für die Besatzung, einen gestreckten Bug für die Avionik-Ausrüstung sowie verstärkte Flügel, die innen mehr Treibstoff und außen mehr Waffen tragen konnten; normalerweise waren keine Flügelspitzentanks montiert; 110 gebaut.
**Jet Provost T.Mk 5A:** aufgerüstete Version (von BAC) der T.Mk 5 mit DME- und VOR-Ausrüstung.
**Jet-Provost T.Mk 51:** bewaffnete Exportversion der T.Mk 3 mit zwei 7,7 mm Maschinengewehren und Unterflügel-Aufhängungen für verschiedene Waffen; Lieferung an die Luftwaffen von Ceylon (Sri Lanka), Kuwait und dem Sudan.
**Jet Provost T.Mk 52:** bewaffnete Exportversion der T.Mk 4 mit zuvor genannter Bewaffnung; geliefert an die Luftwaffen des Irak, von Südjemen, dem Sudan und Venezuela.

**Hunting (Percival) Jet Provost T.Mk 5A des RAF College, Cranwell**

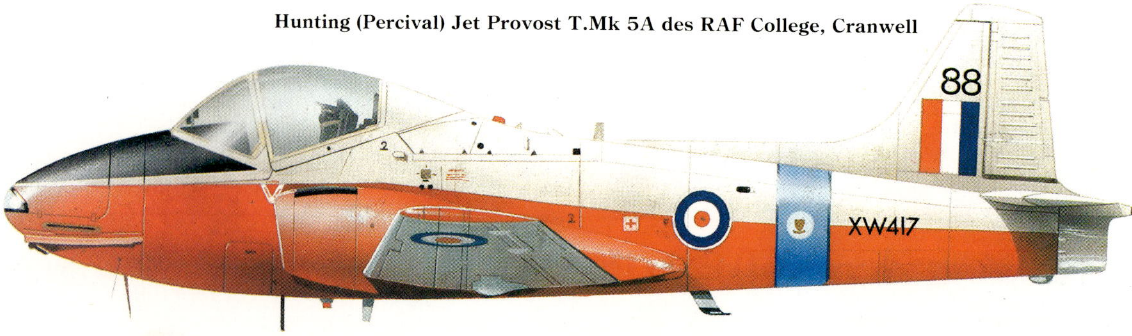


**Jet Provost Mk 55:** bewaffnete Exportversion der T.Mk 5; geliefert an den Sudan.

### Technische Daten
**BAC Jet Provost T.Mk 5**
**Typ:** ein zweisitziger Anfänger-Düsentrainer.
**Triebwerk:** ein Bristol Siddeley Viper Mk 202 Strahltriebwerk mit 1.134 kp Schub.
**Leistung:** Höchstgeschwindigkeit 708 km/h in 7.620 m Höhe; Dienstgipfelhöhe 11.185 m; max. Reichweite mit Flügelspitzentanks 1.448 km.
**Gewicht:** max. Startgewicht mit Flügelspitzentanks 4.173 kg.
**Abmessungen:** Spannweite 10,77 m; Länge 10,36 m; Höhe 3,10 m; Tragflügelfläche 19,85 m$^2$.
**Bewaffnung:** Vorrichtungen für zwei 7,62 mm Maschinengewehre plus eine breite Waffenpalette an Außenstationen unter den Flügeln.

# Hurel-Dubois Flugzeuge

### Entwicklungsgeschichte
Die Vorteile eines Flügels hoher Streckung werden von Flugzeugkonstrukteuren schon lange geschätzt, denn die Tragflächen bieten mit ihrer kurzen Sehne wenig Widerstand, und die Tragflächenbelastung ist geringer. Der Franzose Maurice Hurel war so begeistert über das Potential dieser Bauweise, daß er unter der Bezeichnung **Hurel-Dubois H.D.10** ein Experimentalflugzeug mit einem solchen Flügel baute. Dieses einfache Forschungsflugzeug hatte ein einziehbares Bugradfahrwerk und wurde von einem 40 PS (30 kW) Mathis-Motor angetrieben; sein hoch angesetzter Eindeckerflügel hatte eine Spannweite von 12,00 m und eine durchschnittliche aerodynamische Profilsehne von 40 cm, wodurch sich eine Streckung von 30 ergab. Die erfolgreichen Tests führten dazu, daß die französische Regierung zwei zweimotorige Maschinen bestellte, die mit diesen Tragflächen ausgerüstet waren. Als erste flog die Transportmaschine **H.D.31**, die von zwei 800 PS (597 kW) Wright Cyclone C7BA1 Motoren angetrieben wurde, am 29. Dezember 1953. Die am 11. Februar 1955 erstmals geflogene **HD.32** unterschied sich hauptsächlich durch ihre beiden 1.200 PS (895 kW) Pratt & Whitney R-1830-92 Twin Wasp Motoren. Beide wurden später mit 1.525 PS (1.137 kW) Wright 982 Motoren umgerüstet, mit denen sie die Bezeichnungen **H.D.321-01** bzw. **H.D.321-02** erhielten. Unter dieser Bezeichnung kam es zu keiner zivilen Transport-Serienmaschine. Für das Institut Géographique National wurden unter

**Der Prototyp H.D. 10 lieferte brauchbare Forschungsdaten für spätere Konstruktionen.**

der Bezeichnung **H.D.34** jedoch acht ähnliche Maschinen gebaut, die sich durch einen verlängerten Bug unterschieden, in dem eine Position für den Navigator/Fotografen untergebracht wurde. Eine Transportmaschine mit Strahltriebwerk wurde als **H.D.45** geplant, aber nie gebaut. Ein weiterer Anwendungsfall des Flügels entstand jedoch durch das Interesse des britischen Unternehmens F.G. Miles Ltd. Ein Miles Aerovan

**Die H.D. 34 wurde von dem Institut Géographique National für Kartografieaufgaben eingesetzt und hatte für Luftaufnahmen einen verglasten Bug.**

wurde unter der Bezeichnung **H.D.M.105** mit einem Hurel-Dubois-Flügel erfolgreich getestet; die Konstruktion wurde jedoch später an Short Brothers verkauft, und eine Ableitung dieser Tragfläche wurde, bei einer von 20,3 auf 11 verringerten Streckung, in die Shorts SC.7 Skyvan integriert.

# I.A.B.S.A. Premier 64-01 und Aerobatic 65-02

### Entwicklungsgeschichte
Die Indústria Aeronáutica Brasileira S.A. (I.A.B.S.A.) produzierte Ende der 60er Jahre geringe Stückzahlen eines zweisitzigen Anfänger-Schul/Reiseflugzeugs mit der Bezeichnung **I.A.B.S.A. Premier 64-01**. Die Maschine war ein abgestrebter Hochdecker von typischer Piper Cub Auslegung, hatte einen 75 PS (56 kW) Motor und wurde in geringen Stückzahlen für Fliegerclubs und als Privatflugzeug gebaut. 1967 war ein einsitziger Doppeldecker namens **Aerobatic 65-02** in der Konstruktion, der für die Fortgeschrittenen- und Kunstflugschulung gedacht war, wie es scheint jedoch nicht in Serienproduktion ging.

# IAI 1124/1124A Westwind 1/2

### Entwicklungsgeschichte
Die **IAI Westwind** stammt von der Jet Commander 1121 ab, für die 1968 alle Rechte von Rockwell International an IAI verkauft wurden. Der Typ wurde zunächst von IAI als **Jet Commander 1121** hergestellt. Zu den leicht erkennbaren Merkmalen dieser Konstruktion zählen die Flügel mit kürzer werdender Profilsehne und mit Flügelspitzentanks, im Heck montierte Strahltriebwerke und die gepfeilten Leitwerksflächen. IAI baute und verkaufte insgesamt rund 140 Maschinen aller Versionen.

### Varianten
**IAI 1121C Commodore Jet:** verbesserte Version der Jet Commander 1121.
**IAI 1122:** Bezeichnung für zwei Versuchsmaschinen, die zur IAI 1123 Westwind führten.
**IAI 1123 Westwind:** brachte viele Verbesserungen, besonders eine um 51 cm gestreckte Kabine, stärkere Motoren und Flügelspitzentanks.
**IAI 1124 Westwind:** 1975 als die erste Version mit Mantelstromtriebwerken vorgestellt.
**IAI 1124 Westwind 1:** aktuelle Mantelstromtriebwerk-Grundversion mit verbesserter Ausstattung und Vorrichtungen für eine auf Wunsch größere Tankkapazität.
**IAI 1124A Westwind 2:** weiterentwickelte Version der Westwind 1 mit fortschrittlicherem Flügel und Flügelspitzenverlängerungen.
**IAI 1124N Sea Scan:** Seepatrouillenversion; die MPA-Variante hat ASW-Ausrüstung.
**IAI 1125 Astra:** Bezeichnung für eine noch weiter fortgeschrittene Westwind-Version mit superkritischem Flügel und einer größeren Kabine (61 cm länger und 2 cm breiter als die der Westwind 2); außerdem ist der Bug um 50,8 cm gestreckt; erste Lieferungen Mitte 1985.

### Technische Daten
**IAI 1124 Westwind 1**
**Typ:** ein zwölfsitziges Geschäftsreiseflugzeug.
**Triebwerk:** zwei Garrett TFE731-3-1G Mantelstromtriebwerke mit 1.678 kp Schub.
**Leistung:** wirtschaftliche Reisegeschwindigkeit 740 km/h; zugelassene Gipfelhöhe 13.715 m; Reichweite mit sieben Passagieren, Gepäck und Treibstoffreserven 3.983 km.
**Gewicht:** Rüstgewicht 5.579 kg; max. Startgewicht 10.659 kg.
**Abmessungen:** Spannweite 13,65 m; Länge 15,93 m; Höhe 4,81 m; Tragflügelfläche 28,64 m$^2$.

**IAI 1124A Westwind 2 mit amerikanischer Zivilzulassung**

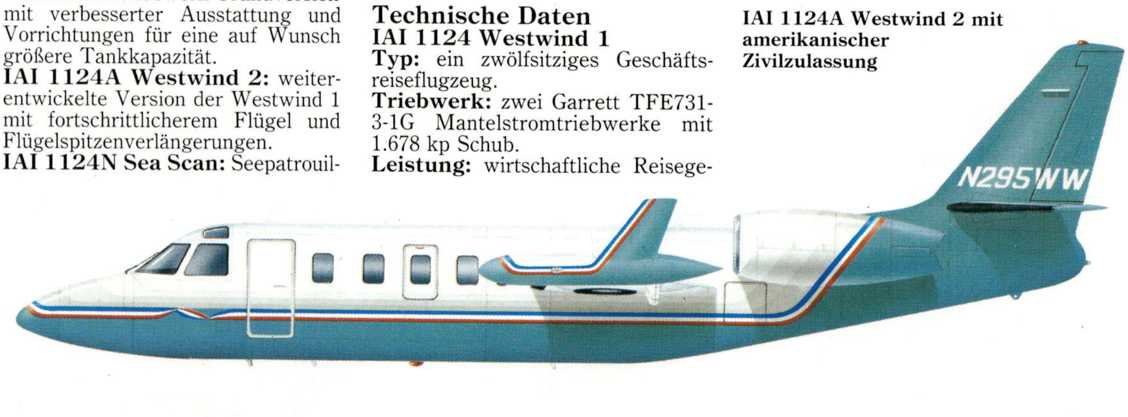

# IAI Arava

IAI Ltd.

Diese IAI 201 Arava trägt hier bei einem Testflug vor ihrer Auslieferung an die ecuadorianische Armee zeitweilig eine israelische Zivilzulassung. Die Arava erzielte dank ihrer Leistung, ihres Preises und ihrer uneingeschränkten Verfügbarkeit gute Verkaufserfolge in Südamerika.

## Entwicklungsgeschichte
Das 1950 als Bedek Aircraft Ltd. gegründete Unternehmen wurde am 1. Juni 1960 in Israel Aircraft Industries umbenannt. 1966 begann das Unternehmen mit der Konstruktion eines leichten Transportflugzeugs für kurze Start- und Landebahnen (STOL), von dem der erste von zwei **IAI 101 Arava** Prototypen am 27. November 1969 flog. Die als abgestrebter Hochdecker konstruierte Maschine trägt ihren Flügel auf einer Rumpfstruktur mit rundem Querschnitt, hat zwei Propellerturbinen in Gondeln an der Flügelvorderkante, die sich nach hinten in zwei Ausleger fortsetzen, die die beiden Seitenleitwerke tragen und die durch das Höhenleitwerk mit Höhenruder miteinander verbunden sind. Die Arava besitzt ein starres Bugradfahrwerk, das für unbefestigte Flugfelder konstruiert wurde.

## Varianten
**IAI 101B:** Version für 18 Passagiere oder über 1.814 kg Fracht; wird in den USA als **Cargo Commuterliner** verkauft.
**IAI 102:** Mehrzweck-Transportversion, die als Linienmaschine für 20 Passagiere, als zwölfsitziges VIP-Transportflugzeug, als reines Frachtflugzeug, als Ambulanzflugzeug oder in einer Vielzahl anderer Auslegungen lieferbar ist.
**IAI 201:** eine Militär-Transportmaschine für 24 Soldaten in voller Ausrüstung, 16 Fallschirmjäger und zwei Begleiter oder Fracht, die aber auch für Funktionen wie Seeüberwachung oder elektronische Kriegsführung ausgerüstet werden kann.
**IAI 202:** Version mit gestrecktem Rumpf mit Flügelspitzenverlängerungen und größeren Treibstofftanks; kann 30 Soldaten oder 20 Fallschirmjäger und drei Begleiter aufnehmen.

## Technische Daten
**IAI 201 Arava**
**Typ:** STOL-Transportmaschine mit zwei Propellerturbinen.
**Triebwerk:** zwei 750 WPS (559 kW) Pratt & Whitney Aircraft of Canada PT6A-34 Propellerturbinen.
**Leistung:** Einsatz-Höchstgeschwindigkeit 319 km/h in 3.050 m Höhe; Dienstgipfelhöhe 7.620 m; Reichweite bei maximaler Nutzlast und Treibstoffreserven 280 km.
**Gewicht:** Leergewicht (Grundversion) 4.000 kg; max. Startgewicht 6.800 kg
**Abmessungen:** Spannweite 20,96 m; Länge 13,03 m; Höhe 5,21 m; Tragflügelfläche 43,68 m$^2$.
**Bewaffnung:** zwei 12,7 mm MG, unter dem Rumpf montierte Träger mit je sechs 82 mm Raketen in einer Gondel, sowie ein nach rückwärts feuerndes Maschinengewehr als Sonderzubehör.

# IAI Kfir

## Entwicklungsgeschichte
Mehr oder weniger parallel zur Entwicklung der Nesher befaßte sich IAI auch mit einem Programm namens Black Curtain, in dessen Rahmen das Unternehmen das Flugwerk der Mirage III für den Einbau eines General Electric J79 Strahltriebwerks adaptierte. Die Kombination dieser beiden Entwicklungsprojekte führte zur **IAI Kfir** (Löwenjunges), einem einsitzigen Jagd- und Erdkampfflugzeug, das der Mirage 5 sehr ähnlich sieht. Die ursprüngliche **Kfir-C1** unterschied sich von der Mirage durch ihr Triebwerk und ihre Ausrüstung, aber auch durch eine Reihe von Verbesserungen. Die am 14. April 1975 öffentlich vorgestellte Kfir-C1 gehörte zur Ausstattung von zwei Geschwadern der israelischen Luftwaffe. Am 20. Juli 1976 wurde eine verbesserte **Kfir-C2** öffentlich vorgeführt, die sich hauptsächlich durch kleine, gepfeilte Zusatzflügel unterschied, die wesentlich bessere Flugeigenschaften, größere Manövrierfähigkeit und bessere Start- und Landeleistungen erbrachten. Anfang 1981 wurde eine zweisitzige Version, die **Kfir-TC2**, erstmals geflogen und ist inzwischen sowohl als Piloten- und Waffen-Schulflugzeug, aber auch als Flugzeug für die elektronische Kriegführung im Einsatz. Es wird angenommen, daß inzwischen gut über 200 Maschinen produziert wurden, von denen rund 160 derzeit bei den israelischen Luftstreitkräften im Einsatz sind, und daß die Auslieferung der ersten Exportmaschinen begonnen hat. 1983 wurde die Kfir-C7 angekündigt, die eine Luftbetankungseinrichtung und bessere Einsatzmöglichkeiten für 'intelligente' Waffen hat, außerdem über höheren Schub verfügt. Sie wird auch als zweisitziger Trainer **Kfir-TC7** gebaut.

## Technische Daten
**IAI Kfir-C2**
**Typ:** ein einsitziger Abfang- und Erdkampfjäger.
**Triebwerk:** ein General Electric J79-J1E Strahltriebwerk mit Nachbrenner und 8.119 kp Schub.
**Leistung:** Höchstgeschwindigkeit 2.445 km/h bzw. Mach 2,3 oberhalb 11.000 m Höhe; Dienstgipfelhöhe 17.680 m; Kampfradius als Abfangjäger 346 km.
**Gewicht:** Leergewicht 7.285 kg; max. Startgewicht 16.200 kg.
**Abmessungen:** Spannweite 8,22 m; Länge 15,65 m; Höhe 4,55 m; Tragflügelfläche 34,80 m$^2$.
**Bewaffnung:** eine 30 mm Kanone und bis zu 5.775 kg externer Waffen an fünf Außenstationen unter dem Rumpf und vier unter den Flügeln.

IAI Kfir-C2, im Juli 1976 in Hatzerin in der Negev-Wüste stationiert

# IAI Lavi

## Entwicklungsgeschichte
Unter der Bezeichnung IAI Lavi (junger Löwe) entwickelt das Unternehmen für die israelische Luftwaffe eine fortschrittliche, einsitzige Maschine als Abfang- und Erdkampfjäger mit Deltaflügeln und Canardflügeln. Das Programm für die Lavi, die eng mit der F-16 verwandt ist, wurde 1980 in Angriff genommen. Der Erstflug fand am 31. Dezember

Zweisitziger Prototyp der IAI Lavi

1986 statt, geplant war der Bau von 300 Lavi, darunter 60 gefechtstaugliche Zweisitzer. Insgesamt wird der Entwurf, verglichen mit den amerikanischen Typen, als überlegen angesehen. Dennoch entschied sich 1987 die israelische Regierung gegen die Fortführung des Projekts.

### Technische Daten

**Typ:** ein einsitziger Abfang- und Erdkampfjäger.
**Triebwerk:** ein Pratt & Whitney PW1120 mit Nachbrenner und 9.379 kp Schub.
**Leistung:** (geschätzt) Höchstgeschwindigkeit 1.964 km/h in über 11.000 m Höhe; Kampfeinsatzradius 452 km.
**Gewicht:** maximales Startgewicht 19.000 kg.
**Abmessungen:** Spannweite 8,71 m; Länge 14,39 m; Höhe 5,28 m; Tragflügelfläche 38,50 m².
**Bewaffnung:** vier Flügelstationen für Luft-Boden-Raketen, infrarotgesteuerte Luft-Luft-Raketen an den Flügelspitzen und bis zu sechs Bomben unter dem Rumpf.

# IAI Nesher

### Entwicklungsgeschichte

Als Frankreich nach dem 'Sechstagekrieg' im Juni 1967 ein Lieferembargo über die Mirage 5J für die israelische Luftwaffe verhängte, begann IAI mit der Entwicklung eines eigenen Abfangjägers und Kampfflugzeugs. Als Zwischenlösung baute das Unternehmen unter der Bezeichnung **IAI Nesher** (Adler) praktisch eine Kopie der französischen Mirage III-CJ, einschließlich des Atar 09C Motors. Die erste Maschine flog 1971, und es wurden rund 60 Maschinen gebaut. Einige wurden später mit dem Namen **Dagger** exportiert.

Ein Abnehmer war Argentinien, wo diese Maschinen während des Falklandkriegs als Kampfflugzeuge verwendet wurden.

**Die IAI Nesher war nichts weiter als eine nicht lizenzierte Kopie der Mirage IIICJ.**

# I.A.R. 14

### Entwicklungsgeschichte

Die erste einheimische Konstruktion, die aus dem Werk Brasov der Industria Aeronautica Romana (I.A.R.) kam, war die **I.A.R.C.V.11**, ein stromlinienförmiger, selbsttragender Tiefdecker, weitgehend in Metallbauweise, mit starrem Fahrwerk und einem 600 PS (448 kW) Lorraine Courlis Motor als Triebwerk.

1932 nahm Carafoli die Konstruktionsarbeiten wieder auf und produzierte im gleichen Jahr das Jagdflugzeug **I.A.R.12** und 1933 die **I.A.R.13**. Beide Maschinen waren selbsttragende Tiefdecker, jedoch robuster konstruiert als die C.V.11, und sie hatten einen Schutzbügel für Überschläge. Sie unterschieden sich in der vorderen Rumpfkontur sowie in der Form von Heckflosse und Seitenruder. Im gleichen Jahr folgte die **I.A.R.14** mit einem vereinfachten Fahrwerk, und der Überschlag-Schutz wurde in eine stromlinienförmige Verkleidung hinter der Kopfstütze des Piloten integriert. Für die rumänischen Luftstreitkräfte wurden fünf Serienexemplare der I.A.R.14 gebaut und dort als Jagd-Schulflugzeuge verwendet.

Die letzte Jäger-Konstruktion von Carafoli war, ebenfalls 1933, die **I.A.R.15** mit einem 600 PS Gnome-Rhône 9Krse Sternmotor. Das Jagd-Schulflugzeug **I.A.R.16** aus dem Jahr 1934 hatte einen 500 PS (373 kW) Bristol Mercury IV Sternmotor.

**Die C.V.11 war während eines Weltklasse-Langstrecken-Rekordversuchs in einen Unfall verwickelt.**

### Technische Daten
**I.A.R.14**

**Typ:** einsitziges Jagd-Schulflugzeug.
**Triebwerk:** ein 450 PS (335 kW) Lorraine Dietrich Kolbenmotor.
**Leistung:** Höchstgeschwindigkeit 294 km/h; Dienstgipfelhöhe 7.500 m; Reichweite 600 km.
**Gewicht:** Rüstgewicht 1.150 kg; max. Startgewicht 1.540 kg.
**Abmessungen:** Spannweite 11,70 m; Länge 7,32 m; Höhe 2,50 m; Tragflügelfläche 19,80 m².
**Bewaffnung:** zwei synchronisierte, vorwärtsfeuernde 7,7 mm MG.

# I.A.R.27

### Entwicklungsgeschichte

Das Anfänger-Schulflugzeug **I.A.R.27** wurde aus der Experimentalmaschine **I.A.R.21** aus dem Jahre 1933 und aus der besseren **I.A.R.22** des Jahres 1934 entwickelt. Die letztgenannte Maschine hatte mit ihrem 130 PS (97 kW) de Havilland Gipsy Major Motor 1935 einen beachtenswerten Flug nach Afrika unternommen, wobei sie bis nach Entebbe in Uganda kam.

Von der Gesamtauslegung her glich der I.A.R.27 Prototyp aus dem Jahr 1937 seinen Vorgängern, war jedoch zur Erleichterung der Massenfertigung vereinfacht worden. Der verstrebte Tiefdecker mit offenen Tandemcockpits wurde von einem I.A.R.6 G1 Motor angetrieben, einer Lizenzversion des de Havilland Gipsy Six Modells.

Die I.A.R.27 wurde sowohl für zivile als auch für militärische Flugschulen in erheblichen Stückzahlen gebaut, hauptsächlich bei I.A.R., aber auch das Unternehmen S.E.T. in Bukarest baute 30 Exemplare. Es wird angenommen, daß die Gesamtproduktion über 200 Maschinen betrug. Der Typ blieb bis 1945 im Dienst, und einige Exemplare überlebten noch kurz in der Nachkriegszeit.

### Technische Daten
**I.A.R.27**

**Typ:** ein zweisitziges Tiefdecker-Anfänger-Schulflugzeug.
**Triebwerk:** ein 180 PS (134 kW) I.A.R.6 G1 Kolbenmotor.
**Leistung:** Höchstgeschwindigkeit 180 km/h; Dienstgipfelhöhe 5.000 m; Reichweite 400 km.
**Gewicht:** Rüstgewicht 670 kg; max. Startgewicht 948 kg.
**Abmessungen:** Spannweite 9,10 m; Länge 7,41 m; Höhe 2,40 m; Tragflügelfläche 16,60 m².

# I.A.R. 37, 38 und 39

### Entwicklungsgeschichte

Der **I.A.R.37** Prototyp wurde nach einem Entwurf der Ingenieure Grossu-Vizuru und Carp gebaut und flog erstmals 1937 mit dem Firmenpiloten Max Manolescu. Das Modell, ein Doppeldecker ungleicher Spannweite, war für eine offizielle Anforderung für ein taktisches Bomben- und Aufklärungsflugzeug vorgesehen und hatte ein festes Hauptfahrwerk und einen I.A.R. K.14 Sternmotor. Die dreiköpfige Besatzung saß unter einer durchgehenden, verglasten Kuppel mit dem Beobachter zwischen Pilot und Bordschützen. Zur Ausstattung gehörten eine volle Doppelsteuerung, ein in Rumänien entworfenes Estopey Bomben-Zielgerät, Funk und Kamera. Die Verteidigungsbewaffnung bestand aus vier MG, und die Angriffswaffen waren 50 kg Bomben oder sechs 100 kg Bomben an Flügelstationen.

Die I.A.R. ging Ende 1938 in Serie und wurde in kleineren Stückzahlen gebaut, bevor sie 1939 durch das Übergangsmodell **I.A.R.38** abgelöst wurde, das sich lediglich durch das Triebwerk von seinem Vorgän-

**Die I.A.R.39 war ein zweisitziger leichter Bomber mit einem unter Lizenz gebauten Gnome-Rhône 14K Motor.**

ger unterschied und in der Produktion bald darauf der **I.A.R.39** wich. Von den insgesamt 325 I.A.R.37, 38 und 39 waren mehr als 200 Vertreter des Typs I.A.R. 39, 96 davon unter Zuliefervertrag von S.E.TA. und mehr als 100 von I.A.R. gebaut.

Ende des Jahres 1940 wurden zahlreiche I.A.R. Doppeldecker bei der Fortelor Aeriene Regal ale Romania (königlich-rumänische Luftwaffe) oder FARR eingesetzt. Sie dienten bei mehreren Geschwadern, die verschiedenen Armee-Korps zugeordnet waren, und im Juni 1941, als Rumänien den deutschen Angriff auf die UdSSR unterstützte, hatten die drei Aufklärungsgeschwader oder 'Flotile' der FARR 18 'Eskadrile', von denen 15 mit I.A.R. Doppeldeckern ausgerüstet waren. Im Juli 1942 waren die in der Sowjetunion eingesetzten Einheiten als Corpul I Aerean neu geformt worden, und sie hatte verschiedene Staffeln mit I.A.R.39. Elf Aufklärungs-Eskadrile dienten gemeinsam mit den Armee-Kooperations-Flotile während der Ukraine-Offensive von 1944, die meisten davon mit I.A.R.39. Nach dem Krieg wurde in Rumänien die sozialistische Republik ausgerufen (Ende 1947), und der neu organisierten Luftstreitkräfte, die FR.RPR (Fortele Aeriene ale Republicii Populare Romania) verfügte über eine kleine Anzahl von I.A.R.39 für Schulung und Verbindungsflüge.

1940 waren drei **I.A.R.47** Prototypen im Bau, ein Modell, das die I.A.R.39 ablösen sollte; nur ein Exemplar wurde fertiggestellt.

### Technische Daten
**I.A.R.39**

**Typ:** zwei/dreisitziger Aufklärer/leichter Bomber.
**Triebwerk:** ein 870 PS (649 kW) I.A.R. K.14-IV C32 Sternmotor.
**Leistung:** Höchstgeschwindigkeit 336 km/h; Dienstgipfelhöhe 8.000 m; Reichweite 1.050 km.
**Gewicht:** Rüstgewicht 2.177 kg; max. Startgewicht 3.085 kg.
**Abmessungen:** Spannweite 13,10 m; Länge 9,60 m; Höhe 3,99 m; Tragflügelfläche 40,30 m².
**Bewaffnung:** drei 7,92 mm MG plus 288 kg Bomben oder 144 Luftgranaten.

# I.A.R. 80 und 81

### Entwicklungsgeschichte
Der von einem von Professor Ion Grossu geleiteten Team entworfene Prototyp der **I.A.R.80** flog erstmals im April 1939; der Pilot war Dumitru Popescu. Der neue Eindecker, ein Tiefdecker in Ganzmetallbauweise mit freitragenden Flügeln, einem offenen Cockpit, breitspurigem, einziehbarem Fahrwerk und einem I.A.R. K.14-III C36 Sternmotor, erbrachte eine gute Leistung und ging bald darauf für die Kampf-Eskadrile der FARR in Serie.

Die Auslieferung der ersten Serienmaschinen begann im Frühjahr 1940, und zu den Modifikationen des Serienmodells gehörten der Einbau einer nach hinten verschiebbaren Cockpitkuppel, eine freitragende Höhenflosse und der stärkere I.A.R. K.14-1000A Motor. Ungewöhnlich für die damalige Zeit war die Beibehaltung des Hecksporns.

Von der **I.A.R.80** und dem darauf basierenden **I.A.R.81** Sturzbomber wurden insgesamt 436 Exemplare gebaut. 1942 flogen vier Eskadrile der I.A.R.80 mit der rumänischen Corpul I Aerian in der Ukraine, aber ein Jahr später waren alle noch vorhandenen I.A.R.80 und 81 in Rumänien selbst stationiert, wo sie die schweren amerikanischen Bomber bekämpften, die es vor allem auf die Ölfelder von Ploesti abgesehen hatten.

1950 wurde eine Reihe noch erhaltener I.A.R.80 zur Schulung umgebaut und erhielt ein zweites Cockpit und Doppelsteuerung sowie die neue Bezeichnung **I.A.R.80DC**.

### Varianten
**I.A.R.80:** ursprüngliches Serienmodell; Kampfflugzeug mit vier Browning FN 7,92 mm MG in Flügelposition; 50 gebaut.
**I.A.R.80A:** Serienversion mit sechs MG; 90 gebaut.
**I.A.R.80B:** Version mit vier 7,92 mm MG und zwei 13,2 mm Browning; 30 gebaut.
**I.A.R.81:** ursprüngliche Version des verstärkten Sturzbombers mit sechs 7,92 mm Browning; Rumpf-Mittelhalterung für eine 250 kg Bombe und Unterflügelstationen für vier 50 kg Bomben; 50 gebaut.
**I.A.R.81A:** Bombenlast wie bei der I.A.R.81, aber MG-Bewaffnung wie bei der I.A.R.80B; 29 gebaut.
**I.A.R.81B:** eine Langstrecken-Kampfausführung mit Vorrichtungen für zwei Unterflügel-Abwurftanks; keine Bombenzuladung, sondern zwei Ikaria oder Oerlikon 20 mm Kanonen plus vier Browning FN 7,92 mm MG; 50 gebaut.
**I.A.R.81C:** Sturzkampfbomber, Bombenlast wie bei der I.A.R.81 und zwei 20 mm Mauser Kanonen plus vier 7,92 mm Browning; wahrscheinlich 137 gebaut, bevor das Modell in der I.A.R. Fabrik in Brasov von der Messerschmitt Bf 109G-6 abgelöst wurde.

**Die I.A.R.80 mit einem 1.025 PS (764 kW) Wright Motor war wegen ihres Heckspornfahrwerks ein für ihre Zeit ungewöhnliches Kampfflugzeug.**

### Technische Daten
**I.A.R.80 Baureihe**

**Typ:** einsitziges Kampfflugzeug.
**Triebwerk:** ein 1.025 PS (764 kW) I.A.R. K14-1000A Sternmotor.
**Leistung:** Höchstgeschwindigkeit 550 km/h in 3.970 m Höhe; Dienstgipfelhöhe 10.500 m; Reichw. 940 km.
**Gewicht:** Rüstgewicht 1.780 kg; max. Startgewicht 2.550 kg.
**Abmessungen:** Spannweite 10,50 m; Länge 8,90 m; Höhe 3,60 m; Tragflügelfläche 15,97 m².
**Bewaffnung:** siehe Varianten.

# I.A.R.-821

### Entwicklungsgeschichte
Die rumänische Flugzeugindustrie steht heute unter der Oberleitung der Central National al Industriei Aeronautice Romane (C.N.I.A.R), deren zwei wichtigste Fabriken sich in Brasov und Bukarest befinden. Die **I.A.R.-821**, ein ein- oder auf Wunsch zweisitziges landwirtschaftliches oder Mehrzweckflugzeug (Eindecker), flog erstmals 1967. Etwa 20 Serienexemplare wurden gebaut, mit 300 PS (224 kW) Iwtschenko AI-14RF Sternmotoren.

Einige entstanden außerdem unter der Bezeichnung **I.A.R.-821B** als zweisitzige Tandem-Ausführung für die Flug- und landwirtschaftliche Schulung.

**Die als Agrar- und Schulflugzeug konzipierte I.A.R.-821 hat einen zuverlässigen Sternmotor und eine robuste Struktur.**

# I.A.R.-822

### Entwicklungsgeschichte
Unter der Bezeichnung **I.A.R.-822** wurde im März 1970 erstmals ein moderneres ein- oder zweisitziges Agrar- und Mehrzweckflugzeug geflogen, das sich von der I.A.R.-821 vor allem durch einen Avco Lycoming Sechszylinder anstelle des Sternmotors seines Vorgängers unterschied. Eine ähnliche Tandem-Ausführung mit der Bezeichnung **I.A.R.822B** ist seit 1971 erhältlich. Beide hatten Gemischtbauweise und wurden 1973 durch eine **I.A.R.-826** in (auf Wunsch) Ganzmetallbauweise ergänzt. Eine verbesserte **I.A.R.-827** mit einem 400 PS (298 kW) Avco Lycoming IO-270 Motor wurde im gleichen Jahr angekündigt, aber bei den Tests erwies sich die Notwendigkeit eines stärkeren Triebwerks, so daß wieder auf den ursprünglichen Motor zurückgegriffen wurde. 1979 wurde die **I.A.R.-827A** mit dem 600 PS (447 kW) PZL-3S Sternmotor zugelassen; diese Version wird zur Zeit in Brasov produziert. Eine **I.A.R.-828** mit Pratt & Whitney Canada PT6A-15AG Turboprop startete Anfang 1984 erstmals zu Testflügen.

# I.A.R.-823

### Entwicklungsgeschichte
Die **I.A.R.-823** ist ein zwei/fünfsitziger Kabinen-Eindecker für Schul- und Reiseflüge mit freitragenden Tiefdeckerflügeln und einem 290 PS (216 kW) Avco Lycoming IO-540 Sechszylinder; das erste Serienexemplar flog 1974. Etwa 90 Maschinen wurden bis 1983 gebaut und davon 60 bei der rumänischen Luftwaffe, die übrigen wurden bei Fliegerclubs eingesetzt.

# I.A.R.-825TP Triumf

### Entwicklungsgeschichte
Der Prototyp eines zweisitzigen Fortgeschrittenen-Schulflugzeugs mit Propellerturbinenantrieb, ähnlicher Konfiguration wie die I.A.R.-823, aber neuen Details im Entwurf, die **I.A.R.-825TP Triumf**, flog erstmals am 12. Juni 1982. Fluglehrer und Schüler sitzen hintereinander unter einer seitlich zu öffnenden, einteiligen Kuppel, und das Triebwerk besteht aus einem Pratt & Whitney Aircraft of Canada PT6A-15AG Propellerturbinenmotor; die Serienmaschinen sollen den stärkeren 750 WPS (559 kW) PT6A-25C Motor und verstärkte Tragflächen für Übungswaffen beim Einsatz zu der Waffenschulung erhalten.

### Technische Daten
**Typ:** ein zweisitziger militärischer Turboprop-Trainer.
**Triebwerk:** ein Pratt & Whitney Canada PT6A-25C Turboprop-Triebwerk mit 750 WPS (559 kW).
**Leistung:** Höchstgeschwindigkeit 550 km/h; Reisegeschwindigkeit 440 km/h; Dienstgipfelhöhe 9.000 m; Reichweite 1.400 km.
**Gewicht:** Leergewicht 1.200 kg; max. Startgewicht 1.700 kg.
**Abmessungen:** Spannweite 10,30 m; Länge 8,90 m; Höhe 2,38 m; Tragflügelfläche 15,00 m².

# I.C.A. IS-23A/IS-24

## Entwicklungsgeschichte

Bevor der heute geläufigere Titel Intreprinderea de Constructi Aeronautice übernommen wurde, trugen die Produkte der Fabrik in Brasov die Bezeichnung I.C.A.-Brasov. Am 24. Mai 1968 wurde der Prototyp eines sechssitzigen Mehrzweckflugzeugs mit der Bezeichnung **I.C.A.-Brasov IS-23A** geflogen; anscheinend folgte darauf kein Serienmodell, sondern stattdessen ein verbesserter Prototyp mit einem 290 PS (216 kW) Avco Lycoming IO-540 Sechszylinder, der am 24. Mai 1971 unter der Bezeichnung **IS-24** erstmals flog. Als der Typ in Serie ging, wurde die Bezeichnung **I.A.R.-824** benutzt; wahrscheinlich wurden nur wenige gebaut.

M. B. Passingham

**Die I.C.A. IS-24, ein sechssitziges Mehrzweckflugzeug, war der Prototyp für das I.A.R.-824 Serienmodell.**

# I.M.A.M. Ro.5

## Entwicklungsgeschichte

Die neapolitanische Firma O.F.M. (Officine Ferroviarie Meridionali) begann 1927 mit der Lizenzproduktion des Doppeldeckers Fokker C.VE, der als Aufklärer eingesetzt wurde. Nach der Herstellung von 277 Exemplaren für die Regia Aeronautice unter der Bezeichnung **Romeo R.1** baute die Firma 72 **RO.1bis** Doppeldecker, die sich von ihren Vorgängern durch stärkere Motoren, ein verbessertes Fahrwerk und Vorrichtungen für ein Maschinengewehr zur Verteidigung unterschieden. Ro.1 und Ro.1bis Doppeldecker dienten mehrere Jahre lang bei Aufklärungs-Squadriglie und wurden häufig in Italiens Kolonien in Afrika eingesetzt. Einige Exemplare flogen in Norditalien mit Skiern.

Die Firma wählte schließlich den Namen 'Romeo' für ihre Erzeugnisse und wurde später zu I.M.A.M. (Industrie Meccaniche e Aeronautiche Meridionali) umgebildet. Zu den gebauten Flugzeugen gehörten die **I.M.A.M. Ro 10**, eine Ausführung des Fokker F.VII/3m Transporters mit Alfa Romeo Lynx Motoren, und die **RO.25**, ein zweisitziges Kunstflug-Schulflugzeug in Doppeldeckerkonfiguration.

Die 1929 als Prototyp geflogene **Ro.5** war ein zweisitziger Reise-Eindecker mit Tragflächen in Baldachinkonstruktion, und die Serienexemplare nahmen bei verschiedenen Reiseflugzeugwettbewerben teil. Der Typ wurde in großen Stückzahlen produziert, nicht nur für private Betreiber und Fliegerclubs, sondern auch für die Regia Aeronautica, wo er zur Schulung von Reservepiloten diente und als Verbindungsflugzeug bei Kampfeinheiten stationiert war. Die meisten hatten Fiat A.50 Sternmotoren, aber einige Versionen flogen mit dem etwas stärkeren 85 PS (63 kW) Walter Triebwerk. Die späte **Ro.5bis** hatte eine verglaste Kuppel über den Tandem-Cockpits.

M. B. Passingham

**Die I.M.A.M. Ro.5 war für die Regia Aeronautica ein Anfänger-Schulflugzeug und diente außerdem als Verbindungsflugzeug.**

### Technische Daten
**I.M.A.M. Ro.5**

**Typ:** ein zweisitziger Reise-, Verbindungs- und Schulungseindecker.
**Triebwerk:** ein 80 PS (60 kW) Fiat A.50 Sternmotor.
**Leistung:** Höchstgeschwindigkeit 175 km/h; Dienstgipfelhöhe 4.000 m; Reichweite 1.000 km.
**Gewicht:** Rüstgewicht 420 kg; max. Startgewicht 700 kg.
**Abmessungen:** Spannweite 11,08 m; Länge 6,94 m; Höhe 2,16 m; Tragflügelfläche 18,00 m².

# I.M.A.M. Ro.30

## Entwicklungsgeschichte

Diese in Neapel ansässige Firma war der Nachfolger von O.F.M. Aeroplani Romeo, dem wichtigsten Hersteller der Ro.1 und Ro.1bis, der italienischen Version der Fokker C.V. Der Erfolg dieser früheren Doppeldecker bei der Regia Aeronautica führte 1932 zur Entwicklung eines neuen Beobachtungs-Doppeldeckers mit ungleicher Spannweite, der **I.M.A.M. Ro.30**. Das Pilotencockpit war geschlossen und unmittelbar vor der oberen Flügelvorderkante angesetzt; der Beobachter/zweite Pilot hatte eine Kabine zwischen den Tragflächen, und das dritte Besatzungsmitglied saß in einem offenen Cockpit hinter den Flügeln. Das Triebwerk war entweder ein Alfa Romeo Mercury von 530 PS (395 kW) oder der etwas schwächere Piaggio Jupiter VIII. Es gab Vorrichtungen für eine Kamera, einen Funkempfänger und Nachtflugausrüstung.

Die Ro.20 wurde in begrenzter Anzahl gebaut; mehrere Exemplare waren bei verschiedenen Beobachtungseinheiten der Regia Aeronautica stationiert, bevor 1937 die Ro.37 eingeführt wurde.

**Diese Aufnahme einer Regia Aeronautica Ro.30 zeigt deutlich das geschlossene Cockpit und die Flügel ungleicher Spannweite.**

M. B. Passingham

### Technische Daten

**Typ:** ein dreisitziger Beobachtungs-Doppeldecker.
**Triebwerk:** ein 500 PS (373 kW) Piaggio Jupiter VIII Sternmotor.
**Leistung:** Höchstgeschwindigkeit 225 km/h; Dienstgipfelhöhe 7.500 m; Reichweite 1.600 km.
**Gewicht:** Rüstgewicht 1.580 kg; max. Startgewicht 2.630 kg.
**Abmessungen:** Spannweite 15,75 m; Länge 10,24 m; Höhe 3,50 m.
**Bewaffnung:** drei 7,7 mm MG.

# I.M.A.M. Ro.37

## Entwicklungsgeschichte

Der Entwurf des zweisitzigen Kampf/Aufklärungs-Doppeldeckers **I.M.A.M. Ro. 37** wurde vor 1936 von der Firma Romeo angeregt, dem Jahr, in dem dieser bekannte Name nach der Vereinigung der Firma mit der Breda Gruppe verschwand. Beim Erstflug 1934 war der Ro.37 Prototyp ein recht konventioneller Doppeldecker mit ungleicher Spannweite, bei dem besondere Mühe auf die Reduktion des Luftwiderstands verwendet worden war. Die Verwendung eines 550 PS (410 kW) Fiat A.30 RA V-12 Motors mit einer von einer Propellerhaube verkleideten Propellernabe gab eine minimale Frontfläche ab, ein Vorteil, der allerdings durch den Motorkühler weitgehend aufgehoben wurde. Dieses Problem war bei der verbesserten **Ro.37bis** behoben, die einen luftgekühlten Lader-Sternmotor einführte, der sowohl die Geschwindigkeit als auch die Gipfelhöhe verbesserte. Etwa 650 Exemplare beider Versionen wurden gebaut.

Rund 20 Ro.37bis wurden während des Spanischen Bürgerkriegs zur Luftnahunterstützung mit einer leichten Bombenlast unter den Tragflächen oder dem Rumpf eingesetzt. Mehrere Maschinen wurden nach Abessinien, Afghanistan, nach Mittel- und Südamerika sowie nach Ungarn exportiert, und die italienische Luftwaffe setzte beim Eingreifen des Landes in den Zweiten Weltkrieg fast 300 Maschinen ein. Inzwischen war die Ro.37 ein Standard-Aufklärungsflugzeug für die Gefechtsfeld-Beobachtung (squadriglie da osservazione aerea) geworden und häufig auf dem Balkan und bei den Kämpfen in Nord- und Ostafrika eingesetzt. Als der Typ aus dem Fronteinsatz zurückgezogen wurde, dienten die Maschinen noch in verschiedenen Rollen, wurden aber alle vor dem italienischen Waffenstillstand im September 1943 ausgeschieden.

Die Versuche der I.M.A.M., ein vergleichbares Modell für die italienische Marine zu bauen, führten zur sehr ähnlichen **Ro.43**, einem zweisitzigen Aufklärer und Jäger, der als Schwimmerflugzeug von Flugzeugträgern eingesetzt wurde und etwas später zur **Ro.44**, einem einsitzigen Jäger, ebenfalls ein Schwimmflugzeug. Von diesen beiden Versionen wurden rund 185 Exemplare gebaut, die aber nur vergleichsweise wenige Einsätze erlebten, und nur einige Maschinen überdauerten den Zweiten Weltkrieg.

### Technische Daten
**I.M.A.M. Ro.37bis**

**Typ:** zweisitziger Aufklärer/leichter Bomber.
**Triebwerk:** ein 560 PS (418 kW) Piaggio P.IX RC 40 Sternmotor.
**Leistung:** Höchstgeschwindigkeit 330 km 5.000 m Höhe; Dienstgipfelhöhe 7.200 m; maximale Reichweite 1.120 km.
**Gewicht:** Leergewicht 1.587 kg; max. Startgewicht 2.420 kg.
**Abmessungen:** Spannweite 11,08 m; Länge 8,56 m; Höhe 3,15 m; Tragflügelfläche 31,35 m².
**Bewaffnung:** zwei vorwärtsfeuernde 7,7 mm MG und ein schwenkbares MG im hinteren Cockpit plus bis zu 15 kg Bomben an Außenstationen.

**Die I.M.A.M. Ro.37bis wurde von der italienischen Luftwaffe und den Streitkräften anderer Länder eingesetzt. Hier abgebildet ist ein Exemplar der faschistischen spanischen Luftstreitkräfte.**

M. B. Passingham

# I.M.A.M. Ro.41

## Entwicklungsgeschichte

Der Prototyp der **I.M.A.M. Ro.41** unternahm seinen Erstflug am 16. Juni 1934. Das Modell war als leichter einsitziger Kampf- oder Kunstflugtrainer gedacht und erbrachte eine gute Leistung, fand aber nur wenig Interesse. Zwei Jahre später bestellte die Regia Aeronautica diesen kompakten Doppeldecker mit Knickflügeln und gab ihn als Anfänger-Schulflugzeug in Serie, sowohl in einals auch zweisitziger Ausführung. Zwischen 1936 und 1943 bauten I.M.A.M., Agusta und Avis 480 einsitzige und 230 zweisitzige Ro.41 mit Doppelsteuerung.

Militär-Flugschulen verwendeten zahlreiche Exemplare beider Ausführungen, während die Einsitzer oft für die Kunstflugschulung eingesetzt wurden. Beim Spanischen Bürgerkrieg gingen zahlreiche Front-Flugzeuge der Regia Aeronautica verloren, und viele einsitzige Ro.41 wurden Kampfeinheiten an der Front zugeordnet, um die Verluste wettzumachen. Obwohl das Modell nicht die Qualitäten der Fiat C.R.32 besaß, erzielte die Ro.41 eine bessere Steigzeit als ihr berühmterer Zeitgenosse. Die spanischen Faschisten erhielten von Italien 25 Ro.41 und verwendeten sie als Kampfschulflugzeuge; neun wurden nach Ungarn exportiert.

Am 31. Juli 1943 waren noch 443 Ro.41 bei der Regia Aeronautica im Einsatz, von denen einige wenige noch bis in die Nachkriegszeit hinein überlebten. 1949 baute Agusta 13 zweisitzige und zwölf einsitzige R.41, die als militärische Schulflugzeuge und für Verbindungsaufgaben noch mehrere Jahre eingesetzt wurden.

M. B. Passingham

**Die Ro.41 wurde in einer einsitzigen und einer (hier abgebildeten) zweisitzigen Ausführung gebaut.**

### Technische Daten

**I.M.A.M. Ro.41** (Einsitzer)
**Typ:** ein Anfänger- und Kunstflugtrainer.
**Triebwerk:** ein 390 PS (291 kW) Piaggio P.VII Sternmotor.
**Leistung:** Höchstgeschwindigkeit 322 km/h in 5.000 m Höhe; Dienstgipfelhöhe 7.750 m; Reichw. 568 km.
**Gewicht:** Rüstgewicht 1.010 kg; max. Startgewicht 1.265 kg.
**Abmessungen:** Spannweite 8,81 m; Länge 6,90 m; Höhe 2,68 m; Tragflügelfläche 19,50 m².
**Bewaffnung:** zwei starre, synchronisierte 7,7 mm MG.

# I.M.A.M. Ro.57 und Ro.58

## Entwicklungsgeschichte

Nach der Aufgabe des experimentellen **I.M.A.M. Ro.45** Aufklärers, der auf der berühmten Ro.37 basierte, und des einsitzigen Kampf-Tiefdeckers **Ro.51** mit Sternmotor setzte die Firma die Entwicklung des zweimotorigen Einsitzers **I.M.A.M. Ro.57** fort. Der Prototyp dieses Tiefdeckers flog erstmals im Frühjahr 1939 und ging nach ausgiebigen Tests in Serie. Ende 1942 begann die Arbeit an einer Bestellung über 200 **Ro.57bis** Maschinen, die aber auf 90 Exemplare reduziert wurde, von denen nicht einmal 50 gebaut werden konnten. Die Ro.57bis behielt das gleiche Triebwerk, war aber für eine Angriffsrolle vorgesehen, wobei die Bewaffnung von 12,7 mm MG auf 20 mm Kanonen erweitert wurde. Außerdem erhielt der Typ Sturzflugbremsen und Vorrichtungen für eine Bombenzuladung von 500 kg.

Die Ro.57bis nahm den Dienst bei der 97° Gruppo Autonomo der Regia Aeronautica auf und war dort bis zum 9. Juli 1943 in 15 Exemplaren vertreten. Die meisten davon wurden bei einem Bombenangriff durch B-24 auf den Stützpunkt bei Crotone vier Tage später zerstört, und der Typ geriet daraufhin in Vergessenheit.

Zweitsitzige **Ro.58**, eine Entwicklung der Ro.57, existierte nur in Prototyp-Form und flog erstmals im Mai 1942 mit zwei Daimler-Benz DB-601A Motoren und einer Bewaffnung von fünf 29 mm Kanonen und einem schweren MG.

### Technische Daten

**I.M.A.M. R.57**
**Typ:** einsitziges Kampfflugzeug.
**Triebwerk:** zwei 840 PS (627 kW) Fiat A.74 Sternmotoren.
**Leistung:** Höchstgeschwindigkeit 516 km/h; Dienstgipfelhöhe 9.300 m; Reichweite 1.200 km.
**Gewicht:** Rüstgewicht 3.110 kg; max. Startgewicht 4.055 kg.
**Abmessungen:** Spannweite 12,50 m; Länge 8,80 m; Höhe 2,90 m; Tragflügelfläche 23,00 m².

M. B. Passingham

**Die Ro.58 mit Daimler-Benz DB601A anstelle von Fiat Sternmotoren war eine bedeutende Verbesserung gegenüber der Ro.57, was Bewaffnung und Leistung betraf.**

**Bewaffnung:** zwei im Bug montierte 12,7 mm Breda-SAFAT MG.

# I.M.A.M. Ro.63

## Entwicklungsgeschichte

Die von der Fieseler Fi 156 inspirierte **I.M.A.M. Ro.63**, ein abgestrebter Kabinen-Hochdecker, flog erstmals im Juni 1940. Der Dreisitzer, der innerhalb von 50 m starten und landen konnte, war für Aufklärungs- und Verbindungsflüge sowie zur Evakuierung von Verwundeten vorgesehen. Mit einem 280 PS (209 kW) Hirth HM 508D Motor erreichte das Modell eine Höchstgeschwindigkeit von 220 km/h. Die sechs Vorserienmaschinen wurden ab 1941 an Beobachtungs-Staffeln in Italien und Nordafrika überstellt; ein Auftrag über 100 Flugzeuge wurde storniert.

# I.M.P.A. RR-11 und TU-SA-0

## Entwicklungsgeschichte

Die argentinische Firma Compania Industria Metalurgica & Plastica SA (I.M.P.A.) für Motorfahrzeuge und Zusatzteile gründete 1941 ihre Flugzeugabteilung. Ihr erstes gebautes Flugzeug war die **RR-11**, ein leichtgewichtiger zweisitziger Kabinen-Eindecker mit einem 65 PS (48 kW) Avco Lycoming Motor. Es folgte die verbesserte **TU-SA-0**, die erstmals am 17. April 1943 flog und in Ausführungen mit einem 65 PS (48 kW) Avco Lycoming oder 80 PS (60 kW) Continental Motor erhältlich war. Nur etwa 25 Exemplare wurden gebaut und bald wieder aus dem Einsatz genommen.

**Die I.M.P.A. TU-SA hatte durch die schlankeren Buglinien und das verkleidete Fahrwerk ein sportlicheres Äußeres.**

M. B. Passingham

# I.N.T.A. Flugzeuge

## Entwicklungsgeschichte

Das spanische Instituto Naçional de Technica Aeronautica (I.N.T.A.) hatte keine Produktionsstätten, so daß die Aeronautica Industriale SA (AISA) den Bau der Modelle übernehmen mußte. Daher wird oft angenommen, daß die I.N.T.A. Modelle aus der AISA-Konstruktionswerkstatt stammen. Es handelt sich um eine kleine Baureihe von Leichtflugzeugen. Die **I.N.T.A. H.M.1** aus dem Jahre 1943, ein zweisitziges Anfänger-Schulflugzeug mit Stoffbespannung und Gemischtbauweise, und das einsitzige Fortgeschrittenen-Schulflugzeug **H.M.5** sowie das zweisitzige Schleppflugzeug **H.M.9** aus gleichen Jahr waren weitgehend ähnlich, abgesehen von Veränderungen in Ausrüstung und Besatzungsgröße. Die **H.M.2** aus dem Jahr 1945 war eine Ausführung der H.M.1 mit geschlossener Kabine und einziehbarem Heckradfahrwerk, und die H.M.3 von 1947 war eine Schwimmerausführung mit dem offenen Cockpit der H.M.1. Der letzte Vertreter war eine 1947 in Prototypen gebaute, vergrößerte viersitzige Version der H.M.1 mit der Bezeichnung **H.M.7** mit einem stärkeren Motor. 1948 hatte das I.N.T.A. offenbar das Interesse an motorisierten Flugzeugen verloren und widmete sich dem Entwurf von Segelflugzeugen.

M. B. Passingham

**Die I.N.T.A. H.M.7 war eine Weiterentwicklung der H.M.1 mit einem 240 PS (179 kW) Argus As 10C Motor.**

## I.P.D. BF-1 Beija-Flor

### Entwicklungsgeschichte

Die Flugzeugabteilung (PAR) des brasilianischen Forschungs- und Entwicklungsinstituts (I.P.D.) baute drei Prototypen eines kleinen, zweisitzigen Leichthubschraubers, der ursprünglich von Professor Heinrich Focke entworfen worden war. Der erste Prototyp mit der Bezeichnung **I.P.D. BF-1 Beija-Flor** (Kolibri), flog erstmals am 1. Januar 1959, ging aber nicht in die Produktion.

**Der BF-1 Beija-Flor war ungewöhnlich wegen seines Triebwerks, ein 225 PS (168 kW) Continental E225 Sechszylinder, der im großen Bug untergebracht war. Der Typ konnte sich auf dem von Bell und Hiller beherrschten Markt nicht behaupten.**

## I.P.T. Flugzeuge

### Entwicklungsgeschichte

Das brasilianische Instituto de Pesquisas Technologicas (I.P.T.) entwarf und baute mehrere experimentelle Prototypen, die nicht für eine Produktion gedacht waren. Dazu gehörten die **I.P.T. O Bichinho** (ein einsitziger leichter Eindecker), die **I.P.T. 4 Planalto** (ein zweisitziger leichter Eindecker), die **I.P.T. 7 Junior** (ein zweisitziger Kabinen-Eindecker), die **I.P.T. 8** (ein neunsitziger leichter Transporter), die **I.P.T. 9** (ein zweimotoriger, fünfsitziger leichter Transporter), die **I.P.T. 10 Junior** (ein dreisitziger Kabinen-Eindecker), die **I.P.T. 11 Bichao** (ein zweisitziges Fortgeschrittenen-Schulflugzeug) und die **I.P.T. 13** (ein zweisitziger leichter Eindecker). Die anderen Zahlen dieser Serie wurden auf Segelflugzeuge angewendet.

**Die I.P.T. 0 Bichinho war das erste gebaute Modell des Instituts, hier über São Paulo aufgenommen.**

## I.V.L. A-22

### Entwicklungsgeschichte

Die von der staatlichen finnischen Flugzeugfabrik Ilmailuvoimien Lentokonetehdas (I.V.L.) gebaute **I.V.L. A-22** war ein Tiefdecker mit Doppelschwimmern, dessen Entwurf sich eng an den der Hansa-Brandenburg W.33 anlehnte. Das auffälligste Kennzeichen der meisten der 122 zwischen 1922 und 1925 gebauten Maschinen war der vordere Kühler. Noch 1936 wurden Exemplare der A-22 als Schulflugzeuge verwendet.

Zu den anderen in Finnland entworfenen und nicht über das Stadium des Prototyps hinaus entwickelten I.V.L. Flugzeugen gehörten die **C.24** mit Baldachinflügeln (1924) und die **C.VI.25** (1925), beides Einsitzer; die Doppeldecker-Kampfflugzeuge **D.26 Haukka I** und **D.27 Haukka II**, die zwischen 1927 und 1930 getestet wurden; und der Hochdecker **K.1 Kurki**, ein zweisitziges Schulflugzeug.

### Technische Daten

**I.V.L. A-22**

**Typ:** ein zweisitziges Aufklärungs-Schwimmerflugzeug.

**Triebwerk:** ein 300 PS (224 kW) Fiat A.12bis Kolbenmotor.

**Leistung:** Höchstgeschwindigkeit 158 km/h; Dienstgipfelhöhe 4.000 m; Reichweite 320 km.

**Gewicht:** max. Startgew. 2.100 kg.

**Abmessungen:** Spannweite 15,85 m; Länge 11,10 m; Höhe 2,94 m.

**Bewaffnung:** ein schwenkbares 7,62 mm MG über dem hinteren Cockpit.

## Ikarus Flugboote

### Entwicklungsgeschichte

1923 begann die jugoslawische Firma Ikarus (Ikarus Tvornica Aero i Hydroplana) mit dem Bau von Flugbooten nach Entwürfen, die Ingenieur Josef Mickl in der Werkstätte in Novi Sad geschaffen hatte. Mickl hatte zuvor für Rumpler in Deutschland und die Pol Arsenal in Österreich-Ungarn gearbeitet.

Das erste gebaute Modell war die **Ikarus SM**, ein Doppeldecker-Flugboot mit zwei nebeneinanderliegenden Sitzen und einem 100 PS (75 kW) Mercedes Motor.

Die SM wurde in geringer Stückzahl für die königlich-jugoslawische Marine gebaut, während das folgende **IM** Aufklärungs-Flugboot in Anderthalbdecker-Konfiguration und mit einem 400 PS (298 kW) Liberty Motor nicht in Produktion ging.

Die **IOM** aus dem Jahre 1927 war ein konventionellerer Doppeldecker als die IM, mit ungleicher Spannweite, aber dem gleichen Triebwerk und der gleichen Anlage für die Besatzung wie bei dem früheren Flugboot. Eine Serie wurde für jugoslawische Marine-Aufklärungseinheiten gebaut. Die IOM hatte eine Spannweite von 15,20 m, ein maximales Startgewicht von 2.450 kg und erreichte eine Höchstgeschwindigkeit von 70 km/h. Ebenso wie die IM war die IOM mit einem schwenkbaren 7,7 mm MG im Bugcockpit bewaffnet.

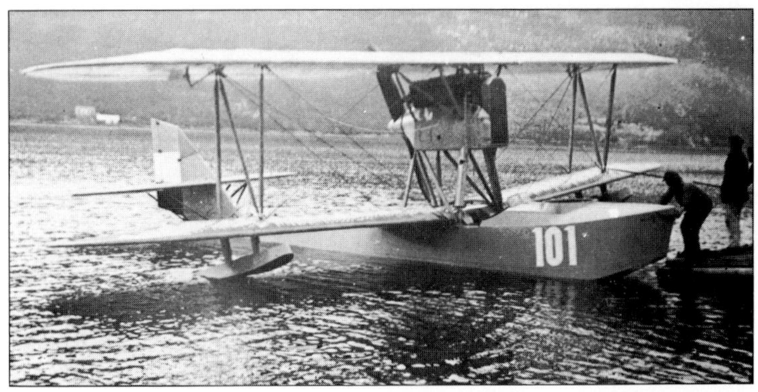

**Die Ikarus IOM hatte einen Liberty Motor und diente bei jugoslawischen Marine-Patrouilleneinheiten. Im Bug war gewöhnlich ein großes Maschinengewehr montiert.**

## Ikarus IK-2

### Entwicklungsgeschichte

Nach der Produktion von Potez 25 Aufklärungs-Doppeldeckern und Avia BH-33E Kampfflugzeugen (unter Lizenz) baute die Ikarus Fabrik einen Prototyp mit der Bezeichnung **IK-L1**, ein Eindecker-Kampfflugzeug mit Knickflügeln und einem 860 PS (641 kW) Hispano-Suiza 12Ycrs Motor, der erstmals am 22. April 1935 flog. Nachdem diese Maschine abstürzte, entstand ein zweiter Prototyp, **IK-02**, gefolgt von einer Serie von zwölf **Ikarus IK-2** Kampfflugzeugen, die im Frühjahr 1939 ausgeliefert wurden. Die den früheren Prototypen weitgehend ähnlichen IK-2 flogen mit der 107 Eskadrila im April 1941 Einsätze gegen die einmarschierenden deutschen Truppen. Die Bewaffnung bestand aus einer Hispano-Suiza 404 20 mm Kanone und zwei synchronisierten 7,7 mm MG. Die Tragflächenspannweite betrug 11,40 m, das maximale Startgewicht 1.857 kg, und die Höchstgeschwindigkeit belief sich auf 435 km/h.

Das letzte neue Ikarus-Modell, das vor der deutschen Invasion flog, war die **Orkan**, ein zweimotoriger Jagdbomber mit Schulterflügeln in Metallbauweise, einziehbarem Fahrwerk und Doppelleitwerk, einer schweren Kanonen- und MG-Bewaffnung sowie einer recht großen Bombenzuladung. Die Höchstgeschwindigkeit wird auf 550 km/h geschätzt, das Triebwerk bestand aus zwei 840 PS (627 kW) Fiat A.74 RC 38 Sternmotoren.

**Für die jugoslawische Luftwaffe wurden zwölf Ikarus IK-2 gebaut, von denen acht im Jahre 1941 in Griechenland eingesetzt wurden.**

## Weitere Ikarus Modelle: siehe Government Factories

# Iljuschin DB-3

### Entwicklungsgeschichte

Der Langstrecken-Bomberprototyp **TsKB-26** entstand 1935, ein zweimotoriger Tiefdecker in Metallbauweise mit 800 PS (597 kW) Gnome-Rhône K-14 Sternmotoren. Die am 1. Mai 1936 von Testpilot Wladimir Kokkinaki geflogene Maschine stellte im Juli 1936 zwei Höhen-Weltrekorde auf.

Ein zweiter Prototyp, die TsKB-30, hatte ein geschlossenes anstelle eines offenen Cockpits für den Piloten, sowjetische M-85 Motoren und ein metallenes Rumpfhinterteil; diese Maschine brach ebenfalls Rekorde und zog weltweites Interesse auf sich, als sie von Moskau nach Kanada flog, wo Kokkinaki am 28. April 1939 mit eingefahrenen Rädern landen mußte, nachdem er 8.000 km zurückgelegt hatte.

Inzwischen war der Bomber in der Sowjetunion bereits zwei Jahre lang produziert worden. Unter der militärischen Bezeichnung **DB-3** diente der Typ beim ADD (Langstrecken-Flieger) und V-MF (Marine-Flieger) und war noch während des Zweiten Weltkriegs im Einsatz, als die DB-3 einige der frühesten Angriffe auf Berlin durchführte.

Die DB-3 diente außerdem zwischen 1940 und 1945 bei der finnischen Luftwaffe; fünf erbeutete Maschinen wurden durch sechs weitere ergänzt, die aus deutscher Kriegsbeute gekauft wurden. 1940 lief die Produktion nach 1.528 Maschinen vom Typ DB-3 aus.

### Varianten

**DB-3M:** eine verbesserte Version mit zwei M-87 Motoren, ab 1939 in der Produktion.
**DB-3T:** spezielle Torpedobomberausführung mit Torpedos vom Typ 45-12-AN.
**DB-3PT:** Bezeichnung für ein Seeflugzeug mit Doppelschwimmern und Torpedo.

**Die Serienversion des TsKB 30 Fernbomber-Prototypen war die Iljuschin DB-3B.**

### Technische Daten

**Iljuschin DB-3M**
**Typ:** zweimotoriger mittlerer Langstreckenbomber.
**Triebwerk:** zwei 950 PS (708 kW) M-87B Sternmotoren.
**Leistung:** Höchstgeschwindigkeit 445 km/h; Dienstgipfelhöhe 9.700 m; Reichweite 3.800 km.
**Gewicht:** Rüstgewicht 5.270 kg; max. Startgewicht 7.660 kg.
**Abmessungen:** Spannweite 21,44 m; Länge 14,22 m; Höhe 4,19 m; Tragflügelfläche 65,60 m².
**Bewaffnung:** drei 7,62 mm ShKAS MG plus max. 2.500 kg Bomben.

# Iljuschin Il-1

### Entwicklungsgeschichte

Entsprechend der Praxis, ungerade Zahlen für Kampfflugzeug-Prototypen zu verwenden, war die **Iljuschin Il-1** ein 1944 vom Iljuschin Konstruktionsbüro in dieser Kategorie entwickelter Einsitzer. Das Modell hatte eine ausgeprägte Pfeilung der Flügelvorderkante und sollte einen 2.000 PS (1.492 kW) Mikulin AM-42 Motor für eine geschätzte Höchstgeschwindigkeit von 580 km/h erhalten. Die Entwicklung der Il-1 wurde jedoch in einem frühen Stadium abgebrochen; es existieren leider keine Fotos, sondern nur eine Zeichnung.

# Iljuschin Il-2 Schturmowik

### Entwicklungsgeschichte

Die Iljuschin Il-2, eines der bedeutendsten Militärflugzeuge des Zweiten Weltkriegs, wurde in großer Serie produziert; sowjetische Quellen geben 36.163 Exemplare an. Am Anfang stand die **TsKB-55**, entworfen von Sergej Iljuschin und seinem Team, das 1938 zum Zentralen Konstruktionsbüro (OKB) gehörte.

Das besondere Kennzeichen der zweisitzigen TsKB-55 oder **BsH-2** war die gepanzerte Schale, die einen integralen Teil der Rumpfstruktur bildete und Besatzung, Triebwerk, Kühler und Treibstofftank schützte. Das Flugzeug war somit für Angriffe auf Bodenziele im Tiefflug bestens geeignet, wurde aber zugunsten eines leichteren Einsitzers abgelehnt: der **TsKB-57** mit einem 1.700 PS (1.268 kW) AM-38 Motor, einer erhöhten, verkleideten Kuppel für den Piloten, 20 mm Kanonen anstelle von zwei der vier MG in den Tragflächen und mit Vorrichtungen für Raketenwerfer unter den Tragflächen. Der erste Prototyp flog zunächst am 12. Oktober 1940.

Offizielle Versuche endeten erst drei Monate vor der deutschen Invasion im Juni 1941. Zu dem Zeitpunkt war die Massenproduktion des inzwischen als Il-2 bezeichneten Typs in Gang gesetzt worden, und die erste Einheit erhielt ihre Maschinen im Mai 1941. Bis Ende Juni hatte die sowjetische Luftwaffe (V-VS) 249 Il-2 übernommen. Die Serienmaschinen waren weitgehend identisch mit den TsKB-57 Prototypen, enthielten aber einige Modifikationen, so eine neue Windschutzscheibe und eine kürzere Verkleidung hinter dem Cockpit, um einen besseren Schutz für den Piloten zu gewährleisten.

Die einsitzige Il-2 wurde in großer Zahl eingesetzt und erwies sich als schlagkräftige Waffe gegen die deutschen Heeresfahrzeuge und Panzer.

**Iljuschin Il-2 Typ 3, im Februar 1943 im Wintersichtschutz über Stalingrad eingesetzt**

Allerdings erlitt das Modell schwere Verluste, und in den Jahren 1941 und 1942 war oft kein Jagdschutz erhältlich. Im Februar 1942 wurde beschlossen, eine zweisitzige Il-2 nach dem Grundkonzept Iljuschins einzuführen. Das Ergebnis, die **Il-2M**, hatte Vorkehrungen für einen hinteren Schützen unter einer vergrößerten Kuppel. Zwei umgebaute Maschinen wurden im März 1942 versuchsweise geflogen, und die Serienexemplare waren ab September des Jahres 1942 einsatzbereit; andere Maschinen wurden an der Front auf die zweisitzige Konfiguration gebracht.

Zu den weiteren während der Produktion durchgeführten Veränderungen gehörten der Einbau eines stärkeren AM-38F Motors, der Austausch der beiden 20 mm ShVAK Kanonen durch effektivere 23 mm VYa Modelle, verschiedene aerodynamische Verfeinerungen für eine verbesserte Leistung und als Ausgleich für das höhere Gewicht durch die zusätzliche Bewaffnung und den Gewehrschützen verstärkte hölzerne äußere Flügelplatten (anstelle der Metallplatten) und die Erweiterung der Treibstoffkapazität.

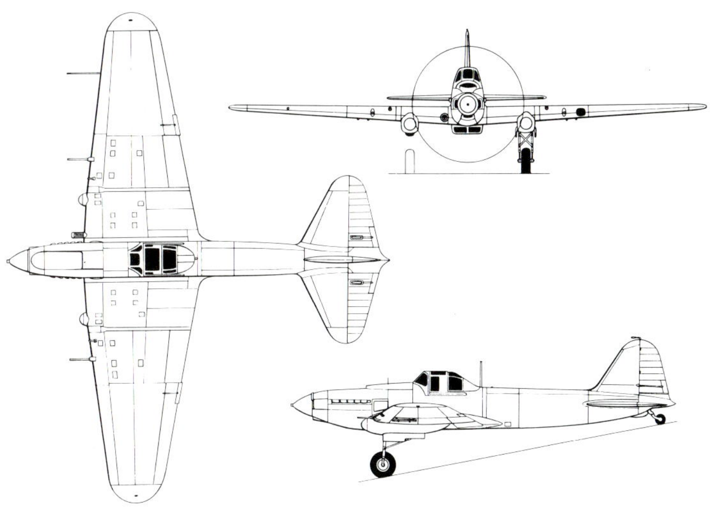

**Iljuschin Il-2 (frühes einsitziges Modell)**

Eine neue Version, die **Il-2M3** oder **Il-2 Typ 3** trat erstmals im Frühjahr 1943 bei Stalingrad auf. Das 1942 getestete Modell hatte neue, um 15° gepfeilte Außenflügelplatten. Leistung und Flugeigenschaften waren weitgehend verbessert, und die Typ 3 wurde die wichtigste und zahlenmäßig erfolgreichste Ausführung der Iljuschin Il-2.

Die Il-2 wurde in der Sowjetunion berühmt und 1944/45 mit noch größerer taktischer Wirkung eingesetzt, nachdem die Einsatzfähigkeiten genauer untersucht und die Panzerung verstärkt worden war. Zur Verbesserung der Bewaffnung gehörten Magazine mit 200 PTAB Hohlladungsgeschossen und panzerbrechende Bomben, DAG-10 Luft-Luft-Geschosse und die Einführung einer begrenzten Zahl von **Il-2 Typ 3M** Maschinen mit je zwei 37 mm NS-11 oder P-37 Kanonen, die in Verkleidungen außerhalb des Fahrwerks angebracht waren.

Die Il-2 wurde von der sowjetischen Marine auch gegen feindliche Schiffe eingesetzt und in der speziellen Form des Torpedo-Bombers **Il-2T** entwickelt. Über Land diente der Typ zur Aufklärung. Im letzten Jahr des Zweiten Weltkriegs wurde die Il-2 von polnischen und tschechoslowakischen Einheiten geflogen und diente noch mehrere Jahre nach dem Krieg bei der V-VS und etwas länger bei den Luftstreitkräften anderer osteuropäischer Länder.

Zwischen September 1941 und April 1942 wurde eine experimentelle Il-2 mit einem M-82 Sternmotor ausgiebig getestet, aber nicht produziert. Die Trainer hießen U-Il-2 und Il-2U.

### Technische Daten
**Iljuschin Il-2 Typ 3**
**Typ:** zweisitziges Kampfflugzeug.
**Triebwerk:** ein 1.720 PS (1.282 kW) Mikulin AM-38F Kolbenmotor.
**Leistung:** Höchstgeschwindigkeit 410 km/h in 1.500 m Höhe; Dienstgipfelhöhe 4.525 m; max. Reichweite 765 km.
**Gewicht:** Rüstgewicht 4.525 kg; max. Startgewicht 6.360 kg.
**Abmessungen:** Spannweite 14,60 m; Länge 11,65 m; Höhe 4,17 m; Tragflügelfläche 38,50 m².
**Bewaffnung:** zwei 23 mm VYa Kanonen und zwei 7,62 mm ShKAS MG (alle in Flügelposition) und ein 12,7 mm UBT MG für den Bordschützen plus 100 kg Bomben (vier innen und zwei unter dem Rumpf) oder zwei 250 kg Bomben (unter dem Rumpf), acht RS-82 Raketen oder vier RS-132 Raketen unter den äußeren Flügelplatten.

# Iljuschin Il-4

## Entwicklungsgeschichte

**Iljuschin Il-4 eines Bomberregiments, 1944 über der Ostfront eingesetzt**

1938 wurde eine Version der DB-3 mit einem völlig neuen, leicht zusammenbaubaren Flugwerk entwickelt. Dadurch veränderte sich das Äußere des Modells völlig; der Bug war schlank, stromlinienförmig und mit einer großen verglasten Fläche ausgestattet, wobei die Bugkanzel der DB-3 durch ein schwenkbares Gewehr ersetzt war. Im Juni 1939 wurden die staatlichen Tests erfolgreich beendet, und Ende des Jahres war der Typ für die Serienproduktion bereit. Die neue Version wurde zunächst als **Iljuschin DB-3F** und später als **Il-4** bezeichnet, als die Serienmaschinen an die Fernbombereinheiten ausgeliefert wurden.

Die Il-4 wurde bis 1944 in großen Stückzahlen produziert; insgesamt entstanden 5.256 Exemplare. Der ursprüngliche M-87A Motor wurde 1942 gegen den stärkeren M-88B mit Lader für zwei Geschwindigkeiten ausgetauscht. Die meisten der 1942 gebauten Maschinen hatten hölzerne Flügelholme, da nicht ausreichend leichte Legierungen zur Verfügung standen. Bei den späten Serienexemplaren wurden allerdings wieder Metallkomponenten verwendet.

Zusätzlich zu den Langstrecken-Bombenangriffen führten die mit Il-4 ausgerüsteten Einheiten häufig Angriffe auf taktische Ziele unmittelbar hinter den feindlichen Linien durch; dabei trugen sie die maximale Bombenladung. Die Il-4 wurde außerdem vielfach von den Minenleger- und Bombereinheiten benutzt, die den Flotteneinheiten in der Ostsee, im Schwarzen Meer und in der Nordsee beigestellt waren; beim Einsatz als Torpedobomber war die Il-4 mit einem 940 kg schweren Torpedo (45-36-AN bzw. 45-36-AV) bewaffnet. Es gab außerdem Vorkehrungen für einen äußeren Zusatztank unter dem Rumpfhinterteil.

Die Il-4 war ein robustes und erfolgreiches Flugzeug; einige Exemplare wurden noch nach dem Krieg in den verschiedensten Rollen eingesetzt. Es war langlebig genug, um von der NATO mit dem Codenamen 'Bob' bedacht zu werden. Vier aus deutschen Beutebeständen gekaufte Il-4 wurden von Finnland zwischen 1943 und 1945 gegen die sowjetischen Truppen eingesetzt.

1943 begann die Arbeit am Entwurf der **Il-6**, ein moderner Bomber mit Besatzungskabine mit Luftdruckausgleich für Einsätze in großer Höhe, ausgeprägter Pfeilung der Flügelvorderkante und zwei 1.500 PS (1.119 kW) Charomsky ACh-30B Dieselmotoren. Aber die Entwicklung wurde noch vor dem Flug des Prototypen abgebrochen.

**Einer der besten sowjetischen mittleren Bomber des Zweiten Weltkriegs, die Iljuschin Il-4, hatte eine gute Reichweite und Geschwindigkeit und trug wirksame Angriffs- und Verteidigungswaffen.**

### Technische Daten
**Iljuschin Il-4**
**Typ:** dreisitziger Fernbomber.
**Triebwerk:** zwei 1.100 PS (820 kW) M-88B Sternmotoren.
**Leistung:** Höchstgeschwindigkeit 430 km/h in 6.700 m Höhe; Dienstgipfelhöhe 9.700 m; max. Reichweite 3.800 km.
**Gewicht:** Rüstgewicht 5.800 kg; max. Startgewicht 11.300 kg.
**Abmessungen:** Spannweite 21,44 m; Länge 14,80 m; Höhe 4,10 m; Tragflügelfläche 66,70 m².
**Bewaffnung:** ein 12,7 mm und zwei 7,62 mm MG plus innere Bombenlast von 1.000 kg oder eine maximale (innere und äußere) Bombenlast von 2.500 kg.

# Iljuschin Il-10

**Iljuschin Il-10 der polnischen Luftstreitkräfte, 1951**

## Entwicklungsgeschichte

Um die Il-2 Schturmowik zu ersetzen, entwarf das Iljuschin Konstruktionbüro 1943 zwei verschiedene Prototypen. Die **Il-8** war der Il-2 sehr ähnlich, hatte aber einen stärkeren AM-42 Motor, neue Tragflächen und Höhenleitwerke, sowie das Fahrwerk und den Rumpf der späten Il-2 Serienmaschinen. Nach dem Testflug im April 1942 wurde die Il-8 zugunsten der **Iljuschin Il-10** verworfen, die noch im gleichen Monat mit dem Testprogramm begann.

Die Il-10 war ein völlig neuer Entwurf in Metallbauweise und einer verbesserten aerodynamischen Form. Die Unterbringung der Besatzung war ebenfalls verbessert: der Schütze saß mit dem Rücken zum Piloten in einem vergrößerten Cockpit, und beide waren durch die gepanzerte Schalenstruktur geschützt. Die neuen Fahrwerkhauptteile ließen sich in die Tragflächen einziehen und ersetzten die großen Hauptteile der Il-2; sie erforderten nur kleine Verkleidungen über dem Schwenkmechanismus.

Frühe positive Berichte über das Testprogramm des Prototypen führten zur Bestellung einer Vorserienreihe; die Massenproduktion begann im August 1944, und die Einsatztests wurden zwei Monate später aufgenommen. Der Typ wurde erstmals im Februar 1945 im Krieg eingesetzt, und die Produktion erreichte im Frühling ihren Höhepunkt. Viele Regimenter wurden mit der Il-10 neu ausgerüstet, bevor Deutschland kapitulierte, und zahlreiche Maschinen dieses Typs nahmen im August 1945 in der Mandschurei und in Korea an einer kurzen, aber aufwendigen Operation gegen die Japaner teil.

Die Produktion der Il-10 wurde auch nach dem Krieg fortgesetzt; die sowjetischen Fabriken bauten 4.966 Maschinen, die zuletzt 1955 die Produktionsstätte verließen. Zusätzliche Il-10 entstanden in der tschechischen Fabrik Avia unter den Bezeichnungen **B-33** und **CB-33** (letztere war das Gegenstück zum **Il-10U** Schulflugzeug. Im Jahre 1954 endete die tschechische Produktion nach mehr als 1.200 Exemplaren. Ab 1951 hatte sich die sowjetische Produktion auf die **Il-10M** konzentriert, die völlig neue Tragflächen mit veränderter Planform und tieferem Profil, einen etwas verlängerten Rumpf, ein modifiziertes Fahrwerk mit größerer Breite und eine höhere Treibstoffkapazität aufwies.

Die Il-10 war viele Jahre lang das einzige Angriffsflugzeug der sowjetischen Einheiten und wurde auch in vielen anderen Warschauer Paktstaaten verwendet. Andere kommunistische Länder, die diesen Typ benutzten, waren Nordkorea (zu Beginn des Koreakriegs 1950). Es gab schwere Verluste, und der Typ war offensichtlich längst veraltet, aber die Il-10 blieb bei der sowjetischen V-VS bis 1956 im Einsatz; verschiedene Ostblockstaaten setzten das Modell noch Jahre später ein. Danach wurden sie vorübergehend als Waffentrainer geflogen und bis Mitte der 60er Jahren offenbar verschrottet.

Die Il-10 wurde mit einem ZhRD-1 Raketen-Hilfsmotor im Rumpfhinterteil getestet, der die Leistung für kurze Zeit steigern sollte; aber diese Modifikation wurde nicht übernommen. Iljuschin wollte noch weitere Schturmowik-Modelle entwickeln, darunter der Il-20 Einsitzer und die Il-40 mit zwei Strahltriebwerken. Dafür gab es jedoch kaum offizielle Unterstützung, da die Sowjets inzwischen vom Westen das Konzept des taktischen Kampfflugzeugs übernommen hatten.

**Eine wenig bekannte Variante der Iljuschin Il-10 war die Il-10M mit Vorkehrungen für eine kleine Startrakete im Heck und einem neuen Tragflügel mit V-Stellung, eckigen Flügelspitzen und einem dicken Flügelprofil. Hier abgebildet ist wahrscheinlich ein Übergangsmodell ohne die kleine Unterrumpfflosse der Il-10M und mit der Funkantenne in der ursprünglichen Position oberhalb des Piloten statt unter dem Rumpfhinterteil.**

### Technische Daten
**Iljuschin Il-10**

**Typ:** zweisitziges Kampfflugzeug.
**Triebwerk:** ein 2.000 PS (1.492 kW) Mikulin AM-42 Kolbenmotor.
**Leistung:** Höchstgeschwindigkeit 530 km/h in 2.400 m Höhe; Dienstgipfelhöhe 7.250 m; max. Reichweite 800 km.
**Gewicht:** Rüstgewicht 4.680 kg; max. Startgewicht 6.535 kg.
**Abmessungen:** Spannweite 13,40 m; Länge 11,06 m; Höhe 4,18 m; Tragflügelfläche 30,00 $m^2$.
**Bewaffnung:** zwei 7,62 mm ShKAS MG und entweder zwei 23 mm VYa-23 Kanonen oder zwei 23 mm NS-23 Kanonen (in den Tragflächen montiert) und eine 20 mm UB-20 Kanone oder ein 12,7 mm UBT MG in Rückenposition plus bis zu 500 kg Bomben und vier RS-82 oder RS-132 Raketen.

# Iljuschin Il-12

### Entwicklungsgeschichte
Die Entwicklung des zweimotorigen Transporters **Iljuschin-12** begann 1943. Durch den Zweiten Weltkrieg verzögerte sich der Bau des Prototyps jedoch, und der Erstflug fand erst im Frühjahr 1946 statt. Die Il-12 war ein Tiefdecker in Metallbauweise mit zwei ASh-82FNV Sternmotoren, einer vierköpfigen Besatzung und einer Kabine für bis zu 27 Passagiere. Die Ausführung für die V-VS hatte zusätzlich doppelte Ladeluken an der linken Seite und Vorrichtungen für MG, die aus den Kabinenfenstern gefeuert werden konnten. Die Auslieferungen begannen 1947, und die Aeroflot erhielt ihre ersten Maschinen ein Jahr später. Spätere Maschinen gingen an die staatlichen Fluggesellschaften der Tschechoslowakei, Polens und Chinas.

Bald wurde eine Rückenflosse hinzugefügt, und die Passagierkapazität erhöhte sich auf 32; Aeroflot behielt die unökonomische Auslastung von 16 oder 18 Personen bei.

Angeblich wurden mehr als 2.000 Exemplare gebaut, bis die Il-12 (NATO Codename **'Coach'**) 1953 zugunsten der Il-14 aus dem Verkehr gezogen wurde.

**Die Iljuschin Il-12 war der Douglas DC-3 (Lisunow Li-2), die sie im zivilen und militärischen Einsatz ablöste, auffallend ähnlich.**

### Technische Daten
**Typ:** ein Passagier- und Frachttransporter.
**Triebwerk:** zwei 1.830 PS (1.365 kW) Schwezow ASh-82FNV Kolbenmotoren.
**Leistung:** Höchstgeschwindigkeit 407 km/h in 2.500 m Höhe; Dienstgipfelhöhe 6.700 m; maximale Reichweite 2.000 km.
**Gewicht:** Rüstgewicht 9.000 kg; max. Startgewicht 17.250 kg.
**Abmessungen:** Spannweite 31,70 m; Länge 21,31 m; Tragflügelfläche 100,00 $m^2$.

# Iljuschin Il-14

### Entwicklungsgeschichte
Der Nachkriegs-Transporter **Iljuschin Il-14** war eine logische Weiterentwicklung der früheren Il-12, in aerodynamischer Hinsicht verbessert und mit einer weitgehend modifizierten und verbesserten Struktur sowie einem stärkeren Triebwerk. Äußerlich lag der größte Unterschied vor allem in den neuen Tragflächen und dem neuen Flugdeck sowie dem größeren, eckigen Seitenleitwerk.

Der Prototyp der Il-14 flog erstmals 1954 und wurde dann in mehr als 3.500 Exemplaren in der Sowjetunion gebaut. Dabei handelte es sich um verschiedene Versionen für Passagiertransport und militärische Varianten für Truppen- und Frachttransport. Die militärischen Il-14 hatten einen verstärkten Boden, große Doppeltüren für das Einladen von Fracht an der linken Seite des Rumpfhinterteils und Glaskuppeln zur Beobachtung beim Absetzen von Fallschirmspringern. Die NATO wählte für den Typ den Codenamen **'Crate'**.

Die DDR und Tschechoslowakei bauten die Il-14 ab 1956 unter Lizenz, und als die sowjetische Produktion 1958 auslief, ging die Entwicklung und Produktion in der Tschechoslowakei noch bis in die 60er Jahre hinein weiter. Die Il-14 diente bei den staatlichen Fluggesellschaften der Ostblockländer und in anderen Staaten; zugleich gehörte sie zur militärischen Ausrüstung aller mit der UdSSR verbündeten Staaten sowie Algeriens, Ägyptens, Indiens und Jugoslawiens. Der Typ wird auch heute in der Sowjetunion noch häufig als Frachtflugzeug eingesetzt.

### Varianten
**Il-14P:** ursprüngliche zivile Version für 18-26 Passagiere.
**Il-14M:** Version mit verlängertem

**Die Iljuschin Il-14 ist in technischer Hinsicht veraltet, wird aber noch bei vielen Betreibern eingesetzt.**

Aviation Letter Photo Service

Rumpf für 24-28 Passagiere; häufig eingesetzt.
**Il-14T:** Bezeichnung für als Frachter umgebaute Passagierflugzeuge der Aeroflot.
**Avia 14/Avia 14P:** in der Tschechoslowakei gebaute Il-14 und Il-14P.
**Avia 14-32:** in der Tschechoslowakei gebaute Il-14M mit 32 Sitzen.
**Avia 14-T:** Frachterversion der Il-14M, in der Tschechoslowakei gebaut, mit sehr großer, einzelner Ladetür in der linken Rumpfseite.
**Avia 14-FG:** eine Landvermessungsversion.
**Avia 14-42:** vergrößerte Ausführung mit Luftdruckausgleich und Bullaugenfenstern; 1960 geflogen.
**'Crate-C':** militärische Version für elektronische Kriegsführung; 1979 erstmals gesichtet.

### Technische Daten
**Iljuschin Il-14M**
**Typ:** Passagierflugzeug.
**Triebwerk:** zwei 1.900 PS (1.417 kW) Schwezow ASh-82T Sternmotoren.
**Leistung:** Höchstgeschwindigkeit 417 km/h; Dienstgipfelhöhe 7.400 m; Reichweite 1.305 kg.
**Gewicht:** Rüstgewicht 12.600 kg; max. Startgewicht 18.000 kg.
**Abmessungen:** Spannweite 31,70 m; Länge 22,30 m; Höhe 7,90 m; Tragflügelfläche 99,70 m$^2$.

# Iljuschin Il-16

### Entwicklungsgeschichte
Der **Iljuschin Il-16** Prototyp wurde im Sommer 1945 getestet, nach dem Ende des Kriegs in Europa. Er war eine Entwicklung der Il-10 mit einem experimentellen 2.200 PS (1.641 kW) AM-43 Motor, verringertem Gesamtgewicht und einer neuen Cockpit-Kuppel. Mit einem verlängerten Rumpf und Modifikationen zur Aufnahme des AM-42 Motors wurde das Modell in Serie gegeben, und 53 Exemplare wurden angeblich gebaut.

**Abgesehen vom neuen Triebwerk unterschied sich die Iljuschin Il-16 von der Il-10 nur durch ein längeres Rumpfhinterteil. Das Ergebnis war ein Modell, das sich besser manövrieren ließ als die Il-10, aber aus wirtschaftlichen Gründen nicht in Produktion ging.**

# Iljuschin Il-18 (1947)

### Entwicklungsgeschichte
Die **Iljuschin Il-18**, der Prototyp eines Transporters mit vier 2.300 PS (1.715 kW) Schwezow ASh-73TK Sternmotoren, flog erstmals am 30. Juli 1947. Sie war ein Tiefdecker mit freitragenden Flügeln, Dreibeinfahrwerk und einem einfachen Leitwerk, und sie hatte für Höhenflüge keinen Luftdruckausgleich. Die Il-18 bot Raum für sechs Besatzungsmitglieder, 60 Passagiere und 900 kg Fracht; die Spannweite betrug 41,10 m, das maximale Startgewicht 42.500 kg und die normale Reisegeschwindigkeit 510 km/h. 1948 wurde die Entwicklung abgebrochen.

**Die Reichweite der Iljuschin Il-18 (ca. 6.200 km) übertraf die von Aeroflot erwartete Leistung, die damals ihre Kurz- und Mittelstrecken-Fluglinien innerhalb der UdSSR ausbaute.**

# Iljuschin Il-18 und Il-38

### Entwicklungsgeschichte
Die **Iljuschin Il-18** wurde Mitte der 50er Jahre für Aeroflot entwickelt, die einen 75/100sitzigen Mittelstreckentransporter suchte; der erste Prototyp flog am 4. Juli 1957. Aeroflot setzte den Typ erstmals am 20. April 1959 auf den Strecken zwischen Moskau und Adler bzw. Alma Ata ein; später wurden mehr als 700 Exemplare des Modells gebaut. 1985 waren dem Vernehmen nach noch über 100 Maschinen im Einsatz, vermutlich als Frachter, und auf der ganzen Welt flogen noch ca. 100 weitere Exemplare. Von den gebauten Maschinen nahmen nur wenige den Einsatz beim Militär auf, meist als VIP-Transporter.

Die aus dem Zivilverkehr gezogenen Il-18 wurden teilweise auf den Standard von ECM oder Elint Flugzeugen zur elektronischen Aufklärung bzw. Kriegsführung vom Typ Il-20 gebracht, die von der NATO den Code-Namen **'Coot-A'** erhalten haben. Die Zahl dieser Flugzeuge wird sich wahrscheinlich erhöhen, da die Il-18 mit Propellerturbinenantrieb bei der Aeroflot durch Maschinen mit Zweistromtriebwerken ersetzt werden. Neben der 'Coot-A' existiert eine andere militärische Version, das Marineaufklärungs- und ASW-Flugzeug **Il-38 'May'**, eine Weiterentwicklung des Il-18 Passagierflugzeugs. Dieser Typ unterscheidet sich von der Standard Il-18 durch einen längeren Rumpf, eine MAD-Hecksonde für magnetische Abweichungen und zusätzliche Waffenkapazität. Dadurch verlagerte sich der Schwerpunkt, und die Tragflächen wurden zum Ausgleich nach vorne verlegt. Etwa 60 Maschinen sind angeblich bei den sowjetischen Marine-Luftstreitkräften und bei einem Geschwader in Indien im Einsatz.

### Varianten
**Iljuschin Il-18:** ursprüngliches Serienmodell mit 75 Sitzen und vier 4.000 WPS (2.983 kW) Kusnezow NK-4 Propellerturbinen; auf Wunsch mit Iwtschenko AI-20 Propellerturbinen, die vom 21. Exemplar an zur Standardausführung gehörten.
**Iljuschin Il-18B:** weitgehend ähnlich der Il-18, aber mit neuer Sitzanordnung für max. 84 Passagiere.
**Iljuschin Il-18V:** verbesserte Serienausführung aus dem Jahr 1961 mit 90-100 Passagieren; Kabinenfenster teilweise neu angeordnet.
**Iljuschin Il-18I:** Bezeichnung für Versuchsmaschinen mit stärkeren AI-20M Motoren, erhöhter Treibstoffkapazität, verlängerter Kabine für 122 Passagiere im Sommer oder 110 im Winter, wenn mehr Platz für die Garderobe gebraucht wird.
**Iljuschin Il-18D:** Serienversion der Il-18I.
**Iljuschin Il-18E:** Serienversion der Il-18I ohne erhöhte Treibstoffkapazität.

USAF

**Die Iljuschin Il-38 'May' war der erste sowjetische See-Fernaufklärer. Auffallend ist das Radom unter dem Bug und die MAD-Sonde am Heck, sowie die nach vorne verlegten Tragflächen.**

**Iljuschin Il-18T:** Bezeichnung für als Frachter umgebaute Aeroflot Passagierflugzeuge.

### Technische Daten
**Iljuschin Il-18D**
**Typ:** Langstreckentransporter.
**Triebwerk:** vier 4.250 WPS (3.169 kW) Iwtschenko AI-20M Propellerturbinen.
**Leistung:** maximale Reisegeschwindigkeit 675 km/h; Einsatzhöhe 8.000-10.000 m; Reichweite mit maximaler Nutzlast und Treibstoffreserven 3.700 km.
**Gewicht:** Rüstgewicht (90 Sitze) 35.000 kg; Startgewicht 64.000 kg.
**Abmessungen:** Spannweite 37,40 m; Länge 35,90 m; Höhe 10,17 m; Tragflügelfläche 140,00 m$^2$.

**Balkan Bulgarian Airlines ververwendete in ihrer Flotte auch 1987 noch sieben Iljuschin Il-18.**

Aviation Letter Photo Service

# Iljuschin Il-20

### Entwicklungsgeschichte
Die **Iljuschin Il-20**, von den Testpiloten mit dem Spitznamen 'die Bucklige' bedacht, flog erstmals 1948. Das zweisitzige Erdkampfflugzeug mit einem 2.700 PS (2.013 kW) AM-47F Kolbenmotor zeichnete sich vor allem durch die Anbringung des Pilotencockpits unmittelbar hinter dem Propeller aus, während der Schütze oberhalb der Tragflächen saß. Die Bewaffnung bestand aus vier 23 mm NS-23 in Flügelpositionen und zwei weiteren in einer Position oberhalb der Tragflächenhinterkante. Angriffswaffen waren acht Raketen und bis zu 1.000 kg Bomben.

# Iljuschin Il-28

Eine in der UdSSR gebaute Iljuschin Il-28 der Luftwaffe der Volksrepublik China

## Entwicklungsgeschichte

Der erste von drei Prototypen für den taktischen Bomber **Iljuschin Il-28 (NATO Code-Name 'Beagle')** flog am 8. August 1948; etwas mehr als ein Jahr zuvor hatte die **Il-22** mit vier Ljulka TR-1 Jet-Triebwerken ihr erfolgloses Testprogramm begonnen.

Die Il-28 ist ein Schulterdecker in Ganzmetallbauweise mit geraden Tragflächen und gepfeilten Leitwerksflächen sowie einem einziehbaren Dreibeinfahrwerk; das Triebwerk besteht aus zwei Klimow RD-45F Strahltriebwerken (Ableitungen des Rolls-Royce Nene) von 2.270 kp Schub. Der Pilot sitzt unter einer erhöhten, sorgfältig verkleideten Kuppel, die Bugstation für den Navigator ist vollständig verglast, und der hintere Bordschütze (der auch die Rolle des Funkers übernimmt) bedient zwei Il-K6 Kanonen in einer Heckkanzel.

Eine Formation von 25 Vorserienmaschinen nahm an der Luftparade der Moskauer Maifeierlichkeiten 1950 teil. Inzwischen war die Serienproduktion in mehreren Fabriken angelaufen. Serienmaschinen, die bei zahlreichen Bomberregimenten der V-VS flogen, hatten aerodynamische Verbesserungen, zwei Klimow VK-1 Strahltriebwerke anstelle von RD-45 und Vorrichtungen für abnehmbare Flügelspitzentanks.

Die Il-28 erwies sich als zuverlässig und vielseitig und wurde in den frühen 50er Jahren an die Volksrepublik China geliefert, die mehr als 500 Exemplare abnahm und weitere unter Lizenz selbst baute. Der Typ wurde außerdem in die Tschechoslowakei und nach Polen exportiert und wurde schließlich in mehr als 20 Ländern verkauft. Für viele Jahre diente das Modell in vorderster Linie.

Iljuschin produzierte Entwürfe für zahlreiche andere Bomber-Prototypen während dieser Periode, die aber nicht in Serie gingen. Dazu gehörten zwei taktische Bomber mit zwei Strahltriebwerken und gepfeilten Flügeln, die **Il-30** (1951) und die **Il-54** (1954), und die sehr viel größere **Il-46** aus dem Jahr 1952 mit maximalem Startgewicht von 42.000 kg.

## Varianten

**Il-28T:** Torpedobomber-Version der Marine.
**Il-28U:** Trainer-Version mit unverglastem Bug und einem zweiten Cockpit für den Schüler vor und unterhalb des Standard-Cockpits.
**Il-R:** Version für taktische Aufklärung mit optischen oder elektronischen Sensoren im Waffenschacht; einige haben ein Unterrumpfradom.
**Il-20:** zivile Version, von Aeroflot ab Frühjahr 1956 auf der Strecke Moskau-Swerdlowsk-Nowosibirsk eingesetzt; als Versuchsflugzeug für Jet-Transporter gedacht; transportierte außerdem Druckplatten für nationale Zeitungen, die in verschiedenen Städten der Sowjetunion gedruckt werden.

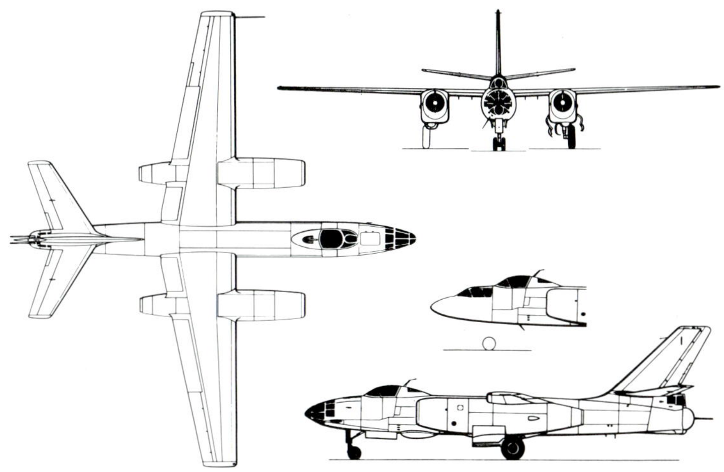

Iljuschin Il-28 'Beagle' (Teilansicht: Bug der Il-28U 'Mascot')

## Technische Daten
**Iljuschin Il-28**
**Typ:** taktischer Tagbomber.
**Triebwerk:** zwei Klimow VK-1 Strahltriebwerke von 2.700 kp Schub.
**Leistung:** Höchstgeschwindigkeit 900 km/h in 4.500 m Höhe; Dienstgipfelhöhe 12.300 m; Reichweite 2.180 km.
**Gewicht:** Rüstgewicht 12.890 kg; max. Startgewicht 21.000 kg.
**Abmessungen:** Spannweite 21,45 m; Länge 17,65 m; Tragflügelfläche 60,80 m².
**Bewaffnung:** zwei starre, vorwärtsfeuernde 23 mm NS-23 Kanonen und zwei NS-23 Kanonen in Bug- bzw. Heckkanzel plus normale innere Bombenlast von 1.000 kg, maximal 3.000 kg.

# Iljuschin Il-62

Iljuschin Il-62 der Ceskoslovenske Aerolinie (CSA), der staatlichen tschechischen Fluggesellschaft, mit vier Kusnezow NK-8-4 Triebwerken

## Entwicklungsgeschichte

Die im Januar 1963 erstmals geflogene **Iljuschin Il-62** wurde entworfen, um die Tupolew Tu-114 auf den Langstrecken-Inlands- und Interkontinentalstrecken der Aeroflot zu ergänzen und teilweise zu ersetzen. Das ab 1967 eingesetzte Modell war ein Tiefdecker mit gepfeilten freitragenden Flügeln, einziehbarem Dreibeinfahrwerk und vier paarweise an beiden Rumpfseiten montierten Triebwerken. Zunächst wurde der Typ für Frachttransporte verwendet, doch am 10. März wurde damit ein Passagier- und Postservice zwischen Moskau und Nowosibirsk eröffnet. Als die Aeroflot den Typ am 15. September 1967 auf der Strecke von Moskau nach Montreal einsetzte, war die Il-62 das erste viermotorige Langstreckenflugzeug der Sowjetunion mit Jet-Antrieb. Bei der NATO trägt das Modell den Namen '**Classic**'; man nimmt an, daß rund 240 Exemplare gebaut wurden, die letzten sechs Maschinen in den Jahren 1985 und 1986.

## Varianten

**Il-62:** Basismodell, mit fünfköpfiger Besatzung und für maximal 186 Passagiere.
**Il-62M:** mit stärkeren Solowjow D-30K Triebwerken, erhöhter Treibstoffkapazität, einem Container-System für Gepäck und Fracht und anderen Verbesserungen.
**Il 62MK:** Version mit verstärkten Flügeln und Fahrwerk für Einsätze mit höherem Gesamtgewicht und max. 195 Passagieren.

## Technische Daten
**Iljuschin Il-62M**
**Typ:** Langstreckentransporter.
**Triebwerk:** vier Solowjow D-30KU Turbofan-Triebwerke von 11.000 kp Schub.
**Leistung:** Reisegeschwindigkeit 900 km/h in optimaler Höhe; Reichweite mit max. Nutzlast und Treibstoffreserven 7.800 km.
**Gewicht:** Leergewicht 69.400 kg; max. Startgewicht 165.000 kg.
**Abmessungen:** Spannweite 43,20 m; Länge 53,12 m; Höhe 12,35 m; Tragflügelfläche 282,20 m².

Die Iljuschin Il-62 war das erste Langstrecken-Düsenverkehrsflugzeug der UdSSR; hier abgebildet ist eine Il-62M der staatlichen kubanischen Fluggesellschaft Cubana.

Aviation Letter Photo Service

# Iljuschin Il-76

### Entwicklungsgeschichte

Die als schweres Frachtflugzeug für den Einsatz in den sibirischen Regionen der Sowjetunion konstruierte **Iljuschin Il-76** mit dem NATO-Codenamen '**Candid**' ist ein großes Flugzeug mit Mantelstromtriebwerken, das von kurzen, unbefestigten Flugfeldern aus operieren kann. Der Prototyp flog am 25. März 1971 zum ersten Mal, und die Testflüge setzten sich bis 1975 fort. Der Typ stellte dann 25 internationale Rekorde für Geschwindigkeit und Flughöhe mit Nutzlast auf. Die Serienversion **Il-76T** hatte eine größere Frachtkapazität sowie ein höheres Fluggewicht und ging bei der Aeroflot in Dienst, wo die Maschine seit Anfang 1978 auf Inlandstrecken und seit dem 5. April 1978 auf der internationalen Strecke nach Japan eingesetzt wurde. Es wird angenommen, daß gegenwärtig rund 80 Exemplare im Liniendienst fliegen, 50 davon bei der Aeroflot, daß aber auch ca. 140 **Il-76M** Transportmaschinen bei der sowjetischen Luftwaffe sowie bei den Luftwaffen der Tschechoslowakei, des Irak und Polens im Einsatz sind. Diese Militär-Transportversion, die für den Einsatz von Luftlande- und regulären Truppen sowie als strategischer Transporter gedacht ist, unterscheidet sich hauptsächlich durch eine Heckkanzel und durch die anstelle der zivilen Geräte eingebaute Militäravionik und -ausrüstung. Es wird angenommen, daß die Il-76 für andere militärische Funktionen erprobt wurde, darunter auch als Luftbetankungsflugzeug und als fliegende Frühwarnstation.

**Iljuschin Il-76T der Iraqui Airways**

### Technische Daten

**Typ:** ein Mittel-/Langstrecken-Frachtflugzeug.
**Triebwerk:** vier Solowjow D-30KP Turbofan-Triebwerke mit 12.000 kp Schub.
**Leistung:** Reisegeschwindigkeit 800 km/h; Dienstgipfelhöhe 12.000 m; Reichweite bei maximaler Nutzlast 5.000 km.
**Gewicht:** maximales Startgewicht 170.000 kg.
**Abmessungen:** Spannweite 50,50 m; Länge 40,60 m; Höhe 14,75 m; Tragflügelfläche 300,00 m².

# Iljuschin Il-86

### Entwicklungsgeschichte

Die **Iljuschin Il-86** mit dem NATO-Codenamen '**Camber**' ist das erste Großraum-Zivilflugzeug der Sowjetunion. Der Tief-/Mitteldecker hat einen als Druckkabine ausgelegten Rumpf mit rundem Querschnitt und einer Kabinenweite von maximal 5,70 m. Als Triebwerk dienen ihm vier an Pylonen unter den Flügeln montierte Kusnezow NK-86 Turbofan-Triebwerke. Die Maschine bietet auf dem Flugdeck Platz für drei bis vier Besatzungsmitglieder sowie Sitzplätze für maximal 350 Passagiere, verteilt auf drei durch Garderoben getrennte Kabinen. Die Maschine besitzt ein einzigartiges Zugangssystem, mit drei ausklappbaren Treppen im unteren Deck, durch die das Flugzeug auf Flughäfen unabhängig von Fluggastbrücken und Bodengeräten ist. Die Klapptreppen reichen bis auf den Boden, und nach Besteigen des Flugzeugs können die Passagiere ihr Gepäck im Gepäckraum abstellen, bevor sie über eine Treppe den Passagierraum erreichen.

Die am 22. Dezember 1976 erstmals geflogene Il-86 wurde gründlichen Tests unterzogen, bevor die erste Maschine am 24. September 1979 an der Aeroflot ausgeliefert wurde. Der Inlandflugdienst begann am 26. Dezember 1980, und die erste internationale Verbindung wurde am 3. Juli 1981 aufgenommen. Im Jahre 1983 erhielt Polen, wo wesentliche Teile der Il-86 hergestellt werden, einen Auftrag für die Teilelieferung für die neue **Il-96**, die eine zehn Meter größere Spannweite haben soll.

**Iljuschin Il-86 der Aeroflot**

### Technische Daten

**Typ:** ein Kurz-/Mittelstrecken-Großraumflugzeug.
**Triebwerk:** vier Kusnezow NK-86 Turbofan-Triebwerke mit 13.000 kp Schub.
**Leistung:** (geschätzt) Reisegeschwindigkeit 950 km/h in günstigster Flughöhe; Reichweite bei maximaler Nutzlast 3.500 km.
**Gewicht:** maximales Startgewicht 206.000 kg.
**Abmessungen:** Spannweite 48,06 m; Länge 60,21 m; Höhe 15,68 m; Tragflügelfläche 320,00 m².

# Iljuschin TsKB-56 und DB-4

### Entwicklungsgeschichte

Die **TsKB-56** wurde 1940 von Iljuschin als Langstreckenbomber und mögliches Nachfolgemodell für die DB-3F konstruiert und war ein Mitteldecker mit zwei 1.400 PS (1.044 kW) AM-37 Motoren als Triebwerk. Die Bewaffnung bestand aus zwei 7,62 mm ShKAS Maschinengewehren und zwei ShVAK 20 mm Kanonen. Die maximale Bombenlast betrug 2.000 kg. Während die TsKB-56 eine große Heckflosse mit Seitenruder hatte, besaß der endgültige Entwurf des DB-4 Prototyps ein Doppelleitwerk und hatte eine Spannweite von 21,44 m, ein maximales Startgewicht von 11.325 kg und erreichte eine geschätzte Höchstgeschwindigkeit von 560 km/h. Nach Problemen mit den Triebwerken wurde die Weiterentwicklung eingestellt.

**Das Experimentalflugzeug TsKB-56 wurde von Iljuschin als mittelschwerer Langstreckenbomber konstruiert.**

# Indonesia Belalang Model 90A

### Entwicklungsgeschichte

Die Bezeichnung **Belalang Model 90A** wurde einer verstrebten Tiefdecker-Version des Piper-Anfänger-Schulflugzeugs L-4J verliehen, das bei der indonesischen Luftwaffe im Einsatz verwendet wurde. Das Umbauprogramm wurde von Lembaga Persiapan Industri Penerbangan, einer Einrichtung des indonesischen Instituts für die Luftfahrtindustrie, durchgeführt. Neben der Umrüstung der Flügel wurde ein stärkerer 100 PS (75 kW) Continental 0-200-A eingebaut, und es wurden ein verstärktes Cockpit mit verschiebbarer Haube sowie einige Detailverbesserungen eingeführt.

**Die Belalang Model 90A war eine Piper L-4 mit höherer Leistung und einer moderneren Auslegung.**

# Indraéro Aéro 101 und 110

### Entwicklungsgeschichte

Die französischen Konstrukteure Blanchet und Chapeau, beide Eigentümer des kleinen Unternehmens Société Indraéro, konstruierten und bauten eine Reihe von Leichtflugzeugen, darunter die **Indraéro Aéro 20** und **30**. Erfolgreicher war jedoch die **Aéro 110**, die am 1. Mai 1950 zum ersten Mal geflogen wurde und für den Service de la Formation Aéronautique et des Sports Aériens in geringen Stückzahlen gebaut wurde. Das zweisitzige leichte Doppeldecker-Schulflugzeug Aéro 110 mit einem 45 PS (33,6 kW) Salmson 9ADB Sternmotor als Triebwerk wurde in der Serie durch die generell ähnliche **Aéro 101** ergänzt, die einen 75 PS (56 kW) Minié Vierzylinder-Boxermotor hatte und mit der mehrere Verbesserungen eingeführt wurden. Die Produktion beider Versionen erreichte insgesamt rund 25 Exemplare.

**Die Indraéro 110 war ein konventionelles Doppeldecker-Schulflugzeug, das nur in geringen Stückzahlen gebaut wurde.**

# International F-17 und F-18

### Entwicklungsgeschichte

Die International Aircraft Corporation aus Cincinnati, Ohio, existierte nur kurz Ende der 20er Jahre und stellte fünf oder sechs Exemplare eines dreisitzigen Doppeldeckers mit offenem Cockpit her, der als **International F-17 Sportsman** bekannt war. Ein Prototyp des Doppeldeckers **F-18 Air Coach** mit einer geschlossenen Kabine für fünf Passagiere sowie mit einem offenen Cockpit mit nebeneinanderliegenden Sitzen für den Piloten und einen Passagier wurde gebaut. Es schlossen sich jedoch anscheinend keine weiteren Exemplare an.

# Jakowlew: siehe Yakovlev

# Jamieson J-2

### Entwicklungsgeschichte

Ende der 40er Jahre konstruierte und baute die Jamieson Aircraft Company aus DeLand, Florida, einen dreisitzigen Ganzmetall-Kabinentiefdecker mit der Bezeichnung **Jamieson J-2-L1 Jupiter**. Die von einem 115 PS (86 kW) Avco Lycoming 0-235-C1 Vierzylinder Boxermotor angetriebene Maschine hatte ein einziehbares Fahrwerk sowie ein 'Schmetterlings'-Leitwerk, an dem sie leicht zu erkennen war. Ein Versuch, neue Kundenkreise zu erschließen, wurde Ende der 50er Jahre mit der Einführung der viersitzigen **Jamieson 'J'** gemacht, die ein konventionelles Leitwerk sowie einen 150 PS (112 kW) Avco Lycoming 0-320-A3C Motor hatte. Die Maschine konnte jedoch nicht die Unterstützung finden, die das Unternehmen zum Überleben gebraucht hätte.

# Jodel Leichtflugzeuge

### Entwicklungsgeschichte

Im März 1946 gründeten Jean Delmonter und Edouard Joly in Beaune in Frankreich die Aviation Jodel. Das erste Produkt des Unternehmens war die **Jodel Bébé**, ein einsitziges Leichtflugzeug, das als **D.9** (Poinsard-Motor) bzw. als **D.92** (modifizierter Volkswagen-Motor) erhältlich war, das sich aber auch für eine Reihe anderer Motoren von 25 bis 65 PS (18,6 bis 48 kW) eignete. Obwohl die Bébé ursprünglich für den Bau durch Amateure vorgesehen war, wurden die Bébé und sich anschließende Konstruktionen nicht nur von Bastlern in großen Stückzahlen gebaut, sondern kamen auch aus kommerzieller Fertigung. Unter der Bezeichnung **D.112** wurde auch eine Version der D.9 mit Doppelsteuerung entwickelt. Sie unterschied sich durch einen breiteren Rumpf mit zwei Sitzen nebeneinander und wird normalerweise von einem 65 PS (48 kW) Continental A65 Motor angetrieben. Eine ähnliche, in Schweden gebaute Version der Jodel Bébé trägt die Bezeichnung **D.113**.

**Die Jodel D.9 Bébé wurde in großen Stückzahlen gebaut, um Amateur-Flugzeugbauern und -Piloten einen leichten Einsitzer als Sportflugzeug zu bieten.**

Bob Munro

Die Nachfrage nach einem einfachen, zweisitzigen Kabineneindecker führte zur Konstruktion der **D.11**, die ursprünglich mit einem 45 PS (34 kW) Salmson Motor geflogen wurde, für die aber jetzt allgemein ein 65 PS (48 kW) Continental Motor verwendet wird.

Die Bezeichnung **D.119** gilt für eine Version mit einem 90 PS (67 kW) Motor. Daneben sind auch verschiedene andere Typen lieferbar, das Unternehmen achtet auf einen stetigen Entwicklungs- und Verbesserungsprozeß. Jodel-Konstruktionen werden außerdem auch von Avions Pierre Robin gebaut und wurden von der Société Aéronautique Normande hergestellt.

### Technische Daten
**Jodel D.112**

**Typ:** zweisitziges Leichtflugzeug.
**Triebwerk:** ein Continental A65 Vierzylinder mit 65 PS (48 kW).
**Leistung:** Höchstgeschwindigkeit 190 km/h; Reisegeschwindigkeit 150 km/h; max. Reichweite 600 km.
**Gewicht:** Leergewicht 270 kg; max. Startgewicht 520 kg.
**Abmessungen:** Spannweite 8,20 m; Länge 6,36 m; Tragflügelfläche 12,72 m².

# Johnson Rocket 185

### Entwicklungsgeschichte

Die im Jahre 1945 erstmals geflogene **Johnson Rocket 185** war ein zwei-/dreisitziger Kabinentiefdecker in Mischbauweise mit einziehbarem Bugradfahrwerk. Die saubere Linienführung dieses Flugzeugs in Kombination mit einem maximalen Startgewicht von 1.089 kg und der Leistung des 185 PS (138 kW) Avco Lycoming Motors bedeutete, daß die Johnson Rocket in der Tat ein Hochleistungsflugzeug mit einer Höchstgeschwindigkeit von 290 km/h in Meereshöhe und einer Überziehgeschwindigkeit von 113 km/h war. Wegen dieser Leistung war die Maschine nur für erfahrene Piloten geeignet, was als Erklärung dafür dienen kann, daß nur weniger als 20 Exemplare gebaut wurden. Alle Rechte an der Rocket sowie an der viersitzigen, von der Rocket abgeleiteten **Bullet 125** wurden Anfang der 50er Jahre von der Aircraft Manufacturing Company aus Tyler, Texas, erworben, und dieses Unternehmen produzierte eine weiter entwickelte Version der Bullet mit einem 205 PS (153 kW) Continental E185-1 Motor. Die in **Texas Bullet 205** umbenannte Maschine hatte scheinbar einen noch geringeren Erfolg als die Johnson Rocket.

**Durch ihre hohe Leistung eignete sich die Johnson Rocket ausschließlich für erfahrene Piloten.**

# Jones Flugzeuge

**Entwicklungsgeschichte**
Anfang der 30er Jahre wurde in Schenectady, New York, die Jones Aircraft Corporation gegründet, die von der New Standard Aircraft Company alle Produktions- und Verkaufsrechte an der New Standard D-25, einem Doppeldecker unterschiedlicher Spannweite, der normalerweise von einem 225 PS (168 kW) Wright J-9 Sternmotor angetrieben wurde, erworben hatte. Die Maschine hatte zwei hintereinanderliegende, offene Cockpits, wobei der Pilot hinten saß und das vordere Cockpit vier jeweils zu zweit nebeneinandersitzende Passagiere aufnahm. Ab 1938 wurde von der als **Jones D-25** gebauten Maschine eine geringe Stückzahl fertiggestellt. Kurz zuvor hatte das Unternehmen ein leichtes, zweisitziges Kabinenflugzeug aus eigener Konstruktion vorgestellt. Als Triebwerk diente ihm ein 125 PS (93 kW) oder 150 PS (112 kW) Menasco Reihenmotor, und die beiden Versionen wurden **Jones S-125** bzw. **S-150** genannt. Diese Maschinen hatten anscheinend nur wenig Erfolg, denn 1940 hatte das Unternehmen seine Tätigkeit als Flugzeughersteller eingestellt.

# Jovair Hubschrauber

**Entwicklungsgeschichte**
In den Jahren unmittelbar nach dem Zweiten Weltkrieg arbeitete D.K. Jovanovich in den USA an der Konstruktion und Entwicklung eines Leichthubschraubers. Sein erster praktikabler Hubschrauber mit Tandem-Rotor **Jovanovich JOV-3** wurde später von der McCulloch Motors Corporation als etwas größerer, zweisitziger Hubschrauber mit der Bezeichnung **McCulloch MC-4C** weiterentwickelt und wurde der erste Hubschrauber mit Tandem-Rotor, der von der CAA zugelassen wurde. Die US-Army erhielt drei Exemplare unter der Bezeichnung **YH-30**. Die Jovair Corporation machte Ende der 60er Jahre mit einer verbesserten Version des MC-4C, der damals als **Jovair Sedan 4E** bekannt war, einen weiteren Versuch zur Erschließung eines zivilen Marktes für diesen Hubschrauber. Im Juni 1962 flog Jovair erstmals den Prototypen eines zweisitzigen Tragschraubers, der von D.K. Jovanovich konstruiert worden war. Die mit **J-2** bezeichnete Maschine hatte einen nicht angetriebenen Dreiblatt-Rotor, Stummelflügel mit kurzer Spannweite und als Triebwerk einen 180 PS (134 kW) Avco Lycoming 0-360-AZE Motor, der einen Druckpropeller drehte. McCulloch erwarb Anfang der 70er Jahre alle Rechte an diesen beiden Flugzeugen zurück. Das Unternehmen war inzwischen als McCulloch Aircraft Corporation bekannt und es wurden rund 90 Exemplare des J-2 produziert.

**Der später als McCulloch 4E bekanntgewordene Jovair Sedan 4E war eine zivile Version des MC-4C. Das Triebwerk bestand aus einem 200 PS (149 kW) Franklin 6A4 Motor.**

# Junkers

**Entwicklungsgeschichte**
Im Jahre 1910 meldete der deutsche Ingenieur Dr. Hugo Junkers ein Nurflügelflugzeug zum Patent an; es wurde nie gebaut, aber der selbsttragende Flügel mit dickem Querschnitt, den er dafür konstruierte, wurde bei dem ersten Junkers-Flugzeug verwendet, das am 12. Dezember 1915 zum ersten Mal flog, der **Junkers J1**. Der für seine Zeit fortschrittlich erscheinende selbsttragende Mitteldecker J1 mit starrem Heckspornfahrwerk und einem 120 PS (89 kW) Mercedes D.II Motor war mit dünnem Eisenblech verkleidet, was ihm den Spitznamen 'Blechesel' einbrachte. 1916 wurden sechs generell ähnliche einsitzige **J2** Maschinen gebaut, die mit einem einrohrigen 7,92 mm LMG 08/15 Maschinengewehr ausgerüstet waren; der Prototyp einer außerdem noch entwickelten **J3** wurde jedoch nicht fertiggestellt.

Unter dem Eindruck der Bautechniken von Junkers verlangten die deutschen Militärbehörden die Konstruktion und Entwicklung eines bewaffneten Doppeldeckers. Diese Maschine war die **Junkers J4**, die gegen Ende des Jahres 1917 unter der Militärbezeichnung **J.I** als zweisitziges Flugzeug zur Luftnahunterstützung in Dienst gestellt wurde. Der Doppeldecker mit unterschiedlicher Spannweite und starrem Heckspornfahrwerk hatte als Triebwerk einen 200 PS (149 kW) Benz Bz.IV Motor und die J.I hatte die Leichtmetall-Wellblechhaut, die schon bald das Erkennungszeichen der Junkers-Flugzeuge wurde. Triebwerk und Besatzung waren in einer gepanzerten Wanne untergebracht, die einen Schutz gegen Beschuß durch leichte Waffen vom Boden aus bot und dank der die J.I bei ihren Besatzungen beliebt war. Insgesamt wurden 227 Maschinen produziert, und diese Flugzeuge waren mit zwei starren, vorwärtsfeuernden LMG 08/15 Maschinengewehren sowie einem Parabellum-MG auf einer beweglichen Halterung im hinteren Cockpit bewaffnet.

Als die Serie der J4 lief, wandte sich Junkers einer neuen Reihe von selbsttragenden Tiefdeckern zu, von denen die einsitzige **J7** aus dem Jahre 1917 ursprünglich bewegliche Flügelspitzen als Querruder zur seitlichen Steuerung hatte. Die J7 diente als Prototyp für das etwas längere, einsitzige Jagdflugzeug **J9**, das mit einem 185 PS (138 kW) B.M.W. Motor und einer Bewaffnung mit vorwärtsfeuernden LMG 08/15 Zwillings-Maschinengewehren unter der Militärbezeichnung **D.I.** in geringen Stückzahlen gebaut wurde.

Eine vergrößerte, zweisitzige Version der J7, die zur Erprobung in der Rolle als Begleitschutzjäger und zur Luftnahunterstützung diente, trug die Unternehmensbezeichnung **J8** und führte zur Entwicklung der **Junkers J10**, die von einem 180 PS (134 kW) Mercedes D.IIIa Motor angetrieben wurde. Von diesem Aufklärer wurden 613 Maschinen vor dem Waffenstillstand von 1918 hergestellt, gingen als **Junkers CL.I** in Dienst und trugen die gleiche Bewaffnung wie die D.I. Drei Exemplare einer Wasserflugzeug-Version dieser Maschine, die **Junkers J11**, wurden 1918 unter der Bezeichnung **Junkers CLS.1** an die Marine ausgeliefert.

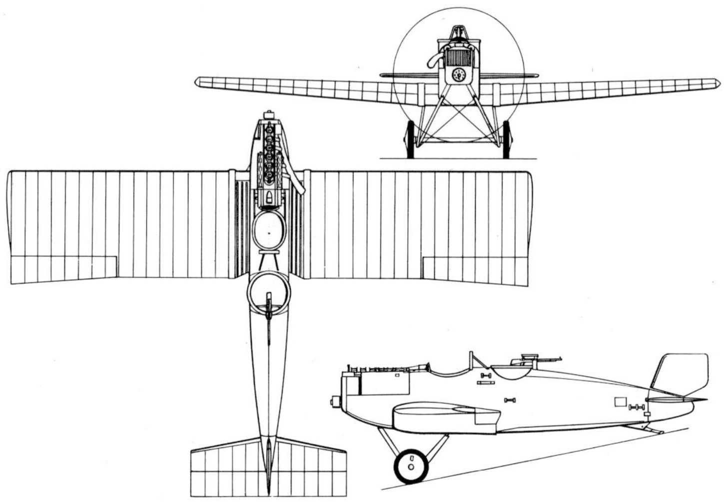

**Junkers J 10 (CL.I)**

**Dieser Junkers-Entenflügler aus dem Jahre 1909 mit Flügeln aus versteiftem Wellblech hatte keinen Erfolg.**

## Technische Daten

**Junkers J.I**
**Typ:** ein zweisitziges Nahunterstützungsflugzeug.
**Triebwerk:** ein 200 PS (149 kW) Benz Bz.IV Sechszylinder-Reihenmotor.
**Leistung:** Höchstgeschwindigkeit 155 km/h; maximale Flugdauer 2 Stunden.
**Gewicht:** Leergewicht 1.766 kg; max. Startgewicht 2.176 kg.
**Abmessungen:** Spannweite 16,00 m; Länge 9,10 m; Höhe 3,40 m; Tragflügelfläche 49,40 m$^2$.
**Bewaffnung:** zwei starre, vorwärtsfeuernde 7,92 mm LMG 08/15 Maschinengewehre und ein 7,92 mm Parabellum Maschinengewehr.

# Junkers Flugzeuge der 20er Jahre

**Entwicklungsgeschichte**
Der Tiefdecker **Junkers F 13** stammte von der Junkers J 10 (CL.I) aus dem Krieg ab und war das erste für diesen Zweck gebaute Ganzmetall-Verkehrsflugzeug der Welt, das in Dienst gestellt wurde. Bei der Originalversion, die am 25. Juni 1919 zum ersten Mal geflogen wurde, war die zweiköpfige Besatzung vorn in einem offenem Cockpit untergebracht und die vier Passagiere saßen dahinter in einer geschlossenen Kabine. Später hatte dann auch die Besatzung ein geschlossenes Flugdeck. Die erste F 13 hatte als Triebwerk den 160 PS (119 kW) Mercedes D.IIIa Motor, der jedoch bei den ersten Serienmaschinen durch einen 185 PS (138 kW) B.M.W. IIIa abgelöst wurde. Die

Produktion lief bis 1932 und die bei weitem meisten (der in über 350 Exemplaren und rund 60 Varianten gebauten) Maschinen wurden von dem 310 PS (231 kW) Junkers L-5 Motor angetrieben. Zwischen 40 und 50 Exemplare wurden an die Deutsche Luft Hansa geliefert und die restlichen Exemplare wurden weltweit als Zivil- und als Militärflugzeuge eingesetzt. Bei einem Fluggewicht von 2.100 kg konnte die F 13 von 1928 eine Nutzlast von 585 kg über eine Distanz von 1.000 km transportieren. Die Höchstgeschwindigkeit lag bei 190 km/h, die Reisegeschwindigkeit betrug 155 km/h und die Dienstgipfelhöhe 4.650 m. Die Maschine hatte eine Spannweite von 17,75 m. Um den Verkauf der F 13 zu fördern, beteiligten sich die Junkers-Werke an zahlreichen Fluggesellschaften im In- und Ausland.

Der Erfolg der F 13 wurde von der **K 16** sicher nicht erreicht, denn von dem dreisitzigen Kabineneindecker aus dem Jahr 1922 wurden nur einige Exemplare gebaut. Ihm folgte der elegante Tiefdecker **A 20** mit Erstflug im Jahre 1923, dessen zwei Besatzungsmitglieder in offenen Tandemcockpits saßen. Die als Fracht- oder Postflugzeug vorgesehene A 20 ging nach ihrer Freigabe durch die alliierte Kontrollkommission sowohl als Landflugzeug **A 20L** als auch als **A 20W** Wasserflugzeug in Serie und wurde in Deutschland sowie im Junkers-Werk in Schweden und in Fili in der Sowjetunion gebaut. Diese Maschinen wurden von dem Mercedes D.IIIa bzw. von dem 220 PS (164 kW) Junkers L-2 Motor angetrieben, und eine weiterentwickelte Version mit dem 310 PS (231 kW) Junkers L-5 Motors trug die Bezeichnung **A 35**. Unter der Bezeichnung **R 53** wurde in Schweden eine Militärversion des letztgenannten Flugzeugs entwickelt, die mit zwei vorwärtsfeuernden und zwei hinten montierten Maschinengewehren bewaffnet war. Insgesamt wurden etwa 170 Maschinen vom Typ A20 und A35 gebaut.

Die Entwicklung von Zivilflugzeugen setzte sich mit der **G 23** fort, die 1925 in Dienst ging und die damals der erste dreimotorige zivile Ganzmetall-Transporteindecker der Welt war. Die Maschine wurde von einer dreiköpfigen Besatzung geflogen, konnte neun Passagiere aufnehmen und wurde mit verschiedenen Triebwerken eingesetzt. Die wichtigste Serienversion trug die Bezeichnung **G 24** und wurde normalerweise von drei 310 PS (231 kW) Junkers L-5 Motoren angetrieben. Eine Reihe von einmotorigen Maschinen vom Typ **F 24** kam 1928 heraus (die äußeren, im Flügel montierten Motoren waren ausgebaut), glichen aber generell den Vorgängermodellen.

Eine Version für 12/15 Passagiere mit der Bezeichnung **G 31**, von der 15 Exemplare gebaut wurden, hatte drei Gnome-Rhône Jupiter oder von B.M.W. gebaute Pratt & Whitney Hornet Motoren. Von der G 24 gab es auch eine Bomberversion mit der Bezeichnung **K 30**. Sie hatte als Neuerung drei Schützenstellungen und trug Bomben an Aufhängungen unter den Tragflächen. Dieses Modell wurde in der UdSSR, in Schweden und in der Türkei unter der Bezeichnung **R 42** gebaut.

Insgesamt wurden rund 80 Maschinen aller Varianten hergestellt, die teilweise bis Ende der dreißiger Jahre im Einsatz blieben. In den dreimotorigen Verkehrsflugzeugen fanden bis zu neun Passagiere Platz, die Reisegeschwindigkeit betrug 155 km/h und die Reichweite 800 km. Die Maschinen dieser Auslegung hatten eine Spannweite von 28,50 m und eine Länge von 15,25 m.

Die erste, für den Militäreinsatz vorgesehene Nachkriegs-Konstruktion war die **Junkers H 21**, ein zweisitziges, bewaffnetes Aufklärungsflugzeug, das als Baldachin-Hochdecker ausgelegt war und das von dem 185 PS (138 kW) B.M.W. IIIa Motor angetrieben wurde. Das Junkers-Werk in Fili bei Moskau baute etwa 100 H 21, die alle bei der sowjetischen Luftwaffe in Dienst gestellt wurden; die erste Maschine wurde 1924 ausgeliefert.

Zu den Entwicklungen des schwedischen Junkers-Werkes gehörte die **K 37**, ein dreisitziges Mehrzweck-Militärflugzeug, das von dem zweimotorigen Transportflugzeug **S 36** aus dem Jahre 1927 abstammte, und ein nach Japan geliefertes Exemplar wurde als **Mitsubishi Ki-2** entwickelt. Der dreisitzige Bomber/Aufklärer **K 39** trat nur als Prototyp in Erscheinung und 1928 wurden einige Exemplare des zweisitzigen Jägers **K 47** für den Export nach China gebaut. Dieser Typ wurde als **A 48** auch als Zivilversion gebaut.

Das letzte Junkers-Flugzeug, das konstruiert und gebaut wurde, bevor das Unternehmen auf die Ju-Serienbezeichnung umstellte, war die riesige **G 38**, von der nur zwei gebaut wurden. Sie hatte vier an der Vorderkante des Flügels mit 44,00 m Spannweite montierten 750 PS (559 kW) Junkers Jumo 204 Motoren und konnte in der Hauptkabine im Rumpf 26, im Bug zwei sowie je drei Passagiere in den Kabinen in den Flügelwurzeln aufnehmen. Außerdem befanden sich sieben Besatzungsmitglieder an Bord. Das erste Exemplar, das am 6. November 1929 geflogen wurde, erhielt den Namen 'Deutschland' und flog bis zu seinem Absturz im Jahre 1936 für die Deutsche Luft Hansa. Die zweite Maschine, die 'Generalfeldmarschall von Hindenburg', blieb bis zu ihrer Zerstörung bei einem RAF-Bombenangriff auf Athen im Jahre 1940 im Dienst der Luft Hansa. Sechs ähnliche Flugzeuge wurden in Japan unter der Bezeichnung **Mitsubishi Ki-20** in Lizenz gebaut und sollten bei der japanischen Armee als schwere Bomber fliegen.

Die Maschine mit einer Tragflügelfläche von 290,00 $m^2$ ähnelte dem Junkers-Entwurf eines Nurflügelflugzeugs von 1910. Der Erstflug der G 38, die ein Rüstgewicht von 16.000 kg und ein Startgewicht von 23.000 kg hatte, fand am 6. November 1929 statt. Nach einjähriger Erprobungszeit wurde die erste Maschine mit der Zulassung D-2000 (später D-AZUR) hauptsächlich auf der Strecke Berlin—Amsterdam—London eingesetzt. Ab 1932 war die Maschine mit Junkers L 88 Triebwerken von je 800 PS ausgerüstet und 1934 wurde sie auf die wirtschaftlicheren Junkers Schwerölmotoren umgerüstet. Dank der dicken Tragflächen war es möglich, die Motoren während des Flugs zu warten. Die G 38 besaß ein Kastenleitwerk mit dreiteiligem Seitenleitwerk. Die Hauptteile des starren Heckradfahrwerks waren mit Tandemrädern ausgerüstet. Der Rumpf der D-AZUR hatte eine Länge von 21,24 m, und die im Frühjahr 1932 in Dienst gestellte D-2500 (D-APIS) war auf 23,20 m verlängert. In neuneinhalb Minuten stieg die Maschine auf 1.000 m Höhe, ihre Reisegeschwindigkeit betrug 210 km/h, und die Reichweite wurde mit 1.900 km angegeben.

**An ihrer Seriennummer D-2000 ist die erste Junkers G 38 (die G 38a Deutschland) zu erkennen. In der Vorderkante der Flügelwurzel waren auch Passagiere untergebracht.**

**Das fortschrittliche Konzept, das sich in dieser Junkers F 13 Konstruktion aus dem Jahre 1919 zeigt, ist an dieser Seitenansicht eines relativ spät gebauten Exemplars erkennbar.**

**Junkers K 16**

# Junkers K 47

## Entwicklungsgeschichte

Die zweisitzige **Junkers K 47**, die 1927/28 entwickelt und Mitte 1928 erstmals geflogen wurde, unterschied sich erheblich von den übrigen Junkers-Entwürfen, da der Rumpf nicht mit gewelltem, sondern glattem Blech verkleidet war. Anfangs erreichte sie mit ihrem 480 PS (358 kW) Bristol-Jupiter Sternmotor eine Geschwindigkeit von 270 km/h, später wurde sie aber auch mit anderen Sternmotoren der 600 PS-Klasse erprobt. Zusammen mit der schwedischen Firma A.B. Flygindustri in Malmö wurden 1930/31 Bombenabwurfversuche im Sturzflug unternommen und Abfangautomatik, Sturzflugbremse und Stuka-Visiere erprobt. Die hierbei gemachten Erfahrungen wurden später beim Bau der Sturzkampfflugzeuge Ju 87 und Ju 88 angewandt.

Der Tiefdecker mit einer Spannweite von 12,90 m, doppeltem Seitenleitwerk und starrem Heckradfahrwerk war mit drei MG bewaffnet, wovon zwei durch den Propellerkreis schossen. Da in Deutschland zu dieser Zeit noch ein Bauverbot für Kampfflugzeuge bestand, war die Maschine hauptsächlich für den Export gedacht. Sie erreichte jedoch nur geringe Stückzahlen.

# Junkers Ju 46, Ju 49, Ju 52/1m, Ju 60, Ju 160, EF 61, Ju 252 und Ju 352

## Entwicklungsgeschichte

Das Schwimmerflugzeug **Junkers Ju 46**, von dem 1932 fünf für die Deutsche Luft Hansa als Fracht- und Postflugzeuge gebaut wurden, war ein zweisitziger Eindecker mit dem 650 PS (448 kW) B.M.W. Motor als Triebwerk. In der numerischen Reihenfolge schloß sich die **Junkers Ju 49** an, deren Erstflug aber schon 1931 stattfand. Sie war ein Experimentalflugzeug zur Erforschung der Stratosphäre, dessen Entwicklung schon 1927 begonnen hatte. Mit dem Flugzeug sollten Höhen von 14.000 m erreicht werden. Da es aber Probleme mit dem Junkers L 88 Motor mit zweistufigem Verdichter kam, erreichte die Ju 49 nur 12.600 m. Bei dem zweisitzigen Cockpit handelte es sich um eine doppelwandige Druckkabine, die als Einheit in den Rumpf gesetzt wurde. Die Erfahrungen, die mit dieser Maschine, die eine Spannweite von 28,00 m hatte, schlugen sich später beim Bau der Junkers EF 61 nieder.

Die einmotorige **Junkers 52/1m** hatte bereits am 13. Oktober 1930 ihren Erstflug gehabt. Von diesem Fracht- und Postflugzeug, das von einem B.M.W. VII von 685 PS (511 kW) angetrieben wurde, gingen nur sechs Maschinen in Produktion. Dabei handelte es sich im Grunde um eine vergrößerte W 33/34. Ihre Höchstgeschwindigkeit betrug 195 km/h, die Landegeschwindigkeit dank ihrer Junkers-Doppelflügel nur 77 km/h.

Die Bezeichnung **Junkers Ju 60** wurde einem Verkehrsflugzeug für sechs Passagiere zugeordnet, das 1932 entstand. Die Maschine war mit Glattblech verkleidet und besaß ein einziehbares Fahrwerk; allerdings wurde von dem 280 km/h schnellen Flugzeug nur ein Exemplar hergestellt. Der Entwurf wurde 1934 gründlich überarbeitet und führte zu der **Junkers Ju 160**. Mit einem B.M.W. 'Hornet' Motor von 700 PS (522 kW) erreichte die Ju 160 eine Höchstgeschwindigkeit von 340 km/h, und die Reisegeschwindigkeit lag bei 315 km/h. In der Maschine fanden sechs Passagiere und zwei Besatzungsmitglieder Platz. Die Luft Hansa setzte 20 Maschinen im Inlandverkehr ein, 25 gingen an die Luftwaffe und zwei Maschinen wurden nach Japan exportiert.

In den Jahren 1935 bis 1937 wurde bei Junkers an dem Höhenschnellbomber **EF 61** gearbeitet, von dem zwei Versuchsmaschinen hergestellt wurden. Ausgelegt war der Typ für eine Reichweite von 5.000 km, eine maximale Flughöhe von 12.000 m und eine Zuladung von 1.000 kg, aber die angestrebten Leistungsdaten wurden nie erreicht. Eine der Maschinen ging bei den Versuchsflügen verloren. Die Maschine verfügte über Wellblechhaut mit Stoffverkleidung, eine Druckkabine für die Besatzung, Fowlerflügel und Daimler Benz DB 600D Höhentriebwerke.

Ebenfalls in Glattblechbauweise entstand 1941 die **Junkers Ju 252**, ein dreimctoriges Transportflugzeug für bis zu 35 Passagiere. Der Typ verfügte über eine 4,00 m × 2,00 m große 'Trapoklappe', eine Ladeluke im Rumpfheck, über die sperrige Lasten geladen werden konnten. Der Typ war als Nachfolgemodell für die Ju 52 geplant, und seine Nutzlast war mit 7.700 kg dreimal höher als die der Ju 52. Die drei Jumo 211 von je 1.350 PS (1.007 kW) verliehen der Maschine eine Höchstgeschwindigkeit von 430 km/h, die Reisegeschwindigkeit lag bei 370 km/h, und die Reichweite betrug 2.500 km. Die Ju 252 hatte eine Spannweite von 34,00 m und eine Länge von 25,10 m. Nur 15 Maschinen wurden hergestellt.

Bei der generell ähnlichen **Ju 352 Herkules**, von der 33 Serienmaschinen gebaut wurden, wurde die Leichtmetallbauweise der Ju 252 durch eine Mischung aus Holz und Stahl mit Stoffbespannung ersetzt, um die knappen Aluminiumlegierungen für die Produktion von Jagdflugzeugen einzusparen. Bei fast gleichen Abmessungen hatte sie ein etwas geringeres Fluggewicht. Wegen der drei schwächeren B.M.W. 323 R-2 Motoren von je 1.200 PS (895 kW) erreichte sie nur eine Höchstgeschwindigkeit von 310 km/h, die Reisegeschwindigkeit betrug 290 km/h, die Reichweite lag bei 2.500 km. Auch sie verfügte über die 'Trapoklappe'.

**Die Ju 60 war eine ehrgeizige Konstruktion aus dem Jahre 1932, war aber für die Ansprüche der Fluggesellschaften zu klein.**

## Technische Daten

**Junkers Ju 252A-1**

**Typ:** ein Mehrzweck-Transportflugzeug.

**Triebwerk:** drei Junkers Jumo 211 von je 1.350 PS (1.007 kW).

**Leistung:** Höchstgeschwindigkeit 430 km/h; Reisegeschwindigkeit 370 km/h; Reichweite 2.500 km.

**Gewicht:** Leergewicht 13.082 kg; max. Startgewicht 23.970 kg.

**Abmessungen:** Spannweite 34,00 m; Länge 25,10 m; Höhe 5,75 m; Tragflügelfläche 122,60 m$^2$.

# Junkers Ju 52/3m

## Entwicklungsgeschichte

Die Entscheidung zur Erprobung der einmotorigen Ju 52 als dreimotoriges Transportflugzeug führte dazu, daß das siebte in Serie gebaute Flugwerk zum Prototypen **Junkers Ju 52/3m** umgebaut und mit drei 550 PS (410 kW) Pratt & Whitney Hornet Motoren ausgerüstet wurde. Bei der Erprobung im April 1931 zeigte diese **Ju 52/3mce** im Vergleich zur einmotorigen Version eine derart verbesserte Leistung, daß die Produktion der einmotorigen Ju 52/1m eingestellt wurde. Der erste Kunde dieser neuen Maschine war die Lloyd Aero Boliviano, die ab 1932 sieben Flugzeuge erhielt.

Der Typ war mit Schwimmer-, Ski- oder Räderfahrwerk lieferbar und Aero O/Y (Finnland) sowie AB Aerotransport (Schweden) kauften die Wasserflugzeugversion; die Ju 52/3mce, die an die Deutsche Luft Hansa geliefert wurden, hatten jedoch Räderfahrwerk. Im Dienste der Luft Hansa machte sich der Typ bald einen Namen, und bis Ende 1935 waren 97 Maschinen im Liniendienst, 51 davon bei der Luft Hansa.

Eine Bewertung des Militärpotentials der Ju 52/3m durch die Luftwaffe führte zu einer Bomber-Zwischenlösung, zur **Ju 52/3mge** sowie zur später verbesserten **Ju 52/3mg3e**. Diese Maschinen kamen im Spanischen Bürgerkrieg erstmals zum Einsatz und flogen zunächst als Truppentransporter rund 10.000 maurische Soldaten von Marokko nach Spanien. Bis zum Kriegsende 1939 hatte die Ju 52 allerdings rund 13.000 Flugstunden angesammelt und über 6.000 Tonnen Bomben abgeworfen. Parallel dazu lief die zivile Produktion weiter und Mitte der 30er Jahre waren über 230 Exemplare für die Lufthansa zugelassen; einige davon wurden jedoch ohne Zweifel an die Luftwaffe weitergegeben, die in den Jahren 1934/35 450 und 1939 593 Maschinen von Junkers erhielt. Weitere 59 Flugzeuge wurden bei Ausbruch des Zweiten Weltkriegs von der Lufthansa requiriert.

Die Vielseitigkeit der Ju 52/3m bedeutete, daß dieser Typ während des gesamten Krieges von der Luftwaffe umfassend eingesetzt wurde, und der Ersatzbedarf wurde durch die Einrichtung einer neuen Fertigungsstraße im Werk Amiot in Colombes in Frankreich gedeckt; das erste Flugzeug aus diesem Werk wurde im Juni 1942 akzeptiert. PIRT in Budapest montierte 26 Ju 52/53m aus in Deutschland hergestellten Bauteilen, die mit Ausnahme von vier Maschinen an die ungarische Luftwaffe geliefert wurden. Als die Produktion Mitte 1944 auslief, waren in Deutschland und Frankreich insgesamt knapp 5.000 Maschinen gebaut worden. Nach dem Krieg baute Frankreich über 400 Exemplare für die Air France und für die französische Luftwaffe, bei der der Typ **AAC.1 Toucan** genannt wurde. Unter der Bezeichnung **CASA 352** baute CASA in Spanien 170 Maschinen für die spanische Luftwaffe.

Die weiterentwickelten Versionen der Ju 52/3m umfaßten die Ju 252 sowie die umkonstruierte Version Ju 352, die bereits erwähnt wurden.

**Junkers Ju 52/3mg4e der spanischen Grupo de Bombardeo Nocturno 2-G-22 der 1 Escuadra, 1938**

**Die Junkers Ju 252 V1 hatte eine ähnliche Triebwerksauslegung wie die Ju 52/3m, war aber mit glatter Blechhaut verkleidet.**

## Varianten

**Ju 52/3mg3e:** Militärversion; drei 725 PS (541 kW) B.M.W. 132-A3 Motoren, Funkgerät und Bombenabwurfmechanismus waren verbessert.

**Ju 52/3mg4e:** Militärversion; interne Ausstattungsänderungen gegenüber der Ju 53/3mg3e und mit Heckrad anstelle des Hecksporns.
**Ju 52/3mg5e:** Militärversion; drei 830 PS (619 kW) B.M.W. 132T Motoren, Abgaswärme für Enteisung genutzt; auswechselbares Schwimmer-/Ski-/Räderfahrwerk und verbessertes Funkgerät.
**Ju 52/3mg6e:** wie Ju 52/3mg5e, jedoch mit einfacherem Funkgerät; generell landgestützt.
**Ju 52/3mg/7e:** wie Ju 52/3mg6e, jedoch mit Autopiloten und großer Ladeluke.
**Ju 52/3mg8e:** wie Ju 52/3mg7e, jedoch mit zusätzlicher Luke im Kabinendach; Ende der Serie hatte verbesserte B.M.W. 132Z Motoren.
**Ju 52/3mg9e:** wie Ende der Ju 52/3mg8e Serie, jedoch mit verstärktem Fahrwerk; Lastensegler-Schleppeinrichtung war Standard.
**Ju 52/3mg10e:** ähnlich der Ju 52/3mg9e, jedoch für Schwimmer- oder Rädereinsatz geeignet.
**Ju 52/3mg12e:** wie Ju 52/3mg10e, jedoch mit drei B.M.W. 132L Motoren; einige gingen als Ju 52/3m12 an die Lufthansa.
**Ju 52/3mg14e:** letzte Serienversion; wie Ju 52/3mg9e, jedoch mit verbesserter Panzerung für den Piloten und schwererer Abwehrbewaffnung.

### Technische Daten
**Junkers Ju 52/3mg3e**
**Typ:** ein Mittelstreckenbomber und Truppentransporter.
**Triebwerk:** drei 725 PS (541 kW) B.M.W. 132A-3 Sternmotoren.
**Leistung:** Höchstgeschwindigkeit 275 km/h in 900 m Höhe; Dienstgipfelhöhe 5.900 m; Reichweite mit Zusatztanks 1.300 km.
**Gewicht:** Leergewicht 5.720 kg; max. Startgewicht 10.500 kg.
**Abmessungen:** Spannweite 29,25 m; Länge 18,90 m; Höhe 5,55 m; Tragflügelfläche 110,50 m².
**Bewaffnung:** zwei 7,92 mm MG15 Maschinengewehre plus bis zu 500 kg Bomben.

# Junkers Ju 86

**Junkers Ju 86D-1 der 5./Kampfgeschwader 254, im September 1937 in Eschwege stationiert**

### Entwicklungsgeschichte
Die als Linienflugzeug für zehn Passagiere sowie als viersitziger Bomber entwickelte **Junkers Ju 86** wurde um den Junkers Jumo 205 Dieselmotor herum konstruiert. Der erste von fünf Prototypen wurde 1934 geflogen und seine Leistung erwies sich als enttäuschend; trotzdem ging der Typ Ende 1935 als Linienmaschine und als Bomber in Serie. Die ersten **Ju 86A-0** Vorserien-Bomber wurden im Februar 1936 ausgeliefert, und die erste **Ju 86B-0** Vorserien-Transportmaschine für die Swissair wurde im April 1936 ausgeliefert.

Fünf Ju **86D-1** Bomber mit verbesserten Jumo 205C Motoren waren während des Spanischen Bürgerkriegs bei der Legion Condor im Einsatz. Das Triebwerk eignete sich jedoch nicht sehr für Kampfbedingungen, und das Flugzeug erwies sich der Heinkel He 111 gegenüber als deutlich unterlegen. Zu den Militär-Exportaufträgen gehörten die **Ju 86K-1** für Südafrika und Schweden, wo Saab diesen Typ später in Lizenz baute; die **Ju 86K-2** für Ungarn, wo 66 gebaut wurden, sowie die **Ju 86K-6** für Chile und Portugal.

Die Unzufriedenheit der Luftwaffe mit den Leistungen der Ju 86D führte zu der wesentlich zuverlässigen **Ju 86E-1** mit B.M.W. 132F Sternmotoren und zu der **Ju 86E-2** mit dem B.M.W. 132N Triebwerk. Die Verbesserungen, die während der Produktion eingeführt wurden, führten zur Umbenennung der letzten 40 Ju 86E in **Ju 86G-1** mit einem runden, verglasten Bug; die Serie lief 1938 aus. Allerdings wurden 1939 zwei Ju 86D Flugwerke zum Umbau zu Prototypen einer Höhenflug-Version mit Jumo 207A Motoren und mit zweisitziger Druckkabine verwendet. Die erfolgreichen Tests führten zu zwei ersten Serienversionen, dem Bomber **Ju 86P-1** und dem Aufklärer **Ju 86P-2**. Der Aufklärer hatte eine Gipfelhöhe von 12.800 m, und mit dem Ziel einer größeren Flughöhe wurde mit dem Aufklärer **Ju 86R-1** und dem Bomber **Ju 86R-2** ein Flügel mit hoher Streckung und einer Spannweite von 32,00 m eingeführt. Nur wenige dieser Maschinen kamen zum Einsatz, eine erreichte jedoch eine Gipfelhöhe von 14.400 m. Die Weiterentwicklung der **Ju 86R-3** mit Jumo 208 Kompressormotoren sowie des vorgeschlagenen, auf der Ju 86 basierenden viermotorigen Höhenflugbombers, wurde eingestellt. Der sechsmotorige **Ju 286** Höhenflugbomber kam über die erste Planungsphase nicht hinaus.

**Die HB-IXI war die zweite Junkers Ju 86B-0 und wurde im April 1936 an die Swissair ausgeliefert. Die Maschine wurde als Nacht-Postflugzeug auf der Strecke Zürich—Frankfurt am Main eingesetzt.**

### Varianten
**Ju 86abl:** erster Prototyp; Bomber; zunächst mit Siemens SAM 9 Sternmotoren.
**Ju 86bal:** zweiter Prototyp; Transportmaschine mit Jumo 205C Dieselmotoren.
**Ju 86cb:** dritter Prototyp; Bomber wie die Ju 86abl; später mit Jumo 205C Motoren.
**Ju 86 V4:** Versuchsmaschine der zivilen Ju 86B Serienmaschinen.
**Ju 86 V5:** Versuchsmaschine der Ju 86A Bomber-Serienversion.
**Ju 86A-0:** 13 Vorserienbomber.
**Ju 86B-0:** sieben Vorserien-Transportmaschinen.
**Ju 86C-1:** sechs Lufthansa Transportmaschinen mit Jumo 205C Dieselmotoren.
**Ju 86E-1:** Luftwaffenbomber mit B.M.W. 132F Sternmotoren.
**Ju 86E-2:** aufgewertete Version der Ju 86E-1.
**Ju 86K-4:** wie Ju 86K-1, jedoch mit Bristol Pegasus III Sternmotoren für Schweden (**B 3A**).
**Ju 86K-5:** wie Ju 86K-4, jedoch mit in Schweden gebauten Pegasus XII Motoren (**B 3B**).
**Ju 86K-13:** in Schweden gebaute Bomber mit in Schweden oder Polen gebauten Pegasus-Motoren.

### Technische Daten
**Junkers Ju 86D-1**
**Typ:** viersitziger mittlerer Bomber.
**Triebwerk:** zwei 600 PS (447 kW) Junkers Jumo 205C-4 Dieselmotoren.
**Leistung:** Höchstgeschwindigkeit 325 km/h in 3.000 m Höhe; Dienstgipfelhöhe 5.900 m; max. Reichweite 1.500 km.
**Gewicht:** Leergewicht 5.150 kg; max. Startgewicht 8.200 kg.
**Abmessungen:** Spannweite 22,50 m; Länge 17,87 m; Höhe 5,06 m; Tragflügelfläche 82,00 m².
**Bewaffnung:** drei 7,92 mm Maschinengewehre plus bis zu 800 kg intern mitgeführte Bomben.

# Junkers Ju 87

### Entwicklungsgeschichte
Die **Junkers Ju 87 Stuka** (Sturzkampfflugzeug) erwarb sich ihren Ruf während des Polenfeldzugs und als Nahunterstützungsflugzeug bei Einsätzen in ganz Europa. Die Luftwaffe hielt sie für praktisch unbesiegbar, was aber nur stimmte, wenn die Luftüberlegenheit gesichert war. Dies zeigte sich in der Luftschlacht um England, wo die Stukas von der RAF so vernichtend geschlagen wurden, daß sie später von den Einsätzen über Westeuropa zurückgezogen wurden.

1934 begann man mit drei Prototypen, von denen der erste ein doppeltes Seitenleitwerk und einen Rolls-Royce Kestrel Motor hatte. Bei Sturzflugtests im Jahre 1935 brach das Heck der Maschine ab und das Flugzeug wurde zerstört. Der zweite Prototyp hatte als Neuerung nur eine Heckflosse mit Seitenruder, und als Triebwerk diente ein 610 PS (455 kW) Junkers Jumo 210A; die offizielle Erprobung dieser Maschine sowie ein dritter, weiter verbesserter Prototyp führten zu einer Vorserie von zehn Maschinen vom Typ **Ju 87A-0** mit dem 640 PS (477 kW) Jumo 210Ca Motor. Ab dem Frühjahr 1937 begann die erste Serienversion **Ju 87A-1** die Hs 123 Doppeldecker ablösen, und die Legion Condor er-

**Junkers Ju 87B-2**

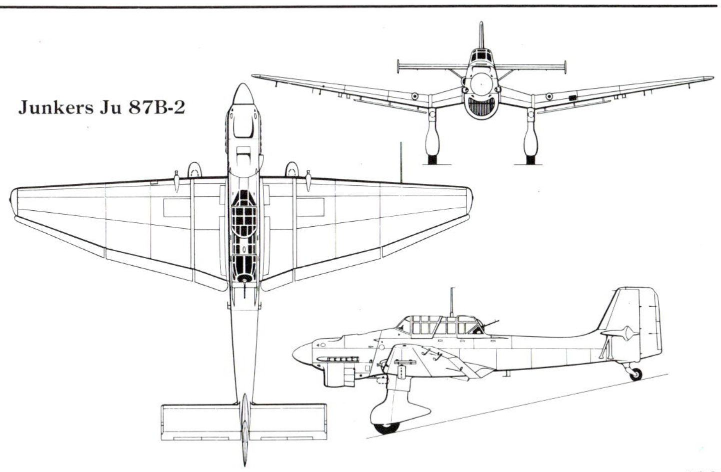

**Junkers Ju 87D-1 der 4./Stukageschwader 3**

probte drei Exemplare unter Kampfbedingungen im Spanischen Bürgerkrieg. Nach Beginn des Zweiten Weltkriegs verfügte die Luftwaffe über 336 **Ju 87B**, und Lieferungen weiterer Maschinen gingen nach Italien, wo sie **Picchiatello** genannt wurden, sowie an Bulgarien, Ungarn und Rumänien.

Die Ju 87 wurden umfassend an der Ostfront eingesetzt und hatten zunächst sehr gute Erfolge; bis 1943 erlitten sie jedoch so schwere Verluste im Tageseinsatz, daß sie zu Nachtangriffseinsätzen abkommandiert wurden. Bei Einstellung der Produktion waren über 5.700 Maschinen gebaut worden, die meisten davon nach 1940, als sich ihre Verletzlichkeit ohne ausreichenden Jagdschutz bei der Schlacht um England schon herausgestellt hatte. Man kann nur annehmen, daß die Produktion weiterlief, weil es keinen besseren Ersatz gab. 1943 wurde eine umkonstruierte und verbesserte **Ju 187** projektiert; nach einer Begutachtung des Entwurfs wurden davon jedoch keine Exemplare gebaut.

### Varianten

**Ju 87A-2:** Serienversion mit 680 PS (507 kW) Jumo 210Da Ladermotor.
**Ju 87V-7:** Prototyp der Ju 87B Serie mit 1.000 PS (746 kW) Jumo 211A Motor.
**Ju 87B-0:** Vorserie für die Ju 87B-Serie.
**Ju 87B-1:** Serienversion mit umkonstruiertem Rumpf, stromlinienförmigen Rad-Halbverkleidungen, 1.200 PS (895 kW) Jumo 211Da Motor und einer maximalen Bombenlast von 500 kg.
**Ju 87B-2:** verbesserte Serienversion mit einer maximalen Bombenlast von 1.000 kg.
**Ju 87C-1:** geplante Serienversion mit abwerfbarem Fahrwerk, Klappflügeln und Auffanghaken für den Einsatz auf dem geplanten Flugzeugträger **Graf Zeppelin**; der Träger wurde nie fertiggestellt und die Maschinen in der Fertigung wurden statt dessen als Ju 87B-2 komplettiert.
**Ju-87D-1:** generell verbesserte Serienversion mit 1.410 PS (1.051 kW) Jumo 211J-1 Motor und verbesserter Panzerung zum Schutz für die Besatzung.
**Ju 87D-2:** verstärkte Ju 87D-1 mit Schlepphaken für Lastensegler.
**Ju 87D-3:** eine Schlachtflugzeug-Version der Ju 87D-1 mit verstärkter Panzerung.
**Ju 87D-4:** eine vorgeschlagene Torpedobomber-Version.
**Ju 87D-5:** Version mit vergrößerter Flügelfläche, abwerfbarem Fahrwerk und ohne Sturzflugbremsen.
**Ju 87D-7:** Nachtschachtflugzeug-Version der Ju 87D-3 und Ju 87D-5; 1.500 PS (1.119 kW) Jumo 211P; die flügelmontierten Maschinengewehre wurden durch 2 cm MG 151/20 Kanonen ersetzt.
**Ju 87D-8:** Tag-Version der Ju 87D-7 ohne Nachtflugausrüstung und Flammendämpfer.
**Ju 87F:** geplante Version mit weitgehend überarbeitetem Flugwerk, größerer Spannweite und stärkerem Motor; die erheblichen Änderungen führten schließlich zur Umbenennung in **Ju 187**, die aber nur ein Projekt blieb.
**Ju 87G-1:** letzte Version der Ju 87D-5 mit einer 3,7 cm Kanone unter jedem Flügel, bei Panzerjäger-Staffeln im Einsatz.
**Ju 87H:** Schulflugzeug-Version mit Doppelsteuerung als Umbauten der Ju 87B Flugwerke.
**Ju 87R** Serie: eine Langstrecken-Version zur Schiffsbekämpfung, von Ju 87B abgeleitet; mit Zusatztanks und einer 250 kg Bombe.

### Technische Daten
**Junkers Ju 87D-1**

**Typ:** ein zweisitziger Sturzflugbomber/Schlachtflugzeug.
**Triebwerk:** ein zweireihig hängender 1.410 PS (1.051 kW) Junkers Jumo 211J-1 12-Zylinder Motor.
**Leistung:** Höchstgeschwindigkeit 410 km/h in 3.840 m Höhe; Dienstgipfelhöhe 7.290 m; max. Reichweite 1.535 km.
**Gewicht:** Rüstgewicht 3.900 kg; max. Startgewicht 6.600 kg.
**Abmessungen:** Spannweite 13,80 m; Länge 11,50 m; Höhe 3,90 m; Tragflügelfläche 31,90 m$^2$.
**Bewaffnung:** 7,92 mm MG 17 in den Flügeln und ein Zwillings-MG 81Z im hinteren Cockpit plus bis zu 1.800 kg Bomben unter dem Rumpf bzw. verschiedene andere Lasten unter Rumpf bzw. Flügeln.

# Junkers Ju 88

### Entwicklungsgeschichte

Die **Junkers Ju 88** war bestimmt das vielseitigste deutsche Kampfflugzeug des Zweiten Weltkriegs und befand sich in zunehmend verbesserten Versionen während des gesamten Krieges in Produktion. Ursprünglich war die Maschine als Antwort auf eine Forderung nach einem dreisitzigen Hochgeschwindigkeits-Bomber entstanden, und der erste Prototyp mit zwei 1.000 PS (746 kW) Daimler-Benz DB 600Aa Motoren als Triebwerk absolvierte am 21. Dezember 1936 seinen Jungfernflug. Weitere Prototypen schlossen sich an, von denen der dritte 1.000 PS (746 kW) Junkers Jumo Motoren hatte und in der Erprobung eine Geschwindigkeit von 520 km/h erreichte. Eine derartig hohe Leistung verlockte zu Rekordversuchen, und im März 1939 stellte die fünfte Versuchsmaschine einen 1.000 km Rundkursrekord mit 517 km/h auf und trug dabei 2.000 kg Nutzlast. Insgesamt wurden zehn Versuchsmaschinen fertiggestellt, der erste der Vorserien-Bomber **Ju 88A-0** flog Anfang 1939 und die erste **Ju 88A-1** Serienversion wurde 1939 in Dienst gestellt.

Die ersten Kampfeinsätze zeigten, daß die Abwehrbewaffnung trotz der guten Leistung und einer brauchbaren Bombenlast völlig unzureichend war, was zur **Ju 87A-4** führte, die eine größere Flügelspannweite, strukturelle Verstärkungen für eine höhere Belastung und eine erheblich verbesserte Feuerkraft hatte. Dies war die Basis für weitere Entwicklungen des Typs, von dem es letztendlich so viele Versionen gab, daß eine detaillierte Auflistung nicht möglich ist: so erstreckten sich beispielsweise die Untervarianten der Ju 88A-Serie von der Ju 88A-1 bis zur Ju 88A-17. Während die Serie der Ju 88A lief, wurde eine verbesserte **Ju 88B** geplant, die einen großzügiger verglasten Bug und zwei 1.600 PS (1.193 kW) B.M.W. 801MA Sternmotoren hatte; die Flugtests ergaben jedoch nur eine geringfügig bessere Leistung, und es wurden nur zehn **Ju 88B-0** gebaut.

Die Ju 88 war fast genauso schnell wie die damaligen Jäger, und eine derartige Leistung in Verbindung mit ausgezeichneter Manövrierfähigkeit gab Anlaß zur Entwicklung der **Ju 88C**-Serie. Die geplante **Ju 88C-1** mit B.M.W. 801MA Motoren wurde aufgegeben, weil die neue Focke-Wulf FW 190 bei diesem Triebwerk Vorrang hatte. Aus diesem Grund wurde die **Ju 88C-2** zur ersten Serienversion. Die Ju 88A-1 wurde dazu auf der Fertigungsstraße mit einem massiven Bug ausgestattet, in dem drei 7,92 mm MG 17 Maschinengewehre und eine 2 cm MG FF Kanone untergebracht waren. Die Abwehrbewaffnung bestand aus zwei weiteren 7,92 mm MG 15 Maschinengewehren. Die **Ju 88C-4** war ein Zerstörer, die **Ju 88C-5** ein verbesserter schwerbewaffneter Jäger, die **Ju 88C-6a** eine verbesserte Ju 88C-5, die **Ju 88C-6b** und **Ju 88C-6c** waren Nachtjäger, die **Ju 88C-7a** und die **Ju 88C-7b** waren Kampfzerstörer, während die **Ju 88C-7c** ein Zerstörer war. Nicht in alphabetischer Reihenfolge waren die Nachtjäger **Ju 88R-1** und **Ju 88R-2**, die entwickelt und mit B.M.W. 801MA Motoren ausgestattet wurden, als der Lieferengpaß bei diesem Motor beseitigt war.

**Einer der wichtigsten Flugzeugtypen der Luftwaffe im Zweiten Weltkrieg war die Junkers Ju 88. Hier abgebildet ist ein Ju 88A-4 Bomber.**

Die Serien der **Ju 88D** waren Fernaufklärer, die auf der Ju 88A-4 beruhten; die Varianten **Ju 88D-1** bis **Ju 88D-5** unterschieden sich durch ihre Motoren und andere Details. Die Serie **Ju 88G** bestand aus Nachtjäger-Versionen, die ab dem Frühsommer 1944 die älteren Ju 88C und Ju 88R Maschinen ersetzten. Die mit unterschiedlichen Radargeräten ausgerüsteten und schwerbewaffneten Ju 88G waren ganz hervorragende Nachtjäger, die den alliierten Nachtbombern schwere Verluste bei-

**Die Junkers Ju 88G-7a der IV/NJG 6 im Winter 1944/45. Das Leitwerk wurde zur Irreführung so gestrichen, daß es wie das der Ju 88C aussieht.**

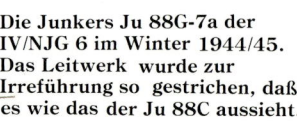

brachten. Ihnen folgten geringe Stückzahlen der **Ju 88H** mit einem gestreckten Rumpf, in dem zusätzliche Treibstofftanks untergebracht wurden, durch die der Ju **88H-1** Aufklärer und der **Ju 88H-2** Jäger mit besonders großer Reichweite entstanden. Aus der Ju 88A-4 wurde die **Ju 88P** zur Panzerbekämpfung entwickelt, darunter die **Ju 88P-1** mit einer 7,5 cm PaK 40 Kanone und die sich anschließenden **Ju 88P-2** bis **Ju 88P-4** mit verschiedenen Kombinationen schwerer Panzerabwehrwaffen.

Die zunehmende Leistung der alliierten Jäger bedeutete, daß die Verluste stiegen, was wiederum, als letzte Serienversionen, zu dem **Ju 88S** Bomber und dem **Ju 88T** Fotoaufklärer mit verbesserter Leistung führte. Als die Produktion eingestellt wurde, waren fast 15.000 Maschinen gebaut worden, was die wichtige Rolle unterstreicht, die der Ju 88 bei den Einsätzen der Luftwaffe zukam.

### Technische Daten
**Junkers Ju 88A-4**

**Typ:** ein viersitziger Bomber/Sturzkampfbomber.
**Triebwerk:** zwei zweireihig hängende 1.350 PS (1.007 kW) Junkers 211J-1 12-Zylinder-Motoren.
**Leistung:** Höchstgeschwindigkeit 470 km/h in 5.300 m Höhe; Dienstgipfelhöhe 8.200 m; max. Reichweite 2.730 km.
**Gewicht:** Rüstgewicht 9.860 kg; max. Startgewicht 14.000 kg.
**Abmessungen:** Spannweite 20,00 m; Länge 14,40 m; Höhe 4,85 m; Tragflügelfläche 54,50 m$^2$.
**Bewaffnung:** ein vorwärtsfeuerndes 13 mm MG 131 oder zwei 7,92 mm MG 81 Maschinengewehre, zwei nach hinten feuernde MG im hinteren Cockpit sowie zwei nach hinten feuernde MG unter dem Rumpf plus intern und extern bis zu 2.000 kg Bomben.

# Junkers Ju 88 Mistel

### Entwicklungsgeschichte
1943 wurde vorgeschlagen, die veralteten Ju 88 Flugwerke zu pilotenlosen Flugkörpern umzubauen, an denen ein Messerschmitt Bf 109 Jäger montiert werden sollte, der die Ju 88 im Flug lenkte, bis er sie am Ausklinkort auf ihr Ziel ausrichtete und sich von ihr löste. Die als **Mistel** oder auch als 'Vater und Sohn'-Huckepackflugzeuge bekannten Maschinen wurden als Prototyp-Kombination im Juli 1943 zum ersten Mal geflogen und als praktikabel bewertet. Die Schwäche bei diesem Konzept war, daß die mit einem Gefechtskopf ausgestattete Ju 88 ab dem Augenblick der Trennung vom Trägerflugzeug nicht mehr gesteuert werden konnte und sie dann lediglich unter der Kontrolle ihres bordeigenen Autopiloten ihren gleichmäßigen Flug fortsetzte. Die Pläne für ein Fernsteuerungssystem wurden nach dem Kriegsende in Europa jedoch wieder aufgegeben.

Bundesarchiv

**Die einzige in Einsätzen geflogene Version der Mistel Huckepack-Flugzeuge war die Mistel 1, die eine Ju 88A-4 mit einer Bf 109F kombinierte.**

Aus verschiedenen Jäger/Bomber-Kombinationen ergaben sich mehrere Bezeichnungen, darunter die **Mistel 1** (und **S 1** Schulversion), die aus der Ju 88A-4 und der Bf 109F bestand, die **Mistel 2** (und **S 2**) mit der Ju 88G-1 und der Focke-Wulf FW 190A-8 und die **Mistel 3A** (und **S 3A**) mit der Ju 88A-6 und der FW 190A-6. Die Langstreckenversionen **Mistel 3B** und **Mistel 3C** entstanden durch die Kombination der Bomber Ju 88G-10 bzw. Ju 88H-4 mit FW 190A-8, die auf den Flügeln Zusatztanks ('Doppelreiter') hatten. Die Maschinen waren als Pfadfinder oder 'Führungsmaschinen' ausgelegt, wobei in der unteren Maschine drei Besatzungsmitglieder Platz fanden. Eine der letzten Mistel-Kombinationen, die in den letzten Kriegswochen erprobt wurde, verband die Ju 88G-7 und die Focke-Wulf Ta 152H.

Es wurden rund 250 Mistel-Huckepackflugzeuge gebaut, die jedoch nur begrenzte Erfolge aufweisen konnten, weil die 'Flugkorper' nach dem Absetzen nicht mehr gelenkt werden konnten.

# Junkers Ju 188

### Entwicklungsgeschichte
Bei Ausbruch des Zweiten Weltkriegs war die Konstruktion eines Nachfolgemodells für die Ju 88, die **Junkers Ju 288**, bereits weit fortgeschritten. Bis 1942 war jedoch klar, daß diese Maschine zu spät in Dienst gestellt würde, und es wurde dringend eine Zwischenlösung zur Modernisierung der Ju 88 gebraucht.

1940 hatte Junkers den Prototyp der Ju 88B geflogen, der einen neuen, vergrößerten vorderen Rumpfbereich und Flügel mit größerer Spannweite hatte. Obwohl diese Version nicht in Serie ging und nur zehn Ju 88B-0 Vorserienmaschinen gebaut wurden, war es doch die spätere Weiterentwicklung **Ju 88E-0**, die als Grundmodell für den neuen Bomber/Aufklärer mit der Bezeichnung **Ju 188** diente.

Die Versuchsmaschinen **Ju 188 V1** und **Ju 188 V2** wurden Anfang 1942 bzw. 1943 erstmals geflogen und der Typ nach einer erfolgreichen Erprobung in Serie geordert. Eine Maßgabe des Auftrages war, daß sich das Flugwerk ohne Umbau für die Motoren B.M.W. 801 bzw. Junkers Jumo 213 eignen sollte, damit die fortlaufende Produktion gesichert war. Die erste Serienversion war die **Ju 188E-1** mit 1.600 PS (1.193 kW) B.M.W. 801L Motoren, die im Februar 1943 in Dienst ging; bis Ende des Jahres waren davon 283 Exemplare ausgeliefert. Die erste Version mit Junkers-Motoren war die **Ju 188A-2**, deren beide Motoren eine Leistung von je 2.240 PS (1.670 kW) für Starts mit Wasser-/Methanoleinspritzung entwickelten.

**Junkers Ju 188D-2 der 1.(F)/124, 1944 in Kirkenes, Nordfinnland, stationiert**

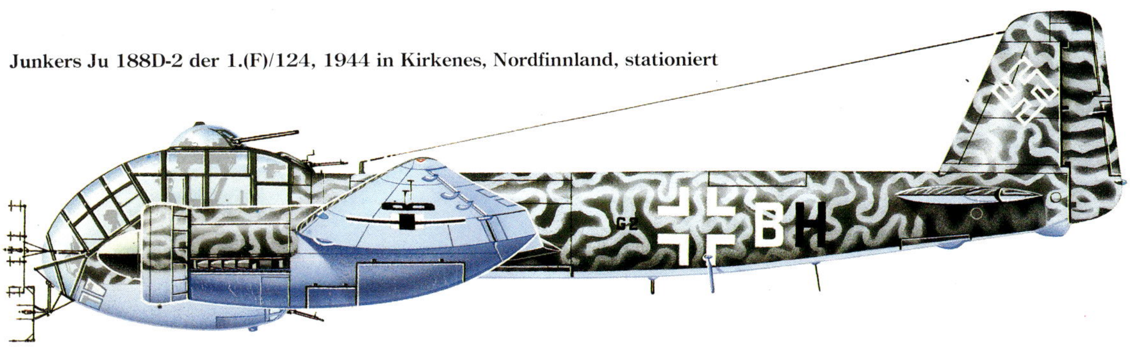

Mehr als 1.000 Ju 188 aller Varianten wurden gebaut, von denen mehr als die Hälfte als Aufklärer verwendet wurden. Die Varianten umfaßten den Bomber Ju 188A-2 und den Torpedobomber **Ju 188A-3**, die Aufklärer **Ju 188D-1** und **Ju 188D-2**, den Bomber **Ju 188E-1** und den Torpedobomber **Ju 188E-2**, den Aufklärer **Ju 188F-2** sowie die Höhen-Version **Ju 188S-1** und den Höhen-Aufklärer **Ju 188T-1**, die beide über keine Abwehrwaffen verfügten.

### Technische Daten
**Junkers Ju 188E-1**

**Typ:** viersitziger mittlerer Bomber.
**Triebwerk:** zwei 1.700 PS (1.268 kW) B.M.W. 801D-2 Sternmotoren.
**Leistung:** Höchstgeschwindigkeit 500 km/h in 6.000 m Höhe; Dienstgipfelhöhe 9.345 m; max. Reichweite 1.945 km.
**Gewicht:** Rüstgewicht 9.860 kg; max. Startgewicht 14.509 kg.
**Abmessungen:** Spannweite 22,00 m; Länge 14,95 m; Höhe 4,44 m; Tragflügelfläche 56,00 m$^2$.
**Bewaffnung:** eine vorwärtsfeuernde 20 mm MG 151 Kanone im Bug, zwei 13 mm MG 131 auf dem Rumpfrücken sowie im rückwärtigen Kabinendach, ein nach hinten feuerndes 7,92 mm MG 18 Maschinengewehr unter dem Flugdeck sowie maximal 3.000 kg Bomben.

**Die Junkers Ju 288 V14 war der letzte Prototyp der geplanten mittelschweren Bomberserie Ju 288B, der aber erst flog, nachdem die Ju 288B bereits aufgegeben worden war.**

Bundesarchiv

# Junkers Ju 287

### Entwicklungsgeschichte

In den Jahren 1942 bis 1944 entstand unter der Leitung von Prof. Heinrich Hertel der erste Bomber mit Düsenstrahltriebwerken. Das Projekt erhielt die Bezeichnung **Junkers Ju 287**. Nach umfangreichen Windkanaltests wurde beschlossen, die Tragflächen negativ zu pfeilen (minus 23,4°) und an den Flügelvorderkanten Gondeln mit Drillings-Strahltriebwerken aufzuhängen. Die **Ju 287 V1**, die erste Versuchsmaschine, die im August 1944 in Brandenburg startete, war aus den Teilen diverser Maschinen zusammengebaut worden; so stammten Teile des Rumpfs von einer He 177A-3, Heck und Leitwerk von einer Ju 188G-2 und das starre Bugradfahrwerk von einer erbeuteten amerikanischen B-24 Liberator. Die Maschine war vorerst nur mit vier Triebwerken vom Typ Junkers Jumo 109-004B-1 'Orkan' ausgerüstet und erreichte eine Geschwindigkeit von 650 km/h. Für die Serienmaschinen waren B.M.W. 109-003A-1 Triebwerke vorgesehen. Ende 1944 wurde das Projekt jedoch gestoppt, da der Bau von Jagdflugzeugen absoluten Vorrang erhielt, Anfang 1945 wieder aufgenommen und nach Kriegsende in der Sowjetunion fortgesetzt.

**Vom Konzept her war dieser Bomber-Prototyp Junkers Ju 287 VI überaus fortschrittlich, hatte als Triebwerk vier Junkers Jumo 004B-1 'Orkan' Strahltriebwerke (zwei vorn am Rumpf und zwei unter den Flügeln montiert) sowie negativ gepfeilte Flügel. Die Maschine ist hier mit einer Filmkamera über dem rückwärtigen Rumpf abgebildet, mit dem die Luftströmung aufgezeichnet wurde, die durch die aufgeklebten Wollfäden sichtbar gemacht wurde. Unter den flügelmontierten Triebwerken waren zwei abwerfbare Walter 501 Raketen befestigt.**

### Technische Daten

**Junkers Ju 287 V1**

**Typ:** zweisitziger Experimental-Strahlbomber.

**Triebwerk:** vier Junkers Jumo 109-004B-1 'Orkan' von je 900 kp Schub.

**Leistung:** 650 km/h.

**Gewicht:** Leergewicht 12.483 kg; max. Startgewicht 19.974 kg.

**Abmessungen:** Spannweite 20,10 m; Länge 18,30 m; Tragflügelfläche 61,00 m$^2$.

**Bewaffnung:** keine.

# Junkers Ju 290

### Entwicklungsgeschichte

1936 befanden sich bei Junkers drei Prototypen des viermotorigen Bombers **Junkers Ju 89** im Bau, das Programm wurde aber im Jahre 1937 eingestellt, nachdem der erste Prototyp geflogen worden war. Ohne ein militärisches Interesse an der Konstruktion entwickelte Junkers eine Zivilversion mit der Bezeichnung **Ju 90**, von der vier Prototypen gebaut wurden, denen sich zehn Vorserien-Maschinen vom Typ **Ju 90B-1** anschlossen, die als 38/40sitzige Passagiermaschinen ausgelegt waren. Acht dieser Flugzeuge gingen bei der Deutschen Lufthansa in Dienst, und die restlichen zwei Exemplare wurden von der South African Airways bestellt, jedoch nie ausgeliefert. 1937 wurde mit der Konstruktion einer verbesserten **Ju 90S** Version begonnen, die einen neuen Flügel und eine Laderampe im Rumpfboden hatte. Als Triebwerk waren für diesen Typ B.M.W. 139 Motoren vorgesehen, als diese jedoch nicht verfügbar waren, wurde statt dessen der B.M.W. 801 verwendet und die Bezeichnung änderte sich in **Ju 290**.

Von diesem großen Flugzeug wurden insgesamt knapp 70 Exemplare gebaut. Den zwei Vorserienmaschinen **Ju 290A-0** folgten die bewaffneten Transportmaschinen **Ju 290A-1**, und die Bezeichnungen **Ju 290A-2** bis **Ju 290A-9** umfaßten verschiedene Land- und Seeaufklärungsfunktionen; ausgenommen waren die **Ju 290A-6** als Passagiermaschine mit 50 Sitzen und die **Ju 290A-1** (zwölf gebaut), die als Aufklärer/Bomber in der Lage war, Raketen abzuschießen.

Die letzte gebaute Version dieser Reihe war die **Ju 290B-1**, ein einzelner Prototyp dieses schweren, hochfliegenden Langstreckenbombers, der 1944 erstmals geflogen wurde. Die letzte Entwicklungsstufe war die **Ju 390**, eine vergrößerte Ju 290 mit 55,35 m Spannweite und mit sechs 1.700 PS (1.268 kW) B.M.W. 801D Motoren als Triebwerk. 1943 wurden zwei Prototypen gebaut und getestet; im Rahmen des Erprobungsprogramms flog der zweite Prototyp von einem Flugfeld bei Bordeaux aus bis rund 20 km vor die US-Küste nördlich von New York und kehrte dann nach Frankreich zurück — ein Beweis dafür, daß der Spezifikation für einen Bomber, der zu einem Angriff auf New York von europäischen Stützpunkten aus in der Lage war, entsprochen werden konnte.

**Die D-AALU war eine Junkers Ju 90 V1, bei der die Flügel, das Leitwerk, das Fahrwerk und das Triebwerk der Ju 89 V3 mit einem neuen, für Linienflugzeuge typischen Rumpf kombiniert wurden.**

**Der Junkers Ju 390 Seeaufklärer/Bomber mit extra großer Reichweite erreichte nur die zweite Prototypenphase. Während die Ju 390 V1 (Abbildung) unbewaffnet flog, hatte die Ju 390 V2 vier 2 cm Kanonen und drei 13 mm Maschinengewehre neben dem FuG 200 Radar.**

### Technische Daten

**Junkers Ju 290A-7**

**Typ:** Fernaufklärer/Bomber.

**Triebwerk:** vier 1.700 PS (1.268 kW) B.M.W. 801D Sternmotoren.

**Leistung:** Höchstgeschwindigkeit 440 km/h in 5.800 m Höhe; Dienstgipfelhöhe 6.000 m; max. Reichweite 6.090 km.

**Gewicht:** Leergewicht 33.005 kg; max. Startgewicht 46.000 kg.

**Abmessungen:** Spannweite 42,00 m; Länge 29,15 m; Höhe 6,83 m; Tragflügelfläche 203,60 m$^2$.

**Bewaffnung:** sieben 2 cm MG 151 Kanonen und ein 13 mm MG 131 Maschinengewehr plus bis zu 3.000 kg Bomben oder drei Henschel Hs 293 bzw. Hs 294 Lenkbomben bzw FX-1400 Fritz-X Raketen.

# Junkers Ju 388

### Entwicklungsgeschichte

Der Fehlschlag der Junkers Ju 288, der hauptsächlich durch technische Probleme und dauernde konstruktive Änderungswünsche des RLM verursacht wurde, hinterließ im Produktionsprogramm eine Lücke für einen Hochgeschwindigkeits-Fernbomber. Zum Glück hatte Junkers mit der Entwicklung einer Höhenflug-Version der Ju 188 begonnen, und unter den Bezeichnungen **Ju 188J**, **Ju 188K** und **Ju 188L** wurden diese drei Maschinen jeweils zum **Ju 388J** Allwetterjäger, zum **Ju 388K** Bomber und zum **Ju 388L** Fotoaufklärer erklärt.

Die Höhen-Aufklärung hatte absoluten Vorrang und der erste Prototyp war eine Ju 388L, die aus einer umgebauten Ju 188T entstand. Die Vorserie, die sich anschloß, bestand aus umgebauten Ju 88S Flugwerken, und das erste Exemplar wurde im August 1944 an die Luftwaffe übergeben. Bei Einstellung der Produktion im Dezember 1944 waren 47 Ju 388L ge-

**Die Höhenflug-Weiterentwicklung der Ju 88, die Junkers Ju 388, hatte einen Waffenbehälter aus Holz für Bomben. Zur Abwehr verließ man sich auf eine Heckstellung mit zwei 13 mm Maschinengewehren.**

baut worden, die weiteren Varianten erwiesen sich jedoch nicht als so erfolgreich: nur drei Ju 388J Jäger-Prototypen wurden fertiggestellt und bei den Bombern wurden insgesamt zehn Vorserienmaschinen **Ju 388K-0** und fünf **Ju 388K-1** Serienmaschinen gebaut.

Es wurde ein letzter Versuch unternommen, einen schweren strategischen Bomber zu entwickeln. Mit dem Bau der Hauptbestandteile einer **Junkers Ju 488** Mischversion, die Baugruppen aus der Ju 88, Ju 188, Ju 288 und Ju 388 enthalten hätte, wurde in Frankreich in dem früheren Latécoère-Werk in Toulouse begonnen. Die beiden Rümpfe und Flügel-Mittelteile waren Ende Juli 1944 fertig zur Auslieferung und Endmontage in Deutschland, wurden aber in der Nacht vom 16./17. Juli durch Sabotage irreparabel beschädigt. Die Arbeit an den Versuchsmaschinen der modifizierten **Ju 488A** wurden aufgenommen, aber im November 1944 wieder storniert.

### Technische Daten
**Junkers Ju 388L-1**
**Typ:** ein dreisitziger Höhen-Foto-aufklärer.
**Triebwerk:** zwei 1.890 PS (1.409 kW) B.M.W. 801TJ Sternmotoren.
**Leistung:** Höchstgeschwindigkeit 615 km/h in 12.285 m Höhe oder 655 km/h in 9.080 m Höhe mit Wasser/Methanoleinspritzung; Dienstgipfelhöhe 13.440 m; maximale Reichweite 3.475 km.
**Gewicht:** Leergewicht 10.252 kg; max. Startgewicht 14.675 kg.
**Abmessungen:** Spannweite 22,00 m; Länge 15,20 m; Höhe 4,35 m; Tragflügelfläche 56,00 m².
**Bewaffnung:** eine ferngesteuertes 13 mm MG 131 Maschinengewehr in Heckposition.

# Junkers W 33 und W 34

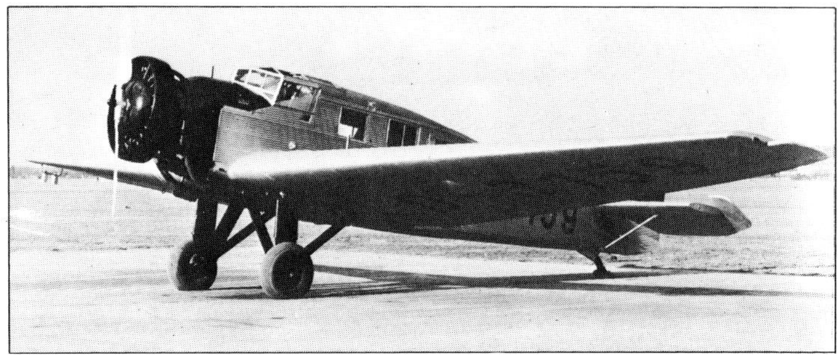

Die Junkers-Flugzeuge mit Wellblechhaut fielen durch ihre mangelnde aerodynamische Eleganz auf, waren jedoch überaus robuste und geräumige Maschinen.

### Entwicklungsgeschichte
Das Transportflugzeug Junkers W 33 des Jahres 1926 war ein selbsttragender Tiefdecker, der von der Junkers F 13 des Jahres 1919 abstammte; ein Flugwerk der F 13 diente hierbei als Prototyp. In die Kabine der als Fracht- und Postflugzeug gedachten W 33 konnten bei Bedarf auch sechs Sitze eingebaut und die Maschine als Passagierflugzeug geflogen werden. Der Pilot und der Copilot/Navigator saßen nebeneinander in einem separaten Cockpit. Die Bezeichnung W 33 galt für das Flugzeug, das von einem Reihenmotor, normalerweise dem Junkers L-5, angetrieben wurde; die Bezeichnung änderte sich jedoch mit Einbau eines Sternmotors in **W 34**. Den Typ gab es mit Räder- oder Schwimmerfahrwerk, und es wurden insgesamt 199 W 33 gebaut; sowohl die W 33 als auch die W 34 wurden in erheblichen Stückzahlen als Zivilflugzeuge eingesetzt. Die W 34 fanden bei der Luftwaffe ab deren Gründung bis zum Ende des Zweiten Weltkriegs hauptsächlich als Navigations-Schulflugzeuge und als Transportmaschinen umfassende Verwendung. Die wichtigsten Versionen im Luftwaffendienst waren die **W 34hi** mit einem 660 PS (492 kW) B.M.W. 132A Sternmotor und die **W 33hau** mit dem 650 PS (485 kW) Bramo 322 Motor. Das schwedische Werk entwickelte unter der Bezeichnung **K 43** eine dreisitzige Bomber-/Aufklärerversion der W 34, von der einige Exemplare nach Kolumbien und Finnland exportiert wurden. In den Werken in Schweden und Deutschland wurden insgesamt fast 1.800 W 34 und K 43 gebaut.

### Technische Daten
**Junkers W 34h**
**Typ:** ein Transport- und Verbindungsflugzeug.
**Triebwerk:** ein 660 PS (492 kW) B.M.W. 132 Sternmotor.
**Leistung:** Höchstgeschwindigkeit 265 km/h; Dienstgipfelhöhe 6.300 m; normale Reichweite 900 km.
**Gewicht:** Leergewicht 1.700 kg; max. Startgewicht 3.200 kg.
**Abmessungen:** Spannweite 17,75 m; Länge 10,27 m; Höhe 3,53 m; Tragflügelfläche 43,00 m².

# Kalinin-Flugzeuge

Ihr Anstrich wurde dem Spitznamen dieser Maschine—Zar-Ptitsa (Feuervogel)—voll gerecht. Die Kalinin K-12 hatte ein Querruder-Klappensystem über die gesamte Spannweite, das an die Junkers-Konstruktionsweise erinnerte. Die Maschine hatte kein Leitwerk.

### Entwicklungsgeschichte
Konstantin Alexeiwitsch Kalinin, einer der erfolgreichsten frühen sowjetischen Konstrukteure, baute 1925 seinen ersten Transport-Eindecker. Die **Kalinin K-1** genannte Maschine war ein abgestrebter Hochdecker mit elliptischer Flügelform, die für die Kalinin-Konstruktionen typisch wurde. Die von einem 160 PS (119 kW) Salmson RB-9 Motor angetriebene K-1 hatte eine Höchstgeschwindigkeit von 161 km/h. Neben dem Piloten in einem offenen Cockpit vor dem Flügel bot sie in einer geschlossenen Kabine hinter ihm Platz für drei Passagiere. Einige K-1 wurden auf der Strecke Moskau-Nizhne Nowgorod eingesetzt.

Die ebenfalls im Jahre 1925 herausgekommene **K-2** glich der K-1 bis auf ihren 240 PS (179 kW) B.M.W. IV Motor und die Tatsache, daß sie vier Passagiere aufnehmen konnte. Die aus der K-2 entwickelte **K-3** hatte Platz für drei Tragbahren. Die **K-4** für sechs Passagiere wurde 1928 gebaut und in Charkow wurden 22 Exemplare hergestellt, die auf den Strecken der sowjetischen Dobrolet und der ukrainischen Ukrwosduchputj eingesetzt wurden. Der Prototyp (R-RUAX) und die meisten Serienmaschinen behielten den B.M.W. IV Motor bei, alternativ dazu wurden aber auch Junkers L-5 und der 300 PS (224 kW) Sowjet M-6 eingebaut. Eine Sanitätsflugzeug-Variante hatte den letztgenannten Motor und konnte über eine rechteckige Luke in der rechten Flugzeugseite hinter der Kabine zwei Tragen aufnehmen.

Die **K-5**, die hervorragendste Konstruktion Kalinins, hatte eine geschlossene, zweisitzige Besatzungskabine vor der Flügelvorderkante und eine achtsitzige Passagierkabine. Es wurde bis 1934 eine eindrucksvolle Zahl von 260 Maschinen produziert, und die eingebauten Triebwerke umfaßten den 450 PS (335 kW) M-15 (in Lizenz gebauter Bristol Jupiter), den 480 PS (358 kW) M-22, der 1931 herauskam, sowie in den letzten Serienmaschinen den M-17F mit 730 PS (544 kW). Einige der auf den Passagierstrecken der Sowjetunion umfassend eingesetzten K-5 waren 1940 noch im Dienst. Ihre Spannweite betrug 20,50 m, und die Maschinen hatten mit dem M-17F Motor ein max. Startgewicht von 4.030 kg sowie eine Höchstgeschwindigkeit von 209 km/h. Die **K-6**, ein als Postflugzeug geplanter Baldachin-Hochdecker für zwei Besatzungsmitglieder wurde aus der K-5 entwickelt, ging aber nicht in Serie.

Kalinins bemerkenswerteste Konstruktion war die **K-7**, ein überschwerer Bomber für elf Besatzungsmitglieder, der am 11. August 1933 zum ersten Mal flog. Die von sechs 750 PS (559 kW) M-34F Motoren angetriebene Maschine hatte einen riesigen, elliptischen Flügel, aus dem die Besatzungsgondel herausragte und in der sich die Kabine des Piloten und Navigators, ein Cockpit für den Bugschützen sowie darunter eine Stellung für den Bombenschützen befanden. Das Doppelleitwerk wurde von zwei Heckauslegern getragen, an deren äußeren Enden sich weitere Schützenstellungen befanden. In zwei Gondeln unter den Flügeln waren das mehrrädrige Fahrwerk, die Bombenschächte sowie zwei weitere Schützencockpits untergebracht. Die Bewaffnung bestand aus sechs 7,62 mm ShKAS Maschinengewehren und bis zu 9.000 kg Bomben. Am 21. November 1933 brach einer der Heckausleger im Flug und die K-7 stürzte ab; Pläne zum Bau von zwei weiteren Bombern und einer 120sitzigen Passagiermaschine wurden aufgegeben.

Kalinin kehrte mit seinen nächsten beiden Konstruktionen zu zweisitzigen leichten Sport-/Schulflugzeugtypen zurück: der Hochdecker **K-9** in Baldachin-Bauweise hatte einen 60 PS (45 kW) Czech Walter Motor, und der Tiefdecker **K-10** war mit einem 100 PS (75 kW) M-11 Triebwerk ausgerüstet. Beide Maschinen kamen über die Prototyp-Phase nicht hinaus.

Die **K-12**, die alternativ dazu auch als **BS-2** bzw. 'Zar Ptitsa' bekannt war, war die maßstabgetreu verkleinerte Prototypversion eines großen Bombers. Die von zwei 480 PS (358 kW) M-22 Sternmotoren angetriebene K-12 flog recht gut, der Bau einer Bomberversion mit den wirklichen Maßen sowie der eines neuen Bombers, des **K-13**, wurde jedoch aufgegeben, als Kalinin im Jahre 1938 verhaftet und erschossen wurde.

**Kalinin K-7**

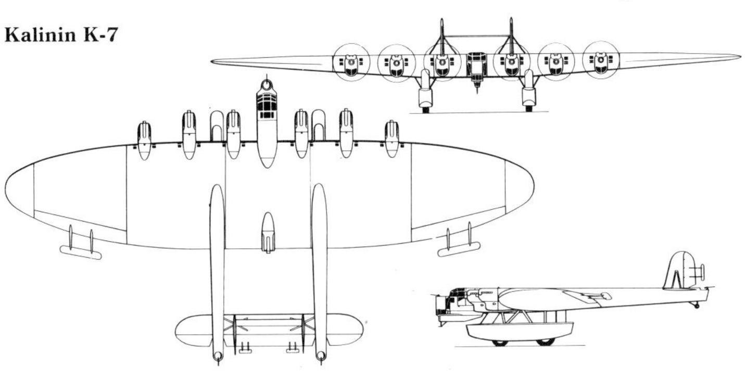

# Kaman H-2 Seasprite

## Entwicklungsgeschichte

1956 führte die US Navy einen Konstruktionswettbewerb durch, um die Anforderungsdetails für einen Hochleistungs-Allwetter-Mehrzweckhubschrauber endgültig festzulegen. Kaman ging als Sieger hervor und erhielt Ende 1957 einen Auftrag über vier Prototypen und zwölf Serienhubschrauber vom Typ **Kaman HU2K-1**. Diese Bezeichnung wurde später in **UH-2A** geändert und die Maschine erhielt den Namen **Seasprite**. Der konventionell ausgelegte Hubschrauber hat je einen Vierblatt-Haupt- und Heckrotor und wird in den angebotenen Versionen von zwei 1.350 WPS (1.007 kW) General Electric T58-GE-8F Wellenturbinen angetrieben. Der Seasprite wird und wurde in den unterschiedlichsten Versionen gebaut.

## Varianten

**UH-2A:** erste Serienversion mit einer 1.250 PS (932 kW) General Electric T58-GE-8B Wellenturbine; für IFR-Einsatz ausgerüstet; 88 gebaut.
**UH-2B:** Serienversion, generell dem UH-2A ähnlich, jedoch nur für VFR-Einsatz ausgerüstet; 102 gebaut.
**UH-2C:** Umbenennung des UH-2A/UH-2B Maschinen mit zwei T58-GR-8B Wellenturbinen.
**NUH-2C:** Umbenennung eines UH-2C nach der Ausrüstung zum Transport und Abschuß von Sidewinder- und Sparrow III-Raketen zur Erprobung.
**NHH-2D:** Umbenennung des NUH-2C nach Umrüstung für Einsatzstudien von Hubschraubern auf kleinen, nicht für Flugzeuge ausgerüsteten Schiffen.
**HH-2C:** Such- und Rettungsversion des UH-2C mit am unteren Bug montiertem, schwenkbaren MG, Maschinengewehren an den Seiten und mit umfassender Panzerung; die erste Version mit einem Vierblatt-Heckrotor; sechs UH-2C Umbauexemplare.
**HH-2D:** dem HH-2C ähnliche Such- und Rettungsversion, jedoch ohne Waffen und Panzerung; 67 Umbauten älterer, einmotoriger Seasprite.
**SH-2D:** mit Anti-Schiffs-Raketen ausgerüstete Version entsprechend der LAMPS (Light Airborne Multi Purpose System) Anforderung der US Navy; 20 Umbauversionen des HH-2D.
**YSH-2E:** zwei Umbauten des HH-2D zur Erprobung mit fortschrittlichem Radar und LAMPS-Ausrüstung.
**SH-2F:** weiterentwickelte LAMPS-Version, die ab 1973 ausgeliefert wurde; viele frühere Versionen wurden auf diese Auslegung umgerüstet, und die ersten SH-2F der neuen Serie wurden Ende 1983 ausgeliefert; es wird erwartet, daß alle neuen und umgebauten SG-2F der US Navy während der 90er Jahre in vorderster Linie im Einsatz bleiben.

## Technische Daten

**Kaman SH-2F**
**Typ:** Mehrzweck-Hubschrauber.
**Triebwerk:** zwei 1.350 WPS (1.007 kW) General Electric T58-GE-8F Wellenturbinen.

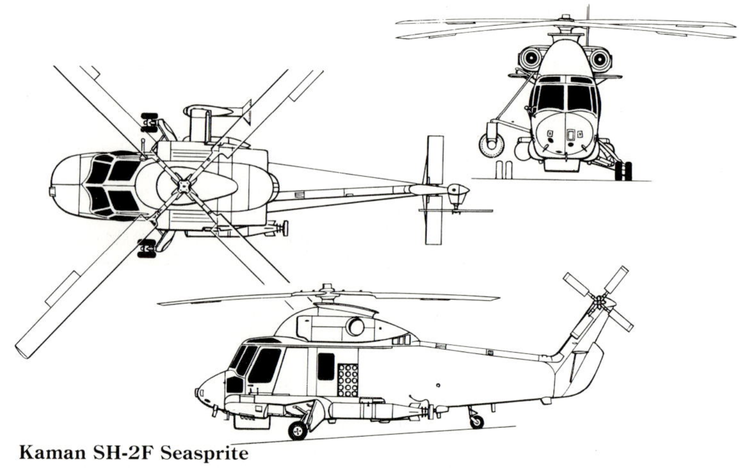

Kaman SH-2F Seasprite

**Leistung:** Höchstgeschwindigkeit 265 km/h in Meereshöhe; Dienstgipfelhöhe 6.860 m; maximale Reichweite. 678 km.
**Gewicht:** Leergewicht 3.193 kg; max. Startgewicht 5.805 kg.
**Abmessungen:** Hauptrotordurchmesser 13,41 m; Länge bei drehenden Rotoren 16,03 m; Höhe bei drehenden Rotoren 4,72 m; Hauptrotorkreisfläche 141,25 m².
**Bewaffnung:** Luft-Boden-Geschosse, Torpedos, Raketen und Kanonen.

**Einer der Hauptvorteile des Kaman H-2 Seasprite sind seine geringen Ausmaße, weshalb er von Bord von Fregatten und Zerstörern eingesetzt werden kann. Hier abgebildet ist ein HH-2D Such- und Rettungshubschrauber der US Navy.**

US Navy

# Kaman H-43 Huskie

## Entwicklungsgeschichte

Charles H. Kaman gründete im Dezember 1945 die Kaman Aircraft Corporation zur Herstellung eines neuen Hubschrauberrotors und -steuersystems nach seinem eigenen Entwurf. Die Entwicklung der Kombination von Rotorsystem und Servo-Klappensteuerung wurde Ende 1946 abgeschlossen, und der erste experimentelle Hubschrauber **Kaman K-125A** flog am 15. Januar 1947. Davon abgeleitet wurde der 1948 geflogene erste **K-190** und schließlich der dreisitzige Mehrzweckhubschrauber **K-225**; zwei Exemplare des K-255 wurden 1950 von der US Navy gekauft und untersucht, was zu einem ersten Vertrag über 29 **HTK-1** Schulmaschinen führte, die 1962 die neue Kennung **TH-43E** erhielten. Gleichzeitig mit dem HTK-1 entwickelte Kaman den **K-600**, der für den Einsatz beim US Marine Corps und der US Navy mit den Bezeichnungen **HOK-1** bzw. **HUK-1** bestellt wurde. Diese Typen wurden 1962 in **UH-43C** bzw. **OH-43D** umbenannt. 18 Maschinen ähnlich den HUK-1 der US Navy wurden von der US Air Force unter der Kennung **H-43A Huskie** übernommen.

Ein HOK-1 flog als Teststand für einen Avco Lycoming XT53 Wellenturbinenmotor, und die Einsatztests bestätigten die beachtliche Leistungsverbesserung durch dieses Triebwerk. Das führte zu dem erstmals am 13. Dezember 1958 geflogenen **H-43B**, dem wichtigsten Serienmodell des Huskie mit insgesamt 193 Exemplaren; von diesen wurden im Rahmen des Programms für militärische Zusammenarbeit zwölf Maschinen an Burma, sechs an Kolumbien, vier an Marokko, sechs an Pakistan und drei an Thailand geliefert. Der H-43B (später **HH-43B**) war etwas größer als der frühere H-43A (später **HH-43A**), faßte in der Kabine bis zu acht Passagiere und hatte einen 825 WPS (615 kW) Avco Lycoming T53-L-1B Wellenturbinenmotor. Das letzte Serienmodell war der **HH-43F** (40 Exemplare für die USAF und 17 für den Iran), der ein ähnliches Flugwerk hatte wie der HH-43B, abgesehen von einer neuen Inneneinrichtung für elf Passagiere und einem auf 825 WPS (615 kW) gebrachten 1.150 WPS (858 kW) Lycoming T53-L-11A für verbesserte Leistung bei hohen Temperaturen.

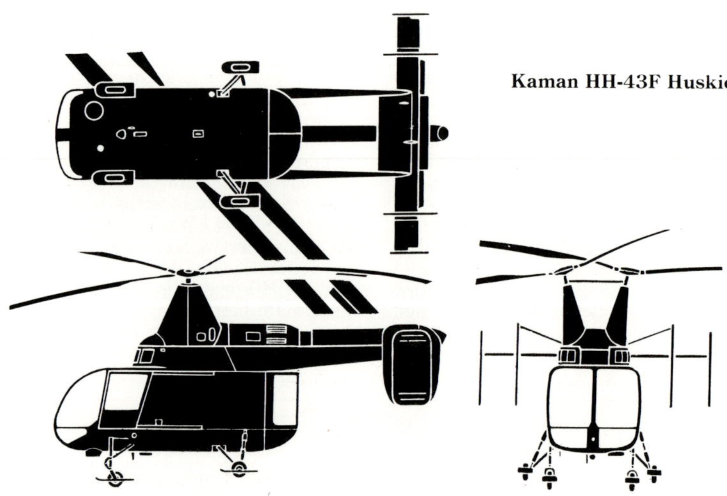

Kaman HH-43F Huskie

Eine interessante Variante der Huskie-Baureihe basierte auf einem umgebauten K-225. Im Rahmen eines Vertrags mit der US Navy baute Kaman in diese Maschine einen 175 WPS (130 kW) Boeing YT50 (Model 502-2) Gasturbinenmotor ein. Beim Erstflug am 10. Dezember 1951 war die entsprechend umgebaute Maschine der erste Hubschrauber der Welt mit turbinenbetriebenem Rotor.

# Kamow Ja-8 und Ka-10

### Entwicklungsgeschichte

Nikolai I. Kamow begann sein Studium der Konstruktion von Rotationsflugmaschinen in den späten 20er Jahren und war zusammen mit N. K. Skrshinski für zwei der ersten sowjetischen Rotorflugzeuge verantwortlich, den **KaSkr-I** und den **KaSkr-II**. Kamows erster Hubschrauber war der ultraleichte **Kamow Ka-8** aus dem Jahr 1945 mit einer einfachen, unbedeckten Stahlrohrkonstruktion auf zwei Schwimmern und einem offenen Pilotensitz. Mit einem 27 PS (20 kW) Motor waren die koaxialen Gegenlaufrotoren verbunden, die seitdem zu einem Wahrzeichen der Kamow-Modelle wurden und die Maschine von der Notwendigkeit eines Anti-Torque-Heckrotors befreiten. Der etwas größere **Ka-10** (NATO-Name **'Hat'**) folgte 1948 mit einem 55 PS (41 kW) Iwtschenko AI-4V Motor. Der Typ wurde in kleinen Stückzahlen für Versuche gebaut; ihm folgte der verbesserte **Ka-10M** mit Doppelleitwerk.

**Vom Kamow Ka-10M wurden nur wenige Maschinen fertiggestellt und hauptsächlich zur Erprobung der Doppelrotor-Konstruktion verwendet.**

# Kamow Ka-15 und Ka-18

### Entwicklungsgeschichte

Auf der Grundlage seiner mit den Modellen Ka-8 und Ka-10 gesammelten Erfahrungen entwarf Kamow den sehr viel praktischeren, zweisitzigen Mehrzweckhubschrauber **Kamow Ka-15** mit einer geschlossenen Kabine und starrem vierrädrigen Fahrwerk. Der Typ war als Spähflugzeug für Eisbrecher und Handelsschiffe und für die sowjetische Marine vorgesehen. Mit den bereits durch den Ka-10 bewährten gegenläufigen Koaxialrotoren und dem doppelten Leitwerk erhielt der Ka-15 zunächst einen 225 PS (168 kW) Iwtschenko AI-14V Motor, der später durch einen 280 PS (209 kW) AI-14VF Ladermotor ausgetauscht wurde. Neben der Produktion für die Marine wurde der Ka-15 (NATO-Name **'Hen'**) als **Ka-15M** für den zivilen Gebrauch gebaut und war in Ausführungen für landwirtschaftliche Verwendung, zum Krankentransport und Post/Passagiertransport erhältlich.

Eine viersitzige Entwicklung des Ka-15, die sich von ihrem Vorgänger durch einen verlängerten Rumpf für vier Passagiere unterschied, trug die Bezeichnung **Ka-18** (NATO-Name **'Hog'**) und hatte einen Iwtschenko AI-14VF Ladermotor sowie modernere Avionik und Instrumente. Wie sein Vorgänger wurde auch dieser Typ für die Marine gebaut und stand außerdem in verschiedenen zivilen Versionen, vor allem für den Einsatz bei der Aeroflot.

### Technische Daten

**Kamow Ka-18**

**Typ:** Mehrzweck-Hubschrauber.
**Triebwerk:** ein 280 PS (209 kW) Iwtschenko AI-14F.
**Leistung:** Höchstgeschwindigkeit 160 km/h; Dienstgipfelhöhe 3.500 m; Reichw. (mit 3 Passagieren) 300 km.
**Gewicht:** Leergewicht 1.032 kg; Startgewicht 1.502 kg.
**Abmessungen:** Länge (ohne Rotoren) 7,08 m.

**Kamow Hubschrauber (hier ein Ka-18) waren für ihre kompakte, aber hohe koaxiale Rotor-Konstruktion bekannt.**

# Kamow Ka-20 und Ka-25

### Entwicklungsgeschichte

Der **Kamow Ka-20** (NATO-Name **'Harp'**) wurde von westlichen Beobachtern erstmals 1961 beim sowjetischen Flugtag gesichtet. Obwohl der Typ größer und mit einem doppelten Turbinentriebwerk ausgerüstet war, basierte er ganz offensichtlich auf dem Ka-15 und Ka-18 und war angesichts der Radaranlage unter dem Rumpfvorderteil als U-Boot-Jagdhubschrauber gedacht. Inzwischen gilt er als Prototyp des **Ka-25** (NATO-Name **'Hormone'**), von dem heute drei Versionen im Einsatz sind. Dabei handelt es sich um den ASW-Hubschrauber **'Hormone-A'** für Schiffe, die Variante **'Hormone-B'** für elektronische Zielsuche mit Radar für Ziel- und Leitdaten zur Verwendung bei von Schiffen abgefeuerten Geschossen und den **'Hormone-C'**, einen SAR- und Mehrzweckhubschrauber. Die meisten Ka-25 sind mit Notschwimmern für alle vier Fahrwerkbeine ausgerüstet, die automatisch aufgeblasen werden, wenn die Maschine die Wasseroberfläche berührt. Späte Serienmaschinen haben angeblich je zwei 990 WPS (738 kW) Gluschenkow GTD-3BM Wellenturbinenmotoren. Eine zivile Variante, der **Ka-25K**, ist ebenfalls im Einsatz und wird als Flugkran oder als Passagiertransporter mit Klappsitzen für zwölf Personen eingesetzt (angeordnet um die Wände der Kabine, so daß der Raum auch für Fracht genutzt werden kann).

**Kamow Ka-25 'Hormone-A' der sowjetischen Marineflieger**

### Technische Daten

**Kamow Ka-25K**

**Typ:** Kran-Hubschrauber.
**Triebwerk:** zwei 990 WPS (738 kW) Gluschenkow GTD-3BM Wellenturbinen.
**Leistung:** Höchstgeschwindigkeit 209 km/h; Reisegeschwindigkeit 193 km/h; Dienstgipfelhöhe 3.500 m; Reichweite 400 km.
**Gewicht:** Leergewicht 4.765 kg; Startgewicht 7.500 kg.
**Abmessungen:** Rotordurchmesser 15,74 m; Länge (ohne Rotoren) 9,75 m; Höhe 5,37 m.

# Kamow Ka-22

### Entwicklungsgeschichte

Kamow ließ bei seinem Modell **Kamow Ka-22**, einem ebenfalls beim sowjetischen Flugtag 1961 erstmals gesichteten Zeitgenossen des Ka-20, zum erstenmal die koaxialen Gegenlaufrotoren weg, die seine Konstruktionen sonst kennzeichnen. Der Typ war ein großes Verwandlungsflugzeug mit zwei Hauptrotoren und zwei Propellerturbinen: es war ein recht konventioneller Transporter mit starren Flügeln (Spannweite 28 m) und einem nicht einziehbaren Dreibeinfahrwerk sowie einer 5.622 WPS (4.192 kW) TV-2 Propellerturbine an beiden Flügelspitzen, die jeweils einen konventionellen Propeller oder einen Vierblatt-Rotor mit großem Durchmesser antrieben. Der Ka-22 trug auch den Namen Vintokryl (NATO-Name **'Hoop'**) und stellte eine Reihe von Klassenrekorden auf, wurde aber offenbar nur in einem Exemplar gebaut.

**Der Kamow Ka-22 stellte verschiedene Rekorde auf, war aber als ziviler oder militärischer Transporter unbrauchbar.**

# Kamow Ka-26

### Entwicklungsgeschichte

Der 1964 angekündigte Mehrzweckhubschrauber **Kamow Ka-26** (NATO-Name '**Hoodlum**') ist ein typisches Kamow-Modell mit einem konventionellen Leitwerk mit doppelten Endplattenflossen und Rudern, die durch das Höhenleitwerk verbunden sind. Die Maschine wird von einem vierrädrigen Fahrwerk getragen und hat zwei 325 PS (242 kW) Vedeneev M-14V-26 Sternmotoren in zwei Gondeln, die an beiden Enden der kurzen Stummelflügel oben auf dem Rumpf angebracht sind. Die Kabine ist vollständig geschlossen und als Standard für Einmannbetrieb ausgerüstet; der Rest der Kabine kann für verschiedene Zwecke benutzt werden, darunter landwirtschaftliches Sprühmaterial, Fracht- oder Passagiertransport, geographische Vermessung und Such- und Rettungseinsätze. Mehr als 600 Exemplare wurden nachweislich gebaut, die bei zivilen Betreibern in etwa 15 Ländern sowie bei Luftwaffeneinheiten in Ungarn und Sri Lanka benutzt werden. Berichte über eine Version mit der Bezeichnung **Ka 126** liegen ebenfalls vor; dabei handelt es sich um eine Ausführung ähnlich dem Ka-26, abgesehen von den Wellenturbinenmotoren anstelle der M-14V-26.

### Technische Daten

**Kamow Ka-26**

**Typ:** Mehrzweck-Hubschrauber.
**Triebwerk:** zwei 325 PS (242 kW) Vedeneev M-14V-26 Sternmotoren.
**Leistung:** Höchstgeschwindigkeit 170 km/h; Reisegeschwindigkeit 150 km/h; Geschwindigkeit bei landwirtschaftlichen Einsätzen 30-115 km/h; Dienstgipfelhöhe 3.000 m; max. Reichweite 400 km.
**Gewicht:** Leergewicht 1.950 kg; max. Startgewicht 3.250 kg.
**Abmessungen:** Hauptrotordurchmesser 13,00 m; Länge (ohne Rotoren) 7,75 m; Höhe 4,05 m.

**Aeroflot verwendet mehrere hundert Ka-26 für leichte Aufgaben wie Besprühen von Feldern, Brandbekämpfung, Krankentransport und Vermessungsarbeiten.**

# Kamow Ka-32

### Entwicklungsgeschichte

Über den neuen sowjetischen Hubschrauber **Kamow Ka-32** ist wenig bekannt. Das Modell mit dem NATO-Namen '**Helix**' wurde 1981 angekündigt und ist angeblich in einer ASW-Konfiguration ('**Helix-A**') an Bord der *Udaloy* im Einsatz, dem ersten einer neuen Klasse von Zerstörern mit ASW-gesteuerten Geschossen. Das Modell soll außerdem in einer Feuerleit-Ausführung ('**Helix-B**') in Produktion sein. Zu den Merkmalen gehören zwei Wellenturbinen, Hauptrotor-Faltblätter für die Unterbringung auf Schiffen und ein typisches Kamow Vierradfahrwerk.

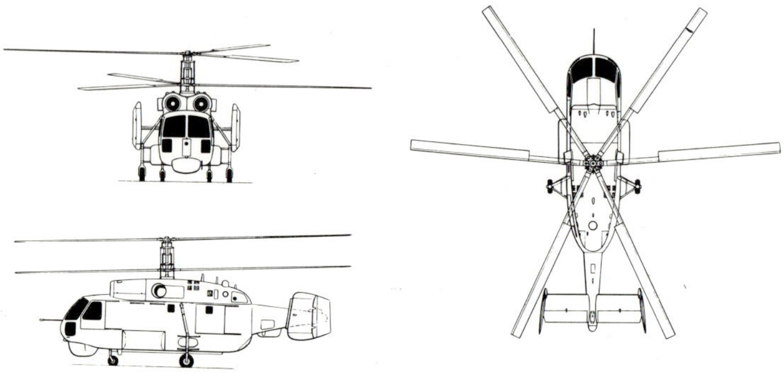

**Kamow Ka-32 'Helix'**

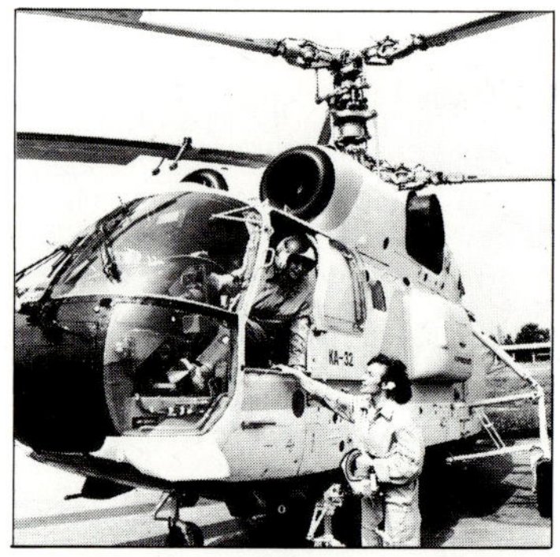

***Rechts:* Dieser Ka-32 der Aeroflot stellte mit weiblicher Besatzung Höhen- und Steigzeitrekorde auf.**

# Kaproni Bulgarski Flugzeuge

### Entwicklungsgeschichte

Die Avia Flugzeugfabrik wurde 1926 in Kazanluk in Bulgarien gegründet und wurde 1930 zu einer Tochterfirma der italienischen Gesellschaft Caproni. Das erste Produkt war die **Kaproni Bulgarski KB-1**, eine Version der Caproni Ca.100 mit einem Walter Mars Sternmotor, von der neun Exemplare für Schulzwecke gebaut wurden. Es folgte der Mehrzweck-Doppeldecker **KB-2**, eine Ableitung des Caproni Ca.113 Schul- und Kunstflugmodells. Die zweisitzige **KB-2UT** hatte einen Hispano-Suiza Motor und wurde in acht Exemplaren gebaut. Der Beobachter/Schütze hatte ein erhöhtes Cockpit mit verglasten Seitenteilen, aber 1936 wurden acht Exemplare der KB-2A mit einem vereinfachten hinteren Schützencockpit und einem 260 PS (194 kW) Walter Castor II Motor gebaut. Ebenfalls im Jahr 1936 begann die Produktion der **KB-3 Chuchuglia I** (Lerche) mit modifizierten Cockpits und neuem Fahrwerk sowie einem stärkeren 340 PS (254 kW) Walter Castor II Motor; 20 Exemplare waren gebaut, als 1939 die **KB-4 Chuchuglia II** ins Programm aufgenommen wurde. Insgesamt entstanden 28 Maschinen mit 225 PS (168 kW) Wright Whirlwind Sternmotoren und Townend-Verkleidungen.

Wie die früheren Varianten war auch die **KB-5 Chuchuglia III** ein einstieliger Doppeldecker mit ungleicher Spannweite. Der Prototyp (LZ-CIP) hatte einen 460 PS (343 kW) Piaggio P.VII CI Sternmotor. Es folgten 45 Serienmaschinen mit 450 PS (336 kW) Walter Pollux II Motoren, die bis zum Ende des Zweiten Weltkriegs bei der bulgarischen Luftwaffe im Einsatz blieb. Zur Bewaffnung gehörten ein oder zwei 7,7 mm F.F.33 oder F.K.36 Maschinengewehre plus acht 25 kg Bomben.

Das interessanteste Kaproni Bulgarski Modell war die **KB-11 Fazan**. Der 1941 fertiggestellte Prototyp war ein Schulterdecker. Die Tragflächen des Serienmodells waren jedoch erhöht und machten aus dem Typ einen echten Hochdecker. Das Triebwerk war ein 750 PS (559 kW) Alfa Romeo 126 RC 34 Sternmotor, und die meisten der vermutlich 20 gebauten Exemplare hatten einen metallenen Dreiblatt-Propeller.

**Die LZ-CIP war der Prototyp der KB-5 Chuchuglia III mit einem 460 PS (343 kW) Piaggio Sternmotor. Der Typ wurde während des ganzen Zweiten Weltkriegs eingesetzt.**

# Karhumaki Karhu 48B

### Entwicklungsgeschichte

Die 1924 gegründete finnische Firma Veljekset Karhumaki O/Y war vor allem mit Lizenzproduktion beschäftigt. In den frühen 50er Jahren entwarf und baute die Firma einen viersitzigen Eindecker mit der Bezeichnung **Karhu 48B**, der rein äußerlich einer Piper J-4 Club ähnlich war. Eine kleine Anzahl wurde gebaut und mit 190 PS (142 kW) Avco Lycoming O-435A Motoren bestückt.

**Die hier in einer Ausführung mit Schwimmern abgebildete Karhumaki Karhu 48B erreichte eine Geschwindigkeit von 230 km/h und hatte ein Höchstgewicht von 1.310 kg.**

# Kawanishi E5K1

## Entwicklungsgeschichte

Dieses innerhalb der Firma als **Kawanishi Typ G** bezeichnete Modell war ein großes, dreisitziges Mittelstrecken-Aufklärungsseeflugzeug mit Doppelschwimmern, dessen Prototyp erstmals im Oktober 1931 flog. Die Produktion wurde wegen der Entwicklungsprobleme auf 20 Exemplare beschränkt; die ersten davon nahmen den Einsatz im April 1932 mit der offiziellen Bezeichnung **Marinetyp 90 Modell 30 Aufklärungs-Schwimmerflugzeug** auf. Das Triebwerk war ein 450 PS (336 kW) Jupiter Sternmotor; die Spannweite betrug 14,50 m, das Ladegewicht 3.000 kg und die Höchstgeschwindigkeit 177 km/h. Die Flugdauer betrug beachtliche zwölf Stunden; zur Bewaffnung gehörten drei 7,62 mm MG und eine Bombenladung von 150 kg.

# Kawanishi E5K

## Entwicklungsgeschichte

1932 suchte die Kaiserlich-Japanische Marine nach einem Ersatz für das ursprünglich als Kawanishi E5K gebaute Marinetyp 90-3 Aufklärungs-Schwimmerflugzeug und erhielt die **Kawanishi E7K1**, ein konventioneller Doppeldecker mit gleicher Spannweite und einem 620 PS (462 kW) Hiro Typ 91 Motor. Der Prototyp flog erstmals am 6. Februar 1933 und wurde drei Monate später zu Einsatzversuchen an die japanische Marine übergeben, wo er im Wettbewerb mit der Aichi AB-6 flog, die nach der gleichen Spezifikation entworfen worden war. Die E7K1 ging als **Marinetyp 94 Aufklärungs-Seeflugzeug** im Mai 1934 in Serie und nahm im Frühjahr 1935 den Einsatz auf. Die Maschine wurde wegen ihrer einfachen Handhabung schnell populär; der Hiro Motor erwies sich allerdings als unzuverlässig, und obwohl die späteren Serienmaschinen eine stärkere Ausführung des Hiro 91 erhielten, trat keine Verbesserung ein. 1938 baute Kawanishi einen **E7K2** Prototyp, weitgehend ähnlich der E7K1, der den Hiro Motor mit einem Mitsubishi Zuisei 11 Sternmotor ersetzte. Nach dem Erstflug im August 1938 ging die E7K2 drei Monate später in Serie und erhielt die Bezeichnung **Marinetyp 94 Modell 1 Aufklärungs-Seeflugzeug.** Insgesamt entstanden 183 Exemplare (57 von Nippon gebaut) von der E7K1; die E7K2 wurde in 350 Exemplaren produziert, etwa 60 davon von Nippon.

Ab 1935 wurden die E7K bis zum Beginn des Kriegs im Pazifik häufig eingesetzt. Die E7K1 flogen in zweiter Linie, während die E7K2 noch bis 1943 an der Front zu finden waren. Beide Versionen wurden für Kamikaze-Unternehmen gegen Ende des Krieges verwendet. Als in der zweiten Hälfte des Jahres 1942 alliierte Codenamen für japanische Maschinen eingeführt wurden, erhielt die E7K2 den Namen '**Alf**'.

### Technische Daten
### Kawanishi E7K2

**Typ:** ein dreisitziges Aufklärungs-Seeflugzeug.
**Triebwerk:** ein 870 PS (649 kW) Mitsubishi Zuisei 11 Sternmotor.
**Leistung:** Höchstgeschwindigkeit 275 km/h in 2.000 m Höhe; Dienstgipfelhöhe 7.060 m; Flugdauer 11 Stunden 30 Minuten.
**Gewicht:** Leergewicht 2.100 kg; max. Startgewicht 3.300 kg.
**Abmessungen:** Spannweite 14,00 m; Länge 10,50 m; Höhe 4,85 m; Tragflügelfläche 43,60 m².
**Bewaffnung:** ein starres und zwei schwenkbare 7,7 mm Typ 92 MG plus 120 kg Bomben.

M. B. Passingham

**Die Kawanishi E7K2 mit ihrer ausgezeichneten Flugdauer blieb bis 1943 bei der japanischen Marine im Fronteinsatz. Die Maschine im Vordergrund wird von einer Nakajima E8N1, einem Aufklärer, begleitet.**

# Kawanishi E15K Shiun

## Entwicklungsgeschichte

Nur 15 Exemplare der **Kawanishi E15K,** darunter auch die Prototypen, wurden von dem Modell des modernen Aufklärungs-Seeflugzeugs gebaut. Das Flugwerk eines konventionellen Tiefdeckers war auf einem einzelnen mittleren Schwimmer aufgesetzt, der während des Flugs im Notfall abgeworfen werden konnte und eine um 95 km/h erhöhte Geschwindigkeit (normal 468 km/h) ermöglichte, die mit dem 1.850 PS (1.380 kW) Mitsubishi MK4D Kasei 24 erreicht wurde. In einem solchen Notfall mußte das Modell eine Notlandung bei geringer Geschwindigkeit durchführen und konnte die einziehbaren Stützschwimmer als Schwimmkörper einsetzen. Das Serienmodell **E15K1 (Marinetyp Schnellaufklärer-Seeflugzeug Modell 11 Shiun** oder violette Wolke) war das erste japanische Flugzeug mit verstellbaren gegenläufigen Zweiblatt-Propellern. Der erste Prototyp flog am 5. Dezember 1941, aber die Entwicklung wurde durch Probleme mit der ungewöhnlichen Schwimmer- und Propellerinstallation aufgehalten. Angesichts dieser Schwierigkeiten und der unzureichenden Bewaffnung und Leistung wurde die Produktion im Frühjahr 1944 eingestellt.

M. B. Passingham

**Die Kawanishi E15K, ein ausgesprochen modernes Modell, das allerdings zahlreiche technische Probleme aufwies, hatte einen abwerfbaren Hauptschwimmer zur Erhöhung der Geschwindigkeit.**

# Kawanishi H3K

## Entwicklungsgeschichte

Nach der Lizenzproduktion von verschiedenen Schul- und Seeflugzeugen wandte sich Kawanishi an Short Brothers in England, um ein Langstrecken-Flugboot mit Doppeldeckerflügeln für die Kaiserlich-Japanische Marine zu finden. Der Prototyp **Kawanishi H3K1** wurde in Großbritannien gebaut und ähnelte der Sarafand der RAF; Kawanishi baute daraufhin zwischen 1931 und 1933 vier ähnliche **H3K2**, und alle fünf Maschinen nahmen als **Marinetyp 90 Modell 2 Flugboot** den Einsatz auf. Die H3K war ein zweistieliger Doppeldecker mit ungleicher Spannweite, weitgehend in Metallbauweise und mit drei 825 PS (615 kW) Rolls-Royce Buzzard Motoren. Die Besatzung war fünfköpfig, und die Bewaffnung bestand aus sechs 7,62 mm MG und 1.000 kg Bomben. Die Spannweite betrug 31,09 m, das maximale Startgewicht 17.200 kg und die Höchstgeschwindigkeit 222 km/h. Die maximale Flugdauer betrug 14 Stunden.

US Navy

**Die Kawanishi H3K1 war ein britisches Modell, bei dessen Produktion die junge japanische Flugzeugindustrie wertvolle Erfahrungen mit Konstruktionen in Metallbauweise erwarb.**

# Kawanishi H6K

## Entwicklungsgeschichte

Für eine Anforderung der Kaiserlich-Japanischen Marine nach einem Hochleistungs-Flugboot wurde die **Kawanishi Typ S** mit einer Reisegeschwindigkeit von 220 km/h und einer Reichweite von 4.500 km vorgeschlagen. Der Prototyp mit Tragflächen in Baldachinkonstruktion und einem schlanken und zweistufigen Rumpf wurde mit vier 840 PS (626 kW) Nakajima Hikari Sternmotoren

**Kawanishi H6K5 der Kaiserlich-Japanischen Marineflieger**

an den Flügelvorderkanten bestückt und flog erstmals am 14. Juli 1936. Die frühen Tests erwiesen die Notwendigkeit von Modifikationen am Rumpf für eine bessere Leistung auf der Wasseroberfläche.

Nach entsprechenden Veränderungen verliefen die Tests in der Luft und auf dem Wasser zufriedenstellend, aber das Modell hatte zu wenig Antrieb. Es folgten drei weitere Prototypen, zwei davon ebenso wie das erste Flugboot mit stärkeren Motoren ausgerüstet, die im Januar des Jahres 1938 als erste den Einsatz unter der Bezeichnung **Marinetyp 97 Flugboot Modell 1** aufnahmen. Gleichzeitig ging der Typ in Serie und wurde schließlich in 217 Exemplaren aller Versionen gebaut. Nach frühen Einsätzen im Chinesisch-Japanischen Krieg wurde der Typ häufig nach Ausbruch der Feindseligkeiten im pazifischen Raum eingesetzt. Ende 1942, als das Modell den alliierten Codenamen '**Mavis**' erhalten hatte, erwies sich die H6K als den neuen Kampfflugzeugen unterlegen und wurde als Aufklärungs- und Transportflugzeug in Gegenden eingesetzt, wo wenig Opposition von Kampfflugzeugen zu erwarten war; viele Maschinen waren noch bis zum Ende des Krieges im Einsatz.

### Varianten

**H6K1:** Bezeichnung für die drei Prototypen nach Einbau von 1.000 PS (746 kW) Mitsubishi Kinsei 43 Motoren.
**H6K2:** ursprüngliches Serienmodell; ähnlich der H6K1, aber mit geringfügigen Veränderungen in der Ausrüstung.
**H6K3:** die Bezeichnung für zwei als VIP-Transporter fertiggestellte H6K2.
**H6K4:** wichtigstes Serienmodell mit erhöhter Treibstoffkapazität, veränderter Bewaffnung und ab August 1941 mit 1.070 PS (798 kW) Kinsei 46 Motoren.
**H6K2-L:** unbewaffnete Transporterversion, grundsätzlich ähnlich den frühen H6K4; Japan Air Lines erhielt 18 Exemplare; jeweils für 18 Passagiere ausgelegt.
**H6K4-L:** unbewaffnete Transportversion wie oben; mit Kinsei 46 Motoren und mehr Kabinenfenstern.
**H6K5:** letztes Serienmodell mit Kinsei 51 oder 53 Motoren und neuer Bewaffnung.

### Technische Daten
**Kawanishi H6K5**
**Typ:** ein Langstrecken-Aufklärungs/Bomberflugboot für Marineeinsatz.
**Triebwerk:** vier 1.300 PS (969 kW) Mitsubishi Kinsei 51 oder Mitsubishi Kinsei 53 Motoren.
**Leistung:** Höchstgeschwindigkeit 385 km/h in 6.000 m Höhe; Dienstgipfelhöhe 9.560 m; max. Reichweite 6.775 km.
**Gewicht:** Leergewicht 12.380 kg; max. Startgewicht 23.000 kg.
**Abmessungen:** Spannweite 40,00 m; Länge 25,63 m; Höhe 6,27 m; Tragflügelfläche 170,00 m².
**Bewaffnung:** vier 7,7 mm Typ 92 MG und eine 20 mm Kanone in einer Heckkanzel plus zwei 800 kg Torpedos oder bis zu 1.000 kg Bomben.

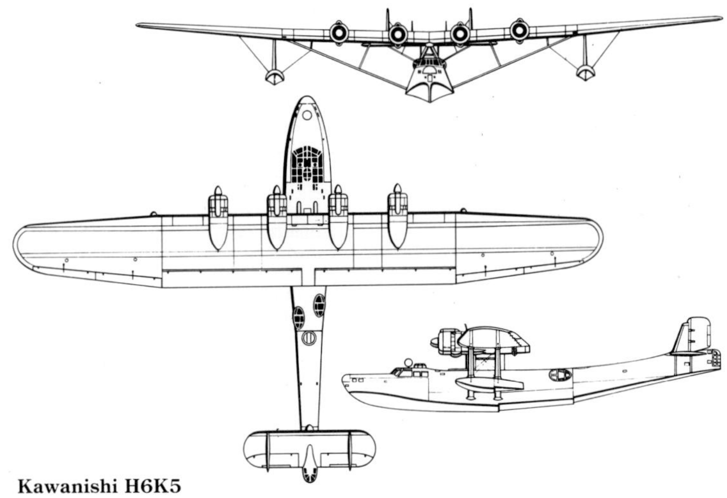

**Kawanishi H6K5**

# Kawanishi H8K

### Entwicklungsgeschichte

Die Kaiserlich-Japanische Marine erkannte, daß die Entwicklung eines größeren Flugboots, als es die Kawanishi H6K war, etwa zwei oder drei Jahre dauern würde, und Kawanishi wurde mit der Herstellung eines solchen Typs unmittelbar nach Annahme der H6K beauftragt. Das Resultat war der am 31. Dezember 1940 erstmals geflogene Prototyp **Kawanishi H8K1**, ein Hochdecker mit einem großen, konventionellen Rumpf und vier 1.530 PS (1.141 kW) Mitsubishi MK4A Motoren. Die H8K faßte eine zehnköpfige Besatzung und hatte schwere Bewaffnung, guten Panzerschutz und teilweise selbstversiegelnde Tanks im Rumpf, die durch ein Kohlendioxid-Feuerlöschsystem gesichert waren. Bei den frühen Tests erwies sich das neue Flugboot auf dem Wasser als äußerst instabil und mußte weitreichende Veränderungen des Rumpfs über sich ergehen lassen, bevor die H8K1 Ende 1941 unter der Bezeichnung **Marinetyp 2 Flugboot Modell 11** in Serie gegeben wurde; der spätere Codename war '**Emily**'. Die ersten Serienexemplare nahmen am 5. März 1942 den Dienst auf. 167 für Bomben-, Aufklärungs- und Transporteinsätze verwendete H8K wurden gebaut; der Typ blieb bis Ende des Krieges im Einsatz und galt als eines der bedeutendsten Flugboote aller Zeiten.

### Varianten

**H8K1:** Bezeichnung für die ersten drei Prototypen und die ersten 14 Serienmaschinen, alle mit MK4A Motoren; späte Serienmaschinen hatten MK4B Motoren mit der gleichen Triebkraft.
**H8K1-L:** neue Bezeichnung für den ersten Prototyp nach dem Umbau als Transporter; mit stärkeren MK4Q Motoren.
**H8K2:** wichtigstes Serienmodell, mit MK4Q Motoren, verstärkter Bewaffnung, voll geschützten Treibstofftanks und ASV Radar; 112 Exemplare als **Marinetyp 2 Flugboot Modell 12** gebaut.
**H8K2-L:** Serientransporter, abgeleitet von der H8K1-L; für 29-64 Passagiere, mit reduzierter Bewaffnung; als **Marinetyp 2 Transporter-Flugboot Seiku** (klarer Himmel) **Modell 32** in Serie gegeben; 36 gebaut.
**H8K3:** Bezeichnung für zwei Prototypen mit einziehbaren Flügelspitzen-Stützschwimmern und einziehbarem MG-Stand auf dem Rücken; sonst wie das H8K2 Serienmodell, aber nicht in Serie gegeben.
**H8K4:** neue Bezeichnung für die H8K3 Prototypen nach dem Einbau von 1.825 PS (1.361 kW) Mitsubishi MK4T-B Kasei 25b Motoren; nicht in Serie gegeben.

US Navy

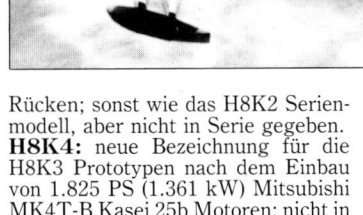

**Die Kawanishi H8K2, eines der besten Flugboote des Zweiten Weltkriegs, erbrachte eine ausgezeichnete Leistung.**

### Technische Daten
**Kawanishi H8K2**
**Typ:** Langstrecken-Bomber/Aufklärungsflugboot.
**Triebwerk:** vier 1.850 PS (1.380 kW) Mitsubishi MK4Q Kasei 22 Motoren.
**Leistung:** Höchstgeschwindigkeit 465 km/h in 5.000 m Höhe; Dienstgipfelhöhe 8.760 m; max. Reichweite 7.150 km.
**Gewicht:** Leergewicht 18.380 kg; max. Startgewicht 32.500 kg.
**Abmessungen:** Spannweite 38,00 m; Länge 28,13 m; Höhe 9,15 m; Tragflügelfläche 160,00 m².
**Bewaffnung:** fünf 20 mm Kanonen und vier 7,7 mm MG plus bis zu 2.000 kg Bomben oder zwei 800 kg Torpedos.

# Kawanishi K-1 bis K-12

### Entwicklungsgeschichte

1921 richteten die Kawanishi Engineering Works in Kobe eine Flugzeugabteilung ein, deren erstes Modell, die **Kawanishi K-1**, ein einzelnes Exemplar eines zweisitzigen zweistieligen Doppeldeckers, als Postflugzeug gedacht war und einen 200 PS (149 kW) Hall-Scott Motor erhielt. Die **K-2** war ein anspruchsvollerer, für Rennen konzipierter, jedoch erfolgloser einsitziger, abgestrebter Tiefdecker. Die **K-3** aus dem Jahr 1922, eine Ableitung der K-1, hatte einen 260 PS (194 kW) Maybach Motor; 1926 erhielt der Typ die neue Bezeichnung **K-3B** und einen 230 PS 172 kW) Benz Motor für die neue Rolle als Schulflugzeug. Die **K-5** (1923) war ein Doppeldecker mit Doppelschwimmern und einer Kabine für sechs Passagiere; die **K-6** führte neue Tragflächen und ein verändertes Leitwerk ein, behielt aber den Maybach Motor der K-5. Diese Maschine erregte allgemeines Aufsehen durch einen Rundflug um Japan, wobei sie 1924 rund 4.000 km zurücklegte.

Das erste in größeren Zahlen gebaute Kawanishi Modell war die **K-7A**, 1925/26 mit finanzieller Hilfe der Regierung produziert; im September und Oktober 1926 führte es versuchsweise Postflüge von Osaka nach Talien und Schanghai durch. Die K-7A war ein zweisitziger Anderthalbdecker mit Doppelschwimmern und einem Maybach Motor; die Spannweite betrug 12,00 m, das maximale Startgewicht 2.000 kg und die Höchstgeschwindigkeit 195 km/h. Ein einzelnes Exemplar einer Landflugzeugversion, die K-7B, wurde ebenfalls getestet. Ab 1926 flogen fünf Exemplare des zweisitzigen Seeflugzeugs **K-8** mit Tragflächen in Baldachinkonstruktion auf Poststrecken, und zwei Exemplare der **K-8B** mit veränderten Rumpfteilen unternahmen einen Propagandaflug durch Japan, bevor sie von der neu gegründeten Japan Airline Company übernommen wurden. Wie alle Modelle ab der K-5 hatte auch die **K-10** einen Maybach Motor, wurde aber nur in zwei Exemplaren gebaut. Die beiden K-10, Doppeldecker mit ungleicher Spannweite und einer Kabine für vier Passagiere vor dem Pilotencockpit, wurden ab September 1926 auf der Strecke Osaka—Seoul—Talien eingesetzt.

Die in privater Initiative für eine Anforderung der Kaiserlich-Japanischen Marine aus dem Jahr 1926 gebaute **K-11**, ein experimentelles einsitziges, trägerstütztes Kampfflugzeug, war ein einfacher Doppeldecker und wurde im Sommer 1927 gebaut. Die Maschine hatte einen 500 PS (373 kW) B.M.W. VI Motor, wurde von der Marine abgelehnt und von der Firma ausgeschlachtet.

Der letzte Entwurf in dieser Serie war die **K-12 Sakura** (Kirsche), ein abgestrebter Kabinen-Hochdecker. Das erste Exemplar dieses relativ fortschrittlichen Modells mit einem 500 PS (373 kW) B.M.W. VI Motor flog im Juni 1928. Die K-12 war für einen von der Kaiserlich-Japanischen Aeronautischen Gesellschaft finanzierten Flug über den Pazifik gedacht, und obwohl ein zweites Exemplar gebaut wurde, stellte sich heraus, daß die Leistung für das geplante Unternehmen nicht ausreichte; 1928 wurde die Entwicklung endgültig abgebrochen.

# Kawanishi K8K1

**Zur Absicherung seiner expansionistischen Außenpolitik benötigte Japan moderne Kampfflugzeuge wie diese Kawanishi E10K1, ein Nachtaufklärer.**

## Entwicklungsgeschichte

In den 30er Jahren baute Kawanishi verschiedene experimentelle Seeflugzeuge, darunter die **Kawanishi Typ P (E8K1)** 8-Shi (1933), ein zweisitziger Aufklärer und Tiefdecker mit einem Schwimmer; die **Typ T (E10K1)** 9-Shi (1934), ein einmotoriger Nachtaufklärer, ein Doppeldecker-Flugboot; die **E11K1** 11-Shi (1936) ein Hochdecker-Flugboot; die **K6K1** 11-Shi, ein modernes Doppeldecker-Schulflugboot; die **E13K1** 12-Shi (1937), ein dreisitziger Tiefdecker mit Doppelschwimmern, und die **K8K1** 12-Shi, ein Flugboot für die Anfängerschulung. Der einzige in größerer Zahl gebaute Typ war die K8K1, die von 1938 bis 1940 in 15 Exemplaren mit der Bezeichnung **Typ O Seeflugzeug-Trainer** entstand. Es war ein konventioneller, zweistieliger Doppeldecker mit Doppelschwimmern und einem 160 PS (119 kW) Jimpu 2 Sternmotor mit Townend Ring.

Die einzelne Kawanishi E10K1 und die beiden Exemplare der Kawanishi E11K1 wurden abgelehnt und Aichi Entwürfe bevorzugt. Sie dienten aber später bei der japanischen Marine unter der Bezeichnung **Typ 94** beziehungsweise **Typ 96 Transporter-Seeflugzeuge.**

# Kawanishi N1K1 Kyofu

## Entwicklungsgeschichte

Für die Unterstützung von Landungsunternehmen forderte die japanische Marine 1940 die Entwicklung von Seeflugzeugen, die unabhängig von Landstützpunkten operieren konnten. Die für diese Anforderung konzipierte **Kawanishi N1K1** war ein vergleichsweise schwerer Mitteldecker mit mittlerem Hauptschwimmer und Stützschwimmern unter den Tragflächen sowie einem 1.460 PS (1.089 kW) Mitsubishi MK4D Kasei Sternmotor. Das Triebwerk hatte ursprünglich Gegenlaufpropeller, um die Effekte des Gegendrehmoments auf der Wasseroberfläche zu verringern, aber verschiedene Probleme mit diesen Propellern führten zur Verwendung eines konventionellen Propellerantriebs.

Nach zufriedenstellenden Einsatztests ging die N1K1 als **Marinejäger Seeflugzeug Kyofu** (mächtiger Wind) in Serie, aber als die Maschinen im Frühjahr 1943 den Einsatz aufnahmen, waren sie angesichts der neuen Kriegslage zur Luftnahunterstützung nicht mehr zu gebrauchen. Daher endete die Produktion nach dem Bau von nur 97 Maschinen im Jahr 1944, und die mit dem Alliierten-Codenamen '**Rex**' bedachte N1K1 wurde lediglich in einer Verteidigungsrolle eingesetzt. Die Bezeichnung **N1K2** wurde für eine geplante Entwicklung reserviert; der mit stärkerem Triebwerk konzipierte Typ wurde jedoch nicht gebaut.

**Die Kawanishi N1K1 mit gegenläufigen Propellern zur Erleichterung des Starts war ein Fehlschlag. Daher kehrte man zur konventionellen Konfiguration mit einem Propeller zurück.**

# Kawanishi N1K1-J und N1K2-J Shiden

## Entwicklungsgeschichte

Im Jahre 1942 begann Kawanishi mit der Entwicklung einer Landversion der Kawanishi N1K1 unter der Bezeichnung **Kawanishi N1K1-J**. Dafür wurde das größtenteils gleiche Flugwerk benutzt, aber die Entscheidung, den neuen Typen mit dem neu entwickelten Nakajima NK9H Homare Motor zu bestücken, führte zu einer Reihe von Problemen, die zum Teil während der gesamten Einsatzzeit des Modells ungelöst blieben. Um die höhere Triebkraft des Motors ausnutzen zu können, war ein Propeller mit großem Durchmesser nötig, was wiederum die Entwicklung von Teleskop-Fahrwerkhauptteilen voraussetzte, und das bereitete dem Konstruktionsteam erneute Kopfschmerzen.

Als der N1K1-J Prototyp am 27. Dezember 1942 erstmals flog, unternahm man angesichts der erstklassigen Leistung und Manövrierbarkeit große Anstrengungen, den Typ einsatzfertig zu machen; Ende 1943 lief eine Bestellung für den **Marine-Abfangjäger Shiden** (violetter Blitz) ein (Codename '**George**'). Obwohl die N1K1-J im Frühjahr 1944 den Einsatz aufnahmen, stellte der Typ nur eine Übergangslösung dar, denn Mitte 1943 war bereits die Entwicklung einer verbesserten **N1K2-J** angeregt worden. Aus dem Mitteldecker war hier ein Tiefdecker geworden, der einen neuen verlängerten Rumpf, veränderte Leitflächen und weniger komplizierte Fahrwerkteile erhielt. Trotz seiner Unzuverlässigkeit wurde der Nakajima NK9H Motor beibehalten.

Der Prototyp der Kawanishi N1K2-J flog erstmals am 31. Dezember des Jahres 1943 und ging unmittelbar darauf als **Marine-Abfangjäger Shiden KAI** in Serie. Der Typ wurde bis Kriegsende weiter hergestellt und häufig in Formosa, Honshu, Okinawa und auf den Philippinen eingesetzt; gegen Ende des Krieges wurden mehrere Maschinen bei Kamikaze-Einsätzen zerstört.

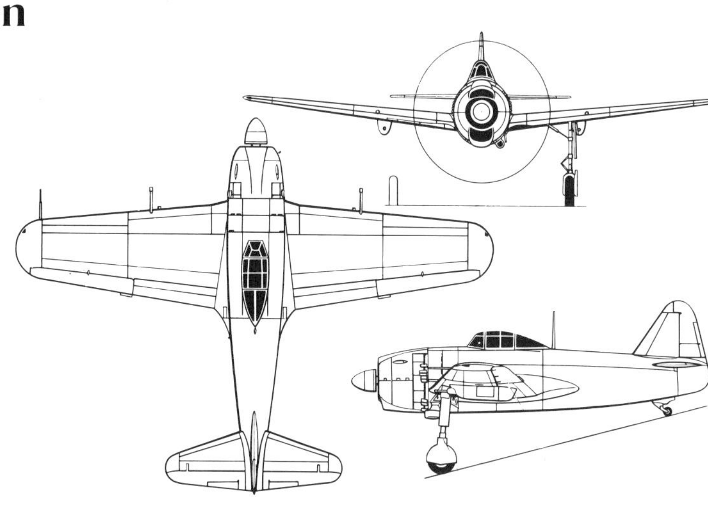

**Kawanishi N1K1-J Shiden**

## Varianten

**N1K1-J:** Bezeichnung für die Prototypen und das erste Serienmodell; Prototypen mit 1.820 PS (1.357 kW) Homare 11 Motoren und zwei 7,7 mm MG sowie vier 20 mm Kanonen in Flügelposition; einschl. Prototypen

entstanden 1.007 Exemplare.
**N1K1-Ja:** Variante der N1K1-J mit nur vier 20 mm Kanonen als Bewaffnung.
**N1K1-Jb:** Variante der N1K-J mit modifizierten Flügeln für den Einbau von vier 20 mm Kanonen im Innern der Flügel und die Aufnahme von zwei 250 kg Bomben an Flügelstationen; einige späte Serienexemplare trugen sechs Luft-Boden-Raketen.
**N1K1-Jc:** Jagdbomber-Version der N1K1-Jb mit Flügelstationen für vier 250 kg Bomben.
**N1K2-J:** Serienmodell, 423 Exemplare gebaut, darunter 22 von anderen Herstellern und eine unbekannte Anzahl von N1K2-K (s.u.); Bewaffnung wie bei der N1K1-Jb.
**N1K2-K:** zweisitzige umgebaute Schulversion der N1K2-J; mit nur vier 20 mm Kanonen bewaffnet.
**N1K3-J:** Bezeichnung für zwei Prototypen mit nach vorne versetzten Motoren, um die Längsstabilität zu verbessern; Bewaffnung wie bei der N1K2-K plus zwei 13,2 mm MG in Rumpfposition.
**N1K3-A:** geplante Variante der N1K3-J für Flugzeugträger; nicht gebaut.
**N1K4-J:** Bezeichnung für zwei Prototypen mit verbesserten 2.000 PS (1.491 kW) Homare 23 Motoren; Bewaffnung wie bei der N1K3-J.
**N1K4-A:** Prototyp einer Variante der N1K4-J für Flugzeugträger.
**N1K5-J:** Prototyp, vorgesehen für einen 2.200 PS (1.641 kW) Mitsubishi MK9A Motor, vor der Fertigstellung bei einem Luftangriff der USAAF zerstört.

**Technische Daten**
**Kawanishi N1K2-J**
**Typ:** ein einsitziger landgestützter Abfangjäger.
**Triebwerk:** ein 1.990 PS (1.484 kW) Nakajima NK9H Homare 21 Sternmotor.
**Leistung:** Höchstgeschwindigkeit 595 km/h in 5.600 m Höhe; Dienstgipfelhöhe 10.760 m; max. Reichweite mit Abwurftank 2.335 km.
**Gewicht:** Leergewicht 2.657 kg; max. Startgewicht 4.860 kg.
**Abmessungen:** Spannweite 12,00 m; Länge 9,35 m; Höhe 3,96 m; Tragflügelfläche 23,50 m$^2$.
**Bewaffnung:** siehe Varianten.

**Kawanishi N1K2-J Shiden KAI, 343. Kokutai der Kaiserlich-Japanischen Marine, 1945**

# Kawasaki Typ 87 Nachtbomber

## Entwicklungsgeschichte
Die 1918 gegründete Kawasaki Kokuki Kogyu K.K., die Tochterfirma einer bedeutenden Schiffswerft, baute zuerst 300 der insgesamt 600 vom japanischen Heer bestellten französischen Salmson 2 A2 Aufklärungs-Doppeldecker. 1927 begann die Produktion von 28 Exemplaren des **Typ 87 Nachtbomber**, eine Version der Dornier Do-N, entworfen von Richard Vogt. Der Typ 87 war ein Hochdecker mit Tragflächen in Baldachinkonstruktion und zwei 500 PS (373 kW) B.M.W. VI Motoren, die hintereinander auf den Tragflächen montiert waren. In Bug- und Turmposition waren 7,7 mm MG angebracht, und die Bombenzuladung lag bei maximal 1.000 kg. Die Spannweite betrug 26,80 m und die Höchstgeschwindigkeit 180 km/h; die Bombenflugzeuge wurden von der japanischen Armee in Korea und der Mandschurei verwendet.

**Die Linienführung dieses Kawasaki-Bombers (Heerestyp 87) weist ihn als Dornier-Entwurf aus. Der Konstrukteur war Richard Vogt.**

# Kawasaki Typ 88 Aufklärer

## Entwicklungsgeschichte
1927 wurden für eine Anforderung der Kaiserlich-Japanischen Armee drei Prototypen des von Richard Vogt entworfenen Aufklärers, dem Doppeldecker **KDA-2**, gebaut. Nach offiziellen Tests ging die KDA-2 als Kawasaki **Heerestyp 88-I Aufklärer Doppeldecker** in Serie. Das Modell hatte einen kantigen, schlanken Rumpf, ein konventionelles Kreuzachsenfahrwerk, ungleiche Spannweite und einen 600 PS (447 kW) B.M.W. VI Motor. Der anschließend entwickelte **Typ 88-II** hatte verbesserte Motorhauben und eine veränderte Heckflosse. Bis Ende 1931 wurden von beiden Versionen insgesamt 707 Exemplare gebaut, 187 von Tachikawa, der Rest von der Muttergesellschaft.

Zwischen 1929 und 1932 entstand eine Bomberversion der **Typ 88-II**, die unter der Bezeichnung **Heerestyp 88 Leichter Bomber** in 407 Exemplaren gebaut wurde. Alle drei Versionen flogen in der Mandschurei, und einige wenige waren noch 1937 bei den Kämpfen in Schanghai im Einsatz. Der Aufklärungsdoppeldecker hatte eine Spannweite von 15,00 m, ein maximales Startgewicht von 2.850 kg und eine Höchstgeschwindigkeit von 220 km/h. Die Standardbewaffnung umfaßte ein starres und ein von Hand gezieltes 7,7 mm MG. Die Bomberversion hatte eine Bombenzuladung von 200 kg.

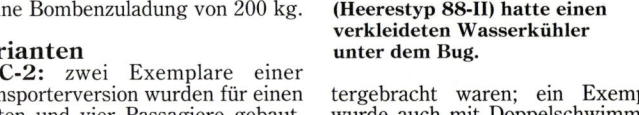

**Der Kawasaki-Aufklärer (Heerestyp 88-II) hatte einen verkleideten Wasserkühler unter dem Bug.**

## Varianten
**KDC-2:** zwei Exemplare einer Transporterversion wurden für einen Piloten und vier Passagiere gebaut, die in einer geschlossenen Kabine untergebracht waren; ein Exemplar wurde auch mit Doppelschwimmern getestet.

# Kawasaki Typ 92

## Entwicklungsgeschichte
Der erste von fünf **KDA-5** Jäger-Prototypen flog 1930. Der von Richard Vogt entworfene einsitzige Doppeldecker mit gleicher Spannweite war in Metallbauweise mit Stoffbespannung und hatte einen 750 PS (559 kW) B.M.W. VI Motor. 1932 begann die Produktion der **Kawasaki Heerestyp 92 Modell 1**, die über ein neu entwickeltes Seitenleitwerk und eine in das hintere Rumpfdeck eingefügte Kopfstütze verfügten.

180 Maschinen entstanden vor der Einführung der strukturell verstärkten Maschinen vom **Typ 92 Modell 2**, von denen 200 Exemplare gebaut wurden. Beide Versionen waren 1933 kurz in der Mandschurei eingesetzt, andere dienten zur Zeit des Angriffs auf Pearl Harbor als Schulflugzeuge.

Der Typ 92 war ein kampfstarker Abfangjäger, der innerhalb von nur vier Minuten auf 3.000 m stieg. Die Spannweite betrug 9,55 m, das maximale Startgewicht 1.800 kg, die Höchstgeschwindigkeit 320 km/h, und die Bewaffnung umfaßte zwei synchronisierte 7,7 mm MG.

**Der Kawasaki-Jäger (Heerestyp 92) verfügte über eine sehr gute Steigleistung und wurde 1933 in der Mandschurei eingesetzt.**

# Kawasaki C-1

## Entwicklungsgeschichte

Für eine Anforderung der japanischen Selbstverteidigungs-Luftstreitkräfte für einen neuen Transporter anstelle der Curtiss C-46 entwickelte die Nihon Aeroplane Manufacturing Company 1966 ein neues Modell. Nachdem im Frühjahr 1968 ein Vertrag über zwei Prototypen abgeschlossen worden war, entstand im selben Jahr eine Attrappe des Modells in Original größe.

Der erste XC-1 Prototyp, der ebenso wie der zweite in der Gifu Fabrik der Kawasaki Heavy Industries (Kawasaki Jukogyo K.K.) gebaut wurde, flog am 12. November 1970. Die Untersuchung dieses und des zweiten Flugzeugs führte zu einem Vertrag über den Bau von zwei Vorserien-Prototypen, und nach weiteren zufriedenstellenden Tests wurden im Jahre 1972 elf **Kawasaki C-1** Transporter bestellt.

Die C-1 ist ein Hochdecker (um die Kabinenstruktur nicht durch die Tragflächen zu beeinträchtigen) mit einem hohen T-Leitwerk, einziehbarem Dreibeinfahrwerk und zwei von Misubishi gebauten Pratt & Whitney JT8D-9 Turbofan-Triebwerken von je 6.577 kp Schub in Gondeln an tiefhängenden Pylonen.

Die von einer fünfköpfigen Besatzung geflogene C-1 hat Flugdeck und Kabine/Frachtraum mit Klimaanlage und Luftdruckausgleich, und der Rumpf enthält eine hintere Ladeluke mit Rampe. In der Kabine ist im Durchschnitt Platz für 60 Soldaten, 45 Fallschirmspringer, 36 Tragen und Sanitäter oder verschiedene Ausrüstungsgegenstände beziehungsweise Fracht auf Paletten.

Die C-1 wurde unter Zuliefervertrag von Fuji (äußere Flügelplatten), Mitsubishi (Rumpfmittel- und -hinterteil und Leitflächen), Nihon (Flugsteuerflächen und Motorgondeln) und Kawasaki (Rumpfvorderteil), Flügelmittelstück und Tests) gebaut. 31 Maschinen wurden für die japanischen Luftstreitkräfte gebaut; die letzten wurden am 21. Oktober 1981 ausgeliefert.

Kawasaki Heavy Industries

**Die Kawasaki C-1A wurde speziell für eine Anforderung der japanischen Selbstverteidigungs-Luftstreitkräfte entwickelt und ständig modernisiert. Doch wegen ihrer relativ niedrigen Nutzlast erfüllte sie nicht die an sie gestellten Erwartungen.**

## Technische Daten

**Typ:** Militär-Transporter.
**Triebwerk:** zwei Pratt & Whitney JT8D-9 Turbofan-Triebwerke von je 6.577 kp Schub.
**Leistung:** Höchstgeschwindigkeit 815 km/h; Dienstgipfelhöhe 11.580 m; max. Reichweite 3.360 km.
**Gewicht:** Rüstgewicht 24.300 kg; max. Startgewicht 38.700 kg.
**Abmessungen:** Spannweite 30,60 m; Länge 29,00 m; Höhe 10,00 m; Tragflügelfläche 120,50 m$^2$.
**Bewaffnung:** keine.

# Kawasaki Ki-3

## Entwicklungsgeschichte

Der vom KDA-6 Aufklärungs-Prototypen abgeleitete leichte Bomber **Kawasaki Ki-3** war ein schneller Doppeldecker ungleicher Spannweite mit offenen Tandem-Cockpits für den Piloten und den Beobachter/Schützen. Das Triebwerk war ein 800 PS (597 kW) B.M.W. IX V-12 Motor, und die Bewaffnung umfaßte zwei 7,7 mm MG und bis zu 500 kg Bomben. 243 Exemplare wurden gebaut, die unter der Bezeichnung **Heerestyp 93 Leichter Bomber** 1934 in Korea und später bei vier Regimentern in der Mandschurei dienten, wo sie bei den Kämpfen mit China eingesetzt wurden. Die Ki-3 hatte eine Spannweite von 13,00 m, ein maximales Startgewicht von 3.000 kg und eine Höchstgeschwindigkeit von 260 km/h. Der KDA-6 Prototyp wurde später von dem Asahi Shinbun Zeitungskonzern gekauft und unter der Bezeichnung **A-6** für Werbeflüge verwendet.

**Der letzte Doppeldecker-Bomber der japanischen Armee war die Kawasaki Ki-3, deren Triebwerk äußerst unzuverlässig war.**

# Kawasaki Ki-10

## Entwicklungsgeschichte

Die Kaiserlich-Japanische Armee suchte nach einem einsitzigen Kampfflugzeug und erwarb die **Kawasaki Ki-10**, einen Doppeldecker ungleicher Spannweite mit einem festen Heckspornfahrwerk und einem offenen Pilotencockpit. Der erste Prototyp flog im März 1935 mit einem 850 PS (634 kW) Kawasaki Ha-9-IIa Motor; es folgten drei weitere Prototypen, bevor die K-10 gegen Ende des Jahres als **Heerestyp 95 Jäger Modell 1** in Serie ging. Mehr als 580 Exemplare entstanden, und das Modell galt als der Höhepunkt in der japanischen Doppeldecker-Entwicklung. Die Ki-10 wurde häufig während des Kriegs zwischen Japan und China eingesetzt und war bei Ausbruch des Kriegs im Pazifik auf Einsätze hinter der Front beschränkt; gelegentliche Operationen brachten dem Modell den alliierten Codenamen **'Perry'** ein.

## Varianten

**Ki-10:** Bezeichnung für die vier ersten Prototypen.
**Ki-10-I:** ursprüngliches Serienmodell; 300 Exemplare.
**Ki-10-I Kai:** Prototyp mit neuem Fahrwerk und anderen Veränderungen.
**Ki-10-II:** Bezeichung für einen Prototyp und 280 Serienmaschinen, ab Mitte 1937 als **Heestyp 95 Jäger Modell 2** gebaut; mit erhöhter Spannweite und einem verlängerten Rumpf.
**Ki-10-II KAI:** zwei Prototypen mit Bestandteilen der Ki-10-I Kai und Ki-10-II sowie einem 950 PS (708 kW) Kawasaki Ha-9 IIb Motor.

## Technische Daten
### Kawasaki Ki-10-II KAI

**Typ:** einsitziger Jäger.
**Triebwerk:** ein 950 PS (708 kW) Kawasaki Ha-9-IIb V-12 Motor.
**Leistung:** Höchstgeschwindigkeit 445 km/h in 3.800 m Höhe; Dienstgipfelhöhe 11.500 m; Reichweite 1.000 km.
**Gewicht:** Leergewicht 1.400 kg; max. Startgewicht 1.780 kg.
**Abmessungen:** Spannweite 10,02 m; Länge 7,55 m; Höhe 3,00 m; Tragflügelfläche 23,00 m$^2$.

**Die Kawasaki Ki-10-II erwies sich im Sino-Japanischen Krieg den Polikarpow I-15bis Doppeldeckern der Chinesen überlegen. Gegen die Polikarpow I-16 Eindecker, die von sowjetischen Piloten geflogen wurden, konnte sie jedoch nicht ankommen.**

**Bewaffnung:** zwei starre 7,7 mm MG Typ 89.

# Kawasaki Ki-28

## Entwicklungsgeschichte

Die **Kawasaki Ki-28** für die Kaiserlich-Japanische Armee war der dritte von Kawasaki gebaute Kampf-Eindecker. Er war eine Ableitung der **KDA-3**, einem von Richard Vogt entworfenen und auf der Grundlage der Dornier Falke entwickelten Einsitzer in Gemischtbauweise mit Tragflächen in Baldachinkonstruktion. 1928 wurden drei Prototypen gebaut und mit 630 PS (470 kW) B.M.W.VI Motoren bestückt; nachdem einer abstürzte, wurden die anderen von der Armee abgelehnt. Der erste von vier **Ki-5** Prototypen war 1934 fertig; er war ein Tiefdecker in Metallbauweise mit einem offenen Cockpit und Knickflügeln. Als typisches Vogt Modell sah es den späteren Blohm & Voss Ha 137 ähnlich, erbrachte aber trotz einer respektablen Höchstgeschwindigkeit von 360 km/h eine recht schlechte Leistung und wurde verschrottet.

Kawasakis Ki-28 konkurrierte mit der Nakajima Ki-27 'Nate'; 1937 flogen zwei Prototypen. Die Ki-28 war ein Tiefdecker mit halb geschlossenem Cockpit, freitragenden Flügeln und einem 850 PS (634 kW) Kawasaki Ha-9-II V-12 Motor. Die Armee war von der Höchstgeschwindigkeit von 485 km/h beeindruckt, aber die Manövrierbarkeit und Gesamtleistung war unzureichend, und die Entwicklung wurde abgebrochen.

# Kawasaki Ki-32

## Entwicklungsgeschichte

Die 1936 als einmotoriger Leichtbomber für die Kaiserlich-Japanische Armee entworfene **Kawasaki Ki-32** war ein Mittel/Tiefdecker mit starrem Heckradfahrerk und einer zweiköpfigen Besatzung. Das Triebwerk war ein 850 PS (634 kW) Kawasaki Ha-9-II V-12 Motor, der sich allerdings als so unzuverlässig erwies, daß die Ki-32 bei Wettbewerbtests mit der Mitsubishi Ki-30 ihrer nach der gleichen Spezifikation entworfenen Konkurrentin unterlag. Angesichts der dringenden Nachfrage nach Flugzeugen nach dem Ausbruch des Kriegs mit China im Jahr 1937 ging die Ki-32 im Juli 1938 trotzdem in Serie und erhielt die offizielle Bezeichnung **Heerestyp 98 Einmotoriger Leichter Bomber**. Bis zum Ende der Produktion im Mai 1940 entstanden 854 Ki-32, die zu Beginn des Kriegs im Pazifik auch eingesetzt wurden und den alliierten Codenamen **'Mary'** erhielten. 1942 wurde der Typ aus dem Fronteinsatz genommen und danach bei Schuleinheiten verwendet.

## Technische Daten

**Typ:** zweisitziger leichter Bomber.
**Triebwerk:** ein 850 PS (634 kW) Kawasaki Ha-9-IIb V-12 Motor.
**Leistung:** Höchstgeschwindigkeit 423 km/h in 3.490 m Höhe; Dienstgipfelhöhe 8.920m; Reichw. 1.960 km.
**Gewicht:** Leergewicht 2.349 kg; max. Startgewicht 3.742 kg.
**Abmessungen:** Spannweite 15,00 m; Länge 11,64 m; Höhe 2,90 m; Tragflügelfläche 34,00 $m^2$.
**Bewaffnung:** ein starres und ein schwenkbares 7,7 mm MG Typ 89 plus bis zu 450 kg Bomben.

**Die Kawasaki Ki-32 gehörte zur ersten Generation japanischer Eindecker. Sie besaß ein verkleidetes Heckradfahrwerk und einen kleinen Bombenschacht.**

# Kawasaki Ki-45 Toryu

## Entwicklungsgeschichte

Im Frühjahr 1937 erhielt Kawasaki von der Kaiserlich-Japanischen Armee den Auftrag, ein zweimotoriges Kampfflugzeug zu entwickeln, das sich für Langstreckeneinsätze über dem Pazifik eignete. Die Bezeichnung lautete ursprünglich **Ki-38**, die aber nach weitgehenden Änderungen in **Ki-45** geändert wurde. Erst im Januar 1939 wurde der erste Prototyp geflogen, ein Mitteldecker mit freitragenden Flügeln, einziehbarem Heckradfahrwerk und geschlossenen Tandem-Cockpits für die zweiköpfige Besatzung. Die zunächst montierten 820 PS (611 kW) Nakajima Ha-20B Sternmotoren entwickelten nicht genügend Triebkraft und wurden beim ersten **Ki-45-I** Prototypen durch 1.000 PS (746 kW) Nakajima Ha-25 ausgetauscht; die Maschine flog allerdings erst im Juli 1940. Die Entwicklungsprobleme mit diesem Triebwerk verzögerten die Produktion bis zum September 1941, als die Herstellung der **Ki-45-KAI** unter der offiziellen Bezeichnung **Heerestyp 2 Zweisitziger Jäger Modell A Toryu** (Drachentöter) begann. Der Typ nahm den Dienst im August 1942 auf und wurde im Oktober erstmals im Kampf eingesetzt, als er den Codenamen **'Nick'** erhielt. Das Modell erwies sich bald als effektive Waffe gegen die Consolidated B-24 Liberator der USAAF, und als diese Maschinen häufiger bei Nachteinsätzen Verwendung fanden, wurde die Ki-45 entsprechend umgebaut, um es mit ihnen aufnehmen zu können. Dabei entdeckte man die Nachtkampf-Kapazität des Typs und entwickelte eine spezielle Nachtkampfvariante, die eines der erfolgreichsten japanischen Modelle dieser Kategorie wurde. Insgesamt wurden 1.698 Ki-45 gebaut, die bei der Verteidigung von Tokio und an den Kriegsschauplätzen in Burma, der Mandschurei und Sumatra eingesetzt wurden. Am 28. Mai 1944 flogen vier Ki-45 erstmals Kamikaze-Einsätze gegen alliierte Schiffe.

**Kawasaki Ki-45, 53. Sentai der Kaiserlich-Japanischen Armee, 1944/45 in Matsudo, Präfektur Chiba, stationiert**

**Kawasaki Ki-45 KAIc**

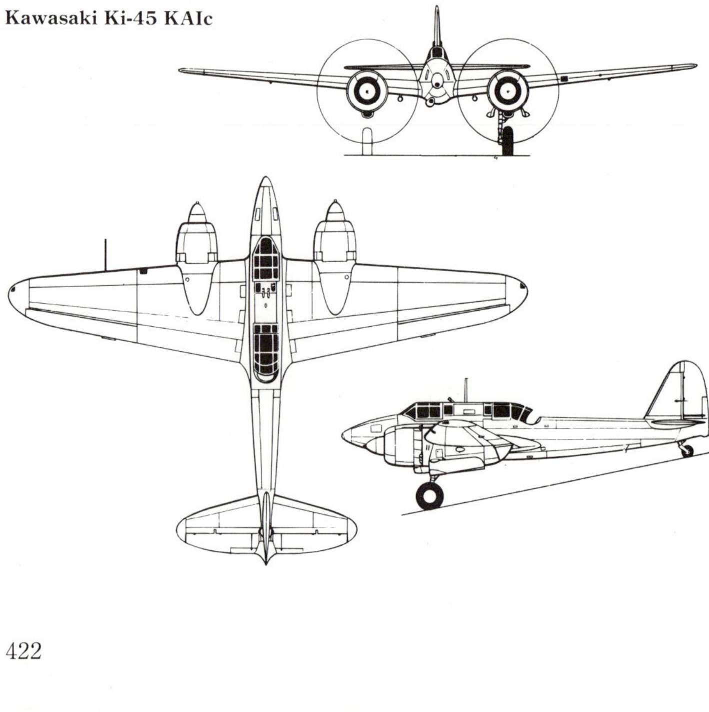

## Varianten

**Ki-45:** Bezeichnung für drei Prototypen mit Nakajima Ha-20B Motoren und einer Bewaffnung von drei 7,7 mm MG sowie einer 20 mm Kanone.
**Ki-45-I:** Bezeichnung für Prototypen mit Nakajima Ha-25 Motoren und der gleichen Bewaffnung wie bei der Ki-45.
**Ki-45 KAI:** Bezeichnung für zwölf Vorserien-Maschinen mit Ha-25 Motoren.
**Ki-45 KAIa:** ursprüngliches Serienmodell mit Ha-25 Motoren; Bewaffnung: zwei 12,7 mm MG im Bug, ein rückwärtsfeuerndes 7,92 mm Gewehr und eine vorwärtsfeuernde 20 mm Kanone.
**Ki-45 KAIb:** Erdkampfjäger und zur Bekämpfung von Schiffszielen; frühe Serienmaschinen mit Ha-25 Motoren, spätere mit entwickelten Mitsubishi Ha-102 Triebwerken; Bewaffnung: eine 20 mm Kanone im Bug, eine vorwärtsfeuernde 37 mm Kanone im Rumpf und ein rückwärtsfeuerndes 7,92 mm MG.
**Ki-45-KAIc:** Nachtjäger; 477 Exemplare gebaut; Ha-102 Motoren; Bewaffnung: eine vorwärtsfeuernde 37 mm Kanone, zwei schräg aufwärtsfeuernde 20 mm Kanonen und ein rückwärtsfeuerndes 7,92 mm Maschinengewehr.
**Ki-45-KAId:** Version zur Bekämpfung von Schiffszielen; Ha-102 Motoren; Bewaffnung: zwei vorwärtsfeuernde 20 mm Kanonen, eine vorwärtsfeuernde 37 mm Kanone und ein rückwärtsfeuerndes 7,92 mm Maschinengewehr.
**Ki-45-II:** Bezeichnung für eine mit zwei 1.500 PS (1.119 kW) Mitsubishi Ha-112-II Sternmotoren bestückte Version; stattdessen als **Kawasaki Ki-96** einsitziges Kampfflugzeug entwickelt, aber nur als Prototyp gebaut.

## Technische Daten

**Kawasaki Ki-45 KAIc**
**Typ:** zweisitziger Nachtjäger.
**Triebwerk:** zwei 1.080 PS (805 kW) Mitsubishi Ha-102 Motoren.
**Leistung:** Höchstgeschwindigkeit 545 km/h in 7.000 m Höhe; Dienstgipfelhöhe 10.000 m; Reichweite 2.000 km.
**Gewicht:** Leergewicht 4.000 kg; max. Startgewicht 5.500 kg.
**Abmessungen:** Spannweite 15,05 m; Länge 11,00 m; Höhe 3,70 m; Tragflügelfläche 32,00 $m^2$.
**Bewaffnung:** Kanonen und MG siehe Varianten, plus (bei allen Versionen) Vorrichtungen für zwei Abwurftanks oder zwei 250 kg Bomben an Flügelstationen.

# Kawasaki Ki-48

## Entwicklungsgeschichte

1937 forderte die Kaiserlich-Japanische Armee einen zweimotorigen Hochleistungs-Bomber, und Kawasaki entwickelte die **Kawasaki Ki-48**, einen Mitteldecker mit selbsttragenden Flügeln, einziehbarem Heckradfahrwerk und zunächst zwei 950 PS (708 kW) Nakajima Ha-25 Sternmotoren: Im Rumpf war Platz für eine vierköpfige Besatzung und einen Bombenschacht. Erst im Juli 1939 flog der erste von vier Prototypen, und nach der Beseitigung von verschiedenen Anfangsproblemen ging das Modell Ende 1939 als **Heerestyp 99 Zweimotoriger Leichter Bomber Modell 1A** in Serie. Die im Herbst 1940 in China eingesetzten Ki-45 waren so schnell, daß sie gegen die Verteidigungswaffen der Gegenseite geradezu immun waren, aber ihre Geschwindigkeit reichte nicht gegen die Kampfflugzeuge der USAAF aus, als das Modell (Codename '**Lily**') im Pazifik eingesetzt wurde. Inzwischen war eine verbesserte **Ki-48-II** in der Entwicklung, die geschützte Treibstofftanks, Panzerschutz für die Besatzung und stärkere Nakajima Ha-115 erhalten sollte; diese Version wurde ab Frühjahr 1942 unter der Bezeichnung **Heerestyp 99 Zweimotoriger Leichter Bomber Modell 2A** produziert. Auch dieser Typ hatte wenig Chancen gegen die verbesserten Kampfflugzeuge der Alliierten, und im Oktober 1944 war das Modell als veraltet erklärt worden. Die meisten Ki-48 endeten bei Kamikaze-Einsätzen.

## Varianten

**Ki-48:** Bezeichnung für vier Prototypen und fünf Vorserien-Maschinen.
**Ki-48-Ia:** ursprüngliches Serienmodell mit drei 7,7 mm MG plus maximaler Bombenlast von 400 kg.
**Ki-48-Ib:** Version der Ki-48-Ia mit kleineren Veränderungen bei der Ausrüstung und am Flugwerk; von der Ia und Ib wurden insgesamt 557 Exemplare gebaut.
**Ki-48-II:** Bezeichnung für drei im Frühjahr 1942 gebaute Prototypen.
**Ki-48-IIa:** ursprüngliche Serienausführung der Ki-48-II; Verteidigungswaffen wie bei der Ki-48-Ia plus eine auf 800 kg erhöhte maximale Bombenzuladung.

**Die Kawasaki Ki-48-IIa verfügte über mehr Motorleistung, selbstversiegelnde Tanks und zusätzliche Panzerung.**

**Ki-48-IIb:** Serienmodell, weitgehend wie die Ki-48-II, aber mit Sturzflugbremsen in den Unterseiten der äußeren Flügelplatten.
**Ki-48-IIc:** Serienmodell, weitgehend wie die Ki-48-IIa, aber mit veränderter Bewaffnung, mit zusätzlichen 12,7 mm MG; von allen Ki-48-II Varianten entstanden insgesamt 1.408 Exemplare.
**Ki-81:** geplante Version der Ki-48 mit schwerer Bewaffnung und Panzerung; nicht gebaut.
**Ki-174:** einsitzige Schlachtflugzeug-Version der Ki-48; nicht gebaut.

## Technische Daten

**Kawasaki Ki-48-IIb**
**Typ:** ein viersitziger leichter Sturzkampfbomber.
**Triebwerk:** zwei 1.150 PS (858 kW) Nakajima Ha-115 Motoren.
**Leistung:** Höchstgeschwindigkeit 505 km/h; Dienstgipfelhöhe 10.100 m; max. Reichweite 2.400 km.
**Gewicht:** Leergewicht 4.550 kg; max. Startgewicht 6.750 kg.
**Abmessungen:** Spannweite 17,45 m; Länge 12,75 m; Höhe 3,80 m; Tragflügelfläche 40,00 m$^2$.
**Bewaffnung:** siehe unter Varianten.

# Kawasaki Ki-56

## Entwicklungsgeschichte

Kawasaki bereitete sich auf die Lizenzproduktion der Lockheed L-14 vor und leitete von diesem Modell ihre **Kawasaki Ki-56** ab, eine etwas größere Maschine mit verschiedenen Verbesserungen, zwei 950 PS (708 kW) Nakajima Ha-25 Sternmotoren und einer großen Ladeluke sowie Beladungsvorrichtungen. Nach erfolgreichen Tests gins die Ki-56 als **Heerestyp 41 Frachter** in Serie und erhielt später von den Alliierten den Codenamen '**Thalia**'. Als die Produktion im September 1943 auslief, waren 121 Exemplare gebaut worden, die häufig während des Zweiten Weltkrieges im pazifischen Raum eingesetzt wurden.

**Eine Lizenz-Version der Lockheed L-14 war die Kawasaki LO (Foto), die zur verbesserten Ki-56 führte und schließlich im Zweiten Weltkrieg gegen die Amerikaner eingesetzt wurde.**

# Kawasaki Ki-61 Hien

**Kawasaki Ki-61-I KAIc, der Kaiserlich-Japanischen Armee, im April 1945 in Yontan auf Okinawa stationiert**

## Entwicklungsgeschichte

Die **Kawasaki Ki60** wurde für den Ha-40 Motor entworfen, eine unter Lizenz gebaute Version des Daimler-Benz DB 601A. Der Prototyp war eine Enttäuschung und wurde nicht weiter verfolgt; man verwendete vielmehr alle Anstrengungen auf die **Kawasaki Ki-61**, ein alternatives Modell, dessen erster von zwölf Prototypen im Dezember 1941 flog. Das Modell hatte ebenso wie die Bf 109 einen flüssigkeitsgekühlten Motor und galt bei den Alliierten eine Zeitlang fälschlich als Lizenzversion dieses berühmten Kampfflugzeugs. Die Einsatztests verliefen so erfolgreich, daß die Kaiserlich-Japanische Armee den Typ als **Heerestyp 3 Jäger Modell 1 Hien** (Schwalbe) in Serie gab; der Typ erhielt später den Codenamen '**Tony**'. Die erste Serienausführung **Ki-61-I** wurde ab April 1943 von Neuguinea aus im Kampf eingesetzt und erwies sich bald als gefährliche Waffe gegen die alliierten Kampfflugzeuge; nach einer verstärkten Produktion wurde der Typ bald auf allen Kriegsschauplätzen der Japaner eingesetzt. Als die Produktion im Januar 1945 auslief, waren 2.666 Exemplare gebaut worden.

Die Entwicklung einer verbesserten **Ki-61-II** Version begann im Herbst 1942, aber nur 99 Exemplare waren ausgeliefert worden, als die Herstellung des Kawasaki Ha-140 Motors im Januar 1945 wegen der Angriffe der USAAF Flugzeuge eingestellt wurde.

## Varianten

**Ki-61:** Bezeichnung der zwölf ursprünglichen Prototypen.
**Ki-61-I:** erste Serienversion; Bewaffnung bestand aus zwei rumpfmontierten 7,7 mm Maschinengewehren und zwei flügelmontierten 12,7 mm MG.
**Ki-61-Ia:** wie die Ki-61-I, jedoch mit zwei importierten 20 mm Mauser MG 151 Kanonen anstelle der flügelmontierten Maschinengewehre.
**Ki-61-Ib:** wie die Ki-61-I, jedoch mit 12,7 mm Maschinengewehren anstelle der rumpfmontierten Maschinengewehre.
**Ki-61-Ic:** zur vereinfachten Wartung überarbeitete Version; Bewaffnung mit zwei rumpfmontierten 12,7 mm Maschinengewehren und zwei flügelmontierten 20 mm Ho-5 Kanonen aus japanischer Konstruktion und Produktion.
**Ki-61-Id:** wie die Ki-61-Ic, jedoch mit der 30 mm Ho-105 Kanone anstelle der 20 mm Kanone.
**Ki-61-II:** Bezeichnung von acht Prototypen mit vergrößerter Tragflügelfläche und Kawasaki Ha-140 Motor.
**Ki-61-II KAI:** Bezeichnung von 30 Prototypen/Vorserienmaschinen; wieder mit dem Ki-61-I Flügel und umkonstruierten Leitwerksflächen.
**Ki-61-IIa:** erste Serienversion mit

**Die Kawasaki Ki-61 war der einzige japanische Jäger des Zweiten Weltkriegs mit einem Reihenmotor, der allerdings nicht sehr zuverlässig war.**

Bewaffnung wie Ki-61-Ic.
**Ki-61-IIb:** wie Ki-61-IIa, jedoch mit vier 20 mm Ho-5 Kanonen bewaffnet.
**Ki-61-III:** einziger Prototyp einer vorgeschlagenen, verbesserten Version.

### Technische Daten
**Kawasaki Ki-61-Ic**
**Typ:** einsitziges Jagdflugzeug.
**Triebwerk:** ein 1.175 PS (876 kW) Kawasaki Ha-40 V-12 Motor.
**Leistung:** Höchstgeschwindigkeit 560 km/h; Dienstgipfelhöhe 10.000 m; max. Reichweite 1.900 km.
**Gewicht:** Leergewicht 2,630 kg; max. Startgewicht 3.470 kg.
**Abmessungen:** Spannweite 12,00 m; Länge 8,95 m; Höhe 3,70 m; Tragflügelfläche 20,00 m$^2$.
**Bewaffnung:** wie bei den Varianten aufgeführt, sowie Einrichtungen für zwei Abwurftanks oder aber zwei 250 kg Bomben.

# Kawasaki Ki-100

### Entwicklungsgeschichte
Die Kawasaki Ki-61-II sollte als Höhen-Abfangjäger denen, um die Boeing B-29 der USAAF auf ihrer Einsatzhöhe in über 9.000 m anzugreifen. Die Pläne zum Einsatz des Flugzeugs in dieser Rolle wurden aufgegeben, als die Produktionsstätten des Kawasaki Ha-140 Motors durch USAAF-Luftangriffe zerstört wurden. Kawasaki hatte bis dahin rund 275 Ki-61-II Flugwerke ohne Triebwerk fertiggestellt, und es wurde entschieden, diese Maschinen mit einem alternativen Motor zum Einsatz zu bringen. Da kein Reihenmotor verfügbar war, mußte das Flugwerk für den Einbau eines Sternmotors mit großem Durchmesser adaptiert werden — den Mitsubishi Ha-112-II mit der gleichen Ausgangsleistung wie der Ha-140. Die mit diesem neuen Motor am 1. Februar 1945 als **Kawasaki Ki-100** erstmals geflogene Maschine stellte sich sofort als außergewöhnlich guter Abfangjäger heraus und galt als das beste japanische Jagdflugzeug im Pazifikkrieg. Es wurden drei Prototypen fertiggestellt, und die guten Ergebnisse der Einsatzerprobung führten zu einem sofortigen Auftrag zur Ausrüstung der restlichen 272 Flugwerke mit dem gleichen Triebwerk und der Bezeichnung **Heerestyp 5 Jäger Modell 1A** und der Unternehmensbezeichnung **Ki-100-1a**. Parallel dazu verlangte die Armee von Kawasaki die Wiederaufnahme der Produktion, und das Flugwerk, das mit seinem verkleinerten rückwärtigen Rumpf und seinem blasenförmigen Rundumsicht-Kabinendach für die Ki-61-III konstruiert worden war, wurde bei der **Ki-100-1b** übernommen. Insgesamt wurden von dieser Version 99 Maschinen gebaut, bevor die Produktion wegen der Luftangriffe der USAAF eingestellt wurde.

### Varianten
**Ki-100-II:** Bezeichnung von drei Prototypen mit dem Mitsubishi Ha-112-IIru Motor mit Turbolader zur Verbesserung der Höhenflugleistung; es wurden keine Serienmaschinen gebaut.

**Die Kawasaki Ki-100 entstand durch die Kombination eines Ki-61 Flugwerks mit dem Mitsubishi HA-112 Sternmotor und war ohne jeden Zweifel einer der besten japanischen Jäger des Zweiten Weltkriegs. Hier abgebildet ist sie als Ki-100-lb der 5. Sentai.**

### Technische Daten
**Kawasaki Ki-100-1a/b**
**Typ:** einsitziger Abfangjäger.
**Triebwerk:** ein 1.500 PS (1.119 kW) Mitsubishi Ha-112-II Motor.
**Leistung:** Höchstgeschwindigkeit 590 km/h in 10.000 m Höhe; Dienstgipfelhöhe 10.670 m; Reichweite 2.000 km.
**Gewicht:** 2.700 kg; max. Startgewicht 3.670 kg.
**Abmessungen:** Spannweite 12,00 m; Länge 8,80 m; Höhe 3,75 m; Tragflügelfläche 20,00 m$^2$.
**Bewaffnung:** zwei rumpfmontierte 12,7 mm Ho-103 (Typ 1) Maschinengewehre und zwei flügelmontierte 20 mm Ho-5 Kanonen plus zwei Abwurftanks oder zwei 250 kg Bomben.

# Kawasaki Ki-102

### Entwicklungsgeschichte
Die **Kawasaki Ki-102** entstand aus dem zweimotorigen, einsitzigen Jäger Ki-96, dessen Entwicklung aus der Ki-45 nach Fertigstellung von drei Prototypen aufgegeben worden war. Die Maschine war als zweisitziges Schlachtflugzeug hauptsächlich zur Nahunterstützung vorgesehen. Einige Baugruppen der Ki-96 Prototypen wurden in die drei Ki-102 Prototypen integriert, von denen der erste im März 1944 fertiggestellt wurde. Der selbsttragend konstruierte Mitteldecker hatte ein einziehbares Heckradfahrwerk, wurde von zwei Mitsubishi Ha-112-II Sternmotoren angetrieben, und seine zweiköpfige Besatzung war in getrennten, geschlossenen Cockpits untergebracht. Bevor die Serie zunächst unter der offiziellen Bezeichnung **Heerestyp 4 Schlachtflugzeug** bzw. unter der Kawasaki-Bezeichnung **Ki-102b** in Produktion ging, wurden 20 Vorserienmaschinen gebaut. Die Maschinen mit dem Alliierten-Codenamen **'Randy'** kamen kaum zum Einsatz. Einige wurden über Okinawa geflogen, aber die meisten Exemplare blieben als Reserve in Japan.

Der dringende Bedarf an Abfangjägern für den Angriff auf die Bomberflotten der USAAF führte zum Umbau von sechs Vorserien-Ki-102 in Prototypen eines zweimotorigen Höhen-Jagdflugzeugs. Dieses unterschied sich von der Ki-102b hauptsächlich durch ein geändertes Leitwerk und Mitsubishi Ha-112-IIru Motoren mit Turboladern. Allerdings wurden wegen der Probleme, die bei diesem Triebwerk auftraten, bis zum Kriegsende nur etwa 15 Maschinen fertiggestellt.

### Varianten
**Ki-102:** Bezeichnung für Prototypen und Vorserien-Flugzeuge.
**Ki-102a:** Höhen-Jagdversion; Bewaffnung mit einer 37 mm Ho-203 Kanone und zwei 20 mm Ho-5 Kanonen.
**Ki-102b:** Erdkampfjäger; Bewaffnung mit einer 37 mm Ho-401 Kanone, zwei 20 mm Ho-5 Kanonen und einem nach hinten feuernden 12,7 mm Ho-103 (Typ 1) Maschinengewehr.
**Ki-102c:** Nachtjäger mit vergrößerter Spannweite, gestrecktem Rumpf, überarbeitetem Leitwerk und einer Bewaffnung, die aus zwei 30 mm Ho-105 und zwei 20 mm Ho-5 Kanonen bestand; nur zwei fertiggestellt.
**Ki-108:** zwei Prototypen eines Höhen-Jagdflugzeugs mit Druckkabine; beide waren Umbauten von Ki-102b Flugwerken mit den strukturellen Verbesserungen der Ki-102c; die Maschinen wurden bei Kriegsende noch getestet.

**Die Ki-102b hatte eine überaus schwere Bewaffnung, die aus einer 57 mm und zwei 20 mm Kanonen sowie aus zwei 250 kg Bomben bestand.**

### Technische Daten
**Kawasaki Ki-102b**
**Typ:** zweimotoriger Erdkampfjäger.
**Triebwerk:** zwei 1.500 PS (1.119 kW) Mitsubishi Ha-112-II Motoren.
**Leistung:** Höchstgeschwindigkeit 580 km/h in 6.000 m Höhe; Dienstgipfelhöhe 11.000 m; Reichweite 2.000 km.
**Gewicht:** Leergewicht 4.950 kg; max. Startgewicht 7.300 kg.
**Abmessungen:** Spannweite 15,57 m; Länge 11,45 m; Höhe 3,70 m; Tragflügelfläche 34,00 m$^2$.
**Bewaffnung:** wie bei den Varianten aufgeführt, sowie (bei allen Versionen) Einrichtungen für zwei Abwurftanks oder zwei 250 kg Bomben.

# Kayaba Ka-1

### Entwicklungsgeschichte
Das Interesse der Kaiserlich-Japanischen Armee an der Entwicklung der Tragschrauber, die in den 30er Jahren in den USA entwickelt wurden, führte zum Import eines Kellett KD-1A. Die Maschine wurde während der Erprobung durch die japanische Armee schwer beschädigt und das Wrack der Kayaba Industrial Company übergeben, um es für die Konstruktion und Entwicklung eines ähnlichen Flugzeugs auszuwerten. Die so entstandene **Kayaba Ka-1** war ein zweisitziges Beobachtungs-/Verbindungs-/Patrouillenflugzeug mit einem antriebslosen Dreiblatt-Rotor sowie einem 240 PS (179 kW) starken, in Lizenz gebauten Argus As 10C Motor für den Zugpropeller. Die am 26. Mai 1941 erstmals geflogene Ka-1 ging in Serie, und es entstanden rund 240 Maschinen. Einige waren an Bord des leichten Flugzeugträgers **Akitsu Maru** im Dienst, und diese Maschinen waren mit ihren zwei 60 kg Wasserbomben die ersten im Einsatz geflogenen bewaffneten Tragschrauber außerhalb der UdSSR. Ein Exemplar, das mit einem 240 PS (179 kW) Jacobs L-4MA-7 Sternmotor erprobt wurde, war die **Ka-2**.

# Kellett K-2, K-3 und K-4

### Entwicklungsgeschichte

Die 1929 gegründete Kellett Autogiro Corporation hatte von Pitcairn-Cierva eine Lizenz zum Bau und zur Weiterentwicklung von Cierva Tragschraubern erworben, was auch die spanische Schreibweise des Wortes Autogiro (statt Autogyro) erklärt. Alle drei Tragschrauber waren von typischer Cierva-Bauweise. Der **K-2** hatte zwei Sitze nebeneinander und wurde zunächst von einem 165 PS (123 kW) Motor angetrieben. Neben seinem nicht angetriebenen Vierblatt-Rotor hatte die Maschine starre Flügel von größerer Spannweite, als sie bei Cierva-Tragschraubern sonst üblich waren: dabei handelte es sich um eine Kellett-Entwicklung, bei der die Tragflächen bei zunehmender Vorwärtsgeschwindigkeit den Rotor entlasteten. Aus der K-2 wurde die **K-3** entwickelt, die von einem 210 PS (157 kW) Kinner Motor angetrieben wurde; 1933 nahm Admiral Byrd eines dieser Flugzeuge mit auf seine Antarktis-Expedition. Die **K-4** unterschied sich in erster Linie durch eine etwas verringerte Spannweite, durch eine vogelkäfigähnliche Drahtverspannung für den Vierblatt-Rotor und durch seinen 210 PS (157 kW) Continental R-670 Motor. Die K-4 hatte eine Höchstgeschwindigkeit von 183 km/h in Meereshöhe, eine Dienstgipfelhöhe von 3.810 m und eine max. Reiseflugdauer von 3 Stunden 30 Minuten.

**Der Kellett K-2 wurde als relativ teures, jedoch besonders vielseitiges Flugzeug angeboten. Die Maschine hatte einen großen Rotordurchmesser und Flügel mit großer Spannweite, die den Rotor im Vorwärtsflug entlasteten.**

# Kellett KD-1 Serie

### Entwicklungsgeschichte

Der **Kellet KD-1** Tragschrauber aus dem Jahr 1934 glich in der Gesamtsauslegung dem zeitgenössischen britischen Cierva C.30, hatte zwei hintereinanderliegende offene Cockpits und einen 225 PS (168 kW) Jacobs L-4 Sternmotor als Triebwerk. Eine umfangreiche Erprobung der Maschine durch das Unternehmen führte zu der Entscheidung, unter der Bezeichnung **KD-1A** eine kommerzielle Version in Serie zu geben, die einen Dreiblatt-Rotor mit zusammenklappbaren Rotorblättern, ein mechanisches System zur Beschleunigung des Rotors, eine Rotorbremse, ein Leichtbau-Fahrwerk sowie eine Reihe von Detailverbesserungen hatte. Der Jacobs L-4 Sternmotor wurde bei diesem Modell beibehalten. Am 19. Mai 1939 wurde eine ähnliche KD-1A, jedoch mit einsitzigem, offenen Cockpit, für eine erste Vorführung dieses Typs verwendet, bei dem seine Eignung für den Luftpost-Zubringerdienst gezeigt wurde, indem er in Washington Post vom Stadtzentrum zum Flughafen Hoover transportierte. Etwas weniger als zwei Monate später führte Eastern Airlines den ersten Luftpost-Liniendienst mit einem Tragschrauber, einer **KD-1B**, ein, die sich von der KD-1A nur durch ein geschlossenes Pilotencockpit unterschied.

Noch früher, im Jahre 1935, entschied sich die US Army zur Bewertung der Fähigkeit der Kellett-Maschine und kaufte eine einzelne KD-1, die **YD-1** genannt wurde. Ihr folgte 1936 ein zweites, mit Funkgerät ausgestattetes Exemplar mit der Bezeichung **YG-1A** und 1937 weitere sieben Maschinen vom Typ **YG-1B** mit Änderungen in der Ausstattung. 1942 wurden nochmals sieben Maschinen als Beobachtungsflugzeuge gekauft und **XO-60** genannt. Die Bezeichnung von sechs dieser Maschinen änderte sich in **YO-60**, nachdem ihre 225 PS (168 kW) Jacobs R-775 Motoren durch 300 PS (224 kW) Jacobs R-915-3 ersetzt wurden, der Kabinenraum geändert worden und zusätzliche Beobachtungsfenster eingebaut worden waren. Eine YG-1B erhielt einen Gleichlaufrotor, wurde in **YG-1C** umbenannt und bekam später, nach Austausch ihres Jacobs R-775 Triebwerks gegen den stärkeren R-915, die neue Bezeichnung **XR-2**. Nachdem durch starke Vibration am Boden der Tragschrauber zerstört worden war, wurde eine weitere YG-1B unter der Bezeichnung **XR-3** zur weiteren Bewertung auf ähnliche Weise umgebaut. Diese Maschinen waren die ersten brauchbaren Tragschrauber, die von der US Army verwendet wurden; nach ihrer Fertigstellung stellte Kellett jedoch die Produktion von Tragschraubern ein.

**Der Tragschrauber Kellett KD-1A war viel fortschrittlicher als die K-2 Serie; sein Rotor konnte über eine Kupplung mit dem Motor verbunden und vor dem Start beschleunigt werden, wodurch sich die Startstrecke erheblich verkürzte.**

# Kellett XR-8 und XR-10

### Entwicklungsgeschichte

Unter der Bezeichnung **Kellett XR-8** konstruierte und entwickelte das Unternehmen 1943 für die US Army einen Mehrzweck-Hubschrauber, dessen 240 PS (179 kW) Motor zwei nebeneinander befestigte Dreiblatt-Rotoren drehte. Die US Army kaufte ebenfalls einen **XR-8A** zur Bewertung, und diese Maschine unterschied sich nur durch Zwei- statt Dreiblatt-Rotoren.

Die Einsatztests führten zu einem Auftrag über eine größere Version, die zum Ausfliegen von Verletzten (6 Bahren) ausgerüstet war. Die beiden zunächst mit **XR-10** bezeichneten Hubschrauber hatten je zwei 450 PS (336 kW) Pratt & Whitney R-985 Wasp Junior Sternmotoren, und die erfolgreiche Erprobung führte zu einem Auftrag über zehn **R-10A** Serienmaschinen, der jedoch später storniert wurde. 1948, nachdem die US Army Air Force inzwischen zur US Air Force geworden war, wurde die Bezeichnung XR-10 in **XH-10** geändert.

**Das Prinzip der ineinandergreifenden Hauptrotoren wurde von der US Army bei dem Kellett XR-8 erfolgreich getestet.**

# Kellner-Béchereau Flugzeuge

### Entwicklungsgeschichte

Der französische Konstrukteur Louis Béchereau patentierte ein neues Rumpf- und Flügelkonstruktionssystem, das — durch Verwendung vorgeformter Teile — zur Schalenbauweise führen sollte. Anschließend patentierte er eine ungewöhnliche Flügelform, bei der jeder der Eindeckerflügel längs in zwei deutlich erkennbare Segmente unterteilt war, die beide ein Flügelprofil hatten. Der vordere Teil war wie bei einem konventionellen Flügel starr, während die gesamten hinteren Teile durch Scharniere entweder getrennt als Querruder oder gemeinsam als Schlitzklappen verwendet werden konnten. Da ihm das Geld fehlte, diese Ideen selbständig weiterzuentwickeln, traf er eine Vereinbarung mit dem Kraftfahrzeug-Karosseriebauunternehmen Kellner und gründete die Firma Avions Kellner-Béchereau. Das Unternehmen nahm seine Arbeit als Subunternehmer für andere Hersteller mit dem Bau von Bauteilen und kompletten Rumpfstrukturen auf und verwendete dabei die Formtechnik von Béchereau. In den Jahren 1936/37 wurden drei selbst entwickelte Flugzeuge gebaut und geflogen. Diese Maschinen waren in der Formteil-Bauweise hergestellt. Zu ihnen gehörte die **Kellner-Béchereau E.1**, ein einsitziger leichter Eindecker ganz in Holzbauweise, der von einem 40 PS (30 kW) Train Reihenmotor angetrieben wurde. Die sehr ähnliche **E.C.4** schloß sich an; sie hatte als Triebwerk einen 60 PS (45 kW) Train Motor und bot in einem offenen Cockpit zwei Personen nebeneinander Platz. Das letzte von dem Unternehmen gebaute Flugzeug war die **E.D.5**, die sich von der E.C.4 nur dadurch unterschied, daß sie statt aus Holz komplett aus Metall gefertigt war.

**Dieses Foto des Kellner-Béchereau E.4 Prototyps zeigt die ungewöhnliche, von Louis Béchereau entwickelte Flügelform.**

M B Passingham

# Keystone Bomber

M B Passingham

**Ein wichtiges Modell für die US-Militärflieger war in den zwanziger Jahren die Keystone LB-6, die weitgehend dem Prototypen XLB-6 ähnelte. Die Bewaffnung bestand aus 907 kg Bomben und fünf 7,62 mm Maschinengewehren.**

## Entwicklungsgeschichte

Das Unternehmen Huff-Daland konstruierte einen großen, einmotorigen Doppeldecker-Bomber, dessen Prototyp (Seriennr. 23-1250) 1923 von der US Army erworben wurde. Die Maschine mit der Bezeichnung **Huff-Daland XLB-1** wurde von einem 800 PS (597 kW) Packard 1A-2540 Motor angetrieben. Da der Motor im Bug montiert war, befand sich die Position des Bombenschützen im Rumpf-Mittelteil. Diesem Prototypen folgten zehn generell ähnliche LB-1 Vorserien-Maschinen, die sich durch den Platz für ein zusätzliches Besatzungsmitglied unterschieden und die einen verbesserten Packard 2A-2540 Motor erhielten. Weitere umfangreiche Versuche führten zu der Entscheidung, daß das einmotorige Triebwerk nicht ausreichte, und Huff-Daland machte sich an die Konstruktion einer zweimotorigen Version der LB-1 mit zwei, jeweils seitlich vom Rumpf am unteren Flügel montierten 420 PS (313 kW) Liberty V-1410-1 Motoren. Tests mit dieser einzigen **XLB-3** führten zum Austausch der Liberty V-1410 gegen zwei 410 PS (360 kW) Pratt & Whitney R-1340-1 Wasp Motoren; diese überarbeitete Version wurde **XLB-3A** genannt und konnte fünf Besatzungsmitglieder aufnehmen. Kurz bevor die XLB-3A zur Einsatzerprobung ausgeliefert wurde, änderte sich der Firmenname in Keystone Aircraft Corporation, was zum Ergebnis hatte, daß alle dieser Prototypen und Vorserienmaschinen sowie die sich anschließenden Serienmaschinen Keystone-Bomber genannt wurden. Es wurde allerdings wieder auf Liberty-Motoren zurückgegriffen, und es entstand der Prototyp **XLB-5**, der zusammen mit zehn **LB-5** Serienmaschinen noch vor der XLB-3A ausgeliefert wurde, und die Maschinen gingen als Huff-Daland in Dienst. 25 **LB-5A** mit geändertem Leitwerk waren Keystone-Bomber. Die **XLB-6** des Jahres 1927 war der Umbau eines LB-5 Flugwerks. Sie erhielt neue Flügel und Motoren, wobei auf jeder Seite des Rumpfs zwischen den Flügeln ein 525 PS (391 kW) Wright R-1750-1 Cyclone an Streben montiert war. Ihr folgten 17 **LB-6** Serienmaschinen mit Detailverbesserungen, und diese LB-5/-5A bzw. LB-6 Maschinen waren die ersten im Einsatz befindlichen Serienmaschinen der Keystone-Bomber, die bis Anfang der 30er Jahre für das US Army Air Corps fliegen sollten. Die Flugzeuge, die zunächst bei den Einheiten der 2nd Bomb Group des USAAC in Dienst gingen, gehörten später zur Ausrüstung der 7th und 19th Bomb Group und bildeten das Rückgrat der schweren Offensiv-Streitmacht der US Army. Die Maschinen flogen außerdem noch für die Übersee-Einheiten auf Hawaii.

## Varianten

**LB-7:** mit den LB-6 identische, jedoch mit 525 PS (391 kW) Pratt & Whitney R-1690-3 Hornet Motoren; 18 gebaut.
**LB-8:** Bezeichnung einer LB-7 nach dem Einbau von 550 PS (410 kW) Pratt & Whitney R-1860-3 Motoren zur Erprobung.
**LB-9:** Bezeichnung für eine LB-7 nach dem Einbau von 575 PS (429 kW) Wright GR-1750 Cyclone Motoren zur Erprobung.
**LB-10:** Bezeichnung für eine LB-6 nach dem Einbau von 525 PS (391 kW) Wright R-1750-1 Motoren zur Erprobung.
**LB-10A:** Serienversion der LB-10, jedoch mit 525 PS (391 kW) Pratt & Whitney R-1690-3 Motoren; 63 gebaut, alle wurden jedoch als **B-3A** Maschinen ausgeliefert, nachdem alle USAAC-Bombertypen die Bezeichnung 'B' erhielten.
**LB-11:** Bezeichnung einer LB-6 nach dem Einbau von 525 PS (391 kW) Wright R-1750-3 Motoren zur Erprobung.
**LB-11A:** Umbenennung der LB-11 nach dem Einbau von 525 PS (391 kW) Wright GR-1750 Motoren zur Erprobung.
**LB-12:** Bezeichnung für Flugzeuge, die generell der LB-7 glichen, die jedoch probeweise mit 575 PS (429 kW) Pratt & Whitney R-1860-1 Motoren für Direktantrieb ausgerüstet wurden.
**LB-13:** sieben unter dieser Bezeichnung georderte Maschinen wurden als fünf **Y1B-4** Vorserienmaschinen mit 575 PS (429 kW) Pratt & Whitney R-1860-7 Motoren sowie als zwei **Y1B-6** Vorserienmaschinen mit 575 PS (429 kW) Wright R-1820-1 Motoren ausgeliefert; es wurden auch drei B-3A auf die Y1B-6 Auslegung umgerüstet.
**LB-14:** drei Serienmaschinen, die mit 575 PS (429 kW) Pratt & Whitney GR-1860 Motoren bestellt wurden, die jedoch mit 525 PS (391 kW) Wright R-1750-3 Motoren als **Y1B-5** ausgeliefert wurden.
**B-4A:** Serienversion der Y1B-4; 25 gebaut.
**B-5A:** Serienversion der Y1B-5; 27 gebaut.
**B-6A:** Serienversion der Y1B-6; 39 gebaut.

## Technische Daten
**Keystone B-4A**
**Typ:** fünfsitziger leichter Bomber.
**Triebwerk:** zwei 575 PS (429 kW) Pratt & Whitney R-1860-7 Sternmotoren.
**Leistung:** Höchstgeschwindigkeit 195 km/h; Dienstgipfelhöhe 4.265 m; Reichweite 1.376 km.
**Gewicht:** Leergewicht 3.607 kg; max. Startgewicht 5.992 kg.
**Abmessungen:** Spannweite 22,76 m; Länge 14,88 m; Höhe 4,80 m; Tragflügelfläche 106,37 m$^2$.
**Bewaffnung:** drei 7,62 mm Browning MG plus bis zu 1.134 kg Bomben.

# Keystone Flugzeuge

**An der Seriennummer 27-334 ist die Keystone XB-1 zu erkennen — die erste US Army Air Corps-Serie, die mit 'B' für Bomber bezeichnet wurde. Das erfolglose Flugzeug wurde von zwei V-1570-5 Motoren angetrieben und war als schwerer Bomber geplant.**

## Entwicklungsgeschichte

Neben der Bomberserie, die für das US Army Air Corps produziert wurde, muß auch noch der **Keystone Super Cyclops** Bomber-Prototyp erwähnt werden, der zwei 510 PS (380 kW) Packard 2A-1530 Motoren hatte und der unter der Bezeichnung **XB-1** von dem USAAC bestellt wurde. Vom Unternehmen durchgeführte Tests zeigten, daß die Leistung mit diesen Motoren nicht zufriedenstellend war, und der Auftrag der US Army über dieses Flugzeug wurde storniert. Als dieses Einzelexemplar mit 600 PS (447 kW) Curtiss V-1570-5 Conqueror Motoren ummotorisiert wurde, erwarb es das USAAC unter der Bezeichnung **XB-1B**.

Die Bomber erwiesen sich für Keystone als wichtigste Einnahmequelle; das Unternehmen konstruierte und baute jedoch auch eine Reihe anderer interessanter Flugzeuge. Hierzu gehörte ein zweisitziges Doppeldecker-Schulflugzeug mit offenem Cockpit, das als **Pup** bekannt war, das von einem 220 PS (164 kW) Wright R-790 Whirlwind Motor angetrieben wurde und dessen Fahrwerk problemlos gegen Schwimmer ausgetauscht werden konnte. Nach ihrer Teilnahme in einem Konstruktionswettbewerb der US Navy errang die Pup einen Auftrag über drei **XNK-1** Prototypen, und nach weiteren Tests wurden 1930 16 **NK-1** Serienmaschinen mit Detailverbesserungen ausgeliefert.

Der Pup folgte ein verbesserter, dreisitziger ziviler Doppeldecker namens **Pronto**, der ebenfalls mit Räder- oder Schwimmerfahrwerk lieferbar und mit dem J-5, dem zivilen Gegenstück des Wright R-790 Motors, ausgerüstet war, der auch die Pup antrieb. Im vorderen der beiden offenen Cockpits fanden zwei Passagiere Platz, und der Pilot saß dahinter. Die Pronto war nur der Anfang der Bemühungen von Keystone, im Zivilmarkt Fuß zu fassen, aber genau wie bei vielen anderen Herstellern der späten 20er und frühen 30er Jahre blieben die Versuche doch weitgehend erfolglos.

Für höhere Ansprüche war ein leichtes Amphibienflugzeug mit der Bezeichnung **Commuter** ausgelegt. Die Maschine hatte einen 300 PS (224 kW) Wright J-6 Motor, der zwischen den Doppeldeckerflügeln montiert war, und bot in einer geschlossenen Kabine Platz für vier Personen. 1930 wurde außerdem ein achtsitziger Amphibien-Doppeldecker gebaut, der die Bezeichnung **Air Yacht** trug und der von einem 525 PS (391 kW) Wright Cyclone angetrieben wurde, der zentral an der Vorderkante des oberen Flügels montiert war. Zwei Landflugzeuge ergänzten das zivile Programm. Dies war erstens die dreimotorige **Pathfinder**, ein Doppeldecker mit 20,12 m Spannweite und zwölf Plätzen in einer geschlossenen Kabine, bei dem der Pilot und Kopilot/Navigator in einem separaten Cockpit von den zehn Passagieren in der Hauptkabine getrennt untergebracht waren. Als Triebwerk dienten drei 220 PS (164 kW) Wright J-5 Motoren, von denen einer im Rumpfbug und die beiden anderen jeweils seitlich vom Rumpf am unteren Flügel angebracht waren. Die letzte Zivilmaschine war die **Patrician**, ein neues, als abgestrebter Hochdecker ausgelegtes Transportflugzeug, das bei seiner Einführung das größte dreimotorige Flugzeug der USA war. Die Patrician wurde von drei 525 PS (391 kW) Wright Cyclone Motoren angetrieben (einer war im Bug und zwei an Streben unter den Tragflächen montiert), hatte auf einem separaten Flugdeck zwei Besatzungsmitglieder und konnte in einer beheizten und belüfteten geschlossenen Kabine 18 Passagiere aufnehmen. Mit ihrer Spannweite von 26,37 m und ihrer Gesamtlänge von 18,77 m war die Patrician für ihre Zeit überaus fortschrittlich, doch ihre Weiterentwicklung und ihr Verkauf wurden durch die Wirtschaftskrise der dreißiger Jahre gestoppt.

**Neben den eigenen Konstruktionen baute Keystone Flugzeuge, die von anderen Firmen stammten. Ein typisches Beispiel war die Keystone PK-1, eine Version der Naval Aircraft Factory PN-12. Insgesamt wurden 18 PK-1 Maschinen von dem Unternehmensbereich Keystone-Loening gebaut.**

# Kingsford Smith Agrarflugzeuge

## Entwicklungsgeschichte

Der Kingsford Smith Aviation Service, ein australisches Unternehmen, das sich mit dem Verkauf, der Wartung und Überholung von Flugzeugen befaßte, entstand 1940 aus dem rund zehn Jahre zuvor von Sir Charles Kingsford Smith gegründeten Kingsford Smith Air Service. Nach der Konstruktion eines ungewöhnlichen, einsitzigen Landwirtschaftsflugzeugs unter der Bezeichnung **Kingsford Smith PL.7** wurde 1955 der Bau eines Prototypen in Angriff genommen. Die herausragende Eigenschaft dieser Konstruktion war der geschweißte Stahltank, der als Haupt-Rumpfstruktur diente. An dem Tank war der Motor befestigt, in dem der Pilot Platz fand und an dem auch das Chemikalien-Sprühgerät montiert wurde. Der Rest des Flugzeugs bestand aus Doppeldeckerflügeln von unterschiedlicher Spannweite, aus vom oberen Flügel-Mittelteil ausgehenden Doppelleitwerksträgern und einem starren Bugradfahrwerk. Als Triebwerk diente ein 400 PS (298 kW) Armstrong Siddeley Cheetah X Sternmotor. Die PL.7 wurde am 21. September 1956 zum ersten Mal geflogen.

Zeitgleich mit dem Bau der PL.7 wurde unter der Bezeichnung **KS-3 Cropmaster** ein wesentlich konventionelleres Flugzeug konstruiert und gebaut. Es gehörte in die für viele Flugzeuge dieser Kategorie typische Tiefdeckerklasse und bot dem Piloten eine geschlossene Kabine. Die Maschine hatte ein starres Heckradfahrwerk, und ein 170 PS (127 kW) Warner Super Scarab Sternmotor diente als Triebwerk. Kingsford Smith baute nur wenige dieser Maschinen, bevor das assoziierte Unternehmen Yeoman Aviation eine verbesserte Version als **Yeoman YA-1 Cropmaster** entwickelte und baute. Als das Unternehmen Kingsford Smith im Jahre 1963 von der Victa Ltd. gekauft wurde, gingen die Rechte an der PL.7 an den neuen Eigentümer über.

**Die hohen Anforderungen an die Landwirtschaftsfliegerei führten zu einigen seltsamen Flugzeugen, darunter auch die Kingsford Smith PL.7, ein Anderthalbdecker mit doppeltem Seitenleitwerk.**

# Kingsford Smith Flugzeugumbauten

## Entwicklungsgeschichte

Der Kingsford Smith Aviation Service verkaufte und betreute in Australien die Produkte der britischen Auster Aircraft Ltd. Um die in Australien geflogenen Maschinen zu modernisieren und deren Lebensdauer zu verlängern, modifizierte Kingsford Smith 1959 zwei Grundmodelle. Dies waren die J-5G Autocar mit Cirrus-Motor, die einen 180 PS (134 kW) Avco Lycoming O-360 Motor, einen Gleichlaufpropeller und weitere Verbesserungen sowie den Namen **Bushmaster** erhielt. Ebenso wurde bei einer J-1 Autocrat der Cirrus-Motor durch einen 150 PS (112 kW) Avco Lycoming O-320 ersetzt, und die Maschine wurde mit besseren Sitzen, Schalldämpfung und ähnlichen Verbesserungen zur **Kingsmith**. Außerdem wurde für die Hazelton Air Services in New South Wales ein einzelner Umbau durchgeführt, bei dem eine J-5G Super Autocar einen 225 PS (168 kW) Continental O-470 mit Gleichlaufpropeller und einer Reihe von Verbesserungen ausgestattet wurde, die der Betreiber verlangt hatte.

Auch die Edgar Percival EP.9 war eine Maschine, die in Australien in größeren Stückzahlen als Landwirtschafts- und Mehrzweckflugzeug geflogen wurde, und praktisch zur gleichen Zeit baute Kingsford Smith eine dieser Maschinen für den Einbau eines Armstrong Siddeley Cheetah X Motors um.

# Kinner Flugzeuge

## Entwicklungsgeschichte

Ab 1919 war die Kinner Airplane and Motor Corporation in Glendale, Kalifornien, als Hersteller von Flugzeug-Sternmotoren bekannt. Im Jahre 1932 engagierte sich das Unternehmen zunächst mit der **Kinner Sportster K**, einem abgestrebten Tiefdecker mit starrem Heckradfahrwerk und einem 100 PS (75 kW) Kinner K-5 Motor auf dem Leichtflugzeugmarkt. Die sich anschließenden Versionen umfaßten die **Sportster B** und die **Sportstar B-1** mit 125 PS (93 kW) Kinner B-5 Motor. Ein Einzelexemplar war der Sporteindecker **Playboy R-1** aus dem Jahre 1933, mit zwei nebeneinanderliegenden Sitzen und einem 160 PS (119 kW) Kinner R-5 Motor. Im gleichen Jahr produzierte Kinner als **Sportwing B-2** eine verbesserte Version der Sportster, die ebenfalls von dem Kinner B-5 Motor angetrieben wurde. 1935 wurde eine vergrößerte Version der Sportster als die viersitzige **Envoy** produziert; die US Navy erwarb unter der Bezeichnung **XRK-1** drei dieser Maschinen, die mit ihrem 340 PS (254 kW) Kinner C-7 Motoren als Verbindungsflugzeuge verwendet wurden. Die letzte Kinner-Maschine, die herauskam, bevor das Unternehmen 1937 in finanzielle Schwierigkeiten geriet, war die **Sportwing B-2-R** mit einem 160 PS (119 kW) Kinner R-5 Motor. Als Kinner schließlich zahlungsunfähig wurde, kaufte die Timm Aircraft Company die Bau- und Verkaufsrechte für die Sportster und Sportwing.

**Das erste von Kinner produzierte Flugzeug war die Sportster K, ein einsitziges Leichtflugzeug, das von dem unternehmenseigenen K-5 Sternmotor angetrieben wurde.**

# Klemm Leichtflugzeuge

## Entwicklungsgeschichte

Kurz nach dem Ersten Weltkrieg, als er bei Daimler in Stuttgart arbeitete, begann Dr. Ing. Hans Klemm seine Laufbahn als überaus erfolgreicher Konstrukteur von Leichtflugzeugen. 1926 gründete er sein eigenes Unternehmen, die Klemm Leichtflugzeugbau GmbH in Böblingen bei Stuttgart. Das erste Produkt des neuen Unternehmens war die **Klemm L 25**, von der im Laufe der Jahre über 600 Exemplare gebaut wurden. Der selbsttragende, zweisitzige Tiefdecker hatte in seiner ursprünglichen Form als L 25 einen 20 PS (15 kW) Mercedes-Benz Zweizylindermotor; die späteren Versionen umfaßten jedoch die **L 25 1a** mit einem 40 PS (30 kW) Salmson AD-9 Motor, eine Wasserflugzeug-Version dieser Maschine mit der Bezeichnung **WL 25**

**1a** sowie die dreisitzige **L 25 1b**, bei der das vordere Cockpit auf zwei Sitzplätze erweitert wurde. Unter Beibehaltung der gleichen Linienführung produzierte Klemm die verlängerte und verstärkte **L 26a**, die **L 27** mit vergrößertem vorderen Cockpit, die von einem 150 PS (112 kW) Siemens Sh 14a angetriebene Kunstflugmaschine **L 28** sowie die **L 30**, die der L 25/L 26 Serie glich, jedoch für die Montage durch Fliegerclubs gedacht war.

1933 wurden die vier- bzw. dreisitzigen Kabineneindecker **Kl 31** und die **Kl 32** vorgestellt, die beide von dem Siemens Sh 14a Sternmotor angetrieben wurden. Ihnen folgte mit der **Kl 33**, einem einsitzigen Eindecker-Ultraleichtflugzeug, eine erhebliche Konstruktionsänderung, die von einem 40 PS (30 kW) Argus Motor angetrieben wurde. Es schloß sich der wichtige zweisitzige Tiefdecker **Kl 35** an, der als ursprünglicher Prototyp **Kl 35a**, so wie er 1935 geflogen wurde, einen 80 PS (60 kW) Hirth HM 60 R Motor hatte. Der zweite Prototyp, die **Kl 35b**, hatte den 105 PS (78 kW) Hirth HM 504A-2, der auch die erste Serienversion **Kl 35B** antrieb. Diese Maschine wurde mit Holz- oder Metallschwimmern als **Kl 35BW** bekannt, und neben den Maschinen für den deutschen Markt wurden verschiedene Versionen der Kl 35 in die Tschechoslowakei sowie nach Ungarn, Rumänien und Schweden exportiert, wobei Schweden den Typ in Lizenz für den Einsatz in der schwedischen Luftwaffe selbst baute. 1938 wurde die verbesserte **Kl 35D** entwickelt, die als Anfänger-Schulflugzeug für die Luftwaffe gedacht war und die in großen Stückzahlen hergestellt wurde. Diese Version hatte ein verstärktes Fahrwerk, war je nach Bedarf mit Schwimmern, Ski oder Rädern lieferbar und kehrte zu dem schwächeren Hirth HM 60R Motor zurück.

Zuvor hatte Hirth jedoch die Konstruktion und den Bau von Leichtflugzeugen mit dem viersitzigen Kabineneindecker **Kl 36** fortgesetzt, der speziell für die Teilnahme am 1934 Challenge de Tourisme Internationale konstruiert worden war; es gab die Maschine als **Kl 36A** mit dem 220 PS (164 kW) Hirth HM 508F Motor oder als **Kl 36B** mit dem 150 PS (112 kW) Bramo Sh 14A Sternmotor. Die letzten vor dem Beginn des Zweiten Weltkriegs produzierten Versionen waren der zweisitzige leichte Eindecker **Kl 105** mit einem 50 PS (37 kW) Z.9-92 Motor, das gleiche Flugzeug, jedoch mit geschlossener Kabine, der Bezeichnung **Kl 107** und einem 105 PS (78 kW) Hirth HM 500A-1 Motor sowie die **Kl 106**, eine Weiterentwicklung der Kl 35D mit einem 100 PS (75 kW) Hirth HM 500 als Triebwerk.

Bob Munro

**Die Klemm Kl 35 war das erfolgreichste Produkt des Unternehmens, von dem große Stückzahlen als Schul- und Reiseflugzeuge gebaut wurden.**

**Der Klemm L 25 1 diente ein sehr kleiner Motor als Triebwerk, sie hatte eine leichte Sperrholzstruktur und die Maschine fand in Deutschland und im Ausland viele Kunden.**

**Der letzte Flugzeugtyp, der den Namen Klemm trug, war die Kl 107, die eindeutig dem gleichen Konzept entstammte wie die L 25, aber moderner war.**

# Knoller Flugzeuge

## Entwicklungsgeschichte

Während der Anfangsjahre des Ersten Weltkriegs wurden von Knoller in Österreich-Ungarn zwei für die damalige Zeit typische Militär-Doppeldecker in der Klasse C für zweisitzige Aufklärer konstruiert und in kleinen Serien gebaut. Beide Maschinen gingen 1916 in Dienst; die erste, die **Knoller C.I**, gehörte in die Kategorie C.I der Zweisitzer mit Motoren von 150 bis 160 PS (112 bis 119 kW) und hatte einen Austro-Daimler Reihenmotor von 160 PS (119 kW).

**Ein für seine Zeit konventioneller Doppeldecker-Aufklärer war die Knoller C.II mit ihrer W-förmigen Flügelverstrebung, die in Österreich-Ungarn üblich war. Die Maschine hatte eine Spannweite von 10,00 m und eine Höchstgeschwindigkeit von 150 km/h in Meereshöhe.**

Die zweite Maschine war ihr generell ähnlich, hieß **Knoller C.II** und hatte als Triebwerk die 185 PS (138 kW) Version des Austro-Daimler Motors.

# Kocherigin DI-6

## Entwicklungsgeschichte

Sergej A. Kocherigin war viele Jahre lang einer der führenden Konstrukteure des zentralen Konstruktionsbüros (TsKB) und teilte sich mit W.B. Schawrow die Entwicklungsarbeiten einer Schwimmerversion der berühmten Polikarpow U-2, die dadurch zur MU-2 bzw. U-2M wurde. Zu den weiteren Kocherigin-Prototypen zählte die **Kocherigin LR** bzw. **TsKB-1** aus dem Jahre 1933, ein leichter Aufklärungs-Doppeldecker, der in der 1934er Version mit M-34N Triebwerk eine Höchstgeschwindigkeit von 315 km/h erreichte. Der Tiefdecker TSh-3 entstand in Zusammenarbeit mit M.J. Gurewitsch (später an der Konstruktion der MiG-Jäger beteiligt) und flog 1933/34 zum ersten Mal. Von dem schnellen Aufklärungs-Eindecker **TsKB-27** bzw. **SR** wurden 1936 drei Exemplare zur Probe geflogen, die mit dem französischen Gnome-Rhône 14K Mistral Major Sternmotor bestückt waren. In diesem Jahr kam auch die **R-9** heraus, ebenfalls ein Tiefdecker, der zur Aufklärung vorgesehen war.

Sein Ansehen verdankte Kocherigin jedoch der **DI-6**, denn sie wurde für die Großserien-Produktion akzeptiert und in über 200 Exemplaren gebaut. Die Flugtests des Prototypen **TsKB-11** begannen Anfang 1935; die Maschine war in Mischbauweise hergestellt und wurde von einem importierten 720 PS (537 kW) Wright Cyclone Sternmotor angetrieben. Der Typ wurde Ende des Jahres als der zweisitzige Jäger DI-6 in Serie geordert; er war ein Doppeldecker von unterschiedlicher Spannweite mit einem geknickten unteren Flügel und nach innen einziehbarem Fahrwerk; außerdem fielen an dem Flugzeug die Rücken-an-Rücken-Positionen der Besatzung sowie das hohe, verstrebte Höhenleitwerk auf, das dem Schützen unterhalb des Hecks ein günstiges Schußfeld bieten sollte. Die verspätete Lieferung der sowjetischen 700 PS (522 kW) M-25

**Die sonst als TsKB-1 bekannte Kocherigin LR war ein Aufklärungs-Doppeldecker, der als Besonderheit einen komplett geschlossenen hinteren MG-Stand hatte.**

Sternmotoren führte dazu, daß die DI-6 erst Mitte 1937 die Jagdverbände erreichten und 1938, nach ihrer

Beteiligung an Kämpfen gegen die Japaner in der Mandschurei, wurden die meisten DI-6 zu Schulflugzeugen mit Doppelsteuerung umgebaut. Als **TsKB-11Sh** wurde ein zweiter Prototyp erprobt; er hatte ein tiefer angesetztes Höhenleitwerk, vier 7,62 mm ShKAS Maschinengewehre unter den Flügeln und eine 8 mm Panzerung für den Piloten. Die Jagdversion wurde in der Serie durch die **DI-6Sh (TsKB-38)** ersetzt, es wurden aber höchstens 20 Maschinen gebaut. Eine DI-6Sh wurde nach ihrem Umbau als Schulflugzeug mit M-25V Motor und starrem Fahrwerk in **DI-6bis** umbenannt.

Die DI-6 hatte eine Spannweite von 10,00 m, ein Startgewicht von 1.987 kg und erreichte eine Höchstgeschwindigkeit von 370 km/h. Die Standardbewaffnung bestand aus zwei starren, vorwärtsfeuernden 7,62 mm ShKAS Maschinengewehren sowie aus einem dritten ShKAS auf einer drehbaren Halterung im hinteren Cockpit; vier 10 kg Bomben konnten ebenfalls mitgeführt werden.

Später konstruierte Kocherigin noch den einsitzigen Tiefdecker mit einem Knickflügel, der 1941 als Sturzflugbomber projektiert wurde. Ein 1.500 PS (1.119 kW) M-90 Sternmotor war vorgesehen.

**An der Kocherigin DI-6 fiel das einziehbare Hauptfahrwerk sowie die Rücken-an-Rücken-Sitzposition von Pilot und Schützen auf, wobei der Schütze in einer halb abgeschlossenen Stellung in der tiefen Rumpfverkleidung saß.**

# Kokusai Ki-59

## Entwicklungsgeschichte

Die von der Nippon Koku Kogyo Kabushiki Kaisha konstruierte **Teradakoken TK-3** war ein acht- bis zehnsitziges leichtes Zivil-Transportflugzeug, das für den nationalen Kurzstreckeneinsatz vorgesehen war. Der erste von zwei Prototypen wurde im Juni 1938 erstmals geflogen, wurde aber nicht weiterentwickelt, da er die erwarteten Leistungsstandards nicht bot. 1939 benötigte die Kaiserlich-Japanische Armee jedoch dringend ein Transportflugzeug und forderte Nippon zur Weiterentwicklung der Maschine unter der Bezeichnung **Ki-59** auf.

Die Ki-59 war ein selbsttragend konstruierter Hochdecker mit starrem Fahrwerk und hatte im Vergleich zum Vorgängermodell zwei 450 PS (336 kW) Hitachi Ha-13a

**Die Kokusai Ki-59 wurde nur kurz als Verbindungsmaschine geflogen und wies nur eine ungenügende Leistung auf.**

Sternmotoren anstelle der 640 PS (447 kW) Nakajima Kotobuki 3 Sternmotoren. Nach der Durchführung von Verbesserungen, die aufgrund von Armee-Tests für erforderlich gehalten wurden, ging die Ki-59 unter der offiziellen Bezeichnung **Heerestyp 1 Transporter** im Jahre 1941 in Serie.

Inzwischen hatten sich Nippon und Kokusai Kokuki Kabushiki Kaisah zusammengeschlossen; die 59 gebauten Serienmaschinen trugen die Bezeichnung Kokusai Ki-59 und erhielten von den Alliierten den Codenamen **'Theresa'**. Die Maschine mit gerade noch ausreichender Leistung wurde relativ wenig eingesetzt, ehe sie endgültig durch die in großen Stückzahlen gebaute Tachikawa Ki-54 ersetzt wurde.

Ende 1941 wurde eine Ki-59 in die **Ku-8-I** bzw. in einen **Heeres-Experimentalsegler** umgewandelt, indem die Motoren entfernt und das seriemäßige Fahrwerk durch Landekufen ersetzt wurden. Die Weiterentwicklung führte zu dem einzigen einsatzmäßig verwendeten japanischen Lastensegler, der **Ku-8-II** oder **Heerestyp 4 Lastensegler** hieß und der von den Alliierten den Codenamen **'Gander'** erhielt.

# Kokusai Ki-76

## Entwicklungsgeschichte

Entsprechend einer Anforderung der Kaiserlich-Japanischen Armee nach einem Mehrzweckflugzeug, das sich zur Artilleriebeobachtung und als Verbindungsflugzeug eignete, wurde die **Nippon Ki-76** zwar unabhängig, aber doch weitgehend anhand des Wissens entwickelt, das über die Fieseler Fi 156 Storch verfügbar war. Die Ki-76 war von der gleichen allgemeinen Auslegung wie das deutsche Flugzeug und unterschied sich von ihm hauptsächlich dadurch, daß anstelle des zweireihig-hängenden Motors ein Sternmotor, nämlich der 310 PS (231 kW) Hitachi Ha-42, eingebaut wurde. Die Ki-76 wurde im Mai 1941 zum ersten Mal geflogen und anschließend über ein Jahr lang im

**Die Fieseler Fi 156 Storch diente als Inspiration für die Kokusai Ki-76, die rund zehn Monate vor dem Eintreffen der ersten deutschen Maschine in Japan entworfen wurde. Abgesehen von der Startleistung war sie dem deutschen Vorbild unterlegen.**

Flug erprobt und weiterentwickelt, bevor im November 1942 ein Serienauftrag über den **Heerestyp 3 Verbindungsflugzeug** erteilt wurde; der Typ war bis zum Ende des Pazifikkrieges auf vielen Kriegsschauplätzen eingesetzt und erhielt den alliierten Codenamen **'Stella'**. Allem Anschein nach sind keine Produktionszahlen mehr erhalten. Neben dem Flugzeug-Grundmodell wurden einige Maschinen zur U-Boot-Bekämpfung (an Bord des Flugzeugträgers *Akitsu Maru*) umgebaut, indem ein Auffanghaken und Vorrichtungen zum Mitführen von zwei 60 kg Wasserbomben montiert wurden. Die Höchstgeschw. der Ki-76 lag bei 175 km/h und ihre Reichweite bei 750 km. Die Spannweite betrug 15,00 m und das max. Startgewicht 1.530 kg.

# Kokusai Ki-86

## Entwicklungsgeschichte

Die im Auftrag der japanischen Marine von Watanabe (später Kyushu) durchgeführte Entwicklung eines Anfänger-Schulflugzeugs, das auf der deutschen Bücker Bü 131B Jungmann beruhte, stieß auch auf das Interesse der Armee. 1943 wurde Nippon Kukusai angewiesen, ein generell ähnliches Flugzeug für den Großeinsatz bei den Heeres-Flugschulen zu bauen, und diese Maschine, die **Kokusai Ki-86**, wurde mit einem hängenden 110 PS (82 kW) Hitachi Ha-47 Reihenmotor Ende 1943 als Prototyp geflogen.

Kokusai baute dann 1.037 **Ki-86a** Serienmaschinen, und der Typ wurde von der japanischen Armee bis zum Ende des Pazifikkrieges als Standard-Anfängerschulflugzeug verwendet. Eine einzelne **Ki-86b** wurde ganz aus Holz gebaut, der Anstieg des Leergewichts um rund 17 Prozent führte jedoch zum Ende der Entwicklung dieser Version.

**Als Version der Bücker Bü 131 ging die Kokusai Ki 86a ab 1944 als Anfänger-Schulflugzeug in Dienst.**

# Kokusai Ki-105 Ohtori

**Entwicklungsgeschichte**
Genau wie die General Aircraft Hamilcar Mk X und Messerschmitt Me 323 Gigant motorisierte Versionen der großen britischen und deutschen Lastensegler waren, so war die **Kokusai Ki-105 Ohtori** (Phönix) die Motor-Version der **Kokusai Ku-7 Manazuru** (Kranich). Die Ku-7 war mit ihrer Flügelspannweite von 35,00 m das größte in Japan gebaute Segelflugzeug und kam nach seinem Erstflug im August 1944 nicht über die Prototypen-Stufe hinaus. Die Ki-105 jedoch, die ursprünglich **Ku-7-II** genannt wurde, war für den Einsatz als Langstrecken-Tankflugzeug vorgesehen, der lebenswichtige Treibstofflieferungen zu den japanischen Hauptinseln durchführen sollte. Die Maschine war ein Hochdecker mit zentraler Rumpfgondel, dessen Leitwerk von zwei Heckauslegern getragen wurde; als Triebwerk dienten zwei 940 PS (701 kW) Mitsubishi Ha-26-II Sternmotoren. Neun Prototypen wurden gebaut und erprobt, der Krieg war jedoch beendet, bevor mit dem Bau der geplanten 300 Serienmaschinen begonnen wurde.

# Koolhoven FK 31

**Entwicklungsgeschichte**
1920 verließ Frits Koolhoven die British Aerial Transport Company, für die er den einsitzigen Jäger **FK 23 Bantam**, eine zweisitzige Kunstflug-/Rennversion mit der Bezeichnung **FK 27** sowie ein Zivilflugzeug für vier Passagiere, die **FK 26,** konstruiert hatte. Keines dieser Flugzeuge wurde in bedeutenden Stückzahlen gebaut. Nach der Rückkehr in seine niederländische Heimat wurde er Konstrukteur bei der NVI (Nationale Vliegtuigindustrie), die 1922 mit Johan Carley als Geschäftsführer in Den Haag gegründet wurde.

Das erste Flugzeug, das gebaut wurde, war die **Koolhoven FK 29**, ein dreisitziger Doppeldecker mit einem 100 PS (75 kW) Bristol Lucifer Motor. Ihm schloß sich die relativ erfolgreiche **FK 31** an, ein Hochdecker in Baldachin-Bauweise, der als Jagdaufklärer gedacht war und der 1922 als 1:1-Modell auf dem Pariser Luftfahrtsalon vorgestellt wurde. Der erste Prototyp flog im folgenden Jahr und hatte einen charakteristisch dicken Flügel sowie einen tiefen, abgerundeten Rumpf. Es schloß sich der wesentlich verbesserte zweite Prototyp (H-NACA) an, dessen Jupiter Motor eng verkleidet wurde und dessen starres Breitspurfahrwerk einzeln aufgehängte Haupträder hatte. Die ungewöhnlichen Tragstreben, die bei den Prototypen Rumpf und Flügel verbunden hatten, wurden bei den Serienmaschinen durch eine konventionellere Lösung ersetzt. Finnland kaufte 1926 acht Maschinen mit den Codenummern 3H31 bis 3H38 (später KO-31 bis KO-38). Vier FK 31 für die in Niederländisch-Indien stationierten Streitkräfte sowie vier weitere in Lizenz in Finnland gebaute Flugzeuge hatten ein modifiziertes Leitwerk. Die holländischen Flugzeuge trugen die Kennungen K421 bis K424, und die finnischen Maschinen waren mit KO-65 bis KO-68 bezeichnet. Die französischen Behörden zeigten einiges Interesse an der Konstruktion, und ein Exemplar wurde als **De Monge M.101** in Frankreich getestet. Es gingen jedoch keine Aufträge ein.

**Die Koolhoven FK 31 war ein rundlicher, zweisitziger Jagdaufklärer mit Hochdeckerflügeln, der in Frankreich als De Monge M.101 erprobt wurde.**

**Technische Daten**
**Typ:** zweisitziger Jagdaufklärer.
**Triebwerk:** ein 420 PS (313 kW) Bristol Jupiter IV Sternmotor.
**Leistung:** Höchstgeschwindigkeit 218 km/h; Dienstgipfelhöhe 7.200 m; max. Flugdauer 6 Stunden.
**Gewicht:** Rüstgewicht 1.040 kg; max. Startgewicht 1.800 kg.
**Abmessungen:** Spannweite 13,70 m; Länge 7,80 m; Höhe 3,40 m; Tragflügelfläche 27,20 m$^2$.
**Bewaffnung:** zwei starre und zwei bewegliche 7,7 mm Maschinengewehre.

# Koolhoven FK 41

**Entwicklungsgeschichte**
Nach einer Reihe wenig erfolgreicher Einzelkonstruktionen, darunter das zweisitzige Anderthalbdecker-Schulflugzeug **FK 32**, das dreimotorige Transportflugzeug für neun Passagiere **FK 33** (das sowohl bei der Lufthansa als auch bei der deutschen Gesellschaft Aero geflogen wurde), das dreisitzige Aufklärungs-Schwimmerflugzeug **FK 34** sowie der ultraleichte Zweisitzer **FK 30 Toerist**, baute Koolhoven, der inzwischen sein eigenes Unternehmen gegründet hatte, die **Koolhoven FK 41**.

Die FK 41 war ein dreisitziger Kabinen-Hochdecker und als Sport- bzw. Reiseflugzeug vorgesehen, und das erste Flugzeug (H-NAER) absolvierte im Juli 1928 seinen Jungfernflug. In den Niederlanden wurde eine FK 41 Serie in zwei Versionen gebaut — die **FK 41 Mk I** hatte einen 105 PS (78 kW) Cirrus Hermes Motor und die **FK 41 Mk II** einen 130 PS (97 kW) de Havilland Gipsy. Beide Versionen wurden von der Desoutter Aircraft Company in Großbritannien gebaut, und die britische Produktion beider Versionen betrug insgesamt 41 Exemplare.

Spätere FK 41 Modelle hatten ein vereinfachtes Leitwerk, und sowohl die niederländischen als auch die britischen Maschinen machten sich in der Zeit vor dem Zweiten Weltkrieg in vielen Ländern einen Namen, als sie in Australien, im Belgisch-Kongo und in Südafrika flogen.

**Die Koolhoven FK 41 war ein Reiseflugzeug, das auf wenig Käuferinteresse stieß. Auffallend sind seine Verstrebungen.**

**Technische Daten**
**Typ:** ein dreisitziger Sport-/Reise-Kabineneindecker.
**Triebwerk:** ein 130 PS (97 kW) de Havilland Gipsy Major I Motor.
**Leistung:** Höchstgeschwindigkeit 195 km/h.
**Gewicht:** max. Startgewicht 900 kg.
**Abmessungen:** Spannweite 10,50 m; Länge 7,80 m.

# Koolhoven FK 43

**Entwicklungsgeschichte**
Bevor die erfolgreiche **Koolhoven FK 43** in Produktion ging, hatte der Konstrukteur 1929 die **FK 40,** einen Kabinen-Hochdecker mit einem 105 PS (78 kW) Cirrus Motor, sowie die **FK 42**, einen leichten Sport-Hochdecker in Baldachin-Bauweise mit einem 230 PS (172 kW) Gnome-Rhône Titan Sternmotor, entworfen. Die FK 42 war ein Transportflugzeug für vier Passagiere (PH-AES), die zuerst bei KLM zum Einsatz kam und schließlich von den Nationalisten im Spanischen Bürgerkrieg als Sanitätsflugzeug verwendet wurde.

Der Prototyp FK 43 (PH-AFW) wurde 1931 zum ersten Mal geflogen. Die Maschine war ein Kabinen-Hochdecker für drei Passagiere und wurde für zivile Eigner als Lufttaxi gebaut. Die KLM kaufte sechs Exemplare, die mehrere Jahre lang von Schiphol aus auf Kurzstrecken flogen. Die FK 43 erwies sich mit ihrem starren Breitspurfahrwerk als robustes Flugzeug, und ihre Konstruktion wurde ständig verbessert, wobei besonders das Leitwerk erheblichen Änderungen unterlag. Die von einem 130 PS (97 kW) Gipsy Major Motor angetriebene FK 43 erreichte eine Höchstgeschwindigkeit von 190 km/h, hatte eine Spannweite von 10,90 m, eine Länge von 8,30 m und ein max. Startgewicht von 1.140 kg.

Die holländische Luftwaffe (LVA) übernahm drei FK 43, und die RAF requirierte 1940 ein Exemplar. Nach dem Krieg bauten die Fokker-Werke acht verbesserte FK 43 mit 165 PS (123 kW) Genet Major Motoren als

Lufttaxis für die Frits Diepen Vliegtuigen-Gesellschaft.

Außerdem baute das Unternehmen Koolhoven noch andere einmotorige Eindecker, darunter die **FK 53 Junior**, ein zweisitziges Kabinenflugzeug mit tief angesetztem Knickflügel, das von einem 62 PS (46 kW) Walter Mikron Motor angetrieben wurde; der Prototyp (PH-FKJ) flog 1936, ein zweites Exemplar 1938 zum ersten Mal. Die **FK 54** war ein dreisitziger, abgestrebter Kabinenhochdecker, der für private Eigner gedacht war und einen 140 PS (104 kW) Gipsy Major Motor hatte; es wurden jedoch keine Serienmaschinen gebaut.

**Die Koolhoven FK 43 hatte einen gewissen Verkaufserfolg zu verzeichnen und bewährte sich bei der KLM als Lufttaxi.**

# Koolhoven FK 46

## Entwicklungsgeschichte

Die **Koolhoven FK 46** war ein zweisitziger Sport- und Schulungs-Doppeldecker mit offenen Tandemcockpits. Der erste Prototyp flog im Herbst 1933 und wurde von einem Cirrus Hermes Motor angetrieben; bei einem zweiten Prototypen waren die Cockpits durch ein wegschiebbares Glasdach abgedeckt. Der Typ ging in begrenztem Umfang in Serie, und vier Maschinen wurden von der NLS, der nationalen niederländischen Flugschule, gekauft. Eine weitere Maschine wurde von der LVA, der niederländischen Luftwaffe, getestet und später wieder der zivilen Verwendung zugeführt. Die **FK 46L** (PH-ALA) war eine leichtere Version mit einem 95 PS (71 kW) Walter Minor und kam 1935 heraus. Die Maschine ging nicht in Serie; dieses Einzelstück blieb jedoch, genau wie die meisten anderen FK 46, bis Mai 1940 flugbereit. Die Mehrzahl der FK 46 hatten den 130 PS (97 kW) de Havilland Gipsy Major Motor als Triebwerk, mit dem sie auf Meereshöhe eine Höchstgeschwindigkeit von 175 km/h erreichten. Das maximale Startgewicht betrug 870 kg, die Flügelspannweite 8,00 m und die Länge 7,30 m.

**Die Koolhoven FK 46 war nur ein mittelmäßiges Doppeldecker-Schulflugzeug. Sie hatte einen Cirrus Hermes Motor, und unter dem Flügel-Mittelteil waren zwei Treibstofftanks befestigt.**

Vorgängerin der FK 46 waren die **FK 44** aus dem Jahr 1931, ein von einem Cirrus-Motor angetriebenes zweisitziges Sportflugzeug in Baldachin-Bauweise (zwei gebaut), und die **FK 45**, ein leichter, einsitziger Kunstflug-Doppeldecker, der mit seinem 115 PS (86 kW) Cirrus Hermes Motor eine Höchstgeschwindigkeit von 210 km/h erreichte. Die FK 45 (ursprünglich PH-AIF) wurde an den französischen Flieger René Paulhan verkauft, als F-AMXT zugelassen und in Frankreich auf vielen Vorkriegs-Flugtagen vorgeführt.

Die **FK 47** (PH-EJR) entstand zur gleichen Zeit wie die FK 46. Die wie eine vergrößerte FK 45 aussehende Maschine war ein zweisitziger Doppeldecker mit offenen Cockpits. Sie war als Sportflugzeug gedacht und bis zu ihrer Verschrottung 1939 in flugbereitem Zustand. Der Hermes-Motor verlieh ihr eine Höchstgeschwindigkeit von 188 km/h.

# Koolhoven FK 49

## Entwicklungsgeschichte

Die **FK 48** (PH-AJX) war die erste zweimotorige Koolhoven-Konstruktion und wurde im Mai 1934 zum ersten Mal geflogen. Die von zwei 130 PS (97 kW) Gipsy Major Motoren angetriebene Maschine konnte in ihrer Kabine Passagiere aufnehmen; unter dem Namen 'Ajax' flog sie ab 1936 auf den Kurzstrecken der KLM, vorwiegend zwischen Rotterdam und Eindhoven.

Obwohl sich für die FK 48 keine weiteren Käufer finden ließen, konstruierte Koolhoven die **Koolhoven FK 49** und flog sie im Herbst 1935 zum ersten Mal. Diese Maschine war auf konventionellere Weise als Hochdecker ausgelegt, der tiefere Rumpf war geringfügig länger und konnte bis zu sechs Passagiere aufnehmen. Allerdings war die Maschine als ein Luftbild- und Kartographie-Spezialflugzeug gedacht und ging in dieser Rolle mit der Seriennummer 950 im Dezember 1935 in den Dienst der LVA. Ihre beiden Gipsy Major Motoren verliehen ihr eine Höchstgeschwindigkeit von 202 km/h; das max. Startgewicht betrug 2.120 kg, die Spannweite 16,00 m und die Länge 11,70 m.

**Die Koolhoven FK 49A war eine stärkere und aerodynamisch verfeinerte Version der Fk 49 und ist hier vor ihrer Auslieferung an die türkische Luftwaffe abgebildet.**

Von der **FK 49A** wurden zwei Exemplare gebaut, von denen das erste zunächst die niederländische Zivilzulassung PH-ARV trug, später jedoch von der türkischen Luftwaffe gekauft wurde. Die 1938 ausgelieferte Maschine unterschied sich von der FK 49 durch Rad-Halbverkleidungen und wurde von zwei aus den USA importierten 305 PS (227 kW) Ranger V-770-B4 Motoren angetrieben. Auch die letzte dieser Maschinen hieß FK 49A, hatte zwei 285 PS (212 kW) Hirth Motoren und war für den Einsatz bei der finnischen Luftwaffe vorgesehen. Während ihrer Erprobung mit Edo-Schwimmern wurde die Maschine in den Jahren 1939/40 unter der Seriennummer 1001 mit niederländischen Militärkennungen geflogen. Nach ihrer Auslieferung an Finnland wurde die Maschine jedoch mit der Zulassung OH-MVE als Zivilflugzeug eingesetzt. Zwei **FK 49R**, die sich im Bau für Rumänien befanden (zwei Argus AS 10 C3 Motoren), wurden im Mai 1940 während des deutschen Luftangriffs auf Waalhaven zerstört.

# Koolhoven FK 50

## Entwicklungsgeschichte

Die **Koolhoven FK 50** war ein leichtes Transportflugzeug für acht Passagiere, das entsprechend den Anforderungen der schweizerischen Alpar-Fluggesellschaft konstruiert wurde und das die Betriebsbedingungen in diesem Land weitgehend berücksichtigte. Die erste von zwei FK 50 absolvierte am 18. September 1935 ihren Jungfernflug. Mit der Zulassung PH-AKX wurde sie anschließend in die Schweiz geflogen und dort als HB-AMI zugelassen. Im März 1936 kam ein zweites Flugzeug heraus und trug zunächst die Zulassung PH-AKZ und später HB-AMO.

Der selbsttragend konstruierte Kabinenhochdecker FK 50 hatte zwei Besatzungsmitglieder und ein starres Breitspurfahrwerk. Die beiden Maschinen flogen regelmäßig auf Strecken zwischen Schweizer Städten und Lyon bzw. Marseilles und führten gelegentlich Charterflüge nach London und Paris durch. 1938 kam mit der HB-AMA (zuvor PH-ASI) ein drittes Flugzeug hinzu, das ein neuentworfenes Doppelleitwerk hatte. Die drei Flugzeuge bewährten sich ausgezeichnet, und ein Exemplar blieb flugfähig, bis es 1962 ab-

**Die dritte Koolhoven FK 50 (HB-AMA) hatte zwei Seitenleitwerksflächen anstelle der einzigen zentralen Heckflosse.**

stürzte. Die FK 50 wurde von zwei 406 PS (303 kW) Pratt & Whitney Wasp Junior IIB Sternmotoren angetrieben; ihre Höchstgeschwindigkeit betrug in Meereshöhe 295 km/h, sie hatte ein max. Startgewicht von 4.250 kg, eine Spannweite von 17,70 m und eine Länge von 14,30 m. Eine Bomberversion wurde als **FK 50B** projektiert, jedoch nicht gebaut.

Das Unternehmen Koolhoven produzierte noch ein zweimotoriges Flugzeug, bevor die konstruktive Arbeit durch die deutsche Besetzung beendet wurde. Diese Maschine war das Einzelstück **FK 57**, ein Tiefdecker mit 205 PS (153 kW) de Havilland Gipsy Six Motoren. Pilot und Kopilot hatten eine geschlossene Kabine in Höhe der Flügelvorderkante, und unmittelbar hinter ihnen befand sich eine komfortable Kabine für vier Passagiere. Die speziell für J. De Kok, den Geschäftsführer der Royal Dutch Shell Company, gebaute Maschine (PH-KOK), wurde am 20. Juni 1938 zum ersten Mal geflogen. Sie hatte eine eindrucksvolle Höchstgeschwindigkeit von 280 km/h in 3.000 m Höhe.

# Koolhoven FK 51

## Entwicklungsgeschichte

Der Prototyp des Doppeldecker-Anfänger-Schulflugzeugs **FK-51** absolvierte am 25. Mai 1935 von Waalhaven aus seinen Jungfernflug. Er trug die vorläufige Registrierung Z-1, die später bei der Verwendung der Maschine als Vorführmodell durch die zivile Zulassung PH-AJV ersetzt wurde. Der in Mischbauweise hergestellte Doppeldecker mit einheitlicher Spannweite war für Motoren in der 250 bis 500 PS (186-373 kW) Klasse konstruiert worden. Sein geteiltes Fahrwerk hatte eine breite Spur, um der rauhen Behandlung durch Flugschüler vorzubeugen.

Die Königlich-Niederländische Luftwaffe (LVA) bestellte in den Jahren 1936/37 insgesamt 25 FK 51, die mit dem 270 PS (201 kW) Armstrong Siddeley Cheetah V Sternmotor ausgerüstet waren. Später wurden weitere 29 Flugzeuge beschafft, die 350 PS (261 kW) Cheetah IX Motoren hatten. Die erste Serie erhielt die Armee-Seriennummern 1 bis 25, und die letzte Serie trug die Nummern 400 bis 428.

Die niederländischen Marineflieger (MLD) erwarben 24 FK 51 mit den Seriennummern E-1 bis E-24, die jeweils von einem 450 PS (335 kW) Pratt & Whitney Sternmotor angetrieben wurden. Die in Niederländisch-Indien stationierte Armee (LA) kaufte zwischen 1936 und 1938 28 FK 51 mit 420 PS (313 kW) Wright Whirlwind Triebwerken. Mindestens sieben weitere FK 51 mit den Seriennummern ab K-102 aufwärts gingen zu den Ostindieninseln; die ursprüngliche Serie trug die Seriennummern K-2 bis K-29.

Die republikanische Regierung in Spanien, die sich im Bürgerkrieg mit den Franco-Aufständischen befand, war von der Vorführung des Prototypen PH-AJV so beeindruckt, daß sie 28 FK 51 bestellte. Die Maschinen mit den Seriennummern EK-001 bis EK-028 wurden in zwei Versionen ausgeliefert; elf Exemplare wurden von 400 PS (298 kW) Armstrong Siddeley Jaguar IVa und 17 FK 51bis von 450 PS (335 kW) Wright Whirlwind R-975E Sternmotoren angetrieben. Einige der spanischen FK 51 wurden als Nacht-Schulflugzeuge verwendet und waren auf dem Flugfeld Carmoli stationiert. Andere Exemplare flogen als Nachtjäger oder als Aufklärer und erhielten in dieser Funktion zwei starre 7,7 mm Vickers Maschinengewehre in der Vorderkante des oberen Flügels, sowie ein einläufiges Lewis-MG gleichen Kalibers auf einer schwenkbaren Halterung, das von dem Beobachter bedient wurde.

Mit einer Gesamtproduktion von mindestens 142 Maschinen war die FK 51 Frits Koolhovens erfolgreichste Konstruktion nach seiner Rückkehr in die Niederlande.

## Technische Daten

**Typ:** zweisitziges Doppeldecker-Schulflugzeug.
**Triebwerk:** ein 420 PS (313 kW) Wright Whirlwind Sternmotor.
**Leistung:** Höchstgeschwindigkeit 253 km/h; Dienstgipfelhöhe 6.500 m; Reichweite 825 km.
**Gewicht:** Rüstgewicht 980 kg; max. Startgewicht 1.450 kg.
**Abmessungen:** Spannweite 9,00 m; Länge 7,85 m; Höhe 2,85 m; Tragflügelfläche 27,00 m$^2$.

**Diese Maschine war die dritte von 24 Koolhoven FK 51, die von den niederländischen Marinefliegern Ende der 30er Jahre geflogen wurden.**

**Dieser Prototyp der Koolhoven FK 51 trägt für seinen Erstflug am 24. Mai 1935 die provisorische Registrierung Z1, Pilot war H.M. Schmidt-Crans.**

Bruce Robertson

# Koolhoven FK 52

## Entwicklungsgeschichte

Der Prototyp des zweisitzigen Jagdaufklärers **Koolhoven FK 52** wurde am 9. Februar 1937 zum ersten Mal geflogen und war ein Doppeldecker mit einheitlicher Spannweite, starrem Fahrwerk und einem verglasten Dach über den Tandem-Cockpits der Besatzung, der von einem 830 PS (619 kW) Bristol Mercury VIII Sternmotor angetrieben wurde. Es folgten fünf Serienmaschinen, doch der Prototyp stürzte am 11. August 1937 ab, noch bevor diese Maschinen fertiggestellt wurden. 1940 wurden drei Exemplare verschrottet, zwei Maschinen kaufte jedoch der schwedische Graf von Rosen und entsandte sie nach Finnland, wo sie bei der Luftwaffe (Lentolaivue) im Winter- und im Anschlußkrieg gegen die Sowjetunion als Aufklärer und leichte Bomber zum Einsatz kamen.

Die FK 52 hatte eine Spannweite von 9,80 m, ein max. Startgewicht von 2.500 kg und eine Höchstgeschwindigkeit von 350 km/h in 4.000 m Höhe. Die Bewaffnung bestand aus zwei starren MG und einem beweglichen 7,5 mm Maschinengewehr plus 100 kg Bomben.

**In Finnland bewährten sich zwei Koolhoven FK 52 Aufklärer sowohl im Winter- als auch im Anschlußkrieg gegen die UdSSR.**

# Koolhoven FK 55

## Entwicklungsgeschichte

Das neue **Koolhoven FK 55** Jagdflugzeug erregte auf dem Pariser Salon de l'Aéronautique 1936 großes Aufsehen; es stellte sich jedoch später heraus, daß es nur eine Attrappe war. Der einzige Prototyp absolvierte seinen zwei Minuten dauernden einzigen Flug am 30. Juni 1938 und flog nie wieder. Er wurde bei einem Bombenangriff am 10. Mai 1940 zerstört.

**Die Koolhoven FK 55 flog nur ein Mal, war jedoch eine interessante Konstruktion mit einem Lorraine Petrel Motor, der sich hinter dem Piloten befand und zwei gegenläufige Propeller über eine lange Welle antrieb. Das Fahrwerk wurde eingezogen, aber die Motorkühlung blieb ein Problem.**